U0072779

產業科技術語大字

—英、日、兩岸中文科技術語對照—

主編
臺灣綜合研究院

 全華科技圖書股份有限公司 印行

序　言

廿一世紀是一個多變的年代，國際局勢動盪不安，經濟不穩定，在瞬息萬變的年代裡，臺灣是以經濟的力量，傲視全球；然而在多變的今日，加上臺灣政經的不確定因素下，我們稍一耽擱，即被淘汰；廿一世紀的臺灣企業何處去呢？這是目前值得大家深思的課題。近年來，臺灣已將企業觸角伸向彼岸，兩岸交流頻繁，在兩岸經貿合作下，臺商在大陸之投資更是一日千里；一般企業希望由大陸廣大市場，廉價勞動力下，爲臺灣再一次締造經濟奇蹟。

在語言無障礙下，兩岸互動，臺商之投資佔盡優勢，爲其他國家所無法比擬的；然而兩岸分治多年，在文字上繁體字、簡體字的區隔，科技名詞認定差異甚大，常是兩岸中國人之苦惱，今特商請國內知名教授、學者專家，整理一套產業科技術語字典，其中包含英、日、兩岸中文對照以服務國人。

本書之編修十分困難，以國立編譯館公告之名詞爲基準，參照公工業調查會日、中共同出版之工業技術辭典，整理出國人常用之產業科技字語，非常感謝洪祖昌教授、陳義男教授、張天津校長、周勝次教授、劉國雄教授、蔡欣正教授、林本源教授協助指導，使本書在重重困難下得以付印，第一本“產業科技術 語大字典”的完成，除感謝相關人員之努力外，然疏漏欠妥之處在所難免，尚祈書友先進，不吝指正，以使再版時更加完整，也期待第二本早日完成。相信本書當使有心者獲益良多，爲國家富強，而立足未來新世紀，大家共勉之！

臺灣綜合研究院謹識

英文	臺灣	日文	大陸
a-alloy	A合金	A合金	铝合金
A oil purifier	A型重油過濾機	A重油清浄機	A型重油过滤机
A oil service tank	A型重油油箱	A重油常用タンク	A型重油油箱
A oil settling tank	A型重油過濾箱	A重油澄しタンク	A型重油过滤箱
A oil storage tank	A型重油儲存箱	A重油貯蔵タンク	A型重油储存箱
A oil transfer pump	A型重油輸送泵	A重油移送ポンプ	A型重油输送泵
A_3 transformation	A_3 變態	A_3変体	A_3变态
A type graphite	A型石墨	A形黒鉛	A型石墨
aasby-diabase	阿斯比輝綠岩	アアスビイ輝緑岩	阿斯比辉绿岩
abacus	頂板、頂頭板、算盤	柱頭	顶板、顶头板、算盘
abalyn	松香酸甲脂	アバリン	松香酸甲脂
Abbe	阿貝	アッベ	阿贝
— condenser	阿貝聚光器	アッベ集光器	阿贝聚光器
— error	阿貝誤差	アッベ誤差	阿贝误差
— number	阿貝數	アッベ数	阿贝数
—'s sine law	阿貝正弦定律	アッベの正弦法則	阿贝正弦定律
abeam	橫向	真横に	横向
abel	阿貝爾	アーベル	阿贝尔
abelite	阿貝爾炸藥	アベライト	阿贝尔炸药
abernathyite	砷鉀鈾礦	アベルナサイト	砷钾铀矿
abeyance	停止；潛態	停止	停止；潜态
abichite	光線礦；砷銅礦	アビカイト鉱	光绿矿；砷铜矿
abies oil	松香油	アビエス油	松香油
ablation	切除；燒蝕；蝕塗	切除	切除；烧蚀；蚀涂
abietyl	松香	アビエチル	松香
— cooling	消蝕冷卻	アブレーション冷却法	消蚀冷却
— material	材料燒蝕	融除材	材料烧蚀
— performance index	蝕消性能指數	アブレーション効率	蚀消性能指数
— polymer	燒蝕聚合物	アブレーションポリマ	烧蚀聚合物
— resistance	耐蝕性	耐融食性	耐蚀性
ablator	燒蝕材料	アブレータ	烧蚀材料
ablest	洗淨劑	洗浄剤	洗净剂
abluting	洗淨	洗浄	洗净
abnormal	異常	異常属性	异常属性
— breakdown phenomenon	異常鑿穿現象	異常降伏現象	异常凿穿现象
— cathode fall	異常陰極電位降	異常陰極降下	异常阴极电位降
— combustion	異常爆發	異常燃焼	异常爆发
— condition	反常情況	異常状態	反常情况
— current	非常電流	異常電流	非常电流
— division	異常分裂	異常分裂	异常分裂

英文	臺灣	日文	大陸
— dump	異常轉儲	アブノーマルダンプ	异常转储
— E layer	異常E層	異常E層	异常E层
— end	異常終了	異常終了	异常终了
— end of task	異常終了	タスク異常終了	异常终了
— error	異常差錯	アブノーマルエラー	异常差错
— explosion	異常爆炸	異常爆発	异常爆炸
— exposure	異常照射	異常被爆	异常照射
— fibres	異常纖維	異状繊維	异常纤维
— function	異常函數	不正規関数	异常函数
— glow	反常輝光	アブノーマルグロー	反常辉光
— glow discharge	反常輝光放電	異常グロー放電	反常辉光放电
— information	異常信息	異常情報	异常信息
— liquid	反常液體	異常液体	反常液体
— log	事故日誌	異常日誌	事故日志
— low-voltagearc	反常低壓電弧	異常低電圧アーク	反常低压电弧
— noise	反常噪聲	異常雑音	反常噪声
— operation	異常操作	動作異常	异常操作
— phenomenon	反常現象	異常現象	反常现象
— pressure	異常壓力	異常圧力	异常压力
— program termination	程序異常終止	プログラム異常終了	程序异常终止
— propagation	反常傳播	異常伝搬	反常传播
— return address	異常返回地址	異常戻りアドレス	异常返回地址
— scattering	反常散射	異常散乱	反常散射
— series	非正規列	不正規級数	非正规列
— setting	異常凝結	異常凝結	异常凝结
— skin effect	異常凝結	異常表皮効果	异常凝结
— statement	異常語句	異常ステートメント	异常语句
— steel	異常鋼	異状鋼	异常钢(组织)
— structure	異常組織	異常組織	异常组织
— time	異常時間	異常時間	异常时间
— wear	異常磨損	異常摩耗	异常磨损
abnormality	反常；破壞	異常状態	反常；破坏
abort	異常結束	中止	异常结束
abradability	可研磨性	可研磨性	可研磨性
abradant	磨料	研磨材	研磨材料
abraded quantity	磨損量	すりへり量	磨损量
abrader	磨損試驗機	摩耗試験機	磨损试验机
abrading	磨耗運動	摩耗作用	磨耗运动
— agent	研磨劑	研磨剤	研磨剂
— cloth	拋光布	摩擦布	抛光布

英文	臺灣	日文	大陸
— motion	磨耗運動	摩耗運動	磨耗运动
abrasion	磨耗；研磨	摩耗	磨耗; 研磨
— cycle	磨耗周期	摩耗サイクル	磨耗周期
— fatigue	磨損疲勞	擦過疲れ	磨损疲劳
— hardness	磨耗硬度	摩耗硬さ	磨耗硬度
— index	磨耗指數	摩耗指数	磨耗指数
— inspection	磨耗檢查	摩耗検査	磨耗检查
— loss	磨損量	摩耗減量	磨损量
— machine	磨損試驗機	摩耗試験機〔器〕	磨损试验机
— macnioeiy	磨耗機械	摩耗機械	磨耗机械
— mark	研磨傷痕	研磨きず	研磨伤痕（刻痕）
— of tools	工具磨耗	工具摩耗	工具磨耗
— pattern	磨耗圖	摩耗図	磨耗图
— quality	耐磨耗性	耐摩耗性	耐磨耗性
— ratio	磨耗率	摩耗率	磨耗率
— resistanece	耐磨耗性	耐摩耗強さ	耐磨耗性
— resistance index	耐磨耗係數	摩耗抵抗指数	耐磨耗系数
— resistance test	耐磨耗試驗	摩耗試験	耐磨耗试验
— resisting steel	耐磨耗試驗機	耐摩耗試験機	耐磨耗试验机
— resistant	耐磨性	摩耗抵抗	耐磨性
— resistant alloy	耐磨合金	耐摩耗合金	耐磨合金
— resistig stssl	耐磨鋼	耐摩耗仕上	耐磨钢
— resistant finish	耐磨耗精加工	耐摩耗鋼	耐磨耗精加工
— test	耐磨耗試驗	摩耗試験	耐磨耗试验
— tester	耐磨耗試驗機	摩耗試験機	耐磨耗试验机
— testing method	耐磨磨耗試驗方法	摩耗試験方法	耐磨磨耗试验方法
— wear	磨耗量	摩損	磨耗量
abrasive	研磨劑	研磨剤	研磨剂
— action	研磨作用	摩耗作用	研磨作用
— band finfshing	砂帶研磨	ベルト研磨	砂带研磨
— band polishig	砂帶抛光	ベルト研磨	砂带抛光
— belt	砂帶	研磨ベルト	砂带
— bindet	磨料粘結劑	と粒結合剤	磨料结合剂
— belt	磨帶	研磨ベルト	磨带
— cenient	磨料粘結劑	アブレシブセメント	磨料结合剂
— cloth	砂布	研磨布	砂布
— coated papet	砂紙	研磨紙	砂纸
— coated textile	砂布	研磨布	砂布
— cut-off	研磨切割	研削切断	研磨切割
— cut-off machine	磨切機	研削切断機	研磨切割机

英文	臺灣	日文	大陸
— cutting wheel	切割砂輪	切断といし車	切割砂轮
— disc	磨割圓盤	研磨ディスク	磨割圆盘
— dresser	砂輪修整器	アブレシブドレッサ	砂轮修整器
— finishing	研磨加工	研磨仕上	研磨加工
— finishing machine	拋光機	研磨仕上機	抛光机
— fog	研磨斑痕	摩擦かぶり	研磨斑痕
— forming	研磨成形	研磨造形	研磨成形
— grain	磨粒	と粒	磨粒
— grain wheel	研磨砂輪	研削と石	研磨砂轮
— hardness	磨料硬度	摩耗硬度	磨料硬度
— machining	研磨加工	と粒加工	研磨加工
— material	磨料	研磨材	磨料
— material	磨料	アブレシブメディア	磨料
— paper	砂紙	研磨紙	砂纸
— particle	磨粒	研磨粒子	磨粒
— powder	磨料粉	研磨粉	金刚砂粉
— product	磨料製品	と粒製品	磨料制品
— resistance	耐磨性	耐摩耗性	耐磨性
— roll rice polishing machine	碾輥式碾米機	研削式精米機	碾辊式碾米机
— soap	磨蝕皂	研磨石けん	磨蚀皂
— stick	油石	アブレシブスティック	油石
— substance	研磨劑	研磨物質	研磨剂
— tool	研磨工具	と粒加工工具	研磨工具
— wear	磨損	アブレシブ摩耗	磨损
— wheel	砂輪	と石車	砂轮
abrasiveness	磨耗性	摩耗性	磨耗性
abrator	離心噴光機	アブレータ	喷丸清理机
abridged drawing	略圖	略図	略图
ABS resine	ABS樹脂	ABS 樹脂	ABS树脂
abscissa	橫座標	横座標	横座标
abscission	部分切除	部分切除	部分切除
absolute	絕對	絶対	绝对
— activity	絕對放射性	絶対放射能	绝对放射性
— address	絕對地址	絶対アドレス	绝对地址
— address program	絕對地址程序	絶対番地プログラム	绝对地址程序
— addressing	絕對編址	絶対番地指定	绝对编址
— age	絕對年齡	絶対年代	绝对年龄
— alcohol	純酒精	無水アルコール	纯酒精
— altimeter	絕對高度表	絶対高度計	绝对高度计
— altitude	絕對高度	絶対高度	绝对高度

英文	臺灣	日文	大陸
— ambient pressure	絕對周圍壓力	絶対周囲圧	绝对周围压力
— ampere	安培	絶対アンペア	电磁制安培
— amplification	絕對放大系統	固有増幅度	绝对放大系统
— angular momentum	絕對角動量	絶対角運動量	绝对角动量
— assay	絕對鑑定	絶対検定	绝对监定
— assembler	絕對地址匯編程序	絶対アセンブラ	绝对地址汇编程序
— assembly	絕對匯編	絶対アセンブリ	绝对汇编
— binary	絕對二進制	絶対二進法	绝对二进制
— binary output	絕對二進制輸出	絶対二進出力	绝对二进制输出
— block	絕對閉塞	絶対閉そく	绝对区截
— branch	絕對轉移	絶対分岐	绝对转移
— calibration	完全校準	絶対目盛定め	完全校准
— ceiling	理論升限	絶対上昇限度	理论升限
— code	絕對代碼	絶対コード	绝对代码
— coding	絕對編碼	絶対コーディング	绝对编码
— concept	絕對概念	絶対概念	绝对概念
— conductor	絕對導體	絶対導体	绝对导体
— configuration	絕對構型	絶対配置	绝对构型
— constant	絕對常數	絶対定数	绝对常数
— convergence	絕對收斂	絶対収束	绝对收敛
— counting	絕對計數	絶対計数	绝对计数
— curvature	絕對曲率	絶対曲率	绝对曲率
— data	絕對數據	絶対データ	绝对数据
— data input	絕對數據輸入	絶対データ入力	绝对数据输入
— delay	絕對延遲	絶対遅延	绝对延迟
— density	密度	絶対密度	密度
— distance system	絕對距離方式	絶対距離方式	绝对距离方式
— dry specific gravity	絕對乾燥比重	絶乾比重	绝干比重
— filter	高性能空汽濾清器	絶対ろ紙	高性能空汽滤清器
— height	絕對高度	絶対高度	绝对高度
— humidity	絕對濕度	絶対湿度	绝对湿度
— imdex of refraction	絕對屈折率	絶対屈折率	绝对屈折率
— instrument	絕對計測器	絶対計測器	绝对计测器
— language	機械語言	機械語	机械语
— measuring system	絕對測量系統	絶対測定系	绝对测量系统
— minimum	絕對極小値	絶対ミニマム	绝对极小值
— motion	絕對運動	絶対運動	绝对运动
— roughness	絕對粗糙度	絶対粗度	绝对粗糙度
— specific gravity	絕對比重	絶対比重	绝对比重
— speed	絕對速度	絶対速度	绝对速度

英文	臺灣	日文	大陸
— speed indicator	絕對速度計	絶地速度計	绝对速度计
— thermometer	絕對溫度計	絶対温度計	绝对温度计
— vacuum	完全真空	完全真空	完全真空
— value	絕對値	絶対値	绝对值
— zero	絕對零度	絶対零度	绝对零度
— zero-point	絕對零點	絶対零点	绝对零点
absoluteness	絕對完全性	絶対（性）	绝对（性）完全（性）
absorb	吸收	吸収	吸收
absorbability	可吸收性	被吸収性	可吸收性
absorbing	吸收本領	吸収度	吸收本领
— chain	吸收鏈	吸収連鎖	吸收链
— coefficient	吸收係數	吸収係数	吸收系数
— coil	吸收線圈	吸収コイル	吸收线圈
— gas	吸收性氣體	吸収ガス	吸收性气体
— glass	吸熱玻璃	吸熱ガラス	吸收玻璃
— load	吸收負載	吸収負荷	吸收负载
— Marcov chain	馬爾可夫吸收鏈	吸収マルコフ連鎖	马尔可夫吸收链
— material	吸收物質	吸収物質	吸收物质
— matter	吸收物質	吸収物質	吸收物质
— modulation	吸收調制	吸収変調	吸收调制
— oil	吸收油	吸収油	吸收油
— phenomenon	吸收現象	吸収現象	吸收现象
— power	吸收能力	吸収能	吸收能力
— ratio	吸收率	吸収率	吸收率
— rod	吸收棒	吸収棒	吸收棒
— selector	吸收選擇器	吸収セレクタ	吸收选择器
— solution	吸收液	吸収液	吸收液
— state	吸收狀態	吸収状態	吸收状态
— substance	吸收物質	吸収物質	吸收物质
— tower	吸收塔	吸収塔	吸收塔
— tube	吸收管	吸収管	吸收管
— well	吸收水井	吸込井戸	吸水井
absorptance	吸收性能	吸収率	吸收性能
absorptiometer	吸收(比色、光度)計	アブソープショメータ	吸收〔比色、光度〕计
absorptiometic method	吸收測量法	吸光光度法	吸收测量法
absorptiometry	吸收測量法	吸光光度分析法	吸收测量法
absorption	吸收	吸収	吸收〔作用〕
— axis	吸收軸	吸収軸	吸收轴
— band	吸收頻帶	吸収バンド	吸收(频)带
— bulb	吸收瓶	吸収瓶	吸收瓶

英文	臺灣	日文	大陸
— charge	吸收電荷	吸収電荷	吸收电荷
— circuit	吸收電路	吸収回路	吸收电路
— coefficient	吸收係數	吸収係数	吸收系数
— color	吸收色	吸収色	吸收色
— column	吸收塔	吸収塔	吸收塔
— constant	吸收常數	吸収定数	吸收常数
— control	吸收控制	吸収制御	吸收控制
— discontinuity	吸收限	吸収断層	吸收限
— heat	吸收熱	吸収熱	吸收热
— hygrometer	吸收濕度計	吸収湿度計	吸收湿度计
— index	吸收指數	吸収指数	吸收指数
— isobar	吸收等壓線	吸著等圧線	吸收等压线
— jump ratio	吸收波動率	吸収端のとび率	吸收波动率
— line	吸收譜線	吸収線	吸收(谱)线
— loss	吸收損失	吸収損尖	吸收损失
— phenomenon	吸附現象	吸着現象	吸附现象
— power	吸收 能量	吸収能	吸收本领
— pressure	吸收壓	吸収圧	吸收压
absorptive capacity	吸收能力	吸収能力	吸收能力
abstergent	去汙劑	洗浄剤	去污剂
abstract	摘要	抄録	摘要
— algebra	抽象代數	抽象代数（学）	抽象代数
— data type	抽象數據類型	抽象データ型	抽象数据类型
— form	抽象形式	抽象形態	抽象形式
— group	抽象群	抽象群	抽象群
— machine	抽象機	抽象機械	抽象机
— object	抽象對象	抽象的対象	抽象对象
— program	抽象程序	抽象プログラム	抽象程序
— science	抽象科學	抽象科学	抽象科学
— set	電視演播室布景	アブストラクトセット	电视演播室布景
— symbol	抽象符號	抽象記号	抽象符号
abstraction	抽象	抽象（化）	抽象
— reaction	提取反應	引撥反応	抽象反应
AC arc welding machine	交流電焊機	交流アーク溶接機	交流电焊机
AC balance	交流穩壓器	交流バランサ	交流平衡器
AC-DC motor	交直流兩用電動機	交直両用電動機	交直流两用电动机
AC electric locomotive	交流電氣機關車	交流電手機関車	交流电气机关车
AC electric rsilcat	交流電車	交流電車	交流电车
AC elevator	交流電梯	交流エレベータ	交流电梯
AC erase	交流消磁	交流消去〔磁〕	交流消磁

英文	臺灣	日文	大陸
AC eraser	交流消磁器	交流消磁器	交流消磁器(头)
AC erasing	交流消去法	交流消去法	交流消去法
AC exciter	交流勵磁機	交流励磁機	交流励磁机
AC galvanometer	交流電流計	交流検流計	交流电流计(表)
AC generator	交流發電機	交流発電機	交流发电机
AC high-voltage fuse	交流高壓熔絲	交流高圧ヒューズ	交流高压熔丝〔保险器〕
AC indication relay	交流指示繼電器	交流表示継電器	交流指示继电器
AC indicator	交流指示器	交流指示器	交流指示器
AC initial permeability	交流起始導磁率	交流初透磁率	交流启始导磁率
AC interference	交流干擾	交流誘導障害	交流干扰
AC load	交流負載	交流負荷	交流负载
AC low-voltage fuse	交流低壓保險絲	交流低圧ヒューズ	交流低压保险丝
AC machine	交流電機	交流機	交流电机
AC magnetic biasing	交流磁偏	交流磁気バイアス	交流磁偏
AC pattern	AC探傷圖	AC探傷図形	AC探伤图
AC servo	交流伺服系統	交流サーボ	交流伺服系统
AC supply	交流電源	交流電源	交流电源
AC to DCconverter	整流器	交直変換器	整流器
AC voltage	交流電壓	交流電圧	交流电压
AC welder	交流熔接機	交流溶接機	交流电焊机
AC winding	交流繞組	交流巻線	交流绕组
acactin	合金歡素	アカセチン	合金欢素
acaciagum	阿拉伯樹脂	アラビヤゴム	阿拉伯树脂
acaciin	合金歡因	アカシイン	合金欢因
academic	科學城	学術都市	科学城
academician	學會會員	アカデミシャン	(学会)会员
academism	學院主權	アカデミズム	学院主权
academy	科學院	科学院	科学院
acanthite	硫銀礦	硫銀鉱	硫银矿
accel	催化劑	アクセル	催化剂
— pedal	油車踏板	アクセルペダル	油车踏板
accelerant	觸媒	促進剤	触媒
accelerated ageing	加速老化	促進老化	加速老化
— aging tester	加速老化試驗裝置	老化試験装置	加速老化试验装置
— attack	加速腐蝕	加速腐食	加速腐蚀
— aorrosion test	加速腐蝕試驗	加速腐食試験	加速腐蚀试验
— draft	加速通風	加速通風	加速通风
— flame	加速燃燒	加速火炎	加速燃烧
— motion	加速運動	加速運動	加速运动
— weathering	加速風化試驗	促進耐候（性）試験	加速风化（老化）试验

英文	臺灣	日文	大陸
— weathering machine	加速風化試驗機	促進耐候（性）試験機	加速风化（老化）试验机
accelerating	加速性能	加速能力	加速性能
— chamber	加速箱	加速箱	加速箱
— curve	加速度曲線	加速度曲線	加速度曲线
— electrode	加速電極	加速電極	加速电极
— field	加速電場	加速電界	加速电场
— flow	加速流	加速流	加速流
— grid	加速格子	加速格子	加速格子
— hot-water heating	加速溫水暖房法	加速湿水暖房法	快速热心采暖法
— lens	加速透鏡	加速レンズ	加速透镜
— particle	加速粒子	加速粒子	加速粒子
— power	加速功率	加速力	加速功率
— pump jet	加速量孔	加速ジェット	加速量孔〔化油器的〕
— pump lever	加速泵桿	加速ポンプレバー	加速泵杠杆
— reducing valve	快速減壓閥	加速減圧弁	快速减压阀
— relay	加速繼電器	加速継電器	加速继电器
— resistance	加速阻力	加速抵抗	加速阻力
— section	加速距離	助走距離	加速距离
— system	加速油系	加速系統	加速油系〔化油器的〕
— test	加速試驗	促進試験	加速试验
— tube	加速管	加速管	加速管
— voltage	加速電壓	加速電圧	加速电压
— well	加速用燃料室	加速用燃料室	加速用燃料室
acceleration	加速度	加速度	加速度
— amplitude	加速度振幅	加速度振幅	加速度振幅
— area	加速區間	加速区間	加速区间
— coefficient	加速係數	加速係数	加速系数
— constant	加速常數	加速定数	加速常数
— control unit	加速調節裝置	加速調節装置	加速调节装置
— error	加速度誤差	加速（度）誤差	加速（度）误差
— factor	加速率	加速係数	加速率
— governor	加速度調節器	加速度ガバナ	加速度调节器
— meter	加速度計	加速度計	加速度计
— of gravity	重力加速度	重力の加速度	重力加速度
— pedal	加速踏板	加速踏板	加速踏板
— seismograph apparatu	感震計器	感震計	感震计器
— accelerator	加速器	加速器	加速器
— pump	加速泵	加速ポンプ	加速泵
— accelerograpn	加速度計	加速度計	加速度计
acceptable angle	受射角	受光角	受射角

英文	臺灣	日文	大陸
— concentration	容許濃度	許容濃度	容许沈度
— intake	容許輸入量	許容摂取量	容许输入量
— level	劑量限度	線量限度	剂量限度
— limit	容許界限	合格限界	容许界限
— loss	容許損失	許容損失	容许损失
— noise level	容許噪聲級	許容騒音レベル	容许噪声级
— number	驗收係數	合格判定個数	验收介数
— product	合格品	合格品	合格品
— quality	驗收質量	合格品質	验收质量
acceptance	接收；合格	合格	接收；合格
— certificate	驗收合格證	検収証明書	验收合格证
— coefficient	合格判斷系數	合格判定係数	合格判断系数
— criteria	驗收標準	受入れ基準	验收标准
— inspection	驗收檢查	受入検査	接受检查
— limit	合格範圍	合格限界	合格范围
— line	合格線	合格線	合格线
— number	合格數	合格判定個数	验收介数
— of paint	對塗料的可塑性	塗料受理性	对涂料的可塑性
— procedure	驗收程序	受入手順	验收程序
— rogion	接受域	採択域	接受域
— sampling	驗收取樣	受入サンプリング	验收取样
— standard	合格標準	合格基準	合格标准
— test	驗收試驗	受取試験	验收试验
— tolerance	容許公差	検定公差	容许公差
— value	合格判定值	合格判定値	合格判定值
acceptor	帶通電路	通波器	带通电路
— center	接收中心	アクセプタ中心	接收中心
— charge	受體引爆藥	受爆薬	受体引爆药
— circuit	迎諧電路	アクセプタ回路	迎谐电路
accessible	半密閉壓縮機	半密閉圧縮機	半密闭压缩机
accessory	附件	付属品	附件
— compartment	設備室	装置室	设备室
— drive gearbox	補機齒車裝置	補機歯車装置	补机齿车装置
— drive shaft	輔助主動軸	補機駆動軸	辅助主动轴
— equipment	附屬設備	付属設備	附属设备
— for sanitary fixture	衛生設備附件	衛生器具付属品	卫生设备附件
— gearbox	輔助齒輪箱	補機歯車装置	辅助齿轮箱
— ingredient	次要成分	副成分	次要成分
— works	輔助工程	付帯度事	辅助工程
accident	事故	災害	事故

英文	臺灣	日文	大陸
— analysis	事故分析	事故解析	事故分析
— analysis report	事故分析報告	事故調査報告書	事故分析报告
— based analysis	事故分析	事故ベース解析	事故分析
— beyond control	不可抗拒距的事故	不可抗力の事故	不可抗拒距的事故
— cause	事故原因	事故原因	事故原因
— cost	事故費用	災害コスト	事故费用
— error	偶然誤差	偶然誤差	偶然误差
— frequency	事故頻度	災害頻度	事故频度
— insurance	傷害保險	災害保険	伤害保险
— investigation	事故調查	事故調査	事故调查
— liability	事故責任	事故責任	事故责任
— loss	事故損失	事故損失	事故损失
— photograph	事故照片	事故写真	事故照片
— prevention	事故預防	事故予防	事故预防
— proneness	事故傾向性	事故傾向性	事故倾向性
— rate	事故率	事故率	事故率
— rate analysis	事故率分析	事故率解析	事故率分析
— report	事故報告	事故報告（書）	事故报告
— risk	事故風險	事故リスク	事故风险
risk control	事故風險控制	事故リスク制御	事故风险控制
accidental	隨機符合	偶然の同時〔計数〕	偶然符合
— coincidence correction	隨機符合	同時発生の補正	随机符合
— damage	隨機損害	偶発損傷	偶然损害
— erasing protector	隨機消磁保護器	誤消去防止装置	偶然消磁保护器
— error	偶發誤差	偶差	偶然误差
— exposure	事故照射	事故時被ばく	事故照射
— failure	隨機故障	偶然故障	偶然故障
— fire	失火	失火	失火
acclimation	適應環境	環境順化	适应环境
accoioy	鎳鉻鐵耐熱合金	アッコロイ	镍铬铁耐热合金
account	記錄；計算	記録	记录；计算
accumulating total	累計	累計	累计
accumulator	蓄電池	蓄電池	蓄电池
— box	蓄電池箱	蓄電池箱	蓄电池箱
— circuit	蓄電池電路	アキュムレータ回路	蓄电池电路
— injection pump	蓄壓式噴射泵	蓄圧式噴射ポンプ	蓄压式喷射泵
— injection system	蓄壓噴射方式	蓄圧式噴射方式	蓄压喷射方式
— insulator	蓄電池絕緣子	蓄電池絶縁体	蓄电池绝缘子
— jar	電瓶	蓄電池槽	电瓶
— latch	累加器鎖存器	アキュムレータラッチ	累加器锁存器

英文	臺灣	日文	大陸
— metal	蓄電池極板合金	アキュムレータメタル	蓄电池极板合金
— pot	儲氣罐	アキュムレータポット	储气罐
— ram	貯料缸活塞	アキュムレータラム	贮料缸活塞
— register	累加寄存器	アキュムレータレジスタ	累加寄存器
— switch	電池轉換開關	アキュムレータスイッチ	电池转换开关
— tank	集油罐	アキュムレータタンク	集油罐
— tray	蓄電池盤	蓄電池皿	蓄电池盘
— turbine	蓄熱器汽輪機	アキュムレータタービン	蓄热器汽轮机
accuracy	精度	精度	精度
— class	精度等級	精度階級	精度等级
— control	精度控制	精度制御	精度控制
— control method	精密控制法	精密制御法	精密控制法
— control system	精度控制系統	正確度制御システム	精度控制系统
— of measurement	測定精度	測定精度	测定精度
— of positioning	位置精度	位置決め精度	位置精度
— of reading	讀取精度	読取り精度	读取精度
— of thread	螺紋精度	ねじ部の精度	螺纹精度
— fasting	精度等級	精度定格	精度等级
accurate	精密調整	精密調整	精密调整
— cuts	精密切削	精密切削	精密切削
acetacetate	乙醯乙酸酯	アセト酢酸鹽	乙醯乙酸酯
acetacetic ester	乙醯乙酸酯	アセト酢酸エステル	乙醯乙酸（乙）酯
acetal	乙醛縮	アセタール	乙醛缩
— group	縮醛基	アセタールプラスチック	缩醛基
— plastic	縮醛塑料	アセタール樹脂	缩醛塑料
— resin	縮醛樹脂	アセトアルデヒド	缩醛树脂
acetaldehyde	乙醛	アセタール	乙醛
— resin	乙醛樹脂	アセトアルデヒド樹脂	乙醛树脂
acetalization	縮醛作用	アセタール化	缩醛（化）作用
acetamidine	乙醚	アセトアミジン	乙醚
acetate	乙酸脂	アセテーヒ	乙酸脂
acetic acid	乙酸	酢酸	乙酸
— acid bacteria	乙酸細菌	乙酸細菌	乙酸细菌
acetylene	乙炔	アセチレン	乙快
— compressor	乙炔壓縮機	アセチレン圧縮機	乙炔压缩机
— cutting torch	乙炔割炬	アセチレン溶断器	乙炔割炬
— cylinder	乙炔瓶	アセチレン容器	乙炔瓶
— flame	乙炔焰	アセチレン火炎	乙炔焰
— gas bottle	乙炔汽罐	アセチレンガス	乙炔汽罐
— gas cylinder	乙炔汽瓶	アセチレン容器	乙炔汽瓶

英　文	臺　灣	日　文	大　陸
— welder	乙炔焊接機	アセチレン溶接機	乙炔焊接机
— welding	乙炔焊接	アセチレン溶接	乙炔焊（接）
— welding apparatus	氣焊裝置	アセチレン溶接裝置	汽焊装置
acid	酸性	酸	酸性
— acceptor	酸性接受體	酸受容体	酸性接受体
— accumulator	酸性蓄電池	アシッドアキュムレータ	酸(性)蓄电池
— albumin	酸白蛋白	酸アルブミン	酸白蛋白
— resisting concrete	耐酸混凝土	耐酸コンクリート	耐酸混凝土
— resisting enamel	耐酸瓷漆	耐酸エナメル	耐酸瓷漆
— resisting material	耐酸材料	耐酸材料	耐酸材料
— resisting mortar	耐酸砂漿	耐酸モルタル	耐酸砂浆
— resisting paint	耐酸漆(塗料)	耐酸ペイント	耐酸漆〔涂料〕
— resisting test	耐酸試驗	耐酸試験	耐酸试验
— setting resin	酸固定型樹脂	酸硬化性樹脂	酸固定型树脂
— slag	酸性爐渣	酸性スラグ	酸性(炉)渣
— sludge	酸渣	酸性スラッジ	酸渣
— soap	酸性皂	酸性石けん	酸性皂
— soluble phosphorus	酸溶性磷	酸溶性りん	酸溶性磷
— steel	酸性爐鋼	酸性鋼	酸性(炉)钢
— test	酸性試驗	酸試験	酸性试验
— tin plate	酸性鍍錫板(鐵皮)	酸性すずめっき	酸性镀锡板〔铁皮〕
— treatment	酸處理	酸処理	酸处理
— wash color test	酸著色試驗	酸着色試験	酸着色试验
— waste	酸性廢物	廃酸	酸性废物
— waste eater	酸性廢水	酸廃水	酸性废水
acoustical absorption	吸音	吸音	吸音
— absorptivity	聲吸收率	吸音率	声吸收率
— admittance	聲導納	音響アドミタンス	声导纳
— altimeter	聲音測高計	音響高度計	声学测高计
— analysis	聲音分析	音響分析	声学分析
— attenuation constant	聲衰減常數	音響減衰定数	声衰减常数
— beacon	聲信標	音響ビーコン	声信标
— board	吸音板	吸音板	吸声板
— bridge	聲僑	音響ブリッジ	声侨
— burglar alarm	聲響式防盜警報器	音響式盗難警報器	声响式防盗警报器
— burner	聲波燃燒器	音波バーナ	声波燃烧器
— capacitance	音響容量	音響容量	音响容量
— ceiling	吸音天花板	吸音天井	吸声天花板
— coupling	聲耦合	音響結合	声耦合
— damping	聲阻尼	音響制動	声阻尼

英文	臺灣	日文	大陸
— diagram	聲圖	音響図	声图
— domain	聲疇	音響ドメイン	声畴
— efficiency	聲效率	音響効率	声效率
— engineering	聲音工程	音響工学	声学工程
— fatigue	聲疲勞	音響疲労	声疲劳
— frequency	音頻	音響周波数	音频
— horn	傳話筒	音響ホーン	传话筒
— entrance	聲感抗	音響イナータンス	声感抗
— mass	聲質量	音響質量	声质量
— material	聲學材料	音響材料	声学材料
— measurement	聲音測量	音響測定	声学测量
— mode	聲模	音響形波動	声模
— ohm	聲歐姆	音響オーム	声欧姆
— oscillograph	示聲波器	音響オシログラフ	示声波器
— output	聲輸出	音響出力	声输出
— pipe	聲管	音響管	声管
— reactance	音響抵抗	音響リアクタンス	音响抵抗
— refraction	音折射	音響屈折	音折射
— regeneration	聲反饋	音響再生	声反馈
— resonance	聲共鳴	音響共振	声共鸣
acroleic acid	乙烯酸	アクロレイン酸	乙烯酸
acrolein	丙烯醛	アクロレイン	丙烯醛
— resin	丙烯醛樹脂	アクロレイン樹脂	丙烯醛树脂
acrolite	苯酚甘油縮合樹脂	アクロライト	苯酚甘油缩合树脂
Acron	鋁基銅硅合金	アクロン	铝基铜硅合金
acronal	丙烯醛樹脂	アクロナル	丙烯醛树脂
acronol	丙烯醛樹脂乳	アクロナール	丙烯醛树脂乳
acryl	丙烯基	アクリル	丙烯基
— acid ester	丙烯酸酯	アクリル酸エステル	丙烯酸酯
— case	丙烯樹脂外賣	アクリルケース	丙烯树脂外卖
— ester	丙烯酸酯	アクリル	丙烯酸酯
— resin	丙烯酸（類）樹脂	アクリル樹脂	丙烯酸（类）树脂
acrylic	丙烯基	アクリル	丙烯基
— acid fesin	丙烯酸	アクリル酸樹脂	丙烯酸
— sldehyde	丙烯醛	アクロレイン	丙烯醛
— board	丙烯酸樹脂板	アクリル板	丙烯酸树脂板
— coating	丙烯酸（樹脂）塗料	アクリル樹脂塗料	丙烯酸（树脂）涂料
— compound	丙烯酸化合物	アクリル酸化合物	丙烯酸化合物
— enamel	丙烯酸磁漆	アクリルエナメル	丙烯酸磁漆
— ester	丙烯酸酯	アクリル（酸）エステル	丙烯酸酯

英文	臺灣	日文	大陸
— ester plastic	丙烯酸酯塑料	アクリル可塑物	丙烯酸酯塑料
— fabric	丙烯酸纖維	アクリル織物	丙烯酸纤维
— fiber	丙烯酸類纖維	アクリル系纖維	丙烯酸类纤维
— glass	丙烯酸玻璃	アクリルガラス	丙烯酸玻璃
— material	丙烯酸樹脂材料	アクリル樹脂材料	丙烯酸树脂材料
— plastic	丙烯酸塑料	アクリル酸プラスチック	丙烯酸塑料
— resin adhesives	樹脂接著劑	アクリル樹脂接着剤	树脂接着剂
— resin coating	丙烯酸樹脂涂料	アクリル樹脂塗料	丙烯酸树脂涂料
— resin paint	丙烯酸樹脂漆	アクリル樹脂塗料	丙烯酸树脂漆
— sheet	丙烯酸樹脂板	アクリル板	丙烯酸树脂板
acrylite	聚丙烯酸酯塑料	アクリライト	聚丙烯酸酯塑料
acryloid	丙烯酸劑	アクリロイド	丙烯酸剂
— plastic	丙烯酸塑料	アクリル可塑物	丙烯酸塑料
acrylonitrile	ABS樹脂	アクリロニトリル	ABS树脂
— styrene fesin	AS樹脂	AS 樹脂	AS树脂
actinium ,Ac	錒	オクタニウム	铁铬钴低膨胀合金
acting face	作用面	圧力面	作用面
— time	動作時間	動作時間	动作时间
action	作用	作用	作用
— center	作用中心	作用中心	作用中心
— code	動作碼	アクションコード	动作码
— code suffix	接尾部	アクションコード接尾部	接尾部
— command	運行命令	アクションコマンド	运行命令
— current	工作電流	活動電流	工作电流
— decision	行動方案決策	アクション決定	行动〔方案〕决策
— directive	動作控制命令	アクション指示	动作控制命令
— function	作用函數	作用関数	作用函数
— information tree	活動情報樹	アクション情報樹	活动情报树
— limit	處置界限	処置限界	处置界限
— line	處置限界線	処置限界線	处置限界线
— period	作用期	アクションピリオド	作用期
— quantum	作用量子	作用量子	作用量子
— radius	活動半徑	行動半径	活动半径
— roller	活動滾輪	アクションローラ	活动滚轮
— routine	運行程序	アクションルーチン	运行程序
— space	活動空間	行動空間	行动空间
— specification	動作說明	行為の仕様	动作说明
— spectrum	作用光譜	作用スペクトル	作用光谱
activated adsorption	活性化吸附	活性化吸着	活性化吸附
— altiroll tank	活動安定水槽	能動型安定水槽	活动安定水槽

英文	臺灣	日文	大陸
— carbon	活性炭	活性炭	活性炭
— carbon adsorption	活性炭吸附	活性炭吸着	活性炭吸附
— carbon adsorption method	活性炭吸附法	活性炭吸着法	活性炭吸附法
— carbon deodorization	活性炭脫臭	活性炭脱臭	活性炭脱臭
— carbon fibber	活性炭素纖維	活性炭素繊維	活性炭素纤维
— carbon treatment	活性炭處理	活性炭処理	活性炭处理
— charcoal	活性炭	活性炭	活性炭
activation	活化	活性化	活化
— adsorption	活性吸附作用	活性化吸着	活性吸附〔作用〕
— analysis	活化分析	放射化分析	活化分析
— center	活性中心	活性化中心	活性中心
— control	活化控制	活性化支配	活化控制
— cross section	活化截面	放射化断面積	活化截面
— detector	活化探測器	放射化検出器	活化探测器
— energy	活化能	活性化エネルギー	活化能；激活能
— foil	活化箔	放射化は	活化箔
active alkali	活性鹼	活性アルカリ	活性硷
— amyl	2-甲代丁基	活性アミル基	2-甲代丁基
— antenna	激勵天線	能動アンテナ	激励天线
— contor	活性中心	活性中心	活性中心
— chain	有效鏈	アクティブチェーン	有效链
— channel	占線電路	動作中の通話路	占线电路；占线通道
— charcoal	活性炭	活性炭	活性炭
— charge	有效電荷	アクティブチャージ	有效电荷
— circuit	有效電路	アクティブ回路	有源电路
— coating	活性塗層	活性被覆	活性涂层
— cutting fluid	活性切削油	活性切削油剤	活性切削油
— deposit	放射性沈積物	活性沈殿	放射性沈积物
— electrode	活性電極	活性電極	活性电极
— electron	活性電子	活性電子	活性电子
— hydrogen	活性氫	活性水素	活性氢
— ingredient	活性組分	活性成分	活性组分
— lattice	堆芯柵格	放射性格子	堆芯栅格
— loss	有功損耗	能動損失	有功损耗
— metal	活性金屬	活性金属	活性金属
— molecule	活性分子	活性分子	活性分子
— oxygen	活性氧	活性酸素	活性氧
— particles	活性粒子	活性粒子	活性粒子
— pigment	活性顏料	活性顔料	活性颜料
— policy	有效方針	積極方針	有效方针

英文	臺灣	日文	大陸
— power	有效功率	有効出力	〔有功〕功率继电器
— principle	有效成分	有効要素	有效成分
— program	活動程序	実行中のプログラム	活动程序
— pull-up	有源正偏	能動プルアップ	有源正偏
— ratio	活動比率	活動比率	活动比率
— repair time	實際修理時間	実修理時間	实(际)修(理)时间
— section	活性區	放射性部分	活性区
— session	活性二氧化硅	アクティブセッション	活性二氧化硅
— site	活性部位	活性点	活性部位
— sonar	主動式聲納	アクティブソナー	主动式声纳
— stack	操作棧	アクティブスタック	操作栈
— state	放大狀態	アクティブ状態	放大状态
— time	有效時間	アクティブタイム	有效时间
— volcano	活火山	活火山	活火山
activity	旋光性(光學)	活動性〔度〕	旋光性〔光学〕
— analysis	活動性分析	稼動分析	活动性分析
— coefficient	活量係數	活率係数	活量系数
— concentration	放射能濃度	放射能濃度	放射能浓度
— curve	放射性曲線	放射能曲線	放射性曲线
— factor	工作係數	作動係数	工作系数
— index	活性指數	活動係数	活性指数
— loading	活動載荷	活動ローディング	活动载荷
actual	絕對地址	実アドレス	绝对地址
— air	實際空氣量	実際空気量	实际空气量
— carbon	實際含碳量	残炭量	残碳量
— cone	實圓錐	実円すい	实圆锥
— deviation	實際偏差	実体偏差	实际偏差
— dimension	實際尺寸	実際寸法	实际尺寸
— measurement	實際測量	実際測定	实际测量
— measurements	實際值	実測値	实际值
— parameter	實際參數	実パラメータ	实际参数
— service life	實際使用壽命	実用寿命	实际使用寿命
— service test	現場試驗	実用測験	现场试验
— size	實際尺寸	実寸(法)	实际尺寸
— speed	實際速度	実応力	实际速度
— stress	實際應力	実際速度	实际应力
— stress intensity	實際應力(強度)	真応力度	实际应力(强度)
— survey method	實測法	実測法	实测法
— thickness	實際厚度	実際厚さ	实际厚度
— throat	實際縫銲厚度	実際のど厚	实际焊缝厚度

英文	臺灣	日文	大陸
— time	動作時間	実時間	动作时间
— velocity	實際速度	実際速度	实际速度
— weight	實重要	実重量	实重要
actuating cam	推動凸輪	動作カム	推动凸轮
— system	作動系統	動作システム	作动系统
— variable	工作變數	動作変数	工作变数
actuation	致動	作動	致动
actuator	操作機購（引動器）	作動装置	操作机购
acurad diecast	雙柱塞高速精密壓鑄法	アキュラッドダイカスト	双柱塞高速精密压铸法
acute angle	銳角	鋭角	锐角
— bisectrix	銳角平分線	鋭二等分線	锐角平分线
acylability	可酸化性	アシル化性	可酸化性
acylal	縮碳基酯	アシラール	缩碳(基)酯
acylating atent	酸化劑	アシル化剤	酸化剂
acylation	酸基化作用	アシル化	酸(基)化(作用)
acylglycerols	酸基甘油	アシルグリセロール	酸基甘油
acloin	偶姻	アシロイン	偶姻
acyloxy	酸氧基	アシルオキシ	酸氧基
ad-conductor	吸附導體	アドコンダクタ	吸附导体
ad-tower	廣告塔	広告塔	广告塔
A/D converter	間接法模-數轉換器	A/ D変換器	间接法模-数转换器
A/D encoder	模-數編碼器	A/ Dエンコーダ	模-数编码器
Adac	阿迺克壓鑄鋅合金	アダック	阿乃克压铸锌合金
adaline	自適線性元件	アダーライン	自适应线性元件
Adam architecture	亞當式建築	アダム様式の建築	晋当式建筑
adamant	金剛石	金剛石	金刚石
adamellite	石英二長石	アダムライト	石英二长石
adamite	鎳鉻耐磨鑄鐵	アダマイト	镍铬耐磨铸铁
adaptability	自適性	適応性	自适应性
— control	自適控制	適応制御	自适应控制
— production system	適應生產系統	適応生産システム	适应生产系统
— system	適應系統	可適応システム	适应系统
— theater	活動劇場	可動式劇場	活动剧场
— level	適應水準	順応	适应水准
— lighting	適應照明	適応水準	适应照明
— mechanism	適應機構	緩和照明	适应机构
— to hight altitude	高空適應	適応機構	高空适应
adaptation	適應；順應	高所適応	适应；顺应
— adapted area	適用基地	適地	适用基地
adapter	管接頭；插座	適合器	管接头；(插)座

英文	臺灣	日文	大陸
— booster	傳爆藥管	アダプタブースタ	传爆药管
— card	軸接插件	アダプタカード	轴接插件
— jack	轉接器插座	アダプタジャック	转接器插座
— lens	適配透鏡	アダプタレンズ	适配透镜
— path	連接路線	アダプタパス	连接路线
— plate	接裝	取り付け板	固定板
— ring	接合環	アダプタリング	接合环
— sleeve	連接套筒	アダプタスリーブ	连接套〔筒〕
— system	適應系統	アダプタシステム	适应系统
— union	安裝調整螺釘	アダプタユニオン	安装调整螺钉
— adaptation	成套配合件	付属具	成套配合件
— adaptive allocation	自適應分配	適応配分	自适应分配
— artificial organ	自適性人造器官	適応人工臓器	自应性人造器官
— capacility	自適性能力	適応容器	自适性能力
— characteristic	自適特性	適応特性	自适应特性
— control machine tool	自適性控制工作機械	適応制御工作機械	自适性控制工作机械
— control machining	自適性控制機加工	適応制御機械加工	自适性控制机加工
— digital control	自適性數値控制	適応ディジタル制御	自适性数值控制
— discrete model	自適性離散模型	適応離散的モデル	自适性离散模型
flight control system	自適性飛行控制系統	適応飛行制御システム	自适性飞行控制系统
— human operator	自適性人工操作手	適応人間オペレータ	自适性人工操作手
— machinery control	自適性機械加工控制	適応機械加工制御	自适性机械加工控制
— measurement	自適性模型跟蹤控制系統	適応測定	自适性模型跟踪控制系统
— model method	自適性模型方法	適応モデル法	自适性模型方法
— model system	自適性模型系統	適応モデルシステム	自适性模型系统
— modeling	自適性建模	適応モデリング	自适性建模
— multinvariable system	自適性多變量模型	適応多変数モデル	自适性多变量模型
— observer	自適性觀測器	適応オブザーバ	自适性观测器
— optimal controller	自適性最佳控制器	適応最適制御装置	自适性最优控制器
— optimal reulator	自適性最佳調節器	適応最適レギュレータ	自适性最优调节器
— optimization	自適性最佳化	適応最適化	自适性最优化
— production	自適性生產系統	適応生産システム	自适性生产系统
— robot	自適性機器人	適応ロボット	自适性机器人
adaptivity	適應性	適応性	适应性
analysis	適應性分析	適応性解析	适应性分析
adatom	吸附原子	吸着原子	吸附原子
adcock antenna	愛德考克天線	アドコックアンテナ	爱德考克天线
add	加；增加	加算	加；增加
added lead gasoline	含鉛汽油	加鉛ガソリン	含铅汽油

英文	臺灣	日文	大陸
— loss	附加損耗	付加損失	附加损耗
— magnetic field	附加磁場	付加磁場	附加磁场
— mass	附加質量	付加質量	附加质量
— mass effect	附加質量效應	付加質量効果	附加质量效应
— metal	填充金屬	添加金属	填充金属
— turning lane	外加轉向車道	付加転向車線	外加转向车道
— value	附加價值	付加価値	增殖价值
— weight	附加重量	付加重量	附加重量
addend	加數	加数	加数
— register	加數暫存器	加数レジスタ	加数寄存器
addendum	齒頂高(齒冠)	歯先	齿顶高
— angle	齒頂角(齒冠)	歯先角	齿顶角
— circle	齒頂圓(齒冠)	歯先円	齿顶圆
— circle diameter	齒頂直徑(齒冠)	歯先円直径	齿顶直径
— height	齒頂高(齒冠)	歯末のたけ	齿顶高
adder	加法器	加算器	加法器
— amplifier	加法放大器	アダー増幅器	加法放大器
— gate	加法器閘	加算ゲート	加法器门
— subtracter	加減算機	加減算器	加减算机
— tube	加法管	アダーチューブ	加法管
— unit	加法器部件	アダーユニット	加法器部件
adding	增加；總和	加算	增加；总和
— circuit	加法運算回路	加算回路	加法运算回路
— device	加法器	アディングデバイス	加法器
— machine	加法器	加算機	加法器
— operator	加法運算符	加減作用素	加法运算符
addition	添加劑；擴建	加算	增加剂；扩建
— agent	添加劑	添加剤	增加剂
— and subtraction	加減法	加減算	加减法
— compound	加成化合物	付加化合物	加成化合物
— condensation	加成縮合	付加縮合	加成缩合
— file	補充文件	追加フィイル	补充文件
— item	補充項	追加項目	补充项
— polymerization	加聚反應	付加重合	加聚反应
— process	加成法	加成法	加成法
— product	加成產物	付加物	加成(产)物
additional allowance	附加率	割増し率	附加率
— bar	補強鋼筋	補助鉄筋	补强钢筋
— display module	附加顯示模件	表示けた追加機構	附加显示模件
— equipment	附加設備	追加装備	附加设备

英文	臺灣	日文	大陸
— mass	附加質量	付加質量	附加质量
— matter	添加物	添加物	添加物
— power supply	附加電源	追加電源構機	附加电源
— storage attachment	附加存儲器	記憶装置追加機構	附加存储器
— strength	補強	補強	补强
— strengthening	補強構造	補強構造	补强构造
— structure	附加機構	付加機構	附加机构
— weight	附加荷載	付加荷重	附加荷载
additive	添加劑	混和剤	添加剂
— agent	添加劑	添加剤	添加剂
— air	補充空氣	補充空気	补充空气
— attribute	附加屬性	付加属性	附加属性
— resin	添加樹脂	添加樹脂	添加树脂
additivity	相加性	加成性	相加性
address	位址	番地	地址
— bit	地址位	アドレスビット	地址位
— blank	空地址	アドレスブランク	空地址
— code	位址代碼	アドレス符号	地址代码
— decrement	位址減量	アドレスデクリメント	地址减量
adelite	砷鈣鎂石	アデル石	砷钙镁石
ader wax	粗地蠟	生ろう	粗地蜡
adfluxion	匯流	合流	汇流
adherability	粘附性	付着性	粘附性
adherence	粘附性	密着	粘附性
— pressure	附著壓力	押し上げ圧力	附着压力
— test	粘附強度試驗	密着度試験	粘附强度试验
adherend	粘附體	密着体	粘附体
— failure	粘附體破壞	被着体破壊	粘附体破坏
— surface	粘附表面	被着体面	粘附表面
adherent slag	粘連熔渣	粘着スラグ	粘连熔渣
adherometer	附著力計	アドヘロメータ	附着力计
adheroscope	粘附計	アドヘロスコープ	粘附计
adhesion	附著力	粘着力	粘附力
— agent	接著劑	はく離防止剤	接着剂
— bond	密合；粘合	付着	密合；粘合
— constant	粘附常數	粘着係数	粘附常数
— force	附著力	付着力	附着力
— method	粘著法；附著法	はり付け法	粘着法；附着法
— of print	油墨粘附性	プリントの密着性	油墨粘附性
— strength	粘接強度	付着強さ	粘接强度

英文	臺灣	日文	大陸
— stress	粘著應力	付着応力	粘着应力
— system	附著式	付着式	附着式
— test	附著力試驗	付着力試験	附着力试验
— tester	黏著試驗	粘着力試験装置	粘着力试验装置
— traction	粘附牽引	粘着けん引	粘附牵引
— values	附著値	粘着値	附着值
adhesive	附著劑	接着剤	粘结材料
— action	粘合作用	接着作用	粘合作用
— agent	粘結劑	接着剤	粘结剂
— bond	粘接層	接着層	粘接层
— bonding	粘接	接着結合	粘接
— capacity	粘合性	粘着性	粘合性
— energy	粘接能	付着エネルギー	粘接能
— face	粘合面	粘着面	粘合面
— film	膠粘膜	接着フィルム	胶粘膜
— joint	粘合縫	接着ジョイント	粘合缝
— linkage	粘接層	接着層	粘接层
— mass	粘合劑	粘着剤	粘合剂
— material	粘合材料	接着剤	粘合材料
— matrix	粘結劑	固着剤	结合剂
— power	粘附力	接着力	粘附(能)力
— primer	定影劑	定着剤	定影剂
adiabatic approximation	絕熱近似法	断熱近似	绝热近似（法）
— calorimeter	絕熱量熱器	断熱熱量計	绝热量热器
— compressibility	絕熱壓縮係數	断熱圧縮係数	绝热压缩系数
— contraction	絕熱收縮	断熱収縮	绝热收缩
— cooling temperature	絕熱冷卻溫度	断熱冷却温度	绝热冷却温度
— efficiency	絕熱效率	断熱効率	绝热效率
— engine	絕熱發動機	断熱エンジン	绝热发动机
— expansion	絕熱膨脹	断熱膨脹	绝热膨胀
— exponent	絕熱指數	断熱指数	绝热指数
— extrusion	絕熱壓出	断熱（式）押し出し	绝热压出
— flame temperature	絕熱火焰溫度	断熱火炎温度	绝热火焰温度
— free expansion	絕熱自由膨脹	断熱自由膨張	绝热自由膨胀
— gradient	絕熱梯度	断熱傾き	绝热梯度
— heat drop	絕熱熱降	断熱熱落差	绝热热降
— hot gas dryer	絕熱式熱風乾燥器	断熱式熱風乾燥器	绝热式热风乾燥器
— index	絕熱率	断熱指数	绝热率
— motion	絕熱運動	断熱運動	绝热运动
— process	絕熱過程	断熱過程	绝热过程

英文	臺灣	日文	大陸
— reaction	絕熱反應	断熱反応	绝热反应
— reactor	絕熱反應器	断熱反応器	绝热反应器
— rectification	絕熱蒸餾	断熱蒸留	绝热蒸馏
— reversible change	絕熱可逆變化	断熱可逆変化	绝热可逆变化
— reversible process	絕熱可逆過程	断熱可逆過程	绝热可逆过程
— saturated temperature	絕熱飽和溫度	断熱飽和温度	绝热饱和温度
— strain	絕熱應變	断熱ひずみ	绝热应变
— wall	絕熱壁	断熱壁	绝热壁
adjective dye	間接染料	間接染料	间接染料
adjoining carbons	鄰接碳(原子)	隣接炭素(原子)	邻接碳〔原子〕
adjoin	伴隨	随伴	伴随；相伴
adjunct	添加劑；附屬物	付加物	添加剂；附属物
— circuit	附加電路	関連回路	附加电路
adjust	調節；校正	調整	调节；校正；试射
— bolt	調整螺栓	調整ボルト	调整(节)螺栓
— crank	可調曲柄	可調クランク	可调曲柄
— length	調整範圍	可調寸法	调整范围
— nut	調整螺母	調整ナット	调整(节)螺母
— point	調整點；校準點	可調ポイント	调整点；校准点
— ring	調整環	調整リング	调整环
— rod	調整棒	調整ロッド	调整棒
— screw	調整螺釘(絲)	調整ねじ	调整螺钉〔丝〕
adjustability	可調性	調整性	可调性
adjustable air capaction	可調空氣電容器	加減空気コンデンサ	可调空气电容器
— array	可調數組	整合配列	可调数组
— bearing	可調軸承	調整軸受	可调轴承
— bolt	調整螺栓	調整ボルト	调整(节)螺栓
— cam	可調凸輪	調整カム	可调凸轮
— contact	可調接點	可調コンタクト	可调接点
— device	調整裝置	加減装置	调整装置
— nut	調整螺母	調整ナット	调整螺母
— pitch blades	可調螺距葉片	可動翼	可调螺距叶〔片〕
— resistance	可調電阻	加減抵抗	可调电阻
— rotor blade	可調轉子葉片	可変動翼	可调转子叶片
— retainer	可調整扣件	曲線定規	可调整扣件
— reamer	可調套管鉸刀	調整筒形リーマ	可调套管铰刀
adjuster	調整裝置	調整器	调整装置
adjusting	調整	調整	可调式
— bolt	調整螺栓	調整ボルト	调整螺栓
— cock	調節旋塞	加減コック	调节旋塞

英文	臺灣	日文	大陸
— device	調整裝置	調整装置	调整装置
— gear	調整齒輪	調整歯車	调整齿轮
— hand wheel	調整手輪	調整ハンドル車	调整手轮
— key	調準鍵	調整キー	调准键
— liner	調整塊	調整ライナ	调整块
— liner for installation	安裝用調整墊片	据え付け調整ライナ	安装用调整垫
— mechanism	調整機構	調整機構	调整机构
— range	整定範圍	調整範囲	整定范围
— roller	調整輥輪	調整ローラ	调整辊轮
— screw	調整螺釘	調整ねじ	调整螺钉
— spring	調節彈簧	調整ばね	调节弹簧
— valve	調整閥	加減弁	调整阀
— wedge	調整楔	アジャスティングウエッジ	调整楔
adjustment	調整	調整	调整装置;修正
— plate	調整板	調整板	调整板
— sheet	調整板	調整シート	调整表
— tool	調整工具	調整工具	调整工具
admiralty brass	海軍黃銅	黄銅	海军黄铜
— gun metal	海軍砲銅	砲金	海军炮铜
— metal	海軍黃銅	アドミラルティメタル	海军黄铜
admissibity	容許度	許容度	许容度
— control system	容許控制系統	許容制御システム	容许控制系统
— error	容許誤差	容許誤差	容许误差
— load	容許荷重	容許荷重	容许荷重
— stress	容許應力	容許応力	容许应力
admittance	公差	アドミタンス	公差
— parameter	容許參數	アドミタンスパラメータ	容许参数
Adnic	銅鎳系合金	アドニック	铜镍系合金
adonic	銅鎳錫合金	アドニック	铜镍锡合金
adsorber	吸附裝置	吸着器	吸附装置
adsorption	吸附作用	吸着	吸附〔作用〕
— analysis	吸附分析	吸着分析	吸附分析
— apparatus	吸附裝置	吸着装置	吸附装置
— area	吸附面積	吸着面積	吸附面积
— curve	吸附曲線	吸着曲線	吸附曲线
— equation	吸附方程式	吸着式	吸附方程式
— ion	吸附離子	吸着イオン	吸附离子
adsorptivity	吸附性	吸着性	吸附性
astringent	收斂劑	収れん剤	收敛剂
adsubble method	起泡分離法	起泡分離法	起泡分离法

英文	臺灣	日文	大陸
adult ratio	成人比率	成人率	成人比率
adustion	可燃性	可燃性	可燃性
advance	提早;先期	進歩	前进; 前置
advance alloy	高比阻銅鎳合金	アドバンス合金	高比阻铜镍合金
advantage	利益	有利な点	利益
— factor	快通量有利因子	有利係数	〔快通量〕有利因子
advection	平流	熱の水平対流	平流〔热效〕
adverse	相反的效果	悪影響	相反的效果
advertising car	廣告汽車	宣伝用自動車	广告汽车
— van	廣告用汽車	宣伝用自動車	广告用汽车
AE concrete	加氣混凝土	AEコンクリート	加气混凝土
AE count	聲音發射計數	AE計数（～けいすう）	声发射计数
AE event count	聲音發射現象計數	AE事象数	声发射现象计数
accidium	銹孢子器	さび胞子器	锈孢子器
addelite	葡萄石	エーデライト	葡萄石
aedelite	小神殿	エディキュール	小神殿
aerator	充氣器;鬆砂機	気ばく装置	通风设备
— fitting	通氣混合接頭	エアレータ継手	通气混合接头
— pipe	通氣組織(生物的)	ばっ気管	通气组织〔生物的〕
aerial	天線	架空線	天线
— balance	天線匹配(平衡)	空中線平衡	天线匹配〔平衡〕
— pollution	大氣污染	大気汚染	大气污染
— port	機場	空港	机场
— rod	天線桿	アンテナ棒	天线杆
— survey	航空勘測	航空探査	航空勘测
— transport	空中運輸	航空輸送	空中运输
— view	天線線圖	鳥かん図	天线线圈
aerobic	好氣性	好気性	好气性
aerodynamic body	空氣動力體	空力応用ボディー	空气动力体
— center	空氣動力中心	空力中心	（空）气动力中心
— coefficient	空氣動力係數	空力係数	空气动力系数
— derivative	空氣動力導數	空力微系数	空气动力导数
— diameter	空氣動力學直徑	空気動力学直径	空气动力学直径
— drag	空氣動力阻力	空力抵抗	（空）气动力阻力
— experiment	空氣動力試驗	空力実験	空气动力试验
— fan	回轉式鼓風機	回転型送風機	回转式鼓风机
— force	空氣動力	動的空気力	空气动力
— heating	空氣動力加熱	空中加熱	空气动力加热
— retarder	氣動減速器	空気式減速器	气动减速器

英文	臺灣	日文	大陸
aerodynamics	空氣動力學	空気力学	空气动力学
aeroelasticity	氣動彈性	空力弾性	气动弹性
aeroelastics	氣動彈性力學	空気弾性学	气动弹性（力）学
aerofilter	空氣過濾器	エアロフィルタ	空气过滤器
aerofloat	水上飛機浮筒	エアロフロート	（水上）飞机浮筒
aerofoil	機翼	翼	机翼
— profile	翼形斷面	翼形断面	翼形断面
— section	翼剖面	翼端	翼形螺旋桨
— tip	翼尖	翼端	翼尖
aeroform	爆炸成形	エアロフォーム	爆炸成形
aerohydroplane	水飛機	水上飛行機	水飞机
Aerolite	艾魯利特鋁合金	エーロライト	艾鲁利特铝合金
aeromedical ladoratory	航空醫學實驗室	航空医学実験室	航空医学实验室
aerometal	航空鋁合金	航空用金属	航空（铝）合金
aeromotor	航空發動機	航空発動機	航空发动机
aeronaut	飛行員	飛行乗員	飞行员
aeronautic beacon	航空信號	航空ビーコン	航空信号
— chart	航空圖	航空図	航空图
— communication	航空通信	航空通信	航空通信
— engineering	航空工程	航空工学	航空工程
— ground lights	地面航行燈	航空灯台	地面航行灯
— ground radio station	地面導航站	航空航行局	地面导航站
— information	航空情報	航空情報	航空情报
aeronautics	航空學	航空学	航空学
aeronavigation	空中導航	空中航法	空中导航
aeroplane	飛機	飛行機	飞机
— antenna	飛機天線	飛行機アンテナ	飞机天线
— carrier	航空母艦	航空母艦	航空母舰
— engine	航空發動機	航空発動機	航空发动机
aeropropeller	航空螺旋槳	空中プロペラ	航空螺旋桨
— vessel	航空螺旋槳推進船	空中プロペラ	航空螺旋桨推进船
aeroshed	飛機庫	格納庫	飞机库
aerostat	輕航空器	軽航空機	轻航空器
— force	靜浮力	静浮力	静浮力
aerostatics	空氣靜力學	空気静力学	空气静力学
aerothermochemistry	空氣熱力化學	空力熱化学	空气热力化学
aerothermodynamics	空氣熱力學	空気熱力学	空气热力学
aerothermoelasticity	氣動熱彈性	空力熱弾性	气动热弹性
aerator	空中牽引飛機	航空用機関	空中牵引飞机
aerotriangulation	空中三角測量	空中三角測量	空中三角测量

英文	臺灣	日文	大陸
aeroturbine	航空輪機	航空タービン	航空涡轮
aerovane	風車	風向風速計	风车
aerovideo	航空電視	エアロビデオ	航空电视
aeroview	鳥瞰圖	鳥かん図	鸟瞰图
aerugo	銅綠	緑青	铜线〔绿〕
affected	加工變質層	加工変質層	加工变质层
— zone	熱影響區	変質部	热影响区
affinage	離心洗糖法	精練法	离心洗糖法
affinor	反對稱張量	アフィノール	反对称张量
affirmation	肯定	肯定	肯定
affix	附標	付随値	附标
affluent	支流	支川	支流
affluxion	匯流	合流	汇流
afterbody	跟蹤物體	追従物体	跟踪物体
afterburner	補燃器	再燃装置	补燃器
after cooling	二次冷卻	アフタクーリング	加力燃烧发动机
aftercure	後硫化	後加硫	後硫化
aftercuring	後期養護	後期養生	後期养护
after-drip	後滴現象	アフタドリップ	後滴现象
aftereffect	副作用	余効	副作用
— constant	後效常數	余効定数	後效常数
— current	後效電流	余効電流	後效电流
— function	後效函數	余効関数	後效函数
after-expansion	永久膨張	永久膨脹	永久膨张
after-filter	後過濾器	後ろ過器	後过滤器
after-filtration	最後過濾	後ろ過	(最)後过滤
after-fire	自發點火燃燒	アフタファイヤ	自发点火燃烧
afterflow	後期吹風(轉爐)	アフタフロー	蠕变
after-frame	補架	アフタフレーム	补架
after-growth	再生現象	復活現象	再生现象
afterheating	後加熱	あと燃え	後(加)热
after ignition	後期點火	アフタ着火	滞後点火
aftertreatment	後處理	後処理	後处理
agate	瑪瑙	めのう	玛瑙
— glass	瑪瑙玻璃	めのうガラス	玛瑙玻璃
age	使用期限	年齢	年龄;使用期限
— based maintenance	時效保養	経時保全	时效保养
— hardening	時效硬化	時効硬化	时效硬化
— hardening stainless steel	時效硬化不銹鋼	時効硬化ステンレス鋼	时效硬化不锈钢
— resistance	耐老化性	耐老化性	耐老化性

英文	臺灣	日文	大陸
agglomerant	粘結劑	アグロメラント	粘结剂
agglomeration	燒結	凝集	烧结
— of industries	工業聚集	工業集積	工业聚集
agglomerator	凝聚劑	凝集剤	凝聚剂
agglutinant	凝集劑	凝集剤	凝集剂
agglutination	凝集作用	凝集	凝集作用
— reaction	燒結反應	凝集反応	烧结反应
agglutinin	凝集素	凝集素	凝集素
agglutinogen	凝集原	凝集原	凝集原
aggradation	沈積；填充	アグラデイション	沈积；填充
aggregate	聚集體	骨材	骨料；聚集体
aggregating agent	凝集劑	凝集剤	凝集剂
aggression	聚集作用	凝集	聚集作用
aggression	侵蝕性游離碳酸	侵食	侵蚀性游离碳酸
aging	老化；時效	老化	老化
— acting	老化作用	老化作用	老化作用
agitated dryer	攪拌式乾燥器	かくはん型乾燥器	搅拌式乾燥器
— trough blade	槽式攪拌乾燥器	槽型かくはん乾燥機	槽式搅拌乾燥器
agitating blade	攪拌片	かくはん羽根	搅拌吐片
— device	攪拌裝置	かくはん装置	搅拌装置
— element	攪拌器片	かくはん翼	搅拌器吐片
agitation	攪拌；搖動	かき混ぜ	搅拌；摇动
— equipment	攪拌裝置	かくはん装置	搅拌装置
agitator	攪拌器	かくはん機	搅拌器
— drier	攪拌乾燥器	かくはん乾燥器	搅拌乾燥器
— tank	攪拌槽	かくはん浴	搅拌槽
— truck	攪拌車	アジテータトラック	搅拌车
ahead	向船首	前進	向船首
— cam	正車凸輪	前進カム	推进凸轮
— dummy	順車空轉	前進ダミー	顺车空转
— exhaust cam	前進排氣凸輪	前進排気カム	推进排气凸轮
— pitch	前進螺距	前進ピッチ	正车螺距；前进螺距
— power	前進功率	前進力	前进功率；正车功率
— turbine	前進渦輪	前進タービン	推进涡轮
Aich metal	含鐵四六黃銅	アイヒメタル	含铁四六黄铜
Aichis metal	含鐵四六黃銅	アイヒスメタル	含铁四六黄铜
aid	補助設施	エイド	补助设施
aiguille	穿孔器	せん孔ぎり	穿孔器
aikinite	針狀硫鉛礦	アイキナイト	针状硫铅矿
aileron	副翼	補助翼	副翼

英文	臺灣	日文	大陸
— angle	副翼偏轉角	補助翼角	副翼偏转角
— bazz	副翼自激擇振	補助翼バズ	副翼自激择振
aiming circle	方向盤	方向板	方向盘
— error	視覺誤差	視準誤差	视觉误差
air	空氣	空気	空气
— accumulator	儲氣筒	空気だめ	储气筒〔罐〕
— acetylene flame	氧氣-乙炔火焰	空気アセチレンフレーム	氧气-乙炔火焰
— atomizer	空氣噴霧器	空気噴霧器	空气喷雾器
— bump	空氣阻尼	空気じょう乱	空气阻尼
— buoyancy	空氣浮力	空気の浮力	空气浮力
— burner	噴燈	トーチランプ	喷灯
— cell engine	氣室發動機	空気室機関	气室发动机
— cleaner	空氣淨化器	吸気フィルタ	空气净化器
— cleaner cartridge	空氣濾清器	空気清浄器	空气滤清器
— cleaning	空氣淨化	空気浄化	空气净化
— cleaning devices	空氣淨化裝置	空気除じん熱置	空气净化装置
— conduction	空氣傳導	気導	空气传导
— containation	空氣貯藏器	空気槽	空气贮藏器
— deflection	空氣轉向	空気転向	空气转向
— deflector	空氣擾流板	空気そらせ板	空气扰流板
— drill	氣鋸	エアドリル	气锯
— driver	氣動驅動器	エアドライバ	气动驱动器
— dynamometer	空氣動力計	空気動力計	空气动力计
— eliminator	空氣淨化器	エアエリミネータ	空气净化器
— exhaust system	排氣系統	空気排出方式	排气系统
— exit	排氣口	排気口	排气口
— exit hole	排氣孔	排気口	排气孔
— fan	鼓風機;風扇	換気扇	鼓风机;风扇
— filter	空氣濾清器	空気清浄器	空气滤清器
— hand grinder	風動手提砂輪機	エアハンドグラインダ	风动手提砂轮机
— hande	空氣量調節鈕	空気量調整ハンドル	空气量调节钮
— handing unit	空氣調節裝置	空気調和機	空气调节装置
— humidification	空氣加濕	空気加湿	空气加湿
— humidifier	空氣加濕器	空気加湿器	空气加湿器
— humidity indicator	濕度計	湿度計	湿度计
— injection system	空氣噴射系統	空気噴射方式	空气喷射系统
— infiltration	空氣滲入	空気浸入	空气渗入
— infiltration rate	漏氣量	漏気量	漏气量
— injection type	空氣噴射器	空気噴射式	空气喷射器
— injector	進氣口消聲器	エアインジェクタ	进气口消声器

英文	臺灣	日文	大陸
— inlet silencer	進氣消音器	空気入口消音器	进气消声器
— insulation	空氣絕緣	空気絶縁	空气绝缘
— knock-out	空氣噴射機	空気噴射機	空气喷射机
— machine	送風機(礦山機)	エアマシン	风扇
— manometer	氣壓計	検圧器	空气压力计
— master	氣動伺服器	エアマスタ	气动伺服器
— nozzle	空氣噴嘴	エアノズル	风嘴
— oil force converter	油壓力轉換器	空気油圧力伝達器	油压力转换器
— orifice	進氣孔	主（空気）ブリード穴	进气孔
— out	排氣	排気	排气
— outlet	空氣出口	空気出口	排气口
— piston	空氣活塞	空気ピストン	空气活塞
— plug gage	氣動塞規	エアプラグゲージ	气动塞规
— potential	航空潛力	潜在航空力	航空潜力
— power hammer	氣錘	空気ハンマ	气锤
— precooler	空氣預冷器	空気予冷器	空气预冷器
— pressure	通風壓力	空気圧	通风压力
— pressure booster	氣壓升壓器	空気圧力ブースタ	气压升压器
— pressure gage	氣壓表	空気圧力計	气压表
— pressure motor	馬達	空気圧モータ	马达
— pressure test	氣壓試驗	気圧試験	气压试验
— pump	氣泵	エアポンプ	气泵
— pump cylinder	氣壓缸	空気ポンプ円筒	气压缸
— pump piston	氣泵活塞	空気ポンプピスト	气泵活塞
— purge	空氣清洗	エアパージ	空气清洗
— purification	空氣淨化	空気浄化	空气净化
— purifier	空氣濾清器	空気清浄器	空气滤清器
— pyrometer	空氣高溫計	空気高温計	空气高温计
— quantity	空氣量	空気量	空气量
— quenching	空冷淬火	空気焼入れ	空冷淬水
— quenching cooler	空氣淬火冷卻	エアクエンチングクーラ	空气淬火冷却
— rammer	氣動搗桿	エアランマ	（空）气锤
— receiver	氣罐；存氣箱	圧縮空気タンク	气罐；储气器
— recalculation	空氣再循環	空気再循環	空气再循环
— reducing valve	空氣減壓閥	空気減圧弁	空气减压阀
— reduction process	空氣還原法	空気還元法	空气还原法
— refining	空氣吹製	空気吹製	空气吹制
— refrigerating machine	空氣冷凍機	空気冷凍機	空气冷冻机
— refueling	空中加油	空中給油	空中供油
— regenerator	空氣蓄熱室	空気蓄熱室	空气蓄热室

英文	臺灣	日文	大陸
— register	風量記錄器	送風機	送风机
— regulator	空氣調風器	調風戸	空气调整器
— regulator valve	放氣閥	エアレギュレータバルブ	空气调整阀
— relay	氣動繼電器	エアリレー	气动继电器
— relay valve	氣壓繼動閥	エアリレーバルブ	气压继动阀
— release	排氣	排気	排气
— release pipe	排氣管	排気管	排气管
— release valve	排氣閥	排気弁	排气阀
— relief valve	安全氣閥	空気安全閥	安全气阀
— reservoir	儲氣筒	空気だめ	储气筒{罐}
— resistance	空氣阻力	空気抵抗	空气阻力
— resistance coefficient	空氣阻力系數	空気抵抗係数	空气阻力系数
— resister	空氣調整器	エアレジスタ	空气调整器
— sacs	氣囊	気のう	气囊
— sander	噴砂機	エアサンダ	喷砂机
— scrubber	空氣洗滌器	空気スクラッバ	空气洗涤器
— sleeve	氣筒;氣套	エアスリーブ	气筒;气套
— sound absorber	空氣消音器	空気消音器	空气消音器
— spoiler	氣動擾流板	エアスポイラ	气动扰流板
— spray finishing	空氣塗裝處理	エアスプレー塗装	空气涂装处理
— spray painting	空氣塗裝處理	エアスプレー塗装	空气涂装处理
— sprayer pistion	壓縮空氣噴射器	圧縮空気噴射器	压缩空气喷射器
— spring	氣墊	空気ばね	气垫
— starter	空氣啓動器	空気噴射始動機	起动装置
— starting cam	起動凸輪	空気始動カム	起动凸轮
— starting valae	空氣起動閥	空気始動弁	空气起动阀
— stirrer	空氣攪拌器	空気かくはん器	空气搅拌器
— storage tank	壓縮空氣櫃	圧縮空気タンク	压缩空气柜
— strainer	空氣過濾器	空気ろ過器	空气过滤器
— tanker	空氣加油機	空中給油機	空气加油机
— vehicle	航空器	航空ビークル	航空器
— vent pipe	排氣管	空気抜き管	排气管
air-actuated jaw	氣動夾具	エアジョー	气动夹具〔抓料器〕
air-aging	空氣時效	空気時効	空气时效
air-agitated wash	空氣攪動洗滌	空気か	空气搅动洗涤
air-agitation	空氣攪動	空気かき混ぜ	空气搅动
air-annealing	空冷退火	空気焼きなまし	空冷退火
air-assist	氣動成形	エアアシスト成形	气动成形
— vacuum forming	氣壓真空成形	エア真空成形	气助真空成形
air-atomizing	空氣霧化	空気噴霧	空气雾化

英文	臺灣	日文	大陸
— burner	空氣噴射燃燒器	空気噴霧バーナ	空气喷射燃烧器
air-bag	氣胎；裏胎	エアバッグ	气胎；里胎
air-bake	空氣中烘焙	エアベーク	空气中烘焙
air-balancer	空氣穩定器	エアバランサ	空气稳定器
air-ballasted accumulator	氣鎮式蓄壓器	空気バラスト式蓄圧器	气镇式蓄压器
airballoon	氣球	気球	气球
air-barrier effect	空氣膜效應	空気膜効果	空气膜效应
air-base	航空基地	航空基地	航空基地
air-bath	空氣乾燥器	空気浴	空气乾燥器
airbill	空運貨單	空輸証書	空运货单
air-binding	氣結	空気締め	气结
airblast	鼓風	エアブラスト	鼓风
— atomizer	氣壓噴霧器	空気噴射噴霧器	气压喷雾器
— circuit breaker	空氣繼路器	空気しゃ断咲	空气〔吹弧〕继路器
— cooling	空氣噴射冷卻	空気ブラスト冷却	空气喷射冷却
— cooling system	鼓風噴射冷卻法	エアブラスト冷却方式	鼓风喷射冷却法
— ejection	壓縮空氣頂料	エアブラストエジェクション	压缩空气顶料
— freezer	空氣壓縮冷凍機	空気噴射冷却機	空气压缩冷冻机
— gas burner	空氣煤氣噴燈	空気噴気火口	空气煤气喷灯
— heater	鼓風加熱器	空気加熱器	鼓风加热器
— nozzle	空氣噴嘴	空気噴射ノズル	空气喷嘴
— quenching	風冷淬火	衝風焼入れ	风冷淬火
— transformer	通風變壓器	風冷式変圧器	通风变压器
airblasting	鼓風	送風	鼓风
— machine	空氣噴砂機	空気式噴射加工機	空气喷砂机
air-bleed	空氣分供	空気ブリード	抽气器
— principle	空氣分供機	空気ブリード方式	抽气方式
— system	空氣分供方式	空気ブリード方式	抽气方式
— valve	空氣分供閥	エアブリードバルブ	抽气阀
air-bleeder	放氣管；排氣裝置	空気撥き	放气管；排气装置
— cap	放氣閥帽	通気カップ	放气阀帽
air-blow	鼓風；送氣	空気噴射	鼓风；送气
— aeration	排氣式通風	散気式エアレーション	排气式通风
— flotation	氣浮分選法	空気吹込式浮上分離法	气孚分选法
— gun	噴射槍	エアガン	喷射枪
— system	空氣噴射系統	散気式	空气喷射系统
air-blower	鼓風機	送風機	鼓风机
air-box	風箱	通気筒	风箱
air-brake	風軔；氣煞車	エアブレーキ	空气制动器
air-breather	空氣通氣孔	通気孔	空气吸潮器

英　　文	臺　　灣	日　　文	大　　陸
air-breathing	呼吸空氣	空気吸入	呼吸空气
— engine	空氣助燃發動機	空気吸い込みエンジン	空气〔助燃〕发动机
— laser engine	空氣助燃激光發動機	レーザラム推進機	空气〔助燃〕激光发动机
air-bridge	空運線	風橋	空运线
airbrush	氣刷；噴槍	エアブラシ	气刷；喷枪
air-bubble	氣泡	空気ほう	气泡
— breakwater	充氣防波堤	空気防波堤	充气防波堤
air-buffer	空氣緩衝器	空気緩衝器	空气缓冲器
air-buffing	空氣噴磨	エアバフ	空气喷磨
airbus	重型客機	エアバス	重型客机
air-casing	氣隔層；氣套	空気ケーシング	气隔层；气套
air-cast	天線電廣播	エアキャスト	天线电广播
air-choke	空心扼流圈	空気チョーク	空心扼流圈
air-circulation	空氣流環	空気循環炉	空气循环炉
air-compression	空氣壓縮	空気圧縮	空气压缩
— pump	活塞式壓縮機	空気圧縮ポンプ	活塞式压缩机
air-compressor	空氣壓縮機	エアコン	空气压缩机
air-condenser	空氣凝結器	空冷コノデンサ	空气冷凝器
air-condition	空氣調節	空調	空(气)调(节)
air-conditioned room	空調室	空調室	空调室
— suits	空調服	冷房服	空调服
— wind tunnel	空氣調節風洞	空気調節風洞	空气调节风洞
air-conditioner	空氣調節裝置	空気調節装置	空气调节装置
air-conveyor	氣壓輸送帶	エアコンベア	气压输送带
air-cooled	氣冷	空冷	气冷
— cascade blade	氣冷葉柵	空冷翼列	风冷叶栅
— chillier unit	氣冷式冷卻機組	空冷チラーユニット	气冷式冷却机组
— compressor	氣冷式壓縮機	空冷機圧縮	气冷式压缩机
— condenser	氣冷式冷凝器	空冷凝縮器	气冷式冷凝器
— cylinder	氣冷式汽缸	空冷シリンダ	气冷式汽缸
— engine	氣冷發動機	空冷エンジン	气冷发动机
— heat exchanger	氣冷式換熱器	空冷式熱交換器	气冷式换热器
— reactor	空氣冷卻反應堆	空気冷却炉	空气冷却〔反应〕堆
— stack	氣冷式整流堆	空冷スタック	气冷式整流堆
— transformer	氣冷式變壓器	気冷変圧器	气冷式变压器
— turbine generator	氣冷式渦輪發電機	空気冷却タービン発電機	气冷式涡轮发电机
— valve	氣冷閥	空冷弁	气冷阀
aircooler	空氣冷卻器	エアクーラ	空气冷却器
— cleaning water tank	空氣冷卻器洗淨水	空気冷却器洗浄水タンク	空气冷却器洗净水
air-cooling	空氣冷卻	空気冷却	空气冷却

英文	臺灣	日文	大陸
— apparatus	氣冷裝置	空冷装置	气冷装置
— coil	空冷盤管	空気冷却コイル	空冷盘管
— condenser	氣冷式冷凝器	空冷コンデンサ	气冷式冷凝器
— cylinder	氣冷式汽缸	空冷シリンダ	气冷式汽缸
— dehumidifier	空氣冷卻除濕器	空気冷却減湿器	空气冷却减湿器
— equipment	空冷設備	空冷設備	空冷设备〔装置〕
— machine	氣冷機	空気冷却機	风冷机
— ring	氣冷環	空冷環	气冷环
— system	空氣冷卻系統	空気冷却系	空气冷却系统
— valve	氣冷閥	空冷弁	气冷阀
— zone	空氣冷卻區	空気冷却部	空气冷却区
aircore	空心	空心	空心
— choke coil	空心反應器	エアチョークコイル	空心扼流圈
— coil	空心線圈	空心コイル	空心线圈
— deflection coil	空心偏轉線圈	空心偏向コイル	空心偏转线圈
— reactor	空心扼流圈	空心リアクトル	空心扼流圈
— transformer	空心變壓器	空心 変圧器	空心变压器
aircraft	航空機；飛機	航空機	航空机；飞机
— autopilot	飛行機動操縱裝置	飛行機自動操縦装置	飞行机动操纵装置
— carrier	航空母艦	航空母鑑	航空母舰
— cruiser	航空巡洋艦	航空巡洋艦	航空巡洋舰
— direction finder	航空方向探知機	機上方向探知機	航空方向探知机
— industry	航空機工業	航空機工業	航空机工业
aircrew	空勤人員	航空機乗員	空勤人员
air-cushion	氣墊；空氣緩衝器	エアクッション	气压；空气缓冲器
— conveyor	氣壓輸送帶	空気クッションコンベヤ	气压轮送带
— forming	氣壓成形	エアクッション成形	气压成形
— process	成形法	エアクッション成形法	成形法
— shock absorber	氣壓避震器	空気クッション緩衝器	气压避震器
— socket	氣壓減震器	エアクッションソケット	气压减震器
— transfer table	氣壓式傳送工作台	空気クッション送り台	气压（式）传送工作台
air-cushioning machine	氣壓汽車	空気クッション自動車	气压汽车
air-cut	氣割	エアカット	气割
air-damping	空氣避震器	空気ダンパ	空气避震器
air-ejector	氣力衝射器	エアエジェクタ	气动弹射器
air-ejector	空氣淘洗	風ふるい	空气淘析(洗；选)
air-elutriator	風力分析機	風ふるい機	风力分选机
air-entrained	混凝土中加氣劑	AE剤	〔混凝土中〕加气剂
air-feeder	供氣裝置	エアフィーダ	供气装置
airfield	機場	飛行場	机场

英文	臺灣	日文	大陸
— cavity	空氣泡	空気泡	空气泡
— control radar	機場控制雷達	空港管制レーダ	机场控制雷达
airflow	空氣流量	空気流量	空气流量
— meter	風量表	空気流量計	风量表
— rate	氣流率	風量	气流率
— relay	氣流繼電器	風速継電器	气流继电器
— velocity	氣流速度	気流速度	气流速度
air-flue	風道；氣道	通気筒	风道；气道
airfoil	機翼；翼面	翼	机翼；翼面
— blade fan	翼型通風機	翼型ファン	翼型通风机
— fan	翼片式風扇	翼形送風機	翼片式风扇
— section	翼型截面	翼形断面	翼型截面
— theory	翼型理論	翼理論	翼型理论
— vane	翼型羽根	翼形かじ	翼型羽根
airforce	空氣動論；空軍	空気力	空气动论；空军
air-forming	自由彎曲成形	エアフォーミング	自由〔弯曲〕成形
airframe	機體(除飛機引擎外之總稱)	エアフレーム	导弹弹体
— icing	機體結冰	機体着氷	机体结冰
airfreight system	空運貨物系統	航空貨物システム	空运货物系统
airfreighting	航空貨運	航空貨物輸送	航空货运
air-fuel	空氣燃料混合氣	混合気	空气燃料混合气
— ratio	空氣燃料比	空気燃料比	空气燃料比
— ratio control system	空氣燃料控制系統	空燃比制御装置	空气燃料混合比
air-gap	空氣隙	空げき	空隙；气隙
— factor	氣隙係數	エアギャップ係数	气隙系数
— flux distribution	空隙磁通分佈	空げき磁束分布	空隙磁通分布
— glazing	雙層玻璃窗	二重窓ガラス	双层玻璃窗
air-gas	風煤氣	エアガス	风煤气〔含空气的煤气〕
airglow	大氣輝光	大気光	大气辉光
airground communication	空地通信	空地通信	空地通信
air-guide	噴槍空氣導管	エアガイド	〔喷枪〕空气导管
air-gun	氣槍	エアガン	喷枪；喷漆枪
— prospecting	空氣槍探礦	エアガン探鉱	空气枪探矿
air-hardening	風硬	空気焼き入れ	空气淬硬化
— cement	自硬水泥	気硬セメント	气硬水泥
— steel	氣冷硬化鋼	空気焼き入れ鋼	气冷硬化钢
air-heater	空氣加熱器	エアヒータ	预热器；热风炉
air-heating	空氣加熱爐；熱風爐	空気暖房装置	空气加热炉；热风炉
air-hole	氣孔	空気孔	风眼；气穴；气孔
air-in	進氣；空氣入口	空気口	进气；空气入口

英文	臺灣	日文	大陸
air-inflated balloon	充空氣氣球	空気膨張バルーン	〔充空气〕气球
airing	空氣乾燥法	エアリング	空气乾燥法
airjet propelled boat	噴氣推進船	エアジェットプロペラボート	喷气推进船
air-knife	氣刀刮塗法	エアナイフ塗布	气刀刮涂法
— type	氣體切割刀式	エアナイフ式	气〔体切割〕刀式
air-launch	空中發射	空中発進	空中发射
airless blast cleaner	抛丸清理機	無気噴射クリーナ	抛丸清理机
airlift	氣力揚升;氣升器	空気圧リフト	气动起重机; 空运
airlifter	氣動頂出器	エアリフタ	气动顶出器
airplane	飛機	飛行機	飞机
airpocket	氣袋;氣穴	エアポケット	气袋
airport	通風孔	空気口	机场
airproof	氣密	気密	气密
— cloth	氣密佈	気密布	气密布
— paper	密封紙	気密紙	密封纸
air-raid precaution	防空設施	防空施設	防空设施
airscape	鳥瞰圖	空観図	鸟瞰图
airscoop	風車	エアスクープ	进气口(道)
— heater	進氣道加熱器	エアスクープヒータ	进气道加热器
airscrew	螺旋槳	空気推進器	空气螺旋浆
— ship	空氣螺旋漿船	エアスクリューシップ	空气螺旋浆船
air-sea rescue system	海空救援系統	航空〔海空〕救難態勢	海空救援系统
air-seasoned wood	風乾木材	気乾木材	风乾木材
air-seasoning	風乾法	空気乾燥	自然乾燥
— method	風乾法	空気乾燥法	风乾法
— tank	空氣分離箱	空気分離タンク	空气分离箱
airseparation	空氣分離	風ふるい	空气分离
— plant	除氣裝置	空気分離装置	除气装置
— property	空氣分離性	気泡分離性	空气分离性
— test	風篩試驗	風ふるい試験	风筛试验
airseparator	空氣分離器	空気分離器	风力分离器
air-set	自然硬化	エアセット	自然硬化
air-setting	空氣凝固法	気硬	自然硬化
— mold	自硬型	エアセット型	自硬型
airship	飛船	飛行船	飞船
air-slaked lime	風化石灰	風化石灰	风化石灰
airslide	風動滑槽	エアスライド	风动滑槽
— conveyer	空氣活塞式輸送機	エアスライドコンベヤ	空气活塞(式)输送机
— feed	氣動滑板進給	エアスライドフィード	气动滑板进给
— feeder	氣動滑板送料器	エアスライドフィーダ	气动滑板送料器

英文	臺灣	日文	大陸
airslider	氣動滑尺	エアスライダ	气动滑尺
air-slip	氣滑成形	エアスリップ成形	气滑成形
— process	氣滑法	エアスリップ法	气滑法
airspace	氣隙	気げき	气隙(腔; 室); 领空
— cable	空氣絕緣電纜	空気絶縁ケーブル	空气绝缘电缆
— for heat insulation	保溫空氣層	保温すき間	保温空气层
— ratio	空氣隙率	空気含有率	空(气)隙率
— separation equipment	空間區分設備	空間分離設備	空间区分设备
air-spaced condenser	空氣電容器	空気絶縁コンデンサ	空气电容器
air-spacing	空氣間隔	空気（絶縁）間隔	空气间隔
airspeed	氣隙;氣容積	対気速度	气流速度
— computer	空氣速率	風速計算器	空速计算器
— indicator	風速指示器	（対気）速度計	空速表
— meter	風速計	エアスピードメータ	空速表
— recorder	風速紀錄議	記録風速計	风速纪录议
airstair	登飛機梯	エアステア	登（飞）机梯
albertite	阿貝他礦砂	アルバタイト	阿贝他矿砂
albertol	阿貝樹脂	アルバトール	阿贝树脂
albinism	白化現象	白化	白化〔现象〕
Albion metal	夾鉛錫箔	アルビオンメタル	〔阿尔比恩〕夹铅 箔
albite	鈉長石	曹長石	钠长石
albitite	鈉長岩	曹長岩	钠长岩
albitization	鈉長石化作用	曹長石化作用	钠长石化〔作用〕
albitphyre	鈉長斑岩	曹長石はん岩	钠长斑岩
albolene	白凡士林	アルボレン	白凡士林
slbondur	包層硬鋁板	アルボンジュール	包层硬铝板
alboe	１３％雙氧水	13%過酸化水素水	１３％双氧水
albrac	耐蝕合金	アルブラック	耐蚀合金
alchlor	三氯化鋁	三塩化アルミニウム	三氯化铝
Alco metal	鋁基軸承合金	アルコメタル	铝基轴承合金
alcohol	酒精；乙醇	酒精	酒精;（乙)醇
— tank	酒精槽；酒精罐	アルコールタンク	酒精槽; 酒精罐
— thermometer	酒精溫度計	アルコール温度計	酒精温度计
— torch lamp	酒精噴燈	アルコールトーチランプ	酒精喷灯
— varnish	醇容性清漆	アルコール性ワニス	醇容性清漆
alcumite	鋁青銅	アルキュマイト	铝青铜
aldehydo-acid	醛酸	アルデヒド酸	醛酸
aldehydo-alcohol	醛醇	アリデヒドアルコール	醛醇
aldimine	醛業胺	アルジミン	醛业胺
aldip process	鋁噴鍍法	アルディップ法	铝喷镀法

英文	臺灣	日文	大陸
aldobionic acid	乙醛糖酸	アセトアルデヒド糖酸	乙醛糖酸
aldray	鋁鎂基合金	アルドライ	铝镁基合金
— wire	高強度鋁錢	アルドライ線	高强度铝钱
aldurb	鋁黃銅	アルデュルブラ	铝黄铜
alex	主的耐火材料	アレックス	主的耐火材料
alfeno	鋁鐵合金	アルフェノール	铝铁合金
Alfer	鋁鐵合金	AF 合金	铝铁合金
Alferium	鋁合金	アルフェリウム	铝合金
Alfero	鋁鐵合金	アルフェロ	铝铁合金
alfrax	熔融氧化鋁	アルフラックス	熔融氧化铝
algaroth	氯氧化銻	アルガロート	氯氧化锑
alger metal	銻軸承合	アルガメタル	锑轴承合
algicrs metal	錫銻系軸承合金	アルジアスメタル	锡锑系轴承合金
align	定中心	調整	定中心
— boring	同心孔鏜削	アラインボーリング	同心孔(系)镗削
— reamer	同心孔鉸刀	アラインリーマ	同心孔铰刀
— reaming	同心孔鉸削	アラインリーミング	同心孔铰削
aligner	對準器	アライナ	整平器
aligning	定位;定中心	心出し	定位; 定中心
— arm	吊具框架	アライニングアーム	〔集装箱的〕吊具框架
— condenser	調整用電容器	調整用コンデンサ	调整用电容器
— edge	調準邊緣	アライニングエッジ	调准边缘
— jig	直線校準用夾具	アライニングジグ	直线校准用夹具
— microscope	對準用顯微鏡	心合わせ顕微鏡	对准(用)显微镜
— plug	卡口插座	アライニングプラグ	卡口插座
— ring	調心外補圈(軸承的)	調心輪	调心外补圈〔轴承的〕
— seat	調心座(軸承的)	調心座	调心座〔面〕〔轴承的〕
— seat radius	調心座半徑(軸承的)	調心座半径	调心座〔面〕半径〔轴承的〕
— seat washer	調心座圈	調心座金	调心座圈
— tool	直線校準用工具	アライニングツール	直线校准用工具
— torque	回正力距	アライニングトルク	回正力距
alignment	對準;校準	アライメント	定线(位; 向)
— beacon	定位信標	アラインメントビーコン	定位信标
— chart	求解圖表	共線図表	求解图表
— circuit	校正電路	アラインメント回路	校正电路
— disc	校準盤	アラインメントディスク	校准盘
— equipment	調整器材	調整用具	调整器材
— error	校直誤差	調整誤差	校直误差
— function	調整功能	アラインメント機能	调整功能
— gap	調整空隙	アラインメントギャップ	调整空隙

英文	臺灣	日文	大陸
— mark	對準標記	アラインメントマーク	对准标记
— point	機體調整點	アラインメント点	机体调整点
— routine	對齊例行程序	整列ルーチン	对齐例(行)程(序)
— scope	調準用示波器	アラインメントスコープ	调准用示波器
— system	調整系統	アラインメントシステム	调整系统
— tape	標準試驗磁帶	アラインメントテープ	标准试验磁带
— aliquation	層化	層状化	层化；起层
aliqout	等分試樣	分取	等分试样
— part	整除部分	約数	整除部分；等分部分
— portion	等分部分	分取部分	等分部分
— quantity	等分量	分別量	等分量
alite	鋁鐵岩	エーライト	铝铁岩
alitizing	鐵表面的滲鋁法	アリタイジング	〔铁表面的〕渗铝法
alizanthrene dye	茜士林染料	アリジンスリン染料	茜士林染料
alkalescence	微鹼性	微アルカリ性	微硷性
alkali	鹼性	アルカリ	强硷；硷性
— absorption velocity	鹼吸收速度	アルカリ吸収速度	硷吸收速度
— accumulator	鹼性蓄電池	アリカリ蓄電池	硷(性)蓄电池
— agent	鹼性劑	アリカリ剤	硷性剂
— alkyl	烷基鹼金屬	アリカリアルキル	烷基硷金属
— bead	鹼金屬鹽粒	アルカリビード	硷金属盐粒
— blue lake	鹼性藍色淀	アルカリブルーレーキ	硷性蓝色淀
— blue toner	鹼性藍調色劑	アルカリブルートーナ	硷性蓝调色剂
— catalyst	鹼性催化劑	アルカリ触媒	硷性催化剂
— fuel	鹼性燃料	アルカリ燃料	硷性燃料
— fusion	鹼熔；鹼熔法	アルカリ溶融	硷熔；硷熔法
— level	鹼度	アルカリ度	硷度
— liquor	鹼液	アルカリ溶液	硷液
— metal	鹼金屬	アルカリ金属	硷金属
— pump	鹼泵	アルカリポンプ	硷泵
alkalimeter	鹼度計	アルカリ比重計	碳酸定量计
alkalimetry	鹼量滴定法	アルカリ滴定	硷量滴定法
alkaline	鹼性電池	アルカリ（蓄）電池	硷(性)蓄电池
alkalinity	鹼度	アルカリ性	硷性
— value	鹼度性值	アルカリ価	硷度(性)值
alkaliaproof	耐鹼性	耐アルカリ性	耐硷性
— glass	耐鹼玻璃	耐アルカリガラス	耐硷玻璃
— paint	耐鹼塗料	耐アルカリペイント	耐硷涂料
— paper	耐鹼紙	耐アルカリ紙	耐硷纸
— test	耐鹼性試驗	耐アルカリ試験	耐硷性试验

英文	臺灣	日文	大陸
alkalization	鹼化	アルカリ化	碱化
alkaloid	生物鹼	アルカロイド	生物碱
alkalometry	生物鹼測定法	アルカロイド定量	生物碱测定法
alkanol	鏈烷醇	アルカノール	链烷醇
alkenyl	鏈烯基	アルケニル	链烯基
alkide resin	醇酸樹脂	アルキド樹脂	醇酸树脂
alkoxide	酚鹽	アルコキシド	酚盐
alkoxyaniline	烷氧基苯胺	アルコキシアニリン	烷氧基苯胺
alkyd	醇酸	アルキド	醇酸
— resin	醇酸樹脂	アルキド樹脂	醇酸树脂
alkyl	炭化水素基	アルキル基	炭化水素基
allacfite	砷水錳礦	アラクタイト	砷水锰矿
allagite	碳化輝石	アラジャイト	碳化辉石
allautal	鋁合金板	アルラウタル	铝合金板
allemontite	砷銻礦	アレモント石	砷锑矿
— metal	鉛青鋁	アレンメタル	铅青铝
allen screw	六角螺絲	アレンねじ	六角螺丝
allene	丙二烯	アレン	丙二烯
all gear drive	全齒輪傳動	全歯車式	全齿轮传动
— lathe	全齒式車床	オールギヤーレース	全齿式车床
alligation	熔化	アリゲーション	熔化
alligator	兩棲裝甲車	アリゲータ	鳄口形破碎机
— bonnet	破碎機罩	アリゲータボンネット	破碎机罩
— clip	彈簧夾	わにロクリップ	弹簧夹
— fastener	鱷式夾持器	鰐式線夾	鳄式夹持器
— shear	鱷式剪床	わにロシャー	鳄式剪床
— skin	粒狀表面	アリーゲタスキン	粒状表面
all-mine iron	海綿鐵	処女鉄	海绵铁
allomerism	異素同晶	異質同形	异素同晶（现象）
allomorph	同質異晶	同質異形	同质异晶
allomorphism	同質異晶	同質異形	同质异晶
allotrope	同素異性體	同素体	同素异形体
allotropic change	同素異形變化	同素体変化	同素异形变化
— modification	同素異形体變化	同素体変化	同素异形体变化
allotropism	同素異形	同素	同素异形
allotropy	同素異變態	同素性	同素异形
allowable ampacity	容許載流量	許容電流	容许载流量
— axial bearing capacity	容許軸向承載力	押込み許容支持力	容许轴向承载力
— axial load	容許承載力	許容軸方向荷重	容许承载力

英文	臺灣	日文	大陸
— bearing force	容許軸向承載力	許容支持力	容许承载力
— bearing power	容許承載力	許容支持力	容许承载力
— bearing pressure	容許支承壓力	許容支持力	容许支承压力
— bearing stress	容許承載應力	許容軸受圧力	容许承载应力
— bending stress	容許彎曲應力	許容支持応力	容许弯曲应力
— bending unit stress	容許單位彎曲應力	許容曲げ応力度	容许单位弯曲应力
— bond stress	容許結合應力	許容付着応力	容许结合应力
— braking energy	容許磨擦制功能	容許制動仕事	容许摩擦制功能
— error	許容誤差	公差	许容误差
— flexural unit stress	容許彎曲應力	許容曲げ応力度	容许（单位）弯曲应力
— limit of wear	容許磨損限度	すりへり限度	容许磨损限度
— pressure	容許壓力	許容圧力	容许压力
— pressure difference	容許壓力差	許容差圧	容许压力差
— shear stress	容許剪應力	許容せん断応力	容许剪应力
— strength	容許強度	許容強さ	容许强度
— stress design	容許應力設計	許容応力設計	容许应力设计
— temperature rise	容許溫度上昇	許容温度上昇	容许温度上升
— tensile strength	容許抗拉應力	許容引張強さ	容许拉升应力
— tensile stress	容許抗拉應力	許容引張応力	容许拉升应力
— tensile unit stress	容許單位抗拉應力	許容引張応力度	容许单位拉升应力
— tension stress	容許拉應力	許容引張応力	容许拉应力
— tire load	容許疲勞載荷	許容タイヤ荷重	容许疲劳载荷
— tolerance	容差	許容差	容差
— torque	容許扭距	許容トルク	容许扭距
— torsional stress	容許扭轉應力	許容ねじり応力	容许扭转应力
— traffic flow	容許交通量	許容交通量	容许交通量
— transition	容許轉移	許容遷移	容许转移
— twisting stress	容許扭轉應力	許容ねじり応力	容许扭转应力
— twisting unit stress	容許單位扭轉應力	許容ねじり応力度	容许单位扭转应力
— ultimate strain	容許極限應變	許容返り限度	容许极限应变
— unit stress	容許單位應變	許容応力度	容许单位应变
— unit stress for bond	容許單位結合應力	許容付着応力度	容许单位结合应力
— unit stress for bucklink	容許單位壓曲應力	許容座屈応力度	容许单位压曲应力
value	容許値	許容値	容许值
allowance	裕度；配合公差	ゆとり	裕度；配合公差
— error	容許誤差	許容差	容许误差
— for contraction	收縮量	縮みしろ	收缩量
— for machining	加工裕度	取りしろ	加工裕度
— of dimension	公差尺寸	寸法許容差	公差尺寸
— of frictional resistance	容許摩擦阻力	許容摩擦抵抗	容许摩擦阻力

英文	臺灣	日文	大陸
— unit	公差單位	見込み代単位	公差单位
alloy	合金	アロイ	合金
— anode	合金陽極	合金陽極	合金阳极
— bond	合金焊接	合金鍵合	合金焊接
— cast iron	合金鑄鐵	合金鋳鉄	合金铸铁
— cast steel	合金鑄鋼	合金鋳鋼	合金铸钢
— clad	合金包覆	合金クラッド	合金包覆
— contact	合金接點	合金コンタクト	合金接点
— corrosion	合金腐蝕	合金腐食	合金腐蚀
— designations	合金符號	合金記号	合金符号
— diffusion	合金擴散	合金拡散	合金扩散
— diode	二極管	アロイ	二极管
— element	合金元素	合金元素	合金元素
— etching	合金腐蝕	アロイエッチング	合金腐蚀
— film	合金薄膜	合金皮膜	合金薄膜
— for die-casting	壓鑄合金	ダイカスト用合金	压铸（用）合金
— for low temperature use	低熔點合金	低温用合金	低熔点合金
— iron	合金鋼	合金鉄	合金钢
— phase diagram	合金金相圖	合金の相状態図	合金金相图
— pig iron	合金鑄鐵	合金銑	合金铸铁
— pipe	合金管	合金管	合金管
— platings	合金電鍍	合金めっき	合金电镀
— steel	合金鋼	合金鋼	合金钢
— steel bit	合金工具鋼車刀	合金鋼バイト	合金工具钢车刀
— structure	合金結構	合金組織	合金结构
— superconductor	合金超異体	合金超伝導体	合金超异（电）体
— tool steel	合金工具鋼	合金工具鋼	合金工具钢
— tool steel milling cutter	合金工具鋼銑刀	合金工具鋼フライス	合金工具钢铣刀
— tool steel reamer	合金工具鋼銑刀	合金工具鋼リーマ	合金工具钢铣刀
alloyage	合金法	合金法	合金法
alloyed	合金鑄鐵	合金鋳鉄	合金铸铁
— lead pipe	合金鉛管	合金鉛管	合金铅管
alloying component	合金成分	合金成分	合金成分
— content	合金含量	合金含量	合金含量
— element	合金元素	合金元素	合金元素
— furnace	合金爐	合金炉	合金炉
— method	合金法	合金法	合金法
almasilium	鋁鎂矽合金	アルマシリウム	铝镁矽合金
almanac	鋁矽系合金	アルミナル	铝矽系合金
aluminized steel	耐蝕耐壓鋼	アルミナイズド鋼	耐蚀耐压钢

英文	臺灣	日文	大陸
alni	鋁鎳磁鐵合金	アルニ	铝镍磁铁合金
— magnet	永磁鐵合金	アルニマグネット	永磁铁合金
Alnic	鐵鎳鋁系磁合金	アルニック	铁镍铝系磁合金
— alloy	鋁鎳鈷合金	アルニック合金	铝镍钴合金
alnico	鋁鎳鈷磁鋼	アルニコ鋼	铝镍钴磁钢
— magnet	鋁鎳鈷磁鐵	アルニコ磁石	铝镍钴磁铁
aloxite	鋁砂	アロクシット	铝砂
aloyco	鎳鉻鐵系耐蝕合金	アロイコ	镍铬铁系耐蚀合金
alpaka	德國銀	洋銀	德国银
alpax	硅鋁明合金	アルパックス	硅铝明合金
alperm	鋁鐵高異合金	アルパーム	（铝铁）高异合金
alpha	阿伐	アルファ	希腊字母
— brass	α黃銅	アルファ黄銅	α黄铜
— bronze	α青銅	アルファ青銅	α青铜
— chain	α鏈	アルファ鎖	α链
— particle model	α粒子模型	アルファ粒子模型	α粒子模型
Alray	鎳鉻鐵耐壓合金	アルレー	镍铬铁耐压合金
alrok	表面防蝕化學外理	アルラック	表面防蚀化学外理
Alsifer	矽鋁鐵合金	アルシファ	矽铝铁合金
Alsimag	阿爾西瑪合金	アルシマグ	阿尔西玛合金
Alsiron	耐酸鋁硅鑄鐵	アルシロン	耐酸铝硅铸铁
alternation	變換；更換	交互	变换；更换
alternative	替換物	択一的	替换物
alternator	同步發電機	オルタネータ	同步发电机
altigraph	測高計	高度記録計	测高计
altimeter	高度計；測高計	高度儀	高度仪；测高计
altimerty	測高法	気圧測高法	测高(学)法
altitude	標高；高度	海抜	标高；高度
— above sea level	海拔(高度)	臨海高度	海拔(高度)
— chamber	低壓試驗室	低圧試験室	低压试验室
— control	飛行高度控制	高度制御	〔飞行〕高度控制
— control device	高度調節裝置	高度調整装置	高度调节装置
— correction factor	海拔高度校正係數	標高補正率	海拔高度校正系数
— difference	標高差	標高差	标高差
— engine	高空發動機	高空用エンジン	高空发动机
— gage	測高儀；高度計	高度計	测高仪；高度计
— indicator	高空高度指示器	高度指示器	〔高空〕高度指示器
— limit indicator	高度極限顯示器	高度限界表示器	高度极限显示器
— recorder	高度記錄儀	高度記録計	高度记录仪
— separation	垂直間距	高度分離	垂直间距

英　文	臺　灣	日　文	大　陸
— standard	標高	高地規準	标高
— tolerance	高度容限	高所耐性	高度容限
— variation	高度變化	高度変化	高度变化
Aludirome	鐵鉻鋁系電爐絲	アルディローム	铁铬铝系电炉丝
Aluduur	硬鋁系鋁合金	アルジュール	硬铝系铝合金
aluflex alloy	錳鋁合金	アルフレックス合金	锰铝合金
Alumal	鋁錳合金	アルマル	铝锰合金
Aluman	含錳鍛造用鋁合金	アルマン	含锰锻造用铝合金
Alumel	亞鋁美爾	アルメル	镍铝合金
— chromel	鎳鋁-鎳鉻合金	アルメルクロメル	镍铝-镍铬合金
— chromel thermocouple	鎳鋁-鎳鉻壓電偶	アルメルクロメル熱電対	镍铝-镍铬压电偶
alumersteel pipe	鍍鋁鋼管	カルマ鋼管	镀铝钢管〔商品名〕
alumicoat process	鋼鐵浸鍍膜法	アルミコート法	钢铁浸镀膜法
alumilite	硬質氧化鋁	アルミライト	硬质氧化铝
alumina	礬土(氧化鋁)	ばん土	氧化铝
— brick	高鋁磚	アルミナれんが	高铝砖
— powder	氧化鋁粉末	アルミナ粉末	氧化铝粉末
— tude	氧化鋁管	アルミナチューフ	氧化铝管
— wafer	氧化鋁片	アルミナウェーハ	氧化铝片
— wool	氧化鋁纖維	アルミナウール	氧化铝纤维
alumine	氧化鋁	アルミノ	氧化铝
aluminium ,Al	鋁	アルミニウム	铝
— alclad	超硬鋁板	アルミニウム合せ板	超硬铝板
— alloy	鋁合金	アルミアロイ	铝合金
— alloy engine	鋁合金發動機	アルミ合金エンジン	铝合金包屋钢
— alloy for temper	鍛造用鋁合金	焼戻し用アルミニウム合金	锻造用铝合金
— balustrade	鋁扶手	アルミ手すり	铝扶手
— bar	鋁棒	アルミニウム棒	铝棒
— brass	鋁黃銅	アルミニウムブラス	铝黄铜
— bronze powder	鋁青銅粉	アルミニウム金粉	铝青铜粉
— bus bar	鋁母線	アルミニウムバスバー	铝母线
— calorizing	滲鋁	アルミカロライジング	渗铝
— carbide	碳化鋁	炭化アルミニウム	碳化铝
— casting	鋁鑄件	アルミニウム鋳物	铝铸件
— cementation	擴散滲鋁	アルミニウム浸透	扩散渗铝
— chrome steel	鋁鉻鋼	アルミニウムクロム鋼	铝铬钢
— clad iron	鋁皮鐵板	アルミクラッド鉄	铝皮铁（板）
— cylinder	鋁製汽缸	アルミニウムシリンダ	铝制汽缸
— die	鋁模	アルミニウムダイ	铝模
— die cast	鋁壓鑄	アルミニウムダイカスト	铝压铸

英文	臺灣	日文	大陸
— flake	鋁粉	アルミニウム粉	铝粉
— foil	鋁箔	アルミはく	铝箔
— foil sheet	鋁箔	アルミニウムシート	铝箔
— hydrate	氫氧化鋁	水和アルミニウム	氢氧化铝
— ingot	鋁錠	アルミニウムインゴット	铝锭
— mold	鋁鑄模	アニミニウム金型	铝铸模
— package	鋁殼	アルミニウムパッケージ	铝壳
— plate	鋁板	アルミニウム板	铝板
— plated steel	鍍鋁鋼(板)	アルミニウムめっき鋼板	镀铝钢(板)
— sash	鋁制框架	アルミサッシュ	铝制框架
— sheath	鋁護套	アルミニウムシース	铝护套
— sheet	鋁板	アルミニウム薄板	铝板
— shor	鋁粒	アルミニウム散弾	铝粒
— solder	鋁焊料	アルミはんだ	铝焊料
— steel	鋁合金鋼	アルミニウム鋼	铝合金钢
— tube	鋁管	アルミニウムチューブ	铝管
aluminizer	鍍鋁膜	アルミナイザ	（镀）铝膜
aluminizing	滲鋁法	アルミナイジンク	渗铝法
aluminography	鋁平版	アルミ平版	铝平版
aluminosilicate	硅酸鋁	アルミノシリケート	硅酸铝
aluminothermy	鋁熱法	アルミノテルミー	铝热法
aluminous bronze	鋁青銅	アルミニウム青銅	乙酸酒石酸铝
alumite	防蝕鋁	アルマイト	防蚀铝
— fitting	防蝕鋁管件	アルマイトフィッティング	防蚀铝管件
— oxalate method	草酸陽極化(法)	しゅう酸アルマイト法	草酸阳极化(法)
— process	陽極氧化鋁膜處理法	アルマイト法	阳极氧化铝膜处理法
— substrate	耐酸鋁基片	アルマイト基板	耐酸铝基片〔补底〕
— wire	耐蝕鋁線	アルマイトワイヤ	耐蚀铝线
alumstone	明礬石	明ばん石	明矾石
alundum	人造鋼玉	アランダム	人造钢玉
— cement	氧化鋁水泥	アランダムセメント	氧化铝水泥
— powder	氧化鋁粉	アランダムパウダ	氧化铝粉
— tile	氧化鋁磚	アランダムタイル	氧化铝砖
— wheel	氧化鋁砂輪	アランダムホイール	氧化铝砂轮
Aluneon	鋅、銅、鎳、鋁合金	アルネオン	锌、铜、镍、铝合金
alusil	鋁矽合金	アルジル	铝矽合金
alutile	鍍鋁薄鋼板	アルタイル	镀铝薄钢板
Aivar	乙烯樹脂	アルバアル	乙烯树脂
AM antenna	調幅天線	AM アンテナ	调幅天线
AM broadcasting	調幅廣播	AM 放送	调幅广播

英文	臺灣	日文	大陸
AM mode locking	調幅型同步	AMモード同期	调幅型同步
AM modulation	調幅	AM変調	调幅
Amagat's	歐馬伽定律	アマガーの法則	阿马伽定律
amalgam	混汞	アマルガム	混汞；汞膏
— cell	汞齊電池	アマルガム電池	汞齐电池
— electrode	汞齊電極	アマルガム電極	汞齐电极
amalgamated dwelling	集合住宅	集合住宅	集合住宅
amalgamation	混汞	アマルガム化	混汞；汞合
amalgamator	混汞器	アマルガム機	混汞器
amber	琥珀	こはく	琥珀
amberoid	合成琥珀	合成こはく	合成琥珀
amberol	琥珀醇	アンベロール	琥珀醇
ambient	周圍	周辺	周围
— humidity	環境濕度	周辺湿度	环境湿度
— noise	環境噪音	周辺騒音	环境噪音
— pressure	周圍壓力	周囲圧	周围压力
— temperature	周圍溫度	周囲温度	周围温度
— vibration	外界振動	周囲振動	外界振动
ambiguity	不定性	あいまいさ	不定性
ambipolar diffusion	雙極擴散	両極性拡散	双极扩散
— diffusion constant	雙極擴散常數	両極性拡散系数	双极扩散常数
— mobility	雙極遷移率	アンバイポーラ移動度	双极迁移率
ambit	輪廓	アンビット	轮廓
Ambrac	銅鎳合金	アンブラック	铜镍合金
Ambraloy	銅合金	アンブレロイ	铜合金
Ambro	銅合金	アンブロ	铜合金
ambroin	絕緣塑料	アムブロイン	绝缘塑料
ambry	食品櫃	戸だな	食品柜
ambulance	救護車	救急車	救护车(船；飞机)
ambulatory	步廊	回廊	步廊
ambutte-seed oil	黃葵油	アンブットシードオイル	黄葵油
ameioses	非減數分裂	不還元分裂	非减数分裂
ameiosis	非減數分裂	不還元分裂	非减数分裂
amelioration	改良	改良	改良
ameliorative strategy	改良策略	改善戦略	改良策略
amendment	改正	アメンドメント	改正
— plan	校正設計圖	訂正図	校正〔设计〕图
— record	修改記錄	修正用レコード	修改记录
amenity	居住性	アメニティ	居住性
American	美國	アメリカ	美国

英文	臺灣	日文	大陸
— bond	美國式砌磚法	アメリカ積	美国式砌砖法
— coarse thread	美制粗牙螺紋	アメリカ並目ねじ	美制粗牙螺纹
— extra fine thread	美制標準極細牙螺紋	アメリカ特別	美制(标准)极细牙螺纹
— filter	美制過濾器	アメリカンろ過器	美制过滤器
— fine thread	美制細牙螺紋	アメリカ細目ねじ	美制细牙螺纹
— gold	美國金	アメリカンゴールド	美国金
— lumber standard	美制木材標準	アメリカ材スタンダード	美制木材标准
— method roofing	美式屋面法	アメリカ式ぶき方	美式屋面法
— National thread	美制螺紋	アメリカねじ	美制螺纹
— Petroeum Institute	美國石油協會	アメリカ石油協会	美国石油协会
— projection	第三象限法	第三角法	第三象限法
— standard taper	美制標準錐度	アメリカねじ	美制标准锥度
—standard screw thread	美國標準螺紋	アメリカ標準テーパ	美国标准螺纹
ameripol	人造橡皮	アメリポール	人造橡皮
amethyst	紫水晶	アメシスト	紫（水）晶
amiant	石棉	石綿	石棉
amianthus	細絲長石棉	アミド	细丝长石棉
amide	氨化物	アムミン	氨化物
ammonoidae	菊石類	アンモナイト類	菊石类
ammonolysis	氨解作用	アンモノリシス	氨解作用
ammono-salt	氨基鹽	アンモン塩	氨基盐
ammoxidation	氨氧化作用	アンモ酸化	氨氧化作用
ammunition	軍需品	弾薬	军需品
ammion	羊膜	羊膜	羊膜
amniotes	羊膜動物	羊膜類	羊膜动物
amoeba sttack	阿米巴效應	アメーバ侵食	阿米巴效应
— effect	阿米巴效應	アメーバ効果	阿米巴效应
— failure	阿米巴破損	アメーバ破損	阿米巴破损
amoebocyte	游走細胞	変形細胞	游走细胞
amomet	阿莫梅特合金	アモメット	阿莫梅特合金
Amonton's law	阿蒙頓定律	アモントンの法則	阿蒙顿定律
amorph	無效等位基因	アモルフ	无效等位基因
amorphism	無定形現象	無定形非結晶	无定形现象
amorphous	非晶質	アモルファス	非晶形(态)
— alloy catalyst	非晶質合金觸媒	アモルファス合金触媒	非晶质合金触媒
— body	無定形物體	非晶体	无定形物体
— carbon	無定形碳	無定形炭素	无定形碳
— ceramics	非晶質陶瓷	非晶質セラミックス	非晶质陶瓷
— coating	無定影塗層	非結晶質皮膜	无定影涂层

英　文	臺　灣	日　文	大　陸
— ferroelectrics	非晶體強電解質	非晶質強誘電体	非晶体强电解质
— film	非晶膜	アモルファスフィルム	非晶膜
— form	無定形	非晶形	无定形
— graphite	無定形石墨	無定形黒鉛	无定形石墨
— head	非晶形磁頭	アモルフィスヘッド	非晶形磁头
— layer	非晶形層	アモルファス層	非晶形层
— magnetic bubble	非晶形磁泡	アモルファス磁気バブル	非晶形磁泡
— magnetic material	非晶磁性材料	非晶質磁性材料	非晶磁性材料
— magnetic substance	非晶磁性材料	非晶質磁性体	非晶磁性材料
— material	非晶體材料	アモルファス素材	非晶体材料
— metal	非晶質金屬	アモルファス金属	非晶质金属
— particle	非晶形粒子	非晶粒子	非晶形粒子
— phase	無定形相	無定形非晶相	无定形相
— plastic	非晶形塑料	非晶質プラスチック	非晶形塑料
— polymer	非晶形聚合物	非晶質重合体	非晶形聚合物
— portion	無定形部分	無定形部分	无定形部分
— powder	非晶形粉末	無定形粉末	非晶形粉末
— precipitate	無定形沈澱	無定形沈殿	无定形沈淀
— region	非晶區	無定形區域	非晶区
— ribbon	帶狀非晶質	アモルファスリボン	带状非晶质
— selenium	非晶形硒	無晶形セレニウム	非晶形硒
— semiconductor	非晶半導體	アモルファス半導体	非晶半导体
— silicon	非結晶矽	非晶質シリコン	非(结)晶矽
— silicon nitride	非結晶氯化矽	アモルファス窒化けい素	非结晶氯化矽
— solar cell	非晶態太陽電池	アモルファス太陽電池	非晶态太阳电池
— solid	無定形固體	無定形固体	无定形固体
— state	無定形狀態	無定形状態	无定形状态
— substance	非結晶物質	アモルファス物質	非结晶物质
— sulfur	無定形硫黃	無定形硫黄	无定形硫黄
— wax	無定形蜡	無定形ろう	无定形蜡
amort winding	阻尼線圈	アモルト巻線	阻尼线圈
amortisseur	阻尼線圈	アモルト巻線	阻尼线圈
amortization	減震;消音	アモルチゼーション	减震; 消音
amosa asbestos	鐵石棉	アモサ石綿	铁石棉
amosite	長纖維石棉	アモサイト	长纤维石棉
amount	總計	総計	总计; 总量
— of adsorption	吸附量	吸着量	吸附量
— of air exhaust	總排氣量	総排気量	总排气量
— of blast	送風量	送風量	送风量
— of combustible air	燃燒空氣需要量	燃焼空気量	燃烧空气需要量

英文	臺灣	日文	大陸
— of combustion gas	燃燒氣量	燃焼ガス量	燃烧气量
— of dyeing	染著量	染着量	染着量
— of energy	能量	エネルギー量	能量
— of exhaust gas	廢氣量	排ガス量	废气量
— of exposure	受輻射量	被爆量	受辐射量
— of fire radiation	火災輻射量	火災ふ	火灾辐射量
— of handling	搬運費	運搬費	搬运费
— of heat	全熱量	全熱量	(全)热量
— of heat absorption	總吸熱量	総入熱	总吸热量
— of leakage	漏水量	漏水量	漏水量
— of light	光量	光量	光量
— of modulation	調制率	変調率	调制率
— of photometry	光度値	測光量	光度值
— of precipitation	降水量	沈でん物量	降水量
— of radiation	輻射量	ふく射量	辐射量
— of rain-fall	降雨量	雨量	降雨量
— of substance	物質量	物質量	物质量
— of theoretical air	理論空氣量	理論空気量	理论空气量
— of ventilation	通風量	換気量	通风量
— of vibration	振動量	振動量	振动量
ampelite	硫鐵黑土	アンペライト	硫铁黑土
ampere	安培	アンペア	安(培)
amperemeter	安培計;電流表	電流計	电流计
amperometric	電流測定	電流計測	电流测定
amperometry	電流滴定	電流滴定	电流滴定
amperostat	恆電流電解裝置	アンペロスタット	恒电流电解装置
amphenol connector	接線端子	アンフェーノル端子	接线端子
amphibian	水陸兩用飛機	アンフィビアン	水陆两用坦克
amphibole	閃石	角せん石	闪石
amphibolite	角閃石	角せん岩	角闪石
amphibololite	角閃石岩	火成角せん岩	角闪石岩
amphiboly	模棱兩可	アンフィボリ	模棱两可
amphidiploid	導源四倍體	複二倍体	〔导源〕四倍体
amphihaploid	導源二倍體	複単相体	导源二倍体
amphimixis	兩性融合	両性混合	两性融合
amphineura	雙神經綱	双経類	双神经网
amphion	兩性離子	両性イオン	两性离子
amphipathic property	雙親媒性物質	両親媒性	双亲媒性物质
amphiphloic	周韌型	両師型	周韧型
amphiplasty	隨體喪失	アンフィプラスティ	随体丧失

英文	臺灣	日文	大陸
amphiploid	雙倍體	複倍数体	双倍(数)体
amphi-position	跨位	アンフィ位	跨位
amphiprostyle	兩旁無柱的前后柱廊式	前後柱廊式	两旁无柱的前后柱廊式
amphiprotic solvent	兩性溶劑	両性溶媒	两性溶剂
amphixylic	周木型	両木型	周木型
ampho-ion	兩性離子	両性イオン	两性离子
ampholyte	兩性電解質	両性電解質	两性电解质
— element	兩性元素	両性元素	两性元素
— membrane	兩性膜	両性膜	两性膜
— metal	兩性金屬	両性金属	两性金属
amplidyne	交磁放大機	アンプリダイン	交磁放大机
amplification	放大；增益	増幅	放大；增益
— characteristic	放大特性	増幅特性	放大特性
— characteristic curve	放大特性曲線	増幅特性曲線	放大特性曲线
— circuit	放大電路	増幅回路	放大电路
— degree	放大率	増幅度	放大率
— factor	放大係數	増幅率	放大系数
— generator	電機放大器	増幅發電機	电机放大器
amplifer	放大器；擴音器	増幅部〔器〕	放大器；扩音器
— unit	放大裝置	アンプユニット	放大(器)装置
amplifying action	放大作用	増幅作用	放大作用
amplistat	內反饋式磁放大器	アンプリスタット	内反馈式磁放大器
amplitude	振幅；幅度	振幅	振幅；幅度
amtrack	水陸兩用履帶車輛	水陸両用装軌車	水陆两用履带车辆
amyctic	腐蝕藥	皮膚刺激剤	腐蚀药
amylum	淀粉	でん粉	淀粉
amyrin	香樹精	アミリン	香树精
analcime	方沸石	方沸石	方沸石
analcite	方沸石	方沸石	方沸石
analcitte	方沸岩	方沸岩	方沸岩
analeptic	強狀劑	強壮剤	强状剂
analog	類比	相似式	模拟
— actuator	類比傳動裝置	アナログ作動器	模拟传动装置
— buffer	類比緩沖器	アナログバッファ	模拟缓冲器
— data	類比數据	アナログデータ	模拟数据
— device	類比裝置	アナログ装置	模拟装置
— dial	類比顯示面板	アナログダイヤル	模拟显示面板
— equipment	類比裝置	アナログ装置	模拟装置
— machine	類比機	アナログマシン	模拟机
— measurement	類比測量	アナログ計測	模拟测量

英文	臺灣	日文	大陸
— memory	類比存儲器	アナログメモリ	模拟存储器
— modem	類比調制-解調器	アナログモデム	模拟调制-解调器
— recoder	類比記錄器	アニログレコーダ	模拟记录器
— representation	類比表示法	アナログ表現	模拟表示法
— servo system	類比伺服系統	アナログサーボ系	模拟伺服系统
— shift register	類比移位暫存器	アナログシフトレジスタ	模拟移位寄存器
— signal	類比信號	アナログ信号	模拟信号
— simulation	類比模擬	アナログシミュレーション	类比模拟
— storage module	類比儲存組件	アナログ記憶モジュール	模拟储存组件
— switch	類比開關	アナログスイッチ	模拟开关
— system	類比系統	アナログシステム	模拟系统
— telemeter	類比遙測計	アナログテレメータ	模拟遥测计
— telemetering	類比遙測	アナログテレメータリング	模拟遥测
— transmission	類比傳輸	アナログ伝送	模拟传输
— type	類比型	アナログタイプ	模拟型
— watch	類比監視	アナログウォッチ	模拟监视
analogous circuit	類比電路	相似形回路	模拟电路
analogy	相似形	アナロジ,相似	相似形
analysed sample	分析抽樣	標準試料	分析抽样
analyser	分析器	検光子	分析器
analysis	解析	分析	解析
— by spectroscopy	光譜分析	分光分析	光谱分析
— error	分析誤差	分析誤差	分析误差
— formula	經驗公式	解析式	经验公式
— method	解析法	分析法	解析法
— of elasticity	彈性分析	弾力性分析	弹性分析
— of variance	方差分析	分散分析	方差分析
— of vibration	振動分析	振動分析	振动分析
— pitch	實測節距	実測ピッチ	实测节距
— simulation	模擬分析	モデル分析	模拟分析
— system	分析系統	解析システム	分析系统
analyst	化驗員；分析員	分析者	化验员; 分析员
analytical approach	分析求解法	分析的アプローチ	分析求解法
— chemistry	分析化學	分析化学	分析化学
— curve	分析曲線	解析曲線	分析曲线
— data	分析資料	分析資料	分析资料
— differential	解析微分	解析的微分	解析微分
— error	分析誤差	分析誤差	分析误差
— formula	分析式	解析式	分析式
— function	解析函數	解析関数	解析函数

英文	臺灣	日文	大陸
analyticity	解析性	解析性	解析性
analyzed	分析圖形	分析パターン	分析图形
analyzer	分析器	検光子	分析器
analyzing	分析晶體	分光結晶	分析晶体
anamesite	中粒玄武岩	中粒玄武岩	中粒玄武岩
anamorphic	失真物鏡	アナモフィックレンズ	失真物镜
anamorphism	合成變質	構成変質	合成变质
anapaite	斜磷鈣鐵礦	アナパイト鉱	斜磷钙铁矿
anaphase	細胞分裂後期	後期	〔细胞分裂〕後期
anaporesis	陽離子電泳	陰イオン電泳	阳离子电泳
anaphylatoxin	過敏毒素	アナフィラトキシン	过敏毒素
anatexis	溶解過程	アナテクシス	溶解过程
anchor	錨;固定器	引留	固定金属件
— bolt	地腳螺栓;固定螺栓	埋込ボルト	地脚螺栓
— capper	壓蓋機	びん詰機	压盖机
— capstan	絞錨機	アンカキャプスタン	起锚铰盘
— chain	錨鍊	びょう鎖	锚索
— chock	錨座;錨架	アンカ台	锚座; 锚架
— coat	中介塗層	下塗	中介涂层
— crown	錨冠	錨冠	锚冠
— eye	錨孔	アンカアイ	锚眼; 锚孔
— fluke	錨爪	アンカつめ	锚爪
— gear	錨機	アンカ装置	起锚装置
— girder	錨定大梁	定着けた	锚定大梁
— hole	錨栓孔	アンカホール	锚栓孔
— nut	鎖緊螺母	アンカナット	锁紧螺母
— point	固定點	アンカポイント	固定点
— post	錨柱	びょう柱	锚柱
— rod	錨杆	アンカロッド	锚杆
— rope	錨索	びょう鎖	锚索
— screw	錨定螺絲	アンカスクリュー	锚定螺丝
— shaft	錨杆	びょう軸	锚杆
— stock	錨杆	アンカストック	锚杆
— wire	吊索	台付けワイヤ	吊索
anchorage	錨位	びょう地	锚位; 锚地
anchored filament	固定燈絲	引留フィラメント	固定灯丝
anchoring	停泊	アンカ工法	停泊; 固定
— agent	固定劑	定着剤	固定剂
— basin	停泊地	びょう地	停泊地
— effect	粘結效應	定着効果	粘结效应

英文	臺灣	日文	大陸
— gear	拋錨設備	投揚びょう装置	抛锚设备
— washer	安裝板	取付板	安装板
ancillary equipment	補助裝置	補助装置	补助装置
— fitting	補助零件	取付部品	补助（零）件
— material	補助材料	補助材料	补助材料
— part	補助零件	付属品	（补助）零件
andorite	硫銻鉛銀礦	アンドル石	硫锑铅银矿
angle	角	アングル材	角度
— block gage	角度規	アングルブロックゲージ	角度块规
— cutting	端面切斷	端面切断	端面切断
— cutting tool	倒角車刀	かど取りバイト	倒角车刀
— error	角度誤差	角度誤差	角度误差
— gage block	角度塊規	アングルゲージブロック	角度块规
— gear	角齒輪	アングル歯車	锥齿轮
— graduation	角度刻度	角度目盛り	角（度）刻度
— head	彎頭	アングルヘッド	弯头
— index	角度刻度	角度目盛	角（度）刻度
— indicator	角度指示器	角度指示器	角度指示器
— iron	角鐵	山形材	角钢
— iron shear	角鐵剪切機	山形材シャー	角铁剪床
— lapping	角度研磨	角度研磨	角度研磨
— mill	角度	角フライス	角度
— milling	角銑刀	角度フライス	角铣刀
— of flexure	偏轉角	たわふ角	偏转角
— of friction	摩擦角	摩擦角	摩擦角
— of sweepback	後退角	後退角	後退角
— of sweepforward	前進角	前進角	前进角
— of swing	回轉角	回転角	回转角
— of tilt	俯仰角	伏仰角	俯仰角
— of twist	扭轉角	ねじり角	扭转角
— pipe	接角管	曲管	弯管
— plate	角板	アングルプレート	角铁
— post	角柱	すみ柱	角柱
— protractor	量角器	アングルプロトラクタ	量角器
— shaft	角柱	かど柱	角柱
anglesite	硫酸鉛礦	硫酸鉛鉱	硫酸铅矿
— ball bearing	止推球軸承	アンギュラ玉軸受	止推球轴承
— bracket	角撐架	角ブラケット	角撑架
— clearance	拔模斜度	抜きこう配	拔模斜度
— coordinates	角座標	角座標	角座标

英文	臺灣	日文	大陸
— deviation	角度偏位	角度偏位	角度偏位
— error	角度誤差	角度誤差	角度误差
— measure	角度量度法	角度法	角度量度法
— momentum	角運動量	角運動量	角运动量
— motion	角運動	角運動	角运动
— movement	角運動	角運動	角运动
— perspective	斜透視	有角透視	斜透视（投影法）
— pin	斜異銷	アンギュラピン	斜异销
— position	角坐標	アンギュラポジョン	角坐标
— thread	三角V型螺紋	三角ねじ	三角V型螺纹
— velocity	角速度	角速度	角速度
— wheel	傘形齒輪	傘歯輪	伞形齿轮
angulator	角換算器	角換算器	角换算器
angulometer	量角器	角度ゲージ	量角仪
anharmonicity	非調和性	非調和性	非调和性
anhedral angle	正上反角	下反角	正上反角
anhydrating agent	脫水劑	脱水剤	脱水剂
anhydraulic cement	氣硬水泥	気硬性セメント	气硬性水泥
anhydaulicity	氣硬性	気硬性	气硬性
anhydride	脫水物	無水物	脱水物
anhydrite	硬石膏	硬石こう	硬石膏
anhydro-acid	無水酸	焦性酸	无水酸
anhydrone	無水高氯酸鎂	アンヒドロン	无水高氯酸镁
anhydrous	無水氨	無水アンモニア	无水氨
anil	縮苯胺	アニル	缩苯胺
aniline	阿尼林	アニリン	阿尼林
anilinoplst	苯胺塑料	アニリンプラスト	苯胺塑料
anils	縮苯胺	アニルス	〔醛或酮〕缩苯胺
animal adhesive	動物粘接劑	動物質接着剤	动物粘接剂
— resin	動物樹脂	動物樹脂	动物树脂
animikite	等軸銻銀礦	アニミカイト	等轴锑银矿
anion	陰離子	陰イオン	阳离子
anisothermel treatment	非等溫熱處理	非等温熱処理	非等温热处理
angle block	角鐵；彎板	くるぶしブロック	角铁；弯板
annaline	硫酸鈣	アナライン	硫酸钙
annealed	軟鋁線	軟アルミ線	软铝线
— copper	退火軟銅	軟銅	退火软铜
— copper wire	軟銅線	軟銅線	软铜线
— structure	退火組織	焼鈍し組織	退火组织
— wire	退火鋼絲	鈍し鉄線	退火钢丝

英文	臺灣	日文	大陸
annealing	退火	焼鈍し	退火
— bath	退火浴	カニール浴	退火浴
— box	退火箱	焼鈍し箱	退火箱
— can	退火箱	焼鈍し箱	退火箱
— chamber	退火室	カニール室	退火室
— color	退火色	焼鈍し色	退火色
— curve	退火曲線	焼鈍曲線	退火曲线
— effect	退火效應	アニーリング効果	退火效应
— equipment	退火爐	焼鈍装置	退火炉
— furnace	退火爐	焼鈍し炉	退火炉
— in mould	鑄型內退火法	鋳型内退火法	铸型内退火法
— kiln	退火爐	アニール窯	退火炉
— oven	退火爐	焼鈍し窯	退火炉
— shrinkage	退火收縮	アニール収縮	退火收缩
— temperature	退火溫度	緩冷温度	退火温度
— time	退火時間	アニール時間	退火时间
annular air-foil	環槽	アニュラエアフォイル	环翼
— ball bearing	環狀滾珠軸承	アニュラボールベアリング	向心球轴承
— basin	環形池	環状池	环形池
— bearing	環狀軸承	アニュラベアリング	向心轴承
— borer	環形鑽孔器	試すい筒	环形钻孔器
— channel	環形溝道	環状流路	环形沟道
— clearance	環形間隙	環状すきま	环形间隙
— coil	環狀線圈	貫通コイル	环状线圈
— orifice	遮陽板	しゃ流板	遮阳板
— projection	環形凸台	リングプロジェクション	环形凸台
— shake	環裂	目回り	环裂
— slot nozzle	銷閥式噴嘴	アニュラスロットノズル	销阀式喷嘴
— space	環形空間	環状空げき	环形空间
— structure	環形結構	アニュラ構造	环形结构
anodic acid pickling	陽極酸洗	陽極酸洗い	阳极酸洗
anodisation	陽極氧化	陽極酸化	阳极氧化
anodised aluminium	陽極氧鋁	陽極酸化アルミニウム	阳极氧铝
anodization	陽極氧化	アノード酸化	阳极氧化
anodizing	陽極氧化	陽極酸化	阳极氧化〔外理〕
anodynon	氯乙烷	塩化エチル	氯乙烷
anol	對丙烯基苯酚	アノール	对丙烯基苯酚
anolyte	陽極電解液	陽極液	阳极〔附近的〕电解液
animalism	異常性	アノマリズム	异常(性)
anomalous	反常吸收	異常吸収	反常吸收

英文	臺灣	日文	大陸
— diffusion	反常擴散	異常拡散	反常扩散
— dispersion	反常色散	異常分散	反常色散
— propagation	反常傳播	異常伝搬	反常传播
— scattering	反常散射	異常散乱	反常散射
— specific heat	反常比熱	異常比熱	反常比热
anotron	冷陰極充氣整流管	アノトロン	冷阳极充气整流管
anoxia	缺氧症	酸素欠乏症	缺氧(症)
ansol	無水乙醇和乙酸乙酯的混合	アンソール	无水乙醇和乙酸乙酯的混合溶剂
answer	響應	答える	回答；响应
answering	響應	返答	响应；应答
antennafier	天線放大器	アンテナファイア	天线放大器
antennaverter	天線變頻器	アンテナバータ	天线变频器
antennule	小觸角	小触角	小触角
anterior bumper	前部阻尼器	前方バンパ	前部阻尼器
anteroom	休息室；接待室	準備室	休息室；接待室
— system	擬人系統	擬人システム	拟人系统
antiactivator	阻活劑	反活性剤	阻活剂
anti-adhesion agent	防粘附劑	付着防止剤	防粘附剂
antiadhesive	潤滑劑	潤滑剤	润滑剂
antiager	防老劑	老化防止剤	防老剂
anti-attrition	減少磨損	減摩料	减少磨损
antibouncer	防跳裝置	踊止め	防跳装置
antibromics	除臭劑	防臭剤	除臭剂
anticatalyst	負催化劑	抗触媒	负催化剂
anticausticon	抗腐蝕劑	アンチコースティコン	抗腐蚀剂
antichlor	除鹽素劑	脱塩素剤	除盐素剂
— device	防撞裝置	衝突防止装置	防撞装置
— light	防撞燈	衝突防止灯	防撞灯
— radar	防撞雷達	アンチコリジョンレーダ	防撞雷达
— service	防撞勤務	衝突防止業務	防撞勤务
— system	防撞系統	衝突予防システム	防撞系统
anticomet tail gun	抗彗差電子槍	ACT 電子銃	抗彗差电子枪
Anticorodal	鋁基矽鎂合金	アンチコロダール	铝基矽镁合金
anticorrosion	耐蝕；抗蝕	耐食性	耐蚀性；抗蚀性
— agent	耐蝕劑	耐食剤	耐蚀剂
— alloy	耐蝕合金	耐食合金	耐蚀合金
— equipment	耐食裝置；防腐設備	耐食装置	耐食装置；防腐设备
— film	防蝕被覆	防食被膜	防蚀被覆
— material	耐蝕材料	耐食材料	耐蚀材料
— test	耐腐蝕試驗	耐食試験	耐腐蚀试验

英文	臺灣	日文	大陸
anticorrosive agent	防銹劑	防食剤	防锈剂
— coated steel pipe	防蝕鋼管	防食鋼管	防食钢管
— coating	防腐蝕涂料	さび止めペイント	防腐蚀涂料
— coating with oxides	氧化保護膜	酸化保護皮膜	氧化保护膜
— high molecular material	耐蝕高分子材料	耐食性高分子材料	耐蚀高分子材料
— treatment	防腐蝕外處理	防食処理	防腐蚀外处理
antifriction	低摩擦	減摩材	减滑器
— alloy	低摩擦合金	耐摩合金	耐磨合金
— bearing	低摩擦軸承	減摩軸承	滚动轴
— block	減摩塊	減摩ブロック	减摩块
— composition	減摩劑	減摩剤	减摩剂
— device	減摩器	減摩装置	减摩器
— grease	減滑脂	減摩グリース	减滑脂
— material	減摩劑	減摩材	减摩剂
— metal	耐磨合金	減摩合金	耐磨合金
— roller	減摩滾子	減摩ころ	减摩滚子
— surface	耐磨面	減摩面	耐磨面
antigen	抗體源	抗原	抗(体)源
antigenicity	抗原性	抗原性	抗原性
anti-ghost	去重像	アンチゴースト	去重像
anti-icer	防結冰裝置	防氷装置	防冰装置
antiknock	防爆震	アンチノック剤	抗爆剂
— agent	防爆劑	アンチノック剤	抗爆剂
— compound	防爆震劑	抗ノック化合物	抗爆剂
— dope	防爆震率	アンチノック剤	〔燃料的〕抗爆剂
— fuel	防爆震燃料	アンチノック燃料	抗爆燃料
— fuel dope	燃料抗爆劑	制爆剤	燃料抗爆剂
— gasoline	抗爆汽油	アンチノックガソリン	抗爆汽油
— material	抗爆劑	制爆剤	抗爆剂
— property	抗爆劑	アンチノックプロパティ	抗爆剂
— quality	抗爆劑	アンチノック性	抗爆剂
— rating	抗爆劑	アンチノック性	抗爆剂
— substance	抗爆劑	制爆剤	抗爆剂
antiknocking	防爆震	アンチノッキング	防爆；抗震
anti-leaching	抗浸出性	抗浸出性	抗浸出性
antilift wire	降落張線	着陸張り線	降落张线
— antimer	對映體	相対部分	对映体
anti-mist panel	防霧板	曇り防止板	防雾板
antimon,Sb	銻	アンチモン	锑
antimonate	銻酸鹽	アンチモン酸塩	锑酸盐

英文	臺灣	日文	大陸
antimonial alloy	銻合金	アンチモン合金	锑合金
— glass	銻玻璃	アンチモンガラス	锑玻璃
— lead	硬鉛	アンチモン鉛	硬铅
— silver	銻銀礦	安銀鉱	锑银矿
antimony,Sb	銻	アンチモン	锑
— base alloy	銻基	アンチモン基合金	锑基
— black	硫化銻	三硫化アンチモン	硫化锑
— bronze	銻青銅	アンチモン青銅	锑青铜
— cinnabar	銻朱砂	アンチモン朱	锑朱砂
— electrode	銻電極	アンチモン電極	锑电极
— metal	銻金屬	アンチモン金属	锑金属
— regulus	銻塊；粗金屬銻	金属アンチモン	锑块; 粗金属锑
— salt	銻鹽	アンチモシ塩	锑盐
— structure	銻型構造	アンチモン型構造	锑型构造
— sulfide iodide	硫酸銻	硫酸	硫酸锑
antinode	波腹	波腹	波腹
antinoise microphone	防噪聲微音器	雑音防止マイクロホン	防噪声微音器
antinucleon	反核子	反核子	反核子
antioxidzing agent	防氧化劑	酸化防止剤	防氧化剂
antioxygen	抗氧化劑	酸化防止剤	抗氧化剂
anti-pitting agent	防止劑	ピット防止剤	防止剂
antiplasticization	抗增塑作用	反可塑化	抗增塑〔作用〕
antipolarity	逆極性	逆極性	逆极性
antelope	反極點效應	反対極	反极点效应
anti-position	反位	アンチ位	反位
antique	黑體字	古典的な	黑体字
antitrust	防銹劑	さび止め剤	防锈剂
antiscorch	抗焦劑	こげ防止剤	抗焦剂
antiscorching agent	抗焦劑	スコーチ防止剤	抗焦剂
antiseizing property	防粘劑	焼付き防止性	防粘剂
antiseptic	防腐劑	防腐剤	防腐剂
— agent	防腐劑	防腐剤	防腐剂
— varnish	防腐清漆	防腐ワニス	防腐清漆
antiseptics	消毒劑	防腐材	消毒剂
antishock	防震	アンチショック	防震
antiskid	防滑	滑り止め用	防滑
— asphalt mixture	防滑瀝青混合物	滑り止め用混合物	防滑沥青混合物
— brake	防滑剎車裝置	アンチスキッドブレーキ	防滑刹车装置
— chain	防滑鏈	滑り止めチェーン	防滑链
— control	防滑控制	アンチスキッド制御	防滑控制

英文	臺灣	日文	大陸
— device	防滑裝置	滑止防止裝置	防滑装置
antiweatherabilty	耐候性	耐候性	耐候性
anyil	平台；基準面	金敷	平台；基准面
— block	平台；砧座	金敷台	平台；砧座
aphthonite	銀黝銅礦	アフソナイト	银黝铜矿
apparatus	器具	装置	装置；器械；机器；
— status	機器狀態	機器ステイタス	机器状态
— unit	設備組件	設備ユニット	设备组件
appearance	外觀	外観	外观
— of film	塗膜的外觀	塗膜の外観	涂膜的外观
— of fracture	斷口外觀	破面の外観	断口外观
— test	外觀檢驗	外観テスト	外观检验
append	添加	アペンド	添加
— file	附加文件	付加ファイル	附加文件
appendage	附加物	付加物	附加物
— resistance	附體阻力	付加物抵抗	附体阻力
— scale effect factor	附體尺度效應因數	付加物の寸法効果係数	附体尺度效应因数
appendix	附錄	付録	附录
appliance	設備；儀表	器具	设备；仪表
applicability	適用範圍	適用範囲	适用范围
appurtenance	附屬設備	付属機器	附属设备
apron	護床；停機坪	エプロン	平板；停机坪
— conveyor	板式輸送機	エプロンコンベヤ	板式输送机
— elevator	平板式提升機	エプロンエレベータ	平板式提升机
— plate	閘門	エプロン板	闸门
— roll	輸送機皮帶輥軸	エプロンロール	输送机皮带辊轴
aquametry	滴定測水法	水分定量	滴定测水法
aquaresin	水溶性樹脂	水溶性の樹脂	水溶性树脂
aquastat	水溫調節器	アカスタット	水温调节器
aquation	水化合作用	アクア化	水化(合)作用
aqueduct	導水管	水道	导水管
aqueous adhesive	含水粘合劑	水性接着剤	含水粘合剂
— ammonia	氨水	アンモニア水	氨水
aquifer	蓄水層	帯水層	蓄水层
aquotization	水合作用	アクオ化	水合作用
arbor	心軸	心棒	心轴
— die	柄軸模	アーバ型	柄轴模
— flange	柄軸凸緣	アーバフランジ	柄轴凸缘
— press	手扳壓床	圧入プレス	手扳压床
— support	刀把支架	アーバ支え	刀把支架

英文	臺灣	日文	大陸
— type fraise	套筒銑刀	アーバタイプフライス	套筒铣刀
— type gear hob	心軸型滾刀	アーバ形ホブ	心轴型滚刀
— type milling cutter	套筒銑刀	アーバタイプフライス	套筒铣刀
arc	電弧;弧	弧光	电弧
— air cutting	電弧切割	アークエア切断	电弧切割
— air gouging	電弧刨槽	アークエアガウジング	电弧刨槽
— air process	空氣電弧切割法	アークエア法	空气电弧切割法
— baffle	電弧阻斷器	アークバフル	电弧阻断器
— heating	電弧加熱	アーク発熱	电弧加热
— horn	角形避雷器	アークホーン	角形避雷器
— lamp	弧光燈	アーク灯	弧光灯
— lamp globe	弧光燈罩	アークランプグローブ	弧光灯罩
— welder	電焊機	アーク溶接機	电焊机
— welding	電弧熔接;弧接	アーク溶接	电弧焊接
— welding alternator	電弧焊接交流發電機	アーク溶接用交流発電機	电弧焊接交流发电机
— welding electrode	電焊條	アーク溶接棒	电（弧）焊条
— welding generator	接用發電機	アーク溶接用発電機	接用发电机
— weeding machine	電弧焊機	アーク溶接機	电弧焊机
— welding outfit	電弧工具	アーク溶接具	电弧工具
— welding process	電弧焊接法	アーク溶接	电弧焊（接）法
— welding rod	電弧焊條	アーク溶接棒	电（弧）焊条
— welding transformer	電弧焊接變壓器	アーク溶接用変圧器	电弧焊接变压器
arcade	拱廊	アーケード	拱廊
archimedasn screw pump	阿基米德螺旋泵	ねじポンプ	阿基米德螺旋泵
Archimedes axiom	阿基米德原理	アルキメデスの原理	阿基米德原理
— law	阿基米德定律	アルキメデスの法則	阿基米德定律
— number	阿基米德數	アルキメデス数	阿基米德数
— principle	阿基米德原理	アルキメデスの原理	阿基米德原理
— screw	阿基米德螺旋	アルキメデスのらせん	阿基米德螺旋
— spiral	阿基米德螺線	アルキメデスのらせん	阿基米德螺线
Ardal	阿德你鋁合金	アルダール	阿德你铝合金
ardennite	錳砂釩鋁礦	アーデンヌ石	锰砂钒铝矿
argentan	洋銀(鎳、鋅合金)	洋銀	洋银〔镍、锌合金〕
argentation	鍍銀	鍍銀	镀银
argenticyanide	銀氰化物	第二銀化合物	银氰化物
argentiferous galena	含銀方鉛礦	銀シアン化物	含银方铅矿
— lead	含銀鉛	含銀方鉛鉱	含银铅
argntite	輝銀礦	輝銀鉱	辉银矿
argntometry	銀液滴定	銀滴定	银液滴定

英文	臺灣	日文	大陸
argil	陶土	陶土	陶土
argilla	陶土	陶土	陶土；铝氧化
argillaceous earth	高嶺土；氧化鋁	ばん土	高岭；氧化铝
argyrism	銀中毒	銀中毒	银中毒
argrite	輝銀礦	輝銀鉱	辉银矿
arm	臂；幅	腕木	支架；横臂
— clamping mechanism	旋臂夾緊機構	アーム締付け機構	旋臂夹紧机构
— command	懸臂控制	アームコマンド	悬臂控制
— conveying elevator	旋臂起重機	アームエレベータ	旋臂起重机
— crane	旋臂起重機	腕クレーン	旋臂起重机
— elevating mechanism	搖臂升降機構	アーム昇降機構	摇臂升降机构
— elevator	旋臂式提升機	腕付きエレベータ	旋臂式提升机
— length	臂長	アーム長さ	臂长
— of flywhee	飛輪輻	はずみ車のはば	飞轮辐
— of transept	教堂的交叉甬道支路	そで廊	教堂的交叉甬道支路
— of wheel	輪輻	車輪のはば	轮辐
— stand	磁性鐵架	アームスタンド	（磁性）铁架；支（架）座
— stop	停止臂	アームストップ	停止臂
— stretcher	搖臂拉深	アームストレッチャ	摇臂拉深
armangite	砷錳礦	アルマンジャイト	砷锰矿
armature	電樞	接極子	电枢
— brake	電樞制動器	アーマチュアブレーキ	电枢制动器
— shaft	電樞軸	アーマチュアシャフト	电枢轴
— spider	電樞支架	電機子スパイダ	电枢支架
armco iron	工業用純鐵	アームコ磁性鉄	阿姆科铁
— magnetic iron	阿姆科磁鐵	アームコ鉄	阿姆科磁铁
armor	裝甲；外裝	装甲	装甲；外装
— bolt	裝甲螺栓	装甲ボルト	装甲螺栓
— coat	保護塗屋	表面金属加工	保护涂屋
— deck	裝甲甲板	装甲甲板	装甲甲板
— glass	防彈玻離	防弾ガラス	防弹玻离
armoured	裝甲飛機	装甲飛行機	装甲飞机
— car	裝甲車；軍用車	装甲自動車	装甲车；军用车
— concrete	鋼筋	鉄筋コンクリート	钢筋
— motor car	裝甲車	装甲車	装甲车
Arms bronze	兵器用青銅	アームスブロンズ	特殊铝青铜
arrangement	配置；裝置	配列	配置；装置
— drawing	裝置圖	配置図	装置图
— plan	裝置圖	配置図	装置图
— track	配置線路	組替え線	配置线路

英文	臺灣	日文	大陸
arrestor	捕集器;制動器	避雷器	避雷针；避雷器
arsenical nickel	紅砷鎳礦	紅ひニッケル紅	红砷镍矿
— pyrite	砷黃鐵礦；毒砂	硫ひ鉄鉱	砷黄铁矿；毒砂
art	技術	アルセノフェライト	技术
artery	大道	技術	大道
arsenoferrite	砷化鐵	アーテリ	砷化铁
articulated blade	關節式回轉翼	関節式回転翼	关节式回转翼
— bue	鉸鏈式公共汽車	連結バス	铰链式公共汽车
— car	連結車	連結車	连结车
— connecting rod	副連桿	副連接棒	副连杆
— gear	聯接式齒輪	アーティキュレト形歯車	联接式齿轮
— jack	鉸接式千斤頂	関節ジャッキ	铰接式千斤顶
— pipe	萬向管接頭	関節管	万向管接头
— robot	多關節式機器人	多関節ロボット	多关节式机器人
— rod	活動連桿	副連接棒	活动连杆
— train	關節列車	連結列車	关节列车
— truck	關節轉向架	連結トラック	关节转向架
— vehicles	鉸接式汽車	関節連結自動車	铰接式汽车
artificial abrasive	人造磨料	人造研削材	人造磨料
— circuit	模擬電路	擬似回路	模拟电路
— diamond	人造鑽石	人造ダイヤモンド	人造金刚石
— element	人造元素	人工元素	人造元素
— fiber	人造纖維	人造繊維	人造纤维
— graphite	人造石墨	人造グラファイト	人造石墨
— gravity	人造重力	人工重力	人造重力
— intelligence	人工智慧	人工知能	人工智慧
— intelligence robot	人工智能機器人	人工知能ロボット	人工智能机器人
— intelligence system	人工智能系統	人工知能システム	人工智能系统
— intelligence theory	人工智能理論	人工知能理論	人工智能理论
— joint	人造關節	人工関節	人造关节
— leather	人造皮革	人工レザー	人造皮革
— load	模擬負載	擬似負荷	模拟负载
— network	模擬網絡	擬似回路網	模拟网络
— resin	人造樹脂	人造レジン	人造树脂
— resinplastic	人造樹脂	人造樹脂	人造树脂
— rubber	人造橡膠	人造ゴム	人造橡胶
— rust	人造銹蝕	人工さび	人造锈蚀
— signal	模擬信號	人工信号	模拟信号
— stone	人造石	人造石	人造石
— stone plate	人造石板	人造石板	人造石板

英文	臺灣	日文	大陸
— sunlight	人造陽光	人工日光	人造阳光
— system	仿真系統	人工システム	仿真系统
— traffic	模擬通信量	擬似トラフィック	模拟通信量
— voice	模擬語音	アーティフィシャルボイス	模拟语音
— weather	人造氣象	人工気象	人造气象
artisan	技工	アルティザン	技工
asbest	石綿	石綿	石绵
— fiber	石綿纖維	アスベストファイバ	石绵纤维
— sheet	石棉板	アスベストシート	石棉板
— tile	石棉瓦	アスベストタイル	石棉瓦
asbestos	石棉	石綿	石棉
— board	石綿板	石綿板	石绵板
— canvas	石綿布	石綿布	石绵布
— filter	石綿過濾器	アスベストろ過器	石绵过滤器
— insulation	石綿絕緣	石綿絶縁	石绵绝缘
— plate	石綿板	石綿板	石绵板
— reinforced plastic	石棉增強塑料	石綿強化プラスチック	石棉增强塑料
asbolite	錳鈷土	コバルト土	锰钴土
— design	耐震設計	耐震設計	耐震设计
— structure	耐震構造	耐震構造	耐震构造
aseismicity	耐震性	耐震性	耐震性
ash-free coal	無灰煤	無灰炭	无灰煤
fuel	無灰燃料	無灰燃料	无灰燃料
asphalt	抗瀝青剝離劑	れき青	抗沥青剥离剂
aspiration	吸氣	吸気	吸气
— inlet	吸氣口	吸気口	吸气口
— pipe	吸氣管	吸気管	吸气管
— thermometer	通風溫度計	通風温度計	通风温度计
— valve	吸氣閥	吸気弁	吸气阀
aspirator	抽水機	水流ポンプ	抽水机
assay	分析檢查	検定	分析检查
— furance	驗定爐	試金炉	验定炉
— lead	試金鉛	試金鉛	试金铅
— oven	驗定爐	試金炉	验定炉
assaying	驗定	試金	验定
assemblage	裝配物	組立て	装配(物)
assemble	裝配；組裝	組立てる	装配；组装
— error	裝配誤差	組立て誤差	装配误差
assembled apparatus	組合裝置	集成装置	组合装置
assembler	匯編程序	アセンブラ	汇编程序

英文	臺灣	日文	大陸
— base	匯編程序庫	アセンブラベース	汇编程序库
— language	匯編語言	アセンブラ言語	汇编语言
assemblies	層積材構件	集成材	层积材〔构件〕
assembling	安裝；組合	組立て	安装；组合
— blot	裝配用螺栓	組立てボルト	装配(用)螺栓
— dies	組合拉絲模	組立て型	组合拉丝模
— elevator	裝配用升降機	アセンブラ昇降部	装配用升降机
— jig	裝配型架	組立てジグ	装配(型)架
assembly	裝配；組立	集結	装配；组立
— adhesive	粘立劑	二次接着剤	〔粘立〕剂
— aids	裝配輔助裝置	組立て用補助装置	装配辅助装置
— center	裝配中心	アセンブリセンタ	装配中心
— chaining	裝配連接	組立て連鎖	装配连接
— conveyor	裝配傳送帶	組立てコンベヤ	装配传送带
— cost	裝配成本	組立て費	装配成本
— density	裝配密度	組立て密度	装配密度
— diagram	裝配圖	組立て図	装配图
— drawing	裝配圖	組立て図	装配图
— error	裝配誤差	組立てエラー	装配误差
— glue	裝配接合劑	たい積接着剤	装配接合剂
— gluing	組合粘結	二次接着	二次接着；组合粘结
— industry	裝配工業	組立工業	装配工业
— line design	裝配線	組立てライン設計	组立；设计
— machine	裝配機	アセンブリマシン	装配机
— maker	裝配廠	アセンブリメーカ	装配厂
— operation	裝配操作	組立て作業	装配操作
— order sheet	裝配順序表	組立て順位表	装配顺序表
— packaging	組合包裝	集合包装	组合包装
— parts	裝配件；組合零件	アッセンブリ部品	装配件；组合零件
— plant	裝配廠	組立て工場	装配厂
— robot	組裝機器人	組立てロボット	组装机器人
— room	裝配室	議場	装配室
assessed mean life	壽命評估	評価寿命	寿命评估
assessment	估價	推定見積り	评计(价)
assign	分配	割当て	分配
assignment	分配；指定	指定	分配；指定
assimilation	同化作用	同化作用	同化作用
assistant cylinder	緩衝汽缸	緩衝シリンダ	辅组缸
assisted access	阿斯曼濕度計	アスマン湿度計	阿斯曼湿度计
association	締合(分子的)	群集	缔合〔分子的〕

英文	臺灣	日文	大陸
— fiber	締合纖維	総合繊維	缔合纤维
associative ionization	結合性	結合性イオン化	结合性
associatively	締合性	結合性	缔合性
assurance	安全	保証	安全
astern	向船尾	後進	向船尾
— cam	後退凸輪	後進カム	倒车凸轮
— dummy	後退空轉	後進ダミー	倒车空转
— exhaust cam	後退排氣凸輪	後進排気カム	倒车排气凸轮
— igniter cam	後退點火器凸輪	後進点火カム	倒车点火器凸轮
— nozzle	後退噴嘴	後進ノズル	倒车喷嘴
— power	後退力(船)	後進力	倒车功率
— speed	後退速度	後進速力	倒车速度
— trial	後退試驗	後進試験	倒车试验
— turbine	倒車汽輪機	後進タービン	倒车汽轮机
astrocompass	天文羅盤	天文羅針儀	天文罗盘
astordynamics	天體動力學	宇宙力学	天体动力学
astrogation	天文導航	宇宙飛行	天文导航
astro-hatch	天文觀測窗	天測窓	天文〔观测〕窗
astrology	鎳基超耐熱合金	アストロロト	镍基超耐热合金
astrophotometer	天體光度計	天文光度計	天体光度计
astrophotometry	天體光度學	天体測光法	天体光度学
asymptote	漸近線	漸近線	渐近线
atoms	大氣壓	気圧	大气压
— perfect filter	理想空氣過濾器	アトモス弁	理想空气过滤器
— pheric valve	空氣閥	大気	空气阀
— air	大氣	大気	大气
— corrosion resistance	耐候性	耐候性	耐候性
— corrosion resistant steel	耐蝕鋼	耐候性鋼板	耐蚀钢
atomical absorption	原子吸收	原子吸着	原子吸收
— beam	原子束	原子線	原子束
— bond	原子結合	原子結合	原子结合
— building	原子構造	原子構造	原子构造
— chain	原子鏈	原子鎖	原子链
— charge	原子電荷	原子電荷	原子电荷
— chart	原子量表	原子表	原子(量)表
— combining power	原子結合力	原子結合力	原子结合力
— compound	原子化合物	原子化合物	原子化合物
— constant	原子常數	原子定数	原子常数
— creation	原子產生	原子創造	原子产生
— disease	原子病	原子病	原子病

英文	臺灣	日文	大陸
— dislocation	原子紊亂	原子転位	原子紊乱
— dispersion	原子彌散	原子分散	原子弥散
— disruption	原子破裂	原子分裂	原子破裂
— electron	原子(中的)電子	原子電子	原子〔中的〕电子
— force	原子力	原子力	原子力
— furnace	原子爐	原子炉	原子炉
— linkage	原子結合	原子結合	原子结合
— mass constant	原子質量常數	原子質量定数	原子质量常数
— mass unit	原子質量單位	原子質量単位	原子质量单位
— model	原子模型	原子模型	原子模型
— nucleus	原子核	原子核	原子核
— order	原子序	原子順位	原子序
— pile	原子爐	原子炉	原子炉
— radius	原子半徑	原子半徑	原子半径
atomistsics	原子學說	原子論	原子学说
atomization	霧化	噴霧	微粒化；喷雾（作用）
— fuel velocity	霧化速度	噴霧速度	雾化速度
— lubricant	噴霧潤滑油	噴霧潤滑油	喷雾润滑油
atomology	原子輪	原子論	原子轮
attachment	配件；附件	付属装置	附属装置
— screw	連接螺釘	取り付けねじ	连接螺钉
— attack	浸蝕；分解	攻撃	浸蚀；分解
attacker	強擊機	攻撃機	空袭导弹
attainability	可達性	到達可能性	可达性
attainment	超高緩和段	片こう配のすり付け	超高缓和段
attention	留心	注意	留心
attendance	衰減度	減衰度	衰减度
attendant	希釋劑	希釈剤	希释剂
attenuating circuit	衰減器(電路)	減衰回路	衰减器〔电路〕
attenuation	減衰；阻尼	減衰	减衰；阻尼
attenuator	音量調節器	減衰器	音量调节器
attest	表明	証明	表明
attic	屋頂閣樓(房間)	アチック	屋顶阁楼〔房间〕
— story	閣樓	屋根裏部屋	阁楼
— tank	頂樓水箱	屋根裏タンク	顶楼水箱
Attic order	古典的角柱式	アテネ風	古典的角柱式
attitude	姿態	姿勢	姿态
— angle	方位角	姿勢角	方位角
attractant	引誘劑	誘引剤	引诱剂
attraction	吸引；引力	吸引（作用）	吸引；引力

英文	臺灣	日文	大陸
attractive distance	吸引距離	誘致距離	吸引距离
attribute	屬性	属性	属性
attrition	磨	摩耗	磨耗
— rate	磨損率	損耗率	磨损率
— test	磨耗試驗	摩耗試験	磨耗试验
— attritus	雜質煤	雑質炭	杂质煤
audiphone	助聽器	オーディフォン	助听器
auer metal	稀土金屬合金	アウエル合金	稀土金属合金
auerlite	磷釷石	オーエル石	磷钍石
auger	木螺鑽	さく地ぎり	麻花钻
— bit	木螺鑽頭	オーガビット	螺旋钻实
— boring	螺旋鏜孔	オーガボーリング	螺旋镗孔
— conveyer	螺旋輸送器	オーガコンベア	螺旋输送器
— delivery	螺旋輸送	オーガ輸送	螺旋输送
— drill	麻花鉆頭	オーガドリル	麻花钻头
— drive	螺旋傳動	オーガドライブ	螺旋传动
— feeder	螺旋給料器	オーガ式供給装置	螺旋给料器
— head	麻花鑽頭	オーガヘッド	麻花钻头
— machine	鑽探機	オーガ式混練機	螺旋混练机
— spindle	鑽軸	オーガスピンドル	钻轴
— stem	鑽桿	オーガステム	钻头柄
aurichacite	錄銅鋅礦	オーリカサイト	录铜锌矿
aurin	金精	オーリン	金精
ausannealing	沃斯田鐵等溫退火	オースェージング	沃斯田铁等温退火
ausagin	沃斯田鐵時效處理	オースアニーリング	沃斯田铁时效处理
ausforging	等溫鍛造	オース鍛造	等温锻造
ausforming	沃斯田鐵變熱處理	オースフォーミング	沃斯田铁形变热处理
austemper	等溫淬火	オーステンパ	等温淬火
— case hardening	淬火表面硬化	オーステンパ表面硬化法	淬火表面硬化
austenaging	沃斯田鐵等溫時效	オーステン時効	沃斯田铁等温时效
austenile	沃斯田鐵	オーステナイト	沃斯田铁
— alloy steel	沃斯田鐵合金鋼	オーステナイト合金鋼	沃斯田铁合金钢
— cast iron	沃斯田鐵鑄鐵	オーステナイト鋳鉄	沃斯田铁铸铁
— grain size	沃斯田鐵晶粒度	オーステナイト結晶粒度	沃斯田铁晶粒度
— steel	沃斯田鐵鋼	オーステナイト鋼	沃斯田铁钢
— stressing	沃斯田鐵變熱處理	オーステナイト加圧	沃斯田铁变热处理
austenitic steel	沃斯田鐵鋼	オーステナイト鋼	沃斯田铁钢
— structure	沃斯田鐵体型組織	オーステナイト的組織	沃斯田铁体型组织
austenitizng	沃斯田鐵化	オーステナイト化	沃斯田铁化

英文	臺灣	日文	大陸
austennealing	等溫退火	オーステンなまし	等温退火
Australian gun	澳洲樹膠	オーストラリアゴム	澳洲树胶
authentication	檢定	検定	检定; 识别; 监定
autobalance	自動平衡	自動平衡	自动平衡
autobalancer crane	起重機	オートバランサクレーン	起重机
autobar	自動送進裝置	オートバー	自动送进装置
autobicycle	摩托車	オートバイ	摩托车
auto-body	汽車車身	（自動車の）車体	汽车车身
autobond	自動焊接	オートボンド	自动焊接
auto-clutch	自動離合器	オートクラッチ	自动离合器
autocode	自動編碼	オートコード	自动编码
autocoder	自動編碼器	オートコーダ	自动编码器
autocondense	自動壓縮	自動圧縮	自动压缩
autoconduction	自感；自動傳導	オートカッタ	自感; 自动传导
autocycle	自動循環	オートバイ	自动循环
autogenous cutting	乙炔氣割法	溶断法	〔乙炔〕气割（法）
— welding	氣焊	ガス溶接	气焊
autogiro	直升機	オートジャイロ	直升机
autogyro	直升機	オートジャイロ	直升机
auto-industry	汽車工業	自動車工業	汽车工业
autolift	自動升降機	オートリフト	自动升降机
automaker	汽車型造廠	オートメーカ	汽车型造厂
automata	自動化裝置	オートマト	自动化装置
— model	自動模型	オートマタモデル	自动化装置
— theory	自動化機械論	オートマタセオリ	自动化机械论
— design	自動化設計	自動設計	自动化设计
— design engineering	自動化設計工程	自動化設計工程	自动化设计工程
— design procedure	自動化設計法	自動化設計法	自动化设计法
— design system	自動化設計系統	自動設計システム	自动化设计系统
— factory	自動化工場	自動化工場	自动化工场
— forging system	自動化鍛造工場	自動化鍛造設備	自动化锻造工场
— manufacturing planning	自動化生產規劃	人工知能システム	自动化生产规划
— intelligence system	人工智慧係統	自動化製造プランニング	人工智慧系统
— material transport system	自動化材料運輸	自動化材料輸送システム	自动化材料运输
— motion plyout design	自動化運行規劃	自動化動作計画	自动化运行规划
— network system	自動化網絡系統	自動化ネットワークシステム	自动化网络系统
— office	自動化辦公室	自動化オフィス	自动化办公室
— press line	自動化沖壓生產線	自動化プレスライン	自动化冲压生产线
— quality control system	自動化質量管理	自動化品質管理システム	自动化质量管理

英文	臺灣	日文	大陸
— storage	自動化倉儲	自動倉庫	自动化仓储
— transportation system	自動化運輸系統	自動化交通システム	自动化运输系统
— warehouse	自動化倉儲	自動倉庫	自动化仓储
— warehouse system	自動化倉儲系統	自動化倉庫システム	自动化仓储系统
— acceleration	自動加速	自動加速	自动加速
— adaptive controller	自動適配控制器	自動適応制御装置	自动适配控制器
— adaptive training system	自動化訓練	自動適応訓練システム	自动化训练
— air brake	自動空氣制動器	自動空気ブレーキ	自动空气制动器
— assembly	自動裝配	自動組立て	自动装配
— assembly equipment	自動裝配裝置	自動組立て装置	自动装配装置
— assembly machine	自動裝配機	自動組立て機械	自动装配机
— assembly station	自動裝配站	自動組立てステーション	自动装配站
— batik production system	自動配料生產系統	自動バッチ生産システム	自动配料生产系统
— braking system	自動剎車系統	自動ブレーキシステム	自动刹车系统
— charring equipment	自動裝料裝置	自動挿入装置	自动装料装置
— clamping device	自動夾緊裝置	自動締め付け装置	自动夹紧装置
— clutch	自動離合器	オートマチッククラッチ	自动离合器
— compression molding	自動壓縮成形	自動圧縮成形	自动压缩成形
— copying lathe	自動仿型車床	自動ならい旋盤	自动仿型车床
— feed	自動送料	自動送り	自动送料
— injection valve	自動噴射閥	自動噴射弁	自动喷射阀
— lathe	自動車床	自動旋盤	自动车床
— lead cutter machine	自動引導切割機	自動リードカッタ機	自动引导切割机
— lubrication	自動潤滑	自動給油	自动润滑
— lubricator	自動潤滑裝置	自動給油装置	自动润滑装置
— machine	自動化機械	オートマチックマシン	自动化机械
— machine tool	自動化工作機械	自動化工作機械	自动化工作机械
— manipulator	自動控制器	オートマニピュレータ	自动控制器
— manufacture	生產自動化	自動生産	生产自动化
— mechanism	自動化機構	自動化機構	自动化机构
— milling machine	自動化銑床	自動フライス盤	自动化铣床
— optimization	自動最佳化	自動観測装置	自动最佳化
— observer	自動觀測移	自動給油器	自动观测移
— oil feeder	自動潤滑器	自動操作	自动润滑器
— operation	自動操作	自動最適化	自动操作
— ordering system	自動訂貨系統	自動発注システム	自动订货系统
— packaging machine	自動包裝機	自動包装機	自动包装机
— process planning	自動化工程設計	自動工程設計化	自动化工程设计
— programming language	自動化程式設計語言	自動プログラミング	自动化程式设计语言

英文	臺灣	日文	大陸
— route setting device	自動聯銷裝置	自動小銃	自动联销装置
— rifle	自動步槍	自動連動装置	自动步枪
— run back device	自動倒轉裝置	ランバック装置	自动倒转装置
— running	自動運轉	自動運転	自动运转
— safety valve	自動安全閥	自動安全弁	自动安全阀
— screw machine	自動車床	ねじ自動盤	自动车床
— sizing instrument	自動測量裝置	自動定寸装置	自动测量装置
— sizing machine	自動校正設備	自動定寸装置	自动校正设备
— skidding device	自動停止裝置	自動停止装置	自动停止装置
— speed governor	自動速度調節機	自動速度調節機	自动速度调节机
— speed regulation	自動調速	自動速度調整	自动调速
— spot welding	自動點焊	自動スポット溶接	自动点焊
— spray apparatus	自動噴涂裝置	自動式スプレー装置	自动喷涂装置
— spraying machine	自動噴霧器	自動噴霧器	自动喷雾器
— sprinkler system	自動消火器	自動滅火器	自动消火器
— start	自動起動	自動起動	自动起动
— starter	自動始動機	自動起動器	自动始动机
— starting device	自動起動裝置	自動起動装置	自动起动装置
— starting pavil	自動起動盤	自動起動盤	自动起动盘
— stereotype caster	自動鉛版鑄造機	自動鉛版鋳造機	自动铅版铸造机
— stop valve	自動止水閥	自動断流閥	自动止水阀
— stopper	自動制動器	自動著床装置	自动制动器
— stopping device	自動停止裝置	自動停止装置	自动停止装置
— storage area	自動存儲區	自動的記憶域	自动存储区
— substation	自動變電所	自動変電所	自动变电所
— supervision	自動監視	自動監視	自动监视
— surfacer	自動刨床	自動送りかんな盤	自动刨床
— switching system	自動交換方式	自動交換方式	自动交换方式
— synchronization	自動同步	自動同期	自动同步
— system supervision	自動系統監視	系統自動監視	自动系统监视
— temperature control	溫度自動調節	自動温度調節	温度自动调节
— temperature regulator	自動溫度調節器	自動温度調節	自动温度调节器
— test	自動試驗	自動試験	自动试验
— test equipment	自動檢查裝置	自動検査装置	自动检查装置
— testing	自動探傷	自動探傷	自动探伤
— testing equipment	自動檢測裝置	自動テスト装置	自动检测装置
— thermostat	自動溫度調節器	自動温度調節器	自动温度调节器
— transfer	自動搬送	自動搬送	自动搬送
— transfer equipment	自動轉換裝置	自動移送装置	自动转换装置
— transit system	自動傳輸系統	自動輸送システム	自动传输系统

英　文	臺　灣	日　文	大　陸
— transmitter	自動發射機	自動送信機	自动
— transport system	自動化交通系統	自動走行切断のこぎり	自动化交通系统
— traveling cut-off saw	自動切割鋸	自動輸送システム	自动切割锯
— trpe buffing machine	自動拋光器	自動形バフ研磨機	自动（型）抛光器
— trpe caster	自動活字鑄造機	自動活字鋳造機	自动活字铸造机
— warehouse	自動倉庫儲	自動倉庫	自动仓库储
— weld	自動溶接	自動溶接	自动溶接
— welding	自動溶接	自動溶接	自动溶接
— welding machine	自動溶接機	自動溶接機	自动溶接机
automatized machine	自動化機械	自動化機械	自动化机械
automatograph	自動記錄器	自動記録器	自动记录器
autoechanism	自動機構	自動機構	自动机构
automobile	汽車	自動車	车辆
— body	汽車車身	自動車の車体	汽车车身
— body press	汽車車身壓床	自動車車体プレス	汽车车身压床
— component	汽車零件	自動車部品	汽车零件
— enamel	汽車磁漆	自動車用エナメル	汽车磁漆
— engine	汽車發動機	自動車用機関	汽车发动机
— exhaust	汽車廢氣	自動車排気ガス	汽车废气
— exhaust gas	汽車廢氣	自動車排出ガス	汽车废气
— fuel	汽車燃料	自動車燃料	汽车燃料
— oil	汽車潤滑油	モービル油	汽车润滑油
— part	汽車零件	自動車部品	汽车零件
automotive body	汽車車身	自動車の車体	汽车车身
— fuel	汽車燃料	自動車燃料	汽车燃料
— gasoline	汽車汽油	自動車ガソリン	汽车汽油
— industry	汽車工業	自動車工業	汽车工业
— robot	獨立機器人	自律ロボット	独立机器人
autoped	小型摩托車	オートペッド	小型摩托车
autoregulator	自動調節器	オートレギュレータ	自动调节器
autorelay	自動繼電器	自動継電器	自动继电器
auto-repeat	自動重播	オートリピート	自动重播
auto-reverse	自動反轉	自動反転（機構）	自动反转
autorotation	自轉	自転	自转
auto-scan	自動掃描	オートスキャン	自动扫描
autoscope	點火檢查示波器	オートスコープ	点火检查示波器
auto-screen	自動濾網	除じん機	自动滤网
auto-shut-off	自動關閉	オートシャットオフ	自动关闭
auto-sizing device	自動定位裝置	自動定寸装置	自动定位装置
autostack building	自動倉儲	オートスタックビル	自动仓储

英文	臺灣	日文	大陸
auto-steerer	自動轉向裝置	自動かじ取り装置	自动转向装置
auto-tricycle	三輪卡車	オート三輪	三轮卡车
autovalve	自動閥	自動弁	自动阀
autowasher	自動洗滌器	オートワッシャ	自动洗涤器
auxiliaries	附件;輔機	補機	辅助设备
— air compressor	輔助空氣壓縮機	補助空気圧縮機	辅助空气压缩机
— air ejector	輔助空氣噴射器	補助空気エゼクタ	辅助空气喷射器
— air reservoir	輔助儲氣器	補助空気だめ	辅助储气器(筒)
— air valve	輔助汽閥	補助エアバルブ	辅助汽阀
— amplifier	輔助放大	補助増幅器	辅助放大
— anode	輔助陽極	補助アノード	辅助阳极
— antenna	輔助天線	補助アンテナ	辅助天线
— apparatus	輔助設備	補助装置	辅助设备
— arrangement	輔助裝置	補助装置	辅助装置
— boiler	輔助鍋爐	補助ボイラ	辅助锅炉
— boom	輔助懸臂	補助ブーム	辅助(悬)臂
— brake	副制動器	補助ブレーキ	辅助闸
— braking devices	輔助剎車裝置	補助制動装置	辅助刹车装置
— burner	輔助燃燒器	助燃バーナ	辅助燃烧器
— carry	輔助進位	補助けた上げ	辅助进位
— cathode	輔助陰極	補助カソード	辅助阴极
— circle	輔助圓	補助円	辅助圆
— circuit	輔助電路	補助回路	辅助电路
— circuit tamp delivery	泵增壓回路	ポンプ補助回路	泵增压回路
— circulating pump	輔助循環泵	補助循環ポンプ	辅助循环泵
— coil	輔助線圈	補助コイル	辅助线圈
— computing system	輔助計算系統	補助計算システム	辅助计算系统
— condenser pump	輔助冷凝泵	補助復水ポンプ	辅助冷凝泵
— condenser	輔助冷凝器	補助復水器	辅助冷凝器
— drive turbine	輔助驅動渦輪機	補機駆動タービン	辅助驱动涡轮机
— driving device	輔助驅動裝置	補助駆動装置	辅助驱动装置
— drum	輔助滾筒	補助ドラム	辅助滚筒
— engine	輔助動力機	補機用エンジン	辅助发动机
— equation	輔助方程	補助方程式	辅助方程
— equipment	輔助器材	補助器材	辅助器材
— facilities	輔助設施	補助施設	辅助设施
— fan	輔助風扇	補助送風機	辅助风扇
— feed line	水系給水系統	補助給水系	辅助给水系统
— feed pump	給助給水泵	補助給水ポンプ	辅助进给泵
— feed valve	給助給水閥	補助給水弁	辅助进给阀

英　　文	臺　　灣	日　　文	大　　陸
— fuel tank	副油箱	補助（燃料）	副油箱
— generator	輔助發電機	補助発電機	辅助发电机
— girder	輔助橫梁	補助げた	辅助横梁
— governor	輔助調速器	補助調速機	辅助调速器
— head	輔助頭	補助ヘッド	辅助头
— heater	輔助加熱器	補助ヒータ	辅助加热器
— holst dtum	副捲筒	補巻きドラム	副卷筒
— jack	輔助塞孔	補助ジャック	辅助塞孔
— jet	輔助噴油嘴	補助ジェット	辅助喷油嘴
— keyboard	輔助鍵盤	補助けん盤	辅助键盘
— lamp	輔助燈	補助ランプ	辅助灯
— lane	輔助車道	付加車線	辅助车道
— machine	輔助機械裝置	補助機械	辅助机械装置
— machinery	輔助設備	補機器	辅助设备
— material	輔助材料	補助材料	辅助材料
— memory	輔助記憶裝置	補助メモリ	辅助记忆装置
— memory unit	輔助記憶裝置	補助記憶装置	辅助记忆装置
— nozzle	輔助噴嘴	補助ノズル	辅助喷嘴
— oil pump	輔助油泵	補助油ポンプ	辅助油泵
— projecting plane	輔助投影面	副投影面	辅助投影面
— projection	輔助投影	補助投影	辅助投影
projection drawing	輔助投影圖	補助投影図	辅助投影图
— pump	輔助水泵	補助ポンプ	辅助水泵
— ram	輔助滑塊	補助ラム	辅助滑块
— reservoir	輔助風缸	補助空気だめ	辅助储气筒
— rotor	輔助螺旋槳	補助回転翼	辅助螺旋桨
— routine	輔助程序	補助ルーチン	辅助〔例行〕程序
— rudder	副舵	補助かじ	辅助舵
— servomotor	輔助伺服	補助サーボモータ	辅助伺服
— spring	副彈簧	補助ばね	辅助弹簧
— still	輔助蒸餾塔	補助蒸留塔	辅助蒸馏塔
— storage	輔助記憶裝置	補助ストレージ	辅助记忆装置
— switch	輔助開關	補助スイッチ	辅助开关
— tank	輔助備用油(水)箱	補助タンク	辅助备用油(水)箱
— thermometer	輔助溫度計	補助温度計	辅助温度计
— tool	輔助工具	補助工具	辅助工具
auximone	發育激素	植物生成促進剤	发育激素
auxin	茁長素	オーキシン	茁长素
availability	可供用性	可用性	有效性
— factor	運行係數	稼動率	运行系数

英文	臺灣	日文	大陸
— ratio	利用率	稼動率	利用率
available	有效氯	有効塩素	有效氯
avalanche	雪崩	雪崩	雪崩
aventurine	砂金石	砂金石	砂金石
— feldspar	日長石	日長石	日长石
average	平均值	平均	平均值
— density	平均密度	平均密度	平均密度
— durable years	平均耐用年數	平均耐用年数	平均耐用年数
— error	平均誤差	平均エラー	平均误差
— products	平均產量	平均積	平均产量
— speed	平均速率	平均速度	平均速率
— stress	平均應力	平均応力	平均应力
— temperature	平均溫度	平均温度	平均温度
— thickness	平均厚度	平均厚さ	平均厚度
— value	平均值	平均値	平均值
axes of principal stress	主應力軸	主応力軸	主应力轴
— system fixed in space	固定座標系	空間固定座標系	固定座标系
— system fixed in body	固定座標系	物体固定座標系	固定座标系
axial angle	軸角	軸角	轴交角
— clearance	軸向間隙	軸向き透き間	轴向间隙
— clutch	軸向離合器	軸向きクラッチ	轴向离合器
— compression	軸向壓縮	軸（方向）圧縮	轴向压缩
— compression ratio	軸向壓力比	軸圧比	轴向压力比
— compressive force	軸壓縮力	軸圧縮力	轴压缩力
— drive bevel pinion	軸驅動小斜齒輪	車軸駆動かさ歯車	轴驱动小斜齿轮
— engine	軸流式發動機	軸流発動機	轴流式发动机
— fan	軸流風扇	軸流ファン	轴流式风机
— feed	軸向進刀	アキシャルフィード	轴向进刀
— flow	軸向流動	軸流	轴向流动
— flow blower	鼓風機	軸流ブロワ	鼓风机
— flow compressor	軸流壓縮機	軸流圧縮機	轴流压缩机
— flow force	軸向流動力	軸方向流体力	轴向流动力
— flow pump	軸流泵	軸流ポンプ	轴流泵
— flow turbine	軸流輪機	軸流タービン	汽轮机
— force	軸向力	軸力	轴向力
— force components	軸向分力	軸方向の力	轴向分力
— force diagram	軸向力圖	軸方向力図	轴向力图
— grinding force	軸向磨削力	軸方向研削抵抗	轴向磨削力
— groove	軸向排層槽	軸方向溝	轴向排层槽
— length	軸向長度	軸方向長さ	轴向长度

英文	臺灣	日文	大陸
— load	軸向負載	軸方向荷重	轴荷重
— module	軸向模度	軸方向モジュール	轴向模度
— pitch	軸向節距	軸方向ピッチ	轴向节距
— plane	軸線平面	軸平面	轴平面
— pressure	軸壓力	軸圧力	轴压力
— pump	軸流泵	軸流ポンプ	轴流泵
— ratio	軸 向比	軸比	轴(向)比
— reinforcement	軸向鐵筋	軸方向鉄筋	轴向钢筋
— resistance	軸向抗力	押込み抵抗	轴向抗力
— seal	軸向密封	軸方向シール	轴向密封
— strength	軸向強度	軸方向強さ	轴向强度
— stess	軸向應力	軸応力	轴向应力
— symmetry	軸向對稱	軸対称	轴对称
— tension	軸向拉力	軸引っ張り力	轴向拉力
— thrust	軸向推力	軸（方向）スラスト	轴向推力
— tooth profile	軸向齒形	軸歯形	轴向齿形
— turbocharger	軸流式渦輪增壓器	軸流タービン過給機	轴流式涡轮增压器
— type	軸流式	アキシアルタイプ	轴流式
— axis	軸線；坐標軸	軸線	轴线；坐标轴
— arm	車輪軸	車輪軸	车轮轴
— of abscissa	橫坐標軸	横（座標）軸	横坐标轴
— of centroid	形心軸	材軸	形心轴
— of coordinates	坐標軸	座標軸	坐标轴
— of earth	地軸	地軸	地轴
— of elasticity	彈性軸	弾性軸	弹性轴
— of incidence	投影軸	投射軸	投影轴
— of inertia	慣性軸	慣性軸	惯性轴
— of lens	光軸	光軸	光轴
— of motion	運動軸	運動軸	运动轴
— of ordinate	縱坐標軸	縦座標軸	纵坐标轴
— of rotation	旋轉軸	スピン軸	旋转轴
— of tension	張力軸	引っ張り軸	张力轴
— of weld	焊接軸線	溶接軸	焊接轴线
— shaft line	軸線	軸線	轴线
— body	軸對稱物体	軸対称物体	轴对称物体
axle	軸；車軸	車軸	轴；车轴
— box	軸箱	軸箱	轴箱
— box body	軸箱体	軸箱体	轴箱体
— box seating	軸箱座	軸箱座	轴箱座
— friction	輪軸摩擦	軸摩擦	轮轴摩擦

英文	臺灣	日文	大陸
— grease	軸車用滑	車軸グリース	轴用润滑脂
— lathe	車軸車床	車軸旋盤	车轴车床
— load	軸載重	（車）軸荷重	轴重
— shaft gear	驅動軸齒輪	アクスルシャフトギヤー	驱动轴齿轮
— sleeve	軸襯套	車軸筒接	轴套
— spring gear	軸彈簧裝置	軸ばね装置	轴弹簧装置
— steering	轉向軸	アクスルステアリング	转向轴
axonometry	等角投影圖法	アキソノメトリ	等角投影图法
azeotropic agent	恆沸劑	共沸剤	恒沸剂
— composition	恆沸組成	共沸組成	恒沸组成
— distillation	共沸蒸餾	共沸蒸留	共沸蒸馏
— mixture	共沸混合物	共沸混合物	共沸混合物
— point	共沸點	共沸点	共沸点
— solution	共沸溶液	共沸溶液	共沸溶液
— temperature	共沸溫度	共沸温度	共沸温度
azeotropy	共沸性	共沸現象	共沸(性)
azimuth	方位角；方位	方位角	方位角; 方位
— accuracy	方位角精度	方位角精度	方位(角)精度
alignment	方位準直	アジマス規正	方位准直
— angle	方位角	アジマス角	方位角
— calibrator	方位角校準器	方位（角）校止器	方位(角)校准器
— circle	方位盤度	方位環	方位盘度
— control	方位角控制	アジマス調整	方位(角)控制
— difference	視差	視差	视差
— factor	方向係數	方位係数	方向系数
— index	方位角指標	方位角指標	方位(角)指标
— indicating meter	方位指示器	方位指示器	方位指示器
— indicator	方位角指示器	方向角指示器	方位角指示器
— instrument	方位測定儀	方位測定具	方位测定仪
— line	方位角線	方位角線	方位(角)线
— loss	方位損耗	アジマス損失	方位损耗
— micrometer	方向測微計	方向マイクロメータ	方向测微计
— mirror	方位鏡	方位鏡	方位镜
— ring	方位掃描器	方位環	方位扫描器
— table	方位角表	方位角表	方位(角)表
azimuthal angle	方位角	方位角	方位角
— projection	方位投影	方位図法	方位投影

英文	臺灣	日文	大陸
B bond	B結合劑	B ボンド	B结合剂
Babbit	軸承合金；巴氏合金	軸受金	轴承合金；巴氏合金
— bushing	巴氏合金軸套	バビットブッシング	巴氏合金轴套
— metal	軸承合金；耐磨合金	バビットメタル	轴承合金；耐磨合金
Babbited guide	巴氏合金的導軌	バビットガイド	巴氏合金的导轨
back	基座	背面〔部〕	基座
— axle	後車軸	後車軸	後车轴
— bar	墊板	バックバー	垫板
— mirror	後視鏡	バックミラー	後视镜
— nut	支承螺母	バックナット	支承螺母
— pedal brake	反踏制動	逆踏みブレーキ	反踏制动
— ring	墊環	バックリング	垫环
— roll	支承(軋)輥	バックロール	支承(轧)辊
— run	反轉；逆行	バックラン	反转；逆行
— saw	手鋸	背付のこ	手锯
— view	後視圖	背面図	後视镜
backacter	反鏟挖土機	ドラグショベル	反铲挖土机
backbone	主鏈；構架；骨架	主鎖	主链；构架；骨架
— chain	主鏈	主鎖	主链
— structure	主鏈結構	主鎖構造	主链结构
— tray frame	脊梁式車	バックボーントレイフレーム	脊梁式车
backed off tap	鏟齒絲錐	二番取りタップ	铲齿丝锥
backer	背襯材料	捨張り	背衬材料
backfill	回填	裏込め	回填
backfiller	覆土機	バックフィラ	覆土机
back-flow	逆流	逆流	逆流
— preventer	回流防止器	バックフロー防止器	回流防止器
— valve	止回閥	逆流防止弁	止回阀
background	背景；基底	背景	背景；基底
— concentration	背景濃度	バックグラウンド濃度	背景浓度
— noise level	背景噪音電平	暗騒音レベル	背景噪音电平
backheating	逆熱	戻り加熱	逆热
backing	反轉；支撐	反転	反转；支撑
— angle	背墊短角材	裏当て山形材	背垫短角材
— bar	墊板	裏当て金	垫板
— coat	襯裡塗料	裏面塗り	衬里涂料
— disc	圓盤形墊板	バッキングディスク	圆盘形垫板
— material	襯裡	裏材料	衬里
— pass	背面焊(縫)	裏溶接	背面焊(缝)
— ring	墊圈	裏当て金	垫圈

B

英文	臺灣	日文	大陸
— roll	支承輥	受けロール	支承辊
— run	背面焊(縫)	裏溶接	背面焊(缝)
— storage	輔助記憶裝置	補助記憶装置	辅助记忆装置
— strip	背托條	裏当て金	〔焊接〕垫板; 冷铁
backlash	齒隙;間隙	もどり爆風	齿隙; 间隙
— adjusting screw	齒隙調整螺釘	バックラッシュ調節ねじ	齿隙调整螺钉
— eliminator	〔螺紋〕間隙消除裝置	バックラッシュ除去装置	〔螺纹〕间隙消除装置
— spring	消隙彈簧	バックラッシュスプリング	消隙弹簧
backlog	儲備	バックログ	储备
backpitch	〔鉚接頭的〕行距	横ピッチ	〔铆接头的〕行距
backplane	底板	背面	底板
backpressure	背壓	背圧	背压
— valve	止回閥	背圧弁	止回阀
backstop	棘爪	逆転防止装置	棘爪
— clutch	單向離合器	バックストップクラッチ	单向离合器
backward	反向	逆方向	反向
— eccentric	後退偏心輪	後進偏心輪	後退偏心轮
— extrusion	反向劑壓	後方押出し	反向剂压
— feed	倒退進給	逆送り	回程进给
flow	逆流	逆流	逆流
— gear	倒退裝置	後進装置	倒退装置
— impedance	反向阻抗	逆方向インピーダンス	反向阻抗
— movement	反向退運動	後退運動	反退运动
— fead	反向讀出	逆読取り	反向读出
— sight	後視	反視	倒排
— stitch	反進給	逆送り	反进给
— stroke	回程	後進行程	回程
— tension	後張力	逆張力	逆张力
— tilting	後傾	後傾	後傾
— voltage	反向電壓	バックワードボルテージ	反向电压
— wave	回波	後進波	回波
backwash	逆洗	後流	逆洗
— pump	逆洗泵	逆洗ポンプ	逆洗泵
— valve	逆洗閥	復水器逆洗弁	逆洗阀
backwasher	洗毛機	バックウォッシャ	洗毛机
backwater	反向沖水	洗浄水	反冲水
— brake	背水閘	バッグウォータブレーキ	背水闸
bad cast	粘附	よりつけ節	粘附
— conductor	不良導体	不良導体	不良导体
— contact	不良接點	不良接点	不良接点

英文	臺灣	日文	大陸
— earth	不良接地	不良接地	不良接地
baddeleyite	斜鋯石	バッデレイ石	斜锆石
badenite	鉍砷鎳鈷礦	バデニ石	铋砷镍钴矿
Badin metal	巴丁脫氧鐵合金	バーディンメタル	巴丁脱氧铁合金
baeumlerite	氯鉀鈣石	ベイムレライト	氯钾钙石
baffle	擋板牆;阻板	導風板	导流板
— board	阻流板	バッフル板	阻流板
— plate	擋板；緩冲板	そらせ板	挡板; 缓冲板
— plate thickener	擋板濃縮器	傾斜板シックナ	挡板浓缩器
— ring	擋環；隔環	バッフルリング	挡环; 隔环
— shield	隔板屏蔽	板しゃへい	隔板屏蔽
— making machine	製袋機	製袋機	制袋机
— mo lding	〔橡皮〕袋成形	バッグモールディング	〔橡皮〕袋成形
— rack	行李架；背包架	衣のうだな	行李架; 背包架
baggage	小行李	荷物	小包裹存放室
— car	搬運車	荷物車	搬运车
baghouse	袋濾器	袋室	袋滤器
baikalite	裂鈣鐵輝石	バイカライト	裂钙铁辉石
bail	吊環；吊包	釣り環	吊环; 吊包
— chain	戽頭鏈	ベールチェーン	戽头链
bailey	外柵	ベーリ	外栅
bainite	變韌	ベイナイト	贝氏体
— hardening	變韌淬火	ベイナイト焼入れ	贝氏体淬火
— range	變韌体區	ベイナイト区域	贝氏体区
— structure	變韌体組織	ベイナイト組織	贝氏体组织
— tempering	水溶器	ベイナイト焼戻し	水溶器
— treatment	變韌回火	ベイナイト処理	贝氏体回火
bain-marie	貝氏体處理	ベンマリ	贝氏体处理
bake	烘；焙；烤；燒固	焼成	烘; 焙; 烤; 烧固
— furnace	烘焙爐	ベーク炉	烘焙炉
— peeling carbon	剝皮機	皮むき機	剥皮机
baked carbon	炭精電極	焼成炭素	炭精电级
— fabricated carbone	電(阻)炭極	焼成加工炭素	电(阻)炭级
— flux	燒結焊劑	焼成フラックス	烧结焊剂
— permeability	乾透氣性	乾態通気性	乾透气性
— plaster	熟石膏	焼石こう	熟石膏
— strength	乾強度	乾態強度	乾强度
bakelite	酚醛塑料；電木	ベークライト	酚醛塑料; 电木
— gear	膠木齒輪	ベークライトギヤ	胶木齿轮
— plate	電木板	ベークライト板	电木板

英文	臺灣	日文	大陸
baker	烘爐	ベーカ	烘炉
baking	烘乾；加墊乾燥	焼付け	烘乾; 加垫乾燥
— black varnish	瀝青(黑)烤漆	焼付け黒ワニス	沥青(黑)烤漆
— coal	燒結煤	粘結炭	烧结煤
— coating	烤漆	加熱乾燥塗料	烤漆
— dryness	烘乾；燒乾	焼付け乾燥	烘乾; 烧乾
— enamel	烤漆	焼付け塗料	烤漆
— finish	烤漆	焼付け塗料	烤漆
— gas expelling	加墊去氣	加熱脱ガス	加垫去气
— japans	烤漆	ベーキングジャパン	烤漆
— oven	烘箱；乾燥爐	焼付けがま	烘箱; 乾燥炉
— paint	烤漆；烘乾塗料	焼付け塗料	烤漆; 烘乾涂料
— powder	焙粉	ふくらし粉	焙粉
— process	烘焙法	ベーキング法	烘焙法
— temperature	烘焙溫度	ベーキング温度	烘焙温度
— test	烘焙試驗	ベーキングテスト	烘焙试验
— varnish	烤漆	焼付けワニス	烤漆
balance	平衡；天平；剩餘部分	平衡	平衡; 天平; 剩馀部分
— adjustment	天平調整	釣り合い調整	天平调整(节)
— check	平衡檢查	平衡点検	平衡检查
— control	平衡調節	バランスコントロール	平衡调节
— converter	平衡變節器	バランスコンバータ	平衡变节器
— crane	平衡起重機	平衡起重機	平衡起重机
— cut	均衡切削	バランスカット	均衡切削
— flow-rate	均衡流量	均衡流量	均衡流量
— hole	均壓孔	釣り合いホール	均压孔
— indicator	平衡指示器	平衡指示器	平衡指示器
— lever	平衡桿	釣り合いてこ	平衡杆
— of supply demand	供需調整	需給調整	供需调整
— out	中和	バランスアウト	中和
— pipe	均衡管	平衡管	平衡管
— piston	均衡活塞	釣り合いピストン	平衡活塞
— plate	均衡板	バランスプレート	平衡片
— pressure	平衡壓力	平衡圧力	平衡压力
— protection	平衡保護	平衡保護	平衡保护
— quality	平衡精度	釣り合い良さ	平衡精度
— seat	平衡座	釣り合い受シート	平衡座
— spring	均衡彈簧	バランススプリング	游丝
— system	平衡方式(方法)	釣り合い方式	平衡方式(方法)
— tab	〔飛機的〕平衡調整片	釣り合いタブ	〔飞机的〕平衡调整片

英文	臺灣	日文	大陸
— technique	平衡技術	バランス技法	平衡技术
— tube	均壓管	バランスチューブ	均压管
— type heater	平衡式加墊器	バランスがま	平衡式加垫器
— valve	均壓閥	バランス弁	均压阀
— weight	配重；砝碼	釣り合い重り	配重；砝码
— wheel	擺輪；平衡輪	平衡輪	摆轮；平衡轮
— window	旋轉窗	回転窓	旋转窗
— error	對稱誤差	平衡誤差	对称误差
— instrument	平衡式儀表	平衡式計器	平衡式仪表
— method	對稱法	平衡法	对称法
— pressure torch	等壓式焊切割	等圧トーチ	等压式焊(割)炬
— reaction	可逆反應	可逆反応	可逆反应
— rigid frame	平衡剛架	均等ラーメン	平衡刚架
— rudder	平衡舵	釣り合いかじ	平衡舵
— runner	平衡轉子	釣り合いランナ	平衡转子
— seal	平衡密封	平衡型シール	平衡密封
— slide valve	平衡滑閥	釣り合いすべり弁	平衡滑阀
— state	平衡狀態	平衡状態	平衡状态
— steel area	平衡鋼筋截面	釣り合い鉄筋断面積	平衡钢筋截面
— steel ratio	平衡鋼筋比	釣り合い鉄筋比	平衡钢筋比
— system	平衡方式	平衡方式	平衡方式
— twist	均衡扭轉	均圧より	均衡扭转
— valve	均衡閥	釣り合い弁	均压阀
balanceless	不平衡	バランスレス	不平衡
balancer	平衡器	平衡器	平衡器
balancing	平衡；均衡	釣り合い合わせ	平衡；均衡
— disc	平衡盤	釣り合いディスク	平衡盘
— disc seat	平衡盤座	釣り合いディスクシート	平衡盘座
— drum	平衡滾	釣り合いドラム	平衡滚
— equipment	平衡設備	平衡装置	平衡设备
— machine	平衡試驗機	釣り合い試験機	平衡试验机
— method	平衡法	釣り合い法	平衡法
— moment	平衡力矩	均衡モーメント	平衡力矩
— out	中和	バランシングアウト	中和
— piece	平衡塊	バランシングピース	平衡块
— test	平衡試驗	釣り合い試験	平衡试验
— unit	平衡裝置	バランシングユニット	平衡装置
bale	包；捆	こおり	包；捆
— breaker	拆包機	開俵機	拆捆器
baler	打包機；壓捆	こん包機	打包器；压捆

英文	臺灣	日文	大陸
baling	打包；打捆	ベール包装	打包；打捆
— machine	打包機	こん包機	打包机
— press	包裝機	荷造り機	包装机
balk	障礙；挫折	障害	障碍；挫折
— board	障礙板；隔板	障害板	障碍板；隔板
— ring	摩擦環；阻力環	ボークリング	摩擦环；阻力环
ball	球；丸；彈	球	球；丸；弹
— adapter	球形轉接器	ボールアダプタ	球形转接器
— and ring test	環球試驗	環球試験	环球试验
— and roller bearing	滾動軸承	ころがり軸受	滚动轴承
— and roller bearing grease	滾動軸承潤滑脂	ころがり軸受グリース	滚动轴承润滑脂
— and socket	球窩聯軸節	玉関節	球窝联轴节
— and socket bearing	球窩軸承	ボールソケット軸受	球窝轴承
— and socket coupling	球窩連接器	玉継手	球窝联接器
— and socket joint	球形窩關節	球面継手	球形接头
— and socket type	球窩形	ボールソケット形	球窝形
— antenna	球形天線	ボールアンテナ	球形天线
— bearing	滾珠軸承	玉軸受	球轴承
— bearing cage	軸承保持架	ボールベアリング保持器	轴承保持架
— bearing mill	球磨機	ボールベアリングミル	球磨机
— bearing steel	球軸承鋼	ボールベアリング鋼	球轴承钢
— blast	拋丸	ボールブラスト	抛丸
— bond	球形接合	ボールボンド	球形接合
— burnishing	鋼球拋光	鋼粒研磨	钢球抛光
— cage	〔軸承〕保持架	ボール保持器	〔轴承〕保持架
— catch	球形拉手	玉締め	球形拉手
— check	球止回閥	ボールチェック	球阀
— check seat	單向閥球座	ボールチェックシート	单向阀球座
— cock valve	球形旋塞閥	ボール逆止弁	球形止回阀
— cock	浮旋塞	浮き玉コック	浮球阀
— cock tap	球閥龍頭	ボールコックタップ	球阀龙头
— collar thrust bearing	球狀環止推軸承	玉入りスラスト軸受	推力球轴承
— cutter	球形銑刀	ボールカッタ	球形铣刀
— drop resilience	回跳彈性	反発弾性	回跳弹性
— end	球端	ボールエンド	球端
— end mill	球頭立銑刀	ボールエンドミル	球头立铣刀
— feed polisher	送料式鋼球光機	ボールフィードポリッシャ	送料式钢球光机
— float	球形浮筒	ボールフロート	浮球阀
— float valve	浮球閥	ボールフロート弁	浮球阀
— flowmeter	球形流量計	ボール流量計	球形流量计

英文	臺灣	日文	大陸
— fuel	球形燃料	球形燃料	球形燃料
— grinder	球磨機	玉仕上げ機	球磨机
— gudreon	球臼關節	玉軸頭	球体轴头
— guide	滾珠導軌	ボールガイド	滚珠导轨
— hammer	球頭手錘	ボールハンマ	球头手锤
— head	球頭	ボールヘッド	球头
— head lock nut	蓋形螺母	袋ナット	盖形螺母
— hub	球形襯套	ボールハブ	球形衬套
— indentor	鋼球壓頭	鋼球圧子	钢球压头
— inpact test	鋼球碰撞試驗	ボールインパクトテスト	钢球碰撞试验
— lap machine	球磨機	ボールラップマシン	球磨机
— pack	滾動機件	ボールパック	滚动机件
— peen hammer	圓頭鎚	丸頭ハンマ	圆头锤
— pin	球頭銷	ボールピン	球头销
— plunger	球塞	ボールプランジャ	球塞
— race	球珠座圈	ボールレース	轴承座圈
— race bearing	球軸承	レース軸受	球轴承
— relief valve	球形安全閥	ボールリリーフバルブ	球形安全阀
— socket	球窩；球形軸套	玉受け口	球窝；球形轴套
— spout	〔球軸承的〕溝道	玉濤	〔球轴承的〕沟道
— tap	球形閥	浮子弁	浮球阀
— tension device	彈子張力器	ボールテンション	弹子张力器
— track bearing	推力球軸承	スラスト玉軸受	推力球轴承
— track	鋼球溝道	ボールトラック	(钢)球沟道
— valve	球閥	ボール弁	球(形)阀
ballasted accumul	壓載式儲壓器	分銅荷重式蓄圧器	压载式储压器
balling head	成球	ボーリングヘッド	成球
— matching	紗球機	ボーリングマシン	纱球机
ballistic constant	衝擊常數	衝撃定数	冲击常数
— deflection	加速度誤差	加速度誤差	加速度误差
— method	衝擊法	衝撃法	冲击法
— motion	衝擊運動	衝撃運動	冲击运动
balloon	氣球	気球	气球
— tire	低壓輪胎	バルーンタイヤ	低压轮胎
— tire wheel	低壓胎輪	バルーンダイアホイール	低压胎轮
ballooning	膨脹；鼓包	膨れ	膨胀；鼓包
ballpeen hammer	圓頭錘	丸頭ハンマ	圆头锤
balum transformer	平衡-不平衡變壓器	バラン変換器	平衡-不平衡变压器
balustrade	欄桿；扶手	欄干	栏杆；扶手
band	帶;波段	帯域	频带；波段

英文	臺灣	日文	大陸
— casting machine	帶式鑄造機	帯式鋳造機	带式铸造机
— fuse	條形保險絲	帯ヒューズ	条形保险丝
— grinding	砂帶磨削	ベルト研削	砂带磨削
— plate	帶板	帯板	带板
— polishing machine	帶式拋光機	帯研磨盤	带式抛光机
— saw	帶鋸	帯のこ盤	带锯
— saw blade	帶鋸條	帯のこの刃	带锯条
— saw shear	帶鋸剪斷機	帯のこ切断機	带锯剪断机
— saw stretcher	帶鋸校正機	帯のこ癖取り機	带锯校正机
— scroll saw	帶鋸機	帯のこ盤	带锯机
— spring	帶型彈簧(發條)	板ばね	板簧；弹簧片
— steel	鋼帶；扁鋼	帯鋼	带钢；扁钢
— tape	捲尺	帯定規	卷尺
— tire	實心輪胎	バンドタイヤ	实心轮胎
Bandac	班達克〔軸承〕減摩合金	バンダック	斑达克〔轴承〕减摩合金
bandage	皮帶；輪緣	帯金	皮带；轮缘
bandknife	帶狀刀(片)	バンドナイフ	带状刀(片)
banjo joint	對接接頭	めがね継手	对接接头
bank	台架；銀行	堤防	台架；银行
bar	棒，(材)；桿，梁	棒	棒；(材)；杆；梁
— agitator	棒式攪拌機	かい棒かくはん機	棒式搅拌机
— antenna	棒狀天線	バーアンテナ	棒状天线
— arrangement	鋼筋布置	配筋	钢筋布置
— arrangement drawing	配筋圖	配筋図	配筋图
— bender	彎桿機	棒曲機	钢筋变曲器
— code	條型碼	バーコード	条型码
— cropper	鋼筋切斷機	バークロッパ	钢筋切断机
— cut-off machine	棒料切斷機	棒鋼切断機	棒料切断机
— cutter	切桿機	棒切り盤	截条机
— detector	鋼筋探測器	鉄筋探査器	钢筋探测器
— drawing	棒材拉拔	バー引抜き	棒材拉拔
— graph	條線圖	棒グラフ	条线图
— iron	鐵條；鐵棒	棒鉄	铁条；铁棒
— lathe	棒料〔加工〕車床	バーレース	棒料〔加工〕车床
— lifter	桿式升降器	バーリフタ	杆式升降器
— magnet	條形磁鐵；磁棒	棒磁石	条形磁铁；磁棒
— mill	棒磨粉機	棒鋼圧延機	棒钢压延机
— printer	桿式打印機	バー印字装置	杆式打印机
— scale	標尺	棒定規	标尺
— size	標準尺寸	標準型	标准尺寸

英文	臺灣	日文	大陸
— stand	桿料置架	棒材スタンド	棒料架
— steel	鋼條	棒鋼	棒钢；型钢
— stock	條料	棒材	棒形轧材
— thermometer	棒形溫度計	棒状温度計	棒形温度计
— turning machine	棒料車床	バーターニングマシン	棒料车床
— work	棒料加工	バーワータ	棒料加工
barbed bolt	帶刺螺栓	鬼ボルト	地脚螺栓
bare aluminum	裸鋁	ベアアルミニウム	裸铝
— copper wire	裸銅線	裸銅線	裸铜线
— electrode	光熔接條	裸電極	裸焊条
— tube	裸管	裸管	裸管
— wire electrode	裸焊條	裸溶接棒	裸焊条
barium,Ba	鋇	バリウム	钡
— arsenate	砷酸鋇	ひ酸バリウム	砷酸钡
— bromide	溴化鋇	臭化バリウム	溴化钡
— carbonate	碳酸鋇	炭酸バリウム	碳酸钡
— chlorate	氯酸鋇	塩素酸バリウム	氯酸钡
— cyanide	氰化鋇	シアン化バリウム	氰化钡
— glass	鋇玻璃	バリウムカラス	钡玻璃
— hydrate	氫氧化鋇	水酸化バリウム	氢氧化钡
— hydride	氫化鋇	水素化バリウム	氢化钡
— oxide	氧化鋇	酸化バリウム	氧化钡
— white	鋇白	バリウムホワイト	钡白
— yellow	鋇黃	バリウム黄	钡黄
bark	鞣皮	樹皮	鞣皮
— pocket	夾皮	入皮	夹皮
— scraper	剝皮器	皮はぎ器	剥皮器
barmatic	棒料自動送進裝置	バーマチック	棒料自动送进装置
barndoor	遮光罩	しゃ光ドア	遮光罩
barnhardtite	塊黃銅礦	バーンハード鉱	块黄铜矿
baroclite	傾壓	傾圧	倾压
barogram	氣壓圖	気圧記録	气压图
Baros metal	巴羅斯鎳鉻合金	バロメタル	巴罗斯镍铬合金
baroscope	晴雨計	気圧計	晴雨计
barostat	恆壓器	恒圧装置	恒压器
barrandite	鋁紅磷鐵礦	バランド石	铝红磷铁矿
barrel	桶	銃身	桶
— bath	滾鍍槽	回転浴	滚镀槽(液)
— burnishing	滾筒拋光	バレルバニッシング	滚筒抛光
— cam	桶形凸輪	筒形カム	圆柱形凸轮

英文	臺灣	日文	大陸
— electroplating	滚鍍	バレルめっき	滚镀
— finish	滚筒拋光	バレル仕上げ	滚筒抛光
— finishing machine	滚筒拋光機	バレル研磨機	滚筒抛光机
— heater	滚筒加熱器	バレルヒータ	滚筒加热器
— hopper feed	筒形斗送料	バレルホッパフィード	筒形斗送料
— jacket	筒体套	バレルジャケット	筒体套
— length	筒体長度	バレルの長さ	筒体长度
— liner	筒体襯套	バレルライナ	筒体衬套
— lining	筒体襯裡	バレルライニング	筒体衬里
— mixer	鼓筒式攪拌機	たる形ミキサ	鼓筒式搅拌机
— of pump	泵筒	ポンプの筒	泵筒
— plating	滚桶電鍍〔滚鍍〕	回転めっき	筒式电镀〔滚镀〕
— polish	滚筒拋光	バレル磨き	滚筒抛光
— processing	滚筒處理(法)	バレル（加工）法	滚筒处理(法)
— rolling	筒式拋光	バレル仕上げ	筒式抛光
— shape spring	鼓形螺旋彈簧	バレル形スプリング	鼓形螺旋弹簧
— shaped roller	球面滚子	球面ころ	球面滚子
— sprayer	桶式噴霧機(器)	容器付き噴霧器	桶式喷雾机(器)
— tumbling	滚筒滚磨	バレル磨き	滚筒滚磨
— type casing	筒形汽缸	つぼ形ケーシング	筒形汽缸
— type ladle	圓筒形燒包	バレル型上りで	圆筒形烧包
— type pump	鼓形〔高壓〕	バレル形ポンプ	鼓形〔高压〕
barreling	齒面條整；滚(研)磨	バレル研磨	齿面条整；滚(研)磨
— time	研磨時間	バレル磨き時間	研磨时间
barrier	阻擋層；遮斷機	障壁	阻挡层；隔膜
— beach	砂州	堤州	砂州
— coat	屏蔽性塗層	しゃ断塗	屏蔽性涂层
— coating	屏蔽塗料	バリア塗料	屏蔽涂料
— flasher	制動閃光器	バリアフラッシャ	制动闪光器
— grid	阻擋柵	障壁グリッド	阻挡栅
— grid store	阻擋柵極存儲管	バリアグリッドストア	阻挡栅极存储管
— guard	安全防護柵	しゃ閉式安全装置	安全防护栅
— layer	阻擋層	バリア層	阻挡层
— line	制止線	制止線	制止线
— lock	道口鎖閉器	踏切鎖錠器	道口锁闭器
— material	阻擋材料	バリア材	阻挡材料
— pillar	間隔礦柱	保安炭柱	间隔矿柱
barrow	手推車	手押し車	手推车
barsowite	鈣長石	バルソウ石	钙长石
barthite	砷鋅銅礦	バース石	砷锌铜矿

英文	臺灣	日文	大陸
barycentre	座標	重心	重心
barycentric coordinates	重心坐標	重心座標	重心坐标
baryon	重粒子	バリオン	重粒子
baryta	氧化鋇；重土	重土	氧化钡；重土
baryte	重晶石	重晶石	重晶石
barytine	重晶石	重晶石	重晶石
basal angle	〔鋼結構的〕柱腳角鋼	鉄骨柱脚アングル	〔钢结构的〕柱脚角钢
— body	基体	基底小体	基体
basaltite	玄武岩	バサルタイト	玄武岩
base	底邊；基	基本	底边(面,屋,脚,座,板)
— address	基地址	基底アドレス	基地址
— cell	基本單元	ベースセル	基本单元
— centered lattice	底心晶格	底心格子	底心晶格
— circle	基圓	基円	基圆
— circle diameter	基圓直徑	基礎円直径	基圆直径
— circular	基圓	基準円	基圆
— circular thickness	基圓齒厚	基円周歯厚さ	基圆齿厚
— color	底色	基本色	底色
— course	基層	根積み	基层
— diameter	基圓直徑	ベース直径	基圆直径
— failure	地基塌陷	底部破壊	地基塌陷
— fan	爐底風機	ベースファン	炉底风机
— filament	基纖絲	基織条	基纤丝
— film	底片；基片	基膜	底片；基片
— finishing	底層加工	ベース仕上げ	底层加工
— flashing	台基防雨板	捨雨押さえ板	台基防雨板
— flow discharge	基底流量	基底流出	基底流量
— frame	底座；支架	下部架台	底座；支架
— gasoline	基本汽油	基ガソリン	基本汽油
— iron	原料生鐵;原鐵水	母鉄	母铁；原铁水
— machine mass	機体質量	本体質量	机体质量
— material	基材	支持体	基材
— metal	基底金屬	基体金属	基底金属
— metal test	母材試驗片	母材試験	母材试验
— matal test specimen	母料試計	母材試験片	母料试计
— plane	基面	基平面（図）	基面
— plate	底板；工作台	底板	底盘；工作台
— point	基點；小數點	基点	原点；小数点
— program	基本程序	ベースプログラム	基本程序
— quantity	基本量	基本量	基本量

英文	臺灣	日文	大陸
— radius	基圓半徑	基円半径	基圆半径
— shear	基底剪力	ベースシアー	基底剪力
— shear coefficient	基部抗剪系數	ベースシアー係数	基部抗剪系数
— shell	底板	ベースシート	底板
— stock	基本原	基本原料	基本原
— stone	基石	側石	基石
— tab	基片	ベースタブ	基片
basetone	基音	ベーストーン	基音
— angle	底角	底角	底角
— Bessemer	鹹性轉爐鑄鐵	塩基性ベッセマ鋳鉄	咸性转炉铸铁
— Bessemer	鹹性轉爐	塩基性ベッセマ転炉	咸性转炉
— Bessemer pig iron	鹹性轉爐生鐵	塩基性ベッセマ銑鉄	咸性转炉生铁
— Bessemer steel	鹹性轉爐爐鋼	塩基性転炉鋼	咸性转炉炉钢
— boom	組合式起重機臂架	基本ブーム	组合式起重机臂架
— bore system	基孔制	穴基準式	基孔制
— bore system of fits	基孔制配合	穴基準式はめ合い	基孔制配合
— bottom	鹹性爐底	塩基性炉床	咸性炉底
— brick	鹹性磚	塩基性れんが	咸性砖
— concept	基本概念	基礎概念	基本概念
— constituent	主要成份	原成分	主要成份
— converter	鹹性轉爐	塩基性転炉	咸性转炉
— converter process	鹹基性轉爐法	塩基性転炉法	咸基性转炉法
— converter steel	鹹基性轉爐鋼	塩基性転炉鋼	咸基性转炉钢
— cycle	基本周期	基本サイクル	基本周期
— design	基本設計	基本設計	基本设计
— element	基本元件	ベーシックエレメント	基本元件
— engineering	基本設計	基本的な設計	基本设计
— form	基本形式	基底形式	基本形式
— formulation	基本配合	基礎配合	基本配合
— frame	基本結構	基本フレーム	基本结构
— function	基本功能	基本機能	基本功能
— hearth	鹹性敞爐	塩基性炉	咸性敞炉
— hole system	基孔制	穴基準式	基孔制
— hole system of fit	基孔制配合	穴基準式はめ合い	基孔制配合
— limits	基本限度	基本限度	基本限度
— material	原料；母体	原料	原料；母体
— mattel	鹹性金屬	塩基性金属	咸性金属
— method	基本方法	基本的方法	基本方法
— motion	基本動作	基礎動作	基本动作
— open-hearth furnace	鹹基性平爐	塩基性平炉	咸基性平炉

英文	臺灣	日文	大陸
— open-hearth furnace st	鹹基性平爐鋼	塩基性平炉鋼	咸基性平炉钢
— open-hearth process	鹹性平爐法	塩基性平炉法	咸性平炉法
— open-hearth alag	鹹性平爐爐渣	塩基性平炉鉱さい	咸性平炉炉渣
— open-hearth steel	鹹性平爐鋼	塩基性平炉鋼	咸性平炉钢
— pig iron	鹹性生鐵	塩基性銑〔鉄〕	咸性生铁
— principle	基本原理	基本原理	基本原理
— profile	基本形；基本牙形	基本形	基本形；基本牙形
— program	基本程序	ベーシックプログラム	基本程序
— property	基本特性	基本特性	基本特性
— raw material	基本原料	基礎原料	基本原料
— refractory	鹹性耐火材料	塩基性耐火物	咸性耐火材料
— shaft system	基軸制	軸基準式	基轴制
— size	基本尺寸	基準寸法	基本尺寸
— steel	鹹性鋼	トーマス鋼	咸性钢
— stress	基本應力	基本応力	基本应力
— symbol	基本符號	基本記号	基本符号
— tolerance	基本公差	基本公差	基本公差
— tooth profile	標准齒形	基準歯形	标准齿形
— unit	基本裝置；基本單位	基本単位	基本装置；基本单位
— weight	基本重量	基本重量	基本重量
— wire	基線	原線	基线
basicity	鹹度	塩基性度	咸度
baslfler	鹹化劑	塩基化剤	咸化剂
basil biff	皮布拋光輪	バズルバフ	皮布抛光轮
basis	基底；基線；底座	基底	基底；基线；底座
— brass	基準黃銅	基準黄銅	基准黄铜
— material	基体材料	素地	基体材料
— matrix	基底矩陣	基底行列	基底矩阵
— metal	基材	素地金属	基材
basket	吊籃；籃形線圈	砲塔員席	吊篮；篮形线圈
bassanite	燒石膏	バッサニ石	烧石膏
Basset process	轉爐制鐵法	バッセー法	转炉制铁法
bassetite	鐵鈾雲母	バッセー石	铁铀云母
bassic acid	椴樹酸	バシック酸	椴树酸
basswood oil	椴樹油	椴樹油	椴树油
bast fiber	韌皮纖維	じん皮繊維	纫皮纤维
bastard	頑石；粗紋的	バスタード	顽石；粗纹的
— coal	硬煤	硬質炭	硬煤
— cut file	粗紋銼	荒目やすり	粗纹锉
— granite	片麻狀花崗岩	片麻状花こう岩	片麻状花岗岩

英文	臺灣	日文	大陸
— masonry	飾面石砌築	化粧石積み	饰面石砌筑
bastite	棱堡	りょうほう	棱堡
bastnaesite	氟碳鈰礦	バストネサイト	氟碳铈矿
batafite	貝塔石〔鈮鈦軸礦〕	ベタフォ石	贝塔石〔铌钛轴矿〕
batch	分批	一束	分批
— fabrication	批量生產	集団製造	批量生产
— filter	間歇式過濾器	バッチ式ろ過機	间歇式过滤器
— furnace	分批熔爐	バッチ炉	间歇式(烘)炉
— manufacturing	批量生產	バッチ生産	批量生产
— soldering	(分)批；(浸)焊	バッチソルダリング	(分)批；(浸)焊
— still	分批蒸餾器	回分蒸留塔	分批蒸馏器
— system	分批制	バッチ式	成批〔处理〕方式
— transmission	分批傳輸	バッチ伝送	分批传输
— type	分批式；間歇式	回送方式	分批式；间歇式
batch-bulk	成批	バッチバルク	成批
bath	浴池	浴	浴槽；熔池
— liquid	溶液	浴液	溶液
— salt	鹽洛	浴塩	盐洛
— solution	電鍍槽液	電解槽液	电镀槽液
batholith	底盤；岩盤	底盤	底盘；岩盘
batten	夾板；撐條	帯板	板条；方能由线尺
— cap	外包屋	かわら棒包み	外包层〔金属板屋面的〕
— door	板條門；透孜板	ぬき打ち戸	板条门；透孜板
batter	歪斜	ばた	倾斜
— brace	斜拉條	方づえ	斜杆
— rule	定斜尺	法定規	靠尺；斜度尺
battery	電池；電池組	電池	蓄电池
— car	電動車	蓄電池車	电动车
— case	電池外殼	電そう	电镀槽
— charge	電池充電	電池充電	电池充电
— charger	充電器	蓄電池充電装置	电池充电器
— commentator	電池互換器	電池整流子	电池互换器
— container	電池盒	電槽	电池盒
— cover	蓄電池蓋	蓄電池カバー	蓄电池盖
— cradle	電池托架	電池受台	电池托架
— discharge	電池放電	電池放電	电池放电
— efficiency	電池效率	電池効率	电池效率
— ignition	電池點火	電池点火	电池点火
— impulse	電池效率	電池インパルス	电池效率
— jar	電槽；電瓶	電槽	电槽；电瓶

英文	臺灣	日文	大陸
— loss	電池損耗	電池損	电池损耗
— pack	電池組	バッテリパック	电池组
— switch	電池開關	バッテリスイッチ	电池开关
Batu gum	巴土樹脂	バッツガム	巴土树脂
bauxite	鋁礬土	水ばん土鉱	铝土
— brick	鋁礬土磚	ボーキサイトれんが	高铝砖
— clay	鋁質粘土	ボーキサイト質粘土	铝质粘土
— fire brick	高鋁耐火磚	バベノ式双晶	高铝耐火砖
Baveno law	貝氏定律	バベノ定則	具氏定律
Bayr A. G.	拜耳法	バイエル	拜耳法
bayerite	拜耳石	バイヤライト	拜耳石
bayldonite	砷鉛銅石	バイルドン石	砷铅铜石
bayleyite	菱鎂軸礦	バイライト	菱镁轴矿
bdellium	芳香樹脂	芳香樹脂	芳香树脂
bead	圓緣;聯珠	玉縁	凸缘; 焊珠
— wire	輪胎鋼絲	ビードワイヤ	〔轮胎的〕胎圈钢丝线
beaded edge	凸緣邊緣	ビードエッジ	凸缘边缘
— glass	粒狀玻璃	ガラス玉	粒状玻璃
— joint	圓凸縫	ら目地	圆凸缝
beading	壓出凸緣;縮口;捲邊	玉縁	压出凸缘; 缩口; 卷边
— line	嵌接線	玉縁線	嵌接线
— roll	波紋軋輥	ビーディングロール	波纹轧辊
— tool	〔鋼板〕捲邊機	ビーディングツール	〔钢板〕卷边机
Beallon	鈹鈷銅合金	ベアロン	铍钴铜合金
bealloy	鈹銅中間合進	ビーアロイ	铍铜中间合进
beam	梁;桁;光束	光束	梁; 桁; 光束
— axis	光軸	ビーム軸	光轴
— bracket	橫梁托架	ビームブラケット	梁托架
— bridge	桁橋	けた橋	板梁桥
— camber	梁上拱度;梁上起拱	ビームキャンバ	梁上拱度; 梁上起拱
— chopper	截光器	バームチョッパ	截光器
— flange	經軸邊盤〔紡織機的〕	ビームフランジ	经轴边盘〔纺织机的〕
— grab	橫梁挖竣機	ビームグラブ	梁抓钩
— gudgeon	橫梁軸頭	けた軸頭	横梁轴头
— hole	束孔	ビーム孔	束孔
— stand	經軸架〔紡織〕	ビームスタンド	经轴架〔纺织〕
— swinging	波轉向	ビームスタンド	波转向
beamer	捲軸機	たて巻機	卷轴机
beaming	彎梁機	たて巻機	弯梁机
beamwidth	射束寬度	ビーム幅	射束宽度

英文	臺灣	日文	大陸
bean	豆腐製造機	豆腐製造機	豆腐制造机
— huller	豆類脫莢機	さやはぎ機	(豆)脱壳(粒)机
— ore	豆狀鐵礦	豆(状)鉄鉱	豆状铁矿
— planter	豆類播種機	豆まき機	豆类播种机
bear punch	手動沖孔機	可搬せん孔機	手动冲孔机
bear-trap	人字式活動垻	ベアトラップダム	人字式活动坝
bearding line	嵌接線	ベアディングライン	嵌接线
bearer	截體	受台	截体
— of grating	格子托架	格子支柱	格子托架
— rate	網內傳輸速度	ベアラレート	网内传输速度
bearing	軸承	軸受	轴承
— accuracy	方位精度	方位精度	方位精度
— alloy	軸承合金	軸受合金	轴承合金
— anchor	軸瓦固定螺釘	ベアリングアンカ	轴瓦固定螺钉
— axis	軸承軸線	軸受の中心軸	轴承轴线
— ball	軸承滾球	(軸受の)球	轴承钢球
— base	軸承座	軸受ベッド	轴承座
— block	墊塊	アングルブロック	垫块
— bolt	支承螺栓	支圧ボルト	支承螺栓
— bore diameter	軸承內徑	軸受内径	轴承内径
— box	軸承箱	軸受箱	轴承箱
— bracket	軸承架	軸受台	轴承座
— brass	軸承銅襯	軸受メタル	轴承巴氏合金
— bronzes	軸承青銅	軸受青銅	轴承青铜
— bush	軸承襯套	軸受ブシュ	轴瓦
— cap	軸承蓋	軸受押え	轴承盖
— capacity	承戴能力	支持力	承戴能力
— capacity factor	承戴力系數	支持力係数	承戴力系数
— case	軸承箱	ベアリングケース	轴承箱
— clearance	軸承間隙	軸受すき間	轴承间隙
— collar	軸承圈	ベアリングカラー	轴承座圈
— cone	錐形軸承內座圈	ベアリングコーン	锥形轴承内座圈
— connection	承壓連接	支圧接合	承压连接
— cooling water pie	軸承冷卻水管	軸受冷却水管	轴承冷却水管
— cooling water pump	軸承冷卻水泵	軸受冷却水ポンプ	轴承冷却水泵
— correction	方位修正	方位修正	方位修正
— crush	滑動軸瓦壓緊量	ベアリングクラッシュ	滑动轴瓦压紧量
— cup	軸承座圈	ベアリングカップ	轴承座圈
— cursor	方位標度	方位カーソル	方位标度
— flange	軸承緣	軸受つば	轴承凸缘

英　文	臺　灣	日　文	大　陸
— force	承力	ベアリングフォース	轴承力
— frame	軸承架(座)	軸受フレーム	轴承架(座)
—friction loss	軸承摩擦損耗	軸受摩擦損失	轴承摩擦损耗
— grease	軸承潤滑脂	軸受グリース	轴承润滑脂
— hanger	軸承吊架	軸受釣り	轴承吊架
— hole	支承孔	支持孔	支承孔
— hood	軸承罩	軸受カバー	轴承罩
— housing	軸承殼	軸受箱	轴承箱
— inner	軸承內套	ベアリングインナレース	轴承内套
— keep	軸承蓋	軸受押え	轴承盖
— length	軸承長度	軸受部の長さ	轴承长度
— liner	軸承裏襯	軸受ライナ	轴承垫片
— material	軸承材料	軸受材料	轴承材料
— mamber	支承件	支持部材	支承件
— metal	軸承合金	車軸受金	轴承合金
— metal removing devic	軸承拆卸工具	軸受取外し器具	轴承拆卸工具
— modulus	軸承模數	軸受係数	轴承模数
— nut	軸承螺母	軸受ナット	轴承螺母
— oil seal	軸承油封	ベアリングオイルシール	轴承油封
— outer race	軸承外座圈	ベアリングアウタレース	轴承外座圈
— outside diameter	軸承外徑	軸受外径	轴承外径
— pad	支承底座	支承パッド	支承底座
— parts	軸承部件	軸受部品	轴承部件
— property	軸承特性	軸受特性	轴承特性
— race	軸承滾圈	ベアリングレース	轴承座圈
— retainer	軸承護圈	ベアリングリテーナ	滚动轴承保持架
— ring	軸承油環	軸受リング	轴承座圈
— saddle	軸承座（滑動軸承的）	ベアリングサドル	轴承座（滑动轴承的）
— scraper	軸承刮刀	ベアリングスクレーパ	轴瓦刮刀
— series	軸承系列	軸受系列	轴承系列
— shim	軸承墊片	軸受はさみ金	轴承垫片
— spacer	軸承保持架	ベアリングスペーサ	轴承保持架
— steel	軸承鋼	軸受鋼	轴承钢
— strain	承壓應變	軸受ひずみ	承压应变
— support	軸承支座	軸受支え	轴承支架
— surface	軸承面	座面	轴承面
— thrust	軸承推力	ベアリングスラスト	轴承推力
— unit	軸承組件	軸受ユニット	轴承组件
— value	軸承能力	支持力	轴承能力
beauxite	鋁土礦	ボーキサイト	铝土矿

英文	臺灣	日文	大陸
beaverite	銅鉛鐵合金	バーバー石	铜铅铁
bed	底;床	寝台	机座
— die	模座；下压模；底模	鋳型床	模座；下压模；底模
— frame	基座	台フレーム	基座
— lamp	床頭燈	寝台灯	床头灯
— plate	〔爐〕底板	床板	〔炉〕底板
— sill	底臥木；基座	土台	底卧木；基座
— slide	滑動檔板	すべり板	滑动档板
bedded	層狀礦床	層状鉱床	层状矿床
bedding	基層；層理	層理	基层；层理
beetle	木鎚	ビートル	木槌
— calender	捶打軋光機	きねすり光沢機	捶打轧光机
beetling machine	鎚布機	布打機	捶布机
beginning	開始	開始	开始
— metal	銅錫合金；青銅	鐘青銅	铜锡合金；青铜
— metal ore	黃礦	黄しゃく	黄矿
Belleville boiler	貝爾比爾鍋爐	ベルビルボイラ	贝尔比尔锅炉
— spring	盤形彈簧	皿ばね	盘形弹簧
belt	皮帶	ベルライト	皮带
— abrasive paper	砂帶磨光紙	調革	砂带磨光纸
— and disc sander	砂帶圓盤磨光機	ベルト研磨紙	砂带圆盘磨光机
— conveyer	皮帶式輸送機	ベルトコンベヤローラ	皮带式输送机
— conveyer roller	帶式輸送機	コンベヤはかり	带式输送机
— conveyer scale	皮帶運輸送	ベルトカバー	皮带运输送
— cover	皮帶罩	ベルトのクリープ	皮带罩
— drive implement	帶式傳動器械	ベルト駆動作業機	带式传动器械
— drive winch	皮帶傳動絞車	ベルト駆動ウインチ	皮带传动绞车
— drive type	皮帶傳動	ベルト駆動式	皮带传动
— elevator	帶型升降機	ベルトエレベータ	带式提升机
— expressor	帶式脫水機	ベルトプレス型脱水機	带式脱水机
— fastener	皮帶扣	ベルトとじ金具	皮带扣
— feed	帶式進給	ベルト供給	带式进给
— feeder	皮帶送(加)料器	ベルトフィーダ	皮带送(加)料器
— filler	皮帶油	ベルトフィラー	皮带油
— furnace	傳送帶加熱爐	ベルト炉	传送带加热炉
— grinder	砂帶磨床	ベルト研削盤	砂带磨床

英文	臺灣	日文	大陸
— grinding	砂帶磨削	ベルト研削	砂带磨削
— grinding machine	砂帶磨(床)	平面ベルト研磨機	砂带磨(床)
— guard	皮帶防護罩	ベルトガード	皮带防护罩
— guide	導輪	案内車	导轮
— hammer	皮帶落錘	ベルトハンマ	皮带落锤
— lacing machine	縫帶機	ベルトとじ機	缝带机
— polishing	砂帶磨光	ベルト研磨	砂带磨光
— pulley	滑輪；皮帶輪	ベルト車	滑轮；皮带轮
— pulley clutch	皮帶離合器	ベルト車クラッチ	皮带离合器
— punch	皮帶沖床	ベルト式穴あけ器	皮带冲床
— roller	輸送機托輥	ベルトローラ	输送机托辊
— sander	砂帶磨床	帯研磨盤	砂带磨床
— sanding	砂帶磨光	ベルト研磨法	砂带磨光
— tightener	緊帶器	ベルト締め	紧带轮
— transmission	皮帶傳動	ベルト伝動	皮带传动
— turnover	皮帶反轉裝置	ベルト反転装置	皮带反转装置
— wax	皮帶臘	ベルトロックス	皮带蜡
bench	工作台；鉗工台	細工台	工作台；钳工台
— abutment	張拉台座	ベンチアバットメント	张拉台座
— assembly	鉗檯裝配	卓上組立	钳工台上
— clamp	卓上虎鉗	台万力	桌上虎钳
— grinding machine	桌上磨床	卓上研削盤	桌上磨床
— press	桌上壓床	卓上形クランクプレス	桌上压床
— turf lathe	桌上六角車床	卓上タレット旋盤	桌上六角车床
— vise	檯鉗	台万力	桌上虎钳
— work	鉗工工作	台仕事	钳工工作
bend	彎頭；彎曲	曲り	弯头；弯曲
— allowance	彎曲容差	曲げ見込みしろ	弯曲容差
— angle	彎曲角	曲げ角	弯曲角
— metal	易熔金屬	ベンドメタル	易熔金属
— meter	彎曲測量儀	ベンド計	弯曲测量仪
— pulley	轉向皮帶輪	ベンドプーリ	转向皮带轮
— radius	彎曲半徑	曲げ半径	弯曲半径
— strength	抗彎強度	曲げ強さ	抗弯强度
— stress	變曲應力	曲応力	变曲应力
— test piece	彎曲試片	曲げ試験片	弯曲试片
— tester	彎曲試驗機	曲げ試験器	弯曲试验机
bender	彎鋼筋機	曲げ型	弯钢筋机
bending	彎曲；彎頭	曲げ	弯曲；弯头
— angle	彎角	曲げ角	弯角

英文	臺灣	日文	大陸
— brake	彎板機	プレスブレーキ	弯板机
— deflection	彎曲撓度	曲げたわみ	弯曲挠度
— die	彎曲模	曲げ型	弯曲模
— elasticity	彎曲彈性	曲げ弾性	弯曲弹性
— fatigue strength	抗彎疲勞強度	曲げ疲労強度	抗弯疲劳强度
— fatigue test	彎曲疲勞試驗	曲げ疲れ試験	弯曲疲劳试验
— jig	彎曲夾具	折り曲げ冶具	弯曲夹具
— machine	彎管機	曲げ機械	弯管机
— member	受彎構件	曲げ材	受弯构件
— modulus	彎曲系數	曲げモジュラス	弯曲系数
— moment	彎矩	曲げモーメント	弯矩
— moment curver	彎矩曲線	曲げモーメント曲線	弯矩曲线
— moment diagram	彎矩圖	曲げモーメント図	弯矩图
— press	壓彎機	曲げプレス	压弯机
— pressure	彎曲壓力	曲げ圧力	弯曲压力
— radius	彎曲半徑	曲げ半径	弯曲半径
— resistance	抗彎力	剛軟度	抗弯力
— rigidity	抗撓剛度	曲げこわさ	抗挠刚度
— roll	彎曲輥輪	曲げロール	弯曲辊轮
— roll machine	滾彎機	曲げロール機	滚弯机
— roller	彎板機	曲げロール	弯板机
— rupture	彎曲斷裂	曲げ破壊	弯曲断裂
— stiffness	抗彎剛性	曲げ剛性	抗弯刚性
— strain	彎應變	曲げひずみ	弯曲应弯
— strength	彎曲強度	曲げ強さ	弯曲强度
— stress	彎曲應力	曲げ応力	弯曲应力
— test	彎曲試驗	曲げ試験	弯曲试验
— theory	彎矩理輪	曲げ理論	弯矩理轮
— torsional moment	彎曲力矩	曲げねじりモーメント	弯曲力矩
— torsional rigidity	彎曲剛度	曲げねじり剛性	弯曲刚度
Benedict matal	鎳黃銅合金	ベネディクト合金	镍黄铜合金
baneficiation	濃縮	濃縮	浓缩
— of ore	選礦	選鉱	选矿
Benet metal	鋁鎂合金	ベネットメタル	铝镁合金
bent	曲率；彎頭	曲り	曲率；弯头
— flange	彎邊	曲りフランジ	弯边
— flow	曲流	曲流	曲流
— joint	彎頭	曲り継手	弯头
— nose	彎嘴	ベントノーズ	弯嘴
— nose pliers	斜嘴鉗	ベントノーズプライヤ	歪嘴钳

英文	臺灣	日文	大陸
— pipe	彎管	曲り管	弯管
— rail	彎曲鋼軌	曲がりレール	弯曲钢轨
— tool	彎頭車刀	曲りバイト	弯头车刀
— tube	彎管	曲り管	弯管
— tubing	彎管加工	管の曲げ加工	弯管加工
Bergman generator	貝格曼發電機	ベルグマン発電機	贝格曼发电机
berillia	氧化鈹	酸化ベリリウム	氧化铍
Bernoulli distribution	伯努利分布	ベルヌーイの分布	伯努利分布
— equation	伯努利方程	ベルヌーイの式	伯努利方程
— force	伯努利力	ベルヌーイの力	伯努利力
— law	伯努利定律	ベリヌーイの法則	伯努利定律
— theorem	伯努利定理	ベリヌーイの定理	伯努利定理
— trial	伯努利試驗	ベルヌーイ試行	伯努利试验
berylco alloy	鈹銅合金	ベリルコ合金	铍铜合金
beryllia	氧化鈹	酸化ベリリウム	氧化铍
beryllium,Be	鈹	ベリリウム	铍
— alloy	鈹合金	ベリリウム合金	铍合金
— bronze	鈹青銅	ベリリウム青銅	铍青铜
— carbide	碳化鈹	炭化ベリリウム	碳化铍
— copper	鈹(青)銅	ベリリウム銅	铍(青)铜
— copper alloy	鈹銅合金	ベリリウム銅合金	铍铜合金
Bessemer	柏思麥	ベッセマ	酸性转炉钢
— apparatus	柏思麥轉爐裝置	ベッセマ装置	酸性转炉装置
— converter	柏思麥轉爐	ベッセマ転炉	酸性转炉
— cupola	柏思麥化鐵爐	酸性キュポラ	酸性化铁炉
— pig iron	柏思麥轉爐生鐵	転炉用銑鉄	酸性转炉生铁
— process	柏思麥轉爐法	ベッセマ法	酸性转炉法
— soft steel	柏思麥轉爐軟鋼	ベッセマ軟鋼	酸性转炉软〔低碳〕钢
— steel	柏思麥鋼	酸性転炉鋼	酸性转炉钢
beta active	β放射性	β放射性	β放射性
— brass	β黃銅	β黄銅	β黄铜
bethanizing	電鍍鋅	電気亜鉛めっき	电镀锌
Bethe cycle	碳-氮循環；貝茲循環	炭素窒素サイクル	碳-氮循环; 倍兹循环
bevel	斜面；量角器	角度定規	斜面; 量角器
— angle	斜角	ベベル角度	斜角
— board	斜板	ベベル板	斜角板
— clutch	錐形離合器	ベベルクラッチ	锥形离合器
— edge	斜緣	はす縁	斜缘
— head rivet	錐頭鉚釘	平リベット	锥头铆钉

英文	臺灣	日文	大陸
— lead	導錐	食い付き部	导锥
— piprcing die	斜冲孔模	斜め抜き型	斜冲孔模
— pinion	小斜齒輪	ベベルピニオン	小圆锥齿轮
— protractor	量角規；萬能角尺	分度器	量角规；方能角尺
— ring gear	冕狀齒輪	ベベルリングギヤー	冕状齿轮
— square	斜角規；分度規	角度定規	量角规；分度规
beveller	倒角機	ベベル機	倒角机
beveling	倒角；斜切	面とり	倒角；斜切
— frame	斜角規	ベベル測定器	斜角规
— machine	斜邊機；刨進機	ベベル機	倒角机；刨进机
— of the edge	端面倒角	へり加工	端面倒角
beverage containera	飲料容器	飲料容器	饮料容器
— cooler	飲料冷卻容器	飲料保冷容器	饮料冷却容器
bewel	坩堝叉形架	取べ棒	坩埚叉形架
bianchite	鋅鐵合金	ビアンチャイト	锌铁合金
bias core	雙軸磁	バイアックスコア	双轴磁
— element	雙軸磁芯邏輯元件	二軸性結晶	双轴磁芯逻辑元件
biaxial crystal	三軸向結晶	二軸荷重	复轴结晶体
— load	雙軸向載荷	二軸延伸フィルム	双轴向载荷
— oriented film	雙向延伸薄膜	二軸応力	双向延伸薄膜
— stress	平面應力	二軸応力ひずみ関係	平面应力
— stressing	雙軸(向)應力	二軸応力	双轴(向)应力
— stretching	雙軸向延伸	二軸延伸	双轴向延伸
— winding	雙軸纏繞法	二軸巻き	双轴缠绕法
bib	活嘴	水せん	喷嘴
— cock	閥栓；水龍頭	水せん	阀栓；水龙头
— tap	活車旋塞	横水せん	活车旋塞
— valve	彎管閥	じゃ口弁	小龙头
Bible paper	聖經紙	聖書用紙	圣经纸
biconcave	雙凹透鏡	両凹レンズ	双凹透镜
— lens	雙凹面透鏡	両凹レンズ	双凹面透镜
biconvex airfoil	雙凸機翼	両凸翼	双凸机翼
bicrystal	雙晶体	双結晶	双晶体
bicycle	自行車	自転車	自行车
— racing track	自行車比賽場	競輪場	自行车比赛跑
— rack	自行車架	自転車架	自行车架
— shed	自行車棚	自転車置場	自行车棚
bid	投標	入札	投标
— opening	開標	開札	开标
Bidery metal	白合金	ビデリメタル	白合金

英文	臺灣	日文	大陸
bidder	坐浴盆	ビデ	坐浴盆
bidrum boiler	雙汽包鍋爐	バイドラムボイラ	双汽包锅炉
blflow filter	雙向過濾器	両向流ろ過器	双向过滤器
bifurcated penstock	水壓管支管	分岐管	水压管支管
— pipe	分岐管	分岐管	分岐管
— pole	分岐柱	分岐柱	分岐柱
— rivet	開口鉚釘	二又びょう	开口铆钉
bifurcation	分歧點	分岐	分歧点
— point	分歧點	分岐点	分歧点
big	重大	ビッグ	重大
— bang theory	超高密度理論	ビッグバング理論	超高密度理论
— end bearing	大端軸承	クランクピン軸受	大端轴承
— engineering	大型工程	巨大技術	大型工程
— industrial zone	大工業區	大工業地	大工业区
— nail	大釘	大くぎ	大钉
— powered tractor	大型拖拉機	大形トラクタ	大型拖拉机
— screen	大屏幕	ビッグスクリーン	大屏幕
biggyback airplane	背負式運載飛機	親子式飛行機	背负式运载飞机
bike	自行車	バイク	自行车
— motor	自行車發動機	バイクモータ	自行车发动机
— ejector	船底水抽射器	ビルジエゼクタ	船底水抽射器
— hat	船底(污)水阱	ビルジハット	船底(污)水阱
— hopper	船底料斗	ビルジホッパ	船底料斗
— injection	船底吸水裝置	ビルジ吸込装置	船底吸水装置
— injector	船底水噴射器	ビルジインゼクタ	船底水喷射器
billboard	廣告招牌；錨座	船首防げん材	广告招牌；锚座
— lighting	廣告牌照明	掲示板照明	广告牌照明
billet	小胚	ビレット	钢坏
— container	盛(鋼)錠器	ビレットコンテナ	盛(钢)锭器
— mill	鋼片壓延機	鋼片圧延機	钢片压延机
— roll	小胚軋輥	分塊ロール	钢坏轧辊
— shear	小胚剪切機	ビレットせん断機	钢坏剪切机
billiard room	彈子房	王突室	弹子房
— table	彈子台	玉突台	弹子台
bimetal	雙金屬	バイメタル	双金属
— condenser	雙金屬片電容器	バイメタルコンデンサ	双金属片电容器
— heater	雙金屬加熱器	バイメタルヒータ	双金属加热器
— plate	雙屋金屬板	バイメタル平版	双屋金属板
— relay	雙金屬繼電器	バイメタル継電器	双金属继电器
— strip	雙金屬片	バイメタルストリップ	双金属片

英文	臺灣	日文	大陸
— thermal switch	雙金屬熱開關	バイメタル温度計	双金属热开关
— thermometer	雙金屬溫度計	バイメタルサーモスタット	双金属温度计
— thermostat	雙金屬恆溫器	複合管	双金属恒温器
— tube	雙金屬復合管	バイメタリックコンデンサ	双金属复合管
bimetallic capacitor	雙金屬片電容器	バイメタル電極	双金属片电容器
— electrode	雙金屬電極	バイメタル要素	双金属电线
— element	雙金屬元件	バイメタルヒューズ	双金属元件
— fuse	雙金屬保險絲	バイメタル材	双金属保险丝
— material	雙金屬材料	異種金属系	双金属材料
— system	雙金屬系	バイメタル温度計	双金属系
— thermometer	雙金屬溫度計	バイメタリックタイプ	双金属温度计
— type	雙金屬型	バイメタル線	双金属型
— wire	雙金屬線	鉱舎	双金属线
bin	倉	ビンフィーダ	贮藏箱；料斗
— feeder	漏斗給料機	二進累算器	漏斗给料机
binary	二進制累加器	二元合金	二进制累加器
— alloy	二元合金	二元合金めっき	二元合金
— alloy plating	二元合金電鍍	二進法	二元合金电镀
— base	二進制	二元合金	二进制
— metal	二元合金	バインド	二元合金
bind	結合	バインドメタル	結合
— metal	固結式軸瓦	粘結剤	固结式轴瓦
binder	粘結劑；粘接材料	バインダコンベヤ	粘结剂；粘接材料
— conveyor	連結輸送機	結合層	连结输送机
— course	粘結層	結合金属	粘结层
— metal	粘結金屬	結合相	粘结金属
— phase	粘結相	バインダ樹脂	粘结相
— resin	粘結劑樹脂	締付け	粘结剂树脂
binding	鉗緊；捆扎	粘結剤	钳紧；捆扎
— agent	粘結劑；粘結材料	締付けボルト	粘结剂；粘结材料
— bolt	緊固螺線	バインド用黄銅線	紧固螺线
— brass	連接用黃銅線	結着力	连接用黄铜线
— capacity	粘結力	バインドクリップ	粘结力
— clip	接線夾	結合エネルギ	接线夹
— energy	粘結能	バインディングマシン	粘结能
— machine	捆扎機	製本機械	捆扎机
— machinery	裝釘機	結合材	装钉机
— material	接著材；粘合材料	締付け力	接着材；粘合材料
— power	粘結力	連結条板	粘结力
— strength	結合強度	結合力	结合强度

英　　文	臺　　灣	日　　文	大　　陸
binocular	雙筒的；雙目鏡	双眼	双筒的; 双目镜
— microscope	雙筒顯微鏡	双眼顕微鏡	双筒显微镜
— parallax	兩眼視差	両眼視差	两眼视差
binode	雙陽極	双陽極	双阳极
binomial action	雙重調節	二項動作	双重调节
biotite	黑雲母	黒雲も	黑云母
— andesite	黑雲母安山岩	黒雲も安山岩	黑云母安山岩
— schist	黑雲母片	黒雲も片岩	黑云母片
biplane	雙翼飛機	複葉（飛行）機	双翼飞机
bird-eye figure	鳥眼紋	鳥眼もく	鸟眼纹
— view	鳥瞰圖	鳥かん図	鸟瞰图
blrdy back	飛機裝載	バーディバック	飞机装载
— coating method	雙折射鍍膜法	複屈折被膜法	双折射镀膜法
Blrmabrite	耐蝕鋁合金	バーマブライト	伯马布赖特耐蚀铝合金
Blrmasil	鑄造鋁合金	バーマシル	伯马西你铸造铝合金
Birmingham gage	伯明翰規	バーミンガムゲージ	伯明翰规
— platina	伯明翰銅	バーミンガムプラチナ	伯明翰铜
bismuth,Bi	鉍	ビスマス・そう鉛	铋
— alloy	鉍合金	そう鉛合金	铋合金
— glance	輝鉍礦	輝そう鉛鉱	辉铋矿
bismuthide	鉍化物	ビスマス化物	铋化物
bismuthines	輝鉍礦	ビスムチン	辉铋矿
bismuthinite	輝鉍礦	輝ビスマス鉱	辉铋矿
bismuthite	輝鉍礦	泡そう鉛鉱	辉铋矿
bismutite	泡鉍礦	泡そう鉛	泡铋矿
bismutolamprite	輝鉍礦	輝そう鉛鉱	辉铋矿
bismutotantalite	鉭鉍礦	ビスムトタンタライト	钽铋矿
bisque	素瓷	素焼き陶器	素瓷
blswltch	雙向開關	バイスイッチ	双向开关
blot	鑽(頭)；刀頭；位元	きり先	钻(头); 刀头; 位元
— addressing	位定址〔編址；尋址〕	ビットアドレッシング	位定址〔编址; 寻址〕
— gage	鑽頭徑規	ビットゲージ	钻头径规
— output	位輸出	ビット出力	位输出
— pattern	位組咳	ビットパターン	位组咳
— plane	位平面	ビットプレーン	位平面
bit-by-bit	逐位	ビットバイビット	逐位
black	黑(色)	ブラック	黑(色)
— antimony	黑銻	黒色三硫化アンチモン	黑锑
— copper	粗銅	黒銅〔粗銅〕	粗铜
— lead ore	石墨礦	黒色鉛鉱	石墨矿

英文	臺灣	日文	大陸
— lead spar	黑鉛礦	黒色炭酸鉱	黑铅矿
— mica	黑雲母	黒雲母	黑云母
— skin	黑皮(氧化層)	黒皮	黑皮(氧化层)
— soil	脆銀礦	ぜい銀鉱	脆银矿
— spinal	黑尖晶石	鉄苦土せん晶石	黑尖晶石
— steel pipe	黑皮鋼管	黒皮鋼管	黑皮钢管
blacksmith	鍛工	鍛造工	锻造工
— welded joint	鍛接接頭	鍛接継手	锻接接头
— welding	鍛接	鍛接	锻接
— vice	鍛工用虎鉗	立て万力	锻工用虎钳
bladder	皮囊；氣囊	気のう（きのう）	皮囊；气囊
— cell	軟油箱	浮き袋	软油箱
— tank	囊式油箱	袋タンク	囊式油箱
blade	葉片；輪葉	羽根	桨叶
— adjusting mechanism	可動翼機構	可動翼機構	可动翼机构
blank	毛坯	空白	毛坯
— cutting	剪料	ブランキング	剪料
— design	坯料設計	素材設計	坯料设计
— die	下料模	打抜き型	下料模
— press	冲切機床	ブランクプレス	冲切机床
— shearing	剪料	板取り	剪料
blast	鼓風；噴砂	鼓風	鼓风；喷砂
— air	鼓風	噴射空気	鼓风
— air bottle	噴射空氣瓶	噴射空気びん	喷射空气瓶
— box	風箱	風箱	风箱
— burner	鼓風燃燒器	鼓風灯	喷灯
— capaning	鼓風能力	送風能力	鼓风能力
— cleaning	噴光處理	ブラストクリーニング	喷砂清理
— engine	鼓風機	ブラストエンジン	鼓风机
— farl	鼓風機	吹込扇風機	鼓风机
— finishing	噴砂加工	噴射仕上げ	喷砂加工
— force	爆炸力	爆発力	爆炸力
— freezing	鼓風凍結	送風凍結	鼓风冻结
— furnace	高爐；鼓風爐	溶鉱炉	高炉；鼓风炉
— furnace blower	高爐送風機	溶鉱炉送風機	高炉送风机
— furnace cement	高爐爐渣水泥	高炉セメント	高炉炉渣水泥
— furnace coke	冶金焦炭	高炉用コークス	冶金焦炭
— furnace drainage	高爐排水	溶鉱炉排水	高炉排水
— furnace flue dust	高爐灰	高炉灰	高炉灰
— furnace gas	鼓風爐煤氣	高炉ガス	高炉煤气

英文	臺灣	日文	大陸
— furnace process	高爐法	高炉法	高炉法
— furnace slag	鼓風爐渣	高炉スラグ	高炉渣
— furnace slag cement	高爐爐渣水泥	高炉さいセメント	高炉炉渣水泥
— furnace stove	高爐熱風爐	熱風炉	高炉热风炉
— furnace top	高爐頂	炉頂	高炉顶
— gage	風力計	風力計	风力计
— governor	鼓風調節器	吹込調速機	鼓风调节器
— heater	鼓風加熱器	熱風装置	鼓风预热器
— inlet	送風口	送風口	送风口
— nozzle	風嘴；噴砂嘴	送風ノズル	风嘴；喷砂嘴
— sprayer	噴霧器	噴霧機	喷雾器
— tube	送風管	送風管	送风管
— weight	鼓風(重)量	送風量	鼓风(重)量
blasting	噴射加工；爆破	ブラスト法	喷射加工；爆破
— agent	爆炸(破)劑	爆裂薬	爆炸(破)剂
— cap	雷管；爆破筒	雷管	雷管；爆破筒
— equipment	噴射	ブラスチング装置	喷射
— explosive	火藥；炸藥	爆（破）薬	火药；炸药
— fuse	雷管；導火線	導火線	引信；导火线
— machine	噴砂機	電気点火器	喷砂机
— operation	鼓風操作	送風作業	鼓风操作
— toot	爆破試驗	爆破試験	爆破试验
— unit	起爆器	起爆装置	起爆器
blaze	火焰	火炎	火焰
bleb	泡沫	泡	泡沫
bleed air	抽氣	ブリード空気	抽气
bleeder	鑄漏體；放氣(水,油)孔	通気口	分压器；放气(水,油)阀
— pipe	放氣管	通気管	放气管
— steam	抽氣	抽気蒸気	抽气
— system	分流系統	ブリータ方式	分流系统
— turbine	分拱	抽気タービン	抽气式汽轮机
bleeding	放氣；抽氣；空心鑄件	泣き出し	放气；抽气；空心铸件
— recovery	排氣回收裝置	抽気回収装置	排气回收装置
— turbine	抽氣式汽輪機	抽気タービン	抽气式汽轮机
blemish	〔表面〕缺陷	欠陥	〔表面〕缺陷
blended cement	混合水泥	混合セメント	混合水泥
— fuel	混合燃料	配合燃料	混合燃料
— gasoline	調合汽油	混和ガソリン	调合汽油
blender	混合器(機)；拌料機	混合機	混合器(机)；拌料机
— loader	混合機裝填器	ブレンダローダ	混合机装填器

英文	臺灣	日文	大陸
blending	調合；配料	配合	调合；配料
— agents	添加物	添加物	添加物
blind	盲目	ブラインド	盲目进场
— axle	固定軸	ブラインドアクスル	固定轴
— bead	盲焊縫	ブラインドビード	盲焊缝
— box	百葉窗箱	日よけ格納箱	百叶窗箱
— catch	百葉窗扣	日よけ止金	百叶窗扣
— cover	盲蓋	ブラインドカバー	钢(制水密)盖
— crack	細微裂隙	白きず	细微裂隙
— curtain	遮光(陽)幕	光よけカーテン	遮光(阳)幕
— deposit	盲礦床	潜頭鉱床	盲矿床
— ditch	暗排水溝	盲こう	暗水排沟
— flange	暗蓋	盲フランジ	盲盖
— floor	下鋪地板	下張り床	下铺地板
— flying	盲目飛行	計器飛行	盲目飞行
— hinge	自閉合頁	自閉ちょうつがい	自闭合页
— hole	盲孔	止り穴	盲孔
— nail	暗釘	しのびくぎ	暗钉
— nut	帽型螺母	ブラインドナット	帽型螺母
— patch	堵孔板	盲板	堵孔板
— plug	盲堵；盲塞	ブラインドプラグ	盲堵；盲塞
— roaster	套爐	暗閉か焼炉	套炉
— shield	擠壓式盾構	ブラインドシールド	挤压式盾构
blinder	障眼物	ブラインダ	障眼物
blinding	堵塞	目詰り	堵塞
blister	氣泡(孔)；砂眼	泡	气泡(孔)；砂眼
— bar	滲碳棒鋼	肌焼き棒	渗碳棒钢
— copper	粗銅	粗銅	粗铜
— copper ore	泡銅礦	あわ銅鉱	泡铜矿
— steel	泡面鋼	あわ鋼	渗碳钢
— temperature	起泡溫度	ブリスタ温度	起泡温度
block	滑車；塊(框)	塊	方块(框)
— chain	滑輪鏈	ブロック鎖	滑轮链
— diagram	方塊圖；草圖	構成図	简图；草图
— gage	塊規	ブロックゲージ	块规
— pattern	整体鑄型	丸型	整体铸型
blocker	粗鍛模	荒地型	粗锻模
blocking	粘著性	閉そく	粘着性
— impression	預鍛模	荒地型	预锻模
— press	壓縮機	圧縮機	压缩机

英文	臺灣	日文	大陸
bloedite	白鈉鎂	ブレード石	白钠镁
blomstrandite	鈦鈮軸礦	ベタフ石〔含U〕	钛铌轴矿
bloom	鋼坯	くもり	钢坯
— roll	初軋輥輪	ブルームロール	初轧辊轮
— shear	大鋼坯剪切機	ブルームシャー	大钢坯剪切机
— slab	扁鋼坯	ブルームスラブ	扁钢坯
blow	吹風	ブロー	吹风
— gas	吹氣；鼓風	放出ガス	吹气；鼓风
— hole	氣孔；砂眼	気泡	气泡；砂眼
— lamp	噴燈	ブローランプ	喷灯
— mold	吹模	吹き型	吹模
— molding	吹塑	吹込み成形	吹气成形
— molding die	吹塑模	吹込み成形用ダイス	吹气成形模
— nozzle	吹嘴；空氣噴嘴	吹込みノズル	吹嘴；空气喷嘴
— of gas	氣噴	ガス噴出	气喷
— through valve	安全閥	じか道弁	安全阀
— torch	割炬；吹管；噴燈	ブロートーチ	割炬；吹管；喷灯
— valve	送風閥	ブロー弁	送风阀
blowdown	吹風；放氣	吹出し	吹风；放气
blower	鼓風機	送風機	吹气成形机
— ratio	增壓器增速比	過給機増速比	增压器增速比
— sprayer	噴霧器	ミスト機	喷雾器
blowing	吹氣成形	吹分け	吹气成形
— down	停風；停爐	吹止め〔高炉〕	停风；停炉
— engine	鼓風機	送風機関	鼓风机
— fan	鼓風機	吹込み送風機	鼓风机
— furnace	鼓風爐	送風炉	鼓风炉
— machine	鼓風機	吹分け機	鼓风机
— nozzle	吹塑噴嘴	吹込みノズル	吹塑喷嘴
— oven	發泡爐	発泡炉	发泡炉
blowing-in	起吹	吹入れ〔高炉〕	鼓风
blowing-out	停吹	吹止め〔高炉〕	停炉
— bottle	吹塑瓶	吹き込み成形ボトル	吹塑瓶
— fuse	保險絲	溶断ヒューズ	保险丝
— joint	吹接	吹き接	吹接
— sand	飛砂	飛砂	飞砂
blowff	噴出	吹き消し	喷出
blowpipe	吹管	吹い管	压缩空气输送管
— analysis	吹管分析	吹い管分析	吹管分析
— assay	吹管試金	吹い管試金	吹管试金

英　文	臺　灣	日　文	大　陸
— flame	吹管焰	吹い管炎	吹管焰
— test	吹管試驗	吹い管試験	吹管试验
blowtorch	噴燈	トーチランプ	喷灯
blowup	擴張；放大	ブローアップ	扩张; 放大
— pan	蒸氣攪拌鍋	ブローアップパン	蒸气搅拌锅
— ratio	膨脹比	膨張比	膨胀比
— test	耐壓試驗	耐圧試験	耐压试验
blue	藍色；藍(鉛)油	青	蓝色; 蓝(铅)油
— annealing	開敞退火	青熱焼鈍	发蓝退火
— asbestos	藍石棉	青石綿	蓝石棉
— ashes	天然群青	紺石	天然群青
— billy	硫鐵礦渣	し鉱	硫铁矿渣
— brick	青磚	黒れんが	青砖
— brittleness	藍脆性	青熱ぜい性	蓝脆性
— calamine	藍水鋅礦	緑亜鉛鉱	蓝水锌矿
— cell	藍光電池	ブルーセル	蓝光电池
— cone	藍焰	青炎	蓝焰
— copper	藍銅礦	藍銅鉱	蓝铜矿
— copperas	五水硫酸銅	胆ばん	五水(合)硫酸铜
— gold	金鐵合金	青金	金铁合金
— iron ore	藍鐵礦	らん鉄鉱	蓝铁矿
— ocher	藍鐵礦	らん鉄鉱	蓝铁矿
— print	藍圖	青写真	蓝图
— print paper	藍圖紙	青写真紙	蓝图纸
— print process	藍圖法	青写真法	蓝图法
— printing	藍圖	青写真	蓝图
bluepaper	藍圖紙	青写真紙	蓝图纸
blueing	發藍(處理)	青熱着色法	发蓝(处理)
— effect	藍色效應	青み	蓝色效应
— salts	發藍用鹽	青熱用塩	发蓝用盐
bluish	藍灰色	あいねずみ	蓝灰色
blumenbachite	硫錳礦	硫マンガン鉱	硫锰矿
blunder	故障	ブランダ	故障
blunge water	漿料；泥漿	ブランジ水	浆料; 泥浆
blunt	鈍頭物體	にぶい物体	钝头物体
— file	等寬板銼	ずんどうやすり	等宽板锉
blunting of crack	裂縫鈍化	亀裂の鈍化	裂缝钝化
blur	斑點；模糊	ブレ	斑点; 模糊
blurring effect	模糊效應	ぼけ効果	模糊效应
blurs	污斑(點)	色むら	污斑(点)

英文	臺灣	日文	大陸
bluest air	鼓風	噴射空気	鼓风
board	板；盤	板	板; 盘
— type	板式；台式	ボードタイプ	板式; 台式
boardiness	剛性	ボーディネス	刚性
— defect	壓痕	型傷	压痕
boaster	平鑿	平のみ	平凿
boasting	粗鑿；粗琢	荒たたき	粗凿; 粗琢
boat	小船；小艇	(小) 舟艇	小船; 小艇
— block	吊艇滑車	ボート滑車	吊艇滑车
— chock	艇墊架	ボート止め木	艇垫架
— compass	船用(磁)羅盤	ボートコンパス	艇用(磁)罗经
— cover	帆布艇罩	ボートカバー	帆布艇罩
— davit	吊柱	ボートつり柱	吊柱
— deck	艇甲板	ボート甲板	艇甲板
— deck lamp	艇甲板燈	ボートデッキランプ	艇甲板灯
— derrick	船用人字起重桿	ボート用起重機	吊艇杆
— equipment	救生艇備品	ボート備品	救生艇备品
— fall	吊艇滑車索	ボートフォール	吊艇滑车索
— fender	船護板	ボート防げん材	船护板
— form	船形	舟形	船形
— handling gear	吊艇裝置	ボート揚げ卸し装置	吊艇装置
— hoist	吊艇絞車	ボートホイスト	吊艇绞车
— hull	船殼；船體	船かく	船壳; 船体
— seaplane	船形水上飛機	飛行艇	船形水上飞机
— skin	小艇外殼板	艇かく	小艇外壳板
— spar	艇撐架	ボート架	艇撑架
— test	吊艇試驗	ボート揚げ卸し試験	吊艇试验
— tray	船槽板	ボートトレー	船槽板
— winch	船絞車	ボートウインチ	船绞车
bob	吊錘;暗冒口	振り子玉	布轮
bobbin	筒管;線軸	巻きわく	线圈架; 线轴
— carrier	筒管捲繞裝置	ボビンキャリヤ	筒管卷绕装置
— chute	輸送筒管斜槽	ボビンシュート	输送筒管斜槽
— cleaner	筒腳清除機	ボビンクリーナ	筒脚清除机
— core	帶繞磁芯	ボビンコア	带绕磁芯
— creel	筒子架〔紡織〕	系巻架	筒子架〔纺织〕
— cutter	筒管切刀〔紡織〕	ボビンカッタ	筒管切刀〔纺织〕
— disk	捲盤	ボビンディスク	卷盘
— hanger	〔粗砂〕筒管懸吊器〔紡織〕	ボビンハンガ	〔粗砂〕筒管悬吊器〔纺织〕
— holder	筒管架〔紡織〕	ボビンホルダ	筒管架〔纺织〕

英文	臺灣	日文	大陸
bobbing	振動；抛光	ボビング	振动；抛光
bobbinless coil	空心線圈	ボビンレスコイル	空心线圈
bobby pin	銷釘固定	止めピン	销钉固定
Bobierre's metal	包比里合金〔黃銅〕	ボビエルメタル	包比里合金〔黄铜〕
bobierrite	白磷鎂石	ボビーライト	白磷镁石
bob-weight	平衡錘	重り	平衡锤
bode	粘土封口	粘土せん	粘土封口
body	車體	物体	物体；底盘
— axis	機身抽線	機体軸	机身抽线
— bias effect	襯底偏置效應	基板バイアス効果	衬底偏置效应
— bolster	車身承梁	まくらばり	车身承梁
— bracket	車身托架	本体支え	车身托架
— brick	爐體磚	炉体れんが	炉体砖
— burden	體內〔放射性〕積存量	身体負荷量	体内〔放射性〕积存量
— calorific value	人體發熱量	人体発生熱量	人体发热量
— capacity	人體電容	人体容量	人体电容
— case	殼體；外殼	ボディケース	壳体；外壳
— cavity	體腔	体こう	体腔
— centered cubic crystal	體心立方晶格	体心立方格子	体心立方晶格
— coat	底層塗料	体質塗料	底层涂料
— core	主心型	親中子	主芯
— current	體電流	ボディカレント	体电流
— fluid	體液	体液	体液
— frame	車体架；機体架	ボディフレーム	车体架；机体架
— fuselage	機体	機体	机体
— jack	車身千斤頂	ボディジャッキ	车身千斤顶
— material	母材	母材	母材
— of plane	刨台	かんな台	刨台
— of rotation	迴轉体	回転体	回转体
— polish	車身拋光劑	ボディポリシュ	车身抛光
— resistance	體電阻	ボディ抵抗	体电阻
— solder	粘稠焊料	ボディソルダ	粘稠焊料
— source	體源	ボディソース	体源
— structure	車身結構(構造)	構体	车身结构(构造)
— temperature	體溫	体温	体温
— tube	鏡筒	鏡筒	镜筒
— varnish	車身塗料	ボディワニス	车身涂料(清漆)
— wrinkles	〔引伸件〕側壁縐紋	ボディしわ	〔拉深件〕侧壁绉纹
— wrinkling	〔引伸件〕側壁起縐	ボディしわの発生	〔拉深件〕侧壁起绉
bodying	增稠劑	ボディ化剤	增稠剂

英文	臺灣	日文	大陸
— speed	增粘速度	増粘速度	增粘速度
— temperature	稠化溫度	ボディ化温度	稠化温度
— up	增粘	増粘	增粘
— velocity	稠化速度	ボディ化速度	稠化速度
bodywork	機身製造；船身製造	本体製作	机身制造；船身制造
boehmite	簿水鋁礦	ベーム石	簿水铝矿
— alarm	鍋爐報警器	ボイラ警報器	锅炉报警器
— barrel	鍋爐筒體	ボイラ胴	锅炉筒体
— bearer	鍋爐座	かま台	锅炉座
— bed	鍋爐座	ボイラベッド	锅炉座
— blasting	鍋爐爆炸	ボイラ爆発	锅炉爆炸
— blow-off pipe	鍋爐出水管	ボイラ水吹出し管	锅炉出水管
— body	鍋爐筒體	ボイラ胴	锅炉筒体
— bracket	鍋爐構架	ボイラ支え	锅炉构架
— burner	鍋爐噴燃器	ボイラバーナ	锅炉喷燃器
— capacity	鍋爐容量	ボイラ容量	锅炉容量
— casing	鍋爐外殼	ボイラケーシング	锅炉外壳
— chemical	鍋爐化學清洗劑	清かん剤	锅炉化学清洗剂
— circulation pump	鍋爐循環泵	ボイラ循環ポンプ	锅炉循环泵
— cleaning compound	鍋爐防(除)垢劑	ボイラ清浄剤	锅炉防(除)垢剂
— clearance	鍋爐距離	ボイラ間すきま	锅炉距离
— cock	鍋爐旋塞	ボイラ被覆	锅炉旋塞
— cold start	冷態啓動	冷かん起動	冷态启动
— compound	鍋爐除垢劑	ボイラ清浄剤	锅炉除垢剂
— control	鍋爐控制	ボイラ制御	锅炉控制
— control panel	鍋爐控制盤	ボイラ制御盤	锅炉控制盘
— covering	鍋爐絕熱罩	ボイラおおい	锅炉绝热罩
— cardle	鍋爐托架	ボイラ受け	锅炉托架
— dome	鍋爐聚汽室	気室	锅炉聚汽室
— drum	鍋爐鼓筒	ボイラ胴	锅炉鼓筒
— efficiency	鍋爐效率	ボイラ効率	锅炉效率
— engineer	鍋爐機械師	ボイラ技士	锅炉机械师
— explosion	鍋爐爆炸	ボイラ爆発	锅炉爆炸
— face	鍋爐面	ボイラ面	锅炉面
— fan	鍋爐用鼓風機	ボイラファン	锅炉用鼓风机
— feed water	鍋爐給水	ボイラ給水	锅炉给水
— feed eater pump	鍋爐給水泵	ボイラ給水ポンプ	锅炉给水泵
— fittings	鍋爐配件	ボイラ取付け物	锅炉配件
— fluid	清罐液	清かん液	清罐液
— follow up control	鍋爐隨動控制	ボイラ追従制御	锅炉随动控制

英文	臺灣	日文	大陸
— for locomotive	機車鍋爐	機関車ボイラ	机车锅炉
— for power generation	發電用鍋爐	発電用ボイラ	发电用锅炉
— forge	鍋爐鍛工車間	ボイラ鍛造所	锅炉锻工车间
— furnace	鍋爐燃燒室	ボイラ燃焼室	锅炉燃烧室
— gage	鍋爐水位計	ボイラゲージ	锅炉水位计
— graphite	鍋爐用石墨	ボイラ用黒鉛	锅炉用石墨
— grate	鍋爐爐排	ボイラ格子	锅炉炉排
— heat balance	鍋爐熱平衡計算	ボイラ熱勘定	锅炉热平衡计算
— holder	鍋爐座	ボイラ受台	锅炉座
— horse power	鍋爐馬力	ボイラ馬力	锅炉马力
— house	鍋爐房	ボイラ室	锅炉房
— incrustation	鍋爐水垢	かま石	锅炉水垢
— installation	鍋爐裝置	ボイラすえ付け	锅炉装置
— insurance	鍋爐保險	ボイラ保険	锅炉保险
— jacker	鍋爐外殼	ボイラジャケット	锅炉外壳
— kier	精鍊鍋；蒸煮鍋	精錬がま	精链锅; 蒸煮锅
— lagging	鍋爐〔絕熱〕外套	ボイラ被覆	锅炉〔绝热〕外套
— lagging plate	鍋爐絕熱殼板	ボイララギング板	锅炉绝热壳板
— load	鍋爐負荷	ボイラ負荷	锅炉负荷
— loss	鍋爐損失	ボイラ損失	锅炉损失
— main stop valve	鍋爐主蒸氣關閉閥	ボイラ主蒸気止め弁	锅炉主蒸气关闭阀
— maker's shop	鍋爐〔製造〕車間	ボイラ製造工場	锅炉〔制造〕车间
— making	鍋爐製造	製かん作業	锅炉制造
— mountings	鍋爐配件	ボイラ取付け物	锅炉配件
— oil	鍋爐燃料油	ボイラ油	锅炉燃料油
— out put	鍋爐輸出功率	ボイラ出力	锅炉输出功率
— pedestal	鍋爐基座	ボイラ足	锅炉基座
— plant	鍋爐設備	ボイラ設備	锅炉设备
— plate	鍋爐鋼板	ボイラ板	锅炉(钢)板
— pressure	鍋爐壓強	ボイラ圧力	锅炉压强
— purge interlock	鍋爐清洗連鎖裝置	ボイラ清浄装置	锅炉清洗连锁装置
— rating	鍋爐額定功率	ボイラ出力	锅炉额定功率
— room	鍋爐房	ボイラ室	锅炉房
— room grating	鍋爐船格柵	ボイラ室格子	锅炉船格栅
— room opening	鍋爐船天窗	ボイラ室口	锅炉船天窗
— saddle	鍋爐托架	ボイラ架台	锅炉托架
— scale	鍋爐水垢	湯あか	锅炉水垢
— scale remover	除垢機	ボイラスケール除去剤	除垢机
— seat	鍋爐座	ボイラ座	锅炉座
— setting	鍋爐安裝	ボイラすえ付け	锅炉安装

英文	臺灣	日文	大陸
— shell	鍋爐鼓筒殼體	ボイラ胴	锅炉鼓筒壳体
— shell plate	鍋爐鼓體板	ボイラ胴板	锅炉鼓体板
— shield	鍋爐防護罩	ボイラ覆	锅炉防护罩
— shop	鍋爐車間	ボイラ工場	锅炉车间
— space	鍋爐船	ボイラ室	锅炉船
— stay	鍋爐牽條	ボイラ支え	锅炉牵条
— steam	鍋爐蒸汽	ボイラ蒸気	锅炉蒸汽
— steel	鍋爐鋼	ボイラ用鋼材	锅炉钢
— stool	鍋爐座	かま台	锅炉座
— structural steel	鍋爐構架	ボイラ鉄骨	锅炉构架
— suit	鍋爐罩	ボイラ作業服	锅炉罩
— support	鍋爐支座	ボイラ支え	锅炉支座
— susender	鍋爐吊架	ボイラつり	锅炉吊架
— test pump	鍋爐試驗泵	ボイラ試験ポンプ	锅炉试验泵
— tractive force	鍋爐牽引力	ボイラ引張力	锅炉牵引力
— trial	鍋爐試驗	ボイラ試験	锅炉试验
— tube	鍋爐管	ボイラ管	锅炉管
— tube cleaner	鍋爐管清掃器	ボイラ管掃除機	锅炉管清扫器
— tube cutter	截鍋爐管器	ボイラ管カッタ	截锅炉管器
— water circulation	鍋爐水循環	かま水循環	锅炉水循环
— water filling	鍋爐給水	ボイラ水張り	锅炉给水
— water filling pipe	鍋爐充水管	ボイラ水張り管	锅炉充水管
— water level	鍋爐水平面	ボイラ水準	锅炉水平面
— water treatment	鍋爐水處理	ボイラ水処理	锅炉水处理
— work	鍋爐工程	ボイラ工事	锅炉工程
boiling	沸騰	煮沸	沸腾
— bulb	蒸餾鍋	蒸留がま	蒸馏锅
— curve	沸騰曲線	沸騰曲線	沸腾曲线
— fastness	耐煮性	煮沸堅牢度	耐煮性
— kier	漂煮鍋	精練がま	漂煮锅
— point	沸點	沸点	沸点
— point apparatus	沸點測定裝置	沸点測定装置	沸点测定装置
— point curve	沸點曲線	沸点曲線	沸点曲线
— point diagram	沸點圖	沸点図	沸点图
— temperature	沸點	沸点	沸点
boiloff	蒸發	蒸発	蒸发
boleite	銅鉛礦	ボオレ石	铜铅矿
bolivianite	黃錫礦	ボリビア石	黄锡矿
Bologna stone	重晶石	ボロニア石	重晶石
bolt	螺栓	かんぬき	螺栓

B

英　　　文	臺　　　灣	日　　　文	大　　　陸
— by headubg	鐓鍛螺栓	圧造ボルト	镦锻螺栓
— cap	螺母	ボルトキャップ	螺母
— chest	螺栓柜	ボルト箱	螺栓柜
— cutter	螺栓刀具；斷線鉗	ボルトカッタ	螺栓刀具; 断线钳
— head	螺栓頭	ボルト頭	螺栓头
— hole	螺栓孔	ボルト孔	螺栓孔
— pitch	螺距	ボルト間隔	螺距
bomb	炸彈;高壓罐	爆弾	弹状贮气瓶
— bay	炸彈艙	爆弾倉	炸弹舱
— calorimeter	高壓罐;測熱計	ボンブ熱量計	弹式量热器
— cavity	高壓儲氣室〔內腔〕	ボンブキャビティ	高压储气室〔内腔〕
— dropping gear	投彈機	爆弾投下機	投弹机
— furnace	封管爐	鉄砲炉	封管炉
— reduction	〔反應〕彈還原〔法〕	ボンベ還元	〔反应〕弹还原〔法〕
— shelter	防空壕	防空ごう	防空壕
— sight	轟炸瞄準具	爆撃照準装置〔器〕	轰炸瞄准具
bomber	轟炸機	爆撃機	轰炸机
bombing	轟炸	爆撃	轰炸
— radar	轟炸瞄準(用)雷達	爆撃照準用レーダ	轰炸瞄准(用)雷达
bond	結合；結合劑	結合	结合; 结合剂
— angle	鍵角	原子価角	键角
— bin	粘結劑貯存斗	ボンド貯蔵箱	粘结剂贮存斗
— break	握裡斷裂	接着遮断	握里断裂
— clay	結合粘土	結合粘土	结合粘土
— contact	鍵接觸	ボンド接触	键接触
— course	條頂塔接砌法	控積み	条顶塔接砌法
— distance	鍵長	結合距離	键长
— energy	結合能	結合エネルギー	键能
— failure	粘接劑層破裂	接着剤層破裂	粘接剂层破裂
— fiber	粘合用的纖維	結合用繊維	粘合用的纤维
— fixing	粘著固定	ボンド定着	粘着固定
— flux	〔粘結〕焊劑	ボンドフラックス	〔粘结〕焊剂
— fuel oil	保稅燃料油	保税重油	保税燃料油
— length	鍵長	結合の長さ	键长
— line	粘合層	ボンド部	粘合层
— masonry	條頂塔接砌法	馬乗積み	条顶塔接砌法
— metal	燒結金屬；多孔金屬	ボンドメタル	烧结金属; 多孔金属
— metal filter	燒結金屬過濾器	ボンドメタルフィルタ	烧结金属过滤器
— migration	粘結遷移	結合移動	粘结迁移
— moment	鍵矩	結合モーメント	键矩

英文	臺灣	日文	大陸
— of adhesion	貼緊	密着	貼紧
— open	焊縫裂開	ボンドオープン	焊缝裂开
— order	粘結順序	結合次数	粘结顺序
— performance	粘接性能	接着性能	粘接性能
— property	粘接〔強度〕特性	接着特性	粘接〔强度〕特性
— radius	鍵半徑	結合半径	键半径
— scission	斷鍵	結合切断	断键
— strength	粘結強度	結合強さ	粘结强度
— stress	粘結應力	付着応力	粘结应力
— test	粘結強度試驗	付着強度試験	粘结强度试验
— tester	接頭電阻測試器	ボンド試験器	接头电阻测试器
— timber	繫桿	つなぎ材	系杆
— type	鍵型	ボンド形	键型
— type diode	鍵型二極管	ボンド形ダイオード	键型二极管
— water	結合水	結合水	结合水
— weld	鋼鐵接頭焊接	ボンド溶接	钢铁接头焊接
bonded abrasive	磨料；磨輪	固定と粒	磨料；磨轮
— adhesive	樹脂粘結劑	樹脂柔接着剤	树脂粘结剂
— fabric	不織布	不織布	不织布
— flux	粘結焊劑	ボンドフラックス	粘结焊剂
— mat	不織布	不織布	不织布
part	粘著部位	接着部	粘着部位
— plywood	層積材	集成（木）材	层积材
— specimen	粘接試樣	接着試験片	粘接试样
bounder	接合器	接合機	接合器
bonderized	鍍鋅磷化鋼板	ボンデ亜鉛鉄板	镀锌磷化钢板
— sheel iron	耐蝕鍍鋅鋼板	ボンデ鋼板	耐蚀镀锌钢板
bonding	結合；焊接	結合	结合；焊接
— agent	粘合劑	粘結剤	粘合剂
— coat	結合器	下塗	结合器
— force	結合力	結合力	结合力
— layer	粘合層	接着層	粘合层
— machine	焊接機	接合機	焊接机
— material	粘結材料；粘合劑	結合材	粘结材料；粘合剂
— medium	粘結劑	結合剤	粘结剂
— method	焊接法	ボンディング方法	焊接法
— operation	粘結加工	接合作業	粘结加工
— resin	接著用樹脂	接着用樹脂	接着用树脂
— station	焊接點	ボンディングステーション	焊接点
— wire	接合線	ボンディングワイヤ	接合线

英文	臺灣	日文	大陸
bondingless	非焊接	ボンディングレス	非焊接
bone	骨(架)	骨	骨(架)
— charcoal	活性炭	骨炭	活性炭
bonnet	保護罩；閥帽	被い	保护罩; 阀帽
boost	增壓;助力	支援	加速; 升高
— battery	蓄電池	ブースタ電池	蓄电池
— circuit	增壓回路	增圧回路	增压回路
— valve	增壓閥	ブースタ弁	增压阀
biracium,B	硼	ほう素	硼
boral	碳化硼鋁	ボーラル	碳化硼铝
borax	硼砂	ほう砂	硼砂
border	輪郭	輪郭	轮郭;（界,缘）
— effect	邊界效應	周辺効果	边界效应
— line	邊界線	縁取り線	境界线
bordering	邊緣；界線	縁取り	边缘; 界线
— machine	剪邊機	縁取り器	剪边机
bore	孔徑；鏜孔	孔径	孔径; 镗孔
— bit	鏜刀頭	中ぐりきり	镗刀头
— diameter	內徑	内径	内径
— mill head	鏜銑頭	ボアミルヘッド	镗铣头
bore-expand test	擴孔試驗	穴広げ試験	扩孔试验
horehole	鏜孔；粘孔	せん孔	镗孔; 粘孔
horer	鏜床	中ぐり盤	镗床
boresight	瞄準校正器	照準規正器	瞄准校正器
— error	校準誤差	照準誤差	校准误差
borickite	磷鈣鐵礦	ボリギー石	磷钙铁矿
boride	硼化物	ボライド	硼化物
— and drilling machine	鏜銑床	中ぐりボール盤	镗铣床
— and milling machine	鏜銑床	中ぐりフライス盤	镗铣床
— and mortising machine	榫眼鑽床	ほぞ穴ボール盤	榫眼钻床
— and turning mill	鏜車兩用機床	立て旋盤	镗车两用机床
— automobile	鑽探車	ボーリングオートモビル	钻探车
— bar	鑽桿	中ぐり棒	钻杆
— bar bearing	鑽桿架	中ぐり棒受け	钻杆架
— bar tool	鏜桿刀具	中ぐりバイト	镗杆刀具
— bite	鏜孔刀	ボーリングバイト	镗孔刀
— core	鑽芯	ボーリングコア	钻芯
— cycle	鏜孔循環	ボーリングサイクル	镗孔循环
— device	鏜孔裝置	ボーリングデバイス	镗孔装置
— head	鏜頭	中ぐり機ヘッド	镗头

英文	臺灣	日文	大陸
— jig	鏜孔夾具	中ぐりジグ	镗孔夹具
— lathe	鏜車兩用床	中ぐり旋盤	镗车两用床
— machine	鑽探機；鏜床	ボーリング機械	钻探机；镗床
— micrometer	測微器	ボーリングマイクロメータ	测微器
— rod	鏜桿	中ぐり棒	镗杆
— table	鏜床工作台	中ぐり台	镗床工作台
— test	鏜孔試驗	せん孔試験	镗孔试验
— tool	鏜孔刀	中ぐりバイト	镗孔刀
— turret	鏜削轉塔	ボーリングタレット	镗削转塔
borings	鑽孔屑	きりくず	钻孔屑
bornite	斑銅礦	はん銅鉱	斑铜矿
borod	碳化鎢耐磨合金焊條	ボロッド	碳化钨耐磨合金焊条
boron	硼	ボロン	硼
— anneal	硼退火	ボロンアニール	硼退火
— carbide	碳化硼	炭化ほう素	碳化硼
— cast iron	含硼鑄鐵	ボロンキャストアイアン	含硼铸铁
— chamber	硼電離室	ほう素電離箱	硼电离室
— copper	硼銅	ほう素銅	硼铜
— fiber	硼纖維	ほう素纖維	硼纤维
— filament	硼絲極	ほう素フィラメント	硼丝极
— steel	硼鋼	ほう素鋼	硼钢
bronzing	滲硼〔處理〕	浸ほう法	渗硼〔处理〕
— methods	鍍青銅法	ボロナイジング法	镀青铜法
bort	黑金剛石	ボルト	黑金刚石
— bit	金剛石鑽頭	ダイヤモンドビット	金刚石钻头
boss	軸頭；輪轂	親方	轴头；轮壳
— bolt	輪轂螺栓	ボスボルト	轮壳螺栓
— box	輪轂罩	ボス箱	轮壳罩
— diameter	輪轂目徑	ボスの直径	(轮)壳目径
— frame	輪轂座	ボスフレーム	轮壳座
— hole	輪轂孔	ボス穴	轮壳孔
— plate	轂板	ボス外板	轮板
— ratio	內外徑比	内外径比	内外径比
— ring	轂圈	ボス環	轮箍
bottle	容器；炸彈	ボトル，びん	容器；炸弹
— blower	瓶子吹製機	ボトル吹込み成形機	瓶子吹制机
— carrier	運瓶箱	びん運搬容器	运瓶箱
— jack	瓶式千斤頂	とっくりジャッキ	瓶式千斤顶
— making machine	製瓶機	製びん機	制瓶机
— material	製形材料	びん材料	制形材料

英文	臺灣	日文	大陸
— mixer	瓶形攪拌機	ボトル型ミキサ	瓶形搅拌机
bottling	灌注；裝瓶	口絞り作業	灌注; 装瓶
— machine	裝瓶機；灌注機	びん詰機	装瓶机; 灌注机
bottom	齒底；底	最低部	齿底; 底
— bar	底部鋼筋	下ば鉄筋	底部钢筋
— bearing	底軸承	ボトムベアリング	底轴承
— bed	墊底面	敷面	垫底面
— blown converter	底吹轉爐	底吹き転炉	底吹转炉
— blowoff	爐底吹除	ボトムブローオフ	炉底吹除
— board	底板	敷板	砂箱垫板
— break	底部斷裂	底部破断	底部断裂
— cargo	船底貨	底荷	船底货
— casting	底鑄法	下つぎ鋳造	下铸
— dead center	下死點	ボトムデッドセンタ	下死点
— dead point	下死點	下死点	下死点
— die	底模	ボトムダイス	底模
— frame	船底框	船底フレーム	船底肋骨
— gear	底速排檔	ボトムギヤ	底速排档
— material	底料	底質	底料
— of screw channel	螺旋槽底	スクリュー溝の谷底	螺旋槽底
— of thread	螺紋底部	ねじの谷底	螺纹底部
— plate	底板	下部取付け板	底板
— pouring	底澆鑄模	下つぎ	下铸
— slide press	下滑塊式壓力機	ボトムスライドプレス	下滑块式压力机
— stratum	底層	底部層	底层
— stripper	固定式地面脫錠機	ボトムストリッパ	固定式地面脱锭机
— swage	下模	底型	下模
— tool	底鍛模	下型	底锻模
boulangerite	硫銻鉛礦	ブーランジェ鉱	硫锑铅矿
boulanite	重晶石	重晶石	重晶石
boule	球；剛玉	ブール	球; 刚玉
boundary	界限；限度；邊界	境界	界限; 限度; 边界
— diffusion	晶界擴散	粒界拡散	晶界扩散
— dimensions	邊界尺寸	主要寸法	边界尺寸
— face	分界面	境界面	分界面
— friction	邊界摩擦	粒界摩擦	晶界摩擦
— segregation	晶界偏析	粒界偏析	晶界偏析
— tension	界面張力	界面張力	界面张力
— wear	邊界磨損	境界摩耗	边界磨损
bow	彎曲；弧形度	弧形度	弯曲; 弧形度

英文	臺灣	日文	大陸
— beam	弧形梁	弓張形けた	弧形梁
— compasses	彈簧圓規	ばねコンパス	弹簧圆规
— crook	弓形彎曲	弓反り	弓形弯曲
— dividers	小分規	ばねデバイダ	弹簧两脚规
— drill	弓形鑽	弓ぎり	弓形钻
— pen	鴨嘴筆；兩腳規	からす口	鸭嘴笔; 两脚规
— saw	弓鋸	弓のこ	手之锯
— shackle	弓形鉤環	バウシャックル	弓形钩环
— string girder	弓形梁	弓張けた	弓形梁
bowl	手提;澆斗	鉢	钵; 皿; 反射罩
— metal	粗鑄銻	粗製鋳造アンチモン	粗铸锑
— mill	杯磨	皿形ミル	球磨机
— mixer	碗形混合機	徳利形ミキサ	瓶式搅拌机
box	箱；盒；匣	箱	箱; 盒; 匣
— annealing	封盒退火	箱なまし	装箱退火
— antenna	箱形天線	箱形アンテナ	箱形天线
— beam	箱形梁	箱形ビーム	箱形梁
— bed	廂型底架	折たたみ寝台	折叠床
— carbonizing	封盒滲碳	箱づめ浸炭	装箱固体渗碳
— casting	砂箱鑄造	箱鋳込み	砂箱铸造
— chuck	箱形夾頭	相チャック	两爪夹盘
— compass	羅盤	箱羅針	罗盘
— container	箱形容器	箱形容器	箱形容器
— cover	盒蓋	ボックスカバー	盒盖
— driver	套管螺絲起子	ボックスドライバ	套管螺丝起子
— frame construction	箱形框架結構	壁式構造法	箱形框架结构
— furnace	箱式爐	箱型炉	箱式炉
— jack	套筒千斤頂	箱ジャッキ	套筒千斤顶
— nailing machine	打釘機	くぎ打機	打钉机
— nut	蓋形螺母	袋ナット	盖形螺母
— pin	箱銷	案内ピン	箱销
— seat	箱形基座	腰掛け台	箱形基座
— stand	箱架	箱形台	箱架
— switch	箱形開關	箱開閉器	箱形开关
— tong	槽口鉗〔鍛造用〕	箱はし	槽口钳〔锻造用〕
— truss	箱形腳(架)	ボックストラス	箱形桁架
— tup	箱形鍛模	箱タップ	箱形锻模
— type frame	箱形架	箱形フレーム	箱形架
— type multiplier	箱形倍增器	箱形倍増器	箱形倍增器
— type negative plate	箱形負極板	箱形陰極板	箱形负极板

英文	臺灣	日文	大陸
— type part	箱形部件	箱形部品	箱形部件
— type piston	箱形活塞	箱形ピストン	箱形活塞
— type plate	箱形陰極板	ボックス型極板	匣形极板
— type workpiece	箱形工件	箱形部品	箱形工件
— wedging	悶榫	地獄ほぞ	闷榫
— wheel	箱式輻板輪	箱形車輪	箱式辐板轮
— whinch	箱形捲揚機	ボックスウィンチ	箱形卷扬机
— wrench	套筒扳手	ボックスレンチ	套筒扳手
boxcar	廂式汽車	有がい車	厢式汽车
brace	支撐	切張	支撑
— rod	支柱	支柱	支柱
brachyaxis	短軸	短軸	短轴
brachy-pinacoid	短軸面	短軸卓面	短轴面
brachy-prism	短軸柱	短軸柱	短轴柱
bracing	剪刀撐	筋交い	剪刀撑
— cable	拉索	張り索	张紧揽绳
— member	支撐構件	筋交い材	支撑构件
— piece	加勁焊	ブレーシングピース	加劲焊
— strut	加強支柱	張り柱	支撑
— tube	撐管	張り管	撑管
— wire	拉線	張り線	拉线
bracket	托架；支架	持送り	托架；支架
— arm	懸臂托架	片腕金	悬臂托架
— attachment	肘材	ブラケット取り付け	肘材
— axle	托架軸	クランク軸	托架轴
— bearing	托架軸承	ブラケット軸受	托架轴承
— metal	支承用鐵件	受金物	支承用铁件
— panel	輔助配電盤	ブラケット盤	辅助配电盘
— pedestal	軸座架	軸受台	轴座架
— plate of foundation	基座肘板	基礎ブラケット板	基座肘板
— scaffold	挑出式腳手架	持出し足場	挑出式脚手架
— stairs	懸挑樓梯	持ち送り階段	悬挑楼梯
— step	懸挑踏步	持ち送り段	悬挑踏步
— suspension	托架懸吊	ブラケットつり	横撑悬挂
— system	托架裝置	ブラケット式	托架装置
— table	托架工作台	ブラケットテーブル	托架工作台
— type bearing unit	托架型軸承組	ブラケット軸受ユニット	托架型轴承组
bracketless system	無肘板結構式	ブラケットレス式	无肘板结构式
bradawl	錐坑鑽	短すい	锥坑钻
— punch	壓釘器	くぎ締め	压钉器

英文	臺灣	日文	大陸
braid	編織物	組ひも	编织物
— copper wire	編織銅線	編組銅線	编织铜线
— electrode	編織焊條	編み線溶接棒	编织焊条
braider	編織機	編織機	编织机
braiding	編結;編組	編組	编织; 穿线
— machine	編結機;編組機	組み機	编线机; 打绳机
brake	制動器	制動装置	制动器
— action	制動作用	制動作用	制动作用
— adjuster	制動〔器〕調節器	ブレーキ調整装置	制动〔器〕调节器
— assemby	刹車裝置	制動装置	刹车装置
— axle	制動軸	制動装置ブレーキ車軸	制动轴
— band	制動帶	ブレーキ帯	制动带
— bar	制動桿	ブレーキバー	制动杆
— block	制動塊	ブレーキ片	制动块
— cam	制動凸輪	ブレーキカム	制动凸轮
— cam lever	調整桿	ブレーキカムレバー	调整杆
— chain	制動鏈	ブレーキチェーン	制动链
— chatter	刹車顫動	ブレーキチャタター	刹车颤动
— control	制動控制	ブレーキ制御	制动控制
— control valvr	刹車控制閥	ブレーキ制御弁	刹车控制阀
— coupling	制動離合器	ブレーキカップリング	制动离合器
— crusher	閘踏碎石機	ブレーキ砕石機	闸踏碎石机
— current	制動電流	ブレーキ電流	制动电流
— cylinder	閘氣缸	ブレーキシリンダ	闸气缸
— cylinder lever	刹車作動筒操縱桿	ブレーキシリンダレバー	刹车作动筒操纵杆
— cylinder pipe	閘缸管	ブレーキシリンダ管	闸缸管
— die	折彎模	ブレーキ型	折弯模
— disk	制動盤	ブレーキ板	制动盘
— doctor	刹車片修磨機	ブレーキ修理機	刹车片修磨机
— dressing	刹車潤滑油	制動機潤滑油	刹车润滑油
— drum	輪閘鼓	ブレーキ胴	轮闸鼓
— drum cover	制動鼓蓋	ブレーキドラムカバー	制动鼓盖
— drum liner	輪閘鼓補	ブレーキ胴ライナ	轮闸鼓补
— dynamometer	輪軔測力計	ブレーキ動力計	轮轫测力计
— eccentric	制動用偏心軸頸	ブレーキエクセントリック	制动用偏心轴颈
— effecting time	制動有效時間	制動発効時間	制动有效时间
— efficiency	刹車效率	ブレーキ効率	刹车效率
— energy	制動能力	ブレーキエネルギー	制动能力
— engine	制動發動機	制動機関	制动发动机
— equalizer	制動力平衡器	ブレーキ平衡装置	制动力平衡器

brake

英　　文	臺　　灣	日　　文	大　　陸
— equipment	制動裝置	制動装置	制动装置
— failure warning	制動器故障報警裝置	ブレーキ欠陥警報器	制动器故障报警装置
— fluid	刹車油	ブレーキ液	刹车油
— flusher	制動液自動更換裝置	ブレーキフラッシャ	制动液自动更换装置
— flushing	制動器〔系統〕壓力冲洗	ブレーキフラッシング	制动器〔系统〕压力冲洗
— for automobile	汽車制動器	自動車用ブレーキ	汽车制动器
— friction area	制動摩擦面積	ブレーキ摩擦面積	制动摩擦面积
— gear	刹車裝置	ブレーキ装置	刹车装置
— growing time	達到制動器最高時間	制動最高値到達時間	达到制动器最高时间
— handle	制動器手柄	制動ハンドル	制动器手柄
— head	軸瓦托	制輪子面	轴瓦托
— hop	脫閘	ブレーキホップ	脱闸
— horsepower	刹車馬力	軸出力	刹车马力
— lag	制動延時	制動遅れ	制动延时
— lamp	刹車燈	ブレーキランプ	刹车灯
— lever	閘桿	歯止めてこ	闸杆
— leverage	制動杠桿比	ブレーキ倍率	制动杠杆比
— light	〔汽車的〕刹車燈	ブレーキ灯	〔汽车的〕刹车灯
— lines	制動系統的管路	ブレーキライン	制动系统的管路
— lining	閘襯片	ブレーキライニング	闸衬片
— linkage	制動聯桿	ブレーキ仕掛	制动联杆
— locomotive	制動機車	ブレーキ機関車	制动机车
— magnet	制動磁鐵	制動用磁石	制动磁铁
— master cylinder man	制動工人	ブレーキ手	制动工人
— mechanism	制動機構	ブレーキマスタシリンダ	制动机构
— motor	制動電動機	制動機構	制动电动机
— noise	制動噪聲	ブレーキ鳴き	制动噪声
— oil	刹車油	ブレーキ油	刹车油
— operating device	刹車器	ブレーキ操作用機器	刹车器
— operating unit	制動器操縱裝置	ブレーキ運転装置	制动器操纵装置
— output	制動力	ブレーキ出力	制动力
— pad	制動塊	ブレーキ止め	制动块
— paddle	刹車踏板	ブレーキパドル	刹车踏板
— parachute	減速傘	ブレーキ踏子	减速伞
— pedal	刹車踏板	制動用落下さん	刹车踏板
— percentage	制動率	ブレーキ率	制动率
— pipe	制動系統管路	ブレーキ管	制动系统管路
— piston	制動活塞	ブレーキピストン	制动活塞
— press	彎壓機	薄長物プレス	弯压机

英文	臺灣	日文	大陸
— pressure	制動壓力	制動圧力	制动压力
— pull rod	拉閘桿	ブレーキ引張棒	拉闸杆
— pulley	閘輪	制動調車	闸轮
— quadrant	手制動扇形齒板	ブレーキコードラント	手制动扇形齿板
— ratio	制動比	ブレーキ率	制动比
— reaction time	制動反應時間	制動反応時間	制动反应时间
— release switch	制動斷路開關	ブレーキリリーズスイッチ	制动断路开关
— reliner	制動摩擦片換補器	ブレーキ張り替え機	制动摩擦片换补器
— regging	制動桿	基礎ブレーキ装置	制动杆
— ring	制動器壓圈	ブレーキリング	制动器压圈
— rod	閘桿	ブレーキ棒	闸杆
— rod adjuster	制動桿調整器	制動かん調節器	制动杆调整器
— rod pin	制動桿(用)銷軸	ブレーキロッドピン	制动杆(用)销轴
— roller	制動輥	ブレーキローラ	制动辊
— rubber	剎車片	ブレーキ摩擦片	刹车片
— servo	制動助力器	ブレーキサーボ	制动助力器
— servo circuit	制動伺服電路	ブレーキサーボ回路	制动伺服电路
— servo piston	制動器伺服活塞	ブレーキサーボピストン	制动器伺服活塞
— shaft	制動器軸	ブレーキ軸	制动器轴
— shoe	閘瓦	ブレーキ片	闸瓦
— shoe assembly	閘瓦調整裝置	制輪子加減装置	闸瓦调整装置
— shoe clearance	制動塊間隙	ブレーキシュー間げき	制动块间隙
— shoe hanger	閘瓦挂鉤	制輪子取付け具	闸瓦挂钩
— shoe key	制動蹄調整銷	制輪子コッタ	制动蹄调整销
— shoe lining	剎車蹄片	ブレーキ片ライニング	刹车蹄片
— shoe pivot	制動蹄支承銷	ブレーキ片中心	制动蹄支承销
— shoe pressure	制動塊壓力	制輪子圧力	制动块压力
— spring	制動彈簧	ブレーキスプリング	制动弹簧
— step	剎車踏板	ブレーキステップ	刹车踏板
— stop	制動器停機	ブレーキ停止	制动器停机
— stroke	〔踏板〕制動行程	ブレーキストローク	〔踏板〕制动行程
— surface	閘面	制動面	闸面
— system	剎車系統	ブレーキ系	刹车系统
— test	剎車試驗	制動試験	刹车试验
— through	沖頭超下	ブレーキスルー	冲头超下
— tightening bolt	張緊螺釘	だるまねじ	张紧螺钉
— toggle	制動肘節	ブレーキ止め金	制动肘节
— torque collar	制動力矩連接套筒	ブレーキトルクカラー	制动力矩连接套筒
— treadle	制動(閘)踏板	ブレーキ踏子	制动(闸)踏板
— trial	制動試驗	制動試験	制动试验

英　文	臺　灣	日　文	大　陸
— triangle	三角形制動梁	三角形制動ばり	三角形制动梁
— truss	〔鐵路橋〕制動桁架	ブレーキトラス	〔铁路桥〕制动桁架
— tube	閘管	ブレーキチューブ	闸管
— valve	閘閥	ブレーキ弁	闸阀
— water tank	制動水箱	ブレーキ水タンク	制动水箱
— weight	制動重量	制動重量	制动重量
— wheel	剎車輪	ブレーキ車	刹车轮
— wire	制動鋼絲繩	ブレーキワイヤ	制动钢丝绳
braked axle	制動軸	ブレーキ車軸	制动轴
— vehicle	帶制動機的車輛	制動車両	带制动机的车辆
brakeman's cabin	監控室	制御室	监控室
braker	測功器	ブレーカ	测功器
brake-van	緩急車	緩急車	缓急车
— siding	守車側線	緩急車線	守车侧线
braking	制動；搗碎	制動	制动；捣碎
— beads	阻力筋	張力用ビード	阻力筋
— bench	制動試驗台	ブレーキ試験台	制动试验台
— coefficient	制動率	制動率	制动率
— controller	制動控制	ブレーキ制御器	制动控制
— deceleration	制動減速率	制動減速度	制动减速率
— device	剎車裝置	ブレーキ装置	刹车装置
— distance	剎車距離	ブレーキ距離	刹车距离
— effect	制動作用	ブレーキ効果	制动作用
— efficiency	制動效率	ブレーキ効率	制动效率
— effort	制動力	制動力	制动力
— equipment	制動裝置	ブレーキ系	制动装置
— force	制動力	ブレーキ力	制动力
— load	制動載荷	制動荷重	制动载荷
— rocket	制動火箭	制動ロケット	制动火箭
— shaft	制動軸	ブレーキ軸	制动轴
— time	制動時間	ブレーキ時間	制动时间
brale	圓錐形金剛石壓頭	ブレール	圆锥形金刚石压头
branch	分岐；支路	分岐	分岐；支路
— box	分線盒	分岐箱	分线盒
— connection	分支接頭	分岐継手	分支接头
— switch	分路開關	分岐開閉器	分路开关
branditite	砷錳鈣石	ブランド石	砷锰钙石
brannerite	鈦鈾礦	ブランネル石	钛铀矿
Brant's metal	布蘭特低熔點；合金	ブランツメタル	布兰特低熔点；合金
brashness	脆性	ぜい性	脆性

英文	臺灣	日文	大陸
brusque	襯料；填料	素灰	衬料；填料
bress	黃銅	黄銅	黄铜
— bar	黃銅條(棒)	真ちゅう棒	黄铜条(棒)
— casting	黃銅鑄件	黄銅鋳物	黄铜铸件
— coloring	黃銅著色法	黄銅着色法	黄铜着色法
— electrode	黃銅電極	黄銅電極	黄铜电极
— ferrule	黃銅套圈	黄銅環	黄铜套圈
— finishing	黃銅精加工	黄銅仕上げ	黄铜精加工
— furnace	黃銅熔煉爐	黄銅溶解炉	黄铜熔炼炉
— pipe	黃銅管	黄銅管	黄铜管
— plate	黃銅板	真ちゅう板	黄铜板
— platine	鍍黃銅	黄銅めっき	镀黄铜
— sheel	黃銅板	黄銅板	黄铜板
— turning tool	黃銅車刀	黄銅バイト	黄铜车刀
— wire	黃銅線	黄銅線	黄铜线
brazed joint	黃銅接頭	ろう接合	黄铜接头
— milling cutter	焊接銑刀	ろう付けフライス	焊接铣刀
— mipple	黃銅螺紋接口	真ちゅう製ニップル	黄铜螺纹接口
— tool	焊接刀具	ろう付けバイト	焊接刀具
brazier	火盆	火鉢	火盆
— head	扁頭〔螺釘〕	ブレジャ頭	扁头〔螺钉〕
brazing	銅焊	ろう付け	铜焊
— flux	焊劑	ろう付け用フラックス	焊剂
— metal	金屬焊料	金属ろう	金属焊料
— sheet	硬鉛焊薄板	ブレージングシート	硬铅焊薄板
— solder	硬鉛(焊)料	ろう材	硬铅(焊)料
— union	焊接接頭	ろう付けユニオン	焊接接头
break	斷裂；中斷	中断	断裂；中断
— harrow	碎土機	砕土機	碎土机
— joint	錯縫接合	食違い継手	错缝接合
— test	破壞試驗；破壞試驗	破壊試験	破坏试验；破坏试验
breakage	破壞	破壊	破坏
— rate	破損率	破損率	破损率
breakaway	剝落；分離	はがれ	剥落；分离
breakdown	破壞；分解	破壊	破坏；分解
— crane	救險起重機	救援クレーン	救险起重机
— current	破壞電流	降服電流	破坏电流
— lorry	搶修工程車	故障車えい行車	抢修工程车
— maintenance	故障維修	事後保全	故障维修
— of aircraft weight	飛機重量分配	飛行機の重量区分	飞机重量分配

英　文	臺　灣	日　文	大　陸
— of passive state	鈍態的破壞	受動態の崩壊	钝态的破坏
— phenomenon	破壞現象	降伏現象	破坏现象
— point	屈服點	降伏点	屈服点
— region	破壞區	降伏領域	破坏区
— rolling	粗軋	初転圧	粗轧
— stress	破壞應力	破壊応力	破坏应力
— test	破壞試驗	破壊試験	破坏试验
— torque	破壞轉矩	ブレークタウントルク	破坏转矩
breaker	斷屑槽	破砕機	断屑槽
— bar	斷路器可動桿	ブレーカバー	断路器可动杆
— block	過載易損件	ブレーカブロック	过载易损件
— bottom plow	〔犁體〕犁	ブレーカプラウ	无荒〔犁体〕犁
— stack	半干壓光機	ブレーカスタック	半干压光机
break-in	磨合；嵌入	すり合せ	磨合；嵌入
— running	磨合運轉	破壊	磨合运转
breaking	破壞	破断係数	破坏
— factor	斷裂係數	切断力	断裂系数
— force	斷裂應雨	破壊荷重	断裂应雨
— load	破壞載荷	車軸折損	破坏载荷
— of axle	輪軸斷裂	破断点	轮轴断裂
— point	破斷點	破壊面	破断点
— section	斷裂面	破壊強さ	断裂面
— strength	斷裂強度	破壊内力	断裂强度
— stress	破壞應力	破壊試験	破坏应力
— test	破壞試驗	ブレーキングダウン	破坏试验
breaking-down	擊穿	破壊試験	击穿
— test	擊穿試驗	すり合せ運転	击穿试验
breaking-in	磨合；測試生產	離れ	磨合；测试生产
breakoff	破壞	通気性	破坏
breathability	透氣性	通気性フィルム	透气性
breathable film	透氣薄膜	空気抜き	透气薄膜
breather	通氣孔	息抜きせん	通气孔
— plug	通氣管(孔)寒	呼吸弁	通气管(孔)寒
— valve	通氣閥	のこ歯ねじ山	通气阀
brickerite	砷鋅鈣礦	ブリックライト	砷锌钙矿
bridge-cut-off relay	斷路繼電器	BCO 継電器	断路继电器
bridged bond	橋鍵	橋かけ結合	桥键
— circuit	橋接電路	ブリッジ回路	桥接电路
— impedance	橋接組阬	橋絡インピーダンス	桥接组坑
— linkage	橋式連接	橋状結合	桥式连接

英文	臺灣	日文	大陸
— rotary intersection	環形立體交叉	立体式ロータリ	环形立体交叉
— structure	橋鍵結構	橋かけ構造	桥键结构
bridge-head	橋頭	橋頭	桥头
bridgewall	耐火隔牆	耐火障壁	耐火隔墙
bridging	搭棚	棚釣り	搭棚
— piece	剪刀撐	振れ止め	剪刀撑
— wiper	開接弧刷	橋絡ワイパ	开接弧刷
Bridgman method	布里茲曼晶体生長法	ブリッジマン法	布里兹曼晶体生长法〕
bridle	短索;拉緊器	添ロープ	短索; 拉紧器
— chain	吊鏈;保險	手綱鎖	吊链; 保险
— ring	吊線環	緑つなぎりング	吊线环
— rolls	驅動軋輥	駆動ロール	驱动轧辊
bright aluminum alloy	光亮鋁合金	光輝アルミニウム合金	光亮铝合金
— cadmium plating	光亮退火	光輝焼なまし	光亮退火
breechhlock pipce	光亮鍍鎘	光沢カドミウムめっき	光亮镀镉
— dip	浸漬拋光	光沢浸せき	浸渍抛光
— gold	金釉	水金	金釉
— steel	光亮拉制鋼	光輝引き抜き快削鋼	光亮拉制钢
brightening	擦亮;上光	絹つや出し法	擦亮; 上光
— aluminum alloy	拋光鋁合金	光輝アルミニウム合金	抛光铝合金
brightness	照度;亮度	明るさ	照度; 亮度
— acuity	亮度視〔覺敏〕銳性	輝度視力	亮度视〔觉敏〕锐性
— beats	亮度差拍〔跳動〕	輝度うなり	亮度差拍〔跳动〕
— by Hunter	亨特亮度	ハンタ白色度	亨特亮度
— coding	亮度編碼	明るさコーディング	亮度编码
— contrast	亮度對比	輝度対比	亮度对比
— control	亮度控制〔調整〕	輝度調整	亮度控制〔调整〕
— degree	亮度等級	輝度	亮度等级
— distribution	亮度分析	輝度分布	亮度分析
— harmony	亮度調合	明度調和	亮度调合
— modulation	亮度調制	輝度変調	亮度调制
— of sky	天空亮度	天空輝度	天空亮度
— of window surface	採光口亮度	窓面輝度	采光口亮度
— ratio	亮度比	輝度比	亮度比
— scale	亮度標度	明度スケール	亮度标度
— scanning	明暗掃描	明暗走査	明暗扫描
— signal	黑白信號	輝度信号	黑白信号
— wave	光波	発光波	光波
Brightray	雷耐熱鎳鉻合金	ブライトレイ	雷耐热镍铬合金
brilliance	亮度;輝度	輝度	亮度; 辉度

英文	臺灣	日文	大陸
— control	亮度控制(調整)	輝度調整	亮度控制(调整)
brillancy	亮度	明澄度	亮度
brilliant	亮度	鮮明な	亮度
brim	緣;邊	縁	缘; 边
Brinell	勃氏硬度壓痕	ブリネル圧こん	勃氏硬度压痕
— hardness	勃氏硬度	ブリネル硬さ	勃氏硬度
— hardness tester	勃氏硬度試驗機	ブリネル硬さ計	勃氏硬度试验机
— machine	勃氏硬度機	ブリネル硬度計	勃氏硬度机
— number	勃氏硬度值	ブリネル数	勃氏硬度值
briquetting	壓製成塊	団鉱(法)	压制成块
— machine	壓塊機	ブリケット機	压锭机
Britannia joint	不列顛式焊接〔接頭〕	ブリタニア接続	不列颠式焊接〔接头〕
— metal	不列顛合金	ブリタニア合金	不列颠锡铜锑合金
British Association thread	英國協會螺紋	BA ねじ	英国协会螺纹
— Standard	英國標準規格	英国標準規格	英国标准规格
brittle behaviour	脆化過程	ぜい性挙動	脆化过程
— coatings	脆性塗料	ぜい性塗料	脆性涂料
— feather ore	羽毛礦	毛鉱	羽毛矿
— fracture	脆性破壞	ぜい性破壊	脆性破坏
— fracture surface	脆性裂隙面	ぜい性破面	脆性裂隙面
— lacquer	脆性漆	ぜい性塗料	脆性漆
— material	脆性材料	ぜい性材料	脆性材料
— metals	脆性金屬	ぜい弱性金属	脆性金属
— point	脆化點	ぜい化点	脆化点
— silver ore	脆銀礦	ぜい銀鉱	脆银矿
— solid	脆性固体	ぜい性固体	脆性固体
— temperature	脆化溫度	ぜい化温度	脆性温度
brittleness	脆性	易砕性	脆性
— index	脆性指數	ぜい化指数	脆性指数
— temperature	脆性溫度	ぜい化温度	脆性温度
broach	拉刀;拉削	穴ぐり器	拉刀; 拉削
— for external surface	表面用拉刀	表面ブローチ	表面用拉刀
— for gear cutting	齒輪拉刀	歯切り用ブローチ	齿轮拉刀
— guide	拉刀導軌	案内ごま	拉刀导轨
— head	拉刀頭	ブローチヘッド	拉刀夹头
— sharpening machine	拉刀磨床	ブローチ研削盤	拉刀磨床
broaching cutter	拉刀	ブローチ	拉刀
— die	拉削模	ブローチダイ	拉削模
— load	拉削載荷	切削荷重	拉削载荷
— machine	拉床	ブローチ盤	拉床

英文	臺灣	日文	大陸
— tool	拉刀	ブローチ	拉刀
broggerite	釷軸礦	ブレッガ石	钍轴矿
broil	鍛燒	焼く	锻烧
— section line	斷裂線	破断線	断裂线
broken-open view	透視圖	透視図	透视图
broken-out section	剖面斷裂面	破断面	剖面断裂面
bromryite	溴銀礦	臭銀鉱	溴银矿
brongniartite	硫銻鉛銀礦	ブロンニヤ石	硫锑铅银矿
bronze	青銅	青銅	青铜
— age	青銅器時代	青銅器時代	青铜器时代
— bearing	青銅軸承	ブロンズベアリング	青铜轴承
— bond	青銅結合劑	ブロンズボンド	青铜结合剂
— bushing	青銅襯套〔軸瓦〕	青銅ブッシュ	青铜衬套〔轴瓦〕
— casting	青銅鑄件	青銅鋳物	青铜铸件
— electrode	青銅銅焊條	ブロンズ溶接棒	青铜铜焊条
— filler rod	青銅焊絲	ブロンズ溶加棒	青铜焊丝
— lacquer	金粉漆	ブロンズラッカ	金粉漆
— liquid	青銅液	ブロンズ液	青铜液
— medium	青銅油墨	金下インキ	青铜油墨
— pigmented lacquer	青銅色塗料	金色塗料	青铜色涂料
— pigment	青銅色顏料	ブロンズ色顔料	青铜色颜料
— plating	鍍青銅	ブロンズめっき	镀青铜
— powder	青銅；金粉	金粉	青铜; 金粉
— printing	金粉印刷	金粉印刷	金粉印刷
— printing ink	金粉油墨	金属粉インキ	金粉油墨
— red	褐紅色	金赤	褐红色
— varnish	金漆；青銅色漆	金ニス	金漆; 青铜色漆
— welding rod	青銅焊條	ブロンズ溶接棒	青铜焊条
bronzed aluminum	鍍銅鋁	ブロンズアルミニウム	镀铜铝
bronzeless blue	元銅光鐵藍	ブロンズレスブルー	元铜光铁蓝
bronzing	泛金光；泛銅光	ブロンズ現象	泛金光; 泛铜光
— effect	青銅鍛燒效應	ブェロ焼け効果	青铜锻烧效应
— lacquer	金屬用透明塗料	金属用透明塗料	金属用透明涂料
— liquid	鍍青銅液	金ニス	镀青铜液
— machine	燙金機	金付け機	烫金机
— medium	金底油墨	金下インキ	金底油墨
— powder	青銅粉	青銅粉	青铜粉
bronzite	古銅輝石	古銅輝岩	古铜辉石
bronzitite	古銅輝岩	ブロステニ石	古铜辉岩
brotocrystal	熔蝕結晶	融食結晶	熔蚀结晶

英文	臺灣	日文	大陸
brown acetate	褐石灰	灰色石灰	褐石灰
— coal	褐煤	褐炭	褐煤
— coal cocking	褐煤的焦化	褐炭のコークス化	褐煤的焦化
— earths	褐土	褐色土	褐土
— iron ore	褐鐵礦	褐鉄鉱	褐铁矿
— iron oxide	褐色氧化鐵	褐色酸化鉄	褐色氧化铁
— ironstone clay	褐鐵礦	褐鉄鉱	褐铁矿
— lead oxide	二氧化鉛	二酸化鉛	二氧化铅
— metal	銅鋅合金	ブラウンメタル	铜锌合金
— millerite	鈣鐵石	ブラウンミレライト	钙铁石
— ochre	褐鐵礦	褐鉄鉱	褐铁矿
— oil	棕色油	赤油	棕色油
— paint	棕色塗料	褐色ペイント	棕色涂料
— paper	牛皮紙	包装紙	牛皮纸
— pigment	褐色顏料	褐色顔料	褐色颜料
— spar	白雲石	白雲石	白云石
— ware	素陶(器)	すやき	素陶(器)
brownlite	溴化銀礦	臭化銀鉱	溴化银矿
brownstone	軟錳礦	褐石	软锰矿
brugnatellite	次碳酸鎂鐵礦	ブルグナテリ石	次碳酸镁铁矿
Brunak treatment	鋁板防蝕	ブルナク処理	铝板防蚀
Bruninghaus pump	斜軸式軸向柱塞泵	ブルーニングハウスポンプ	斜轴式轴向柱塞泵
brush	碳刷；電刷	板筆	碳刷; 电刷
— sheel	摩擦輪	摩擦輪	摩擦轮
brushing	擦光	ブラシ掛け	擦光
brushite	透鈣磷石	ブルッシュ石	透钙磷石
bubble	氣泡	気泡	汽泡
bubbler	噴水式飲水口	噴出し飲口	喷水式饮水口
— mold cooling	噴水式塑模冷卻	噴水式金型冷却	喷水式塑模冷却
bucket	斗;箕	動翼	吊桶; 活塞
— body	箕斗体	バケット本体	铲斗体
— car	鏟斗車	バケット車	铲斗车
— conveyer	斗式輸送機	バケットコンベヤ	斗式输送机
— cylinder	箕斗油缸	バケットシリンダ	铲斗油缸
— dozer	斗式推土機	バケットドーザ	斗式推土机
— dredger	箕斗式挖泥船	バケットしゅんせつ船	键斗式挖泥船
— elevator	斗式升降機	バケットエレベータ	斗式升降机
— excavator	斗式挖土機	バケット土掘機	斗式挖土机
— feeder	鏈斗加料器	バケットフィーダ	键斗加料器
— ladder	〔挖泥船〕斗橋	バケットラダー	〔挖泥船〕斗桥

英文	臺灣	日文	大陸
— link	箕斗連桿	バケットリンク	铲斗连杆
— lip	箕斗刃口	バケットリップ	铲斗刃口
— piston	斗式活塞	バケットピストン	斗式活塞
— seat	斗式座椅	バケットシート	斗式座椅
— sprayer	斗式噴霧機	バケット式噴霧機	斗式喷雾机
— teeth	箕斗齒	掘削刃	铲斗齿
— valve	活塞閥	バケット弁	活塞阀
— wheel	戽式鏈輪；勺輪	バケット揚水機	戽式链轮；勺轮
buckling	座曲；屈曲	座屈	座曲；屈曲
— coefficient	屈曲係數	座屈係数	座曲系数
— curve	屈曲曲線	座屈曲線	座曲曲线
— deformation	翹曲變形	溶接の座屈変形	翘曲变形
— distortion	屈曲變形	座屈変形	座曲变形
— equation	屈曲條件式	座屈条件式	座曲条件式
— length	屈曲長度	座屈長さ	座曲长度
— load	屈曲荷重	座屈荷重	座曲荷重
— mode	屈曲方式	座屈様式	座曲方式
— of columns	柱變曲	柱の座屈	柱变曲
— of frame	機架變曲	フレームの座屈	机架变曲
— of long column	鋼軌熱脹變形	長柱の座屈	钢轨热胀变形
— of track	剛鋼軌座屈變形	張り出し	刚钢轨座曲变形
— pattern	座屈變形	座屈波形	座曲变形
— pressure	座屈壓力	座屈圧力	座曲压力
— strain	座屈應變	座屈ひずみ	座曲应变
— strength	座屈強度	座屈強度	座曲强度
— stress	座屈應力	座屈応力	座曲应力
— theory	座屈理輪	座屈理論	座曲理轮
Budde effect	布德效應	ブーデ効果	布德效应
buff	拋光輪	バフ	抛光轮
— grinder	拋光磨床	バフ盤	抛光磨床
— spindle	拋光輪軸	バフ軸	抛光轮轴
— unit	拋光〔動力〕頭	バフユニット	抛光〔动力〕头
— wheel	軟皮(布)拋光輪	バフ車	软皮(布)抛光轮
buffer	緩衝器	緩衝器	缓冲器
— action	緩衝作用	緩衝作用	缓冲作用
— address	緩衝位址	バッファアドレス	缓冲位址
— amplifier	緩衝放大器	緩衝増幅器	缓冲放大器
— beam	緩衝梁	緩衝ばり	缓冲梁
— block	緩衝塊	緩衝ブロック	缓冲块
— box	緩衝箱	緩衝箱	缓冲箱

英文	臺灣	日文	大陸
— cell	緩衝元件	バッファセル	缓冲元件
— circuit	緩衝回路	バッファ回路	缓冲回路
— clearance	緩衝塗膜	バッファクリアランス	缓冲涂膜
— coil	緩衝線圈	緩衝コイル	缓冲线圈
— disk	緩衝盤	緩衝盤	缓冲盘
— gas	阻尼氣体	バッファガス	阻尼气体
— head	緩衝頭	緩衝頭	缓冲头
— index	緩衝率	緩衝率	缓冲率
— reagent	緩衝劑	緩衝剤	缓冲剂
— shank	緩衝軸	緩衝軸	缓冲轴
— solution	緩衝液	緩衝液	缓冲液
— stop	車用緩衝器	車止め	车挡
— store	緩衝存儲器	緩衝記憶装置	缓冲存储器
— system	緩衝系統	緩衝システム	缓冲系统
— tank	緩衝罐	バッファタンク	缓冲罐
— test	避震試驗	緩衝器試験	避震试验
— tube	緩衝管	緩衝管	缓冲管
— unit	緩衝裝置	緩衝装置	缓冲装置
— value	緩衝值	緩衝値	缓冲值
— wagon	隔離車	隔離車	隔离车
— effect	緩衝效果	緩衝効果	缓冲效果
— gear	緩衝裝置	緩衝装置	缓冲装置
— lathe	軟(皮)布輪拋光輪	バブ研磨機	软(皮)布轮抛光轮
— car	餐車	食堂車	餐车
— coach	餐車	軽食堂車	餐车
buffeting	抖動；顫動	バフェッチング	抖动; 颤动
buffing	拋光；磨光	バフ仕上げ	抛光; 磨光
— compound	拋光劑	バフ研磨材	抛光剂
— machine	拋光機；磨光機	研磨機	抛光机; 磨光机
— mark	磨痕	バフ傷	磨痕
— wheel	拋光輪	バフ磨き車	抛光轮
buggy	推車	ねこ車	手推车
build	建造；建立	構成	建造; 建立
build-down	衰減	ビルトダウン	衰减
build-up	裝配	ビルドアップ	装配
— factor	裝配係數	再生係数	装配系数
— nozzle	組合式噴嘴	組立ノズル	组合式喷嘴
— timp	上升時間	立上がり時間	上升时间
builder	建築者	建築業者	建筑者
—'s hardware	小五金	建具金物	小五金

英文	臺灣	日文	大陸
— 's jack	施工(用)千斤頂	建築用ジャッキ	施工(用)千斤顶
building	建築物；組合	建築物	建筑物；组合
— berth	(造)船台	造船台	(造)船台
— component	建築構件	建築部材	建筑构件
built arch	裝配式拱	組立アーチ	装配式拱
— block	組合滑車	組合滑車	组合滑车
built-in antenna	自附天線	組込みアンテナ	机内天线
— ballast	內裝鎮流器	組込み安定器	内装镇流器
— beam	固定梁	固定はり	固定梁
— check	自動校驗	組込み検査	自动校验
— compression ratio	固有壓縮比	固有圧縮比	固有压缩比
— cutter	鑲齒刀具	植刃カッタ	镶齿刀具
— edges	固定端	埋込み縁	固定端
— end	固定端	固定端末	固定端
— field	內建(附加)電場	作りつけの電界	内建(附加)电场
— frame	組裝構架	ビルトインフレーム	组装构架
— gutter	暗水管	内どい	暗水管
— lubrication	無油潤滑	無給油潤滑	无油润滑
— lubricity	內部潤滑性	内部潤滑性	内部润滑性
— pressure	固有壓力	固有圧力	固有压力
built-up	組合拱	組立アーチ	组合拱
— gage	組成規	組立ゲージ	组合量规
— gear hob	組合齒輪	組立ホブ	组合齿轮
— hob	鑲齒滾刀	組立ホブ	镶齿滚刀
— impeller	組合針輪	リベット締め羽根車	组合针轮
— joint	組合接頭	組合せ継ぎ	组合接头
— mandrel	組成心軸	ビルトアップマンドレル	组合心轴
— member	組合構件	組合せ部材	组合构件
— mold	組合金屬模	組立金型	组合金属模
— molding box	組合砂箱	組枠	组合砂箱
— piston	組合活塞	組立ピストン	组合活塞
— plate	組合模板	模型定盤	组合模板
— process	堆焊法	ビルトアップ法	堆焊法
— reamer	組合沖孔機	組立リーマ	组合冲孔机
— structure	組合結構	組立構造	组合结构
— tool	組合工具	組立て工具	组合工具
— welding	堆焊	肉盛り溶接	堆焊
— wheel	組合車輪	組立車輪	组合车轮
bulb	燈泡；圓頭；球狀體	りん茎	真空管；烧瓶
— angle	圓邊角鐵	球山形材	圆头角钢

英文	臺灣	日文	大陸
— angle bar	圓頭角鋼	球山形材	圆头角钢
— angle steel	圓頭角鋼	球山形鋼	圆头角钢
— bar	圓頭鐵條	しゃくし形棒	圆头铁条
— diameter	球管直徑	バルブ直径	球管直径
— glass	燈泡用玻璃	管球用ガラス	灯泡用玻璃
— iron	圓頭鐵條	球鉄	圆头铁条
— keel	球形龍骨	球状キール	球形龙骨
— planter	球莖作物栽植機	バルブプランタ	球茎作物栽植机
— plate	球緣板材	球板	球缘板
— retainer	球形止動輪	電球止め輪	球形止动轮
— steel	球扁鋼	球鋼	球扁钢
— stern	球形艉	球状船尾	球谷船尾
— temperature	泡殼溫度	管壁温度	泡壳温度
— thermometer	球管溫度計	グローブ温度計	球管温度计
— tube	球管	球管	球管
bulbul	珠芽	球芽	珠芽
bulge	凸出	出っ張り	隆起
— coefficient	膨脹係數	バルジ係数	膨胀系数
— factor	膨脹係數	バルジ係数	膨胀系数
bulging	隆起；膨脹	張出し成形	隆起；膨胀
— by punch	沖頭膨形	型張出し	冲头膨形
— die	脹形模	バルジ成形型	胀形模
— force	膨脹力	ふくらし力	膨胀力
bulk	体積；容積；散裝	ばら積み	体积；容积
— coefficient	容積系數	バルク係数	容积系数
— concentration	容積濃度	容積濃度	容积浓度
— density	充填密度	単位容積重量	充填密度
— eraser	消磁器	消磁器	消磁器
— factor	体積(壓縮)因素	かさばり係数	体积(压缩)因素
— fiber	膨体纖維	ばら繊維	膨体纤维
— goods	散裝貨物	ばら積み貨物	散装货物
— modulus of elasticity	体積彈性係數	体積弾性係数	体积弹性系数
— phase	凝聚相	凝集相	凝聚相
— photoconductor	光導電体	バルク光導電体	光导电体
— specific gravity	容積比重	かさ比重	容积比重
— transit container	散裝輸送容器	ばら積み運送容器	散装输送容器
— viscosity	容積粘度	体積粘性率	容积粘度
— yielding	容積降伏	体積降伏	容积降伏
bulkhead	隔壁；護岸	隔壁	隔壁；护岸
— die	爆炸成形用	バルクヘッド型	爆炸成形用

英文	臺灣	日文	大陸
bulkiness	松散度	かさ比体積	松散度
bulking	松積膨脹；加重；填充	增量	松积膨胀; 加重; 填充
— agent	填充劑；填料	充てん剤	填充剂; 填料
— density	密度	比重量	密度
— filler	增量劑	增量剤	增量剂
— power	膨脹性	かさ高性	膨胀性
— value	比容	体積値	比容
bulky refuse	膨脹廢物	膨張廃物	膨胀废物
bull bar	擋板(軸)	引戸半開き止め	挡板(轴)
— wheel	大輪	デリック底輪	起重机转盘
bullet	子彈	弾丸	子弹
bull-head	平面孔型〔初軋輥的〕	ブルヘッド	平面孔型〔初轧辊的〕
— rail	工字鋼軌	ご頭レール	工字钢轨
bullion	金銀塊	金銀塊	金银块
bullnose	外圓角制品刨	隅丸役物	外圆角制品刨
— plane	凹角刨	入隅用小かんな	凹角刨
— tool	大粗刨	大荒削りバイト	大粗刨
bull's-eye	圓玻璃窗	目玉ガラス	圆玻璃窗
— structure	牛眼組織	ブルスアイ組織	牛眼组织
bump	衝擊	衝撃	冲击
— test	衝擊試驗	衝撃試験	冲击试验
bumped head	凸形端板	きら形鏡板	凸形端板
bumper	避震器	緩衝器	避震器
— pad	緩衝防震墊	バンパパッド	缓冲防震垫
bumping	衝撞	突沸	冲震
— die	定位〔冲〕模具	突当て型	定位〔冲〕模具
— down	錘擊	バンピング	锤击
— post	停車樁	車止め	车挡
bumpy air	渦流	悪気流	涡流
bunsenite	綠鎳礦	ブンゼン鉱	绿镍矿
buoyancy	浮力	浮力	浮力
— bag	浮袋	浮袋	浮袋
— chamber	浮力室	浮力室	浮力室
— curve	浮力曲線	浮力曲線	浮力曲线
— material	浮力材料	浮力材料	浮力材料
— tank	浮力櫃	浮力タンク	浮箱
bur	毛邊	削り目	毛刺
buratite	綠銅鋅礦	ブラット石	绿铜锌矿
burberry	防水布	防水布	防水布
burble angle	失速角	失速角	失速角

B

英文	臺灣	日文	大陸
burden	載荷(重)	載貨力	载荷(重)
— impedance	負載阻抗	負担インピーダンス	负载阻抗
— regulation	負荷調整	負担変動	负荷调整
bureau of standards	標準局	標準局	标准局
Burgundy pitch	白樹脂	ブルグント樹脂	白树脂
burn	燃燒	熱傷	燃烧
— mark	燃燒點	焼け	燃烧点
burned area	燃燒面績	燃焼面積	燃烧面绩
— degree	燃制磚	焼損程度	燃制砖
— ingot	過熱金屬塊	過熱金属塊	过热金属块
— lead joint	鉛焊接	鉛溶接	铅焊接
— out	燒毀；燒斷	バーンドアウト	烧毁; 烧断
— product	燃燒製品	焼成品	燃烧制品
— spot	焦化點	焼け	焦化点
burner	噴燃器；噴燈	噴燃器	喷燃器; 喷灯
— gas	爐氣	焼鉱炉ガス	炉气
— noise	燃燒噪音	燃焼騒音	燃烧噪音
— nozzle	燃燒噴(嘴)	バーナノズル	燃烧喷(嘴)
— reactor	燃燒爐	燃焼炉	燃烧炉
— spot	點火口	たき口	点火口
— tile	燃燒器噴管	バーナタイル	燃烧器喷管
— tube	燃燒噴管	バーナチューブ	燃烧喷管
burn-in	烙上；老化	バーンイン	烙上; 老化
— system	老化裝置	バーンインシステム	老化装置
— time	點火時間	バーンイン時間	点火时间
burning	燃燒	ロール焼け	燃烧
— capacity	燃燒能	焼却能力	燃烧能
— characteristic	燃燒特性	燃焼特性	燃烧特性
— charge	可燃混合氣	バーニングチャージ	可燃混合气
— cinder	爐渣	燃えかす	炉渣
— degree	燃燒程度	焼成度	燃烧程度
— oil	燃油	燃料油	燃油
— oven	燃燒爐	燃焼炉	燃烧炉
— quality	可燃性	燃焼性	可燃性
— rate	燃燒速度	燃焼速度	燃烧速度
— reaction	燃燒反應	燃焼反応	燃烧反应
— red	紅火焰	ファイヤレッド	红火焰
— resistance	耐燃性	耐燃性	耐燃性
— shrinkage	燃燒收縮	焼成収縮	燃烧收缩
— temperature	燃燒溫度	焼成温度	燃烧温度

英文	臺灣	日文	大陸
— test	燃燒試驗	燃焼試験	燃烧试验
— velocity	燃燒速度	燃焼速度	燃烧速度
— zone	燃燒區	燃焼帯	燃烧区
burnisher	拋光器	つや出し器	抛光器
burnishing	壓光；磨光	磨き作業	抛光; 磨光
— broach	壓光拉刀	たく磨ブローチ	挤光拉刀
— die	壓光模	バーニッシュ型	挤光模
— face	壓光面	バーニッシング面	抛光面
— machine	壓光機	バーニッシングマシン	抛光机
— roller	壓光輥輪	バーニッシングローラ	抛光辊轮
— surface	壓光面	つや出し面	抛光面
— tooth	壓光齒刃	たく磨刃	抛光齿刃
burnishing-in	擠光；拋光	バーニッシングイン	挤光; 抛光
burnt aggregate	燒成骨料	焼成骨材	料成灰料
— amethyst	燒紫水晶	焼紫水晶	晶紫水晶
— borax	燒硼砂	焼ほう砂	烧硼砂
— brick	燒成磚	焼きれんが	烧透砖
— clay	耐火粘土	耐火粘土	土火粘土
— contraction	燒成收縮	焼成収縮	缩成收缩
— deposit	燒結	こげ	烧结
— down	全毀	全焼	全毁
— gas	燃燒成氣體	燃焼生成ガス	燃烧成气体
— lime	鍛石灰	生石灰	锻石灰
— oil	鍛油	焼きワニス	锻油
— plaster	鍛石膏	焼石こう	锻石膏
— sand	焦砂	焼砂	焦砂
— steel	過燒鋼	焼け鋼	过烧钢
burn-through	燒穿	溶け落ち	烧穿
burn-up	燃耗	バーンアップ	燃耗
— control	燃耗控制	燃焼管理	制耗控制
— fraction	燃耗比	燃焼率	燃耗比
burr	光口鉸刀;毛頭	鋳ばり	模合　缝模合缝
— beater	倒角器	ばり取り機	倒角器
— bit	倒角鑽頭	ばり取り刃	头角钻头
— crusher	倒角機	バークラッシャ	倒角机
burring	去毛邊	バーリング加工	去毛刺
— machine	去毛邊機	まくれ取り機	机毛刺机
— reamer	光口鉸刀	バーリングリーマ	铰刀刺铰刀
burst amplifier	器號放大器	バーストアンプ	放大器
— index	耐破指數	比破裂強さ	数破指数

英　文	臺　灣	日　文	大　陸
— interval	炸點間隔	バースト期間	炸点间隔
— noise	突發噪音	バースト雑音	突发噪音
— pressure	爆裂壓(力)	破裂圧（力）	破裂压(力)
— pressure test	破壞壓力試驗	破壊圧力試験	破坏压力试验
— slug	破損〔燃料〕	破損燃料	破损〔燃料〕
— strength	爆裂強度	破裂強さ	破裂强度
— test	爆裂試驗	破裂試験	破裂试验
bursting	爆炸；炸裂	爆発	爆炸；炸裂
— disc	緊急安全閥	破裂安全弁	紧急安全阀
— explosive	炸藥	さく薬	炸药
— force	爆破力	破裂力	爆破力
— pressure	爆裂壓力	破裂圧（力）	破裂压力
— strength	爆裂強度	破裂強さ	破裂强度
— stress	爆裂應力	破裂応力	破裂应力
— test	爆裂試驗	破裂試験	破裂试验
burthen	載重量	載貨力	载重量
bus	公共汽車	母線	总线
— lane	公共汽車道	バス車線	公共汽车道
— master	總線主控器	バスマスタ	总线主控器
bush	軸襯，襯套，套筒	はめ輪	绝缘管
— metal	軸承合金	ブッシュメタル	轴承合金
bushel	蒲式耳	ブッセル	蒲式耳
bushing	絕緣套管	陶管	绝缘套管
— assembly	套筒組件	ブッシングアッセンブリ	套筒组件
— current transformer	套筒式變流器	ブッシング型変流器	套筒式变流器
— plate	鑽模板	ブッシングプレート	钻模板
— press	壓裝壓力機	ブッシングプレス	压装压力机
— tool	套筒裝卸工具	ブッシングツール	套筒装卸工具
— type condenser	穿心電容器	ブッシング形コンデンサ	穿心电容器
business	商務	事務	商务
buster	制環模型	つぶし型	制环模型
butadiene	丁二烯	ブタジエン	丁二烯
butt	鉸鏈	丁番	铰链
— seam resistans welding	對縫電阻熔接	バットシーム抵抗溶接	对接缝电阻焊
— seam welder	滾接焊機	バットシーム溶接機	滚接焊机
— strap	對接搭板	目板	对接搭板
button	按鈕；金屬珠	金属錠	按钮
buzzer	蜂鳴器	ブザー	蜂鸣器
byssolite	石棉	石綿	石棉

英文	臺灣	日文	大陸
C atom	碳原子	炭素原子	碳原子
C clamp	C形夾	しゃこ万力	C形夹
C contact	轉換接點	C接点	转换接点
C-core	C形鐵芯	Cコア	C形铁芯
C-determination	碳定量	炭素定量	碳定量
C-frame press	C形機架沖床	C形フレームプレス	C形机架压力机
C-frame press brake	C形沖床制動器	C形プレスブレーキ	C形冲床制动器
C language	C語言	C言語	C语言
C meter	C形電表	Cメータ	C形电表
C oil purifier	C形重油濾清器	C重油清浄機	C重油滤清器
C oil transfer pump	C形重油輸送泵	C重油移送ポンプ	C重油输送泵
C type frame	C形框架	C形フレーム	C形框架
C type graphite	C石墨	C型黒鉛	C型石墨
cab	駕駛室；計程車	運転室	驾驶室；汽化器
— guard	駕駛室頂部保護板	運転室保護板	驾驶室顶部护板
— over	平頭型卡車	キャブオーバ	平头型〔卡车〕
— protector	駕駛室保護罩	運転室保護板	驾驶室保护罩
— seat	駕駛員；司機座	運転席	驾驶员；司机座
— type	汽車輪胎	キャブタイヤ	汽车轮胎
— warning	汽車報警器	車内警報装置	汽车〔车内〕报警器
cabalt glance	輝鈷礦	輝コバルト鉱	辉钴矿
cabasite	菱沸石	斜方沸石	菱沸石
cabin	客艙	機室	客舱
— door	艙門	船室戸	舱片
— door hock	車門鉤	あおり止め	车钩
— lights	座艙照明	客室照明	座舱照明
— plan	艙室配置圖	船室配置図	舱室置图
— pressure regulator	座艙壓力調節器	客室与圧制御装置	座舱压力调节器
— store	船室用品貯藏室	船室用品庫	船室用品贮藏室
— supercharger	座艙增壓器	客室与圧機	座舱增压器
— turbo compressor	座艙增壓渦輪壓縮器	客室ターボ圧縮機	座舱〔增压〕涡轮压缩器
— wall	艙室壁	仕切壁	舱室壁
cabinet	盒；室；機殼箱	キャビネット	盒；室；机壳箱
— file	梳形銼刀	くし形やすり	细木锉
— hearer	箱形散熱器	対流放熱器	箱式散热器
— panel	分電盤	分電盤	分电盘
— reck	箱架	キャビネットラック	箱架
cable	電纜	ケーブル	电缆
— car	纜車	ケーブルカー	缆车
— car railway	纜車鐵道	鋼索鉄道	缆车铁道

英文	臺灣	日文	大陸
— clamp	電纜夾	ケーブルクランプ	电缆夹
— conductor	電纜線	ケーブルコンダクタ	电缆线
— connector	電纜連接頭	ケーブルコネクタ	电缆连接头
— construction	電纜結構	ケーブル構造	电缆结构
— conveyer	纜索輸送機	ケーブルコンベヤ	吊篮输送机
— crane	纜索起重機	索道起重機	缆索起重机
— drum table	電纜盤轉台	ケーブルドラム回転台	电缆盘转台
— grease	鋼索潤滑脂	ケーブルグリース	钢索润滑脂
— grip	電纜鉗	ケーブルつかみ	电缆钳
— house	絞盤室	陸揚げ室	绞盘室
— hut	電纜分線箱	ケーブルハット	电缆分线箱
— jacket	電纜外殼	ケーブル外被	电缆外壳
— jacket alloy	電纜包覆合金	ケーブル被覆合金	电缆包覆合金
— length	錨鏈	連	锚链
— lift	纜索起重機	ケーブルリフト	缆索起重机
— rack	電纜架	ケーブル架	电缆架
— railroad	纜車鐵道	ケーブル鉄道	缆车铁道
— railway	纜索鐵路	鋼索鉄道	缆索铁路
— reel	電纜盤	ケーブルリール	电缆盘
— sheath alloy	電纜包覆合金	ケーブル被覆合金	电缆包覆合金
— wire	電纜線	ケーブルワイヤ	电缆线
— works	電纜製造廠	ケーブル製造工場	电缆制造厂
cabriolet	敞篷式汽車	クーペ形自動車	敞篷式汽车
cacheutaite	矽銅鉛礦	セレン銅鉛鉱	矽铜铅矿
cade oil	杜松油	と松油	杜松油
cadmium,Cd	鎘	カドミウム	镉
— blende	硫鎘礦	硫化カドミウム鉱	硫鎘礦
— bromide	溴化鎘	臭化カドミウム	溴化镉
— carbonate	碳酸鎘	炭酸カドミウム	碳酸镉
— cell	鎘電池	カドミウム電池	镉电池
— chlorate	氯酸鎘	塩素酸カドミウム	氯酸镉
— chloride	氯化鎘	塩化カドミウム	氯化镉
— copper	鎘銅	カドミウム銅	镉铜
— covered detector	包鎘探測器	カドミウム被覆検出器	包镉探测器
— cyanate	氰酸鎘	シアン酸カドミウム	氰酸镉
— cyanide	氰化鎘	シアン化カドミウム	氰化镉
— electroplating	電鍍鎘	電気カドミウムめっき	电镀镉
— hydroxide	氫氧化鎘	水酸化カドミウム	氢氧化镉
— metal	軸承鎘合金	カドミウムメタル	〔轴承〕镉合金
— poisoning	鎘中毒	カドミウム中毒	镉中毒

英文	臺灣	日文	大陸
— ratio	鎘比	カドミウム比	镉比
— standard cell	鎘標準電池	カドミウム標準電池	镉标准电池
— stick	鎘棒	カドミウムスチック	镉棒
caeruleofibrite	銅氯礬	コーネル石	铜氯矾
cesium beryl	銫綠柱石	セシウム緑柱石	铯绿柱石
— iodode	碘化銫	よう化セシウム	碘化铯
— photocell	銫光電管	セシウム光電管	铯光电管
cage	定位器	保持器	定位器
— antenna	籠形天線	かご形空中線	笼形天线
— motor	鼠籠式電動機	かご型電動機	鼠笼式电动机
calcarea	石灰海綿	石灰海綿	石灰海绵
calciclasite	鈣長石	灰長石	钙长石
calciclasite	鈣長岩	灰長岩	钙长岩
calcification	鈣灰石	カルシクリート	钙灰石
calculation	鈣化作用	石灰化	钙化〔作用〕
calcinol	碘酸鈣	カルシノール	碘酸钙
calciocarnotite	鈣盾軸釩石	石灰カルノータイト	钙盾轴钒石
calcioferrite	鈣磷鐵礦	石灰フェライト	钙磷铁矿
calcioscheelite	灰重石	灰重石	灰重石
calcite	方解石	方解石	方解石
calcium,Ca	鈣	カルシウム	钙
— carnotite	鈣釩鈾礦	重炭酸カルシウム	钙钒铀矿
— cyanide	氰化鈣	石灰カルノータイト	氰化钙
— iodide	碘化鈣	シアン化カルシウム	碘化钙
— metal	含鈣鉛基軸承合金	よう化カルシウム	含钙铅基轴承合金
— resonate	樹脂酸鈣	カルシウムメタル	樹脂酸钙
calculagraph	計時器	カルキュラグラフ	计时器
calculating board	計算板	計算板	计算板
calculation	計算	カルキュレーション	计算
— condition	演算條件	演算条件	计算指令
— error	計算誤差	計算誤差	计算误差
calculus	微積分學	微積分学	微积分学
— of difference	差分計算	差分計算	差分计算
calendar	壓光機；壓延機	光沢機	压光机; 压延机
— coating	輥壓貼合	カレンダ被覆	辊压贴合
— resin	壓延樹脂	カレンダ用樹脂	壓延樹脂
— roll	壓光機；壓延輥輪	カレンダロール	压光机; 压延辊轮
— roll temperature	壓延輥輪溫度	カレンダロール温度	压延辊温度
— topping	壓延貼面	カレンダトッピング	压延贴面
calendering	壓光	カレンダ加工	压光

英文	臺灣	日文	大陸
— composition	壓延復合；壓合	圧延コンパウンド	压延复合；压合
— compound	壓延復合；壓合	圧延コンパウンド	压延复合；压合
— condition	壓延條件	圧延条件	压延条件
— direction	壓延方向	圧延方向	压延方向
— equipment	壓延設備	カレンダ装置	压延设备
— force	壓延力	圧延力	压延力
— machine	壓延機	カレンダ機	压延机
— machinery	壓延機械	カレンダ機械	压延机械
— resin	壓延樹脂	圧延用樹脂	压延树脂
— roll	壓延輥；壓光輥	はり合せロール	压延辊；压光辊
— temperature	壓延溫度	圧延温度	压延温度
caliber	口徑	口径	口径
— bore	孔徑	口径	孔径
— gage	缸徑規	口径用ゲージ	测径规
— rule	卡尺	測径尺	卡尺
calibration	校正；刻度	校正	校正；刻度
— block	標準塊	標準試験片	标准块
— card	修正表	修正表	修正表
— coefficient	校正係數	校正係数	校正系数
— error	校正誤差	校正誤差	校正误差
— factor	校正係數	校正係数	校正系数
— furnace	標準爐	標準炉	标准炉
— instrument	校正裝置	校正計器	校正装置
calipers	圓規；卡尺；厚度	厚さ	圆规；卡尺；厚度
calking	填縫密封	かしめ	填缝密封
— compound	填縫材料	コーキング材	填缝材料
— hammer	鉚錘	コーキングハンマ	铆锤
— paper	描圖紙	トレース紙	描图纸
call	呼叫	呼出し	呼叫
calaite	綠松石	カレイナ石	绿松石
calmness	靜穩度	静穏度	静稳度
caloric	熱盾	熱量の	热盾
— power	熱值；發熱量	発熱量	热值；发热量
— theory	熱盾假說	熱素仮説	热盾假说
— unit	熱量單位	熱量単位	热量单位
classically perfect gas	發熱的理想氣体	熱量的完全気体	发热的理想气体
calorie	卡	カロリー	卡
calorific balance	熱平衡	熱バランス	热平衡
— capacity	熱容量	熱容量	热容量
— effect	熱效應	熱効果	热效应

英文	臺灣	日文	大陸
— equivalent	發熱當量	発熱当量	发热当量
— intensity	熱強度	発熱度	热强度
— power	發熱量	発熱量	发热量
— value	熱値；發熱量	カロリー価	热值；发热量
calorite	卡洛里特耐合金	カロライト	卡洛里特耐合金
colonized steel	滲鋁鋼	カロライズド鋼	渗铝钢
calorizing process	滲鋁法	カロライジング法	渗铝法
— steel	滲鋁鋼	カロライジング鋼	渗铝钢
calory	卡	カロリ	卡
calvonigrite	硬錳礦	硬マンガン鉱	硬锰矿
cam	凸輪	カム	凸轮
— action	凸輪運動	カム運動	凸轮运动
— angle	凸輪轉角	カムアングル	凸轮转角
— band brake	凸輪帶式制動器	カムバンドブレーキ	凸轮带式制动器
— bending die	凸輪式變曲模	カム式曲げ型	凸轮式变曲模
— bowl	凸輪滾子	カムボール	凸轮滚子
— box	凸輪箱	カムボックス	凸轮箱
— brake	凸輪制動器	カムブレーキ	凸轮制动器
— carrier	凸輪推桿	カムキャリヤ	凸轮推杆
— chart	凸輪曲線圖	カム線図	凸轮曲线图
— clearance	凸輪間隙	カムすきま	凸轮间隙
— contractor	凸輪接觸器	カム接触器	凸轮接触器
— controlled ejector	凸輪式頂出裝置	カム制御式エジェクタ	凸轮式顶出装置
— diagram	凸輪圖	カム線図	凸轮图
— dial feed	凸輪轉盤送料	カムダイヤルフィード	凸轮转盘送料
— die	斜楔模	カム型	斜楔模
— dog	凸輪擋塊	カムドッグ	凸轮挡块
— drive	凸輪傳動	カム駆動子	凸轮传动
— drum	凸輪盤	カムドラム	凸轮盘
— ejector	凸輪頂出裝置	カムエジェクタ	凸轮顶出装置
— face	凸輪輪廓	カムフェース	凸轮轮廓
— forming die	凸輪式成形模	カム式成形型	凸轮式成形模
— gear	凸輪軸齒輪	カム歯車装置	凸轮轴齿轮
— grinder	凸輪磨床	カム研削盤	凸轮磨床
— grinding	凸輪磨削	カムグラインジング	凸轮磨削
— knockout	凸輪式頂出裝置	カム式ノックアウト	凸轮式顶出器
— lever	凸輪桿	カムてこ	凸轮杆
— lift	凸輪升程	カムリフト	凸轮升程
— lock	偏心夾	カム錠	偏心夹
— mechanism	凸輪機構	カム装置	凸轮机构

英文	臺灣	日文	大陸
— member	凸輪構件	カムメンバ	凸轮(构)件
— milling machine	凸輪銑床	カムフライス盤	凸轮铣床
— operation	凸輪控制	カム操作	凸轮控制
— plate	凸輪盤；斜板	斜板	凸轮盘；斜板
— press	凸輪式沖床	カムプレス	凸轮式冲床
— profile	凸輪輪廓	カムプロファイル	凸轮轮廓
— rise	凸輪升程	カム高さ	凸轮升程
— roller	凸輪滾柱	カムころ	凸轮滚柱
— shaft	凸輪軸	カム軸	凸轮轴
— shaft gear	凸輪齒輪	カムシャフトギア	凸轮齿轮
— slide	凸輪滑塊	カムすべりこ	凸轮滑块
— switch	凸輪式開關	カムスイッチ	凸轮式开关
— train	凸輪裝置	カム装置	凸轮装置
— trim die	凸輪式切邊模	カム式トリム型	凸轮式切边模
— type controller	凸輪式控制器	カム形制御器	凸轮式控制器
can	罐頭	外被	罐头
— coating	罐頭漆	缶用塗料	罐头漆
— dump	脫水機	脱水機	脱水机
— filler	注水器	注水器	注水器
— mixer	罐式混涂料	缶混合機	罐式混涂料
— paint	罐頭塗料	缶用塗料	罐头涂料
canarium	橄欖樹脂	かんらん樹脂	橄榄树脂
canfieldite	硫銀錫礦	カンフィルド鉱	硫银锡矿
cannery	罐頭工廠	缶詰工場	罐头工厂
canning	被覆加工；罐裝	被覆加工	被覆加工；罐装
— material	被覆材	被覆材	被覆材
— plant	罐頭廠	缶詰工場	罐头厂
— seal	外殼密封；罐封	キャンシール	外壳密封；罐封
cant	傾斜	傾斜	倾斜
canted column	多角柱	多角柱	多角柱
— nozzle	斜置噴嘴	斜向ノズル	斜置喷嘴
— rail	鋼軌	小返り	钢轨
cantilever	懸臂	片持ちばり	悬臂
— arm	懸臂部分	片持ちアーム	悬臂部分
— beam	懸臂梁	片持ちばり	悬臂梁
— crane	懸臂起重機	片持ちクレーン	悬臂起重机
cap	帽；蓋；雷管	雷管	帽；盖；雷管
— bolt	蓋螺栓	袋ボルト	盖螺栓
— cable	頂蓋錨纜	キャップクロージャー	顶盖锚缆
— closure	帽塞	6	帽塞

英文	臺灣	日文	大陸
— copper	雷管用鋁合金	雷管用銅合金	雷管用铝合金
— plate	壓頂板	帽板	压顶板
— screw	緊固螺釘	押えねじ	紧固螺钉
— seal	帽形密形	キャップシール	帽形密形
capacity	容積	容量	容积
capillary	毛細管	毛細管	毛细管
— action	毛細管作用	毛管作用	毛细(管)作用
capstan	主動軸	キャプスタン	主动轴
— bar	絞盤棒	キャプスタン棒	绞盘棒
— feed	主動輪輸送機構	キャプスタンフィード	主动轮输送机构
— haul-off	絞盤牽引器	キャプスタン引取り装置	绞盘引出器
— head	車軸器	車軸頭	车轴器
— idler	主動軸惰輪	キャプスタンアイドラ	主动轴惰轮
— lathe	六角車床	タレット旋盤	六角车床
— nut	槽形螺帽	キャプスタンナット	槽形螺母
— pulley	主動滑輪	キャプスタンプーリー	主动滑轮
— shaft	主動軸	キャプスタンシャフト	主动轴
— turret	轉塔刀架	キャプスタンタレット	转塔刀架
— wheel	起錨機	キャプスタンホイール	起锚机
— winch	絞盤	カップスタンウィンチ	绞盘
caption	標題	字幕	标题
— screw	緊固螺釘	拘束ねじ	紧固螺钉
car	汽車	自動車	汽车
— antenna	汽車用天線	自動車用アンテナ	汽车用天线
— barn	車庫	車庫	车库
— belt	安全帶	カーベルト	安全带
— body	車体	車体	车体
— body panel	車体板金	車体板	车体板金
— carrier	車輛運輸車	自動車運搬船	车辆运输车
— computer	汽車用電腦	カーコンピュータ	汽车用计算机
— efficiency	安裝；裝配	組立	安装；装配
— elevator	車輛升降機	カーエレベータ	车辆升降机
— ferry	汽車渡船	車両渡船	汽车渡船
— floor	車床；汽車底板	車床	车床；汽车底板
— following model	汽車追蹤模式	自動車追従モデル	汽车跟踪模型
— heater	車內加熱器	車内暖房	车内加热器
— industry	汽車工業	自動車工業	汽车工业
— lift	汽車用升降機	自動車押上げ機	汽车用升降机
— model	汽車模型	自動車の模型	汽车模型
— park	停車場	駐車場	停车场

英　文	臺　灣	日　文	大　陸
— passer	檢驗合格的汽車	検験合格的汽車	检验合格的汽车
— plate	汽車裝卸貨踏板	踏板	汽车装卸货踏板
— port	停車場	自動車置場	停车场
— pusher	推車器	鉱車押込み装置	推车器
— retarder	車輛減速器	軌道貨車制動装置	车辆减速器
— safety	安全裝置	安全装置	安全装置
— seat	汽車座位	自動車の座席	汽车座席
— shed	車庫	車庫	车库
— steering wheel	汽車方向盤	かじ取りハンドル	汽车舵轮；汽车方向盘
— stereo amplifier	汽車立體音響放大器	カーステレオアンプ	汽车立体声放大器
— storage	車輛存放	カーストウェッジ	车辆存放
— top	車頂	カートップ	车顶
— top boat	汽車頂棚	カートップボート	汽车顶棚
— transfer	車輛轉換臺	遷車台	移车台
— trim	汽車裝飾品	自動車装備品	汽车装饰品
— truck	台車	台車	台车
— unloader	卸車機	カーアンローダ	卸车机
— washer	洗車裝置	カーワッシャ	洗车装置
— washing machine	洗車機	自動車洗浄装置	洗车机
— wheel boring machine	車輪鏜床	車輪中ぐり盤	车轮镗床
— wheel lathe	車輪車床	車輪旋盤	车轮车床
caracol	螺旋式樓梯	ら旋階段	螺旋式楼梯
caramerizatian	焦糖化	キャラメル化	焦糖化
carat	克拉	カラット	克拉
— gold	K金	カラット金	开金
caramide	尿素	カルバミド	尿素
carbide	碳化物	炭化物	碳化物
— annealing	碳化物退火	炭化物なまし	碳化物退火
— bit	碳化物車刀	炭化物バイト	硬质合金车刀
— broach	碳化物拉刀	超硬ブローチ	硬质合金拉刀
— cutter	碳化物刀具	カーバイドカッタ	硬质合金刀具
— drills	碳化物鑽頭	超硬ドリル	硬质合金钻头
— furnace	碳精電極爐	カーバイド炉	碳精电极炉
— gear hob	碳化物滾齒刀	超硬ホブ	硬质合金滚齿刀
— milling cutter	碳化物銑刀	超硬フライス	碳化物铣刀
— punch	碳化物沖頭	超硬ポンチ	碳化物铣刀
— rack type cutter	碳化物齒條式刀具	超硬ラックカッタ	硬质合金齿条式刀具
— reamer	碳化物鉸刀	超硬リーマ	硬质合金铰刀
— residue	碳化物渣	カーバイドかす	碳化物渣
— sludge	碳化鈣渣	カーバイドかす	碳化钙渣

英文	臺灣	日文	大陸
— tool	碳化物刀具	超硬工具	硬质合金刀具
— tool grinder	碳化物工具磨床	超硬工具研削盤	硬质合金工具磨床
carbide-tipped saw	碳化物鋸	超硬のこぎり	硬质合金锯
carbinol	甲醇	カルビノール	甲醇
carbody	車體	車体	车体
carbohydrate	碳水化合物	炭水化物	碳水化合物
carbohydride	碳化氫	炭化水素	碳化氢
carbo-hydrogen	油氣	オイルガス	油气
carboid	油焦質	カルボイド	油焦质
carbolic acid	石炭酸；苯酚	石炭酸	石炭酸；苯酚
— resin	石炭酸樹脂	石炭酸樹脂	石炭酸树脂
carboloy	碳化鎢硬質合金	カーボロイ	碳化钨硬质合金
carbon,C	碳；碳精片	炭素	碳；碳精片
— alloy	碳合金	炭素合金	碳合金
— arc	碳極電弧；碳弧	炭素アーク	碳极电弧；碳弧
— arc brazing	碳弧鉛焊	炭素アークろう付け	碳弧铅焊
— arc welding	碳極電弧焊	炭素アーク溶接	碳〔极电〕弧焊
— arrester	碳精避雷器	カーボン避雷器	碳精避雷器
— atom	碳原子	炭素原子	碳原子
— back	碳精座	カーボンバック	碳精座
— backone	主碳鏈	炭素主鎖	主碳链
— balance	碳平衡	炭素勘定	碳平衡
— balloon	碳球	カーボンバルーン	碳球
— blister	積碳噴淨裝置	カーボンブラースタ	积碳喷净装置
— brick	碳素耐火磚	炭素れんが	碳素耐火砖
— brush	碳刷	炭素ブラシ	碳刷
— compound	碳化物	炭素化合物	碳化物
— contact	碳質接點	炭素接点	碳质接点
— contect	碳含量	炭素含量	碳含量
— cushion	石墨襯層	カーボンクッション	石墨衬层
— cycle	碳循環	炭素循環	碳循环
— dioxide	二氧化碳	炭酸ガス	二氧化碳
— fiber	碳纖維	炭素繊維	碳纤维
— filament	碳絲	炭素繊条	碳丝
— filler	碳充填物	炭素充てん物	碳充填物
— flower	積碳	カーボンフラワ	积碳
— granule	碳粒	炭素粒	碳粒
— graphite	石墨碳	カーボングラファイト	石墨碳
— heater	石墨加熱器	カーボンヒータ	石墨加热器
— hydride	碳化氫	炭化水素	碳化氢

英文	臺灣	日文	大陸
— iron	碳素工具鋼	炭素鉄	炭素钢
— monosulfide	一硫化碳	一硫化炭素	一硫化碳
— monoxide	一氧化碳	一酸化炭素	一氧化碳
— monoxide poisoning	一氧化碳中毒	一酸化炭素中毒	一氧化碳中毒
— nucleus	碳核	炭素核	碳核
— packing	石墨填料	炭素パッキン	石墨填料
— particle	碳粒子	炭素粒子	碳粒子
— pile	碳栓	カーボンパイル	碳栓
— rate	含碳量	炭素率	含碳率
— residue	碳渣	残留炭素	碳渣
— rod	碳棒	炭素棒	碳棒
— sheet	碳片	カーボンシート	碳片
— spot	碳斑	カーボンスポット	碳斑
— steel	碳素鋼	炭素鋼	炭素钢
— steel bearing	碳鋼軸承	炭素鋼軸受	碳钢轴承
— steel bit	碳素工具鋼車刀	炭素工具鋼バイト	碳素工具钢车刀
— steel cutter	碳素鋼刀具	炭素鋼カッタ	碳素钢刀具
— steel rail	碳鋼軌	炭素鋼レール	碳钢轨
— steel tool	碳素工具鋼刀具	炭素工具鋼バイト	炭素工具钢刀具
— structure	碳結構	カーボンストラクチャ	碳结构
— sulfide	二硫化碳	二硫化炭素	二硫化碳
— tetrachloride	四氯化碳	四塩化炭素	四氯化碳
— tissue	碳素紙	複写紙	碳素纸
— tool steel	碳素工具鋼	炭素工具鋼	碳素工具钢
— tool steel reamer	碳素工具鋼鉸刀	炭素工具鋼リーマ	碳素工具钢铰刀
— washer	洗碳機	洗炭機	洗碳机
— zinc battery	炭素亞鉛蓄電池	炭素亜鉛蓄電池	炭素亚铅蓄电池
— zinc cell	碳鋅電池	炭素亜鉛電池	碳锌电池
— ion exchanger	碳離子交換器	炭質イオン交換体	碳离子交换器
— material	含碳物質	炭質材料	含碳物质
— refractory	碳素耐火材料	炭素（質）耐火物	碳素耐火材料
— residue	碳質殘渣	残留炭質物	碳质残渣
carbonado	黑金剛石	黒色ダイヤモンド	黑金刚石
carbonate	碳酸脂	炭酸塩	碳酸脂
— linkage	碳酸鍵	炭酸結合	碳酸键
— magnesium	炭酸鎂	炭酸マグネシウム	碳酸镁
— of lime	碳酸鈣；石灰石	炭酸石灰	碳酸钙; 石灰石
carbonic	碳酸	炭酸	碳酸
— ester	碳酸脂	炭酸エステル	碳酸脂
carbonide	碳化物	炭化物	碳化物

英文	臺灣	日文	大陸
carbonification	碳化作用	炭化	碳化作用
carbonite	天然焦	天然コークス	天然焦
carbonitriding	氰化	浸炭窒化	氰化
carbonization	碳化〔作用〕；滲碳	炭化	碳化〔作用〕; 渗碳
— plant	碳化裝置	炭化装置	碳化装置
— fuel	碳化燃料	炭化燃料	碳化燃料
— path	碳化痕跡	炭化路	碳化痕迹
— test	碳化試驗	炭化試験	碳化试验
carbonizer	碳化器	炭化器	碳化器
carbonizing	滲碳；碳化	浸炭法	渗碳; 碳化
— flame	還原焰	炭化炎	还原焰
— process	滲碳法	浸炭法	渗碳法
— steel	滲碳鋼；表面硬化鋼	浸炭鋼	渗碳钢; 表面硬化钢
carborndum	金鋼砂	カーボランダム	金钢砂
— file	金鋼砂銼	カーボランダムやすり	金钢砂锉
— refractory	碳化矽耐火材料	カーボランダム質耐火物	碳化硅耐火材料
— tile	金鋼砂磚	カーボランダムタイル	金钢砂砖
carburant	滲碳劑	カーブラント	渗碳剂
carburator	滲碳器	増炭器	渗碳器
carburet	炭化；碳化	気化	炭化; 碳化
carbureter	化油器	気化器	化油器
carburetion	滲碳作用	気化	渗碳作用
carburetor	化油器	気化器	化油器
carburization	滲碳；碳化	浸炭	渗碳; 碳化
carburized	滲碳硬化(層)	浸炭硬化	渗碳硬化(层)
— case depth	滲碳〔硬化〕層深度	浸炭硬化層深さ	渗碳(硬化)层深度
— depth	滲碳深度	浸炭深度	渗碳深度
— steel	滲碳鋼	浸炭鋼	渗碳钢
— structure	滲碳組織	浸炭組織	渗碳组织
carburizer	滲碳劑	浸炭剤	渗碳剂
carburizing	滲碳；碳化	浸炭	渗碳; 碳化
— agent	滲碳劑	浸炭剤	渗碳剂
— flame	碳化(火)焰	炭化炎	碳化(火)焰
— furnace	滲碳爐	浸炭炉	渗炭炉
— material	滲碳劑	浸炭剤	渗碳剂
cardan	萬向接頭	カルダン	万向接头
— drive	萬向接頭傳動	カルダン伝動	万向节传动
— driving device	萬向傳動裝置	カルダン軸駆動装置	万向传动装置
— joint	萬向接頭	カルダン継手	万向接头
— shaft	萬向軸	カルダン軸	万向轴

英文	臺灣	日文	大陸
cardboard	厚紙	厚紙	厚纸
cardinal	基點效應	基点効果	基点效应
— number	基數	基数	基数
— point	基點	基点	基点
cardioid	心臟形	心臓形	心脏形
— cam	心形凸輪	ハートカム	心形凸轮
cargo	船載貨物	貨物	货物
— hook	吊(貨)鉤	荷役フック	吊(货)钩
— lift	貨物起重機	カーコリフト	货物起重机
— lift truck	起重貨車	カーゴリフトトラック	起重货车
— transport plane	貨物輸送機	貨物輸送機	货物轮送机
— truck	載貨卡車	貨物用トラック	载货卡车
carload	車輛荷載	車扱い	车辆荷载
— lot	車輛裝載場地	一貨車貸切口	车辆装载场地
Carnot	卡諾循環	カルノサイクル	卡诺循环
— principle	卡諾原理	カルノ原理	卡诺原理
carnotite	鉀釩鈾礦	カルノ石	钾钒铀矿
— deposit	釩鉀鈾礦床	カルノ石型鉱床	钒钾铀矿床
Caron's cement	卡羅滲碳劑	カロン浸炭剤	卡罗渗碳剂
carpenter	木工	大工	木工
— 's auger	木工鑽	ボートきり	木工钻
— 's band saw	木工帶鋸	木工バンドソー	木工带锯
— equipment	木工用具	木工用具	木工用具
— 's file	木(工)銼	木工やすり	木(工)锉
— 's ring auger	木工螺鑽	ボートぎり	木工螺钻
— 's square	矩尺；曲尺；角尺	金尺	矩尺；曲尺；角尺
— 's tool	木工工具	大工道具	木工工具
carriage	車輛；刀架；平台	往復台	车辆；刀架；平台
— bolt	車身螺栓	根角ボルト	车身螺栓
— controller	托架控制器	キャリッジコントローラ	托架控制器
— nut	車架螺母	キャリッジナット	车架螺母
— rail	迴車導軌	キャリッジレール	回车导轨
— shed	車庫	車庫	车库
— spring	支承彈簧	にないばね	支承弹簧
carrier	運搬車	担体	运搬车
— aircraft	運載飛機	運搬機	运载飞机
— alloying material	載流子合金材料	キャリア材料	载流子合金材料
— belt	傳送帶	移動ベルト	传送带
— frame	托架	キャリヤ枠	托架
— metal	載體金屬	キャリアメタル	载体金属

英文	臺灣	日文	大陸
— plate	頂板	親板	顶板
— roller	承載滾子	キャリアローラ	承载滚子
— substance	載體	担体	载体
— wave	載波	搬送波	载波
carrosserie	車體；車身	車体	车体；车身
carryall	連貫式整地機	キャリオールスクレーパ	连贯式整地机
carrying bogie	運礦車	先導ボギー台車	运矿车
— capacity	載重量	輸送容量	载重量
— implement	運搬機	運搬機	运搬机
— roll	送料滾輪	送りロール	送料轮
— roller	傳送滾子	キャリアローラ	传送滚子
— tongs	抬架；夾鉗	連台	抬架；夹钳
— vessel	搬運船	運搬船	搬运船
— wall	承重牆	耐力壁	承重墙
carryover	轉移	キャリオーバ	转移
— loss	轉換損失	持ち逃げ損失	转换损失
cart	二輪手推車	猫車	二轮手推车
— jack	車裝千斤頂	箱ジャッキ	车装千斤顶
Cartesian coordinate	笛卡兒座標	直交座標	笛卡儿坐标
— coordinate control	笛卡爾座標控制	デカルト座標制御	笛卡尔坐标控制
coordinates system	直交座標系	直交座標系	直交座标系
cartographical sketching	略圖；草圖	要図	略图；草图
cartography	繪圖法	素描図	绘图法
carton	厚紙	厚紙	厚纸
— board	紙板	薬筒	纸板
cartridge	彈夾	装弾	弹夹
— brass	彈藥筒用黃銅	薬きょう黄銅	弹药筒用黄铜
— case	彈殼	薬きょう	弹壳
carving	雕刻	彫刻	雕刻
caryogamy	核配(合)	核合体	核配(合)
cascade	串聯	階段式	串联
— connection	串聯	縦続接続	串联
— connection method	串聯法	縦続接続法	串联法
— control	逐位控制	カスケード制御	逐位控制
— plate	柵板	カスケードプレート	栅板
— stage	串級	カスケードステージ	串级
cascading	串聯；串級	縦続カスケード	串联；串级
case	窗框；門框；箱	戸枠	窗框；门框；箱
— depth	滲碳層深度	硬化深さ	渗碳层深度
— earth	外殼接地	ケースアース	外壳接地

英文	臺灣	日文	大陸
— frame	箱框	箱枠	箱框
— handle	盒裝門拉手	ケースハンドル	盒装门拉手
— hardened mild steel	〔滲碳〕低碳鋼	肌焼き軟鋼	〔渗碳〕低碳钢
— hardened steel	滲碳鋼	浸炭鋼	渗碳钢
— hardened steel bearing	表面硬化鋼軸承	肌焼鋼軸受	表面硬化钢轴承
casehardening box	表面硬化箱	肌焼箱	表面硬化箱
— compound	表面(層)硬化劑	表面硬化剤	表面(层)硬化剂
casing	箱；盒；蓋；包裝	ケーシング	箱；盒；盖；包装
— cover	箱蓋	ケーシングカバー	箱盖
— diaphragm	膜盒	中胴	膜盒
— head	套管頭	ケーシングヘッド	套管头
— head gas	天然氣	油井ガス	天然气
— inner cylinder	缸體內缸(筒)	ケーシング内筒	缸体内缸(筒)
— pipe	套管	さや管	套管
— pressure	汽缸壓力	ケース圧	汽缸压力
— ring	汽缸〔磨損〕	ライナリング	汽缸〔磨损〕
— shroud	外殼罩	ケーシングシュラウド	外壳罩
— stiffener	殼體加強筋	ケーシング補強骨	壳体加强筋
cask	容器	キャスク	容器
casket	屏蔽罐	カスケット	屏蔽罐
cassette	盒；箱	取り枠	盒；箱
— disc	盒式磁盤	カセットディスク	盒式磁盘
— holder	盒座；盒架	カセットホルダ	盒座；盒架
— lid	磁帶盒座	カセットリッド	磁带盒座
— video	盒式錄影帶	カセットビデオ	盒式录影带
cassiterite	錫石	すず石	锡石
cast	鑄件；鑄造	鋳込み	铸件；铸造
— alloy	鑄合金	鋳合金	铸合金
— aluminum	鑄鋁	鋳造アルミニウム	铸铝
— aluminum mold	鋁鑄型	アルミニウム鋳造型	铝铸型
— article	鑄件	注型品	铸件
— blade	鑄造葉片	鋳物羽根	铸造叶片
— brass	黃銅鑄件	黄銅鋳物	黄铜铸件
— brick	鑄造(用)耐火磚	鋳造れんが	铸造(用)耐火砖
— enbolck	整體鑄造	カストエンブロック	整体铸造
— flange	鑄成凸緣	鋳出しフランジ	铸成凸缘
— glass	淺注玻璃	鋳込みガラス	浅注玻璃
— in block	整體鑄造	カストインブロック	整体铸造
— material	鑄造材料	注型物	铸造材料
— metal plate	鑄造金屬板	鋳造板	铸造金属板

英文	臺灣	日文	大陸
— molding	鑄造成形	注型成形	铸造成形
— of steel	鑄鋼	鋳鋼	铸钢
— pipe	鑄管	カストパイプ	铸管
— plastic	鑄塑塑料	カストプラスチック	铸塑塑料
— resin	鑄塑樹脂	流し込み樹脂	铸塑树脂
— rotor	鑄造轉子	カストロータ	铸造转子
— scrap	廢鑄鐵	くず鉄	废铸铁
— soldering	點焊連接	掛けはんだ接続	滴焊连接
— structure	鑄造組織	鋳造組織	铸造组织
castability	鑄造性能	鋳造性	铸造性能
castable refractory	耐火漿料	キャスタブル耐火物	耐火浆料
— resin	可鑄樹脂	注型適性樹脂	可铸树脂
caster	轉向小車輪	足車	转向小车轮
— wheel	腳輪	自在脚輪	脚轮
cast-in insert	鑲鑄物	埋め金	镶铸物
— metal	澆鑄軸承合金	カストインメタル	浇铸轴承合金
casting	鑄件	鋳造	铸件
— alloy	鑄造合金	鋳物合金	铸造合金
— bed	鑄床	鋳床	铸床
— box	砂箱	鋳型	砂箱
— brass	鑄造黃銅	鋳造用真ちゅう	铸造黄铜
— centrifugal method	離心鑄造法	遠心成形法	离心铸造法
— creases	澆注條痕	湯じわ	浇注条痕
— defect	鑄造缺陷	鋳傷	铸造缺陷
— factor	鑄造係數	鋳物係数	铸造系数
— fin	鑄件毛邊	鋳張り	铸件披缝
— flash	毛邊鑄件	鋳張り	毛边铸件
— in box	砂箱鑄造	型箱鋳造	砂箱铸造
— in iron mold	鐵模鑄造	鉄型鋳造	铁模铸造
— in loam	型土鑄造	型土鋳造	型土铸造
— in sand	砂模鑄造	砂鋳造	砂型铸造
— liquid	鑄造用液態樹脂	注型用液態樹脂	铸造用液态树脂
— machine	壓鑄機	鋳造機	浇铸机
— magnet	鑄造磁體	鋳造マグネット	铸造磁体
— material	澆注(鑄)材料	注型材料	浇注(铸)材料
— method	澆注方法	鋳込み法	浇注方法
— mold	鑄模	鋳込み型	铸模
— oil	鑄型油	鋳型油	铸型油
— on an inclined bank	傾斜澆注	傾斜鋳込み	倾斜浇注
— paper	鑄造用紙	流延用紙	铸造用纸

英文	臺灣	日文	大陸
— pit	鑄錠坑；鑄坑	鋳込みピット	铸锭坑；铸坑
— pit brick	鑄錠用磚	造塊用れんが	铸锭用砖
— plan	鑄造設計方案	鋳造方案	铸造设计方案
— plaster	鑄造(用)砂	鋳型プラスタ	铸造(用)砂
— rate	澆注速度	鋳込み速度	浇注速度
— resin	鑄模樹脂	注型用樹脂	铸模树脂
— roll	鑄造軋輥	キャスティングロール	铸造轧辊
— sand	鑄造(用)	鋳物砂	铸造(用)
— skin	鑄肌；黑皮	鋳肌	铸肌；黑皮
— strain	鑄造〔內應力〕變形	鋳造ひずみ	铸造〔内应力〕变形
— stress	鑄造應力	鋳造応力	铸造应力
— support	澆注用支承體	流延用支持体	浇注用支承体
— surface	鑄體表面	鋳肌	铸体表面
— surface	鑄件表面缺陷	鋳傷	铸件表面缺陷
— syrup	澆注用膏漿	注型用シロップ	浇注用膏浆
— temperature	澆注溫度	鋳込み温度	浇注温度
— under vacuum	真空澆注	真空注型	真空浇注
— wheel	鑄造輪	キャスティングホイール	铸造轮
— yard	鑄造工廠	鋳込み場	浇注场
cast-in-place	現場澆注	現場打ち	现场浇注
cast-iron	鑄鐵	鋳鉄	铸铁
— bed	鑄鐵底座	鋳鉄製ベッド	铸铁底座
— boiler	鑄鐵鍋爐	鋳鉄ボイラ	铸铁锅炉
— conduct	鑄鐵導管	鋳鉄導管	铸铁导管
— diagram	鑄鐵組織圖	鋳鉄組織図	铸铁组织图
— ingot mold	鑄鐵錠模	鋳鉄鋳型	铸铁锭模
— pipe	鑄鐵管	鋳鉄管	铸铁管
— scrap	鑄鐵屑	鋳鉄くず	铸铁屑
— socket	鑄鐵套管	鋳鉄ソケット	铸铁套管
cast-steel	鑄鋼	鋳鋼	铸钢
— anvil	鐵鑽	鋳鋼金床	铁钻
— frame	鑄鋼框架	鋳鋼フレーム	铸钢框架
— grate	鑄鋼爐柵	鋳鋼火格子	铸钢炉栅
— magnet	鑄鋼磁鐵	鋳造鋼磁石	铸钢磁铁
— shot	鑄鋼丸	カストスチールショット	铸钢丸
— underframe	鑄鋼框架	鋳鋼フレーム	铸钢框架
catabolism	異化作用；分解代謝	異化作用	异化作用；分解代谢
caralyer	催化劑	触媒	催化剂
catalysis	催化作用	触媒作用	催化作用
catalyst	觸媒	触媒	催化剂

英文	臺灣	日文	大陸
— charge	催化劑裝料	触媒充でん	催化剂装料
catalytic	催化作用	接触作用	催化作用
— agent	催化劑	接触剤	催化剂
— converter	催化轉化器	触媒コンバータ	催化转化器
— cracking	觸媒裂解	接触分解	催化裂化
— curing	催化固化	接触硬化	催化固化
— desulfurization	催化脫硫	接触脱硫	催化脱硫
— reaction	觸媒反應	触媒反応	催化反应
— reclaiming process	催化再生法	接触再生法	催化再生法
— reduction	催化還原	接触還元	催化还原
catalyzer	觸媒	触媒	催化剂
catapult	射出機；彈射器	射出機	射出机；弹射器
cataract	緩沖器	水力節動機	缓冲器
catarinite	鎳鐵隕石	カタリナ石	镍铁陨石
catch	擋器;掣子;輪擋	締り金物	制动片〔装置〕
— fire	點火	着火	点火
— fire point	著火點；燃點	着火点	着火点；燃点
— pan	托盤	受皿	托盘
catch-all	除沫器	飛まつ分離	除沫器
catena	鎖；鏈；鏈條	鎖	锁；链；链条
catenary	懸鏈線,架空線	鍊線	链线；垂曲线
— suspension	懸鏈吊架	鍊線釣り架	悬链吊架
caterpillar	履帶(式)車輛	履帯	履带(式)车辆
— band	履帶	履帯	履带
— bulldozer	履帶式推土機	キャタピラブルドーザ	履带式推土机
— crane	履帶起重機	無限軌道付きクレーン	履带起重机
— tank car	履帶坦克車	キャタピラタンク車	履带坦克车
caterpillar	履帶式車(輛)	履帯	履带式车(辆)
cathead chuck	套筒夾頭	猫チャック	套筒夹头
cathode	陰極	陰極	阴极
— effect	陰極效應	カソードエフェクト	阴极效应
— material	陰極材料	陰極材料	阴极材料
cathode-current	陰極電流	陰極電流	阴极电流
cathode-heater	陰極加熱器	カソードヒータ	阴极加热器
cathodic cleaning	陰極清洗	陰極洗浄	阴极清洗
— corrosion protection	陰極防腐	陰極防食法	阴极防腐
— degreasing	陰極脫脂	陰極脱脂	阴极脱脂
— deposition	陰極沈積	陰極析出	阴极沈积
— protection	陰極 防蝕法	陰極防食	阴极保护
cation	陽離子	陽イオン	阳离子

英　　文	臺　　灣	日　　文	大　　陸
cationoid polymerization	陽離子聚合	陽イオン重合	阳离子聚合
caul	擋板	当て板	挡板
— plate	蓋板	当て板	盖板
caulk weld	填縫熔接	コーク溶接	填缝焊接
caulked joint	密封接頭	かしめ継手	密封接头
— lead joint	鉛密封接頭	鉛コーキング接合	铅密封接头
caulker	堵塞工具	かしめ工具	堵塞工具
caulking	填縫；鉚接	かしめ	填缝; 铆接
— chisel	斂縫鏨	かしめたがね	填隙齿
— compound	填縫料	コーキング剤	填缝料
— joint	填縫	かしめ継ぎ	填缝
— set	填縫用具	コーキングセット	填缝用具
caustic	腐蝕作用	腐食作用	腐蚀作用
— point	腐蝕點	腐食点	腐蚀点
— resistance	抗鹼性	耐アルカリ性	抗碱性
— scrubbing	鹼洗	アルカリ洗浄	碱洗
— soda	苛性鈉	か性ソーダ	苛性钠
Causul metal	考薩爾耐蝕合金鑄鐵	コーザルメタル	考萨尔耐蚀合金铸铁
cauterization	腐蝕	腐食	腐蚀
cave	石窟	洞くつ	石窟
cavity	模穴	穴	金属铸孔
— block	母模塊	キャビティブロック	母模块
— brick	空心磚	中空レンガ	空心砖
— die	母模；凹模	キャビティダイ	母模; 凹模
— gap	空腔(間)隙	キャビティギャップ	空腔(间)隙
— impression	模槽；凹槽	金型キャビティ	模槽; 凹槽
— insert	模槽嵌件	金型インサート	模槽嵌件
— side part	母模部份	固定側金型	母模部份
cawk	重晶石	重晶石	重晶石
cayeuxite	球黃鐵礦	カイヨーキサイト	球黄铁矿
cazin	鎘鋅焊料	カージン	镉锌焊料
CBR method	加州承載比法	CBR 法	加州承载比法
CBR test	加州承載比試驗	CBR 試験	加州承载比试验
CCT diagram	連續冷卻轉變曲線(圖)	CCT 曲線	连续冷却转变曲线(图)
cecolloy	塞科洛伊高碳合金鋼	セコロイ	塞科洛伊高碳合金钢
cecostamp	不規則件壓印機	セコスタンプ	不规则件压印机
cegamite	水鋅礦	セガマ石	水锌矿
ceiling	頂;升高限度	天井	上升能力; 最高限度
— jack	平頂千斤頂	シーリングジャッキ	平顶千斤顶
— of furnace	爐頂	炉の天井	炉顶

英文	臺灣	日文	大陸
celestite	天青石	天青石	天青石
cell	氣囊；電池	電池	隔室；电池
— block	單元塊	セルブロック	单元块
— body	(細)胞體	細胞体	(细)胞体
— body division	細胞體分裂	細胞体分裂	细胞体分裂
— box	電池箱	電池箱	电池箱
— cover	電池蓋	セルカバー	电池盖
— motor	啓動電動機	セルモータ	启动电动机
— terminal	電池接線柱	セルターミナル	电池接线柱
— test	電池測試	セル試験	电池测试
cellar	地下室	地下室	地下室
cellase	纖維素	セルラーゼ	纤维素
— type radiator	蜂窩式散熱	セルラタイプラジエータ	蜂窝式散热
cellule	機翼構架	翼組み	机翼构架
cellulose	纖維素	繊維素	纤维素
— nitrate sheet	賽璐珞板	セルロイド板	赛璐珞板
celotex	隔音板；纖維板	隔音板	隔音板；纤维板
Celsius	攝氏溫標	摂氏度	摄氏温标
— scale	攝氏溫度	摂氏目盛	摄氏温度
— temperature	攝氏溫度	セルシウス温度	摄氏温度
thermal scale	攝氏溫標	摂氏目盛	摄氏温标
— thermometer	攝氏溫度計	摂氏温度計	摄氏温度计
comedienne	粘結劑	セメダイン	粘结剂
cement	水泥	結合剤	水泥
— asbestos board	石棉水泥板	石綿セメント板	石棉水泥板
— bonded mold	水泥模	セメント鋳型	水泥砂型
— brick	水泥磚	セメントれんが	水泥砖
— sand molding	粘結砂模型	セメント砂造型	粘结砂模型
— slate	水泥石棉板	セメント石綿板	水泥石棉板
— work	水泥工程	セメント工事	水泥工程
cementation	滲碳	浸炭	渗碳
— furnace	滲碳爐	浸炭炉	渗碳炉
— process	滲碳(法)	浸炭法	渗碳(法)
— steel	滲碳鋼	炭浸鋼	渗碳钢
cemented armor plate	滲碳裝甲鋼板	浸炭装甲板	渗碳装甲钢板
— bar	表面硬化棒	肌焼き棒	表面硬化棒
— carbide	硬質合金；燒結碳化	焼結炭化物	硬质合金；烧结碳化
— carbide bit	硬質合金刀具	炭化カーバイドバイト	硬质合金刀具
— carbide coring bit	硬質合金取(岩)心鑽	炭化カーバイドビット	硬质合金取(岩)心钻
— carbide milling cutter	硬質合金洗刀	炭化カーバイドフライス	硬质合金洗刀

英文	臺灣	日文	大陸
— carbide tap	硬質合金螺絲	炭化カーバイドタップ	硬质合金螺丝
— carbide tool	硬質合金工具	炭化カーバイド工具	硬质合金工具
— chromium	碳化鉻硬質合金	炭化クロム合金	碳化铬硬质合金
— joint	肘合接頭	張合せ継手	肘合接头
— socket joint	連接套筒接合	接着ソケット継手	连接套筒接合
— steel	滲碳鋼	浸炭鋼	渗碳钢
— titanium carbide	碳化鈦硬質合金	炭化チタン超硬合金	碳化钛硬质合金
— tube	肘接管	接合管	肘接管
cementing	肘接	接合	肘接
cementite	雪明碳鐵	セメンタイト	碳化铁
center	中心；頂尖	中心	核心；顶尖
— bearing swing bride	中心支承回轉橋	中心支承旋開橋	中心支承回转桥
— bit	中心鑽	センタビット	中心钻
— bolt	中心螺栓	センタボルト	中心螺栓
— bore	鑽中心孔	心穴明け	钻中心孔
— brake	軸煞車	センタブレーキ	中央制动器
— bridge	定心塊	センタブリッジ	定心块
— brush	中(間)電刷	センタブラッシ	中(间)电刷
— buff	(中)心孔拋光輪	センタバフ	(中)心孔抛光轮
— cap	中心蓋	センタキャップ	中心盖
— circle	中心圓	中心円	中心圆
— computer	中心計算機	センタコンピュータ	中心计算机
— console	主控台	センタコンソール	主控台
— crank	中間曲(柄)軸	両持ちクランク	中心曲(柄)轴
— distance	中心距(離)	中心距離	中心距(离)
— drill	中心鑽	心立てきり	中心钻
— expand	中心擴展	中心拡大	中心扩展
— faucet	中心旋塞	センタフォーセット	中心旋塞
— flushing	中心沖液	中空噴流	中心冲液
— fold	對折	半折	对折
— folded film	對折薄膜	半折フィルム	对折薄膜
— folded sheeting	對折片材	半折シート	对折片材
— fraise	中心孔銑刀	センタフライス	中心孔铣刀
— fuse	中點熔斷保險絲	センタヒューズ	中点熔断保险丝
— gage	(定)中心規	センタゲージ	(定)中心规
— gate	中心控制極	センタゲート	中心控制极
— gated mold	中心澆口模具	センタゲート金型	中心浇口模具
— grinder	磨頂尖機	センタ研削盤	中心磨床
— hinge pivot	中支樞軸	軸釣り	中支枢轴
— hole	中心孔	センタ穴	中心孔

英文	臺灣	日文	大陸
— hole grinding machine	中心孔磨床	センタ穴研削盤	中心孔磨床
— hub	中心殼	センタハブ	中心壳
— hung sash	旋轉窗框	回転しょう子	旋转窗框
— impeller type	雙柱形	両持ち形	双柱形
— instrument panel	中央儀表板	中央計器盤	中央仪表板
— knife edge	中心刀刃	中は	中心刀刃
— landing	中心沈陷	センタランディング	中心沈陷
— lathe	普通車床	センタ旋盤	普通车床
— layer	中心層	心材	中心层
— line	中心線	中心線	中心线
— line shrinkage	中線收縮	中心線引巣	中心线收缩
— line supported type	中心支持型	中心支持型	中心支持型
— machine	中央計算機	センタマシン	中央计算机
— mark	中心標誌	センタマーク	中心标记
— of acceleration	加速度中心	加速度中心	加速度中心
— of apparent mass	虛質量中心	見掛け質量中心	虚质量中心
— of attraction	引力中心	引力中心	引力中心
— of figure	形心	図心	形心
— of gravity	重心	重心	重心
— of gyration	回轉中心	回転中心	回转中心
— of inertia	慣性中心	慣性中心	惯性中心
— of mass	質量中心	質量中心	质量中心
— of motion	運動中心	動心	运动中心
— of oscillation	擺動中心	動揺（の）中心	摆动中心
— of percussion	撞擊中心	打撃中心	撞击中心
— of pressure	壓力中心	圧力中心	压力中心
— of projection	投影中心	投影中心	投影中心
— of rigidity	剛性中心	剛性の中心	刚性中心
— of rotation	旋轉中心	回転中心	旋转中心
— of shear	剪力中心	せん断中心	剪断中心
— pin	中心銷	心軸	中心轴
— pivot	中心支點	心ざら	中心支点
— plate	中心模板	中盤	中心模板
— point	頂尖式側塊〔塊規附件〕	中央点	顶尖式侧块〔块规附件〕
— pole	中心柱	センタポール	中心柱
— punch	中心沖頭	心立てポンチ	中心冲头
— rest	中心架	心出し金具	中心架
— ring	中心環	中央リング	中心环
— roller	中間滾子	センタローラ	定心滚柱
— set	中心校準	中心校准	中心校准

英　　　文	臺　　　灣	日　　　文	大　　　陸
— sill	梁	中ばり	中央框架
— spindle	中心軸	センタスピンドル	中心轴
— spinning	離心鑄造法	センタスピニング	离心铸造法
— to center	中心距	心心	中心距
— trigger	中央觸發器	センタトリガ	中央触发器
— wing	中翼	中央翼	中翼
centering	定心；鑽中心孔	心立て	定心；钻中心孔
centerpiece	十字頭	センタピース	十字头
centibar	厘巴	センチバール	厘巴
centigrade	攝氏溫度	摂氏度	摄氏温度
— heat unit	攝氏熱量單位	摂氏熱単位	摄氏热量单位
— scale	攝氏溫標	百分目盛	摄氏温标
centigram	公毫	センチグラム	厘克
centimeter	公分	センチメートル	厘米
— gram	公分-克	センチメーノルグラム	厘米-克
centimetre	厘米	センチメートル	厘米
centimetric wave	厘米波	センチメートル波	厘米波
centimorgan	摩爾根單位	モルガン単位	摩尔根单位
centipoise	厘泊	センチポアス	厘泊
— angle	圓心角	中心角	中心角；圆心角
— atom	中心原子	中心原子	中心原子
— axial load	中心軸荷載	中心スラスト荷重	中心轴荷载
— axis	重心軸	重心軸	重心轴
— conductor	中心導體	中心導体	中心导体
— control desk	中央控制台	中央制御台	中央控制台
— electrode	中心電極	中心電極	中心电极
— force	中心力	中心力	中心力
— frame	中央機構	セントラルフレーム	中央机构
— heading	中心導航	中央導坑	中心导航
— layer	中心層	中心層	中心层
— line	中心線	中心線	中心线
— monitoring panel	中央監視盤	中央監視盤	中央监视盘
— pillar	中心立柱	心柱	中心立柱
— processor	中央處理機(器)	中央処理装置	中央处理机(器)
— projection	中心投影	中心射影	中心投影
— ray	中心射線	中心放射線	中心射线
— register	中心暫存器	セントラルレジスタ	中心暂存器
— screw	中心螺釘	セントラルスクリュ	中心螺钉
— symmetry	中心對稱	中心対称	中心对称
— thrust load	中心推力苛載	中心スラスト荷重	中心推力苛载

英　文	臺　灣	日　文	大　陸
— value	中心值	代表値	中心值
centralization	集中化	集中化	集中化
— system	集中式	集中（方）式	集中式
centre	中心；頂尖	センター	中心；顶尖
centreless	無心砂帶拋光機	心なしベルト研摩機	无心砂带抛光机
— grinding	無心磨削	無心し研削	无心磨削
— grinding machine	無心磨床	心無し研削	无心磨床
centrifugal acceleration	離心加速度	遠心加速度	离心加速度
— action	離心作用	遠心作用	离心作用
— air compressor	離心式空氣壓縮機	遠心空気圧縮機	离心式空气压缩机
— analysis	離心分析	遠心分析	离心分析
— ball mill	離心式球磨機	遠心カボールミル	离心式球磨机
— blasting machine	離心(式)噴砂機	遠心式噴射加工機	离心(式)喷砂机
— blender	離心混合器	遠心ブレンダ	离心混合器
— blower	離心式鼓風機	遠心ブロワ	离心式鼓风机
— brake	離心式制動器 煞車	遠心ブレーキ	离心式制动器
— breaker	離心式開關	遠心遮断器	离心式开关
— casting	離心鑄造	遠心鋳造	离心铸造
— casting machine	離心鑄造機	遠心鋳造機	离心铸造机
— casting steel pipe	離心澆鑄鋼管	遠心鋳造鋼管	离心浇铸钢管
— chambor	渦室	渦巻き室	涡室
— clarifier	離心澄清器	遠心力浄乳機	离心澄清器
— classification	離心分級	遠心分級	离心分级
— clutch	離心式〔自動〕離合器	遠心クラッチ	离心式〔自动〕离合器
— coating	離心塗漆	遠心塗装	离心涂漆
— compressor	離心壓縮機	遠心圧縮機	离心压缩机
— concentrator	離心選礦機	遠心選鉱機	离心选矿机
— deep-well pump	離心深井泵	遠心力深井戸ポンプ	离心深井泵
— dehydrator	離心脫水器	遠心脱水機	离心脱水器
— dewatering	離心脫水	遠心脱水	离心脱水
— dirt collector	離心集塵器	渦巻きちり取り	离心集尘器
— drum	離心筒	遠心筒	离心筒
— dryer	離心脫水機	遠心（力）脱水機	离心脱水机
— drying	離心脫水	遠心脱水	离心脱水
— drying machine	離心力除塵	遠心乾燥機	离心乾燥机
— dust removal	離心乾燥機	遠心力集じん	离心乾燥机
— effect	離心效應	遠心効果	离心效应
— engine	離心式發動機	遠心発動機	离心式发动机
— extraction method	離心分離法	遠心分離法	离心分离法
— extractor	離心萃取器	遠心脱水機	离心萃取器

英　　文	臺　　灣	日　　文	大　　陸
— fan	離心式風扇	渦巻き扇風機	离心式鼓风机
— filter	離心式過濾機	遠心ろ過機	离心式过滤机
— filtration process	離心過濾法	遠心ろ過法	离心过滤法
— flow turbojet	離心式渦輪噴氣發動機	遠心ターボジェット	离心式涡轮喷气发动机
— flow turboprop	離心式渦輪螺旋漿	遠心ターボプロップ	离心式涡轮螺旋浆
— force	離心力	遠心力	离心力
— forming	離心成形	遠心成形	离心成形
— gas cleaner	離心式空氣淨化器	遠心ガス清浄器	离心式空气净化器
— humidifier	離心式加混器	遠心式給湿機	离心式加混器
— hydroextraction	離心脫水	遠心脱水	离心脱水
— hydroextractor	離心脫水機	遠心脱水機	离心脱水机
— impact mixer	離心撞擊混合器	遠心衝撃ミキサ	离心撞击混合器
— load	離心載荷	遠心荷重	离心载荷
— lubrication	離心潤滑	遠心給油	离心润滑
— lubricator	離心潤滑器	遠心注油器	离心柱油器
— machine	離心機	遠心機	离心分离机
— method	離心法	遠心法	离心法
— mill	離心粉碎機	遠心粉砕機	离心粉碎机
— mist separator	離心混氣分離器	遠心力集じん装置	离心混气分离器
— molding	離心造型	遠心成形	离心造型
— moment	斷面慣性積	断面相乗モーメント	断面惯性积
— oil extractor	離心抽油器	遠心油抜き	离心分油器
— oil purifier	離心清油器	遠心油清浄機	离心净油器
— pot spinning machine	離心式紡織機	遠心紡機	离心式纺织机
— preceptor	離心分離機	遠心分離機	离心分离机
— pump	離心泵	遠心ポンプ	离心泵
— refrigerating machine	離心式冷凍機	ターボ冷凍機	离心式冷冻机
— reinforced concrete	離心力鋼筋混凝土	遠心力鉄筋コンクリート	离心力钢筋混凝土
— relay	離心式繼電器	遠心力継電器	离心式继电器
— roll mill	離心式滾軋機	遠心ロールミル	离心式滚轧机
— separator	離心分離機	遠心分離機	离心分离机
— separation method	離心力分離法	遠心分離法	离心力分离法
— separator	離心分離機	遠心分離装置	离心分离机
— settler	離心式沈降機	遠心沈降機	离心式沈降机
— stress	離心應力	遠心応力	离心应力
— timer	離心提前點火裝置	遠心進角装置	离心提前点火装置
— turbine	離心式渦輪	遠心タービン	离心式涡轮
— type diffuser	離心式擴散器	遠心型ディフューザ	离心式扩散器
— type filter	離心(式)過濾器	遠心式フィルタ	离心(式)过滤器
— type separator	離心式分選器	遠心式セパレータ	离心式分选器

英文	臺灣	日文	大陸
— type supercharger	離心(式)增壓器	遠心過給機	离心(式)增压器
centrifugation	離心作用	遠心分離	离心作用
centrifuge	離心機	遠心機	离心机
— casting	離心加壓鑄造	遠心注型	离心浇注
centrifuged	離心鑄造	遠心管	离心铸造
centrifuging	離心法	遠心処理	离心法
centering	定心	アーチ枠	定中心; 拱架
— apparatus	中心整位器	センタリング装置	中心整位器
— bolt	定心螺栓	中心ボルト	定心螺栓
— device	復原裝置	復心装置	复原装置
— load	中心荷載	無偏心荷重	中心荷载
— location	定心接口	印ろう	定心接口
— machine	定心機	心立て盤	中心孔加工机床
— microscope	定心顯微鏡	心合わせ顕微鏡	定心显微镜
— pin	定心銷	案内ピン	定位销
— plate	中心校正板	心出し板	中心校正板
— punch	定心沖頭	心立てポンチ	定心冲头
— screw	對中(心)螺栓	心出しねじ	对中(心)螺栓
— tongs	刃磨鑽頭專用夾具	センタリングタングス	刃磨钻头专用夹具
centriole	中心粒	中心粒	中心粒
centripetal acceleration	向心加速度	向心加速度	向心加速度
— force	向心力	向心力	向心力
— pump	向心泵	求心ポンプ	向心泵
— turbine	向心(式)汽輪機	求心タービン	向心(式)汽轮机
centrode	瞬心軌跡	中心軌跡	瞬心轨迹
centroid	重心	重心	重心
— of area	面的矩心	断面の図心	面的矩心
centroidal principal axis	形心主軸	図心主軸	形心主轴
centron	原子核	原子核	原子核
centrosome	中心體	中心体	中心体
ceralumin	塞拉聲明鑄造鋁合金	セラルミン	塞拉声明铸造铝合金
ceramal	陶瓷合金	セラマル	陶瓷合金
cerametalic	金屬陶瓷	セラメタリック	金属陶瓷
— bit	金屬陶瓷車刀	セラミックバイト	金属陶瓷车刀
— body	陶瓷體	窯業物	陶瓷体
— bond	陶瓷粘合劑	セラミックボンド	陶瓷粘合剂
— cap	陶瓷蓋	セラミックキャップ	陶瓷盖
— chip	陶瓷片	セラミックチップ	陶瓷片
— crucible	陶瓷坩堝	セラミックるつぼ	陶瓷坩埚
— cutter	陶瓷刀具	セラミックカッタ	陶瓷刀具

英文	臺灣	日文	大陸
— earphone	陶瓷耳機	セラミックイヤホン	陶瓷耳机
— fiber	陶瓷纖維	セラミック繊維	陶瓷纤维
— filter	陶瓷濾波器	セラミックフィルタ	陶瓷滤波器
— fuel	陶瓷燃料	セラミック燃料	陶瓷燃料
— hastelloy	陶瓷耐蝕耐高溫鎳基合金	セラミックハステロイ	陶瓷耐蚀耐高温镍基合金
— heater	陶瓷加熱器	セラミックヒータ	陶瓷加热器
— industry	陶瓷工業	窯業	陶瓷工业
— insulated coil	陶瓷絕緣線圈	磁器絶縁コイル	陶瓷绝缘线圈
— magnet	陶瓷磁石	セラミック磁石	陶瓷磁石
— material	陶瓷材料	セラミック材料	陶瓷材料
— metal	金屬陶瓷	セラミックメタル	金属陶瓷
— nozzle	陶瓷噴嘴	セラミックノズル	陶瓷喷嘴
— package	陶瓷封裝	セラミックパッケージ	陶瓷封装
— parison	陶瓷料坯	セラミック素地	陶瓷料坯
— plate	陶瓷片	セラミック板	陶瓷片
— superconductor	陶瓷超導	セラミック超電導体	陶瓷超导
— tip	陶瓷刀片	セラミックチップ	陶瓷刀片
— tool	陶瓷刀具	セラミック工具	陶瓷刀具
— valve	陶瓷閥	セラミックバルブ	陶瓷阀
— wafer	陶質片	セラミックウェーハ	陶质片
— eare	陶瓷製品	焼物	陶瓷制品
— ceramics	陶瓷	陶磁器	陶瓷
— nuclear fuel	陶瓷核燃料	セラミックス核燃料	陶瓷核燃料
cerargkyrite	角銀礦	角銀鉱	角银矿
cerasine	角鉛礦	角鉛鉱	角铅矿
cerasolser	陶瓷焊劑	セラソルザ	陶瓷焊剂
cerium,Ce	鈰	セリウム	铈
— fluoride	氟化鈰	ふっ化セリウム	氟化铈
— oxide	氧化鈰	酸化セリウム	氧化铈
— oxide powder	氧化鈰粉	酸化セリウム粉	氧化铈粉
— sulfide	硫化鈰	硫化セリウム	硫化铈
cermet	燒結瓷金	サーメット	金属陶瓷
cerograph	蠟蝕電鑄版	セログラフィー	蜡蚀电铸版
cerrobase alloy	鉍基易熔合金	セロベース合金	铋基易熔合金
cerrobend alloy	鉍基鉛易熔合金	セロベンド合金	铋基铅易熔合金
Cerromatrix	易熔合金	セロマトリックス	易熔合金
ceruleite	天藍砷銅鋁礦	セルライト	天蓝砷铜铝矿
ceruse	白鉛礦	白鉛	白铅矿
cerussite	白鉛礦	白鉛鉱	白铅矿
cervantite	黃銻礦	セルバンテス鉱	黄锑矿

英文	臺灣	日文	大陸
cesarolite	泡錳鉛礦	セサル石	泡锰铅矿
cesium,Cs	鉋	セシウム	铯
CGS units	CGS單位	CGS 単位	CGS单位
C/H weight ratio	碳氫重量	炭水素比	碳氢重量
chabazite	菱沸石	斜方沸石	菱沸石
chafe	磨損(擦)	摩耗	磨损(擦)
chaff	金屬箔片	チャフ	金属箔片
chafing	磨損	摩損	磨损
— fatigue	磨損疾勞	摩擦疲労	磨损疾劳
chain	連鎖；鏈	連鎖	连锁；链
— attachment	鏈型連接	チェーンアタッチメント	链型连接
— barrel	鏈條捲筒	鎖巻胴	卷链筒
— bridge	鏈式吊橋	鎖釣り橋	链式吊桥
— broaching	鏈式拉削	チェーンブローチ削り	链式拉削
— broaching machine	鏈式拉床	チェーンブローチ盤	链式拉床
— cable	鏈索	アンカチェーン	锚链
— closure	閉鎖	閉鎖	闭锁
— contact	連鎖接點	連鎖接点	连锁接点
— controller	制動鏈	制鎖器	制动链
— cover	鏈罩	チェーンカバー	链罩
— delivery	鏈式傳送器	チェーンデリバリ	链式传送器
— dredger	掘削機	掘削機	掘削机
— door-guard	鎖門鏈條	ドア用ガードチェーン	锁门链条
— feeder	鏈式加料器	ツェーンフィーダ	链式加料器
— fittings	鏈連接件	鎖取付け物	链连接件
— gearing	鏈傳動裝置	鎖伝動装置	链传动装置
— hook	鏈鉤	鎖かぎ	链钩
— line	鎖線	鎖線	锁线
— lock	點畫線	鎖注油	链锁
— lubrication	鏈潤滑	チェーンロック	链润滑
— matrix	鏈式矩陣	チェーンマトリックス	链式矩阵
— mechanism	連鎖機構	連鎖機構	连锁机构
— method	鏈式法	チェーン法	链式法
— model	鏈模型	鎖モデル	链模型
— of links	連鎖	連鎖	连锁
— pin	鏈銷	チェーンピン	链销
— pipe	錨鏈管	ツェーンパイプ	锚链管
— pulley	鏈輪	鎖車	链轮
— pump	鏈泵	鎖ポンプ	链泵
— reaction	連鎖反應	連鎖反応	连锁反应

C

英文	臺灣	日文	大陸
— rule	鏈式法規	連鎖律	链式法规
— saw	鏈鋸	鎖のこ	链锯
— sling	鉤環釣鏈	チェーンスリング	链钩
— sprocket	鏈齒輪	鎖歯車	链轮
— stopper	鏈條停止器	鎖止め	连锁停止剂
— stretching device	緊鏈裝置	チェーン張り装置	紧链装置
— structure	鏈結構	鎖状構造	链结构
— tensioner	緊鏈器	チェーンテンショナ	拉链器
— wheel	鏈輪	鎖車	链轮
— wrench	鏈板鉗	鎖パイプレンチ	链式板手
chaining	連鎖	連鎖	连锁
chalcocite	輝銅礦	輝銅鉱	辉铜矿
chalcodite	黑硬綠泥石	カルコダイト	黑硬绿泥石
chalcogenide	硫化物	カルコゲン化物	硫化物
chalcomenite	藍矽銅礦	含水セレン銅鉱	蓝矽铜矿
chalcomiclite	斑銅礦	はん銅鉱	斑铜矿
chalcophyllite	雲母銅礦	雲母銅鉱	云母铜矿
chalcopyrite	黃銅礦	黄銅鉱	黄铜矿
chalcosine	輝銅礦	輝銅鉱	辉铜矿
chalcostibite	硫銅銻礦	輝銅安鉱	硫铜锑矿
chalmersite	方黃銅礦	磁黄銅鉱	方黄铜矿
chalybeate	鐵質泉	鉄泉	铁质泉
— water	鐵質水	鉄泉	铁质水
chamber	燃燒室	へや	燃烧室
— oven	廂室爐	室炉	箱室炉
— oven coke	廂室爐(用)焦碳	室炉コークス	室式炉(用)焦碳
— pores	鉛室法	鉛室法	铅室法
chamfer	斜面；倒角	面取り部	斜面；倒角
chamfered edge	倒菱(角)緣	面取り縁	倒菱(角)缘
— teeth	倒角齒	面取り歯	倒角齿
chamfering	端面去角	面取り	端面倒角
— hob	齒輪去角滾刀	チャンファリングホブ	齿轮倒角滚刀
— machine	去角機	面取り盤	倒角机
— plane	削角刨	面取りかんな	削角刨
— tool	去角刀具	面取りバイト	倒角刀具
chamois skin	軟格皮	セーム革	麂皮革
chamotte	燒磨土	焼粉	耐火熟料
— brick	燒磨土磚	シャモットれんが	耐火砖
— sand	燒磨土砂	シャモット砂	烧结砂
champ	素面	素面	素面

英文	臺灣	日文	大陸
chanarcillite	砷銻銀礦	カナルシロ石	砷锑银矿
— can mixer	換罐攪拌機	チェンジカンミキサ	换罐搅拌机
— can type mixer	換罐型混合機	チェンジカンミキサ	换罐型混合机
— cock	轉換旋塞	切換えコック	转换旋塞
— dump	變更區轉存	変更域ダンプ	变更区转存
— gear	交換齒輪；變速裝置	変速機〔装置〕	交换齿轮; 变速装置
— gear device	變速齒輪裝置	換え歯車装置	变速齿轮装置
— gear lever	變速齒輪桿	変速てこ	变速齿轮杆
— gear plate	掛輪架(板)	チェンジギヤープレート	挂轮架(板)
— gear ratio	〔傳動齒輪〕變速比	変速比	〔传动齿轮〕变速比
— gear set	齒輪變速機	ツェンジギヤーセット	齿轮变速机
— in color	變(退)色	変退色	变(退)色
— in dimension	尺寸變化	寸法変化	尺寸变化
— in shape	變形	変形	变形
— in slope	斜率變化	傾きの変化	斜率变化
— in weight	重量變化	重量変化	重量变化
— key	可變鍵	変りかぎ	可变键
— lever	變速桿	変速てこ	变速杆
— of basis	基底的變換	基底の変換	基底的变换
— of color	變色	変色	变色
— of coordinates	座標變換	座標変換	坐标变换
— of design	設計變更	設計変更	设计变更
— of load	負載變化	負荷変動	负载变化
— of phase	相變(化)	相変化	相变(化)
— of propeties	性盾變化	変質	性盾变化
— of shade	變色	変色	变色
— of shape	更換零件	変形	更换零件
— of state	狀態變化	状態変化	状态变化
— parts	更換零件	交換部品	更换零件
— point	變換點	思案点	变换点
— ratio	變換比	換算率	变换比
— record	更換記錄	変更レコード	更换记录
— speed gear	變速齒車裝置	変速装置	变速齿车装置
— speed motor	變速電動機	多段速度電動機	变速电动机
— wheel	變換齒輪	換え歯車	变换齿轮
changed-speed operation	變轉運轉	変速運転	变转运转
changeover	轉換；換向	ツェンジオーバ	转换; 换向
— cock	轉換旋塞	切換えコック	转换旋塞
— contact	轉換接點	切換え接点	转换接点
— point	轉換點	切替え点	转换点

英文	臺灣	日文	大陸
— switch	轉換開關	転換器	转换开关
— system	轉換方式	チェンジオーバ方式	转换方式
— time	轉換時間	切換え時間	转换时间
— valve	轉換閥	切換え弁	转换阀
changer	替換；轉換	ツェンジャ	替换; 转换
— of gas	換氣	ガスの入換え	换气
— signal	變化信號	変化信号	变化信号
channel	頻道；通道	通信路	波道; 通道
— balance	頻道平衡	チャネルバランス	频道平衡
— beam	槽形梁	溝形梁	槽形梁
— buffer	通道緩衝器	チャネルバッファ	通道缓冲器
— depth ratio	〔螺紋〕槽深比	ねじ溝の深さの比	〔螺纹〕槽深比
— furnace	槽形爐	溝炉	槽形炉
— iron	槽鐵	溝形鋼	槽铁
— section	槽形剖面	溝形鋼	槽形断面
— section iron	槽鐵	溝形鉄	槽铁
— section material	槽形〔鋼〕材	溝形鋼	槽形(钢)材
— steel	槽鋼	4U形鋼	型钢
channel(l)ing	鑿溝；〔高爐〕氣溝	偏流	凿沟; 〔高炉〕气沟
machine	切槽機	溝削り機	切槽机
channelzation	導流	車線分離	导流
chaos	不規則；混沌	ケイオス	不规则; 混沌
Chapman approximate	查普曼近似式	チャップマンの近似式	查普曼近似式
— distribution	查普曼分布	チャップマン分布	查普曼分布
— test	查普曼試驗	チャップマン試験	查普曼试验
chappy	龜裂	ひび割れ	龟裂
character	指標；特性	特性	指标; 特性
— coefficient	形狀系數	形状係数	形状系数
— density	字荷密度	文字密度	字荷密度
— fill	字符填充	文字埋め	字符填充
— font	字體	キャラクタフォント	字体
characteristic	性能；特性	特性	性能; 特性曲线
— curve	特性曲線	基礎曲線	特性曲线
— curve hardening	淬火特性曲線	焼入れ特性曲線	淬火特性曲线
— curve sheel	特性曲線圖	特性曲線図	特性曲线图
— diection	特性方向	特性方向	特性方向
— exponent	特性指數	特性指数	特性指数
— function	特性函數	特性関数	特性函数
— root	特徵根性	特性根	特微根性
— structure	特性構造	特性構造	特性构造

英文	臺灣	日文	大陸
— value	特性微値	固有值	特性微值
— vector	特性向量	特性ベクトル	特性向量
— velocity	特性速度	特性速度	特性速度
charaterization	特性化	特性決定	特性化
— factor	特性因數	特性係数	特性系数
characterizing factor	特性系數	特性係数	特性系数
charcoal	木炭	木炭	木炭
— bad	炭層	チャコールベッド	炭层
— black	木炭粉	木炭粉	木炭粉
— blast furnace	木炭高爐	木炭溶鉱炉	木炭高炉
— finishing	木炭抛光	炭研ぎ	木炭抛光
— pig iron	木炭生鐵	木炭銑	木炭生铁
— powder	木炭粉	炭粉	炭粉
chardonnet rayon	人造纖維	ナイトロレイヨン	人造纤维
charge	電荷；充電	装入物	电荷；充电
— and discharge board	充放電盤	充放電盤	充放电盘
— characteristic	充電特性	充電特性	充电特性
— cooler	空氣冷卻器	給気冷却器	空气冷却器
— density	電荷密度	電荷密度	电荷密度
— dispenser	電荷分配器	チャージディスペンサ	电荷分配器
— filter	進料過濾器	チャージフィルタ	进料过滤器
— pressure	填充壓力	押込み圧力	填充压力
— ratio	進料比	仕込み濃度	进料比
— relief valve	負荷安全閥	チャージリリーフバルブ	负荷安全阀
— roll mill	熱軋鋼機	熱入れロール機	热轧钢机
— stock	進料	仕込み原料	进料
— tray	装送料盤	チャージトレイ	装送料盘
— valve	充氣閥	チャージバルブ	充气阀
charger	充電器	荷電器	充电器
charging	進料；充電；充氣	充電	装料；充电；充气
— apparatus	進料設備	装入装置	装料设备
— board	充電盤	充電盤	充电盘
— box	裝料箱	装入箱	装料箱
— cable	充電電纜	充電ケーブル	充电电缆
— condenser	充電電容器	充電コンデンサ	充电电容器
— crace	充電吊車	装入クレーン	充电吊车
— curve	充電曲線	充電曲線	充电曲线
— device	裝料設備	装入装置	装料设备
— door	進料門	装入口	加料口
— efficiency	充電效率	充電効率；効率	充电效率

英文	臺灣	日文	大陸
— equipment	充電裝置	荷電装置	充电装置
— floor	加料台	装入床	装料台
— formula	填充公式	充てん公式	填充公式
— generator	充電發電機	充電発電機	充电发电机
— hole	進料孔	装入口	装料孔
— hopper	裝料漏斗	装入ホッパ	装料漏斗
— load	充電負載	充電負荷	充电负载
— machine	進料機	装入機	装料机
— material	爐料	装入物	炉料
— pan	進料盤	装入バケット	加料盘
— platform	裝料台	装入台	装料台
— point	填充點	充てん点	填充点
— pressure	填充壓力	充てん圧力	填充压力
— quantity	裝填〔料〕量	装入量	装填(料)量
— rate	充電率	充電率	充电率
— relay	充電用斷電器	充電用継電器	充电用断电器
— station	充電所	充電所	充电所
— up	加注；充電	チャージングアップ	加注；充电
— valve	充氣閥	充てん閥	装料阀
— voltage	充電電壓	チャージング電圧	充电电压
Charles's law	查理定律	シャールの法則	查理定律
Charpy impact test	夏氏衝擊試驗	サャルピー衝撃試験	夏氏冲击试验
— impact tester	夏氏衝擊試驗機	シャルピー衝撃試験機	夏氏冲击试验机
— impact value	夏氏衝擊值	シャルピー衝撃値	夏氏冲击值
charring	炭化；焦化	ばい焼法	炭化；焦化
— ablator	炭化燒蝕(性)材料	炭化融食性材料	炭化烧蚀(性)材料
chart	線圖；圖表	図表	曲线图；略图
— diagram	線圖	線図	线图
— recording paper	記錄紙	記録紙	记录纸
charting	制圖	チャーティング	制图
chase	切螺紋	方形の枠	切螺纹
chaser	戰鬥機	戦闘機	战斗机
— mill	干式輥碾機	チェーザミル	干式辊碾机
charsing	切螺紋；鑄件最後拋光	浮彫り	切螺纹；铸件最後抛光
— calender	疊層軋光機	チェーシングカレンダ	叠层轧光机
— dial	車螺紋指示器	ねじ切りダイヤル	螺纹梳刀
chassis	車底盤	車台	底盘
— earth	底盤接地	シャーシアース	底盘接地
— fittings	底盤零件	シャーシ付属品	底盘零件
— frame	底盤；車架	シャーシフレーム	底盘；车架

英文	臺灣	日文	大陸
— grease	底盤用潤滑脂	シャーシグリース	底盘用润滑脂
— ground	機殼地	シャーシ接地	机壳地
— lubricator	底盤注油器	シャーシルブリケータ	底盘注油器
— punch	底板衝孔機	シャーシポンチ	底板冲孔机
— reamer	底盤鉸刀	シャーシリーマ	底盘铰刀
chatter	振動；振碎	チャッタ，チャタ	振动；振碎
— mark	震痕	びびり模様	震痕；振纹
chattering	振動；振蕩	チャタリング	振动；振荡
chazellite	輝銻鐵礦	チャゼル石	辉锑铁矿
check	校對；阻止	検査	校对；阻止
— analysis	檢驗分析	照合分析	检验分析
— bolt	防鬆螺栓	止めボルト	销紧螺栓
— course	防潮層	防湿層	防潮层
— error	檢驗誤差	チェックミス	检验误差
— gage	核對規	検定ゲージ	标准量规
— nut	鎖緊螺母	止めナット	锁紧螺母
— rail	護軌	護輪器	护轧
— unit	檢測裝置	検出ユニット	检测装置
— valve	止回閥	逆止め弁	止回阀
checker	檢驗器；檢驗員	検査器	检验器；检验员
— brick heater	蓄熱式熱風爐	蓄熱式熱風炉	蓄热式热风炉
— plate	網紋(鋼)板	しま鋼板	网纹(钢)板
checkered plate	網紋板	しま鋼板	防滑板
— steel plate	網紋鋼板	しま鋼板	网纹钢板
checking	校驗；抑制	照査	校验；抑制
— arm	校正桿	心出しアーム	校正杆
— flxture	檢驗夾具	検査ジグ	检验夹具
— machine	檢驗機	チェッキングマシン	检验机
cheek	頰板;中間砂箱	両側板	滑车外壳；中砂箱
cheese antenna	盒形天線	チーズ空中線	盒形天线
— head bolt	圓頭螺栓	丸頭ボルト	圆头螺栓
— head screw	圓頭螺釘	みぞ付き頭ねじ	圆头螺钉
cheleutite	砷鉍鈷	網状コバルト鉱	砷铋钴
chelicera	鉤角	きょう角	钩角
chemical actiometer	化學光量計	化学光量計	化学光量计
— action	化學作用	化学作用	化学作用
— additive	化學添加劑	化学添加剤	化学添加剂
— analysis	化學分析	化学分析	化学分析
— contouring	化學造型	化学打抜き	化学造型
— conversion film	化學處理	化成皮膜	化学处理

英文	臺灣	日文	大陸
— copper plating	化學鍍銅	化学銅めっき	化学镀铜
— effect	化學效應	化学効果	化学效应
— energy	化學能	化学エネルギー	化学能
— engineer	化學工程	化学技術者	化学工程
— engineering	化學工程	化学工学	化学工程
— equilibrium	化學平衡	化学平衡	化学平衡
— etching	化學蝕刻	化学エッチング	化学蚀刻
— fiber fabric	化學纖維織物	化学繊維織物	化学纤维织物
— film	化學膜	化学皮膜	化学膜
— gilding	化學鍍金	化学金めっき	化学镀金
— gold plating	化學鍍金	化学金めっき	化学镀金
— industrial equipment	化學機械	化学機械	化学机械
— machinery	化學機械	化学機械	化学机械
— mechanism	化學機構	化学機構	化学机构
— metallurgy	化學治金學	化学や金	化学治金学
— microscopy	化學顯微鏡	化学鏡検法	化学显微镜
— polishing	化學抛光	化学研磨	化学抛光
— pretreatment	化學預處理	化学的前処理	化学预处理
— reduction	化學還原	化学還元	化学还原
— replacement plating	化學鍍	化学置換めっき	化学镀
— rocker	化學燃料火箭	化学ロケット	化学燃料火箭
— spray	化學噴霧	雨下（器）	化学喷雾
— spray process	化學噴塗法	薬品吹付け法	化学喷涂法
— stability	化學穩定性	化学的安定性	化学稳定性
— stabilization	化學穩定	化学的安定処理	化学稳定
— structure	化學結構	化学構造	化学结构
— substance	化學物盾	化学的物質	化学物盾
— treating	化學處理	化学処理	化学处理
— valence	化學原價	化学原子価	化学原价
— works	化學工廠	化学工場	化学工厂
— combined water	化合水	化合水	化合水
— foamed plastic(s)	化學發泡塑料	化学発泡プラスチック	化学发泡塑料
— chemical proof	耐藥品性	耐薬品性	耐药品性
chemigum	合成橡膠	合成ゴム	合成橡胶
— chemism	化學	化学機構	化学
chemistry	化學	化学	化学
chemolysis	化學分解	化学分解	化学分解
chemopause	臭氧層上限	化学圏	臭氧层上限
chemosphere	臭氧層	化学域	臭氧层
chenevixite	綠砷鐵銅礦	ケネビ石	绿砷铁铜矿

英　　文	臺　　灣	日　　文	大　　陸
chequered steel plate	防滑網紋鋼板	しま鋼板	防滑网纹钢板
cheralite	磷鈣釷礦	チェラ石	磷钙钍矿
cherokine	乳白鉛礦	チェロキ石	乳白铅矿
chert	燧石	角岩	燧石
chessboard system	棋盤式	碁盤目型	棋盘式
chessylite	藍銅礦	らん銅鉱	蓝铜矿
chest	櫃；胸膛	たんす	箱；胸膛
chevron	人字紋；鋸齒形花紋	シェブロン	人字纹；锯齿形花纹
chian	瀝青；柏油	チャン	沥青；柏油
— turpentine	松節油	チャンテレビン	松节油
— chiastoline	空晶石	空晶石	空晶石
chief axis	主軸	主軸	主轴
— constituent	主(要)成分	主成分	主(要)成分
— ingredient	主成分	主成分	主成分
— material	主要材料	主材料	主要材料
— raw material	主要原料	主原料	主要原料
— truck	叉式起重車	フォークリフト	叉式起重车
childrenite	磷鋁鐵石	チルドレン石	磷铝铁石
chileite	砷釩鉛銅礦	チリー石	砷钒铅铜矿
chill	冷硬型；激冷；冷鐵	冷し金	金属型；激冷；冷铁
— car	冷藏車	冷蔵車	冷藏车
— cast ingot	金屬模鑄錠	急冷鋳塊	金属铸锭
— cast pig iron	金屬模生鐵	金型銑	金属模铸生铁
— casting	冷硬鑄件	冷硬鋳物	冷硬铸件
— coil	螺旋狀內冷鐵	チルコイル	螺旋状内冷铁
— crack	冷硬裂痕	チルクラック	(螺)冷裂纹
— depth	冷硬深度	チル深さ	激冷深度
— mold	冷硬用鑄模	チル鋳型	激冷铸型
— nail	冷硬釘	冷しくぎ	激冷钉
— plate	墊板	チルプレイト	垫板
— ring	冷硬環	裏当て輪	激冷环
— roll	硬面軋輥	チルロール	硬面轧辊
— roll casting	冷硬軋輥鑄造	チルロールキャスチング	冷硬轧辊铸造
— roll extrusion	冷硬軋輥擠壓	チルロール式押し出し	冷硬轧辊挤压
— roll film	冷硬軋輥表面	チルロールフィルム	冷硬轧辊表面
— roll process	冷硬軋輥法	チルロール法	冷硬轧辊法
— room	冷卻室	冷却室	冷却室
— storage	冷藏室	冷蔵室	冷藏室
— strip	〔焊接〕墊板	裏当て金	〔焊接〕垫板
— test	冷硬試驗	チル試験	急冷试验

英文	臺灣	日文	大陸
— test piece	冷硬試片	チル試験片	激冷试样
— time	間歇時間	チルタイム	间歇时间
chillagite	鎢鉬鉛礦	チラゲ石	钨钼铅矿
chill ball	冷鑄鋼球	チルドボール	冷铸钢球
— cast iron	冷硬鑄鐵	チルド鋳物	激冷铸铁
— castings	冷硬鑄件	チル鋳物	冷硬铸件
— effect	激冷效應	冷硬効果	激冷效应
— glass	鋼化玻璃	強化ガラス	钢化玻璃
— iron roller	激冷鐵輥〔染色〕	チルドローラ	激冷铁辊〔染色〕
— shot	白口鋼珠	チルショット	白口钢珠
— stiff metal	激冷金屬	冷剛金属	激冷金属
— water	冷卻水	冷水	冷却水
— water system	冷凍水系統	冷水冷房	冷冻水系统
— wheel	冷硬鑄造飛輪	チルドホイール	冷硬铸造飞轮
chillier	冷鐵;急冷器	冷却器	冷却器
— unit	冷卻裝置	チラーユニット	冷却装置
chilling	激冷	冷却法	激冷
— effect	冷卻效應	寒冷効果	冷却效应
— machine	急冷器	冷却機	冷却设备
— room	低溫冷藏庫	低温冷蔵庫	低温冷藏库
— unit	冷卻裝置	チリングユニット	冷却装置
chimney	煙窗	煙突	烟窗灯罩
— arch	爐頂	炉きょう	炉顶
— back	爐壁	炉壁	炉壁
— cap	煙窗罩	煙突帽	烟窗罩
— cooler	煙窗式冷卻品	煙突型冷却器	烟窗式冷却品
— effect	煙窗效應	煙突効果	烟窗效应
— flue	煙道	煙道	烟道
— stack	煙囱	煙突	烟窗
— valve	通風閥	チムニバルブ	通风阀
china	瓷(器)	磁器	瓷(器)
— clay	高嶺土	陶土	高岭土
chin-chin hardening	完全淬硬	チンチン焼入れ	完全淬硬
— bronze	中國青銅	チャイニーズブロンズ	中国青铜
— ink	墨汁	すみ	墨汁
— white	鋅白	亜鉛華〔白〕	锌白
chink	縫隙	すき間	缝隙
chip	切角	切りくず	切屑
— breaker	斷屑器;斷屑槽	チップブレーカ	木片破碎机
— bucket	切屑桶	チップバケット	切屑桶

英文	臺灣	日文	大陸
— cleaning	切屑清除	切りくず除去	切屑清除
— flow type	切屑流型	チップフロータイプ	切屑流型
— formation	切屑形成	ツップフォーメーション	切屑形成
— ice	碎冰塊	チップアイス	碎冰块
— load	切屑抗力	チップロード	切屑抗力
— packing	切屑填塞	切りくずづまり	切屑填塞
— resistance	耐衝擊性	耐衝撃性	耐冲击性
— room	排屑槽	チップルーム	排屑槽
— space	容屑空間	刃溝	排屑槽
— tank	切屑箱	チップ貯槽	切屑箱
— test	鏨平試驗	衝撃試験	冲击试验
— thickness	切屑厚度	切りくず厚さ	切屑厚度
— treatmnt	切屑處理	切りくず処理	切屑处理
chipped glass	冰花玻璃	結霜ガラス	冰花玻璃
chipper	鏨平機	チッパ	錾子
chipping	修整；鏨平	削り取り	修整; 錾平; 屑
— chisel	鏨子	はつりたがね	錾子
— knife	（鉛工）切刀	鉛工ナイフ	〔铅工〕切刀
chippings	碎屑	目潰し骨材	碎屑
chips	切削	豆砕石	切削
— point	〔鑽頭〕橫刃部	チゼルポイント	〔钻头〕横刃部
— steel	鏨鋼	たがね鋼	錾钢
chiselling	齒邊整條	当り取り	齿边整条
chloanthite	砷鎳礦	ひニッケル鉱	砷镍矿
chloraparite	氯磷灰石	塩素りん灰石	氯磷灰石
chlorargyite	氯銀礦	角銀鉱	氯银矿
chlorarsenian	砷錳礦	ひ化マンガン鉱	砷锰矿
choleric acid	氯酸	塩素酸	氯酸
chloridization	氯化〔作用〕	塩置換	氯化〔作用〕
chlorinator	氯化爐	塩化炉	氯化炉
chlorine,Cl	氯	塩素	氯
— resistance	耐氯性	耐塩素性	耐氯性
chlorinity	氯含量	塩素量	氯含量
chloroaceton	氯丙酮	クロロアセトン	氯丙酮
chlorophoenicte	綠砷鋅錳礦	クロロフェニサイト	绿砷锌锰矿
chlorophyll	葉綠素	葉緑素	叶绿素
chlorophyllan	葉綠素	クロロフィラン	叶绿素
chock	木棋子	支柱	轧辊轴承座
— liner	調整墊片	調整ライナ	调整垫片
choice	選擇	選択	选择

英文	臺灣	日文	大陸
— theory	選擇理論	選択理論	选择理论
choke	阻氣;阻流;閘口	抑制	节流
— plug	塞頭	絞りプラグ	塞头
— ring	阻塞環	閉そく環	阻塞环
— valve	阻氣閥	空気弁	阻风门
choker	阻風門	チョーカ	阻塞物
— check valve	止回閥	チョーカチェックバルブ	止回阀
— ring	節流環	チョーカリング	节流环
choking	阻氣;阻流	閉そく	阻塞
— plug	制動栓	制動栓	制动栓
chondrostibian	粒銻錳礦	粒安鉱	粒锑锰矿
choot	斜槽	流しとい	斜槽
chop	鉗口	チョップ	钳口
chord	弦;弦材	弦	弦;弦材
— angle	弦角	弦角	弦角
— deflection	弦偏距	弦偏距	弦偏距
chordal pitch	法節	弦ピッチ	直线节距
— thickness process	弦線齒厚測量法	弦歯厚法	固定弦齿厚测量法
chroloy nine	克羅洛伊不鏽鋼	クロロイ9	克罗洛伊不锈钢
Chromatln	克羅馬丁電阻合金	クロマチン	克罗马丁电阻合金
chromate	鉻酸鹽	クロム酸塩	铬酸盐
— cell	鉻酸鹽電池	クロム酸電池	铬酸盐电池
— filming	鉻酸鹽處理	クロメート処理	铬酸盐处理
— process	重鉻酸處理	重クロム酸処理	重铬酸处理
— treatment	鉻酸鹽處理	クロム酸処理	铬酸盐处理
— color	彩色	有彩色	彩色
— fibrils	染色纖維	染色繊維	染色纤维
chromatically	色度	色度	色度
Chromax	鎳鉻耐熱合金	クロマックス	镍铬耐热合金
chrome,Cr	鉻	クロム	铬
— acid cell	鉻酸鹽電池	クロム酸電池	铬酸盐电池
— alum	鉻明礬	クロムみょうばん	铬明矾
— amalgam	鉻汞合金	クロムアマルガム	铬汞合金
— base refractorise	鉻基耐火材料	クロム質耐火物	铬基耐火材
— bath	鉻浴	クロム浴	铬浴
— black	鉻黑	クロムブラック	铬黑
— copper	鉻銅	クロム銅	铬铜
— facing	鍍鉻	クロムめっき	镀铬
— flashing	薄層鍍鉻	クロムフラッシュ	薄层镀铬
— leather	鉻革	クロム革	铬革

英文	臺灣	日文	大陸
— magnesia brick	鉻鎂磚	クロマグれんが	铬镁砖
— magnetite brick	鉻鎂磚	クロマグれんが	铬镁砖
— manganese steel	鉻錳銅	マンガンクロム鋼	铬锰铜
— mask	鉻掩模	クロムマスク	铬掩模
— mica	鉻雲母	クロム雲母	铬云母
— nickel	鉻鎳合金	ニクロム	铬镍合金
— nontronite	鉻綠脫石	クロムノントロ石	铬绿脱石
— ochre	鉻華	クロム華	铬华
— orange	鉻橙	黄口黄鉛	铬橙
— ore	鉻礦石	クロム鉱石	铬矿石
— oxide	氧化鉻	酸化クロム	氧化铬
— permalloy	鉻透磁合金	クロムパーマロイ	铬透磁合金
— pigment	鉻顏料	クロム顔料	铬颜料
— plate	鉻板	クロムプレート	铬板
— plated mold	鍍鉻模具	クロムめっき金型	镀铬模具
— plated surface	鍍鉻面	クロムめっき面	镀铬面
— plating	鍍鉻	クロムめっき	镀铬
— refectories	鉻耐火材料	クロム質耐火物	铬耐火材料
— spinel	鎂鉻尖晶石	クロムスピネル	镁铬尖晶石
— steel plate	鉻鋼板	クロム鋼板	铬钢板
— vanadium steel	鉻釩鋼	クロバナスチール	铬钒钢
— yellow	鉻黃	黄鉛	铬黄
— yellow pigment	鉻黃顏料	クロムイエロー顔料	铬黄颜料
chromel	客絡美	クロノル	克罗麦尔〔铬镍〕合金
— alloy	鉻鎳合金	クロメル合金	铬镍合金
— alumel couple	鉻鎳-鋁鎳熱電偶	クロメルアルメル熱電対	铬镍-铝镍热电偶
— alumel thermocouple	鉻鎳-康銅合金	CA 熱電対	铬镍-康铜合金
— gold thermocouple	鉻鎳-金熱電偶	クロメル金熱電対	铬镍-金热电偶
chromet	鋁硅合金	クロメット	铝硅合金
chromic acid	鉻酸	クロム酸	铬酸
— acid alumite	鉻酸防蝕鋁	クロム酸アルマイト	铬酸防蚀铝
— acid treated steel shee	鉻酸處理鋼板	クロム酸処理鋼板	铬酸处理钢板
— iron	鉻鐵礦	クロム鉄鉱	铬铁矿
— oxide	氧化鉻	酸化第二クロム	氧化铬
— potassium alum	釩鉻鉀	クロム明ばん	钒铬钾
chromicyanide	鉻氰基	クロミシアン化物	铬氰基
chromate	鉻鐵礦	亜クロム酸塩	铬铁矿
— **brick**	鉻磚	クロマイトれんが	铬砖
chromium,Cr	鉻	クロム，クロミューム	铬
— carbide	碳化鉻	炭化クロム	碳化铬

英文	臺灣	日文	大陸
— chloride	氯化鉻	塩化クロム	氯化铬
— diffusion coating	擴散滲鉻	クロム拡散被覆	扩散渗铬
— diffusion plating	擴散鍍鉻	クロム拡散めっき	扩散镀铬
— dihalide	二鹵化鉻	二ハロゲン化クロム	二卤化铬
— dioxide	二氧化鉻	二酸化クロム	二氧化铬
— equivalent	鉻雪量	クロム当量	铬雪量
— fluoride	氟化鉻	ふっ化クロム	氟化铬
— ion	鉻離子	クロムイオン	铬离子
— oxychlotide	鉻鎳鋼	オキシ塩化クロム	铬镍钢
— plated steel	氧氯化鉻	クロムめっき鋼板	氧氯化铬
— sulfate	硫化鉻	硫酸クロム	硫化铬
— titanide	鈦化鉻	チタン化クロム	钛化铬
chromizing	鉻化處理；滲鉻	クロマイジング	铬化处理；渗铬
chromogen	色原；鉻精	色原体	色原；铬精
chromogene	鉻精；染色体基因	色原体	铬精；染色体基因
chromohercynite	鉻鐵尖晶石	クロム鉄せん晶石	铬铁尖晶石
chromone	色酮	クロモン	色酮
chromoplast	有色體	有色体	有色体
chromous acid	亞鉻酸	亜クロム酸	亚铬酸
chuck	〔電磁〕吸盤	つかみ	〔电磁〕吸盘
— arbor	夾具(頭)柄	チャックアーバ	夹具(头)柄
— capacity	夾緊能力	チャックキャパシティ	夹紧能力
— clamp	卡盤夾頭	ツャッククランプ	卡盘夹头
— jaw	卡爪	チャックジョー	卡爪
— wrench	卡盤扳手	チャック回し	卡盘扳手
chucking	夾緊	ツャッキング	夹紧
— reamer	夾定鉸刀	チャックリーマ	机用铰刀
— tool	夾頭；夾具	チャッキングツール	夹头；夹具
chugging	不穩定燃燒	断続燃焼	不稳定燃烧
chumk	厚塊；大量	チャンク	厚块；大量
— glass	碎玻璃	チャンクガラス	碎玻璃
churn	攪動機	かく乳機	搅拌器
— drill	繩鑽	チャーンドリル	钻石机
churning	攪動	チャーニング	涡流；搅拌
chute	滑槽	落とし	斜槽；滑道
— feed	滑槽送料裝置	シュート式移送装置	滑槽送料装置
— feeder	斜槽送料裝置	シュートフィーダ	斜槽送料装置
clgar lighter	火星塞	シガーライタ	火星塞
cilia	纖毛	繊毛	织毛
cincture	環形裝飾	縁輪	环形装饰

英　文	臺　灣	日　文	大　陸
Cindal	鋅德爾鋁基合金	シンダール	锌德尔铝基合金
cinder	爐渣	燃えかす	(溶)渣
— bed	煤床	スラグ床	渣床
— block	爐渣磚	鉱さいれんが	炉渣砖
— pig iron	含渣生鐵	含さい銑鉄	含渣生铁
— tub	槽；箱；渣車	スラグ台車	槽; 箱; 渣车
cinecamera	電影攝影機	撮影機	电影摄影机
cinema	電影	映画館	电影
— scream	銀幕	映写幕	银幕
cine-projector	放映機	映写機	放映机
cineration	鍛灰法	灰化法	锻灰法
cipher	密碼	暗号	密码
— machine	密碼機	暗号機	密码机
circle	圓	円	循环; 周期
— diagram	圓形圖表	円線図	圆形图表
— of reference	基圓	基準円	基圆
— of revolution	旋轉圓周	周回円	旋转圆周
— of rupture	破裂圓	破壊円	破裂圆
— of stress	應力圓	応力円	应力圆
— shear	圓盤式剪切機	サークルシヤー	圆盘式剪切机
— trowel	圓鏝刀	丸こて	圆镘刀
circlip	〔開口〕扣環	弾性止め座金	〔开口〕簧环
circuit	迴路;電路	循環路	循环路; 线路
— change valve	換向閥	回路変更弁	换向阀
— drill	電鑽	サーキットドリル	电钻
— opening contact	斷路接點	回路用接点	断路接点
circuitay	回路圖	回路図	回路图
circular	回轉工作台	回転テーブル	回转工作台
— arc	圓弧	円弧	圆弧
— arc airfoil	圓弧翼型	円弧翼	圆弧翼型
— arc analysis	圓弧〔分析〕法	円弧法	圆弧〔分析〕法
— arc blade	圓弧翼型	円弧翼	圆弧翼型
— bending	圓彎曲	一様曲げ	圆弯曲
— bite	圓形成形車刀	サーキュラバイト	圆形成形车刀
— block	圓形滑塊	円形ブロック	圆形滑块
— butt welding	圓周對接焊	円周突合せ溶接	圆周对接焊
— cap	圓蓋	丸ふた	圆盖
— chaser	圓形螺紋梳刀	サーキュラチェーザ	圆形螺纹梳刀
— coil	圓形線圈	円形コイル	圆形线圈
— column	圓柱	丸コラム	圆柱

英文	臺灣	日文	大陸
— cone	圓錐	円すい	圆锥
— curve rule	圓弧尺	円弧定規	圆弧尺
— cutter holder	回轉刀架	サーキュラカッタホルダ	回转刀架
— cylinder	圓柱	円柱	圆柱
— cylindrical coordinates	圓柱座標	円柱座標	圆柱坐标
— deflection	圓偏轉	円偏向	圆偏转
— degree	圓度	円度	圆度
— die	圓形模具	円弧ダイス	圆形模具
— die stock	圓板牙架	ダイス回し	圆板牙架
— disc	圓盤	円板	圆盘
— disc cam	圓盤凸輪	円板カム	圆盘凸轮
— dividing machine	圓周分度機	度盛機械	圆刻(分)度机
— dividing table	(圓)分度台	割出し円テーブル	(圆)分度台
— domain	圓形域	円領域	圆形域
— drip tyay	圓形托盤	丸形受け皿	圆形托盘
— drum	圓形滾筒	円形ドラム	圆形滚筒
— field	環形磁場	円磁界	环形磁场
— flage	圓法蘭盤	円形フランジ	圆法兰盘
— gas burner	環形燃燒室	輪状バーナ	环形燃烧室
gear	圓弧齒輪	円弧歯車	圆弧齿轮
— group	圓群	円群	圆群
— hole	圓孔	丸穴	圆孔
— index	圓分度頭	サーキュラインデックス	圆分度头
— knife	圓盤刀	丸刃	圆盘刀
— lip	圓法蘭	円周フランジ	圆法兰
— list	環形邊條	円形リスト	环形边条
— loom	圓形織機	円形織機	环状织机
— magnetic wave	環形磁波	円形磁気的横波	环形磁波
— measure	弧度法	弧度	弧度
— milling	圓銑	回しフライス削り	圆铣
— module	端面模數	サーキュラモジュール	端面模数
— nut	圓螺帽	丸ナット	圆螺母
— orbit	圓形軌道	円軌道	圆形轨道
— orifice	圓形管孔	円形オリフィス	圆形管孔
— pipe	圓管	円管	圆管
— plane	圓刨	丸かんな	圆刨
— plate	圓盤	円板	圆盘
— plate loading test	圓形載荷試驗	円形平板載荷試験	圆形载荷试验
— ring	環：圓環	円環	环; 圆环
— ruler	圓規	円弧定規	圆规

英文	臺灣	日文	大陸
— saw	圓盤鋸	丸のこ	圆盘锯
— saw hench	圓鋸台	テーブル丸のこ盤	圆锯台
— saw blad	圓鋸片	丸のこ刃	圆锯片
— saw machine	圓鋸機	丸のこ盤	圆锯机
— saw sharpener	圓鋸刃磨機	丸のこ目立て盤	圆锯刃磨机
— sawing machine	圓盤鋸	金切り丸のこ盤	圆盘锯
— sawm welding	環縫對接焊	円周シーム溶接	环缝对接焊
— section	圓弧形截面	円形断面	圆弧形载面
— spur sheel work	圓齒輪加工	円形歯車工作	圆齿轮加工
— stairs	旋轉樓梯	円形回り階段	旋转楼梯
— stretching machine	環形引伸機	円形幅出し機	环形拉伸机
— table	圓盤工作台	円テーブル	圆盘工作台
— thickness	弧線齒厚	円周歯厚	弧齿厚
— tool	圓弧刀具	円弧刀具	圆弧刀具
— tooth thickness	圓弧齒厚	歯厚	圆弧齿厚
— vibration	圓振動	円振動	圆振动
— washer	圓墊圈	丸座金	圆垫圈
circularity	真圓度	丸さ	真圆度
circulating	循環	サーキュレーティング	循环
— device	循環裝置	循環装置	循环装置
— heat	循環熱	循環熱	循环热
— hot air oven	熱風循環爐	熱風循環炉	热风循环炉
— load	循環荷重	循環負荷	循环荷重
— water temperature	循環水溫度	冷却水温度	循环水温度
circulation	循環；環流	循環	循环; 旋度
— loop	循環回路	循環ループ	循环回路
— oven	循環加熱爐	循環期	循环加热炉
circumcenter	外接圓心	外心	外接圆心
circumcircle	外接圓	外接円	外接圆
circumference	圓周	円周	圆周
— pitch	圓節	周ピッチ	圆节
— speed	圓周速率；切向速率	周速度	圆周速率; 切向速率
— strain	環向應變	円周ひずみ	环向应变
— strength	圓周方向強度	円周方向強さ	圆周方向强度
— stress	圓周應力	周方向応力	圆周应力
— varying pitch	周向變螺距	円周方向変動ピッチ	周向变螺距
— velocity	切向速度；圓周速度	周速度	切向速度; 圆周速度
— weld	環縫焊接	円周溶接	环缝焊接
circumscribed circle	外接圓	外接円	外接圆
circumscription	限界；區域	サーカムスクリプション	限界; 区域

英　文	臺　灣	日　文	大　陸
circumstance	環境；事件	サーカムスタンス	环境; 事件
cissing	凹陷；收縮	はじき	凹陷; 收缩
cistern	箱	洗浄タンク	水槽; 水塔
— valve	止水閥	シスターンバルブ	止水阀
clack valve	翼門止回閥	羽打ち弁	瓣阀
clad	金屬包層；覆蓋	金属を張り合わせた	金属包层; 覆盖
— aluminum	復合鋁板	クラッドアルミニウム	复合铝板
— fiber	敷層〔光學〕纖維	クラッドファイバ	敷层〔光学〕纤维
— material	包覆材料	クラッド材	包覆材料
— metal	被覆金屬	クラッド金属	复合金属
— plate	被覆板	金属合わせ板	复合板
— sheet	雙金屬〔復合〕板	合わせ板	双金属〔复合〕板
— steel	護面鋼板	クラッド鋼	复合钢板
— steel plate	復合鋼板	クラッド鋼板	复合钢板
cladder metals	粘結金屬	はり合わせ金属	粘结金属
cladding	護面層法	被覆	覆盖; 表面处理
— failure	被覆破損	被覆破壊	被覆破损
— material	被覆材	きせ金作業	被覆材
— metal	被覆金屬	合わせ材	复合金属
clamp	夾板；鉗	締付け金具	箱夹; 钳
— action	鉗位作用	クランプ作用	钳位作用
— apparatus	夾緊裝置	クランプ装置	夹紧装置
— bite	機械固定式刀片	クランプバイト	机械固定式刀片
— bolt	夾緊螺栓	つかみボルト	夹紧螺栓
— bracket	夾緊托架	クランプブラケット	夹紧托架
— capacity	夾緊力	締付け力	夹紧力
— connection	連接	かすがい連結	连接
— face	安裝面；固定面	取付け面	安装面; 固定面
— force	合模力	型締め力	合模力
— handle	鎖緊手柄	クランプハンドル	锁紧手柄
— holder	夾持器	クランプホルダ	夹持器
— iron	壓板	クランプアイアン	压板
— lead	夾線	クランプリード	夹线
— lever	夾緊桿	クランプレバー	夹紧把手
— load	夾緊載荷	締付け荷重	夹紧载荷
— nail	暗釘	かくれくぎ	暗钉
— nut	緊固螺母	クランプナット	紧固螺母
— pad	固緊墊圈	クランプ受け	固紧垫圈
— platen	夾板；壓板	固定板	夹板; 压板
— ring cam	夾緊圈凸輪	クランプリングカム	锁紧圈凸轮

英文	臺灣	日文	大陸
— screen	夾緊閥	クランプ網	夹紧阀
— screw	緊夾螺釘	締付けねじ	紧固螺钉
— stroke	合模行程	型締め行程	合模行程
— terminal	鉗形接頭	クランプ形端子	钳形接头
— torque	緊固扭矩	締付けトルク	紧固扭矩
clamped beam	緊固梁	固定ばり	紧固梁
— edge	夾緊端	固定辺	夹紧端
— milling cutter	夾固銑刀	クランプフライス	夹固铣刀
— mold	合接的鑄模	締め型	合(型)接的铸型
— tool	夾固刀具	クランプ工具	夹固刀具
clamping	夾緊	締付け	钳紧
— apparatus	夾具；緊固裝置	締め具	夹具; 紧固装置
— bolt	緊固螺栓	締付けボルト	紧固螺栓
— cap	緊固帽	固定用押え金	紧固帽
— die	固定用模	取付け型	固定用模
— fixture	夾具；夾緊裝置	取付け具	夹具; 夹紧装置
— force	夾緊力；合模壓力	締付け力	夹紧力; 合模压力
— frump	夾鉗；定位	締付け枠	夹钳; 定位
— jaw	夾鉗；抓頭	つかみ具	夹钳; 抓头
— lever	夾緊手柄	締付けレバー	夹紧手柄
— mechanism	夾緊機構	型締め機構	夹紧机构
— nut	緊固螺母	締めナット	紧固螺母
— plane	固定平面	つかみ面	固定平面
— plate	固定板	固定板	固定板
— platen	壓模板	固定板	压模板
— pleasure	合模壓力	型締め圧（力）	合模(型)压力
— ring	夾緊環	締付け環	夹紧(环)
— screw	夾緊螺釘	締付げねじ	夹紧螺钉
— speed	合模速度	型締め速度	合模(型)速度
— system	合模方式	型締め方式	合模(型)方式
— table	工作台	加工テーブル	工作台
— time	夾緊時間	圧締め時間	夹紧时间
— tonnage	合模(型)噸數	型締めトン数	合模(型)顿敕
— washer	夾緊墊圈	止め座金	夹紧垫圈
— yokes	緊固件	締付け具	紧固件
clamp-off	壓痕；壓入	押しみ	压痕; 压人
clap	振動	クラップ	振动; 择动
— valve	蝶形閥	ちょう形弁	瓣阀
clapper	擺動刀架	クラッパ	摆动刀架
— block	拍板塊	クラッパブロック	抬刀装置

英文	臺灣	日文	大陸
— pin	擇動刀架軸銷	クラッパピン	择动刀架轴销
— valve	止回閥	クラッパバルブ	止回阀
clarion	亮煤；硫砷銅礦	クラレーン	亮煤；硫砷铜矿
clarificant	淨化劑	浄化剤	净化剂
clarification	淨化	浄化	净化；澄清
— basin	淨化池	浄化池	净化池
— plant	淨化設備	浄化設備	净化设备
— tank	淨化槽	浄化槽	净化槽
clarifying agent	澄清劑	清澄剤	澄清剂
— efficiency	淨化效率	浄化能率	净化效率
— tank	淨化池	浄水タンク	净化池
clarite	硫砷銅礦	クララ石	硫砷铜矿；亮煤
clarity	透明度	透明	透明度
clasp	夾子；鉤子	締め金	夹子；钩子
class	族；級；組	類	族；级；组
— hard-ness	等級硬度	クラス硬さ	等级硬度
— of fit	配合品級	はめ合い区分	配合累别
— of insulation	絕緣階線	絶縁階級	绝缘阶线
classical analysis	古典解所學	古典解析学	古典解所学
diffusion	古典擴散	古典拡散	古典扩散
claw	爪	つめ	卡爪
— clutch	爪形離合器	かみ合いクラッチ	爪形离合器
— couping	爪形聯接器	かみ合い継手	爪形联接器
— crane	爪式起重機	クロークレーン	爪式起重机
— hammer	拔釘鎚	くぎ抜きハンマ	拔钉锤
— magnet	耙式電磁石	くま手磁石	爪形磁铁
— washer	有爪圈	つめ付き座金	爪形垫片
— wrench	鉤型扳手	つめねじ回し	钩型扳手
clay	粘土	粘土	粘土
— cutting machine	碎土機	粘土切取り機	碎土机
— digger	挖土機	粘土掘削機	挖土机
— model	泥塑模型	クレイモデル	泥塑模型
— plate	素燒板	素焼板	素烧板
— slate	粘土板	粘板岩	粘土板
cleanability	淨化性	清浄性	净化性
cleaning	精選；清洗	掃除	精选；清洗
— drum	淨化滾筒	清浄ドラム	净化滚筒
— table	鑄件清理轉台	クリーニングテーブル	〔铸件〕清理〔转〕台
clean-up	淨化；精煉	クリーンアップ	净化；精炼
clearance	間隙；游隙	間げき	间隙；游隙

英文	臺灣	日文	大陸
— adjuster	間隙調整(節)器	すきま調整器	间隙调整(节)器
— and play	游隙	すき間と遊び	间隙与游隙
— angle	逃角	逃げ角	逃角
— check	餘隙檢驗	クリアランスチェック	间隙检验
— diagram	界限圖	建築限界図	界限图
— fit	間隙配合	透き間ばめ	间隙配合
— for insulation	絕緣間隙	絶縁間げき	绝缘间隙
— gage	測隙規	通過限界	塞尺; 间隙规
— hole	穿道	切りくず穴	出砂孔〔铸件的〕; 排屑孔
— loss	餘隙損失	透き間損失	间隙损失
clearator	淨化裝置	クリアレータ	净化装置
clearing point	透明度	透明点	透明度
clearness	清晰度	透明度	清晰度
clearstory	天窗	高窓	天窗
cleavage	分割；裂開	分割	分割; 裂开
— fracture	劈裂破壞	分離破壊	劈裂破坏
— strength	劈開強度	割裂強度	〔木材的〕劈裂强度
cleave saw	劈開鋸	へき開のこ	劈开锯
cleft	裂紋；裂縫	割れ目	裂纹; 裂缝
cellophane	純閃鋅礦	純せん亜鉛鉱	纯闪锌矿
clerestorey	天窗	高窓	天窗
cleaves	彈簧鉤	Uリンク	弹簧钩
— bolt	插銷螺栓	ピンボルト	插销螺栓
— end turn buckle	U形端〔鬆緊〕	クレビスアイ	U形端〔松紧〕
— eye	U形鉤眼圈	クレビスアイ	U形钩眼圈
— link	U形連桿	クレビスリンク	U连杆
— pin	U形夾銷	継手ピン	U形夹销
click	掣子；定位銷	つめ止め装置	掣子; 定位销
clicker die	落料模	(打)抜き型	落料模; 思穿模
— press	下料壓床	打抜きプレス	下料压床
cliftonite	方晶石墨	クリフトン石	方晶石墨
— boundary	氣候	気候限界	气候
climatic cabinet	試驗室	耐候試験室	候试验室
climax	鎳鋼	極相	高潮; 高阻镍钢
— alloy	鐵鎳整磁合金	クライマックス合金	铁镍整磁合金
climb	升高	上昇	上升; 爬高
— cut	順銑法	クライム歯切り法	〔沿螺纹〕上升磨削法
— hobbling	滾削滾；同削滾削	クライム歯切り法	顺向滚削; 同向滚削
— milling	順銑	下向き削り	顺铣
climbing	升高	上昇	上升; 爬高

英　文	臺　灣	日　文	大　陸
— ability	爬坡能力	登坂能力	爬坡能力
— angle	上升角	上昇角	上升角
— crane	爬升式起重機	クライミングクレーン	爬升式起重机
— pole	吊桿	釣棒	吊杆
— rope	吊繩	釣縄	吊绳
— speed	上升速度	上昇速度	上升速度
clincher bolt	緊箍	クリンチボルト	弯头螺栓
chincher rim	緊箍式胎環	引掛けリム	嵌入式轮钢辋
— tire	鋼絲輪胎	クリンチャタイヤ	钢丝轮胎
clinker	煤渣	焼塊	熔渣
— bed	熔結塊層	クリンカ床	熔结块层
clinkering contraction	燒結收縮	焼結縮み	烧结收缩
— crack	燒結裂紋	焼結割れ	烧结裂纹
— expansion	燒結膨脹	焼結脹み	烧结膨胀
— strain	燒結變形	焼結ひずみ	烧结变形
clinking	〔鑄件〕裂紋	クリンキング	〔铸件〕裂纹
clino-axis	斜軸	斜軸	斜轴
clinoferrosilite	斜鐵輝石	斜鉄けい石	斜铁辉石
clinographic projection	斜射投影法	斜面投影法	斜射投影法
clinohedrite	斜晶石	斜晶石	斜晶石
clip	夾子；壓板	書類挟み	夹子；压板
— bolt	夾緊螺栓	菊座ボルト	夹紧螺母
— chain	箍鏈	クリップチェーン	箍链
— connection	夾子連接	クリップ固着	夹子连接
— hook	夾箍鉤	クリップフック	抓钩
— nut	夾緊螺母	クリップナット	夹紧螺母
— plate	墊圈；墊板	座金	垫圈；垫板
— ring	鎖緊環	クリップリング	锁紧环
clipper	剪	切りとり器	限幅器
clipping	剪取；削波	切抜き	剪取；削波
clipps	接線柱	クリップ	接线柱
clocking device	計時裝置	時計装置	计时装置
clockwise arc	順時針圓弧	時計式弧	顺时针圆弧
clog	阻塞；堵塞	詰まり	阻塞；堵塞
cloistered arch	拱頂	あずまやきゅうりゅう	拱顶
close	結束；開關	囲い地	结束；开关
— adjustment	精密修正	精密修正	精密修正
— circuit	閉合電路	閉路	闭合电路
— contact adhesive	緊密接觸型粘合劑	密着型接着剤	紧密接触型粘合剂
— contact glue	緊密接觸型粘合劑	密着型接着剤	紧密接触型粘合剂

英文	臺灣	日文	大陸
— control	近距離控制	精密制御	近距离控制
— control radar	近距離引導雷達	精密誘導レーダ	近距离〔精确〕引导雷达
— examination	精密檢查	精密検査	精密检查
— nipple	緊密□	クローズニップル	管螺纹接套
— pass	閉□式軋槽	クローズパス	闭口式轧槽
— spring	閉合彈簧	閉鎖ばね	闭合弹簧
— test	精密試驗	精密試験	精密试验
— tolerance	緊公差	精密許容差	紧公差
closed aerial	閉路天線	閉路アンテナ	闭路天线
— box	密閉箱	密閉箱	密闭箱
— butt process	閉口對接法	クローズバット法	闭口对接法
— chamber	密閉室	密閉室	密闭室
— curve	閉曲線	閉曲線	封闭曲线
— die	密閉模具	密閉ダイス	闭合模
— force	接觸力	接触力	接触力
— surface	閉曲面	閉曲面	闭曲面
— tank	密閉槽路	密閉タンク	密闭槽路
— top container	密閉容器	密閉容器	密闭容器
— failure	短路故障	短絡故障	短路故障
closeness rating	近接度	近接度	近接度
closer	閉合器；鉚釘模	クロッサ	闭合器；铆钉模
closest packing	最密堆積	最密充てん	最密堆积
close-up	接通	クローズアップ	接通
— lens	特寫鏡頭	クローズアップレンズ	特写镜头
closing	閉合；閉路；接通	閉合	闭合；闭路；接通
— apparatus	閉鎖裝置	閉鎖装置	闭锁装置
— error	閉合誤差	閉合誤差	闭合误差
— gear	閉合裝置	開閉装置	闭合装置
— pressure	合模壓力	型締め圧（力）	合模压力
— screw	螺紋規	閉そくねじ	螺纹规
— speed	合閘速度	アプローチ速度	合闸速度
— stroke	合模(型)行程	型締め行程	合模(型)行程
— time	合模間時	投入時間	合模间时
— travel	合模行程	圧締め行程	合模行程
— velocity	閉合速度	閉成速度	闭合速度
cloth	布；編織物	布	布；编织物
— buff	布輪拋光	布バフ	布轮抛光
— disc	布拋光輪	バフ車	布抛光轮
— filled material	填布材料	布充てん物	布填充料
— filler	填布材料	布充てん材（料）	布填充料

英文	臺灣	日文	大陸
— wheel	布輪	バフ車	布轮
clowhle	收縮孔	収縮孔	(收)缩孔
clunging	附著力	食付き	附着力
cluster	束；群；族	星クラスタ	束; 群; 族
— gear	組合齒輪；塔式齒輪	クラスタギヤー	组合齿轮; 塔式齿轮
— head	多軸頭	クラスタヘッド	多轴头
clutch	離合器	クラッチ継手	离合器
— alignment	離合器	クラッチアラインメント	离合器
— booster	離合器助力器	クラッチブースタ	离合器助力器
— bowl	離合器筒	クラッチボウル	离合器筒
— box	離合器箱	クラッチ箱	离合器外壳
— bracket	離合器托架	クラッチブラケット	离合器托架
— brake	離合器煞車	クラッチブレーキ	离合器制动装置
— cam	離合器凸輪	クラッチカム	离合器凸轮
— capacity	離合器容量	クラッチ容量	离合器容量
— carbon	離合器石墨環	クラッチカーボン	离合器石墨环
— collar	離合器分離套筒	クラッチカラー	离合器分离套筒
— coupling	離合器聯軸節	クラッチ継手	离合器联轴节
— cushion	離合器緩衝裝置	クラッチクッション	离合器缓冲装置
— dlsc	離合器圓盤	クラッチ円板	离合器摩擦片
— discharging gear	離合器脫離裝置	クラッチ切離し装置	离合器脱离装置
— disk	離合器從動盤	クラッチ板	离合器从动盘
— drag	離合器阻力	クラッチドラグ	离合器阻力
— drum	離合器鼓	クラッチドラム	离合器鼓
— facing	離合器摩擦片	クラッチフェーシング	离合器衬片
— fork	離合器叉	クラッチフォーク	离合器叉
— gear	離合器機構	クラッチギヤー	离合器齿轮
— housing	離合器箱	クラッチハウジング	离合器亮
— hub	離合器從動盤數	クラッチハブ	离合器从动盘数
— lever	離合器槓桿	クラッチジバー	离合器分离杠杆
— lining	離合器摩擦襯片	クラッチライニング	离合器摩擦衬片
— linkage	離合器分離機構	クラッチリンケージ	离合器分离机构
— magnet	離合器電磁石	クラッチ電磁石	离合器电磁铁
— motor	離合器電動機	クラッチ付き電動機	离合器电动机
— operating time	離合器工作時間	クラッチ作動時間	离合器工作时间
— pedal	離合器踏板	クラッチペダル	离合器踏板
— piston	離合器離活塞	クラッチピストン	离合器离活塞
— plate	離合器〔摩擦〕板	クラッチ板	离合器〔摩擦〕片
— point	離合點	クラッチ点	离合点
— pulley	安全離合器皮帶輪	クラッチプーリ	安全离合器皮带轮

英　　文	臺　　灣	日　　文	大　　陸
— ring	離合器環	クラッチリング	离合器环
— rod	離合器桿	クラッチロッド	离合器杆
— shaft	離合器軸	クラッチシャフト	离合器轴
— slip	離合器滑轉〔打滑〕	クラッチのすべり	离合器滑转〔打滑〕
— spring	離合器彈(壓)簧	クラッチスプリング	离合器弹(压)簧
— sprocket	離合器鏈輪	クラッチスプロケット	离合器链轮
— stop	止動凸爪〔離合器的〕	クラッチストップ	止动凸爪〔离合器的〕
— wire	離合器操縱鋼絲	クラッチワイヤ	离合器操纵钢丝
— yoke	離合器分離叉	クラッチヨーク	离合器分离叉
coaction	相互作用	共働	相互作用
coagulability	凝結性	凝結能	凝结性
coagulant	凝結劑	凝集剤	凝结剂
— agent	促凝劑	凝集補助剤	促凝剂
— aid	助凝劑	凝集補助剤	助凝剂
coagulate	凝結	凝固させる	凝结
coagulated metter	凝結物	凝集物	凝结物
coagulating agent	凝結劑	凝結剤	凝结剂
— point	凝結點	凝固点	凝结点
coagulation	凝固	凝集	凝固
— point	凝固點	凝固点	凝固点
— temperature	凝結溫度	凝固温度	凝结温度
— test	凝結試驗	凝固試験	凝结试验
— value	凝結值	凝析価	凝结值
coal	煤(塊)	石炭	煤(块)
— ash	煤灰	炭がら	煤灰
— ash cement	煤灰水泥	石炭灰セメント	煤渣
— conveyer	運煤機	石炭コンベヤ	运煤机
— dressing	選煤	選炭	选煤
— dust	煤粉	石炭粉	煤粉
— flame	碳化(火)焰	炭化炎	碳化(火)焰
— furnace	燒煤爐	石炭炉	烧煤炉
— gas	煤氣	石炭ガス	煤气
— oil	煤油	コールオイル	煤油
coarse abrasive	粗粒研磨料	粗粒研磨材	粗粒研磨料
— adjustment	粗調	荒調整	粗调
— content	粗粒含量	粗粒含量	粗粒含量
— copper	粗銅	粗銅	粗铜
— cut file	粗齒銼	大荒目やすり	粗齿锉
— file	粗齒銼	荒目やすり	粗齿锉
— grain	粗晶粒；粗顆粒	粗粒	粗晶粒; 粗颗粒

英文	臺灣	日文	大陸
— grained materials	粗粒材料	粗粒材料	粗粒材料
— grained sand	粗砂	粗い砂	粗砂
— groove	粗紋〔唱片〕	コースグルーブ	粗纹〔唱片〕
— pitch blade	粗齒鋸條	荒目のこ刃	粗齿锯条
— pitch thread	粗牙螺紋	並目ねじ	粗牙螺纹
— sand	粗砂	粗砂	粗砂
— screw thread	粗牙螺紋	並目ねじ	粗牙螺纹
— structure	粗鬆組織	あらい結晶析出	粗晶结构
— texture	粗結構	粗い肌目	粗结构
— thread	標準螺紋；粗牙螺紋	並目ねじ	标准螺纹；粗牙螺纹
— tooth cutter	粗刃銑刀	荒刃フライス	粗齿铣刀
coarsening	〔晶粒〕變粗；粗大化	結晶粒粗大化	〔晶粒〕变粗；粗大化
coat	塗膜；鍍層	塗装	涂装；镀层
coated abrasive	砂布	研磨布紙	砂布
— abrasive finishing	砂帶磨光	研磨布紙仕上げ	砂带磨光
— abrasive machining	砂布（紙,帶)加工	研磨布紙加工	砂布（纸,带)加工
— area	塗敷面積	塗布面積	涂敷面积
— carbide tool	塗層硬化合金刀具	被覆超硬工具	涂层硬盾合金刀具
— electrode	包覆電焊條	被覆アーク溶接棒	涂药焊条
— film	塗膜	コーテッドフィルム	涂膜
— material	塗覆材料	被覆物	涂覆材料
— optics	鍍膜透鏡	コーテッド部品	镀膜透镜
— paper	銅板紙	コート紙	铜板纸
— particle	塗敷顆粒	被覆粒子	涂敷颗粒
— steel	鍍層鋼板	被覆鋼板	镀层钢板
— surface	塗覆表面	塗布面	涂覆表面
— tape	塗敷磁帶	コーテッドテープ	涂敷磁带
— wire	被覆線	被覆線	被覆线
coater	鍍膜機	塗装機	镀膜机
coating	塗層；包覆	塗膜	涂层；涂装
— ability	覆蓋力	被覆力	覆盖力
— additive	塗料添加劑	塗料添加剤	涂料添加剂
— applicator	塗敷裝置	塗布装置	涂敷装置
— build-up	附著量	付着量	附着量
— by vaporization	蒸塗(鍍)	蒸着	蒸涂(镀)
— composition	塗料	塗料	涂料
— compound	塗料	塗料	涂料
— for light metal	輕金屬塗料	軽金属用塗料	轻金属涂料
— formulation	塗料配合	塗料配合	涂料配合
— pan	塗料盤	塗料槽	涂料盘

英文	臺灣	日文	大陸
— performance	塗敷性能	塗布性能	涂敷性能
— resin	塗料(敷)用樹脂	被覆用樹脂	涂料(敷)用树脂
— roughness	塗層粗糙	塗面粗度	涂层粗糙
— set	塗敷裝置	コーティング装置	涂敷装置
— sheet	塗層〔薄板〕	被膜	涂层〔薄板〕
— solution	塗料溶液	塗料溶液	涂料溶液
— speed	塗敷(布)速度	塗布速度	涂敷(布)速度
— system	塗裝系統	塗装系	涂装系统
— thickness	膜厚測定	皮膜厚さ	膜厚测定
— thickness test	塗層處理裝置	皮膜厚さ試験	涂层处理装置
— treatment equipment	膜厚測定	被覆処理装置	膜厚测定
— weight	塗敷量	塗布量	涂敷量
— weight measuring test	膜重測定	皮膜重量試験	膜重测定
coaxial antenna	同軸天線	同軸空中線	同轴天线
— attenuator	同軸衰減器	同軸減衰器	同轴衰减器
— cable	同軸電纜	同軸ケーブル	同轴电缆
— circles	同心圓	共軸円	同心圆
— cylinder	同心圓柱	同軸円筒	同心圆柱
— cylindrical electrode	同心圓柱(形)電極	同軸円筒電極	同心圆柱(形)电极
— rotors	共軸旋翼	同軸廻転翼	共轴旋翼
— transistor	同軸晶体筒	共軸型トランジスタ	同轴晶体筒
— tuner	同軸調諧器	同軸チューナ	同轴调谐器
— valve	同軸管(閥)	同軸管	同轴管(阀)
coaxiality	同心度	同軸度	同心度
cobalt,Co	鈷	コバルト	钴
— aluminate	鋁酸鈷	アルミン酸コバルト	铝酸钴
— ammine	氨合鈷	コバルトアミン	氨合钴
— base superalloy	鋁基超合金	コバルト基超合金	铝基超合金
— black	鈷黑；鈷紫	酸化第二コバルト	钴黑；钴紫
— blue	鈷藍	コバルト青	钴蓝
— carbonate	碳酸鈷	炭酸コバルト	碳酸钴
— chloride	氯化鈷	塩化コバルト	氯化钴
— chromate	鉻酸鈷	クロム酸コバルト	铬酸钴
— crust	鈷華	土質コバルト華	钴华
— drier	鈷乾料	コバルト乾燥剤	钴乾料
— dumet	鈷杜美合金	コバルトデュメット	钴杜美合金
— earth	鈷土	コバルト土（～ど）	钴土
— ferrine	鈷鐵氧体	コバルトフェライト	钴铁氧体
— glance	光鈷礦	輝コバルト鉱	光钴矿
— glass	鈷玻璃	コバルトカラス	钴玻璃

英　　文	臺　　灣	日　　文	大　　陸
— green	鈷綠	コバルト緑	钴绿
— hydrate	氫氧化鈷	水酸化コバルト	氢氧化钴
— magnet	鈷磁鐵	コバルト磁石	钴磁铁
— melanterite	七水（合）硫酸鈷	コバルト緑ばん	七水（合）硫酸钴
— nitrate	硝酸鈷	硝酸コバルト	硝酸钴
— oxide	氧化鈷	酸化コバルト	氧化钴
— plating	鍍鈷	コバルトめっき	镀钴
— red	鈷紅	コバルト赤	钴红
— sulfate	鈷釩	硫酸コバルト	钴钒
— sulfide	硫化鈷	硫化コバルト	硫化钴
— violet	鈷紫	紫色の無機顔料	钴紫
— yellow	鈷黃	コバルト黄	钴黄
— zincate	鋅酸鈷	亜鉛酸コバルト	锌酸钴
cobaltine	輝鈷礦	輝コバルト鉱	辉钴矿
cobaltite	輝鈷礦 (CoAsS)	輝コバルト鉱	辉钴矿
Cobenium	高溫彈簧用鋼	コベニウム	高温弹簧用钢
Cobitlium	活塞用鋁合金	コビタリウム	活塞用铝合金
cochranite	碳氮鈦礦	コックレン石	碳氮钛矿
cocinerite	硫銀銅礦	コシネラ石	硫银铜矿
cock	水龍頭，塞住	水栓（類）	水龙头; 水栓
— disc	旋塞圓盤	コックディスク	旋塞圆盘
— for guard's van	緊急制動閥	車長閥	紧急制动阀
— screw	旋塞螺釘	コックねじ	旋塞螺钉
— washer	旋塞式洗滌器	コックワッシャ	旋塞式洗涤器
— wrench	龍頭扳手	コックレンチ	龙头扳手
cockle	浪邊	耳の波	浪边
— stairs	螺旋形扶梯	回り階段	螺旋形扶梯
cockpit	操縱室	操縦室	操纵室
cocklescmb pyrite	白鐵礦	放射状の白鉄鉱	白铁矿
cocondebstion	共縮合	共縮合	共缩合
coconinoite	鐵硫磷軸礦	ココナイノイト	铁硫磷轴矿
coconucite	鈣菱錳礦	コッコヌコ石	钙菱锰矿
coconut oil	椰子油	やし油	椰子油
concurrent	並流	並流	并流
code	法規;代號	符号	码
— bar	代碼條	符号バー	代码条
— error	編碼錯誤	符号誤り	编码错误
codoil	松香油	樹脂油	松香油
coefficient	係數；因數	係数	系数; 因数
— of absorptivity	吸收係數	吸収係数	吸收系数

英文	臺灣	日文	大陸
— of acceleration	加速度係數	加速度係数	加速度系数
— of acidity	酸性率	酸性率	酸性率
— of attenuation	衰減係數	減衰係数	衰减系数
— of bearing area	承壓面係數	受圧面係数	承压面系数
— of bearing capacity	承載(能)力系數	支持力係数	承载(能)力系数
— of brittleness	脆性係數	もろさ係数	脆性系数
— of compressibility	壓縮係數	圧縮係数	压缩系数
— of condensation	冷凝係數	凝縮係数	冷凝系数
— of contraction	收縮係數	くびれの係数	收缩系数
— of cubical expansion	体膨脹係數	体積膨脹係数	体膨胀系数
— of curvature	曲率係數	曲率係数	曲率系数
— of discharge	流量係數	流量係数	流量系数
— of displacement	位移係數	変位係数	位移系数
— of durability	疲勞係數	耐久性係数	疲劳系数
— of dynamic friction	動摩擦係數	動摩擦係数	动摩擦系数
— of elasticity	彈性模數	弾性係数	弹性模数
— of environment	環境係數	環境係数	环境系数
— of evaporation	蒸發係數	蒸発係数	蒸发系数
— of expansion	膨脹係數	膨脹率	膨胀系数
— of extension	伸長係數	伸び率	伸长系数
— of extinction	消減系數	消衰係数	衰减系数
— of fineness	精度係數	ファインネス係数	精度系数
— of flexural rigidity	撓曲剛度係數	こわさ係数	挠曲刚度系数
— of fragility	脆性係數	ぜい度係数	脆性系数
— of friction	摩擦係數	摩擦係数	摩擦系数
— of fictional resistance	摩擦阻力係數	摩擦抵抗係数	摩擦阻力系数
— of grain size	粒度係數	粒度係数	粒度系数
— of heat conduction	熱傳遞係數	熱伝導係数	导热系数
— of heat convection	熱對流係數	熱対流係数	热对流系数
— of heat emission	散熱係數	熱放散係数	散热系数
— of heat transfer	傳熱係數	伝熱係数	传热系数
— of humidity	濕度係數	湿度係数	湿度系数
— of hydrodynamic force	流體動力係數	流体力係数	流体动力系数
— of inertia	慣性係數	慣性係数	惯性系数
— of kinematic viscosity	動粘度係數	動粘性係数	动粘性系数
— of kinetic friction	動摩擦係數	運動摩擦係数	动摩擦系数
— of linear contraction	線收縮係數	線収縮係数	线收缩系数
— of linear expansion	線膨脹係數	線膨脹係数	线膨胀率
— of liquidity	流性係數	流動率	流性系数
— of machine	機械係數	機械係数	机械系数

C

英文	臺灣	日文	大陸
— of plasticity	塑性係數	可塑係数	塑性系数
— of pressure loss	壓力損失係數	圧力損失係数	压力损失系数
— of radiant-heat transfer	放射熱傳導係數	放射伝熱係数	放射热传导系数
— of radiation	輻射系數	ふく射係数	辐射系数
— of reduction	還原係數	還元係数	还原系数
— of resisting moment	阻力矩係數	抵抗モーメント係数	阻力矩系数
— of restitution	恢復係數	反発係数	恢复系数
— of rigidity	剛性係數	剛性係数	刚性系数
— of tension	張力係數	張力係数	张力系数
— of thermal conductivity	導熱性係數	熱伝導率	导热性系数
— of thermal expansion	熱膨脹係數	熱膨脹係数	热膨胀系数
— of thermal shock	熱衝擊係數	熱衝撃係数	热冲击系数
— of torsion	扭轉係數	ねじり係数	扭转系数
— of viscosity	粘滯係數	粘性係数	粘滞系数
— of volume expansion	体積膨脹係數	体積膨脹係数	体积膨胀系数
— of water absorption	吸水率	吸水率	吸水率
— of water permeability	透水率	透水率	透水率
coffin	屏蔽容器〔放射性物用〕	コフィン	屏蔽容器〔放射性物用〕
coffinite	鈾石	コフィナイト	铀石
cog	鑲齒	コグ	嵌齿
cogging	鑲齒	木積み	嵌齿
cogwheel	鑲齒輪	はめ歯歯車	齿轮
coherer	〔金屬〕粉末檢波器	コヒーラ	〔金属〕粉末检波器
cohesion	凝聚	凝集力	内聚力; 凝集
— force	凝聚力	凝集力	凝聚力
— oil	粘性油	粘着性油	粘性油
— pressure	凝聚壓力	凝集圧	凝聚压力
cohesive energy	內聚能	凝集エネルギー	内聚能
— failure	凝聚破壞	凝集破壊	凝聚破坏
— force	粘合力	粘着力	粘合力
— power	內聚(能)力	凝集力	内聚(能)力
— pressure	內聚壓力	凝集圧	内聚压力
— strength	粘合強度	凝集強さ	粘合强度
coil	線圈	コイル	线圈
— block	線圈組件	コイルブロック	线圈组件
— bobbin	線圈骨架	コイルボビン	线圈骨架
— boiler	螺旋管鍋爐	コイルボイラ	螺旋管锅炉
— break	帶卷剪切	コイル切断	带卷剪切
— case	線圈盒	コイルケース	线圈盒
— coating	卷材包覆	コイル塗装	卷材包覆

英文	臺灣	日文	大陸
— ejector	推卷機	コイルエジェクタ	推卷机
— file	小鏟	コイルファイル	小铲
— former	線圈匣	コイル巻き枠	线圈匣
— holder	卷料匣	コイルホルダ	卷料匣
— housing	線圈殼	コイルハウジング	线圈壳
— kit	線圈組件	コイルキット	线圈组件
— length	線圈長度	コイル長さ	线圈长度
— ramp	開卷機裝料台	コイルランプ	开卷机装料台
— stock	卷料	コイルストック	卷料
— pipe	盤管	コイル管	盘管
— pipe cooler	盤管冷卻器	コイル冷却器	盘管冷却器
— radiator	盤管散熱器	コイル形冷却器	盘管散热器
— spring	螺旋彈簧	コイルばね	螺旋弹簧
— can	旋管罐	コイラ	旋管罐
coiling	盤管	に旋缶	盘管
— motion	卷繞機構	コイラ装置	卷绕机构
coiling	卷取	コイリング	卷取
— drum	卷筒	コイリングドラム	卷筒
— machine	盤(彈)簧機	コイリングマシン	盘(弹)簧机
coin case	硬幣箱	硬貨入れ	硬币箱
— collector	投幣箱	料金箱	投币箱
— counter	硬幣計數器	硬貨計数機	硬币计数器
— embossing press	硬幣壓制機	コイニングプレス	硬币压制机
— gold	貨幣合金	貨幣用金	货币合金
coinage alloy	貨幣用合金	貨幣用合金	货币用合金
— bronze	貨幣用青銅	貨幣用青銅	货币用青铜
— gold	貨幣用金	貨幣用金	货币用金
— metal	貨幣合金	コイネージメタル	货币合金
— silver	貨幣用銀	貨幣用銀	货币用银
coinbox	硬幣箱	料金箱	硬币箱
coincidence	符合；吻合	コインシデンス	符合；吻合
coining	壓模印	コイニング	压印加工；压花
— die	壓印模	コイニング型	压印模
— mill	精壓機	コイニングミル	精压机
— press	精壓機	コイニングプレス	精压机
— tool	壓花工具	コイニングツール	压花工具
cokaditity	焦化性	コークス化性	焦化性
coke	焦炭	コークス	焦炭
— blast furnace	焦炭高爐	コークス高炉	焦炭高炉
— dust	焦末	粉コークス	焦末

英文	臺灣	日文	大陸
— furnace	煉焦爐	コークス炉	炼焦炉
— oven	煉焦爐	コークス炉	炼焦炉
— pusher	推焦機	コークス押出し機	推焦机
— pusher machine	推焦機	コークス押出し機	推焦机
— quenching tower	熄焦塔	コークス冷却塔	熄焦塔
coking	煉焦	コーキング	炼焦
— coal	焦結煤	コークス用炭	焦性煤
— quality	焦結性	粘結性	烧结性
cold	冰點；低溫	コールド	冰点; 低温
— accumulation	冷藏物	冷蔵物	冷藏物
— air	冷氣；冷風	冷風	冷气; 冷风
— air blast system	冷風式	冷風式	冷风式
— air circulating system	冷風循環系硫	冷風循環方式	冷风循环系硫
— air duct	冷風導管	冷風道	冷风导管
— air refrigerating machine	空氣冷凍機	空気冷凍機	空气冷冻机
— alloy	低溫合金	冷合金	低温合金
— bend temperature	冷彎溫度	曲げ耐寒温度	冷弯温度
— bending test	冷彎試驗	冷間曲げ試験	冷弯试验
— blast	冷鼓風	冷風	冷风
— brittleness	冷脆性	低温もろさ	冷脆性
— calender	冷軋機	コールドカレンダ	冷轧机
— cart	低溫車	コールドカート	低温车
— casing	冷鑄型	常温注型	冷铸型
— chamber	冷室	コールドチャンバ	冷室
— chamber pressure casting	冷室壓鑄	加圧ダイカスト法	冷室压铸
— charge	冷裝料法	冷材	冷装料法
— chisel	冷鏨	コールドチゼル	冷錾
— circular saw	冷圓鋸	コールドサーキュラソー	冷圆锯
— compacting	冷壓	冷間圧縮	冷压
— compression molding	冷壓成形	冷間圧縮成形	冷压成形
— condition	低溫條件	低温条件	低温条件
— corrosion	低溫腐蝕	冷腐食	低温腐蚀
— crack	低溫裂紋	低温割れ	低温裂纹
— crack resistance	抗冷裂性	耐寒き裂性	抗冷裂性
— curing	低溫固化	低温硬化	低温固化
— drawing	冷拉	冷間引抜き	冷拉
— drawing strength	冷拉強度	冷間引張り強さ	冷拉强度
— drying	低溫乾燥	低温乾燥	低温乾燥
— extrusion	冷擠壓	冷間押出し	冷挤压
— flow	冷加工	常温流れ	冷加工

英文	臺灣	日文	大陸
— forging	冷鍛	冷間鍛造	冷间锻造
— forging steel	冷鍛鋼	冷間鍛造鋼	冷锻钢
— forming	冷衝壓	冷間成形	冷冲压
— hardening	冷間硬化	冷間硬化	冷间硬化
— impact test	低溫衝擊試驗	低温衝撃試験	低温冲击试验
— machining	低溫切削加工	低温切削	低温切削加工
— metal process	冷金屬加工	冷材法	冷金属加工
— mixture	常溫攪拌	常温混合物	常温搅拌
— molding	冷塑成形	常温成形	冷塑成形
— plastic	低溫塑料	低温塑料	低温塑料
— press	冷壓機	冷圧機	冷压机
— press molding	冷壓成形	常温プレス成形	冷压成形
— press welding	冷壓焊	常温プレス溶接	冷压焊
— press nut	冷壓螺母	冷間圧造ナット	冷压螺母
— probe	低溫探針	低温探針	低温探针
— process	冷加工法	冷製法	冷加工法
— processing	冷加工	常温加工	冷加工
— punched nut	冷衝螺母	打抜きナット	冷冲螺母
— quench	零下淬火	冰冷淬火	零下淬火
— resistance	耐寒性	耐寒性	耐寒性
— roller	冷軋輥	冷ロール	冷轧辊
— roller mill	冷軋機	冷間圧延機	冷轧机
— rolling steel sheet	冷軋鋼板	冷間圧延鋼板	冷轧钢板
— seal	冷封	コールドシール	冷封
— shatter test	低溫破裂試驗	低温破砕試験	低温破裂试验
— short	冷脆	コールドショート	冷脆
— short iron	冷脆性鐵	冷ぜい性鉄	冷脆性铁
— shortness	冷脆性；低溫脆性	低温ぜい性	冷脆性; 低温脆性
— slug	冷鐵	冷塊	冷铁
— spot	冷點	コールドスポット	冷点
— stamping	冷衝壓	常温型打ち	冷冲压
— start	低溫起動	冷態始動	低温起动
— sterilization	低溫消毒	低温殺菌	低温消毒
— storage room	冷藏庫	冷蔵室	冷藏库
— storage plant	冷凍裝置	凍結装置	冷冻装置
— stretch	冷拉伸	常温延伸	冷拉伸
— strip	帶材冷軋機	コールドストリップ	带材冷轧机
— strip silicon steel	冷軋矽鋼帶	コールドストリップミル	冷轧矽钢带
— strip mill	鋼帶冷軋機	冷間圧延けい素鋼帯	带料冷轧机
— tandem mill	連續冷軋機	コールドタンデムミル	连续冷轧机

英文	臺灣	日文	大陸
— temperature brittleness	低溫脆性	低温ぜい性	低温脆性
— temperature flexibility	低溫韌性	低温柔軟性	低温韧性
— temperature resistance	耐低溫性	耐寒性	耐低温性
— test	低溫試驗	コールド試験	低温试验
— treatment	冷處理	冷間処理	冷间处理
— weld	冷焊	コールドウェルド	冷焊
— work	冷加工	冷間加工	冷加工
— work hardening	冷作；冷加工	冷間加工硬化	冷作; 冷加工
— worked-bar	冷加工鋼筋	冷間加工鉄筋	冷加工钢筋
— working corrosion	冷加工腐蝕	冷間加工腐食	冷加工腐蚀
— pipe	冷拉	硬引き	冷拉
cold-drawn	冷拉管	冷間引抜き管	冷拉管
— steel	冷拉鋼	冷間引抜き鋼	冷拉钢
coldproofing	耐寒性	耐寒性	耐寒性
cold-rolled plate	冷軋板	冷間圧延板	冷轧板
— screw	冷軋螺紋	転造ねじ	冷轧螺纹
— steel	冷軋鋼	常温圧延鋼	冷轧钢
— strip	冷軋帶鋼	冷延帯鋼	冷轧带钢
— wire	冷軋鋼絲	冷間圧延鋼線	冷轧钢丝
cold-setting	常度硬化	冷間硬化	常度硬化
— mold	冷硬鑄型	エアセット型	冷硬铸型
collapsed ratio	破壞率	倒壊率	破坏率
collapsing load	破壞荷載	崩壊荷重	破坏荷载
— pressure	斷裂壓力	崩壊圧	断裂压力
— test	破壞試驗	圧壊試験	破坏试验
collar	凸緣；軸環	継ぎ輪	凸缘; 轴环
— flange	環狀凸緣	カラーフランジ	环状凸缘
— joint	環狀接頭	カラー継手	环状接头
— nut	凸緣螺帽	カラーナット	凸缘螺帽
— plate	圓盤	つば板	圆盘
— screw	有環螺釘	つば付き頭ねじ	有环螺钉
collet	〔彈性〕夾頭	コレット	〔弹性〕夹头
— attachment	筒夾裝置	コレット装置	筒夹装置
— cam	筒夾凸輪	コレットカム	筒夹凸轮
— chuck	彈簧夾頭	コレットチャック	弹簧夹头
colliery	煤礦	炭鉱	煤矿
collimation	校準	視準	校准
— axis	視準線	視準線	视准线
collinearity	共線性	共線性	共线性
collineatory	共線	共線	共线

英文	臺灣	日文	大陸
collinsite	淡磷鈣鐵礦	コリンス石	淡磷钙铁矿
colliquation	熔化	融解	熔化
collision	碰撞	衝突	碰撞
— force	碰撞力	衝突力	碰撞力
— load	碰撞載荷	衝突荷重	碰撞载荷
— particle	碰撞粒子	衝突粒子	碰撞粒子
— rate	碰撞率	衝突頻度	碰撞率
colon	支點	コロン	支点
colonnette	〔裝飾性〕小圓柱	コロネット	〔装饰性〕小圆柱
— buffing	抛光	カラーバフィング	抛光
— buffing finish	〔鏡面〕抛光加工	つや目仕上げ	〔镜面〕抛光加工
— value	明晰度	明度	明晰度
colorability	可著色性	着色適性	可着色性
colorant	著色劑	着色剤	着色剂
colorfullness	多色性	カラフルネス	多色性
coloring agent	著色劑；顏料	着色剤	着色剂；颜料
— capacity	著色能力	着色力	着色能力
— finish	抛光能力	つや目仕上げ	抛光能力
— material	著色劑	色材（料）	着色剂
— off	鏡面抛光	カラーオフ	镜面抛光
combination	結合；聯合	化合	结合；联合
— air-oil cylinder	氣-油壓換缸	空油変換シリンダ	气-油压换缸
— beam	組合梁	混合ばり	组合梁
— bevel	組合量角規	コンビネーションベベル	组合量角规
— boiler	組合鍋爐	混式ボイラ	组合锅炉
— build	混合成形	コンビネーション巻き	混合成形
— car	組裝車	合造車	组装车
— column	鋼混凝土柱	鋼コンクリート柱	钢混凝土柱
— die	組合模	組合わせ型	组合模
— female mold	組合凹模	はめ合わせ雌型	组合凹模
— fixture	組合夾具	連合器具	组合夹具
— gage	組合規	組合わせゲージ	组合量规
— holder	組合刀架	コンビネーションホルダ	组合刀架
— law	結合率	結合法則	结合率
— machine	組合機	コンビネーションマシン	组合机
— machinery	聯合機械〔裝置〕	組合わせ機関	联合机械〔装置〕
— of vehicles	轉兩組合	連結車	转两组合
— painting	塗混合漆	混合塗り	涂混合漆
— principle	化合原理	化合基礎定律	化合原理
— pump	複合泵	複合ポンプ	复合泵

英文	臺灣	日文	大陸
— set	方能測角器	コンビネーションセット	方能测角器
— valve	組合閥	コンビネーションバルブ	组合阀
combiner accuracy	綜合精度	総合精度	综合精度
— action	聯合作用	総合作用	联合作用
— agent	粘合劑	結合材	粘合剂
— bearing	組合軸承	コンバインド軸受	组合轴承
— boiler	組合式鍋爐	混式ボイラ	组合式锅炉
— carbon	化合碳	化合炭素	化合碳
— cut	複合切削	コンバインドカット	复合切削
— cycle engine	複合循環發動機	複合サイクル機関	复合循环发动机
— failure	混合破壞	複合故障	复合破坏
— lathe	組合車床	複合旋盤	组合车床
— member	組合構件	結合部材	组合构件
— processing	複合加工法	複合加工法	复合加工法
— strength	複合強度	組合わせ強さ	复合强度
— stress fatigue tester	複合應力疲勞試驗機	組合わせ疲れ試験機	复合应力疲劳试验机
— system	混合骨架式構造	混合ろっ骨式構造	混合骨架式构造
— thermit welding	組合熱焊	組合わせテルミット溶接	组合热焊
— valve	組合閥	混合弁	组合阀
— vortex	組合渦流	組合わせうず	组合涡流
— combustible	可燃物	可燃物	可燃物
— loss	燃燒損失	燃焼損失	燃烧损失
— material	易燃物品	発火燃焼性物質	易燃物品
combustion	燃燒	燃焼	燃烧
— analysis	燃燒分析	燃焼分析	燃烧分析
— casting process	燃燒鑄造法	爆発鋳造法	燃烧铸造法
— heat	燃燒熱	燃焼熱	燃烧热
— intensity	燃燒強度	燃焼強度	燃烧强度
— quality	燃燒性	燃焼性	燃烧性
— speed	燃燒速度	燃焼速度	燃烧速度
conformity	同形度	同形度	同形度
comfortability	舒適性	快適性	舒适性
commensurable type	同量型	同尺度型	同量型
commercial airplane	商用(飛)機	商用（飛行）機	商用(飞)机
— bearing	工業用軸承	コマーシャル軸受	工业用轴承
— blasting	工業用雷管	工業雷管	工业用雷管
— explosive	工業用炸藥	産業火薬	工业用炸药
— material	商品材料	商用材料	商品材料
— molding composition	商品模壓材料	商用成形材料	商品模压材料
comminuted powder	碎磨粉	砕粉	碎磨粉

英文	臺灣	日文	大陸
combination	粉碎〔作用〕	微粉砕	粉碎〔作用〕
commode	衣櫃	置戸棚	衣柜
— handle	扶手	握り棒	扶手
— steps	貯藏物品樓梯	物入れ階段	贮藏物品楼梯
commodity	商品	商品	商品
— chemicals (products)	大量生產的化學商品	大量生産型化学製品	大量生产的化学商品
— packaging	商品包裝	商品包装	商品包装
— area	公共區(域)	公的領域	公共区(域)
— axis	共(用)軸	共通軸	共(用)轴
— beam	普通梁	根太	普通梁
— brass	普通黃銅	普通黄銅	普通黄铜
— difference	公差	公差	公差
— dovetail	鳩尾榫接合	あり差し	鸠尾榫接合
— facilities	共同施設	共同施設	共同施设
— factor	公因子	共通因子	公因子
— link	普通鏈環鎖環；普通鏈環	普通リンク	普通链环锁环; 普通链环
— measure	公測度	公度	公测度
— temperature	常溫	常温	常温
— tools	通用工具	普通工具	通用工具
compression volume	壓縮容積	すきま容積	压缩容积
communication	通信	通信	通信
— band	通信頻帶	通信帯域	通信频带
— cable	通信電纜	通信ケーブル	通信电缆
community	共有；群落	群集	共有; 群落
comonomer	低聚物	コモノマ	低聚物
compact bite	燒結壓制刀頭	小型バイト	烧结压制刀头
— chassis	小型底盤	コンパクトシャーシ	小型底盘
compactibility	成形法	成形性	成形法
compacting	壓實	予備据え込み	压实
— crack	壓縮裂縫	圧縮割れ	压缩裂缝
— equipment	壓實機械	締め固め機械	压实机械
— factor	壓實系數	締め固め係数	压实系数
— machine	壓縮成形機	締め固め機械	压缩成形机
— pressure	壓縮壓力	圧縮圧力	压缩压力
compaction	壓實；搗固	締め固め	压实; 捣固
— by bulldozer track	履帶輾壓	履帯転圧	履带辗压
compactness	致密性	コンパクトネス	致密性
compactor	壓實機	つき固め機	压实机
cpmpandor	壓伸器	圧伸器	压伸器
companion	甲板天窗	昇降口の風雨よけ	甲板天窗

英文	臺灣	日文	大陸
— lifetime	相對壽命	相対寿命	相对寿命
— strength	比較強度	比較強度	比较强度
— tests	比較試驗	比較試験	比较试验
comparison	比較	比較	比较
— circuit	比較電路	比較電回路	比较电路
— test	比較試驗	比較判定	比较试验
compart	隔板；隔膜	コンパート	隔板; 隔膜
compasses	圓規；兩腳規	製図用コンパス	圆规; 两脚规
compatibility	互換性；交換性	相溶性	互换性; 交换性
— condition	適合條件	適合条件	适合条件
compensating	補償蓄電池	補償蓄圧器	补偿蓄电池
— port	輔助(量)孔	補償孔	辅助(量)孔
— ring	補償環	補償リング	补偿环
— sheave	補償滑輪；張緊滑輪	たるみ取り滑車	补偿滑轮; 张紧滑轮
— spring	平衡彈簧	補正ばね	平衡弹簧
— wheel	誘導輪	誘導輪	诱导轮
compensation	校正；補強	補強	校正; 补强
— apparatus	補償裝置	補償装置	补偿装置
— depth	補償深度	補償深度	补偿深度
— device	補償裝置	補償装置	补偿装置
— equipment	補償裝置	補償装置	补偿装置
— of errors	誤差調整	誤差調整	误差调整
compensator	補償板	補償器	补偿板
— alloy	補償器合金	補償導線合金	补偿器合金
— circuit	補償電路	コンペンセータ回路	补偿电路
Compertz curve	康珀茨曲線	コンペルツ曲線	康珀茨曲线
complete	全面分析	総分析	全面分析
— combustion	完全燃燒；理想燃燒	完全燃焼	完全燃烧; 理想燃烧
— dehydration	完全脫水	完全脱水	完全脱水
— diffusion	完全擴散	完全拡散	完全扩散
— dissociation	完全解離	完全解離	完全解离
— dissolution	完全溶化	完全溶解	完全溶化
— drying	完全乾燥	完全乾燥	完全乾燥
— equilibrium	完全平衡	完全平衡	完全平衡
— gasification	完全氣化	完全ガス化	完全汽化
— hardening	完全硬化	完全硬化	完全硬化
— joint penetration	焊透	完全溶込み	焊透
— mixing	完全混溶	完全混合	完全混溶
— overflow	完全溢流	完全越流	完全溢流
— solution	完全解	完全解	完全解

英文	臺灣	日文	大陸
completion	竣工；完工	落成	竣工；完工
— of cycle	循環結束	サイクルの完結	循环结束
complex	配合的；複體；配合物	複雑な	配合的；复体；配合物
— plane	複平面	複素平面	复平面
component	成分；構件	成分	成分；部件
— density	元件密度；組件密度	部品密度	元件密度；组件密度
— discrete	分立元件	個別部品	分立元件
— force	分力	分力	分力
— of force	分力	力の成分	分力
— of stress	應力分量	応力成分	应力分量
composite	複合材料	複合材料	复合材料
— board	複合板	複合板	复合板
— component	複合部件	複合部品	复合部件
— die	組合膜	複合型	组合膜
— electroplate	複合鍍	複合めっき	复合镀
— fiber	複合纖維	合成繊維	复合纤维
— film	複合薄膜	複合フィルム	复合薄膜
— flange	組合法蘭	組合わせフランジ	组合法兰
— function	合成函數	合成関数	合成函数
— material	複合材(料)；組合材料	コンポジット材料	复合材(料)；组合材料
— mold	複合(金屬)膜	複合金型	复合(金属)膜
— nailed beam	釘合梁	くぎ打ちばり	钉合梁
— panel	複合板	複合パネル	复合板
— part	複合零件	複合部品	复合零件
— plastic(s)	複合塑料	複合プラスチック	复合塑料
— plating	複合鍍層	複合めっき	复合镀层
— sintered compact	層狀燒結體	層状焼結体	层状烧结体
— solid solution	複合固溶體	複合固溶体	复合固溶体
— specimen	複合試片	複合試験片	复合试片
— steel	包層鋼	合わせ鋼	包层钢
— strand	複合絞線	複合より線	复合绞线
— stress	複合應力	混用応力	复合应力
— structure	鋼筋混凝土結構	複合構造（物）	钢骨钢筋混凝土结构
composites	複合材料	複合材料	复合材料
composition	組成;成分	構成	焊剂
— metal	合金；應力合成	コンポジションメタル	合金；应力合成
compound	化合物	化合物	接合面
— agent	複合物	配合材〔剤〕	复合物
— compression	配料	多段圧縮	配料
— compressor	多級壓縮機	複式圧縮機	多级压缩机

英文	臺灣	日文	大陸
— die	複合模；組合模	複合型	复合模; 组合模
— material	複合材料	複合材料	复合材料
— pan	塗料盤	塗料槽	涂料盘
— relay	複合繼電器	複合継電器	复合继电器
— sintered compact	複合燒結體	複合焼結体	复合烧结体
— tool rest	複式刀架	複式刃物台	复式刀架
— truss	組合桁架	混合トラス	组合桁架
— twisted wire	合成絞線	合成より線	合成绞线
— valve	複合閥	複合パルブ	复合阀
— vibration	複合振動	合成振動	复合振动
— vortex	複合渦流	組合わせうず	复合涡流
— wall	多層牆	混成壁	多层墙
— water meter	複式水表	複合量水器	复式水表
compounding	配合；配料	配合	配合; 配料
— additive	配合添加劑	配合剤	配合添加剂
compressed	壓縮空氣	圧縮空気	压缩空气
— air drill	風鑽	圧縮空気ドリル	风钻
— air ejection	氣力出模；氣力彈射	空気噴出	气力出模; 气力弹射
— air ejector	壓縮空氣噴射器	圧縮空気放出器	压缩空气喷射器
— air hammer	壓縮氣錘	圧縮空気ハンマ	压缩气锤
— air locomotive	空氣壓縮機	圧縮空気式機関車	空气压缩机
— air machine	風動機械	圧縮空気機械	风动机械
— air motor	風動機械	圧縮空気モータ	风动机械
— air pile driver	打樁氣錘	圧縮空気くい打ち機	打桩气锤
— air pipe	壓縮空氣	圧搾空気管	压缩空气
— air wind tunnel	高壓風洞	高圧風洞	高压风洞
— density	壓縮密度	圧縮密度	压缩密度
— gas forming machine	高速成形機	ガス圧成形機	高速成形机
— joint	受壓接頭	圧縮接合	受压接头
— mode	壓縮方式	圧縮モード	压缩方式
— powder	壓縮粉末	圧縮粉末	压缩粉末
— theorem	壓縮定理	圧縮定理	压缩定理
compressibility	壓縮性	圧縮性	压缩性
— effect	壓縮效應	圧縮性効果	压缩效应
— factor	壓縮率	圧縮率	压缩率
— function	壓縮函數	圧縮関数	压缩函数
— index	壓縮指數	圧縮性指数	压缩指数
compression	壓縮；壓力	圧縮	压缩; 压力
— bending	壓彎加工	圧縮曲げ	压弯加工
— buckling	座屈；壓曲	座屈	座屈; 压曲

英文	臺灣	日文	大陸
— casting	壓鑄；加壓鑄造	圧力鋳造	压铸；加压铸造
— characteristic	壓縮特性	圧縮特性	压缩特性
— coefficient	壓縮系數	圧縮係数	压缩系数
— coil spring	壓縮螺旋彈簧	圧縮コイルばね	压缩螺旋弹簧
— coupling	壓縮聯軸節	圧縮形継手	压缩联轴节
— curve	壓縮曲線	圧縮曲線	压缩曲线
— degree	壓縮比；壓縮程度	圧縮度	压缩比；压缩程度
— die	擠壓模	圧縮加工型	挤压模
— engine	壓縮機	圧縮エンジン	压缩机
— equation	壓縮方程	圧縮式	压缩方程
— equipment	壓縮裝置	圧縮装置	压缩装置
— factor	壓縮系數	圧縮係数	压缩系数
— flange	補強凸緣	補強フランジ	补强凸缘
— formation	壓縮成形	圧縮成形	压缩成形
— ignition	壓縮點火	圧縮 点火	压缩点火
— index	壓縮指數	圧縮指数	压缩指数
— pump	壓縮泵	圧縮ポンプ	压缩泵
— rate	壓縮率	圧縮度	压缩率
— ratio	壓縮比	圧縮比	压缩比
— refrigeration	壓縮冷凍	圧縮冷凍	压缩冷冻
— refrigerating system	壓縮制冷系統	圧縮冷凍方式	压缩制冷系统
— relief cam	壓縮調整凸輪	圧縮加減カム	压缩调整凸轮
— relief valve	壓縮安全閥	圧縮安全弁	压缩安全阀
— ring	密封環	圧縮リング	密封环
— roll	壓(縮)輪	圧縮ロール	压(缩)轮
— section	壓縮部	圧縮部	压缩部
— space	壓縮室	圧縮室	压缩室
— spring	壓縮彈簧	圧縮コイルばね	压缩弹簧
— stroke	壓縮衝程	圧縮行程	压缩冲程
— tank	壓力水箱	圧力タンク	压力水箱
— tap	壓縮旋塞	逃しコック	压缩旋塞
— temperature	壓縮溫度	圧縮温度	压缩温度
— test	壓縮試驗	圧縮試験	压缩试验
— treatment	壓縮處理	圧縮処理	压缩处理
— tube	壓縮管	圧縮管	压缩管
— type packing	壓縮式填充物	圧縮形パッキン	压缩式填充物
— velocity	壓縮速度	圧縮速度	压缩速度
compressional	壓縮振動	圧縮振動	压缩振动
— wave	壓力波	圧力波	压力波
compressive	抗壓瀝青路面	圧縮アスファルト舗装	抗压沥青路面

英　　文	臺　　灣	日　　文	大　　陸
— buckling	壓縮屈曲	圧縮座屈	压缩屈曲
— creep	壓縮蠕變	圧縮クリープ	压缩蠕变
— deformation	壓縮變形	圧縮変形	压缩变形
— fluid	可壓縮性流體	圧縮性流体	可压缩性流体
— force	壓縮力	圧縮力	压缩力
— reinforcement	受壓鋼筋	圧縮鉄筋	受压钢筋
— resilience	壓縮儲能	圧縮レジリエンス	压缩储能
— resistance	抗壓縮性	耐圧縮性	抗压缩性
— shrinking machine	壓縮收縮機	圧縮収縮仕上げ機	压缩收缩机
— strain	壓應變	圧縮ひずみ	压应变
— strength	抗壓強度	耐圧強度	抗压强度
— stress	抗壓應力	圧縮応力	抗压应力
— wave	壓縮波	圧縮波	压缩波
— yield point	降伏點	降伏点	降伏点
— zone	構件受壓區	部材圧縮部	构件受压区
compressor	壓縮機	圧縮機	压缩机
— cylinder	壓縮(氣)機氣缸	圧縮機シリンダ	压缩(气)机气缸
— disk	壓縮(氣)機輪盤	圧縮機ディスク	压缩(气)机轮盘
— for blast furnace	高爐鼓風機	高炉用圧縮機	高炉鼓风机
— for refrigerator	冷凍機用壓縮機	冷凍機用圧縮機	冷冻机用压缩机
— piston	壓縮(氣)機活塞	圧縮機ピストン	压缩(气)机活塞
— pressure ratio	壓縮(氣)機壓力比	圧縮機圧力比	压缩(气)机压力比
— room	壓縮(氣)機室	空気圧縮機室	压缩(气)机室
— turbine	壓縮(氣)機渦輪	圧縮機タービン	压缩(气)机涡轮
— unit	壓縮裝置	圧縮装置	压缩装置
computer	計算機；電腦	計算機	计算机；电脑
— numerical control	計算機數値控制	計算機数値制御	计算机数值控制
— simulation	計算機模擬	計算機シミュレーション	计算机模拟
— socket	計算機插口	計算機シミュレータ	计算机插口
— simulator	計算機模擬程序	コンピュータソケット	计算机模拟程序
computer model	計算機模型	計算可能モデル	计算机模型
computer aided experiment	計算機輔助實驗	計算機援用實験	计算机辅助实验
— facity design	計算機輔助設計	計算機援用設備設計	计算机辅助设计
— identification	計算機輔助識別	計算機援用同定	计算机辅助识别
— instruction	計算機輔助教學	計算機援用教育	计算机辅助教学
— learning	計算機輔助學習	計算機援用学習	计算机辅助学习
— manufacturing	計算機輔助生產	コンピュータによる製造	计算机辅助生产
— measurement	計算機輔助測量	計算機援用測定	计算机辅助测量
— performance	計算機輔助性能	計算機援用性能	计算机辅助性能
comuccite	硫銻鐵鉛礦	コムシ石	硫锑铁铅矿

英文	臺灣	日文	大陸
concave	端刃隙角	すかし角	端刃隙角
— chamfer	凹圓面	さじ面	凹圆面
— cutter	凹半圓成形銑刀	内丸フライス	凹半圆成形铣刀
— fillet weld	凹面角焊縫	へこみすみ肉溶接	凹面角焊缝
— lens	凹透鏡	凹レンズ	凹透镜
— mirror	凹面鏡	凹面鏡	凹面镜
— shear	凹形剪	くぼみ形シャー	凹形剪
— side	凹側	凹側	凹侧
— slope	凹形斜面	凹（形）斜面	凹形斜面
— weld	凹形焊縫	へこみ溶接	凹形焊缝
concavity	凹面	凹面	凹面
concentrated	濃酸	濃酸	浓酸
— load	集中載荷	集中荷重	集中载荷
— loss	集中損耗	集中損失	集中损耗
— matte	精煉銅	精製銅ひ	精炼铜
— gradient	沈度梯度	濃度こう配	沈度梯度
— meter	濃度計	濃度計	浓度计
concentric	同心圓環	同心円環	同心圆环
— arrangement	同心配置	同心配置	同心配置
— cable	同軸電纜	同軸ケーブル	同轴电缆
— circular ring	同心圓環	同心円環	同心圆环
— ring	同心環	共心環	同心环
concentricity	同中心；同心度	同心性	同中心；同心度
coneept	原理；定則	コンセプト	原理；定则
conceptual	概念解析	概念解析	概念解析
— design	概念設計	概念設計	概念设计
— graph	概念圖解	概念グラフ	概念图解
— model	概念模型	概念モデル	概念模型
conchoid	螺旋線	コンコイド	螺旋线
conciliation	調停	調停	调停
concord	一致	コンコード	一致
concretion	凝結物	凝結	凝结物
condensable gas	液化氣	液化ガス	液化气
condensate	冷凝水；凝縮	凝縮液	冷凝水；凝缩
— pump	凝結水泵	復水ポンプ	凝结水泵
condensation	壓縮度	縮合	压缩度
— agent	壓縮劑	縮合剤	压缩剂
— catalyst	縮合催化	縮合触媒	缩合催化
— center	凝結中心	縮合中心	凝结中心
— method	冷凝法	凝集法	冷凝法

英文	臺灣	日文	大陸
— rate	縮合率	縮合度	缩合率
condenser	冷凝器	復水器	冷凝器
condensing	冷凝螺旋管	復水じゃ	冷凝螺旋管
— temperature	凝結溫度	凝縮温度	凝结温度
— water cooler	冷凝水冷卻器	復水冷却器	冷凝水冷却器
condition	狀態；狀況	条件	状态; 状况
— of balance	平衡條件	平衡条件	平衡条件
— of cure	固化條件	硬化条件	固化条件
— of divergence	擴散條件	拡散条件	扩散条件
conditioner	添加劑；軟化劑	調節器	添加剂; 软化剂
conditioning	適應〔環境〕	条件づけ	适应〔环境〕
— system	調節系統	調節系	调节系统
— conduct pipe	導管	導管	导管
— pipe line	導水管線	導水管	导水管线
conductance	導電率；電導	電導度	导电率; 电导
— material	導電材料；導體	伝導物質	导电材料; 导体
— resin	導電樹脂	導電性樹脂	导电树脂
conductor	導體	導体	导体
— ink	導體墨水	導体インク	导体墨水
— loss	導體損耗	導体損失	导体损耗
conduit	導管；輸送管	導水路	导管; 输送管
— tube thread	薄鋼〔導線〕管螺紋	薄鋼電線管ねじ	薄钢〔导线〕管螺纹
cone	(圓)錐；錐體	コーン	(圆)锥; 锥体
— agitor	旋轉錐形攪拌機	回転円すい式かくはん機	旋转锥形搅拌机
— angle	圓錐角	テーパ角度	圆锥角
— antenna	錐形天線	コーンアンテナ	锥形天线
— arc welding	圓錐電弧焊	円すいアーク溶接法	圆锥电弧焊
— assembly	圓錐配合	コーンアセンブリ	圆锥配合
— axis	圓錐軸線	円すいの軸線	圆锥轴线
— belt	三角皮帶	V ベルト	三角皮带
— blender	錐形混合攪拌機	コーンブレンダ	锥形混合搅拌机
— bobbin	錐形筒管	コーンボビン	锥形筒管
— brake	圓錐閘	円すいブレーキ	圆锥闸
— cup	錐形杯	コーンカップ	锥形杯
— diameter	圓錐直徑	円すい直径	圆锥直径
— diameter tolerance	圓錐直徑公差	円すい直径公差	圆锥直径公差
— form tolerance	圓錐形狀公差	円すい形状公差	圆锥形状公差
— pulley	塔輪	円すいベルト車	塔轮
— screw	錐形螺釘	円すいらせん	锥形螺钉
— spindle	錐形軸	コーンスピンドル	锥形轴

英文	臺灣	日文	大陸
— spring	錐形彈簧	円すい形ばね	锥形弹簧
— turbine	錐形渦輪機	円すいタービン	锥形涡轮机
— type handle	喇叭型轉向盤	コーンタイプハンドル	喇叭型转向盘
— valve	錐形閥	コーンバルブ	锥形阀
connection diagram	接線圖	結線図	接线图
coned disc spring	錐形盤簧	皿ばね	锥形盘簧
— identification	外形識別	形態識別	外形识别
— in space	空間構形	空間配置	空间构形
conformability	整合(性)	整合	整合(性)
conformal	共形天線陣	コンフォーマルアレイ	共形天线阵
— projection	等角投影	等角投影	等角投影
congealing	凍凝〔作用〕	冰結	冻凝〔作用〕
— point	凍(凝)點	固化点	冻(凝)点
conical accumulation	砂礫圓錐	砂れき円すい	砂砾圆锥
— ball mill	錐形球磨機	コニカルボールミル	锥形球磨机
— bearing	圓錐軸承	円すい軸受	圆锥轴承
— brake	錐形閘	コニカルブレーキ	锥形闸
— cam	圓錐凸輪	円すいカム	圆锥凸轮
— camber	錐形彎曲	コニカルカンバ	锥形弯曲
— cutter	圓錐形刀具	コニカルカッタ	圆锥形刀具
— die	圓錐形模	円すいダイス	圆锥形模
— diffuser	錐形擴散	円すいディフューザ	锥形扩散
— friction	錐形摩擦離合器	円すいクラッチ	锥形摩擦离合器
— helical spring	圓錐螺旋(形)彈簧	円すいつる巻ばね	圆锥螺旋(形)弹簧
— reamer	錐形鉸刀	円すいリーマ	锥形铰刀
— ring	錐形環	コニカルリング	锥形环
— spiral spring	錐形螺旋彈簧	円すいコイルばね	锥形螺旋弹簧
— spring washer	錐形彈簧墊圈	皿ばね座金	锥形弹簧垫圈
— stylus	錐形觸針	円すい針	锥形触针
— surface	錐面	円すい表面	锥面
coning	錐度	コニング	锥度
— angle	錐角	コニング角	锥角
— axis	共軛軸	共役軸	共轭轴
connectedness	連通性	連結(性)	连通性
connecting	連接	コネクチング	连接
— gear	聯結齒輪	連結歯車	联结齿轮
— lug	連接凸緣	接続ラグ	连接凸缘
— nut	連接螺母	継手ナット	连接螺母
— piece	連接件	コネクティングピース	连接件
— pin	連接銷	連接ピン	连接销

英　文	臺　灣	日　文	大　陸
— pipe	連絡管	導圧管	连络管
— plug	連接插頭	接続プラグ	连接插头
— portion	連接部分	つながり部	连接部分
— rod	活塞桿	転てつ棒	活塞杆
— rod head	連桿頭	主連接棒端	连杆头
— rod metal	連桿(孔)軸承合金	コンロッドメタル	连杆(孔)轴承合金
— rod pin	連桿銷	コネクチングロッドピン	连杆销
— screw	聯接螺釘	連結ねじ	联接螺钉
— shaft	連接軸	連結軸	连接轴
— spring	連接彈簧	連結ばね	连接弹簧
— tube	連接管	連結管	连接管
— wire	連接線	つなぎ線	连接线
connection	連接；接通；榫接	接続	连接；接通；榫接
— angle	連接角鋼	連結山形鋼	连接角纲
— cable	連接電纜	コネクションケーブル	连接电缆
— chain	連接縫	コネクションチェイン	连接缝
— diagram	配線圖	つなぎ線図	配线图
— in series	串行連接	直列接続	串行连接
— sleeve	連接套(管)	接続スリーブ	连接套(管)
— link	連接環	連結環	连接环
— pipe	連接管	コネクタパイプ	连接管
connelite	硫羥氯銅石	コーネル石	硫羟氯铜石
cono battery	充電式蓄電池	コーノバッテリ	充电式蓄电池
conoid	圓錐形(體)	コノイド	圆锥形(体)
conormal	餘法線	余法線	馀法线
compensating	逆調節池	予備調整池	逆调节池
condensation for loss	補償損失	損失補償	补尝损失
Conpernik	康普納克鐵鎳基導磁合金	コンパーニク	康普纳克铁镍基导磁合金
consecutive	連續動作	連続動作	连续动作
— computer	順序操作計算機	連続コンピュータ	顺序操作计算机
— input	連續輸入	連続入力	连续输入
— position	連串位置	隣位	连串位置
— reaction	連串反應	逐次反応	连串反应
consequence	結論	結論	结论
constertal	多形等粒狀岩	多形等粒状	多形等粒状岩
conservation of momentum	動量守恆	運動量保存	动量守恒
conservation	保存；保全	保存	保存；保全
— degree	保持度	保守度	保持度
— of angular momentum	角動量守恆	角運動量の保存	角动量守恒
— of energy	能量不滅	エネルギー保存則	能量守恒

英文	臺灣	日文	大陸
— of mass	質量不滅(律)	質量保存則	质量守恒(律)
— principle	不滅原理〔法則〕	保存の原理	守恒原理〔法则〕
— rate	保持率	保守率	保持率
— technique	儲備技術	保存技術	储备技术
— theorem	守恆定理	保存の原理	守恒定理
conservative	貯藏劑；防腐劑	安全側の	贮藏剂; 防腐剂
— force	保守力	保存性の力	保守力
conservatory	溫室；保存室	温室	温室; 保存室
consistence	粘度；相容性	コンシステンス	粘度; 相容性
consistency	稠度;一致性	ちょう度	稠度;一致性
— index	稠度指數；密實度指數	コンシステンシー指数	稠度指数; 密实度指数
— limit	稠度界限	コンシステンシー限界	稠度界限
— meter	粘度計	ちょう度計	粘度计
— operation	一致性操作	後方操作	一致性操作
— test	稠度試驗	コンシステンシー試験	稠度试验
consistent estimator	相容沽計量	一致推定子	相容沽计量
— fat	稠酯肪	硬質脂肪	稠酯肪
— grease	潤滑膏	凝固性グリース	润滑脂
— material	稠性材料	ばらつきのない材料	稠性材料
consistometer	濃度計	粘ちゅう度計	浓度计
console	托架；操作臺	制御卓	托架; 控制台
— buffer	控制台緩沖器	コンソールバッファ	控制台缓冲器
— cabinet	控制室	コンソールキャビネット	控制室
— control desk	落地式控制台	コンソール制御台	落地式控制台
— debug	控制台調整	コンソールディバッグ	控制台调整
— desk	操作台	操作卓	操作台
— display	控制台顯示器	コンソールディスプレイ	控制台显示器
— operator	操作員	コンソールオペレータ	操作员
— package	控制台部件	コンソールパッケージ	控制台部件
— panel	控制板	操作パネル	控制板
— receiver	落地式接收機	コンソールレシーバ	落地式接收机
— set	落地式收音機	コンソールヤット	落地式收音机
— sheet	數據記錄單	コンソールスイッチ	数据记录单
— switch	操作開關	コンソールスイッチ	操作开关
— trap	控制台中斷	コンソールトラップ	控制台中断
— typewriter	控制台打印機	操作卓タイプライタ	控制台打印机
— unit	控制台組件	コンソールユニット	控制台组件
consolidated	合載車	混載車	合载车
— density	壓縮密度	圧縮密度	压缩密度
— system	綜合系統	総合方式	综合系统

英文	臺灣	日文	大陸
consolidating	合并貨運區	集荷地	合并货运区
consolidation	壓實	団結	凝固；固化
— curve	固結曲線	圧密曲線	固结曲线
— displacement	壓實位移	圧密変位	压实位移
— factor	壓實係數；沈降係數	圧密度	压实系数；沈降系数
— of foundation	基礎加固	根固め	基础加固
— process	〔地基〕固結施工法	固結工法	〔地基〕固结施工法
— ratio	壓縮比	圧搾度	压缩比
— settlement	固結沈降	圧密沈下	固结沈降
consolidoment	壓密試驗機	圧密試験機	压密试验机
consulate point	共溶點	共溶点	共溶点
— temperature	共溶溫度	共溶点	共溶温度
consonance	和諧；諧振	協和音	和谐；谐振
const	常數；恆定	定数	常数；恒定
constac	自動穩壓器	コンスタック	自动稳压器
constancy	恆定(性)；堅定	安定度	恒定(性)；坚定
— phenomena	恆常現象	恒常現象	恒常现象
constant	常數	コンスタント	常数
— acceleration test	等加速試驗	定加速度試験	等加速试验
— amplitude	等幅	定振幅	等幅
— amplitude carrier	等幅載波	定振幅搬送波	等幅载波
— current stabilizer	恆流裝置	定電流装置	恒流装置
— current transformer	恆流變壓器	定電流トランス	恒流变压器
— current welding machine	恆電流焊接機	定電流溶接機	恒电流焊接机
— curvature	定曲率	定曲率	常曲率
— diameter cam	等徑凸輪	定直径カム	等径凸轮
— drying condition	恆(定)乾燥條件	定常乾燥条件	恒(定)乾燥条件
— error	等値誤差；定差	定（誤）差	等值误差；定差
— field	恆定(磁)場	不変磁界	恒定(磁)场
— flow mixer	連續式攪拌器	連続ミキサ	连续式搅拌器
— force	不變力	定力	恒力
— fuzzy	常數模糊	コンスタントファジイ	常数模糊
— head tank	恆心位箱	定水位槽	恒心位箱
— lead screw	固定導螺桿	定リード型スクリュー	固定导螺杆
— level	恆定水準〔水平〕	コンスタントレベル	恒定水准〔水平〕
— load	定負載	定荷重	固定荷载
— load test	恆載試驗	定荷重試験	恒载试验
— luminance system	定亮度計〔彩色電視〕	定輝度方式	定亮度计〔彩色电视〕
— permeability alloy	恆(定)導磁率合金	恒導磁率合金	恒(定)导磁率合金
— pitch propeller	等螺距旋槳	一定ピッチプロペラ	等螺距旋桨

英　　文	臺　　灣	日　　文	大　　陸
— power ballast	恒定功率穩流器	定電力型安定器	恒定功率稳流器
— pressure	定壓；恒壓	定圧	定压；恒压
— pressure air reservoir	恒壓儲氣罐	定圧空気だめ	恒压储气罐
— pressure change	等壓變化	等圧変化	等压变化
— pressure combustion	等壓燃燒	定圧燃焼	恒(定)压燃烧
— pressure control system	等壓(力)控制方式(系統)	定圧力制御方式	恒压(力)控制方式(系统)
— pressure-cycle	等壓循環	定圧サイクル	定压循环
— pressure expansion valve	等壓膨脹閥	定圧膨脹弁	恒压膨胀阀
— pressure filtration	恒壓過濾	定圧ろ過	恒压过滤
— pressure gas turbine	等壓燃氣輪機	定圧ガスタービン	等压燃气轮机
— pressure line	等壓線	等圧線	等压线
— pressure method	定壓法	定圧法	定压法
— pressure regulator	恒壓調節閥	定圧調整弁	恒压调节阀
— pressure surface	恒壓面	定圧（表）面	恒压面
— pressure valve	恒壓閥	定圧弁	恒压阀
— proportion	定比	定比例	定比
— rate	定速度	定速度	定速度
— rate pump	定量泵	定量ポンプ	定量泵
— speed	恒速；等速	定速度	恒速；等速
— speed control	定速控制	定速（度）制御	定速调节
— speed friction tester	定速摩擦試驗機	定速式摩擦試験機	恒速摩擦试验机
— speed motor	定速電動機	定速度電動機	定速电动机
— speed propeller	定速螺旋槳	定速プロペラ	恒速螺旋桨
— stress	(恒)定應力	定応力	(恒)定应力
— stress layer	等應力層	定応力層	等应力层
— stress test	等應力試驗	定応力試験	恒定应力试验
— temperature	恒溫；定溫	定温	恒温；定温
— temperature bath	恒溫箱(槽)	恒温箱	恒温箱(槽)
— temperature cycle	恒溫循環	等温サイクル	恒温循环
— temperature furnace	恒溫爐	恒温炉	恒温炉
— temperature line	等溫線	等温線	等温线
— temperature oven	恒溫槽	恒温そう	恒温槽
— tension break	恒定張力斷裂〔試驗〕	定張力破断	恒定张力断裂〔试验〕
— tension control	定張力控制	定張力制御	定张力控制
— term	常數項	定数項	常数项
— thermal chamber	恒溫器	恒温器	恒温器
— torque load	定轉矩負載	定トルク負荷	定转矩负载
— value	常值	定値	常值
— voltage	定電壓；恒壓	一定電圧	定电压；恒压
— voltage characteristic	穩壓特性	定電圧特性	稳压特性

英文	臺灣	日文	大陸
— voltage charge	定電充電	定電圧充電	恒压充电
— voltage circuit	定電電路	定電圧回路	恒压电路
— voltage device	定電裝置	定電圧装置	稳压装置
— voltage generator	定電發電機	定電圧発電機	恒压发电机
— voltage modulation	定電調制	定電圧変調	稳压调制
— voltage power supply	定電電源	定電圧電源	稳压电源
— volume	等容	定容	定容；恒容
— water level valve	恒定水位閥	定水位弁	恒定水位阀
— weight	恒重	恒量	恒重
constantan	康銅	コンスタンタン	康铜；铜镍电阻合金
— wire	康銅線	コンスタンタン線	康铜线
constituent	組成物	要素	构成；成分
— atom	組成原子	構成原子	组分原子
— element	組成元件	構成素子	组分元件
— particle	組成粒子	構成粒子	组分粒子
constitution	構造；成分；組成	構造	构造；成分；组成
constitutional affinity	結構親合力	構成親和力	结构亲合力
— diagram	組成圖	状態図	状态图
— formula	構造式	構造式	构造式
— isomer	結構異性體	構造異性体	结构异性体
constitutive	構成係數	構成係数	构成系数
— property	結構性	構造性	结构性
constrain	約束	拘束	约束
— beam	固定梁	固定ばり	固定梁
— chain	約束鏈系	拘束連鎖	约束链系
— cutting	強制剪切法	拘束せん断法	强制剪切法
— magnetization	強制磁化	拘束磁化	强制磁化
— optimization	條件最佳化	条件付き最適化	条件最佳化
constraint	拘束;拘束物	制約	约束；限制
— condition	約束條件	拘束条件	约束条件
— equation	約束方程	制約式	约束方程
— factor	約束因素	拘束係数	约束因素
constriction	收縮	収縮	收缩
— ratio	收縮比(率)	絞り比	收缩比(率)
construct	結構；施工	構造	结构；施工
construction	構造；營建	構造	构造；建筑
— equipment	營建機具	建設機械	施工机械
— material	建築材料	建設材料	建筑材料
— method	施工法	施工法	施工法
— type	結構形式	構造様式	结构形式

英文	臺灣	日文	大陸
constructional board	建築結構板	建築板	建筑结构板
— iron	結構用鐵	建築用鉄材	结构用钢
— material	建築材料	建築材料	建筑材料
— plastics	建築用塗料	建築用プラスチック	建筑用涂料
consumable	消耗電極	溶極	消耗电极
— electrode process	可熔電極式	溶極方式	可熔电极式
— nozzle	可熔焊嘴	消耗ノズル	可熔焊嘴
— stores	消耗品	消耗品	消耗品
consumption	消費	消費	消费
contact	接觸	コンタクト，接点	接点
— action	接觸作用	接触作用	接触作用
— alloy	接觸合金	コンタクトアロイ	接触合金
— area	接觸面積	接触面積	接触面积
— arm	接觸臂	接触片	接触臂
— bank	接點排	接点バンク	接点排
— bonding	壓接(焊)	圧着	压接(焊)
— bush	接觸襯套	接触ブッシュ	接触衬套
— button	接觸(按)鈕	接触ボタン	接触(按)钮
— cleaner	觸點清潔劑	コンタクトクリーナ	触点清洁剂
— friction	接觸摩擦	接触摩擦	接触摩擦
— loss	接點損耗	接触損	接点损耗
— maker	接合器；開關	接触装置	接合器；开关
— mass	接觸物質	接触剤	接触物质
— material	接點材料	コンタクト材料	接点材料
— mechanism	接觸機構	接触機構	接触机构
— metal	接點金屬	接点金属	接点金属
— oil	潤滑油	コンタクト油	润滑油
— operating mechanism	接點動作機構	接点動作機構	接点动作机构
— output module	接點輸出模件〔組件〕	接点出力モジュール	接点输出模件〔组件〕
— oxidation	接觸氧化	接触酸化	接触氧化
— pads	接觸墊片	導体パッド	接触垫片
— part	接觸部分	接触部	接触部分
— period	接觸時間	接触時間	接触时间
— plate	接觸板	コンタクトプレート	接触板
— screen	接觸絲網	コンタクトスクリーン	接触丝网
— screw	接觸螺釘	接触ねじ	接触螺钉
— separation	接觸間隔	接点間隔	接触间隔
— shoe	測頭	接触子	测头
— spring	接觸彈簧	接触ばね	接触弹簧
— substance	接觸劑	接触剤	接触剂

英文	臺灣	日文	大陸
— terminal	接觸接點	コンタクトターミナル	接触接点
— time	接觸時間	接触時間	接触时间
— contacting	接觸功率	接触効率	接触功率
— face	接觸面	接触面	接触面
— liquid	接著液	接着液	接着液
contactless	無接點	コンタクトレス	无接点
— keyboard	無接點鍵盤	無接点キーボード	无接点键盘
contractor	接觸器	接触器	接触器
— material	接觸器材料	接触子材料	接触器材料
container	容器	容器	容器
— board	瓦楞板紙	段ボール原紙	瓦楞板纸
— box	集裝箱	容器箱	集装箱
— carrier	集裝箱運輸車	コンテナキャリア	集装箱运输车
— case	集裝箱	コンテナケース	集装箱
— crane	集裝箱起重機	コンテナクレーン	集装箱起重机
— glass	容器玻璃	容器ガラス	容器玻璃
— heater	擠壓模加熱器	コンテナヒータ	挤压模加热器
— lease	集裝箱出租	コンテナリース	集装箱出租
— liner	模腔襯層	容器用ライナ	模腔衬层
— ring	組合式擠壓模中間套	コンテナリング	组合式挤压模中间套
— rule	集裝箱規則	コンテナルール	集装箱规则
— service	集裝箱運輸	コンテナ輸送	集装箱运输
— sweat	集裝箱冷卻水	コンテナスウェート	集装箱冷却水
containership	集裝箱船	コンテナ船	集装箱船
containment	收容；密封	収納	收容；密封
— shell	安全外殼	格納容器	安全外壳
— spray system	安全殼噴淋系統	格納容器スプレー系	安全壳喷淋系统
Contamin	康塔明銅錳鎳電阻合金	コンタミン	康塔明铜锰镍电阻合金
contaminant	污染物質	汚染要因物	污染物质
contaminated air	污染空氣	汚染空気	污染空气
— liquid	污染液體	汚染液体	污染液体
— surface	污染表面	汚染表面	污染表面
— water	污染水	汚染水	污染水
contamination	污染	汚染	污染；玷污；不纯静
contamince	被污染物	被汚染物	被污染物
content	含量；內容	目次	含量；内容
— volume	容積	受け容積	容积
contents	內容	内容物	内容
context	上下文	文脈	上下文
contiguous	連接塊	連続ブロック	连接块

英文	臺灣	日文	大陸
contingency	偶然事故	コンティンジェンシ	偶然事故
continuation	繼續	継続	继续
— code	聯續表示位	継続コード	联续表示位
continue	延續	コンティニュー	延续
continuos absorption	連續吸收	連続吸収	连续吸收
— action	連續動作	連続動作	连续动作
— annealing	連續退火	連続焼鈍	连续退火
— annealing furnace	連續退火爐	連続焼鈍炉	连续退火炉
— anodizing equipment	連續陽極化設備	連続陽極処理設備	连续阳极化设备
— arc	連續弧	連続弧	连续弧
— arch	連續拱	連続アーチ	连续拱
— assembly	連續匯編	連続アセンブリ	连续汇编
— automation	連續自動	連続形オートマトン	连续自动机
— bath	連續浴	連続浴	连续浴
— beam	連續梁	連続ばり	连续梁
— body	連續物體	連続物体	连续物体
— brake	連續軔機	通しブレーキ	连续制动器
— brake equipment	連續制動裝置	貫通ブレーキ装置	连续制动装置
— bridge	連續橋	連続橋	连续桥
— casting	連續鑄造	連続鋳造	连续铸造
— casting process	連續鑄造法	連続鋳造法	连续铸造法
— centrifugal separator	連續離心分離分器	連続遠心分離機	连续离心分离分器
— channel	連續通道	連続的通信路	连续通道
— chattering	連續跳動	連続反跳	连续跳动
— classifier	連續澄清池	連続清澄装置	连续澄清池
— control	連續控制	連続制御	连续控制
— control system	連續控制系統	連続制御系	连续控制系统
— controller	連續操作人員	連続制御器	连续操作人员
— conveyer	連續式輸送機	連続コンベヤ	连续式输送机
— cooking	連續蒸煮	連続蒸解	连续蒸煮
— cure	連續硫化	連続加硫	连续硫化
— current	直流	コンティニャアス電流	直流
— current discharge	直流放電	直流放電	直流放电
— curve	連續曲線	連続曲線	连续曲线
— cycle	連續循環	連続サイクル	连续循环
— data	計量値	計量値	计量值
— density function	連續密度函數	連続密度関数	连续密度函数
— discharge	連續放電	連続放電	连续放电
— drilling machine	連續鑽床	連続ボール盤	多工位钻床
— duty	連續使用	連続使用	连续使用

英　文	臺　灣	日　文	大　陸
— duty electromagnet	連續工作的電磁鐵	連続使用の電磁石	连续工作的电磁铁
— dynamical model	連續動態模型	連続動的モデル	连续动态模型
— electrode	連續電極	連続電極	连续电极
— electron lens	連續電子透鏡	連続電子レンズ	连续电子透镜
— extrusion molding	連續擠製成形	連続押出成形	连续挤压成形
— fat splitting	連續油脂烈解	連続油脂分解	连续油脂烈解
— fault	連續故障	継続故障	连续故障
— feeder	連續加料器	連続フィーダ	连续加料器
— filament fiber	長纖維	フィラメント繊維	长纤维
— film	連續薄膜	連続皮膜	连续薄膜
— filter	連續過濾機	連続ろ過機	连续过滤机
— filtration	連續過濾機	連続ろ過機	连续过滤机
— flow	連續流	連続流	连续流
— flow type dryer	連續流動式乾燥機	連続流動式乾燥機	连续流动式乾燥机
— form	連續印刷用紙	連続フォーム	连续印刷用纸
— frame	連續框架	一体フレーム	连续框架
— function	連續函數	連続関数	连续函数
— handling	連續搬運	連続運搬	连续搬运
— heat resistance	耐熱持續性	耐熱持続性	耐热持续性
— heating	連續採暖	連続暖房	连续采暖
— heating furnace	連續加熱爐	連続加熱炉	连续加热炉
— ignition	連續點火	連続点火	连续点火
— liner	連續式親層	一体ライナ	连续式亲层
— load	連續負載	持続荷重	连续载荷
— loading	連續加載	平等装荷	连续加载
— lubrication	連續潤滑	連続給油法	连续润滑
— manufacturing	連續製造	連続生産	连续生产
— member	連續構件	連続部材	连续构件
— mill	連續軌機	連続ミル	连续轨机
— milling machine	連續工作銑床	連続フライス盤	连续工作铣床
— mixer	連續式攪拌機	連続ミキサ	连续式搅拌机
— model	連續模型	連続モデル	连续模型
— molding	連續造模法	連続成形	连续模塑(法)
— movement projector	連續式放映機	連続式映写機	连续式放映机
— operation	連續操作	連続作業	连续操作
— optimal control	連續最優控制	連続最適制御	连续最优控制
— plant	連續式設備	連続式プラント	连续式设备
— polymerization	連續聚合作用	連続重合	连续聚合作用
— process	連續法	連続プロセス	连续生产法
— proessing system	連續處理系統	連続処理システム	连续处理系统

英文	臺灣	日文	大陸
— production	連續生產	連続生産	连续生产
— purifying	連續淨化	連続清浄	连续净化
— reinforcement	連續強化材料	連続強化材	连续强化材料
— reverse redrawing	連續反拉深法	連続逆絞り法	连续反拉深法
— rigid frame	連續鋼〔性構〕架	連続ラーメン	连续钢〔性构〕架
— ringing	連續信號	連続信号	连续信号
— running	連續運轉	連続運転	连续运转
— running wind tunnel	連續式風洞	連続式風胴	连续式风洞
— sash	連續窗	連続サッシ	连续窗
— scouring	連續洗滌〔清洗〕	連続練り	连续净化〔清洗〕
— service	連續作用	連続使用	连续作用
— sheet	連續壓片	連続シート	连续压片
— slowing-down model	連續慢化〔減速〕模型	連続減速モデル	连续慢化〔减速〕模型
— steel making process	連續製鋼法	連続製鋼法	连续制钢法
— stove	連續式乾燥爐	連続乾燥炉	连续式乾燥炉
— tapping	連續出鐵	連続出湯	连续出钢
— thread stud	全螺紋螺栓	長ねじボルト	全螺纹螺栓
— time dynamic model	連續時間動態系統	連続型動的システム	连续时间动态系统
— time stochastic control	連續時間隨機控制	連続時間確率制御	连续时间随机控制
— tractive effort	連續牽引力	連続けん引力	连续牵引力
— transfer	連續傳送	連続移送	连续传送
— truss	連續構架	連続トラス	连续桁架
— upsetting	連續鍛粗	連続アプセッテング	连续锻粗
— use	連續使用	連続使用	连续使用
— variable	連續變數	連続変数	连续变数
— variable system	連續可變系統	連続可変システム	连续可变系统
— variation	連續變異	連続変異	连续变异
— vent	連續通氣管	連続通気	连续通气管
— vibration	等幅振蕩	持続振動	等幅振荡
— voltage-rise test	連續升壓試驗	連続電圧上昇試験	连续升压试验
— weld	連續熔接	連続溶接	连续焊(缝)
— welded rail	無縫鋼軌	ロングレール	无缝钢轨
— welding	連續焊接	連続溶接	连续焊接
— xanthator	連續硫化機	連続硫化機	连续硫化机
contour	外形；輪廓	形状	形状; 轮廓
— amplifier	輪廓放大器	コンターアンプ	轮廓放大器
— analysis	輪廓分析；外形分析	輪郭分析	轮廓分析; 外形分析
— cutting	仿形加工	端面成形切断	仿形加工
— effect	輪廓效應	形状効果	轮廓效应
— extrusion	異形擠出	異形押出し	异形挤出

英文	臺灣	日文	大陸
— gage	輪廓規	輪郭ゲージ	外形样板
— grinding machine	靠模磨床	倣い研削盤	仿形磨床
— machine	靠模機床；仿形機床	成形のこ盤	靠模机床; 仿形机床
— milling	靠模銑削	輪郭フライス削り	仿形铣削
— milling machine	靠模銑床；仿形銑床	倣いフライス盤	靠模铣床; 仿形铣床
— cutline	輪廓	輪郭	轮廓
— projector	輪廓投影儀	コンタープロジェクタ	轮廓投影仪
— sawing	靠模鋸法	輪郭引き	仿形锯法
— sawing machine	靠模鋸床	金切り帯のこ盤	仿形锯床
— shaping	輪廓成形	倣い成形	轮廓成形
— spinning	靠模旋壓	しごきスピニング	仿形旋压
— turning	靠模切(車)削	倣い削り	仿形切(车)削
— vibration	外形振動	輪郭振動	外形振动
contoured blade	成形刀	総形刃	成形刀
— sheet	模板	形板	模板
contourgraph	輪廓儀	コンターグラフ	轮廓仪
contouring	仿形加工	倣い削り	仿形加工
— control	連續軌跡控制	連続通路制御	连续轨迹控制
contracted flow	收縮流	縮流	收缩流
contraction	收縮；縮短	収縮	收缩; 缩短
— and expansion properties	伸縮性	伸縮性	伸缩性
— cavity	收縮孔	収縮孔	收缩孔
— coefficient	收縮係數	収縮係数	收缩系数
— crack	收縮裂縫	収縮割れ目	收缩烈缝
— fissure	收縮裂縫	収縮裂け目	收缩烈缝
— joint	接頭	収縮継手	收缩缝
— loss	收縮損失	縮小損失	收缩损失
— nozzle	收縮噴嘴	縮流ノズル	收缩喷嘴
— of area	斷面收縮(量)	絞り	断面收缩(量)
— percentage	收縮率	縮み率	收缩率
— pyrometer	收縮高溫計	収縮高温計	收缩高温计
— ratio	收縮比；引伸比	縮流比	收缩比; 拉深比
— rule	縮尺	縮尺	缩尺
— scale	縮尺	縮尺	缩尺
— stage	收縮期	収縮期	收缩期
— strain	收縮應變	収縮張力	收缩应变
— stress	收縮應力	収縮応力	收缩应力
— theory	收縮理論	収縮説	收缩理论
— unit stress	收縮單位應力	収縮応力度	收缩单位应力
— void	縮孔	巣	缩孔

英文	臺灣	日文	大陸
contradiction	矛盾	矛盾	矛盾
contraflexure	反彎；反彎點	反曲点	反弯; 反弯点
contraflow	反流;逆流	（対）向流	反向流; 逆流
— condenser	逆冷凝器	逆流復水器	逆冷凝器
— heat exchanger	反流式熱交換器	逆流形熱交換器	反流式热交换器
— regenerator	反流式熱交換器	逆流形熱交換器	反流式热交换器
contraposition	對位	対偶	对位
contrapropeller	同軸反轉式號螺旋槳	二重反転プロペラ	同轴反转式号螺旋桨
contrarotating axial fan	反轉軸流風機	反転軸流ファン	反转轴流风机
contrarotation	逆轉；反轉	反転	逆转; 反转
contrite gear	端面齒輪	フェースギヤー	端面齿轮
contravalency	共價	反原子価	共价
control	控制；管制；操縱	制御	控制; 调整; 操纵
— ability	控制能力	コントロールアビリティ	控制能力
— accuracy	控制精度	制御正確さ	控制精度
— action	控制作用	制御動作	控制作用
— adaptive process	控制— 自適應過程	制御-適応プロセス	控制— 自适应过程
— air compressor	控制用空氣壓縮機	制御用空気圧縮機	控制用空气压缩机
— air pipe	控制用空氣管	制御用空気管	控制用空气管
— air reservoir	控制用空氣儲槽	制御用空気だめ	控制用空气储槽
— amplifier	控制放人器	制御用増幅器	控制放大器
— apparatus	控制裝置	制御器具	控制装置
— arm	控制臂	コントロールアーム	控制臂
— augmentation	控制增強	制御増補	控制增强
— automation system	控制自動化系統	制御自動化システム	控制自动化系统
— ball	控制球	制御ボール	控制球
— bar	操縱桿	コントロールバー	操纵杆
— board	控制板	管制盤	控制盘
— box	控制箱	制御ボックス	控制箱
— button	操縱按鈕	制御ボタン	操纵按钮
— by defectives	不良率管理	不良率管理	不良率管理
— case	控制箱	コントロールケース	控制箱
— circuit	控制電路	制御回路	控制电路
— circuit cut-out switch	控制電路切斷開關	制御回路開放器	控制电路切断开关
— coil	控制線圈	制御コイル	控制线圈
— column	控制桿；操縱桿	操縦かん	控制杆; 操纵杆
— computer	控制計算機	制御計算機	控制计算机
— console	控制台；調整台	制御盤〔卓〕	控制台; 调整台
— coupling	耦合控制	制御的結合	耦合控制
— data	控制數據	制御データ	控制数据

英文	臺灣	日文	大陸
— design	控制設計	制御設計	控制设计
— desk	控制台	調整卓	控制台
— device	控制裝置	制御装置	控制装置
— diagram	控制圖	制御線図	控制图
— dial	操縱盤	コントロールダイヤル	操纵盘
— effectiveness	操縱有效性	かじの効き	操纵有效性
— electrode	控制電極	制御電極	控制电极
— element	控制元件〔因子〕	コントロールエレメント	控制元件〔因子〕
— engineering	控制工程	制御工学	控制工程
— equation	控制方程(式)	制御方程式	控制方程(式)
— equipment	控制設備	制御装置	控制设备
— equipment of sintering	燒結控制裝置	焼結制御装置	烧结控制装置
— error	控制錯誤	制御偏差	控制错误
— factor	控制係數	制御係数	控制系数
— flange	閘凸緣	制動フランジ	闸凸缘
— flow	控制流程	制御フロー	控制流(程)
— flow analysis	控制流分析	制御流れ分析	控制流分析
— flow graph	控制流程圖	制御流れグラフ	控制流程图
— force	控制力;操縱力	制御力	控制力; 操纵力
— gage	標準規	計量器	标准规
— gear	操縱裝置	操縦装置	操纵装置
— group	控制組	制御集団	控制组
— head	控制頭	コントロールヘッド	控制头
— hole	控制孔	制御せん孔	控制孔
— instruction	控制指令	制御命令	控制指令
— instrument	控制裝置	制御装置	控制装置
— limit	控制極限	管理限界	控制极限
— load	控制載荷	制御負荷	控制载荷
— material	控制材料	制御材	控制材料
— mechanism	控制機構;操縱機構	制御機構	控制机构; 操纵机构
— member	控制元件	制御要素	控制元件
— memory	控制儲存器	制御記憶装置	控制储存器
— model	控制模型	制御モデル	控制模型
— module	控制模塊	制御モジュール	控制模块
— monitor	控制監視器	制御モニタ	控制监视器
— needs	控制需求	制御ニーズ	控制需求
— nozzle	控制噴嘴	制御ノズル	控制喷嘴
— of gage	厚度控制〔調整〕	厚み調整	厚度控制〔调整〕
— of plating bath	電鍍〔槽〕液控制〔管理〕	浴の管理	电镀〔槽〕液控制〔管理〕
— panel	控制板	制御パネル	控制盘

英文	臺灣	日文	大陸
— panel board	儀表盤	制御計器盤	仪表盘
— platform	控制台	運転台	控制台
— point	控制點	制御点	基准点
— precision	控制精度	制御精度	控制精度
— principle	控制原理	制御原理	控制原理
— relay	控制繼電器	制御リレー	控制继电器
— science	控制科學	制御科学	控制符号
— sign	控制符號	規制標識	控制科学
— switch	控制開關	操作スイッチ	控制开关
— switchboard	控制配電盤	制御配電盤	控制配电盘
— torque	控制力距	制御トルク	控制力距
— valve	控制閥；調節閥	自動調節弁	控制阀；调节阀
— wheel	操縱輪	操縦輪	调整轮
controllable	轉換式逆止閥	切換え式逆止め弁	转换式逆止阀
— cock	調節旋塞	加減コック	调节旋塞
— factor	可控因子(數)	制御因子	可控因子(数)
controller	控制器；控制者	制御器〔装置〕	控制器；调节器
— structure	控制器結構	制御装置構造	控制器结构
controlling	控制電池	制御電池	控制电池
— box	控制箱	操縦箱	控制箱
— circuit	控制電路	制御回路	控制电路
— device	調節裝置；復位裝置	制御装置	调节装置；复位装置
— efficiency	控制效率	制御効率	控制效率
— element	控制元件	制御要素	控制元件
— equipment	調節設備	調節装置	调节设备
— flange	控制法蘭	制御つば	控制法兰
— force	控制力	制御力	控制力
— gear	控制裝置	操縦装置	控制装置
— magnet	控制磁鐵	制御磁石	控制磁铁
— cone	錐體	コーヌス	锥体
— convected air	對流空氣	対流空気	对流空气
convection	對流(熱、電的)	対流	对流(热、电的)
— boiler	對流 鍋爐	対流形ボイラ	对流式锅炉
— drying	對流乾燥	対流乾燥	对流乾燥
— electrode	對流電極	対流電極	对流电极
— heater	對流 加熱器	対流加熱器	对流式加热器
— heating	對流加熱	対流加熱	对流加热
— loss	對流損耗	対流損失	对流损耗
— oven	對流加熱爐	熱対流炉	对流加热炉
— tube	對流管	対流管	对流管

英文	臺灣	日文	大陸
connective cell	對流室	対流セル	对流室
convector	對流暖爐	対流暖房器	环流加热器
— heater	對流 加熱器	コンベクタヒータ	对流式加热器
— radiator	對流 散熱器	対流放熱器	对流式散热器
convergence	收斂；收縮	収れん	收敛; 聚束; 聚焦
converser	改變;換算	コンバーサ	变换器; 反转器
conversion	變換；反轉	変換	变换; 反转
— burner	轉換燃燒器	コンバーションバーナ	转换燃烧器
— code	變換碼	変換符号	变换码
— coefficient	變換係數	転換比	变换系数
— curve	變換曲線	変換曲線	变换曲线
— lens	轉換鏡頭	コンバーションレンズ	转换镜头
— loss	變換損耗	変換損	变换损耗
— of timber	鋸材	制材木取り	锯材
— program	轉換程序	変換プログラム	转换程序
— rate	變換速度	変換速度	变换速度
— ratio	轉換比	転換率	转换比
— routine	轉換程序	変換ルーチン	转换程序
— table	換算表	換算表	换算表
— time	換算時間	変換時間	换算时间
— treatment	轉化處理	化成処理	转化处理
— unit	改裝設備	改造装置	改装设备
— converted bar	表面硬化鋼棒	肌焼き棒	表面硬化钢棒
converter	變流機；轉爐	コンバータ	变压器; 转炉
— chip	轉換器片	コンバータチップ	转换器片
— compressor	轉爐用壓縮機	転炉用圧縮機	转炉用压缩机
— drive position	變速	変速	变速
— process	轉爐法	転炉法	转炉法
— steel	轉爐鋼	転炉鋼	转炉钢
converting	轉換；變換	変換	转换; 变换
— furnace	轉爐	鋼化炉	转炉
convex	凸面	コンベックス	凸面
— cam	凸面凸輪	凸面カム	凸面凸轮
— combination	凸組合	凸結合	凸组合
— cone	凸錐體	凸すい	凸锥体
— curve	凸曲線	コンベックスカーブ	凸曲线
— cutter	凸半圓成形銑刀	外丸フライス	凸半圆成形铣刀
— end electrode	凸形電極	凸形電極	凸形电极
— fillet weld	凸面填角熔接	凸隅肉溶接	凸形角焊缝
— function	凸函數	凸関数	凸函数

英文	臺灣	日文	大陸
— lens	凸透鏡	凸レンズ	凸透镜
— milling cutter	凸形銑刀	外丸フライス	凸形铣刀
— mirror	凸面鏡	凸面鏡	凸面镜
— polyhedral cone	凸多面錐體	凸多面すい	凸多面锥体
— side	凸邊	凸側	凸边
— slope	凸形斜坡	凸（形）斜面	凸形斜坡
— surface	凸面	凸曲面	凸面
— wheel	盆式車輪	コンベックスホイール	盆式车轮
— ratio	圓度比	ふくらみ率	圆度比
conveyer	輸送機	コンベヤ	输送机
— balance	傳送帶式秤	コンベヤはかり	传送带式秤
— band	傳送帶	コンベヤベルト	传送带
— band dryer	傳送帶乾燥機	バンド乾燥機	传送带乾燥机
— belt	輸送帶	コンベヤベルト	输送机带
— belt flow	帶式流動輸送作業	ベルトコンベア流作業	带式流动输送作业
— blade	輸送機葉片	搬送羽根	输送机叶片
— chain	輸送鍊	コンベヤチェーン	输送机链
— furnace	傳送帶爐	コンベヤ炉	传送带炉
— loader	裝載輸送機	コンベヤローダ	装载输送机
— roller	輸送機滾道	コンベヤローラ	输送机滚道
— scale	輸送帶式秤	コンベヤばかり	输送带式秤
— scraper	輸送機刮板	コンベヤスクレーパ	输送机刮板
— speed	傳送(輸)速度	コンベヤスピード	传送(输)速度
— system	輸送機系統	コンベヤシステム	输送机系统
conveying capacity test	出力試驗	輸送量試験	出力试验
— pump	輸送泵	送水ポンプ	输送泵
convoluter	旋轉器	コンボリュータ	旋转器
convolve	旋轉	コンボルブ	旋转
cool air	冷空氣	冷気	冷空气
— air hose	冷風管	冷風管	冷风管
— and hot water coil	冷熱水螺旋管	冷温水コイル	冷热水螺旋管
— color	冷色	寒色	冷色
— down	降溫	クールダウン	降温
— flame	低溫火焰	クールフレーム	低温火焰
— ray lamp	冷光燈	冷光電球	冷光灯
— sheet	散熱片	クールシート	散热片
— time	冷卻時間	クールタイム	冷却时间
— tone	冷調	冷調	冷调
coolant	冷卻劑	冷却液	冷却剂
— jacket	冷卻套管	冷却マントル	冷却套管

C

英文	臺灣	日文	大陸
— outlet	冷卻水(劑)出口	冷却水出口	冷却水(剂)出口
— pressure boundary	冷卻劑加壓極限	冷却材圧力バウンダリ	冷却剂加压极限
— pump	冷卻(液)泵	切削油剤ポンプ	冷却(液)泵
— radioactivity	冷卻材料放射能	冷却材放射能	冷却材料放射能
— separator	冷卻液分離器	クーラントセパレータ	冷却液分离器
— system geometry	冷卻系統配置	冷却系配置	冷却系统配置
— tank	冷卻液箱	クーラントタンク	冷却液箱
— temperature	冷卻水(劑)溫度	冷却水温度	冷却水(剂)温度
cooled	屏極冷卻式發射管	C.A.T. 管	屏极冷却式发射管
— nozzle	冷卻噴嘴	冷却ノズル	冷却喷嘴
— turbine	渦輪機	冷却式タービン	涡轮机
cooler	冷卻劑；致冷裝置	冷房	冷却剂; 致冷装置
— condenser	冷凝器	冷却凝縮器	冷凝器
unit	冷卻裝置	クーラユニット	冷却装置
cooling	冷卻	冷却	冷却
— agent	冷卻劑	冷却剤	冷却剂
— air	冷卻空氣	冷却空気	冷却空气
— air duct	空氣風道	冷却空気風道	空气风道
— air intake	冷卻空氣進口	冷却空気取入口	冷却空气进口
— air jacket	冷卻空氣套	冷却空気ジャケット	冷却气套
— apparatus	冷卻器	冷却装置	冷却装置
— area	冷卻面	冷却面	冷却面
— bath	冷卻浴	冷却浴	冷却浴
— bed	冷床	冷却床	冷床
— box	冷卻箱	冷却箱	冷却箱
— brittleness	低溫脆性	冷却もろさ	低温脆性
— cavity	冷卻孔	冷却穴	冷却孔
— chamber	冷卻室	低温室	冷藏室
— column	冷卻塔	冷却塔	冷却塔
— control	冷卻控制	冷却制御	冷却控制
— curve	冷卻曲線	冷却曲線	冷却曲线
— cycle	冷卻循環	冷却サイクル	冷却循环
— cylinder	冷卻缸	冷却シリンダ	冷却缸
— drum	冷卻鼓	冷却ドラム	冷却鼓
— duct	冷卻導管	冷却ダクト	冷却导管
— effect	冷卻效果	冷却効果	冷却效应
— efficiency	冷卻效率	冷却効率	冷却效率
— factor	冷卻係數	冷却係数	冷却系数
— fan	冷卻風扇	冷却ファン	冷却风扇
— fin	散熱片	冷却ひれ	散热片

英文	臺灣	日文	大陸
— fixture	冷卻夾具	冷却ジグ	冷却夹具
— flange	冷卻凸緣	冷却フランジ	冷却凸缘
— fluid	冷卻液	冷却液	冷却液
— fresh water cooler	清水冷卻器	清水冷却器	清水冷却器
— fresh water pipe	冷卻水管	冷却清水管	冷却清水管
— fresh water pump	冷卻清水泵	冷却清水ポンプ	冷却清水泵
— hardness cast iron	冷硬鑄鐵	冷硬鋳鉄	冷硬铸铁
— installation	冷卻設備	冷却設備	冷却设备
— jacket	冷卻(水)套	冷却ジャケット	冷却(水)套
— jig	冷卻夾具	冷却ジグ	冷却夹具
— loss	冷卻損失	冷却損失	冷却损失
— method	冷卻方法	冷却方式	冷却方法
— mixture	冷卻混合物(劑)	冷却剤	冷却混合物(剂)
— mold	冷模	冷やし型	冷模成形
— oil	冷卻油	冷却油	冷却油
— oil pump	冷卻油泵	冷却油ポンプ	冷却油泵
— part	冷卻件	クーリングパート	冷却件
— plant	冷卻設備	冷水装置	冷却设备
— pond	冷卻水池	(放射能)冷却(水)槽	冷却池
— power	冷卻能力	冷却能力	冷却能力
— press	冷壓機	クーリングプレス	冷压机
— pump	冷卻泵	冷却ポンプ	冷却泵
— rate	冷卻速度	冷却速度	冷却速度
— roll	冷卻輥	冷却ロール	冷却辊
— sleeve	冷卻套筒(管)	冷却スリーブ	冷却套筒(管)
— stress	冷卻應力	冷却応力	冷却应力
— surface	冷卻面	冷却面	冷却表面
— system	冷卻系統	冷却系	冷却系统
— tank	冷卻槽	冷却タンク	冷却槽
— test	冷卻試驗	冷却試験	冷却试验
— time	冷卻時間	冷却期間	冷却时间
— tube	冷卻管	冷却管	冷却管
— unit	冷卻槽	クーリング装置	冷却槽
— water coller	冷卻器	冷却水冷却器	冷却器
— water heat exchanger	冷卻水冷卻器	冷却水冷却器	冷却水冷却器
— water intake	冷卻水進水口	冷却水取水口	冷却水进水口
— water jacket	冷卻水套	冷却水ジャケット	冷却水管
— water pump	冷卻水泵	冷却水ポンプ	冷却水泵
— water regulating valve	冷卻水調節閥	冷却水調整弁	冷却水调节阀
— water supply system	冷卻供應系統	給水装置	冷却供应系统

英文	臺灣	日文	大陸
— water tank	冷卻水箱	冷却水タンク	冷却水箱
— water temperature	冷卻水溫度	冷却水温度	冷却水温度
— water treatment system	冷卻水處理系統	冷却水浄化設備	冷却水处理系统
— water tube	冷卻管	冷却水管	冷却管
cooperite	硫(砷)鉑礦	クーパー鉱	硫(砷)铂矿
coordinate	座標；配位	座標	坐标；配位
— axis	座標軸	座標軸	坐标轴
— card	座標卡	コーディネートカード	坐标卡
— compound	配位化合物	配位化合物	配位化合物
— conversion	座標變換	座標変換	坐标变换
— covalence	配位共價	配位共有原子価	配位共价
— curve	座標曲線	座標曲線	坐标曲线
— grid	座標網	座標格子	坐标网
— lattice	配位格子	配位格子	配位格子
— paper	座標紙	座標紙	坐标纸
— scale	座標尺	座標尺	坐标尺
— surface	座標(曲)面	座標曲面	坐标(曲)面
— table	十字形工作台	十字テーブル	十字形工作台
— coordination	配位；調整	配位	配位；调整
— isomer	配位異構體	配位異性体	配位异构体
— isomerism	配位異構	配位異性	配位异构
— lattice	配位格子	配位格子	配位格子
— number	配位數	配位数	配位数
cope	上(砂)箱	上型	上(砂)箱
— and deag pattern	對合箱模型	合せ模型	对合箱模型
— box	上砂箱	上型枠	上砂箱
— plate	上箱模板；骨架模底板	地板	上箱模板；骨架模底板
coped joint	暗縫；連接縫	面腰	暗缝；连接缝
Copel	科普爾鎳銅合金	コーペル	科普尔镍铜合金
copier	復印機	コピア	复印机
copilot	副駕駛員	副操縦士	副驾驶员
configuration	共平面構型	共面配置	共平面构型
— force	平面力	平面力	平面力
— points	共面點	共面点	共面点
coplanarity	共(平)面性	共平面性	共(平)面性
coplasticizer	輔助塑劑	補助可塑剤	辅助塑剂
copolycondensate	共聚合	共重縮合	共聚合
copolyester	共聚多酯	コポリエステル	共聚多酯
copolymer	共聚物	コポリマ	共聚物
— resin	共聚合樹	共重合樹脂	共聚合树

英文	臺灣	日文	大陸
copolymerizate	共聚(合)	共重合	共聚(合)
copolymerization	共聚合作用	共重合	共聚合作用
copper,Cu	銅；紫銅	カパー	铜；紫铜
— pcetate	乙酸銅	酢酸銅（第二）	乙酸铜
— acetylide	乙炔銅	アセチレン銅	乙炔铜
— alloy	銅合金	銅合金	铜合金
— alloy casting	銅合金鑄造	銅合金鋳物	铜合金铸造
— alloy pipe	銅合金管	銅合金管	铜合金管
— alloy wire	銅合金線	銅合金線	铜合金线
— amalgam	銅汞齊	銅アマルガム	铜汞齐
— arsenide	砷化銅	ひ化銅	砷化铜
— ashes	銅粉	銅粉	铜粉
— avanturine	銅砂金石	銅砂金石	铜砂金石
— base alloy	銅基合金	銅基合金	铜基合金
— bath	銅電鍍液	銅電と浴	铜电镀液
— blister	泡銅；出銅	プリスタ銅	泡铜；出铜
— bolt	銅螺栓	銅ボルト	铜螺栓
— bond	黃銅焊接	銅圧接	黄铜焊接
— bronze	青銅粉	銅粉	青铜粉
— brush	銅刷	銅ブラシ	铜刷
— bus	銅帶	銅帯	铜带
— carbide	碳化銅	銅アセチリト	碳化铜
— carbonato	碳酸銅	炭酸銅	碳酸铜
— cast steel	銅鑄鋼	銅鋳鋼	铜铸钢
— chloride	氧化銅	塩化銅	氧化铜
— clad sheet	覆銅板	銅張り板	覆铜板
— collar	銅環	銅環	铜环
— conductor	銅蕊導線	銅心線	铜蕊导线
— content	銅的成分	銅分	铜的成分
— cored carbon	銅心碳(棒)	銅心炭素	铜心碳(棒)
— corrosion test	銅板腐蝕試驗	銅腐食試験	铜板腐蚀试验
— covered steel wire	銅包鋼線	銅覆鋼線	铜包钢线
— cyanide	氰化銅	シアン化（第二）銅	氰化铜
— cyanide plating	氰化鍍銅	シアン化銅めっき	氰化镀铜
— decoration	銅擴散法	銅着色	铜扩散法
— dioxide	過氧化銅	二酸化銅	过氧化铜
— dish method	銅皿法	銅皿法	铜皿法
— electrode	銅電極	銅電極	铜电极
— equivalent	銅當量	銅当量	铜当量
— etching	銅腐蝕	銅腐蝕	铜腐蚀

英文	臺灣	日文	大陸
— facing	鍍銅	銅めっき	镀铜
— foil	銅箔	銅はく	铜箔
— froth	銅泡石	銅の浮きかす	铜泡石
— fulminate	雷酸銅	雷酸銅	雷酸铜
— fumes	銅煙	銅煙	铜烟
— gasket	銅填料；銅墊片	銅ガスケット	铜填料；铜垫片
— gauze	銅絲網	銅網	铜丝网
— glance	輝銅礦	硫銅鉱	辉铜矿
— gold thermocouple	銅— 金熱電偶	銅-金熱電対	铜— 金热电偶
— green	銅綠	緑青	铜绿
— hammer	銅錘	銅ハンマ	铜锤
— hydrate	氫氧化銅	水酸化銅	氢氧化铜
— index	銅價	銅価	铜价
— inhibitor	銅害抑制劑	銅害防止剤	铜害抑制剂
— ion	銅離子	銅イオン	铜离子
— leaching	銅浸出	銅浸出	铜浸出
— lead	鉛青銅	鉛青銅	铅青铜
— line block	銅凸板	銅凸版	铜凸板
— liquor	銅(水)溶液	銅塩水溶液	铜(水)溶液
— loss	銅損	銅損	铜损
— manganese	錳銅〔合金〕	マンガン銅	锰铜〔合金〕
— matte	冰銅	銅ひ	冰铜
— matte regulus	冰銅	銅ひ	冰铜
— metallurgy	銅精鍊	製銅	铜精链
— mine	銅礦山	銅山	铜矿山
— netted stencil paper	銅(網)版紙	銅網入り型紙	铜(网)版纸
— nickel plating	銅鎳(電)鍍	銅-ニッケルめっき	铜镍(电)镀
— nickel welding rod	銅鎳電條	銅ニッケル溶接棒	铜镍电条
— nitrate	硝酸銅	硝酸銅	硝酸铜
— ore	銅礦	銅鉱	铜矿石
— peroxide	過氧化銅	過酸化銅	过氧化铜
— phosphide	磷化銅	りん化銅	磷化铜
— pipe	銅管	銅管	铜管
— plate	銅板	銅板	铜板
— plate engraving	雕刻凹版	彫刻凹版	雕刻凹版
— plate printing	凹版印刷	凹版印刷	凹版印刷
— plating anode	鍍銅用陽級	銅めっき	镀铜用阳级
— plating	鍍銅	銅めっき用陽極	镀铜
— plating plant	鍍銅裝置	銅めっき装置	镀铜装置
— pole	銅極	銅極	铜极

英文	臺灣	日文	大陸
— powder	銅粉	銅粉	铜粉
— pyrite	黃銅礦	黄銅鉱	黄铜矿
— refining	銅精煉	銅精錬	铜精炼
— resinate	樹脂酸銅	樹脂酸銅	树脂酸铜
— ribbon	銅帶	銅リボン	铜带
— rod	銅棒	銅棒	铜棒
— rope	銅絲繩	銅線ロープ	铜丝绳
— rust	鋼銹	銅しょう	钢锈
— scale	銅皮	銅肌	铜皮
— scrap	銅渣；銅層	銅さい	铜渣; 铜层
— sheathing	銅覆皮	含銅けつ岩	铜包板
— shedting	含銅頁岩	銅包み板	含铜页岩
— sheet	銅皮	薄銅板	薄铜板
— sheet duct	焊接銅管	銅板ダクト	焊接铜管
— shell	銅皮	銅がら	铜皮
— silicate	矽酸銅	けい酸銅	矽酸铜
— silmin	銅矽鋁明合金	カパーシルミン	铜矽铝明合金
— slag	銅熔渣	銅からみ	铜熔渣
— sleeve	銅套筒	銅スリーブ	铜塞套
— smith	銅工；銅匠	銅工	铜工; 铜匠
— smoke	銅煙	銅煙	铜烟
— solution	銅溶液	銅溶液	铜溶液
— sponge	海綿(狀)銅	海綿状銅	海绵(状)铜
— steel	銅鋼	銅鋼	铜纲
— storage battery	銅蓄電池	銅蓄電池	铜蓄电池
— strip	銅帶；銅條	銅帯	铜带; 铜条
— sulfate	硫酸銅	硫酸第二銅	硫酸铜
— sulfide	硫化銅	硫化銅	硫化铜
— sulphate	硫酸銅	硫酸銅	硫酸铜
— tack	紫銅釘	銅びょう	紫铜钉
— tin welding rod	銅錫焊條	銅すず溶接棒	铜锡焊条
— tube	銅管	銅管	铜管
— weld wire	銅包鋼絲	カッパウェルド線	铜包纲丝
— welding rod	銅焊條	銅溶接棒	铜焊条
— wire	銅線	銅線	铜线
— wire bar	銅錠；銅棒	さお銅	铜锭; 铜棒
— wire gauze	銅絲網	銅線網	铜丝网
— wool	銅絲毛	カッパウール	铜丝毛
— -zinc alloy plating	(電)鍍銅鋅合金	銅あえん合金めっき	(电)镀铜锌合金
— -zinc welding rod	銅鋅焊條(絲)	銅-亜鉛溶接棒	铜锌焊条(丝)

英　文	臺　灣	日　文	大　陸
coppered	鍍銅線	銅引線	镀铜线
coppering	鍍銅	銅めっき	镀铜
copperpie wire	鋼心鍍銅線	カッパプライ線	钢心镀铜线
coppersmithing	銅鍛造	銅鍛造	铜锻造
copunctual planes	共點平面	共点平面	共点平面
copy	拷具；複寫；複制	写し	拷具；复写；复制
— mill	靠模銑床	倣いフライス盤	仿形铣床
— milling	靠模銑削	倣いフライス削り	仿形铣削
copying	靠模加工	複製	仿形加工
— apparatus	靠模裝置；複印機	複写機	仿形装置；复印机
— attachment	靠模裝置；裝置附件	倣い削り装置	仿形装置；装置附件
— control	靠模控制	倣い制御	仿型控制
— lamp	晒圖燈	コピーングランプ	晒图灯
— lathe	靠模車床	写取り旋盤	仿形车床
— machine	靠模機床；複印機	倣い工作機械	仿形机床；复印机
— paper	複寫紙	複写用紙	复写纸
— planer	靠模刨床；靠模車床	倣いかんな盤	仿形刨床；靠模车床
— tool	成形車刀	倣いバイト	成形车刀
copyright	著作權；版權	着作権	着作权；版权
coracite	水鈣鉛油礦	コラサイト	水钙铅油矿
coral	珊瑚	さんご	珊瑚
cord	繩;索	ひも	线；条痕
— breaker	緩沖層	コードブレーカ	缓冲层
— drive	繩索轉動	糸ドライブ	绳索转动
cordage	索具	ロープ類	索具
core	心型;砂心	コア	核；核心
cored bobbin	有芯線圈架	コア入りボビン	有芯线圈架
— carbon	芯碳棒；貫心碳條	コアドカーボン	芯碳棒；贯心碳条
— crystal	有核結晶	有核結晶	有核结晶
— electrode	有心熔接棒	有心電極	有心熔接棒
— roll	貫芯輥筒	コアドロール	贯芯辊筒
cores	芯板	心板	芯板
cork	管塞；軟木	コルク	管塞；软木塞
— plug	軟木塞	コルク栓	软木塞
— stopper	軟木塞(栓)	コルク栓	软木塞(栓)
corner	角；隅；彎(管)頭	コーナ	角；隅；弯(管)头
— angle	頂角	コーナ角	顶角
— cutting	倒角	隅取り	倒角
— cutting machine	切角機	角切り機	切角机
— post	角柱	隅柱	角柱

英文	臺灣	日文	大陸
— shaling	鑄皮	スプラッシュ	铸皮
— structure	角部結構	隅部材	角部结构
— weld	角焊；角縫焊	角溶接	角焊；角焊缝
coronadite	錳鉛礦	コロナド石	锰铅矿
coronet	冠狀	コロネット	冠状
coronguite	水銻銀鉛礦	コロンゴ石	水锑银铅矿
— output	修正輸出力	修正出力	修正轮出力
— rate of flow	校正流量	修正流量	校正流量
— value	修正値	修正值	修正值
correcting	校正	補正	校正
— correction	修正(量)；調整	修正（量）	修正(量)；调整
— plane	修正面	修正面	修正面
corresponding angles	同位角	対応角	同位角
corrodokote mud	腐蝕膏	コロードコートどろ	腐蚀膏
— paste	腐蝕膏	コロードコートどろ	腐蚀膏
corrosing	銹斑	孔食	锈斑
corrosion	腐蝕；銹蝕	腐食	腐蚀；锈蚀
— at high temperature	高溫腐蝕	高温腐食	高温腐蚀
— at low temperature	低溫腐蝕	低温腐食	低温腐蚀
— behavior	腐蝕作用(特性)	金属腐食性	腐蚀作用(特性)
— by oxygen blowing	吹氧腐蝕	酸素吹込み腐食	吹氧腐蚀
— cell	腐蝕電池	腐食電池	腐蚀电池
— crack(ing)	腐蝕龜烈	腐食割れ	腐蚀龟烈
— damage	腐蝕破壞	腐食害	腐蚀破坏
— fatigue strength	腐蝕疲勞強度	腐食疲労強度	腐蚀疲劳强度
— margin	腐蝕極限	腐食余裕	腐蚀极限
— preventive	腐銹劑	防食剤	腐锈剂
— preventive coating	腐蝕塗層(膜)	防食皮膜	腐蚀涂层(膜)
— preventive material	防銹材料	防せい材料	防锈材料
— preventive steel plate	防銹鋼板；不銹鋼板	防せい鋼板	防锈钢板；不锈钢板
— protection	腐蝕防護(法)	防食処理	腐蚀防护(法)
— protective device	防蝕裝置	防食装置	防蚀装置
— rate	腐蝕率	腐食率	腐蚀率
— ratio	腐蝕比	腐食比	腐蚀比
— reaction	腐蝕反應	腐食反応	腐蚀反应
— resistance	耐腐蝕	耐食性	耐腐蚀
— resistant type	抗蝕型	防食形	抗蚀型
— resisting alloy	耐蝕合金	耐食合金	耐蚀合金
— resisting aluminium alloy	耐蝕鋁合金	耐食アルミニウム合金	耐蚀铝合金
— resisting bearing	耐腐蝕軸承	耐食性軸受	耐腐蚀轴承

英文	臺灣	日文	大陸
— resisting material	耐蝕材料	耐食材料	耐蚀材料
— resisting metal	抗腐蝕金屬	耐腐食金属	抗腐蚀金属
— resisting steel	耐蝕鋼	耐食鋼	耐蚀钢
— resistivity	耐腐蝕性	耐食性	耐腐蚀性
— speed	腐蝕速率	腐食速度	腐蚀速率
corrosive	腐蝕劑	腐食剤	腐蚀剂
— action	腐蝕作用	腐食作用	腐蚀作用
— crack	腐蝕裂紋	腐食割れ	腐蚀裂纹
— effect	腐蝕效應	腐食作用	腐蚀效应
Corson alloy	科森合金	コルソン合金	科森合金
Cor-Ten	科爾亭低合金高強度鋼	コアテン	科尔亭低合金高强度钢
cortex	外層	表層	外层
corundum	金鋼砂	鋼玉	金钢砂
cotter	栓;鍵	込栓	键销；开口销
— bolt	插銷螺栓	コッタボルト	带销螺栓
— diameter	鎖銷直徑	コッタ径	锁销直径
— hole	銷釘孔	栓穴	销钉孔
— mill	銷槽銑刀	コッタミル	销槽铣刀
— pin	開尾(口)銷	コッタピン	开尾(口)销
countersunk	埋頭	皿頭の	沾头
— and chipped rivet	埋頭鉚釘	削なりしリベット	沾头铆钉
— bolt	埋頭螺栓	さら（頭）ボルト	沾头螺栓
— nut	埋頭螺母	カウンタサンクナット	沾头螺母
— oval— head screw	埋頭圓頂螺釘	丸皿小ねじ	沾头圆顶螺钉
— point	埋頭鉚釘尖	皿先	沾头铆钉尖
— screw	埋頭螺釘	皿小ねじ	沾头螺钉
coupling	連結器;管接頭	軸継手	耦合；跨接
— bolt	連結螺栓	連結ボルト	连接螺栓
— collar	連結套筒	継ぎ輪	连接套筒
— driving wheel	連接器驅動輪	連結動輪	连接器驱动轮
— element	耦合元件	結合素子	耦合元件
— flange	聯軸節凸緣	結合フランジ	联轴节凸缘
— loop	耦合環	結合ループ	耦合环
— oscillation	複合振動	複合振動	复合振动
course	衝程	針路	冲程
covelline	銅藍	銅らん	铜蓝
covellite	銅藍	銅らん	铜蓝
cover	蓋；罩；殼；保護層	カバー	盖；罩；壳；保护层
— crop	被覆作物	被覆作物	被覆作物
— degree	覆蓋度	被覆度	覆盖度

英文	臺灣	日文	大陸
— disk	蓋盤	覆盤	盖盘
— glass	玻璃蓋片	カバーガラス	玻璃盖片
— mold	上模	前型	上模
— strip	覆板	カバーストリップ	覆板
covered alley	臨街檐廊	がん木造り	临街檐廊
— cemented carbide	被覆超硬合金	被覆超硬合金	被覆超硬合金
— wire	包覆線	被覆線	被覆线
covering	包覆材料；塗層	被覆	包覆材料; 涂层
— effect	覆蓋效應	被覆効果	覆盖效应
— machine	包線機	包被線機	包线机
— material	覆蓋材料	被覆材料	覆盖材料
— plate	蓋板	被せ板	盖板
— strip	蓋板	かぶせ板	盖板
coverture	包覆；保護	カバチャー	包覆; 保护
cowl	通風帽	カウル	(外)壳; 整流罩
— board	儀表板	カウルボード	仪表板
— panel	蓋板	ウウル外板	盖板
— trim	裝飾罩	カウル内張り	装饰罩
Cowles dissolver	導風板	導風板	导风板
crab-bolt	地腳螺栓	鬼ボルト	地脚螺栓
crack	破裂;裂痕	き裂	裂纹; 裂解
— arrester	止裂器	割れ止	止裂器
— density	裂痕密度	き裂密度	裂纹密度
— detection	裂痕檢查	ひび割れ検査	裂纹检查
— detector	探傷器	割れ検出装置	探伤器
— extension factor	裂紋延伸系數	クラック拡大係数	裂纹延伸系数
— failure	斷裂破壞	き裂破損	断裂破坏
— method	縫隙法	すき間法	缝隙法
— propagation	裂紋擴展	クラシクの伝播	裂纹扩展
— speed	破裂〔擴展〕速率	クラック速度	破裂〔扩展〕速率
— starter test	落錘抗斷試驗	クラックスタータ試験	落锤抗断试验
— stress	裂紋應力	割れ応力	裂纹应力
— tip	裂紋端部	クラック先端	裂纹端部
— width	裂縫寬度	ひび割れ幅	裂缝宽度
cracker	分解裝置	分解炉	分解装置
— gas	裂化爐氣	分解ガス	裂化炉气
cracking	裂開；分餾	き裂	裂解; 分馏
— load	破壞載荷	ひび割れ荷重	破坏载荷
— unit	分解爐	分解炉	分解炉
cradle	搖臺	揺架	摇架; 槽形支座

英文	臺灣	日文	大陸
— frame	定子移動框架	砲架形フレーム	定子移动框架
craft	航空器	舟	航空器
— shop	技工室	技工室	技工室
craftsman	技工	技能者	技工
craftsmanship	技能	技能	技能
cramp	夾鉗；固定	押え	夹钳；固定
— frame	弓形夾；夾架	かすがい枠	弓形夹；夹架
— lapping	壓緊	クランプラッピング	压紧
— strap	連接鐵件	つなぎ鉄物	连接铁件
crampon	起重吊鉤	かぎ鉄	起重吊钩
crane	起重機	起重機	起重机
— arm	起重臂	クレーンアーム	起重臂
— boom	起重臂	クレーンブーム	起重臂
— car	起重車	操重車	起重车
— control box	起重機操縱室	クレーン操縦室	起重机操纵室
— hinge	保險鉸鏈	クレーンヒンジ	保险铰链
— hook	起重機鉤	クレーンフック	起重机吊钩
— load	吊車荷載	クレーン荷重	吊车荷载
— magnet	起重磁鐵	クレーンマグネット	起重磁铁
— motor	起重機電動機	起重機電動機	起重机电动机
— output	起重能力	クレーンアウトプット	起重能力
— post	起重機柱	クレーンポスト	起重机柱
— rail	起重機軌道	クレーンレール	起重机轨道
— stopper	起重停止器	クレーンストッパ	起重停止器
— winch	起重絞車	釣ウィンチ	起重绞车
craneman	起重機手	クレーンマン	起重机手
— house	起重機駕駛室	クレーン操縦室	起重机驾驶室
crank	曲柄；搖把	クランク	曲柄；摇把
— and rocker mechanism	曲柄搖桿機構	回転揺動機構	曲柄摇杆机构
— arm	曲(柄)臂	クランク腕	曲(柄)臂
— auger	曲柄〔螺旋)鑽	クランクオーガ	曲柄〔螺旋)钻
— axle	曲(柄)軸	クランク車軸	曲(柄)轴
— bearing	曲柄軸承	クランク軸受	曲柄轴承
— brace	手搖鑽	曲り柄きり	手摇钻
— brass	曲柄頸軸承銅襯	クランクブラス	曲柄颈轴承铜衬
— chamber	曲柄軸室	クランク室	曲轴箱
— disk	曲柄(圓)盤	クランクディスク	曲柄(圆)盘
— duster	手搖噴粉機	手回し散粉機	手摇喷粉机
— effort	曲柄回轉力(矩)	クランクエホート	曲柄回转力(矩)
— hammer	曲柄錘	クランクハンマ	曲柄锤

英文	臺灣	日文	大陸
— handle	手搖柄	クランクハンドル	曲柄摇手
— head	偏心頭架	クランクヘッド	偏心头架
— journal	曲軸軸頸	クランクジャーナル	曲轴轴颈
— journal lathe	曲軸軸頸車床	クランクジャーナル旋盤	曲轴轴颈车床
— lever	曲柄；槓桿	クランクレバー	曲柄
— loop	曲柄環	クランク環	曲柄环
— mechanism	曲柄機構	クランク機構	曲柄机构
— metal	曲軸頸軸承合金	クランクメタル	曲轴颈轴承合金
— meter	曲柄角度計	クランク角度計	曲柄角度计
— motion	曲柄運動	クランク運動	曲柄运动
— pinion	曲柄小齒輪	クランクピニオン	曲柄小齿轮
— planer	曲柄式龍門刨床	クランク掛け平削り盤	曲轴刨床
— power press	曲柄式壓床	クランクパワープレス	曲柄式压床
— press	曲柄式壓床機	クランクプレス	曲柄式压床机
— pulley	曲柄皮帶輪	クランクプーリー	曲柄皮带轮
— pump	曲柄泵	クランクポンプ	曲柄泵
— rod	連桿	クランクロッド	连杆
— shaper	曲柄牛頭刨床	クランク掛け平削り盤	曲柄牛头刨床
— slotting machine	曲柄插床	曲軸回転	曲柄插床
— wed	曲柄臂	クランク腕	曲柄臂
— wheel	曲柄輪	クランク輪	曲柄轮
crankcase	曲軸箱	クランク室	曲轴箱
— oil	曲軸油箱	クランクケース油	曲轴油箱
cranjed fish-plate	翼形接合板	異形継目板	翼形接合板
— tile value	輪胎氣嘴	かきの手タイヤ閥	轮胎气嘴
cranking	搖轉	クランキング	开动
— motor	起動電動機	スタータ	起动电动机
crankpin	曲柄銷	クランクピン	曲柄销
— bearing	曲柄銷軸承；連桿軸承	クランクピン軸受	曲柄销轴承；连杆轴承
— brass	曲柄銷套銅襯	クランクピンブラス	曲柄销黄铜衬
— grinder	曲柄銷磨床	クランクピン研削盤	曲柄销磨床
— grinding machine	曲柄銷磨床	クランクピン研削盤	曲柄销磨床
— lathe	曲柄銷車床	クランクピン旋盤	曲柄销车床
— seat	曲柄銷座	クランクピンシート	曲柄销座
— stap	曲柄銷軸瓦	クランクピンステップ	曲柄销轴瓦
— turning machine	曲柄銷車床	クランクピン旋盤	曲柄销车床
crankshaft	曲軸	クランク軸	曲轴
— bearing	曲軸軸承	クランク軸受	曲轴轴承
— bearing metal	曲軸軸承合金	クランク軸受メタル	曲轴轴承合金
— gear	曲軸齒輪	クランク軸歯車	曲轴齿轮

英文	臺灣	日文	大陸
— grinder	曲軸磨床	クランク軸研削盤	曲轴磨床
— grinding machine	曲軸磨床	クランク軸研削盤	曲轴磨床
— lathe	曲軸車床	クランク軸旋盤	曲轴车床
— metal	曲軸軸承合金	クランクシャフトメタル	曲轴轴承合金
— milling machine	曲軸銑床	クランク軸フライス盤	曲轴铣床
— pinion	曲軸小齒輪	クランク軸歯車	曲轴小齿轮
— press	曲軸壓力機	クランクシャフトプレス	曲轴压力机
— sprocket	曲軸鏈輪	クランク軸スプロケット	曲轴链轮
crankthrow	曲軸行程	クランクスロー	曲轴行程
crash alarm	飛機事故警報	クラッシュアラーム	飞机事故警报
— cap	保安帽	保安帽	保安帽
— helmet	安全帽	保安帽	安全帽
— pad	安全墊	安全パッド	安全垫
crash-back	全速倒車	全力後進	全速倒车
crash-rescue boat	救生艇	救命艇	救生艇
crater	焊疤	火口	焊口；弹坑
— bloom	焊口起霜	クレータブルーム	焊口起霜
— filler	焊口填充料	クレータフィラー	焊口填充料
crating	包裝	荷造り	包装
crawler	履帶車	クローラ	履带
— belt	履帶	履帯	履带
— crane	履帶式起重機	クローラクレーン	履带式起重机
— tank car	履帶式油槽車	クローラタンク車	履带式油槽车
— tractor	履帶式拖拉	装軌形トラクタ	履带式拖拉
— vehicle	履帶式車輛	履帯自動車	履带式车辆
crawling	蠕動；滾轉	微速	蠕动；滚转
craze	龜裂	クレース	龟裂
— resistance	耐龜裂	ひび割れ抵抗	耐龟裂
crazing	裂紋；隙裂	ひび割れ	裂纹；隙裂
crednerite	錳銅礦	クレドネル石	锰铜矿
creep	蠕動；潛變	クリープ	蠕变；潜移
— at high temperature	高溫蠕變	高温クリープ	高温蠕变
— at room temperature	常溫蠕變	常温クリープ	常温蠕变
— breaking strength	蠕變斷裂強度	クリープ破断強さ	蠕变断裂强度
— buckling	潛變座屈	クリープ座屈	蠕变座屈
— deformation	潛變變形	クリープ変形	蠕变变形
— elongation	蠕變伸長	クリープ伸び	蠕变伸长
— forcing	潛變鍛造	クリープ鍛造	蠕变锻造
— forming	潛變成形	クリープフォーミング	蠕变成形
— motion	蠕動	クリープモーション	蠕动

英文	臺灣	日文	大陸
— of materials	材料蠕變	材料のクリープ	材料蠕变
— phenomenon	潛變現象	クリープ現象	蠕变现象
— property	潛變性質	耐クリープ性	蠕变性质
— rupture	潛變破裂	クリープ破断	蠕变破裂
— strain	潛變應變	クリープひずみ	蠕变应变
— strength	潛變強度	クリープ強さ	蠕变强度
— stress	潛變應力	クリープ応力	蠕变应力
creepahe	蠕動；塑流	沿面漏れ	蠕动; 塑流
creeper	螺旋輸送器	ら送器	螺旋输送器
creeping	蠕變	クリーピング	蠕变
— motion	潛變	潜動	蠕变
crenelle	縫隙	狭間	缝隙
crest	峰;頂	波頂	齿顶
crew	操作人員	クルー	操作人员
crippling	斷裂	クリップリング	断裂
cristal	結晶	結晶	结晶
cristallisation	結晶作用	結晶化	结晶作用
— altitude	臨界高度	臨界高度	临界高度
— coefficient	臨界係數	臨界係数	临界系数
— concentration	臨界濃度	臨界濃度	临界浓度
— condition	臨界狀態	臨界状態	临界状态
— configuration	臨界配置	臨界配置	临界配置
— cooling velocity	臨界冷卻速度	臨界冷却速度	临界冷却速度
— curve	臨界曲線	臨界曲線	临界曲线
— density	臨界密度	臨界密度	临界密度
— diameter	臨界直徑	臨界直径	临界直径
— dimension	臨界寸法	臨界寸法	临界寸法
— energy	臨界能量	臨界エネルギー	临界能量
— error	臨界誤差	臨界誤差	临界误差
— exponent	臨界指數	臨界指数	临界指数
— intensity	臨界強度	臨界強度	临界强度
— load	臨界荷重	臨界荷重	临界荷重
— locus	臨界軌跡	臨界軌跡	临界轨迹
— mass	臨界質量	臨界質量	临界质量
— phenomenon	臨界現象	臨界現象	临界现象
— size	臨界尺寸	臨界寸法	临界尺寸
— solidification rate	臨界凝固速度	臨界凝固速度	临界凝固速度
— solution temperature	臨界共溶溫度	臨界共溶温度	临界共溶温度
— speed	臨界速率	臨界速度	临界速率
— speed of rotation	臨界轉速	臨界回転速度	临界转速

英文	臺灣	日文	大陸
— state	臨界狀態	臨界状態	临界状态
— strength	臨界強度	臨界強度	临界强度
— value	臨界值	臨界値	临界值
— velocity	臨界速度	臨界速度	临界速度
— volume	臨界体積	臨界体積	临界体积
criticality	臨界	臨界	临界
— value	臨界值	臨界値	临界值
chromatin	鋁〔合金〕電鍍法	クロマリン	铝〔合金〕电镀法
cronite	鎳鉻(鐵)耐熱合金	クロナイト	镍铬(铁)耐热合金
cropper	切料機	クロッパ	切料机
cropping	修剪	端切り	修剪
— die	切邊模	クロッピングダイ	切边模
— shear	剪料頭機	クロツピングシャー	剪料头机
— belt	交叉皮帶	クロスベルト	交叉皮带
— density	斷面積密度	断面積密度	断面积密度
— section	橫斷面	横断面	横断面
— section area	橫斷面積	横断面積	横断面积
— section drawing	橫斷面圖	断面線図	横断面图
— shaped joint	十字接頭	十字継手	十字接头
— sill	橫梁	横根太	横梁
— slide	橫刀架	切込み台	横刀架
— slot	橫槽	横スロット	横槽
crossbeam	橫梁	横げた	横梁
crossbreak strength	撓曲強度	曲げ強さ	挠曲强度
crossbrakig	橫斷；撓曲	曲げ	横断；挠曲
— property	撓曲特性	曲げ特性	挠曲特性
crosshead	滑塊	クロスヘッド	滑块
— clamp	十字型夾具	クロスヘッド型つかみ	十字型夹具
— guide	十字頭導承	クロスヘッドガイド	十字头导承
— shoe	十字頭滑塊	クロスヘッドシュー	十字头滑块
crosssectional drawing	橫斷面圖	横断面図	横断面图
— surveying	橫斷面測量	横断測量	横断面测量
— view	橫斷面圖	横断面図	横断面图
Crotorite	耐熱耐蝕鋁青銅	クロトライト	耐热耐蚀铝青铜
crown	頂;隆起	中高	顶部；齿冠
— bar	頂撐鋼材	クラウンバー	顶撑钢材
— block	定滑輪	クラウンブロック	定滑轮
— gear	冠狀齒輪	クラウン歯車	冠状齿轮
crucible	坩堝	クルーシブル	坩埚
— furnace	坩堝爐	るつぼ炉	坩埚炉

英文	臺灣	日文	大陸
— steel	坩堝鋼	るつぼ鋼	坩埚钢
— tongs	坩堝鉗	ろつぼばさみ	坩埚钳
crude	粗製的；未加工的	原油	粗制的; 未加工的
— copper	粗銅	粗銅	粗铜
— metal	粗金屬	粗金属	粗金属
— oil	原油	原油	原油
— tool	粗加工工具	荒仕上金型	粗加工工具
crush	擠出；〔砂輪〕修整	押込み	挤出; 〔砂轮〕修整
— dresser	砂輪〔壓刮〕整形工具	クラッシュドレッサ	砂轮〔压刮〕整形工具
— forming	壓制成形	クラッシ成形	压制成形
crusher	碎石機	破砕機	碎石机
— roll	滾壓輪	クラッシャロール	滚压轮
crushing	破碎；壓擠	粗砕	破碎
cryoforming	低溫成形	冷凍成形法	低温成形
— measurement	低溫測定	低温測定	低温测定
— processing	低溫處理	低温処理	低温处理
cryolite	冰晶石	氷晶石	冰晶石
— glass	冰晶玻璃	乳白ガラス	冰晶玻璃
crystal	結晶(體)	石英	结晶(体)
— boundary	結晶粒界	結晶粒界	结晶粒界
— interface	結晶界面	結晶界面	结晶界面
— lattice	晶格	結晶格子	结晶格子
— lattice parameters	結晶參數	結晶格子定数	结晶参数
— lock	結晶同步	クリスタルロック	结晶同步
— magnetic field	結晶磁界	結晶磁界	结晶磁界
— model	結晶模型	結晶模型	结晶模型
— momentum	結晶(內)動量	結晶運動量	结晶(内)动量
— mount	結晶座	鉱石マウント	结晶座
— nucleus	結晶核	結晶核	结晶核
— orientation	結晶方位	結晶方位	结晶方位
— plane	結晶面	結晶面	结晶面
— seed	種子結晶	種子結晶	种子结晶
— spot	結晶斑點	結晶スポット	结晶斑点
— stressing	結晶強化	粒界強化	结晶强化
— surface	結晶面	結晶面	结晶面
— system	結晶系	結晶系	结晶系
— texture	結晶組織	結晶組織	结晶组织
crystallinity	結晶度	結晶化度	结晶度
crystailit(e)	晶粒	晶粒	晶粒
crystallizaability	可結晶性	結晶化性	可结晶性

英文	臺灣	日文	大陸
crystallization	結晶作用	結晶成長	结晶作用
— point	結晶點	結晶点	结晶点
— velocity	結晶速度	結晶速度	结晶速度
crystallized state	結晶狀態	結晶状態	结晶状态
crystallizing dish	結晶皿	結晶皿	结晶皿
— point	結晶溫度	凝固点	结晶温度
crystallographic axis	結晶軸	結晶軸	结晶轴
— structure	結晶構造	結晶構造	结晶构造
cubic	立方的；立方容積	立方体の	立方的；立方容积
— cell	立方晶胞	キュービクセル	立方晶胞
— close-packed lattice	立方最密格子	立方最密格子	立方最密格子
— content	容量	容積	容量
— crystal	立方晶体	立方晶	立方晶体
— dilatation	体積膨脹	立方膨脹	体积膨胀
— effect	立方感	立体感	立方感
— space	体積	体積	体积
— system	等軸晶系	等軸晶系	等轴晶系
— error	累積誤差	累積誤差	累积误差
cunico alloy	銅鎳鈷合金	キュニコ合金	铜镍钴合金
cunife	銅鎳鐵永磁合金	キュニフ	铜镍铁永磁合金
cuniman	銅錳鎳合金	クニマン	铜锰镍合金
cup	帽；罩；杯	帽子	帽；罩；杯
— angle	外圓錐角	カップアングル	外圆锥角
— head bolt	半圓頭螺栓	カップヘッドボルト	半圆头螺栓
— lubricator	油杯	カップ給油器	油杯
cupola	化鐵爐	キュポラ	化铁炉
— blower	衝天爐鼓風機	キュポラブロワ	冲天炉鼓风机
cupralith	銅鋰合金	カプラリス	铜锂合金
cupralum	銅鉛雙金屬板	カプラルム	铜铅双金属板
cuprammonia	銅氨液	アンモニヤ銅	铜氨液
cuprammonium process	銅氨法	銅安法	铜氨法
cupro ammonium process	銅— 銨法	銅-アンモニア法	铜— 铵法
— lead	鉛銅合金	鉛銅	铅铜合金
— magnesium	銅錳〔合金〕	銅マグネシウム合金	铜锰〔合金〕
— platinum	銅鉑合金	銅白金	铜铂合金
— cupromickels alloys	銅鎳合金	キュプロニッケル	铜镍合金
cuprozincite	鋅孔雀石	銅亜鉛鉱	锌孔雀石
curative agent	硬化劑	硬化剤	硬化剂
cured resin	硬化樹脂	硬化樹脂	硬化树脂
curf	鋸縫	ひき目	锯缝

英文	臺灣	日文	大陸
Curie	居里	キュリー	居里
— constant	居里常數	キュリー定数	居里常数
— temperature	居里溫度	キュリー温度	居里温度
curing	硬化；固化	硬化	硬化；固化
— accelerator	硬化促進劑	硬化促進剤	硬化促进剂
— agent	硬化劑	硬化剤	固化剂
— condition	硬化條件	硬化条件	硬化条件
— exotherm	硬化熱	硬化熱	硬化热
— oven	硬化爐	硬化炉	硬化炉
— rate	硬化速度	硬化速度	硬化速度
— feaction	硬化反應	硬化反応	硬化反应
— speed	硬化速度	硬化速度	硬化速度
curite	鈾鉛礦	キュライト	铀铅矿
curl	渦流；旋度	回転	涡流；旋度
cursor	游標	カーソル	游标
curvature	曲率	曲率	曲率
— diagram	曲率變化圖	曲率線図	曲率变化图
— effect	曲率效應	曲率効果	曲率效应
— radius	曲率半徑	曲率半径	曲率半径
curve	曲面板；彎曲	曲線	曲线板；变曲
— plate	曲線板	曲面板	曲线面
— ruler	曲線尺	曲線定規	曲线尺
— template	曲線樣板	雲形定規	曲线样板
— line	曲線	曲線	曲线
— pipe	彎管	曲り管	弯管
— rail	彎軌	曲りレール	弯轨
— surface	曲面	曲面	曲面
curvemeter	曲率計	カーブメータ	曲率计
cushion	緩衝	座席	缓冲器；减震垫
— device	緩衝裝置	クッション装置	缓冲装置
— idler	緩衝滾輪	緩衝ローラ	缓冲滚轮
— material	緩衝材料	クッション材	缓冲材料
— piston	緩衝活塞	クッションピストン	缓冲活塞
— ring	墊圈	緩衝リング	垫圈
— starer	緩衝起動裝置	クッションスタータ装置	缓冲起动装置
— tank	緩衝箱	クッションタンク	缓冲箱
— valve	緩衝閥	緩衝弁	缓冲阀
cushioning	緩衝	クッショニング	缓冲材料
— action	緩衝作用	緩衝作用	缓冲作用
— medium	緩衝材	緩衝材	缓冲材

英文	臺灣	日文	大陸
cusp	歧點	カスプ	歧点
custerite	鋅黃錫礦	カスタ石	锌黄锡矿
customer	用戶；消耗器	客	用户；消耗器
cut	切削	切土	切削
— and carry die	連續模	順送り型	连续模
— angle	交角	カットアングル	交角
— area	切斷面	切り口	切断面
— layers	切削層	カットレヤー	切削层
— thread	車切螺紋	切削ねじ	车切螺纹
cutaway diagram	斷面圖	断面回路図	断面图
— view	部視圖	カットアウェイビュー	部视图
cutectic point	共晶點	共晶点	共晶点
cutlery handle	刀具柄	刃物の柄	刀具柄
— die	切邊模	カットオフ型	切边模
— grinding	砂輪切割	研削切断	砂轮切割
— knife	切斷刀	切断ナイフ	切断刀
— spring	截斷彈簧	締切ばね	截断弹簧
— tool	切斷刀	突切りバイト	切断刀
— device	安全開關；保險裝置	カットアウトデバイス	安全开关；保险装置
cutter	刀具·切斷器	カッタ	切断机
— arbor	銑刀心軸	カッタアーバ	铣刀心轴
— bar	刀具桿	刃物棒	刀杆
— block	組合銑刀	カッタブロック	组合铣刀
— head	刀盤	カッタヘッド	刀盘
— holder	刀具夾	バイトホルダ	刀杆；刀头
— mark	切削刀痕	カッタマーク	切削刀痕
— path	刀具軌跡	カッタパス	刀具轨迹
— pressure angle	刀具壓力角	工具圧力角	工具压力角
— spindle	銑刀桿	ホブ主軸	铣刀杆
cut-through	切斷	切断	削断
— resistance	抗剪力	切断抵抗	抗剪力
— temperature	切(剪)斷溫度	切断温度	切(剪)断温度
cutting	切削；切斷	切削	切削；切断
— ability	切削能力	カッティングアビリティ	切削能力
— angle	切削角	削り角	切削角
— condition	切削條件	切削条件	切削条件
— edge	切削刃	刃先	切削刃
— edge angle	刀刃	切刃角	刃口角
— efficiency	切削效率	切削効率	切削效率
— face	切斷面；切削面	切刃面	切断面；切削面

英文	臺灣	日文	大陸
— flame	截割焰	切断炎	切割火焰
— fluid	切削液	切削剤	切削液
— machining	機械加工	機械加工	机械加工
— nipper	剪鉗	くい切り	剪钳
— plane	剖切平面	切断面	切断面
— plane line	割面線	切断線	割面线
— rate	切斷速度	切断速度	切断速度
— speed	切削速度	削り速度	切削速度
— steel	刀具鋼	刃物鋼	刀具钢
— stroke	切削行程	削り行程	切削行程
— temperature	切削溫度	切削温度	切削温度
— test	切削試驗	切れ味試験	切削试验
— tool	切削刀具	切削工具	切削刀具
— tooth	切削齒	刃部	切削齿
— tooth form	切削齒形	刃形	切削齿形
— work	切削加工；切斷加工	切削加工	切削加工；切断加工
cutting-off lathe	切斷車床	突切り旋盤	切断车床
— machine	切斷機	突切り盤	切断机
— tool	切斷刀具	突切りバイト	切断刀具
— tool rest	切斷砂輪	突切り刃物台	切断砂轮
wheel	切刀刀架	切断といし	切刀刀架
cyaniding	氰化(法)	薬焼き	氰化(法)
— process	氰化法	青化法	氰化法
cyanoethylene	丙烯睛	シアンエチレン	丙烯睛
cycle	周;循環	周期	周期；频率
— annealing	周期退火	サイクルアニーリング	周期退火
cylinder	圓柱体	円筒	圆柱体
— bearing	圓筒支承	円筒支承	圆筒支承
— block	汽缸體	シリンダブロック	汽缸排
— body	缸体	シリンダボデー	缸体
— bolt	氣缸蓋螺栓	シリンダボルト	气缸盖螺栓
— bore	氣缸內徑	シリンダ内径	气缸内径
— bore gage	氣缸內徑規	シリンダボアゲージ	气缸内径规
— boring machine	氣缸鏜床	シリンダ中ぐり盤	气缸镗床
— bottom	缸底	シリンダ底	缸底
— bracket	氣缸托架	シリンダブラケット	气缸托架
— bush	缸套	シリンダブシュ	缸套
— cam	圓柱凸輪	円筒カム	圆柱凸轮
— cap	氣缸蓋	容器キャップ	气缸盖
— capacity	氣缸容量	総行程容積	气缸容量

C

英文	臺灣	日文	大陸
— casing	氣缸套	シリンダケーシング	气缸套
— cock	氣缸旋塞	シリンダコック	气缸旋塞
— column	缸柱	シリンダ柱	缸柱
— cover	缸蓋	シリンダカバー	缸头
— cutter	滚刀式切碎機	シリンダカッタ	滚刀式切碎机
— drain cock	汽缸洩水旋塞	シリンダ排水コック	汽缸放水旋塞
— gage	缸徑規	シリンダゲージ	缸径规
— gasket	氣缸墊	シリンダガスケット	气缸垫
— gate	圓筒閥	シリンダゲート	气缸气门
— head	缸蓋	シリンダヘッド	缸盖
— head bolt	氣缸蓋螺栓	平（頭）ボルト	气缸盖螺钉
— head cover	氣缸蓋	シリンダヘッドカバー	气缸盖
— head gasket	氣缸蓋密封墊	シリンダジャケット	气缸盖密封垫
— honing machine	氣缸研磨機	シリンダ外包み	气缸研磨机
— jacket	氣缸套	シリンダラップ盤	气缸套
— lagging	氣缸包衣	円筒粉末機	气缸外套
— lapping machine	缸筒研光機	シリンダプラグ	气缸研磨机
— mill	圓筒粉末機	シリンダポート	圆筒粉末机
— pressure	氣缸壓力	シリンダ圧力	气缸压力
— reboring machine	氣缸鏜床	シリンダリボーリング盤	气缸镗虚
— seal	氣缸密封	シリンダシール	气缸密封
— seat	氣缸座	シリンダシート	气缸座
— sleeve	氣缸套	シリンダスリーブ	气缸套
— stroke	氣缸衝程	シリンダ行程	气缸行程
— temperature	氣缸溫度	シリンダ温度	气缸温度
— tube	缸体	シリンダチューブ	缸体
— wall	氣缸壁	シリンダ壁	气缸壁
cylindrical accumulator	圓筒形儲蓄壓器	シリンダ形蓄圧器	圆筒形储蓄压器
— bearing	滚柱軸承	真円軸受	滚柱轴承
— cam	圓柱凸輪	円筒カム	圆柱凸轮
— gage	圓柱塞規	円筒ゲージ	圆柱塞规
— gear	圓柱齒輪	円筒歯車	圆柱齿轮
— grinding machine	外圓磨床	円筒研削盤	外圆磨床
— surface	圓筒面	柱面	圆筒面
cylindricity	圓柱度	円筒度	圆柱度

英文	臺灣	日文	大陸
damascening	金屬鑲嵌法	象眼法	金属镶嵌法
Damaxine	達瑪克辛高級磷青銅	ダマキシン	达玛克辛高级磷青铜
deaeration	達瑪樹脂	ダンマ	达玛树脂
— gum	樹脂	ダンマゴム	树脂
— resin	達瑪樹脂	ダンマ樹脂	达玛树脂
damp	濕氣；避震	湿気	湿气；减振；衰减
— aid	濕氣	湿気	湿气
— box	避震箱	ダンプボックス	减振箱
— circuit	阻尼電路	ダンプ回路	阻尼电路
— cylinder	避震筒	ダンプシリンダ	减振筒
— proofness	耐濕性	耐湿性	耐湿性
damper	阻尼器；減震器；擋板	制動器	阻尼器；减振器
— bearing	避震軸承	ダンパ軸受	减振轴承
— brake	阻尼煞車	制動機	制动闸
— circuit	阻尼電路	ダンパ回路	阻尼电路
— gear	減震器機構；擋板機構	減衰装置	阻尼装置
— plate	擋板	ダンパ板	挡板
— screw	風門螺釘	風戸ねじ	风门螺钉
— spring	緩衝彈簧	ダンパスプリング	缓冲弹簧
— stem	調節桿	ダンパステム	调节杆
— tube	阻尼筒	ダンパ管	阻尼筒
— valve	避震閥	ダンパバルブ	减振阀
— vane	阻尼翼	ダンパベーン	阻尼翼
— winding	阻尼線圈	乱調防止巻線	阻尼线圈
damping	阻尼；減振	制動	制动；衰减
— acceleration	制動加速度	制動加速度	制动加速度
— action	阻尼作用	制動作用	阻尼作用
— agent	潤濕劑	ダンピング剤	润湿剂
— arrangement	阻尼裝置	ダンピング装置	阻尼装置
— capacity	減振能量	吸振能	衰减能力
— characteristic	阻尼特性	減衰特性	阻尼特性
— circuit	阻尼電路	ダンピング回路	阻尼电路
— coil	阻泥線圈	制動コイル	阻泥线圈
— control	阻尼調整	制動調整	阻尼调整
— curve	減衰曲線	減衰曲線	减衰曲线
— device	減振裝置	制動装置	阻尼装置
— down	阻止；壓火	吹止め	停风；停炉
— effect	阻尼作用	制動効果	阻尼作用
— factor	阻尼因素	減衰率	衰减因数
— force	制動力；減振力	制動力	制动力

英文	臺灣	日文	大陸
— frame	制動框	制動枠	制动框
— index	阻尼指數	減衰指数	阻尼指数
— length	衰減長度	減衰長さ	衰减长度
— material	阻尼材料	ダンピング材	阻尼材料
— matrix	阻尼矩陣	減衰マトリックス	阻尼矩阵
— mechanism	制動機構	制動機構	制动机构
— moment	減震力矩	減衰モーメント	减振力矩
— oil	剎車油	制動油	刹车油
— oscillation	阻尼震動	減衰振動	阻尼振动
— property	衰減特性	減衰特性	衰减特性
— ratio	阻尼；衰減比	減衰比	阻尼; 衰减比
— resistance	阻尼阻力	ダンピング抵抗	阻尼阻力
— tachometer	衰減轉速計	減衰タコメータ	衰减转速计
— test	衰減試驗	減衰試験	衰减试验
— time	衰減時間	減衰時間	衰减时间
— torque	制動轉矩	制動トルク	制动转矩
— tube	阻尼管	制動管	阻尼管
— vane	阻尼翼	制動羽根	阻尼翼
— washer	減震墊片	ダンピングワッシャ	减震垫片
damp-proof course	防潮層	湿気止め	防潮层
— installation	防潮設備	耐湿設備	防潮设备
— material	防濕材料	防湿材料	防湿材料
dancer	浮動滾筒	ダンサ	浮动滚筒
Dandelion metal	鉛基白合金	ダンデリオンメタル	铅基白合金
dandy	精煉爐	精錬炉	精炼炉
dant	粉煤；次煤	粉炭	粉煤; 次煤
daphnia	鐵綠泥石	月けい石	铁绿泥石
daphyllite	輝碲鉍礦	テルルそう鉛鉱	辉碲铋矿
dappled joint	對開接合	相欠き	对开接合
darwinite	灰砷銅礦	ダーウィン石	灰砷铜矿
datum	基準線	資料	基准线
— clamp face	安裝基準面	取付基準面	安装基准面
— dimension	參考尺寸	参考寸法	叁考尺寸
— level	基準面	基準面	基准面
— line	基準線	基準のレベル	基准线
— point	基準點	基準点	基准点
— thickness	基準厚度	基準厚さ	基准厚度
Davis bronze	戴維斯鎳青銅	デービスブロンズ	戴维斯镍青铜
— metal	戴維斯鎳青銅	ダビスメタル	戴维斯镍青铜
davit	弔柱	ダビット	吊柱

英文	臺灣	日文	大陸
daveruxite	錳鎂雲母	ダウレウ石	锰镁云母
dawsonite	片鈉鋁石	ドウソン石	片钠铝石
dead-load	靜負荷	死荷重	静荷重
— stress	靜荷重應力	静荷重応力	静荷重应力
deadweight	靜重;自重	死重	固定荷载
deaeration	排氣；除氣	排気	排气; 除气
— by heating	加熱除氣	加熱脱気	加热除气
— method	除氣方法	脱気方法	除气方法
— unit	脫氣裝置	脱気装置	脱气装置
deaerator	除氣留水器	空気分離器	除气装置
dedurring	倒角	ばり取り	倒角
— barrel	去毛邊用滾桶	ばりとり用バレル	去毛刺用滚桶
decalcification	脫鈣(作用)	脱カルシウム	脱钙(作用)
decalescence	吸熱	吸熱現象	吸热
— point	吸熱點	減輝点	吸热点
decarbonization	脫碳	脱炭	脱碳
decarbonize	脫碳	脱炭	脱碳
decarburation	脫碳	脱炭	脱碳
decarburization	脫碳作用	脱炭	脱碳作用
decarburized casting	脫碳鑄件	脱炭鋳物	脱碳铸件
— depth	脫碳深度	脱炭深度	脱碳深度
— layer	脫碳層	脱炭層	脱碳层
— structure	脫碳組織	脱炭組織	脱碳组织
decarburizing	脫碳	脱炭	脱碳
dechroming	去鉻	クロムはがし	去铬
deck	甲板;艙面;瓦底板	甲板	控制板; 盖板; 面板
— beam	甲板	甲板ビーム	上承梁
— bolt	甲板螺栓	デッキボルト	甲板螺栓
decker	脫水機	デッカ	脱水机
decking	墊板；底板	敷板	垫板; 底板
decladding	去覆蓋層	脱被覆	去覆盖层
declination	偏差；方位角	傾斜	偏差; 方位角
decomposer	分解器	分解器	分解器
decomposition	分解	分解	分解
— apparatus	分解裝置	分解装置	分解装置
— exotherm	分解熱	分解熱	分解热
— of force	力的分解	力の分解	力的分解
— point	分解點	分解点	分解点
— principle	分解原理	分割原理	分解原理
— rate	分解速率	分解速度	分解速率

英文	臺灣	日文	大陸
— theorem	分解定理	分解定理	分解定理
decompression	減壓	減圧	减压
— device	減壓裝置	減圧装置	减压装置
— tank	減壓水箱	減圧タンク	减压水箱
— valve	減壓閥	減圧弁	减压阀
decompressor	減壓器	減圧装置	减压装置
decoppering	脫銅	脱銅	脱铜
deep beam	強橫梁	ディープビーム	强横梁
— chrom	鉻酸鉛	クロム黄	铬酸铅
— cooling	深冷處理	深冷処理	深冷处理
— draw	深拉成形	圧伸成形品	深拉成形
— draw forming	引伸成形	深絞り成形	深拉成形
— draw vacuum forming	真空引伸成形	深絞り真空成形	真空深拉成形
— drawing sheet	引伸薄鋼板	深絞り成形用シート	深拉薄钢板
— etching	深蝕	強腐食	深(度)蚀刻
— floor	加強肘板	深ろく板	加强肘板
— flow mold	高塑性流動模	深流れ金型	高塑性流动模
— frame	深框	深ろっ骨	加强肘骨
— hardening	深硬化	深焼き	深淬火
— hole machining	深孔加工	深穴加工	深孔加工
— hole tap	深孔螺絲攻	深穴タップ	深孔螺丝锥
— penetration electrode	深熔(電)焊條	深溶込み溶接棒	深熔(电)焊条
— transverse	強橫材	ディープ横材	强横材
defecation	石火清淨法	清澄法	净化
defector	澄清槽	清澄器	澄清槽
defect	缺陷;瑕疵	欠陥	缺陷
— detecting test	缺陷險查	欠陥検査	缺陷险查
— detction effectiveness	缺陷(點)檢測效果	欠陥検出有効性	缺陷(点)检测效果
— in welding	焊接缺陷	溶接欠陥	焊接缺陷
— of lacquer	漆裂	漆そう	漆裂
— of tissue	組織缺陷	組織欠陥	组织缺陷
— structure	缺陷結構	欠陥構造	缺陷结构
— test	探傷	欠陥試験	探伤
deflation	抽氣；放氣	空気抜き	抽气; 排气; 压缩
deflection	偏轉;變位	偏わい	偏转
— couple	偏轉力偶	偏位偶力	偏转力偶
— flow	偏侈	偏流	偏侈
— force	偏侈力	偏向力	偏侈力
— nozzle	轉向噴管	向変えノズル	转向喷管
— torque	偏轉力矩	傾斜トルク	偏转力矩

英文	臺灣	日文	大陸
deflectometer	撓度計	たわみ計	挠度计
deflection	偏差	偏差	偏差
deformation	變形	変形	扭曲；变形
— at break	斷裂變形	破断点ひずみ	断裂弯形
— at failure	破斷彎形	破損点ひずみ	破断弯形
— at yield	屈服點變形	降伏点ひずみ	屈服点变形
— gage	變形量規	変形ゲージ	变形计
— pattern	變形模式	変形パターン	变形模式
— processing	塑性加工	塑性加工	塑性加工
— property	變形特性	変形性	变形特性
— resistance	彎形阻力	変形抵抗	弯形阻力
— theory	變形理論	変形理論	变形理论
— under heat	熱變形	加熱侵入変形	热变形
— under stress	應力變形	応力変形	应力变形
— under torsion	扭轉變形	わじれひずみ	扭转变形
— velocity	變形速度	変形速度	变形速度
deformed bar	竹節鋼筋	デフォーム鉄筋	异形钢筋
— fittings	異型管	異形管	异型管
— flat steel	異型扁鋼	異形平鋼	异型扁钢
— light channel steel	異型薄槽鋼	異形軽溝形鋼	异型薄槽钢
— member	異型構件	異形材	异型构件
— pipe	異型管	異形管	异型管
— reinforcing bar	異型棒鋼	異形鉄筋	异型棒钢
— round steel bar	竹節鋼筋	異形丸鋼	竹节钢筋
— steel	異型鋼	異形型鋼	异型钢
— steel bar	螺紋鋼	異形棒鋼	螺纹钢
degasifying	除氣；脫氣	脱ガス	应形应力
degassing	除氣；脫氣	脱ガス	除气；脱气
— mold	排氣模具	ガス抜き型	脱气；除气
degauss	去磁；退磁	デガウス	去磁；退磁
degree	度;次;程度	度	度
— Fahrenheit	華氏溫度	華氏温度	华氏温度
— Kelvin	絕對溫度	ケルビン度	绝对温度
— of activity	活性度	活性度	活性度
— of adhesion	粘結程度	付着度	粘结程度
— of aging	老化程度	老化度	老化程度
— of arc	弧度	弧度	弧度
— of basicity	鹼度	塩基度	咸度
— of bond	結合度	結合度	结合度
— of clearness	透明度	透明度	透明度

英文	臺灣	日文	大陸
— of curvature	曲線度數	曲度	曲率
— of degradation	分解度	崩壊度	分解度
— of density	密度	密度	密度
— of eccentricity	偏心率	偏心度	偏心率
— of elasticity	弾性度	弾性率	弹性度
— of elongation	伸長率	伸び率	伸长率
— of hardness	硬率	硬度	硬率
— of loss	損耗度	損失度	损耗度
— of parallelization	平行度	平行度	平行度
— of plasticity	可塑性度	可塑性度	可塑性度
— of polymerization	聚合度	重合度	聚合度
— of precision	精度	精度	精度
— of purity	純度	純度	纯度
— of substitution	置換度	置換度	置换度
— of supersaturation	過飽和度	過飽和度	过饱和度
— of transparency	透明度	透明度	透明度
— of vacuum	真空度	真空度	真空度
— of wetness	濕度	湿り度	湿度
dehydrant	脱水劑	脱水剤	脱水剂
deliberate	精密剖面圖	精密断面	精密断面图
— survey	精密測量	精密測量	精密测量
delimiter	定界符號	区切り記号	定界符号
delineascope	實物幻燈機	実物幻灯機	实物幻灯机
delineator	視線導標	反射式導柱	视线导标
delink	解鏈	デリンク	解链
deliquate	潮解	き釈	潮解
deliquescence	潮解	潮解	潮解
deliquium	潮解物	潮解物	潮解物
delivered horsepower	傳輸馬力	伝達馬力	传输马力
delivering system	輸送系統	配送システム	输送系统
delivery	輸出;輸送	吐出し量	泄放
— burette	分液滴定管	放出ビュレ	分液滴定管
— car	運輸車	デリバリーカー	运输车
— casing	排氣缸	吐出しケーシング	排气缸
— clack	輸出 板閥	送出し翼弁	输出瓣阀
— cock	泄放旋塞	送出しコック	泄放旋塞
— container	輸送用集裝箱	輸送用コンテナ	输送用集装箱
— counter	交付櫃台	受渡し台	交付柜台
— cylinder	遞紙滾筒	紙取り胴	递纸滚筒
— date	交貨日期	引渡し期日	交货日期

英文	臺灣	日文	大陸
— device	輸紙裝置	排紙装置	输纸装置
— diffuser	輸出擠壓器	吐出しディフューザ	输出挤压器
— efficiency	輸出效率	送り出し効率	输出效率
— error	投射誤差	投射誤差	投射误差
— flask	分液瓶	放出フラスコ	分液瓶
— gage	輸出壓力計	吐出し圧力計	输出压力计
— guide	出口導板	デリバリーガイド	出口导板
— head	輸出水頭	送り出し水頭	送水扬程
— hose	輸送軟管	送り出しじゃ管	输出软管
— inspection	交貨檢驗	出荷検査	交货检验
— joint	輸出接頭	送出し継手	输出接头
— mechanism	輸出裝置	デリバリーメカニズム	输出装置
— pressure	輸送壓力	吐出し風圧	输出压力
— ratio	供氣比率	給気比	供气比率
— record	交貨記錄	デリバリーレコード	交货记录
— roll	傳送滾輪	送出ロール	传送滚轮
— speed	出口速率	デリバリースピード	出口速率
— tap	配水栓	配水栓	配水栓
— valve	排氣閥	吐出し弁	排气阀
— volume	排出體積	出し容積	排出体积
dellenite	流紋英安岩	デレン岩	流纹英安岩
Dellinger effect	德林杰效應	デリンジャ効果	德林杰效应
delta	δ〔希腊字母〕	デルタ	δ〔希腊字母〕
— brass	德他黃銅	δ黄銅	δ黄铜
— bronze	德他青銅	δ青銅	δ青铜
— iron	德他-鐵	δ鉄	δ-铁
— metal	德他合金	高強度黄銅	δ合金
— rays	德他射線	δ線	δ射线
delustered rayon	除去光澤	つや消し	除去光泽
— agent	消光劑	つや消し剤	消光剂
delvauxite	磷鈣鐵礦	デルボウ石	磷钙铁矿
demagnetization	退磁	脱磁	退磁；消磁
— coefficient	去磁係數	減磁係数	去磁系数
— curve	消磁曲線	消磁曲線	消磁曲线
— field	去磁場	反磁場	去磁场
— loss	去磁損失	減磁損	去磁损失
demagnetized state	去磁狀態	消磁状態	去磁状态
demagnetizer	去磁裝置(器)	脱磁装置	去磁装置(器)
demagnetizing	去磁；退磁	反磁界	去磁；退磁
demand	要求	需要	要求

D

英文	臺灣	日文	大陸
— analysis	需求分析	需要分析	需求分析
— and supply balance	供求平衡	需給バランス	供求平衡
— development	需求開發	需要開発	需求开发
demagnetization	脫錳(法)	脱マンガン	脱锰(法)
demantoide	翠榴石	すいざくろ石	翠榴石
demarcation point	分界點	分界点	分界点
demasking	暴露	暴露	暴露
Dember effect	登巴效應	デンバ効果	登巴效应
deme	混交群體	デーム	混交群体
demetalization	脫金屬(作用)	デメリット	脱金属(作用)
demineralized water	純水；軟化水	脱イオン水	纯水；软化水
— water tank	純水槽；軟化水槽	純水タンク	纯水槽；软化水槽
demi-relief	半凸浮雕	半肉彫り	半凸浮雕
demister	除霧器	除霧器	除雾器
demodulator	解調器	復調器	解调器
demolisher	搗碎機	デモリッシャ	捣碎机
demolition	拆除	解体	拆除
demolization	過熱分散	過熱分散	过热分散
demulcent	濕潤劑	湿潤剤	湿润剂
demulsibility	反乳化性(率)	抗乳化度	反乳化性(率)
demultiplier	倍減器；分配器	デマルチプライヤ	倍减器；分配器
demultiply	倍減	逓降	倍减
den	小儲藏室	穴倉	小储藏室
denaturalization	變性(質)	変性	变性(质)
denaturant	變性劑	変性剤	变性剂
denaturation	變性	変性	变性
dendrite	樹枝狀結晶	樹枝状晶	树突；松林石
— crystal	枝狀晶體	デンドライト結晶	枝状晶体
— growth	枝狀晶體生長	デンドライト成長	枝状晶体生长
— ribbon crystal	枝狀生長的帶狀晶體	デンドライトリボン結晶	枝状生长的带状晶体
dendrite(al) agate	樹枝狀碼瑙	樹枝状めのう	树枝状码瑙
— markings	樹狀晶	樹枝模様	树状晶
— powder	樹枝狀晶粉	樹枝状粉	树枝状晶粉
dendrogram	樹狀圖	系統樹	树状图
denitriding	脫氮	脱窒	脱氮
denitrificator	脫氮劑	脱窒（素）剤	脱氮剂
denoiser	噪音消除器	デノイザ	噪声消除器
denominator	共同特性	デノミネータ	共同特性
denseness	稠密性	ちゅう密性	稠密性
densifier	粒度調整劑	粒度調整剤	粒度调整剂

英文	臺灣	日文	大陸
densimeter	密度	密度計	比重计
densimetry	密度測定法	密度法	密度测定法
densi-transmitter	密度壓力計	蒸気密度圧力計	密度压力计
densitometer	比重計	密度計	比重计
density	密度	密度	密度；浓度
— as sintered	燒結密度	焼結密度	烧结密度
— distribution	密度分布	密度分布	密度分布
— gradient	密度函數	密度関数	密度函数
— function	密度梯度	密度こう配	密度梯度
— meter	密度計	黒化度計	密度计
— of light	光密度	光密度	光密度
— ratio	密度比	密度比	密度比
dental	牙科用合金	歯科用合金	牙科用合金
— burr	牙醫用轉銼	歯科用バー	牙医用转锉
dentalite	牙科用合金	歯科用合金	牙科用合金
dentate	齒狀結構	歯状構造	齿状结构
dentated sill	齒檻；齒形消力檻	歯形シル	齿槛；齿形消力槛
deodorant	脫臭劑	脱臭剤	脱臭剂
deodorized oils	脫臭油	脱臭油	脱臭油
deoxidant	還原劑	脱酸（素）剤	还原剂
departure	東西距離	起程点	东西距离
dependency	相依性	依存性	相依性
dephosphorization	脫磷(作用)	脱りん	脱磷(作用)
dephosphorizing	脫磷酸	解りん酸	脱磷酸
depickling	脫酸	脱酸	脱酸
depleted	燒過的燃料	減損燃料	烧过的燃料
depletion	損耗	減損	损耗
deposital metal	熔著金屬	溶着金属	溶着金属
deposited	熔融接著	溶融接着	溶融接着
— film	（真空）鍍膜	蒸着フィルム	（真空）镀膜
— metal	熔著金屬	析出金属	溶着金属
— metal film	（真空）鍍膜	蒸着フィルム	（真空）镀膜
— steel	熔著鋼	溶着鋼	溶着钢
depositing tank	析出（電解）槽	電着槽	析出（电解）槽
deposition	堆積;澱積	沈積	喷镀；蒸镀
— range	析出範圍	析出範囲	析出范围
— rate	熔著速度	溶着速度	溶着速度
— deposit	沉積物	付着物	沉积物
depth	深度	見込み	深度
— gage	測深規	深さゲージ	深度

英文	臺灣	日文	大陸
— of corrosion	腐蝕深度	腐食深さ	腐蚀深度
— of counter bore	鏜孔深度	座ぐり深さ	镗孔深度
— of cut	切削深度	切込み	切削深度
— of nick	裂痕深度	ニック深さ	裂痕深度
— of wear	磨耗量	摩耗量	磨损量
depthometer	深度計	深度計	深度计
derdylite	銻鈦鐵礦	デルビー石	锑钛铁矿
deviating screw	誘導螺栓	誘導ねじ	诱导螺栓
Derlin	聚甲醛樹脂	デルリン	聚甲醛树脂
dermatosome	微纖維	微繊維	微纤维
derocker	清石機	デロッカ	清石机
derrick	人字起重	ボーリング用やぐら	引入杆；井架
— boat	浮吊	デリックボート	浮吊
— boom	人字弔桿	デリックブーム	起重臂
— car	人字起重機	操重車	起重车
— crane	架式起重機	デリッククレーン	架式起重机
— mast	起重桅(把)桿	デリックマスト	起重桅(把)杆
— post	人字柱	デリックポスト	柱上转臂式起重机
— socket	吊桿插座	デリックソケット	吊杆插座
— step	起重桅桿承台	デリックステップ	起重桅杆承台
— table	起重台	デリック台	起重台
derricking speed	俯仰速度	ふ仰速度	俯仰速度
derust	除鏽	さびとり	除锈
deruster	除鏽劑	脱せい剤	除锈剂
derusting	除鏽	さび落とし	除锈
— method	除鏽方法	脱せい方法	除锈方法
design	設計	設計	设计
— augmented by computer	電腦輔助設計	計算機増補式設計	电脑辅助设计
— calculation	設計計算	設計計算	设计计算
— chart	設計圖表	設計図表	设计图表
— condition	設計條件	設計条件	设计条件
— expense	設計費	設計費	设计费
— strength	設計強度	設計強度	设计强度
— stress	設計應力	設計応力	设计应力
— technique	設計技術	設計技術	设计技术
— theory	設計理論	設計理論	设计理论
desilvering	脫銀	脱銀	脱银
desilverization	去銀	脱銀	脱银
desk	桌	デスク	板；圆盘
despun	反轉	デスパン	反转

英文	臺灣	日文	大陸
cutenna	反轉天線	デスパンアンテナ	反转天线
destruction	破壞	破滅	破坏
— inspection	破壞檢查	破壊検査	破坏检查
— test	破壞試驗	破壊試験	破坏试验
— desulfurization	去硫	脱硫	脱硫
desulfurizing agent	去硫劑	脱硫剤	脱硫剂
— equipment	去硫裝置	脱硫装置	脱硫装置
detachable bit	可拆式鑽頭	付替ビット	可拆式钻头
— chain	可拆卸鍊	掛け継ぎ鎖	可拆卸链
— gate	可拆式貨箱板	差込み式補助あおり	可拆式货箱板
detail	細部；詳細圖	明細	细部；详细图
— design	細部設計	詳細設計	施工设计
— diagram	詳細圖	詳細ダイアグラム	详细图
— drawing	零件圖	詳細図	零件图
— parts design	零件設計	細部設計	零件设计
— plan	詳細圖；零件	詳細図	详细图；零件
— stripping	完全分解	精密分解	完全分解
— survey	細部測量	詳細測量	细部测量
detailed	細目分析	詳細解析	细目分析
— balance	細部平衡	詳細平衡	细致平衡
— design	零件設計	細部設計	零件设计
estimate	詳細估算(預計)	詳細見積	详细估算(预计)
— planning	詳細計劃	細部計画	详细计划
— survey	詳細測定	精密測定	详细测定
— system evaluation	詳細(的)系統評價	詳細システム評価	详细(的)系统评价
deterring	脫焦油(作用)	脱タール	脱焦油(作用)
detartarizer	淨水裝置	浄水装置	净水装置
deterring	瀝水	除滴	沥水
detect	檢波	デテクト	检波
delectability	檢波能力	検出性	检波能力
— factor	檢測係數	検出率	检测系数
detecting circuit	檢波電路	検波回路	检波电路
— device	探測器〔設備〕	探知器	探测器〔设备〕
— grating	檢波線柵	検波格子	检波线栅
— instrument	檢測儀器	検知器	检测仪器
— means	檢測工具	検出部	检测工具
— paper	檢查(定；測)紙	試験紙	检查(定；测)纸
— switch	探測開關	デテクティングスイッチ	探测开关
— tube	檢測管	検知管	检测管
— unit	檢測器	検出器	检测器

D

英文	臺灣	日文	大陸
detection	探測：發覺	検波	探測；发觉
— apparatus	檢測器具	検出器具	检测器具
— coefficient	檢波係數	検波係数	检波系数
— device	檢測元(器)件	検出素子	检测元(器)件
— efficiency	檢波效率	検波効率	检波效率
— head	探測頭	デテクションヘッド	探测头
— time	停留時間	滞留時間	停留时间
detectivity	檢測率	検出能	检测率
detectophone	監聽電話機	聴話機	监听电话机
detector	探查器	検出器	探测器
detectoscope	水中聽音器	ディテクトスコープ	水中探声器
detent	止回爪；擎止	止め金	制动器
— cam	止動凸輪	もどり止カム	止动凸轮
— pin	止銷	もどり止ピン	止销
— spring	制動彈簧	デテントスプリング	制动弹簧
detention	滯留	引止め	滞留
— period	滯留時間	滞留時間	滞留时间
determinate error	測量誤差	測定誤差	测量误差
detinning	脫錫	脱すず	脱锡
detonating	爆震劑	起爆剤	起爆剂
— assembly	起爆裝置	起爆装置	起爆装置
— cap	雷管	雷管	雷管
— cartridge	爆炸管	発雷信号	爆炸管
— charge	起爆藥	起爆薬	起爆药
— cord	導爆索	導爆線	导爆索
— explosives	起爆藥	爆薬類	起爆药
— fuse	爆炸管信	導爆線	爆炸信管
— gas	爆炸氣	爆鳴気	爆鸣气
— gas coulomb meter	爆炸(煤)氣電量計	爆鳴気電量計	爆炸(煤)气电量计
— meteor	爆炸火花	爆鳴流星	爆鸣流星
— net	火藥導線網	導爆線網	火药导线网
— powder	起爆藥	爆発薬	起爆药
— signal	音響信號	発雷信号	响墩信号
— slab	防彈牆	しゃ弾コンクリート層	防弹墙
detonation	爆燃：爆震	デトスーシシン	爆燃；爆炸
— by influence	殉爆	殉爆	殉爆
— point	爆震點	デトネーション点	起爆点
— pressure	爆震壓力	デトネーション圧力	爆炸压
— wave	爆震波	デトネーション波	爆震波
detonator	雷管	雷管	雷管

英文	臺灣	日文	大陸
— dynamite	起爆藥	親ダイナマイト	起爆药
— signal	爆音信號	爆音信号	爆音信号
detour	回路	回り道	迂回路
— direction	繞行指示	う回指示	绕行指示
— drift	迂迴坑道〔巷道〕	う回坑	迂回坑道〔巷道〕
— route	改道	回り線	便道
detoxicant	解毒劑	解毒剤	解毒剂
detoxication	解毒(作用)	解毒	解毒(作用)
detoxification room	去污室	汚染除去室	去污室
Detrial deposits	碎屑礦床	砕せつ鉱床	碎屑矿床
— rocks	碎屑岩	砕せつ岩	碎屑岩
Detroit	德特羅伊特電爐	デトロイト電気炉	德特罗伊特电炉
detune	失調(諧)	デチューン	失调(谐)
detuned circuit	失調(諧)電路	離調回路	失调(谐)电路
detuner	抗震器	ディチューナ	抗震器
detuning condenser	失調電容器	離調コンデンサ	失调电容器
— ratio	失調比	離調比	失调比
— stub	失調短(截)線	離調スタブ	失调短(截)线
deuteration	重氫化	重水素化	氘代
deuteride	氘化物	重水素化物	氘化物
deuterium	重氫;氘	重水素	重氢; 氘
— oxide	重水	酸化重水素	重水
deutoron	重氫核	重陽子	重氢核
Deval abrasion test	德瓦爾耐磨試驗	ドバルすりへり試験	德瓦尔耐磨试验
— abrasion tester	德瓦爾耐磨試驗機	ドバルすりへり試験機	德瓦尔耐磨试验机
Devarda alloy	戴氏銅鋅鋁	デバルダ合金	戴氏铜锌铝
develop	開發	開発	研制; 现像
developed area	展開面積	伸張面積	展开面积比
— area ratio	展開面積比	伸張面積比	展开面积
— blade area	展開(葉)面積	伸張翼面積	展开(叶)面积
— color	顯色染料	顕色染料	显色染料
— color image	顯色像	発色像	显色像
— contour	顯出輪廓	伸張輪郭	显出轮廓
— dye	顯色染料	顕色染料	显色染料
— dyestuff	顯色染料	顕色染料	显色染料
— elevation	展開圖	展開図	展开图
— outline	伸張輪廓	伸張輪郭	伸张轮廓
— pattern	展開圖	展開図	展开图
developer	顯影(色)劑	現像剤	显影(色)剂
— bath	顯影浴(槽)	現像浴槽	显影浴(槽)

英文	臺灣	日文	大陸
developing hand		現像バンド	显像带
— bath	顯影浴(槽)	顕色浴	显影浴(槽)
— ink	顯影墨水	現像インキ	显影墨水
— liquid	顯影液	顕色液	显影液
— machine	顯影機	現像機	显影机
— material	顯影劑	現像剤	显影剂
— nucleus	顯影核	現像核	显影核
— out paper	顯影紙	現像紙	显影纸
— paper	相紙	印画紙	相纸
development	顯影；展開	発展	显影；展开
— area	發展地區	開発地域	发展地区
deviation	尺寸偏向	偏り	偏差；误差
— alarm	偏差警報	偏差警報	偏差警报
— angle	偏差角	偏差角	偏差角
— area	偏差區域	偏差面積	偏差区域
— calibration curve	偏差校準曲線	偏差校正曲線	偏差校准曲线
— constant	偏差常數	偏移定数	偏移常数
— curve	偏差曲線	偏差曲線	偏差曲线
— card	偏差圖	偏差カード	偏差图
— from circularity	真圓度	真円度	真圆度
— from coaxiality	同心度	同軸度	同心度
— from cylindricity	平面度	平面度	平面度
— from flatness	平行度	平行度	平行度
— from parallelism	垂直度	直角度	垂直度
— from perpendicularity	真直度	真直度	真直度
— indicator	偏差指示器	偏差指示器	偏差指示器
— of directivity	方向性偏差	指向偏位	方向性偏差
— of form	形狀精度	形状精度	形状精度
device	裝置；方法	装置	装置；设备
— address	設備地址	装置アドレス	设备地址
— pattern	裝置圖	デバイスパターン	装置图
— type	設備類型	装置タイプ	设备类型
— under test	待測設備	デバイスアンダテスト	被测设备
devider	分割輥輪	デバイダ	分割辊
devil	加熱焊料的小爐子	手提炉	加热焊料的小炉子
—'s claw	制鏈鉤	デブルスクロー	制链钩
Deville furnace	戴維爾爐	デビル炉	戴维尔炉
devitrification	反玻璃質化	失透	反玻璃化
devolatility	脫揮發性	脱蔵性	脱挥发性
devulcanization	脫硫	脱硫	脱硫

英文	臺灣	日文	大陸
dew	露	露	露
— condensation	結露	結露	结露
— drop	露滴	結露	露滴
— meter	露點(濕度)計	露点湿度計	露点(湿度)计
dewatering agent	脫水劑	脱水剤	脱水剂
— bin	脫水裝置	脱水そう	脱水装置
— centrifuge	離心脫水機	遠心脱水機	离心脱水机
— method	〔地基〕排水施工法	脱水工法	〔地基〕排水施工法
— tank	脫水槽	脱水槽	脱水槽
— test	脫水試驗	脱水試験	脱水试验
— with screening	過篩脫水	脱水スクリーニング	过筛脱水
dewaxed oil	脫蠟油	脱ろう油	脱蜡油
dewaxing	脫臘	脱ろう	脱腊
dewpoint	露點	露点	露点
dextro-form	右旋型	デキストロフォルム	右旋型
dezincing	去鋅	脱亜鉛	脱锌
diabase	輝綠岩	輝緑岩	辉绿岩
diabrosis	腐蝕	腐食	腐蚀
diagram	圖；線圖	図	图；图表
— model	圖表模型	図表モデル	图表模型
— of bending moment	彎矩圖	曲げモーメント	弯矩图
— of connection	連接圖	接続図	连接图
dial	標度盤;針盤	目盛板	刻度板〔盘〕
— caliper	針盤卡	ダイヤルキャリパ	刻度卡钳
— compass	刻度規	測量コンパス	刻度规
— disc	刻度盤	ダイヤル円板	刻度盘
— gage	針盤指示量規	ダイヤルゲージ	千分表
— micrometer	針盤分厘卡	ダイヤルゲージ	千分表
— needle	刻度盤指針	ダイヤル針	刻度盘指针
— current	反磁電流	反磁性電流	反磁电流
— effect	抗磁效應	反磁効果	抗磁效应
— material	抗磁性材料	反磁性材料	抗磁性材料
— moment	逆磁矩	反磁性モーメント	逆磁矩
— resonance	抗磁性共振	反磁性共鳴	抗磁性共振
— substance	抗磁體(質)	反磁性体	抗磁体(质)
— susceptibility	反磁化率	反磁性磁化率	反磁化率
— susceptibility	反磁化性	反磁性	反磁化性
diamagnetometer	反磁性	反磁性計	反磁性
diamond	鑽石;菱形	金剛石	玻璃刀
damnation	熔融鋁質耐火材料	ディアマンティン	熔融铝质耐火材料

英文	臺灣	日文	大陸
diameter	直徑	直径	直径
— of circle	圓的直徑	円の直径	圆的直径
— of nozzle hole	噴嘴孔直徑	噴口径	喷嘴孔直径
— of pipe	管徑	管径	管径
— of rear pilot	後導部直徑	後部案内の外径	後导部直径(拉刀的)
— of recess	退刀槽直徑	逃げ径	退刀槽直径
— of rivet	鉚釘直徑	リベット径	铆钉直径
— of rivet hole	鉚釘孔徑	リベット孔径	铆钉孔径
— of tower	塔徑	塔径	塔径
— of tractive wheel	驅動輪直徑	動輪直径	驱动轮直径
— of trap	隔氣具直徑	トラップ口径	隔气具直径
— ratio	内外徑比	内外径比	内外径比
— series	直徑系列	直径系列	直径系列
— series number	直徑系列編號	直径記号	直径系列编号
diametral	徑向間隙	直径すき間	径向间隙
— end points	直徑的兩端點	直径の両端点	直径的两端点
— pitch	齒輪的〔徑節〕	直径ピッチ	齿轮的〔径节〕
— screw clearance	螺紋徑向間隙	スクリューの直径すき間	螺纹径向间隙
— pitch	徑節	直径ピッチ	径节
— rectifier circuit	反相整流器電路	反相整流器回路	反相整流器电路
diamine	雙胺	ジアミン	双胺
diamond	鑽石;菱形	金剛石	金钢石; 菱形
— bit	鑽石鑽頭	ダイヤモンドバイト	钻石钻头
— bite	鑽石車刀	ダイヤモンドバイト	钻石车刀
— blade	鑽石刀片	ダイヤモンドブレード	钻石刀片
— bort	金鋼石顆粒	ダイヤモンドボート	金钢石钻石
— burr	鑽石砂輪	ダイヤモンドと石	钻石砂轮
— cement	鑽石	ダイヤモンドセメント	钻石
— crown	鑽石鑽頭	ダイヤモンドクラウン	222钻石
— crystal	鑽石晶體	ダイヤモンド結晶	钻石晶体
— cutter	鑽石刀	ダイヤモンドカッタ	钻石刀
— die	鑽石模具	ダイヤモンドダイス	钻石模具
— dressing	鑽石修整器	ダイヤモンド目直し	钻石修整器
— grain	鑽石砂輪	ダイヤモンド粒子	钻石砂轮
— apping	鑽石研磨	ダイヤモンドラッピング	钻石研磨
— paste	鑽石膏	ダイヤモンドペースト	钻石膏
— pen	鑽石筆	ダイヤモンドペン	钻石笔
— penetrator hardness	維克氏硬度	ビッカース硬度	维克氏硬度
— point tool	尖頭車刀	剣バイト	尖头车刀
— polish	鑽石研磨	ダイヤモンド研磨	钻石研磨

英　文	臺　灣	日　文	大　陸
— powder	鑽石粉末	ダイヤモンドパウダ	钻石粉末
— shell	菱形薄殼	菱形薄壳	菱形薄壳
— saw	鑽石鋸	石切用丸のこ	钻石锯
diamondite	碳化鎢硬質合金	ディアモンダイト	碳化钨硬质合金
diaphaneity	透明度	透明度	透明度
diaphragm	隔膜(板)	仕切板	隔膜(板)
— bush	薄膜補套	ダイアフラムブシュ	薄膜补套
— bushing	薄膜補套	ダイアフラムブシュ	薄膜补套
— capsule gage	膜盒式壓力計	空ごう式圧力計	膜盒式压力计
— chamber	膜片室	ダイヤフラムチャンバ	隔膜盒
— control valve	隔膜控制閥	ダイヤフラム制御弁	隔膜控制阀
— gage	膜片壓力表	隔膜式圧力計	膜片压力表
— gas meter	膜片式氣量計	ダイアフラムカスメータ	膜片式气量计
— jig	隔膜跳汰機	ダイアフラム跳たい機	隔膜跳汰机
— manometer	薄膜壓力計	ダイアフラム圧力計	薄膜压力计
— plate	隔板	ダイアフラム板	隔膜板；膜片
— seal	隔膜式〔密封〕	ダイヤフラムシール	隔膜式〔密封〕
— spring	膜片彈簧	ダイヤフラムスプリング	膜片弹簧
— type compressor	薄膜式壓縮機	ダイアフラム式圧縮機	薄膜式压缩机
diastimeter	測距儀	距離測量計	测距仪
diathermancy	透熱性	透熱性	透热性
dlathermanous	透熱體	透熱体	透热体
— substance	透熱物質	透熱体	透热物质
diathermic membrane	透熱膜	熱線透過性膜	透热膜
dice	鑄模	ダイス	铸模
dicer	切割機	タイサ	切割机
dicing	切割；切片	ダイシング	切割；切片
— blade	切割刀	ダイシングブレード	切割刀
— machine	切割機	ダイシングマシーン	切割机
— saw	切割鋸	ダイシングソー	切割锯
die	螺紋模	金型	金属模；冲模
— adapter	模具接頭	ダイアダプタ	模具接头
— assembly	模具組合	ダイス組立	模具组合
— backer	凹模支撐	ダイバッカ	凹模支撑
— base	模座	金型用板材	模座
— bearing	模口支承面	ダイベアリング	模口支承面
— bed	模座	ダイベッド	模座
— bending	模具變曲	型曲げ	模具变曲
— blade	模刃	ダイブレード	模刃
— blank	模具坯料	ダイブランク	模具坯料

D

英文	臺灣	日文	大陸
— body	模体	ダイス受け	模体
— cavity	模穴	ダイスくぼみ部	模穴
— center	模具定位裝置	ダイセンタ	模具定位装置
— character	模具特性	ダイ特性	模具特性
— clamp	模具變持器	ダイ押え	模具变持器
— clearance	模具間隙	ダイクリアランス	模具间隙
— close time	合模時間	型締時間	合模间隙
— cone	模心	ダイコーン	模心
— cutter	沖切機	打抜機	冲切机
— cutting	螺紋模切	打抜き	冲切
— cutting press	沖裁壓機	打抜プレス	冲裁压机
— depth	凹模深度	ダイス深さ	凹模深度
— design	模具設計	型設計	模具设计
— edge	模具鑲塊	ダイエッジ	模具镶块
— engineering	模具工程學	型工学	模具工程学
— face	模具型面	ダイ前面	模具型面
— failure	模具損杯	ダイ破損	模具损杯
— forging	模鍛	型鍛造	模锻
— gap	模具間隙	ダイギャップ	模具间隙
— gate	鉗口	ダイゲート	钳口
— height	裝模高度	ダイハイト	装模高度
— hobbling press	模壓制模壓力	ダイホッビングプレス	模压制模压力
— holder	下模座	ねじこま持たせ	下模座
— hole	模孔	ダイス穴	模孔
— insert	模具鑲塊	入れ子	模具镶块
— life	模具壽命	型寿命	模具寿命
— lifter	起模裝置	ダイリフタ	起模装置
— lubricant	離型劑	離型剤	离型剂
— mandrel	模具心軸	ダイマンドレル	模具心轴
— mark	模痕	ダイマーク	模痕
— material	模具材料	型材料	模具材料
— model	模型	木型	模型
— orifice	模口；模孔	ダイス穴型	模口; 模孔
— pad	頂料板	突出し板	顶料板
— pressing	沖壓	型押し	冲压
— pressure	模具壓力	ダイ圧力	模具压力
— pressure plate	模具壓板	ダイプレッシャープレート	模具压板
— quenching	金屬模淬火	型焼入れ	模具淬火
— relief	模斜度	ダイ出口の逃げ	模斜度
— setting	模具安裝	ダイ整定	模具安装

英文	臺灣	日文	大陸
— shoe	模座	ダイシュー	模座
— sinker file	模具銼刀	ダイシンカファイル	模具锉刀
— steel	模具鋼	ダイス鋼	模具钢
— stop	模具擋塊	ダイストップ	模具挡块
— stroke	模具行程	ダイストロー	模具行程
— surface	模具（成形）表面	成形面	模具（成形）表面
— temperature	模具溫度	ダイ温度	模具温度
— thickness	模具厚度	ダイス厚さ	模具厚度
— tryout	模具調度	ダイトライアウト	模具调度
— wall	模壁	ダイ壁	模壁
— wear	模具損耗	ダイス摩耗	模具损耗
diebox	模座	ダイボックス	模座
die-cast	壓鑄法	ダイ鋳物	压铸法
— alloy	壓鑄合金	ダイカスト用合金	压铸合金
— bearing	壓鑄軸承	ダイカストベアリング	压铸轴承
— brake drum	壓鑄制動輪	ダイカストブレーキドラム	压铸制动轮
— dies	壓鑄模	ダイカストダイス	压铸模
— machine	壓鑄機	ダイカスト機	压铸机
dieing machine	高速自動精密沖床	ダイイングマシン	高速自动精密冲床
— out press	沖床	打抜プレス	冲床
dielectricity	絕緣	透電性	绝缘
diemilling	模具雕刻	型彫り	刻模
die-plate	模板	ダイプレート	模板
die-punch	沖孔	打抜く	冲孔
dieset	成套沖模	ダイセット	成套冲模
— guide-pim	模具導柱	ダイセット案内ピン	模具导柱
diesinker' s file	模具銼刀	型彫りやすり	模具锉刀
diesinking	刻模；靠模	型彫り	刻模；靠模
— machine	靠模銑床	型彫り盤	靠模铣床
difference	差分	差分	差分
— calculus	差分法	差分法	差分法
different level	差距	段違い	差距
— cam	差動凸輪	差動カム	差动凸轮
— gear mechanism	差動齒輪機構	差動歯車機構	差动齿轮机构
— pinion	差速器小齒輪	差動小歯車	差速器小齿轮
— piston	差動活塞	差動ピストン	差动活塞
— planetary pinion	差動行星齒輪	差動えい星ピニオン	差动行星齿轮
— pulley	差動滑輪	差動滑車	差动滑轮
— rate	差速率	差速	差速率
— screw	差動螺旋	差動ねじ	差动螺旋

英文	臺灣	日文	大陸
— screw gearing	差動螺旋傳動裝置	差動ねじ装置	差动螺旋传动装置
— screw jack	差動螺旋千斤頂	差動ねじジャッキ	差动螺旋千斤顶
— spider	差速器十字軸	差動装置スパイダ	差速器十字轴
— velocity	差速	差速	差速
— wheel gear	差動齒輪裝置	差動歯車装置	差动齿轮装置
diffuse	擴散譜帶	ぼやけバンド	扩散谱带
— coating	擴散滲鍍	拡散被覆	扩散渗镀
— combustion	擴散燃燒	拡散燃焼	扩散燃烧
— density	擴散 濃度	拡散光濃度	扩散密度
— duct	擴散導管	ディフューザダクト	扩散导管
— light	漫射光	散乱光	漫射光
— porous wood	散孔材〔木材〕	散孔材	散孔材〔木材〕
— radiation	擴散性幅射	拡散ふく射	扩散辐射
— reflection factor	擴散反射率	拡散反射率	漫反射率
— scattering	漫散射	散漫散乱	漫散射
— sound	分散音	拡散音	分散音
— sound field	散射聲場	拡散音場	散射声场
— stage	漫散期	分散期	漫散期
— transmission	擴散透過	拡散透過	扩散透过
— window	擴散窗	拡散窓	扩散窗
diffused	擴散式通風	散気式エアレーション	扩散式通风
— air tank	〔空氣〕擴散池	散気槽	〔空气〕扩散池
— capacity	擴散電容	拡散容量	扩散电容
— chromatin	彌散染色質	分散染色材	弥散染色质
— contact	擴散合金接點	拡散合金接点	扩散合金接点
— layer	擴散層	拡散層	扩散层
— light flux	漫散光束〔通量〕	拡散光束	漫散光束〔通量〕
— lighting	漫射照明	拡散照明	漫射照明
— rays	漫射線	拡散線	漫射线
— resistor	擴散電阻	拡散抵抗	扩散电阻
— transmission	漫透射	拡散透過	漫透射
diffusing	擴散；漫射	ディフュージング	扩散
— effect	擴散效應	拡散効果	扩散效应
— factor	擴散系數	拡散度	扩散系数
— material	擴散材料	拡散体	扩散材料
diffusion	擴散；漫射	拡散	扩散
— admittance	擴散導納	拡散アドミタンス	扩散导纳
— analysis	擴散分析	拡散分析	扩散分析
— angle	漫射角	散乱角	漫射角
— annealing	擴散退火	拡散焼なまし	扩散退火

英文	臺灣	日文	大陸
— apparatus	擴散裝置	拡散装置	扩散装置
— area	擴散面積	拡散面積	扩散面积
— atmosphere	擴散氣氛	拡散雰囲気	扩散气氛
— barrier	擴散阻擋層	拡散障壁	扩散阻挡层
— bonding	擴散焊接	拡散接合	扩散焊接
— burner	擴散燃燒器	拡散バーナ	扩散燃烧器
— cloud chamber	擴散云室	拡散霧箱	扩散云室
— column	擴散圓筒	比重筒	扩散圆筒
— constant	擴散常數	拡散定数	扩散常数
— cooling	擴散冷卻	拡散冷却	扩散冷却
— current	擴散電流	拡散電流	扩散电流
— depth	擴散深度	拡散深度	扩散深度
dialysis	擴散透析法	拡散透析	扩散透析法
— effect	擴散效應	拡散効果	扩散效应
— factor	擴散系數	拡散係数	扩散系数
— filter	擴散過濾器	拡散フィルタ	扩散过滤器
— flame	擴散火焰	拡散火炎	扩散火焰
— furnace	擴散爐	拡散炉	扩散炉
— hardening	擴散硬化處理	拡散硬化	扩散硬化处理
— in pores	細孔内擴散	細孔内拡散	细孔内扩散
— index	擴散指數(率)	拡散指数	扩散指数(率)
— pressure deficit	擴散壓差	拡散圧差	扩散压差
— process	擴散過程	拡散工程	扩散过程
— temperature	擴散溫度	拡散温度	扩散温度
— theory	擴散理輪	拡散理論	扩散理轮
— velocity	擴散速度	拡散速度	扩散速度
diffusivity	擴散系數	拡散係数	扩散系数
— constant	擴散率;滲透係數	拡散係数	扩散系数
diffuser	散光器;氣化器	拡散器	散光器;气化器
digester	蒸煮器	蒸解かま	蒸煮器
digital computer	位電算機	計数形計算機	数字式计算机
— control	數字控制	ディジタル制御	数字控制
display	展示;陳列	数字表	数字显示器
— electronic computer	數位電子計算機	ディジタル電子計算機	数位电子计算机
— element	數位單元	ディジタル素子	数位单元
— facsimile	數位(式)傳真	ディジタルファクシミリ	数位(式)传真
— format	數字格式	ディジタルフォーマット	数字格式
— height	數字式測高計	ディジタルハイト	数字式测高计
— image analysis	數字圖像分析	ディジタル画像解析	数字图像分析
— image processing	數字圖像處理	ディジタル画像処理	数字图像处理

英文	臺灣	日文	大陸
— input adapter	數字信息	ディジタル情報	数字信息
— input adapter	數字輸入轉接器	ディジタル入力アダプタ	数字输入转接器
— input output	數字輸入輸出	ディジタル入出力	数字输入输出
— instrument	數字式儀表	数字式計器	数字式仪表
— line	數字傳輸線	ディジタルライン	数字传输线
— machine	數字裝置	ディジタル装置	数字装置
— magnetic recording	數字磁記錄	ディジタル形磁気記録	数字磁记录
— memory	數字測量	ディジタル計測	数字测量
— measurement	數字模式	ディジタル記憶装置	数字模式
— model	數字存儲器	ディジタルモデル	数字存储器
— panel meter	數字面板測量儀表	ディジタルパネルメータ	数字面板测量仪表
— pattern recognition	數字模式識別	ディジタルパターン認識	数字模式识别
— quantity	數字量	ディジタル量	数字量
— recorder	數字記錄器	ディジタルレコーダ	数字记录器
— register	數位暫存器	ディジタルレジスタ	数位暂存口
— scanner	數字掃描器	ディジタルスキャナ	数字扫描器
— simulator	數字模擬器	デイジタルシミュレータ	数字模拟器
— speed communication	數字式語言通信	ディジタル音声通信	数字式语言通信
— telephone	數字式電話	ディジタル電話	数字式电话
digitizer	數位轉換器	ディジタイザ	数位转换器
— unit	數位轉換裝置	ディジタイザユニット	数位转换装置
diagonal axis	雙角線軸	二回対称軸	双角线轴
dilatability	膨脹性	膨脹性	膨胀性
dilatance	膨脹性	ダイラタンシー	膨胀性
dimension flow	擴張流動	ダイラタント流動	扩张流动
— error	尺寸誤差	寸法誤差	尺寸误差
— line	尺寸線	寸法線	尺寸线
— tolerance	尺寸公差	寸法公差	尺寸公差
dimensional accuracy	尺寸精度	寸法精度	尺寸精度
— allowance	尺寸容差	寸法余裕	尺寸容差
— analysis	因次分析	次元解析	因次分析
— change	尺寸變化	寸法変化	尺寸变化
— change during sintering	燒結尺寸變化	焼結寸法変化	烧结尺寸变化
— constant	因次常數	次元定数	因次常数
— coordination	尺寸調整	寸法調整	尺寸调整
— distortion	尺寸偏差	寸法の狂い	尺寸偏差
— drawing	尺寸圖	寸法図	尺寸图
— effect	尺寸影響(效應)	寸法効果	尺寸影响(效应)
— expression	因次式	次元式	因次式
— measurement	尺寸測定	寸法測定	尺寸测定

英文	臺灣	日文	大陸
— recovery	尺寸復原	寸法回復	尺寸复原
— sensitivity	穩定度(性)	寸法安定度	稳定度(性)
— stability test	尺寸穩定性試驗	寸法安定度試験	尺寸稳定性试验
— stability under heat	加熱尺寸穩定性	加熱寸法安定度	加热尺寸稳定性
— stabilization	尺寸穩定化	寸法安定化	尺寸稳定化
— standard	尺寸標準	寸法規格	尺寸标准
— tolerance	尺寸公差	寸法公差	尺寸公差
dimensionality	維數；度數	次元数	维数；度数
dimensioning	尺寸標注	寸法記入	尺寸标注
dimensionless	無因次	無次元	无因次
dimethylmercury	汞〔水銀〕	ジメチル水銀	汞〔水银〕
diametric system	下方晶系	正方晶形	下方晶系
diminished arch	圓弧拱	円弧アーチ	圆弧拱
diminishing pipe	漸縮管	漸小管	渐缩管
— resistance	漸減阻力	漸減抵抗	渐减阻力
— scale	縮尺；比例尺	縮尺	缩尺；比例尺
diminution	衰退；衰減	抵減	衰退；衰减
— factor	衰退率	減退率	衰退率
dimmer	遮光器	調光機	遮光器
— circuit	調光電路	調光回路	调光电路
dimple	小凹坑	凹みきず	凹痕；波纹
dimpling	作小凹坑	皿出し	压埋头螺纹孔
— die	波紋模	ディンプリング型	波纹模
— of tube	波紋管	パイプのディンプリング	波纹管
dingey	折疊式救生艇	ディンギー	折叠式救生艇
dinging	勾縫	目地モルタル詰め	勾缝
— hammer	平錘	ディンギングハンマ	平锤
dingot	直熔錠	ジンゴット	直熔锭
dining-car	餐車	食堂車	餐车
diopside	透輝石	透輝石	透辉石
diopsidite	透輝石岩	透輝石岩	透辉石岩
diopter	綠銅礦	すい銅鉱	绿铜矿
diopter system	瞄準器	視度	瞄准器
— tester	視度望遠鏡	屈折光学系	视度望远镜
diorama	透視面	幻視画景	透视面
dip	傾斜；傾角	傾斜	倾斜；倾角
— angle	傾斜角	地平線府角	倾斜角
— etch	浸蝕	ディップエッチ	浸蚀
— forming	浸漬成形	浸せき成形	浸渍成形
— frequency	傾角頻率	ディップ周波数	倾角频率

英文	臺灣	日文	大陸
— gage	垂度規	ディップゲージ	垂度规
— method	浸漬法	ディップ法	浸渍法
— point	浸漬點	ディップポイント	浸渍点
— polishing	浸漬拋光	浸せき艶出	浸渍抛光
— resin	浸漬用樹脂	デップ樹脂	浸渍用树脂
— simuator	降壓模擬器	ディップシミュレータ	降压模拟器
— soler type	浸焊型	ディプソルグタイプ	浸焊型
— solderability	浸焊性	浸せきはんだ付け適性	浸焊性
— starching	浸漿	のり浸し	浸浆
dipped article	浸漬製品	浸せき品	浸渍制品
— electrode	浸塗焊條	浸せき被覆溶接棒	浸涂焊条
dipper	杵	ひしゃく	瓢；杓；铲斗
— arm	鏟斗柄	ディッパハンドル	铲斗柄
— handle	杓柄	ディッパハンドル	杓柄
— stick	測量尺	ディッパステッキ	测量尺
dipping	浸漬	浸せき	浸渍
— compound	浸漬用塗料	浸せき用塗料	浸渍用涂料
— facility	浸漬設備	浸せき設備	浸渍设备
— former	浸漬模	浸せき型	浸渍模
— machine	浸漬機	浸せき機	浸渍机
— test	浸漬試驗	浸せき試験	浸渍试验
— varnish	浸漬清漆	浸せき用ワニス	浸渍清漆
direct acceptance system	直接聯接式	直接受け入れ方式	直接联接式
— access store	直接存取存儲器	直接アクセス記憶装置	直接存取存储器
— access volume	直接存取卷	直接アクセスボリューム	直接存取卷
— amplification	直接放大	直接増幅	直接放大
— analysis	直接分析	直接分析	直接分析
— area	直接區域	ダイレクトエリア	直接区域
— axis	直軸	直軸	直轴
— axis circuit	順軸電路	縦軸回路	顺轴电路
— bonding	直接接合	ダイレクトボンディング	直接接合
— broadcast satellite	直播衛星	直接放送衛星	直播卫星
— call	直接呼叫	ダイレクトコール	直接呼叫
— casting	直接澆鑄	直注ぎ鋳造	直接浇铸
— cause	直接原因	直接原因	直接原因
— channel	直接通道	直接制御機構	直接通道
— compression	直接加壓	直圧力	直接加压
— copy	機械靠模	ダイレクトコピー	机械靠模
— counter	直接計數器	ダイレクトカウンタ	直接计数器
— cutting	直接刻紋	ダイレクトカッティング	直接刻纹

英文	臺灣	日文	大陸
— desulfurization proce	直接脫硫法	直接脱硫法	直接脱硫法
— distance	直接距離	直距離	直接距离
— distance surveving	直接距離測量	直接距離測量	直接距离测量
— expansion chiller	直接膨脹冷路卻器	直接膨脹式冷却器	直接膨胀冷路却器
— filtration	直接過濾	直接ろ過	直接过滤
— flame	直接焰	直火	直接焰
— flame boiler	直焰式鍋爐	直炎ボイラ	直焰式锅炉
— fusion process	直接熔融法	直接溶融法	直接熔融法
— grounding	直接接地	直接接地	直接接地
— heat	直接熱	直熱	直接热
— heat welding	直接加熱焊接	直熱溶接	直接加热焊接
— ingot	直接鑄塊	デインゴット	直接铸块
— injection engine	直接噴射式發動機	直接噴射機関	直接喷射式发动机
— manual operation	直接手動操作	直接手動操作	直接手动操作
— mechanical drive	直接機械傳動	直接機械駆動	直接机械传动
— projection	直接投射	直射	直接投射
— quench aging	熱浴〔淬火〕時效處理	熱浴焼入れ時効	热浴〔淬火〕时效处理
— quenching	直接準火	直焼入れ	直接准火
— ratio	正比	正比	正比
— reaction	直接反應	直接反応	直接反应
— reduction	直接還原	直接還元	直接还原
— reduction steelmaking	直接還原煉鐵法	直接還元製鉄法	直接还原炼铁法
— reflection	定向〔鏡面〕反射	正反射	定向〔镜面〕反射
— reversing gear	直接逆轉裝置	自己逆転装置	直接逆转装置
— rope haulage	垂直鋼絲繩	コース巻き	垂直钢丝绳
— simulation	直接仿真	直接相似	直接仿真
— smelting	直接熔煉	直接溶錬	直接熔炼
— start	直接啓動	直入起動	直接启动
— starting	直接起動法	直接起動法	直接起动法
— stress	直接應力	直接応力	直接应力
— switching starter	直接開關起動機	直接開閉起動器	直接开关起动机
— titration	直接滴定	直接滴定	直接滴定
— transformation	直接變態	直接変態	直接变态
— transmission	直接傳動	直接伝動	直接传动
— writing recorder	直接記錄器	直接記録計器	直接记绿器
— turbine	直接傳動式汽輪機	直結タービン	直接传动式汽轮机
direct-current	直流	直流	直流
— alternating current conver	直流-交流變換器	DC-AC 変換器	直接-交流变换器
— generator	直流發電機	直流発電機	直接发电机
— indicator	直流指示器	直流指示器	直接指示器

英文	臺灣	日文	大陸
— motor	直接電機器	直流電動機	直接电机器
— power supply	直接電源	直流電源	直接电源
— power transmission	直接輸電	直流送電	直接输电
— resistance	直接電阻	直流抵抗	直接电阻
— sender	直接發送機	直流送出器	直接发送机
— series motor	直接串激馬達	直流直巻電動機	直接串激马达
— shunt motor	直接並繞馬達	直流分巻電動機	直接并绕马达
— switch	直接開關	DCスイッチ	直接开关
— system	直流式	直流式	直流式
— welding	直接焊接	直流溶接	直接焊接
directcycle reactor	直接循環反應堆	直接サイクル（原子）炉	直接循环反应堆
direct-drive	直接傳(驅)動	直接駆動	直接传(驱)动
— dial	直接驅動度盤	直接駆動目盛り板	直接驱动度盘
— engine	直接驅動發動機	直結発動機	直接驱动发动机
— gear	直接傳動齒輪	直結歯車	直接传动齿轮
— position	直接連結	直結	直接传动
— system	直接驅動方式	ダイレクトドライブ方式	直接驱动方式
directed angle	定向角	有向角	定向角
— curve	定向曲線	有向曲線	定向曲线
— graph	走向圖	有向グラフ	定向图
direct-heating	直接；加熱	直接暖房	直接; 加热
— furnace	直接加熱爐	直火炉	直接加热炉
direction	方向；指導	方向	方向; 指向
— angle	方向角	方向角	方向角
— cosine	方向餘弦	方向余弦	方向馀弦
— distribution	指向分布	指向分布	指向分布
— finder	方位操向器	方位測定機	方位测定器
— finder deviation	測向器偏差	方探偏差	测向器偏差
— finder noise level	測向器噪聲電平	方向探知機雑音レベル	测向器噪声电平
— finding equipment	測向設備	方位測定設備	测向设备
— flow	定向流動	方向流れ	定向流动
— focusing	方向聚焦	方向収束	方向聚焦
— gun	基準炮	基準砲	基准炮
— indicator	方向指示器	方向指示器	方向指示器
— measurement	方向觀測法	方向観測法	方向观测法
— meter	定向器	ダイレクションメータ	定向器
— of application	作用方向	作用方向	作用方向
— of closing	合模方向	型締め方向	合模方向
— of easy magnetization	順磁磁化	磁化容易方向	顺磁磁化
— of flow	流向	流れの方向	流向

英文	臺灣	日文	大陸
— of force	力的方向	力の方向	力的方向
— of hard magnetization	難磁化方向	磁化困難方向	难磁化方向
— of measurement	測定方向	測定方向	测定方向
— of motion	運動方向	運動方向	运动方向
— of twist	扭轉方向	より方向	扭转方向
— of welding	焊接方向	溶接方向	焊接方向
— operation	定向運行	力向別運転	定向运行
directional aerial	定向天線	指向アンテナ	定向天线
— antenna	定向天線	指向性アンテナ	定向天线
— balance	方向平衡	方向のつりあい	方向平衡
— beacon	定向信號	指向性標識	定向信号
— beam	定向波束	ダイレクショナルビーム	定向波束
— bearing	定向方位	指向性方位	定向方位
— broadcasting	定向廣播	指向性放送	定向广播
— characteristic	方向特性	指向特性	方向特性
— comparison	方向比較	方向比較	方向比较
— comparison system	方向比較方式	方向比較方式	方向比较方式
— control	方向控制	方向制御	方向控制
— control circuit	方向控制回路	方向制御回路	方向控制回路
— coupler	定向耦合器	指向性結合器	定向耦合器
— diffusibility	定向擴散率	指向拡散度	定向扩散率
— drilling	斜向掘進	傾斜掘り	斜向掘进
— element	方向元件	方向要素	方向元件
— gain	指向性增益	指向利得	指向性增益
— gyro	定向迴轉儀	定針儀	陀螺罗盘
— homing	定相返航	指向性ホーミング	定相返航
— pattern	方向圖	指向図形	方向图
— selecting valve	方向轉換閥	方向切り換え弁	方向转换阀
— selection	方向選擇	指向性選択	方向选择
— sign	方向標識	方向標識	方向标识
— stability	方向穩定	方向安定	方向稳定
— traverse	方向線	方向線	方向线
— trim	方向平衡	方向の釣り合い	方向平衡
— valency	方向原子價	方向原子価	方向原子价
directivity	方向性	指向性	方向性
directly connected pump	直聯泵	直結ポンプ	直联泵
— injection molding	直接射出成形	直接射出成形	直接射出成形
— reduce	直接還原	直接還元	直接还原
director	引向器	導波器	引向器
— coil	深測線圈	ディレクタコイル	深测线圈

D

英文	臺灣	日文	大陸
— line	準線	準線	准线
direct-reading	直接讀出	直読	直接读出
— indicator	直讀式指示器	直読式インジケータ	直读式指示器
— instrument	直讀式儀表	直読計器	直读式仪表
direct-recording	直接記錄	直動式記録	直接记录
directrix	準線	準線	准线
direct-A1336vision	直視	直視	直视
dirt	夾渣；污垢	夾渣	夹渣；污垢
— settling	附著物	ボロ附着	附着物
— trap	澆口除渣	あか取り湯口	浇口除渣
disadvantage	缺點；缺陷	欠点	缺点；缺陷
— factor	不利因子	不利係数	不利因子
disarrange	失常；破壞	ディスアレンジ	失常；破坏
disarrangement	原子變位	配列かく乱	原子变位
disassemble	分解	ディスアセンブル	分解
disassembly	分解；拆卸	分解	分解；拆卸
dissimulation	異化作用	異化作用	异化作用
disassociation	離解(作用)	脱会合	离解(作用)
disastrous earthquake	破壞性地震	烈震	破坏性地震
disc	盤；圓盤	盆	盆；圆盘
— agitator	轉盤式攪拌機	回転円板式	转盘式搅拌机
— and drum turbine	圓盤及圓筒式渦輪機	円板胴タービン	圆盘及圆筒式涡轮机
— anode	圓盤形陽級	円板陽極	圆盘形阳级
— antenna	盤形天線	円板形アンテナ	盘形天线
— attenuate	圓盤衰減器	ディスク減衰器	圆盘衰减器
— blanking	圓盤落料	円板打ち抜き	圆盘落料
— brake	軔；圓盤煞車	円板ブレーキ	圆盘制动器
— cam type	盤形凸輪式	ディスクカム式	盘形凸轮式
— cell	磁盤單元	ディスクセル	磁盘单元
— centrifuge	圓盤離心分離機	分離板形遠心沈降機	圆盘离心分离机
— chart	磁盤圖	円形図紙	磁盘图
— clutch	圓盤形離合器	円形クラッチ	圆盘形离合器
— cutter	圓盤刀具	摩擦丸のこ	摩擦圆盘锯
— cylindrical turbine	圓盤圓筒渦輪機	円板胴タービン	圆盘圆筒涡轮机
— friction	圓盤摩擦	円板摩擦	圆盘摩擦
— friction loss	圓盤摩擦損失	円板摩擦損失	圆盘摩擦损失
— gage	圓盤規	板ゲージ	圆盘规
— gearing	圓盤傳動裝置	円板伝導	圆盘传动装置
— grinder	圓盤磨床	円板研削盤	圆盘磨床
— harrow	圓盤耙	ディスクハロー	圆盘耙

英文	臺灣	日文	大陸
— insulated cable	盤形式絕緣電纜	円板絶縁ケーブル	盘形式绝缘电缆
— insulator	圓盤形絕緣子	円板形がい子	圆盘形绝缘子
— loading	槳盤載荷	円板荷重	桨盘载荷
— loop antenna	圓盤式環形天線	ディスクループアンテナ	圆盘式环形天线
— mill	盤式磨粉機	ディスクミル	盘式磨粉机
— oil filter	盤形濾油器	積層板油こし	盘形滤油器
— oiled bearing	圓盤油軸承	円板注油式軸受	圆盘油轴承
— operating systems	磁碟操作系統	ディスク	磁碟操作系统
— oriented system	適合磁盤的系統	ディスク向きシステム	适合磁盘的系统
— pack	磁盤組	ディスクパック	磁盘组
— piston	圓盤活塞	円板ピストン	圆盘活塞
— planer	圓盤木工刨床	円板かんな盤	圆盘木工刨床
— plate	圓板	ディスクプレート	圆板
— plate valve	圓盤閥	円板弁	圆盘阀
— plough	圓盤犁	丸刃すき	圆盘犁
— record	唱片	録音盤	唱片
— record player	電唱機	円盤再生機	电唱机
— recorder	唱片錄音機	円盤録音機	唱片录音机
— recording	灌唱片	円盤録音	灌唱片
— recording lathe	唱片錄音機	円盤録音機	唱片录音机
— roller	盤形輥	ディスクローラ	盘形辊
— rotation loss	圓盤旋轉損失	回転円板損失	圆盘旋转损失
— rotor	盤式;盤式葉輪	回板回転子	圆盘转子
— sander	圓盤磨輪機	床仕上げ機	砂轮抛光机
— sanding machine	砂輪磨床	ディスクサンダ	砂轮磨床
— saw	圓盤鋸	丸のこ	圆盘锯
— scanning	圓盤掃描	円板走査	圆盘扫描
— seal	盤形封口	板封じ	盘形封口
— seal structure	盤形封口結構	板極構造	盘(形)封(口)结构
— seating action valve	圓盤閥	円板弁	圆盘阀
— signal	圓盤信號機	円板信号機	圆盘信号机
— source	圓盤形放射源	円板状族射線源	圆盘形放射源
— spacer	磁盤隔片	ディスクスペーサ	磁盘隔片
— swapping	磁盤交換	ディスクスワッピング	磁盘交换
— thermistor	片狀熱敏電阻	板状サーミスタ	片状热敏电阻
— type centrifuge	盤式離心機	ディスク型遠心機	盘式离心机
— type device	圓盤形元件	ディスク形素子	圆盘形元件
— type flaw	圓形平面傷痕	円形平面傷	圆形平面伤痕
— type nozzle	圓盤形噴霧頭	ディスク形噴霧頭	圆盘形喷雾头
— valve	圓盤閥	円板弁	圆盘阀

英文	臺灣	日文	大陸
— wheel	盤輪；葉輪	ディスク車輪	盘轮；叶轮
— winding	圓盤式繞組	ディスクワインジング	圆盘式绕组
Discaloy	鎳鉻鉬鈦鋼	ディスカロイ	镍铬钼钛钢
discard	廢料；報廢拋棄	ディスカード	废料；报废抛弃
discharge	放電	吐き出し	放电
— angle	排出角	流出角	排出角
— arrester	放電避雷器	放電避雷器	放电避雷器
— bend	排放彎頭	吐き出しベンド	排放弯头
— bowl	排出槽	吐き卞しボール	排出槽
— button	放電按鈕	ディスチャージボタン	放电按钮
— capacity	放電容量	放電容量	放电容量
— casing	排水箱	吐き出しケーシング	排水箱
— channel	排水道	放水路	排水道
— circuit	放電電路	ディスチャージ回路	放电电路
— cock	排洩旋塞	吐き出しコック	释放塞
— coefficient	流量係數	流量係数	流量系数
— coil	放電線圈	放電コイル	放电线圈
— color	放電色	放電色	放电色
— condition	排出狀態	吐き出し状態	排出状态
— current	排流	放電電流	排流
— curve	流出量曲線；放電曲線	放電曲線	流量曲线
— curve of flood	洪水流量曲線	洪水の流量曲線	洪水流量曲线
— damper	排氣閘	吐き出しダンパ	排气闸
— depth	徑流深度	流出高	径流深度
— device	放電器	放電装置	放电器
— diagram	流量圖	流量図	流量图
— diffuser	排出口擴散器	吐き出し口ディフューザ	排出口扩散器
— diode	放電二極管	放電二極管	放电二极管
— door	出料門	排出扉	出料门
— duration curve	流況曲線	流況曲線	流况曲线
— dyeing	拔染法	抜染法	拔染法
— elbow	排氣管彎頭	吐き出しエルボ	排气管弯头
— electrode	放電電極	放電極	放电电极
— end	出料端	排出端	出料端
— exclitation laser	放電激勵激光器	放電励起レーザ	放电激励激光器
— extinction voltage	放電熄火電壓	放電消滅電圧	放电熄火电压
— flow	流量	流量	流量
— for firm peak power	恒定高峰用水量	常時ピーク使用水量	恒定高峰用水量
— for firm power	恆定用心量	常時使用水量	恒定用心量
— for maximum power	最大用心量	最大使用水量	最大用心量

英文	臺灣	日文	大陸
— formative time	放電形成時間	放電形成時間	放电形成时间
— gage	輸出壓力計	吐き出し圧力計	输出压力计
— gap	放電間隙	放電ギャップ	放电间隙
— gas	排出氣體	吐き出しガス	排出气体
— head	流出落差	吐き出しヘッド	供油压头
— head height of water	水壓頭	圧力水頭	水压头
— header	排水集管	吐き出しヘッダ	排水集管
— hydrograph	時間流量曲線	時間流量曲線	时间流量曲线
— in gases	氣體放電	（ガス）放電	气体放电
— indicator tube	放電指示管	表示放電管	放电指示管
— jet	噴嘴	ノズル	喷嘴
— lake	拔染色淀	抜染レーキ	拔染色淀
— lamp	放電燈	放電ランプ	放电灯
— line	排放管(線)	吐き出し管	排放管(线)
— loss	流量損失	流量損失	流量损失
— mass curve	流量累積曲線	流量累加曲線	流量累积曲线
— measurement	流出量測定	流量測定	流量测定
— nozzle	排出噴嘴	吐き出しノズル	排出喷嘴
— of preparing agents	製劑排出	抜消	制剂排出
— off	放電終止	放電済み	放电终止
— on	正在放電	放電中	正在放电
— opening	排油(氣；水)口	吐き出し口	排油(气；水)口
— pipe	排洩管;流出管	吐き出し管	泄水管
— potential	放電電位	放電電位	放电电位
— probe	放電探針	放電検出プローブ	放电探针
— pump	排洩	ディスチャージポンプ	排泄泵
— quantity	排出量	吐き出し量	排出量
— rate	放電率	放電率	放电率
— time	放電率	放電率	放电率
— ratio	放電火花	放電火花	放电火花
— spark	放電時間	放電時間	放电时间
— valve	排洩;流出閥	放出弁	放泄阀
— velocity	流量速度	吐き出し速度	流量速度
— voltage	放電電壓	放電電圧	放电电压
dischargeable weight	可消耗載重	投下重量	可消耗载重
discharger	放電器	放電器	放电器
discharging agent	脫色劑	抜染剤	脱色剂
discipline	科目	学科	科目
Disco process	迪斯可生產法	ディスコ法	狄斯珂生产法
discolor	變(退)色	ディスカラ	(使)变(退)色

英文	臺灣	日文	大陸
discoloration	褪色	変色	褪色
discoloring clay	漂白土	脱色土	漂白土
discomfort-glare factor	刺眼的閃光度	不快げん光度	刺眼的闪光度
discomposition effect	維格納效應	ウィグナー効果	维格纳效应
discone antenna	盤錐形天線	ジスコーンアンテナ	盘锥形天线
disconnecting clutch	可解脫離合器	しゃ断クラッチ	可解脱离合器
— cutout	隔離斷路器	断路形カットアウト	隔离断路器
— fuse-holder	熔斷型保除絲盒	断路形ヒューズホルダ	熔断型保除丝盒
— gear	分離裝置	掛けはずし装置	分离装置
— switch	斷路器	断路器〔機〕	断路器
— switch control circuit	隔離開關控制電路	断路器制御回路	隔离开关控制电路
disconnection	解列；斷路	切断	解列；断路
disconnector	絕緣体	断路器	绝缘体
discontinuity	不連續性	不連続（性）	不连续性
discontinuous action	不連續動作	不連続動作	不连续作用
— character	不連續性質	不連続形質	不连续性质
discordance	不和諧	不整合	不和谐
discotic	圓盤狀	ディスコチック	圆盘状
discrasite	銻銀礦	安銀鉱	锑银矿
discrepancy	差異	食い違い	差异
— amplifier	分離放大器	ディスクリートアンプ	分离放大器
discretization	離散化	離散化	离散化
— error	離散化誤差	離散化誤差	离散化误差
discriminate	判別式	判別式	判别式
discrimination	識別	周波数弁別	识别
— circuit	鑒別電路	識別回路	鉴别电路
— factor	鑒別因素	差別係数	鉴别因素
discriminative trip	保護斷路	選択遮断	保护断路
dielectric strength	絕緣強度	絶縁耐力	绝缘强度
disengaged free line	空線	空き線	空线
disengagement	脫離	がィスエンゲージメント	脱离
disengaging arbor	分離軸	放離軸	分离轴
— brake	切斷式製動器	切離しブレーキ	切断式制动器
— coupling	分離接頭	放離継手	分离接头
— fork	離合器叉	放離二また	离合器叉
— lever	開手柄	放離てこ	开手柄
dish	碟；皿	皿状反射器	碟；皿
— antenna	碟形天線	ディッシュアンテナ	碟形天线
— wheel	碟形砂輪	ディッシュホイール	碟形砂轮
dished end	碟	皿形鏡板	碟

英文	臺灣	日文	大陸
— head	碟形端板	皿形鏡板	碟形端板
disher mill	盤式穿孔機	ディシャミル	盘式穿孔机
dishing	杯狀變形	わん状変形	杯状变形
disinfecting chamber	消毒槽	消毒槽	消毒槽
disinfection	殺菌；消毒	消毒	杀菌; 消毒
disintegration	粉碎	崩壊	粉碎
— constant	衰變常數	壊変定数	衰变常数
— curve	衰變曲線	崩壊曲線	衰变曲线
— energy	衰變能	壊変エネルギー	衰变能
— voltage	擴散電壓	拡散電圧	扩散电压
distinct	析取項	ディスジャンクト	析取项
disjunction	分離	離接	分离
disk	圓盤	平円板	圆盘
— access	磁盤存取	ディスクアクセス	磁盘存取
— address	磁盤地址	ディスクアドレス	磁盘地址
— area	圓盤面積	円板面積	圆盘面积
— atomiser	圓盤粉碎機	ディスクアトマイザ	圆盘粉碎机
— base system	磁盤數據庫系統	ディスクベースシステム	磁盘数据库系统
— bowl type	分離盤式	分離板型	分离盘式
— cache	磁盤高速緩沖存儲器	ディスクキャッシュ	磁盘高速缓冲存储器
— car tridge	記憶器	ディスクカートリッジ	磁盘箱
— channel	磁盤通道	ディスクチャネル	磁盘通道
— chuck	花盤	ディスクチャック	花盘
— column	圓盤塔	円板塔	圆盘塔
— control	磁盤控制	ディスク制御	磁盘控制
— coulter	圓盤犁(刀)	円板コールタ	圆盘犁(刀)
— crank	圓盤式(形)曲柄	円板クランク	圆盘式(形)曲柄
— cylinder	盤形圓柱體	ディスクシリンダ	盘形圆柱体
— device	(圓)片形器件	ディスクデバイス	(圆)片形器件
— drive	磁盤驅動	ディスク駆動機構	磁盘驱动
— driver	磁盤驅動器	ディスク駆動装置	磁盘驱动器
— dryer	圓盤式乾燥器	円板型乾燥器	圆盘式乾燥器
— dump	磁盤信息轉儲	ディスクダンプ	磁盘信息转储
— edit	磁盤信息編輯	ディスクエディット	磁盘信息编辑
— file	磁盤文件	ディスクファイル	磁盘文件
— file organization	磁盤文件編排	ディスクファイル編成	磁盘文件编排
— filter	圓盤過濾器	円板ろ過機	圆盘过滤器
— flow meter	〔旋轉〕圓板流量計	円板型流量計	〔旋转〕圆板流量计
— fuse	圓板炯斷器	円板ヒューズ	圆板炯断器
— gate	盤形繞口	ディスクゲート	盘形绕口

英文	臺灣	日文	大陸
— initialization	磁盤初始化	ディスク初期設定	磁盘初始化
— jockey	唱片節目	ディスクジョッキー	唱片节目
— laser	圓盤(形)激光器	ディスクレーザ	圆盘(形)激光器
— librarian	磁盤庫管理程序	ディスクライブラリアン	磁盘库管理程序
— map	磁盤存儲圖	ディスク記憶域地図	磁盘存储图
— memory	磁盤存儲器	ディスク記憶装置	磁盘存储器
— memory system	磁盤存儲系統	ディスクメモリシステム	磁盘存储系统
— meter	盤式流量計	ディスクメータ	盘式流量计
— module	磁盤模件	ディスクモジュール	磁盘模件
— mold test	圓板(盤)造型試驗	円板成形試験	圆板(盘)造型试验
— monitor system	磁盤監控系統	ディスクモニタシステム	磁盘监控系统
— of screw propeller	螺旋槳盤面	推進器円	螺旋桨盘面
— pulverize	盤式粉磨機	円板微粉（砕）機	盘式粉磨机
— refiner	圓盤精研機	ディスクリファイナ	圆盘精研机
— reproducer	留聲機	円盤再生機	留声机
— screen	圓盤篩	ディスクスクリーン	圆盘筛
— sense signal	磁盤讀出信號	ディスクセンス信号	磁盘读出信号
— sheet	磁盤片	ディスクシート	磁盘片
— size	磁盤尺寸	ディスクサイズ	磁盘尺寸
— sort	磁盤分類	ディスク分類	磁盘分类
— spring	盤簧	ディスクスプリング	盘簧
— storagedrive	磁盤儲存器驅動	ディスク記憶装置駆動	磁盘储存器驱动
— thermistor	圓盤式熱敏電阻器	ディスクサーシスタ	圆盘式热敏电阻器
— to card	磁盤信息轉換	ディスクカート変換	磁盘信息转换
— tone head	圓盤録音頭	ディスクトーンヘッド	圆盘录音头
— track	磁盤(磁)道	ディスクトラック	磁盘(磁)道
— type rotor	圓盤型轉子	ディスク形ロータ	圆盘型转子
— unit	磁盤裝置	磁気ディスク装置	磁盘装置
diskette	塑料磁盤	ディスケット	塑料磁盘
dislocation	差排	転位	位错
— core	差排軸	転位心	位错心
— density	差排密度	転位濃度	位错密度
— hardening	差排強化	転位強化	位错强化
— line	差排線	転位線	位错线
— network	差排網	転位網	位错网
— mode	差排節	転位の節	位错节
— scattering mobility	位移散射遷移移率	転位散乱易動度	位移散射迁移移率
— tangle	差排咬合	転位のもつれ	位错咬合
— theory	差排理論	転位理論	位错理论
dismantlement	拆卸	解体	拆散

英文	臺灣	日文	大陸
dismantling	分解；拆除	分解	分解；拆除
dismount	拆卸	取り外す	拆卸
dismounting	拆卸；拆除	解体	拆卸；拆除
dismutation	歧化	不均化	歧化
disorder	異常；亂序	ディスオーダ	异常；乱序
disoxidation	還原(作用)	脱酸素	还原(作用)
dispersal	分散	ディスパーサル	分散
dispersibility	分散度	分散性	分散度
dispersion	分散	分散	分散
— degree	分散度	分散度	分散度
— equipment	擴散裝置	拡散装置	扩散装置
— grade resin	分散型樹脂	分散型樹脂	分散型树脂
— hardening	分散強化	分散強化	分散强化
— hardening alloy	分散硬化合金	分散硬化合金	分散硬化合金
— of performance	性能偏差	性能のばらつき	性能偏差
— resin	分散樹脂	ディスパーション樹脂	分散树脂
— strengthened alloy	分散強化合金	分散強化合金	分散强化合金
— strengthened material	分散強化材料	分散強化材料	分散强化材料
displacement	置換；位移	置換	置换；位移
— activity	置換行為	転位行動	置换行为
— angle	角位移	変位角	位移角
— development	置換展開法	置換展開法	置换展开法
— error	偏移誤差	偏向誤差	偏移误差
— law	位移定律	変位（の法）則	位移定律
— plating	置換式電渡	置換めっき	置换式电渡
— process	置換法	置換式法	置换法
— reaction	置換反應	置換反応	置换反应
— response	位移反應	変位応答	位移反应
— stress	位移應力	変位応力	位移应力
— thickness	排擠厚度	排除厚	排挤厚度
— transducer	電測轉送器	変位変換器	位移传感器
— type blower	容積式鼓風機	容積型ブロワ	容积式鼓风机
— vector	位移向量	変位ベクトル	位移向量
— velocity	位移速度	変位速度	位移速度
— vibrograph	位移震動計	振動変位計	位移震动计
— volume	排量容積	押しのけ容積	排气量
displacer	置換器	押出し装置	置换器
display	顯示(器)	表示	显示(器)
— apparatus	顯示器	ディスプレイ装置	显示器
— block	顯示器	ディスプレイブロック	显示器

英文	臺灣	日文	大陸
— panel	顯示面板	表示パネル	显示面板
— register	顯示	ディスプレイレジス	显示
disposition	配置；安排	配置	配置；安排
disruptive conduction	擊穿電導	破裂伝導	击穿电导
— discharge	破裂放電	破裂放電	破裂放电
— distance	破裂距離	破裂距離	破裂距离
— selection	分裂選擇	分断選択	分裂选择
— test	耐壓試驗	耐電圧試験	耐压试验
dissect	分析；解剖	ディセクト	分析；解剖
dissection	解剖；分割	ディセクション	解剖；分割
dissociation	分裂；解離	解離	分裂；解离
dissolution	溶解；分解	溶解	溶解；分解
— rate	溶解速率	溶解速度	溶解速率
— wave	溶解波	溶出波	溶解波
dissolve	溶解	溶解	溶解
dissolved acetylene	被溶乙炔	溶解アセチレン	液化乙炔
— carbon	溶解碳	溶解炭素	溶解碳
— gas	溶解氣体	溶存ガス	溶解气体
— matter	溶解物質	溶解〔存〕物質	溶解物质
— substance	溶質	溶質	溶质
distance	距離	距離	距离
— for insulation	絕緣距離	絶縁距離	绝缘距离
— hardness	DH硬度	DH 硬度	DH硬度
— mark	距離標識	距離標識	距离标识
— measurement	測距	距離測定	测距
— of center	中心距離	中心距離	中心距离
— of distinct vision	明視距離	明視距離	明视距离
distant control	遙控	遠隔制御	遥控
— indication	遙控顯示	遠隔指示	遥控显示
— point	遠點	距離点	远点
distinction	差別	差別	差别
distortion	失真；歪曲	変形	失真；歪曲
— curve	失真曲線	ディストーションカーブ	失真曲线
— during quenching	淬火變形	焼入れひずみ	淬火变形
— effect	失真效應	ひずみ効果	失真效应
— energy	畸變能	形状ひずみエネルギ	变形能
— factor	失真因素	ひずみ率	畸变系数
distributer	分配器	ディストリビュータ	导向装置
distributing air damper	空氣分配擋板	分配ダンパ	空气分配挡板
— amplifier	分配放大器	分配増幅器	分配放大器

英文	臺灣	日文	大陸
— area	供水區(域)	配水区域	供水区(域)
— bar	構造鋼筋	上ば鉄筋	构造钢筋
— branch	配送支管	配水支管	配水支管
— cock	分配開關	分配コック	分配开关
— frame	配線盤	配線盤	配线盘
— fuse board	配線熔絲盤	配線ヒューズ盤	配线熔丝盘
— fuse panel	配線熔絲盤(板)	配線ヒューズ盤	配线熔丝盘(板)
— head lead in	配線箱進線口	配線かん引込み口	配线箱进线口
— installations	配水設施	配水施設	配水设施
— insulator	配線絕緣子	配線がいし	配线绝缘子
— lever	配送主管	分配てこ	分配杆
— main	配電桿線	配電幹線	配电杆线
— operator	配電操作人員	分配扱い者	配电操作人员
— pole	配線柱線	配線柱	配电杆线
— reservoir	配水池	配水池	配水池
— roll	配料輥	均しロール	配料辊
— transformer	配電變壓器	配電変圧器	配电变压器
— valve	分配閥	分配弁	分配阀
— pump	配水泵	配水ポンプ	配水泵
— water pipe	配水管	配水管	配水管
distribution	分配；配電	分配	分配；配电
— bar	配力(鐵)筋	配力（鉄）筋	配力(铁)筋
— board	分電盤	分電盤	分电盘
— box	配電盤	分電箱	配电盘
— cable	配電電纜	配線ケーブル	配电电缆
— capacity	分布電容	分布容量	分布电容
— center	分配中心	集配送センタ	分配中心
— coefficient	分布(配)係數	分布係数	分布(配)系数
— constant	分布常數	分布係数	分布常数
— control	分布控制	分散制御	分布控制
— curve	分布曲線	配電曲線	分布曲线
— cutout	配電斷路器	配電用カットアウト	配电断路器
— density	分布密度	分布密度	分布密度
— diagram	配線圖	系統図	〔设备〕系统图
— error	分布誤差	分布誤差	分布误差
— graph	分布圖	配分図	分布图
— network	配電網	配電網	配电网
— of brightness	亮度分布	輝度分布	亮度分布
— of rainfall	雨量分布	雨量分布	雨量分布
— of temperature	溫度分布	温度分布	温度分布

英文	臺灣	日文	大陸
— of water	配水	配水	配水
— panel	分電盤	分電盤	分电盘
— pipe line	配水管線	配水管路	配水管线
— ratio	分配比	分布率	分配比
distributive	分配格	分配的な束	分配格
distributor	分配閥	分配器	分配阀
distract	區域	区域	区域
disturb	干擾	ディスターブ	干扰
disturbance	干擾	妨害	干扰
— error	干擾誤差	かく乱誤差	干扰误差
diver	潛水艇	ダイバ	潜水艇
divergent beam	發散射束	発散ビーム	发散射束
— loss	擴散損失	発散損失	扩散损失
— reaction	發散反應	発散反応	发散反应
— series	發散級數	発散級数	发散级数
— tube	擴散管	廣がり管	扩散管
diversion	轉移；導流	分流	转移；导流
— curve	轉換曲線	転換率曲線	转换曲线
— valve	轉向閥	ダイバージョン弁	换向阀
diversity	相異；分隔	多種多様性	相异；分隔
divert	轉向；轉換	ダイバート	转向；转换
diverter	換向器；避電針	分流加減器	换向器；避电针
divide	分隔；分配	分割	分隔；分配
— line	分水線	分水線	分水线
divided axial pitch	軸向節距	軸方向割りピッチ	轴向节距
— circle	刻度圓板	目盛り円板	刻度圆板
— difference	均差	差分商	均差
— flow turbine	分流式渦輪機	分流タービン	分流式涡轮机
dividers	兩腳規；分規	両脚規	两脚规；分规
diving	分配；分頻	分周	分配；分频
— plate	分度盤	割出し盤	分度盘
— valve	分配閥	ディバイディングバルブ	分配阀
diving	潛水；俯衝	潜水	潜水；俯冲
— angle	降落角	降下角	降落角
— apparatus	潛水器具	潜水器具	潜水器具
— dress	潛水服	潜水衣	潜水服
— outfit	潛水裝備	潜水アウトフィット	潜水装备
— fodder	水平舵	水平かじ	水平舵
— simulator	潛水模擬	潜水シミュレータ	潜水模拟
— turn	俯衝轉彎	〔急〕降下旋回	俯冲转弯

英　文	臺　灣	日　文	大　陸
division	分度；刻度	部門	分度；刻度
— algorithm	輾轉相除法	連除法	辗转相除法
— circuit	除法電路	割り算回路	除法电路
— header	部分標題	部の見出し	部分标题
— lamp	區劃燈	ディビジョンランプ	区划灯
— line	車道線	車線境界線	车道线
— method	除法	除算法	除法
— noise	分配噪音	ディビジョンノイズ	分配噪音
— of land	地段劃分	分筆	地段划分
— of relation	關系的劃分	関係分割	关系的划分
— of terrazzo joint	水磨石分格縫	テラゾ目地割り	水磨石分格缝
— plate	隔板	仕切り板	分割板
— wall	雙面水冷壁	火炉分割壁	双面水冷壁
divisional	部分承包	分割請け負い	部分承包
— island	分隔島	分離島	分隔岛
— strip	車道分隔帶	車線分離帯	车道分隔带
divisor	因子；因數；分壓器	除数	因子；因数；分压器
DNC system	直接數控系統	DNC システム	直接数控系统
dobschauite	輝砷鎳礦	硫ひニッケル鉱	辉砷镍矿
dock	船塢；連接	船きょ	船坞；连接
— chamber	造船場	ドックチャンバ	造船场
doctor	調節器；調節機構	調節器	调节器；调节〔机构〕
— bar	控制桿	ドクタバー	控制杆
— blade	亂片	ドクターブレード	乱片
— blade method	亂片法	かきならし法	乱片法
— knife	亂刀	ドクタナイフ	乱刀
— roll	調節滾筒	ドクタロール	调节滚筒
— scraper	亂刀；亂板	ドクタースクレーパ	乱刀；乱板
dog	牽轉具;制動爪	回し金	凸轮；制动爪
— chuck	雞心夾頭	ドグチャック	爪形夹盘
— plate	制動爪安裝板	ドッグプレート	制动爪安装板
— stay	三角形螺栓撐	ドッグステー	三角形螺栓撑
dog-ear joint	折入接合	折込み接ぎ	折入接合
dome	圓頂；室;汽包	円がい	圆顶；拱顶
— base	汽室墊圈	ドームベース	汽室垫圈
— flange	汽室凸緣	ドームフランジ	汽室凸缘
— head piston	圓頂活塞	丸頭型ピストン	圆顶活塞
domestic airport	飛機場；國內航空站	国内空港	飞机场；国内航空站
— appliance	家用設備	家庭用製品	家用设备
— article	家庭用品	家庭用品	家庭用品

D

英文	臺灣	日文	大陸
— electric heater	家用電熱器	家庭電熱器	家用电热器
— electrification	家庭電氣化	家庭電化	家庭电气化
— equipment	家用器具	家庭用機具	家用器具
— filter	家用濾水器	家庭用水こし	家用滤水器
— fuel	生活用燃料	家庭燃料	生活用燃料
— refrigerator	家用冷藏庫	家庭用冷蔵庫	家用冷藏库
— vacuum cleaner	家用真空吸塵器	家庭用真空掃除機	家用真空吸尘器
domeykite	砷銅礦	ひ銅鉱	砷铜矿
dominant	顯性；優勢	優性偏差	显性；优势度
dominator	占優勢者	ドミネータ	占优势者
donkey	補機；小活塞泵	ダンキー	补机；小活塞泵
— boiler	副鍋爐	補助ボイラ	补助锅炉
— crane	副起重機	補助クレーン	补助起重机
— engine	副機	補機	补机
— pump	補助泵	補助ポンプ	补助泵
donut	熱堆快中子轉換器	ドーナツ	热堆快中子转换器
door	門；入口	ドア	门；入口
— bell	門鈴	ドアベル	门铃
— bolt	門插銷	ドアボルト	门插销
— butt	門鉸鏈	ちょう番	门铰链
— hanger	門弔	つり（釣）車	挂门钩
— hinge	門鉸鏈	扉ヒンジ	门铰链
— key	車鎖	ドアーキー	车锁
— rail	門軌條	引戸レール	拉车导轨
— sheet	車板	扉板	车板
dopes	添加劑	添加剤	添加剂
doping	摻雜控制法	不純物添加	掺杂控制法
— compensation	摻雜質補償〔半導體中〕	ドーピング補償	掺杂〔质〕补偿〔半导体中〕
— gas	摻雜氣體	ドーピングガス	掺杂气体
— gas unit	摻雜氣體設備	ドーピングガスユニット	掺杂气体设备
— method	摻雜(質)法	ドーピング法	掺杂(质)法
— profile	摻雜分布〔曲線〕	ドーピングプロファイル	掺杂分布〔曲线〕
— system	摻雜裝置	ドーピングシステム	掺杂装置
— time	摻雜(質)時間	ドーピング時間	掺杂(质)时间
Doppelduro process	火焰表面淬火法	ドッペルジューロー法	火焰表面淬火法
Dopplometer	多普勒頻率測量儀	ドプロメータ	多普勒频率测量仪
Dopploy	多普洛伊耐蝕鑄鐵	ドップロイ	多普洛伊耐蚀铸铁
Doran	多普勒測距系統	ドラン	多普勒测距系统
Dore silver	多爾銀	ドアシルバ	多尔银
dormer	屋頂窗	ドーマ	屋顶窗

英文	臺灣	日文	大陸
dormitory	宿舍	寄宿舍	宿舍
Dorn effect	多恩效應	ドルン効果	多恩效应
Dorno ray	多爾諾線	ドルノ線	多尔诺线
Dorr agitator	多爾攪拌器	ドルゼくはん槽	多尔搅拌器
— clarifier	多爾式沈澱池	ドル式沈殿池	多尔式沈淀池
— hydroseparator	多爾型水力分離器	ドルハイドロセパレータ	多尔型水力分离器
— thickener	多爾增稠器(劑)	ドル濃密機	多尔增稠器(剂)
— vacuum filter	多爾科型真空過濾器	ドルコ形真空ろ過器	多尔科型真空过滤器
Dorren system	四重音播音制	ダーレン方式	四重音播音制
Dorry hardness tester	多利式硬度試驗機	ドルー硬さ試験機	多利式硬度试验机
Dortmund tank	多特蒙特式沈澱池	ドルトムンド沈殿池	多特蒙特式沈淀池
dory	小型平底敞開式划艇	底の平たい小舟	小型平底敞开式划艇
dosage	輻射劑量	（ガス）適用量	辐射剂量
dosagemeter	劑量計	線量計	剂量计
dose	投配量	ドーズ，吸収線量	投配量
dot	點號	短点	点号
— address	點地址	ドットアドレス	点地址
— angel	點狀仙波	ドットエンジェル	点状仙波
— array	點陣	ドットアレイ	点阵
— pitch line	點距	ドットピッチ	点距
dotted	虛線	点線	虚线
double acceptor	雙重受主	ダブルアクセプタ	双重受主
— arc welding	雙弧焊接	双極アーク溶接	双弧焊接
— armed lever	雙臂杆	二重てこ	双臂杆
— ball joint	雙球接頭	ダブルボールジョイント	双球接头
— calipers	內外卡鉗	両用パス	内外卡钳
— check	重複檢驗	重番チェック	重复检验
— clutch	雙重離合器	ダブルクラッチ	双向离合器
— coil spring	雙層螺旋彈簧	円筒コイルばね	圆柱螺旋弹簧
— compound	複合物	複化合物	复合物
— deal	厚板	厚板	厚板
— filtration	二次過濾	二重水こし	二次过滤
— flame furnace	返焰爐	往復炎炉	返焰炉
— flange ring	雙凸緣環	ダブルフランジリング	双凸缘环
— fighted screw	雙線螺紋	二条ねじスクリュー	双线螺纹
— funnel	雙重煙囪	二重ロート	双重漏斗
— furnace	雙爐膛	ダブルファーネス	双炉膛
— furnace boiler	雙爐鍋爐	ダブルファーネスボイラ	双炉膛锅炉
— gasket seal	雙填料密封	ダブルガスケットシール	双填料密封
— gimbal	雙方向支架	ダブルジンバル	双方向支架

D

英文	臺灣	日文	大陸
— girder crane	雙梁起重機	複けたクレーン	双梁起重机
— glass	雙層玻璃	二重ガラス	双层玻璃
— glazing	雙層中空玻璃	複層ガラス	双层中空玻璃
— groove	雙面槽	両面グルーブ	双面槽
— head rail	雙頭軌道	双頭レール	双头轨道
— head spray gun	雙頭噴槍	双頭ガン	双头喷枪
— helical	雙螺施	ダブルヘリカル	双螺施
— helical gear	人字齒輪	やまば歯車	人字齿轮
— helical pinion	人字小齒輪	やまば小歯車	人字小齿轮
— helical reduction grar	人字減速齒輪	やまば歯車減速装置	人字减速齿轮
— helical spur gear	人字齒輪	やまば歯車	人字齿轮
— helical wheel	人字齒輪	山形ねじ歯車	人字齿轮
— helix	雙螺旋	二重らせん	双螺旋
— heterojunction	雙異質結	ダブルヘテロ接合	双异质结
— heterojunction laser	雙導質結激光器	二重異種接合レーザ	双导质结激光器
— hood	雙層遮罩	二重フード	双层遮罩
— hook	雙層吊鉤	両掛けフック	双层吊钩
— hop	雙重電波反射	ダブルホップ	双重电波反射
— hub	兩端插口	両端承口	两端插口
— hull	〔潛艇〕雙殼體	二重船殼	〔潜艇〕双壳体
— hull boat	雙殼體(潛)艇	二重船殼ボート	双壳体(潜)艇
— hull construction	雙層殼體結構	二重船側構造	双层壳体结构
— hull structure	雙殼體結構	二重殼構造	双壳体结构
— injector	複式噴射器	複式インジェクタ	复式喷射器
— inlet fan	雙吸入式風機	両吸込みファン	双吸入式风机
— insulate	雙重隔離	ダブルインシュレート	双重隔离
— integral	二重積分	二重積分	二重积分
— jet carburetor	雙嘴噴霧氣化器	複ジェット気化器	双嘴喷雾气化器
— joint	雙接頭	ダブルジョイント	双接头
— lath	厚板條	厚木ずり	厚板条
— latticing	復式格構	複りょう	复式格构
— layout	雙面佈置	向い合せ配置	双面布置
— lean-to	V型屋頂	V形屋根	V型屋顶
— lens	雙透鏡	二重レンズ	双透镜
— level road	雙層式道路	段違い道路	双层式道路
— level street	不同高度道路	段違い道路	不同高度道路
— linkage	雙鍵	二重結合	双键
— lock	雙閘	二重こはぜ接	双折缝
— mechanical seal	雙機械密封	ダブルメカニカルシール	双机械密封
— melting point	複熔點	複融点	双重熔化点

英文	臺灣	日文	大陸
— meridian distance	倍橫距	倍横距	倍横距
— mirror set	雙鏡裝置	ダブルミラー装置	双镜装置
— mode	雙模	二重モード	双模
— model	疊合船模	二重模型	叠合船模
— neck tube	雙頸管	二重ネック管	双颈管
— nips	雙接口	ダブルニップ	双接口
— pilot	雙導頻	ダブルパイロット	双导频
— plow	兩用犁	両用プラウ	两用犁
— plug	雙插塞	ダブルプラグ	双插塞
— pointed nail	合釘	合くぎ	双尖头钉
— probe	雙探針	複針プローブ	双探针
— refraction	雙折射	複屈折	双折射
— reinforced beam	雙筋梁	複筋ばり	双筋梁
— reinforced steel	雙向鋼筋	二重強化鋼	双向钢筋
— reinforcement ratio	雙配筋比	複筋比	双配筋比
— replacement	互換	相互置換	互换
— riser system	雙立管系統	複立て管式	双立管系统
— rob cylinder	雙活塞桿汽缸	両ロッド	双活塞杆汽缸
— rope grab	雙纜抓斗	複索型グラブ	双缆抓斗
— row	雙列	複列	双列
— row ball bearing	雙列滾珠軸承	複列玉軸受	双列球轴承
— row bearing	雙列軸承	複列軸受	双列轴承
— row engine	雙列式發動機	複列機関	双列式发动机
— saw	複齒輪	ダブルソー	复齿轮
— set valve	雙座閥	両座弁	双座阀
— shielded bearing	雙罩軸承	両シールド軸受	双罩轴承
— slide valve	雙滑閥	ダブルスライドバルブ	双滑阀
— slit	雙狹縫	ダブルスリット	双狭缝
— span	雙拉線	ダブルスパン	双拉线
— step joint	雙斜槽插接	二段かたぎ入れ	双斜槽插接
— stranded polymer	雙重線狀聚合物	二重線状ポリマ	双重线状聚合物
— strap	雙帶條	二重均圧環	双带条
— strapped joint	雙蓋板接頭	両面当て金継手	双盖板接头
— stripper	雙卸料板	ダブルストリッパ	双卸料板
— stroke	往復行程	往復行程	往复行程
— suction compressor	雙面進氣壓縮機	両側吸込圧縮機	双面进气压缩机
— suction fan	雙進風鼓風機	両側吸込み送風機	双进风鼓风机
— suction pump	雙吸泵	両吸込みポンプ	双吸泵
— T girder	T字橫樑	二重T形受	T字横梁
— tempering	二次回火	ダブルテンパリング	二次回火

D

英 文	臺 灣	日 文	大 陸
— thread	雙紋螺紋	二条ねじ	双头螺纹
— transfer contact	雙轉換接點	二重切換接点	双转换接点
— two high mill	復二重式軋機	ダブルツーハイミル	复二重式轧机
— H butt joint	H形對接接頭	H形突合せ継手	H形对接接头
— H groove weld	H形坡口焊	H形グルーブ溶接	H形坡口焊
— volute pump	雙渦螺旋泵	二重うず巻ポンプ	复式螺旋泵
— volute type casing	雙鍋旋型殼體	二重うず巻形ケーシング	双锅旋型壳体
— way rectifier	全波整流器	双向整流器	全波整流器
— wheel plow	雙輪犁	双輪プラウ	双轮犁
— wire	雙線	二重線	双线
double-acting disc harrow	雙排圓盤耙	複列ディスクハロー	双排圆盘耙
— engine	雙動動力機	複動機関	双作用式柴油机
— escalator	雙動式電扶梯	複動式エスカレータ	双动式自动梯
— hammer	雙動蒸氣鎚	複動ハンマ	双动蒸气锤
— (spring) hinge	雙彈簧鉸鏈	自由ちょう番	双弹簧铰链
— jack	雙動千斤頂	複動ジャッキ	双动千斤顶
— piston pump	雙動活塞泵	複動ピストンポンプ	双动活塞泵
— press	雙動沖床	複動プレス	双动冲床
— sprint hinge	雙作用彈簧絞鍊	自由丁番	双作用弹簧绞链
— sprayer	雙動式噴霧器	複動式噴霧機	双动式喷雾器
double-action	複動	二段作用（操作）	复动
— die	雙動模	複動型	双动模
— press	複動壓力機	ダブルアクションプレス	复动压力机
double-angle bar	槽鋼	二重山形材	槽钢
— iron	槽鋼	U字形鋼材	槽钢
— milling cutter	雙角銑刀	等角フライス	双角铣刀
double-level groove	雙斜槽縫	K形グルーブ	双斜槽缝
— structure	雙斜面結構	二段ベベル構造	双斜面结构
double-cone	雙圓錐	ダブルコーン	双圆锥
— antenna	雙錐形天線	ダブルコーンアンテナ	双锥形天线
— blender	雙錐形攙合機	二重円すい型ブレンダ	双锥形搀合机
— dowel	雙錐形暗銷	たる形ジベル	双锥形暗销
— dryer	雙錐乾燥機	ダブルコーン乾燥機	双锥乾燥机
— loudspeaker	雙錐喇叭	ダブルコーンスピーカ	双锥喇叭
— mixer	雙錐形混合器	二重円すい形混合機	双锥形混合器
— speaker	雙錐形揚聲器	ダブルコーンスピーカ	双锥形扬声器
— bridge	雙層橋	二層橋	双层桥
— coach	雙層客車	二階客車	双层客车
— elevator	雙層電梯	ダブルデッキエレベータ	双层电梯
— road	雙層(式)道路	二層式道路	双层(式)道路

英文	臺灣	日文	大陸
— stock car	雙層汽車	豚積車	双层汽车
— street	雙層街道	二層街路	双层街道
— trestle	兩段支架	二段トレッスル	两段支架
double-edged knife	雙刃刀	両刃ナイフ	双刃刀
— spanner	雙頭〔固定〕扳手	両口スパナ	双头〔固定〕扳手
— turbine	雙流式渦輪	両向き流れタービン	双流式涡轮
double-housing planer	龍門刨床	門形平削り盤	龙门刨床
double-layer	雙層蓄電池	二層蓄電器	双层蓄电池
— belt	雙層皮帶	二枚合せベルト	双层皮带
double-lead	雙鉛(包)皮	二重鉛被	双铅(包)皮
— patenting	雙重鉛浴淬火	ダブル鉛パテンチング	双重铅浴淬火
double-lift cam	雙針凸輪	二段カム	双针凸轮
double-pipe	套管鹽水冷卻器	二重管ブライン冷却器	套管盐水冷却器
— cooler	雙管冷卻器	二重管冷却器	双管冷却器
— heat exchanger	雙層管熱交換器	二重管熱交換器	双层管热交换器
— thermometer	雙管溫度計	二重管温度計	双管温度计
— swith	雙刀開關	二重精錬鋼	双刀开关
doubler	併紗機	ダブラ	折叠机
— adhesion	雙料粘接(合)	ダブラ接着	双料粘接(合)
— circuit	倍壓電路	ダブラ回路	倍压电路
— trailer	雙拖車	ダブルストレーラ	双拖车
type	二重式	ダブラタイプ	二重式
double-roll cast	軋紋	つち目	轧纹
— crusher	雙輥破碎機	ダブルロール粉砕機	双辊破碎机
— feed	雙輥式送料	ダブルロールフィード	双辊式送料
— double-screw	雙頭螺栓	両ねじボルト	双头螺栓
— thread	雙頭螺紋	二条ねじ	双头螺纹
double-seater	雙座機	複座機	双座机
double-side band	雙邊波帶	両側帯波	双边波带
— high speed press	雙柱高速壓力機	両柱式高速プレス	双柱高速压力机
— pattern plate	雙面模板	マッチプレート	双面模板
double-stage compression	雙級壓縮	二段圧縮	双级压缩
— intruding	兩段滲氮法	二重窒化法	两段渗氮法
— process	雙段法	二段法	双段法
double-start	雙頭螺紋	二条ねじスクリュー	双头螺纹
double-tariff meter	雙價電度表	二種料金計	双价电度表
— system	雙費率制	複率料金制	双费率制
double-throw crankshaft	雙聯曲柄軸	二連クランク軸	双联曲柄轴
double-track	雙航跡	複線	双航迹
— bridge	雙軌橋	複線橋	双轨桥

英　　文	臺　　灣	日　　文	大　　陸
dovetail	鳩尾榫	ばち形	鸠尾形
— cutter	鳩尾銑刀	ダブテールカッタ	鸠尾铣刀
— groove	鳩尾曹	Z形溝	鸠尾曹
— slot	鳩尾曹	きゅう尾溝	鸠尾曹
dowel	合釘;定位	合くぎ	榫钉
— bar	傳動桿	ダウェルバー	传动杆
— pin	定位銷	だぼピン	榫钉
— pin bushing	合模銷套	合せピンブッシュ	合模销套
— plate	銷板	合い板	销板
— milling	順銑	下向き削り	顺铣
— quench	急冷	ダウンクェンチ	急冷
downcut milling	順銑	下向き削り	顺铣
downhand welding	平焊	下向き溶接	平焊
downhaul(er)	收帆索	ダウンホール	收帆索
downhill	下坡的	ダウンヒル	下坡的
— cast	上鑄;頂鑄	上注ぎ鋳造	上铸; 顶铸
— dozing	下坡堆土法	下りこう配推進法	下坡堆土法
downward	對接俯焊	下向突合せ溶接	对接俯焊
— milling	順銑	下向き削り	顺铣
dozer	堆土機	ドーザ	堆土机
dozzle	頂冒口	押湯枠	顶冒口
draft	通風;草圖	設計図	设计图; 草稿
— damper	通風閥	ドラフトダンパ	通风阀
— furnace	通風爐	鼓風炉	鼓风炉
— machine	繪圖機	ドラフトマシン	绘图机
— man	繪圖員	図工	绘图员
— trunk	通風筒	送風路	通风筒
drafting	起草;繪圖	起草	起草; 制图
— board	繪圖板	図板	绘图板
— square	丁字尺	T定規	丁字尺
draftsman	起草者;繪圖員	起草者	起草者; 绘图员
drag	阻力	引きずり	阻力
— effect	牽制效應	ドラッグ効果	牵制效应
— torque	阻力矩	ドラッグトルク	阻力矩
drag-chain	拉鏈	制動チェーン	拉链
draw	拉;曳	手形を振出す	拉; 曳
— beam	拉桿	引張ばり	拉杆
— bending	卷繞拉彎	巻付け曲げ	卷绕拉弯
— bending machine	轉模卷彎機	巻付け管曲げ機	转模卷弯机
— bolt	牽引螺栓	引ボルト	牵引螺栓

英文	臺灣	日文	大陸
— bolt lock	內開鎖	引錠	内开锁
— bridge	吊橋	引上げ跳開橋	吊桥
— bucket	汲水桶	くみ上げバケット	汲水桶
— card	引伸式壓圖	引伸し示圧図	拉伸式压图
— chuck	抽拉夾頭	引締めチャック	弹簧(筒)夹头
— collet	拉桿式彈簧夾頭	ドローコレット	拉杆式弹簧夹头
— cut	回程切削	引き削り	回程切削
— cut shaper	往復切削牛頭刨床	引切り形削り盤	往复切削牛头刨床
— cutting	拉削	引き削り	拉削
— depth	引伸深度	絞り深さ	拉深深度
— die	拉絲模	引抜ダイス	拉丝模
— door weir	提閘堰	引上げぜき	提闸堰
— filing	磨銼(法)	やすりみがき	磨锉(法)
— forming	引伸成形	絞り成形	拉深成形
— gate	拉門	引き戸	拉门
— hook	牽引鉤	引張フック	牵引钩
— line	壓延紋線	抜取線	压延纹线
— machine	繪圖機；抽線機	ドローマシン	绘图机; 抽线机
— marks	划痕	絞りきず	划痕
— nail	起模針	型上げ	起模针
— pin	鍵，銷	引付栓	键; 销
— polish	消光	磨きを落す	消光
— radius	引伸圓角半徑	絞り半径	拉深圆角半径
— ratio	引伸係數	延伸比	拉深系数
— resonance	引導共振	引取共振	引导共振
— ring	引伸模鑲環	絞りリング	拉深模镶环
— rod	拉桿	引上げ棒	拉杆
— roll	張力輥	引取ロール	张力辊
— screw	起模螺釘	ねじ型上げ	起模螺钉
— spike	起模針	型上げ	起模针
— stroke	起模行程	ドローストローク	起模行程
— vice	拉線鉗	張り線万力	拉线钳
— well	提水井	つるべ井戸	提水井
— winder	引伸絡絲機	ドローワインダ	拉伸络丝机
drawability	壓深性能	深絞り性	压深性能
— teat	引伸性試驗	深絞り性試験	拉深性试验
draw-back lock	牽引鎖	引錠	牵引锁
— ram	回程柱塞	引戻ラム	回程柱塞
draw-bar	起模針	型上げ棒	起模针
— horse power	牽引馬力	引張棒出力	牵引马力

英文	臺灣	日文	大陸
— length	牽引桿長度	けん引棒の長さ	牵引杆长度
— power	牽引桿功率	ドローバーパワー	牵引杆功率
— pull	牽引力	けん引力	牵引力
drawbench	拉絲機	引抜き台	拉丝机
draw-boring	鑽銷	引付け	钻销
drawdown	下降(率)	引落し	下降(率)
— ratio	下降比	引落比	下降比
— speed	下降速率(度)	引落速度	下降速率(度)
drawer	抽出	引出し	抽出
— guide	導軌	すりざん	导轨
drawgear length	牽引裝置長度	けん引装置の長さ	牵引装置长度
drawhole	內縮孔	引け巣	内缩孔
drawing	製圖	引抜き	制图
— apparatus	製圖器機	製図器	制图器机
— bench	拉拔臺	引抜き台	拉拔台
— board	製圖板；繪圖板	製図板	制图板；绘图板
— change	圖紙更改	図面変更	图纸更改
— clearance	引伸間隙	絞り型すきま	拉深间隙
— coefficient	引伸係數	絞り率	拉深系数
— compasses	製圖圓規	コンパス	制图圆规
— die	引伸模	絞り型	拉深模
— down	斷面收縮	伸ばし	断面收缩
— edge	引伸圓角	絞り角	拉深圆角
— edge radius	引伸圓角半徑	絞りダイス角半径	拉深圆角半径
— film	引伸潤滑膜	深絞り用潤滑フィルム	拉深润滑膜
— gap	引伸間隙	絞り型のすきま	拉深间隙
— index	引伸指數	絞り指数	拉深指数
— instrument	繪圖儀器	製図器	绘图仪器
— limit	壓延極限	絞り限界	压延极限
— list	圖紙清單	図面目録	图纸清单
— machine	製圖機械；拉絲機	製図機械	制图机械；拉丝机
— method	拉製法〔半導體〕	ドローイング法	拉制法〔半导体〕
— mill	拉制車間	ドローイングミル	拉制车间
— nail	起模釘	型あげ	起模钉
— notation	圖形表示方式	製図表示方式	图形表示方式
— number	圖號	図面番号	图号
— for design	設計圖	設計図	设计图
— of section	剖面(視)圖	断面図	剖面(视)图
— operation	引伸工序	絞り作業	拉深工序
— paper	製圖紙	図紙	制图纸

英文	臺灣	日文	大陸
— pen	繪圖筆	からす口	绘图笔
— press	引伸壓力機	絞りプレス	拉深压力机
— pressure	引伸力	絞り力	拉深力
— properties	引伸性	絞り適性	拉深性
— radius	引伸圓角半徑	絞り角半径	拉深圆角半径
— rate	引伸率	絞り率	拉深率
— room	製圖室	客間	制图室
— scale	繪圖比例尺	ドローイングスケール	绘图比例尺
— sheet	引伸用(薄)鋼板	深絞り用鋼板	拉深用(薄)钢板
— speed	引伸速度	絞り速度	拉伸速度
— temperature	回火溫度	延伸温度	拉伸温度
— tolerance	拉製公差	絞りの許容差	拉深允许误差
— work	引伸作業	深絞り作業	拉深作业
drawing-in box	引入箱	引込箱	引入箱
— machine	拉絲機	引通し機	拉丝机
— system	引入式	引入式	引入式
— type fuse	引入式保險絲	引込み形ヒューズ	引入式保险丝
drawn component	引伸件	深絞り部品	拉深件
— door	雙扇推拉門	引分け戸	双扇推拉门
— tube	拉製管	引抜き管	冷拔管
drawnout iron	軋制鋼	展鉄	轧制钢
draw-off	排水	水抜き	排水
— panel	泄流板	ドローオフパネル	泄流板
— roll	牽引輥	引取ロール	牵引辊
— tap	給水栓	給水栓	给水栓
draw-out	延伸；拉出	伸ばし	延伸；拉出
drawpiece	引伸件	深絞り用材料	拉深件
draw-plate	抽模板	ドロープレート	抽模板
draw-tube	(帶)刻度(的)鏡筒	目盛管	(带)刻度(的)镜筒
drawworks	旋轉鑽進絞車	ドローワークス	旋转钻进绞车
dream hole	側高窗	塔壁の採光孔	侧高窗
dredge	挖泥機	じょれん	砂耙子
— pipe	吸泥管	ドレッジ管	吸泥管
— pump	泥漿泵	泥揚ポンプ	泥浆泵
— scoop	挖土戽斗	万能練土戽斗	挖土戽斗
drencher	水幕式消防車	防火水幕装置	水幕式消防车
— head	噴嘴	ドレンチャヘッド	喷嘴
dress	修整	塗型	修整
dressed brick	磨光磚	化粧れんが	磨光砖
— particle board	飾面碎料板	化粧板	饰面碎料板

英文	臺灣	日文	大陸
— size	成品尺吋	仕上げ寸法	成品尺寸
— stone	加工過的石料	仕上した石材	加工过的石料
dresser	修整器	仕上げ機	选矿机
dressing	塗抹;修整	装飾	选矿
dried film	乾燥膜	乾燥フィルム	乾燥膜
— region	乾燥地區	乾燥地帯	乾燥地区
— wood	烘乾木材	乾燥材	烘乾木材
— yeast	乾酵母	乾燥酵母	乾酵母
drier	乾燥劑;乾燥器	乾燥器	乾燥剂
— activator	助乾劑	乾燥剤促進化合物	助乾剂
drierite	燥石膏	無水硫酸カルジウム	燥石膏
drift	衝銷;輕敲	漂流	流程
— action	漂移作用	流動作用	漂移作用
— alloy junction	漂移型合金結	ドリフト形合金接合	漂移型合金结
— alloy transistor	漂移合金型晶體管	DA 型トランジスタ	漂移合金型晶体管
— angle	漂移角	漂流角	漂移角
— angle control	漂移角控制	偏流角制御	漂移角控制
— band of amplifier	放大器漂移幅度	増幅器のドリフト幅	放大器漂移幅度
— base	漂移基極	ドリフトベース	漂移基极
— board	柵樣	★く工	栅样
— carrier	漂移載流子	ドリフトキャリヤ	漂移载流子
— channel	漂移溝道	ドリフトチャネル	漂移沟道
drifter	桌上鑽床	ドリフタ	架式钻机
drill	鑽頭;鑽床	すじまき機	钻孔器
— ammunition	練勻彈	擬製弾	练匀弹
— bit	鑽錐	せん孔器の先金	钻头尖
— boat	教練艇	ドリル船	教练艇
— boom	鑽床架	ドリルブーム	钻床架
— borer	鑽鏜床	ドリルボーラ	钻镗床
— bow	手鑽弓柄	きり弓	手钻弓柄
— brace	曲柄鑽	胸当てぎり	胸压手插钻
— bush	鑽套	きりブシュ	钻套
— carriage	鑽車	ドリルジャンボ	钻车
— chuck	鑽頭夾頭	ドリルチャック	钻夹
— chuck arbor	鑽夾柄軸	ドリルチャックアーバ	钻夹柄轴
— collar	加重器	ドリルカラー	加重器
— driver	鑽頭驅動器	ドリルドライバ	钻头驱动器
— edge	鑽頭切削刃	きり刃	钻头切削刃
— fixture	鑽頭夾具	きり取付具	钻头夹具
— floor	鑽台	掘削台	钻台

英文	臺灣	日文	大陸
— frame hoist	鑽井架起升	ボール盤ホイスト	钻井架起升
— gage	鑽頭號規	きりゲージ	钻头规
— gimlet	手鑽鑽頭	きり	手钻钻头
— head	鑽頭座	ドリルヘッド	钻床主轴箱
— holder	鑽把	きりホルダ	钻头变径套
— hole	鑽孔	ドリル穴	钻孔
— jambo	鑿岩機〔手推〕車	ドリルジャンボ	凿岩机〔手推〕车
— jig	鑽模	きりジグ	钻模
— key	退鑽銷	きり抜き	〔拔钻〕楔铁
— key hole	長孔槽	ドリル抜き穴	长孔槽
— machine	鑽床	ドリルマシン	钻床
— method	鑿井施工法	ドリル工法	凿井施工法
— pipe	鑽桿	掘管地層試験器試井	钻杆
— point	鑽頭尖端	せん孔器の先金	钻尖
— pointing machine	鑽頭磨機	工具研削盤	钻头磨尖机
— press	鑽床	ボール盤	钻床
— rod	鑽桿；精製鋼桿	ドリルロッド	带孔棒
— shank	鑽柄	ドリルシャンク	钻柄
— sharpener	鑽頭磨機	ドリルシャープナ	钻孔削刀
— sleeve	鑽頭套筒	きりスリーブ	钻套
socker	鑽(頭)套 座	ドリルソケット	钻(头)套
— spindle	鑽床心軸	ドリルスピンドル	钻轴
— stem test	地層測試	掘管	地层测试
— stop	鑽頭定程停止器	ドリルストップ	钻头定程停止器
— tap	鑽孔攻絲復合刀具	ドリル付きタップ	钻孔攻丝复合刀具
— unit	鑽削動力頭	ドリルユニット	钻削动力头
— way	鑽出的孔	きり穴	钻出的孔
drilled hole	鑽孔	ドリル孔	钻孔
— type roller	中空軋輥	ドリルドロール	中空轧辊
driller	鑽孔機	穴あけ機	钻孔机
drilling	鑽孔	穴あけ	钻孔
— anchor	鑽孔錨固	せん孔アンカ	钻孔锚固
— barge	鑽探船	掘削バージ	钻探船
— derrick	井架	（掘削の）やぐら	井架
— efficiency	鑽井(探)效率	掘削能率	钻井(探)效率
— engineering	鑽井工程	掘削工法	钻井工程
— mud	鑽泥	（削井の）泥水	钻泥
— mud tank	鑽探泥漿池	泥水タンク	钻探泥浆池
— operation	鑽孔作業	孔あけ作業	钻孔作业
— performance	鑽孔作業	のみ下がり	钻孔作业

英　文	臺　灣	日　文	大　陸
— pillar	手拔鑽柱	ハンドボール馬	手摇钻支架
— press	鑽床	ボール盤	钻床
— rig	鑽架	ボーリング機械	钻架
— ship	鑽井船	さん孔船	钻井船
— survey	試鑽調查	試すい調查	试钻调查
— test	鑽孔試驗	穴あけ試験	钻孔试验
drillings	鑽屑	穴明けくず	钻屑
drinking	噴水飲水器	水飲器	喷泉式饮水器
— fountain head	噴射水頭	噴水頭	喷射水头
— paper	吸水紙	ドリンキングペーパ	吸水纸
— water	飲用水	飲料水	饮用水
driography	乾式平板	乾式平版	乾式平板
drip	滴水器	滴下	滴酸
— board	滴水板	雨除け板	滴水板
— box	集油杯	しずく受	油箱
— cap	導水管	雨押え	导水管
— center rim	中部凹槽輪輞	ドロップセンタリム	中部凹槽轮辋
— cup	油樣收集器	ドリップカップ	油样收集器
— flap	滴油擋板	しずくよけ	滴流(器)阀门(开关)
— funnel	滴液漏斗	しずく管	滴液漏斗
— hole	洩水孔	水抜き孔	排水孔
— pan	承油盤	しずく皿	酸样收集器
— tray	集液盤	しずく受	集液盘
— tube	滴管	ドリップチューブ	滴管
dripfeed lubrication	滴油潤滑	滴下注油	滴油润滑
— lubricator	點滴注油器	滴下給油器	点滴注油器
dripping	油滴	油たれ	油滴
— eaves	無檐溝檐口	軒どい無しの軒	无檐沟檐口
drip-proof enclosure	防滴漏密封	防滴外囲構造	防滴漏密封
— luminarier	防水照明器具	防滴（照明）器具	防水照明器具
— machine	防濺式電機	防滴形電機	防溅式电机
— motor	防濺式電動機	防滴形モータ	防溅式电动机
— protected type	防滴保護型	防滴保護型	防滴保护型
drisk	磁鼓磁盤存儲器	ドリスク	磁鼓磁盘存储器
drive	驅動機構	駆動	驱动机构
— axle	驅動軸	駆動軸	驱动轴
— bolt	傳動螺栓	打ボルト	传动螺栓
— cam	(引)導凸輪	ドライブカム	(引)导凸轮
— chain	傳動鏈	伝動鎖	传动链
— circuit	驅動電路	駆動回路	驱动电路

英文	臺灣	日文	大陸
— coil	驅動線圈	ドライブコイル	激励线圈
— cone	傳動圓錐	ドライブコーン	传动圆锥
— current	驅動電流	ドライブ電流	驱动电流
— element	激動振子	ドライブエレメント	激动振子
— energy	傳動能	駆動エネルギー	传动能
— fit	過盈配合	打込ばめ	过盈配合
— gear	傳動齒輪	駆動歯車	传动齿轮
— main shaft	傳動主軸	ドライブメインシャフト	传动主轴
— manner	運轉方式	ドライブマナー	运转方式
— master	自動傳動方式	ドライブマスタ	自动传动方式
— mechanism	驅動機構	ドライブメカニズム	驱动机构
— member	傳動件	ドライブメンバ	传动件
— motor	驅動電機	駆動電動機	驱动电机
— pin	帶動銷	ドライブピン	带动销
— pinion	驅動小齒輪	ドライブピニオン	主动小齿轮
— power	傳動力	駆動力	传动力
— pulley	主動輪	ドライブプーリ	主动轮
— range	駕駛普通檔	ドライブレンジ	驾驶普通档
— roll	驅動輥子	駆動ロール	主动辊
— set	驅動裝置	ドライブセット	驱动装置
— shaft	驅動軸	駆動軸	驱动轴
— shoe	套管管靴	ドライブシュー	套管管靴
— simulator	駕駛模擬器	ドライブシミュレータ	驾驶模拟器
— sleeve	傳動軸套	ドライブスリーブ	传动轴套
— source	驅動源	ドライブソース	驱动源
— strip	傳送帶	保護ストリップ	传送带
— system	驅動方式	駆動方式	驱动方式
— transistor	激勵晶體管	ドライブトランジスタ	激励晶体管
— transmission	傳動	伝動	传动
— unit	驅動裝置	駆動装置	驱动装置
— volume	驅動音量	ドライブボリウム	驱动音量
— wheel	驅動輪	駆動輪	驱动轮
— wire	驅動線	ドライブワイヤ	驱动线
drive-in	擴散	ドライブイン	扩散
driven antenna	激勵天線	励振アンテナ	激励天线
— bevel gear	被動斜齒輪	駆動ベベルギヤー	被动斜齿轮
driver	主動輪	駆動機器〔体，歯車〕	主动轮
— amplifier	激勵放大器	ドライバアンプ	激励放大器
— 's cab	駕駛室	運転室	驾驶室
— 's cabine	司機〔駕駛〕室	運転室	司机〔驾驶〕室

英文	臺灣	日文	大陸
— 's cage	駕駛室	運転室	驾驶室
— element	激勵元件	駆動素子	激励元件
— enable signal	可驅動信號	ドライバイネイブル信号	可驱动信号
— fuel	驅動燃料	駆動燃料	驱动燃料
— 's hut	駕駛室	運転室	驾驶室
— judgment time	行車判斷時間	判断時間	行车判断时间
— maintenance	駕駛員維修	操縦手整備	驾驶员维修
— module	驅動模塊	ドライバモジュール	驱动模块
— pedestal	原動機台架	原動機台	原动机台架
— plate	傳動板	ドライバプレート	传动板
— 's platform	操縱(作)台	運転台	操纵(作)台
— 's seat	駕駛台	ドライバーズシート	驾驶台
— stage	激勵級	駆動ステージ	激励级
— 's stand	操縱台	運転台〔室〕	操纵台
— tool	隨車工具	ドライバツール	随车工具
— transformer	驅動變壓器	ドライバトランス	驱动变压器
— tube	激勵管	ドライバ管	激励管
— unit	激勵器	ドライバユニット	激励器
— zone	驅動區域	駆動領域	驱动区域
driveway	車行道	車道	车行道
driving	傳動；驅動	駆動	传动；驱动
— amplifier	驅動放大器	ドライビングアンプ	驱动放大器
— and timbering	掘進和支撐	縫地	掘进和支撑
— apparatus	傳動機構	駆動機器	传动机构
— axle	傳動軸	駆動車軸	传动轴
— hand	傳送帶	動調帯	传送带
— channel	引水渠	水路	引水渠
— characteristic	驅動性能	運行性能	驱动性能
— circuit	激勵級電路	励振段回路	激励级电路
— coil	激勵線圈	ドライビングコイル	激励线圈
— couple	驅動力矩	駆動トルク	驱动力矩
— current	驅動電流	駆動電流	驱动电流
cycle	行車週期	走行サイクル	行车周期
cylinder	驅動缸	駆動シリンダ	驱动缸
device	驅動裝置	運転装置	传动装置
— dog	傳動檔塊	ドライビングドッグ	传动档块
— face	作用面	圧力面〔プロペラ〕	作用面
— fit bolt	密配合螺栓	打込ボルト	密配合螺栓
— force	傳動力	推進力	传动力

英文	臺灣	日文	大陸
— force curve	驅動力曲線	駆動力曲線	驱动力曲线
— gear	行走裝置	駆動装置	行走装置
— gear box	驅動齒輪箱	駆動歯車箱	驱动齿轮箱
— key	傳動鍵	打込キー	传动键
— lever	主動桿	起動レバー	主动杆
— link	傳動鏈節	ドライビングリンク	传动链节
— motor	驅動電動機	駆動モータ	驱动电动机
— part	傳動部分	駆動部	传动部分
— pawel	棘輪爪	駆動つめ	棘轮爪
— point	驅動點	駆動点	驱动点
— roller	傳動滾輪	主動ころ	传动滚轮
— roller conveyor	驅動式滾輪輸送機	駆動式ローラコンベヤ	驱动式滚轮输送机
— rope	傳動索	伝動ロープ	传动索
— shaft	驅動軸	駆動軸	驱动轴
— shaft bushing	驅動軸軸承襯瓦	駆動軸メタル	驱动轴轴承衬瓦
— simulator	操縱模擬器	操縦シミュレータ	操纵模拟器
— apring	主動彈簧	動輪ばね	主动弹簧
— stub axle	驅動短軸	駆動スタブ軸	驱动短轴
— tape	傳送帶	ドライビングテープ	传送带
— torque	驅動力矩	駆動回転力	驱动力矩
— truck	驅動轉向架	動力台車	驱动转向架
— tube	激勵管	励振管	激励管
— unit	激勵器	ドライビングユニット	激励器
— velocity	驅動速度	駆動速度	驱动速度
— voltage	驅動動壓	駆動電圧	驱动动压
— wheel	傳動輪	動輪	传动轮
— winding	激勵繞組	駆動巻線	激励绕组
drizzle	毛毛雨	霧雨	毛毛雨
drogue	拖靶	海流板	拖靶
dromometer	速度計	ドロモメータ	速度计
drone	無人駕駛飛機	無人機	无人驾驶飞机
— cone	無源紙盒	ドロンコーン	无源纸盒
— pilotless aircraft	無人航空機	無人航空機	无人航空机
droop	固定偏差	残留偏差〔自動制御の〕	固定偏差
— line	垂線	ドループライン	垂线
— rate	下降率	ドループレート	下降率
— stop	下垂限制器	垂れ下がり止め	下垂限制器
drop	落差;滴;降	落下距離	指示器
— arch	內心二心尖拱	鈍せんアーチ	内心二心尖拱
— arm	操縱桿	ドロップアーム	操纵杆

英文	臺灣	日文	大陸
— away	降落	落下値	脱扣
— away current	降落電流	落下電流	脱扣电流
— bar	接地棒	短絡棒	短路棒
— black	黑漆粒	ドロップブラック	黑漆粒
— bottom	爐門;落地門	底板	活底
— bottom bucket	活底料斗	底開き箱	活底料斗
— center rim	凹槽胎圈	深底リム	凹槽轮缘
— chaining	降測	降測	降测
— compasses	點圓規	ドロップコンパス	点圆规
— die	落錘鍛模	ドロップハンマ成形型	落锤锻模
— door	吊門	ドロップドア	吊门
— feed lubrication	液滴潤滑	滴下注油	液滴润滑
— forge	落鍛	ドロップフォージ	模锻
— hammer	落錘	落錘	落锤
— hammer test	落鎚試驗	ドロップハンマ試験	落锤试验
— hammer tester	落鎚機試驗	ドロップハンマ試験機	落锤试验机
— handle	下垂把手	垂れ取手	下垂把手
— haunch	梁托	ドロップハンチ	梁托
— height	落差	落差	落差
— impact test	落錘衝擊試驗	落錘衝撃試験	落锤冲击试验
— ladder	下降梯	落しはしご	下降梯
— lubricator	液滴潤滑	滴下注油	液滴润滑
— off	掉砂	型落ち	掉砂
— panel	柱頂托板	柱頭板	柱顶托板
— pit	凹坑	ドロップます	凹坑
— plate	落下板	落し火格子	落下板
— press	落鎚	落しづち	模锻压力机
— roller	落下輥	ドロップローラ	落下辊
— tank	副油箱	落下タンク	副油箱
— tester	落錘式衝擊試驗機	抜き落とし型	落锤式冲击试验机
— valve	墜閥	ドロップバルブ	〔蒸汽机〕落座配汽阀
— weight impact test	落錘衝擊試驗	落錘衝撃試験	落锤冲击试验
— weight test	落錘試驗	錘落下試験	落锤试验
— window	墜窗	落し窓	下落窗
drop-head coupe	活頂小驕車	ドロップヘッドクーペ	活顶小骄车
drop-in	落入	落し込みの	落入
— pressure	壓力下降	圧力降下	压力下降
droplet	液體粒子	液体粒子	液体粒子
— transfer	噴射過渡	溶滴移行	喷射过渡
drop-out	脫落	型落ち	脱落

英文	臺灣	日文	大陸
dropped panel	柱(帽)頂板	柱頭板	柱(帽)顶板
dropper	滴管	垂鈞子	点滴器
dropping	滴下	除かす	滴下
drosometer	露量表	露量計	露量表
dross	浮渣	ドロス	渣滓
— hole	出渣口	出さい口	出渣口
— trap	集渣器	かす抜き	集渣器
drought	天旱	渇水期	天旱
drowned dam	淹設堤	潜せき	淹设堤
drug	藥品	薬剤	药品
drum	鼓輪	ドラム	压缩机转子
— address	磁鼓地址	ドラムアドレス	磁鼓地址
— armature	鼓形電樞	鼓形発電子	磁形电枢
— barker	滾筒式剝皮機	円筒皮むき機	滚筒式剥皮机
— boiler	鍋筒式鍋爐	丸ボイラ	锅筒式锅炉
— brake	鼓式制動器	ドラムブレーキ	鼓式制动器
— buffer	磁鼓緩沖器	ドラムバッファ	磁鼓缓冲器
— bush	鼓輪襯套	ドラムブッシュ	鼓轮衬套
— cam	圓筒凸輪	円筒カム	圆柱凸轮
— can	油桶	ドラムカン	油桶
— capacity	磁鼓容量	ドラムキャパシティ	磁鼓容量
— cell	鼓形電池	ドラム電池	鼓形电池
— dial	鼓形度盤	ドラム目盛板	鼓形度盘
— diameter	圓筒直徑	円筒直径	圆筒直径
— filter	圓筒過濾機	ドラムフィルタ	圆筒过滤机
— flakier	圓筒式切片機	ドラムフレーカ	圆筒式切片机
— gate	圓柱形閘門	ドラムゲート	圆柱形闸门
— gear	圓柱齒輪	ドラム歯車	圆柱齿轮
— governor	圓筒調速器	筒形調速機	筒形调节器
— head	鼓筒頭	円鼻段	鼓轮端
— hoist	捲筒弔車	ドラム形ホイスト	滚筒式绞车
— interface	磁鼓接口	ドラムインタフェース	磁鼓接口
— liner	圓筒墊圈	ドラムライナ	圆筒垫圈
— memory	鼓形存儲器	ドラムメモリ	鼓形存储器
— motor	鼓形電動機	ドラムモータ	鼓形电动机
— plotter	鼓式繪圖機	ドラム式プロッタ	鼓式绘图机
— printer	鼓式打印機	ドラム式印書装置	鼓式打印机
— recorder	磁鼓記錄器	ドラム記録器	磁鼓记录器
— roller	滾筒式壓路機	ドラムローラ	滚筒式压路机
— rotor	筒形轉子	胴形回転子	鼓式转子

英文	臺灣	日文	大陸
— sander	筒形砂磨機	ドラム研磨機	鼓式磨光机
— sanding	滾筒抛	ドラムサンディング	滚筒抛
— saw	筒形鋸	筒のこ	筒形锯
— scourer	圓筒精練機	ドラム精錬機	鼓式冲洗机
— screen	滾筒篩	筒形スクリーン	滚筒筛
— separator	筒式磁選機〔分離器〕	ドラムセパレータ	筒式磁选机〔分离器〕
— servo	鼓形伺服機構	ドラムサーボ	鼓形伺服机构
— storage	磁鼓存儲器	ドラム記憶装置	磁鼓存储器
— support	滴筒供料	ドラムサポート	滴筒供料
— trailer	電纜卷筒拖車	ドラムトレーラ	电缆卷筒拖车
— tumbler	鼓式桶	ドラムタンブラ	鼓式桶
— type pelletizer	滾筒式造粒(球)機	ドラム形造粒機	滚筒式造粒(球)机
— type rotor	鼓型轉子	ドラム形ロータ	鼓型转子
— type turret lathe	回輪式六角車床	ドラム型タレット旋盤	回轮式六角车床
— washer	筒形洗滌機	筒形洗い機	转筒式〔集料〕洗涤机
— winder	圓筒絡紗機	ドラムワインダ	鼓盘络纱机
druse	晶簇	晶ぞく	晶簇
dressy	晶簇孔穴	晶洞	晶簇孔穴
— structure	晶簇結構	微晶質組織	晶簇结构
druxy	腐蝕材	腐食した材	腐蚀材
dry	乾燥	ドライ	乾燥
— bearing	乾式軸承	ドライ軸受	乾式轴承
— bone	菱鋅礦	菱亜鉛鉱	菱锌矿
— bottom furnace	固態爐	乾式炉	固态炉
— brake	乾式制動器	乾式ブレーキ	乾式制动器
— bulk density	乾燥密度	乾燥密度	乾燥密度
— chemicals	泡沫滅火器	粉末消火器	泡沫灭火器
— classifier	乾式分級機	乾式分級機	乾式分级机
— climate	乾燥氣候	乾燥気候	乾燥气候
— column	乾塔	乾式カラム	乾塔
— combustion boiler	乾燃式鍋爐	乾燃室ボイラ	乾燃式锅炉
— compression	乾壓縮	乾き圧縮	乾压缩
— can	烘筒	シリンダ乾燥機	烘筒
— coating	乾式鍍覆	乾式めっき	乾式镀覆
— disk clutch	乾圓盤式離合器	乾板式クラッチ	乾圆盘式离合器
— distillation	乾餾	乾留	乾馏
— drum	蒸汽鼓	ドライドラム	蒸汽鼓
— fog	乾霧	乾霧	乾雾
— friction	乾摩擦	かわき摩擦	乾摩擦
— lapping	乾式研磨(法)	ドライラッピング	乾式研磨(法)

英文	臺灣	日文	大陸
— lubrication	乾(式)潤滑	ドライ潤滑	乾(式)润滑
— plate clutch	乾式圓盤離合器	ドライプレートクラッチ	乾式圆盘离合器
— plating	乾式鍍覆	乾式めっき	乾式镀覆
— point	乾點	乾点	乾点
— sand casting	乾(砂)型鑄造	乾燥型鋳造	乾(砂)型铸造
— sand mold	乾砂型(模)	乾燥型	乾砂型(模)
— sanding	乾磨(研；擦)	空研ぎ	乾磨(研；擦)
— sump lubrication	乾箱式供油潤滑法	乾式潤滑	乾箱式供油润滑法
— tensile strength	乾抗張強度	乾燥引張り強さ	乾抗张强度
— to handle	固化乾燥	固化乾燥	固化乾燥
— tumbling	乾法滾(筒)拋(光)	乾式たる磨き	乾法滚(筒)抛(光)
dryback boiler	乾背式火管鍋爐	乾燃室ボイラ	乾背式火管锅炉
dry-bulb	乾球溫度	乾球温度	乾球温度
dry-cleaning fluid	乾洗流體	ドライクリーニング液	乾洗流体
dry-core cable	乾芯電纜	乾心ケーブル	乾芯电缆
dryer	乾燥劑	乾燥器〔機，装置〕	乾燥剂
dry-ice	乾冰	ドライアイス	乾冰
drying	乾燥	乾燥	乾燥
— cabinet	烘乾	乾燥箱	烘乾
— machine	乾燥機	乾燥機	乾燥机
— stock	乾燥原料	乾燥材料	乾燥原料
dryness	乾燥度	乾き度	乾燥度
dryout	脫水	ドライアウト	脱水
drys	〔石材〕乾烈	〔石材〕き裂	〔石材〕乾烈
dry-type air cooler	乾空氣冷卻器	乾式空気冷却器	乾空气冷却器
dryvalve arrester	閥阻避雷器	ドライバルブ避雷器	阀阻避雷器
Ducol steel	錳合金結構鋼	デュコール鋼	锰合金结构钢
duct	管路；導管	流路	管路；导管
— cap	管帽	ダクトキャップ	管帽
— pipe	排風管	ダクトパイプ	排风管
Ductalloy	延性鑄鐵	ダクタロイ	延性铸铁
ductile	延性	延性	延性
— cast mics	可鍛鑄鐵	ダクタイル鋳鉄	可锻铸铁
— failure	延性破壞	延性破壊	延性破坏
— iron	球墨鑄鐵	球状黒鉛鋳鉄	球墨铸铁
— material	延性材料	延性材料	延性材料
— metal	可鍛性金屬	展延性金属	可锻性金属
— steel	延性鋼	延性鋼	韧钢
— tungsten	可鍛鎢	ダクタイルタングステン	可锻钨
ductility	延展性；塑性	延性	延展性；塑性

英文	臺灣	日文	大陸
— factor	塑性系數	塑性率	塑性系数
— ratio	延性比	延性比	延性比
— test	延性試驗	延性試験	延性试验
dufrenite	綠磷鐵礦	緑りん鉄鉱	绿磷铁矿
dufrenoysite	硫砷鉛礦	ズフレノイ石	硫砷铅矿
duftite	硫銅鉛礦	ヅフト石	硫铜铅矿
dug well	人工挖井	筒井戸	人工挖井
dugout	防空壕	ダッグアウト	防空壕
Dukes metal	杜克斯耐蝕耐熱合金	ジュークスメタル	杜克斯耐蚀耐热合金
dull coal	暗煤	暗炭	暗煤
— deposit	暗鍍層	曇ったメッキ	暗镀层
— die	磨損(鈍)的模具	摩耗した型	磨损(钝)的模具
— steel sheet	毛面鋼板	ダル鋼板	毛面钢板
dullness	無光澤度	無光澤度	无光泽度
dumb antenna	無源接收天線	吸収アンテナ	无源接收天线
— card	方位盤	ダムカード	方位盘
— iron	彈簧支座	ばねささえ	填缝铁条
— support	彈簧托架	ばね支え	弹簧托架
dumbbell die	啞鈴型塑模	ダンベル抜き型	哑铃型塑模
— shape	啞鈴型	ダンベル形	哑铃型
— specimen	啞鈴型試片	ダンベル状試験片	哑铃型试片
dumb	救援飛機	救難機	救援飞机
dumbwaiter	輕型運貨升降機	リフト	轻型运货升降机
dumbum bullet	達姆彈	ダムダム弾	达姆弹
dumet	鍍銅鐵鎳合金	ジュメット	镀铜铁镍合金
— wire	鍍銅鐵鎳合金絲	ジュメヂト線	镀铜铁镍合金丝
— model	虛構模型	ダミーモデル	虚构模型
— piston	平衡活塞	つり合いピストン	平衡活塞
dummying	粗成形	粗仕上げ	粗成形
dumontite	水磷鈾鉛礦	デュモン石	水磷铀铅矿
dumortierite	藍線石	デュモルティィイル石	蓝线石
dump	渣坑	ごみ捨て場	渣坑
dumper	翻斗車	ダンプ車	翻斗车
— tank	翻斗箱	ダンパタンク	翻斗箱
dumping	轉儲	投げ捨て	转储
dumpier	垃圾車	ダンプタ	垃圾车
dumpy level	定鏡水準儀	ダンピーレベル	定镜水准仪
dundasite	碳酸鉛鋁礦	デュンダス石	碳酸铅铝矿
dune	砂丘	砂丘	砂丘
dunnage	襯墊	荷敷き	衬垫

英文	臺灣	日文	大陸
duplexer	收發轉換開關	送受切り換え器	收发转换开关
duplicating film	複製用膜	複製用フィルム	复制用膜
— machine	滾筒油印機	複製機	滚筒油印机
duplication	複製器	重複	复制器
duplicator	靠模機	印刷機	靠模机
duprene	氯丁橡膠	ジュプレン	氯丁橡胶
Dura chrome	杜拉鉻鉬合金鑄鐵	ジュラクロム	杜拉铬钼合金铸铁
durability	耐用性	耐久性	耐用性
— test	耐久性試驗	耐久性試験	耐久性试验
— year	耐用年限	耐用年数	耐用年限
durable	耐用物品	パーマネント	耐用物品
— hours	耐用時間	耐用時間	耐用时间
— period	耐用年限	耐用年数	耐用年限
— term	使用壽命	耐久年限	使用寿命
— years	耐用年限	耐用命数	耐用年限
Duraflex	杜拉弗萊克斯青銅	ジュラフレックス	杜拉弗莱克斯青铜
Durak	杜拉克壓鑄鋅基合金	ジュラック	杜拉克压铸锌基合金
duralium	硬鋁	ジュラリウム	硬铝
duralplat	鎂錳合金被覆硬鋁	ジュラルプラット	镁锰合金被覆硬铝
— plate	硬鋁板	ジュラルミン板	硬铝板
durana metal	杜拉納黃銅	ジュラナメタル	杜拉纳黄铜
Duranickel	杜拉	ジュラニッケル	杜拉
Duraplex	醇酸樹脂	ジュラプレックス	醇酸树脂
duration	持續性	所要時間	持续性
Durcilium	銅錳鋁合金	ジュルシリウム	铜锰铝合金
Durex	燒結石墨青銅	ジュレックス	烧结石墨青铜
Durez resin	酚醛樹脂	デュレツレジン	酚醛树脂
Durichlor	杜里科洛爾不鏽鋼	ジュリクロール	杜里科洛尔不锈钢
Duriment	奧里科洛爾不鏽鋼	ジュリメット	奥里科洛尔不锈钢
Durinval	奧氏體不鏽鋼	デュリンバル	奥氏体不锈钢
durionising	鍍硬鉻	ジュリオナイジング	镀硬铬
Durite resin	杜里樹脂	ジュライトレジン	杜里树脂
Duroid	杜羅艾德合金鋼	ジュロイド	杜罗艾德合金钢
durometer	硬度測驗器	軌条硬度計	硬度测验器
duroplastic	硬質塑料	デュロプラスチック	硬质塑料
Duroskop	杜羅回跳式硬度計	ジュロスコープ	杜罗回跳式硬度计
Durville pouring	翻爐澆注法	傾倒法	翻炉浇注法
dust	粉末	粉じん	粉末
Dutch arch	荷蘭式拱	ダッチアーチ	荷兰式拱
— foil	假金	模造金	假金

英文	臺灣	日文	大陸
— gold	荷蘭金	ダッチゴールド	荷兰金
— leaf	荷蘭合金箱	オランダ金はく	荷兰合金箱
— dutchman	插入楔	ダッチマン	插入楔
duty	任務；工作	務め	任务; 工作
dwelling	停止	家	停止
dyestuff	顏料	染料	颜料
dyke	岩膠	溝	岩胶
dynaflow	流體動力	ダイナフロー	流体动力
Dynamax	鎳鉬鐵合金	ダイナマックス	镍钼铁合金
dynamic(al) action	動力作用	動力学作用	动力作用
dynamicizer	動態轉換器	ダイナミサイザ	动态转换器
dynamics	動態特性	動力学	动态特性
dynamism	動感主義	ダイナミズム	动感主义
dynamo	直流發電機	発電機	直流发电机
dynamobronze	特殊鋁青銅	ダイナモブロンズ	特殊铝青铜
dynamometer	動力計	動力計	动力计
— point	高融點	高融点	高融点

英文	臺灣	日文	大陸
E type graphite	E型石墨	E 型黒鉛	E型石墨
ear	耳(狀物)	耳（状物）	耳(状物)
— cutter	切邊機	耳取機	切边机
— plug	耳塞	イヤプラグ	耳塞
— protector	噪音防護具	防音保護具	噪声防护具
earing	耳索(船)	絞り耳	凸耳
— formation	拉伸耳凸形	深絞りの耳の発生	拉延耳凸形
early crack	早期裂縫	初期ひびわれ	早期裂缝
earth bus	接地母線	アース母線	接地母线
— cable	地線	アースケーブル	地线
— circuit	接地回路	アース回路	接地回路
— connection	接地	アース接続	接地
— drill	鑽土機	アースドリル	钻土机
— electrode	接地電極	接地電極	接地电极
— fault protection	接地固障保護	地絡保護回路	接地保护装置
— iron ore	土狀鐵礦石	土状鉄鉱	土状铁矿石
— lead	接地引線	アース線	接地引线
— leakage breaker	漏電切斷器	漏電遮断器	漏电切断器
— leakage fire alarm	漏電警報器	漏電警報器	漏电报警器
— leakage relay	漏電繼電器	漏電継電器	漏电继电器
— line	接地線	アースライン	接地线
— loader	裝土機	アースローダ	装土机
— lug	接地連結板	アースラグ	接地连结板
— magnetic field	地磁場	地磁界	地磁场
— magnetism	地球磁氣	地磁気	地球磁气
— metal	土金屬	土類金属	土金属
— mover	推土機	アースムーバ	推土机
— pin	接地(管)腳	アースピン	接地(管)脚
— point	接地點	アースポイント	接地点
— short	地線短路	アースショート	地线短路
— stud	接地螺栓	アーススタッド	接地螺栓
— terminal	接地端子(接線柱)	アース端子	接地端子(接线柱)
— voltage bus	接地電壓母線	接地電圧母線	接地电压母线
earthing	接地	接地	接地
— conductor	地線	アース線	地线
— device	接地裝置	アース装置	接地装置
earthmoving machine	土方(工程)機械	土工機械	土方(工程)机械
earth-resistance	接地電阻	接地抵抗	接地电阻
earth-return	接地回線	接地帰線	接地回线
earthy brown coal	土狀褐煤	土状褐炭	土状褐煤

英文	臺灣	日文	大陸
— coal	土狀煤	土質亜炭	褐煤
— cobalt	鈷土礦	コバルト土	钴土矿
— graphite	土狀石墨	土状黒鉛	土状石墨
— talc	土狀滑石	土状滑石	土状滑石
easiness to grind	可磨性	練和性	可磨性
easy axis	易磁化軸	磁化容易軸	易磁化轴
— flow	易流動性	易流動性	易流动性
— molding	成形容易性	成形容易性	成形容易性
— processing	易加工性	加工容易性	易加工性
— tear	易(切)斷性	切りやすさ	易(切)断性
easy-flo	銀焊料合金	イージフロ	银焊料合金
easy-to-control dynamics	易控動力學	制御容易な動特性	易控动力学
ebonite driver	膠柄(螺絲)起子	エボナイトドライバ	胶柄(螺丝)起子
— plug	膠木塞	エボナイトせん	胶木塞
ebullator	蒸發器	蒸発器	蒸发器
eccentric	偏心的	偏心器	偏心的
— angle	離心角	離心角	离心角
— arm	偏心距	偏心距離	偏心距
— balance-weight	偏心配重	偏心つりあい重なり	偏心配重
— bar	偏心桿	外心かん	偏心杆
— bench press	台式偏心沖床	卓上エキセンプレス	台式偏心压力机
— bolt	偏心螺栓	偏心ボルト	偏心螺栓
— bush	偏心軸襯	偏心ブッシュ	偏心轴衬
— bushing	偏心軸襯(套)	偏心ブッシュ	偏心轴衬(套)
— cam	偏心凸輪	偏心カム	偏心凸轮
— center	偏心輪(圓)中心	偏心輪の中心	偏心轮(圆)中心
— circle	偏心圓	偏心円	偏心圆
— clamp	偏心夾	偏心クランプ	偏心压板
— compression	偏心壓縮	偏心圧縮	偏心压缩
— connection	偏心聯結	偏心連結	偏心联结
— converter	偏心爐口轉爐	偏心炉口転炉	偏心炉口转炉
— covering	偏心覆蓋	偏心被覆	偏心覆盖
— crank mechanism	偏置曲柄機構	片寄りクランク機構	偏置曲柄机构
— disc	偏心盤	偏心板	偏心板
— distance	偏心距	偏心距離	偏心距
— error	偏心誤差	偏心誤差	偏心误差
— fitting	偏心管接頭	偏心継手	偏心管接头
— gear	偏心齒輪	偏心歯車	偏心齿轮
— governor	偏心調速機	偏心調速機	偏心调速机
— lever	偏心桿	外心かん	偏心杆

英文	臺灣	日文	大陸
— load	偏心負載	偏心荷重	偏心载荷
— moment	偏心力矩	偏心モーメント	偏心力矩
— motion	偏心運動	偏心運動	偏心运动
— pin	偏心銷	偏心ピン	偏心销
— pipe fittings	偏心管接頭	偏心管継手	偏心管接头
— press	偏心(曲柄)冲床	偏心式プレス	偏心(曲柄)压力机
— pressure	偏心壓力	偏心圧力	偏心压力
— pulley	偏心帶輪	偏心調車	偏心皮带轮
— pump	偏心泵	偏心ポンプ	偏心泵
— radius	偏心半徑	偏心距離	偏心距
— reducer	偏心漸縮管	偏心レジューサ	偏心异径管接头
— ring	偏心圈	偏心リング	偏心环
— ring pump	偏心徑向柱塞泵	偏心輪形ポンプ	偏心径向柱塞泵
— ring set	偏心輪	偏心輪	偏心轮
— rod	偏心桿	偏心棒	偏心杆
— roll	偏心滾筒	偏心ころ	偏心滚筒
— shaft	偏心軸	偏心軸	偏心轴
— shaft press	偏心(曲柄)冲床	偏心シャフトプレス	偏心(曲柄)冲床
— sheave	偏心盤	偏心内輪	偏心轮内环
— sleeve	偏心套筒	偏心スリーブ	偏心套
— socket	偏心套管	偏心ソケット	偏心套管
— strap	偏心(輪外)環套	偏心外輪	偏心(轮外)环
— throw	偏心距離	偏心距離	偏心距
— vane blower	偏心葉片式通風機	偏心板形送風機	偏心叶片式通风机
— vibrating conveyor	偏心式振動輸送機	偏心駆動式振動コンベヤ	偏心式振动输送机
— wheel	偏心輪	偏心輪	偏心轮
ecentricity	偏心度:離心率	偏心率	偏心率
— ga(u)ge	偏心量規	偏心ゲージ	偏心量规
— indicator	偏心計	偏心計	偏心计
— of orbit	軌道偏心率	軌道離心率	轨道偏心率
— ratio	偏心比	偏心比	偏心率
— recorder	偏心計	偏心計	偏心计
echo altimeter	回波測高計	エコー高度計	回波测高计
— canceller	回波消除器	エコーキャンセラ	回波消除器
— checking system	回聲檢測方式	エコーチェック方式	回声检测方式
— meter	回波測試儀	エコーメータ	回波测试仪
— method	回波(探傷)法	反射法	回波(探伤)法
echo-sounder	回聲測深儀	音響測深機	回声测深仪
— sounder transducer	音響探測器的傳送機構	音響測深機の送受波器	音响探测器的传送机构
Eclipsalloy	一種鎂基壓鑄合金	エクリップスアロイ	一种镁基压铸合金

E

英文	臺灣	日文	大陸
Econumet	鎳鉻鐵合金	エコノメット	镍铬铁合金
economic(al) balance	經濟平衡	経済収支	经济平衡
— boiler	經濟式鍋爐	エコノミックボイラ	经济式锅炉
— control system	經濟控制系統	経済統制システム	经济控制系统
— cutting speed	經濟切削速度	経済切削速度	经济切削速度
— efficiency	經濟效率	経済効率	经济效率
— engineering	經濟(學)工程學	経済性工学	经济(学)工程学
— life-time	經濟壽命期	経済的耐用年数	经济寿命期
— load	經濟負載	経済負荷	经济负荷
— producing lot	經濟生產批量	経済的製造ロット	经济生产批量
— ratio	經濟含鋼率	経済鉄筋比	经济含钢率
— steel	冷彎型鋼	エコンスチール	冷弯型钢
— usage life	經濟壽命	経済寿命	经济寿命
economizer	省煤器;預熱器	収熱器	预热器
— cycle	廢氣預熱器周期	エコノマイザサイクル	废气预热器周期
— system	節能系統	パワー系統	节能系统
— tube	省煤器管	節炭器管	省煤器管
— valve	節能閥	パワー弁	节能阀
Economo	一種鉬鋼	エコノモ	一种钼钢
eddy	旋渦	渦	涡流
— flow	渦流	渦流れ	涡流
— friction	渦流摩擦	渦摩擦	涡流摩擦
— heat conduction	渦流熱傳導	渦熱伝導	涡流热传导
— kinematic viscosity	渦流運動黏度	乱流動粘度	涡流运动黏度
— loss	渦流損耗	渦損失	涡流损耗
— mill	渦流粉碎機	渦流粉砕機	涡流粉碎机
— motion	渦流運動;旋渦運動	渦運動	涡流运动;涡旋运动
— plate	擋水板	水切り板	抗涡流板
eddy-current	渦電流	渦電流	涡电流
— brake	渦流煞車	渦流ブレーキ	涡电流制动
— clutch	渦流式離合器	渦電流クラッチ	涡流式离合器
— coupling	渦流接頭	渦電流継手	涡流接头
— crack detector	(渦電流)電氣探傷器	渦電気探傷装置	(涡电流)电气探伤器
— examination	渦流探查	渦流探傷検査	涡流探查
— flow detection	渦流探傷	渦流探傷試験	涡流探伤
— motor	渦流電動機	エディカレントモータ	涡流电动机
— test	渦流探傷檢查	渦流探傷検査	涡流探伤检查
— test equipment	渦流探傷機	渦流探傷機	涡流探伤机
— testing	渦電流試驗	渦電流試験	涡电流试验
— thickness meter	渦(電)流式測厚儀	渦電流式厚さ測定器	涡(电)流式测厚仪

英文	臺灣	日文	大陸
— transducer	渦流(型)感測器	渦電流形変換器	涡流(型)传感器
— type dynamometer	渦流式測力計	渦電流式動力計	涡流式测力计
edel metal	貴金屬	貴金属	贵金属
Eden's flexible strip	伊登式平行薄板彈簧	エデン平行ばね	伊登式平行薄板弹簧
edge	邊緣;刃	辺	边
— action	邊緣作用	縁作用	边缘作用
— beam	邊梁	縁ばり	边梁
— belt sander	端面砂帶磨光機	エッジベルトサンダ	端面砂带磨光机
— bending	板邊彎曲	エッジベンディンク	板边弯曲
— board	肋板	エッジボード	肋板
— cam	沿邊凸輪	側面カム	端面凸轮
— clip system	邊緣接觸法	エッジクリップ方式	边缘接触法
— crack	稜角裂紋	隅割れ	棱角裂纹
— curl	邊緣翹曲	縁反り	边缘翘曲
— cutting	邊緣切削	辺切り	边缘切削
— damage	邊緣損傷	縁の損傷	边缘损伤
— detection	邊緣檢測	端線検出	边缘检测
— dislocation	刃型差排	刃状転位	刃型位错
— dislocation density	刃型差排密度	刃状転位密度	刃型位错密度
— distance	緣端距離	縁端距離	缘端距离
— effect	邊緣效應	エッジ効果	边缘效应
— face	端面	へり面	端面
— file	刃用銼	刃やすり	刃锉
— force	邊緣力	縁力	边缘力
— former	捲邊機	エッジフォーマ	卷边机
— gluer	側面膠黏機	エッジグルーア	侧面胶黏机
— gluing	側面膠接	エッジグルーイング	侧面胶接
— grinding machine	石料磨邊機	小端ずり機	石料磨边机
— grip	邊側插接	エッジグリップ	边侧插接
— guard	邊緣保護	エッジガード	边缘保护
— guide equipment	邊緣導向裝置	耳端案内装置	边缘导向装置
— joint	邊緣接合	へり継手	端接接头
— jointing adhesive	邊緣連接粘接劑	へり継用接着剤	边缘连接粘接剂
— making machine	彎邊機	ロール式縁成形機	弯边机
— mill	輪輾機;混砂機	粉砕輪機	碾轮式混砂机
— moment	邊緣彎矩	縁モーメント	边缘弯矩
— nailing	暗釘	隠れ釘打	钉暗钉
— notch	邊緣缺口	へり切り欠き	边缘缺口
— planer	切邊刨床	縁削り盤	切边刨床
— planing	刨邊	縁削り	刨边

英　文	臺　灣	日　文	大　陸
— position control	邊緣位置控制	耳端調整装置	边缘位置控制
— positioner	邊緣定位器	エッジポジショナ	边缘定位器
— preparation	邊緣預加工	開先加工	边缘整理
— protector	護角	角金物	护角
— rail	護輪軌	エッジレール	护轮轨
— reaction	邊緣反力	縁反力	边缘反力
— ring	邊界環	エッジリング	边界环
— roll	軋邊輥	エッジロール	轧边辊
— runner	輪輾機;混砂機	エッジランナ	碾碎机
— seal	刀口密封	エッジシール	刀口密封
— sealing	端封	端封	封边
— seam	端面接縫	エッジシーム	端面接缝
— setting	邊緣調整	エッジセッティング	边缘调整
— stress	邊緣應力	縁応力	边缘应力
— strip	邊〔緣〕條	へり目板	接缝衬板
— tool	削邊刀	刃物	有刃物
— trimmer	修〔切〕邊機	耳切り機	修〔切〕边机
— turning	緣部車削	縁旋削	缘部车削
— type strainer	積層片式過濾器	エッジタイプストレーナ	积层片式过滤器
— veneer	切邊檔板	縁取単板	切边档板
— weld	邊緣熔接	へり溶接	边缘焊(缝)
— width	邊緣寬度	縁幅	边缘宽度
— wrinkles	邊緣皺紋	口辺しわ	边缘皱纹
edge-correction	邊緣校正	縁端修正	边缘校正
edger	修邊器	面ごて	修边器
edges	邊緣	端	边缘
edgewise	沿邊緣方向	沿層方向	沿边缘方向
— compression	沿(周)邊壓縮	沿層圧縮	沿(周)边压缩
— compressive strength	周邊壓縮強度	沿層圧縮強さ	周边压缩强度
— load	沿邊荷載〔重〕	沿層荷重	沿边荷载〔重〕
— pressure	側(向)壓(力)	側圧	侧(向)压(力)
edging	去飛邊	縁取り	去飞边
— angle	切邊角鋼	縁取山形材	切边角钢
— machine	摺邊機	耳削り盤	刨边机
— mill	軋邊機	エッジングミル	轧边机
— pass	軋邊(軋)槽	エッジングパス	轧边(轧)槽
— roll	軋邊(軋)輥	エッジングロール	轧边(轧)辊
— strip	切邊帶鋼	縁取ストリップ	切边带钢
— trimmer	修邊機	耳切り機	修边机
Edison accumulator	鐵鎳蓄電池	エジソン蓄電池	铁镍蓄电池

英文	臺灣	日文	大陸
educing	離析(物)	抽出	离析(物)
educt	離析物	遊離体	离析物
eduction	排洩	排出	排出
— pipe	排洩管	配気管	排气管
— valve	排洩閥	エダクションバルブ	排泄阀
eductor	噴射器	エダクタ	排泄器
effect	效應	効果	效应
— of dimension	尺寸效應	立体効果	尺寸效应
— of heat	熱作用	熱作用	热作用
— of normal stress	法線應力效應	法線応力効果	法线应力效应
— of support movement	支點移動的影響	支点移動の影響	支点移动的影响
— of temperature	溫度變化的影響	温度変化の影響	温度变化的影响
— of vibration damping	減振效果	制振効果	减振效果
effective absorption	有效吸水量	有効吸水量	有效吸水量
— advance angle	有效推進角	有効前進角	有效推进角
— angle of attack	有效攻角;有效沖角	有効迎え角	有效攻角;有效冲角
— angle of friction	有效摩擦角	有効摩擦角	有效摩擦角
— aperture	有效孔徑	有効口径	有效孔径
— area	有效面積	有効面積	有效面积
— aspect ratio	有效縱橫尺寸比	有効アスペクト比	有效纵横尺寸比
— belt tension	有效皮帶張力	有効ベルト張力	有效皮带张力
— breadth	有效寬度	有効幅	有效宽度
— capacity	有效容量	実効容量	有效容量
— case depth	有效硬化深度	有効硬化深度	有效硬化深度
— chimney height	煙囪有效高度	有効煙突高	烟囱有效高度
— compression ratio	有效壓縮比	有効圧縮比	有效压缩比
— constant	有效常數	実効定数	有效常数
— coverage	有效作用區域	有効通達距離	有效作用区域
— cross section	有效斷〔截〕面(積)	有効断面〔積〕	有效断〔截〕面(积)
— cross-sectional area	有效斷面積	有効断面積	有效断面积
— cubic capacity	實際容積	実容積	实际容积
— cutting length	(拉刀)切削部分長度	刃長	(拉刀)切削部分长度
— damping	有效阻尼	有効減衰	有效阻尼
— depth	有效齒高	有効高さ	有效齿高
— diameter	有效直徑	有効直径	有效直径
— diffusivity	有效擴散係數	有効拡散係数	有效扩散系数
— distance	有效距離	実効距離	有效距离
— distortion	有效畸變	実効ひずみ	有效畸变
— electric power	有效(電)功率	有効電力	有效(电)功率
— energy	有效能量	実効エネルギー	有效能量

英文	臺灣	日文	大陸
— equivalent section	有效相當斷面	有効等価断面	有效等值截面
— error	有效誤差	実効誤差	有效误差
— face width	有效齒面寬	有効歯幅	有效啮合长度
— feed in motion	有效進給量	有効送り量	有效进给量
— film	有效界面	有効境膜	有效界面
— fluid power	有效流體功率	有効流体動力	有效流体功率
— friction horse power	摩擦有效馬力	摩擦有効馬力	摩擦有效马力
— grain size	有效顆粒大小	有効径	有效粒径
— gravity	有效重力	有効重力	有效重力
— head	有效落差	有効水頭	有效落差
— heat	有效熱量	有効熱（量）	有效热量
— height	有效高度	有効高さ	有效高度
— height of stack	煙囪有效高度	有効煙突高度	烟筒有效高度
— horsepower	有效馬力	有効馬力	有效马力
— inertia-mass	有效慣性質量	有効慣性質量	有效惯性质量
— input pressure	有效輸入壓力	有効入口差圧	有效输入压力
— length	有效長度	座屈長さ	有效长度
— length of weld	焊縫有效長度	溶接の有効長さ	焊缝有效长度
— life	有效壽命	実効寿命	有效寿命
— loading	有效負載	有効荷重	有效负载
— loading area	有效荷載面積	有効載荷面積	有效荷载面积
— loss factor	實際損失係數	実効損失係数	实际损失系数
— machine time	有效運轉時間	有効稼動時間	有效运转时间
— margin	有效裕度	実効マージン	有效裕度
— mass	有效質量	有効質量	有效质量
— mass theory	有效質量理論	有効質量理論	有效质量理论
— measuring range	有效測定範圍	有効測定範囲	有效测定范围
— molding temperature	有效成形溫度	有効成形温度	有效成形温度
— noise factor	有效噪音係數	実効雑音指数	有效噪声系数
— output	有效輸出	有効出力	有效输出
— output pressure	有效輸出壓力	有効吐き出し差圧	有效输出压力
— particle diameter	有效粒子直徑	有効粒子径	有效粒子直径
— pitch	有效節距	有効ピッチ	有效螺距
— porosity	有效孔隙率	有効間げき率	有效孔隙率
— power	有效功率	有効電力	有效功率
— pressure	有效壓力	有効圧（力）	有效压力
— prestress	有效預應力	有効プレストレス	有效预应力
— principal stress	有效主應力	有効主応力	有效主应力
— pull	有效張力	有効張力	有效张力
— ratio	有效比	実効比	有效比

英文	臺灣	日文	大陸
— ratio of prestress	預應力有效率	プレストレスの有効率	预应力有效率
— removal cross section	有效除去斷面積	実効除去断面積	有效除去断面积
— screw length	螺紋的有效長度	スクリューの有効長さ	螺纹的有效长度
— screwed part	有效螺紋長度	有効ねじ部	有效螺纹长度
— seating stress	有效貼合應力	有効締め付け圧力	有效贴合应力
— sectional area	有效剖面積	有効断面積	有效截面面积
— segregation coefficient	有效偏析係數	実効偏析係数	有效偏析系数
— shear modulus	有效剪切〔切變〕模數	実効せん断係数	有效剪切〔切变〕模量
— significant strain	有效應變	有効ひずみ	有效应变
— size	有效粒徑	有効径	有效粒径
— size of grain	有效粒徑	有効径	有效粒径
— slenderness ratio	有效細長比	有効細長比	有效细长比
— slit width	有效縫隙寬度	有効スリット幅	有效缝隙宽度
— static pressure	有效靜壓	有効静圧	有效静压
— stiffness	有效剛度	補正剛度	有效刚度
— stiffness ratio	有效剛〔勁〕度比	有効剛比	有效刚〔劲〕度比
— strain	有效變形〔應變〕	有効ひずみ	有效变形〔应变〕
— strength	有效強度	有効強度	有效强度
— stress	有效應力	有効応力	有效应力
— stress path	有效應力線〔途徑〕	有効応力径路	有效应力线〔途径〕
— stroke	有效衝程	有効行程	有效行程
— surface area	有效表面積	有効表面積	有效表面积
— target area	有效反射面積	有効反射面積	有效反射面积
— temperature	有效溫度	有効温度	有效温度
— temperature chart	有效溫度圖表	感覚温度図	有效温度图表
— tension	有效張力	有効張力	有效张力
— thermal conductivity	有效熱傳導率	有効熱伝導率	有效热传导率
— thermal efficiency	有效熱效率	有効熱効率	有效热效率
— thermal resistance	有效熱阻	実効熱抵抗	有效热阻
— throat depth	有效焊縫厚度	有効のど厚	有效焊缝厚度
— throat thickness	有效喉厚(熔接)	有効のど厚	有效焊缝厚度
— thrust	有效推力	有効スラスト	有效推力
— time	有效(工作)時間	有効時間	有效(工作)时间
— torque	有效轉矩	有効トルク	有效转矩
— total pressure	有效總壓力	有効全圧	有效总压力
— transfer characteristic	等效轉移特性	実効転移特性	等效转移特性
— transmission equivalent	有效傳輸當量	実効伝送当量	有效传输当量
— travel	有效行程	エフェクティブトラベル	有效行程
— unit weight	有效單位重量	有効単位重量	有效单位重量
— value	有效值	実効値	有效值

英文	臺灣	日文	大陸
— voltage	有效電壓	実効電圧	有效电压
— volume	有效容積	有効容積	有效容积
— volumetric capacity	實際容積	実容積	实际容积
— wake	有效尾流	有効伴流	有效尾流
— wake fraction	有效尾流分數	有効伴流係数	有效尾流分数
— work	有效功	有効仕事	有效功
effectiveness	有效性	効率	效率
— engineering	效率工程師	有効性工学	有效工程
— factor	效率因數	有効係数	有效系数
— of vibration isolation	防振效果	防振効果	防振效果
effervescent mixture	發泡劑	発泡剤	发泡剂
efficacy	效能	効能	效能
efficiency	效率	効率	效率
— coefficient	效率係數	効率係数	效率系数
— curve	效率曲線	効率曲線	效率曲线
— engineer	效能〔率〕工程師	〔能率〕診断技師	效能〔率〕工程师
— factor	效率係數	能率係数	效率系数
— of boiler	鍋爐效率	ボイラの効率	锅炉效率
— of combustion	燃燒效率	コンバッション効率	燃烧效率
— of comminution	粉碎效率	粉砕効率	粉碎效率
— of construction	施工效率	施工能率	施工效率
— of element	元件效率	素子の効率	元件效率
— of fiber	纖維的性能	繊維の性能	纤维的性能
— of filtration	過濾效率	ろ過効率	过滤效率
— of generator	發電機效率	発電機効率	发电机效率
— of heat transfer	傳熱效率	伝熱効率	传热效率
— of hydraulic turbine	水輪機效率	水車効率	水轮机效率
— of ideal propeller	理想推進器效率	理想プロペラ効率	理想推进器效率
— of initiator	引發劑效率	開始剤効率	引发剂效率
— of joint	接縫〔合〕效率	継手効率	接缝〔合〕效率
— of sedimentation	沈澱〔降〕率	沈殿率	沈淀〔降〕率
— of thermal storage	蓄熱效率	蓄熱効率	蓄热效率
— of transformer	變壓器的效率	変圧器の効率	变压器的效率
— of transmission	傳動效率	伝動効率	传动效率
— of water turbine	水輪機效率	水車効率	水轮机效率
— of work	工作效率	作業効率	工作效率
— ratio	效率比	効率比	效率比
— test	效率試驗	効率試験	效率试验
— type	集中型	集中型	集中型
efficient circuit	有效電路	有効回路	有效电路

英文	臺灣	日文	大陸
— estimator	有效估計量	有効推定量	有效估计量
— point	有效點	有効点	有效点
effluent	流出液〔物〕	流出液	流出液〔物〕
— disposal	廢水處理	放流処分	废水处理
— gas	廢氣	排ガス	废气
— pipe	排水管道	放流管きょ	排水管道
effusiometer	氣體擴散計	ガス（流出）比重計	气体扩散计
eidograph	縮放儀	比例写図器	缩放仪
eigenelement	特徵元素	固有元	特徵元素
eigenfunction	特徵函數	固有関数	特徵函数
eigenspace	本徵空間	固有空間	本徵空间
eigenstructure	固有結構	固有構造	固有结构
eigenvalue	特徵值	固有値	固有值
eigenvector	特徵向量	固有ベクトル	固有矢量
eighth bend	45° 彎頭	45度曲り管	45° 弯头
Eirich mill	一種逆流式混砂機	アイリッヒミル	一种逆流式混砂机
ejection	擠出	突き出し	挤出
— adjusting screw	脫模調整螺釘	押出し調整ねじ	脱模调整螺钉
— capacity	脫模壓力	押出し能力	脱模压力
— force	頂出力	突き出し力	顶出力
— pad	脫模墊片	突き出しパッド	脱模垫片
— pin	起模桿	突き出しピン	起模杆
— plate	頂出板	突き出し板	脱模板
— ram	脫模活塞	突き出しラム	脱模活塞
— stroke	脫模行程	押き出しストローク	脱模行程
ejector	噴射器；頂出具	突き出し装置	弹簧顶料装置
— box	脫模框	突き出し箱	脱模框
— condenser	噴射凝結器	エゼクタ復水器	喷射式冷凝器
— connecting bar	脫模連接桿	突き出し連結棒	脱模连接杆
— force	推頂力〔壓縮成形機的〕	エジェクタ力	推顶力〔压缩成形机的〕
— frame	脫模拉桿架	突き出し枠	脱模拉杆架
— frame guide	推頂器框導桿	突き出しフレーム案内	推顶器框导杆
— mechanism	推頂機構	突き出し機構	推顶机构
— mixer	噴射混合器	エジェクタかくはん機	喷射混合器
— nozzle	噴嘴	噴射ノズル	喷嘴
— pump	噴射泵	噴射ポンプ	喷射泵
— rod	脫模桿	突き出し棒	抛壳钩杆
— stroke	推頂距離	エジェクタストローク	推顶距离
— system	推頂方式	エジェクタ方式	推顶方式
— tower	噴水式冷卻塔	水エジェクタ式冷却塔	喷水式冷却塔

E

英文	臺灣	日文	大陸
— type agitator	噴射式攪拌器	エジェクタ型かくはん器	喷射式搅拌器
— type ventilator	射流式通風機	エジェクタ型換気機	射流式通风机
— vacuum pump	噴射真空泵	エジェクタ（真空）ポンプ	喷射真空泵
elastic after effect	彈性餘效	弾性余効	弹性後效
— after working	彈性餘效	弾性余効	弹性後效
— axis	彈性軸(線)	弾性軸	弹性轴(线)
— band	彈性帶	弾性帯	弹性带
— behavio(u)r	彈性性能	弾性挙動	弹性性能
— bending	彈性彎曲	弾性曲げ	弹性弯曲
— body	彈性體	弾性体	弹性体
— boiler	彈性鍋爐	弾性ボイラ	弹性锅炉
— bond	彈性黏結劑	エラスチックボンド	弹性黏结剂
— bond wheel	彈性黏結磨輪	弾性と石	弹性黏结磨轮
— break-down	彈性破壞	弾性ヒステリシス	弹性变形断裂
— buckling strength	彈性挫曲強度	弾性座屈強度	弹性弯曲强度
— buckling stress	彈性挫曲應力	弾性座屈応力	弹性弯曲应力
— center	彈性中心	弾性重心	弹性中心
— chuck	彈簧夾頭	ばねチャック	弹簧夹头
— clamp	彈性固定	弾性固定	弹性固定
— coefficient	彈性係數	弾性係数	弹性系数
— collision	彈性碰撞	弾性衝突	弹性碰撞
— compliance	彈性柔量	弾性コンプライアンス	弹性柔量
— coupling	彈性聯軸器	弾性継手	弹性联轴节
— cup washer	彈性杯形墊圈	弾性杯形座金	弹性杯形垫圈
— curve	彈性曲線	弾性曲線	弹性曲线
— deformation	彈性變形	弾性変形	弹性变形
— displacement	彈性位移	弾性的変位	弹性位移
— domain	彈性區域	弾性領域	弹性区域
— energy	彈性能	弾性エネルギー	弹性能
— equation	彈性方程(式)	弾性方程式	弹性方程(式)
— equilibrium state	彈性平衡狀態	弾性平衡状態	弹性平衡状态
— failure	彈性破壞	弾性破損	弹性破坏
— fastening device	彈性固定裝置	弾性締結	弹性固定装置
— fatigue	彈性疲乏	弾性疲労	弹性疲乏
— fiber	彈性纖維	弾性繊維	弹性纤维
— flow	彈性流(動)	弾性流れ	弹性流(动)
— force	彈性力	弾（性）力	弹性力
— foundation	彈性基礎	弾性基礎	弹性地基
— ga(u)ge	彈性壓力計	弾性圧力計	弹性压力计
— gel	彈性凝膠	弾性ゲル	弹性凝胶

英文	臺灣	日文	大陸
— grinding stone	彈性砂輪	エラスチックと石	弹性砂轮
— gum	彈性橡膠	弾性ゴム	弹性橡胶
— hardness	彈性硬度	弾性硬さ	弹性硬度
— hysteresis	彈性磁滯	弾性ヒステリシス	弹性滞後
— instability	彈性不穩定(性)	弾性座屈	弹性不稳定(性)
— joint	彈性接合	たわみ継手	弹性接头
— limit	彈性界限	弾性限度	弹性极限
— limit test	彈性極限(應力)試驗	耐力試験	弹性极限(应力)试验
— line	彈性曲線	弾性曲線	弹性曲线
— load method	彈性荷載法	弾性荷重法	弹性荷载法
— material	彈性材料	弾性材料	弹性材料
— matrix	彈性矩陣	弾性マトリックス	弹性矩阵
— medium	彈性介質	弾性媒質	弹性介质
— melt extruder	熔融彈性擠出機	溶融弾性押出し機	熔融弹性挤出机
— memory	(塑料的)彈性記憶	弾性記憶	(塑料的)弹性记忆
— modulus	彈性模數	弾性係数	弹性系数
— modulus ratio	彈性模數比	弾性係数比	弹性模量比
— nylon	彈性尼龍	弾性ナイロン	弹性尼龙
— oscillation	彈性振動	弾性振動	弹性振动
— packing	彈性迫緊	弾性パッキング	弹性填料
— plastic bending	彈塑性彎曲	弾塑性曲げ	弹塑性弯曲
— plastic boundary	彈塑性邊界	弾塑性境界	弹塑性边界
— plastic deflection	彈塑性撓曲	弾塑性たわみ	弹塑性挠曲
— plastic material	彈塑性物體	弾塑性体	弹塑性物体
— plastic strain	彈塑性應變	弾塑性ひずみ	弹塑性应变
— potential	彈性位能	弾性ポテンシャル	弹性位能
— property	彈性	弾性	弹性
— proportional limit	彈性比例極限	弾性比例限度	弹性比例极限
— range	彈性範圍	弾性域	弹性范围
— ratio	彈性比	弾性率	弹性率
— reactance	彈性阻抗	弾性リアクタンス	弹性阻抗
— recovery	彈性回復	弾性回復	弹性复原
— region	彈性區域	弾性域	弹性范围
— relaxation	彈性鬆弛時間	弾性緩和時間	弹性松弛时间
— resilience	回彈性	弾力	回弹性
— response	彈性反應	弾性応答	弹性反应
— restraint	彈性約束	弾性固定	弹性约束
— rigidity	彈性剛度	弾性剛さ	弹性刚度
— rubber	彈性橡膠	弾性ゴム	弹性橡胶
— sealing compound	彈性密封材料	弾性シーリング材	弹性密封材料

英文	臺灣	日文	大陸
— sheet analog	弾性板模擬(設備)	弾性板相似	弹性板模拟(设备)
— sleeve	弾性套筒	弾性スリーブ	弹性套筒
— solid	彈性固體	弾性固体	弹性固体
— spike	彈性釘	ばねくぎ	弹性钉
— stability	彈性穩定	弾性安定	弹性稳定
— state	彈性狀態	弾性状態	弹性状态
— store	緩衝存儲器	エラスティックストア	缓冲存储器
— strain	彈性應變;彈性變形	弾性ひずみ	弹性应变;弹性变形
— strain energy	彈性應變能	弾性ひずみエネルギー	弹性应变能
— strain recovery	彈性應變恢復	弾性ひずみ回復	弹性应变恢复
— strength	彈性強度	弾性強さ	弹性强度
— stress	彈性應力	弾性応力	弹性应力
— support	彈性支承〔座〕	弾性支承	弹性支承〔座〕
— surface wave	彈性表面波	弾性表面波	弹性表面波
— suspension	彈性吊架	弾性支持	弹性吊架
— system	彈性系統	弾性系	弹性系统
— torsion	彈性撓曲	弾性ねじり	弹性挠曲
— vibration system	彈性振動系統	弾性振動系	弹性振动系统
— washer	彈簧墊圈	ばね座金	弹簧垫圈
— wave	彈性波	弾性波	弹性波
— wave prospecting	彈性波探測	弾性波探査	弹性波探测
— wave survey	彈性波探測	弾性波探査	弹性波探测
— weight	彈性荷重	弾性荷重	弹性荷重
— wheel	彈性輪	弾性輪	弹性轮
elastica	彈力	弾性ゴム	弹力
elastically built-in edge	彈性固定邊	弾性固定縁	弹性固定边
— built-in end	彈性固定端	弾性固定端	弹性固定端
— supported beam	彈性支承梁	弾性支持ばり	弹性支承梁
— supported edge	彈性支承邊	弾性支持縁	弹性支承边
elasticator	增彈劑	弹性（附与）剤	增弹剂
elasticity	彈性	耐屈曲性	弹性
— equation	彈性方程	弾性方程式	弹性方程
— membrane model	彈性膜模型	弾性膜モデル	弹性膜模型
— modulus	彈性模數	弾性率	弹性模量
— of bending	彎曲彈性	曲げ弾性	弯曲弹性
— of compression	壓縮彈性	圧縮弾性	压缩弹性
— of elongation	伸長彈性	伸び弾性	伸长弹性
— of flexure	彎曲彈性	たわみの弾性	弯曲弹性
— of shape	形狀彈性	形弾性	形状弹性
— of torsion	扭轉彈性	ねじり弾性	扭转弹性

英文	臺灣	日文	大陸
— of volume	容積彈性	容積の弾性	容积弹性
— tensor	彈性張量	弾性テンソル	弹性张量
— test	彈性試驗	弾性試験	弹性试验
elasticizer	增塑劑	弾性剤	增塑剂
Elastite	瀝青填料	エラスタイト	沥青填料
elastomer	彈性體	弾性体	合成橡胶
— fiber	彈性纖維	弾性繊維	弹性纤维
— seal	彈性密封	エラストマシール	弹性密封
elastomeric adhesive	橡膠系黏合劑	エラストマ系接着剤	橡胶系黏合剂
— material	合成橡膠材料	エラストマ材料	合成橡胶材料
— plastic(s)	彈性塑料	弾性プラスチック	弹性塑料
— polymer	彈性聚合體〔物〕	弾性重合体	弹性聚合体〔物〕
— resin	彈性樹脂	弾性樹脂	弹性树脂
— urethane	彈性聚氨酯	弾性ウレタン	弹性聚氨酯
elastomerics	彈性體〔物〕	エラストマ	弹性体〔物〕
elastometer	彈性測定器	エラストメータ弾性計	弹性测定器
elastoplast	彈性塑料	弾塑性体	弹性塑料
elastoplastic analysis	彈塑性分析	弾塑性解析	弹塑性分析
— beam	彈塑性梁	弾塑性ばり	弹塑性梁
— body	彈塑性體	弾塑性体	弹塑性体
— bending	彈塑性彎曲	弾塑性曲げ	弹塑性弯曲
— boundary	彈塑性邊界	弾塑性境界	弹塑性边界
— finite element method	彈塑性有限元素法	弾塑性有限要素法	弹塑性有限元法
— material	彈塑性材料	弾塑性材	弹塑性材料
— range	彈塑性範圍	弾塑性領域	弹塑性范围
— response	彈塑性反應	弾塑性応答	弹塑性反应
— response analysis	彈塑性反應分析	弾塑性応答解析	弹塑性反应分析
— state	彈塑性狀態	弾塑性状態	弹塑性状态
— theory	彈塑性理論	弾性-塑性理論	弹塑性理论
— vibration	彈塑性振動	弾塑性振動	弹塑性振动
elasto-plasticity	彈塑性	弾塑性	弹塑性
elasto-viscosity	彈黏性	弾粘性	弹黏性
elayl	乙烯	エライル	乙烯
elbow	肘管;彎管	ひじ管	弯管接头
— amplifier	雙彎流型放大器	エルボアンプ	双弯流型放大器
— board	窗台(板)	ぜん板	窗台(板)
— core box	彎頭芯盒	エルボコアボックス	弯头芯盒
— joint	肘形管	エルボ継手	弯管接头
— piece	彎頭	ひじ片	弯头
— pipe	肘形管	ひじ管	弯管

英文	臺灣	日文	大陸
— type combustor	肘形燃燒室	エルボ形燃焼器	肘形燃烧室
— type draft tube	肘形導管	エルボ形吸出し管	肘形导管
Elcas process	二道電泳塗裝法	エルカス法	二道电泳涂装法
elecemeter	電錶	エルコメータ	电表
electric(al) absorption	電吸收	電気吸収	电吸收
— accumulator	蓄電池	蓄電池	蓄电池
— actuator	電力傳動裝置	電気式アクチュエータ	电力传动装置
— air cleaner	電力空氣淨化裝置	電気空気浄化装置	电力空气净化装置
— air heater	電力空氣加熱器	電気空気加熱器	电力空气加热器
— anti-corrosion system	電防蝕設施	電気防食施設	电防蚀设施
— arc	電弧	電弧	电弧
— arc furnace	電弧爐	電気アーク炉	电弧炉
— arc heating	電弧加熱	アーク加熱	电弧加热
— arc spraying	電弧噴射	アーク式溶射	电弧喷射
— arc welded joint	電弧焊接頭	アーク溶接継手	电弧焊接头
— arc welder	電(弧)焊機	電弧溶接機	电(弧)焊机
— arc welding	電弧熔接	アーク溶接	电弧焊
— blower	電動鼓風機	電気送風機	电动鼓风机
— boiler	電熱鍋爐	電気ボイラ	电热锅炉
— brake	電力軔	電気ブレーキ	电力制动器
— brazing	電熱硬焊	電気ろう接	电热铜焊
— brush	電刷	電気ブラシ	电刷
— bulb	電燈泡	電球	电灯泡
— cable	電纜	電線	电缆
— calorimeter	電測熱量計	電気熱量計	电测热量计
— cap	電氣雷管	電気雷管	电气雷管
— capacity	電容量	電気容量	电容量
— car	電車	電気自動車	电车
— cartridge heater	筒式電加熱器	カートリッジヒータ	筒式电加热器
— charge	電荷	電荷	电荷
— chronograph	電動計時器	電気クロノグラフ	电动计时器
— condenser	電容器	蓄電器	电容器
— conductance	電導率	電導度	电导率
— conductivity	導電性	電気伝導度〔率〕	导电性
— contact	電接點	電気接点	电接点
— control panel	配電盤	配電盤	配电盘
— convection oven	對流式電爐	電気対流炉	对流式电炉
— corrosion	電(腐)蝕	電食	电(腐)蚀
— corrosion protection	電氣防蝕(法)	電気防食	电气防蚀(法)
— crane	電動起重機	電気クレーン	电动起重机

英文	臺灣	日文	大陸
— crucible furnace	電熱坩堝爐	電気るつぼ炉	电热坩埚炉
— dehumidifier	電乾燥器	電子除濕器	电乾燥器
— discharge	放電	放電	放电
— discharge cutting off	放電切割	放電切断	电火花切割
— discharge diesinker	放電型銑模機	放電型彫り機	放电型铣模机
— discharge drilling	放電穿孔	放電穴あけ	电火花穿孔
— discharge forming	放電成形法	放電成形法	电火花成形法
— discharge machine	放電加工機床	放電加工機	电火花加工机床
— discharge machining	放電加工	放電加工	电火花加工
— discharge marking	放電刻印	放電刻印	放电刻印
— discharge phenomena	放電現象	放電現象	放电现象
— discharge sintering	放電燒結	放電焼結	放电烧结
— drill	電鑽	電気削岩機	电钻
— dumbwaiter	電動升降機	電動ダムウェータ	电动升降机
— dynamometer	電測功計	電気動力計	电力测力〔功〕计
— dust collector	電動吸塵器	電気集じん器	电动吸尘器
— efficiency	電效率	電気効率	电效率
— elevator	電動升降機;電梯	電動式エレベータ	电动升降机;电梯
— energy	電能	電気エネルギー	电能
— engineering	電氣工程(學)	電気工学	电气工程(学)
— equivalent circuit	等效電路	電気的等価回路	等效电路
— erosion	電腐蝕	電食	电腐蚀
— erosion arc machining	放電加工	放電加工	放电加工
— eye	電眼	光電管	电眼
— failure	絕緣破壞	絶縁破壊	绝缘破坏
— faults	漏電	電気的故障	漏电
— forming	電鍍成型	電気化成	电镀成型
— furnace	電爐	電気炉	电炉
— fuse	電保險絲	電気ヒューズ	可熔保险丝
— fuse metal	電熔化金屬	ヒューズノタル	电熔化金属
— gathering	電熱鐓鍛加工	エレクトリックギャザリング	电热镦锻加工
— generating power	發電功率	電気出力	发电功率
— hand drill	手電鑽	電気ドリル	手电钻
— heating furnace	電熱爐	電気炉	电炉
— heating panel	電加熱板	電気パネルヒータ	电加热板
— heating wire	電熱絲	電熱線	电热丝
— hoist	電動吊車	電動ホイスト	电动起重机
— impulse	電脈沖	電気インパルス	电脉冲
— induction furnace	感應電爐	誘導電気炉	感应电炉
— industry	電氣工業	電気工業	电气工业

英文	臺灣	日文	大陸
— inertia starter	電動慣性起動器	電気慣性始動機	电动惯性起动机
— instrument	電氣測量儀器	電気計測器	电气测量仪器
— insulant	電絕緣物〔材料〕	電気絶縁物	电绝缘物〔材料〕
— insulating medium	電絕緣介質	電気絶縁物	电绝缘介质
— insulating treatment	電絕緣處理	電気絶縁処理	电绝缘处理
— lead	導線	リード線	导线
— leak detector	漏電探測器	電気漏せつ探知機	漏电探测器
— load	電負荷〔載〕	電気負荷	电负荷〔载〕
— machinery	電力機械	電気機械	电力机械
— measurement	電氣測量	電気測定	电气测量
— motor blower	電動鼓風機	電動送風機	电动鼓风机
— oil	絕緣油	絶縁油	绝缘油
— oscillograph	電示波器	電気的オシログラフ	电示波器
— output	電輸出功率	電気出力	电输出功率
— painting	靜電塗裝	静電塗装	静电涂装
— plating	電鍍	電気めっき	电镀
— portable drill	手電鑽	電動ポータブルドリル	手电钻
— potential	電位	電気ポテンシャル	电位
— potential difference	電位差	電位差	电位差
— power drill	電鑽	電気ドリル	电钻
— power station	電力站	発電所	发电所
— power substation	變電所	変電所	变电所
— power tool	電動工具	電動工具	电动工具
— pressure	電壓	電圧	电压
— protection	電氣防蝕	電気防食	电气防蚀
— relief valve	電氣式溢流閥	電気式逃し弁	电气式溢流阀
— resistance	電阻	電気抵抗	电阻
— resistance weld pipe	電焊管	電縫管	电焊管
— resistance welding	電阻焊	電気抵抗溶接	电阻焊
— robot	電動機器人	電動式ロボット	电动机器人
— rot	電腐蝕	電気腐食	电腐蚀
— seam welding	縫焊	電気シーム溶接	缝焊
— sheet	電工用薄鋼板	電気鉄板	电工用薄钢板
— shock	觸電	電撃	触电
— shock absorber	電擊吸收器	防電撃	电击吸收器
— shock resistance	抗電擊性	耐電撃性	抗电击性
— shutter	電斷路器	電気シャッタ	电断路器
— smelting	電熔煉	電気製錬	电熔炼
— soldering iron	電烙鐵	電気ごて	电烙铁
— source	電源	電源	电源

英文	臺灣	日文	大陸
— spark	電火花	電気火花	电火花
— spark depositing	放電硬化	放電硬化	电火花强化
— spark machine	放電加工機	放電加工機	电火花加工机床
— spot welding	點焊	電気スポット溶接	点焊
— strain ga(u)ge	電測應變規	電気的ひずみ計	电测应变仪
— strength	絕緣強度	耐電圧	绝缘强度
— stress tensor	電應力張量	電気ひずみ力テンソル	电应力张量
— survey	電探測	電気探査	电探测
— switch	開關	開閉器	开关
— switch cover	開關罩	スイッチカバー	开关罩
— system	電氣系統	電気系統	电气系统
— system piezometer	電壓力計	電気式ピエゾメータ	电压力计
— table interlocker	台式電氣聯鎖器	卓上電気てこ	台式电气联锁器
— tachometer	電轉速計	電気回転速度計	电力转数计
— tape	絕緣帶	絶縁テープ	绝缘带
— telemetering	電遙測法	電気的遠隔測定法	电遥测法
— temperature control	電氣溫度控制	電気温度制御	电气温度控制
— tension voltage	電壓	電圧	电压
— terminal	端子	電気端子	端子
— thermometer	電溫度計	電気式温度計	电温度计
— thermostat	電熱恆溫器	電気サーモスタット	电热恒温器
— tool	電動工具	電動工具	电动工具
— transmission	電力輸送	電気式変速装置	电气式驱动
— transmitter	發射機	送信機	发射机
— travelling crane	電力移動起重機	電気移動クレーン	移动式电动起重机
— trowel	電動鏝刀	電動ごて	电动镘刀
— upset forging	電熱鐓鍛	電気据え込み	电热镦锻
— upsetter	電熱鐓鍛機	電熱式アプセッタ	电热镦锻机
— vacuum colorimeter	電真空熱量計	電気真空熱量計	电真空热量计
— voltage	電壓	電圧	电压
— welded tube	電熔接鋼管	電縫鋼管	电焊钢管
— welder	電熔接機	電気溶接機	电焊机
— welding	電熔接	電気溶接	电焊
— welding machine	電熔接機	電気溶接機	电焊机
— welding rod	電熔接條	電気溶接棒	电焊条
— welding steel pipe	電熔接鋼管	電気溶接鋼管	电焊钢管
— winding machine	電動繞線機	電気巻き上げ機	电动绕线机
— wire	電線	電線	电线
— wiring plan	電路配置圖	電路配置図	电路布线图
— zero	零電位	電気的零位	零电位

英文	臺灣	日文	大陸
electricator	電觸式(指示)測微錶	エレクトリケータ	电触式(指示)测微表
electrician	電氣技師	電気技師	电气技师
electricity	電氣	電気	电气
— generation	發電	発電	发电
— generator	發電機	発電機	发电机
electrification	帶電	帯電	带电
— time	充電時間	充電時間	充电时间
electro	電鍍品	電気版	电镀品
electroactive substance	電(化學)活性物質	電気（化学的）活性物質	电(化学)活性物质
electroaffinity	電親和力	電気親和力	电亲和力
electroballistics	電彈道學	電気弾道学	电弹道学
electrobrightening	電解拋光	光輝仕上げ	电解抛光
electrocalorimeter	熱量計	電気カロリメータ	热量计
electrocapillarity	電毛細(管)現象	電気毛管現象	电毛细(管)现象
electrocardiogram	心電圖	心電図	心电图
electrocast brick	電鑄磚	電鋳れんが	电铸砖
— product	電鑄品	電鋳品	电铸品
— refractories	電鑄耐火材	電融鋳造耐火物	电铸耐火材
electrocasting	電鑄	電鋳	电铸
electrochemic(al) action	電化學作用	電気化学作用	电化学作用
— anti-passivator	電化學鈍化防止劑	電気化学的不動態防止剤	电化学钝化防止剂
— appliance	電化(學)裝置	電気化学装置	电化(学)装置
— constant	電解常數	電気化学定数	电解常数
— corrosion	電化腐蝕	電気化学的腐食	电化腐蚀
— discharge machine	電解加工機床	電解放電加工機	电解加工机床
— equivalent	電解當量	電気化学当量	电解当量
— etching	電拋光	電気化学的腐食	电抛光
— grinding	電化學磨劑	電解研削	电化学磨剂
— grinding machine	電解磨床	電解研削盤	电解磨床
— machine	電解加工機	電解加工機	电解加工机
— machining	電解加工	電解加工	电解加工
— matt finish	電解去光處理	電解なし地仕上	电解去光处理
— milling	電解加工	電解加工	电解加工
— oxidation	電化氧化	電気化学的酸化	电化氧化
— passivity	電化(學)鈍性	電気化学的不動態	电化(学)钝性
— plating	電(化學)鍍法	電気化学めっき法	电(化学)镀法
— polarization	電化學極化(作用)	電気化学的分極	电化学极化(作用)
— potential	電化學勢〔位〕	電気化学電位	电化学势〔位〕
— process	電化法	電気法	电化法
— protection	電化學防腐〔蝕;護〕	電気化学的防食	电化学防腐〔蚀;护〕

英文	臺灣	日文	大陸
— reaction	電化學反應	電気化学反応	电化学反应
— waste water treatment	電化學的廢水處理	電気化学的廃水処理	电化学的废水处理
electrochemistry	電化學	電気化学	电化学
electrocircuit	電路	エレクトロサーキット	电路
electrocoating	電解被覆法	電解被覆法	电涂
— equipment	電著塗裝裝置	電着塗装装置	电泳涂漆装置
electroconductive	導電性	導電性	电导性
— ceramics	導電陶瓷	電子伝導性セラミックス	导电陶瓷
— epoxy	導電環氧樹脂	導電エポキシ	导电环氧树脂
— plastics	導電性塑料	導電性プラスチック	导电性塑料
electrocoppering	電鍍銅	銅電と	电镀铜
electrocorrosion	電腐蝕	電食	电腐蚀
electrocrystallization	電結晶	電析	电结晶
electrode	(電)焊條;電極	電極〔棒〕	(电)焊条
— active material	電極活性材料	電極活物質	电极活性材料
— characteristic	電極特性	電極特性	电极特性
— circle	電極圓〔電爐〕	エレクトロードサークル	电极圆〔电炉〕
— cooling tube	電極冷卻管	電極用水冷管	电极冷却管
— dissipation	電極耗散	電極損失	电极耗散
— dressing	電極修整〔飾〕	電極ドレッシング	电极修整〔饰〕
— extension	電極伸出長度	電極突出し長さ	电极伸出长度
— feeding speed	電極進給速度	電極送り速度	电极进给速度
— for exclusive use	專用電焊條	専用棒	专用电焊条
— gap	電極隙	電極間げき	电极隙
— guide	電極導向	電極案内	电极导向
— holder	電焊條夾把	溶接棒ホルダ	焊条夹钳
— impedance	電極阻抗	電極インピーダンス	电极阻抗
— insulation	極間絕緣	電極絶縁	极间绝缘
— kinetics	電極(過程)動力學	電極反応速度論	电极(过程)动力学
— life	電極壽命	電極の寿命	电极寿命
— material	電極材料	電極材料	电极材料
— negative	陰電極	棒マイナス	阴电极
— plate	電極板極	電極取り付け板	电极板极
— positive	陽電極	棒プラス	阳电极
— potential	電極電位	電極電位	电极电势
— pressure	電極壓	電極圧	电极压
— size	(塗藥)焊條(芯)直徑	電極径	(涂药)焊条(芯)直径
— skid	(焊點)電極頭滑移	電極チップのすべり	(焊点)电极头滑移
— stroke	(點焊)電極行程	電極ストローク	(点焊)电极行程
— support	電極支持體	電極支持体	电极支持体

英文	臺灣	日文	大陸
— tip	(點焊機)電極端	電極チップ	(点焊机)电极头
— tip holder	電極接點夾鉗	電極チップのホルダ	电极接点夹钳
— travel	電極行程	電極ストローク	电极行程
— vibration	電極振動	電極振動	电极振动
— vibrator	電極振動裝置	電極振動装置	电极振动装置
— voltage	電極電壓	電極電圧	电极电压
— wear	電極消耗	電極消耗	电极消耗
— wear ratio	電極消耗比	電極消耗比	电极消耗比
— welding rod	電焊條	電極棒	电焊条
— wire	電極導線	電極ワイヤ	电极导线
electrodeless discharge	無電極放電	無電極放電	无电极放电
electrodeposit	電鍍	電気めっき	电镀
— copper	電解銅	電気分銅	电解铜
electrodeposition	電鍍層	電着	电镀层
— coating	電著塗料	電着塗料	电泳涂料
— painting	電著塗裝	電着塗装	电泳涂装
— rate	電沉積速度	電着速度	电沉积速度
electrodynamic	電動力學	エレクトロダイナミック	电动力学
— type relay	電動式繼電器	電流力計型継電器	电动式继电器
electrodynamics	電動力學	電気力学	电动力学
electrodynamometer	電功率計	電流力計	电功率计
electroengraving	電刻(術;物)	電気版彫刻	电刻(术;物)
electroerosion	放電加工	放電加工	电蚀
electroformed mold	電鑄模型〔在樹脂模上〕	電鋳金型	电铸模型〔在树脂模上〕
electroforming	電鑄(加工)	電形法	电铸(加工)
— refractory	電鑄耐火物	電鋳耐火物	电铸耐火物
electrogalvanization	電鍍鋅	電気亜鉛めっき	电镀锌
electrogalvanizing	電鍍鋅	電気亜鉛めっき	电镀锌
electrogilding	電鍍法	電気めっき	电镀法
electrogranodising	電磷化處理	電解グラノダイジング	电磷化处理
electrograph	電刻器	電（気記録）図	电刻器
electrograving	電刻蝕	電気食刻	电刻蚀
electrohydraulic actuator	電動液壓執行機構	電油アクチュエータ	电动液压执行机构
— brake equipment	電液制動裝置	電気油圧ブレーキ装置	电液制动装置
— control	電液控制(調節)	電気-油圧制御	电液控制(调节)
— forming	電液成形法	液中放電成形法	电液成形法
— forming machine	電液成形機	液中放電成形機	电液成形机
— pulse motor	電液脈衝馬達	電気-油圧パルスモータ	电液脉冲马达
— servo valve	電液伺服閥	電気油圧式サーボ弁	电液伺服阀
— steering engine	電動液壓轉向舵機	電動油圧操だ機	电动液压转向舵机

英文	臺灣	日文	大陸
electrohydrodynamics	電流體動力學	電気流体力学	电流体动力学
electroinsulating coating	絕緣塗料	電気絶縁塗料	绝缘涂料
electrokinetic effects	電動效應	動電効果	电动效应
— phenomenon	動電現象	動電現象	动电现象
electrokinetics	電動力學	動電学	电动力学
electroless plating	化學鍍(層)	無電解めっき	化学镀(层)
electrolysis	電解(作用)	電解	电解(作用)
— cell	電解槽	電解セル	电解槽
— in fused salts	溶解鹽電解	溶融塩電解	溶解盐电解
— tank	電解糟	電解槽	电解糟
— vessel	電解容器	電解容器	电解容器
electrolyte	電解質〔液〕	電解質〔液，物〕	电解质〔液〕
— acid	蓄電池用硫酸	蓄電池用硫酸	蓄电池用硫酸
— contained water	電解質水溶液	電解質水溶液	电解质水溶液
— copper	電解銅	電解銅	电解铜
— film	電解隔膜	電解質皮膜	电解隔膜
electrolytic(al) action	電解作用	電解作用	电解作用
— analysis	電解分析	電解分析	电解分析
— bath	電解液〔槽;池〕	電解浴〔槽，室〕	电解液〔槽;池〕
— brightening	電解拋光	光輝仕上げ	电解抛光
— cavity sinking	電解雕模	電解型彫り	电解雕模
— cell	電解槽	電解セル	电解槽
— charger	電解液充電器	電解充電器	电解液充电器
— colo(u)r alumite	電解著色氧化鋁膜	電解発色アルマイト	电解着色氧化铝膜
— copper	電(解)銅	電気銅	电(解)铜
— copper foil	電解銅箔	電解銅はく	电解铜箔
— corrosion	電(解腐)蝕(法)	電〔解腐〕食（法）	电(解腐)蚀(法)
— corrosion test	電(腐)蝕試驗	電解腐食試験	电(腐)蚀试验
— corrosion test solution	電(腐)蝕測試液	テスト液	电(腐)蚀测试液
— cutting	電解切斷	電解切断	电解切断
— cyaniding	電解氰化(法)	電解青化	电解氰化(法)
— deburring	電解去毛刺	電解ばり取り	电解去毛刺
— deburring machine	電解去毛刺機	電解ばり取り機	电解去毛刺机
— deposition	電解沉積	電着	电解沉积
— derusting	電解除銹	電解脱しょう	电解除锈
— descaling	電解除垢	電解脱スケール	电解除垢
— die-sinking	電解雕模	電解型彫り	电解雕模
— dissociation	電離(作用)	電（気解）離	电离(作用)
— drilling	電解穿孔	電解孔あけ	电解穿孔
— etch	電解蝕刻〔浸蝕〕	電解エッチ	电解蚀刻〔浸蚀〕

E

英文	臺灣	日文	大陸
— etching	電解浸蝕(法)	電解エッチング	电解浸蚀(法)
— film	電解隔膜	電解隔膜	电解隔膜
— floatation units	電解式浮選分離裝置	電解式浮上分離装置	电解式浮选分离装置
— furnace	電解爐	電解炉	电解炉
— generator	電解用發電機	電解用発電機	电解用发电机
— grinding machine	電解磨床	電解研削機〔盤〕	电解磨床
— hardening	電解液淬火(法)	電解焼入れ	电解液淬火(法)
— heating apparatus	放電加熱裝置	放電加熱装置	放电加热装置
— lapping	電解研磨	電解ラッピング	电解抛光
— lathe	電解車床	電解旋盤	电解车床
— lead	電解鉛	電解鉛	电解铅
— machining	電解加工	電解加工	电解加工
— method	電解法	電解法	电解法
— milling	電解銑削	電解ミリング	电解铣削
— oxydation	電解氧化	電解酸化	电解氧化
— polishing	電解拋光	電解研磨	电解抛光
— polishing test	電解拋光試驗	電解研磨試験	电解抛光试验
— process	電解法	電解法	电解法
— protection	電化學保護	電気防食	电化学保护
— protection current	電防腐電流	電気防食電流	电防腐电流
— purification	電解淨化	空電解処理	电解净化
— refining	電解精鍊	電解精錬	电解精链
— satin finish	電解去光處理	電解なし地仕上げ	电解去光处理
— sawing	電解鋸切	電解切断	电解锯切
— silver	電解銀	電解銀	电解银
— solution	電解液	電解液	电解液
— solution pressure	電溶壓	電溶圧	电解(溶液)压(力)
— stripping	電解剝離	電解はく離法	电解剥离
— superfinishing	電解精超加工	電解超仕上げ	电解精超加工
— tank	電解槽	電解槽	电解槽
— tin plate	電鍍馬口鐵	ブリキ	电镀马口铁
— tin plated steel	電鍍錫薄鋼板	電気ブリキ	电镀锡薄钢板
— tinning	電解鍍錫	電解すずめっき	电解镀锡
— voltage	電解電壓	電解電圧	电解电压
— winning	電解冶金	電解採取	电解冶金
— zinc	電鍍鋅	電気亜鉛	电解锌
electrolytics	電解化學	電解化学	电解化学
electrolyzer	電解槽	電解槽	电解槽
electromagnet	電磁鐵	電磁石	电磁铁
— type detector	電磁檢測裝置	電磁石式検出部	电磁检测装置

英文	臺灣	日文	大陸
electromagnetic brake	電磁制動器	電磁ブレーキ	电磁制动器
— braking	電磁制動	電磁制動	电磁制动
— clutch	電磁離合器	電磁クラッチ	电磁离合器
— constant	電磁常數	電磁定数	电磁常数
— contactor	電磁接觸器	電磁接触器	电磁接触器
— counter	電磁測量器	電磁カウンタ	电磁测量器
— crack detector	電磁探傷機	電磁探傷機	电磁探伤机
— discharge	電磁放電	電磁放電	电磁放电
— distant meter	電磁波測距儀	電磁波測距儀	电磁波测距仪
— effect	電磁作用	電磁作用	电磁作用
— energy loss	電磁能損耗	電磁的エネルギー損失	电磁能损耗
— flux	電磁通量	電磁束	电磁通量
— force	電磁力	電磁力	电磁力
— force welding machine	電磁加壓式焊機	電磁加圧式溶接機	电磁加压式焊机
— forming	電磁力成形	電磁成形	电磁成形
— ground detector	電磁檢漏器	電磁検漏器	电磁式漏电检验器
— joint	電磁接頭	電磁継手	电磁接头
— moment	電磁矩	電磁気モーメント	电磁矩
— momentum	電磁動量	電磁的運動量	电磁动量
— potential	電磁勢	電磁ポテンシャル	电磁势
— pure iron	電磁純鐵	電磁純鉄	电磁纯铁
— separation method	電磁(質量)分離器	電磁質量分離法	电磁(质量)分离器
— soft iron	電磁軟鐵	電磁軟鉄	电磁软铁
— strain ga(u)ge	電磁應變規	電磁ひずみ計	电磁应变仪
— switch	電磁開關	電磁スイッチ	电磁开关
— testing	電磁感應試驗	電磁誘導試験	电磁感应试验
— valve	電磁閥	電磁弁	电磁阀
— wave	電磁波	電磁波	电磁波
electromagnetics	電磁學	電磁気学	电磁学
electromagnetism	電磁學	電磁気学	电磁学
electromechanical drive	機電驅動(裝置)	電気機械駆動装置	机电驱动(装置)
— interlocking machine	機電集中聯鎖裝置	電気機械連動装置	机电集中联锁装置
— pickup	機電式感測器	電気機械式ピックアップ	机电式传感器
— stress-cracking	機電應力裂開	電気機械的応力き裂	机电应力裂开
— system	機電系統	電気力学系	机电系统
electromelting	電熔	電融	电熔
electrometallurgy	電冶金學	電気や金学	电冶金学
electrometry	電測學	電気測量術	电测学
electromigration	電氣泳動	電気泳動	电气泳动
electromo(u)lding	電鑄(造型)	電鋳（造型）	电铸(造型)

英文	臺灣	日文	大陸
electromotive action	電動作用	動電作用	电动作用
— field	動電場	動電場	动电场
— force	電動勢	起電力	电动势
— force transducer	電動勢換能器	起電力変換器	电动势换能器
electromotor	電動機	電動機	电动机
electron	電子	電子	电子
— arrangement	電子配置	電子配置	电子排布
— ballistics	電子彈道學	電子弾道学	电子弹道学
— charge	電子電荷	電子電荷	电子电荷
— charge mass ratio	電子電荷質量比	電子の電荷質量比	电子电荷质量比
— component	電子成分	電子成分	电子成分
— concentration	電子濃度	電子濃度	电子浓度
— conduction	電子傳導	電子伝導	电子传导
— configuration	電子配位	電子配位	电子排布
— current	電子電流	電子電流	电子电流
— detector	電子探測器	電子デテクタ	电子探测器
— device	電子裝置	電子デバイス	电子装置
— emission microscope	電子放射顯微鏡	電子放射顕微鏡	电子放射显微镜
— impact	電子衝擊	電子衝撃	电子冲击
— ionization	電子撞擊離子化	電子衝撃イオン化	电子撞击离子化
— lens	電子透鏡	電子レンズ	电子透镜
— mass	電子質量	電子質量	电子质量
— micrograph	電子顯微照片	電子顕微鏡写真	电子显微照片
— microprobe analyser	電子顯微分析器	微小部分析器	电子显微分析器
— microscopy	電子顯微術	電子鏡検法	电子显微术
— motion	電子運動	電子運動	电子运动
— optics	電子光學	電子光学	电子光学
— orbit	電子軌道	電子軌道	电子轨道
— photomicrograph	電子顯微鏡照片	電子顕微鏡写真	电子显微镜照片
— probe	電子探針	電子プローブ	电子探针
— radius	電子半徑	電子半径	电子半径
— scanning	電子掃描	電子走査	电子扫描
— scanning microscope	電子掃描顯微鏡	電子走査顕微鏡	电子扫描显微镜
— synchrotron	電子同步加速器	電子シンクロトロン	电子同步加速器
— system	電子系統	電子系	电子系统
— telescope	電子望遠鏡	電子望遠鏡	电子望远镜
electronbeam	電子束	電子線	电子束
— anneal	電子束退火	電子ビームアニール	电子束退火
— cure process	電子束固化法	電子線硬化法〔工程〕	电子束固化法
— curing	電子束固化	電子ビーム硬化	电子束固化

英文	臺灣	日文	大陸
— cutting	電子束切割	電子ビーム切断	电子束切割
— drying	電子束乾燥	電子ビーム乾燥	电子束乾燥
— evaporation	電子束蒸發法	電子ビーム蒸着	电子束蒸发法
— excitation laser	電子束激勵雷射	電子線励起レーザ	电子束激励激光器
— focusing	電子束聚焦	電子ビーム収束	电子束聚焦
— gun	電子槍	電子銃	电子枪
— heating	電子束加熱	電子ビーム加熱	电子束加热
— heating process	電子束加熱(法)	電子線加熱法	电子束加热(法)
— irradiation	電子射線照射	電子線照射	电子射线照射
— lithograph	電子束蝕刻法	電子ビームリソグラフ	电子束蚀刻法
— lithography	電子束蝕刻(法)	電子線描画	电子束蚀刻(法)
— machine	電子束加工機	電子ビーム加工機	电子束加工机
— machining	電子束加工	電子ビーム加工	电子束加工
— melting	電子束熔融	電子ビーム溶解	电子束熔融
— probe	電子束探測	電子ビームプローブ	电子束探测
— process	電子束加工	電子ビーム加工	电子束加工
— resolution	電子束熔融法	電子線溶解法	电子束熔融法
— welding	電子束熔接	電子ビーム溶接	电子束熔接
— zone melting	電子束區熔(融)法	電子線帯溶融法	电子束区熔(融)法
electron-bombardment	電子衝擊	電子衝撃	电子冲击
— heating	電子衝擊加熱	電子衝撃加熱	电子冲击加热
electron-discharge	電子放電	電子放電	电子放电
electronegativeatom	負原子	陰性原子	负原子
— ion	負離子	陰イオン	负离子
— potential	負電位	陰電位	负电位
electronegativity	負電性	陰電性	负电性
electronic abacus	電子算盤	電子そろ盤	电子算盘
— attraction	電子吸引力	電子引力	电子吸引力
— beam processing	電子束加工(法)	電子線加工(法)	电子束加工(法)
— charge	電子電荷	電気素量	电子电荷
— circuit	電子線路	電子回路	电子线路
— component	電子元件	電子部品	电子元件
— computer	電子計算機	電算機	电子计算机
— conductance	電子電導	電子コンダクタンス	电子电导
— conduction	電子導電	電子伝導	电子导电
— control equipment	電子控制裝置	電子制御装置	电子控制装置
— control system	電子控制系統	電子制御システム	电子控制系统
— controller	電子控制器	電子制御器	电子控制器
— cooling	電子冷凍	電子冷凍	电子冷冻
— current	電子電流	電子電流	电子电流

英文	臺灣	日文	大陸
— device	電子設備	電子デバイス	电子设备
— efficiency	電子效率	電子効率	电子效率
— friction	電子摩擦	電子摩擦	电子摩擦
— fuel controller	電子式燃料調節器	電子式燃料装置	电子式燃料调节器
— ga(u)ge	電子測微儀	電子ゲージ	电子测微仪
— governor	電子(自動)調速器	電子カバナ	电子(自动)调速器
— gun	電子槍	電子銃	电子枪
— heat sealer	高週波熱封機	高周波熱封機	高频热封机
— heating	電子加熱	電子加熱	电子加热
— ionization	電子電離	電子電離	电子电离
— ionization coefficient	電子電離係數	電子電離係数	电子电离系数
— jamming	電子干擾	妨信	电子干扰
— jar	電子爐	電子ジャー	电子炉
— key	電子開關	電子式電けん	电子开关
— machine	電子儀器	電子機器	电子仪器
— magnetometer	電子磁力計	電子磁力計	电子磁强计
— measurement	電子測定	電子測定	电子测定
— measuring apparatus	電子測定器	電子測定器	电子测试仪器
— micrometer	電子分厘卡	電子マイクロメータ	电子测微计
— mirror	電子反射鏡	エレクトロニックミラー	电子反射镜
— orbit	電子軌道	電子軌道	电子轨道
— oscillator	高週波發生器	高周波発生器	高频发生器
— part	電子零件	電子部品	电子零件
— preheater	高週波預熱器	高周波予熱器	高频预热器
— preheating	高週波預熱	高周波予熱	高频预热
— relay	電子繼電器	電子継電器	电子继电器
— selfbalance recorder	電子自動平衡記錄器	電子自動平衡計	电子自动平衡记录器
— semiconductor	電子半導體	電子半導体	电子半导体
— sewing machine	電子式絕緣材料焊接機	高周波マシン	电子式绝缘材料焊接机
— steering	電子式自動駕駛裝置	電子式自動かじ取り装置	电子式自动驾驶装置
— stimulator	電子激勵裝置	電子管刺激装置	电子激励装置
— structure	電子構造	電子構造	电子构造
— switch	電子開關	電子スイッチ	电子开关
— switching	電子開關	電子切り換え	电子开关
— switching circuit	電子開關電路	電子開閉回路	电子开关电路
— switching system	電子式交換系統	電子開閉システム	电子式交换系统
— temperature control	電子溫度調節(器)	電子温度調節器	电子温度调节(器)
— tube	電子管	電子管	电子管
— typewriter	電子打字機	電子タイプライタ	电子打字机
— vacancy	電子空位	電子空位	电子空位

英　文	臺　灣	日　文	大　陸
— voltmeter	電子電壓計	電子電圧計	电子电压计
electronickelling	(電)鍍鎳	ニッケル電と	(电)镀镍
electronics	電子學	電子工学	电子学
— industry	電子工業	電子工業	电子工业
— parts	電子零件	エレクトロニクスパーツ	电子零件
electronmicroscope	電子顯微鏡	電子顕微鏡	电子显微镜
— photograph	電子顯微鏡照片	電子顕微鏡写真	电子显微镜照片
electrontube	真空管	電子管	真空管
— type accelerometer	電子管式加速度計	電子管式加速度計	电子管式加速度计
— voltmeter	電子管伏特計	電子管ボルトメータ	电子管伏特计
electron-volt	電子伏特	電子ボルト	电子伏特
electron-voltaic effect	電子伏特效應	電子起電圧効果	电子伏特效应
electrooxidation	電(解)氧化	電解酸化	电(解)氧化
electrophoretic coating	電泳塗漆	電着塗装	电泳涂漆
— deposition	電泳塗裝法	電泳塗装	电泳涂装法
— force	電泳力	電気泳動力	电泳力
— paint	電泳漆	電泳塗料	电泳漆
— painting	電泳塗漆	電気泳動塗装	电泳涂漆
— plating	電泳鍍	電気泳動めっき	电泳镀
electrophotography	電泳照相(術)	電子写真（技術）	电泳照相(术)
electroplated coatings	電鍍	電気めっき	电镀
— coatings of alloy	合金鍍層	合金めっき	合金镀层
— plastic(s)	電鍍(的)塑料	電気めっきプラスチック	电镀(的)塑料
— steel plate	電鍍(的)鋼板	電気めっき鋼板	电镀(的)钢板
electroplating	電鍍(術)	電気めっき	电镀(术)
— bath	電鍍液〔槽〕	電解浴	电镀液〔槽〕
— on plastics	塑料電鍍	プラスチックの電気めっき	塑料电镀
— range	電鍍範圍	電気めっき範囲	电镀范围
electropneumatic control	電動氣動控制	電気空気圧制御	电动气动控制
— controller	電動氣動控制器	電空制御器	电动气动控制器
— converter	電動氣動轉換器	電空変換器	电动气动转换器
— interlocking device	電動氣動聯鎖裝置	電空連動装置	电动气动联锁装置
— switch	電動氣動開關	電空スイッチ	电动气动开关
— switch machine	電動氣動轉轍機	電空転てつ機	电动气动转辙机
— valve	電動氣動閥	電空弁	电动气动阀
electropolarized relay	極化繼電器	電磁極継電器	极化继电器
electropolishing	電(化學)拋光	電解研磨	电(化学)抛光
electropositive atom	正電性原子	陽性原子	正电性原子
— ion	陽(電性)離子	陽イオン	阳(电性)离子
electroreduction	電(解)還原	電解還元	电(解)还原

英文	臺灣	日文	大陸
electrorefining	電(解)精煉	電気精錬	电(解)精炼
electroscope	驗電器	検電器	验电器
electroshock	電擊	電気ショック	电击
— proof	防電擊(措施)	防電撃考慮	防电击(措施)
electrosilvering	電鍍銀	銀電と	电镀银
electrosizing	修復尺寸電鍍法	肉盛りめっき法	修复尺寸电镀法
electrosmelting	電解精煉	電気精錬	电解精炼
electrosmosis	電(內)滲(現象)	電気浸透	电(内)渗(现象)
electrosol	電溶膠	エレクトロゾル	电溶胶
electrospark forming	電爆成形	液中放電成形	电爆成形
electrostatic altimeter	靜電高度計	静電高度計	静电高度计
— attraction	靜電吸引	静電吸引	静电吸引
— capacity	靜電容	静電容量	静电容量
— charge	靜電荷	静電荷	静电荷
— circuit	靜電回路	静電回路	静电回路
— coating	靜電塗裝	静電塗装	静电涂装
— detearing	靜電除漆	静電除滴	静电除漆
— discharge	靜電放電	静電放電	静电放电
— dry spray coating	靜電粉末塗漆法	静電乾式吹き付け法	静电粉末涂漆法
— dust collector	靜電集塵器	静電型集じん器	静电集尘器
— electron lens	靜電電子透鏡	電界型電子レンズ	静电型电子透镜
— electron microscope	靜電型電子顯微鏡	電界型電子顕微鏡	静电型电子显微镜
— energy	靜電能量	静電エネルギー	静电能量
— field	靜電場	静電場	静电场
— field intensity	靜電場強度	静電界の強さ	静电场强度
— filter	靜電過濾	静電フィルタ	静电过滤
— finishing	靜電塗裝	静電塗装	静电涂复
— force	靜電力	静電気力	静电力
— generator	靜電發電機	静電起電機	静电发电机
— ground detector	靜電檢漏器	静電検漏器	静电检漏器
— induction	靜電感應	静電誘導	静电感应
— influence	靜電感應	静電誘導	静电感应
— instrument	靜電儀器	静電型計器	静电式测试仪
— microscope	靜電顯微鏡	静電顕微鏡	静电显微镜
— powder coating	靜電粉末噴塗〔塗裝〕	静電粉末被覆	静电粉末喷涂〔涂装〕
— pressure	靜電壓力	静電圧力	静电压力
— printer	靜電印刷機	静電プリンタ	静电印刷机
— printing	靜電印刷	静電印刷	静电印刷
— relay	靜電式繼電器	静電リレー	静电式继电器
— repulsion	靜電斥力	静電反ぼつ	静电斥力

英文	臺灣	日文	大陸
— shielding	靜電屏蔽	静電シールド	静电屏蔽
— spray coating	靜電噴塗	静電吹き付け被覆	静电喷涂
— spray equipment	靜電噴漆機	静電吹き付け塗装機	静电喷漆机
— spray painting	靜電噴塗	静電塗装法	静电喷涂法
— sprayer	靜電噴塗機	静電塗装機	静电喷涂机
— strain	靜電應變	静電ひずみ	静电应变
— stress	靜電應力	静電ストレス	静电应力
electrostenolysis	細孔隔膜電解	細孔電解	膜孔电淀积
electrostriction	電伸縮現象	電縮	电致伸缩
— ceramics	電致伸縮陶瓷	電わい磁器	电致伸缩陶瓷
— effect	電致伸縮效應	電わい効果	电致伸缩效应
— material	電致伸縮材料	電わい材料	电致伸缩材料
— phenomenon	電致伸縮現象	電わい現象	电致伸缩现象
electrostrictive relay	電致伸縮繼電器	誘電体リレー	电致伸缩继电器
electrosynthesis	電合成(法)	電気合成	电合成(法)
electrotechnics	電工學	電気技術	电工学
electrothermal	電熱加速	電熱加速	电热加速
— circuit	熱電回路	熱電回路	热电回路
— relay	電熱繼電器	熱リレー	电热继电器
electrothermic industry	電熱工業	電熱工業	电热工业
— process	電熱法	電熱法	电热法
electrothermics	電熱學	電熱工学	电热学
electrothermography	電熱(曲線)圖	エレクトロサーモグラフィ	电热(曲线)图
electrothermometer	電熱溫度計	電気温度計	电热温度计
electrotype	電鑄板	電鋳	电铸板
— metal	電鑄合金	電鋳合金	电铸版合金
— mold	電(鑄)版(型)	電胎版	电(铸)版(型)
electrotyping	電鑄版術	電鋳	电铸
— shell	電鑄外殼	電鋳型	电铸外壳
electrowinning	電解冶金法	電解採取	电解冶金法
Elema	矽碳棒	エレマ	硅碳棒
Elemass	電動多尺寸檢查儀	エレマス	电动多尺寸检查仪
element	元素	元素	元素
— error	元件誤差	エレメント誤り	元件误差
— error control	誤差控制	ばらつき制御	误差控制
— fuse	保險絲	エレメントヒューズ	保险丝
elemental cell	單位晶格	素電池	单位晶格
— charge	基本電荷	素電荷	基本电荷
— current	最小電流	最小電流	最小电流
elephant ear	耳形凸緣	エレファントイヤー	耳形凸缘

英文	臺灣	日文	大陸
elevating control	高低操作控制	高低操作	高低操作控制
— crane	提升起重機	昇降起重機	提升起重机
— mechanism	高低機	ふ仰装置	高低机
elevation	正視圖	立面図	正视图
— bearing	仰角方位	仰角方位	仰角方位
elevator	升降機;電梯	昇降機	升降机;电梯
— engine room	電梯機房	エレベータ機械室	电梯机房
Elianite	高矽耐蝕鐵合金	エリアナイト	高硅耐蚀铁合金
Elkaloy	一種銅合金焊條	エルカロイ	一种铜合金焊条
Elkonite	鎢銅燒結合金	エルコナイト	钨铜烧结合金
Elkonjum	一種接點合金	エルコニウム	一种接点合金
ellipse compasses	畫橢圓圓規	だ円コンパス	画椭圆圆规
— of stress	應力橢圓	応力だ円	应力椭圆
elliptic(al) spring	橢圓(形板)彈簧	だ円ばね	椭圆(形板)弹簧
— trammels	橢圓規	だ円コンパス	椭圆规
ellipticity	橢圓率	だ円率	椭圆率
Ellira Verfahren	一種埋弧焊法	エリラ法	一种埋弧焊法
Elmarit	鎢銅碳化物刀具合金	エルマリット	钨铜碳化物刀具合金
Elmillimess	電動測微儀	エルミリメス	电动测微仪
Elmo type compressor	偏心轉子型液封壓縮機	偏心ロータ形液封圧縮機	偏心转子型液封压缩机
elongated grain	帶狀晶粒	展伸粒度	带状晶粒
elongation	延伸率	伸び率	延伸率
— at break	斷裂(點)延伸率	破断点伸び	断裂(点)延伸率
— at breakage	斷裂點延伸量	破断点伸び	断裂点延伸量
— at failure	斷裂伸長度	破損点伸び	断裂伸长度
— at rupture	斷裂伸長度	引き裂き伸張	断裂伸长度
— at yield point	屈服點伸長	降伏点伸び	屈服点伸长
— between ga(u)ges	標線間伸長	標線間伸び	标线间伸长
— capacity	延性	延性	延性
— change	延伸變化率	伸び変化率〔老化后の〕	延伸变化率
— in tension	受拉伸長	引張伸び	受拉伸长
— of yield point	屈服點延伸	降伏点伸び	屈服点延伸
— percentage	延展〔伸〕率	伸び率	延展〔伸〕率
— retention	延伸量的殘留率	伸びの残率	延伸量的残留率
— set	永久伸長	永久伸び	永久伸长
— test	拉伸試驗	伸び試験	拉伸试验
elongator	(軋管)輾軋機	エロンゲータ	(轧管)辗轧机
Elrhardt method	愛氏沖管法	エルハルト法	爱氏冲管法
embedability	嵌入性	封入性	嵌入性
embedded insert	嵌入件	埋込みインサート	嵌入件

英文	臺灣	日文	大陸
— key	嵌入鍵	埋め込みキー	嵌入键
— panel	嵌裝板	埋め込みパネル	嵌装板
embossed decoration	壓花裝飾(品)	型押し模様	压花装饰(品)
— design	模壓花紋	型押模様	模压花纹
— finish	壓花潤飾〔加工〕	型押し仕上	压花润饰〔加工〕
— glass	浮雕玻璃	型ガラス	浮雕玻璃
— sheet	壓紋〔花〕板〔片〕	型押しシート	压纹〔花〕板〔片〕
embossing	浮花壓製法	エンボス加工	模压加工
calender	浮花輥壓機	エンボシングカレンダ	浮花辊压机
— die	壓花〔紋〕模	エンボス型	压花〔纹〕模
— machine	壓花機	型押し機	模压机
— press	浮花壓機	打出しプレス	压花机
— retention	壓花保留〔持久〕性	しぼの保留（性）	压花保留〔持久〕性
— roller	壓花〔紋〕輥	しぼロール	压花〔纹〕辊
— typewriter	刻字打字機	刻字タイプライタ	刻字打字机
embrittle temperature	脆化溫度	ぜい化温度	脆化温度
embrittlement	脆化(度)	ぜい性	脆化(度)
— point	脆化點	ぜい化点	脆化点
emergency alarm	緊急警報器	非常警報器	紧急警报器
generator system	自備發電設備	自家発電設備	自备发电设备
— power off	緊急切斷電源	非常電源切断	紧急切断电源
— safety device	應急安全裝置	安全非常装置	应急安全装置
— shut-off valve	應急切斷閥	緊急遮断弁	应急切断阀
— stop	緊急停機	非常停止	紧急停机
— stop protection	緊急停機保護	非常停止保護	紧急停机保护
emery	鋼砂;剛石粉	金剛砂	金钢砂
— buff	金鋼砂拋光〔研磨〕	エメリバフ	金钢砂抛光〔研磨〕
— cloth	(金鋼)砂布	エメリ研摩布	(金钢)砂布
— fillet	金鋼砂布帶	エメリフィレット	金钢砂布带
— paper	(鋼)砂紙	紙やすり	(钢)砂纸
— powder	金鋼砂(粉)	金剛砂	金钢砂(粉)
— sand	金鋼砂	エメリサンド	金钢砂
— sand paper	(金鋼)砂紙	エメリー研磨紙	(金钢)砂纸
— saw	金鋼砂鋸	エメリソー	金钢砂锯
— wheel	砂輪	といし車	砂轮
Emmel cast iron	一種高級鑄鐵	エンメル鋳鉄	一种高级铸铁
empire	絕緣	エンパイヤ	绝缘
— cloth	絕緣(油)布	絶縁クロース	绝缘(油)布
— paper	絕緣(油)紙	絶縁油紙	绝缘(油)纸
— tube	絕緣套管〔漆管〕	エンパイヤチューブ	绝缘套管〔漆管〕

E

英文	臺灣	日文	大陸
emulsification	乳化(作用)	乳化処理	乳化(作用)
emulsified oil quenching	乳化油淬火	乳化油焼入れ	乳化油淬火
emulsion	乳液〔膠;劑〕	乳剤	乳液〔胶;剂〕
— coating	乳膠塗料	エマルション塗料	乳胶涂料
— for mixing	混合乳劑	混合乳剤	混合乳剂
— paint	乳化漆	エマルション塗料	乳化漆
enamel coated mild steel	搪瓷軟鋼板	軟鋼板ほうろう	搪瓷软钢板
— coatings suitable steel	搪瓷鋼板	ほうろう用鋼板	搪瓷钢板
— eye	縮孔	エナメルアイ	缩孔
— insulated wire	漆包線	エナメル線	漆包线
— strip	塗塑料鋼帶	エナメルストリップ	涂塑料钢带
— wire	漆包線	エナメル線	漆包线
enamel(l)ed cable	漆包線	エナメルケーブル	漆包线
en-block cast	整體鑄造	エンブロックキャスト	整体铸造
encapsulant	密封劑	封入剤	密封剂
encapsulating	密封〔入〕	封入	密封〔入〕
— compound	密封材料	封入材料	密封材料
enclose	密封	囲む	密封
enclosed accumulator	密封式蓄電池	密閉蓄電池	密封式蓄电池
— carbon arc	封閉式碳弧	閉鎖形カーボンアーク	封闭式碳弧
— compressor	封閉式壓縮機	密閉形圧縮機	封闭式压缩机
— fuse	封閉保險絲	包装ヒューズ	封闭式熔断器
— laser device	封閉式雷射裝置	遮光レーザデバイス	封闭式激光装置
— L/D ratio	有效長徑比	有効長さ対直径比	有效长径比
encroachment	侵蝕(作用)	侵入作用	侵蚀(作用)
end	端	端末	端
— angle	終止角	エンドアングル	终止角
— beam	端梁	端ばり	端梁
— bearing	端軸承	エンドベアリング	端轴承
— brace	端梁	端ばり	端梁
— cam	端面凸輪	端面カム	端面凸轮
— clearancce angle	前鋒留隙角	前すきま角	端刃後角
— connector	端接頭〔器〕	端コネクタ	端接头〔器〕
— contact method	通電磁化法〔磁粉檢查〕	(軸)通電法〔磁粉検査の〕	通电磁化法〔磁粉检查〕
— crater	放電痕	つぼ〔溶接〕	放电痕
— cutting angle	端刃角	副切り込み角	副偏角
— cutting edge	副切削刃	前切れ刃	副切削刃
— cutting edge angle	端刃角;前鋒緣角	前切れ刃角	副偏角
— elbow	彎管接頭	エンドエルボ	弯管接头
— elevation	側視圖	端面図	侧视图

英文	臺灣	日文	大陸
— face	端面	端面	端面
— ga(u)ge	棒量規	エンドゲージ	棒量规
— ga(u)ge pin	端部定位銷	突当てゲージピン	端部定位销
— hardening	頂端淬火(法)	端面焼入れ	顶端淬火(法)
— housing	端蓋	エンドハウジング	端盖
— land	刃帶	端面ランド	刃带
— measuring machine	測長儀	測長器	测长仪
— moment	端力矩	材端モーメント	杆端力矩
— plug	端塞	端栓	端塞
— position	終點位置	終り位置	终点位置
— pulley	端部滑輪	エンドプーリー	端部滑轮
— quenching	頂端淬火(法)	端面焼入れ	顶端淬火(法)
— reamer	前鋒鉸刀	エンドリーマ	前锋铰刀
— relief angle	端讓角	第一前逃げ角	(主)後角
— shear	切頭剪	エンドシャー	切头剪
— sheet	端板	妻板	端板
— speed-limit	速度限制終點	速度制限解除	速度限制终点
— stand	端支柱	エンドスタンド	端支柱
— standard	端面基準	端面基準	端面基准
— stiffen	端部補強物	端補剛材	端部加劲物
— stress of member	桿端應力	材端応力	杆端应力
— support	端承	中ぐり棒支え	端承
— surface	橫截面	横断面	横截面
— sway bracing	端部斜支撐	端対傾構	端部斜支撑
— table	端平台	エンドテーブル	端平台
— terminal	端線夾	はめ輪	端线夹
— thrust	軸端推力	軸方向スラスト	轴端推力
— turn	安裝定位圈	座巻	安装定位圈
— view	端視圖	側面図	侧视图
— wear	端部損耗	端面消耗	端部损耗
— wheel press	偏心沖床	偏心式プレス	偏心压力机
— wrench	平扳手	エンドレンチ	平扳手
end-area method	端面積法	端面積法	端面积法
endless belt	無縫皮帶	継目なしベルト	无缝皮带
— caterpillar belt	無端環帶	カタピラベルト	无接头履带
— chain	無端環鏈	エンドレスチェーン	环状链
— groove	環狀槽	エンドレスグルーブ	环状槽
— joint	環狀接合	エンドレス接合	环状接合
— rope	環繩	エンドレスロープ	环绳
— saw	無端環帶鋸	帯のこ	带锯

英文	臺灣	日文	大陸
— strap	環帶	輪帯	环带
— track vehicle	履帶車輛	履帯付車両	履带车辆
— variable capacitor	環轉可變電容器	エンドレスバリコン	环转可变电容器
endmill	端銑刀	エンドミル	端铣刀
— arbor	立銑刀刀柄	エンドミルアーバ	立铣刀刀柄
— fraise	立銑	エンドミルフライス	立铣
— head	立銑頭	エンドミルヘッド	立铣头
end-milling	立銑	エンドミル削り	立铣
endoscope	鑄件內平面檢查儀	内視鏡	铸件内平面检查仪
endothermal reaction	吸熱反應	吸熱反応	吸热反应
end-plate	端板	妻けた	端板
endplay device	搖桿機構	揺れ軸装置	摇杆机构
endpoint	終點	終点	终点
— correction	終點補正	終点補正	终点校准
— detection	終點檢知	終点検知	终点检定
end-post	端壓桿〔桁架〕	端柱	端压杆〔桁架〕
end-product	成品	最終製品	成品
endurance	耐久性〔度〕	耐久性	耐久性〔度〕
— failure	疲勞破壞	耐久破損	疲劳破坏
— limit	疲勞極限	耐久限界	疲劳极限
— range	持久限	耐久範囲	持久限
— ratio	耐久比	耐久比	耐久比
— rupture	疲勞斷裂	耐久破壊	疲劳断裂
— strength	持久強度	耐久強度	持久强度
— tension test	拉伸耐久(性)試驗	耐久引っ張り試験	拉伸耐久(性)试验
— test	耐久試驗	耐久試験	耐久试验
— torsion test	扭轉疲勞試驗	耐久ねじり試験	扭转疲劳试验
Enduro	鎳鉻系耐蝕耐熱鋼	エンジュロー	镍铬系耐蚀耐热钢
energizer	滲碳催化劑	浸炭促進剤	渗碳催化剂
energy	能量	エネルギー	能量
— balance	能量平衡	エネルギーの精算勘定	能量平衡
— budget method	能量平衡法	エネルギー収支法	能量平衡法
— conservation law	能量不滅定律	エネルギー保存の法則	能量守恒定律
— conversion	能量轉換	エネルギー転換	能量转换
— distribution curve	能量分布曲線	エネルギー分布曲線	能量分布曲线
— efficiency	能量效率	エネルギー効率	能量效率
— equipartion law	能量(平)均分(配)定律	エネルギー等配の法則	能量(平)均分(配)定律
— equivalent	能當量	エネルギー等価	能当量
— expenditure	能量消耗	エネルギー消費	能量消耗
— input	能量輸入	エネルギー入力	能量输入

英文	臺灣	日文	大陸
— loss	能位損失	エネルギー損失	能耗
— method	能量法	勢力法	能量法
— of compression	壓縮能	圧縮エネルギー	压缩能
— of deformation	變形能	形状変化エネルギー	变形能
— of fracture	斷裂能〔功〕	破壊エネルギー	断裂能〔功〕
— of nature	自然能	自然エネルギー	自然能
— of rupture	破壞能	破壊エネルギー	破坏能量
— optimization	能量最佳化	エネルギー最適化	能量最优化
— output	能量輸出	エネルギー出力	能量输出
— source	能源	エネルギー源	能源
— surface density	能量表面密度	エネルギー表面密度	能量表面密度
— theory	能量原理	エネルギー原理	能量原理
— unit	能量單位	エネルギー単位	能量单位
engage angle	壓力角	エンゲージ角	压力角
— spring	嚙合彈簧	エンゲージスプリング	啮合弹簧
— switch	嚙合器	エンゲージスイッチ	啮合器
engagement	嚙合	エンゲージメント	啮合
— force	嚙合力	押付け力	啮合力
— torque	連結轉矩	連結トルク	连结转矩
engine	發動機	機関	发动机
— accessory	發動機輔助裝置	エンジンアクセサリ	发动机辅助装置
— base	機座	エンジンベース	机座
— bed	(發動)機座	機関台	(发动)机座
— generator	引擎發電機	機関発電機	内燃发电机
— gudgeon pin	發動機十字頭銷	エンジンガジョンピン	发动机十字头销
— lathe	普通車床	普通旋盤	普通车床
— mission	發動機變速箱	エンジンミッション	发动机变速箱
— oil	機油	機関油	机器油
— room	機房	機関室	机房
— speed	發動機轉速	エンジン回転速度	发动机转速
engineer	工程師	技師	工程师
engineering	工程學	工学	机械工程(技术)
— analysis	工程分析	工学的解析	工程分析
— cast iron	工程鑄鐵	機械鋳鉄	工程铸铁
— chromium plating	工業用鍍鉻(層)	工業用クロムめっき	工业用镀铬(层)
— design optimization	工程設計最佳化	技術設計最適化	工程设计最优化
— development	技術開發	技術開発	技术开发
— drawing	工程畫	機械製図	机械制图
— material	工程(業)材料	工業材料	工程(业)材料
— specification	工業規格	工業規格	工业规格

英文	臺灣	日文	大陸
— standard	工業標準	工業標準	工业标准
— strain	工程應變	工学ひずみ	工程应变
— stress	工程應力	工学応力	工程应力
— surveying	工程測量	工事測量	工程测量
— system of units	工程單位制	工学単位系	工程单位制
— thermodynamics	工程熱力學	工学熱力学	工程热力学
— unit system	單位系統	工学単位系	单位系统
English spanner	活(動)扳手	イギリススパナ	活(动)扳手
— thread	英制螺紋	ウイットウォースねじ	英制螺纹
engraved embossing roll	雕刻壓紋(花)輥	彫刻エンボスロール	雕刻压纹(花)辊
— roll	雕(刻)模輥	彫刻ロール	雕(刻)模辊
Engravers alloy	易切削鉛黃銅合金	エングレーバース合金	易切削铅黄铜合金
engraving	雕刻	型彫り	雕刻
— machine	刻模機	彫刻盤	刻模机
— miller	雕刻機	彫刻盤	雕刻机
enlarge test	擴管試驗	拡大試験	扩管试验
enlargement	放大圖	引伸し	放大图
enlarger	放大機	引伸し機	放大机
enrich gas	濃縮氣體	エンリッチガス	浓缩气体
enriched blast	富氧鼓風	酸素富化ブラスト	富氧鼓风
— uranium	濃縮鈾	濃縮ウラン	浓缩铀
entering angle	進入角	切り込み角	(刀具)导角
— edge	前緣	前縁	前缘
— side	受力側	エンタリングサイド	受力侧
enthalpy	熱函;焓	熱含量	热函;焓
entropy	熵	エントロピー	熵
— theory	熵理論	エントロピー理論	熵理论
— unit	熵單位	エントロピー単位	熵单位
envelope	包絡線	包絡線	包络线
— surface	包絡面	包絡面	包络面
envenomation	接觸老〔陳〕化	接触劣化	接触老〔陈〕化
EP lubricant	極壓潤滑劑	極圧潤滑剤	极压润滑剂
epicycle	周轉圓	エピサイクル	周转圆
— motor	行星減速電動機	エピサイクルモータ	行星减速电动机
— reduction gear	行星齒輪減速器	遊星歯車減速装置	行星齿轮减速器
epicyclic gearing	行星齒輪	遊星歯車装置	行星齿轮
— train	周轉輪系	遊星歯車装置	周转轮系
epicycloid	外擺線	外転サイクロイド	外摆线
epikote	環氧樹脂	エピコート樹脂	环氧树脂
Epomate	環氧樹脂室溫固化劑	エポメート	环氧树脂室温固化剂

英文	臺灣	日文	大陸
Epon	(熱硬化性)環氧樹脂	エポン	(热硬化性)环氧树脂
epoxidation	環氧化作用	エポキシ化	环氧化作用
epoxide resin	環氧樹脂	エポキシ（ド）樹脂	环氧树脂
— resin adhesive	環氧樹脂黏合劑	エポキシ樹脂接着剤	环氧树脂黏合剂
epoxidizing agent	環氧化劑	エポキシ化剤	环氧化剂
epoxy	環氧樹脂	エポキシ基	环氧树脂
— alloy	環氧樹脂合金	エポキシアロイ	环氧树脂合金
— ga(u)ge	環氧應變規	エポキシゲージ	环氧应变片
— glass	環氧樹脂玻璃	エポキシガラス	环氧树脂玻璃
— mold	環氧樹脂模	エポキシモールド	环氧树脂模
— molding material	環氧成形材料	エポキシ成形材料	环氧成形材料
— plastic	環氧塑料	エポキシプラスチック	环氧塑料
— plasticizer	環氧型增塑劑	エポキシ可塑剤	环氧型增塑剂
— resin	環氧樹脂	エポキシ樹脂	环氧树脂
— resin adhesive	環氧樹脂系黏接劑	エポキシ樹脂系接着剤	环氧树脂系黏接剂
— resin coating	環氧(樹脂)塗料	エポキシ樹脂塗料	环氧(树脂)涂料
— resin mold	環氧樹脂膜	エポキシ樹脂モールド	环氧树脂膜
— rubber	環氧樹膠	エポキシラバー	环氧树胶
equal angle bar	等邊角鋼	等辺山形材	等边角钢
— angle steel	等邊角鋼	等辺山形鋼	等边角钢
— area projection	等積投影(法)	等積図法	等积投影(法)
— deflection method	等偏轉法	等偏法	等偏转法
— friction method	均等摩擦(計算)法	等摩擦法	均等摩擦(计算)法
— pressure method	等壓法	等圧法	等压法
— side-angle-iron	等邊角鐵鋼	等辺山形鉄棒	等边角铁钢
— temperature process	等溫過程	等温過程	等温过程
— velocity method	等速法	等速法	等速法
— weight	等(重)量	同量	等(重)量
equalization	平衡	等化	平衡
— box	壓力平衡箱	圧力平均箱	压力平衡箱
equalizer	平衡器	イコライザ	平衡器
— balancing-device	平衡器平衡裝置	釣り合い装置	平衡器平衡装置
— beam	平衡梁	ロッカービーム	平衡梁
— fulcrum	平衡梁支點	釣り合いばり受	平衡梁支点
— spring	平衡(桿)彈簧	釣り合いばね	平衡(杆)弹簧
— bar	等壓線	均圧線	等压线
— beam	平衡梁	釣り合いばり	平衡梁
— beam spring	均衡梁彈簧	釣り合いばね	均衡梁弹簧
— pipe	平衡管	均圧管	平衡管
— piston	平衡活塞	釣り合いピストン	平衡活塞

E

英文	臺灣	日文	大陸
— ring	均壓環	均圧リング	均压环
— slide valve	平衡滑閥	釣り合いすべり弁	平衡滑阀
— spring	平衡彈簧	釣り合いばね	平衡弹簧
equation	等式	方程式	等式
— of angular momentum	角動量方程	角運動量式	角动量方程
— of angular motion	角運動方程(式)	角運動方程式	角运动方程(式)
— of diffusion	擴散方程式	拡散方程式	扩散方程式
— of energy	能量方程式	エネルギー方程式	能量方程式
— of equilibrium	平衡方程式	平衡方程式	平衡方程式
— of Euler	歐拉方程	オイラーの方程式	欧拉方程
— of Gauss	高斯方程(式)	ガウスの公式	高斯方程(式)
— of heat conduction	熱傳導方程(式)	熱伝導の方程式	热传导方程(式)
— of kinetics	運動方程式	運動方程式	运动方程式
— of momentum	動量方程	運動量方程式	动量方程
— of motion	運動方程式	運動方程式	运动方程式
— of oscillation	振動方程(式)	振動の方程式	振动方程(式)
— of state	狀態方程式	状態方程式	状态方程式
— of statics	靜力學的方程式	静力学の方程式	静力学的方程式
— of three moments	三彎矩方程式	三モーノントの式	三弯矩方程式
equlaxed crystal	等軸晶粒	等軸結晶	等轴晶粒
— grain	等軸晶粒	等軸晶粒	等轴晶粒
equiblast cupola	均衡送風化鐵爐	イクイブラストキュポラ	均衡送风化铁炉
equicohesive temperature	等強溫度	等凝集温度	等强温度
equidistant projection	等距離投影	等距離投影	等距离投影
equiflux heater	均勻加熱器(爐)	イキフラックス加熱炉	均匀加热器(炉)
— state of stress	各向等應力狀態	等方応力状態	各向等应力状态
— triangle	等邊三角形	等辺三角形	等边三角形
equilibrator	平衡機	平衡機	平衡机
equilibrium	平衡	平衡	平衡
— blast cupola	均衡鼓風化鐵爐	平衡送風キュポラ	均衡鼓风化铁炉
— concentration	平衡濃度	平衡濃度	平衡浓度
— diagram	平衡狀態圖	平衡状態図	平衡状态图
— feedback control	平衡反饋控制	均衡フィードバック制御	平衡反馈控制
— phase diagram	平衡狀態圖	平衡状態図	平衡状态图
— point	平衡點	平衡点	平衡点
— solution temperature	平衡溶液溫度	平衡共溶温度	平衡溶液温度
— state	平衡狀態	平衡状態	平衡状态
— theory	平衡理論	均衡理論	平衡理论
equipment	機器	機器	机器
— appurtenance	器械配〔零〕件	機器取付品	器械配〔零〕件

英文	臺灣	日文	大陸
— compatibility	設備相容性	機器互換性	设备相容性
— drawing	設備圖	装置図	设备图
— engineering	設備工程學	設備工学	设备工程学
— failure	機器故障	機器故障	机器故障
equivalent	等值;當量	相当量	等效
— amount	當量	当量	当量
— area method	等效面積法	等価面積法	等效面积法
— bending moment	相當彎矩	相当曲げモーメント	等效弯矩
— composition	當量組成	当量組成	当量组成
— concentration	當量濃度	当量濃度	当量浓度
— cross section	相當等效橫截面	等価断面積	等效横截面
— diameter	相當直徑	相当直径	当量直径
— drag area	相當阻力面積	相当抗力面積	等效阻力面积
— eccentricity	等值偏心〔離心〕距	等価偏心距離	等效偏心〔离心〕距
— elastic modulus	等值彈性模數	等価弾性係数	等效弹性模量
— flat-plate area	等值平板面積	等価反射平面	等效平板面积
— flexural rigidity	等值撓曲剛度	等価曲げ剛性	等价挠曲刚度
— grain size	等值粒徑	等価粒径	等效粒径
— heat conductivity	等值導熱係數	等価熱伝導率	等效导热系数
— height	等值高度	等価高さ	等效高度
— length	等值長度	等価長	等效长度
— line	等位線	等位線	等位线
— load	等值負載	等価荷重	等效荷载
— mass	等值質量	等価質量	等效质量
— modulus of elasticity	等值彈性模數	相当弾性係数	等效弹性模量
— moment of inertia	等值慣性矩	等価慣性モーメント	等效惯性矩
— nodal force	等值節點力	等価節点力	等效节点力
— nozzle area	等值噴嘴面積	相当ノズル面積	等效喷嘴面积
— of work	功當量	仕事当量	功当量
— ratio	當量比	当量比	当量比
— rigidity ratio	等值剛度比	等価剛比	等效刚度比
— roughness	當量粗糙度	相当粗度	当量粗糙度
— section	等值截面	等価断面	等效截面
— shaft horsepower	相當軸馬力	相当軸馬力	当量轴马力
— slenderness ratio	等值長徑比	相当細長比	等效长径比
— speed of revolution	相當轉速	等価回転数	等效转速
— spring	當量彈簧	等価ばね	当量弹簧
— spur gear	當量正齒輪	相当平歯車	当量直齿轮
— stiffness	等值剛度	等価スチフネス	等效刚度
— strain	等值應變	等価ひずみ	等效应变

英文	臺灣	日文	大陸
— stress	相當應力	等価応力	相当应力
— stress yield criterion	相當應力屈服條件	相当応力降伏条件	等效应力屈服条件
— thickness	相當厚度	等価厚さ	等效厚度
— torsional moment	等値扭矩	等価ねじりモーメント	等效扭矩
— transposition	等效變換法	等価変換法	等效变换法
— twisting moment	等値扭矩	等価ねじりモーメント	等效扭矩
— uniform load	等値均佈負載	等値等分布荷重	等效均布荷载
— weight	當量	当量	当量
Era	一種耐蝕耐熱合金鋼	エラ	一种耐蚀耐热合金钢
erastomer	橡膠狀物質	ゴム状物質	橡胶状物质
erection allowance	裝配容許偏差	組立許容差	装配容许偏差
— bar	架立(鋼)筋	組立用鉄筋	架立(钢)筋
— bolt	安裝螺栓	仮締めボルト	组装螺栓
— by crane	起重機吊裝法	クレーン式架設工法	起重机吊装法
— by staging	搭架式架設	足場式架設	台架式吊装
— drawing	安裝圖	組立図	装配图
— girder	安裝大梁	エレクションガーダ	安装大梁
— jig	安裝夾具	組立ジグ	安装夹具
— load	安裝荷載	架設荷重	安装荷载
— man	裝配工	組立工	装配工
— of framing	安裝構架	建前	安装构架
— reference plane	安裝基準面	組立基準面	安装基准面
— stress	架設應力	架設応力	架设应力
— truss	安裝衍架	架設用トラス	安装衍架
— welding	安裝焊接	組立溶接	安装焊接
eremacausis	緩慢氧化	緩燃	缓慢氧化
Ergal	鋁鎂鋅系合金	エルゲル	铝镁锌系合金
ergogram	測力圖	エルゴグラム	测力图
ergograph	測力器	エルゴグラフ	测力器
ergometer	測功計	力量計	测功计
erholung	回復現象	回復現象	回复现象
Eridite	電鍍中間拋光液	イリダイト	电镀中间抛光液
eriometer	繞線測微器	エリオメータ	绕线测微器
Ermalite	一種高級鑄鐵	エルマライト	一种高级铸铁
erodent	腐蝕劑	腐食剤	腐蚀剂
erosion	沖蝕	浸食〔作用〕	腐蚀
— breakdown	浸食破壞	浸食破壊	浸食破坏
— corrosion	腐蝕磨耗	エロージョン腐食	腐蚀磨耗
— damage	剝蝕損壞	エロージョンダメージ	剥蚀损坏
— intensity	剝蝕強度	浸食激しさ	剥蚀强度

英　　文	臺　　灣	日　　文	大　　陸
— pit	侵蝕坑	浸食ピット	侵蚀坑
— products	腐蝕產物	加工そう	腐蚀产物
— rate	加工速度	加工速度	加工速度
— ratio	腐蝕率	侵食率	腐蚀率
— resistance	耐浸蝕性	耐浸食性	耐浸蚀性
— scab	沖蝕結疤	腐食肌荒れ	腐蚀斑痕
— shield	浸蝕防護	浸食保護	浸蚀防护
— test method	腐蝕試驗法	腐食試験法	腐蚀试验法
erosive burning	腐蝕燃燒	侵食燃焼	腐蚀燃烧
error	誤差	誤差	误差
— compensation value	補正誤差值	補正誤差値	补正误差值
— compensator	誤差補償器	エラーコンペンセイタ	误差补偿器
— control system	錯誤控制系統	誤り制御方式	错误控制系统
— correct	誤差校正	エラー訂正	误差校正
— curve	誤差曲線	誤差曲線	误差曲线
— data	誤差數據	エラーデータ	误差数据
— detection system	檢錯系統	エラー検出システム	检错系统
— deviation	控制偏差	制御偏差	控制偏差
— distribution curve	誤差分布曲線	誤差分布曲線	误差分布曲线
due to eccentricity	偏心誤差〔平板測量〕	外心誤差	偏心误差〔平板测量〕
— meter	誤差測量計	エラーメータ	误差测量计
— of closure	閉合誤差	閉合誤差	闭合误差
— of reading	讀取誤差	読取誤差	读取误差
— of three axis	三軸誤差	三軸誤差	三轴误差
— protection	錯誤防止	エラープロテクション	错误防止
— range	誤差範圍	誤差範囲	误差范围
— rate	誤差率	誤り率	误差率
— recovery	錯誤校正	誤り回復	错误校正
— theory	誤差(理)論	誤差論	误差(理)论
escape	排洩	漏せつ	退刀槽
— pipe	排洩管	逃し管	排泄管
— valve	排洩閥	安全逃し弁	放出阀
— velocity	排洩速度	脱出速度	脱离速度
— wheel	擒縱輪	逃げ車	擒纵轮
escapement	擒縱器	脱進機	擒纵机构
escutcheon pin	圓頭細釘	丸頭細くぎ	圆头细钉
esquisse	草圖〔稿〕	エスキス	草图〔稿〕
etalon	校準器	エタロン	校准器
— interferometer	標準干涉儀	エタロン干渉計	标准干涉仪
etch	腐蝕	エッチ	腐蚀

英文	臺灣	日文	大陸
— cut method	腐蝕切割法	エッチカット法	腐蚀切割法
— machining	腐蝕加工	腐食加工	腐蚀加工
— pattern	蝕刻圖形	エッチパターン	蚀刻图形
— pit	浸蝕凹痕	腐食孔	蚀刻坑
— surface	腐蝕面	エッチ面	腐蚀面
etchable type	可蝕型	エッチャブルタイプ	可蚀型
etchant	腐蝕劑	エッケング液	腐蚀剂
etched foil method	腐蝕銅箔法	エッチドフォイル法	腐蚀铜箔法
— roll	腐蝕輥	食刻ロール	腐蚀辊
etcher	腐蝕器	エッチャ	腐蚀器
etching	蝕刻	腐食	蚀刻
— agent	腐蝕劑	腐食剤	腐蚀剂
— equipment	蝕刻裝置	食刻装置	蚀刻装置
— ground	防腐蝕塗料	防腐食塗料	防腐蚀涂料
— part	腐蝕零件〔部分〕	エッチングパーツ	腐蚀零件〔部分〕
— pattern	蝕刻圖形	エッチングパターン	蚀刻图形
— pit	蝕刻坑	エッチングピット	蚀刻坑
— resist	抗蝕劑	エッチングレジスト	抗蚀剂
— solution	腐蝕液	エッチ液	腐蚀液
Euler angle	歐拉角	オイラー角	欧拉角
— buckling	彈性挫曲	オイラー座屈	弹性压曲
— 's buckling load	歐拉挫曲臨界負荷	オイラーの座屈荷重	欧拉压曲临界负荷
— number	歐拉數	オイラー数	欧拉数
— 's stress tensor	歐拉應力張量	オイラーの応力テンソル	欧拉应力张量
— 's theorem	歐拉定理	オイラーの定理	欧拉定理
— 's theory	歐拉理論	オイラー理論	欧拉理论
Eutalloy	一種耐熱鎳鉻鋼	ユータロイ	一种耐热镍铬钢
eutectic	共晶	共融混合物	共晶
— alloy	共晶合金	共融合金	共晶合金
— carbide	共晶碳化物	共晶炭化物	共晶碳化物
— cementite	共晶雪明碳體	共晶セメンタイト	共晶渗碳体
— point	共晶點	共融点	共晶点
— reaction	共晶反應	共晶反応	共晶反应
— structure	共晶組織	共晶組織	共晶组织
— temperature	共晶溫度	共晶温度	共晶温度
— transformation	共晶變態	共晶変態	共晶变态
— welding	共晶熔接	ユーテクチック溶接	低温焊接
eutectoid	共析(晶)	共析(晶)	共析(晶)
— carbide	共析碳化物	共析炭化物	共析碳化物
— cementite	共析雪明碳鐵	共析セメンタイト	共析渗碳体

英文	臺灣	日文	大陸
— ferrite	共析肥粒鐵	共析フェライト	共析铁素体
— reaction	共析反應	共析反応	共析反应
— steel	共析鋼	共析鋼	共析钢
— structure	共析組織	共析組織	共析组织
— transformation	共析變態	共析変態	共析转变
Evanohm	一種鎳鉻電阻合金	エバノーム	一种镍铬电阻合金
Evans' friction cone	錐形摩擦帶環變速輪	エバンス摩擦車	锥形摩擦带环变速轮
evaporated alloy	蒸鍍合金	蒸着合金	蒸镀合金
evaporating apparatus	蒸發裝置	蒸発装置	蒸发装置
— rate of heating surface	傳熱面蒸發率	伝熱面蒸発率	传热面蒸发率
— evaporation	汽化	揮散	汽化
— boiler	蒸發鍋爐	蒸発ボイラ	蒸发锅炉
— method	蒸鍍法	蒸着法	蒸镀法
evaporative burner	蒸發式燃燒器	蒸発式バーナ	蒸发式燃烧器
evaporativity	蒸發度	蒸発度	蒸发度
— pressure	蒸發器壓力	蒸発器圧力	蒸发器压力
— pressure regulator	蒸發器壓力調整器	蒸発圧力調整器	蒸发器压力调整器
even balance	盤式天平	上ざら天びん	盘式天平
— fracture	平坦斷面	平たん断面	平坦断面
— permutation	偶置換	偶置換	偶置换
— tension	等張力	等張力法	等张力
evenness	平(坦;面)度	平たん性	平(坦;面)度
— tester	均勻度測試機	糸むら試験機	均匀度测试机
Ever-brass	一種無縫黃銅管	エバーブラス	一种无缝黄铜管
Everbrite	一種銅鎳合金	エバーブライト	一种铜镍合金
Everdur	耐蝕矽青銅	エバジュール	耐蚀硅青铜
Everest metal	一種重型軸承鉛合金	エベレストメタル	一种重型轴承铅合金
evolute	展開線	縮閉線	展开线
exact stop	準確定位	イグザクトストップ	准确定位
exactness	正確度	正確度	正确度
excavator	挖〔掘〕土機	掘削機	挖〔掘〕土机
excenter	外心	傍心	外心
excess	過度	過多	过度
— acetylene flame	還原焰	還元炎	还原焰
— carburizing	過度滲碳	過剰浸炭	过度渗碳
— heat	過熱	過熱	过热
— material	過剩材料	過剰材料	过剩材料
— metal	(焊縫)補強金屬	余盛	(焊缝)补强金属
— pressure	超壓	過剰圧力	超压
— stroke	剩餘衝程	遊び工程	剩馀冲程

E

英文	臺灣	日文	大陸
— weight	過重	過重	过重
— weld	補強焊縫	余盛	补强焊缝
— weld metal	焊縫補強金屬	余盛	焊缝补强金属
exchanger	交換機〔器〕	交換器	交换机〔器〕
— type subcooler	熱交換器式過冷卻器	熱交換器形過冷却器	热交换器式过冷却器
excircle	外圓	エキスサークル	外圆
excitation	勵磁	励磁	励磁
— keep-alive electrode	起弧電極	励弧極	起弧电极
— loss	勵磁損耗	励磁損失	励磁损耗
— mechanism	激勵機構	励起機構	激励机构
exciter	勵磁機	励磁機	励磁机
exfoliation	剝落	はく離	剥落
— corrosion	剝落腐蝕	層状腐食	剥落腐蚀
exhaust	排氣〔出〕	排気	排气〔出〕
— box	消音器	消音器	消音器
— heat recovery	廢熱回收	排熱回収	废热回收
— pressure	排氣壓(力)	排気圧(力)	排气压(力)
exit	出口	出口	出口
— and entrance control	出入量控制	流出入制御	出入量控制
— angle	出口角	出口角	出口角
— area	出口面積	出口面積	出口面积
— pupil	噴射孔	射出孔	喷射孔
— slit	出口狹縫	出口スリット	出口狭缝
— turn	轉彎流出	流出転向	转弯流出
— velocity	流出速度	流出速度	流出速度
exocondensation	外縮(成環)作用	環形成	外缩(成环)作用
exothermic body	發熱元件	発熱体	发热元件
— energy	放熱能	発熱エネルギー	放热能
— heat	發熱;放熱	発熱	发热;放热
— reaction	放熱反應	発熱反応	放热反应
— riser	發熱冒口	発熱押湯	发热冒口
expand metal	膨脹合金	エキスパンドメタル	膨胀合金
— test	鋼管擴口試驗;膨脹試驗	押拡げ試験	钢管扩口试验;膨胀试验
expandability	延伸性能	エキスパンダピリティ	延伸性能
expanded area	展開面積	展開面積	伸张面积
— area ratio	展開面積比	展開面積比	伸张面积比
— center	空心	開心	空心
— ebonite	多孔硬質膠	硬質フォームラバ	多孔硬质胶
— material	多孔〔泡沫〕材料	発泡材料	多孔〔泡沫〕材料
— outline	展開輪廓	展開輪郭	伸张轮廓

英　　文	臺　　灣	日　　文	大　　陸
— plastics	泡沫塑料	海綿状プラスチック	泡沫塑料
— rubber	海綿橡膠	膨張ゴム	海绵橡胶
— slag	多孔爐渣	膨張スラグ	多孔炉渣
expander	擴張器	しわとり装置	撑模器
— ring	伸縮接頭	エキスパンダリング	伸缩接头
expanding	擴管	膨張	扩管
— arbour	脹縮心軸	拡げ心棒	可调心轴
— balloon	充氣氣囊	膨張式気球	充气气囊
— bar	可調心軸	押しブローチバー	可调心轴
— chuck	彈簧夾頭	拡げチャック	弹簧夹头
— die	脹形模	エキスパンダ型	胀形模
— forming	膨脹成形	張出し加工	膨胀成形
— mandril	可脹式心軸	ひろげ心棒	可胀式心轴
expansibility	膨脹性	膨張性	可延伸性
expansion	膨脹	膨張	膨胀
— agent	膨脹劑	膨張剤	膨胀剂
— and contraction	伸縮	伸縮	伸缩
— bearing	活動支承	伸縮支承	活动支承
— chamber	膨脹室	たわみブラケット	膨胀室
circuit breaker	膨脹斷路器	膨張室	膨胀断路器
— clearance	伸縮縫隙	膨張遮断器	伸缩缝隙
— cock	膨脹氣門	膨張すき間	膨胀气门
— coefficient	膨脹係數	膨張コック	膨胀系数
— connector	擴展連接器	膨張コネクター	扩展连接器
— coupling	伸縮接頭	伸縮カップリング	伸缩接头
— crack	膨脹裂痕	膨張傷	膨胀裂纹
— due to heat	熱膨脹	熱膨張	热膨胀
— eccentric	膨脹偏心	膨張偏心	膨胀偏心
— joint	膨脹接頭	膨張継手	膨胀接头
— lever	膨脹桿	膨張かん	膨胀杆
— link	伸縮桿;月牙板	調整リンク	调整杆
— link bracket	伸縮桿托架	調整リンク受	伸缩杆托架
— loop	伸縮圈〔管路的〕	伸縮曲管	膨胀圈〔管路的〕
— molding	發泡成形	発泡成形	发泡成形
— of plastic zone	塑性區擴展	塑性域の拡大	塑性区扩展
— pad	伸縮襯墊〔鍋爐的〕	伸縮パッド	膨胀垫〔锅炉的〕
— pipe	伸縮管	伸縮管	伸缩管
— plan	展開圖	展開図	伸张图
— ratio	膨脹比	膨張比	膨胀比
— reamer	活動鉸刀	エキスパンションリーマ	可调铰刀

E

英文	臺灣	日文	大陸
— regulator	溫度調節器	温度調節器	温度调节器
— ring	膨脹環	伸縮リング	膨胀环
— scab	脹痕(鑄造)	絞られ（鋳）	夹砂铸痂
— shield	膨脹螺栓套管	開きボールトのさや	膨胀螺栓套管
— sleeve	膨脹套管	膨張とう管	膨胀套管
— slide block	膨脹滑塊	膨張すべり子	膨胀滑块
— spacing of rail joint	軌道脹縮縫隙	遊間	轨道胀缩缝隙
— stroke	膨脹衝程	膨張行程	膨胀冲程
— tap	可調直徑絲攻	調整（式）タップ	可调直径丝锥
— temperature	膨脹溫度	膨張温度	膨胀温度
— test	膨脹試驗	膨張試験	膨胀试验
— U bend	伸縮U形彎管接頭	ベンド形伸縮管継手	伸缩U形弯管接头
— U pipe	U形伸縮管	U形伸縮管	U形伸缩管
— under pressure	加壓發泡	加圧発泡	加压发泡
— valve	膨脹閥	膨張弁	膨胀阀
— vessel	膨脹容器	膨張容器	膨胀容器
— worm wheel	膨脹蝸輪	膨張ウォームホィール	膨胀蜗轮
expansivity	膨脹性	膨張性	膨胀性
experimental bench	試驗台	実験ベンチ	试验台
— equipment	實驗用機器	実験用機器	实验用机器
— formula	經驗公式	実験式	经验公式
— model	實驗模型	試験模型	实验模型
— stress	實驗應力	実験応力	实验应力
explorer	探測器	エクスプローラ	探测器
explosion	爆發;爆炸	爆発	爆发;爆炸
— bulge test	爆炸擴管試驗	爆発試験	爆炸扩管试验
— calorimeter	爆發熱量計	爆発熱量計	爆发热量计
— cladding	爆炸複合	爆発圧着	爆炸复合
— engine	爆發式內燃機	爆発機関	爆发式内燃机
— experiment	爆炸實驗法	爆発実験法	爆炸实验法
— forming	爆炸成形	爆発成形法	爆炸成形
— hardening	爆炸硬化	爆発硬化法	爆炸硬化
— impulse	爆炸〔發〕衝擊	爆発衝撃	爆炸〔发〕冲击
— pressure	爆炸壓(力)	爆発圧（力）	爆炸压(力)
— stroke	爆發衝程	爆発行程	爆发冲程
— temperature	爆發溫度	爆発温度	爆发温度
— test	爆發試驗	爆発試験	爆发试验
— welding	爆炸焊接	爆発溶接	爆炸焊接
— working	爆炸加工	爆発加工	爆炸加工
explosive	爆炸(性)的	爆発性の	爆炸(性)的

英　文	臺　灣	日　文	大　陸
— cladding	爆炸複合	爆発圧着	爆炸复合
— engine	內燃機	爆発機関	内燃机
— force	爆炸力	爆発力	爆炸力
— forging	爆炸鍛造	爆発圧鍛造	爆炸锻造
— forming	爆炸成形(法)	爆発成形（法）	爆炸成形(法)
— gas mixture	混合爆炸氣	爆発混合気〔ガス〕	混合爆炸气
— shaping	爆炸成形	爆発加工法	爆炸成形
— welding	爆炸熔接	爆発溶接	爆炸焊接
exposed core	焊條夾持端	つかみ	焊条夹持端
expression	壓榨〔擠;縮〕	圧搾	压榨〔挤;缩〕
— mechanism	壓榨機構	圧搾の機構	压榨机构
expulsion	排氣	排除	排气
— fuse	衝出式熔絲	放出ヒューズ	冲出式熔丝
extrolling process	滾擠法	エクストローリング法	滚挤法
extended area	展開面積	拡張エリア	伸张面积
— dislocation	擴張差排	拡張転位	扩张位错
— elevation	展開圖	展開図	伸张图
— exposure test	持續暴露試驗	長期暴露試験	持续暴露试验
— interface	擴充界面	拡張インタフェース	扩充接口
— mandrel	延長心軸	延長マンドレル	延长心轴
— precision	擴充精度	拡張精度	扩充精度
— shaft	延長軸	延長軸	延长轴
— surface radiator	片式散熱器	フィン付き放熱器	片式散热器
extensibility	伸展性	伸展性	伸长率
— after heat aging	熱老化後可延伸性〔度〕	熱老化後の伸び率	热老化後可延伸性〔度〕
extensimeter	變形計	伸び計	变形计
extension	抽伸	伸長	抽伸
— at break	斷裂伸長	破断〔切断〕点伸び	断裂伸长
— bar	延伸桿	エキステンションバー	延伸杆
— boom	延伸(起重)臂	継ぎブーム	延伸(起重)臂
— boring and turning mill	大型立式車床	大形立て旋盤	大型立式车床
— furnace	外伸爐	張出炉	伸出炉
— hinge	加長鉸鏈	持出しちょう番	加长铰链
— lathe	延伸車床	離れ旋盤	伸出座车床
— modulus	伸長模數	伸び率	伸长模量
— percentage	延展〔伸〕率	伸び率	延展〔伸〕率
— piece	內外螺紋管接頭	めすおすソケット	内外螺纹管接头
— scale	伸縮尺	伸び尺	伸缩尺
— spring	牽引簧	引張ばね	牵引簧
— strain	拉伸應變	伸びひずみ	拉伸应变

E

英文	臺灣	日文	大陸
extensional test	拉伸試驗	伸び試験	拉伸试验
exterior angle	外角	外角	外角
— cladding	外表處理	外装	外表处理
— thread	外螺紋	おねじ	外螺纹
external broach	外拉刀	表面ブローチ	外拉刀
— broaching	外拉削	表面ブローチ削り	外拉削
— combustion engine	外燃機	外燃機関	外燃机
— combustion gas trubine	外燃式燃氣渦輪	外燃ガスタービン	外燃式燃气涡轮
— common tangent	外公切線	共通外接線	外公切线
— condenser	外冷凝器	外部復水器	外冷凝器
— cone	外圓錐	外円すい	外圆锥
— corner	凸角	出隅	凸角
— corrosion	外部〔表〕腐蝕	外部腐食	外部〔表〕腐蚀
— cover	外蓋	外ぶた	外盖
— crack	表面裂紋	表面き裂	表面裂纹
— diameter	外徑	外径	外径
— diameter of thread	螺紋外徑	ねじの外径	螺纹外径
— dimension	外形尺寸	外部寸法	外形尺寸
— elbow	外肘管	エクスターナルエルボ	外弯头
— fiber stress	外層纖維應力;外緣應力	縁応力	外层纤维应力,外缘应力
— firing boiler	外燃鍋爐	外炊きボイラ	外燃锅炉
— force	外力	外力	外力
— force line	外力(作用)線	外力線	外力(作用)线
— force surface	外力面	外力面	外力面
— friction	外部摩擦	外部摩擦	外部摩擦
— furnace	外燃爐	外炊き炉	炉外燃烧室
— gear	外齒輪	外歯車	外齿轮
— gear pump	外嚙合齒輪泵	外接歯車ポンプ	外啮合齿轮泵
— gearing	外嚙合	外かみあい	外啮合
— hazard	外部故障	外部障害	外部故障
— heat	外部熱	外部熱	外部热
— heat exchange reactor	外部熱交換反應器	外部熱交換反応器	外部热交换反应器
— heating	外部加熱法	外部加熱	外部加热法
— load	外加負載	外部負荷	外加负载
— lubricant	表面潤滑劑	表面滑剤	表面润滑剂
— micrometer	外側分厘卡〔測微器〕	外側マイクロメータ	外侧千分尺〔测微器〕
— mold release agent	表面用外部脫模劑	表面用離型剤	表面用外部脱模剂
— orthography	正外立面投影	外面図	正外立面投影
— pressure	外壓力	外圧（力）	外压力
— pressure pipe	外壓管	外圧管	外压管

英文	臺灣	日文	大陸
— pressure test	外壓試驗	外圧試験	外压试验
— projection	外投影法	外射図法	外投影法
— radius	外半徑	外半径	外半径
— screw	外螺紋	外ねじ	外螺纹
— shape	外形	外形	外形
— side	外側	外側	外侧
— size	外形尺寸	外部寸法	外形尺寸
— sizing	粒度標準〔分級〕	外径規制	粒度标准〔分级〕
— sleeve	外(部)套管〔筒〕	外部スリーブ	外(部)套管〔筒〕
— strain	外(部)應變	外部ゆがみ	外(部)应变
— stress	外應力	外部応力	外应力
— structure	外部結構	外部構造	外部结构
— surface corrosion	外表(面)腐蝕	外面腐食	外表(面)腐蚀
— thread	外螺紋	おねじ	外螺纹
— threading tool	外螺紋車刀	おねじ切りバイト	外螺纹车刀
externally fired boiler	外燃鍋爐	外炊きボイラ	外燃锅炉
— heated arc	外部加熱弧	外部加熱アーク	外部加热弧
extra	非常的;附加的	特別の	非常的;附加的
— fine	特細牙(螺紋)	エクストラファイン	特细牙螺纹
— hard steel	特硬鋼	最硬鋼	特硬钢
— mild steel	特軟鋼	極軟鋼	特软钢
— small bearing	超小型軸承	小径軸受	超小型轴承
— small screw thread	鐘錶螺紋	細密ねじ	钟表螺纹
— soft steel	特軟鋼	極軟鋼	特软钢
— super duralumin	超杜拉鋁(合金)	超超ジュラルミン	超硬铝(合金)
extracter	(離心)分離機	エクストラクタ	(离心)分离机
extraction	提取(法)	抽出	提取(法)
— check valve	抽氣逆止閥	抽気逆止め弁	抽气逆止阀
— efficiency	提取效率	抽出効率	提取效率
— gas turbine	抽氣式燃氣輪機	抽気ガスタービン	抽气式燃气轮机
— pressure governor	抽氣壓力控制器	抽気圧力制御装置	抽气压力控制器
— pump	抽出泵	抽出ポンプ	凝结水泵
— tube	抽出管	抽出管	抽出管
extractive	抽出物	抽出液	抽出物
— metallurgy	提煉冶金學	製錬	提炼冶金学
extractor	脫模器	抜出し装置	脱模器
extra-heavy contact	超負載接點	超重荷接点	超负载接点
— pipe	特厚管	特厚管	特厚管
extrapure water	超純水	超純水	超纯水
extrasuper-duralumin	特超杜拉鋁	超超ジュラルミン	特超硬铝

英文	臺灣	日文	大陸
extreme	極端(的)	極端な	极端(的)
— depth	最大深度	全深	最大深度
— high vacuum	超高真空	超高真空	超高真空
— length	總長	全長	总长
— point	端點	端点	端点
— pressure additive	極壓劑	極圧添加剤	极压剂
— value	極值	極値	极值
— value distribution	極值分布	極値分布	极值分布
extrmely high frequency	超高頻	ミリメートル波	超高频
— high temperature	極高溫	極高温	极高温
— thick plate	超厚板	超厚板	超厚板
extremity	極端	極端	极端
extrudability	可擠〔壓〕出性	押出し適性	可挤〔压〕出性
extrudate	擠製製品	押出し品	挤压制品
— temperature	擠製物溫度	押出し物の温度	挤压物温度
extruded aluminium	擠製鋁	押出しアルミニウム	挤压铝
— angle	擠製角鋼	押出し山形材	挤压角钢
— article	擠製製品	押出し品	挤压制品
— bar	擠製條	押出し棒	挤压条
— channel	擠製槽鋼	押出しチャンネル材	挤压槽钢
— electrode	機械壓塗(的)電焊條	機械塗装溶接棒	机械压涂(的)电焊条
— film	擠製(薄)膜	押出しフィルム	挤压(薄)膜
— form	擠製材	押出し材	挤压材
— goods	擠製製品	押出し製品	挤压制品
— graphite	擠製成形石墨	押出し成形黒鉛	挤压成形石墨
— hat-sections	擠製帽形材	押出しハット形材	挤压帽形材
— part	擠製零件	押出し品	挤压零件
— pipe	擠製管	押出しパイプ	挤压管
— product	擠製製品	押出し物	挤压制品
— profile	擠製型材	押出し形材	挤压型材
— section	擠製截面	押出し断面	挤压截面
— shape	擠製型材	押出し形材	挤压型材
— sheet	擠製板	押出しシート	挤压板
— tape	擠製膠帶	押出しテープ	挤压胶带
— tube	擠製管	押出しチューブ	挤压管
extruder	擠製機	押出し機	压出机
— compounder	擠製攪拌機	押出し配合機	挤压搅拌机
— for wire coating	電線套管擠製機	電線被覆用押出し機	电线套管挤压机
— head	擠製機機頭	押出し頭部	挤压机机头
— hopper	擠製機給料斗	押出し機ホッパ	挤压机给料斗

英文	臺灣	日文	大陸
— screw	擠製機螺桿	押出しスクリュー	挤压机螺杆
— stand	擠製機座	押出し機スタンド	挤压机座
extruding	擠製成形〔加工〕	押出し加工	挤压成形〔加工〕
— die	擠製模	押出し用ダイス	挤压模
— end	擠製端〔尾〕部	押出し端	挤压端〔尾〕部
— granulation	擠製製粒	押出し造粒	挤压制粒
— lay-flat film	充氣(膜)法	インフレート法	充气(膜)法
— machine	擠製機	押出し機	挤压机
— press machine	擠製機	押出し成形機	挤压机
extrusion	擠出	押出し	挤出
— blow molding	擠製吹塑〔塗〕成形	押出し吹込み成形	挤压吹塑〔涂〕成形
— blowing	擠製吹塑〔塗〕成形	押出し吹込み成形	挤压吹塑〔涂〕成形
— capacity	擠製能力〔容量〕	押出し能力	挤压能力〔容量〕
— casting process	擠製鑄造法	押出し注型法	挤压铸造法
— coater	擠製鍍膜機	押出し被覆機	挤压镀膜机
— coating	擠製貼膠〔塗敷〕	押出し塗装	挤压贴胶〔涂敷〕
— coating die	擠製塗敷模	押出し被覆用ダイ	挤压涂敷模
— coating resin	擠製塗敷樹脂	押出し被覆用樹脂	挤压涂敷树脂
— damage	擠出損傷	はみ出し損傷	挤出损伤
— direction	擠製方向	押出し方向	挤压方向
— equipment	擠製裝置	押出し装置	挤压装置
— force	擠製力	押出し力	挤压力
— forging	擠製鍛造	押出し鍛造	挤压锻造
— head	擠製機機頭	押出し頭部	挤压机机头
— head for tubing	(製)管用擠壓(機)頭	チューブ用押出し頭部	(制)管用挤压(机)头
— ingot billet	擠製鋼錠	押出しインゴット	挤压钢锭
— laminating	擠製層疊	押出しはり合わせ	挤压层叠
— lamination	擠製層疊(製品)	押出しはり合わせ	挤压层叠(制品)
— load	擠製負載	押出し力	挤压载荷
— lubricant	擠製潤滑劑	押出し用滑剤	挤压润滑剂
— machine	擠製機	押出し機	挤压机
— machinery	擠製機械	押出し機械	挤压机械
— mandrel	擠製心軸	押出しマンドレル	挤压心轴
— mark	擠製刻〔斑;劃〕痕	押出しきず	挤压刻〔斑;划〕痕
— material	擠製材料	押出し材料	挤压材料
— method	頂出法	押出し法	顶出法
— mo(u)lding	擠製成形(法)	押出し成形	挤压成形(法)
— of lay-flat film	膨脹(膜)擠壓法	インフレート法	膨胀(膜)挤压法
— process	擠製法	押出し法	挤压法
— property	擠製特性	押出し特性	挤压特性

英文	臺灣	日文	大陸
— ratio	擠製比	押出し比	挤压比
— resin	擠製樹脂	押出し用樹脂	挤压树脂
— speed	擠製速度	押出し速度	挤压速度
— stress	擠製應力	押出し応力	挤压应力
— stretching	擠製拉伸成形	引伸法	挤压拉伸成形
— technique	頂出技術	押出し技術	顶出技术
— temperature	擠製溫度	押出し温度	挤压温度
— test	擠製試驗	はみ出し試験	挤压试验
— theory	擠製理論	押出し理論	挤压理论
— vacuum forming	擠製真空成形	押出し真空成形	挤压真空成形
— variable	擠製變數	押出し変数	挤压变数
eye	眼狀物	目	眼状物
— back machine	捲圓機	目玉巻き機	卷圆机
— bracket	帶眼肘板	アイブラケット	带眼肘板
— forming machine	捲圓機	目玉巻き機	卷圆机
— hang	吊環	目掛け	吊环
— hook	有眼鉤	アイフック	有眼钩
— line	(透視圖上的)視平線	目線	(透视图上的)视平线
— nut	環首螺帽	アイナット	吊环螺母
— pattern	穿孔圖〔模式〕	アイパターン	穿孔图〔模式〕
— rolling machine	捲圓機	目玉巻き機	卷圆机
— shield	護目鏡	保護眼鏡	护目镜
— slit	觀察孔	アイスリット	观察孔
eyeboard	穿孔板	目板	穿孔板
eyebolt	吊環螺栓	輪付きボルト	吊环螺栓
eye-end	有眼端	アイエンド	有眼端
eye-estimation	目測	目測	目测
eyehole	小孔	のぞき孔	小孔
eyelet	觀察孔	アイレット	观察孔
— machine	打孔機	アイレットマシン	打孔机
— sealing	孔眼密封	はと目シーリング	孔眼密封
— work	打孔眼	アイレットワーク	打孔眼
eyeletting machine	沖孔〔眼〕機	はと目打ち機	冲孔〔眼〕机
eye-measurement	目測	目視觀測	目测

英文	臺灣	日文	大陸
fabric	組織	組織	组织
— lamination	布基層壓板	はり合せ布	布基层压板
— reinforcement	布基增強材料	布補強材	布基增强材料
— tape	布基黏膠帶	布テープ	布基黏胶带
fabrication	構製製造	製作	组装
— of frame	骨架安裝	建込み	骨架安装
— range	可成形區	成形域	可成形区
— variable	二次加工的可變因素	二次加工変数	二次加工的可变因素
face	面;齒面	表面	工作面
— angle	面角〔刀具的〕	すくい角	前角〔刀具的〕
— area	端面面積	正面面積	端面面积
— bar	緣邊角材	面材	缘边角材
— bend specimen	表面彎曲試件	表曲げ試験片	表面弯曲试件
— bend test	表面彎曲試驗	表曲げ試験	表面弯曲试验
— bonding	平面焊接	フェースボンディング	平面焊接
— cam	端面凸輪	正面カム	端面凸轮
— centered cubic lattice	面心立方格子	面心立方格子	面心立方晶格
— chuck	平面夾頭	平チャック	平面卡盘
— clip system	正面夾持法	フェースクリップ方式	正面夹持法
— cutter	面銑刀	正面フライス	端(面)铣刀
— finish	平面加工	フェース仕上げ	平面加工
— gear	平面齒輪	正面歯車	端面齿轮
— grinding	磨端面;平面磨削	表面研削	磨端面;平面磨削
— hardening	表面硬化	表面硬化	表面硬化
— jack	平面千斤頂	切端ジャッキ	端面千斤顶
— lathe	落地車床	正面旋盤	落地车床
— measure	正面寬度	見付き	正面宽度
— mill	平面銑刀	正面フライス	端(面)铣刀
— milling	平面銑削	正面フライス削り	端面铣削
— milling cutter	平面銑刀	正面フライス	端(面)铣刀
— mo(u)ld	面部型板	面形板	面部型板
— moment	(框架的)端部節點彎矩	フェースモーメント	(框架的)端部节点弯矩
— of shearing edge	剪切刃面	せん断刃の正面	剪切刃面
— of slope	坡面	のり面	坡面
— of weld	焊縫表面	溶接表面	焊缝表面
— relief	模具面的退件角	工具面の逃げ	模具面的退件角
— seal	端面密封	端面シール	端面密封
— shield	護面罩	しゃ光保護面	防护面罩
— velocity	面速度	面速度	面速度
— wear	前(刀)面磨耗	すくい面摩耗	前(刀)面磨损

F

英文	臺灣	日文	大陸
— wheel	平面齒輪	面歯車	平面齿轮
— width	齒寬	歯幅	齿宽
faceplate	面板〔儀錶;控制設備的〕	鏡板	面板〔仪表;控制设备的〕
facet	倒角	結晶面	倒角
facing	面料;平面切削	面削り	表面加工
— attachment	平面切削用裝置	面削り装置	倒角装置
— lathe	平面車床	正面旋盤	端面车床
— machine	表面加工機	表面仕上機	表面加工机
— metal	面層金屬	表金	面层金属
— mill	端銑刀	正面フライス	端铣刀
— ring	墊圈	座金	垫圈
— sand	面砂	はだ砂	面砂
— stop	縱向行程擋塊	フェーシングストップ	纵向行程挡块
— surface	接面	接合面	接合面
— tool	平面切削用刀具	面削りバイト	端面车刀
— up	面磨合	すり合せ	面磨合
factor of merit	質量因數	品質係数	优质率
— of plate buckling	板挫曲係數	板座屈係数	板屈曲系数
— of safety	安全係數	安全率	安全系数
— of shrinkage	收縮率	収縮率	收缩率
— of stress concentration	應力集中係數	応力集中係数	应力集中系数
— out	析出因數	ファクタアウト	析出因数
Fahralloy	一種耐熱鐵鉻鎳鋁合金	ファラロイ	一种耐热铁铬镍铝合金
Fahrig metal	法里錫銅軸承合金	ファーリッグメタル	法里锡铜轴承合金
Fahrite	耐熱蝕鉻鎳鐵合金	ファーライト	耐热蚀铬镍铁合金
failing load	破壞荷重	破壊荷重	破坏载荷
— stress	破壞應力	破壊応力	破坏应力
failure	損壞	破損	破损
— criterion	故障判定標準	故障判定基準	故障判定标准
— in bend	彎曲斷裂	曲げ破壊	弯曲断裂
— in torsion	扭轉斷裂	ねじり破壊	扭转断裂
— load	破壞荷重	破壊荷重	破坏载荷
— mechanism	故障機構	故障メカニズム	故障机理
— of spreading	擴散破壞	広がり破壊	扩散破坏
— point	破壞點	破壊点	破坏点
— rate	破損率	破損率	破损率
— rate curve	故障率曲線	故障率曲線	故障率曲线
— strain	破壞應變	破壊ひずみ	断裂应变
— stress	破壞應力	破壊応力	破坏应力
— surface	破壞面	破壊面	破坏面

英文	臺灣	日文	大陸
— theory	破壞理論	破損理論	破损理论
— under impact	衝擊破壞	衝撃破壊	冲击破坏
fairing	擋板	整形	挡板
fall	滑車索	滑車綱	滑车索
— and tackle	滑車	絞ろ	滑车
— hammer test	落錘試驗	ドロップハンマ試験	落锤试验
— mixer	圓筒回轉攪拌機	円筒回転混合機	圆筒回转搅拌机
falling	降低	下降	降低
— ball impact test	落球衝擊試驗	落球衝撃試験	落球冲击试验
— ball method	落球法	落球法	落球法
— ball test	落球試驗	落球試験	落球试验
— ball viscometer	落球黏度計	落球粘度	落球黏度计
— body	落體	落体	落体
— dart test	落錘衝擊試驗	落そう試験	落锤冲击试验
— hammer test	落錘試驗	落錘試験	落锤试验
— missile method	落錘法	落そう法	落锤法
— rate period	減速階段	減率期	减速阶段
— sphere viscometer	落球(式)黏度計	落球粘度計	落球(式)黏度计
— velocity	沈降速度	沈降速度	沈降速度
— viscometer	落體黏度計	落体粘度計	落体黏度计
— weight	落錘	落錘	落锤
— weight impact strength	落錘衝擊強度	落錘衝撃強さ	落锤冲击强度
— weight test	落錘試驗	落錘試験	落锤试验
family mo(u)ld	成套製品模具	組合せ金型	成套制品模具
fan	風扇	送風機	风扇
— belt	風扇皮帶	ファンベルト	风扇皮带
— boring	擴孔	ファンボーリング	扩孔
— pressure	風壓	風圧	风压
— pump	風扇泵	ファン動翼	风扇泵
— stator	送風機定子	送風機の固定子	风机定子
— wheel anemometer	風輪風速計	風車風速計	风轮风速计
fang bolt	地腳螺栓	鬼ボルト	地脚螺栓
fascia	儀錶板	鼻隠し板	仪表板
— board	儀錶板	仕切板	仪表板
— panel	隔板	仕切板	隔板
— ventilator	隔板通風口	仕切板換気口	隔板通风口
fast head stock	主軸箱	主軸台	主轴箱
— idle	高速空轉	ファストアイドル	高速空转
— idle cam	快怠速用凸輪	ファストアイドルカム	快怠速用凸轮
— joint butt	固軸鉸鏈	固軸丁番	固轴铰链

英文	臺灣	日文	大陸
— pin hinge	樞軸鉸鏈	ピン丁番	枢轴铰链
— pulley	固定皮帶輪	取付けベルト車	固定皮带轮
— setting	快速固化	速硬性	快速固化
— resin	速硬樹脂	速硬樹脂	速硬树脂
fastening	扣接	固着	连接件
— bolt	緊固螺栓	締付けボルト	紧固螺栓
— device	連接裝置	締結装置	连接装置
— lug	安裝用托架	ファスニングラグ	安装用托架
— nail	固定釘	固着	紧固用钉
— pad	固定壓料墊板	固定板押えパッド	固定压料垫板
— plate	壓板	止め金具	压板
— screw	緊固螺釘	締付けねじ	紧固螺钉
— tool	緊固工具	ファスナ装着工具	紧固工具
— torque	緊固轉矩	締付トルク	紧固转矩
faster descaling	快速除銹劑	迅速除せい法	快速除锈剂
fastness	耐久性	耐久度	耐久性
— property	耐久性	堅牢性	耐久性
— to crocking	耐磨度	摩擦堅牢度	耐磨度
— to heat	抗熱度	耐熱堅牢度	抗热度
— to rubbing	耐磨(耗)度	摩擦堅牢度	耐磨(耗)度
fatigue	疲勞	疲労	疲劳
— allowance	疲勞容限	疲労余裕	疲劳容限
— behavior	疲勞狀態	疲労挙動	疲劳状态
— bending test	疲勞彎曲試驗	疲労曲げ試験	疲劳弯曲试验
— breaking	疲勞破壞	疲労破壊	疲劳破坏
— corrosion	疲勞腐蝕	疲労腐食	疲劳腐蚀
— crack	疲勞破裂	疲労き裂	疲劳裂纹
— damage	疲勞損傷	疲労損傷	疲劳损伤
— endurance	疲勞限	耐疲労	耐疲劳度
— failure	疲勞破壞	疲労破損	疲劳破坏
— fracture	疲勞破裂面	疲労破壊	疲劳断裂面
— life	疲勞壽命	疲労寿命	疲劳寿命
— limit	疲勞限	疲労限	疲劳限
— limit diagram	疲勞限圖	疲れ限度図	疲劳极限图
— limit of planking	平面彎曲疲勞限	平面曲げ疲れ限度	平面弯曲疲劳极限
— limit of rotary-bending	旋轉彎曲疲勞限	回転曲げ疲れ限度	旋转弯曲疲劳极限
— limit of torsion	扭轉疲勞限	ねじり疲れ限度	扭转疲劳极限
— notch factor	切口疲勞係數	切欠き係数	切口疲劳系数
— of metals	金屬疲勞	金属の疲れ	金属疲劳
— performance	耐疲勞性能	疲れ性能	耐疲劳性能

英文	臺灣	日文	大陸
— phenomenon	疲勞現象	疲労現象	疲劳现象
— property	耐疲勞性	耐疲労性	耐疲劳性
— range	疲勞範圍	疲れ範囲	疲劳区范围
— ratio	疲勞係數	疲労係数	疲劳系数
— resistance	疲勞強度	疲れ抵抗	疲劳强度
— rupture	疲勞破壞	疲労破壊	疲劳破坏
— specimen	疲勞試片	疲労試験片	疲劳试验片
— strength	疲勞強度	疲労強さ	疲劳强度
— stress	疲勞應力	疲労応力	疲劳应力
— test	疲勞試驗	疲労試験	疲劳试验
— tester	疲勞試驗機	疲れ試験機	疲劳试验机
— wear	疲勞磨耗	疲労摩耗	疲劳磨耗
fault	漏電;缺陷	欠点	漏电;缺陷
— detector	探傷器	損傷探知器	探伤器
feather	冒口	雇実	冒口
— key	滑鍵	フェザーキー	滑键
feather-edged board	薄邊板	長押びき下見板	薄边板
— file	菱形銼	ひしやすり	菱形锉
feathering hinge	軸向關節	フェザリングヒンジ	轴向关节
Fecraloy	一種電阻絲合金	フェクラロイ	种电阻丝合金
feed	進刀;進給	送り量	供给量
— assembly	饋送裝置	フィードアセンブリ	馈送装置
— bar	進給桿	送り台	进给杆
— block	夾鉗式送料機構	送りブロック	夹钳式送料机构
— box	進給變速箱	送り変速装置	进给变速箱
— cam	送進凸輪	送りカム	送进凸轮
— change gear box	進給變速齒輪箱	送り変換歯車箱	进给变速齿轮箱
— channel	送料道	供給路	送料道
— check valve	進給止回閥	給水逆止め弁	进给止回阀
— direction	送料方向	送り方向	送料方向
— drive	進給驅動	フィードドライブ	进给驱动
— finger	機械手(爪)	送り爪	机械手
— force	進給分力	送り分力	进给分力
— frame	送料架	フィードフレーム	送料架
— function	進給功能	送り機能	进给功能
— gear	進給裝置	送り装置	进给装置
— gearbox	走刀(變速)箱	送り変速装置	走刀(变速)箱
— grinder	飼料粉碎機	飼料粉砕機	饲料粉碎机
— grinding	橫向進給磨削	送り込み研削	横向进给磨削
— hole	輸送孔	中心孔	输送孔

英文	臺灣	日文	大陸
— length	送料長度	送り長さ	送料长度
— mechanism	進給機構	送り装置	进给机构
— per stroke	每行程進給量	送り量	每行程进给量
— pitch	傳動導孔間距	送りピッチ	传动导孔间距
— rack	進給齒條	フィードラック	进给齿条
— range	進給行程長度	送り範囲	进给行程长度
— rate	進給速度	送り速度	进给速度
— screw	進給螺旋	送りねじ	进给丝杠
— speed	進給速度	送り速度	进给速度
— status	饋送狀態	フィードステータス	馈送状态
— table	送料台	送りテーブル	送料台
feedback	反饋	帰還	反馈
— mechanism	反饋機構	フィードバック機構	反馈机理
feeder	加料器	供給装置	加料器
— head	補澆冒口	押湯	冒口
— hopper	給料斗	フィーダホッパ	给料斗
feeding attachment	送料機構附件	送り機構部品	送料机构附件
— effect	補縮效果	押湯効果	补缩效果
— head	補澆冒口	押湯	冒口
— slot	送料槽	送りみぞ案内	送料槽
feed-pump	燃料泵;給水泵	供給ポンプ	燃料泵;给水泵
feedstock	原料	供給原料	原料
feeler	測隙片;觸桿	触針	触针
— arm	送料器觸臂	触手	送料器触臂
— ga(u)ge	厚薄規	すき間ゲージ	厚薄规
— microscope	接觸式測微顯微鏡	フィーラ顕微鏡	接触式测微显微镜
— wheel	仿形輪	フィーラホイール	仿形轮
Fellows cutter	一種插齒刀	フェローカッタ	一种插齿刀
— gear shaper	一種插齒機	フェロース盤	一种插齿机
felt backing	毛氈襯裡	フェルト裏地	毡衬
— buff	毛氈拋光	フェルトバフ	毛毡抛光
— calender	毛氈滾筒	フェルトカレンダ	毛毡滚筒
— disc	毛氈拋光輪	フェルトバフ	毛毡抛光轮
— pad	氈襯墊(片;圈)	フェルトパッド	毡衬垫(片;圈)
— paper	絕緣紙	建築紙	绝缘纸
— polishing disk	氈製拋光輪	フェルトバフ	毡制抛光轮
— ring	氈墊圈	フェルトリング	毡垫圈
— washer	氈環圈	フェルト座金	毡垫圈
female die	母模	雌型	阴模
— drape forming	母模區域成形	雌型ドレープ成形	阴模区域成形

英文	臺灣	日文	大陸
— draw forming	母模拉伸成形	雌型圧伸成形	阴模拉深成形
— mold	母模	雌型	阴模
— screw	内紋螺桿	雌ねじ	内螺纹
— fender	擋泥板	泥よけ	挡泥板
Fenit	恒範鋼	フェニット	恒范钢
Fenton metal	一種鋅基軸承合金	フェントンメタル	一种锌基轴承合金
Feran	覆鋁鋼帶	フェラン	覆铝钢带
Fernichrome	鐵鎳鈷鉻合金	フェルニクロム	铁镍钴铬合金
Fernico	鐵鎳鈷合金	ファーニコ	铁镍钴合金
Fernite	一種耐蝕鎳鉻鐵合金	フェルナイト	一种耐蚀镍铬铁合金
ferreed	鐵簧繼電器	フェリード	铁簧继电器
— relay	鐵簧繼電器	フェリード継電器	铁簧继电器
ferric hydroxide	氫氧化鐵	水酸化第二鉄	氢氧化铁
— oxide	氧化鐵	酸化第二鉄	氧化铁
ferrielectric material	鐵電(介質)材料	フェリ誘電体	铁电(介质)材料
ferriferrous gold sand	含鐵砂金	含鉄砂金	含铁砂金
ferrimagnetic coupling	肥粒鐵磁性耦合	フェリ磁性結合	铁氧体磁性耦合
— lattice	肥粒鐵磁性格子	フェリ磁性格子	铁氧体磁性点阵
— structure	肥粒鐵結構	フェリ磁性構造	铁氧体结构
ferrite	純鐵;肥粒鐵	地鉄	纯铁
— antenna	肥粒鐵天線	フェライトアンテナ	铁氧体天线
— grain size	肥粒鐵晶粒度	フェライト結晶粒度	铁素体晶粒度
— sheet	肥粒鐵片	フェライトシート	铁氧体片
— single crystal	肥粒鐵單晶	フェライト単結晶	铁氧体单晶
— steel	肥粒鐵鋼	フェライト鋼	铁素体钢
— transformer	肥粒鐵變壓器	フェライト変成器	铁氧体变压器
ferritic cast iron	肥粒鐵鑄鐵	フェライト鋳鉄	铁氧体铸铁
— decarburized depth	肥粒鐵脫碳層深度	フェライト脱炭層深さ	铁素体脱碳层深度
— electrode	肥粒鐵焊條	フェライト溶接棒	铁氧体焊条
— steel	肥粒鐵鋼	フェライト鋼	铁素体钢
ferroalloy	鐵合金	鉄合金	铁合金
— furnace	鐵合金爐	フェロアロイ炉	铁合金炉
ferroaluminium	鋁鐵(合金)	鉄アルミニウム合金	铝铁(合金)
ferrochrome	鉻鐵合金	クロム鉄	铬铁合金
ferrochromium	鉻鐵(合金)	フェロクロム	铬铁(合金)
ferrocobalt	鈷鐵(合金)	フェロコバルト	钴铁(合金)
ferroferrite	四氧化三鐵	磁鉄鉱	四氧化三铁
ferromagnetic	強磁性	強磁性	强磁性
— alloy	強磁性合金	強磁性合金	强磁性合金
— body	強磁體	強磁性体	强磁体

英文	臺灣	日文	大陸
— colloid	強磁性膠質	強磁性コロイド	铁磁性胶质
— material	強磁性材料	強磁性体	铁磁性材料
— metal	強磁性金屬	強磁性金属	强磁性金属
— oxide	強磁性氧化物	強磁性酸化物	铁磁性氧化物
ferromagnetics	強磁質〔體〕	強磁性体	铁磁质〔体〕
ferromagnetism	強磁性	強磁性	铁磁性
ferromaganese	錳鐵(合金)	マンガン鉄	锰铁(合金)
ferromolybdenum	鉬鐵(合金)	フェロモリブデン	钼铁(合金)
ferronickel	鐵鎳合金	フェロニッケル	铁镍合金
ferrosil	熱軋矽鋼板	フェロシル	热轧硅钢板
ferrosilicon	高矽鑄鐵	けい素鉄	高硅铸铁
— titantum	矽鈦鐵(合金)	フェロシリコンチタン	硅钛铁(合金)
ferrostan	電鍍錫鋼板	フェロスタン	电镀锡钢板
Ferrotic	一種鈦模具鋼	フェロチック	一种钛模具钢
ferrotitanium	鈦鐵(合金)	フェロチタン	钛铁(合金)
ferrotungsten	鎢鐵(合金)	タングステン鉄	钨铁(合金)
ferrouranium	鈾鐵(合金)	フェロウラニウム	铀铁(合金)
ferrous alloy	鐵合金	合金鉄	铁合金
— brazing filler metal	鐵的焊填料金屬	鉄ろう	铁的焊填料金属
— material	鐵材	鉄材	铁材
— metal	鐵類金屬	鉄属金属	铁类金属
— metallurgy	鋼鐵冶金學	鉄や金	钢铁冶金学
— oxide	氧化亞鐵	酸化第一鉄	氧化亚铁
ferrovanadium	釩鐵(合金)	フェロバナジウム	钒铁(合金)
ferroxdure	永久磁鐵材料	フェロックスデュア	永久磁铁材料
ferroxyl	鐵銹	赤さび	铁锈
— test	孔隙率試驗	フェロキシル試験	孔隙率试验
Ferry	銅鎳合金	フェリー	铜镍合金
fettler	精加工機械	仕上げ機	精加工机械
fettling	清理鑄件	ばり取り	清理铸件
fiber	纖維	繊維	纤维
— abrasion tester	纖維磨耗試驗機	繊維摩耗試験機	纤维磨耗试验机
— blending	混合纖維	混綿	混合纤维
— bunching	纖維束	ファイババンチング	纤维束
— bundle strength tester	纖維抗張強度試驗機	繊維束引張り試験機	纤维抗张强度试验机
— cement board	纖維水泥板	繊維セメント板	水泥纤维板
— ceramics	纖維陶瓷	繊維セラミックス	陶瓷纤维
— composite	纖維複合材料	繊維複合材料	纤维复合材料
— direction	纖維軸方向	繊維軸方向	纤维轴方向
— duct	纖維導管	ファイバダクト	纤维导管

英文	臺灣	日文	大陸
— flow	(鍛造)纖維流線	鍛流線	(锻造)纤维流线
— gear	(樹脂)纖維齒輪	ファイバギヤー	(树脂)纤维齿轮
— grease	纖維狀潤滑脂	ファイバグリース	纤维状润滑脂
— impact tester	纖維衝擊強度試驗機	繊維衝撃試験機	纤维冲击强度试验机
— insulation board	軟質纖維絕緣板	軟質繊維板	软质纤维绝缘板
— length tester	纖維長度測定儀	繊維長測定器	纤维长度测定仪
— loadings	纖維填料量	繊維充てん量	纤维填料量
— orientation	纖維取〔定〕向	繊維整列	纤维取〔定〕向
— reinforcement	纖維增強材料	繊維強化材	纤维增强材料
— size	光導纖維尺寸	ファイバサイズ	光导纤维尺寸
— sorter	纖維長度測定器	繊維長測定器	纤维长度测定器
— strain	纖維應變	繊維ひずみ	纤维应变
— strain in flexure	纖維彎曲應變	曲げ繊維ひずみ	纤维弯曲应变
— stress	纖維應力	繊維応力	纤维应力
— stress in flexure	纖維彎曲應力	曲げ繊維応力	纤维弯曲应力
— stress intensity	纖維應力強度	繊維応力度	纤维应力强度
— structure	纖維結構	繊維構造	纤维结构
— substance	纖維材料	繊維質	纤维材料
— tensile strength tester	纖維抗張強度試驗機	単繊維引張り試験機	纤维抗张强度试验机
— texture	纖維組織	繊維組織	纤维织构
fiberglass	玻璃纖維	ファイバガラス	玻璃纤维
— insulation	玻璃纖維絕緣	繊維状ガラス絶縁	玻璃纤维绝缘
— lagging	玻璃纖維保溫層	ガラス綿保温材	玻璃纤维保温层
— laminate	玻璃纖維層壓物	ガラス繊維積層品	玻璃纤维层压物
— reinforced laminates	玻璃纖維增強層壓物	ガラス繊維強化積層品	玻璃纤维增强层压物
— reinforced plastic	玻璃纖維加強塑膠	強化プラスチック	玻璃纤维增强塑料
— reinforcement	玻璃纖維增強材料	ガラス繊維強化材	玻璃纤维增强材料
fiber-optic plate	光纖板	光学繊維プレート	光纤板
— transmission	光纖傳導	光ファイバ伝送	光纤传导
fiber-reinforced metals	纖維強化金屬	繊維強化金属	纤维强化金属
— plastic	纖維增強塑料	繊維強化プラスチック	纤维增强塑料
fibrous bed filter	纖維層過濾器	繊維層フィルタ	纤维层过滤器
— composite material	纖維複合材料	繊維複合材料	纤维复合材料
— glass	玻璃纖維	ガラス繊維	玻璃纤维
— glass duct	玻璃纖維導管	ガラス繊維ダクト	玻璃纤维导管
— gypsum	纖維石膏	繊維石こう	纤维石膏
— insulatig materials	纖維狀保溫材料	繊維状保温材	纤维状保温材料
— insulator	纖維狀絕熱體	繊維質断熱材	纤维状绝热体
— layers filter	纖維層過濾器	繊維層フィルタ	纤维层过滤器
— packed bed filter	纖維填充層過濾器	繊維充てん層フィルタ	纤维填充层过滤器

英　文	臺　灣	日　文	大　陸
— reinforcing material	纖維增強〔強化〕材料	繊維強化材	纤维增强〔强化〕材料
— structure	纖維狀組織	繊維状組織	纤维状组织
— tissue	纖維組織	繊維組織	纤维组织
field	場;現場	現場	现场
— assembly	現場裝配	現場組立	工地装配
— balance	現場平衡	フィールドバランス	现场平衡
— circuit breaker	勵磁斷路器	界磁しゃ断器	励磁断路器
— individual operation	現場單獨操作	機側単独操作	现场单独操作
— joint	現場聯接	現場継手	现场联接
— magnet	場磁鐵	界磁石	励磁磁铁
— measuring	現場測定	現場計量	现场计量
— mix	現場攪拌	現場配合	现场搅拌
— operation	現場操作	機側操作	现场操作
— painting	工地噴塗	現場塗装	工地喷涂
— rivet	工地鉚釘	現場びょう	工地铆钉
— riveting	現場鉚接	現場打ちリベット	现场铆接
— sketch	現場用草圖	現場用スケッチ図	现场用草图
— stress tensor	場應力張量	場のわい力テンソル	场应力张量
— welding	現場熔接	現場溶接	现场焊接
— work	現場作業	現場作業	现场作业
filament	(纖)絲	織〔線〕条	(纤)丝
— fiber	長絲纖維	フィラメント繊維	长丝纤维
— material	燈絲材料	心線材料	灯丝材料
— reinforced resin	長絲纖維強化樹脂	フィラメント強化樹脂	长丝纤维强化树脂
— size	纖維細度	フィラメントの繊度	纤维细度
— weight ratio	纖維重量比	フィラメント重量比	纤维重量比
— wound structure	纖維絲繞製的構件	フィラメント巻き構造	纤维丝绕制的构件
filar micrometer	游絲分厘卡	線状測微計	游丝测微器
file	銼(刀)	やすり	锉(刀)
— brush	銼刷	ヤスリブラシ	锉刷
— card	銼刷	ファイルカード	锉刷
— carrier	銼柄	やすり柄	锉柄
— checker	試銼法硬度測定器	ファイルチェッカ	试锉法硬度测定器
— cleaner	銼用鋼絲刷	やすり目払い	锉用钢丝刷
— cutting machine	銼刀鏟齒機	やすり目立機	锉纹加工机
— dust	銼屑	やすりくず	锉屑
— hardness	銼刀(檢驗)硬度	やすり硬度	锉刀(检验)硬度
— steel	銼刀鋼	やすり鋼	锉刀钢
— tester	銼刀試驗機	やすり試験機	锉刀试验机
— tooth	銼刀齒	やすり歯	锉刀齿

英文	臺灣	日文	大陸
filing	銼削〔修〕	やすり仕上げ	锉削〔修〕
— machine	銼機	やすり盤	锉床
fill	填充量	充てん量	填充量
— abjusting nut	鎖緊螺母	充てん調整ナット	锁紧螺母
— direction	裝填方向	横方向	装填方向
filled band	滿帶	満ちたバンド	满带
— metal	填充金屬	溶加金属	填充金属
— spandrel girder	實腹大梁	充腹げた	实腹大梁
filler	填充物〔劑;料〕	充てん剤	填充物〔剂;料〕
— coat	填縫塗層	目止め塗り	填缝涂层
— compound	填料(用)化合物	充てん(用)コンパウンド	填料(用)化合物
— material	填料	充てん材	填料
— metal	金屬焊料;焊條	溶加材	金属焊料;焊条
— metal test specimen	金屬焊料試片	溶加材試験片	金属焊料试样
— plate	填隙板〔塑料〕	装てん板	填料板〔塑料〕
— rod	焊條	溶加棒	焊条
fillet	內圓角;倒角	隅肉	圆角;倒角
— curve	內圓角曲線	隅肉曲線	圆角曲线
— ga(u)ge	內圓角規	隅肉ゲージ	圆角规
— height	填角焊縫高度	隅肉の高さ	填角焊缝高度
— radius	內圓角半徑	隅肉半径	圆角半径
— weld	(填)角熔接	隅肉溶接	(填)角焊
— weld in normal shear	正面角熔接(縫)	前面隅肉溶接	正面角焊(缝)
— weld in parallel shear	側面角熔接(縫)	側面隅肉溶接	侧面角焊(缝)
— welded joint	角熔接接頭	隅肉溶接継手	角焊接头
— welding	填角熔接	隅肉溶接	填角焊
filling	填料	充てん剤	充填剂
— agent	填充劑	充てん剤	填充剂
— machine	充填機	充てん機	充填机
— machiney	填充用機械	充てん機械	填充用机械
— material	添加料	添加物	填充材料
— matter	填料	充てん物	填料
— pressure	充氣壓力	充てん圧力	充气压力
— slot	(軸承)裝球缺口	入れ溝	(轴承)装球缺口
— tensile strength	橫向抗張強度	横方向引張り強さ	横向抗张强度
fillister head screw	有槽凸圓頭螺釘	半丸小ねじ	有槽凸圆头螺钉
film	膜;薄膜	皮膜	膜;薄膜
— blowing	薄膠吹塑法	インフレート法	薄胶吹塑法
— bubble	吹膜〔塑〕	吹込フィルム	吹膜〔塑〕
— caliper	薄膜厚度	フィルムの厚さ	薄膜厚度

F

英文	臺灣	日文	大陸
— casting machine	薄膜澆鑄機	フィルム流延機	薄膜浇铸机
— casting unit	薄膜澆鑄裝置	フィルム流延装置	薄膜浇铸装置
— ferrite	肥粒鐵薄膜	薄膜フェライト	铁氧体薄膜
— formation	薄膜形成	皮膜形成	薄膜形成
— forming agent	成膜劑	塗膜形成要素	成膜剂
— forming ingredient	成膜劑	塗膜形成要素	成膜剂
— forming material	成膜物	皮膜形成物質	成膜物
— forming resin	塗膜形成樹脂	皮膜形成樹脂	涂膜形成树脂
— forming temperature	成膜溫度	塗膜形成温度	成膜温度
— lamination	層壓(薄)膜板	フィルム張り合せ品	层压(薄)膜板
— lubrication	油膜潤滑	油膜潤滑	油膜润滑
— penetration	薄膜滲〔穿〕透	境膜浸透	薄膜渗〔穿〕透
— strength of oil	油膜強度	油膜強度	油膜强度
— stripper	剝膜具	フィルムストリッパ	薄膜分离器
— support	薄膜支承面	フィルムベース	薄膜支承面
— tension	薄膜張力	フィルム張力	薄膜张力
— theory	薄膜理論	境膜説	薄膜理论
— thickness ga(u)ge	膜厚測定儀	めっき厚さ計	膜厚测定仪
— thickness test	(漆)膜厚度檢驗	皮膜厚さ試験	(漆)膜厚度检验
— uniformity	膜(厚)均勻性	皮膜均一性	膜(厚)均匀性
filming	鍍膜	フィルミング	镀膜
filmometer	抗張強度測定器	皮膜計	抗张强度测定器
filter	過濾器	ろ過機	过滤器
— basin	濾池	ろ過池	滤池
— cell	濾槽	フィルタセル	滤槽
— course	隔斷層	遮断層	隔断层
— crucible	濾堝	ろ過ルツボ	滤埚
— diaphragm	濾膜	膜ろ	滤膜
— gate	撇渣堰	あか取りせき	撇渣堰
— media	過濾介質	ろ過材	过滤介质
filterability	過濾性能	ろ過性能	过滤性能
filtration	過濾	ろ過	过滤
— degree	過濾粒度	ろ過粒度	过滤粒度
— effect	過濾效果	ろ過効力	过滤效果
— of demineralized water	純(淨)水過濾	純水ろ過	纯(净)水过滤
— pressure	過濾壓力	ろ過圧力	过滤压力
— under pressure	加壓過濾	加圧ろ過	加压过滤
filtros plate	透氣板	散気板	透气板
fin	散熱片;(鑄件)飛邊	鋳ばり	(铸件)飞边
— cutting	清除毛刺	ばり取り	清除毛刺

英文	臺灣	日文	大陸
— efficiency	散熱(片)效應〔率〕	フィン効果〔率〕	散热(片)效应〔率〕
final assembly	總裝配	最終組立	总装配
— carburization	二次碳化	二次炭化	二次碳化
— concentration	最終濃度	終濃度	最终浓度
— cure	最終硬化	最終硬化	最终硬化
— discharging voltage	放電終期電壓	放電終止電圧	放电终止电压
— drive gear	最後減速齒輪	変速歯車	传动链末端(的)齿轮
— filter	最終濾池	最終フィルタ	最终滤池
— gear	傳動鏈末端(的)齒輪	ファイナルギヤー	传动链末端(的)齿轮
— grinder	微粉輾磨機	微粉砕機	精细粉碎机
— reduction ratio	終端減速比	終減速比	终端减速比
— run	最終焊道	最終パス	最终焊道
— settling tank	最終沈澱池	最終沈殿池	最终沈淀池
— size	最終尺寸	仕上げ寸法	最终尺寸
— velocity	終速度	終速（度）	末速度
— voltage at discharge	放電終期電壓	放電終期電圧	放电终止电压
fine adjuster	精密調節器	ファインアジャスタ	精密调节器
— adjustment	微動裝置	微調整	微动装置
— adjustment screw	微調螺釘	微調整ねじ	微调螺钉
— alloy	純粹合金	ファインアロイ	纯粹合金
— blanking	精密沖裁;精密下料	精密打ち抜き	精密冲裁;精密落料
— borer	精密搪床	精密中ぐり盤	精密镗床
— boring	精搪	精密中ぐり	精镗
— boring machine	精密搪床	精密中ぐり盤	精密镗床
— ceramics	精細陶瓷	ファインセラミックス	精细陶瓷
— coal	粉碳	粉炭	粉炭
— control	微調	細密同調	微调
— control element	精密控制元件	微調整要素	精密控制元件
— control rod	微調整棒	微調整棒	细调棒
— copper	精銅	精銅	精铜
— crack	小裂縫	小割れ	小裂缝
— crusher	細碎機	微砕機	细碎机
— crushing	精細壓碎	細粉砕	精细压碎
— cut hob	細刃滾刀	ファインカットホブ	细刃滚刀
— delay	精密延遲	細密遅延	精密延迟
— etching	精細腐蝕	階調腐食	精细腐蚀
— feed	微量進給	微細送り	微量进给
— filter	精濾器	精密ろ過用フィルタ	精滤器
— finishing	精(密)加工	上仕上げ	精(密)加工
— gold	純金	純金	纯金

英文	臺灣	日文	大陸
— grinding	精研磨	微粉砕	精研磨
— leak test	微量檢漏試驗	微量リーク試験	微量检漏试验
— lithography	精細刻蝕術	ファインリソグラフィ	精细刻蚀术
— metal	純金屬	純粋な金属	纯金属
— particles	細粒	微粉	细粒
— pattern	精細圖形	ファインパターン	精细图形
— porosity	細孔	細孔げき	细孔
— positioning	精細〔確〕定位	精密位置決め	精细〔确〕定位
— powder	細粉末	細粉末	细粉末
— regulating rod	微調整棒	微調整棒	微调整棒
— screw thread	細牙螺紋	細目ねじ	精密螺纹
— silver	純銀	純銀〔99.9%〕	纯银
— solder	優質鉛錫軟焊料	良質はんだ	优质铅锡软焊料
— structure	精細結構	微細構造	精细结构
— suspension	微細懸濁液	微細懸濁液	微细悬浊液
— thread	細牙螺紋	細目（系）ねじ	细牙螺纹
— turning	精車	ファインターニング	精车
— wire welding process	細線溶接法	細線溶接法	精密细线焊接工艺
— works	精細工程	精細な仕事	精细工程
fined iron	精煉鐵	精製鉄	精炼铁
fine-grain	細晶粒	細粒	细晶粒
fineness	精度	精度	精度
— number	粒度	粒度	粒度
— ratio	細長比	細長比	细长比
— test	細度試驗	粉末度試験	细度试验
finery	精煉場	精錬所	精炼炉
— hearth	精煉爐	精錬炉	精炼炉
finess number	粒度號數;篩號	粒度指数	粒度号数;筛号
finger	指針;鉤爪;測厚規;銷	つかみ機構	指针;钩爪;测厚规;销
— board	鍵盤	フィンガボード	键盘
— clamp	指形壓板	フィンガクランプ	指形压板
— cutter	指形〔狀〕銑刀	フィンガカッタ	指形〔状〕铣刀
— feed	機械手送料	フィンガフィード	机械手送料
— ga(u)ge	厚薄規	手動式爪ゲージ	手动挡料器
— gate	枝形澆口	枝ぜき	指形内浇口
— grip	把手	つまみ	把手
— joint	指形接合	フィンガジョイント	指形接合
— pin	指狀銷	フィンガピン	指状销
— stop	止撥欄	爪形突き当て装置	手动限位器
— stop lever	指狀定位器頂桿	フィンガストップレバー	指状定位器顶杆

英　文	臺　灣	日　文	大　陸
fingernailing	焊接變形	フィンガネーリング	焊接变形
fining	精煉	精製	精炼
— process	精製法	精製法	精制法
finis inferior	下限	下限	下限
— superior	上限	上限	上限
finish	精加工	仕上げ	精加工
— allowance	加工裕度	仕上代	精加工馀量
— blanking	光邊下料	仕上抜き	光洁冲裁
— cutting	精密切削	仕上げ削り	精密切削
— file	細銼	仕上げやすり	细锉
— forging	精密鍛造	仕上げ打ち	精密锻造
— grinding	精磨	仕上げ研削	精磨
— hardware	精製小五金	仕上げ金物	精制小五金
— machining	精切削	仕上げ（削り）	精切削
— mark	加工符號	仕上げ記号	加工符号
— rolling	精軋	仕上げ転圧	精轧
— schedule	裝修進度表	仕上げ表	装修进度表
— size	成品尺寸	仕上げ寸法	成品尺寸
— symbol	精加工符號	仕上げ記号	精加工符号
— wold	表面修整焊接	仕上げ溶接	表面修整焊接
finishability	表面加工性	フィニッシャビリティ	表面加工性
finished article	成品	完成品	成品
— bolt	光製螺栓	磨きボルト	抛光螺栓
— edge	加工邊緣	仕上げ縁	加工边缘
— nut	精製螺母	仕上げナット	精制螺母
— size	完工尺寸	仕上げ寸法	完工尺寸
— structure	最終〔完成〕結構	完成構造	最终〔完成〕结构
— surface	加工面	仕上げ面	加工面
finishing	拋光	仕上げ	抛光
— agent	表面處理劑	仕上げ剤	表面处理剂
— compound	拋光劑	仕上げ剤	抛光剂
— cut	精加工	仕上げ削り	精加工
— die	精整模	仕上げ型	精整模
— gear hob	精加工齒輪滾刀	仕上げ用ホブ	精加工齿轮滚刀
— hand tap	精加工(手動)絲攻	仕上げタップ	精加工(手动)丝锥
— machining	精加工	仕上げ削り	精加工
— mill	精軋機	仕上げ圧延機	精轧机
— pass	精軋孔型	最終パス	精轧孔型
— plane	細刨	仕上げがんな	细刨
— punch	精密沖壓機	仕上げパンチ	精密冲压机

英文	臺灣	日文	大陸
— roll	精軋輥	仕上げロール	精轧辊
— room	成品間	仕上げ室	成品间
— stand	精軋機架	仕上げスタンド	精轧机架
— tap	末道螺絲攻	仕上げタップ	精加工丝锥
— teeth	精加工齒	仕上げ刃	精加工齿
— temperature	加工溫度	仕上げ温度	终锻温度
— tool	光製刀具	仕上げバイト	精加工车刀
— work	精加工	仕上げ加工	精加工
finite deflection	有限撓度	有限たわみ	有限偏转
— deformation	有限變形	有限変形	有限变形
— elastic strain	有限彈性應變	有限弾性ひずみ	有限弹性应变
Fink truss	芬克式桁架	フィンクトラス	芬克式桁架
finned cooler	翅片式冷卻器	ひれ付き冷却器	翅片式冷却器
— cooling pipe	翅片式冷卻管	ひれ付き冷却管	翅片式冷却管
— radiator	翅片式散熱器	フイン付き放熱器	翅片式散热器
— tube	凸片管	ひれ付き管	圆翼管
finness ratio	深寬比	縦横比	深宽比
finning	加肋	さく	加肋
fire	火	火災	燃烧
— caused by explosion	爆炸起火	爆発火災	爆炸起火
— cement	耐火水泥	耐火セメント	耐火水泥
— exit	太平門	非常口	太平门
— experiment	耐火試驗	火災実験	耐火试验
— flue	焰道	炎路	焰道
— furnace	加熱爐	加熱炉	加热炉
— gases	可燃氣體	火災ガス	可燃气体
— gilding	燙金	金の焼付	烫金
— hole ring	爐口環	たき口枠	炉口环
— insulating brick	絕熱耐火磚	耐火断熱れんが	绝热耐火砖
— mold sand	焙燒過的鑄砂	焼粉	焙烧过的型砂
— mortar	防火泥漿	耐火モルタル	耐火砂浆
— pot	坩鍋	ファイヤポット	坩锅
— prevention wall	防火牆	防火壁	防火墙
— rating test	耐火性等級試驗	耐火性等級試験	耐火性等级试验
— ray	火線	火線	火线
— resistance	耐火性	耐火性	耐火性
— resistance efficiency	耐火性能	耐火性能	耐火性能
— resistance test	耐火試驗	耐火試験	耐火试验
— retardance	耐火性	延焼抑制	耐火性
— retardancy	阻燃性	難燃性	阻燃性

英　　文	臺　　灣	日　　文	大　　陸
— shovel	火鏟	十能	火铲
— shrinkage	燒縮度	火縮度	烧缩度
— slice	長柄火鏟	火かき棒	长柄火铲
— surface	加熱面	熱面	加热面
— test	燃燒試驗	防火試験	燃烧试验
— tongs	火鉗	火ばし	火钳
— tube boiler	火管鍋爐	煙管式ボイラ	火管锅炉
— waste	熔融損失	溶融損失	熔融损失
— wire	導火線	ファイヤライン	导火线
firearmor	鎳鉻鐵錳合金	ファイヤアーマ	镍铬铁锰合金
firebox	爐膛	火室	炉膛
fire-break	擋火牆	防火界壁	挡火墙
firebrick	耐火磚	耐火れんが	耐火砖
— wall	耐火磚爐牆	耐火れんが壁	耐火砖炉墙
fire-bridge	(爐內的)火牆	火橋	(炉内的)火墙
fireclay	耐火黏土	耐火粘土	耐火黏土
— brick	耐火磚	粘土質耐火れんが	耐火砖
— mortar	耐火灰泥	耐火粘土質漆くい	耐火灰泥
fire-crack	熱裂	ファイヤクラック	热裂
fire-cracker welding	横置式溶接	クラッカ溶接法	躺焊
fired ceramic coating	燒成〔結〕陶瓷塗料	焼成セラミック塗料	烧成〔结〕陶瓷涂料
fire-end	燃燒端	火口端	燃烧端
fire-proof cable	防火電纜	耐火ケーブル	防火电缆
— mortar	耐火砂漿	耐火モルタル	耐火砂浆
— paint coat	耐火塗料塗層	耐火塗り	耐火涂料涂层
— performance	防火性能	防火性能	防火性能
— sand	耐火砂	耐火砂	耐火砂
— wire	耐火電線	耐火電線	耐火电线
fireproofing	防火處理〔加工〕	防火処理	防火处理〔加工〕
fireproofness	防火性	防火性	防火性
fire-refined copper	乾式精製銅	乾式精製銅	火法精炼铜
fire-resistant fluid	難燃性(油壓)油	難燃性（油圧）油	难燃性(油压)油
— lubricants	阻燃潤滑劑	不発火潤滑剤	阻燃润滑剂
— material	耐火材料	耐火材料	耐火材料
— oil	耐燃性油	耐燃性油	耐燃性油
— plywood	防火合板	防火合板	防火合板
— properties	防火性	防火性	防火性
fire-retardant	防火劑	防火剤	防火剂
— additive	難燃劑	難燃剤	难燃剂
— coating	防火塗料	防火塗料	防火涂料

英文	臺灣	日文	大陸
— paint	防火塗料	防火塗料	防火涂料
firesand	耐火砂	火成砂	耐火砂
firestone	耐火用矽石	耐火用けい石	耐火用硅石
firewall	防火隔板	防火壁	防火隔板
firing	點火	点火	点火
— chamber	燃燒室	燃焼室	燃烧室
— floor	(鍋爐)火床	火床	(锅炉)火床
— pin	撃針	撃針	击针
— pin spring	撃針簧	撃針げね	击针簧
— pressure	燃燒壓力	燃焼圧	燃烧压力
— range	射距	射距離	射距
— shovel	火鏟	火たきショベル	火铲
— temperature	燒成溫度	焼成温度	烧成温度
— tool	點火工具	火たき具	点火工具
— voltage	開始放電電壓	放電開始電圧	开始放电电压
first angle method	第一角法	第一角法	第一角法
— angle projection	第一角投影法	第一角法	第一角投影法
— corner	第一轉角	第一屈曲部	第一转角
— dead point	第一死點	第一死点	第一死点
— division	第一次分裂	第一分裂	第一次裂变
— draw die	首次拉伸模	初絞り型	首次拉深模
— gear	一檔(齒輪);低速檔	ファーストギヤー	一档(齿轮);低速档
— hand tap	一號(手動)絲攻	一番タップ	一号(手动)丝锥
— heat of dissolution	最初溶解熱	溶解初熱	最初溶解热
— law of motion	運動第一定律	運動の第一法則	第一运动定律
— moment	一次矩	一次のモーメント	一阶矩
— motion shaft	第一運動軸	第一運動軸	第一运动轴
— piece	粗加工部分	ファーストピース	粗加工部分
— quadrant	第一象限	第一象限	第一象限
— roughing tap	一號(粗攻)絲攻	一番タップ	一号(粗攻)丝锥
— skim coat	底漆	下塗り	底漆
— slag	第一次熔渣	溶落ちスラグ	第一次熔渣
— speed gear	頭檔齒輪	一速歯車	头档齿轮
— stage annealing	第一階段退火	第一段焼なまし	第一阶段退火
Firth hardometer	富氏硬度計	ファース硬度計	富氏硬度计
fish-bolt	魚尾板螺栓	接ぎ板ボルト	接缝螺栓
fishery eye	銀點(熔接)	フィッシュアイ	缩孔
fishhooks	V形表面缺陷	V型表面傷	V形表面缺陷
fish-joint	魚尾板接合	添え木継ぎ	夹板接合
fish-plate	魚尾板	継ぎ目板	接合板

英文	臺灣	日文	大陸
fishtail	V形縮孔	V形収縮孔	V形缩孔
— cutter	魚尾削刀	魚の尾カッタ	鱼尾形键槽铣刀
— die	魚尾模	フィッシュテールダイ	鱼尾模
fissility	剝離性	分裂性	剥离性
fission	分裂	分裂	裂变
— chamber	(原子)核分裂電離箱	核分裂電離箱	(原子)核裂变电离箱
— cross-section	核分裂截面	分裂断面積	裂变断面积
— reaction	分裂反應	分裂反応	裂变反应
— reactor	核分裂爐	核分裂炉	核裂反应堆
fissure	縫隙	裂け傷	缝隙
fissured clay	縫隙黏土	ひび割れ粘土	缝隙黏土
fissuring	裂縫	き裂が発生すること	裂缝
fistuca	落錘	落錘	落锤
fit joint	配合接頭	印ろう継手	配合接头
— key	配合鍵	フィットキー	配合键
— symbol	配合符號	はめ合い記号	配合符号
— system	配合方式	はめ合い方式	配合方式
— tolerance	配合公差	はめ合い公差	配合公差
— up	裝配	取付け	装配
fitment	模具	金具	模具
fitness	適合度	適応度	适合度
fitter	裝配工	組立て工	钳工
— bench	鉗工工作台	仕上げ台	钳工工作台
fitting	裝配	フィッテング	装配
— factor	接頭係數	金具係数	接头系数
— flange	接頭凸緣	取付けフラレジ	接头凸缘
— list	配件表	建具リスト	配件表
— pin	定位銷	取付けピン	定位销
— pipe	接頭管	取付け管	接头管
— screw	裝配螺釘	取付けねじ	装配螺钉
— shop	裝配工場	仕上げ工場	装配车间
— stool	裝配用托架	仮合せ台	装配用托架
— strip	夾板〔條〕	はさみ板	夹板〔条〕
fitting-up bolt	臨時接合螺栓	仮締めボルト	临时接合螺栓
five axis machine tool	五軸(控制)機床	五軸制御工作機械	五轴(控制)机床
— roller mill	五輥(式)軋機	ファイブローラミル	五辊(式)轧机
fix	定位	位置決定	定位
— screw	固定螺釘	フィックススクリュー	固定螺钉
— stopper	固定擋銷	フィックスストッパ	固定挡销
fixation	定位	固定	定位

英文	臺灣	日文	大陸
fixed angular table	固定(三角)工作台	固定テーブル	固定(三角)工作台
— axle	固定軸	固定車軸	固定轴
— bearing	固定支承	固定支承	固定支承
— blank-holder	固定式胚緣壓牢器	固定しわ押え	固定式胚缘压牢器
— block	固定塊	固定長ブロック	固定块
— bolster	固定承梁	固定受け台	固定架
— brush	固定電刷	固定ブラシ	固定电刷
— center	固定中心	固定中心	固定顶尖
— connector	固定連接器	固定コネクタ	固定连接器
— contact	固定接點	固定接点	固定接点
— coupler	固定聯接器	固定結合器	固定联接器
— coupling	固定聯接器	固定結合	固定联轴节
— crane	固定起重機	定置クレーン	固定式起重机
— die	固定模	固定用ダイス	固定凹模
— die plate	固定模板	固定板	固定模板
— drilling equipment	固定式鑽探設備	固定式掘削装置	固定式钻探设备
— edge	固定邊	固定縁〔端〕	固定边
— elevation	固定仰角	固定仰角	固定仰角
— end	固定端	固定端	固定端
— expansion	固定膨脹	定膨脹	固定膨胀
— flange	固定凸緣	固定フランジ	固定凸缘
— gantry crane	固定龍門起重機	固定ガントリクレーン	固定式龙门起重机
— gap embosser	固定間隙式壓花機	固定間げき式型押し機	固定间隙式压花机
— gate	固定擋板	フィクスドゲート	固定式挡板
— jib crane	固定伸臂起重機	固定ジブクレーン	固定式悬臂起重机
— key	固定鍵	固定キー	固定键
— liner	固定襯墊〔里;片;套;板〕	張付けライナ	固定衬垫〔里;片;套;板〕
— load	定負載	固定荷重	固定负载
— loss	固定損耗	固定損	固定损耗
— path equipment	固定路線輸送裝置	固定経路運搬装置	固定路线输送装置
— path feeder	固定路線送料器	固定経路フィーダ	固定路线送料器
— pin	固定銷	固定ピン	固定销
— platen	固定壓板	固定台	固定压板
— plow	專用平土機	単用プラウ	专用平土机
— pressure	固定壓力	固定圧（力）	固定压力
— pulley	定滑輪	定滑車	固定滑轮
— rate	固定比率	定率	固定比率
— restraction mechanism	固定節流機構	固定絞り機構	固定节流机构
— speed	恒定速率	固定速度	恒定速率
— stay	固定扶架	固定控え	固定支撑

英文	臺灣	日文	大陸
— stripper	固定模板	固定式ストリッパー	固定模板
— support	固定支架	固定支え	固定支架
— tentering frame	固定展寬軋機	固定幅出し器	固定展宽轧机
— throttle valve	固定節流閥	固定絞り弁	固定节流阀
— vector	固定向〔矢〕量	固定ベクトル	固定向〔矢〕量
— wheel base	固定軸距	固定軸距	固定轴距
fixed-point of pressure	固定壓力點	圧力定点	固定压力点
— of temperature	溫度定點	温度定点	温度定点
fixer	固定器	定着剤	固定器
fixing	固定	定着すること	固定
— apparatus	固定裝置	固定装置	固定装置
— moment	固定力矩	固定モーメント	固定力矩
— pad	堆焊	肉盛り	堆焊
fixity coefficient	剛性係數	固定係数	刚性系数
fixture	定位裝置	取付け具;治具	定位装置
— fitting	固定	取付け	固定
— welding machine	固定式焊機	定置式溶接機	固定式焊机
flake	薄片〔溶融物水冷而成〕	薄片	薄片〔溶融物水冷而成〕
— composite	片〔層;鱗〕狀複合材料	フレーク複合材料	片〔层;鳞〕状复合材料
— lead	鉛白	鉛白	铅白
— metal powder	片狀金屬粉	りん片状金属粉	片状金属粉
flaker	(冷卻轉鼓式)刨片機	フレイカ	(冷却转鼓式)刨片机
flakiness	成片性	へん平度	成片性
flaking	剝脫	小はがれ	薄片
— machine	刨片機	フレーク製造機	刨片机
flaky crystal	片狀結晶	りん状結晶	片状结晶
— graphite	片狀石墨	薄片状石墨	片状石墨
— resin	片狀樹脂	フレーキレジン	片状树脂
— texture	鱗片狀結構	りん状構造	鳞片状结构
flame	火燄	火炎	火焰
— annealing	火燄退火	火炎焼なまし	火焰退火
— arrester	消燄器	逆火防止装置	火焰消除装置
— bonding	火燄熔接	火炎融着	火焰熔接
— brazing process	火燄銅焊法	火炎ろう付け法	火焰铜焊法
— carbon	發(弧)光碳精棒	発炎炭素棒	发(弧)光碳精棒
— cleaning	火燄清除	炎清掃	火焰除污〔净化;除锈〕
— coal	燄煤	有煙炭	焰煤
— colo(u)r test	燄色試驗	炎色試験	焰色试验
— core	燄心	内部フレーム	焰心
— curing	火燄固化	火炎硬化	火焰固化

F

英文	臺灣	日文	大陸
— cutting	火燄裁割	フレーム切断	火焰切割
— deflector	火燄偏轉器	火炎偏向板	火焰偏转器
— descaling	火燄脫氧化皮法	火炎スケール除去	火焰脱氧化皮法
— furnace	反射爐	反射炉	反射炉
— fusion coating	火燄噴鍍	火炎溶射	火焰喷镀
— gouging	火燄熔割	火炎溝切り	火焰挖槽
— gun	噴火槍	フレームガン	喷灯
— hardening	火燄(表面)硬化	火炎焼入れ	火焰(表面)硬化
— holding plate	火燄穩定器	保炎板	火焰稳定器
— hole	燄孔	炎口	火焰孔
— ignition	火燄點火	炎点火	火焰点火
— length	火燄長度	火炎長さ	火焰长度
— light	火燄光	炎光	火焰光
— machining	火燄切削	炎切削	火焰表面加工
— metal spray	火燄金屬噴塗法	炎溶射法	火焰金属喷涂法
— planer	龍門燄割機	フレームプレーナ	龙门式自动气割机
— plating	火燄噴塗	火炎溶射	火焰喷涂
— point	著火點	引火点	着火点
— reaction	燄色反應	炎色反応	焰色反应
— resistance	耐火燄性	耐炎性	抗燃性
— resistant composition	耐燃劑	耐燃配合物	耐燃剂
— resistant property	耐燃性	耐燃性	耐燃性
— retardancy	阻燃性	難燃性	阻燃性
— retardant	難燃劑	難燃剤	难燃剂
— retarder	防火劑	難燃（性付与）剤	防火剂
— scaling	(鋼絲)熱浸鍍鋅	フレームスケーリング	(钢丝)热浸镀锌
— scarfing	火燄修切邊緣	火炎傷取り	火焰修切边缘
— shaping	火燄成形	火炎成形	火焰成形
— source	火源	炎源	火源
— spinning	火燄加熱旋壓	温熱間スピニング加工	火焰加热旋压
— spray coating	火燄噴塗(層)	溶射法	火焰喷涂(层)
— spray gun	(金屬)熔融噴槍	溶射ガン	(金属)熔融喷枪
— spray painting	火燄噴塗(層)	フレームスプレー塗装	火焰喷涂(层)
— spray powder coating	粉末火燄噴塗	粉末溶射	粉末火焰喷涂
— spraying process	火燄噴射法	火炎スプレー掛け法	火焰喷射
— stability	火燄穩定性	炎の安定性	火焰稳定性
— temperature	著火溫度	火炎温度	着火温度
— tempering	火燄回火	火炎焼もどし	火焰回火
— test	燄色試驗	炎色試験	焰色试验
— treating	火燄熱處理(法)	火炎処理	火焰热处理(法)

英文	臺灣	日文	大陸
— treatment	火燄熱處理	火炎処理	火焰热处理
— welding	火燄熔接	火炎溶接	火焰焊接
— working	火燄加工	炎工作	火焰加工
flame-proofness	耐火性	防炎性	耐火性
flammability	易燃性	燃焼性	易燃性
— characteristic	易燃性特性	燃焼特性	易燃性特性
— test	可燃性試驗	燃焼試験	可燃性试验
flange	凸緣	出張り	凸缘
— angle	凸緣角鋼	フランジ山形	凸缘角钢
— bending die	凸緣彎曲模	縁曲げ型	凸缘弯曲模
— bolt	凸緣螺栓	フランジボルト	凸缘螺栓
— bush	凸緣襯套	フランジブッシュ	凸缘衬套
— chuck	凸緣夾頭	平チャック	凸缘夹头
— connector	凸緣連接器	フランジ管継手	凸缘连接器
— coupling	凸緣聯軸節	フランジ継手	凸缘联轴节
— edge welding	凸緣邊熔接	フランジへり溶接	弯边焊
— extrusion	凸緣擠壓	フランジ押出し	凸缘挤压
— facing	凸緣接合面	フランジの合わせ面	法兰接合面
— fitting	凸緣接頭	管フランジ形継手	法兰接头
— forming	折緣加工	つば付け加工	折缘加工
— gasket	凸緣墊片	フランジガスケット	凸缘垫片
— headed screw	頭部帶緣〔肩〕螺釘	つば付き（頭）ねじ	头部带缘〔肩〕螺钉
— insulation gasket	凸緣絕緣襯墊	絶縁フランジガス	法兰绝缘垫
— joint	凸緣接合	つば継手	法兰联轴节
— machinery	彎邊機械	フランジマシーナリ	弯边机械
— nut	凸緣螺帽	つば付きナット	凸缘螺母
— packing	凸緣迫緊	フランジパッキン	凸缘密封垫
— rivet	凸緣鉚釘	フランジリベット	凸缘铆钉
— seal	凸緣密封	フランジシール	凸缘密封
— section	凸緣截面	フランジ断面	凸缘截面
— shaft coupling	凸緣聯軸器	フランジ（軸）継手	凸缘联轴节〔器〕
— trim die	凸緣切邊模	フランジトリム型	凸缘切边模
— trimming	凸緣修邊	フランジ縁切り加工	凸缘修边
— union	凸緣管接	組みフランジ	法兰管接
— wrinkling	(拉伸件)凸緣起皺	フランジしわの発生	(拉深件)凸缘起皱
flanged bracket	折邊肘板	フランジブラケット	折边肘板
— eyelet	帶凸緣孔	フランジ付きはと目	带凸缘孔
— pulley	凸緣皮帶輪	フランジ付きベルト車	带缘皮带轮
— tube radiator	凸緣管散熱器	ひれ付き放熱器	翅片式散热器
flangeway	輪緣槽	フランジウェー	轮缘槽

英文	臺灣	日文	大陸
— depth	輪緣槽深度	フランジウェーの深さ	轮缘槽深度
— width	輪緣槽寬度	フランジウェーの幅	轮缘槽宽度
flanging	製成凸緣	つば出し	制成凸缘
— press	壓緣機	つば出しプレス	弯缘压床
— quality	折邊性能	フランジ材質	折边性能
— test	凸緣試驗	フランジ試験	卷边试验
flank	齒腹	歯面	齿腹
— angle	螺腹角	フランク角	压力角
— angle error	螺腹角誤差	フランク角誤差	啮合角误差
— contact	齒根接觸點	フランクコンタクト	齿根接触点
— form error	齒形誤差	歯形誤差	齿形误差
— wear	側面磨損	逃げ面摩耗	侧面磨损
flap	轉板	水よけ平板	铰链板
— wheel	掬水輪	すくい車	翼片抛光轮〔砂轮〕
flapper	擋葉	フラッパ	挡片
— action valve	舌形閥	フラッパ弁	舌形阀
— valve	擋板閥	フラッパバルブ	挡板阀
flare	閃光信號;喇叭口	光はい	锥形孔
— cut-off	(管端)喇叭口切除	フレアカットオフ	(管端)喇叭口切除
— groove weld	喇叭形坡口焊(縫)	フレア溶接	喇叭形坡口焊(缝)
— welding	喇叭形(坡口)焊接	フレア溶接	喇叭形(坡口)焊接
flared fitting	擴口式管接頭	フレア管継手	扩口式管接头
— hub	喇叭形承口	ラッパ形受け口	喇叭形承口
— intersection	漏斗式交叉(口)	拡幅交差	漏斗式交叉(口)
— joint	擴口管接頭	ラッパ接合	扩口管接头
— tube	喇叭口(管)	らっぱ口	喇叭口(管)
flare-in	管端內縮	管端の口細め	管端内缩
flareless fitting	無錐度管接頭	フレアレス管継手	无锥度管接头
— type joint	無擴口接頭	食い込み継手	无扩口接头
flaring	管子擴口	つば出し成形	管子扩口
flash butt welder	閃電對頭熔接機	火花突合せ溶接機	闪光焊机
— butt welding	閃電對頭熔接	フラッシュバット溶接	闪光对(接)焊
— etching	光刻	フラッシュエッチング	光刻
— gate	溢流閘	フラッシュゲート	溢流闸
— groove	溢流溝	流出溝	溢流沟
— land	溢流面	流出面	溢流面
— line	(溢)流痕	合わせ筋	(溢)流痕
— mixer	快速混合機	瞬間混合機	快速混合机
— mold	溢出式塑模	平押し金型	溢出式塑模
— plate	閃鍍	フラッシュ	闪镀

英文	臺灣	日文	大陸
— plating	快速鍍層	フラッシュめっき法	快速镀层
— rusting	閃蝕	フラッシュさび	闪蚀
— smelting	自熔法	フラッシュ溶錬	自熔法
— test	閃點試驗	瞬間試験	高压绝缘试验
— time	熔化時間	フラッシュタイム	熔化时间
— trimming die	修邊模;切除飛邊模	フラッシュトリム型	修边模;切除飞边模
— type mold	溢料模	流出型	溢料模
— weld(ing)	閃電熔接	火花溶接	闪光对焊
— welder	閃光對焊機	火花突合せ溶接機	闪光对焊机
flashback	逆弧	引火	逆弧
— arrester	(氣焊)回火制止器	安全器〔ガスの〕	(气焊)回火制止器
flashing	閃光	せん弧	闪光
Flashkut	落錘鍛造鋼	フラッシュクット	落锤锻造钢
flashover	跳火	フラッシュオーバ	跳火
— characteristic	火花擊穿特性	フラッシュオーバ特性	火花击穿特性
— test	火花擊穿試驗	フラッシュオーバ試験	火花击穿试验
— voltage	擊穿電壓	フラッシュオーバ電圧	击穿电压
flask	砂箱	型枠	砂箱
— bar	砂箱隔條	枠の桟	箱挡
— clamp	砂箱夾	枠締め	砂箱卡子
— feeder	送箱裝置	フラスクフィーダ	送箱装置
— molding	有箱造模法	枠込め法	砂箱造型
— pin	砂箱定位銷	合わせピン	砂箱定位销
— separator	分箱機	フラスコセパレータ	分箱机
flaskless molding	無箱造型	抜き枠込め造型	无箱造型
— molding machine	無箱造型機	抜き枠造型機	无箱造型机
flat	平台	床	平台
— band	帶鋼	ストリップ鋼	带钢
— bar joint	扁鋼拼接〔接合〕板	平形継目板	扁钢拼接〔接合〕板
— bar steel	扁鋼	平鋼	扁钢
— bearing	雙腳支柱	フラットベアリング	双脚支柱
— belt	平皮帶	平ベルト	平皮带
— bend test	折彎試驗	折曲げ試験	折弯试验
— billet	扁鋼胚	平鋼片	扁钢胚
— bit	平口鑽頭	フラットビット	扁钻
— bit tongs	(鍛工)平口鉗	平やっとこ	(锻工)平口钳
— brush	扁刷	平刷毛	扁平刷
— cam	平板凸輪	板カム	平板凸轮
— chisel	平鏨	平たがね	平錾
— die	平模	平金敷	平模

英文	臺灣	日文	大陸
— die extrusion	平模擠出	フラットダイ押出し	平模挤出
— die forging	自由鍛造	自由鍛造	自由锻造
— dies	搓絲模	フラットダイス	搓丝模
— drag	修光刃具	さらい刃	修光刃具
— drill	扁鑽	平ぎり	扁钻
— edge trimmer	修邊機	エッジトリマー	修边机
— end	平端	平面端柱	平端
— end electrode	平頭電極	平頭電極	平头电极
— face flange	平面凸緣	全面座フランジ	平面凸缘
— faced fillet weld	平填角焊	平すみ肉溶接	平填角焊
— file	扁(平)銼	先細平やすり	扁(平)锉
— fillister head screw	平圓柱頭螺釘	平小ねじ	平圆柱头螺钉
— finisher	平面修〔精〕整機	フラットフニッシャ	平面修〔精〕整机
— finishing	平面塗裝法	フラット仕上げ法	平面涂装法
— gasket	平板形襯墊	平形ガスケット	平板形密封垫
— gate	扁澆口	板ぜき	扁浇口
— gauge	平板規	板ゲージ	板规
— iron	扁鐵〔鋼〕	平鉄	扁铁〔钢〕
— joint	平縫	さすり目地	平缝
— joint bar	扁板型魚尾板	たんざく形継目板	扁平接缝板
— key	平鍵	平キー	平键
— lump hammer	雙刃錘	両刃	双刃锤
— mill	邊碾機	フラットミル	边碾机
— nail	平頭釘	平頭くぎ	平头钉
— parison	塑料型環	フラットパリソン	塑料型环
— pass	矩形環槽	フラットパス	扁平孔型
— pin	平銷	平針	平销
— pliers	扁口鉗	平プライヤ	扁口钳
— position of welding	平焊	下向き溶接	平焊
— punch	平沖頭	フラットポンチ	平冲头
— rammer	平撞鎚;平底搗桿	平突き棒	平头砂冲
— reamer	平底鉸刀	平リーマ	圆柱直齿铰刀
— roll	平面軋輥	フラットロール	平面轧辊
— scale	平尺	平尺	平尺
— scraper	平刮刀	平きさげ	平刮刀
— series	水平床身系列〔車床〕	フラットシリーズ	水平床身系列〔车床〕
— spiral spring	發條	ぜんまい	发条
— spring	板片彈簧	板ばね	板弹簧
— steel bar	扁鋼(條)	平鋼	扁钢(条)
— thread	方螺紋	角ねじ	方螺纹

英　文	臺　灣	日　文	大　陸
— tip	(接觸焊)平頭電極	平チップ	(接触焊)平头电极
— tong	平口鉗	平はし	平口钳
— trowel	平頭鏝	平こて	平镘刀
— tuning	粗調	鈍同調	粗调
— twist drill	平頭麻花鑽	平ねじれぎり	平头麻花钻
— valve	平(板)閥	平弁	平(板)阀
— washer	平墊圈	平座金	平垫圈
— welding	平焊	下向き溶接	平焊
— wire	扁鋼絲	平線	扁钢丝
— work ironer	軋平機	平物仕上機	轧平机
— wrench	扁平扳手	フラットレンチ	扁平扳手
flat-bottomed hole	平底孔	平底穴	平底孔
— punch	平底沖頭	平底ポンチ	平底冲头
flat-head	平頭	皿頭	平头
— bolt	平頭螺栓	ひらボルト	平头螺栓
— rivet	平頭鉚釘	平（頭）リベット	平头铆钉
— wire brad	平頭釘	平頭くぎ	平头钉
flat-headed bolt	平頭螺釘	ひら（頭）ボルト	平头螺钉
— nail	平頭釘	平くぎ	平头钉
flatness	真平度	平面度	平坦度
— tester	平面度檢驗器	フラットネステスタ	平面度检验器
flatten close test	管子壓扁試驗	偏平密着試験	钢管压扁试验
flattened rivet	平(頭)釘	平（頭）リベット	平(头)钉
flattener	矯平軋製機	矯正圧延機	矫平轧制机
flattening	(金屬)薄板校平	平面ならし仕上げ	(金属)薄板校平
— die	校平模	ならし型	校平模
— mill	矯平機	フラトニングミル	压扁机
— press	矯直壓縮機	しわ延し圧縮機	矫直压缩机
— test	壓扁〔平〕試驗	へん平試験	压扁〔平〕试验
flatter	平面鎚	平へし	扁条拉模
flattering tool	平套錘〔鍛造用〕	平へし	平套锤〔锻造用〕
flatting agent	(塗料)平光劑	つや消し剤	(涂料)平光剂
— down	打磨消光	どぎおろし	打磨消光
— mill	軋平機	平延べ機	轧平机
flat-type aluminium wire	扁鋁線	平角アルミ	扁铝线
— copper	扁平銅線	平角銅線	扁平铜线
— stranded wire	扁形多股絞合線	平型より線	扁形多股绞合线
flatwise bend	平面型彎管	フラットワイズベンド	平面型弯管
flaw	裂隙;瑕疵	欠陥	局部裂缝
— detectability	探傷能力	欠陥検出能	探伤能力

英文	臺灣	日文	大陸
— detector	探傷器	探傷器	探伤器
— echo	缺陷回波	傷エコー	缺陷回波
flex brittle test	撓曲脆化試驗	もじりぜい化試験	挠曲脆化试验
— crack resistance	耐撓裂性	耐屈曲き裂性	耐挠裂性
— craking test	撓裂試驗	屈曲き裂試験	挠裂试验
— plate	波形板	フレックスプレート	波形板
— temperature	軟化溫度	軟化温度	软化温度
— testing machine	彎曲試驗機	屈曲試験機	弯曲试验机
flexibility	可撓性	可とう性	屈曲性
— equation	撓度方程式	柔性方程式	挠度方程式
flexible bag lamination	膜袋層合法	バッグ積層成形	膜袋层合法
— bag process	膜袋成形法	バッグ成形法	膜袋成形法
— band	撓性帶	撓性帯	挠性带
— batten	柔性曲線尺	しない定規	柔性曲线尺
— bearing	撓性軸承	たわみ軸受	挠性轴承
— chain	軟(性)傳輸鏈	フレキシブルチェーン	软(性)传输链
— connection	撓性連接	柔接合	挠性联轴节
— connection joint	柔性接合	柔接合	柔性接合
— connector	撓性連接器	たわみ節	挠性连接器
— coupling	可撓聯結器	たわみ継手	弹性联轴节
— die	柔性凹模	ばねダイス	柔性凹模
— drive	撓性傳動	フレキシブルドライブ	挠性传动
— expansion joint	柔性伸縮接頭	フレキシブル伸縮継手	柔性伸缩接头
— extrusion	撓性擠壓物	軟質押出し品	挠性挤压物
— file	撓性銼刀	フレキシブルファイル	挠性锉刀
— flanged shaft coupling	撓性凸緣聯軸器	フレンジたわみ軸継手	挠性法兰联轴器
— hose	撓性軟管	可とう管	挠性软管
— joint	撓性接頭	可とう継手	挠性接头
— material	軟質材料	軟質材料	软质材料
— member	撓性構件	たわみ部材	挠性构件
— metallic conduit	可撓金屬導管	たわみ金属管	柔性金属管
— mold	柔性(塑)模	たわみ型	柔性(塑)模
— pipe joint	撓性管接頭	たわみ管継手	挠性管接头
— plunger molding	軟質母模成形	軟質プランジャ成形	软质阴模成形
— punch	柔性凸模	柔軟ポンチ	柔性凸模
— return	弾性恢復	弾性復原部	弹性恢复
— roller	彈簧滾柱;撓性滾子	たわみころ	弹簧滚柱;挠性滚子
— roller bearing	彈簧滾柱軸承	たわみころ軸受	挠性滚柱轴承
— rubber	軟質橡膠	軟質ゴム	软质橡胶
— rule	捲尺	自在曲線定規	曲线尺

英文	臺灣	日文	大陸
— shaft	可撓軸	たわみ軸	挠性轴
— shaft coupling	撓性聯軸器	たわみ継手	挠性联轴器
— steel wire rope	柔性鋼索	柔軟ワイヤロープ	柔性钢索
— stranded wire	多股軟線	可とうより線	多股软线
— structure	柔性結構	柔構造	柔性结构
— thermoplastic	軟質熱塑性樹脂	軟質熱可塑性樹脂	软质热塑性树脂
— tubing	撓性管路	たわみ管	挠性管路
— V-die	通用V型彎曲模	フレキシブルV曲げ型	通用V型弯曲模
— wire rope	撓性鋼索	柔軟ワイヤロープ	挠性钢索
flexibleness	撓性	たわみ性	挠性
flexing action	撓曲作用	屈曲作用	挠曲作用
— at low temperature	低溫撓曲性	低温屈曲	低温挠曲性
— characteristic	撓曲特性	屈曲特性	挠曲特性
— fatigue	撓曲疲勞	屈曲疲れ	挠曲疲劳
— life	撓曲壽命	屈曲寿命	挠曲寿命
— property	撓曲性	屈曲特性	挠曲性
— resistance	抗撓性	耐屈曲性	抗挠性
— strength	撓曲強度	曲げ強さ	挠曲强度
flexion	曲率	曲り	曲率
flexiplastic	撓性塑料	たわみプラスチック	挠性塑料
flexometer	撓曲試驗機	もみ試験機	挠曲试验机
flexural buckling	挫曲	たわみ座屈	座屈
— center	撓曲中心	たわみ中心	弯曲中心
— elongation	彎曲拉伸	曲げ伸び	弯曲拉伸
— fatigue	彎曲疲勞	曲げ疲れ	弯曲疲劳
— fatigue resistance	彎曲疲勞抗力	曲げ疲れ抵抗	弯曲疲劳抗力
— fatigue strength	彎曲疲勞強度	曲げ疲れ強さ	弯曲疲劳强度
— impact test	衝擊彎曲試驗	衝撃曲げ試験	冲击弯曲试验
— load(ing)	彎曲載荷	曲げ荷重	弯曲载荷
— member	抗撓構件	曲げ材	挠性构件
— modulus	彎曲模數	曲げ弾性率	弯曲模量
— modulus of elasticity	彈性彎曲模數	曲げ弾性率	弹性弯曲模量
— offset yield strength	彎曲降服強度	曲げ耐力	弯曲屈服强度
— property	彎曲特性	曲げ特性	弯曲特性
— rigidity	彎曲剛度	曲げこわさ	抗弯刚度
— shock	衝擊彎曲	衝撃曲げ	冲击弯曲
— stability	撓曲穩定性	たわみ安定性	挠曲稳定性
— stiffness	撓曲剛度	たわみ剛性	挠曲刚度
— strength	彎曲強度	曲げ強さ	抗挠强度
— stress	彎應力	曲げ応力	弯曲应力

F

英文	臺灣	日文	大陸
— test	彎曲試驗	曲げ試験	弯曲试验
— vibration	撓曲振動	たわみ振動	挠曲振动
— yield strength	彎曲屈服強度	曲げ降伏強さ	弯曲屈服强度
flexure	撓曲	曲げ	挠曲
— formula	撓度公式	たわみの式	挠度公式
— member	受彎構件	曲げ材	受弯构件
— stress	彎應力	曲げ応力	弯曲应力
— test	彎曲試驗	曲げ試験	弯曲试验
flight	飛行;行程	飛行	飞行;行程
— control cylinder	行程控制缸	操縦用作動筒	行程控制缸
flip-chip	倒裝(片)	フリップチップ	倒装(片)
— assembly technique	倒裝(片裝接)技術	フリップチップ技術	倒装(片装接)技术
— bonder	倒裝焊接器	フリップチップボンダ	倒装焊接器
— bonding	倒裝焊接	裏返し	倒装焊接
— method	倒裝法	フリップチップ方式	倒装法
flitch	組合板	フリッチ	组合板
— beam	組合梁	合せばり	组合梁
flitter	金屬箔	フリッタ	金属箔
float	浮筒	フロート	浮动
— arm	浮筒臂	フロートアーム	浮子支撑杆
— axle	浮動車軸	浮動車軸	浮动车轴
— ball	浮球	フロートボール	浮球
— bowl	浮球	フロート室	浮筒
— cut file	單面銼刀	片刃やすり	单纹锉刀
— expansion valve	浮式膨脹閥	フロート膨脹弁	浮式膨胀阀
— level ga(u)ge	浮筒水平檢校儀	フロート液位計	浮子水平检查校正仪
— slime	浮渣	浮さ	浮渣
— stone	浮石	軽石	浮石
— switch	浮控開關	浮子開閉器	浮球开关
floatation	浮選法	浮上分離法	浮选法
— equipment	浮選分離裝置	浮上分離装置	浮选分离装置
floatator	浮選機	浮選機	浮选机
floating axle	浮動軸	浮動軸	浮动轴
— body	浮體	浮体	浮体
— bolster	浮動承梁	浮動受台	浮动支座
— boom	浮動懸桿	浮遊防材	浮动悬杆
— bush	浮動軸襯	浮動ブシュ	浮动衬套
— chuck	浮動夾頭	遊動チャック	浮动卡盘
— crane	水上起重機	浮きクレーン	浮式起动机
— crucible method	漂浮坩堝法	浮遊るつぼ法	漂浮坩埚法

英文	臺灣	日文	大陸
— die	浮動模	フローティングダイ	浮动模
— fine particle	浮游微粒	浮遊微粒子	浮游微粒
— frame bearing	浮動軸承	浮動軸受	浮动轴承
— ga(u)ge	浮標尺	浮尺	浮标尺
— holder	浮動夾具	フローティングホルダ	浮动夹具
— junction	浮動接合	浮動接合	浮动接合
— knife	浮動刮刀	浮かしナイフ	浮动刮刀
— linkage	浮動連接	浮動結合	浮动连接
— mandrel	浮心軸	遊び心金	浮心轴
— melt	浮區熔融	漂遊溶解	浮区熔融
— packing	浮填	浮パッキン	浮动密封件
— pile driver	浮式打樁機	くい打込み船	浮式打桩机
— piston pin	浮動活塞銷	浮動ピストンピン	浮动活塞销
— platen	浮動盤	浮動盤	浮动盘
— plug	浮心軸	遊び心金	浮心轴
— punch	浮動沖頭〔孔〕	フローティングポンチ	浮动冲头〔孔〕
— reamer	浮動鉸刀	フローティングリーマ	浮动铰刀
— suspension	浮動支持法	浮動支持法	浮动支持法
— type seal	浮動密封	浮動形シール	浮动密封
— valve	浮閥	フローティングバルブ	浮球阀
— zero	可動原點	可動原点	可动原点
flogging chisel	大齒〔鏨〕〔鑄造用〕	大たがね	大齿〔錾〕〔铸造用〕
— stress	衝擊應力	フロッギングストレス	冲击应力
flood level rim	溢流口	あふれ線	溢流口
— lubrication	泛流潤滑	循環給油	溢流式润滑
— valve	溢流閥	フラッドバルブ	溢流阀
flooding	溢流	いつ流	溢流
— valve	溢流閥	張水弁	溢流阀
— velocity	溢流速度	いつおう速度	溢流速度
floor	底板;地面	床面	楼面
— engine	臥式內燃機	フロアエンジン	卧式内燃机
— engine bus	裝有臥式發動機的客車	フロアエンジンバス	装有卧式发动机的客车
— equation	剪力平衡方程(式)	層方程式	剪力平衡方程(式)
— frame	地軸承架	床枠	肋板框架
— hinge	地面門鉸鏈	床付き丁番	地面门铰链
— inspection	現場檢查	現場検査	现场检查
— plan	場地佈置圖	床配置図	平面布置图
— plate bearer	地板支承	床板受	地板支承
— push	閘刀開關	フロアプッシュ	闸刀开关
— sander	地板磨光機	床研磨機	地板磨光机

F

英文	臺灣	日文	大陸
— shift	落地式變速操縱桿	フロアシフト	落地式变速操纵杆
flos ferri	鐵浮渣	鉄浮きかす	铁浮渣
flotability	浮動性	浮遊度	浮动性
flotation	浮選	浮遊選鉱	浮选
— material	浮選材料	浮遊材料	浮选材料
— method	泡沫浮選法	泡まつ分離法	泡沫浮选法
floturn	變薄旋壓	しごきスピニング	变薄旋压
flour adhesive	殼粉黏結劑	殻粉粘結剤	面粉黏结剂
flourmill	製粉機	製粉機	制粉机
floury alumina	粉狀氧化鋁	フラワリーアルミナ	粉状氧化铝
flow	流量	流量	流量
— brazing	熔燒硬焊	流しろう付け	浇焊
— casting	中間鑄模法	流延	中间铸型法
— coater	流動塗敷機	フローコータ	流动涂敷机
— control device	流量調節裝置	流量調整装置	流量调节装置
— control valve	流量控制閥	ガス量調節弁	流量控制阀
— direction	流線方向	流れの方向	流线方向
— distance	流動距離	流れ距離	流动距离
— dividing gear motor	分流式齒輪	分流形ギヤモータ	分流式齿轮
— dividing valve	分流閥	分流弁	分流阀
— feeder	流動送料機	フローフィーダ	流动送料机
— form	旋(轉擠)壓	フローフォーム	旋(转挤)压
— forming	強力旋壓	フローフォーミング	强力旋压
— graph	流程圖	フローグラフ	流程图
— index	流量指數	流動指数	熔融指数
— layer	流層	ひずみ模様	流层
— mark	波紋	流れ傷	波纹
— measurement	流量測定	流量測定	流量测定
— meter	流量計	流量計	流量计
— mixer	流體混合器	管路かきまぜ機	流体混合器
— model	氣流模型	流れモデル	气流模型
— modifier	流動調節器	流れ調整剤	流动调节器
— molding	傳遞模壓法	流し成形	传递模压法
— of control	控制流	制御の流れ	控制流
— of heat	熱流	熱の流れ	热流
— of multiphase mixture	混相流	混相流	混相流
— of plasticity	塑性流動	塑性流れ	塑性流动
— of slag	熔渣流動〔性〕	スラグの流動	熔渣流动〔性〕
— optimization problem	流程最佳化問題	流れ最適化問題	流程最佳化问题
— resistance	流阻	流れ抵抗	流阻

英文	臺灣	日文	大陸
— path	流路	流路	流路
— pattern	活動模	流動形態	活动模
— pipe	輸送管	送り管	输送管
— planning	流線設計	動線計画	流线设计
— pressure	流動壓力	流れ圧力	流动压力
— production	流水生產線	流れ生産	流水生产线
— property	流動(特)性	流動性	流动(特)性
— proportioner	流量調節器	流量配分器	流量调节器
— rate	流量	出水率	流量
— rate coefficient	流量係數	流量係数	流量系数
— recovery ratio	流量回收率	流量回復率	流量回收率
— regulating valve	節流閥	流量調整弁	节流阀
— regulator	流量控制器	流量調整装置	流量控制器
— seat piping	管道佈置(圖)	配管系統図	管道布置(图)
— sheet	流程圖〔表〕	流れ図	流程图〔表〕
— solder	射流焊料	フローソルダ	射流焊料
— solder method	流動焊劑法	フローソルダ法	流动焊剂法
— soldering system	射流焊接系統	噴流はんだシステム	射流焊接系统
— speed	流速	流速	流速
— stress	流動應力	流れ応力	屈服应力
— structure	塑變組織	流れ組織	塑变组织
— temperature	流動溫度	流れ温度	流动温度
— test	流動(性)試驗	流動試験	流动(性)试验
— test device	流動試驗儀	流液法装置	流动试验仪
— tester	流量試驗機	流れ試験機	流量试验机
— theory	流動理論	流動理論	流动理论
— time	加工時間	仕掛け時間	加工时间
— tube	測流量管	流管	流管
— turning	強力旋壓	しごきスピニング	强力旋压
— type chip	帶狀切屑	流れ形切粉	带状切屑
— type gas laser	流動型氣體雷射	フロー型ガスレーザ	流动型气体激光器
— type production	流水作業	フロー型生産	流水作业
— under load	有負載的流動	荷重流れ	有负载的流动
— velocity	流速	流速	流速
— welding	熔澆熔接	フロー溶接	浇焊
flowability	流動性	流動性	流动性
flowed gasket	內流襯墊	流し込みガスケット	内流密封圈〔片〕
flowing	起伏流動	流し塗り	起伏流动
— air	氣流	気流	气流
— brazing	澆焊	流しろう付け	浇焊

F

英　　　文	臺　　　灣	日　　　文	大　　　陸
— water pressure	流水壓力	流水圧	流水压力
flowmeter	流量計	流量計	流量计
flow-off	溢流冒口	揚り	溢流冒口
— casting	帶(溢流)冒口的鑄件	揚り鋳物	带(溢流)冒口的铸件
flow-out	流展〔延〕性	流展性	流展〔延〕性
flowrator	流量錶	流量計	流量表
flowsheet	流程圖	系統図	流程图
fluctuating current	起伏電流	ゆらぎ電流	起伏电流
— electric field	起伏電場	ゆらぎ電界	起伏电场
— load	變動載荷	変動負荷	变动载荷
— pressure	脈動壓力	変動圧力	脉动压力
— resistance coefficient	脈動阻力係數	変動抗力係数	脉动阻力系数
— strain	應變	変動ひずみ	应变
— stress	交變應力	変動応力	交变应力
— stress factor	脈動應力係數	応力変動係数	脉动应力系数
— tensile load	脈動拉伸載荷	部分片振り引張り荷重	脉动拉伸载荷
— thrust	變動推力	変動推力	变动推力
fluctuation	變動	変動	变动
— characteristic	起伏特性	ゆらぎ特性	起伏特性
— stress	變化應力	変動応力	变化应力
— velocity	變動速度	変動速度	变动速度
flue	管道	煙道	管道
— blower	燄管吹洗器	煙管すす吹き器	吹灰机
— boiler	燄管鍋爐	炎管ボイラ	火管锅炉
— cinder	煙道渣(塊)	煙道さい	烟道渣(块)
— gas desulfurization	排煙脫硫	排煙脱硫	排烟脱硫
— gas fire extinguisher	廢氣滅火裝置	フリューガス消火装置	废气灭火装置
flueing	管壁孔脹形	パイプの穴張出し成形	管壁孔胀形
fluence	能量密度	フルエンス	能量密度
fluerics	流體學	フリュエリクス	流体学
fluid	流體〔動〕的	流体	流体〔动〕的
— agitator	流動式攪拌機	流動かくはん機	流动式搅拌机
— bearing	流體軸承	フリュードベアリング	流体轴承
— bed	流動床	流動床	流动床
— bed furnace	流態化床爐	流動床炉	流态化床炉
— channel	流路	流路	流路
— clutch	液體離合器	液体クラッチ	液体离合器
— connector	流體連接器	流体節	流体连接器
— coupling	流體連結器	流体継手	流体连结器
— damping	液體制動	液体制動	液体制动

英文	臺灣	日文	大陸
— drive	液壓傳動	流体伝動	液压传动
— dynamometer	流體動力計	流体動力計	流体动力计
— efficiency	液體效率	液体効率	液体效率
— elasticity	流體彈性	流体弾性	流体弹性
— energy mill	氣流粉碎機	流体エネルギーミル	气流粉碎机
— film lubrication	流體薄膜潤滑作用	液状薄膜潤滑	流体薄膜润滑作用
— fire extinguisher	液體滅火器	液体消火器	液体灭火器
— flywheel clutch	流體飛輪離合器	流体クラッチ	流体飞轮离合器
— force	流體力	流体力	流体力
— friction	流體摩擦	流体摩擦	流体摩擦
— impedance	流體阻抗	流体インピーダンス	流体阻抗
— insulation	絕緣體	流体絶縁物	绝缘体
— jet machining	射流加工	液体ジェット加工	射流加工
— lubrication	液體潤滑(作用)	流体潤滑	液体润滑(作用)
— machinery	流體機械	流体機械	流体机械
— material	液體材料	流動材料	液体材料
— mechanics	流體力學	流体力学	流体力学
— medium	液體介質	流動媒体	液体介质
— meter	流量計	流量計	流量计
— power	液壓	流体動力	液压
— pressure	流體壓力	流体圧	流体压力
— pressure laminating	流壓層壓成形	流圧積層成形	流压层压成形
— pressure moulding	液壓模塑法	流体圧成形	液压模塑法
— punch	液體凸模	液体ポンチ	液体凸模
— punch process	液體凸模成形法	液体ポンチ法	液体凸模成形法
— reactance	流體阻抗	流体リアクタンス	流体阻抗
— resin	流體樹脂	流動樹脂	流体树脂
— rubber	液體橡膠	流動ゴム	液体橡胶
— sand mixture process	流態砂造型法	流動自硬性鋳型	流态砂造型法
— sealant	液體密封劑〔層〕	液状シール	液体密封剂〔层〕
— slag	流(動熔)渣	流動スラグ	流(动熔)渣
— state	流態	流動状態	流态
— theory	流體學	流体理論	流体学
— thermoplastic system	熱塑性樹脂液體系	熱可塑性樹脂液体系	热塑性树脂液体系
— transfer	流體輸送	流体輸送	流体输送
fluid-dynamics	流體(動)力學	流体力学	流体(动)力学
fluidics	射流學〔技術〕	流体素子工学	射流学〔技术〕
fluidimeter	黏(流)度計	フルイディメータ	黏(流)度计
fluidisation	液化	液化	液化
fluidity	流動性	流動度	流动性

F

英文	臺灣	日文	大陸
— coefficient	流動率	流動率	流动率
— index	流動性指數	流動性指数	流动性指数
— test piece	旋渦流動試樣	うず巻き流動試片	旋涡流动试样
fluidization	流化(作用)	流動化	流化(作用)
fluidized bed	流化床	流動層〔床〕	流化床
— bed dipping	流化床浸塗法	流動浸漬法	流化床浸涂法
— bed furnace	流動粒子爐	流動炉	流动粒子炉
— bed gasification	流化床氣化	流動（床）ガス化	流化床气化
— bed mixer	流化(粉料)混合機	気流混合機	流化(粉料)混合机
— carbonization	流化床焦化	流動乾留	流化床焦化
— freezing system	流態式凍結法	流下凍結法	流态式冻结法
— granulation	流動造粒	流動造粒	流动造粒
— mixer	流化床混料機	流動層混合機	流化床混料机
— particle quenching	流動粒子〔爐〕淬火	流動層焼入れ	流动粒子〔炉〕淬火
— powder bed	流化床	流動層〔床〕	流化床
— sand bed	流態砂床	流下式サンドベッド	流态砂床
fluidizer	熔劑	（媒）溶剤	熔剂
fluid(o)meter	流度計	フリュードメータ	流度计
fluorescence	螢光	フルオレィセンス	萤光
— agent	螢光劑	蛍光剤	萤光剂
— analysis	螢光(分光)分析	蛍光（分光）分析	萤光(分光)分析
— microscope	螢光顯微鏡	蛍光顕微鏡	萤光显微镜
— reagent	熒光試劑	蛍光試薬	荧光试剂
— spectrum	熒光光譜	蛍光スペクトル	荧光光谱
fluorescent agent	螢光劑	蛍光剤	萤光剂
— brightness	螢光輝度	蛍光輝度	萤光辉度
— characteristic	螢光特性	蛍光特性	萤光特性
— coating	螢光塗料	蛍光塗料	萤光涂料
— colo(u)r	螢光色	蛍光色	萤光色
— dye method	螢光染料法	蛍光染料法	萤光染料法
— effect	螢光效果	蛍光効果	萤光效果
— electrolyte	螢光電解液	蛍光電解液	萤光电解液
— glass	發光玻璃	蛍光ガラス	发光玻璃
— indicator tube	熒光顯示管	蛍光表示管	荧光显示管
— lamp	螢光燈	蛍光灯	萤光灯
— magnetic powder	螢光磁粉	蛍光磁粉	萤光磁粉
— material	螢光物質	蛍光物質	萤光物质
— method	螢光分析法	蛍光分析法〔鉱物〕	萤光分析法〔矿物〕
— penetrant	熒光浸透劑	蛍光浸透液	荧光浸透剂
— penetrant inspection	螢光探傷檢查	蛍光探傷検査	渗透检验

英文	臺灣	日文	大陸
— tube	螢光管	蛍光管	萤光管
— X-ray	螢光X射線	蛍光 X 線	萤光X射线
— X-ray analysis method	X射線螢光分析法	X 線蛍光分析法	X线萤光分析法
fluoride	氟化物	ふっ素化合物	氟化物
fluorinating agent	氟化劑	ふっ素化剤	氟化剂
fluorocarbon	碳氟化合物	過ふっ化炭化水素	碳氟化合物
— coating	氟烴樹脂塗料	フルオロカーボン塗料	氟烃树脂涂料
— fiber	碳氟纖維	ふっ素系繊維	碳氟纤维
fluoroid	螢光體	蛍光体	萤光体
fluorometric analysis	螢光分析	蛍光分析	萤光分析
fluorophotometer	螢光(光度)計	蛍光（光度）計	萤光(光度)计
fluororubber	氟橡膠	ふっ素ゴム	氟橡胶
fluoroscopic machine	X射線透視裝置	X 線透視装置	X射线透视装置
fluoroscopy	透視法	（X 線）透視（法）	透视法
fluosolid roasting furnace	流動式焙燒爐	流動式ばい焼炉	流动式焙烧炉
flush bolt	沈頭螺釘	皿頭ボルト	沈头螺钉
— dryer	氣流乾燥裝置	フラッシュ乾燥装置	气流乾燥装置
— fillet	平填角焊縫	平すみ肉	平填角焊缝
— fillet weld	平填角熔接	平すみ肉溶接	平角焊(缝)
— handle	平把手	彫込み取っ手	平把手
— joint	平頭接合	平（灰）縫	齐平接缝
— pin ga(u)ge	深淺規	押当てピンゲージ	接触式销规
— plate	平槽濾板	フラッシュプレート	平槽滤板
— plug consent	嵌入式插座	埋込みコンセント	嵌入式插座
— quenching	沖水淬火	フラッシュ焼入れ	冲水淬火
— rivet	埋頭鉚釘	沈頭びょう	埋头铆钉
— riveting	埋頭鉚接	皿リベット締め	埋头铆接
— trim die	齊邊修邊模	トリム型	齐边修边模
— trimmer	剔除(毛刺)器	ばり取り機	剔除(毛刺)器
— type	平齊型	埋込み形	嵌入式
— type meter	嵌入式儀錶	埋込み形計器	嵌入式仪表
— weld	平熔接	仕上げ溶接部	精加工焊缝
flusher	淨化器	フラッシャ	净化器
flushing	沖洗	清浄	冲洗
— device	洗滌裝置	洗浄装置	洗涤装置
— hole	沖油孔	噴流穴	冲油孔
— line	沖洗管路	フラッシングライン	冲洗管路
— oil	沖洗油	フラッシング油	飞溅冷却润滑油
flute	溝;槽	溝	凹槽
fluted nut	有槽螺帽	みぞ付きナット	带槽螺母

英　文	臺　灣	日　文	大　陸
— plane	槽刨	みぞ付きかんな	槽刨
— reamer	帶槽鉸刀	みぞ付きリーマ	带槽铰刀
— roll	有槽輥	溝付きロール	槽纹辊
— roller	有槽滾柱	筋ローラ	有槽滚柱
— tube	波紋管	溝付き管	波纹管
fluteless tap	擠壓絲攻	溝なしタップ	挤压丝锥
flutter	顫動	フラッタ	抖动
— effect	顫動效應	フラッタ効果	颤动效应
— rate	顫動率	フラッタレート	颤动率
— speed	顫振速度	フラッタ速度	颤振速度
— test	顫振試驗	フラッタ試験	颤振试验
flux	焊劑;焊藥	溶剤	焊剂焊药
— backing	焊藥墊	フラックスバッキング	焊药垫
— coating	焊劑塗敷	フラックス塗布	焊剂涂敷
— cored electrode	管狀(電)焊條	有心アーク溶接棒	管状(电)焊条
— cored filler metal	藥芯焊絲(條)	フラックス入り溶加材	药芯焊丝(条)
— cored wire	藥芯焊絲	フラックス入りワイヤ	药芯焊丝
— cutting	氧熔劑切割	フラックス切断	氧熔剂切割
— cutting process	氧熔劑切割法	フラックス切断法	氧熔剂切割法
— powder	防氧粉(熔劑)	粉状融剤	粉状熔剂〔焊剂〕
— screw	磁通調整螺釘	フラックススクリュ	磁通调整螺钉
— temperature	溶融溫度	溶融温度	溶融温度
flux-covering	溶劑	溶剤	溶剂
fluxer	塑化劑	可塑化機	塑化剂
fluxing agent	融合劑	融剤	融合剂
— material	助熔劑	溶融合剤	助熔剂
— mixer	可塑性混合料	可塑化型ミキサ	可塑性混合料
— point	熔點	溶融点	熔点
— temperature	熔融溫度	溶融温度	熔融温度
fluxless solder	無助溶劑焊藥〔錫〕	無融剤はんだ	无助溶剂焊药〔锡〕
fly ball governor	飛球(式)調速器	フライボールガバナ	飞球(式)调速器
— by fiber	光傳操縱(系統)	フライバイファイバ	光传操纵(系统)
— loss	飛濺損失	飛散損失	飞溅损失
— nut	翼形螺帽	ちょうナット	翼形螺母
— press	手動壓機	はずみプレス	飞轮式螺旋压力机
— roll	快速軋製	フライロール	快速轧制
— screw	翼形螺絲	ちょうねじ	翼形螺钉
flyback method	快速返回法	早戻法	快速返回法
fly-cutter	翼形刀	舞いカッタ	高速切削刀具
flycutting	快速切削	フライカット	快速切削

英文	臺灣	日文	大陸
flying cut-off device	移動切斷裝置	走行せん断装置	移动切断装置
— micrometer	快速分厘卡	走向厚み計	快速测微计
— press	螺旋摩擦沖床	フライングプレス	螺旋摩擦压力机
— wire method	快速引線焊接法	フライングワイヤ法	快速引线焊接法
flywheel	飛輪	弾み車	飞轮
— axle	飛輪軸	弾み車軸	飞轮轴
— bearing	飛輪軸承	弾み車軸受	飞轮轴承
— effect	飛輪效應	弾み車効果	飞轮效应
— fan	慣性輪風機	弾み車扇風機	惯性轮风机
— governor	飛輪調節器	フライホイールガバナ	飞轮调节器
— pulley	飛輪皮帶輪	弾み車ベルト車	飞轮皮带轮
— pump	飛輪泵	弾み車ポンプ	飞轮泵
— rotor	飛輪轉子	フライホイールロータ	飞轮转子
— welding	慣性摩擦焊	フライホイール溶接	惯性摩擦焊
F-M process	實型鑄造法〔FM法〕	FMプロセス	实型铸造法〔FM法〕
FN-bar process	充填藥芯焊條焊接法	FNバー法	充填药芯焊条焊接法
foam	泡沫	泡まつ	泡沫
— adhesive	發泡黏合劑	発泡接着剤	发泡黏合剂
— analysis	泡沫分析	気泡分析	泡沫分析
— backflowing	泡沫回流	泡の逆流現象	泡沫回流
— breaking nozzle	消泡噴嘴	消泡ノズル	消泡喷嘴
— casting	發泡鑄模	発泡鋳型	发泡铸型
— density	泡沫密度	フォーム密度	泡沫密度
— dispenser	發泡原料計量裝置	発泡原料計量装置	发泡原料计量装置
— extinguisher	泡沫滅火器	泡まつ消火器	泡沫灭火器
— extinguishing system	泡沫滅火設備	泡消火設備	泡沫灭火设备
— formation	發泡	発泡	发泡
— fractionation	泡沫分離法	泡まつ分離法	泡沫分离法
— glue	發泡接著劑	発泡接着剤	发泡胶黏剂
— in-place	模具內發泡	金型内発泡	模具内发泡
— in-place molding	現場發泡成形	現場（注入）発泡成形	现场发泡成形
— inhibitor	抑泡劑	抑泡剤	抑泡剂
— insulation	泡沫隔音材料	気泡遮音材	泡沫隔音材料
— laminated fabric	層壓泡沫〔纖維〕結構	フォームバック	层压泡沫〔纤维〕结构
— molding	發泡成形	発泡成形	发泡成形
— molding machine	發泡成形機	発泡成形機	发泡成形机
— oven	發泡爐	発泡炉	发泡炉
— package	包裝用發泡材料	フォームパッケージ	包装用发泡材料
— plastic	泡沫塑膠	気泡プラスチック	泡沫塑料
— processing	發泡加工	発泡加工	发泡加工

英文	臺灣	日文	大陸
— skimmer	泡沫分離器	泡かき取り器	泡沫分离器
— stabilizer	泡沫安定劑	気泡安定剤	泡沫稳定剂
— suppressor	消泡劑	泡止め剤	消泡剂
— synthetic resin	泡沫合成樹脂	泡状合成樹脂	泡沫合成树脂
— tape	泡沫(橡膠;塑料)帶	発泡テープ	泡沫(橡胶;塑料)带
foamability	發泡性	起泡度	发泡性
foamback	後續性發泡	フォームバック	後续性发泡
foambacked fabric	後續性發泡纖維	フォームバック繊維	後续性发泡纤维
foamed coating	發泡塗料	発泡塗料	发泡涂料
— material	發泡材料	発泡材料	发泡材料
— metal	發泡金屬〔海綿狀金屬〕	発泡金属	发泡金属〔海绵状金属〕
— polyethylene	泡沫聚乙烯	発泡ポリエチレン	泡沫聚乙烯
— slag	泡沫礦渣	泡立ち鉱さい	泡沫矿渣
foaming	起泡沫	泡立ち	发泡
— agent	起泡劑	発泡剤	发泡剂
— mold	起泡用金屬模具	発泡用金型	发泡用金属模具
— process	起泡法	発泡法	发泡法
— temperature	起泡溫度	発泡温度	发泡温度
— tendency	起泡性	泡立ち性	发泡性
— test	起泡試驗	泡立ち試験	起泡测定
— time	起泡時間	発泡時間	发泡时间
focal area	焦點區	焦点区域	焦点区域
— axis	焦軸	焦軸	焦轴
— distance	焦距	焦点距離	焦点距离
— point	焦點	焦点	焦点
focus	焦點	焦点	聚焦
— lens	聚焦透鏡	フォーカスレンズ	聚焦透镜
focussing	調焦	焦点合わせ	调焦
— action	聚焦作用	集束作用	聚焦作用
— apparatus	聚焦裝置	ピント合わせ装置	聚焦装置
— control	聚焦調節	集束調節	聚焦调节
— lens	聚焦透鏡	合焦点レンズ	聚焦透镜
— method	聚焦法	合焦点化法	聚焦法
— type filament	聚光燈絲	集光フィラメント	聚光灯丝
fog	模糊	雲り	图像模糊
— cooling	噴霧冷卻	噴霧冷却	喷雾冷却
— density	感光度	かぶり濃度	感光度
— flow	霧流	噴霧流	雾流
— nozzle	噴霧嘴	噴霧ノズル	喷雾喷嘴
— quenching	噴霧淬火	噴霧焼き入れ	喷雾淬火

英文	臺灣	日文	大陸
foil	箔;(金屬)薄片	金属薄片	箔;(金属)薄片
— bearing	金屬薄襯墊軸承	フォイル軸受け	金属薄衬垫轴承
— coating	金(屬)箔塗料	はく用塗料	金(属)箔涂料
— detector	金箔探測器	はく検出器	金箔探测器
— element	薄片(形)元件	フォイル形素子	薄片(形)元件
— etching method	箔(金屬片)腐蝕法	フォイルエッチング法	箔(金属片)腐蚀法
— ga(u)ge	應變片	フォイルゲージ	应变片
— heat treatment	箔材密封熱處理	ホイル熱処理	箔材密封热处理
— metal	金屬薄板	薄板金	金属薄板
— method	箔(測定)法	はく測定法	箔(测定)法
— printing	箔片印刷	フォイル印刷	箔片印刷
— seam welding	墊箔滾焊	フォイルシーム溶接	垫箔滚焊
— stamping	鑲嵌金屬箔	はく押し	镶嵌金属箔
— strain gauge	箔應變計〔儀〕	はくひずみ計	箔应变计〔仪〕
Foke block	福克塊規	フォークブロック	福克块规
fold	折疊;彎曲	折り込みきず	折叠;弯曲
— axis	褶皺軸	しゅう曲軸	褶皱轴
— joint	(金屬板的)折縫接合	こはぜ接	(金属板的)折缝接合
— resistance	抗折疊性	折り畳み抵抗性	抗折叠性
— tester	耐折試驗機	耐折試験機	耐折试验机
folding	摺疊	畳み込み	折叠
— angle	摺彎角	折り曲げ角	折弯角
— apparatus	摺頁裝置	折り畳み装置	折页装置
— drum	摺頁滾筒	折り畳み胴	折页滚筒
— endurance	耐摺強度	耐折強度	耐折强度
— machine	摺疊機	折り曲げ機	折弯机
— method	摺疊法	重ね合せ法	折叠法
— roller	摺頁輥	折り畳みローラ	折页辊
— rule	摺尺	折り尺	折尺
— scale	摺尺〔俗稱〕	折り尺	折尺〔俗称〕
— strength	摺彎強度	耐折強度	折弯强度
— test	摺曲〔彎〕試驗	折りたたみ試験	折曲〔弯〕试验
folgerite	鎳黃鐵礦	フォルゲル石	镍黄铁矿
folk stripper	簡易卸料板	フォーク式ストリッパ	简易卸料板
follow blanking die	連續下料模	送り抜き型	连续落料模
— board	嵌模板	捨て型	模子托板
— current	持續電流	続流	持续电流
— die	連續衝模	送り型	顺序模
— feed	連續送料	フォローフィード	顺序送料
— rest	跟刀架	後つかみ部	跟刀架

英文	臺灣	日文	大陸
follower	從動輪;從動件	被動歯車	从动轮
— pin	從動針〔銷〕	フォロアピン	从动针〔销〕
— plate	從板(鐵器)	伴板	填料函压盖(板)
— rod	從動棒	縦動棒	从动棒
— spring	從動彈簧	フォロアスプリング	从动机构弹簧
following	跟蹤	フォローイング	跟踪
— edge	後緣	後縁	後缘
— stretcher bar	連結桿	控え棒	连结杆
— tap	精加工用絲攻	フォローイングタップ	精加工用丝锥
follow-up	伺服(系統)	進度管理	伺服(系统)
— condition	保壓條件	保圧条件	保压条件
— device	隨動裝置	追縦装置	随动装置
fool's gold	黃鐵礦	黄鉄鉱	黄铁矿
foolproof circuit	安全電路	フールプルーフ回路	安全电路
foot	英尺	足	英尺
— bar	踏腳	踏み棒	踏杆
— block	尾座	フートブロック	尾座
— board	(樓梯)踏板	踏み板	(楼梯)踏步板
— brake	腳踏煞車	足踏みブレーキ	脚踏式制动器
— drill	腳踏鑽床	足踏みボール盤	脚踏钻
— lever	踏桿	足踏みレバー	脚踏杆
— line	視線的水平投影(線)	足線	视线的水平投影(线)
— mounting	安裝腳座	フートマウンティング	安装脚座
— mounting cylinder	地腳安裝式氣缸	フート形シリンダ	地脚安装式气缸
— plate	支架底板	支保工底板	支架底板
— point	(垂線的)垂足	足点	(垂线的)垂足
— press	腳踏壓機	足踏みプレス	脚踏压力机;平刷机
— pump	腳踏泵	踏みポンプ	脚踏泵
— rule	折尺	折り尺	折尺
— screw	底腳螺釘	整脚ねじ	地脚螺钉
— shear	腳踏剪床	足踏みせん断機	脚踏剪床
— stall	裙形墊座	はかま腰	裙形垫座
— step	立(臼形)軸承架	足掛け	立(臼形)轴承架
— switch	腳踏開關	足踏みスイッチ	脚踏开关
— throttle	加速踏板	足踏みアクセル	加速踏板
— valve	底閥	フート弁	背压阀
footing	基礎;底腳	台石	底座〔脚〕
— beam	底腳梁	基礎ばり	基础梁
— course	底層	根積み層	底层
— piece	底板	底板	底板

英文	臺灣	日文	大陸
— slab	基礎板	基礎板	基础板
footlathe	(小型台式)腳踏車床	足踏み旋盤	(小型台式)脚踏车床
Footner's process	富特納防銹法	フートナー法	富特纳防锈法
foot-operated clutch	腳踏離合器	足踏みクラッチ	脚踏离合器
— switch	腳踏開關	足踏みスイッチ	脚踏开关
footpedal	腳踏板	踏み子	脚踏板
foot-pound	英尺-磅〔功的單位〕	フートポンド	英尺-磅〔功的单位〕
footpower lathe	腳踏車床	足踏み旋盤	脚踏车床
footstep bearing	立軸承	うす軸受け	立轴承
force	力	力	力;压力
— and exhaust pump	壓力排氣泵	押込み排出ポンプ	压力排气泵
— application	施力	加力	加力
— balance	力平衡	力の平衡	力平衡
— balanced sensor	力平衡型感測器	力平衡形変換器	力平衡型传感器
— balancing method	力平衡法	力平衡法	力平衡法
— closure	力鎖合	力閉じこめ	力锁合
— component	分力	力の成分	分力
— couple	力偶	偶力	力偶
— density	力密度	力密度	力密度
— diagram	力線圖	ポンチ力線図	力线图
— drying	強制乾燥	強制乾燥	强制乾燥
— factor	(加)力因數	力係数	(加)力因数
— feed	壓力進給法	フォースフィード	强迫进给
— feed oiler	壓力注油器	押込注油器	压力注油器
— feedback	力反饋	力フィードバック	力反馈
— feedback control	力反饋控制	力フィードバック制御	力反馈控制
— fit	壓入配合	圧力ばめ	压力装配
— free field	無力場	力の及ばない場	无力场
— ga(u)ge	測力規	フォースゲージ	测力器
— of attraction	吸力	引力	吸力
— of buoyancy	浮力	浮力	浮力
— of constraint	拘束力	拘束力	拘束力
— of gravity	重力	重力	重力
— of inertia	慣性力	慣性抵抗	惯性力
— piston	模塞	押型	模塞
— plate	壓模板	押型板	压模板
— plug	模塞	押込みプラグ	模塞
— plunger	(擠壓)柱塞	押込みプランジャ	(挤压)模塞
— polygon	力多邊形	力の多角形	力多边形
— pump	壓力泵	押上〔込〕ポンプ	压力泵

英文	臺灣	日文	大陸
forced action	強制作用	強制作用	强制作用
— air	壓縮空氣	押込み空気	压缩空气
— air circulation oven	強制空氣循環爐	強制空気循環炉	强制空气循环炉
— air cooling	強迫氣冷	強制空冷	强迫气冷
— air draft oven	強制通風爐	強制通風炉	强制通风炉
— circulating mixer	強制式攪拌機	強制混合ミキサ	强制式搅拌机
— circulation	壓流循環	強制循環	强制循环
— circulation cooling	壓流循環冷卻	強制循環冷却	强制循环冷却
— circulation evaporator	壓流循環蒸發器	強制循環形蒸発かん	强制循环式蒸发器
— circulation mixer	壓流式攪拌機	強制混合ミキサ	强制式搅拌机
— circulation system	壓流循環系統〔方式〕	ポンプ循環式	强制循环系统〔方式〕
— convection	強制對流	強制対流	强制对流
— cooling	壓流冷卻	急速冷却	急速冷却
— deformation	受力變形	強制変形	受迫变形
— draft air cooler	壓力通風空氣冷卻器	強制通風形空気冷却器	压力通风空气冷却器
— draft condenser	壓力通風型冷凝器	強制通風形凝縮器	强制通风型冷凝器
— draft cooler	壓力通風冷卻器	強制通風冷却器	强制通风冷却器
— draft front	壓力通風爐口	強制通風たきぐち	强制通风炉口
— draft furnace	壓力通風熱風爐	強制通風湿気炉	强制通风热风炉
— draft oven	壓力通風爐	強制通風炉	强制通风炉
— draft system	壓力通風系統〔方式〕	押込み通風式	强制通风系统〔方式〕
— drainage	強制排洩	強制排流	强制排流
— draught	強制通風	強制通風	强制通风
— draught fan	壓力鼓風機	押込み送風機	压力鼓风机
— feed	壓力進給	強制送り	强迫进给
— feed hopper	壓力供〔加〕料機	押込み供給ホッパー	压力供〔加〕料机
— feed lubrication	強制潤滑(法)	強制潤滑	强制润滑(法)
— feed oiler	壓力潤滑器	押込み注油器	压力润滑器
— flue type	強制通風式	強制給排気式	强制通风式
— hot air oven	強迫循環熱風爐	強制循環熱風炉	强迫循环热风炉
— lubricating equipment	壓力潤滑裝置	軸受強制給油装置	强制润滑装置
— lubricating pump	壓力潤滑泵	圧力潤滑ポンプ	压力润滑泵
— lubrication drawing	強制潤滑拉伸	強制潤滑深絞り法	强制润滑拉深
— lubricator	強制潤滑器	押込み注油器	强制润滑器
— mixer	強制式拌和機	強制練りミキサ	强制式拌和机
— stroke	工作衝程	動作歩進	工作冲程
— system of ventilation	壓力通風方式	押込み式方式	强制通风方式
— ventilating dryer	壓力通風式乾燥機	強制通風式乾燥機	强制通风式乾燥机
— ventilation	壓力通風	強制換気〔通風〕	强制通风
— vibration	強迫振動	強制振動	强制振动

英文	臺灣	日文	大陸
— wind vent	強制通風排氣	風力換気	强制通风排气
forced-oil cooling	強制油冷卻	送油冷却	强制油冷却
— forced-air cool	油浸風冷式	送油風冷式	油浸风冷式
— self-cool	油浸自冷式	送油自冷式	油浸自冷式
— transformer	油浸式變壓器	送油式変圧器	油浸式变压器
— water-cool	油浸水冷式	送油水冷式	油浸水冷式
forcer	壓力泵活塞	押上ポンプピストン	压力泵活塞
forcing	擠壓	押込み	挤压
— draft	強制通風	押込通気	强制通风
— machine	擠壓機	フォーシング機	挤压机
— pump	壓力泵	押上ポンプ	压力泵
— valve	增壓閥	押上弁	增压阀
fore axle	前軸	前軸	前轴
— bearing	前軸承	前軸受	前轴承
— blow	空吹(鑄造)	空吹き	预鼓风
— cooler	預冷器	予冷器	预冷器
— end of shaft	軸前端	軸先端	轴前端
— hearth	預熱爐	ため炉	预热炉
— pressure	預抽壓力	前圧力	预抽压力
— pump	預抽真空泵	前置ポンプ	预抽真空泵
forebreast	出鐵口泥塞	栓前	出铁口泥塞
foreground welding	前傾熔接	前進溶接	前进溶接;左焊法
forehand welding	前傾熔接法	前進溶接	左向焊接〔气焊〕
forelock	開口銷	留栓	开口销
— bolt	帶銷螺栓	留栓ボルト	带销螺栓
forge	鍛工場;鍛爐	鍛造	锻造
— bellows	鍛爐風箱	かじ用ふいご	锻炉风箱
— coal	鍛造用煤	鍛造用炭	锻造用煤
— crane	鍛造起重機	かじ用クレーン	锻造起重机
— fire	鍛用火爐	ほど	锻工炉
— iron	可鍛鐵	可鍛鉄	可锻铁
— master	鍛造加熱控制裝置	フォージマスタ	锻造加热控制装置
— pig iron	鍛生鐵	パドル用銑鉄	锻生铁
— ratio	鍛造比	鍛錬成形比	锻造比
— scale	鍛造氧化皮	鍛造スケール	锻造氧化皮
— shop	鍛工場	鍛工場	锻工场
— time	鍛壓時間	鍛圧時間	锻压时间
— welder	鍛接機	鍛接器	锻焊机
forgeability	可鍛性	可鍛性	可锻性
forged crossing	鍛造撤叉	鍛造クロッシング	锻造撤叉

F

英　文	臺　灣	日　文	大　陸
— flange	軸端鍛造連接凸緣	作出しフランジ	轴端锻造连接凸缘
— flange shaft coupling	軸端鍛出凸緣接頭	作出しフランジ軸継手	轴端锻出凸缘接头
— hardening	鍛造後直接淬火	鍛造焼入れ	锻造後直接淬火
— iron	鍛鐵	鍛鉄	锻铁
— main disc	鍛造主板	鍛造主板	锻造主板
— scrap	鍛造廢料	積み地金	锻造废料
— side disc	鍛造側板	鍛造側板	锻造侧板
— steel	鍛鋼	鍛鋼	锻钢
forge-delay time	(點焊的)加壓滯後時間	加圧遅れ時間	(点焊的)加压滞後时间
forgeweld joint	鍛焊接頭	鍛接継手	锻焊接头
forging	鍛造	鍛造	锻造
— brass	可鍛黃銅	可鍛黄銅	可锻黄铜
— die	鍛模	鍛造型	锻模
— drawing	鍛件圖	鍛造図	锻件图
— hammer	鍛錘	鍛造ハンマ	锻锤
— machine	鍛造機	鍛造機	锻造机
— manipulator	鍛造用機械手	鍛造用マニプレータ	锻造用机械手
— press	鍛壓機	鍛造プレス	锻压机
— roll	鍛造輥	フォージングロール	锻造辊
— steel	鍛鋼	鍛鋼	锻钢
— temperature	鍛造溫度	鍛造温度	锻造温度
— test	鍛壓試驗	鍛造試験	锻压试验
— tongs	鍛工鉗	鍛造用はし	锻工钳
— tool	鍛造用工具	鍛造用工具	锻造用工具
forgings	鍛件	鍛造品	锻件
fork	抓斗;叉	三しゃ器	抓斗;叉
— arm	叉臂	フォークアーム	叉臂
— connection	插頭連接	フォーク結線	插头连接
— contact type	雙接點式	双子接点型	双接点式
— end	叉端	二又	叉端
— ga(u)ge	叉規	ホークゲージ	叉规
— junction	Y形交叉	フォーク型交差	Y形交叉
— lift	叉架升降機;堆高車(機)	フォークリフト	升降叉车
— link	叉形活節	二又リンク	叉形杆
— spanner	堆高車	二又スパナ	叉形扳手
— truck	叉式起重車	フォークリフト	叉式起重车
— weld	嵌熔接	矢はず溶接	V形坡口焊接〔缝〕
— wrench	叉形扳手	二又ねじ回	叉形扳手
forked bent lever	叉形曲槓桿	二又曲りてこ	叉形曲杠杆
— chain	支鏈	さ状炭素鎖	支链

英文	臺灣	日文	大陸
— connecting rod	叉頭連桿	二又連接棒	叉头连杆
— strap	V形鐵帶	V形金物	V形铁带
— tenon	叉接榫舌	かみ合せほぞ	叉接榫舌
form	樣式;型	型枠	模子〔壳〕
— accuracy	形狀精度	形状精度	成形精度
— and curl die	成形捲邊模	成形カール型	成形卷边模
— bar	仿形尺	フォームバー	仿形尺
— bite	成形車刀	総形バイト	成形车刀
— block	成形模	成形ダイス	成形模
— coefficient	形狀係數	形状係数	形状系数
— drag coefficient	形狀阻力係數	形状抵抗係数	形状阻力系数
— effect	形狀效應	形状効果	形状效应
— elasticity	形狀彈性	形状弾性	形状弹性
— error	形狀誤差	形状誤差	形状误差
— factor	形狀因數	形状（影響）係数	形状(影响)系数
— ga(u)ge	成形件定位裝置	成形品用位置決めゲージ	成形件定位装置
— grinding	成形磨削	総形研削	成形磨削
— milling	型銑法	総形フライス削り	仿形铣削
— mold	成形塑膜	二次成形型	成形塑膜
— oil	脫模劑	はく離剤	脱模剂
— panel	模板	型枠パネル	模板
— plywood	模板用膠合板	型枠用合板	模板用胶合板
— removal	脫模	脱型	脱模
— resistance	形狀阻力	形状抵抗	形状阻力
— retention	外形尺寸穩定性	形状保留性	外形尺寸稳定性
— rolling	壓延成形	成形圧延	压延成形
— tolerance	形狀公差	形状公差	形状公差
— tracer	成形靠模	フォームトレーサ	成形靠模
— turning	成形車削	総形削り	成形车削
— vibrator	模型振動器	型枠振動機	外部振捣器
formablity	可成形性	成形性	可成形性
formed	成形加工	フォームド	成形加工
— body	成形體	成形体	成形体
— conductor	成形導體	成形導体	成形导体
— container	熱成形容器	熱成形容器	热成形容器
— cutter	成形銑刀	総形フライス	成形铣刀
— dresser	(砂輪)成形修整器	フォームドドレッサ	(砂轮)成形修整器
— end mill	成形立銑刀	総形エンドミル	成形立铣刀
— member	成形構件	形付け材	成形构件
— piece	成形件	二次成形品	成形件

F

英文	臺灣	日文	大陸
— tool	成形工具	成形工具	成形工具
former	彎邊模	巻型	弯边模
— winding	模繞法	型巻	模绕法
former-wound coil	模繞線圈	型巻コイル	模绕线圈
forming	型成	成形加工	成形加工
— agent	發泡劑	起泡剤	发泡剂
— and flattening die	成形校平模	成形-ならし型	成形校平模
— box	造型箱	フォーミングボックス	造型箱
— by compression	壓縮成形	圧縮加工	压缩成形
— by rolling	滾軋成形	転造加工法	滚轧成形
— clay	鑄模用黏土	鋳型用粘土	铸模用黏土
— cutter	型成刀具	フォーミングカッタ	成形刀具
— die	型成模	成形型	成形模
— dresser	(砂輪)成形修整器	フォーミングドレッサ	(砂轮)成形修整器
— force	型成力	二次成形力	成形力
— mold	型成塑模	二次成形型	成形塑模
— of a blank	胚料成形	打抜板の二次成形	胚料成形
— package	型成部件	成形パッケージ	成形部件
— packing	模壓泊墊	成形パッキン	模压密封圈
— path	型成過程	成形経路	成形过程
— performance	型成性	成形能	成形性
— process	型成過程	形成過程	成形过程
— punch	型成凸模	成形用ポンチ	成形凸模
— rate	型成率	成形度	成形率
— rest	靠模刀架	フォーミングレスト	靠模刀架
— roll	型成輥	成形ロール	成形轧辊
— tool	型成工具	二次成形用具	成形刀(具)
form-relieved cutter	鏟齒銑刀	二番取りフライス	铲齿铣刀
fortuitous distortion	偶發畸變	不規則ひずみ	偶发畸变
forward	前向的	正方向	正向的
— and back extrusion	正反向擠壓	前後方押出し	正反向挤压
— direction	正向	順方向	正向
— eccentric	推進偏心軸	前進偏心輪	推进偏心轴
— edge	前緣	前縁	前缘
— end	前端	前端	前端
— extrusion	順向擠壓	前方押出し	顺向挤压
— flow	前進流	前進流	前进流
— gear	前進裝置	前進装置	前进装置
— motion	前進運動	前進運動	前进运动
— mutation	正向突變	正突然変異	正向突变

英文	臺灣	日文	大陸
— slope	正斜面	前方斜面	正斜面
— stroke	前進衝程〔行程〕	前進行程	前进冲程〔行程〕
— tension	前拉力	前方張力	前拉力
— welding	前進熔接	前進溶接	左向焊接〔气焊〕
foundation	地脚;基礎	土台	底座
— beam	基礎梁	基礎ばり	基础梁
— bolt	底脚螺栓	基礎ボルト	地脚螺丝
— brake gear	制動傳動裝置	基礎ブレーキ装置	制动传动装置
— brake rigging	基本軔基裝置	基礎ブレーキ装置	制动传动机构
— plate	底板	基礎板	基座板
founding	鑄造	鋳造	铸造
foundry	鑄造;鑄工廠	鋳物場	铸件
— coke	鑄焦	鋳物用コークス	铸造用焦炭
— defect	鑄疵	鋳きず	铸造缺陷
— dressing shop	鑄件清理工場	鋳物仕上げ工場	铸件清理车间
— iron	鑄鐵	鋳鉄	铸铁
— ladle	澆筒	注湯取べ	浇(注)包
— losses	鑄損	鋳損じ	铸造损耗
— mo(u)lding	(鑄模)造型	鋳型造形	(铸模)造型
— nail	鑄造用釘	冷しくぎ	型钉
— pit	鑄錠坑	鋳物場ピット	铸锭坑
— pig iron	鑄用生鐵	鋳物用銑鉄	铸造生铁
— resin	鑄造用樹脂	鋳物用樹脂	铸造用树脂
— sand	鑄造用砂	鋳型砂	铸造用砂
— scale	鑄件尺寸	鋳物スケール	铸件尺寸
— stove	烘模爐	鋳型乾燥炉	铸型乾燥炉
— type metal	鑄造活字合金	鋳造活字合金	铸造活字合金
fountain	出鋼槽	出湯とう	出钢槽
— equipment	噴水設備	噴水設備	喷水设备
— head	噴水頭	噴水頭部	喷水头
four active gauge method	四動臂(橋式)應變計法	四アクチブゲージ法	四动臂(桥式)应变计法
— arm cross handle	十字手柄	十字ハンドル	十字手柄
— bladed propeller	四葉螺旋漿	四つ羽根プロペラ	四叶螺旋桨
— stroke	四衝程	四(行程)サイクル	四冲程
— cycle engine	四衝程發動機	四サイクル機関	四冲程发动机
— groove reamer	四槽鉸刀	四つ溝リーマ	四槽铰刀
— groove drill	四槽鑽頭	四つ溝ぎり	四槽钻头
— port connection valve	四通閥	四ポート弁	四通阀
— position valve	四位換向閥	四位置弁	四位换向阀
four-ball test	四球機摩擦試驗	フォアボールテスト	四球机摩擦试验

英文	臺灣	日文	大陸
four-bowl calender	四輥壓延機	四本ロールカレンダ	四辊压延机
four-high end stand	四輥終軋機座	四段圧延仕上げスタンド	四辊终轧机座
— mill	四輥軋機	四段圧延機	四辊轧机
— stand	四輥軋機機座	四段圧延スタンド	四辊轧机机座
four-pin type die set	四導柱式模座	四柱式ダイセット	四导柱式模架
four-roll calender	四輥壓延機	四本ロールカレンダ	四辊压延机
four-socket cross pipe	四承十字管	四承十字管	四承十字管
four-way branch	四通管	四さ管	四通管
— die block	四面有V型槽的模塊	四面ダイブロック	四面有V型槽的模块
— valve	四通閥	四通弁	四通阀
four-wheel brake	四輪制動器	四輪ブレーキ	四轮制动器
— drive	四輪驅動	四輪駆動	四轮驱动
fox	繩索	フォックス	绳索
— bolt	開尾螺栓	ありボルト	开尾螺栓
foxtail saw	手鋸	手びきのこぎり	手锯
fractional steel plate	化學被膜生成處理鋼板	化成処理鋼板	化学被膜生成处理钢板
— voidage	孔隙率	空間率	孔隙率
fractograph	金屬斷面的顯微鏡照片	破面〔検査〕写真	金属断面的显微镜照片
fractography	斷口組織試驗	破面解析	断口组织试验
fracture	破裂(面)	破面	断裂(面)
— arrest temperature	止裂溫度	クラック阻止温度	止裂温度
— by separation	分離斷裂	分離破壊	分离断裂
— by shock	衝擊破壞	衝撃破壊	冲击破坏
— energy	破壞能量	破壊エネルギー	破坏能量
— initiation temperature	起裂溫度	クラック発生温度	起裂温度
— load	破裂負荷	破壊荷重	破坏载荷
— mechanics	破裂力學	破壊力学	断裂力学
— mode	破裂形式	破壊様式	断裂形式
— point	破裂點	破断点	断裂点
— propagation	裂紋擴展	クラックの伝ぱ	裂纹扩展
— resistance	耐斷裂能力	耐破壊性	耐断裂能力
— speed	破裂速率	クラック速度	断裂速率
— strength	破裂強度	破壊強さ	断裂强度
— stress	破裂應力	破壊応力	断裂应力
— surface	破裂表面	破断面	破裂表面
— test	破裂試驗	破面試験	断裂试验
— texture	斷口構造	破面模様	断口构造
— toughness	破裂韌性	破壊じん性	断裂韧性
— transition temperature	斷口轉變溫度	破面遷移温度	断口转变温度
— zone	破裂帶	破砕帯	断裂带

英文	臺灣	日文	大陸
fractured surface	斷面	破面	断面
— zone	破碎帶	破砕帯	破碎带
fragmentation of grains	晶粒碎裂	結晶粒微細化	晶粒碎裂
fragmenting	破碎	細分化	破碎
fraise	銑刀;絞刀;擴孔鑽	フライス	铣刀;绞刀;扩孔钻
— adapter	銑床附件	フライスアダプタ	铣床附件
— head	銑頭	フライスヘッド	铣头
— jig	銑床夾具	フライスジグ	铣床夹具
— milling	銑削(加工)	フライス削り	铣削(加工)
— unit	銑削動力頭	フライスユニット	铣削动力头
frame	框架	架構	框架
— body plan	框體平面圖	フレーム正面図	肋骨型线图
— cutting	平行式剪切	フレームカッテング	平行式剪切
— ground	機架接地	フレーム接地	机架接地
— planer	龍門式自動氣割機	プレーナ溶断機	龙门式自动气割机
— saw	架鋸	おさのこ盤	架锯
— sawing machine	多鋸條框鋸機	おさのこ盤	多锯条框锯机
— square sets	支柱式支架	支柱式支保工	支柱式支架
— straightener	車架矯正裝置	フレーム矯正機	车架矫正装置
— structure	構架結構	枠組構造	构架结构
— work	框架(結構)	架構	框架(结构)
— work structure	網狀構造	網(目)状構造	网状构造
framed and braced door	有支撐的框架門	筋違入り組戸	有支撑的框架门
— cantilever bridge	多跨靜定桁架橋	ゲルバートラス橋	多跨静定桁架桥
— girder	框架梁	骨組けた	框架梁
— vencer saw	鑲框膠合板鋸	かぶせ板のこ	镶框胶合板锯
framesite	黑鑽石	フレーメス石	黑钻石
framework bogie	框架式轉向架	枠組ボギー台車	框架式转向架
Francis turbine	軸向輻流式水輪機	フランシス型水車	轴向辐流式水轮机
— type pump	法蘭西式泵	フランシス形ポンプ	法兰西式泵
frangibility	脆度	ぜい性	脆度
fraze	端頭銑刀	切断まくれ	端头铣刀
free area	有效面積	正味面積	有效面积
— atom	自由原子	遊離原子	自由原子
— bend test	自由彎曲試驗	自由曲げ試験	自由弯曲试验
— bend test specimen	自由彎曲試片〔樣〕	自由曲げ試験片	自由弯曲试片〔样〕
— bending	自由彎曲	自由曲げ	自由弯曲
— blow forming	自由吹脹成形	フリーブロー成形	自由吹胀成形
— body	分離體	自由物体	自由体
— body diagrams	分離體圖	切断釣合図	自由体图

F

英文	臺灣	日文	大陸
— carbon	游離碳	遊離炭素	游离碳
— carbon dioxide	游離二氧化碳	遊離炭酸	游离二氧化碳
— cementite	游離雪明碳鐵	遊離セメンタイト	游离渗碳体
— charge	自由電荷	見掛け電荷	自由电荷
— contraction	自由收縮	自由収縮	自由收缩
— convection	自然對流	自由対流	自然对流
— cooling	自由冷卻	フリークーリング	自由冷却
— corner	不連角隅	自由隅角部	不连角隅
— curve roller	自由彎曲輥式輸送機	フリーカーブローラ	自由弯曲辊式输送机
— cutting	高速〔崩碎〕切屑	フリーカッティング	高速〔崩碎〕切屑
— cutting brass	易切(削)黃銅	快削黄銅	易切(削)黄铜
— cutting steel	易切(削)鋼	快削鋼	易切(削)钢
— diffusion	自由擴散	自由拡散	自由扩散
— drawing	自由拉伸	フリードロー成形	自由拉深
— edge	無支承邊	自由縁	无支承边
— electric charge	自由電荷	自由電荷	自由电荷
— electron	自由電子	自由電子	自由电子
— end	活動端	自由端	活动支座
— energy	自由能	自由エネルギ	自由能
— expansion	自由膨脹	自由膨張	自由膨胀
— face	自由面	自由面	自由面
— ferrite	單體肥粒鐵	遊離フェライト	游离铁素体
— field	自由電場	フリーフィールド	自由电场
— fit	自由配合	遊びはめ	自由配合
— forging	自由鍛造	自由鍛造	自由锻造
— forming	自由成形	自由成形	自由成形
— gap	游隙	フリーギャップ	游隙
— gas model	游離氣體模型	自由ガス模型	游离气体模型
— gear	游動齒輪	フリーギヤー	游动齿轮
— hand drawing	徒手畫	自在画	徒手画
— layer	游離層	自由層	游离层
— length of spring	彈簧的自由長度	ばねの自由長さ	弹簧的自由长度
— piercing	自由穿孔	自由せん孔	自由穿孔
— piston compressor	自由活塞壓縮機	自由ピストン圧縮機	自由活塞式压缩机
— piston engine	自由活塞動力機	自由ピストン機関	自由活塞式发动机
— punch	無導向凸模	ガイドレス-ポンチ	无导向凸模
— rotation	自由旋轉	自由回転	自由转动
— side bearing	自由側軸承	自由側軸受	自由侧轴承
— sketch	徒手畫	フリースケッチ	徒手画
— state	自由狀態	遊離状態	游离状态

英文	臺灣	日文	大陸
— stroke	自由行程	フリーストローク	自由行程
— support	自由支撐	自由支持	自由支撑
— surface	自由表面	自由水面	自由表面
— travel	自由行程	自由走行距離	自由行程
— vacuum forming	自由真空成形	フリー真空成形	自由真空成形
freedom	自由度	フリードーム	自由度
freehand drawing	徒手圖	フリーハンド図	徒手图
— grinding	手持磨削	自由研削	手持磨削
free-machinability	易切削性能	快削性	易切削性能
free-machining material	易切削材料	快削材料	易切削材料
freewheel	游滑輪	フリーホイール装置	游滑轮
freeze	冷凍	凍結	冷冻
— etching	冰凍蝕刻	フリーズエッチング	冰冻蚀刻
— fracturing	冰凍斷裂術	フリーズ分断法	冰冻断裂术
— thaw stability	凍熔穩定性	凍解安定性	冻熔稳定性
— thaw test	凍熔試驗	凍結融解試験	冻熔试验
freezing	凝固	凝固	凝固
— capacity	冷凍能力	冷凍能力	冷冻能力
— curve	冷凝曲線	冰点曲線	冷凝曲线
— cycle	凝固周期	凍結サイクル	凝固周期
— machinery oil	冷凍機油	冷凍機油	冷冻机油
— medium	冷凍劑	寒剤	冷冻剂
— method	凍結法	凍結工法	冻结法
— mixture	冷凍劑	凍結剤	冷却剂
— point	凝固點	凝固点	凝固点
— point method	冰點法	冰点法	冰点法
— store	冷凍庫	冷凍庫	冷冻库
— tank	凍結槽	凍結タンク	冻结槽
— temperature	凝固溫度	凍結温度	冻结温度
— test	冰點的測定	凍結試験	冰点的测定
— treatment	凍結處理	凍結処理	冻结处理
freezing-in	凍結	凍結	冻结
French chalk	滑石(粉)	フレンチチョーク	滑石(粉)
— curve	曲線板	雲形定規	曲线板
— scarf joint	斜嵌接(頭)	追掛け継手	斜嵌接(头)
frenchman	接頭修整工具	目地心金	接头修整工具
frequency	頻率	周波数	频率
— filter	頻率濾波器	周波数フィルタ	频率滤波器
— range	頻率範圍	周波数範囲	频率范围
— rate	頻率變化率	度数率	频率变化率

英文	臺灣	日文	大陸
— ratio	頻率比	振動数比	频率比
— relay	頻率繼電器	周波数リレー	频率继电器
— response	頻率響應	周波数特性	频率响应
— response curve	頻率響應曲線	周波数応答曲線	频率响应曲线
freshman	生手	フレッシュマン	生手
fret	格子級;擦蝕	斜あや形	侵蚀;摩损
— mill	摩擦粉碎機	フレットミル	摩擦粉碎机
— sawing machine	鏤鋸機	糸のこ盤	线锯床
fretting	微振磨損	摩耗	微振磨损
— corrosion	摩擦腐蝕	擦過腐食	摩擦腐蚀
friability	易碎性	フライアビリティ	易碎性
friction	摩擦	摩擦	摩擦
— bolt	摩擦螺栓	フリクションボルト	摩擦螺栓
— brake	摩擦制動器	摩擦制動	摩擦制动器
— by rolling	滾動摩擦	転り摩擦	滚动摩擦
— by sliding	滑動摩擦	滑り摩擦	滑动摩擦
— calender	摩擦軋光機	摩擦光沢機	摩擦轧光机
— calendering	摩擦滾壓	フリクション操作	摩擦研光
— catch	摩擦掣子	フリクションキャッチ	弹簧锁
— circle analysis	摩擦圓(分析)法	摩擦円法	摩擦圆(分析)法
— clip coupling	圓柱形摩擦聯軸器	摩擦筒形継手	圆柱形摩擦联轴节
— clutch	摩擦離合器	摩擦クラッチ	摩擦离合器
— compensation	摩擦補償	摩擦補償	摩擦补偿
— cone	摩擦圓錐	摩擦円すい	摩擦圆锥
— coupling	摩擦聯軸器	摩擦継手	摩擦联轴节
— cutting	摩擦切割〔切斷〕	摩擦切断	摩擦切割〔切断〕
— cylinder	摩擦軋光機〔紡織〕	フリクションブッシュ	摩擦轧光机〔纺织〕
— damper	摩擦減振器	摩擦ダンパ	摩擦减震器
— disc	摩擦圓盤	摩擦円板	摩擦片
— disc welding	摩擦盤焊接法	摩擦板溶接	摩擦盘焊接法
— draft gear	摩擦牽引裝置	摩擦引張装置	摩擦牵引装置
— drilling machine	摩擦鑽床〔機〕	摩擦ボール盤	摩擦钻床〔机〕
— drive	摩擦驅動	摩擦駆動	摩擦传动
— drop hammer	摩擦落錘	摩擦落しハンマ	摩擦落锤
— dynamometer	摩擦測力計	摩擦動力計	摩擦测力计
— electric machine	摩擦起電器	摩擦起電機	摩擦起电器
— electromagnetic brake	摩擦式電磁閥	摩擦式電磁ブレーキ	摩擦式电磁阀
— energy	摩擦能	摩擦エネルギー	摩擦能
— factor	摩擦因數	摩擦係数	摩擦系数
— gear	摩擦機構	摩擦車	摩擦轮

英文	臺灣	日文	大陸
— governor	摩擦調速器	摩擦調速機	摩擦调速器
— grip	摩擦夾鉗	摩擦つかみ	摩擦夹紧装置
— grip bolt	摩擦夾緊螺釘	摩擦接合ボルト	摩擦夹紧螺钉
— hinge	摩阻鉸鏈	フリクション丁番	摩阻铰链
— horsepower	摩擦馬力	摩擦馬力	摩擦功率
— loss coefficient	摩擦損失係數	摩擦損失係数	摩擦损失系数
— loss of duct	管道摩擦損失	ダクト摩擦損失	管道摩擦损失
— material	摩擦材料	摩擦材料	摩擦材料
— meter	摩擦係數測定儀	摩擦計	摩擦系数测定仪
— of rolling	滾動摩擦	転動摩擦	滚动摩擦
— of vibration	振動摩擦	振動摩擦	振动摩擦
— oxidation	摩擦氧化	摩擦酸化	摩擦氧化
— pad	摩擦墊片	摩擦パッド	摩擦垫片
— plate	摩擦板〔片〕	摩擦板	摩擦板〔片〕
— press	摩擦式壓機	摩擦プレス	摩擦压力机
— pressure welding	摩擦〔壓〕焊	摩擦圧接	摩擦〔压〕焊
— property	摩擦特性	摩擦特性	摩擦特性
— pulley	摩擦輪	摩擦車	摩擦轮
— ratio	摩擦泵比	フリクション比	摩擦泵比
— ring	齒形防鬆墊圈	菊座金	齿形防松垫圈
— roller	摩擦滾柱	摩擦ころ	摩擦滚柱
— saw	摩擦鋸	摩擦のこ	摩擦锯
— sawing machine	摩擦鋸床	高速切断機	摩擦锯床
— screw press	摩擦螺旋壓機	摩擦プレス	摩擦压力机
— sensitivity	摩擦敏感度	摩擦感度	摩擦敏感度
— shaft coupling	摩擦聯軸器〔器〕	摩擦継手	摩擦联轴节〔器〕
— sheave	摩擦(偏心)盤	摩擦盤	摩擦(偏心)盘
— stop	摩擦限動器	フリクションストップ	摩擦限动器
— stopping device	摩擦停止裝置	摩擦停止装置	摩擦停止装置
— stress	摩擦應力	摩擦応力	摩擦应力
— surface	摩擦面	摩擦面	摩擦面
— tape	摩擦膠帶	フリクションテープ	摩擦带
— test	摩擦試驗	はく離試験	摩擦试验
— tester	摩擦試驗機	摩擦試験機	摩擦试验机
— torque	摩擦扭矩	摩擦回転力	摩擦扭矩
— transmission	摩擦傳動	摩擦駆動	摩擦传动
— velocity	摩擦速度	摩擦速度	摩擦速度
— welding	摩擦熔接	摩擦溶接	摩擦焊
— wheel	摩擦輪	摩擦車	摩擦轮
— winder	摩擦捲線機	摩擦巻取機	摩擦卷线机

F

英文	臺灣	日文	大陸
— winding	摩擦提升	ケーペ巻	摩擦提升
frictional angle	摩擦角	摩擦角	摩擦角
— characteristic	摩擦特性	摩擦特性	摩擦特性
— coefficient	摩擦係數	摩擦係数	摩擦系数
— corrosion	摩擦腐蝕	擦り腐食	摩擦腐蚀
— crushing	摩擦破碎	摩砕	摩擦破碎
— drag	摩擦阻力	摩擦抗力	摩擦阻力
— flow	摩擦流動	摩擦のある流れ	摩擦流动
— force	摩擦力	摩擦力	摩擦力
— head loss	摩擦頭損失	摩擦頭損失	摩擦头损失
— heat	摩擦熱	摩擦熱	摩擦热
— heat generation	摩擦發熱	摩擦発熱	摩擦发热
— heating	摩擦熱	摩擦発熱	摩擦热
— oscillation	摩擦振動	摩擦振動	摩擦振动
— resistance	摩擦阻力	摩擦抵抗	摩擦阻力
— silver plating	摩擦鍍銀	摩擦銀めっき法	摩擦镀银
— spin welding	旋轉摩擦焊	旋回摩擦溶接	旋转摩擦焊
— strain gauge	摩擦式應變規	摩擦型ゲージ	摩擦式应变仪
— surface	摩擦面	摩擦面	摩擦面
— wear	摩損	摩耗	摩损
— work	摩擦功	摩擦仕事	摩擦功
frictionless bearing	無摩擦軸承	無摩擦ベアリング	无摩擦轴承
frigory	千卡	フリゴリ	千卡
fringe	干涉帶	干渉しま	干涉带
— effect	邊緣效應	フリンジエフェクト	边缘效应
— method	干涉帶法	フリンジ法	干涉带法
— order	(干涉)條紋級數	しま次数	(干涉)条纹级数
— pattern	干涉圖形	しま模様	干涉图形
— signal circuit	干涉信號電路	フリンジ信号回路	干涉信号电路
— spacing	(干涉)條紋間隔	しま間隔	(干涉)条纹间隔
— stress	邊緣應力	フリンジ応力	边缘应力
fringing	鑲邊〔重合不良引起〕	フリンジング	镶边〔重合不良引起〕
— effect	邊緣效應	外縁効果	边缘效应
frit	玻璃料	白玉	玻璃料
— binder	玻璃料黏合劑	フリットバインダ	玻璃料黏合剂
— hearth	燒結爐	焼付け炉床	烧结炉
— kiln	燒結爐	フリット炉	烧结炉
— seal	玻璃料焊接〔封接〕	フリットシール	玻璃料焊接〔封接〕
fritting	燒結	焼結（粉）	烧结
front	正面	前面	正面

英文	臺灣	日文	大陸
— axle	前輪軸	前車軸	前轴
— axle weight	前軸載荷	前軸荷重	前轴载荷
— bearing	前軸承	前軸受	前轴承
— brake	前制動器	フロントブレーキ	前制动器
— burner	端部燃燒器	正面バーナ	端部燃烧器
— clearance angle	(車刀的)前隙角	前逃げ角	(车刀的)副後角
— connection	端部連接	表面接続	端部连接
— drive	前輪驅動	フロントドライブ	前轮驱动
— elevation	正視〔面〕圖	前面図	正视〔面〕图
— end	前端	前端	前端
— engine	前置發動機	前部機関前輪駆動	前置发动机
— face	正面	正面	正面
— face of flight	前螺紋面	ねじ山の前面	前螺纹面
— fillet weld	正面角焊(縫)	前面すみ肉溶接	正面角焊(缝)
— focal point	前焦點	前側焦点	前焦点
— gear set	前齒輪組	フロントギヤーセット	前齿轮组
— glass	前面玻璃	前面ガラス	挡风玻璃
— lens	前透鏡	フロントレンズ	前透镜
— of lock	鎖緊面	錠面	锁紧面
— panel	前檔板	前扳	前挡板
— platen	固定模板	固定盤	固定模板
— print	正面打印(法)	フロントプリント	正面打印(法)
— rake	前角	すくい角	前角
— roll	前輥	前ロール	前辊
— sight	準星	照星	准星
— slagging spout	爐前出渣口〔槽〕	前方除さいどい	炉前出渣口〔槽〕
— slide	前滑板〔塊〕	前送り台	前滑板〔块〕
— terminal type	正面端子型	前面端子形	正面端子型
— top rake	前面頂斜角〔車刀的〕	前すくい角	副前角〔车刀的〕
— travel	前行程	フロントトラベル	前行程
— view	正視圖	正面図	正视图
— wheel	前輪	前輪	前轮
frontage	正面寬度	間口	正面宽度
frontal	正面(的)	フロンタール	正面(的)
— area	迎風面積	前面面積	正投影面积
— fillet weld	正面角焊(縫)	前面すみ肉溶接	正面角焊(缝)
froth	泡沫	浮さい	浮渣
— degumming	發泡脫膠	あわ練り	发泡脱胶
— fire extinguisher	泡沫滅火機	泡消火器	泡沫灭火机
— flotation	泡沫浮選	フロス浮選	泡沫浮选法

英文	臺灣	日文	大陸
frothing agent	起泡劑	起泡剤	起泡剂
— machine	發泡機	発泡機	发泡机
— test	起泡試驗	泡立ち試験	起泡试验
FS alloy	鍛鋼合金	FS 合金	锻钢合金
fubular film process	吹塑薄膜成形法	インフレーション法	吹塑薄膜成形法
fuel	燃料	燃料	燃料
— additives	燃料添加劑	燃料添加物	燃料添加剂
— burning equipment	燃燒裝置	燃焼装置	燃烧装置
— capacity	燃料容量	燃料容量	燃料容量
— cell	燃料電池	燃料電池	燃料箱
— consumption	燃料消耗量	燃料消費量	燃料消耗量
— consumption rate	燃料消耗率	燃料消費率	燃料消耗率
— container	燃料箱	燃料容器	燃料箱
— control system	燃料控制系統	燃料転換	燃料控制系统
— conversion factor	燃料轉換率	燃料転換率	燃料转换率
— cost	燃料費	燃料費	燃料费
— cycle	燃料循環	燃料サイクル	燃料循环
— feed pump	供油泵	燃料供給ポンプ	供油泵
— feed system	燃料供給系統	燃料供給装置	燃料供给系统
— filter	燃料過濾器	燃料ろ過器	燃料滤清器
— gas	體燃氣	燃料ガス	气体燃料
— gas firing equipment	煤氣燃燒裝置	ガス燃焼装置	煤气燃烧装置
— grab	燃料抓斗	燃料グラブ	燃料抓斗
— handling cask	(核)燃料裝卸容器	燃料取扱キャスク	(核)燃料装卸容器
— ignition temperature	燃料著火溫度	燃料着火温度	燃料着火温度
— indicator	油位指示器	燃料計	油位指示器
— industry	燃料工業	燃料工業	燃料工业
— injection pump	燃油噴射泵	燃料噴射ポンプ	喷油泵
— inventory	燃料裝載量	燃料インベントリー	燃料装载量
— kernel	燃料芯核	燃料核	燃料芯核
— level	燃料液面高度	燃料油面	燃料液面高度
— loading	裝(燃)料	燃料装荷	装(燃)料
— management	燃料管理	燃料管理	燃料管理
— manifold	燃料歧管	燃料マニホールド	燃料歧管
— meter	油量錶	燃料消耗計	油量表
— mixing combustion	燃料混合燃燒	混焼	混合燃烧
— mixture ratio	燃料混合比	燃料混合比	燃料混合比
— oil	燃(料)油	燃料油	燃(料)油
— oil additives	燃料添加劑	燃料油添加物	燃料添加剂
— oil booster pump	燃油增壓泵	燃料油ブースタポンプ	燃油增压泵

英　　文	臺　　灣	日　　文	大　　陸
— oil burner	燃油燃燒器	重油バーナ	燃油燃烧器
— oil control room	燃油控制室	燃料油制御室	燃油控制室
— oil distributing box	燃油分配箱	燃料油分配箱	燃油分配箱
— oil filter	燃油過濾器	燃料油こし	燃油过滤器
— oil heater	重油加熱器	重油加熱器	重油加热器
— oil stabilizer	燃油穩定劑	重油安定剤	燃油稳定剂
— oil strainer	燃油濾淨器	重油ストレーナ	燃油滤净器
— pin	燃料元件細棒	燃料ピン	燃料元件细棒
— pressure indicator	燃料壓力計	燃料圧力計	燃料压力计
— pump	燃油泵	燃料ポンプ	燃油泵
— purging system	燃料清洗裝置	燃料パージ装置	燃料清洗装置
— quantity ga(u)ge	燃油計	燃料計	燃油计
— rating	燃料(重量)比功率	燃料比出力	燃料(重量)比功率
— ratio	燃料成分比	燃料比	燃料比
— recycle	燃料再循環	燃料リサイクル	燃料再循环
— reprocessing	(核)燃料再處理	燃料再処理	(核)燃料再处理
— resistance	耐油性	耐燃料油性	耐油性
— shutoff valve	燃料切斷閥	燃料遮断弁	燃料切断阀
— slug	燃料塊	燃料スラグ	燃料块
— stıck	燃料棒	燃料スティック	燃料棒
— strainer	燃油過濾器〔濾清器〕	燃料ろ過器	燃油过滤器〔滤清器〕
— stringer	燃料棒	燃料ストリンガ	燃料棒
— supply system	燃料供給系統	燃料供給装置	燃料供给装置
— system	燃料系統	燃料系統	燃料系统
— tank	油箱	燃料槽	油箱
— tank vent system	油箱通風系統	燃料タンク通気系統	油箱通风系统
— tar	燃料焦油	燃料タール	燃料焦油
— transfer hose	燃料輸送軟管	燃料移送ホース	燃料输送软管
— treating equipment	燃料處理裝置	燃料処理装置	燃料处理装置
— value	燃料值	燃料比	燃料值
— vapo(u)r	燃料蒸氣	燃料蒸気	燃料蒸气
fueling	裝(燃)料	燃料注入	装(燃)料
fuelizer	燃料加熱裝置	フューエライザ	燃料加热装置
fuelometer	燃料消耗計	燃料消費計	燃料消耗计
fugacity	揮發性;有效壓力	逃散度	挥发性;有效压力
— coefficient	有效壓力係數	フガシティー係数	有效压力系数
Fujicoat	富士氯乙烯覆面鋼板	フジコート	富士氯乙烯覆面钢板
fulcrum	支承銷	支点	支承销
— shaft	轉軸	支点軸	转轴
full ageing	完全時效	完全時効	完全时效

F

英文	臺灣	日文	大陸
— annealing	完全退火	完全焼なまし	完全退火
— back arbor	強力刀柄	フルバックアーバ	强力刀柄
— back cutter	強力切削刀具	フルバックカッター	强力切削刀具
— brake	全制動	全制動	全制动
— bridge method	全橋式應變計(測量)法	四ゲージ法	全桥式应变计(测量)法
— buffer	全緩衝	フルバッファ	全缓冲
— close	全閉合	全閉	全闭合
— crawler	全履帶	フルクローラ	全履带
— cure	充分硫化	完全硬化	充分硫化
— cycle	全周期	全サイクル	全周期
— depth tooth	全齒	高歯	全齿高齿
— diameter	外徑	外径	外径
— diameter of thread	螺紋外徑	ねじの外径	螺纹外径
— Diesel	純柴油機	フルディーゼル	纯柴油机
— dip process	全浸法	フルディップ方式	全浸法
— dissociated operation	完全分離操作	完全非対応網構成	完全分离操作
— drive	全驅動	フルドライブ	全驱动
— dual system	完全對偶系統	完全デュアルシステム	完全对偶系统
— elliptic spring	全橢圓彈簧	だ円ばね	全椭圆形钢板弹簧
— face mask	全面(式面)罩	全面式マスク	全面(式面)罩
— figure	全圖	フルフィキュア	全图
— filled weld	滿角焊(縫)	全厚すみ肉溶接	满角焊(缝)
— fillet weld	全填角熔接	全厚隅肉溶接	全焊脚角焊缝
— flash mold	全溢出式塑膜	流出式金型	全溢出式塑膜
— floating	全浮動〔式〕	全浮動	全浮动〔式〕
— floating axle	(汽車的)全浮式(半)軸	全浮動軸	(汽车的)全浮式(半)轴
— flow	全開流量	全開流量	全开流量
— framing	有支撐的框架	筋違入構造	有支撑的框架
— fusion thermit welding	鋁熱劑熔化鑄焊	溶融テルミット溶接	铝热剂熔化铸焊
— gantry crane	龍門起重機	門形クレーン	龙门起重机
— hard	高硬度冷軋板材	硬質材	高硬度冷轧板材
— hardening	全硬化	フルハードニング	全硬化
— immersion method	完全浸漬法〔探傷〕	全沒水浸法	完全浸渍法〔探伤〕
— impulse voltage	全脈衝電壓	全衝撃波電圧	全脉冲电压
— lift valve	全升〔開〕閥	全持上げ弁	全升〔开〕阀
— line	實線	実線	实线
— load	滿載;全負載	全荷重	全荷重
— load current	滿載電流	全負荷電流	满载电流
— load equivalent hour	等效全負載時間	相当全負荷時間	等效全负荷时间
— load operation	滿(負)載運轉	全負荷運転	满(负)载运转

英文	臺灣	日文	大陸
— load running	滿載運行	全負荷運転	满载运行
— load saturation curve	全負載飽和曲線	全負荷飽和曲線	全负荷饱和曲线
— load troque	全負載扭矩	全負荷トルク	满载转矩
— mold process	全模法	フルモールド法	实型铸造法
— open	全開	全開	全开
— pattern	整體模樣	丸型	整体模样
— penetration	全焊透	完全溶込み	全焊透
— pipe flowing	滿管流送〔通〕	満管流	满管流送〔通〕
— piston	全活塞	全ピストン	全活塞
— power	全功率	全出力	全功率
— running	滿載運轉	フル稼動	满载运转
— screw	全螺紋螺釘	全スクリュー	全螺纹螺钉
— set	全組〔套〕	フルセット	全组〔套〕
— setting	全硬化	完全硬化	全硬化
— slice system	整片式	フルスライス方式	整片式
— speed	全速	全速	全速
— speed trial	全速運轉	全速力試運転	全速运转
— splice	全編結	全添接	全拼接〔叠接〕
— strength	全強度	全強度	全强度
— stroke	全衝程	フルストローク	全(冲)程
synchromesh	全同步嚙合	全同期かみ合い式	全同步啮合
— temper	高硬度冷軋板材	フルテンパー	高硬度冷轧板材
— thread	全螺紋	完全ねじ部	全螺纹
— throttle	全開節流閥	全開	全节流
— track vehicle	全履帶車輛	全装軌車（両）	全履带车辆
— trunk piston	全裙(式)活塞	完全円筒ピストン	全裙(式)活塞
— type ball bearing	無保持架滾動軸承	総玉軸受	无保持架滚动轴承
— V-thread	尖頂三角螺紋	完全Ｖ（山）ねじ	尖顶三角螺纹
— view	全視圖	全景	全视图
— wafer	整片	フルウェーハ	整片
— web beam	實腹梁	充腹ばり	实腹梁
— web-girder	實腹大〔主〕梁	充腹げた	实腹大〔主〕梁
— web member	實腹構件	充腹材	实腹构件
full-automatic control	全自動控制	全自動式制御	全自动控制
— prober	全自動探測器	フルォートプローバ	全自动探测器
— welding	全自動溶接	全自動溶接	全自动溶接
fuller	(半圓形)套柄鐵錘	半丸当てへし	(半圆形)套柄铁锤
fullest section	最大橫斷面	最大横断面	最大横断面
fulling grease	填塞用油脂	縮充用脂	填塞用油脂
full-scale drawing	原大(尺寸)圖	現尺図	原大(尺寸)图

F

英文	臺灣	日文	大陸
— fatigue test	整機疲勞試驗	全機疲労試験	整机疲劳试验
— manufacture	全規模生產	全規模生産	全规模生产
— model	全尺寸模型	実物大模型	全尺寸模型
— range	全刻度範圍	フルスケールレンジ	全刻度范围
— specimen	原尺寸樣品	現尺見本	原尺寸样品
— test	滿載試驗	現尺試験	满载试验
— tset equipment	實體試驗設備	全規模試験装置	实体试验设备
— value	滿度值	全目盛値	满度值
— wind tunnel	原尺寸風洞	実物風洞	原尺寸风洞
full-size	原尺寸圖	原寸図	原尺寸图
— drawing room	放大樣場地	現寸場	放大样场地
— test	實體試驗	実物大試験	实体试验
fully automated assembly	全自動裝配	完全自動組立	全自动装配
— automatic press	全自動沖床	全自動プレス	全自动压力机
— laden	(最大)滿載狀態	最大積載状態	(最大)满载状态
— plastic moment	全塑性彎矩	全塑性モーメント	全塑性弯矩
fully-enclosed motor	全封閉式電動機	全閉形モータ	全封闭式电动机
fully-killed steel	全靜鋼	完全キルド鋼	全镇静钢
functional check	功能檢查〔維修〕	機能試験（整備）	功能检查〔维修〕
— coating	機能塗料	機能塗料	机能涂料
— component	功能元件	機能部品	功能部件
— controllability	功能可控(制)性	機能可制御性	功能可控(制)性
— design	機能設計	機能設計	机能设计
— diagram	機能線	機能図	工作原理图
— filler	功能(性)填料	機能充てん剤	功能(性)填料
— materials	機能材料	機能材料	功能材料
— test	性能試驗	機能試験	性能试验
— unit	功能組件	機能ユニット	功能组件
funicular polygon	索多邊形	つるし多角形	索多边形
funnel	漏斗	漏斗	漏斗
— brick	漏斗形磚	漏斗れんが	漏斗形砖
— bulb	漏斗型管殼	ファンネルバルブ	漏斗型管壳
— guy	煙囪拉索	煙突控え	烟囱拉索
— hood	煙囪帽蓋	煙突ひさし	烟囱帽盖
— tube	漏斗管	煙突チューブ	烟囱管
furnace	爐	燃焼室	燃烧室
— atmosphere	爐內氣氛	炉内雰囲気	炉内气氛
— bed	爐床	炉床	炉床
— body	爐體	炉体	炉体
— bottom	爐床	炉床	炉床

英文	臺灣	日文	大陸
— burden	(高爐)裝料	高炉装入物	(高炉)装料
— charge	(高爐)裝料	高炉装入物	(高炉)装料
— clinker	爐渣塊	石炭がら	炉渣
— coke	高爐用焦碳	や金用コークス	冶金用焦炭
— column	裝料筒	装入物柱	装料筒
— cooling	爐壁冷卻	炉冷	炉冷
— crown	爐頂	炉の天井	炉顶
— deformation indicator	爐筒變形測定器	炉筒変形測定器	炉筒变形测定器
— delivery chute	爐加料槽	炉装入管	炉加料槽
— door	爐門	装入口	加料口
— drying	烘爐	乾燥だき	烘炉
— flue	焰管;煙道	炎管	火焰管
— floor	爐床	炉床	炉床
— ga(u)ge	爐膛變形測量計	ファーネスゲージ	炉膛变形测量计
— gas	煙道氣	炉頂ガス	炉气
— gas engine	煙道氣發動機	炉ガス機関	炉气发动机
— hearth	爐床	炉床	炉床
— heat release rate	火爐發熱率	火炉熱発生率	火炉发热率
— hoist	爐昇降機	炉昇降機	炉提升机
— lining	爐襯	炉内ライニング	炉衬
— platform	爐台	操炉床	炉台
— pressure	爐壓	炉圧	炉压
— pressure control system	爐壓控制裝置	炉内圧力制御装置	炉内压力控制装置
— tube	火焰管	煙管	火焰管
— volume	爐內容積	火炉容積	火炉容积
— wall	爐牆	炉壁	炉壁
furnishing	裝修	ファーニッシング	装修
— roll	供料輥	供給ロール	供料辊
furniture	家具	家具	家具
— fitting	小五金	建具金物	小五金
— hardware	小五金	建具金物	小五金
furrow	深槽	深みぞ	深槽
fusain	木煤	フゼイン	木煤
Fusarc welding	一種纏絲焊條自動焊	ヒユーザーク溶接	一种缠丝焊条自动焊
fuse	保險絲	導火線	保险丝
— block	保險絲座	ヒューズ箱	熔丝断路器
— board	保險絲板	ヒューズ盤	保险丝盘
— bonding	熔合法	融合ボンド法	熔合法
— box	保險絲盒;熔絲盒	ヒューズ箱	保险丝盒;熔丝盒
— case	保險絲護罩	ヒューズケース	保险丝护罩

F

英文	臺灣	日文	大陸
— clip	保險絲夾	ヒューズクリップ	保险丝夹头
— cut-out	熔絲斷路器	可溶器	熔丝断路器
— disconnector	保險絲斷路器	断路形ヒューズ	保险丝断路器
— element	保險絲	ヒューズエレメント	保险丝
— link	保險絲	ヒューズリンク	保险丝
— metal	保險絲用合金;易熔金屬	ヒューズメタル	保险丝用合金;易熔金属
— plug	插塞式保險絲	ヒューズ栓	插塞式保险丝
— switch	熔絲開關	ヒューズ付きスイッチ	熔丝开关
— type current limiter	熔式電流限制器	ヒューズ式電流制限器	熔式电流限制器
— type temperature relay	熔絲型熱動繼電器	ヒューズ型温度継電器	熔丝型热动继电器
— wire	熔絲;保險絲	糸ヒューズ	熔丝;保险丝
fused alloy	熔融合金	溶融合金	熔融合金
— electrolyte	溶融電解質	溶融電解質	溶融电解质
— electrolyte cell	融解電解液電池	融解電解液電池	融解电解液电池
— ferrite	熔凝肥粒鐵	溶融フェライト	熔凝铁氧体
— flux	熔煉焊劑	溶成フラックス	熔炼焊剂
— ring	縮合環	縮合環	缩合环
— salt	熔融鹽	溶融塩	熔融盐
— salt reactor	融解鹽反應爐	融解塩原子炉	融解盐反应堆
— silica refractory	熔凝矽石耐火材料	溶融シリカ耐火物	熔凝硅石耐火材料
— slag	熔渣	溶融スラグ	熔渣
— solid	熔融固體	溶融固体	熔融固体
fusee	雙錐形蝸桿	信号炎管	引信
— signal	發煙信號	発煙信号	发烟信号
fuselage	機身頂部	胴体	机身顶部
fusibility	可熔性	可融性	可熔性
fusible alloy	易熔合金	易融合金	易熔合金
— alloy pattern	易熔合金模	低融点合金型	易熔合金模
— circuit breaker	熔絲斷路器	可溶遮断器	熔丝断路器
— disconnecting	保險絲斷路器	ヒューズ付き断路器	保险丝断路器
— earth	易熔黏土	易融性土	易熔黏土
— lead	易熔鉛	可融鉛	易熔铅
— link	保險絲	ヒュージブルリンク	保险丝
— metal	易熔金屬	可融金属	易熔金属
— mixture	易熔混合物	溶融合剤	易熔混合物
— plug	熔塞	可融栓	易熔塞
— powder	可融性粉末	可融性粉末	可融性粉末
— solder	易熔焊料	フュージブルソルダ	易熔焊料
fusing	熔合	溶断	熔合
— agent	熔劑	融剤	熔剂

英文	臺灣	日文	大陸
— current	熔斷電流	溶解電流	熔断电流
— factor	熔斷係數	溶断係数	熔断系数
— mixture	熔劑	融剤	熔剂
— point	熔點	融点	熔点
— temperature	熔化溫度	溶融温度	熔化温度
— time	熔化時間	溶融時間	熔化时间
fusion	融化	融合	融合
— bond	燒結	融着させる	烧结
— casting	熔化澆注	溶融鋳込み	熔化浇注
— characteristics	熔化特性	融合特性	熔化特性
— curve	熔化曲線	溶融曲線	熔化曲线
— cycle	熔化周期	融合サイクル	熔化周期
— face	坡口面	開先面	坡口面
— -fission hybrid reactor	核聚變-裂變式反應爐	融合分裂混成炉	核聚变-裂变式反应堆
— frequency	合成頻率	融合周波数	合成频率
— heat	熔化熱	溶融熱	熔化热
— line	融合線	融合線	融合线
— nucleus	融合核	融合核	融合核
— point	熔點	融点	熔点
— pressure welding	熔融壓焊(法)	溶融圧接法	熔融压焊(法)
— range	熔融範圍	溶融範囲	熔融范围
— rate	熔融速度	溶融速度	熔融速度
— reaction	核融合反應	核融合反応	核聚变反应
— thermit welding process	鋁熱劑熔化鑄焊法	溶融テルミット法	铝热剂熔化铸焊法
— weld	熔焊	融接	熔焊
— weld temperature	熔(化焊)接溫度	融着温度	熔(化焊)接温度
— welding method	熔焊法	融接法	熔焊法
— zone	熔化帶	融合部	(点焊)焊核
fust	柱身	柱身	柱身
futtock	肋材	ろく材	肋材
fuze	熔斷器	可溶線	熔断器
fuzziness	模糊性	あいまい性	模糊性
fuzzy algorithm	模糊算法	ファジイアルゴルズム	模糊算法
— automate theory	模糊自動機理論	ファジイ自動理論	模糊自动机理论
— behavior	模糊行為	ファジイ挙動	模糊行为
— computability	模糊可計算性	ファジイ計算可能性	模糊可计算性
— concept	模糊概念	ファジイ概念	模糊概念
— control system	模糊控制系統	ファジイ制御システム	模糊控制系统
— controller	模糊控制裝置	ファジイ制御装置	模糊控制装置
— domination structure	模糊控制結構	ファジイ支配構造	模糊控制结构

英 文	臺 灣	日 文	大 陸
— dynamic system	模糊動態系統	ファジイ動的システム	模糊动态系统
— inference system	模糊推斷系統	ファジイ推論システム	模糊推断系统
— linear programming	模糊線性規劃	ファジイ線形計画	模糊线性规划
— model	模糊模型	ファジイモデル	模糊模型
— optimization	模糊最佳化	ファジイ最適化	模糊最优化
— robot	模糊機器人	ファジイロボット	模糊机器人
fuzzyness	模糊性	ファジイネス	模糊性

英文	臺灣	日文	大陸
G clamp	G型夾具	G形クランプ	G型夹具
G metal	銅錫鋅合金	G-合金	铜锡锌合金
G tolerance	過載容量	加速度耐性	过载容量
gad	測桿;尖鏨	石割用くさび	钢楔
gadget	針鑽	付属品	附属件
gadgetry	小機件	用具	小机件
Gaede rotary pump	一種回轉油泵	ゲーデ回転油ポンプ	一种回转油泵
— vacuum-ga(u)ge	一種真空計	ゲーデ真空計	一种真空计
gag press	壓直機	ガッグプレス	压直机
gauge	(量)規	計器	(量)规
— adapter	標準接頭	ゲージアダプタ	标准接头
— beam	(量儀的)測量臂	ゲージビーム	(量仪的)测量臂
— bite	成形車刀	ゲージバイト	成形车刀
— block	塊規	端度器	块规
— board	儀錶板	計器板	仪表板
— clearance	軌道的間隙	軌道のスラック	轨道的间隙
— cock	錶用旋塞	検水コック	压力表阀门
— control	厚度調節	厚み調整	厚度调节
— creep	應變規潛變	ゲージクリープ	应变片蠕变
— cut-off valve	錶計切斷閥	ゲージカットオフ弁	表计切断阀
— datum	定位基準點	零点高	定位基准点
— diameter	基準(直)徑	基準径	基准(直)径
— error	儀錶誤差	計差	仪表误差
— factor	(應變規)靈敏係數	ゲージ率	(应变片)灵敏系数
— finger	測(量觸)頭〔指〕	ゲージフィンガ	测(量触)头〔指〕
— guide line	計量準線	ゲージ基準線	计量准线
— head	測頭	ゲージヘッド	测头
— hole	定位孔	ゲージ穴	定位孔
— interferometer	干涉測長儀	干渉測長器	干涉测长仪
— length	標距	標点距離	标距
— mark	標點	標点	标点
— nose tool	鵝頸刀	丸のみバイト	鹅颈刀
— of track	軌距	軌間	轨距
— of way	軌距	線路軌間	轨距
— panel	儀錶板〔盤〕	計器板	仪表板〔盘〕
— pile	定位樁	定規ぐい	定位桩
— pin	定(尺)寸銷	位置決めピン	定(尺)寸销
— plate	儀錶(操縱)板	ゲージプレート	仪表(操纵)板
— plate blanking die	樣板下料模	はりつけ型ダイ	样板冲裁模
— point	標點	標点	标点

英文	臺灣	日文	大陸
— press	矯正沖床	ゲージプレス	矫正压力机
— pressure	錶壓力	ゲージ圧	表压力
— profile	樣板輪廓	ゲージプロファイル	样板轮廓
— punch	定位孔沖頭	ゲージポンチ	定位孔冲头
— resistance	計量電阻	ゲージ抵抗	计量电阻
— ring	環規	ゲージリング	环规
— rod	標準棒	尺づえ	标准棒
— safety glass	安全玻璃水位管	安全験水管	安全玻璃水位管
— setting	比較儀校準	ゲージセッティング	比较仪校准
— setting device	軌距撥正裝置	軌間整正装置	轨距拨正装置
— steel	量具鋼	ゲージ鋼	量具钢
— support	定位裝置支持板	ゲージ支持ブロック	定位装置支持板
— tab	應變規引板	ゲージタブ	应变片引板
— terminal	應變規接線板	ゲージ端子	应变片接线板
— tester	壓力計試驗機	ゲージ試験機	压力计试验机
— transformation	計量變換	計量変換	计量变换
— travel	彈簧定位裝置移動量	ゲージストローク	弹簧定位装置移动量
— tube	應變管	ゲージチューブ	应变管
— uniformity	厚度的均勻性	厚みの一様性	厚度的均匀性
— unit	測試裝置	ゲージユニット	测试装置
— variation	厚度波動值	厚みの変動	厚度波动值
— wheel	(前)導輪	導輪	(前)导轮
— width	計量寬度	ゲージ幅	计量宽度
— zero drift	計量零點漂移	ゲージゼロドリフト	计量零点漂移
gagger	鐵骨	釣り金具	铁骨
gauging	規測	ゲージング	校准
— adjustment	校準調整	ゲージ調整	校准调整
— board	(混凝土)配料台	コンクリート調合台	(混凝土)配料台
— head	(氣動)測頭	ゲージングヘッド	(气动)测头
— rule	軌距量規	軌間ゲージ	轨距量规
— V-block	V形定位塊	位置決め用 V ブロック	V形定位块
gain	楔槽;增量	増加	增益
— adjustment	增量調整	ゲイン調整	增益调整
— amplifier	增量放大器	利得増幅器	增益放大器
— boundary	晶界	粒界	晶界
galleting	塞縫磚塊	面戸れんが	塞缝砖块
galley	船上廚房	ゲラ刷	长方形炉
— proof press	活版打樣機〔印刷〕	活版校正機	活版打样机〔印刷〕
— tile	燒結釉面磚	クリンカータイル	烧结釉面砖
Gallimore metal	加里莫亞鎳銅鋅系合金	ガリモアーメタル	加里莫亚镍铜锌系合金

英文	臺灣	日文	大陸
galling	擦傷壓痕	かじり	(金属表面)磨损
gallium;Ga	鎵	ガリウム	镓
— arsenide	砷化鎵	ガリウムひ素	砷化镓
— oxide	氧化鎵	酸化ガリウム	氧化镓
gallon	加侖	ガロン	加仑
Galloway boiler	一種鍋爐	ガロエボイラ	一种锅炉
galvanic action	電蝕作用	電食作用	电蚀作用
— anode method	動電陽極法	流電陽極法	动电阳极法
— battery	蓄電池(組)	ガルバニバッテリ	蓄电池(组)
— corrosion	電(化銹)蝕	電食	电(化锈)蚀
— coupling	電耦合	導体結合	电耦合
— current	直流	カルバニックカレント	直流
— matrix	電鑄銅模	電鋳母型	电铸铜模
— series table	腐蝕電位列表	腐食電池列表	腐蚀电位列表
— silvering	電鍍銀(法)	電気銀めっき	电镀银(法)
galvanization	電鍍	電気めっき	电镀
galvanized coating	鍍鋅塗層	溶融亜鉛めっき	镀锌涂层
— iron	鍍鋅鐵(皮)	トタン板	镀锌铁(皮)
— iron pipe	鍍鋅鋼管	亜鉛めっき鋼管	镀锌钢管
— iron wire	鍍鋅鐵絲	亜鉛引き鉄線	镀锌铁丝
— pipe	鍍鋅管	白管	镀锌管
— plate	鍍鋅鐵皮	トタン板	镀锌铁皮
— sheet	鍍鋅鐵皮	トタン板	镀锌铁皮
— sheet iron roofing	鍍鋅鐵板屋面	亜鉛めっき鋼板ぶき	镀锌铁板屋面
— steel	鍍鋅鋼	亜鉛めっき鋼	镀锌钢
— steel sheets	鍍鋅鐵皮	亜鉛めっき鉄板	镀锌铁皮
— steel wire strands	鍍鋅鋼絲繩	亜鉛めっき鋼ねん線	镀锌钢丝绳
— wire	鍍鋅鐵絲	亜鉛引き線	镀锌铁丝
galvanizer	電鍍工	メッキ工	电镀工
galvanizing	電鍍	亜鉛めっき	电镀
— bath	鍍鋅(溶)液	亜鉛めっき浴	镀锌(溶)液
— brittlement	鍍鋅脆性	亜鉛めっきぜい性	镀锌脆性
— embrittlement	鍍鋅脆性	亜鉛めっきぜい性	镀锌脆性
galvanneal finish	鍍鋅精飾	ガルバニール仕上	镀锌精饰
galvannealing	鍍鋅後的退火	ガルバニーリング	镀锌後的退火
galvano-chemistry	電化學	電気化学	电化学
galvanography	電鍍法	電気製版術	电镀法
galvanolysis	電解	電気分解	电解
galvanomagnetic effect	電磁效應	電流磁気効果	电磁效应
galvanomagnetism	電磁	ガルバノマグネチズム	电磁

G

英文	臺灣	日文	大陸
galvanometer	電流計	検流計	电流计
— amplifier	電流計放大器	検流計増幅器	电流计放大器
— circuit	検流計電路	検流計回路	检流计电路
galvanometry	電流測定法	ガルバノメトリ	电流测定法
galvanoplasty	電鑄	電鋳	电铸
galvanoscope	驗電器	検電器	验电器
gamma	加馬(γ)輻射	ガンマ	γ辐射
— brass	加馬(γ)黃銅	ガンマ黄銅	γ黄铜
— camera	加馬(γ)輻射室	ガンマカメラ	γ辐射室
— carbon	加馬(γ)碳原子	ガンマ炭素原子	γ碳原子
— compound	加馬(γ)化合物	ガンマ化合物	γ化合物
— iron	加馬(γ)鐵	ガンマ鉄	γ铁
— iron oxide	加馬(γ)氧化鐵	ガンマ酸化鉄	γ氧化铁
— radiography	加馬(γ)射線探傷(法)	ガンマ線検査法	γ射线探伤(法)
— solid solution	加馬(γ)固溶體	ガンマ固溶体	γ固溶体
gamma-ray	加馬(γ)射線	ガンマ放射線	γ射线
— radiography equipment	加馬(γ)射線探傷儀	ガンマ線透過試験装置	γ射线探伤仪
— thickness ga(u)ge	加馬(γ)射線測厚儀	ガンマ線厚さ計	γ射线测厚仪
gang	共軸;成排;工作班	ガング	同轴
— adjustment	共軸調整	連動調整	同轴调整
— bonder	共軸接合器	ガングボンダ	同轴接合器
— bonding	共軸接合	ガングボンディング	同轴接合
— control	共軸控制	連結制御	同轴控制
— control lever	共軸控制槓桿	きょう角調節レバー	同轴控制杠杆
— cutter	組合銑刀	寄せフライス	组合铣刀
— dies	複合模	ガングダイス	复合模
— drilling machine	排式鑽床	多頭ボール盤	排式钻床
— edger	圓排鋸	マルチプルエジャ	圆排锯
— error	共軸誤差	ガングエラー	同轴误差
— feed	堆料送進(裝置)	ガング送り装置	堆料送进(装置)
— flush plug receptacle	共軸嵌入式插座	連用埋込コンセント	同轴嵌入式插座
— head drilling machine	組合頭鑽床	多頭ボール盤	组合头钻床
— mandrel	串疊鐵心	ガングマンドレル	串叠铁心
— milling	排銑	ガングミーリング	排铣
— milling cutter	組合銑刀	組みミリングカッタ	组合铣刀
— punch	成排沖孔機	集団せん孔	成排冲孔机
— saw	排鋸	連きょ	排锯
— saw machine	排鋸機	大のこ裁断機	排锯机
— slitter	多圓盤剪切機	ガングスリッタ	多圆盘剪切机
— slitting machine	多圓盤剪床	ガングスリッタ	多圆盘剪床

英文	臺灣	日文	大陸
— summary punch	複穿孔機	集団合計せん孔機	复穿孔机
— switch	聯動開關	連結スイッチ	联动开关
— valve	組合閥	集合弁	组合阀
gan(n)ister sand	矽砂	けい砂	硅砂
gantry	(門式)起重機架	起重機足場	(门式)起重机架
— crane	高架起重機	橋形クレーン	龙门式起重机
— crane with jib crane	帶懸臂吊車門式起重機	ジブ式橋形クレーン	带悬臂吊车门式起重机
gap	間隙;凹口	間隔	间隙
— acceptance	空隙容許量	ギャップアクセプタンス	空隙容许量
— adjustment	間隙調整	ギャップ調整	间隙调整
— bed	凹口床台	切落しベッド	槽形机座
— bolt	開縫螺釘	ギャップボルト	开缝螺钉
— capacitance	間隙電容	間げき容量	间隙电容
— control	裂縫控制	ギャップコントロール	裂缝控制
— correction	間隙修正	ギャップ修正	间隙修正
— depth	縫隙深度	ギャップ深さ	缝隙深度
— effect	間隙效應	ギャップ影響	间隙效应
— eliminator	間隙消除裝置	ギャップエリミネータ	间隙消除装置
— factor	間隙因數	ギャップファクタ	间隙因数
— ga(u)ge	槽寬量規	空げき規	槽宽量规
— lathe	凹口車床	切落し旋盤	马鞍式车床
— length	隙長	ギャップ長	隙长
— loading	間隙負載	ギャップ負荷	间隙负载
— loss	間隙損失	ギャップ損失	间隙损失
— piece	(床身)凹口鑲塊	ギャップピース	(床身)凹口镶块
— press	開口沖床	ギャッププレス	C形单柱压力机
— ratio	間隙比	ギャップ比	间隙比
— shear	凹口剪床	ギャップシャー	马鞍剪床
— shearing	C形框架剪板機	ギャップシャーリング	C形框架剪板机
— size	間隙大小	間げきの大きさ	间隙大小
— slide	滑塊間距	ギャップスライド	滑块间距
— spacer	間隔片	ギャップスペーサ	间隔片
— tilt effect	傾斜效應	傾斜効果	倾斜效应
— voltage	(電)極間電壓	極間電圧	(电)极间电压
gapfiller	填隙料〔劑〕	てんげき剤	填隙料〔剂〕
gap-filling adhesive	空隙充填性黏合劑	てんげき接着剤	空隙充填性黏合剂
garage	修車間	車庫	汽车修理间
— jack	大型千斤頂	ガレージジャッキ	大型千斤顶
— lamp	(帶金屬護網的)安全燈	ガレージランプ	(带金属护网的)安全灯
— man	汽車修理工	ガレージマン	汽车修理工

英文	臺灣	日文	大陸
garnet sand	金鋼砂	金剛砂	金钢砂
garnett wire	鋼刺條	ガーネットワイヤ	锯齿钢丝
garter spring	卡緊彈簧	ガータスプリング	卡紧弹簧
gas	氣體	気体	气体
— alloying	氣體合金化處理	ガスアロイング	气体合金化处理
— annealing	氣體退火	ガス焼なまし	气体退火
— boiler	燃氣鍋爐	ガスボイラ	燃气锅炉
— booster	氣體升壓器	ガスブースタ	气体升压器
— booster fan	燃氣加壓風機	ガスブースタファン	燃气加压风机
— calorimeter	煤氣熱量計	ガス熱量計	气体热量计
— carbon	氣體碳	ガス炭	气碳
— carburizing	氣體滲碳	ガス浸炭	气体渗碳
— cavity	氣孔	気孔	气孔
— centrifuge	氣體離心機	ガス遠心分離機	气体离心机
— checking	氣裂	ガスチェッキング	气裂
— cheek	氣致皺紋	ガスチェック	气致皱纹
— circuit breaker	燃氣斷路器	ガス遮断器	燃气断路器
— cleaner	氣體淨化器	ガス清浄器	燃气净化器
— coal	煤氣用煤	ガス用炭	气煤
— cock	燃氣旋塞	ガス栓	燃气旋塞
— coke	煤氣焦	ガスコークス	煤气焦碳
— collecting apparatus	氣體收集裝置	ガス捕集装置	气体收集装置
— compressor	氣體壓縮機	ガス圧縮機	气体压缩机
— concentration	氣體濃度	ガス濃度	气体浓度
— consumption	燃氣耗量	ガス消費量	燃气耗量
— container	儲氣器	気のう	气体容器
— content	氣體含量	ガス含有量	气体含量
— control equipment	氣體控制裝置	ガス制御装置	气体控制装置
— controller	氣體調節器	ガスコントローラ	气体调节器
— cooler	氣體冷卻器	ガス冷却器	气体冷却器
— cracking	氣相裂化〔焦爐的〕	ガスクラッキング	气相裂化〔焦炉的〕
— current	離子電流	ガス電流	离子电流
— cutting	瓦割	ガス切断	气割
— cutting apparatus	氣割機	ガス切断機	气割机
— cutting crack	氣割裂紋	ガス切断割れ	气割裂纹
— cutting device	氣割裝置	ガス切断装置	气割装置
— cutting machine	氣割機	ガス切断機	气割机
— cyaniding	氣體氰化	ガス青化	气体氰化
— diffusion	氣體擴散	ガス拡散	气体扩散
— discharger	氣體放電器	ガス放電器	气体放电器

英文	臺灣	日文	大陸
— dome	貯氣室	ガスドーム	贮气室
— drier	氣體乾燥機	ガス乾燥器	气体乾燥机
— ducting	供氣裝置	給気装置	供气装置
— dynamics	氣體動力學	気体力学	气体动力学
— electrode	氣體電極	ガス電極	气体电极
— engine	煤氣機	ガス機関	燃气发动机
— escape	漏氣	ガス逃し	漏气
— etch	氣體腐蝕	ガスエッチ	气体腐蚀
— evolution	氣體散展	ガス発生	气体析出
— exhauster	排氣機	ガス排送機	排气机
— expelling	加熱脫氣	加熱脱ガス	加热脱气
— explosion	氣體爆燃	ガス爆発	气体爆燃
— flame	氣體火焰	ガス炎	气体火焰
— form	氣狀〔態〕	気状〔態〕	气状〔态〕
— furnace	燃氣爐	ガス炉	燃气炉
— gasoline	天然氣液化油	ガスガソリン	天然气液化油
— governor	氣體調整器	ガス調整器	气体调节器
— grooves	氣槽	ガスみぞ	气槽
— heater	燃氣加熱器	ガス暖房器	燃气加热器
— hole	氣孔	排気孔	排气孔
— horse power	燃氣馬力	ガス出力	燃气马力
— jet	煤氣嘴	ガスジェット	煤气喷嘴
— jet propulsion	噴氣推進	ガスジェット推進	喷气推进
— jet vacuum pump	氣體噴射(真空)泵	気体ジェットポンプ	气体喷射(真空)泵
— knock	氣體爆震	ガスノック	气体爆震
— law	氣體定律	気体の法則	气体定律
— leakage test	漏氣試驗	ガス漏えい試験	漏气试验
— liquefaction	氣體液化	ガス液化	气体液化
— liquid equilibrium	氣液平衡	気液平衡	气液平衡
— meter	煤氣錶	ガス量計	燃气表
— mixing	氣體攪拌	ガスかくはん	气体搅拌
— motor	燃氣(發動)機	ガス発動機	燃气(发动)机
— nitridion	氣體氮化	ガス窒化	气体氮化
— nozzle	(焊炬)噴嘴	ガスノズル	(焊炬)喷嘴
— oil ratio	油氣比	ガス石油比	油气比
— oven	燃氣爐	ガスオーブン	燃气炉
— permeability	通氣性	透気性	透气性
— phase carburizing	氣相碳化	気相炭化	气相碳化
— phase polymerization	氣相聚合	気相重合	气相聚合
— pickling	氣體腐蝕	ガス腐食	气体腐蚀

G

英文	臺灣	日文	大陸
— plasma	電漿	ガスプラズマ	气体等离子区
— plating	氣相滲鍍	ガスめっき	气相渗镀
— pocket	氣泡〔鑄件的〕	過熱きず	气孔〔铸件的〕
— polarization	氣體極化	ガス分極	气体极化
— power	氣體動力	ガス動力	气体动力
— power plant	燃氣動力廠	ガス原動所	燃气发电厂
— power press	氣動沖床	ガス圧プレス	气动压力机
— pressure	氣體壓力	ガス圧力	燃气压力
— pressure feed system	氣體加壓供給系統	ガス押し式供給システム	气体加压供给系统
— pressure regulator	氣壓調節器	ガス圧力調整器	气压调节器
— pressure ring	氣體壓縮環	圧力リング	气体压缩环
— pressure test	氣壓試驗	ガス圧試験	气压试验
— pressure welding joint	加壓氣焊接頭	ガス圧接継手	加压气焊接头
— producer	煤氣發生爐	ガス発生炉	煤气发生炉
— producing furnace	煤氣發生爐	ガス発生炉	煤气发生炉
— pump	氣體泵	ガスポンプ	鼓风机
— purification	氣體淨化	ガス清浄	燃气净化
— quenching	氣冷淬火	ガス焼入れ	气冷淬火
— radiation	氣體輻射	ガス放射	气体辐射
— reactor	氣體反應爐	ガス炉	气体反应堆
— recirculating fan	煙氣再循環風機	ガス再循環ファン	烟气再循环风机
— regulator	氣體調節器	ガス調節器	气体调节器
— relief valve	放氣閥	ガス放出弁	放气阀
— removal efficiency	除氣效率	ガス除去率	除气效率
— seal	氣密;氣封	ガス封止	气密;气封
— seat	燃氣閥座	ガスシート	燃气阀座
— shield	氣體擋板	ガスシールド	气体保护
— shielded arc welding	氣體遮蔽電弧熔接	ガスシールドアーク溶接	气体保护电弧焊
— shielded weld	氣體遮蔽熔接	ガスシールド溶接	气体保护焊
— springs	充氣緩衝裝置	ガス封入緩衝装置	充气缓冲装置
— stream	氣流	ガス流	气流
— table	氣體錶	ガス表	燃气表
— tap	管螺紋絲攻	管用タップ	管螺纹丝锥
— tar	煤焦油	ガスタール	煤焦油
— temperature	燃氣溫度	ガス温度	燃气温度
— thread	管螺紋	管用ねじ	管螺纹
— torch	氣炬	ガストーチ	气焊焊炬;气焊焊枪
— transmission rate	氣體透過度	気体透過度	气体透过度
— under pressure	加壓氣體	加圧気体	加压气体
— valve	(燃)氣閥	ガス弁	(燃)气阀

英文	臺灣	日文	大陸
— volume method	氣體容〔體〕積法	気体容積法	气体容〔体〕积法
— welded joint	氣焊接頭	ガス継手	气焊接头
— welding	氣體熔接	ガス溶接	气焊
— welding apparatus	氣焊設備	ガス溶接装置	气焊设备
— welding blowpipe	氣焊吹管	ガス溶接トーチ	气焊吹管
— welding equipment	氣焊設備	ガス溶接装置	气焊设备
— welding rod	氣焊焊條(絲)	ガス溶接棒	气焊焊条(丝)
— welding seam	氣焊焊縫	ガス溶接継目	气焊焊缝
— welding torch	氣焊吹管	ガス溶接トーチ	气焊吹管
gas-developing agent	發泡劑	発泡剤	发泡剂
gas-diesel engine	氣體柴油發動機	ガスディーゼル機関	气体柴油发动机
gaseous agent	氣體試劑	気体薬剤	气体试剂
— ammonia	氣態氨	アンモニアガス	气态氨
— bearing	空氣軸承	気体軸受	空气轴承
— conduction	氣體導電	気体電導	气体导电
— corrosion	氣體腐蝕	気体腐食	气体腐蚀
— fuel	氣體燃料	気体燃料	气体燃料
— ion	氣體離子	気体イオン	气体离子
— pressure	氣(體)壓(力)	気体の圧力	气(体)压(力)
gas-fired boiler	燃氣鍋爐	ガス燃焼ボイラ	燃气锅炉
— curing oven	燃氣加熱固〔熟〕化爐	ガスだき硬化炉	燃气加热固〔熟〕化炉
— furnace	燃氣爐	ガスだき炉	燃气炉
gas-flow	燃氣流量	ガス流量	燃气流量
— indicator	氣流指示器	ガス流指示器	气流指示器
— meter	氣體流量計	ガス流量計	气体流量计
gash	裂紋	刃溝	裂纹
— angle	齒縫角〔銑刀〕	溝角	齿缝角〔铣刀〕
— lead	齒縫導程	溝のリード	齿缝导程
gasification	氣化(作用)	ガス発生	气化(作用)
gasifying	氣化	ガス化すること	气化
— desulfurization	氣化脫硫	ガス化脱硫	气化脱硫
gasket	〔密合〕墊片	ガスケット	密封垫;填料
— cement	襯片黏膠	パッキングセメント	衬片黏胶
— factor	密封係數	ガスケット係数	密封系数
— groove	墊圈槽	ガスケット溝	垫圈槽
— joint	密封接頭	ガスケットジョイント	密封接头
— mounting	填密片板式連接	ガスケット接続	填密片板式连接
— packing	迫緊	ガスケットパッキング	垫片
— seal paste	固定密封塗料	ガスケット漏れ止塗料	固定密封涂料
— sealed relay	封裝式繼電器	閉鎖形リレー	封装式继电器

英文	臺灣	日文	大陸
gasolene	汽油	揮発油	汽油
gasoline	汽油	ガソリン	汽油
— corrosion	汽油腐蝕	ガソリン腐食	汽油腐蚀
— engine	汽油(發動)機	ガソリン機関	汽油(发动)机
— motor	汽油機	ガソリン発電機	汽油发动机
— rammer	汽油機撞錘	ガソリンランマ	汽油机夯锤
— resistance	耐(汽)油性	耐揮発油性	耐(汽)油性
— rock drill	汽油鑿岩機	ガソリンさく岩機	汽油凿岩机
gasometry	氣體定量	ガス定量	气体定量
gaspipe	(燃)氣管	ガス管	(燃)气管
— fittings	氣管接頭	ガス管継手	气管接头
— hose	燃氣軟管	ガスパイプホース	燃气软管
— joint	燃氣管接頭	ガス管継手	燃气管接头
— pliers	管鉗	ガス管やっとこ	管钳
gasproof apparatus	防爆裝置	防爆装置	防爆装置
gas-sensitive	氣體檢測器	ガス検出器	气体检测器
gassiness	氣孔	ガスふくれ	气孔
gastight bulkhead	氣密艙壁	気密隔壁	气密舱壁
— seal	氣密(封)	ガスタイトシール	气密(封)
— test	氣密性試驗	気密試験	气密性试验
— thread	氣密螺紋	気密ねじ	气密螺纹
gasturbine automobile	燃氣輪機汽車	ガスタービン自動車	燃气轮机汽车
— turbine blade	燃氣輪機葉片	ガスタービンブレード	燃气轮机叶片
— turbine cycle	燃氣輪機循環	ガスタービンサイクル	燃气轮机循环
— turbine engine	燃氣渦輪發動機	ガスタービンエンジン	燃气涡轮发动机
gate	澆口;閘口;門	湯口	浇口
— chamber	閘(門)室	ゲート室	闸(门)室
— cutting	切除澆口	湯口切り	切除浇口
— cutting machine	澆口切除機	湯口切断機	浇口切除机
— design	澆口設計	ゲートの設計	浇口设计
— freezing	澆口凍結〔凝固〕	ゲート凍結	浇口冻结〔凝固〕
— land	澆口面	ゲートランド	浇口面
— mark	澆口痕跡	ゲートマーク	浇口痕迹
— model	澆口模型	湯口模型	浇口模型
— restriction	澆口限度〔極限〕	ゲート制限	浇口限度〔极限〕
— riser	流道冒口	押湯	冒口
— sheet	閘門金屬墊片〔密閉用的〕	戸当り	闸门金属垫片〔密闭用的〕
— size	澆口大小;澆口尺寸	ゲートの大きさ	浇口大小;浇口尺寸
— splay	喇叭形澆口	ゲートスプレー	喇叭形浇口
— spoon	(澆口用)曲圓鏝刀	湯口べら	(浇口用)曲圆镘刀

英文	臺灣	日文	大陸
— stick	澆口棒(模)	湯口棒	浇口棒(模)
gated pattern	帶澆口(的)鑄模	せき付き模型	带浇口(的)铸模
gating system	澆口方案	湯口方案	浇注系统
— system plan	澆注系統設計	鋳造方案	浇注系统设计
gatorizing	等溫超塑性模鍛	等温超塑性型鍛造	等温超塑性模锻
gauze	紗網	細目網	金属丝网
— brush	網刷	網ブラシ	铜丝布电刷
— wire	細眼金屬濾網	細目金網	细眼金属滤网
GC grindstone	GC砂輪〔磨石〕	GCと石	GC砂轮〔磨石〕
gear	齒輪	歯車	齿轮
— backlash	齒背隙	ギヤーバックラッシュ	齿侧(间)隙
— blank	齒輪毛胚	歯車素材	齿轮毛胚
— box	齒輪(變速)箱	歯車箱	齿轮(变速)箱
— broach	齒輪拉刀	ギヤーブローチ	齿轮拉刀
— burnishing machine	齒輪滾光機	歯車バニッシ盤	齿轮滚光机
— bush	齒輪軸套	ギヤーブッシュ	齿轮轴套
— case	齒輪箱	歯車箱	齿轮箱
— chamfering	齒輪倒角	歯車面取り	齿轮倒角
— change	齒輪換檔	歯車交換	齿轮变速
— clutch	齒輪離合器	歯車クラッチ	齿轮离合器
— compound	齒輪油	歯車調合油	齿轮油
— compounder	齒輪混合機	ギヤーコンパウダ	齿轮混合机
— compressor	齒輪式壓縮機	ギヤー圧縮機	齿轮式压缩机
— contact ratio	齒輪接觸比	歯当り	齿轮接触比
— control lever	齒輪變速控制手柄	変速でこ	齿轮变速控制手柄
— coupling	齒輪聯軸器	ギヤーカップリング	齿轮联轴节
— cutter	切齒刀具	歯切盤	齿轮刀具
— cutting	切齒	歯切り	切齿
— cutting end mill	銑齒端〔立〕銑刀	歯切りエンドミル	铣齿端〔立〕铣刀
— cutting machine	齒輪加工機床	歯切盤	齿轮加工机床
— device	齒輪裝置	歯車装置	齿轮装置
— drive	齒輪驅動	歯車駆動	齿轮传动
— end	車頭	ギヤーエンド	车头
— finisher	齒輪光整加工機	ギヤーフィニッシャ	齿轮光整加工机
— finishing machine	齒輪光製機	歯車仕上盤	齿轮精加工机床
— flank tester	齒形測量儀	歯形試験機	齿形测量仪
— flow meter	齒輪式流量計	歯車流量計	齿轮式流量计
— gain	齒輪增速裝置	ギヤーゲイン	齿轮增速装置
— grease	齒輪滑脂	歯車潤滑油	齿轮润滑油
— grinder	齒輪磨床	歯車研削盤	齿轮磨床

G

英文	臺灣	日文	大陸
— grinding	齒輪磨削	歯車研削	齿轮磨削
— grinding machine	齒輪磨床	歯車研削盤	齿轮磨床
— hob	滾齒刀	ギヤーホブ	齿轮滚刀
— hobbing	齒輪滾削	歯切り	滚齿
— housing	齒輪箱	ギヤーハウジング	齿轮箱
— lapping	齒輪研磨	ギヤーラッピング	齿轮研磨
— lapping machine	齒輪研磨機	歯車ラップ盤	齿轮研磨机
— lever	變速桿	変速てこ	变速杆
— lubricant	齒輪油	ギヤー油	齿轮油
— mark	(機床)傳動鏈痕跡	ギヤーマーク	(机床)传动链痕迹
— material	齒輪材料	歯車材料	齿轮材料
— mesh	齒輪嚙合	ギヤーメッシュ	齿轮啮合
— milling machine	齒輪銑床	歯割り盤	齿轮铣床
— mission	(汽車的)齒輪變速箱	ギヤーミッション	(汽车的)齿轮变速箱
— motor	齒輪變速電動機	歯車モータ	带减速齿轮的电动机
— multiplication	齒輪速比	歯車比	齿轮速比
— noise	齒輪噪音	歯車騒音	齿轮噪声
— noise tester	齒輪聲試驗機	歯車騒音試験機	齿轮声试验机
— oil	齒輪油	ギヤー油	齿轮油
— oil pump	齒輪油泵	ギヤーオイルポンプ	齿轮油泵
— operator	齒輪式控制器	歯車式開閉器	齿轮式控制器
— planer	齒輪鉋床	ギヤープレーナ	刨齿机
— planer cutter	刨齒刀	ラックカッタ	刨齿刀
— pneumatic motor	齒輪氣動馬達	歯車形空気圧モータ	齿轮气动马达
— puller	齒輪拔取器	ギヤープーラ	齿轮拔出器
— pump	齒輪泵	歯車ポンプ	齿轮泵
— rack trolley	齒條式起重機	ラック式ホイスト装置	齿条式起重机
— ratio	齒數比	歯車比	齿速比
— reducer	齒輪減速器	減速歯車装置	齿轮减速器
— reduction ratio	齒輪減速比	歯車減速比	齿轮减速比
— reduction starter	齒輪減速起動機	リダクションスタータ	齿轮减速起动机
— rim	齒輪輪緣	ギヤーリム	齿轮轮缘
— roughing	齒輪粗加工	荒歯切り	齿轮粗加工
— seat	齒輪座	歯車座	齿轮座
— selection rod	齒輪變速桿	歯車入れかえ棒	齿轮变速杆
— set	齒輪組	ギヤーセット	齿轮组
— shaper	齒輪刨製機	歯車形削り盤	插齿机;刨齿机
— shaper cutter	插齒刀;刨齒刀	ピニオンカッタ	插齿刀;刨齿刀
— shaping	刨齒	歯車形削り	刨齿
— shaping machine	齒輪刨製機	歯車形削り盤	刨齿刀

英文	臺灣	日文	大陸
— shaving machine	齒輪刮光機	歯車シェービング盤	剃齿机
— shift	齒輪變速	ギヤーシフト	变速
— shift knob	變速操縱柄	変速ノブ	变速操纵柄
— shift pedal	變速踏板	ギヤーシフトペダル	变速踏板
— shifter	變速桿	ギヤーシフタ	变速杆
— shifting lever	齒輪變速桿	変速てこ	齿轮变速杆
— shifting quadrant	變速扇形齒輪	変速コードラント	变速扇形齿轮
— stand	齒輪支〔機〕架	ギヤースタンド	齿轮支〔机〕架
— stocking	齒輪粗加工	荒歯切り	齿轮粗加工
— stocking cutter	齒輪粗銑刀	荒歯切カッタ	粗加工(用)铣刀
— test	齒輪試驗	ギヤー試験	齿轮试验
— tester	齒輪試驗儀	歯車試験機	齿轮检查仪
— testing apparatus	測齒儀	歯車試験機	测齿仪
— testing machine	齒輪試驗機	歯車試験機	齿轮试验机
— tooth	輪齒	歯車の歯	轮齿
— tooth ga(u)ge	齒距規	歯形ゲージ	齿距规
— tooth vernier caliper	齒厚游標卡規	歯形ノギス	齿厚游标卡尺
— train	齒輪系	歯車列	齿轮系
— tumbler	齒輪換向器	ギヤータンブラ	齿轮换向器
— type flow meter	齒輪式流量計	歯車式流量計	齿轮式流量计
gear-driven supercharger	齒輪傳動增壓機〔器〕	歯車駆動過給機	齿轮传动增压机〔器〕
— supercharging	機械增壓作用	機械過給	机械增压作用
— type	齒輪傳動式	歯車駆動式	齿轮传动式
geared diesel engine	齒輪減速式柴油機	ギヤードディーゼル機関	齿轮减速式柴油机
— down engine	減速裝置的發動機	減速発動機	减速装置的发动机
— elevator	齒輪傳動升降機	ギヤードエレベータ	齿轮传动升降机
— engine	齒輪傳動發動機	連結発動機	齿轮传动发动机
— motor	齒輪電動機	歯車電動機	齿轮电动机
— pump	齒輪(傳動)泵	歯車伝動ポンプ	齿轮(传动)泵
— super charger	機械增壓器	機械駆動過給機	机械增压器
— system	變速箱	歯車システム	变速箱
— transmission	齒輪驅動	歯車式動力伝達装置	齿轮驱动
— turbine	減速式燃氣輪機	減速形タービン	减速式燃气轮机
— type shaft coupling	齒輪聯軸器	歯車形軸継手	齿轮联轴器
gearing	傳動裝置;齒輪裝置	伝動装置	齿轮装置
— chain	傳動鏈	伝動鎖	传动链
— efficiency	傳動效率	伝動効率	传动效率
— shaft	傳動軸	かみあい軸	传动轴
gearless crank press	無齒輪曲柄沖床	素回しクランクプレス	无齿轮曲柄压力机
— elevator	無齒輪傳動升降機	ギヤーレスエレベータ	无齿轮传动升降机

英文	臺灣	日文	大陸
— motor	直接傳動電動機	ギヤーレスモータ	直接传动电动机
gearwheel drive	齒輪傳動裝置	歯車伝動装置	齿轮传动装置
gel	凝膠(體)	こう化体	凝胶(体)
— coat	表面塗漆	ゲルコート	表面涂漆
— coating	凝膠塗料	ゲル塗料	凝胶涂料
— dipping	凝膠漆浸塗法	ゲル付け塗り	凝胶漆浸涂法
— effect	凝膠效應	ゲル効果	凝胶效应
gelatination	凝膠作用	ゲル化	凝胶作用
gelatinizer	膠凝劑	ゼラチン化剤	胶凝剂
gelatinous tissue	膠狀組織	こう状組織	胶状组织
gelation	凝膠化(作用)	ゲル化	凝胶化(作用)
gelcoat	凝膠塗層	ゲルコート	凝胶涂层
gelling	凝膠化〔作用〕	ゲル化	凝胶化〔作用〕
gem	寶石	宝石	宝石
Gemma bearing alloy	一種錫基軸承合金	ゼンマ軸受合金	一种锡基轴承合金
gemstone	寶石	ジェムストン	宝石
general arrangement	一般配置圖	一般配置図	总布置图
— assembly	總組合	総組立	总装配
— assembly drawing	總組合圖	総組立図	总装配图
— collapse	總體損壞	全体圧壊	总体损坏
— combining ability	一般配合力	一般組合せ能力	一般配合力
— corrosion	均勻腐蝕	全面腐食	均匀腐蚀
— dimension	輪廓尺寸	全体寸法	轮廓尺寸
— drawing	總圖	一般図	总图
— elongation	均勻延伸	一様伸び	均匀延伸
— error	總合誤差	総合誤差	总合误差
— factotum	擬人機器人	ぎじんロボット	拟人机器人
— helix	一般螺旋線	一般ら線	一般螺旋线
— plan	總圖	基本計画	总平面图
— raise	軌道總升高度	軌道総上げ路	轨道总升高度
— shear failure	一般剪切破壞	全般せん断破壊	一般剪切破坏
— stress condition	一般應力狀態	一般応力状態	一般应力状态
— structural strength	結構總強度	総合構造強さ	结构总强度
— systems model	一般系統模型	一般システムズモデル	一般系统模型
— tools	裝備品	装備品	装备品
— view	全體圖	一般図	全体图
generalized coordinate	廣義座標	広義座標	广义座标
— displacement	廣義變位	一般化変位	广义变位
— momentum	廣義動量	広義の運動量	广义动量
— plane stress	廣義平面應力	一般化平面応力	广义平面应力

英文	臺灣	日文	大陸
— strain	廣義應變	一般化ひずみ	广义应变
— stress	廣義應力	一般化応力	广义应力
— stress condition	廣義應力狀態	一般化応力状態	广义应力状态
— velocity	廣義速度	一般速度	广义速度
general-purpose filler	通用填充劑	通常爆弾	通用填充剂
— machine	通用機械	はん用工作機械	通用机械
— machine tool	通用機床	はん用工作機械	通用机床
— plasticizer	通用增塑劑	はん用可塑剤	通用增塑剂
— resin	通用樹脂	はん用樹脂	通用树脂
genral-service pump	輔助泵	雑用ポンプ	辅助泵
generate form	生成形式	ジェネレート形式	生成形式
— gear cutting	滾齒切削法	創成歯切り	滚齿切削法
generating circle	基圓	母円	基圆
— efficiency	發電效率	発電効率	发电效率
— line	母線	母線	母线
— of arc	引弧	アーク発生	引弧
— pitch line	切齒的節線	歯切ピッチ線	切齿的节线
— pitch point	切齒的節點	歯切ピッチ点	切齿的节点
generation set	發電機組	発電装置	发电机组
generator	發電機	発電機	发电机
— breaker	發電機斷路器	ゼネレータブレーカ	发电机断路器
— efficiency	發電機效率	発電機効率	发电机效率
— equipment	發電裝置	発電装置	发电装置
— room	發電室	発電室	发电室
— voltage	發電機電壓	発電機電圧	发电机电压
— with magneto	磁石發電機	磁石発電機	水磁发电机
geneva cam	(十字輪機構的)星形輪	ジェネバカム	(十字轮机构的)星形轮
— cross	十字形接頭	ジェネバクロス	十字形接头
— gear	十字輪機構	ジェネバ歯車	十字轮机构
— motion	間歇運動	ジェネバモーション	间歇运动
— movement	間歇運動〔送料機構〕	ジェネバ機構	间歇运动〔送料机构〕
— wheel	馬耳他機構間歇傳動輪	マルタクロス	马耳他机构间歇传动轮
geometric(al) axis	幾何軸	幾何軸	几何轴
— buckling	幾何形狀挫曲	幾何学的バックリング	几何形状挠曲
— conversion	幾何轉變	幾何異性転位	几何转变
— cross section	幾何斷面	幾何学的断面積	几何断面
— distortion	幾何畸變	幾何ひずみ	几何畸变
— error	幾何誤差	幾何学誤差	几何误差
— lathe	靠模車床	模様出し旋盤	靠模车床
— moment	截面一次矩	幾何モーメント	截面一次矩

英文	臺灣	日文	大陸
— moment of area	斷面一次矩	断面一次モーメント	断面一次矩
— moment of inertia	截面二次矩	慣性二次モーメント	截面二次矩
— optics	幾何光學	幾何光学	几何光学
Gerber beam	懸臂(鉸)梁	ゲルバばり	悬臂(铰)梁
— bridge	懸臂梁橋	ゲルバー橋	悬臂梁桥
—'s formula	蓋貝爾公式	ゲルバーの式	盖贝尔公式
—'s truss	多跨靜定桁架	ゲルバートラス	多跨静定桁架
German salt	德國硝石	硝酸アンモニウム	德国硝石
— silver	鎳銅鋅合金	洋銀	镍铜锌合金
— silver plate	銅鎳鋅合金板	洋白板	铜镍锌合金板
— silver solder	白銅焊料	洋銀ろう	白铜焊料
germanative condition	臨界變形狀態	臨界ひずみ状態	临界变形状态
germanium;Ge	鍺	ゲルマニューム	锗
— crystal	鍺晶體	ゲルマニウム結晶	锗晶体
— semiconductor	鍺半導體	ゲルマニウム半導体	锗半导体
getter	吸氣器	ゲッタ	吸气器
— alloy	收氣(劑)合金	ゲッタ合金	收气(剂)合金
— ion pump	吸氣離子泵	ゲッタイオンポンプ	吸气离子泵
— pump	抽氣泵	ゲッタポンプ	抽气泵
geyser	熱水器	間けつ泉	热水器
ghost line	鬼線	ゴーストライン	鬼线
gib	嵌條	ギブ	拉紧销
— block	榫	ジブ	榫
gild	鍍金	ギルド	镀金
— back	背面蒸金	ギルドバック	背面蒸金
gilding	鍍金(術);電鍍法	金めっき	镀金(术);电镀法
— metal	鍍金青銅	ギルディングメタル	镀金青铜
— socket	鍍金插座	金メッキソケット	镀金插座
gilled cooler	凸片式冷卻器	ひれ付冷却器	翅片式冷却器
— radiator	凸片式散熱器	ひれ付放熱器	翅片式散热器
— ring type economizer	凸片環形節能器	ひれ付節炭器	翼片环形节能器
— superheater tube	帶肋過熱管	つば付過熱管	带肋过热管
— tube radiator	凸管散熱器	ひれ付管放熱器	翅管散热器
gilsonite	天然瀝青	ギルソン鉱	天然沥青
gilt	鍍金(材料)	金めっき金属	镀金(材料)
— edge	切口燙金	小口金	切口烫金
— finish	鍍金	金めっき仕上げ	镀金
gimbal(s)	萬向接頭	複釣環	万向接头
— control	萬向架控制	ジンバル制御	万向架控制
— joint	水平自由接頭	水平自在継手	水平自由接头

英　　文	臺　　灣	日　　文	大　　陸
— mechanism	萬向架機構	ジンバル機構	万向架机构
gimbaling	萬向架連接	ジンバリング	万向架连接
gimlet	手鑽	きり	手钻
girder	梁;桁	ガーダ	横梁
— construction	梁式結構	大ばり式	梁式结构
— fork	桁架叉	ガーダフォーク	桁架叉
— radial drilling machine	梁式搖臂鑽床	ガーダボール盤	梁式摇臂钻床
— space	桁間隔	ガーダスペース	横梁间隔
girth	周圍長度	周囲寸法	周围尺寸
— welding	環縫焊接	ガース溶接	环缝焊接
git	澆口	湯口	浇口
gland	填函蓋	パッキン押え	密封垫
— bolt	填函蓋螺栓	パッキン押えボルト	压盖螺栓
— bush	填函蓋襯套	グランドブッシュ	密封垫
— bushing	壓蓋密封	グランドブッシュ	压盖密封
— cock	有填料旋塞	グランドコック	有填料旋塞
— cover	填料蓋	グランドカバー	填料盖
— entry	密封蓋口	グランド入口	密封盖口
— follower	密封用壓環〔凸緣板〕	パッキン押え	密封用压环〔法兰板〕
— lining	壓蓋襯層	押しふた裏付り	压盖衬层
— nut	壓緊螺母	グランドナット	压紧螺母
— packing	填函蓋襯墊	グランドパッキン	压盖填料
glass	玻璃	ガラス	玻璃
— cable	玻璃絲電纜	ガラスケーブル	玻璃丝电缆
— cement	玻璃膠	ガラスセメント	玻璃胶
— cloth laminate(s)	玻璃布層壓板	ガラス布積層板	玻璃布层压板
— cock	玻璃栓	ガラスコック	玻璃栓
— crucible furnace	玻璃坩堝爐	ガラスるつぼ炉	玻璃坩埚炉
— etch	玻璃腐蝕〔刻蝕〕	ガラスエッチ	玻璃腐蚀〔刻蚀〕
— filler	玻璃填料	ガラス充てん材	玻璃填料
— for sealing	焊封玻璃	封着用ガラス	焊封玻璃
— grinder	玻璃磨光機	グラスグラインダ	玻璃磨光机
— line	玻璃纖維光路	ガラス線路	玻璃纤维光路
— lubrication process	玻璃潤滑擠壓法	ガラス潤滑押出法	玻璃润滑挤压法
— marble	玻璃球〔玻璃纖維原料〕	ガラスマーブル	玻璃球〔玻璃纤维原料〕
— pad	玻璃墊片	ガラスパッド	玻璃垫片
— papering machine	砂紙磨光機	紙やすり盤	砂纸磨光机
— putty	錫粉〔磨玻璃或金屬的〕	グラスパテ	锡粉〔磨玻璃或金属的〕
— strand	玻璃原絲	グラスストランド	玻璃原丝
— temperature	玻璃化(轉變)溫度	ガラス（転移）温度	玻璃化(转变)温度

英文	臺灣	日文	大陸
— thermometer	玻璃溫度計	ガラス温度計	玻璃温度计
— thread	玻璃纖維	ガラス繊維	玻璃纤维
— transition point	玻璃化點	ガラス転移点	玻璃化点
— tube cutter	玻璃管切割機	ガラス管切断機	玻璃管切割机
— welding method	玻璃熔接法	ガラス溶接法	玻璃熔接法
— winding round test	玻璃捲繞試驗	ガラス巻きつけ試験	玻璃卷绕试验
— wool board	玻璃纖維板	グラスウール板	玻璃纤维板
— wool lagging	玻璃棉保溫材料	ガラス綿保温材	玻璃棉保温材料
— wool packing	玻璃棉迫緊	グラスウールパッキン	玻璃棉填料
glassfiber	玻璃纖維	ガラス繊維	玻璃纤维
— cloth	玻璃纖維布	ガラス繊維布	玻璃纤维布
— covering	玻璃絲被覆〔包纏〕	グラスファイバ覆装	玻璃丝被覆〔包缠〕
— forming	玻璃纖維成形	ガラス繊維成形	玻璃纤维成形
— laminate	玻璃纖維層壓製品	ガラス繊維積層品	玻璃纤维层压制品
— mat	玻璃纖維板	ガラス繊維マット	玻璃纤维板
— mo(u)lding	玻璃纖維製品	ガラス繊維成形品	玻璃纤维制品
— thread	玻璃纖維線	ガラス繊維線	玻璃纤维线
glassification	玻璃固化	ガラス固化	玻璃固化
glassing	磨光	グラッシング	磨光
glassivation	玻璃鈍化	グラシベーション	玻璃钝化
glasspaper	玻璃砂紙	研磨紙	玻璃砂纸
glassy carbon	玻璃石墨	ガラス状カーボン	玻璃状碳
— mass	玻璃狀物質	ガラス状物質	玻璃状物质
— photoelasticity	玻璃狀光彈性	ガラス状光弾性	玻璃状光弹性
— semiconductor	玻璃半導體	ガラス状半導体	玻璃半导体
— slag	玻璃狀熔渣	ガラス状スラグ	玻璃状熔渣
— transition	玻璃化轉變	ガラス転移	玻璃化转变
glaze	釉	ゆう薬	上光研磨
— wheel	研磨輪	研摩輪	研磨轮
glazed alumina	塗釉氧化鋁	グレーズドアルミナ	涂釉氧化铝
glazer	軋光機	グレーザ	抛光轴
glazing	打光	つや出し	打光
— machine	光澤機	グレージングマシン	抛光机
glazy pig	高矽生鐵	高けい素銑鉄	高硅生铁
glidant	潤滑劑	滑沢剤	润滑剂
glimmer	雲母	グリマ	云母
glist	雲母	グリスト	云母
glober lamp	碳化矽絲燈	グローバランプ	碳化硅丝灯
— resistance heater	碳化矽電阻式發熱元件	グローバ抵抗発熱体	碳化硅电阻式发热元件
globe	地球	外球	地球

英文	臺灣	日文	大陸
— cam	球面(形)凸輪	球面カム	球面(形)凸轮
— cock	球形旋塞	球コック	球形旋塞
— condenser	球形冷凝器	球状冷却器	球形冷凝器
— joint	球形關接	球形継手	球形接头
— valve	球(形)閥	玉形弁	球(形)阀
Globeloy	矽鉻錳耐熱鑄鐵	グローブロイ	硅铬锰耐热铸铁
globoid cam	球形凸輪	グロボイドカム	球形凸轮
— worm	球面蝸桿	グロボイドウォーム	球面蜗杆
globular carbide	球狀碳化物	球状炭化物	球状碳化物
— cementite	球化雪明碳鐵	球状セメンタイト	球化渗碳体
— discharge	球形放電	球形放電	球形放电
— powder	球粒劑	粒状粉末	球粒剂
— projection	球狀投影	球状図法	球状投影
— structure	球狀結構	球状構造	球状结构
globules	熔滴〔焊接〕	グロビュール	熔滴〔焊接〕
globurizing	球化退火	球状化	球化退火
glory-hole	爐口	グローリーホール	炉口
gloss	光澤	光沢	上釉〔光〕
— coating	光澤塗料	つや塗料	光泽涂料
— galvanization	光高鍍鋅	光沢亜鉛めっき	光亮镀锌
— head	測光頭	測光ヘッド	测光头
— measurement	光澤測定	光沢測定	光泽测定
glossiness	光澤度	光沢度	光泽度
glossmeter	光澤測定儀	光沢計	光泽测定仪
glove	手套	手袋	手套
— bucket	挖斗	グラブバケット	挖斗
— valve	球形閥	玉形弁	球形阀
glow	輝光	うん光	辉光
— corona	電暈	うん光コロナ	电晕
— discharge	輝光放電	グロー放電	辉光放电
— discharge nitriding	離子氮化	グロー放電窒化	离子氮化
— electron	熱電子	熱電子	热电子
— light	輝光	グロー光	辉光
— plug	預熱塞	グロープラグ	火花(引火)塞
— plug resistor	火星塞電阻器	グロープラグレジスタ	火花塞电阻器
— potential	輝光(放電)電位	グロー電位	辉光(放电)电位
— tube	輝光(放電)管	グロー管	辉光(放电)管
glue	膠	接着剤	接着剂
— bond	膠合	グルーボンド	胶合
— film	膠膜	接着フィルム	胶膜

英文	臺灣	日文	大陸
— gun	黏合劑用噴槍	グルーガン	黏合剂用喷枪
— line	膠層〔縫〕	接着剤層	胶层〔缝〕
— line strength	膠接強度	接着強さ	胶接强度
— mixer	黏合劑攪拌機	接着剤かき混ぜ機	黏合剂搅拌机
— pan	膠盤	グルーパン	胶盘
— preparation	調膠	製こ	调胶
— solution	膠液	グルー溶液	胶液
— spreading	塗膠	グルー塗布	涂胶
— stock	膠料	にべ	胶料
— strength	膠接強度	接着強さ	胶接强度
— water	膠水	にかわ水	胶水
glued adhesion	膠合	こう着接合	胶合
gluing	黏合	接着	黏合
glut	止推扁銷	詰めごま	止推扁销
— weld	V形槽焊接	Vみぞ溶接	V形槽焊接
glycerina	甘油劑	グリセリン剤	甘油剂
glycerol	甘油	グリセロール	甘油
Glyko metal	一種鋅基軸承合金	グリコメタル	一种锌基轴承合金
go ga(u)ge	過端量規	通りゲージ	过端量规
— side	(塞規的)過端	通り側	(塞规的)过端
gocart	手推車	ゴーカート	手推车
godet rolls	導絲輪	ゴデットロール	导丝轮
— wheel	導絲輪	ゴデットホイル	导丝轮
goggles	護目鏡	保護めがね	护目镜
going	覆蓋長度	伏長	覆盖长度
Golay cell	紅外線指示器	ゴーレイセル	红外线指示器
— detector	紅外線檢測器	ゴーレイ検出器	红外线检测器
gold;Au	金	金	黄金
— alloy	金合金	金合金	金合金
— alloy plating	金合金電鍍	金合金めっき	金合金电镀
— assay	金含量的測定	金の試金	金含量的测定
— back	背面蒸金	ゴールドバック	背面蒸金
— bath	鍍金(浴;液)	金めっき	镀金(浴;液)
— beating	金箔製造	金ぱく製造	金箔制造
— bronze	金色銅粉	金青銅	金色铜粉
— bronze powder	金色銅粉	ブロンズ粉	金色铜粉
— bullion	金錠	金地金	金锭
— chlorination process	金氯化法	金塩化法	金氯化法
— -copper alloy plating	金銅合金電鍍	金-銅合金めっき	金铜合金电镀
— cyanidation process	金氰化法	金青化法	金氰化法

英文	臺灣	日文	大陸
— cyanide	氰化金	シアン化金	氰化金
— diffusion	金擴散	金拡散	金扩散
— diffusion isolation	金擴散隔離法	金拡散分離法	金扩散隔离法
— doping	摻金	金ドープ	掺金
— dredger	採金船	採金船	采金船
— dust	金粉	金粉	金粉
— film	金薄膜	ゴールドフィルム	金薄膜
— foil	金箔	金ばく	金箔
— furnace	敷金電爐	ゴールドファーネス	敷金电炉
— gasket	金密封襯墊	金ガスケット	金密封垫圈
— inlay contact	插入式鍍金接點	金インレイ接点	插入式镀金接点
— lacquer	淡金水	ゴールドラッカ	淡金水
— leaf	金葉	金ばく	金叶
— leaf electrometer	金箔靜電計	金ぱく電位計	金箔静电计
— leaf electroscope	金箔驗電器	金ぱく験電器	金箔验电器
— leaf stamping	金箔壓花	金ぱく押し	金箔压花
— ore	金礦	金鉱	金矿
— overlay contact	鍍金接點	金張り接点	镀金接点
— pigment	金粉	金粉	金粉
— placer	砂金礦床	砂金鉱床	砂金矿床
— plated	包金	金付け	包金
— plating	鍍金	金めっき	镀金
— powder	金粉	金粉	金粉
— solder	金焊料	金ろう	金焊料
— sponge	海綿狀金	海綿状金	海绵状金
— stone	砂金石	砂金石	砂金石
— varnish	金色漆料	金ニス	金色漆料
Goldschmidt's process	一種錫回收法	ゴールドシュミット法	一种锡回收法
gom cushion	橡膠墊	ゴムクッション	橡胶垫
— tape	橡膠絕緣帶	ゴムテープ	橡胶绝缘带
goniometry	角度測定	角測定	角度测定
goniophotometry	測角光度儀	測角測光（法）	测角光度仪
Gooch crucible	古氏坩堝	グーチるつぼ	古氏坩埚
good conductor	良導體	良導体	良导体
gooseneck	鵝頸管	送風支管	鹅颈管
— bending die	鵝頸式彎曲模	グーズネック曲げ型	鹅颈式弯曲模
— dolly	鵝頸式頂托	がん首当て盤	鹅颈式顶托
— press	鵝頸式沖床	片持プレス	鹅颈式压力机
— tongs	鵝鋏	つる首やっとこ	鹅颈钳
— tool	彈簧刀	丸のみバイト	弹簧刀

G

英文	臺灣	日文	大陸
— ventilator	鵝頸式通風管	グーズネック形通風筒	鹅颈式通风管
gorge cut	凹槽	ゴージカット	凹槽
goudron	焦油	ゲードロン	焦油
gouge	半圓鑿	丸のみ	凿出的槽〔孔〕
— nose tool	圓頭刀具	丸のみバイト	圆头刀
gouging	挖槽;挖溝	溝切り	开槽
— blowpipe	表面氣割炬	ガウジングトーチ	表面气割炬
— characteristic	表面切割特性	ガウジング特性	表面切割特性
— torch	熔挖氣炬	ガウジングトーチ	表面切割割炬
governor	調速器	調速機	调速器
— control	調速器控制	ガバナ制御	调速器控制
— gear	調速機構	調速機装置	调节装置
— shaft	調速器軸	調速軸	调速轴
— sleeve	調速器套筒	調速機すべり筒	调速器套筒
— test	調速器試驗	負荷しゃ断試験	调速器试验
— valve	調速閥	調速弁	调气阀
— weight	調速器配重	調速機おもり	调速器离心锤
grab	挖浚機	グラブ	(挖土机)抓斗
— bucket	抓斗	グラブバケット	夹钳;抓斗
— bucket capacity	抓斗容量	グラブバケット容量	抓斗容量
— bucket excavator	抓斗挖掘機	グラブ掘削機	抓斗式挖掘机
— closing gear	抓斗閉合裝置	グラブ開閉装置	抓斗闭合装置
— excavator	抓斗式挖掘機	グラブ掘削機	抓斗式挖掘机
— hook	起重鉤	つかみ上げ機	起重钓
— stand	鑽架	きり馬	钻架
— with teeth	帶齒抓斗	つめ付バケット	带齿抓斗
grade	等級;坡度;淨度	等級	度
— cutting device	錐度切削裝置	こう配削り装置	锥度切削装置
— of fit	配合等級	はめあい等級	配合等级
— temperature	溫度等級	グレード温度	温度等级
gradient	梯度	階調度	梯度
— meter	測斜儀	こう配計	测斜仪
— method	梯度法	傾斜法	梯度法
— of slope	傾斜率	のりこう配	倾斜率
— of vector	向量梯度	ベクトルのこう配	向量梯度
— parameter	斜率	こう配パラメータ	斜率
— vector	梯度向量	こう配ベクトル	梯度矢量
grading	分級	分級	分级
— analysis	粒度分析	粒度分析	粒度分析
— curve	粒徑分配曲線	粒度分布曲線	粒径分配曲线

英文	臺灣	日文	大陸
— envelope	粒度範圍	粒度範囲	粒度范围
— ring	均壓環	グレージングリング	均压环
— tool	測定磨具硬度工具	グレージングツール	测定磨具硬度工具
graduated burette	滴定管	ビュレット	滴定管
— circle	刻度盤	目盛盤	刻度盘
— flask	量瓶	メスフラスコ	量瓶
— measuring cylinder	量筒	メスシリンダ	量筒
— plate	刻度盤	目盛り盤	刻度盘
— scale	刻度尺	目盛り尺	刻度尺
— tube	(刻度)量管	目盛り管	(刻度)量管
graduation	刻度	目盛り	刻度
— line	刻度線	目盛り線	刻度线
— mark	刻度線	目盛り線	刻度线
graduator	分度器	目盛り機	分度器
Graface	石墨-二硫化鉬固體潤滑劑	グラフェース	石墨-二硫化钼固体润滑剂
grafacon	自動製圖機	グラファコン	自动制图机
grafter	鏟	グラフタ	铲
grain	顆粒;晶粒	晶粒	晶体
— alcohol	乙醇;酒精	グレーンアルコール	酒精
belt	晶粒區	グレーンベルト	晶粒区
— boundary	晶粒邊界	結晶粒界	晶粒间界
— boundary attack	晶界腐蝕	粒界腐食	晶界腐蚀
— boundary carbide	晶界碳化物	結晶粒界炭化物	晶界碳化物
— boundary corrosion	晶界腐蝕	結晶粒界腐食	晶界腐蚀
— boundary crack	晶界裂紋	結晶界粒界割れ	晶界裂纹
— boundary diffusion	晶界擴散	粒界拡散	晶界扩散
— boundary energy	晶界能	粒界エネルギー	晶界能
— boundary migration	晶界移動	粒界移動	晶界移动
— boundary reaction	晶界反應	粒界反応	晶界反应
— boundary sliding	晶界滑移	粒界滑り	晶界滑移
— composition	顆粒組成	粒度配合	颗粒组成
— density	晶界密度	粒子密度	晶界密度
— depth of cut	進刀量	と粒切込み深さ	进刀量
— fineness distribution	粒度分布	粒度分布	粒度分布
— fineness number	粒度指數	粒度指数	晶粒度
— growth	晶粒生長	結晶粒成長	晶粒生长
— lead	粒狀鉛	粒状鉛	粒状铅
— of ore	礦石粒	鉱石粒	矿石粒
— oriented silicon steel	單向性矽鋼片	一方向性けい素鋼板	单向性硅钢片
— property	顆粒特性	粒子特性	颗粒特性

G

英文	臺灣	日文	大陸
— refinement	晶粒細化	結晶粒微細化	晶粒细化
— refining	晶粒細化	結晶粒微細化	晶粒细化
— refining temperature	晶粒細化溫度	結晶粒微細化温度	晶粒细化温度
— retention test	顆粒保留試驗	しぼ保留試験	颗粒保留试验
— roll	(砂型)鑄鐵軋輥	砂型鋳鉄ロール	(砂型)铸铁轧辊
Grainal	一種釩鈦鋁鐵合金	グレイナル	一种钒钛铝铁合金
graininess	粒度	粒状性	粒度
grain-size	粒度	粒度	粒径
— analysis	粒度分析	粒度分析	粒径分析
— characteristic	粒度特性	粒度特性	粒径特性
— classification	晶粒度分級	結晶粒度分級	晶粒度分级
— control	晶粒度調整	結晶粒度調整	晶粒度调整
— distribution curve	粒徑分布曲線	粒径分布曲線	粒径分布曲线
— number	結晶粒度	結晶粒度番号	结晶粒度
gram(me)	〔公〕克	グラム	克
— atom	克原子	グラム原子	克原子
— calorie	克卡	小カロリー	克卡
— centimeter	克厘米	グラムセンチメートル	克厘米
— equivalent	克當量	グラム当量	克当量
— formula weight	克(化學)式量	グラム式量	克(化学)式量
— molecular volume	克分子體積	分子容	克分子体积
grand clamp	大型夾具	グランドクランプ	大型夹具
granite	花崗岩	花こう岩	花岗岩
— plate	花崗岩平板	グラプレート	花岗岩平板
— porphyry	花崗斑岩	花こうはん岩	花岗斑岩
granodising	鋅的磷酸處理	グラノダイジング	锌的磷酸处理
granular ash	蘇打粒	ソーダ灰	苏打粒
— carbon	碳(精)粒	グラニュラカーボン	碳(精)粒
— compound	粒狀化合物	粒状コンパウンド	粒状化合物
— drug	粒劑	粒剤	粒剂
— fracture	粒狀斷口	粒状破面	粒状断口
— interspace	岩粒間隙	岩粒間げき	岩粒间隙
— material	粒狀材料	粒状材料	粒状材料
granularity	粒度	粒度	粒度
granulated active carbon	粒狀活性碳	粒状活性炭	粒状活性碳
— carbide	粒狀碳化物	粒状カーバイド	粒状碳化物
— gas carburizing	固體滲碳劑-氣體滲碳法	固体浸炭剤ガス浸炭法	固体渗碳剂-气体渗碳法
— metal	粒狀金屬	粒状金属	粒状金属
— slag	粒狀熔渣	高炉水さい	粒状熔渣
— structure	粒狀組織	粒状組織	粒状组织

英文	臺灣	日文	大陸
granulating	粒化過程	造粒	粒化过程
granule	細粒	細粒	细粒
granulometer	粒度計	粒度計	粒度计
granulometry	粒度測定(法)	粒度測定	粒度测定(法)
graph	圖表	図表	曲线图
— paper	方格紙	グラフ用紙	方格纸
— plotter	繪圖機	グラフプロッタ	绘图仪
— structure	圖形結構	グラフ構造	图形结构
graphic(al) panel	繪圖板	グラフィックパネル	绘图板
— plotter	製圖機	グラフィックプロッタ	制图机
— scale	刻度比例尺	図示尺度	刻度比例尺
Graphidox	一種鐵合金	グラフィドクス	一种铁合金
graphite	石墨	石墨	石墨
— block	石墨塊	黒鉛ブロック	石墨块
— bronze	石墨青銅	黒鉛青銅	石墨青铜
— cathode	石墨陰極	グラファイト陰極	石墨阴极
— crucible	石墨坩鍋	黒鉛るつぼ	石墨坩埚
— electrode	石墨電極	黒鉛電極	石墨电极
— fiber	石墨纖維	黒鉛繊維	石墨纤维
— flake	石墨片	片状黒鉛	片状石墨
— grease	石墨滑脂	黒鉛潤滑脂	石墨(润滑)脂
— lubricant	石墨潤滑劑	黒鉛潤滑剤	石墨润滑剂
— matrix	石墨基體	黒鉛マトリックス	石墨基体
— metal	鉛基軸承合金	グラファイトメタル	铅基轴承合金
— moderated reactor	石墨減速反應爐	黒鉛減速炉	石墨减速反应堆
— oil	石墨油	黒鉛混入油	石墨油
— packing	石墨襯墊	黒鉛パッキング	石墨填料
— paint	石墨塗料	黒鉛ペイント	石墨涂料
— pig iron	灰口鐵	ねずみせん	灰口铁
— plumbago	石墨	黒鉛	石墨
— powder	石墨粉	グラファイトパウダ	石墨粉
— refractory	石墨耐火磚	黒鉛質耐火物	石墨耐火砖
— resistance	石墨電阻	黒鉛抵抗	石墨电阻
— rosette	玫塊花狀石墨	ばら状黒鉛	玫块花状石墨
— schist	石墨片岩	石墨片岩	石墨片岩
— sleeve	石墨套管	黒鉛スリーブ	石墨套管
— treated lubricant	石墨基潤滑劑	黒鉛含有潤滑剤	石墨基润滑剂
— tube	石墨管	グラファイトチューブ	石墨管
graphitic acid	石墨酸	石墨酸	石墨酸
— carbon	石墨碳	黒鉛炭素	石墨碳

英　　文	臺　　灣	日　　文	大　　陸
— cast iron	灰口鑄鐵	ねずみ鋳鉄	灰口铸铁
— corrosion	石墨腐蝕	黒鉛化腐食	石墨腐蚀
— embrittlement	石墨脆性	黒鉛ぜい性	石墨脆性
— nitralloy	石墨氮化鋼	黒鉛窒化鋼	石墨氮化钢
— steel	石墨(化)鋼	黒鉛鋳鋼	石墨(化)钢
graphitiser	促進石墨化元素	黒鉛化促進元素	促进石墨化元素
graphitization	石墨化(作用)	石墨化	石墨化(作用)
— cast iron	石墨鑄鐵	黒鉛鋳鉄	石墨铸铁
graphitizing	石墨化(作用)	黒鉛化	石墨化(作用)
— annealing	石墨化退火	黒鉛化焼鈍	石墨化退火
graphology	圖解法	グラフォロジー	图解法
graphostatics	圖解靜力學	図解力学	图解静力学
grass-hopper	輕型(單翼)飛機	小型軽単葉機	轻型(单翼)飞机
grate	爐篦；柵欄	火格子	晶格
— ball mill	格子排料式球磨機	グレートボールミル	格子排料式球磨机
— combustion rate	火床燃燒率	火格子燃焼率	火床燃烧率
graticule	十字線	綱線	十字线
grating	格柵	格子	格栅
— of gears	齒輪噪音	歯車の騒音	齿轮噪音
— space	晶面間距	格子間隔	晶面间距
gravel hammer	礫石錘	砂利ハンマ	碎石锤
— scoop	礫石鏟斗	砂利スクープ	砾石铲斗
graver	刻刀	彫刻刀	雕刻刀
gravimetric analysis	重量分析	重量分析	重量分析
— density	重(量密)度	盛込密度	重(量密)度
— determination	重量分析	重量分析	重量分析
— method	重量法	重量法	重力测量法
— thickness	重量法測定的厚度	重量法厚さ	重量法测定的厚度
— unit	重力單位	重力単位	重力单位
gravisphere	重力場	引力圈	引力场
gravitation	重力；萬有引力	引力	引力
— constant	萬有引力常數	重力定数	引力常数
— potential	重力勢〔位〕	重力ポテンシャル	引力势〔位〕
gravitational acceleration	重力加速度	重力加速度	重力加速度
— balancing machine	重力式平衡試驗機	重力式釣合い試験機	重力式平衡试验机
— constant	重力常數	重力常数	重力常数
— effect	重力作用	重力作用	重力作用
— field	重力場	重力場	重力场
— force	重力	重力	重力
— potential	重力勢	重力ポテンシァル	重力势

英文	臺灣	日文	大陸
— unit	重力單位	重力単位	重力单位
gravity	重力	重力	重力
— arc welding	重力式(電)弧焊;倚焊	グラビティ溶接	重力式(电)弧焊;倚焊
— balance	重力平衡	グラビティバランス	重力平衡
— casting	重力鑄造法	重力鋳造	重力浇注
— conveyor	重力運送機	重力コンベヤ	重力式输送机
— die casting	重力壓鑄法	重力ダイカスト	金属型铸造
— field	重力場	重力場	重力场
— filtration process	重力過濾法	重力ろ過法	重力过滤法
— flow	重力流	グラビティフロー	重力流
— force	重力	引力	重力
— free condition	失重條件	無重力条件	失重条件
— hammer	重鎚	ドロップハンマ	重力锤
— law	萬有引力定律	引力の法則	引力定律
— lubrication	重力潤滑〔注油〕	重力潤滑	重力润滑〔注油〕
— mixer	重力式攪拌機	重力混和機	重力式搅拌机
— oiling	重力注油	重力注油	重力加油
— rotary filtration	重力旋轉過濾	重力回転ろ過	重力旋转过滤
— separator	重力分離裝置	重力分離装置	重力沉降分离器
— system	自流〔動〕給料系統	重力式	自流〔动〕给料系统
— tank	重力槽;重力櫃	重力タンク	自动送料槽
— vacuum transit system	重力真空輸送系統	重力真空輸送システム	重力真空输送系统
— valve	重力閥	重し弁	重力阀
— welding	重力式電弧焊	重力式溶接	重力式电弧焊
gravity-feed hopper	重力送料漏斗	重力供給ホッパ	重力送料漏斗
— lubrication	重力潤滑	重力注油	重力润滑
gray cast iron	灰(口)鑄鐵	灰鋳鉄	灰(口)铸铁
— forge pig	可鍛生鐵	可鍛銑鉄	可锻生铁
— iron	灰口鑄鐵	灰銑	灰口铸铁
— manganese ore	軟錳礦	水マンガン鉱	软锰矿
— pig iron	灰口生鐵	ねずみ銑	灰口铸铁
— slag	灰色礦渣	グレイスラグ	灰色矿渣
— spiegeleisen	灰色鏡鐵	灰色鏡鉄	灰色镜铁
— state	未加工狀態	未仕上状態	未加工状态
— tin	灰錫	灰色すず	灰锡
grease	滑脂;黃油	グリース	润滑脂
— burnishing	油脂壓光	油磨き	脂膏抛光
— coating	油脂塗層	グリースコーティング	油脂涂层
— injector	給油器	グリース注入器	给油器
— lubrication	滑脂潤滑	グリース潤滑	滑脂润滑

G

英文	臺灣	日文	大陸
— marks	油漬	グリースマーク	油渍
— nipple	加油脂嘴;黃油嘴	グリースニップル	润滑脂嘴
— packing	滑脂襯墊	グリースパッキン	润滑脂密封
— plug	潤滑脂塞	グリースプラグ	润滑脂塞
— pump	潤滑油泵	グリースポンプ	润滑油泵
— resistance	耐油性	耐脂性	耐油性
— resistant coating	防油脂塗料	耐脂塗料	防油脂涂料
— resisting properties	抗〔耐〕油性能〔質〕	耐脂性	抗〔耐〕油性能〔质〕
— seal	滑脂封	グリースシール	润滑脂密封
— tap	潤滑孔	グリース注口	润滑孔
greaseproofness	防油性	防脂性	防油性
greaser	潤滑脂注入器	グリーサ	润滑脂注入器
greatest lower bound	下限	最大下界	最大下界
— value	最大尺寸	最大寸法	最大尺寸
gredag	膠體石墨	グレダッグ	胶体石墨
green	未加工的	未加工の	未加工的
— bond	未加工強度	生強度	未加工强度
— castings	濕模鑄件	生型鋳物	湿型铸件
— compact	壓胚	圧粉体	压坯
— density	壓胚密度	圧粉密度	压粉密度
— diameter	原始直徑	グリーンの直径	原始直径
— epoxy	未固化環氧樹脂	グリーンエポキシ	未固化环氧树脂
— patina	銅銹	緑皮	铜锈
— rot	高溫晶間腐蝕裂紋	緑色熱間腐食割れ	高温晶间腐蚀裂纹
— sand	濕(型)砂	生型砂	湿(型)砂
— sand casting	濕砂鑄法	生型鋳造法	湿型铸造
— sand core	濕砂型心〔鑄模的〕	生中子	湿芯〔铸型的〕
— sand mo(u)ld	濕(砂)模	生型	湿(砂)型
— sand mo(u)lding	濕砂造模法	生型造型法	湿砂造型
— sand permeability	濕型透氣性	湿態通気度	湿型透气性
— strength	濕強度	生強度	未加工强度;湿态强度
— verdigris	銅綠	緑青	铜绿
Greenwalt pan	一種燒結機	グリーナワルト焼結機	一种烧结机
greenland spar	冰晶石	氷晶石	冰晶石
grid casting	芯骨鑄造件	グリッド鋳物	芯骨铸造件
— formation	框架結構	架構配置設計	框架结构
— iron	鐵格子	グリッドアイロン	铁格子
griding	柵格狀	グリッディング	栅格状
Griffith crack	一種裂紋〔縫〕	グリフィスクラック	一种裂纹〔缝〕
grind	磨碎;粉碎	研削	研磨

英　文	臺　灣	日　文	大　陸
— ability	(可)磨削性	研削性	(可)磨削性
— ga(u)ge	細度計	粒ゲージ	细度计
— leach process	磨浸過程	グラインドリーチ法	磨浸过程
— stone	磨石	と石	磨石
grinder	粉碎機;磨床	研削盤	粉碎机;磨床
— buffing	(粗)砂輪打磨	グラインダバフ研摩	(粗)砂轮打磨
grindery	研磨工場	研削工場	研磨车间
grinding	輪磨;磨光	研削仕上	研磨(的);磨削加工
— action	粉碎〔磨碎〕作用	粉砕作用	粉碎〔磨碎〕作用
— aids	磨粉輔助品	粉砕助材	磨料
— allowance	磨削加工裕度	研削しろ	磨削加工余量
— attachment	磨削附件	研削装置	磨削附件
— burn	磨削燒焦	研摩焼け	磨削烧伤
— condition	磨削條件	研削条件	磨削条件
— crack	磨光裂紋	研削割れ	磨削裂纹
— cutter	磨斷機	と石切断機	磨断机
— efficiency	研磨效率	粉砕効率	研磨效率
— fluid	研磨液	研削液	研磨液
— forces	磨削力	研削力	磨削力
— layer	加工變質層	加工変質層	加工变质层
— lubricant	研磨液	研削液	研磨液
— machine	磨床;研磨機	研削盤	磨床;研磨机
— material	磨料	研削材	磨料
— media	研磨介質	粉砕媒体	研磨介质
— mill	研磨機	細砕機	研磨机
— ratio	磨削性	研削比	磨削性
— resistance	粉碎阻力	粉砕抵抗	粉碎阻力
— roll	磨輥(中速磨)	練磨ロール	磨辊(中速磨)
— segment wheel	片狀砂輪	セグメントと石	片状砂轮
— skin	加工變質層	加工変質層	加工变质层
— spark	磨削火花	スパーク	磨削火花
— stone	砂輪;(天然)磨石	(金)と石	砂轮;(天然)磨石
— type resin	研磨型樹脂	練磨型樹脂	研磨型树脂
— undercut	(砂輪)過切	逃げ	(砂轮)越程槽
— wheel	砂輪	と石車	砂轮
— wheel carriage	砂輪滑台	と石車滑り台	砂轮(架)滑座
— wheel dresser	砂輪修整(器)	と石車目直し	砂轮修整(器)
— wheel fender	砂輪(保護)罩	と石車被	砂轮(保护)罩
— wheel resin	砂〔磨〕輪用樹脂	研削と石用樹脂	砂〔磨〕轮用树脂
— wheel spindle	砂輪軸	と石車軸	砂轮轴

英文	臺灣	日文	大陸
grinding-in	磨合〔配;光〕	研合せ	配研
grip	手柄	指の開閉	夹具
— action	固定作用	定着作用	固定作用
— bolt	夾持螺栓	グリップボルト	夹持螺栓
— die	夾緊模	つかみ用割り型	夹紧模
— jaw	鄂形夾爪	グリップジョー	鄂形夹爪
— pin	夾緊銷	グリップピン	夹紧销
— tongs	平口鉗	グリップはし	平口钳
gripper	握爪	つかみ具	夹具
— feed	夾持進給〔給料〕	グリッパフィード	夹持进给〔给料〕
— knob	控制旋鈕	ハンドルのノブ	控制旋钮
gripping face	支承面	つかみ面	支承面
— mechanism	卡緊裝置	つかみ機構	卡紧装置
— of gear	齒輪噪音	歯車の騒音	齿轮噪声
— power measurement	夾持力測量	粒着力測定	夹持力测量
grit	砂礫;粗砂〔粒〕	粗粒子	砂粒;磨料〔粒〕
— blast	噴砂	グリットブラスト	喷砂
— blasting	噴粒處理	グリットブラスト仕上	喷砂清理
— chamber	存砂容器	沈砂池	存砂容器
— finish	磨砂處理	グリット仕上	磨砂处理
— stone	天然砥石	天然と石	天然磨石
— tank	沉砂池	沈地池	沉渣池
grog	耐火材料	シャモット粉	耐火材料
grommet	索環	グロメット	垫圈
— sling	環狀吊具	環状スリング	环状吊具
groove	槽;溝	溝	槽
— angle	槽角	開先角度	槽角
— corrosion	溝狀腐蝕	溝状腐食	沟状腐蚀
— cutting	開槽	溝切り	开槽
— depth	槽深	開先深さ	槽深
— face	槽面	開先面	切口(开槽)面
— milling machine	開槽銑床	溝切りフライス盤	开槽铣床
— planer	槽刨	しゃくりかんな	槽刨
— weld	溝熔接	グルーブ溶接	槽焊
grooved and splined joint	嵌榫拼接	雇実はぎ	嵌榫拼接
— barrel	槽紋機膛〔壓出機〕	溝付きバレル	槽纹机膛〔压出机〕
— cam	槽轆	溝カム	槽凸轮
— electrode	帶槽電極	みぞ付き電極	带槽电极
— friction wheel	帶槽摩擦輪	溝付き摩擦車	带槽摩擦轮
— gearing	槽輪裝置	溝車伝動装置	楔形槽轮摩擦传动装置

英　　文	臺　　灣	日　　文	大　　陸
— pin	帶槽銷	グルーブドピン	带槽销
— plywood	帶凹槽的膠合板	グルーブ合板	带凹槽的胶合板
— pulley	有槽帶輪	溝車	三角皮带轮
— rail	有槽條軌	溝付軌条	(有)槽(导)轨
— roller	有槽輥子	筋ローラ	带槽辊
— roller breaker	有槽輥子揉布機	溝ロール柔布機	槽纹辊破碎机
— wheel	槽輪	溝車	槽轮
groover	成形軋輥機	成形ロール機	成形轧辊机
grooving	起槽	溝付け	开槽
— and tonguing	楔口	サネハギ	槽舌接缝
— cutter	開槽銑刀	溝切りフライス	槽铣刀
— machine	起槽機	溝切機	开槽机
— plane	(起)槽鉋	溝かんな	起槽刨
— saw	(起)槽鋸	溝切りのこ	开槽锯
— tool	起槽刀具	溝切り	切槽刀
gross	蘿;總額	総体（の）	全(部)的
— efficiency	總效率	総効率	总效率
— horse power	總功率	総馬力	总功率
— sectional area	總斷面積	総断面積	总断面积
— thrust	總推力	グロススラスト	总推力
ground	接地;研磨的	研削の	大地;研磨的
— bolt	磨削螺栓	研削ボルト	磨削螺栓
— circle	基圓	基礎円	基圆
— clamp	(電焊)地線夾子	グラウンドクランプ	(电焊)地线夹子
— coke	粉碎的焦碳	粉砕コークス	粉碎的焦炭
— connection	接地	アース接続	接地
— drill	地鑽	グラウンドドリル	地钻
— earth line	接地線	グランドアース線	接地线
— fault current	漏電電流	地絡電流	漏电电流
— fault protection	接地保護	地絡保護	接地保护
— finish	精磨加工	研削仕上げ	精磨加工
— hob	磨齒滾刀	研削ホブ	磨齿滚刀
— line	基線;地平線	地盤線	接地线
— protection	接地保護	接地保護	接地保护
— return	接地回路	接地	接地回路
— screw	磨光螺紋	研削ねじ	磨光螺纹
— tap	磨光螺絲攻	研削タップ	磨齿丝锥
— thread	磨光螺紋	研削ねじ	磨制螺纹
— thread tap	磨光絲攻	研削タップ	磨齿丝锥
— wire	地線	接地線	接地线

G

英文	臺灣	日文	大陸
grounding	接地;停飛	接地	接地
— conductor	接地導線	接地線	接地导线
— device	接地裝置	接地装置	接地装置
— electrode	接地電極	接地電極	接地电极
— protection	接地保護	地絡保護	接地保护
— terminal	接地端子	接地端子	接地端柱
group	群	組	组
— machining	成組加工	グループ加工	成组加工
— system drawing	一紙多圖制	多品一葉図	一纸多图制
grouping	部分組立圖	部分組立図	部分组立图
grouser	履帶齒片	すべり止め	履带齿片
grown crystal	晶體生長	成長した結晶	晶体生长
growth	發展(過程)	生長	发展(过程)
— curve model	成長曲線模型	成長曲線モデル	成长曲线模型
— nucleus	成長核	成長核	生长核
— reaction	成長反應	成長反応	生长反应
— type crystallizer	生長型結晶器	成長型晶析器	生长型结晶器
grub saw	石鋸	石切のこ	石锯
— screw	埋頭螺釘	無頭ねじ	埋头螺钉
grummet	墊圈	グラメット	垫圈
grunerite	鐵閃石	鉄せん石	铁闪石
GS alloy	GS合金〔金;銀合金〕	GS 合金	GS合金〔金;银合金〕
guaranteed cycle	保證耐用期限	保証寿命	保证耐用期限
— performance curve	保證性能曲線	保証性能曲線	保证性能曲线
— speed	保證速度	保証速力	保证速度
— test	保證試驗	保証試験	保证试验
— time	保證耐用期限	保証寿命	保证耐用期限
guard	防護罩	保護板	保护
— angle	保護角	保護角	保护角
— bar	護桿	保護棒	护杆
— block	保護塊	ガードブロック	保护块
— line	保護線	導線	保护线
— net	保護網	保護網	保护网
— pipe	保險管	ガードパイプ	保险管
— plate	安全擋板	保護板	安全挡板
— relay	防護繼電器	ガードリレー	防护继电器
— sealed method	保護焊封法	ガードシールド法	保护焊封法
— wire	保護線	保護線	隔离钢索
gudgeon	軸頭;桿頭	つぼ金	托架
— pin	軸頭銷	ガジョオンピン	活塞销

英文	臺灣	日文	大陸
Guerin process	一種橡膠模成形法	グーリン法	一种橡胶模成形法
Guest worm	一種蝸桿	ゲストウォーム	一种蜗杆
guidance	導槽;導引	誘導	引导
guide	導路;導件	誘導装置	定向
— angle	導向角(鋼)	ガイドアングル	导向角(钢)
— apparatus	導航裝置	ガイド装置	导航装置
— bar	導桿	すべり棒	滑轴
— bend test	靠模彎曲試驗	型曲げ試験	靠模弯曲试验
— block	導塊	滑り金	滑块
— bolt	導向螺栓	ガイドボルト	导向螺栓
— bush	導軸襯;導套	案内ブッシュ	导套
— clearance	導承間隙	ガイドクリアランス	导承间隙
— duct	導風管(道)	案内道	导风管(道)
— edge	導向邊	基準縁	导向边
— elbow	導向彎頭	ガイドエルボー	导向弯头
— electrode	引導電極	案内極	引导电极
— error sensor	導向誤差感測器	ガイドエラーセンサ	导向误差传感器
— frame	導框架	導枠	导承框〔架〕
— holder	(大型模具)導向座	ガイドホルダ	(大型模具)导向座
— hole	導(向)孔	合せ穴	导(向)孔
— key	導向鍵	ガイドキー	导向键
— map	指引圖	案内図	指引图
— mast	導柱	ガイドマスト	导柱
— mill	導輥軋(制)機	案内ロール付き圧延機	导辊轧(制)机
— pad	(深孔鑽的)導向塊	ガイドパッド	(深孔钻的)导向块
— pilot	中心銷	中心ピン	中心销
— pin	定位銷	枠合せ	定位销
— pin bush	導銷套	ガイドピンブシュ	导销套
— pipe clamp	導管夾	ガイドパイプバンド	导管夹
— piston	導活塞	ガイドピストン	导向活塞
— plate	導板	案内板	导(向隔)板
— pole	導軌柱	ガイドポール	导轨柱
— post	導標;導栓	みちぼうず	导柱
— post die	導柱模	ガイドポスト型	导柱模
— pulley	導輪	案内車	压带轮
— rail	導軌	護輪レール	导轨
— ring	導(向)環	案内リング	导(向)环
— rod	導桿	案内棒	导杆
— roll(er)	導滾子	案内ロール	导辊
— rope	導繩	案内ロープ	导绳

英文	臺灣	日文	大陸
— sheave	導槽輪	案内綱車	有导轨的滑车
— shell	鑽架跑道	ガイドシェル	钻架跑道
— shoe	滑履	すべり金	滑块
— slipper	導滑塊	すべり金	导块
— socket	插座	ガイドソケット	插座
— spindle	導向軸	案内軸	导向轴
— surface	導軌面	案内面	导轨面
— tube	導管	案内管	导管
— valve	導向閥	案内弁	导向阀
— valve boot	導閥罩	案内弁のボート	导阀罩
— valve slip	導閥滑片	案内弁スリーブ	导阀滑片
— way grinding machine	導軌磨床	案内面研削盤	导轨磨床
— wheel	導輪	案内車	导轮
— wire	導繩	ガイドワイヤ	导绳
guided aircraft missile	機載導彈	航空機用誘導弾	机载导弹
— center	旋轉中心	旋回中心	旋转中心
— cutting apparatus	型切裝置(𨱎割)	型切断装置	仿形切割装置
— motion	導向運轉	受動運動	导向运转
— spindle	導軸	スピンドル	导轴
guideless blanking die	無導向下料模	案内のない抜き型	无导向落料模
guideline	指針	案内線	指针
guider	導向器	案内	导向器
— tip	導向梢	案内の末回	导向梢
guideway	導軌	ベット滑り（案内）面	导轨
— transit system	軌道輸送系統	軌道輸送システム	轨道输送系统
guiding	導向	ガイディング	导向
— axle	導向軸	導軸	导向轴
— center	導向中心	旋回中心	导向中心
— hole	導向孔	ガイディングホール	导向孔
guillaume alloy	鐵鎳低膨脹係數合金	ギラウムアロイ	铁镍低膨胀系数合金
Guillaume metal	一種銅鉍合金	ゲイラウムメタル	一种铜铋合金
guillotine	剪斷機	ギロチン	剪断机
— cutter	閘刀式剪切機刀具	ギロチン断裁機	闸刀式剪切机刀具
guinea-pig	實驗品	モルモット	实验品
guitar-shaped tongs	拾件鉗〔鍛工用〕	ひょうたんばし	拾件钳〔锻工用〕
gullet	切口	刃溝	切口
— radius	齒槽底圓弧半徑	刃溝底丸み半径	齿槽底圆弧半径
gum	膠;橡膠	ガム質	胶质
— adhesive	膠質黏結劑	ゴム質接着剤	胶质黏结剂
— arabic	阿拉伯樹膠	アラビアゴム	阿拉伯树胶

英文	臺灣	日文	大陸
— artificial	糊精	こ精	糊精
— asphaltum	瀝青樹脂	アスファルト樹脂	沥青树脂
— band	橡膠帶	ゴムバンド	橡胶带
— ferrite	膠質肥粒鐵	ゴムフェライト	胶质铁氧体
— plastics	樹脂塑料	ゴム質可塑物	树脂塑料
— resin	樹膠脂	ゴム樹脂	树胶脂
— rosin	松香	松やに	松香
— touch roll	橡膠接觸輥	ゴムタッチロール	橡胶接触辊
— turpentine oil	松節油	ガムテレビン油	松节油
gummed cloth tape	膠布捲尺	布ガムテープ	胶布卷尺
— fabric tape	膠布捲尺	布ガムテープ	胶布卷尺
gun	砲;鎗;潤滑油泵	吹付け機	润滑油泵
— barrel drill	深孔鑽	ポンプぎり	炮管深孔钻
— boring machine	砲管搪床	砲身中ぐり盤	炮筒镗床
— bronze	砲管青銅	砲金	炮管青铜
— cotton	硝棉	強綿薬	硝棉
— cradle	(砲的)搖架	揺架	(炮的)摇架
— drill	深孔鑽	ガンドリル	深孔钻
— drilling machine	深孔鑽床	ガンドリリングマシン	深孔钻床
— feeder	裝料機	ガンフィーダ	装料机
— fire control system	火砲射擊控制裝置	砲塔制御装置	火炮射击控制装置
— hoist	送彈機	揚弾機	送弹机
— hose	噴槍軟管	ガンホース	喷枪软管
— iron	砲鐵	ガンアイアン	炮铁
— lathe	砲筒車床	砲身旋盤	炮筒车床
— launcher	火箭筒	筒型発射機	火箭筒
— metal	砲銅	砲銅	炮铜
— perforator	(油井)穿孔機	ガンパー	(油井)穿孔机
— reamer	槍管鉸刀	ガンリーマ	枪管铰刀
— support	砲座	砲支筒	炮座
— tackle	起重滑車	ガンテークル	起重滑车
gunite	噴漿	ガナイト	喷浆
— gunite shooting	砂漿噴塗	モルタル吹付け工	砂浆喷涂
Gunite K	一種鑄鐵	グーナイトケー	一种铸铁
gunited material	噴漿材料	吹付け材	喷浆材料
gusset	角牽板	ひだ	角(撑)板
— angle bar	角牽板角鐵	ガセット山形材	节点角铁
— plate	角牽板	筋かい板	角撑板
Guth's stretching test	一種引伸試驗	グース張出し性試験	一种引伸试验
gutter	簷邊落水溝	ひじ台	槽

英文	臺灣	日文	大陸
— conveyor	槽式運送機	とい形コンベヤ	槽式输送机
— type dryer	溝式乾燥機	溝型乾燥機	沟式乾燥机
guttering	出鐵〔出鋼;出料〕槽	側溝	出铁〔出钢;出料〕槽
guy	車索;板	張り縄	拉索
— block	牽索滑車	控え滑車	牵索滑车
— clamp	牽索夾子	支線クランプ	拉线夹(板)
— crane	桅桿轉臂起重機	綱張りデリッククレーン	桅杆转臂起重机
— rope	牽繩	控え綱	钢缆
— winch	牽索絞車	ガイウインチ	牵索绞车
gypsum	石膏	石こう	石膏
— board	石膏板	石こう板	石膏板
— cement	石膏鑄模法	石こう鋳型法	石膏铸型法
— cement pattern	石膏模型	石こう模型	石膏模型
— mo(u)ld	石膏(塑)模	石こう鋳型	石膏(塑)模
— mortar	石膏砂漿	石こうモルタル	石膏砂浆
— pattern	石膏模(型)	石こう型	石膏模(型)
gyrating mass	迴轉質量	回転質量	回转质量
gyratory	旋迴破碎機	ジャイレトリ	旋回破碎机
— breaker	迴轉碎裂機	旋回砕鉱機	回转碎裂机
gyro	迴轉儀;迴轉運動	ジャイロ	陀螺(仪);旋转
— action	陀螺作用	ジャイロアクション	陀螺作用
— attachment	迴轉附件	ジャイロアタチメント	回转附件
— instrument	迴轉儀錶	ジャイロ計器	陀螺仪表
— moment	迴轉力矩	ジャイロモーメント	陀螺力矩
— stabilized platform	迴轉穩定平台	ジャイロ安定台	陀螺稳定平台
gyro-compass	迴轉儀	ジャイロコンパス	陀螺仪
gyro-frequency	旋轉頻率	ジャイロ周波数	旋转频率
gyrohorizon	迴轉地平儀	ジャイロホライゾン	陀螺地平仪
— indicator	迴轉水平儀	ジャイロ水平儀	陀螺水平仪
gyromagnetic compass	迴轉磁羅盤	ジャイロ磁気コンパス	陀螺磁罗盘
gyrometer	迴轉測速儀	ジャイロメータ	陀螺测速仪
gyropilot	迴轉自動駕駛儀	自動操縦装置	陀螺自动驾驶仪
gyrorudder	迴轉自動駕駛儀	ジャイロラダー	陀螺自动驾驶仪
gyroscope	迴轉儀	ジャイロスコープ	陀螺仪
— rotor	迴轉轉子	ジャイロスコープロータ	陀螺转子
gyroscopic action	迴轉作用	ジャイロ作用	陀螺作用
— torque	迴轉扭矩	こま運動トルク	回转扭矩
gyrotron	振動陀螺儀	ジャイロトロン	振动陀螺仪

英文	臺灣	日文	大陸
H beam	H型(截面)樑	Hビーム	H型(截面)梁
H bend	H平面彎曲	H曲り	H平面弯曲
H chart	末端硬化能曲線圖	Hチャート	末端淬透性曲线图
H curve	硬化能曲線	焼入れ性曲線	淬透性曲线
H hinge	H型鉸鏈	Hちょうつがい	H型铰链
H iron	H形鐵	H形鋼	H形钢
H line	硬化能直線	Hライン	淬透性直线
H load	水平負載	H荷重	水平荷载
H section steel	寬翼緣工字鋼	H形鋼	宽翼缘工字钢
H steel	H形鋼	H形鋼	H形钢
hackly fracture	韌性斷口	じん性破面	韧性断口
hacksaw	弓鋸	弓のこ	弓锯
— blade	弓鋸鋸條	金のこ刃	弓锯锯条
— frame	弓鋸〔手用〕	ハックソーフレーム	弓锯〔手用〕
hair	游絲	毛髮	游丝
— crack	細裂縫	毛割れ	细裂纹
— rock	緩衝材料	ヘアロック	缓冲材料
— seam	毛縫	筋傷	毛缝
— spring	游絲	ひげぜんまい	细弹簧
hairpin	細銷	ヘアピン	马蹄形的
— spring	細絲彈簧	ヘアピンスプリング	发卡形弹簧
— reinforcement	U(字)形鋼筋	ヘアピン鉄筋	U(字)形钢筋
— valve	U形狀閥	ヘアピンバルブ	发卡状阀
halation	暈光(作用)	ハレーション	晖光(作用)
Halcomb	哈爾庫姆合金鋼	ハルコム	哈尔库姆合金钢
half bond	半鍵	半結合	半键
— coating	半鍍膜	ハーフコーティング	半镀膜
— die cutting	半沖切	半抜き	半冲切
half-and-half solder	鉛錫焊料〔鉛錫各半〕	プラムバはんだ	铅锡焊料〔铅锡各半〕
half-beam	半樑	半ばり	半梁
half-bearings	無蓋軸承	半軸受け	无盖轴承
half-blank	不完整沖裁件	ハーフブランク	不完整冲裁件
half-center	半頂心	ハーフセンタ	半(缺)顶尖
half-chisel	截鏨	半切り〔鍛造の〕	截錾
half-cone	半錐體〔形〕	半すい	半锥体〔形〕
half-crossed belt	半交叉皮帶	直角掛けベルト	半交叉皮带
— belt transmission	直角掛輪皮帶傳動	直角掛けベルト伝動	直角挂轮皮带传动
half-done goods	半成品	半製品	半成品
half-elliptic spring	半橢圓彈簧	半だ円ばね	半椭圆形弹簧
half-finished product	半製品	半製品	半制品

英文	臺灣	日文	大陸
half-gantry crane	單腳起重機	単脚起重機	单脚高架起重机
half-hard steel	半硬鋼	半硬鋼	半硬钢
half-lap coupling	對嵌聯結器	半重ね継手	半叠接合
— joint	半疊接接頭	相欠き継手	半叠接接头
half-nut	對開螺帽	半割りナット	对开螺母
half-plain work	半加工〔鑿平〕	半仕上げ	半加工〔凿平〕
half-relief	半凸浮雕	半肉彫り	半凸浮雕
half-round bar	半圓條	半丸棒	半圆形钢筋
— bar steel	半圓(棒)鋼	半丸鋼	半圆(棒)钢
— file	半圓銼	半丸やすり	半圆锉
— hardie	半圓壓肩工具〔鍛造用〕	半丸せぎり〔鍛造の〕	半圆压肩工具〔锻造用〕
— iron	半圓形生鐵錠	半丸銑鉄	半圆形生铁锭
— reamer	半圓鉸刀	半丸リーマ	半圆铰刀
— scraper	半圓刮刀	半丸スクレーパ	半圆刮刀
half-section	半剖面	半断面	半剖面
half-spherical drawing	半球形拉伸	半球形絞り	半球形拉深
half-temperature	半溫	半温	半温
— time	半溫時間	半温時間	半温时间
Halman	一種鋁合金電阻絲	ハルマン	一种铝合金电阻丝
haloes	微觀裂紋〔缺陷〕	銀点	微观裂纹〔缺陷〕
halt	停止	休止	停止
— circuit	停機電路	ホルト回路	停机电路
— cycle	停止周期	ホルトサイクル	停止周期
— instruction	停機指令	停止命令	停机指令
— state	停止狀態	停止状態	停止状态
halting	停機	ホルティング	停机
halved joint	對搭接頭	相欠き継手	半叠接头
halving	對嵌	相欠きほぞ	半叠接
— joint	對嵌接頭	相欠き	对搭接
— line	平分線	二分線	平分线
halyard	吊索	ハリヤード	吊索
hammer	鎚;鎯頭	つち	锤
— axe	鎚斧	つちおの	锤斧
— block	錘頭	つち頭	锤头
— crusher	鎚碎機	ハンマクラッシャ	锤(式破)碎机
— die	鍛模	ハンマ型	锻模
— dressing	用錘敲平	ハンマ仕上げ	用锤敲平
— drill	鎚打機	ハンマドリル	冲钻机
— driver	錘驅動器	ハンマドライバ	锤驱动器
— face	錘面	つち面	锤面

英文	臺灣	日文	大陸
— forging	鎚鍛	ハンマ鍛造	锤锻
— grab	錘式抓斗	ハンマグラブ	锤式抓斗
— gun	外擊鐵炮	外部撃鉄砲〔銃〕	外击铁炮
— handle	錘柄	ハンマハンドル	锤柄
— hardening	鎚擊硬化	打ち固め（金属）	冷作硬化
— machine	機動錘	ハンママシン	机动锤
— mill	鎚碎機	粉砕ミル	锤磨机
— oil	汽錘用潤滑油	蒸気ハンマー油	汽锤用润滑油
— pin	擊錘銷	撃鉄軸	击锤销
— piston	氣錘活塞	ハンマピストン	气锤活塞
— press	鍛(造)壓(力)機	ハンマプレス	锻(造)压(力)机
— rivet	手(工)鉚	手打ちびょう	手(工)铆
— scale	鐵屑	ハンマスケール	铁屑
— welding	鍛熔接	つち打ち溶接	锻焊
hammerhead crane	錘頭式起重機	つち形クレーン	锤头式起重机
hammer-headed key	錘頭形鍵	ひきどっこ	锤头形键
hammering	鎚打	つち打ち	锻打
— device	鎚打裝置	ハンマリング装置	锤打装置
— effect	鎚擊效應	つち音	锤击效应
— finish	鍛打	たたき	锻打
hammersmith	鍛工	かじ工	锻工
hamming	加重平均〔平衡〕	ハミング	加重平均〔平衡〕
Hancock jig	連桿凸輪傳動洮汰機	ハンコック型ジグ	联杆凸轮传动跳汰机
hand	手柄	手（動）	手柄
— accelerator	手動加速器	手動の加速器	手动加速器
— air pump	手動汽泵	ハンドエヤポンプ	手动汽泵
— auger	手鑽	ハンドオーガ	手钻
— barrow	手推車	手押し車	手推车
— bellow	手風箱	手ふいご	手风箱
— bender	手動彎曲機	手動ベンダ	手动弯曲机
— block	手動滑車〔輪〕	ハンドブロック	手动滑车〔轮〕
— blown glass	手工吹製玻璃	手吹きガラス	手工吹制玻璃
— blowpipe	手工焊〔割〕炬	手持ちトーチ	手工焊〔割〕炬
— bore	手搖鑽	ハンドボア	手摇钻
— brace	曲柄鑽	手回しブレース	手摇钻
— brake	手剎車	腕力ブレーキ	手刹车
— brake valve	手制動閥	ハンドブレーキバルブ	手制动阀
— breaker	手動搗碎機	ハンドブレーカ	手动捣碎机
— button	按扭	押しボタン	按扭
— chisel	手鑿	削り棒	手铲

英文	臺灣	日文	大陸
— control	手控制	手動制御	手动控制
— crank	手搖曲柄	手回しクランク	手动曲柄
— cutter	手壓切割器	押し切り器	手压切割器
— drawing	手工繪圖	手がき	手工绘图
— drill	手搖鑽	手回しきり	手摇钻
— drive	手動	手動	手动
— ejection	人工出胚	ハンドエジェクション	人工出胚
— electrostatic painting	手工靜電塗漆	ハンド静電塗装	手工静电涂漆
— expansion valve	手動膨脹閥	手動膨張弁	手动膨胀阀
— feeding	手進給	手送り作業	手工进料
— file	手銼	平やすり	平锉
— finishing	手工修整	手仕上げ	人工修整
— firing knob	發射按鈕	（手動）撃発ボタン	发射按钮
— furnace	手燒爐	手だき炉	手烧炉
— gear	手動裝置	手動装置	手动装置
— grenade	手榴彈	手りゅう弾	手榴弹
— grinding	手磨	手磨き	手磨
— hammer	榔頭	片手ハンマ	榔头
— hydraulic steering gear	手動液壓操舵裝置	人力油圧操だ装置	手动液压操舵装置
— inertia starter	手動式慣性起動器	手動式慣性起動機	手动式惯性起动器
— jack	手搖千斤頂	手回しねじ	手摇千斤顶
— ladle	長柄手勺	手持ち取りたべ	手端包
— lap	手工研磨	ハンドラップ	手工研磨
— lapper	手工研具	ハンドラッパ	手工研具
— lapping	手工研磨	ハンドラッピング	手工研磨
— lay-up mo(u)lding	手工層壓成形	手積み成形	手工层压成形
— level	手持水平儀	ハンドレベル	手持水平仪
— lever	手柄	ハンドラバー	手柄
— lever shear	裁刀	押し切り	裁刀
— lift	手動昇降〔提升〕機	手動昇降機	手动升降〔提升〕机
— lubrication	手工注油	手注油	手工注油
— lubricator	注油器	手油差し	注油器
— mercerizing machine	螺旋絲光機	ら旋シルケット機	螺旋丝光机
— milling machine	手動銑床	手送りフライス盤	手动铣床
— mo(u)ld	手工壓模	手動型	手工压模
— mo(u)lding	手工模壓	手動金型	手工模压
— oiling	手工潤滑	手差し給油	手工润滑
— operate	手動操作	手動操作	手动操作
— peening	手錘敲擊硬化	ハンドピーニング	手锤敲击硬化
— plane	手刨	手かんな	手刨

英文	臺灣	日文	大陸
— planer	手電刨	手持ち電動かんな	手电刨
— planing machine	手動送料刨板機	手押し平かんな盤	手动送料刨板机
— polishing	手工拋光	手磨き	手工磨光
— pump	手壓泵	手押しポンプ	手压泵
— punch	手動穿孔機	ハンドパンチ	手动穿孔机
— rammer	手搗桿	ハンドランマ	手捣锤
— ramming	手工搗實	手突き	手工捣实
— reamer	手鉸刀	ハンドリーマ	手铰刀
— reaming	手鉸(孔)	ハンドリーミング	手铰(孔)
— regulation	手動調整	手動調整	手动调整
— rivet	手(工)鉚	手締めリベット	手(工)铆
— riveting	手力鉚接	手打ちリベット締め	手铆
— riveting hammer	鉚錘	リベット用手づち	铆锤
— saw	手鋸	手のこ	手锯
— scanner	手動掃描器	ハンドスキャナ	手动扫描器
— screen	焊工面罩	ハンドシールド	焊工面罩
— screw	手動螺旋	手回しねじ	手动起重器
— screw press	手動螺旋壓機	手動ねじプレス	手动压力机
— setting	人工調整	ハンドセッティング	人工调整
— shear	手剪機	ハンドシャー	手动剪板〔切〕机
— shield	手持面罩(熔接)	ハンドシールド	防护罩
— slide rest	手動刀架	ハンドスライドレスト	手动刀架
— squeezer	手動壓實造型機	手動造形機	手动压实造型机
— steering gear	手動操舵裝置	手動かじ取り装置	手动操舵装置
— stirring	手工攪拌	手かくはん	手工搅拌
— stoking	人工加煤	手だき	手工加煤
— stone	手用油石	ハンドストーン	手用油石
— stop	(手動)擋料器	ハンドストップ	(手动)挡料器
— stop valve	手動止動閥	手動止め弁	手动止动阀
— stroke belt sander	砂帶磨光機	ベルトサンダ	砂带磨光机
— switch	手動開關	手元開閉器	手动开关
— tap	手搬螺絲攻	手回しタップ	手用丝锥
— tool	手工具	手工具	手工具
— truck	手推車	手押し車	手推车
— type buffing machine	手工擦光機	手作業形バフ研磨機	手工抛光机
— valve	手動閥	手動弁	手动阀
— vice	手虎鉗	手万力	手(虎)钳
— welding	手熔接	手溶接	手工焊
— winch	手絞車	手巻きウィンチ	手摇绞车
— work	手工	手作業	手工作业

H

英文	臺灣	日文	大陸
handboring	手鑽	ハンドボーリング	手钻
handcar	手推車	手押し車	手推车
hand-feed planer	手進給刨床	手押しかんな盤	手进给刨床
— pump	手壓泵	手送りポンプ	手压泵
— punch	人工饋送穿孔機	手動送りせん孔機	人工馈送穿孔机
— surfacer	人工進料平面刨床	手押しかんな盤	人工进料平面刨床
hand-hold	旋鈕	握り棒	旋钮
handhole	注入口	ハンドホール	注入口
handicap	缺陷	ハンディキャップ	缺陷
handkerchief test	雙層折疊試驗	二重折り畳み試験	双层折叠试验
handle	手柄	取手	把手
— bar	把手	ハンドルバー	把手
— bar gear change	手桿齒輪變速裝置	ハンドル歯車入替え装置	手杆齿轮变速装置
— box	控制箱	ハンドルボックス	控制箱
— grip	手柄	握り	手柄
— pin	手柄銷	ハンドルピン	手柄销
— shaft	手柄軸	ハンドルシャフト	手柄轴
— torque	手柄轉矩;操縱力矩	ハンドルトルク	手柄转矩;操纵力矩
— wheel	駕駛盤	ハンドル車	驾驶盘
handling	操作;輸送;裝卸	風合い	处理
— apparatus	操作器具	操作器具	操作器具
— device	裝卸機構	取り出し装置	装卸机构
— hole	吊環螺釘孔	操作用孔	吊环螺钉孔
— machine	裝卸機	ハンドリングマシン	装卸机
hand-operated press	手動沖床	手動プレス	手动压力机
— pump	手壓〔動〕泵	手動ポンプ	手压〔动〕泵
— push feed	手推送料	手動プッシュフィード	手推送料
— slide feed	手動滑板送料	手動スライドフィード	手动滑板送料
— valve	手動閥	手動操作弁	手动阀
hand-operating device	手動裝置	手動装置	手动装置
— electrostatic sprayer	手動式靜電噴漆機	手動式静電塗装機	手动式静电喷漆机
— gear	手動裝置	手動装置	手动装置
handpress	手(動)壓機	手動プレス	手(动)压机
handsaver	防護〔水〕手套	保護手袋	防护〔水〕手套
handwheel	方向盤	ハンドル	方向盘
hanger	吊鉤架懸桿	釣りボルト	吊钩
— adjustment	吊架調整	ハンガ調整	吊架调整
— blast	懸掛式噴丸清理機	ハンガブラスト	悬挂式喷丸清理机
— bolt	環首螺栓	釣りボルト	环首螺栓
— bracket	懸架	ハンガブラケット	悬挂支架

英文	臺灣	日文	大陸
— hook	吊鉤	釣りフック	吊钩
— lope	吊索	ハンガロープ	吊索
— pin	掛鉤銷	ハンガピン	挂钩销
— rod	吊桿	釣りボルト	吊杆
hanging	懸吊	釣り込み	悬吊
— bearing	懸掛軸承	釣り軸受け	悬挂轴承
— block	吊裝用滑輪	釣り荷用ブロック	吊装用滑轮
— bolt	起吊螺栓	釣りボルト	起吊螺栓
— hook	吊鉤	釣り金具	吊钩
— post	吊桿	釣り束	吊杆
— tongs	懸吊夾鉗	釣りはし	悬吊夹钳
— truss	吊柱桁架	ハンギングトラス	吊柱桁架
hangnails	毛刺	ささくれ	毛刺
Hangsterfer	(一種)通用切削油	ハングスターファ	(一种)通用切削油
hangwire	炸彈保險絲	ハングワイヤ	炸弹保险丝
hank	捲線軸	ハンク	卷线轴
Hanover metal	哈諾維爾軸承合金	ハノバメタル	哈诺维尔轴承合金
haplotypite	鈦鐵礦	ハプロテイパイト	钛铁矿
hard adhesive	硬質黏合劑	硬質接着材	硬质黏合剂
— alloy	硬質合金	硬質合金	硬质合金
— anodized aluminium	硬質陽極氧化膜鋁	硬質アルマイト	硬质阳极氧化膜铝
— anodizing film	(陽極)氧化膜	硬質アルマイト	(阳极)氧化膜
— anodizing process	硬質陽極化(膜)法	硬質皮膜法	硬质阳极化(膜)法
— breakdown	剛性破壞	硬破壊	刚性破坏
— bronze	硬質青銅	硬質青銅	硬质青铜
— cast iron	硬鑄鐵	硬鋳鉄	硬铸铁
— cement	硬性水泥	ハードセメント	硬性水泥
— chrome	硬鉻	ハードクローム	硬铬
— chrome mask	硬鉻掩模	ハードクロムマスク	硬铬掩模
— chrome plating	鍍硬鉻	硬質クロムめっき	镀硬铬
— clay	特硬黏士	硬質クレー	特硬黏士
— clearance	頂部餘隙	頂部すき間	顶部间隙
— chromium plating	鍍硬鉻	硬質クロムめっき	镀硬铬
— coal	硬煤	無煙炭	无烟煤
— coke	硬質焦煤	硬質コークス	硬质焦煤
— distortion	剛性變形〔撓曲〕	ハードひずみ	刚性变形〔挠曲〕
— dry	硬化乾燥	完全乾燥	硬化干燥
— ferrite	硬質肥粒鐵	硬質フェライト	硬质铁氧体
— fiber	硬纖維	硬毛	硬纤维
— fiber-board	硬(質)纖維板	硬質纖維板	硬(质)纤维板

英文	臺灣	日文	大陸
— filter paper	硬濾紙	硬ろ紙	硬滤纸
— flow	低流動性	難流動性	低流动性
— gas circuit breaker	氣體切斷器	ガス遮断器	气体切断器
— magnetic material	硬磁材料	硬磁性材料	硬磁材料
— magnetic substance	硬磁性材料	硬質磁性体	硬磁性材料
— mask	硬(質)掩模	ハードマスク	硬(质)掩模
— mask polisher	硬(質)掩模拋光機	ハードマスクポリシャ	硬(质)掩模抛光机
— material	硬質材料	硬質材料	硬质材料
— metal	硬質合金	硬質合金	硬质合金
— meter	硬度計	ハードメータ	硬度计
— model	硬件模型	ハードモデル	硬件模型
— nickel	硬鎳	ハードニッケル	硬镍
— plaster	硬質石膏	硬質せっこう	硬质石膏
— plating	鍍硬鉻	硬質クロムめっき	镀硬铬
— point	支點	ハードポイント	支点
— rolling	滾壓硬化	ハードローリング	滚压硬化
— rubber	硬橡膠	硬質ゴム	硬质胶
— setting	硬質金屬加強層	硬質金属付け	硬质金属加强层
— silver	硬銀	硬銀	硬银
— solder	硬質軟焊料	硬ろう	硬焊料
— soldering	硬焊	硬ろう付け	硬焊
— spot	硬點	硬点	硬点
— spring	硬(化彈)簧	ハードスプリング	硬(化弹)簧
— steel	硬鋼	硬鋼	硬钢
— steel wire	硬鋼絲	硬鋼線	硬钢丝
— stone	硬石	堅石	硬石
— surfacing	耐磨堆焊	硬化肉盛り	耐磨堆焊
— temper	高硬度冷軋鋼板回火	ハードテンパ	高硬度冷轧钢板回火
— tex	硬質纖維板	ハードテックス	硬质纤维板
— tin	硬錫	硬すず	硬锡
— vacuum	高真空	高真空	高真空
— zinc	硬鋅	硬亜鉛	硬锌
hardboard	硬質纖維板	硬質繊維板	硬质纤维板
harddrawn copper wire	硬銅線	硬銅線	硬铜线
— wire	冷拉鋼絲	硬引き線	冷拉钢丝
hardenability	硬化能	焼き入れ性	可淬性
— band	淬火能範圍	焼き入れ性帯	淬透性带
— band steel	保證硬化能的鋼	H鋼	保证淬透性的钢
— chart	硬化能曲線圖	焼き入れ性チャート	淬透性曲线图
— curve	硬化能曲線	焼き入れ性曲線	淬透性曲线

英文	臺灣	日文	大陸
— index	硬化能指數	焼き入れ性指数	淬透性指数
— line	硬化能直線	焼き入れ性直線	淬透性直线
— test	硬化能試驗(法)	焼き入れ性試験法	淬透性试验(法)
hardened caoutchouc	硬化彈性橡膠	硬化弾性ゴム	硬化弹性橡胶
— glass	硬化玻璃	硬化ガラス	硬化玻璃
— masonry nail	硬質釘	硬質くぎ	硬质钉
— oil	硬化油	硬化油	硬化油
— plate	淬硬鋼板	ハーデンドプレート	淬硬钢板
— steel	硬化鋼	焼き入れ鋼	硬化钢
— structure	淬火組織	焼き入れ組織	淬火组织
— zone	硬化區	硬化部	硬化区
hardener	硬化劑	硬化剤	硬化劑
hardening	硬化;淬火	硬化	硬化
— agent	硬化劑	硬膜剤	硬化剂
— alloy	硬化合金	母合金	硬化合金
— bath	硬化鹽浴槽	硬化浴	硬化浴
— carbon	硬化碳	硬化炭素	硬化碳
— catalytic agent	硬化催化劑	硬化触媒	硬化催化剂
— crack	淬裂	焼き割れ	淬裂
depth	淬火硬化層深度	焼き入れ硬化層深さ	淬火硬化层深度
— facing	硬質焊敷層	硬化肉盛り	硬质焊敷层
— furnace	淬火爐	硬化炉	硬化炉
— kiln	淬火爐	焼き入れかま	淬火炉
— media	淬火媒質	焼き入れ剤	淬硬剂
— of oils	油的硬化	脂油の硬化	油的硬化
— penetration	淬火深度	焼き入れ硬化深度	淬火深度
— point	硬化點	硬化点	硬化点
— rate	硬化速度	硬化速度	硬化速度
— reaction	硬化反應	硬化反応	硬化反应
— resin	硬化性樹脂	硬化性樹脂	硬化性树脂
— shop	熱處理工場	熱処理工場	热处理工场
— strain	淬火變形	焼き入れひずみ	淬火变形
— stress	淬火應力	硬化応力	淬火应力
— temperature	淬火(加熱)溫度	焼き入れ温度	淬火(加热)温度
— time	硬化時間	硬化時間	硬化时间
hardfacing	表面耐磨堆焊層	表面硬化肉盛り	表面耐磨堆焊层
— alloy	表面硬化合金	表面硬化合金	表面硬化合金
— electrode	耐磨堆焊焊條	硬化肉盛溶接棒	耐磨堆焊焊条
hardhead	硬質巴比合金	ハードヘッド	硬质巴比合金
hardie	鏨子	たがね	錾子

H

英文	臺灣	日文	大陸
harding	硬化	ハーディング	硬化
Hardinge mill	錐形球磨機	ハーディングミル	锥形球磨机
hardness	硬度	硬さ	硬度
— at high temperature	高溫硬度	高温硬さ	高温硬度
— degree	硬度	硬度	硬度
— factor	硬度係數	硬度係数	硬度系数
— ga(u)ge	硬度計	硬度計	硬度计
— grade	硬度等級	硬度等級	硬度等级
— meter	硬度計	硬度計	硬度计
— number	硬度數;硬度值	硬さ数	硬度数;硬度值
— reduction	軟化	軟化	软化
— scale	硬度計	硬度計	硬度计
— test	硬度試驗	硬さ試験	硬度试验
— tester	硬度試驗機	硬さ試験機	硬度试验机
— testing by indentation	壓痕硬度試驗	押し込み硬さ試験	压痕硬度试验
harware	小五金	建具金物	小五金
hardwearing finish	耐磨加工	耐摩耗仕上げ	耐磨加工
hardwood	硬木	堅木	硬木
— peg	硬木釘	硬木くぎ	硬木钉
— pitch	硬木樹脂	堅木ピッチ	硬木树脂
harmonic	諧波	高調波	谐波
— cam	諧合運動凸輪	ハーモニックカム	谐合运动凸轮
— distortion	諧波失真	高調波ひずみ	谐波失真
— mean diameter	調和平均直徑	調和平均径	调和中项直径
— vibration	諧和振動	調和振動	谐和振动
— vibrator	諧和振子	調和振動子	谐和振子
— wave	諧波	調和波	谐波
— wave factor	諧波係數	調波率	谐波系数
harmonica terminal	口琴式接線柱	ハーモニカ端子	口琴式接线柱
harrisite	方輝銅礦	ハリス鉱	方辉铜矿
harsh flame	強焰	硬い炎	强焰
Hart impact tester	哈特式衝擊試驗機	ハルト衝撃試験器	哈特式冲击试验机
Harvey steel	固體滲碳硬化鋼	ハーベト鋼	固体渗碳硬化钢
Harveyizing	防彈用厚鋼板滲碳硬化法	ハーベト法	防弹用厚钢板渗碳硬化法
hasp	鎖搭	掛け金	铁扣
hastelloy	耐蝕耐熱鎳基合金	ハステロイ	耐蚀耐热镍基合金
hat	隨機編碼	ハット	随机编码
— frame	帽形構架	ハットフレーム	帽形构架
hatch	孔;蓋	とびら口	图画阴影线
hatchet	小斧	手おの	刮刀

英文	臺灣	日文	大陸
hatching	剖面線	陰影線	剖面线
— pattern	影線圖	ハッチングパターン	影线图
hatchway	畫陰影線	そう口	画阴影线
hauled load	牽引荷重	けん引荷重	牵引荷重
hauling capacity	牽引能量	けん引定数	牵引能量
— engine	牽引機(車)	巻き上げ機関	牵引机(车)
hawse pipe	錨鏈孔	錨鎖孔	锚链孔
hay baler	牧草打包機	干し草こん包機	干草打包机
Haynes	鈷鉻鎢鎳超級耐熱合金	ヘイネス	钴铬钨镍超级耐热合金
— stellite	鈷鉻鎢系合金	ヘイネスステライト	钴铬钨系合金
HAZ cracking	熱影響區裂紋	ハズ割れ	热影响区裂纹
hazard	危險	危険	易爆〔燃〕性
— evaluation	災害評價	災害評価	灾害评价
— rate	危害率	危険率	危害率
— switch	應急開關	ハザードスイッチ	应急开关
hazard-free	無危險	ハザードフリー	无危险
hazardous area	危險區	危険場所	危险区
— article station	危險物品管理所	危険物取り扱い所	危险物品管理所
— building	危險建築物	危険建築物	危险建筑物
— material	危險性物質	危険物	危险性物质
head	水頭;落差	落差	落差
— assembly	主裝(配)	ヘッドアセンブリ	主装(配)
— bolt	汽缸蓋螺栓	上部揚げ落とし金物	汽缸盖螺栓
— drop	落差	落差	落差
— drum	磁頭鼓	ヘッドドラム	磁头鼓
— flow meter	差壓流量計	差圧式流量計	差压流量计
— form	頭部形狀	頭部形状	头部形状
— gap	磁頭(工作間隙)	ヘッドギャップ	磁头(工作间隙)
— loss	落差損失	ヘッド損失	磁头损耗
— metal	冒口(補償)殘留金屬	押し湯金	冒口(补偿)残留金属
— meter	落差流量計	ヘッドメータ	落差流量计
— of friction loss	摩阻水頭(損失)	摩擦損失水頭	摩阻水头(损失)
— pressure	噴嘴壓力	筒先圧力	喷嘴压力
— pulley	頂部皮帶輪	ヘッドプーリ	顶部皮带轮
— traveling mechanism	主軸頭移動機構	主軸頭移動機構	主轴头移动机构
— type punch	圓頭形沖頭	ヘッド形パンチ	圆头形冲头
headdenite	鈉磷錳鐵礦	ヒーデン石	钠磷锰铁矿
header	頂蓋;管集箱;鍛頭機	頭部	顶盖
— blank	鍛頭胚料	ヘッダブランク	镦锻坯料
— bolt	冷鍛螺栓	ヘッダボルト	冷镦螺栓

H

英文	臺灣	日文	大陸
— maker	鍛頭機製造廠	ヘッダメーカ	锻头锻机制造厂
— tank	集水箱	ヘッダタンク	集水箱
Header van	冷鍛頭模具鋼	ヘッダーバン	冷镦锻用模具钢
heading	鍛頭	機首方向	镦头
— brittleness test	熱脆性試驗	加熱ぜい性試験	热脆性试验
— die	鍛頭模	ヘッディングダイ	镦锻模
— joint	端接	端接ぎ	端头接合
— prop	導坑支柱	導坑柱	导坑支柱
— solid die	鍛頭整體模	圧造丸ダイス	镦锻整体模
— tool	鍛頭工具	アプセッタ用パンチ	锻头工具
headless screw	無頭螺釘	無頭ねじ	无头螺钉
headstock	主軸箱	主軸台	主轴箱
heal bite	彈簧車刀	ヘールバイト	弹簧车刀
heap	堆(積)	たい積	堆(积)
— carbonization	堆攤碳化(處理)	たい積炭焼法	堆摊碳化(处理)
heaped capacity	裝載容量	山積み容量	装载容量
heart cam	心形凸輪	ハートカム	心形凸轮
— core	核心	ハートコア	核心
— scraper	心形括刀	ハートスクレーパ	心形刮刀
— wheel	心形輪	ハート輪	心形轮
hearth	爐床;爐底	ほど	炉膛
— area	爐床面積	炉床面積	炉床面积
— bottom	爐底	炉床	炉底
— casing	爐缸外殼	炉床鉄皮	炉缸外壳
— efficiency	爐床效率	炉床能率	炉床效率
— jacket	爐床外套	炉床ジャケット	炉缸防护套
— of forehearth	(前爐)爐缸	炉床	(前炉)炉缸
— roaster	焙燒爐床	床ばい焼炉	焙烧炉床
— stone	爐底石	灰受け石	炉底石
— trimmer	爐前擱柵端部托梁	炉前根太掛け	炉前搁栅端部托梁
heat	熱	熱	热
— absorber	吸熱器	吸熱器	吸热器
— accumulator	蓄熱器	熱だめ	蓄热器
— addition	加熱	加熱	加热
— aging	熱老化	熱老化	加热老化
— air current	熱氣流	熱気流	热气流
— balance	熱量均衡	熱平衡	热平衡
— balance diagram	熱平衡圖	熱平衡線図	热平衡图
— bodying	熱聚合	加熱ボデー化	热聚合
— booster	加熱器	昇熱器	加热器

英文	臺灣	日文	大陸
— build-up	發熱性	発熱性	发热性
— capacity	熱容量	熱容量	热容量
— change	熱變化	熱変化	热变化
— changing coil	(冷熱水)熱交換盤管	冷温水コイル	(冷热水)热交换盘管
— changing pump	熱交換泵	冷温水ポンプ	热交换泵
— characteristic	熱特性(曲線)	熱特性	热特性(曲线)
— check	熱(龜)裂	熱き裂	热(龟)裂
— compensation	熱補償作用	熱補償作用	热补偿作用
— conductance	熱傳導度	熱伝導度	热传导
— conduction	熱傳導	熱伝導	热传导
— conductivity	熱傳導度(性);導熱度	熱伝導度(性)	热传导度(性);导热率
— conductor	熱導體	熱導体	热导体
— consumption	耗熱量	熱消費量	耗热量
— consumption rate	熱消費率	熱消費率	热消费率
— content	焓	熱含量	焓
— control	熱管制	熱管理	热控制
— convection	熱對流	熱対流	热对流
— convertible resin	熱固性樹脂	熱転化性樹脂	热固性树脂
— cracking	加熱裂紋	加熱割れ	加热裂纹
— cured system	熱硬化系統	熱硬化系統	热固化体系
— curing	熱硬化	熱硬化	热固化
— curing catalyst	熱硫〔硬;固〕化催化劑	熱硬化触媒	热硫〔硬;固〕化催化剂
— current	熱流	熱流	热流
— cycle effect	熱循環效應	熱サイクル効果	热循环效应
— cycle test	熱循環試驗	熱サイクル試験	热循环试验
— deaerator	加熱脫氣裝置	加熱式脱気装置	加热脱气装置
— decomposition point	熱分解點	熱分解点	热分解点
— deflection temperature	加熱彎曲溫度	加熱たわみ温度	加热弯曲温度
— deformation property	耐熱變形性	耐熱変形性	耐热变形性
— deterioration	加熱劣化	熱劣化	热老化
— dispersion	熱散退	熱の発散	散热
— dissipation	放熱	熱放散	放热
— dissipation capacity	熱放散能力	熱放散能力	热放散能力
— distortion	熱扭變	加熱ひずみ	热扭变
— distortion temperature	加熱變形溫度	加熱変形温度	加热变形温度
— distortion test	熱扭變試驗	加熱たわみ温度試験	热扭变试验
— distribution	熱分配〔布〕	熱分配	热分配〔布〕
— drying	加熱乾燥	加熱乾燥	加热干燥
— edge effect	熱邊效果	熱縁効果	热边效果
— elastic modulus	熱彈性模數	熱弾性係数	热弹性模数

H

英文	臺灣	日文	大陸
— embossing	熱壓花〔紋〕	熱型押し	热压花〔纹〕
— embrittlement	熱脆化〔性〕	熱ぜい化	热脆化〔性〕
— emission	熱輻射	熱放射	热辐射
— emissivity coefficient	熱輻射係數	熱放射係数	热辐射系数
— emissivity test	熱輻射(率)測試	熱のふく射試験	热辐射(率)测试
— endurance	熱耐久性	熱耐久性	热耐久性
— energy	熱能	熱エネルギー	热能
— engine	熱機	熱機関	热力发动机
— engineering	熱工程學	熱力学	热力学
— equivalent	熱當量	熱当量	热当量
— evolution	放熱	発熱	放热
— exchange	熱交換	熱交換	热交换
— exchange medium	熱交換介質	熱交換媒体	热交换介质
— exchange surface	熱交換面	熱交換面	热交换面
— exchanger	換熱器	熱交換器	换热器
— exchanger method	熱交換法	熱交換法	热交换法
— exchanger plate	傳熱板	伝熱板	传热板
— exchanger tube	熱交換管	熱交換チューブ	热交换管
— expansion coefficient	熱膨脹係數	熱膨張係数	热膨胀系数
— exposure	熱曝光	熱暴露	热曝光
— extraction	除去熱量	除去熱量	除去热量
— extraction coefficient	冷卻係數	冷却係数	冷却系数
— extractor	冷卻器	冷却器	冷却器
— fastness	耐熱度	耐熱堅牢度	耐热度
— fatigue	熱疲勞	熱疲労	热疲劳
— flow	熱流	熱流	热流
— flow chart	熱流圖	熱流れ図	热流图
— flow loss	熱量損失	損失熱量	热量损失
— flow meter	熱流計	熱流計	热流计
— flow rate	熱流率	熱流量	热流率
— fluctuation	熱變動〔起伏〕	熱の変動	热变动〔起伏〕
— flux	熱通量	熱流束	热通量
— forming	熱成形	熱成形	热成形
— function	熱函數	熱関数	热函数
— fusion	熔化	熱融合	熔化
— ga(u)ge	熱壓力計	ヒートゲージ	热压力计
— generation	發熱	発熱	发热
— gradient	熱梯度	熱こう配	热梯度
— indicating pigment	示溫顏料	示熱顔料	示温颜料
— indicator	熱量指示器	水温計	温度指示器

英文	臺灣	日文	大陸
— inertia	熱慣性	熱慣性	热惯性
— input	熱量輸入	入熱	热量输入
— input controlling	供熱控制	入熱制御	供热控制
— insulation	熱絕緣	断熱	绝热
— insulation filler	絕熱填料	断熱充てん物	绝热填料
— insulation method	熱絕緣法	熱絶縁法	热绝缘法
— insulation tube	保溫套	保温筒	保温套
— insulator	絕熱體;保溫材料	熱絶縁体	绝热体
— irradiation	熱照射	熱の照射	热照射
— label	測溫紙	ヒートラベル	测温纸
— leak	熱滲透	熱損失	热渗透
— load	熱負載	熱負荷	热负荷
— loss	熱損失	熱損失	热损失
— loss conditions	熱損失條件	熱損失条件	热损失条件
— mark	加熱痕跡	加熱傷	加热痕迹
— measurement	熱測量	熱計測	热测量
— meter	熱量計	熱量計	热量计
— of absorption	熱吸收	吸収熱	吸附热
— of activation	活化熱	活性化熱	活化热
— of admixture	混合熱	混和熱	混合热
— of adsorption	吸附熱	吸着熱	吸附热
— of combustion	燃燒熱	燃焼熱	燃烧热
— of condensation	凝結熱	凝結熱	凝结热
— of crystallization	結晶熱	結晶熱	结晶热
— of decomposition	分解熱	分解熱	分解热
— of dilution	稀釋熱	希釈熱	稀释热
— of dissolution	溶解熱	溶解熱	溶解热
— of emission	發射熱	放出熱	发射热
— of evaporation	蒸發熱	蒸発熱	蒸发热
— of formation	生成熱	生成熱	生成热
— of friction	摩擦熱	摩擦熱	摩擦热
— of fusion	熔化熱	融解熱	熔解热
— of liquid	液體熱	液体熱	液相热
— of melting	熔化熱	融解熱	熔化热
— of mixing	混合熱	混和熱	混合热
— of neutralization	中和熱	中和熱	中和热
— of oxidation	氧化熱	酸化熱	氧化热
— of polymerization	聚合熱	重合熱	聚合热
— of radiation	輻射熱	ふく射熱	辐射热
— of reaction	反應熱	反応熱	反应热

H

英文	臺灣	日文	大陸
— of solidification	凝固熱	固化熱	凝固热
— of solution	溶解熱	溶解熱	溶解热
— of swelling	溶脹熱	膨潤熱	溶胀热
— of transition	轉移熱	転移熱	变态热
— of vaporization	汽化熱	気化熱	蒸发热
— output	熱輸出量	熱出力	燃烧热
— packing	絕熱迫緊	ヒートパッキン	绝热衬垫
— pattern	加熱曲線(圖)	ヒートパターン	加热曲线(图)
— penetration	熱滲透深度	熱しん透深さ	热渗透深度
— pipe	熱管	伝熱管	热管
— plasticization	熱塑化作用	熱可塑化	热塑化作用
— polymerization	熱聚合(法)	熱重合	热聚合(法)
— press	熱壓	熱間プレス	热压
— production reactor	工業用熱原子爐	工業用熱原子炉	工业用热原子炉
— pump	熱泵	熱ポンプ	热泵
— pump unit	熱泵機組	ヒートポンプユニット	热泵机组
— quantity	熱量	熱量	热量
— quantum	熱量子	熱量子	热量子
— radiation	熱輻射	熱放射	热辐射
— radiator	熱輻射器	ヒートラジェータ	热辐射器
— range	熱值範圍	ヒートレンジ	热值范围
— rate	耗熱率	熱消費率	热耗
— rating	熱功率	ヒートレイティング	热功率
— ray	熱射線	ヒートライ	红外线
— ray sealing	熱線封接	熱線ヒートシール	热线封接
— reactivity	熱反應性〔能力〕	加熱反応性	热反应性〔能力〕
— reactor	熱原子爐	熱原子炉	热原子炉
— reclaim pump	熱回收泵	熱回収ヒートポンプ	热回收泵
— refining	調質處理	熱調質	调质处理
— regenerator	蓄熱式熱交換器	蓄熱式交換器	蓄热式热交换器
— release	熱釋放	発熱	放热
— release value	放熱量	発熱量	放热量
— riser	升溫裝置	ヒートライザ	升温装置
— run	耐熱試驗	耐熱試験	耐热试验
— seal	熱密封	ヒートシール	热密封
— seal coated paper	熔焊(性)塗敷紙	ヒートシール性塗被紙	熔焊(性)涂敷纸
— seal strength	熱封強度	ヒートシールの強度	热封强度
— sealability	可熔焊〔接〕性	ヒートシール適性	可熔焊〔接〕性
— sealer	熱封機	熱封機	热封机
— sensitizer	熱敏劑	感熱剤	热敏剂

英文	臺灣	日文	大陸
— shield	遮熱板	防熱装置	隔热装置
— shock	熱衝擊	熱衝撃	热震
— shock test	熱衝擊試驗	熱衝撃試験	热冲击试验
— shrinkability	熱收縮性	熱収縮性	热收缩性
— shrinkage	熱收縮	熱収縮	热收缩
— sink	散熱片	吸熱器	散热片
— sink method	熱吸收法	熱吸収法	吸热法
— sink tab	散熱片	放熱タブ	散热片
— sinker	散熱器	ヒートシンカ	散热器
— slinger	放熱環	放熱板	放热环
— softened resin	熱軟化樹脂	熱軟化樹脂	热软化树脂
— softening properties	熱軟化性	熱軟化性	热软化性
— source	熱源	熱源	热源
— spacer	隔熱片	ヒートスペーサ	隔热片
— spraying	加熱噴塗	加熱吹き付け	加热喷涂
— stability	耐熱性	熱安定度	耐热性
— stabilization	熱安定化	熱安定化	热安定化
— stabilization test	熱安定試驗	熱安定試験	热安定试验
— stabilizer	熱安定劑	熱安定剤	热安定剂
— sterilization	加熱滅菌	加熱滅菌	加热灭菌
— storage	蓄熱	蓄熱	蓄热
— storage capacity	蓄熱量	蓄熱量	蓄热量
— storage heater	蓄熱加熱器	蓄熱式ストーブ	蓄热加热器
— storage load	蓄熱負載	蓄熱負荷	蓄热负荷
— storage material	蓄熱材料	蓄熱材料	蓄热材料
— storage tank	蓄熱槽	蓄熱槽	蓄热槽
— straightening	加熱矯正	加熱矯正	加热矫正
— strain	熱應變	ヒートストレイン	热应变
— stress	熱應力	熱応力	热应力
— sum	總熱量	総熱量	总热量
— supply	供熱	給熱	供热
— test	耐熱試驗;溫度試驗	加熱試験	加热试验
— theorem	熱法則	熱法則	热法则
— tints	回火色	加熱色	回火色
— training	熱鍛	ヒートトレーニング	热锻
— transmission	熱之傳遞	熱伝達	传热
— transmission area	傳熱面積	伝熱面積	传热面积
— transmission load	傳熱負載	伝熱負荷	传热负荷
— transmitting medium	傳熱介質	伝熱媒体	传热介质
— transmitting perimeter	傳熱周長	伝熱辺長	传热周长

英文	臺灣	日文	大陸
— transport	輸熱	熱輸送	输热
— treat operation	熱處理作業	熱処理作業	热处理作业
— treatability	熱處理性	熱処理性	热处理性
— unit	熱單位	熱単位	热量单位
— up	加熱	昇温	加热
— up time	加熱時間	昇温時間	加热时间
— utilization	熱利用率	熱利用率	热利用率
— value	熱値	発熱量	发热量
— waste	熱損失	溶融損失	热损失
— wire saw	電熱線鋸	電熱線のこぎり	电热线锯
heat-affected zone	熱影響層〔部〕	熱変質層	热影响层〔部〕
heated air	熱風	熱風	热风
— bolt	熱鍛螺栓	加熱ボルト	热镦螺栓
— chamber	加熱室	熱室	加热室
— jig	保溫靠模	熱ジグ	保温靠模
— mo(u)ld	熱鑄模	熱金型	热铸模
— pre-blender	加熱預攪拌機	ホットブレンダ	加热预搅拌机
— roll	加熱軋輥	熱ロール	加热轧辊
— tool welding	熱夾具焊接法	熱ジグ溶接	热夹具焊接法
— wedge welding	熱楔焊	熱くさび溶接	热楔焊
heater	加熱器;暖爐	加熱器	加热炉
— adapter	加熱器管接頭	ヒータアダプタ	加热器管接头
— block	加熱部件	ヒータブロック	加热部件
— capacity	加熱器容量	ヒータ容量	加热器容量
— duct	加熱管道	ヒータダクト	加热管道
— element	加熱器	発熱体	加热器
— gun	熱風器	ヒータガン	热风器
— plug	(柴油機)預熱塞	ヒータプラグ	(柴油机)预热塞
— valve	加熱閥	ヒータバルブ	加热阀
— voltage	燈絲電壓	ヒータ電圧	灯丝电压
heat-hardenable resin	熱硬性樹脂	熱硬化性樹脂	热固性树脂
heating	加熱	加熱	加热
— adhesion	加熱黏合	加熱接着	加热黏合
— alloy	合金電熱絲	合金発熱体	合金电热丝
— apparatus	加熱器具	加熱装置	加热装置
— area	受熱面積	加熱面積	加热面积
— bath	加熱槽	加熱浴	加热槽
— block	加熱塊	加熱ブロック	加热块
— blowpipe	加熱焰炬	加熱トーチ	加热焰炬
— boiler	暖氣鍋爐	暖房ボイラ	暖气锅炉

英文	臺灣	日文	大陸
— by infrared radiation	紅外線加熱	赤外線加熱	红外线加热
— capacity	熱容量	ヒータ容量	热容量
— chamber	加熱室	加熱室	加热室
— cooling draw die	加熱-冷卻式拉伸模	加熱冷却式深絞り型	加热-冷却式拉深模
— curve determination	加熱曲線測定法	加熱曲線法	加热曲线测定法
— cylinder	加熱缸	加熱シリンダ	加热缸
— drum	加熱滾筒	加熱ドラム	加热滚筒
— duct	加熱導管	加熱ダクト	加热导管
— efficiency	(加)熱效率	加熱効率	(加)热效率
— electrode	加熱電極	加熱用電極	加热电极
— furnace	加熱爐	加熱炉	加热炉
— fuse	熱熔絲	熱ヒューズ	热熔丝
— gas	燃氣	燃料ガス	燃气
— gate	預熱孔	加熱口	预热孔
— intensity	加熱強度	加熱の強さ	加热强度
— jacket	加熱套	加熱マントル	加热套
— joint	加熱接合	熱間継手	加热接合
— limit temperature	暖房臨界溫度	暖房限界温度	采暖临界温度
— medium	傳熱介質	熱媒	传热介质
— microscope	加熱顯微鏡	加熱顕微鏡	加热显微镜
— oven	加熱爐	加熱炉	加热炉
period	加熱時間	加熱時間	加热时间
— pin	電熱插頭	加熱ピン	电热插头
— plate	加熱板	加熱板	加热板
— platen	加熱板	熱板	加热板
— power	加熱能力	発熱力	燃烧热
— section	加熱區域	加熱区画	加热区域
— spiral	電爐絲	加熱渦巻き線	电炉丝
— stove	鍛燒爐	焼鈍炉	锻烧炉
— surface	受熱面	加熱面	加热面
— surface area	傳熱面積	伝熱面積	传热面积
— temperature	加熱溫度	加熱温度	加热温度
— time	加熱時間	加熱時間	加热时间
— tongs	鉚釘夾鉗	リベットはさみ	铆钉钳
— under vacuum	真空加熱	真空加熱	真空加热
— unit	發熱器	加熱装置	发热器
— warpage test	加熱彎曲試驗	加熱わん曲試験	加热弯曲试验
— wire	電熱線	電熱線	电热线
— worm	加熱蛇形〔螺旋〕管	加熱ウォーム	加热蛇形〔螺旋〕管
— zone	加熱帶	加熱帯	加热带

英文	臺灣	日文	大陸
heat-insulatied barrier	隔熱〔套〕	断熱層	隔热〔套〕
— belt	保溫帶	保温帯	保温带
— brick	保溫磚	保温れんが	保温砖
— coat	斷熱塗膜	断熱塗膜	断热涂膜
— efficiency	保溫效率	保温効率	保温效率
— glass	隔熱玻璃	防熱ガラス	隔热玻璃
— material	熱絕緣材	断熱材	热绝缘材
— mortar	保溫砂漿	断熱モルタル	保温砂浆
— mo(u)ld	保溫筒	保温筒	保温筒
— property	保熱性	断熱性	保温性能
— sleeve	保溫冒口套	絶縁スリーブ	保温冒口套
— slit	保溫間隙	保温すき間	保温间隙
— works	保溫工程	保温工事	保温工程
heat-proof glass	絕熱玻璃	防熱ガラス	绝热玻璃
— iron	耐熱鑄鐵	耐熱鋳物	耐热铸铁
— porcelain	耐熱陶瓷	耐熱磁器	耐热陶瓷
— protected wiring	耐熱保護配線	耐熱保護配線	耐热保护配线
heat-resistance	耐熱性	耐熱性	耐热性
heat-resistant alloy	耐熱合金	耐熱合金	耐热合金
— aluminum alloy	耐熱鋁合金	耐熱アルミニウム合金	耐热铝合金
— cable	耐熱電纜	耐熱ケーブル	耐热电缆
— cast steel	耐熱鑄鋼	耐熱鋳鋼	耐热铸钢
— copper alloy	耐熱銅合金	耐熱銅合金	耐热铜合金
— material	耐熱材料	耐熱材料	耐热材料
— paint	耐熱塗料	耐熱塗料	耐热涂料
— plastics	耐熱塑料	耐熱性プラスチック	耐热塑料
— polymer	耐高溫聚合物	耐熱性重合体	耐高温聚合物
— polystyrene	耐熱性聚苯乙烯	耐熱性ポリスチレン	耐热性聚苯乙烯
— PVC insulated wire	耐熱聚氯乙烯絕緣線	耐熱ビニル電線	耐热聚氯乙烯绝缘线
— steel	耐熱鋼	耐熱鋼	耐热钢
heat-resisting brick	耐熱磚	耐熱れんが	耐热砖
— casting	耐熱鑄件	耐熱鋳物	耐热铸件
— durability	耐熱持久性	耐熱持久性	耐热持久性
— property	耐熱性	耐熱性	耐热性
— rubber	耐熱橡膠	耐熱ゴム	耐热橡胶
— tile	抗熱瓷磚	耐熱タイル	抗热瓷砖
— wire	耐熱電線	耐熱電線	耐热电线
— works	耐熱工程	耐熱工事	耐热工程
heatronic mo(u)lding	高頻(率電熱)模塑(法)	高周波予熱成形	高频(率电热)模塑(法)
— preheating	高周波預熱	高周波予熱	高频预热

英文	臺灣	日文	大陸
heat-sealing coating	熱封塗料	ヒートシール性塗料	热封涂料
— iron	熱封性鐵	ヒートシールアイロン	热封性铁
— material	熱封性材料	ヒートシール性材料	热封性材料
— property	熱封性	ヒートシール性	热封性
— temperature	熱封溫度	ヒートシール温度	热封温度
— varnish	熱封漆	ヒートシールワニス	热封漆
heat-sensitive adhesive	熱敏黏合劑	感熱接着剤	热敏黏合剂
— material	感熱材料	感熱材料	感热材料
— paint	熱敏塗料	感温（性）塗料	热敏涂料
heat-set film	熱定型膜	ヒートセットフィルム	热定型膜
heat-shrinkable tubing	熱收縮管(系)	熱収縮チューブ	热收缩管(系)
heat-transfer	熱傳遞	伝熱	热传达
— by conduction	傳導傳熱	伝導伝熱	传导传热
— by convection	對流傳熱	対流伝熱	对流传热
— by natural convection	自然對流傳熱	自然対流熱伝導	自然对流传热
— by radiation	輻射傳熱	ふく射伝熱	辐射传热
— coefficient	熱傳遞係數	熱伝達係数	传热系数
— density	導熱密度	伝熱密度	导热密度
— efficiency	傳熱效率	伝熱効率	传热效率
— factor	熱傳遞係數	熱伝達因子	导热系数
— fluid	傳熱流體	熱媒液	传热流体
— in stirred tank	攪拌槽傳熱	かくはん槽伝熱	搅拌槽传热
— medium	熱傳遞媒質	伝熱媒体	传热介质
— oil	傳熱油	熱媒油	传热油
— pipe	傳熱管	伝熱管	传热管
— rate	傳熱係數	熱伝達係数	传热系数
— resistance	傳熱阻力	伝熱抵抗	传热阻力
— salt	傳熱(熔)鹽	熱媒塩	传热(熔)盐
— surface	熱傳遞面	伝熱面	传热面
— system	傳熱系統	熱伝達系	传热系统
— to boiling liquid	沸騰傳熱	沸騰伝熱	沸腾传热
— velocity	傳熱速度	伝熱速度	传热速度
heat-treated bar	熱處理鋼棒	熱処理鋼棒	热处理钢棒
— steel	熱處理鋼	熱処理鋼	热处理钢
— structure	熱處理組織	熱処理組織	热处理组织
heat-treating	熱處理	熱処理	热处理
— film	熱處理氧化膜	熱処理被膜	热处理氧化膜
— furnace	熱處理爐	熱処理炉	热处理炉
heat-treatment	熱處理	熱処理	热处理
— equipment	熱處理設備	熱処理装置	热处理装置

英文	臺灣	日文	大陸
— of steel	鋼的熱處理	鋼の熱処理	钢的热处理
— oxidation	熱處理氧化	熱処理酸化	热处理氧化
heavily-load propeller	重載荷螺旋漿	高荷重プロ	重载荷螺旋桨
heavy alloy	重合金	重合金	重合金
— artillery	重炮	重砲	重炮
— boring	粗搪(孔)	ヘビーボーリング	粗镗(孔)
— caliber gun	大口徑炮	大口径砲	大口径炮
— case	深滲碳層	しん炭層	深渗碳层
— casting	厚壁鑄件	大型鋳物	大型铸件
— contact	重負載接點	重荷接点	重负载接点
— cutting	強力切削	重切削	强力切削
— element	重元素	重元素	重元素
— engineering industry	重機械工業	重機械工業	重机械工业
— failure	嚴重故障	重故障	严重故障
— forging	大型鍛件	大形鍛造品	大型锻件
— fuel oil	重油	重油	重油
— gravity crude oil	重質原油	重質原油	重质原油
— grinding	重負荷磨削	重研削	重负荷磨削
— hoist	起重機	揚重機	起重机
— industry	重工業	重工業	重工业
— iron	厚鋅層鋼板	ヘビーアイアン	厚锌层钢板
— load	重負載	重負荷	重负荷
— load adjustment	重負載調整	重負荷調整	重负荷调整
— load nominal rating	重負載標準定額	重負荷公称定格	重负载标准定额
— metal	重金屬	重金属	重金属
— metalion	重(金屬)離子	重金属イオン	重(金属)离子
— mineral	重礦物	重鉱物	重矿物
— oil additives	重油添加劑	重油添加剤	重油添加剂
— oil burner	重油燃燒器	重油バーナ	重油燃烧器
— oil engine	重油發動機	重油機関	重油发动机
— oil fired boiler	重油鍋爐	重油燃焼ボイラ	重油锅炉
— oil firing equipment	重油燃燒裝置	重油燃焼装置	重油燃烧装置
— oil heater	重油加熱器	重油加熱器	重油加热器
— oil pump	重油泵	重油（噴燃）ポンプ	重油泵
— oil storage pump	重油儲油泵	重油受け入れポンプ	重油储油泵
— oil strainer	重油過濾器	重油ストレーナ	重油过滤器
— oil transfer pump	重油輸送泵	重油移送ポンプ	重油输送泵
— plate	厚板	厚板	厚板
— section	厚斷面	ヘビーセクション	大型断面
— shape steel	重型鋼材	重量形鋼	重型钢材

英文	臺灣	日文	大陸
— tractor	重型拖拉機	重量トラクタ	重型拖拉机
— voltage	高電壓	重み電圧	高电压
— water	重水	重水	重水
— water reactor	重水反應爐	重水（型原子）炉	重水反应炉
— welding	重熔接;大斷面焊接	重溶接	等强焊接;大断面焊接
heavy-duty	重載	過負荷	重载
— bearing	重型軸承	強力軸受け	重型轴承
— container	大容量容器	重容器	大容量容器
— drilling machine	重型鑽床	強力ボール盤	重型钻床
— film	重型薄膜	重質フィルム	重型薄膜
— granulating machine	重型軋碎機	強力粗砕機	重型轧碎机
— lathe	強力車床	強力旋盤	重型车床
— operation	重載運轉	強力運転	重载运转
— toggle switch	重載開關	強力トグルスイッチ	重载开关
— wire spring	高強度游絲〔細簧〕	強力線ばね	高强度游丝〔细簧〕
Hecnum	一種銅鎳電阻合金	ヘクナム	一种铜镍电阻合金
hectog(ram)	百克	ヘクトグラム	百克
hectom(eter)	百米	ヘクトメートル	百米
heel	尾部;後跟(斜齒輪)	外端部	尾部
— air gap	尾部空氣隙〔繼電器的〕	後部エアギャップ	尾部空气隙〔继电器的〕
— block	墊塊	ヒールブロック	垫块
— contact	踵形接觸	ヒールコンタクト	踵形接触
— end slug	後部銅環	後部銅環	後部铜环
— plate seat	背靠塊座	ヒールプレート座	背靠块座
— post	門柱	門柱	门柱
— push fit	重推入配合	ヒールプッシュフィット	重推入配合
heeling	傾斜角	ヒーレング	倾斜角
— angle	橫傾角	横傾斜角	横倾角
— experiment	傾斜試驗	傾斜試験	倾斜试验
— moment	橫傾力矩	横傾斜モーメント	横倾力矩
height	高度	高さ	高度
— adjuster	高度調節裝置	ハイトアジャスタ	高度调节装置
— control	高度調節	高さ調節	高度调节
— correction	高度修正	高度補正	高度校正
— curve	高度曲線	高度曲線	高度曲线
— finder	測高計〔機〕	高度測定器	测高计〔机〕
— ga(u)ge	高度規〔計;尺〕	高さゲージ	高度规〔计;尺〕
— master	高度規	ハイトマスタ	高度规
— micrometer	高度分厘卡	ハイトマイクロメータ	高度千分尺
— of drop hammer	錘落高度	落高	锤落高度

H

英文	臺灣	日文	大陸
— of eye	目視高度	目通り	目视高度
— of fall	降下高度	落下高	降下高度
— of suction	提升高度	吸上げ高度	提升高度
— of thread	螺紋牙高(度)	山の高さ	螺纹牙高(度)
— of tooth	齒高	歯たけ	齿高
— pattern	垂直方向性〔圖〕	ハイトパターン	垂直方向性〔图〕
Hele Shaw pump	一種徑向柱塞泵	ヘルショーポンプ	一种径向柱塞泵
heliarc welding	氦弧焊	ヘリアーク溶接	氦弧焊
helical angle	螺旋角	つる巻き角	螺旋角
— auger	螺(旋)鑽	ヘリカルオーガ	螺(旋)钻
— bevel gear	螺旋傘齒輪	ヘリカルベベルギャー	螺旋锥齿轮
— Bourdon tube	螺旋彈簧管	つる巻きブルドン管	螺旋弹簧管
— channel	螺旋槽	ら旋溝	螺旋槽
— coil	螺線形線圈	ら線（形）コイル	螺线形线圈
— compression spring	螺旋壓縮彈簧	圧縮コイルばね	螺旋压缩弹簧
— cutting	螺旋切槽	ら旋切条	螺旋切槽
— extrusion	螺旋擠壓〔靜液壓〕	ハイドロスピン	螺旋挤压〔静液压〕
— extension spring	螺旋拉伸彈簧	引張りコイルばね	螺旋拉伸弹簧
— fin	螺旋(式)葉片	ら旋切フィン	螺旋(式)叶片
— filter	螺旋形濾波器	ヘリカルフィルタ	螺旋形滤波器
— flow	螺旋流	ら旋流	螺旋流
— flute	螺旋槽	ねじれ溝	螺旋槽
— fluted reamer	螺旋槽(式)鉸刀	はす歯リーマ	螺旋槽(式)铰刀
— gear	螺旋齒輪	はす歯歯車	螺旋齿轮
— grinding attachment	螺旋研磨裝置	ヘリカル研削装置	螺旋研磨装置
— land	螺旋刃帶	ヘリカルランド	螺旋刃带
— line	螺旋線	ねじ線	螺旋线
— manometer	螺旋式壓力計	ヘリカル型圧力計	螺旋式压力计
— mixer	螺旋式混合器	ら旋型混和機	螺旋式混合机
— motion	螺旋(線)運動	ら旋運動	螺旋(线)运动
— pitch	螺旋節距	ねじ刻み	螺距
— rack	螺旋齒條	ヘリカルラック	斜齿齿条
— reversing gear	螺旋回動裝置	ねじ逆動装置	螺旋回动装置
— ribbon mixer	螺旋帶狀攪拌器	ら旋帯かくはん機	螺旋带状搅拌器
— rolling	橫向螺旋軋製	ヘリカルローリング	横向螺旋轧制
— runner	螺旋葉輪	ねじ羽根車	螺旋叶轮
— scanning	螺旋掃描	ら旋走査	螺旋扫描
— spring	螺旋彈簧	つる巻きばね	螺旋形弹簧
— spur gear	螺旋正齒輪	はす歯平歯車	斜齿正齿轮
— structure	螺旋結構	ら旋構造	螺旋结构

英文	臺灣	日文	大陸
— tooth	螺旋齒	ヘリカルツース	螺旋齿
— tooth cutter	螺旋刃銑刀	はす歯フライス	螺旋齿铣刀
helically-welded tube	螺旋縫熔接管	つる巻き溶接管	螺旋焊接管
helicoid	螺旋面〔體〕	ら旋体	螺旋面〔体〕
helicoidal motion	螺旋運動	ら旋運動	螺旋运动
— surface	螺旋面	ら旋面	螺旋面
helicoil	螺旋線圈	ヘリコイル	螺旋线圈
heliographic paper	感光紙	感光紙	感光纸
helium;He	氦	ヘリウム	氦
— cooling	氦氣冷卻	ヘリウム冷却	氦气冷却
helix	螺旋線	ねじ線	螺旋线
— angle	螺旋角	つる巻角	螺旋角
— angle of thread	螺紋螺旋角	ねじのこう配	螺旋角
— coil	螺旋線圈	ヘリックスコイル	螺旋线圈
helmet	頭罩;鋼盔	保護帽	护面罩
— shield	遮蔽頭罩〔焊工用〕	ヘルメットシールド	护目头罩〔焊工用〕
helper	輔助機構	ヘルパ	辅助机构
— spring	輔助彈簧	補助ばね	辅助弹簧
hematite	赤鐵礦	赤鉄鉱	赤铁矿
— iron	低磷生鐵	ヘマタイト銑	低磷生铁
— pig iron	赤鐵礦生鐵	ヘマタイト銑	赤铁矿生铁
hemicycle	半圓形	半円形	半圆形
hemimorphism	半對稱形;異極性	異極像	半对称形;异极性
heming press	折邊沖床	ヘミングプレス	折边压力机
hemipyramid	半錐體	半すい	半锥体
hemisphere	半球	半球	半球
hemming	折邊	縁曲げ	折边
— die	捲邊模	縁曲げ型	卷边模
HEPA filter	高效率空氣過濾器	超高性能フィルタ	高效率空气过滤器
heptahedron	七面體	七面体	七面体
Herculoy	一種鍛造銅矽合金	ハーキュロイ	一种锻造铜硅合金
hercynite	鐵尖晶石	ヘルシン石	铁尖晶石
hermaphrodite caliper	單邊卡鉗	片パス	单边卡钳
hermetic(al) art	鍊金術	錬金術	链金术
— case	密封殼	ハーメチックケース	密封壳
— compressor	密封式壓縮機	全密閉圧縮機	密封式压缩机
— heat seal	熱密封	気密ヒートシール	热密封
— motor	密封電動機	密閉形電動機	密封电动机
— package	氣密封裝	気密形パッケージ	气密封装
— purge	密封淨化	ハーメチックパージ	密封净化

英文	臺灣	日文	大陸
— seal	氣密封接	気密封じ	气密封接
— sealing	密封	気密シール	密封
— type compressor	密封式壓縮機	密閉形圧縮機	密封式压缩机
hermetically sealed can	氣密封箱〔桶;盒〕	気密封じ缶	气密封箱〔桶;盒〕
— sealded type relay	密封接點繼電器	封入接点形リレー	密封接点继电器
Heroult furnace	埃魯電弧爐	エルー炉	一种电弧炉
— process	埃魯電爐煉鋼法	エルー法	一种电炉炼钢法
herringbone gear	人字齒輪	ヘリングボーン歯車	人字齿轮
hessian crucible	三角坩堝	三角るつぼ	三角坩埚
heteroepitaxy	異質外延(生長)	ヘテロエピタキシー	异质外延(生长)
heterogeneity	非均質性	不均一性	不均匀性
heterogeneous body	非均質體	非均質体	不均匀体
— combustion	不均質燃燒	不均質燃焼	不均质燃烧
— distribution	非均勻分布	不均質分布	非均匀分布
— equilibrium	多相平衡	不均質系平衡	多相平衡
— laminate	不同材料層壓板	異質積層品	不同材料层压板
— mixture	非均勻混合物	不均質混和物	非均匀混合物
— radiation	非單色輻射	非均質放射線	非单色辐射
— reaction	多相反應	不均一系反応	多相反应
— structure	非均勻組織	不均質組織	非均匀组织
— substance	非均勻物質	不均質体	非均匀物质
— system	非均勻體系	不均質系	非均匀体系
heteropyknosis	異常凝縮	異常濃縮	异固缩
Heusler's alloy	一種錳鋁銅磁性合金	ホイスラ合金	一种锰铝铜磁性合金
hex socket screw	圓柱頭內六角螺釘	六角穴付きねじ	圆柱头内六角螺钉
— washer	六角墊圈	ヘックスワッシャ	六角垫圈
— wrench	六角扳手	ヘックスレンチ	六角扳手
hexagon	六邊形	六辺形	六边形
— bar	六角形棒	六角形棒	六角形棒
— cap nut	六角頭螺釘	六角袋ナット	六角头螺钉
— ferrite	六角形肥粒鐵	ヘキサゴンフェライト	六角形铁氧体
— head bolt	六角頭螺栓	六角ボルト	六角头螺栓
— head screw	六角頭螺釘	六角ボルト	六角头螺钉
— head tapping screw	六角頭自攻螺釘	六角タッピングねじ	六角头自攻螺钉
— pin spanner	六角軸銷扳手	六角棒スパナ	六角轴销扳手
— socket head	內六角頭(螺釘)	六角穴付き頭	内六角头(螺钉)
— socket screw	內六角螺釘	六角穴付きねじ	内六角螺钉
— socket set screw	六角凹頭止動螺釘	六角穴付き止めねじ	六角凹头止动螺钉
— washer head	帶(凸)肩的六角頭	つば付き六角頭	带(凸)肩的六角头
hexagonal axis	六角(對稱)軸線	六方対称軸	六角(对称)轴线

英　　文	臺　　灣	日　　文	大　　陸
— barrel mixer	六角滾筒式混合機	六角バレルミキサ	六角滚筒式混合机
— broach	六角拉刀	六角ブローチ	六角拉刀
— closepacked lattice	六方最密格子	六方最密格子	六角密集点阵
— closepacked structure	致密六方構造	ちょう密六方構造	致密六方构造
— crystal system	六方晶系	六方晶系	六方晶系
— ferrite	六角晶型肥粒鐵	六方晶型フェライト	六角晶型铁氧体
— lattice	六方格子	六方格子	六方格子
— prism	六角方柱	六方柱	六角方柱
— pyramid	六方錐	六方すい	六方锥
— scalenohedron	六方偏三角面體	六方偏三角面体	六方偏三角面体
— system	六方晶系	六方晶系	六方晶系
— tile	六角形磁磚	六角タイル	六角形面砖
— wrench key	內六角扳手	六角棒スパナ	内六角扳手
hexahedral element	六面體(單)元	六面体要素	六面体(单)元
hexahedron	六面體	六面体	六面体
Heyn etching method	海因式蝕刻法	ハイン腐食法	海因式蚀刻法
— stresses	海因應力	ハイン応力	海因应力
HF heating	高周波加熱	高周波加熱	高频加热
HF preheating	高周波預熱	高周波予熱	高频预热
HF-tube	高周波管	高周波管	高频管
HF welding	高周波焊接	高周波溶接	高频焊接
hiatus	間隙	ハイエータス	间隙
hickey	彎管器	ヒッキー	弯管器
hidden buffer	隱式緩衝器	見えないバッファ	隐式缓冲器
— line	虛線	見えない線	隐线
— line elimination	虛線消除	隠線除去	隐线消除
— line plot	虛線繪圖	隠線プロット	隐线绘图
— surface removal	隱藏面消除	隠面除去	隐藏面消除
hiduminium	一種鋁銅鎳系鑄造合金	ヒジュミニウム	一种铝铜镍系铸造合金
Hidurax	一種銅合金	ヒドラックス	一种铜合金
high accuracy	高精度	高精度	高精度
— alloy steel	高合金鋼	高合金鋼	高合金钢
— altitude corrosion	高空腐蝕	高層腐食	高空腐蚀
— aluminium	高純度鋁	ハイアルミ	高纯铝
— calcium lime	高鈣石灰	高石灰質石灰	高钙石灰
— calorie gas	高熱值燃氣	高熱ガス	高热值燃气
— calorie power	高發熱值	高位発熱量	高发热值
— chrome cast iron	高鉻鑄鐵	高クロム鋳鉄	高铬铸铁
— chrome steel	高鉻鋼	高クロム鋼	高铬钢
— cistern	高(位)水箱	ハイシスターン	高(位)水箱

H

英文	臺灣	日文	大陸
— clad steel	高級複合鋼	ハイクラット鋼	高级复合钢
— class cast iron	高級鑄鐵	強じん鋳鉄	高级铸铁
— conductance	高電導	ハイコンダクタンス	高电导
— damping alloy	防振合金	制振合金	防振合金
— efficiency	高效率	高効率	高效率
— efficiency filter	高效過濾器	高性能フィルタ	高效过滤器
— elasticity	高彈性	高弾性	高弹性
— elongation ga(u)ge	塑性區應變規	塑性域ゲージ	塑性区应变片
— enriched fuel	高濃縮燃料	高濃縮燃料	高浓缩燃料
— furnace	高爐	高炉	高炉
— gear	高速(齒輪)傳動裝置	高速ギャ	高速(齿轮)传动装置
— hard ball drill	硬鋼球鑽	硬鋼球ドリル	硬钢球钻
— head centrifugal pump	高揚程離心泵	高水頭うず巻きポンプ	高扬程离心泵
— humidity test	高濕度試驗	高湿度試験	高湿度试验
— impact compound	耐衝擊化合物	耐衝撃コンパウンド	耐冲击化合物
— impact material	耐衝擊材料	耐衝撃材料	耐冲击材料
— impact polystyrene	耐衝擊性聚苯乙烯	耐衝撃性ポリスチレン	耐冲击性聚苯乙烯
— leaded tin bronze	高鉛青銅	高鉛青銅	高铅青铜
— limit	上限尺寸;最高限度	最大寸法	上限尺寸
— load deformation test	高載荷變形試驗	高荷重変形試験	高载荷变形试验
— manganese steel	高錳鋼	高マンガン鋼	高锰钢
— magnesium lime	高鎂石灰	高マグネシウム質石灰	高镁石灰
— mica	優質雲母	ハイマイカ	优质云母
— molecular compound	高分子化合物	高分子化合物	高分子化合物
— peak current	峰值電流	高ピーク電流	峰值电流
— pedestal jib crane	高架懸臂起重機	門型ジブクレーン	高架悬臂起重机
— permeability alloy	高導磁率合金	高透磁率合金	高导磁率合金
— phosphorus pig iron	高磷生鐵	高りん銑鉄	高磷生铁
— pitch propeller	大螺距螺旋漿	ハイピッチプロペラ	大螺距螺旋浆
— pitch ratio	大螺距比	高ピッチ比	大螺距比
— polymeric substance	高分子物質	高（電）圧試験	高分子物质
— production	大量生產	多量生産	大量生产
— radiativity	高輻射性	高放射性	高辐射性
— refractory oxide	高耐火性氧化物	高耐火性酸化物	高耐火性氧化物
— relief	凸紋浮雕	高肉彫り	凸纹浮雕
— sensitivity	高靈敏度	高感度	高灵敏度
— shear viscosity	高剪切黏度	高せん断粘度	高剪切黏度
— side float valve	高壓浮球閥	高圧フロート弁	高压浮球阀
— silicon cast iron	高矽鑄鐵	高けい素鋳鉄	高硅铸铁
— silicon pig iron	高矽生鐵	高けい素銑鉄	高硅生铁

英文	臺灣	日文	大陸
— silicon steel sheet	高矽鋼片	高けい素鋼板	高硅钢片
— steel	高碳鋼	ハイスチール	高碳钢
— strain rate forming	高速成形	高ひずみ速度成形	高速成形
— styrene resin	高苯乙烯樹脂	ハイスチレン樹脂	高苯乙烯树脂
— super press	超高速沖床〔沖床〕	ハイスーパープレス	超高速冲床〔压力机〕
— supersonic flow	高超音速流	高超音速流	高超音速流
— tank	高(位)水箱	ハイタンク	高(位)水箱
— torque	高扭矩	高トルク	高扭矩
high-alumina brick	高鋁(耐火)磚	高アルミナれんが	高铝(耐火)砖
— ceramics	高鋁〔金屬〕陶瓷	高アルミナ磁器	高铝〔金属〕陶瓷
high-amperage	高安培數	ハイアンペレージ	高安培数
high-capacity cable	高容量電纜	高容量ケーブル	高容量电缆
high-carbon steel	高碳鋼	高炭素鋼	高碳钢
high-density alloy	高密度合金	高密度合金	高密度合金
— assembly	高密度組裝	高密度実装	高密度组装
— ferrite	高密度肥粒鐵	高密度フェライト	高密度铁氧体
— packaging technique	高密度組裝技術	高密度実装技術	高密度组装技术
high-dielectric ceramic	高介電陶瓷	高誘電率磁器	高介电陶瓷
high-duty cast iron	高強度鑄鐵	強じん鋳鉄	高强度铸铁
— oils	重負載潤滑油	HD油	重负荷润滑油
— steel	高強度鋼	高張力鋼	高强度钢
high-energy accelerator	高能加速器	高エネルギー加速器	高能加速器
— fuel	高熱值燃料	高エネルギー燃料	高热值燃料
higher bronze	高級鋁鐵鎳錳耐蝕青銅	ハイヤーブロンズ	高级铝铁镍锰耐蚀青铜
— heating value	高發熱量	高（位）発熱量	高发热量
highfin tube	寬翅散熱管	ハイフィンチューブ	宽翅散热管
high-frequency absorber	高周波吸收器	高周波吸収器〔装置〕	高频吸收器
— arc welder	高周波電弧焊接機	高周波アーク溶接機	高频电弧焊接机
— bonding	高周波焊接	高周波接着	高频焊接
— core stove	高周波型芯乾燥爐	高周波芯乾燥炉	高频型芯干燥炉
— current	高周波電流	高周波電流	高频电流
— dielectric heating	高周波介質加熱	高周波誘電加熱	高频介质加热
— dielectric welding	高周波介質(塑料)熔接	高周波誘電溶接	高频介质(塑料)熔接
— discharge	高周波放電	高周波放電	高频放电
— drying furnace	高周波乾燥爐	高周波乾燥炉	高频干燥炉
— electric current	高周波電流	高周波電流	高频电流
— electric furnace	高周波電氣爐	高周波電気炉	高频电气炉
— electric heating	高周波加熱	高周波加熱	高频加热
— electric source	高周波電源	高周波電源	高频电源
— electric welding	高周波電焊	高周波電気溶接法	高频电焊

英文	臺灣	日文	大陸
— flaw detection method	高周波探傷法	高周波探傷法	高频探伤法
— furnace	高周波爐	高周波炉	高频炉
— gluing	高周波黏合	高周波接着	高频黏合
— heat	高周波加熱	高周波加熱	高频加热
— heat sealing	高周波熱封	高周波ヒートシール	高频热封
— heater	高周波加熱器	高周波加熱器	高频加热器
— heating machine	高周波加熱機〔爐〕	高周波ミシン	高频加热机〔炉〕
— induction coil	高周波感應線圈	高周波誘導コイル	高频感应线圈
— induction furnace	高周波誘導電氣爐	高周波誘導炉	高频诱导电气炉
— induction heating	高周波感應加熱	高周波誘導加熱	高频感应加热
— induction welding	高周波感應焊	高周波誘導溶接	高频感应焊
— pellet-heater	高周波樹脂粒塊預熱器	高周波ペレット予熱器	高频树脂粒块预热器
— power	高周波電力	高周波電力	高频电力
— preheating	高周波預熱	高周波予熱	高频预热
— probe	高周波探頭	高周波プローブ	高频探头
— quenching	高周波淬火	高周波焼入れ	高频淬火
— resistance hardening	高頻率電阻淬火	高周波抵抗加熱焼入れ	高频电阻淬火
— resistance welding	高頻率電阻焊	高周波抵抗溶接	高频电阻焊
— sealing machine	高周波(熱)封閉機	高周波（ヒート）シール	高频(热)封闭机
— thickness meter	高周波測厚儀	高周波厚み計	高频测厚仪
— voltmeter	高周波電壓錶	高周波電圧計	高频电压表
— wave	高周波	高周波	高频
— welder	高周波焊機	高周波溶接機	高频焊机
— welding	高周波溶接	高周波溶接	高频溶接
high-grade cast iron	高級鑄鐵	強じん鋳鉄	高级铸铁
— coal	高品位煤碳	高品位炭	高品位煤炭
— oil	高級油	ハイグレードオイル	高级油
— ore	高品位礦	上鉱	高品位矿
— steel	高級鋼	高級鋼	高级钢
high-low bulb	變光燈	ハイロー電球	变光灯
— type mixer	垂直式攪拌機	ハイロータイプミキサ	垂直式搅拌机
high-order detonation	高速完全爆炸	完爆	高速完全爆炸
high-performance	高性能	高性能	高性能
high-power amplifier	強力放大器	ハイパワーアンプ	大功率放大器
— capacity	大功率容量	大電力容量	大功率容量
— engine	大功率發動機	ハイパワーエンジン	大功率发动机
— gas laser	高能〔功率〕氣體雷射	高出力ガスレーザ	高能〔功率〕气体激光器
— load	大功率負載	大電力負荷	大功率负载
high-precision	高精(密)度	ハイプレシジョン	高精(密)度
high-pressure air starter	高壓空氣式起動機	高圧空気式始動装置	高压空气式起动机

英文	臺灣	日文	大陸
— boiler	高壓鍋爐	高圧ボイラ	高压锅炉
— burer	高壓燃燒器	高圧バーナ	高压燃烧器
— casting	高壓鑄造	高（加）圧鋳造	高压铸造
— centrifugal pump	高壓離心泵	高圧うず巻きポンプ	高压离心泵
— check valve	高壓止回閥	高圧チェックバルブ	高压止回阀
— compressor	高壓壓縮機	高圧圧縮機	高压压气机
— controller	高壓控制器	高圧制御器	高压控制器
— cylinder	高壓氣〔油〕缸	高圧シリンダ	高压气〔油〕缸
— ejector pump	高壓噴射泵	高圧噴射ポンプ	高压喷射泵
— engine	高壓發動機	高圧機関	高压发动机
— extruding machine	高壓壓塗機〔焊條塗覆〕	高圧塗装機	高压压涂机〔焊条涂覆〕
— fitting	高壓接頭	高圧継手	高压接头
— float valve	高壓浮球閥	高圧フロート弁	高压浮球阀
— forging	高壓鍛造	高圧鍛造加工	高压锻造
— forming	高壓成形法	高圧成形法	高压成形法
— furnace	高壓爐	高圧炉	高压炉
— gas	高壓氣體	高圧ガス	高压气体
— ga(u)ge	高壓計	高圧計	高压压力表
— heater	高壓加熱器	高圧加熱器	高压加热器
— laminated product	高壓疊層製品	高圧積層物	高压叠层制品
— metal working	高壓金屬加工	高圧金属加工	高压金属加工
— mo(u)lding	高壓成形	高圧成形	高压成形
— pipe	高壓管	高圧管	高压管
— piston	高壓活塞	高圧ピストン	高压活塞
— polyethylene	高壓聚乙烯	高圧法ポリエチレン	高压聚乙烯
— pump	高壓泵	高圧ポンプ	高压泵
— relay	高壓繼電器	高圧リレー	高压继电器
— relief valve	高壓安全閥	高圧リリーフ弁	高压安全阀
— safety cut-out	高壓安全切斷器	高圧保護開閉器	高压安全切断器
— valve	高壓閥	高圧弁	高压阀
high-purity	高純度	高純度	高纯度
— aluminium	高純度鋁	高純度アルミニウム	高纯铝
— metal	高純度金屬	高純度金属	高纯度金属
— silcon	高純(度)矽	高純度シリコン	高纯(度)硅
high-resistance alloy	高阻合金	高抵抗合金	高阻合金
high-speed aerodynamics	高速空氣動力學	高速空気力学	高速空气动力学
— automatic press	高速自動沖床	高速自動プレス	高速自动压床
— balancing	高速動平衡	高速釣合わせ	高速动平衡
— buff	高速擦光輪	高速バフ	高速抛光轮
— centrifuge	高速離心機	高速遠心機	高速离心机

英文	臺灣	日文	大陸
— circuit breaker	高速斷路器	高速度遮断器	高速断路器
— compressor	高速壓縮機	高速圧縮機	高速压缩机
— cutter	高速刀具	高速刃物	高速刀具
— dynamic blancing	高速動(力)平衡	高速釣り合わせ	高速动(力)平衡
— elevator	高速升降機	高速エレベータ	高速升降机
— extruder	高速擠出機	高速押出し機	高速挤出机
— extrusion	高速擠壓	高速押出し	高速挤压
— flow type mixer	高速流動型混料機	高速流動型混和機	高速流动型混料机
— forging machine	高速鍛造機	高速鍛造機	高速锻造机
— fuse	高速熔絲〔保險絲〕	高速度ヒューズ	高速熔丝〔保险丝〕
— gill	高速散熱片	高速ギル	高速散热片
— injection mo(u)lding	高速射出成形	高速射出成形	高速注射模塑
— jet	高速射流	高速ジェット	高速射流
— jet water drilling	高速噴射水鑽井〔探〕	高速ジェット水掘削	高速喷射水钻井〔探〕
— jetting method	高速噴射法	高速ジェッティング法	高速喷射法
— lathe	高速車床	高速旋盤	高速车床
— machining	高速切削	高速切削	高速切削
— mixer	高速混合〔攪拌〕機	高速ミキサ	高速混合〔搅拌〕机
— mixer grinder	高速混合粉碎機	高速混和粉砕機	高速混合粉碎机
— plunger mo(u)lding	高速柱塞模塑	高速プランジャ成形	高速柱塞模塑
— pneumatic grinder	高速氣動磨頭	高速空気グラインダ	高速风动磨头
— printer	快速印表機	高速度プリンタ	快速印刷机
— steel	高速鋼	高速度鋼	高速钢
— steel broach	高速鋼拉刀	高速度鋼ブローチ	高速钢拉刀
— steel chaser	高速鋼螺紋梳刀	高速度鋼チェーザ	高速钢螺纹梳刀
— steel drill	高速鋼鑽頭	高速度鋼ドリル	高速钢钻头
— steel milling cutter	高速鋼銑刀	高速度鋼フライス	高速钢铣刀
— steel reamer	高速鋼鉸刀	高速度鋼リーマ	高速钢铰刀
— steel tap	高速鋼絲攻	高速度鋼タップ	高速钢丝锥
— steel tool	高速鋼工具	高速度鋼工具	高速钢工具
— stone mill	高速石磨機	高速ストーンミル	高速石磨机
— tachometer	高速轉速計	高速回転速度計	高速转速计
— tool steel	高速工具鋼	高速度工具鋼	高速工具钢
— valve	高速閥	高速バリブ	高速阀
high-strength aluminum	高強度鋁	高力アルミニウム	高强度铝
— bar	高強度鋼筋	高強度鉄筋	高强度钢筋
— brass	高強度黃銅	高力黄銅	高强度黄铜
— bronze	高強度青銅	高力青銅	高强度青铜
— bolt	高強度螺栓	高張力ボルト	高强度螺栓
— bolted connections	高強度螺栓聯結法	高力ボルト工法	高强度螺栓联结法

英文	臺灣	日文	大陸
— cast iron	高強度鑄鐵	高級鋳鉄	高强度铸铁
— filler	高強度填料	強化材	高强度填料
— joint	高強度接頭	高強度継手	高强度接头
— laminated plastic(s)	高強度層壓塑料	強化プラスチック	高强度层压塑料
— low alloy steel	高強度低合金鋼	高（張）力低合金鋼	高强度低合金钢
— malleable cast iron	高強度可鍛鑄鐵	高力可鍛鋳鉄	高强度可锻铸铁
— steel	高強度鋼	高力鋼	高强度钢
— steel cable	高強度鋼索	高力スチールケーブル	高强度钢丝绳
— steel electrode	高強度鋼電焊條	高力鋼（アール）溶接棒	高强度钢电焊条
— steel plate	高強度鋼板	高力鋼板	高强度钢板
high-temperature	高溫	高温	高温
— adhesive	高溫硬化黏合劑	高温硬化接着剤	高温硬化黏合剂
— bond strength	高溫黏合強度	高温接着強さ	高温黏合强度
— carbonization	高溫碳化	高温乾留	高温碳化
— carburizing	高溫滲碳	高温浸炭	高温渗碳
— characteristic	耐熱性	高温特性	耐热性
— coefficient	高溫係數	高温係数	高温系数
— corrosion	高溫腐蝕	高温腐食	高温腐蚀
— creep	高溫潛變	高温クリープ	高温蠕变
— curing	高溫硬化	高温硬化	高温硬化
— deformation	高溫變形	高温変形	高温变形
— deposit	高溫附著物	高温付着物	高温附着物
— extensibility	高溫延伸性	高温伸長性	高温延伸性
— ga(u)ge	高溫應變規	高温ゲージ	高温应变片
— grease	高溫潤滑脂	耐熱グリース	高温润滑脂
— insulation	保溫材料	保温	保温材料
— oxidation	高溫氧化	高温酸化	高温氧化
— performance	耐熱性能	高温性能	耐热性能
— plasticizer	高溫增塑劑	耐熱性可塑剤	高温增塑剂
— polymerization	高溫聚合	高温重合	高温聚合
— processing	高溫加工	高温加工	高温加工
— property	耐熱性	高温特性	耐热性
— radiant panel	高溫輻射板	高温ふく射パネル	高温辐射板
— resin	耐熱樹脂	耐熱樹脂	耐热树脂
— resistance	耐熱性	耐熱性	耐热性
— scale	高溫銹〔氧化〕皮	高温酸化スケール	高温锈〔氧化〕皮
— stability	高溫穩定性	高温安定度	高温稳定性
— strength	高溫強度	高温強度	高温强度
— testing	高溫試驗	高温試験	高温试验
— treatment	高溫處理	高熱処理	高温处理

英文	臺灣	日文	大陸
high-tension	張力	高圧	张力
— arc	高壓電弧	高電圧アーク	高压电弧
— bolt	高強度螺栓	高張力ボルト	高强度螺栓
— cable	高壓電纜	高圧ケーブル	高压电缆
— circuit	高壓電路	高圧回路	高压回路
— coil	高壓線圈	高圧コイル	高压线圈
— current	高壓電流	高圧電流	高压电流
— insulator	高壓絕緣子	高圧（用絶縁）がいし	高压绝缘子
— power	高壓電力	高圧電力	高压电力
— switch board	高壓配電盤	高圧配電盤	高压配电盘
— transformer	高壓變壓器	高圧変圧器	高压变压器
high-tin alloy	高錫合金	ハイティンアロイ	高锡合金
high-vacuum	高真空	高真空	高真空
— distillation	高真空蒸餾	高真空蒸留	高真空蒸馏
— electron beam welding	高真空電子束焊接	高真空電子ビーム溶接	高真空电子束焊接
— grease	高真空潤滑脂	高真空グリース	高真空润滑脂
— metal deposition	真空鍍(金屬)膜	真空蒸着	真空镀(金属)膜
— metallizing	真空鍍膜	真空蒸着	真空镀膜
— pump	高真空泵	高真空ポンプ	高真空泵
— vanadium steel	高釩鋼	ハイバナ	高钒钢
high-velocity	高速	高速	高速
— forming	高速成形	高速成形	高速成形
— forming die	高速成形模	高速成形型	高速成形模
— impact	高速衝擊	高速衝撃	高速冲击
— shearing	高速剪切	高速度せん断加工	高速剪切
high-voltage	高壓	高圧	高压
— arc	高壓電弧	高圧アーク	高压电弧
— corona discharge	高壓電暈放電	高圧コロナ放電	高压电晕放电
— current	高壓電流	高圧電流	高压电流
— DC power supply	高壓直流電源	高圧直流電源	高压直流电源
— electrode	高壓電極	高圧電極	高压电极
— meter	高壓計〔錶〕	高圧計	高压计〔表〕
— strain insulator	高壓耐張絕緣子	高圧耐張がい子	高压耐张绝缘子
— substation	高壓變電站	高圧受変電設備	高压变电站
— terminal	高壓接頭	高圧端子	高压接头
— test	高(電)壓試驗	高（電）圧試験	高(电)压试验
— wire	高壓線	高圧線	高压线
— wiring	高壓配線	高圧配線	高压布线
Hi-Lo set plug	成組界限塞規	ハイローセットプラグ	成组界限塞规
Hindley hob	一種滾刀	ヒンドレホブ	一种滚刀

英文	臺灣	日文	大陸
— worm	一種蝸桿〔弧面蝸桿〕	ヒンドレウォーム	一种蜗杆〔弧面蜗杆〕
hinge	鉸鏈	ヒンジ	铰链
— forming die	鉸鏈成形模	ヒンジ成形型	铰链成形模
— jaw	鉸鏈顎夾	ヒンジジョー	铰接夹头
— mount	鉸接架〔座〕	ヒンジマウント	铰接架〔座〕
hinged bearing	鉸接軸承	ヒンジ支承	铰支承
— boom	鉸接吊桿	起伏げた	铰接吊杆
— cantilever	鉸接懸臂	可動ブラケット	铰接悬臂
— end	鉸(接)端	こう端	铰(接)端
— horn die	鉸接懸臂凹模	ピン止めホーン型	铰接悬臂凹模
— joint	鉸節	ピン継手	铰接
— mo(u)lding box	鉸接合式砂箱	抜き枠	活砂箱
— support	轉動支座	回転支点	转动支座
Hiperco	一種磁性合金	ヒペルコ	一种磁性合金
Hiperloy	一種高導磁率合金	ハイパーロイ	一种高导磁率合金
hipernik	高導磁率鎳鋼	ハイパーニック	高导磁率镍钢
Hirox	一種電阻合金	ヒロックス	一种电阻合金
Hishi-metal	氯已烯覆層金屬薄板	ヒシメタル	氯已烯覆层金属薄板
hisingerite	矽鐵土	ヒジンゲル石	硅铁土
hitch	繫扣	ヒッチ結び	联结
— angle	聯結角鋼	ヒッチアングル	联结角钢
— device	聯結裝置	ヒッチデバイス	联结装置
— feed	夾持送料	ヒッチフィード	夹持送料
— feeder	爪形送料機	ヒッチフィーダ	爪形送料机
— hole	牽引鉤孔	ヒッチホール	牵引钩孔
HN-cast iron	高鎳耐熱鑄鐵	HN鋳鉄	高镍耐热铸铁
hob	滾刀	硬質鋼製押型	滚刀
— arbor	刀具心軸	ホブアーバ	刀具心轴
— cutter	滾刀	ホブカッタ	滚刀
— head	滾銑刀架〔座〕	ホブヘッド	滚铣刀架〔座〕
— master	擠壓製模的原模	ホブ原型	挤压制模的原模
— saddle	滾齒刀架	ホブサドル	滚齿刀架
— spindle	滾銑刀軸	ホブ主軸	滚铣刀轴
— tap	螺模螺絲攻	種タップ	板牙丝锥
— tester	滾刀檢查儀	ホブテスタ	滚刀检查仪
hobbed cavity	滾削孔	ホビング孔	滚削孔
hobbing	銑齒;滾齒	ホブ切り	铣齿
— blank	滾削模槽胚料	ホビングブランク	滚削模槽胚料
— machine	滾齒機	ホブ盤	滚齿机
— press	切壓機	ホビングプレス	切压机

H

英文	臺灣	日文	大陸
— ring	滾削環〔槽〕	ホビングリング	滚削环〔槽〕
hodograph	速〔度〕端〔點〕曲線	ホドグラフ	速度图
— method	速度面(圖)法	ホドグラフ法	速度面(图)法
— plane	速度平面	ホドグラフ面	速度平面
hoist	吊重機	巻上げ機	起重机
— engine	提升絞車	ホイストエンジン	提升绞车
hoisting accessory	吊具	つり具	吊具
— bucket	吊桶	巻上げバケット	吊桶
— chain	起重鏈	引上げ鎖	起重链
— crane	吊車起重機	巻上げクレーン	起重机
— hook	起重機鉤	ホイスティングフック	起重机钩
— load	提升負載	釣上げ荷重	提升负荷
— speed	提升速度	巻上げ速度	提升速度
— winch	提升絞車	巻上げ機	提升绞车
hold	船艙	ホールト	压紧
— circuit	保持回路	保持回路	保持回路
— facility	保持能力	ホールトファシリティ	保持能力
— fast	(夾)鉗	かすがい	(夹)钳
holdall	工具袋〔箱〕	雑のう	工具袋〔箱〕
hold-back	抑制	逆転防止装置	抑制
hold-down arm	固定臂	ホルドダウンアーム	固定臂
— force	壓緊力	板押え力	压紧力
— groove	定位槽	支え溝	定位槽
— roll	定位輥	支えロール	定位辊
— mechanism	壓緊機構	ホールドダウン機構	压紧机构
holder	夾持具;柄	物押さえ	夹具
— block	固定框	ホルダブロック	固定框
— for valve spring	閥簧座	弁ばね受け	阀簧座
holding action	保持作用	保持作用	保持作用
— back	逆轉防止裝置	逆転防止装置	防反转装置
— bolt	地腳螺釘	据え付けボルト	地脚螺钉
— fixture	夾緊裝置	固定板押え	夹紧装置
— furnace	保溫爐	均質炉	保温炉
— jig	夾具	保持具	夹具
— pad	壓料板	しわ押え	压料板.
— pin	定位銷	インサートピン	定位销
— power	支撐力	静止把駐力	支撑力
— valve	保持閥	ホールディング弁	保持阀
holding-down bolt	地腳螺栓	据え付けボルト	地脚螺栓
— nut	地腳螺栓用螺母	据え付けナット	地脚螺栓用螺母

英文	臺灣	日文	大陸
— pad	壓料板	板押え	压料板
holding-up hammer	鉚釘撐鎚	当てづち	圆边击平锤
— lever	支持桿	据え付けレバー	支持杆
hole	孔	孔	(空)穴
— base system	基孔制	穴基準式	基孔制
— base system of fits	基孔制配合	穴基準はめ合い	基孔制配合
— bubble	孔穴狀氣泡	巣孔気泡	孔穴状气泡
— burning	燒孔效應	ホールバーニング	烧孔效应
— current	空穴電流	正孔電流	空穴电流
— diameter	孔徑	穴径	孔径
— digger	鑽孔機〔器〕	穴掘り機	钻孔机〔器〕
— drill	螺孔鑽	ねじ下ぎり	螺孔钻
— drilling method	鑽孔法	穴あけ法	钻孔法
— ga(u)ge	測孔規	穴ゲージ	塞规
— stone	圓柱寶石軸承	ホールストーン	圆柱宝石轴承
— through spindle	主軸通孔	主軸貫通穴	主轴通孔
hollow anode	空心陽極	ホローアノード	空心阳极
— axle	空心軸	中空車軸	空心轴
— bit	倒角	角のみきり	倒角
— brick	空心磚	空洞れんが	空心砖
— bricket	空心煤磚	穴あきれん炭	空心煤砖
— casting	中空鑄造〔件〕	中空注型	中空铸造〔件〕
— circular cylinder	空心圓筒	中空円筒	空心圆筒
— core optical fiber	中空光導纖維	中空光ファイバ	中空光导纤维
— cutting	沖孔	突切り作業	冲孔
— drill	空心鑽頭	中空ぎり	空心钻
— electrode	中空電極	穴あき電極	中空电极
— forging	中空鍛造	中空鍛造	中空锻造
— form	中空模	中空型	中空模
— lead cutter	導槽銑刀	ホローリードカッタ	导槽铣刀
— mill	空心銑刀	ホローミル	筒形外圆铣刀
— nosed plane	圓刨	丸がんな	圆刨
— punch	空心衝鏨	筒パンチ	冲孔器
— punching	中空穿孔	中空押し抜き	中空穿孔
— rivet	空心鉚釘	ホローリベット	空心铆钉
— roll	中空(軋)輥	中空ロール	中空(轧)辊
— roller	空心滾子	中空ころ	空心滚子
— screw	空心螺釘	袋ねじ	空心螺钉
— shaft	空心軸	中空軸	空心轴
— sphere	空心球	中空球	中空球

英文	臺灣	日文	大陸
— spindle	空心心軸	フライス主軸	空心主轴
— spindle lathe	空心軸車床	管軸旋盤	空心轴车床
— sprue	空心直澆口〔熔模〕	ホロースプル	空心直浇口〔熔模〕
— wave	空心射流〔焊接〕	ホローウェーブ	空心射流〔焊接〕
hollowchisel mortiser	空心榫眼鑿	角のみ盤	倒角机
holocamera	全像照相機	ホロカメラ	全息照相机
hologamy	整體配合	全融合	整体配合
hologram	全像圖	ホログラム	全息图
— image	全像圖像	ホログラムイメージ	全息图像
— scanner	全像掃描器	ホログラムスキャナ	全息扫描器
holograph	全像攝影	ホログラム	全息摄影
holography	全像照相術	ホログラフィー	全息照相术
— interferometry	全像干涉量度學〔法〕	ホログラフィー干渉法	全息干涉量度学〔法〕
holohedral form	全對稱形	完面像	全对称形
holohedral crystal	全對稱晶體	完面（像）晶	全对称晶体
— face	全對稱面	完面	全对称面
holohedrism	全對稱性	完面像	全对称性
holohedry	全(面)對稱	完面像	全(面)对称
holosymmetry	全對稱	完面対称	全对称
holster	機架	けん銃ケース	机架
homogeneous steel	均質鋼	均質鋼	均质钢
homeomorphism	異質同晶(現象)	異質同像	异质同晶(现象)
homeostasis control	動態平衡控制	ホメオスタシス制御	动态平衡控制
homotaxial-output	軸向均勻輸出	ホメタキシャル出力	轴向均匀输出
homing	歸位	自動追尾	归位
— action	還原動作	帰着動作	还原动作
— device	歸航裝置	帰着装置	自动引导装置
homogen	均質(合金)	ホモゲン	均质(合金)
— process	鐵板鉛被覆法	ホモゲン法	铁板铅被覆法
homogeneity	均質性	均一（性）	均质性
— test	均質性試驗	均質性試験	均质性试验
— theorem	同質性定理	同質定理	同质性定理
homogeneous bonding	均勻結合	均一結合	均匀结合
— broademing	均勻擴展	均一な拡がり	均匀扩展
— carburizing	穿透滲碳	透過浸炭	穿透渗碳
— coating	均勻塗層	ホモゲン塗装	均匀涂层
— combustion	均質燃燒	均質燃焼	均质燃烧
— compression	均勻壓縮	均一圧縮	均匀压缩
— distribution	均勻分布	均質分布	均匀分布
— equilibrium	均相平衡	均一系平衡	均相平衡

英 文	臺 灣	日 文	大 陸
— fluid	均勻流體	均一流体	均匀流体
— laminate	均勻層壓製件〔材料;板〕	同質積層品	均匀层压制件〔材料;板〕
— light	單色光	均質光	单色光
— linear change	均勻線性變形	斉一次変形	均匀线性变形
— mixture	均勻混合物	均質混和物	均匀混合物
— radiation	均勻輻射	均質放射線	单色辐射
— reactor	均質反應器	均質（原子）炉	均匀反应堆
— single crystal	均質單晶	均質な単結晶	均质单晶
— steel	均質鋼	均等性鋼	均质钢
— stress	均勻應力	均等応力	均匀应力
— X-ray	單波長射線	均質X線	单色X射线
homogenization	均質化	同質化	均质化
homogenizing	均勻化	拡散加熱	均匀化
homographic projectio	等交比形投影法	ホモグラフィック図法	等交比形投影法
homoiothermy	恒溫性	恒温性	恒温性
homokinetic joint	等速轉動連桿	同速回転リンク	等速转动联杆
hone	搪磨具	とぎ上げ	细磨石
— knock	搪磨(頭)震動	ホンノック	珩磨(头)震动
honeycomb	蜂窩構造	豆板	蜂窝构造
— beam	蜂窩形空腹梁	はちの巣ばり	蜂窝形空腹梁
— board	蜂窩夾心膠合板	ハニカムボード	蜂窝夹心胶合板
— bonding	蜂窩膠接	ハニカム接着	蜂窝胶接
— cell	蜂窩狀單元〔元件;細胞〕	ハネカムセル	蜂窝状单元〔元件;细胞〕
— material	蜂窩狀材料	ハニカム材料	蜂窝状材料
— metal	蜂窩狀金屬	ハニカムメタル	蜂窝状金属
— pore	蜂窩孔	気孔	蜂窝孔
— radiator	蜂窩式散熱器	はしの巣放熱器	蜂窝式散热器
— seal	蜂窩狀密封	ハニカムシール	蜂窝状密封
— structure	蜂窩結構	ハニカム構造	蜂窝结构
— structure laminate	蜂窩結構狀層壓製品	ハニカム構造積層材	蜂窝结构状层压制品
honeycombing	內部乾裂	内部乾裂	内部干裂
honing	搪光	ホーニング仕上げ	珩磨
— head	搪(磨)頭	ホーン	珩(磨)头
— hone	搪磨頭	ホーニングホーン	珩磨头
— machine	搪光機	ホーニング盤	珩磨机
— oil	搪磨油	ホーニング油	珩磨油
— pressure	(液)體噴砂壓力	ホーニング圧力	(液)体喷砂压力
— stone	搪磨磨石	研磨と石	珩磨磨条
— stroke	搪磨行程	ホーニングストローク	珩磨行程
— tool	搪磨工具	ホーニングツール	珩磨工具

H

英　　文	臺　　灣	日　　文	大　　陸
hood	外罩	フード帽	外罩
— ledge	鋼板棚架	フードレッジ	钢板棚架
hook	鉤	縦針	吊钩
— action	鉤作用	フック作用	钩作用
— -and-edge hinge	鉤扣鐵件	ひじつぼ蝶番	钩扣铁件
— -and-eye fastener	鉤環扣件	掛金	钩环扣件
— angle	前角	フック角〔タップの〕	前角
— block	有鉤滑車	かぎ滑車	带钩滑轮
— bolt	鉤頭螺栓	釣りボルト	钩头(地脚)螺栓
— bolt lock	推拉門鎖	出合い錠	推拉门锁
— conveyer	鉤式輸送機	フックコンバヤ	钩式输送机
— crack	環形裂紋	フッククラック	环形裂纹
— ga(u)ge	鉤尺	フックゲージ	钩形(量)规;钩形尺
— joint	鉤式接頭	かぎ継手	钩式接头
— link	鉤環	フックリンク鎖	钩环
— lock	折縫接合	こはぜ掛け	折缝接合
— nail	彎頭釘	折れくぎ	弯头钉
— pin	鉤狀銷	かぎ形ピン	钩状销
— rebate	扣槽	くい違い召合わせ	扣槽
— rib lath	掣爪式肋條網眼鋼板	かぎ爪付きリブラス	掣爪式肋条网眼钢板
— rule	鉤尺	フックルール	钩尺
— scraper	鉤形刮刀	フックスクレーパ	钩形刮刀
— screw	帶鉤螺釘	かぎねじ	钩头螺钉
— shaped stripper	鉤形脫膜器	はぎ形ストリッパ	钩形脱膜器
— spanner	鉤形扳手	かぎスパナ	钩形扳手
— structure	鉤結構	フック構造	钩结构
Hooke	虎克;萬向接頭	フック	虎克;万向接头
— 's elasticity	虎克彈性	フック弾性	虎克弹性
— 's joint	萬向接頭	フック継手	万向联轴节〔接头〕
— 's law	虎克定律	フックの法則	虎克定律
— s material	符合虎克定律的材料	フック材料	符合虎克定律的材料
— 's strain	虎克應變	フックひずみ	虎克应变
— 's universal joint	萬向接頭	フック自在継手	万向接头
hooked foundation bolt	鉤頭地腳螺栓	かぎ状基礎ボルト	钩头地脚螺栓
— key	鉤頭鍵	かぎ形キー	钩头键
— nail	鉤頭釘	かぎ形くぎ	钩头钉
— scarf	鉤形嵌接	かぎ形スカーフ	钩形嵌接
hooker	鉤	ハッカ	钩
— extrusion method	虎克擠壓法	フッカ法	虎克挤压法
hook-on instrument	鉗形(測量儀)錶	フックオン形計器	钳形(测量仪)表

英文	臺灣	日文	大陸
— type meter	懸掛式儀錶	こう懸型計器	悬挂式仪表
hoop	環箍	帯鋼	带钢
— mill	帯鋼輥軋機	帯鋼圧延機	带钢压延机
— steel	帯鋼	帯鋼	带钢
— strength	帯鋼強度	フープ強度	带钢强度
— stress	周向應力	フープ応力	圆周应力
— strip	窄帯材	フープ材	窄带材
— tension	周張力	たが張り内力	周张力
— tie	環鐵	帯鉄筋	环铁
hooped column	帯鐵筋柱	帯鉄筋柱	带铁筋柱
hoop-iron	帯鋼〔鐵〕	帯鉄	带钢〔铁〕
hopper	漏斗	注ぎ手	注入工具;漏斗
— bottom furnace	漏斗爐	ホッパ炉	漏斗状炉底加热炉
— cooling	蒸發冷卻	蒸発冷却	蒸发冷却
— dryer	斗式乾燥器	ホッパドライヤ	斗式干燥器
— feeder	漏斗給料機	ホッパ給綿機	漏斗给料机
— filler	斗式進料器	ホッパローダ	斗式进料器
— furnace	漏斗狀爐底加熱爐	ホッパ炉	漏斗状炉底加热炉
— vibrator	料斗振動器	ホッパバイブレータ	料斗振动器
horizon projection	水平線投影法	地平図法	水平线投影法
horizontal angle	水平角	水平角	水平角
— angle brace	水平角撐	火打	水平角撑
— bar	橫鐵棒	鉄棒	横铁棒
— barrel plating	水平式滾(筒)鍍	水平式バレルめっき	水平式滚(筒)镀
— bearing capacity	水平承載力	水平支持力	水平承载力
— bench drill	臥式台鑽	卓上横ボール盤	卧式台钻
— bench drilling machine	臥式台鑽	卓上横ボール盤	卧式台钻
— bending moment	水平彎矩	水平曲げモーメント	水平弯矩
— boiler	臥式鍋爐	横ボイラ	卧式锅炉
— boring machine	臥式搪床	横（型）中ぐり盤	卧式镗床
— brace	水平角撐	火打	水平角撑
— bracing	水平拉線	水平振れ止め	水平支撑
— branch	橫向排水支管	排水横枝管	横向排水支管
— buoyancy	水平浮力	水平浮力	水平浮力
— butt welding	水平對接焊	水平突合わせ継手溶接	水平对接焊
— cam-actuated horn die	水平動作斜楔式心棒模	水平動カム式ホーン型	水平动作斜楔式心棒模
— cat bar	橫插銷	横通い猿	横插销
— centering control	水平位置調整	横位置調整	水平位置调整
— centrifugal casting	臥式離心鑄造	横型遠心鋳造法	卧式离心铸造
— chassis	臥式底盤	水平シャーシ	卧式底盘

英文	臺灣	日文	大陸
— check	橫向校驗	水平検査	横向校验
— circle	水平度盤	水平目盛盤	水平度盘
— comparator	臥式側長儀	横測長器	卧式侧长仪
— compressor	臥式壓縮機	横形圧縮機	卧式压缩机
— continuous centrifuge	臥式連續離心分離機	横型連続式遠心分離機	卧式连续离心分离机
— coordinates	水平坐標	地平座標	水平坐标
— coupling	水平聯結器	水平継手	水平联轴节
— cylinder mixer	臥筒型混料機	水平円筒型混和機	卧筒型混料机
— deflection	水平偏轉	水平偏向	水平偏转
— deflection coefficient	水平偏轉係數	水平偏向係数	水平偏转系数
— drilling machine	臥式鑽床	横ボール盤	卧式钻床
— duplex drill	臥式雙軸鑽床	両頭横ボール盤	卧式双轴钻床
— engine	臥式發動機	平形発動機	卧式发动机
— fillet welding	水平填角焊	水平すみ肉溶接	水平贴角焊
— force	水平力	水平力	水平力
— furnace	水平爐	水平炉	水平炉
— injection press	臥式注射機	模型射出機	卧式注射机
— intensity	水平強度	水平強度	水平强度
— load	水平荷重	水平荷重	水平荷重
— member	橫構件	横材	水平构件
— milling-machine	臥式銑床	横フライス盤	卧式铣床
— oil hydraulic press	臥式油壓機	横型油圧プレス	卧式油压机
— opposed engine	水平對置發動機	一字型発動機	水平对置的发动机
— plane of projection	水平投影面	水平投影面	水平投影面
— position welding	水平焊（接）	水平溶接	水平焊（接）
— positioning control	水平定位調節	水平位置調節	水平定位调节
— pressure	水平壓力	水平圧力	横向压力
— pump	臥式泵	横型ポンプ	卧式泵
— radial engine	臥式星形發動機	水平星型発動機	卧式星形发动机
— reaction	水平反力	水平反力	水平反力
— reinforcement	橫向鋼筋	横筋	横向钢筋
— resolution	水平解晰度	水平解像力	水平清晰度
— retort process	臥式碳化法	水平レトルト法	卧式碳化法
— ring induction furnace	水平環感應爐	水平環誘導炉	水平环感应炉
— rotary furnace	臥式轉爐	横型回転式反応炉	卧式转炉
— rotational radius	水平迴轉半徑	水平回転半径	水平回转半径
— saw	橫鋸	横のこ	横锯
— section	水平剖面	水平断面	水平断面
— shaft	水平軸	横軸	水平轴
— shear	水平剪切	水平せん断	水平剪切

英文	臺灣	日文	大陸
— shift	水平移位	水平偏移	水平偏移
— shore	水平支撐	陸突張り	水平支撑
— spacing	水平間隔	水平線間距離	水平间隔
— stiffener	水平防撓材	水平スチフナ	水平防挠材
— strut	橫梁	水平材	横梁
— swing shaft	水平擺動軸	旋回横軸	水平摆动轴
— table filter	平面過濾機	水平テーブル型ろ過器	平面过滤机
— thrust	水平推力	水平推力	横向推力
— truss	水平桁架	水平トラス	水平桁架
— type generator	臥式發電機	横形発電機	卧式发电机
— vibration	水平振動	水平振動	水平振动
— welding	橫向熔接	横向き溶接	横向焊接
— whirler	臥式塗布機	水平型回転塗布機	卧式涂布机
horizontally sliding door	平拉門	引戸	平拉门
— split die	臥式組合(鍛)模	横割りダイ	卧式组合(锻)模
horn press	摺縫壓機	ホーンプレス	偏心冲床
— spacing	(接觸焊機的)懸臂距離	ふところ間隔	(接触焊机的)悬臂距离
— type trimming die	懸臂式修邊模	ホーンタイプトリム型	悬臂式修边模
horning die	懸臂模	ホーン型	悬臂模
horse	枊桁,馬形支架	架台	支架
— capstan	台架絞車	馬立て車地	台架绞车
horsepower	馬力	馬力	马力
— -hour	馬力(小)時	馬力時	马力(小)时
— of shaft	軸(輸出)馬力	軸馬力	轴(输出)马力
— per meter	馬力每米	メートル当りの馬力	马力每米
horseshoe	蹄鐵	馬てい片	蹄铁
— gate	馬蹄形(內)澆口	馬ていぜき	马蹄形(内)浇口
— magnet	馬蹄形磁鐵	馬てい形磁石	马蹄形磁铁
— mixer	馬蹄式混合機	馬てい形ミキサ	马蹄式混合机
— riveter	馬蹄形鉚釘機	馬てい形リベッタ	马蹄形铆钉机
— shaped section	馬蹄形截面	馬てい形断面	马蹄形截面
horsewhim	馬力捲揚機	馬力巻上げ機	马力卷扬机
horsing iron	長柄鑿	コーキングたがね	长柄凿
hose	軟管	注水管	软管
— connection	軟管連接(件)	消火ホース継手	软管连接(件)
— coupler	軟管接頭	じゃ管継手	软管接头
— joint	軟管接頭	ホース継手	软管接头
— nipple	軟管螺紋接套〔頭〕	ホースニップル	软管螺纹接套〔头〕
— protector	軟管防護套	ホースプロテクタ	软管防护套
— shaped spring	軟管形彈簧	細巻きコイルばね	软管形弹簧

英文	臺灣	日文	大陸
— support	軟管支架	ホースサポート	软管支架
— valve	水龍帶閥門	ホース弁	水龙带阀门
hot alignment	熱校直	ホットアラインメント	热校直
— application	加熱塗裝	加熱塗装工	热涂操作
— bath quenching	熱浴淬火	熱浴焼入れ	热浴淬火
— bearing	加熱軸承	加熱軸受	加热轴承
— bed	熱軋用冷床	熱延用ベッド	热轧用冷床
— bend test	加熱彎曲試驗	加熱曲げ試験	加热弯曲试验
— bending	熱彎曲	高温曲げ	热弯曲
— brittleness	熱脆	高温ぜい性	热脆
— bulb engine	熱球式發動機	焼玉機関	热球式发动机
— casting	熱鑄	高温注型	热铸
— chamber	熱室	ホットチャンバ	热室
— channel factor	熱管係數	ホットチャネル係数	热管系数
— chisel	熱鏨	熱間たがね	热錾
— coated	熱覆膜法	ホットコーテッド法	热覆膜法
— cold work	中溫加工	温間加工	中温加工
— compacting	熱加壓成型	熱間加圧成形	热加压成型
— compounding	高溫複合	高温配合	高温复合
— corrosion	熱腐蝕;高溫腐蝕	熱腐食	热腐蚀;高温腐蚀
— crack	熱裂	高温割れ	高温裂纹
— cupboard	乾燥器	乾燥器	干燥器
— cure	熱硬化;熱硫化	熱加硫	热硬化;热硫化
— cut system	熱切割法	ホットカット法	热切割法
— deformation	熱變形	熱間変形	热变形
— deseamer	火焰清理缺陷機	火炎傷取り機	火焰清理缺陷机
— die	熱模	ホットダイ	热锻模
— ductility test	高溫延性試驗	高温延性試験	高温延性试验
— efficiency	熱效率	温熱効率	热效率
— electrode	熱電極	熱電極	热电极
— end	熱端	ホットエンド	热端
— extrudate	熱擠出物	熱押し出し物	热挤出物
— extrusion	熱擠	熱間押し出し	热挤压
— extrusion molding	熱擠成形	加熱押し出し成形	热挤模塑
— face temperature	熱面溫度	加熱面温度	热面温度
— finishing	熱光製	高温仕上げ	高温精加工
— flame	高溫火焰	高温炎	高温火焰
— floor	平底乾燥器	熱床	平底干燥器
— foil stamping	熱箔燙印	はく押し	热箔烫印
— forged bolt	熱鍛螺栓	鍛造ボルト	热锻螺栓

英文	臺灣	日文	大陸
— forging	熱鍛	熱間鍛造	热锻
— fragility	熱脆性	熱もろさ	热脆性
— gilding	高溫鍍金法	高熱めっき法	高温镀金法
— glue	熱熔膠	熱接着剤	热熔胶
— gluing	熱黏接	熱圧接着	热黏接
— hardness	熱硬度	熱間硬度	热硬度
— headed rivet	熱鍛頭鉚釘	熱間成形リベット	热镦成形铆钉
— hobbing	熱擠壓製模〔槽〕法	ホットホビング	热挤压制模〔槽〕法
— hole	熱空穴	熱い正孔	热空穴
— implantation	熱注入	昇温注入	热注入
— indentation hardness	熱擠壓硬度	熱間押し込み硬度	热挤压硬度
— iron saw	熱鐵鋸	熱鉄のこ	热铁锯
— isostatic pressing	熱等靜壓壓製	熱間静水圧プレス	热等静压压制
— jet welding	(塑料)熱風焊接	ホットジェット溶接	(塑料)热风焊接
— junction	熱接(端)	熱接点	热接点
— knife welding	熱切刀焊接	ホットナイフ溶接	热切刀焊接
— lacquer	熱噴漆	ホットラッカ	热喷漆
— leaching	高溫浸出	高温浸出	高温浸出
— leaf stamping	熱(葉)壓印	はく押し	热(叶)压印
— leg	熱(管)段	ホットレッグ	热(管)段
— liquid	熱液體	温液	热液体
— machining	高溫切削	高温切削	高温切削
— melt adhesive	熱熔型黏合劑	熱溶融型接着剤	热熔型黏合剂
— melt coating	熱熔塗層〔遇熱熔化〕	熱溶融塗料	热熔涂层〔遇热熔化〕
— melt extruder	熱熔擠出機	ホットメルト押し出し機	热熔挤出机
— melt method	熱熔黏結法	熱溶融接着法	热熔黏结法
— melt strength	熱熔強度	ホットメルト強度	热熔强度
— melts	熱熔體	熱溶融体	热熔体
— metal	熔化生鐵	溶融金属	熔融金属
— metal car	鐵水罐車	溶銑車	铁水罐车
— metal charge	裝入鐵水	溶銑装入	装入铁水
— metal ladle	鐵水包;澆桶	溶銑なべ	铁水包;浇桶
— metal mixer	混鐵爐	混銑炉	混铁炉
— mill	熱軋機	熱ロール機	热轧机
— mill train	熱軋機列〔組〕	熱間圧延機列	热轧机列〔组〕
— mix	熱攪拌	ホットミクス	热搅拌
— mixture	加熱混合物	加熱混和物	热拌混合料
— mo(u)ld	熱模	熱金型	热模
— mo(u)lded material	熱模塑材料	熱成形物	热模塑材料
— oil bath	熱油浴	熱油浴	热油浴

英文	臺灣	日文	大陸
— oil heater	熱油式加熱器	ホットオイルヒータ	热油式加热器
— oil pump	熱油泵	熱油ポンプ	热油泵
— oven	加熱爐	加熱炉	加热炉
— particle	強放化射性顆粒	ホットパーティクル	强放化射性颗粒
— peening	高溫噴砂處理	ホットピーニング	高温喷砂处理
— penetration method	熱浸滲法	加熱浸透式工法	热浸渗法
— penetration test	熱浸滲試驗	熱間浸入試験	热浸渗试验
— permeability	高溫透氣性	熱間通気度	高温透气性
— piercing	熱穿孔	熱間せん孔	热穿孔
— plastic(s)	熱塑性材料	加熱可塑物	热塑性材料
— plate	熱板	熱板	热板;电炉
— plate dryer	熱板乾燥機	熱板乾燥機	热板干燥机
— plate tempering	熱板回火	加熱鉄板もどし	在热铁〔钢〕板上回火
— plate welding	熱板焊接	熱板溶接	热板焊接
— pressure welding	熱壓焊接	熱間圧接	热压焊接
— probe	高溫探針	高温探針	高温探针
— process	熱製法	熱製法	热制法
— processing	熱加工	熱間加工	热加工
— pull	熱裂	熱間亀裂	热裂
— punch	熱沖壓	ホットパンチ	热冲压
— punching	熱沖孔	熱間打ち抜き	热冲孔
— quenching	熱浴淬火	ホットクェンチ	分级淬火;热淬
— ram	熱壓	ホットラム	热压
— riveter	熱鉚(釘)機	加熱皿びょう打ち機	热铆(钉)机
— rubber	熱聚合橡膠	ホットラバ	热聚合橡胶
— runner	熱流道	ホットランナ	热流道
— runner mo(u)ld	熱流道塑模	ホットランナ金型	热流道塑模
— runner mo(u)lding	熱流道模塑	ホットランナ成形	热流道模塑
— saw	熱鋸	熱のこ	热锯
— scarfer	熱軋件火焰清理機	ホットスカーファ	热轧件火焰清理机
— scarfing	加熱嵌接	火炎傷取り	火焰清理(表面缺陷)
— sealing	熱密封	ホットシール	热密封
— shaping	熱成形	熱成形	热成形
— shortness	熱脆性	熱ぜい性	热脆性
— side	熱端	ホットサイド	热端
— spinning	熱旋壓	熱間スピニング加工	热旋压
— spot	高熱點	過熱点	腐蚀点
— spray	熱噴塗	ホットスプレー	热喷涂
— spray gun	加熱式噴霧器	過熱式噴霧器	加热式喷雾器
— spray lacquer	熱噴漆	ホットスプレーラッカ	热喷漆

英文	臺灣	日文	大陸
— spray process	熱噴塗法	ホットスプレー法	热喷涂法
— spraying	熱噴塗	ホットスプレー	热喷涂
— stamp	熱壓印	はく押し	热压印
— stamping	熱模壓〔鍛〕	熱間型打ち	热模压〔锻〕
— stamping die	熱壓印模	型押し板	热压印模
— stamping foil	熱壓印片	押しはく	热压印片
— stamping press	熱壓印機	はく押し機	热压印机
— start	過熱啟動	暖かん起動	过热启动
— state electron	熱態電子	ホット状態の電子	热态电子
— stick	絕緣操作桿	ホットスティック	绝缘操作杆
— stove	熱風爐	熱風炉	热风炉
— strength	高溫強度	高温強度	高温强度
— stretching	熱拉伸	熱（延）伸	热拉伸
— strip	熱軋帶鋼	ホットストリップ	热轧带钢
— strip ammeter	熱片安培計	熱片電流計	热片安培计
— strip mill	帶鋼熱軋機	熱間ストリップ圧延機	带钢热轧机
— tack	熱黏合性	熱間粘着性〔度〕	热黏合性
— tear crack	熱裂	熱間き裂	热裂
— tear strength	熱撕裂強度	熱間引裂き強さ	热撕裂强度
— tensile strength	熱抗張強度	熱間引張り強さ	热抗张强度
— test	高溫試驗	高熱試験	高温试验
— tinning	熱鍍錫	溶融すずめっき	热镀锡
— top	保溫冒口圈	押し湯型	保温冒口圈
— trimming	熱切邊	熱間はつり	热切边
— vulcanization	熱硫化	熱加硫	热硫化
— welding	熱焊(接)	熱間溶接	热焊(接)
— working	熱加工	熱間加工	热加工
— working extruding	熱擠壓	熱間押し出し	热挤压
hot-air	熱空氣	熱空気	热空气
— aging properties	耐熱空氣老化性	耐熱空気老化性	耐热空气老化性
— blower	熱風鼓風機	熱風送風機	热风鼓风机
— cure	熱空氣硬化	熱空気硬化	热空气硬化
— dryer	熱風乾燥機	熱風乾燥機	热风干燥机
— drying chamber	熱風乾燥室	ホットエア乾燥室	热风干燥室
— drying equipment	熱風乾燥機	熱風乾燥機	热风干燥机
— furnace	熱風爐	温風炉	热风炉
— hardening	熱風硬化	熱気硬化	热风硬化
— heater	熱風散熱器	熱気暖房器	热风散热器
— nozzle	熱空氣噴嘴	ホットエアノーズル	热空气喷嘴
— oven heating	熱風爐加熱	熱風炉加熱	热风炉加热

英文	臺灣	日文	大陸
— oven preheating	熱風爐預熱	熱風炉予熱	热风炉预热
— seasoning	熱風乾燥	熱気乾燥	热风干燥
— welding	熱風焊接	熱風溶接	热风焊接
hotbench test	熱板試驗	熱板試験	热板试验
hot-blast	熱(鼓)風	熱鼓風	热(鼓)风
— cupola	熱風熔鐵爐	熱風キュポラ	热风化铁炉
— heater	熱風加熱器	空気暖め器	热风炉
— stove	熱風爐	熱風炉	热风炉
hot-cast	熱鑄〔塑〕	熱間硬化	热铸〔塑〕
hot-dip blik	熱浸鍍錫鐵片	ホットディプブリキ	热浸镀锡铁片
— coating	熱浸鍍層法	熱浸めっき	热浸镀层法
— galvanized zinc plating	熱浸鍍鋅	湿式亜鉛めっき	热浸镀锌
— galvanzing	熔融鍍鋅(法)	溶融亜鉛めっき	熔融镀锌(法)
— lead coating	熱浸(法)鍍鉛	溶融鉛めっき	热浸(法)镀铅
hot-dipped zinc coating	熱浸鍍鋅(層)	溶融亜鉛めっき	热浸镀锌(层)
hot-dipping	熱浸鍍(層)	溶融めっき	热浸镀(层)
— method	熱浸法	熱浸せき法	热浸法
hotdrawn steel pipe	熱抽鋼管	熱間仕上げ管	热拉钢管
— tube	熱抽管	熱間引抜き管	热拉管
hotful drier	加熱乾燥機	ホットフルドライヤ	加热干燥机
hot-gas	熱氣	熱ガス	热气
— bypass	熱氣旁通管	ホットガスバイパス	热气旁通管
— drying	熱風乾燥	熱風乾燥	热风干燥
— welding	熱空氣焊接	熱風溶接	热空气焊接
hothouse	乾燥室	温室	干燥室
hot-laid plan mix	熱鋪式攪拌	加熱舗設式混和	热铺式搅拌
hot-press	熱壓機	熱圧	热压机
— marking	熱壓印	はく押し	热压印
— method	熱壓法	ホットプレス法	热压法
hot-pressing	熱壓	熱圧	热压
— tool	熱壓用工具	熱間プレス用工具	热压用工具
hot-rolled deformed bar	熱軋異形鋼筋	熱間圧延異形棒鋼	热轧异形钢筋
— sheet	熱軋薄板	熱間圧延板	热轧薄板
— steel bar	熱軋鋼筋	熱間圧延棒鋼	热轧钢筋
— strip steel	熱軋帶鋼	熱間圧延ストリップ鋼	热轧带钢
hotroller	熱滾筒	ホットローラ	热滚筒
hot-rolling	熱軋	熱間圧延	热轧
— bar	熱軋鋼筋	熱間圧延鉄筋	热轧钢筋
— mill	熱軋機	熱間圧延機	热轧机
— steel plate	熱軋鋼板	熱間圧延鋼板	热轧钢板

英文	臺灣	日文	大陸
— waste water	熱軋廢水	熱延廃水	热轧废水
hot-set	熱固	熱間硬化	热固化
hot-setting	熱固化	熱間硬化	热固化
— adhesive	熱固接著劑	高温硬化接着剤	热固性黏合剂
hot-short crack	熱脆性裂紋	熱ぜい性のひび	热脆性裂纹
hot-sizing	熱校形	熱間サイジング	热校形
— press	熱整形沖床	熱間矯正プレス	热整形压力机
hottest-spot temperature	最熱部位(容許)溫度	最高温部（許容）温度	最热部位(容许)温度
hot-water	熱水	温水	热水
— boiler	熱水鍋爐	温水ボイラ	热水锅炉
— circulating pump	熱水循環泵	温水循環ポンプ	热水循环泵
— converter	熱水用熱交換器	温水加熱用熱交換器	热水用热交换器
hot-wire	熱線	熱線	热线
— cutter	熱線切割機	熱線カッタ	热线切割机
— micrometer	熱線式分厘卡	熱線マイクロメータ	热线式测微计
— relay	熱線繼電器	ホットワイヤリレー	热线继电器
Houde damper	一種減震器	フードダンパ	一种减震器
housing	殼;罩;套;框架	架構	框架
— cap	機架蓋	ハウジングキャップ	机架盖
— liner	機架襯墊(圈)	ハウジングライナ	机架衬垫(圈)
— washer	外圈	外輪	外圈
hovercraft	氣墊船	ホバークラフト	气垫船
Hoyt metal	一種錫銻銅合金	ホイトメタル	一种锡锑铜合金
hub	襯套;輪轂	受け口	衬套;轮毂
— axial runout	輪轂軸線徑向跳動	ハブ面の振れ	轮毂轴线径向跳动
— bolt	輪轂螺栓	ハブボルト	轮毂螺栓
— cap	(輪)轂蓋	ハブキャップ	(轮)毂盖
— cover	轂蓋	ハブカバー	毂盖
— diameter	輪轂直徑	ハブ径	轮毂直径
— face	轂端面	ハブ面	毂端面
— flange	轂凸緣	ハブフランジ	套节凸缘
— key	轂鍵	ハブキー	毂键
— length	輪轂長	こしきの長さ	毂长
— liner	輪轂襯	ハブライナ	轮毂衬套
— micrometer	中心分厘卡	ハブマイクロメータ	中心千分尺
— nut	輪轂螺帽	ハブナット	轮毂螺母
— puller	輪轂拆卸器	ハブ取りはずし装置	轮毂拆卸器
— wrench	輪轂螺母扳手	ハブレンチ	轮毂螺母扳手
hubbing	模壓	ホビング	压制阴模法
huebnerite	鎢錳礦	マンガン重石	钨锰矿

英文	臺灣	日文	大陸
Huey test	不銹鋼耐蝕試驗	ヒューイ試験	不锈钢耐蚀试验
humecant	濕潤劑	湿潤剤	湿润剂
humid molal heat	濕摩爾比熱	湿りモル比熱	湿摩尔比热
— molal volume	濕摩爾比容	湿りモル比容	湿摩尔比容
— tropical condition	高溫高濕狀態	高温高湿状態	高温高湿状态
— volume	濕比容;濕體積	湿り比容	湿空气比容
humidifying apparatus	加濕裝置	加湿装置	加湿装置
— radiator	供濕散熱器	給湿放熱器	供湿散热器
humidistat	濕度調節器	湿度調節器	湿度调节器
humidity	濕度	湿度	湿度
— aging characteristic	耐潮濕老化性	耐湿潤老化性	耐潮湿老化性
— aging test	潮濕老化試驗	湿潤老化試験	潮湿老化试验
— cabinet	潮濕箱	耐湿性試験器	潮湿箱
— control	濕度調整	湿度調整	湿度调整
— control equipment	脫水〔濕〕裝置	調湿装置	脱水〔湿〕装置
— drier	調濕乾燥器	調湿ドライヤ	湿度调节干燥器
— measurement	濕度測定	湿度測定	湿度测量
— of air	空氣濕度	空気の湿り度	空气湿度
— pressure	水蒸氣壓力	湿圧	水蒸气压力
— pressure difference	水蒸氣壓力差	湿圧差	蒸气压力差
— pressure gradient	水蒸氣壓力梯度	湿圧こう配	水蒸气压力梯度
— regulation	濕度調節	湿度調整	湿度调节
— resistance	耐濕性	耐湿性	耐湿性
— stability	濕穩定性	湿潤安定度	湿稳定性
— test	耐濕性試驗	耐湿性試験	耐湿性试验
hump bead	凹凸不平焊道	ハンピングビード	凹凸不平焊道
— speed	峰值速度	ハンプ速度	峰值速度
— test	撞擊試驗	バンプテスト	撞击试验
hunk printing machine	滾筒印花機	ローラなっ染機	滚筒印花机
hunt	不規則擺動〔振動〕	ハント	不规则摆动〔振动〕
hunting	〔調速器〕追逐	ハンチング	摆动
— motion	追逐運動	ハンチング運動	蛇行运动
— time	追逐時間	ハンチング時間	寻线时间
hurt	傷痕	傷付き	伤痕
hush pipe	消聲管	静音筒	消声管
husk	殼	殻	壳
husker	脫殼機	もみすり機	脱壳机
Husman metal	一種錫基軸承合金	ハスマンメタル	一种锡基轴承合金
Hy-Tuf steel	一種高強度耐衝擊合金鋼	ハイタフ鋼	一种高强度耐冲击合金钢
Hybinette process	鎳電解精煉	ヒビネット法	镍电解精炼

英文	臺灣	日文	大陸
Hybnickel	一種加鋁不銹鋼	ヒブニッケル	一种加铝不锈钢
hybrid	混合	雑種	混合
— balance	混合平衡	ハイブリッド平衡	混合平衡
— composites	複合材料	ハイブリッド複合材料	复合材料
— failure test	混合破壞試驗	混和破壊試験	混合破坏试验
— feedback	混合反饋	ハイブリッド帰還	混合反馈
— girder	組合梁	ハイブリッドガーダ	组合梁
— materials	混合材料	ハイブリッド材料	混合材料
— microstructure	混合微型結構	混成小型構造	混合微型结构
— resonance heating	混合共振加熱	混成共鳴加熱	混合共振加热
— rocket	混合火箭發動機	ハイブリッドロケット	混合火箭发动机
— set	混合機組	ハイブリッドセット	混合机组
hycolax	鈷合金永久磁鐵	ハイコレックス	钴合金永久磁铁
hycomax	鋁鎳鈷系永久磁鐵	ハイコマックス	铝镍钴系永久磁铁
hydra-cool	液壓冷卻	ハイドラクール	液压冷却
Hydra metal	一種合金鋼	ヒドラメタル	一种合金钢
hydrated alumina	水合氧化鋁	水酸化アルミニウム	水合氧化铝
— ion	水合離子	水和イオン	水合离子
— iron oxide	氫氧化鐵	水酸化第二鉄	氢氧化铁
hydration	水化作用	水和作用	水化作用
— degree	水化度	水和度	水化度
— heat	水化熱	水和熱	水化热
— polishing	水合精磨〔拋光〕	溶液鉱化	水合精磨〔抛光〕
hydratogenesis	熱液成礦作用	油圧アクチュエータ	热液成矿作用
hydraulic(al) actuator	液壓執行器	水封式安全弁	液压执行器
— back pressure valve	水封式安全閥	油圧平衡	水封式安全阀
— balance	液壓平衡	水圧板曲げ機	液压平衡
— bending machine	液壓彎曲機	水硬結合剤〔器〕	液力压弯机
— boring	液力挖孔機	水圧せん孔	油压钻机
— brake	液壓煞車;液壓軔	油圧ブレーキ	液压制动器
— breaker	液壓破碎機	水ブレーキ	液压破碎机
— bronze	耐蝕鉛錫黃銅	鉛青銅	耐蚀铅锡黄铜
— buffer stop	液力緩衝擋板	水圧車止め	液力缓冲挡板
— bulge test	液壓膨脹試驗	液圧バルジ試験	液压膨胀试验
— circuit	油壓回路	油圧回路	油压回路
— clamp	液壓夾持器	油圧型締め装置	液压夹持器
— clamp unit	油壓合模裝置	油圧型締め装置	油压合模装置
— clamping	油壓合模	油圧型締め	油压合模
— clutch	液動離合器	水力クラッチ	液动离合器
— control valve	液壓控制閥	油圧調整器	液压控制阀

H

hydraulic(al)

英文	臺灣	日文	大陸
— control unit	液壓控制裝置	油圧式制御装置	液压控制装置
— controller	油壓控制器	油圧制御器	油压控制器
— conveyor	液壓輸送機	水コンベヤ	液压输送机
— coupling	液壓(裝配)聯軸器	水力継手	液压(装配)联轴器
— coupling driven type	液力耦合器驅動式	流体継手駆動式	液力耦合器驱动式
— cyclone	旋液分離〔級〕器	液体サイクロン	旋液分离〔级〕器
— cylinder	液壓缸	水圧シリンダ	液压缸
— damper	液壓避震器	油圧ダンパ	液压减震器
— deep drawing	液壓深拉延(加工)	液圧深絞り加工	液压深拉延(加工)
— descaling	水力去除氧化皮	水圧脱スケール	水力去除氧化皮
— device	液壓裝置	油圧機械	液压装置
— downstroke press	油壓下壓式沖床	油圧下押しプレス	油压下压式压力机
— draft gear	油壓緩衝器	油圧緩衝器	油压缓冲器
— drive	液力驅動	液圧伝達	液压传动
— efficiency	水力效率	水力効率	液压效率
— electrogenerating	水力發電	水力発電	水力发电
— elevator	液壓升降機	油圧エレベータ	液压升降机
— energy	水能	水力学的エネルギー	水能
— engine	水力動力機	水力機関	水力发电机
— entruder	水壓擠壓機	水圧押し出し機	水压挤压机
— equipment	液〔油〕壓裝置	油圧機械	液〔油〕压装置
— extrusion press	液壓擠出機	油圧押し出し機	液压挤出机
— feed	液壓進給	油圧送り	液压进给
— filter	液壓濾油器	油圧フィルタ	液压滤油器
— flanging press	液壓緣機	水圧つば出しプレス	液压折边〔翻边〕压力机
— flattening	液壓矯平	水圧矯正	液压矫平
— fluid test	液力液體試驗	作動油試験	液压油试验
— forging press	液力壓鍛機	水圧鍛造プレス	液压锻造机
— forming	液壓成形	油圧成形	液压成形
— forming press	液壓成形沖床	液圧成形プレス	液压成形压力机
— fuel regulator	液壓的燃油調節器	流体式燃料制御装置	液压的燃油调节器
— ga(u)ge	液壓計	水圧計	水压计
— gantry crane	液力高架起重機	水力ガントリクレーン	液压门式起重机
— gear	水壓機構	水圧装置	液压装置
— giant	射水機	水射機	水力冲碎机
— hammer	液力鎚	水圧ハンマ	液压锤
— hoist	液壓吊重機	水圧ホイスト	液压提升机〔卷扬机〕
— horse power	水馬力	流体動力	液压
— intensifier	液壓增壓器	水力増圧機	液压增压器
— jack	液壓千斤頂	油圧ジャッキ	液压千斤顶

英文	臺灣	日文	大陸
— lathe	液壓(變速)車床	水圧変速旋盤	液压(变速)车床
— leakage	液壓泄漏	油漏れ	液压泄漏
— lock	液壓鎖定	流体固着現象	液压锁定
— locking circuit	液壓鎖緊回路	油圧ロッキング回路	液压锁紧回路
— machine	水力機	水圧機械	液压机(械)
— main	總水管	ハイドロリックメーン	液压总管
— mechanism	液壓裝置	液圧装置	液压装置
— medium	傳壓介質	圧媒体	传压介质
— mo(u)lding press	液壓模壓機	油圧成形プレス	液压模压机
— mortar	水硬泥漿	水硬性モルタル	水硬(性)砂浆
— motor	水力動力機	水力原動機	液压马达
— oil	液壓油	圧媒油	液压油
— oil cooler	液壓油冷卻器	作動油冷却器	液压油冷却器
— oil pipe	油壓管	油圧管	油压管
— oil power unit	油壓動力機組	油圧パワーユニット	油压动力机组
— operating fluid	液壓油	作動油	液压油
— overload device	液壓過載保護裝置	液圧式過負荷防止装置	液压过载保护装置
— overload protector	液壓式過負載防止裝置	液圧式過負荷防止装置	液压式过负荷防止装置
— piercing	液壓穿孔	水圧穴抜き	液压穿孔
pile hammer	液壓打樁錘	油圧ハンマ	液压打桩锤
— pilot control	液壓先導控制	油圧パイロット制御	液压先导控制
— piping	液壓管路	油圧配管	油压管路
— plate bender	液壓彎板機	水圧板曲げ機	液压弯板机
— plate bending press	液壓彎板機	水圧板曲げ機	液压弯板机
— positioner	油壓式定位器	油圧式ポジショナ	油压式定位器
— power	水力	水力	液压力
— power brake	液壓制動力	油圧パワーブレーキ	液压制动力
— power generation	水力發電	水力発電	水力发电
— power jack	水力傳動裝置	水力ジャッキ	水力传动装置
— power system	液壓系統	水力システム	液压系统
— power unit	液壓泵站	油圧源	液压泵站
— press	液壓機	水圧プレス	液压机
— press bender	水力彎管機	液圧折曲げ機	水力弯管机
— pressure	液壓;水壓	液圧	油压
— pressure efficiency	液壓效率	圧力効率	压力效率
— pressure ga(u)ge	水壓計	水圧計	水压计
— pump	水力泵	水圧ポンプ	液压泵
— ram	液壓撞鎚;衝擊起水機	水撃ポンプ	水锤泵
— reduction gear	液壓減速裝置	水圧減速装置	液压减速装置
— refractory	水硬(性)耐火材料	水硬性耐火物	水硬(性)耐火材料

H

英文	臺灣	日文	大陸
— regulator	液壓式調節器	油圧式調節物	液压式调节器
— relay valve	液壓開關閥	油圧リレー弁	液压开关阀
— reservoir	液壓油箱	蓄圧器	液压油箱
— rivet(t)er	液壓鉚釘機	水圧リベッタ	液压铆接机
— rivet(t)ing	液壓鉚接	水圧リベット締め	液压铆接
— robot	液壓機械手	油圧式ロボット	液压机械手
— rock drill	水力鑿岩機	水力さく岩機	水力凿岩机
— seal	水封	水封じ	液压密封
— servo	液壓伺服	油圧サーボ	液压伺服
— servomechanism	液壓伺服機構	油圧サーボ機	液压伺服机构
— servomotor	液壓伺服電動機	油圧サーボモータ	液压伺服电动机
— set	液壓裝置	水力装置	液压装置
— setting refractories	水凝性耐火材料	水硬性耐火物	水凝性耐火材料
— shaft coupling	液力聯軸器	水力継手	液力联轴器
— shock	液壓衝擊	液圧衝撃	液压冲击
— shock absorber	液壓緩衝裝置	油圧緩撃装置	液压缓冲装置
— shock strut	液壓緩衝支柱	油圧緩撃支柱	液压缓冲支柱
— stamping	液壓衝壓	水圧型押し	液压冲压
— stuffer press	油壓活塞擠出機	油圧ラム押し出し機	油压活塞挤出机
— system	液壓系統〔裝置〕	油圧装置	液压系统〔装置〕
— tachometer	液壓轉速計	ハイタック	液压转速计
— tank	液壓櫃	水圧タンク	压力水箱
— test	水壓試驗	水圧試験	液压试验
— torque converter	液壓扭矩變換器〔速〕器	液体変速機	液力变矩〔速〕器
— transformer	液壓變換器	水圧減速装置	液压变速〔换〕器
— transmission gear	液力傳動機構	液体式伝動装置	液压传动装置
— tubing	油壓用鋼管	油圧用鋼管	油压用钢管
— turbine	水輪機	水車	水轮机
— turbine generator	水輪發電機	水車発電機	水轮发电机
— unit	液壓泵站	油圧ユニット	液压泵站
— valve	液壓閥	油圧弁	液压阀
— winch	液壓絞車〔捲揚機〕	油圧ウィンチ	液压绞车〔卷扬机〕
hydraulicity	水硬性	水硬性	水硬性
hydraulics	液壓技術;流體力學	水力学	液压技术;流体力学
hydraw	靜液擠壓拔絲法	ハイドロー	静液挤压拔丝法
hydrion	氫離子	水素イオン	氢离子
hydroabrasion	液體研磨	液体ホーニング	液体研磨
— machine	液體噴砂機	液体ホーニング機	液体喷砂机
hydroair	液壓氣壓聯動(裝置)	ハイドロエア	液压气压联动(装置)
hydrobulging	液壓形脹法	液圧バルジ成形法	液压形胀法

英文	臺灣	日文	大陸
hydrocarbon	碳氫化合物	炭化水素	碳氢化合物
— compound	碳氫化合物	炭化水素化合物	碳氢类化合物
— oil	石油	炭化水素油	石油
— plastic(s)	烴類塑料	炭化水素プラスチック	烃类塑料
— plasticizer	烴類增塑劑	炭化水素可塑剤	烃类增塑剂
— polymer	烴類高聚合物	炭化水素ポリマ	烃类高聚物
— resin	碳氫樹脂	炭化水素レジン	碳氢树脂
— solvent	烴類溶劑	炭化水素溶剤	烃类溶剂
hydrocheck	液壓控制〔檢查〕	ハイドロチェック	液压控制〔检查〕
hydroclave	蒸缸液壓	ハイドロクレーブ	蒸缸液压
— mo(u)lding	蒸缸液壓成形	ハイドロクレーブ成形	蒸缸液压成形
hydrocompound	含氫化合物	ヒドロ化合物	含氢化合物
hydrocone crusher	油壓錐形軋碎機	中間粉砕機	油压锥形轧碎机
hydrocope	液壓上型箱〔頂蓋〕	ハイドロコップ	液压上型箱〔顶盖〕
hydrocracking	氫化裂解	水素化分解	氢化裂解
hydrocrane	液壓起重機	油圧クレーン	液压起重机
hydrocushion	液壓緩衝	ハイドロクッション	液压缓冲
hydrocylinder	液壓(油)缸	ハイドロシリンダ	液压(油)缸
hydrodrawing	液壓成形法	液圧成形法	液压成形法
hydrodynamical bearing	動壓軸承	動圧軸受	动压轴承
— boundary layer	流體動態附面層	速度境界層	流体动态附面层
— characteristic	流體動力特性	流力特性	流体动力特性
— compressive forming	液壓鍛造	動水圧成形法	液压锻造
— drive	流體傳動	動液圧駆動	流体传动
— experiment	流力實驗	流力実験	流力实验
— extruder	流體動力擠出機	流体力学的押し出し機	流体动力挤出机
— force	流體動力	流体力	流体动力
— lubrication	液體動力潤滑	流体潤滑	液体动力滑润
— model	流體力學模型	流力モデル	流体力学模型
— moment	水動力矩	流体（力）モーメント	水动力矩
— power transmission	液壓傳動	ターボ式流体伝動装置	液压传动
— pressure	液體動壓力;流體動壓力	動水圧	动水压力
— retarder	液力減速器	流体式リターダ	液力减速器
— seal	動壓式密封	動水圧形シール	动压式密封
— spindle torque	水動力轉葉扭矩	水力スピンドルトルク	水动力转叶扭矩
— vibrating conveyor	液壓(式)振動輸送機	流体式振動コンベヤ	液压(式)振动输送机
hydrodynamics	流體力學	流体力学	流体力学
hydroelasticity	水力彈性	水弾性	水弹性
hydroelectricity	水力發電	水力電気	水力发电
hydroextraction	脫水	脱水	脱水

英文	臺灣	日文	大陸
hydrofilter	水濾器	ハイドロフィルタ	水滤器
hydrofining	氫化處理	水素化精製	氢化处理
hydrofluidics	流體射流技術	油フルイディクス	流体射流技术
hydroform method	液壓成形法	ハイドロフォーム法	液压成形法
— process	液壓〔橡皮模〕成形法	ハイドロフォーム法	液压〔橡皮模〕成形法
hydrogen;H	氫	水素	氢气
— anneal	氫氣退火	水素焼なまし	氢气退火
— atmosphere furnace	氫氣爐	水素炉	氢气炉
— attack	氫蝕	水素腐食	氢蚀
— blistering	氫泡	水素ぶくれ	氢泡
— brittleness	氫脆	水素もろさ	氢脆
— burner	氫燃燒器〔嘴〕	水素バーナ	氢燃烧器〔嘴〕
— -carbon ratio	氫碳比率	水素炭素化	氢碳比率
— chloride absorber	氯化氫吸收器	塩化水素吸収体	氯化氢吸收器
— chloride gas	氯化氫氣	塩化水素ガス	氯化氢气
— collecting apparatus	氫氣收集器	水素補集器	氢气收集器
— cooler	氫冷卻器	水素冷却器	氢冷却器
— crack	含氫裂紋	水素割れ	含氢裂纹
— detection test	氫發生(量)試驗	水素発生試験	氢发生(量)试验
— embrittlement	氫脆	水素ぜい化	氢脆
— embrittlement crack	氫脆裂縫	水素割れ	氢脆裂缝
— embrittlement relief	消除氫脆	水素ぜい化除去	消除氢脆
— energy	氫能	水素エネルギー	氢能
— equivalent	氫當量	水素当量	氢当量
— explosion	氫爆炸	水素爆発	氢爆炸
— fuel	氫燃料	水素燃料	氢燃料
— fueled engine	氫發動機	水素エンジン	氢发动机
— gas	氫氣	水素ガス	氢气
— ion	氫離子	水素イオン	氢离子
— ion concentration	氫離子濃度	水素イオン濃度	氢离子浓度
— molecule	氫分子	水素分子	氢分子
— nitrate	硝酸	硝酸	硝酸
— nitride	氨	アンモニヤ	氨
— nucleus	氫原子核	水素原子核	氢原子核
— permeation	氫滲透(作用)	水素透過	氢渗透(作用)
— peroxide	過氧化氫	過酸化水素	过氧化氢
— plasma	氫電漿	水素プラズマ	氢等离子区
— polarization	氫極化	水素分極	氢极化
— recombiner	氫氣複合器	水素再結合器	氢气复合器
— reduction method	氫還原法	水素還元法	氢还原法

英文	臺灣	日文	大陸
— shift polymerization	氫轉移聚合(作用)	水素移動重合	氢转移聚合(作用)
— treating	加氫處理	水素化処理	加氢处理
— welding	氫氣熔接	水素溶接	氢焊(接)
hydrogenate	氫化	水素化	氢化
hydrogenated oil	氫化油	水素化油	氢化油
— rubber	氫化橡膠	水素化ゴム	氢化橡胶
hydrogenation	氫化作用	水素化	氢化作用
— catalyst	氫化催化	水素化触慕	氢化催化
— of coal	煤的氫化	石炭の水素添加	煤的氢化
— refining	氫化處理法	水素化精製法	氢化处理法
hydrogen-cooled machine	氫冷式電機	水素冷却機	氢冷式电机
hydrogenium	金屬氫	金属水素	金属氢
hydrogenolysis	氫解	水添分解	氢解
hydrogoethite	褐鐵礦	かつ鉄鉱	褐铁矿
hydrohaematite	水赤鐵礦	水赤鉄鉱	水赤铁矿
hydrojet	噴水射流	水噴射	喷水射流
hydrokineter	爐水循環加速器	ハイドロキネタ	炉水循环加速器
hydrolizing tank	水解池	加水分解槽	水解池
hydrolubo	氫化的潤滑油	圧媒油	氢化的润滑油
hydrolysate	水解產物	水解物	水解产物
hydrolysis	水解	加水分解	水解
hydrolyst	水解催化劑	加水分解触媒	水解催化剂
hydrolyte	水解質	加水分解液	水解质
hydrolytic acidity	水解酸度	加水分解酸度	水解酸度
— action	水解作用	加水分解作用	水解作用
— dissociation	水離解	加水解離	水离解
— stability	耐水安定性	加水分解安定性	耐水安定性
hydrolyzate	水解產物	加水分解物	水解产物
hydromagnetics	電磁流體動力學	液体磁気学	电磁流体动力学
hydromaster	壓制動器	ハイドロマスタ	液压制动器
hydromatic elevator	液壓式升降機	油圧式エレベータ	液压式升降机
— forming	液壓成形	直接液圧式板成形法	液压成形
— process	液壓自動工作法	ハイドロマチック法	液压自动工作法
— propeller	液壓自動變距螺旋漿	油圧プロペラ	液压自动变距螺旋桨
hydromechanical drawing	充液拉伸	対向液圧成形	充液拉深
— fuel control unit	液壓機械式燃料控制裝置	油圧機械式燃料制御装置	液压机械式燃料控制装置
— press	液壓機	ハイドロメカニカルプレス	液压机
hydromechanics	流體力學	流体力学	流体力学
hydrometer	比重計	浮きばかり	比重计
hydrometry	比重測定(法)	流量測定法	比重测定(法)

英文	臺灣	日文	大陸
Hydronalium	一種鋁鎂合金	ハイドロナリウム	一种铝镁合金
Hydrone	一種鉛鈉合金	ヒドロン	一种铅钠合金
hydronium(ion)	水合氫(離子)	水和水素	水合氢(离子)
hydroperoxide	氫過氧化物	ヒドロペルオキシド	氢过氧化物
hydrophily	親水性	水媒	亲水性
hydropower	水力(發電)	水力	水力(发电)
— plant with reservoir	蓄水池式發電站〔廠〕	貯水池式発電所	蓄水池式发电站〔厂〕
— station	水力發電站〔廠〕	水力発電所	水力发电站〔厂〕
hydropress	水壓壓榨器	水圧プレス	水压压榨器
hydropressure	液(體)壓(力)	ハイドロプレッシャ	液(体)压(力)
hydroscope	濕度計	ハイドロスコープ	湿度计
hydrospin	液壓旋壓	ハイドロスピン	液压旋压
hydrospinning	液壓旋壓	ハイドロスピン	液压旋压
hydrostatic(al) axis	靜水壓力軸	静水圧軸	静水压力轴
— bearing	液體靜力軸承	静圧軸受	静压轴承
— bulge forming	靜液壓膨脹成形	液圧バルジ成形法	静液压膨胀成形
— bulge test	液壓擴管試驗	液圧バルジ試験	液压扩管试验
— compacting	靜液(壓)壓制	水圧成形	静液(压)压制
— curve	液體靜壓曲線	排水量等曲線図	水压曲线
— design stress	設計靜水應力	設計静水応力	设计静水应力
— drive	液壓傳動	油圧駆動	液压传动
— equilibrium	浮力平衡	浮沈平衡	浮力平衡
— excess pressure	超靜水壓	過剰水圧	超静水压
— extrusion	靜液擠壓	液圧押し出し	静液挤压
— flange extrusion	靜液壓擠壓凸緣	液圧フランジ押し出し	静液压挤压凸缘
— force	靜浮力	静浮力	静浮力
— lift bearing	靜壓支承軸承	静圧揚力軸受	静压支承轴承
— oil pad bearing	靜壓油墊〔膜〕軸承	静圧浮遊軸受	静压油垫〔膜〕轴承
— power transmission	靜壓傳動	油圧伝動装置	静压传动
— pressure	液體靜壓力	静水圧	液压
— proof testing	靜水壓試驗	静水耐圧試験	静水压试验
— seal	靜壓式密封	静水圧形シール	静压式密封
— stress	靜液〔壓〕應力	静水応力	静液〔压〕应力
— test	(靜)水壓(力)試驗	静水圧試験	(静)水压(力)试验
— transmission	液壓傳動(裝置)	液圧伝動装置	液压传动(装置)
hydrostatics	流體靜力學	静水学	流体静力学
hydrostatimeter	水壓計	水圧計	水压计
hydrotesting	靜水壓試驗	静水圧試験	静水压试验
hydrothermal dynamics	熱液動力學	熱水力学	热液动力学
— method	水熱法	水熱法	水热法

英文	臺灣	日文	大陸
— reaction	水熱反應	水熱反応	水热反应
hydrotimeter	水硬度計	水硬度計	水硬度计
hydrovac	液壓真空制動器	ハイドロバック	液压真空制动器
hydrovacum	液壓真空	ハイドロバキュウム	液压真空
— brake	液壓真空制動器	油圧真空併用ブレーキ	液压真空制动器
hydroxide	氫氧化物	水酸化物	氢氧化物
hydroxidion	氫氧離子	水酸イオン	氢氧离子
hydryzing	氫氣保護熱處理	ハイドライジング	氢气保护热处理
hygremometer	濕度測定法	湿度測定法	湿度测定法
hygrometer	濕度計〔錶〕	湿度計	湿度计〔表〕
hygroscopicity	吸濕性	吸湿性	吸湿性
hygroscopy	濕度測定法	湿度測定法	湿度测定法
hynico	鋁鎳鈷永磁合金	ハイニコ	铝镍钴永磁合金
hyperboloid gear	雙曲面齒輪	双曲線体歯車	双曲面齿轮
hypercarb process	過共析滲碳法	過共析浸炭法	过共析渗碳法
hypercharge	高負載	ハイパチャージ	高负载
hyperco	鐵鈷系高導磁率合金	ハイパコ	铁钴系高导磁率合金
hypereutectic cast iron	過共晶鑄鐵	過共晶鋳鉄	过共晶铸铁
hypereutectoid alloy	過共析合金	過共析合金	过共析合金
— cast iron	過共析鑄鐵	過共析鋳鉄	过共析铸铁
— steel	過共析鋼	過共晶鋼	过共析钢
hyperfine resolution	超細微分辨率	超微細分解	超细微分辨率
— structure	超精細結構	超微細構造	超精细结构
hypergolic fuel	自燃性燃料	自燃性燃料	自燃性燃料
— propellant	自燃推進劑	自燃性推薬	自燃推进剂
hyperloy	高導磁率鐵鎳合金	ハイパロイ	高导磁率铁镍合金
hypermalloy	高導磁率鐵鎳合金	ハイパマロイ	高导磁率铁镍合金
Hypernic	一種鐵鎳透磁合金	ハイパニック	一种铁镍透磁合金
hyperoxide	過氧化物	超過酸化物	过氧化物
hyperpressure	超高壓力	超高圧力	超高压力
hypersonic speed	高超音速	極超音速	高超音速
— velocity	高超音速速度	極超音速	高超音速速度
hypersonics	高超音速空氣動力學	極超音速空気力学	高超音速空气动力学
hypersorption	超吸(附)法	超高吸着	超吸(附)法
hyperspace	多維空間	超空間	多维空间
hyperstability	超穩定性	超安定性	超稳定性
hyperstatic unknown	超靜定未知量	一般化未知量	超静定未知量
hypoeutectic	亞共析晶	亜共析晶	亚共析晶
— cast iron	亞共析鑄鐵	亜共晶鋳鉄	亚共析铸铁
hypoeutectoid	亞共析(的)	亜共析の	亚共析(的)

英　文	臺　灣	日　文	大　陸
— steel	亞共析鋼	亜共析鋼	亚共析钢
hypogene action	內力作用	内力作用	内力作用
hypoid gear	戟齒輪	ハイポイド歯車	准双曲面齿轮
— hob	戟齒輪滾刀	ハイポイドホブ	准双曲线齿轮滚刀
hysteresis	遲滯性	磁気履歴	磁滞(现象)
— characteristic	遲滯特性	復元力特性	磁滞特性
— clutch	遲滯離合器	ヒステリシスクラッチ	磁滞离合器
— curve	遲滯曲線	ヒステリシス曲線	磁滞曲线
— error	遲滯誤差	ヒステリシス誤差	磁滞误差
— loss	遲滯損耗	履歴損失	磁滞损耗
— loss coefficient	遲滯損耗係數	ヒステリシス損失係数	磁滞损耗系数
— motor	遲滯電動機	ヒステリシスモータ	磁滞电动机
— phenomenon	遲滯現象	ヒステリシス現象	磁滞现象
— set	滯後變形	ヒステリシスセット	滞後变形
hysteretic constant	遲滯常數	ヒステリシス定数	磁滞常数
— loss	遲滯損失	ヒステリシス損失	磁滞损失
hytor	抽壓機	押し抜き機	抽压机
hyvac oil pump	高真空油泵	高真空油ポンプ	高真空油泵

英文	臺灣	日文	大陸
I-beam	工字樑	Ｉ形ばり	工字梁
I-beam bridge	工字樑橋	Ｉ形けた橋	工字梁桥
I-girder	工字大樑	Ｉガーダ	工字大梁
I-groove weld	I形坡口焊(縫)	Ｉ形グルーブ溶接	I形坡口焊(缝)
I-iron	工字鋼	Ｉ形鋼	工字钢
I-rail	工字形鋼軌	Ｉ形レール	工字形钢轨
I-section steel	工字形鋼	Ｉ形鋼	工字形钢
I weld	I形坡口焊(縫)	Ｉ型溶接	I形坡口焊(缝)
ice accretion	結冰	着氷	结冰
— column	柱狀冰晶	霜柱	柱状冰晶
— crusher	碎冰機	砕氷機	碎冰机
— crystal impression	冰晶痕	氷晶こん	冰晶痕
— engine	製冰機	製氷機	制冰机
— forming process	冷凍(膨脹)成形法	氷結膨張成形法	冷冻(膨胀)成形法
— melting capacity	融冰能力	融放能力	融冰能力
— melting point	冰融(化)點	氷の融解点	冰融(化)点
— paper	製圖透明紙	アイスペーパ	制图透明纸
— point	冰點	氷点	冰点
— pressure	冰壓	氷圧	冰压力
icebox	冷箱	冷蔵庫	冷藏箱
ichnography	平面圖(法)	平面図法	平面图(法)
idea sketch	草圖	アイデアスケッチ	草图
ideal	理想	理想的	理想
— angle of attack	理想攻角	理想迎角	理想攻角
— burning	理想燃燒	理想燃焼	理想燃烧
— characteristic	理想特性(曲線)	理想特性	理想特性(曲线)
— conductor	理想導體	理想導体	理想导体
— crystal	理想晶體	理想結晶	理想晶体
— cycle efficiency	理想熱循環效率	理論熱効率	理想热循环效率
— detector	理想探測器	理想的検出器	理想探测器
— diameter	理想直徑	理想直径	理想直径
— drag coefficient	理想阻力係數	理想抗力係数	理想阻力系数
— elastic body	完全彈性體	完全弾性体	完全弹性体
— exhaust velocity	理想排氣速度	理想排気速度	理想排气速度
— fluid	理想流體	理想流体	理想流体
— gas	理想氣體	理想気体	理想气体
— machine	理想機	アイデアルマシン	理想机
— plastic material	理想塑性材料	理想塑性体	理想塑性材料
— plasticity	理想塑性	理想塑性	理想塑性
— plastoelastic body	完全彈塑性體	完全弾塑性体	完全弹塑性体

英文	臺灣	日文	大陸
— refrigerating cycle	理想制冷循環	理想冷凍サイクル	理想制冷循环
— rigid plastic body	完全剛塑性體	完全剛塑性体	完全刚塑性体
— shock pulse	理想衝擊脈衝	理想衝撃パルス	理想冲击脉冲
— speed	理想速度	理想速度	理想速度
— value	理想值	理想値	理想值
Ideal	銅鎳合金	アイデアル	铜镍合金
idealized model	理想化模型	理想化モデル	理想化模型
idealoy	“理想”坡莫合金	アイディアロイ	“理想”坡莫合金
identity component	單位分量	単位(元)成分	单位分量
— elastic alloy	恒彈性合金	恒弾性合金	恒弹性合金
idiomorphic crystal	自形晶體	自形結晶	自形晶体
idle adjustment	空轉調整	アイドリング調整	空转调整
— air bleeder	低速通氣孔	低速(空気)ブリード穴	低速通气孔
— capacity	儲備容量	預備容力	储备容量
— contact	空接點	アイドルコンタクト	空接点
— current	無效電流	アイドル電流	无效电流
— gear	惰齒輪	遊び歯車	惰轮
— hour	停機時間	空き時間	停机时间
— member	不受力桿件	遊び材	不受力杆件
— period	休止時間〔脈衝間隔〕	休止期間	休止时间〔脉冲间隔〕
— pulse	無效脈衝	アイドルパルス	无效脉冲
— running	空轉	空転	空转
— running distance	空行程距離	空走距離	空行程距离
— state	停止狀態	停止状態	停止状态
— station	停空工位〔連續模〕	遊び工程順〔送り型の〕	停空工位〔连续模〕
— stroke	空轉衝程	アイドルストローク	空转(怠慢)行程〔冲程〕
— system	低速系統	低速系統	低速系统
— temperature	無效溫度	アイドル温度	无效温度
— time	停機時間	空時間	停机时间
— wheel	惰輪	なかだち車	惰轮
idler	惰(輪)	遊び車	惰(轮)
— arm	空轉臂	アイドラアーム	空转臂
— drive system	惰輪驅動式	アイドラドライブ方式	惰轮驱动式
— gear	惰輪	遊び歯車	惰轮
— pulse	無效脈衝	アイドラパルス	无效脉冲
— pulley	惰輪	遊び車	惰轮
— roller	惰輥(輪)	遊びローラ	惰辊(轮)
— shaft	空轉輪軸	アイドラシャフト	空转轮轴
— tumbler	惰輪	遊動輪	惰轮
— wheel	惰輪	遊び車	惰轮

英　文	臺　灣	日　文	大　陸
idling	空轉	無負荷運転	空转
— adjustment	空轉調整	アイドリング調整	空转调节装置
— by-pass valve	備用旁通閥	空転バイパス弁	备用旁通阀
— current	空載電流	暗電流	空载电流
— jet	空轉油嘴	低速ポート	(汽化器的)怠速喷嘴
— mode	空轉狀態	空転段階	空转状态
— power	空載功率	アイドリングパワ	空载功率
— speed	無負荷回轉數	無負荷回転速度	无负荷回转数
— system	慢車裝置	緩速裝置	慢车装置
— valve	慢速閥	アイドリング弁	慢速阀
igatalloy	鎢鈷硬質合金	イゲタロイ	钨钴硬质合金
igelite	聚氯乙烯〔塑料〕	イゲリット	聚氯乙烯〔塑料〕
igniter	點火器	点火器	点火器
— cam	點火凸輪	点火カム	点火凸轮
— discharge	點火放電	点弧子放電	点火放电
igniting	點火	点火	点火
— charge	點火藥	点火薬	点火药
— fuse	點火引線	点火導線	点火引线
ignition	點火	点火	点火
— ability	可燃性	着火性	可燃性
— advance	提前點火	点火進角	提前点火
— apparatus	點火裝置	点火装置	点火装置
— burner	點火噴嘴	点火バーナ	点火喷嘴
— characteristic	引燃特性	点弧特性	引燃特性
— coil	點火線圈	点火コイル	点火线圈
— knock	點火爆震(音)	イグニションノック	点火爆震(音)
— lag	點火遲延	点火遅れ	点火延迟
— light oil pump	點火輕油泵	点火用軽油ポンプ	点火轻油泵
— order	點火順序	点火順序	点火顺序
— plug	點火塞	点火プラグ	火花塞
— pressure	發火壓力	発火圧	发火压力
— pulse	點火脈衝	イグニションパルス	点火脉冲
— quality	點火性	発火性	点火特性
— residue	點火殘留物	強熱残分	燃烧残渣
— speed	點火轉速	点火回転速度	点火转速
— switch	點火開關	点火スイッチ	点火开关
— system	點火系統	発火装置	点火系统
— temperature	著火點	点火温度	着火点
— timing	點火正時	点火时期	点火时间
— timing adjustment	點火定時調整	点火時期調整	点火定时调整

I

英文	臺灣	日文	大陸
— torch	點火嘴	点火トーチ	点火嘴
ignitionability	點火性	着火性	点火性
IK process	固體滲鉻法	インクロム法	固体渗铬法
Illium	鎳鉻合金	イリウム	镍铬合金
illumination	照射	照明	照射
— by diffused light	漫射照度	拡散照度	漫射照度
— by direct light	直接照度	直接照度	直接照度
— efficiency	照明效率	照明効率	照明效率
— meter	照度計	照度計	照度计
illuminator	照明裝置	照明装置	照明装置
illuminometer	照度計	照度計	照度计
ilmenite	鈦鐵礦	チタン鉄鉱	钛铁矿
— sand	鈦鐵礦砂	チタン鉄砂	钛铁矿砂
iluminite	鋁電解研磨法	イルミナイト	铝电解研磨法
image	像	映像	影像
— amplifier	圖像放大器	像増幅器	图像放大器
— device	圖像裝置	イメージデバイス	图像装置
— engineering	圖像工(學)	画像工学	图像工(学)
— filter	鏡像濾波器	イメージフィルタ	镜像滤波器
— force	像力	鏡像力	镜像力〔金相〕
— forming system	成像系統	作像方式	成像系统
— pick-up	攝影	撮像	摄影
— pick-up tube	攝像管	撮像管	摄像管
— pattern	圖像	影像パターン	图像
— point	像點	像素	像素
— ratio	影像比	影像比	镜像比
— scanner	圖像掃描器	イメージスキャナ	图像扫描器
— sectoin	圖像部分	イメージセクション	图像部分
— sensing device	攝像裝置	撮像装置	摄像装置
— tube	攝像管	イメージ管	摄像管
imager	圖像裝置	イメージャ	图像装置
imaginary base surface	假想(滑動)基底面	仮想基礎底面	假想(滑动)基底面
— component	無功分量	虚数成分	无功分量
— cross section	假想截〔斷〕面圖	仮想断面図	假想截〔断〕面图
— earth	假想接地	イマジナリアース	假想接地
— hinge	虛鉸;假想鉸	仮想ヒンジ	虚铰;假想铰
— line	假想線	イメージング	假想线
imaging	顯像	想像線	显像
imbedding	嵌入	埋め込み	嵌入
imbibing	吸收作用	吸入	吸收作用

英文	臺灣	日文	大陸
imbibition	吸入〔收;液〕	吸収	吸入〔收;液〕
— process	吸液法	インビビション法	吸液法
— water	吸收水	膨潤水	吸收水
imitate	模仿	イミテート	模仿
imitation cinnabar	人造朱砂	模造朱	人造朱砂
— diamond	人造金剛石	模造ダイヤモンド	人造金刚石
— die stamping	壓凸印刷	盛り上げ印刷	压凸印刷
— leather	人造革	模造皮	人造革
— marble	人造大理石	人造大理石	人造大理石
— parts	仿造的零件	イミテーションパーツ	仿造的零件
— red lead	假紅丹	擬鉛丹	假红丹
imitator	模擬器	イミテータ	模拟器
Immadium	高強度黃銅	イマジウム	高强度黄铜
immersion	浸漬	浸せき	浸渍
— coating	浸鍍	浸し塗り	浸镀
— compression test	浸水抗壓試驗	水浸圧縮試験	浸水抗压试验
— couple	浸沒式熱電偶	浸せき形熱電対	浸没式热电隅
— electrode	浸液電極	浸液電極	浸液电极
— plating	浸(漬)鍍(金)法	浸せきめっき法	浸(渍)镀(金)法
— stability	浸水穩定性試驗	水浸安定度試験	浸水稳定性试验
— thermocouple	浸液式熱電偶	浸せき型熱電対	浸液式热电隅
— type probe	浸漬型探頭	水浸探触子	浸渍型探头
— type thermocouple	浸入式熱電偶	浸せき型熱電対	浸入式热电隅
immiscibility	不混合性	不混和性	不混合性
immunity	不敏感性	不感性	不敏感性
— region	(腐蝕)不敏感區	不感性域	(腐蚀)不敏感区
immunizing	退敏熱處理	免疫熱処理	退敏热处理
IMO pump	一種螺桿泵	IMO ポンプ	一种螺杆泵
impact	衝擊	衝撃	碰撞
— abrasion	衝擊磨耗	衝撃摩り減り	冲击磨耗
— accelerometer	衝擊加速度計	衝撃加速度計	冲击加速度计
— bend test	衝擊彎曲試驗	衝撃曲げ試験	冲击弯曲试验
— bending test	衝擊彎曲試驗	衝撃曲げ試験	冲击弯曲试验
— boring machine	衝擊式鑽機	衝撃式ボーリング機械	冲击式钻机
— breaker	衝擊破碎機	衝撃式破砕機	冲击破碎机
— brittleness	衝擊脆性	衝撃ぜい性	冲击脆性
— coefficient	衝擊係數	衝撃係数	冲击系数
— compression test	衝擊壓縮試驗	衝撃圧縮試験	冲击压缩试验
— crusher	衝擊式破碎機	衝撃粉砕	冲击式破碎机
— cushioning roller	緩衝輥	緩衝ローラ	缓冲辊

英　文	臺　灣	日　文	大　陸
— damper	避震器	インパクトダンパ	减震器
— driver	衝擊式螺絲攻	インパクトドライバ	冲击式螺丝攻锥
— elasticity	衝擊彈性	衝撃弾性	冲击弹性
— energy	衝擊能	衝撃エネルギー	冲击能
— extruding	衝擊擠壓成形法	衝撃押出し法	冲击挤压成形法
— extruding press	衝擠沖床	衝撃押出し（加工）	冲挤压力机
— factor	衝擊係數	衝撃係数	冲击系数
— force	衝擊力	衝撃力	冲击力
— fraction	衝擊係數	衝撃係数	冲击系数
— grinder	衝擊式粉碎機	衝撃粉砕器	冲击式粉碎机
— hardness test	衝擊硬度試驗法	衝撃硬さ試験法	冲击硬度试验法
— heat sealing	脈衝加熱封閉	インパルスシール	脉冲加热封闭
— in bending	衝擊彎曲	衝撃曲げ	冲击弯曲
— load	衝擊荷重	衝撃荷重	冲击荷重
— mill	衝擊式粉碎機	衝撃式粉砕機	冲击式粉碎机
— noise	衝擊噪音	衝撃騒音	冲击噪音
— pad	緩衝器	イシパクトパッド	缓冲器
— pressure	衝擊壓力	衝撃圧（力）	冲击压力
— proof	耐衝擊性	耐衝撃	耐冲击性
— pulverizer	衝擊粉碎機	衝撃式製粉機	冲击式制粉机
— resilience test	回彈性試驗	反発弾性試験	回弹性试验
— resistance	耐衝擊性	耐衝撃性	耐冲击性
— resistance value	衝擊抵抗值	衝撃値	冲击值
— rupture	衝擊破壞	衝撃破壊	冲击破坏
— strength	衝擊強度	衝撃強度	冲击强度
— stress	衝擊應力	衝撃応力	冲击应力
— stroke	衝擊行程	インパクトストローク	冲击行程
— tensile test	衝擊拉伸試驗	衝撃引張試験	冲击拉伸试验
— tension test	衝擊拉伸試驗	衝撃引張試験	冲击拉伸试验
— test hammer	衝擊試驗錘	テストハンマ	冲击试验锤
— test piece	衝擊試驗片	衝撃試験片	冲击试验片
— testing machine	衝擊試驗機	衝撃試験機	冲击试验机
— toughness	衝擊韌性	衝撃じん性	冲击韧性
— value	衝擊值	衝撃値	冲击值
— velocity	衝擊速度	衝突速度	冲击速度
— wrench	衝擊扳手	インパクトレンチ	套筒扳手
impaction efficiency	碰撞效率	衝突効率	碰撞效率
impactor	臥式鍛造機	インパクタ	卧式锻造机
impedance	阻抗	インピーダンス	阻抗
— drop	阻抗電壓降	インピーダンス降下	阻抗电压降

英文	臺灣	日文	大陸
— factor	阻抗係數	インピーダンス係数	阻抗系数
— matching	阻抗匹配	インピーダンス整合	阻抗匹配
— meter	阻抗計	インピーダンス計	阻抗计
— relay	阻抗繼電器	インピーダンス継電器	阻抗继电器
— stability	阻抗穩定性	インピーダンス安定性	阻抗稳定性
— transformer	阻抗變壓器	インピーダンス変成器	阻抗变压器
— voltage	阻抗(電)壓降	インピーダンス電圧	阻抗(电)压降
— watt	短路損耗功率	インピーダンスワット	短路损耗功率
impedometer	阻抗計	インピーダンス計	阻抗计
impeller	動葉輪	羽根車	压缩器;涡轮
— blade	動葉片	(羽根車の)羽根	叶片
— breaker	動葉輪式碎石機	インペラブレーカ	叶轮式碎石机
— casing	拋砂頭罩蓋	羽根車ケーシング	抛砂头罩盖
— diameter	翼輪直徑	インペラ直径	翼轮直径
— driving motor	葉輪驅動電機	インペラ駆動モータ	叶轮驱动电机
— eye	葉輪入〔進〕口	羽根車入口	叶轮入〔进〕口
— head	拋砂葉輪	インペラヘッド	抛砂叶轮
— thrust	葉輪推力	インペラ推力	叶轮推力
— watermeter	葉輪式水量計	翼車形水量計	叶轮式水量计
impelling power	推力	推進力	推力
impending plastic flow	急湍塑性流動	焦眉の塑性流動	急湍塑性流动
impenetrability	不滲透性	不可入性	不渗透性
imperfect combustion	不完全燃燒	不完全燃焼	不完全燃烧
— compression loss	不完全壓縮損失	不完全圧縮損失	不完全压缩损失
— contact	不良接點	不良接点	不良接点
— crystal	不完全結晶	不完全結晶	不完全结晶
— crystal formation	不完全晶型	不完全結晶成形	不完全晶型
— diffusion	不完全擴散	不完全拡散	不完全扩散
— dislocation	不完全差排〔晶體中的〕	不完全転位	不完全位错〔晶体中的〕
— earth	接地不良	半地気	接地不良
— elastic body	不完全彈性體	不完全弾性体	不完全弹性体
imperfection	不完全〔整〕性	不完全度	不完全〔整〕性
— in crystal	晶體內的缺陷	結晶不完全性	晶体内的缺陷
impermeability	不滲透性	不浸透性	不渗透性
impermeater	自動注油器	インパーミータ	自动注油器
impervious blanket	不透水層	不透水層	不透水层
— graphite	不滲透性石墨	不浸透性黒鉛	不渗透性石墨
— layer	不透水層	不透水層	不透水层
— sheath	電纜護套	インパービアスシース	电缆护套
— stratum	不滲透層	不浸透層	不渗透层

英文	臺灣	日文	大陸
— water proofing	不滲透性防水	不通気性防水	不渗透性防水
imperviousness	不滲透性	不浸透性	不渗透性
impinge	衝擊	衝撃	冲击
— method	衝擊法	インピンジャー法	冲击法
impingement	衝擊	衝突	冲击
— attack	衝擊腐蝕	衝撃腐食	冲击腐蚀
— corrosion	衝射腐蝕	衝撃腐食	冲击腐蚀
— efficiency	衝擊效率	衝突効率	冲击效率
implant	注入	インプラント	注入
— test	低溫抗裂試驗〔焊接〕	インプラント試験	低温抗裂试验〔焊接〕
implement	工具	工具	工具
implementation	工具	実現	工具
imporosity	無孔性	無孔性	无孔性
impoverishment	損耗(合金元素)	欠乏	损耗(合金元素)
impregnated cable	浸漬電纜	含浸ケーブル	浸渍电缆
— cathode	浸漬陰極	含浸カソード	浸渍阴极
— charcoal	浸漬活性碳	添着活性炭	浸渍活性炭
impregnating	浸漬	インプレグネーティング	浸透
— bath	浸漬浴	含浸浴	浸渍浴
— compound	浸漬(用)化合物	含浸用混合物	浸渍(用)化合物
— method	滲透探傷	浸透探傷法	渗透探伤
impregnation	浸透	注入	浸透
— accelerator	浸透促進劑	透浸促進剤	浸透促进剂
— test	浸透(剝離)試驗	浸透はく離試験	浸透(剥离)试验
impressed pressure	外加壓力	印加圧力	外加压力
— voltage	外加電壓	印加電圧	外加电压
— water mark	壓痕〔金屬加工〕	プレスマーク	压痕〔金属加工〕
impression	凹度;壓痕	押込み	压痕
— cylinder	壓花滾筒	圧シリンダ	压花滚筒
— plaster	模型用石膏	型用石こう	模型用石膏
— roller	加壓輥	インプレッションローラ	加压辊
imprinter	刻印機	インプリンタ	刻印机
imprinting	壓印法	なつ印法	压印法
improving	軟鉛	柔鉛	软铅
impulse	衝動;脈衝	衝撃	脉冲
— action	脈衝作用	衝撃作用	脉冲作用
— cam	脈衝凸輪	インパルスカム	脉冲凸轮
— force	衝擊(壓)力	衝撃圧力	冲击(压)力
— heat sealing	脈衝熱封	インパルスシール	脉冲热封
— inertia	衝擊慣性	インパルス慣性	冲击惯性

英文	臺灣	日文	大陸
— method	脈衝法	インパルス法	脉冲法
— ratio	脈衝比	衝撃比	脉冲比
— reaction turbine	衝動反動式汽輪機	衝反動タービン	冲动反动式汽轮机
— sparkover voltage	脈衝放電開始電壓	衝撃放電開始電圧	脉冲跳火电压
— speed	脈衝速度	インパルス速度	脉冲速度
— steam turbine	沖動式汽輪機	衝動蒸気タービン	冲动式汽轮机
— stroke	沖動衝程	衝動行程	冲动冲程
— testing machine	衝擊試驗機	インパルス試験機	冲击试验机
— turbine	衝擊式汽輪機	衝動タービン	冲击式汽轮机
— voltage characteristic	脈動電壓特性	衝撃電圧特性	脉动电压特性
— voltage generator	脈衝電壓發生器	衝撃電圧発生器	脉冲电压发生器
— water turbine	脈動式水輪機	衝動水車	脉动式水轮机
— wave	脈衝波	衝撃波	脉冲波
— welding	脈衝焊	インパルス溶接	脉冲焊
— wheel	衝擊輪	吹付け車	冲击轮
— withstand voltage	脈衝耐壓	インパルス耐電圧	脉冲耐压
impulsion	衝動	衝撃	脉冲
impulsive control	脈衝(的)控制	インパルシブ制御	脉冲(的)控制
— discharge	脈衝放電	衝撃放電	脉冲放电
— load	衝擊荷重	衝撃荷重	冲击荷重
— noise	衝擊噪音	衝撃雑音	冲击噪音
— pressure	衝擊壓(力)	衝撃圧（力）	冲击压(力)
impurity	不純物	不純物	不纯物
inblock cast	整體鑄造	インブロックカスト	整体铸造
inboard bearing	驅動側軸承	駆動側軸受	驱动侧轴承
— shaft	內側軸	内側軸	内侧轴
— turning	內旋	内回り	内旋
inca stone	黃鐵礦	インカストーン	黄铁矿
inch dimension	英制尺寸	インチ寸法	英制尺寸
— module	英制模數	インチモジュール	英制模数
— screw	英制螺紋	インチねじ	英制螺纹
— size	英制尺寸	インチサイズ	英制尺寸
— system thread	英制螺紋	インチねじ	英制螺纹
inching	微動	寸動	微动
— device	微動調整裝置	微動調整装置	微动调整装置
— operation	寸動操作	寸動操作	寸动操作
— switch	微動開關	インチングスイッチ	微动开关
— valve	微動閥	インチング弁	微动阀
incidence angle	入射角	入射角	入射角
incident	(偶發)事故	事故	(偶发)事故

英文	臺灣	日文	大陸
— angle	攻角	入射角	攻角
— beam	入射光線	入射ビーム	入射光线
— energy	入射能量	入射エネルギー	入射能量
— ray	入射光線	入射光線	入射光线
— wave	入射波	投射波	入射波
incineration	焚化	焼却	焚烧
— installation	焚化爐	焼却装置	焚化炉
— plant	焚化裝置	焼却装置	焚化装置
incipient knocking	初爆極限	ノック限界	初爆极限
— plastic flow	初期塑性流動	初発塑性流れ	初期塑性流动
— reaction	初期反應	初期反応	初期反应
incircle	內切圓	內接円	內切圆
incised slab	銘板	銘板	标牌
— work	雕刻	線彫り	雕刻
inclinable press	傾斜式壓縮	傾頭式プレス	倾斜式压缩
inclination	傾斜	傾斜	倾斜
— angle	傾角	傾角	倾角
— axis	傾斜軸	傾斜軸	倾斜轴
— limit angle	傾斜限界角	傾斜限界角	倾斜限界角
— slop	斜度	のり	斜度
— test	傾斜試驗	傾斜試験	倾斜试验
incline	傾斜	傾斜	倾斜
— impact test	傾斜衝擊試驗	傾斜衝擊試験	倾斜冲击试验
— molding	傾斜澆模	傾斜鋳込み	倾斜浇注
inclined adit	斜坑	斜坑	斜坑
— plane	斜面	傾斜面	倾斜面
— position welding	傾斜焊	傾斜溶接	倾斜焊
— punch die	傾斜式衝模	傾斜パンチ型	倾斜式冲模
— rotary hopper	傾斜式旋轉料斗	傾斜式回転ホッパ	倾斜式旋转料斗
— shaft type	斜軸式	斜軸形	斜轴式
— shore	傾斜支撐	傾斜張り	倾斜支撑
— stress	傾斜應力	傾斜応力	倾斜应力
— weld	傾斜溶接	傾斜溶接	倾斜溶接
— Z type calender	傾斜Z型壓延機	傾斜Z形カレンダ	倾斜Z型压延机
inclining experiment	傾斜實驗	傾斜試験	倾斜试验
— moment	傾斜力矩	インクリニングモーメント	倾斜力矩
inclinometer	傾斜儀	こう配定規	倾斜仪
included angle	螺紋牙形角	ねじ山の角度	螺纹牙形角
inclusion	夾雜物	包有物	包含物
— body	封入體	封入体	內合体

英文	臺灣	日文	大陸
— compound	包合(化合)物	包接化合物	包合(化合)物
nco chrome nickel	鎳鉻耐熱合金	インコクロムニッケル	镍铬耐热合金
— nickel	因科鎳;可鍛鎳	インコニッケル	因科镍;可锻镍
ncoherence	非干涉性	非コヒーレンス	非干涉性
ncoloy	耐熱耐蝕鎳鉻鐵合金	インコロイ	耐热耐蚀镍铬铁合金
ncombustibility	難燃性	難燃性	难燃性
ncombustible material	不燃材料	不燃性材料	不燃材料
— transaction	耐火處理	難燃処理	耐火处理
ncompatibility	不相溶性	不相溶性	不相溶性
ncompatibilizing effect	不相溶效應	不相溶効果〔作用〕	不相溶效应
ncomplete beta function	不完全β函數	不完全ベータ関数	不完全β函数
— combustion	不完全燃燒	不完全燃焼	不完全燃烧
— diffusion	不完全擴散	不完全拡散	不完全扩散
— expansion	不完全膨脹	不完全膨脹	不完全膨胀
— fusion	不完全熔化;不完全熔合	融合不良	未焊透
— lubrication	不完全潤滑	不完全潤滑	不完全润滑
— overflow	不完全溢流	不完全越流	不完全溢流
— penetration	不完全透入	溶け込み不良	未焊透
— root penetration	根部未焊透	不完全なルート溶込み	根部未焊透
— thread	不完全螺紋	不完全ねじ部	不完整螺纹
— thread portion	不完全螺紋牙形	不完全（ねじ）山部	不完整螺纹牙形
ncompressibility	不可壓縮性	非圧縮性	不可压缩性
ncompressible flow	不可壓縮流	非圧縮性流れ	不可压缩流
— fluid	非壓縮性流體	非圧縮性流体	非压缩性流体
— gas	不可壓縮氣體	非圧縮性気体	不可压缩气体
— volume	非壓縮(性)的體〔容〕積	非圧縮性容積	非压缩(性)的体〔容〕积
ncondensability	不冷凝性	不凝縮性	不冷凝性
nconel	英高鎳	インコネル合金	镍铬铁耐热耐蚀合金
— electrode	因科鎳合金焊條	インコネル溶接棒	因科镍合金焊条
— X	鎳鉻鐵耐熱耐蝕合金	インコネルエックス	镍铬铁耐热耐蚀合金
ncongruence	不相容性	不調和性	不相容性
nconsistency	不相容性	不一致	不相容性
ncorrodibility	非腐蝕性	非腐食性	非腐蚀性
ncramute	防振合金	インクラミュート	防振合金
ncreased safety switch	安全防爆開關	安全増防爆形スイッチ	安全防爆开关
ncreaser	漸大管	漸大管	渐大管
ncreasing pitch	遞增螺距	逓増ら距	递增螺距
ncrement	增量;增值	インクリメント	增量
— load procedure	載荷增量法	荷重増分法	载荷增量法
— starter	分級增壓起動裝置	増分始動装置	分级增压起动装置

I

英文	臺灣	日文	大陸
incremental collapse	(變形)漸增破壞	変形漸増崩壊	(变形)渐增破坏
— compaction	增量壓縮	増分圧縮	增量压缩
— extrusion	分段擠壓(法)	段階押出し	分段挤压(法)
— loading	增量負載〔加載〕	増分負荷	增量负荷〔加载〕
— magnetic flux density	增量磁通量密度	増分磁束密度	增量磁通量密度
— method	增量式	インクリメンタル方式	增量式
— mode	增量方式	インコリメンタルモード	增量方式
— quantity	增量	増分量	增量
— strain theory	應變增量理論	ひずみ増分理論	应变增量理论
— vector	增量向量	増分ベクトル	增量向量
incrustation	水銹;水垢;垢渣	湯あか	镶嵌
indalloy	銦合金焊料	インダロイ	铟合金焊料
indent	凹槽;壓痕	インデント	凹槽;压痕
indentation	壓痕〔印〕;凹槽	圧こん	压痕〔印〕;凹槽
— hardness	壓痕硬度	圧こん硬度	压痕硬度
— hardness index	壓痕硬度指數	くぼみ硬度指数	压痕硬度指数
— hardness test	壓痕硬度試驗	押込み硬さ試験	压痕硬度试验
— hardness tester	壓痕硬度試驗機	押込み硬さ試験機	压痕硬度试验机
— load	壓痕重量	くぼみ荷重	压痕重量
— machine	壓痕硬度計	押込み硬度計	压痕硬度计
— recovery	壓痕回復	くぼみ回復	压痕回复
— resistance	耐壓痕	くぼみ抵抗	耐压痕
— test	壓入試驗	貫入試験	压入试验
indented bar	刻痕鋼筋	凹凸面棒	刻痕钢筋
— girder	嚙合桁	かみ合せげた	啮合梁
— pattern	壓痕形狀	くぼみ模様	压痕形状
— wire	齒紋鋼絲	インデンテッドワイヤ	齿纹钢丝
indenter	(硬度)試驗壓頭	圧子	(硬度)试验压头
— point	壓入針	くぼみ針	压入针
indenting	壓痕〔凹;入〕	へこみ	压痕〔凹;入〕
— of cone	圓錐形壓痕	円すい押込み	圆锥形压痕
independent assortment	自由組合	自由組合せ	自由组合
— brake valve	獨立制動閥	単独ブレーキ弁	独立制动阀
— chuck	四爪夾頭	単独チャック	四爪卡盘
— contact	單獨接點	独立接点	单独接点
— control system	獨立控制系統	単独制御方式	独立控制系统
— measurement	單獨測量	独立測定	单独测量
— suspension system	獨立懸掛方式	独立懸架方式	独立悬挂方式
— wheel	獨立車輪	独立車輪	独立车轮
index cam	間歇凸輪	インデックスカム	间歇凸轮

英文	臺灣	日文	大陸
— chuck	分度夾頭	インデックスチャック	分度卡盘
— error	分度誤差	指示誤差	分度误差
— feed	分度送料	割出し送り装置	分度送料
— gear mechanism	分度齒輪機構	割出し歯車装置	分度齿轮机构
— hole	分度孔	インデックス孔	分度孔
— method	分度法	インデックス法	分度法
— miller	分度式銑床	インデックスミラー	分度式铣床
— of heating effect	加熱指數	加熱指数	加热指数
— of plastic deformation	塑性變形指數	塑性変形指数	塑性变形指数
— of refraction	折射率	屈折率	折射率
— of turning ability	回轉性指數	旋回力の指数	回转性指数
— point	基點	基点	基点
— shaper	分度式牛頭刨床	インデックスシェーパ	分度式牛头刨床
— table	分度工作台	索引表	分度工作台
— time	間隔時間	インデックスタイム	间隔时间
— tool	(分度)轉位刀夾	インデックスツール	(分度)转位刀夹
— unit	分度裝置	インデックスユニット	分度装置
indexer	分度器	インデキサ	分度器
indexing	分度	インデックシング	分度
— accuracy	分度精度	割出し精度	分度精度
— drum automatic	轉鼓式自動切換裝置	ドラム切替自動盤	转鼓式自动切换装置
— head	分度頭	割出し台	分度台
— horn die	回轉式懸臂模具	割出し式ホーン型	回转式悬臂模具
indicated efficiency	指示效率	図示効率	图示效率
— horse power	指示馬力	図示馬力	指示马力
— power	圖示功率	図示動力	图示功率
— pressure	指示壓力	指示圧力	指示压力
— strain	顯示應變	指示ひずみ	显示应变
— thermal efficiency	指示熱效率	図示熱効率	指示热效率
— thrust	指示推力	指示スラスト	指示推力
— work	指示功	図示仕事	指示功
indicating	指示	指示	指示
— apparatus	指示器〔儀錶〕	表示器具	指示器〔仪表〕
— diagram	顯示圖	指示図	显示图
— micrometer	指示分厘卡	指示マイクロメータ	指示千分尺
indifferent air mass	中性氣團	不偏気団	中性气团
— electrode	惰性電極	不反応電極	惰性电极
— electrolyte	惰性電解質	無関係電解質	惰性电解质
— gas	惰性氣(體)	不活性ガス	惰性气(体)
indirect action	間接作用	間接作用	间接作用

英文	臺灣	日文	大陸
— adaptive control	間接自適應控制	間接適応制御	间接自适应控制
— arc furnace	間接電弧爐	間接アーク炉	间接电弧炉
— autoxidation	間接自動氧化	間接自働酸化	间接自动氧化
— coupling	間接結合	間接結合	间接结合
— distance surveying	間接距離測量〔量距〕	間接距離測量	间接距离测量〔量距〕
— drive	間接驅〔傳〕動	間接駆〔伝〕動	间接驱〔传〕动
— extrusion	反向擠壓	逆押出し	反向挤压
— fired furnace	間接加熱爐	間接加熱炉	间接加热炉
— governor	間接調速器	間接調速機	间接调速器
— heat exchanger	間接熱交換器	間接式熱交換器	间接热交换器
— heating boiler	間接加熱鍋爐	間接加熱ボイラ	间接加热锅炉
— heating dryer	間接加熱乾燥器	間接加熱乾燥炉	间接加热乾燥器
— material	間接材料	間接材料	间接材料
— transformation	間接轉變	間接変態	间接转变
— transmission	間接傳動	間接伝動	间接传动
— welding	單面點焊	インダイレクト溶接	单面点焊
indissolubility	不熔解性	不溶解性	不熔解性
individual	個別(的)	個体	单一(的)
— atom	孤立原子	孤立原了	孤立原子
— load	集中負載	集中荷重	集中荷重
— measurement	單一測定值	単一測定値	单一测定值
— member	獨立構件	独立部材	独立构件
— operation	單獨運轉	単独運転	单独运转
— punch retainer	單個凸模固定板	単一式ポンチリテーナ	单个凸模固定板
— running	單獨運轉	単独運転	单独运转
— system drawing	單張零件圖	一品一葉図面	单张零件图
— type air conditioner	單獨式空氣調節器	個別式空気調和装置	单独式空气调节器
— driven rollers	單獨傳動輥	単独駆動ロール	单独传动辊
indoor	室內	室内	室内
— boiler	室內鍋爐	屋内ボイラ	室内锅炉
induce	電感	インデュース	电感
induced charge	感應電荷	誘導電荷	感应电荷
— crystallization	誘發結晶	芽晶作用	诱发结晶
— current	感應電流	誘導電流	感应电流
— electricity	感應電	誘導電気	感应电
— electromagnetic field	感應電磁場	誘導電磁界	感应电磁场
— electromotive force	感應電動勢	感応動電力	感应电动势
— field current	磁感應電流	誘導界磁電流	磁感应电流
— flow wind tunnel	引射式風洞	誘導式風洞	引射式风洞
— magnetism	感應磁性	誘導磁気	感应磁性

英文	臺灣	日文	大陸
— magnetization	感應磁化	誘導磁化	感应磁化
— nuclear reaction	感應核反應	誘導核反応	感应核反应
— power	誘導功率	誘導馬力	诱导功率
— stress	誘導應力	誘導応力	诱导应力
— test	誘導試驗	誘導試験	感应试验
— voltage	誘導電壓	誘導電圧	诱导电压
inductance	電感;感應係數	感応率	电感
— coil	電感線圈	インダクタンスコイル	电感线圈
— conversion	電感變換	インダクタンス変換	电感变换
— coupled amplifier	電感耦合放大器	誘導結合増幅器	电感耦合放大器
— coupling	電感耦合	誘導結合	电感耦合
— device	電感器件	インダクタンス部品	电感器件
— meter	電感計	インダクタンス計	电感计
inducting circuit	施感電路	インダクティング回路	施感电路
induction	感應	感応	感应
— acceleration	感應加速	誘導加速度	诱导加速器
— brake	誘導制動機	誘導制動機	诱导制动机
— burner	感應燃燒器	誘導燃焼器	感应燃烧器
— check valve	入口止回閥	吸入用逆流防止弁	入口止回阀
— coil	感應線圈	誘導コイル	感应线圈
— current	電磁感應電流	（電磁）誘導電流	电磁感应电流
— effect	誘導效應	誘導効果	诱导效应
— electricity	感應電	感応電気	感应电
— factor	感應係數	感応係数	感应系数
— field	感應場(物)	誘導磁界	感应电场
— furnace	感應電爐	誘導電気炉	感应电炉
— generator	感應發電機	誘導発電機	感应发电机
— hardening	感應淬火	高周波焼入れ	感应淬火
— heater	感應加熱器	誘導加熱器	感应加热器
— heating furnace	感應加熱電爐	誘導加熱炉	感应加热电炉
— hum	交流聲	インダクションハム	交流声
— interence	感應干擾	誘導妨害	感应干扰
— machine	感應電機	誘導機	感应电机
— motor	感應電動機	誘導電動機	感应电动机
— regulator	感應式穩壓器	誘導（電圧）調整器	感应式稳压器
— system	感應系統	誘導方式	感应系统
— tempering	感應加熱回火	誘導加熱焼もどし	感应加热回火
— type alternator	感應式(交流)發電機	誘導型発電機	感应式(交流)发电机
— type instrument	感應式儀錶	誘導形計器	感应式仪表
— unit	誘導器系統	二次誘引ユニット式	诱导器系统

I

英文	臺灣	日文	大陸
— valve	進氣閥	吸入弁	吸入阀
— voltage regulator	感應電壓調整器	誘導電圧調整器	感应式调压器
— welding	感應(加熱)熔接	誘導溶接	感应(加热)焊接
inductionless conductor	無感導體	無誘導導体	无感导体
inductive	(電)感性	誘導性	(电)感性
— action	感應作用	誘導作用	感应作用
— capacity	誘導率〔能力〕	誘導率	诱导率〔能力〕
— heating apparatus	感應加熱器	誘導加熱器	感应加热器
— kick	感應衝擊	インダクティブキック	感应冲击
— reactance	感抗	誘導リアクタンス	感抗
— resistance	有感電阻	誘導抵抗	感抗
inductometer	電感計	誘導計	电感计
inductor	感應體	誘導子	感应体
inductothermy	感應電熱器	インダクトテルミ	感应电热器
induration	硬化(作用)	硬化	硬化(作用)
induatrial alcohol	工業用酒精	工業用アルコール	工业酒精
— chromium plating	工業用鍍鉻	工業用クロムめっき	工业用镀铬
— design	工業設計	工業デザイン	工业设计图
— eye shield	工業安全眼鏡	工業用保護めがね	工业劳保眼镜
— furnace	工業用電爐	工業用炉	工业用电炉
— iron plating	工業用鍍鋅鐵板	工業用鉄めっき	工业用镀锌铁板
— laminated sheet	工業用層壓板	工業用積層板	工业用层压板
— lubricant	工業潤滑油	工業（用）潤滑油	工业润滑油
— manipulator	工業機械手	工業用マニプレータ	工业机械手
— mask	工業(用)面具	工業（用）マスク	工业(用)面具
— material	工業材料	工業材料	工业材料
— oil	工業(用)油	工業（用）油	工业(用)油
— plastic(s)	工業(用)塑料	工業プラスチック	工业(用)塑料
— poisoning	工業中毒	工業中毒	工业中毒
— pure iron	工業用純鐵	工業用純鉄	工业用纯铁
— resin	工業用樹脂	工業用樹脂	工业用树脂
— robot	工業用自動機〔機器人〕	工業用ロボット	工业用自动机〔机器人〕
— safety	工業安全	工業安全	工业安全
— sheet	工業(用)板材	工業用板	工业(用)板材
— solvent	工業(用)溶劑	工業（用）溶剤	工业(用)溶剂
— standard	工業標準	工業標準	工业标准
— standardization	工業標準化	工業標準化	工业标准化
— structure	產業結構	産業構造	产业结构
— technology transfer	工業技術移轉	工業技術移転	工业技术移转
— tire	工業用輪胎	産業車両用タイヤ	工业用轮胎

英文	臺灣	日文	大陸
— viscosimeter	工業黏度計	工業（用）粘度計	工业黏度计
— waste water	工業廢水	工業廃水	工业废水
industry	工業;實業	工業界	工业界
inelastic action	非彈性作用	非弾性的作用	非弹性作用
— bending	非彈性彎曲	非弾性曲げ	非弹性弯曲
— buckling	非彈性挫曲	弾塑性座屈	非弹性失稳
— collision	非彈性碰撞	非弾性衝突	非弹性碰撞
— deformation	非彈性變形	非弾性変形	非弹性变形
— dynamic response	非彈性動力〔態〕反應	非弾性動的応答	非弹性动力〔态〕反应
— range	非彈性範圍	非弾性範囲	非弹性范围
— region	非彈性區域	非弾性領域	非弹性领域
— strain	非彈性應變	非弾性ひずみ	非弹性应变
— stress	非彈性應力	非弾性応力	非弹性应力
inelasticity	非彈性	非弾性	非弹性
inert additive	惰性添加劑	不活性添加剤	惰性添加剂
— anode	惰性陽極	不活性アノード	惰性阳极
— atmosphere	惰性氣氛	不活用雰囲気	惰性气氛
— coating	惰性膜	不活性被覆	惰性膜
— element	惰性元素	不活性元素	惰性元素
— filler	惰性填料	不活性充てん材	惰性填料
— -free gas	無惰性氣體	無含不活性成分ガス	无惰性气体
— gas	鈍氣	不活性ガス	惰性气体
— gas arc welding	鈍氣弧熔接	イナートガスアーク溶接	惰性气体保护(电弧)焊
— gas fan	惰(性)氣(體)鼓風機	イナートガス送風機	惰(性)气(体)鼓风机
inertia	慣性;慣量	慣性	惯量
— action	慣性動作	慣性動作	惯性动作
— brake	慣性煞車	慣性ブレーキ	惯性制动(器)
— coefficient	慣性係數	慣性係数	惯性系数
— compensation	慣性補償	慣性補償	惯性补偿
— constant	慣性常數	慣性定数	惯性常数
— control	慣性控制	慣性制御	惯性控制
— coupling	慣性耦合	慣性連成	惯性耦合
— diagram	慣性線圖	慣性線図	惯性线图
— drive	慣性驅動裝置	イナーシャドライブ	惯性驱动装置
— factor	慣性因數	慣性ファクタ	惯性因数
— force	慣性力	慣性力	惯性力
— governor	慣性調速器	慣性調速機	惯性调速机
— hammer	慣性錘	慣性ハンマ	惯性锤
— lock	慣性自鎖	慣性ロック	惯性自锁
— mass	慣性質量	慣性質量	惯性质量

英文	臺灣	日文	大陸
— principle	慣性法則	慣性の原理	惯性法则
— reactance	慣性抵抗	慣性抵抗	惯性抵抗
— speed	慣性速度	慣性速度	惯性速度
— starter	慣性起動機	慣性始動機	惯性起动机
— starter gear	慣性起動裝置	慣性始動装置	惯性起动装置
— supercharging	慣性增壓	慣性過給	惯性增压
— turning test	慣性回轉試驗	惰力旋回試験	惯性回转试验
— welding	慣性(摩擦)焊	イナーシャ（摩擦）溶接	惯性(摩擦)焊
inertial classifier	慣性分級機	慣性分級機	惯性分级机
— force	慣性力	慣性力	惯性力
— load	慣性負載	慣性負荷	惯性负荷
— mass	慣性質量	慣性質量	惯性质量
— reactance	慣性反作用力	慣性リアクタンス	惯性反作用力
— reaction	慣性阻力	慣性反作用	惯性阻力
— stability	慣性安定度	慣性安定度	惯性安定度
— torque	慣性轉矩	慣性トルク	惯性转矩
— wheel	慣性輪	イナーシャルホール	惯性轮
inertness	惰性	不活性	惰性
inextensional buckling	非伸長性挫曲	非伸張性座屈	非伸长性压曲
infeed	橫向進給	インフィード送り	横向进给
— cam	橫進給凸輪	インフィードカム	横进给凸轮
— device	進刀裝置	切込み装置	进刀装置
— method grinding	橫磨法	送り込み研削	横磨法
— rate	橫切速率	インフィードレート	横切速率
inferior	下限;劣的	下限	下限;劣的
— coal	低質煤	劣等炭	低质煤
— fuel	低質燃料	劣等燃料	低质燃料
— limit	下極限	下極限	下极限
— planet	內行星	内惑星	内行星
— trochoid	短幅外擺線	短縮トロコイド	短幅外摆线
infilling	填充〔實;塞〕	充てん	填充〔实;塞〕
infiltration	滲透(作用)	浸透	渗透(作用)
— capacity	滲透量	浸入能	渗透量
— efficiency	透水性〔效率〕	透水性	透水性〔效率〕
— heat load	滲入熱負載	すき間風負荷	渗入热负荷
— load	滲入風負載	すき間風負荷	渗入风负荷
— method	浸透法	浸透法	浸透法
— treatment	浸透處理	浸透処理	浸透处理
infiltrometer	浸透計	浸透計	浸透计
infinite	無限	無限	无限

英 文	臺 灣	日 文	大 陸
— automation	無限自動機	無限オートマトン	无限自动机
— heat sink	理想散熱片	無限大放射板	理想散热片
— thickness	無限厚	無限厚み	无限厚
— time delay	無限時間延遲	無限時間遅れ	无限时间延迟
infinitely	無限	無限	无限
— variable gear	無段變速裝置	無段変速装置	无段变速装置
infinitesimal	無限小	無限小	无限小
— deformation theory	微小變形理論	微小変形理論	微小变形理论
— displacement	微小變位	微小変位	微小变位
inflammability	易燃性	引火性	易燃性
— limit	燃燒極限	可燃限界	燃烧极限
inflammable air	可燃空氣	引火性空気	可燃空气
— gas	易燃氣體	引火性ガス	易燃气体
— gas detector	易燃氣體測試儀〔裝置〕	可燃性ガス検知装置	易燃气体测试仪〔装置〕
— limit	著火極限	可燃限界	着火极限
inflammation	燃著;發火	伝火	燃烧
— point	引火點	引火点	引火点
inflatable structure	膨脹式構造	膨脹式構造（物）	膨胀式构造
inflated slag	有孔渣	ふくらみスラグ	有孔渣
— tyre	充氣胎	膨脹タイヤ	充气胎
inflating agent	膨脹〔發泡〕劑	膨脹剤	膨胀〔发泡〕剂
— pressure	輪胎壓力	タイヤ圧	轮胎压力
inflation	充氣;膨脹	膨脹	膨胀
— agent	發泡劑	膨脹剤	发泡剂
— of tube	管的充氣	チューブの空気圧入り	管的充气
— pressure	(輪胎)充氣壓力	タイヤ圧	(轮胎)充气压力
— process	充氣法	インフレーション法	充气法
inflator	增壓泵	空気ポンプ	增压泵
infloat switch	(帶)浮子開關	インフロートスイッチ	(带)浮子开关
inflow	內流;流入(量)	流入（量）	流入(量)
— angle	流入角	流入角	流入角
— discharge	流入流量	流入流量	流入流量
— velocity	流入速度	流入速度	流入速度
influence	影響	影響	影响
— area	影響範圍	影響面積	影响面积
— line of reaction	反力影響線	反作用の影響線	反力影响线
— line of stress	應力影響線	応力の影響線	应力影响线
— machine	感應電機	誘導起電機	感应电机
influential sphere	影響範圍	影響圏	影响范围
information	資訊	情報	信息

I

英文	臺灣	日文	大陸
— control system	信息控制系統	情報制御システム	信息控制系统
— feedback system	信息反饋系統	情報帰還方式	信息反馈系统
— system analysis	信息系統分析	情報システム解析	信息系统分析
infrared absorption	紅外線吸收	赤外線吸収	红外线吸收
— baking	紅外線烘〔烤〕乾	赤外線焼付け	红外线烘〔烤〕乾
— communication	紅外線通信	赤外線通信	红外线通信
— desiccation	紅外線乾燥(作用)	赤外線乾燥	红外线乾燥(作用)
— detector	紅外線檢測器	赤外線式検知器	红外线检测器
— dryer	紅外線乾燥器	赤外線乾燥器	红外线乾燥器
— finder	紅外線探測器	赤外線検知機	红外线探测器
— guidance	紅外誘導	赤外線誘導	红外制导
— heater	紅外線加熱器	赤外線加熱器	红外线加热器
— heating oven	紅外線加熱爐	赤外線加熱炉	红外线加热炉
— interferometry	紅外線干涉儀	赤外線干渉法	红外线干涉仪
— laser spectrometer	紅外線雷射分光儀	レーザ赤外分光計	红外线激光分光仪
— microscope	紅外線顯微鏡	赤外線顕微鏡	红外线显微镜
— oven	紅外線乾燥爐	赤外線炉	红外线乾燥炉
— preheater	紅外線預熱器	赤外線予熱器	红外线预热器
— pyrometer	紅外線高溫計	赤外線高温計	红外线高温计
— radar	紅外(線)雷達	赤外線レーダ	红外(线)雷达
— radiometer	紅外線輻射計	赤外線放射計	红外线辐射计
— ray	紅外線	赤外線	红外线
— ray baking	紅外線烤(箱)	赤外線焼付け	红外线烤(箱)
— ray burner	紅外線燃燒器	赤外線バーナ	红外线燃烧器
— search system	紅外線探測系統	赤外線探知系	红外线探测系统
— stove	紅外線烘(乾)爐	赤外幾乾燥炉	红外线烘(乾)炉
— welding	紅外線焊接	赤外線溶接	红外线焊接
infundibulum	漏斗	漏斗	漏斗
infusibility	不熔性	不融性	不熔性
infusion	浸漬法	浸漬法	浸渍法
ingate	澆口	湯口	浇口
ingot	鑄錠	鋳塊	铸锭
— bar	鑄錠棒	インゴットバー	铸块
— blank	錠胚	インゴットブランク	锭胚
— bleeding	鋼錠冒頂(回漲)	インゴット湯漏れ	钢锭冒顶(回涨)
— bloom	初軋鋼錠〔胚〕	分塊鋼片	初轧钢锭〔胚〕
— buggy	鋼錠搬運車	鋼塊運搬車	钢锭搬运车
— butt	鋼錠切頭	インゴットバット	钢锭切头
— car	錠車	インゴットカー	锭车
— case	鑄錠模	鋳型	铸型

英文	臺灣	日文	大陸
— chariot	鋼塊搬運車	鋼塊搬運車	钢块搬运车
— copper	銅錠	型銅	铜锭
— core	鑄塊心型	鋳塊心型	铸块心型
— corner segregation	鋼錠角偏析	隅角偏析	钢锭角偏析
— crane	運錠起重機	鋳塊用クレーン	运锭起重机
— cylinder	(碳化矽)結晶圓筒	インゴットシリンダ	(碳化硅)结晶圆筒
— dog	(鋼)錠(夾)鉗	インゴットドッグ	(钢)锭(夹)钳
— gripper	(鋼)錠(夾)鉗	インゴットグリッパ	(钢)锭(夹)钳
— hanging crane	鋼錠吊車	鋼塊クレーン	钢锭吊车
— iron	熟鐵;工業用純鐵	溶製鉄	锭铁
— metal	金屬錠	鋳込み地金	金属锭
— mo(u)ld car	鑄錠車	鋳型車	铸锭车
— pattern	鋼錠模型偏析	インゴットパターン	钢锭模型偏析
— piping	鑄管	引け巣	铸管
— pusher	鋼錠推出機	鋼塊押出し機	钢锭推出机
— skin	錠皮	インゴットスキン	锭皮
— slab	扁鋼錠	インゴットスラブ	扁钢锭
— steel	鋼錠	溶製鋼	钢锭
— stool	鑄錠底盤	定盤	铸锭底盘
— stripper	鑄錠脫模機	鋳塊機	铸锭机
— structure	鋼錠組織	鋳塊組織	钢锭组织
— tilter	翻錠機	インゴットチルタ	翻锭机
— tilting device	翻錠機	インゴットチッパ	翻锭机
— tipper	翻錠機	インゴットチッパ	翻锭机
— tong	(鋼)錠鉗	鋳塊挾み	(钢)锭钳
— tumbler	翻錠機	鋳塊転覆機	翻锭机
— yard	鋼錠堆置場	鋳塊置場	钢锭堆置场
ingotism	鋼錠偏析	過大鋳造組織	钢锭偏析
ingotting	鑄錠	なまこ造り	铸锭
ingredient	成分	成分	成分
ingress	入口	立入り	入口
— pipe	導入管	導入管	导入管
inhaler	濾氣泵	呼吸保護器	滤气泵
inhaling	吸入	吸入	吸入
inherent adhesion	特性黏合	固有接着	特性黏合
— grain size	原始晶粒度	先天的粒度	原始晶粒度
— initial stress	固有初應力	固有初期応力	固有初应力
— instability	固有的不穩定性	固有の不安定性	固有的不稳定性
— regulation	自動調節	固有変動率	自动调节
— stability	固有穩定性	固有安定性	固有稳定性

英文	臺灣	日文	大陸
— weakness failure	固有缺陷	固有欠陥故障	固有缺陷
inhibitive pigment	防銹顏料	さび止め顔料	防锈颜料
inhibitory action	抑制效應	抑制剤の機能	抑制效应
inhomogeneity	不勻一性	不均一性	不匀一性
inhomogeneous flow	不勻(性的)流動	非均一流動	不匀(性的)流动
initial action	初反應	初反応	初反应
— adhesive strength	初始黏合強度	初期接着力	初始黏合强度
— balance	初期平衡	初期平衡	初期平衡
— breaking	初期破壞	初期破壊	初期破坏
— charge	初進料;初電荷	初充電	起始充电
— compression modulus	初始壓縮彈性係〔模〕數	初期圧縮弾性率	初始压缩弹性系〔模〕数
— compressive modulus	初始壓縮模數	初期圧縮弾性率	初始压缩模量
— condition	初期條件	初期条件	初始条件
— crack	初期裂紋〔縫〕	初期ひび割れ	初期裂纹〔缝〕
— cracking load	初始裂縫負載	初期ひび割れ荷重	初始裂缝荷载
— creep	初始潛變	初期クリープ	初始蠕变〔徐变〕
— crusher	初級壓碎機	初期クラッシャ	初级压碎机
— current	起始電流	イニシアル電流	起始电流
— dead load	初始靜負載	初始荷重	初始静负载
— deflection	初始撓度	初期たわみ	初始挠度
— direction	起始方向	零方向	起始方向
— displacement	初始位移	初期変位	初始位移
— firing	點火	初期励磁装置	点火
— flexural strength	初始撓曲強度	初期曲げ強さ	初始挠曲强度
— force	初始力	初期力	初始力
— friction	固有摩擦	固有摩擦	固有摩擦
— hardness	初始硬度	初硬度	初始硬度
— ignition	起始著火	初引火	起始着火
— impulse	初始衝〔動〕量	初衝撃	初始冲〔动〕量
— phase angle	初始相位角	初（期）位相角	初始相位角
— point	起點	始点	起点
— position	初始位置	初（期）位置	初始位置
— preload	初始預加負載	初期予荷重	初始预加荷载
— pressure	初始壓力	初（期）圧（力）	初始压力
— prestress	初始預應力	初期緊張力	初始预应力
— pulse	初始脈衝	送信パルス	初始脉冲
— reduction	粗粉碎	荒押し	粗粉碎
— resistance	初始電阻	初抵抗	初始电阻
— rolling	初滾壓	初転圧	初滚压
— speed	初速率	初（期）速（度）	初(期)速(度)

英　文	臺　灣	日　文	大　陸
— strain	初應變	初期ひずみ	初(始)应变
— stress	初應力	初応力	初始应力
— tearing strength	邊緣撕裂強度	縁端引裂き強さ	边缘撕裂强度
— tensile modulus	初(始)抗張彈性模數	初期引張り弾性率	初(始)抗张弹性系数
— tension	初拉力;初張力	初期張力	初期张力
— test temperature	初始測試溫度	初期試験温度	初始测试温度
— value	初值	初期値	始值
— velocity current	初速電流	初速度電流	初速电流
— voltage	起始電壓	初電圧	起始电压
— wear	早期磨損	初期摩耗	早期磨损
initiation	引爆;發起	起爆	起爆
initiator	引爆藥;發起人	起爆剤	起爆药
injection	噴射;注射	注射	注射
— air	噴射空氣	噴射用空気	喷油用压缩空气
— blow moding machine	噴射充〔吹〕氣成形機	射出ブロー成形機	喷射充〔吹〕气成形机
— cam	噴射凸輪	噴射カム	喷射凸轮
— capacity	射出能力	射出能力	射出能力
— carburet(t)or	噴霧式氣化器	噴射気化器	喷雾式气化器
— condenser	噴射冷凝器	噴射復水器	喷射冷凝器
— cycle	射出周期	射出サイクル	注射周期
— cylinder	射出輥〔圓〕筒	射出シリンダ	注射辊〔圆〕筒
— die	射出成形用模具	射出成形用金型	注射成形用模具
— efficiency	注入效率	注入（効）率	注入效率
— flow method	射出流動方法	注流方法	注射流动方法
— flushing	強迫沖油	注入噴流	强迫冲油
— force	射出力	射出力	注射力
— forming	注入成形(法)	インジェクション成形	注入成形(法)
— mechanism	射出機構	射出機構	注射机构
— machine	射出成形機	射出成形機	注射成形机
— mo(u)ld	注射模具	押出し鋳型	注射模具
— mo(u)lded article	射出成形品	射出成形品	注射成形品
— mo(u)lded material	射出成形材料	射出成形物質	注射成形材料
— mo(u)lded specimen	射出成形試驗片	射出成形試験片	注射成形试验片
— mo(u)lded thread	射出成形螺桿	射出成形ねじ	注射成形螺杆
— mo(u)lder	射出成形機	射出成形機	注射成形机
— mo(u)lding	注射塑製	射出成形	塑料注射成形(法)
— mo(u)lding condition	射出成形條	射出成形条件	注射成形条
— mo(u)lding cycle	射出成形周期	射出成形サイクル	注射成形周期
— mo(u)lding cylinder	射出成形輥〔圓〕筒	射出シリンダ	注射成形辊〔圆〕筒
— mo(u)lding equipment	射出成形設備	射出成形装置	注射成形设备

英文	臺灣	日文	大陸
— mo(u)lding nozzle	射出成形機噴嘴〔管;頭〕	射出成形ノズル	注射成形机喷嘴〔管;头〕
— mo(u)lding powder	射出成形粉料	射出成形粉	注射成形粉料
— mo(u)lding press	射出成形〔模壓〕機	射出成形機	注射成形〔模压〕机
— mo(u)lding pressure	射出成形壓(力)	射出成形圧(力)	注射成形压(力)
— mo(u)lding technique	射出成形技術	射出成形技術	注射成形技术
— nozzle	噴嘴;注射嘴	噴射ノズル	注射式喷嘴
— period	噴射期間	噴射期間	喷射期间
— pipe	噴射管	噴射管	喷射管
— plunger	噴射柱塞	注流プランジャ	注射柱塞
— power	射出成形能力	射出力	注射成形能力
— press	壓鑄機	射出成形機	注射成形机
— pressure	噴射壓力	噴射圧力	喷射压力
— pump	噴射泵	注入ポンプ	喷射泵
— ram	射出(機)壓頭〔活塞〕	射出ラム	注射(机)压头〔活塞〕
— rate	射出率	射出率	注射率
— ratio	注入比	注入比	注入比
— speed	射出速度	射出速度	注射速度
— stroke	射出行〔衝〕程	射出行程	注射行〔冲〕程
— syringe	射出管〔器〕	注射器	注射管〔器〕
— system	射出方式	射出方式	注射方式
— temperature	射出溫度	射出温度	注射温度
— time	射出時間	射出時間	注射时间
— timing	噴油定時	噴射時期	喷油定时
— timing device	噴油定時調節器	噴射時期調節機	喷油定时调节器
— timing gear	注油定時器	注入管理装置	注油定时器
— torpedo	發射用魚雷	射出用トーピード	发射用鱼雷
— transfer mo(u)lding	射出轉移成形(法)	射出トランスファ形成	注射传动〔输〕成形(法)
— type lubricator	射出給油器	射出給油器	注射给油器
— unit	射出裝置	射出装置	注射装置
— welding	噴射熔〔焊;黏〕接	射出溶接	喷射熔〔焊;黏〕接
injector	噴射器	噴射機	喷射器
— type gas burner	噴射型氣體燃燒器	誘導混合式ガスバーナ	喷射型气体燃烧器
injury	損傷	損傷	损伤
ink	墨水	墨	墨水
— agitator	油墨攪拌器	インキアジテータ	油墨搅拌器
— cell	著墨孔〔凹板〕	インキセル	着墨孔〔凹板〕
— cylinder	油墨滾筒	インキ円筒	油墨滚筒
— distributing roller	勻墨輥	インキ練りローラ	匀墨辊
— -drying conveyor	油墨乾燥〔輸〕送機〔帶〕	インキ乾燥コンベヤ	油墨乾燥〔输〕送机〔带〕
— duct roller	墨斗輥	インキ出しローラ	墨斗辊

英文	臺灣	日文	大陸
— eraser	修正劑	インキ消し	消字录
— jet type	噴墨式	インクジェット式	喷墨式
— mill	碾墨機	インキ練り機	碾墨机
— plotter	墨水繪圖機	インクプロッダ	墨水绘图器
— pocket	著墨孔〔凹板〕	インキセル	着墨孔〔凹板〕
— roll	墨輥	インキロール	墨辊
— stick	(中國)墨	墨	(中国)墨
inker	電信印字機(油)墨輥	印字機	(油)墨辊
inking	上墨	インキ着け	上墨
— device	著墨裝置	インキ着け装置	着墨装置
— roller	墨輥	インキ着けローラ	墨辊
— system	著墨裝置	インキ装置	着墨装置
inkrom process	固體滲鉻法	インクロム法	固体渗铬法
inlet	入口	入口	输入量
— angle	入口角	入口角	入口角
— bend	入口彎管	入口曲管	入口弯管
— blade angle	葉片入口角	羽根入口角	叶片入口角
— cam	進氣(閥)凸輪	吸気カム	吸气(阀)凸轮
— camber angle	入口彎曲角	入口そり角	入口弯曲角
— casing	入口套管	吸込みケーシング	入口套管
— check valve	吸入止回閥	吸込みチェック弁	吸入止回阀
— close	吸氣閉合	インレットクローズ	吸气闭合
— cock	進口旋塞	吸口コック	进口旋塞
— connector	入口接頭	入口継手	入口接头
— counter current	進口回流	入口逆流	进口回流
— cover	入口罩	吸込みカバー	入口罩
— entrance length	進口長度	前駆流動区間	进口长度
— flow angle	入口流角度	入口流れ角	入口流角度
— gas	入口氣體	入気体	入口气体
— gas pressure	進氣壓力	吸込みガス圧	进气压力
— gas temperature	進氣溫度	入口ガス温度	进气温度
— nozzle	進氣噴嘴	入口ノズル	进气喷嘴
— open	(閥門的)入口開放	インレットオープン	(阀门的)入口开放
— passage	進氣通路	吸込み路	吸入通道
— pipe	進氣管	入口管	吸气管
— Reynolds number	入口雷諾數	入口レイノルズ数	入口雷诺数
— safety valve	進口安全閥	インレット安全弁	进口安全阀
— screen	入口(過濾)篩網	入口ろ過スクリーン	入口(过滤)筛网
— shear flow	入口剪切流	入口せん断流れ	入口剪切流
— stroke	進氣衝程	インレットストローク	吸气行程(冲程)

英　文	臺　灣	日　文	大　陸
— swirl flow	入口旋渦流	入口旋回流れ	入口旋涡流
— system	進氣系統	吸気系統	进气系统
— temperature	入口溫度	入口温度	入口温度
— total pressure	吸入口總壓	吸込み口全圧	吸入口总压
— valve	進氣閥	入口弁	进气阀
— velocity	吸入速度	吸込み速度	吸入速度
inline	(液壓)進油(管)路	インライン	(液压)进油(管)路
— block	軸向排列組件	インラインブロック	轴向排列组件
— booster	序列式增壓器	インラインブースタ	序列式增压器
— type	直列式	インライン形	轴向式
in-molded strain	殘留成形應變	残留成形ひずみ	残留成形应变
innage	剩(餘)油量	液尺〔石油〕	剩(馀)油量
inner	內部(的)	インナ	内部(的)
— area	內面積	内面積	内面积
— bearing	內軸承	インナベアリング	内轴承
— casing	內(汽)缸	内部ケーシング	内(汽)缸
— cover	保護層	保護被膜	保护层
— crystal crack	晶粒內部裂縫〔解〕	結晶粒内割れ	晶粒内部裂缝〔解〕
— dead point	內死點;內止點	内死点	内死点;内止点
— diameter	內徑	内径	内径
— diametric cutting	內圓式切割	内周型切断	内圆式切割
— disk	內摩擦片	インナディスク	内摩擦片
— electrical resistance	內電阻	内部抵抗	内电阻
— end	內端	内端	内端
— equilibrium	內平衡	内平衡	内平衡
— face	內面	内面	内面
— filtration	內過濾	内部ろ過	内过滤
— force	內力	内電場の強さ	内力
— friction	內部摩擦	内部摩擦	内部摩擦
— gearing	內嚙合	内かみあい	内啮合
— granular crack	晶體內部裂縫〔解〕	(結晶) 粒内割れ	晶体内部裂缝〔解〕
— insulator	內部絕緣體	内部絶縁物	内部绝缘体
— lead bonder	內引線接合機	インナリードボンダ	内引线接合机
— lead wire	內導線	内部導入線	内导线
— liner	內襯	インナライナ	内衬
— membrane	內膜	内膜	内膜
— mo(u)ld	內模	内型	内模
— packaging	內(部)組〔包〕裝	内装	内(部)组〔包〕装
— plating	內鍍層	内層板	内层板
— probe coil	內探頭線圈	インナプローブコイル	内探头线圈

英文	臺灣	日文	大陸
— punch	內沖頭	インナポンチ	内冲头
— ring	〔軸承〕內環	內輪	内圈
— rotor	內齒輪	インナロータ	内齿轮
— section	內部斷面	內部断面	内空截面
— shaft	內軸	內側軸	内侧轴
— shell	內隔板	內部ケーシング	内隔板
— shoe	內托板	インナシュー	内托板
— side	內側	內側	内侧
— sleeve	內套筒	インナスリーブ	内套筒
— slide	內滑塊〔滑板;導板〕	インナスライド	内滑块〔滑板;导板〕
— slope	內側尺寸	內のり	内侧尺寸
— spring	內彈簧	インナスプリング	内弹簧
— stress	內應力	內応力	内应力
— stroke	內行程	內方行程	内行程
— structure	內構造	內部構造	内构造
— surface	內表面	內部表面	内部表面
— surface inspection	內表面檢查	內面検査	内表面检查
— swell	內部型脹	內部型張り	内部型胀
— turning	內旋	內回り	内旋
— valve	內閥	インナバルブ	内阀
— vent	內通氣口	インナベント	内通气口
— wall materials	內壁材料	內壁材	内壁材料
inoculant	接種劑	接種剤	孕育剂
inoculated cast iron	接種鑄鐵	接種鋳鉄	孕育铸铁
inoculating crystal	種結晶	種結晶	种结晶
inoculation	接種	接種	接种;孕育
inoculatum	接種材料	接種材料	接种材料
inoculum	接種材料	接種材料	接种材料
— solution	接種液	植種液	接种液
inoperable time	停工時間	動作不能時間	停工时间
inordinate wear	異常摩耗	異常摩耗	异常摩耗
inorganic acid	無機酸	無機酸	无机酸
— deruster	無機脫〔除〕銹劑	無機脱せい剤	无机脱〔除〕锈剂
— fiber board	無機纖維板	無機質繊維板	无机纤维板
— filler	無機填料	無機充てん剤	无机填料
— insulating materials	無機絕緣材料	無機絶縁材料	无机绝缘材料
— plastic(s)	無機塑料	無機プラスチック	无机塑料
— rust preventive film	無機物防銹薄〔皮〕膜	無機質防せい皮膜	无机物防锈薄〔皮〕膜
— waste water	無機廢水	無機廃水	无机废水
inoxidizability	耐腐蝕性	不可被酸化性	耐腐蚀性

英文	臺灣	日文	大陸
inphase	同相位	同位相	同相位
— component	同相分量	同相分	同相分量
— compression ratio	同相壓縮比	同相圧縮比	同相压缩比
— mode	同相模式	同相モード	同相模式
in-place foaming	現場發泡	現場発泡	现场发泡
in-plane vibration	平面內振動	面内振動	平面内振动
in-process cost	加工費用	仕掛費用	加工费用
— ga(u)ge	加工中測量	インプロセスゲージ	加工中测量
— inspection	加工中檢查	中間検査	加工中检查
— material	半成品	仕掛品	半成品
— measurement	加工中測定	インプロセス測定	加工中测定
— product	中間生成物	中間生成物	中间生成物
— size control	加工尺寸控制	インプロセス寸法制御	加工尺寸控制
— time	加工時間	仕掛時間	加工时间
input	輸入	投入	输入
— buffer	輸入緩衝器	入力バッファ	输入缓冲器
— capacity	輸入容量	入力キャパシティ	输入容量
— configuration	輸入結構	入力構造	输入结构
— control unit	輸入控制器	入力制御装置	输入控制器
— current	輸入電流	入力電流	输入电流
— device	輸入裝置	入力機器	输入装置
— equipment	輸入設備	入力装置	输入设备
— gap	輸入(電極)間隙	入力ギャップ	输入(电极)间隙
— method	輸入法	インプット方法	输入法
— -output control unit	輸入輸出控制裝置	入出力制御装置	输入输出控制装置
— -output controller	輸入輸出控制器	入出力制御装置	输入输出控制器
— power	輸入功率	入力動力〔電力〕	输入功率
— pull-down	輸入降壓(法)	入力プルダウン	输入降压(法)
— pulse	輸入脈衝	入力パルス	输入脉冲
— range	輸入範圍	入力レンジ	输入范围
— reactance	輸入電抗	入力リイクタンス	输入电抗
— resistance	輸入電阻	入力抵抗	输入电阻
— resistor	輸入電阻	入力抵抗	输入电阻
— shaft	輸入軸	入力軸	输入轴
— speed	輸入速度	読込み速度	输入速度
— stand	供料架	供給スタンド	供料架
— table	輸入台	入力卓	输入台
— torque	輸入轉矩	入力トルク	输入转矩
— transformer	輸入變壓器	入力変圧〔成〕器	输入变压器
inrush current	突入電流	インラッシュ電流	突入电流

英文	臺灣	日文	大陸
inscribed angle	圓周角	（円）周角	圆周角
— circle	內切圓	内接円	内切圆
— polygon	內接多邊〔角〕形	内接多角形	内接多边〔角〕形
inscription	內切	内接	内切
insensitiveness	不靈敏度	不感度	不灵敏度
insensitivity	不靈敏性	不感受性	不灵敏性
insert	嵌入物;內嵌	差込み棒	内冷铁;镶铸物
— bearing	互換式軸承	インサートベアリング	互换式轴承
— bit	嵌入刀尖塊	インサートビット	嵌入式钻头
— blade	嵌刃銳刀	インサートブレード	嵌入式车刀
— carrying pin	插入承載桿〔針〕	インサートピン	插入承载杆〔针〕
— chip	鑲裝刀片	インサートチップ	镶装刀片
— core	大氣冒口芯	さし中子	大气冒口芯
— die	插入模	入子型	插入模
— ga(u)ge	塞規	インサートゲージ	塞规
— holder pin	插夾針	はめ込留め釘	插夹针
— holding power	鑲嵌保持力	インサート保持力	镶嵌保持力
— in	插入	はの込み	插入
— key	插入鍵	インサートキー	插入键
— metal process	夾條(焊接)法	インサートメタル法	夹条(焊接)法
— mo(u)lding	鑲嵌成形〔造型〕	インサート成形	镶嵌成形〔造型〕
— pin	嵌件定位針	インサートピン	嵌件定位针
— punch	鑲入沖頭;嵌入沖頭	インサートポンチ	镶入冲头;嵌入冲头
— ring	(焊接接口)嵌條	インサートリング	(焊接接口)嵌条
— socket	插座〔套;口〕	インサートソケット	插座〔套;口〕
— tool	機械夾固式刀具	インサートツール	机械夹固式刀具
inserted blade tap	鑲齒絲攻	植刃タップ	镶齿丝锥
— chaser die	鑲齒板牙	植刃ダイス	镶齿板牙
— chaser tap	鑲齒絲攻	植刃タップ	镶齿丝锥
— drills	鑲刃鑽頭	差し込みドリル	镶刃钻头
— ga(u)ge pin	嵌入式定位銷	埋込み式ゲージピン	嵌入式定位销
— teeth cutter	鑲齒銑刀	植刃フライス	镶齿铣刀
— type punch shank	嵌入式模柄	埋込み式ポンチシャンク	嵌入式模柄
— valve seat	嵌入式氣門座	はめ込み弁座	嵌入式气门座
inserter	嵌入物	インサータ	嵌入物
inserting machine	封裝機	封入機	封装机
insertion	嵌入	挿入	嵌入
— head	裝配機頭〔自動裝配〕	インサーションヘッド	装配机头〔自动装配〕
— loss	插入損耗	挿入損（失）	插入损耗
— machine	裝配機	自動装着装置	装配机

英文	臺灣	日文	大陸
— pressure	插入壓力〔裝配的〕	圧入力	插入压力〔装配的〕
in-shot valve	限壓閥	抑圧弁	限压阀
insiccation	乾燥	乾燥	乾燥
inside	內部	インサイド	内部
— band	(套箍)帶(鑄造)	バンド	砂型加固圈
— blade	內側刀齒	インサイドブレード	内侧刀齿
— butt strap	內對接搭板	内側目板	内对接搭板
— calipers	內卡鉗	裏カリパス	内卡钳
— clearance ratio	內徑比	内径比	内径比
— corner	內角	内角	内角
— crank	內曲柄	インサイドクランク	内曲轴
— cylinder	內氣缸	インサイドシリンダ	内气缸
— damper	內部阻尼器	内側ダンパ	内部阻尼器
— diameter	內徑	内径	内径
— diameter calibration	內徑校準〔正〕	内径規制	内径校准〔正〕
— dimension	內部大小〔尺寸〕	内部寸法	内部大小〔尺寸〕
— distance	內尺寸	内のり	内尺寸
— drill	內側孔電鑽	インサイドドリル	内侧孔电钻
— force	內側力	インサイドフォース	内侧力
— ga(u)ge	內徑量規	内側計器	内径量规
— indicator ga(u)ge	內徑千分錶	シリンダゲージ	内径千分表
— mandrel	內部心軸	内部マンドレル	内部心轴
— measure	內容積;內側尺寸	内のり	内侧尺寸
— measurement	內測定	内のり	内侧测量
— micrometer	內分厘卡	内マイクロメータ	内侧千分尺
— nonius	內徑(游標)卡尺	インサイドノギス	内径(游标)卡尺
— observer	內側觀測器	内部観測器	内侧观测器
— plug	中栓(塞)	中栓	中栓(塞)
— screw type valve	內螺紋式閥	内ねじ式弁	内螺纹式阀
— seam	內接縫	内側シーム	内接缝
— sleeve	內套筒〔管;環;墊〕	内そで	内套筒〔管;环;垫〕
in-out filter	外流式過濾器	外流式ろ過器	外流式过滤器
— redrawing	反向再拉伸	逆再絞り加工	反向再拉深
insolubility	不溶(解)性	不溶(解)性	不溶(解)性
insolubilization	不溶解	不溶化	不溶解
insolubilizer	不溶黏料〔塗料用〕	不溶化剤	不溶黏料〔涂料用〕
insoluble anode	不溶性陽極	不溶性陽極	不溶性阳极
— matter	不溶物	不溶物	不溶物
— rust prevention	難溶性防銹膜	難溶性保護皮膜	难溶性防锈膜
insolubles	不溶物	不溶物〔分〕	不溶物

英文	臺灣	日文	大陸
inspectability	可檢測性	検査性	可检测性
inspection	檢驗	検査	检查
— after construction	成品檢驗	出来上り検査	成品检验
— between processes	生產過程間檢查	工程間検査	生产过程间检查
— during construction	施工中檢驗	製造中検査	施工中检验
— error	檢驗誤差	検査エラー	检验误差
— hole	檢驗孔	検査穴	检查孔
— jig	檢驗夾具	インスペクションジグ	检验夹具
— nipple	檢驗螺紋接套	点検ニップル	检验螺纹接套
— projector	投影檢查機	投影検査機	投影检查机
— robot	檢驗用機器人	検査ロボット	检验用机器人
— section	探傷斷面	探傷断面	探伤断面
— system	檢測系統	測定システム	检测系统
— technique	檢查技術	査察技術	检查技术
— test	檢查試驗	検査試験	检查试验
inspiration	吸氣	インスピレーション	吸气
inspirator	噴汽注水器	呼吸器	喷汽注水器
— type gas burner	注射式燃氣噴燈	誘導混合式ガスバーナ	注射式燃气喷灯
inspired air	吸(空)氣	吸気	吸(空)气
inspissation	濃縮	凝結	浓缩
instability	不穩定性	不安定（性）	不稳定性
— constant	不穩定常數	不安定定数	不稳定常数
— criterion	不穩定度準則	不安定判定基準	不稳定度准数
instable equilibrium	非穩定平衡	不安定平衡	非稳定平衡
installation	裝置	設備	装配
— drawing	裝置圖	すえ付け図	装配图
— error	安裝誤差	（計器の）取付け誤差	安装误差
— plan	設備佈置圖	装置図	设备布置图
— works	安裝工程	すえ付け工事	安装工程
installed capacity	裝置容量	設備能力	设备能力〔容量〕
— load	安裝負載	すえ付け荷重	安装荷重
installing wire	拉線	張り線	拉线
instant	瞬時	瞬時	瞬时
— burst test	瞬時爆〔破〕裂試驗	瞬間破裂試験	瞬时爆〔破〕裂试验
— switch	瞬時開關	インスタントスイッチ	瞬时开关
instantaneous action	瞬時作用	瞬時作用	瞬时作用
— adhesive agent	瞬時接著劑	瞬間接着剤	瞬时接着剂
— angular frequency	瞬時角頻率	瞬時角周波数	瞬时角频率
— angular velocity	瞬時角速度	瞬時角速度	瞬时角速度
— axis	瞬時軸線	瞬間軸線	瞬时轴线

英　文	臺　灣	日　文	大　陸
— center	瞬時(轉)中心	瞬間中心	瞬时(转)中心
— combustion	瞬時燃燒	瞬間燃焼	瞬时燃烧
— compressor	瞬時壓縮器	瞬時圧縮器	瞬时压缩器
— current	瞬時電流	瞬時電流	瞬时电流
— discharge	瞬時放電	瞬時放電	瞬时放电
— elastic deformation	瞬間彈性變形	瞬間弾性変形	瞬间弹性变形
— elastic recovery	瞬時彈性回復	瞬間弾性回復	瞬时弹性回复
— elongation	瞬時延伸	瞬間伸び	瞬时延伸
— force	瞬間力	瞬間力	瞬间力
— impulse	瞬時脈衝	瞬時インパルス	瞬时脉冲
— loading	瞬時負載	瞬時載荷	瞬时荷重
— speed	瞬間速度	瞬間速度	瞬间速度
— strain	瞬間應變	瞬間ひずみ	瞬间应变
— strength	瞬時強度	瞬間強度	瞬时强度
— stress	瞬時應力	瞬間応力	瞬时应力
— torque	瞬間力矩	瞬間トルク	瞬间力矩
— trip	即時跳開	即時引きはずし	即时跳开
— turning radius	瞬時回轉半率	瞬間の旋回半径	瞬时回转半率
— voltage	瞬時電壓	瞬時電圧	瞬时电压
Instron	一種(材料)試驗機	インストロン試験機	一种(材料)试验机
— type testing machine	萬能精密拉伸試驗機	インストロン型試験機	万能精密拉伸试验机
instrument	儀器;器具	計測器	(计量)仪器
— calibration test	儀錶校正試驗	計器校正試験	仪表校正试验
— casing	儀錶箱	計器箱	仪表箱
— design	儀錶設計	計器設計	计器设计;仪表设计
— error	儀器誤差	器械誤差	仪器误差
— for analysis	分析儀器	分析機器	分析仪器
— panel	儀錶板	計器板	操纵板
— range	儀錶量程	計器（指示）領域	仪表量程
— reading	儀錶讀數	器材（計器）の読み	仪表读数
— testing room	計量室	計器室	计量室
— transformer	儀錶變比器	計器用変成器	仪表(用)变压器
instrumental analysis	儀器分析	機器分析	仪器分析
— drawing	機械製圖	用器画	机械制图
— error	儀器〔錶〕誤差	器差	仪器〔表〕误差
instrumentation	儀器規化	機器化	仪表化
— technology	測試技術	計測工学	测试技术
insufflator	噴注器	吹込み器	喷注器
insulated aluminum wire	絕緣鋁線	絶縁アルミ線	绝缘铝线
— bearing	絕緣軸承	絶縁軸受	绝缘轴承

英文	臺灣	日文	大陸
— body	隔熱體	防熱体	隔热体
— cable	絕緣電纜	絶縁ケーブル	绝缘电缆
— conductor	絕緣導體	絶縁導線	绝缘导线
— electrical conductor	絕緣導線	絶縁導線	绝缘导线
— return	絕緣回路	絶縁帰線	绝缘回线
— system	非接地系統	非接地方式	非接地系统
— wire	絕緣線	絶縁電線	绝缘线
insulating	絕緣	絶縁	绝缘
— adhesive	絕緣黏〔膠〕合劑	絶縁用接着剤	绝缘黏〔胶〕合剂
— block	絕緣塊	絶縁ブロック	绝缘块
— bolt	絕緣螺栓	絶縁ボルト	绝缘螺栓
— bush	絕緣套管	絶縁ブッシュ	绝缘套管
— cap	絕熱帽〔蓋;罩〕	断熱キャップ	绝热帽〔盖;罩〕
— characteristic	絕緣特性	絶縁特性	绝缘特性
— clamp	絕緣夾	絶縁クランプ	绝缘线夹
— cloth	絕緣布	絶縁布	绝缘布
— coat	絕緣塗層	絶縁塗料	绝缘涂层
— compound	絕緣混合物	絶縁混合物	绝缘剂
— container	保溫容器	断熱容器	保温容器
— coupling	絕緣聯結器	絶縁継手	绝缘联轴节
— element	絕緣元件	絶縁要素	绝缘元件
— feeder method	絕緣饋電法	絶縁給電法	绝缘馈电法
— fire brick	絕熱耐火磚	耐火断熱れんが	隔热耐火砖
— handle	絕緣(手)柄	絶縁ハンドル	绝缘(手)柄
— layer	絕熱層	絶縁膜	绝缘膜
— mat	絕緣墊	絶縁マット	绝缘垫
— material	絕緣物質	絶縁材（料）	绝缘物质
— medium	絕緣介質	絶縁材（料）	绝缘介质
— oil	絕緣油	絶縁油	绝热油
— pad	保溫襯墊〔填料〕	断熱用詰め物	保温衬垫〔填料〕
— panel	斷熱板	断熱板	断热板
— paste	絕緣膠	絶縁ペースト	绝缘胶
— performance	絕緣性能	絶縁性能	绝缘性能
— powder	絕緣粉末	絶縁粉末	绝缘粉末
— puncture tester	絕緣耐壓試驗器	絶縁耐圧試験器	绝缘耐压试验器
— rod	絕緣棒	絶縁かん	绝缘棒
— rubber tape	絕緣橡膠帶	電気用ゴムテープ	绝缘橡皮带
— sheet	絕緣板	絶縁板	绝缘板
— sleeve	絕緣套管	絶縁スリーブ	绝缘套管
— stand	絕緣台	絶縁台	绝缘台

英文	臺灣	日文	大陸
— tank	保溫桶	断熱ダンク	保温桶
— tape	絕緣(用膠)帶	絶縁テープ	绝缘(用胶)带
— transformer	絕緣變壓器	絶縁変圧器	绝缘变压器
— tube	絕緣管	絶縁管	绝缘管
insulation	絕緣(材料)	絶縁（材）	绝缘(材料)
— breakdown	絕緣破壞	絶縁破壊	绝缘破坏
— core	斷熱心材	断熱心材	断热心材
— cover inspection	絕緣層檢查	絶縁覆い点検	绝缘层检查
— detector	絕緣檢出器	絶縁検出器	绝缘检验器
— effectiveness	保溫效果	保温効果	保温效果
— failure	絕緣破損	絶縁破損	绝缘破损
— film	絕緣薄膜	絶縁薄膜	绝缘薄膜
— flange	絕緣凸緣盤	絶縁フランジ	绝缘法兰盘
— joint	絕緣接頭	絶縁接続	绝缘接头
— joint box	絕緣接頭箱	絶縁接続箱	绝缘接头箱
— material	絕緣材料	絶縁材料	绝缘材料
— measurement	絕緣(電阻)測量	絶縁測定	绝缘(电阻)测量
— sleeve	絕緣套筒	絶縁スリーブ	绝缘套筒
— strength test	絕緣強度試驗	絶縁耐力試験	绝缘强度试验
— tester	絕緣試驗器	絶縁試験器	绝缘试验器
— varnish	絕緣漆	絶縁ワニス	绝缘漆
— washer	絕緣墊圈	絶縁座	绝缘垫圈
insulator	絕緣體	絶縁体	绝缘体
— device	絕緣子組合件	がい子装置	绝缘子组合件
— pin	絕緣子心軸	がい子ピン	绝缘子心轴
— set	絕緣體裝置	がい子装置	绝缘体装置
— spindle	絕緣子心軸	がい子真棒	绝缘子心轴
int. joule	國際焦耳	国際ジュール	国际焦耳
int. liter	國際升	国際リットル	国际升
int. ohm	國際歐姆	国際オーム	国际欧姆
int. volt	國際伏特	国際ボルト	国际伏特
intake	吸入	吸入	吸入
— air flow	吸入空氣流量	吸入空気流量	吸入空气流量
— air heater	進氣加熱器	吸気加熱器	进气加热器
— air temperature	吸入溫度	吸入温度	吸入温度
— charge	充氣	入気	充气
— gas	吸氣	吸気	吸气
— pipe	進氣管;進入管	取水管	吸气管
— port	進氣口	吸気口	吸气口
— pressure control	進氣壓力調節	吸気圧力制御	进气压力调节

英文	臺灣	日文	大陸
— pump	吸水泵	取水ポンプ	吸水泵
— resistance	吸氣阻力	入抵抗	吸气阻力
— screen	進(氣)口濾網	入スクリーン	进(气)口滤网
— stroke	進氣衝程	吸気行程	进气冲程
— temperature	進氣溫度	吸気温度	吸气温度
intandem	(軋鋼機)串聯	インタンデム	(轧钢机)串联
intarometer	(測盲孔用)分厘卡	インタロメータ	(测盲孔用)千分尺
integral bit	整體鑽頭	インテグラルビット	整体钻头
— cast	整體鑄造	インテグラルキャスト	整体铸造
— colo(u)r anodizing	陽極氧化著色	自然発色陽極酸化	阳极氧化着色
— curvature	總曲率	総曲率	总曲率
— extrusion	整體擠出	一体押し出し	整体挤出
— fan	(電機等的)連軸風扇	インテグラルファン	(电机等的)连轴风扇
— heat	總熱	総熱	总热
— heat sink type	整體散熱式	放熱体値付き形	整体散热式
— horsepower motor	大於1馬力(的)電動機	整数馬力電動機	大於1马力(的)电动机
— metal	整體軸承	インテグラルメタル	整体轴承
— mo(u)ld	整體模	一体金型	整体模
— pump	複合泵	インテグラルポンプ	复合泵
— shaft	實心軸	インテグラルシャフト	实心轴
— spar	整體〔翼〕梁	一体けた	整体〔翼〕梁
— structue	整體結構	一体構造	整体结构
— type reactor	整體型反應爐	一体（構造）型炉	整体型反应炉
— waterproofing	完全防水	完全防水	完全防水
integrated alarms system	綜合報警系統	総合警報システム	综合报警系统
— circuit processing	積體電路加工(過程)	集積回路加工	集成电路加工(过程)
— designing system	綜合設計系統	総合設計システム	综合设计系统
— distribution system	綜合輸送系統	システム輸送	综合输送系统
— intelligent robot	綜合智能機器人	総合知能ロボット	综合智能机器人
— machining system	綜合機械加工系統	総合機械加工システム	综合机械加工系统
— man-machine system	綜合人-機系統	総合人間ー機械システム	综合人-机系统
— switching system	綜合交換系統	複合交換システム	综合交换系统
— system control	綜合系統控制	総合システム制御	综合系统控制
— unit of control valve	集中控制閥單元	集中制御弁ユニット	集中控制阀单元
intelligence	智能	インテリゼンス	智能
— intensive production	知識密集型生產	知識集約形生産	知识密集型生产
intelligent aiding system	智能輔助系統	知能援助システム	智能辅助系统
— remote manipulator	智能遙控機械手	知能遠隔マニプレータ	智能遥控机械手
— robot	智能機器人	知識ロボット	智能机器人
intense current	大電流	強電流	大电流

英文	臺灣	日文	大陸
— ultrasonic wave	強超音波	強力超音波	强超声波
intensification	增強	強化	增强
— factor	增強係數	増感率	增强系数
intensified pressure	增壓壓力	増圧圧力	增压压力
intensifier	增壓機〔器〕	増幅器	增压机〔器〕
— circuit	增壓電路	増圧回路	增压电路
intensity	強度	強度	亮度
— control	強度控制	輝度調整	强度控制
— interferometer	光強度干涉儀	光強度干渉計	光强度干涉仪
— of activation	放射性強度	放射化の強さ	放射性强度
— of electric current	電流強度	電流の強さ	电流强度
— of electric field	電界強度	電界の強さ	电场强度
— of flock	短纖維強度	フロック強度	短纤维强度
— of flow	流動強度	流れの強さ	流动强度
— of light	光強度	光の強さ	亮度
— of magnetic field	磁場強度	磁場の強さ	磁场强度
— of magnetization	磁化強度	磁化の強さ	磁化强度
— of normal stress	法向應力強度	垂直応力度	法向应力强度
— of pressure	壓力強度	圧力度	单位(面积)压力
— of radiation	輻射強度	ふく射の強さ	辐射强度
— of restraint	拘束度	拘束度	拘束度
— of stress	應力強度	応力度	应力强度
— variable	強度變量	強さ変量	强度变量
intensive drying	充分乾燥	強烈な乾燥	充分乾燥
— mixer	高效攪拌機〔器〕	強力ミキサ	高效搅拌机〔器〕
intented wire	刻痕鋼絲	インテンテッド線	刻痕钢丝
interaction	相互作用	相互干渉	相互干涉
— factor	干涉係數	干渉係数	干涉系数
— gap	互作用隙	相互作用ギャップ	互作用隙
— region	干涉領域	相互作用領域	干涉领域
interactive CAD	交互式電腦輔助設計	対話形CAD	交互式计算机辅助设计
— computer-aided design	交互式電腦輔助設計	会話形計算機援用設計	交互式计算机辅助设计
— graphics	交互式繪圖	会話形グラフィックス	交互式绘图
— pattern analysis	交互式圖形分析	会話形パターン解析	交互式图形分析
— pattern recognition	交互式圖形辨識	会話形パターン認識	交互式图形辨识
interannealed wire	中間退火線材	中間焼鈍線材	中间退火线材
intercalation	插入	挿入	插入
— compound	夾雜化合物	内位添加化合物	夹染化合物
intercept	截取〔斷〕	傍受	截取〔断〕
— point	截斷點	会敵点	截断点

英文	臺灣	日文	大陸
— valve	截流閥	中間弁	截流阀
interceptor	攔截〔阻止〕器	阻集器	拦截〔阻止〕器
interchange	轉換	互換	转换
— ability	可交換性	互換性	可交换性
— instability	互(交)換不穩定性	交換不安定性	互(交)换不稳定性
— of heat	熱交換	熱交換	热交换
— power	互換功率	融通電力	互换功率
interchangeability	可互換性	互換性	互换性
interchangeable bushing	可互換襯套〔套管〕	互換性ブッシング	可互换衬套〔套管〕
— manufacture	可互換性製造	互換工作	互换性制造
— piercing punch	可互換的冲孔凸模	交換性穴あけポンチ	可互换的冲孔凸模
— wiring device	互換接線電器	連用器具	互换接线电器
interchanged power	互換功率	融通電力	互换功率
inter-coagulation	相互凝聚	相互凝集	相互凝聚
intercoat	中間塗層	中塗り	中间涂层
intercondenser	中間冷凝器	中間凝縮器	中间冷凝器
interconnecting cable	連接電纜	中間ケーブル	连接电缆
— feeder	互連饋(電)線	連結給電線	互连馈(电)线
— pipe	內連管	連絡管	内连管
— tube	內部連接管	連結管	内部连接管
interconnection	相互連結	相互連絡	相互连结
— pattern	接線圖形	結線パターン	接线图形
interconnector	(內部)連接管	連結管	(内部)连接管
interconverse	相互轉換	相互変換	相互转换
intercool	中間冷卻	中間冷却	中间冷却
intercooled cycle	中間冷卻循環	中間冷却サイクル	中间冷却循环
intercooling	中間冷卻	中間冷却	中间冷却
intercrystalline	(沿)晶界的	結晶間	(沿)晶界的
— corrosion	晶間腐蝕	粒界腐食	晶间腐蚀
— crack	晶界破壞	結晶粒界破壊	晶界破坏
— fracture	晶間破裂	粒界破断	晶间破裂
intercycle	中間循環	インタサイクル	中间循环
interdendritic attack	枝晶間腐蝕	樹枝状晶間腐食	枝晶间腐蚀
— segregation	枝晶間偏析	樹枝状偏析	枝晶间偏析
interdented structnre	鋸齒構造	この歯状構造	锯齿构造
interdiffusion	相互擴散	相互拡散	相互扩散
interelectrode	極間	インタエレクトロード	极间
— capacity	極間電容	電極間容量	极间电容
interface	界面	界面	界面
— analysis	界面分析	インタフェース解析	接口分析

英文	臺灣	日文	大陸
— boundary	界面	境界面	界面
— layer	中間層	中間層	中间层
— layer resistance	層間電阻	中間層抵抗	层间电阻
— reaction	界面反應	界面反応	界面反应
— resistance	界面間電阻	インタフェース抵抗	界面间电阻
— tension	界面張力	界面張力	界面张力
— termination	界面終端	インタフェース終端	接口终端
interfacial active agent	界面活性劑	界面活性剤	界面活性剂
— angle	界面角	面角	界面角
— boundary	界面境界	境界面	界面境界
— connection	層間連接	層間接続	层间连接
— effect	界面效應	界面効果	界面效应
— energy	界面能(量)	界面エネルギー	界面能(量)
— film	界面(薄)膜	界面膜	界面(薄)膜
— force	界面力	界面力	界面力
— phenomenon	界面現象	界面現象	界面现象
— polycondensation	界面縮聚	界面重縮合	界面缩聚
— polymerization	界面聚合	界面重合	界面聚合
— potential	界面電位差	相間起電力	界面电位差
— resistance	界面阻力	界面抵抗	界面阻力
— tension	界面張力	界面張力	界面张力
— work	界面(摩擦)功	界面摩擦仕事	界面(摩擦)功
interference	干涉	干渉	干涉
— band	干涉帶	干渉帯	干涉条纹
— body bolt	干涉配合高強度螺栓	打込み式高力ボルト	过盈配合高强螺栓
— colo(u)r	干涉色	干渉色	干涉色
— current	干擾電流	混信電流	干扰电流
— dilatometer	光干涉式熱膨脹計	光干渉式熱膨脹計	光干涉式热膨胀计
— drag	干擾阻力	干渉抗力	干扰抗力
— effect	干擾影響	干渉効果	干扰影响
— eliminator	干擾抑制器	妨害エリミネータ	干扰抑制器
— fading	干涉性消失	干渉性フェジンク	干涉性消失
— figure	干涉圖	干渉模様	干涉图
— filter	干擾濾波器	干渉フィルタ	干扰滤波器
— fringe	干涉光柵	干渉じま	干涉条纹
— light	可干涉光	可干渉光	可干涉光
— microscope	干涉顯微鏡	干渉顕微鏡	干涉显微镜
— noise	干涉噪音	干渉雑音	干涉噪音
— of equal thickness	等厚(度)干涉	等厚の干渉	等厚(度)干涉
— of light	光的干涉	光の干渉	光的干涉

英文	臺灣	日文	大陸
— of tooth	齒的干涉	歯の干渉	齿的干涉
— pattern	干涉圖	干渉パターン	干涉图
— phenomenon	干涉現象	干渉現象	干涉现象
— point	干涉點	干渉点	干涉点
— polarizer	干涉偏振(光)鏡	干渉偏光器	干涉偏振(光)镜
— ratio	干擾比	混信比	干扰比
— reducer	干擾控制器	干渉抑圧器	干扰控制器
— refractometer	干涉折射計	干渉屈折計	干涉折射计
— wave	干擾波	妨害電波	干扰波
interferent component	干涉成分	干渉成分	干涉成分
— energy	干擾能量	妨害エネルギー	干扰能量
interferogram	干涉圖	インタフェログラム	干涉图
interferometer	干涉儀	干渉計	干涉仪
— method	干涉法	干渉法	干涉法
interfibrilliar substance	纖維素間物質	纖維素間物質	纤维素间物质
inter-filling	中間填間	間詰め	中间填间
interflection	相互反射	相互反射	相互反射
interflow	交流	中間流出	交流
interframe collapse	肋間壓環	ろっ骨間圧潰	肋间压环
interfusion	融合	溶合	融合
intergranular corrosion	晶(粒)間腐蝕	粒界腐食	晶(粒)间腐蚀
— crack	晶間裂紋	粒界割れ	晶间裂纹
— fracture	晶內斷裂	粒内破壊	晶内断裂
— penetration	粒晶滲透	粒界しん透	粒晶渗透
— pressure	(晶)粒間壓力	粒子間圧力	(晶)粒间压力
— stress	(晶)粒間應力	粒子間応力	(晶)粒间应力
— structure	晶粒間組織	結晶粒界組織	晶粒间组织
intergrowth of crystals	結晶粗大化	結晶の共晶	结晶共生
interheater	中間加熱器	中間加熱器	中间加热器
interior	室內(的)	屋内	室内(的)
— angle	內角	内角	内角
— container	內裝容器	内装容器	内装容器
— elevation	室內展開圖	室内展開図	室内立面图
— glue	內部用黏結劑	内部用接着剤	内部用黏结剂
— pressure	內壓力	内圧力	内压力
— shell	內殼	内殻	内壳
— trim	淨尺寸配件安裝	内部装備品	净尺寸配件安装
— width	內側尺寸	内のり	内侧尺寸
interlaminar bonding	層間結合	層間結合	层间结合
— shear	層間剪切	層間せん断	层间剪切

英文	臺灣	日文	大陸
— strength	層間剝離強度	層間結合〔接着〕強さ	层间剥离强度
interlayer	中間層	中間層	中间层
— temperature	層間溫度	層間温度	层间温度
interleaf	夾層	挟み紙	夹层
— friction	板間滑動摩擦	インタリーフフリション	板间滑动摩擦
interleave	交錯	挟み込み	交错
interleaving	隔行(掃描)	インタリービング	隔行(扫描)
interlinkage	鏈接	鎖交	链接
interlinking	鏈接	インタリンキング	链接
interlock	聯鎖裝置	連鎖	联动〔锁〕装置
— alarm	聯鎖報警器	インタロックアラーム	联锁报警器
— arrangement	聯鎖(安全)裝置	連動装置	联锁(安全)装置
— bypass	互鎖分路	インタロックバイパス	互锁分路
— circuit	聯鎖電路	インタロック回路	联锁电路
— contact	閉鎖觸點	鎖錠接点	闭锁触点
— interrupt	互鎖中斷	インタロック割込み	互锁中断
— pin	聯鎖銷	インタロックピン	联锁销
— socket	聯鎖插座	インタロックソケット	联锁插座
— system	互鎖方式	インタロック方式	互锁方式
interlocked circuit breaker	聯鎖斷路器	連動遮断器	联锁断路器
— earth(ing)	聯鎖接地	連接アース	联锁接地
— ring pattern	連環套紋	組輪違い	连环套纹
interlocking	聯鎖	連鎖	联锁
— bar	聯動桿	連動かん	联动杆
— block system	聯鎖閉塞系統	連動閉そく式	联锁闭塞系统
— control valve	聯鎖控制閥	連動弁	联锁控制阀
— cutter	扣聯銑刀	かみ合いフライス	组合错齿槽铣刀
— electromagnet	聯鎖電磁閥	連動電磁石	联锁电磁阀
— frame	聯鎖機	鎖錠盤	联锁机
— gear	聯鎖機構	連動装置	联锁机构
— installation	聯動〔鎖〕裝置	連動装置	联动〔锁〕装置
— lever	聯鎖〔動〕桿	連動鎖錠てこ	联锁〔动〕杆
— machine	連動機	連動機	连动机
— milling cutter	交齒銑刀	組合せ側フライス	交齿铣刀
— operation	聯動運轉	連動運転	联动运转
— plant	聯鎖裝置	連動装置	联锁装置
— relay	聯鎖繼電器	連動リレー	联锁继电器
— side milling cutter	扣聯側銑刀	組合せ側フライス	交齿侧铣刀
— signalling	聯鎖信號機	連動信号機	联锁信号机
— table	聯鎖圖表	連動図表	联锁图表

英文	臺灣	日文	大陸
— test	互鎖試驗	インタロック試験	互锁试验
ntermediate	中間產品	中間生成物	中间产品
— beam	中間梁	中間ビーム	中间梁
— bearing	中間軸承	中間軸受	中间轴承
— casing	中套〔殼〕	中間ケーシング	中套〔壳〕
— connector	中間聯接器	中間連結器	中间联接器
— contact	中間接點	中間接点	中间接点
— cooling	中間冷卻	中間冷却	中间冷却
— coupling device	中間聯結〔耦合〕裝置	中間連結装置	中间联结〔耦合〕装置
— density polyethylene	中密度聚乙烯	中密度ポリエチレン	中密度聚乙烯
— desulfurization	中間脫硫	中間脱硫	中间脱硫
— draft gear	中間緩衝器	中間緩衝器	中间缓冲器
— frequency furnace	中頻感應電爐	中周波誘導炉	中频感应电炉
— gear	惰輪	中間歯車	惰轮
— heat exchanger	中間熱交換器	中間熱交換器	中间热交换器
— hoop	中間箍筋	中間帯鉄筋	中间箍筋
— nucleus	複合核	複合核	复合核
— pressure compressor	中壓壓縮機	中圧圧縮機	中压压气机
— pressure cylinder	中壓(汽)缸	中圧シリンダ	中压(汽)缸
— pressure turbine	中壓汽輪機	中間タービン	中压汽轮机
— principal stress	中間主應力	中間主応力	中间主应力
— relay	中間繼電器	中間継電器	中间继电器
— rolling mill	中間壓延機	中間圧延機	中间压延机
— shaft	中間軸	中間軸	中间轴
— shaft bearing	中間軸(軸)承	中間軸受	中间轴(轴)承
— shaft coupling	中間聯軸器	中間軸継手	中间联轴节
— solid solution	中間固溶體	中間固溶体	中间固溶体
— stiffener	中間補強肋	中間補剛材	中间加劲肋
— stringer	中間梁	副縦通材	中间梁
— stop valve	中間斷流閥	中間止め弁	中间断流阀
— sway bracing	中間橫撐架	中間対傾構	中间横撑架
— temperature glue	中溫(硬化)黏著劑	中温硬化接着剤	中温(硬化)黏着剂
ntermesh	嚙合	かみ合う	啮合
ntermeshing feed screw	嚙合進料螺桿	かみ合い供給スクリュー	啮合进料螺杆
— pitch circle	節圓	かみ合いピッチ円	节圆
— pressure angle	嚙合壓力角	かみ合い圧力角	啮合压力角
ntermetallic compound	金屬間化合物	金属間化合物	金属间化合物
ntermetallics	金屬間化合物	インタメリクス	金属间化合物
ntermiscibility	互溶性	相互混合性	互溶性
ntermittent action	間歇運動	間欠動作	间歇运动

英文	臺灣	日文	大陸
— arc	間歇電弧	断続アーク	间歇电弧
— charge	間歇充電	と切れ充電	间歇充电
— control	間歇控制	点制御	间歇控制
— control action	間歇(控制)動作	間欠動作	间歇(控制)动作
— current	間歇電流	と切れ電流	间歇电流
— discharge	間歇放電	間欠放電	间歇放电
— driven blower	間歇驅動鼓風機	断続ブロワ	间歇驱动鼓风机
— feed	間歇進給	間欠送り	断续进给
— fillet weld	間歇填角熔接	断続すみ肉溶接	断续角焊(缝)
— filtration	間歇過濾	間欠ろ過	间歇过滤
— filtration system	間歇過濾法	間欠ろ床法	间歇过滤法
— injection	間歇噴射	間欠噴射	间歇喷射
— motion	間歇運動	間欠運動	间歇运动
— motion mechanism	間歇運動機構	間欠機構	间歇运动机构
— movement	間歇運動	間欠運動	间歇运动
— operation	間歇操作	間欠作業	间断操作
— operation life test	斷續工作壽命試驗	断続寿命試験	断续工作寿命试验
— point welding	斷續點焊	断続点溶接	断续点焊
— running	斷續運轉	断続運転	断续运转
— seam welding	斷續縫焊	断続シーム溶接	断续缝焊
— spot welding	斷續點焊	スティッチ溶接	断续点焊
— stress	斷續應力	断続応力	断续应力
— type meter	間歇式(測量)儀錶	間欠型計器	间歇式(测量)仪表
— weld	間斷焊(縫)	断続溶接	间断焊(缝)
internal bond	內聚力	凝集力	内聚力
— break	內部破壞	内側ブレーキ	内部破坏
— broach	內拉刀	内面ブローチ	内拉刀
— broaching machine	內面拉床	内面ブローチ盤	内拉床
— centerless grinding	內圓無心磨削	心なし内面研削	内圆无心磨削
— chill	內冷鐵	鋳ぐるみ	内冷铁
— clearance	(軸承的)內間距	(軸受の)内部すき間	(轴承的)内间距
— combustion engine	內燃機	内燃機関	内燃机
— combustion pump	內燃泵	内燃ポンプ	内燃泵
— commontangent	內公切線	共通内接線	内公切线
— cone	內圓錐	内円すい	内圆锥
— connection	內部連接	内部接続	内部连接
— cooler	內部冷卻器	内蔵形冷却器	内部冷却器
— cooling grinding	內冷卻磨削	液通研削	内冷却磨削
— corner	凹角	内角	凹角
— corrosion	內部腐蝕	内部腐食	内部腐蚀

英文	臺灣	日文	大陸
— crack	內部龜裂〔裂紋〕	内部亀裂	内部龟裂〔裂纹〕
— cylinder	軸襯;內筒	内筒	轴衬;内筒
— diameter	內徑	内径	内径
— die pressure	模具內壓	型内圧力	模具内压
— dimentions	內部尺寸	内のり寸法	内部尺寸
— discharge	內部放電	内部放電	内部放电
— displacement	內部位移	内部変位	内部位移
— drop	內(部電)壓降	内部電圧降下	内(部电)压降
— drying test	內部乾燥試驗	内部乾燥試験	内部乾燥试验
— efficiency	內(部)效率	内部効率	内(部)效率
— elbow	內彎頭	インタナルエルボ	内弯头
— energy	內能	内部エネルギー	内能
— entropy	內部熵	内部エントロピー	内部熵
— expanding brake	內脹煞車	内部拡張式ブレーキ	内胀式制动器
— feed (water) pipe	給水內管	給水内管	给水内管
— fired boiler	內燃式鍋爐	内だきボイラ	内火室锅炉
— fissure	內部龜裂〔裂紋〕	内部亀裂	内部龟裂〔裂纹〕
— flexibility	內部柔軟性	内部柔軟性	内部柔软性
— flow	內(部液)流	内部流れ	内(部液)流
— flue	內煙道	内部炎管	内部焰管
— flue boiler	內煙道鍋爐	炉筒ボイラ	内部烟道锅炉
— force	內力;內應力	内力	内力;内应力
— force vector	內力向量	内力ベクトル	内力矢量
— form	內部形式	インタナルフォーム	内部形式
— friction	內摩擦(力)	内部摩擦	内摩擦(力)
— friction coefficient	內摩擦係數	内部摩擦数	内摩擦系数
— friction theory	內摩擦理論	内部摩擦説	内摩擦理论
— frictional angle	內摩擦角	内部摩擦角	内摩擦角
— frictional force	內摩擦力	内部摩擦力	内摩擦力
— furnace	爐膽	内炉	炉胆
— gear drive	內齒輪傳動	内歯車伝動	齿轮传动
— gear motor	內嚙合齒輪式電動機	内接歯車モータ	内啮合齿轮式电动机
— gear pump	內嚙合齒輪泵	内接歯車ポンプ	内啮合齿轮泵
— gearing	內嚙合	内歯車駆動	内啮合
— grinder	內磨床	内面研削盤	内圆磨床
— grinding	內輪磨	内面研削	内圆磨削
— grinding attachment	內輪磨裝置	内面研削装置	内面研削装置
— grinding machine	內磨床	内面研削盤	内圆磨床
— heat	內熱	内部熱	内部热量〔能〕
— heat build-up	內部發熱	内部発熱	内部发热

英文	臺灣	日文	大陸
— induction	內部誘導	内部誘引	内部诱导
— intercooling	內部冷卻	内部中間冷却	内部冷却
— interrupt	內(部)中斷	内部割み	内(部)中断
— isothermal efficiency	內部等溫效率	内部等温効率	内部等温效率
— latent heat	內部潛熱	内部潜熱	潜热
— leakage loss	內部洩漏損失	内部漏れ損失	内部泄漏损失
— line-up clamp	內夾緊	内面クランプ	内夹紧
— loss power	內部損失功率	内部損失動力	内部损失功率
— measuring ability	(機器人)內部計測機能	内界計測機能	(机器人)内部计测机能
— mixer	密閉式混合機	密閉式混合機	密闭式混合机
— orthography	內面正投影圖	内面図	内面正投影图
— oxidation	內部氧化	内部酸化	内部氧化
— phase angle	內相角	内部位相角	内相角
— pinion	內齒輪	インタナルピニオン	内齿轮
— plasticizer	(分子)內增塑劑	分子内可塑剤	(分子)内增塑剂
— polymerization	內部聚合	内部重合	内部聚合
— porosity	內部氣孔	腐れ	内部缩松
— power	內部功率	内部動力	内部功率
— pressure pipe	內壓管	内圧管	内压管
— recessing tool	內槽〔溝〕刀具〔刻刀〕	リセッシングバイト	内槽〔沟〕刀具〔刻刀〕
— release agent	內脫模〔分型〕劑	内部用離型剤	内脱模〔分型〕剂
— resistance	內阻力	内部抵抗	内阻
— rib	加強筋;凸緣	内部リブ	加强筋;凸缘
— schema	內(部)模式	内部スキーマ	内(部)模式
— screw thread	內螺紋	めねじ	内螺纹
— shaving	內形整〔精〕修	穴形シェービング	内形整〔精〕修
— shrinkage	內縮孔	内引け巣	内部缩孔
— stability	內部穩定性	内部安定性	内部稳定性
— strain	內應變	内部ひずみ	内应变
— stress corrosion	內應力腐蝕	内力腐食	内应力腐蚀
— structure	內部構造	内部構造	内部构造
— supercharger	內增壓器	内部過給機	内增压器
— thread	內螺紋	めねじ	内螺纹
— threading bite	內螺紋車刀	めねじ切りバイト	内螺纹车刀
— vibrator	內部振搗器	棒状バイブレータ	内部振捣器
— voltage	內部電壓	内部電圧	内部电压
— work	內功	内部仕事	内功
interparticle spacing	粒子間隔	粒子間隔	粒子间隔
interpass annealing	中間退火	中間焼鈍	中间退火
— temperature	層間溫度	パス間温度	层间温度

英文	臺灣	日文	大陸
interpenetration	互相(貫)穿透	相互貫入	互相(贯)穿透
— twin	穿插雙晶	貫通双晶	穿插双晶
inter-process annealing	中間退火	工程間焼なまし	中间退火
inter-reaction	相互反應	相互反応作用	相互反应
interrupt	切斷	割み	切断
— button	中斷電鈕	インタラプトボタン	中断电钮
— capabilities	中斷能力	割込み能力	中断能力
— latch	中斷鎖定	割込みラッチ	中断锁定
— trigger	中斷觸發器	インタラプトトリガ	中断触发器
interrupted aging	分斷時效	中断時効	断续时效
— arc method	斷續電弧法	断続弧光法	断续电弧法
— continuous wave	斷續連續波	断続連続波	断续连续波
— current method	斷續電流法	断続電流法	中断电流法
— electroplating	間歇電鍍	断続めっき	间歇电镀
— ignition	間歇〔斷〕點火	時限点火	间歇〔断〕点火
— machining	斷續切削	断続切削	断续切削
— quenching	分斷淬火	引上げ焼入れ	间断淬火
— spot weld	斷續點焊	断続点溶接	断续点焊
— thread	槽螺絲	溝ねじ	槽螺丝
interruption	斷路	中断	断路
— governor	斷續調速器	続き調速機	断续调速器
— key	斷續電鍵	断続電けん	断续电键
— on the track	線路中斷	線路閉鎖	线路中断
intersection	相交	共通部分	交点
— angle	交(叉)角	交差角	交(叉)角
— point	交點	交点	交点
— speed controller	交叉口車速控制器	交さ点速度制御機	交叉口车速控制器
intersectional force	斷面力	断面力	断面力
— friction	交叉阻力	交さ抵抗	交叉阻力
intersertal	填隙	てん間状	填隙
interspace	間隙〔隔;距〕	間げき	间隙〔隔;距〕
interstage	級間	インタステージ	级间
— annealing	中間退火	工程焼なまし	中间退火
— bushing	中間襯套	中間ブシュ	中间衬套
— diaphragm	中間隔膜	仕切り板	中间隔膜
— punching	隔行穿孔	奇数段せん孔	隔行穿孔
— sleeve	中間套筒〔閥套〕	中間スリーブ	中间套筒〔阀套〕
— transformer	中間變壓器	中（段）間変成器	级间变压器
— valve	級間閥	段間弁	级间阀
interstice	裂縫	割れ目	裂缝

英文	臺灣	日文	大陸
interstitial	填隙	格子間の（占拠）	填隙
— alloy	插入型合金	割込み型合金	填隙式合金
— atom	填隙原子	格子間原子	间隙原子
— compound	侵入型化合物	間げき充てん化合物	侵入型化合物
— distance	格子間距離	格子間距離	格子间距离
— fraction	隙間比	間げき比	隙间比
— material	填隙物質	間げき物質	填隙物质
— solid solution	間隙固溶體	侵入型固溶体	间隙固溶体
— volume	間隙體積	間げき体積	间隙体积
inter-switching	相互切換	相互切換え	相互切换
interval	間隔	間隔	间隔
— pulse	間隔脈衝	インタバルパルス	间隔脉冲
— scan	間隔掃描	インタバルスキャン	间隔扫描
intervane burner	旋流葉片式噴燃器	インタベーンバーナ	旋流叶片式喷燃器
intraconnector	內部連接器	イントラコネクタ	内部连接器
intragranular fracture	晶內破斷	粒内破断	晶内破断
intramicellar swelling	微胞內溶脹	ミセル内膨潤	微胞内溶胀
intramolecular force	分子內力	分子内力	分子内力
— reaction	分子內反應	分子内反応	分子内反应
— rearrangement	分子內重排	内分内転位	分子内重排
intra-particle diffusion	粒子內擴散	粒子内拡散	粒子内扩散
intrasonic	超低頻	イントラソニック	超低频
intrinsic	固有(的)	固有	固有(的)
— angular momentum	固有角動量	固有角運動量	固有角动量
— charge	固有電荷	固有電荷	固有电荷
— conduction	本徵導電	真性伝導〔電導〕	本征导电
— conductivity	固有電導率	真性伝導度〔電導度〕	固有电导率
— defect	固有缺陷	固有欠陥	固有缺陷
— efficiency	固有效率	固有効率	固有效率
— electric strength	固有電擊穿強度	真性電気破壊の強さ	固有电击穿强度
— vector	固有向量	内部ベクトル	固有矢量
introfier	加速浸透劑	透浸促進剤	加速浸透剂
intrusion	晶內偏析	入りり〔疲労〕	晶内偏析
intumescence	膨脹	膨張	膨胀
intumescent coating	膨脹型(防火)塗料	膨張型（防火）塗料	膨胀型(防火)涂料
— paint	發泡性耐燃漆	発泡性防炎ペイント	发泡性耐燃漆
invagination	內陷	陥入	内陷
invar	恆範鋼〔鐵鎳合金〕	不変鋼	不胀钢〔铁镍合金〕
— piston	恆範鋼活塞	アンバピストン	殷钢活塞
— steel	恆範鋼	アンバ鋼	殷钢

英　文	臺　灣	日　文	大　陸
— tape	恆範鋼帶尺	インバールテープ	殷钢带尺
— -wire	鎳鐵合金線	インバール尺	镍铁合金线
nvariable plane	不變面	不変面	不变面
— steel	恆範鋼〔鐵鎳合金〕	不変鋼	不胀钢〔铁镍合金〕
nvariance	不變性	不変性	不变性
nvariant	不變量	不変式	不变量
nventory	備品目錄	備品目録	备品目录
— level	庫存量	在庫水準	库存量
— management system	庫存管理體系	在庫管理体系	库存管理体系
— of product	產品庫存	製品在庫	产品库存
— optimization	庫存量最佳化	在庫量最適化	库存量最佳化
nverse annealing	析出硬化;反退火	逆焼なまし	析出硬化;反退火
— cam	反凸輪	逆さカム	逆向凸轮
— change	逆變化	逆変化	逆变化
— chill	反淬火	逆チル	反淬火
— connection	反向接線	逆結線	反向接线
— current	反向電流	逆方向電流	反向电流
— draft	反模模斜度	逆さこう配	反拔模斜度
— flow	反向流	逆流	反向流
— hardening	負硬化	負硬化	负硬化
— metal masking	反型金屬掩蔽法	反転メタルマスキング	反型金属掩蔽法
— method	反轉法	逆法	反转法
— perspective	反透視畫法	逆遠近法	反透视画法
— phase	反相	逆位相	反相
— photo-electric effect	逆光電效應	逆光電効果	逆光电效应
— piezoelectric effect	逆壓電效應	逆圧電効果	逆压电效应
— proportion	反比例	反比例	反比例
— ratio	反比	逆スパッタエッチング	反比
— reaction	逆反應	反比	逆反应
— repulsion motor	反推斥電動機	逆反応	反推斥电动机
— rod	反向拉桿	逆反発電動機	反向拉杆
— segregation	逆偏析	インバースロッド	逆偏析
— sputter etching	反濺射腐蝕	逆偏析	反溅射腐蚀
— suppressor	逆(電壓)抑制器	逆電圧抑制器	逆(电压)抑制器
— time relay	反比時限繼電器	反限時リレー	反比时限继电器
— vector	逆向量	逆ベクトル	逆矢量
— voltage	反向電壓	逆方向電圧	反向电压
nversion	反轉;轉換	逆転	反转
— axis	反轉軸	反転軸	反转轴
— mode	倒轉方式	インバーションモード	倒转方式

英文	臺灣	日文	大陸
— set	反轉裝置	反転装置	反转装置
— symmetry	反性對稱	反転対称	反性对称
— temperature	轉化溫度	転換温度	转化温度
inverted angle	倒角材	逆付け山形材	倒角材
— blanking die	反向下料模	さかさ抜き型	反向冲裁模
— chamfering	倒圓角	R面取り	倒圆角
— die	倒置模具	逆向き型	倒置模具
— drawing	反拉伸	逆絞り加工	反拉深
— engine	倒置式發動機	倒立発動機	倒置式发动机
— mold	倒轉模具	逆金型	倒转模具
— neutrodyne	反轉中和	反転中和	反转中和
— queen post truss	倒雙柱桁架	逆クインポストトラス	倒双柱桁架
— S shaped curve	反S形曲線	逆S字形曲線	反S形曲线
— siphon	虹吸管	逆サイフォン	虹吸管
— valve	單向閥	インバーテッドバルブ	单向阀
inverter	變流器	反転器	换流器
— buffer	倒相緩衝器	インバータバッファ	倒相缓冲器
invertibility	可逆性	可逆性	可逆性
investment casting	包模(精密)鑄造	焼流し精密鋳造	蜡模(精密)铸造
— moulding	包模造模法	ろう型鋳造法	蜡模铸造法
— pattern	蠟模	ろう型	蜡模
invisible defect	隱傷	隠れ傷	隐伤
— hinge	暗鉸鏈	隠し丁〔蝶〕番	暗铰链
— line	虛線	隠線	隐线
— radiation	不可見輻射	見えない放射	不可见辐射
involute	漸開線	伸開線	渐开线
— broach	漸開線拉刀	インボリュートブローチ	渐开线拉刀
— cam	漸開線凸輪	インボリュートカム	渐开线凸轮
— curve	漸開(曲)線	インボリュート曲線	渐开(曲)线
— equalizer	螺旋式均壓線	インボリュート均圧線	螺旋式均压线
— rotor	漸開線轉子	インボリュートロータ	渐开线转子
— standard gear	漸開線標準齒輪	インボリュート標準歯車	渐开线标准齿轮
— tester	漸開線試驗儀	インボリュート試験機	渐开线试验仪
— tooth profile	漸開線齒形	インボリュート歯形	渐开线齿形
inwall	內壁	内壁	内壁
inward flange	內向凸緣	内向きフランジ	内凸缘
— normal	內向法線	内向法線	内向法线
— turning	內(向旋)轉	内回り〔プロペラ〕	内(向旋)转
— turning propeller	內旋螺旋槳	内回りプロペラ	内旋螺旋桨
I/O control method	輸入輸出控制方法	入出力装置の制御	输入输出控制方法

英文	灣灣	日文	大陸
I/O control signal	輸入輸出控制信號	I／O 制御信号	输入输出控制信号
I/O interface	輸入輸出界面	入出力インタフェース	输入输出接口
I/O port buffer	輸入輸出緩衝器	I／O ポートバッファ	输入输出缓冲器
I/O status	輸入輸出狀態	入出力ステータス	输入输出状态
I/O switching module	輸入輸出轉換模組	入出力切換え機構	输入输出转换机构
ion	離子	イオン	离子
— accelerating voltage	離子加速電壓	イオン加速電圧	离子加速电压
— accelerator	離子加速器	イオン加速装置	离子加速器
— association	離子結合	イオン会合	离子结合
— atomosphere	離子(保護)氣氛	イオン雰囲気	离子(保护)气氛
— beam anneal	離子束退火	イオンビームアニール	离子束退火
— beam heating	離子束加熱	イオンビーム加熱	离子束加热
— beam machining	離子束加工	イオンビーム加工	离子束加工
— beam source	離子束源	イオンビーム源	离子束源
— catalyst	離子催化劑	イオン触媒	离子催化剂
— chamber	電離室〔箱〕	電離箱	电离室〔箱〕
— charge	離子電荷	イオン電荷	离子电荷
— collector	離子收集器	イオンコレクタ	离子收集器
— concentration	離子濃度	イオン濃度	离子浓度
— conductor	離子導體	イオン伝導体	离子导体
— density	離子密度	イオン密度	离子密度
— diffusion	離子擴散	イオン拡散	离子扩散
— energy	離子能	イオンエネルギー	离子能
— engine	離子發動機	イオンエンジン	离子发动机
— exchange agent	離子交換劑	イオン交換剤	离子交换剂
— exchange apparatus	離子交換裝置	イオン交換装置	离子交换装置
— exchange capacity	離子交換容量	イオン交換容量	离子交换容量
— exchange filtration	離子交換過濾	イオン交換ろ過	离子交换过滤
— exchange membrane	離子交換膜	イオン交換膜	离子交换膜
— exchange process	離子交換處理〔過程〕	イオン交換法	离子交换处理〔过程〕
— exchange reaction	離子交換反應〔作用〕	イオン置換反応	离子交换反应〔作用〕
— exchange resin	離子交換樹脂	イオン交換樹脂	离子交换树脂
— exchange treatment	離子交換處理	イオン交換処理	离子交换处理
— exchange unit	離子交換裝置	イオン交換装置	离子交换装置
— exchanger	離子交換劑	イオン交換剤	离子交换剂
— floatation	離子泡沫分離(法)	イオン浮選	离子泡沫分离(法)
— flow	離子流	イオン流	离子流
— ga(u)ge	離子壓力計	イオンゲージ	离子压力计
— getter pump	離子吸氣泵	イオンゲッタポンプ	离子吸气泵
— gun	離子槍	イオン銃	离子枪

I

英文	臺灣	日文	大陸
— implantation	離子注入	イオン打込み	离子注入
— laser	離子雷射	イオンレーザ	离子激光器
— meter	電離壓強計	イオンメータ	电离压强计
— microscope	離子顯微鏡	イオン顕微鏡	离子显微镜
— milling	離子銑削	イオンミリング	离子铣削
— model	離子模型	イオン模型	离子模型
— plating	離子電鍍	イオンめっき	离子电镀
— plating equipment	離子鍍膜裝置	イオンプレーティング装置	离子镀膜装置
— polymerization	離子聚合	イオン重合	离子聚合
— probe	離子探針	イオンプローブ	离子探针
— propulsion engine	離子發動機	イオンエンジン	离子发动机
— pulse chamber	離子脈衝電離箱	イオンパルス電離箱	离子脉冲电离箱
— pump	離子泵	イオンポンプ	离子泵
— scavenger	離子清除〔淨化〕劑	イオンスカベンジャ	离子清除〔净化〕剂
— separator	離子分離器	イオン分離器	离子分离器
— sputtering	離子塗覆	イオンスパッタリング	离子涂覆
— X-ray tube	離子X光管	イオンX－線管	离子X射线管
ionic action	離子作用	イオン作用	离子作用
— centrifuge	離子離心機	イオン遠心器	离子离心机
— conductivity	離子電導率	イオン電導率	离子电导率
— conductor	離子導電體	イオン伝導体	离子导电体
— crystal	離子(型)結晶	イオン結晶	离子(型)结晶
— current	離子電流	イオン電流	离子电流
— discharge	離子放電	イオン放電	离子放电
— force	離子引力	イオン力	离子引力
— lattice	離子晶格	イオン格子	离子晶格
— theory	電離理論	イオン説	电离理论
— valence	離子價	イオン価	离子价
— -wind voltmeter	離子風電壓錶	イオン風電圧計	离子风电压表
ionicity	離子性	イオン性	离子性
ionics	離子學	イオニクス	离子学
ionitriding	離子氮化法	イオン窒化法	离子氮化法
ionization	游離	イオン化	电离
— by collision	碰撞電離	衝突イオン化	碰撞电离
— current	游離電流	イオン化電流	电离电流
— degree	游離度	電離度	电离度
— density	游離密度	電離密度	电离密度
— efficiency curve	游離效率曲線	イオン化効率曲線	电离效率曲线
— energy	游離能	電離エネルギー	电离能
— foaming	離子化發泡	イオン化発泡	离子化发泡

英文	臺灣	日文	大陸
— phenomenon	游離現象	イオン化現象	电离现象
— radiation	游離輻射	電離放射線	电离辐射
— rate	游離率	イオン化率	电离率
— vacuum meter	游離真空計	電離真空計	电离真空计
ionized air	游離空氣	イオン化空気	电离空气
— atmosphere	離子化氣氛	イオン化雰囲気	离子化气氛
— atom	游離化原子	イオン化原子	游离化原子
— gas	游離的氣體	電離ガス	电离的气体
— layer	游離層	イオン層	电离层
— state	游離(狀)態	電離状態	电离(状)态
ionizer	游離器	イオナイザ	电离器
ionizing agent	離子化試劑	イオン化剤	离子化试剂
— collision	離子碰撞	イオン化衝突	离子碰撞
— medium	游離介質	電離媒体	电离介质
ionogen	電解質	電解質	电解质
ionography	電離射線照相法	粒子線写真	电离射线照相法
ionometer	離子計	イオン測定器	离子计
ionophoreisis	(離子)電泳	イオン電泳	(离子)电泳
ionosphere	電離層	イオン圏	电离层
iosiderite	方鐵礦	鉄さび石	方铁矿
iozite	方鐵礦	鉄さび石	方铁矿
IR-drop compensation	電阻壓降補償	IR 降下補償	电阻压降补偿
iron	鐵	鉄	铁
— accumulator	鐵蓄電池	鉄電池	铁蓄电池
— alloy plating	鐵合金電鍍	鉄合金めっき	铁合金电镀
—-aluminum alloy	鐵鋁合金	鉄アルミ合金	铁铝合金
— andradite	鐵榴石	鉄灰鉄ざくろ石	铁榴石
— arc lamp	鐵弧燈	鉄弧光灯	铁弧灯
— band	鐵箍〔帶〕	鉄帯	铁箍〔带〕
— base alloy	鐵基合金	鉄基合金	铁基合金
— base superalloy	鐵基超耐熱合金	鉄基超耐熱合金	铁基超耐热合金
— black	鐵墨	黒色鉄の粉	黑色铁粉
— blue pigment	鐵青色	紺青	铁青色
— bog bath	鐵粉浴	鉄泥浴	铁粉浴
— bolt	鐵(螺)栓	アイアンボルト	铁(螺)栓
— boride	硼化鐵	ほう化鉄	硼化铁
— brucite	鐵滑石	鉄水滑石	铁滑石
— buff	氫氧化鐵	鉄黄	氢氧化铁
— cacodylate	卡可基酸鐵	カコジル酸 {第二} 鉄	卡可基酸铁
— carbide	碳化鐵	炭化鉄	碳化铁

I

英 文	臺 灣	日 文	大 陸
—-carbon diagram	鐵-碳狀態圖〔平衡圖〕	鉄炭素状態図	铁碳状态图〔平衡图〕
— carbonate spring	碳酸鐵礦泉	炭酸鉄泉	碳酸铁矿泉
— casting	鐵鑄件	鉄鋳物	铁铸件
— chloride	氯化鐵	塩化鉄	氯化铁
— chromate	鉻酸鐵	クロム酸鉄	铬酸铁
—-cobalt alloy	鐵鈷合金	鉄コバルト合金	铁钴合金
—-cobalt ferrite	鐵鈷肥粒鐵	鉄コバルトフェライト	铁钴铁氧体
— concrete	鋼筋混凝土	鉄筋コンクリート	钢筋混凝土
—-concretion	鐵固結粒	鉄結粒	铁固结粒
— construction	鋼結構	鉄骨構造	钢结构
—-copper alloy	鐵-銅合金	鉄－銅合金	铁-铜合金
—-copper calcanthite	硫酸銅鐵礦	鉄銅胆ばん	硫酸铜铁矿
— core	鐵心	鉄心	铁芯
— core choking coil	鐵心扼流圈	鉄心チョークコイル	铁心扼流圈
— core coil	鐵心線圈	鉄心線輪	铁芯线圈
— core loss	鐵心損耗	鉄心損失	铁芯损耗
— core material	鐵心材料	鉄心材料	铁芯材料
— core reactor	鐵心扼流圈	鉄心リアクトル	铁芯扼流圈
— covering	鐵套〔罩;蓋〕	鉄被覆	铁套〔罩;盖〕
— crow	鐵桿	鉄てこ	铁杆
— cutting saw	截鐵鋸	鉄のこ	截铁锯
— dichloride	氯化亞鐵	塩化第一鉄	氯化亚铁
— dichromate	重鉻酸鐵	重クロム酸（第二）鉄	重铬酸铁
— dissolution test	鐵溶出試驗	鉄溶出試験	铁溶出试验
— disulfide	二硫化鐵	黄鉄鉱	二硫化铁
— dog	兩爪釘	かすがい	两爪钉
— dust	鐵屑	鉄粉	铁屑
— dust core	(粉末冶金)壓製鐵芯	アイアンダストコア	(粉末冶金)压制铁芯
— earth	含鐵土	含鉄土	含铁土
— electroforming	鐵電鑄	鉄電鋳	铁电铸
— ethiops	四氧化三鐵	四三酸化鉄	四氧化三铁
— ferrocyanide	亞氰化鐵	フェロシアン化第二鉄	亚氰化铁
— filler	鐵質填料	アイアンフィラー	铁质填料
— fillings	鐵銼屑	くず金	铁〔切〕屑
— flowers	三氯化鐵	無水塩化第二鉄	三氯化铁
— forth	海綿赤鐵礦	微細海綿状赤鉄鉱	海绵赤铁矿
— foundry	鑄造廠	鋳造工場	铸造厂
— frame	鐵架	鉄フレーム	铁架
— funnel	鐵漏斗	鉄漏斗	铁漏斗
— gallotannate	鞣酸鐵	タンニン酸鉄	鞣酸铁

英文	臺灣	日文	大陸
— garnet	鐵榴石	鉄ざくろ石	铁榴石
— glance	鏡鐵礦	鏡鉄鉱	镜铁矿
— gray	鐵灰色	鉄色	铁灰色
— grid resistance	柵狀電阻器	格子形抵抗器	栅状电阻器
— grist mill	鐵臼製粉機	鉄うす製粉機	铁臼制粉机
— group elements	鐵族元素	鉄族元素	铁族元素
— halide	鹵化鐵	ハロゲン化鉄	卤化铁
— hand	機械手	アイアンハンド	机械手
— hoop	鐵箍	鉄たが	铁箍
— hydrate	氫氧化鐵	水酸化第二鉄	氢氧化铁
— hydride	氫化鐵	水素化鉄	氢化铁
— hypersthene	鐵輝石	鉄紫そ輝石	铁辉石
— kaolinite	法鐵高嶺石	鉄カオリナイト	法铁高岭石
— loss	鐵損	鉄損	铁损
— lozenge	鐵錠(還原)劑	(還元) 鉄錠剤	铁锭(还原)剂
— meteorite	鐵隕石	鉄いん石	铁陨石
— mill	煉鐵工廠	製鉄工場	炼铁工厂
— minium	赭土	鉄丹	赭土
— mo(u)ld	鐵斑	鉄さび	铁斑
— monosulfide	硫化亞鐵	一硫化鉄	硫化亚铁
— mordant	鐵(質)媒染劑	鉄腐食剤	铁(质)媒染剂
— nail	金屬釘	金くぎ	金属钉
— -nickel alloy	鐵鎳合金	鉄ニッケル合金	铁镍合金
— notch	出鐵口	出湯口	出铁口
— ore	鐵礦石	鉄鉱石	铁矿石
— ore-bed	鐵礦層	鉄鉱層	铁矿层
— oxalate	草酸亞鐵	しゅう酸 (第一) 鉄	草酸亚铁
— oxide	氧化鐵	酸化鉄	氧化铁
— oxide covering	氧化鐵覆蓋	酸化鉄被覆	氧化铁覆盖
— oxide layer	氧化鐵層	鉄酸化物層	氧化铁层
— oxide red	三氧化二鐵	ベンガラ	三氧化二铁
— pattern	鐵模型	鉄模型	铁模(样)
— perchloride	氯化鐵	塩化第二鉄	氯化铁
— pipe	鐵管	鉄管	铁管
— plaster	鐵(硬)膏	含鉄硬こう	铁(硬)膏
— plating	電鍍鐵	鉄めっき	电镀铁
— powder	鐵粉	鉄粉	铁粉
— powder cement	鐵粉水泥	鉄粉セメント	铁粉水泥
— powder magnet	鐵粉磁鐵	鉄粉磁石	铁粉磁铁
— powder type electrod	鐵粉型焊條	鉄粉系溶接棒	铁粉型焊条

I

英文	臺灣	日文	大陸
— pressing plate	壓製鐵板	圧搾鉄板	压制铁板
— protocarbonate	碳酸亞鐵	プロト炭酸鉄	碳酸亚铁
— protosulfide	硫化亞鐵	プロト硫化鉄	硫化亚铁
— protoxide	氧化亞鐵	プロト酸化鉄	氧化亚铁
— pyrite	黃鐵礦	黄鉄鉱	黄铁矿
— red	氧化鐵紅	鉄丹	氧化铁红
— ring of pile	鐵製樁箍	くいの金輪	铁制桩箍
— round nail	圓鐵釘	鉄丸くぎ	圆铁钉
— rubber	鐵質橡膠	アイアンラバー	铁质橡胶
— rust	鐵銹	鉄さび	铁锈
— saffron	三氧化二鐵	インド赤	三氧化二铁
— sand	鐵砂	砂鉄	铁矿砂
— scale	鐵鱗皮;鐵銹皮	鉄のスケール	(铁)氧化皮
— scrap	廢鐵	故鉄	铁屑
— scraper	鐵刮刀	アイアンスクレーパ	刮铁刀
— separator	鐵(成分)分離機	鉄分分離機	铁(成分)分离机
— sesquioxide	三氧化二鐵	三二酸化鉄	三氧化二铁
— sesquisulfide	三硫化二鐵	三二酸化鉄	三硫化二铁
— sheet duct	鋼板導管	鉄板ダクト	钢板导管
— shot	鐵球(鑄造)	たまがね	钢球
— -silicon alloy	鐵矽合金	鉄けい素合金	铁硅合金
— slag	鐵熔渣	鉄溶さい	铁熔渣
— sodium oxalate	草酸鐵鈉	しゅう酸鉄ナトリウム	草酸铁钠
— solid pillar	實心鋼柱	鉄製むくピラー	实心钢柱
— spar	球菱鐵礦	球菱鉄鉱	球菱铁矿
— speck	鐵斑	鉄さび染め	铁斑
— sponge	海綿狀鐵	海綿状鉄	海绵状铁
— stain	鐵銹斑	鉄染み	铁斑
— stearate	硬脂酸鐵	ステアリン酸(第二)鉄	硬脂酸铁
— still	鐵製蒸餾鍋	鉄製蒸留器	铁制蒸馏锅
— strap	帶鋼	帯鉄	带钢
— sulfide	硫化鐵	硫化第一鉄	硫化铁
— sulphide	硫化鐵	硫化鉄	硫化铁
— system element	鐵族元素	鉄族元素	铁族元素
— system ion	鐵族離子	鉄族イオン	铁族离子
— tannate	鞣酸鐵	タンニン酸第二鉄	鞣酸铁
— tower	鐵塔	鉄塔	铁塔
— trioxide	三氧化二鐵	三酸化鉄	三氧化二铁
— wire	鐵絲	鉄線	铁丝
— work(s)	鐵工(廠)	鉄骨工事	钢铁工程

英文	臺灣	日文	大陸
Ironac	一種高矽鑄鐵	アイロナック	一种高硅铸铁
iron-clad battery	鐵殼電池	アイアンクラッド電池	铁壳电池
ironic acetate	乙酸鐵	酢酸第二鉄	乙酸铁
— hydroxide	氫氧化鐵	水酸化第二鉄	氢氧化铁
— oxide	三氧化二鐵	酸化第二鉄	三氧化二铁
— sulfate	硫酸鐵	硫酸第二鉄	硫酸铁
ironing	熨平;壓平	しごき加工	拉深;压平
— board	鍛台	アイロン台	锻台
— pad	擠拉台(架)	アイロン台	挤拉台(架)
— room	鍛工房	アイロン室	锻工房
ironmongery goods	五金器材	金物	五金器材
ironstone	富鐵岩石	アイアンストーン	富铁岩石
irradiance	輻照度	放射照度	辐照度
irradiated coating	(射線)照射固化塗層	照射塗膜	(射线)照射固化涂层
— fuel	照射(過的)燃料	照射済み燃料体	照射(过的)燃料
— material	輻照過的物質	照射済み物質	辐照过的物质
— plastic	照射塑料;光滲塑料	照射プラスチック	照射塑料;光渗塑料
irradiation	輻照	日射	辐照
— contraction	輻照收縮	照射収縮	辐照收缩
— embrittlement	輻射脆化	照射ぜい化	辐射脆化
— growth	輻照生長	照射成長	辐照生长
— hardening	照射硬化	照射硬化	照射硬化
irregular chattering	不規則顫震	不定反跳	不规则颤震
— curve	曲線板	雲形定規	曲线板
— inclination of rail	鐵軌傾斜	レール小返り	铁轨倾斜
— pitch	不等螺距	不等ピッチ	不等螺距
— rigid frame	不規則剛架	不整形ラーメン	不规则刚架
— shape drawing	異形體拉伸	異形大物絞り	异形体拉深
irregularity	不規則性	不規則性	不规则性
irreversibility	不可逆性	非可逆性	不可逆性
irreversible adsorption	不可逆吸收	不可逆吸着	不可逆吸收
— alloy	不可逆合金	非可逆合金	不可逆合金
— change	不可逆變化	不可逆変化	不可逆变化
— cycle	不可逆循環	不可逆サイクル	不可逆循环
— decomposition	不可逆分解	不可逆分解	不可逆分解
— electrode reaction	不可逆電極作用〔反應〕	非可逆電極反応	不可逆电极作用〔反应〕
— element	非可逆元件	非可逆（性）素子	非可逆元件
— engine	不可逆轉式發動機	非可逆機関	不可逆转式发动机
— process	不可逆過程	非可逆過程	不可逆过程
— reaction	不可逆反應	不可逆反応	不可逆反应

英　文	臺　灣	日　文	大　陸
— steel	不可逆鋼	不可逆鋼	不可逆钢
irvingite	鈉鋰雲母	アービング雲母	钠锂云母
isa	錳銅〔電阻用合金〕	イサ	锰铜〔电阻用合金〕
— bellin	錳系電阻合金	イサベリン	锰系电阻合金
isabellite	鎂納鈣閃石	リヒター角せん石	镁纳钙闪石
isallobar	等變壓線	気圧等変化線	等变压线
isallotherm	等變溫線	等温等変化線	等变温线
isenthalpic expansion	等焓膨脹	等エネルギー膨脹	等焓膨胀
isentropic change	等熵變化	等エントロピー変化	等熵图
— chart	等熵圖	等温位面天気図	等熵压缩
— compression	等熵壓縮	等エントロピー圧縮	等熵线
— curve	等熵線	等エントロピー線	等熵效率
— efficiency	等熵效率	等エントロピー効率	等熵效率
— head	等熵頭	断熱ヘッド	等熵头
— power	等熵功率	等エントロピーガス動力	等熵功率
— work	等熵功	等エントロピーヘッド	等熵功
iserine	鈦鐵砂	アイセリン	钛铁砂
isinglass	雲母	魚こう	云母
ISO inch screw thread	ISO英制螺紋	ISO インチねじ	ISO英制螺纹
ISO pipe thread	ISO規定的管螺紋	ISO 管用ねじ	ISO规定的管道螺栓
ISO recommendation	ISO推荐規格	ISO 推薦規格	ISO推荐规格
ISO screw thread	ISO螺栓	ISO ねじ	ISO螺栓
isobar	等壓線	等圧線	等压线
isocandle diagram	等光度圖	等光度図	等光度图
isocenter	等角點	等角点	等角点
isochoric change	等容變化;體積變化	等容変化	等容变化;体积变化
isochronism	同步	等期	同步
— speed governor	同步調速器	等時性調速機	同步调速器
isochronous	同步加速器	等時加速器	同步加速器
— distortion	未同步畸變	等時性ひずみ	未同步畸变
— governor	同步調節器	等時性調速機	同步调节器
isoclinal line	等偏角線	等伏角線	等偏角线
isocline	等傾線	等傾線	等斜〔倾〕线
isoclinic	等傾線	等傾線	等倾线
isocorrosion chart	等腐蝕線圖	等食線図	等腐蚀线图
isoda metal	鉛基巴氏合金	イソダメタル	铅基巴氏合金
isodynamic law	等力定律	等力定律	等力定律
— lines	等磁力線	等磁力線	等磁力线
isoefficiency curve	等效率曲線	等効率曲線	等效率曲线
isoentropic change	等熵變化	等エントロピー変化	等熵变化

英文	臺灣	日文	大陸
— curve	等熵線	等エントロピー線	等熵线
— efficiency	等熵效率	等エントロピー効率	等熵效率
— expansion	等熵膨脹	等エントロピー膨脹	等熵膨胀
— flow	等熵流	等エントロピー流れ	等熵流
— process	等熵過程	イソエントロピー過程	等熵过程
— variety	等熵變化	等エントロピー変化	等熵变化
— wave	等熵波	等エントロピー波	等熵波
isoentropy	等熵	等エントロピー	等熵
isoepitaxia	同質外延(的)	イソエピタキシャル	同质外延(的)
— growth	同質延生長	イソエピタキシャル成長	同质延生长
isoflow heater	等流加熱爐〔器〕	イソフロー加熱炉	等流加热炉〔器〕
isogal map	等重力線圖	等重力線図	等重力线图
isogon(e)	等角體	等角体	等角体
isogonal transformation	等角變化	等角変換	等角变化
isogonic	等偏角線	等偏角線	等偏角线
— line	等偏角線	等偏角線	等偏角线
isogonism	等角(現象)	イソゴニズム	等角(现象)
isogram	等值線(圖)	等位曲線	等值线(图)
isogyre	等旋干涉紋	イソジャイア	等旋干涉纹
isohardness diagram	等硬度曲線圖	恒硬度線図	等硬度曲线图
isolated base	絕緣底座	分離基礎	绝缘底座
— gate	絕緣柵	イソレーテッドゲート	绝缘栅
— point	孤立點	孤立点	孤立点
— pulse	孤立脈衝	孤立パルス	孤立脉冲
— wire	絕緣導線	絶縁線	绝缘导线
isolating condenser	隔(直)流電容器	分離コンデンサ	隔(直)流电容器
— construction	絕緣結構	隔離構造	绝缘结构
— mechanism	隔離機構	隔離機構	隔离机构
— switch	斷路器	断路器	断路器
— valve	隔離閥	分離弁	隔离阀
isolation	絕緣	隔離	绝缘
— breakdown voltage	絕緣擊穿電壓	絶縁破壊電圧	绝缘击穿电压
— diffusion	絕緣擴散	イソレーション拡散	绝缘扩散
— layer	絕緣層	イソレーション層	绝缘层
— valve	隔離閥	遮断弁	隔离阀
— voltage	隔離電壓	絶縁耐圧	隔离电压
isolator	絕緣體	絶縁体	绝缘体
isologous series	同構(異素)系	同級列	同构(异素)系
isolog(ue)	同構(異素)體	同級体	同构(异素)体
Isomax process	加氫裂化法	イソマックス法	加氢裂化法

英文	臺灣	日文	大陸
isomer	同素異構物	異性核	同质异能素
isomeric change	異構化	異性転位	异构化
— compound	異構(化合)物	異性化合物	异构(化合)物
isomerism	(同分)異構(現象)	異性	(同分)异构(现象)
isomerization	異構化	異性化	异构化
isometric	等角圖法	等角図法	等角图法
— change	等容變化	定容変化	等容变化
— crystal system	等軸晶系	等軸晶系	等轴晶系
— drawing	等角投影圖	等角投影図	等角投影图
— perspective drawing	等軸透視圖	平行透視図	等轴透视图
— projection	等角投影	等角画法	等角投影
— scale	等角尺度	等角尺度	等角尺度
— system	立方晶系	立方晶系	立方晶系
— transformation	等長變換	等長変換	等长变换
isometry	等距〔軸;容〕	等長	等距〔轴;容〕
isomorph	同形體	同形体	同形体
isomorphous element	同晶型元素	同形元素	同晶型元素
— mixture	固溶晶	晶溶体	固溶晶
— solution	等滲透壓溶液	等しん圧溶液	等渗透压溶液
isopachite	等厚線	等層厚線	等厚线
isopachous map	等厚線圖	等層厚線図	等厚线图
isoperm alloy	恒導磁率鐵鎳鈷合金	イソパーム	恒导磁率铁镍钴合金
isopicnic line	等密度線	等密度線	等密度线
isoplanar structure	等平面結構	イソプレーナ構造	等平面结构
isopycnic surface	等密度面	等密度面	等密度面
isopycnosis	等固縮現象	常凝縮	等固缩现象
isosmotic solution	等浸透壓溶液	等張〔溶〕液	等浸透压溶液
isostatic press	等壓沖床	等圧板	等压压力机
— slab	等靜力(平)板	イソスタチックスラブ	等静力(平)板
isotachophoresis	等速電泳	等速電気泳動	等速电泳
isotactic mo(u)lding	等靜壓成形	イソタクチック成長	等静压成形
— pressing	等壓壓縮	等圧圧縮	等压压缩
isotensoid	等張力界面	等張面	等张力界面
isotherm	等溫線	等温	等温线
isothermal annealing	等溫退火	恒温焼なまし	等温退火
— change	等溫變化	等温変化	等温变化
— compression	等溫壓縮	等温圧縮	等温压缩
— compressor	等溫壓縮機	等温圧縮機	等温压缩机
— cooling	等溫冷卻	恒温冷却	等温冷却
— curve	等溫曲線	等温曲線	等温曲线

英文	臺灣	日文	大陸
— diffusion	溫度擴散	等温拡散	温度扩散
— efficiency	等溫效率	等温効率	等温效率
— expansion	等溫膨脹	等温膨脹	等温膨胀
— extrusion	等溫(緩速)擠壓	等温緩速押出し	等温(缓速)挤压
— fluid	等溫流體	等温流体	等温流体
— forging	等溫鍛造	等温鍛造	等温锻造
— gas efficiency	等溫氣體效率	内部等温効率	等温气体效率
— growth	等溫成長	恒温成長	等温成长
— hardening	等溫淬火	恒温焼入れ	等温淬火
— head	等溫頭〔線〕	等温ヘッド	等温头〔线〕
— heat treatment	恒溫熱處理	恒温熱処理	等温热处理
— line	等溫線	等熱線	等温线
— normalizing	等溫正常化	恒温焼ならし	等温正火
— power	等溫(氣體)功率	等温(ガス)動力	等温(气体)功率
— process	等溫過程	等温過程	等温过程
— quenching	等溫淬火	恒温焼入れ	等温淬火
— reaction	等溫反應	等温反応	等温反应
— region	等溫層	等温圏	等温层
— secant bulk modulus	等溫正割體積彈性模數	等温平均体積弾性係数	等温正割体积弹性模数
— spheroidizing	等溫球化	恒温粒状化	等温球化
— strain	等溫變形	等温ひずみ	等温变形
— surface	等溫面	等温面	等温面
— tangent bulk modulus	等溫正切體積彈性模數	等温正接体積弾性係数	等温正切体积弹性模数
— tempering	等溫回火	恒温焼もどし	等温回火
— trans-stressing	等溫形變熱處理	恒温変態負荷処理	等温形变热处理
— transformation	等溫轉變	恒温変態	等温转变
— treatment	等溫加工熱處理	恒温加工熱処理	等温加工热处理
isothermosphere	等溫層圈	等温層圏	等温层圈
isothermy	等溫	恒温	等温
isotonic coefficient	等滲〔壓;張〕係數	等張係数	等渗〔压;张〕系数
isotope	同位素;同位核	同位体	同位(异量)素
— concentrate	濃縮同位素	濃縮同位元素	浓缩同位素
— exchange reaction	同位素交換反應	同位体交換反応	同位素交换反应
— principle	同位素原理	同位元素原理	同位素原理
isotopic abundance	同位素存在度	同位体存在度	同位素存在度
— carbon material	各向同性碳材	等方性カーボン	各向同性碳材
— composition	同位素成分	同位体組成	同位素成分
— point	各向同性點	等方点	各向同性点
— weight	同位素量	同位原子量	同位素量
isotrope	各向同性晶體	等方性体	各向同性晶体

英文	臺灣	日文	大陸
isotropic antenna	無方向性天線	等方向性アンテナ	无方向性天线
— body	各向同性體	等方性体	各向同性体
— elastic body	各向同性彈性體	等方弾性体	各向同性弹性体
— filler	各向同性填充劑	等方性充てん剤	各向同性填充剂
— laminate	各向同性層壓板	等方性ラミネート	各向同性层压板
— materials	各向同性材料	等方性材料	各向同性材料
— mineral	均質礦物	等方性鉱物	均质矿物
— tensor	各向同性張量	等方テンソル	各向同性张量
— turbulence	各向同性紊流	等方向性乱流	各向同性紊流
isotropy	等方性;均質	等方性	均质
isovolumetric change	等容變化	定容変化	等容变化
IT diagram	等溫轉變曲線	IT 曲線	等温转变曲线
ital-itaipain disease	鎘中毒症	イタイイタイ病	镉中毒症
itinerary lever	電鎖閉控制桿	電気鎖錠挺	电锁闭控制杆
it-plate	石棉橡膠板	石綿ゴム板	石棉橡胶板
Izett steel	一種非時效鋼	イゼット鋼	一种非时效钢
izod impact test	艾式衝擊試驗	アイゾッド衝撃試験	悬臂梁式冲击试验
— impact tester	艾式衝擊試驗機	アイゾッド衝撃試験機	悬臂梁式冲击试验机
— notch	V型缺口	アイゾッドノッチ	V型缺口

英文	臺灣	日文	大陸
J-groove butt welding	J型坡口對焊	J形突き合わせ溶接	J型坡口对焊
Jacama metal	一種鉛基軸承合金	ジャカナメタル	一种铅基轴承合金
jack	千斤頂	こう重機	插口;千斤顶
— board	起重盤	ジャック盤	插孔排
— bolt	千斤頂高螺栓	ジャッキボルト	定位螺栓
— cylinder	起重油缸	ジャッキシリンダ	起重油缸
— pile puller	千斤頂拔樁機	ジャッキくい抜き機	千斤顶拔桩机
— pin	塞孔銷	ジャックピン	塞孔销
— screw	螺栓千斤頂	ねじ起重機	螺栓起重器
— shaft	中間動軸	ジャック軸	传动轴
— star	三角鐵	ジャックスター	三角铁
— strip	撐板條	ジャックストリップ	塞孔簧片
jackbit	可卸式鑽頭	付け替えビット	可卸式钻头
jack-down	(用千斤頂)降下	ジャッキダウン	(用千斤顶)降下
jack-hammer	手持式鑿岩機	手持ち削岩機	手持式凿岩机
— drill	衝鑽	手持ち削岩機	冲钻
jack-plane	粗鉋	粗かんな	粗刨
jack-up	(用千斤頂)頂高〔起〕	揚げ前	(用千斤顶)顶高〔起〕
— rig	自升式鑽井平台	ジャッキアップリグ	自升式钻井平台
jacket	外皮	帔覆	外皮
— boat	(砂箱)補助框	ジャケットボート	(砂箱)补助框
— cock	套管旋塞	汽筒活栓	套管旋塞
— cooling	套管冷卻	ジャケット冷却法	套管冷却
— inlet	水套進水口	ジャケットインレット	水套进水口
— type evaporator	套層蒸發器	外とう加熱式蒸発かん	套层蒸发器
— valve	套層閥	ジャケットバルブ	套层阀
— water cooler	外套水冷卻器	ジャケット水冷却器	套层式水冷却器
jackfield	插孔板	ジャックフィールド	插孔板
jacking force	千斤頂張拉力	作業緊張力	千斤顶张拉力
— pads	千斤頂墊塊	ジャッキ受け	千斤顶垫块
jackmanizing	深滲碳熱處理法	ジャックマナイジング	深渗碳热处理法
Jackson conveyor	一種輸送機	ジャクソンコンベヤ	一种输送机
— 's method	一種結構程序設計方法	ジャクソン法	一种结构程序设计方法
jackstay	撐桿	ジャッキステー	撑杆
Jacob's ladder	軟梯	網ばし子	软梯
— method	雅科布法	ジャコブス法	雅科布法
— taper	雅科布錐度	ジャコブステーパ	雅科布锥度
jade	硬玉	硬玉	硬玉
— stone	硬玉	硬玉	硬玉
jadeitite	硬玉岩	硬玉岩	硬玉岩

J

英文	臺灣	日文	大陸
Jae metal	一種銅鎳合金	ジェーメタル	一种铜镍合金
jalpaite	輝銅銀礦	ヤンパ鉱	辉铜银矿
Jalten	一種錳銅低合金鋼	ジャルタン	一种锰铜低合金钢
Jam	阻塞	ジャム	阻塞
— nut	鎖緊螺母	低ナッナ	锁紧螺母
— type packing	壓緊式迫緊	ジャムタイプパッキン	压紧式填料
— up	阻塞	材料のつまり	阻塞
Janney motor	一種軸向柱塞液壓馬達	ジャンネモータ	一种轴向柱塞液压马达
Jar	電瓶	ジャー	电瓶
— mill	缸式磨機	びん洗い器	缸式磨机
jarring machine	振實(式)造型機	ジャリングマシン	振实(式)造型机
— mark	震動痕	振動こん	震动痕
jaw	顎夾;爪	あご	夹紧装置
— block	破碎機顎塊	ジョーブロック	破碎机颚块
— breaker	顎式破碎機	かみ込や粗砕機	颚式破碎机
— chuck	爪(式)夾頭	あごチャック	爪(式)卡盘
— clutch	顎夾離合器	爪クラッチ	爪式离合器
— coupling	顎夾聯結器	ジョーカップリング	爪盘联轴节
— pressure	夾緊壓力	あご圧力	夹紧压力
— riveter	顎式鉚機	ジョーリベッタ	颚式铆机
— type press	顎式壓機	片持ちプレス	颚式压机
— vice	虎鉗	ジョーバイス	虎钳
jelletite	綠鐵榴石	ゼレット石	绿铁榴石
Jellif	一種鎳鉻電阻合金	ジェリフ	一种镍铬电阻合金
jenny	移動式起重機〔吊車〕	ハエナワ導車	移动式起重机〔吊车〕
Jereal	一種高導電率鋁合金	イエレアル	一种高导电率铝合金
jerk	衝擊	ジャーク	冲击
— pump	高壓燃油噴射泵	ジャーク式噴射ポンプ	高压燃油喷射泵
jerking machine	振動機	振動テーブル	振动机
— table	振動台	振動テーブル	振动台
jerky flow	不連續變形	不連続変形	不连续变形
Jessop-H40	一種肥粒鐵耐熱鋼	ジェソップH_{40}	一种铁素体耐热钢
jet	噴射;噴嘴	噴射	喷嘴
— action valve	噴射閥	ジェット弁	喷射阀
— blast	噴流	ジェット噴流	喷流
— blower	噴氣鼓風機	噴射送風機	喷气鼓风机
— brake	噴射制動器	ジェットブレーキ	喷射制动(装置)
— carbureter	噴霧汽化器	霧吹き気化器	喷雾式化油器
— coal	長焰煤	ジェット炭	长焰煤
— compressor	噴射壓縮機	噴射圧縮機	喷射压缩机

英文	臺灣	日文	大陸
— condenser	噴射凝結器	ジェット複水器	喷射(式)冷凝器
— control	噴流控制	ジェットコントロール	喷流控制
— crusher	噴射式粉碎機	噴射式粉砕機	喷射式粉碎机
— cutting	噴流切割	噴流切削	喷流切割
— diffusion	噴流擴散	噴流の拡散	喷流扩散
— etching	噴射腐蝕法	ジェットエッチング法	喷射腐蚀法
— flow	射流	射流	射流
— granulator	噴射製粒機	噴射造粒機	喷射制粒机
— hardening	噴水淬火	ジェット焼き入れ	喷水淬火
— lubrication	噴氣潤滑	ジェット潤滑	喷气润滑
— mill	射流粉碎機	ジェット粉砕機	射流粉碎机
— mixer	噴射混合器	ジェット混合器	喷射混合器
— molding	注射模塑法〔塑料〕	噴射成形	注射模塑法〔塑料〕
— piercing	噴焰穿孔	噴炎せん孔	喷焰穿孔
— pipe	噴(射)管	噴射管	喷(射)管
— pipe servomechanism	射流管式伺服機構	噴射管式油圧サーボ	射流管式伺服机构
— pipe servomotor	射流管式伺服電動機	噴射管サーボモータ	射流管式伺服电动机
— polishing	噴射拋光	ジェットポリッシング	喷射抛光
— powered gas turbine	噴氣燃氣渦輪	ジェットガスタービン	喷气燃气涡轮
— process	噴射法	ジェット法	喷射法
— propeller	噴射螺旋槳	噴射推進器	喷气式推进器〔螺栓桨〕
— pump	噴射泵	噴流ポンプ	喷射泵
— steering	噴氣操縱	ジェットステアリング	喷气操纵
— stream ventilation	噴流通風(裝置)	噴流式換気	喷流通风(装置)
— tapping	爆破法出鋼〔鐵〕	爆破湯口開け	爆破法出钢〔铁〕
— test	噴流試驗〔測厚法〕	噴流試験	喷流试验〔测厚法〕
— theory	噴流理論	噴流理論	喷流理论
— thrust	噴射推力	ジェットスラスト	喷射推力
— type abrasion test	噴砂磨損試驗	噴射摩耗試験	喷砂磨损试验
— valve	噴射閥	噴射弁	射流阀
— vane	噴射導流控制片	ジェット翼	喷射导流控制片
— velocity	噴射速度	噴射速度	喷射速度
jetevator	導流片	ジェッタベータ	导流片
jetometer	潤滑油腐蝕性測定計	潤滑油腐食性測定計	润滑油腐蚀性测定计
Jet-O-Mizer	噴射式微粉磨機	ジェットオマイザ	喷射式微粉磨机
jetting	噴射	ジェッティング	喷射
— method	水力鑽探法	ジェット工法	水力钻探法
jettison	投擲	射出	投掷
jewel	寶石	宝石	宝石
— bearing	寶石軸承	宝石軸受け	宝石轴承

英文	臺灣	日文	大陸
— block	球滑輪	玉入り滑車	球滑轮
jiant breaker	巨型破碎機	ジャイアントブレーカ	巨型破碎机
jib	伸梁;伸臂	突張り	起重杆
— arm	旋臂	ジブアーム	旋臂
— boom	起重桿	ジブブーム	起重杆
— crane	伸臂起重機	釣り下げクレーン	旋臂起重机
— cylinder	轉臂油缸	ジブシリンダ	转臂油缸
— fitting angle	旋臂安裝角	ジブ取り付け角度	旋臂安装角
— length	旋臂長度	ジブ長さ	旋臂长度
— loader	旋臂裝料機	ジブローダ	旋臂装料机
— mast	旋臂支柱	ジブ支柱	旋臂支柱
— operating radius	旋臂工作半徑	ジブ作業半径	旋臂工作半径
— strut	旋臂支柱	ジブ支柱	旋臂支柱
jig	工模;鑽模	型持ち	钻模
— borer	工模搪床	ジグ中ぐり盤	坐标镗床
— boring	工模搪削	ジグボーリング	坐标镗削
— boring machine	工模搪床	ジグ中ぐり盤	坐标镗床
— design	鑽模設計	ジグ設計	钻模设计
— grinder	工模磨床	ジグ研削盤	坐标磨床
— grinding	工模磨削	ジグ研削	坐标磨削
— grinding machine	工模磨床	ジグ研削盤	坐标磨床
— management	夾具管理	ジダ管理	夹具管理
— mill	靠模銑床	ジグミル	靠模铣床
— plate	平板夾具	ジグプレート	平板夹具
— saw	線鋸	細帯のこ	线锯
— welding	夾具焊接	ジグ溶接	夹具焊接
jigger bars	(路面)搓板帶	しま突起	(路面)搓板带
— pin	頂料銷	ジガービン	顶料销
— pin die	帶頂料裝置的模具	ジガーピン付きダイス	带顶料装置的模具
jigging	波振選礦法	ジグ選炭	簸选跳汰选煤法
— test	篩選試驗	ジッギング試験	筛选试验
jiggle bar	搖手柄	チャッタバー	摇手柄
jitter	顫動	ジッタ	颤动
job	工作	工事現場	工作
— design	工程設計	職務設計	工程设计
— lot manufacture	批量生產	ロット生産	批量生产
— management	作業管理〔控制〕	ジョブ管理	作业管理〔控制〕
— manufacturing	零件生產	個別生産	零件生产
— mix	現場拌合	現場配合	现场拌合
— pack area	作業裝配區	ジョブパック領域	作业装配区

英文	臺灣	日文	大陸
— shop	多品種小批量生產工廠	ジョブショップ	多品种小批量生产工厂
— site	施工現場	ジョブサイト	施工现场
— specification	施工規範	職務明細書	施工规范
— step	工作步驟	ジョブステップ	工作步骤
— time limit	作業時間界限	ジョブタイムリミット	作业时间界限
— work	現場作業	現場作業	现场作业
Jobber's reamer	機用精鉸刀	ジョバースリーマ	机用精铰刀
jobbing plate	中厚板	中厚板	中厚板
— plate mill	中厚板軋機	中厚板圧延機	中厚板轧机
— production	單件小批生產	少量生産	单件小批生产
jockey	機器操作者	ジョッキー	机器操作者
jogging	微動	段付け	微动
joggle	榫接;合釘	合いくぎ	销钉
— die	階梯形彎邊模	ジョグル型	阶梯形弯边模
— joint	榫接接合	瀬切り継手	榫接
— piece	榫接桿件	真づか	榫接杆件
joggled lap weld	壓肩焊接	段付き重ね継手	压肩焊接
— strake	折曲搭接列板	段付き条板	折曲搭接列板
joggling	榫接	瀬切り	啮合
johnstonotite	石榴石	ジョンストンざくろ石	石榴石
join	結合	接合	结合
— line	焊接線	接合線	焊接线
joiner	接合材料	ジョイナ	接合材料
joining	接縫	接合	接缝
— area	接合面	接合部	接合面
— piece	接合片	接合片	接合片
— shackle	聯接鉤環〔鎖扣〕	連結用シャックル	联接钩环〔锁扣〕
joint	接縫〔合;頭〕	目地	接缝〔合;头〕
— aligning jig	對中用夾具	センタリングジグ	对中用夹具
— area	接合面	接合面	接合面
— block	連接塊	ジョイントブロック	连接块
— bolt	插銷螺栓	ジョイントボルト	插销螺栓
— box	接線盒	接続箱	接线盒
— cap	密封蓋	ジョイントキャップ	密封盖
— center	(萬向接頭的)十字頭	ジョイントセンタ	(万向接头的)十字头
— clearance	接合間隙	すき間	接合间隙
— compound	接縫劑〔料〕	目地材	接缝剂〔料〕
— conditioning time	接合期	(接着の)後硬化時間	接合期
— cover	接頭罩	継手カバー	接头罩
— cross	(萬向接頭的)十字頭	ジョイントクロス	(万向接头的)十字头

J

英文	臺灣	日文	大陸
— cutter	接縫切除機	目地切り機	接缝切除机
— displacement	節點變位	節点移動	节点变位
— drive	萬向接頭傳動	ジョイントドライブ	万向节传动
— efficiency	接合效率	継手効率	接缝效率
— face	摺緣面;合模面	見切り線	分型面
— factor	接合係數	接着係数	接合系数
— filler	填縫料	目地材	填缝料
— filling material	焊縫劑〔料〕	目地材	焊缝剂〔料〕
— finishing	勾縫	目地仕上げ	勾缝
— flange	連接凸緣	接合フランジ	连接法兰
— gap	接縫間隙〔寬度〕	すき間	接缝间隙〔宽度〕
— glue	接合膠	接着にかわ	接合胶
— grease	接頭潤滑劑	接点潤滑油	接头润滑剂
— hinge	接合鉸鏈	帯かすがい	接合铰链
— line	合模線	継ぎ目	接缝〔口〕;焊缝〔口〕
— meter	接縫測定儀	継ぎ目計	接缝测定仪
— mixture	接頭劑	目地剤	接头剂
— of framework	(構件)節點	節点	(构件)节点
— of pipe	管的接合	管の継手	管的接合
— operating device	並聯運轉裝置	結合運転装置	并联运转装置
— packing	接合填料	ジョイントパッキチグ	联接密封
— pin	節銷	継手ピン	接头销
— plate	接合板	ジョイントプレート	连接板
— ring	接合密封〔填密〕環	パッキンリング	接合密封〔填密〕环
— sealer	封縫器	目地用シーラ	封缝器
— sealing	接頭填封;合模填縫	目塗り	密封填充物
— sheet	接合墊片	ジョイントシート	接合垫片
— spacing	接縫間距	目地間隔	接缝间距
— spider	(萬向接頭的)十字叉	ジョイントスパイダ	(万向接头的)十字叉
— strap	結合〔點〕用帶狀鐵件	帯金物	结合〔点〕用带状铁件
— strength	接頭強度	継手強さ	接头强度
— surface	合模面	合い口	接合缝
— translation angle	偏轉角;變位角	部材角	偏转角;变位角
— width	接縫寬度	目地幅	接缝宽度
— with ball and socket	球窩萬向接頭	玉形自在継手	球窝万向节
— yoke	(接頭軸的)叉槽	ジョイントヨーク	(接头轴的)叉槽
jointer	鉋木機	接続者	连接工具
jointing	接合	目地仕上げ	接合
— clamp	接線夾	接続クランプ	接线夹
— paste	焊縫加工用膏	目地仕上げ用ペースト	焊缝加工用膏

英文	臺灣	日文	大陸
— plane	修邊刨	長台かんな	修边刨
— rule	接縫用靠尺	目地定規	接缝用靠尺
— sleeve	連接套筒	接続スリーブ	连接套筒
jointless core	無接縫鐵芯	ジョイントレスコア	无接缝铁芯
— (steel) pipe	無縫鋼管	無接合管	无缝钢管
— piping	未填縫管道	空目地配管	未填缝管道
joist	工字鋼	根太	工字钢
— support	梁支架	はり受け	梁支架
joke plate	座板	ヨークプレート	座板
jolt	顛簸	ジョルト	颠簸
— capacity	撞擊能力	ジョルトキャパシティ	撞击能力
— molding machine	振實造型機	ジョルト造型機	振实造型机
— piston	振實活塞	ジョルトピストン	振实活塞
— pressure	振實力	ジョルトプレッシャー	振实力
— stroke	振擊行程	ジョルトストローク	振击行程
— table	振動台	ジョルトテーブル	振动台
Jominy curve	頂端淬火曲線	ジョミテー曲線	顶端淬火曲线
— distance	頂端淬火距離	ジョミニー距離	顶端淬火距离
— test	頂端淬透性試驗	ジョミニー試験	顶端淬透性试验
Jordan engine	錐形精磨機	精砕〔整〕機	锥形精磨机
Joule	焦耳〔能量單位〕	ジュール	焦耳〔能量单位〕
— nickel plating	焦耳鍍鎳	ジュールニッケルめっき	焦耳镀镍
— second	焦耳秒	ジュールセカンド	焦耳秒
Joule effect	焦耳效應	ジュール効果	焦耳效应
— 's equivalent	焦耳(熱功)當量	ジュール当量	焦耳(热功)当量
— heat	焦耳熱	ジュール熱	焦耳热
— 's law	焦耳定律	ジュール法則	焦耳定律
— loss	焦耳損耗	ジュール損失	焦耳损耗
Joulemeter	焦耳計	ジュールメータ	焦耳计
journal	軸頸	ジャーナル	轴颈
— bearing wedge	軸頸軸承楔	軸受け押さえ	轴颈轴承楔
— box wedge	軸頸箱楔	軸受け押さえ	轴颈箱楔
— center	軸頸中心	ジャーナル中心	轴颈中心
— jack	軸樞千斤頂	ジャーナルジャッキ	轴枢千斤顶
— metal	軸頸合金	軸受け金	轴颈合金
— rest	軸頸支承	ジャーナルレスト	轴颈支承
— roll	軸頸輥	ジャーナルロール	轴颈辊
joystick	控制桿	ジョイスティック	控制杆
judder	強烈振動	ジャダー	强烈振动
juicer mixer	攪拌混合器	ジューサミキサ	搅拌混合器

J

英文	臺灣	日文	大陸
jumbo roll	巨型軋機	ジャンボロール	巨型轧机
jump	豎鍛	飛び越し	跳动
— coupling	筒形聯結器	ジャンプカプリング	跳合联轴节
— feed	跳躍式進給	ジャンプ送り	跳跃式进给
— index	跳越分度	ジャンプインデックス	跳越分度
— joint	T-接合	鍛接	锻接〔焊〕
— test	可鍛(性)試驗	ジャンプ試驗〔可鍛性〕	可锻(性)试验
jumper	長鑽	ジャンパ	长钻
— cable	接續器電纜	ジャンパケーブル	跨接电缆
— cord	跨接軟線	ジャンパコード	跨接软线
— hose	跨接軟管	ジャンパホース	跨接软管
— ring	跨接圈〔環〕	ジャンパリング	跨接圈〔环〕
— wire	跳線	ジャンパ線	跳线
jumping	跳動	ジャンピング	跳动
— bar	跳桿	跳躍バー	跳杆
— circuit	跳線電路	跳躍回路	跳线电路
— effect	突變效應	ジャンピング効果	突变效应
junction	連接(點)	接合部	连接(点)
— bow	弓形連接	つなぎ弓	弓形连接
— box	接線盒;分線盒	接続箱	接线盒;分线盒
— capacitor	結型電容器	接合形キャパシタ	结型电容器
— circuit	中繼電路	ジャンクション回路	中继电路
— line	中繼線	ジャンクションライン	中继线
— point	接(合)點	接(触)点	接(合)点
— return loss	中繼線回程損耗	中間反射リターンロス	中继线回程损耗
— seal	結的密封	ジャンクションシール	结的密封
— temperature	接合(部)溫度	接合(部)温度	接合(部)温度
— valve	連接閥	接合弁	连接阀
junctor	連接機	ジャンクタ	连接机
juncture	連接點	ジャンクチャ	连接点
Jungner cell	鐵鎳蓄電池	ユングナ電池	铁镍蓄电池
junior beam	小鋼胚	ジュニアビーム	小钢胚
— machine	新式機床	ジュニアマシン	新式机床
juxtaposition	併置	併置	并置
— metamorphose	接觸變形	接触変形	接触变形
— twin	併置雙晶	併存双晶	并置双晶

英文	臺灣	日文	大陸
K-crossing	K形交叉	K型てっさ	K形交叉
K display	移位距離顯示	K（形）表示	移位距离显示
K-groove weld	雙斜角槽焊	K形グルーブ溶接	双斜角槽焊
K-truss	K形桁架	Kトラス	K形桁架
kady mill	一種研磨機	ケデーミル	一种研磨机
Kahlbaum iron	一種純鐵	カールバウム鉄	一种纯铁
Kaiserzinn	一種錫基合金	カイザーすず	一种锡基合金
kakoxene	磷鐵礦	カコクセナイナ	磷铁矿
kail	苛性鉀	カリ	苛性钾
— glass	鉀玻璃	カリガラス	钾玻璃
kampometer	熱幅射計	熱ふく射計	热幅射计
Kani's method	卡尼法〔鋼架解法之一〕	カーニ法	卡尼法〔钢架解法之一〕
Kanigen process	觸媒反應化學鍍鎳法	カニゼン法	触媒反应化学镀镍法
Kanthal alloy	一種合金	カンタル合金	一种合金
— super	一種高級電阻絲	カンタルスーパ	一种高级电阻丝
kaolin(e)	高嶺土	磁土	高岭土
Kaplan turbine	一種水輪機	カプラン水車	一种水轮机
Karmalloy	一種鎳鉻電阻絲	カーマロイ	一种镍铬电阻丝
Karmash alloy	銻銅鋅軸承合金	カルマルシュ合金	锑铜锌轴承合金
Karnaugh chart	卡諾圖	カルノー図表	卡诺图
karstenite	硬石膏	硬石こう	硬石膏
karygamy	核融合	核融合	核融合
karyokinesis	核分裂	核分裂	核分裂
kasolite	矽鉛鈾礦	カソロ石	硅铅铀矿
kata cooling effect	卡他冷卻率	カタ冷却率	卡他冷却率
kata-condensed rings	微位縮合環	微位縮合環	微位缩合环
katamorphism	破碎變質現象	圧砕変質	破碎变质现象
katathermometer	低溫溫度計	カタ温度計	低温温度计
kathode	陰極	陰極	阴极
kation	陽離子	陽イオン	阳离子
keep	保持	押え	保持
—plate	壓緊板	押え板	压紧板
— relay	保護繼電器	キープリレー	保护继电器
keep-alive	保弧	キープアライブ	保弧
— circuit	保弧電路	保弧回路	保弧电路
— contact	電流保持接點	電離保持接点	电流保持接点
— electrode	保弧電極	電離保持電極	保弧电极
keeper	保持器	保持器	保持器
— current	保持電流	キーパ電流	保持电流
— electrode	保持電極	キーパ電極	保持电极

K

英文	臺灣	日文	大陸
— voltage	保持器電壓	キーパ電圧	保持器电压
keeping quality	倉儲性能	保存性	保存时质量
— warmth heater	保溫電熱器	保温電熱器	保温电热器
— warmth space	保溫空間	保温すき間	保温空间
— warmth works	保溫工程	保温工事	保温工程
keg	圓鐵桶	小たる	圆铁桶
Keller duplicator	自動機械雕刻機	ケラー型彫機	自动机械雕刻机
— machine	自動雕刻機	ケラーマシン	自动雕刻机
— process	凱勒法	ケラー法	凯勒法
— type die sinker	凱勒式靠模銑床	ケラー形型彫り盤	凯勒式靠模铣床
Kelly bar	多角鑽桿	ケリーバー	多角钻杆
kelmet	鉛青銅軸承合金	ケルメット	铅青铜轴承合金
Kelvin	絕對溫度	ケルビン	绝对温度
— degree	克耳文溫標	ケルビン度	开耳芬温标
— effect	克耳文效應	ケルビン効果	集肤效应
— electrometer	克耳文型檢流計	ケルビン形検流計	开耳芬型检流计
— law	克耳文定律	ケルビンの法則	开耳芬定律
— scale	克耳文溫標	ケルビン目盛	开耳芬温标
— temperature	克耳文溫度	ケルビン温度	开氏温度
Kemidol	細石灰粉	ケミドール	细石灰粉
Kemler metal	一種鋁銅鋅合金	ケムラーメタル	一种铝铜锌合金
kenel	型芯	ケネル	型芯
Kennametal	一種鎢鈦鈷類硬質合金	ケンナメタル	一种钨钛钴类硬质合金
Kennedy extractor	一種抽取器	ケネディ抽出器	一种抽取器
— key	一種切向鍵	ケネディキー	一种切向键
kent	繪圖紙	ケント	绘图纸
Kentanium	一種硬質合金	ケンタニウム	一种硬质合金
kerasin	角鉛礦	ケラシン	角铅矿
kerf	切痕	切溝	切痕
kerites	煤油瀝青	石油アスファルト	煤油沥青
kernel	核	核	核
— migration	(分子內原子)核移動	燃料核移動	(分子内原子)核移动
— of section	截面中心	断面の核	截面中心
kerogen	油母岩	油母	油母岩
— shale	油頁岩	油母けつ岩	油页岩
kerosene	煤油	灯油	煤油
— engine	煤油機	石油機関	煤油机
— extraction	煤油萃取	ケロシン抽出	煤油萃取
— oil	煤油	ケロシンオイル	煤油
— raffinate	精製煤油	精製石油	精制煤油

英 文	臺 灣	日 文	大 陸
— stove	煤油爐	石油ストーブ	煤油炉
— sulfur test	煤油中硫的測定	石油中硫化物検査	煤油中硫的测定
— tank	煤油箱;燃油箱	軽油タンク	煤油箱;燃油箱
— test	煤油試驗	ケロシン試験	煤油试验
kerotenes	焦化瀝青質	ケロテン	焦化沥青质
Kewanee boiler	一種鍋爐	機関車形ボイラ	一种锅炉
key	鍵	かぎ	键
— bar	鍵條	キーバー	键条
— bed	鍵座	キー床	键座
— boss	鍵(槽)輪轂	キーボス	键(槽)轮毂
— break	鍵斷	キー割れ	键断
— broach	鍵槽拉刀	キーブローチ	键槽拉刀
— buffer	電鍵緩衝器	キーバッファ	电键缓冲器
— cabinet	電鍵控制盒	キーキャビネット	电键控制盒
— card punch	鍵控卡片穿孔機	けん盤カードせん孔機	键控卡片穿孔机
— chattering	鍵振動	キーチャタリング	键振动
— component	關鍵成分	限界成分	关键组分
— contact time	鍵觸時間	キーコンタクト時間	键触时间
— drift	拔鍵工具	キー抜き棒	拔键工具
— driver	搗搥	胴突き	捣柸
— groove	鍵槽	キー溝	键槽
— groove mill	鍵槽加工	キーみぞきり	键槽加工
— hammer	栓錘	せんづち	栓锤
— holder	鍵座	キーホルダ	键座
— jack	鍵插口	キージャック	键插口
— joint	楔形接縫	えぐり目地	楔形接缝
— lever	電鍵桿	キーレバー	电键杆
— lock system	鍵鎖定系統	キーロックシステム	键锁定系统
— locking	鍵(閉)鎖	キーロック	键(闭)锁
— mat	鍵墊	キーマット	键垫
— material	關鍵材料	キーマテリアル	关键材料
— off	切斷	キーオフ	切断
— on	接通	キーオン	接通
— out	切斷	キーアウト	切断
— panel	電鍵盤	キーパネル	电键盘
— pointing	楔形接縫	承目地	楔形接缝
— relay	鍵控繼電器	キーリレー	键控继电器
— slot end mill	鍵槽指形銑刀	キー溝エンドミル	键槽指形铣刀
— socket	電鍵插座	キーソケット	电键插座
— spacer	電鍵隔板	電けんふさぎ板	电键隔板

K

英文	臺灣	日文	大陸
— spring	鍵簧	錠前のばね	键簧
— station	主控台	キーステーション	主控台
— stroke	鍵觸擊	キーストローク	键触击
— strutting	主要支撐	振れ止め	主要支撑
— switch	按〔電〕鍵開關	キースイッチ	按〔电〕键开关
— tape punch	鍵盤式紙帶穿孔機	けん盤テープせん孔機	键盘式纸带穿孔机
— wrench	套管扳手	箱スパナ	套管扳手
keyboard	鍵盤	けん盤	键盘
— operator console	鍵盤操作台	けん盤操作卓	键盘操作台
key-driven machine	鍵控機	打けん式機械	键控机
keyed amplifier	鍵控放大器	キード増幅器	键控放大器
— beam	銷接(合成)梁	栓差しばり	销接(合成)梁
— girder	銷接(合成)大梁	しゃち合成げた	销接(合成)大梁
— joint	鍵連接	ジベル接合	键连接
— pulse	鍵控脈衝	キードパルス	键控脉冲
keyer	電鍵電路	キーヤ	电键电路
keyhole	鍵槽	キー溝	键槽
— assembly system	基準孔裝配體系	基準孔組立方式	基准孔装配体系
— calipers	鍵槽卡鉗	キー溝カリパス	键槽卡钳
— saw	鍵孔鋸	けん孔用先細のこ	键孔锯
key-in	鍵盤輸入	キーイン	键盘输入
keying	按鍵	打けん	按键
— board	鍵盤	送符盤	键盘
— circuit	鍵控電路	開閉回路	键控电路
— frequency	鍵控頻率	キーイング周波数	键控频率
— strength	咬合強度	定着力	咬合强度
keyless propeller	無鍵(連接)螺旋槳	キーレスプロペラ	无键(连接)螺旋桨
— socket	無鍵插口	キーレスソケット	无键插口
keymat	鍵控桿	キーマット	键控杆
keypunch	打孔機	せん孔機	打孔机
keyseat milling cutter	鍵槽銑刀	キー溝フライス	键槽铣刀
— milling machine	鍵槽銑床	キー溝フライス盤	键槽铣床
keyseater	鍵槽加工機床	キー溝盤	键槽加工机床
keyseating	鍵槽加工	キー溝削り	键槽加工
— cutter	鍵槽銑刀	キー溝フライス	键槽铣刀
keyshelf	鍵座	けん棚	键座
keystone	關鍵	要石	关键
— plate	波紋鋼板	キーストンプレート	波纹钢板
keyway	鍵槽	歯形キー	键槽
— broach	鍵槽拉刀	キー溝ブローチ	键槽拉刀

英文	臺灣	日文	大陸
— cutter	鍵槽銑刀	キー溝フライス	键槽铣刀
— end mill	鍵槽立銑刀	キー溝エンドミル	键槽立铣刀
— fraise machine	鍵槽銑床	キー溝フライス盤	键槽铣床
ibbler	粉碎機	粉砕機	粉碎机
ick	跳動	け出し	跳动
— board	踏腳板	けこみ板	踏脚板
— circuit	突跳電路	キック回路	突跳电路
— plate	踢板〔門腳護板〕	けり板	踢板〔门脚护板〕
— press	腳踏沖床	フットプレス	脚踏压力机
ickback	回彈	キックバック	回弹
ickdown switch	自動跳合開關	キックダウンスイッチ	自动跳合开关
icking	逆轉	キッキング	逆转
ickless cable	防斷絕緣電纜	キックレスケーブル	防断绝缘电缆
ickoff	撥料機	始動	拨料机
ick-pressure	斷開壓力	キックオフプレッシャー	断开压力
— temperature	引發溫度	立上り温度	引发温度
ick-out	排件裝置	はね出し装置	排件装置
ickup	向上彎曲	キックアップ	向上弯曲
idney	轉爐的附着物	転炉の附着物	转炉的附着物
— stone	軟玉	軟玉	软玉
ilkenny coal	無煙煤	無煙炭	无烟煤
illed ingot	淨靜鋼錠	キルド鋳塊	镇静钢锭
— steel	脫氧鋼	鎮静鋼	脱氧钢
iller	斷路器	抑制体	断路器
— circuit	熄滅電路	キラーサーキット	熄灭电路
— switch	斷路器開關	キラースイッチ	断路器开关
illing	切斷	切断	切断
iln	窯;烘乾爐	窯	窑
— brick	窯烘磚	窯れんが	窑烘砖
— drying	人工乾燥	人工乾燥	人工乾燥
— wall	窯壁	かま壁	窑壁
iloammeter	千安(培)錶	キロアンメータ	千安(培)表
iloampere	千安(培)	キロアンペア	千安(培)
ilocalorie	千卡	キロカロリ	千卡
ilocyle	千周(赫)	キロサイクル	千周(赫)
iloelectron-volt	千電子伏(特)	キロ電子ボルト	千电子伏(特)
ilogauss	千高斯	キロガウス	千高斯
ilogram(me)	千克	キログラム	千克
ilogrammeter	千克米	キログラムメートル	千克米
ilohertz	千赫(茲)	キロヘルツ	千赫(兹)

英文	臺灣	日文	大陸
kilojoule	千焦耳	キロジュール	千焦耳
kilolambda	毫升	キロラムダ	毫升
kiloliter	千升	キロリットル	千升
kilometer	公里	キロメートル	公里
kiloohm	千歐(姆)	キロオーム	千欧(姆)
kilovolt	千伏(特)	キロボルト	千伏(特)
kilovolt-ampere	千伏(特)安(培)	キロボルトアンペア	千伏(特)安(培)
kilovolt meter	千伏(特)錶	キロボルトメータ	千伏(特)表
kilowatt	千瓦(特)	キロワット	千瓦(特)
kindling temperature	燃點	発火温度	燃点
kinematic(al) chain	運動鏈	連鎖	运动链系
— control	運動控制	運動制御	运动控制
— element	運動要素	対偶索	运动要素
— force	運動力	運動力	运动力
— friction	動摩擦	動摩擦	动摩擦
— mechanism	運動機構	運動学的メカニズム	运动机构
— pair	運動對	対偶	对偶
— viscometer	動黏度計	動粘度計	运动黏度计
— viscosity	動黏度	動粘度	运动黏度
— viscosity coefficient	動黏度係數	動粘度数	运动黏度系数
kinematics	運動學	運動学	运动学
kinemograph	流速座標圖	キネモグラフ	流速座标图
kinemometer	流速錶〔計〕	キネモメータ	流速表〔计〕
kinetic energy	動能	運動のエネルギー	动能
— friction	動摩擦	運動摩擦	动摩擦
— potential	運動勢	運動ポテンシャル	运动势
— pressure bearing	動壓軸承	動圧軸受け	动压轴承
— pump	動力泵	回転形ポンプ	动力泵
— rotation of disk	圓盤的慣性旋轉	円板の慣性回転	圆盘的惯性旋转
— theory	運動學理論	運動論	运动学理论
kinetics	動力學	動力学	动力学
kingbolt	大螺栓	心皿中心ピン	大螺栓
Kinghoren metal	銅鋅合金	キングホンメタル	铜锌合金
kingpin	中心銷;中心立軸	中心ピン	中心销;中心立轴
— angle	主銷傾角	キングピンアングル	主销倾角
— bush	主銷襯套	キングピンブシュ	主销衬套
— inclination	中心立軸傾度	キングピン傾角	中心立轴倾度
kingpost	桁架中柱	真づか	桁架中柱
— truss	單柱桁架	真づか小屋組	单柱桁架
kink	缺陷	キンク	缺陷

英 文	臺 灣	日 文	大 陸
Kinzel test	一種焊件缺口	キンゼル試験	一种焊件缺口
Kirsite	一種鋅合金	カーサイト	一种锌合金
kish	(生鐵內的)集結石墨	キッシュ	(生铁内的)集结石墨
— graphite	凝析石墨	キッシュ黒鉛	初生石墨
kisser	氧化鐵皮斑點	キッサ	氧化铁皮斑点
kit	全套〔工具;設備〕	装具	全套〔工具;设备〕
kneader	捏和機	ねつか機	捏和机
kneading action	捏和作用	混錬作用	捏和作用
— and mixing machinery	捏煉混合機	ねつ和混合機	捏炼混合机
— machine	攪拌機	こねまぜ機	搅拌机
— mill	攪拌機	ニーディングミル	搅拌机
knee	膝台;曲管;膝型	膝	(铣床的)升降台;角铁
— bend	彎(管接)頭	がん首	弯(管接)头
— brake	曲柄制動器	ニーブレーキ	曲柄制动器
— height	膝部高度	ひざの高さ	膝部高度
— joint	膝形接	ひじ継手	弯头接合
— lifter bell crank	肘桿	ひざ上げ	肘杆
— loss	彎曲(水頭)損失	屈折損失	弯曲(水头)损失
— pipe	曲管〔頭〕	ーパイプ	弯管〔头〕
— point	曲線彎曲點	ニーポイント	曲线弯曲点
— voltage	曲線膝部電壓	ニー電圧	曲线膝部电压
knife	切割器	刃物	切割器
— bar	刀桿	ナイフバー	刀杆
— bearing	刀口墊座	刃受け	刀口垫座
— bed	刀槽	ナイフベッド	刀槽
— blade	刀片	ナイフブレード	刀片
— clip	壓刀板	刃押え	压刀板
— coating	刮塗	ナイフ塗布	刮涂
— file	刀形銼	刃形やすり	刀锉
— grinder	磨刀機(工人)	手動かんな刃研削盤	磨刀石〔工人〕
— holder	刀把;刀柄	刃押え	刀架
— lapping machine	刨刀刃磨機	かんな刃ラップ盤	刨刀刃磨机
— scale	刀銷	ナイフのさや	刀销
— section	三角刃	ナイフセクション	刃口
— switch	閘刀開關	刃形スイッチ	闸刀开关
— tool	刀具	片刃バイト	刀具
knife-edge	刀刃	刃形	刀刃
— bearing	刀口支承	刃受け	刀口支承
— contact	刀形觸點	刃形接点	刀形触点
— die	尖刃模	突っ切り型	尖刃模

英文	臺灣	日文	大陸
— effect	刀口效應	ナイフエッジ効果	刀口效应
— supporter	刀口支座	ナイフエッジ受石	刀口支座
knob	把手	目くぎ	球形柄
— bolt	球形柄門閂	握り玉付き空錠	球形柄门闩
— latch	圓形把手鎖	握り玉付き錠前	圆形把手锁
knobbled iron	熟鐵	錬鉄	熟铁
knock	敲擊;爆震	ノッキング	敲打;爆震
— compound	抗震劑	消撃剤	抗震剂
— inhibitor	抗震劑	消撃剤	抗震剂
— pin	頂出銷	目くぎ	顶出杆
— rating	爆震率	アンチノック価	爆震率
knocker	門環〔錘〕	戸叩き	门环〔锤〕
knockoff	敲落	仕事終り	敲落
— feeder head	易割冒口	ノックオフ押し湯	易割冒口
knockon	撞擊	ノックオン	撞击
— effect	撞擊效應	ノックオン効果	撞击效应
knockout	(模具)頂出器	押し出し	(模具)顶出器
— actuated stripper	打料機構帶動的卸料板	可動式ストリッパ	打料机构带动的卸料板
— bar	起模棒	突出し連結棒	起模棒
— beam	打料橫桿	ノックアウトビーム	打料横杆
— cylinder	脫模軸	ノックアワトシリンダ	脱模轴
— device	脫模裝置	ノックアウト装置	脱模装置
— die	帶頂出器的模具	ノックアウト型	带顶出器的模具
— frame	頂出框架	突出しフレーム	顶出框架
— machine	脫模機	ノックアウトマシン	脱模机
— pin	頂出桿	突出しピン	顶出杆
— plate	脫模板	ノックアウト板	脱模板
— rod	頂出桿	ノックアウトロッド	顶出杆
— spring	打料簧	ノックアワトばね	打料簧
Knoop hardness	努氏硬度	ヌープ硬さ	努氏硬度
— microhardness test	努氏顯微硬度試驗	ヌープ微小硬度試験	努氏显微硬度试验
knotter column	連接柱	結節柱	连接柱
knotter	打節機	ノッタ	打结器
knuckle	鉤爪關節	ナックル	关节
— arm	關節臂	ナックルアーム	关节臂
— bender	曲柄連桿式彎曲機	ナックルベンダ	曲柄连杆式弯曲机
— bolt	萬向接頭插銷	ナックルピン	万向接头插销
— drive	肘節傳動	ナックルドライブ	肘节传动
— joint	關節接合	ナックル継手	肘接头
— joint press	曲柄連桿式沖床	ナックルジョイントプレス	曲柄连杆式压力机

英　文	臺　灣	日　文	大　陸
— pin	鉤銷;關節銷	リストピン	(万向)接头插销
— pivot pin	轉向節銷	ナックルピボットピン	转向节销
— screw thread	圓螺紋	丸ねじ	圆螺纹
— spindle	前輪軸	ナックルスピンドル	前轮轴
— support	(獨立懸架)轉向節支架	ナックルサポート	(独立悬架)转向节支架
knuckleless hinger	整體鉸鏈	つぼなし丁番	整体铰链
knurl	滾花	刻み	压花
knurled head	滾花頭〔螺釘〕	刻み付き（頭）	滚花头〔螺钉〕
— nut	滾花螺帽	刻み付きナット	滚花螺母
— piston	滾花活塞	ナールドピストン	滚花活塞
— roller	突紋輥	ローレットローラ	突纹辊
— screw	滾花螺釘	ナールドスクリュー	滚花螺钉
knurling	壓花加工	ローレット切り	滚花加工
— tool	壓花刀	ルーレット	滚花刀
knurlizer	壓花刀	ナーライザ	滚花刀
koerflex	半硬質磁性材料	ケルフレックス	半硬质磁性材料
Kommerell bend test	焊縫縱向彎曲試驗	コマレル試験	焊缝纵向弯曲试验
Konal	一種鎳鈷合金	コナル	一种镍钴合金
Konel alloy	一種合金	コネル合金	一种合金
kongsbergite	汞銀礦	コングスベルグ鉱	汞银矿
Konik	一種鎳錳鋼	コニック	一种镍锰钢
Konstruktal	高強度鋁鎂鋅合金	コンストラクタル	高强度铝镁锌合金
Kovar	一種鐵鎳鈷合金	コバール	一种铁镍钴合金
— alloy	低膨脹係數合金	コバール合金	低膨胀系数合金
Kramers degeneration	克拉麻斯退化	クラマース縮退	克拉麻斯退化
Kromarc	一種焊接不銹鋼	クロマーク	一种焊接不锈钢
Krupp mill	一種軋鋼機	クルップミル	一种轧钢机
kryolite	冰晶石	氷晶石	冰晶石
kryometer	低溫計	低温計	低温计
kryptol	粒狀碳	クリプトール	粒状碳
krypton;Kr	氪	クリプトン	氪
— arc lamp	氪弧光燈	クリプトンアークランプ	氪弧光灯
— discharge tube	氪放電管	クリプトン放電管	氪放电管
— lamp	氪燈	クリプトンランプ	氪灯
— laser	氪雷射	クリプトンレーザ	氪激光器
KS bronze	KS高彈性耐腐蝕鎳青銅	ＫＳ青銅	KS高弹性耐腐蚀镍青铜
— magnetic steel	KS磁力鋼	ＫＳ鋼	KS磁性钢
Kufil	一種銀焊料	キュフィール	一种银焊料
Kumanal	錳鋁銅標準電阻合金	キュマナール	锰铝铜标准电阻合金
Kumial	含鋁銅鎳彈簧合金	クミアル	含铝铜镍弹簧合金

英文	臺灣	日文	大陸
Kumium	高電〔熱〕導率銅鉻合金	クミウム	高电〔热〕导率铜铬合金
Kunial	含鋁銅鎳彈簧合金	クニアール	含铝铜镍弹簧合金
— copper	一種銅	クニアルカッパ	一种铜
Kunifer	銅鎳合金	クニファ	铜镍合金
Kurie plot	居里曲線	キュリープロット	居里曲线
Kuromore	一種鎳鉻耐熱合金	クロモア	一种镍铬耐热合金
Kuttern	一種銅碲合金	クッターン	一种铜碲合金

英　文	臺　灣	日　文	大　陸
L antenna	L形天線	L形アンテナ	L形天线
L cathode	多孔隔板陰極	L陰極	多孔隔板阴极
L head cylinder	L形頭氣缸	側弁式機関	L形头气缸
L steel	L形鋼	L形鋼	L形钢
La Mont boiler	拉蒙式鍋爐	ラモントボイラ	拉蒙式锅炉
labile equilibrium	不穩平衡	不安定平衡	不稳平衡
laboratory	實驗室	実験室	实验室
— equipment	實驗室設備	実験装置	实验装置
— -table	實驗台	実験台	实验台
labyrinth box	曲徑密封箱	ラビリンス箱	迷宫式密封箱
— collar	曲徑密封環	ラビリンスカラー	迷宫式密封环
— cylinder	曲徑密封油缸	ラビリンスシリンダ	带有迷宫式密封的油缸
— packing	曲徑填封	ラビリンスパッキング	曲折轴垫
— piston	曲徑活塞	ラビリンスピストン	带有迷宫密封的活塞
— plate	曲徑密封板	ラビリンスプレート	迷宫式密封板
— prevention	曲徑阻漏〔軸墊〕	回り込み防止	迷宫阻漏〔轴垫〕
— seal	曲徑軸封	ラビリンス	曲路密封
lace	絲帶機;飾帶織機	レース	穿孔带
— card	穿孔卡帶	レースカード	穿孔卡带
lack of fusion	未熔合	融合不足	未熔合
— of joint penetration	未焊透	溶込み不良	未焊透
— of penetration	未焊透	溶込み不良	未焊透
— of root fusion	根部未焊透	ルートの融合不良	根部未焊透
— of side fusion	側面未熔合	側面融合不足	侧面未熔合
ladder chute	梯形滑槽	ラダーシュート	梯形滑槽
— diagram	順序控制圖	ラダーダイヤグラム	顺序控制图
— excavator	斗式挖掘機	バケット掘削機	斗式挖掘机
— fire	試射	試射	试射
ladle	澆桶;澆斗;鐵水包	取りべ	盛钢桶
— analysis	澆斗分析	取りべ分析	浇包取样分析
— board	澆桶板	取りべ板	铁水包板
— car	澆斗車	取りべ車	盛钢桶车
— chill	包內冷卻	なべ冷却	包内冷却
— cover	澆包蓋	取りべおおい	浇包盖
— crane	澆桶起重機	取りベクレーン	铁水包吊车
— drier	鐵水包烘乾器	なべ乾燥機	铁水包烘乾器
— hank	澆包架	蓮台	浇包架
— pit	出鋼坑	レードルピット	出钢坑
— refining	桶中精煉	ろ外精錬	桶中精炼
— shank	澆桶拉架	取りべ棒	浇包架

L

英文	臺灣	日文	大陸
— slag	桶渣	取りべさい	桶渣
lag	遲延;滯後	遅れ	(自动控制的)滞後
— angle	滯延角	ラグ角	滞後角
— bolt	方頭(木)螺栓	ラグボルト	方头(木)螺栓
— screw	方頭木螺釘	ラグ木ねじ	方头木螺钉
— time	延遲時間	遅延時間	滞後时间
lagging	包層;遲延	外装板	保温套
— cover	隔熱包層蓋	ラギング被	绝缘层
— heat insulator	保溫材料	保温材	保温材料
— jacket	包層套	ラギングジャケット	(气缸)保温套
— material	隔熱包層材料	外衣材	保温材料
Lala	拉拉康銅	ララ	拉拉康铜
lamda ratio	縮尺比	ラムダ比	缩尺比
lamella	薄片	薄片	薄片
— -spring	薄板〔片〕彈簧	ラメラスプリング	薄板〔片〕弹簧
— structure	層狀結構	ラメラ構造	层状结构
lamellae	片(層)	ラメラ	片(层)
lamellar boundary slip	界面層的滑移	層状境界滑り	界面层的滑移
— magnet	薄磁鐵	薄葉磁石	薄磁铁
— pearlite	層狀波來鐵	層状パーライト	片状珠光体
— pyrite	白鐵礦;片狀黃鐵礦	白鉄鉱	白铁矿;片状黄铁矿
— spring	疊板彈簧	重ね板ばね	钢板弹簧
— structure	(金屬材料的)層狀組織	層状組織	(金属材料的)层状组织
— tear	層狀撕裂	ラメラテアー	层状撕裂
— tissue	層狀組織	層組織	层状组织
lamina	疊層;薄片〔層;板〕	単層	薄片〔层;板〕
laminaography	斷層X光照相	X線断層撮影法	断层X射线照相
laminar aerofoil	層流翼剖面	層流翼型	层流翼型
— boundary layer	層流邊界層	層流境界層	层流边界层
— cavitation	片狀空泡	層流キャビテーション	片状空泡
— composite	層壓複合材料	積層複合材料	层压复合材料
— convection	分層對流	成層対流	分层对流
— flow effect	層流影響	層流の影響	层流影响
— grating	層狀結晶	薄片格子	层状结晶
— heat transfer	層流熱傳遞	層流熱伝達	层流热传导
— jet	層流射流	層流噴流	层流射流
laminare	層流	層流	层流
laminate	疊片	積層板	层压板
— bond strength	層壓黏接強度	積層接着強さ	层压黏接强度
— mo(u)lding	層壓法	積層成形	层压法

英文	臺灣	日文	大陸
— panel	層壓板	積層パネル	层压板
— ply	單層	単層	单层
— sheet	積層板	積層板	积层板
laminated antenna	疊層天線	成層アンテナ	叠层天线
— armature	疊片電樞	成層電機子	叠片电枢
— bar	層壓桿	積層棒	层压杆
— beam	疊層梁	板層ばり	叠层梁
— brush	疊片電刷	成層ブラシ	叠片电刷
— cloth	積層布	積層布	积层布
— core	疊片鐵芯	成層鉄心	叠片铁芯
— fabric	層壓片	積層布	层压片
— foil	層壓箔片	ラミネーテドフィリム	层压箔片
— insulation	層間絕緣	層間絶縁	层间绝缘
— insulator	疊片絕緣物	積層絶縁物	叠片绝缘物
— layers method	積層法	積層法	积层法
— lumber	多層膠合板	集成材	多层胶合板
— magnet	疊片磁鐵	成層磁石	叠片磁铁
— material	積層物〔材〕	積層物〔材〕	积层物〔材〕
— metal	雙金屬板	合せ板	双金属板
— mo(u)lded section	積層形材	積層形材	积层形材
— mo(u)lding	積層成形;層壓成形	積層成形	积层成形;层压成形
— plate	積層板	積層板	积层板
— product	層壓材料	積層物	层压材料
— section	積層形材	積層形材	积层形材
— sheet	積層板	積層板	积层板
— shim	層疊薄墊	重ねシム	层叠薄垫
— spring	疊板彈簧	合せ板ばね	叠板弹簧
— structure	分層構造	薄層構造	分层构造
— tempered glass	(疊層)膠合強化玻璃	合せ強化ガラス	(叠层)胶合强化玻璃
— tube	積層管	積層管	积层管
— wood	層壓板	合せ材	层压板
laminater	層壓機	ラミネータ	层压机
laminating	層合〔壓〕(法)	はり合せ	层合〔压〕(法)
— agent	積層用樹脂	積層用樹脂	积层用树脂
— layer	積層	積層	积层
— machine	層壓機	積層機	层压机
— roll	層壓用輥	積層用ロール	层压用辊
— varnish	層壓用漆	積層用ワニス	层压用漆
lamination	夾層	はり合せ	夹层
— fault	分層缺陷	重ね板	分层缺陷

L

英　文	臺　灣	日　文	大　陸
— plane	積層面	積層面	积层面
laminator	疊合機	はり合せ機	胶合机
laminography	X光分層法	ラミノグラフィ	X射线分层法
laminometer	膜厚測試計	ラミノメータ	膜厚测试计
lamp	燈	ランプ	灯
— house	光源	ランプハウス	光源
— test	燈試法〔試硫用〕	ランプ試験	灯试法〔试硫用〕
lampblack	軟質碳黑	灰墨	软质炭黑
lanarkite	黃鉛礦	ラナーク石	黄铅矿
Lancashire boiler	一種鍋爐	ランカシャボイラ	一种夏锅炉
lance and bend punch	切口和彎曲凸模	突曲げ用ポンチ	切口和弯曲凸模
— cutting	氣割	酸素溶断	气割
— punch	切口凸模	ランスポンチ	切口凸模
— slit	切口	ランススリット	切口
— through out die	穿孔模	突破りバーリング型	穿孔模
lancet	砂鉤〔修砂型用工具〕	へら	砂钩〔修砂型用工具〕
lancing	(衝壓)切口	切曲げ	(冲压)切口
land leveler	平地機	地ならし機	平地机
— plaster	(粉狀)石膏	粉状石こう	(粉状)石膏
— roller	壓地機	鎮圧機	压地机
— shaper	土地平整機	地ならし機	土地平整机
— width	齒背寬	ランド幅	齿背宽
landed force	突緣模塞	ランド付け押し型	突缘模塞
— mold	凸緣塑模	食い切り型	凸缘塑模
landing edge	縱向接頭	縦継手	纵向接头
Landis chaser	一種螺紋梳刀	ランディスチェザー	一种螺纹梳刀
landmark	輪廓線	陸標	轮廓线
lang lay	順捻	ラングより	顺捻
— lay rope	順捻鋼索	ラングよりロープ	顺捻钢丝绳
— lay twist	S型絞	ラングより	S型绞
Langaloy	一種高鎳鑄造合金	ランガロイ	一种高镍铸造合金
lantern pinion	滾柱小齒輪	灯ろう歯車	滚柱小齿轮
— ring	套環	ランタンリング	套环
lanthanum;La	鑭	ランタン	镧
— carbide	碳化	炭化ランタン	碳化镧
lap	鋒面;重搭;重疊	重なり	研磨〔具〕;搭接;重叠
— angle	鋒面角	ラップアングル	搭接角
— dovetail	鳩尾榫	包みあし	鸠尾榫连接〔如抽屉〕
— equipment	研磨裝置	ラップ装置	研磨装置
— fit	搭接配合	ラップはめ	搭接配合

英文	臺灣	日文	大陸
— gate	疊邊進模口	ちょん掛け	压边浇口
— holder	研磨架	ラップホルダ	研磨架
— joint	搭接	重ね接合	搭接接头
— laying	搭接	よろいばり	搭接
— machine	卷棉機	ラップ巻機	重叠卷取机
— mark	折皺	ラップマーク	折皱
— position	遮蓋位置	ラップポジション	(滑阀的)遮断位置
— ratio	重疊比	ラップ比	重叠比
— resistance welding	搭接電阻焊	重ね抵抗溶接	搭接电阻焊
— riveting	搭接鉚	重ねリベット	搭接铆
— seam weld	搭接縫焊(焊道)	重ね縫合せ溶接	搭接缝焊(焊道)
— tube	拋光管	ラップチューブ	抛光管
— wafer	晶片拋光〔研磨〕	ラップウェーハ	晶片抛光〔研磨〕
— weld	搭鍛接;搭熔接	重ね溶接	搭(接)焊
— winding	疊繞法	重ね巻き	叠绕法
— work	搭接	ラップワーク	搭接
lapless	無重疊	ラップレス	无重叠
lapped butt	搭接	重ね横縁	搭接
— seam	搭接縱縫	重ね継手	搭接纵缝
— wafer	磨光片	ラップドウェハ	磨光片
lapper	研磨機	ラッパ	研磨机
lapping	搭接;研光	ラップ仕上げ	搭接;研磨
— compound	研光劑	ラップ剤	研磨剂
— damage layer	研光損傷層	ラッピングダメージ層	研磨损伤层
— fluid	研光液	ラッピング液	研磨液
— machine	研光機	ラップ盤	研磨机
— oil	研光油	ラッピングオイル	研磨油
— plate	研光平板	ラップ板	研磨平板
— powder	研光粉	ラッピングパウダ	研磨粉
— tool	研光工具	ラッピングツール	研磨工具
— wheel	研光輪	ラッピングホイール	研磨轮
— work	研光作業	ラップ作業	研磨作业
lapse	(溫度)遞減	(気温の)順伝	(温度)递减
— rate	(溫度)遞減率	逓減率	(温度)递减率
large-angle instrument	大角度儀器	広角形計器	大角度仪器
— bell	大鐘〔高爐上料機構〕	大鐘〔高炉〕	大钟〔高炉上料机构〕
— calory	千卡	ラージカロリ	千卡
— curvature beams	大曲率梁	大曲率はり	大曲率梁
— deflection theory	大撓度理論	大たわみ理論	大挠度理论
— diameter pipe	大直徑管	大径管	大直径管

英文	臺灣	日文	大陸
— elongation ga(u)ge	大型伸長儀	大型ひずみゲージ	大型伸长仪
— end	(連桿的)大端〔頭〕	ビグエンド	(连杆的)大端〔头〕
— group connecton	多組合連接	大代表コネクション	多组合连接
— ladle	大型澆包	大とりべ	大型浇包
— orifice	大噴嘴	大オリフィス	大喷嘴
— scale production	大規模生產	大規模生産	大规模生产
— scale system design	大(型)系統設計	大規模システム設計	大(型)系统设计
— span structure	大跨度結構	大張間構造	大跨度结构
— type receptacle	大型塞孔	大型コンセント	大型塞孔
laser	雷射	レーザ	激光
— action	雷射作用	レーザ作用	激光作用
— aligner	雷射校準器	レーザアライナ	激光校准器
— annealing	雷射退火	レーザアニーリング	激光退火
— beam	雷射束	レーザビーム	激光束
— beam scan	雷射掃描	レーザビームスキャン	激光扫描
— beam welding	雷射焊接	レーザ溶接	激光焊接
— cutting	雷射切割	レーザ切断	激光切割
— detecting and ranging	雷射探測和測距	レーザレータ	激光探测和测距
— device	雷射裝置	レーザデバイス	激光装置
— diode	雷射二極管	レーザダイオード	激光二极管
— drilling	雷射打孔	レーザ穴あけ	激光打孔
— energy source	雷射能源	レーザエネルギー源	激光能源
— engraving	雷射雕刻〔刻模〕	レーザ彫刻	激光雕刻〔刻模〕
— geodimeter	雷射測距器	レーザジオジメータ	激光测距器
— head	雷射頭	レーザヘッド	激光头
— heating	雷射加熱	レーザ加熱	激光加热
— instrumentation	雷射測量	レーザ計測	激光测量
— interferometer	雷射干涉儀	レーザ干渉計	激光干涉仪
— levelmeter	雷射水平〔準〕儀	レーザレベルメータ	激光水平〔准〕仪
— light	雷射光	レーザ光	激射光
— machining	雷射加工	レーザ加工	激光加工
— measuring	雷射測量	レーザメス	激光测量
— printer	雷射印表機	レーザプリング	激光打印机
— probe	雷射探針	レーザプローブ	激光器探针
— probing	雷射探測	レーザプロービング	激光探测
— processing	雷射加工	レーザ加工	激光加工
— pulse	雷射脈衝	レーザパルス	激光脉冲
— range finder	雷射測距儀	レーザ測距器〔裝置〕	激光测距仪
— rifle	雷射槍	レーザライフル	激光枪
— rod	雷射棒	レーザロッド	激光棒

英　　文	臺　　灣	日　　文	大　　陸
— ruby	雷射紅寶石	レーザルビー	激光红宝石
— scanner	雷射掃描器	レーザスキャナ	激光扫描器
— scriber	雷射劃線器	レーザスクライバ	激光划线器
— sensing	雷射探測	レーザセンシング	激光探测
— welding	雷射焊接	レーザ溶接	激光焊接
— zenith meter	雷射垂直儀	レーザ鉛直儀	激光垂直仪
lasermask repair	雷射掩模修理	レーザマスクリペア	激光掩模修理
lasurite	青金石	青金石	青金石
latch	門鎖搭機	掛金	把手门锁
— gearing	門鎖裝置	掛金装置	门锁装置
— hook	彈簧鉤	ラッチフック	弹簧钩
— locking	彈簧鎖定	ラッチ鎖錠	插销锁定
— nut	(帶有鎖槽的)防鬆螺母	角付きナット	(带有锁槽的)防松螺母
— plate	壓板	留め板	压板
— stop	閂式擋料裝置	ラッチ式停止装置	闩式挡料装置
latching	鎖住	ラッチング	锁住
— current	閉鎖電流	ラッチング電流	闭锁电流
— state	閉鎖狀態	ラッチング状態	闭锁状态
latency	潛伏狀態	潜伏状態	潜伏状态
latent heat	潛熱	潜熱	潜热
— solvent	助溶劑	潜溶剤	助溶剂
lateral acceleration	橫向加速度	左右加速度	横向加速度
— adaptation	橫向適應	横順応	横向适应
— area	側面積	側面積	侧面积
— axis	橫軸	側軸	横向轴(线)
— balance	橫向平衡	ラテラルバランス	横向平衡
— bending moment	橫向彎矩	横曲げモーメント	横向弯矩
— branch	橫向支管	横枝	横向支管
— buckling	橫向挫曲	横倒れ座屈	横向压曲
— contraction	橫縮	横縮み	横向收缩
— crack	橫(向)裂(縫)	横裂け	横(向)裂(缝)
— curvature	橫方向曲率	横方向曲率	横方向曲率
— deflection	橫向撓度	側方偏向	横向偏转
— deformation	橫向變形	軸向き変形	侧向变形
— deviation	橫偏差	方向偏向	方向偏差
— direction	橫向	横方向	横向
— distance	橫向距離	横方向距離	横向距离
— erosion	橫向侵蝕	横侵食	横向侵蚀
— extensometer	橫向應變〔伸長〕計	横伸び計	横向应变〔伸长〕计
— extrusion	水平擠壓	横押出し	水平挤压

L

英文	臺灣	日文	大陸
— face	橫面;側面	側面	側面
— fillet	側面角焊縫	側面すみ肉	側面角焊缝
— fillet weld	側面角焊縫	側面すみ肉溶接	側面角焊缝
— force coefficient	橫向力係數	横すべり抵抗係数	側向力系数
— guide	橫導路	サイドガイド〔圧延〕	側导板
— load	橫向負載	横荷重	横向载荷
— locator	(工作台)縱向定位器	ラテラルロケータ	(工作台)纵向定位器
— plate	側板	側板	側板
— position of propeller	螺旋漿橫向位置	プロペラの横方向位置	螺旋桨横向位置
— pressure stress	側壓應力	側圧応力	側压应力
— probe movement	左右掃描〔超音波探傷〕	左右走査〔超音波探傷の〕	左右扫描〔超声探伤〕
— reinforcement	水平鋼筋	横鉄筋	水平钢筋
— resistance	橫向阻力	横抵抗	横向阻力
— scan	橫向掃描	左右走査	横向扫描
— section	橫截面	横断面	横截面
— separation	橫向分離	横方向分離	横向分离
— shake	側面震動	ラテラルシェイク	側面震动
— slide mold	旁滑式(注射)塑模	横滑り型	旁滑式(注射)塑模
— stiffness	橫向剛性	側鋼性	側向刚性
— strain intensity	橫向應變強度	横ひずみ度	横向应变强度
— stress	橫向應力	横応力	側向应力
— structure	橫向結構	ラテラル構造	横向结构
— thrust	橫向推力	横推力	横向推力
— tie	橫向拉桿	帯状鉄筋	横向拉杆
— vibration	橫向振動	横振動	横向振动
latex	橡膠	乳樹脂	橡胶
— deposited article	膠乳沉積製品	ラテックス沈積製品	胶乳沉积制品
— film	膠乳膜	ラテックス膜	胶乳膜
— mo(u)ld	浸膠塑膜	ラテクッス型	浸胶塑膜
— paint	乳膠漆	ラテクッス塗料	乳胶漆
— proofing	塗膠乳	ラテックス防護	涂胶乳
— rubber	膠乳橡膠	ラテックスゴム	胶乳橡胶
— stabilization	膠乳穩定化	ラテックスの安定化	胶乳稳定化
— thickener	膠乳增黏劑	ラテックス増粘剤	胶乳增黏剂
lathe	車床	旋盤	车床
— carrier	車床牽轉具	レースキャリャ	鸡心夹头
— center	車床頂尖	旋盤センタ	车床顶尖
— chuck	車床夾頭	旋盤チャック	车床卡盘
— dog	車床牽轉具	回し金	鸡心夹头
— drill	鑽孔車床;臥式鑽床	さん孔旋盤	钻孔车床;卧式钻床

英文	臺灣	日文	大陸
— tool	車刀	旋盤バイト	车刀
lather	起泡	起泡	起泡
latitude	寬容度	寛容度	宽容度
Lattens	一種鋅銅合金	ラテン	一种锌铜合金
lattice	格子	格子	晶格
— conduction	格子傳導	格子伝導	点阵传导
— constant	晶格常數	格子定数	晶格常数
— defect	格子缺陷	格子欠陥	晶格缺陷
— design	格子設計	格子柄	点阵结构
— distance	晶面間距	格子面間隔	晶面间距
— distortion theory	格子畸變理論	格子ひずみ説	晶格畸变理论
— effect	格子效應	格子効果	晶格效应
— energy	格子能(量)	結晶格子エネルギー	晶格能(量)
— formation	格子形成	格子形成	晶格形成
— friction stress	格子摩擦應力	格子摩擦応力	晶格摩擦应力
— hole	格子空孔	格子空孔	点阵空孔
— imperfection	格子缺陷	格子不安全性	晶格缺陷
— ion	格子離子	格子イオン	点阵离子
— misfit	格子錯合	格子不一致	晶格错合
— mobility	格子遷移率	格子移動度	晶格迁移率
— model	格子模型	格子模型	点阵模型
— parameter	格子常數	格子定数	晶格常数
— pitch	格子間距	格子ピッチ	晶格间距
— plane	格子平面	格子面	晶格平面
— point problem	格子點問題	格子点問題	格点问题
— scattering	格子散射	格子散乱	晶格散射
— spacing	格子間距	格子間隔	晶格间距
— spectrum	格子光譜	格子スペクトル	晶格光谱
— structure	格子結構	格子構造	晶格结构
— substitution	格子置換	格子置換	点阵置换
— system	格子系	格子系	点阵系
— type filter	橋型濾波器	格子説	桥型滤波器
— unit	單位晶格	単位格子	单位晶格
— vacancy	格子空位	格子空間	晶格空位
— wound coil	蜂房式線圈	格子巻コイル	蜂房式线圈
launcher	發射裝置	発射台〔装置〕	发射装置
launching	下水;發射	打上げ	发射
— angle	發射角	発射角	发射角
— cradle	發射架	進水クレードル	发射架
— rail	發射軌	発射レール	发射轨

英文	臺灣	日文	大陸
— way	滑道	進水台	滑道
launder	流槽(礦)	出湯とい	出钢〔铁〕槽
— classifier	洗滌分級器	洗浄分級器	洗涤分级器
Lautal	一種鋁銅矽合金	ラウタル	一种铝铜硅合金
lautite	輝砷銅礦	ラウタ鉱	辉砷铜矿
law	定律	法則	定律
— of absorption	收吸定律	吸収の法則	收吸定律
— of acceleration	加速度定律	加速度の法則	加速度定律
— of energy conservaton	能量不滅定律	エネルギー保存則	能量守恒定律
— of friction	摩擦定律	摩擦の法則	摩擦定律
— of gravitation	萬有引力定律	重力の法則	万有引力定律
— of inertia	慣性定律	慣性の法則	惯性定律
— of irreversibility	不可逆定律	不可逆の法則	不可逆定律
— of mass action	質量作用定律	質量作用の法則	质量作用定律
— of motion	運動(定)律	運動法則	运动(定)律
— of partial pressure	分壓(定)律	分圧の法則	分压(定)律
— of reflection	反射定律	反射の法則	反射定律
— of refraction	折射定律	屈折の法則	折射定律
— of superposition	疊加原理	重畳の理	叠加原理
— of symmetry	對稱性定律	対称律	对称性定律
— of thermodynamics	熱力學定律	熱力学の法則	热力学定律
— of thermoneutrality	熱中和性定律	熱中性の法則	热中和性定律
— of universal gravitation	萬有引力定律	万有引力の法則	万有引力定律
— of velocity distribution	速度分配定律	速度分布則	速度分配定律
layer	層	層	层
— board	多層板	広こまい	多层板
— cable	分層(絞合)電纜	レイアケーブル	分层(绞合)电缆
— growth	層狀生長	レイア生成	层状生长
— insulation test	層間絕緣試驗	層間絶縁試験	层间绝缘试验
— lattice	層形格子	層状格子	层形点阵
— lines	層線	層線	层线
— of discontinuity	間斷層	躍層	间断层
— of oxide	氧化膜	酸化皮膜層	氧化膜
— of weld	熔焊層	溶着部	熔焊层
— stranded cable	分層絞合電纜	層ねんケーブル	分层绞合电缆
— winding	分層繞組	レイアワインディング	分层绕组
layer-built cell	疊層式電池	積層電池	叠层式电池
laying	敷設	敷設	衬垫
— gap	間隙	遊間	间隙
— speed	施工速度	施行速度	施工速度

英文	臺灣	日文	大陸
Laying-off	放様	材料取り	下料
layout	配置	配置	配置
— design	電路圖設計	レイアウト設計	电路图设计
— drawing	總平面圖	配置図	总平面图
— machine	測繪縮放儀	レイアウトマシン	测绘缩放仪
— of machines	機床配置	機械配置	机床配置
— pattern	設計圖	レイアウトパターン	设计图
— plan	平面佈置圖	配置計画図	平面布置图
layshaft	中間軸	副軸	中间轴
layup	成層	レイアップ	接头
LD converter	氧氣頂吹轉爐	ＬＤ転炉	氧气顶吹转炉
LD plant	氧氣頂吹煉鋼工廠	ＬＤ製鋼工場	氧气顶吹炼钢工厂
LD process	純氧頂吹轉爐法	純酸素上吹き転炉法	纯氧顶吹转炉法
leaching	過濾浸出	浸出	浸出
— agent	浸出劑	浸出剤	浸出剂
— fluid	浸出液	浸出液	浸出液
— method	浸出法	リーチング法	浸出法
— process	濕法冶金	湿式精錬	湿法冶金
— property	浸出性	浸出性	浸出性
— residue	濾渣	浸出残さい	滤渣
— tank	浸出槽	浸出タンク	浸出槽
lead(Pb)	鉛	鉛〔Pb〕	铅
— accumulator	鉛蓄電池	鉛蓄電池	铅蓄电池
— acetate	醋酸鉛	酢酸鉛	乙酸铅
— allergy	鉛過敏症	鉛異常敏感性	铅过敏症
— alloy	鉛合金	鉛合金	铅合金
— alloy sheathing	鉛合金覆皮	鉛被	铅包层
— angle of thread	螺紋導程角	リード角〔ねじ〕	螺纹升〔导〕角
— annealing	鉛浴退火	鉛焼なまし	铅浴退火
— anode	鉛陽極	鉛陽極	铅阳极
— antimony alloy	鉛銻合金	アンチモン鉛	铅锑合金
— ash	鉛灰	鉛灰	铅灰
— base alloy	鉛基合金	鉛基合金	铅基合金
— bath quench	鉛浴淬火	鉛浴焼き入れ	铅浴淬火
— battery	鉛蓄電池	鉛二次電池	铅蓄电池
— bearing steel	含鉛易切削鋼	鉛快削鋼	含铅易切削钢
— bonding	引線接合(法)	リード線接着	引线接合(法)
— brass	鉛黃銅	鉛黄銅	铅黄铜
— bronze bearing	鉛青銅軸承	レッドブロンズベアリング	铅青铜轴承
— brush	鉛刷	レッドブラシ	铅刷

英文	臺灣	日文	大陸
— bullion	粗鉛錠〔含有銀的鉛錠〕	粗鉛〔金銀を含む〕	粗铅锭〔含有银的铅锭〕
— burning	鉛熔(低溫)焊接	鉛溶着法	铅熔(低温)焊接
— cable	鉛包電纜	鉛被ケーブル	铅包电缆
— cast	重鑄鉛版〔印刷〕	鉛版	重铸铅版〔印刷〕
— cathode	鉛陰極	鉛陰極	铅阴极
— chamber crystals	鉛室結晶	鉛室結晶	铅室结晶
— chloride	氯化鉛	塩化鉛	氯化铅
— coat	鉛被層〔包皮〕	鉛被	铅被层〔包皮〕
— coating	鉛皮	鉛被覆	铅皮
— connector	引線連接器	リードコネクタ	引线连接器
— cutting edge	主切削刃	リードカッティングエッジ	主切削刃
— deposit	鉛沉積	鉛たい積	铅沉积
— desilverization	加鉛提銀	脱銀〔鉛精錬〕	加铅提银
— diethyl	二乙基鉛	二エチル鉛	二乙基铅
— dimethide	二甲基鉛	二メチル鉛	二甲基铅
— dioxide	二氧化鉛	二酸化鉛	过氧化铅
— dross	鉛熔渣	鉛溶さい	铅熔渣
— dust	鉛粉〔末〕	鉛粉	铅粉〔末〕
— encasing press	套鉛機	被鉛機	套铅机
equivalent	鉛當量	鉛当量	铅当量
— ethide	乙基鉛	エチル鉛	乙基铅
— extruding press	壓鉛機	鉛押出しプラス	压铅机
— fatigue test	引線疲勞試驗	リード線疲労試験	引线疲劳试验
— flat nail	鉛頭釘	鉛頭くぎ	铅头钉
— flux	鉛焊劑	鉛の融剤	铅焊剂
— former	引線成形機	リードフォーマ	引线成形机
— frame	引線(骨)架	リードフレーム	引线(骨)架
— fuse wire	保險鉛絲	ヒューズ鉛線	保险铅丝
— ga(u)ge	螺距規	リードゲージ	螺距规
— glance	方鉛礦	方鉛鉱	方铅矿
— glass	鉛玻璃	鉛ガラス	铅玻璃
— glaze	鉛釉	鉛ぐすり	铅釉
— grease	鉛皂潤滑脂	鉛グリース	铅皂润滑脂
— hammer	鉛錘	鉛ハンマ	铅锤
— hot dipping	熱浸鉛	溶融鉛めっき	热浸铅
— hydrate	氫氧化鉛	水(酸)化鉛	氢氧化铅
— integrity test	引線強度試驗	端子強度試験	引线强度试验
— joint	鉛接	鉛継手	填铅接头〔口;缝〕
— limit switch	行程限位開關	リードリミットスイッチ	行程限位开关
— lining	鉛襯	鉛内張り	铅衬

英文	臺灣	日文	大陸
— loss	鉛(皮損)耗	鉛皮損	铅(皮损)耗
— matte	粗鉛	鉛かわ	粗铅
— monoxide	一氧化鉛	一酸化鉛	氧化铅
— mordant	鉛媒染劑	鉛媒染剤	铅媒染剂
— nail	鉛釘	鉛くぎ	铅钉
— of screw	螺旋導程	ねじのリード	螺旋导程
— patenting	鉛浴等溫淬火	鉛パテンチング	铅浴等温淬火
— peroxide	過氧化鉛	過酸化鉛	二氧化铅
— pig	鉛錠	生子鉛	铅锭
— pipe	鉛管	鉛管	铅管
— plaster	鉛〔硬〕膏	鉛硬こう	铅〔硬〕膏
— plate	鉛板〔皮〕	鉛板	铅板〔皮〕
— plating	鍍鉛	と鉛	镀铅
— plug	易爆塞	鉛せん	铅塞
— poisoning	中鉛毒	鉛中毒	铅中毒
— press	包鉛機	被鉛機	包铅机
— print	鉛印法	レッドプリント	铅印法
— protoxide	一氧化鉛	一酸化鉛	一氧化铅
— quenching	鉛浴淬火	鉛焼き入れ	铅浴淬火
— red	紅丹;鉛丹	鉛丹	铅丹
— relay	引導繼電器	リードリレー	引导继电器
— response	受鉛性	鉛反応性	受铅性
— rubber	含鉛橡膠	鉛ゴム	含铅橡胶
— safety plug	鉛安全塞	可溶せん	铅安全塞
— scraper	刮鉛刀	レッドスクレーパ	刮铅刀
— screen	鉛屏蔽	鉛遮へい	铅屏蔽
— screw	導螺桿	親ねじ	导螺杆
— sensitivity	受鉛性	鉛アレルギー	受铅性
— sesquioxide	三氧化二鉛	三二酸化鉛	三氧化二铅
— sheath	鉛包(皮)	鉛被	铅包(皮)
— sheathed cable	鉛包皮電纜	鉛被ケーブル	铅包电缆
— sheathed wire	鉛包套線	鉛被線	铅包线
— sheathing	鉛包皮	被鉛	铅包皮
— sheet	鉛板	レッドシート	铅皮
— shield	鉛屏〔防放射線用〕	鉛遮へい	铅屏〔防放射线用〕
— -silver electrode	鉛-銀電極	鉛－銀電極	铅-银电极
— smelting	鉛(的)熔煉	鉛溶錬	铅(的)熔炼
— solder	鉛焊料	鉛ろう	铅焊料
— spacing ga(u)ge	鉛包線間距規	レッド線間隔ゲージ	铅包线间距规
— spar	白鉛礦	白鉛鉱	白铅矿

英　文	臺　灣	日　文	大　陸
— stone	磁性氧化鐵	酸化磁鉄	磁性氧化铁
— strainer	引線矯正機;拉線機	リードストレーナ	引线矫正机;拉线机
— sugar	乙酸鉛	鉛糖	乙酸铅
— sulfate	硫酸鉛	硫酸鉛	硫酸铅
— sulphide	硫化鉛	硫化鉛	硫化铅
— susceptibility	感鉛性	加鉛効果	感铅性
— switch	先導開關	リードスイッチ	先导开关
— tapping machine	引線抽頭機	リードテーピング機	引线抽头机
— tellurium	鉛碲合金	鉛テルル合金	铅碲合金
— terminal	引線端子	リード端子	引线端子
— tester	導程測定器	リードテスタ	导程检查仪
— tube	鉛(包)管	鉛管	铅(包)管
— wash	鉛洗滌物	鉛水	铅洗涤物
— white	鉛白	鉛白	铅白
— width	引線寬度	リート幅	引线宽度
— wire	鉛絲;保險絲	リード線	引线
— wire connection	鉛絲連接	リード線接続	引线连接
— wire inductance	鉛絲電感	リード線インダクタンス	引线电感
— wire pressing	鉛絲壓焊	リード線圧着	引线压焊
— wool	鉛纖維	繊維状鉛	纤维状铅
— yellow	氧化鉛	鉛黄	氧化铅
— -zine accumulator	鉛-鋅蓄電池	鉛－亜鉛蓄電池	铅-锌蓄电池
lead-covered cable	鉛包電纜	鉛被ケーブル	铅包电缆
leaded bronze	鉛青銅	鉛入り青銅	铅青铜
— fuel	加鉛燃料	加鉛燃料	加铅燃料
— joint	鉛接	鉛継ぎ	铅接
— red brass	鉛黃銅	鉛入り黄銅	铅黄铜
— value	加鉛值	加鉛価	加铅值
— zinc oxide	鉛化鋅	含鉛亜鉛華	铅化锌
leader	引線;導管〔桿〕	引出し線	导管〔杆〕
— cable	主電纜	誘導ケーブル	主电缆
— line	引出線	引出し線	引出线
— pin	導銷	案内ピン	导销
— tap	導引絲攻	案内付きタップ	导引丝锥
lead-free gasoline	無鉛汽油	無鉛ガソリン	无铅汽油
lead-in	引進〔入〕	引込み	引进〔入〕
— bushing	引入套管	引込みブッシング	引入套管
— clamp	引入線夾〔柱〕	引込みクランプ	引入线夹〔柱〕
— gate device	進線(配線)裝置	引込み口装置	进线(配线)装置
— inductance	引線電感	導入線インダクタンス	引线电感

英文	臺灣	日文	大陸
— insulator	引線絕緣子	引込みがい子	引线绝缘子
— screw	引入螺釘	リードインスクリュー	引入螺钉
— wire	引入線	導入線	引入线
leading	主要的	先行の	主要的
— axle	導軸	先車軸	引导轴
— block	導滑車	導滑車	导滑车
— block of chain	導鏈滑車	導鎖車	导链滑车
— bogie	前轉向架	導輪台車	前转向架
— chain	導鏈	導鎖	导链
— edge of land	齒刃前緣	リーディングエッジ	齿刃前缘
— edge pulse time	脈衝上升時間	前縁パルス時間	脉冲上升时间
— edge radius	導邊半徑	前縁半径	导边半径
— edge rib	前緣肋條	前縁リブ	前缘肋条
— pole	導磁極	リーディングポール	导磁极
— pulley	導滑輪	親滑車	导向滑轮
— screw	導螺桿	親ねじ	导螺杆
— wheel	導輪	先輪	导轮
leading-in cable	引入電纜	引込み用ケーブル	引入电缆
— line	引導線	入口線	引导线
— pole	引入桿	引込み柱	引入杆
— tube	引入線套管	導入管	引入线套管
leadless dies	無導程板牙	リードレスダイス	无导程板牙
lead-lined hoods	掛鉛管帽	鉛内張りフード	挂铅管帽
leadman's platform	測深(平)台	測鉛手台	测深(平)台
lead-out	引出線	リードアウト	引出线
leaf	葉	薄片	薄片〔板;膜〕
— chain	薄片鏈	リーフチェーン	薄片链
— condenser	箔電容器	はく蓄電器	箔电容器
— cutter	切葉器	リーフカッタ	切叶器
— electrometer	金箔靜電器	はく検電器	箔验电器
— filter	葉式濾機(器)	葉状ろ過機	叶式滤机(器)
— sight	瞄準表尺	表尺	瞄准表尺
— spring	板片彈簧	板ばね	板簧
— stamping	箔片燙印	はく押し	箔片烫印
— test	薄片試驗	リーフテスト	薄片试验
— tin	錫箔	リーフチン	锡箔
— valve	翼閥	扉弁	簧片阀
leafing	浮起	リーフィング	浮起
leak	漏洩	漏電	漏出量
— alarm device	洩漏警報器	漏電警報器	漏电报警器

英文	臺灣	日文	大陸
— breaker	漏電斷路器	漏電遮断器	漏电断路器
— check	泄漏檢驗	リークチェック	泄漏检验
— detection method	檢漏法	漏れ探知法	检漏法
— jacket	防漏套	リークジャケット	防漏套
— prevention	防漏	漏水防止	防漏
— resistance	漏電阻	リーク抵抗	漏电阻
— valve	泄漏閥	リークパルブ	泄漏阀
leakage	漏	漏れ	漏电
— conductance	漏電導	漏えいコンダクタンス	漏电导
— current	漏洩電流	リーケージ電流	漏泄电流
— discharge	漏洩放電	漏れ放電	漏泄放电
— field	漏電場	漏れ電界	漏电场
— flux	漏洩磁束	漏れ磁束	漏磁通
— indicator	檢漏計	漏れ指示器	检漏计
— inductance	漏洩感應	漏れインダクタンス	磁漏电感
— interference	漏電干擾	漏れ妨害	漏电干扰
— loss power	漏洩損失動力	漏れ損失動力	漏泄损失动力
— test	漏洩試驗	漏れ試験	渗漏试验
leakance	漏泄(傳導)係數	リーカンス	漏泄(传导)系数
leak-off	漏泄	リークオフ	漏泄
leakproof joint	防漏泄接頭	漏れ止め継手	防漏泄接头
— seal	止漏密封	漏れ止めシール	止漏密封
lean	偏〔傾〕斜	廃り	偏〔倾〕斜
— coal	低級煤	貧石炭	低级煤
— coke	劣質焦碳	下等がい炭	劣质焦炭
— gas	貧乏氣	発生炉ガス	发生炉煤气
— lime	水硬性石灰	水硬性石灰	水硬性石灰
— ore	貧礦	貧鉱	贫矿
least	最小	最小の	最小
— energy principle	最小能量原理	最小エネルギーの原理	最小能量原理
— work principle	最小功原理	最小仕事の原理	最小功原理
leather	皮革	皮革	皮革
— collar press	皮圈壓縮機	革つば圧縮機	皮圈压缩机
— hose	皮(革)軟管	革じゃ管	皮(革)软管
— machine	皮革製造機	皮革製造機	皮革制造机
— packing	皮填襯	皮パッキング	皮革填料〔密封件〕
— roller	皮輥	皮ローラ	皮辊
— seal	皮革密封	レザーシール	皮革密封
— slitting machine	皮革切割機	皮そぎ機	皮革切割机
— strap	皮帶	革帯	皮带

英文	臺灣	日文	大陸
leathercloth	人造革	レザークロス	人造革
leatherette	人造革	革布	人造革
Leclanche battery	一種電池	レクランシェ電池	一种电池
Ledloy	一種易切削鋼	レッドロイ	一种易切削钢
Ledrite	一種鉛黃銅	レドライト	一种铅黄铜
left	左側	左	左侧
— endpoint	左端(點)	左端	左端(点)
left-hand flight	左旋螺紋	左ねじ	左旋螺纹
— rule	左手定則	左手の法則	左手定则
— screw	左旋紋螺紋	左ねじ	左旋螺纹
— tap	左旋紋螺絲攻	左ねじタップ	左旋丝锥
— thread	左螺紋	左ねじ	左旋螺纹
— three finger rule	左手三指定則	左手三指の法則	左手三指定则
— turning	左旋	左回り	左旋
left-handed polarization	左偏振光	左偏光	左偏振光
— propeller	左旋螺旋漿	左回りプロペラ	左旋螺旋桨
— system	左手系	左手系	左手系
left-lay rope	左順捻鋼索	Sよりロープ	左顺捻钢丝绳
leftover	廢屑〔料〕	残り物	废屑〔料〕
left-right control	左右偏位調整器	左右調整器	左右偏位调整器
— deviation	左右偏差	左右偏差	左右偏差
left-turn piston	左轉活塞	レフトターンピストン	左转活塞
leftward welding	左焊法	左進溶接	左焊法
leg	腳;腿	脚	支管〔柱〕
— drill	支柱式鑽機	レッグドリル	支柱式钻机
— length	(角焊縫)焊腳長度	脚長	(角焊缝)焊脚长度
— pipe	支管	送風支管〔高炉〕	送风支管〔高炉的〕
— stay	支柱撐條	レッグステー	支柱撑条
— vice	長腳老虎鉗	足付き万力	长腿虎钳
legibility	易讀性	可読性	易读性
lehr	(玻璃)退火爐	徐冷がま	(玻璃)退火炉
Lemarquand	銅鋅基錫鎳鈷合金	レマルカンド	铜锌基锡镍钴合金
length	長度	長さ	长短
— bar	標準棒	標準棒ゲージ	标准棒
— breadth ratio	長寬比	長さ幅比	长宽比
— depth ratio	長深比	長さ深さ比	长深比
— diameter ratio	徑長比	ロータ長さ比	径长比
— factor	長度係數	長さの係数	长度系数
— for heading	插入長度	すえ込み長さ	插入长度
— ga(u)ge	長度規〔計〕	レングスゲージ	长度规〔计〕

L

英文	臺灣	日文	大陸
— measuring machine	測長儀	測長機	测长仪
— of corner cut	切角長度	隅切り長さ	切角长度
— of cut	切削長度	切断長さ	切削长度
— of fetch	吹送距離	吹送り距離	吹送距离
— of slope	斜坡長度	のり長さ	斜坡长度
— of time	持續時間	延時間	持续时间
— overall	全長	全長	总长
— scan	縱向掃描	平行走査	纵向扫描
— to diamater ratio	細長比	長さ対直径比	细长比
— to width ratio	長寬比	長さ比	长宽比
— unit	長度單位	長さの単位	长度单位
lengthener	延長器	レングスナ	延长器
lengthening coil	加長線圈	延長線輪	加长线圈
lengthwise direction	長度方向	長さ方向	长度方向
lens	透鏡	レンズ	透镜
— axis	透鏡光軸	レンズ光軸	透镜光轴
— center	透鏡中心	レンズ中心	透镜中心
— cloth	拭鏡布	レンズふき布	拭镜布
— disc	透鏡盤	レンズ板	透镜盘
— efficiency	透鏡效率	レンズ効率	透镜效率
— focus	透鏡焦點	レンズフォーカス	透镜焦点
— guide	透鏡束導	レンズ導波管	透镜束导
— hood	物鏡遮光罩	レンズフード	物镜遮光罩
— meter	焦度計	レンズメータ	焦度计
— mount	透鏡框架	レンズマウント	透镜框架
— multiplication factor	透鏡放大倍數	レンズ増倍率	透镜放大倍数
— paper	拭鏡紙	レンズ紙	拭镜纸
— reflector	透鏡反射器	レンズリフレクタ	透镜反射器
— stereoscope	透鏡式立體鏡	レンズ式実体鏡	透镜式立体镜
— tester	透鏡檢驗儀	レンズテスタ	透镜检验仪
— tissue	拭鏡頭紙	レンズ手入紙	拭镜头纸
— tube	鏡筒	鏡筒	镜筒
lens-barrel	鏡筒	鏡筒	镜筒
Lenz's law	楞次定律	レンツの法則	楞次定律
less consumable electrode	無消耗電極	不消耗電極	无消耗电极
— noble metal	次貴金屬〔易氧化金屬〕	卑金属	贱金属〔易氧化金属〕
— noble metal coating	次貴金屬鍍層	卑な金属被覆	较贱金属镀层
— noble potential metal	低電位金屬	低電位金属	低电位金属
let-off	導出	巻出し	导出
— gear	導出裝置	巻出し装置	导出装置

英文	臺灣	日文	大陸
— motion	送經裝置	送出し装置	送经装置
— roll	導出輥	巻出ロロール	导出辊
— spindle	導出軸	巻出しスピンドル	导出轴
leucoscope	光學高溫計	光学高温計	光学高温计
level	水平儀;水平	水準器	水平仪
— adjustment system	水平調整裝置	水平位置調整装置	水平调整装置
— bar	水平〔準〕尺	レベルバー	水平〔准〕尺
— check	電平檢驗	レベルチェック	电平检验
— clinometer	水平儀式傾斜儀	水準器式傾斜計	水平仪式倾斜仪
— comparator	水平比測儀	レベルコンパレータ	水平比测仪
— control	水平控制	水平制御	水平控制
— detection	電平檢測	踏切り保安装置	电平检测
— detector	電平探測器	レベル検出器	电平探测器
— flip-flop	電平觸發器	レベルフリップフロップ	电平触发器
— ga(u)ge	水平計;液面計	水位計	水平规
— indicator	水位指示器;液位計	レベル計	电平指示器
— line	水平線	水準線	水平线
— manometer	壓力水準器	圧力水準器	压力水准器
— measurement	電平測量	レベル測定	电平测量
— measuring equipment	電平測量設備	レベル測定盤	电平测量设备
— meter	水平儀	レベル測定器	水平仪
— of defectiveness	不良率	不良率	不良率
— point	落點	落点	落点
— pressure control	基準壓力調節	圧力レベル制御	基准压力调节
— range	電平測量範圍	レベルレンジ	电平测量范围
— receiver	電平接收器	レベルレシーバ	电平接收器
— regulating device	電平調節裝置	レベル調整装置	电平调节装置
— regulating valve	液面調節閥	液位調整弁	液面调节阀
— rod	標尺	箱尺	标尺
— surface	水平面	水準面	水平面
— switch	液位開關	レベルスイッチ	液位开关
— tell	水平計	レベルテル	水平计
— translation	電平變換	レベル変換	电平变换
— trier	電平測試器	試準器	电平测试器
— vial	水平儀	水準器	垂线测平器
— wind device	均勻捲線裝置	均等巻き装置	均匀卷线装置
level(l)ing	定水平	水準測量	矫正〔直;平〕
— adjustment	水準調整	レベル調整	水准调整
— agent	光滑劑	平滑剤	光滑剂
— arrangement	整平裝置	整準装置	整平装置

L

英文	臺灣	日文	大陸
— block	水平校正塊	レベリングブロック	水平校正块
— bolt	調(正水)平螺釘	レベリングボルト	调(正水)平螺钉
— instrument	水準器	水準器	水准器
— machine	鋼板矯平機	レベリングマシン	钢板矫平机
— pad	調平墊片〔襯墊;底座〕	レベリングパアッド	调平垫片〔衬垫;底座〕
— planer	木工刨床	むら取りかんな盤	木工刨床
— plate	水平(調整)板	水平板	水平(调整)板
— rod	標尺	標尺	标尺
— rolls	矯直輥	矯正ロール	矫直辊
— screw	準平螺釘	調整ねじ	水平调整螺钉
— set	水準測定裝置	レベリング装置	水准测定装置
— solution	整平型電鍍液	平滑めっき浴	整平型电镀液
— staff	水準標尺	スタッフ	水准标尺
— valve	調平閥	レベリングバルブ	调平阀
leveller	矯直機	矯正圧延機	矫直机
level-up	提高到同一水平	レベルアップ	提高到同一水平
lever	桿;槓桿	てこ棒	操纵杆
— arm	桿臂	レバーアーム	杆臂
— balance	槓桿天平	こうかん天びん	杠杆天平
— block	桿滑車	レバーブロック	闭塞杆
— brake	桿軔;槓桿煞車	レバーブレーキ	杠杆制动
— change	變速桿	レバーチェンジ	变速杆
— chuck	帶臂夾頭	レバーチャック	带臂夹头
— clamp	偏心夾具	レバークランプ	偏心夹具
— crank mechanism	曲柄搖桿機構	てこクランク機構	杠杆曲轴机构
— guide	槓桿導承〔槽〕	てこ案内	杠杆导承〔槽〕
— gun	槓桿式油槍	レバーガン	杠杆式油枪
— handle pin	槓桿手柄銷	レバーハンドルピン	杠杆手柄销
— indicator	槓桿式指示器	レバーインジケータ	杠杆式指示器
— jack	槓桿千斤頂	レバー式ジャッキ	杠杆千斤顶
— key	槓桿電鍵	てこ電けん	杠杆电键
— of stability by weights	重量穩性臂	重力復原てこ	重量稳性臂
— pin	桿銷	レバーピン	杆销
— press	槓桿壓機	てこプレス	杠杆式压床
— punch	槓桿衝床	レバーパンチ	杠杆式冲床
— ratio	槓桿比	てこ比	杠杆比
— riveter	槓桿鉚(接)機	てこリベット締め機	杠杆式铆(接)机
— rock switch	槓桿式搖臂開關	レバー式ロッカースイッチ	杠杆式摇臂开关
— rule	槓桿定律	てこの原理	杠杆定律
— safety valve	槓桿式安全閥	レバー式安全弁	杠杆式安全阀

英文	臺灣	日文	大陸
— shaft	槓桿軸	レバーシャフト	杠杆轴
— shears	槓桿式剪切機	大はさみ	杠杆式剪切机
— spring	槓桿彈簧	レバーばね	杠杆弹簧
— steering	槓桿式轉向機構	レバースティアリング	杠杆式转向机构
— type dial test indicator	槓桿式千分錶	てこ式ダイヤルゲージ	杠杆式千分表
— valve	槓桿閥	てこ弁	杠杆阀
leverage	槓桿作用	てこ比	杠杆作用
levigated abrasive	粉末狀研磨劑	粉末状研磨剤	粉末状研磨剂
lewis	吊楔;方塊吊桿	釣りくさび	起重爪
— bolt	吊楔螺栓	レウィスボルト	地脚螺栓
— hole	吊楔孔	釣りくさび穴	吊楔孔
lewisson	地腳螺栓	くさびボルト	地脚螺栓
Ley	錫鉛軸承合金	錫鉛軸承合金	锡铅轴承合金
Leydenfrost phenomenon	萊頓福洛斯特現象	ライデンフロスト現象	莱顿福洛斯特现象
liberating tank	分離槽	分離タンク	分离槽
liberation	游離	遊離	游离
— damper	釋放阻尼裝置	リベレーションダンパ	释放阻尼装置
liberator	排氣裝置	リベレータ	排气装置
libra	磅	ライブラ	磅
libration	保持平衡	ひょう動	保持平衡
— vibration	(保持)平衡振動	ひょう動振動	(保持)平衡振动
life	壽命	寿命	寿命
— curve	壽命曲線	ライフカーブ	寿命曲线
— cycle	壽命周期	ライフサイクル	寿命周期
— cycle cost	全壽命(周期)費用	ライフサイクルコスト	全寿命(周期)费用
— cycle test	交變負載耐久試驗	ライフサイクルテスト	交变载荷耐久试验
— end point	壽命終止點	寿命終止点	寿命终止点
— expectancy	預計使用壽命〔期限〕	推定寿命	预计使用寿命〔期限〕
— exponent	壽命指數〔指標〕	寿命指数	寿命指数〔指标〕
— limit	壽命極限	廃棄限界	寿命极限
— longevity	壽命	寿命	寿命
— performance curve	壽命特性曲線	動程曲線	寿命特性曲线
— span	使用壽命	予想寿命	使用寿命
— test data	壽命試驗數據	ライフテストデータ	寿命试验数据
— time parameter	壽命數據	ライフタイムパラメータ	寿命数据
— time tester	壽命測試器	ライフタイム測定器	寿命测试器
lifetime	壽命	寿命	寿命
lift	升降梯;電梯;升程	型上げ	电梯
— and carry transfer	提升移送裝置	持上げ送り式移送装置	提升移送装置
— and force pump	抽水壓力泵	吸上げ加圧ポンプ	抽水压力泵

L

英文	臺灣	日文	大陸
— bank	電梯組	リフトバンク	电梯组
— bolt	起升螺栓	リフトボルト	起升螺栓
— cock	升降式旋塞〔開關〕	リフトコック	升降式旋塞〔开关〕
— coefficient	升力係數	揚力係数	升力系数
— conveyor	提升式運輸機〔器〕	リフトコンベア	提升式运输机〔器〕
— curve	升力曲線	揚力曲線	升力曲线
— cylinder	升降液壓缸	リフトシリンダ	升降液压缸
— distribution	升力分布	揚力分布	升力分布
— engine	氣墊風扇發動機	リフトエンジン	气垫风扇发动机
— factor	壽命係數	寿命係数	寿命系数
— fan	墊升風扇	浮上用ファン	垫升风扇
— fitting	提升接頭	吸上げ継手	提升接头
— gate	升降門	引上げゲート	升降门
— gate weir	升降門堰	引上げぜき	提升闸门式堰
— hammer	落錘	リフトハンマ	落锤
— head	揚程	ポンプの揚程	扬程
— latch	兼作拉手的插銷	引手を兼ねた戸締り	兼作拉手的插销
— lever	提升桿	揚げてこ〔偏心輪の〕	提升杆
— magnet	起重磁鐵	釣上げ磁石	起重磁铁
— pipe	揚水管	揚水管	扬水管
— pump	揚升泵	吸上げポンプ	抽水泵
— pumping equipment	揚水設備	揚水設備	扬水设备
— roller	提升滾輪	リフトローラ	提升滚轮
— tower	升降塔	リフトタワー	升降塔
— truck	升降運送車	持上げ車	自动装货车
— valve	升閥	持上げ弁	提升阀
— wire	提升用鋼索	飛行張り線	提升用钢丝绳
lifter	升降桿;堆高機	揚げ返し機	升降机
— cam	升降機凸輪	リフタカム	升降机凸轮
— lever	提升桿	上げてこ	提升杆
— roller	挺桿滾輪	リフタローラ	挺杆滚轮
— truck	升降式裝卸車	リフタトラック	升降式装卸车
lifting	提升	起こし	提升
— apparatus	吊具	釣具	吊具
— beam	起重橫梁	つり上げビーム	起重横梁
— body	(浮)升體	リフティングボディ	(浮)升体
— bolt	起重螺桿	引上げボルト	起重螺杆
— brake	起重制動器	リフティングブレーキ	起重制动器
— chain	起重鏈	リフトチェーン	起重链
— cord	吊索	釣上げコード	吊索

英文	臺灣	日文	大陸
— device	升降裝置	昇降装置〔材料の〕	升降装置
— drum	提升機捲筒	リフティングドラム	提升机卷筒
— gear	升降機構	弁上げ装置	起重装置
— guide	提升導柱	釣上げ用案内要具	提升导柱
— height	揚程	揚程	扬程
— hook	吊鉤	ボートつりフック	起重钩
— injector	吸引射水器	吸上げインジェクタ	进口注水〔油〕器
— jack	千斤頂	押上げ万力	千斤顶
— motor	捲揚電動機	巻上げ電動機	升降电动机
— nozzle	升力噴管	吹上げノズル	升力喷管
— pin	提重銷	型上げピン	起模顶杆
— power	起重力	揚げ能力	提升力
— press	提升壓緊裝置	リフティングプレス	提升压紧装置
— ram	提升油缸	リフトラム	提升油缸
— rod	提升桿	釣り棒	提升杆
— rope	起重用鋼繩	巻上げロープ	起重用钢绳
— screw	起重螺桿;提模螺釘	引上げボルト	千斤顶
— slings	起重系索	釣上げ金具	起重系索
— speed	起重速度	巻上げ速度	起重速度
— surface	揚力面	揚力面	升力面
— table	平行升降台	リフティングテーブル	平行升降台
— tackle	起重滑車	釣上げ金具	起重滑车
— tongs	起重夾鉗	リフティングトング	起重夹钳
lift-off	發射	発射	发射
— process	分離法	リフトオフプロセス	分离法
lift-out	脫模	ボトムノックアウト	脱模
— bolt	頂出螺栓	リフトアウトボルト	顶出螺栓
— plate	頂出板	ノックアウトプレート	顶出板
— plunger	提升柱塞	リフトアウトプランジャ	提升柱塞
lift-up method	頂升法	リフトアップ工法	顶升法
— plug	提升式排水塞子	押上げ排水プラグ	提升式排水塞子
ligament	帶	じん帯	带
light	光	光	光
— absorber	吸光劑	吸光剤	吸光剂
— absorbing pigment	吸光顏料	吸光顔料	吸光颜料
— activated element	光敏元件	光感度素子	光敏元件
— activated switch	光敏開關	光感度スイッチ	光敏开关
— ageing	光致老化	光老化	光致老化
— alloy	輕合金	軽合金	轻合金
— alloy castings	輕合金鑄件	軽合金鋳物	轻合金铸件

英文	臺灣	日文	大陸
— alloy mold	輕合金模具	軽合金金型	轻合金模具
— alloy plate	輕合金板	軽合金板	轻合金板
— beam	光柱	光柱	光束
— beam remote control	光束式遙控	光線式遠隔操作	光束式遥控
— carburetted hydrogen	甲烷	メタン	甲烷
— casting	薄壁鑄件	薄手鋳物	薄壁铸件
— cell	光電管	ライトセル	光电管
— channel steel	輕型槽鋼	軽溝形鋼	轻型槽钢
— coated electrode	薄敷電焊接條	薄被覆溶接棒	薄药皮焊条
— colo(u)red lettering	淺色印鐵油墨	淡色レタリング	浅色印铁油墨
— communication	光通信	光波通信	光通信
— continuous welding	輕連續焊接	軽連続溶接	轻连续焊接
— corpuscle	光粒子	光粒子	光粒子
— current	光電流	光電流	光电流
— cut method	光截法〔表面粗糙度的〕	光切断法	光截法〔表面粗糙度的〕
— cutting	精加工	軽切削	精加工
— cycle oil	輕循環油	軽循環油	轻循环油
— diesel fuel	輕質柴油燃料	軽ディーゼル燃料	轻质柴油燃料
— diffusion	光漫射	光拡散	光漫射
— efficiency	光效率	光効率	光效率
— electron	光電子	発光電子	光电子
— element	輕元素	軽い元素	轻元素
— emission	光輻射	ライトエミッション	光辐射
— energy	光能	光エネルギー	光能
— etch	輕(微)腐蝕	ライトエッチ	轻(微)腐蚀
— exposure	曝光(量)	露光（量）	曝光(量)
— exposure property	耐光性	耐光性	耐光性
— exposure test	耐光性試驗	耐光性試験	耐光性试验
— fastness	耐光性〔度〕	耐光性	耐光性〔度〕
— fillet weld	小填角焊(縫)	軽すみ肉溶接	小填角焊(缝)
— fire brick	輕耐火磚	軽量耐火れんが	轻耐火砖
— flash	閃光	ライトフラッシュ	闪光
— flux	光通量	光束	光通量
— fuel oil	輕燃料油	A重油	轻燃料油
— fugitiveness	不耐光性	易光変性	不耐光性
— ga(u)ge steel	輕型型鋼	軽量形鋼	轻型型钢
— ga(u)ge steel structure	輕鋼結構	軽量鉄骨構造	轻钢结构
— gas oil	輕粗柴油	軽量ガス粗重油	轻粗柴油
— gravity crude oil	輕質原油	軽質原油	轻质原油
— grazing	精磨	光沢仕上げ	精磨

英文	臺灣	日文	大陸
— guide	光導	光導体	光导
— industry	輕工業	軽工業	轻工业
— ligroin	石油醚	石油エーテル	石油醚
— load adjustment	輕負載調整	軽負荷調整	轻负荷调整
— metal	輕金屬	軽金属	轻金属
— meter	光度計	ライトメータ	照度计
— microscope	光學顯微鏡	光学顕微鏡	光学显微镜
— microsecond	光微秒	マイクロ光秒	光微秒
— oil	輕油	軽油	轻油
— oil cracking	輕(質)油裂化	軽油分留	轻(质)油裂化
— oil distillate	輕油餾份	軽油留出物	轻油馏份
— oil heater	輕油加熱器	軽油加熱器	轻油加热器
— oil still	輕油蒸餾器	軽油蒸留塔	轻油蒸馏炉
— oil tank	輕油槽	軽油タンク	轻油槽
— pencil	光束	光束	光束
— permeability	透光性	光の透過性	透光性
— petroleum	石油醚	石油エーテル	石油醚
— pipe	光導管	光導パイプ	光导管
— piping	光傳送	光伝送（性）	光传送
— plate mill	中厚(鋼)板軋機	中厚板圧延機	中厚(钢)板轧机
— platinum metal	鉑類輕金屬	白金類軽金属	铂类轻金属
— polarizer	(光的)偏振片〔子〕	偏光子	(光的)偏振片〔子〕
— pulse trigger	光脈衝觸發器	光パルストリガ	光脉冲触发器
— quantity	光量	光量	光通量
— quantum	光(量)子	光子	光(量)子
— radiation	光輻射	光のふく射	光辐射
— ray	光線	光線	光线
— ray welding	紅外線加熱焊接	光ビーム溶接	红外线加热焊接
— recording system	光記錄裝置	光記録装置	光记录装置
— reflectance	光的反射率	光の反射率	光的反射率
— reflector	反射鏡	反射鏡	反射镜
— relay	光繼電器	光継電器	光继电器
— remote control	光遙控	光リモコン	光遥控
— -resistance test	耐光性試驗	耐光性試験	耐光性试验
— running	輕載運轉	ライトランニング	轻载运转
— section method	光切(斷)法	光切断法	光切(断)法
— sensitiveness	感光性	感光性	感光性
— slushing oil	鑄模用潤滑油	鋳型潤滑油	铸模用润滑油
— source	光源	光源	光源
— spectrum	光譜	光スペクトル	光谱

英文	臺灣	日文	大陸
— spot	光點	ライトスポット	光点
— transmission	光透射率	光透過率	光透射率
— transmitting fiber	光導纖維	光伝送繊維	光导纤维
— value	曝光值	光量値	曝光值
— velocity	光速	光速度	光速
— water reactor	輕水反應爐	軽水炉	轻水反应堆
— wave	光波	光波	光波
— welding	淺填焊接	軽溶接	浅填焊接
light-duty cable	輕載電纜	ライトデューティケーブル	轻载电缆
lighter	發光器	点火トーチ	发光器
lighting	照明	採光	照明
— circuit	電燈迴路	ライティング回路	照明电路
— design	照明設計	照明設計	照明设计
— load	電燈負載	電灯負荷	电灯负荷
— power	照明功率	ライティングパワー	照明功率
— switch	燈開關	ライティングスイッチ	灯开关
— unit	照明裝置	照明装置	照明装置
lightmeter	照度計	照度計	照度计
lightness	光(亮)度	明るさ	光(亮)度
lightning	閃電	雷放電	闪电
— arrester	避雷針	避雷器	避雷针
— discharge	雷閃放電	雷放電	雷闪放电
— equipment	避雷裝置	避雷設備	避雷装置
— rod	避雷針	避雷針	避雷针
light-sensitive cell	光敏電池	光電池	光敏电池
— coating	感光膜	感光膜	感光膜
lightweight	輕重量的	軽荷重量	轻重量的
— angle steel	輕型角鋼	軽山形鋼	轻型角钢
— brick	輕質磚	軽量れんが	轻质砖
— construction	輕質構造〔結構〕	軽量構造	轻质构造〔结构〕
— fire brick	輕質耐火磚	軽量耐火れんが	轻质耐火砖
— metal	輕金屬	軽金属	轻金属
— plywood	輕質膠合板	軽量合板	轻质胶合板
— property	輕量性	軽量性	轻量性
— refractory	輕質耐火材料	軽量耐火物	轻质耐火材料
ligneous asbestos	木質狀石棉	木質状石綿	木质状石棉
— fiber	木質纖維	木質繊維	木质纤维
lignite	褐煤	亜炭	褐煤
— carbonization	褐煤乾餾	褐炭乾留	褐煤干馏
— coke	褐煤焦碳	亜炭コークス	褐煤焦炭

英文	臺灣	日文	大陸
— gas	褐煤氣	亜炭ガス	褐煤气
ligroin(e)	揮發油	リグロイン	挥发油
lillhammerite	鎳黃鐵礦	硫鉄ニッケル鉱	镍黄铁矿
lime	石灰	ライム鋳型法	石灰砂铸型法
— brick	石灰磚	石灰れんが	石灰砖
— content	石灰含量	石灰含有量	石灰含量
— glue	骨膠	骨にかわ	骨胶
— grease	鈣基潤滑油	石灰基潤滑グリース	钙基润滑油
— lead glass	鈣鉛玻璃	石灰鉛ガラス	钙铅玻璃
— mortar	石灰砂漿	石灰モルタル	石灰砂浆
— powder	石灰粉	石灰粉	石灰粉
— slaking	石灰熟化	石灰消和	石灰熟化
— sulfur solution	石灰硫黃液	石灰硫黄液	石灰硫黄液
— water	石灰水	石灰水	石灰水
lime-kiln	石灰窯	石灰がま	石灰窑
limes inferiores	下極限	下極限	下极限
— superiores	上極限	上極限	上极限
lime-sand brick	矽石磚	石灰れんが	硅石砖
— plaster	砂子石灰漿	砂しっくい	砂子石灰浆
limestone	石灰岩	石灰岩	石灰岩
liminal value	極限值	界限値	极限值
liming	浸灰法	石灰づけ	浸灰法
limit	限度	限界	限度
— analysis	極限分析	極限解析	极限分析
— axial force	極限軸向力	極限軸力	极限轴向力
— bending moment	極限彎曲	極限曲げモーメント	极限弯曲
— cone diameter	極限圓錐直徑	許容限界円すい直径	极限圆锥直径
— curve	極限曲線	限界曲線	极限曲线
— design method	最大強度設計法	リミット設計法	最大强度设计法
— ga(u)ge	限規	限界ゲージ	极限量规
— line	極限(界)線	限界線	限界线
— load fan	限荷風扇	リミットロードファン	限荷风扇
— measurement	界限尺寸	限界寸法	界限尺寸
— micrometer	極限分厘卡	リミットマイクロメータ	极限千分尺
— moment	極限力矩	極限モーメント	极限力矩
— of coverage	有效範圍	有効範囲	有效范围
— of creep	潛變極限	クリープ限界	蠕变极限
— of elasticity	彈性極限	弾性限度	弹性极限
— of fatigue	疲勞極限	疲労限界	疲劳极限
— of flammability	可燃性極限	燃性限度	可燃性极限

L

英文	臺灣	日文	大陸
— of friction	摩擦極限	摩擦極限	摩擦极限
— of inflammability	可燃限界	不燃限度	可燃性极限
— of precision	精密限界	精密限度	精密限度
— of proportionality	比例限界	比例限度	比例极限
— of temperature rise	溫度上升限度	温度上昇限度	温度上升限度
— of tolerance	公差極限	公差限度	公差极限
— output	極限輸出功率	制限出力	极限输出功率
— point	極限點	極限点	极限点
— ring	限制環	制限リング	止动环
— rod	極限桿	リミットロッド	极限杆
— size	極限尺寸	限界寸法	极限尺寸
— slenderness ratio	極限細長比	限界細長比	极限细长比
— stop	限位擋塊	リミットストップ	限位挡块
— stress	極限應力	限界応力	极限应力
— switch	極限開關	極限スイッチ	限位开关
— torque	極限轉矩	限界トルク	极限转矩
— twisting moment	極限扭矩	極限ねじりモーメント	极限扭矩
— value	極限值	極限値	极限值
— valve	極限閥	リミットバルブ	极限阀
limitation	限制〔度〕	限度	限制〔度〕
— of signal to noise ratio	容許信噪比	許容ＳＮ比	容许信噪比
limitator	限制器	リミットケータ	电触式极限传感器
limiting	限制	リミッティング	限制
— angle of rolling	滾壓極限	食込み角	滚压极限
— aperture	限制孔徑	制限開口	限制孔径
— current	極限電流	制限電流	极限电流
— density	極限密度	制限密度	极限密度
— device	限制裝置	限定装置	限制装置
— drawing ratio	極限拉伸係數	限界絞り比	极限拉深系数
— error	極限誤差	極限誤差	极限误差
— horsepower curve	極限功率曲線	出力限度曲線	极限功率曲线
— power	極限功率	リミッティングパワー	极限功率
— pressure	臨界壓力	限界圧力	临界压力
— speed	限制速度;極限速率	制限速度	极限速度
— static friction	靜摩擦極限	限界静摩擦	静摩擦极限
— strain	極限應變	極限ひずみ	极限应变
— stream line	極限流線	限界流線	极限流线
— stress	臨界應力	限界応力	临界应力
— surface	極限界面	極限表面	极限界面
— value	極限值	極限値	极限值

英文	臺灣	日文	大陸
— valve	限位閥	リミッティングバルブ	限位阀
— velocity	極限速度	制限速度	极限速度
imonitogelite	膠褐鐵礦	こう質かっ鉄鉱	胶褐铁矿
inac	直線加速器	直線加速器	直线加速器
inchpin	開口銷	さしこみ軸	开口销
ine	線;線路	直線	直线
— adapter	接合器	回線アタプタ	接合器
— bar	搪桿	中ぐり棒	镗杆
— bearing	線支承	線支承	线支承
— borer	直線搪床	ラインボアラ	直线搪床
— breaker	斷路器	断流器	断路器
— chain conductor	直鏈傳導體	直鎖伝導体	直链传导体
— circuit breaker	線路斷路器	線路遮断器	线路断路器
— concentrator	集線裝置	集線装置	集线装置
— connector	繼電器	ラインコネクタ	继电器
— contact	線接觸	線接触	线接触
— control	線路控制	回線制御	线路控制
— defect	線狀缺陷	線状欠陥	线状缺陷
— diagram	線路圖	線路図	线路图
— disconnecting switch	線路斷電開關	線路断路器	线路断电开关
— drawing	線圖	線画	线条
— drilling	直線鑽孔(法)	ラインドリリング工法	直线钻孔(法)
— element	線(元)素	線素	线(元)素
— etch	線狀腐蝕	ラインエッチ	线状腐蚀
— fault localization	線路故障位置測定	線路故障点測定法	线路故障位置测定
— frame	線路連接器	回線接続装置	线路连接器
— ground	線路接地	ライングランド	线路接地
— heat source	線熱源	線熱源	线热源
— heating bend method	線狀加熱彎曲法	線状加熱曲げ加工法	线状加热弯曲法
— impedance	線路阻抗	線路インピーダンス	线路阻抗
— imperfection	線狀缺陷	線欠陥	线状缺陷
— in common use	共用線	共用線	共用线
— inclusion	鏈狀夾雜物	線状介在物	链状夹杂物
— insulator	線路絕緣子	線路絶縁物	线路绝缘子
— interface unit	線路界面裝置	回路インタフェース装置	线路接口装置
— length	線路長度	線路こう長	线路长度
— load	線路負載	回線負荷	线路负载
— loss	線路損耗	線路損	线路损耗
— maintenance	現場維修	列線整備	现场维修
— milling	直線銑削	ラインミーリング	直线铣削

英文	臺灣	日文	大陸
— monitoring equipment	線路監控裝置	線路監視装置	线路监控装置
— of center	聯心線;軸線	中心線	中心线
— of contact	接觸線	接触線	接触线
— of creep	潛變線	クリープ線	蠕变线
— of curvature	曲率線	曲率線	曲率线
— of cut	切割線	切断線	切割线
— of demarcation	分界線	限界線	分界线
— of discontinuity	不連續線	不連続線	不连续线
— of division	分界線	分界線	分界线
— of equal thickness	等厚線	等厚線	等厚线
— of flow	流線	流線	流线
— of flux	通量線	束線	通量线
— of force	力線	力線	力线
— of fusion	熔合線	融合線	熔合线
— of gravity	重心線	重心線	重心线
— of induction	感應線	感応線	感应线
— of juncture	聯結線	継ぎ目	联结线
— of magnetic force	磁力線	磁力線	磁力线
— of magnetic induction	磁感應線	磁束線	磁感应线
— of magnetization	磁力線	磁化線	磁力线
— of resistance	電阻線	抵抗線	电阻线
— of rivet	鉚釘〔合〕線	リベット線	铆钉〔合〕线
— of rupture	斷裂線	破壊線	断裂线
— of segregation	偏析線	偏析線	偏析线
— of shearing stress	剪(斷)應力線	せん断応力線	剪(切)应力线
— of sight through	透視線	透視線	透视线
— of tangency	切線	接線	切线
— of torsion	扭力線	ねじれ率線	螺旋线
— of weld	焊接線	かみあわせ溶接	焊接线
— optimization	線路最佳化	回線最適化	线路最佳化
— pitch	直線節距	ラインピッチ	直线节距
— polygon	索多邊形	連力図	索多边形
— pressure	輸送管壓力	輸送管圧力	输送管压力
— protective device	線路保護裝置	回路保護装置	线路保护装置
— protector	線路安全裝置	保安器	线路安全装置
— pull	線拉伸力	ロープ引張り力	线拉伸力
— reaming	鉸同心孔	ラインリーミング	铰同心孔
— resistance	線性阻抗	線形抵抗	线性阻抗
— section	線路部分	ラインセクション	线路部分
— shaft	總軸;主軸	伝動軸	主传动轴

英　文	臺　灣	日　文	大　陸
— shafting	傳動軸系	伝動軸系	传动轴系
— standard	刻線尺	線基準	刻线尺
— stop time	(流水線的)停線時間	ラインストップ時間	(流水线的)停线时间
— switch	線路開關	線路開閉器	线路开关
— -to-line voltage	線間電壓	線間電圧	线间电压
— trace mill	跟蹤(式)仿削銑床	ライントレースミル	跟踪(式)仿形铣床
— transmission	線路傳輸	線路伝送	线路传输
— voltage	線路電壓	線間電圧	电源电压
— width	線幅	線幅	线幅
lineal acceleration	線加速度	線加速度	线加速度
— heating	線狀加熱	線状加熱	线状加热
— speed	線速率	線速度	线速度
linear acceleration	直線加速度	直線加速度	直线加速度
— accelerator	直線加速器	線状加速器〔機〕	直线加速器
— accelerometer	線性加速計〔錶〕	直線加速度計	线性加速计〔表〕
— analysis	線性分析	線形解析	线性分析
— backlash	直線齒隙	リニアバックラッシュ	直线齿隙
— bending strain	線性彎曲應變	線形曲げひずみ	线性弯曲应变
— condensation	線型縮合	線状縮合	线型缩合
— condensed ring	線型縮合環	線状縮合環	线型缩合环
— control system	線性控制系統	線状制御系	线性控制系统
— displacement	線位移	直線変位	线位移
— distance	直線距離	直線距離	直线距离
— distortion	線畸變	線形ひずみ	线性畸变
— effect	線性效應	一次効果	线性效应
— elastic	線性彈性	線形弾性	线性弹性
— elongation	線性伸長	線伸び	线性伸长
— equalization	線性平衡	線形等化	线性平衡
— expansion coefficient	線膨脹係數	線膨張係数	线膨胀系数
— expansion limit	線膨脹界限	線膨張限界	线膨胀界限
— force	直線力	直線力	直线力
— fracture mechanics	線性斷裂力學	線形破壊力学	线性断裂力学
— graded junction	線型接合	直線傾斜（状）接合	线性缓变结
— heating	線形加熱	線状加熱	线形加热
— high polymer	線型高聚物	線状高重合体	线型高聚物
— impedance relay	線性阻抗繼電器	直線インピーダンス継電器	线性阻抗继电器
— length	線性長度	延び尺	线性长度
— line balancing	線性平衡路線	線形ライン編成	线性平衡路线
— load	單位長度負載	リニアロード	单位长度负荷
— membrane strain	線性薄膜應變	線形膜ひずみ	线性薄膜应变

L

英文	臺灣	日文	大陸
— motion	線運動	線運動	线性运动
— motor	線型馬達	リニアモータ	线性电动机
— plan	線性平面	リニアプラン	线性平面
— polariscope	線性偏振光鏡	直線偏光器	线性偏振光镜
— polymerization	線型聚合(作用)	線状重合	线型聚合(作用)
— power density	線性功率密度	線出力密度	线性功率密度
— pressure	線(性)壓(力)	線圧（力）	线(性)压(力)
— process	線性過程	線形過程	线性过程
— regulator	線性穩壓器	リニアレギュレータ	线性稳压器
— relationship	比例關係	比例関係	比例关系
— rigidity	線性剛度	線剛性	线性刚度
— scale	直尺	等分目盛	直尺
— scan	直線掃描	線走査	直线扫描
— scanner	線性掃描器	線スキャナ	线性扫描器
— sensor	線性感測器	リニアセンサ	线性传感器
— shrinkage	線縮量;線縮量限界	線形収縮	线性收缩
— space	向量空間	線形空間	矢量空间
— speed method	線速度法	線速度法	线速度法
— stability theory	線性穩定性理論	線形安定性理論	线性稳定性理论
— step motor	直線步進電動機	リニアステップモータ	直线步进电动机
— structure	線型結構	直線型構造	线型结构
— superposition	線性疊加	線形重畳	线性叠加
— tensile strength	線性拉伸強度	線引張り強さ	线性拉伸强度
— trace	線性掃描	リニアトレース	线性扫描
— transformer	線性變壓器	リニアトランス	线性变压器
— unit	線性裝置	線形ユニット	线性装置
— vibration	線性振動	線形振動	线性振动
— viscoelasticity	線性黏彈性	線形粘弾性	线性黏弹性
— viscous damping	線性黏性阻尼	線形粘性減衰	线性黏性阻尼
— wave	線性波	線形波	线性波
— zone	線性區	リニアゾーン	线性区
linearity	線性	直線性	直线性
— accelerator	線性加速器	直線性加速器	线性加速器
— checker	線性檢查儀	直線性試験器	线性检查仪
— control	線性控制	直線性調節	线性控制
— correction	線性校正	直線性校正	线性校正
— curve	線性曲線	リニアリティカーブ	线性曲线
— error	線性誤差	リニアリティエラー	线性误差
— region	線性範圍	直線域	线性范围
— sector	直線區	直線的象限	直线区

英文	臺灣	日文	大陸
— variohm	線性可變電阻器	リニアリティバリオーム	线性可变电阻器
linearization	線性化	線形化	线性化
liner	襯墊;套筒;直線規	敷金	衬垫;套筒;直线规
— bushing	鑽模襯套	ライナブッシング	钻模衬套
— metal	金屬嵌〔隔〕片	ライナメタル	金属嵌〔隔〕片
— plate	墊板	ライナプレート	垫板
— ring	套筒環	ライナリング	套筒环
lines	線型圖	曲面線図	线型图
— of force	磁力線	力線	磁力线
lining	襯料;襯層	覆工	镀覆
— board	加襯板	羽目板	衬板
— cement	襯片黏結劑	ライニングセメント	衬片黏结剂
— fire brick	爐襯耐火磚	内張りれんが	炉衬耐火砖
— method of tank	襯槽法	槽ライニング法	衬槽法
— stripper	(制動器)襯片剝離器	ライニングストリッパ	(制动器)衬片剥离器
link	連桿;月牙板	接点	铰链
— adjusting gear	連桿調節裝置	リンク調整装置	连杆调节装置
— analysis	連接分析	リンク解析	连接分析
— bar	連接桿	カッペ	连接杆
— block	環塊(滑塊)	リンクブロック	连接滑块
— bolt	鏈節螺栓	リンクボルト	链节螺栓
— brass	連桿銅軸襯	リンクブラス	连杆铜轴衬
— break cutout	熔絲斷裂	リンク切断カットアウト	熔丝断裂
— circuit	中繼電路	リンク回線	中继电路
— control	連接控制	リンク制御	连接控制
— coupling	鏈耦合	リンク結合	链耦合
— drive	連桿式動力傳動裝置	リンク式動力伝達装置	连杆式动力传动装置
— fuse	鏈熔線〔絲〕	つめ付きヒューズ	链熔线〔丝〕
— hanger	滑動懸桿;月牙板吊桿	リンクつり	连杆吊架
— housing	連桿套	リンクハウジング	连杆套
— lever	搖桿	リンクレバー	摇杆
— line circuit breaker	連接線電路斷電器	連絡線遮断器	连接线电路断电器
— line equipment	連絡中繼設備	連絡中継設備	连络中继设备
— mechanism	連桿機構	リンク機構	连杆机构
— motion	連桿運動(裝置)	リンク装置	连杆运动(装置)
— pin	導銷	リンクピン	导销
— plate	鏈板	リンクプレート	链节板
— polygon	索多邊形	リンク多角形	索多边形
— press	連桿式沖床	リンクプレス	连杆式压力机
— rod	輔連桿	リンクロッド	连接杆

L

英文	臺灣	日文	大陸
— saddle	滑塊鞍	リンクサドル	滑动鞍
— span	連接架	リンクスパン	连接架
— spanner	連桿扳手	リンクスパナ	连杆扳手
— stopper	擋塊	リンクストッパ	挡块
— toothsaw	鏈式(自動)鋸	鎖歯式自動のこ	链式(自动)锯
— type pipe cutter	連桿形切管機	リンク形パイプカッタ	连杆形切管机
— work	連桿運動機構	リンク仕掛け	联杆运动机构
linkage	連桿組	連動装置	传动机构
— equilibrium	連鎖平衡	連鎖平衡	连锁平衡
— heat	鍵合熱	連鎖熱	键合热
— point	結合點	結合点	结合点
— unit	連接裝置	リンケージユニット	连接装置
linked forging machine	聯動鍛造機	鍛造加工ライン	联动锻造机
— suspension system	聯動吊索系統	関連懸架方式	联动吊索系统
— switch	聯動開關	連動開閉器	联动开关
linking	結合	結合	结合
— module	連接模塊	リンキングモジュール	连接模块
linking-up	連動	リンクアップ	结合
Linotype	鑄造排鑄機(印刷)	ライノタイプ	一种排铸机
— metal	一種排鑄機鉛字用合金	ライノタイプメタル	一种排铸机铅字用合金
Linz-Donawitz process	氧氣頂吹煉鋼法	純酸素上吹き転炉法	氧气顶吹炼钢法
Lion metal	一種錫基軸承合金	ライオンメタル	一种锡基轴承合金
lip	鑽刃;刀刃;唇	切れ刃	悬臂;切削刃
— channel	捲邊薄壁槽鋼	リップ溝形鋼	卷边薄壁槽钢
— clearance	鑽刃餘隙	リップクリアランス	背角
— die	唇狀口模	リップダイ	唇状口模
— formation	唇部形成	リップ生成	唇部形成
— height	切削刃高度	リップハイト	切削刃高度
— packing	唇形迫緊	リップパッキン	唇形密封圈
— seal	唇邊式密封	リップシール	唇边式密封
lipobiolic coal	殘留碳	残留炭	残留碳
lipophilic nature	親油性	親油性	亲油性
— property	親油性	親油性	亲油性
Lipowitz alloy	一種低溫易熔合金	リポウィッツ合金	一种低温易熔合金
liquated surface	偏析面	溶出面〔逆偏析〕	偏析面
liquation	熔析;熔離	溶離	偏析
— lead	熔析鉛	溶離鉛	熔析铅
— slag	熔析礦渣	溶離鉱さい	熔析矿渣
liquefacient	熔解物	溶解剤	熔解物
liquefaction	液化	液化	液化

英文	臺灣	日文	大陸
— failure	液化破壞	液状化破壊	液化破坏
— heat	液化熱	液化熱	液化热
— of gases	氣體液化	ガスの液化	气体液化
liquefactive apparition	液化現象	流砂現象	液化现象
liquefied cooling medium	液態冷卻介質	液冷媒	液态冷却介质
— gas storage tank	液化氣貯藏箱	液化ガス貯蔵タンク	液化气贮藏箱
— manometer	液柱壓力計	液柱圧力計	液柱压力计
— membrane	液膜	液体膜	液膜
— natural gas	液化天然氣	液化天然ガス	液化天然气
— nitrogen	液(化)氮	液化窒素	液(化)氮
— seal	液封	液封	液封
liquefier	液化裝置	液化剤	液化装置
liquefying gas	液化氣體	液化ガス	液化气体
liquescence	可液化性	易液化性	可液化性
liquid	液體	液体	液体
— absorbent	液體吸收劑	液体吸収剤	液体吸收剂
— air	液態空氣	液体空気	液态空气
— alloy	液體合金	液体合金	液体合金
— ammonia	液體氨	液体アンモニア	氨水
— bath	液浴	液浴	液浴
— bearing	流體軸承	流体軸受	流体轴承
— blasting	液吹法	液吹き法	液吹法
— blowing agent	液體發泡劑	液体発泡剤	液体发泡剂
— calorimeter	液體熱量計	液体熱量計	液体热量计
— capacitor	液體(介質)電容器	液体コンデンサ	液体(介质)电容器
— carbon dioxide	液態二氧化碳	液体炭酸	液态二氧化碳
— carbonitriding	液體碳氮共滲法	液体浸炭窒化法	液体碳氮共渗法
— carburizer	液體滲碳劑	液体浸炭剤	液体渗碳剂
— carburizing	液體滲碳法	液体浸炭法	液体渗碳法
— circulation system	液體循環系統	液循環方式	液体循环系统
— clutch	液體離合器	リキッドクラッチ	液体离合器
— coal	液(化)煤	液化石灰	液(化)煤
— container	液體容器	リキッドコンテーナ	液体容器
— contraction	冷卻收縮	凝固収縮	冷却收缩
— cooler	液體冷卻器	液冷却器	液体冷却器
— crystal display	液晶顯示	液晶ディスプレイ	液晶显示
— crystal sensor	液晶感測元件	液晶センサ	液晶敏感元件
— damping	液體阻尼	液体制動	液力〔压〕制动
— dielectric	液體介電質	液体誘電体	液体介电质
— displacement method	液體置換法	液体置換法	液体置换法

L

英　　文	臺　　灣	日　　文	大　　陸
— element	液態元素	液体元素	液态元素
— filter	液體過濾器	液体フィルタ	液体过滤器
— flame hardening	液焰淬火	液炎焼入れ	液体火焰淬火
— flow meter	液體流量〔速〕計	液体流量〔速〕計	液体流量〔速〕计
— flywheel	液力飛輪	リキッドフライホイール	液力飞轮
— friction	液〔流〕體摩擦	液体摩擦	液〔流〕体摩擦
— fuel	液體燃料	液体燃料	液体燃料
— gas	液化煤氣	液化ガス	液态煤气
— gasket	液體襯墊	液体パッキン	液体填料
— glue	液體膠	液状グリュー	液体胶
— grease	液體滑脂	リキッキドグリース	液体润滑脂
— heat exchanger	液相熱交換器	液相熱交換器	液相热交换器
— helium	液(化)氦	液体ヘリウム	液(化)氦
— honing machine	液體搪磨機	液体ホーニング盤	水砂抛光机
— hydrogen	液氫	液体水素	液氢
— insulator	液體絕緣物	液体絶縁物	液体绝缘物
— jet machining	液體噴射加工	液体ジェット加工	液体喷射加工
— jet vacuum pump	液體噴射真空泵	液体ジェットポンプ	液体喷射真空泵
— laser	液體雷射	液体レーザ	液体激光器
— level alarm	液位警報器	液面警報器	液位警报器
— level controller	液體開關	液面電極	液体开关
— level sensor	液面感測器	液面センサ	液面传感器
— line	液相線	液相線	液相线
— -liquid equilibrium	液-液平衡	液－液平衡	液-液平衡
— lubrication	液體潤滑(法)	リキッドルブリカント	液体润滑(法)
— manometer	液體壓力計	液柱圧力計	液体压力计
— material	液狀物	液状物質	液状物
— measure	液量	液量〔量単位測定容量〕	液体测(定)量
— medium	液體介質	液体培地	液体介质
— metal coolant	液金屬冷卻劑	液体金属冷却材	液态金属冷却剂
— metal corrosion	液金屬腐蝕	液体金属の腐食	液态金属腐蚀
— metal forging	液金屬鍛造	溶湯鍛造	液态金属锻造
— metal fuel	液金屬燃料	液体金属燃料	液态金属燃料
— metal pump	液金屬泵	液体金属ポンプ	液态金属泵
— nitriding	液氮化法	液体窒化法	液态氮化法
— nitrogen	液(態)氮	液体窒素	液(态)氮
— oxidizer	液氧化劑	液体酸化剤	液态氧化剂
— oxygen explosive	液氧炸藥	液酸爆薬	液(态)氧炸药
— packing	液體密封	液体パッキン	液体填料
— penetrant examination	液體滲透探傷	液体浸透探傷検査	液体渗透探伤

英文	臺灣	日文	大陸
— penetrant inspection	滲透法探傷	浸透探傷試験	渗透法探伤
— penetrant test	液體滲透探傷	液体浸透探傷検査	液体渗透探伤
— phase reaction	液相反應	液相反応	液相反应
— phase sintering	熔融燒結	溶融焼結	熔融烧结
— polishing agent	液體抛光劑	液状つや出し剤	液体抛光剂
— power	汽油	液体燃料	汽油
— pressure	液壓	液圧	液压
— refrigerant	液體致冷劑	液冷媒	液体致冷剂
— regulating resistor	液體(介質)可變電阻器	液体調整抵抗器	液体(介质)可变电阻器
— resin	液體樹脂	液状樹脂	液体树脂
— resistance	液態(時)阻力	液体抵抗	液态(时)阻力
— ring compressor	液封壓縮機	液封圧縮機	液封压缩机
— seal	液封式軸封	液封形軸封	液封式轴封
— seal compressor	液封壓縮機	液封圧縮機	液封压缩机
— sealant	液態密封劑	液状シーラント	液态密封剂
— silver	水銀	水銀	水银
— slag	熔融渣	溶融スラグ	熔融渣
— starter	液壓起動機	液体起動器	液压起动机
— state	液態	液態	液态
— subcooler	液態低溫冷卻器	液過冷却器	液态低温冷却器
— vapo(u)r interface	液體-氣體界面	液体－気体界面	液体-气体界面
— viscosimeter	液體黏度計	液体粘度計	液体黏度计
liquid-cooled engine	液冷發動機	液冷エンジン	液冷发动机
— generator	液冷發電機	液体冷却発電機	液冷发电机
— reactor	液體冷卻反應爐	液体冷却形原子炉	液体冷却反应堆
liquid-film coefficient	液膜係數	液境膜係数	液膜系数
— resistance	液膜阻力	液境膜抵抗	液膜阻力
liquidiness	流動性	液体性	流动性
liquidity index	液性指數	液性指数	液性指数
liquidoid	開始析出固相的溫度線	リクイドイド	开始析出固相的温度线
liquidometer	液面測量計	液面流出計	液面测量计
liquidus	液相線	液相線	液相线
— curve	液相(曲)線	液相線	液相(曲)线
— line	液相(曲)線	液相線	液相(曲)线
liquif(ic)ation	液化	液化	液化
— of coal	煤液化	石炭液化	煤液化
liquified chlorine gas	液(態)氯	液体塩素ガス	液(态)氯
— hydrogen	液(化)氫	液体水素	液(化)氢
liquor	溶液	液体	溶液
— finishing	鋼絲染紅處理	リカーフィニッシング	钢丝染红处理

L

英 文	臺 灣	日 文	大 陸
Litz wire	絞合線	リッツ線	绞合线
live ammunition	實彈	さく薬てん実弾	实弹
— axle	動軸	活軸	驱动轴
— bolt	活動螺栓	から締めボルト	活动螺栓
— center	活頂心	回りセンタ	活顶尖
— circuit	通電電路	生き回路	通电电路
— end	加電端	有響端	加电端
— lime	生石灰	生石灰	生石灰
— load	活動負載	活荷重	工作负载
— rollers	從動輥子	駆動ロール	传动辊
— spindle	活動心軸	ライブスピンドル	旋转轴
livered oil	硬化油	硬化油	硬化油
LNG cold heat	液化天然氣制冷	ＬＮＧ冷熱	液化天然气制冷
LNG compressor	液化天然氣壓縮機	ＬＮＧ圧縮機	液化天然气压缩机
load	負載	負荷	负载
— adjusting device	負載調整裝置	負荷調整装置	负载调整装置
— analysis	負載分析	負荷分析	负载分析
— at break	斷裂負載	破断点荷重	断裂负荷
— balance	負載平衡	負荷平衡	负载平衡
— bar	負載桿	ロードバー	负载杆
— bearing capacity	支承力;負載能力	耐（荷）力	支承力;负荷能力
— bearing characteristics	耐荷特性	耐力特性	耐荷特性
— bearing structure	承重結構	耐力構造	承重结构
— break cutout	負載切斷器	負荷遮断カットアウト	负载切断器
— break switch	負載(斷路)開關	負荷開閉器	负载(断路)开关
— calibrating device	測力計	荷重検出器	测力计
— capacity	負載量	負荷容量	负载容量
— cell	測力器	ロードセル	负载传感器
— chain	載重鏈	ロードチェーン	载荷链
— change test	變負載試驗	負荷変動試験	变负荷试验
— chart	工作負載圖	荷重曲線	负载曲线图
— clamp	負載夾緊裝置	クラップ	负载夹紧装置
— compensating device	負載補償〔調整〕裝置	応荷重装置	负载补偿〔调整〕装置
— concentration	負載集中	荷重集中	荷重集中
— condition	滿載狀態	満載状態	满载状态
— control	負載控制	荷重制御	荷载控制
— current	負載電流	ロード電流	负载电流
— curve	負載曲線	負荷曲線	负荷曲线
— -deflection curve	負載-變位線	荷重－たわみ曲線	荷载-挠度曲线
— -deflection diagram	負載-變位線圖	荷重－たわみ曲線	载荷-挠度图

英文	臺灣	日文	大陸
— -deformation curve	負載變形曲線	荷重－変位曲線	载荷变形曲线
— dispatcher	配電器	給電指令員	配电器
— dispatching board	配電盤	給電盤	配电盘
— dispacement curve	荷載位移曲線	荷重変位曲線	荷载位移曲线
— distribution	荷載分布	荷重分布	荷载分布
— diversity	負載不等率	負荷不等率	负载不等率
— dividing valve	負載分配閥	負荷分配弁	载荷分配阀
— duration curve	負載持續時間曲線	負荷持続曲線	负载持续时间曲线
— dynamics	負載動力學	負荷動特性	负载动力学
— -elongation curve	負載-伸長曲線	荷重－伸び曲線	负载-伸长曲线
— -elongation diagram	負載-伸長圖	荷重－伸び線図	负载-伸长图
— facility	負載能力	ロードファシリティ	负载能力
— factor	負載因數	負荷率	负载系数
— fluctuation	負載波動	負荷変動	负载波动
— fraction	負載變化率	負荷変化率	载荷变化率
— impedance	負載阻抗	負荷インピーダンス	负载阻抗
— in bending	彎曲負載	曲げ荷重	弯曲载荷
— in compression	壓縮負載	圧縮荷重	压缩载荷
— in tension	拉伸負載	引張り荷重	拉伸载荷
incremental method	荷載遞增法	荷重増分法	荷载递增法
— intensity	負載強度	荷重強度	载荷强度
— interrupter switch	負載中斷開關	負荷遮断開閉器	负载中断开关
— limit valve	負載限制閥	負荷制限弁	负载限制阀
— limiter	負載限制器	負荷制限器	载荷限制器
— map	負載圖	ロードマップ	负载图
— meter	測壓計	自重計	测压计
— module	裝入模塊	読込みモジュール	装入模块
— open circuit	負載開路〔斷開〕	負荷開放	负载开路〔断开〕
— partition method	荷載分配法	荷重分割法	荷载分配法
— peak	高峰負載量	負荷頂点	高峰负荷量
— port	負載孔	負荷ポート	负载孔
— range	負載(調整)範圍	負荷調整範囲	负荷(调整)范围
— rating	負載率	動定格荷重	负载率
— regulation	負載調整	角荷変動分	负荷调整
— regulator	負載調整器	負荷調整装置	负载调节器
— rejection	切斷負載	負荷遮断	切断负荷
— relay	負載繼電器	ロードリレー	负荷继电器
— resistance	負載電阻	ロード抵抗	负载电阻
— sensing element	負載檢測元件	荷重検出素子	负荷检测元件
— sensing transducer	負載檢測變換器	荷重検出変換器	负荷检测变换器

英文	臺灣	日文	大陸
— sensing valve	負載檢測閥	測重弁	负载检测阀
— sensitive element	負載感測元件	負荷感応形素子	负荷敏感元件
— short circuit	負載短路	負荷短絡	负载短路
— system program	裝配系統程序	負荷開閉器	装配系统程序
— tension point	應力拉伸區	荷重けん引部	应力拉伸区
— time	載重時間	ロードタイム	载重时间
— torque	負載轉矩	負荷トルク	负荷转矩
— transducer	負載轉換器	荷重変換器	负荷转换器
— voltage	負載電壓	負荷電圧	负载电压
load-back method	反饋法	返還負荷法	反馈法
load-carrying capacity	負載能力	許容荷重	负载能力
loaded condition	負載情況	負荷状態	负载状态
— governor	重錘式調速機	おもり調速機	重锤式调速机
— impedance	負載阻抗	負荷時インピーダンス	负载阻抗
— line	加載線路	装荷線路	加载线路
— rubber	填料橡膠	充てん材ゴム	填料橡胶
— stock	填料	充てん材	填料
loader	裝載〔料〕機	積込み機	装载〔料〕机
— bucket	荷載斗〔桶〕	ローダバケット	荷载斗〔桶〕
— -digger	挖掘裝載兩用機	ローダディッガ	挖掘装载两用机
— -unloader	裝卸機	ローダアンローダ	装卸机
loading	裝載〔料〕	装てん	装载〔料〕
— agent	填充劑	増量剤	填充剂
— analysis	裝載分析	搭載分析	装载分析
— apron	加載墊板	ローディングエプロン	加载垫板
— arm	上料臂	ローディングアーム	上料臂
— back	負載反饋(法)	負荷返還法	负载反馈(法)
— board	裝料盤	装てん盤	装料盘
— chamber	裝填室	装てん室	装填室
— coil	負載線圈	装荷線輪	加载线圈
— condition	負載條件	荷重条件	加载条件
— diagram	負載線圖	荷重線図	加载曲线图
— duration	充電時間	荷電時間	充电时间
— endurance	耐疲勞度	耐力	耐疲劳度
— guide	裝料導板	ローディングガイド	装料导板
— hopper	裝料(漏)斗	装入ホッパ	装料(漏)斗
— machine	裝料機	燃料装入機	装料机
— material	填料	充てん剤	填料
— oil pressure	承載油壓	最低常用油圧	承载油压
— path	加載過程	負荷経路	加载过程

英文	臺灣	日文	大陸
— plate	裝載板	載荷板	荷载板
— platform	裝卸站台	乗降場	装卸站台
— pole	加載導柱〔桿〕	ローディングポール	加载导柱〔杆〕
— program	裝配程序	ローディングプログラム	装配程序
— range	負載極限	荷重限	负荷极限
— shovel	裝載機鏟斗	ローディングショベル	装载机铲斗
— skid	裝料滑道	ローディングスキッド	装料滑道
— stick	搗棒	込め棒	捣棒
— tray	裝料盤	装てん板〔盤〕	装料盘
— unit	裝料機構	装入ユニット	装料机构
— velocity	裝載速度	ローディング速度	装载速度
loam	泥沙漿	真土	亚砂土
— block mould	黏土鑄模	真土型	黏土铸型
— board	(鑄造)刮漿板	ひき型板	(铸造)刮板
— casting	泥型鑄造(件)	泥型鋳造	泥型铸造(件)
— core	型心	どろ型心	型心
— lute	封泥	封泥	封泥
— mould	泥沙模	真土型	黏土铸型
— moulding	泥沙造型法	真土型造型法	黏土(型)造型法
— sand	泥砂	真土砂	黏泥砂
lobe	瓣;輪葉瓣;凸起	ふく射葉	凸起
— clearance	凸輪餘隙	ロープ間すきま	凸轮间隙
— plate	凸輪板	突子板	凸轮板
lobed arch	扁圓拱	ローブドアーチ	扁圆拱
— pump	凸輪泵	ローブポンプ	凸轮泵
lobster back	曲折管	曲げ管	曲折管
local annealing	局部退火	局部焼なまし	局部退火
— buckling	局部挫曲	局部座屈	局部屈曲
— buckling stress	局部挫曲應力	局部座屈応力	局部座屈应力
— case-hardening	局部表面硬化	部分(表面)焼入法	局部表面硬化
— cavitation	局部空泡現象	部分的空洞現象	局部空泡现象
— cell corrosion	局部電池腐蝕	局部電池腐食	局部电池腐蚀
— collapse	局部破壞	局部圧壊	局部破坏
— contraction	局部收縮	局部収縮	局部收缩
— damage	局部損壞	局部損傷	局部损坏
— discharge system	局部放電方式	局所放出方式	局部放电方式
— elongation	局部伸長	局部伸び	局部伸长
— error	局部誤差	局所誤差	局部误差
— extension	局部延伸	局部伸び	局部延伸
— failure	局部破壞	局部破壊	局部破坏

英　　文	臺　　灣	日　　文	大　　陸
— frictional resistance	局部摩擦阻力	局部摩擦抵抗	局部摩擦阻力
— hardening	局部淬火	局部焼入れ	局部淬火
— heat forming	局部加熱成形法	局部加熱成形法	局部加热成形法
— heat transfer	局部傳熱	局部熱伝達	局部传热
— heating	局部加熱	局部暖房	局部加热
— hot spots	局部過熱點	局部過熱点	局部过热点
— metamorphism	局部變質作用	接触変成作用	局部变质作用
— operation	局部操作	局操	局部操作
— overheating	局部過熱	局部過熱	局部过热
— pressure	局部壓力	局部圧力	局部压力
— processing	局部處理	ローカル処理	局部处理
— reinforcement	局部補強	局部補強	局部加强
— resistance	局部阻力	局部抵抗	局部阻力
— resonance	局部共振	局部共振	局部共振
— section	局部斷面	局部断面	局部断面
— shear failure	局部剪切破壞	局部せん断破壊	局部剪切破坏
— specific resistance	局部阻力係數	局部比抵抗	局部阻力系数
— stability	局部穩定性	局所安定	局部稳定性
— strain	局部變形〔應變〕	局部ひずみ	局部变形〔应变〕
— strength	局部強度	局部強さ	局部强度
— stress	局部應力	局部応力	局部应力
— thermal equilibrium	局部熱平衡	局所熱平衡	局部热平衡
— unit stress	局部單位應力	局部応力度	局部单位应力
— variable	局部變量	ローカル変数	局部变量
— velocity	局部流速	局部流速	局部流速
— ventilating fan	局部通風機	局部扇風機	局部通风机
— ventilation	局部通〔換〕氣	局所排気	局部通〔换〕气
— weight	局部重量	局部重量	局部重量
localiaztion	定位	局在化	定位
— of faults	故障定位	障害位置測定	故障定位
localized tempering	局部回火	局部焼戻し	局部回火
localizer	定位器	ローカライザ	定位器
localizing diffusion	局部擴散	部分拡散	局部扩散
locate function	定位功能	位置づけ機能	定位功能
— mode	定位方式	位置指定モード	定位方式
locating	定位	位置決め	定位
— center punch	定位中心衝	位置決めセンタポンチ	定位中心冲头
— hole	定位孔	定位孔	定位孔
— lug	定位環〔柄;把〕	ロケーティングラグ	定位环〔柄;把〕
— pin	定位銷	位置決めピン	定位销

英文	臺灣	日文	大陸
— plate	定位板	ロケーティングプレート	定位板
— plug	定位塞	位置決めプラグ	定位塞
— ring	定位環	定位リング	定位环
— snap ring	定位彈簧環	（軸受の）止め輪	定位弹簧环
location	定位	位置選定	定位
— bolt	定位螺栓	ロケーションボルト	定位螺栓
— deviation	定位偏差	建込み偏差	定位偏差
— of measurement	測定位置	測定位置	测定位置
— survey	定位測量	測量	定位测量
locator	定位器	探知器	定位器
— key	定位銷〔鍵〕	位置決めキー	定位销〔键〕
— slide	定位滑道	位置決め用スライド	定位滑道
lock	鎖;閘	封鎖	锁定装置
— arm	鎖臂	ロックアーム	锁臂
— bar	鎖桿	ロックバー	锁杆
— beading	捲邊接合	ビード接合	卷边接合
— bolt	鎖緊螺栓	締付けボルト	锁紧螺栓
— free system	無鎖定方式	ロックフリー方式	无锁定方式
— gate	閘門	かんぬき門	闸门
— handle	鎖緊手柄	ロックハンドリ	锁紧手柄
— head	閘門室	扉室	闸门室
— joint	咬口接合	こはぜ掛け	咬口接合
— lift	鎖銷提臂	錠上げ〔錠揚げ〕	锁销提臂
— loop	鎖定環	ロックループ	锁定环
— mode	鎖定方式	ロックモード	锁定方式
— nut washer	併緊螺帽墊圈	ロックナットワッシャ	防松螺帽垫圈
— of fusion	融合不良	融合不良	融合不良
— pin	鎖銷	止めピン	止动销
— plate	鎖板	ロックプレート	锁板
— position	鎖定位置	ロックポジション	锁定位置
— ring	鎖環	止め輪	锁环
— screw	鎖緊螺釘	止めねじ	锁紧螺钉
— seam sleeve	捲邊接縫套管	ロックシームスリーブ	卷边接缝套管
— seaming	捲邊接縫	シーム継ぎ	卷边接缝
— washer	鎖緊墊圈	止め座金	防松垫圈
locked cock	鎖緊旋塞	錠付きコック	锁紧旋塞
— coil wire rope	光面嵌緊索	ロックワイヤロープ	密封钢丝绳
— position	鎖緊位置	錠掛け位置	锁紧位置
— up stress	剩留應力	ロックドアップストレス	紧锁应力
locked-in oscillator	同步振盪器	ロックイン発振器	同步振荡器

L

英文	臺灣	日文	大陸
— strain	殘留變形	残留ひずみ	残余变形
— stress	殘留應力	残留応力	残余应力
locked-rotor torque	鎖定轉矩	回転子拘束トルク	锁定转矩
locker	鎖櫃	ロッカ	锁扣装置
locker-in circuit	自保持電路	自己保持回路	自保持电路
— range	鎖定範圍	ロックイン範囲	锁定范围
— synchronism	鎖定同步	ロックインシンクロ	锁定同步
locking	鎖緊;閘斷	閉鎖	锁紧
— action	緊固作用	型締め作用	紧固作用
— apparatus	閉鎖裝置	鎖錠装置	闭锁装置
— block	鎖塊	ロッキングブロック	锁块
— circuit	自保持電路	ロック回路	自保持电路
— contact	鎖定接點	ロック接点	锁定接点
— device	鎖緊裝置	固定装置	锁紧装置
— dog	牽轉具	ドッグ	销定爪
— force	合模力	型締め力	合模力
— key	鎖緊鍵	倒れ切り電けん	止动键
— lever	止動桿	連動鎖錠てこ	联锁杆
— lip	制動唇〔軸承襯圈的〕	ロッキングリップ	制动唇〔轴承衬圈的〕
— mechanism	鎖緊裝置止動機構	型締め機構	制动机构
— pressure	合模壓力	型締め圧力	合模压力
— ram	壓緊活塞	圧締めラム	压紧活塞
— signal	同步信號	たね信号	同步信号
— switch	鎖定開關	ロッキングスイッチ	锁定开关
lockout	鎖定	閉そく	锁定
— circuit	閉鎖電路	閉さい回路	闭锁电路
— cylinder	閉鎖汽缸	ロックアウトシリンダ	闭锁汽缸
— device	閉鎖裝置	ロックアウト装置	闭锁装置
— magnet valve	切斷電磁閥	締切り電磁弁	切断电磁阀
— pulse	同步脈衝	ロックアウトパルス	同步脉冲
— relay	閉鎖繼電器	阻止リレー	闭锁继电器
lock-up clutch	鎖緊離合器	ロックアップ機構	锁紧离合器
— relay	自保持繼電器	ロックアップ継電器	自保持继电器
locmotive	火車頭	機関車	火车头
locus	軌跡	軌跡	轨迹
— of impedance	阻抗軌跡	インピーダンス軌跡	阻抗轨迹
— of metacenters	穩心曲線	メタセンタ軌跡	稳心曲线
lodox	微粉末磁鐵	ロードックス	微粉末磁铁
loftman	放樣工	現図工	放样工
logic	邏輯性	論理	逻辑性

英文	臺灣	日文	大陸
— amplifier	邏輯放大器	ロジックアンプ	逻辑放大器
— analysis	邏輯分析	論理分析〔解析〕	逻辑分析
— cell	邏輯單元	ロジックセル	逻辑单元
— component	邏輯元件	ロジックコンポーネント	逻辑元件
— control	邏輯控制	論理制御	逻辑控制
— design system	邏輯設計系統	論理設計システム	逻辑设计系统
— device	邏輯電路	論理機構	逻辑电路
— element	邏輯元件	論理素子	逻辑元件
— layout system	邏輯設計圖系統	論理レイアウトシステム	逻辑设计图系统
Logotype	一種鉛字合金	ロゴタイプ	一种铅字合金
Lohse bridge	直懸桿式剛性拱梁橋	ローゼ橋	直悬杆式刚性拱梁桥
— girder	空腹桁架	ローゼげた	空腹桁架
Lohys	一種矽鋼片	ロイス	一种硅钢片
loll	靜止角	静止角	静止角
Lomas nut	一種螺母	ローマスナット	一种螺母
long	全長	長い	全长
— acceleration	持續加速度	長期加速度	持续加速度
— arc	長弧	ロングアーク	长弧
— arm	長臂	ロングアーム	长臂
— base line	長基線	ロングベースライン	长基线
— bearing boss bushing	長導向的帶凸台導套	ベアリングボス式ブシュ	长导向的带凸台导套
— chisel	長鑿	長たがね	长凿
— chord	長弦	長弦	长弦
— column	長柱	長柱	长柱
— direction	長度方向	長さ方向	长度方向
— drain oil	長效潤滑油	ロングドレンオイル	长效润滑油
— drill	深孔鑽頭	ロングドリル	深孔钻头
— duration test	疲勞試驗	耐久試験	疲劳试验
— flame	長(火)燄	長炎	长(火)焰
— flame coal	長燄煤	長炎炭	长焰煤
— floor frame	長底肋材	長ろっ根材	长底肋材
— grain	粗粒	ロンググレン	粗粒
— life coolant	長效冷卻劑	ロングライフクーラント	长效冷却剂
— loaf molder	長塊模	長塊鋳型	长块模
— nose plier	長嘴鉗	ロングノーズプライヤ	长嘴钳
— nose-rail	長端鋼軌	鼻端長レール	长端钢轨
— pitch winding	長距繞組	長節巻	长距绕组
— polyvinyl sheet	長乙烯樹脂軟片	長尺ビニルシート	长乙烯树脂软片
— pulse	長脈衝	長いパルス	长脉冲
— radius elbow	大半徑彎頭	大曲りエルボ	大半径弯头

英文	臺灣	日文	大陸
— radius fittings	大彎接頭〔配件〕	大曲り管継手	大半径弯头接头〔配件〕
— rail	長軌	長大レール	长钢轨
— rod insulator	長桿絕緣子	長かんがい子	长杆绝缘子
— roller bearing	長圓柱滾子軸承	棒状ころ軸受け	长圆柱滚子轴承
— screw nipple	長螺紋套筒	長ねじニップル	长螺纹套筒
— shackle	長連結環	長シャックル	长连结环
— shank tap	長柄絲攻	ロング（シャンク）タップ	长柄丝锥
— shift	長移位	ロングシフト	长移位
— slag	酸性渣	ロングスラグ	酸性渣
— slide	長滑塊	ロングスライド	长滑块
— span structure	大跨度結構	大スパン構造	大跨度结构
— spatula	長柄鏝刀〔修型工具〕	長べら	长柄镘刀〔修型工具〕
— staple fiber	長纖維	ロングステープル	长纤维
— stem	長桿〔柄〕	ロングステム	长杆〔柄〕
— stroke	長衝程	ロングストローク	长行程〔冲程〕
— sustained loading	長期荷重	長期荷重	长期荷重
— sweep	長彎頭	長曲エルボ	长弯头
— tooth	長齒	高歯	长齿
— tube evaporator	長管蒸發器	長管形蒸発缶	长管蒸发器
tube microscope	長筒顯微鏡	長筒顕微鏡	长筒显微镜
— vernier	長游標	ロングバーニヤ	长游标
— wheel base	長軸距	長軸間距離	长轴距
longer direction	縱向	長手方向	纵向
longevity	長壽命	耐用寿命	长寿命
longitude	經度	経度	横距
longitudinal	縱樑	縦通材	纵梁
— acceleration	縱向加速度	前後加速度	纵向加速度
— axis	縱向軸線	軸線	纵向轴线
— baffle	縱擋板	縦衝板	纵挡板
— bar	縱桿;主筋	軸方向鉄筋	轴向钢筋
— bead bend test	縱向焊縫彎曲試驗	縦ビード曲げ試験	纵向焊缝弯曲试验
— beam	縱樑	縦ビーム	纵梁
— bending deformation	縱向彎曲變形	縦曲り変形	纵向弯曲变形
— bending moment	縱向彎距	縦曲げモーメント	纵向弯距
— bending strain	縱彎曲應變	縦曲げひずみ	纵弯曲应变
— bending stress	縱向彎曲應力	縦曲げ応力	纵向弯曲应力
— circuit	縱向電路	縦回路	纵向电路
— coefficient	縱向係數	柱形係数	纵向系数
— comparator	縱向運動比較器	縦動比較器	纵向运动比较器
— compression test	縱向壓縮試驗	縦圧縮試験	纵向压缩试验

英文	臺灣	日文	大陸
— contraction	縱向收縮	縦収縮	纵向收缩
— crack	縱向裂紋	縦割れ	纵向裂纹
— curl	縱向捲曲	縦反り	纵向卷曲
— curvature	縱向曲率	縦曲げ率	纵向曲率
— cut sawing	縱向鋸(開)	長手びき	纵向锯(开)
— deviation	縱(向)偏差	縦の偏差	纵(向)偏差
— direction	長度方向	長さ方向	长度方向
— dispersion	縱向擴散	混合拡散	纵向扩散
— distribution	縱(向)分佈	縦分布	纵(向)分布
— ductility	縱向延展性	縦方向延性	纵向延展性
— effect	縱向效應	縦効果	纵向效应
— expansion	縱(向)膨脹	縦膨張	纵(向)膨胀
— expansion joint	縱向伸縮縫	伸縮縦目地	纵向伸缩缝
— extension	縱(向)伸長	縦伸び	纵(向)伸长
— fiber	縱纖維	縦繊維	纵纤维
— fin	縱向肋片	縦形フィン	纵向肋片
— force	縱向力	縦力	纵向力
— frame	縱構架	縦フレーム	纵构架
— framing system	縱構架式	縦ろっ骨式	纵构架式
— girder	縱桁	縦げた	纵桁
— inclination pitching	縱向傾斜角	縦方向揺れ	纵向倾斜角
— joint	伸(縮)縱接頭	縦継目	纵向接头
— levelling	縱斷面測量	縦断測量	纵断面测量
— load	軸向負載	縦荷重	轴向载荷
— magnetization	縱向磁化	長さ方向磁化	纵向磁化
— member	縱構件	縦部材	纵向构件
— metacenter	縱穩心	縦メタセンタ	纵稳心
— modulus	縱彈性模數	縦弾性率	纵弹性模量
— motion	縱方向運動	縦方向運動	纵方向运动
— movement	縱向運動	縦運動	纵向运动
— piezoelectric effect	縱向壓電效應	ピエゾ電気的縦効果	纵向压电效应
— plan	縱剖面圖	縦面図	纵剖面图
— pressure	縱壓力	縦圧	纵压力
— profile	縱剖面	縦断面形状	纵剖面
— reinforcement	軸向加強材	軸方向鉄筋	轴向钢筋
— rib	縱肋	縦リブ	纵肋
— riveted joint	縱向鉚接縫	リベット縦縁	纵向铆接缝
— seam	縱(向焊)縫	縦縁	纵(向焊)缝
— seam welding machine	縱縫焊接機	縦シーム溶接機	纵缝焊接机
— section	縱斷面〔剖面〕圖	縦断面図	纵断面〔剖面〕图

英文	臺灣	日文	大陸
— separation	縱向間隔	縦方向分離	纵向间隔
— shear	縱(向)剪切	縦せん断	纵(向)剪切
— shrinkage	縱向收縮	縦収縮	纵向收缩
— stability	縱向穩定性	縦安定（性）	纵向稳定性
— stiffener	縱向加強材	縦補剛材	纵向加劲杆
— stiffness	縱向剛度	縦剛性	纵向刚度
— strain	縱向應變	縦ひずみ	纵向应变
— strength	縱(向)強度	縦強度	纵(向)强度
— stress	縱(向)應力	縦応力	纵(向)应力
— tensile strain	縱向拉伸應變	縦引張りひずみ	纵向拉伸应变
— tool carriage	縱刀架	縦刃物台	纵刀架
— truss	縱向桁架	縦けた	纵向桁架
— unit strain	單位縱向應變	縦ひずみ度	单位纵向应变
— velocity	縱向速度	縦速度	纵向速度
— vibration	縱向振動	縦振動	纵向振动
— warpage	縱向扭曲	縦反り	纵向扭曲
— wave probe	縱波探頭	縦波探触子	纵波探头
— wave technique	縱波技術〔探傷〕	縦波法	纵波技术〔探伤〕
— winding	縱向捲繞	縦巻き	纵向卷绕
long-range detection	遠距離探測	長距離探知	远距离探测
— elasticity	長程彈性	広範囲弾性	长程弹性
— outdoor exposure test	長時間屋外暴露試驗	長時間屋外暴露試験	长时间屋外暴露试验
long-run	長期運行	長時間運転	长期运行
— test	長期試驗	長期試験	长期试验
long-term ageing test	長期老化試驗	長期老化試験	长期老化试验
— change	長期變化	長期変化	长期变化
— corrosion prevention	長時間防蝕〔腐〕	長時間防せい	长时间防蚀〔腐〕
— effect	長期效應	長時間効果	长期效应
— heat resistance	長時間耐熱性	長時間耐熱性	长时间耐热性
— outdoor weatherability	長期室外耐候性	長期屋外耐候性	长期室外耐候性
— protection	長期防護	長期保護	长期防护
— reactivity change	長期反應性變化	反応度の長時間変化	长期反应性变化
— rust prevention	長期防銹	長時間防せい	长期防锈
— stability	長期穩定性	長時間安定度	长期稳定性
— static fatigue failure	長期靜態疲勞破損	長期静的疲れ破損	长期静态疲劳破损
— stress resistance	耐長期應力破壞能力	長期応力破壊抵抗	耐长期应力破坏能力
— tension	長時間拉力	長時間張力	长时间拉力
— weathering test	長期暴露試驗	長期暴露試験	长期暴露试验
long-time base	長時基〔掃描〕	長時間軸	长时基〔扫描〕
— effect	長期效應	長時間効果	长期效应

英　文	臺　灣	日　文	大　陸
— loading	長期負載	長期荷重	长期载荷
— stability	長時間穩定性	長時間安定度	长时间稳定性
— test	耐久試驗	クリープ試験	耐久试验
lonnealing	低溫退火	低温焼きなまし	低温退火
look-in	探測	ルックイン	探测
lookout	監視	見張り	监视
— assist device	輔助監視裝置	見張り補助装置	辅助监视装置
loop	迴線;圈;循環	環（状）線	循环
— analysis	回路分析	ループ解析	回路分析
— bracket	環形托架	ループブラケット	环形托架
— bridge	環形電橋	環線橋絡	环形电桥
— circuit	迴路	ループ回路	环形电路
— connected system	迴路連通系統	ループ結合システム	环路连通系统
— control	穿孔帶指令控制	ループ制御	穿孔带指令控制
— dryer	回旋式烘乾機	ループ乾燥機	回旋式烘干机
— dynamometer	環狀動力計(儀)	環状力計	环状动力计(仪)
— earth current	接地環路電流	ループアース電流	接地环路电流
— expansion joint	環形伸縮接頭	ループ形伸縮継手	环形伸缩接头
— feeder	環形饋(電)線	ループ給電線	环形馈(电)线
— inductance	環路電感	ループインダクタンス	环路电感
— loss	迴線損失	絞り損〔失〕	回路损耗
— mill rolling	環軋法	ループミルローリング	环轧法
— motor	環流電動機	ループモータ	环流电动机
— seal	環(形)封(口)	ループシール	环(形)封(口)
— sensor	環形感測器	ループセンサ	环形传感器
— strength	互扣強度	互制強度	互扣强度
— strength ratio	支架強度比	引掛け強力比	支架强度比
— stress	周方向應力	周方向応力	周方向应力
— system closed	閉(迴)路系統	クローズドループシステム	闭(回)路系统
— table	環形工作台	ループテーブル	环形工作台
— time	循環時間	ループ時間	循环时间
— -type clamp	環形夾	ループ形クランプ	环形夹
— vent pipe	環形通氣管	環状通気管	环形通气管
— wire	迴線	環線	回线
looper	環頂器	ルーパ	环顶器
looping	環圍	ルーピング	(构)成环(形)
— channel	捲料槽	ルーピングチャネル	卷料槽
— mill	線材滾軋機	線材圧延機	线材滚轧机
— pit	環形孔〔軋鋼機的〕	巻き溝	环形孔〔轧钢机的〕
loose bar	敲(模)棒	抜き型子	敲(模)棒

英文	臺灣	日文	大陸
— blade propeller	可裝卸輪葉螺旋槳	取り外し式羽根プロペラ	可拆卸桨叶螺旋桨
— bush	可換襯套	ルースブッシュ	可换衬套
— cavity plate	帶空腔活動模板	ルースキャビティプレート	带空腔活动模板
— contact	鬆接觸	弛み接触	接触不良
— core	活芯〔壓鑄模中〕	ルースコアー	活芯〔压铸型中〕
— coupler	鬆耦合器	疎結合器	松耦合器
— coupling	鬆聯結器	ルース継手	松动接合
— eccentric	滑動偏心輪	遊動偏心器	浮动偏心轮
— filler	疏鬆填料	疎散充てん材料	疏松填料
— fit	鬆配合	動きばめ	间隙配合
— flange	鬆套凸緣〔法蘭盤〕	遊合フランジ	松套凸缘〔法兰盘〕
— hole	鬆孔〔鬆螺絲眼〕	ばか穴	松孔〔松螺丝眼〕
— joint	鬆木接	ルースジョイント丁番	可伸缩接头
— joint butt	活鉸鏈	ルースジョイント丁番	活铰链
— joint hinge	活接鉸鏈	ルースジョイント丁番	活铰链
— key	活動鍵	ルースキー	活动键
— lock	咬口接合	こはぜ接ぎ	咬口接合
— material	散料	ばら材料	散粒料
— micelle	粗膠(質)粒(子)	疎ミセル	粗胶(质)粒(子)
— packing	疏鬆迫緊	荒充てん	疏松填充
— pattern	分割模型	分割模型	粗制模型
— piece	(木模)鬆件	抜き型子	(木模)活块
— pin	活銷	ルースピン	活动(定位)销
— pin hinge	插芯鉸鏈	ピン丁番	插芯铰链
— porosity	粗孔隙〔性;度;率〕	粗細げき	粗孔隙〔性;度;率〕
— powder sintering	無加壓燒結	無加圧焼結	无加压烧结
— propeller blade	可拆卸螺旋槳槳葉	ループロペラブレード	可拆卸螺旋桨桨叶
— pulley	游輪	から回し車	空转〔套〕(皮带)轮
— punch	鬆配公模	ルースパンチ	松配阳模
— rolls	縱動軋輥	遊びロール	纵动轧辊
— wire	鬆弛的金屬線	たるみ線	松弛的金属线
loosened carbon	分散的碳粒	疎散炭素	分散的炭粒
loosest packing	最鬆迫緊	最疎充てん	最松填充
loseyite	藍鋅錳礦	ロージ石	蓝锌锰矿
loss	損耗〔失〕	減量	损耗〔失〕
— angle	損耗角	損失角	损耗角
— by evaporation	蒸發損失	蒸発減量	蒸发损失
— by Joulian heat	焦耳熱損失	ジュール損失	焦耳热损失
— by volatilization	揮發損失	揮発減量	挥发损失
— coefficient	損耗係數	損失係数	损耗系数

英文	臺灣	日文	大陸
— constant	損耗常數	損失定数	损耗常数
— current	損耗電流	損失電流	损耗电流
— elastic modulus	損失彈性模數	損失弾性率	损失弹性模量
— factor	損失係數	損失係数	损失系数
— film	邊料損耗	ロスフィルム	边料损耗
— head	水頭損失	損失ヘッド	水头损失
— in mechanical strength	機械強度損失	機械的強度損失	机械强度损失
— in pipe	管道(水頭)損失	管損失	管道(水头)损失
— in strength	強度損失	強度損失	强度损失
— in weight	重量損失〔減少〕	重量減	重量损失〔减少〕
— in weight on drying	乾燥減量〔損失〕	乾燥減量	乾燥减量〔损失〕
— in weight on heating	加熱減量〔損失〕	加熱減量	加热减量〔损失〕
— measurement	損失測量	損失測定	损失测量
— of charge	充電損失	充電損失	充电损失
— of direct current	直流損耗	直流損失	直流损耗
— of head	落差損失	損失水頭	落差损失
— of internal friction	(機械的)內摩擦損失	内部摩擦損失	(机械的)内摩擦损失
— of prestress	預應力損失	プレストレスの損失	预应力损失
— of transmission	透過率降低	透過率の損失低下	透过率降低
— of vacuum	真空度減少	真空度の低下	真空度减少
— of volatiles on heating	加熱減量〔損失〕	加熱減量	加热减量〔损失〕
— of voltage	電壓損失	電圧損失	电压损失
— of weight	重量減少	目減り	失重
— of work	功損失	作業損失	无效功
— on drying	乾燥減量〔損失〕	乾燥減量	乾燥减量〔损失〕
— on heating	加熱損失	加熱減量	加热损失
— on oven aging	熱致老化減量〔損失〕	オーブン老化減量	热致老化减量〔损失〕
— on welding	熔焊損失	溶損	熔焊损失
— probability	損耗概率	損失確率	损耗概率
— rate	損耗率	損耗率	损耗率
— shear modulus	損失剪切模數	損失せん断弾性率	损失剪切模量
— through volatilization	揮發減量	揮発減量	挥发减量
— time	空載時間	ロス時間	空载时间
— torque	損失力矩	損失トルク	损失力矩
— variation	損耗變動〔變化〕	損失変動	损耗变动〔变化〕
— Young's modulus	損耗揚氏(彈性)模數	損失ヤング率	损耗扬氏(弹性)模量
lossenite	菱鉛鐵礬	ロッセン石	菱铅铁矾
Lossev effect	洛塞夫效應	ロゼフ効果	洛塞夫效应
loss-free dielectric	無損耗介質	無損誘電体	无损耗介质
— line	無損耗線	ロスフリーライン	无损耗线

L

英文	臺灣	日文	大陸
lossless cable	無損耗電纜	無損ケーブル	无损耗电缆
lost buoyancy	損失浮力	減少浮力	损失浮力
— cooling time	損耗冷卻時間	損失冷却時間	损耗冷却时间
— cycle time	損耗周期時間	損失サイクル時間	损耗周期时间
— head	減損落差	損失水頭	损失水头
— motion	無效運動	から動き	空运转
— time	損耗時間	遅れ時間	损耗时间
— wax casting	脫蠟(精密)鑄造	ロストワックス鋳造	失蜡(精密)铸造
— wax mo(u)lding	脫蠟造模法	ろう型鋳造法	熔模(失蜡)法造型
— wax process	脫蠟鑄造(法)	ロストワックク法	失蜡铸造(法)
lot	批	画地	批量
— inspection	分批檢驗	仕切り検査	批量检查
— tolerance	批量容(許偏)差	ロット許容差	批量容(许偏)差
lotus metal	洛特斯鉛銻錫軸承合金	ロータスメタル	洛特斯铅锑锡轴承合金
loundness	響度	音の大きさ	音量
— control	音量調整器	音量調整器	音量调整器
loup(e)	精煉鐵塊	かき回し精錬鉄塊	精炼铁块
louver	百葉窗	空気取入れ口	通气孔〔缝〕
— board	散熱片	しころ板	散热片
— damper	百葉式調節風門	ルーバ型ダンパ	百页式调节风门
— diffuser	百葉式空氣散流器	ルーバ型ディフューザ	百页式空气散流器
— separator	百葉式除塵器	ルーバ型集じん器	百页式除尘器
— type classifier	百葉窗式分級機	ルーバ型分級機	百页窗式分级机
low	低的	低気圧	低的
— alloy cast iron	低合金鑄鐵	低合金鋳鉄	低合金铸铁
— alloy steel	低合金鋼	低合金鋼	低合金钢
— alloy tool steel	低合金工具鋼	低合金工具鋼	低合金工具钢
— angle boundary	小角度晶界	小角粒界	小角度晶界
— bake finish	低溫烘烤面漆	低温焼付け上塗	低温烘烤面漆
— boiling (point) solvent	低沸點溶劑	低沸点溶剤	低沸点溶剂
— brake	低速制動器	ローブレーキ	低速制动器
— brass	低鋅黃銅	丹銅	低锌黄铜
— calorie gas	低熱值燃氣	低熱ガス	低热值燃气
— calorific power	低發熱量	低発熱量	低发热量
— calorific value	低熱值	低発熱量	低发热量
— calory gas	低熱值煤氣	低カロリーガス	低热值煤气
— capacitance cable	低電容電纜	低容量ケーブル	小容量电缆
— carbon residue oil	低焦值油	低残炭価油	低焦值油
— carbon steel	低碳鋼	低炭素鋼	低碳钢
— combustibility	低(度)可燃性	低度の可燃性	低(度)可燃性

英文	臺灣	日文	大陸
— consumption cathode	低耗陰極	消耗の少ない陰極	低耗阴极
— control limit	控制下限	下方管理限界	控制下限
— cost	低成本	ローコスト	低成本
— cost die	簡易模具	簡易型	简易模具
— cost filler	廉價填充劑	安価な充てん剤	廉价填充剂
— cycle fatigue test	低循環疲勞試驗	低周波疲れ試験	低循环疲劳试验
— density polyethylene	低密度聚乙稀	低密度ポリエチレン	低密度聚乙稀
— elasticity	低彈性	低弾性	低弹性
— expansion alloy	低膨脹合金	低膨張合金	低膨胀合金
— expansion glass	低膨脹玻璃	低膨張ガラス	低膨胀玻璃
— flow	低流動性	低水	低流动性
— flow alarm	低水位報警器	低水報知機	低水位报警器
— flow observation	低流量觀測	低水観測	低流量观测
— flux	低熔點焊劑	低フラックス	低熔点焊剂
— frictional property	低摩擦性	低摩擦性	低摩擦性
— fusing alloy	低熔合金	易融合金	易熔合金
— gear	低速齒輪	最下速歯車	低速齿轮
— grade coal	劣質媒	低品位炭	劣质媒
— grade ore	貧礦	貧鉱	低级矿
— grade polymer	低聚合體	低重合体	低聚合体
— head	低水頭	低水頭	低水头
— humidity test	低濕度試驗	低温度試験	低湿度试验
— hystresis steel	低磁滯矽鋼	低ヒステリシス鋼	低磁滞硅钢
— idle	低速空轉	ローアイドル	低速空转
— inertia motor	小慣量電動機	ローイナーシャモータ	小惯量电动机
— jet	低速噴嘴	ロージェット	低速喷嘴
— leakage capacitor	低漏電電容器	低漏れコンデンサ	低漏电电容器
— limit frequency	最低頻率	最低周波数	最低频率
— manganese steel	低錳鋼	低マンガン鋼	低锰钢
— oxygen buring	低氧燃燒	低酸素燃焼	低氧燃烧
— phosphorus pig iron	低磷(鑄)鐵	低りん鉄	低磷(铸)铁
— pitch propeller	低螺距螺旋漿	低ピッチプロペラ	低螺距螺旋浆
— potential metal	低電位金屬	低電位金属	低电位金属
— power load	小功率負載	小電力負荷	小功率负载
— power loss material	低功率損耗材料	低電力損材料	低功率损耗材料
— power measurement	小功率測量	小電力測定	小功率测量
— power pile	低功率反應爐	低出力炉	低功率反应堆
— power range	低功率範圍	低出力領域	低功率范围
— production	小量生產	少量生産	小量生产
— quantity fabrication	小量製造	町工場仕事	小量制造

L

英文	臺灣	日文	大陸
— resistance	低電阻	ローレジスタンス	低电阻
— shear viscosity	低剪切黏度	低せん断粘度	低剪切黏度
— side float valve	低壓浮球閥	低圧フロート弁	低压浮球阀
— specific resistance	低電阻率	低比抵抗	低电阻率
— speed	低速	微速	低速
— speed balancing	低速平衡	低速釣合わせ	低速平衡
— speed control valve	低速控制閥	低速調整弁	低速控制阀
— speed cutting	低速切削	低速カッティング	低速切削
— speed engine	低速發動機	低速機関	低速发动机
— speed jet	低速噴嘴	ロースピードジェット	低速喷嘴
— speed line	低速線路	低速度回線	低速线路
— speed nozzle	低速噴嘴	低速ジェットノズル	低速喷嘴
— speed operation	低速運轉	低速度運転	低速运转
— speed port	低速噴口	低速ポート	低速喷口
— speed sand filtration	慢速砂過濾法	緩速砂ろ過法	慢速砂过滤法
— speed wind tunnel	低速風洞	ロースピード風どう	低速风洞
— sulfur cure	低硫黃硫化〔對橡膠〕	低硫黄加硫	低硫黄硫化〔对橡胶〕
— sulfur crude oil	低硫原油	低硫黄原油	低硫原油
— sulfur heavy oil	低硫重油	低硫黄重油	低硫重油
— sulfur oil	低硫油	低硫黄油	低硫油
— tank	低(位)水箱	ロータンク	低(位)水箱
— temperature annealing	低溫退火	低温焼きなまし	低温退火
— temperature behavior	低溫性質	低温挙動	低温性质
— temperature brittleness	低溫脆性	低温ぜい性	低温脆性
— temperature clinkering	低溫燒結	低温乾留	低温烧结
— temperature coefficient	低溫係數	低温係数	低温系数
— temperature corrosion	低溫腐蝕	低温腐食	低温腐蚀
— temperature crack	冷裂	低温割れ	冷裂
— temperature cure	低溫固〔硫〕化	低温硬化	低温固〔硫〕化
— temperature deposit	低溫沈積	低温付着	低温沉积
— temperature drier	低溫乾燥機	低温乾燥機	低温乾燥机
— temperature efficiency	冷凍效率	冷凍効率	冷冻效率
— temperature flame	低溫火焰	低温炎	低温火焰
— temperature flex	低溫撓曲性〔度〕	低温柔軟度	低温挠曲性〔度〕
— temperature flexibility	低溫撓性	低温たわみ性	低温挠性
— temperature grease	耐低溫潤滑脂	耐寒性グリース	耐低温润滑脂
— temperature grinding	低溫粉碎	低温粉砕	低温粉碎
— temperature hardening	低溫淬火	低温焼入れ	低温淬火
— temperature insulation	低溫隔熱材料	保冷材	低温隔热材料
— temperautre lubricant	低溫潤滑油	耐寒性潤滑油	低温润滑油

英文	臺灣	日文	大陸
— temperature oven	低溫爐	低温炉	低温炉
— temperature oxidation	低溫氧化	低温酸化	低温氧化
— temperature physics	低溫物理學	低温物理学	低温物理学
— temperature plasticizer	低溫增塑劑	耐寒性可塑剤	低温增塑剂
— temperature resistance	耐寒性	耐寒性	耐寒性
— temperature scale	低溫溫標	低温スケール	低温温标
— temperature separation	低溫分離	深冷分離	低温分离
— temperature stability	低溫穩定性	低温安定性	低温稳定性
— temperature strength	低溫強度	低温強度	低温强度
— temperature tempering	低溫回火	低温焼戻し	低温回火
— temperature toughness	低溫韌性	低温じん性	低温韧性
— vacuum	低真空	低真空	低真空
— vacuum pump	低真空泵	低真空ポンプ	低真空泵
— velocity	低速	低速	低速
— zinc cyanide plating	低氰鍍鋅	低濃度シアン亜鉛めっき	低氰镀锌
lower acceptance value	下限接受值	下限合格判定值	下限接受值
— base	下底	下底	下底
— bolster	下墊板	下ボルスタ	下垫板
— boom	下吊桿	下部ブーム	下吊杆
— bound	下限	下界	下限
— caloric power	低發熱量	低位発熱量	低发热量
— calorific value	低熱值	真発熱量	低热值
— cone pulley	下部錐〔塔〕輪	ローアコーンプーリ	下部锥〔塔〕轮
— control-arm	下懸架臂	ローアコントロールアーム	下悬架臂
— crank case	下曲軸箱	ローアクランクケース	下曲轴箱
— critical cooling speed	下部臨界冷卻速度	下部臨界冷却速度	下部临界冷却速度
— dead-center	下死點	ローアデッドセンタ	下死点
— deviation	下偏差	下の寸法差	下偏差
— die	下模	下型	下模
— heating value	低熱值	低発熱量	较低的发热量
— index worm wheel	工作台分度蝸輪	下部割出しウォーム歯車	工作台分度蜗轮
— lamination	下層	下層	下层
— limit	下限	下限寸法	下限
— limit variation	下偏差	下の寸法差	下偏差
— motion	下部運動	下部運動	下部运动
— oxide film	低級氧化物薄膜	低級酸化物薄膜	低级氧化物薄膜
— pair	低對	面対偶	低副
— pan	下部盤〔發動機的〕	下部さら〔機関の〕	下部盘〔发动机的〕
— polymer	低聚(合)物	低重合体	低聚(合)物
— punch	下沖頭	下パンチ	下冲头

英文	臺灣	日文	大陸
— shaft	下(部的)軸	下部軸	下(部的)轴
— shoe	下模座	下型シュー	下模座
— suction valve	下部吸氣閥	下部吸入弁	下部吸气阀
— tool holder	下刀架	下部刃物台	下刀架
— tool slide	下刀架滑板	下部刃物すべり台	下刀架滑板
— yield(ing) point	下屈服點	下降伏点	下屈服点
lowest gear	(最)低速齒輪	最下速歯車	(最)低速齿轮
— point	最低點	天底点	最低点
low-frequency generator	低週波發電機	低周波発電機	低频发电机
— heating	低週波加熱	低周波加熱	低频加热
— induction furnace	低週波感應電爐	低周波誘導炉	低频感应电炉
— range	低週波範圍	低音域	低频范围
— stress	低週波應力	低周波応力	低频应力
low-loss coil	低損耗線圈	低損失コイル	低损耗线圈
— cable	低損耗電纜	低損失ケーブル	低损耗电缆
— insulant	低耗絕緣物質	低損失絶縁物	低耗绝缘物质
low-melting alloy	易熔合金	可融合金	易熔合金
low-molecular compound	低分子化合物	低分子化合物	低分子化合物
— weight	低分子量	低分子量	低分子量
wleght compound	低分子量化合物	低分子量化合物	低分子量化合物
— weight polyethylene	低分子量聚乙稀	低分子量ポリエチレン	低分子量聚乙稀
low-order burst	低效率爆炸	不完（全）爆（発）	低效率爆炸
low-pressure air burner	低壓空氣燃燒器	低圧空気式バーナ	低压空气燃烧器
— ball tap	低壓球形塞	低圧ボールタップ	低压球形塞
— beam	低壓梁	低圧ばり	低压梁
— blowpipe	低壓焊炬	低圧トーチ	低压焊炬
— boiler	低壓鍋爐	低圧ボイラ	低压锅炉
— casing spray	低壓缸噴霧器	低圧車室スプレス	低压缸喷雾器
— casting	低壓鑄造(法)	低圧鋳造（法）	低压铸造(法)
— centrifugal pump	低壓離心泵	低圧遠心ポンプ	低压离心泵
— compressor	低壓壓縮機	低圧圧縮機	低压空压机
— controller	低壓控制器	低圧制御器	低压控制器
— cylinder	低壓缸	低圧シリンダ	低压缸
— die-casting	低壓鑄造(法)	低圧鋳造法	低压铸造(法)
— engine	低壓縮比發動機	低圧機関	低压缩比发动机
— fan	通風機	送風機	通风机
— float valve	低壓浮球閥	低圧フロート弁	低压浮球阀
— ga(u)ge	低壓壓力計	低圧圧力計	低压压力计
— gas discharge	低壓氣體放電	低気圧放電	低压气体放电
— heater	低壓加熱器	低圧加熱器	低压加热器

英文	臺灣	日文	大陸
— injection molding	低壓注(射)模(塑)法	低圧射出成形	低压注(射)模(塑)法
— laminate	低壓層合品	低圧積層物	低压层合品
— laminating	低壓層壓(法)	低圧積層	低压层压(法)
— mo(u)lding	低壓成形	低圧成形	低压成形
— pipe	低壓管	低圧管	低压管
— piston	低壓活塞	低圧ピストン	低压活塞
— plastic(s)	低壓(模塑)塑料	低圧成形プラスチック	低压(模塑)塑料
— polyethlene	低壓(法)聚乙稀	低圧法ポリエチレン	低压(法)聚乙稀
— polymerization	低壓聚合	低圧重合	低压聚合
— pump	低壓泵	低圧ポンプ	低压泵
— relay	低壓繼電器	低圧リレー	低压继电器
— resin	低壓樹脂	低圧形樹脂	低压树脂
— safety cut out	低壓安全保險器	低圧開閉器	低压安全保险器
— safety valve	低壓安全閥	低圧安全弁	低压安全阀
— sheet forming	片材低壓成形	シートの低圧成形	片材低压成形
— side	低壓側	低圧側	低压侧
— steam pipe	低壓蒸氣管	低圧蒸気管	低压蒸气管
— torch	低壓焊炬	低圧トーチ	低压焊炬
low-tension arc	低壓電弧	低電圧アーク	低压电弧
— battery	低壓電池	低圧電池	低压电池
— cable	低壓電纜	低圧ケーブル	低压电缆
— circuit	低壓迴路	ローテンション回路	低压回路
— coil	低壓線圈	ローテンションコイル	低压线圈
— insulator	低壓絕緣子	低圧用絶縁がい子	低压绝缘子
— knob insulator	低壓球〔鼓〕形絕緣子	低圧がい子ノブ	低压球〔鼓〕形绝缘子
lumeter	照度計	ルーメータ	照度计
lumialloy	魯米阿羅伊牙科用合金	ルミアロイ	鲁米阿罗伊牙科用合金
luminance	亮度;照度	輝度	亮度;照度
luminescence	冷光	蛍光	冷光
luminometer	光度計	ルミノメータ	光度计
luminous absorption	光吸收	蛍光吸収	光吸收
— discharge	輝光放電	蛍光放電	辉光放电
— effect	發光效應	蛍光効果	发光效应
— efficiency	發光效率	蛍光効率	发光效率
— flux density	發光通量密度	光束密度	光通量密度
— phenomenon	發光現象	発光現象	发光现象
— plastic(s)	螢光塑料	夜光プラスチック	萤光塑料
— radiance	光輻射率	光束発散度	光辐射率
— rays	光線	光線	光线
— sensitivity	光敏度	感光度	光敏度

英　文	臺　灣	日　文	大　陸
— source	發光源	光源	光源
lump	塊	塊	块
— breaker	碎塊機	碎塊機	碎块机
— burner	塊礦(燒結)爐	塊鉱炉	块矿(烧结)炉
— coal	塊媒	塊炭	块媒
— coke	塊焦	塊コークス	块焦炭
— ore	塊礦	塊鉱	块矿
— peat	塊狀泥碳	塊状泥炭	块状泥炭
lumped characteristic	集中特性	集中特性	集中特性
— loading	集中負載	集中装荷	集总负载
— mass matrix	集中質量矩陣	ランプドマスマトリックス	集中质量矩阵
— mass system	集中質點〔量〕系	集中質量系	集中质点〔量〕系
— system	集總〔集中〕系統	集中システム	集总〔集中〕系统
lundbye process	高速鋼鍍鉻法	ランドバイ法	高速钢镀铬法
luppen	粒狀還原鐵	ルッペ	粒状还原铁
Lurgi metal	鉛基鈣鋇軸承合金	ルルギメタル	铅基钙钡轴承合金
lustering	拋光	つや出し	抛光
— agent	拋光劑	つや出し剤	抛光剂
— machine	拋光機	光沢機	抛光机
lyddlte	立德炸藥	リダイト	立德炸药
Lymar	光子鉛板	ライマ	光子铅板
lyotrope	易溶物	離液質	易溶物
lyotropic liquid crystal	易溶液晶	ライオトロピック液晶	易溶液晶

文	臺　灣	日　文	大　陸
ag gear	馬格齒輪	マーグギヤー	马格齿轮
ear cutter	馬格齒輪加工機	マーグ歯切り盤	马格齿轮加工机床
adam	碎石(路)	マカダム	碎石(路)
oundation	碎石基礎	割ぐり地業	碎石基础
nethod	碎石路面施工方法	マカダム工法	碎石路面施工方法
avment	碎石路面	マカダム舗装	碎石路面
aving	碎石路〔鋪〕面	砂石舗道	碎石路〔铺〕面
oad	碎石路	マカダム道	碎石路
oller	碎石壓路機	マカダムローラ	碎石压路机
aroni fiber	中空纖維	中空繊維	中空纤维
ayon	中空人造纖維	中空人絹	中空人造纤维
ersting	浸漬〔解〕	浸せき	浸渍
abric	浸漬織物	布粉	浸渍织物
eration	浸解	浸せき	浸解
ch	馬赫數	マッハ	马赫数
ngle	馬赫角	マッハ角	马赫角
ffect	馬赫效應	マッハ効果	马赫效应
che unit	馬謝單位	マッヘ単位	马谢单位
chicolation	堞眼〔口〕	はね出し狭間	雉堞式射击口
chicoulis	堞眼	はね出し狭間	堞眼
chinability	切削性	マシナビリティ	切削
chinable cast iron	可削鑄鐵	可削鋳鉄	可削铸铁
ceramics	可加工陶磁	加工性セラミックス	可加工陶磁
service	可用計算機的服務	マシナブルサービス	可用计算机的服务
chine	機械;機器	マシン，機械	机械;机器;设备
address	機器位址	機械語アドレス	机器地址
aided analysis	機器輔助分析	機械援用解析	机器辅助分析
aided cognition	計算機輔助識別	機械援用認知	计算机辅助识别
alarm	機器警報(信號)	マシンアラーム	机器报警(信号)
arm	機械手臂	機械腕	机械臂
arrangement	機械布置〔配置〕	機械配置	机械布置〔配置〕
axis	機器軸線	機械の座標軸	机器轴线
base	機器底座	マシンベース	机器底座
body	機體;機架	本体	机体;机架
bolt	機製螺栓;帶頭螺栓	マシンボルト	机制螺栓;带头螺栓
buff	拋光輪	マシンバフ	抛光轮
check interruption	機械檢查中斷	機械チェック割込み	机械检查中断
code	機器代碼	マシンコード	机器代码
coding	機器編碼	マシンコーディング	机器编码
cognition	機器識別	機械認知	机器识别

英文	臺灣	日文	大陸
— complex	機械組合體	機械複合体	机械组合体
— component	機器元件	機械部品	机器部件
— configuration	機器構造	機械構成	机器构造
— control	計算機控制	マシンコントロール	计算机控制
— control character	機器控制字元	機械制御文字	机器控制字符
— control system	機床控制系統	機械制御システム	机床控制系统
— coordinate system	機械座標系統	機械の座標系	机械坐标系
— cutting	機械切削	機械切削	机械切削
— cycle	機械工作周期	マシンサイクル	机械工作周期
— decision making	機械式策略	機械意思決定	机械式决策
— dependence	機械相關性	機械依存性	机械相关性
— description language	機器描述語言	機械記述言語	机器描述语言
— design	機械設計	機械設計	机械设计
— drawing	機械製圖	機械図	机械图
— drill	鑿岩機	さく岩機	凿岩机
— drilling	機械挖掘	機械掘り	机械挖掘
— dyeing	機器染色	機械染色	机器染色
— dynamics	機械動態特性	機械動特性	机械动态特性
— element	機械元件	マシンエレメント	机械要素
— engineering	機械製造工藝學	機械工学	机械制造工艺学
— equation	計算機(運算)方程(式)	演算方程式	计算机(运算)方程(式)
— error	機器誤差	マシンエラー	机器误差
— etching	機器腐蝕	機械腐食	机器腐蚀
— factory	機器工廠	機械工場	机器工厂
— finish	機械光製	機械加工仕上げ	机械加工〔整修〕
— finished paper	機上光澤紙	マシン仕上げ紙	机上光泽纸
— floor	機械設備樓層	設備階	机械设备楼层
— foaming	機械發泡	機械発泡	机械起泡
— for extrusion of cores	擠芯機	押出し中子造型	挤芯机
— forging	機器鍛造	機械鍛造	机器锻造
— grinding	機械研磨	マシングラインディング	机械研磨
— guard system	機器防護系統	機械防護システム	机器防护系统
— hammer	機力鎚	マシンハンマ	机动锤
— hand	機械手	マシンハンド	机械手
— hatch	機器檢查孔	マシンハッチ	机器检查孔
— head	主軸箱	マシンヘッド	主轴箱
— height	(機器)設備高度	機械の高さ	(机器)设备高度
— instruction	機器指令	機械命令	机器指令
— insurance	機器保險	機械保険	机器保险
— intelligence	機器智慧	機械知能	机器智能

文	臺 灣	日 文	大 陸
interface	機器界面	マシンインタフェース	机器接口
keeper	機器管理員	マシンキーパ	机器管理员
language	機器語言	マシン言語	机器语言
layout	機器配置	機械配置	机器配置
learning	機器學習	機械学習	机器学习
level	機器等級	マシンレベル	机器等级
load	(機械)設備的負載	機械負荷	(机械)设备的负荷
load card	(機械)設備負載表(卡)	機械負荷カード	(机械)设备负荷表〔卡〕
lock	機械鎖緊	マシンロック	机械锁紧
-machine communication	機器間通信	機械-機械通信	机器间通信
maintenance system	機械維修系統	機械保全システム	机械维修系统
maker	機械工廠	マシンメーカ	机械工厂
malfunction	機器故障	機械誤動作	机器故障
manufacturer	機械製造者	機械製作者	机械制造者
mass	機器質量	機械質量	机器质量
minder	照看機器的人	印刷機械担当者	照看机器的人
model	機器模型	機械モデル	机器模型
molding	機器製模	機械込め	机器造型
noise	機器噪音	機器雑音	机器噪音
oil	機油	機械油	机械油
operating ratio	機器操作率	機械稼働率	机器运行率
operation	機器操作	計算機操作	机器操作
operator	機工	機械操作員	机器操作员
parts	機械零件	マシンパーツ	机械零件
perception	機械式感覺	機械知覚	机械式感觉
performance	機械的性能	機械の性能	机械的性能
pistol	自動手槍;衝鋒槍	機関けん銃	自动手枪;冲锋枪
plate	上機印版	テーブル	上机印版
platen	機床工作台	定盤	机床工作台
polishing	機器拋〔磨〕光	バフ磨き	机器抛〔磨〕光
positioning accuracy	機器定位精度	機械位置決め確度	机器定位精度
printing	機器印染	機械なせん	机器印染
program	機器程式	マシンプログラム	机器程序
readable data	機器可讀數據	機械可読データ	机器可读数据
readable medium	機器可讀媒体	機械読取り可能媒体	机器可读媒体
readable medium	機器可讀媒体	機械可読媒体	机器可读媒体
reamer	機力鉸刀	マシンリーマ	机用铰刀
recognition	機器識別	機械認識	机器识别
reel	機器捲盤	マシンリール	机器卷盘
register	機器暫存器	機械レジスタ	机器寄存器

英　文	臺　灣	日　文	大　陸
— rigidity	機器剛性	機械剛性	机器刚性
— ringing	機器信號	自動信号	机器振铃(信号)
— riveting	機械鉚接	機械締め	机械卯接
— room	機房	機械室	机房
— run	機器運行	マシンラン	机器运行
— safety regulation	機器安全操作條例	機械安全規則	机器安全操作条例
— saw	鋸床	マシンソー	锯床
— sequencing problem	加工排序問題	機械順序づけ問題	机加工排序问题
— setting	機器安裝〔調整〕	マシンセッティング	机床安装〔调整〕
— shearing	機械剪切	機械せん断	机械剪切
— shop	機械廠;機械工場	機械工場	机械厂
— shop tool	工具	工具	工具
— shot capacity	機器射出能力	射出能力	机器注射能力
— size	設備尺寸	機械の大きさ	设备尺寸
— speed	機械速度;切削速度	機械の速度	机器速度;切削速度
— straightening	機械矯直	機械矯正	机械矫直
— structural carbon steel	機械結構用鋼	機械構造用炭素鋼	机械结构用碳钢
— system engineering	機械系統工程	機械システム工学	机械系统工程
— table	工作台	工作台	(机床)工作台
— tap	機力螺絲攻	マシンダップ	机用丝锥
— temperature profile	機器溫度分布圖	成形機の温度分布	机床温度分布图
— time	機械運轉時間	マシン時間	机械运转时间
— tool	工具機	マシンツール	机床;工作机械
— tool coordinate system	機械座標系統	工作機械の座標系	机床坐标系
— tool down time	停機時間	工作機械停止時間	停机时间
— tool for general purpose	通用機具	汎用機	通用机床
— tool life	機器壽命	工作機械耐用年数	机床寿命
— tool noise	機器噪音	工作機械騒音	机床噪音
— total weight	機器總重	総重量	机器总重
— translation	機器翻譯	機械翻訳	机器翻译
— utilization	機械利用率	機械効率	机械利用率
— vice	機用虎鉗	マシン万力	机用虎钳
— vision system	機械式視覺系統	機械視覚システム	机械式视觉系统
— wear	機器磨損	機械の摩耗	机器磨损
— weaving	機織	機織	机织
— welding	機器銲接	機械溶接	机器焊接
— work	機械加工	機械加工	机械加工
— works	機械廠	機械工場	机械厂
machined bolt	切削螺栓	切削ボルト	切制螺栓
— cage	切製保持架	もみ抜き保持器	切制保持架

文	臺灣	日文	大陸
- laminated tube	機械加工層壓〔合〕管	機械加工積層管	机械加工层压〔合〕管
- nut	切削螺母	切削ナット	切制螺母
- part	機械加工零件	切削部品	机械加工零件
- skin	銑切毛胚	マシンドスキン	铣切蒙皮
- surface	加工面	切削仕上げ面	加工面
- thread	機械加工螺紋	機械加工ねじ	机械加工螺纹
achinegun	機關槍	機関銃	机关枪
achinehours	機器運轉時間	延運転時間	机器运转时间
achinery	機器;機械裝置;發動機	マシナリ	机器;机械装置;发动机
- arrangement	機器佈置	機械配置	机器布置
- belting	機械傳動皮帶	機械用ベルト	机械传动皮带
- casing	機艙圍壁	機関室囲壁	机舱围壁
- cost	機械設備費	機械設備費	(机械)设备费
- equipment	機器設備	機械設備	机器设备
- fitting design	發動機裝備設計	機関ぎ装設計	发动机装备设计
- foundation	機械(設備)基礎	機械基礎	机械(设备)基础
- function design	發動機功能設計	機関機能設計	发动机功能设计
- initial design	發動機初步設計	機関基本設計	发动机基本设计
- product design	發動機生產設計	機関生産設計	发动机生产设计
- room	機艙	機関室	机舱
- space	機艙	機関スペース	机舱
- space opening	機艙上通風口	機関室口	机舱上通风口
- specification	機器說明書	機関仕様書	机器说明书
- steel	機械用(結構)鋼	機械用鋼	机械制造用(结构)钢
achinescrew	機器螺釘	機械ねじ	机制螺钉
achining	機械加工;切削加工	マシニング	机械加工;切削加工
- accuracy	加工精度	工作精度	加工精度
- allowance	切削裕度	削り代	切削余量
- center	加工中心機;切削中心機	マシニングセンタ	自动换刀数控机床
- conditions	機械加工條件	機械加工条件	机械加工条件
- cost	機械加工費	加工費	机械加工费用
- data bank	加工數據庫	加工データバンク	加工数据库
- economics	加工經濟性	加工の経済性	加工经济性
- efficiency	加工效率	加工能率	加工效率
- information center	加工訊息中心	加工情報センタ	加工信息中心
- layout	加工工藝路線圖	マシニングレイアウト	加工工艺路线图
- oil	切削油	切削油	切削油
- perfomance	加工性能	加工性能	加工性能
- plan	加工計劃	マシニングプラン	加工计划
- process	機械加工過程	加工工程	机械加工过程

M

英文	臺灣	日文	大陸
— productivity index	機械加工生產率指數	生産性指数	机械加工生产率指数
— quality	可切削性	機械加工性	可切削性
— robot	加工機器人	機械加工ロボット	机加工机器人
— routing	加工程式	加工手順	加工程序
— schedule	機械加工時間表	加工スケジュール	机械加工时间表
— sequence	加工順序	マシニングシーケンス	加工顺序
— stage	加工階段	加工段階	加工阶段
— system	加工系統	マシニングシステム	加工系统
— technique	機械加工技術	機械加工技術	机械加工技术
— time	加工時間	加工時間	加工时间
machinist	機匠	機械工	机械师
Macht metal	一種銅鋅合金	マハトメタル	马赫特铜锌合金
mackintosh	防水膠布	マッキントッシュ	防水胶布
— blanket cloth	防水膠布	防水ゴム引布	防水胶布
macle	雙晶	金剛石双晶	双晶;矿物中暗斑
Macleod gage	麥克勞德(壓力)計	マクラウドゲージ	麦克劳德(压力)计
macro	宏觀;巨觀	マクロ	宏观;宏汇
— diagnosis	巨集診斷	マクロ診断	宏诊断
— expansion	巨集(指令)展開	マクロ展開	宏(指令)展开
— phase	巨集階段;巨集處理過程	マクロフェーズ	宏阶段;宏处理过程
macro-axis	長軸	マクロ軸	长轴
macro-clastic rock	粗屑岩石	粗砕くず岩	粗屑岩石
macrocosm	宏觀世界	マクロコスモス	宏观世界
macrocrystal	大塊結晶;粗晶	巨大結晶	大块结晶;粗晶
macrocrystalline	粗晶質	巨大結晶	粗晶(质)
macrodeclaration	巨集(指令)說明	マクロ宣言	宏(指令)说明
macrodefintion	巨集定義	マクロ定義	宏定义
macrodispersoid	粗粒分散膠體	粗粒分散コロイド	粗粒分散胶体
macrodome	長軸坡面	長軸ひ面	长轴坡面
macroelement	巨集元素	マクロ要素	宏元素
macroetch	巨觀(組織)侵蝕	マクロ腐食	宏观(组织)侵蚀
macroetching method	巨觀(組織)侵蝕法	マクロ腐食法	宏观(组织)侵蚀法
macrofeature	巨集功能特性	マクロ特徴	宏功能特性
macrograph	巨觀組織照片	肉眼組織写真	宏观组织照片
macrographic examination	巨觀組織檢查	マクロ組織検査	宏观(粗观)组织检查
macrography	巨觀組織檢查	マクロ組織検査	宏观组织检查
macro-hierarchy	巨觀階層	マクロ階層	宏观阶层
macro-instability	巨觀不穩定性	マクロ不安定性	宏观不稳定性
macroinstruction	巨集指令	マクロ命令	宏指令
macroion	高(分子)離子;巨離子	高分子イオン	高(分子)离子

文	臺灣	日文	大陸
:rolide	大環內酯	マクロライド	大环内酯
:romethod	常量分析法	常量分析法	常量分析法
:rometer	測遠儀	測遠機	测远仪
:romolecular compound	高分子化合物	高分子化合物	大分子化合物
grating	高分子格子	高分子格子	高分子格子
attice	巨分子格子	高分子格子	大分子格子
naterial	高分子材料	高分子材料	高分子材料
upture	巨分子破裂	高分子破壊	大分子破裂
ubstance	高分子物質	高分子物質	高分子物质
romolecule	巨分子	巨大分子	巨分子
:ronucleus	巨大原子核	巨大原子核	巨大原子核
roparameter	巨集參數	マクロパラメータ	宏参数
:ropinacoid	長軸(軸)面	長軸面	长轴(轴)面
:ropore	大孔	マクロ細孔	大孔
:roporous resin	大孔(離子交換)樹脂	マクロポーラス	大孔(离子交换)树脂
roprism	長軸柱	長軸柱	长轴柱
:roprogram	巨集程式	マクロプログラム	宏程序
:roprogramming	巨集程式設計	マクロプログラミング	宏程序设计
:ropyramid	長軸錐	長軸角すい	长轴锥
:roroutine	巨集程式	マクロルーチン	宏程序
'oscopic(al) analysis	巨觀分析	巨視的分析	宏观分析
ross-section	巨觀截面	マクロ断面積	宏观截面
xamination	巨觀組織檢查	マクロ組織検査	宏观组织检查
ield	巨觀場	巨視的な場	宏观场
nstability	巨觀不穩定性	マクロ不安定性	宏观不稳定性
nixing	巨觀混合	巨視的混合	宏观混合
henomenon	巨觀現象	巨視的現象	宏观现象
hysics	巨觀物理學	巨視的物理学	宏观物理学
roperty	巨觀性能	巨視的性質	宏观性能
tate	巨觀狀態	巨視的状態	宏观状态
tress	巨觀應力	巨視応力	宏观应力
est	巨觀檢驗	肉眼試験	宏观检验
'cosection	巨觀斷面	マクロ断面	宏观断面
:rosegregation	巨觀偏析	マクロ偏析	宏观偏析
:ro-state	巨觀狀態	マクロ状態	宏观状态
:rostructure	巨觀結構	マクロ組織	宏观结构
rosymbol	巨集符號	マクロシンボル	宏符号
:roviscosity	高黏度	マクロ粘度	高粘度
le block	組合滑車	組枠滑車	组合滑车
le-to-order elevator	特製電梯	オーダ形エレベータ	特制电梯

M

英文	臺灣	日文	大陸
mafic component	鎂鐵質成分	苦鉄質成分	镁铁质成分
— mineral	鎂鐵質礦物	鉄苦土鉱物	镁铁质矿物
— rock	鎂鐵質岩	苦鉄質岩	镁铁质岩
MAG welding	金屬極活性氣體電弧銲	マグ溶接	金属极活性气体电弧焊
magamp	磁放大器	マグアンプ	磁放大器
magazine	倉庫;倉匣;彈匣	マガジン	工具箱;料斗
— attachment	自動送料裝置	マガジン装置	自动送料装置
— creel	複式徑軸架	マガジンクリール	复式径轴架
— feed	料斗送料	マガジンフィード	料斗送料
— feed mechanism	送料機構	マガジン送り機構	送料机构
— feeder	送料器	マガジンフィーダ	送料器
— grinder	倉匣進料	マガジングラインダ	库式磨木机
— pocket	彈匣袋	弾入れ	弹匣袋
— train describer	(自動)列車運行記錄器	自記式列車運行記録器	(自动)列车运行记录器
Magclad	耐蝕包層雙鎂合金板	マグクラッド	耐蚀包层双镁合金板
magdynamo	直流發電機組〔充電用〕	マグダイナモ	直流发电机组〔充电用〕
magdyno	直流發電機組	マグダイノ	直流发电机组
magenta	桃紅色	マゼンタ	桃红色
maggie	不純煤	不純炭	不纯煤
maghemite	磁赤鐵礦	マグヘマイト	磁赤铁矿
magic chuck	快換夾具	マジックチャック	快换夹头
— code	幻碼	マジックコード	幻码
— eye	光調諧指示器	マジックアイ	(光调谐指示管的)电眼
— filter	幻式濾波器	マジックフィルタ	幻式滤波器
— hand	機械〔人造〕手	マジックハンド	机械手
— ink	印標記油墨	マジックインキ	印标记油墨
— lamp	幻燈	幻灯	幻灯
— line	光調諧指示線	マジックライン	光调谐指示线
— list	雙向表	マジックリスト	双向表
— number	幻數	マジックナンバ	幻数
— tee	T型波導支路	マジックティー	T型波导支路
— vail	邊框	マジックベール	边框
magistral	焙燒黃銅礦	ばい焼黄銅鉱	焙烧黄铜矿
magma	岩漿	マグマ	岩浆
— -glass ashes	岩漿玻璃灰	マグマガラス灰	岩浆玻璃灰
magmatic assimilation	岩漿(的)同化(作用)	マグマ同化	岩浆(的)同化(作用)
— corrosion	岩漿(的)腐蝕	マグマ腐食	岩浆(的)腐蚀
— differentiation	岩漿(的)分化(作用)	マグマ分化	岩浆(的)分化(作用)
— gas	岩漿氣體	マグマガス	岩浆气体
— intrusion	岩漿侵入作用	マグマ貫入	岩浆侵入作用

英文	臺灣	日文	大陸
- ore	岩漿礦	岩しょう分化鉱石	岩浆矿
- rock	岩漿岩	岩しょう岩	岩浆岩
- segregation	岩漿(的)分凝(作用)	マグマ分離	岩浆(的)分凝(作用)
- segregation deposit	岩漿分凝礦床	マグマ鉱床	岩浆分凝矿床
- water	岩漿水	マグマ水	岩浆水
agmeter	直讀式頻率計	マグメータ	直读式频率计
agnacard	磁性鑿孔卡裝置	マグナカード	磁性凿孔卡装置
agnaflux	磁粉探傷法	マグナフラックス法	磁粉探伤法
agnaglo	馬格納格洛磁性粉末	マグナグロ	马格纳格洛磁性粉末
agnavue card	磁圖像存儲卡片	マグナビューカード	磁图像存储卡片
agnechuck	電磁夾頭	マグネチャック	电磁吸盘(卡盘)
agneform machine	電磁壓力成形機	マグネフォーム機	电磁压力成形机
agnescale	磁性刻度	マグネスケール	磁性刻度
agnesensor	磁敏感元件	マグネセンサ	磁敏感元件
agnesia	氧化鎂;鎂氧;菱苦土	マグネシア	氧化镁;镁氧;菱苦土
- alba	白鎂氧	白色マグネシア	白镁氧
- alum	苦土明礬	苦土明ばん	苦土明矾
- blythite	鎂錳榴石	マグネシアブリス石	镁锰榴石
- brick	鎂磚	マグネシアれんが	镁氧耐火砖
- cement board	鎂水泥板	マグネシアセメント板	镁氧水泥板
- chrome brick	鎂鉻磚	マグネシアクロムれんが	镁铬砖
- glass	鎂玻璃	マグネシアガラス	镁玻璃
- mica	氧化鎂雲母	金雲母	氧化镁云母
- mixture	鎂氧混合劑	マグネシア混液	镁氧混合剂;镁剂
- porcelain	鎂質瓷器	マグネシア磁器	镁质瓷器
- quicklime	含鎂生石灰	マグネシア生石灰	含镁生石灰
agnesio-anthophyllite	鎂直閃石	苦土直せん石	镁直闪石
agnesio-chromite	鎂鉻鐵礦	マグネシオクロマイト	镁铬铁矿
agnesioferrite	鎂鐵礦	苦土磁鉄鉱	镁铁矿
agnesio-ludwigite	富鎂硼鐵礦	苦土ルードウィッグ石	富镁硼铁矿
agnesio-scheelite	鎂白鎢礦	苦土重石	镁白钨矿
agnesio-sussexite	白硼鎂錳石	苦土サセックス石	白硼镁锰石
agnesite	菱鎂石	マグネサイト	菱镁矿
- brick	鎂磚	マグネシアれんが	镁砖
- clinker	鎂砂熔塊	マグネシアクリンカ	镁砂熔块
agnasium,Mg	鎂	マグネシウム	镁
- acetate	乙酸鎂	酢酸マグネシウム	乙酸镁
- alba	白鎂氧	白色マグネシア	白镁氧
- alloy	鎂合金	マグネシウム合金	镁合金
- anode	鎂合金陽極	マグネシワム合金陽極	镁合金阳极

M

英文	臺灣	日文	大陸
— aurate	金酸鎂	金酸マグネシウム	金酸镁
— bicarbonate	碳酸氫鎂	炭酸水素マグネシウム	碳酸氢镁
— bomb	鎂燃燒彈	マグネシウム焼い弾	镁燃烧弹
— borate	硼酸鎂	ほう酸マグネシウム	硼酸镁
— boride	硼化鎂	ほう化マグネシウム	硼化镁
— bromate	溴酸鎂	臭素酸マグネシウム	溴酸镁
— bromide	溴化鎂	臭化マグネシウム	溴化镁
— carbide	碳化鎂	炭化マグネシウム	碳化镁
— cell	鎂電池	マグネシウム電池	镁电池
— chlorate	氯酸鎂	塩素酸マグネシウム	氯酸镁
— chloride	氯化鎂	塩化マグネシウム	氯化镁
— chromate	鉻酸鎂	クロム酸マグネシウム	铬酸镁
— cyanide	氰化鎂	シアン化マグネシウム	氰化镁
— dry cell	鎂乾電池	マグネシウム乾電池	镁干电池
— dust	鎂屑〔粉〕	マグネシウム粉	镁屑〔粉〕
— ethide	(二)乙基鎂	エチルマグネシウム	(二)乙基镁
— ferrate	鐵酸鎂	鉄酸マグネシウム	铁酸镁
— flash light	鎂閃光燈	マグネシウムせん光	镁闪光(灯)
— fluoride	氟化鎂	ふっ化マグネシウム	氟化镁
— grease	鎂基脂	マグネシウムクリース	镁基脂
— hardness	鎂硬度	マグネシウム硬度	镁硬度
— hydride	二氫化鎂	水素化マグネシウム	二氢化镁
— hydrosulfide	氫硫化鎂	水硫化マグネシウム	氢硫化镁
— hydroxide	氫氧化鎂	水酸化マグネシウム	氢氧化镁
— hyposulfite	連二亞硫酸鎂	次亜硫酸マグネシウム	连二亚硫酸镁
— iodate	碘酸鎂	よう素酸マグネシウム	碘酸镁
— iodide	碘化鎂	よう化マグネシウム	碘化镁
— ion	鎂離子	マグネシウムイオン	镁离子
— light	鎂光	マグネシウム光	镁光
— lime	鎂質石灰	マグネシア石灰	镁质石灰
— limestone	白雲石	苦土石灰岩	白云石
— nitrate	硝酸鎂	硝酸マグネシウム	硝酸镁
— oxide cement	鎂質水泥	MO セメント	镁质水泥
— oxychloride cement	鎂氧水泥	マグネシアセメント	镁氧水泥
— peroxide	過氧化鎂	過酸化マグネシウム	过氧化镁
— phosphate	磷酸鎂	りん酸マグネシウム	磷酸镁
— powder	鎂粉	マグネシウム粉	镁粉末
— ribbon	鎂帶	マグネシウムリボン	镁带
— soap	鎂皂	マグネシウム石けん	镁皂
— sulfate	硫酸鎂	硫酸マグネシウム	硫酸镁

文	臺灣	日文	大陸
- sulfide	硫化鎂	硫化マグネシウム	硫化镁
- sulfite	亞硫酸鎂	亜硫酸マグネシウム	亚硫酸镁
- thiosulfate	硫代硫酸鎂	硫酸マグネシウム	硫代硫酸镁
agne-switch	磁(力)開關	マグネスイッチ	磁(力)开关
agnesyn	磁自動同步機	マグネシン	磁自动同步机
agnet	磁石;磁體	マグネット	磁铁;磁体
- alloy	磁鐵合金	磁石合金	磁铁合金
- band	磁帶	マグネットバンド	磁带
- bar	磁棒	マグネットバー	磁棒;磁条
- bar code	磁條碼	マグネットバーコード	磁棒码
- base	磁力座;磁性座	マグネットベース	磁力座;磁性座
- bearing	磁性軸承	磁気軸受	磁性轴承
- bell	磁石電鈴;極化電鈴	磁石電鈴	磁石电铃;极化电铃
- brake	電磁軔	マグネットブレーキ	电磁制动器
- checker	磁性檢驗器	マグネットチェッカ	磁性检验器
- chuck	電磁吸盤〔夾頭〕	マグネットチャック	电磁吸盘〔卡盘〕
- clutch	電磁離合器	電磁クラッチ	电磁离合器
- coil	激磁線圈	電磁コイル	激磁线圈
- core	磁(鐵)芯	磁鉄心	磁(铁)芯
- crane	電磁起重機	磁気起重機	磁力起重机
- diode	磁敏二極管	マグネットダイオード	磁敏二极管
- discharge valve	電磁釋放閥	電磁吐出し弁	电磁释放阀
- driver	磁鐵驅動器	マグネットドライバ	磁铁驱动器
- erasing	磁鐵抹音	マグネット消去	磁铁抹音
- filter	磁性過濾器	マグネットフィルタ	磁性过滤器
- force	磁動勢	起磁力	磁动势
- frame	磁框	マグネットフレーム	磁框
- gap	磁隙	マグネットギャップ	磁隙
- holder	磁性表架	マグネットホルダ	磁性表架
- housing	磁鐵殼	マグネットハウジング	磁铁壳
- meter	磁力計	磁石計	磁力计
- pull	磁鐵吸引力	マグネットプル	磁铁吸引力
- relay	磁力繼電器	マグネットリレー	磁力继电器
- resistor	磁阻器	マグネットレジスタ	磁阻器
- ring	磁滯回線	マグネットリング	磁滞回线
- scale	磁尺	マグネットスケール	磁尺
- separator	磁力分離機	磁気分離器	磁力分离机;磁选机
- stability	磁鐵穩定性	磁石の安定性	磁铁稳定性
- stand	磁性(力)支架	マグネットスタンド	磁性(力)支架
- steel	磁鋼	磁石（用）鋼	磁钢

M

英文	臺灣	日文	大陸
— stopper	電磁制動器	マグネットストッパ	电磁制动器
— telephone set	磁石式電話機	磁石式電話機	磁石式电话机
— valve	電磁閥	磁気バルブ	电磁阀
magnetic action	磁性作用	磁気作用	磁作用
— after effect	剩磁效應	磁気余効	剩磁效应
— ageing	磁性失效	磁気時効	磁的老化
— alloy	磁性合金	磁気合金	磁性合金
— amplifier	磁性增幅器	マグアンプ	磁放大器
— analysis	磁性分析	磁気分析	磁分析法
— anisotropy	磁各向異性	磁気異方性	磁各向异性
— annealing	磁場退火	磁場焼なまし	磁场退火
— annealing effect	磁致冷卻效應	磁界中冷却効果	磁致冷却效应
— anode	磁性陽極	磁性陽極	磁性阳极
— anomaly	磁異常	磁気異常	磁异常
— attraction	磁性吸引;磁性引力	磁石引力	磁吸引;磁引力
— axis	磁軸	磁軸	磁轴
— azimuth	磁方位	磁方位	磁方位
— balance	磁力天平	磁気	磁力天平
— base	磁力座;磁性座	磁気ベース	磁力座;磁性座
— bearing	電磁力軸承	磁気軸受	电磁力轴承
— bias	磁偏	磁気バイアス	磁偏
— biasing	磁偏法	磁気バイアス	磁偏法
— blow	磁吹;弧偏吹	磁気吹き	磁吹;弧偏吹
— blow-out	磁吹消;磁性熄弧	磁気吹き	磁偏吹;磁性熄弧
— body	磁性體	磁性体	磁性体
— bottle	磁瓶	磁気ボトル	磁瓶
— braking	磁制動	磁気制動	磁制动
— bridge	磁橋	残留磁橋	磁桥
— card reader	磁卡(片)閱讀機	磁気カードリーダ	磁卡(片)阅读机
— cell	磁存儲單元	磁気セル	磁存储单元
— center of gap	磁隙中心	ギャップ磁気中心	磁隙中心
— ceramics	磁性陶瓷	磁気磁器	磁性陶瓷
— charge	磁荷;磁量	磁荷	磁荷;磁量
— charge density	磁荷密度	磁荷密度	磁荷密度
— change point	磁性變態點	磁気変態点	磁性变态点
— chuck	磁力夾頭	磁気チャック	电磁卡盘〔吸盘〕
— circuit	磁路	マグネチック回路	磁路
— closure	磁閉鎖〔合〕	磁気閉鎖	磁闭锁〔合〕
— clutch	電磁離合器	磁気クラッチ	电磁离合器
— coating	磁性塗料	磁性塗料	磁性涂料

英文	臺灣	日文	大陸
— coercive force	矯頑力	抗磁力	矫顽力
— coil	電磁線圈	電磁コイル	电磁线圈
— comcentrator	磁力選礦機	磁力選鉱機	磁力选矿机
— compass	磁羅盤	磁気コンパス	磁罗盘
— component	磁成分	磁気分	磁成分〔分量〕
— concentration	磁力選礦	磁力選鉱	磁力选矿
— conductance	磁導	磁気コンダクタンス	磁导
— conductivity	導磁率	磁気伝導率	导磁率
— conductor	磁導體	磁気導体	磁导体
— constant	磁性常數	磁気定数	磁性常数
— contactor	磁接觸器	磁気接触器	磁接触器
— counter	磁計數器	電磁カウンタ	磁计数器
— course	磁航線	磁針航〔経〕路	磁罗经航向
— crack detection	磁性(裂紋)探傷	磁気探傷検査	磁力(裂纹)探伤
— cirtical temperature	磁臨界溫度	磁気臨界温度	磁临界温度
— crystal	磁性晶體	磁気結晶	磁性晶体
— cup	磁屏	磁気カップ	磁屏
— current	磁流;磁通	磁流	磁流;磁通
— current density	磁流密度	磁流密度	磁流密度
— cutter	磁刻紋頭〔唱機〕	電磁形カッタ	磁刻纹头〔唱机〕
— cycle	磁化循環	磁気サイクル	磁化循环
— cylinder	磁性滾筒	磁気シリンダ	磁性滚筒
— damper	磁阻尼器	磁気ダンパ	磁力减振器
— damping	磁力制動;磁性阻尼	磁気制動	磁力制动
— declination	磁偏角	磁気方位角	磁偏角
— decontamination	磁性純化	磁性純化	磁性纯化
— deflection	磁偏轉	磁界偏向	磁场致偏
— deflection system	磁偏轉系統	磁界型偏向系	磁致偏转系统
— deformation	磁致伸縮	磁気変形	磁致伸缩
— delay line	磁延遲線	磁気遅延線	磁延迟线
— detection	磁性探測	磁気探知	磁性探测
— detector	磁檢器	磁気検波器	磁性检波器
— deviation	磁偏差	磁針誤差	磁偏差
— differential	磁通差動	磁束差動	磁通差动
— dip	磁傾角	マグネチックディップ	磁倾角
— dipole	磁偶極	磁気ダイポール	磁偶极子
— dipole moment	磁偶極矩	磁気双極子モーメント	磁偶极矩
— disc	磁盤	磁気ディスク	磁盘
— disc control unit	磁盤控制裝置	磁気ディスク制御装置	磁盘控制装置
— disc drive	磁盤驅動器	磁気ディスク装置	磁盘驱动器

M

英文	臺灣	日文	大陸
— disc memory	磁盤記憶體	磁気ディスク記憶装置	磁盘存储器
— disc storage	磁盤儲存器	磁気ディスク記憶装置	磁盘存储器
— disc unit	磁盤機	磁気ディスク装置	磁盘机
— dispersion	漏磁	磁気分散	磁漏
— displacement	磁(位)移	磁気変位	磁(位)移
— dissipation factor	磁耗散係數	磁気消散係数	磁耗散系数
— disturbance	磁干擾	磁気じょう乱	磁(干)扰
— domain model	磁疇模型	磁区模様	磁铸模型
— domain pattern method	磁疇圖形法	磁区図形法	磁铸图形法
— domain theory	磁疇理論	磁区理論	磁畴理论
— double layer	雙磁層	磁気二重層	双磁层
— double refraction	磁雙折射	磁気複屈折	磁双折射
— doublet	磁偶極	磁流ダブレット	磁偶极子
— driven arc	磁起弧	磁気駆動アーク	磁起弧
— drum	磁鼓	マグネチックドラム	磁鼓
— dust core	磁性鐵粉芯	磁気圧粉心	磁性铁粉芯
— electron lens	磁電子透鏡	磁界電子レンズ	磁电子透镜
— element	磁性元件	磁性素子	磁性元件
— energy	磁能	磁気エネルギー	磁能
— exploration	磁探勘	磁気探査	磁勘探
— fatigue	磁性疲勞	磁気の疲れ	磁性疲劳
— fault find method	磁力探傷法	磁気探傷法	磁力探伤法
— feeder	充磁機	電磁フィーダ	充磁机
— ferric oxide	磁性氧化鐵	四三酸化鉄	磁性氧化铁
— field	磁場	磁場	磁场
— field annealing	磁場退火	磁界焼なまし	磁场退火
— field cooling	磁場冷卻	磁界冷却	磁场冷却
— field equalizer	磁場均衡器	磁界等化器	磁场均衡器
— field examination	磁力探傷	磁気探傷検査	磁力探伤
— field quenching	磁場(力)淬火	磁界焼入れ	磁场(力)淬火
— field test	磁力探傷	磁気探傷検査	磁力探伤
— field test equipment	磁力探傷機	磁気探傷機〔装置〕	磁力探伤机〔装置〕
— flaw detecting	磁性探傷法	磁気探傷法	磁性探伤法
— flaw detector	磁性探傷器	磁気探傷器	磁性探伤器
— fluid	磁流體	磁流体	磁流体
— fluid clutch	磁流體離合器	磁気流体クラッチ	磁流体离合器
— flux	磁通	磁束	磁通(量)
— flux density	磁通(量)密度	磁束密度	磁通(量)密度
— flux inspection	磁力探傷法	磁気検査	磁力探伤法
— force tube	磁力管	磁力管	磁力管

英文	臺灣	日文	大陸
- forming machine	電磁成形機	磁気成形機	电磁成形机
- freezer	磁製冷凍機	磁気冷凍機	磁制冷机
- friction coupling	電磁摩擦聯接器	磁気摩擦継手	电磁摩擦联接器
- generator	永久磁鐵發電機	磁石発電機	永磁发电机
- heat treatment	磁場熱處理	磁場熱処理	磁场热处理
- hydraulic clutch	磁性液體離合器	磁気流体クラッチ	磁性液体离合器
- hysteresis	磁滯(現象)	磁気ヒステリシス	磁滞(现象)
- induction	磁感應	磁気誘導	磁感应
- induction bonding	磁感應銲接	電磁誘導ヒートシール	磁感应焊接
- inspection	磁力探傷	磁気探傷試験	磁力探伤
- inspection equipment	磁力探傷儀	磁気探傷試験装置	磁力探伤仪
- insulation	磁絕緣	磁気絶縁	磁绝缘
- iron ore	磁鐵礦	磁鉄鉱	磁铁矿
- leak	磁漏	磁気漏えい	磁漏
- leakage	磁漏	磁気漏れ	磁漏
- logging	磁力測井	磁気検層	磁力测井
- loss	磁損失	磁気損失	磁损耗
- loss angle	磁損失角	磁気損失角	磁损耗角
- Mach number	磁馬赫數	磁気マッハ数	磁马赫数
- metal powder	磁鐵粉	磁性鉄粉	磁铁粉
- mineral filler	磁性無機填料	磁性無機充てん剤	磁性无机填料
- mirror	磁鏡	磁気ミラー	磁镜
- moment	磁矩	磁気能率	磁矩
- nozzle	磁噴管	磁気ノズル	磁喷管
- oil	磁性油	磁気オイル	磁性油
- ore	磁鐵礦	磁鉄鉱	磁铁矿
- oxide of iron	磁性氧化鐵	磁性酸化鉄	磁性氧化铁
- particle	磁粉	磁粉	磁粉
- particle examination	磁粉探傷	磁粉探傷試験	磁粉探伤
- particle inspection	磁粉探傷法	磁粉検査	磁粉探伤法
- particle test	磁粉探傷	磁気探傷検査	磁粉探伤
- permeability	導磁性	導磁性	导磁性
- permeance	導磁性	磁気パーミアンス	导磁性
- plug	磁性塞〔棒〕	マグネチックプラグ	磁性塞〔棒〕
- polarity	磁極性	磁極性	磁极性
- polarizability	磁極化率	磁気分極率	磁极化率
- polarization	磁極化	磁気旋光	磁极化
- pole	磁極	磁極	磁极
- potential	磁位	磁気ポテンシャル	磁势
- powder	磁粉	磁粉	磁粉

英文	臺灣	日文	大陸
— powder flux	磁粉銲劑	磁性フラックス	磁粉焊剂
— powder indication	磁粉顯示	磁粉模様	磁粉显示
— prospecting	磁性探勘;磁性探礦	磁気探鉱	磁性勘探;磁性探矿
— pyrite	磁黃鐵礦	磁硫鉄鉱	磁黄铁矿
— refrigerator	磁製冷	磁気冷凍	磁制冷
— relay	電磁繼電器	電磁継電器	电磁继电器
— resolution	磁性分離	磁性分離	磁性分离
— resonance	磁共振	磁気共鳴	磁共振
— rotary power	磁性旋轉	磁気回転力	磁性旋转
— rotating arc welding	磁旋弧銲接	磁気駆動アーク溶接	磁旋弧焊接
— saturation	磁性飽和	磁気飽和	磁饱和
— scale	磁尺	マグネチックスケール	磁尺
— screen	磁屏幕	磁気遮へい	磁屏幕
— screening	磁性遮蔽	磁気遮へい	磁屏蔽
— separation	磁選;磁分離	磁力選鉱	磁选;磁分离
— shear	磁剪切	磁気のずれ	磁剪切
— shielding	磁屏蔽	磁気遮へい	磁屏蔽
— sparking plug	磁性火星塞	電磁点火栓	磁性火花塞
— specific heat	磁比熱	磁気比熱	磁比热
— steel	磁鋼(片)	磁石鋼	磁钢(片)
— strain	磁應變	磁気ひずみ	磁应变
— strain torquemeter	磁應變扭矩計	磁気ひずみトルクメータ	磁应变扭矩计
— stress	磁應力	磁気応力	磁应力
— stress tensor	磁應力張量	磁気わいカテンソル	磁应力张量
— striction	磁致伸縮	磁気ひずみ	磁致伸缩
— substance	磁性材料	磁性体	磁性材料
— superconductor	磁性超導體	磁性超電導体	磁性超导体
— survey	磁力測量	磁力調査	磁力测量
— susceptibility	磁化率〔係數〕	磁気感受率	磁化率〔系数〕
— test	磁性能試驗	磁気試験	磁性能试验
— thermal effect	磁熱效應	磁気熱量効果	磁热效应
— thickness gage	磁力測厚儀	磁力式膜厚計	磁力测厚仪
— torque	磁轉矩	磁気回転モーメント	磁转矩
— treatment	磁力處理〔防污垢〕	磁気処理	磁力处理〔防污垢〕
— type density meter	磁力式密度計	磁気力式密度計	磁力式密度计
— viscosity	磁黏滯性	磁気粘性	磁性粘性
megnetics	磁學;磁性元件	磁気学	磁学;磁性元件
megnetism	磁性	磁気	磁性;磁学
magnetite	磁鐵礦	磁鉄鉱	磁铁矿
— electrode	磁性(氧化鐵)電極	磁性酸化鉄電極	磁性(氧化铁)电极

文	臺　灣	日　文	大　陸
– film	四氧化三鐵銹層(膜)	四三酸化鉄皮膜	四氧化三铁锈层(膜)
– sand	磁鐵礦砂	砂鉄	磁铁矿砂
agnetizability	磁化能力	磁化能	磁化能力
agnetization	磁化	着磁	磁化
– characteristic curve	磁化特性曲線	磁化特性曲線	磁化特性曲线
– cycle	磁化週期	磁化周期	磁化循环
– direction	磁化方向	磁化方向	磁化方向
– mechanism	磁化機構	磁化機構	磁化机构
– method	磁化方法	磁化方法	磁化方法
– phenomenon	磁化現象	磁化現象	磁化现象
– process	磁化過程	磁化過程	磁化过程
– rotation	磁化旋轉	磁化回転	磁化旋转
– time	磁化時間	着磁時間	磁化时间
– vector	磁化向量	磁化ベクトル	磁化失量
agnetizer	磁化器	マグネタイザ	磁导体
agnetizing coil	磁化線圈	磁化コイル	磁化线圈
– current	磁化電流	磁化電流	磁化电流
– curve	磁化曲線	磁化曲線	磁化曲线
– equipment	磁化裝置	磁化装置	磁化装置
– force	磁化力	磁化力	磁化力
– inductance	磁化電感	磁化インダクタンス	磁化电感
– pattern	磁化模型	磁化パターン	磁化模型
– roasting	磁化焙烘	磁化ばい焼	磁化焙烧
agneto	磁石發電機	マグネト発電機	磁石发电机
– dynamo	直流發電機組〔充電用〕	マグネトダイナモ	直流发电机组〔充电用〕
– electricity	磁電	磁電気	磁电
– grease	磁電機用潤滑脂	マグネトグリース	磁电机用润滑脂
– ignition	磁電機點火	マグネト点火	磁电机点火
– instrument	磁石發電機	磁気発電機	磁石发电机
– resistance effect	磁組效應	磁気抵抗効果	磁组效应
agneto-caloric effect	磁熱效應	磁気熱量効果	磁致热效应
egneto-elastic energy	磁彈性能	磁気弾性エネルギー	磁弹性能
agnetoelectric device	電磁變換裝置	磁電変換素子	电磁变换器件
– generator	磁石發電機	磁電発電機	电磁式发电机
– ignition	磁電機點火	マグネト点火	磁电机点火
– transducer	磁電轉換器(件)	磁電変換素子	磁电转换器(件)
agnetofluid dynamics	電磁流體力學	電磁流体力学	电磁流体力学
agnetofluidmechanics	磁流體力學	電磁流体力学	磁流体力学
agnetogenerator	永久磁鐵發電機	マグネト発電機	永磁发电机
agnetogram	磁力圖	マグネトグラム	磁力图

英文	臺灣	日文	大陸
magnetograph	磁強記錄儀	磁気記録	磁强记录仪
magnetohydrodynamics	磁流體力學	磁気流体力学	磁流体力学
magneto-ionic effect	磁離子效應	磁気イオン効果	磁离子效应
— medium	磁電離介質	磁気イオン媒質	磁电离介质
magneto-mechanical effect	磁力學效應	磁気力学効果	磁力学效应
magnetometer	磁力計;地磁計	磁力計	磁力计;地磁计
magnetometry	測磁學	マグネトメトリ	测磁学
magnetomotive force	磁通勢	起磁力	磁通势
magnetoplasma	磁電漿	マグネトプラズマ	磁等离子体
magnetoplumbite	氧化鉛鐵淦氧磁體	マグネトプランバイト	氧化铅铁淦氧磁体
magnetorotation	磁旋光	磁気旋光	磁旋光
magnetoscope	驗磁器	マグネトスコープ	验磁器
magnetostatics	靜磁學	静磁気学	静磁学
magnetostriction	磁致伸縮	磁気ひずみ	磁致伸缩
— alloy	磁致伸縮合金	磁わい合金	磁致伸缩合金
— compass	磁致伸縮羅盤	磁気ひずみコンパス	磁致伸缩罗盘
— constant	磁致伸縮常數	磁わい定数	磁致伸缩常数
magnetostrictive action	磁致伸縮作用	磁わい作用	磁致伸缩作用
— torquemeter	磁致伸縮扭矩計	磁わい形トルクメータ	磁致伸缩扭矩计
magnetron	磁控管	磁電管	磁控管
magnification	放大;增加;放大率	擴大倍率	放大;增加;放大率
— factor	放大率	増幅率	放大率
— ratio	放大比	倍率	放大比
magnified sweep	放大掃描	拡大掃引	放大扫描
magnifier	放大鏡	ルーペ	放大镜
magnify	放大;增加	マグニフィ	放大;增加
magnifying glass	放大鏡	ルーペ	放大镜
— lens	放大透鏡;凸透鏡	ルーペ	放大透镜;凸透镜
magni-scale	放大比率尺	マグニスケール	放大比率尺
magnistor	電磁開關	マグニスタ	电磁开关
magnitude	大小;數量	マグニチュード	大小;数量
— comparison	振幅比較	振幅比較	振幅比较
— contour	振幅軌跡〔形狀〕	振幅軌跡	振幅轨迹〔形状〕
— of earthquake	地震震級	マグニチュード	地震震级
— of ultrasonic reflection	超音波(探傷)回波高度	エコー高さ	超声(探伤)回波高度
— scale	振幅標度	振幅尺度	振幅标度
Magno	馬格諾鎳錳合金	マグノ	马格诺镍锰合金
magnochromite	鎂鉻鐵礦	マグノクロマイト	镁铬铁矿
magnoferrite	鎂鐵礦	苦土磁鉄鉱	镁铁矿
magnolia metal	鉛銻錫(軸承)合金	マグノリア合金	铅锑锡(轴承)合金

英　文	臺　灣	日　文	大　陸
Magnox	鎂基合金	マグノックス	镁基合金
— fuel	鎂諾克斯反應燃料	マグノックス燃料	镁诺克斯反应燃料
mail	信件;郵件	メイル，郵便	信件;邮件
main	主要的	メイン，幹線	主要的;干线
— air compressor	主空器壓縮機	主空気圧縮機	主空器压缩机
— air duct	主風管;總風道	主ダクト	主风管;总风道
— air ejector	主空氣噴射器	主空気エゼクタ	主空气喷射器
— air jet	主空氣噴口	主空気ジェット	主空气喷口
— air reservoir	主儲氣瓶	主空気だめ	主储气瓶;主储气器
— air valve	主(空)汽閥	メインエアバルブ	主(空)汽阀
— aisle	主通道	主通路	主通道
— alloying component	合金主成分	合金主成分	合金主成分
— amplifier circuit	主放大器電路	主増幅器回路	主放大器电路
— anchor	主固定支架	メインアンカ	主固定支架
— axis	主軸	主軸	主轴
— bar	主鋼筋	主筋	主钢筋
— base	主座〔架〕	メインベース	主座〔架〕
— battery	主電池	主電池	主电池
— bearing	主軸承	主軸受	主轴承
— blast pipe	主送風管	送風主管	主送风管
— body	主體	主体	主体
— boiler	主鍋爐	主ボイラ	主锅炉
— bolster	主樑	縦根太	主梁
— boom	主吊臂	メインブーム	主吊臂
— breaking time	主制動時間	主制動時間	主制动时间
— breaking zone device	主制動裝置	主ブレーキング装置	主制动装置
— burner	主噴燃器	メインバーナ	主喷燃器
— carriage	主曳引車	主えい引車	主曳引车;主拖车
— chain	主鎖;主鏈	主鎖	主锁;主链
— check valve	主止回閥	主逆止め弁	主止回阀
— circuit	主要電路	メイン回路	主要电路
— circulating pump	主循環泵	主循環ポンプ	主循环泵
— control	主控(制)	主制御	主控(制)
— control program	主控制程式	主制御プログラム	主控制程序
— control room	中央控制室	中央制御室	中央控制室
— control unit	主控制器	主制御装置	主控制器
— control valve	主控制閥	主配圧弁	主控制阀
— controller	主控制器	主制御器	主控制器
— crank	主曲柄(軸)	メインクランク	主曲柄(轴)
— cylinder	主汽(油)缸	メインシリンダ	主汽(油)缸

英文	臺灣	日文	大陸
— diesel engine	主柴油機	主ディーゼル機関	主柴油机
— discharge nozzle	主噴嘴	主ノズル	主喷口
— driving axle	主驅動軸	主動軸	主驱动轴
— driving wheel	主動輪	主動輪	主动轮
— eccenter	主偏心輪	主偏心器	主偏心轮
— eccentric-rod	主偏心棒	主偏心棒	主偏心杆
— edge	主切削刃	主切刃	主切削刃
— feed dog	主進給爪	主送り歯	主进给爪
— frame	主機架	正フレーム	主机架
— gear	主齒輪	主歯車	主齿轮
— gear box	主齒輪箱	主歯車箱	主齿轮箱
— girder	主桁	主げた	主梁
— governor	主調壓氣	主調速機	主调压气
— guide bearing	主軸承	主軸受	主轴承
— heater	主加熱器	メインヒータ	主加热器
— hoisting	主起升	主巻き	主起升
— inertia term	主慣性項	主慣性項	主惯性项
— injection valve	主噴射閥	主噴射弁	主喷射阀
— jet	主噴口	主噴流	主射流
— jib	起重臂	ブーム	起重臂
— landing gear	主起落架	主脚	主起落架
— lobe	主極	主ローブ	主极
— longitudinal girder	主縱樑	主縦通材	主纵梁
— material	主要材料	主原料	主要材料
— monitoring panel	主監視盤	中央監視盤	主监视盘
— motor	主電動機	駆動電動機	主电动机
— nozzle	主噴嘴	主ノズル	主喷嘴
— oil pump	主油泵	主油ポンプ	主油泵
— oil tank	主油箱	主油タンク	主油箱
— operating panel	主操作盤	中央操作盤	主操作盘
— polymer chain	聚合物的主鏈	重合体の主鎖	聚合物的主链
— pressure	主壓力	元圧力	主压力
— procedure	主過程	主手続き	主过程
— process pump	主運行泵	主ポンプ	主运行泵
— processor	主處理器	主プロセッサ	主处理器
— program	主程式	主プログラム	主程序
— pump unit	主泵機組	主ポンプユニット	主泵机组
— rail	主軌(條)	主レール	主轨(条)
— ram	主活塞	主ラム	主活塞
— raw material	主原料	主原料	主原料

英文	臺灣	日文	大陸
— reduction gear	主減速裝置	主減速装置	主减速装置
— reinforcement	主加強筋	主鉄筋	主加强筋
— rod	主桿	主棒	主杆
— rope	主繩	親綱	主钢索
— rotary pump	主旋轉泵	メインロータリポンプ	主旋转泵
— rotor	主旋翼	主回転翼	主旋翼
— servomotor	主伺服電動機	主サーボモータ	主伺服电动机
— shaft	主心軸	主軸	主轴
— shroud	主板	主板	主板
— sill	主樑	縦根太	主梁
— slide	導向器	スライド	导向器
— slide valve	主滑閥	主滑弁	主滑阀
— spar	主(翼)樑	主けた	主(翼)梁
— spindle	主軸	ホブ主軸	主轴
— spring	主彈簧	ぜんまい	主弹簧
— stack	主管	本管	主管
— starting valve	主啓動閥	主始動弁	主启动阀
— stay	主撐條	主支柱	主牵条
— steam control valve	主蒸汽調節閥	蒸気加減弁	主蒸汽调节阀
— steam turbine	主汽輪機	主蒸気タービン	主汽轮机
— steering gear	主操舵裝置	主操だ装置	主操舵装置
— stop valve	主停止閥	主止め弁	主截止阀
— stream	主流	主流	主流
— structural part	主要結構部份	主要構造部	主要结构部份
— structure	主體結構	主構	主体结构
— switch board	主開關盤	メインスイッチボード	主开关盘
— system	主系統	メインシステム	主系统
— system failure	主系統故障	主システム故障	主系统故障
— tangent	主切線	主接線	主切线
— throttle valve	正線(鐵路)	主蒸気止め弁	主气阀
— track	本線路	本線	本线路
— trap	總存水彎	主トラップ	总存水弯
— truck	主要卡車	主台車	主要卡车
— trunk line	主要幹線管路	主要幹線管路	主要干线管路
— truss	主構架	主構	主体构架
— variable	主變量	主変数	主变量
— venturi	主喉管	メインベンチュリ	主喉管
— wheel	主(車)輪	主輪	主(车)轮
— winding	主線圈	主巻線	主绕组
maintainability	可維護〔修〕性	保守度〔性〕	可维护〔修〕性

M

英文	臺灣	日文	大陸
— analysis	可維修性分析	保全性解析	可维修性分析
— design parameter	可維修性設計參數	保全性設計パラメータ	可维修性设计参数
— engineering	可維修性工程	保全性工学	可维修性工程
— function	可維護度函數	保全性機能	可维护度函数
— prediction	可維修性預測	保全性予測	可维修性预测
— program	可維修性圖表	保全性プログラム	可维修性图表
maintained contact	可維持接點	メインティンドコンタクト	可维持接点
— position contact	保持形接點	保持形接点	保持形接点
maintenance	保養;維護	整備	保全;维护
— action analysis	維護作用分析	保全アクション解析	维护作用分析
— apron	修配用檔板	整備用エプロン	修配用档板
— coating	維修塗料	メインテナンス塗料	维修涂料
— contract	維修合約	保守契約	维修合同
— dictionary	維修(代碼)辭典	保守用辞書	维修(代码)辞典
— effectiveness	維修有效性	保全有効性	维修有效性
— effectiveness analysis	維修有效性分析	保全有効性解析	维修有效性分析
— equipment	維修用設備	整備用機器	维修用设备
— factor	保養因數	保全係数	维修率〔系数〕
— frequency	維修頻度	保修頻度	维修频度
— inspection	維修檢查	保守検査	维修检查
— manual	維修手冊	保守基準	维修手册
— methods	維修方法	メインテナンス方法	维修方法
— painting	維修塗裝	メインテナンス塗装	维修涂装
— panel	維護板	保守パネル	维护板
— period	保養周期	整備時間限界	保养周期
— prevention	維修預防	保全予防	维修预防
— ratio	維護率	保全率	维护率
— robot	維修機械人	保守ロボット	维修机器人
— shop	維修工廠	修理工場	维修工厂
— strategy	維修策略	保全戦略	维修策略
— vehicle	保養車	整備用車両	保养车
major accident	重大事故	重大事故	重大事故
— angle	優角	優角	优角
— auxiliary circle	大輔助圓	大副円	大辅助圆
— axis	車軸	主軸	主轴
— component	主要成份	主成分	主要成份
— control break	主要控制斷路	大制御の切れ目	主要控制断路
— control change	高位控制改變	高位制御変更	高位控制改变
— control field	主要控制字段	主制御フィールド	主要控制字段
— critical revolution	主臨界轉速	主危険回転数	主临界转速

英文	臺灣	日文	大陸
— cutting edge	主切削刃	主切れ刃	主切削刃
— cycle	主週期	主サイクル	主周期
— defect	主要缺點	主欠点	主要缺点
— diameter	外徑	外径	外径
— diameter of nut	螺帽的外徑	雌ねじの谷の径	螺母的外径
— diameter of thread	螺栓外徑	ねじの外径	螺纹外径
— failure	重大故障	重故障	重大故障
— flank	(刀具的)主後隙面	主逃げ面	(刀具的)主后隙面
— loop	主循環	主要ループ	主循环
— overhaul	總檢修	メジャーオーバホール	总检修
— repair	大修	大修理	大修
— section	主要部分〔截面〕	メジャーセクション	主要部分〔截面〕
— structure	主結構	大ストラクチュア	主结构
najority	大多數	過半数	大多数;过半数
— circuit	多數決定回路	多数決回路	多数决定回路
— decision theory	多數決定理論〔邏輯〕	多数決論理	多数决定理论〔逻辑〕
— function	多數決定函數	多数決関数	多数决定函数
— principle	多數決定原理	多数決原理	多数决定原理
— redundancy	多數冗餘度	多数決冗長性	多数冗余度
nake-and-break	開關;斷續	電路開閉	开关;断续
— contact	開閉接點	開閉接点	开闭接点
— ignition	斷續火花點火	電路開閉点火	断续火花点火
— mechanism	開關機構	開閉機構	开关机构
nake-busy	閉塞;占線	メークビジイ	闭塞;占线
naker	接合器	メーカ	接合器
— 's certificate	製造廠証書	製造者発行証明書	制造厂证书
naking	接通;製造	メーキング	接通;制造
— gap by arc	電弧放電加工	放電加工	电弧放电加工
— machine	成形機	成形機	成形机
— penetration	深熔銲接	溶込み	深熔焊接
naking-up	裝配;包裝	制造	装配;包装
— feed (water) pipe	補給水管	補給水管	补给水管
— fuel	補充燃料	補給燃料	补充燃料
— heat	補充加熱	メークアップヒート	补充加热
— oil	補足油	補充油	补足油
— vavle	補償閥	補給弁	补偿阀
nalachite	孔雀石;石綠	マラカイト	孔雀石;石绿
nalakograph	軟化率計	軟化度計	软化率计
nalcolmizing	不銹鋼表面氮化處理	マルコルマイジング	不锈钢表面氮化处理
naldonite	黑鉍金礦	マルドナイト	黑铋金矿

M

英文	臺灣	日文	大陸
male	凸模;公模	メール	凸模
— adapter	凸形墊環〔填料的〕	雄アダプタ	凸形垫环〔填料的〕
— blade	壓板式端子	平形雄端子	压板式端子
— contact	插頭接點	雄コンタクト	插头接点
— contactor	插塞接觸器	雄形接触子	插塞接触器
— cross	十字接頭	雄十字	十字接头
— elbow	陽肘節	雄エルボ	阳肘节
— die	公模	雄型	阳模
— female flange	凸凹嵌接式法蘭(盤)	はめ込み形フランジ	凸凹嵌接式法栏(盘)
— plug	插頭	雄型プラグ	插头
— rotor	凸形轉子	雄ロータ	凸形转子
— screw	外螺旋〔紋〕	雄ねじ	外螺旋〔纹〕
— tee	外螺紋三通管接頭	雄T	外螺纹三通管接头
— thread	螺釘	雄ねじ	螺钉
— tool	壓入式陽模	雄型プラグ	压入式阳模
maleability	可塑性	展性	可塑性
Malenit impregnation	馬林特浸漬法	マレニット注入法	马林特浸渍法
malformation	變形	変形	变形
malfunction	故障	誤動作	故障
— detection	故障檢測	異常検出	故障检测
— routine	故障檢查程式	故障検査ルーチン	故障检查程序
maline tie	繩索紮結	マリンタイ	绳索扎结
malleability	展性	展性	展性
— test	可鍛性試驗	鍛造性試験	可锻性试验
malleable brass	可鍛黃銅	可鍛黄銅	可锻黄铜
— cast iron	可鍛鑄鐵	可鍛鋳鉄	可锻铸铁
— fitting	可鍛鑄鐵接頭	可鍛鋳鉄継手	可锻铸铁接头
— iron	可鍛鑄鐵	可鍛鉄	可锻铸铁
— pig-iron	可鍛鑄鐵用生鐵	可鍛鋳鉄用銑鉄	可锻铸铁用生铁
malleablizing	韌鐵退火	可鍛化焼なまし	韧铁退火
— anneal	可鍛化退火	可鍛化焼なまし	可锻化退火
mallet	木槌	木づち	木槌
Mallory metal	(馬洛里)青銅	マロリーメタル	(马洛里)青铜
malmstone	砂岩〔耐火用〕	耐火用けい石	砂岩〔耐火用〕
maloperation	不正確操作	不要動作	不正确操作
man	人(們)	人間	人(们)
— and machine chart	人-機(時間)關係圖	マンマシンチャート	人-机(时间)关系图
— -assisting system	人-輔助完成系統	人間助成システム	人-辅助完成系统
— -day	工日	工数	工日
— -machine allocation	人-機分配	人間-機械配分	人-机分配

文	臺灣	日文	大陸
-machine character	人-機字符	人間-機械文字	人-机字符
-machine communciatio	人-機通信	人間-機械通信	人-机通信
-machine complex	人-機組合(體)	人間-機械複合体	人-机组合(体)
-machine control	人-機聯合控制	人間-機械制御	人-机联合控制
-machine interaction	人-機相互關係	マン-マシン相互関係	人-机相互关系
-machine research	人-機研究	人間-機械研究	人-机研究
-machine synergism	人-機(最佳)協同作用	人間-機械相助作用	人-机(最佳)协同作用
-machine system	人-機系統	人間-機械系	人-机系统
supervisory system	人監控系統	人間監視システム	人监控系统
trolley	帶操縱室的小車	マントロリ	带操纵室的小车
-vehicle control	人-車控制	人間-乗物制御	人-车控制
naccanite	磁鐵鈷礦	マナカン鉱	磁铁钴矿
nagement	管理	管理	管理;控制
by objective	目標管理	目標管理	目标管理
criteria	管理標準	管理基準	管理标准
cycle	管理周期	管理サイクル	管理周期
data	管理數據	管理データ	管理数据
for designing	設計管理	設計管理	设计管理
gap	管理差距	経営格差	管理差距
guide	管理指南〔手冊〕	職務権限規定	管理指南〔手册〕
model	管理模型	マネジメントモデル	管理模型
science	管理科學	経営科学	管理科学
strategy	管理策略	マネジメント戦略	管理对策
system	管理系統	管理システム	管理系统
system engineering	管理系統工程	管理システム工学	管理系统工程
nager	程式設計管理者	マネージャ	程式设计管理人
nagerial accounting	管理會計	管理会計	管理会计
system	管理系統	管理システム	管理系统
ance's method	曼斯測法	マンス法	曼斯测法
andatory forbidding sign	禁止標誌	禁止標識	禁止标志
andrel	鐵芯	マンドレル	铁芯;心轴
and plate	心軸和金屬板	マンドレルとプレート	心轴和金属板
carrier	心軸支架	マンドレルキャリヤ	心轴支架
forging	帶心棒鍛造	中空鍛錬	带心棒锻造
forming	心軸成形	マンドレル成形	心轴成形
test	緊軸壓入試驗	マンドレル試験	紧轴压入试验
aneuver	操縱	マヌーバ	操纵;运用
margin	機動裕度	操縦余裕	机动裕度
point	機動點	操縦中立点	机动点
aneuverability	操縱性	操縦性	可操纵性

M

英文	臺灣	日文	大陸
— test	可操縱性試驗	操縦性試験	可操纵性试验
maneuvering air	操縱用壓縮空氣	操縦用空気	操纵用压缩空气
— air compressor	操縱用壓氣機	操縦用空気圧縮機	操纵用压气机
— air reservoir	操縱用(壓縮)空氣筒	操縦用空気だめ	操纵用(压缩)空气筒
— box	操縱箱	操縦箱	操纵箱
— chain	操縱鏈	操縦鎖	操纵链
— gear	操縱裝置	操縦装置	操纵装置
— platform	操縱台	操縦台	操纵台
— target	機動目標	移動目標	机动目标
— valve	操縱閥	手動弁	操纵阀
— winch	操縱絞盤	操縦ウインチ	操纵绞盘
mangan-blende	硫錳礦	硫マンガン鉱	硫锰矿
manganese,Mn	錳	マンガン	锰
— alloys	錳合金	マンガン合金	锰合金
— binoxide	二氧化錳	二酸化マンガン	二氧化锰
— bismuth	錳鉍	マンガンビスマス	锰铋
— bismuth magnet	錳鉍磁鐵	マンガンビスマス磁石	锰铋磁铁
— borate	硼酸錳	ほう酸マンガン	硼酸锰
— boride	硼化錳	ほう化マンガン	硼化锰
— boron	錳硼合金	マンガンほう素合金	锰硼合金
— brass	錳黃銅	マンガン黄銅	锰黄铜
— bronze	錳青銅	マンガン青銅	锰青铜
— carbide	碳化錳	マンガン炭化物	一碳化三锰
— cast steel	高錳鑄鋼	高マンガン鋳鋼	高锰铸钢
— cell	錳乾電池	マンガン乾電池	锰干电池
— chloride	二氯化錳	塩化マンガン	二氯化锰
— content	含錳量	マンガン分	含锰量
— copper	錳銅	マンガン銅	锰铜
— dioxide	二氧化錳	二酸化マンガン	二氧化锰
— drier	錳乾燥劑	マンガンドライヤ	锰干料
— dry battery	錳乾電池	マンガン乾電池	锰干电池
— dry cell	錳乾電池	マンガン乾電池	锰干电池
— glass	錳質玻璃	マンガンガラス	锰质玻璃
— green	綠錳	マンガン緑	绿锰
— iron	錳鐵	マンガン鉄	锰铁
— monoxide	一氧化錳	一酸化マンガン	一氧化锰
— mordant	錳媒染劑	マンガン媒染剤	锰媒染剂
— mud	錳礦渣	マンガン鉱泥	锰矿渣
— ocher	錳赭石	マンガン土	锰赭石
— ore	錳礦	マンガン鉱	锰矿

文	臺灣	日文	大陸
oxide	氧化錳	酸化マンガン	氧化锰
peroxide	二氧化錳	過酸化マンガン	二氧化锰
powder	錳粉	マンガン粉	锰粉
protoxide	氧化亞錳	酸化第一マンガン	氧化亚锰
removal	除錳	マンガン除去	除锰
sand	錳砂	マンガン砂	锰砂
soap	錳皂	マンガン石けん	锰皂
spar	菱錳礦	菱マンガン鉱	菱锰矿
steel	錳鋼	マンガン鋼	锰钢
sulfide	硫酸錳	硫化マンガン	硫酸锰
tetrachloride	四氯化錳	四塩化マンガン	四氯化锰
titanium	錳鈦合金	マンガンチタン合金	锰钛合金
nganesian garnet	錳榴石	マンガンざくろ石	锰榴石
ngangarnet	錳榴石	マンガンざくろ石	锰榴石
nganilmenite	錳鈦鐵礦	マンガンチタン鉄鉱	锰钛铁矿
nganin	錳鎳銅	マンガニン	锰铜
alloy	錳鎳銅合金	マンガニンアロイ	锰镍铜合金
pressure gage	錳銅壓力計	マンガニン圧力計	锰铜压力计
wire	錳銅線	マンガニン線	锰铜线
nganmagnetite	錳鐵磁礦	マンガン鉄鉱	锰铁磁矿
nganoferrite	黑錳鐵礦	マンガン鉄鉱	黑锰铁矿
nganosite	方錳礦	緑マンガン鉱	方锰矿
nganous acetate	乙酸錳	酢酸マンガン	乙酸锰
nitrate	硝酸錳	硝酸マンガン	硝酸锰
oxide	一氧化錳	酸化第一マンガン	一氧化锰
ngelinvar	鈷鐵鎳錳合金	マンゲリンバ	钴铁镍锰合金
nger board	擋水板	波よけ	挡水板
ngetic brake	磁鐵制動器	電磁ブレーキ	磁铁制动器
bridge	測磁電橋	マグネチックブリッジ	测磁电桥
ngle	輾壓機	マングル	轧液机
roller	擠壓輥	圧搾ローラ	挤压辊
wheel	呀光輪	マングルホイール	呀光轮
ngonic	鎳基錳合金	マンゴニック	镍基锰合金
ngualdite	錳磷灰石	マングアルド石	锰磷灰石
nhandling	人工操作	人力処理	人工操纵
nhole	人孔	マンホール	人孔
cover	檢修孔蓋	マンホールカバー	检修孔盖
lid	檢查井蓋	マンホールふた	检查井盖
packing	人孔迫緊	マンホールパッキン	人孔填密
plate	人孔蓋	マンホールふた	人孔盖

英文	臺灣	日文	大陸
manhour	工時	労働時間	人工小时
manifest	載貨單	積荷目録	载货单
manifold	歧管	マニホールド	复式接头
— air pressure	進氣壓力	吸気圧力	进气压力
— block	多用途砌塊	マニホールド	多用途砌块
— injection system	集氣管噴射方式	吸気管噴射方式	集气管喷射方式
— insulation	歧管絕緣	マニホールド絶縁	歧管绝缘
— mold	歧管式模具	マニホールド金型	歧管式模具
— plug	歧管塞	マニホールドプラグ	歧管塞
— pressure gage	歧管壓力錶	吸気圧力計	进气压力表
— spacer	歧管墊片	マニホールドスペーサ	歧管垫片
— valve	多管閥	マニホールド弁	多管阀
— valve mounting	多管閥支架	マニホールド取付け	多管阀支架
manipulated variable	操縱(變)量	操作量	操纵(变)量
manipulater	操縱型機器人	マニピュレータ	操纵型机器人
manipulation	操縱;操作	マニピュレーション	操纵;操作
— of electrode	(銲條)運條銲	運棒 (法)	(焊条)运条焊
manipulator	自動操作	マニピュレータ	机器手
— control	操縱裝置控制	マニピュレータ制御	操纵装置控制
— for forging	鍛造操作機	鍛造マニピュレータ	锻造操作机
— rack	推床齒條	マニピュレータラック	推床齿条
manmade diamond	人造金剛石	人造ダイヤモンド	人造金刚石
manner	樣式;方法	方式	样式;方法
mannerism	特殊風格	マンネリズム	特殊风格
Mannesman effect	曼內斯曼效應	マンネスマン効果	曼内斯曼效应
— mill	曼內斯曼軋鋼機	マンネスマン圧延機	曼内斯曼轧钢机
— piercing mill	曼內斯曼打孔軋製機	マンネスマンせん孔圧延機	曼内斯曼穿孔轧制机
— tube	曼內斯曼管	マンネスマン管	曼内斯曼管
Mannheim gold	曼海姆金	マンハイムゴールド	曼海姆金
Mannich base	曼尼期鹼	マンニッヒ塩基	曼尼期硷
— reaction	曼尼期反應	マンニッヒ反応	曼尼期反应
manning requirements	(技術)人員配備要求	マニング要件技術	(技术)人员配备要求
manocryometer	融解壓力計	加圧融点計	融解压力计
manoeuvreing gear	操縱裝置	操縦装置	操纵装置
— load factor	機動負載因素	運動荷重倍数	机动载荷因素
— motion	操縱運動	操縦運動	操纵运动
— performance	操縱性能	操縦性能	操纵性能
— period	運轉階段	転だ期	转舵阶段
— pond	操縱水池	旋回水槽	操纵水池
— simulator	操縱模擬器	操縦シミュレータ	操纵模拟器

文	臺灣	日文	大陸
test	操縱試驗	操縦試験	操纵试验
trial	操縱性試航	操縦性試運転	操纵性试航
valve	調節閥	操縦弁	调节阀
noeuvreability indices	操縱性指數	操縦性（能）指数	操纵性指数
test	操縱性(能)試驗	操縦性（能）試験	操纵性(能)试验
nograph	壓力記錄器	マノグラフ	压力记录器
nometer	壓力計	マノメータ	压力计
water column	壓力計水柱	マノメータ水柱	压力计水柱
nometric efficiency	壓力效率	圧力効率	压力效率
noscope	氣體密度測定儀	マノスコープ	气体密度测定仪
noscopy	氣體密度測定	人力（じんりょく）	气体密度测定
nostat	壓力穩定器	マノスタット	压力稳定器
npower	人力	マンパウア	人力；劳动力
scheduling	人力調度〔配〕	配員計画	人力调度〔配〕
nrope	扶索	マンロープ	扶索
nsard roof	折線形屋頂	マンサード屋根	折线形屋顶
roof construction	折線形屋頂構造	腰折り小屋組	折线形屋顶构造
truss	折線形桁架	マンサードトラス	折线形桁架
ntissa	假數；尾數	マンティッサ	假数；尾数
ntle	外殼	マントル	罩；套；外壳
board	壁爐蓋	夏ぶた	壁炉盖
convection	表層對流	マントル対流	表层对流
heater	罩形加熱器	マントルヒータ	罩形加热器
ring	墊環	鉄帯〔高炉〕	垫环
ntlet	防盾	防たて	防盾
nual	手冊	マニュアル	手册；说明书
adaptive control model	手控自適應控制模型	手動適応制御モデル	手控自适应控制模型
adaptive system	手控自適應系統	手動適応システム	手控自适应系统
alarm system	手動警報系統	手動警報装置	手摇警报系统
assembly	手工裝配	手作業組立	手工装配
back-up	人工後援	手動バックアップ	人工后援
block signal system	手動閉塞信號方式	手動閉そく信号方式	手动闭塞信号方式
book	手冊	マニュアルブック	手册；指南
brake	人力煞車	人力ブレーキ	手控制动器
card	人工打孔卡片	マニュアルカード	人工穿孔卡片
closing operation	人工接續操作	手動投入操作	人工接续操作
control	人工控制	手動制御	人工控制
control switch	手(動)控(制)開關	制御用操作スイッチ	手(动)控(制)开关
control system lag	手控系統延遲〔滯後〕	手動制御システム遅れ	手控系统延迟〔滞后〕
cut	人工切割	マニュアルカット	人工截割

M

英　文	臺　灣	日　文	大　陸
— data input	手動資料輸入	手動データ入力	手动数据输入
— desk	人工交換台	手動台	人工交换台
— examination	手工(探傷)檢查	手動探傷	手工(探伤)检查
— feed	手動進給	手送り	手动进给
— fire alarm system	手動火災報警裝置	手動式火災警報装置	手动火灾报警装置
— firing control	人工擊發裝置	手動撃発装置	人工击发装置
— handler	人工處理機	マニュアルハンドラ	人工处理机
— gain control	手動增益控制	手動利得調整	手动增益控制
— ignition control	手動點火控制	手動点火制御	手动点火控制
— input unit	人工輸入設備	手動入力装置	人工输入设备
— logging	人工記錄	マニュアルロギング	人工记录
— office	人工辦公室	手動局	人工局
— operation	人工操作	手動操作	手动操作
— operative method	手動控制法	手動運転	手动控制法
— optimization	手動最佳化	手動最適化	手动最优化
— oxygen cutting	手動氧割	手動ガス切断	人工吹氧切割
— potentiometer	手動電位差計	手動ポテンショメータ	手动电位差计
— press	手壓機	手動プレス	手压机
— pressure	手(控)壓(力)	指圧	手(控)压(力)
— prober	手動探測器	マニュアルプローバ	手动探测器
— programmer	人工程式編製器	マニュアルプログラマ	人工程序编制器
— pump	手動泵	マニュアルポンプ	手摇泵
— reaper	人力收割機	人力刈取り機	人力收割机
— regulation	手動調整	手動調整	手动调整
— release	人工解鎖	手動復帰	人工解锁
— request	人工要求	手動要求	人工要求
— reset	手動重整	手動リセット	手动复位
— reset relay	手動復位繼電器	手動復帰リレー	手动复位继电器
— return	手動復位	手動復帰	手动复位
— return contact	手動復位接點	手動復帰接点	手动复位接点
— ringing	人工振鈴(信號)	手動信号	人工振铃(信号)
— rivet	手工鉚接	手締めリベット	手工铆接
— setting	手調	手動設定	手调
— signal	手動信號(機)	手動の信号(機)	手动信号(机)
— starter	手動起動器	手動始動器	手动起动器
— steering	人工操縱	人力操だ	人工操舵
— switch	手動開關	手動スイッチ	手控开关
— system	手動系統	手動式	手动系统
— system control	手動系統控制	手動システム制御	手动系统调节
— temperature control	人工溫度控制〔調節〕	手動温度調節	人工温度控制〔调节〕

文	臺灣	日文	大陸
transportation	人力運輸	人力搬送	人力运输
trigger	手動觸發器	人工触発器	手动触发器
tripping device	手動保安裝置	ハンドトリップ装置	手动保安装置
tuning	手動調諧	手動同調	手动调谐
valve	手動閥	手動弁	手动阀
voltage regulator	手動電壓調整器	手動電圧調整器	手动电压调整器
weight batcher	手動重量配料斗	手動計量装置	手动重量配料斗
weld	手(工)銲(縫)	手溶接	手(工)焊(缝)
welding	手動熔接	手溶接	手工焊
anufactory	製造(工)廠	製造所	制造(工)厂
anufacture	(機械)製造	製造	(机械)制造
of pig iron	冶煉生鐵	製銑	冶炼生铁
process	製造法	製造プロセス	制造法
anufactured article	產品;製品	製品	产品;制品
goods	產品;製品	製品	产品;制品
product	製(成)品	製品	制(成)品
anufacturer	製造者〔廠〕	製造業者	制造者〔厂〕
anufacturers test	工廠試驗	工場試験	工厂试验
anufacturing condition	生產條件	製造条件	生产条件
cost	製造成本	生産費	工厂成本
cycle	生產週期	製造サイクル	生产周期
district	工業區	工業地	工业区
engineer	製造工程師	製造技師	制造工程师
facilities	製造設備〔裝置〕	製造設備〔装置〕	制造设备〔装置〕
facility layout	工業設備配置	製造設備レイアウト	工业设备配置
forecast	工業預測(量)	製造予測量	工业预测(量)
industry	製造(工)業	製造工業	制造(工)业
installation	加工設備	製造装置	加工设备
license	生產權	製造権	生产权
measurement	加工尺寸	製造寸法	加工尺寸
milling machine	專用銑床	生産フライス盤	专用铣床
operation	生產操作	製造作業	生产操作
order	製造命令	製造指図書	生产任务书
planning	加工計劃	製造計画	加工计划
principle	生產原理	製造原理	生产原理
procedure	製造程式	製造手順	制造程序
process	製造工藝	製造工程	制造工艺
scale	生產規模	製造規模	生产规模
system	製造(業)系統	生産加工システム	制造(业)系统
technique	製造技術	製造技術	制造技术

英文	臺灣	日文	大陸
— tolerance	製造公差	製造許容差	制造公差
many-body problem	多體問題	多体問題	多体问题
many-dimensioned syste	多維系統	多次元システム	多维系统
map	地圖	写像，地図	地图
— code	映像碼	マップコード	映像码
— compilation	地圖編輯	地図編集	地图编制
— grid	地圖方格	地図方眼	地图方格
— list	變換表	マップリスト	变换表
— method	映像法	マップ法	映像法
— projection	地圖投影法	地図射影法	地图投影法
— scale	地圖比例尺	地図の縮尺	地图比例尺
— table	映像表	マップテーブル	映像表
mapper	繪圖員	マッパ	绘图员
mapping array	映像陣列	マッピングアレイ	映像阵列
— block number	變換程式段數	マッピングブロック数	变换程序段数
— device	映像裝置	マッピング装置	映像装置
— fault	變換故障	マッピングフォールト	变换故障
— mode	變換方式	マッピングモード	变换方式
— table	變換表	マッピング表	变换表
mar proof	耐劃痕	損傷抵抗	耐划痕
— resistance	耐擦傷性	表面摩耗抵抗	耐擦伤性
maraging	高強度熱處理	マルエージング	高强度热处理
— steel	高鎳合金鋼	マルエージング鋼	高镍合金钢
marble	大理石	大理石	大理石
marcasite	白鐵礦	白鉄鉱	白铁矿
marceline	染褐錳礦	マーセル石	染褐锰矿
marching type	步進式	前進形	步进式
marconite	碳粒導電體	マルコナイト	碳粒导电体
marcylite	黑銅礦	マルシライト	黑铜矿
marform process	橡皮模壓製成形法	マルフォームプロセス	橡皮模压制成形法
Marforming	麻田散鐵區形變熱處理	マルフォーミング	马氏体区形变热处理
margarin(e)	人造黃油	マルガリン	人造黄油
margarosanite	針矽鈣鉛礦	マーガロサナイト	针硅钙铅矿
margin	邊緣〔界〕;邊際	マージン	边缘〔界〕
— angle	邊界角	マージンアングル	边缘角
— control	容限控制	マージン制御	容限控制
— curve	容限曲線	マージンカーブ	容限曲线
— for line	行邊緣	行の限界	行边缘
— for page	頁界(限)	ページの限界	页界(限)
— line	臨界線	限界線	临界线

文	臺灣	日文	大陸
of error	誤差界線	誤差限界	误差界线
of power	功率極限	（機械の）余力	功率极限〔机器的〕
of revolution	轉速裕度	回転マージン	转速裕度
of safety	安全係數	安全余裕	安全系数
plank	(木製夾板)邊緣板條	マージンプランク	(木制夹板)边缘板条
plate	内底邊板	マージンプレート	内底边板
stop	極限擋塊	マージンストップ	极限挡块
test	極限試驗	マージンテスト	极限试验
time of commutation	整流容限時間	転流余裕時間	整流容限时间
voltage	容許極限電壓	余裕電圧	容限电压
width	刀口寬	マージン幅	刃带宽
rginal adjustment	邊際調整	限界調整	边际调整
checking	邊界檢查	限界試験	边界检查
cost	邊際成本	限界原価〔費用〕	边际成本
costing	邊際成本計算	限界原価計算	边际成本核算
discharge	邊緣放電	限界放電	边缘放电
fault	邊緣故障	マージナル故障	边缘故障
frequency	邊際頻率數	周辺度数	边际频数
income	邊際收益	限界利益	边际收益
mode	邊際模型	限界モデル	边限模型
oscillator	臨界振蕩器	マージナル発振器	临界振荡器
performance	極限性能	限界性能	极限性能
probability	邊際機率	周辺確率	边际概率
productivity	邊際生產性	限界生産性	边际生产性
profit ratio	邊際利潤率	限界利益率	边际利润率
ray	周邊光線	周縁光線	周边光线
state	臨界狀態	限界状態	临界状态
supply capability	備用電力	供給予備力	备用电力
test	界限檢驗	限界試験	界限检验
utility	邊際效用	限界効用	边际效用
rgoza oil	棕樹油	マルゴサ油	棕树油
ria-glass	石膏	透石こう	石膏
riloy	馬里洛鋼板	マリロイ	马里洛钢板
rionite	水鋅礦	亜鉛華	水锌矿
rk	符號	マーク	标记〔示〕;符号
card	標記卡片	マークカード	标记卡片
check	標記檢查	マークチェック	标记检查
counting check	標記計數校驗	マーク計数検査	标记计数校验
hold	標記保存〔持〕	マークホールド	标记保存〔持〕
ink	打印墨	マークインク	打印墨

英文	臺灣	日文	大陸
— line	對合線	マークライン	对合线
— pen	符號記錄筆	マークペン	符号记录笔
— position	標記位置	マークポジション	标记位置
— reader	標記閱讀器	マークリーダ	标记阅读器
— reading station	標記讀出機構	マーク読取り機構	标记读出机构
— scan(ning)	標記掃描	マークスキャン	标记扫描
— scraper	劃線器	マークスクレーパ	划线器
— sensing	標記讀出	マーク読取り	标记读出
— sensing card	標記讀出卡片	マーク読取りカード	标记读出卡片
— sensing punch	符號讀出打孔機	マーク読取りせん孔機	符号读出穿孔机
— sensing sheet	標記讀出頁	マークセンシングシート	标记读出页
— sheet	標記圖	マークシート	标记图
— sheet reader	標記頁讀出器	マークシート読取り機	标记页读出器
— zone	標記區	マークゾーン	标记区
marked line	標線	標線	标线
— ratio	標識比	記載変成比	标识比
marker	標記	マーカ，標識	标记;指示(器)
— bit	標記位	マーカビット	标记位
— circuit	標記電路	マーカ回路	标记电路
— lamp	標記燈	マーカランプ	标记灯
— light	標記燈	マーカライト	标记灯
— pen	標記筆	マーカペン	标记笔
— switch	指示燈開關	マーカスイッチ	指示灯开关
— target	目標	目標	目标
market	市場	マーケット	市场;销路
— brass	普通黃銅	普通黄銅	普通黄铜
— development	市場開發	市場開発	市场开发
— experiment	市場實驗	市場実験	市场实验
— mechanism	市場調節機能	市場機構	市场调节职能
— potential	潛在市場	潜在市場	潜在市场
— research	市場(調查)研究	市場調査	市场(调查)研究
— survey	市場調查	市場調査	市场调查
— test(ing)	市場試驗	市場試験	市场试验
marketing	銷售	マーケティング	销售
— needs	市場需求	市場の要求	市场需求
— position	市場行情	市況	市场行情
— research	市場研究	市場研究	市场研究
marking	記號	マーキング	打印;记号
— awl	打印錐	寸法取り用きり	打印锥
— device	劃線規	マーキングデバイス	划线规

文	臺灣	日文	大陸
disk	彈痕標釘	示点かん	弹痕标钉
gage	劃線規	マーキングゲージ	划线规
hammer	打印鎚	印づち	打印锤
nk	打印墨水	記標インキ	打印墨水
ron	烙印鐵	印鉄	烙印铁
pen	劃線筆	サインペン	划线笔
punch	標記沖孔	刻印ポンチ	标记冲孔
roll	印壓滾筒	マーキングロール	印压滚筒
stud contact	標誌接點	記号接点	标志接点
rking-off	劃線	マーキングオフ	划线
diamond	鑽石刀	け引ダイヤモンド	钻石刀
pin	劃線針	けがき針	划线针
table	劃線(平)台	けがき台	划线(平)台
rking-on	劃線	マーキングオン	划线
rkite	導電(性)塑料	マーカイト	导电(性)塑料
rksmanship	射擊術	射撃術	射击术
lin(e)	(雙股)油麻繩	油麻縄	(双股)油麻绳
lite	泥灰岩	泥灰石	泥灰岩
matite	鐵閃鋅岩	マーマタイト	铁闪锌岩
mem alloy	瑪梅姆合金	マルメム合金	玛梅姆合金
molite	白蛇紋石	マーモライト	白蛇纹石
morization	大理石化(作用)	大理石化作用	大理石化(作用)
roon	褐紅色	マルーン	褐红色
rquee	大門罩	出入口ひさし	大门罩
quench	分級淬火	マルクエンチ	分级淬火
quetry	嵌木細工	ぞうがん	嵌木细工
ried fall method	雙滑車起重法	けんか巻き荷役法	双滑车起重法
all system	繩索升降裝置	けんか巻き	绳索升降装置
rying wedge	楔形墩木	矢盤木	楔形墩木
seilles soap	絲光皂	マルセル石けん	丝光皂
rshall stability	馬歇爾穩定度	マーシャル安定度	马歇尔稳定度
est machine	馬歇爾試驗機	マーシャル試験機	马歇尔试验机
est value	馬歇爾試驗值	マーシャル試験値	马歇尔试验值
shalling	調車;調配擠送	マーシャリング	排列整齐
lan	編組計劃	編成計画	编组计划
shite	碘銅礦	よう銅鉱	碘铜矿
straining	麻田散鐵變形時效	マルストレーニング	马氏体变形时效
temper	分級淬火	マルテンパ	分级淬火
il	分級淬火用油	マルテンプオイル	分级淬火用油
tenaging	麻田散鐵時效	マルテン時効	马氏体时效

M

英　文	臺　灣	日　文	大　陸
Martens hardness test	馬頓斯硬度試驗	マルテンス硬さ試験	马顿斯硬度试验
— mirror extensometer	馬頓斯鏡式應變儀	マルテンス鏡式伸び計	马顿斯镜式应变仪
— temperature	馬頓斯溫度	マルテンス温度	马顿斯温度
martensite	麻田散鐵	マルテンサイト	马丁散铁
— rang	麻田散鐵變態區	マルテンサイト区域	马氏体转变区
— structure	麻田散鐵結構	マルテンサイト構造	马氏体结构
martensitic cast iron	麻田散鐵鑄鐵	マルテンサイト鋳鉄	马氏体铸铁
— transformation	麻田散鐵變態	マルテンサイト変態	马氏体转变
Martin	馬丁爐	マルチン炉	马丁炉
— furnace	平爐	マルチン炉	平炉
— steel	平爐鋼	マルチン鋼	平炉钢
— stoker	平爐加〔推〕料器	マルチン式ストーカ	平炉加〔推〕料器
martingale	弓形拉線	マルチンゲール	弓形拉线
Martino alloy	偽鉑合金	マルチノ合金	伪铂合金
martite	假像赤鐵礦	マルタイト	假像赤铁矿
marworking	形變熱處理	マルワーキング	形变热处理
mash	磨碎;混合	マッシュ	磨碎;混合
— alkalization	漿狀鹼化	汁状アルカリ化	浆状硷化
— hammer	小鐵鎚	マッシュハンマ	小铁锤
— seam welding	壓薄滾銲	マッシュシーム溶接	压薄滚焊
mask	掩蔽;屏蔽	マスク	掩蔽;屏蔽
— action	掩蔽動作	マスク作用	掩蔽动作
— alignment	掩模對準〔重合〕	マスク合せ	掩模对准〔重合〕
— analyzer	掩模分析器	マスクアナライザ	掩模分析器
— artwork	掩模原圖	マスク原図	掩模原图
— cleaner	掩模清洗機	マスク洗浄機	掩模清洗机
— coater	掩模塗料器	マスクコータ	掩模涂料器
— design	掩模設計	マスクデザイン	掩模设计
— edge	掩模邊緣	マスクエッジ	掩模边缘
— etching	掩蔽腐蝕	マスクエッチング	掩蔽腐蚀
— frame	掩模框	マスクフレーム	掩模框
— material	掩蔽材料	マスク材料	掩蔽材料
— pattern	掩模圖形	マスクパターン	掩模图案;掩模图形
— pitch	屏蔽距	マスクピッチ	屏蔽距
— plate	掩模板	マスクプレート	掩模板;屏蔽板
— program	掩模程式	マスクプログラム	掩模程序
— set	掩模組	マスクセット	掩模组
— size	掩模尺寸	マスクサイズ	掩模尺寸
masking	遮蔽;掩蔽	マスキング	遮蔽;掩蔽;屏蔽;伪装
— agent	遮蔽劑	マスキング剤	掩蔽剂;遮蔽剂

文	臺灣	日文	大陸
material	防護材料	マスキング材料	化妆材料;防护材料
method	掩蔽法	マスキング法	掩蔽法
paper	遮蔽紙	マスキング紙	遮蔽纸
reagent	隱蔽劑	マスキング剤	隐蔽剂
sheet	掩片	マスキングシート	掩片
shield	屏蔽板;防護板	マスキングシールド	屏蔽;屏蔽板;防护板
skless	無掩模	マスクレス	无掩模
son	泥水匠;石匠	れんが工	瓦工;石工
sonry	泥瓦砌工	メーソンリ	砌石工;砌石
ss	質量;大量	マス	多量;质量;大量
ablation rate	質量燒蝕速率	質量損失速度	质量消融速率
absorption	質量吸收	質量吸収	质量吸收
absorption coefficient	質量吸收係數	質量吸収係数	质量吸收系数
acceleration	質量加速度	質量加速度	质量加速度
action	質量作用	質量作用	质量作用
analysis	質量分析	質量分析	质量分析
analyzer	質譜分析器	マスアナライザ	质谱分析器
balance	質量平衡	マスバランス	质量平衡;配重
center	質量中心	質量中心	质量中心
coefficient	質量係數	質量係数	质量系数
concentration	質量濃度	質量濃度	质量浓度
conservation	質量守恒	質量保存	质量守恒;质量不变
data	大量數據	マスデータ	大量数据
density	質量密度	質量密度	质量密度
deviation	質量偏差	質量偏差	质量偏差
distribution	質量分布	質量分布	质量分布
eccentricity	質偏心	偏重心	质偏心
energy	質能(關係)	質量エネルギー	质能(关系)
equilibrium	質量平衡	質量の釣合い	质量平衡
fabrication	大量生產	大量加工	大量加工;大量生产
filter	質量過濾;質量篩選	マスフィルタ	质量过滤;质量筛选
force	慣性力	質量力	质量力;惯性力
identification	物質識別;物質鑑定	物質の同定	物质识别;物质监定
law	質量法則;質量定律	質量法則	质量法则;质量定律
marker	質量數指示器	マスマーカ	质量数指示器
motion	質量運動	質量運動	整体运动
nucleus	質量核心	質量核	质核;质量核心
number	(原子)質量數	質量数	(原子)质量数
planting	群植	群植	群植
point	質點	質点	质点

M

英　文	臺　灣	日　文	大　陸
— principle	質量原理	質量原理	质量原理
— radiation	質量輻射	質量ふく射	质量辐射
— separation	質量分離	質量分離	质量分离
— soldering	成批鐵銲	マスソルダリング	成批　焊
— spectrograph	分光計;質譜儀	質量分析器	分光计;质谱仪
— spectrometer	質譜分析器	マススペクトロメータ	质谱分析器
— spectrometry	質譜測定法	質量分析法	质谱测定法
— spectroscope	質量分析器;質譜儀	質量分析器	质量分析器;质谱仪
— spectroscopy	質量分析學;質譜學	質量分析学	质量分析学;质谱学
— spectrum	質譜	マススペクトル	质谱
— stress	質量應力	質量応力	质量应力
— tensor	質量張量	質量テンソル	质量张量
massicot	黃丹〔俗〕	マシコート	密陀僧;黄丹〔俗〕
mast	桿;門型架	マスト	桅;杆;柱
— crane	桅桿起重機	マストクレーン	桅杆起重机
— heel	桅腳	マストヒール	桅脚
— hoop	桅箍;掛帆環	マストフープ	桅箍;挂帆环
master	模範;師傅	マスタ	船长;主要的
— alloy	母合金	マスタアロイ	中间合金;母合金
— bar	校對棒;標準棒	マスタバー	校对棒;标准棒
— block	沖頭夾持器;主模座	型金受け	冲头夹持器;主模座
— clutch	總離合器;主離合器	マスタクラッチ	总离合器;主离合器
— cylinder	主缸	マスタシリンダ	主缸
— die	模範螺模	マスタダイ	标准模;母模;主模
— form	靠模;仿削模	原型	靠模;仿型模
— gage	標準規;校對規	マスタゲージ	标准规;校对规;总表
— gear	主齒輪;基準齒輪	マスタギアー	主齿轮;基准齿轮
— guide	基本指南;基本手冊	基本準則	基本指南;基本手册
— holder	主刀夾	マスタホルダ	主刀夹
— hole	基準孔	基準穴	基准孔
— jaw	(標準)卡爪座	マスタジョー	(标准)卡爪座
— leaf	主〔彈簧〕鋼片	親板	钢板弹簧主片;顶板
— mask	主掩模;母板;主屏蔽	マスタマスク	主掩模;母板;主屏蔽
— mask set	主掩模組	マスタマスクセット	主掩模组
— model	標準模;母模	マスタモデル	原模型;标准模;母模
— mold	標準模;母模	マスタモールド	标准模;母模
— nozzle	測量噴嘴;校對噴嘴	マスタノズル	测量喷嘴;校对喷嘴
— operation	主操作	マスタオペレーション	主操作;主要工序
— patent	基本專利	基本特許	基本专利
— plate	樣板	マスタプレート	样板;通用型板

文	臺灣	日文	大陸
ring gage	校對環規	マスタリングゲージ	校对环规
roller	觸輪	マスタローラ	范凸轮滚子;触轮
rotor	標準轉子	マスタロータ	主转子;标准转子
scheduler	主調度程式	マスタスケジューラ	主调度程序
screw	標準螺旋	親ねじ	标准螺旋
standard gas	基準的標準氣	基準標準ガス	基准的标准气
station	主控台	主局	主局;总站;主控台
switch	主控開關;總開關	マスタスイッチ	主控开关;总开关
switch control	主開關控制	親開閉器制御	主开关控制
trip	主停車裝置	マスタトリップ	主停车装置
unit	主元件	マスタユニット	主部件
valve	導閥;控制閥	マスタバルブ	主阀;导阀;控制阀
variable	主變數	主変数	主变数;主变量
viscometer	標準黏度計	マスタ粘度計	标准粘度计
stergroup	主群	主群	主群
stication	素煉(橡膠);捏合	素練り	素炼(橡胶);捏合
sticator	撕捏機;捏和機	マスチケータ	撕捏机;捏和机
sut	重油	重油	重油
t	消光;無光澤;席墊	マット	消光;无光泽;席垫
binder	面層黏結劑	マット結合剤	面层粘结剂
embos	底面粗化	マットエンボス	底面粗化
etching	消光處理;無光澤加工	つや消し仕上げ	消光处理;无光泽加工
fracture	無光澤斷面	無光沢破面	无光泽断面
glass	磨砂玻璃	マットガラス	磨砂玻璃
molding	無光澤造形	マット成形	无光泽造形
surface	無光面	つや消し面	消光青面;无光面
tch	模型;配合;符合	マッチ	匹配;比赛;火柴
boarding	配合接頭;企口接口	さねはぎ板	企口接合板;钉企口板
head	配合軸頸	マッチの軸頭	配合轴颈
joint	企口接合;舌槽接合	さねはぎ	企口接合;舌槽接合
plate	模型板	マッチプレート	双面模板;模板
plate dies	模板鑄模	マッチプレートダイス	双面模板模;模板铸模
seal	配合密封	マッチシール	配合密封
tched attenuator	匹配衰減器	整合減衰器	匹配衰减器
die	配合模;匹配擠壓模	はめ合せ型	配合模;匹配挤压模
die tool	組合金屬模具	マッチドダイ金型	组合金属模具
metal die	組合金屬模	マッチドメタルダイ	组合金属模
metal mold	組合金屬模	はめ合せ金型	组合金属模
mold forming	組合模成形法	マッチドモールド成形	组合模成形法
tching	對照	マッチング	整合;匹配;对照

英文	臺灣	日文	大陸
— assembly	配合裝配	適合組立て	配合装配
— diaphragm	匹配膜片	整合隔膜	匹配膜片
— iris	匹配膜片	整合絞り	匹配膜片;匹配窗
mate	配合;嚙合	メート	配合;啮合;成对
mated gear	嚙合齒輪	メーテッドギアー	齿轮副;啮合齿轮
material	材料	マテリアル	材料;物质;原料
— accountancy	(核)物料衡算管理	物質計量管理	(核)物料衡算管理
— age	材料使用期限	材齢	材料使用期限
— bleed	材料滲出	材料放出	材料渗出
— buckling	材料曲率	材料バックリング	材料曲率
— characteristic	材料特性	材料特性	材料特性
— degradation	材料的老化	材料の劣化	材料的老化
— drifting	斜向進料	斜め送り	斜向进料
— handling equipment	材料搬運設備	荷役機械設備	材料搬运设备
— inventory	材料庫存量	材料インベントリー	材料库存量
— mechanical test	材料機械性能試驗	材料機械的試験	材料机械性能试验
— mechanice	材料力學	材料力学	材料力学
— performance	材料性能	材料の性能	材料性能
— point	質點	質点	质点
— science	材料科學	マテリアルサイエンス	材料科学
— segregation	材料分離	材料分離	材料分离;材料离析
— sorting	材料分類;材料鑑別	材質判別	材料分类;材料监别
— specification	材料規格〔標準〕	材料規格	材料规格〔标准〕
— standard	材料規格;材料標準	材料標準規格	材料规格;材料标准
— store	材料庫;資料庫	マテリアルストア	材料库;资料库
— suppplier	材料供應部門	材料供給者	材料供应部门
— supply system	材料供應系統	資材供給システム	材料供应系统
— testing	材料試驗	材料試験	材料试验
— testing machine	材料試驗機	材料試験機	材料试验机
— testing reactor	材料試驗反應爐	材料試験炉	材料试验反应堆
— volume	材料體積	材積	材积;材(料体)积
materialization data	數據實體化	データ実体化	数据实体化
Mathar method	小孔釋放法	マタール法	小孔释放法
mathematical analogy	數學類似性	数学的類似性	数学类似性
— analysis	數理分析;數學分析	数理解析	数理分析;数学分析
— axiom	數學公理	数学的な公理	数学公理
— check	數學檢驗	数学的検査	数学检验
— control mode	數學控制方式	数理制御モード	数学控制方式
— control theory	數學控制理論	数理制御理論	数学控制理论
— decision analysis	數學決策分析	数理的決定解析	数学决策分析

英文	臺灣	日文	大陸
— estimation model	數學估計模型	数学的推定モデル	数学估计模型
— expression	數式	数式	数式
— function	數學函數	数学関数	数学函数
— induction	數學歸納法	数学的帰納法	数学归纳法
— linguistics	數理語言學	数理言語学	数理语言学
— model	數學模式	数学模型	数学模型
— optimization problem	數學最佳化問題	数理最適化問題	数学最佳化问题
— pattern recognition	數學模式識別〔認辨〕	数理パターン認識	数学模式识别〔认辨〕
— probadility	數學機率	数学的確率	数学概率
— routine	數學程式	数値計算用ルーチン	数学程序
athematics	數學	数学	数学
ating	配合	交配	交配;配合
— continuum	配合群	交配連合	交配群
— die	耦合模具	メイティングダイス	耦合模具
— gear	嚙合齒輪	かみ合い歯車	啮合齿轮
— surface	接著面;接觸面	合わせ面	接着面;接触面;接缝
— teeth	嚙合齒	かみ合い歯	啮合齿
atlockite	角鉛礦;氟氯鉛礦	マトロカイト	角铅矿;氟氯铅矿
atricon	陣選管	マトリコン	阵选管
atrix	矩陣;基地(金相);母型	マトリックス	矩阵;真值表;矿脉
— analysis	矩陣分析法	マトリックス解析	矩阵分析法
— card	矩陣卡片	マトリックスカード	矩阵卡片
— cell	矩陣(單)元	マトリックスセル	矩阵(单)元
— check	矩陣檢驗	マトリックスチェック	矩阵检验
— constituent	母材成分	母材成分	母材成分
— cuttting machine	銅模雕刻機	母型彫刻機	铜模雕刻机
— magazine	字模庫〔鑄排機〕	マガジン	字模库〔铸排机〕
— metal	基地金屬(金相)	マトリックスメタル	粘结金属
— method	矩陣法	マトリックス法	矩阵法
— representation	矩陣表示	行列表現	矩阵表示
— size	矩陣大小	マトリックスサイズ	矩阵大小
Matrix alloy	鉍銻鉛錫合金	マトリックス合金	铋锑铅锡合金
att finish	去光澤處理;毛面處理	マット仕上げ法	无光精饰;消光精饰
— frosting	消光;無光	つや消し	消光;无光
— lacquer	無光漆	つや消しラッカ	无光漆
attamore	地下室;地下室〔倉庫〕	地下室	地下室;地下室〔仓库〕
atte	暗光面;硫碴;無光澤	マット,かわ	硫化物;无光泽
— fall	冰銅出產率	マット率	冰铜出产率
— surface	消光面;無光澤表面	つや消し面	消光面;无光泽表面
atter	物質;印刷品	マター	物质;材料;印刷品

英文	臺灣	日文	大陸
matting	消光;褪光;墊席	つや消し	消光;褪光;垫席;麻袋
— agent	消光劑	つや消し剤	消光剂
Mattisolda	馬蒂索爾達銀銲料	マッティソルダ	马蒂索尔达银焊料
mattress	褥墊;墊子;鋼筋網	マットレス	褥垫;垫子;钢筋网
— foundation	沉床基礎	沈床基礎	沉床基础
maturing temperature	成熟溫度	熟成温度	成熟温度;熟化温度
maturity	成熟度〔黏膠的〕	成熟度	成熟度〔粘胶的〕
maul	(大)木槌	掛矢	(大)木槌
— hammer	大(鍛)槌	大ハンマ	大(锻)锤
Mauss filter	莫斯過濾機	マウスろ過機	莫斯过滤机
maximin machine	極大極小化機器	マキシミン機械	极大极小化机器
— principle	最大最小原理	マキシミン原理	最大最小原理
— strategy	最大最小戰〔策〕略	マキシミン戦略	最大最小战〔策〕略
maximizing sequence	極大化序列	最大化序列	极大化序列
maximum	最大値;極大値	マキシマム	最大值;极大值
— admissible load	最大容許負載	最大限度荷重	最大容许负载
— advance	最大縱距	最大縦距	最大纵距
— allowable limit	許可限度;最大允許量	最大許容度	许可限度;最大允许量
— ascending speed	最大上升速度	最大上昇速度	最大上升速度
— azeotrope	最高共沸混合物	最高共沸混合物	最高共沸混合物
— bending moment	最大彎矩	最大曲げモーメント	最大弯矩
— bending stress	最大彎曲應力	最大曲げ応力	最大弯曲应力
— blade thickness	最大葉片厚度	最大翼厚	最大叶片厚度
— blade width ratio	最大葉寬比	最大翼幅比	最大叶宽比
— boiling point mixture	最高沸點混合物	最高沸点混合物	最高沸点混合物
— camber	最大曲度	マキシマムキャンバ	最大曲度
— capacity	最大容量	最大容量	最大容量
— concentration	最大濃度	最大濃度	最大浓度
— continuous horsepower	最大持續馬力	連続最大馬力	最大持续马力
— continuous output	最大持續功率	連続最大出力	最大持续功率
— continuous speed	最大連續運行轉速	連続最大速度	最大连续运行转速
— curising power	最大連續巡航功率	連続最大出力	最大连续巡航功率
— curising rating	最大巡航功率額定值	最大巡航定格	最大巡航功率额定值
— cutting depth	最大切削深度	最大掘削深度	最大切削深度
— cutting diameter	最大挖掘孔徑	最大掘削口径	最大挖掘孔径
— diameter	最大直徑	最大直径	最大直径
— digging depth	最大挖掘深度	最大掘削深さ	最大挖掘深度
— dimension	最大尺寸	最大寸法	最大尺寸
— distortion	最大失真;最大畸變	マキシマムひずみ	最大失真;最大畸变
— drag cenfficient	最大阻力係數	最大抗力係数	最大阻力系数

英　文	臺　灣	日　文	大　陸
— drawbar pull	最大牽引力	最大けん引力	最大牵引力
— duty	連續負載	最大定格	连续工况;连续载荷
— efficiency	最大效率	最高効率	最大效率
— elevation	最大射角;最大仰角	最大射角	最大射角;最大仰角
— flexural strength	最大彎曲強度	最大曲げ強さ	最大弯曲强度
— gear ratio	最大齒輪比	最高歯車比	最大齿轮比
— grade	最大坡度	最急こう配	最大坡度
— hardness	最大硬度	最高硬さ	最大硬度
— heat resistance	最高耐熱度	最高耐熱度	最高耐热度
— height	最大高度	最大高さ	最大高度
— lift	最大揚程	総揚程	最大扬程
— lifting load	最大舉升負載	最大つり上げ荷重	最大提升载荷
— loading	最大負載	最大積載量	最大积载量;最大负载
— measurable difference	最大可測偏差	最大可測差	最大可测偏差
— measurement	最大容許尺寸	最大寸法	最大容许尺寸
— mold space	最大模具間距	最大金型間隔	最大模具间距
— non-fusing current	最大不熔斷電流	最大不溶断電流	最大不熔断电流
— norm	最大定額〔規格〕	最大ノルム	最大定额〔规格〕
— output level	最大輸出電平〔功率〕	最大出力レベル	最大输出电平〔功率〕
— output power	最大輸出功率	最大出力	最大输出功率
— payload	最大載重量	最大積載重量	最大载重量
— phenomenon	極大現象	極大現象	极大现象
— plastic resistance	最大抗塑力	最大塑性抵抗	最大抗塑力
— power dissipation	最大(容許)功率損耗	最大許容損失	最大(容许)功率损耗
— pressure	最高〔大〕壓力	最高圧力	最高〔大〕压力
— principal strain	最大主應變	最大主ひずみ	最大主应变
— principal stress	最大主應力	最大主応力	最大主应力
— punch length	最大沖孔長度	最大ポンチ長さ	最大冲孔长度
— reliability	最大可靠性	最大信頼性	最大可靠性
— removal rate	最大切削速度	最大加工速度	最大切削速度
— revolution	最大回轉數	最大回転数	最大回转数;最大转速
— shaft speed	最大回轉速度	最高回転速度	最大回转速度
— slope of scarf	最大坎接斜度	最大スロープ傾斜	最大　接斜度
— steering angle	最大轉向角	最大かじ取り角度	最大转向角
— strain hypothesis	主應變假說	主変形仮説	主应变假说
— strength	最大強度	最大強さ	最大强度
— surface stress	最大表面應力	最大表面応力	最大表面应力
— tangential stree	最大接面應力	最大接面応力	最大接面应力
— tension	最大張〔拉〕力	最大張力	最大张〔拉〕力
— thrust	最大推力	最大推力	最大推力

M

英文	臺灣	日文	大陸
— torque	最大轉矩	マキシマムトルク	最大转矩
— trial speed	最大試航速度	試運転最大速力	最大试航速度
— twist number	扭斷値	最大耐ねん数	扭断值
— twisting moment	最大扭矩	最大曲げモーメント	最大扭矩
— utility	最大效用	最大効用	最大效用
— velocity	最高速度	最大速度	最大速度;最高速度
May press	梅氏沖床	マイプレス	梅氏压力机
mazout	燃料(重)油	燃料（重）油	燃料(重)油
mazut	重油	マズート	重油
McGill metal	麥吉爾鋁鐵青銅	マクギルメタル	麦吉尔铝铁青铜
mean	平均値	平均	平均值;中项;中数
— absolute deviation	平均絕對偏差	平均絶対偏差	平均绝对偏差
— absolute error	平均(絕對)誤差	平均誤差	平均(绝对)误差
— angle	平均角直	平均測角値	平均角直
— anomaly	平均近點角	平均近点離角	平均近点角
— camber line	平均弧線	中心線	平均弧线;中弧线
— cone distance	平均圓錐距	平均円すい距離	平均圆锥距
— curvature	平均曲率	平均曲率	平均曲率
— degree of polymerization	平均聚合度	平均重合度	平均聚合度
— deviation	平均偏差〔偏移〕	平均偏差	平均偏差〔偏移〕
— distance	平均距離	平均距離	平均距离
— effective load	平均有效負載	平均有効荷重	平均有效负载
— effective pitch	平均有效螺距	平均有効ピッチ	平均实数螺距
— effective pressure	平均有效壓力	平均有効圧力	平均有效压力
— error	平均誤差	平均誤差	平均误差
— flow	平均流量	平均流量	平均流量
— friction radius	平均摩擦半徑	平均摩擦半径	平均摩擦半径
— gradient	平均梯度〔陡度〕	平均こう配	平均梯度〔陡度〕
— height of burst	平均(爆)炸高(度)	平均破裂高	平均(爆)炸高(度)
— kinetic energy	平均動能	平均運動エネルギー	平均动能
— line	拱線;翼型中線	翼型中心線	拱线;翼型中线
— load	平均荷重	平均荷重	平均荷重;平均负载
— motion	平均運動	平均運動	平均运动
— normal stress	平均垂直應力	平均垂直応力	平均正应力
— path	平均行程	平均行路	平均行程
— pitch	平均螺距	平均ピッチ	平均螺距
— pressure	平均壓力	平均圧力	平均压力
— proportional	幾何平均;比例中項	幾何平均	几何平均;比例中项
— rigidity	平均剛性	平均剛性	平均刚性
— specific heat	平均比熱	平均比熱	平均比热

英文	臺灣	日文	大陸
– strain	平均應變	平均ひずみ	平均应变
– stress	平均應力	平均応力	平均应力
– temperature	平均溫度	平均温度	平均温度
– value	算術平均值	平均值	平均;算术平均值
– velocity	平均速度;平均流速	平均速度	平均速度;平均流速
eander channel	蛇狀溝道;彎曲溝道	ミアンダチャネル	蛇状沟道;弯曲沟道
eandering	曲徑	ミアンダ	河曲;弯曲河床;曲径
easurability	可測性	可測性	可测性
easurand	測定量	測定量	测定量
easuration	測量法	測定法	测定法;测量法;求积法
easure	度量;測量;公約數	メジャー	尺寸;测量;公约数
– analysis	容量分析	容量分析	容量分析
– of effectiveness	有效性測量	有効性測度	有效性测量
– of resistance	抵抗測定;阻力測定	抵抗測定	抵抗测定;阻力测定
– of tension difference	張力差測定	張力差測定	张力差测定
– preserving transformation	保測變換	保測変換	保测变换
– zero	度量起點;測量起點	測度零	度量起点;测量起点
easured daywork	基準工作量	メジャードデイワーク	基准工作量
– drawing	實測圖	実測図	实测图
– point	實測點;測量部位	実測点	实测点;测量部位
– quantity	實測量;被測定量〔值〕	測られた量	实测量;被测定量〔值〕
– value	測定值;實測值	測定值	测定值;实测值
easurement	測定;測量	測定	测定;测量
– capacity	載貨容積	載貨容積	载货容积;丈量容积
– deviation	測量偏差	測定偏差	测量偏差
– device	測定設備;測量設備	測定設備	测定设备;测量设备
– diameter	檢尺徑	検尺径	检尺径
– of angle	角度測量	角測定	角测定;测角;角度测量
– of distance	距離測量	距離測量	距离测量
– of heat transfer	傳熱測定	熱伝達測定	传热测定
– of spot welding currents	點銲電流測量	点溶接電流測定	点焊电流测量
– system	測量系統	計測システム	测量系统
– ton	容積噸;丈量噸	容積トン	容积吨;丈量吨
– tonnage	載貨容積噸位	載貨容積トン数	载货容积吨位
– value	測定值;測量〔定〕值	測定值	测定值;测量〔定〕值
easures	計量槽	計量とう	计量槽
easuring	測定;計量;測量	メジャリング	测定;计量;测量
– accuracy	測量精度	測定の精度	测量精度
– apparatus	測量儀器;量儀	測定器	测量仪器;量仪
– area	有效面;測量面	有効面	有效面;测量面

M

英文	臺灣	日文	大陸
— halance	測定天秤	計測天びん	测力天秤
— by sight	目測	目測	目测
— device	測定裝置〔工具〕	測定器	测量仪器〔工具〕
— equipment	測定器;測量儀器	測定器	计测器;测量仪器
— error	測量誤差	測定誤差	测量误差
— gage	計器;量規	メスゲージ	计器;量规
— jet	計量噴嘴	メジャリングジェット	计量喷嘴
— junction	熱接點;測量接點	メスジャンクション	热接点;测量接点
— mechansim	測定機構;測量機構	測定機構	测定机构;测量机构
— meter	計量器;測量儀	計器	计量器;测量仪
— method	測定方法;測量方法	測定方法	测定方法;测量方法
— method of thrust	推力測定法	推力測定法	推力测定法
— of angle	角度測量	測角	测角;角度测量
— pin	量針;油量控制針	メジャリングピン	量针;油量控制针
— pipette	計量吸管	メスピペット	量液吸移管;计量吸管
— pressure	測定壓力	測定圧	测量压力
— projector	投影測量儀	投影検査器	投影测量仪
— rod	測棒;測深桿;量桿	測深ロッド	测棒;测深杆;测杆
— system	測量系統	測定システム	测量系统
— vessel	量器;計量槽	計量槽	量器;计量槽
meatus	導管	管（かん）	管;道;导管
mechanic	機匠〔員〕	メカニック	机械师〔员〕
mechanic(al) action	機械(的)作用	機械（的）作用	机械(的)作用
— adhesion	機械黏著力	機械的接着	机械粘合〔结〕
— agitation method	機械攪拌法	機械式練り混ぜ法	机械搅拌法
— agitator	機械攪拌器	機械か	机械搅拌器
— anchbor	機械的異方性	メカニカルアンカ	机械的异方性
— aptitude test	機械技術適應性測驗	機械技術適性検査	机械技术适应性测验
— arm	機械臂	機械腕	机械腕;机械臂
— assembly	機械裝配	自動組立て	机械装配
— axis	機械軸	機械軸	机械轴;力轴
— back-to-back test	機械聯接式效率試驗	機械的負荷返還法	机械联接式效率试验
— behavior	機械特性	機械的挙動	机械特性
— bench press	台式機械沖床	卓上形機械プレス	台式机械压力机
— blowing	機械發泡	機械的発泡	机械发泡
— blowpipe	自動銲炬;自動割炬	自動機用ガストーチ	自动焊炬;自动割炬
— bond	機械黏結;機械連接	機械的接着	机械粘结;机械连接
— booster	機械增力器	メカニカルブースタ	机械增力器
— brake	機械軔	機械式ブレーキ	机械制动器〔闸〕
— bulging die	機械式膨脹模	バルジ成形用割り型	机械式膨胀模

英　　文	臺　　灣	日　　文	大　　陸
— burner	機械爐	機械炉	机械炉
— cable type	機械吊索式	機械式	机械吊索式
— calorimeter	機械式量熱器	機械式熱量計	机械式量热器
— carbon structural steel	機械結構用碳素鋼	機械構造用炭素鋼	机械结构用碳素钢
— catalyzer	機械催化劑	機械的触媒	机械催化剂
— change	機械變化	機械的変化	机械变化
— characteristic	機械(的)特性〔性能〕	機械的特性	机械(的)特性〔性能〕
— charging	機械裝入;機械添料	機械装入	机械装入;机械加料
— chopper	機械斷路器	メカチョッパ	机械断路器
— classifier	機動選粒機	機械分級機	机动选粒机
— clutch	機械離合器	機械的クラッチ	机械离合器
— plating	機械鍍的金保護層	機械的金属被覆	机械镀的金保护层
median barrier	分隔帶護欄	分離帯用防護さく	分隔带护栏;路中护栏
— dislocation line	中央轉換〔位〕線	中央構造線	中央转换〔位〕线
mediant	中間數	中間数	中间数
medium	介質;中間(物)	メディアム	介质;中间(物);方法
— carbon steel	中碳鋼	中(位)炭素鋼	中碳钢
— consistency	中度攪拌;中稠度	中練り	中度搅拌;中等稠度
— crushing	中級壓碎;二次破碎	中砕	中级压碎;二次破碎
— gloss	半光澤	半光沢	半光泽
— misfit angle	中間失配角	中位不整合角	中间失配角
— pearlite	細波來鐵	中パーライト	细珠光体
— phosphoric iron	中磷(鑄)鐵	中りん鋳鉄	中磷(铸)铁
— sand	中粒砂	中目砂	中粒砂
— section	中等壁厚的型鋼	中肉形鋼	中等壁厚的型钢
— steel	中碳鋼	中鋼	中碳钢
— vacuum	中等真空	中真空	中等真空
— viscosity	中等黏度	中粘度	中等粘度
meehanite	密烘鑄鐵;孕育鑄鐵	ミーハナイト	密烘铸铁;孕育铸铁
meeting	會議;集合;接合	ミーティング	会议;集合;接合
— rail	滑動窗框的橫檔	出合い機	滑动窗框的横档
— stile	合梃;碰頭梃	召し合せ	合梃;碰头梃
mega	百萬	メガ	大;兆〔百万〕
megacycle	百萬周	メガサイクル	兆周
megaerg	百萬爾格	メガエルグ	兆尔格
megaevolution	巨進化;種外進化	大進化	巨进化;种外进化
megajoule	百萬焦耳	メガジュール	兆焦耳
meganucleus	大核	大核	大核
Megaperm	梅格珀姆鎳錳合金	メガパーム	梅格珀姆镍锰合金
Megapyr	梅格派洛鐵鋁鉻合金	メガパイル	梅格派洛铁铝铬合金

M

英文	臺灣	日文	大陸
megaton	百萬噸	メガトン	兆吨
megerg	百萬爾格	メグエルグ	兆尔格
megohm	百萬歐(姆)	メグオーム	兆欧(姆)
— box	高(電)阻箱	高抵抗箱	高(电)阻箱
— bridge	高阻電橋	メグオームブリッジ	高阻电桥
— sensitivity	兆歐(靈)敏度	メグオーム感度	兆欧(灵)敏度
megohmmeter	絕緣電阻錶	絶縁抵抗計	绝缘电阻表
meionite	灰柱石;鈣柱石	灰柱石	灰柱石;钙柱石
melaconite	黑銅礦;土黑銅礦	黒銅鉱	黑铜矿;土黑铜矿
Melan arch	鋼筋混凝土拱	メランアーチ	钢筋混凝土拱
melanotekite	矽鉛鐵礦	メラノテカイト	硅铅铁矿
melatope	光軸點	光軸点	光轴点
meldometer	(測熔點用)高溫溫度計	溶融点測定器	(测溶点用)高温温度计
melilite	黃長石	黄長石	黄长石
melilitite	黃長岩	メリリト岩	黄长岩
melinose	鉬鉛礦	モリブデン鉛鉱	钼铅矿
melnikovite-pyrite	膠黃鐵礦	メルニコフ黄鉄鉱	胶黄铁矿
melt	熔化(物)	メルト	熔化(物);软化
— adhesive	熔融膠黏劑;熱熔膠	溶融接着剤	熔融胶粘剂;热熔胶
— back	再熔融;反覆熔煉	メルトバック	再溶融;反覆熔炼
— backing	銲劑墊;銲藥墊	メルトバッキング	焊剂垫;焊药垫
— coating	熔化塗裝;熱噴塗	溶融塗装	熔融涂装;热喷涂
— cooling granulation	熔液冷卻製粉	溶融造粒	熔液冷却制粉
— down	完全熔化;熔毀	溶け落ち	烧穿〔焊接时〕;熔化
— extractor	熔料分料梭	メルトエキストラクタ	熔料分料梭
— extrusion	熔融紡絲	溶融押出し	溶融纺丝
— fracture	熔融破壞;熔體斷裂	メルトフラクチャー	溶融破坏;熔体断裂
— grawn	熔體生長	メルトグローン	熔体生长
— index	熔化指數;熔融指數	メルトインデックス	熔化指数;熔融指数
menakanitc	鈦鐵砂	チタン鉄砂	钛铁砂
mend	修理〔補;正〕	メンド	修理〔补;正〕
Mendeleev chart	門得列夫周期表	メンデレエフの周期表	门捷列夫周期表
— group	門捷列夫族;元素族	メンデレエフの元素族	门捷列夫族;元素族
— law	門捷列夫周期律;周期律	メンデレエフの周期律	门捷列夫周期律;周期律
mendelevium,Md	鍆	メンデレビウム	钔
mendeleyevite	鈣鈮鈦鈾礦	メンデレエフ石	钙铌钛铀矿
mender	訂正者;報廢板材	メンダ	订正者;报废板材
mending	修補;校正	つくろい縫い	修整;修理工作;校正
— plate	帶形加固板	短冊型補修鉄板	带形加固板
— tape	膠接磁帶	メンディングテープ	胶接磁带

英文	臺灣	日文	大陸
endipite	白氯鉛礦	メンジップ石	白氯铅矿
endozite	鈉明礬;水鈉鋁礬〔礦〕	メンドザ石	钠明矾;水钠铝矾〔矿〕
eneghinite	輝銻鉛礦	メネギナイト	辉锑铅矿
engite	獨居石	モノズ石	铌铁矿;独居石
eniscus	彎月面;凹凸透鏡	メニスカス	弯月形(零件)
enstruum	溶媒;溶劑;溶(藥)劑	メンストロウム	溶媒;溶剂;溶(药)剂
ephitic air	二氧化碳	二酸化炭素	二氧化碳
eral	米拉爾鋁合金	メラル	米拉尔铝合金
ercast process	水凍水銀模鑄造	マーカスト法	水冻水银模铸造
ercator chart	麥卡托投影圖	メルカトール式投影図	麦卡托投影图
erchromizing	鍍硬鉻法	マークロマイジング	镀硬铬法
ercoloy	默科洛伊銅鎳鋅合金	マーコロイ	默科洛伊铜镍锌合金
ercomatic	(汽車用)變速器	マーコマチック	(汽车用)变速器
ercurate	汞化;汞化產物	水銀化	汞化;汞化产物
ercuration	加汞作用;汞化作用	水銀化	加汞作用;汞化作用
ercuride	汞化物	水銀化物	汞化物
ercury,Hg	水銀;汞	マーキュリ	水银;汞
~ alloy	汞合金	アマルガム	汞合金;汞齐
~ arc lamp	水銀弧光燈;汞弧燈	水銀ランプ	水银弧光灯;汞弧灯
~ arrester	水銀避雷器	水銀避雷器	水银避雷器
~ balance manostat	汞平衡衡壓器	水銀平衡調圧定流装置	汞平衡衡压器
~ battery	水銀電池;汞電池	水銀電池	水银电池;汞电池
~ bearing waste	水銀廢水;含汞廢水	水銀廃水	水银废水;含汞废水
~ bulb	水銀球;汞球管	水銀球	水银球;汞球管
~ cell	水銀電池;汞極電池	金銀電池	水银电池;汞极电池
~ circuit breaker	水銀遮斷器;汞斷路器	水銀遮断器	水银遮断器;汞断路器
~ lamp	水銀燈;汞弧燈	水銀ランプ	水银灯;汞弧灯
~ light	水銀光;汞光	水銀光	水银光;汞光
~ manometer	水銀壓力計	水銀マノメータ	水银压力计
~ meter	水銀溫度計	水銀温度計	水银温度计
~ pressure gage	水銀壓力計	水銀圧力計	水银压力计
~ relay	水銀繼電器	マーキュリリレー	水银继电器
~ thermometer	水銀溫度計	水銀温度計	水银温度计
~ zinc cell	水銀電池;汞電池	水銀電池	水银电池;汞电池
erged point	熔合點;匯流點	合流点	熔合点;汇流点
erger	合併;歸併;聯合組織	合併	合并;归并;联合组织
~ diagram	狀態合併圖	マージャダイヤグラム	状态合并图
erging	熔合;匯合;合併	マージング	熔合;汇合;合并
~ combination	組合;配合;複合;結合	組合せ	组合;配合;复合;结合
~ order	合併序	マージオーダ	合并序

M

英文	臺灣	日文	大陸
meridian	子午線	子午線	子午线
— altitude	子午圈高度	子午線高度	子午圈高度
— angle	子午線角	子午線角	子午线角
— circle	子午環〔圈〕	子午環〔円〕	子午环〔圈〕
— convergence	子午線收斂角	子午線収差	子午线收敛角
— determination	子午線測量	子午線測量	子午线测量
— plane	子午面	子午線面	子午面
— radius of curvature	子午線曲率半徑	子午線曲率半径	子午线曲率半径
— ray	子午光線	子午的光線	子午光线
— stream line	子午面流線	子午面流線	子午面流线
— transit	子午儀;中天	子午儀	子午仪;中天
— velocity	子午線速度	メリディアン	子午线速度
meridional circulation	子午圈環流;經向環流	子午線循環	子午圈环流;经向环流
— image surface	子午像面	メリジオナル像面	子午像面
— line	子午線;南北線	子午線	子午线;南北线
— plane	子午面	メリジオナル平面	子午面
— stress	經線應力	子午線応力	经线应力
— unit stress	經線單位應力	子午線単位応力	经线单位应力
— velocity	子午線速度	メリジオナル速度	子午线速度
meristele	分體中柱	分柱	分体中柱
merit	優點;標準;準則	メリット	标准;准则;特徵;价值
merocrystalline	半晶質	半晶質	半晶质
merohedrism	(結晶)缺面體;缺面性	欠面像	(结晶)缺面体;缺面性
meromixis	局部融合	メロミキシス	局部融合
merozygote	部分合子;半合子	メロザイゴート	部分合子;半合子
merron	質子	メロン	质子
mesa	台面;台地	メサ	台面;台地
— bevel structure	台形斜面結構	メサベベル構造	台形斜面结构
— etch	台面腐蝕	メサエッチ	台面腐蚀
— isolation	台面隔離	メサアイソレーション	台面隔离
— junction	台面型結	メサ型接合	台面型结
— mask	台面掩模	メサマスク	台面掩模
— structure	台面結構	メサ構造	台面结构
— technique	台面技術	メサ技術	台面技术
mesabite	赭計鐵礦	メサビ石	赭计铁矿
mesentery	隔膜;腸系數	隔膜	隔膜;肠系数
mesh	網目;篩孔;嚙合	メッシュ	网眼;网状结构;啮合
— analysis	篩孔分析	分粒試験	筛析
— belt	網眼皮帶	メッシュベルト	网状带
— connection	網狀連接	メッシュ結線	网状连接

英文	臺灣	日文	大陸
— grid	網形柵極	網状格子	网形栅板
— sieve	篩眼	メッシュふるい	筛眼
— size	篩號(銲劑的);粒度	網目の大きさ	筛号(焊剂的);粒度
— structure	網狀構造;	網状構造	网状构造;
nesitine	鐵菱鎂礦	菱鉄苦土鉱	铁菱镁矿
nesitite	菱鐵鎂礦	菱鉄苦土鉱	菱铁镁矿
neson	介子	メソン	介子
— factory	介子工廠	中間子工場	介子工厂
nesophase	中間相	中間相	中间相;介相
nesoplasm	中質	メソプラズム	中质
nesoplasma	介電漿	メソプラズマ	介等离子体
nesotomism	分割;分開	分割	分割;分开
nesotomy	分割;內消旋體離析	分割	分割;内消旋体离析
nesozoic	中生代	中生代	中生代
netal alkylene	亞烴基金屬	金属アルキレン	亚烃基金属
— amide	氨基金屬	金属アミド	氨基金属
— arc	金屬極電弧	金属アーク	金属极电弧
— arc cutting	金屬弧截割	金属アーク切断	金属极电弧切割
arc electrode	金屬極電弧銲條	金属アーク溶接棒	金属极电弧焊条
— arc welding	金屬弧熔接	金属アーク溶接	金属极电弧焊
— aryl	芳基金屬	アリル(化)金属	芳基金属
— back	金屬殼〔襯墊〕	メタルバック	金属壳〔衬垫〕
— back screen	金屬背螢光屏	メタルバック蛍光面	金属背荧光屏
— bar	金屬棒	金属棒	金属棒
— base	金屬基底〔襯底〕	メタルベース	金属基底〔衬底〕
— bead	金屬壓邊條	押縁金物	金属压边条
— belt	金屬帶	金属ベルト	金属带
— bolometer	金屬輻射熱計	メタルボロメータ	金属辐射热计
— bond	金屬鍵	メタルボンド	金属粘接(剂);金属键
— bonding	金屬膠接	金属接着	金属胶接
— boundary	金屬境界(面)	金属境界(面)	金属界面
— box	軸承架	メタルボックス	轴承架;金属箱
— cage	金屬筐〔網;箱〕	金属かご	金属筐〔网;箱〕
— can	金屬罐	金属缶	金属罐
— case	金屬(管)殼	メタルケース	金属(管)壳
— casting	(金屬)鑄造	鋳造	(金属)铸造
— catalyst	金屬催化劑	金属触媒	金属催化剂
— cement	金屬水泥;金屬硬化物	メタルセメント	金属水泥;金属硬化物
— clad	金屬包層	メタルクラッド	金属包层;装甲;铠装
— clamp	夾緊鐵件	しめ金	夹紧铁件

M

英文	臺灣	日文	大陸
— cluster	金屬絡離子;金屬離子群	金属クラスタ	金属络离子
— coating	金屬塗層;金屬鍍膜	金属被覆	金属涂层;金属镀膜
— complex	金屬配合物	金属錯塩	金属配合物
— complex ion	金屬配離子	金属錯イオン	金属配离子
— conditioner	磷化底漆;洗淨底漆	メタルコンディショナ	磷化底漆;洗净底漆
— connector	金屬連接器	メタルコネクタ	金属连接器
— consent	金屬接觸;金屬插座	メタルコンセント	金属接触;金属插座
— corrosion	金屬腐蝕	金属腐食	金属腐蚀
— crown	超硬合金鑽頭〔碳化鎢〕	メタルクラウン	超硬合金钻头〔碳化钨〕
— cut saw	切金屬用鋸	メタルカットソー	切金属用锯
— cutting machine tool	金屬切削機床	工作機械	金属切削机床
— deactivator	金屬鈍化劑(防蝕)	金属不活性剤	金属钝化剂(防蚀)
— decorating	馬口鐵印刷	ブリキ印刷	马口铁印刷;印铁
— deposit	金屬沉積物	金属沈殿物	金属沉积物
— deposition	金屬噴鍍	金属付着(法)	金属喷镀
— die	金屬模具	金属製ダイ	金属模具;金属压型
— die casting	金屬壓鑄(件)	ダイカスト	金属压铸(件)
— dip brazing	金屬浸鐵銲	浸せきろう付け法	金属浸　焊
— distribution ratio	金屬分布〔配〕比	金属分布比	金属分布〔配〕比
— electrode	金屬電極	金属アーク溶接棒	金属电极
— etching	金屬腐蝕;金屬刻蝕	メタルエッチング	金属腐蚀;金属刻蚀
— fastener	加固鐵件;連接鐵件	補強鉄	加固铁件;连接铁件
— filings	金屬(切)屑	金属くず	金属(切)屑
— finish seam welding	單面平滑縫銲	～ようせつ	单面平滑缝焊
— finishing	金屬表面處理	金属仕上げ	金属表面处理
— fog	金屬霧	金属霧	金属雾
— foil	金屬箔	メタルフォイル	金属箔
— foil mask	金屬箔掩模	メタルフォイルマスク	金属箔掩模
— form	金屬模(板)	メタルフォーム	金属模(板)
— forming	金屬成形	金属成形加工	金属成形
— forming tool	金屬成形工具	金属成形用工具	金属成形工具
— foundry	金屬鑄造廠;鑄造工場	金属鋳物場	金属铸造厂;铸造车间
— framework	金屬骨架;金屬框架	金属骨組	金属骨架;金属框架
— frit	金屬熔合;金屬燒結	メタルフリット	金属熔合;金属烧结
— gauze	金屬網;鋼絲網	金網	金属网;钢丝网
— hanger	金屬鉤	釣り金物	金属钩
— hose	金屬軟管	金属ホース	金属软管;金属蛇形管
— insert	鑲嵌金屬;金屬配件	埋め金	镶嵌金属;金属配件
— jacket	金屬外殼	メタルジャケット	金属套;金属外壳
— lath	鋼絲網	メタルラス	钢丝网

英文	臺灣	日文	大陸
— layer	金屬層	金属層	金属层
— lining	金屬襯套;軸承襯	金属ライニング	金属衬套;轴承衬
— loaded paint	金屬粉塗料	金属粉塗料	金属粉涂料
— mask	金屬屏蔽	メタルマスク	金属屏蔽
— mesh	金屬網	メタルメッシュ	金属网
— mesh filter	金屬濾網	金属メッシュろ材	金属滤网
— mist	金屬霧	金属霧	金属雾
— mixer	生鐵混合爐	混銑ろ	混铁炉
— mold	金屬鑄模;金屬模型	金型	金属铸模;金属模型
— mold panel	金屬製(定型)模板	金属製型枠パネル	金属制(定型)模板
— nozzel	(銲炬)金屬噴嘴	メタルノズル	(焊炬)金属喷嘴
— organic compound	金屬有機化合物	金属有機化合物	金属有机化合物
— oxide film	金屬氧化物膜	金属酸化物皮膜	金属氧化物膜
— package	金屬封裝	メタルパッケージ	金属封装
— paint	金屬粉塗料	金属粉ペンキ	金属粉涂料
— panel	金屬鑲〔面〕板	金属パネル	金属镶〔面〕板
— paste	金屬膏〔糊〕	金属ペースト	金属膏〔糊〕
— pattern	金屬模板	金属パターン	金属模板
— pellet	金屬珠〔圓片〕	金属ペレット	金属珠〔圆片〕
— penetration	金屬滲透	湯もれ	漏箱;金属渗透
— plate	金屬板	メタルプレート	金属板
— plating	鍍金;敷金;包金	めっき	镀金;敷金;包金
— plug	金屬塞;出鐵口凍結	金属栓	金属塞;出铁口冻结
— polish	金屬拋光磨料	メタルポリッシ	金属抛光磨料
— polishing plate	(金屬)拋光板	つや出し用金属板	(金属)抛光板
— powder	金屬粉末	メタルパウダ	金属粉末
— pretreatment	金屬預處理	金属前処理	金属预处理
— pretreatment coating	金屬預處理底漆	金属前処理塗料	金属预处理底漆
— print	印鐵	メタルプリント	印铁
— protection	金屬防護〔蝕〕	金属防食	金属防护〔蚀〕
— pyrometer	金屬高溫計	金属高温計	金属高温计
— reduction method	金屬還原法	金属還元法	金属还原法
— reflector	金屬反射器〔輻射器〕	金属反射がさ	金属反射器〔辐射器〕
— reinforced plastics	金屬強化塑料	金属強化プラスチック	金属强化塑料
— removal	金屬切削量	切削量	金属切削量
— removal rate	金屬切削率	切削率	金属切削率
— replacement	金屬置換	金属置換	金属置换
— roller coating	金屬輥塗法	金属ロール被覆	金属辊涂法
— salt	金屬鹽	金属塩	金属盐
— sawing machine	金工鋸床	金切りのこ盤	金工锯床

M

英文	臺灣	日文	大陸
— scraper	金屬刮刀;金屬刮板	メタルスクレーパ	金属刮刀;金属刮板
— sealing	金屬熔封	メタルシーリング	金属熔封
— shears	金屬剪	金ばさみ	金属剪
— sheet	金屬板	金属板	金属板;金属外皮
— shell	金屬外殼	メタルシェル	金属外壳
— skin	金屬鍍層〔覆蓋物〕	めっき層	金属镀层〔覆盖物〕
— sleeve	金屬套管	メタルスリーブ	金属套管
— slitting saw	金屬開縫鋸	メタルソー	金属开缝锯
— soap	金屬皀	金属石けん	金属皂
— solvent	金屬溶劑	金属溶媒	金属溶剂
— sorter	金屬鑑別儀	メタルソータ	金属鉴别仪
— sorting	金屬分類	異材鑑別	金属分类
— spinning	金屬旋壓;旋壓成形	メタルスピニング	金属旋压;旋压成形
— spinning process	金屬旋壓加工法	ろくろ加工	金属旋压加工法
— spray	金屬熔射;金屬噴鍍	メタルスプレー	金属溶射;金属喷镀
— spray process	金屬噴塗法	金属吹付け法	金属喷涂法
— spraying	金屬熔融噴塗	メタリコン	金属熔融喷涂
— spring	金屬彈簧	金属ばね	金属弹簧
— stabilizer	金屬穩定劑	金属安定剤	金属稳定剂
— stamping	金屬沖壓;金屬模鍛	メタルスタンピング	金属冲压;金属模锻
— strap	扁鐵帶;鐵皮帶	帯金物	扁铁带;铁皮带
— strap hanger	吊鐵;吊架	釣り金物	吊铁;吊架
— structure	金屬結構	金属構造	金属结构
— surface treatment	金屬表面處理	金属表面処理	金属表面处理
— waste	金屬廢屑	金属くず	金属废屑
— wire	金屬線	金属線	金属线
— wiring duct	金屬導線管	金属ダクト	金属导线管
— wool	金屬纖維	メタルウール	金属纤维
— work(s)	鐵件裝飾;小五金	金属工事	铁件装饰;小五金
— working	金屬加工	金属加工	金属加工
— working lubricant	冷卻潤滑液	工作用潤滑油	冷却润滑液
— working operation	金屬加工工序	金属工作作業	金属加工工序
— working tool	金工工具	金属工作工具	金工工具
metalation	金屬化作用	メタレーション	金属化作用
metal-enclosed bus	金屬封閉母線	閉鎖母線	金属封闭母线
metalepsis	取代(作用)	置換	取代(作用)
metalic fires	金屬火災	金属火災	金属火灾
— non-slip	樓梯踏步用金屬防滑條	階段用角金物	楼梯踏步用金属防滑条
metalikon	(金屬)噴塗〔噴鍍〕	メタリコン	(金属)喷涂〔喷镀〕
— process	(金屬)噴塗〔噴鍍〕法	メタリコン法	(金属)喷涂〔喷镀〕法

文	臺灣	日文	大陸
etalization	金屬(薄膜)化	金属薄膜化	金属(薄膜)化
etallation	金屬置換	金属置換	金属置换;金属取代
etalled road	碎石鋪面的路	舗装道路	碎石铺面的路
etallic absorption	金屬吸收	金属吸収	金属吸收
- arc	金屬電弧	金属アーク	金属电弧
- atom	金屬原子	金属原子	金属原子
- binding	金屬結合	金属結合	金属结合;金属键联
- bond	金屬鍵	金属結合	金属键
- brown	鍛燒鐵棕	メタリックブラウン	锻烧铁棕
- brush	金屬電刷;鋼絲刷	金属ブラシ	金属电刷;钢丝刷
- carbide	金屬碳化物	炭化金属	金属碳化物
- cement	金屬黏接劑	金属セメント	金属粉腻子
- cementation	金屬滲碳法;噴鍍金屬	金属浸透法	渗金属法;喷镀金属
- cloth	金屬布	金属布	金属布
- coating	金屬塗層;金屬鍍層	めっき	金属涂层;金属镀层
- compound	金屬化合物	金属化合物	金属化合物
- conductor	金屬導體	金属導体	金属导体
- conduit	金屬導管	金属管	金属管道
- contact	金屬接觸	金属接触	金属接触
- crystal	金屬結晶	金属結晶	金属结晶
- deposit	金屬鍍層	めっき層	金属镀层
- diaphragm	金屬膜片	金属隔膜	金属膜片
- dust	金屬粉末	金属粉	金属粉末
- element	金屬元素	金属元素	金属元素
- fiber	金屬纖維	金属繊維	金属纤维
- filler	金屬填充劑;金屬填料	金属充てん剤	金属填充剂;金属填料
- film	金屬膜	金属膜	金属膜
- flour mill	鐵臼磨粉機	鉄うす製粉機	铁粉磨机
- foil	金屬箔	金属はく	金属箔
- fuel	金屬燃料	金属燃料	金属燃料
- fumes	金屬蒸氣	金属蒸気	金属蒸气
- gasket	金屬襯墊;金屬墊片	金属ガスケット	金属填密片;金属垫片
- graphite carbon	金屬碳刷	グラファイトカーボン	金属碳刷
- grit	鋼砂〔噴砂處理用〕	メタリックグリット	钢砂〔喷砂处理用〕
- hydride	金屬氫化物	金属水素化物	金属氢化物
- impurity	金屬染質	金属性不純物	金属染质
- ink	金粉油墨	金属粉インキ	金粉油墨
- ion	金屬離子	金属イオン	金属离子
- joiner	金屬接縫條	目地金物	金属接缝条
- joint	金屬接合;金屬接頭	メタリックジョイント	金属接合;金属接头

M

英文	臺灣	日文	大陸
— lacquer	金屬噴漆	メタルラッカ	金属亮漆;金属喷漆
— luster	金屬光澤	金属光沢	金属光泽
— material	金屬材料	金属材料	金属材料
— mineral	金屬礦物	金属鉱物	金属矿物
— mordant	金屬媒染劑	金属媒染剤	金属媒染剂
— nature	金屬性;金屬特徵	金属性	金属性;金属特征
— oxide	金屬氧化物	メタリックオキシド	金属氧化物
— packing	(容器用)金屬迫緊	金属パッキング	(容器用)金属密封件
— paint	金屬塗料	金属粉塗料	金属涂料
— paper	金屬箔紙	金属紙	金属箔纸
— part	金屬零件	金属部品	金属零件
— pearly luster	金屬珍珠光澤	金属真珠光沢	金属珍珠光泽
— pigment	金屬粉顏料	金属粉顔料	金属粉颜料
— pipe	金屬管	金属管	金属管
— poison	金屬毒(物)	金属毒	金属毒(物)
— powder	金屬粉(末)	金属粉 (末)	金属粉(末)
— reflecting mirror	金屬反射鏡	金属反射鏡	金属反射镜
— roller	金屬軋輥;金屬滾子	メタリックローラ	金属轧辊;金属滚子
— sheen	金屬光澤	金属光沢	金属光泽
— shield coating	金屬屏蔽塗層	シールドコーテング	金属屏蔽涂层
— shot	鋼丸〔噴砂處理用〕	メタリックショット	钢丸〔喷丸处理用〕
— spatula	金屬刮刀;鋼刮刀	金べら	金属刮刀;钢刮刀
— sponge	金屬海綿	金属海綿	金属海绵
— substance	金屬材料	金属材料	金属材料
— suflide	金屬硫化物	金属硫化物	金属硫化物
— surface	金屬表面	金属表面	金属表面
— thermometer	金屬溫度計	金属温度計	金属温度计
— tin	金屬錫	金属すず	金属锡
— -to-metal contact	金屬接間觸	金属間接触	金属接间触
— uranium	金屬軸	金属ウラン	金属轴
— valve	金屬閥	金属製バルブ	金属阀
— vapor	金屬蒸氣	金属蒸気	金属蒸气
— yarn	金屬線〔絲〕	金属糸	金属线〔丝〕
metallikon	噴鍍法	メタリコン	喷镀法
metallization	金屬化;金屬噴鍍	金属化	金属化;金属喷镀
metallized alumina	噴塗氧化鋁	メタライズドアルミナ	喷涂氧化铝
— carbon	金屬滲碳	金属化炭素	金属渗碳
— film	蒸發鍍膜;真空鍍膜	蒸着フィルム	蒸发镀膜;真空镀膜
— layer	金屬化鍍層	メタライズ層	金属化镀层
metallizing	真空鍍膜;金屬噴鍍	金属蒸着	真空镀膜;金属喷镀

文	臺　灣	日　文	大　陸
apparatus	蒸發鍍膜裝置	蒸着装置	蒸发镀膜装置
by evaporation	金屬蒸發法	金属蒸着	金属蒸发法
plating	金屬噴鍍;真空鍍膜	鍍覆	金属喷镀;真空镀膜
tallocene	茂金屬	メタロセン	茂金属;金属茂
tallogenetic element	成礦元素	造鉱元素	成矿元素
examination	金相檢驗	金属組織試験	金相检验
tallography	金相學	金相学	金学相;金相学
talloid	準金屬;類金屬	メタロイド	准金属;类金属
talloscope	金相顯微鏡	金属顕微鏡	金相显微镜
tallurgic(al) bonding	金屬鍵	金属結合	金属键;金属结合
coal	煉焦煤;冶金用媒	原料炭	炼焦煤;冶金用媒
coke	高爐(用)焦(炭)	製司コークス	高炉(用)焦(炭)
furnace	冶金爐	や金ろ	冶金炉
microscope	金屬顯微鏡	金属顕微鏡	金属显微镜
technology	金屬工藝學	金属加工学	金属工艺学
works	金屬精鍊工廠	金属精錬工場	金属精链工厂
tallurgist	冶金學家	や金技術者	冶金工作者;冶金学家
tallurgy	冶金學	メタラジー	金属工学;冶金学
taloscope	金相顯微鏡	メタルスコープ	金相显微镜
tamic	鉻鋁金屬陶瓷	メタミック	铬铝金属陶瓷
tamorphic deposit	變質礦床	変成鉱床	变质矿床
differentiation	變質分異作用	変成分化作用	变质分异作用
material	改良材料	変態材料	改良材料
tamorphose	變形;變態	メタモルフォーゼ	变形;变态;变质;变性
tamorphosis	變形;變態	変質作用	变形;变态
tamorphy	變質作用	変質作用	变质作用
taplasia	組織變形;組織轉化	化生	组织变形;组织转化
tarals	單相(組織)	メタラルス	单相(组织)
tasome	交代礦物;代替礦物	交代鉱物	交代矿物;代替矿物
tastability	次穩定性	準安定	亚稳定性;亚稳定
tastibnite	準輝銻礦	メタ輝安鉱	准辉锑矿
tastructure	次顯微組織	準顕微組織	次显微组织
tataxis	機械力變化	動力変成	机械力变化
tazeunerite	準翠砷銅鈾礦	メタヒ銅ウラン石	准翠砷铜铀矿
ter	公尺;測量儀器〔錶〕	メートル	米;测量仪器〔表〕
board	儀錶盤	計器盤	仪表盘
coil	錶頭線圈	メータコイル	表头线圈
connector	儀錶接插件	メータコネクタ	仪表接插件
control room	量器管理室	計器管理室	量器管理室
display	儀錶指〔顯〕示	計器表示	仪表指〔显〕示

英文	臺灣	日文	大陸
— error	儀錶誤差	計器誤差	仪表误差
— oil	計器油;計量器用油	メータ油	计器油;计量器用油
— room	計量儀錶室	計器室	计量仪表室
— rule	公制	メートル尺	米尺
— scale	儀錶刻度〔標度〕	メータスケール	仪表刻度〔标度〕
— sensitivity	儀錶靈敏度	メータ感度	仪表灵敏度
— system	公制	メートル法	米制
meter-ampere	公尺-安培	メートルアンペア	米-安
metering	記錄;計數;統計	メータリング	记录;计数;统计
— device	計量裝置	計量装置	计量装置
— end	計量端	計量端	计量端
— jet	限油噴嘴;定油嘴	流量調整ジェット	限油喷嘴;定油嘴
— needle	調節計(閥);測針(閥)	メータリングニードル	调节计(阀);测针(阀)
— pin	調節針閥;量針	計量針	调节针阀;量针
— valve	配量閥;計量閥	調整針弁	配量阀;计量阀
meter-kilogram	公尺-公斤;公尺-千克	メートルキログラム	米-公斤;米-千克
methanol	甲醇	メタノール	甲醇
method	方法	方法	方法;程序;分类法
— of averaging	平均法;統計法	平均法	平均法;统计法
— of calibration	檢度法;標定法	検量線を作子方法	检度法;标定法
— of conformal mapping	保角映射法	等角写像法	保角映射法
— of conjugate direction	共軛方向法	共役方向法	共轭方向法
— of cooling	冷卻方法	冷却法	冷却方法
— of dilution	稀釋處理法	薄め処分法	稀释处理法
— of dissection	截面法;剖面法	切断法	截面法;剖面法
— of elastic center	彈性中心法	弾性重心法	弹性中心法
— of elastic weight	彈性負載法	弾性荷重法	弹性荷载法
— of estimate	估算法	推定法	估算法
— of heat isolation	隔熱法;熱絕緣法	断熱法	隔热法;热绝缘法
— of hypercubes	超立方體法	超立方体法	超立方体法
— of intersection angle	交(叉)角法	交角法	交(叉)角法
— of moment	矩量法	モーメント法	矩量法
— of rotating coordinates	旋轉座標法	回転座標法	旋转坐标法
— of section	截面法	断面法	截面法
— of substitution	置換法	置換法	置换法
— of superposition	重疊法;疊合法	重ね合わせ法	重叠法;叠合法
— of test	試驗方法	試験法	试验方法
methyl	木精基;甲基	メチル	木精基;甲基
— alcohol	甲醇;木醇	メチルアルコール	甲醇;木醇
— ester	甲酯	メチルエステル	甲酯

文	臺灣	日文	大陸
ether	甲基醚	メチルエーテル	甲基醚
hydrate	甲醇	メチルアルコール	甲醇
ketone	甲基酮	メチルケトン	甲基酮
orange	甲基橙;金蓮橙	メチルオレンジ	甲基橙;金莲橙
oxide	甲醚	酸化メチル	甲醚
red	甲基紅	メチルレッド	甲基红
thylate	甲醇金屬;加入甲醇	メチラート	甲醇金属;加入甲醇
thylation	甲基化(作用)	メチル化	甲基化(作用)
thylbenzene	甲苯	メチルベンゾール	甲苯
thylic alcohol	甲醇	メチルアルコール	甲醇
tric chain	測鏈	メートルチェーン	测链
coarse thread	公制粗牙螺紋	メートル並目ねじ	米制粗牙螺纹
extra fine thread	公制特細牙螺紋	メートル極細目ねじ	米制特细牙螺纹
fine thread	公制細牙螺紋	メートル細目ねじ	米制细牙螺纹
series	公制系列	メートルシリーズ	米制系列
size	公制尺寸	メトリックサイズ	米制尺寸
space	距離空間;度量空間	距離空間	距离空间;度量空间
system	公制	メートル法	米制
taper	公制錐度	メートルテーパ	米制锥度
ton	公噸〔1000kg〕	メトリックトン	公吨〔1000kg〕
trapezoidal screw thread	公制梯形螺紋	メートル台形ねじ	米制梯形螺纹
unit system	公制單位制	メートル制単位	米制单位制
trication	公制化	メートル化法	米制化
trology	精密測定	メトロロジー	计量学
tron	密特朗〔計量信息單位〕	メトロン	密特朗〔计量信息单位〕
o	姆歐	モー	姆欧
arolitic	晶洞(狀);洞隙	ミアロリティック	晶洞(状);洞隙
structure	晶洞狀構造	ミアロリティック構造	晶洞状构造
texture	晶洞結構	晶洞組織	晶洞结构
ca	雲母	マイカ	云母
board	雲母板;雲母片	雲母板	云母板;云母片
cloth	雲母箔	マイカクロス	云母箔
condenser	雲母電容器	マイカコンデンサ	云母电容器
flake	雲母碎片	マイカフレーク	云母片
grease	雲母(潤滑)脂	マイカグリース	云母(润滑)脂
heater	雲母加熱器	マイカヒータ	云母加热器
insulation	雲母絕緣	マイカ絶縁	云母绝缘
insulator	雲母絕緣子	マイカがい子	云母绝缘子
adon	雲母電容器	マイカドン	云母电容器
alex	雲母玻璃	マイカレックス	云母玻璃

M

英文	臺灣	日文	大陸
micanite	絕緣石〔人造雲母〕	マイカナイト	绝绝石〔人造云母〕
micarex	(壓黏)雲母石;雲母板	マイカレックス	云母石;云母板
micro	超小型;微;百萬分之一	マイクロ	超小型;微;百万分之一
— alloy	微合金	マイクロアロイ	微合金
— balancer	(轉子)精密平衡機	マイクロバランサ	(转子)精密平衡机
— bearing	微型軸承	マイクロベアリング	微型轴承
— bore unit	精密搪刀頭;精調刀頭	マイクロボアユニット	精密镗刀头;精调刀头
— burnish	微細擠光(加工)	マイクロバニシュ	微细挤光(加工)
— crack	微裂紋〔縫〕	マイクロ割れ	微裂纹〔缝〕
— erg	微爾格	マイクロエルグ	微尔格
— etching	微腐蝕	マイクロエッチング	微腐蚀
— hardness	顯微硬度	マイクロ硬さ	显微硬度
— hardness test	顯微硬度試驗	微小硬さ試験	显微硬度试验
— hardness tester	顯微硬度計	微小硬さ試験機	显微硬度计
— instability	微觀不穩定性	マイクロ不安定	微观不稳定性
— measuring apparatus	微量測定裝置	微量測定装置	微量测定装置
— mesa mask	微台面掩模	微小メサマスク	微台面掩模
— plotter	微(型)描繪器	マイクロプロッタ	微(型)描绘器
— stresses	微應力	微小応力	微应力
— swivel	精密回轉工作台	マイクロスイベル	精密回转工作台
— Vickers	顯微維氏硬度計	マイクロビッカース	显微威氏硬度计
— wax	微晶石蠟	ミクロワックス	微晶石蜡
microadjustment	微調;精(密)調(整)	微小調節	微调;精(密)调(整)
microanalyser	微量分析器	マイクロアナライザ	微量分析器
microanalysis	微量分析	マイクロ分析	微量分析
micro-balance	微量天平;微量秤	微量てんびん	微量天平;微量秤
microbonding	微銲	マイクロボンド	微焊
microbore	精密(微調)搪刀頭	マイクロボアー	精密(微调)镗刀头
microcallipers	分厘卡;測微計〔器〕	マイクロカリパス	千分尺;测微计〔器〕
microcartridge	微調夾具;微動夾頭	マイクロカートリッジ	微调夹具;微动卡盘
microcator	指針式測微計	マイクロケータ	指针式测微计
microcharacter	顯微劃痕硬度計	マイクロキャラクタ	显微划痕硬度计
microchecker	(槓桿式)微米校驗台	マイクロチェッカ	(杠杆式)微米校验台
microcollar	微動軸環	マイクロカラー	微动轴环
microcomponent	微型元件	超小型構成部品	微型部件
microcomputer	微型(計算)機	マイコン	微型(计算)机
microcone penetrator	微型針入度計	微針入度計	微型针入度计
microcopy	縮微底片	マイクロコピー	缩微底片
microcosm	微觀世界;縮圖	ミクロコスモス	微观世界;缩图
microcreep	微觀潛變	マイクロクリープ	微观蠕变

文	臺灣	日文	大陸
crocrystal	微晶(體)	微（小）結晶	微晶(体)
crocrystalline	微晶質	微晶質	微晶质
crocrystallinity	微晶度	微小結晶度	微晶度
croial	精密刻度〔標度〕盤	マイクロダイヤル	精密刻度〔标度〕盘
crodispenser	微量配合器〔分配器〕	マイクロディスペンサ	微量配合器〔分配器〕
crodissection	顯微解剖	顕微解剖	显微解剖
crodrilling	微量鑽削	マイクロドリリング	微量钻削
croelement	微型元件	超小型素子	微型元件
croetch	微蝕刻;顯微侵蝕	マイクロエッチ	微蚀刻;显微侵蚀
crofeed	微動送料	マイクロフィード	微动送料
crofilm	縮微膠卷;超薄膜	超薄膜	缩微胶卷;超薄膜
crofilming	顯微攝影	マイクロフィルミング	显微摄影
crofissure	顯微裂紋	マイクロ割れ	显微裂纹
cro-gap welding	微隙並列雙極單點銲	マイクロギャップ溶接	微隙并列双极单点焊
crogaraph	顯微照片	顕微鏡写真	显微照片
crogaraphy	顯微檢驗	マイクロ組織検査	显微检验
croheight gage	測微高度規	マイクロハイトゲージ	高度千分尺
croinch	微英寸	マイクロインチ	微英寸
croinstruction	微指令	マイクロ命令	微指令
crolevel	微級	マイクロレベル	微级
croliter	微升	マイクロリットル	微升
cromachining	微切削加工	マイクロ加工	微切削加工
cromanipulation	顯微操作	顕微操作	显微操作
cromanipulator	顯微檢測裝置	微動操作機〔器〕	显微检测装置
cromerigraph	空氣塵粒徑測定儀	マイクロメリグラフ	空气尘粒径测定仪
cromeritics	微晶學	粉体工学	微晶学;粉末工艺学
crometer	測微計;分厘卡	マイクロメータ	测微计;千分尺
caliper	外分厘卡	外側マイクロメータ	千分(卡)尺;千分卡规
dial gage	帶錶分厘卡;測微儀	測微ダイヤルゲージ	带表千分尺;测微仪
eyepiece	測微目鏡	測微接眼レンズ	测微目镜
gage	分厘規;測微器	マイクロメータゲージ	千分尺;测微器
head	分厘頭	マイクロメータヘッド	测微头
microscope	測微顯微鏡	測微接眼レンズ	测微显微镜
ocular	測微目鏡	測微接眼レンズ	测微目镜
screw	螺旋測微器;分厘卡	ら旋測微器	螺旋测微器;千分尺
icromigration	微移動	微移動	微移动
icrominiaturization	超小型化;微型化	超微小化	超小型化;微型化
icromodule	微型組件	マイクロモジュール	微型组件
icromotion	微動;分解動作	微動	微动;分解动作
icromotor	微型電動機	マイクロモータ	微型电动机

英　文	臺　灣	日　文	大　陸
micron	微粒;微公尺	マイクロン	微粒
— hob	小磨模數滾刀	マイクロンホブ	小磨模数滚刀
— mill	微粉磨機	マイクロンミル	微粉磨机
— order	微米(數量)級;精密級	マイクロンオーダ	微米(数量)级;精密级
micronizer	微粉磨機	超微粉砕機	微粉磨机
micronucleus	小核;微核	小核	小核;微核
microorder	微指令	マイクロオーダ	微指令
microphone	話筒;擴音器;送話機	マイク	话筒;扩音器;送话机
microphotography	顯微照相(術)	マイクロ写真	显微照相(术)
micropipet(te)	微量吸移管	ミクロピペット	微量吸移管
microplasma	微電漿	マイクロプラズマ	微等离子体〔区〕
— arc welding	微束電漿弧銲接	マイクロプラズマ溶接	微束等离子弧焊接
micropoiariscope	偏光顯微鏡	測微旋光器	偏光显微镜
micropolisher	微細研磨機	マイクロポリッシャ	微细研磨机
micropore	微孔;氣孔	ミクロポア	微孔;气孔
microporosity	微孔性〔率〕;顯微疏鬆	微孔質	微孔性〔率〕;显微疏松
microporous membrane	超微孔(隔)膜	超微孔膜	超微孔(隔)膜
— rubber	微孔(性)橡膠	微孔性ゴム	微孔(性)橡胶
micropositioner	微型夾具	マイクロポジショナ	微型夹具
microprobe	微探針	マイクロプローブ	微探针
microprober	微探測器	マイクロプローバ	微探测器
microprocessor	微處理機〔器〕;微電腦	マイクロプロセッサ	微处理机〔器〕;微电脑
microprogram	微程式	マイクロプログラム	微程序
micropulverizer	微粉磨機	超微粉砕機	微粉磨机
micropyle	珠孔	珠孔	珠孔;卵门;卵孔
microscale	微刻〔尺;標〕度	マイクロスケール	微刻〔尺;标〕度
microscope	顯微鏡	顕微鏡	显微镜
microscopic analysis	顯微鏡分析	顕微鏡分析	显微镜分析
— cross section	微觀截面	微視的断面積	微观截面
— dimension	微觀尺寸	顕微鏡的寸法	微观尺寸
— state	微觀狀態	微視的状態	微观状态
— stress	微觀應力	微視的応力	微观应力
microsecond	微秒	ミクロセカンド	微秒
microsection	磨片〔金相的〕	検鏡試片	磨片〔金相的〕
microsegregation	微小偏析;微觀偏析	微小偏析	微小偏析;微观偏析
microsize	自動定尺寸;微小尺寸	マイクロサイズ	自动定尺寸;微小尺寸
microsoldering	微銲	マイクロソルダリング	微焊
microspindle	千分螺桿	マイクロスピンドル	千分螺杆
microstate	微觀狀態	ミクロ状態	微观状态
microstep	微步	マイクロステップ	微步

文	臺灣	日文	大陸
icrostoning	超精加工	マイクロストーニング	超精加工
icrostroke	微動行程	マイクロストローク	微动行程
icroswitch	微動開關	マイクロスイッチ	微动开关
icorsyn	微動同步〔協調〕器	マイクロシン	微动同步〔协调〕器
icroviscometer	微黏度儀;微型黏度計	マイクロビスコメータ	微粘度仪;微型粘度计
icroviscosity	微黏度	ミクロ粘度	微粘度
icroware	微件	マイクロウェア	微件
icrowatt	微瓦(特)	マイクロワット	微瓦(特)
icrowave	微波	マイクロウエーブ	微波
- band	微波波段	マイクロ波領域帯	微波波段
- drying equipment	微波烘乾裝置	高周波乾燥装置	微波烘干装置
- ferrite	微波鐵氧體	マイクロ波フェライト	微波铁氧体
- heating	微波加熱	マイクロ波加熱	微波加热
- heating element	微波發熱元件	マイクロ波発熱体	微波发热元件
- localizer	微波定位器	マイクロ波ローカライザ	微波定位器
- machining	微波加工	マイクロ波加工	微波加工
- oven	微波爐	電子レンジ	微波炉
- strip	微波帶狀線	マイクロ波ストリップ	微波带状线
icrowelding	顯微銲;微件銲接	マイクロ溶接	显微焊;微件焊接
iddle	中間〔部;等;央〕	ミドル	中间〔部;等;央〕
- bearing	中軸承	ミドルベアリング	中轴承
- break	中斷	ミドルブレーク	中断
- gear	中間齒車	ミドルギヤー	中间齿车
- hoop	中間箍筋	中間帯鉄筋	中间箍筋
- layer	中心層	中心層	中心层
- oil	中(級)油	中油	中(级)油
- ordinate	中(央縱)距	中央縦距	中(央纵)距
- ply	中間層	中間層	中间层
- pressure hose	中壓軟管	中圧(用)ホース	中压软管
- principal stresss	中間主應力	中間主応力	中间主应力
- rail	中檔;中冒頭	中がまち〔ざん〕	中档;中冒头
- shaft	中間軸	中間軸	中间轴
- wave	中波	中波	中波
id-gear	閥動中位;中檔(速率)	中間歯車	中间齿轮;中档(速率)
iddling	普通的;中間產品	粗粉	普通的;中间产品;粗粉
idget	小型物;小型銲槍	ミゼット	小型物;小型焊枪
- electric motor	小型電動機	小型モータ	小型电动机
- molder	小型(射出)成形機	小型(射出)成形機	小型(注射)成形机
- motor	小型電動機	ミゼットモートル	小型电动机
- plant	小型工廠	ミゼットプラント	小型工厂

英文	臺灣	日文	大陸
midnight	夜間;午夜	ミッドナイト	夜间;午夜
midperpendicular	中垂線	垂直二等分線	中垂线
mid-point	中點	中点	中点
mid-range	中列數	中点値	中列数
mid-section	中間截面	ミッドセクション	中间截面
midsquare method	中平方法	平方採中法	中平方法
midwall cloumn	牆內柱	壁内柱	墙内柱
miedziankite	鋅黝銅礦	ミージアンカ鉱	锌黝铜矿
midrsite	黃碘銀礦	ミールス鉱	黄碘银矿
MIG arc cutting	MIG切割法	ミグ切断	MIG切割法
MIG arc welding	金屬極惰性氣體電弧銲	ミグ溶接	金属极惰性气体电弧焊
MIG spot welding	惰性氣體金屬極點銲	ミグスポット溶接	惰性气体金属极点焊
mighty post	序動作連續沖壓沖床	マイティポスト	序动作连续冲压压力机
migrate	移動;轉移	移動	移动;转移
migration	遷移;進位	移動	迁移;进位;徙动
— area	遷移面積;徙動面積	移動領域	迁移面积;徙动面积
— effect	遷移效應	移動効果	迁移效应
— length	移動距離;遷移長度	移動距離	移动距离;迁移长度
— rate	移動速率	移行速度	移动速率
— resistance	移動阻力;徙動阻力	移行抵抗	移动阻力;徙动阻力
— velocity	移動速度	移動速度	移动速度
mike	傳聲器;送話器;測微器	マイク	传声器;送话器;测微器
Mikrokator	扭簧式比較儀	ミクロケータ	扭簧式比较仪
Mikrolit	邁克羅利克陶瓷刀具	ミクロリット	迈克罗利克陶瓷刀具
mil	密耳〔千分之一英吋〕	ミル	密耳〔千分之一英寸〕
milage indicator	里程計(量錶)	距離計	里程计(量表)
mild acid	弱酸	弱酸	弱酸
— carbon steel	低碳鋼	低炭素鋼	低碳钢
— carburizer	緩和滲碳劑	緩和浸炭剤	缓和渗碳剂
— carburizing	緩和滲碳	緩和浸炭	缓和渗碳
— iron	軟鐵	軟鉄	软铁
— steel	軟鋼;低碳鋼	軟鋼	软钢;低碳钢
— steel drum	低碳鋼罐	ドラム缶	低碳钢罐
— steel sheet	軟鋼板	軟鋼板	软钢板
mile	英里;哩	マイル	英里
mileage	按英里計算的運費	マイレージ	按英里计算的运费
milk	乳狀液;乳劑;牛奶	ミルク	乳状液;乳剂;牛奶
milkiness	乳狀〔性〕;乳白色	乳濁	乳状〔性〕;乳白色
mill	製造廠;加工場;粉碎機	ミル,製造所	粉碎机;滚轧机;铣
— base	研磨料	ミルベース	研磨料

文	臺　灣	日　文	大　陸
:ake	磨餅	ミル砕粉固塊	磨饼
:inder	軋屑;二次鐵鱗	ミルスケール	轧屑;二次铁鳞
:rane	製鋼用吊車	製鋼クレーン	制钢用吊车
:dge	熱軋緣邊	ミルエッジ	热轧缘边
engraving machine	研磨鐫板機	ミル彫刻機	研磨镌板机
finish	銑光;軋光	圧延仕上げ	压光;滚光
floor	工廠地面;工場地面	工場床	工厂地面;车间地面
furnace cinder	均熱爐渣;氧化皮	煙道さい	均热炉渣;氧化皮
hardening	軋〔鍛〕後餘熱淬火	ミル焼入れ	轧〔锻〕后余热淬火
housing	軋機機架	ミルハウジング	轧机机架
limit	軋製公差	ミルリミット	轧制公差
mixer	攪拌混合器	ミルミキサ	搅拌混合器
motor	壓延用電動機	ミルモータ	压延用电动机
opening	軋輥開度	ロール間げき	轧辊开度
oxide	軋鋼鱗片	ミルスケール	轧制氧化皮
pack	疊軋板	積層圧延板	叠轧板
process	直接煉〔鋼〕法	直接製鉄法	直接炼〔钢〕法
roll scale	軋製鐵鱗;軋製氧化皮	ミルロールスケール	轧制铁鳞;轧制氧化皮
scale	軋鋼鱗片	ミルスケール	轧制氧化皮
shape	機加工用坯料	圧延鋼	机加工用坯料
shrinkage	軋製收縮	ミル収縮	轧制收缩
star	星鐵	スター	星铁
tap	軋製鐵鱗	ミルタップ	轧制铁鳞
train	軋機機組	ミルトレイン	轧机机组
width	滾軋寬度	ミル幅	滚轧宽度
lbar	熟鐵初軋條	ミルバール	熟铁初轧条
lboard	石棉板;馬糞紙;麻絲板	ミルボード	石棉板;马粪纸;麻丝板
led clay	漂白土	漂白土	漂白土
finishing	精(整)軋	ミルド仕上げ	精(整)轧
head	滾壓頭	ミルドヘッド	滚压头
helicoid	銑削出的螺旋面	ミルドヘリコイド	铣削出的螺旋面
lead	軋製鉛板;滾花鉛板	延鉛板	轧制铅板;滚花铅板
sheet	軋製(薄)板	ミルドシート	轧制(薄)板
soap	研製皂	機械練りせっけん	研制皂
twist drill	麻花鑽	ミルドツイストドリル	麻花钻
ler	銑床〔工〕	ミラ	铣床〔工〕
lerite	針鎳礦	硫ニッケル鉱	针镍矿
liard	十億	十億	十亿
ligram	毫克	ミリグラム	毫克
limass unit	千分之一原子質量單位	ミリ質量単位	千分之一原子质量单位

M

英文	臺灣	日文	大陸
Millimess	米里麥斯測微儀	ミリメス	米里麦斯测微仪
millimeter	公厘	ミリメートル	毫米
— gage	毫米線規	ミリメートルゲージ	毫米线规
millimole	毫克分子(量)	ミリモル	毫克分子(量)
milling	銑削	ミリング	铣削;轧制;混练;选矿
— attachment	銑削裝置〔附件〕	フライス装置	铣削装置〔附件〕
— axis	軋製軸線;軋製方向	圧延方向	轧制轴线;轧制方向
— chuck	銑刀夾頭	ミリングチャック	铣刀夹头
— condition	混煉條件	練り条件	混炼条件
— cutter	銑刀	ミリングカッタ	铣刀
— cutter for gear cutting	齒輪銑刀	歯切り用フライス	齿轮铣刀
— head	銑頭	ミリングヘッド	主轴头;铣(刀)头
— lathe	銑床	ミリングレース	铣床
— machine	銑床	ミリングマシン	铣床
— operation	銑削(加工)	フライス作業	铣削(加工)
— ore	人造礦石	選鉱粗鉱	人造矿石
— property	(碾)磨性	縮充性	(碾)磨性
— rolls	混煉輥	練りロール	混炼辊
— spindle	銑刀(主)軸	フライス主軸	铣刀(主)轴
— tool	銑刀	辺刻器	铣刀
— unit	銑削(動力)頭	ミリングユニット	铣削(动力)头
million	兆	ミリオン	兆
millisecond	毫秒	ミリセカンド	毫秒
millivolt	毫伏(特)	ミリボルト	毫伏(特)
millivoltmeter	毫伏計	ミリボルトメータ	毫伏计
milliwatt	毫瓦(特)	ミリワット	毫瓦(特)
mils error	密〔米〕位誤差	ミル誤差	密位误差
mimetic crystal	擬晶	擬晶	拟晶
mimetite	氯砷鉛礦	黄鉛鉱	氯砷铅矿
mimic bus	模擬母線	模擬母線	模拟母线
mimicry	擬晶	擬晶	拟晶
minable ore	可採礦存量	可採鉱量	可采矿存量
Minalpha	錳銅標準阻絲合金	ミナルファ	锰铜标准阻丝合金
Minargent	尼娜金特銅鎳合金	ミナージェント	尼娜金特铜镍合金
mindigite	銅水鈷礦	ミンディジャイト	铜水钴矿
mine	地雷;礦山;水雷	地雷	地雷;矿山;水雷
— accident	礦山(偶然)事故	鉱山変災	矿山(偶然)事故
— action	爆破作用	地雷作用	爆破作用
— car	運礦車	鉱車	矿车
— claim	礦區	鉱区	矿区

文	臺灣	日文	大陸
:onscession	礦區	鉱区	矿区
:valuation	礦山評價	鉱山評価	矿山评价
ot	礦區	鉱区	矿区
un	原礦	元鉱	原矿
:malls	粉礦	粉鉱	粉矿
urveying	礦山測量	鉱山測量	矿山测量
vagon	礦(石運輸)車	鉱車	矿(石运输)车
er's lamp	安全燈;礦燈	安全灯	安全灯;矿灯
eral	礦物	鉱物	矿物
eralization	礦化(作用);成礦	鉱化作用	矿化(作用);成矿
eralized bubble	礦化氣泡	鉱化気泡	矿化气泡
eralizer	礦化劑	鉱化剤	矿化剂
eralography	礦相學	鉱相学	矿相学
eralogy	礦物學	鉱物学	矿物学
iature ball bearing	微型滾珠軸承	ミニアチュア玉軸受け	微型球轴承
earing pivot	小型軸承軸尖	微型軸承支点	小型轴承轴尖
:artridge fuse	小型保險絲管	管型ヒューズ	小型保险丝管
lrill	小型鑽孔機	ミニドリル	小型钻孔机
notor	小型電動機	ミニアチュアモータ	小型电动机
:crew thread	微型螺釘	ミニアチュアねじ	微型螺钉
:nap switch	小型快動開關	ミニスナップスイッチ	小型快动开关
iclad	小型變電機	ミニクラッド	小型变电机
icrystal	微晶	ミニクリスタル	微晶
igroove	密紋	ミニグルーブ	密纹
imal basis	極小基	最小基	极小基
:onfiguration	最小組態;最小造型	さいしょう～	最小组态;最小造型
nean number of inquiry	最小平均詢問次數	最小平均質問回数	最小平均询问次数
order controller	最小指令控制裝置	最小命令制御装置	最小指令控制装置
:olution	最小解	最小解	最小解
:tate adaptive controller	最小狀態自適應制裝置	最小状態適応制御装置	最小状态自适应制装置
:ystem design criterion	最小系統設計標準	最小システム設計基準	最小系统设计标准
ime control	最短時間控制	最短時間制御	最短时间控制
'alue	極小值	極小値	极小值
imality	極小性;最小性	極小性	极小性;最小性
imax	極大極小〔機率論用語〕	ミニマックス	极大极小〔概率论用语〕
:ontrol	極大極小控制	ミニマックス制御	极大极小控制
optimization	極大極小最優化	ミニマックス最適化	极大极小最优化
:trategy	極大極小戰略〔策略〕	ミニマックス戦略	极大极小战略〔策略〕
:ystem	極大極小系統	ミニマックスシステム	极大极小系统
imization	最簡化	最小化	最简化

英文	臺灣	日文	大陸
— process	求極小値法	最小化行程	求极小值法
minimum	最小(値)	ミニマム	最小(值)
— access	最快存取	ミニマムアクセス	最快存取
— allowable oil pressure	允許最小油壓	許容最低油圧	允许最小油压
— area	最小區域	最小領域	最小区域
— bearing life	軸承最小壽命	最小軸受け寿命	轴承最小寿命
— bending radius	最小彎曲半徑	最小曲げ半径	最小弯曲半径
— clearance	最小游隙〔間隙〕	最小すき間	最小游隙〔间隙〕
— creep rate	最小潛變率	最小クリープ速度	最小变动速度
— curve length	最小曲線長〔鐵路〕	最小曲線長	最小曲线长〔铁路〕
— curve radius	最小曲線半徑	最小曲線半径	最小曲线半径
— cut set	最小截集〔割集〕	最小カットセット	最小截集〔割集〕
— detectable distance	最小探傷距離	最小探傷距離	最小探伤距离
— deviation	最小偏差	最小偏差	最小偏向角;最小漂移
— diameter of punch	最小沖頭直徑	最小パンチ径	最小冲头直径
— form	最簡形式	最簡形	最简形式
— grade	最小梯〔坡〕度	最小こう配	最小梯〔坡〕度
— heater	小型加熱器;小型電爐	ミニヒータ	小型加热器;小型电炉
— idling speed	空載最小轉數	無負荷最低回転数	空载最小转数
— ignition energy	最小點〔著〕火能量	最小発火エネルギー	最小点〔着〕火能量
— injection limit	最小噴射極限	最小噴射量	最小喷射极限
— ionization	最小電離	ミニマムイオン化	最小电离
— jack	小型千斤頂	豆ジャッキ	小型千斤顶
— limit of size	最小允許尺寸	最小許容寸法	最小允许尺寸
— measurement	最小容許尺寸	下限寸法	最小容许尺寸
— octane rating	最低辛烷値	最低オクタン定格値	最低辛烷值
— port size	最小孔徑	最小口径	最小孔径
— principal stress	最小主應力	最小主応力	最小主应力
— scale value	最小刻度値	最小目盛り値	最小刻度值
— size	最小尺寸	ミニマムサイズ	最小尺寸
— stress	最小應力	最小応力	最小应力
— value	最小値;極小値	最小値	最小值;极小值
minimun-cost allocation	最小費用分配	最小費用配分	最小费用分配
— cutting speed	最經濟切削速度	カッティングスピード	最经济切削速度
mining	採礦;礦業	マイニング	采矿;矿业
— area	礦區	鉱区	矿区
minitrim	微調	ミニトリム	微调
minitype	微型	ミニタイプ	微型
Minofar	餐具錫合金	ミノファ	餐具锡合金
minophyric	細斑狀	細粒はん状	细斑状

文	臺灣	日文	大陸
ıor aisle	小通道;走廊;過道	小入り側	小通道;走廊;过道
auxiliary circle	小輔助(參考)圓	小幅円	小辅助(叁考)圆
critical speed	次臨界轉數	副危険回転数	次临界转数
cutting edge	副切削刃	副切れ刃	副切削刃
cutting edge angle	(刀具)副導角	副切込み角	(刀具)副导角
flank	(刀具的)副後(隙)面	副逃げ面	(刀具的)副后(隙)面
thread diameter	齒元圓直徑;螺紋內徑	雄ねじの谷径	齿元圆直径;螺纹内径
tune-up	部分調整;局部改進	マイナチューナップ	部分调整;局部改进
nority	少數	マイノリティ	少数
novar	低膨脹高鎳鑄鐵	ミノバー(ル)	低膨胀高镍铸铁
nt	造幣廠	造幣局	造币厂
nterm	最小項	ミンターム	最小项
nus	減;減號;負號;負的	マイナス	减;减号;负号;负的
camber	(車輪)負外傾	マイナスキャンバ	(车轮)负外倾
caster	前傾角	マイナスキャスタ	前倾角
screw	一字槽頭螺釘	マイナススクリュー	一字槽头螺钉
thread	負螺紋	マイナスねじ	负螺纹
nute	分〔時間;角度〕	ミニット	分〔时间;角度〕
bonder	精密接合〔連接〕器	ミニットボンダ	精密接合〔连接〕器
of arc	分〔一度的六十分之一〕	分	分〔一度的六十分之一〕
invar	鎳鉻(低膨脹)鑄鐵	ミンバール	镍铬(低膨胀)铸铁
ra	米拉銅合金	ミラ	米拉铜合金
metal	米拉耐蝕銅合金	ミラメタル	米拉耐蚀铜合金
rror	鏡;反射鏡	ミラー	镜;反射镜
ball	小型球面反射鏡	ミラーボール	小型球面反射镜
finishing	鏡面精加工	鏡面仕上げ	镜面精加工
foil	鏡面銀箔	ミラーホイル	镜面银箔
image relationship	鏡像關係	鏡像関系	镜像关系
plate	鏡面板;有光板	鏡面板	镜面板;有光板
point	(鏡)反射點	反射点	(镜)反射点
polish	鏡面拋光	ミラーポリッシュ	镜面抛光
scale	鏡面刻度尺〔度盤〕	鏡面スケール	镜面刻度尺〔度盘〕
surface	鏡面;反射面	ミラーサーフェス	镜面;反射面
symmetry	鏡面對稱	鏡面対称	镜面对称
wheel	鏡輪	鏡車	镜轮
isalignment	欠對準	ミスアラインメント	不同心度;不平行度
iscella	溶劑(混合)油	ミセラ	溶剂(混合)油
ischrome	鐵鉻系不銹鋼	ミスクロム	铁铬系不锈钢
iscibility	混合性;摻混性	ミシビリティ	可混性;掺混性
gap	共溶間隙	混合間げき	共溶间隙

M

英文	臺灣	日文	大陸
— test	混和性試驗	混和性試験	混和性试验
misclosure	閉合差〔測量〕	閉合誤差	闭合差〔测量〕
miscuts	誤沖切;錯切割	ミスカット	误冲切;错切割
misfit	不適配	ミスフィット	不适配;不吻合
— dislocation	失配差排	ミスフィット転位	失配位错
— value	配錯值	値の違い	配错值
mismatch	不協調;錯箱〔鑄造〕	ミスマッチ	不协调;错箱〔铸造〕
— error	失配誤差	不整合誤差	失配误差
— in mould	錯箱;佔移〔鑄件缺陷〕	羽組み	错箱;占移〔铸件缺陷〕
mismatching	不匹配;失配;失諧	ミスマッチング	不匹配;失配;失谐
mispairing	錯對;錯配	誤対合	错对;错配
miss	差錯	ミス	差错;弄错;失误;脱靶
— chucking	(錯)誤夾緊	ミスチャッキング	(错)误夹紧
— cut	誤切	ミスカット	误切
— punch	錯位沖孔〔導向不良〕	ミスポンチ	错位冲孔〔导向不良〕
missing	缺失;錯過;未命中	ミッシング	遗漏;损失;未命中
— value	欠測值	誤測値	欠测值
mission	使命;(汽車的)變速箱	ミッション	使命;(汽车的)变速箱
— case	變速箱體	ミッションケース	变速箱体
mist	(煙;油;塵;輕)霧	ミスト	(烟;油;尘;轻)雾
— catcher	煙霧收集器	ミストキャッチャ	烟雾收集器
— coolant	油霧冷卻劑	ミストクーラント	油雾冷却剂
— eliminator	消霧器	ミストエリミネータ	消雾器
— flow	噴霧	霧流	喷雾
— generating nozzle	噴霧嘴	噴霧ノズル	喷雾嘴
— lubrication	油霧潤滑	ミスト潤滑法	油雾润滑
— spray	噴霧	ミストスプレー	喷雾
— sprayer	噴霧器	ミスト機	喷雾器
mistake	誤解	まちがい	误解;失策;错误
mistreatment	誤處理	酷使	误处理
mistrimmed forging	過鍛製品	過鍛造品	过锻制品
mitchellite	鎂鉻鐵礦	ミッチェライト	镁铬铁矿
miter and butt	對頭斜角接合	入込み留め	对头斜角接合
— and feather	舌榫斜角接合	さね留め	舌榫斜角接合
— and rebate(d) joint	半槽斜角接合	半留め	半槽斜角接合
— clamping	斜夾板;板端斜接	留め端ばみ	斜夹板;板端斜接
— crib	斜交框架	合掌わく	斜交框架
— cut	斜切45度角	45度隅切り	斜切45度角
— dovetail (joint)	角部斜接暗榫	隠しあり	角部斜接暗榫
— elbow	斜角對接彎管接頭	突付けエルボ	斜角对接弯管接头

文	臺灣	日文	大陸
illet weld	平角銲	平すみ肉溶接	平角焊
gate	斜接	マイタゲート	人字闸门
gear	斜方齒輪	マイタギヤー	等径圆锥齿轮
oint	斜接合	マイタジョイント	斜接头;斜接缝;斜接合
ost	斜柱	マイタ柱	斜接柱
quare	45度尺;斜角尺	45度定規	45度尺;斜角尺
alve	錐形閥	マイタバルブ	锥形阀
velding	斜接頭閃光銲	マイタ溶接	斜接头闪光焊
vheel	斜方輪	マイタホイール	等径圆锥齿轮
s casting	可鍛鐵鑄造〔鑄件〕	鍛鉄鋳物	可锻铁铸造〔铸件〕
netal	可鍛鑄鐵	マイチスメタル	可锻铸铁
sche's effect	米謝效應	ミッチェ効果	米谢效应
	混合(物)	ミックス	混合(物);配合
nuller	(擺輪式)混砂機	ミックスマラー	(摆轮式)混砂机
roportion	配合比	調合比	配合比
alue	混合值	ミックス值	混合值
ed acid	混合酸	混酸	混酸
dhesive	混合膠黏劑	混合接着剤	混合胶粘剂
ir	(空調的)混合空氣	混合空気	(空调的)混合空气
rea	混合面積	混合領域	混合面积
ssembly	混合組裝;混合裝配	混成組立て	混合组装;混合装配
arbide fuel	混合碳化物燃料	混合炭化物燃料	混合碳化物燃料
atalyst	混合催化劑	混合触媒	混合催化剂
ondenser	混合冷凝器	混合凝縮器	混合冷凝器
ontrol	混合控制	混合支配	混合控制
ontrol type corrosion	混合控制型腐蝕	混合支配形腐食	混合控制型腐蚀
urrent	混流	錯流	混流;错流
ifference	混合差分	混合差分	混合差分
islocation	混合差排;合成差排	混合転位	混合位错;合成位错
istribution	混合分布	混合分布	混合分布
ngine	複合循環電動機	複合サイクル機関	复合循环电动机
eeder	混合進料裝置	混合供給装置	混合进料装置
iring	混(合燃)燒	混焼	混(合燃)烧
low	混流	混合流	混流
oods	混合織物	混合織物	混合织物
rade	異級混合物	異級混合物	异级混合物
somers	混合同分異構體	混合異性体	混合同分异构体
oint	混合接頭;複合接頭	混用継ぎ手	混合接头;复合接头
quor	混合液	混合液	混合液
ubrication	混合潤滑	混合潤滑	混合润滑

英文	臺灣	日文	大陸
— metal	發火合金	ミッシュメタル	发火合金
— paint	調合漆	調合ペイント	调合漆
— rags	成形;裝置;組合	成形	成形;装置;组合
mixer	混合機;攪拌機	ミキサ	混合装置;搅拌机
— car	攪拌車	ミキサカー	搅拌车
— metal	混鐵爐生鐵	混銑炉銑	混铁炉生铁
— truck	攪拌機	ミキサトラック	搅拌机
mixing	混合;調合;攪拌	混合	混合;调合;搅拌
— action	混合作用	混合作用	混合作用
— agent	調合劑;混加劑	調合剤	调合剂;混加剂
— aid	混合助媒	混合助媒	混合助媒;助混剂
— air	混合用空氣	混合用空気	混合用空气
— carbon	混合碳	混合炭素	混合碳
— chamber	混合室;預燃室	混合室〔器〕	混合室;预燃室
— cylinder	混合缸	混合筒	混合缸
— equipment	混合設備	混合装置	混合设备
— funnel	混合漏斗	混合ロート	混合漏斗
— machine	混合機;攪拌機	ミキサ	混砂机;搅拌机
— method	混合法	混合法	混合法
— mill	混合碾機;攪拌機	ミキサ	混合辊;搅拌机
— nozzle	混合噴嘴	ミキシングノズル	混合喷嘴
— point	混合點	混合点	混合点
— proportion	混合比;調合	混合比	混合比;调合
— ratio	拌和比;混合比	調合比	配比;拌和比;混合比
— roll mill	混煉機	錬りロール機	混炼机
— tank	攪拌槽;混料罐	調合槽	搅拌槽;混料罐
— time	攪拌時間	錬り交ぜ時間	搅拌时间;混合时间
mixite	砷鉍銅礦	ミキサ石	砷铋铜矿
mixtruder	混煉擠出機	ミクストルーダ	混炼挤出机
mixture	混合物	混合	混合物
— control	混合物控制	混合比制御	混合比控制
— method lubrication	(滑油燃油)混合潤滑法	混合潤滑	(滑油燃油)混合润滑法
— of gases	混合氣(體)	混合気(体)	混合气(体)
— ratio control	混合比控制	混合比制御	混合比控制
— strength	混合氣濃度	混合比	混合强度
MKS system	米-千克-秒單位制	MKS 単位系	米-千克-秒单位制
mm-wave	毫米波	ミリ波	毫米波
mobile antenna	移動式天線	モービルアンテナ	移动式天线
— belt	活動帶	変動帯	活动带
— crane	移動式起重機	移動クレーン	移动式起重机

英　文	臺　灣	日　文	大　陸
— dislocation	可動差排	可動転位	可动位错
— equlibrium	動態平衡	可動平衡	动态平衡
— gas turbine	移動式燃氣輪機	移動ガスタービン	移动式燃气轮机
— grease	車用潤滑脂	内燃機用グリース	车用润滑脂
— machine	活動機械	モービルマシン	活动机械
— phase	移動相	移動相	流动相
— unit	移動式設備	可搬式装置	移动式设备
nobility	可動性;流動性	モビリティ	机动性;灵活性
— gap	遷移距離	モビリティギャップ	迁移距离
nobiloader	機動裝卸機	モビローダ	机动装卸机
nobiloil	機油;潤滑油	モビル油	流性油;机油;润滑油
Mock gold	莫克鉑銅合金	モックゴールド	莫克铂铜合金
— platina	莫克高鋅黃銅	モックプラチナ	莫克高锌黄铜
— silver	錫銻銅合金	ブリタニア金	锡锑铜合金;莫克白银
nockup	模型打樣	実物大模型	实际尺寸模型
— model	實際尺寸模型	モックアップ	实际尺寸模型
— test	模型試驗	モックアップ試験	模型试验
nodal analysis	振型分析	モーダル解析	振型分析
— analysis program	模態分析程式	モーダルアナリシス	模态分析程序
— balancing	振型平衡	モード釣合わせ	振型平衡
— flexibility	狀態柔度	フレキシビリティ	状态柔度
— split model	模態剖分模型	スプリットモデル	模态剖分模型
nodality	模態	様相	模态
nodderite	砷鈷礦	モーダー石	砷钴矿
node	方法;方式	モード	方法;方式;波形;波模
— chart	振盪模圖表;模式圖	モード図表	振荡模图表;模式图
— interference	振盪模干擾	モード干渉	振荡模干扰
— jump	振盪模跳變	モードジャンプ	振荡模跳变
— matching	模匹配	モードマッチング	模匹配
— of buckling	壓曲式;縱彎式	座屈形	压曲式;纵弯式
— shape	固有振動	振動モードの形	固有振动
— shift	模移	モードシフト	模移
— volume	模體積〔容量〕	モードボリューム	模体积〔容量〕
nodel	模型;標本	モデル	靠模;样品〔机〕;样板
— base	模型庫;模型基;模座	モデルベース	模型库;模型基
— building	模型構成	モデル作成	模型构成
— for prediction	預測模型	予測モデル	预测模型
— fringe value	模型邊緣值	模型フリンジ値	模型边缘值
— hierarchy	模型體系;模型層次	モデル階層	模型体系;模型层次
— making	模型化;模型製作	模型化	模型化;模型制作

M

英文	臺灣	日文	大陸
— method	模型法	モデル法	模型法
— of full size	實體模型	実大模型	实体模型
— scale	模型比例尺	模型縮尺	模型比例尺
— scrutinization	模型仔細研究	モデル吟味	模型仔细研究
— set	模型	モデルセット	模型
— size	模型尺寸	模型寸法	模型尺寸
— synthesis	模型綜合法	モデル総合	模型综合法
— test	模型試驗	モデルテスト	模型试验
modelization	模型化	モデル化	模型化
modelling	模型製造;靠模加工	モデリング	模型制造;模拟试验
— bar	(縮放儀)比例桿	モデリングバー	(缩放仪)比例杆
— clay	模型製作用黏土	模型製作用粘土	模型制作用粘土
— sand	鑄砂	鋳型砂	型砂
moderated reactor	減速反應堆	減速原子炉	减速反应堆
moderating material	減速物質	減速物質	减速物质
— power	慢化能力	減速能	慢化能力
— ratio	減速率〔比〕	適切化率	减速率〔比〕
moderation	減速	減速	减速;慢化
— ratio	減速比	減速比	减速比;减速系数
moderator	緩和劑;減速劑;調整器	モデレータ	缓和剂;减速剂;调整器
— coolant	慢化冷卻劑	減速冷却材	慢化冷却剂
— material	減速劑;減速材料	減速材〔物質〕	减速剂;减速材料
modification	變更;變形;修改;改進(型)	モディフィケーション	变形;修改;改进(型)
— level	修改級;調正電平	修正レベル	修改级;调正电平
modified address	修改地址	修飾化アドレス	修改地址
— area	等效面積;修正面積	適正化した面積	等效面积;修正面积
— austempering	改進的等溫淬火	改良オーステンパ	改进的等温淬火
— bit	修改位	モディファイドビット	修改位
— cross-section yarn	異形截面紗	異形断面糸	异形截面纱
— drawing	變更圖;修正圖	変更図	变更图;修正图
— drying oil	變性乾性油	改性乾性油	变性乾性油
— engine	改型發動機	改型発動機	改型发动机
— marquenching	改進的分級淬火	改良マルクェンチ	改进的分级淬火
— polyconic projection	改良多圓錐投影	修正多円すい図法	改良多圆锥投影
— stiffness	修正剛度	補正剛度	修正刚度
— stress	修正應力	修整応力	修正应力
— tooh profile	修正齒形	修整歯形	修正齿形
— tooth profile gear hob	修正齒形滾刀	修整歯形ホブ	修正齿形滚刀
— Tresca yield criterion	最大剪應力條件	修正トレスカ降伏条件	最大剪应力条件
modifier	變性劑;調整劑;變址數	モディファイア	变性剂;调节剂;变址数

文	臺灣	日文	大陸
odifying adduct	附加改良劑	付加改質剤	附加改良剂
agent	改質劑;修性劑	改質剤	改质剂;修性剂
factor	修正係數	修正係数	修正系数
gene	修飾基因;修飾因子	変更遺伝子	修饰基因;修饰因子
odillion	飛檐托;托檐石;托飾	モディリオン	飞檐托;托檐石;托饰
oding	模變	モーディング	模变;跳模;振荡模的
odularity	積木性	モジュラリティ	积木性;调制性
odulated amplifier	被調制放大器	被変調整	被调制放大器
odulating amplifier	調制放大器	変調増幅器	调制放大器
valve	調節閥	調整弁	调节阀
odulation	調制〔整;節;諧;幅〕	モデュレーション	调制〔整;节;谐;幅〕
odulator	調節器;調幅器	モジュレータ	调制器;调幅器
odule	模數;係數	モジュール	模件;组件;模块
grid	模數網格	モデュール格子	模数网格
modulus	模數;(微型)組件;率	モジュール	模量;(微型)组件;率
in bending	彎曲彈性模數	曲げ弾性率	弯曲弹性模量
in compression	壓縮彈性模數	圧縮弾性率	压缩弹性模量
in flexure	彎曲彈性模數	曲げ弾性率	弯曲弹性模量
in shear	剪切彈性模數〔係數〕	横弾性係数	剪切弹性模量〔系数〕
in tension	拉伸彈性模數	引張り弾性率	拉伸弹性模量
of compressibility	壓縮率	圧縮率	压缩率
of deformation	變形模數	変形係数	变形模量
of elasticity	彈性模數〔量〕	弾性係数	弹性模数〔量〕
of elongation	拉伸彈性模數	伸び弾性率	拉伸弹性模量
of linear elasticity	線彈性模數〔係數〕	線弾性率	线弹性模量〔系数〕
of resilience	彈性能係數	弾性エネルギー係数	弹性能系数
of rigidity	剛性係數;橫彈性模數	せん断弾性係数	刚性系数;横弹性模量
of rupture	折斷係數;斷裂模數	曲げ強度	折断系数;断裂模数
of section	截面係數;斷面模數	断面係数	截面系数;断面模量
of stiffness	彎曲剛性模數	曲げ剛性率	弯曲刚性模量
of strain hardening	加工硬化係數	ひずみ硬化係数	加工硬化系数
of stretch	拉伸彈性模數	伸張弾性率	拉伸弹性模量
of tensile strength	抗拉強度模數	引張り強さ係数	抗拉强度模量
of torsional rupture	扭轉破壞係數	ねじり破壊係数	扭转破坏系数
of transverse elasticity	橫彈性模數	横弾性係数	横弹性模量
of volume change	體積變化模數	体積変化率	体积变化模量
of volume elassticity	體積彈性率〔模數〕	体積弾性率	体积弹性率〔模量〕
ratio	彈性模數比	弾性率比	弹性模量比
odutrol motor	莫杜特羅爾電動機	モジュトロールモータ	莫杜特罗尔电动机
oelinvar	莫林瓦合金	モイリンバ	莫林瓦合金

英　　文	臺　　灣	日　　文	大　　陸
mogul base	大型管座;大型燈頭	大形口金	大型管座;大型灯头
Mohsscale	莫氏硬度計	モース硬度計	莫氏硬度计
moisture	潮濕;濕氣;潤濕;水分	モイスチュア	潮湿;湿气;润湿;水分
— absorbent	吸濕劑	吸湿剤	吸湿剂
— absorption	吸濕性	湿気吸収	吸湿性;吸湿量;吸湿
— absorption test	吸濕試驗	吸湿試験	吸湿试验
— apparatus	測濕器	測湿器	测湿器
— barrier	防濕層	防湿層	防湿层
— barrier property	防濕性	防湿性	防湿性
— conductance	傳濕;濕氣傳導	湿気コンダクタンス	传湿;湿气传导
— content	含水率〔量〕;濕量〔度〕	水分率	含水率〔量〕;湿量〔度〕
— desorption	脫濕	脱湿	脱湿
— factor	含水係數;濕度係數	含水係数	含水系数;湿度系数
— impermeability	不透濕性;防(潮)濕性	不透湿性	不透湿性;防(潮)湿性
— membrane	防濕膜	防湿シート	防湿膜
— penetration	透濕性	透湿	透湿
— permeability	透濕性〔率〕	透湿性〔度〕	透湿性〔率〕
— permeance factor	透濕係數	透湿係数	透湿系数
— permeation	透濕	透湿	透湿
— ratio	水分比;含水比	水分比	水分比;含水比
— retention	保水〔濕〕性	保湿（性）	保水〔湿〕性
— seal	防濕密封劑;防濕裝置	防湿シール	防湿密封剂;防湿装置
— vapor	水蒸氣	水蒸気	水蒸气
moistureproofness	耐濕性	耐湿性	耐湿性
mol(e)	莫耳	モル	摩尔;衡分子
— percent	莫耳百分數	分子パーセント	摩尔百分数
— percentage	莫耳百分率〔數〕	モル百分率	摩尔百分率〔数〕
molality	克分子濃度	重量モル濃度	重模;重量摩尔浓度
molar addition	分子加成(作用)	分子添加	分子加成(作用)
— fraction	克分子數	モル分率	(体积)摩尔分数
— heat	克分子熱	モル熱	分子热;摩尔热
— mass	莫耳質量	モル質量	摩尔质量
molarity	容模;體積莫耳濃度	モル濃度	容模;体积摩尔浓度
molconcentration	莫耳濃度	モル濃度	摩尔浓度
mold	模;鑄模	モールド	(模)型;铸模;样板
— area	成形面	成形面	成形面
— assembly	鑄模裝配	被せ前	铸型装配
— base	金屬模底〔墊〕板	金型ベース	金属模底〔垫〕板
— block	模具元件	金型ブロック	模具部件
— board	造模板	土工板	型板;样板

文	臺灣	日文	大陸
-bumping	模型除氣	ガス抜き	模型除气
-case	砂箱	モールドケース	砂箱
-cathode	模型陰極	モールドカソード	模型阴极
-cavity	(鑄模)模穴	鋳型空げき部	(铸型)型腔
-chiller	鑄模激冷件	モールドチラー	铸模激冷装置
-chilling	鑄模激冷	金型冷却	铸模激冷
-clamp	(砂)箱卡;壓鐵	型締め	(砂)箱卡;压铁
-clamping force	模具夾緊力	型締め力	模具夹紧力
-clamping mechanism	合模機構	型締め機構	合模机构
-clamping pressure	合模壓力	型締め圧	合模压力
-clamping speed	閉模速度;合模速度	型締め速度	闭型速度;合模速度
-clamping stroke	合模行程	型締め行程	合模行程
-cleaner	模除垢劑;模清潔劑	型清浄剤	模除垢剂;模清洁剂
-closed time	合模時間	型締め時間	合型时间
-closing mechanism	合模機構	型締め機構	合模机构
-coating	塗膜料	金型塗布剤	模具涂层;脱模剂
-component	模具組件	金型部品	模具组件
-construction	模具結構	金型構造	模具结构
-conveyer	鑄模輸送機	モールドコンベヤ	铸型输送机
-cooling passage	金屬模冷卻水路	金型冷却水路	金属模冷却水路
-cooling time	金屬模冷卻時間	金型冷却時間	金属模冷却时间
-cooling water	金屬模冷卻水	金型冷却水	金属模冷却水
-core	型芯	金型コア	型芯
-cramp	鑄模夾鉗	型締め具	铸型夹钳
-crane	鑄模起重機	モールドクレーン	铸型起重机
-curing	模型固化	型硬化	模型固化
-deposit	模內沉著物	金型付着物	模内沉着物
-design	模具設計	金型の設計	模具设计
-die plate	金屬模(型)支承板	金型取付け板	金属模(型)支承板
-dilatation	鑄模膨脹	鋳型張り	铸型膨胀
-dimension	金屬模(型)尺寸	金型寸法	金属模(型)尺寸
-dismantling	打箱	型ばらし	打箱
-face	金屬模(型)表面	金型合せ面	金属模(型)表面
-face temperature	金屬模(型)表面溫度	金型表面温度	金属模(型)表面温度
-facing	塗膜料	モールドフェーシング	热模压表面镶片
-frame	砂箱	型わく	砂箱
-goods	模製品	成形品	模制品
-impression	模具模穴	金型キャビティ	模具型腔
-jacket	砂模框	被せ枠	铸型套箱
-life	模具壽命	金型寿命	模具寿命

M

英文	臺灣	日文	大陸
— location dowel	合模定位銷	合せピン	合模定位销
— locking force	閉模力;鎖模力	型締め力	闭型力;销模力
— lubricant	模油	型油離型剤	模润滑剂;脱模剂
— making	模具製作	金型製作	模具制作
— mark	模痕	モールドマーク	模型伤痕;模损
— material	模具材料	型材料	模具材料
— open time	開模時間	型開き時間	开模时间
— opening force	開模力	型開き力	开模力
— opening speed	開模速度	型開き速度	开模速度
— opening stroke	開模行程	型開き行程	开模行程
— packing	模壓迫緊	モールドパッキン	模压密封件
— paint	鑄模塗料	鋳型塗料	铸型涂料
— parting agent	脫模劑	離型剤	脱模剂
— plate	模具裝配〔固定〕板	引型（ひきがた）	模具装配〔固定〕板
— platen	平台;模座;壓模板	定盤	平台;模座;压模板
— pressure	成形壓力	成形圧（力）	成形压(力)
— proof paint	護模塗料	防かびペンキ	护模涂料
— reaction	鑄模反應	鋳型反応	铸型反应
— release	脫模(劑)	離型	脱模(剂)
— release material	脫模劑	離型剤	脱模剂
— setting	模具調整	金型整定	模具调整
— shift	砂模偏移	型ずれ	错箱;错位;偏芯
— shrinkage	成形收縮	成形収縮	成形收缩
— shrinkage factor	成形收縮率	成形収縮率	成形收缩率
— slide	模具滑塊	金型スライダ	模具滑块
— steel	模具鋼	金型鋼	模具钢
— stool	錠盤;潮芯托板	定盤	锭盘;潮芯托板
— surface	成形面;模具表面	成形面	成形面;模具表面
— temperature	模具溫度	金型温度	模具温度
— tool	金屬模具	金型	金属模具
moldcasting	鑄模鑄造	型鋳造	铸型铸造
molded article	模製件	成形品	模制件
— base line	造模基線	型基線	造型基线
— breadth	型寬;模寬	型幅	型宽;模宽
— cathode	模製陰極	モールド（形）陰極	模制阴极
— component	模製元件	成形品	模制部件
— displacement	型排水量	型排水量	型排水量
— gasket	模製密封墊;模壓填料	モールドガスケット	模制密封垫;模压填料
— in insert	預埋(插入)件	埋込みインサート	预埋(插入)件
— in rib	整體成形加強筋	一体成形リブ	整体成形加强筋

英文	臺灣	日文	大陸
— lines	模線	型ライン	型线
— lug	模製肋	成形ラグ	模制肋
— packing	模製迫緊	モールドパッキン	模制密封圈
— part	模製品	成形品	模制品
— product	模製品	成形品	模制品
— resin	模製樹脂	型抜き樹脂	模制树脂
— section	壓模成形;壓延成形	成形圧延	压模成形;压延成形
molder	鑄工	モールダ	铸工;制模工(人)
— 's rule	鑄造縮尺	鋳物尺	铸造缩尺
molding	造模;鑄模	モールディング	模塑;造型;铸模
— abrasion	成形擦傷	成形摩耗	成形擦伤
— additive	模製品的添加劑	成形品の添加剤	模制品的添加剂
— box	砂箱	鋳型枠	砂箱
— box pin	(砂箱)定位銷;導銷	案内ピン	(砂箱)定位销;导销
— capacity	成形能力	成形能力	成形能力
— clay	鑄模黏土	鋳型粘土	铸型粘土
— condition	成形條件	成形条件	成形条件
— control	成形控制	成形制御	成形控制
— defect	成形缺陷	成形欠点	成形缺陷;成形毛病
— direction	成形方向	成形方向	成形方向
— fault	成形缺陷;成形毛病	成形欠点	成形缺陷;成形毛病
— flash	毛邊	ばり	毛刺;飞边
— flask	砂箱;型箱	鋳型枠	砂箱;型箱
— force	成形力	成形力	成形力
— heat	成形熱	成形熱	成形热
— in loam	黏土造模	へな土鋳型法	粘土造型
— machine	倒稜機;成形機	面取り盤	倒棱机;成形机
— material	造模材料	鋳型材料	造型材料
— pin	塑孔栓	中心銷	塑孔栓
— plane	線腳鉋	繰り形かんな	线脚刨
— plow	培土犁	培土プラウ	培土犁
— powder	塑(料)粉	成形粉末	塑(料)粉
— sand	鑄砂	鋳物砂	型砂;铸造(用)砂
— strain	成形畸變;成形應變	成形ひずみ	成形畸变;成形应变
— viscosity	成形黏度	成形粘度	成形粘度
moldings	模製品;模壓品	成形品	模制品;模压品
moldwash	鑄模塗料	塗型材	铸型涂料
molecular acidity	分子酸度	分子酸性度	分子酸度
— action	分子作用	分子作用	分子作用
— adhesion	分子附著	分子付着	分子附着

M

英文	臺灣	日文	大陸
— adsorption	分子吸附	分子吸着	分子吸附
— association	分子締合(現象)	分子会合	分子缔合(现象)
— asymmetry	分子不對稱(性)	分子不相称	分子不对称(性)
— attraction	分子吸引	分子吸引	分子吸引
— bond	分子鍵	分子結合	分子键
— concentration	分子濃度	分子濃度	分子浓度
— distillation	分子蒸餾;高真空蒸餾	分子蒸留	分子蒸馏;高真空蒸馏
— force	分子(間)力	分子力	分子(间)力
— formula	分子式	分子式	分子式
— grating	分子晶格	分子格子	分子晶格
— ionization	分子電離(作用)	モルイオン化	分子电离(作用)
— number	分子序數	分子基	分子序数
molecularity	分子性;分子狀態	分子性	分子性;分子状态
molecule	分子	分子	分子
molion	分子離子	分子イオン	分子离子
mollerizing	液體滲鋁	モレライジング	液体渗铝
mollient	緩和劑;鎮靜劑	軟化剤	缓和剂;镇静剂;缓和药
mollifier	緩和劑;鎮靜劑	軟化剤	缓和剂;镇静剂
molten bead sealing	熔珠銲接;熔珠密封	溶融ビードシール	熔珠焊接;熔珠密封
— iron	鐵水	溶銑	铁水
— lead	熔融鉛;鉛液	溶融鉛	溶融铅;铅液
— metal	熔融金屬	溶金	溶融金属
— pool	熔穴;熔池	溶融池	熔穴;熔池
— slag	熔渣	溶融スラッグ	熔渣
— steel	鋼水	溶鋼	钢水;钢液
molybdenum, Mo	水鉛;鉬	モリブデン	水铅;钼
molybdenyl	氧鉬基	モリブデニル基	氧钼基
moment	磁矩;力矩;動量	モーメント	磁矩;力矩;动量
— area	力矩面積	力率面積	力矩面积
— arm	矩臂;力臂	モーメントアーム	矩臂;力臂
— coefficient	力矩係數	モーメント係数	力矩系数
— limiter	力矩限制器	モーメントリミッタ	力矩限制器
— load	力矩負載	モーメント荷重	力矩荷载
— of flexion	彎矩	屈折モーメント	弯矩
— of flexure	撓矩;彎矩	曲げモーメント	挠矩;弯矩
— of force	力矩	力のモーメント	力矩
— of friction	摩擦力矩	摩擦力率	摩擦力矩
— of inertia	慣性矩;轉動慣量	慣性能率	惯性矩;转动惯量
— of momentum	動量矩;角動量	運動量モーメント	动量矩;角动量
— of rupture	斷裂力矩	破壊モーメント	断裂力矩

英文	臺灣	日文	大陸
— of torsion	扭矩	ねじれモーメント	扭矩
momental ellipse	慣性橢圓	慣性だ円	惯性椭圆
momentum	動量	運動量	动量
— balance	動量平衡	モーメンタムバランス	动量平衡
— drag	動量阻力;動量阻尼	モーメンタムドラグ	动量阻力;动量阻尼
— grade	動量梯度	惰力こう配	动量梯度
— of inertia	慣性動量	慣性運動量	惯性动量
— of rotation	旋轉動量	回転運動量	旋转动量
— thrust	動量推力	運動量推力	动量推力
monad	一價物;一價基	一価元素	一价物;一价基
Monel metal	蒙納合金	モネルメタル	蒙乃尔合金
monheimite	鐵菱鋅礦	モンハイム石	铁菱锌矿
Monimax	蒙尼馬克斯高導磁合金	モニマックス	蒙尼马克斯高导磁合金
monitor	監測器;(噴)水槍	モニタ	监测器;(喷)水枪
monitoring	監聽;監控;檢查;操縱	モニタリング	监听;监控;检查;操纵
monobed	單(一)床	モノベッド	单(一)床
monoblock	單體;單層炮管	モノブロック	单体;单层炮管
— valve	整體式複合閥	複合弁	整体式复合阀
monochip	單片	モノチップ	单片
monochrom	單色	モノクローム	单色
monocline	單向傾斜	単斜	单向倾斜
monoclinic axis	單斜軸	単斜軸	单斜轴
— dome	單斜坡面	単斜ひ面	单斜坡面
monocoque	硬殼式車身〔無骨架〕	モノコック	硬壳式车身〔无骨架〕
monocrystal	單結晶	モノクリスタル	单结晶
monocycle	獨輪車;單輪車	モノサイクル	独轮车;单轮车
monoenergy	單一能量	単一エネルギー	单一能量
monogram	拼合文字	組合せ文字	拼合文字
monograph	專題論文	モノグラフ	专题论文;专题着作
monoion	一價離子	一価イオン	一价离子
monojet	單體噴嘴	モノジェット	单体喷嘴
monolayer	單層;單分子〔原子〕層	モノレヤ	单层;单分子〔原子〕层
monolever	單手柄	モノレバー	单手柄
monolith	整塊石料;整體式	モノリス	整块石料;整体式
monolithic audio amplifier	單片式音頻放大器	モノリシック	单片式音频放大器
— molding	整體成形	一体成形	整体成形
monolock	單閘門;單鎖	モノロック	单闸门;单锁
monomer	單元結構;單基〔聚〕物	モノマ	单元结构;单基〔聚〕物
monomeric cement	單體黏合劑	モノマセメント	单体粘合剂
monomerics	低分子增塑劑	低分子量可塑剤	低分子增塑剂

英文	臺灣	日文	大陸
monomeride	單體	単量体	单体
monomorph	單形物;單晶物	単形物	单形物;单晶物
monomorphism	單態	単形	单态
monophase	單相(的)	モノフェーズ	单相(的)
— current	單相電流	単相交流	单相电流
— equilibrium	單相平衡	単相平衡	单相平衡
monopodium	單生軸	単軸	单生轴
monopolar DC dynamo	單極直流發電機	単極直流発電機	单极直流发电机
monopole	單極	モノポール	单极
monopress	專用沖床	モノプレス	专用压力机
monorail	單軌鐵路;單頻道	モノレール	单轨铁路;单频道
— car	單軌(卡)車	モノレールカー	单轨(卡)车
— hoist	單軌電動滑車	モノレールホイスト	单轨电动滑车
monospar	單梁	単けた	单梁
— structure	單梁結構	単けた構造	单梁结构
monotectic	偏晶體	偏晶	偏晶体
monotone	單調;單色	モノトーン	单调;单色;单音
monotonicity	單調性	モノトニシティ	单调性
monotron	莫諾速調管	モノトローン	莫诺速调管
Monotype	莫諾單字排鑄機	モノタイプ	莫诺单字排铸机
— metal	單字排鑄機鉛字用合金	モノタイプメタル	单字排铸机铅字用合金
monrepite	重鐵雲母	モンレポス石	重铁云母
monstrosity	畸形	奇形	畸形
Montegal alloy	蒙蒂蓋爾鋁合金	モンテガル合金	蒙蒂盖尔铝合金
montejus	蛋形升液器	モンジュ	蛋形升液器
moon	月狀物	月（つき）	月;月球;月状物
— knife	月牙刀	三日月刀	月牙刀
— vehicle	月面車	月面走行車	月面车
moor	沼煤;沼澤土;澤地	ムウア	沼煤;沼泽土;泽地
mooring	停泊;雙錨泊	停泊（ていはく）	停泊;双锚泊
moorish arch	馬蹄拱	馬てい形アーチ	马蹄拱
mop polishing	拋光;磨光	バフ磨き	抛光;磨光
mopping	拋光	バフ磨き	抛光
mordant	媒染劑	媒染剤	媒染剂
mordanting	媒染;浸蝕;腐蝕	モーダンティング	媒染;浸蚀;腐蚀
— assistant	媒染助染劑	媒染助剤	媒染助染剂
Morgoil	摩戈伊爾鋁錫軸承合金	モーゴイル	摩戈伊尔铝锡轴承合金
morph	變種	モルフ	变种
morpheme	詞態	形態素	词态;词素〔语言的〕
morphogenesis	形態發生	形態形成	形态发生

英文	臺灣	日文	大陸
orphosis	形態形成	形態発生	形态形成
orphotropy	雙晶影響	異形影響	变晶影响
orse apparatus	莫氏裝置	モールス装置	莫尔斯装置
~ taper	莫氏錐度	モールステーパ	莫氏锥度
~ taper reamer	莫氏錐度鉸刀	モールステーパリーマ	莫氏锥度铰刀
ortality	報廢率	廃却率	报废率
ortar	迫擊炮	モルタル	迫击炮;臼炮
ortise	榫眼〔槽〕	モーチス	榫眼〔槽〕
~ and tenon	榫接;透榫接合	ほぞ差し	榫接;透榫接合
~ and tenon joint	鑲榫接合;榫接合	ほぞ穴結合	镶榫接合;榫接合
~ bolt	平插銷	彫込み猿	平插销
~ chisel	榫齒	ほぞのみ	榫齿
~ gage	榫規;劃榫線具	ほぞ穴用け引き	榫规;划榫线具
~ joint	榫接	モーチスジョイント	榫接
~ lock	插鎖	彫込み箱錠	插锁
~ wheel	鑲齒齒輪	はめ歯歯車	镶齿齿轮
ortised block	鑲輪滑車	くりわく滑車	镶轮滑车
ortising machine	榫眼機;製榫機	モザイク	榫眼机;制榫机
osaic	鑲嵌;感光鑲嵌幕	モザイク	镶嵌;感光镶嵌幕
~ cathode	鑲嵌陰極	モザイク陰極	镶嵌阴极
~ egg	鑲嵌卵	モザイク卵	镶嵌卵
~ gold	馬賽克銅鋅合金	モザイクゴールド	马赛克铜锌合金
ota metal	內燃機軸承合金	モタメタル	内燃机轴承合金
otaloy	莫達洛伊錫合金	モータロイ	莫达洛伊锡合金
other	母模	マザー	母亲;母模;航空母机
~ alloy	母合金	マザーアロイ	母合金
~ blank	母坯料;母板	種板原板	母坯料;母板
~ liquer	母液	母液	母液
~ machine	機床;工作母機	マザーマシン	机床;工作母机
~ metal	母材;基體金屬	母材	母材;基体金属
~ oil	原油	原油	原油
otif	主題〔文藝作品〕;圖案	モチーフ	主题〔文艺作品〕;图案
otion	運動;動作;擺動;竄動	モーション	运动;动作;摆动;窜动
~ analysis	動作分析;運行分析	動作分析	动作分析;运行分析
~ command	動作命令	モーションコマンド	动作命令
~ control	運動控制;動作控制	運動制御	运动控制;动作控制
~ monitor	運動監測器	モーションモニタ	运动监测器
~ of electrode tip	銲條運行方式	運棒法	焊条运行方式
otive	移動的	モーティブ	移动的;不固定的
~ axle	運動軸	運動軸	运动轴

M

英文	臺灣	日文	大陸
moto-bug	電機干擾	モトバッグ	电机干扰
motor	電動機;發動機	モータ	电动机;发动机;摩托车
— alternator	電動交流發電機	電動交流発電機	电动交流发电机
— bearing	電動機軸承	モータベアリング	电动机轴承
— belt	電動機皮帶	電動機ベルト	电动机皮带
— boodter	電動升壓機	電動ブースタ	电动升压机
— circuit	電動機回路;動力電路	モータ回路	电动机回路;动力电路
— control	電動機控制	モータコントロール	电动机控制
— controller	電動機控制器	電動機制御器	电动机控制器
— damper	電動避震器	モータダンパ	电动减震器
— drill	手電鑽	モータドリル	手电钻
— drive	電機驅動(裝置)	モータドライブ	电机驱动(装置)
— driven blower	電動送風機	電動送風機	电动送风机
— fuel	汽車燃料;發動機燃料	自動車ガソリン	汽车燃料;发动机燃料
— gasoline	車用汽油	モータガソリン	车用汽油
— generator	電動發電機	モータジェネレータ	电动发电机
— grease	電動機潤滑油	モータグリース	电动机润滑油
— grinder	電動砂輪機	モータクラインダ	电动砂轮机
— hoist	電動吊車;電動起重機	モータホイスト	电动吊车;电动起重机
— pedestal	電動機台座	モータ台	电动机台座
— shaft	電動機軸	電動機軸	电动机轴
— siren	電動警笛	モータサイレン	电动警笛
— spirit	車用汽油	自動車ガソリン	车用汽油
— sprinkler	噴水車	散水車	喷水车
— starter	電動起動機	モータスタータ	电动起动机
motorcar body	汽車車身	自動車の車体	汽车车身
— engine	汽車發動機	自動車エンジン	汽车发动机
motoring	汽車運輸;汽車駕駛	モータリング	汽车运输;汽车驾驶
motorization	機械化	モータリゼーション	机械化;普及汽车
motorized adjusting screw	電動調整螺絲	電動調整ねじ	电动调整螺丝
— valve	電動閥	モータバルブ	电动阀
mottled appearance	花斑;斑點;表面麻點	まだら	花斑;斑点;表面麻点
— cast iron	斑鑄鐵	まだら鋳鉄	麻口(铸)铁
— grain	斑紋;斑點木紋	まだらもく	斑纹;斑点木纹
— iron	斑鑄鐵	まだら鋳鉄	麻口(铸)铁
— pig iron	斑鑄鐵	まだら銑	麻口铁〔马口铁〕
moulage	模壓法;澆鑄法	ムラージュ法	模压法;浇铸法
moulting	脫皮	脱皮(だっぴ)	脱皮
mounting	安裝;裝配	実装(じっそう)	安装;装配
— bar	裝配門	マウンティングバー	装配闩

文	臺　灣	日　文	大　陸
— base	安裝基座	取付け基部	安装基座
— distance	(齒輪的)裝配距離	組立て距離	(齿轮的)装配距离
— hole	安裝孔;固定孔	取付け穴	安装孔;固定孔
— screw	裝配螺釘	取付けねじ	装配螺钉
— torque	安裝扭矩〔力矩〕	取付けトルク	安装扭矩〔力矩〕
movabitity	可動性;遷移率	可動性	可动性;迁移率
movable accordion door	滑動折疊門	可動折たたみ戸	滑动折叠门
— bearing	可動支承;可動軸受	可動支承	可动支承;可动轴受
— coupling	活動聯軸器	動き連結機	活动联轴器
— crane	橋式吊車	動き起重機	桥式吊车
— die	活動模具	移動金敷	活动模具
— forg	活動轍叉〔岔〕	可動てっさ	活动辙叉〔岔〕
— pulley	滑動輪	動き調車	滑动轮
— skip	傾卸斗;翻轉式箕斗	可動スキップ	倾卸斗;翻转式箕斗
— support	活動支座〔架〕	移動支点	活动支座〔架〕
move	運動;轉送	ムーブ	运动;转送;传送;运转
— mode	移動方式;傳送方式	ムーブモード	移动方式;传送方式
movement	運動;運轉	ムーブメント	运动;运转;机构
— area	行動區域	行動区域	行动区域
— of air	空氣流動;氣體運動	気動	空气流动;气体运动
mover	發動機;推進器	ムーバ	发动机;推进器
movie	影片	映画フィルム	影片
moving	移動;活動	移動(いどう)	移动;活动
— apparatus	移動裝置	移動装置	移动装置
— axes (system)	運動座標(系)	運動座標(系)	运动坐标(系)
— belt	活動皮〔布;鋼;引〕帶	移動ベルト	活动皮〔布;钢;引〕带
— blade	轉動葉片	回転羽根	转动叶片
— brush	活動電刷;可移動電刷	可動ブラシ	活动电刷;可移动电刷
— coil motor	動圈式電動機	可動コイルモータ	动圈式电动机
— contact	活動觸點;活動接點	可動接点	活动触点;活动接点
— coordinate (system)	運動座標(系)	運動座標(系)	运动坐标(系)
— die	移動式模具	可動ダイス	移动式模具
— element	可動部分	可動部	可动部分
— form	移動式模板	移動型わく	移动式模板
— mass	運動質量	運動質量	运动质量
— part	可動部分	可動部分	可动部分
— range	移動範圍〔質量管理〕	移動範囲	移动范围〔质量管理〕
— saw	移動鋸;活動鋸	移動のこ	移动锯;活动锯
— system	運動系統	運動系	运动系统
— table	移動式工作台	可動テーブル	移动式工作台

M

英文	臺灣	日文	大陸
— without load	空運轉	空運搬	空运转
moving-magent	動磁鐵;動磁	ムービングマグネット	动磁铁;动磁
Ms quench	麻田散鐵等溫淬火	Ms クエンチ	马氏体等温淬火
M.T. magnet	鐵鋁碳合金磁鐵	M.T.磁石	铁铝碳合金磁铁
mucilage	黏質;膠水	ムシレージ	粘质;胶水
mucin	黏素;黏質;黏蛋白	ムシン	粘素;粘质;粘蛋白
muck	廢渣;熟鐵扁條	肥土（ひど）	废渣;熟铁扁条
— bar	壓條	錬鉄素材	压条;碾条;熟铁条
— iron	壓條;碾條	可鍛の塊鉄	压条;碾条
mudflap	刮泥板	泥のけフラップ	刮泥板
mudguard	擋泥板	どろよけ	挡泥板
muff coupling	套筒聯軸節	マッフカップリング	套筒联轴节
muffle	套筒	マッフル	套筒;马弗炉;隔焰炉
— furnace	馬弗爐;烙室爐	マッフル炉	马弗炉;套炉
mull	軟布;混砂	マル	软布;混砂;黑泥土
muller	研磨機;混砂機	マラー	研磨机;混砂机;研杵
mulling	混練;研磨	混練	混练;研磨
multiaperture	多孔	マルチアパーチャ	多孔
multiaxial strain gage	多軸應變儀	多軸ゲージ	多轴应变仪
— stress condition	多軸應力條件	多軸応力状態	多轴应力条件
— stretching	多軸拉伸	多軸延伸	多轴拉伸
multiaxis machine tools	多軸工作母機	多軸制御工作機械	多轴工作母机
multiaxle bogie car	多軸轉向車	複式ボギー車	多轴转向车
multicavity flash type mold	多模穴溢料式模具	数個取り流出し式金型	多型腔溢料式模具
— klystron	多腔速調管	多空胴クライストロン	多腔速调管
— mold	多穴金屬模具	多数個取り金型	多腔金属模具
— tool(ing)	多模穴模具	数個取り成形型	多型腔模具
multichain polymer	多鏈聚合物	多連鎖重合体	多链聚合物
multichip	多片	マルチチップ	多片
— device	多片(組裝)器件	マルチチップデバイス	多片(组装)器件
multicoating	多層塗膜	マルチコーティング	多层涂膜
multicoil model	多級螺旋模型	多重らせんモデル	多级螺旋模型
multicollar thrust bearing	多環式止推軸承	スラストつば軸受	多环式推力轴承
multicolumn	多層柱	多層カラム	多层柱
multiconnector	複式連接器	マルチコネクタ	复式连接器
multicontrol	集中控制;多(點)控制	マルチ制御	集中控制;多(点)控制
multicooler	多級冷卻器	マルチクーラ	多级冷却器
multicorner bending die	多角彎曲膜	多重曲げ型	多角弯曲膜
multicrank-engine	多曲柄式發動機	多クランク機関	多曲柄式发动机
multicut	多刀切削	マルチカット	多刀切削

英 文	臺 灣	日 文	大 陸
— lathe	多刀車床	マルチカットレース	多刃旋盘;多刀车床
multicutter	多刀	マルチカッタ	多刀
— turner	多刀刀架	マルチカッタターナ	多刀刀架;多刀旋转器
multicylinder engine	多缸發動機	多シリンダ機関	多缸发动机
— piston pump	多缸活塞泵	多筒ピストンポンプ	多缸活塞泵
multidecision	多重決策	多重決定	多重决策
multidevelopment	多次展開	多回展開	多次展开
multidiameter	多徑	多段軸	多径
multidimensional coding	多維編碼	多次元符号化	多维编码
— pattern classification	多維模式分類(法)	多次元パターン分類	多维模式分类(法)
— state-space model	多維狀態空間模型	多次元状態空間モデル	多维状态空间模型
multidirection	多方向	マルチディレクション	多方向
multidrill head	多軸鑽床主軸箱	マルチドリルヘッド	多轴钻床主轴箱
multidrive	多重驅動	マルチドライブ	多重驱动
multiedged tool	多刃工具	多刃バイト	多刃工具
multientry	多(路)入口	マルチエントリ	多(路)入口
multierror	多錯誤	多重誤り	多错误
multiflame torch	多焰噴嘴	多炎トーチ	多焰喷嘴;多焰焊炬
— welding	多焰銲接	多炎溶接	多焰焊接
mulfiflute end mill	多刃立銑刀	多刃エンドミル	多刃立铣刀
multifuel boiler	(多種燃料的)混燒鍋爐	混燃ボイラ	(多种燃料的)混烧锅炉
— engine	多種燃料發動機	多(種)燃料機関	多种燃料发动机
multifunction	多功能	マルチファンクション	多功能
multigage equipment	多軌距車輛	多軌間用(鉄道)車両	多轨距车辆
multigating	多點澆口	マルチゲート	复式浇口;多点浇口
multihead automatic lathe	多工作頭自動車床	多頭形自動旋盤	多工作头自动车床
— drilling machine	多軸鑽床	多頭ボール盤	多轴钻床
— stamping unit	多頭沖孔裝置	多頭打ちぬき装置	多头冲孔装置
— tenoner	多(主)軸開榫機	多軸ほぞ取り盤	多(主)轴开榫机
multihearth furnace	多層爐	多段床炉	多层炉
multiimpression mold	多模穴模具	数個取り金型	多型腔模具
— molding	多模穴模塑	数個取り成形	多型腔模塑
multijet type	多噴嘴式	多射形	多喷嘴式
multilayer	多層;多分子層	マルチレイヤ	多层;多分子层
— chromium plating	多層鍍鉻	多層クロムめっき	多层镀铬
— coil	多層線圈	多層コイル	多层线圈
— construction	多層結構	多層構造	多层结构
— insulation	多層絕熱	多層断熱	多层绝热
— nickel plating	多層鍍鎳	多層ニッケルめっき	多层镀镍
— plating	多層鍍	多層めっき	多层镀

M

英　文	臺　灣	日　文	大　陸
— weld(ing)	多層熔接	多層溶接	多层溶接;多层焊(接)
multilevel	多級	マルチレベル	多级
— automation	多級自動化	多重レベル自動化	多级自动化
multiload	多負載	マルチロード	多负载
multimachine	多機	多重ループ通信網	多机
— system	多機系統	マルチマシン	多机系统
multimode	多態	多機械システム	多态;多波型;多模式
multineme model	多線模型	マルチモード	多线模型
multinest	多嵌套	多糸モデル	多嵌套
multipart mold	多組件模具	マルチネスト	多组件模具
multipartitioned solution	多重分割解	数個割り型	多重分割解
multipass	多通路	多重分割解	多通路;多次行程
— heat exchanger	多流熱交換器	多通路	多流热交换器
multiphase	多階段	多流熱交換器	多阶段;多相的
multipiece mold	多構件模具	マルチフェーズ	多构件模具
— ring	組合式油環	数個構成金型	组合式油环
multiple access	多路通信	マルチピースリング	多路通信
— bank	複接排	マルチプルアクセス	复接排
— belt	多條皮帶(傳動)	多接点バンク	多条皮带(传动)
— bend die	多折彎曲模	マルチプルベルト	多折弯曲模
— bonding	多引線銲接	多数同時曲げ型	多引线焊接
— cavity mold	多模穴模具	マルチボンディング	多型腔模具
— clutch	複式離合器	数個取り金型	复式离合器
— connection	並聯連接	マルチプルクラッチ	多头接合;并联连接
— contact	複式接點	集合接続	复式接点
— cutting	多刀切削	複式接点	多刀切削
— cylinder	複式氣缸	重ね裁ち	多(气)缸;复式气缸
— diameter drill	階梯鑽頭	マルチプルシリンダ	复合钻头;阶梯钻头
— die	多工件模	ダイヤメータドリル	多工件模
— disc clutch	多片(式)離合器	マルチプル型	多片(式)离合器
— drill	多軸鑽床	多板クラッチ	多轴钻床
— drive	多路驅動	複式ボール盤	多路驱动
— forge die	複式鍛模	マルチプル駆動	复式锻模
— fork	多叉連接器	多数個打ち型	多叉连接器
— gating	多點澆口	マルチフォーク	复式浇口;多点浇口
— hit	多擊	マルチゲート	多击
— hole die	多孔模〔模鍛用〕	多ヒット	多孔模〔模锻用〕
— impression die	多型槽鍛模	多孔型〔型鍛造用〕	多型槽锻模
— impulse welding	脈衝銲(接)	パルセーション溶接	脉冲焊(接)
— ionization	多次電離	多重イオン化	多次电离

文	臺灣	日文	大陸
ayer welding	多層銲	多層溶接	多层焊
operation	多重操作	多重操作	多重操作
operation die	多工序模具	多段成形型	多工序模具
process	多段精鍊法	多段精錬法	多段精链法
processing	多重處理	多重処理	多重处理;多道处理
punching machine	多頭沖床	複式押抜き機	多头冲床;多头冲压机
regression	多重回歸	重回帰	多重回归
rest	複式刀架	複式刃物台	复式刀架
riveting die	多點鉚釘接模	多列リベット接合型	多点铆钉接模
ow blanking	多排沖裁	多列抜き	多排冲裁
seated valve	多座閥	多数座弁	多座阀
shearing machine	複式剪床	複式シャー	复式剪床
start screw	多頭螺紋	八重ねじ	多头螺纹
strands chain	多排鏈條	多列チェーン	多排链条
hread	多頭螺紋	多条ねじ	多头螺纹
thread screw	多頭螺紋	多条ねじ	多头螺纹
hread tap	多頭螺紋絲攻	多条ねじタップ	多头螺纹丝锥
ltiple-effect	多效	多面効果	多效
efrigerator	多效製冷機	多効冷却器	多效制冷机
ltiple-spindle drilling	多軸鑽孔	多軸穴あけ	多轴钻孔
drilling mcahine	多軸鑽床	多軸ボール盤	多轴钻床
mcahine tools	多軸機床	多軸工作機械	多轴机床
milling machine	多軸銑床	多軸フライス盤	多轴铣床
ype	多軸型	多軸形	多轴型
ltiple-spot scanning	多光點掃描	多重スポット走査	多光点扫描
welding	多點點銲	多極スポット溶接	多点点焊;多极点焊
ltiplex	多路複用;多工(操作)	マルチプレックス	多路复用;多工(操作)
heat treatment	反複熱處理	多段熱処理	反复热处理
system	多路方式	多重方式	多路方式;多工制
ltiplexer	多路掃描器	マルチプレクサ	多路扫描器
ltiplication	增值	乗算	增值;乘法;倍增
ltiplicity	重複性	重複度	重复性;多重性
cutting	二次切割	セカンドカット	二次切割
ltiplier	倍增器	逓倍器	倍增器;乘法器
ltipoint adsorption	多點吸附	多点吸着	多点吸附
ltipolar armature	多極式電樞	多極式発電子	多极式电枢
dynamo	多極直流發動機	多極直流発電機	多极直流发动机
generator	多極發動機	多極発電機	多极发动机
ltiposition action	多位(置)控制	多位置動作	多位(置)控制
ltiprecision	多倍精度	多重精度	多倍精度

英文	臺灣	日文	大陸
multiprobe	多探針(法)	マルチプローブ	多探针(法)
multiprocessing	多重處理;多道處理	多重プロセシング	多重处理;多道处理
multiprogram	多道程式	マルチプログラム	多道程序
multirange instrument	多量程儀錶	多重範囲計器	多量程仪表
— meter	多量程儀錶	マルチレンジメータ	多量程仪表
multirow bearing	多列軸承	多列軸受け	多列轴承
— redial engine	多重星形發動機	多重星形発動機	多重星形发动机
multirun welding	多道銲	マルチパス溶接	多道焊
multishaft compressor	多轉子壓縮機	多軸圧縮機	多转子压缩机
— gas turbine	多軸燃氣輪機	多軸形ガスタービン	多轴燃气轮机
— type	多軸型	多軸形	多轴型
multisize collet	鑲爪筒夾;可換爪筒夾	マルチサイズコレット	镶爪筒夹;可换爪筒夹
multisocket	多插口〔孔〕	マルチソケット	多插口〔孔〕
multispeed control action	多速控制〔調整〕作用	多速度動作	多速控制〔调整〕作用
— epicyclic gear box	多速行星齒輪裝置	多段速度遊星歯車装置	多速行星齿轮装置
— motor	多速電動機	多速度電動機	多速电动机
multispindle automatic lathe	多軸自動車床	多軸自動旋盤	多轴自动车床
— drilling machine	多軸鑽床	多軸ボール盤	多轴钻床
— head machine	多主軸箱機床	ヘッドマシン	多主轴箱机床
— head unit	多軸頭裝置	多軸ヘッドユニット	多轴头装置
— machine tools	多軸機床	多軸工作機械	多轴机床
— winder	多軸卷繞機	多軸巻取り機	多轴卷绕机
multispot welding	多點點銲	多極点溶接	多点点焊
— welding machine	多點點銲機	マルチスポット溶接機	多点点焊机
multistage	多段	マルチステージ	多段;多级;级联的
— deep drawing	多工位連續深拉深	多工程絞り	多工位连续深拉深
— die	多工位連續模	マルチステージダイス	多工位连续模
— gear pump	多級齒輪泵	多段式歯車ポンプ	多级齿轮泵
— machining	多級加工	多工程加工	多级加工
— model	多段階模型	多段階模型	多段阶模型
— tools	多工位連續模	多段送り型	多工位连续模
multistation	多工位	マルチステーション	多工位;多台;多站
— special purpose machine	多工位專用機床	専用工作機械	多工位专用机床
multitap	多插頭插座	マルチタップ	多插头插座
— connector	多插頭接插件	マルチタップコネクタ	多插头接插件
multitask	多重任務	マルチタスク	多重任务
— system	多任務系統	多重タスクシステム	多任务系统
multithread gear hob	多頭(齒輪)滾刀	多条ホブ	多头(齿轮)滚刀
— screw	多線螺紋;多頭螺紋	八重ねじ	多线螺纹;多头螺纹
multitool cutting	多刀切削	多刃削り	多刀切削

文	臺灣	日文	大陸
lathe	多刀車床	多刃旋盤	多刀车床
rest	多刀刀架	多刃刃物台	多刀刀架
ltivariant system	多變系	多変系	多变系
ltivariate analysis	多變量分析	多変量解析	多变量分析
ltivector	多重向〔矢〕量	マルチベクトル	多重向〔矢〕量
ltivoltage generator	多電壓發電機	多電圧発電機	多电压发电机
ltiway access	多路存取	多方向アクセス	多路存取
ltiwheel	多砂輪	マルチホイール	多砂轮;多轮
ltizone relay	分段限時繼器	段限時継電器	分段限时继器
ndic	磁黃鐵礦	磁硫鉄鉱	磁黄铁矿
ngoose metal	芒戈斯銅鎳鋅合金	マングースメタル	芒戈斯铜镍锌合金
ntin	窗格條	組子	窗格条
ntz metal	四-六黃銅	マンツ金	四-六黄铜;铜锌合金
rex hot cracking test	穆勒克斯熱裂試驗	高温割れ試験	穆勒克斯热裂试验
schketowite	六方磁鐵礦	ムシュケトフ石	六方磁铁矿
scle	肌肉	筋肉	肌肉
seum	博物館	博物館	博物馆
sh	噪音	ムッシュ	噪音;干扰;分谐波
shet steel	自硬鋼;高碳素錳鋼	マセット鋼	自硬钢;高碳素锰钢
shroom	蘑菇;蘑菇狀物〔煙雲〕	マッシュルーム	蘑菇;蘑菇状物〔烟云〕
follower	(凸輪的)菌形隨動片	曲面従節	(凸轮的)菌形随动片
valve	菌形閥	マッシュルーム弁	菌形阀
tamer	變構物;旋光異構物	変性体	变构物;旋光异构物
tamerism	變旋光現象	突然変異性	变旋光现象
tant	突變體;突變型	突然変異株	突变体;突变型;突变种
temp	鐵鎳合金	ミュテンプ	铁镍合金
ting	靜噪	ミューティング	静噪
tual action	相互作用	相互作用	相互作用
attraction	互相吸引	相互吸引	互相吸引
bearing	相互方位	相互方位	相互方位
complementation	互補	相互補償	互补
effect	相互作用	相互作用	相互作用
mass	相互質量	相互質量	相互质量
reaction	相互反應	相互反応	相互反应
recursion	相互遞歸〔迴〕	相互回帰	相互递归
zzle	炮口	火身口	炮口;枪口
opia	近視	近視	近视
riabit	萬位	ミリアビット	万位
riagram	萬克	ミリアグラム	万克
rialiter	萬升	ミリアリットル	万升

M

英文	臺灣	日文	大陸
myriametre	萬米;超長	ミリアメートル	万米;超长

文	臺灣	日文	大陸
ade	納德銅基合金	ネーダ	纳德铜基合金
dorite	氯銻鉛礦	ナドーライト	氯锑铅矿
il	(鐵)釘	くぎ	(铁)钉;型钉;圆钉
- claw	拔釘鉗	くぎのつめ	拔钉钳;钉爪
- extractor	起釘器;拔釘器	くぎ抜き	起钉器;拔钉器
- hammer	釘錘	ネールハンマ	钉锤
- puller	拔釘器	くぎ抜き	拔钉器
- punch	釘形沖頭	ネールパンチ	钉形冲头
- rod	製釘用礦	くぎ材	制钉用矿
- set	釘釘器	くぎ締め	钉钉器
iled joint	釘結合	くぎ継ぎ手	钉结合;钉接头
ilhead	釘頭〔帽〕	ネールヘッド	钉头〔帽〕
- medallion	裝飾性釘頭蓋板〔釘帽〕	くぎ隠し	装饰性钉头盖板〔钉帽〕
ak	鈉鉀共晶合金	ナック	钠钾共晶合金
no	納諾〔10^{-9}〕	ナノ	纳(诺)
nosecond	納秒	ナノセカンド	纳秒
novolt	納伏	ナノボルト	纳伏
nowatt	納瓦	ナノワット	纳瓦
ap	細毛	毛羽立て	细毛;绒;起毛
apalm	納旁〔一種鋁皂〕	ナパーム	纳旁〔一种铝皂〕
apelline	烏頭	ナペリン	乌头
aphtha	石腦油;(粗)揮發油	ナフサ	石脑油;(粗)挥发油
aphthalide	奈基金屬	ナフサライド	奈基金属
appe	溢流水舌;推覆體	ナップ	溢流水舌;推覆体
- structure	推覆構造	デッケ構造	推覆构造
apping machine	起絨機	ナッピング機	起绒机;起毛机
arcissin(e)	水仙	ナルシッシン	水仙
arite	納里特鋁青銅	ネライト	纳里特铝青铜
arki metal	耐酸鐵矽合金	ナルキメタル	耐酸铁硅合金
arrow angle diffusion	窄角擴散	狭角拡散	窄角扩散
- angle luminaire	窄角照明設備	狭角照明器具	窄角照明设备
- base	薄基底	ナローベース	薄基底
- fraction	窄餾份	狭搾分留	窄馏份
- gage	窄軌	狭軌	窄轨
- gap welding	狹(窄)間隙銲接	ナロウギャップ溶接	狭(窄)间隙焊接
- guide	窄導軌〔槽〕	ナローガイド	窄导轨〔槽〕
- neck	狹頸	ナローネック	狭颈
- scale	窄尺;條尺	ナロースケール	窄尺;条尺
- V belt	窄三角帶	細幅Vベルト	窄三角带
arrowband	窄(頻)帶	狭帯域	窄(频)带

英文	臺灣	日文	大陸
narrow-mouthed bottle	細口瓶	細口びん	细口瓶
nascency	初生態;新生態	発生機	初生态;新生态
nasturan	方鈾礦	れき青ウラン鉱	方铀矿
national atlas	國家地圖集	ナショナルアトラス	国家地图集
— coarse thread	(美)國家標準粗牙螺紋	アメリカ規格並目ねじ	(美)国家标准粗牙螺纹
— taper	國家標準錐度	ナショナルテーパ	国家标准锥度
native amalgam	天然汞合金	天然アマルガム	天然汞合金
— antimony	自然銻	自然アンチモン	自然锑
— bismuth	天然鉍	自然ビスマス	天然铋
— coke	天然焦炭〔煤〕	天然コークス	天然焦炭〔煤〕
— copper	自然銅	自然銅	自然铜
— element	自然元素	自然元素	自然元素
— gold	自然金	自然金	自然金
— iron	自然鐵	自然鉄	自然铁
— metal	天然金屬	自然金属	天然金属
— platinum	天然白金	自然白金	天然白金
— silver	自然銀	自然銀	自然银
natrium, Na	鈉	ナトリウム	钠
naturadioisotope	天然放射性同位素	自然放射性同位元素	天然放射性同位素
natural abrasive	天然磨料	天然研削材	天然磨料
— abundance	自然豐度	天然存在度	自然丰度
— accelerator	天然(硫化)催化劑	天然(加硫)促進剤	天然(硫化)催化剂
— aging	自然時效	自然時効	自然时效;常温时效
— alloy	天然合金	天然合金	天然合金
— daylight	(白天)自然採光	自然照明	(白天)自然采光
— desiccate	風乾;自然乾燥	風乾	风乾;自然乾燥
— element	天然元素	天然元素	天然元素
— emery	自然金鋼砂	天然エメリ	自然金钢砂
— environment	自然環境	自然環境	自然环境
— error	自然誤差	自然誤差	自然误差
— gas	天然氣	天然ガス	天然气
— gas industry	天然氣工業	天然ガス工業	天然气工业
— hardness	自然硬度	自然硬度	自然硬度
— head	自然落差	自然落差	自然落差
— high polymer	天然(的)高分子(物質)	天然高分子	天然(的)高分子(物质)
— law	自然法則	自然法則	自然法则
— light	自然光	自然光	自然光;天然光
— logarithm	自然對數	自然対数	自然对数
— mica	天然雲母	生マイカ	天然云母
— model	自然模型	自然なモデル	自然模型

N

文	臺灣	日文	大陸
number	自然數	自然数	自然数
oscillation	固有振動;自然振動	固有振動	固有振动;自然振动
power generation	地熱發電	地熱発電	地热发电
resource	天然資源	天然資源	天然资源;自然资源
sand	天然砂	天然砂	天然砂
size	實寸;原尺寸	現尺	实寸;原尺寸
stopping	慣性前進距離	惰性前進距離	惯性前进距离
strain	固有應變	自然ひずみ	固有应变
unit	自然單位	自然単位	自然单位
uranium	天然鈾	天然ウラン	天然铀
turally aspirated engine	自然吸氣發動機	無過給機関	自然吸气发动机
hardened steel	空冷硬化鋼;自硬鋼	自然焼入り鋼	空冷硬化钢;自硬钢
turalness	自然度;逼真度	自然度	自然度;逼真度
ture	自然;本性	自然	自然;本性;特性
ught	零	零(れい)	零;无价值
umannite	硒銀礦	セレン銀鉛鉱	硒银矿
val architect	造船技師	造船技師	造船技师
brass	海軍黃銅;船用黃銅	ネーバルブラス	海军黄铜;船用黄铜
ve	輪鼓;套;中廊〔堂〕	ネイブ	轮鼓;套;中廊〔堂〕
vigation	航法;導航;海上交通	ナビゲーション	航法;导航,海上交通
vigator	導航儀;領航員;航海家	ナビゲータ	导航仪;领航员;航海家
vipendulum	減搖擺	ナビペンデュラム	减摇摆
vvy	土木工人	工夫(こうふ)	土木工人;挖齿机
vy	海軍(人員;部)	ネービー	海军(人员;部);藏青色
bronze	海軍青銅	ネービーブロンズ	海军青铜
C contact	常閉接點	NC 接点	常闭接点;常闭触点
C cutting machine	數控剪床	NC 切断機	数控剪床
C diesinking machine	數控刻模機	数値制御ダイシンカ	数控刻模机
C machine tools	數控機床	数値制御工作機械	数控机床
C mcahining system	數控機加工系統	NC 機械加工システム	数控机加工系统
C profiler	數控型面銑床	N/ C プロファイラ	数控型面铣床
C robot	數控機器人	数値制御ロボット	数控机器人
C tape	數控帶	NC テープ	数控带
C-thread	美國標準〔普通〕螺紋	アメリカ並目ねじ	美国标准〔普通〕螺纹
ar	(接)近;鄰接	ニア	(接)近;邻接;附近
collision	相撞危險	衝突危険	相撞危险
infrared	近紅外	近赤外線	近红外
arly	概略地	ニアリ	概略地;(接)近;大约
ear-miss	幾乎相撞	衝突危険	几乎相撞
arside lane	外側車道	外側車線	外侧车道

英文	臺灣	日文	大陸
neat cement	純水泥	純セメント	纯水泥
neatness	純淨度	純浄度	纯净度
nebulization	噴霧(作用)	噴霧	喷雾(作用)
nebulizer	噴霧器	ネブライザ	喷雾器
necessity	必要(性)	必要（性）	必要(性);需要;必需品
neck	頸彎;凹槽	ネック	颈弯;凹槽;短管;窄路
— bear(ing)	頸軸承	ネックベアリング	弯颈轴承
— bush	內襯套;軸頸套	ネックブシュ	内衬套;轴颈套
— collar	軸頸環;軸承環	ネックカラー	轴颈环;轴承环
— diameter	頸口直徑	ネックの径	颈口直径
— grease	頸口潤滑油	ネックグリース	颈口润滑油
— in	(邊緣)向內彎曲;	ネックイン	(边缘)向内弯曲;
— length	頸口長度	ネックの長さ	颈口长度
— rest	軸頸支座	ネックレスト	轴颈支座
necking	頸部;縮頸(現象)	ネッキング	颈部;缩颈(现象)
— bite	切槽車刀	ネッキングバイト	切(退刀)槽车刀
— down	頸縮	ネックダウン	颈缩;断面收缩;缩口
— down method	頸縮法	ネッキングダウン法	颈缩法
needle	指針;探針	ニードル	指针;探针;针;针状物
— arc welding	微束電漿銲	ニードルアーク溶接	微束等离子焊
— bearing	滾針軸承	ニードルベアリング	滚针轴承
— blow	針吹法	注射針吹込み	针吹法
— cam	針凸輪	ニードルカム	针凸轮
— crystal	針狀結晶	針状結晶	针状结晶
— etching	針刻	ニードルエッチング	针刻
— gagep	針規	ニードルゲージ	针规
— file	什錦銼	共柄やすり	什锦锉;针锉
— piston	針形活塞	ニードルピストン	针形活塞
— point	針尖	ニードルチップ	针尖
— punch	針狀凸模	ニードルポンチ	针状凸模;细针冲头
— roller	(軸承的)滾針	ニードルローラ	(轴承的)滚针
— roller cup	滾針帽	ニードルローラカップ	滚针帽
— valve	針閥	ニードルバルブ	针阀;针塞;油针
— valve seat	針(閥)座	ニードルバルブシート	针(阀)座
Needle bronze	尼德爾鉛青銅	ニードルブロンズ	尼德尔铅青铜
NEF-thread	特細牙螺紋〔美國標準〕	アメリカ極細目ねじ	特细牙螺纹〔美国标准〕
negation	否定	（論理）否定	否定;非
negative	陰性(的)	ネガ	阴性(的);负性(的)
— acceleration	負加速度	負加速度	负加速度
— damping	負阻尼	負の減衰	负阻尼

文	臺灣	日文	大陸
lie	陰模	雌型	阴模
lement	陰性元件	陰性元素	阴性元件
ilm	底片	ネガチブフィルム	底片;负片
riction	負摩擦(阻)力	ネガチブフィルタ	负摩擦(阻)力
low	陰極輝光	負グロー	阴极辉光
roup	負(電)根	陰（電）性根	负(电)根;负(性)基
ardening	軟化淬火處理	ネガチブ焼入れ	软化淬火处理
nodel	陰模	陰原型	阴模
umber	負數	負（の）数	负数
olarity	負極性	負（の）極性	负极性
ole	負極	ネガチブポール	负极;阴极
otential	負電位	陰電位	负电位
einforcement	負彎矩鋼筋	負鉄筋	负弯矩钢筋
eplica	複製陰模	ネガレプリカ	复制阴模
ide rake	負側傾角	ネガチブサイドレーキ	负(刃)侧倾角
ign	負號	負号	负号
lip	負滑距	負失脚	负滑距;负滑脱
tress	負應力	負応力	负应力
ion	陰離子	ネギオン	阴离子
lect	忽略	ネグレクト	忽略;忽视;遗漏
r's method	涅爾法	ネールの方法	涅尔法
hborhood	鄰域;鄰近	近傍	邻域;邻近
hboring element	相鄰(單)元	隣接要素	相邻(单)元;相邻要素
alite	纖水滑石;氫氧化鎂	繊維水滑石	纤水滑石;氢氧化镁
gen	內奧根黃銅	ネオゼン	内奥根黄铜
genesis	新生;再生	新生	新生;再生
lithic Age	新石器時代	新石器時代	新石器时代
magnal	鋁鎂鋅耐蝕合金	ネオマグナール	铝镁锌耐蚀合金
n,Ne	氖;霓虹燈	ネオン	氖;霓虹灯
rc lamp	氖弧燈;熱陰極氖燈	ネオンアーク灯	氖弧灯;热阴极氖灯
ulb	氖管	ネオン管	氖管
harge	充氖	ネオン充てん	充氖
illing	充氖	ネオン充てん	充氖
as	氖氣	ネオンガス	氖气
ndicator	氖指示燈	ネオン指示管	氖指示灯
amp	氖管〔燈〕;霓虹燈	ネオンランプ	氖管〔灯〕;霓虹灯
ube lamp	氖管燈;霓虹燈	ネオン管ランプ	氖管灯;霓虹灯
nalium	內奧納利烏姆鋁合金	ネオナリウム	内奥纳利乌姆铝合金
purpurite	異磷鐵錳礦	ネオパープライト	异磷铁锰矿
-Roman	新羅馬式	ネオローマン	新罗马式

英文	臺灣	日文	大陸
neotantalite	黄鉬鐵礦	ネオタンタル石	黄钽铁矿
neotype	新模式標本	新基準標本	新模式标本
nep	棉結	ネップ	棉结;白星;毛结
neper	奈培〔衰減單位〕	ネーパ	奈培〔衰减单位〕
nephrite	軟玉	軟玉	软玉
neptunism	(岩石)水成論	主水説	(岩石)水成论
Nergandin	内甘丁7:3黄銅	ナーガンディン	内甘丁7:3黄铜
Nernst diffusion layer	能斯脫擴散層	ネルンスト拡散層	能斯脱扩散层
— glower	能斯脫發光元件	ネルンストグロア	能斯脱发光元件
nerve	神經;回縮性	ナーブ	神经;回缩性
nervous system	神經系統	神経系	神经系统
nest	座;組;群;礦巢	ネスト	座;组;群;矿巢;窝;穴
— of roller	滾柱窩	ころ穴	滚柱窝
nestable container	嵌合容器	はめあわせようき	嵌合容器
— cell	嵌套單元	ネステッドセル	嵌套单元
— stack automaton	嵌套棧自動機	いれこしき〜	嵌套栈自动机
— structure	嵌套結構	入れ子構造	嵌套结构
nesting	成套;套裝;(構成)嵌套	入れ子構成	成套;套装;(构成)嵌套
— error	嵌套錯誤	ネスティングエラー	嵌套错误
net	網狀的;淨的	ネット	网状的;净的;纯(净)的
— acceleration	正味加速度;淨加速度	正味加速度	正味加速度;净加速度
— amount	淨總值	正味	净总值;净数
— area	淨面積	正味面積	净面积
— benefit	純受益	純便益	纯受益
— capacity	淨容量	正味容量	净容量
— capital	淨資本	正味資本	净资本
— density	淨密度	純密度	净密度
— effect	淨效應	正味効率	净效应
— efficiency	淨效率;有效效率	正味効果	净效率;有效效率
— energy	淨能量	正味エネルギー	净能量
— horsepower	淨馬力;有效馬力	正味馬力	净马力;有效马力
— lace	網狀帶	チュールレース	网状带
— lift	有效升程;有效揚程	ネットリフト	有效升程;有效扬程
— load	淨負載	正味荷重	净载荷
— loss	淨損耗	ネットロス	净损耗
— making machine	製網機	製網機	制网机
— output	淨輸出	送電端出力	净输出
— price	實價;淨價	ネットプライス	实价;净价
— profit	淨利潤;純利潤	純利益	净利润;纯利润
— pump head	淨揚程	全揚程	净扬程

文	臺 灣	日 文	大 陸
rating	純(額定)功率	ネットレーチング	纯(额定)功率
sectional area	有效截面面積	純断面積	有效截面面积
sling	網形吊具	ネットスリング	网形吊具
stock	淨庫存(量)	正味在庫量	净库存(量)
thrust	實效推力;淨推力	有効推力	实效推力;净推力
time	加工時間;有效時間	正味時間	加工时间;有效时间
ton	淨噸;美噸	ネットトン	净吨;美吨
tonnage	淨噸位	純トン数	净吨位
vehicle weight	車輛淨重	正味車両重量	车辆净重
velocity	淨速度	正味速度	净速度
weight	淨重	正味重量	净重
work	淨功;有效功	ネットワーク	净功;有效功
tying	結網	網状結合	结网
work	網狀組織〔構造〕;網路	ネットワーク	网状组织〔构造〕;网路
cementite	網狀雪明碳鐵	網状セメンタイト	网状渗碳体
connect	網絡連接	ネットワークコネクト	网络连接
control	網絡控制	ネットワーク制御	网络控制
like connection	網狀連結	ネットワーク状接続	网状连结
mode	網絡模式	ネットワークモード	网络模式
model	網絡模型	ネットワークモデル	网络模型
node	網絡結點	ネットワークノード	网络结点
polymer	網狀聚合物	網状重合体	网状聚合物
structure	網狀構造;網狀組織	網状組織	网状构造;网状组织
rone	神經元;軸索	ニューロン	神经元;轴索;轴突
ter	中性;無性	中性	中性;无性
tral	中性的;中(性)線	ニュートラル	中性的;中(性)线
absorber	中性吸收器	中性吸収器	中性吸收器
angle	中心角	ニュートラルアングル	中心角
atom	中性原子	中性原子	中性原子
axis	中性軸	中立軸	中性轴
axis depth ratio	中性軸比	中立軸比	中性轴比
axis of the beam	橫梁中性軸	はりの中立軸	横梁中性轴
axis ratio	中性軸比	中立軸比	中性轴比
body	中性體	中性体	中性体
burning	等面燃燒;定推力燃燒	定面燃焼	等面燃烧;定推力燃烧
catalyst	中性觸媒;中性催化劑	中性触媒	中性触媒;中性催化剂
corpuscle	中性微粒;中性粒子	中性微粒子	中性微粒;中性粒子
curve	中性曲線	中性曲線	中性曲线
earthing	中性點接地	中性点接地	中性点接地
element	中性元素	中性元素	中性元素

英文	臺灣	日文	大陸
— equilibrium	中性平衡	中立平衡	中性平衡;随遇平衡
— flame	中性火焰;標準火焰	中性炎	中性火焰;标准火焰
— line	中性線	中立線	中性线
— loading	中性負載	中立負荷	中和负载;中性负载
— meson	中性介子	中性中間子	中性介子
— molecule	中性分子	中性分子	中性分子
— oil	中性(潤滑)油	ニュートラル油	中性(润滑)油
— particle	中性粒子	中性粒子	中性粒子
— pitch	中和螺距	中立ピッチ	中和螺距
— plane	中性面	中立面	中性面;中和面
— point	中性點	中立点	中性点;中和点
— position	中性位置	中立	中性位置;空档
— pressure	中性壓力	中立圧力	中性压力
— sand	中性砂	中立砂	中性砂
— stress	中和應力	中立応力	中和应力
— surface	中性面	中立面	中性面;中和面
— temperature	(熱電偶)中性溫度	中性温度	(热电偶)中性温度
— terminal	中性點接線端	Nターミナル	中性点接线端
— zone	中性區	中立帯	中性区;无作用区
neutrality	中性	ニュートラリティ	中性;中和
— condition	中性〔和〕條件	中性条件	中性〔和〕条件
neutralization	中和作用	中性化	中和作用
neutralizer	中和器〔劑〕	中和器	中和器〔剂〕;
neutret(to)	中(性)介子	ニュートリノ	中(性)介子
neutrino	中性微子	ニュートリノ	中性微子
neutron	中子	中性子	中子
new-look	最新樣式	ニュールック	最新样式
Newloy	一種耐蝕銅鎳合金	ニューロイ	纽洛伊耐蚀铜镍合金
Newman chart	紐曼線圖	ニューマン線図	纽曼线图
— furnace	紐曼爐〔煉鉛用〕	ニューマン炉	纽曼炉〔炼铅用〕
newton	牛頓〔力的單位〕	ニュートン	牛顿〔力的单位〕
Newton alloy	牛頓鉍鉛錫易熔合金	ニュートン合金	牛顿铋铅锡易熔合金
— diameter	牛頓直徑	ニュートン径	牛顿直径
— efficiency	牛頓效率	ニュートン効率	牛顿效率
— law	牛頓定律	ニュートンの法則	牛顿定律
— law of motion	牛頓運動定律	ニュートンの運動法則	牛顿运动定律
— metal	錫鋁鉍合金	ニュートンスメタル	锡铝铋合金
— method	牛頓法	ニュートン法	牛顿法
— ring	牛頓環	ニュートンリング	牛顿环
Newtonian body	牛頓黏度	ニュートン粘性	牛顿粘度

文	臺灣	日文	大陸
folw	牛頓型流動	ニュートン流れ	牛顿型流动
fluid	牛頓流體	ニュートン流体	牛顿流体
force	牛頓引力	ニュートンの引力	牛顿引力
liquid	牛頓液體	ニュートン液体	牛顿液体
mechanics	牛頓力學	ニュートン力学	牛顿力学
substance	牛頓物質	ニュートン物質	牛顿物质
viscosity	牛頓黏滯性	ニュートン粘性	牛顿粘滞性
F-thread	(美制)細牙螺紋	アメリカ細目ねじ	(美制)细牙螺纹
FB margin	負反饋裕度	NFB マージン	负反馈裕度
iag	一種含鉛黃銅	ニアーグ	尼阿格含铅黄铜
b	字模;孔眼	ニブ(ス)	字模;孔眼;爪;钢笔尖
bbler	步衝輪廓機	ニブラ	步冲轮廓机
bbling	步衝輪廓法	ニブリング	步冲轮廓法
- apparatus	步衝輪廓機	ニブリング装置	步冲轮廓机
- machine	步衝輪廓機	ニブリングマシン	步冲轮廓机
- shear	分段剪切	ニブリングシャー	分段剪切
icalloy	鎳錳鐵合金	ニッカロイ	镍锰铁合金
carbing	(氣體)碳氮共滲	浸炭窒化	(气体)碳氮共渗
oho	適當的位置	ニッチ	适当的位置
ichrome	鎳鉻耐熱合金	ニクロム	镍铬耐热合金
- heater	鎳鉻合金加熱器	ニクロムヒータ	镍铬合金加热器
- resistor	鎳鉻電阻(器)	ニクロム抵抗	镍铬电阻(器)
- wire	鎳鉻電熱絲	ニクロム線	镍铬电热丝
ick	刻痕;缺口	ニック	刻痕;缺口;裂纹;缝隙
- bend test	缺口彎曲試驗	切欠き曲げ試験	缺口弯曲试验
- break test	缺口斷裂試驗	切欠き破断試験	缺口断裂试验
ickel,Ni	鎳	ニッケル	镍
- alloy	鎳合金	ニッケルアロイ	镍合金
- aluminide	鎳鋁合金;鋁化鎳	ニッケルミナイド	镍铬合金;铝化镍
- aluminium	鎳鋁;三鋁化鎳	ニッケルアルミニウム	镍铝;三铝化镍
- ammine	鎳的氨合物	ニッケルアンミン	镍的氨合物
- base	鎳基底	ニッケルベース	镍基底
- bath	鍍鎳浴	ニッケルめっき浴	镀镍浴
- cast iron	含鎳鑄鐵	ニッケル鋳鉄	含镍铸铁
- cast steel	鎳鑄鋼	ニッケル鋳鋼	镍铸钢
- catalyzer	鎳催化劑	ニッケル触媒	镍催化剂
- chemical plating	化學鍍鎳	ニッケル化学めっき	化学镀镍
- chrome alloy steel	鎳鉻合金鋼	ニッケルクロム合金鋼	镍铬合金钢
- cobalt alloy	鎳鈷合金	ニッケルコバルト合金	镍钴合金
- dioxide	二氧化鎳	二酸化ニッケル	二氧化镍

英文	臺灣	日文	大陸
— electrode	鎳電極	ニッケル（アーク）	镍电极;镍焊条
— electroforming	鎳電鑄	ニッケルの電鋳	镍电铸
— facing	鍍鎳	ニッケルめっき	镀镍
— ion	鎳離子	ニッケルイオン	镍离子
— layer	鎳層	ニッケル層	镍层
— ore	鎳礦	ニッケル鉱	镍矿
— oreide	鎳黃銅	ニッケルオレイド	镍黄铜
— oxide	氧化鎳	酸化ニッケル	氧化镍
— pellet	鎳粒	粒状ニッケル	镍粒
— plating	鍍鎳	ニッケルめっき	镀镍
— print	鎳印痕法	ニッケルプリント	镍印痕法
— seal	鎳密封	ニッケルシール	镍密封;镍焊封
— silver	鋅白銅;銅鎳鋅合金	ニッケルシルバ	锌白铜;铜镍锌合金
— steel	鎳鋼	ニッケルスチール	镍钢
nickel chromium cast iron	鎳鉻鑄鐵	ニッケルクロム鋳鉄	镍铬铸铁
— cast steel	鎳鉻鑄鋼	ニッケルクロム鋳鋼	镍铬铸钢
— steel	鎳鉻鋼	ニッケルクロム鋼	镍铬钢
nucjek clad copper	鍍鎳銅	ニッケル被覆銅	镀镍铜
— iron plate	覆鎳鋼板	被ニッケル鋼板	覆镍钢板
Nickelex	光澤鍍鎳法	ニッケルックス	光泽镀镍法
Nickelin	一種銅基耐蝕合金	ニッケリン	尼格林铜基耐蚀合金
Nickeline	一種錫基合金	ニッケライン	尼克拉英锡基合金
nickelizing	電(解)鍍鎳	ニッケライジング	电(解)镀镍
Nickeloy	一種鎳鐵合金	ニッケロイ	尼克罗伊镍铁合金
nicking	刻痕	ニッキング	刻痕
nickname	俗名	ニックネーム	俗名;外号
Nickoline	一種銅鎳合金	ニコライン	尼克林铜镍合金
Nicla	一種鉛黃銅	ニクラ	尼克拉铅黄铜
Niclad	包鎳耐蝕高強度鋼板	ニクラッド	包镍耐蚀高强度钢板
Nicloy	一種鐵鎳合金	ニクロイ	尼克洛伊铁镍合金
Nico	一種鉛銻合金	ニコ	尼科铅锑合金
nicofer	鎳可鐵	ニコファ	镍可铁
nicopyrite	鎳黃鐵礦	硫鉄ニッケル鉱	镍黄铁矿
Nicral	一種鋁合金	ニクラル	尼克拉尔铝合金
Nicrobraz	鎳鉻銲料合金	ニクロブラッズ	镍铬焊料合金
Nicrosilal	鎳鉻矽耐蝕合金鑄鐵	ニクロシラール	镍铬硅耐蚀合金铸铁
Nida	一種(拉製用)青銅	ニーダ	尼达(拉制用)青铜
Nihard	鎳鉻冷硬鑄鐵	ニハード	镍铬冷硬铸铁
Nikalium	一種鎳鋁青銅	ニカリウム	尼卡利姆镍铝青铜
nil	零(點)	ニル	零(点);无

文	臺　灣	日　文	大　陸
ex	一種鎳鐵合金	ニレックス	镍利克斯镍铁合金
)	鎳鉻低膨脹係數合金	ニロ	镍铬低膨胀系数合金
stain	一種鎳鉻耐蝕合金	ニルステーン	镍尔斯坦镍铬耐蚀合金
var	一種鐵鎳合金	ニルバ	镍尔瓦铁镍合金
nalloy	鎳錳系高導磁率合金	ニマロイ	镍锰系高导磁率合金
nol	耐蝕高鎳鑄鐵	ニモル	耐蚀高镍铸铁
nonic alloy	鎳鉻鈦耐熱合金	ニモニック合金	镍铬钛耐热合金
ety-five-day discharge	豐水(流)量	豊水量	丰水(流)量
water level	豐水(流)量	豊水量	丰水(流)量
g circuit	自勵行掃描電路	自励線走査回路	自励行扫描电路
gyoite	人形石	ニンギョウ石	人形石
	夾	ニップ	夹;剪;切断
adjustment	軋輥間隙調整	ロール間げき調整	轧辊间隙调整
angle	咬入角	食込み角	咬入角
bending	壓彎	はな曲げ	压弯
pressure	鉗口壓力;切斷壓力	ニップ圧力	钳口压力;切断压力
roller	壓送輥	ニップローラ	压送辊;咬入辊
rolls	壓送輥	ニップロール	压送辊;咬入辊
stress	剪切應力	ニップ応力	剪切应力
ermag	鎳鋁鈦永磁合金	ニッパーマグ	镍铝钛永磁合金
per(s)	鉗子;鑷子	ニッパ	钳子;镊子;夹子;剪钳
ping chisel	榫眼去屑鑿	割たがね	榫眼去屑錾
roller	折頁夾輥	ニップロール	折页夹辊
ple	螺紋接頭;管接頭	ニップル	螺纹接头;管接头;喷嘴
joint	螺紋接頭;管接頭	ニップル継手	螺纹接头;管接头
nut	管接頭螺母	ニップルナット	管接头螺母
anium	鈷鎳鉻牙科用鑄造合金	ニラニウム	钴镍铬牙科用铸造合金
on	鎳鐵合金	ナイロン	镍铁合金
osta	一種高鉻鑄鐵	ニロスタ	尼罗斯达高铬铸铁
eko process	鍛件晶粒細化熱處理法	ニセコ法	锻件晶粒细化热处理法
ersteel	氮化鋼	窒化鋼	氮化钢
on,Rn	鐳射氣	ニトン	镭射气
ralloy	氮化鋼	ニトラロイ	氮化钢
steel	氮化鋼	窒化鋼	氮化钢;渗氮钢
ric acid	硝酸	発煙硝酸	硝酸
ridation	氮化(作用)法	窒化硬化法	氮化(作用)法;渗氮
rid(e)	氮化;氮化物	ニトライト	氮化;氮化物
film	氮化膜	窒化皮膜	氮化膜
rided mold	氮化模具	窒化金型	氮化模具
steel	氮化鋼	窒化鋼	渗氮钢;氮化钢

英文	臺灣	日文	大陸
— structure	氮化組織	窒化組織	氮化组织
nitriding	氮化	窒化	氮化;渗氮
— treatment	氮化處理	窒化処理	渗氮处理;氮化处理
nitridizing	氮化法	窒化法	氮化法
nitrizing	氮化	窒化	渗氮
nitrocarburizing	氮化滲碳法	浸炭窒化	碳氮共渗
nitrogen,N	氮(氣)	ニトロゲン	氮(气)
— apparatus	定氮裝置	窒素定量装置	定氮装置
— arc	氮孤	窒素アーク	氮孤
— chain	氮鏈	窒素連鎖	氮链
— compound	氮化物	窒素化合物	氮化物;含氮化合物
— gas	氮氣	窒素ガス	氮气
— hardening	氮化(處理)	窒化	氮化(处理)
— laser	氮(分子)雷射器	窒素レーザー	氮(分子)激光器
nitrogenated oil	氮化油	含窒素油	氮化油
nitrogenation oven	氮化爐	窒化炉	氮化炉
nitrogenization	氮化(作用)	窒素化合	氮化(作用)
nitrogenizing	氮化	窒素化	氮化
nitrohydrochloric acid	王水	王水	王水
nitro-sulfuric acid	混酸;硝基硫酸	混酸	混酸;硝基硫酸
Nivaflex	一種發條合金	ニバフレックス	镍瓦弗列克斯发条合金
nivarox	尼瓦洛克斯合金	ニバャックス	尼瓦洛克斯合金
nivation	雪蝕作用	雪食	雪蚀作用
niveau line	等位線	等位線	等位线
— surface	等位面	等位面	等位面
NN junction	NN結	NN 接合	NN结
no bias	無偏壓	ノーバイアス	无偏压
— carbon paper	無碳複寫紙	ノーカーボン紙	无碳复写纸
— contact	無接點	非接点	无接点
— crack cement	無裂縫水泥	NC セメント	无裂缝水泥
— draft surface	(模具的)無斜度面	無こう配合	(模具的)无斜度面
— effect level	(毒物的)安全量	安全量	(毒物的)安全量
— failure temperature	無破損溫度	無破損温度	无破损温度
— gas open arc welding	無氣體保護弧銲	ノーガスオープン溶接	无气体保护弧焊
— hinge arch	無鉸拱;固定拱	固定アーチ	无铰拱;固定拱
— hub joint	無中軸接頭	ノーハプジョイント	无中轴接头
— leak	無漏泄	ノーリーク	无漏泄
— lift angle	無升力角	無揚力角	无升力角
— lift direction	無升力方向	無揚力方向	无升力方向
— relief thread	無退刀槽螺紋	逃げなしねじ	无退刀槽螺纹

文	臺灣	日文	大陸
~ slip point	非滑移點	ノースリップポイント	非滑移点;中性点
~ spangle	無鋅花鍍鋅鋼板	ノースパングル	无锌花镀锌钢板
obbing	擠壓模具模穴	ノッビング	挤压模具型腔
oble gas	稀有氣體;惰性氣體	希有ガス	稀有气体;惰性气体
~ gases	惰性氣體	貴ガス類	惰性气体
~ metal	貴重金屬	ノーブルメタル	贵重金属
~ metal coating	貴金屬鍍層	貴な金属被覆	贵金属镀层
~ metal plating	貴金屬電鍍	貴なめっき	贵金属电镀
~ potential metal	高電位金屬	高電位金属	高电位金属
obel Prize	諾貝爾獎金	ナーベル賞	诺贝尔奖金
octurnal cooling	夜間冷卻	夜間冷却	夜间冷却
~ radiation	夜間輻射	夜間ふく射	夜间辐射
odular cast iron	球墨鑄鐵	球状黒鉛鋳鉄	球墨铸铁
odulizer	成粒機;球化劑	ノジュライザ	成粒机;球化剂
odulizing	球化;燒結作用	団塊化	球化;烧结作用
o-fuse breaker	無熔絲斷路器	ノーヒューズブレーカ	无熔丝断路器
oil	一種高錫青銅	ノイル	诺尔高锡青铜
oise	噪音;雜音	騒音	噪音;杂音;染波
~ barrier	(路旁的)隔音牆	遮音壁	(路旁的)隔音墙
~ blanker	噪音消除器	ノイズブランカ	噪音消除器
~ cancelling	噪音消除	雑音消去	噪音消除
~ clipper	噪音削限器	雑音クリッパ	噪音削限器
~ cover	消聲罩	防音覆い	消声罩
~ dose	噪聲量	騒音量	噪声量
~ exposure level	噪聲暴露級	騒音暴露レベル	噪声暴露级
~ exposure meter	噪聲暴露計	騒音暴露計	噪声暴露计
~ figure	噪聲係數	雑音指数	噪声系数
~ immunity	雜音排除性;抗擾性	雑音余裕度	杂音排除性;抗扰性
~ insulation factor	遮音度(係數)	遮音度	遮音度(系数)
~ jamming	雜波干擾	雑音妨害	杂波干扰
~ level	噪聲級	騒音レベル	噪声级;噪声电平
~ limit	噪聲限度	騒音限度	噪声限度
~ margin	噪聲容限〔裕度〕	ノイズマージン	噪声容限〔裕度〕
~ muting	噪聲抑制	ノイズミューティング	噪声抑制
~ nuisance	噪聲污染	騒音障害	噪声污染
~ pollution	噪聲污染	騒音公害	噪声污染
~ prevention	噪聲防止	騒音防止	噪声防止
~ proof cover	消聲罩	防音覆い	消声罩
~ protector	噪聲防止器	雑音防止器	噪声防止器
~ quieting	噪聲抑制	雑音抑圧	噪声抑制

英　文	臺　灣	日　文	大　陸
— quieting sensitivity	噪聲抑制靈敏度	雑音抑圧感度	噪声抑制灵敏度
— rating curve	噪聲等級曲線	雑音	噪声等级曲线
— rating number	噪聲等級數	NR数	噪声等级数
— receive point	收音點	受雑音点	收音点
— record	噪聲記錄	ノイズレコード	噪声记录
— reduce	降噪(聲)	噪声降低	降噪(声)
— reducer	噪聲抑制器	噪声抑制器	噪声抑制器
— reduction	減噪	減音量	减噪
— reduction coefficient	噪聲降低〔減輕〕係數	騒音減少率	噪声降低〔减轻〕系数
— reduction cushion	減聲墊	騒音防止用当物	减声垫
— reduction factor	噪聲降低係數	遮音度	噪声降低系数
— regulation law	噪聲管制法	騒音規則法	噪声管制法
— reject	噪聲抑制	ノイズリジェクト	噪声抑制
— rejection ratio	噪聲抑制比	雑音除去比	噪声抑制比
— resistance	噪聲電阻	ノイズ抵抗	噪声电阻
— response	噪聲響應(曲線)	ノイズレスポンス	噪声响应(曲线)
— sensitivity	噪聲靈敏度	雑音感度	噪声灵敏度
— silencer	靜噪器;噪聲抑制器	ノイズサイレンサ	静噪器;噪声抑制器
— silencing ratio	噪音吸收率	騒音吸収率	噪音吸收率;静噪率
— simulator	噪聲模擬器	ノイズシミュレータ	噪声模拟器
— sound analyzer	噪聲分析器	騒音分装置	噪声分析器
— source	雜音源;噪聲源	雑音源	杂音源;噪声源
— spectrum	噪聲譜	ノイズスペクトラム	噪声谱
— squelch	噪聲消除器〔抑制器〕	雑音遮断器	噪声消除器〔抑制器〕
— standard	噪聲標準	騒音基準	噪声标准
— streak	噪聲條紋	ノイズストリーク	噪声条纹
— suppressor	噪聲消除器	ノイズサプレッサ	噪声消除器
— suppressor effect	噪聲抑制效應	ノイズサプレッサ効果	噪声抑制效应
— survey meter	直讀式簡易噪聲計	指示形騒音計簡易級	直读式简易噪声计
— test	噪音測試	ノイズテスト	噪音测试
— trouble	噪聲干擾	ノイズトラブル	噪声干扰
— tube	噪聲管	雑音管	噪声管
— under consideration	對象噪聲	対象騒音	对象噪声
— unit	雜音單位	雑音単位	杂音单位
— voltage meter	噪音電壓錶	雑音電圧計	噪音电压表
— weighting circuit	噪音加權電路	雑音加重回路	噪音加权电路
noisiness	噪音	音のやかましさ	噪声性;吵闹
no-load	無負載	無荷重	无负荷;空载
— device	無負載裝置	無負荷装置	无负荷装置
— loss	無載損耗;空載損耗	無負荷損	无载损耗;空载损耗

N

文	臺灣	日文	大陸
release	無載釋放	ノーロードリリーズ	无载释放
running	空載運行	無負荷運転	空载运行;空转
speed	空載速度	無負荷速度	空载速度
work	無載功	無荷重作業	无载功
omag	非磁性高電阻合金鑄鐵	ノマーグ	非磁性高电阻合金铸铁
minal angle of contact	標稱接觸角	公称接触角	标称接触角
area of section	標稱截面積;額定截面積	公称断面積	标称载面积;额定截面积
cross section	標稱截面	公称断面	标称截面;规定截面
diameter	基本直徑	ノミナルダイヤメータ	基本直径
dimension	基本尺寸	モデュール呼び寸法	基本尺寸
horsepower	公稱馬力;額定馬力	公称馬力	公称马力;额定马力
intensity of stress	標稱應力強度	公称内力強さ	标称应力强度
largest size	最大(基本)尺寸	(公称) 最大寸法	最大(基本)尺寸
length	額定長度;標稱長度	呼び長さ	额定长度;标称长度
perimeter	標稱周長;規定周長	公称周長	标称周长;规定周长
pitch ratio	公稱螺距比	ノミナルピッチ比	公称螺距比
pill-in torque	標稱牽入轉矩	公称引入れトルク	标称牵入转矩
rating	額定值	公称定格	额定值
size	基本直徑;基本尺寸	呼び径	基本直径;基本尺寸
slip ratio	標稱滑距比	公称スリップ比	标称滑距比
speed	額定速率;額定轉速	定格回転数	额定速率;额定转速
steepness	標稱斜度	規約しゅん度	标称斜度
strain	標稱應變	公称ひずみ	标称应变;名义应变
strength	標稱強度;額定強度	公称強度	标称强度;额定强度
stress	標稱應力	公称応力	标称应力;名义应力
thickness	基本厚度	呼称厚さ	基本厚度
value	標稱值;額定值	定格値	标称值;额定值
volume	標稱容量	掛け量	标称容量;名义容量
nabsorbent material	非吸濕性材料	不浸材料	非吸湿性材料
medium	不吸收性介質	不吸収媒体	不吸收性介质
nalloy steel	碳素鋼	炭素鋼	碳素钢
naxial trolley	旁滑接輪	側方トロリー	旁滑接轮
nbaking coal	非黏結煤;非煉焦煤	不粘結炭	非粘结煤;非炼焦煤
nbearing panel	非承重板;非受力板	非耐力パネル	非承重板;非受力板
nblock additive	防黏劑;抗黏劑	不粘著剤	防粘剂;抗粘剂
nbreak A.C. power plan	無中斷交流電源設備	交流無停電装置	无中断交流电源设备
contact	無中斷接點	ノンブレーク接点	无中断接点
power supply	無中斷電源	無停電電源	无中断电源
ncaking coal	非黏結煤	非粘結炭	非粘结煤
ncentral conics	無心二次(圓錐)曲線	無心二次	无心二次(圆锥)曲线

英文	臺灣	日文	大陸
— quadrics	無心二次曲面	無心二次曲面	无心二次曲面
noncoherent radiation	非相干放射	非コヒーレント放射	非相干放射
— rotation	非一致旋旋轉	非一様回転	非一致旋旋转
noncoking coal	不黏結炭;不結焦媒	不固結炭	不粘结炭;不结焦媒
noncombustiblility	不燃性	不然性	不燃性
noncombustion	不燃燒;耐火	不燃化	不燃烧;耐火
nonconductive material	絕緣體	不導体	绝缘体;非导体
nonconductivity	不傳導性	不導性	不传导性
nonconductor	非導體;絕緣體	不導体	非导体;绝缘体
nonconforming article	不合格品	不良品	不合格品;废品
nonconservative motion	非守恒運動	非保存運動	非守恒运动
nonconstant lead	變距	変動ピッチ	变距
noncontact controller	無觸控制器	無接点式制御器	无触控制器
noncontradiction	無矛盾(性)	無矛盾（性）	无矛盾(性)
noncore choking coil	無鐵芯扼流圈	空げきそく流線輪	无铁芯扼流圈
— drilling	無岩心鑽進	ノンコア試すい	无岩心钻进
noncorrosion paper	防銹紙	防せい紙	防锈纸
noncorrosive material	耐腐蝕材料	無腐食性材料	耐腐蚀材料
— pipe	耐腐蝕管	防食管	耐腐蚀管
noncorrosiveness	不銹性	不しゅう性	不锈性;无腐蚀性
noncorrosivity	無腐蝕性;不銹性	不しゅう性	无腐蚀性;不锈性
noncutting stroke	非切削行程;空行程	から行程	非切削行程;空行程
nondefective	合格品	無欠陥の良品	良品;合格品
nondegenerate	非退化;非簡并	非縮退	非退化;非简并
nondestructive addition	非破壞(信息)加法	非破壊加算	非破坏(信息)加法
— analysis	無損分析	非破壊分析	无损分析
— examination	無損探傷;無損檢驗	非破壊検査	无损探伤;无损检验
— inspection	非破壞檢查	非破壊検査	非破坏检查;无损探伤
— measurement	非破壞性測量;無損測定	非破壊測定	非破坏性测量;无损测定
nondetachable screw cap	不脫式螺帽	非可脱式ねじぶた	不脱式螺帽
nonelastic buckling	非彈性壓曲	非弾性座屈	非弹性压曲
— collision	非彈性碰撞	非弾性衝突	非弹性碰撞
— cross section	非彈性截面	非弾性断面積	非弹性截面
— deformation	非彈性形變	非弾性変形	非弹性形变
— gel	非彈性凝膠	非弾性ゲル	非弹性凝胶
— strain	非彈性變形	非弾性ひずみ	非弹性变形
nonequality	不等式	不等式	不等式;不相等
nonequilibrium force	不平衡力	不釣り合い力	不平衡力
— formula	非平衡公式	非平衡公式	非平衡公式
— ionization	非平衡電離	非平衡電離	非平衡电离

文	臺灣	日文	大陸
- thermodynamics	非平衡熱力學	非平衡熱力学	非平衡热力学
onequivalence	非等價	不等価	非等价
onexclusive tool	非專用模具	非独専金型	非专用模具
onferrous alloy	非鐵合金	非鉄合金	非铁合金
- electrode	有色金屬銲條	非鉄金属溶接棒	有色金属焊条
- metal	非鐵金屬	非鉄金属	非铁金属;有色金属
- metallurgy	有色金屬冶金	非鉄や金	有色金属冶金
- scrap	有色金屬廢料	非鉄金属くず	有色金属废料
onfluid lubrication	非流體潤滑	非流体潤滑	非流体润滑
- oil	不流動潤滑油	不流動油	不流动润滑油;脂膏
onfluxing mixer	非熔融型混合機	非可塑化型ミキサ	非熔融型混合机
onfreezing dynamite	不凍黃色炸藥	不凍ダイナマイト	不冻黄色炸药;防冻炸药
- lube	不凍潤滑油	耐寒性潤滑油	不冻润滑油
onfriction guide	滾動導軌	ノンフリクションガイド	滚动导轨;非摩擦导轨
ongrounding system	非接地制	非接地方式	非接地制
onhazardous area	安全區	安全区	安全区
onhomogenous system	非均勻體系	不均一システム	非均匀体系
onhygroscopicity	不吸潮性	非吸湿性	不吸潮性
oninflammable coal	不燃性煤	不燃性炭	不燃性煤
- hydraulic fluid	不可燃傳動液體	不可燃流動液体	不可燃传动液体
- oil	非燃性油	不燃性油	非燃性油
oninvert	非反相	ノンインバート	非反相;非倒置
onion	非離子	非イオン	非离子
onionic active agent	非子(表面)活性劑	非イオン	非子(表面)活性剂
- reaction	非離子反應	非イオン反応	非离子反应
onionizing radiation	非電離輻射	非電離放射	非电离辐射
- solvent	不電離溶劑	不電離溶剤	不电离溶剂
oniron metal	非鐵金屬	非鉄金属	非铁金属
onlinear amplifier	非線性放大器	非線形増幅器	非线性放大器
- automatic control	非線性自動控制	非線形自動制御	非线性自动控制
- balancing	非線形平衡	非線形バランシング	非线形平衡
- coupling	非線性耦合	非線形結合	非线性耦合
- damping	非線性阻尼	非線形ダンピング	非线性减衰;非线性阻尼
- device	非線性器件	ノンリニア素子	非线性器件
- effect	非線性效應	非線形効果	非线性效应
- fracture mechanics	非線性斷裂力學	非線形破壊力学	非线性断裂力学
- heating	非線性加熱	非線形加熱	非线性加热
- macor-molecule	非線型高分子	非線状高分子	非线型高分子
- model	非線性模型	非線形モデル	非线性模型
- optimization	非線性最佳化	非線形最適化	非线性最佳化

英文	臺灣	日文	大陸
— parameter	非線性參數	非線形パラメータ	非线性参量
— restoring force	非線性恢復力	非線形復原力	非线性恢复力
— scale	非線性刻度	非線形目盛	非线性刻度
— spring	非線性彈簧	非線形ばね	非线性弹簧
— strain	非線性應變	非線形ひずみ	非线性应变
— system	非線性系統	非線形系	非线性系统
— vibration	非線性振動	非線形振動	非线性振动
— viscoelasticity	非線性黏彈性	非線形粘弾性	非线性粘弹性
nonlinearity	非直線性	ノンリニアリティ	非直线性
— distortion	非線性失真	非直線ひずみ	非线性失真
nonliquid oil	不流動潤滑劑	不流動潤滑	不流动润滑剂
nonmechanical system	非機械系統	非機械システム	非机械系统
nonmetal	非金屬	非金属	非金属
— pipe	非金屬管	非金属管	非金属管
— powder	非金屬粉末	非金属粉	非金属粉末
nonmetallic cable	非金屬電纜	ノンメタリックケーブル	非金属电缆
— element	非金屬元素	非金属元素	非金属元素
— gasket	非金屬密封片	非金属ガスケット	非金属密封片
— grinding medium	非金屬粉碎介質	非金属粉砕媒体	非金属粉碎介质
— impurities	非金屬雜質	非金属不純物	非金属杂质
— material	非金屬材料	非金属材料	非金属材料
— minerals	非金屬礦物類	非金属鉱物類	非金属矿物类
— mould	非金屬鑄模	非金属鋳型	非金属铸型
— packing	非金屬迫緊	非金属パッキン	非金属填料
nonmultiple jack	非複式塞孔	非複式ジャック	非复式塞孔
nonoleogenous lubricant	非油性潤滑劑	非油性潤滑剤	非油性润滑剂
nonphysical model	非物理模型	非物理モデル	非物理模型
nonpolarity	無極性	ノンポーラリティ	无极性
nonpolluting industry	無公害工業	無公害産業	无公害工业
nonpolymeric material	非聚合材料	非重合材料	非聚合材料
nonpressure flow	重力流	自然流下	无压力流(动);重力流
— welding	不加壓銲接法	非加圧溶接	不加压焊接法
nonrandom assortment	非自由組合	選択組合せ	非自由组合
nonreflection attenuation	非反射衰減	非反射減衰量	非反射衰减
— glass	防反射玻璃	無反射ガラス	防反射玻璃
nonrefractory alloy	耐熱性差的合金	非耐熱合金	耐热性差的合金
nonreturn flow	止逆球閥	逆止め玉弁	止逆球阀;单向球阀
— check valve	止回閥	逆止め弁	止回阀;单向阀
— falp valve	止回閥	逆止め弁	止回阀;单向阀
— trap	不可逆汽流	不逆流トラップ	不可复汽阱

文	臺 灣	日 文	大 陸
- valve	止回閥	逆止め弁	止回阀;单向阀
onreusable medium	不可重用(的存儲)媒體	再使用不可能	不可重用(的存储)媒体
onreversibility	不可逆性	非可逆性	不可逆性
onreversible engine	不可逆轉式發動機	非可逆機関	不可逆转式发动机
- fading	非可逆性衰落	非可逆性フェージング	非可逆性衰落
- power converter	不可逆功率變換裝置	非可逆電力変換装置	不可逆功率变换装置
- reaction	不可逆反應	不可逆反応	不可逆反应
onsaponifying oil	不皂化(潤滑)油	不けん化油	不皂化(润滑)油
onseparable bearing	不可分離型軸承	非分離形軸受	不可分离型轴承
onshatterable glass	安全玻璃;不破碎玻璃	安全ガラス	安全玻璃;不破碎玻璃
onsizing	尺寸過大〔金屬絲〕	寸法過大	尺寸过大〔金属丝〕
onskid	防滑的;防滑裝置	ノンスキッド	防滑的;防滑装置
- chain	防滑鏈	ノンスキッドチェーン	防滑链
- flooring	防滑地板	滑り止めフローリング	防滑地板
- pattern	防滑花紋	ノンスキッドパターン	防滑花纹
- tire	防滑輪胎	ノンスキッドタイヤ	防滑轮胎
onslip band	防滑地帶	滑り止め地	防滑地带
ontraditional machining	特種加工	特殊加工	特种加工
ontransfered arc	非移動電弧	非移送形アーク	非移动电弧
- type plasma arc cutting	不動型電漿電弧切割	非移送形プラズマ	不动型等离子电弧切割
ontranspareney	不透明性	不透明性	不透明性
ontreated steel plate	無塗層鋼板	裸鉄板	无涂层钢板
onuniform capacity	不均勻電容〔同軸線內〕	不平等容量	不均匀电容〔同轴线内〕
- corrosion	不均勻腐蝕	不均一腐食	不均匀腐蚀
- hardening	不均勻淬火	不均一焼入れ	不均匀淬火
- heat flux	不均勻熱通量〔熱流〕	不均一熱流束	不均匀热通量〔热流〕
- pitch propellor	變距螺旋槳	変動ピッチプロペラ	变距螺旋桨
- surface	不均勻表面	不均一表面	不均匀表面
onuniformity	不均勻性	不均一性	不均匀性
onvariant system	不變物系	不変(体)系	不变物系
onviscous distillate	低黏度餾出物	低粘度留出物	低粘度馏出物
- flow	非黏滯流動	非粘性流動	非粘滞流动
- fluid	非黏性流體	非粘性流体	非粘性流体
- neutral oil	不黏中性油	不粘中性油	不粘中性油
onvolatile content	不揮發分	不揮発分	不挥发分
- matter	不揮發物質	不揮発物	不挥发物质
onvolatililty	不揮發性	不揮発性	不挥发性
onvoltage contact	無電壓接點	無電圧接点	无电压接点
- release system	失壓釋放方式	無電圧釈放方式	失压释放方式
onwarp	無變形黏合劑	無変形性接着剤	无变形粘合剂

英　　文	臺　　灣	日　　文	大　　陸
nonweldable steel	不可銲鋼	不可溶接鋼	不可焊钢
nonzero	非零	零でない	非零
nook	凹角處	室隅	凹角处;角上的房间
Noral	一種鋁錫軸承合金	ノラル	诺拉尔铝锡轴承合金
norm	準則;標準礦物成分	ノルム	准则;标准矿物成分
— space	範數空間;規範空間	ノルム空間	范数空间;规范空间
Normagal	鋁鎂耐火材料	ノルマガール	铝镁耐火材料
normal acceleration	法向加速度	法線加速度	法向加速度
— arc	標準弧	標準アーク	标准弧
— atmosphere	標準大氣壓	標準大気圧	标准大气压
— atom	正常原子	常態原子	正常原子
— band	基帶	基底帯	基带
— base pitch	法向基節距	歯直角法線ピッチ	法向基节距
— beam technique	垂直(探傷)法	垂直法	垂直(探伤)法
— beam testing	垂直(探傷)法	垂直法	垂直(探伤)法
— bend	90度彎管	ノーマルベンド	直角弯头;90度弯管
— benzine	標準揮發油	標準ベンジン	标准挥发油
— bundle	法線(束)	法束	法线(束)
— carbon chain	正碳鏈	炭素正鎖	正碳链;直碳链
— chain	正規鏈	正規鎖	正规链
— circular pitch	法向周節	歯直角ピッチ	法向周节
— close contact	常閉觸點	b接点	常闭触点
— close valve	常閉閥	ノーマルクローズバルブ	常闭阀
— cone	(圓錐齒輪的)法錐	垂直円すい	(圆锥齿轮的)法锥
— connection	正規連接	正接続	正规连接
— consistence	正常稠度	標準軟度	正常稠度
— coordinate	標準座標	正規座標	正规坐标;标准坐标
— curvature	法(向)曲率	法曲率	法(向)曲率
— data	標準數據	ノーマルデータ	正常数据;标准数据
— density	正常密度	正常密度	正常密度
— dimension	基本尺寸	呼び寸法	基本尺寸
— distribution	正態分布	正規分布	正则分布;正态分布
— emission	正常放射	正規放出	正常放射
— energy level	正常能級	基底エネルギー準位	正常能级
— erosion	常態侵蝕	正常侵食	常态侵蚀;流水侵蚀
— fault	正斷層	正断層	正断层
— fire	正常化	焼準	正火;常化
— flame velocity	正常火焰燃燒速度	燃焼速度	正常火焰燃烧速度
— force	正交力	垂直力	垂向力;法向力;正交力
— force coefficient	正交力系數	垂直圧力係数	正交力系数

文	臺灣	日文	大陸
-force effect	法向力效應	法線力効果	法向力效应
-form	正規形式;規格化形式	正規形	正规形式;规格化形式
-fracture	正常破裂	分離破壊	正常破裂;正常断口
-gash angle	法向齒隙角	直角落溝角	法向齿隙角
-glow discharge	正常輝光放電	正規グロー放電	正常辉光放电
-grinding force	法向磨削力	法線研削抵抗	法向磨削力
-helical gear	法向斜齒齒輪	歯直角方式はすば歯車	法向斜齿齿轮
-helix	正常螺旋線	歯直角つる巻き線	正常螺旋线
-horsepower	標準馬力	正規馬力	标准马力;额定马力
-image	正像	正像	正像
-incidence	垂直入射	法線入射	垂直入射
-induction curve	常規磁感應曲線	常規磁束曲線	常规磁感应曲线
-input	標準輸入	ノーマル入力	标准输入
-lamp	標準燈	標準灯	标准灯
-line	法線	法線	法线
-load	額定負載	常用荷重	额定负载;垂直负载
-locking	定位鎖閉	定位鎖錠	定位锁闭
-matrix	正規矩陣	正規行列	正规矩阵
-module	法向模數	ノーマルモジュール	法向模数;法面模数
-octane	正辛烷	ノーマルオクタン	正辛烷
-open contact	常開接點	a接点	常开接点
-operation loss	正常運行損耗	正常加工損耗	正常运行损耗
-operation test	正常運行試驗	正常動作試験	正常运行试验
-pin	垂直銷	ノーマルピン	垂直销;止动销
-pitch	法向齒距〔節距;周節〕	ノーマルピッチ	法向齿距〔节距;周节〕
-pitch error	法向齒距誤差	法線ピッチ誤差	法向齿距误差
-plane	垂直面;法向面	歯直角平面	垂直面;法向面
-pressure	法向壓力	常用圧力	法向压力;常用压力
-probe	垂直探頭	垂直探触子	垂直探头
-product	正規積	正規積	正规积
-rake angle	法向前角	垂直すくい角	法向前角
-reaction	垂直反力;法向反力	垂直反力	垂直反力;法向反力
-sample	正規抽樣〔樣本〕	ノーマルサンプル	正规抽样〔样本〕
-section	法向斷面	直切り口	法向断面
-sensibility	標準靈敏度	ノーマル感度	标准灵敏度
-sight	正視	直視	正视
-size	基本尺寸	呼び寸法	基本尺寸
-space	合適的空間	適正空間	合适的空间
-speed	正常速度	常規速度	正常速度
-spin	正常螺旋	ノーマルスピン	正常螺旋;正常绕转

英文	臺灣	日文	大陸
— strain	垂直應變	正常ひずみ	垂直应变;正应变
— strain intensity	法向應變強度	垂直ひずみ度	法向应变强度
— strength	標準強度	標準強度	标准强度
— stress	垂直應力	垂直応力	垂直应力;正应力
— stree effect	正應力效應	法線応力効果	正应力效应
— tension	正常張力	通常張力	正常张力
— thrust	額定推力	常用スラスト	额定推力;正常推力
— tooth profile	法面齒形	歯直角歯形	法面齿形
— valve position	閥的正常位置	ノーマル位置	阀的正常位置
— variation	正常變化	正規変動	正常变化
— vector	法線向量	ノーマルベクトル	法线矢量;标准矢量
— velocity	法線速度	法線速度	法线速度
— vibration	標準振動	正規振動	正常振动;标准振动
— vision	正視	正常規	正视
normality	正態性	正規性	正态性
normalization	標準化	ノーマリゼーション	正规化;规则化;标准化
normalize	正常化;標準化;規格化	ノーマライズ	正常化;标准化;规格化
— condition	標準條件	標準状態	标准状态;标准条件
— tempering	正常化-回火處理	ノルテン	正火-回火处理
normalizing furnace	正常化爐	焼ならし炉	正火炉
— steel	正常化鋼	焼ならし鋼	正火钢
normally aspirated engine	自然吸氣發動機	無過給機関	自然吸气发动机
— consolidated clay	正常壓實黏土	正規圧密粘土	正常压实粘土
north latitude	北緯	北緯	北纬
— pole	北極	ノースポール	北极
nose	刀尖	ノーズ	刀尖;突出物;弹头
— angle	頭部錐角;刀尖角	ノーズ角	头部锥角;刀尖角
— circle	凸輪的頂端圓;凸輪鼻	せん端円	凸轮的顶端圆;凸轮鼻
— cone	頭錐	ノーズコーン	头锥
— end	管口端(頭)	ノーズエンド	管口端(头);孔端
— fairing	機頭整流罩	ノーズフェヤリング	机头整流罩
— gear steering	前起落架轉向操縱裝置	前輪操向装置	前起落架转向操纵装置
— height	刀尖高度	刃先の高さ	刀尖高度
— key	鉤頭楔	ノーズキー	钩头楔
— landing gear	前起落架	前脚	前起落架
— of angle	刀尖角	切先角	刀尖角
— of blast-pipe	吸管頭	吹出し管の鼻	吸管头
— of cam	凸輪鼻	せん端	凸轮鼻
— of diverging end	分流端頭〔部〕	分流端	分流端头〔部〕
— of mandrel	心棒鼻子	心棒の鼻	心棒鼻子

英 文	臺 灣	日 文	大 陸
— radius	刀尖半徑	ノーズ半径	刀尖半径;端点半径
— wedge	暗楔	隠し	暗楔
— wheel	前輪	前車輪	前轮
ose-dive	垂直下降〔俯沖〕;直降	ノーズダイブ	垂直下降〔俯冲〕;直降
osepiece	測頭管殼;噴嘴	ノーズピース	测头管壳;喷嘴
ose-pipe	(排氣)管口	衝風管	(排气)管口
osing	機頭;突緣	ノージング	机头;突缘
ot-go end	(量規的)止端;不通端	止り側	(量规的)止端;不通端
— (end) gage	止端量規;不通過量規	止り側ゲージ	止端量规;不通过量规
otation	表示法;符號;記號	表記法	表示法;符号;记号
otch	等級;階梯	ノッチ	等级;阶梯;蚀点;档
— adjustment	刻痕調整	ノッチ調整	刻痕调整
— board	凹板;(樓梯)擱板	階段側げた	凹板;(楼梯)搁板
— brittleness	切口脆性;刻擊脆性	切欠きもろさ	切口脆性;刻击脆性
— characteristic	凹陷特性	ノッチ特性	凹陷特性
— coefficient	切口(有效應力集中)	切欠き係数	切口(有效应力集中)
— cutting	切槽;切凹口	ノッチング	切槽;切凹口
— ductility	凹口塑性	切欠き延性	凹口塑性;切口延性
— effect	切口效應	ノッチ効果	切口效应
— extension crack	切口裂紋擴展	切欠き割れ	切口裂纹扩展
— factor	應力集中系數	ノッチ係数	应力集中系数
— impact strength	切口沖擊強度	ノッチ付き衝撃強さ	切口冲击强度
— impact test	切口沖擊試驗	ノッチ付き衝撃試験	切口冲击试验
— pin	缺口銷	ノッチピン	缺口销;凹口销
— ratio	凹口比;換級比	ノッチ比	凹口比;换级比
— root	切口根部;凹口根部	切欠き底部	切口根部;凹口根部
— stability	缺口韌性	切欠きじん性	缺口韧性
— tension test	缺口拉伸試驗	ノッチテンシルテスト	缺口拉伸试验
— toughness	切口韌性	切欠きじん性	切口韧性;刻击韧性
— wheel	棘輪	切欠き歯車	棘轮
otched bar	帶缺口試驗	ノッチ付き試験片	带缺口试验
— bar impact test	缺口沖擊試驗	切欠き衝撃試験	缺口冲击试验
— beam	開槽梁	ノッチドビーム	开槽梁
— joint	相交搭接〔咬合〕	渡りえら	相交搭接〔咬合〕
— serrated sickle	缺口齒形切割器	のこぎりがま	缺口齿形切割器
— specimen	切口試樣	切欠き試験片	切口试样
— test specimen	缺口沖擊試驗試樣	ノッチ付き試験片	缺口冲击试验试样
— wedge impact	切口楔衝擊	切欠きくさび打撃	切口楔冲击
otching	切口;開槽	ノッチング	切口;开槽;局部冲裁
— curve	下凹曲線;階梯曲線	ノッチ曲線	下凹曲线;阶梯曲线

英文	臺灣	日文	大陸
— die	沖槽模;沖缺口模	切欠き型	冲槽模;冲缺口模
— press	局部沖裁沖床	ノッチングプレス	局部冲裁压力机
— punch	凹口沖頭	ノッチングポンチ	凹口冲头
Novalite	一種鋁銅合金	ノバライト	诺瓦莱特铝铜合金
Novikov gear hob	圓弧齒輪滚刀	ノービコフギヤーホブ	圆弧齿轮滚刀
Novokonstant	標準電阻合金	ノボコンスタント	标准电阻合金
nozzle	噴絲頭;筒口;鑄口	ノズル	喷丝头;筒口;铸口
— angle	噴嘴(傾斜)角	ノズル角	喷嘴(倾斜)角
— area	管道通路面積	ノズル面積	管道通路面积
— area coefficient	噴嘴面積系數	ノズル面積係数	喷嘴面积系数
— blade	噴嘴葉片	ノズル羽根	喷嘴叶片
— body	噴嘴本體	ノズルパイプ	喷嘴本体
— box	噴嘴箱	ノズルボックス	喷嘴箱
— coefficient	噴嘴系數	ノズル係数	喷嘴系数
— efficiency	噴嘴效率	ノズル効率	喷嘴效率
— exit angle	噴管出口角	ノズル出口角	喷管出口角
— exit area	噴管出口面積	ノズル出口面積	喷管出口面积
— form	噴管形狀	ノズルの形状	喷管形状
— group	噴管組	ノズル群	喷管组
— head	噴嘴頭	筒先	喷嘴头
— hole	噴嘴	噴口	喷射孔;喷嘴
— loss	噴嘴損失	ノズル損失	喷嘴损失
— sleeve	噴嘴套管	ノズルスリーブ	喷嘴套管
— stub	短管	管台	短管
— throat	噴嘴喉部	ノズルののど	喷嘴喉部
— thrust	導管推力	ノズル推力	导管推力
— tip	油嘴;噴管出口截面	ノズルチップ	油嘴;喷管出口截面
— valve	噴嘴閥	ノズルバルブ	喷嘴阀
— wrench	噴嘴扳手〔化油器專用〕	ノズルレンチ	喷嘴扳手〔化油器专用〕
Nubrite	光澤鍍鎳法	ヌブライト	光泽镀镍法
nuclear accident	核事故	原子力事故	核事故
— atom	核原子〔剝去電子〕	核原子	核原子〔剥去电子〕
— binding energy	核結合能	原子核結合エネルギー	核结合能
— bomb	核(炸)彈	核爆弾	核(炸)弹
— center	(原子的)核心	核心	(原子的)核心
— collision	核碰撞	核衝突	核碰撞
— column	蕈狀雲〔核爆炸〕	核カラム	蘑菇云〔核爆炸〕
— decay	核衰變	核崩壊	核衰变
— dispersal	核擴散	核拡散	核扩散
— division	核分裂;核裂變	核分裂	核分裂;核裂变

文	臺灣	日文	大陸
~ energy	核能;原子能	核エネルギー	核能;原子能
~ explosion	核爆炸	核爆発	核爆炸
~ fission	核裂變	核分裂	核裂变
~ force	核力	核力	核力
~ fuel	核燃料	核燃料	核燃料
~ fuel management	核燃料管理	核燃料管理	核燃料管理
~ fuel material	核燃料物質	核燃料物質	核燃料物质
~ fusion	核聚變	核融合	核聚变
~ level	核能級	核準位	核能级
~ loss	核損耗	核的損耗	核损耗
~ magnetic resonance	核磁共振	核磁気共鳴	核磁共振
~ material	核物質	核物質	核物质
~ particle	核粒子	核（粒）子	核粒子
~ pile	核反應堆	原子炉	核反应堆
~ poison	核毒物〔有害吸收劑〕	ポイズン	核毒物〔有害吸收剂〕
~ power	核動力;原子能	原子動力	核动力;原子能
~ properties	核特性;核的性質	核特性	核特性;核的性质
~ reaction energy	核反應能	核反応エネルギー	核反应能
~ reactor	(核)反應堆	原子炉	(核)反应堆
~ safety	核安全	核的安全（性）	核安全
~ segregation	核分離現象	核分離	核分离现象
~ steelmaking	原子能煉鋼	原子力製鉄	原子能炼钢
~ substance	核質	核質	核质
~ substitution	核置換	核置換	核置换
~ synthesis	核合成	核合成	核合成
ucleole	小核;核仁	ヌクレオル	小核;核仁;核小体
ucleon	核子;單子	核（粒）子	核子;单子
~ number	核子數;質量數	核子数	核子数;质量数
ucleoplasm	核槳;核質	核原形質	核浆;核质
ucleus	核;原子團;原子核	核（かく）	核;原子团;原子核
~ center	核中心	核中心	核中心
~ formation	(原子)核生成(作用)	核形成	(原子)核生成(作用)
~ of flame	火花;火焰中心	火花	火花;火焰中心
ugget	天然塊金	天然金属塊	天然块金;疙疸金
~ Star	熔接校驗儀〔商品名〕	ノゲットスター	熔接校验仪〔商品名〕
uisance	公害	ニューサンス	公害;妨害;损害
ull adjustment	零位調整	零位調整	零位调整
~ bias current	零偏置電流	中立点バイアス電流	零偏置电流
~ balance	零平衡	零平衡	零平衡
~ detector	零值檢測器	ゼロ検出器	零值检测器

英文	臺灣	日文	大陸
— direction	零方位	零位	零方位
— indicator	零(位)指示器	ヌルイシジケータ	零(位)指示器
— instrument	示零器;平衡點測定器	示零器	示零器;平衡点测定器
— line	零線	零線	零线
— meter	零位指示器	ヌルメータ	零位指示器
— method	零位法	零位法	零位法
— position	零位	零位	零位;零点
— set	空集	空集合	空集;零集
— shift	零點移動	中立点変動	零点移动
nulliplex	零式(型);無顯性組合	零式型	零式(型);无显性组合
nullition	中微子	ニュートリノ	中微子
nullity	零度;零維	ヌリティ	零度;零维;无效
number	數;號碼	ナンバ;数	数;号码
— attribute	數字屬性	数属性	数字属性
— average	數平均	数平均	数平均
— format	數格式	数の書式	数格式
— key	數字鍵	ナンバキー	数字键
— of axles	車軸數	車軸数	车轴数
— of charges	電荷數	荷電数	电荷数
— of crimp	波紋數	けん縮数	波纹数
— of cycles	頻率;周數;循環數	サイクル数	频率;周数;循环数
— of digit	位數	けた数	位数
— of division	分度數;刻度數	目数	分度数;刻度数
— of double bends	彎曲次數	屈曲回数	弯曲次数
— of flexings	彎曲次數	屈曲回数	弯曲次数
— of flute	(刃)溝數	刃数	(刃)沟数
— of grams	克數	グラム数	克数
— of impressions	模穴數	キャビティ数	模腔数
— of layers	層數	層数	层数
— of oscillation	振盪次數	振動数	振荡次数
— of periods	周期數;振動數	周期数	周期数;振动数
— of poles	極數	極数	极数
— of revolution	轉數;轉速	回転数	转数;转速
— of spring coils	彈簧圈數	ばねの巻き数	弹簧圈数
— of strokes	行程次數	ストローク数	行程次数
— of teeth	齒數	歯数	齿数
— of threads	螺紋頭數	条数	螺纹头数
— of times	倍數;乘數	回数	倍数;乘数
— of tooth	(刀具的)齒數	刃数	(刀具的)齿数
— of turns	匝數	巻き数	圈数;匝数

文	臺灣	日文	大陸
~ of twist	捻度	より数	捻度
~ one bar	熟鐵條	錬鉄素材	熟铁条
~ vector	數向量	数ベクトル	数向量
ımer center	加工中心(機床)	ニューメリセンタ	加工中心(机床)
~ mite	數控鑽床	ニューメリマイト	数控钻床
ımeral	數字;數字的	ニューメラル	数字;数字的
~ control	數值控制	数字コントロール	数字控制;数值控制
ımeric bit	數值位	数値ビット	数值位
~ check	數值檢驗	ニューメリックチェック	数值检验
~ code	數字代碼	ニューメリックコード	数字代码
~ data code	數字數據代碼	数字データコード	数字数据代码
~ operand	數字操作數	数値演算数	数字操作数
~ value	數值	数値	数值
~ word	數值字	数値語	数值字
umerical analysis	數值分析	数値解析	数值分析
~ aperture	數值口徑〔孔徑〕	開口数	数值口径〔孔径〕
~ control	數值控制	数値制御	数字控制;数值控制
~ control lathe	數控車床	数値制御 (NC) 旋盤	数控车床
~ control machine	數控機床	数値制御 (NC) 工作機械	数控机床
~ control robot	數控機器人	NCロボット	数控机器人
~ control router	數控特形銑床	数値制御ルータ	数控特形铣床
~ control system	數(字)控(制)系統	数値制御システム	数(字)控(制)系统
~ control tape	數控磁帶	数値制御テープ	数控磁带
~ difference	數值差(分)	数値差	数值差(分)
~ method	數值計算法	数値計算法	数值计算法;数式解法
~ model	數值模型	数値モデル	数值模型
~ optimization	數值最優化	数値最適化	数值最优化
~ problem	數值問題	数値的問題	数值问题
~ range	數值範圍	数域	数值范围;数值域
~ register	數值寄存器	数値レジスタ	数值寄存器
~ scale	數字尺〔標〕度	数字目盛	数字尺〔标〕度
~ simulation	數值模擬	数値シミュレーション	数值模拟
umerically-controlled	數控	数値制御中ぐり盤	数控
~ drafting machine	數控自動繪圖機	NC自動製図機	数控自动绘图机
~ drilling machine	數控鑽床	数値制御ボール盤	数控钻床
~ gear cutting machine	數控切齒機	数値制御歯切り盤	数控切齿机
~ grinding machine	數控磨床	数値制御研削盤	数控磨床
~ lathe	數控車床	数値制御旋盤	数控车床
~ machine tools	數控機床	数値制御工作機械	数控机床
~ machining	數控加工	NC加工	数控加工

英　　文	臺　　灣	日　　文	大　　陸
— machining center	數控加工中心	NCマシニングセンタ	数控加工中心
— milling machine	數控銑床	数値制御フライス盤	数控铣床
— planing machine	數控鉋床	数値制御平削り盤	数控刨床
numericenter	數控加工中心	ニューメリセンタ	数控加工中心
Nural	一種鋁合金	ニュラル；ヌラル	纽拉尔铝合金
nut	螺母;堅果	ナット	螺母;坚果
— bolt	帶帽螺栓	ナットボルト	带帽螺栓
— cap	蓋帽;封緊帽	ナットキャップ	盖帽;封紧帽;死螺帽
— clamp	螺母夾	ナットクランプ	螺母夹
— collar	螺母墊圈	ナットカラー	螺母垫圈
— former	螺母鐓鍛機	ナットホーマ	螺母镦锻机
— lock	螺母鎖緊	ナットロック	螺母锁紧;制动螺帽
— mandrel	螺母心軸	ナットマンドレル	螺母心轴
— piercing	螺母沖孔	ナット穴抜き	螺母冲孔
— shaping machine	螺母加工機	ナット削り機	螺母加工机
— spinner	電動螺母扳手	ナットスピンナ	电动螺母扳手
— tap	螺母絲攻	ナットタップ	螺母丝锥
— tongs	螺母鍛造夾鉗	ナットはし	螺母锻造夹钳
— trunnions	蝶形螺母	ナットトラニオン	蝶形螺母
— washer	螺母墊圈	ナット座金	螺母垫圈
— wrench	螺母扳手	ナットレンチ	螺母扳手
Nykrom	高強度低鎳鉻合金鋼	ナイクロム	高强度低镍铬合金钢
nylon	尼龍	ナイロン	尼龙
— block	尼龍版	ナイロン版	尼龙版
— bush	尼龍襯套	ナイロンブシュ	尼龙衬套
— coating	尼龍塗層	ナイロンコーティング	尼龙涂层
— fiber	尼龍纖維	ナイロン繊維	尼龙纤维
— fiber paper	尼龍纖維紙	ナイロンファイバ紙	尼龙纤维纸
— gear	尼龍齒輪	ナイロンギヤー	尼龙齿轮
— nut	尼龍螺母	ナイロンナット	尼龙螺母
— plastic(s)	尼龍塑膠	ナイロンプラスチック	尼龙塑胶
— rivet	尼龍鉚釘	ナイロンリベット	尼龙铆钉
— staple	尼龍纖維	ナイロンステープル	尼龙纤维
— tube	尼龍管	ナイロンチューブ	尼龙管

文	臺灣	日文	大陸
ring	0形環;密封圈	オーリング	0形环;密封圈
ject	物體;目標	オブジェクト	物体;对象;目标
distance	物距	物体距離	物距
line	外形線;可見輪廓線	見える線	外形线;可见轮廓线
module	目標模塊	目的モジュール	目标模块
space	物體空間	物空間	物体空间;物方
jective	目標	目標	目标;目的
lens	物鏡	対物レンズ	物镜
late spheroid	扁橢球體〔面〕	偏平回転だ円体	扁椭球体〔面〕;扁球
lique air photograph	傾斜航空照片	斜（空中）写真	倾斜航空照片
angle	傾斜角	傾斜角	倾斜角
axonometry	軸測斜投影	斜軸図法	轴测斜投影
butt joint	斜面接頭	そぎ継ぎ	斜面接头
butt weld	斜對接銲(縫)	斜め衝合溶接	斜对接焊(缝)
circular cone	斜圓錐	斜円すい	斜圆锥
cone	斜錐面	斜すい面	斜锥面
crossing	斜(形)交(叉)	斜架	斜(形)交(叉)
cutting	斜刃切削	三次元切削	斜刃切削
drawing	斜視圖	斜角図	斜角图;斜视图
edge tool	斜刃車刀	傾斜切り刃バイト	斜刃车刀
fault	斜斷層	斜交断層	斜断层
fillet	斜角銲縫	斜め隅肉	斜角焊缝
fillet weld	斜(交)角銲(縫)	斜交〔方〕隅肉溶接	斜(交)角焊(缝)
force	斜向力	斜傾力	斜向力
halving	斜嵌;斜接	斜め相欠き	斜嵌;斜接
incidence	斜入射	斜め入射	斜入射
key	斜鍵〔銷;楔;栓〕	こう配キー	斜键〔销;楔;栓〕
keyed beam	斜榫梁	斜打ばり	斜榫梁
line	斜線	斜線	斜线
load	偏壓;斜載	偏圧	偏压;斜载
notching	開斜槽	傾き彫り	开斜槽
perspective	斜透視(圖;畫法)	斜透視	斜透视(图;画法)
pile	斜樁	斜めくい	斜桩
prism	斜棱柱	斜角プリズム	斜棱柱
projection	斜投影	斜投影	斜投影
ray	斜射〔光〕線	斜光線	斜射〔光〕线
scarf joint	斜嵌接	追掛継ぎ	斜嵌接
scarf with key	明企口斜嵌接	金輪継ぎ	明企口斜嵌接
section	斜截面;斜斷面	斜め断面	斜截面;斜断面
slicing method	傾斜切片法	斜め切断法	倾斜切片法

英文	臺灣	日文	大陸
— stress	斜(向)應力	斜め応力度	斜(向)应力
— tenon	斜榫	斜めほぞ	斜榫
— triangle	斜三角形	非直角三角形	斜三角形
— weir	斜堰	斜めぜき	斜堰
obliqueness	傾角	傾角	倾角;倾斜
obliquity	斜度	オブリキティ	斜度;倾斜
— factor	傾斜因數	斜め率	倾斜因数
oblong	長方形;長橢圓型	オブロング	长方形;长椭圆型
obscuration	模糊	オブスキュレーション	模糊;阴暗
obscred glass	毛玻璃	すりガラス	毛玻璃;磨砂玻璃
observation	觀測	観測	观测;观察
— angle	觀測角	観測角	观测角
— door	窺窗;視孔	のぞき扉	窥窗;视孔
— error	觀測誤差	観測誤差	观测误差;观察误差
observatory	天文台;觀測所〔台〕	観測所	天文台;观测所〔台〕
observed altitude	觀測高度	観測高度	观测高度;实高度
— data	觀測資料;測量數據	観測資料	观测资料;测量数据
— value	觀測值;測量值	観測値	观测值;测量值
observer	觀察員	オブザーバ	观察员;观测员
observing interval	觀測間隔時間	観測（時間）間隔	观测间隔时间
obstacle	障礙(物)	オブスタックル	障碍(物);雷达目标
— detection	障礙探測	障害探知	障碍探测
— indicator	障礙示器	障害指示器	障碍示器
obstruction	障礙(物)	障害	障碍(物);阻塞;干扰
— clearance	障礙物間隙〔餘隙〕	障害物余裕	障碍物间隙〔馀隙〕
— signal	故障信號	障害信号	故障信号;事故信号
obturation	氣密;閉塞	閉そく	气密;闭塞;紧塞
obturator	緊塞器;氣密裝置	閉そく環	紧塞器;气密装置
obtuse angle	鈍角	鈍角	钝角
— arch	鈍拱	鈍せんアーチ	钝拱
— bisectrix	鈍角等分線	鈍角等分線	钝角等分线
— file	鈍角銼刀	鈍角やすり	钝角锉刀
— triangle	鈍角三角形	鈍角三角形	钝角三角形
OC curve	使用特性曲線	OC カーブ	使用特性曲线
OC-gate	開集極電路	開放コレクタゲート	开集(电极)门电路
occupancy	占有(率)	占有	占有(率);占用
— factor	居留因子	占拠率	居留因子;占有因数
occupation	占有;占領	占有権	占有;占领;占用
occurrence	出現(率);當前值	産出	出现(率);当前值
— frequency	發生率;發生頻率	出現率	发生率;发生频率

文	臺灣	日文	大陸
an	海洋	オーシャン	海洋
anium,Hf	鉿	オセアニウム	铪
anography	海洋學	海洋学	海洋学
pan	錫基白合金	オクパン	锡基白合金
R	光學字符讀出器	光学的文字読取り	光学字符读出器
R system	光(學字)符讀出器系統	OCR システム	光(学字)符读出器系统
agon(al)	八角形	オクタゴ(ナル)ン	八角形
scale	劃八角形的尺子	八角形用物差	划八角形的尺子
steel bar	八角條鋼	八角鋼	八角条钢
ahedral borax	八面體硼砂	オクタベドラルほう砂	八面体硼砂
linear strain	八面體垂直應變	八面体垂直ひずみ	八面体垂直应变
normal stress	八面體正應力	八面体垂直応力	八面体正应力
plane	八面體平面	正八面体面	八面体平面
shearing strain	八面體剪應變	八面体せん断ひずみ	八面体剪应变
ahedron	八面體	八面体	八面体
al addition	八進制加法	八進加算	八进制加法
base	八腳管座	オクタルベース	八脚管座
ane	(正)辛烷;辛(級)烷	オクタン	(正)辛烷;辛(级)烷
curve	辛烷曲線	オクタン曲線	辛烷曲线
value	辛烷值	オクタンバリュー	辛烷值
ant	卦限;八分體;八分儀	オクタント	卦限;八分体;八分仪
altitude	八分儀高度	八方儀高度	八分仪高度
error	八分圓誤差	八分円誤差	八分圆误差
aploid	八倍體	八倍体	八倍体
ave	八音度	オクターブ	八音度;倍频程〔八度〕
et(te)	八位(二進制)字節	オクテット	八位(二进制)字节
ofoil	八瓣形飾板〔蓋〕	八葉	八瓣形饰板〔盖〕
oid tooth form	奥克托齒形	オクトイド歯車	奥克托齿形
lar	目鏡	オクラ	目镜;目镜的
lus	眼洞窗	円窓	眼洞窗
a metal	奥達銅鎳耐蝕合金	オダメタル	奥达铜镍耐蚀合金
l check	奇(數)校驗	奇数検査	奇(数)校验
dress	附加修整	替えドレス	附加修整
level	奇數層	奇数段	奇数层;奇数级
mode	奇次模	奇モード	奇次模
nucleus	奇核	奇核	奇核
number	奇數	奇数	奇数
permutation	奇置換〔排列〕	奇置換	奇置换〔排列〕
term	奇數項	奇数項	奇数项
triangle	奇三角形	奇三角形	奇三角形

O

英文	臺灣	日文	大陸
odd-leg calipers	單腳規	段用パス	单脚规
oddment	殘廢物	オッドメント	残废物;零碎物;库存量
oddside	副箱〔鑄造用的〕	捨型	副箱〔铸造用的〕
odontograph	畫齒規	オドントグラフ	画齿规
odontometer	漸開線齒輪法線測量儀	オドントメータ	渐开线齿轮法线测量仪
OF cable	油浸電纜	油入ケーブル	油浸电缆
off band	截止頻帶	オフバンド	截止频带
— gage	等外件	寸法外れ	等外件;不合条件
— limit	限度外	オフリミット	限度外;禁止入内
— normal lower	下限越界	オフノーマルロワー	下限越界
— normal spring	離位簧	オフノーマルばね	离位簧
— normal upper	上限越界	オフノーマルマッパ	上限越界
— period	斷開期間	非導通期間	断开期间
off-center	偏心(的)	オフセンタ	偏心(的)
off-contact	觸點斷開	オフコンタクト	触点断开
off-cut	切餘紙〔板;鋼板〕	裁ち落とし	切馀纸〔板;钢板〕
offer	提供	オッファ	提供;插入;发生
offering	插入	オファリング	插入;介入
— connector	插入連接器	オファリングコネクタ	插入连接器
off-gas	廢氣	オフガス	废气;排气
— treatment	廢氣處理	気体廃棄物処理	废气处理
off-grade	低級	オフグレード	低级;等外品
— metal	等外金屬	規格外地金	等外金属
off-heat	溶解不良	製錬不良	溶解不良;熔炼不合格
office	辦事處;營業所;辦公室	オフィス	办事处;营业所;办公室
— building	辦公樓	オフィスビルディング	办公楼
— engineering	事務(處理)工程	オフィス工学	事务(处理)工程
— layout	辦公室內部佈置〔設計〕	オフィスレイアウト	办公室内部布置〔设计〕
official assay	法定試驗	公定試験	法定试验
— plan	法定規劃;正式規劃	法定計画	法定规划;正式规划
— price	法定價格;正式價格	公示価格	法定价格;正式价格
off-iron	鑄鐵廢品	不良銑鉄	铸铁废品
off-loader	卸載機	オフローダ	卸载机
off-position	斷路位置	オフポジション	断路位置;OFF位置
offset	殘留誤差	オフセット	残留误差;胶印
— addrses	位移地址	オフセットアドレス	位移地址
— angle	偏斜角	オフセットアングル	偏斜角
— bit	偏移位	オフセットビット	偏移位
— cam	偏心凸輪	オフセットカム	偏心凸轮
— cylinder	偏置氣缸	オフセットシリンダ	偏置气缸

文	臺灣	日文	大陸
die	Z形折彎模	オフセットダイ	Z形折弯模
distance	迂回距離;偏移距離	離隔距離	迂回距离;偏移距离
error	偏移誤差	オフセットエラー	偏移误差
joint	偏心接合	心違い継手	偏心接合
knife tool	偏刃刀具	片刃バイト	偏刃刀具
method	永久變形應力測定法	オフセット法	永久变形应力测定法
molding	側位壓鑄成形	オフセット成形	侧位压铸成形
null	偏置零	オフセットナル	偏置零
position	偏移位置	オフセット位置	偏移位置
point	偏移點	オフセット点	偏移点
shaft	偏心軸	心ずれ軸	偏心轴
shovel	偏心鏟	オフセットショベル	偏置铲;偏心铲
tool	鵝頸刀	片刃バイト	偏刀;鹅颈刀
U bend	脹縮彎管	たこベンド	胀缩弯管
variable	位移變量;偏置變量	ずれ変数	位移变量;偏置变量
yield stress	殘餘變形降伏應力	オフセット降伏応力	残馀变形屈服应力
fsetting	支距測法	オフセッティング	不均匀性;支距测法
fside	右邊〔車、馬等的〕	オフサイド	右边〔车、马等的〕
ff-site control	非現場控制	オフサイト制御	非现场控制
ff-state	截止狀態	オフ状態	截止状态
ff-time	斷開時間	オフタイム	断开时间
delay	返回延遲	復帰遅延	返回延迟
galloy	一種含油軸承	オガロイ	奥格洛含油轴承
gee	雙彎曲形(的)	オジー	双弯曲形(的)
arch	內外四心桃尖拱	オジーアーチ	内外四心桃尖拱
curve	S形曲線	オジーカーブ	S形曲线
washer	S形墊片	オジー座金	S形垫片
wing	S形前緣機翼	オジー翼	S形前缘机翼
gival arch	尖拱	せん頭アーチ	尖拱
section	弓形剖面	弓形断面	弓形剖面
give-cylinder	尖頭柱	せん頭柱	尖头柱
hm	歐姆	オーム	欧姆
hmal	一種銅鎳錳電阻合金	オーマル	哦玛尔铜镍锰电阻合金
hmax	一種耐熱合金	オーマックス	欧马克斯耐热合金
alloy	一種〔電阻〕合金	オーマックス合金	欧马克斯〔电阻〕合金
il	油	オイル;油	油;石油;润滑油
absorbency	吸油度	油吸収度	吸油度
absorber	油吸收劑	油吸収剤	油吸收剂
absorption	吸油量	吸油量	吸油量
and fat	油脂	油脂	油脂

英　　文	臺　　灣	日　　文	大　　陸
— and grease	油脂類	油類	油脂类
— atomizer	噴油器;油霧化器	オイルアトマイザ	喷油器;油雾化器
— basin	油槽;油槽〔箱;罐〕	油槽	油槽;油槽〔箱;罐〕
— bath	油浴;油浴器	オイルバス	油浴;油浴器
— bath lubrication	油浴潤滑法	油浴潤滑	油浴润滑法
— bloom	油霜	油霜	油霜
— box	油箱	オイルボックス	油箱
— brake	液壓制動器;油壓閘	オイルブレーキ	液压制动器;油压闸
— brake cylinder	油壓制動缸	油圧ブレーキシリンダ	油压制动缸
— bronze	油青銅	オイルブロンズ	油青铜
— burner	燃油爐;油燃燒器	オイルバーナ	燃油炉;油燃烧器
— can	油罐	オイルキャン	油罐
— catcher	集油器	油取り	集油器;盛油器
— chamber	油箱	オイルチャンバ	润滑油室;油箱
— change	換油	オイルチェンジ	换油
— changer	潤滑油更換裝置	オイルチェンジャ	润滑油更换装置
— circuit breaker	油斷路器	油入り遮断器	油断路器
— clarifier	濾油器	油クラリファイヤ	净油器;滤油器
— cleaner	潤滑油過濾器	オイルクリーナ	润滑油过滤器
— clot	油塊	油塊	油块
— collector	潤滑油收集器	オイルコレクタ	润滑油收集器
— conditioner	淨油機	油清浄機	净油机
— conservator	貯油器	コンサベータ	贮油器
— consumption	油耗量	油消費量	油耗量
— content	含油量	油含有量	含油量
— controller	油量調節裝置	油量調整装置	油量调节装置
— coolant	冷卻油	冷却油	冷却油
— cooled piston	油冷活塞	油冷ピストン	油冷活塞
— cooler	油冷卻器	オイルクーラ	油冷却器
— cooler pump	冷油器泵	油冷却ポンプ	冷油器泵
— cup	油杯	オイルカップ	油杯
— cutout	油浸斷路器	油入カットアウト	油浸断路器
— cylinder	油壓缸	オイルシリンダ	油压缸
— cylinder valve	油缸驅動閥	油圧シリンダ弁	油缸阀;油缸驱动阀
— damper	油避震器	オイルダンパ	油减震器
— damping	油制動	オイルダンピング	油制动;油减震;油缓冲
— degradation	油老化	油老化	油老化
— dent	油壓凹痕	油くぼみ	油压凹痕
— dishing	碟形凸起缺陷	オイルディッシング	碟形凸起缺陷
— drag loss	油摩擦損失	油の摩損	油摩擦损失

文	臺灣	日文	大陸
- drain cock	放油旋塞	オイルレインコック	放油旋塞;泄油阀
- drain tank	聚油槽;排油箱	油ドレインタンク	聚油槽;排油箱
- dryer	油性乾燥劑	油性ドライヤ	油性乾燥剂
- engine	柴油機	オイルエンジン	柴油机
- expeller	除油器	オイルエキスペラ	除油器
- feed	加油	給油	加油;供油
- film	油膜	オイルフィルム	油膜
- filter	濾油器	オイルフィルタ	滤油器
- firing	燃油	油だき	燃油;烧油
- foam	油(生成)泡沫	油泡	油(生成)泡
- fog	油霧	油霧	油雾
- fuel	油燃料	オイルフューエル	油燃料
- gallery	油溝	オイルギャラリ	油沟;回油孔
- gas	石油氣;油(煤)氣	オイルガス	石油气;油(煤)气
- gear	(甩)油齒輪	オイルギヤー	(甩)油齿轮
- gear pump	齒輪油泵	オイルギヤーポンプ	齿轮油泵
- gravity tank	重力油柜	油重力タンク	重力油柜
- groove	(滑)油槽;油溝	オイルグルーブ	(滑)油槽;油沟
- gun	油槍;注油器	オイルガン	油枪;注油器
- hardening	油淬(火)	油焼入れ	油淬(火)
- hydraulic actuator	油壓傳動裝置	油圧アクチュエータ	油压传动装置
- hydraulic cylinder	油壓缸	油圧シリンダ	油压缸
- hydraulic motor	液壓馬達	油圧モータ	液压马达
- hydraulic press	油壓機	油圧プレス	油压机
- jet	噴油嘴〔冷卻活塞用〕	オイルジェット	喷油嘴〔冷却活塞用〕
- keeper	油承	軸箱油受	油承
- level gage	油面指示器	オイルレベルゲージ	油面指示器
- lubricated type	油潤滑式	油潤滑式	油润滑式
- meter	油量計	オイルメータ	油量计
- motor	液壓馬達;油壓馬達	オイルモータ	液压马达;油马达
- of tra	焦油	タール油	焦油
- operated gearbox	油壓操縱箱	油圧操作装置箱	油压操纵箱
- overflow plug	放油栓	油逃し栓	放油栓
- pad	油墊;潤滑填料	オイルパッド	油垫;润滑填料
- pipe	(輸)油管	オイルパイプ	(输)油管
- pit	油箱	油だめ	油箱;油池;油槽
- pressure	油壓	オイルプレッシャー	油压
- pressure tank	壓力油罐	圧力油槽	压力油罐
- pudding	油懸浮皂	オイルプディング	油悬浮皂
- purging	排油	排油	排油

英　　文	臺　　灣	日　　文	大　　陸
— quantity	油量	油量	油量
— rectifier	油精餾器	油冷媒分離器	油精馏器
— removing	除油	油抜き	除油
— retainer	護油圈;擋油器	油止めリング	护油圈;挡油器
— retaining bearing	含油軸承	含油軸受	含油轴承
— seal	油封	オイルシール	油封;护油圈
— sight	外視油量計	オイルサイト	外视油量计
— site	潤滑點;潤滑部位	オイルサイト	润滑点;润滑部位
— slick	油膜	油膜	油膜
— spill	漏油	油もれ	漏油
— spit hole	(連桿)承油孔	オイルスピットホール	(连杆)承油孔
— splasher	擋油板	油すくい	挡油板
— sprayer	噴油器	噴油器	喷油器
— tank	儲油槽	オイルタンク	储油槽;油罐
— temper	油回火	オイルテンパ	油回火
— temper wire	油回火鋼絲	オイルテンパ線	油回火钢丝
— valve	油閥	オイルバルブ	油阀
oil-can	注油器	オイルキャン	注油器;油罐
oildag	石墨潤滑劑;膠體石墨	オイルダグ	石墨润滑剂;胶体石墨
oiled finish	油調質;油中淬火處理	油調質	油调质;油中淬火处理
oiler	加油器;(加)油船	オイラ	加油器;(加)油船
oil-filled bushing	油浸套管;充油套管	油入りブッシング	油浸套管;充油套管
oil-immersed breaker	噴油式斷路器	油衝型遮断器	喷油式断路器
oil-impregnated cable	油浸電纜	油入りケーブル	油浸电缆
— metal	燒結含油軸承〔合金〕	焼結含油軸受	烧结含油轴承〔合金〕
oiliness	(含)油性;潤滑性	オイリネス	(含)油性;润滑性
oiling	注油	オイリング	注油;加油;润滑
— agent	加油劑	オイリング剤	加油剂
— bath	加油槽	オイリングバス	加油槽
— nozzle	注油噴管	オイリングノズル	注油喷管
oilite	石墨青銅軸承合金	オイライト	石墨青铜轴承合金
oilless air compressor	無油式空氣壓縮機	オイルレス空気圧縮機	无油式空气压缩机
— bearing	含油軸承	オイルレスベアリング	含油轴承
Oker	鑄造改良黃銅	オーカ	(阿克尔)铸造改良黄铜
Oldsmoloy	一種銅鎳鋅合金	オルズモロイ	奥尔兹莫洛铜镍锌合金
oleometer	油量計	オレオメータ	油量计;验油计
oleosol	固體潤滑油;潤滑脂	オレオゾル	固体润滑油;润滑脂
oleostrut	油液空氣避震柱	オレオ緩衝支柱	油液空气减震柱
oligodynamics	微動作用	微動作用	微动作用
oliver	腳踏(鐵)錘	足踏み金づち	脚踏(铁)锤

O

文	臺灣	日文	大陸
filter	鼓式真空過濾機〔器〕	オリバフィルタ	鼓式真空过滤机〔器〕
ission	省略	オミッション	省略;遗漏
ni-bearing converter	全向方位變換器	オムニ方位変換器	全向方位变换器
indicator	全方位指示器	オムニ方位指示器	全方位指示器
nibus	總括的;多用途的	オムニバス	总括的;多用途的
bar	母線	母線	母线;汇流条
box	池座〔劇場的〕	追い込み席	池座〔剧场的〕
address	接通地址	オンアドレス	接通地址
calender laminating	在輪壓機上層壓成形	オンカレンダはり合せ	在轮压机上层压成形
center	中心距	中心かよ中心まで	中心距
chatter	鍵振動	オンチャッタ	键振动
stream pressure	操作壓力	操作圧力	操作压力
time	接通時間	オンタイム	接通时间
level	ON電平;通導電平	オンレベル	ON电平;通导电平
air	正在廣播;實況轉播	オンエア	正在广播;实况转播
e-through boiler	直流鍋爐	貫流ボイラ	直流锅炉
conversion	單程轉化;非循環過程	単流操作	单程转化;非循环过程
cooling system	單程冷卻方式	一過式冷却方式	单程冷却方式
cycle	一次循環	使い捨て方式	一次循环
action	單作用	ワンアクション	单作用
active gage method	單動臂(橋式)應變計法	一アクチブゲージ法	单动臂(桥式)应变计法
block	整體;單塊	ワンブロック	整体;单块
cavity mold	單模穴模	一個取り型	单型腔模
chip	單片	ワンチップ	单片
chucking	一次裝卡	ワンチャッキング	一次装卡
cylinder	單氣缸	ワンシリンダ	单气缸
division	單分度〔刻度〕	ワンディビジョン	单分度〔刻度〕
group model	單群模型;單組模型	一群模型	单群模型;单组模型
heat forging	一次加熱鍛造	ワンヒード鍛造	一次加热锻造
hit	一次擊中	ワンヒット	一次系中
hole nozzle	單口噴嘴	単口ノズル	单口喷嘴
lever	單手柄	ワンレバー	单手柄
machine	單機	ワンマシン	单机
motor system	單缸方式〔系統〕	ワンモータ方式	单缸方式〔系统〕
push start	一次起動	ワンプッシュスタート	一次起动
set	一組	ワンセット	一组;一套
setting	一次調整;一次安裝	ワンセッチング	一次调整;一次安装
side weding	單面銲	片面溶接法	单面焊
touch	一次操作;一次調節	ワンタッチ	一次操作;一次调节
touch key	單觸鍵	ワンタッチキー	单触键

英文	臺灣	日文	大陸
— turn cap	一轉蓋頭	一ひねりのキャップ	一转盖头
— turn stair	單轉樓梯	全折階段	单转楼梯
one-dimensional	一維	一次	一维
— compression test	單維壓縮試驗	単純圧縮試験	单维压缩试验
— model	一維模型	一次元モデル	一维模型
— stress	單向應力	一次元応力	单向应力
one-pass	一次走刀;一次通過	ワンパス	一次走刀;一次通过
— weld	單道銲縫	一つパス溶着部	单道焊缝
one-piece camera	單體照相機	ワンピースカメラ	单体照相机
— mold	整體模	一個構成金型	整体模
— molding	整體成型	一体成形	整体成型
one-point	注視點;重點突出	ワンポイント	注视点;重点突出
— earth	一點接地	ワンポイントアース	一点接地
— method	一點法	一点法	一点法
one-sided abrupt junction	單邊突變結	単側階段接合	单边突变结
— face	單側曲面	単側曲面	单侧曲面
— limit	單側極限	片側極限	单侧极限
one-step mask	一次掩模	ワンステップマスク	一次掩模
— method	單步法	一段法	单步法
one-stroke	一次行程;單行程	ワンストローク	一次行程;单行程
— boring length	單行程鑽齒長度	一作動掘進長さ	单行程钻齿长度
one-to-one correspondence	一一對應	一対一対応	一一对应;逐一对应
one-way air valve	單向空氣閥	単向空気弁	单向空气阀
— clutch	單向超越離合器	ワンウェイクラッチ	单向超越离合器
— cock	止回旋塞	一方コック	止回旋塞;单向旋塞
— drawing	單向拉延	一軸延伸	单向拉延
— grade	單(向)坡	片こう配	单(向)坡
— merge	單向合併	ワンウェイマージ	单向合并
— ram	單作用油缸;單程油缸	ワンウェイラム	单作用油缸;单程油缸
— shear	單向剪切	片側シヤー	单向剪切
— valve	單向閥	逆止め弁	单向阀
on-line alarm	在線報警	オンラインアラーム	在线报警;联机报警
— control	聯機控制	オンライン制御	联机控制
— diagnosis	聯機診斷	オンライン診断	联机诊断
— direct control	在線直接控制	オンライン直接制御	在线直接控制
— job	聯機作業	オンラインジョブ	联机作业
— maintenance	聯機維修	オンライン保全	联机维修;不停机维修
— mode	聯機方式	オンラインモード	联机方式
— model	聯機模型	オンラインモデル	联机模型
— operation	聯機操作	直結動作	联机操作;在线操作

文	臺　灣	日　文	大　陸
output	聯機輸出	オンライン出力	联机输出
process	聯機處理	オンライン処理	联机处理;在线处理
service	聯機服務	オンラインサービス	联机服务
state	聯機狀態	オンライン状態	联机状态
system	聯機系統	オンラインシステム	联机系统
treatmtnt	聯機處理	オンライン処理	联机处理
load pressure	加載壓力	オンロード圧力	加载压力
refuel(l)ing	帶負載換料	運転時燃料交換	带负载换料;不停堆换料
voltage	加載電壓	オンロード電圧	加载电压;有载电压
off action	開關動作	オンオフ動作	开关动作;通断动作
control	開關控制	オンオフ制御	开关控制
delay	開關延遲	動作時復帰時遅延	开关延迟;通-断延迟
switch	轉換開關	点滅スイッチ	通断开关;转换开关
system	開關系統	オンオフ式	开关系统;通断装置
valve	開關閥	開閉弁	开关阀
site control	現場控制	オンサイト制御	现场控制
fabrication	現場製造	現場製作	现场制造;现场加工
plant	現場裝置〔設備〕	オンサイトプラント	现场装置〔设备〕
welding	現場銲接	現場溶接	现场焊接;工地焊接
state characteristic	導通狀態特性	オン状態特性	导通状态特性
current	正向電流	オン状態電流	通态电流;正向电流
voltage	通態電壓	オン電圧	通态电压
tario	一種高鉻合金工具鋼	オンタリオ	安大略高铬合金工具钢
acifying agent	不透明〔光〕劑;遮光劑	不透明剤	不透明〔光〕剂;遮光剂
effect	遮光效應〔作用〕	隠ぺい効果	遮光效应〔作用〕
acite	不透明體	暗黒物	暗黑体;不透明体
acity	不透明度	不透明度	不透明度;暗度
alescent glass	乳白玻璃	オパレセントグラス	乳白玻璃
aque	不傳導的	オペーク	不传导的;暗的
body	不透明體	不透明体	不透明体
glass	不透明玻璃	不透明ガラス	不透明玻璃
aqueness	不透明度	不透明度	不透明度;不透明性
en	室外	オープン	室外;空地;露天
annealing	氧化退火	黒かわ焼鈍	氧化退火;开式退火
arc	開弧	開弧	开弧
arc welding	明弧銲	オープンアーク溶接	明弧焊
area	穴面積	穴面積	穴面积;空地地区
area ratio	開口面積比	開口比	开口面积比
base	開基	開基	开基
belt	開式傳動皮帶	開きベルト	开式传动皮带

英文	臺灣	日文	大陸
— binder	鬆級配結合層	粗結合層	松级配结合层
— butt process	開式對接法	オープンバット法	开式对接法
— cell type	連續微孔型	連続気泡型	连续微孔型
— center	H型機能換向(閥)	オープンセンタ	H型机能换向(阀)
— center valve	H型機能換向閥	オープンセンタ弁	H型机能换向阀
— collet	彈簧套筒夾頭	オープンコレット	弹簧套筒夹头
— compressor	開放式壓縮機	開放形圧縮機	开放式压缩机
— contact	開路接點	開路接点	开路接点
— cutout	開路切斷	開放形カットアウト	开路切断
— defect	表面缺陷	表面欠点	表面缺陷
— die	拼合式螺栓鍛模	オープンダイ	拼合式螺栓锻模
— die forging	自由鍛	自由鍛造	自由锻
— exposure	開放式暴露	開放暴露	开放式暴露
— face mold	開口模具	開口型	开口模具
— fire	明火;活火	裸火	明火;活火
— form	開式成形	開形	开式成形
— front	開口	オープンフロント	开口;开式;前开口
— gate	導通門	オープンゲート	导通门;通门;敞开门
— height	開口高度	オープンハイト	开口高度
— hole insert	透孔嵌件	開口インサート	透孔嵌件
— impeller	開式葉輪	オープン羽根(車)	开式叶轮
— interstice	明氣孔	開放気孔	明气孔;明间隙
— joint	明接頭;有間隙接頭	オープンジョイント	明接头;有间隙接头
— layer	(土的)開層	開いた層	(土的)开层
— levee	不連續堤	かすみ堤	不连续堤
— line	開通路線	オープンライン	开通路线
— list	開型表	オープンリスト	开型表
— loop automatic control	開環自動控制	開回路自動制御	开环自动控制
— loop gain	開環增益	開ループゲイン	开环增益
— loop response	開環響應	開いた系の応答	开环响应
— machine	開式電動機	開放形電動機	开式电动机
— mesh	粗大篩孔〔網眼〕	目の荒いメッシュ	粗大筛孔〔网眼〕
— mold	明澆鑄模;敞開鑄模	開放式金型	明浇铸型;敞开铸型
— nozzle	開式噴(油)嘴	開放ノズル	开式喷(油)嘴
— pipe	開口管	開管	开口管
— position	開(放)位置	開(放)位置	开(放)位置
— pot	開口坩堝	開口るつぼ	开口坩埚
— radiator	開路輻射器	開路ふく射器	开路辐射器
— routine	直接插入程式	オープンルーチン	直接插入程序
— sand	粗砂	オープンサンド	粗砂;多孔砂

O

文	臺灣	日文	大陸
– sand casting	門澆(注)	流し注ざ	门浇(注)
– section	開口截面〔斷面〕	開断面	开口截面〔断面〕
– section member	開口截面構件	開断面材	开口截面构件
– service	開放服務	オープンサービス	开放服务
– shed	全開口	全開口	全开口
– side type	單臂式	片持ち形	单柱式;单臂式
– sided press	單臂沖床	片持ちプレズ	单臂压力机
– sphere	開口球	開球	开口球
– steam	直接蒸氣	直接蒸気	直接蒸气
– steam cure	直接蒸氣硫化	直接蒸気硬化	直接蒸气硫化
– steel	沸騰鋼	不完全脱酸鋼	沸腾钢
– surface	開曲面	開曲面	开曲面
– tank	敞口槽〔罐〕	開放タンク	敞口槽〔罐〕
– tap mold	上澆注鑄模	上注ぎ鋳型	上浇注铸型
– track	直通線	直通線	直通股道;直通线
– tube	開(口)管	開口管	开(口)管
– vessel	開口容器	開放容器	开口容器
– wiring	明線配置(工程)	露出配線工事	明线配置(工程)
– work	透雕;漏空雕刻	透かし彫	透雕;漏空雕刻
pen-air boiler	室外鍋爐	室外用ボイラ	露天锅炉;室外锅炉
– works	明線工程	露出工事	明线工程;露天开挖
pen-channel	明渠	開水路	明渠
pen-circuit admittance	開路導納	開路アドミタンス	开路导纳
– contact	斷路接點	開路接点	断路接点
– control	開路控制	開路制御	开路控制
– current	開路電流	開路電流	开路电流
– line	開路線	開路線	开路线
– wind tunnel	非回流風洞	非回流式風洞	非回流风洞
pen-end bucket	活底斗;活底吊桶	オープンエンドバケット	活底斗;活底吊桶
– design	終端開路設計	拡張可能な設計	终端开路设计
– spanner	開口(形)扳手	ナットスパナ	开口(形)扳手
– system	可擴充系統〔裝置〕	オープンエンデッド	可扩充系统〔装置〕
– tube	開口管	開口管	开口管
pener	扳直機;出鐵口開孔機	オープナ	扳直机;出铁口开孔机
pen-hearth	平爐	平炉	平炉;马丁炉
– pig iron	平爐煉鋼(用)生鐵	平炉用銑	平炉炼钢(用)生铁
– process	平爐煉鋼法	平炉法	平炉炼钢法
– slag	平爐渣	平炉さい	平炉渣
– steel	平爐鋼;馬丁爐鋼	平炉鋼	平炉钢;马丁炉钢
pening	孔洞〔隙〕	オープニング	开口;孔洞〔隙〕;断路

英文	臺灣	日文	大陸
— bit	鉸刀	拡孔きり	扩钻;铰刀
— cycle	開模周期	型開きサイクル	开模周期
— force	開模力	型開力	开模力
— ratio	開口比	開口比	开口比
— section	開放區間;供用區	供用区間	开放区间;供用区
— surface	合模面	合せ面	合模面
— shock	開傘衝擊	開傘衝撃	开伞冲击
— velocity	開放速度	開放速度	开放速度
open-rod press	柱式沖床	支柱式プレス	柱式压力机
open-type bearing	開式軸承	開放軸受	开式轴承
— coining	開式壓印	開放形コイニング	开式压印
— compressor unit	開放式壓縮機組	開放形圧縮機	开放式压缩机组
— feed water heater	開放式給水加熱器	開放形給水加熱器	开放式给水加热器
— fuel valve	開式燃料閥	開放形燃料弁	开式燃料阀
— induction motor	開式感應電動機	開放形誘導電動機	开式感应电动机
— knife switch	開放型刀閘	開放ナイフスイッチ	开放型刀闸
— machine	開式機械	開放形機械	开式机械
— mold	開式鑄模	開放式金型	开式铸型
— rack	開式機架	片面架	单面机架;开式机架
— thrust bearing	開式止推軸承	開放形スラスト軸受	开式推力轴承
open-web column	空腹柱	帯板柱	空腹柱
operability	可操作性	オペラビリティ	可操作性;可用性
operameter	運轉計	オペラメータ	动数计;运转计
operand	運轉數	演算数	运转数;操作数
— buffer	操作數緩衝器	オペランドバッファ	操作数缓冲器
— value	操作數値	オペランドバリュー	操作数值;运算数值
— word	操作數字	オペランドワード	操作数字
operating angle	工作角	作動角度	工作角
— board	工作台	運転台	工作台
— capacity	工作能力	交換容量	工作能力;互换能力
— circuit	工作電路	操作回路	工作电路
— condition	工作條件	操作条件	操作条件;工作条件
— contact	工作接點	動作接点	工作接点
— control	操作控制裝置	運転管理	操作控制装置
— cycle	操作周期	操作期間	操作周期;运转周期
— device	操縱裝置	操縦装置	操纵装置
— distance	有效距離	作動距離	有效距离;作用距离
— factor	使用率	使用率	使用率;运转率
— feature	操作特點	操作特徴	操作特点;工作特点
— floor	操作台	作業台	操作台

文	臺 灣	日 文	大 陸
handle	(高窗等的)把手	こうかん握り	(高窗等的)把手
lever	操縱桿	操作ハンドル	操纵杆
life	工作壽命	動作寿命	动作寿命;工作寿命
manual	操作書明書	運転指導書	操作书明书
method	操作法	操業法	操作法
mode	操作方式	運転モード	操作方式;经营方式
overload	操作過載	動作過電流	操作过载
physical force	操作力	操作力	操作力
pitch circle	工作節圓	かみ合いピッチ円	工作节圆
platform	操作台	操業床	操作台
point	運行點	運転点	运行点;工作点
power	運行功率	運転出力	运行功率
power source	工作電源	操作電源	工作电源
pressure	操作壓力	操作圧力	操作压力;工作压力
pressure angle	(齒輪)嚙合角	かみ合い圧力角	(齿轮)啮合角
pressure range	作動壓力範圍	作動圧力範囲	作动压力范围
radius	工作半徑	作業半径	工作半径
regulations	操作規程	運転規定	操作规程
reliability	運轉可靠性	使用信頼度	运转可靠性
room	交換室	交換室	交换室;手术室;工作室
state	運轉狀態;操作狀態	作動状態	运转状态;操作状态
status	運轉狀態;工作狀態	作動状態	运转状态;工作状态
stress	工作應力	使用応力	工作应力
table	操作台	操作台	操作台;工作台
technique	運行技術;操作技術	運転技術	运行技术;操作技术
theater	手術室	手術室	手术室
time	操作時間	使用時間	操作时间;工作时间
trouble	運行故障	運転事故	运行故障
unit	操縱裝置;調節機構	操作部	操纵装置;调节机构
valve	操作閥;調節閥	オペレーティングバルブ	操作阀;调节阀
eration	操作;動作;運算	操作	操作;动作;运算
analysis	工作分析;作業分析	オペレーション分析	工作分析;作业分析
card	工藝卡;運算卡	操作卡	工艺卡;运算卡
curve	運行曲線	運転曲線	运行曲线
data	工作數據;運算數據	演算データ	工作数据;运算数据
flow sheet	操作順序圖	作業系統図	操作顺序图
indicator	動作顯示器	動作表示器	动作显示器
list	作業(流程)表	工程経路表	作业(流程)表
mechanism	工作機構;操作機構	動作機構	工作机构;操作机构
mistake	操作錯誤	ミステーク	操作错误

英文	臺灣	日文	大陸
— point	作業點	作業点	作业点
— scheduling	生產調度	スケジューリング	生产调度
— sheet	運算卡片	作業指示票	运算卡片;操作卡片
— switch	操作開關	操作開閉器	操作开关
— test	操作試驗	運行試験	操作试验;运转试验
— torque	工作轉矩	動作トルク	工作转矩
operationality	操作性	操作性	操作性
operative side	運算側	映写側	运算侧;工作端
— temperature	工作溫度	作用温度	工作温度;操作温度
— weldability	操作工藝性〔銲接的〕	作業的溶接性	操作工艺性〔焊接的〕
operator	服務員	オペレータ	算符;服务员;话务员
— console	操作員控制台	オペレータ制御卓	操作员控制台
— control law	操作員控制律	オペレータ制御法則	操作员控制律
— control panel	操縱板	操作員制御盤	操纵板;控制台
— guide	操作指南	オペレータガイド	操作指南
— set-op time	操作員準備時間	操作員準備時間	操作员准备时间
— state	操作狀態	オペレータ状態	操作状态
— symbol	操作符號	オペレータシンボル	操作符号;运算符号
— time	操作員工時	オペレータ時間	操作员工时
— welding	銲工	オペレータウェルジング	焊工
operon	操縱子	オペロン	操纵子
ophthalmoscope	檢眼鏡;眼膜曲率鏡	検眼鏡	检眼镜;眼膜曲率镜
opportunity	機會成本	機会原価	机会费用;机会成本
— loss	機會損失	機会損失	机会损失;机会费用
opposed alignment	兩側對向排列	向い合せ配列	两侧对向排列
— cylinder engine	對置汽缸(型)發動機	対向シリンダ(形)機関	对置汽缸(型)发动机
opposing force	反(作用)力	反力	反(作用)力;反向力
— torque	反抗轉矩	反抗トルク	反抗转矩;反抗力矩
opposite arrangement	兩側對向排列	向い合せ配列	两侧对向排列
— directions	相反方向	反対方向	逆方向;相反方向
— phase	反相	逆相	反相
— phase mode	反相模	逆相モード	反相模
— reaction	對抗反應	反対反応	对抗反应;对峙反应
opposition	對抗;對置	オポジション	对抗;对置;移相;反接
optical absorption	光學吸收	光学吸収	光学吸收
— alignment	光學調整;光學校正	光学調整	光学调整;光学校正
— analysis	光學分析	光学分析	光学分析
— anomaly	光學異常	光学異常	光学异常
— axial angle	光軸角	光軸角	光轴角
— axial plane	光軸面	光軸面	光轴面

文	臺灣	日文	大陸
-axis	光軸(線)	光軸	光轴(线)
-bias	光學偏置	光学バイアス	光学偏置
-cavity	光諧振腔	光共振器	光谐振腔
-center	光心;光中心	オプチカルセンタ	光心;光中心
-character	光學特性	光学特性	光学特性
-characteristic	光學特性	光学特性	光学特性
-check	光學檢驗	オプチカルチェック	光学检验;视查
-chiasma	視交叉	視神経交さ	视交叉
-computer	光計算機	光コンピュータ	光计算机
-corrector	光校正器	オプチカルコレクタ	光校正器
-cutting method	光學切割法	光切断法	光学切割法
-deflection	光偏轉	光偏向	光偏转
-distance	光程	光学距離	光程
-distance measurement	光學測距	光学的測距	光学测距
-elastic axis	光測彈性軸	光学的弾性軸	光测弹性轴
-fiber	光學纖維	光ファイバ	光学纤维
-filter	濾光器	オプチカルフィルタ	泸光器
-glass	光學玻璃	光学ガラス	光学玻璃
-guido	光波導	光導波路	光波导
-horizon	直視地平(線)	視水平線	直视地平(线)
-illusion	視錯覺	錯視	视错觉;视幻觉
-information	光信息	光学情報	光信息
-instrument	光學儀器	光学器械	光学仪器
-inversion	偏振轉向(現象)	光学転化	偏振转向(现象)
-lens	光學透鏡	光学レンズ	光学透镜
-mask alignment unit	光刻掩模對準裝置	光調刻装置	光刻掩模对准装置
-mateial	光學材料	光学材料	光学材料
-measuring method	光學測定法	光学的測定法	光学测定法
-normal	光軸面法線	光学的法線	光轴面法线
-normal axis	光學法線軸	光学法線軸	光学法线轴
-null method	光學零法點	光学的零位法	光学零法点
-orientation	光學取〔定〕向	光学的方位	光学取〔定〕向
-orientation axis	光學方位軸	光学的方位軸	光学方位轴
-pass	光(通)路	オプチカルパス	光(通)路
-path	光路;光程	光学距離	光路;光程;光径
-path length	光學距離	光学距離	光学距离;光程长度
-photon	(光學)光子	光学光子	(光学)光子
-plane	光學平面	光学面	光学平面
-plumb	光學懸線	オプチカルプラム	光学悬线;光学测锤
-plummet	光測懸錘	オプチカルプラメット	光测悬锤

英文	臺灣	日文	大陸
— polish	光學抛光	光学磨き	光学抛光
— probe	光學探測器	光学プローブ	光学探测器
— profile grinder	光學仿形磨床	光学式ならい研削盤	光学仿形磨床
— prijection	光學投影(法)	光学的投影	光学投影(法)
— reflection	光的反射	光の反射	光的反射
— refraction	光的折射	光の屈折	光的折射
— rotation	旋光度	光学旋転度	旋光度;旋光性
— scanner	光掃描器	光学式走査器	光扫描器
— sensor	光傳感器	オプチカルセンサ	光传感器
— spectroscopy	分光法;光譜學	分光法	分光法;光谱学
— spectrum	光學光譜	光学スペクトル	光学光谱
— square	直角旋光鏡	光く	直角旋光镜
— strain	光學變形	光学ひずみ	光学变形;光学应变
— strain meter	光學應變儀	光学的ひずみ計	光学应变仪
— stress analysis	光學應力分析	光学的応力解析	光学应力分析
— surface	光學曲面	光学的曲面	光学曲面
— tracking	光跟縱	光学追跡	光跟纵
— wand	光學棒	光学読取り棒	光学棒
optically active crystal	旋光性晶體	旋光性結晶	旋光性晶体
— biaxial crystal	雙光軸結晶	双光軸結晶	双光轴结晶
— isoaxial crystal	等光軸結晶	等光軸結晶	等光轴结晶
— uniaxial crystal	單光軸結晶	単光軸結晶	单光轴结晶
optidress	光學修正	オプチドレス	光学修正
optimal	最優〔佳〕	最適適応閉じループ制御	最优〔佳〕
— adaptive control system	最優自適應控制系統	最適適応制御システム	最优自适应控制系统
— algorithm	最優〔佳〕算法	最適アルゴリズム	最优〔佳〕算法
— characteristic	最優〔佳〕特性	最適特性	最优〔佳〕特性
— control	最優〔佳〕控制	最適制御	最优〔佳〕控制
— control vector	最優〔佳〕控制向量	最適制御ベクトル	最优〔佳〕控制矢量
— decision	最佳判定	最適性の判定	最佳判定;最优决策
— design	最優設計	最適設計	最优设计
— fuzzy control	最優〔佳〕模糊控制	最適ファジィ制御	最优〔佳〕模糊控制
— gain	最優〔佳〕盈餘	最適利得	最优〔佳〕盈馀
— linear control	最優〔佳〕線性控制	最適線形制御	最优〔佳〕线性控制
— locus	最優〔佳〕(點的)軌跡	最適軌道	最优〔佳〕(点的)轨迹
— observation	最優〔佳〕觀測	最適観測	最优〔佳〕观测
— parameter	最優〔佳〕參數	最適パラメータ	最优〔佳〕参数
— path	最優〔佳〕路徑	最適経路	最优〔佳〕路径
— period	最佳周期	最適周期	最佳周期
— programming	最優〔佳〕程式設計	最適プログラミング	最优〔佳〕程序设计

文	臺灣	日文	大陸
- stationary control	最佳平穩控制	最適定常制御	最佳平稳控制
- steady-state	最佳平穩狀態	最適定常状態	最佳平稳状态
- strategy	最佳策略	最適戦略	最优策略
- structure	最佳結構	最適構造	最佳结构
- value	最佳値	最適値	最佳值
timality	最優〔佳〕性	最適性	最优〔佳〕性
- principle	最優〔佳〕性原理	最適原理	最优〔佳〕性原理
timization	最佳化	最適化	最佳化
- control	最佳化控制	最適化制御	最优化控制
- criterion	最優〔佳〕化準則	最適化基準	最优〔佳〕化准则
- model	最優〔佳〕化模型	最適化モデル	最优〔佳〕化模型
- phase	最佳(化)階段	最適化相	最佳(化)阶段
- program	最優〔佳〕化計劃	最適化プログラム	最优〔佳〕化计划
- techhnique	最優化技術	最適化手法	最优化技术
timizing control	最優化控制	最適化制御	最优化控制
- level	最佳電平	最適化レベル	最佳电平
timum	最佳(的)	オプチマム	最佳(的)
- air gap	最佳空隙	最適空げき	最佳空隙
- amount	最優〔佳〕量	最適量	最优〔佳〕量
- condition	最佳條件	最適条件	最佳条件
- cutting conditions	最佳切削條件	最適切削条件	最佳切削条件
- cutting speed	最佳切削速率	最適切削速度	最佳切削速率
- depth of cut	最優〔佳〕切割深度	最適切込み	最优〔佳〕切割深度
- diameter	最佳直徑	最適直径	最佳直径
- diameter ratio	最佳直徑比	最適直径比	最佳直径比
- die proportions	最佳模具尺寸	最適型寸法	最佳模具尺寸
- dimension ratio	最佳尺寸比	最適寸法比	最佳尺寸比
- diverging angle	最佳擴張角	最適広がり角	最佳扩张角
- eccentricity	最佳偏心度〔距;率〕	最適偏心度	最佳偏心度〔距;率〕
- efficiency	最優〔佳〕效率	最適効率	最优〔佳〕效率
- layout	最佳規〔計〕劃	最適レイアウト	最佳规〔计〕划
- match condition	最佳匹配條件	最適整合条件	最佳匹配条件
- material	最佳材料	最適材料	最佳材料
- module	最優〔佳〕模塊	最適モジュール	最优〔佳〕模块
- pipe diameter	最佳管徑	最適管径	最佳管径
- pitch distribution	最佳螺距分布	最適ピッチ分布	最佳螺距分布
- property	最優〔佳〕特性	最適特性	最优〔佳〕特性
- proportion	最優〔佳〕比(例;率)	最適比率	最优〔佳〕比(例;率)
- quantity	最優〔佳〕量	最適量	最优〔佳〕量
- seeking	最優〔佳〕探索	極植探索	最优〔佳〕探索

英　　文	臺　　灣	日　　文	大　　陸
— selection	最優〔佳〕選擇	最適選択	最优〔佳〕选择
— setting	最佳調整	最適調整	最佳调整
— solution	最佳解	最適解	最佳解;最优解
— state	最優〔佳〕狀態	最適状態	最优〔佳〕状态
— structural design	最優〔佳〕結構設計	最適設計	最优〔佳〕结构设计
option	選擇方案	オプション	选择方案;备选方案
— board	任選板	オプションボート	任选板
— card	任選插件	オプションカード	任选插件
— function	選擇功能	オプション機能	选择功能
— interface	元件界面〔儀器〕	任選接口	部件接口〔仪器〕
— panel	元件面板;選擇板	オプションパネル	部件面板;选择板
— unit	選擇單元	オプションユニット	选择单元
optocoupler	光耦合器	オプトカプラ	光耦合器
optoelectronics	光電子學	光電子工学	光电子学
optoisolator	光隔離器	オプトアイソレータ	光隔离器
optoscale	光標度	オプトスケール	光标度
optosensor	光傳感器	オプトセンサ	光传感器
OR gate	”或”閘	オアゲート	”或”门
OR NOT gate	”或非”閘	OR NOT ゲート	”或非”门
orange	橙色	オレンジ色	橙色
orbicular structure	球狀構造	球状構造	球状构造
orbit	軌道;彈道	軌道	轨道;弹道
— closure	軌道閉合	軌道閉包	轨道闭合
— control	軌道控制	軌道制御	轨道控制
— determination	軌道測定;軌道確定	軌道決定	轨道测定;轨道确定
— space	軌道空間	軌道空間	轨道空间
orbital angular momentum	軌道角動量	軌道角運動量	轨道角动量
— curve	軌道曲線	軌道曲線	轨道曲线
— direction	軌道方向	軌道の方向	轨道方向
— energy	軌道能量	軌道エネルギー	轨道能量
— plane	軌道平面	軌道面	轨道平面
— radius	軌道半徑	軌道半径	轨道半径
— sander	回轉噴砂〔打磨〕機	オービタルサンダ	回转喷砂〔打磨〕机
— scan	軌道掃描(探傷)	振子走査	轨道扫描(探伤)
orbitron	軌旋管	オービトロン	轨旋管
order	指令	オーダ	指令;订货〔购;制〕
— card	指令卡	オーダカード	指令卡
— code	指令碼	オーダコード	指令码
— format	指令格式	オーダフォーマット	指令格式
— of life time	壽命級	寿命のオーダ	寿命级

文	臺灣	日文	大陸
- of magnitude	數量級	等級数	数量级
- of reaction	反應級(數)	反応等級	反应级(数)
- set	指令系統〔表〕	オーダセット	指令系统〔表〕
dered azimuth	命令方位角	指令方位角	命令方位角
- inspection	順序檢查	順序検査	顺序检查
- rudder angle	指令舵角	命令だ角	指令舵角
- set	順序集	順序集合	顺序集
- structure	有序結構	規則構造	有序结构
dering	有序化轉變	オーダリング	有序化转变
dinal inspection	順序檢查	順序検査	顺序检查
- number	序數	順序数	序数
- test	定序試驗	序列試験	定序试验;定目试验
dinance	規則	規則	规则;条令
dinary anchor	普通固〔錨〕定器	ストックアンカ	普通固〔锚〕定器
- bleach	普通漂白	並さらし	普通漂白
- bond	單價鍵	通常結合	单价键
- construction	普通構造	通常構造	普通构造
- flow	正常流	正常流	正常流
- hand tap	等徑手用絲攻	等径ハンドタップ	等径手用丝锥
- lay	普通扭絞	普通より	普通扭绞;逆捻
- light	普通光	通常光	普通光
- maintenance	日常維修	日常保修	日常维修
- plane of symmetry	主對稱面	常対稱面	主对称面
- pressure	(尋)常壓(力)	常圧	(寻)常压(力)
- rudder	普通不平衡舵	普通だ	普通不平衡舵
- solution	通(常)解	正常解	通(常)解
- state	常態	常態	常态
- steel	普通鋼	普通鋼	普通钢;碳素钢
- tap	等(中)直徑絲攻	等径タップ	等(中)直径丝锥
dinate	縱座標	オルジネート	纵坐标
- axis	縱座標軸	縦(座標)軸	纵坐标轴
rdination number	原子序(數)	原子序数	原子序(数)
rdnance	兵器;武器;軍械	兵器	兵器;武器;军械
rdonnance	配置	配置	配置;布置
re	礦石	オア	矿石;矿
- analysis	礦石分析	鉱石分析	矿石分析
- assay	礦石(定量)分析	鉱石分析	矿石(定量)分析
- bearing rock	含礦岩	含鉱岩	含矿岩
- burner	礦石熔煉爐	焼鉱炉	矿石熔炼炉
- chute	礦石溜井;溜礦槽	落し	矿石溜井;溜矿槽

英文	臺灣	日文	大陸
— crusher	碎礦機	オアクラッシャ	碎矿机
— deposit	礦床	鉱床	矿床
— furnace	礦石熔煉爐	溶鉱炉	矿石熔炼炉
— process	礦石(平爐)法	鉱石法	矿石(平炉)法
— reserve	礦石儲量	埋藏鉱量	矿石储量
— smelting	生料熔煉法	鉱石溶錬	生料溶炼法
oreing	(高碳鋼)礦石脫碳法	オアリング	(高碳钢)矿石脱碳法
organ	器官	オルガン	器官
organic accelerator	有機促進劑	有機促進剤	有机促进剂
— acid	有機酸	有機酸	有机酸
— clay	有機(質)黏土	有機質粘土	有机(质)粘土
— cleaner	有機清潔淨劑	有機(系)清浄剤	有机清洁净剂
— fiber	有機纖維(板)	有機質繊維(板)	有机纤维(板)
— metal compound	金屬有機化合物	金属有機化合物	金属有机化合物
— phosphorous	有機磷	有機りん	有机磷
— pigment	有機顏料	有機顔料	有机颜料
— polymer	有機聚合體〔物〕	有機重合体	有机聚合体〔物〕
— rock	有機岩	有機岩	有机岩
— solubility	有機溶解性	有機溶解性	有机溶解性;有机溶度
— solution	有機溶液	有機溶液	有机溶液
— synthesis	有機合成	有機合成	有机合成
organism	有機體;生物(體)	有機体	有机体;生物(体)
organization	機構	組織	机构;机体组成
organizational behavior	組織的行動	組織的挙動	组织的行动;组织行为
— science	組織科學	組織科学	组织科学
organolite	離子交換樹脂	オルガノライト	离子交换树脂
organometallic catalyst	有機金屬催化劑	有機金属触媒	有机金属催化剂
— compound	有機金屬化合物	有機金属化合物	有机金属化合物
— polymer	有機金屬高分子	有機金属高分子	有机金属高分子
— stabilizer	有機金屬穩定劑	有機金属安定剤	有机金属稳定剂
orgar press machine	螺旋擠壓成形機	オーガ成形機	奥加(螺旋挤压)成形机
orientation	取向	オリエンテーション	取向;定向;方位
— birefringence	取向雙折射	配向複屈折	取向双折射
— effect	方向效應	配向効果	方向效应
— factor	取向因數	配向因子	取向因数
— law	定向(定)律	配向(定)律	定向(定)律
— strain	定向變形〔應變〕	配向ひずみ	定向变形〔应变〕
— stress	定向應力	配向応力	定向应力
oriented adsorption	取向吸附	定位吸着	取向吸附
— arc	有向弧	有向弧	有向弧

文	臺灣	日文	大陸
- circle	有向圓	有向円	有向圆
- ejection	定向放〔排;噴〕出	整列取出し	定向放〔排;喷〕出
- film	定向膜	配向膜	定向膜
- layer	定向層	配向層	定向层
- plane	有向平面	有向平面	有向平面
- region	取向區	定位区	取向区
- silicon steel band	各向異性矽鋼片	方向性けい素鋼帯	各向异性硅钢片
- silicon steel strip	各向異性矽鋼片〔帶〕	方向性けい素鋼帯	各向异性硅钢片〔带〕
- surface	有向曲面	有向曲面	有向曲面
rienting line	方向基線	基本線	方向基线
- point	校準點	標定点	校准点;方位基准点
- station	定向位置	基本測点	定向位置
rifice	流孔	オリフィス	流孔;排泄口〔孔〕
- block	節流板	オリフィスブロック	节流板
- diameter	口徑	口径	口径;孔径
- metering	孔板流量測定法	オリフィスメタリング	孔板流量测定法
- method	(計量的)銳孔法	オリフィス法	(计量的)锐孔法
- mixer	孔板塔(形)混合器	オリフィスミキサ	孔板塔(形)混合器
- ring	孔環	オリフィスリング	孔环
- support tube	銳孔支管	オリフィス支持管	锐孔支管
rigin	起始地址	オリジン	起始地址;发送源
- bench-mark	原始水準基點	水準原点	原始水准基点
- of coordinates	座標原點	座標原点	坐标原点
- of fire	火災起火點	火元	火灾起火点
riginal area	初始面積	最初の面積	初始面积
- bearing area	初始支承面積	原支持面積	初始支承面积
- coal	原煤	原炭	原煤
- crosssection	原剖面	原横断面	原剖面
- data	原始數據	オリジナルデータ	原始数据
- dimension	原始尺寸	原寸	原始尺寸
- drawing	原圖;底圖	原図	原图;底图
- length	原長度	原長	原长度;最初长度
- material	原物質	原物質	原物质
- model	原(始)模型	原モデル	原(始)模型
- mold	原型	原型	原型
- point	起點	始点	起点;原点
- shape	原形;最初形狀	原形	原形;最初形状
- size	初始尺寸	原寸	初始尺寸
- state	常態	常態	常态
- stiffness equation	原始剛度方程	初期剛性方程式	原始刚度方程

英文	臺灣	日文	大陸
— stiffness matrix	原始剛度矩陣	初期剛性マトリクス	原始刚度矩阵
originator	創始者	オリジネータ	创始者;发明者
ormolu	銅鋅錫合金;鍍金物	オルモル	铜锌锡合金;镀金物
ormulu	奧姆拉銅鋅錫合金	オルムル	奥姆拉铜锌锡合金
ornamental gilding	裝飾性鍍金	装飾金めっき	装饰性镀金
— gold plating	裝飾鍍金	装飾用金めっき	装饰镀金
— radiator	裝飾性散熱器	模様付き放熱器	装饰性散热器
oroide	銅錫鋅裝飾用合金	オロイド	铜锡锌装饰用合金
orthobaric density	標準密度	規圧密度	标准密度
— volume	標準容〔體〕積	規圧容積	标准容〔体〕积
orthocenter	垂心	垂心	垂心
orthodome	正軸坡面	正軸ひ面	正轴坡面
orthoform	原仿	オルトフォルム	原仿
orthogonal aeolotropy	正交各向異向	直交異方性	正交各向异向
— array	正交配置	直交配列表	正交配置;正交排列
— axes	正交軸	直交軸	正交轴
— basis	正交基	直交基	正交基
— clearance angle	法向後角	垂直逃げ角	法向后角
— cross section	正交截面	直切面	正交截面;正交切面
— cutting	垂直切削	二次元切削	垂直切削
— expansion	正交展開	直交展開	正交展开
— pressure	垂直壓力	垂直圧	垂直压力
— projection	正交投影圖	直角投影	正交投影图
— rake	法向前角	垂直すくい角	法向前角
— series	正交級數	直交級数	正交级数
orthogonality	正交性	正交性	正交性;直交性
— condition	正交條件	直交条件	正交条件
— system	規格化正交系	正規直交系	规格化正交系
orthograph	正投影圖	オルソグラフ	正视图;正投影图
orthographic drawing	正投影圖	正投影図	正投影图
— projection diagram	正交投影圖	正射投影法図	正交投影图
orthography	正交投影	オーソグラフィー	正射法;正交射影
orthohydrogen	反轉氫(分子)	オルト水素	反转氢(分子)
orthophotomap	正射投影地圖	オルソフォトマップ	正射投影地图
orthopinacoid	正軸面(體)	正軸卓面	正轴面(体)
orthoprism	正軸柱	正軸柱	正轴柱;正棱柱体
orthopyramid	正稜錐	正軸すい	正棱锥
orthostichy	直列線	直列線	直列线
orthotropic plate	正交各向異性板	直交異方性板	正交各向异性板
— shell	正交各向異性殼	直交異方性シェル	正交各向异性壳

英文	臺灣	日文	大陸
rthotropy	正交各向異性	直交異方性	正交各向异性
scillate	振盪;擺動	振動	振荡;摆动;颤振
scillating actuator	搖擺(執行)元件	揺動形アクチュエータ	摇摆(执行)元件
~ agitator	擺動攪拌器	振動かき混ぜ器	摆动搅拌器
~ arc	振盪電弧	発振アーク	振荡电弧
~ armature	搖動電樞	揺り発電子	摇动电枢
~ compressor	振動式壓縮機	振動形圧縮機	振动式压缩机
~ condition	振盪條件	発振条件	振荡条件
~ current	振盪電流	振動電流	振荡电流
~ cylinder	擺動氣缸	揺動シリンダ	摆动气缸
~ die press	振動模用沖床	振動型用プレス	振动模用压力机
~ drum	振動式滾筒	揺りドラム	振动式滚筒
~ engine	擺缸式發動機	筒振り機関	摆缸式发动机
~ lubricator	擺動潤滑器	振動潤滑器	摆动润滑器
~ mill	振動式碾磨機	振動ミル	振动式碾磨机
~ orbit	吻切軌道	接触軌道	吻切轨道
~ process	振〔擺〕動銲接法	オシレート法	振〔摆〕动焊接法
~ type	振動型	振動型	振动型;摆动式
scillation	振動;振盪	動幅	振动;振荡;摆动
~ casting	振動鑄造(法)	振動鋳造法	振动铸造(法)
~ characteristic	振盪特性	発振特性	振荡特性
~ energy	振動能	振動エネルギー	振动能
~ method	振動法	振動法	振动法
~ number	振動數	振動数	振动数
scillator	振盪器	オシレータ	振荡器;振动器
~ crystal	振盪器晶體	発振器水晶	振荡器晶体
~ strength	振(動)子強度	振動子強度	振(动)子强度
scillatory agitator	擺動攪拌器	振動かき混ぜ器	摆动搅拌器
~ discharge	振盪放電	振動放電	振荡放电
~ feeder	擺動進料器	振動フィーダ	摆动进料器
~ pressure pick-up	振動壓力傳感器	圧力振動検出器	振动压力传感器
~ wave	振動〔盪〕波	振動波	振动〔荡〕波
scillograph	示波器	オシログラフ	示波器
scilloscope	示波器〔管〕	オシロスコープ	示波器〔管〕
smayal	一種鋁錳合金	オスメヤール	欧斯玛铝锰合金
miridium	銥鋨礦;銥鋨合金	オスミリジウム	铱锇矿;铱锇合金
mite	天然鋨	オスマイト	天然锇
mium,Os	鋨	オスミウム	锇
mometer	滲透壓力計	オスモメータ	渗透压力计;渗压计
mometry	滲透壓力測定(法)	浸透圧測定	渗透压力测定(法)

英　文	臺　灣	日　文	大　陸
osmond iron	沃斯田鐵	良質の鉄	优质铁;奥氏体铁
osmos tube	X射線管硬度調節裝置	オスモスチューブ	X射线管硬度调节装置
osmoscope	滲透試驗器	浸透試験器	渗透试验器
osmose	滲透	オスモーズ	渗透;渗透性(作用)
osmosis	滲透(作用)	浸透	渗透(作用)
osmotaxis	趨滲性	浸透性	趋渗性
osmotic agent	滲透劑	浸透剤	渗透剂
— pressure	滲透壓(力)	浸透圧	渗透压(力)
osram	燈泡鎢絲	オスラム	灯泡钨丝
— lamp	(鋨)鎢絲燈	オスラムランプ	(锇)钨丝灯
Otto cycle	鄂圖循環	オットーサイクル	奥托循环;等容循环
— engine	四沖程循環內燃機	定容サイクル機関	四冲程循环内燃机
— cycle thermal efficiency	等容循環熱效率	奥托循環熱効率	等容循环热效率
ounce	盎司〔重量單位〕	オンス	盎司〔重量单位〕
— metal	盎司鑄造黃銅	オンスメタル	盎司铸造黄铜
— strength	英兩強度	オンス強度	英两强度
out amplifier	輸出放大器	アウトアンプ	输出放大器
— cable	露出張拉鋼索	アウトケーブル	露出张拉钢索
— crop	露頭	露頭	露头
— end plummer block	止推軸承外端	軸台外端	止推轴承外端
— end plunger block	外端軸座	外端軸台	外端轴座
— flow pressure	流出壓力	流出圧力	流出压力
— gate	輸出門(電路)	アウトゲート	输出门(电路)
— line	輪廓線	輪郭	输廓线
— of center	偏心	中心ずれ	偏心
— of control	失控	管理はずれ	失控
— of order	發生故障	故障	发生故障
— of plumb	不垂直	不鉛直	不垂直
— of round	不圓	不真円	不圆
— of sync	不同步	アウトオブシンク	失步;不同步
— of true	扭曲	ねじれ	扭曲;不直
— rigger	懸臂梁	はね木	悬臂梁;外伸支架
— seal	外密封	アウトシール	外密封
— well	傾析	(上澄液) 傾注	倒去;倾析
outage	排出量	アウテージ	排出量;预留容积
ortcome	產量;排出口	結果	产量;排出口
— function	結果函數	成果関数	结果函数
outconnector	外接符	出結合子	外接符;改接符
ortcrop	露頭	露頭	露头;露出
outdiffusion	向外擴散	外方拡散	向外扩散

文	臺灣	日文	大陸
- method	向外擴散法	外部拡散法	向外扩散法
ıtdoor aging	室外老化	屋外老化	室外老化
- arrester	室外避雷器	屋外避雷器	室外避雷器
- boiler	露天鍋爐	屋外ボイラ	露天锅炉
- condition	室外條件	外気条件	外气条件;室外条件
- exposure test	全天候性試驗	屋外暴露試験	全天候性试验
- lighting	室外照明	屋外照明	室外照明
- location	室外安裝	屋外取付け	室外安装;室外场地
- piping	室外布管;室外管道	屋外配管	室外布管;室外管道
- protection	室外保護	屋外保護	室外保护
- sign	室外標誌〔廣告〕照明	屋外サイン	室外标志〔广告〕照明
- wiring	室外布線	屋外配線	室外布线
ıter area	外面積	外面積	外面积
- bauquette	外護坡道〔堤〕	表小段	外护坡道〔堤〕
- bearing	外側軸承	アウタベヤリング	外侧轴承
- bottom	外底	外底	外底
- brush	外電刷	アウタブラッシ	外电刷
- capacity	外容量	外容量	外容量
- casing	外殼;容器;外汽缸	外部[illegible]ング	外壳;容器;外汽缸
- cone	(火焰的)外層;外錐	外部フレーム	(火焰的)外层;外锥
- cover	蒙皮	外皮	蒙皮
- diameter	外徑	外径	外径
- dimension	外直徑尺寸	外のり寸法	外直径尺寸
- driver	外部傳動裝置	アウタドライバ	外部传动装置
- flame	外層焰	外炎	外层焰
- hull	外殼	外殼	外壳
- packaging	外包裝	外装	外包装
- periphery	周邊;外圍	外周	周边;外围
- rail	外軌	アウタレール	外轨
- ring	外圈;外環	アウタリング	外圈;外环
- ring flange	(帶凸緣軸承的)凸緣	フランジ	(带凸缘轴承的)凸缘
- rotor	外轉子;外葉輪	アウタロータ	外转子;外叶轮
- shaft	外側軸	外側軸	外侧轴
- shape	外形	外形	外形
- sheet	外層片	外層シート	外层片
- shoe	外支塊〔托板〕	アウタシュー	外支块〔托板〕
- skin	表皮;外殼;模板	表板	表皮;外壳;模板
- slide	外滑塊	アウタスライド	外滑块
- spring	外彈簧	アウタスプリング	外弹簧
- strake	搭接外列板	外層板	搭接外列板

英文	臺灣	日文	大陸
— surface	外層;表面層	外面	外层;表面层
— volume	外(部)體積	外部体積	外(部)体积
outer-product	外積;向積;向量積	外積	外积;矢积;向量积
outer-shell	外殼層	外殻	外壳层
outfall	排出口	吐き口	排出口
outfit	裝備	アウトフィット	装备
outflow	流出量	アウトフロー	流出量;流出(物)
outgrowth	副產物	自然產物	副产物;增生产品
outlet	引線;輸出端	アウトレット	引线;输出端;排泄管
— air angle	空氣出口角	空気出口角	空气出口角
— air pipe	排氣管	出口気管	排气管
— bend	出口彎管	吐出しベンド	出口弯管
— box	配線盒;出線盒	アウトレットボックス	配线盒;出线盒
— casing	排氣缸	吐出しケーシング	排气缸
— cock	出口旋塞	送出しコック	出口旋塞
— conduit	排水(管)道	放水管(路)	排水(管)道
— connector	出口接頭	出口ユニオン	出口接头
— gas pressure	排氣壓力	出口ガス圧力	排气压力
— joint	出口接頭	アウトレット継手	出口接头
— pipe	出口管;排出管	出口管	出口管;排出管
— plate	出口端平台	出口プレート	出口端平台
— port	排出口〔孔〕	出口ポート	排出口〔孔〕
— pressure	出口壓力	出口圧力	出口压力
— safery valve	出口安全閥	アウトレット安全弁	出口安全阀
— sluice	排水閘	流出水門	排水闸
— structure	排放設備	放流設備	排放设备
— tube	排出管	排出管	排出管
— valve	出口閥;排放閥	出口弁	出口阀;排放阀
— valve-cone	出口閥心	出口弁心	出口阀心
— works	排放設施	放流設備	排放设施
outline	略圖;外形(線);輪廓	アウトライン	略图;外形(线);轮廓
— design	初步設計	アウトラインデザイン	初步设计
— drawing	輪廓圖;外形圖	輪郭図	轮廓图;外形图
— flowchart	簡略流程圖	概略流れ図	简略流程图
— map	略圖;輪廓圖	アウトライン図	略图;轮廓图
ort-of-line	超行;超線	アウトオブライン	超行;超线
out-of-roundness	不圓度;欠圓度	欠円度	不圆度;欠圆度
out-of-sphericity	真球度;正球度	真球度	真球度;正球度
outplane buckling	面外挫曲〔翹曲〕	面外座屈	面外挫曲〔翘曲〕
output	輸出(量);產量	アウトプット;出力	输出(量);产量

文	臺灣	日文	大陸
- area	輸出緩衝區;輸出範圍	アウトプットエリア	输出缓冲区;输出范围
- assignment	輸出指定〔分配〕	出力割当て	输出指定〔分配〕
- break	輸出中斷	出力中断	输出中断
- capacity	注塑成形能力	産出能力	注塑成形能力
- class	輸出級	出力クラス	输出级
- coupling	輸出耦合	出力結合	输出耦合
- coupling device	輸出耦合裝置	出力結合装置	输出耦合装置
- decay	輸出衰減	出力減衰（率）	输出衰减
- density	釋能密度;功率密度	出力密度	释能密度;功率密度
- device	輸出設備	出力装置	输出设备
- efficiency	輸出效率	出力効率	输出效率
- end	擠出端	押出し端	挤出端
- level	輸出電平	出力レベル	输出电平
- line	輸出線	出力ライン	输出线
- list	輸出表〔清單〕	アウトプットリスト	输出表〔清单〕
- load	輸出負載	出力負荷	输出负载
- meter	輸出測量錶	アウトプットメータ	输出测量表
- module	輸出模塊	出力モジュール	输出模块
- neck	輸出頸	アウトプットネック	输出颈
- order	輸出指令	アウトプットオーダ	输出指令
- part	輸出部分	出力部	输出部分
- pressure	輸出壓力	出口側圧力	输出压力
- precessing	輸出處理	出力処理	输出处理
- program	輸出程式	出力プログラム	输出程序
- punch	輸出打孔板	出力せん孔機	输出穿孔板
- queue	輸出排隊〔隊列〕	出力待ち行列	输出排队〔队列〕
- range	輸出範圍	出力範囲	输出范围
- response	輸出響應(特性)	出力応答	输出响应(特性)
- routine	輸出程式	アウトプットルーチン	输出程序
- shaft	輸出軸	出力軸	输出轴
- signal	輸出信號	出力信号	输出信号
- stability	輸出穩定性	出力安定度	输出稳定性
- stream	輸出流	出力の流れ	输出流
- table	輸出(圖)表	出力表	输出(图)表;输出台
- terminal	輸出端	出力端子	输出端
- torque	輸出扭矩	出力トルク	输出扭矩
- unit	輸出裝置;輸出元件	出力装置	输出装置;输出部件
- work queue	輸出(工作)排隊	出力作業待ち行列	输出(工作)排队
utreach	極限伸距;起重機臂	アウトリーチ	极限伸距;起重机臂
utrigger	外伸叉架〔托梁〕	アウトリガ	外伸叉架〔托梁〕

英文	臺灣	日文	大陸
— scaffold	挑出腳手架	はね出し足場	挑出脚手架
outside	外部(的);外側(的)	アウトサイド	外部(的);外侧(的)
— air	新鮮空氣;外界空氣	外気	新鲜空气;外界空气
— angle	外角;凸角	出隅	外角;凸角
— axle box	外軸箱	外軸箱	外轴箱
— calipers	外卡鉗〔規〕	外パス	外卡钳〔规〕
— chaser	外螺紋梳刀	アウトサイドチェーザ	外螺纹梳刀
— corner	外角;凸角	出隅	外角;凸角
— crank	外曲柄	アウトサイドクランク	外曲柄
— curling die	外緣卷邊模	外側カーリング型	外缘卷边模
— cylinder	外(側)氣缸	外シリンダ	外(侧)气缸
— diameter	外徑	外径	外径
— dimension	外側尺寸	外法	外包〔侧〕尺寸
— face	表面	外面	表面
— lap	表面拋光	外側ラップ	外馀面;表面抛光
— layer	外層	外層	外层
— mandrel	外部心軸	外部マンドレル	外部心轴
— micrometer	外徑分厘卡	外マイクロメータ	外径千分尺
— pedestal	外軸承座	外側軸受	外轴承座
— plate	外板;罩板	外板	外板;罩板
— seam	外縫	外側シーム	外缝
— sizing	外部尺寸額定值	外径規制	外部尺寸额定值
— turning method	外圓車削法	外周削り法	外圆车削法
— view	外形圖	外形図	外形图;外观图
outstanding leg	(角鋼等的)突出肢	突出脚	(角钢等的)突出肢
out-to-out	外廓尺寸;全長	最大寸法	外廓尺寸;全长;全宽
outturn	產量	生産高	产量
outward	外表;外形;向外的	アウトウォード	外表;外形;向外的
— flange	外凸緣	外向きフランジ	外凸缘
— heeling	外傾	外方傾斜	外倾
oval	橢圓形	卵形線	卵形线(的);椭圆形
— cam	橢圓形凸輪	オーバルカム	椭圆形凸轮
— chain	橢圓形鏈條	オーバルチェーン	椭圆形链条
— characteristic	橢圓特性	だ円特性	椭圆特性
— cup	橢圓形杯;橢圓形容器	卵形容器	椭圆形杯;椭圆形容器
— cylinder	橢圓形缸	オーバルシリンダ	椭圆形缸;卵形缸
— die	橢圓型模	だ円ダイス	椭圆型模
— file	橢圓銼	両甲丸やすり	椭圆锉
— flange	橢圓凸緣	だ円フランジ	椭圆凸缘
— flat-head screw	扁圓頭螺釘	丸平小ねじ	扁圆头螺钉

英文	臺灣	日文	大陸
— gear flowmeter	橢圓齒輪式流量計	オーバル歯車流量計	椭圆齿轮式流量计
— head screw	扁圓頭螺釘	オーバル頭ねじ	扁圆头螺钉
— lathe	橢圓車床	だ円旋盤	椭圆车床
— neck	橢圓形軸頸	こぶ付き連結部	椭圆形轴颈
— scale	橢圓尺	はまぐり尺	椭圆尺
— section	橢圓面〔截面〕	だ円形断面	椭圆面〔截面〕
— shape	橢圓形	小判胴形	椭圆形
— valve diagram	橢圓閥動圖	だ円弁線図	椭圆阀动图
ovality	橢圓度〔率〕	長円度	椭圆度〔率〕
ovalization	橢圓化	だ円化	椭圆化
ovaloid	卵形面	卵形面	卵形面
oven	爐;烘爐〔箱〕	オーブン	炉;烘炉〔箱〕
— cure	烘爐硫化;爐內固化	炉内養生	烘炉硫化;炉内固化
— dryer	乾燥爐〔箱〕	オーブン乾燥器	乾燥炉〔箱〕
— drying	烘(箱)乾(燥)	オーブン乾燥	烘(箱)乾(燥)
— fusion	爐溫熔合	オーブン融合	炉温熔合
— gas	焦(炭)爐氣	コークス炉ガス	焦(炭)炉气
— heat	爐(加)熱	炉熱	炉(加)热
ovenstone	耐火石	耐火石	耐火石
over aging	過(度)老化	過時効	过(度)老化
— carburizing	過滲碳	過剰浸炭	过渗碳
— control	超調現象	過制御現象	超调现象
— etch	過量腐蝕	オーバエッチ	过量腐蚀
— packing	多餘包裝	オーバパッキング	多馀包装;过量填充
— press	過壓	オーバプレス	过压
— protector	過載保護器	過負荷防止装置	过载保护器
— rev	超速運轉	オーバレブ	超速运转
— shipment	超運;超載	過剰出荷	超运;超载
— top-gear	超過速齒輪	オーバトップギヤー	超过速齿轮
overall accuracy	總準確度;綜合精度	総合精度	总准确度;综合精度
— approximation	全域近似法	全域近似法	全域近似法
— capacity	總能力;綜合能力	全能力	总能力;综合能力
— charactiristic	總特性	総合特性	总特性
— coefficient	總合係數	総合係数	总合系数
— composition	總成分	総成分	总成分
— density	總密度	総合密度	总密度
— efficiency	總效率;綜合效率	オーバオール効率	总效率;综合效率
— error	總誤差	総合誤差	总误差
— gain	總增益	総合利得	总增益
— height	全高;總高	オーバオールハイト	全高;总高

英　　文	臺　　灣	日　　文	大　　陸
— length	全長;總長	オーバオールレングス	全长;总长
— load	總負載	綜合負荷	总负荷〔载〕
— loss	總損耗	総合損失	总损耗
— pressure ratio	總壓力比	総圧力比	总压力比
— quality	綜合質量〔品質〕	総合品質	综合质量〔品质〕
— reaction	總反應	全反応	总反应
— shrinkage	總收縮量	全収縮	总收缩量
— strength	總合強度;總強度	総合強度	总合强度;总强度
— structure	整體結構	オーバオール構造	整体结构
— weight	總重量	総重量	总重量
overarm	懸臂	上腕	横杆;悬臂
— brace	橫梁支架〔臥銑〕	上腕ブレース	横梁支架〔卧铣〕
overbending	過彎〔補償回跳〕	オーバ曲げ加工	过弯〔补偿回跳〕
overbridge	天橋;跨線橋	架道橋	天桥;跨线桥
overcharge	過載;超裝;過量充電	オーバチャージ	过载;超装;过量充电
— of valves	閥的過載	弁の過負荷	阀的过载
overcompaction	過壓實〔縮〕	締固め過ぎ	过压实〔缩〕
overcompensation	過補償;補償過度	過補償	过补偿;补偿过度
overcoupling	過耦合	過結合	过耦合
overcrushing	過度粉碎	過砕	过度粉碎
overcure	固化過度;過硫化	過硬化	固化过度;过硫化
overcurrent	過(量)電流;過載電流	過電流	过(量)电流;过载电流
— breaker	過載斷流器	過電流遮断機	过载断流器
overdamping	過阻尼;過度衰減	オーバダンピング	过阻尼;过度衰减
overdischarge	過放電	オーバディスチャージ	过放电
overdraft	軋件上彎	圧延反り	轧件上弯
overdrive	超速傳動〔行駛〕	オーバドライブ	超速传动〔行驶〕
— gear	超速(傳動)齒輪	増速歯車	超速(传动)齿轮
overfeed(ing)	供給過剩;供料過量	オーバフィード	供给过剩;供料过量
overfill	過量填注;毛邊	オーバフィル	过量填注;毛边
overflash	閃絡;飛弧	オーバフラッシュ	闪络;飞弧
overflow	溢流;溢出	オーバフロー	溢流;溢出
— area	溢出區	あふれ域	溢出区
— chain	溢出鏈	オーバフローチェーン	溢出链
— channel	溢流口;出氣口	揚り	溢流口;出气口
— cock	溢流龍頭;溢流栓	あふれコック	溢流龙头;溢流栓
— condition	溢出條件	オーバフロー条件	溢出条件
— hole	溢流孔	オーバフローロ	溢流孔
— mold	溢流模	流出型	溢流模
— pipe	越流管;溢流管	オーバフロー管	越流管;溢流管

文	臺灣	日文	大陸
position	溢出位	あふれ用のけた	溢出位
spillway	溢流泄水道	越流余水路	溢流泄水道
tank	溢流槽	オーバフロータンク	溢流槽
type	溢流式	越流式	溢流式
valve	溢流閥	あふれ弁	溢流阀
rfocus	過焦(點)	オーバフォーカス	过焦(点)
rhang	懸垂(物);伸出(物)	張出し	悬垂(物);伸出(物)
door	吊門	釣り戸	吊门
press	懸臂式沖床	C形ギャップブレス	悬臂式压力机
wheel	外伸輪	オーバハングホイール	外伸轮
rhanging beam	懸臂梁	張出しばり	悬臂梁;外伸梁
cutting knife	外伸切削刀	釣り刃	外伸切削刀
rhaul	大修;超運	オーバホール	大修;超运
inspection	分解檢查;拆檢	開放検査	分解检查;拆检
life	大修周期	オーバホールライフ	大修周期
period	翻修周期	オーバホール時間限界	翻修周期
rhauled engine	翻修過的發動機	済み発動機	翻修过的发动机
rhead	管理費;輔助操作	オーバヘット	管理费;辅助操作
bin	高架倉	オーバヘッドタンク	高架仓
camshaft engine	跨式凸輪軸發動機	頭上カム軸機関	跨式凸轮轴发动机
clearance	(橋下)淨空	空き高	(桥下)净空
conveyer	高架軌道輸送機	オーバヘッドコンベヤ	高架轨道输送机
crane	高架起重機;橋式吊車	オーバヘッドクレーン	高架起重机;桥式吊车
crossing	上跨交叉;立叉	高路交さ	上跨交叉;立叉
drive press	上傳動沖床	上部駆動式プレス	上传动压力机
fillet welding	仰角銲	上向き隅肉溶接	仰角焊
projector OHP	過頭頂的放映機	頭上投映機	过头顶的放映机
system	架空電網;架空線式	天井式	架空电网;架空线式
tank	高位(水)槽;壓力罐	高架タンク	高位(水)槽;压力罐
travel(l)er	橋式吊車;天車	天井クレーン	桥式吊车;天车
valve	頂閥	頭弁	顶阀
welding	仰銲	上向き溶接	仰焊
wire	架空電線	架空電線	架空电线
rhearing	串音;偶而聽到	オーバヒアリング	串音;偶而听到
rheat	過熱	オーバヒート	过热
protection	過熱保護	過熱保護	过热保护
switch	熱繼電器;過熱開關	オーバヒートスイッチ	热继电器;过热开关
zone	過熱區	オーバヒートゾーン	过热区
rheated steel	過燒鋼	焼過ぎ鋼	过烧钢
structure	過熱組織	過熱組織	过热组织

英　　文	臺　　灣	日　　文	大　　陸
overheater	過熱器〔爐〕	過熱器	过热器〔炉〕
overlaid wood	貼面膠合板	オーバレイド合板	贴面胶合板
overlap	重疊	縦の重複部分	重叠
— action	重疊動作	重複動作	重叠动作
— angle	重疊繞包角	重なり角	重叠绕包角
— joint	搭接	オーバラップ継手	搭接
— of route	路線重疊	路線の重複	路线重叠
overlapping angle	重疊角	重なり角	重叠角
— contact	搭接點;重疊接點	オーバラップ接点	搭接点;重叠接点
— sublist	重複子表	重複部分リスト	重复子表
overlay	表層;(照片)輪廓紙	オーバレイ	表层;(照片)轮廓纸
— area	覆蓋區	オーバレイエリア	覆盖区
— clad	堆銲覆層	肉盛りクラッド	堆焊覆层
— material	塗層材料	オーバレイ材料	涂层材料
— segment	重疊段;覆蓋段	オーバレイセグメント	重叠段;覆盖段
— structure	重疊結構	オーバレイ構造	重叠结构
— welding	堆銲	肉盛り溶接	堆焊
overload	過載;超載	過負荷	过载;超载
— alarm	超載報警裝置	過負荷警報装置	超载报警装置
— capacity	過載能力;超載量	過負荷容量	过载能力;超载量
— circuit breaker	過載斷路器	過負荷遮断器	过载断路器
— current	過載電流	過電流	过载电流
— limiter	過載限制裝置	オーバロードリミッタ	过载限制装置
— monitor	過載監控	過負荷監視器	过载监控
— protection	過載保護	過負荷防止	过载保护
— protector	過載保險裝置	過負荷安全装置	过载保险装置
— running	過載運轉	過負荷運転	过载运转
— simulator	過載模擬器	過負荷シミュレータ	过载模拟器
— stud	過載安全銷;過載螺栓	オーバロードスタッド	过载安全销;过载螺栓
— test	超載試驗	過負荷試験	超载试验
— trip device	過載跳開裝置	超載脱開装置	过载跳闸装置
— valve	超負載調節閥	過負荷弁	超负荷调节阀
— wear	超載磨損	過負荷磨損	超载磨损
overlock machine	鎖縫機;拷邊機	かがり縫いミシン	锁缝机;拷边机
overmask	蝕透	食込み	蚀透
overpolishing	超級磨光	磨き過ぎ	超级磨光
overpower	過功率	オーバパワー	过功率
— protection	過載保護	過電力保護	过载保护
overpressure	超過壓力;過壓	オーバプレッシャー	超过压力;过压
overpunching	三行區打孔;附加打孔	オーバパンチング	三行区穿孔;附加穿孔

文	臺灣	日文	大陸
erreduced steel	過脫氧鋼	過脱酸鋼	过脱氧钢
errelaxation	超鬆弛;過度修正	過剰緩和	超松弛;过度修正
method	超鬆弛法	過緩和法	超松弛法
erride	超過;過載;不考慮	オーバライド	超过;过载;不考虑
control	超馳控制	オーバライド制御	超驰控制
pressure	超載壓力	オーバライド圧力	超载压力
errun	越程;超過;溢流	オーバラン	越程;超过;溢流
coupling	超速聯軸節	オーバランカップリング	超速联轴节
detector	超越檢測器	オーバランデテクタ	超越检测器
error	超越誤差	オーバランエラー	超越误差
ersaturation	過飽和	過飽和	过饱和
ershoot	過輻射	行過ぎ量	过辐射;动作过度
ershot wheel	上射水輪機	上掛け上車	上射水轮机
ersize	超差;篩上(物)料	過大寸法	超差;筛上(物)料
grain	粗大顆粒	粗大粒子	粗大颗粒
particle	過大顆粒	ふるい上	过大颗粒
erspeed	超速	超過速度	超速
governor	超速調速機	非常調速機	超速调速机
limit	超速限度	超過速度限界	超速限度
limiter	限速裝置	速度制限装置	限速装置
protection	超速保護	過速度保護	超速保护
protective device	過速防護裝置	超速保安装置	过速防护装置
relay	過速繼電器	過速度リレー	过速继电器
switch	超速開關	過速度スイッチ	超速开关
test	超速試驗	超過速度試験	超速试验
valve	超速閥	超速弁	超速阀
ersteer	過度轉向	オーバステア	过度转向
erstrain	過度應變;殘餘應變	オーバストレーン	过度应变;残馀应变
erstress(ing)	超限應力	過大応力	超限应力
failure	過應力故障	超過ストレス故障	过应力故障
erthrust	上衝斷層;仰衝斷層	押しかぶせ断層	上冲断层;仰冲断层
ertone	泛音;諧音	オーバトーン	泛音;谐音
ertravel	過調;再調整	オーバトラベル	过调;再调整
protection	過調保護	行過ぎ保護	过调保护
ertrimming	過微調	オーバトリミング	过微调
erturning moment	傾覆力矩	転覆モーメント	倾覆力矩
stability	防傾覆性能	転覆安全性	防倾覆性能
erview	觀察;綜述	オーバビュー	观察;综述
erweight	超過重量;過重;超重	超過重量	超过重量;过重;超重
erwrap	外包裝	オーバラップ	外包装

英文	臺灣	日文	大陸
ovoid	卵形體	卵形体	卵形体
ovolo	(建築物)圓凸形線腳	卵状くり形	(建筑物)圆凸形线脚
owner	所有者;建築業主	オーナ	所有者;建筑业主
ownership right	所有權	所有権	所有权
Oxford	牛津大學	オックスフォード	牛津大学
oxidability	可氧化性	酸化可能性	可氧化性
oxidant	氧化劑	酸化剤	氧化剂
— analyzer	氧化劑分析器	オキシダント計	氧化剂分析器
— inhibitor	氧化抑止劑	酸化防止剤	氧化抑止剂
oxidation	氧化(作用)	酸化	氧化(作用)
— agent	氧化劑	酸化剤	氧化剂
— decomposing	氧化分解	酸化分解	氧化分解
— ditch	循環水溝曝氣法	酸化溝	循环水沟曝气法
— film treating	氧化膜處理	酸化皮膜処理	氧化膜处理
— flame	氧化焰	酸化フレーム	氧化焰
— inhibited oil	氧化抑制油	酸化抑制オイル	氧化抑制油
— inhibitor	氧化抑制劑	酸化防止剤	氧化抑制剂
— loss	氧化損失	酸化損失	氧化损失
— magnet	氧化磁鐵	酸化金属磁石	氧化磁铁
— reaction	氧化反應	酸化反応	氧化反应
— treatment	氧化處理	酸化処理	氧化处理
oxidative aging	氧(化性)老化	酸化老化	氧(化性)老化
— attack	氧化侵蝕	酸化浸食	氧化侵蚀
— catalyst	氧化催化劑	酸化触媒	氧化催化剂
— effect	氧化作用	酸化作用	氧化作用
— scission	氧化裂斷	酸化分断	氧化裂断
oxide	氧化物	オキサイド	氧化物
— cathode	氧化物陰極	オキサイドカソード	氧化物阴极
— coating	氧化物覆膜法	酸化物被覆法	氧化物覆膜法
— filament	氧化物燈絲	酸化物フィラメント	氧化物灯丝
— film	氧化膜	酸化物皮膜	氧化膜
— film treatment	氧化膜處理法	酸化被膜法	氧化膜处理法
— fuel	氧化物燃料	酸化物燃料	氧化物燃料
— ion	氧化物離子	オキサイドイオン	氧化物离子
— material	氧化物材料	酸化物材料	氧化物材料
— print	氧印法	オキサイドプリント	氧印法
— tool	陶瓷刀具	オキサイドツール	陶瓷刀具;氧化物刀具
— zone	氧化帶(層)	酸化帯(層)	氧化带(层)
oxidized form	氧化狀態	酸化形	氧化状态
— oil	氧化油	吹込み油	氧化油

文	臺灣	日文	大陸
idizer	氧化劑	オキサダイザ	氧化剂
idizing acid	氧化(性)酸	酸化（性）酸	氧化(性)酸
- agent	氧化劑	酸化剤	氧化剂
- chamber	氧化室	酸化槽	氧化室
- condition	氧化條件	酸化性条件	氧化条件
- flux	氧化銲劑	酸化フラックス	氧化焊剂
- intensity	氧化強度	酸化強度	氧化强度
- melting	氧化熔煉	酸化溶解	氧化熔炼
- refining	氧化精煉;沸騰精煉	酸化精錬	氧化精炼;沸腾精炼
- roasting	氧化焙燒	酸化ばい焼	氧化焙烧
- slag	氧化(爐)渣	酸化性スラグ	氧化(炉)渣
- smelting	氧化熔煉	酸化よう錬	氧化熔炼
- substance	氧化性物質	酸化性物質	氧化性物质
xone	發氧方	オクソン	发氧方
xy-acetylene welding	氧-乙炔銲;氣銲	酸素アセチレン溶接	氧-乙炔焊;气焊
xyarc cutting	氧-電弧切割	酸素アーク切断	氧-电弧切割
xydation	氧化(作用)	酸化	氧化(作用)
xydol	雙氧水	オキシドール	双氧水
i ferrite	含氧鐵素體	オキシフェライト	含氧铁素体
xyful	雙氧水	オキシフル	双氧水
xygen,O	氧;氧氣	酸素	氧;氧气
- absorbent	吸氧劑	酸素吸収剤	吸氧剂
- analyzer	氧分析器	酸素濃度計	氧分析器
- arc cutting	氧弧切割	酸素アーク切断	氧弧切割
- atom	氧原子	酸素原子	氧原子
- bleaching	氧漂白	酸素漂白	氧漂白
- bottle	氧氣瓶	酸素びん	氧气瓶
- consumed	氧氣消耗量	酸素消費量	氧气消耗量
- cutting	氧化切割;氣割	酸素切断	氧化切割;气割
- cylinder	氧氣瓶〔筒〕	酸素容器	氧气瓶〔筒〕
- gas	氧氣	酸素ガス	氧气
- gasification	氧氣化	酸素ガス化	氧气化
--hydrogen cell	氫氧電池	水素酸素電池	氢氧电池
- index	氧指數	酸素指数	氧指数
- lance	氧氣切割炬	酸素やり	氧气割炬;氧矛
- lance cutting	氧氣切割	酸素やり切断	氧矛切割
- mask	氧氣面具	酸素マスク	氧气面具
- permeability	氧滲透率〔性〕	酸素透過度	氧渗透率〔性〕
- purity	氧氣純度	酸素純度	氧气纯度
- sensor	測氧器	酸素センサ	测氧器

英文	臺灣	日文	大陸
— steel	氧氣頂吹轉爐鋼	酸素転炉鋼	氧气顶吹转炉钢
— value	氧値	酸素価	氧值
— welding	氧銲(接);氣銲	酸素溶接	氧焊(接);气焊
oxygenant	氧化劑	オキシジェナント	氧化剂
oxygenating	充氧;氧化;氧氣處理	酸素添加	充氧;氧化;氧气处理
oxygenation	充氧(作用)	オキシゲネーション	充氧(作用)
oxygenizement	充氧(作用)	酸素添加	充氧(作用);氧气处理
oxygon(e)	銳角三角形	オキシゴン	锐角三角形
oxyhydrogen	氫氧氣	オキシヒドロジェン	氢氧气
— blowpipe	氫氧吹管	酸水素吹管	氢氧吹管
— flame	氫氧焰	酸水素炎	氢氧焰
— light	氫氧(碳)光	石灰光	氢氧(碳)光
— welding	氫氧(焰)銲(接)	酸水素溶接	氢氧(焰)焊(接)
oxyluminescence	氧化發光	酸素発光	氧化发光
oxymeter	量氧計	オキシメータ	量氧计
oxypathor	氧解毒器;氧治療器	酸解毒器	氧解毒器;氧治疗器
oxypathy	酸中毒	酸中毒	酸中毒
oxypropane cutting	氧丙烷切割	酸素プロパン切断	氧丙烷切割
oxysome	氧化體	オキシソーム	氧化体,嗜酸体
oxy-spear cutting	氧矛切割	酸素やり切断	氧矛切割
oxytropism	向氧性	向酸素性	向氧性
ozonator	臭氧化器	オゾネータ	臭氧化器
ozone	臭氧	オゾン	臭氧
— absorption	臭氧吸收	オゾン吸取	臭氧吸收
— attack	臭氧侵蝕	オゾン攻撃	臭氧侵蚀
— belaching	臭氧漂白	オゾン漂白	臭氧漂白
— crack	臭氧龜裂	オゾンクラック	臭氧龟裂
— treatment	臭氧處理	オゾン処理	臭氧处理
ozonidation	臭氧化(作用)	オゾン化物生成	臭氧化(作用)
ozonide	臭氧化物	オゾニド	臭氧化物
ozonization	臭氧處理	オゾン処理	臭氧处理
— plant	臭氧處理裝置	オゾン処理装置	臭氧处理装置
— process	臭氧化法	オゾン酸化法	臭氧化法
ozonizer	臭氧發生器	オゾナイザ	臭氧发生器
ozonolysis	臭氧分解	オゾン分解	臭氧分解
ozonosphere	臭氧層	オゾン層	臭氧层

文	臺　灣	日　文	大　陸
ιction	比例動作	比例動作	比例动作
:ock	小旋塞	Pコック	小旋塞;排气阀;油门
type channel	P(形)溝道	P形チャネル	P(形)沟道
ι key	程式注意鍵	PAキー	程序注意键
ιB connection	(液壓閥的)PAB接通	PAB接続	(液压阀的)PAB接通
ce	步測	ペース	步测;梯台
rating	步距評估;速度定額	ペース評定	步距评估;速度定额
chimeter	測重機	重ひょう量機	测重机
cing	定速〔步〕	ペーシング	定速〔步〕;整速
ck	背包;捆包	パック	背包;捆包
annealing	堆疊退火	箱なまし	堆叠退火
carburizing	固體滲碳	固体浸炭	固体渗碳
fong	一種方鋅白銅	パックフォング	帕克方锌白铜
heat treatment	包裝熱處理	パック熱処理	包装热处理
ιckage	封裝(電路)	パッケージ	封装(电路);管壳;包装
conveyor	包裝輸送機	パッケージコンベヤ	包装输送机
leak	管殼漏氣	パッケージリーク	管壳漏气
shell	封裝外殼	パッケージシェル	封装外壳
trouble	封裝故障	パッケージトラブル	封装故障
ιckaged adhesive	封裝黏合劑	容器入り接着剤	封装粘合剂
boiler	整〔快〕裝鍋爐	パッケージボイラ	整〔快〕装锅炉
equipment	小型裝置	パッケージ形装置	小型装置
ιckager	包裝者	包装者	包装者
ιckaging	包裝	パッケージング	包装;组装;封装
density	組裝密度	実装密度	组装密度
industry	包裝工業	包装工業	包装工业;包装行业
machine	包裝機	包装機	包装机
machinery	包裝機械	包装機械	包装机械
material	包裝材料	包装材料	包装材料
sheath	封裝	外装	封装;外层覆盖;包装
ιcked array	合并數組	詰込み配列	合并数组
attribute	壓縮屬性	パック属性	压缩属性
goods	包裝貨物	包装貨物	包装货物
ιcker	包裝機	土ならし	包装机;压土机
ιcket	捆;束;郵船	パケット	捆;束;邮船;子弹
control	包控制	パケット制御	包控制
transmission	包傳輸	パケット伝送	包传输
ack-house	倉庫;堆棧;包裝加工廠	パックハウス	仓库;堆栈;包装加工厂
acking	迫緊;包裝;填料	パッキン	包装;填料;存储
block	密封(墊)塊;迫緊塊	パッキンブロック	密封(垫)块

P

英文	臺灣	日文	大陸
— bolt	密封〔迫緊〕螺栓	パッキンボルト	密封螺栓
— box	包裝箱	パッキン箱	包装箱
— component	填充成分	充てん部分	填充成分;填充组分
— density	存儲密度	充てん密度	存储密度;记录密度
— flange	密封(用)凸緣盤	パッキンフランジ	密封(用)法兰盘
— fluid	密封液	遮断液	密封液
— groove	填料糟	パッキン溝	填料槽
— hook	密封圈鉤	パッキンフック	密封圈钩
— layer	填充層	充てん層	填充层
— material	填充劑〔料〕	充てん剤	填充剂〔料〕
— model	填充模型	充てん模型	填充模型
— unt	密封螺母	パッキンナット	密封螺母
— piece	迫緊片	植え金	填密片
— plate	墊板	パッキン詰め板	垫板
— press	填料壓機	充てん材圧縮機	填料压机
— procedure	填充手續	充てん手順	填充手续
— ring	填密環;墊圈	パッキンリング	填密环;垫圈
— scale	包裝秤;定量填充機	パッキンスケール	包装秤;定量填充机
— screw	襯墊螺旋	パッキンフック	衬垫螺旋
— seal	填充密封	パッキンシール	填充密封
— sheet	填密片	パッキンシート	填密片
— sleeve	圓環軸套〔填料用〕	パッキン部スリーブ	圆环轴套〔填料用〕
— spring	密封彈簧;填充彈簧	パッキンスプリング	密封弹簧;填充弹簧
— washer	密封〔迫緊〕墊圈	パッキンワッシャ	密封垫圈
packless expansion joint	無密封伸縮接頭	パックレス伸縮継手	无密封伸缩接头
— seal	無包紮密封	未包装密封	无包扎密封
— valve	無填料閥;非密封閥	パックレスバルブ	无填料阀;非密封阀
pad	緩衝器	パッド	缓冲器;发射台;底座
— bearing	襯墊軸承;帶油墊軸承	パッド軸受	衬垫轴承;带油垫轴承
— control	衰耗器控制;墊整調節	パッド制御	衰耗器控制;垫整调节
— deluge	發射台沖水冷卻	パッド散水	发射台冲水冷却
— lubrication	襯墊潤滑	パッド注油	衬垫润滑
— roll	填料輥	パッドロール	填料辊
— stone	墊石	はり受け石	垫石
— travel	墊枕位移	パッドストローク	垫枕位移
padding	填塞	パディング	填塞;填料
— curve	統調(跟蹤)曲線	パディング曲線	统调(跟踪)曲线
— data	裝填數據;填料數據	パディングデータ	装填数据;填料数据
— error	統調(跟蹤)誤差	パディング誤差	统调(跟踪)误差
— material	填料	詰め物材料	填料

文	臺灣	日文	大陸
overlaying	堆銲;銲縫隆起	肉盛り（にくもり）	堆焊;焊缝隆起
ldle aeration tank	葉輪式曝氣池	パドル式ばっ気槽	叶轮式曝气池
fan	徑向直葉風扇	パドルファン	径向直叶风扇
mixer	螺旋槳式混合機	かい式混合機	桨式混合机
type mixer	螺旋槳式混合機	パドルミキサ	桨式混合机
wheel	明輪;槳輪	パドルボイール	明轮;桨轮
wheel ship	明輪船	外車船	明轮船
llock	荷包鎖;掛鎖	パドロック	荷包锁;挂锁
e access time	頁面抓取時間	ページアクセスタイム	页面取数时间
alignment	頁面調換〔調整〕	ページ替え	页面调换〔调整〕
cord	捆版線	くくり系	捆版线
entry	頁面入口	ページエントリ	页面入口
fix	頁面固定	ページ固定化	页面固定
group	頁組	ページグループ	页组
n	進頁面	ページイン	进页面
umber	頁碼	ページ番号	页码;页编号
eable area	可分頁區	ページ可能領域	可分页区
ing	分頁法	ページング	分页法;记页码
levice	分頁裝置	ページング装置	分页装置
nachine	分頁機	ページング機械	分页机
echnique	分頁技術	ページング技法	分页技术
oda	(佛)塔;(寶)塔	パゴダ	(佛)塔;(宝)塔
l	小漆桶	ペール	小漆桶;提桶
nt	塗料;(塗)漆	ペイント	涂料;(涂)漆;油漆
tomizer	噴漆器〔槍〕	噴霧機	喷漆器〔枪〕
brush	漆刷	ペイントブラシ	漆刷
coat	塗膜;油漆膜	ペンキの被膜	涂膜;油漆膜
ilm	塗膜;塗料薄膜	塗料皮膜	涂膜;涂料薄膜;漆膜
guide	(噴槍)塗料導管	塗料ガイド	(喷枪)涂料导管
gun	噴漆槍;噴漆器	ペイントスプレーヤ	喷漆枪;喷漆器
nixer	塗料調和機〔器〕	ペイントミキサ	涂料调和机〔器〕
oughness	船體外板油漆層粗糙度	ペイント粗度	船体外板油漆层粗糙度
hinner	塗料稀釋劑	ペイントシンナ	涂料稀释剂
nted glass	塗色玻璃	染付けガラス	涂色玻璃
ides	漆皮	塗上げ皮	漆皮
nter	油漆工具	漆工	油漆工具
nting	顏料;著色	ペイント塗り	颜料;着色
defect	塗漆缺陷〔疵點〕	塗装不良	涂漆缺陷〔疵点〕
robot	塗漆機器人〔自動機〕	塗装ロボット	涂漆机器人〔自动机〕
echnique	上色技術	彩色技術	上色技术

英文	臺灣	日文	大陸
paint-off	塗膜剝落	塗膜はがれ	涂膜剥落
pair	組;對偶	ペア	组;对偶;双
— bloc casting	成對鑄造	対鋳造	成对铸造
— twist	對絞(電纜)	対より	对绞(电缆)
pairing	行偏對偶現象	ペアリング	行偏对偶现象
— index	配對率;配對數	対合率	配对率;配对数
paktong	白銅	洋銀	白铜
palaecoene	古新世	暁新世	古新世
palagonite	橙玄玻璃	パラゴナイト	橙玄玻璃
palau	金鈀合金	パロー	金钯合金
pale bluish green	淺藍綠色;海藍色	薄い青緑	浅蓝绿色;海蓝色
— color	淡色;淺色	淡色	淡色;浅色
— fence	圍柵;柵欄	木さく	围栅;栅栏
palette	調色板	パレット	调色板
— knife	調色刀;調漆刀	パレットナイフ	调色刀;调漆刀
Palid	派利德鉛基軸承合金	パリッド	派利德铅基轴承合金
palladium,Pd	鈀	パラジウム	钯
— contact point	鈀接觸點	パラジウム接点	钯接触点
— copper	鈀銅合金	パラジウム銅合金	钯铜合金
— gold	鈀金(熱電偶)合金	パラジウム金合金	钯金(热电偶)合金
— plating	鍍鈀	パラジウムめっき	镀钯
— silver	鈀銀合金	パラジウム銀合金	钯银合金
pallador	鉑鈀熱電偶	パラドール	铂钯热电偶
pallasite	石鐵隕石〔鐵鎳合金〕	パラサイト	石铁陨石〔铁镍合金〕
pallet	平板架;集裝箱	パレット	平板架;集装箱;托板
— changer	貨架變換裝置	パレットチェンジャ	货架变换装置
— conveyer	板架式輸送機	パレットコンベヤ	板架式输送机
— dolly	托盤搬運車	パレットドーリ	托盘搬运车
— feed	板台進給	パレット移送	板台进给
— fork	托盤裝運器	パレットフォーク	托盘装运器
— height	貨架高度	パレットの高さ	货架高度
— loader	托盤裝載機	パレットローダ	托盘装载机
— rack	(貨物)托盤支架	パレットラック	(货物)托盘支架
— service	集裝箱運輸	パレット輸送	集装箱运输
— shrink	(貨物)托盤收縮	パレットシュリンク	(货物)托盘收缩
— sling	托盤吊具	パレットスリング	托盘吊具
— type conveyor	板式運送機	パレットコンベヤ	板式运送机
palletization	隨貨托架運輸	パレタイゼーション	随货托架运输
palletizer	堆列(鋪設)機	パレタイザ	堆列(铺设)机
palliative	防腐劑	緩合剤	减尘剂;防腐剂

文	臺灣	日文	大陸
p	觸鬚	小がくしゅ	触官;触须
stance	角速度	パルスタンス	角速度
nphlet	小冊子	パンフレット	小册子;论文
ı	盤形凹地;沼澤	パン	盘形凹地;沼泽;母岩
arrest	盤形制動器	皿止め	盘形制动器
balance	盤秤	上皿ばかり	盘秤
breaker	鍋式破碎機	パンブレーカ	锅式破碎机
burner	盤爐	金銀鉱鉄なべ炉	盘炉
control	全景調整	パンコントロール	全景调整
conveyer	盤式輸送機	パンコンベヤ	盘式输送机
focus	遠近景同時攝影法	パンフォーカス	远近景同时摄影法
furnace	罐爐;坩堝爐	なべ炉	罐炉;坩埚炉
rack	鍋架	なべ掛け	锅架
roll	碾機輥	うすひきローラー	碾机辊
scale	鍋垢	ボイラースケール	锅垢
straddle	容器支架	なべ掛け腕木	容器支架
ıe	鑲板;方格	ドアガラス	镶板;方格;窗玻璃
ıel	(傘衣)幅段;信號布板	パネル	(伞衣)幅段;信号布板
absorber	吸聲板材	パネル吸収体	吸声板材
bed	面板座;控制盤底座	パネルベッド	面板座;控制盘底座
board	配電箱〔盤〕	パネルボード	配电箱〔盘〕
body	封閉式車廂	パネルボディ	封闭式车厢
breaker	配電盤的(自動)斷電器	パネルブレーカ	配电盘的(自动)断电器
construction	大板結構〔建築〕	パネル構造	大板结构〔建筑〕
design	面板設計	パネルデザイン	面板设计
display	平板顯示器	パネルディスプレイ	平板显示器
door	嵌板門	パネルドア	嵌板门;格板门
handling	(在)板上傳遞〔移動〕	パネル移送作業	(在)板上传递〔移动〕
jack	面板塞孔〔插口;插座〕	パネルジャック	面板塞孔〔插口;插座〕
lamp	儀錶盤照明燈	パネルランプ	(仪表)盘照明灯
layout	面板配置(圖)	パネルレイアウト	面板配置(图)
mounting valve	屏裝閥	パネル取付け弁	屏装阀
seam	接縫;板縫	パネルシーム	接缝;板缝
shear	節間剪力	格間せん断力	节间剪力
stress	板格應力;節間應力	パネル応力	板格应力;节间应力
strip	嵌條;壓縫(板)條	目板	嵌条;压缝(板)条
strip joint	嵌條接合〔節點〕	目板断手	嵌条接合〔节点〕
switch	面板開關	パネルスイッチ	面板开关
van	廂式貨物運輸車	パネルバン	厢式货物运输车
vibration	面板振動	パネル振動	面板振动

英　文	臺　灣	日　文	大　陸
— wall	板(狀銲接)壁	板状溶接壁	板(状焊接)壁
— zone	梁柱連接分的受剪區	パネルゾーン	梁柱连接分的受剪区
panelled ceiling	薄板壓邊頂棚	さお縁天井	薄板压边顶棚
— door	鑲板門	唐戸	镶板门
panelling	木板飾面;鑲板細工	パネル	木板饰面;镶板细工
pan-head rivet	平頭鉚釘;鍋頭鉚釘	平リベット	平头铆钉;锅头铆钉
— screw	平頭螺釘	なべね	平头螺钉
panic bar	太平門栓	パニックバー	太平门栓
Pantal	一種鋁合金	パンタル	潘塔尔铝合金
panting	拍擊;撓振	パンチング	拍击;挠振;脉动
— arrangement	抗拍結構;防撓振結構	パンチング構造	抗拍结构;防挠振结构
— beam	抗拍擊梁;強胸橫梁	パンチングビーム	抗拍击梁;强胸横梁
— stress	拍擊應力	パンチング応力	拍击应力
pantograph	縮放儀;繪圖儀	パンタグラフ	缩放仪;绘图仪
pantomill	縮放式雕刻機	パントミル	缩放式雕刻机
pants	整流罩	パンツ	整流罩
— press	熱模精壓	パンツプレス	热模精压
panzer	裝甲車	パンザ	装甲车;装甲的
papaver	罌粟	けし	罂粟
paper	紙	ペーパ	纸;论文;报纸
— backing	紙墊;紙襯	ペーパバッキング	纸垫;纸衬;底纸
— board	紙板	板紙	纸板
— braid	紙帶	紙さなだ	纸带
— card	紙卡(片)	紙カード	纸卡(片)
— card output unit	打孔卡片輸出機	紙カード出力機器	穿孔卡片输出机
— carrier	紙載體	ペーパキャリヤ	纸载体
— carton	紙盒	カートン	纸盒
— converting	紙張加工	紙加工	纸张加工
— cutter	切紙機	断裁機	切纸机
— fastener	紙夾	とじびょう	纸夹
— filter	紙濾器	ペーパフィルタ	纸滤器
— gasket	紙襯;紙填料	ペーパガスケット	纸衬;纸填料
— header	紙端板	ペーパヘッダー	纸端板
— industry	造紙工業	製紙工業	造纸工业
— insulation	紙絕緣	紙絶縁	纸绝缘
— matrix	紙模	紙型	纸模
— mica tape	紙(底)雲母帶	ペーパマイカテープ	纸(底)云母带
— mock-up	理論模型;造紙模型	ペーパモックアップ	理论模型;造纸模型
— mold	紙(鑄)模	紙鋳型	纸(铸)型
— perforator	紙打孔機	紙せん孔機	纸穿孔机

文	臺灣	日文	大陸
sack	紙袋	大形紙袋	纸袋
shale	紙板	板紙	纸板
shredder	廢紙撕碎機;切廢紙機	文書細断機	废纸撕碎机;切废纸机
size	紙張規格	紙の寸法	纸张规格;纸的尺码
sleeve	紙套管	紙管	纸套管;纸套筒
siew	超行距送紙	ペーパ送出し	超行距走纸
speck	紙斑	紙葉はん点	纸斑
stock	紙漿	製紙原料	纸浆;纸料
strip	濾紙條	ろ紙ストリップ	滤纸条;条形纸
tape puncher	紙帶打孔機	紙テープパンチャ	纸带穿孔机
tape unit	紙帶機	紙テープ装置	纸带机
treatment	紙處理	紙処理	纸处理
ware	紙器	紙器	纸器;纸制品
wax	紙蠟	紙ろう	纸蜡
yarn	紙繩	紙糸	纸绳
rabola	拋物線	パラボラ	抛物线
of cohesion	内聚力拋物線	凝集力放物線	内聚力抛物线
rabolic(al) antenna	拋物面天線	パラボリックアンテナ	抛物面天线
arch	拋物線拱	パラボリックアーチ	抛物线拱
band	拋物面帶	パラボリックバンド	抛物面带
cam	拋物線凸輪	パラボリックカム	抛物线凸轮
critical line	臨界拋物線	臨界放物線	临界抛物线
curve	拋物線	放物曲線	抛物线
cusp	拋物線的尖點	放物的せん点	抛物线的尖点
equation	拋物線方程	放物形方程式	抛物线方程
governor	拋物線形調速器	放物線形調速機	抛物线形调速器
law	拋物線法則	放物線則	抛物线法则
mirror	拋物柱面(反射)鏡	放物面鏡	抛物柱面(反射)镜
point	拋物線的拐點	放物的点	抛物线的拐点
quadrics	二次拋物曲面	放物形二次曲面	二次抛物曲面
reflector	拋物面反射器	放物面反射装置	抛物面反射器
raboloid	拋物面(天線);拋物體	パラボロイド	抛物面(天线);抛物体
antenna	拋物面天線	パラボロイドアンテナ	抛物面天线
condenser	拋物面聚光鏡	パラボロイト集光器	抛物面聚光镜
raboloidal coordinates	拋物面座標	放物面座標	抛物面坐标
rachute	降落傘	パラシュート	降落伞
raclase	斷層	断層	断层
radise	樂園	楽園	乐园
raffinic acid	石蠟族酸	パラフィン酸	石蜡族酸
butter	石蠟脂	パラフィン脂肪	石蜡脂

英文	臺灣	日文	大陸
— embedding	石蠟打底	パラフィン埋込み	石蜡打底
— gas	烷烴氣體;石蠟氣體	パラフィンガス	烷烃气体;石蜡气体
— iron	塗蠟鐵	パラフィンアイロン	涂蜡铁
paragenesis	共生	共生	共生
paragraph	段;節	パラグラフ	段;节;尺寸段
— header	段頭;段落題目	パラグラフヘッダ	段头;段落题目
— name	節名;段名	パラグラフ名	节名;段名
parallax	視差;方位差	パララックス	视差;方位差
— bar	視差(測)桿	視差測定かん	视差(测)杆
— barrier	視差屏	パララックスバリア	视差屏
— correction	視差校正	視誤差修正	视差校正
— error	視差;判讀誤差	視差	视差;判读误差
parallel	並聯〔列;行〕的	パラレル	并联〔列;行〕的
— arrangement	平行裝置	平行装置	平行装置
— bar	平行桿	平行棒	平行杆
— basin	平行谷	平行状流域	平行谷
— bench vice	平口(台)鉗	横万力	平口(台)钳
— block	平行塊〔台〕	金升	平行块〔台〕
— capacitance	平行板電容	平行板コンデンサ	平行板电容
— carrier	平行夾頭〔托架〕	パラレルキャリヤ	平行夹头〔托架〕
— channel	並行通道	パラレルチャネル	并行通道
— circle	緯度圈	平行圏	纬度圈;平行圈
— circuit	並聯電路	パラレルサーキット	并联电路
— coordinates	平行座標	平行座標	平行坐标
— coupling	並聯耦合	並列結合	并联耦合
— cut	Y切割〔晶體〕;平行切割	平行カット	Y切割〔晶体〕;平行切割
— deflection plate	平行致偏板	平衡偏向板	平行致偏板
— deformation	平行變形	平形変形	平行变形
— displacement	平行位移	平行移動	平行位移
— effect	並聯效應	並列効果	并联效应
— extinction	正消光	正消光	正消光
— flow	並流;平行流	パラレルフロー	并流;平行流;顺流
— group	平行連晶	平形連晶	平行连晶
— growth	平行生長	並行成長	平行生长;并生
— hierarchy	並列層次	並列階層	并列层次;并行层次
— line	平行線(路)	パラレルライン	平行线(路)
— merging	並行合並	並列併合	并行合并
— mode	平行方式	パラレルモード	平行方式
— model	並行模型	並列モデル	并行模型
— mount	並行安裝	パラレルマウント	并行安装

文	臺　灣	日　文	大　陸
move	平移	平行移動	平移
perspective	平行透視(圖)	平行透視	平行透视(图)
piping	並列式配〔布〕管	並行式配管	并列式配〔布〕管
plane	平行平面	平行平面	平行平面
ray	平行光線	平行光線	平行光线
reaction	並發反應;並行反應	並発反応	并发反应;并行反应
reamer	(圓柱)直槽鉸刀	パラレルリーマ	(圆柱)直槽铰刀
rod	平行連桿	平行連接棒	平行连杆
roller	圓柱滚子	円筒ころ	圆柱滚子
ruler	平行規	平行定規	平行规
running	並聯工作〔運轉〕	パラレルランニング	并联工作〔运转〕
scanning	平行掃描	平行走査	平行扫描
shaft	平行軸	並列軸	平行轴
side notch	平行側邊缺口	パラレルサイドノッチ	平行侧边缺口
silde	平行尺	平行定規	平行尺
slide valve	平行滑閥	パラレルスライド弁	平行滑阀
spring	平行簧片	並行ばね	平行簧片
straight-edge	平行尺	平行定規	平行尺
strip	平行條	平行条	平行条
system	並行(雙重)系統	並列システム	并行(双重)系统
test	平行試驗	平行試験	平行试验
track	平行軌道	平行軌道	平行轨道
trench	平行塹壕	平行ごう	平行堑壕
vice	平口虎鉗	箱万力	平口虎钳
welding	平行銲接	ストレートビード溶接	平行焊接;直线焊接
wire strand	平行鋼絲束	平行線ケーブル	平行钢丝束
rallelepiped	平行六面體	平行六面体	平行六面体
rallelism	平行度	パラレリズム	平行度;平行性
detection	並行處理檢測	並行処理検出	并行处理检测
rallelogram	平行四邊形	パラレログラム	平行四边形
rallelopiped	平行六面體	平行六面体	平行六面体
rallelotope	超平行體	平形体	超平行体
rameter	參數	パラメータ	参数;参量
analysis	參數分析	パラメータ分析	参数分析
control	參數控制	パラメータ制御	参数控制
estimation	參數估算	パラメータ推定	参数估算
of axial load	軸向負載參數	軸荷重パラメータ	轴向荷载参数
optimization	參數最優化	パラメータ最適化	参数最优化
sensitvity	參數靈敏度(分析)	パラメータ感度	参数灵敏度(分析)
space	參數空間	母数空間	参数空间

英文	臺灣	日文	大陸
— word	参數字	パラメータワード	叁数字
parametral plane	標軸面〔結晶〕	標軸面〔結晶〕	标轴面〔结晶〕
— ratio	(晶標)軸率	軸標比	(晶标)轴率
parametric amplification	参數〔量〕放大	パラメトリック増幅	叁数〔量〕放大
— amplifier	参數放大器	パラメトリックアンプ	叁量放大器
— effect	参數效應	パラメトリック効果	叁量效应
— function	参數函數	母数関数	叁数函数
— gain	参數增益	パラメトリックゲイン	叁量增益
— oscillation	参數振蕩	パラメトリック発振	叁量振荡
paramutation	副突變	疑似突然変異	副突变
paranucleus	副核	副核	副核
parapet	護牆;防波牆	パラペット	护墙;防波墙;栏墙
— gutter	壓檐牆天溝;箱形水溝	パラペットとい	压檐墙天沟;箱形水沟
— levee	防波堤	胸壁堤	防波堤
— wall	壓檐牆;防波牆	パラペット	压檐墙;防波墙
paraphysis	側絲	側系	侧丝
paraplasm	副質	副形質	副质;原生质液
parasite	寄生蟲	パラサイト	寄生虫;寄生物
— airplane	機載飛機	パラサイト飛行機	机载飞机
parasitic(al) absorption	寄生吸收	寄生吸収	寄生吸收
— capture	寄生捕獲〔俘獲〕	寄生捕獲	寄生捕获〔俘获〕
— channel	寄生溝道	寄生チャネル	寄生沟道
— effect	寄生效應	寄生効果	寄生效应
— mass	寄生質量	寄生質量	寄生质量
— oscillation	寄生振蕩	パラスティック振動	寄生振荡
— radiation	寄生輻射	寄生放射	寄生辐射
parasitics	寄生現象〔效應〕	パラスティックス	寄生现象〔效应〕
parastichy	斜列線	斜列線	斜列线
paratooite	染水磷鋁鐵礦	パラトウ石	染水磷铝铁矿
paratype	副模(標本)	従基準標本	副模(标本);副型
paraurichalcite	羥碳銅鋅礦;水鋅礦	パラ緑亜鉛鉱	羟碳铜锌矿;水锌矿
paravivianite	次監鐵礦	パラ藍鉄鉱	次监铁矿
paraxial focus	近軸焦點	近軸焦点	近轴焦点
— ray	近軸光線	近軸光線	近轴光线
— region	近軸範圍〔區域〕	近軸範囲	近轴范围〔区域〕
parazitic	寄生現象〔效應〕	パラジティック	寄生现象〔效应〕
parcel car	小件行李車	小荷物車	小件行李车
— rack	包裹架	パーセルラック	包裹架
parch	焦乾;烘炒	パーチ	焦乾;烘炒
parchment	植物羊皮紙	パーチメント	植物羊皮纸

文	臺灣	日文	大陸
arenchyma	實質;柔軟組織	柔組織	实质;柔软组织
arent	母體	親	母体;根源;父母
– body	母體	母体	母体
– form	原型	原型	原型
– ion	母離子	親イオン	母离子
– material	原料	原料	原料;原材料
– metal	母材	ペアレントメタル	母材;基本金属
arental generation	親代	親世代	亲代
– type	親代類型	両親型	亲代类型
arenthesis	圓括弧〔號〕	小括弧	圆括弧〔号〕
arget	石膏	石こう	石膏;灰泥;抹灰
aring	灰切片〔屑〕	ひきくず	灰切片〔屑〕;包花
– chisel	扁鑿〔鏟〕;刻刀	つきのみ	扁凿〔铲〕;刻刀
– machine	剝皮機	皮はぎ機	剥皮机
aris metal	一種鎳銅合金	パリスメタル	帕里斯镍铜合金
– red	紅丹	ベンガラパリ赤	巴黎红;红丹;铅丹
arison	型坯	パリソン	型坯
– cutter	型坯刀具〔割斷機〕	パリソンカッタ	型坯刀具〔割断机〕
mandrel	型坯心軸	パリソンマンドレル	型坯心轴
– mold	型坯成形用模具	パリソン成形用金型	型坯成形用模具
– swell	坯料膨脹	パリソンスエル	坯料膨胀
arity	同等性	パリティ	同等性;比价
ark	停車場	パーク	停车场;停留〔放〕
arkerized steel	磷化處理鋼	パーカライズ処理鋼	磷化处理钢
arkerizing	帕克法磷化表面處理	パーカライジング	帕克法磷化表面处理
– process	磷酸鹽防銹處理法	パーカライジング法	磷酸盐防锈处理法
arkes process	派克斯法	パークス法	派克斯法
rking	停車;車輛停放(處)	パーキング	停车;车辆停放(处)
– capacity	停車容量	駐車容量	停车容量
– garage	(停)車庫	公衆用貨車庫	(停)车库;存车场
– load	停車負載	駐車荷重	停车荷载
rlour	起居室	パーラー	起居室;会客室
rol	石蠟燃料	パーオール	石蜡燃料
rquet	拼花地板;席紋地板	パーケット	拼花地板;席纹地板
– block	鑲木地板塊〔條〕	パーケットブロック	镶木地板块〔条〕
– floor(ing)	拼花地板;鑲木地板	寄木張り	拼花地板;镶木地板
rquetry	鑲木細工	パーケットリ	镶木细工
rsec	秒差距	パーセック	秒差距
rser	語法分析程式	パーザ	语法分析程序
– construction	分析程式結構	パーザ構築	分析程序结构

P

英文	臺灣	日文	大陸
parsley camphor	歐芹梓腦;芹菜腦	パセリ精	欧芹梓脑;芹菜脑
parsonsite	斜磷鉛鈾礦	パーソンス石	斜磷铅铀矿
part	成分;零件	パート	成分;零件;部件
— assembly drawing	組件裝配圖	部分組立て図	组件装配图
— burnishing	擠光部	型あたり	挤光部
— by volume	容積部分〔分量〕	容量部	容积部分〔分量〕
— design	零(部)件設計	部品設計	零(部)件设计
— drawing	零件圖	部分図	部件图;零件图
— expansion	零件展開	部品展開	零件展开
— geometry	成品形狀尺寸	成形品の形状寸法	成品形状尺寸
— load	部分負載	部分負荷	部分载荷;部分负载
— program	零件加工程式	パートプログラム	零件加工程序
— quality	成品質量	成形品の品質	成品质量
— size	成品尺寸	成形品の寸法	成品尺寸
— strength	成品強度	成形品の強度	成品强度
parthenocarpy	單性結實	単為結実	单性结实
partial admission	局部進入	部分流入	局部进入;部分进汽
— analysis	局部分析	部分分析	局部分析
— austenitizing	部分沃斯田鐵化	部分オーステナイト化	部分奥氏体处理
— balancing	局部平衡	部分つりあい	局部平衡
— blank	部分熄滅脈衝	半端ブランク	部分熄灭脉冲
— burn out	部分燒毀	部分焼	部分烧毁
— combustion	局部燃燒	部分燃焼	部分燃烧;局部燃烧
— condensation	部分冷凝	分縮	部分冷凝
— contact	部分接觸	パーシャルコンタクト	部分接触;半接触
— contract	局部合同	部分請負い	局部合同;部分合同
— corrosion	部分腐蝕	部分的腐食	部分腐蚀;局部腐蚀
— cure	部分固化	部分硬化	部分固化;局部固化
— dehydration	部分脫水	部分脱水	部分脱水;局部脱水
— discharge	局部放電	部分放電	部分放电
— dislocation	部分差排	部分転位	部分位错;局部位错
— dissolution	部分溶解	部分溶解	部分溶解;局部溶解
— drying	部分乾燥	部分乾燥	部分干燥
— earth	部分接地	部分接地	部分接地
— error	局部誤差	部分誤差	局部误差
— excavation	部分開挖	一部掘削	部分开挖
— flume	局部引水溝〔槽〕	パーシャルフリューム	局部引水沟〔槽〕
— hardening	部分固化	部分硬化	部分固化;局部固化
— hardening die	局部淬火模	局部焼入れ型	局部淬火模
— heat	微分熱	部分熱	微分热

文	臺灣	日文	大陸
heating	部分加熱	部分加熱	部分加热
hip-roof	半四坡屋頂	半寄せ棟屋根	半四坡屋顶
ionization	局部電離	部分電離	局部电离
match	部分匹配	部分的一致	部分匹配
node	部分結點	部分節	部分结点
output	部分輸出	分（出）力	部分输出
penetration	部分熔透	部分溶込み	部分熔透
plating	部分鍍	部分めっき	部分镀;局部镀
pressure	部分壓力	分圧	部分压力;局部压力
pressure gradient	分壓梯度	分圧こう配	分压梯度
projection	局部投影	局部投影	局部投影
pyritic smelting	半自熱熔煉法〔銅礦〕	半生鉱吹き	半自热熔炼法〔铜矿〕
reaction	部分反應	部分反応	部分反应
release	分級釋放	段階ゆるめ	分级释放
setting	局部硬化	部分硬化	部分硬化;局部硬化
solvent	非理想溶劑	不完全溶剤	非理想溶剂
spent	部分報廢	部分廃棄	部分报废;局部耗损
splice	局部拼接	部分添接	局部拼接;部分拼接
tides	分潮	分潮	分潮
vacuum	部分真空;未盡真空	部分真空	部分真空;未尽真空
wear of rail	鋼軌偏磨損	レール偏摩耗	钢轨偏磨损
rtially alloyed powder	部分的合金粉	部分的合金粉	部分的合金粉
purified crepe	輕化度精煉級	軽度純化クレープ	轻化度精炼级
rticle	粒子;質點	パーティクル	粒子;质点;颗粒
accelerator	粒子加速器	（粒子）加速器	粒子加速器
density	顆粒密度;粉末密度	粒子密度	颗粒密度;粉末密度
diameter	粒子直徑	粒子直径	粒子直径
distribution	粒子分布	粒子分布	粒子分布
flux density	粒子通量密度	粒子束密度	粒子通量密度
hardened alloy	彌散強化合金	粒子強化合金	弥散强化合金
pendulum	質點擺	質点振り子	质点摆;单摆
radius	顆粒半徑	粒子半径	颗粒半径
shape	顆粒形狀	粒子形状	颗粒形状
size range	粒度範圍	粒度範囲	粒度范围
rticular load	特殊負載	特殊荷重	特殊负荷
rticularity	特殊性	パティキュラリティ	特殊性;特质
rticulate composite	顆粒複合材料	粒子複合材料	颗粒复合材料
concentration	粉塵濃度	粉じん濃度	粉尘浓度;散粒浓度
material	分散粒子	分散粒子	分散粒子
matter	粉體〔末〕;顆粒物質	粉粒体	粉体〔末〕;颗粒物质

英　文	臺　灣	日　文	大　陸
— molding material	粒狀成形材料	粒状成形材料	粒状成形材料
particulates	微粒	微粒	微粒
— of asbestos	石棉粉塵	石綿粉じん	石棉粉尘
parting	分離劑	パーティング	分离剂;金银分开
— agent	離型劑;脫模劑;分模劑	離型剤	离型剂;脱模剂
— bead	小窄隔板	溝島	小窄隔板;隔条
— chisel	削鑿刀	削りのみ	削凿刀
— compound	分離劑	離型剤	分离剂;分型剂
— die	剖切模	パーティング型	剖切模;切开模
— down	挖砂分模	パーティングダウン	挖砂分型
— face	接縫	合せ目	接缝;分型面
— furnace	分離爐	分銀炉	分离炉
— limit	分支界限;分離界限	作用限	分支界限;分离界限
— line	接合面;分模線〔面〕	パーティングライン	接合面;分型线〔面〕
— paper	離型紙	見切り紙	离型纸
— plane	分模面;界面	分割面	分型面;界面;际面
— powder	離型劑;脫模劑;	パーティングパウダ	离型剂;脱模剂;
— sand	分模砂;分離砂	仕切り砂	分型砂;分离砂;界砂
— slip	金屬隔板;隔間板	仕切り板	金属隔板;隔间板
— strip	隔片	分銅隔て板	隔片
— surface	分離面;分界面	分離面	分离面;分界面
— tool	切斷(車)刀	突切りバイト	切断(车)刀
Partinium	一種鋁合金	パーチニウム	帕蒂尼鸟姆铝合金
partition	劃分;分割〔離〕	パーティション	划分;分割〔离〕;隔板
— board	隔板;隔壁	パーティションボード	隔板;隔壁
— construction	分離結構	仕切り構え	分离结构
— curtain	間壁屏障	間仕切りカーテン	间壁屏障
— post	隔斷柱	仕切り柱	隔断柱
partly alternation load	部分交變負載	部分両振荷重	部分交变载荷
— alternation stress	部分交變應力	部分交番応力	部分交变应力
— excavation	局部開挖	抜き掘り	局部开挖;半开挖
— pulsating stress	部分脈動應力	部分片振り応力	部分脉动应力
parton	部分子	パートン	部分子
parts	零件	パーツ	零件;成分
— guide	元器件手冊	パーツガイド	元器件手册
— list	零件表	部品表	零件表
pass	銲道;孔形	パス	焊道;孔形;轧道〔槽〕
— efficiency	通過效率	通過率	通过效率
— fail test	合格與否試驗	合否試験	合格与否试验
— schedule	軋製(程式)表	圧延計画	轧制(程序)表

文	臺　灣	日　文	大　陸
sequence	多層銲縫的銲接順序	パスの順序	多层焊缝的焊接顺序
the test	通過此項試驗	本試験合格	通过此项试验
ssage	通道〔路〕;航行	パッセージ	通道〔路〕;航行
ssameter	外徑指示規	パッサメータ	外径指示规
ssette	泡罩	小ろ過器	泡罩
ssing	合格的	パッシング	合格的;偶然的
ability	通過能力	追い抜き加速能力	通过能力
arbor	浮動軸	遊動軸	浮动轴
material	合格材料	合格材料	合格材料
member	貫通構件	貫通部材	贯通构件
standard	現行標準	合格標準	现行标准
ssivating agent	鈍化劑	不動態化剤	钝化剂
film	鈍化膜	受動態化皮膜	钝化膜
ssivation	鈍化(作用)	不動態化	钝化(作用)
effect	鈍化效應	パッシベーション効果	钝化效应
ssivator	鈍化劑	パッシベータ	钝化剂
ssive antenna	無源(振子)天線	パッシブアンテナ	无源(振子)天线
components	無源元件	受動部品	无源部件
control	被動式控制	受動的制御	被动式控制
iron	鈍態鐵	不動化鉄	钝态铁
metal	鈍態金屬	受動態化金属	钝态金属
sleeve	鈍態套管	パッシブスリーブ	钝态套管
sonar	無源聲納	パッシブソナー	无源声纳
state	被動態	不動態	被动态
zone	鈍態區域	受動態域	钝态区域
ssivity	鈍態〔性〕	不動態化	钝态〔性〕;无源性
ste	軟膏	ペースト	软膏
carburizing	塗糊滲碳;膏劑滲碳	ペースト浸炭	涂糊渗碳;膏剂渗碳
filler	膏狀填孔劑	ウッドフィラー	膏状填孔剂
molding	漿料成形	ペースト成形	浆料成形
PVC resin	聚氯乙烯糊樹脂	塩ビペースト樹脂	聚氯乙烯糊树脂
stille	錠劑	錠剤	锭剂
sting	裱糊	ペースト化	裱糊
sty mass	糊狀物質	のり状物質	糊状物质
sludge	糊狀殘渣	のり状残さ	糊状残渣
t	小塊	パット	小块
tch bay	插線架;接插板	パッチベイ	插线架;接插板
bolt	補件螺栓	パッチボルト	补件螺栓
felt	救急帶	救急帯	救急带;修理带
pin	插銷	パッチピン	插销;插头

英　文	臺　灣	日　文	大　陸
— thermocouple	接觸熱電偶	パッチ熱電対	接触热电偶
— welding	鑲銲;補綴銲	はめこみ溶接	镶焊;补缀焊
patching	修補(法);接線;插入	パッチング	修补(法);接线;插入
pate	頭部	頭脳	头部;前额
patent	專利權;專利品	パテント	专利权;专利品
— office	專利局	特許局	专利局
— right	專利權	特許権	专利权
patented roll	鏡面加工輥	鏡面仕上げロール	镜面加工辊
— steel wire	鉛淬火鋼絲	パテント処理鋼線	铅淬火钢丝
patenting	糙斑鐵化處理	パテンチング	索氏体化处理
patentor	專利認可人	特許を認可する人	专利认可人
path	通路;路徑;軌跡	パス	通路;路径;轨迹
— analysis	路線分析;路徑分析	経路解析	路线分析;路径分析
— blockade	通路鎖定〔堵塞〕	歩き止り	通路锁定〔堵塞〕
— control	路徑控制;軌道控制	経路制御	路径控制;轨道控制
— length	路徑長度	パスレングス	路径长度
patina	銅綠	パチナ	铜绿;绿锈
patrix	陽模	父型	阳模
patrol	巡視	パトロール	巡视
pattern	特性曲線;圖表	パターン	特性曲线;图表;图像
— analysis	模式分析;圖形分析	パターン解析	模式分析;图形分析
— approval	類型認可〔批准〕	型式（の）承認	类型认可〔批准〕
— board	模板	模型定盤	模板
— card	紋板〔提花機的〕	パターンカード	纹板〔提花机的〕
— control	模式控制;圖形控制	パターン制御	模式控制;图形控制
— design	圖形設計	パターン設計	图形设计
— draft	拔模斜度	抜けこう配	起模斜度;拔模斜度
— draw	拔模	パターンドロー	起模;拔模
— gap	圖形間隙	パターンギャップ	图形间隙
— maker	木模工	木型工	木模工
— metal	金屬模(型)材料	パターンメタル	金属模(型)材料
— plate	模板	パターンプレート	模板
— processor	圖形處理機	パターンプロセッサ	图形处理机
— recognition	圖形辨識	パターン認識	图形辨识
— room	模型室	模型室	模型室
— sheet	塑料貼面板	パターンシート	塑料贴面板
— template	刻花模板	型板	刻花型板
patterner	木模工	木型工	木模工
patternmaker's allowance	收縮裕量	縮み代	收缩馀量
— lathe	木工車床	木工旋盤	木工车床

英文	臺灣	日文	大陸
— rule	(模樣)縮尺	伸び尺	(模样)缩尺
aulin	防水布	防水布	防水布
ause	間歇;暫停	ポーズ	间歇;暂停
— button	暫停按紐	ポーズボタン	暂停按纽
— status	間歇狀態	休止状態	间歇状态
avement	鋪面道路;路面	ペーブメント	铺面道路;路面
— breaker	路面破碎機	舗装破砕機	路面破碎机
avilion	休息廳;帳幕	パビリオン	休息厅;帐幕
aving	鋪路〔砌;設〕	舗設	铺路〔砌;设〕
awl	棘爪;制動爪	ポール	棘爪;制动爪;爪;钩
— feed	棘輪進給(機構)	ポールフィード	棘轮进给(机构)
— spring	制動簧片	爪押しばね	制动簧片
— washer	爪式墊圈	つめ付き座金	爪式垫圈
ay	工資;報酬	ペイ	工资;报酬
ayload	有效負載;淨重	ペイロード	有效负载;净重
ayment	支付	ペイメント	支付
ayoff configuration	回收構成;收益構成	利得構成	回收构成;收益构成
ayroll	工資單	ペイロール	工资单
C board	印刷電路板	PC 板	印刷电路板
C bridge	預應力混凝土橋	PC 橋	预应力混凝土桥
CE value	高溫三角錐等值	耐火度	高温三角锥等值
eak	峰值	ピーク	峰值
— capacity	最大容量;高峰容量	ピーク容量	最大容量;高峰容量
— contact	齒頂接觸;齒頂嚙合	ピークコンタクト	齿顶接触;齿顶啮合
— energy	峰值能量	ピークエネルギー	峰值能量
— heat load	高峰熱負載	ピーク熱負荷	高峰热负荷
— holding	峰值保持	ピークホールディング	峰值保持
— induction	陡化感應;最大感應	ピークインダクション	陡化感应;最大感应
— limiter	峰值限制器;限幅器	ピークリミタ	峰值限制器;限幅器
— load	尖峰負載;最大負載	せん頭負荷	尖峰负荷;最大荷载
— power	最大功率;峰值功率	ピークパワー	最大功率;峰值功率
— ratio	峰值比	ピーク率	峰值比
— roof	尖屋頂;有脊屋頂	棟のある屋根	尖屋顶;有脊屋顶
— stress	峰值應力	ピーク応力	峰值应力
— tank	尖艙	ピークタンク	尖舱
— torque	最大轉矩	ピークトルク	最大转矩
— traffic	高峰(時間)交通量	ピーク交通量	高峰(时间)交通量
— value	峰值;巔值	波高値	峰值;巅值
— width	峰寬	ピーク幅	峰宽
eaking	峰化;高頻提升	ピーキング	峰化;高频提升

英文	臺灣	日文	大陸
— effect	峰化效應	ピーキング効果	峰化效应
peakness	峰値;尖端	とがり	峰值;尖端
peamafy	一種高導磁率合金	パーマフィ	坡莫菲高导磁率合金
pearl	珍珠色	パール	珍珠色
— white	珍珠白	塩化ビスマス	珍珠白
pearlescent lacquer	珠光漆	真珠光沢塗料	珠光漆
— pigment	珠光顏料	真珠顔料	珠光颜料
pearling agent	珍珠劑	真珠ばく	珍珠剂
pearlite	波來鐵	パーライト	珠光体
pearly luster	珍珠光澤	真珠光沢	珍珠光泽
peat	泥炭;泥煤	ピート	泥炭;泥煤
— coke	泥炭焦	泥炭コークス	泥炭焦
— marl	泥炭泥灰岩	泥炭マアル	泥炭泥灰岩
— soil	泥炭〔煤〕土	泥炭土	泥炭〔煤〕土
— tar	泥煤焦油	泥炭タール	泥煤焦油
— wax	泥煤蠟	泥炭ろう	泥煤蜡
pebble	卵〔礫〕石	ペブル	卵〔砾〕石
pebbles	橘皮效應;粗皮效應	梨地効果	橘皮效应;粗皮效应
pebbly appearance	卵石狀銹蝕	ゆずはだ	卵石状锈蚀
— structure	多石子〔卵石〕構造	含れき構造	多石子〔卵石〕构造
pechka	壁爐	ペチカ	壁炉
pecker	簧片;鶴嘴鋤	ペッカ	簧片;鹤嘴锄
pedal	垂足線;垂足面;踏板	ペダル	垂足线;垂足面;踏板
— adjusting cone	踏板調整吊錐	ペダル玉押し	踏板调整吊锥
— bracket	踏板托架	ペダルブラケット	踏板托架
— curve	垂足曲線	ペダルカーブ	垂足曲线
— operation	足踏操縱	足踏み操作	足踏操纵
— pad	踏腳墊	ペダルパッド	踏脚垫
— perssure	踏板壓力	ペダル踏み力	踏板压力
— pusher	腳踏推進器	ペダルプッシャ	脚踏推进器
— shaft	踏板軸	ペダルシャフト	踏板轴
— valve	腳踏閥;踏板閥	足踏み弁	脚踏阀;踏板阀
pedal-dynamo	腳踏發電機	ペダルダイナモ	脚踏发电机
pedestal	支架;底座;軸箱導板	ペデスタル	支架;底座;轴箱导板
— base	機座;機架	ペデスタルベース	机座;机架
— block	軸架;底座	軸まくら	轴架;底座
— bracket	支架;支柱	ペデスタルブラケット	支架;支柱
— tie bar	軸箱(架)拉桿	軸箱もり控え	轴箱(架)拉杆
— type	支架;台座;支座;柱腳	脚付け型	支架;台座;支座;柱脚
— type bearing	托架軸承	ペデスタル形軸受	托架轴承

文	臺灣	日文	大陸
wera plate	軸箱〔架〕防磨損板	軸箱もりすり板	轴箱〔架〕防磨损板
dicab	三輪車	ペディキャブ	三轮车
dion	單面(晶)	単斜卓面	单面(晶)
dionite	熔岩台地	ペディオニーテ	溶岩台地
drail	履帶	無限軌条	履带
ek-a-boo	同位打孔〔一組卡片的〕	ピーカブー	同位穿孔〔一组卡片的〕
el	剥皮;剝離	装入シャベル	剥皮;剥离
eling	漆膜剝落試驗	ピーリング	漆膜剥落试验
machine	剝皮機	ピーリングマシン	剥皮机
resistance	耐剝離性	はく離抵抗	耐剥离性
en	(錘的)尖頭	ピーン	(锤的)尖头
hammer	斧錘;尖錘	ピーンハンマ	斧锤;尖锤
head punch	鉚頭凸模	皿座フランジ付ポンチ	铆头凸模
plating	(金屬粉末)擴散滲鍍法	ピーンプレーティング	(金属粉末)扩散渗镀法
ening	噴砂硬化;錘擊(硬化)	ピーニング	喷丸硬化;锤击(硬化)
hammer	表面強化用錘;點擊錘	ピーニングハンマ	表面强化用锤;点击锤
machine	噴砂器;噴砂機;錘擊機	ピーニングマシン	喷丸器;喷砂机;锤击机
shot	噴砂用鋼珠	ピーニングショット	喷丸用钢丸
ep glass	窺視鏡	のぞきガラス	窥视镜
hole	觀察孔;觀測孔	ピープホール	观察孔;观测孔
sight	照門	穴照門	照门
window	窺視窗;觀察孔	のぞき窓	窥视窗;观察孔
g	木栓;(木)釘	ペッグ	木栓;(木)钉
chip method	鎖片法	ペグチップ法	锁片法
nail	木釘〔栓〕	木くぎ	木钉〔栓〕
rammer	風沖子;平頭錘〔搗砂〕	ペグランマ	风冲子;平头锤〔捣砂〕
structure	栓釘結構	くぎ状構造	栓钉结构
wire	螺母防鬆(用)鐵絲	ペグワイヤ	螺母防松(用)铁丝
k	油漆;塗料	ペンキ	油漆;涂料
let	小球;彈珠	ペレット	小球;弹丸;粒;晶片
bonder	銲片機;裝片機	ペレットボンダ	焊片机;装片机
bonding	球式接合;球銲	ペレットボンディング	球式接合;球焊
method	壓片法	錠剤法	压片法
press	壓丸器;壓片器	圧縮結粒器	压丸器;压片器
leter	製粒機;壓片機	ペレッタ	制粒机;压片机
letierme	石榴鹼	パレチエリン	石榴硷
letizer	製球機	ペレタイザ	制球机
letizing drum	製丸鼓	丸粒製造ドラム	制丸鼓
machine	顆粒製造機	ペレタイザ	颗粒制造机
licle	薄膜;膜;(照像)軟片	薄膜	薄膜;膜;(照像)软片

英文	臺灣	日文	大陸
pellucidity	透明度;透明性	透明度	透明度;透明性
Pellux	一種脫氧劑	ペラックス	佩尔克斯脱氧剂
pelorus	羅經刻度盤;方位儀	ダムカード	罗经刻度盘;方位仪
pan	筆(尖)	ペン	笔(尖)
— metal	含錫黃銅	ペンメタル	含锡黄铜
pencil	鉛筆	ペンシル	铅笔;光束;光纤维
— beam	銳方向性射束	ペンシルビーム	锐方向性射束
— rod	細鐵芯	細鉄棒	细铁芯
— tester	鉛筆硬度計	鉛筆硬度測定器	铅笔硬度计
pendant	吊燈;三角旗	ペンダント	吊灯;三角旗
— cord	吊燈纜〔線〕	ペンダントコード	吊灯缆〔线〕
— fitting	懸吊式配件	ペンダント取付け具	悬吊式配件
— lamp	吊燈	ペンダントランプ	吊灯
— panel	懸吊式控制模	ペンダントパネル	悬吊式控制模
— rope	吊繩	ブーム支持ロープ	吊绳
pendent chain	吊鏈;懸鏈	釣り鎖	吊链;悬链
pendentive	穹隅	ペンデンチブ	穹隅
pendular state	擺動態;懸垂態	ペンデュラ域	摆动态;悬垂态
pendulum	擺;振動子;鉛錘	ペンジュラム	摆;振动子;铅锤
— bearing	搖動支承	振り子支承	摇动支承
— compressor	擺動式壓縮機	振り子圧縮機	摆式压缩机
— cross-cut saw	擺動式截鋸	振子式丸のこ盤	摆式截锯
— hammer	擺動式落錘	振子型ハンマ	摆式落锤
— saw	擺動鋸	振り子のこ	摆锯
— shaft	擺動軸	ペンデュラムシャフト	摆轴
— swing	擺動	振動	摆动
— viscosimeter	擺錘黏度計	振子式粘性計	摆锤粘度计
penetrability	貫穿性;穿透性	貫通性	贯穿性;穿透性;透明度
penetrant	浸透液;浸透劑	浸透液	浸透液;浸透剂
— inspection	滲透檢查	浸透検査	渗透检查
— method	穿透法	透過法	穿透法
— remover	浸滲洗淨液	洗浄液	浸渗洗净液
— test	滲透(探傷)檢驗	浸透（探傷）試験	渗透(探伤)检验
penetrater	(硬度計)壓頭	ペネトレータ	(硬度计)压头
penetrating	穿透;滲透	だれ	穿透;渗透;贯穿
— agent	浸透劑;滲透劑	浸透剤	浸透剂;渗透剂
— connectors	貫穿接頭	貫通金物	贯穿接头
— orbit	貫通軌道	貫通軌道	贯通轨道
penetration	穿透;銲透;熔深	透過	穿透;焊透;熔深
— bead	根部銲道	裏波ビード	根部焊道

英文	臺灣	日文	大陸
— coefficient	穿透係數;滲透係數	突抜け係数	穿透系数;渗透系数
— degree	針入度	針入度	针入度
— depth	熔化層深度;滲透深度	溶融層深さ	熔化层深度;渗透深度
— method	貫入法;灌漿法	浸透探傷法	贯人法;灌浆法
— theory	滲透理論	浸透説	渗透理论
— zone	貫入層;滲入區	浸透層	贯人层;渗入区
penetrativity	滲透性;穿透性;貫穿性	透入性	渗透性;穿透性;贯穿性
penetrator	穿透器;壓頭	ペネトレータ	穿透器;压头
penetrometer	透光計;針入度計	ペネトロメータ	透光计;针入度计
penstock	壓力(水)管;消火栓	ペンストック	压力(水)管;消火栓
pentadecagon	十五角〔邊〕形	十五角〔辺〕形	十五角〔边〕形
pentagon	五邊形	ペンタゴン	五边形;五角形
— prism	五角棱鏡	ペンタゴンプリズム	五角棱镜
pentagonal dodecahedron	五角十二面體	五角十二面体	五角十二面体
— icositetrahedron	五角二十四面體	五角三八面体	五角二十四面体
pentagram	五角星形	ペンタグラム	五角星形
pentamirror	五面鏡	ペンタミラ	五面镜
pentaploid	五倍體	五倍体	五倍体
pentaprism	五棱鏡	ペンタプリズム	五棱镜
peptization	膠溶(作用)	ペプチゼーション	胶溶(作用)
peptizator	膠溶劑;膠化劑	ペプタイザー	胶溶剂;胶化剂
peptizer	膠化劑;塑解劑	ペプタイザ	胶化剂;塑解剂
peptonized iron	鍊化鐵	ペプトン鉄	链化铁
per	每	毎に	每;按;由
— mill	千分率	パーミル	千分率
— unit system	單機系統	パーユニット系	单机系统
Peraluman	優質鎂鋁錳合金	ペラルマン	优质镁铝锰合金
perbromo-carbon	全溴化碳	全臭化炭素	全溴化碳
percent	百分率;百分比	パーセント	百分率;百分比;百分数
— average error	百分(數)平均誤差	百分率平均誤差	百分(数)平均误差
— brightness	亮度百分率	明度パーセント	亮度百分率
— consolidation	壓密度;固結度	圧密度	压密度;固结度
— conversion	轉化率;反應率	転化率	转化率;反应率
— correction	百分(數)校正	百分率補正	百分(数)校正
— defectives	不合格百分率	不良率パーセント	不合格百分率
— elongation	伸長率	破断伸び	延伸率
— error	百分(數)誤差	百分率誤差	百分(数)误差
— failure	破損百分率	破損パーセント	破损百分率
— of vacuum	真空度	真空度	真空度
— off set	殘留誤差百分率	オフセットパーセント	残留误差百分率

P

英文	臺灣	日文	大陸
— order	百分數極	パーセントオーダ	百分数极
— point	百分點	パーセント点	百分点
percentage	百分率;比率;率	百分率	百分率;比率;率
— by volume	容量百分率	容量百分率	容量百分率
— by weight	重量百分率	重量パーセント	重量百分率
— change	變化百分率	変化百分率	变化百分率
— crimp	卷曲率	けん縮率	卷曲率
— humidity	相對濕度	飽湿度	百分湿度;相对湿度
— of capacity	負載係數;操作率	操業度	负荷系数;操作率
— of contraction	收縮率	縮み率〔断面の〕	收缩率
— of elongation	延伸率	伸び率	延伸率
— of penetrating	穿透率;貫穿率	くい込み率	穿透率;贯穿率
— of rejects	不合格率	不良率	不合格率;废品率
— of shrinkage	收縮(百分)率	収縮百分率	收缩(百分)率
— of voids	空隙率	空げき率	空隙率
perception	感受;理解	覚知	感受;理解;体会
perch	棒;(連)桿;桿	パーチ	棒;(连)杆;杆
percolate	滲出液;濾出液	パーコレート	渗出液;滤出液
percolater	滲濾器;砂濾器	抽出器	渗滤器;砂滤器
percolation	提取過濾;過濾;滲透	パーコレーション	提取过滤;过滤;渗透
percolator	滲濾器;過濾器;滲流器	パーコレータ	渗滤器;过滤器;渗流器
percussion	撞擊;振動;碰撞	パーカッション	撞击;振动;碰撞
— drill	衝擊式鑽機	パーカッションドリル	冲击式钻机
— energy	衝擊能	打撃エネルギー	冲击能
— hammer	擊鐵	撃鉄	击铁
— method	頓鑽法;衝擊(鑽井)法	パーカッション法	顿钻法;冲击(钻井)法
— press	(上移式)螺旋力機	パーカッションプレス	(上移式)螺旋力机
— welding	儲能銲;衝擊銲接;鍛銲	衝撃溶接	储能焊;冲击焊接;锻焊
perfect absorbing surface	全吸收面	完全吸収面	全吸收面
— crystal	完美晶體;完整晶體	完全結晶	完美晶体;完整晶体
— dislocation	全差排	完全転位	全位错
— elasticity	理想彈性	完全弾性	理想弹性
— fluid	理想流體	完全流体	理想流体
— plasticity	理想塑性	完全塑性	理想塑性
— square	完全平方	完全平方	完全平方
— weld	穿透銲接	完全融合	焊透
perfection	完整性;完全	パーフェクション	完整性;完全
perforated acoustic board	多孔吸音板	孔あき吸音板	多孔吸音板
— beam	打孔梁;有孔梁	有孔ばり	穿孔梁;有孔梁
— board	有孔板;打孔板	孔あき板	有孔板;穿孔板

英文	臺灣	日文	大陸
— brick	多孔磚	孔あきれんが	多孔砖
— metal form	打孔金屬模	パンチングメタル型	打孔金属模
— metal sheet	多孔鋼板	多孔鋼板	多孔钢板
— panel	打孔板	有孔板	穿孔板
— pipe	多孔管	穴あき管	多孔管
— piston	多孔活塞	多孔ピストン	多孔活塞
— plate	多孔板	穴あき板	多孔板
— sheet iron	多孔鐵皮	多孔葉鉄	多孔铁皮
perforating action	成孔作用	穴打抜き作用	成孔作用
— adder	打孔加法機	さん孔加算機	穿孔加法机
— machine	沖孔機;打孔機	さん孔機	冲孔机;穿孔机
perforation	打孔;打眼;孔眼	パーフォレーション	穿孔;打眼;孔眼
perforator	打孔器;打孔機	パーフォレータ	穿孔器;穿孔机
performance	特性(曲線);運行	パーフォーマンス	特性(曲线);运行
Perglow	光澤鍍鎳法的添加劑	パーグロー	光泽镀镍法的添加剂
peri-bridge	迫位橋	せり持ち橋	迫位桥
pericycloid	周擺線	ペリシクロイド	周摆线
peridium	子殼;包被	子殻	子壳;包被
perigee	近地點;最近點	ペリジー	近地点;最近点
— altitude	近地點高度	ペリジー高度	近地点高度
perigon	周角〔360°〕	周角〔360°〕	周角〔360°〕
periheilon	近日點	近日点	近日点
peril	損失	ペリル	损失
perimeter	周長;周邊;目場計	外周	周长;周边;目场计
— load	周邊負載	ペリメータ負荷	周边负荷〔荷载〕
— ratio	周長比	輪郭比	周长比
— zone	周邊區;外圍區	ペリメータゾーン	周边区;外围区
period	周期;循環;階段	ピリオド	周期;循环;阶段
— analysis	周期分析	周期解析	周期分析
— cycling	循環周期	サイクリング周期	循环周期
— of decay	衰變期	減衰寿命	衰变期
— of rolling	橫搖周期	横揺れ周期	横摇周期
— of service	使用期;服務期	使用期間	使用期;服务期
periodc(al) acid	高碘酸	過よう素酸	高碘酸
— chain	周期鏈	周期鎖	周期链
— chart	周期表	周期表	周期表
— coupler	周期耦合器	ピリオディックカプラ	周期耦合器
— family	周期族	周期族	周期族
— law	周期律	周期律	周期律
— quantity	周期變量	周期変量	周期变量

英文	臺灣	日文	大陸
— sequence	周期序列	周期系列	周期序列
— stress	周期應力	周期的応力	周期应力
— table	周期表	周期表	周期表
— vibration	周期振動	周期振動	周期振动
peripheral apparatus	外圍設備;外部設備	周辺機器	外围设备;外部设备
— blow hole	周界氣泡	周辺気泡	周界气泡
— cam	盤形凸輪	周辺カム	盘形凸轮
— equipment	外圍設備	周辺装置	外围设备
— fault	環周斷層;邊緣斷層	周辺断層	环周断层;边缘断层
— grinding	周邊磨削	円周研削	周边磨削
— milling	圓周銑削	外周削り	圆周铣削
— rake	外圍傾角	外周すくい角	外围倾角
— speed	圓周速度;周邊速度	周速	圆周速度;周边速度
— velocity	周速度;周邊速度	円周方面速度	周速度;周边速度
— vision	(視野)邊緣視緣	周縁視覚	(视野)边缘视缘
periphery	周邊;圓柱體的外面	ペリフェリィ	周边;圆柱体的外面
— cam	平凸輪;盤形凸輪	周辺カム	平凸轮;盘形凸轮
periscope	潛望鏡	ペリスコープ	潜望镜
perished metal	過燒金屬	過燒金属	过烧金属
peritectoid	包析	包析	包析
— reaction	包析反應	包析反応	包析反应
perlit	高強度波來鐵鑄鐵	パーリット	高强度珠光体铸铁
permaclad	碳素鋼複合鋼板	パーマクラッド	碳素钢复合钢板
permalloy	坡莫合金	パーマロイ	坡莫合金
— bar	坡莫合金條	パーマロイバー	坡莫合金条
— dust	坡莫合金粉末	パーマロイダスト	坡莫合金粉末
— pattern	坡莫合金模(型)	パーマロイパターン	坡莫合金模(型)
— plating	坡莫合金電鍍	パーマロイめっき	坡莫合金电镀
— thin film	坡莫合金薄膜	パーマロイ薄膜	坡莫合金薄膜
permanence	耐久度;永久性;穩定度	パーマネンス	耐久度;永久性;稳定度
— property	耐久性	耐久性	耐久性
permanent address	永久地址	パーマネントアドレス	永久地址
— bend	永久彎曲	永久曲げ	永久弯曲
— center	不變中心;恒心	パーマネントセンタ	不变中心;恒心
— damage	永久性損壞	永久損傷	永久性损坏
— deformation	永久變形;餘留應變	パーマネントひずみ	永久变形;馀留应变
— kiln	永久窯	万年窯	永久窑
— load	永久負載	不変荷重	永久负荷
— lubrication	持久潤滑	耐久潤滑	持久润滑;恒定润滑
— magnet alloy	永久磁合金	永久磁石合金	永久磁合金

文	臺灣	日文	大陸
magnetism	永(久)磁(性)	残留磁気	永(久)磁(性)
mould casting	永久模鑄造	金型鋳造	永久型铸造
mould die	金屬模;永久模	金型	金属模;永久型
set	塑性變形	パーマネントセット	塑性变形;残留变形
speed	恒速	整定速度	恒速
state	永久狀態	パーマネントステート	永久状态;持久状态
strain	塑性變形	永久ひずみ	残馀变形;塑性变形
stress	固定應力	不変応力	固定应力;恒定压力
alloy	高導磁率合金	高度磁率合金	高导磁率合金
method	滲透法	透過法	渗透法
rmeable dike	透水壩	透過水制	透水坝
rmeameter	導磁計	パーミアメータ	导磁计;透水试验仪
rmeance	磁導率	パーミアンス	磁导率
rmeation	浸透;透氣	透過	浸透;透气
constant	滲透係數	透過係数	渗透系数
rmenorm	一種高磁鐵鎳合金	ペルメノルム	波明诺姆高磁铁镍合金
rmet	一種銅鎳鈷永磁合金	パーメット	珀米塔铜镍钴永磁合金
rmill	千分之一	パーミル	千分之一
rmillage	千分率	ブロミル	千分率;千分比
rminvar	一種高導磁率合金	パーミンバ	坩明伐高导磁率合金
rmissible building area	建築(面積高度)限定區	建築制限地区	建筑(面积高度)限定区
clearance	容許間隙	許容空き	容许间隙
deviation	容許偏差	許容偏差	容许偏差
error	容許誤差;公差	パーミッシブルエラー	容许误差;公差
length	許用長度	可許長	许用长度
level	容許標準	許容基準	容许标准;容许级
limit	容許限度	許容限度	容许限度
load	容許負載	許容荷量	容许载荷
strain	容許應變	許容ひずみ	容许应变
tolerance	容許誤差;公差	許容差	容许误差;公差
variation	容許誤差	許容差	容许误差
rmission	許可;允許	パーミッション	许可;允许
rmutation	倒置;置換	パーミュテーミョン	倒置;置换
rmutator	旋轉磁場型變流器	回転磁界型変流機	旋转磁场型变流器
rmutoid	交換體	パームトイド	交换体
reaction	交換體沉淀反應	パームトイド反応	交换体沉淀反应
rpective	透視	透視	透视
rpendicular	垂線;垂直	垂線	垂线;垂直
cut	垂直截割	垂直カット	垂直截割
force	垂直力	垂直力	垂直力

P

英文	臺灣	日文	大陸
— lay-out	垂直式(溝渠)布置	直角式	垂直式(沟渠)布置
— line	垂直線;鉛垂線	垂直線	垂直线;铅垂线
— system	直角系;正交系(統)	垂線形	直角系;正交系(统)
perpetual mobile	永動機	永久機関	永动机
— motion	永恒運動	永久運動	永恒运动
— screw	蝸桿	万年ねじ	蜗杆;转回螺旋
perpetuation	永久化;永久存在	永続化	永久化;永久存在
persistence	持久性;保留時間	パーシステンス	馀辉;持久性;保留时间
— of vision	視覺暫留	残像性	馀像现象;视觉暂留
persistent current	持續電流	永続電流	持续电流;恒定电流
— line	駐留譜線	永存線	驻留谱线
personal affairs system	人事系統	人事システム	人事系统
— error	操作人誤差;人為誤差	パーソナルエラー	操作人误差;人为误差
personnel	人員;成員	パーソネル	人员;成员
— assignment	人員分配	人員配置	人员分配
— management	人事管理	人事管理	人事管理
— protection	人員保護	人員保護	人员保护
perspective axis	投影軸	投影軸	投影轴
— drawing	透視圖	パースペクティブ	透视图
— projection	透視投影	透視投像	透视投影
— view	透視圖	透視図	透视图
pert program	附屬程式	パートプログラム	附属程序
PERT critical path analysis	評審-關鍵路線分析	パート限界経路解析	评审-关键路线分析
perturbance	(陀螺)進動;擾動	摂動	(陀螺)进动;扰动
perturbant velocity	擾動速度	摂動速度	扰动速度
perturbation	擾動	摂動	扰动
— control	擾動控制	摂動制御	扰动控制
— method	擾動法	摂動法	扰动法
pet cock	小旋塞;小龍頭	ペットコック	小旋塞;小龙头
petrochemical industry	石油化學工業	石油化学工業	石油化学工业
— reactions	石油化學反應	石油化学反応	石油化学反应
petrol	揮發油;汽油	ペトロール	挥发油;汽油
— engine	汽油發動機	ガソリン機関	汽油发动机
— filler	汽油注入器	ペトロールフィラ	汽油注入器
— gas	揮發油氣	エアーガス	挥发油气
— jet	汽油噴射器	燃料ジェット	汽油喷射器
petrolatum	礦脂;凡士林	ペトロラタム	矿脂;凡士林
petroleum	石油	石油	石油
— benzene	石油苯;焦苯	石油ベンセン	石油苯;焦苯
— chemicals	石油化學產品	石油化学製品	石油化学产品

文	臺灣	日文	大陸
chemistry	石油化學	石油化学	石油化学
ether	石油醚	石油エーテル	石油醚
industry	石油工業	石油産業	石油工业
ointement	凡士林;礦脂	ワセリン	凡士林;矿脂
production	採油	採油	采油
refining	石油加工	石油精製	石油加工
ewter	錫錫	ピュータ	焊炀
GS alloy	鉑金銀合金	PGS 合金	铂金银合金
aeton	敞篷汽車	フェトン	敞篷汽车
antom	錯覺	ファントム	错觉;仿真;模型
aros	燈塔;航標燈	ファロス	灯塔;航标灯
ase	相(位);階段;狀態	フェース	相(位);阶段;状态
adapter	相位變換附加器	フェーズアダプタ	相位变换附加器
angle difference	相角差	位相角差	相角差
boundary	相界	相界	相界
change	相轉變;相變態	相変化	相转变;相变态
control circuit	相位控制電路	位相制御回路	相位控制电路
correction	相位校正(補償)	位相補正	相位校正(补偿)
corrector	相位校正器	位相修正器	相位校正器
difference	相(位)差	位相差	相(位)差
factor	相位因數	相因子	相位因数
inversion	倒相;相位倒置	転相	倒相;相位倒置
inverter	倒相器;倒相電路	フェーズインバータ	倒相器;倒相电路
jitter	相位抖動	位相ジッタ	相位抖动
lag	相位滯後	位相の遅れ	相位滞后
lead	相位超前	位相進み	相位超前
lock	鎖相	フェーズロック	锁相
matching	相位匹配	位相整合	相位匹配
modifier	調相器;相位調節器	調相機	调相器;相位调节器
relay	相繼電器	フェーズリレー	相继电器
rotation	相位旋轉	相回転	相位旋转
rule	相律	相律	相律
stability	位相穩定度	位相安定度	位相稳定度
swing	相位擺動	位相変動	相位摆动
synchronization	相位同步	位相同期	相位同步
trajectory	相軌跡	位相軌跡	相轨迹
asemass	相位量	位相量	相位量
ase-shift	相移	フェーズシフト	相移
delay	相移遲延	移相遅延	相移迟延
detection	相移檢波	移相検波	相移检波

英文	臺灣	日文	大陸
phasing adjustment	定相調整	整相調整	定相调整
— circuit	定相電路	整相回路	定相电路
— link	定相環	整相リンク	定相环
phene	苯	フェン	苯
phenide	苯基金屬	フェニン化金属	苯基金属
phenolphthalein	酚太	フェノールフタレイン	酚太
phenomenon	現象;徵兆	フェノメノン	现象;徵兆
Philisim	一種炮銅	フィリシム	菲利西姆炮铜
Phillips beaker	菲利普燒杯	フィリップス氏ビーカ	菲利普烧杯
— driver	十字螺絲起子	フィリップスドライバ	十字螺丝起子
— gauge	菲利普真空計	フィリップスゲージ	菲利普真空计
— screw	十字槽頭螺釘	フィリップスねじ	十字槽头螺钉
philosophy	特點;哲學	フィロソフィ	特点;哲学;基本原理
phone	電話(機);送受話器	フォン	电话(机);送受话器
phoneme	語音	フォニーム	音素;语音
phonetic	語音學	フォネティックス	语音学
phone-bronze	銅錫系合金	フォノブロンズ	铜锡系合金
phonogram	唱片	フォノグラム	唱片;话传电报
phonograph	留聲機;電唱機	フォノグラフ	留声机,电唱机
phonon	聲子〔振動能的量子〕	フォノン	声子〔振动能的量子〕
Phoral	一種鋁磷合金	フォラール	(福拉尔)铝磷合金
phos-copper	磷銅銲料	フォスカッパ	磷铜焊料
phosphated metal	磷酸鹽化金屬	りん酸塩化成金属	磷酸盐化金属
phosphating	磷酸鹽處理	りん酸処理	磷酸盐处理
— coat	磷化膜	防食化成被覆	磷化膜
— process	磷化處理法	りん酸塩皮膜化成法	磷化处理法
phosphatization	磷酸鹽(處理)	りん酸塩化	磷酸盐(处理)
phosphometal	含磷金屬	含りん金属	含磷金属
phosphor	螢光體;黃磷	蛍りん光体	萤光体;黄磷
— bomb	磷炸彈	りん爆弾	磷炸弹
— bronze wire	磷青銅線	りん青銅線	磷青铜线
— bruning	螢光粉燒毀	りん光体焼け	荧光粉烧毁
— copper	磷銅(合金)	りん銅	磷铜(合金)
— nickel	磷鎳合金	りんニッケル合金	磷镍合金
— tin	磷錫合金	りんすず合金	磷锡合金
— zinc	鋅磷合金	りん亜鉛合金	锌磷合金
phosphorescent coating	磷光漆;夜光漆	りん光(性)塗料	磷光漆;夜光漆
— material	磷光物質	りん光物質	磷光物质
— paint	磷光漆	りん光ペイント	磷光漆
phosphorimetry	磷光測定(法)	りん光測定(法)	磷光测定(法)

文	臺灣	日文	大陸
sphorized copper	磷銅	りん処理銅	磷铜
sphorus,P	磷	りん	磷
omb	黃磷炸彈	（黄）りん爆弾	黄磷炸弹
ronze	磷青銅	りん（青）銅	磷青铜
tic analysis	光分析	光分析	光分析
one	透光層	透光帯	透光层
to	像片;攝影的	フォト	像片;摄影的
mplifier	光電放大器	フォトアンプ	光电放大器
etector	光檢測器	フォトデテクタ	光检测器
rawing	光學繪圖	フォトドローイング	光学绘图
toactivation	光敏化;用光催化	光活性化	光敏化;用光催化
toaging	光老化	光老化	光老化
tocatalysis	光催化(作用)	光触媒作用	光催化(作用)
tocatalyst	光催化劑	光触媒	光催化剂
tocell	光電管;光電元件	フォトセル	光电管;光电元件
onductance	光電管電導	光電管コンダクタンス	光电管电导
tochemical absorption	光化學吸收	光化学吸収	光化学吸收
ction	光化學作用	光化学作用	光化学作用
ctivity	光化(學)活性	光化学的活性	光化(学)活性
ell	光化學電池	光化学電池	光化学电池
ycle	光化學循環	光化学サイクル	光化学循环
ffect	光化學效應	光化学効果	光化学效应
fficiency	光化學效率	光化学効率	光化学效率
quivalent	光化當量	光化学当量	光化当量
xcitation	光化激發	光化学刺激	光化激发
achining	光化學加工	光化学加工	光化学加工
tochemistry	光化學	光化学	光化学
tocomposition	照相排版	写真植字	照相排版;光学排字
tocon	光(電)導元件	フォトコン	光(电)导元件
toconduction	光電導(率;性)	光導電	光电导(率;性)
toconductive cell	光(電)導器件	ホトセル	光(电)导器件
ompound	光(電)導(性)化合物	光電導性化合物	光(电)导(性)化合物
lm	光敏薄膜	光電導薄膜	光敏薄膜
ayer	光電導層	光導電膜	光电导层
aterial	光電導材料	光導電材料	光电导材料
ube	光(電)導管	光導電管	光(电)导管
toconductivity	光(電)導性	光伝導性	光(电)导性
toconductor	光(電)導體	フォトコンダクタ	光(电)导体;光敏电阻
tocopy	照相複製品	フォトコピー	照相复制品
tocoupler	光耦合器	フォトカプラ	光耦合器

P

英文	臺灣	日文	大陸
photodiode	光電二極管	フォトダイオード	光电二极管
photoelectric absorption	光電吸收	光電吸収	光电吸收
— amplifier	光電放大器	光電増幅器	光电放大器
— controller	光電控制器	光電制御装置	光电控制器
— effect	光電效應	光電効果	光电效应
— microscope	光電顯微鏡	光電顕微鏡	光电显微镜
— relay	光控繼電器	光線リレー	光控继电器
— resistance	光敏電阻	光電抵抗	光敏电阻
— transducer	光電變換器	光電気変換器	光电变换器
photoelectron	光電子	フォトエレクトロン	光电子
photoetch pattern	光刻圖案〔圖形〕	フォトエッチパターン	光刻图案〔图形〕
photo-FET	光控場效應晶體管	フォトFET	光控场效应晶体管
photofiber	光學〔導〕纖維	フォトファイバ	光学〔导〕纤维
photoflash	照相閃光燈	フォトフラッシュ	照相闪光灯
— lamp	(照相)閃光燈	せん光ランプ	(照相)闪光灯
photogene	餘像	残像	馀像
photograph	照相;照片	写真	照相;照片
photography	照相術	フォトグラフィ	照相术
— measurement	攝影測量	写真測定	摄影测量
photogravure	照相凹版	グラビア	照相凹版
photohyalography	照相蝕刻術	光食刻術	照相蚀刻术
photoionization	光(致)電離	光電離	光(致)电离
photoisolator	光電隔離器	フォトアイソレータ	光电隔离器
photolith	光刻(的)	写真平板	光刻(的)
photolithography	影印法	フォトリソグラフィ	影印法;光刻法
photology	光學	フォトロジィ	光学
photomap	空中攝影地圖	フォトマップ	空中摄影地图
photomask	光掩模	フォトマスク	光掩模
— set	光掩模組	フォトマスクセット	光掩模组
photometric analysis	光度分析	光分析	光度分析
— axis	測光軸	測光軸	测光轴
— balance	光度平衡	測光バランス	光度平衡
— quantity	光度値	測光量	光度值
photometry	測光(法)	フォトメトリ	测光(法)
photomultiplier	光電倍增器〔管〕	フォトマルチプライヤ	光电倍增器〔管〕
photon	光量子;光電子	フォトン	光量子;光电子
— drag	光子牽引	フォトンドラッグ	光子牵引
photoneutron	光激中子	光中性子	光激中子
— reaction	光(致)核反應	光核反応	光(致)核反应
— source	光激中子源	光中性子源	光激中子源

文	臺灣	日文	大陸
otoprocessing	光刻法	フォトプロセッシング	光刻法
otoreaction	光致反應	光反応	光致反应
otoresistor	光敏電阻(器)	フォトレジスタ	光敏电阻(器)
otoscope	透視鏡	フォトスコープ	透视镜
otosensitiser(s)	感光劑;光敏劑	感光剤	感光剂;光敏剂
otosensitive area	光敏面積	光電感面積	光敏面积
diode	光敏二極管	光感度ダイオード	光敏二极管
otosensitivity	感光性;感光靈敏度	光敏感度	感光性;感光灵敏度
otosensitizer	光敏劑	光増感剤	光敏剂
otosensor	光敏器件;光電讀出器	フォトセンサ	光敏器件;光电读出器
ototimer	曝光計	フォトタイマ	曝光计
rase	成語;詞組	フレーズ	成语;词组;短语
ugoid mode	起伏型運動方式	縦の長周期運動	起伏型运动方式
ysical absorption	物理吸收;物理吸附	物理的吸収	物理吸收;物理吸附
action	物理作用	物理作用	物理作用
adsorption	物理吸著	物理吸着	物理吸着
agent	物理(作用)因素	物理的作因	物理(作用)因素
analysis	物理分析	物理的分析法	物理分析
catalyst	物理觸媒	物理触媒	物理触媒
change	物理變化	物理変化	物理变化
circuit	實線電路	実回線	实线电路
constant	物理常數	物理定数	物理常数
design	(機械的)結構設計	物理的設計	(机械的)结构设计
device	實際設備	物理的デバイス	实际设备
driver	物理驅動器	物理的ドライバ	物理驱动器
equilibrium	物理平衡	物理平衡	物理平衡
error	物理誤差;實際誤差	物理的エラー	物理误差;实际误差
etch	物理腐蝕	フィジカルエッチ	物理腐蚀
inventory	實際庫存	実在庫	实际库存
mechanism	物理機構	物理機構	物理机构
metallurgy	金相學;物理冶金(學)	物理や金学	金相学;物理冶金(学)
model	物理模型;實際模型	物理モデル	物理模型;实际模型
pendulum	復擺;物理擺	物理振り子	复摆;物理摆
phenomenon	物理現象	物理現象	物理现象
plane	物理平面	物理面	物理平面
science	自然科學	自然科学	自然科学
shock	物理衝擊	物理的衝撃	物理冲击
simulator	物理模擬器	物理的シミュレータ	物理模拟器
strength	物理強度	物理的強度	物理强度
stress	物理應力	物理的応力	物理应力

英文	臺灣	日文	大陸
— system	物理系統;物資系統	物理システム	物理系统;物资系统
— weathering	機械風化(作用)	物理的風化	机械风化(作用)
physician	醫生	医師	医生;大夫
physicist	物物理學家	物理学者	物物理学家
physics	物理(學)	フィジックス	物理(学)
piano	鋼琴	ピアノ	钢琴
— wire	琴絲線;硬鋼絲	ピアノワイヤ	钢琴丝;硬钢丝
— wire concrete	高強鋼絲混凝土	鋼弦コンクリート	高强钢丝混凝土
piazza	步廊;長廊〔有頂的〕	ピアッツァ	步廊;长廊〔有顶的〕
pick	鶴嘴鋤;鎬	ピック	鹤嘴锄;镐
— finder	尋線器	ピックファインダ	寻线器
— hammer	尖頭鑿岩錘〔鑽孔機〕	ピックハンマ	尖头凿岩锤〔钻孔机〕
pickax(e)	十字鎬;尖鎬	つるはし	十字镐;尖镐
pickbreaker	風鎬	ピック	风镐
picker	取模針	ピッカ	取模针
picking	掘;選擇	ピッキング	掘;选择;清棉
— arm	投梭棒	ピッキングアーム	投梭棒
— crane	挖掘起重機	ピッキングクレーン	挖掘起重机
— tappet	投梭凸輪	ピッキングタペット	投梭凸轮;投梭桃盘
pickling	酸洗;酸漬	ピックリング	酸洗;酸渍
— agent	酸洗劑;酸浸劑	酸洗剤	酸洗剂;酸浸剂
picknometer	比重瓶;比重管	比重計	比重瓶;比重管
pick-up	拾音〔波〕;傳感器	ピックアップ	拾音〔波〕;传感器
— gear	鉤起裝置	ピックアップキヤー	钩起装置
— head	拾音頭;拾像頭	ピックアップヘッド	拾音头;拾像头
— loop	拾波環;耦合環	ピックアップループ	拾波环;耦合环
— tongs	拾物鉗	つまみやっとこ	拾物钳
picnometer	比重瓶	ピクノメータ	比重瓶
picowatt	皮(可)瓦(特)	ピコワット	皮(可)瓦(特)
pictogram	繪畫圖表	ピクトグラム	绘画图表
pictograph	統計圖表	ピクトグラフ	统计图表
picture	照片;形像	ピクチャ	照片;形像;概念
— character	圖像符號	ピクチャ文学	图像符号
— quality	圖像質量	画像品質	图像质量
— search	圖像搜索	ピクチャサーチ	图像搜索
— signal	圖像信號	ピクチャシグナル	图像信号
— varnish	繪畫用漆	絵画用ワニス	绘画用漆
PID control	比例積分微分控制	PID 制御	比例积分微分控制
piece	件;零件	ピース	件;零件
— angle	接合用角鋼;接頭角鋼	ピースアングル	接合用角钢;接头角钢

英文	臺灣	日文	大陸
— handling	單件作業	ピースハンドリング	单件作业
— work	計件工作;單件生產	ピースワーク	计件工作;单件生产
piedmont	山麓;山前地帶	山ろく	山麓;山前地带
pien rafter	角椽〔木〕	隅木	角椽〔木〕
piend roof	尖脊屋頂;四坡頂	方形屋根	尖脊屋顶;四坡顶
pier	支柱;橋墩	ピア	支柱;桥墩;码头
— arch	墩拱;柱拱	柱アーチ	墩拱;柱拱
— basement	橋墩基礎	ピア基礎	桥墩基础
— stud	橋墩柱	脚柱	桥墩柱
pierced brick	空心磚	孔あきれんが	空心砖
— plank	有孔鋼板	せん孔板	有孔钢板
piercer	沖孔機	ピーサ	冲孔机
piercing die	沖孔模	ピアーシングダイ	冲孔模
— press	打孔沖床	ピアーシングプレス	穿孔压力机
— punch	沖孔沖頭	ピアーシングポンチ	冲孔冲头
— welding	穿透熔〔銲〕接	貫通溶接	穿透熔〔焊〕接
Pierott metal	一種鋅基軸承合金	ピエロットメタル	皮尔奥特锌基轴承合金
piezoeffect	壓電效率	ピエゾ効果	压电效率
piezoelectric(al) ceramics	壓電陶瓷	圧電磁器	压电陶瓷
— coupler	壓電耦合器	圧電結合子	压电耦合器
— cutter	壓電式刻紋頭	圧電形カッタ	压电式刻纹头
— material	壓電材料	圧電材料	压电材料
— monitor	壓電監視器	ピエゾ電気監視器	压电监视器
— tuning-fork	壓電音叉	圧電音さ	压电音叉
piezometer	壓力計;壓強計	ピエゾメータ	压力计;压强计
— tube	測壓管	ピエゾメータ管	测压管
piezometric head	測壓管〔計〕水頭	ピエゾ水頭	测压管〔计〕水头
— ring	壓力計環	圧力計環	压力计环
piezometry	壓力測定	ピエゾメトリ	压力测定
piezomic	壓電元件	ピエゾミック	压电元件
piezoresistance	壓敏電阻	ピエゾ抵抗	压敏电阻
piezoresistor	壓電電阻器	ピエゾ抵抗器	压电电阻器
pig	生鐵(塊)	ペッグ	生铁(块)
— bed	(高爐)鑄床;砂坑	鋳銑床	(高炉)铸床;砂坑
— boiling process	生鐵沸騰法	銑鉄沸騰法	生铁沸腾法
— casting machine	鑄錠機	鋳銑機	铸锭机
— gage	栓規	管系験水栓	栓规
— iron	生鐵;鐵錠	なまこ銑	生铁;铁锭
— iron ladle car	鐵水罐車	溶銑車	铁水罐车
— iron mixer	混鐵爐	混銑炉	混铁炉

英文	臺灣	日文	大陸
— lead	鉛錠	粗鉛	铅锭
— machine	鑄錠機	鋳銑機	铸锭机
— metal	熔煉金屬錠	製れん金属塊	熔炼金属锭
— mold	生澆金屬鑄模;錠模	金属鋳込み鋳型	生浇金属铸模;锭模
— skin	豬皮;返粗〔油漆的〕	ピッグスキン	猪皮;返粗〔油漆的〕
— tin	生錫;錫錠	ずくすず	生锡;锡锭
— washing	生鐵精煉	銑鉄精製	生铁精炼
pigeon hole	(鋼錠內)空穴	鳩小屋式仕切り棚	(钢锭内)空穴
— holed arch	多孔火拱	多孔式アーチ	多孔火拱
pigging	管道內部的清管器清理	なまこ造り	管道内部的清管器清理
— back	生鐵增碳	銑鉄添加	生铁增碳
— up	生鐵增碳	ブロッキング	生铁增碳
PIGMA welding	PIGMA銲接	PIGMA 溶接	PIGMA焊接
pigment	顏料;色素	顔料	颜料;色素
— content	顏料分成	顔料分	颜料分成
— finish	塗顏料	顔料仕上げ	涂颜料
— laser	色素雷射	色素レーザ	色素激光
pike	針;十字鎬;鶴嘴鋤	パイク	针;十字镐;鹤嘴锄
— noise	尖噪聲	パイクノイス	尖噪声
— pole	桿鉤〔叉〕	刺すまた	杆钩〔叉〕
pile	堆積;整齊堆集物	パイル	堆积;整齐堆集物
— cap	樁帽	パイルキャップ	桩帽
— collar	樁箍〔環〕	くい輪	桩箍〔环〕
— drawer	拔樁機	くい抜き機	拔桩机
— driver	打樁機	パイルドライバ	打桩机
— driving hammer	夯錘;打樁錘	くい打ちハンマ	夯锤;打桩锤
— dyke	打樁提壩	くい打ち水制	打桩提坝
— head	樁頭	くい頭	桩头
— hoop	樁箍	くい輪	桩箍
— ring	樁箍	くい環	桩箍
— shoe	樁靴	くいぐつ	桩靴
piled barrels	堆積桶	たい積おけ	堆积桶
— plate cutting	垛板切斷	束ね板切断	垛板切断
piler	堆布機;堆垛機	パイラ	堆布机;堆垛机
Pilger mill	皮爾格式軋機	ピルガミル	皮尔格式轧机
— rolls	皮爾格滾筒	ピルガロール	皮尔格滚筒
— step by step welding	往復式銲接	スキップ溶接	往复式焊接
piling	樁;打樁	パイリング	桩;打桩
— crane	堆垛用吊車	パイリングクレーン	堆垛用吊车
— engine	打樁機	くい打ち機	打桩机

文	臺　灣	日　文	大　陸
nachine	打樁機	パイレン	打桩机
ır	支柱	ポスト	支柱
racket bearing	柱上托架軸承	柱掛け軸受	柱上托架轴承
uoy	柱形浮標	円柱ブイ	柱形浮标
ock	豎向龍頭;支柱式龍頭	台付き水栓	竖向龙头;支柱式龙头
rane	轉柱起重機	ポスト形ジブクレーン	转柱起重机
lie set	導柱模架	ダイス組みセット	导柱模架
ile	柱形銼	平角やすり	柱形锉
w air	氣墊	ピローエア	气垫
lock	軸台	ピローブロック	轴台
ase	軸承座	ピロケース	轴承座
ontainer	枕形容器	枕形容器	枕形容器
over	軸枕蓋	まくらカバー	轴枕盖
t	輔助的;實驗性的	パイロット	辅助的;实验性的
rc	導引電弧;維(持)電弧	パイロットアーク	导引电弧;维(持)电弧
ar	駕駛桿;導向桿	パイロットバー	驾驶杆;导向杆
earing	導軸承	パイロットベアリング	导轴承
ell	監視鈴	監視ベル	监视铃
oring	導鑽	先進ボーリング	导钻
urner	引燃噴嘴	パイロットバーナ	引燃喷嘴
ush	導套	パイロットブッシュ	导套
heck valve	控制止回閥	パイロットチェック弁	控制止回阀
rill	定心鑽	案内ドリル	定心钻
lame	起動火舌;導焰	パイロットフレーム	起动火舌;导焰
gage	銷式定位裝置	パイロットゲージ	销式定位装置
ole	導孔;定位孔	パイロットホール	导孔;定位孔
amp	信號燈;指示燈	パイロットランプ	信号灯;指示橙
ever	控制手柄	パイロットレバー	控制手柄
nodel	試驗模型	パイロットモデル	试验模型
nold	實驗模型	実験型	实验模型
notor	伺服電動機	パイロットモータ	伺服电动机
ut	導樞螺姆〔帽〕	パイロットナット	导枢螺姆〔帽〕
in	導銷	パイロットピン	导销
iston	導向活塞	パイロットピストン	导向活塞
lunger	導閥柱塞	パイロットプランジャ	导阀柱塞
oppet	(液壓)控制提升閥	パイロットポペット	(液压)控制提升阀
unch	導向沖頭	パイロットパンチ	导向凸模
eamer	帶導柱鉸刀	パイロットリーマ	带导柱铰刀
elay	監控中繼器	パイロットリレー	监控中继器
un	引導操作	パイロットラン	引导操作

英文	臺灣	日文	大陸
— shaft	導井	パイロットシャフト	导井
— sleeve	導向套筒	パイロットスリーブ	导向套筒
— system	引導系統;駕駛員系統	パイロットシステム	引导系统;驾驶员系统
— tap	帶導向柱絲攻	パイロットタップ	带导向柱丝锥
— tape	導帶	パイロットテープ	导带
— tunnel	(隧道)導洞	パイロットトンネル	(隧道)导洞
— valve	控制閥;控制伺服閥	パイロットバルブ	控制阀;控制伺服阀
— wire	操作線;輔助導線	パイロットワイヤ	操作线;辅助导线
pilotage	領航;引水;引水費	水先案内	领航;引水;引水费
pilotherm	恒溫箱	ピロサーム	恒温箱
piloting	導向;導銷	パイロッチング	导向;导销
pimeson	π介子	π-中間子	π介子
pin	針;銷;栓	針	针;销;栓
— and hole type cam die	銷孔式凸輪模	ピンホール式カム型	销孔式凸轮模
— bar	滲碳細鋼絲〔製特殊針用〕	ピンバー	渗碳细钢丝〔制特殊针用
— bearing	樞軸支承;滾柱軸承	ピン軸受	枢轴支承;滚柱轴承
— bolt	銷釘;帶(開口)銷螺栓	ピンボルト	销钉;带(开口)销螺栓
— boss	銷轂〔活塞銷的〕	ピンボス	销毂〔活塞销的〕
— circle	圓銷	ピンサークル	圆销
— contact	針孔式接頭	ピンコンタクト	针孔式接头
— dot matrix	點陣(式)	ピンドットマトリクス	点阵(式)
— dirll	銷孔鑽	ピンドリル	销孔钻
— face gear	冕狀齒輪	ピンフェースギヤー	冕状齿轮
— face wrench	叉形帶銷扳手	かに目スパナ	叉形带销扳手
— file	針銼	ピンやすり	针锉
— gage	栓規;銷規	ピンゲージ	栓规;销规
— gate	插頭座;插孔	ピンゲート	插头座;插孔
— gear	針形齒輪	ピン歯車	针形齿轮
— guide	導銷	ピンガイド	导销
— head	針頭	ピンヘッド	针头
— hinge	銷鉸;樞軸鉸	ピンちょうつがい	销铰;枢轴铰
— joint	樞接;鉸(鏈連)接	ピンジョイント	枢接;铰(链连)接
— metal	銷釘用黃銅	ピンメタル	销钉用黄铜
— mill	鋼針(衝擊)研磨機	ピンミル	钢针(冲击)研磨机
— plate	栓接板	ピンプレート	栓接板
— plug	針狀插頭	ピンプラグ	针状插头
— punch	尖沖頭	ピンパンチ	尖冲头
— rack	銷齒條;針齒條	ピンラック	销齿条;针齿条
— rammer	扁頭砂錘	ピンランマ	扁头夯砂锤
— seat	軸座;銷座	ピンシート	轴座;销座

文	臺灣	日文	大陸
spanner	叉形扳手;帶銷扳手	ピンスパナ	叉形扳手;带销扳手
spindle	銷軸	ピンスピンドル	销轴
splice	銷栓連接〔鉸接〕(節點)	シヤーピン継手	销栓连接〔铰接〕(节点)
stop	定位銷〔連續沖裁模的〕	ピンストップ	定位销〔连续冲裁模的〕
truss	桁架	ピントラス	桁架
tumbler lock	轉向銷子鎖	ピンタンブラ錠	转向销子锁
vavle	針閥	ピンバルブ	针阀
vise	針鉗	ピンバイス	针钳
wheel	針輪;銷輪	ピンホイール	针轮;销轮
wrench	帶銷扳手	ピンレンチ	带销扳手
acoid	軸面體	卓面	轴面体
cers	鉗子;拔釘鉗	ピンサース	钳子;拔钉钳
spot welding head	X型點銲鉗	X形ガン	X型点焊钳
ch	箍縮	ピンチ	箍缩
bar	撬桿〔桿;棍〕	こじり棒	撬杆〔杆;棍〕
bending	壓緊彎曲	ピンチ曲げ	压紧弯曲
cock	彈簧夾;活嘴夾	ピンチコック	弹簧夹;活嘴夹
pass mill	平整軋機	調質圧延機	平整轧机
roll	夾送輥;夾緊輥	ピンチロール	夹送辊;夹紧辊
roller	壓緊(帶)輪	ピンチローラ	压紧(带)轮
trimming	沖模修邊	ピンチトリミング	冲模修边
valve	壓緊閥	ピンチ弁	压紧阀
nchers	鉗子;剪線鉗	ペンチ	钳子;剪线钳
n-connected constructio	鉸接構造;樞接構造	ピン構造	铰接构造;枢接构造
truss	鉸接桁架	ピントラス	铰接桁架
ng-pong	來回搖動;乒乓球	ピンポン	来回摇动;乒乓球
nhead	針頭;插頭	ピンヘッド	针头;插头
blister	針孔〔鑄造缺陷〕	ピンヘッドブリスタ	针孔〔铸造缺陷〕
hole	小孔;針孔;氣孔	ピンホール	小孔;针孔;气孔
camera	無透鏡照相機	ピンホールカメラ	无透镜照相机
collimator	針孔准直儀	ピンホールコリメータ	针孔准直仪
grinder	(活塞)銷孔磨床	ピンホールグラインダ	(活塞)销孔磨床
surface	針孔表面;粗糙表面	なばた面	针孔表面;粗糙表面
nion	小齒輪;齒桿	ピニオン	小齿轮;齿杆
cutter	小齒輪銑刀;插齒刀	ピニオンカッタ	小齿轮铣刀;插齿刀
gear	小齒輪;游星齒輪	ピニオンギヤー	小齿轮;游星齿轮
gear shaper	小齒輪插〔鉋〕齒機	ピニオン形歯切り盤	小齿轮插〔刨〕齿机
housing	齒輪機架〔座〕	ピニオンハウジング	齿轮机架〔座〕
mate	嚙合小齒輪	ピニオンメイト	啮合小齿轮
rack	齒輪齒條	ピニオンラック	齿轮齿条

P

英文	臺灣	日文	大陸
— shaft	小齒輪軸	小歯車軸	小齿轮轴
— stand	齒輪機架;齒輪座	ピニオンスタンド	齿轮机架;齿轮座
pinless hinge	無軸鉸鏈	ピンなしちょうつがい	无轴铰链
pinning	銷住;銷連接;支撐	ピンニング	销住;销连接;支撑
— center	束縛中心	ピン止め中心	束缚中心
— force	束縛力;釘紮力	ピン止め力	束缚力;钉扎力
pinning-in	填塞	石飼い	填塞
pintle	樞軸;軸	ピントル	枢轴;轴
— chain	扁節鏈;鉸接鏈	ピントルチェーン	扁节链;铰接链
— hook	連接器	ピントルフック	连接器
— nozzle	針式噴嘴	ピントルノズル	针式喷嘴
pinwheel	風車	風車	风车
pion	π粒子	パイ中性子	π介子
pioneer equipment	輕工兵裝備	土工用具	轻工兵装备
pip	脈衝;光點	ピップ	脉冲;光点
pipe	(鑄件)縮孔;輸送管	パイプ	(铸件)缩孔;输送管
— arch	鋼管肋拱	パイプアーチ	钢管肋拱;管拱
— arrangement	配管;管線	配管	配管;管线
— bearer	管道托架;管支座	パイプ支持	管道托架;管支座
— bell	一端擴口的接頭	パイプベル	一端扩口的接头
— bend	管彎頭;彎管接頭	パイプベンド	管弯头;弯管接头
— bender	彎管機	パイプベンダ	弯管机
— bending roll	彎管滾子	パイプ曲げロール	弯管滚子
— boom	起重臂;伸臂	パイプブーム	起重臂;伸臂
— bracket	管托架	パイプ支持	管托架
— bridge	水管橋	管路橋	水管桥
— cap	管帽	パイプキャップ	管帽
— carriers	管架;管道支架	管支持物	管架;管道支架
— casing	管罩〔套〕	管ケーシング	管罩〔套〕
— clip	管鉤;管夾	パイプクリップ	管钩;管夹
— closer	管閘;管塞子	管閉器	管闸;管塞子
— conduit	管路〔道〕	管路	管路〔道〕
— connection	管節	管継ぎ	管节
— connector	導管連接器	管継ぎ手	导管连接器
— cooler	管式冷卻器	管式冷却器	管式冷却器
— coupling	管連接	管接手	管连接
— cutter	截管器	パイプカッタ	截管器
— diameter	管徑	管径	管径
— diffuser	管式擴壓器	パイプディフューザ	管式扩压器
— duct	管道〔溝;渠〕	パイプダクト	管道〔沟;渠〕

文	臺灣	日文	大陸
- extrusion	管子擠壓成形	パイプ押出し	管子挤压成形
- flare	管端喇叭口	パイプフレア	管端喇叭口
- flexibility	管子韌性	管の屈とう性	管子韧性
- former	管子成形機	パイプフォーマ	管子成形机
- grid	管格子;管架	パイプグリッド	管格子;管架
- gripper	管扳手	パイプグリッパ	管扳手
- header	管接頭	パイプヘッダ	管接头
- holder	管支架	管受	管支架
- joint	管接頭;管接縫	パイプジョイント	管接头;管接缝
- leak	管裂縫	管漏れ	管裂缝
- locator	管道定位器	パイプロケータ	管道定位器
- mark	鋼管缺陷	パイプきず	钢管缺陷
- nipple	管螺紋接套	パイプニップル	管螺纹接套
- nonius	管式卡尺	パイプノギス	管式卡尺
- plier	管鉗;管子扳手	パイプレンチ	管钳;管子扳手
- quenching	噴水淬火	管焼き入れ	喷水淬火
- reamer	管子鉸刀	パイプリーマ	管子铰刀
- reducer	漸縮管	管径縮小ソケット	渐缩管
- roller	管式滾筒	管ローラ	管式滚筒
- saw	管鋸	管用のこ	管锯
- scraper	刮管刀;管道刮削機	管路平削機	刮管刀;管道刮削机
- section	管材	管材	管材
- size	配管口徑〔尺寸〕	配管口径	配管口径〔尺寸〕
- sleeve	管套	パイプスリーブ	管套
- spaner	管扳手	パイプスパナ	管扳手
- support	鋼管桿	パイプサポート	钢管杆
- tap	管螺紋絲攻	管用タップ	管螺纹丝锥
- tax	管道負載	配管負荷	管道负荷
- thread chaser	管螺紋梳刀	パイプねじチェーザ	管螺纹梳刀
- threading machine	管螺紋切削機	パイプねじ切り盤	管螺纹切削机
- tong wrench	管鉗;管扳手	パイプやっとこ	管钳;管扳手
- tongs	管鉗(子)	パイプトング	管钳(子)
- tool	裝管工具	パイプツール	装管工具
- trench	管溝	配管用溝	管沟
- valve	管道閥門	パイプバルブ	管道阀门
- vice	管鉗	パイプバイス	管钳
- wall	管壁	管壁	管壁
- wrench	管扳手	パイプレンチ	管扳手
ipelayer	管道敷設機	パイプレヤー	管道敷设机
ipeline	管線〔路;道〕	パイプライン	管线〔路;道〕

英文	臺灣	日文	大陸
— compressor	增壓壓縮機	パイプライン圧縮機	增压压缩机
— cradles	管道搖架	管路揺り受け台	管道摇架
— processing	流水線處理	パイプライン処理	流水线处理
pipeliner	管道工人	管路工具	管道工人
pipet	吸引管;吸量管	ピペット	吸引管;吸量管;球管
— method	吸管法	ピペット法	吸管法
pipette	吸移管;吸量管	ピペット	吸移管;吸量管
— method	吸管法	ピペット法	吸管法
piping	管道輸送	パイプ	管道输送
— design	管道設計	配管設計	管道设计
— diagram	管道布置圖	管系図	管道布置图
— installation	管道安裝〔施工〕	配管施工	管道安装〔施工〕
— material	配管材料	配管材料	配管材料
— rupture	管道破裂	配管破断	管道破裂
— stress	配管應力	配管応力	配管应力
— trench	管溝	配管用トレンチ	管沟
— works	配管工程	配管工事	配管工程
pirn	纖絲;纏繞線管	ピーン	纤丝;缠绕线管
— winding	卷繞	管巻き	卷绕
pisang oil	香蕉油	バナナ油	香蕉油
— wax	香蕉臘	ピサングろう	香蕉腊
pistol	深水炸彈發火裝置	ピストル	深水炸弹发火装置
pistomesite	菱鎂鐵礦	若土菱鉄鉱	菱镁铁矿
piston	活塞	ピストン	活塞
— acceleration	活塞加速度	ピストン加速度	活塞加速度
— action	活塞動作	ピストン運動	活塞动作
— area	活塞面積	ピストン面積	活塞面积
— attenuator	活塞式衰減器	ピストン減衰器	活塞式衰减器
— body	活塞體	ピストンボディ	活塞体
— bolt	活塞螺栓	ピストンボルト	活塞螺栓
— boss	活塞銷座;活塞銷套	ピストンボス	活塞销座;活塞销套
— bush	活塞襯套	ピストンブシュ	活塞衬套
— clearance	活塞間隙	ピストンすきま	活塞间隙
— compression	活塞壓縮;機械壓製	ピストン圧縮	活塞压缩;机械压制
— compressor	活塞式壓縮機	ピストン形圧縮機	活塞式压缩机
— crown	活塞頭;活塞頂	ピストンクラウン	活塞头;活塞顶
— cup	活塞皮碗	ピストンカップ	活塞皮碗
— cylinder	活塞式汽缸	ピストン形シリンダ	活塞式汽缸
— drill	活塞式鑿岩機	ピストンドリル	活塞式凿岩机
— end clearance	活塞端隙	ピストンすきま	活塞端隙

文	臺灣	日文	大陸
engine	活塞式發動機	ピストンエンジン	活塞式发动机
flow	擠壓流;壓出流	ピストンフロー	挤压流;压出流
force	活塞力	ピストン力	活塞力
gage	活塞壓力計	ピストン圧力計	活塞压力计
head	活塞頭	ピストンヘッド	活塞头
hole	活塞孔	ピストンホール	活塞孔
lock pin	活塞鎖銷	ピストンロックピン	活塞锁销
manometer	活塞壓力計	ピストン圧力計	活塞压力计
oil ring	活塞(刮)油環	ピストンオイルリング	活塞(刮)油环
pin	活塞銷;十字頭銷	ピストンピン	活塞销;十字头销
plate	活塞板	ピストンプレート	活塞板
play	活塞游隙	ピストン遊げき	活塞游隙
rod	活塞桿	ピストン棒	活塞杆
seal	活塞密封	ピストンシール	活塞密封
seat	活塞座;柱塞座	ピストンシート	活塞座;柱塞座
shell	活塞殼	ピストンシェル	活塞壳
size	活塞尺寸	ピストンサイズ	活塞尺寸
slap	活塞撞擊聲	ピストンスラップ	活塞撞击声
stop	活塞止桿;活塞停止器	ピストンストップ	活塞止杆;活塞停止器
- stopper	活塞停止器;活塞止桿	ピストンストッパ	活塞停止器;活塞止杆
- stroke	活塞衝程;活塞行程	ピストンストローク	活塞冲程;活塞行程
- supercharger	活塞式增壓器	ピストン過給機	活塞式增压器
- valve	活塞閥;柱塞閥	ピストンバルブ	活塞阀;柱塞阀
- vise	活塞專用虎鉗	ピストンバイス	活塞专用虎钳
- wall	活塞壁	ピストンウォール	活塞壁
- washer	活塞墊圈	ピストンワッシャ	活塞垫圈
- wrench	活塞扳手	ピストンレンチ	活塞扳手
t	管溝;電梯井坑;穴	ピット	管沟;电梯井坑;穴
- casting	地坑鑄造	土間鋳込み	地坑铸造
- corrosion	點狀腐蝕	孔食	点状腐蚀
- furnace	豎爐;井式爐	竪形炉	竖炉;井式炉
- kiln	煉焦爐	穴焼き窯	炼焦炉
- lathe	地坑車床	ピット旋盤	地坑车床
- prevention agent	凹痕防止劑	ピット防止剤	凹痕防止剂
- punch	落地式沖床	ピットパンチ	落地式冲床
- saw	大鋸	台切りおが	大锯
itch	樹脂;音調;俯仰	ピッチ	树脂;音调;俯仰
- angle	傾(斜)角;螺距角	ピッチアングル	倾(斜)角;螺距角
- attitude	俯仰姿態	ピッチ角	俯仰姿态
- back wheel	背節式水輪機	胸かけ水車	背节式水轮机

英　　文	臺　　灣	日　　文	大　　陸
— circle	節圓〔齒輪的〕	ピッチサークル	节圆〔齿轮的〕
— cone	節錐〔圓錐齒輪的〕	ピッチコーン	节锥〔圆锥齿轮的〕
— correction	螺距修正	ピッチ修正	螺距修正
— diameter	(齒輪的)中徑	ピッチ円直径	(齿轮的)中径
— error	齒距誤差;螺距誤差	ピッチエラー	齿距误差;螺距误差
— gage	螺距規;螺紋樣板	ピッチゲージ	螺距规;螺纹样板
— helix	節距螺旋線	ピッチつる巻き線	节距螺旋线
— line	分度線;齒距線	ピッチライン	分度线;齿距线
— moment	俯仰力矩	ピッチモーメント	俯仰力矩
— of nick	刻痕間距	ニックのピッチ	刻痕间距
— of screw (thread)	螺距	ねじの刻み	螺距
— ratio	螺距比	ら距比	螺距比
— roll axis	俯仰滾動軸	ピッチロール軸	俯仰滚动轴
— scale	俯仰角度規	こう配定規	俯仰角度规
— stick	總距操縱桿	ピッチレバー	总距操纵杆
— surface	(齒輪)節面	ピッチ面	(齿轮)节面
— template	螺距(樣)板	ピッチ板	螺距(样)板
— up	上仰;上仰力矩	ピッチアップ	上仰;上仰力矩
pitched chain	節鏈;短環鏈	ピッチチェーン	节链;短环链
pitching	縱向振動	ピッチング	纵向振动
— moment	俯仰力矩;縱擺力矩	ピッチングモーメント	俯仰力矩;纵摆力矩
— stress	縱搖應力	縦揺れ応力	纵摇应力
pitching-in	吃刀;切口;空刀距離	ピッチングイン	吃刀;切口;空刀距离
pitchometer	螺距儀	ピッチ計	螺距仪
pitchup	上仰	ピッチアップ	上仰
pitfall	陷坑〔井〕	落し穴	陷坑〔井〕
pitman	連桿;礦工;機工	ピットマン	连杆;矿工;机工
— arm	連桿搖臂	ピットマンアーム	连杆摇臂
— screw	連桿螺釘;搖桿螺釘	ピットマンスクリュー	连杆螺钉;摇杆螺钉
pitot comb	皮托管;梳狀空速管	くし型ピトー管	皮托管;梳状空速管
pitprop	豎井安全柱	たて坑安全柱	竖井安全柱
pitsawfile	半圓銼	半丸やすり	半圆锉
pitted surface	坑面;麻面;腐蝕表面	毛孔面	坑面;麻面;腐蚀表面
pitting	腐蝕坑;局部腐蝕;孔蝕	ピッティング	腐蚀坑;局部腐蚀;孔蚀
— corrosion depth	點蝕深度	孔食深さ	点蚀深度
— corrosion speed	點蝕速度	孔食速度	点蚀速度
pivot	支點;旋轉中心	ピボット	支点;旋转中心
— bearing	軸尖支承	ピボット軸受	轴尖支承
— bolt	樞軸螺栓;尖軸栓	ピボットボルト	枢轴螺栓;尖轴栓
— distance	樞軸距離	ピボット距離	枢轴距离

文	臺灣	日文	大陸
gate	旋轉(閘)門	ピボットゲート	旋转(闸)门
hinge	樞軸鉸鏈;吊軸鉸鏈	ピボットヒンジ	枢轴铰链;吊轴铰链
journal	樞軸頸	ピボットジャーナル	枢轴颈
key	軸銷;轉銷	旋回キー	轴销;转销
light	旋轉窗	回転窓	旋转窗
pin	樞梢	ピボットピン	枢梢
plunger	樞軸活塞	ピボットプランジャ	枢轴活塞
shaft	樞軸	ピボットシャフト	枢轴
suspension	樞軸懸置	ピボット支え	枢轴悬置
turn	樞軸轉動	ピボットターン	枢轴转动
votal fault	樞紐斷層;樞轉斷層	旋回断層	枢纽断层;枢转断层
voted armature	樞軸銜鐵	ピボット接極子	枢轴衔铁
x	照片	ピックス	照片
xel	像素	ピクセル	像素
ace	區域;場所;空間;位	プレース	区域;场所;空间;位
ain antenna transmitter	簡單天線的發射機	プレーンアンテナ送信機	简单天线的发射机
ball	普通滾珠	プレーンボール	普通滚珠
bearing	滑動軸承	平軸受	滑动轴承
bore	普通搪削	プレインボア	普通镗削
broach	平面拉刀	平ブローチ	平面拉刀
butt weld	平頭對接銲縫	平形突合せ溶着部	平头对接焊缝
carbon steel	普通碳素鋼	普通たん鋼	普通碳素钢;碳素钢
cutter	平銑刀	プレーンカッタ	平铣刀
drill	普通鑽頭	プレーンドリル	普通钻头
face	平面	平面	平面
fraise	平銑刀	平フライス	平铣刀
joint	平接	てっかり	平接
metal	普通金屬	プレーンメタル	普通金属
milling	平面銑削	プラインミーリング	平面铣削
nut	普通螺母	プレーンナット	普通螺母
tapered bore	普通錐孔	プレーンボア	普通锥孔
trolley	普通手推車	プレーントロリ	普通手推车
vice	平口鉗;筒式虎鉗	プレーンバイス	平口钳;筒式虎钳
washer	普通墊圈	プレーンワッシャ	普通垫圈
it mill	卷料機;卷取機	プレイトミル	卷料机;卷取机
point	臨界點;褶點	プレイトポイント	临界点;褶点
n	計劃;方案;平面圖	プラン	计划;方案;平面图
nar anisotropy	平面各向導性(現象)	面内異方性	平面各向导性(现象)
chip	平面片	プレーナチップ	平面片
coupling	平面結合	プレーナカップリング	平面结合

英文	臺灣	日文	大陸
— dimension	平面尺寸	面積	平面尺寸
— point	平面點	平面点	平面点
— structure	平面結構〔半導體的〕	プレーナ型構造	平面结构〔半导体的〕
Planck constant	普朗克常數	プランクの定数	普朗克常数
plane	投影;鉋;飛機;機翼	プレーン	投影;刨;飞机;机翼
— angle	面角	面角	面角
— bearing	平面(止推)軸承	平面軸受	平面(推力)轴承
— bending	平面彎曲	平面曲げ	平面弯曲
— carm	平面凸輪	平面カム	平面凸轮
— coordinates	平面座標	平面座標	平面坐标
— curve	平面曲線	平面曲線	平面曲线
— deformation	平面變形	平面変形	平面变形
— domain	平面形磁疇	平面状ドメイン	平面形磁畴
— finish	鉋光	かんな仕上げ	刨光
— fracture	平面破裂〔碎〕	平面分裂	平面破裂〔碎〕
— imperfection	面缺陷	面欠陥	面缺陷
— knife	鉋刀	かんな刃	刨刃;刨身
— mirror	平面鏡	平面鏡	平面镜
— of composition	接合面	接面	接合面
— of contact	接觸面	接触面	接触面
— of rupture	斷裂面	破壊面	断裂面
— of union	結合面	結合面	结合面
— scarf	平面嵌接	平面スカーフ	平面嵌接
— stock	鉋床架	かんな台	刨台;刨床架
— strain	平面應變	平面ひずみ	平面应变
— stress	平面應力;二維應力	平面応力	平面应力;二维应力
— structure	平面結構	平面構造物	平面结构
— type bush	平面型軸襯	プレーン形ブッシュ	平面型轴衬
— with back iron	雙刃鉋	二枚がんな	双刃刨
— with cap iron	雙刃鉋;帶蓋刃鉋	二枚がんな	双刃刨;带盖刃刨
planed edge	鉋(成)邊;平整邊	仕上げ縁	刨(成)边;平整边
planeness	平面度	平面度	平面度
planer	鉋床;鉋工	プレーナ	刨床;刨工
— chippings	鉋屑	機械かんなくず	刨屑
— finish	鉋光面	かんなかけ	刨光面
— saw	鉋鋸	かんなのこ	刨锯
— table	鉋床工作台	削り台	刨床工作台
planet	行星	プラネット	行星
— gear	行星齒輪	プラネットギヤー	行星齿轮
planetable	平板儀	測板	平板仪

文	臺灣	日文	大陸
lanimeter	面積計;測面儀	プラニメータ	面积计;测面仪;积分器
lanimetric features	地物;地平面面貌	地物	地物;地平面面貌
– map	平面(地)圖	平面（地）図	平面(地)图
lanimetry	測面法;平面測量	面積測定	测面法;平面测量
laning	鉋削	平削り	刨削
– bench	鉋台	かんな掛け台	刨台
– machine	鉋床	仕上げかんな盤	刨床
– tool	鉋刀	平削り盤用バイト	刨刀
lanishing	精軋;錘光;打平	プラニシング	精轧;锤光;打平
– mill	軋光機;精軋機	矯正圧延機	轧光机;精轧机
– roll	精軋輥	プラニシングロール	精轧辊
– stand	精軋機座;平整軋機座	矯正圧延機	精轧机座;平整轧机座
lank	板;木板;厚板	プランク	板;木板;厚板
lanking	鋪板;板材	板張り	铺板;板材
lanner	規劃人員;設計者	プラナ	规划人员;设计者
lanning	設計;規劃	プランニング	设计;规划
– drawing	計劃設計圖	計画設計図	计划设计图
– grid	(平面草圖)設計網格	プランニンググリッド	(平面草图)设计网格
lano-concave lens	平凹透鏡	平凹レンズ	平凹透镜
lano-condenser lens	平凸聚光透鏡	平凸収れんレンズ	平凸聚光透镜
lanogrinder	龍門磨床	プラノグラインダ	龙门磨床
lanometer	測平儀;平面規	プラノメータ	测平仪;平面规
lanomiller	龍門銑床	プラノミラ	龙门铣床
lanomilling machine	龍門銑床	平削り型フライス盤	龙门铣床;刨式铣床
lant	電源裝置;工廠;庫間	プラント	电源装置;工厂;库间
– accident	工廠事故	工場災害	工厂事故
– box	工具箱〔盒〕	プラントボックス	工具箱〔盒〕
– design	工廠設計	プラントデザイン	工厂设计
– equipment	固定設備	プラント機器	固定设备
– industry	設備安裝工業	設備系工業	设备安装工业
– layout	設備配置	プラントレイアウト	库间布置;设备配置
– model	生產模型	プラントモデル	生产模型
– secruity	設備安全性	保安施設	设备安全性
lasma	電漿	プラズマ	等离子体〔区〕
– arc	電漿電弧	プラズマアーク	等离子电弧
– arc cutting	電漿(電弧)切割	プラズマアーク切断	等离子(电弧)切割
– arc welding	電漿(弧)銲接	プラズマアーク溶接	等离子(弧)焊接
– coating	電漿鍍膜	プラズマコーティング	等离子镀膜
– confinement	電漿界限	プラズマ閉じ込め	等离子界限
– cutting	電漿切割	プラズマ切断	等离子切割

英文	臺灣	日文	大陸
— etch	電漿腐蝕	プラズマエッチ	等离子腐蚀
— etching	電漿蝕刻	プラズマエッチング	等离子蚀刻
— heating	電漿加熱	プラズマ加熱	等离子体加热
— machine	電漿機	プラズママシン	等离子机
— model	電漿模型	プラズマモデル	等离子体模型
— nozzle	電漿氣體噴嘴	プラズマノズル	等离子气体喷嘴
— plug	電漿火花塞	プラズマプラグ	等离子火花塞
— sensor	電漿探測器	プラズマセンサ	等离子体探测器
— torch	電漿噴槍	プラズマトーチ	等离子喷枪
— welding	電漿銲接	プラズマ溶接	等离子焊接
plasmatron	電漿電銲機	プラズマトロン	等离子电焊机
plaster	灰泥〔漿〕;熟石膏;抹灰	プラスタ	灰泥〔浆〕;熟石膏;抹灰
— former	石膏模	石こう型	石膏模
— master	石膏母模	石こう原型	石膏母模
— model	石膏模(型)	石こう模型	石膏模(型)
— mold	石膏模	石こう鋳型	石膏型
plastic analysis	塑性分析	塑性解析	塑性分析
— article	塑料製品	プラスチック製品	塑料制品
— bearing	塑料軸承	プラスチック軸受	塑料轴承
— bobbin	塑料軸心;塑料繞線管	プラスチックボビン	塑料轴心;塑料绕线管
— bronze	塑性青銅;軸承青銅	プラスチックブロンズ	塑性青铜;轴承青铜
— character	可塑性;成形性	成形性	可塑性;成形性
— clay	塑性黏土	プラスチッククレー	塑性粘土
— coefficient	塑性系數	塑性係数	塑性系数
— condition	塑性條件	塑性条件	塑性条件
— design	塑性設計	塑性設計	塑性设计
— elongation	塑性伸長	塑性伸び	塑性伸长
— extruder	塑料擠出機	プラスチック押出し機	塑料挤出机
— flow curve	塑性應力-應變曲線	変形抗曲線	塑性应力-应变曲线
— flow stress	塑變應力	流れ応力	塑流应力;塑变应力
— grip	塑料夾子	プラスチックグリップ	塑料夹子
— hammer	塑料錘	プラスチックハンマ	塑料锤
— hose	塑料軟管	プラスチックホース	塑料软管
— liquid	塑性液體	塑性流体	塑性液体
— load	塑性(變形)負載	終局荷重	塑性(变形)荷载
— material	塑性材料	塑性材料	塑性材料
— metal	軸承合金	プラスチックメタル	轴承合金
— model	塑(料)模(型)	プラモデル	塑(料)模(型)
— mold	塑料模	プラスチックモールド	塑　模
— nozzle	塑料噴嘴	プラスチックノズル	塑料喷嘴

文	臺灣	日文	大陸
- pattern	塑料模	樹脂型模型	塑料模
- pipe	塑料管	プラスチックスパイプ	塑料管
- plow	塑料刮板	プラスチックプラウ	塑料刮板
- powder	塑料粉末	プラスチック粉末	塑料粉末
- quench	塑性淬火劑淬火	プラスチッククエンチ	塑性淬火剂淬火
- refractory	塑性耐火材料	プラスチック耐火物	塑性耐火材料
- seal	塑料密封	樹脂封止	塑料密封
- strain	塑性變形	塑性ひずみ	塑性变形
- stress	塑性應力	塑性応力	塑性应力
- viscosity	塑性黏度	可塑性粘度	塑性粘度
- ware	塑料器具	塑造器物	塑料器具
- welder	塑料用銲接機	プラスチック用溶接機	塑料用焊接机
- zone	壓縮區	プラスチックゾーン	压缩区
lasticating capacity	塑化能力	可塑化能力	塑化能力
- cycle	塑化周期	可塑化サイクル	塑化周期
lastication	塑化;塑煉	可塑化	塑化;塑炼
lasticator	塑煉機;壓塑機	プラスチケータ	塑炼机;压塑机
lasticiser	增塑劑	可塑剤	增塑剂;塑化剂
lasticity	可塑性	プラスティシティ	塑性;可塑性
- agent	增塑劑	可塑剤	增塑剂
lasticization	塑化;增塑	可塑化	塑化;增塑;塑炼
lasticzer	塑性劑;增塑劑	可塑剤	塑性剂;增塑剂
- extender	輔(增)塑劑	補助塑剤	辅(增)塑剂
lastics	塑料製品	プラスチック	塑料制品
- bearing	塑料軸承	プラスチック軸受	塑料轴承
- composite	塑料複合材料	プラスチック複合材料	塑料复合材料
lasto-elasticity	塑弾性	塑弾性	塑弹性
lastograph	塑料變形圖描記器	プラストグラフ	塑料变形图描记器
lastomer	塑料	プラストマ	塑料
late	板;片;鋼板;極板	プレート	板;片;钢板;极板
- bearing test	平板承載試驗	平板載荷試験	平板承载试验
- bender	彎板機	プレートベンダ	弯板机
- bending roll	彎板機軋輥;彎板機	板曲げロール	弯板机轧辊;弯板机
- calender	平板紙砑光機	プレートカレンダ	平板纸砑光机
- cam	平板凸輪	板カム	平板凸轮
- clutch	圓盤式離合器	プレートクラッチ	圆盘式离合器
- cutter	截板機	プレートカッタ	截板机
- dowel	板(接合)暗銷	板ジベル	板(接合)暗销
- edge planer	鉋邊機	へり削り盤	刨边机
- electrode	板極	電極板	板极

英文	臺灣	日文	大陸
— fan	板狀翼片通風機	ラジアルファン	板状翼片通风机
— feeder	板式送料器	プレートフィーダ	板式送料器
— fin	薄板翼片;套片	プレートフィン	薄板翼片;套片
— gage	樣板;板規	プレートゲージ	样板;板规
— girder	(鋼)板梁	プレートガーダ	(钢)板梁
— grab	鋼板抓斗	プレートグラブ	钢板抓斗
— iron	鐵板;鐵皮	板鉄	铁板;铁皮
— keel	平板龍骨	プレートキール	平板龙骨
— loading test	負載板試驗	平板載荷試験	荷载板试验
— mangle	軋板機;碾壓機	板くせ取り機	轧板机;碾压机
— material	板材	板材	板材
— mill	軋板機	プレートミル	轧板机
— mill roll	鋼板軋輥	プレートミルロール	钢板轧辊
— mill stand	鋼皮軋機機座	プレートミルスタンド	钢皮轧机机座
— mold	模板造模	数枚構金型	模板造型
— molding	模板造模(法)	板付け鋳型法	模板造型(法)
— nut	板式螺母	プレートナット	板式螺母
— orifice	板穴;銳孔板	板穴	板穴;锐孔板
— pewter	錫銻合金板	白ろう板	锡锑合金板
— piston	板狀活塞	板状ピストン	板状活塞
— pliers	平鉗	プレートプライア	平钳
— rail	板軌;平軌	プレートレール	板轨;平轨
— roll	鋼板校平輥	板ロール	钢板校平辊
— roller	滾板機	プレートローラ	滚板机
— shearing machine	剪板機	直刃せん断機	剪板机
— shears	剪板機	プレートシア	剪板机
— steel	板鋼	板鋼	板钢
— structure	平板結構;薄板結構	薄板構造	平板结构;薄板结构
— valve	片閥;板閥	プレートバルブ	片阀;板阀
— vibration	板振動	板の振動	板振动
— washer	平板墊圈	板座金	平板垫圈
— work	板金工作	板金仕事	板金工作
plateau	台地;平頂	プラトー	台地;平顶;高原;坪
plated finish	電鍍加工	めっき仕上げ	电镀加工
— liner	鍍覆氣缸套	プレーテッドライナ	镀覆气缸套
— part	電鍍製品	めっき部品	电镀制品
platelet	片晶	薄片	片晶;血小板
platen	機床工作台;壓板;滑塊	プラテン	机床工作台;压板;滑块
— closing	熱盤閉鎖;壓板閉合	熱盤閉鎖	热盘闭锁;压板闭合
— press	平壓印刷機;印壓機	平圧印刷機	平压印刷机;印压机

文	臺灣	日文	大陸
ater	金屬板工;電鍍工人	プラッタ	金属板工;电镀工人
mother board	鍍覆原板	プラッタマザーボード	镀覆原板
atform	工作台	プラットフォーム	工作台;站台
crane	台式起重機	台車クレーン	台式起重机
scale	台秤	台ばかり	台秤
atformer	鉑重整裝置	プラットフォーマ	铂重整装置
atforming process	鉑重整過程	白金再整過程	铂重整过程
reactions	鉑重整反應	白金再整反応	铂重整反应
atina	粗鉑;白金	プラチナ	粗铂;白金
atine	(裝佈用)銅鋅合金	プレチン	(装布用)铜锌合金
ating	(電)鍍;鍍(敷)	プンーティング	(电)镀;镀(敷)
barrel	電鍍槽	めっき用バレル	电镀槽
bath	電鍍電解液;電鍍槽	プレーティングバス	电镀电解液;电镀槽
contact	電鍍接點	めっき接点	电镀接点
effluent	電鍍污〔廢〕水	めっき排水	电镀污〔废〕水
jig	電鍍架〔工具〕	引掛け	电镀架〔工具〕
process	電鍍加工過程	めっきプロセス	电镀加工过程
rack	電鍍架	引掛け	电镀架
sintering	鍍敷燒結	めっきシンタリング	镀敷烧结
solution	電鍍(浴)液	めっき液	电镀(浴)液
vat	電鍍瓮;電鍍箱	電気めっき大おけ	电镀 ;电镀箱
atinic acid chloride bath	氯化鉑酸浴	塩化白金酸浴	氯化铂酸浴
atiniridium	(天然)鉑銥合金	白金イリジウム	(天然)铂铱合金
atinization	鍍鉑	白金めっき	镀铂;披铂
atinized asbestos	披鉑石棉;鉑石棉	白金石綿	披铂石棉;铂石棉
atinizing	鍍鉑	プラチナイジング	镀铂;披铂
bath	鍍鉑浴	白金めっき浴	镀铂浴
atino	金鉑合金	プラチノ	金铂合金
atinoid	鎳銅鋅電阻合金	プラチノイド	镍铜锌电阻合金
atinum,PT	鉑;白金	プラチナム	铂;白金
cone	白金錐	白金すい	白金锥
contact	白金接點;鉑接點	白金接点	白金接点;铂接点
fuse	鉑保險絲	白金ヒューズ	铂保险丝
lamp	鉑燈	白金灯	铂灯
metals	鉑族金屬	白金族金属	铂族金属
plating	鍍鉑〔白金〕	白金めっき	镀铂〔白金〕
sheet	白金片	白金薄板片	白金片
silver	鉑銀合金	白金銀合金	铂银合金
latter	未切邊的模鍛件	鍛材総量	未切边的模锻件
lay	活動;作用	プレイ	活动;作用;游隙;间隙

P

英文	臺灣	日文	大陸
platback	放音;重放	プレイバック	放音;重放;读出
— accuracy	重複精度	位置再確精度	重复精度
pleat skirt	縱向切槽活塞裙	プリットスカート	纵向切槽活塞裙
pleated sheet	折疊片	プリテッドシート	折叠片
plenum	壓力送風系統	プリナム	压力送风系统
— chamber	充氣室	プレイムチェンバ	充气室;分配室
pleomorph	多晶;同質異形	多形	多晶;同质异形
pliability	塑性;可撓性	たわみ性	塑性;可挠性;揉曲性
— test	韌性試驗	柔軟性試験	塑性试验;韧性试验
pliers	鉗子;扁嘴鉗	ペンチ	钳子;扁嘴钳;克丝钳
plinth	底座;柱基	プリンス	底座;柱基;勒脚
plodding	模壓	型鍛造	模压
plot	土地劃分;地段;用地	プロット	土地划分;地段;用地
plotter	繪圖機;圖形顯示器	プロッタ	绘图机;图形顯示器
plotting	標示航線;求讀數	プロッティング	标示航线;求读数
— board	標圖板	標定板	标图板
— bevice	曲線繪製器	プロット用具	曲线绘制器
plough	犁;路犁	プラウ	犁;路犁
— bolt	防鬆螺栓	プラウボルト	防松螺栓
— groove	槽溝	溝彫り	槽沟
— plane	槽鉋	溝かんな	槽刨
— planer	槽鉋	溝かんな	槽刨
ploughing blade	犁刀(片)	プラウ板	犁刀(片)
— machine	旋轉耕耘機	プラウイングマシン	旋转耕耘机
plug	火花塞;插頭;襯套	プラグ	火花塞;插头;衬套
— cap	插塞接頭	プラグキャップ	插塞接头
— connector	插塞接頭	プラグコネクタ	插塞接头
— contact	插頭	プラグコンタクト	插头
— gap	火花塞的火花間隙	プラグギャップ	火花塞的火花间隙
— jack	插口;塞孔	プラグジャック	插口;塞孔
— mandrel	空徑心軸	プラグマンドレル	空径心轴
— mill	心棒軋管機	プラグミル	心棒轧管机
— nozzle	塞式噴管	プラグノズル	塞式喷管
— pin	插頭〔鞘〕	プラグピン	插头〔鞘〕
— radius	柱塞半徑	栓半径	柱塞半径
— reamer	塞形鉸刀	プラグリーマ	塞形铰刀
— socket	插座;塞孔	プラグソケット	插座;塞孔
— to plug	插板-插板連接	プラグツープラグ	插板-插板连接
— wedge	楔形塞	くさび栓	楔形塞
— weld	塞銲;電鉚銲	プラグ溶接	塞焊;电铆焊

文	臺灣	日文	大陸
- wrench	火花塞專用扳手	プラグレンチ	火花塞专用扳手
ugcock	有栓旋塞	栓コック	有栓旋塞
ug-in amplifier	插入式放大器	プラグイン増幅器	插入式放大器
umb	鉛錘;測錘;垂直	プラム	铅锤;测锤;垂直
- bob	鉛錘;測錘	なばん	铅锤;测锤
- bob collimation	鉛錘測量	下げ振り測量	铅锤测量
- bob line	鉛錘線	下げ振り系	铅锤线
- joint	填鉛界面;填鉛管接頭	鉛詰め継手	填铅接口;填铅管接头
- level	測錘水準器	プラムレベル	测锤水准器
- point	垂准點	鉛直点	垂准点
- rule	測垂尺規;吊線	下げ振り定規	测垂尺规;吊线
umber	水暖工;管工	鉛工	水暖工;管工
- solder	鉛錫銲料	プランバ半田	铅锡焊料
- white	銅鋅鎳合金	プランバホワイト	铜锌镍合金
umbery	鉛器工藝;管子工場	鉛細工	铅器工艺;管子车间
umbing	鉛錘測量;管道工程	プラミング	铅锤测量;管道工程
- arm	求心器	求心器	求心器
- fork	求心器	求心器	求心器
- system	給排水系統	給排水系統	给排水系统
- trap	回水彎;防臭閥	防臭トラップ	回水弯;防臭阀
umbline deviation	鉛直(線)偏差	鉛直線偏差	铅直(线)偏差
- level	水平〔準〕儀	水平器	水平〔准〕仪
umbsol	銀錫軟銲料	プラムソール	银锡软焊料
umbum,Pb	鉛	鉛	铅
ummer block	止推軸承;軸台	押止め軸受	推力轴承;轴台
ummet	測錘;準繩;測規	下げ振り鉛	测锤;准绳;测规
umrite	普通姆里特黃銅	プラムライト	普通姆里特黄铜
unge	切入;下降;倒轉	プランジ	切入;下降;倒转
- cut	切入(式)磨削	プランジカット	切入(式)磨削
- cut grinding	切入(式)磨削	プランジカット研削	切入(式)磨削
- cutting	切入法切削	プランジ研削	切入法切削
- rolling	切入法滾軋	プランジローリング	切入法滚轧
unger	撞針;插棒式鐵心	プランジャ	撞针;插棒式铁心
- bucket	柱塞斗	突込みバケット	柱塞斗
- mold	柱塞(壓鑄)模	プランジャ成形用金型	柱塞(压铸)模
- packing	柱塞迫緊;滑閥迫緊	プランジャパッキン	柱塞填料;滑阀垫圈
- piston	柱塞	棒ピストン	柱塞
- press	柱塞式注射機	プランジャ成形機	柱塞式注射机
- punch	柱塞式凸模	プランジャポンチ	柱塞式凸模
- spring	滑閥彈簧;柱塞彈簧	プランジャスプリング	滑阀弹簧;柱塞弹簧

英文	臺灣	日文	大陸
pluramelt	包(不銹鋼)層鋼板	プルラメルト	包(不锈钢)层钢板
plus	增益;正的;陽性的	プラス	增益;正的;阳性的
— driver	十字螺絲刀	プラスドライバ	十字螺丝刀
— ion	正離子	プラスイオン	正离子
— screw	十字槽頭螺釘	プラススクリュー	十字槽头螺钉
— sight	後視	正視	后视
— thread	右旋螺紋	プラススレッド	右旋螺纹
plus-minus	正負;加減	プラスマイナス	正负;加减;调整
— screw	調整螺絲	プラスマイナスねじ	调整螺丝
plutonium,Pu	鈽	プルトニウム	钚
— alloy	鈽合金	プルトニウム合金	钚合金
ply	層(片);繩股;折疊	プライ	层(片);绳股;折叠
plying-up	貼合	張合せ	贴合
playmetal	包鋁層板	合せ板	包铝层板
plywood	層壓板;夾板	プライウッド	层压板;夹板
— form	膠合板模板	合板型わく	胶合板模板
pneumatic actuator	氣壓傳動(裝置)	空気圧アクチュエータ	气压传动(装置)
— bearing	空氣軸承	空気軸受	空气轴承
— brake	氣壓制動器	エアブレーキ	气压制动器;风闸
— buzzer	汽笛	空気圧ブザー	汽笛
— capstan	氣動輪〔磁帶傳動〕	空気キャプスタン	气动轮〔磁带传动〕
— chisel	氣齒;風鏟	ニューマチックチゼル	气齿;风铲
— clutch	氣動離合器	空気圧クラッチ	气动离合器
— control valve	氣動控制閥	空気式調節弁	气动控制阀
— crane	氣動起重機	圧縮空気クレーン	气动起重机
— cushion	氣墊	空気クッション	气垫
— cylinder	氣壓缸	エアシリンダ	气压缸
— drill	空氣打樁機	ニューマチックドリル	空气打桩机;风钻
— driver	氣動打樁機	圧縮空気くい打ち機	气动打桩机
— hammer	空氣錘	ニューマチックハンマ	空气锤
— jig	氣動夾具	空気ジグ	气动夹具
— machine	空氣壓縮機	空気機械	风动机械;空气压缩机
— mechanism	氣動機構	ニューマチック機構	气动机构
— power hammer	氣錘	ニューマチックハンマ	气锤
— press	氣動沖床	エアプレス	气动压力机
— pressure	氣壓	空気圧	气压
— rammer	氣動搗錘;風錘	ニューマチックランマ	气动捣锤;风锤
— rivet(t)er	氣動鉚機〔槍〕	空気リベッタ	气动铆机〔枪〕
— screw driver	氣動螺絲刀	空気ドライバ	气动螺丝刀
— sensor	氣動傳感器	空気圧センサ	气动传感器

英文	臺灣	日文	大陸
— servo valve	氣壓伺服閥	空気圧サーボ弁	气压伺服阀
— squeezer	氣動壓彎機	空気スクイザ	气动压弯机
— tire	充氣輪胎	ニューマチックタイヤ	气胎;充气轮胎
— tool	風動工具	ニューマチックツール	风动工具
— valve	氣閥;風門	空動弁	气阀;风门
— vice	氣動虎鉗	エアバイス	气动虎钳
— wrench	氣壓扳手	空気レンチ	气压扳手
ocket	袖珍的;小型的	ポケット	袖珍的;小型的;紧凑的
— computer	袖珍計算機	ポケットコンピュータ	袖珍计算机
— milling	槽穴銑削	ポケット削り	槽穴铣削
— tester	小型測試器	小型テスタ	小型测试器
— wrench	小型螺絲扳手	ポケットレンチ	小型螺丝扳手
ocketing	模具模穴擠壓	ポケッティング	模具型腔挤压;压坑
oid	形心〔曲線〕;擬正弦線	ホイド	形心〔曲线〕;拟正弦线
oint	小數點;尖端;指針	ポイント	小数点;尖端;指针
— analysis	點分析	点分析	点分析
— angle	鑽頭角;頂角;錐尖角	ポイント角	钻头角;顶角;锥尖角
— bearing	點支承	先端支持	点支承
— corrosion	點蝕	点伏腐食	点蚀
— defect	點缺陷	点欠陥	点缺陷
— gage	軸尖式量規;量棒	ポイントゲージ	轴尖式量规;量棒
— load	集中負載	点荷重	集中载荷
— nose bent tool	彎頭尖刀	隅バイト	弯头尖刀
— of burst	炸點	破裂点	炸点
— of conflict	交會點〔指道路〕	さくそう点	交会点〔指道路〕
— of contact	接觸點;切點	接点	接触点;切点
— of failure	破損點	破損点	破损点
— of fusion	熔點	融点	熔点
— of inflection	拐點;反彎點;回歸點	内屈曲点	拐点;反弯点;回归点
— of junction	接連點	接合点	接连点
— of rotation	轉動點	回転点	转动点
— of sight	視點	視点	视点
— of tangency	觸點;接點;切點	接点	触点;接点;切点
— of tangent	曲線終點	曲線終点	曲线终点
— support	(節)點支承	点支持	(节)点支承
— symmetry	點對稱	点対称	点对称
— welding machine	點銲機	点溶接機	点焊机
ointer	指針;指示字	ポインタ	指针;指示字
ointing	削尖;瞄準;(砌磚)勾縫	ポインティング	削尖;瞄准;(砌砖)勾缝
— error	瞄準誤差	照準誤差	瞄准误差

英文	臺灣	日文	大陸
— nail	圓鐵釘;勾縫釘	目地心金	圆铁钉;勾缝钉
— tool	倒棱工具	面取りパイト	倒棱工具
pointor	指示器;指針	指示子	指示器;指针
poise	平衡;砝碼	ポイズ	平衡;砝码;镇静
poising action	平衡作用	平衡作用	平衡作用
poison	毒質;毒物	ポイズン	毒质;毒物
poke	撥火;添火	ポーキング	拨火;添火
— hole	撥火孔	火かき棒孔	拨火孔
— welding	手動銲鉗點銲	手押し点溶接	手动焊钳点焊
poker	火鉗;撥火棒;攪拌桿	ポーカ	火钳;拨火棒;搅拌杆
poking	攪拌	ポーキング	搅拌;拨火
— hole	攪拌孔	ポーキングホール	搅拌孔
— rod	攪拌棒	ポーキングロッド	搅拌棒
polar action	雙極性效應	双極性効果	双极性效应
— angle	極座標角	（極座標の）角座標	极坐标角
— arc	極弧	ポーラアーク	极弧
— axis	連接二極的軸;極軸	極軸	连接二极的轴;极轴
— conics	極二次曲線	極円すい曲線	极二次曲线
— contact	極性觸點	有極接点	极性触点
— coordinates	極座標	極座標	极坐标
— curve	極曲線;升阻曲線	ポーラ曲線	极曲线;升阻曲线
— plane	極面	極平面	极面
— plot method	極座標定位法	極座標法	极座定位法
— ray	極射線;極線	極射線	极射线;极线
— reaction	極性反應	極性反応	极性反应
polarine	發動機潤滑油	発動機潤滑油	发动机润滑油
polarity	極性	ポラリティ	极性
— effect	極化效應	極性効果	极化效应
— test	極性試驗	極性試験	极性试验
Polarium	一種鈀金合金	ポラリウム	波拉里姆钯金合金
polarization	偏振;極化;極化度	偏光	偏振;极化;极化度
— diagram	極化圖	分極図	极化图
— effect	極化效應	分極効果	极化效应
— error	極化誤差	偏波誤差	极化误差
polarized action	有極作用;極化作用	有極作用	有极作用;极化作用
— armature	極化銜鐵〔繼電器的〕	有極接極子	极化衔铁〔继电器的〕
— ion	極化離子	偏極イオン	极化离子
— magnet	有極磁鐵;極化磁鐵	有極磁石	有极磁铁;极化磁铁
— plug	有極(性)插頭	有極プラグ	有极(性)插头
— segregation	極性分離	極性分離	极性分离

英文	臺灣	日文	大陸
polaron	極化子	ポーラロン	极化子
pole	磁極;電極	ポール	磁极;电极;柱;杆
— arc	磁極弧	ポールアーク	磁极弧
— brace	撐桿;支柱	支柱	撑杆;支柱
— change	換極;變極	ポールチェンジ	换极;变极
— coil	極化線圈	極コイル	极化线圈
— distance	極距	極距離	极距
— guy	電桿拉索	支柱	电杆拉索
— magnetic	磁極鐵芯	磁極鉄心	磁极铁芯
— pitch	磁極距;極距	ポールピッチ	磁极距;极距
— strip	尺桿;棒狀直尺	棒定規	尺杆;棒状直尺
— terminal	電極端頭	極端子	电极端头
poling	支撐;立桿	ポーリング	支撑;立杆
— bar	撐桿	矢木	撑杆
polish	擦亮劑	ポリッシュ	擦亮剂
— etch	拋光浸蝕	研磨腐食	抛光浸蚀
— finish	拋光飾面;磨光飾面	磨き仕上げ	抛光饰面;磨光饰面
— finishing	拋光處理;磨光處理	研磨仕上げ	抛光处理;磨光处理
— powder	拋光粉	研磨用粉末	抛光粉
— roll	壓光輥;上光輥	つや出しロール	压光辊;上光辊
polishability	拋光性	つや出し性	抛光性
polished face	磨光面	研磨面	磨光面
— plate	冷軋薄鋼板	磨き板	冷轧薄钢板
polisher	拋光機;磨光器	ポリシャ	抛光机;磨光器
polishing	研磨;拋光;磨光	ポリッシュ仕上げ	研磨;抛光;磨光
— agent	擦亮劑;磨光劑	つや出し剤	擦亮剂;磨光剂
— bob	拋光輪	研磨振動ボブ	抛光轮
— cloth	磨光布;拋光布	研磨布	磨光布;抛光布
— disk	研磨機;磨床	研磨盤	研磨机;磨床
— felt	磨光用氈	研磨用フェルト	磨光用毡
— lap	磨光機;拋光輪	磨き盤	磨光机;抛光轮
— lathe	拋光機	ポリシングレース	抛光机
— medium	磨光劑〔介質〕	つや出し剤	磨光剂〔介质〕
— oil	擦亮油	つや出し油	擦亮油
— red	磨光用鐵丹	ポリシングベンガラ	磨光用铁丹
— roll	拋光輥	つや出しロール	抛光辊
— wax	上光蠟	ポリシングワックス	上光蜡
pollution	污染;沾污;渾濁	ポリューション	污染;沾污;浑浊
pollutional index	污染指數〔標〕	汚濁指数	污染指数〔标〕
polycondensation	縮聚(作用)	ポリ縮合	缩聚(作用)

英文	臺灣	日文	大陸
polyethylene	聚乙烯	ポリエチレン	聚乙烯
polygon	多角形;多邊形	多角形	多角形;多边形
— mirror	多面反射體〔鏡〕	ポリゴンミーラ	多面反射体〔镜〕
— prism	多面反射棱鏡	ポリゴンプリズム	多面反射棱镜
polygonal broach	多邊形拉刀	角形ブローチ	多边形拉刀
— coil	多角形線圈	ポリゴナルコイル	多角形线圈
— column	多邊〔角〕柱	多角柱	多边〔角〕柱
— domain	多角形域	多角形領域	多角形域
— line	折線	折れ線	折线
polygonization	多邊化	ポリゴニゼーション	多边化
polyhedron	多面體	多面体	多面体;可剖分空间
polyight	多燈絲燈泡	ポリライト	多灯丝灯泡
polymer	聚合物〔體〕	ポリマー	聚合物〔体〕
polymeride	聚合物	重合体	聚合物
polymerization	聚合〔作用〕	ポリメリゼーション	聚合〔作用〕
— accelerator	聚合加速劑	重合加速剤	聚合加速剂
— catalyst	聚合催化劑	重合触媒	聚合催化剂
— furnace	聚合爐	重合炉	聚合炉
polynomial	多項式	多項式	多项式
— series	多項式級數	多項式級数	多项式级数
— solution	多項式解	多項式解	多项式解
polyphase	多相(的)	ポリフェーズ	多相(的)
— current	多相(交變)電流	多相（交）流	多相(交变)电流
— generator	多相發電機	多相発電機	多相发电机
— heating	多相加熱	多相加熱	多相加热
— machine	多相電機	多相機	多相电机
— motor	多相電動機	多相電動機	多相电动机
— sort	多相分類	ポリフェーズソート	多相分类
polyreaction	聚合反應	重合反応	聚合反应
polytropic change	多變變化	ポリトロープ変化	多变变化;多方变化
— compression	多向壓縮	ポリトロープ圧縮	多向压缩
— curve	多變曲線	ポリトロープ曲線	多变曲线
— efficiency	多變效率	ポリトロープ効率	多变效率
— exponent	多變指數	ポリトロープ指数	多变指数
— index	多變指數	ポリトロープ指数	多变指数
— power	多變功率	ポリトロープガス動力	多变功率
— process	多變過程	ポリトロープ変化	多变过程
polytropy	多變性	多応変性	多变性
polyvinyl	聚乙烯	ポリビニル	聚乙烯
pommel	球(形端)飾	プランジャー	球(形端)饰

文	臺　灣	日　文	大　陸
ond	池;塘	池	池;塘
onderomotive action	有質動力作用	動重作用	有质动力作用
~ force	有質動力	ポンデルモーティブ力	有质动力
ontoon	浮舟;浮橋;起重機船	ポンツーン	浮舟;浮桥;起重机船
ony bridge	半穿過式橋	ポニー橋	半穿过式桥
~ roll	筒(子);卷軸	筒	筒(子);卷轴
~ rougher	粗軋機;預軋機	仕上げ前圧延機	粗轧机;预轧机
~ truck	拖車;小型轉向架	ポニートラック	拖车;小型转向架
ool	池塘;游泳池	プール	池塘;游泳池;停车场
oor compression	壓縮不良	圧縮不良	压缩不良
~ conductor	不良導體	不良導体	不良导体
~ material	劣質材料	不良材料	劣质材料
~ penetration	未銲透	溶込み不良	未焊透
~ solvent	不良溶劑;貧溶劑	貧溶媒	不良溶剂;贫溶剂
~ stop	制動距離〔時間〕長	プーアストップ	制动距离〔时间〕长
~ weld	銲接不良	溶接不良	焊接不良
op art	流行藝術	ポップアート	流行艺术
~ down	下壓	ポップダウンする	下压
~ rivet	波普空心鉚釘	爆発びょう	波普空心铆钉
~ safety valve	緊急式安全閥	ポップ式安全弁	紧急式安全阀
~ valve	緊急閥	ポップバルブ	紧急阀
op-off	溢流(冒)口	あがり	溢流(冒)口
oppet	托架;提升閥	ポペット	托架;提升阀
~ pressure	墊架壓力;下水架壓力	ポペット圧	垫架压力;下水架压力
~ seat	提動閥座	ポペットシート	提动阀座
~ valve	提升閥;提動閥	ポペットバルブ	提升阀;提动阀
op-up	彈跳裝置;發射	ポップアップ	弹跳装置;发射
~ indicator	機械指示器	機械指示計	机械指示器
orcelain	瓷(料)	ポーセレン	瓷(料)
~ clay	陶土;瓷土	磁土	陶土;瓷土
orch	邊緣;門廊	ポーチ	边缘;门廊
ore	氣孔;細孔;針孔	ポーア	气孔;细孔;针孔
~ diffusion	細孔擴散	細孔拡散	细孔扩散
~ size	孔隙大小	間げきの大きさ	孔隙大小
~ space	間隙;空隙	間げき	间隙;空隙
~ test	針孔試驗;針孔測定	ピンホール試験	针孔试验;针孔测定
~ water head	孔隙水頭	間げき水頭	孔隙水头
~ water pressure	孔隙水壓力	間げき水圧	孔隙水压力
orosity	孔隙率〔度〕	有孔性	孔隙率〔度〕
~ metal	多孔金屬	発泡金属	多孔金属

英文	臺灣	日文	大陸
porous acoustic material	多孔吸音材料	多孔質吸音材料	多孔吸音材料
— air diffuser	多孔擴散器	多孔拡散装置	多孔扩散器
— alumina film	多孔氧化鋁膜	多孔質アルミナ皮膜	多孔氧化铝膜
— barrier	多孔膜	多孔性隔膜	多孔膜
— bearing	多孔性軸承	多孔質軸受	多孔性轴承
— brick	多孔磚	散気れんが	多孔砖
— bronze	多孔青銅	ポーラスブロンズ	多孔青铜
— chrome hardening	多孔性硬鍍鉻	多孔性硬質クロムめっき	多孔性硬镀铬
— chromium coatings	多孔性鍍鉻層	ポーラスクロムめっき	多孔性镀铬层
— chromium plating	鬆孔鍍鉻	ポーラスクロムめっき	松孔镀铬
— metal	多孔金屬	ポーラスメタル	多孔金属
— tungsten	多孔鎢;微孔鎢	ポーラスタングステン	多孔钨;微孔钨
— wall	多孔壁	多孔性壁	多孔壁
porpezite	鈀金	ポルペザイト	钯金
port	口;孔;窗	ポート	口;孔;窗;港口
— plate	閥板;配流盤	ポートプレート	阀板;配流盘
— width	孔口寬度	ポート幅	孔口宽度
portable	攜帶式;手提式	ポータブル	便携式;手提式
— ammeter	攜帶式電流錶	携帯式電流表	携带式电流表
— bonder	便攜式接合機	ポータブルボンダ	便携式接合机
— conveyer	輕便式運輸機	ポータブルコンベア	轻便式运输机
— crane	移動式起重機	ポータブルクレーン	移动式起重机
— crusher	輕便破碎機	ポータブルクラッシャ	轻便破碎机
— drill	輕型鑽床;可移式鑽床	ポータブルドリル	轻型钻床;可移式钻床
— forge	活動鍛爐	持運びほど	活动锻炉
— hoist	可移式絞車	ポータブルホイスト	可移式绞车
— lamp	手提燈	手さげ灯	手提灯;工作手灯
— lathe	輕便車床	持運び旋盤	轻便车床
— machine	輕便機器	ポータブルマシン	轻便机器
— milling machine	輕便銑床	持運びフライス盤	轻便铣床
— ramp	活動斜板	ポータブルランプ	活动斜板
— resistance welder	移動式電阻電銲機	ポータブル抵抗溶接機	移动式电阻电焊机
— riveter	輕便鉚接機	ポータブルリベッタ	轻便铆接机
— saw	輕便鋸;移動式圓鋸	ポータブルソー	轻便锯;移动式圆锯
— winch	輕便絞車	ポータブルウインチ	轻便绞车
portability	輕便性;可攜帶性	ポータブル性	轻便性;可携带性
portal	門架式	ポータル	门架式;正门;大门
— crane	龍門吊車	ポータルクレーン	龙门吊车
— frame	門式框架	ポータルフレーム	门式框架
— frame press	龍門形沖床〔壓床〕	門形フレームプレス	龙门形冲床〔压床〕

文	臺灣	日文	大陸
rter	房屋管理人(員)	管理人	房屋管理人(员)
bar	鋼錠夾具	インゴット挾み	钢锭夹具
sition	方位;狀態	ポジション	职位;方位;状态
angle	高低角	位置角	高低角
compensation	位置補償	位置補償	位置补偿
computation	位置計算	経緯度計算	位置计算
control method	位置控制法	位置制御方式	位置控制法
correction	位置修正量	位置修正量	位置修正量
error	位置誤差〔偏差〕	位置誤差	位置误差〔偏差〕
lamp	指示燈	席ランプ	指示灯;座席灯
light	位置標示光;航行燈	航空灯	位置标示光;航行灯
of weld	銲接位置	溶接姿勢	焊接位置;焊接姿势
sensitive detector	光位置檢測器〔半導體〕	光位置検出器	光位置检测器〔半导体〕
sitivity	位置靈敏度	ポジション感度	位置灵敏度
sensor	位置傳感器	ポジションセンサ	位置传感器
stopping	定位停止	定位置停止	定位停止
system	定位方式〔遠距離測定〕	位置方式	定位方式〔远距离测定〕
itional accuracy	位置精度	位置精度	位置精度
deviation	位置誤差〔偏差〕	位置偏差	位置误差〔偏差〕
servomechanism	定位伺服機構	位置サーボ系	定位伺服机构
stability	位置穩定性	位置安定性	位置稳定性
tolerance	位置公差	位置公差	位置公差
sitioner	定位控制器;反饋裝置	ポジショナ	定位控制器;反馈装置
sitioning	位置控制;轉位;配置	ポジショニング	位置控制;转位;配置
accuracy	定位精度	位置決め精度	定位精度
arm	定位臂	ポジショニングアーム	定位臂
circuit	定位電路	ポジショニング回路	定位电路
device	定位裝置	位置決め装置	定位装置
dowel	定位銷	ほぞ	定位销;榫头
fillet welding	角銲縫位置銲接	ポジションド隅肉溶接	角焊缝位置焊接
of stock	材料定位	材料の位置決め	材料定位;坏料定位
precision	位置控制精度	位置繰返し精度	位置控制精度
slot	定位槽	位置決め溝	定位槽
spigot	定位插銷	位置決め用栓形パッド	定位插销;定位栓塞
sitive acknowledge	肯定應答	肯定応答	肯定应答
actuation	起動	正作動	正动作;起动
arc	正弧	正アーク	正弧
catalyst	正催化劑	正触媒	正催化剂
charge	陽電荷	ポジティブチャージ	阳电荷;阳电荷
clutch	剛性離合器	ポジティブクラッチ	刚性离合器

P

英文	臺灣	日文	大陸
— current	正電流	正電流	正电流
— drive	強制傳動	確実伝動	强制传动
— feed	強制進料;機械進料	確動（原材料）給送	强制进料;机械进料
— hole	正孔;空穴	ポジティブホール	正孔;空穴
— infinity	正無限大	正の無限大	正无限大
— line	正線	正線	正线
— mold	陽模	陽性モデル	阳模;阳压模
— motion	強制運動	ポジティブモーション	强制运动
— motion cam	確動凸輪	確動カム	确动凸轮
— mould	陽壓模	確実鋳型	阳压模;不溢式压模
— prime	離心吸入	自然迎え水	自然回水;离心吸入
— reinforcement	受拉鋼筋	正鉄筋	受拉钢筋;正弯曲钢筋
— sign	正號	正号	正号
— stripper	剛性卸料板	固定式ストリッパ	刚性卸料板
— terminal	正(極)端	ポジティブターミナル	正(极)端
— value	正値	正値	正值
positivity	正値性	正値性	正值性
possibility	可能性	ポシビリティ	可能性
— of trouble	障礙率,故障率	事故率	障碍率;故障率
possible capacity	可能交通量	可能通行容量	可能交通量
— output	可能輸出	可能出力	可能输出
post	支柱;定位	ポスト	支柱;定位;位置;站
— and rail	柵欄	木さく	栅栏
— brake	桿閘	ポストブレーキ	杆闸
— flux	接頭銲劑	ポストフラックス	接头焊剂
— guided press	柱式導向沖床	ポストガイドプレス	柱式导向压力机
— hole auger	柱孔螺旋鑽	ポストホールオーガ	柱孔螺旋钻
post-conditioning	後處理	後処理	后处理
postcure	後硬化〔塑料〕	アフターキュア	后硬化〔塑料〕;后硫化
posterior	後面的	後部	后面的
— maintenance	事後維護	事後保守	事后维护
— probability	後驗機率	事後確率	后验概率
— risk	後驗風險	事後危険	后验风险
post-mortem	事後剖析	ポストモルテム	事后剖析;事后的
— check	事後檢查	事後チェック	事后检查
post-processing	後加工;後處理	ポストプロセシング	后加工;后处理
post-tensioning	(預應力混凝土)後張法	ポストテンショニング	(预应力混凝土)后张法
post-treatment	後處理	後仕上げ	后处理
pot	坩鍋;箱	ポット	坩锅;箱;电位计
— annealing	裝箱退火	ポット焼なまし	装箱退火

文	臺灣	日文	大陸
broach	筒形拉刀	ポットブローチ	筒形拉刀
calcination	裝罐鍛燒	ポットか焼	装罐锻烧
crusher	罐式壓碎機	かん式破砕機	罐式压碎机
experiment	釜試驗	ポット試験法	釜试验
galvanizing	熱鍍鋅(作用)	熱亜鉛引き	热镀锌(作用)
head	終端套管;配電箱	ポットヘッド	终端套管;配电箱
life	適用期;活化壽命	ポットライフ	适用期;活化寿命
metal	銅鉛合金	ポットメタル	铜铅合金
mill	罐(形)磨機	ポットミル	罐(形)磨机
motor	高轉速電動機	ポットモータ	高转速电动机
quenching	固體滲碳直接淬火	ポット焼入れ	固体渗碳直接淬火
steel	坩堝鋼	ポットスチール	坩埚钢
valve	罐閥	かんバルブ	罐阀
tassa	氫氧化鉀;苛性鉀	ポタッサ	氢氧化钾;苛性钾
tassium,K	鉀	カリウム	钾
tence	力;效力;效能	ポテンス	力;效力;效能
tency	效力;效能;潛力	ポテンシー	效力;效能;潜力
tential acidity	潛在酸性	潜酸性	潜在酸性
box model	電位箱模型	箱型模型	电位箱模型
difference	電位差	電位差	电位差
drop	電壓降;電位降	ポテンシャルドロップ	电压降;电位降
energy	位能;勢能	位置エネルギー	位能;势能
heat	潛熱	保有熱	潜热
result	預想結果	予想結果	预想结果
temperature	位溫;勢溫	温位	位温;势温
tentiality	可能性	ポテンシャリティ	可能性
tentially reactivity	潛反應性	潜在反応性	潜反应性
tentiation	勢差現象	位差現象	势差现象
tentiometer	電位(差)計;分壓計	ポテンシオメータ	电位(差)计;分压计
tentiostat	穩壓器;電勢恒定器	ポテンシオスタット	稳压器;电势恒定器
ther	煙霧;塵霧〔令人窒息的〕	煙霧	烟雾;尘雾〔令人窒息的〕
tin	銅鋅錫合金	ポタン	铜锌锡合金
tted article	密封材料	注封品	密封材料
ttery	陶器	ポッタリ	陶器
tting agent	澆灌劑	ポッティング剤	浇灌剂
compound	注封材料	注封材料	注封材料
material	注封材料	注封材料	注封材料
ulson arc	浦爾生電弧	パウルゼンアーク	浦尔生电弧
und	磅	ポント	磅
undal	磅達	パウンダル	磅达

英文	臺灣	日文	大陸
poundaing stress	衝擊應力	パウンディング応力	冲击应力
pour density	傾(注)密度	盛込み密度	倾(注)密度
— into	注入;倒入	注入	注入;倒入;倾入;灌入
— point	流點;傾倒點	流動点	流点;倾倒点
— spout	注入口	注ぎ口	注入口
pourability	鑄塑能力;注入容積	注型適性	铸塑能力;注入容积
pourbaix corrosion diagra	腐蝕圖	腐食図	腐蚀图
pouring basin	池形外澆口;澆口杯	たまりぜき	池形外浇口;浇口杯
— beaker	澆口杯	注ぎ口付きゴブレット	浇口杯
— case	澆入箱體	流し込み箱	浇入箱体
— cup	漏斗形外澆口	ポーリングカップ	漏斗形外浇口
— density	注入密度	盛込み密度	注入密度
— drum	傾出鼓	流出しドラム	倾出鼓
— gate	直澆口	湯口	直浇口
— mould	澆注鑄模	流し鋳型	浇注铸型
— pit	鑄錠坑;澆注坑	鋳込みピット	铸锭坑;浇注坑
— platform	澆注平台	鋳込み床	浇注平台
powder	火藥;粉末〔劑〕	粉体	火药;粉末〔剂〕
— binder	粉末黏結劑	粉末結合剤	粉末粘结剂
— blend	粉末混合;粉末混合物	パウダブレンド	粉末混合;粉末混合物
— coal	煤粉;粉煤	炭粉	煤粉;粉煤
— compact	壓縮粉	圧縮粉	压缩粉
— cutting	粉末切割	パウダ切断	粉末切割;氧熔剂切割
— density	粉密度	粉密度	粉密度
— filler	粉狀填充劑;填充粉	粉状充てん材	粉状填充剂;填充粉
— flame spraying	粉末熱熔噴鍍(法)	粉末式溶射	粉末热熔喷镀(法)
— fuel	粉狀燃料	粉状燃料	粉状燃料
— lancing	熔劑氧矛切割	パウダランシング	熔剂氧矛切割
— metal forging	粉末鍛造	粉末鍛造	粉末锻造
— metallurgy	粉末冶金	粉末や金	粉末冶金
— mortar	研缽	乳鉢	研钵
— processing	粉末加工	粉末加工	粉末加工
— rolling	粉末軋製	粉末圧延	粉末轧制
— sinter molding	粉末燒結成形	粉末焼結成形	粉末烧结成形
powdered activated carbon	粉末活性碳	粉末活性炭	粉末活性碳
— aluminum	鋁粉	粉末アルミニウム	铝粉
— ferrite	粉狀鐵氧體	粉末フェライト	粉状铁氧体
— graphite	粉末石墨	粉末黒鉛	粉末石墨
— silver	銀粉	銀粉	银粉
powdering	粉化;粉碎	パウダリング	粉化;粉碎;风化

文	臺灣	日文	大陸
machine	粉碎機	粉砕機	粉碎机
wderless etching	無粉腐蝕	パウダレスエッチング	无粉腐蚀
wellizing	浸硬	確動浸透	浸硬
wer	放大率;威力〔火藥的〕	パワー	放大率;威力〔火药的〕
absorption	功率吸收	吸収電力	功率吸收
aging	功率老化	電力エージング	功率老化
agreement	動力協定	動力協定	动力协定
amplifier	功率放大器	パワーアンプ	功率放大器
angle	功率角;負載角	負荷角	功率角;负载角
assembly	動力裝置	パワーアセンブリ	动力装置
box	電源箱	パワーボックス	电源箱
brake	動力制動器;機動閘	パワーブレーキ	动力制动器;机动闸
circuit	電力電路;電源電路	パワー回路	电力电路;电源电路
clamp	機動卡緊	パワークランプ	机动卡紧
clutch	機械助力操縱離合器	パワークラッチ	机械助力操纵离合器
coefficient	輸出係數;功率係數	パワー係数	输出系数;功率系数
compensation	功率補償	馬力補償	功率补偿
consumption	電力消耗量	パワー消費量	电力消耗量
control	電力調整;動力控制	パワーコントロール	电力调整;动力控制
cylinder	動力油缸	パワーシリンダ	动力油缸
density	功率密度;能量密度	出力密度	功率密度;能量密度
dissipation	功(率消)耗	パワーデスペーション	功(率消)耗
down	切斷電源;電源故障	パワーダウン	切断电源;电源故障
drill	動力鑽	動力ぎり	动力钻
equipment	動力設備;電源設備	動力設備	动力设备;电源设备
factor	功率係數;功率因數	パワーファクタ	功率系数;功率因数
fuel	動力燃料	動力燃料	动力燃料
generation	發電	発電	发电
hammer	動力鍾	パワーハンマ	动力锤
house	動力間〔房;廠〕	動力室	动力间〔房;厂〕
lathe	普通車床	動力旋盤	普通车床
level	功率級	パワーレベル	功率级;电平
limit	功率極限	極限電力	功率极限
line	動力線;輸電線;電力線	パワーライン	动力线;输电线;电力线
load	動力負載	動力負荷	动力负荷
mandrel	動力心軸	パワーマンドレル	动力心轴
matching	功率匹配	パワーマッチング	功率匹配
output	(功率)輸出	出力	(功率)输出
panel	電源板;配電盤	パワーパネル	电源板;配电盘
pipe cutter	動力切管機	動力パイプカッタ	动力切管机

P

英　文	臺　灣	日　文	大　陸
— piston	動力活塞	パワーピストン	动力活塞
— plant	動力設備;發電廠(站)	原動所	动力设备;发电厂(站)
— press	機械(傳動)沖床	パワープレス	机械(传动)压力机
— rolling	強力旋壓;變薄旋壓	しごきスピニング	强力旋压;变薄旋压
— running	動力運行	力行	力行;动力运行
— saw	動力鋸;電鋸	動力のこ	动力锯;电锯
— servo	傳動伺服機構	パワーサーボ機構	传动伺服机构
— shaft	動力軸	パワーシャフト	动力轴
— shift	液壓(控制)變速器	パワーシフト	液压(控制)变速器
— source	電源;功率源;動力源	パワーソース	电源;功率源;动力源
— spinning	強力旋壓	パワースピンニング	强力旋压
— spring	動力彈簧	ぜんまいばね	动力弹簧
— station	發電廠;動力廠〔站〕	原動所	发电厂;动力厂〔站〕
— steering	動力轉向裝置	パワーステアリング	动力转向装置
— supply	供電	パワーサプライ	供电
— take-off	動力輸出	パワーテイクオフ	动力输出
— train	動力傳動系	パワートレイン	动力传动系
— transmission shaft	動力軸	伝動軸	动力轴
— valve	增力閥	パワーバルブ	增力阀
— washing	氧熔劑表面清理	パウダウォッシング	氧熔剂表面清理
— winch	動力絞車	動力ウインチ	动力绞车
— wrench	動力扳手	パワーレンチ	动力扳手
power-on reset	電源接通復位	パワーオンリセット	电源接通复位
— stall	有動力失速	パワーオン失速	有动力失速
power-operated control	動力驅動裝置	機力操縦装置	动力驱动装置
— valve	動力操縱閥	動力操作弁	动力操纵阀
practicability	實踐性;可能性;實施性	実際性	实践性;可能性;实施性
practice	實施;練習	プラクチス	实施;练习;实习;习惯
praseodymium,Pr	鐠	プラセオジム	镨
prasin(e)	假孔雀石	偽くじゃく石	假孔雀石
preaeration	預曝氣	前エアレーション	预曝气
— tank	預曝氣池〔槽〕	前ばっ気槽	预曝气池〔槽〕
pre-amp	前置放大器	プリアンプ	前置放大器
preanalysis	預分析	事前分析	预分析
prebake	前烘;預烘	プリベーク	前烘;预烘
prebaking	預烘焙	プリベーキング	预烘焙;前烘
prebend	預彎	プリベンド	预弯
prebending die	預彎模	荒曲げ型	预弯模
preblow	前吹(煉);預吹	前吹き	前吹(炼);预吹
preburn	預放電	予備放電	预放电

文	臺　灣	日　文	大　陸
recast beam	預製梁	プレキャストげた	预制梁
recaution	小心;注意;預防(措施)	プレカーション	小心;注意;预防(措施)
recedence	優先;領先	プリシーデンス	优先;领先
rechamber	預燃室	プレチャンバ	预燃室
— engine	預燃式發動機	予燃焼室機関	预燃式发动机
recharge	預充電	プリチャージ	预充电
recheck	預檢驗	プリチェック	预检验
recinct	區域	プレシンクト	区域;管区;围场
recious garnet	貴榴石	貴ざくろ石	贵榴石
— metal	貴金屬	プレシアスメタル	贵金属
recipitation	析出;沈澱	析出	析出;沈淀;脱溶
— alloy	沈澱合金	析出型合金	沈淀合金
— hardening	沉澱硬化	析出硬化	沉淀硬化
— hardening magnet alloy	析出硬化磁鐵合金	析出硬化磁合金	析出硬化磁铁合金
— hardening stainless steel	沉澱硬化不銹鋼	析出硬化型ステンレス	沉淀硬化不锈钢
— hardening type magnet	析出硬化型磁鐵	析出硬化型磁石	析出硬化型磁铁
— heat treatment	沉澱熱處理	析出熱処理	沉淀热处理
— particles	析出粒子	析出粒子	析出粒子
— permanent magnet	沉澱型永久磁鐵	析出型永久磁石	沉淀型永久磁铁
recise examination	精密探傷	精密探傷	精密探伤
— levelling	精密水準測量	精密水準測量	精密水准测量
recision	精度;準確度	精度	精度;准确度
— adjustment	精調	精密修正	精调
— angle measurement	精密測角	精密測角	精密测角
— boring machine	精密搪床	精密中,ぐり盤	精密镗床
— casting	精密鑄造	精密鋳造	精密铸造
— file	精密銼	精密やすり	精密锉
— finishing	精密加工	精密仕上げ	精密加工
— forging press	精密鍛壓機	精密鍛造プレス	精密锻压机
— gage	精密量規	精密計	精密量规
— gear	精密齒輪	精密歯車	精密齿轮
— grinding	精密磨削	精密研削	精密磨削
— instrument oil	精密儀器油	精密機械油	精密仪器油
— investment casting	精密熔模鑄造	精密鋳造	精密熔模铸造
— jig	精密夾具〔鑽模〕	精密ジグ	精密夹具〔钻模〕
— lathe	精密車床	精密旋盤	精密车床
— machinery	精密機械	精密機械	精密机械
— machining	精密加工	精密加工	精密加工
— measurement	精密測量	精密測定	精密测量
— mold	精密模具	精密金型	精密模具

英文	臺灣	日文	大陸
— moulding	精密模製	精密鋳造	精密模制
— scanning	精密探傷;精測掃描	精測走査	精密探伤;精测扫描
— slide valve	精密滑閥	精密すべり弁	精密滑阀
— welding	精密銲接	精密溶接	精密焊接
precoated metal sheet	預塗層金屬板	プリコート金属板	预涂层金属板
— sand	合成砂	合成砂	合成砂
precompression	預壓縮	プリコンプレッション	预压缩
preconditioner	預處理機	プリコンディショナ	预处理机
preconing angle	預錐角	プリコニング角	预锥角
precooling	預冷(卻)	プリクーリング	预冷(却)
precuring	預熱化;預固化	予熟化	预热化;预固化
precut	預割〔切;開〕	プレカット	预割〔切;开〕
predicate	謂詞	述語	谓词
prediction	預測;預報	予測	预测;预报
— equation	預報方程	予測方程式	预报方程
— variable	預測變量	予測変数	预测变量
predictive analysis	預測分析法	予想分析法	预测分析法
— control	預測控制	予測制御	预测控制
— model	預測模型	予測モデル	预测模型
predictor	預示算子;預測值	プリジクタ	预示算子;预测值
predischarge	預放電	予備放電	预放电
predistortion	預失真;頻應預矯	逆ひずみ	预失真;频应预矫
— method	反變形法	逆ひずみ法	反变形法
predrive	預激勵;預驅動	プリドライブ	预激励;预驱动
predriver	預激勵器	プリドライバ	预激励器
pre-etching	預(先)腐蝕	プリエッチング	预(先)腐蚀
pre-expander	預發泡機	予備発泡機	预发泡机
prefabricate	預製品	プレハブ	预制品
prefill	預先充滿	プリフィル	预先充满
— valve	(預)充液閥;滿油閥	プリフィルバルブ	(预)充液阀;满油阀
prefilling press	成型預壓機	成形予圧機	成型预压机
prefix	前綴;首標;預先指定	プリフィックス	前缀;首标;预先指定
preflex system	預彎工字鋼法	プレフレックス工法	预弯工字钢法
preflux	預銲劑	プリフラックス	预焊剂
prefoaming	預發泡	予備発泡	预发泡
preform	初加工成品	プレフォーム	初加工成品
— solder	預成型銲料	プレフォームハンダ	预成型焊料
pregrounding	粗壓碎	粗圧砕	粗压碎
prehandling	前處理	前処理	前处理
preharden steel	預硬化鋼	プレハードン鋼	预硬化钢

文	臺　　灣	日　　文	大　　陸
hardened steel	預硬化鋼	予備焼入れ鋼	预硬化钢
hardening	預固化	予備硬化	预固化
heat	預熱	プリヒート	预热
chamber	預熱室	プリヒートチャンバ	预热室;预热箱
temperature	預熱溫度	予熱温度	预热温度
heater	預熱器	プレヒータ	预热器
heating flame	預熱火焰	予熱炎	预热火焰
furnace	預熱爐	予熱炉	预热炉
hopper	預熱料斗	予熱ホッパ	预热料斗
ignition	提前點火	過早発火	提前点火
knock	預爆震	早期ノック	预爆震
liminary adjustment	初步調整	予備調整	初步调整
breaker	初軋(碎)機	粗砕機	初轧(碎)机
design	初步設計	初期設計	初步设计
drawing	初步設計圖	基本設計図	初步设计图
wxamination	初步探傷	粗探傷	初步探伤
load	預壓	予圧	预压;预加载
ball	預加載鋼球	プレロードボール	预加载钢球
maloy	普累馬洛依合金	プレマロイ	普累马洛依合金
mature brittle fracture	早期脆性破壞	早期ぜい性破壊	早期脆性破坏
condensation	初始縮合	早期縮合	初始缩合
crack	早期裂紋〔縫〕	初期亀裂	早期裂纹〔缝〕
cure	初始硫化	早期加硫	初始硫化
firing	過早點火	早過ぎ点火	过早点火
melting	預熔化	前融解	预熔化
mium	獎金;優質	プレミアム	奖金;优质;保险费
mix	預先混合;預混合料	プリミックス	预先混合;预混合料
mixer	預混合機	プレミキサ	预混合机
paration	處理;配置	プレパレーション	处理;配置
before welding	銲前處理	溶接前処理	焊前处理;焊前开坡口
of machinging	機加工準備	加工準備	机加工准备
paratory plan	準備計劃	段取り	准备计划;安排程序
pared atmosphere	調節氣氛	調節雰囲気	调节气氛
edge	預先加工面	開先加工面	坡口加工面
plasticizing	預塑化	予備可塑化	预塑化
plating treatment	鍍前處理	空電解	镀前处理
preg	半固化片;預浸處理	プリプレグ	半固化片;预浸处理
pressing	預加壓處理	予備プレス	预加压处理
process	預先加工;先行處理	プリプロセス	预先加工;先行处理
punch	預先打孔	プリパンチ	预先穿孔

英文	臺灣	日文	大陸
preroller	初軋輥	プリローラ	初轧辊
prerotation	預旋〔轉〕	予旋回	预旋〔转〕
presenter	推荐者;發送器	プレゼンタ	推荐者;发送器
preservation	貯藏;貯存	保存	贮藏;贮存
preservative	保護料;防銹劑	防腐剤	保护料;防锈剂
preserver	保護裝置;安全裝置	プリザーバ	保护装置;安全装置
preset code	預置碼	プリセットコート	预置码
— counter	預置計數器	プリセットカウンタ	预置计数器
— knob	預調旋鈕	プリセットつまみ	预调旋钮
— signal	預置信號	プリセット信号	预置信号
presetter	機外對刀裝置	プリセッタ	机外对刀装置
press	沖床	プレス	压力机;冲床
— bending	壓彎	プレス曲げ	压弯
— bolt	壓緊螺栓	押付けボルト	压紧螺栓
— bond	壓力接合;軌端壓接	圧端ボンド	压力接合;轨端压接
— brake	板料折彎沖床	プレスブレーキ	板料折弯压力机
— call	鍵式撥號	プレスコール	键式拨号
— contact	壓力接點	プレスコンタクト	压力接点
— crown	沖床橫梁	プレス頭部	压力机横梁
— cure	加壓硫化;壓榨處治	プレスキュア	加压硫化;压榨处治
— cutter	沖切機	打抜きプレス	冲切机
— cylinder	沖床油缸	プレスシリンダ	压力机油缸
— die	壓模	プレス型	压模
— embossing	壓印	プレス型押し	压印
— finishing	壓光;軋光	プレス仕上げ	压光;轧光
— fittings	壓接配件〔節點〕	プレス継手	压接配件〔节点〕
— forging	壓力鍛造	プレスフォージング	压力锻造
— forming	加壓成形	プレス成形	加压成形
— frame	沖床床身	プレスフレーム	压力机床身
— joint	壓(力)接(合)	突合せ目地	压(力)接(合)
— line	沖壓線	プレスライン	冲压线
— machine	壓機	プレスマシン	压机
— mold(ing)	壓模;加壓模塑	圧搾型	压模;加压模塑
— notch	壓口;壓製切口	プレスノッチ	压口;压制切口
— oil	壓力油	プレスオイル	压力油
— pan	沖床枕木	プレスパン	压力机枕木
— polish	壓力拋光	プレス磨き	压力抛光
— preloader	壓力預加料器	プレス用プレローダ	压力预加料器
— quenching	加壓淬火;夾持淬火	プレス焼れ	加压淬火;夹持淬火
— roll	加壓輥	プレスロール	加压辊

文	臺 灣	日 文	大 陸
tempering	模壓回火;加壓回火	プレステンパ	模压回火;加压回火
tool	沖壓用工具;沖壓模	プレス用工具	冲压用工具;冲压模
type brake	板料折彎沖床	プレスタイプブレーキ	板料折弯压力机
working	壓力加工	プレス加工	压力加工
ssbutton	按鈕	押しボタン	按钮
ssed brick	壓製磚	圧搾れんが	压制砖
finish	壓光面飾	圧仕上げつや出し	压光面饰
glass	鑄壓玻璃	押し形ガラス	铸压玻璃
steel	壓製鋼	型押し鋼	压制钢
sser	承壓滾筒;模壓工	プレッサ	承压滚筒;模压工
bar pressure	壓桿壓力	押え圧力	压杆压力
cam	(針織)壓片凸輪	プレッサカム	(针织)压片凸轮
wheel	(針織)壓針輪	プレッサホイール	(针织)压针轮
ssing	壓製;沖壓;壓製件	プレッシング	压制;冲压;压制件
pressure	壓實〔緊接〕壓力	圧締圧力	压实〔紧接〕压力
skin	壓製薄膜	圧縮肌	压制薄膜
speed	壓製速度	プレス速度	压制速度
ssure	壓力	プレッシャー	压力
angle	壓力角;嚙合角	プレッシャーアングル	压力角;啮合角
at failure	破損壓力	破損圧力	破损压力
at rest	靜壓力	静止圧力	静压力
at right angle	垂直壓力	垂直圧力	垂直压力
attachment	加壓裝置附件;模具墊	ダイクッション	加压装置附件;模具垫
bar	夾緊棒;壓板〔桿〕	プレッシャーバー	夹紧棒;压板〔杆〕
bar spring	壓桿彈簧	押えばね	压杆弹簧
boost	增加壓力;增壓	圧力推進	增加压力;增压
bowl	承壓滾筒	プレッシャーボール	承压滚筒
bulkhead	耐壓艙壁	耐圧壁	耐压舱壁
cast pattern	壓鑄模型	圧力鋳造模型	压铸模型
cell	壓(力靈)敏元件	圧力セル	压(力灵)敏元件
change	壓力變化	圧力変化	压力变化
characteristic	壓力特性	圧力特性	压力特性
cone	壓力錐	圧力円すい	压力锥
contact	壓力接點	圧力接点	压力接点
control servovalve	壓力控制伺服閥	圧力制御サーボ弁	压力控制伺服阀
control valve	壓力控制〔調節〕閥	圧力制御弁	压力控制〔调节〕阀
cooker	壓力鍋;高壓鍋	プレッシャークッカ	压力锅;高压锅
curve	壓力曲線	圧力曲線	压力曲线
cylinder	壓力油缸	圧力シリンダ	压力油缸
delay	壓力滯後	圧力遅れ	压力滞后

英　　文	臺　　灣	日　　文	大　　陸
— die	壓緊模	押付けダイス	压紧模
— die casting	壓力鑄造	ダイカスト鋳造法	压力铸造
— dividing valve	分壓閥	圧力分配弁	分压阀
— drag	壓差阻力	圧力抗力	压差阻力
— efficiency	壓力效率	圧力効率	压力效率
— effect	壓力效應	圧効果	压力效应
— energy	壓力能	圧力エネルギー	压力能
— fissure	加壓裂縫	圧縮裂か	加压裂缝
— gage	壓力計	圧力計	压力计
— gain	壓力增益;壓力放大	圧力ゲイン	压力增益;压力放大
— gas	壓縮氣體	プレッシャーガス	压缩气体
— gas welding	加壓氣銲	ガス圧接	加压气焊
— governor	調壓機	プレッシャーガバナ	调压机
— gun	黃油槍	バタースポット	黄油枪
— height	壓力高度	圧力高度	压力高度
— hose	耐壓軟管	圧力ホース	耐压软管
— indicator	壓力錶	圧力計	压力表
— intensity	壓強	圧力の強さ	压强
— joint	壓接;壓力接合	圧着結合	压接;压力接合
— jump	壓力劇變	プレッシャージャンプ	压力剧变;压力跃变
— kettle	壓力鍋	加圧がま	压力锅
— lifting	壓力升高	圧力高昇	压力升高
— lubrication	加壓潤滑;強制潤滑	圧力潤滑	加压润滑;强制润滑
— molding	加壓成形	加圧成形	加压成形
— nip	壓力鉗	加圧ニップ	压力钳
— override	壓力過載	圧力オーバライド	压力过载
— pad	壓料墊;托板	プレッシャーパッド	压料垫;托板;顶板
— padforce	壓料力;壓板壓力	板押え力	压料力;压板压力
— proof test	耐壓試驗	耐圧試験	耐压试验
— reducing set	減壓裝置	減圧装置	减压装置
— reducing station	減壓站	減圧所	减压站
— reducing valve	減壓閥	減圧弁	减压阀
— reduction	減壓;降壓	減圧	减压;降压
— vrduction valve	減壓閥	減圧弁	减压阀
— regulater	調壓器	整圧器	调压器
— regulating valve	調壓閥;壓力調整閥	アンローダ弁	调压阀;压力调整阀
— resistance	抗壓強度	圧力抵抗	压阻力;抗压强度
— return	壓力恢復	圧力復帰	压力恢复
— rise	升壓	昇圧	升压
— schedule	壓力錶	圧力表	压力表

文	臺灣	日文	大陸
sensitivity	壓力敏感度	圧力感度	压力敏感度
sensor	壓力傳感器	プレッシャーセンサ	压力传感器
spacer	受壓墊片	圧力受け	受压垫片
tank	高壓罐;高壓箱	圧力タンク	高压罐;高压箱
tansor	壓力張量	圧力テンソル	压力张量
texture	壓縮結構	圧縮構造	压缩结构
thermit welding	加壓鋁熱劑銲接	加圧テルミット溶接	加压铝热剂焊接
tight casting	耐壓鑄件	耐圧鋳物	耐压铸件
tight test	耐壓試驗	気圧試験	耐压试验;气压试验
vacuum gage	真空壓力計	真空圧力計	真空压力计
vent valve	壓力安全閥	圧力逃し弁	压力安全阀
vessel	壓力容器	圧力容器	压力容器
vulcanization	加壓硫化	プレッシャー加硫	加压硫化
welding	壓銲;加壓銲接	圧接	压焊;加压焊接
essure-feed	加壓裝料;壓力給料	プレッシャーフィード	加压装料;压力给料
essurization	加壓;增壓	与圧	加压;增压
process	加壓(防腐)處理法	加圧処理法	加压(防腐)处理法
essurizer	加壓器;穩壓器	加圧器	加压器;稳压器
essurizing agent	噴射劑;升壓劑	加圧剤	喷射剂;升压剂
chamber	高壓室	加圧室	高压室
estrain	逆變壓	予ひずみ	逆变压
estress	預應力	予応力	预应力
estressing bar	預應力鋼筋	PC 鋼棒	预应力钢筋
cable	預應力鋼絲纜	PS ケーブル	预应力钢丝缆
steel	預應力鋼材	PS 鋼材	预应力钢材
strand	預應力鋼絲束	PS ストランド	预应力钢丝束;钢绞线
wire	預應力鋼絲	PC 鋼線	预应力钢丝
estretched film	預拉伸膜	延伸フィルム	预拉伸膜
sheet	拉伸片	延伸シート	拉伸片
esumption	推測;假定	推定	推测;假定
esuperheater	預過熱器	初過熱器	预过热器
etensioning	預加拉力	プレテンショニング	预加拉力
etreatment	預處理	前処理	预处理
eventer	阻止器;輔助索	プリベンタ	阻止器;辅助索
guy	保險索	プリベンタガイ	保险索
evention	防止;預防	防止	防止;预防
eview	預觀	プレビュー	预观
ewarming	預熱	予熱	预热
ice index	物價指數	物価指数	物价指数
ick punch	中心衝	プリックパンチ	中心冲头;冲心錾

P

英文	臺灣	日文	大陸
prickle	刺;棘	とげ	刺;棘
prill	金屬小球	金属小粒	金属小球
primary accelerator	主要的促進劑	主促進剤	主要的促进剂
— air	一次(進)風;主空氣	一次空気	一次(进)风;主空气
— barrel	主腔	プライマリバレル	主腔
— battery	一次電池;原電池	一次電池	一次电池;原电池
— cementite	初晶雪明碳鐵	一次セメンタイト	初生渗碳体
— clock	母鐘	プライマリクロック	母钟
— coat	中間塗層;二道漿	下塗り	中间涂层;二道浆
— compression	一次壓密;初步壓縮	一次圧密	一次压密;初步压缩
— console	主控制台	プライマリコンソール	主控制台
— constant	一次常數	一次定数	一次常数
— constituent	主要成分	初析成分	主要成分
— cracking	初級裂化	一次分留	初级裂化
— creep	第一階段潛變	一次クリープ	第一阶段蠕变
— crusher	粗碎機	粗砕機	粗碎机;初碎机
— energy	最初的(電子)能量	一次エネルギー	最初的(电子)能量
— form	原形	原形	原形
— function	主功能	一次機能	主功能
— ingredient	主成分	主成分	主成分
— ion	初級離子	一次イオン	初级离子
— lining	第一道襯砌	一次覆工	第一道衬砌
— load	主(要)負載	主荷量	主(要)荷载〔载荷〕
— material	原料〔質〕	原質	原料〔质〕
— mold	原模	一次モールト	初模;原模
— pinion	第一級小齒輪	一段小歯車	第一级小齿轮
— pipe	初次縮孔〔鑄錠〕	一次気孔	初次缩孔〔铸锭〕
— piston	主活塞	プライマリピストン	主活塞
— pollutant	初次污染	一次汚染物	初次污染
— pollution	初次污染	一次汚染	初次污染
— pressure	一次壓力;初始壓力	一次圧(力)	一次压力;初始压力
— prestress	初始預應力	一次プレストレス	初始预应力
— quenching	一次淬火〔滲碳件的〕	一次焼入れ	一次淬火〔渗碳件的〕
— reaction	主要反應	一次反応	初级反应;主要反应
— retrieval	預檢索	事前検索	预检索
— runner	初級葉輪;初級轉子	一次ランナ	初级叶轮;初级转子
— scale	主尺;基本比例尺	主尺	主尺;基本比例尺
— seal	初級封閉;主密封	プライマリシール	初级封闭;主密封
— shield	一次屏蔽層	一次遮へい	一次屏蔽层
— side	原邊;初級側	一次側	原边;初级侧

文	臺灣	日文	大陸
- silver	原銀	原銀	原银
- solvent	主要溶劑	主要溶剤	主要溶剂
- stabilizer	初級穩定劑	一次安定剤	初级稳定剂
- station	主局	一次局	主局
- stress	一次應力;主應力	一次応力	一次应力;主应力
- system	主系統	一次系	主系统
- target	主要目標	主目標	主要目标
- prime coat	第一道抹灰;瀝青透層	下塗り	第一道抹灰;沥青透层
- power	原動力	原動力	原动力
- pump	起動(注油)〔水〕泵	プライムポンプ	起动(注油)〔水〕泵
imer	始爆器;塗底料〔漆〕	プライマ	始爆器;涂底料〔漆〕
- line	灌注管路	起動管路	灌注管路
imes	(鋼板的)一級品;	プライムス	(钢板的)一级品;
iming	起動注水;底漆	プライミング	起动注水;底漆
- action	起爆作用;傳爆作用	起爆作用	起爆作用;传爆作用
- by vacuum	真空起動〔泵的〕	真空起動	真空起动〔泵的〕
- can	注油器	注油器	注油器
- chamber	起動室	起動屋	起动室
- cup	起爆旋塞	呼び水口	起爆旋塞
- ejector	起動抽氣機	プライミングエゼクタ	起动抽气机
- fluid	起動液	起動液	起动液
- fuel	起動燃料	始動燃料	起动燃料
- oil	打底用油	プライマ油	打底用油
- pump	引液泵;起動(注油)泵	プライミングポンプ	引液泵;起动(注油)泵
- valve	加油閥;起動閥	呼び水弁	加油阀;起动阀
rimitive	原始的;基本的;原函數	プリミティブ	原始的;基本的;原函数
- parallelogram	原始平行四邊形	原始平形四辺形	原始平行四边形
- parallelopipedon	原始平行六面體	原始平行六面体	原始平行六面体
rincipal	主材;主構;主要的	プリンシパル	主材;主构;主要的
- agent	主劑	主剤	主剂
- angle of incidence	主入射角	主入射角	主入射角
- axis	(截面)主軸(線)	(断面)主軸	(截面)主轴(线)
- azimuth	主方位角	主方位角	主方位角
- central axis	重心主軸;形心主軸	重心主軸	重心主轴;形心主轴
- circle of stress	主應力圓	主応力円	主应力圆
- contour	主等高線	主曲線	主等高线
- coordinates	主座標	主座標	主坐标
- curvature	主曲率	主曲率	主曲率
- curvature radius	主曲率半徑	主曲率半径	主曲率半径
- dimensions	主要尺寸	主要寸法	主要尺寸

P

英　　　文	臺　　　灣	日　　　文	大　　　陸
— direction	主方向	主方向	主方向
— direction of stress	主應力方向	応力の主軸	主应力方向
— horizontal line	主水平線	主水平線	主水平线
— load	主要負載	主荷重	主要载荷
— mode	主模式	プリンシパルモート	主模式
— mode of vibration	主要振動模式	主振動形	主要振动模式
— moment	主(力)矩	主モーメント	主(力)矩
— moment of inertia	主慣性矩	主慣性モーメント	主惯性矩
— normal	主法線	主法線	主法线
— normal direction	主法線方向	主法級方向	主法线方向
— plane of stress	主應力平面	主応方面	主应力平面
— pressure	主壓力	主圧力	主压力
— radius of curvature	主曲率半徑	主曲率半径	主曲率半径
— reaction	主要反應	主要反応	主要反应
— section	主斷面;主剖面	主断面	主断面;主剖面
— shear plane	主剪切面	主せん断面	主剪切面
— shearing strain	主剪應變	主せん断ひずみ	主剪应变
— shearing stress	主剪應力	主せん断応力	主剪应力
— slice	主斷面剖切	主断面スライス	主断面剖切
— strain	主應變〔變形〕	主ひずみ	主应变〔变形〕
— stress	主應力	主応力	主应力
— stress trajectory	主應力線	主応力線	主应力线
— truss	主結構	主結構	主结构
— unit stress	單位主應力	主応力度	单位主应力
— vertical	主垂線〔航空照相的〕	主垂直線	主垂线〔航空照相的〕
principle	原則;(要)素	プリンシプル	原则;(要)素
— of Archimedes	阿基米德原理	アルキメデスの原理	阿基米德原理
— of Pascal	帕斯卡原理	パスカルの原理	帕斯卡原理
— of Saint Venant	經維南原理	サンブナンの原理	经维南原理
print	印刷;印畫〔照片等〕	プリント	印刷;印画〔照片等〕
printed antenna	印刷天線	印刷空中線	印刷天线
— board	印製電路板	プリントボード	印制电路板
— circuit board	印刷電路板	プリント配線回路	印刷电路板
priority	優先權;優先數;優先級	プリイオリティ	优先权;优先数;优先级
— interrupt	優先中斷	優先割込み	优先中断
prism	棱晶;棱鏡;棱柱(式)	プリズム	棱晶;棱镜;棱柱(式)
prismatic binocular	棱鏡雙筒望眼鏡	プリズム双眼鏡	棱镜双筒望眼镜
— plane	等載面	柱面	等载面
prismatoid	旁面三角台	角台	旁面三角台
prismlike structure	柱狀結構〔構造〕	柱状構造	柱状结构〔构造〕

文	臺灣	日文	大陸
ismoid	平截頭稜錐體	角すい台	平截头棱锥体
ivileged access	特許存取	特権的アクセス	特许存取
- module	特許模塊	特権モジュール	特许模块
obabilistic algorithm	機率算法	確率的アルゴリズム	概率算法
- analysis	機率分析	確率的解析	概率分析
- inference	機率推論	確率的推論	概率推论
obability	機率	プロバビリティ	概率;几率
- accident	事故機率	確率－事故	事故概率
- curve	機率曲線	確率曲線	概率曲线
- scale	機率尺度	確率目盛り	概率尺度
- space	機率空間	確率空間	概率空间
obable area	機率區域	推定区域	概率区域
- deviation	概差	確率誤差	概差
- error	概差;或然誤差	確率誤差	概差;或然误差
obe	指示器;探頭	プローブ	指示器;探头
- current	探測電流	プローブ電流	探测电流
- electrode	探針電極	探針電極	探针电极
- loading	探針負載	プローブローディング	探针负载
- method	探針(測試)法	探極法	探针(测试)法
- needle	探針	プローブニードル	探针
- pin	探針	プローブピン	探针
- unit	檢測器;測頭	プローブユニット	检测器;测头
ober	探測器;探針	プローバ	探测器;探针
- checker	探測式檢驗器	プローバチェッカ	探测式检验器
obing	檢驗〔查〕;測試	プロービング	检验〔查〕;测试;摸索
- mcahine	探測機	プロービングマシン	探测机
- ring	檢驗環	プロービングリング	检验环
oblem	問題	プロブレム	问题;难题;题目
- solving program	解題程式	問題解決プログラム	解题程序
oblem-oriented analysis	針對問題的分析	問題指向解析	针对问题的分析
ocedural interface	過程界面	手順インタフェース	过程接口
- language	過程語言	手順向き言語	过程语言
- model	過程模型	手続き模型	过程模型
ocedure	製程	プロシージャ	工艺规程;过程
- analysis	過程分析	手順分析	过程分析
- declaration	過程說明	手続きの宣言	过程说明
- diagram	加工流程圖	工作図	工艺过程图
oceed signal	行進信號	進行信号	行进信号
ocess	工序;加工	プロセス	工序;加工;方法;手续
- aid	操作助劑	加工助剤	操作助剂

英　　文	臺　　灣	日　　文	大　　陸
— air-conditioning	工業用空氣調節	工業用空気調和	工业用空气调节
— alloys	(合金)添加劑	差し物	(合金)添加剂
— analysis	過程分析	プロセス解析	过程分析
— annealing	中間退火	中間焼きなまし	中间退火
— average quality	加工平均質量	工程平均品質	加工平均质量
— behavior	過程行為;加工行為	プロセス挙動	过程行为;加工行为
— chart	加工流程圖	プロセスチャート	工艺流程图
— console	過程控制台	プロセスコンソール	过程控制台
— control	加工程式控制	プロセスコントロール	工艺程序控制
— cost	加工成本〔費用〕	プロセスコスト	加工成本〔费用〕
— data and material	工程資料;工藝資料	加工資料	工程资料;工艺资料
— flow	加工流程	プロセスフロー	工艺流程
— heater	過程加熱器	プロセスヒータ	过程加热器
— industry	加工工業;製造工業	プロセス工業	加工工业;制造工业
— inspection	工程檢查	工程検査	工程检查
— loss	加工損失	プロセスロス	加工损失
— metallurgy	冶金法;熔煉法	製錬	冶金法;熔炼法
— method	處理方法	処理法	处理方法
— optimization	流程最優化	プロセス最適化	流程最优化
— period	加工時間	加工時間	加工时间
— piping	加工管路	加工管線	加工管路
— plant	製煉廠	プロセスプラント	制炼厂
— redundancy	加工裕量;加工裕度	プロセス冗長	加工馀量;加工裕度
— side	處理端;加工面	プロセスサイト	处理端;加工面
processability	加工性	加工性	加工性
processing	加工;操作;調整	プロセッシング	加工;操作;调整
— ability	處理能力	処理能力	处理能力
— aid	操作助劑	加工助剤	操作助剂
— characteristic	加工性	加工特性	加工性
— condition	加工條件	加工条件	加工条件
— cost	加工費	加工費	加工费
— cycle	加工周期	加工サイクル	加工周期
— heat	加工熱	加工熱	加工热
— ingredient	摻合劑	配合剤	掺合剂
— machine	加工設備	加工機	加工设备
— machinery	加工機械	加工機械	加工机械
— operation	加工作業	加工作業	加工作业
— pressure	加工壓力	加工圧力	加工压力
— variable	加工變量	作業変数	加工变量
precession	(陀螺)進動;擾動	プレセッション	(陀螺)进动;扰动

英文	臺灣	日文	大陸
rocessor	處理程式;加工機械	プロセッサ	处理程序;加工机械
rocetane	柴油的添加劑	プロセタン	柴油的添加剂
rod	刺;錐子	プロッド	刺;锥子
roduce	產品	生産物	产品
rodcer	(煤氣)發生爐;生產者	発生器	(煤气)发生炉;生产者
- furnace	煤氣發生爐	ガス発生炉	煤气发生炉
- gas	發生爐煤氣	プロデューサガス	发生炉煤气
roducibility	可生產性	生産性	可生产性
roduct	產物〔品〕	プロダクト	产物〔品〕;乘积
- analysis	產品分析	製品解析	产品分析
- cost	產品成本	製品原価	产品成本
- life	產品壽命	製器寿命	产品寿命
- metallurgy	加工冶金學;冶金法	製錬	工艺冶金学;冶金法
roduction	生產;製作;產量	プロダクション	生产;制作;产量
- capacity	生產能力	生産能力	生产能力
- costs	生產成本	製造原価	生产成本
- cycle	生產周期	生産サイクル	生产周期
- error	生產誤差	生産エラー	生产误差
- floor	生產工場	生産フロア	生产车间
- mask	生產掩模	プロダクションマスク	生产掩模
- routing	生產線	生産手順	生产线
- scale	生產規模	生産規模	生产规模
- speed	生產速度	生産速度	生产速度
roductive capacity	生產能力;生產量	生産容量	生产能力;生产量
- facilities	生產設備	生産設備	生产设备
roductivity	生產率	生産性	生产率
- index	生產指標〔指數〕	産出指数	生产指标〔指数〕
- of material	原材料生產率	原材料生産性	原材料生产率
roeutectoid	先共析體	初析晶	先共析体
- cementite	先共析雪明碳鐵	初析セメンタイト	先共析渗碳体
- ferrite	先共析肥粒鐵	初析フェライト	先共析铁素体
rofession	職業;專業	プロフェッション	职业;专业
rofile	縱斷面圖;輪廓	プロファイル	纵断面图;翼型
- board	(剖面)模板	輪郭板	(剖面)模板
- calender	胎面機	プロファイルカレンダ	胎面机
- chart	剖面圖	見通し図	剖面图
- copy grinding	仿形磨削;靠模磨削	ならい研削	仿形磨削;靠模磨削
- curve	剖面曲線	断面曲線	剖面曲线
- dies	異形(絲)拉模	異形押出しダイ	异形(丝)拉模
- drag	輪廓阻力;型阻	プロファイル抗力	轮廓阻力;型阻

英文	臺灣	日文	大陸
— drag coefficient	翼形阻力係數	形状抵抗係数	翼形阻力系数
— gage	樣板;輪廓量規	プロファイルゲージ	样板;轮廓量规
— graph	剖視圖	プロファイルグラフ	剖面图
— grinder	光學曲線磨床	ならい研削盤	光学曲线磨床
— grinding	成形磨削	輪郭研削	成形磨削
— irregularity	面粗糙度	面粗さ	面粗糙度
— level(l)ing	縱斷水準測量	縦断測量	纵断水准测量
— loss	翼型損失	翼形損失	翼型损失
— machine	仿形機床;靠模銑床	ならい工作機械	仿形机床;靠模铣床
— magnification	垂直放大倍率	縦位率	垂直放大倍率
— map	透視圖	プロフィルマップ	剖面图;透视图
— meter	表面測量儀	プロフィルメータ	表面测量仪
— milling	仿形銑削;靠模銑削	ならいフライス削り	仿形铣削;靠模铣削
— modification	齒形修整	歯形修整	齿形修整
— plane	輪廓形狀;外形	輪郭形状	轮廓形状;外形
— sander	模面砂帶磨床	曲面サンダ	型面砂带磨床
— shaft	栓槽軸	みぞ付き軸	花键轴
— sheeting	成形板材	プロファイル板材	成形板材
— shell	壓型輥	押し型胴ロール	压型辊
— shift	變位	転位	变位
— shifted gears	變位齒輪	転位歯車	变位齿轮
— shifted spur gears	變位正齒輪	転位平歯輪車	变位正齿轮
profiler	靠模工具機;靠模銑床	プロフィラ	靠模工具机;靠模铣床
profiling	仿形切削;靠模加工	プロファイリング	仿形切削;靠模加工
— lathe	仿形車床	ならい旋盤	仿形车床
— machine	仿形機床	ならい盤	仿形机床
— mechanism	靠模裝置;仿形裝置	ならい装置	靠模装置;仿形装置
— roll	壓型輥	押し型胴ロール	压型辊
profit	收益;利潤	利潤	收益;利润
— rate	利潤率	利潤率	利润率
prognosis	預測	予測	预测
program	程式	プログラム	程序;业务计划
— analysis	程式分析	プログラム解析	程序分析
— automatic computer	程式自動計算機	プログラム自動計算機	程序自动计算机
— card	程式卡片	プログラムカード	程序卡片
— check	程式校驗	プログラムチェック	程序校验
— decision	程式判定	プログラム決定	程序判定
— error	程式錯誤	プログラムエラー	程序错误
— identification	程式標識	プログラム識別	程序标识
— interrupt control	程式中斷控制	プログラム割込み制御	程序中断控制

文	臺灣	日文	大陸
~ list	程式表	プログラムリスト	程序表
~ manipulation	程式處理〔操作〕	プログラム処理	程序处理〔操作〕
~ miss	程式錯誤	プログラムミス	程序错误
~ run	程式運行	プログラムラン	程序运行
~ state	程式狀態	プログラム状態	程序状态
rogrammability	可編程式性	プログラムビリティ	可编程序性
rogrammable aid	編程(序)工具	プログラムブル援用	编程(序)工具
~ control	程式控制	プログラムブル制御	程序控制
~ instruction	程控教學	プログラム教育	程控教学
~ link	程式鏈路	プログラムブルリンク	程序链路
rogrammed acceleration	程控加速度	プログラム加速	程控加速度
~ grammar	程式設計文法	プログラム文法	程序设计文法
rogrammer	程式(設計)員	プログラム	程序(设计)员
rogramming	編程式;程式設計	プログラミング	编程序;程序设计
~ tool	程式設計工具	プログラミングツール	程序设计工具
rogress	進行;發展;進度	プログレス	进行;发展;进度
~ and time schedule	進度表	工程表	进度表
~ chart	進度表	進度表	进度表
rogressive aging	分段時效	促進時効	分段时效
~ austempering	分級恒溫淬火	昇温オーステンパ	分级等温淬火
~ block welding sequence	(順序)多段多層銲	漸進ブロック法	(顺序)多段多层焊
~ burning	增面燃燒	増面燃焼	增面燃烧
~ change gear	順序變速齒輪	順送り変速歯車	顺序变速齿轮
~ development	逐步展開	流出展開	逐步展开
~ die	連續模;級進模;順序模	プログレシブ型	连续模;级进模;顺序模
~ drawing die	級進拉深模	順送り絞り型	级进拉深模
~ failure	逐步損壞	逐次破損	逐步损坏
~ forming	順序(分段)成形	順ぐり成形	顺序(分段)成形
~ fracture	逐步破壞	進行破壊	逐步破坏
~ gage	分級規	順送りゲージ	分级规
~ gear	順序變速齒輪	順送り変速歯車	顺序变速齿轮
~ motion	漸進運動	漸進運動	渐进运动
~ quenching	順序淬火	順ぐり焼入れ	顺序淬火
~ settlement	進展性沉降	進行性沈下	进展性沉降
~ slide	逐漸滑坡〔坍;動〕	進行性すべり	逐渐滑坡〔坍;动〕
~ spot welding	連續點銲	連続点溶接	连续点焊
~ welding	分段銲接	漸進溶接	分段焊接
rohibit	禁止;阻止	プロヒビット	禁止;阻止
roject	草圖;投影	プロジェクト	草图;投影;伸出
~ control	計劃控制;計劃管理	プロジェクト管理	计划控制;计划管理

P

英　文	臺　灣	日　文	大　陸
— drawing	工程圖(紙)	実施設計図	工程图(纸)
— graph	計劃圖表	プロジェクトグラフ	计划图表
— group	投影群	プロジェクトグループ	投影群
— review	計劃審查	プロジェクト審査	计划审查
projected area	投影面積	型打ち面積	投影面积
— area ratio	投影面積比	投影面積比	投影面积比
— contour	投影輪廓	投影輪郭	投影轮廓
— cut-off	投影〔射〕截止點	投射遮断	投影〔射〕截止点
— image	投影圖像	投映像	投影图像
— length	投影長度	投影長さ	投影长度
— outline	投影輪廓	投影輪郭	投影轮廓
— plan	投影圖	投影図	投影图
projection	規劃;預測;具體化	プロジェクション	规划;预测;具体化
— angle	投射角	映写角	投射角
— board	投影板;描圖桌	透写台	投影板;描图桌
— drawing	投影圖;投影法	投影図法	投影图;投影法
— grinder	光學曲線磨床	投影式研削盤	光学曲线磨床
— method	投影法	射影法	投影法
— surface	投影面	投影面	投影面
— weld	凸銲;凸銲銲接	プロジェクション溶接	凸焊;凸焊焊接
projective collineation	投影直射變換	射影的共線写像	投影直射变换
— coordinates	射影座標	射影座標	射影坐标
— geometry	射影幾何學	射影幾何学	射影几何学
— line	射影直線	射影直線	射影直线
— space	射影空間	射影空間	射影空间
projector	放映機;幻燈機	プロゼクタ	放映机;幻灯机
— distance	投影距離;投射距離	投写距離	投影距离;投射距离
proknock	誘震劑	ノッキング誘発剤	诱震剂
prolate cycloid	長幅旋輪線;延長擺線	スーパトロコイド	长幅旋轮线;延长摆线
prolongation	延長;拉長	接続	延长;拉长
Promal	特殊高強度鑄鐵	プロマル	特殊高强度铸铁
prometacenter	前定傾中心;副穩心	プロメタセンタ	前定倾中心;副稳心
promethium,Pm	鉅	プロメチウム	钷
promoter	助催化劑;助聚劑	プロモータ	助催化剂;助聚剂
prompt critical	即發臨界	即発臨界	即发临界
— tempering	快速回火	焼入れ直接後焼戻し	快速回火
prong	爪型;齒尖	プロング	爪型;齿尖
proof	試驗	プルーフ	试验;试管;坚固性
— bend test	抗彎試驗	耐曲げ試験	抗弯试验
— by pressure	壓力試驗	圧力試験	压力试验

文	臺　　灣	日　　文	大　　陸
~ load	保證負載;試驗負載	保証荷重	保证负荷;试验载荷
~ pressure	安全壓力	安全圧力	安全压力
~ reading	校正讀碼	校正	校正读码
~ strength	保證強度;允許強度	保証強さ	保证强度;允许强度
~ stress	降伏點;試驗應力	耐力	屈服点;试验应力
~ test	耐久試驗;檢驗	プルーフテスト	耐久试验;检验
ooxidant	助氧劑;氧化強化劑	酸化增進剤	助氧剂;氧化强化剂
op	(臨時)支柱	大だつ	(临时)支柱
~ post	支柱	打ち柱	支柱
opagating stall	旋轉失速;傳播失速	旋回失速	旋转失速;传播失速
opagation	增殖;傳播;增長	プロパゲーション	增殖;传播;增长
~ energy	(裂紋)擴展能量	伝搬エネルギー	(裂纹)扩展能量
~ path	傳播路徑	伝搬経路	传播路径
opel	推進;推動	プロペル	推进;推动
opellant	火箭推進劑;燃料	発射薬	火箭推进剂;燃料
~ force	噴射力	噴射力	喷射力
opeller	螺旋槳;推進器	プロペラ	螺旋桨;推进器
~ balance	螺旋槳平衡	プロペラバランス	螺旋桨平衡
~ blade	螺旋槳葉	プロペラ羽根	螺旋桨叶
~ bracket	螺旋槳尾軸架	プロペラブラケット	螺旋桨尾轴架
~ cap	推進器轂帽	プロペラキャップ	推进器毂帽
~ cuffs	螺旋槳根套	プロペラカフス	螺旋桨根套
~ force	螺旋槳力	プロペラ力	螺旋桨力
~ horse power	推進器馬力	プロペラ馬力	推进器马力
~ in nozzle	導管螺旋槳	ノズル中のプロペラ	导管螺旋桨
~ load	螺旋槳負載	プロペラ荷重度	螺旋桨负荷
~ lock nut	螺旋槳鎖緊螺母	プロペラロックナット	螺旋桨锁紧螺母
~ shaft	(汽車)驅動軸	プロペラシャフト	(汽车)驱动轴
~ synchronizer	螺旋槳同步器	プロペラ同調器	螺旋桨同步器
~ thrust	螺旋槳推力;翼輪推力	プロペラスラスト	螺旋桨推力;翼轮推力
~ torque	螺旋槳扭矩	プロペラトルク	螺旋桨扭矩
~ turbine	軸流定槳式水輪機	プロペラタービン	轴流定桨式水轮机
ropelling chain	運轉鏈	走行チェーン	运转链
~ force	推力	推進力	推力
~ nozzle	推力噴管;尾噴管	推進ノズル	推力喷管;尾喷管
~ power	推進力	推進力	推进力
roper conduction	固有導電	固有伝導	固有导电;本征导电
~ fuel	合格的燃料	適格燃料	合格的燃料
~ mass	靜質量	靜質量	静质量
~ speed	基準速率〔度〕	基準速度	基准速率〔度〕

P

英文	臺灣	日文	大陸
— vibration	固有振動	固有振動	固有振动
property	財產;所有(物;權)	性質	财产;所有(物;权)
propjet	渦輪螺旋槳噴射發動機	プロップジェット	涡轮螺旋桨喷气发动机
proplatina	鎳鉍銀合金〔裝飾用〕	プロプラチナ	镍铋银合金〔装饰用〕
proplatium	鎳鉍銀合金〔裝飾用〕	プロプラチウム	镍铋银合金〔装饰用〕
proportion	比例;配合	プロポーション	比例;配合
— by weight	重量比	重量比	重量比
— detective	不合格率	不良率	不合格率
— method	比例法	接分法	比例法
proportional action	比例動作	P動作	比例动作
— directional valve	比例流量調節閥	比例流量調整弁	比例流量调节阀
— dividers	比例規〔分配器〕	比例コンパス	比例规〔分配器〕
— loading	比例負載	比例載荷	比例荷载
— meter	比例尺;比例計	プロポーションメータ	比例尺;比例计
— piston	比例活塞	比例ピストン	比例活塞
— scale	比例尺	比例尺	比例尺
— sensitivity	比例靈敏度	比例感度	比例灵敏度
— shifting	比例偏移	比例推移	比例偏移
proportionality	比例性	比例関係	比例性
proportioning	配比設計	プロポーショニング	配比设计
— feeder	定量進料器	定量フィーダ	定量进料器
— hopper	比例漏斗	比例ホッパ	比例漏斗
— ratio	配合比	配合比	配合比
proposal	提議	プロポーザル	提议;投标
propulsion	動力;推進器	プロパルジョン	动力;推进器
— auxiliary machinery	推進輔機;動力輔機	推進補機	推进辅机;动力辅机
— efficiency	推進效率	推進効率	推进效率
— machinery	動力機械	主機	动力机械
propyne	丙炔	プロピン	丙炔
prorata	按比例	按分比例	按比例
prospecting	找礦;勘探;勘查	探鉱	找矿;勘探;勘查
protactinium,Pa	鏷	プロトアクチニウム	镤
protectant	保護劑	保護剤	保护剂
— machine	保護式電機	保護形電機	保护式电机
protecting cap	保險帽	保護帽	保险帽
— coating	保護塗層〔料〕	防食塗装	保护涂层〔料〕
— glasses	防護眼鏡	保護眼鏡	防护眼镜
protection	保護;防護	プロテクション	保护;防护
— by metallic coating	金屬塗層保護法	金属塗装保護(法)	金属涂层保护法
— check	保護檢驗	保護チェック	保护检验

英文	臺灣	日文	大陸
— coating of steel	鋼的表面保護處理	鋼の防食処理	钢的表面保护处理
— fuse	保護熔絲	保護ヒューズ	保护熔丝
— helmet	防護頭兜	保護（頭）ヘルメット	防护头兜
— mechanism	保護機構	保護機構	保护机构
rotective action	保護作用	保護作用	保护作用
— cap	安全帽	保安帽	安全帽
— clothing	防護衣	防護服	防护衣
— construction	保護結構	保護構造	保护结构
— cover	(塑料)防毒套	防護覆い	(塑料)防毒套
— deck	防護甲板;裝甲甲板	防御甲板	防护甲板;装甲甲板
— earth	保護接地	保安接地	保护接地
— gap	保護放電器;安全間隙	保護ギャップ	保护放电器;安全间隙
— gear	保護裝置	保護装置	保护装置
— ground	保護接地(線)	Ｐアース	保护接地(线)
— mask	保護膜〔罩〕;防毒面具	保護マスク	保护膜〔罩〕;防毒面具
— net	保護網	保護網	保护网
— screen	保護網;防護屏	防護用遮へい	保护网;防护屏
— sleeve	安全套〔筒;管;環;墊〕	アームカバー	安全套〔筒;管;环;垫〕
— spark gap	保護火花隙	保安火花間げき	保护火花隙
— zinc	防護用鋅	保護亜鉛	防护用锌
rotector	保護具〔裝置〕;防護器	プロテクタ	保护具〔装置〕;防护器
rotoactinium,Pa	鏷	プロトアクチニウム	镤
roton	(正)質子;氫核	プロトン	(正)质子;氢核
rotonation	加質子作用	陽子化作用	加质子作用
rototype	原型;主型	プロトタイプ	原型;主型
— model	樣機模型	プロトタイプモデル	样机模型
— mold	原模型	原形型	原模型
rotoxide	低氧化物	プロトオキサイド	氧化亚(某);低氧化物
— of iron	氧化亞鐵	酸化第一鉄	氧化亚铁
rotracted heating	延長加熱	延長加熱	延长加热
— test	持續試驗	疲労試験	持续试验
rotractor	量角器;角規;半圓規	プロトラクタ	量角器;角规;半圆规
rotruded packing	多孔迫緊;沖壓迫緊	多とつおう物のてん材	多孔填料;冲压填料
rotrusion	凸起	突起	凸起
rotuberance	突起;隆起;節疤	プロチュバランス	突起;隆起;节疤
roximate analysis	組份分析;實用分析	近似分析	组份分析;实用分析
roximity	接近;鄰近	プロキシミティ	接近;邻近
runing	刪除;刪改	せん定	删除;删改;剪裁
Prussian black	鐵黑〔氧化鐵加炭黑〕	プルシアンブラック	铁黑〔氧化铁加炭黑〕
— brown	鐵棕	プルシアンブラウン	铁棕

英文	臺灣	日文	大陸
PS cable	預應力鋼絲纜	プレストレスケーブル	预应力钢丝缆
PS wire	預應力鋼絲	PS 鋼線	预应力钢丝
pseudo-carburizing	偽滲碳	擬似浸炭	伪渗碳
pseudo-catalysis	假催化(作用)	擬接触反応	假催化(作用)
pseudo-concave	偽凹	擬凹	伪凹
pseudo-convex	偽凸	擬凸	伪凸
pseudo-elastic properties	假彈性	擬似弾性	假弹性
pseudo-equilibrium	假平衡	擬平衡	假平衡
pseudo-isometric crystal	假等軸晶	擬等軸晶	假等轴晶
pseudo-isotope	假同位素	擬同位元素	假同位素
pseudo-metal	假金屬	擬金属	假金属
pseudo-plastic	假塑性(的);假塑體	擬塑性	假塑性(的);假塑体
— flow	假塑性流動	擬塑性流体	假塑性流动
pseudo-processor	偽處理機	擬処理装置	伪处理机
pseudo-solution	假溶液;膠體溶液	擬溶液	假溶液;胶体溶液
pseudo-vector	偽向量	擬ベクトル	伪矢量
pucherite	釩鉍礦	プッチャー石	钒铋矿
puddle	攪煉(法)	パッドル	搅炼(法)
— ball	攪煉鐵塊	かくれん鉄塊	搅炼铁块
— bar	攪煉鐵條	かくれん鉄棒	搅炼铁条
— furnace	攪煉爐	パッドル炉	搅炼炉
— iron	攪煉鍛鐵	パッドル錬鉄	搅炼锻铁
— mill	熟鐵軋機	パッドルミル	熟铁轧机
— mixer	攪拌機;混砂機	パッドルミキサ	搅拌机;混砂机
— process	攪煉(熟鐵)法	かくれん	搅炼(熟铁)法
— slag	攪煉爐渣	パッドル鉄さい	搅炼炉渣
puddled clay	夯實黏土	パッドルクレイ	夯实粘土
— steel	攪煉鋼	かくれん鋼	搅炼钢
puddler	攪煉爐	かくれん炉	搅炼炉
puddling	攪煉(作用)	パッドリング	搅炼(作用)
— cinder	攪煉法(金屬)熔渣	かくれん法ようさい	搅炼法(金属)溶渣
— furnace-bed	攪煉爐底〔床〕	かくれん炉床	搅炼炉底〔床〕
— slag	攪煉爐渣	かくれん炉さい	搅炼炉渣
puff drying	膨脹乾燥	パフ乾燥	膨胀干燥
puffed bar	起泡(缺陷的)棒材	膨れきず棒	起泡(缺陷的)棒材
pug	捏土;捏土機	パッグ	捏土;捏土机
— mill	捏土磨機	パグミル	捏土磨机
pugging	捏和	パギング	捏和
pull	拉;拉力;牽引	プール	拉;拉力;牵引
— broach	拉刀	プレブローチ	拉刀

英文	臺灣	日文	大陸
~ broaching	拉削	引きブローチ削り	拉削
~ cracks	熱裂	引き割れ	热裂
~ feed	拉式送料	プルフィード	拉式送料
~ grader	拖式平地機	プルグレーダ	拖式平地机
~ rod	牽引桿;拉桿	プルロッド	牵引杆;拉杆
~ stud	(螺紋)拉桿;牽引螺栓	プルスタッド	(螺纹)拉杆;牵引螺栓
~ test	拉伸試驗;拉力試驗	プルテスト	拉伸试验;拉力试验
~ tractor	牽引拖拉機	プルトラクタ	牵引拖拉机
~ type slitter	拉力型縱剪切機	プルタイプスリッタ	拉力型纵剪切机
pull-back	拉回;拖遲;阻止物	引込み	拉回;拖迟;阻止物
~ arm	頂回桿〔柄;臂〕	引戻しアーム	顶回杆〔柄;臂〕
~ bar	拉桿	プルバックバー	拉杆
~ ram	回程活塞〔柱塞〕	引戻しラム	回程活塞〔柱塞〕
~ spring	拉回彈簧	プルバックスプリング	拉回弹簧
pulled surface	皺裂(表)面	しお裂けの表面	皱裂(表)面
puller	拆卸器	プーラ	拆卸器;拉单晶机
pulley	滑輪〔車〕;皮帶輪	プーリ	滑轮〔车〕;皮带轮
~ block	滑輪組	プーリブロック	滑轮组
~ boss	皮帶輪轂	プーリボス	皮带轮毂
~ bracket	滑輪托架	滑車ブラケット	滑轮托架
~ check	滑輪制動器	滑車しめ機	滑轮制动器
~ cover	皮帶輪罩	プーリカバー	皮带轮罩
~ drive	皮帶輪傳動	プーリードライブ	皮带轮传动
~ gear	滑輪裝置	滑車装置	滑轮装置
~ hoist	起重滑輪	滑車ホイスト	起重滑轮
~ in step	塔輪	段滑車	塔轮
~ rim	皮帶輪輞;滑輪輪緣	プーリリム	皮带轮辋;滑轮轮缘
~ set	滑輪裝置	せみ	滑轮装置
~ sheave	三角皮帶輪;滑車滑輪	みぞ付き滑車輪	三角皮带轮;滑车滑轮
~ stile	滑輪〔車〕槽	羽根車かまち	滑轮〔车〕槽
~ support	滑輪支架;皮帶輪支架	プーリサポート	滑轮支架;皮带轮支架
~ tap	皮帶輪絲維	プーリタップ	皮带轮丝维
~ torque	滑輪轉矩;皮帶輪轉矩	プーリトルク	滑轮转矩;皮带轮转矩
~ wheel	滑輪	プーリホイール	滑轮
~ wiper	滑輪擦淨器	プーリスクレーパ	滑轮擦净器
pull-in	進入同步;引入	プルイン	进入同步;引入;接通
~ torque	牽入轉矩	プルイントルク	牵入转矩
pulling	同步;拉;拖;拔	プルイング	同步;拉;拖;拔
~ force	拉力;牽引力	引張り力	拉力;牵引力
~ jack	拉力千斤頂	プリングジャッキ	拉力千斤顶

英文	臺灣	日文	大陸
— strength	拉伸強度	引張り強さ	拉伸强度
— stress	拉應力	引張り応力	拉应力
— test	抗拔力試驗	引抜き試験	抗拔力试验
— test of pile	樁的抗拔力試驗	くい引抜き試験	桩的抗拔力试验
pull-out	拔拉〔出〕;拉伸〔起〕	引抜き	拔拉〔出〕;拉伸〔起〕
— torque	失步轉矩;拉出轉矩	プルアウトルク	失步转矩;拉出转矩
— type fracture	剝落破壞;撕裂	はく離破壊	剥落破坏;撕裂
pull-over	遞回;撥送;撥送機	プルオーバ	递回;拨送;拨送机
— mill	遞回式軋機	プルオーバミル	递回式轧机
— roll	遞回軋輥	プルオーバロール	递回轧辊
pull-up	拉起;急升;吸引;張力	プルアップ	拉起;急升;吸引;张力
— torque	最小起動力矩	プルアップトルク	最小起动力矩
pulpit	操縱室〔台〕;講台	パルピット	操纵室〔台〕;讲台
pulsation	脈動;波動;振動	パルセーション	脉动;波动;振动;跳动
— dumper	脈動緩衝器	脈動緩衝器	脉动缓冲器
pulse	脈衝;脈動	パルス	脉冲;脉动;冲量
— annealing	周期退火	パルス焼なまし	周期退火
— divider	脈衝分壓電路	パルス分圧回路	脉冲分压电路
— emission	脈動發射	パルスエミッション	脉动发射
— energy	脈衝能量	パルスエネルギー	脉冲能量
— forming	脈衝形成	パルス形成	脉冲形成
— heat system	脈衝加熱式	パルスヒート方式	脉冲加热式
— laser anneal	脈衝雷射退火	パルスレーザアニール	脉冲激光退火
— motor	脈衝電動機;脈衝馬達	パルスモータ	脉冲电动机;脉冲马达
— signal	脈衝信號	パルス信号	脉冲信号
— system	脈衝制;脈衝增壓	パルス方式	脉冲制;脉冲增压
— transformer	脈衝變壓器	パルストランス	脉冲变压器
— voltage	脈衝電壓	パルス電圧	脉冲电压
pulsed arc welding	脈衝電弧銲	パルスアーク溶接	脉冲电弧焊
— attenuator	脈衝衰減器	パルス減衰器	脉冲衰减器
— current	脈衝電流	パルス電流	脉冲电流
pulser	脈衝發生器;脈衝裝置	パルサ	脉冲发生器;脉冲装置
pulsifier's method	攪煉法〔鋼〕	パドル法	搅炼法〔钢〕
pulverability	(可)粉化性	粉化性	(可)粉化性
pulverised coal	煤粉	粉炭	煤粉
pulverization	粉碎;粉化	(微)粉砕	粉碎;粉化
pulverizator	粉碎機〔器〕	微粉(砕)機	粉碎机〔器〕
pulverized chalk	細磨粉筆	微粉砕チョーク	细磨粉笔
— coal feeder	供煤粉機	微粉炭フィーダ	供煤粉机
— coal firing	煤粉燃燒	微粉炭燃焼	煤粉燃烧

文	臺　灣	日　文	大　陸
~ coal pipe	煤粉管	微粉炭管	煤粉管
~ coal separator	煤粉分離器	微粉炭サイクロン	煤粉分离器
~ dirt	粉狀屑	微粉	粉状屑
~ fuel	粉狀燃料	微粉燃料	粉状燃料
~ powder	碎粉	粉砕粉	碎粉
~ product	粉狀製品	砕製物	粉状制品
ulverizer	磨粉機;噴霧器	パルバライサ	磨粉机;喷雾器
ulverizing mill	粉磨機;碎粉機	微粉機	粉磨机;碎粉机
~ milling	粉碎;磨粉	粉砕	粉碎;磨粉
umice	輕石;浮石	パミス	轻石;浮石
ump	泵	ポンプ	泵
~ arm	泵臂	ポンプアーム	泵臂
~ barrel	泵筒;泵殼	ポンプ胴	泵筒;泵壳
~ bearing	泵軸承	ポンプベアリング	泵轴承
~ caliber	水泵口徑	ポンプ口径	水泵口径
~ cover	泵蓋	ポンプカバー	泵盖
~ cylinder	泵缸	ポンプシリンダ	泵缸
~ down	抽氣〔空〕;降壓	ポンプダウン	抽气〔空〕;降压
~ drain cock	泵放水旋塞	ポンプドレンコック	泵放水旋塞
~ drive gear	泵傳動齒輪	ポンプドライブギアー	泵传动齿轮
~ duty	泵輸送量;泵的功能	ポンプ仕事率	泵输送量;泵的功能
~ efficiency	泵效率	ポンプ効率	泵效率
~ engine	泵發動機	ポンプエンジン	泵发动机
~ gear	泵齒輪	ポンプ連動機	泵齿轮
~ head	泵壓頭;泵的壓力	ポンプヘッド	泵压头;泵的压力
~ impeller	泵輪;泵推動器	ポンプインペラ	泵轮;泵推动器
~ loop	泵回路	ポンプループ	泵回路
~ lubrication	泵潤滑;強制潤滑	ポンプ注油	泵润滑;强制润滑
~ nozzle	泵噴口	ポンプノズル	泵喷口
~ oil seal	泵(的)油封	ポンプオイルシール	泵(的)油封
~ output	泵排量	ポンプ出力	泵排量
~ over	唧送;泵送	ポンプ送出	唧送;泵送
~ pipe	泵管	ポンプパイプ	泵管
~ piston	泵活塞	ポンプピストン	泵活塞
~ pressure	泵壓力	ポンプ圧	泵压力
~ ram	泵柱塞	ポンプピストン	泵柱塞
~ rotor	泵轉子	ポンプロータ	泵转子
~ shaft	泵軸	主軸	泵轴
~ sleeve	泵套筒	ポンプスリーブ	泵套筒
~ spindle	泵軸	ポンプスピンドル	泵轴

英　文	臺　灣	日　文	大　陸
— spring	泵彈簧	ポンプスプリング	泵弹簧
— stroke	泵行程	ポンプストローク	泵行程
— tube	泵用管	ポンプ管	泵用管
— turbine	水泵-水輪機;渦輪機	ポンプタービン	水泵-水轮机;涡轮机
— valve	泵閥	ポンプバルブ	泵阀
pumping	泵唧;泵送	ポンプ作動	泵唧;泵送
— action	抽水作用;吸泥作用	ポンプングアクション	抽水作用;吸泥作用
— darinage	水泵排水	ポンプ排水	水泵排水
— energy	激勵能;抽運能	ポンピングエネルギー	激励能;抽运能
— equipment	揚水設備;抽水設備	ポンプ設備	扬水设备;抽水设备
— losses	泵損失	ポンプ損失	吸排气损失;泵损失
— pit	泵吸水井	ポンプピット	泵吸水井
— plant	抽水裝置;抽水站	ポンプ装置	抽水装置;抽水站
punch	沖頭;打孔機	パンチ	冲头;穿孔机;冲床
— adaptor	沖頭夾持器	ポンチアダプタ	冲头夹持器
— assembly	凸模裝置;凸模組件	ポンチアセンブリ	凸模装置;凸模组件
— block	凸模壞料	パンチブロック	凸模坏料
— box	成卷機〔紡織〕	パンチボックス	成卷机〔纺织〕
— bulging	凸模脹形加工	型張出し加工	凸模胀形加工
— cam	打孔凸輪	パンチカム	穿孔凸轮
— card	打孔卡片	パンチカード	穿孔卡片
— carrier	凸模移動滑座	ポンチキャリヤ	凸模移动滑座
— cutter	沖頭	押抜き機	冲头
— cutting machine	陽模雕刻機	父型彫刻機	阳模雕刻机
— die	沖模	ポンチダイ	冲模
— displacement	凸模行程;沖頭位移	ポンチストローク	凸模行程;冲头位移
— failure	凸模破損;沖頭損壞	ポンチ破損	凸模破损;冲头损坏
— flange	沖頭固定凸緣	ポンチフランジ	冲头固定凸缘
— guide	凸模導向裝置	ポンチガイド	凸模导向装置
— hammer	打孔錘	パンチハンマ	穿孔锤
— heel	凸模背靠塊	ポンチヒール	凸模背靠块
— holder	凸模固定板;上模板	ポンチホルダ	凸模固定板;上模板
— holder shank	凸模柄	ポンチホルダシャンク	凸模柄
— hole	沖孔	パンチホール	穿孔
— inclosure	沖頭安全罩	ポンチ覆い	冲头安全罩
— knife	打孔刀	パンチナイフ	穿孔刀
— land	凸模面刃口寬度	ポンチランド	凸模面刃口宽度
— machine	沖床	ポンチマシン	冲床;压力机
— mark	沖標記;打標記	ポンチマーク	冲标记;打标记
— nose angle	凸模圓角(半徑)	ポンチラジアス	凸模圆角(半径)

文	臺灣	日文	大陸
- nose radius	凸模圓角(半徑)	ポンチラジアス	凸模圆角(半径)
- pad	凸模壓板;沖壓墊	ポンチパッド	凸模压板;冲压垫
- pin	打孔頭;沖頭	パンチピン	穿孔头;冲头
- plate	沖頭接板;凸模固定板	ポンチプレート	冲头接板;凸模固定板
- press	沖壓機;打孔沖床	パンチプレス	冲压机;穿孔压力机
- profile radius	沖頭圓角半徑	ポンチラジアス	冲头圆角半径
- raiser	凸模墊高塊	ポンチレイザ	凸模垫高块
- rate	打孔速率	せん孔速度	穿孔速率
- retainer	凸模夾持板	ポンチリテーナ	凸模夹持板
- shank	凸模柄;沖頭柄	ポンチシャンク	凸模柄;冲头柄
- shear	沖孔剪割機	ポンチシャー	冲孔剪割机
- shoe	凸模座;凸模固定板	上型シュー	凸模座;凸模固定板
- slide	沖頭滑板;沖床滑塊	ポンチスライド	冲头滑板;冲床滑块
- strength	凸模強度;沖頭強度	ポンチ強度	凸模强度;冲头强度
- table	萬能沖壓台	ポンチ自在台	万能冲压台
- travell	凸模行程;沖頭行程	ポンチストローク	凸模行程;冲头行程
unchability	沖壓加工性	打抜き加工性	冲压加工性
unched card	打孔卡片	パンチカード	穿孔卡片
- cavity	沖製孔	ホビング孔	冲制孔
- matrix	沖壓字模	パンチ母型	冲压字模
- scrap	(沖剪)邊角料	うち抜きくず	(冲剪)边角料
uncheon	中間柱	補助柱	中间柱;立筋;粗制背板
uncher	打孔機〔員〕;沖床	ポンチングマシン	穿孔机〔员〕;冲床
unching	打孔;沖切;沖壓	パンチング	穿孔;冲切;冲压
- and shearing machine	聯合沖剪機	ポンチングプレス	联合冲剪机
- block	沖孔墊板;打孔台	穴抜き台	冲孔垫板;穿孔台
- board	沖孔板	有孔板	冲孔板
- depth	沖壓深度	かみ合い深さ	冲压深度
- die	沖孔模;沖裁模	ポンチングダイ	冲孔模;冲裁模
- head	沖頭	ポンチングヘッド	冲头
- machine	沖壓機;沖孔機	パンチングマシン	冲压机;冲孔机
- mechanism	打孔機構	せん孔機構	穿孔机构
- metal	沖孔金屬板	パンチングメタル	冲孔金属板
- position	沖孔位置;打孔位置	せん孔位置	冲孔位置;穿孔位置
- press	沖床;沖壓機	ポンチングプレス	冲床;冲压机
- quality	沖切性能	打抜き加工性	冲切性能
- shear	沖剪〔切〕	パンチングシャー	冲剪〔切〕
- shear stress	沖切力;沖剪應力	押抜きせん断力	冲切力;冲剪应力
- stock	沖切用材料	打抜き用素材	冲切用材料
- stress	沖切應力;沖孔應力	ポンチングストレス	冲切应力;冲孔应力

P

英文	臺灣	日文	大陸
— system	打孔裝置;冲切裝置	パンチシステム	穿孔装置;冲切装置
— tool	冲裁模;冲孔工具	打抜き型	冲裁模;冲孔工具
— working	冲孔加工	パンチング加工	冲孔加工
punchings	冲切下角料	ポンチングス	冲切下角料
punchless drawing	擠壓拉深	ポンチレス絞り	挤压拉深
punch-though	擊穿(現象)	パンチスルー	击穿(现象)
puncture resistance	耐破壞性	破壊抵抗	耐破坏性
— tester	耐壓試驗器	パンクチュアテスタ	耐压试验器
purchase	滑輪組;起重裝置	パーチェス	滑轮组;起重装置
pure alcohol	無水酒精;無水乙醇	純アルコール	无水酒精;无水乙醇
— aluminum	純鋁	純アルミニ	纯铝
— bending	純彎曲	均等曲げ	纯弯曲
— coal	純煤	純炭	纯煤
— copper	純銅	純銅	纯铜;红铜
— metal	純金屬	純金属	纯金属
— metallic cathode	純金屬陰極	純金属陰極	纯金属阴极
— metallic contact	純金屬接觸點	純金属接触点	纯金属接触点
— nickel electrode	純鎳銲條	純ニッケル	纯镍焊条
— solvent	純溶劑	純溶媒	纯溶剂
— torsion	純扭(轉)	単純ねじり	纯扭(转)
— tungsten	純鎢	純タングステン	纯钨
pureness	純度	純度	纯度
purge	清洗;清除	パージ	清洗;清除;使清洁
— valve	排氣閥	パージ弁	清洗阀;排气阀
purification	純化	精製	纯化;提纯
purified cellulose	精製纖維素	精製セルロース	精制纤维素
purifier	淨化器	ピュリファイヤ	提纯器;净化器
purifying agent	清淨劑	清浄剤	清净剂
purity	純度;純潔	ピュリティ	纯度;纯洁
Purnell quenching process	珀內爾淬火法	パーネル焼入れ法	珀内尔淬火法
puron	高純度鐵	ピュロン	高纯度铁
purpose	目的;用途;效果	パーパス	目的;用途;效果
push	按;推進;促進;衝擊	プッシュ	按;推进;促进;冲击
— bending die	冲彎模;彎曲模	突曲げ型	冲弯模;弯曲模
— broach	推刀	プッシュブローチ	推刀
— broaching	推削	押しブローチ削り	推削
— rod cup	推桿頭	プッシュロッドカップ	推杆头
— rod seal	推桿墊圈	プッシュロッドシール	推杆垫圈
— roll	送料輥;推料輥	プッシュロール	送料辊;推料辊
— through draw die	單動拉深模	単動絞り型	单动拉深模

文	臺灣	日文	大陸
welding	手動點銲	手押しスポット溶接	手动点焊
sh-button	按扭;自動復位開關	プッシュボタン	按扭;自动复位开关
sh-down	後進先出(方式)	プッシュダウン	后进先出(方式)
sher	推進機;推桿;推鋼料機	プッシャ	推进机;推杆;推钢料机
bar	推出器;推扞;壓料銷	プッシャバー	推出器;推捍;压料销
dog	撥爪	プッシャドッグ	拨爪
shing	推;推擠;推焦	プッシング	推;推挤;推焦
broach	推刀	押しブローチ	推刀
device	推鋼機;推床	プッシングデバイス	推钢机;推床
sh-pull amplification	推挽放大	プッシュプル増幅	推挽放大
type torch	推拉式銲炬	プッシュプルトーチ	推拉式焊炬
sh-up	上推;掉砂〔鑄件缺陷〕	プッシュアップ	上推;掉砂〔铸件缺陷〕
tting gold leaf	貼金箔	はく押し	贴金箔
cnometer	比重瓶	ピクノメータ	比重瓶
knometer	比重瓶	比重びん	比重瓶
lon	埃及式塔門	ピロン	埃及式塔门
ramid	角錐(體);錐形;四面體	ピラミッド	角锥(体);锥形;四面体
bolt	錐形螺栓	ピラミッドボルト	锥形螺栓
carry	錐形進位	ピラミッドキャリー	锥形进位
circuit	錐形(矩陣)電路	ピラミッド回路	锥形(矩阵)电路
column	錐形柱	ピラミッドコラム	锥形柱
crane	三角架起重機	角すいクレーン	三角架起重机
cut	角錐式鑽眼	ピラミッドカット	角锥式钻眼
diffuser	錐形擴壓器	角すいディフューザ	锥形扩压器
indenter	棱錐形(硬度試驗)壓頭	正四角すい圧子	棱锥形(硬度试验)压头
ramidion	小型金字塔	小ピラミッド	小型金字塔
rasteel	派拉鉻鎳耐蝕耐鋼	パイラスチール	派拉铬镍耐蚀耐钢
rite	黃鐵礦	パイライト	黄铁矿
ritic smelting	黃鐵礦熔煉;高溫冶煉	生鉱吹き	黄铁矿熔炼;高温冶炼
sulphur	黃鐵礦硫	黄鉄鉱の硫黄	黄铁矿硫
rochemical processing	高溫化學處理	高温化学処理	高温化学处理
rochemistry	高溫化學	高温化学	高温化学
rology	熱工學	熱工学	热工学
romax	派羅馬克斯電熱絲合金	ピロマックス	派罗马克斯电热丝合金
rometallurgical process	高溫冶金處理	高温や金処理	高温冶金处理
rometallurgy	熱冶學	高温や金	热冶学
rometer	高溫計	パイロメータ	高温计
rometric cone	(示溫)熔錐	パイロメトリック	(示温)熔锥
romic	派羅米克鎳鉻耐熱合金	ピロミック	派罗米克镍铬耐热合金
rophoric alloy	引火合金	発火合金	引火合金

P

英文	臺灣	日文	大陸
— iron	引火鐵	発火鉄	引火铁
— lead	引火鉛	発火鉛	引火铅
— reaction	引火反應	発火反応	引火反应
pyrophoricity	自燃性	自燃性	自燃性
Pyros	派羅斯耐熱鎳鉻合金	ピロス	派罗斯耐热镍铬合金
pyrostat	恒溫槽;高溫調節器	パイロスタット	恒温槽;高温调节器
pyrovoltage	熱電壓	熱電圧	热电压
pyroxylic spirit	甲醇	木精	甲醇

文	臺灣	日文	大陸
tempering	淬火回火處理	Qテンパ	淬火回火处理
ad	四心線繞組〔電纜〕	クワッド	四心线绕组〔电缆〕
adrangle	四角形;四邊形	クワッドラングル	四角形;四边形
adrant	象限;象限儀	クワッドラント	象限;象限仪
angle	象限角;射角	象限角	象限角;射角
iron	方鋼	四分円鉄材	方钢
adrate	平方	クワッドレート	平方;二次;正方形
adratic cone	二次錐面	二次すい面	二次锥面
control problem	二次控制問題	二次制御問題	二次控制问题
curve	二次曲線	二次曲面	二次曲线
surface	二次曲面	二次曲面	二次曲面
adrature	轉向差;正交	求積（法）	转向差;正交
axis reactance	正交軸電抗	横軸リアクタンス	正交轴电抗
adric crank chain	鉸鏈四桿機構	四節回転機構	铰链四杆机构
crank mechanism	四連桿機構	四節回転機構	四连杆机构
adruple	四倍量	四倍数〔量〕	乘以四;四倍量
adruplex	四路多工系統	四重式	四路多工系统
ake resisting wall	抗震墻	耐震壁	抗震墙
alification	限定;鑑定	クォリフィ[illegible]	限定;监定
alitative analysis	定性分析〔試驗〕	定性分析〔試験〕	定性分析〔试验〕
game	定性對策	定性的ゲーム	定性对策
test	定性試驗	定性試験	定性试验
variation	品質變異	品質変動	品质变异
ality	質量;屬性;特性	クォリティ	质量;属性;特性
audit	質量檢查	品質監査	质量检查
characteristic	質量特性	品質特性	质量特性
coefficient	質量系數	品質係数	质量系数
determination	質量鑑定;質量檢驗	品質測定	质量监定;质量检验
of fuel	燃料的質量	燃料品質	燃料的质量
antification	以數量表示;定量	数量化	以数量表示;定量
antitative absorption	定量吸收;定量吸附	定量的吸着	定量吸收;定量吸附
analysis	定量分析	定量分析	定量分析
test	定量試驗	定量試験	定量试验
antity	數量;定量	クォリティティ	数量;定量
of evaporation	蒸發量	蒸発量	蒸发量
antization	量子化;量化	定量化	量子化;量化
antum	量子	クワンタム	量子;时间片
collision	量子碰撞	量子衝突	量子碰撞
mechanics	量子力學	量子力学	量子力学
artation	金銀的硝酸析銀法	金銀の硝酸分解法	金银的硝酸析银法

英文	臺灣	日文	大陸
quarter	四等分;船尾部	クォータ	四等分;船尾部
— bend	直角彎頭	90度ベンド	直角弯头
— bridge method	單臂應變計(測量)法	ーゲージ法	单臂应变计(测量)法
— grain	四開木材紋	まさ目	四开木材纹
— hammer	方錘	四角ハンマ	方锤
quartering	四分法;四等分取樣法	四分法	四分法;四等分取样法
— machine	曲柄軸鑽孔機	クォータリングマシン	曲柄轴钻孔机
quartermaster	舵手〔工〕	かじ取り手	舵手〔工〕
— alloy	四元合金	四元合金	四元合金
quartz	水晶; 石英	クォーツ	水晶; 石英
— pressure gage	石英壓力計	石英圧（力）計	石英压力计
— refractories	石英耐火材料	けい石質耐火物	石英耐火材料
— tube	石英管	石英管	石英管
— wedge	石英楔	石英くさび	石英楔
Quarzal	一種鋁基軸承合金	クオルザル	夸尔扎耳铝基轴承合金
quasi-elastic force	準彈性力	準弾性的力	准弹性力
— scattering	準彈性散射	準弾性散乱	准弹性散射
quasi-particle model	准粒子模型	準粒子模型	准粒子模型
quasi-rigid rotor	準剛性轉子	準剛性ロータ	准刚性转子
quasi-setting	半凝固;半硬化	準硬化	半凝固;半硬化
quasi-sinusoid	準正弦量	準正弦量	准正弦量
quasi-stationary	似穩態(的)	準定常	似稳态(的)
quasi-steady cavity	準定常空泡	準定常キャビティ	准定常空泡
— moment	準定常力矩	準定常モーメント	准定常力矩
— moment coefficient	準定常力矩係數	準定常モーメント係数	准定常力矩系数
quaternary alloy	四元合金	四元合金	四元合金
quaternion	四元數;四元法	クォターニォン	四元数;四元法
quench	淬火	クェンチ	骤冷;淬火;抑制;阻尼
— aging	麻田散鐵時效處理	焼入れ時効	马氏体时效处理
— and fracture test	淬火及斷口試驗	焼入れぜい性試験	淬火及断口试验
— annealing	水淬軟化;水韌處理	急冷焼きなまし	水淬软化;水韧处理
— bath	淬火槽;驟冷槽	急冷浴	淬火槽;骤冷槽
— crack	淬火裂紋	焼割れ	淬火裂纹
— delay	淬火延遲時間	急冷遅らせ時間	淬火延迟时间
— hardening	淬火硬化;淬火	焼入れ硬化	淬火硬化;淬火
— oil	淬火油	焼入れ油	淬火油
— pulse	熄滅脈沖	消灯パルス	熄灭脉冲
— softening	水淬軟化;水韌處理	急冷軟化	水淬软化;水韧处理
— tank	驟冷槽;淬火槽	急冷槽	骤冷槽;淬火槽
— time	淬火時間	急冷時間	淬火时间

文	臺灣	日文	大陸
- tower	驟冷塔;急冷塔	クェンチタワー	骤冷塔;急冷塔
- water	淬火水	急冷水	淬火水
- water bath	淬火水槽	急冷水槽	淬火水槽
uenchant	急冷劑;淬火劑	急冷剤	急冷剂;淬火剂
uenched bronze	淬火青銅	焼入れ青銅	淬火青铜
- charcoal	熄火炭	消し炭	熄火炭
- mode	猝滅模	クェンチドモード	猝灭模
- sorbite	淬火糙斑鐵	焼入れソルバイト	淬火索氏体
- spark gap	猝熄火花隙	瞬滅火花間げき	猝熄火花隙
- troostite	淬火吐粒散鐵	焼入れトルースタイト	淬火屈氏体
uencher	熄滅器;猝熄物	クェンチャ	熄灭器;猝熄物
uenching	猝熄;熄滅	クェンチング	猝熄;熄灭
- agent	淬火劑	焼入れ液	淬火剂
- bath	淬火浴	急冷浴	淬火浴
- circuit	猝滅電路	消滅回路	猝灭电路
- condition	淬火條	急冷条件	淬火条
- crack	淬裂	焼割れ	淬裂
- crack susceptibility	淬裂敏感性	焼割れ感受性	淬裂敏感性
- crane	淬火起重機	焼入れクレーン	淬火起重机
- degree	急冷度;淬透性	急冷度	急冷度;淬透性
- diagram	淬火轉變圖;熱處理圖	焼入れ変態図	淬火转变图;热处理图
- distortion	淬火變形	焼入れ変形	淬火变形
- effect	淬火效應;驟冷效應	急冷効果	淬火效应;骤冷效应
- gas	熄滅氣體	消止め気体	熄灭气体
- hardening magnet steel	淬火硬化磁鋼	焼入れ硬化磁石鋼	淬火硬化磁钢
- liquid	淬火劑;淬火液	焼入れ液	淬火剂;淬火液
- matter	消光物質	消光物質	消光物质
- media	淬火劑	焼入れ液	淬火剂
- medium	驟冷劑;淬火劑	急冷剤	骤冷剂;淬火剂
- method	淬火法	急冷法	淬火法
- of arc	熄弧;滅弧	消弧	熄弧;灭弧
- oil	淬火油	急冷油	淬火油
- photometry	消光光度計	消光光度法	消光光度计
- rate	淬火速度	焼入れ速度	淬火速度
- strain	淬火應變	焼きひずみ	淬火应变
- stress	淬火應力	急冷応力	淬火应力
- temperature	淬火溫度	急冷温度	淬火温度
uenchometer	冷卻速度試驗器	クエンチョメータ	冷却速度试验器
uetch	壓碎機	圧砕機	压碎机
ueue	隊列;排隊	キュー	队列;排队

英　文	臺　灣	日　文	大　陸
quick-opening lever	速啓槓桿	速開てこ	速启扛杆
— radiator valve	快開散熱器閥	急開放熱器弁	快开散热器阀
— valve	速啓閥	早開き弁	速启阀
quicksilver	汞;水銀	クィックシルバ	汞;水银
quiescing	停頓;禁止(操作)	静止	停顿;禁止(操作)
quiet arc	靜弧	沈黙アーク	静弧
— steel	全淨靜鋼	キルド鋼	全镇静钢
quieting ramp	消聲錐面	クワェティングランプ	消声锥面
quill	套管(筒)軸;襯套	クイル	套管(筒)轴;衬套
— bearing	滾針軸承	クイルベアリング	滚针轴承
— pilot	導向軸	キルパイロット	导向轴
— shaft	套筒軸	たわみ軸	套筒轴
— spindle	套筒主軸	クイルスピンドル	套筒主轴
— system drive	空心軸(式)驅動	クイル式駆動方式	空心轴(式)驱动
— type punch	套筒式凸模	キル形ポンチ	套筒式凸模
Quimby pump	雙螺桿泵	クインビーポンプ	双螺杆泵

文	臺灣	日文	大陸
-dimension	R維	Rディメンション	R维
-port	回油口	Rポート	回油口
bbet	槽口;嵌槽;插孔	ラベット	槽口;嵌槽;插孔
~ connector	槽舌連接;榫接	ラベットコネクタ	槽舌连接;榫接
~ joint	嵌接;槽舌接合	さねはぎ	嵌接;槽舌接合
bble	攪拌棍	ラッブル	搅拌棍
~ roaster	攪拌焙燒爐	かくはんろ	搅拌焙烧炉
ce	環;圈;品種;軌道	レース	环;圈;品种;轨道
~ cam	競賽汽車閥用特殊凸輪	レースカム	竞赛汽车阀用特殊凸轮
~ grinder	軸承滾道磨床	レースグラインダ	轴承滚道磨床
ceway	(軸承)座圈;燃燒帶	レースウェイ	(轴承)座圈;燃烧带
~ surface	軌道面	軌道面	轨道面
~ track	軌道	軌道	轨道
cing	超速;控制不穩;紊亂	レーシング	超速;控制不稳;紊乱
ck	(支)架;掛物架;炸彈架	ラック	(支)架;挂物架;炸弹架
~ and pinion jack	齒條齒輪起重器	ラック駆動ジャッキ	齿条齿轮起重器
~ and pinion press	齒輪齒條傳動沖床	ラックプレス	齿轮齿条传动压力机
~ broach	齒條拉刀	ラックブローチ	齿条拉刀
~ case	齒條箱	ラックケース	齿条箱
~ cutting machine	切齒條機	ラック歯切り盤	切齿条机
~ driven planer	齒條(傳動)式龍門鉋床	ラック式平削り盤	齿条(传动)式龙门刨床
~ earth	機殼接地	ラックアース	机壳接地
~ feed	齒條進給	ラックの送り	齿条进给
~ gear	齒條式傳動裝置	ラックギヤー	齿条式传动装置
~ guide	齒條導板〔軌〕	ラックガイド	齿条导板〔轨〕
~ hook with screw	帶螺紋的固定掛具	ねじ止め引っかけ	带螺纹的固定挂具
~ jack	齒條起重器〔千斤頂〕	ラック	齿条起重器〔千斤顶〕
~ mount	安裝架;固定架	ラックマウント	安装架;固定架
~ pinion press	齒條齒條傳動沖床	ラックピニオンプレス	齿条齿条传动压力机
~ process	掛鍍(法);吊鍍(法)	ラック方式	挂镀(法);吊镀(法)
~ rail	齒軌	ラックレール	齿轨
~ railway	齒軌鐵道	歯車式鉄道	齿轨铁道
~ reception	分離多徑接收	ラックレセプション	分离多径接收
~ saw	闊齒鋸	広刃のこ	阔齿锯
~ scafford	台架式腳手架	棚足場	台架式脚手架
~ shaping machine	齒條加工機	ラック歯切り盤	齿条加工机
~ sleeve	主軸套筒	主軸スリーブ	主轴套筒
~ support	支架	立て金物	支架
~ type cutter	齒條形剃齒刀	ラックタイプカッタ	齿条形剃齿刀
~ wheel	(齒條傳動)齒輪	ラック歯車	(齿条传动)齿轮

英文	臺灣	日文	大陸
— work	齒條加工	ラック細工	齿条加工
racking	台架;船體橫向扭曲	ラッキング	台架;船体横向扭曲
— load	擠壓負載	ラッキング荷重	挤压负荷
— stage	可移動的載物台	可動物置棚	可移动的载物台
— stress	橫(向)扭(曲)應力	ラッキング応力	横(向)扭(曲)应力
radial admission	徑向進氣;徑向引入	心向き送入	径向进气;径向引入
— bearing	向心軸承	ラジアルベアリング	向心轴承
— boring machine	懸臂鑽床	風見形ボール盤	摇臂钻床
— chaser	徑向螺紋梳刀	ラジアルチェーザ	径向螺纹梳刀
— depth	徑向深度	ラジアルデップス	径向深度
— displacement	徑向位移	半径方向変位	径向位移
— draw deformation	徑向拉伸變形	ラジアルドロー	径向拉伸变形
— drawing	徑向拉伸	しごきスピニング	径向拉伸
— drill	懸臂鑽床	ラジアルドリル	摇臂钻床
— float	定蹼	固定フロート	定蹼
— grooved filter plate	輻射凹紋濾板	放射溝切こし板	辐射凹纹滤板
— line	輻射線	放射状の線	辐射线
— line control	輻射線定位	放射線修正	辐射线定位
— outward flow turbine	離心式渦輪機	外向き半径流タービン	离心式涡轮机
— relief	徑向後角	外周逃げ角	径向后角
— roller bearing	向心滾子軸承	ラジアルころ軸受	向心滚子轴承
— saw	不定向圓鋸;轉向鋸	ラジアル丸のこ盤	不定向圆锯;转向锯
— shear	徑向剪斷	放射状せん断	径向剪断
— spoke	徑向輪輻;徑向輻條	ラジアルスポーク	径向轮辐;径向辐条
— stress	徑向應力	半径方向応力	径向应力
— symmetry	徑向對稱	放射対称	径向对称
— triangulation	輻射三角測量	放射三角測量	辐射三角测量
— unit stress	徑向單位應力	半径方向応力度	径向单位应力
— varying pitch	徑向變螺距	半径方向変動ピッチ	径向变螺距
— velocity	徑向速度	半径方向速度	径向速度
radian	弧度	ラジアン	弧度
radiant boiler	輻射式鍋爐	放射ボイラ	辐射式锅炉
— heat	輻射熱	ラジアントヒート	辐射热
— heat transfer	輻射傳熱	ふく射伝熱	辐射传热
— quantit	輻射量	放射量	辐射量
— ray	輻射線	ふく射線	辐射线
radiated heat	輻射熱	ふく射熱	辐射热
radiation	輻射;放射	ラジエーション	辐射;放射
— arc furnace	間接電弧爐	間接アーク炉	间接电弧炉
— area	輻射面積	ふく射面	辐射面积

文	臺灣	日文	大陸
contamination	放射性污染	放射能汚染	放射性污染
cure	輻射硬化;輻射熟化	放射線硬化	辐射硬化;辐射熟化
curing	輻射熟化;輻射處理	放射線キュアリング	辐射熟化;辐射处理
heat	輻射熱	ラジエーションヒート	辐射热
heating	輻射加熱	ふく射加熱	辐射加热
pollution	輻射污染	放射線公害	辐射污染
quantity	輻射量	放射線の量	辐射量
ratio	輻射率	放射率	辐射率
shield	輻射屏蔽層	遮へい	辐射屏蔽层
shielding	輻射屏蔽	放射線遮へい	辐射屏蔽
survey	輻射調查;輻射探查	放射線サーベイ	辐射调查;辐射探查
liator	輻射體;振蕩器;散熱器	ラジエータ	辐射体;振荡器;散热器
bracket	散熱器托架	放熱器ブラケット	散热器托架
fin	散熱片	放熱フィン	散热片
nipple	散熱器螺紋界面	放熱器ニップル	散热器螺纹接口
paint	散熱器用漆	放熱機用塗料	散热器用漆
valve	散熱器閥	放熱器弁	散热器阀
lical	基礎;根本的;原子團的	ラジカル	基础;根本的;原子团的
axls	基軸;土軸	根軸	基轴;主轴
lio	無線電;無線電收音機	ラジオ	无线电;无线电收音机
lioactinium,Th	射錒〔釷的同位素〕	ラジオアクチニウム	射锕〔钍的同位素〕
lioactive anomaly	放射性異常	放射能異常	放射性异常
effect	輻射效應	放射性効果	辐射效应
element	放射(性)元素	放射性元素	放射(性)元素
half-life	放射性半衰期	放射性半減期	放射性半衰期
pollution	放射性污染	放射能汚染	放射性污染
ray room	X光室	放射線室	X光室
lioactivity	放射性;放射強度	ラジオアクティビティ	放射性;放射强度
liocarbon	放射性碳	ラジオカーボン	放射性碳
dating	放射性碳測定年齡	放射性炭素年代測定	放射性碳测定年龄
test	射碳試驗	ラジオカーボンテスト	射碳试验
lio-frequency	射頻;無線電頻率;高頻	無線周波数	射频;无线电频率;高频
current	射頻電流	高周波電流	射频电流
heating	射頻加熱;高頻加熱	高周波加熱	射频加热;高频加热
power	射頻功率	高周波電力	射频功率
welding	高頻熔銲	高周波溶接	高频熔焊
liometal	無線電高導磁性合金	放射線合金	无线电高导磁性合金
liometallography	放射金相學	X線金属組織学	放射金相学
liometallurgy	射線冶金學	放射線金属学	射线冶金学
lioscopy	放射性測定	X線試験法	放射性测定

R

英　文	臺　灣	日　文	大　陸
radiotoxicity	放射毒性	放射（能）毒性	放射毒性
radium,Ra	鐳	ラジウム	镭
radius	回轉半徑;轉彎半徑	半径	回转半径;转弯半径
— bar	半徑桿;曲拐臂	突張り棒	半径杆;曲拐臂
— die	弧形成形模;彎弧模	アール曲げ型	弧形成形模;弯弧模
— end mill	圓弧立銑刀	ラジアスエンドミル	圆弧立铣刀
— gage	圓角規;R規;半徑規	ラジアスゲージ	圆角规;R规;半径规
— grinding attachment	半徑磨削附件〔裝置〕	半径研削装置	半径磨削附件〔装置〕
— link	搖桿;滑靴	ラジアスリンク	摇杆;滑靴
— of curvature	曲率半徑	曲率半径	曲率半径
— of curve	曲線半徑	曲線半径	曲线半径
— of gyration	回轉半徑;轉動半徑	回転半径	回转半径;转动半径
— of gyration of area	斷面回轉〔慣性〕半徑	断面二次半径	断面回转〔惯性〕半径
— of inertia	慣性半徑	慣性半径	惯性半径
— of rupture	斷裂半徑	破面半径	断裂半径
— of turn	旋轉半徑	旋回半径	旋转半径
— of vertical curve	豎曲線半徑	縦断曲線半径	竖曲线半径
— rod	半徑桿	心向き棒	半径杆
— truing device	半徑修整裝置	半径修正装置	半径修整装置
— under bead	銲縫半徑	首下丸み	焊缝半径
— vector	矢徑;向量徑	ラジアスベクトル	矢径;向量径
radix	基數;根値數	ラディックス	基数;根值数
radon,Rn	氡	ラドン	氡
radphot	輻射輻透〔照度單位〕	ラドフォト	辐射辐透〔照度单位〕
raflo	徑向擠壓	半径押出し	径向挤压
raft	鑄模	ラフト	铸型;浮桥;木排
rafter	椽子	たるき	椽子
rag	軌槽堆銲;擦布;磨石	ラグ	轨槽堆焊;擦布;磨石
— bolt	棘螺栓;錨栓	ラッグボルト	棘螺栓;锚栓
rail	鋼軌;鐵道;欄杆;橫木	レール	钢轨;铁道;栏杆;横木
— adhesion	鋼軌附著力	レール粘着力	钢轨附着力
— batter low	低接頭〔鋼軌的〕	継目落ち	低接头〔钢轨的〕
— beam	鋼軌梁	レールげた	钢轨梁
— brace	鋼軌支撐;軌撐	レール支材	钢轨支撑;轨撑
— brake	軌條減速器;軌閘	レールブレーキ	轨条减速器;轨闸
— cross-cut saw	鋼軌鋸;鋼軌鋸床	レールのこ盤	钢轨锯;钢轨锯床
— cut	軌枕壓傷;軌枕切壓	食込み〔鉄道〕	轨枕压伤;轨枕切压
— gage	軌距尺;鐵路道尺	レールゲージ	轨距尺;铁路道尺
— grinding car	鋼軌打〔研〕磨車	レール研削車	钢轨打〔研〕磨车
— guide	導軌	レールガイド	导轨

文	臺灣	日文	大陸
ead	(鉋床)垂直刀架	レールヘッド	(刨床)垂直刀架
oint	鋼軌接頭	レール継手	钢轨接头
ressure	軌道壓力	レール圧力	轨道压力
unch	鋼軌沖壓機	軌条圧せん器	钢轨冲压机
eplacer	換軌器	レール交換機	换轨器
pan	軌距	レールスパン	轨距
quare	準軌尺	大がね	准轨尺
teel	鋼軌;軌用鋼	レール鋼	钢轨;轨用钢
hermit	鋼軌銲接用鋁熱劑	レールテルミット	钢轨焊接用铝热剂
road	鐵路;鐵道	鉄道	铁路;铁道
way	鐵道;鐵路	レールウェイ	铁道;铁路
n	電子流	レーン	电子流;雨;雨水
drop erosion	雨水腐蝕	雨滴侵食	雨水腐蚀
e	提高;舉起;向上掘進	上昇	提高;举起;向上掘进
ed and sunken system	(列板)内外搭接式	内外張	(列板)内外搭接式
er	抬起器;挖掘機;浮起物	レイザ	抬起器;挖掘机;浮起物
ing	提升;加高	起こし	提升;加高
cam	上升凸輪	上げカム	上升凸轮
gear	升降裝置	レージングギヤー	升降装置
machine	拉絨機;刮絨機	起毛機	拉绒机;刮绒机
e	傾斜;傾角;前傾面	レーキ	倾斜;倾角;前倾面
angle	傾斜角;前角	レーキアングル	倾斜角;前角
face	前(刀)面;傾斜面	すくい面	前(刀)面;倾斜面
out	勾縫;勾出	目地かき	勾缝;勾出
ratio	縱斜比;傾斜率	傾斜比	纵斜比;倾斜率
ed bow	前傾型(船)首;傾斜船首	傾斜船首	前倾型(船)首;倾斜船首
gear hob	有前角的齒輪滾刀	すくい角付きホブ	有前角的齿轮滚刀
joint	刮縫;凹縫;臥縫	凹目地	刮缝;凹缝;卧缝
kel metal	雷克銅鋁合金	レケルメタル	雷克铜铝合金
er	耙路機〔工〕;撐腳;支柱	レーカ	耙路机〔工〕;撑脚;支柱
n	頂桿;活塞;滑枕	ラム	顶杆;活塞;滑枕
adaptor	沖頭夾持器	ラムアダプタ	冲头夹持器
air turbine	沖壓式氣輪機	ラムエアタービン	冲压式气轮机
away	錯位	型込めずれ	错位
bending	壓床壓彎	ラムベンディング	压力机压弯
cylinder	柱塞驅動油缸	ラムシリンダ	柱塞驱动油缸
drag	沖壓阻力	ラム抗力	冲压阻力
effect	沖壓效力	ラム効果	冲压效力
head	沖頭;滑枕刀架	ラムヘッド	冲头;滑枕刀架
hoist	千斤頂	ジャッキ	千斤顶

R

英文	臺灣	日文	大陸
— 's horn test	落錘試驗	落つち試験	落锤试验
— lift	沖壓升力;活塞起重器	ラムリフト	冲压升力;活塞起重器
— off	錯位;模樣偏移	型込めずれ	错位;模样偏移
— piston	沖床活塞	ラムピストン	压力机活塞
— stroke	滑塊行程;錘頭衝程	ラムストローク	滑块行程;锤头冲程
— travel(l)	滑塊行程;錘頭行程	ラムトラベル	滑块行程;锤头行程
— type turret lathe	滑枕式轉塔(六角)車床	ラム型タレット旋盤	滑枕式转塔(六角)车床
— velocity	活塞速度	ラム速度	活塞速度
ramet	碳化鉭;金屬陶瓷	ラーメット	碳化钽;金属陶瓷
ramification	分支	分枝	分支
rammer	造模機	ランマ	造型机
— process	搗錘法	ランマ法	捣锤法
ramming	衝擊;搗固	ラミング	冲击;捣固;夯实
— arm	拋砂頭橫臂	ラミングアーム	抛砂头横臂;夯把手
— head	拋砂頭	ラミングヘッド	抛砂头
— material	壓實材料	ラミング材	压实材料
ramollescence	軟化作用	軟化作用	软化作用
ramp	斜面滑道	ランプ	斜面滑道
— angle	滑道斜角	ランプ角	滑道斜角
— rail	斜軌;斜順軌	ランプレール	斜轨;斜顺轨
— rate	緩變率〔速度〕;傾斜率	ランプレート	缓变率〔速度〕;倾斜率
ramshorn hook	雙鉤	両フック	双钩
random access	隨機存取	ランダムアクセス	随机存取
— data	隨機數據	ランダムデータ	随机数据
— distribution	隨機分佈	ランダム分布	随机分布
— model	隨機模型	ランダムモデル	随机模型
— motion	不規則運動	ランダム運動	不规则运动
— number	隨機數	乱数	随机数
— order	隨機次序	ランダムオーダ	随机次序
— path length	自由行程	自由行路	自由行程
— processing	隨機處理	ランダムプロセシング	随机处理
— sample	隨機抽樣;隨機樣本	ランダムサンプル	随机抽样;随机样本
— sampling	隨意取樣;隨機抽樣	ランダムサンプリング	随意取样;随机抽样
range	範圍;量程;射程	レンジ	范围;量程;射程
— ability	航程;飛行距離	レンジアビリティ	航程;飞行距离
— aperture	距離孔	距離アパーチャ	距离孔
— check	範圍檢查;區域檢查	レンジチェック	范围检查;区域检查
— determination	距離測定	距離の決定	距离测定
— deviation	距離偏差	距離上の偏差	距离偏差
— difference	距離差	距離差	距离差

文	臺灣	日文	大陸
distribution	距離分佈	距離分布	距离分布
of stress	應力範圍	応力範囲	应力范围
rake	T形距離尺	T型測角板	T形距离尺
safety	靶場安全	射場安全	靶场安全
scale	距離(標)度	レンジスケール	距离(标)度
nging	測距;距離調整	レンジング	测距;距离调整
nk	級;秩;等級	ランク	级;秩;等级
phide	針晶	束晶	针晶
pid accelerator	快速催速劑	迅速促成剤	快速催速剂
ageing	快速老化	速急老化	快速老化
decompression	快速減壓	急速減圧	快速减压
dryer	快速乾燥器	ラピッドドライヤ	快速乾燥器
fastener	快速緊固裝置	急速締付け装置	快速紧固装置
feed	快速進給	ラピッドフィード	快速馈电;快速进给
freezer	快速冷凍機	急速凍結機	快速冷冻机
heating	快速加熱	急熱	快速加热
heating crack	速熱斷裂	急熱断裂	速热断裂
steel	高速鋼	高速度鋼	高速钢
stripping method	快速脫模法	即時脱型工法	快速脱模法
tool steel	高速鋼;高速工具鋼	高速度鋼	高速钢;高速工具钢
pping	起模(操作)	型上げ操作	起模(操作)
bar	起模棒	型抜き棒	起模棒
hole	敲模孔	型抜き穴	敲模孔
pin	起模鉤;起模棒	型上げ棒	起模钩;起模棒
aschel machine	拉舍爾經編機	ラッシェル編機	拉舍尔经编机
net making machine	拉舍爾編網機	ラッシェル網機	拉舍尔编网机
sp	粗銼	ラスプ	木锉;粗锉
sp-cut	粗銼紋	ラスプカット	粗锉纹
file	粗齒銼	わさび目やすり	木锉;粗齿锉
sper	銼床;銼機	ラスパ	锉床;锉机
sping machine	磨光機	石目やすり掛磨機	磨光机
tch(et)	棘輪(機構);齒桿	ラチェット	棘轮(机构);齿杆
brace	棘輪搖鑽;手搖鑽	ハンドボール	棘轮摇钻;手摇钻
broach	棘輪拉刀	ラチェットブローチ	棘轮拉刀
cylinder	棘爪(驅動)油缸	ラチェットシリンダ	棘爪(驱动)油缸
driver	棘輪式螺絲起子	ラチェットドライバ	棘轮式螺丝起子
handle	棘爪手柄	ラチェットハンドル	棘爪手柄
pawl	棘輪爪;止回棘爪	ラチェットポール	棘轮爪;止回棘爪
valve	組合可調整單向閥	ラチェットバルブ	组合可调整单向阀
te	速率	レート	速率;程度;估价;运费

R

英文	臺灣	日文	大陸
— effect	速率效應	レート効果	速率效应
— equation	比例方程式	レートイクエーション	比例方程式
— of call loss	呼(叫)損(失)率	呼び損率	呼(叫)损(失)率
— of carbon drop	脫碳速度	脱炭速度	脱碳速度
— of climb	上升率;爬升率	上昇率	上升率;爬升率
— of compression	壓縮率;壓縮速率	圧縮率	压缩率;压缩速率
— of cooling	冷卻速率	冷却率	冷却速率
— of corrosion	腐蝕速率	腐食率	腐蚀速率
— of deflection	撓曲率;彎曲速度	たわみ率	挠曲率;弯曲速度
— of deformation	變形速度	変形速度	变形速度
— of descent	下降率	降下率	下降率
— of elongation	伸長率	伸び率	伸长率
— of expansion	膨脹比	膨張速度	膨胀比
— of extension	拉伸率	伸長率	拉伸率
— of flow	流速;流量	流速	流速;流量
— of heating	加熱速度	加熱速度	加热速度
— of operation	運行率;作業率	稼働率	运行率;作业率
— of permeability	滲透率	透過度	渗透率
— of reaction	反應速率	反応率	反应速率
— of rise	上升速度	上昇の割合	上升速度
— of shearing strain	剪切應變速度〔率〕	せん断ひずみ速度	剪切应变速度〔率〕
— of taper	錐度	テーパ比	锥度
— of turning	回轉角速度	旋回角速度	回转角速度
rated accuracy	額定精度	定格確度	额定精度
— horsepower	額定馬力〔功率〕	正規馬力	额定马力〔功率〕
— life	額定壽命	定格寿命	额定寿命
— output	額定輸出	定格出力	额定输出
— pressure	額定壓力	定格圧力	额定压力
— speed	額定速度;額定轉速	レーテッドスピード	额定速度;额定转速
— torque	額定轉矩	定格トルク	额定转矩
rating	評定;估價;定額;標稱	レイティング	评定;估价;定额;标称
— curve	水位流量關係曲線	定格曲線	水位流量关系曲线
ratio	系數;率;比率;比(例)	レシオ	系数;率;比率;比(例)
— analysis	比率分析	レシオアナリシス	比率分析
— arm	比例臂	比例辺	比例臂
— arm box	比率臂箱〔電橋〕	比例辺箱	比率臂箱〔电桥〕
— arm bridge	比率臂電橋	レショアームブリッジ	比率臂电桥
— control	比率控制	レショコントロール	比率控制
— cutting machine	放大切割機	拡大切断機	放大切割机
— gear	變速齒輪	比歯車	变速齿轮

文	臺灣	日文	大陸
- of moduli of elasticity	彈性模數比	弾性係数比	弹性模量比
- of pressure loss	壓力損失比	圧力損失比	压力损失比
- of shear reinforcing bar	抗剪鋼筋比	せん断補強筋比	抗剪钢筋比
- of shrinkage swelling	伸縮率	収縮膨張率	伸缩率
- of size reduction	磨碎比;粉碎率	粉砕比	磨碎比;粉碎率
- of specific heat	比熱比	比熱比	比热比
ttail file	圓銼	丸やすり	圆锉
ttler	貨運列車;有軌電車	ラトラ	货运列车;有轨电车
w blank	毛坯;粗製材	粗形材	毛坯;粗制材
- coal	原煤	粗炭	原煤
- iron	生鐵	生鉄	生铁
- material	原(材)料;坯料	素材	原(材)料;坯料
- pig iron	鑄造用生鐵	鋳造用銑鉄	铸造用生铁
y	光線;放射線	光線	光线;放射线
ayo	雷邀鎳鉻合金	レーヨー	雷邀镍铬合金
yon	人造纖維;人造絲	レーヨン	人造纤维;人造丝
ach	有效半徑;可達範圍	リーチ	有效半径;可达范围
- lever	操件桿	リーチレバー	操件杆
- roller	導輥	リーチローラ	导辊
achability	可達性;能達到性	到達可能性	可达性;能达到性
each-through	透過;穿透	リーチスルー	透过;穿透
action	反應;反衝;反饋	リアクション	反应;反冲;反馈
- chain	反應鏈	反応連鎖	反应链
- condition	反應條件	反応条件	反应条件
- control	反力控制;反饋控制	リアクション制御	反力控制;反馈控制
- coordinate	反應座標	反応座標	反应坐标
- cross section	反應截面(積)	反応断面積	反应截面(积)
- curve	反應曲線	反応曲線	反应曲线
- energy	反應能	反応エネルギー	反应能
- gear	反轉齒輪	リアクションギヤー	反转齿轮
- heat	反應熱	反応熱	反应热
- kinetics	反應動力學	反応動力学	反应动力学
- motor	反應式電動機	リアクションモータ	反应式电动机
- pressure	反應壓力	反応圧	反应压力
- rate	反應速率〔度〕	反応速度	反应速率〔度〕
- sintering	反應燒結	反応焼結	反应烧结
- solder	反應銲料;還原銲料	反応ろう	反应焊料;还原焊料
- torque	反作用轉矩	リアクショントルク	反作用转矩
- water turbine	反力〔動〕式水輪機	反動水車	反力〔动〕式水轮机
- wheel	反轉輪;反擊式葉輪	リアクションホイール	反转轮;反击式叶轮

R

英文	臺灣	日文	大陸
reactivation	再活化(作用)	回復	再活化(作用);重激活
reactive adhesive	活性黏合劑	反応性接着剤	活性粘合剂
— curing agent	活性固化劑	反応性硬化剤	活性固化剂
— load	無功負載	リアクタンス負荷	无功负载
— metal	活性金屬	活性金属	活性金属
reactivity	反應性	反応度〔原子炉の〕	反应性
— power coefficient	反應性功率系數	反応度出力係数	反应性功率系数
— ratio	(單體)反應競聚率	反応率	(单体)反应竞聚率
reactor	反應堆(器)	リアクトル	反应堆(器)
read	讀;讀出	リード	读;读出
— back	讀回	リードバック	读回
— cursor	讀數光標	リードカーソル	读数光标
— halt	讀出停止	読込み休止	读出停止
— modify	讀出修改	リードモディファイ	读出修改
— signal	讀信號	リードグナル	读信号
— time	讀出時間	読出し時間	读出时间
readability	明瞭度;清晰度;可讀性	リーダビリティ	明了度;清晰度;可读性
reader	閱讀機	リーダ	阅读机
read-in	讀入	リードイン	读入
reading	閱讀;讀數;讀出	リーディング	阅读;读数;读出
— beam	顯示電子束	解読ビーム	显示电子束
— duration	讀出時間	読取り時間	读出时间
— scan	讀出掃描	解読走査	读出扫描
reading-aid	助讀器	補読器	助读器
readjustment	重調;再調整	リアジャストメント	重调;再调整
read-only data	只讀數據	リードオンリデータ	只读数据
— memory	只讀存儲器	リードオンリメモリ	只读存储器
readout	讀出〔取〕;數字顯示器	読取り	读出〔取〕;数字显示器
— command	讀出命令	リードアウトコマンド	读出命令
— error	讀出錯誤	リードアウトエラー	读出错误
reae-write	讀寫	リードライト	读写
— amplifier	讀寫放大器	リードライトアンプ	读写放大器
— command	讀寫命令	リードライト命令	读写命令
— cycle	讀寫周期	リードライトサイクル	读写周期
ready	準備就緒	レディ	准备就绪
— condition	就緒狀態	レディコンディション	就绪状态
— flag	就緒標誌	レディフラグ	就绪标志
— mix	預拌;預混;預配	レディミックス	预拌;预混;预配
— program	就緒態程式	レディ状態プログラム	就绪态程序
— queue	就緒隊列	レディ列	就绪队列

英文	臺灣	日文	大陸
— state	就緒狀態	レディステート	就绪状态
— task	就緒任務	レディタスク	就绪任务
Ready Flo	雷迪弗洛銀銲料	レディフロー	雷迪弗洛银焊料
reagent	試劑	試薬	试剂
real address	實地址	リアルアドレス	实地址
— analysis	實分析;實解析	実解析	实分析;实解析
— axis	實軸	実軸	实轴
— function	實函數	実関数	实函数
— junction	實結	現実の接合	实结
— layer	實層	実層	实层
— line	實線	実（数）線	实线
— moment of inertia	實慣性矩	真の慣性モーメント	实惯性矩
— operating	實操作;實運轉	実稼働	实操作;实运转
— part	實數部份	実数部	实数部份
— root	實根	実根	实根
— thing	實物	実物	实物
reality	真實性;現實性	真実性	真实性;现实性
realizability	實現性	実現性	实现性
realm	領域;範圍	領域	领域;范围
real-time adaptive model	實時自適應模型	実時間適応モデル	实时自适应模型
— decision	實時決策〔判定〕	実時間決定	实时决策〔判定〕
— event	實時事件	実時間事象	实时事件
— I/O system	實時輸入輸出系統	実時間入出力システム	实时输入输出系统
— job	實時作業	リアルタイムジョブ	实时作业
— language	實時語言	実時間言語	实时语言
— lock	實時鎖定	リアルタイムロック	实时锁定
— model	實時模型	実時間モデル	实时模型
— monitoring	實時監控〔視〕	実時間監視	实时监控〔视〕
— output	實時輸出	実時間出力	实时输出
— processing system	實時處理系統	実時間処理システム	实时处理系统
— program control	實時程式控制	実時間プログラム制御	实时程序控制
— trace	實時跟蹤	リアルタイムトレース	实时跟踪
ream	令〔紙張單位〕;鉸孔	リーム	令〔纸张单位〕;铰孔
reamer	鉸刀	リーマ	铰刀
— bolt	鉸螺栓;密配合螺栓	リーマボルト	铰螺栓;密配合螺栓
— chuck	鉸刀夾套	リーマチャック	铰刀夹套
— pin	銷形鉸刀	リーマピン	销形铰刀
— tap	鉸孔攻絲複合刀具	リーマタップ	铰孔攻丝复合刀具
reaming	鉸孔;鉸刀加工;擴孔	リーミング	铰孔;铰刀加工;扩孔
— bit	鉸孔鑽	リーミングビット	铰孔钻

英　文	臺　灣	日　文	大　陸
— head	(深孔)擴孔刀頭	リーミングヘッド	(深孔)扩孔刀头
— machine	鉸孔機	リーマ盤	铰孔机
rear	背面(的);後面(的)	リヤー	背面(的);后面(的)
— axle	後車軸	リヤーアクスル	后车轴;后桥
— axle drive gear	(後軸)變速齒輪	変速歯車	(后轴)变速齿轮
— axle gear	後橋主降速齒輪機構	リヤーアクスルギヤー	后桥主降速齿轮机构
— axle lubricant	後軸潤滑劑	後軸潤滑剤	后轴润滑剂
— axle support	後(車)軸支架	後車軸支え	后(车)轴支架
— axle weight	後橋負載	後軸荷重	后桥荷载
— bearing	後軸承	リヤーベアリング	后轴承
— block	後(刀)座	リヤーブロック	后(刀)座
— brake	後輪制動器	リヤーブレーキ	后轮制动器
— brake band	後制動帶	リヤーブレーキバンド	后制动带
— drive	後輪驅動	リヤードライブ	后轮驱动
— drum	後滾筒	後ドラム	后滚筒
— gear set	後(橋)齒輪組	リヤーギヤーセット	后(桥)齿轮组
— hub	後輪轂	後ハブ	后轮毂
— rollr	後滾子;後卷軸	リヤーローラ	后滚子;后卷轴
— shoe	後支〔托〕塊;模板	リヤーシュー	后支〔托〕块;模板
— spring	(汽車)後鋼板彈簧	リヤースプリング	(汽车)后钢板弹簧
— sun gear	後橋半軸齒輪	リヤーサンギヤー	后桥半轴齿轮
— tool post	後刀架〔座〕	リヤーツールポスト	后刀架〔座〕
reason	理由;原因	理由	理由;原因
reassemble	重裝配;重彙編	リアセンブル	重装配;重汇编
rebabbitting	重澆軸承鉛	リバンビッチング	重浇轴承铅
rebanding	更換;翻新	リバンディング	更换;翻新
rebated joint	企口接合;槽舌接合	びんた欠き	企口接合;槽舌接合
— miter joint	企口斜接;槽舌斜接	びんた欠き隅留接	企口斜接;槽舌斜接
— plane	窄槽木鉋;企口鉋	しゃくりかんな	窄槽木刨;企口刨
rebating	企口接合;做企口	合じゃくり	企口接合;做企口
rebound	跳回;回彈	リボウンド	跳回;回弹
— elasticity	回彈性	反発弾性	回弹性
— hardness	反彈硬度;回跳硬度	ショア硬さ	反弹硬度;回跳硬度
recarbonization	再滲碳	再炭化	再渗碳
recarburizer	增碳劑	複炭剤	增碳剂
recarburizing agent	增碳劑	与炭剤	增碳剂
recast	另算;重鑄	リカスト	另算;重铸
— layer	熔化層	溶融層	熔化层
receipt	接收;領取;驗收	ンシート	接收;领取;验收
receiver	接收機;受話機;聽筒	ンシーバ	接收机;受话机;听筒

文	臺　灣	日　文	大　陸
eiving	接收	レシービング	接收
eptacle	插座〔孔〕	レセプタクル	插座〔孔〕
box	火炮的分電箱	栓受け箱	火炮的分电箱
connect	插座連接器	レセプタクルコネクタ	插座连接器
plate	插座板	コンセントプレート	插座板
eptance	動柔度;敏感率;接受率	レセプタンス	动柔度;敏感率;接受率
eption	接收;接待	レセプション	接收;接待
eptive phase	可接受狀態	受容的局面	可接受状态
ess	凹口;凹進部分	溝	凹口;凹进部分
of press ram	沖床滑塊上的模柄孔	プレスラムのリセス	压力机滑块上的模柄孔
well	凹穴	くぼみ	凹穴;回陷
essed arch	疊內拱;凹進的層疊拱	段層アーチ	叠内拱;凹进的层叠拱
essing	凹槽;後退	リセッシング	凹槽;后退
machine	割槽機;切槽機	リセッシングマシン	割槽机;切槽机
tool	切槽刀具;切口刀	リセッシングツール	切槽刀具;切口刀
ing	空轉〔發動機的〕	レーシング	空转〔发动机的〕
ipro compressor	往復壓縮機	往復圧縮機	往复压缩机
feeder	往復式給料機	レシプロフィーダ	往复式给料机
iprocal	倒數;互逆;相互的	逆数	倒数;互逆;相互的
law	可逆定理;互易定理	相反則	可逆定理;互易定理
stress	反向應力	相反応力	反向应力
iprocate	往復;互換(位置)	レシプロケート	往复;互换(位置)
valve	往復閥;滑動(式)閥	レシプロケートバルブ	往复阀;滑动(式)阀
iprocator	往復式發動機	レシプロケータ	往复式发动机
theorem	互易定理;可逆定理	可逆定理	互易定理;可逆定理
irculate	回流;信息重複循環	再循環	回流;信息重复循环
irculating	再循環;複循環	再循環	再循环;复循环
air damper	再循環空氣阻尼器	再循環空気ダンパ	再循环空气阻尼器
water pipe	再循環水管	復水再循環水管	再循环水管
irculation	再循環	リサーキュレーション	再循环
kon	計算;估算	レッコン	计算;估算
laim	矯正;改正;收回	リクレイム	矫正;改正;收回
laimed fiber	再生纖維	再生繊維	再生纤维
material	回收材料;再生材料	再生材料	回收材料;再生材料
oil	再生油	再生油	再生油
water	再生水	再生水	再生水
laimer	回收設備	リクレーマ	回收设备
lamation	回收;再生;填築;開墾	リクラメーション	回收;再生;填筑;开垦
cycle	再生循環	再生サイクル	再生循环
co	鋁鎳鈷鐵磁合金	レコ	铝镍钴铁磁合金

R

英文	臺灣	日文	大陸
recoal	再新供煤;重新裝媒	新規給炭	再新供煤;重新装媒
recogging	重接合	再接合	重接合
recognition	識別	レコグニション	识别
recoil	反衝;後退;彈回	リコイル	反冲;后退;弹回
— energy	反衝能量	リコイルエネルギー	反冲能量
— mechanism	駐退機構	駐退装置	驻退机构
— oil	反衝油;後座油	反跳油	反冲油;后座油
— valve	反衝閥	リコイルバルブ	反冲阀
recombination	複合;再結合	リコンビネーション	复合;再结合
recompacting	再壓縮	再圧縮	再压缩
recompression	再壓縮	再圧縮	再压缩
reconfiguration	(機器)重新組合	機器再構成	(机器)重新组合
— program	重(新)組(合)程式	再構成プログラム	重(新)组(合)程序
reconfirm	噴鍍	溶射	喷镀
reconstruction	重新配置;重新組合	リコンストラクション	重新配置;重新组合
record	錄音;記錄;備忘錄	リコード	录音;记录;备忘录
recorder	記錄器;印碼電報機	リコーダ	记录器;印码电报机
— pen	記錄(器)筆	リコーダペン	记录(器)笔
recording	記錄;錄音;錄像	リコーディング	记录;录音;录像
— board	記錄台	リコーディングボード	记录台
— density	記錄密度	書込み密度	记录密度
— drum	記錄滾筒	リコーディングドラム	记录滚筒
— head	錄音頭;磁頭	リコーディングヘッド	录音头;磁头
— material	記錄材料	記録材料	记录材料
recover	恢復;復原;再現;補償	回収	恢复;复原;再现;补偿
recoverability	(可)修復性;可復性	回復性	(可)修复性;可复性
recoverable coal reserves	可回收的碳量	実収炭量	可回收的碳量
recovered fiber	再生纖維	故繊維	再生纤维
recovery	復原;修復;回收率	リカバリ	复原;修复;回收率
— boiler	回收(的)鍋爐	回収ボイラ	回收(的)锅炉
— characteristic	恢復特性	回復特性	恢复特性
— point	回復點	回復点	回复点
— pressure	恢復壓力;回復壓力	回復圧力	恢复压力;回复压力
— process	故障處理功能	障害処理機能	故障处理功能
— time	復原時間;回掃時間	リカバリタイム	复原时间;回扫时间
recracking	再裂化	再クラッキング	再裂化
recreation	改造;修訂;重做	レクリエーション	改造;修订;重做
recrystallize	再結晶	再結晶	重结晶;再结晶
recrystallized layer	再結晶層	再結晶層	再结晶层
— silicon carbide	再結晶碳化矽	再結晶炭化けい素	再结晶碳化硅

文	臺 灣	日 文	大 陸
ctangle	長方形;矩形	長方形	长方形;矩形
ctangular arrangement	矩形排列	碁盤目配列	矩形排列
beam	矩形(斷面)梁	く形ばり	矩形(断面)梁
bent	直角彎頭	くけいラーメン	直角弯头
broach	矩形拉刀	四角ブローチ	矩形拉刀
coordinate system	直角座標系	直角座標系	直角坐标系
drawing	矩形拉深	角筒絞り	矩形拉深
head	矩形頭;方頭	四角(頭)	矩形头;方头
orifice	矩形口	長方形オリフィス	矩形口
parallelopiped	長方體	直方体	长方体
scanning	矩形掃描	方形走查	矩形扫描
section	矩形剖面	長方形断面	矩形剖面
shank tool	矩形刀柄車刀	長方形シャンクバイト	矩形刀柄车刀
shape	方體形	角胴形	方体形
spline	矩齒形栓槽(軸)	角スプライン	矩齿形花键(轴)
triangle	直角三角形	直角三角形	直角三角形
ctifier	整流器;檢波器	レクチファイア	整流器;检波器;精馏器
ctiformer	整流變壓器	整流変圧器	整流变压器
ctify	整流;檢波;矯正;校準	整流	整流;检波;矫正;校准
ctilinear hoop	環箍筋;螺旋箍筋	角型フープ	环箍筋;螺旋箍筋
cuperability	恢復力;可回收性	修復率	恢复力;可回收性
cuperation	恢復;復原;再生	回復	恢复;复原;再生
currence	復現;循環;回到	リカレンス	复现;循环;回到
curvature point	轉向點	転向点	转向点
cycle	再循環	リサイクル	再循环
feed	(再)循環原(材)料	循環原料	(再)循环原(材)料
oil	(再)循環油	循環油	(再)循环油
ratio	(再)循環比	(再)循環比	(再)循环比
d algae	紅藻	紅藻類	红藻
brass	紅色黃銅	レッドブラス	红色黄铜
bronze	紅銅	レッドブロンズ	红铜
hardness	熱硬性;紅硬性	赤熱硬度	热硬性;红硬性
heat	赤熱	レッドヒート	赤热
metal	紅銅〔含 Cu>80%〕	レッドメタル	红色黄铜〔含 Cu>80%〕
oxide	紅色氧化物;紫紅漆	ベンガラ	红色氧化物;紫红漆
rust	紅銹;鐵銹	赤さび	红锈;铁锈
distribution	再分布;再分配	再分布	再分布;再分配
dox	氧化還原作用	レドックス	氧化还原作用
doxide of copper	氧化亞銅	酸化銅	氧化亚铜
drawing	再拉深;再拉拔	再絞り	再拉深;再拉拔

英文	臺灣	日文	大陸
— rate	再拉深率	再絞り率	再拉深率
— test	再拉深試驗	円筒再絞り試験	再拉深试验
Redray	雷德里鎳鉻合金	レットレイ	雷德里镍铬合金
redress	調整;修整;矯正	リドレス	调整;修整;矫正;纠正
reducer	稀釋劑;還原劑	リジューサ	稀释剂;还原剂;退粘剂
— casing	減速箱	レデューサケーシング	减速箱
— plate	墊板	リデューサプレート	垫板
— spacer	減速箱調整墊	レデューサスペーサ	减速箱调整垫
reducibility	還原性;還原能力	レジューサビリティ	还原性;还原能力
reducing	縮小;縮徑;縮口	レデューシング	缩小;缩径;缩口;还原
— agent	還原劑	還元剤	还原剂
— atmosphere	還原氣層	還元雰囲気	还原气层
— bath	還原浴	還原浴	还原浴
— bend	縮徑彎頭	径違いベンド	缩径弯头
— cross	異徑十字形(管)接頭	径違い十字継手	异径十字形(管)接头
— die	縮徑模;縮口模;拉絲模	口絞り型	缩径模;缩口模;拉丝模
— elbow	異徑彎頭	径違いエルボ	异径弯头
— fitting	異徑接頭	径違い継手	异径接头
— machine	磨碎機;粉碎機	磨砕機	磨碎机;粉碎机
— mill	拉力減徑機〔管材的〕	絞り圧延機	拉力减径机〔管材的〕
— nipple	異徑螺紋管接頭	径違いニップル	异径螺纹管接头
— pipe	漸縮管	異径管	渐缩管
— press	縮口用沖床	レデューシングプレス	缩口用压力机
— smelting	還原熔煉	還元吹き	还原熔炼
— valve	減壓閥	レデューシングバルブ	减压阀
reductant	還原劑;還原體	還元剤	还原剂;还原体
reduction	還原作用	還元	还原作用;减少;缩减
— factor	衰減系數;折減系數	低減率	衰减系数;折减系数
— gear	減速裝置;減速齒輪	リダクションギヤー	减速装置;减速齿轮
— gear ratio	減速比	減速比	减速比
— gearing	減速齒輪傳動裝置	減速歯車装置	减速齿轮传动装置
— in area	斷面收縮率	断面収縮率	断面收缩率
— of area	斷面收縮率	断面縮少率	断面收缩率
— of cross section	斷面壓縮〔收縮〕	断面圧縮	断面压缩〔收缩〕
— of prestress	預應力減小	プレストレスの減退	预应力减小
— of section	斷面收縮	断面収縮	断面收缩
— percentage	面縮率	減面率	面缩率
— pulley	減速滑輪	減速プーリー	减速滑轮
— ratio	粉碎(比)率;減速比	リダクションレーショ	粉碎(比)率;减速比
— train	減速裝置	減速装置	减速装置

英 文	臺 灣	日 文	大 陸
— valve	減速〔壓〕閥	減圧バルブ	减速〔压〕阀
Redulith	雷德利思含鋰合金	レダリス	雷德利思含锂合金
redundancy	冗餘碼;冗餘技術	リダンダンシー	冗馀码;冗馀技术
redundant allocation	冗餘分配	冗長割当て	冗馀分配
reed	振動片;簧片	リード	振动片;簧片
— armature	舌簧銜鐵	リードアーマチュア	舌簧衔铁
— holder	舌簧夾	リードホルダ	舌簧夹
— organ	銜鐵機構;簧片機構	リードオルガン	衔铁机构;簧片机构
— unit	舌簧元件;舌簧管	リードユニット	舌簧元件;舌簧管
— valve	簧片閥	リードバルブ	簧片阀
reeking	鋼錠模表面熏塗	リーキング	钢锭模表面熏涂
reel	滾筒	リール	滚筒
— bat	拔禾輪;拔禾板	リールバット	拔禾轮;拔禾板
— cap	帶軸帽	リールキャップ	带轴帽
reeled riveting	交錯鉚	リールドリベット締め	交错铆
reentrant	可重入的;再進入的	リエントラント	可重入的;再进入的
— angle	凹角	凹入角	凹角
— cylindrical cavity	半同軸空腔	半同軸空胴	半同轴空腔
— mold	凹角膜;凹穴膜	凹角金型	凹角膜;凹腔膜
— type	凹腔型〔微波管結構〕	リエントラント形	凹腔型〔微波管结构〕
reentry	重入;返回	リエントリー	重入;返回
— nosecone	再入頭錐	再突入ノーズコーン	再入头锥
— point	再入點	再入点	再入点
reface	更換摩擦片;重磨	リフェース	更换摩擦片;重磨
refacer	表面修整器	リフェーサ	表面修整器
reference	基準(點);座標;標記	リファレンス	基准(点);坐标;标记
— accuracy	基準精度	基準確度	基准精度
— axis	參考軸;基準軸	参考軸	叁考轴;基准轴
— azimuth	基準方位(角)	基準方位	基准方位(角)
— circle	參考圓	参考円	叁考圆
— data	參考數據;參考資料	レファレンスデータ	叁考数据;叁考资料
— direction	基準方向;參考方向	基準方向	基准方向;叁考方向
— edge	基準邊	レファレンスエッジ	基准边
— fuel	標準燃料	標準燃料	标准燃料
— grid	基準網格	基準格子	基准网格
— line	基準線;參考線	レファレンスライン	基准线;叁考线
— model	參考模型;基準模型	レファレンスモデル	叁考模型;基准模型
— pitch angle	基準俯仰角	基準ピッチ角	基准俯仰角
— plane	基準面	基準面	基准面
— plate	基準面;參考面	レファレンスプレート	基准面;叁考面

R

英　文	臺　灣	日　文	大　陸
— point	參考點;基準點	基準点	叁考点;基准点
— rigidity	標準剛度;參考剛度	基準剛度	标准刚度;叁考刚度
— standard	參考標準;標準器	照合標準器	叁考标准;标准器
— stiffness	參考剛度;基準剛度	基準剛度	叁考刚度;基准刚度
— strain	對比(標準)應變	校正ひずみ	对比(标准)应变
referring point	標定點;參考點	標点	标定点;叁考点;引证点
refine	提存;精製	精製	提存;精制
— oil	重煉油;精煉油	リファインオイル	重炼油;精炼油
refined bar iron	精製棒鐵	精製棒鉄	精制棒铁
— coat iron	精製鑄鐵	精製鋳鉄	精制铸铁
— copper	精製銅;純銅	精銅	精制铜;纯铜
— iron	精煉〔製〕鐵	精錬〔製〕鉄	精炼〔制〕铁
— oil	精煉油;精製油	精製油	精炼油;精制油
— pig iron	精製生鐵	精製銑鉄	精制生铁
— silver	純銀	純銀	纯银
— steel	精煉鋼	精練鋼	精炼钢
— tin	精煉錫	純すず	精炼锡
— zone	(銲接)細晶區	微細化部	(焊接)细晶区
refinement	提純;精煉	リファインメント	提纯;精炼
refiner	精磨機;精製〔選〕機	リファイナ	精磨机;精制〔选〕机
refining	精製(法);精煉(法)	精製	精制(法);精炼(法)
— depth	精製深度	精製深度	精制深度
— forge	精煉鍛爐	精練火床	精炼锻炉
— furnace	精煉爐	精練炉	精炼炉
— heat	調整晶粒的加熱	調粒加熱	调整晶粒的加热;正火
— mill	精軋機;精研機	精砕機	精轧机;精研机
— process	精煉法	精練法	精炼法
— steel	調質鋼	調質鋼	调质钢
reflect	反射;反映;反響	リフレクト	反射;反映;反响
Reflectal	鍛造鋁合金	リフレクタル	锻造铝合金
reflectiometer	反射率計	反射率計	反射率计
reflection	反射	レフレクション	反射
— angle	反射角	反射角	反射角
— coefficient	反射系數	反射係数	反射系数
— density	反射密度	反射濃度	反射密度
— error	反射誤差	反射誤差	反射误差
— goniometer	反射測角器	反射測角器	反射测角器
— plane	反射平面;折射平面	反射平面	反射平面;折射平面
reflective ability	反射性能	反射性能	反射性能
— heat insulation	反射絕熱	反射断熱	反射绝热

文	臺灣	日文	大陸
– surface	反射面	反射面	反射面
eflectivity	反射率〔系數〕	反射率	反射率〔系数〕
eflector	反射極;反射鏡;反射器	レフレクタ	反射极;反射镜;反射器
– glass	反射鏡	反射鏡	反射镜
eflex	反射;來復;回復	リフレックス	反射;来复;回复
– action	反射作用	反射作用	反射作用
eflexion	自反;反射	裏返し	自反;反射
eflow	逆流;反流	リフロー	逆流;反流
– furnace	反射爐	リフロー炉	反射炉
efluence	反流;逆流;反向電流	反流	反流;逆流;反向电流
eflux	回流;反流	還流	回流;反流
– conderser	回流冷凝器	還流冷却器	回流冷凝器
efluxing	回流	回流	回流
efract	折射;曲折	レフラクト	折射;曲折
efractaloy	鎳基耐熱合金	レフラクタロイ	镍基耐热合金
efracting grating	折射光柵	屈折格子	折射光栅
efraction	折射;屈折	屈折	折射;屈折
– axis	折射軸	屈折軸	折射轴
– coefficient	折射係數〔率〕	屈折率	折射系数〔率〕
– constant	折射常數	屈折定数	折射常数
efractiveness	折射性	屈折性	折射性
efractometric analysis	折射分析	屈折計分析	折射分析
efractoriness	耐熱度;耐火性	耐火度	耐热度;耐火性
efractory	耐火材料;耐熔的	レフラクトリ	耐火材料;耐熔的
– alloys	難熔合金	耐火合金	难溶合金
– arch	耐火拱;耐火爐墻	耐火アーチ	耐火拱;耐火炉墙
– brick	耐火磚	耐火れんが	耐火砖
– casting	耐熱鑄件	耐熱鋳物	耐热铸件
– lining	耐火襯板;耐火爐襯	耐火裏張り	耐火衬板;耐火炉衬
– material	耐火物;耐火材料	耐火物	耐火物;耐火材料
– metal	耐熱金屬;難熔金屬	耐火金属	耐热金属;难熔金属
– paint	耐火塗料	耐火塗料	耐火涂料
– value	耐火率	耐火率	耐火率
– wash	耐火泥漿;耐火塗料	コーチング材	耐火泥浆;耐火涂料
efrax	金鋼砂磚	金剛砂れんが	金钢砂砖
efresh	再生;更新	リフレッシュ	再生;更新
efrex	碳化矽(高級)耐火物	リフレックス	碳化硅(高级)耐火物
efrigerant	冷媒;冷卻液	冷凍剤	冷媒;冷却液
– carrier	冷媒;製冷劑	冷媒	冷媒;制冷剂
efrigerated air dryer	冷凍式空氣乾燥器	冷凍式エアドライヤ	冷冻式空气乾燥器

英文	臺灣	日文	大陸
refrigerating agent	製冷劑;冷媒	冷凍動原	制冷剂;冷媒
— capacity	冷凍能力;製冷能力	冷凍能力	冷冻能力;制冷能力
— cycle	製冷循環;冷凍循環	冷凍サイクル	制冷循环;冷冻循环
— effect	冷凍效果;製冷效果	冷凍効果	冷冻效果;制冷效果
refrigerator	冷庫;電冰箱;製冷機	レフリジェレータ	冷库;电冰箱;制冷机
refrizing cycle	製冷循環	冷凍サイクル	制冷循环
refuse	再熔化;廢品	リフューズ	再熔化;废品
refusion	再熔;重熔	再融解	再熔;重熔
regain	回收	回収	回收
Regel metal	利格爾錫銻銅軸承合金	リーゲルメタル	利格尔锡锑铜轴承合金
regeneration	再生;回收;重發;反饋	再生	再生;回收;重发;反馈
— brake	回生制動;再生制動器	回生ブレーキ	回生制动;再生制动器
— cycle	再生循環	再生サイクル	再生循环
— factor	再生因子	再生率	再生因子
regenerative action	再生作用	再生作用	再生作用
— blower	回熱壓縮機	か流ブロワ	回热压缩机
— control	再生控制	回生制御	再生控制
— quenching	二次淬火〔滲碳件的〕	再度焼入れ	二次淬火〔渗碳件的〕
regild	再飾金;再塗金	金ぱく再被覆	再饰金;再涂金;再飞金
regime	制度;狀態;方式	レジーム	制度;状态;方式
— theory	狀態理論	レジーム理論	状态理论
region	區域;範圍;領域	領域	区域;范围;领域
regist	記錄	レジスト	记录
register	計數器;計量器	レジスタ	计数器;计量器
registering apparatus	自動記錄器;記數器	記録装置	自动记录器;记数器
registraton	讀數;記錄;配準;定位	レジストレーション	读数;记录;配准;定位
registry	登記;註冊	登録	登记;注册
regrinding	重磨削;修磨	リグラインディング	重磨削;修磨
regular	正規〔則;常〕(的)	レギュラ	正规〔则;常〕(的)
— bolt	標準螺栓	並ボルト	标准螺栓
— distribution	正規分佈	正則分布	正规分布
— element	循環要素;正則元素	循環要素	循环要素;正则元素
— inspection	定期檢查	定期検査	定期检查
— nut	標準螺母	並ナット	标准螺母
— octahedron	正八面體	正八面体	正八面体
— polyhedron	正多面體	正多面体	正多面体
— polygon	正多角形; 正多邊形	正多角形	正多角形; 正多边形
— size	標準尺寸;固定尺寸	レギュラサイズ	标准尺寸;固定尺寸
— tape	通用絲攻	等径タップ	通用丝锥
— tie	通用軌枕;標準軌枕	並まくら木	通用轨枕;标准轨枕

文	臺　灣	日　文	大　陸
– welding	正規銲接	本溶接	正规焊接
egularity	規律性	正則性	规律性
egulating ability	調節能力	調整能力	调节能力
– block	調節裝置	調整装置	调节装置
– cell	調節電池	調整電池	调节电池
– member	微調元件	微調整要素	微调元件
– rod	調節桿;控制棒	調整棒	调节杆;控制棒
egulation	調整〔節〕;規則〔法〕	レギュレーション	调整〔节〕;规则〔法〕
– cap	調節帽	制帽	调节帽
– cock	調節栓	調整栓	调节栓
– control	定値控制	定値制御	定值控制
– factor	調節系數〔率〕	調整率	调节系数〔率〕
– ring	調整環	調整輪	调整环
– rod	微調桿	調整棒	微调杆
– speed	正常速度;限制速度	制限速度	正常速度;限制速度
egulator	穩壓器;控制器	レギュレータ	稳压器;控制器
– valve	調節閥	レギュレータバルブ	调节阀
egulus	硫化複鹽;金屬熔渣塊	かわ	硫化复盐;金属熔渣块
– metal	鉛銻合金(含Sb 6%以上)	レギュラスメタル	铅锑合金(含Sb 6%以上)
ehabilitation	修復;復原;修理;整頓	レハビリテーション	修复;复原;修理;整顿
eheat	再(加)熱	リヒート	再(加)热
– boiler	再熱鍋爐	再熱ボイラ	再热锅炉
– control	再熱控制	再熱制御	再热控制
– crack	再熱裂紋	再加熱割れ	再热裂纹
– cycle	再熱循環	再熱サイクル	再热循环
– shrinkage	再熱收縮率	再加熱収縮率	再热收缩率
– stop valve	再熱蒸氣截止閥	リヒートストップ弁	再热蒸气截止阀
– treating	再加熱處理	再加熱処理	再加热处理
eich's bronze	萊希鋁青銅	ライヒスブロンズ	莱希铝青铜
eignition	逆弧;二次點燃	再着火	逆弧;二次点燃
einforced brick	加筋磚	鉄筋れんが	加筋砖
– material	加強(材)料	強化材料	加强(材)料
– plastic mold	增強塑料模具	強化プラスチック型	增强塑料模具
– stress	強化應力;增強應力	強化応力	强化应力;增强应力
einforcement	加強筋;加強物;加固件	補強盛	加强筋;加强物;加固件
– member	加固構件	補強材	加固构件
– of weld	銲縫加強高;銲縫餘高	補強盛	焊缝加强高;焊缝馀高
– rib	加強肋	補強リブ	加强肋
einforcer	增強劑	強化材〔剤〕	增强剂
einforcing action	補強作用	強化作用	补强作用

R

英文	臺灣	日文	大陸
— bar	補強(鋼)筋	補強筋	补强(钢)筋
— bar placer	鋼筋工	鉄筋工	钢筋工
— materials	增強材料	補強剤	增强材料
— metal	鋼筋	鉄筋	钢筋
— steel	鋼筋	鉄筋	钢筋
reject	除去;廢品;衰減;抑制	リジェクト	除去;废品;衰减;抑制
— rate	廢品率	不良率	废品率
rejected material	不合格材料	不合格材料	不合格材料
— product	不合格品;廢品	不合格品	不合格品;废品
rejection	拒收;排除;阻止;衰減	リジェクション	拒收;排除;阻止;衰减
rejector	阻抗陷波器;抑制器	リジェクタ	阻抗陷波器;抑制器
rejoining	再接合;再融合	再結合	再接合;再融合
relation	比例關係;關係(式)	リレーション	比例关系;关系(式)
— expression	關係表達式	関係式	关系表达式
relax	鬆弛	リラックス	松弛
relaxant	緩衝劑	緩和剤	缓冲剂
relaxation	鬆弛(作用);應力鬆弛	リラクセーション	松弛(作用);应力松弛
— phenomenon	張弛現象	緩和現象	张弛现象
— process	鬆弛過程	緩和過程	松弛过程
— test	鬆弛試驗	応力緩和試験	松弛试验
relay	繼電器;中繼;轉換	リレー	继电器;中继;转换
— valve	繼動閥;自動轉換閥	リレーバルブ	继动阀;自动转换阀
— welding process	交替銲接法	リレー溶接法	交替焊接法
releasability	剝離性;脫模性	はく離性	剥离性;脱模性
releasant	剝離劑;脫膜劑	はく離剤	剥离剂;脱膜剂
release	發射;分離;斷開	レリーズ	发射;分离;断开
— altitude	發射高度;釋放高度	投下高度	发射高度;释放高度
— bearing	分離(式)軸承	リリーズベアリング	分离(式)轴承
— characteristic	剝離性;脫模性	はく離性	剥离性;脱模性
— cock	放氣活門;放泄旋塞	リリーズコック	放气活门;放泄旋塞
— collar	(離合器)離合套	リリーズカラー	(离合器)离合套
— lever	(離合器)分離桿	リリーズレバー	(离合器)分离杆
— medium	脫模劑	離型剤	脱模剂
— moment	釋放力矩	解放モーメント	释放力矩
— of mold	開模	金型の開放	开模
— of stress	應力釋放;應力分離	応力の除去	应力释放;应力分离
— property	脫模性	はく離性	脱模性
— spring	復位彈簧;釋放彈簧	レリーズバネ	复位弹簧;释放弹簧
— valve	放泄閥;泄氣閥;安全閥	リリーズバルブ	放泄阀;泄气阀;安全阀
releasing agent	防黏劑;釋放劑	離型剤	防粘剂;释放剂

英 文	臺 灣	日 文	大 陸
— device	分離裝置;釋放裝置	吐出し装置	分离装置;释放装置
— lever	脫開桿;斷開桿	リリーズレバー	脱开杆;断开杆
— time	釋放時間;復原時間	復旧時間	释放时间;复原时间
— valve	泄放閥;安全閥	除圧弁	泄放阀;安全阀
eliability	可靠性	信ぴょう性	可靠性
eliable communication	可靠通信	高信頼通信	可靠通信
elic coil	殘留螺旋	残存コイル	残留螺旋
elict	殘渣	残存種	残渣
elief	減輕;釋放;凸紋;凹凸	レリーフ	减轻;释放;凸纹;凹凸
— angle	後角;刃口斜角	リリーフアングル	后角;刃口斜角
— annealing	消除應力退火	ひずみ残り焼鈍	消除应力退火
— cylinder	保險氣缸	リリーフシリンダ	保险气缸
— engraving machine	浮凸彫刻機	レリーフ彫刻機	浮凸雕刻机
— groove	卸荷槽;壓力平衡槽	逃げ溝	卸荷槽;压力平衡槽
— hole	止裂孔	割れ止め穴	止裂孔
— lever	釋放操作手柄	リリーフレバー	释放操作手柄
— lines	鉋削刀痕	平削り傷	刨削刀痕
— notch	退刀槽	リリーフノッチ	退刀槽
— piston	衝擊式緩衝器	リリーフピストン	冲击式缓冲器
— pressure control valve	安全控制閥	リリーフ弁	安全控制阀
— pressure valve	減壓閥;安全閥	(圧力) リリーフ弁	减压阀;安全阀
— set pressure	(安全閥)全開額定壓力	リリーフセット圧力	(安全阀)全开额定压力
— valve	安全閥;溢流閥	リリーフ弁	安全阀;溢流阀
relieving arch	隱蔽拱;輔助(載重)拱	リリービングアーチ	隐蔽拱;辅助(载重)拱
— attachment	鏟齒附件	二番取り装置	铲齿附件
— lathe	鏟背車床;鏟齒車床	リリービングレース	铲背车床;铲齿车床
— tool	鏟背車刀;鏟齒刀	二番取りバイト	铲背车刀;铲齿刀
relinquish	放棄;撤回;停止;鬆手	リリンキッシュ	放弃;撤回;停止;松手
reloading	再加載;再負載	カットイン	再加载;再负载
— pressure	加載壓力	カットイン圧力	加载压力
relocation	浮動;再定位	リロケーション	浮动;再定位
remachining	重新機械加工	リマシニング	重新机械加工
remains	殘渣	残さい	残渣
remalloy	磁性合金	レマロイ	磁性合金
remark	注視;備考	リマーク	注视;备考;附注;评论
remelt	重熔	リーメルト	重熔
— alloy	重熔合金	再よう融合金	重熔合金
— soldering	重熔軟銲	リメルトはんだ付け	重熔钎焊
remelted pig iron	重熔生鐵;回用生鐵	再生銑	重熔生铁;回用生铁
remelting	重熔	再溶解	重熔

英文	臺灣	日文	大陸
remission	緩和;鬆弛	レミッション	缓和;松弛
remnant	殘餘	レムナント	残馀;剩地
remodeling	改建;改造;改裝	改装	改建;改造;改装
remolding	重鑄;重塑;改造	再成形	重铸;重塑;改造
remote access	遠程存取	リモートアクセス	远程存取;远程访问
— action	遙控動作	遠隔作用	遥控动作
— batch job	遠程成批作業	リモートバッチジョブ	远程成批作业
— computer	遠程計算機	遠隔計算機	远程计算机
— console	遙控台	リモートコンソール	遥控台
— control	遠距離控制;遙控	リモートコントロール	远距离控制;遥控
— indicator	遙示器	リモートインジケータ	遥示器
— manipulation	遠程操作	遠隔操作	远程操作
— manual operation	遠程人工操作	遠隔手動操作	远程人工操作
— measuring device	遙測設備	遠隔測定装置	遥测设备
— metering	遙測	遠隔測定	遥测
— operated valve	遠程操作閥	遠隔操作弁	远程操作阀
— probe	遠程探測	リモートプローブ	远程探测
— processing	遠程處理	遠隔処理	远程处理
— sensing	遙感	リモートセンシング	遥感
— signal	遙程信號;遙控信號	リモートシグナル	遥程信号;遥控信号
— trip	遙控(自動)跳閘	遠端トリップ	遥控(自动)跳闸
remould	重塑	リモールド	重塑
removability	可拆性;可移動性	再はく離性	可拆性;可移动性
— of slag	脫渣性	スラグのはく離性	脱渣性
removable arm rest	可拆操作桿支架	ひじ当て〔取外し式〕	可拆操作杆支架
— plate	可拆板	リムーバブルプレート	可拆板
removal	排除	排除	排除;迁居;移去
— by filtration	濾除	ろ過除去	滤除
— by suction	抽除	吸引除去	抽除
— cross section	移出截面;移除截面	除去断面積	移出截面;移除截面
— from the mold	脫模	型からの取出し	脱模
— of air	排氣;放氣	排気	排气;放气
— of form	拆除模板;拆模	脱型	拆除模板;拆模
— of iron	除鐵	除鉄	除铁
— of load	卸荷	荷重除去	卸荷
— of stress	消除應力	応力の除去	消除应力
removed section	分移出剖面圖	取出し断面図	分移出剖面图
remover	脫(塗)膜劑;洗淨劑	リムーバ	脱(涂)膜剂;洗净剂
removing	轉移;清除	移転	转移;清除
renew	更新;恢復	リニュー	更新;恢复

英文	臺灣	日文	大陸
Reniks metal	雷尼克斯鎢基鎳合金	レニックスメタル	雷尼克斯钨基镍合金
renovation	革新;修理;改造	革新	革新;修理;改造
rent	租金;租費;用費	使用料	租金;租费;用费
Renyx	雷尼克斯壓鑄鋁合金	レニクス	雷尼克斯压铸铝合金
reopen	再斷開;重開	リオープン	再断开;重开
repack	重新包裝;改裝	リーパック	重新包装;改装
repair	修理;修補;修復	修理	修理;修补;修复
— cycle	修理周期	修復期間	修理周期
— dock	修船塢	リペアトック	修船坞
— man	修理員	修理員	修理员
— manual	修理指南〔手冊〕	リペアマニュアル	修理指南〔手册〕
— rate	修復率	修理率	修复率
reparation	修理;修繕;修復	リパレーション	修理;修缮;修复
repat	再現;轉發;中繼	リピート	再现;转发;中继
— analysis	重複分析	繰返し分析	重复分析
— feed	重複進給;分級進給	リピートフィード	重复进给;分级进给
repeated assembly	重複組裝	繰返し組立	重复组装
— bending	重複彎曲	繰返し曲げ	重复弯曲
bending test	反複彎曲試驗	繰返し曲げ試験	反复弯曲试验
— blow test	反複衝擊試驗	繰返し衝撃試験	反复冲击试验
— combination	重複組合	重複組合せ	重复组合
— compression test	反複壓縮試驗	繰返し圧縮試験	反复压缩试验
— cyclic stress	重複循環應力	繰返し循環応力	重复循环应力
— deflection	反複撓曲	繰返したわみ変位	反复挠曲
— hardening	重複淬火;多次淬火	繰返し焼入れ	重复淬火;多次淬火
— impact test	反複衝擊試	繰返し衝撃試験	反复冲击试
— sweep	重複掃描	繰返しスイープ	重复扫描
— tempering	多次回火;多級回火	繰返し焼戻し	多次回火;多级回火
— twisting test	重複扭轉試驗	繰返しねじり試験	重复扭转试验
— unit stress	重複單位應力	繰返し応力度	重复单位应力
— varying load	重複變載	繰返し変動荷重	重复变载
repeater	增音機;循環小數	リピータ	增音机;循环小数
repeating	循環;連發	リピーティング	循环;连发
— data	重複數據	繰返しデータ	重复数据
repercolation	再滲濾(作用)	再浸出	再渗滤(作用)
repetend	(小數的)循環節	循環小数	(小数的)循环节
repetition	重複;再顯	レピティション	重复;再显
— accuracy	重複精度	反復精度	重复精度
— of the test	重複試驗	試験の繰返し	重复试验
— period	重複周期	繰返し周期	重复周期

英文	臺灣	日文	大陸
repetitional precision	重複精度;再生精度	繰返し精度	重复精度;再生精度
— operation	重複操作;重複運算	繰返し演算	重复操作;重复运算
— stress	重複應力	繰返し応力	重复应力
repiece	再拼合;再裝配	再びつづり合せ	再拼合;再装配
replacement	置換;取代;更換;更新	リプレースメント	置换;取代;更换;更新
— method	替換法;換土施工法	置換工法	替换法;换土施工法
— model	置換模型	取替えモデル	置换模型
— theory	置換理論	取替え理論	置换理论
replenisher	補充液	補充液	补充液
— solution	補充液	増し液	补充液
replenishment	補充;補給	補給	补充;补给
repletion	充滿;飽滿;充足	充満	充满;饱满;充足
replicate determination	重複測定	反複測定	重复测定
— run	重複試驗	反複試験	重复试验
replication	重複;複製	反複	重复;复制
replicative form	複製型	複製型	复制型
— intermediate	複製中間產物	複製中間体	复制中间产物
reply	回答;答覆	リプライ	回答;答复
repoint	重新尖銳;重新尖端	新たにとがらせる	重新尖锐;更新尖端
repolish	再磨光	更に磨く	再磨光
report	報告;通知;報表	レポート	报告;通知;报表
reporter	指示器	レポータ	指示器
reposition	再定位;復原位	レポジション	再定位;复原位
— routine	復原程序	レポジションルーチン	复原程序
repour	再斟;更注	再び注ぐ	再斟;更注
repressing	再壓縮;補充加壓	再圧縮	再压缩;补充加压
repression	阻遏;抑制	抑制	阻遏;抑制
reprocessed material	再生材料	再生材料	再生材料
reprocessing	再處理;再加工	再処理	再处理;再加工
— loss	再處理損失	再処理中の損失	再处理损失
— plant	再處理工廠	再処理工場	再处理工厂
— step	(核燃料)後處理階段	再処理工程	(核燃料)后处理阶段
reproduce	重現;再生	リプロデュース	重现;再生
reproduction	再生產;複製品;繁殖	リプロダクション	再生产;复制品;繁殖
— curve	繁殖曲線;再生產曲線	増殖曲線	繁殖曲线;再生产曲线
— factor	重現因數;倍增因子	増倍係数	重现因数;倍增因子
— form	再現形式	再現形態	再现形式
— speed	再生速度	再生速度	再生速度
repulsion	斥力	リパルジョン	斥力;排斥
repulsive force	斥力	斥力	斥力

文	臺灣	日文	大陸
quest analysis	請求分析	要求分析	请求分析
- handling	請求處理	リクエスト処理	请求处理
- service	請求服務;請求維修	リクエストサービス	请求服务;请求维修
quester	請求者	リクエスタ	请求者
quire	要求;需求	リクェア	要求;需求
quirement	規格;需要;需要量	リクヮイアメント	规格;需要;需要量
read	重讀;再讀	リリード	重读;再读
rolled bar	二次軋製棒鋼	再生棒鋼	二次轧制棒钢
- steel bar	再軋鋼筋	再生棒鋼	再轧钢筋
run	再運行;重算;重新運行	やり直し	再运行;重算;重新运行
schedule	重調度;重新安排	リスケジュール	重调度;重新安排
search	研究	リサーチ	研究
- approach	科研途徑;研究方法	リサーチアプローチ	科研途径;研究方法
- center	研究中心	研究センタ	研究中心
- game	研究對策	研究ゲーム	研究对策
- method	研究方法	リサーチ法	研究方法
seat pressure	復座壓力;關閉壓力	復座圧力	复座压力;关闭压力
seater	閥座修正工具	リシータ	阀座修正工具
servation	保留;限制,預約	リザーベーション	保留;限制;预约
serve	備用金;專款;儲藏量	積立金	备用金;专款;储藏量
- machine	備用機	予備機器	备用机
- material	儲備物質	貯蔵物質	储备物质
- strength	備用強度	余裕強度	备用强度
servoir	畜水池;水庫;貯存箱	リザーバ	畜水池;水库;贮存箱
set	復位;清除	リセット	复位;清除;置"0"
- action	重調動作	リセット動作	重调动作
- signal	復位信號	リセット信号	复位信号
- switch	復位開關	リセットスイッチ	复位开关;置"0"开关
setting cam	回動凸輪	復旧カム	回动凸轮
- torque	恢復轉矩	復帰トルク	恢复转矩
sidual	剩餘(的);殘差;偏差	レシジュアル	剩馀(的);残差;偏差
- capacity	剩餘容量	残留容量	剩馀容量
- carbon	殘(留)碳	残留炭素	残(留)碳
- cementite	殘餘雪明碳鐵	残留セメンタイト	残馀渗碳体
- compression stress	剩餘壓縮應力	残留圧縮応力	剩馀压缩应力
- crack	殘留裂縫	残留亀裂	残留裂缝
- curvature	殘餘曲率;殘餘曲率	残留曲率	残馀曲率;残馀曲率
- deflection	剩餘撓度	残留たわみ	剩馀挠度
- deformation	殘餘變形	残留変形	残馀变形
- elasticity	彈性後效;剩餘彈性	残り弾性	弹性后效;剩馀弹性

R

英文	臺灣	日文	大陸
— elongation	殘留〔餘〕伸長	残留伸び	残留〔馀〕伸长
— energy	剩餘能量	残留エネルギー	剩馀能量
— gravity	剩餘重力	残留重力	剩馀重力
— hardness	殘餘硬度	残余硬度	残馀硬度
— heat	殘熱;餘熱	残留熱	残热;馀热
— internal stress	殘餘內應力	残留内部応力	残馀内应力
— oil	殘餘油	残留油	残馀油
— oil cracking	殘油式裂化(過程)	重質油分解	残油式裂化(过程)
— pressure	剩餘壓力	残留圧力	剩馀压力
— rate	剩餘率	残存率	剩馀率
— shear strength	殘餘剪切強度	残留せん断強度	残馀剪切强度
— stock removal	餘料切除	切残し量	馀料切除
— strain	永久變形;塑性變形	残留ひずみ	永久变形;塑性变形
— unit stress	剩餘單位應力	残留単位応力	剩馀单位应力
resilience	衝擊韌性;彈性	レジリエンス	冲击韧性;弹性
— energy	彈性能	弾性エネルギー	弹性能
resiliency	回彈性〔能力〕	レジリエンス	回弹性〔能力〕
resillage	網狀裂紋	レジレージ	网状裂纹
resin	樹脂	レジン	树脂
resinene	中性樹脂	中性樹脂	中性树脂
resintering	再燒結	再焼結	再烧结
Resisco	雷齊斯科銅鋁合金	リジスコ	雷齐斯科铜铝合金
resist	抗蝕劑	リジスト	抗蚀剂
— baking	保護膜烘焙	リジストベーキング	保护膜烘焙
— bulk	保護體〔層;物質〕	リジストバルク	保护体〔层;物质〕
— coating	抗蝕塗層;塗光刻膠	リジストコーティング	抗蚀涂层;涂光刻胶
— ink	抗蝕油墨	リジストインク	抗蚀油墨
— lift off	光致抗蝕劑剝離(法)	リジストリフトオフ	光致抗蚀剂剥离(法)
— pattern	(光致)抗蝕圖形	リジストパターン	(光致)抗蚀图形
— permalloy	高電阻坡莫合金	リジストパーマロイ	高电阻坡莫合金
Resista	雷齊斯塔鐵基銅合金	レジスタ	雷齐斯塔铁基铜合金
Resistal	雷西斯塔爾鋁青銅	レジスタル	雷西斯塔尔铝青铜
Resistaloy	雷西斯塔洛伊黃銅	レジスタロイ	雷西斯塔洛伊黄铜
resistance	電阻;阻力	レジスタンス	电阻;阻力
— alloy	電阻合金	抵抗合金	电阻合金
— body	抵抗體	抵抗体	抵抗体
— butt welding	電阻對接銲	抵抗突合せ溶接	电阻对接焊
— coefficient	電阻系數	抵抗係数	电阻系数
— constant	阻力常數	抵抗定数	阻力常数
— flash butt welding	閃光對接銲	火花突合せ溶接	闪光对接焊

文	臺灣	日文	大陸
force	阻力	抵抗力	阻力
moment	阻力矩;阻尼力矩	抵抗モーメント	阻力矩;阻尼力矩
temperature coefficient	電阻溫度系數	抵抗温度係数	电阻温度系数
test	阻力試驗	抵抗試験	阻力试验
to abrasion	磨蝕阻力	耐磨耗性	磨蚀阻力
to aging	耐老化性	耐老化性	耐老化性
to arc	耐弧性	耐アーク性	耐弧性
to burning	耐燃性	耐燃性	耐燃性
to compression	壓縮變形阻力	耐圧縮性	压缩变形阻力
to corrosion	抗腐蝕能力	耐しょく性	抗腐蚀能力
to cracking	耐龜裂性;抗龜裂性	耐亀裂性	耐龟裂性;抗龟裂性
to crushing	抗壓碎性	耐圧さい性	抗压碎性
to exposure to seawater	耐海水(腐蝕)性	耐海水暴露性	耐海水(腐蚀)性
to fatigue	疲勞強度	耐疲労性	疲劳强度
to fire	耐火性	耐火性	耐火性
to heat	耐熱性	耐熱性	耐热性
to hydraulic shock	液壓衝擊阻力	耐液圧衝撃性	液压冲击阻力
to rolling	滾動阻力	走行抵抗	滚动阻力
to shock	抗震性	耐衝撃性	抗震性
to wear	耐磨性	耐摩耗性	耐磨性
to welding	難銲性	耐溶着性	难焊性
to wind flap	耐風蝕性	耐風打性	耐风蚀性
welding	電阻銲	抵抗溶接	电阻焊
welding machine	電阻銲機;接觸銲機	抵抗溶接機	电阻焊机;接触焊机
welding time	(接觸銲的)通電時間	通電時間	(接触焊的)通电时间
sistant coefficient	電阻系數;電阻率	抵抗係数	电阻系数;电阻率
sister	電阻器	電気抵抗器	电阻器
esistin	雷齊斯廷銅錳電阻合金	レジスティン	雷齐斯廷铜锰电阻合金
sisting force	抵抗力;阻力	抵抗力	抵抗力;阻力
torque	抗扭矩;抗扭力矩	抵抗トルク	抗扭矩;抗扭力矩
sistive component	電阻部分〔分量〕	抵抗分	电阻部分〔分量〕
heating	電阻加熱	抵抗加熱	电阻加热
sistivity	電阻率	比抵抗	电阻率
esioto	雷齊斯托鎳鐵鉻合金	レジスト	雷齐斯托镍铁铬合金
sistor	電阻(器)	レジスタ	电阻(器)
soluble method	再熔接法	再湿接着法	再溶接法
solution	解析;分辨率;清晰度	レゾルーション	解析;分辨率;清晰度
error	分辨誤差;分解誤差	分解能誤差	分辨误差;分解误差
graph	分解圖	分解図	分解图
of a force	力的分解	力の分解	力的分解

R

英　文	臺　灣	日　文	大　陸
resolvability	可溶解性	分解性	可溶解性
resolved shear stress	分解剪應力;分切應力	分解せん断応力	分解剪应力;分切应力
resolvent	預解式;溶劑〔媒〕	レゾルベント	预解式;溶剂〔媒〕
resolver	分解器;解析器;求解儀	レゾルバ	分解器;解析器;求解仪
resonance	諧振;共振;共鳴	レゾナンス	谐振;共振;共鸣
— absorption phenomena	諧振吸收現象	共鳴吸収現象	谐振吸收现象
— characteristic	調諧特性;諧振特性	同調特性	调谐特性;谐振特性
— cross-section	共振截面積	共鳴断面積	共振截面积
— efficiency	共振效率;諧振效率	共振効率	共振效率;谐振效率
— frequency	共振頻率;諧振頻率	共鳴振動数	共振频率;谐振频率
— phenomenon	共振現象	共振現象	共振现象
— range	諧振範圍	共振範囲	谐振范围
— region effect	共振區效應	共鳴領域効果	共振区效应
— screen	共振篩	共振振動ふるい	共振筛
— sharpness	諧振銳度	共振鋭敏度	谐振锐度
— state	共振態	共鳴状態	共振态
— test	共振試驗	共振試験	共振试验
— type bend fatique test	共振式彎曲疲勞試驗	共振型曲げ疲れ試験	共振式弯曲疲劳试验
— vibration	共振振動;諧振	共振振動	共振振动;谐振
resonant absorber	共鳴吸音體〔消音器〕	共鳴吸音体	共鸣吸音体〔消音器〕
— absorption	共振吸收;諧振吸收	共鳴吸収	共振吸收;谐振吸收
— absorptive energy	共振吸收能	共鳴吸収エネルギー	共振吸收能
— energy	共振能	共鳴エネルギー	共振能
— gap	諧振空隙	共振ギャップ	谐振空隙
— mode	諧振模式	共振モード	谐振模式
resonating structure	共鳴結構;共振結構	共鳴構造	共鸣结构;共振结构
resonator	諧振器;共鳴器;諧振子	レゾネータ	谐振器;共鸣器;谐振子
resource	方法;手段;資源	レソース	方法;手段;资源
— availability	資源有用性	資源利用性	资源有用性
— control	資源管理;資源控制	資源管理	资源管理;资源控制
— distribution	資源分配	資源配分	资源分配
— recovery	資源回收	資源回収	资源回收
— sharing	資源共享	資源共用	资源共享
— utilization factor	資源利用率	資源利用率	资源利用率
respiration	呼吸;呼吸作用	呼吸	呼吸;呼吸作用
respiratory chain	呼吸鏈	呼吸鎖	呼吸链
respond	反應;相適應;回答	リスポンド	反应;相适应;回答
responder	應答機	リスポンダ	应答机
— action	應答動作	応答動作	应答动作
response	反應;感應	応答	反应;感应;反响

文	臺灣	日文	大陸
analysis	反應分析	応答解析	反应分析
displacement	反應位移	応答変位	反应位移
shear	反應剪力	応答せん断力	反应剪力
speed	響應速率	応答速度	响应速率
strategy	對策	応答戦略	对策
surface	響應曲面	応答曲面	响应曲面
time	響應時間;作用時間	レスポンスタイム	响应时间;作用时间
time closing	閉合響應時間	閉じ応答時間	闭合响应时间
time of valve	閥的響應時間	バレブの応答時間	阀的响应时间
sponsibility	責任	責任	责任
sponsivity	響應度	リスポンシビテイ	响应度
st	架;台;座;支柱;其餘	レスト	架;台;座;支柱;其馀
coordinate system	靜止座標系	静止座標系	静止坐标系
energy	靜(止)能(量)	静止エネルギー	静(止)能(量)
mass	靜止質量;靜質量	静止質量	静止质量;静质量
system	靜止系統	静止系	静止系统
standardization	再標準化;改訂標準	再標準化	再标准化;改订标准
start	重新開始	リスタート	重新开始
condition	再起動條件	再開条件	再起动条件
control	再起動控制	リスタート制御	再起动控制
up	重起動	リスタートアップ	重起动
starting a weld	(銲接)再引弧	溶接の再スタート	(焊接)再引弧
stitution	恢復;復原取代	レスチチューション	恢复;复原取代
nucleus	再組核;重建核	復旧核	再组核;重建核
stock	再補充	再補充	再补充
storation	修復;復位〔原;舊;興〕	回復	修复;复位〔原;旧;兴〕
storative	補品;補劑	回復剤	补品;补剂
store	恢復;翻修;還原	リストア	恢复;翻修;还原
storing division	還原除法	回復型除算	还原除法
force	恢復力	復元力	恢复力
lever	復原力臂	復原でこ	复原力臂
organ	恢復機構;復位機構	回復機構	恢复机构;复位机构
strainer	抑制劑	抑制剤	抑制剂
straining moment	約束力矩;固端力矩	拘束モーメント	约束力矩;固端力矩
straint	約束	抑制	约束
force	約束力	拘束力	约束力
stress	約束應力	拘束応力	约束应力
weld	拘束銲接	拘束溶接	拘束焊接
strict	限制	制限	限制
stricted diffusion	限定擴散	限定拡散	限定扩散

R

英　　文	臺　　灣	日　　文	大　　陸
— gate	限制澆口;窄澆口	制限ゲート	限制浇口;窄浇口
— orifice	阻力孔	制限オリフィス	阻力孔
— sight distance	限定視距	制約視距	限定视距
restricting factor	限制因素	制限要因	限制因素
restriction	限制;限定;約束	リストリクション	限制;限定;约束
— section	阻力區	制流部	阻力区
restrictor	節流閥;限流器	リストリクタ	节流阀;限流器;限制器
— bar	節流栓	リストリクターバー	节流栓
— ring	扼流圈	リストリクターリング	扼流圈
— valve	節流閥	リストリクタ弁	节流阀
restriking	打擊整形	リストライキング	打击整形
result	得數;終於;結束	リザルト	得数;终於;结束
resultant	合(成)力;生成物;產物	結果	合(成)力;生成物;产物
— error	合成誤差	合成誤差	合成误差
— gear ratio	總齒輪比	総歯車比	总齿轮比
— moment	合力矩	合モーメント	合力矩
— of forces	合力	レザロタント	合力
— of parallel forces	平行力的合成(力)	平行力の合成	平行力的合成(力)
— pressure	總壓力	全圧力	总压力
— stress	合應力	合応力	合应力
— unbalance force	非平衡合力	合不釣合い力	非平衡合力
— vector	合成向量	合成ベクトル	合成向量〔矢量〕
resume	概要;收回;取回;恢復	回復	概要;收回;取回;恢复
resuscitation	復蘇;復活;回生	そ生	复苏;复活;回生
resynthesis	再合成	再合成	再合成
retainer	護圈;止動器	リテーナ	护圈;止动器
— board	固定板	圧締盤	固定板
— cup	固定座〔槽〕	保持カップ	固定座〔槽〕
— pin	嵌件固定銷	インサートピン	嵌件固定销
— plate	保持板;固定板	リテーナプレート	保持板;固定板
— ring	護環;加固套	リテーナリング	护环;加固套
retaining bar	扣環鋼條;擋桿	リテーニングバー	扣环钢条;挡杆
— mold	定型模具	型込	定型模具
— nut	止動螺母	止めナット	止动螺母
— plate	制動板	リテーニングプレート	制动板
— screw	固定螺絲;止動螺絲	押えねじ	固定螺丝;止动螺丝
— shield	遮護板;護罩	ケース	遮护板;护罩
retardation	延遲;阻滯;減速	レターデェション	延迟;阻滞;减速
retarded commutation	延遲整流	遅れ整流	延迟整流
— elasticity	推遲彈性	遅延弾性	推迟弹性

文	臺灣	日文	大陸
tarder	緩結劑;緩凝劑	リターダ	缓结剂;缓凝剂
assembly	緩衝元件	リターダアセンブリ	缓冲部件
solvent	緩衝溶劑;防潮溶劑	リターダ溶媒	缓冲溶剂;防潮溶剂
tarding agent	阻滯劑;遲延劑;抑制劑	減速剤	阻滞剂;迟延剂;抑制剂
basin	緩衝池;滯洪水庫	遊水池	缓冲池;滞洪水库
torque	制動矩	リターディングトルク	制动矩
tention	保持;保持率	保持	保持;保持率
analysis	保留分析	保留分析	保留分析
coefficient	保持系數	保持係数	保持系数
time	保持時間;保留時間	リテンションタイム	保持时间;保留时间
tentivity	剩磁性;頑磁性;保持性	レテンティビティ	剩磁性;顽磁性;保持性
test	重複試驗;複驗	再試験	重复试验;复验
ticle	標線;十字線;分劃板	レチクル線	标线;十字线;分划板
ticulation	網狀結構;網皺	網状組織	网状结构;网皱
ticulosome	網織體	レチクロソーム	网织体
torting	蒸餾;乾餾	レトルト処理	蒸馏;干馏
touch	修飾;潤色	リタッチ	修饰;润色
touching	修版	修整	修版
trace blanking	逆程消隱	帰線消去	逆程消隐
characteristic	回描特性;逆程特性	帰線特性	回描特性;逆程特性
tract	拉回;退回;退刀;回程	リトラクト	拉回;退回;退刀;回程
tracter	復位桿;收縮器	リトラクタ	复位杆;收缩器
tracting mechanism	復位裝置	引戻し装置	复位装置
system	回動系統	引込み装置	回动系统
traction	後退;返位;收縮(力)	リトラクション	后退;返位;收缩(力)
valve	收縮閥;移回閥	吸戻し弁	收缩阀;移回阀
treating	再加熱處理	再加熱処理	再加热处理
trieve	檢索	リトリーブ	检索
trograde condensation	反縮合	逆縮合	反缩合
motion	後退;反向運動	逆運動	后退;反向运动
ray	逆行線	退行線	逆行线
trogression	逆反應;反向運動	レトログレッション	逆反应;反向运动
trogressive erosion	向源侵蝕;溯源侵蝕	頭部侵食	向源侵蚀;溯源侵蚀
tro-reflection	反光;向後反射	指向性反射	反光;向后反射
turn	返回;歸還;反射;恢復	リターン	返回;归还;反射;恢复
air	回氣;循環空氣	リターンエア	回气;循环空气
bend	U型彎頭;回轉彎頭	リターンベンド	U型弯头;回转弯头
buffer	返回緩衝器	リターンバッファ	返回缓冲器
cam	復歸凸輪;回退凸輪	戻しカム	复归凸轮;回退凸轮
cock	回水閥	リターンコック	回水阀

R

英文	臺灣	日文	大陸
— contact	回復接點	復帰接点	回复接点
— feed valve	回流給水閥	戻り給水弁	回流给水阀
— flanging die	折疊式彎曲模;鵝頸模	折返しフランジ成形型	折叠式弯曲模;鹅颈模
— idler	從動惰輪	リターンローラ	从动惰轮
— link	返回連接	リターンリンク	返回连接
— mechanism	復位機構;復歸裝置	復帰機構	复位机构;复归装置
— motion	返回運動;回程運動	リターンモーション	返回运动;回程运动
— pin	回程銷	戻しピン	回程销
— point	返回點	復帰点	返回点
— port	回油口;回氣口	リターンポート	回油口;回气口
— pressure of safety valve	安全閥回座壓力	安全弁吹止り圧力	安全阀回座压力
— scrap	回爐料	返し地金	回炉料
— spring	回動彈簧;回程彈簧	リターンスプリング	回动弹簧;回程弹簧
— trap	回水彎(管);回水活門	リターントラップ	回水弯(管);回水活门
— tube	溢流管;回油管;回水管	リターンチューブ	溢流管;回油管;回水管
— valve	回流閥;回水閥	リターンバルブ	回流阀;回水阀
reunion	再結合;(斷裂)複合	再結合	再结合;(断裂)复合
reuse	再(使)用;再利用	リューズ	再(使)用;再利用
— of waste	廢物利用	廃棄物再利用	废物利用
Revalon	雷瓦朗銅鋅合金	レバロン	雷瓦朗铜锌合金
reverberate	反射	リバーブ	混响;反射
reverberatory	反射爐	反射炉	反射炉
— smelting	反射爐冶煉	反射炉製錬	反射炉冶炼
reversal	改變符號;重複信號	リバーサル	改变符号;重复信号
— bounded machine	倒轉限制機械	反転制限機械	倒转限制机械
— development	反轉現象	反転現像	反演;反转现象
— process	反轉過程	反転過程	反转过程
— stress	反向應力	相反応力	反向应力
— stress member	反向應力構件	相反応力部材	反向应力构件
reverse	反向;倒轉	レバース	反向;倒转;反演
— acting	反向動作;逆動作	逆動作	反向动作;逆动作
— acting valve	回動閥	逆動作バルブ	回动阀
— action	反向動作	逆作動	反向动作
— and reduction gear	反轉減速裝置	逆転減速装置	反转减速装置
— annealing curve	逆退火曲線	逆焼なまし曲線	逆退火曲线
— bearing	反方位	逆方位	反方位
— bending test	反複彎曲試驗	リバース曲げ試験	反复弯曲试验
— bevel groove	反斜面坡口	逆ベベルグルーブ	反斜面坡口
— blower	(翼片)反彎鼓風機	リバース型送風機	(翼片)反弯鼓风机
— chill	反白口	逆チル	反白口

文	臺灣	日文	大陸
lutch	反向離合器	リバースクラッチ	反向离合器
lirection flow	反向流程(圖)	逆方向流れ	反向流程(图)
lrag	反拖拽;逆牽引	ドラッグしゅう曲	反拖拽;逆牵引
lraw forming	反拉成形	リバースドロー成形	反拉成形
lrive	回程;逆行程;換向傳動	レバースドライブ	回程;逆行程;换向传动
ault	逆斷層	逆断層	逆断层
lighted screw	正反螺紋螺桿	正逆ねじスクリュー	正反螺纹螺杆
;ear	倒車齒輪;反轉裝置	リバースギヤー	倒车齿轮;反转装置
;earbox	可逆變速(齒輪)箱	リバースギアボックス	可逆变速(齿轮)箱
;rade	反向坡度;逆坡	反向こう配	反向坡度;逆坡
orn gate	倒牛角澆口	逆ホーンゲート	倒牛角浇口
smosis	反(向)滲透	逆浸透	反(向)渗透
smosis equipment	反滲透裝置	逆浸透装置	反渗透装置
smosis membrane	反滲透膜	逆浸透膜	反渗透膜
smotic film	反滲透膜	逆浸透膜	反渗透膜
osition	換向位置	反位	换向位置
oll	倒轉輥	リバースロール	倒转辊
otation	反轉	逆転	反转
ide bead	根部銲道;熔透銲道	裏波ビード	根部焊道;溶透焊道
ight	逆視;反視	反視	逆视;反视
tate	反位	反位	反位
aper	倒錐	逆テーパ	倒锥
hrust	反推力	逆推力	反推力
rsed arch	仰拱	仰きょう	仰拱
angle) bar	反向角材	副山形材	反向角材
ending	反向彎曲	逆曲げ	反向弯曲
lanking	反向沖裁;反向落料	リバースブランキング	反向冲裁;反向落料
ontrol	反控制	逆制御	反控制
;ear	逆轉裝置	リバースドギヤー	逆转装置
olarity	轉換極性〔銲接的〕	逆極性	转换极性〔焊接的〕
piral test	逆螺線試驗	逆スパイラル試験	逆螺线试验
tress	交變應力	交番応力	交变应力
urning	反向回轉;逆轉	逆旋	反向回转;逆转
rser	方向轉換開關	リバーサ	方向转换开关
tarter	反向起動器	逆スタータ	反向起动器
rsibility	可逆性;反轉性	可逆性	可逆性;反转性
rinciple	可逆性原理	可逆性の原理	可逆性原理
rsible absorption	可逆吸附	可逆吸着	可逆吸附
lloy	可逆合金	可逆合金	可逆合金
ffect	可逆效應	可逆効果	可逆效应

R

英文	臺灣	日文	大陸
— fading	可逆性	可逆性フェージング	可逆性;衰落
— motor	可逆電動機	可逆電動機	可逆电动机
— pattern plate	組合模板;可換模板	分割マッチプレート	组合模板;可换模板
— process	可逆(反應)過程	リバーシブルプロセス	可逆(反应)过程
— reation	可逆反應	可逆反応	可逆反应
reversing circuit	反轉電路	逆転回路	反转电路
— clutch	反轉離合器	逆転クラッチ	反转离合器
— contactor	可逆接觸器	可逆接触器	可逆接触器
— controller	反向控制器	逆制御装置	反向控制器
— damper	換向閥	転換ダンパ	换向阀;换向挡板
— device	反向裝置	逆転装置	反向装置
— gear	換向齒輪	リバーシングギヤー	换向齿轮;换向机构
— hand wheel	反轉手輪	逆転ハンドル車	反转手轮
— handle	反轉手輪;換向手柄	リバーシングハンドル	反转手轮;换向手柄
— mill	可逆(式)軋機	リバーシングミル	可逆(式)轧机
— press	可逆式沖床	逆転プレス	可逆式压力机
— process	可逆過程	リバーシングプロセス	可逆过程
— rollers	反轉輥	逆転ローラ	反转辊
— rolling mill	可逆(式)軋機	可逆圧延機	可逆(式)轧机
— rotation	反轉	逆転	反转
— valve	換向閥;可逆閥;回動閥	リバーシングバルブ	换向阀;可逆阀;回动阀
revert	復原	回復	复原
revet	保壘;護岸;擋土牆	防さい	保垒;护岸;挡土墙
— cutter	鉚釘切斷器	リベット切り	铆钉切断器
revision	校對;訂正;修正	リビション	校对;订正;修正
revive	還原成金屬	金属還元	还原成金属;复活
revivification	復活(作用);再生	再生	复活(作用);再生
revolve	旋轉;還行;周轉	レボルブ	旋转;还行;周转
— center	旋轉中心;活頂尖	回りセンタ	旋转中心;活顶尖
revolver	旋轉器〔體〕;轉爐	レボルバ	旋转器〔体〕;转炉
revolving arm	回轉臂	回転アーム	回转臂
— armature	回轉電樞	回転発電子	回转电枢
— dial	回轉台;回轉分度盤	回転ダイヤル	回转台;回转分度盘
— drum	轉筒	回転ドラム	转筒
— furnace	回轉爐	回転炉	回转炉
— roll	旋轉輥	回転ロール	旋转辊
— screw	旋轉螺桿	回転スクリュー	旋转螺杆
— shaft	回轉軸	回転軸	回转轴
— superstructure	旋轉結構	旋回体	旋转结构
— system	旋轉系統	リボルビングシステム	旋转系统

文	臺灣	日文	大陸
welding	返修銲接	再溶接	返修焊接
wind	複卷;重繞;倒帶〔片〕	リワインド	复卷;重绕;倒带〔片〕
ezistal	雷齊斯塔爾鎳格鋼	レジスタール	雷齐斯塔尔镍格钢
F heater	射頻加熱器	高周波加熱器	射频加热器
F welding	高頻銲接	高周波溶接	高频焊接
eopecticity	震凝能變性	レオペクシ	震凝能变性
eopexy	震凝(現象)	レオペクシ	震凝(现象)
eostan	高電阻銅合金	レオスタン	高电阻铜合金
heotan	雷奧坦電阻銅合金	レオタン	雷奥坦电阻铜合金
inemetal	銅錫合金	ラインメタル	铜锡合金
odite	銠金礦;銠金	ロジト	铑金矿;铑金
odium,Rh	銠	ロジウム	铑
ombic amphibole	斜方角閃石	斜方角せん石	斜方角闪石
~ prism	斜方棱柱	斜方柱	斜方棱柱
~ truss	菱形桁架	ひし形トラス	菱形桁架
ombohedra	菱面體	斜方六面体	菱面体
ombohedron	菱面體;菱形六面體	斜方六面体	菱面体;菱形六面体
omboid	長菱形	偏りょう形	长菱形
ometal	鎳鉻矽鐵磁性合金	ローメタル	镍铬硅铁磁性合金
ythm	韻律;律動;調和;協調	リズム	韵律;律动;调和;协调
ythmical image	韻律感	律動感	韵律感
b	肋;傘骨;加強肋	リブ	肋;伞骨;加强肋
~ dome	帶肋穹頂;帶肋圓蓋	リブドーム	带肋穹顶;带肋圆盖
~ lath	肋條網眼鋼板	リブラス	肋条网眼钢板
~ plate	肋板	リブプレート	肋板
bbed and grooved section	肋和凹槽斷面	リブ付き断面	肋和凹槽断面
~ arch	肋拱	リブアーチ	肋拱
~ bar	壓良鋼筋	リブドバー	压良钢筋
~ wire	壓痕鋼絲;刻痕鋼絲	リブドワイヤ	压痕钢丝;刻痕钢丝
bbing	加肋;散熱片	リブ	加肋;起棱;散热片
bbon	鋼卷尺;發條;帶鋸	リボン	钢卷尺;发条;带锯
~ bond	帶狀連接	リボンボンド	带状连接
~ flight conveyor screw	螺旋帶式輸送器螺桿	リボンスクリュー	螺旋带式输送器螺杆
~ gage	帶規;帶狀應變片	帯状ゲージ	带规;带状应变片
~ lap machine	帶式研磨機	リボンラップマシン	带式研磨机
~ saw	帶鋸;曲線鋸	リボンソー	带锯;曲线锯
~ scale	帶形磁尺	リボンスケール	带形磁尺
~ steel	帶鋼	リボンスチール	带钢
ght adjoint	右伴隨	右随伴	右伴随
~ angle	直角	ライトアングル	直角

R

英文	臺灣	日文	大陸
— angle bend	直角彎管	直角曲り目	直角弯管
— pedal spindle	右踏板軸	右ペダル軸	右踏板轴
— projection	正投影	垂直投影	正投影
— rudder	右舵	面かじ	右舵
— tooth flank	右齒面	右歯面	右齿面
— triangle	直角三角形	直角三角形	直角三角形
right-hand adder	右側數加法器	ライトハンドアダー	右侧数加法器
— flight	右旋螺紋	右ねじ	右旋螺纹
— helical tooth	右向螺旋齒	右ねじれ刃	右向螺旋齿
— helix twist drills	右旋麻花鑽	右ねじれドリル	右旋麻花钻
— lay	右轉扭絞	右側ねじり	右转扭绞
— propeller	右旋螺旋槳	ライトハンドプロペラ	右旋螺旋桨
— thread	台螺紋	右ねじ	台螺纹
— turning	右旋	右回り	右旋
righting arm	復原力臂	復原てこ	复原力臂
— couple	恢復力偶	復原偶力	恢复力偶
— lever	復原力臂	復原てこ	复原力臂
— moment	恢復力距	復原力モーメント	恢复力距
right-lay rope	右旋鋼絲繩	Zよりロープ	右旋钢丝绳
right-turn piston	右轉活塞	ライトターンピストン	右转活塞
— ramp	右轉坡道;右彎坡道	右折ランプ	右转坡道;右弯坡道
right-ward heeling	右傾	右げん傾斜	右倾
— welding	右銲法	右進溶接	右焊法
rigid adhesive	剛性黏合劑	剛性接着剤	刚性粘合剂
— axle	剛性車軸	リジッドアクスル	刚性车轴
— bearing	剛定支承;固定軸承	リジッドベアリング	刚定支承;固定轴承
— body	剛體	剛体	刚体
— bond	剛性黏結	剛性接着	刚性粘结
— condition	剛性狀態	剛性状態	刚性状态
— connection	剛性連接	剛節	刚性连接
— crossing	剛性交叉	固定クロッシング	刚性交叉
— deformation	剛體變形	剛体変形	刚体变形
— die	硬模	硬質型	硬模
— frog	固定轍叉	固定てっさ	固定辙叉
— honing	強制珩磨	リジッドホーニング	强制珩磨
— joint	固定接合;剛性節點	剛接合	固定接合;刚性节点
— material	硬材料	硬質材料	硬材料
— metal conduit	金屬導管	金属管	金属导管
— mill	強力銑床	リジッドミル	强力铣床
— mold	硬模	硬質型	硬模

文	臺灣	日文	大陸
- plasticity	剛塑性	剛塑性	刚塑性
- return	剛性恢復	剛性復原	刚性恢复
- rod	剛性棒	剛性棒	刚性棒
- rolls	剛性壓輥	剛性ロール	刚性压辊
- section	硬質型材	硬質形材	硬质型材
- shaft	剛性軸	剛性軸	刚性轴
- support	剛性支承	剛性支保	刚性支承
- wheel base	固定軸距	固定軸距	固定轴距
- zone	剛性區;剛域	剛性域	刚性区;刚域
gid-frame	剛性(車;框)架	リジッドフレーム	刚性(车;框)架
gidity	剛性;硬度;定軸性	剛性	刚性;硬度;定轴性
- agent	硬化劑	硬化剤	硬化剂
- coefficient	剛性系數	剛性率	刚性系数
- in bending	彎曲剛性	曲げ剛性	弯曲刚性
- modulus	剛性模數	剛性率	刚性模量
gidometer	剛度計;硬度計	剛性計	刚度计;硬度计
m	凸緣;輪緣;齒圈;墊圈	リム	凸缘;轮缘;齿圈;垫圈
- band	輪緣帶	リムバンド	轮缘带
- brake	輪緣制動器	リムブレーキ	轮缘制动器
- clutch	脹圈式離合器	リムクラッチ	胀圈式离合器
- collar	輪緣環	リムカラー	轮缘环
- cut	胎鋼圈斷裂;輪緣斷裂	リムカット	胎钢圈断裂;轮缘断裂
- drive	邊緣驅動	リムドライブ	边缘驱动
- latch	彈簧鎖	面付け錠	弹簧锁
- pull	車輪回轉力	リムプル	车轮回转力
- quenching	輪緣淬火	とう面焼入れ	轮缘淬火
- speed	圓周速度	周速（度）	圆周速度
- stress	邊緣應力;外緣應力	縁応力	边缘应力;外缘应力
- wrench	輪緣板手	リムレンチ	轮缘板手
mmed steel	沸騰鋼	リムド鋼	沸腾钢
- steel sheet	沸騰鋼鋼板	リムド鋼板	沸腾钢钢板
ng	環;輪圈	リング	环;轮圈;振铃;呼叫
- bolt	帶環螺栓;環首螺栓	リングボルト	带环螺栓;环首螺栓
- breakage	開環;環之破裂	環の破壊	开环;环之破裂
- crush	環式破碎試驗	リングクラッシュ	环式破碎试验
- dowel	環形暗榫	輪形ジベル	环形暗榫
- flutter	活塞環顫動	リングフラッタ	活塞环颤动
- forging	環形件鍛造;環形鍛件	リングフォージング	环形件锻造;环形锻件
- formation	成環(作用)	環形成	成环(作用)
- fracture	環狀破裂;環狀斷裂	環状裂か	环状破裂;环状断裂

R

英文	臺灣	日文	大陸
— gasket	環形襯墊;襯圈;墊圈	リングガスケット	环形衬垫;衬圈;垫圈
— gate	輪形閥門;輪形閘門	リングゲート	轮形阀门;轮形闸门
— gear	內齒輪;齒圈;冕狀齒輪	リングギヤー	内齿轮;齿圈;冕状齿轮
— nut	圓螺母;環形螺母	リングナット	圆螺母;环形螺母
— oiled bearing	油杯(潤滑)軸承	リング注油軸受	油杯(润滑)轴承
— piston	筒形活塞;環形活塞	リングピストン	筒形活塞;环形活塞
— porous wood	環孔材	環孔材	环孔材
— roll mill	環輥式磨機	リングロールミル	环辊式磨机
— rolling mill	環形軋鋼機	リングロールミル	环形轧钢机
— structure	環形結構	リング構造	环形结构
— valve	環形閥	リング弁	环形阀
ringer	電鈴;振鈴器;信號器	リンガ	电铃;振铃器;信号器
rip	洗滌器;刮板	リップ	洗涤器;刮板
— cord	開傘索	ひき索	开伞索
— cord grip	開傘索柄	えい索の握り	开伞索柄
— saw	粗齒鋸;縱剖鋸	リッパ	粗齿锯;纵剖锯
ripper	鬆土機;粗齒鋸	リッパ	松土机;粗齿锯
ripping chisel	細長齒(刃)	削りのみ	细长齿(刃)
— panel	開裂式氣門板〔氣球的〕	引裂き弁	开裂式气门板〔气球的〕
ripple	脈動;波紋;交流聲	リプル	脉动;波纹;交流声
— amplitude	波紋振幅	脈動振幅	波纹振幅
— voltage	波紋電壓;脈動電壓	リップル電圧	波纹电压;脉动电压
— weld	波狀銲縫;鱗狀銲縫	波模様溶接	波状焊缝;鳞状焊缝
rippled glass	波紋玻璃	リップルドグラス	波纹玻璃
— surface	波形表面;波皺面	波形表面	波形表面;波皱面
riprap	防衝堆石;拋石護岸	リップラップ	防冲堆石;抛石护岸
ripsaw	縱割鋸;粗齒鋸	縦びきのこ	纵割锯;粗齿锯
rise	上升;增長;踏步高	ライズ	上升;增长;踏步高
— time	上升時間;建立時間	ライズタイム	上升时间;建立时间
riser	冒口;溢水口;氣門	ライザ	冒口;溢水口;气门
— bar	整流子片;換向器片	ライザバー	整流子片;换向器片
— pad	冒口根;冒口補貼	ライザパッド	冒口根;冒口补贴
— pipe	堅管;連接用立管	ライザパイプ	坚管;连接用立管
— runner	補縮橫澆口;盛鐵澆口	ライザランナ	补缩横浇口;盛铁浇口
— tubes	升降筒〔油缸〕;上升管	ライザチューブ	升降筒〔油缸〕;上升管
rising butt	升降鉸鏈	昇降ちょうつがい	升降铰链
— butt hinge	升降鉸鏈	昇降ちょうつがい	升降铰链
risk	危險;危害	リスク	危险;危害
— control	風險控制	リスク制御	风险控制
— estimation	風險估計	リスク推定	风险估计

文	臺灣	日文	大陸
actor	危險度系數;危險因素	リスク係数	危险度系数;危险因素
l	競爭(者);對手	ライバル	竞争(者);对手;敌手
r	河流	河川	河流
itch	鉚釘間距	リベットピッチ	铆钉间距
t	鉚釘;鉚接	リベット	铆钉;铆接;固定
ar	鉚釘鋼	リベット材	铆钉钢
uster	鉚釘切斷機	リベット切取り機	铆钉切断机
atcher	接鉚器;鉚釘接受器	リベット受け	接铆器;铆钉接受器
ollar	鉚釘套杯	リベットカラー	铆钉套杯
onnection	鉚接	リベット接ぎ	铆接
utter	鉚釘切刀	リベット切り	铆钉切刀
utting	鉚釘切割	リベット切り	铆钉切割
iameter	鉚釘直徑	リベット径	铆钉直径
orge	鉚釘爐	びょうふいご	铆钉炉
urnace	熱鉚爐;鉚釘(加熱)爐	リベット焼き用炉	热铆炉;铆钉(加热)炉
age	鉚釘行距	リベットゲージ	铆钉行距
rip	鉚接(鋼板的)總厚度	リベットグリップ	铆接(钢板的)总厚度
ammer	鉚(釘)錘;鉚槍	リベットハンマ	铆(钉)锤;铆枪
ead	鉚釘頭	リベットヘッド	铆钉头
eater	鉚釘加熱爐	リベット加熱炉	铆钉加热炉
older	鉚釘托;鉚釘頂棒	当て型	铆钉托;铆钉顶棒
ole	鉚釘孔	リベットホール	铆钉孔
n multiple shear	多面剪切鉚釘	多面せん断リベット	多面剪切铆钉
ron	鉚釘鐵	びょう鉄	铆钉铁
oint	鉚接;鉚釘接合	びょうつづり	铆接;铆钉接合
ength	鉚釘長度	リベットの長さ	铆钉长度
ine	鉚接線	びょう線	铆接线
ist	鉚釘表	リベット表	铆钉表
naterial	鉚釘材料	リベット材	铆钉材料
oint	鉚釘尖;鉚釘端部	リベット先	铆钉尖;铆钉端部
eam	鉚縫	びょう継目	铆缝
hank	鉚釘體	リベットシャンク	铆钉体
nap	鉚釘模	リベットスナップ	铆钉模
pacing	鉚釘間距	リベットピッチ	铆钉间距
queezer	壓鉚機	びょう締め機	压铆机
teel	鉚接鋼	リベットスチール	铆接钢
est	鉚接試驗	リベット試験	铆接试验
russ	鉚接桁架	リベットトラス	铆接桁架
alue	鉚釘容許強度	リベット値	铆钉容许强度
vork	鉚	びょう打ち	铆

英文	臺灣	日文	大陸
riveted bond	鉚接;鉚釘接合	びょう接ぎ	铆接;铆钉接合
— lap joint	鉚釘搭接	リベット重断手	铆钉搭接
— pipe	鉚合管;鉚接管	リベット接合管	铆合管;铆接管
— ship	鉚接船	リベット船	铆接船
— structure	鉚接結構	リベット構造物	铆接结构
— truss	鉚接桁架	リベットトラス	铆接桁架
rivet(t)er	鉚工;鉚釘機(槍)	リベッタ	铆工;铆钉机(枪)
rivet(t)ing	鉚接(法)	びょう接ぎ	铆接(法)
— die	鉚接模	びょう打ち	铆接模
— forge	鉚釘加熱爐	リベット加熱炉	铆钉加热炉
— gun	鉚槍	びょう打ち銃	铆枪
— machine	鉚(接)機	びょう打ち機	铆(接)机
— punch	鉚接用沖頭	かしめポンチ	铆接用冲头
— set	鉚接裝置	びょう型	铆接装置
rivetless chain	非鉚接鏈	リベットレスチェーン	非铆接链
road	道路;公路	ロード	道路;公路;土路
roadway	車行道;道路;車道	ロードウェイ	车行道;道路;车道
roaster	烘烤器;焙燒爐;烤肉器	ロストル	烘烤器;焙烧炉;烤肉器
roasting dish	鍛燒皿	か焼皿	锻烧皿
robot	機器人	ロボット	机器人;自动装置
— assembly system	機器人組裝系統	ロボット組立システム	机器人组装系统
— geometry	機器人幾何學	ロボット幾何学	机器人构型学
— hand	機械手	ロボットハンド	机械手
— station	自動輸送站	ロボットステーション	自动轮送站
— strategy	機器人(研發)戰略	ロボット戦略	机器人(研发)战略
— system	機器人系統	ロボットシステム	机器人系统
— tutor	機器人教師	ロボット教師	机器人教师
robotics	模擬機器人	ロボティックス	模拟机器人
rogoting machine	機器人;機械手	ロボッティングマシン	机器人;机械手
robotization	機器人化;(使)自動化	ロボット化	机器人化;(使)自动化
robotlogy	自動機學;自控機學	ロボットロジー	自动机学;自控机学
robust balancing	強力平衡	ロバストバランシング	强力平衡
robustness	強度;堅固性;耐久性	ロバストネス	强度;坚固性;耐久性
rock	岩石;礁石	ロック	岩石;礁石
— bit	硬岩鑽頭	ロックビット	硬岩钻头
— bolt	岩石錨(固螺)栓	ルークボルト	岩石锚(固螺)栓
— drill	鑽石機;衝擊鑽	ロックドリル	钻石机;冲击钻
— shaft	搖臂軸	ロックシャフト	摇臂轴
rocker	搖桿〔軸〕;搖擺器	ロッカ	摇杆〔轴〕;摇摆器
— arm	搖桿;搖臂	ロッカアーム	摇杆;摇臂

英 文	臺 灣	日 文	大 陸
– arm support	搖擺支架(座)	ロッカアームサポート	摇摆支架(座)
– bearing	搖動支座	ロッカ支承	摇动支座
– box	搖桿箱	揺れ腕箱	摇杆箱
– fulcrum shaft	支軸;浮動轉軸	支点軸	支轴;浮动转轴
– pin	搖臂銷	ロッカピン	摇臂销
– shaft	搖軸	ロッキングシャフト	摇轴
ocket	火箭;火箭(炮)彈	ロケット	火箭;火箭(炮)弹
ocking arc furnace	搖擺式電弧爐	ロッキングアーク炉	摇摆式电弧炉
– die forging	擺動鍛造	揺動鍛造	摆动锻造
– equipment	震蕩裝置	振動装置	震荡装置
ockwell hardness	洛氏硬度	ロックウェル硬さ	洛氏硬度
– scale	洛氏(硬度)標度	ロックウェルスケール	洛氏(硬度)标度
od	桿;連桿;標尺;圓鋼	ロッド	杆;连杆;标尺;圆钢
– chisel	棒狀鏨子	柄のみ	棒状錾子
– clamp	棒鉗	ロッドバンド	棒钳
– copper	銅棒	棒銅	铜棒
– crack	縱向裂紋	縦きず	纵向裂纹
– die	棒材模	棒押出ダイ	棒材模
– end bearing	桿端軸承	ロッドエンド軸受	杆端轴承
– extrusion	棒料擠壓	棒押出し	棒料挤压
– gage	棒規;標準棒;標準量桿	ロッドゲージ	棒规;标准棒;标准量杆
– guide	導塊;導桿	ロッドガイド	导块;导杆
– iron	鐵棒;鐵條	棒鉄	铁棒;铁条
– mill	線材軋機	ロッドミル	线材轧机
– pass	線材孔形	ロッドパス	线材孔形
– reducer	鑽桿異徑接頭	ロッドレジューサ	钻杆异径接头
– rolling	線材軋製	ロッドローリング	线材轧制
– solder	釺銲條	棒はんだ	钎焊条
– wire	線材	線材	线材
– work	桿裝配	棒組立	杆装配
odman	跑尺測工	ロッドマン	跑尺测工
oentgen	倫琴〔放射量單位〕	レントゲン	伦琴〔放射量单位〕
oily oil	濁油	濁油	浊油;混浊的油
ke	深口〔一種表面缺陷〕	ローク	深口〔一种表面缺陷〕
ll	軋輥;軋製;壓延	ロール	轧辊;轧制;压延;卷
– and filler molding	帶狀卷飾	平縁付き円繰形	带状卷饰
– angle	滾動角	ロール角	滚动角
– back	重新還行;重繞;反轉	ロールバック	重新还行;重绕;反转
– bender	軋輥彎曲機	ロールベンダ	轧辊弯曲机
– bending of tube	管子滾彎	管のロール曲げ	管子滚弯

R

英文	臺灣	日文	大陸
— bite	輥筒間隙	ロール間げき	辊筒间隙
— breaker	輥式破碎機	ロールブレーカ	辊式破碎机
— brush	輥刷	ロールブラッシュ	辊刷
— cam	滾子凸輪	ロールカム	滚子凸轮
— cam feed	滾注凸輪進給〔送料〕	ロールカムフィード	滚注凸轮进给〔送料〕
— camber	輥身凸度;輥型	ロールキャンバ	辊身凸度;辊型
— center	輥心	ロールセンタ	辊心
— changing	換輥	ロール交換	换辊
— chock	軋輥鈾承座	ロールチョック	轧辊铀承座
— cone	滾錐	ロールコーン	滚锥
— control	滾動控制;滾軋控制	回転制御	滚动控制;滚轧控制
— diameter	輥的直徑;卷取直徑	ロールの直径	辊的直径;卷取直径
— dies	(螺)絲輥(子);搓絲模	ロールダイス	(螺)丝辊(子);搓丝模
— face	軋輥表面	ロールフェース	轧辊表面
— feed	滾子進給;輥式送料	ロールフィード	滚子进给;辊式送料
— fender	軋輥護板	ロールフェンダ	轧辊护板
— flanging	凸緣滾形	ロールフランジング	凸缘滚形
— forging	輥鍛	ロール鍛造	辊锻
— former	輥鍛機	ロールホーマ	辊锻机
— forming	輥軋成形	ロールフォーミング	辊轧成形
— grinder	軋輥磨床;卷帶拋光機	ロールグラインダ	轧辊磨床;卷带抛光机
— grinding machine	軋輥磨床;卷帶拋光機	ロール研削盤	轧辊磨床;卷带抛光机
— heater	旋轉式加熱器	ロールヒータ	旋转式加热器
— joint	滾軋接合	ロール継手	滚轧接合
— kneader	碾滾式捏和機	ロール型ねつ和機	碾滚式捏和机
— knobbling	輥軋法	ロール圧平法	辊轧法
— lift	軋輥上升距離	ロールリフト	轧辊上升距离
— mark	軋痕;壓痕	ロールマーク	轧痕;压痕
— milling	軋製	ロール練り	轧制
— molding	凸圓線腳	円繰形	凸圆线脚
— neck grease	輥頸潤滑脂;輥頸黃油	ロールネックグリース	辊颈润滑脂;辊颈黄油
— nip	(兩輥之間)輥隙;滾距	ロール間げき	(两辊之间)辊隙;滚距
— opening	輥隙;輥距	ロール間げき	辊隙;辊距
— pin	柱塞;滾針	円筒栓	柱塞;滚针
— profile	輥型;軋軋縱剖面	ロールプロフィル	辊型;轧轧纵剖面
— release	脫輥;壓輥分離	ロールリリーズ	脱辊;压辊分离
— seam	輥隙;輥距	ロールシーム	辊隙;辊距
— separating force	壓輥分離力	ロール分離力	压辊分离力
— set	軋輥組;軋鋼機組	ロールセット	轧辊组;轧钢机组
— slicing	輥式切片法	ロールスライス	辊式切片法

英文	臺灣	日文	大陸
— spacing	輥隙;輥距	ロール間げき	辊隙;辊距
— spindle	輥軸	ロール軸	辊轴
— spinning	滚旋;旋壓	ロールスピンニング	滚旋;旋压
— spot welding	滚點銲	ロールスポット溶接	滚点焊
— spring	軋輥彈性變形	ロールスプリング	轧辊弹性变形
— stand	工作機座;軋機架	ロールスタンド	工作机座;轧机架
— surface	輥筒表面	ロール表面	辊筒表面
— to death	重壓;重軋	重圧	重压;重轧;死轧
— wear	軋輥磨損	ロールウェア	轧辊磨损
— welding	熱輥壓銲接	ロール溶接	热辊压焊接
— **wiper**	輥刷	ロールワイパ	辊刷
olled alloy	軋製合金	圧延合金	轧制合金
— dies	輥鍛模;滚絲模	転造ダイス	辊锻模;滚丝模
— edge	軋製邊	圧延縁	轧制边
— gold	包金軋製板	金被覆圧延板	包金轧制板
— hardening	軋製淬火	圧延焼入れ	轧制淬火
— hemming	軋製折邊	三つ巻き縫い	轧制折边
— iron and steel	軋製鋼	圧延鋼	轧制钢
— lead	薄鉛板;軋製鉛板	圧延鉛	薄铅板;轧制铅板
— mill edge	軋製邊	圧延縁	轧制边
— plate	壓延板;軋製鋼板	圧延板	压延板;轧制钢板
— sheet	輥壓片材;壓延片材	ロールドシート	辊压片材;压延片材
— steel	軋製鋼(材);型鋼	圧延鋼(材)	轧制钢(材);型钢
— steel beam	軋製鋼樑;型鋼樑	形鋼ばり	轧制钢梁;型钢梁
— steel column	軋製鋼柱;型鋼柱	形鋼柱	轧制钢柱;型钢柱
— steel member	型鋼構件〔元件〕	形鋼部材	型钢构件〔部件〕
— steel pipe	軋製鋼管	圧延管	轧制钢管
— steel plate	軋製鋼板;輥軋鋼板	圧延鋼板	轧制钢板;辊轧钢板
— stock	軋材	圧延材	轧材
— thread	滚壓螺紋;滚絲	転造ねじ	滚压螺纹;滚丝
— thread tap	滚壓絲攻	転造仕上げタップ	滚压丝锥
— tube	軋製管	圧延管	轧制管
ller	滚柱;軌輥;碾壓機	ローラ	滚柱;轨辊;碾压机
— analysis	滚柱分析	ローラ分析	滚柱分析
— band	滚釉傳送帶	ローラバンド	滚轴传送带
— band saw	自動滚柱帶鋸	自動ローラ帯のこ盤	自动滚柱带锯
— bearing	滚子鈾承;滚針軸承	ローラベアリング	滚子轴承;滚针轴承
— bearing box	滚子鈾承箱	ころ軸受箱	滚子轴承箱
— bed	輥道	ローラベッド	辊道
— bend test	滚柱彎曲試驗	ローラ曲げ試験	滚柱弯曲试验

R

英文	臺灣	日文	大陸
— box tool	跟刀架	ローラターナバイト	跟刀架
— cage	(軸承的)保持架	ローラケージ	(轴承的)保持架
— chamfer	滾柱倒角	(ころの) 面取り	滚柱倒角
— clearance	輥軸間隙	ローラクリアランス	辊轴间隙
— clutch	滾子離合器	ローラクラッチ	滚子离合器
— compacter	滾壓機	ローラコンパクタ	滚压机
— conveyer	滾軸式輸送機	ローラコンベヤ	滚轴式输送机
— crusher	輥式破碎機	ローラクラッシャ	辊式破碎机
— cutting machine	轉刀分切機	スリッタ	转刀分切机
— dies	輥輪拉絲模	ローラダイス	辊轮拉丝模
— draft	輥壓下量	ローラドラフト	辊压下量
— end	滾軸端;轉動端	ローラ端	滚轴端;转动端;移动端
— flaker	輥式鉋片機	ローラ式薄片はく離機	辊式刨片机
— gage	兩輥中心距〔紡織機〕	ローラゲージ	两辊中心距〔纺织机〕
— ironing	旋鍛;旋轉打薄	回転しごき加工	旋锻;旋转打薄
— jar mill	活軸球磨	回転しかめうす	活轴球磨
— lubrication	滾子潤滑	ころ注油	滚子润滑
— machine	輥壓機;輥煉機;壓延機	ローラ機	辊压机;辊炼机;压延机
— mill	軋製機;軋鋼廠	ローラミル	轧制机;轧钢厂
— press	滾壓成形機	ローラプレス	滚压成形机
— retainer	(軸承的)滾子保持架	ローラリテーナ	(轴承的)滚子保持架
— sander	砂紙輥打磨機	ローラサンダ	砂纸辊打磨机
— scraper	(混砂機)刮砂板	ローラスクレーパ	(混砂机)刮砂板
— shear	輥式切斷	ローラシャー	辊式切断
— slide	滾子滑板;滾輪滑動	ローラスライド	滚子滑板;滚轮滑动
— speed	滾輪速度	ローラスピード	滚轮速度
— table	輥道	ローラテーブル	辊道
— turner bite	滾壓車刀	ローラターナバイト	滚压车刀
— type mast	滾柱式支座	ローラマスト	滚柱式支座
rollhousing	軋機機架	ロールハウジング	轧机机架
rolling	碾壓;軋製;壓延;滾壓	ローリング	碾压;轧制;压延;滚压
— action	滾動作用	ローリング作用	滚动作用
— bearing	滾動軸承	ローリングベアリング	滚动轴承
— billet	軋製用鋼坯	ローリングビレット	轧制用钢坯
— car	平板車	ローリングカー	平板车
— circle	滾動圓;(齒輪的)基圓	ローリングサークル	滚动圆;(齿轮的)基圆
— compaction	滾動壓實	転圧締め	滚动压实
— defect	軋製缺陷	ロールきず	轧制缺陷
— dies phase adjusting	滾絲輪相位調整	ピッチ合せ	滚丝轮相位调整
— door	滾動門;卷升門	シャッター	滚动门;卷升门

英文	臺灣	日文	大陸
— effluent	軋鋼廢水	圧延排水	轧钢废水
— fatigue	軋製疲勞	転がり疲れ	轧制疲劳
— force	軋製力;壓延力	ローリングフォース	轧制力;压延力
— form	輥軋成形	転造加工	辊轧成形
— ingot	(軋製用)鋼錠	ローリングインゴット	(轧制用)钢锭
— machine	滾軋機〔對皮革;鋼鐵〕	圧延機	滚轧机〔对皮革;钢铁〕
— oil	軋製用油;碾油;輥子油	ローリングオイル	轧制用油;碾油;辊子油
— on	穿軋	ローリングオン	穿轧
— power	軋製功率;壓延功率	ローリングパワー	轧制功率;压延功率
— press	矯平沖床	ローリングプレス	矫平压力机
— resistance	滾動阻力	転がり抵抗	滚动阻力
— speed	軋製速度;滾軋速度	ローリングスピード	轧制速度;滚轧速度
— steel	軋製鋼材	圧延鋼材	轧制钢材
— torque	轉製力距;壓延力距	ローリングトルク	转制力距;压延力距
— velocity	滾轉速度	転がり速度	滚转速度
— wear test	滾動磨耗試驗	転がり摩耗試験法	滚动磨耗试验
— roll-off	碾軋;機翼自動傾斜	ロールオフ	碾轧;机翼自动倾斜
— rate	滾降率	ロールオフレート	滚降率
oll-out	延伸;軋平;讀出;轉出	ロールアウト	延伸;轧平;读出;转出
oll-over	翻轉;轉台	ロールオーバ	翻转;转台
— board	翻轉板	反転板	翻转板
— machine	翻箱式造模機	ロールオーバマシン	翻箱式造型机
oll-up blind	卷(升)帘	巻上げブラインド	卷(升)帘
— door	卷升門	巻上げ戸	卷升门
Roman arch	羅馬式拱;半圓拱	ローマ風アーチ	罗马式拱;半圆拱
— brass	羅馬含錫黃銅〔Su 1%〕	ローマンブラス	罗马含锡黄铜〔Su 1%〕
Romanium	羅馬尼姆鋁基合金	ローマニウム	罗马尼姆铝基合金
oof	車棚;箱頂	ルーフ	车棚;箱顶
oofing	鋪蓋屋面;屋面材料	ルーフィング	铺盖屋面;屋面材料
Roofloy	魯夫洛伊耐蝕鉛合金	ルーフロイ	鲁夫洛伊耐蚀铅合金
oom	室;房間;空間	ルーム	室;房间;空间
oot	根	ルート	根
— angle	角圓錐齒輪底角	歯底円すい角	角圆锥齿轮底角
— circle	齒根圓	歯元円	齿根圆
— cone	齒根圓錐〔圓錐齒輪〕	歯底円すい	齿根圆锥〔圆锥齿轮〕
— crack	(銲縫)根部裂紋	ルート割れ	(焊缝)根部裂纹
— defect of welding	銲根缺陷	ルート欠陥	焊根缺陷
— diameter	齒輪根圓直徑	ねじの谷径	齿轮根圆直径
— face	鈍邊	ルートフェース	钝边
— gap	(銲縫)根部間隙	ルート間隔	(焊缝)根部间隙

R

英文	臺灣	日文	大陸
— of weld(ing)	銲縫根部	溶接のルート	焊缝根部
— opening	(銲縫)根部間隙	ルート間隔	(焊缝)根部间隙
— run(ning)	封底銲;背面銲道	裏溶接	封底焊;背面焊道
rooter	除根機;翻土機	ルータ	除根机;翻土机
— machine	壁板溝槽銑床〔木工〕	ルータマシン	壁板沟槽铣床〔木工〕
rope	繩;索;纜	ロープ	绳;索;缆
Rose alloy	洛滋合金	ローゼアロイ	洛滋合金
rosette	薔薇花紋樣	ローゼット	蔷薇花纹样
— copper	盤銅;花式銅	円盤状銅	盘铜;花式铜
Rossi alpha method	羅西α法	ロッシα法	罗西α法
— process	羅西連續鑄鋼法	ロッシプロセス	罗西连续铸钢法
Rosslyn metal	羅斯林耐熱覆合銅板	ロッスリンメタル	罗斯林耐热覆合铜板
rotay	輪轉;旋轉;翻轉;回轉	ロロタリ	轮转;旋转;翻转;回转
— air compressor	旋轉式空氣壓縮機	回転式空気圧縮機	旋转式空气压缩机
— apparatus	旋轉裝置	回転装置	旋转装置
— axis	回轉軸	回転運動軸	回转轴
— bender	轉模彎曲機	ロータリベンダ	转模弯曲机
— bending die	回轉彎曲模	ロータリ曲げ型	回转弯曲模
— bob	轉子	ロータ	转子
— cam switch	旋轉凸輪開關	ロータリカムスイッチ	旋转凸轮开关
— chopper	轉刀切碎機	ロータリチョッパ	转刀切碎机
— crane	回轉式起重機	ロータリクレーン	回转式起重机
— cut	回轉切割	ロータリカット	回转切割
— cutter	回轉切斷器	ロータリカッタ	回转切断器
— cutting veneer	旋削薄板	むきベニヤ	旋削薄板
— die	旋轉模	ロータリダイ	旋转模
— disc valve	轉盤閥	回転盤バルブ	转盘阀
— drill	旋轉式鑿岩機	ロータリドリル	旋转式凿岩机
— drum	滾筒;轉筒	回転胴	滚筒;转筒
— expander	滾壓擴管機	ロータリエキスパンダ	滚压扩管机
— grinder	圓台平面磨床	ロータリグラインダ	圆台平面磨床
— impulse	旋轉衝力〔量〕	回転力積	旋转冲力〔量〕
— inertia	旋轉慣量	回転慣性	旋转惯量
— ironing	旋轉打薄;旋轉擠拉	回転しごき加工	旋转打薄;旋转挤拉
— lathe	(木工用)車床	ロータリレース	(木工用)车床
— machine	回轉機械;旋轉式機械	ロータリテーブル	回转机械;旋转式机械
— moment	旋轉力矩	回転能率	旋转力矩
— momentum	回轉衝力〔量〕	回転力積	回转冲力〔量〕
— piercing	旋轉打孔	回転せん孔	旋转穿孔
— pipe cutter	旋轉切管器	ロータリパイプカッタ	旋转切管器

文	臺　灣	日　文	大　陸
- sander	砂輪機	回転サンダ	砂轮机
- screw	旋轉螺桿	回転スクリュー	旋转螺杆
- shear	回轉剪切	ロータリシャー	回转剪切
- speed	回轉速度	回転速度	回转速度
- surface grinder	回轉工作台平面磨床	回転平面研削盤	回转工作台平面磨床
- swager	旋轉模鍛機	ロータリスエージャ	旋转模锻机
- swivel	旋轉鉸接頭;旋轉接頭	ロータリスイベル	旋转铰接头;旋转接头
- teeth	回轉齒;旋轉齒	回転歯	回转齿;旋转齿
- throttle	回轉節流閥	ロータリスロットル	回转节流阀
- tool	回轉車刀	回転バイト	回转车刀
- trencher	旋轉式挖溝機	ロータリトレンチャ	旋转式挖沟机
- twisting die	回轉扭曲模	ロータリツイスト型	回转扭曲模
- upsetting process	回轉鐓鍛加工	回転すえ込み加工	回转镦锻加工
- valve	回轉閥	ロータリバルブ	回转阀
tating amplifier	旋轉放大器	回転増幅器	旋转放大器
- mandrel	旋轉心軸	回転マンドレル	旋转心轴
- mass	回轉質量	回転質量	回转质量
- screw	旋轉螺桿	回転スクリュー	旋转螺杆
- sector	旋轉扇形齒輪	回転セクタ	旋转扇形齿轮
- shaft	回轉軸	回転軸	回转轴
- stall	旋轉失速;旋轉分離	旋回失速	旋转失速;旋转分离
tation	旋轉;轉動;循環;交替	ローテーション	旋转;转动;循环;交替
tational deformatiom	(銲接)旋轉變形	溶接の回転変形	(焊接)旋转变形
- energy	轉動能	回転エネルギー	转动能
- inertia	轉動慣量〔性〕	回転慣性	转动惯量〔性〕
- molding	旋轉成形〔模塑〕	回転成形	旋转成形〔模塑〕
tative distortion	旋轉變形;旋轉扭曲	回転変形	旋转变形;旋转扭曲
- velocity	旋轉速度	回転速度	旋转速度
tator	轉子;旋轉反射爐	ローテータ	转子;旋转反射炉
tatory dispersion	旋光散色	旋光分散	旋光散色
- fault	旋轉斷層	旋回断層	旋转断层
toarc welding	旋轉電弧銲	ロートアーク溶接	旋转电弧焊
tocasting	旋轉淺鑄法	回転注型(法)	旋转浅铸法
tomolding	旋轉成形法	回転成形(法)	旋转成形法
ton	旋子	ロトン	旋子
tor	轉子;電樞;旋翼;葉輪	ロータ	转子;电枢;旋翼;叶轮
- inertia	轉動慣量	ロータイナーシャ	转动惯量
- mast	旋翼主軸	回転翼支柱	旋翼主轴
- shaft	轉子軸	ロータ軸	转子轴
- spindle	轉子軸	ロータ軸	转子轴

英文	臺灣	日文	大陸
rotovalve	旋轉閥	ロート弁	旋转阀
rough	粗糙(的);凸凹不平	ラフ	粗糙(的);凸凹不平
— file	粗齒銼	鬼荒目やすり	粗齿锉
— finishing	粗加工	荒仕上げ	粗加工
— forging	粗鍛	荒地打ち	粗锻
— machining	粗加工	荒削り	粗加工
— metal	粗錫〔Sn 85%;Fe 10%〕	荒すず	粗锡〔Sn 85%;Fe 10%〕
— planing	粗鉋;大鉋	荒削り	粗刨;大刨
— rolling	粗軋	ラフローリング	粗轧
— sheet	粗加工片材	荒シート	粗加工片材
rough-cutting	粗加工	荒仕上げ	粗加工
— oil	粗切削油	粗製切削油	粗切削油
roughened surface	粗糙面	粗面	粗糙面
roughener	粗加工軋機	粗仕上げ圧延機	粗加工轧机
rougher	預鍛模;粗軋機	ラッファ	预锻模;粗轧机
roughing	粗加工;開坯	ラフィング	粗加工;开坯
— bite	粗加工車刀	ラフィングバイト	粗加工车刀
— broach	粗拉刀	荒ブローチ	粗拉刀
— cut	粗切;粗加工	荒切り	粗切;粗加工
— cutter	粗加工刀具	ラフィングカッタ	粗加工刀具
— end mill	粗加工用立銑刀	ラフィングエンドミル	粗加工用立铣刀
— formed cutting edge	粗製切削刃	ラフィング切れ刃	粗制切削刃
— gear hob	粗加工齒輪滾刀	荒加工用ホブ	粗加工齿轮滚刀
— machine	粗選機	粗選機	粗选机
— mill	粗軋機	ラフィングミル	粗轧机
— rack type cutter	粗加工用齒條式銑刀	荒加工用ラックカッタ	粗加工用齿条式铣刀
— roll	粗軋機;開坯機	荒引き圧延機	粗轧机;开坯机
— teeth	粗切齒	荒刃	粗切齿
— tool	粗加工刀具	荒削り工具	粗加工刀具
roughness	粗糙度;不平度	ラフネス	粗糙度;不平度
— file	粗齒銼	粗やすり	粗齿锉
— resistance	粗糙度阻力	粗度抵抗	粗糙度阻力
roulette	旋輪線;轉跡線	ルーレット	旋轮线;转迹线
— holder	滾花刀夾;壓花刀夾	ルーレットホルダ	滚花刀夹;压花刀夹
— roller	滾花刀;壓花滾輪	ルーレットローラ	滚花刀;压花滚轮
round	圓的;整數的;圓形物	ラウンド	圆的;整数的;圆形物
— bar steel	圓鋼	丸鋼	圆钢
— broach	圓形拉刀	ラウンドブローチ	圆形拉刀
— chisel	半圓鏨子;圓鏨	ラウンドチゼル	半圆錾子;圆錾
— die block	圓形模塊	円形ダイブロック	圆形模块

英文	臺灣	日文	大陸
— flange	圓凸緣	丸フランジ	圆凸缘
— flatter	圓頭平面錘	丸へし	圆头平面锤
— gutter cutter	圓形剁刀〔鍛造用的〕	丸みぞ切り	圆形剁刀 [锻造用的]
— iron	圓鐵	丸鉄	圆铁
— mandrel	圓形心軸	丸心金	圆形心轴
— neck	圓軸頸	丸首	圆轴颈
— nut	圓螺母	丸ナット	圆螺母
— plane	圓鉋	丸刃かんな	圆刨
— punch	圓形打孔器	丸パンチ	圆形穿孔器
— scraper	圓形刮刀	丸スクレーパ	圆形刮刀
— slicker	圓角刮刀	丸りすわ	圆角刮刀
— steel	圓鋼	丸鋼	圆钢
— thread	圓螺紋	丸ねじ	圆螺纹
— tooth	圓齒	丸刃	圆齿
— tup	圓錘頭〔動力錘的〕	丸タップ	圆锤头〔动力锤的〕
unded aggregate	天然骨料〔稜角〕	天然骨材	天然骨料〔棱角〕
— corner bent tool	圓角彎頭車刀	先丸すみバイト	圆角弯头车刀
— corner boring tool	圓角搪刀	先丸穴ぐりバイト	圆角镗刀
— corner straight tool	圓角直頭車刀	先丸剣バイト	圆角直头车刀
undhead bolt	半圓頭螺釘	先丸棒	半圆头螺钉
— rivet	圓頭鉚釘	丸頭びょう	圆头铆钉
— screw	半圓頭螺釘	丸頭ねじ	半圆头螺钉
unding	捨入成整數	ランディング	舍入成整数
undness	圓度	ラウンドネス	圆度
ute	路;路線;航路;航線	ルート	路;路线;航路;航线
utine	常規;程序;過程	ルーチン	常规;程序;过程
— analysis	日常(工作)分析	日常（作業）分析	日常(工作)分析
uting	路徑選擇;路由選擇	ルーチング	路径选择;路由选择
— control	路徑選擇控制	ルーチング制御	路径选择控制
w	行	ロー	行
R alloy	RR銅鎳系耐熱鋁合金	RR 合金	RR铜镍系耐热铝合金
b	擦;摩擦	ラブ	擦;摩擦
— off constant	耐擦常數	摩擦落ち定数	耐擦常数
— off resistance	耐摩擦性	摩擦落ち抵抗	耐摩擦性
— proofness	耐摩(擦)程度	耐摩（擦）性	耐摩(擦)程度
— test	摩擦試驗	摩擦試験	摩擦试验
bber	橡皮;橡膠;磨擦物	ゴム	橡皮;橡胶;磨擦物
bber-like elasticity	似橡膠(狀)彈性	ゴム状弾性	似橡胶(状)弹性
bbing agent	研磨劑	研磨剤	研磨剂
— board	刮板〔造模工具〕	なで板	刮板 [造型工具]

英文	臺灣	日文	大陸
— compound	研磨劑;抛光膏	ラビングコンパウンド	研磨剂;抛光膏
— contact	摩擦接觸	ラビングコンタクト	摩擦接触
— down	磨平;擦乾淨	とぎおろし	磨平;擦乾净
— finisher	研磨機	ラビングフィニッシャ	研磨机
— friction	滑動摩擦	こすり摩擦	滑动摩擦
— keel	背板龍骨	スラブキール	背板龙骨
— motion	摩擦運動	ラビングモーション	摩擦运动
— oil	摩擦用油	摩擦油	摩擦用油
— stone	研磨磨石;研磨砂輪	ラビングストーン	研磨磨石;研磨砂轮
— strip	摩擦帶材	すれ材	摩擦带材
— surface	摩擦面	ラビングサーフェース	摩擦面
— test	摩擦試驗	摩擦試験	摩擦试验
rubble	毛石;碎磚	野石	毛石;碎砖
rubidium,Rb	銣	ルビジウム	铷
ruby	紅寶石	ルビー	红宝石
rudder	舵	ラッダ	舵
rugosity	粗糙(度);凹凸不平	ルゴシティ	粗糙(度);凹凸不平
rule	定則;法則;條例;尺	ルール	定则;法则;条例;尺
— cutter	栽鉛條機	けい切り器	栽铅条机
ruled paper	方格紙;座標紙	け引紙	方格纸;坐标纸
— surface	直紋曲面	ルールドサーフェス	直纹曲面
ruler	直尺;劃線板;直角尺	ルーラ	直尺;划线板;直角尺
ruling	刻度;劃線;管理;支配	ルーリング	刻度;划线;管理;支配
— grade	限制坡度	制限こう配	限制坡度
— machine	刻線機	ルーリングマシン	刻线机
rumbler	清理滾筒;滾磨機	ランブラ	清理滚筒;滚磨机
run	工作;運行;操作;運轉	ラン	工作;运行;操作;运转
— back	反流	反流	反流
— idle	空轉	ランアイドル	空转
runaway	逃跑;破壞;失控;逸出	ランアウェイ	逃跑;破坏;失控;逸出
— energy	逃逸能量	暴走エネルギー	逃逸能量
— reaction	失控反應	暴走反応	失控反应
run-down	掃描;下降;停止;衰弱	ランダウン	扫描;下降;停止;衰弱
rung	梯級	横さん	梯级
runner	轉子(葉輪);導向滑輪	ランナ	转子(叶轮);导向滑轮
— wheel	輾輪	ランナホイール	辗轮
running	工作;運轉;流動;行程	ラニング	工作;运转;流动;行程
— accuracy	旋轉精度	回転精度	旋转精度
— efficiency	運轉效率	運転効率	运转效率
— speed	運轉速度;運行速度	走行速度	运转速度;运行速度

英文	臺灣	日文	大陸
— status	運行狀態	ランニングステータス	运行状态
— time	運轉時間;動作時間	ランニングタイム	运转时间;动作时间
— valve	出水閥	流出弁	出水阀
— welding	跑銲;粗銲	走り溶接	跑焊;粗焊
— without load	空轉	空回り	空转
unning-in	試車;跑合運轉	ランニングイン	试车;跑合运转;配研
un-off	流出;逃逸部分;溢出	ランーオフ	流出;逃逸部分;溢出
— casting	溢流鑄造	あがり鋳物	溢流铸造
un-of-mine coal	原煤	原炭	原煤
un-out	伸出;流出;偏心	ランアウト	伸出;流出;偏心
— groove	引出(紋)槽	ランアウトグルーブ	引出(纹)槽
— of end face	端面振擺〔跳動〕	端面の振れ	端面振摆〔跳动〕
— of thread	不完整螺紋部	不完全ねじ部	不完整螺纹部
untime	運行時間	ランタイム	运行时间
untiming	運行時序	ランタイミング	运行时序
un-up	起轉;試運轉;試車	ランアップ	起转;试运转;试车
unway	懸索道;滑道;吊車道	ランウェイ	悬索道;滑道;吊车道
upture	斷裂;破裂;絕緣擊穿	ラプチャ	断裂;破裂;绝缘击穿
— cross-section	斷裂面	破断断面	断裂面
— in bending	彎曲破壞	曲げ破壊	弯曲破坏
— life	斷裂壽命	破断寿命	断裂寿命
— line	破壞包絡線	破壊包絡線	破坏包络线
— strength	斷裂強度;抗斷強度	ラプチャ強さ	断裂强度;抗断强度
— stress	破壞應力;斷裂應力	破壊応力	破坏应力;断裂应力
— test	破壞試驗;斷裂試驗	破壊試験	破坏试验;断裂试验
upturing capacity	斷裂容量〔功率〕	破裂能力	断裂容量〔功率〕
ush	突進	ラッシュ	突进
ust	銹;鐵銹;生銹	ラスト	锈;铁锈;生锈
— bloom	銹霜	ラストブルーム	锈霜
— corrosion	銹蝕	さび食	锈蚀
— inhibiting paint	防銹漆	さび止めペイント	防锈漆
— oil	防銹油	防せい油	防锈油
— prevention	防銹	さび止め	防锈
— preventive plating	防銹鍍層	防せいめっき	防锈镀层
— resistance	耐銹性;抗腐蝕性	耐しゅう性	耐锈性;抗腐蚀性
— spot	銹點;銹跡	さび染み	锈点;锈迹
ustless iron	鐵鉻耐蝕合金;不銹鋼	ステンレス鉄	铁铬耐蚀合金;不锈钢
— process	無銹處理	ラストレス法	无锈处理
— steel	不銹鋼	ラストレススチール	不锈钢
st-proof agent	防銹劑	防せい剤	防锈剂

英文	臺灣	日文	大陸
— material	防銹材料	防せい材料	防锈材料
— oil	抗腐蝕油	さび止め油	抗腐蚀油
— paint	防銹漆	防せい塗料	防锈漆
rust-resisting steel	不銹鋼	ステンレス鋼	不锈钢
rut	車轍;輪距;凹槽;壓痕	ラット	车辙;轮距;凹槽;压痕

英文	臺灣	日文	大陸
S-hook	S形鉤	S形かぎ	S形钩
sack	裝袋;包裝機	揚袋機	扬袋机
— making machine	製盒機	製缶機	制盒机
— packermachine	裝袋機	袋詰め機	装袋机
— sewing machine	縫袋機	袋閉じミシン	缝袋机
saddle	滑動座架;軸鞍;滑座;臺	サドル;台	滑动座架;鞍座;支管架
— base	鞍座	サドル台	鞍座
— cam	溜板凸輪;鞍座凸輪	サドルカム	溜板凸轮
— clamp	床鞍夾緊;大刀架夾緊	サドルクランプ	床鞍夹紧器
— clip	管箍;扒釘	分岐帯	管箍;管卡
— joint	鞍形接合;咬口接頭;鞍接	くら目地	鞍形接头
— key	鞍形鍵;空鍵	くらキー	鞍形键
— rail	鞍形軌條	くら形レール	鞍形轨
— stroke	床鞍行程;大刀架行程	サドルストローク	床鞍行程;拖板行程
— table	滑鞍式工作台	サドルテーブル	滑鞍式工作台
— tee	馬鞍形三通管	くら形T接ぎ手	马鞍形三通管
— top	滑座頂	サドルトップ	滑座顶
— type turret lathe	滑鞍式轉塔車床	サドル形タレット旋盤	滑鞍式转塔车床
SAE standard	美國汽車工程師學會標準	ＳＡＥ規格	汽车工程师学会标准
safe	安全的;可靠的;保險箱	セーフ;蔵;金庫	安全的;可靠的;保险箱
— carrying capacity	容許負載量;安全載流量	安全電流	容许负荷量
— distance	安全距離	安全距離	安全距离
— factor of buckling	挫曲安全係數	座屈安全率	压曲安全系数
— level	安全量	安全量	安全量
— life	安全壽命	安全寿命	安全寿命
— light	安全燈	安全ランプ	安全灯
— load	安全負載	安全荷重	安全载荷
— mass	安全質量	安全質量	安全质量
— operation	安全操作	安全操作	安全操作
— rope	安全帶;安全繩	安全ロープ	安全带;安全绳
— sign color	安全標誌色	安全標識色	安全标志色
— stress	安全〔容許〕應力	安全応力	安全应力
— wedge	安全楔	安全くさび	安全楔
— working load	容許工作負載	安全使用荷重	安全许用负载
— working pressure	容許工作壓力	安全使用圧力	安全工作压力
— working strength	容許工作強度	安全使用強さ	安全工作强度
safeguard	安全裝置;護欄	安全装置	安全装置
— circuit	保安電路	保安回路	保安电路
— inspection	安全防護檢查	安全審査	安全防护检查
— inspectorate	核監督檢查	原子力調査規則	核监督检查

英文	臺灣	日文	大陸
— system	安全系統	保障措置システム	安全措置制度
— technology	安全技術	保障措置技術	安全保障技术
safety	安全;保險裝置;安全設備	安全	安全;保险装置
— alarm device	安全警報器	安全警報装置	安全警报装置
— allowance	安全補償	安全在庫量	安全裕度;保险馀量
— analysis	安全分析	安全解析	安全分析
— angle	安全角	安全角	安全角
— arch	分載拱	セーフティアーチ	分载拱
— assembly	安全裝置	安全アセンブリ	安全装置
— attachment	安全裝置	安全装置	安全装置
— bag	安全氣囊	安全バッグ	安全袋
— band	安全〔保險〕帶	安全ベルト	安全带
— belt	安全〔保險〕帶	安全帯	安全带
— block	安全板	安全ブロック	安全板
— box	安全器;安全盒	安全器	安全器;安全盒
— brake	安全制動器;保險閘	安全制動機	安全制动器;保险闸
— breaker	安全斷電器	安全ブレーカ	安全断电器
— butts	安全鉸鏈	安全丁番	安全铰链
— cabinet	安全櫃	安全キャビネット	安全柜
— cap	安全帽;安全罩	安全キャップ	安全帽;安全罩
— car	安全汽車	安全自動車	安全汽车
— catch	安全扣;擋塊	安全つかみ	安全制子;挡块
— certificate	安全證書	安全証書	安全证书
— circuit	安全電路	安全回路	安全电路
— circuit for sinker load	防重錘下落回路	自重落下防止回路	防重锤下落回路
— clutch	安全離合器	安全装置組	安全离合器
— clutch bushing	安全離合器襯套	安全装置受け	安全离合器衬套
— clutch pawl	安全離合器爪	安全装置つめ	安全离合器爪
— clutch spring	安全離合器彈簧	安全装置スプリング	安全离合器弹簧
— coal reserves	安全煤貯量	安全炭量	安全煤贮量
— cock	安全旋塞	安全コック	安全旋塞;安全栓
— code	安全規定	安全規定	安全规定
— coefficient	安全係數;保險係數	安全係数	安全系数;保险系数
— color	安全標誌色;安全色彩	安全カラー	安全标志色;安全色彩
— control	安全控制	安全管理	安全控制
— control equipment	安全控制設備	防災設備	安全控制设备
— control system	防災裝置	防災装置	防灾装置
— cord	安全繩索	安全ひも	安全绳索
— cost	安全成本	安全コスト	安全成本
— cover	防護罩;安全罩	安全覆いふた	防护罩;安全罩

英文	臺灣	日文	大陸
— crank	安全曲柄	安全クランク	安全曲柄
— criteria review	安全規則審查	安全基準審査	安全规则审查
— cut out	保安器;熔絲斷路器	安全器	保安断电器;熔断器
— cylinder	安全保護油缸	セーフティシリンダ	安全保护油缸
— degree	安全度	安全度	安全度
— design load	安全設計負載	安全設計荷重	安全设计荷载
— device	安全裝置	非常止め	安全装置;紧急刹车
— device adjustment	安全裝置調整	保安装置調整	安全装置调整
— distance	安全距離	安全間隔	安全距离
— door	安全門	安全扉	安全门
— enclosed switch	金屬盒開關	金属箱開閉器	金属盒开关
— engineer	安全管理員	安全管理者	安全管理者
— engineering	安全工程	安全工学	安全工程
— equipment	安全設備;防護裝置	保護装置	安全设备;防护装置
— facilities	安全設施	安全施設	安全设施
— factor	安全因數;安全係數	安全（超過）量（率）	安全因数;安全系数
— fence	防護柵欄	防護さく	防护栅栏
— for earthquake	耐震安全性	耐震安全性	耐震安全性
— for sliding	滑動穩定	滑動安定	滑动稳定
— fuel	安全燃料	安全燃料	安全燃料
— function	安全函數	安全関数	安全函数
— funnel tube	安全漏斗管	安全漏斗管	安全漏斗管
— fuse	安全導火線;保險絲	導火線	安全导火线
— gap	安全間隙;保安放電器	安全間げき	安全隙;保安放电器
— gear	安全裝置	安全装置	安全装置
— glass	安全玻璃	安全ガラス	安全玻璃
— goggles	安全護目鏡;護目鏡	保護眼鏡	护目镜
— governor	安全調節	安全調速機	安全调节
— ground	安全接地	セーフティグラウンド	安全接地
— guard	保險板;護欄;安全護件	安全覆い	安全保护装置
— handling	安全操作	安全操作	安全操作
— head	安全頂蓋	安全ふた	安全顶盖
— helmet	安全帽	安全帽	安全帽
— hoist	安全起重機	安全ホイスト	安全卷扬机
— holder	安全夾具	安全ホルダ	安全夹具
— hook	安全鉤	安全フック	安全钩
— index	安全性指標	安全性指標	安全性指标
— interlock	安全連鎖裝置	安全停止装置	安全连锁装置
— inventory	安全庫存	安全在庫	安全库存
— lamp	安全燈	安全灯	安全灯

英文	臺灣	日文	大陸
— lever	保險桿	安全レバー	保险杆
— light	安全燈	安全光	安全光
— lighting	安全照明	安全照明	安全照明
— line	安全線	安全線	安全线
— link	安全連接	セーフティリンク	安全连接
— load	安全負載;容許負載	安全荷重	安全负载;容许负载
— lock	保險鎖	安全子	保险机
— management	安全管理	安全管理	安全管理
— manager	安全管理員	安全管理者	安全管理员
— margin	安全率;安全界限	安全率	安全率;安全界限
— mark color	安全標色	安全標識色	安全标色
— mechanism	安全機構	安全機構	安全机构
— member	安全要素	安全要素	安全要素
— net	安全網	防護ネット	安全网
— nut	安全螺母;保險螺母	安全ナット	安全螺母;保险螺母
— operating area	安全工作區	安全動作域	安全工作区
— operation manual	安全操作手冊	安全作業基準	安全作业手册
— optimization design	安全最佳化設計	安全最適化設計	安全最佳化设计
— pad	安全墊;保險墊	安全パッド	安全垫;保险垫
— pin	安全銷;別針;保險針	安全ピン	安全销
— pipe	安全管	セーフティパイプ	安全管
— plug	安全塞;安全插頭	安全プラグ	安全塞;熔丝塞
— pole	安全桿	安全ポール	安全杆
— post	安全導標	視線誘導標	安全导标
— profile	安全曲線圖	安全プロフィール	安全曲线图
— program	安全計劃	安全計画	安全计划
— regulations	安全條例	保安規程	安全条例
— ring	安全環	安全環	安全环
— rod	安全棒	安全棒	安全棒
— rope	安全帶;保險繩	腰綱	安全带;保险绳
— rule	安全規則	安全規則	安全规则
— science	安全科學	安全科学	安全科学
— screen	安全網罩;保險遮板	セーフティスクリーン	安全网罩;保险遮板
— separation	安全距離	安全間隔	安全距离
— shoes	安全鞋	セーフティシューズ	安全靴
— shut-off time	安全切斷時間	安全遮断時間	安全切断时间
— shut-off valve	安全切斷閥	安全遮断弁	安全切断阀
— siding	安全邊線	安全側線	安全副线
— sign	安全標識	誘導標識	安全标识
— signal	安全信號	安全信号	安全信号

英文	臺灣	日文	大陸
— signplate	安全標識牌	安全標識	安全标识牌
— spark gap	安全火花間隙	安全火花ギャップ	安全火花间隙
— speed	安全速度	安全速度	安全速度
— standards	安全標準	安全規格	安全标准
— stay	安全牽條	安全控え	安全牵条
— stock	安全庫存	安全在庫	安全库存
— stop	安全擋塊;安全停止	安全止め	安全挡块;安全停止
— strip	安全地帶;安全區	安全地帯	安全地带;安全区
— switch	安全開關;保險開關	安全スイッチ	安全开关;保险开关
— system	安全系統	安全系	安全系统
— tap	安全旋塞	安全コック	安全旋塞
— technical personnel	安全技術員	保安技術職員	安全技术员
— testing	安全性試驗	安全性試験	安全性试验
— trip	安全釋放機構	安全トリップ	安全释放机构
— tube	安全管	安全管	安全管
— valve	安全閥	安全バルブ	安全阀
— valve lever	安全閥桿	安全弁てこ	安全阀杆
— valve operation test	安全閥動作試驗	安全弁作動試験	安全阀动作试验
— valve set pressure	安全閥設定壓力	安全弁調整圧力	安全阀开启压力
— valve setting	安全閥壓力設定	安全弁封鎖	安全阀定压
— varible	安全變數	安全変数	安全变数
— voltage	安全電壓	安全電圧	安全电压
— water tube boiler	安全水管鍋爐	安全水管ボイラ	安全水管锅炉
— weight	安全重量	セーフティウエート	安全重量
— work standard	安全作業標準	安全作業基準	安全作业标准
— zone	安全區域	セーフティゾーン	安全区域
S.A.F.T. battery	石墨粉陽極蓄電池	S.A.F.T.蓄電池	石墨粉阳极蓄电池
sag	垂度;彎曲;鑄件截面減薄	サグ;垂れ	垂度
— bolt	防垂螺栓	サグボルト	防垂螺栓
— core	砂心下垂	中子垂れ	砂心下垂
— ratio	垂跨比	サグ比	垂跨比
— tester	流掛試驗機	垂れ試験機	流挂试验机
sailcloth	帆布	帆布	帆布
sal	鹽	サラ双樹	盐
— ammoniac	氯化銨	塩化アンモニウム	氯化铵
— ammoniac cell	氯化銨電池	塩化アンモニウム電池	氯化铵电池
salamander	烤爐;焙燒爐	肉焼き器	铸件淬火炉
saleratus	碳酸氫鉀	重炭酸ナトリウム	碳酸氢钾
sales	銷售	売上高	销售
— management	銷售管理	販売管理	销售管理

S

英文	臺灣	日文	大陸
— message	銷售信息;銷售信件	販売伝言書	销售信息;销售信件
— planning	銷售計劃	販売計画	销售计划
— requirement	銷售要求條件	販売の要求条件	销售要求条件
— unit	銷售單位	販売単位	销售单位
salesman	推銷員;營業員	推銷員	推销员
salfur dioxide	二氧化硫	二酸化硫黄	二氧化硫
Salge metal	一種鋅基軸承合金	サルジメタル	萨尔吉锌基轴承合金
salic	矽鋁質	けいばん質	硅铝质
salient	凸出;凸〔顯〕極性	突角;凸出部	凸角;凸出部
salimeter	鹽液比重計	塩液比重計	盐液比重计
salimetry	鹽分析法	塩分測定	盐分析法
saline	鹽水;含鹽的	塩水;塩溶液	盐水;含盐的
— flux	鹽類熔劑;含鹽銲劑	塩類融剤	盐类熔剂;含盐焊剂
— water intrusion	鹽水滲入;鹹水侵入	塩水侵入	盐水渗入;咸水侵入
salineness	含鹽度	含塩度	含盐度
salinometer	測鹽計;鹽量計;鹽重計	検塩器	测盐计;盐量计;盐重计
— valve	鹽重計閥	検塩弁	盐重计阀
salitre	硝石;鈉硝;硝酸鈉	銷石	硝石;钠硝;硝酸钠
salmiac	氯化銨	塩化アンモニウム	氯化铵
salometer	鹽(液比)重計	検塩器	测盐计〔测比重;浓度〕
salpeter	硝石	銷石	硝石
salsoda	蘇打;十水碳酸鈉	洗濯ソーダ	苏打;十水碳酸钠
salt	鹽;食鹽;鹽類	食塩;塩類	盐;食盐;盐类
— bath	鹽浴〔爐〕;鹽槽	塩浴	盐浴
— bath cleaning	鹽浴清洗	塩浴清浄	盐浴清洗
— bath furnace	鹽浴爐	塩浴炉	盐浴炉
— bath heat treatment	鹽浴熱處理	塩浴熱処理	盐浴热处理
— bath quench	鹽浴淬火	熱浴焼入れ	盐浴淬火
— bridge	鹽橋	塩橋	盐桥
— gage	鹽水比重計	検塩計	盐水比重计
— lime	石膏;硫酸鈣	石こう	石膏;硫酸钙
— patenting	鹽浴韌化處理	ソルトパテンチング	盐浴韧化处理
— quenching	鹽浴淬火	塩浴焼入れ	盐浴淬火
— solution	鹽溶液	塩溶液	盐溶液
— water resistance	耐鹽水性	耐塩水性	耐盐水性
— water resistant test	耐鹽水試驗	耐塩水試験	耐盐水试验
— water sponge	鹽水海綿	海綿	盐水海绵
— works	鹽廠	製塩工場	盐厂
saltation	跳躍;跳動;突動	サルテーション	跳跃;跳动;突动
saltpetre	硝石;鉀硝;硝酸鉀	硝石;硝酸カリ	硝石;钾硝;硝酸钾

英文	臺灣	日文	大陸
— salt	硝石鹽	硝石塩	硝石盐
— mine	硝石礦	硝石坑	硝石矿
altus	急變	振幅；跳躍	振幅;跃度
— function	不連續的函數	跳躍関数	跳跃函数
— of function	函數的振幅	関数の振幅	函数的振幅
— point	跳躍點	跳躍点	跳跃点
alvage material	回收材料	回収材料	回收材料
— plating	尺寸鍍復	肉盛めっき法	尺寸镀复
am	受潮;均濕	湿潤	受潮;均湿
ame phase	同相(位)	同位相	同相
— sign	同符號	同符号	同符号
— size	相同尺寸	セームサイズ	相同画幅
— system	同系統	同系統	同系统
ammet blende	絹針鐵礦	絹針鉄鉱	绢针铁矿
amming	均濕法;陳化作用	湿潤法	均湿法;陈化作用
— machine	均濕機	湿潤機	均湿机
ample	樣本;標本;取樣	サンプル；標本；見本	样本;标本
— data	抽樣數據	サンプルデータ	抽样数据
— distribution	採樣(樣品;取樣)分布	標本分布	样品分布
— drawing	抽樣品	試料抽収品	抽样品
— function	樣本函數;樣品函數	サンプル関数	样本函数;样品函数
— heater	試料加熱爐	試料加熱炉	试料加热炉
— molding	樣品模壓;樣品造型	見本成形	样品模压;样品造型
— number	抽樣號碼;樣品號	サンプル番号	抽样号码;样品号
— pattern	樣品圖	サンプルパターン	样品图
— point	抽樣點	見本点	抽样点
— process	抽樣過程	見本過程	抽样过程
— program	抽樣程序	サンプルプログラム	抽样程序
— quantity	樣品數量	サンプル量	样品数量
— quartering	四分法取樣	試料四分法	四分法取样
— rack	樣品架	試料架	样品架
— rate	抽樣率	サンプルレート	抽样率
— reduction	試樣還原;試料縮分	試料還元；試料縮分	试样还原;试料缩分
— reservation	試樣保存	試料保存	试样保存
— size	樣本量	サンプルサイズ	抽样量
— size letter	樣本量字碼	サンプルサイズレター	试样尺寸码
— space	取樣空間	標本空間	取样空间
— splitter	試料劈裂器	試料分取器	试料分取器
— standard deviation	樣本標準偏差	試料標準偏差	样本标准偏差
— statistic	樣品統計量	統計量	样品统计量

英文	臺灣	日文	大陸
— subgroup	樣品亞組	試料の組	样品亚组
— thief	取樣器	試料採取器	取样器
— tree	取樣樹	サンプルトリー	取样树
— unit	取樣單位	サンプリング単位	取样单位
— value	樣本值	標本值	样本值
— variance	樣本方差;樣品離散	サンプル分散	样本方差;样品离散
— wafer	樣片	サンプルウェーハ	样片
sampled-data	抽樣數據	サンプル化した値	抽样数据
— control	抽樣數據控制	サンプル值制御	采样数据控制
— mode	抽樣數據方式	サンプルドデータモード	抽样数据方式
— theory	抽樣數據理論	サンプル值データ理論	抽样数据理论
sampling	取樣;抽樣	抜取り;試料抽出	取样;抽样
— action	脈衝作用;選〔抽;取〕樣	間欠動作	间歇动作;取样动作
— at random	隨機取樣	ランダムサンプルング	随机取样
— base	取樣時基	サンプリングベース	取样时基
— cell	取樣單元	サンプリングセル	取样单元
— control	選擇控制;取樣控制	サンプル值制御	选择控制;取样控制
— distribution	抽樣分布	標本分布	抽样分布
— error	取樣誤差;抽樣誤差	サンプリング誤差	取样误差;抽样误差
— frequency	抽樣頻率;取樣頻率	サンプリング周波数	抽样频率;取样频率
— inspection by variable	計量抽樣檢查	計量抜取り検査	计量抽样检查
— inspection plan	抽樣檢查方式	抜取り検査方式	抽样检查方式
— inspection table	抽樣檢查表	抜取り検査表	抽样检查表
— mechanism	取樣機構;觀測機構	観測機構	取样机构;观测机构
— method	試料採取法	サンプリング法	试料采取法
— mill	試料粉碎器	試料を作るための粉砕器	试料粉碎器
— normal distribution	抽樣常態分布	標本正規分布	抽样正态分布
— period	取樣周期;抽樣周期	サンプリング周期	取样周期;抽样周期
— procedure	取樣程序;抽樣	抽出方式	取样程序;抽样
— process	抽樣過程;取樣過程	サンプリングプロセス	抽样过程;取样过程
— speed	取樣速度	サンプリングスピード	取样速度
— survey method	抽樣調查法	標本調査法	抽样调查法
— test	抽樣試驗	抜取り試験	抽样试验
— theorem	抽樣定理	標本化定理	抽样定理
— valve	採樣閥	試料採取弁	采样阀
— window	取樣窗	サンプリングウインドウ	取样窗
Samson post	中支柱;桁架中柱	サムソンポスト	中支柱;桁架中柱
sand	砂;鑄砂	砂	砂
— abrasion test	耐砂磨損試驗	砂摩耗試験	耐砂磨损试验
— bath	砂浴;噴砂清洗	砂浴	砂浴;喷砂清洗

英文	臺灣	日文	大陸
— bath tempering	砂浴回火	砂浴もどし	砂浴回火
— bellows	噴砂	砂吹き	喷砂
— binder	鑄砂用黏合劑	鋳物砂用粘結剤	型砂用粘合剂
— blast	噴砂;砂磨	砂吹付け	喷砂;砂磨
— blast gun	噴砂槍	サンドブラストガン	喷砂枪
— blast machine	噴砂機	サンドブラスト機	喷砂机
— blast nozzle	噴(砂)嘴	サンドブラストノズル	喷(砂)嘴
— blasting	噴砂;砂磨	砂吹き加工;噴砂	喷砂;砂磨
— blasting machine	噴砂機	サンドブラスト機	喷砂机
— blender	混砂設備;拋射鬆砂機	サンドブレンダ	混砂设备;抛射松砂机
— blister	砂眼〔鑄造缺陷〕	サンドブリスタ	砂眼〔铸造缺陷〕
— block	砂箱墩	砂盤木	砂箱墩
— blower	噴砂器	砂吹き;砂噴機	喷砂器
— blowing machine	噴砂機	噴砂機	喷砂机
— box	砂箱	サンドボックス;砂箱	砂箱
— breaker	鬆砂機	サンドブレーカ	松砂机
— buckle	嚴重鼠尾(缺陷);夾砂	絞られ	严重鼠尾(缺陷);夹砂
— burning	機械黏砂;燒結黏砂	焼付き;差込み	机械粘砂;烧结粘砂
— cast	鑄模鑄造	砂型鋳造	砂型铸造
— cast pig iron	鑄模鑄造生鐵	砂型銑	砂型铸造生铁
— casting	鑄模鑄件	砂型鋳物	砂型铸物
— cloth	研摩布;砂布	布やすり	研摩布;砂布
— coal	砂煤	砂石炭	砂煤
— coker	混砂煉焦爐	サンドコーカ	混砂炼焦炉
— cone	錐形濕式分級器	サンドコーン	锥形湿式分级器
— container	射砂筒;儲砂容器	サンドコンテナ	射砂筒;储砂容器
— control	砂處理;鑄砂控制	砂調整	砂处理;型砂控制
— cooler	砂冷卻	鋳物砂の冷却機	砂冷却
— core	砂心	サンドコア	砂芯
— cracker	碎砂機	サンドクラッカ	碎砂机
— cutter	碎砂機;移動式混砂機	サンドカッタ	碎砂机;移动式混砂机
— cutting	拌砂;鬆砂	砂ほごし	拌砂;松砂
— disintegrator	鬆砂機	砂ほごし機	松砂机
— drier	烘砂器;鑄砂乾燥爐	サンドドライヤ	烘砂器;型砂干燥炉
— dry	表乾;鑄砂乾燥爐	上乾き	表干;型砂干燥炉
— dryer	烘砂器;烘砂爐	鋳物砂乾燥機	烘砂器;烘砂炉
— equivalent test	含砂當量試驗	砂当量試験	含砂当量试验
— expansion ratio	砂膨脹率	砂膨張比	砂膨胀率
— feeder	給砂機;送砂機	サンドフィーダ	给砂机;送砂机
— figure	砂粒形狀	砂図	砂粒形状

英文	臺灣	日文	大陸
— float finish	鑄模修飾	砂ずり	砂型修饰
— for dry mold	乾模用砂	乾燥型砂	干型用砂
— fraction	砂粒級;砂組成	砂分	砂粒级;砂组成
— grain	砂粒	砂粒	砂粒
— grinder	砂磨機	サンドグラインダ	砂磨机
— hole	砂孔〔鑄造缺陷〕	サンドホール	砂眼〔铸造缺陷〕
— hopper	儲砂斗	サンドホッパ	储砂斗
— inclusion	夾砂	砂かみ;巻込み	夹砂
— jack	砂箱千斤頂	サンドジャッキ	砂箱千斤顶
— jet	噴砂口;噴砂器	噴砂器	喷砂嘴;喷砂器
— jetting	噴砂方式	砂吹込み方式	喷砂方式
— kneader	葉片式混砂機	サンドニーダ	叶片式混砂机
— lance	噴砂槍	サンドランス	喷砂枪
— mark	夾砂	サンドマーク;砂傷	夹砂
— mill	碾砂機	サンドミル;混砂機	(碾轮式)混砂机
— mixer	混砂機;和砂機	砂混ぜ機	混砂机
— mold	鑄模	砂型	砂型
— mold binder	鑄模用黏結劑	砂型用粘結剤	砂型用粘结剂
— mold casting	鑄模鑄造	砂型鋳造	砂型铸造
— molding	鑄模法	砂型製造	砂型制造
— muller	混砂機;和砂機	サンドマラー	混砂机
— mulling	混砂	混砂	混砂
— permeability	砂透氣性;砂滲透性	砂通気性	砂透气性;砂渗透性
— preparation	混砂;鑄砂製備	調砂	混砂;型砂制备
— reservoir	貯砂器;砂庫	サンドレザーバー	贮砂器;砂库
— roll	鑄模鑄輥	サンドロール	砂型铸造轧辊
— rolling	鑄砂混碾	回転砂磨き	型砂混碾
— scale	砂垢	砂あか	砂垢
— scraper	砂刮板	サンドスクレーパ	砂刮板
— screen	砂篩;砂篩機	サンドスクリーン	砂筛;筛砂机
— separator	分砂器;鑄砂分選裝置	サンドセパレータ	分砂器;型砂分选装置
— set	一次加砂量	サンドセット	一次加砂量
— shaker	砂篩;砂篩機	砂ふるい機	砂筛;筛砂机
— shoot valve	射砂閥	サンドシュートバルブ	射砂阀
— sieve grading	砂篩分級	粒度分級	砂筛分级
— sieving machine	砂篩;砂篩機	砂落しふるい	筛砂机
— sifter	砂篩;砂篩機	砂落しふるい	砂筛;筛砂机
— skin	砂殼	砂肌	砂壳
— slinger	拋砂機	型込め機	抛砂机
— storage pit	砂坑	砂ます	砂坑

英文	臺灣	日文	大陸
— tank	砂斗;砂槽	サンドタンク	砂斗;砂槽
— tempering	鑄砂濕度調節	砂湿度調整	型砂湿度调节
— test	砂試驗	サンドテスト	型砂试验
— wash	沖砂;鑄模塗料	磨食肌荒れ	冲砂;砂型涂料
— washer	洗砂器	砂洗い機械	洗砂机械
— washing installation	洗砂裝置	洗砂装置	洗砂装置
— washing machine	洗砂機	洗砂機	洗砂机
sander	噴砂器;砂紙磨光機	砂まき器;砂まき	喷砂装置;打磨器
sanding	砂研磨	サンディング	砂研磨;砂纸打磨
— disc	磨盤;砂輪	研磨ディスク	磨盘;砂轮
— machine	噴砂機;打磨機	床仕上げ機	喷砂机;打磨机
— property	研磨性	サンディング性;研磨性	研磨性
sandpapering	砂紙打磨	紙やすり研ぎ	砂纸打磨
— machine	砂紙磨光機;砂帶磨床	紙やすり盤	砂纸磨光机;砂带磨床
— with water	水磨	水研ぎ	水磨
sandy clay	砂質黏土	砂質粘土	砂质粘土
— seal	〔加熱爐〕砂封	砂質密封	〔加热炉〕砂封
sanforizing	機械防縮處理	サンホライジング	机械防缩处理
santodex	黏度指數改進劑	サンドデックス	粘度指数改进剂
santopour	凝固點降低劑	サントポーア	凝固点降低剂
sapphire	藍寶石	サファイア	蓝宝石
— quartz	藍石英	サファイアクオーツ	蓝石英
sapphirine	假藍寶石	サフィリン;青玉	假蓝宝石
sarcopside	磷鈣鐵錳礦	サルコプサイド	磷钙铁锰矿
sarkinite	紅砷錳礦	サーキナイト	红砷锰矿
sartorite	脆硫砷鉛礦	サルトリウス石	脆硫砷铅矿
sash	窗框	サッシ;サッシュ	窗;窗扇
— center pivot	旋窗樞軸	回転窓軸受	旋窗枢轴
— lock	窗銷	窓錠	窗止动杆
— pin	窗扇釘	サッシュピン	窗扇钉
— pulley	窗滑輪	釣り車;窓車	吊窗滑轮
— roller	窗扇滑輪	サッシュローラ;戸車	窗扇滑轮
— sheave	窗扇滑輪	戸車	窗扇滑轮
— weight	窗配重	分銅	吊窗(平衡)锤
sassolite	天然硼酸	ほう酸石	天然硼酸
Satco metal	一種鉛基軸承合金	サトコメタル	萨特科铅基轴承合金
satellite	人造衛星;衛星	サテライト方式	人造卫星;卫星
— mill	行星式粉碎機	遊星型粉砕機	行星式粉碎机
satin	磨光;無光光飾	サテン仕上げ	磨光;无光光饰
— finished surface	拋光面	なし地	抛光面

英文	臺灣	日文	大陸
— finishing	抛光;擦亮	サテンフィニッシング	抛光;擦亮
— gypsum	纖維石膏	しゅ子石こう	纤维石膏
— polishing	抛光;擦亮;研光	サテン仕上げ	抛光;擦亮;研光
— spar	纖維石膏	繊維石こう	纤维石膏
satining apparatus	抛光裝置	つや出し装置	抛光装置
satinizing	磨褪;打磨處理	なし地処理	磨褪;打磨处理
satisfaction	滿足;補償	満足	满足;补偿
satisfied compound	飽和化合物	飽和化合物	饱和化合物
saturable core	可飽和鐵芯	可飽和鉄心	可饱和铁芯
— magnetic circuit	磁飽和電路	飽和磁気回路	磁饱和电路
— transformer	飽和變壓器	可飽和トランス	饱和变压器
saturated	飽和絕對濕度	飽和絶対湿度	饱和绝对湿度
— compound	飽和化合物	飽和化合物	饱和化合物
— curve	飽和曲線	飽和曲線	饱和曲线
— density	飽和密度	表乾比重	饱和密度
saturation	飽和(度)	飽和	饱和(度)
— degree of carbon	鑄鐵共晶度;碳飽和度	炭素飽和度	铸铁共晶度;碳饱和度
— index	飽和指數	飽和指数	饱和指数
— isotherm	飽和異構	飽和異性	饱和异构
— limit	飽和極限	飽和限度	饱和极限
— phenomenon	飽和現象	飽和現象	饱和现象
— point	飽和點	飽和点	饱和点
— power	飽和能力	飽和出力	饱和能力
— pressure	飽和壓力	飽和圧	饱和压力
— state	飽和狀態	飽和状態	饱和状态
— temperature	飽和溫度	飽和温度	饱和温度
— vapor pressure	飽和蒸汽壓	飽和蒸気圧	饱和蒸汽压
— value	飽和值	飽和値	饱和值
Saturn red	鉛丹;四氧化三鉛	鉛丹	铅丹;四氧化三铅
saturnism	鉛中毒	鉛中毒	(中)铅毒
saucer	碟;盤	ソーサ;受皿	碟;盘
save	貯存;節省	セーブ;退避	贮存;节省
— energy	節能	省エネルギー	节能
— tape	複錄磁帶	セーブテープ	复录磁带
— value	保存值	セーブバリュー	保存值
save-all	承油盤;防濺器	補じゅう器	承油盘;防溅器
— boxes	防濺箱;擋霧罩	泥水のはねよけ箱	防溅箱;挡雾罩
saved system	保存系統	保管システム	保存系统
Savonius current meter	薩窩尼亞斯流速計	サボニアス流速計	萨窝尼亚斯流速计
saw	鋸;鋸開	ソー;ひく;のこぎり	锯;锯开

英文	臺灣	日文	大陸
— arbor	圓鋸心軸	丸のこの軸	锯轴
— bench	鋸台	丸のこ台	锯台
— blade	鋸條	ソーブレード；のこ身	锯条
— cutting machine	鋸齒修〔刃〕磨機	のこ目立機	锯齿修〔刃〕磨机
— file	鋸銼;修鋸銼	のこ目立やすり	锯锉;修锯锉
— frame	鋸架	のこ枠	锯架
— gage	鋸規	のこゲージ	锯规
— gin	鋸齒軋機	ソージン	锯齿轧机
— grinding machine	鋸齒修磨機	のこ目立機	锯齿修磨机
— hammer	鋸錘	のこ仕上げハンマ	锯锤
— kerf	鋸口;鋸痕	ひき目	锯口;锯痕
— levelling block	鋸床校準塊	腰入れ定盤	锯床校准块
— mark	鋸齒標記	ソーマーク	锯齿标记
— notch	鋸痕	切傷	锯痕
— pitch	鋸齒齒距	のこ歯ピッチ	锯齿齿距
— procedure	鋸材	木取り	锯材
— set	整鋸機	目振り器；のこ目立器	锯齿修整器
set pliers	整鋸鉗	ソーセットプライヤ	整锯钳
— setter	鋸齒修整器;整鋸器	目振り器	锯齿修整器;整锯器
— setting machine	整鋸器	のこ目振機	整锯器
— sharpener	銳鋸機;鋸齒磨床	のこ目立盤	锯齿磨床
— spindle	鋸軸	のこ軸	锯轴
— velocity	鋸削速度	のこ引き速度	锯削速度
sawdust	鋸屑;木屑	のこくず；おがくず	锯屑;木屑
— cleaning	鋸屑清理	おがくず法	锯屑清理
— collector	鋸屑吸集器	おがくず吸出し機	锯屑集吸器
sawed finish	露鋸痕的加工面層	のこ目を残した仕上げ	露锯痕的加工面层
— surface	鋸開面	ひき面	锯开面
sawing	鋸解;鋸法	ソーイング；のこびき	锯削
— machine	鋸床;鋸機	のこぎり盤	锯床
sawkerf	鋸截口	ひき目	锯截口
sawtooth	鋸齒	のこ歯	锯齿
— bit	鋸齒錯開量	カッタクラウン	锯齿错开量
— punch	鋸齒沖床	のこ歯形形打抜機	锯齿冲床
— roller	棘輪	ソーチスローラ	棘轮
— side dresser	鋸齒側面修整機	帯のこ歯側面研削盤	锯齿侧面修整机
— truss	鋸齒形桁架	のこぎり歯形トラス	锯齿形桁架
Saxonia metal	鋅基軸承合金	サキソニアメタル	锌基轴承合金
scab	疤;鑄件表面黏砂	鋳張れ	铸痂〔表面粘砂〕
scabbling	粗琢;粗加工	粗こしらえ	粗琢;粗加工

英文	臺灣	日文	大陸
scalar	純量;標量;無向量	スカラ;数量	纯量;标量;非向量
— field	純量場	スカラ場	纯量场
— function	純量函數	スカラ関数	纯量函数
— potential	非向量位能	スカラポテンシャル	非向量位能
— product	標(量)積;內積	スカラ積	标(量)积;内积
— quantity	純量;數量	スカラ量	纯量;数量
— triple product	純量三重積	スカラ三重積	纯量三重积
scale	比例尺;水垢;刻度	縮尺;目盛;分画	比例尺;锅垢;刻度
— borer	水垢剝落器	汽缶湯あか落し器	锅垢剥落器
— breaker	碎水垢器	スケール除去機	锅垢清除器
— build-up	污垢沈積	スケール沈積	污垢沈积
— deflection	刻度偏差	刻度偏差	刻度偏差
— diagram	比例圖	尺度図	比例图
— down	按比例縮小	スケールダウン	按比例缩小
— drawing	縮尺圖	縮尺図	缩尺图
— hammer	去鏽錘	スケールハンマ	去锈锤
— length	刻度長度	目盛の長さ	刻度长度
— loss	氧化膜損耗	スケールロス	氧化皮损耗
— micrometer	刻度分厘卡	度盛マイクロメータ	刻度测微计
— of hardness	硬度標	硬さの度合い	硬度标度
— of measurement	測量的尺度	測定の尺度	测量的尺度
— of production	生產規模	生産規模	生产规模
— of reduction	縮尺;縮小比例尺	縮尺	缩尺;缩小比例尺
— of roughness	粗糙度	荒仕上げ度;粗造度	粗糙标度
— paper	方格紙;方眼紙;坐標紙	スケールペーパ	方格纸
— plate	刻度板	目盛板	刻度板
— prevention method	氧化膜防止法	スケール防止法	氧化皮防止法
— projector	刻度投影器;刻度放大器	スケールプロジェクタ	刻度投影器
— ratio	比例;尺度比;縮尺比	寸法比	尺度比;缩尺比
— ring	刻度環	スケールリング	刻度环
— spacing	刻度間距	目幅	刻度间距
— span	刻度間距	目盛スパン	刻度间距
— value	標度值	測定規準値	标度值
— zero point	零點	目盛のゼロ点	零点
scale-off	剝落;鱗落;片落	りん片はく落	剥落
scaler	定標器;水垢淨化器	スケーラ	定标器
scale-up	擴大;增加	スケールアップ	扩大;增加
scaling	定標;表皮氧化;除鏽	基準化;表層はく離	定标;表皮氧化;除锈
— bar	除鏽棒	さび落し棒	除锈棒
— furnace	鐵皮鍍錫爐	鉄肌すずめっき炉	铁皮镀锡炉

英文	臺灣	日文	大陸
— method	比例法	スケーリング法	比例法
— point	定標點	スケーリングポイント	定标点
— position	刻度位置;小數點位置	スケールけた	刻度位置;小数点位置
— rate	水垢產生率	スケール生成率	水垢产生率
— temperature	產生氧化皮溫度	スケール生成溫度	产生氧化皮温度
— up	按比例增加	拡大	按比例增加
callop	扇形	帆立て具	弧形缺口;粗糙度
calping	刮光	スカルピング；皮むき	刮光
canning	掃描	掃引；走查；監視	扫描
— electron microscope	掃描式電子顯微鏡	走查電子顕微鏡	扫描式电子显微镜
— laser radiation	掃描雷射輻射	走查レーザ放射	扫描激光辐射
cantling	標準尺度	小口寸法	草图;样品
car	(鋼錠)縮裂;凹痕〔鑄痂〕	鋳傷；傷あと	(钢锭)缩裂;凹痕
carat	尿素合成樹脂	尿素合成樹脂	尿素合成树脂
carce metal	稀有金屬	希小金属	稀有金属
carf	嵌接;斜面;斜角;斜嵌槽	そぎ継ぎ；面そぎ接合	嵌接;斜面;斜角;斜嵌槽
— joint	嵌接頭;斜接;楔面接	スカーフ継手；そぎ継ぎ	嵌接;斜接;楔面接
— weld(ing)	嵌銲接;斜面熔銲	斜面溶接	嵌焊接;斜面焊接
carfed area	傾斜面	傾斜面	倾斜面
carfer	(銲接件)坡口切割機	スカーファ	(焊接件)坡口切割机
carfing	氣割(澆冒口);嵌接	スカーフィング	气割(浇冒口);嵌接
carph	斜面嵌接;斜嵌槽	そぎ継ぎ	斜面嵌接;斜嵌槽
catter	散射;色散;驅散	散射；分散；拡散	散射;色散;驱散
cattered reflection	散射光譜	乱反射	散射光谱
cavenge	驅氣;清除	清掃；排気；融剤精錬	换气;清除
— line	驅氣管道	スカベンジライン	换气管道
— pipe	排出管	排出管	排出管
— port	掃氣口	掃気口	扫气口
— suction pipe adapter	油泵抽出管連接器	油ポンプ吸上管受接管	油泵抽出管连接器
cavenging	清除廢氣;驅氣	掃気；清掃	清除废气;换气
— port	掃氣孔(口)	掃気孔；掃気口	扫气孔(口)
— stroke	掃氣衝程	掃気行程	扫气冲程
— valve	掃氣閥	掃気弁；掃除弁	扫气阀
chedule	程式表;時間表;一覽表	明細書；日程	程序表;时间表;一览表
— drawing	工程圖	工程図	工程图
— optimization	進程最優〔佳〕化	スケジュール最適化	进程最优〔佳〕化
— speed	規定速率;預定速率	表定速度	规定速率;预定速率
— system	生產進度系統	スケジュールシステム	生产进度系统
cheduled check	定期檢查;定期檢修	定期点検	定期检查;定期检修
— maintenance	定期維修;預定維修	定期保守；定期保全	定期维修;预定维修

英文	臺灣	日文	大陸
— outage	檢修停機	補修停止；計画停電	检修停机
scheduler	程式機〔生產用計算機〕	計画ルーチン	程序机〔生产用计算机〕
scheduling	進度;日程安排	日程計画	进度;日程安排
schema	模式;圖解	固有データ構造記述	模式;图解
— chart	模式圖;輪廓圖	スキーマ図	模式图;轮廓图
schematic diagram	示意圖;原理圖;略圖	概略図；説明図	示意图;原理图;略图
— model	圖解模型	図式モデル	图解模型
— plan	平面草圖;平面示意圖	基本平面計画	平面草图;平面示意图
scheme	方案;綱要;計劃;簡圖	計画；概要；模型；図解	方案;纲要;计划;简图
— drawing	草圖	計画図	草图
Schenck fatigue test	申克疲勞試驗	シェンク疲れ試験	申克疲劳试验
Schopper folding tester	朔柏折疊試驗機	ショッパ耐折試験機	朔柏折叠试验机
— tensile test	朔柏拉伸試驗機	ショッパ引張試験機	朔柏拉伸试验机
Schwedler truss	施威德勒式桁架	シュウェドラトラス	施威德勒式桁架
sciagraphy	投影法;X光照相術	投影画法	投影法;X光照相术
scission of bonds	鍵的裂開	結合の分裂	键的裂开
scissoring	剪切;修整	シザリング	剪切;修整
— vibration	剪式振動	はさみ振動	剪式振动
scissors	剪形裝置	シザース；はさみ	剪形装置
— bond	剪式接合	シザースボンド	剪式接合
— bonder	剪刀接合器	シザースボンダ	剪刀接合器
— crossing	剪式交叉	交差渡り線	剪式交叉
— cut	剪式切割	シザースカット	剪式切割
sclerolac	紫膠樹脂	硬ラック樹脂	紫胶树脂
sclerometer	反跳硬度計	硬さ試験器	硬度计
scleroscope	反跳〔蕭氏〕硬度試驗計	反発硬度計	回跳硬度计〔肖氏〕
— hardness	蕭氏硬度	用球硬度	肖氏硬度
— hardness test	(蕭氏)反跳硬度試驗	反発硬度試験	(肖氏)回跳硬度试验
scope	範圍	範囲；場所	范围
score	刻痕;刮痕;劃線器	傷あと	刻痕;划痕;划线器
scorification	鉛析(金銀)法;渣化法	焼溶分析；灰吹試金法	铅析(金银)法;渣化法
— assay	熔融試金法	溶融試金	熔融试金法
scorifier	試金坩堝;渣化皿	焼融皿；試金るつぼ	试金坩埚;渣化皿
scorifying	燒熔(試金法)	灰吹試金	烧熔(试金法)
scoring	擦傷;劃傷;刻痕	引っかき傷	擦伤;划伤;刻痕
— test	刮痕試驗	スコーリングテスト	划痕试验
scotch	壓碎;粉碎;轄	スコッチ；車輪止め	压碎;粉碎
— yoke	停車器軛	スコッチヨーク	停车器轭
scotograph	X光照片	放射線写真	X射线照片
scour	擦光;打磨;洗淨	洗い流し；磨き	擦光;打磨;洗净

英文	臺灣	日文	大陸
scourer	沖洗機	水洗機；洗濯機	冲洗机
scrag test	永久變形試驗	永久変形試験	永久变形试验
scrap	廢料;切屑;回爐料;碎片	くず金；切くず	切屑;回炉料;碎片
— allowance	允許廢料量	スクラップ許容度	允许废料量
— baling press	廢鋼壓塊機	くず鉄圧縮機	废钢压块机
— baller	廢鋼壓塊機	スクラップボーラ	废钢压块机
— brass	碎黃銅	くず真ちゅう	碎黄铜
— chopper	廢料切碎機	スクラップチョッパ	废料切碎机
— conveyer	廢屑輸送機	スクラップコンベヤ	废屑输送机
— copper	廢銅;碎銅	くず銅	废铜;碎铜
— cutter	廢料切斷裝置	スクラップ切断装置	废料切断装置
— granulator	廢料粗碎機	スクラップ粗砕機	废料粗碎机
— grinder	廢料粉碎機	スクラップ粉砕機	废料粉碎机
— iron	廢鐵;鐵屑	くず鉄	废铁;铁屑
— metal	廢金屬料;金屬切屑	くず金；古金	废金属料;金属切屑
— press	廢料壓塊機	ベイリングプレス	废料压块机
— process	廢鋼法	スクラップ製鋼法	废钢法
— reclamation	廢料利用	スクラップ再生	废料利用
— recovery	廢料回收	スクラップ回収	废料回收
— reel	廢料捲取機	スクラップリール	废料卷取机
— returns	回爐料	返し地金	回炉料
— ribbon	條狀廢料	スクラップリボン	条状废料
— shear	廢鋼剪床	スクラップシャー	废钢剪床
— sheet	廢料片	スクラップシート	废料片
— steel	廢鋼鐵	くず鉄	废钢铁
— stop	衝裁卡料	かす詰まり	冲裁卡料
— tin	廢錫	くずすず	废锡
scrape	刮;刮研;刮削加工;摩擦	こすり落し；かき取り	刮研;刮削加工;摩擦
scrape edge	切邊	隅取り角	切边
scraper	刮刀;刮板;刮削工具	きさげ；かき取り機	刮刀;刮板;刮削工具
— blade	刮刀片	精密仕上刃	刮刀片
— chasing	跟隨刮刀	付属仕上刃物	跟随刮刀
— conveyer	刮板輸送機	むかでコンベヤ	刮板输送机
— knife grinder	刮刀磨床	かんな刃研削盤	刮刀磨床
— ring	刮油脹圈;油環	油かきリング	刮油胀圈;油环
scraping	刮研〔削〕;刮削加工	きさげ仕上げ	刮研〔削〕;刮削加工
— ring	刮油脹圈;油環	スクレーピングリング	刮油胀圈;油环
scrapings	金屬渣;切屑	削りくず；くず金	金属渣;切屑
scratch	劃痕;刮痕;刻痕;擦傷	すりきず；引っかき	划痕;刮痕;刻痕;擦伤
— awl	畫針	（金属）引っかき針	画针

英文	臺灣	日文	大陸
— hardness	刮痕硬度	そうこん硬度	划痕硬度
— lathe	磨光車床;擦光機	研磨旋盤	磨光车床;擦光机
— mark	劃傷;拉傷	引っかききず	划伤;拉伤
— polish	研磨	たく磨	研磨
— resistance	耐刮痕性	耐引っかき性	耐划痕性
— start	起弧;點弧	スクラッチスタート	起弧;点弧
— test	刮痕(硬度)試驗	引っかき硬さ試験	划痕(硬度)试验
scratcher	刮痕器	スクラッチャ	划痕器
scratching machine	研磨機	たく磨機	研磨机
screen	網目;網篩	映写幕;遮壁;障壁	网目;网筛
— analysis	篩析	ふるい分析	筛(分分)析
— aperture	網目孔徑;篩徑	スクリーンの開き	网目孔径;筛径
— banks	篩組;成套篩子	ふるいセット	筛组;成套筛子
— classifier	篩分機	ふるい分け機	筛分机
— distance	網目距離	スクリーン距離	网目距离
— filter	篩濾	ふるいこし板	筛滤器
— grating	格眼篩	格子スクリーン	格眼筛
— material	篩網材料	ふるい材料	筛网材料
— opening	篩孔;篩眼	ふるい穴，ふるい目	筛孔;筛眼
— size	篩尺寸;篩號	ふるい番号;ふるい寸法	筛尺寸;筛号
— tailings	篩屑	ふるい残さ	筛屑
screening	零件分〔篩〕選	部品選別;ふるい分け	零件分〔筛〕选
— efficiency	篩分效率	ふるい分け効率	筛分效率
— machine	篩分機	ふるい分け機	筛分装置
— mesh	網目;篩眼;篩號	ふるい網	网目;筛眼;筛号
screw	螺旋;螺旋槳;螺栓;螺釘	スクリュー;ねじ;推進器	螺旋桨;推进器;螺钉
— adjustment	螺旋調整	ねじ調整	螺丝〔钉〕调整
— agitator	螺旋攪拌機	スクリューかくはん機	螺旋搅拌机
— assembly	螺桿總成	スクリュー装置	丝杠总成
— auger	螺旋木鑽	ボートぎり	螺旋钻
— axis	螺旋軸	らせん軸	螺旋轴
— blade	螺旋葉片	ねじ刃	螺旋叶片
— blast machine	渦旋鼓風機	らせん送風機	涡旋鼓风机
— bolt	螺栓〔釘;桿〕	ねじボルト	螺栓〔钉;杆〕
— cap	有蓋螺帽	ねじ込みキャップ	螺帽
— channel depth	螺槽深度	スクリュー溝の深さ	螺槽深度
— channel width	螺槽寬度	スクリュー溝の幅	螺槽宽度
— characteristic curve	螺桿特性曲線	スクリュー特性曲線	丝杠特性曲线
— clamp	螺旋夾鉗	ねじクランプ	螺旋夹紧装置
— closure	螺紋鎖合	ねじ込みクロージャー	螺纹锁合

英　文	臺　灣	日　文	大　陸
— compression ratio	螺桿壓縮比	スクリュー圧縮比	丝杠压缩比
— compressor	螺旋式壓縮機	スクリュー圧縮機	螺旋式压缩机
— configuration	螺桿形式	スクリューの形状	丝杠形式
— connection	螺旋連接	ねじ込み式接続	螺旋连接
— connector	螺旋式連接器	ねじ形接続器	螺旋式连接器
— conveyor	螺旋輸送機	ねじコンベヤ	螺旋输送机
— cooling system	螺旋冷卻系統	スクリュー冷却方式	螺旋冷却系统
— core pin	帶螺紋的中心銷	ねじ付きコアーピン	带螺纹的中心销
— coupler	螺旋聯接器	ねじ連結器	螺旋联接器
— coupling	螺旋聯結	ねじ連結器	螺旋联接器
— crusher	螺旋壓碎機	スクリュークラッシャ	螺旋压碎机
— current	螺旋槳流	スクリューカレント	螺旋桨流
— cutter	螺紋刀	スクリューカッタ	螺纹刀具
— cutting gear	螺紋〔旋〕切削裝置	ねじ切り装置	螺纹切削装置
— cutting lathe	螺紋〔旋〕車床	ねじ切り旋盤	螺纹车床
— cutting machine	螺紋〔旋〕切削機	ねじ切り盤	螺纹切削机
— cutting mechanism	螺紋〔旋〕切削裝置	ねじ切り装置	螺纹切削装置
— design	螺桿設計	スクリューの設計	丝杠设计
— diameter	螺桿直徑	スクリューの直径	丝杠直径
— dies	板牙	雄ねじ切り	板牙
— dimensions	螺桿尺寸	スクリュー寸法	丝杠尺寸
— dislocation	螺旋差排	らせん転位	螺型位错
— efficiency	螺桿效率	スクリュー効率	丝杠效率
— end	螺桿頭	スクリュー端	丝杠头
— end pointing machine	螺釘端部加工機床	ねじ先付け盤	螺钉端部加工机床
— extruder	螺旋擠壓機	スクリュー押出機	螺旋挤压机
— extrusion	螺旋擠壓	スクリュー押出（法）	螺旋挤压
— feeder	螺旋加料器	ねじ送給器	螺旋加料器
— fittings	螺紋連接器	ねじ込み継手	螺纹连接器
— flight	螺桿的螺紋	スクリューのねじ山	丝杠的螺纹
— flight conveyor	螺旋式傳送裝置	スクリューコンベヤ	螺旋式传送装置
— form	螺桿形狀	スクリューの形状	丝杠形状
— forming die	螺絲成形板	ねじ成形型	螺丝成形板
— gage	螺紋〔旋〕規	ねじ定規	螺纹(量)规
— gage segment	螺紋量塊	ねじゲージセグメント	螺纹量块
— gear	螺旋齒輪	ねじ歯車	螺旋齿轮
— gearing	螺旋齒輪傳動裝置	スクリューギヤリング	螺旋齿轮传动装置
— grommet	螺釘用墊圈	ねじ用グロメット	螺钉用垫圈
— guide	螺旋導桿	ねじガイド	螺旋导杆
— gun	螺旋式油槍	スクリューガン	螺旋式油枪

S

英文	臺灣	日文	大陸
— head	螺釘頭	ねじ頭	螺钉头
— header	螺釘頭鐓鍛機	ねじ頭ヘッダ	螺钉头镦锻机
— helicoid	軸向直廓螺旋面	スクリューヘリコイド	轴向直廓螺旋面
— hole	螺(紋)孔	ねじ穴	螺(纹)孔
— impeller pump	螺槳泵	スクリュー羽根ポンプ	螺桨泵
— jack	螺旋千斤頂	ねじジャッキ	螺旋千斤顶
— joint	螺絲套管接頭	ねじ継手	螺丝套管接头
— key	螺絲起子〔扳手〕;螺旋鍵	ねじキー	螺丝起子〔扳手〕
— length	螺桿長度	スクリューの長さ	丝杠长度
— lever	螺桿	ねじてこ	丝杠
— machine	螺釘機	ねじ切盤	螺纹加工机
— mandrel lathe	螺紋心軸車床	ねじ心棒旋盤	螺纹心轴车床
— mechanism	螺旋機構	ねじ機構	螺旋机构
— micrometer	螺旋分厘卡	ねじマイクロメータ	螺旋千分尺
— mixer	螺旋式混合器	スクリューミキサ	螺旋式混合器
— motion	螺旋運動	らせん運動	螺旋运动
— mouthpiece	螺桿頭	スクリュー口金	丝杠头
— nut	螺母;螺帽	ねじナット	螺母
— pair	螺旋對;絲桿螺母對	ねじ対偶	丝杆螺母副;螺旋副
— picket	螺旋樁	らせんぐい	螺旋桩
— pile	螺旋管	ねじぐい	螺旋桩
— pitch	節距;螺距	スクリューピッチ	螺距
— pitch gage	節距樣板;節距規	スクリューピッチゲージ	螺距样板;螺距规
— plate	螺旋模板;板牙;搓絲板	ねじ羽子板	板牙;搓丝板
— plug	螺旋塞	ねじ込みプラグ	螺旋塞
— point	螺旋端	ねじ先	螺旋端
— press	螺旋壓機;螺旋壓搾機	ねじ圧縮機	螺旋压力机
— pressure	螺桿壓力	スクリュー圧力	丝杠压力
— propeller	螺旋槳;推進器	らせん推進器	螺旋桨;推进器
— pump	螺旋泵	ねじポンプ	螺旋泵
— revolution speed	螺桿轉數〔速〕	スクリュー回転速度	丝杠转数〔速〕
— rivet	螺旋鉚釘	ねじびょう	螺旋铆钉
— rod	螺桿	ねじ棒	丝杆
— root	螺桿中心軸	スクリューの谷底	丝杠中心轴
— rotating direction	螺桿旋轉方向	スクリュー回転方向	丝杠旋转方向
— rotor	螺旋轉子	ねじロータ	螺旋转子
— seal	螺旋密封	ねじシール	螺旋密封
— set	螺釘定位	スクリューセット	螺钉定位
— shaft	螺旋軸	プロペラ軸	螺旋轴
— shank nail	平頭螺絲釘	平頭ねじくぎ	平头螺丝钉

英文	臺灣	日文	大陸
— shell	螺旋套管	ねじ込み受金	螺旋套管
— size	螺桿尺寸	スクリューの大きさ	丝杠尺寸
— slotting cutter	螺旋開槽	すりわりフライス	螺旋开槽
— slotting machine	螺旋開槽機	すりわり盤	螺旋开槽机
— spanner	螺旋扳手;活動扳手	自在スパナ	活扳手
— speed adjustment	螺桿速度調節	スクリュー速度調整	丝杠速度调节
— spin structure	螺旋型自旋結構	らせん型スピン構造	螺旋型自旋结构
— steel	螺絲鋼	スクリュースチール	螺丝钢
— stem	螺桿中心軸	スクリューの心軸	丝杠中心轴
— stock	螺旋坯料;板牙架	スクリューストック	板牙架
— stud	雙頭螺栓	植込みボルト	双头螺栓
— tap	絲攻	親タップ	丝锥;螺丝攻
— terminal	螺紋端子	ねじ込み端子	螺纹端子
— thread	螺紋	ねじ山	螺纹
— thread cutting	螺紋切削	ねじ切り	螺纹切削
— thread limit gage	螺紋極限規	ねじ用限界ゲージ	螺纹极限规
— torque	螺桿扭矩	スクリュートルク	丝杠扭矩
— vice	螺旋虎鉗	ねじ万力	螺旋虎钳
— water wheel	螺旋水輪機	ねじ水車	螺旋水轮机
— wheel	蝸輪	ねじ歯車	螺旋齿轮
— wheel gearing	蝸輪傳動裝置	ねじ歯車装置	螺旋齿轮传动装置
— with eye	環首螺栓;吊環螺栓	眼付きねじ	环首螺栓;吊环螺栓
— wrench	螺旋〔活絡〕扳手	自在スパナ	活扳手
screwdown	(螺旋)壓下機構	圧下調整ねじ	压下装置
— tap	螺絲口旋塞	ねじ締め水栓	螺丝口旋塞
— valve	螺桿閥;螺旋閥	ねじ下げ弁	丝杠阀;螺旋阀
screw-driven planer	螺桿傳動刨床	ねじ式平削り盤	丝杠传动刨床
— shaper	螺桿傳動牛頭刨	ねじ式形削り盤	丝杠传动牛头刨
— slotter	螺桿傳動插床	ねじ式立て削り盤	丝杠传动插床
screwdriver	(螺絲)起子;旋鑿;改錐	ねじ回し	螺丝起子
— handle	螺絲起子把手	ねじ回しの柄	螺丝起子手把
screwed bolt	螺栓〔釘〕	ねじ込みボルト	螺栓〔钉〕
— collar joint	螺紋套管接頭	ねじ付き管継手	螺纹套管接头
— joint	螺紋接頭	ねじ(込み)継手	螺纹接头
— nipple	螺紋聯接管	ねじ付きニップル	螺纹联接管
— pipe	螺紋管	ねじ付き管	螺纹管
— pipe fittings	螺紋管連接器	ねじ込み管継手	螺纹管连接器
— plug	螺紋塞	ねじ込みプラグ	螺纹塞
— runner	螺紋孔	ねじ穴	螺纹孔
— socket	螺紋套管	ねじ付きソケット	螺纹套管

英文	臺灣	日文	大陸
— stop valve	螺旋止水閥	ねじ止め弁	螺旋止水阀
— type shaft coupling	螺紋連軸節	ねじ込み形軸継手	螺纹连轴节
screwing machine	螺紋加工機	ねじ切り盤	螺纹加工机械
— tool	螺紋加工工具	ねじ切り工具	螺纹加工工具
screwless extruder	無螺桿式擠出機	スクリューレス押出機	无丝杠式挤出机
scribe	劃線;劃片	け引	划线;划片
— board	刻劃台〔板〕	スクライブボード	刻划台〔板〕
— holder	劃線架	スクライブホルダ	划线架
scriber	劃線器;劃線針	けがき針	划线器;划线针
— tool	劃片器〔工具〕	スクライバツール	划片器〔工具〕
scribing block	劃針〔線〕盤	台付きけがき針	划针〔线〕盘
— tool	劃線器	トースカン	划线器
scroll chuck	三爪夾頭;三爪卡盤	スクロールチャック	三爪卡盘
— chuck lathe	三爪夾頭車床	スクロール旋盤	三爪卡盘车床
— iron	卷鐵	ばねつり受け	卷铁
— lathe	盤絲車床	スクロール旋盤	盘丝车床
— saw	線鋸;雲形截鋸	糸のこ	钢丝锯
— sheet	成卷薄鋼板	背板	成卷薄钢板
scruff	(鍍錫槽內形成的)氧化錫	スクラッフ	(镀锡槽内形成的)氧化锡
scuff mark	(齒輪)咬接;劃傷;磨損	こすり傷	擦伤;磨损
— resistance	耐磨損性;抗揉搓性	スカーフ抵抗性	耐磨损性;抗揉搓性
scuffing	齒輪咬接;劃痕;塑性變形	かじり	划痕;划伤;胶着;烧剥
sculpture	雕刻;雕塑;刻蝕;風化	彫刻	雕刻;雕塑
sculptured effect	雕刻花樣;雕刻外觀	彫刻模様	雕刻花样;雕刻外观
— surface	雕刻面;雕塑面;風化面	彫刻面;自由曲面	雕刻面;雕塑面;风化面
sea coal	軟煤;煤粉	石炭粉	软煤;煤粉
— mile	海里;浬	海里	海里
seal	封口;密封;絕緣;墊圈	シール;密封	封口;密封;绝缘;垫圈
— air fan	氣封用風機	封入空気ファン	气封用风机
— area	密封面	封止面	密封面
— box	密封箱	密封箱	密封箱
— cap	密封蓋	シールキャップ	密封盖
— case	密封蓋〔盒〕	シールケース	密封盖〔盒〕
— cement	固封接合劑	密封セメント	固封接合剂
— coat	密封層;封閉層	封鎖塗	密封层;封闭层
— destruction	啟封;拆封	破封	启封;拆封
— diaphragm	密封膜片〔薄膜〕	シールダイヤフラム	密封膜片〔薄膜〕
— disc	密封盤	シールディスク	密封盘
— edge	封邊	シールエッジ	封边
— face material	封面材料	シール面材料	封面材料

英文	臺灣	日文	大陸
— glass	密封玻璃	シールガラス	密封玻璃
— groove	密封槽	シール溝	密封槽
— gum	密封(用橡)膠	シールゴム	密封(用橡)胶
— line	密封線	シールライン	密封线
— metal	封銲金屬	シール金具	封焊金属
— method	密封方法	シール方法	密封方法
— pipe	密封管	封じ管	密封管
— pot	(測蒸汽壓力用)水箱	シールポット	(测蒸汽压力用)水箱
— retaining snap ring	密封扣環	シール止め輪	密封扣环
— retainer	密封護圈	シールリテイナ	密封护圈
— ring	密封環〔圈〕;封口圈	シール環	密封环〔圈〕;封口圈
— tape	密封帶	シールテープ	密封带
— test	氣密性試驗	気密性試験	气密性试验
— washer	密封墊圈	シールワッシャ	密封垫圈
— weld	緻密〔密封〕銲縫	シール溶接	密封焊
— welder	密封銲機	シールウェルダ	密封焊机
sealability	密封能力	ヒートシール適性	密封能力
sealant	密封膠〔劑〕	もり止め剤；密封剤	密封胶〔材料〕
— tape	密封膠帶	シーラントテープ	密封胶带
sealed bag	密封袋	シールバッグ	密封袋
— ball bearing	密封滾珠軸承	シール玉軸受	密封球轴承
— bearing	密封軸承;封油軸承	シール軸受	密封轴承;封油轴承
— package	密封裝置;密封接頭	シールパッケージ	密封装置;密封接头
— vessel	密封容器	密封容器	密封容器
sealer	密封器;密封劑	目止め押え	密封器;密封剂
sealing	密封;封接	密封；封止	密封;封接
— arrangement	密封裝置	密封装置	密封装置
— bead	密封銲道	シーリングビード	密封焊道
— device	密封裝置;封止裝置	密封装置	密封装置;封止装置
— end	封端;銲接端〔器件〕	シーリングエンド	封端;焊接端〔器件〕
— equipment	銲封設備	溶封機	焊封设备
— joint	密封接頭	封止継手	密封接头
— machine	封銲機	シーリングマシン	封焊机
— materials	密封材料;填充材料	シーリング材	密封材料;填充材料
— medium	密封介質	封止材	密封介质
— member	封縫材料	成形目地材	封缝材料
— performance	密封性能	密封性	密封性能
— pincers	密封鉗	封印ペンチ	密封钳
— process	封接技術〔加工〕	シーリングプロセス	封接工艺〔加工〕
— property	密封性	封止性	密封性

英文	臺灣	日文	大陸
— run	封底銲道;密封銲道	漏れ止め溶接	封底焊道;密封焊道
— sleeve	密封襯套	ゴムスリーブ	密封衬套
— strength	密封強度	シールの強さ	密封强度
— strip	密封帶〔片〕	面戸板	密封带〔片〕
— surface	密封面	封止面	密封面
— tank	密封槽	封孔槽	密封槽
— tape	密封帶	封かんテープ	密封带
— treatment	密封處理	封孔処理	密封处理
— wad	密封填料	キャップライナ	密封填料
— water pump	封閉水泵	注水ポンプ	封闭水泵
— wax	封口蠟	封ろう	封口蜡
— works	封閉工程;密封工程	シーリング工事	封闭工程;密封工程
sealless	非密封	シールレス	非密封
seam	(接;銲;凸)縫;輕度冷隔	シーム;継目	焊缝;轻度冷隔
— line	銲縫軸線	縫い目線	焊缝轴线
— soldering	銲縫;線銲	シーム溶接	焊缝;线焊
— strength	接縫強度	縫い目強さ	接缝强度
— weld	縫銲(縫)	シームウエルド	缝焊(缝)
— weld seal	縫銲密封	シームウエルドシール	缝焊密封
— welder	線銲機	シーム溶接機	缝焊机
seamed pipe	有縫管	継目管	有缝管
seamer	封口〔縫〕機	シーマ	封口机;缝纫机
seamfree	無縫	継目のない	无缝
seaming bow	接縫彎邊	縫い目曲がり	接缝弯边
— die	咬口模;搭接模;縫合模	はぜ継ぎ型	咬口模;搭接模;缝合模
seamless band saw	無接頭環形帶鋸	シームレスバンドソー	无接头环形带锯
— belt	環形皮帶	継目なしベルト	环形皮带
— brass pipe	無縫黃銅管	継目なし黄銅管	无缝黄铜管
— pipe	無縫管	継目なし管	无缝(钢)管
— sleeve	無縫套管	シームレススリーブ	无缝套筒
— steel pipe	無縫鋼管	継目なし鋼管	无缝钢管
searcher	厚薄規;測隙規;探針	すきまゲージ	塞尺;厚薄规;测隙规
searching surface	探傷面	探傷面	探伤面
season crack	應力腐蝕裂縫;風乾裂縫	置割れ;自然割れ	自然裂缝;风干裂缝
— distortion	時效變形	置狂い	时效变形
seasonal load	季節性負載	季節負荷	季节性负荷
seasoning	時效(處理);氣候處理	枯し	时效(处理)
— crack	乾裂;自然裂紋	時期割れ;乾裂	干裂;自然裂纹
seat cutter	閥座修整刀具	シートカッタ	阀座修整刀具
— face	接觸面;支承面	座面	接触面;支承面

英文	臺灣	日文	大陸
— grinder	閥座磨床	シートグラインダ	阀座磨床
— of valve	閥座	弁座	阀座
— packing	密封墊〔圈〕;迫緊	シートパッキング	密封垫〔圈〕
— reamer	閥座修整鉸刀	シートリーマ	阀座修整铰刀
— ring	(閥)座環〔圈〕	座環	(阀)座环〔圈〕
— spring	座墊彈簧	座席ばね	座垫弹簧
seating	底座;支架	座席配置;座	底座;支架
— active valve	座閥	シート弁	座阀
— valve	座閥	シート弁	座阀
seawater bronze	耐(海水腐)蝕青銅	耐海水青銅	耐(海水腐)蚀青铜
secant	正割;割線	割線;正割	正割;割线
— law	正割定律	セカント法則	正割定律
— method	正割法	セカント法	正割法
— modulus	正割模量;割線系數	割線モジュラス	割线模量;割线系数
— modulus of easticity	割線彈性模量	割線弾性係数	割线弹性模量
second Bessel function	第二貝塞爾函數	第二種のベッセル関数	第二贝塞尔函数
— break	二次切割;二次中斷	セカンドブレーク	二次切割;二次中断
— cut file	中細銼;中號銼	中目やすり	中细锉;中号锉
— difference	二階微分	第二差分	二阶差分
— grade resin	二級樹脂	二級樹脂	二级树脂
— handtap	二號絲攻;第二攻	二番タップ	中丝锥;二(号)锥
— law of motion	第二運動定律	運動の第二法則	运动第二定律
— mean value theorem	第二均值定理	第二平均値定理	第二均值定理
— moment	二次〔階〕矩	二次モーメント	二阶矩
— moment of area	面積的二次矩	慣性二次モーメント	面积的二次矩
— moment of inertia	二次慣性矩	断面二次モーメント	二次惯性矩
— rolling	二次碾壓	二次転圧	二次碾压
— stage annealing	第二階段退火	第二段焼なまし	第二阶段退火
— tap	二號絲攻;第二攻	二番タップ	中丝锥;二(号)锥
secondary air unit	二次送風機組	二次送風ユニット式	二次送风机组
— arcing contact	二次引弧接點	二次アーキング接点	二次起弧接点
— axis	副軸(線)	副軸	副轴
— bainite	二次變韌鐵	二次ベイナイト	二次贝氏体
— blast	二次送風	二次送風	二次送风
— breakdown	二次擊穿	二次ブレークダウン	二次击穿
— combustion chamber	副燃燒室	補助燃焼室	副燃烧室
— coolant	二次冷卻	二次冷却材	二次冷却
— coolant circuit	二次冷卻回路	二次冷却材回路	二次冷却回路
— crystal	二次結晶	二次結晶	二次结晶
— decomposition	二次分解	再分解;二次分解	再度分解

S

英文	臺灣	日文	大陸
— discharge	二次放電	二次放電	二次放电
— eutectoid carbide	共晶碳化物	二次析出炭化物	次生碳化物
— fiber	再生纖維	再使用繊維	再生纤维
— graphitizing	共晶石墨化	二次黒鉛化	二次石墨化
— hardening	二次淬火;回火硬化	二次硬化	二次淬火;回火硬化
— heat exchanger	二次熱交換器	二次熱交換器	二次热交换器
— inclusion	二次夾雜物	二次介在物	二次夹杂物
— lower punch	第二下模衝頭	下第二パンチ	第二下模冲头
— map	輔助圖	セカンダリマップ	辅助图
— member	副桿;次要桿件	二次部材	副杆;次要杆件
— metal	再生金屬	二次金属	再生金属
— pipe	二次縮孔〔鋼錠〕	二次気泡	二次缩孔〔钢锭〕
— product	二次產物;副產品	二次産物	次要产物;副产物
— quenching	二次淬火	二次焼入れ	二次淬火
— rake face	(刀具的)第二前面	第二すくい面	(刀具的)第二前面
— recrystallization	二次再結晶	二次再結晶	二次再结晶
— relief	(刀具)副後(隙)面	セカンダリレリーフ	(刀具)副后(隙)面
— shaft	第二軸	セカンダリシャフト	第二轴
— shearing	二次剪切	二次せん断	二次剪切
— sorbite	二次糙斑鐵	二次ソルバイト	二次索氏体
— standard	二次標準;副標準	副規格	二次标准;副标准
— stress	二次應力;次應力	二次応力	二次应力;次应力
— structure	二次組織	二次構造	
— test board	輔助測試台	二次試験台	辅助测试台
— troostite	二次吐粒散鐵	二次トルースタイト	二次屈氏体
— twinning	共晶雙晶	二次双晶	次生孪晶
— twist	二次加捻	中より	二次加捻
second-order control	二階控制	二次制御	二阶控制
— convergence	二次收斂	二次収束	二次收敛
— cybernetics	二階控制論	二次サイバネティックス	二阶控制论
— differential equation	二階微分方程	二階微分方程式	二阶微分方程
— system	二階系統	二次系	二阶系统
— transition temperature	二級轉變溫度	二次転移温度	二级转变温度
secret dovetailing	暗楔榫;暗鳩尾榫接頭	隠し包きゅう尾接ぎ	暗楔榫;暗鸠尾榫接头
— hinge	暗鉸鏈	隠し丁番	暗铰链
— miter	暗斜接頭	隠し留め	暗斜接头
— miter dovetailing	斜接暗榫	隠しありほぞ	暗马牙榫;斜接暗榫
— miter joint	暗榫斜接	内ほぞ留め	暗榫斜接
— mitre	暗斜角縫	隠し留め	暗斜角缝
— nail	暗釘	忍くぎ;隠しくぎ	暗钉

英文	臺灣	日文	大陸
Secretan	塞克萊坦鋁青銅	セクレタン	塞克莱坦铝青铜
sectility	切剖;切斷性	切断性	切断性
section	截面;剖視;磨片;切片	断面;切り口	断面;切片
— area	剖面面積	断面積	剖面面积
— crack	斷面裂縫	断面割れ	断面裂缝
— cutter	切片機	断片機	切片机
— force	截面力;內力	断面力	截面力;内力
— form	斷面形狀;剖面形狀	断面形状	断面形状;剖面形状
— levelling	斷面水準測量	線水準測量	断面水准测量
— line	剖面線	セクションライン	剖面线
— mark	斷面標記	巻きしま	断面标记
— members	切斷材	切断材	切断材
— meter	斷面儀	セクションメータ	断面仪
— mill	型鋼軋機	形圧延機	型钢轧机
— modulus	斷面模量;剖面系數	断面係数	断面模量;剖面系数
— paper	坐標紙;方格紙	方眼紙	坐标纸;方格纸
— profile projector	斷面輪廓投影機	断面輪郭投影機	断面轮廓投影机
— roll	型材軋輥	セクションロール	型材轧辊
— steel	型鋼	型鋼	型钢
— stiffness	斷面剛性	断面剛性	断面刚性
— thickness	斷面厚度;壁厚	断面の厚さ	断面厚度;壁厚
sectional-area curve	斷面積曲線	断面積曲線	断面积曲线
— drawing	斷面圖;剖視圖	断面図	断面图;剖视图
— material	型材	型材	型材
— mold	組合模;拼合模	組立て金型	组合模;拼合模
— stress	截面應力	断面応力	截面应力
— strip material	異形帶材	異形ストリップ材料	异形带材
— tolerance	斷面公差	断面公差	断面公差
— type(thread cutting)di	組合衝模	付刃ダイス	组合冲模
— type tap	組合絲攻	接ぎ柄タップ	组合丝锥
— view	截面圖;剖視圖	断面図	截面图;剖视图
— width	斷面寬度	断面幅	断面宽度
sections	型材;切斷材;零件	切断材	型材;切断材;零件
sector gear	扇形齒輪	扇形歯車	扇形齿轮
— roller	扇形輥輪	セクタローラ	扇形轧辊
— shaft	扇形齒輪軸	セクタシャフト	扇形齿轮轴
— wheel	扇形齒輪	セクタ歯車	扇形齿轮
secular change	時效變化	経年変化	时效变化
— distortion	永久變形	経年変形	永久变形
— equation	特徵方程式	永年方程式	特徵方程

英文	臺灣	日文	大陸
securing ring	安全環;固定環	固定環	安全环;固定环
security alarm system	安全報警系統	防犯設備	安全报警系统
— brake equipment	安全制動裝置	保安ブレーキ装置	安全制动装置
— coefficient	安全係數	安全係数	安全系数
— management	安全管理	保安管理	安全管理
— window	安全窗;保險窗	安全窓	安全窗;保险窗
Seebeck coefficient	西貝克係數	ゼーベック係数	塞贝克系数
— effect	西貝克(溫差電動勢)效應	ゼーベック効果	塞贝克效应
seed	晶種;點火源	ジード;晶種	晶种;点火源
— crystal	晶種;籽晶;晶粒;點火區	ジード結晶;単結晶種	晶种;籽晶
— crystal plate	晶種片;籽晶片	種結晶板	籽晶片
— glass	晶粒玻璃;顆粒玻璃	種ガラス	晶粒玻璃;颗粒玻璃
— grain	結晶母粒	結晶種粒	结晶母粒
seeded solution	引晶溶液;接種溶液	結晶核を入れた溶液	引晶溶液;接种溶液
seeding	放入晶種	結晶種付け	放入晶种
— polymerization	接種聚合(作用)	接種重合(作用)	接种聚合(作用)
seeing	明晰度;視力;能見度	シーイング	明晰度;视力
Segall method	西格爾法	シーガル法	西格尔法
segment	弓形;扇形齒輪	線分,弓形;断片	弓形;扇形齿轮
— bend	彎管	曲げ管	弯管
— ring	扇形襯砌圈	セグメントリング	扇形衬砌圈
segmental blade	弧形刀片	セグメントブレード	弧形刀片
— block lining	砌塊(鑲)襯	ブロックライニング	砌块(镶)衬
— circular saw	扇形圓鋸	セグメントソー	扇形圆锯
segmentation	分段;扇形;段;整流子	セグメンテーション	分段;扇形;段;整流子
— mechanism	分段機構	セグメンテーション機構	分段机构
— module	分段模塊	区分化機能単位	分段模块
segments	弧板拼合(環形木模)法	輪っぱ積み	弧板拼合(环形木模)法
segregation	(鑄件的)偏析;分離	分離;偏析	(铸件的)偏析;分离
— coefficient	偏析係數	偏析係数	偏析系数
— constant	偏析常數	偏析定数	偏析常数
— crack	偏析裂紋	偏析割れ	偏析裂纹
— line	偏析線	偏析線	偏析线
— process	分離法	よう離法	分离法
Seiot	油回火鋼絲	セイオット	油回火(高强度)钢丝
seission	裂開;切開〔斷;割〕	切断;分割	裂开;切开〔断;割〕
seize heater	吸熱器	シーズヒータ	吸热器
seizing	燒結;磨損	摩損;焼付き	烧结;磨损
— wire	鋼紮絲	かがり針金	钢扎丝
seizure delay method	延遲膠住法	遅延こう着法	延迟胶住法

英文	臺灣	日文	大陸
sekurit	鋼化玻璃	セキュリット	钢化玻璃
select lever	變速桿	セレクトレバー	变速杆
selection gear	選擇齒輪	セレクションギヤー	选择齿轮
selective annealing	局部退火	局部焼鈍	局部退火
— carburizing	局部滲碳	局部浸炭	局部渗碳
— gear	滑動變速齒輪	選択かみ合い歯車	滑动变速齿轮
— hardening	局部淬火	局部焼入れ	局部淬火
— nitriding	局部氮化	局部窒化	局部氮化
— quenching	局部淬火	部分焼入れ	局部淬火
— tempering	局部回火	局部焼もどし	局部回火
self-acting brake	自動制動器	自動ブレーキ	自动制动器
— lubricator	自動潤滑器	自動注油器	自动润滑器
— movement	自動運動	自動運動	自动运动
— type	動壓式;自動式	動圧形	动压式;自动式
self-actuated control	自行控制	自力制御	自行控制
— controller	自動控制器	自動制御器	自动控制器
self-adjusting valve	自動調整閥	自動調整弁	自动调整阀
self-align structure	自對準結構	セルフアライン構造	自对准结构
— technology	自調整技術	セルフアライン技術	自调整技术
self-aligning	自動調心	自動調心	自动调心
— ball bearing	自動調心滾珠軸承	自動調心玉軸受	自动调心球轴承
— bearing	自動調心軸承	自動調心型軸受	自动调心轴承
— roller bearing	自動調心滾子軸承	自動調心ころ軸受	自动调心滚子轴承
self-alignment	自動調心	自己整合性;自動調心	自动调心
self-annealing	自行退火	自己焼なまし	自行退火
self-balancing device	自動平衡〔補償〕裝置	自己釣合せ装置	自动平衡装置
self-centering	自動定〔調〕心	セルフセンタリング	自动定〔调〕心
self-climbing crane	自升起重機	クライミングクレーン	自升起重机
self-closing	自動關閉;自接通(的)	自動閉止装置の	自动关闭;自接通(的)
— cock	自閉水龍頭;自閉旋塞	自閉水栓	自闭水龙头;自闭旋塞
— valve	自(動關)閉閥	自動閉鎖弁	自(动关)闭阀
self-contained press	自控式沖床	自給式プレス	自控式压力机
self-cure	自固化;自硫化	自己硬化	自固化;自硫化
self-curing adhesive	自固化黏合劑	自己硬化接着剤	自固化粘合剂
self-demagnetization	自行消磁作用	自己消磁	自行退磁作用
— force	自行消磁力	自己減磁力	自行退磁力
self-discharge	自身放電;自動卸載	自己放電	自(身)放电
self-drive	自動;自己起動	自己歩進	自动步进;自己驱动
self-extinguishing plasti	自熄性塑料	自消性プラスチック	自熄性塑料
— polymer	自熄性聚合物	自己消火性ポリマー	自熄性聚合物

S

英文	臺灣	日文	大陸
— resin	自熄性樹脂	自消性樹脂	自熄性树脂
self-feed	自動送料	セルフフィード	自动送料
self-feeder	自動進給〔送料〕裝置	セルフフィーダ	自动进给〔送料〕装置
self-flexing hinge	自動開關鉸鏈	自己開閉丁番	自动开关铰链
self-forming	自成模板	セルフフォーミング	自成模板
self-gliding	自(行)滑動	セルフグライディング	自(行)滑动
self-grind	自磨〔磨床研磨磁性夾頭〕	セルフグラインド	自磨〔磨床磨电磁吸盘〕
self-hardening	自硬化;空氣硬化	自硬化	自硬化;空气硬化
— mold	自硬(砂)鑄模	自硬性鋳型	自硬(砂)铸型
— property	自硬性	自硬性	自硬性
— steel	氣冷硬化鋼;風鋼;自硬鋼	自さい鋼;自硬鋼	自硬钢;气冷硬化钢
self-heating	自動加〔發〕熱;自熱(式)	自動加熱	自(动加)热
self-hinge	整體鉸鏈	一体形丁番	整体铰链
self-hold	自(保)持;自鎖;自動夾緊	自己保持	自(保)持
— circuit	自保(持)電路;自鎖迴路	自己保持回路	自保持电路
self-improving system	自改進系統	自己改善システム	自改进系统
self-lighting type	自動復原式	自動復原形	自动复原式
self-load	自動裝載〔料;彈〕	自己読込み;自重	自重
self-loading feature	自動裝填機構	自動装てん機構	自动装填机构
self-lock	自鎖;自同步;自動制動	単動;自動締り	自锁
— pin	自鎖銷	セルフロックピン	自锁销
self-locking	自鎖;自同步	自縛;戻り止め	自锁;自同步
— nut	自鎖螺母	自動止めナット	自锁螺母
— screw	自鎖螺釘	戻り止めねじ	自锁螺钉
self-lubricating alloy	自潤滑合金	自己潤滑性合金	自润滑合金
— bearing	自潤滑軸承	多孔性軸受	自润滑轴承
— composite	自潤滑複合材料	自己潤滑性複合材料	自润滑复合材料
— plastic	自潤滑塑料〔可用於軸承〕	自己潤滑性プラスチック	自润滑塑料〔可用於轴承〕
— property	自潤滑性	内部潤滑性	自润滑性
self-lubrication	自動潤滑	自動注油;自動潤滑	自动润滑
self-lubricative material	自潤滑材料	自己潤滑性材料	自润滑材料
self-maintenance	自維護;自保全	自己保全	自维护;自保全
self-moving	自動	自動	自动
self-oil feeder	自動給油裝置	自動給油装置	自动给油装置
self-oiling bearing	自潤滑軸承	自動注油軸受	自润滑轴承
self-operated control	自行控制	自力式自動制御	自行控制
— controller	自行控制裝置	自力制御装置	自行控制装置
— regulating valve	自動調節閥	調整弁	自动调节阀
— regulator	自動調整器	自動調節器	自动调整器
self-optimizing control	自優化控制	自己最適化制御	自优化控制

英文	臺灣	日文	大陸
— control system	自優化控制系統	最適化自動制御系	自优化控制系统
— model	自優化模型	自己最適化モデル	自优化模型
— systems	自優化系統	自己最適化システム	自优化系统
self-polymerization	整體聚合	塊（状）重合	整体聚合
self-propelled scraper	自動進給刮研機	自走式スクレーパ	自动进给刮研机
— stretcher	自動推進擴展器	自動ストレッチャ	自动推进扩展器
self-recording meter	自動記錄儀錶	自記（録）計	自动记录仪表
— pyrometer	自記高溫計	自記高温計	自记高温计
— thermometer	自記溫度計	自記温度計	自记温度计
self-regulating system	自調節系統	自己調整システム	自调节系统
— valve	自動調節閥	自動弁	自动调节阀
self-regulation	自動調整	自己調整；自己制御性	自动调整
self-reset	自動復原式	自己復帰型	自动复原式
self-return	自返回	自己復帰	自返回
— switch	自回復開關	自己復帰スイッチ	自回复开关
self-seal	自封	セルフシール	自封
self-sealing	自封;自動封閉	自動閉鎖；自動密封	自封;自动封闭
— band	自封帶	セルフシールベルト	自封带
— coupling	自(動)封閉管接頭	セルフシール継手	自(动)封闭管接头
— type seal	自封式封銲	自緊式シール	自封式封焊
self-strain	自應變	自己ひずみ	自应变
— stress	自應變應力	自己ひずみ応力	自应变应力
self-tapping screw	自攻螺釘	タッピングねじ	自攻(丝)螺钉
self-vulcanizing	自硫化	自己硬化	自硫化
— adhesive	自固化〔硫化〕黏結劑	自然加硫接着剤	自固化〔硫化〕粘结剂
Seller thread	塞勒螺紋〔美制60°〕	セラーねじ	塞勒螺纹〔美制60°〕
semianthracite coal	半無煙煤	半無煙炭	半无烟煤
semiauto bonder	半自動接合器	セミオートボンダ	半自动接合器
semi-automatic control	半自動控制	半自動制御	半自动控制
— controller	半自動控制裝置	半自動制御装置	半自动控制装置
— cycle	半自動循環	半自動サイクル	半自动循环
— molding machine	半自動成形機	半自動成形機	半自动成形机
— press	半自動沖床	半自動プレス	半自动压力机
— welding	半自動銲接	半自動溶接	半自动焊接
semiautomation	半自動化	セミオートメーション	半自动化
semi-chilled cast iron	半激冷鑄鐵	セミチルド鋳鉄	半激冷铸铁
— roll	半冷硬軋輥	セミチルドロール	半冷硬轧辊
semicircular bent pipe	半圓彎管	半円曲り管	半圆弯管
— conductor	半圓形心線	半円形心線	半圆形心线
— column	半圓柱	半円柱	半圆柱

英文	臺灣	日文	大陸
— dial	半圓形(刻)度盤	半円形目盛板	半圆形(刻)度盘
— error	半圓誤差	半円誤差	半圆误差
— protractor	半圓分度〔量角〕器	半円分度器	半圆分度〔量角〕器
semi-circumference	半圓周	半円周	半圆周
semiclosed cycle	半封閉式循環	半密閉サイクル	半封闭式循环
— loop	半閉環(系統)	セミクローズドループ	半闭环(系统)
semi-coke	半焦(炭)	半成コークス	半焦(炭)
semi-coking	半焦化;低溫煉焦	半粘結	半焦化;低温炼焦
— firing	半焦化燒燃	半ガス燃焼	半焦化烧燃
semi-continuity	半連續性	半連続性	半连续性
semi-continuous mill	半連續軋機	半連続圧延機	半连续轧机
semi-cure	半硫化	半加硫	半硫化
semi-destructive test	半斷裂試驗	準破壊試験	半断裂试验
semidisc	半圓板	半円板	半圆板
semi-durable adhesive	半耐久性接著劑	半耐久性接着剤	半耐久性接着剂
semi-ebonite	半硬質膠	セミエボナイト	半硬质胶
semielliptic spring	半橢圓鋼板彈簧	弓形ばね	半椭圆钢板弹簧
semi-fabricated produc	半成品	半製品	半成品
semifinish	半精加工	セミフィニッシュ	半精加工
— parts	(零件的)半成品	セミフィニッシュパーツ	(零件的)半成品
semifinished bolt	半精〔光〕製螺栓	半仕上げボルト	半精〔光〕制螺栓
— flat	薄板坯;粗軋板	荒延べ板	薄板坯;粗轧板
— goods	半成品	半製品	半成品
— nut	半精〔光〕製螺母	半仕上げナット	半精〔光〕制螺母
— product	半成品	半製品	半成品
semifloating axle	半浮動軸	半浮動軸	半浮动轴
semifluid grease	半流潤滑脂	半流体グリース	半流润滑脂
— material	半流動材料	半流動質	半流动材料
— substance	半流動物質	半流動質	半流动物质
semifossil resin	半化石樹脂;半礦物樹脂	半化石樹脂	半化石树脂;半矿物树脂
semi-hard drying	半硬乾燥	半硬化乾燥	半硬干燥
— rubber	半硬橡膠	半硬質ゴム	半硬橡胶
— steel	半硬鋼	半硬鋼	半硬钢
semi-hardening	半硬化(處理);半焠火	半硬化処理	半硬化(处理);半 火
semi-jig boring	半座標搪削	セミジグボーリング	半坐标镗削
semikilled steel	半鎮靜鋼;半脫氧鋼	半鎮静鋼	半镇静钢;半脱氧钢
semimetallic gasket	半金屬襯墊	セミメタリックガスケット	半金属填密片
— lining	半金屬摩擦襯片	セミメタリックライニング	半金属摩擦衬片
— packing	組合式迫緊;半金屬迫緊	セミメタリックパッキン	半金属密封件
semi-mild steel	中碳鋼;軟鋼	中炭素鋼;軟鋼	中碳钢;软钢

英文	臺灣	日文	大陸
semiminor axis	半短軸	短半径	半短轴
semi-muffle furnace	半馬弗爐	セミマッフル炉	半马弗炉
semi-open center	(閥的)中立半開位置	セミオープンセンタ	(换向阀的)"X"型滑机能
semipermanent mold	半金屬模;半永久模	半永久鋳型	半金属型;半永久型
semiperimeter	半圓周長	半周長	半圆周长
semi-plastic material	半塑性材料	半塑性物質	半塑性材料
semiportal crane	單腳高架起重機	半門形ジブクレーン	单脚高架起重机
semi-random access	半隨機存取	セミランダムアクセス	半随机存取
semi-real time	半實時;延時實時	セミリアルタイム	半实时;延时实时
semi-reinforcing agent	半促進劑	半補強剤	半促进剂
semirigid joint	半剛性結〔接〕合	半剛節	半刚性结〔接〕合
— mold	半硬模	半硬質型	半硬模
— plastic	半硬質塑料	半硬質プラスチック	半硬质塑料
— PVC	半硬質聚氯乙烯	半硬質塩ビ	半硬质聚氯乙烯
— structure	半剛性結構	セミリジッド構造	半刚性结构
— vinyl	半硬質乙烯樹脂	半硬質ビニル	半硬质乙烯树脂
semi-round mandrel	半圓心軸;半圓型芯骨	半丸心金	半圆心轴;半圆型芯骨
semi section	半剖面	補足台	半剖面
semisteel	高級〔鋼性;高強度〕鑄鐵	高級鋳鉄	高强度铸铁;钢性铸铁
— casting	半鋼鑄鐵件;鋼性鑄鐵件	半鋼鋳物	半钢铸铁件;钢性铸铁件
— pipe	鋼性鑄鐵管	高級鋳鉄管	钢性铸铁管
semi-topping gear hob	半切頂齒輪滾刀	セミトッピング付きホブ	半切顶齿轮滚刀
semi-vulcanization	半硫化(作用)	半和硫作用	半硫化(作用)
semiwater gas	半水煤氣	半水ガス	半水煤气
Sendait metal	一種高級強韌鑄鐵	センダイトメタル	森德特高级强韧铸铁
Sendalloy	一種硬質合金	センダロイ	仙台硬质合金
senegal	阿拉伯樹脂	遠志樹脂	阿拉伯树脂
sense	檢測;指示方向	知覚;検測	检测;指示方向
senser	感測器;傳感元件;探測器	センサ	传感器;传感元件;探测器
sensibility	靈敏度;敏感性	センシビリティ	灵敏度;敏感性
— limit	檢測極限;靈敏極限	検出限界	检测极限;灵敏极限
— ratio	靈敏度比	鋭敏比	灵敏度比
sensing	讀出;傳感;測向;敏感的	検出	读出;传感
— and switching device	讀出轉換裝置	検出切換え装置	读出转换装置
— circuit	讀出回路;檢測電路	検知回路	读出回路;检测电路
sensitive analysis	靈敏度分析	感度分析	灵敏度分析
— axis	靈敏軸	敏感軸;受感軸	灵敏轴
— bench drill	靈敏(手進給)台鑽	センシティブベンチドリル	灵敏(手进给)台钻
— feed	手動微進給	微動手送り	手动微进给
— instrument	感知裝置;敏感裝置	感知装置	感知装置;敏感装置

英文	臺灣	日文	大陸
sensitiveness	靈敏度	鋭敏度；感度	灵敏度
sensitivity	靈敏性;敏感性	感度；鋭敏性	灵敏性;敏感性
— analysis	靈敏度分析	感度分析	灵敏度分析
— coefficient	靈敏度係數	感度係数	灵敏度系数
— factor	敏感係數	センシティビティファクタ	敏感系数
— limit	靈敏性極限	検出限度	灵敏性极限
— of measurement	測試靈敏度	測定感度	测试灵敏度
— ratio	靈敏度比;敏銳比	鋭敏比	灵敏度比;敏锐比
— settling	靈敏度調整	感度調整	灵敏度调整
— test	靈敏度試驗	感度試験	灵敏度试验
sensitizing heat treatmen	敏化熱處理	鋭敏化処理	敏化热处理
sensor	感測器;敏感元件	検出器	传感器;敏感元件
— element	傳感元件	センサエレメント	传感元件
sensory temperature	感覺溫度;體感溫度	体感温度	感觉温度;体感温度
sentinel pyrometer	高溫計	高温計	高温计
separable bearing	分離軸承	分離形軸受	分离轴承
— flask	可分離鑄砂箱;分離燒瓶	セパラブルフラスコ	可分离型砂箱;分离烧瓶
— plug	連結插頭	セパラブルプラグ	连结插头
separate cast test bar	分離鑄造試樣	別枠試料	分离铸造试样
— lubrication	局部潤滑;點潤滑	局部潤滑	局部润滑;点润滑
— oiling system	分離潤滑系統	分離潤滑	分离润滑系统
— platform	分離式工作台	分離ホーム	分离式工作台
separating agent	分離劑	分離剤	分离剂
— chute	選件槽	選別式シュート	选件槽
separation spring	分離彈簧	分離スプリング	分离弹簧
sequence bonder	順序聯接{接合}器	シーケンスボンダ	顺序联接{接合}器
— chart	順序圖	シーケンス図	顺序图
— control	順序控制	逐次制御	顺序控制
— control mode	順序控制方式	逐次制御方式	顺序控制方式
— controller	順序控制器	シーケンスコントローラ	顺序控制器
— diagram	順序圖	シーケンス図	顺序图
— of crystallization	結晶順序	晶出順序	结晶顺序
— of operation	操作序列;工作序列	動作系列	操作序列;工作序列
— program valve	順序凸輪閥;順序程序閥	シーケンスプログラム弁	顺序凸轮阀;顺序程序阀
— programmer	順序程式編制器	シーケンスプログラマ	顺序程序编制器
— valve	順序(動作)閥	シーケンス弁	顺序(动作)阀
sequential operation	順序操作	順次動作	顺序操作
— starting	順序啓動	順序始動	顺序启动
serial access	順序存取;串列存取	順次アクセス	顺序存取;串行存取
— input	串列輸入	シリアルインプット	串行输入

英文	臺灣	日文	大陸
— interface	串列界面	直列インタフェース	串行接口
series arc furnace	串電弧爐	直列アーク炉	串电弧炉
— arc welding	串聯弧銲	シリーズアーク溶接	串联弧焊
— architecture	串行結構	シリーズアーキテクチャ	串行结构
— welding	串聯銲接	直列溶接	串联焊接
— winding	串聯繞組	直列巻線	串(联)绕(组)
serrated shaft	鋸齒形栓槽軸	セレーション軸	锯齿形花键轴
serration	鋸齒(形);細齒	のこ歯	锯齿(形);细齿
— broach	鋸齒栓槽拉刀	セレーションブローチ	锯齿花键拉刀
— gage	栓槽量規	セレーションゲージ	花键量规
— hob	鋸齒滾刀;細齒滾刀	セレーションホブ	锯齿滚刀;细齿滚刀
— milling cutter	鋸齒銑刀	セレーションフライス	锯齿铣刀
— pitch	鋸齒齒距;細齒齒距	セレーションピッチ	锯齿齿距;细齿齿距
— tooth	鋸齒	セレーション刃	锯齿
servant brake	伺服閘;隨動閘	サーバントブレーキ	伺服闸;随动闸
service air compressor	輔助空氣壓縮機	空気源圧縮機	辅助空气压缩机
— bolt	常用螺栓	仮締めボルト	工艺螺栓
— brake	腳制動器;常用制動器	常用ブレーキ	脚制动器;常用制动器
— depot	修理站;服務站	給油所;修理所	修理站;服务站
— durability	耐久度;耐用性	耐久性;耐久度	耐久度,耐用性
— free	無需保養	サービスフリー	无需保养
— life	使用期限;使用壽命	保守年数;耐用年数	使用期限;使用寿命
— life limit	使用期限;使用壽命極限	廃棄限界	使用期限;使用寿命极限
— load	使用負載	使用荷重	使用负荷
— manual	修理手冊;使用指南	サービスマニュアル	修理细则;使用指南
— parts	修理用零件;備品	サービス部品	修理用零部件;备品
— point	檢修測試點	サービスポイント	检修测试点
— station	加油站;服務站	給油所	加油站;服务站
— stress	使用應力	使用応力	使用应力
— switch	維修開關	サービススイッチ	维修开关
— technic	修理技術	サービステクニック	修理技术
— tee	T形管接合	雌雄T(継手)	T形管接合
— temperature	使用溫度	使用温度	使用温度
— test	運行試驗;動態試驗	サービス試験	运行试验;动态试验
— trial	實用性試驗	実用試験	实用性试验
— valve	輔助閥	サービスバルブ	辅助阀
serviceable tool	適用工具;耐用工具	サービシアブルツール	适用工具;耐用工具
serviceman	技術服務人員	サービスマン	技术服务人员
servo	伺服機構;隨動系統	サーボ	伺服机构;随动系统
— compensator	伺服機構補償器	サーボ補償器	伺服机构补偿器

英文	臺灣	日文	大陸
— function generator	伺服函數產生器	サーボ関数発生器	伺服函数发生器
— theory	伺服理論	サーボ理論	伺服理论
servo-action	隨動作用;伺服作用	サーボアクション	随动作用;伺服作用
servo-actuated control	伺服控制;從動控制	他力制御	伺服控制;从动控制
servo-actuator	伺服執行機構	サーボアクチュエータ	伺服执行机构
servo-arm	伺服臂;隨動臂	サーボアーム	伺服臂;随动臂
servo-assist brake	伺服輔助剎車	サーボアシストブレーキ	助力刹车
servo-balancing type	伺服平衡式;隨動平衡式	追従比較形	伺服平衡式;随动平衡式
servo-board	伺服機構試驗台	サーボ卓	伺服机构试验台
servo-brake	伺服制動(器)	サーボブレーキ	伺服制动(器)
servo-clutch	隨動離合器	サーボクラッチ	随动离合器
servocontrol	伺服控制;隨動控制	サーボ制御	伺服控制;随动控制
— mechanism	伺服控制機構	サーボ制御機構	伺服控制机构
servo-cylinder	伺服液壓缸	サーボシリンダ	伺服液压缸
servo-detent	伺服制動器	サーボディテント	伺服制动器
servo-disk	伺服磁盤	サーボディスク	伺服磁盘
servodrive	伺服驅動	サーボ駆動	伺服驱动
— system	伺服驅動系統	サーボドライブシステム	伺服驱动系统
servo-feedback	伺服反饋	サーボフィードバック	伺服反馈
servo-logic	伺服邏輯	サーボロジック	伺服逻辑
servo-loop	伺服回路〔系統〕	サーボループ	伺服回路〔系统〕
servomechanism	伺服機構;隨動機構	サーボ機構	伺服机构;随动机构
servo-motion	伺服運動	サーボモーション	伺服运动
servo-piston	伺服活塞;隨動活塞	サーボピストン	伺服活塞;随动活塞
servo-relief valve	伺服安全閥;繼動安全閥	サーボリリーフバルブ	伺服安全阀;继动安全阀
servo-stabilization	伺服穩定	サーボ安定	伺服稳定
servosystem	伺服系統;從動系統	サーボ方式	伺服系统;从动系统
servounit	伺服機構	サーボユニット	伺服机构
servo-valve	伺服閥	サーボ弁	伺服阀
sespa drive	皮帶自動張緊裝置	セスパドライブ	皮带自动张紧装置
set	凝定;固化;安裝;(一)組	セット;組	凝定;固化;安装;(一)组
— and locking screw	鎖緊螺釘	押締めねじ	锁紧螺钉
— bolt	固定螺栓	押しボルト	固定螺栓
— collar	定位環;固定環	セットカラー	定位环;固定环
— copper	飽和銅;凹銅	セットカッパ	饱和铜;凹铜
— design	裝置設計	セットデザイン	装置设计
— dial	調整度盤	セットダイアル	调整度盘
— enable	可調整	セットイネーブル	可调整
— feeler	定位觸點;調整觸點	セットフィーラ	定位触点;调整触点
— filling	磨銳鋸齒;銼鋸齒	目立て	磨锐锯齿;锉锯齿

英　文	臺　灣	日　文	大　陸
— hammer	擊平錘;堵縫錘	へし	击平锤;堵缝锤
— iron	金屬樣板	型板金	金属样板
— key	鑲鍵;柱螺栓鍵	植込みキー	镶键;柱螺栓键
— lever	鎖緊手柄	セットレバー	锁紧手柄
— maker	設備製造廠	セットメーカ	设备制造厂
— piece	定位塊;調整塊	セットピース	定位块;调整块
— piston	調整活塞	セットピストン	调整活塞
— ring	調整環;定位環	セットリング	调整环;定位环
— screw	調整螺釘;定位螺釘	ノブ止めビス;止めねじ	调整螺钉;定位螺钉
— solid	凝固;凝結	凝固;凝結	凝固;凝结
— spring	固定彈簧;調整彈簧	セットスプリング	固定弹簧;调整弹簧
— tap	成套絲攻	組タップ	成套丝锥
— tester	試驗器;測試儀	セット試験器	试验器;测试仪
— time	凝結時間;規定時間	凝結時間	凝结时间;规定时间
setback hinge	制動鉸鏈	あおり止め丁番	制动铰链
setscrew	頂緊螺釘	押しねじ	顶紧螺钉
setsquare	三角板	三角定規	三角板
sett grease	冷煮潤滑脂	冷製グリース	冷煮润滑脂
setter	定位器	セッタ	定位器
setting	調整;固化;凝固	凝固;硬化;規正	调整;固化;凝固
— adjuster	調整部分;設定部分	設定部	调整部分;设定部分
— agent	硬化劑	硬化剤	硬化剂
— angle	安裝角	取付け角	安装角
— by deflection angle	偏轉角設置法	偏角設置法	偏转角设置法
— device	安裝裝置	すえ付け装置	安装装置
— dial	儀器標尺	測定器目盛板	仪器标尺
— die	可調沖模	セット型	可调冲模
— drawing	裝置圖	取付け図	装置图
— error	設定誤差	設定誤差	设定误差
— expansion	凝固膨脹	凝結膨張	凝固膨胀
— gage	定位(量)規;校正(量)規	調整用ゲージ	定位(量)规;校正(量)规
— gib	定位凹字楔;定位拉緊銷	止めジブ	定位凹字楔;定位拉紧销
— point	凝固點	設定点	凝固点
— position	設置位置	セッティングポジション	设置位置
— pressure	設定壓力	設定圧力	设定压力
— retarder	緩凝劑	凝結遅延剤	缓凝剂
— shrinkage crack	凝結收縮裂縫	凝固収縮ひび割れ	凝结收缩裂缝
— speed	固化速度	硬化速度	固化速度
— temperature	凝膠化溫度;硬化溫度	硬化温度	凝胶化温度;硬化温度
— test	凝結試驗	凝結試験	凝结试验

英文	臺灣	日文	大陸
— thread plug gage	可調螺紋塞規	調整ねじプラグゲージ	可调螺纹塞规
— value	設定值	値の設定	设定值
settled grease	澄清的油脂	清澄なグリース	澄清的油脂
settling sump	沈降油槽〔箱〕	沈殿タンク	沈降油槽〔箱〕
set-up	組裝;硬化	組立て;硬化	组装;硬化
— box	組合箱	組立て箱	组合箱
seven three brass	七三黃銅	七三黄銅	七三黄铜
severity of quench	急冷度	急冷度	急冷度
Sevron ring	塞夫隆〔夾布山形〕填密環	セブロンリング	塞夫隆〔夹布山形〕填密环
sewage disposal system	污水處理裝置	汚物処理装置	污水处理装置
— examination	污水檢驗	下水試験	污水检验
sewed buff	拋光輪	縫いバフ	抛光轮
sewing line strength	接縫強度	縫目強さ	接缝强度
Seymourite	一種耐蝕銅鎳鋅合金	セイモライト	西摩里特耐蚀铜镍锌合金
shackle	帶銷U形環;鉤環	つかみ	带销U形环;钩环
— bar	鉤桿;連桿;車鉤	連接棒	钩杆;连杆;车钩
— block	帶鉤環滑輪	シャックルブロック	带钩环滑轮
— bolt	鉤環螺栓;連鉤螺栓	シャックルボルト	钩环螺栓;连钩螺栓
— pin	鉤環銷;鏈鉤銷;吊鉤軸	シャックルピン	钩环销;链钩销;吊钩轴
shaft	(傳動)軸;爐身	シャフト;軸	(传动)轴;炉身
— alley	軸隧	軸路	轴隧
— angle	軸角	軸角	轴角
— arm pin	軸臂銷	シャフトアームピン	轴臂销
— base system	基軸制	軸基準式	基轴制
— basis	基軸制	軸基準	基轴制
— bearing	軸承	軸受	轴承
— bearing seat	軸承座	軸の軸受座	轴承座
— bossing	軸包套;軸包架	シャフトボシング	轴包套;轴包架
— box	軸套管	管胴材	轴套管
— bracket	尾軸架;軸支架	軸ブラケット	尾轴架;轴支架
— cases	軸箱	軸箱	轴箱
— center	軸心	軸心	轴心
— center sighting	軸心瞄準	軸心見通し	轴心瞄准
— collar	軸環	軸帯	轴环
— contact	軸接點	軸接点	轴接点
— coupling	聯軸器	軸継手	联轴器
— encoder	轉軸編碼器	回転形エンコーダ	轴符号器;转轴编码器
— end output	軸端功率	軸端出力	轴端功率
— frame	軸座	軸枠	轴座
— furnace	鼓風爐;高爐	シャフト炉	鼓风炉;竖炉

英文	臺灣	日文	大陸
— gland	軸(密封)壓蓋	シャフトグランド	轴(密封)压盖
— governor	軸向(作用)調速器	軸調速機	轴向(作用)调速器
— guard	軸檔;軸罩	軸ガード	轴档;轴罩
— guard pipe	護軸套管	シャフト保護管	护轴套管
— horsepower	軸輸出功率	軸動力	轴输出功率
— horsepower meter	軸功率計	軸馬力計	轴功率计
— journal	軸頸	シャフトジャーナル	轴颈
— lathe	製軸車床	軸旋盤	制轴车床
— line	軸線	軸線	轴线
— liner	軸襯	軸ライナ	轴衬
— machine	軸類加工自動機	シャフトマシン	轴类加工自动机
— of agitator	攪拌軸	かくはん軸	搅拌轴
— of ribbed vault	肋拱支柱	リブ柱	肋拱支柱
— output	軸(輸出)功率	軸出力	轴(输出)功率
— packing	軸迫緊	軸パッキン	轴密封
— pin	軸銷	シャフトピン	轴销
— position indicator	軸向位移指示器	軸位置計	轴向位移指示器
power coefficient	軸功率係數	軸動力係数	轴功率系数
— power curve	軸動力曲線	軸動力曲線	轴动力曲线
— power meter	軸功率計	軸馬力計	轴功率计
— rake	軸傾角〔斜度〕	軸傾斜	轴倾角〔斜度〕.
— seal	軸密封;軸封裝置	軸封装置	轴密封;轴封装置
— seal part	軸密封部位	軸封部	轴密封部位
— shoulder	軸肩	軸の肩	轴肩
— sleeve	軸(襯)套	軸スリーブ	轴(衬)套
— speed	軸轉速	回転速度	轴转速
— stool	軸承座	軸受台	轴承座
— trunk	軸隧	軸路	轴隧
— tunnel	軸隧	軸路	轴隧
— vibration	軸振動	軸振動	轴振动
— work	軸功	軸仕事	轴功
shafting	軸系	軸系	轴系
— arrangement	軸系布置	軸系配置	轴系布置
— efficiency	軸系效率	軸系効率	轴系效率
— oil	傳動油	軸系油;軸材油	传动油
shaftless type	無軸式	無軸形	无轴式
shake rot	裂紋腐蝕	割れ目腐食	裂纹腐蚀
— table test	振動台試驗	振動台試験	振动台试验
shakedown	試運轉;〔新工藝的〕試驗	ならし運転	试运转;〔新工艺的〕试验
shaker	振動機;振動篩	振動テーブル	振动机;振动筛

英文	臺灣	日文	大陸
shaking apparatus	振動器;搖動器	振り混ぜ機	振动器;摇动器
— conveyor	振動輸送機	機械振動コンベヤ	振动输送机
— feeder	振動供料裝置	振動供給裝置	振动供料装置
— machine	振動器	振動機	振动器
— screen	搖(動)篩	振動ふるい	摇(动)筛
— sieve	搖(動)篩	振動ふるい	摇(动)筛
— table	振動台;搖床	振動台	振动台;摇床
— test	搖動試驗	揺すぶり試験	摇动试验
shallow hardening	淺層淬火	淺燒き	浅层淬火
shammy	麂皮;油鞣革	シャミ皮	麂皮;油鞣革
shank	軸;桿;柄	柄;軸部	轴;杆;柄
— angle	彎頭角度	シャンクアングル	弯头角度
— diameter	刀桿直徑	シャンク径	刀杆直径
— end	刀桿頂端;柄尖	シャンクエンド	刀杆顶端;柄尖
— guide	刀桿導套	胴受け	刀杆导套
— length	刀柄長	シャンクの長さ	刀柄长
— of bolt	螺栓的無螺紋部分	ボルト軸部	螺栓的无螺纹部分
— reamer	帶柄鉸刀	シャンクリーマ	带柄铰刀
— type gear hob	柄式齒輪滾刀	シャンク形ホブ	柄式齿轮滚刀
— type milling cutter	柄式銑刀	シャンクタイプフライス	柄式铣刀
shankless die	無柄模具	シャンクなしダイス	无柄模具
shape	模型;整形;形狀	整形;形削りする	模型;整形;形状
— accuracy	形狀精度	形状精度	形状精度
— change	變形	変形	变形
— cutting	仿削	形切断	仿形切割
— error	形狀誤差	形状誤差	形状误差
— memory alloy	形狀記憶合金	形状記憶合金	形状记忆合金
— memory ceramics	形狀記憶陶瓷	形状記憶セラミクス	形状记忆陶瓷
— parameter	形狀參數;幾何形狀參數	形状パラメータ	形状叁数;几何形状叁数
— rolling mill	型鋼軋機	形圧延機	型钢轧机
— steel	型鋼;型材	形鋼;型材	型钢;型材
— tolerance	形狀公差	形状公差	形状公差
— tube	異形管	異形管	异形管
shaped laminate	層壓成形製品;層壓型材	積層成形品	层压成形制品;层压型材
— section	異型材	異形材	异型材
shaper	牛頭刨床;成形機;模鍛錘	形削り盤	牛头刨床;整形器;模锻锤
— wheel	整形輪	シェーパホイール	整形轮
shaping	形成;造型;成形;修刨	形削り;造型	形成;造型;成形;修刨
— die	成形沖〔壓〕模	フォーミングダイ	成形冲〔压〕模
— machine	牛頭刨床	形削り盤	牛头刨床

英文	臺灣	日文	大陸
— operation	整形作用	整形作用	整形作用
— tool	刨刀〔刨床用〕	平削り盤用バイト	刨刀〔刨床用〕
shared control	共用控制	共用制御	共用控制
— control unit	共用控制器	共用制御装置	共用控制器
sharp angle	銳角	鋭角	锐角
— bend	突轉彎頭	シャープベンド	突转弯头
— crested orifice	銳緣孔;刃形測流孔	刃形オリフィス	锐缘孔;刃形(测)流孔
— thread	三角螺紋	三角ねじ	三角螺纹
— V thread	非截頂三角螺紋	完全Vねじ	非截顶三角螺纹
shatter	粉碎;擊碎;破壞	粉砕;支離滅裂	粉碎;击碎;破坏
— test	硬度墜落試驗;破碎試驗	破砕試験	硬度坠落试验;破碎试验
shattered crack	微細龜裂;髮裂	毛割れ;微細き裂	微细龟裂;发裂
shaver	刮刀;刨刀	かんな削り機	刮刀;刨刀
shaving allowance	整修裕量;芯頭間隙量	シェービング代	整修裕量;芯头间隙量
— arbor	剃齒心軸	シェービングアーバ	剃齿心轴
— cutter	剃齒刀	シェービングカッタ	剃齿刀
— dies	切邊模;修邊模	シェービングダイス	修边模;精整冲裁模
— hob	蝸輪剃齒刀;齒輪滾刀	シェービングホブ	蜗轮剃齿刀;齿轮滚刀
— machine	刨皮機;修整機	かんな削り機	刨皮机;修整机
— press	整修沖床	シェービングプレス	整修压力机
— stock	剃齒留量	シェービング代	剃齿留量
shavings	切屑;屑片	削りくず	切屑;屑片
Shaw process	陶瓷模〔蕭氏精密〕鑄造法	ショープロセス	陶瓷型〔肖氏精密〕铸造法
shear	剪斷;剪切;切力	せん断;せん断力	剪断;剪切;切力
— action	剪切作用	せん断作用	剪切作用
— adhesion	剪切附著力	保持力	剪切附着力
— apparatus	剪切設備	せん断試験機	剪切设备
— blade	剪切刀片	シャーブレード	剪切刀片
— bolt	保險螺栓	せん断ボルト	保险螺栓
— brittleness	剪切脆度	せん断ぜい性	剪切脆度
— buckling	剪切挫曲	せん断座屈	剪切屈曲
— center	剪切中心	せん断中心	剪切中心
— connector	抗剪結合環〔件〕	ずれ止め	抗剪结合环〔件〕
— crack	剪切裂縫	せん断クラック	剪切裂缝
— cut tap	螺旋槽絲攻	ねじれ溝タップ	螺旋槽丝锥
— cutter	剪切機	せん断機	剪切机
— deformation	剪切變形	せん断変形	剪切变形
— delay	剪切延遲	せん断遅れ	剪切延迟
— diagram	剪力圖	せん断図	剪力图
— edge	剪切刃	食切り刃	剪切刃

S

英文	臺灣	日文	大陸
— equation	剪力平衡方程(式)	せん力方程式	剪力平衡方程(式)
— failure	剪切破損;剪斷破壞	せん断破壊	剪切破损;剪断破坏
— fault	剪切式斷層	せん断型欠陥	剪切式断层
— field	剪切場	せん断場	剪切场
— flow	剪流;剪切流動	せん断流	剪流;剪切流动
— flow theory	剪切流理論	せん断流理論	剪切流理论
— fold	剪切褶皺	せん断しゅう曲	剪切褶皱
— force	剪(切)力	せん断力	剪(切)力
— force diagram	剪力圖	せん断力線図	剪力图
— fracture	剪切斷裂	せん断破壊	剪切断裂
— height	斜刃高度	シャー高さ	斜刃高度
— index	剪切指數;切變指數	せん断指数	剪切指数;切变指数
— lag	剪切滯後	せん断遅れ	剪切滞后
— leg crane	動臂起重機	二またクレーン	动臂起重机
— line	剪切流程;剪切生產線	シャーライン	剪切流程;剪切生产线
— lip	剪切邊緣;剪切唇	シャーリップ	剪切边缘;剪切唇
— load	剪切負載	せん断荷重	剪切负载
— mode	剪切振盪模	滑りモード	剪切振荡模
— modulus	切變彈性模量	ずり弾性率	切变弹性模量
— pin	安全銷;剪斷保險銷	せん断ピン	安全销;剪断保险销
— pin splice	銷接;樞接	シャーピン継手	销接;枢接
— plane	剪切面	せん断面	剪切面
— plate	剪切板〔沖床超負荷保險〕	シャープレート	剪边的中原板;剪切板
— property	剪切特性	せん断特性	剪切特性
— rate	剪切速率;切應變速率	ずり率	剪切速率;切应变速率
— reinforcement	抗剪鋼筋	せん断補強筋	抗剪钢筋
— response	剪力反應	せん断力応答	剪力反应
— rigidity	剪切剛度	せん断剛性	剪切刚度
— span-depth ratio	剪切高跨比	せん断スパン高さ比	剪切高跨比
— span ratio	剪切跨度比	せん断スパン比	剪切跨度比
— spinning	強力旋壓;變薄旋壓	しごきスピニング加工	强力旋压;变薄旋压
— stability	剪切穩定性	せん断安定性	剪切稳定性
— stiffness	剪切剛性〔度〕	せん断剛性	剪切刚性〔度〕
— tenacity	剪切韌性〔度〕	せん断じん性	剪切韧性〔度〕
— test	剪切試驗	せん断試験	剪切试验
— test apparatus	剪切試驗儀	せん断試験機	剪切试验仪
— thixotropy	剪切觸變性	ずりシキソトロピー	剪切触变性
— type cutting-off die	剪式切斷模	切断式切り落とし型	剪式切断模
— ultimate strength	極限剪切強度	極限せん断強さ	极限剪切强度
— vibration	剪切振動	滑り振動	剪切振动

英文	臺灣	日文	大陸
— web	抗剪腹板	せん断ウェッブ	抗剪腹板
— wires	剪切保險絲	せん断張線	剪切保险丝
— yield stress	剪切屈服應力	せん断降伏応力	剪切屈服应力
— zone	剪切區;剪切帶	せん断域	剪切区;剪切带
sheared edge	剪斷的毛邊	せん断縁	剪断的毛边
— length	剪切長度	せん断長さ	剪切长度
— plate	切邊鋼板	せん断板	切边钢板
— strip	剪切的帶材	裁ち落とし短冊板	剪切的带材
— surface	受剪面;剪切面	せん断面	受剪面;剪切面
shearer	剪切機	シャーラ	剪切机
shearing	剪切〔斷〕	せん断加工	剪切〔断〕
— defect	剪切缺陷	シャーリング傷	剪切缺陷
— deflection	剪切撓度	せん断たわみ	剪切挠度
— die	剪切模	せん断型	剪切模
— frame	剪床架	シャーリングフレーム	剪床架
— instability	切變不穩定性	わい力不安定性	切变不稳定性
— machine	剪床;剪切機	せん断機	剪床;剪切机
mark	切痕	シャーリングむら	切痕
— panel	剪力板;受剪板	せん断パネル	剪力板;受剪板
— resistance	抗剪力	せん断抵抗	抗剪力
— strain	剪(切)應變	せん断ひずみ	剪(切)应变
— strength	抗剪強度;剪切強度	せん断強さ	抗剪强度;剪切强度
— stress	剪應力	ずり応力	剪应力
— stress in torsion	扭轉剪應力	せん断応力	扭转剪应力
— stress of fluid	流體剪應力	流体せん断応力	流体剪应力
— surface	剪切面	せん断面	剪切面
— unit stress	單位剪應力	せん断応力度	单位剪应力
— velocity	切變速度;剪切速度	ずれの速度	切变速度;剪切速度
— vibration	剪切振動	せん断振動	剪切振动
— work	剪切加工	せん断加工	剪切加工
shears	剪切機	せん断機	剪切机
sheathing tape	鎧裝鋼帶	外装鋼帯	铠装钢带
sheave	繩輪;皮帶輪;滑輪;滑車	溝車	绳轮;皮带轮;滑轮;滑车
shedder	頂件器;卸件器	突出し金具	顶件器;卸件器
sheen	表面光滑	光輝	表面光滑
sheet	鋼板;薄板	葉;図表	钢板;薄板
— asbesto	石棉片	シートアスベスト	石棉片
— bar	薄板坯	薄板用鋼片	薄板坯
— bar mill	薄板坯軋機	シートバー圧延機	薄板坯轧机
— billet	薄板坯	薄板素材	薄板坯

S

英文	臺灣	日文	大陸
— billet mill	薄板坯軋機	シートバー圧延機	薄板坯轧机
— brass	薄黃銅板	薄真ちゅう板	薄黄铜板
— clipping	剪下鋼板	シートクリッピング	剪下钢板
— copper	薄銅板	薄銅板	薄铜板
— cutting	板材切割	断裁；板取り	板材切割
— extruder	螺桿壓片機	シート押出し機	丝杠压片机
— feed	板料送進	シートフィード	板料送进
— feeder	板料送進器	シートフィーダ	板料送进器
— feeding	板料送料裝置	シート送り装置	板料送料装置
— finishing	薄板精整	薄板仕上げ	薄板精整
— forming	薄板成形;板材成形	シート成形	薄板成形;板材成形
— forming mold	片材成形模	シート成形型	片材成形模
— forming technique	片材成形法	シート成形法	片材成形法
— forming tool	片材成形工具	シート成形用具	片材成形工具
— gasket	密封墊圈片	シートガスケット	密封垫圈片
— gold	金板	金板	金板
— iron	薄鋼板	鉄皮；薄鋼板	薄钢板
— iron shear	鐵皮剪床	シートアイアンシャー	铁皮剪床
— gage	厚薄規;板規	シートゲージ	厚薄规;板规
— lead	鉛皮	薄鉛板；鉛板	铅皮
— leveller	薄板校平機	シートレベラ	薄板校平机
— loader	薄板裝料機	シートローダ	薄板装料机
— material	片材;板材	シート材料	片材;板材
— metal	薄板;金屬薄板	板金；薄板金	薄板;金属薄板
— metal container	薄板容器	板金容器	薄板容器
— metal gage	金屬板規	ゲージ	金属板规
— metal screw	薄板螺釘	薄板タップねじ	薄板螺钉
— metal smoothing rolle	薄板校平輥	薄板くせ取りロール	薄板校平辊
— metal strip	薄板帶材	シートメタルストリップ	薄板带材
— metal worker	板金工	薄板工	板金工
— metal working	薄板加工;板金加工	薄板加工	薄板加工;板金加工
— mill	薄板軋機	薄板圧延機	薄板轧机
— nickel	電解鎳板	シートニッケル	电解镍板
— pack	疊鋼皮;鋼皮捆	シートパック	叠钢皮;钢皮捆
— packing	迫緊片	シートパッキン	填密片;垫片
— roll	薄板軋輥	薄板圧延ロール	薄板轧辊
— rolling mill	薄板軋機	薄板圧延機	薄板轧机
— screw	薄板螺釘	薄板タップねじ	薄板螺钉
— separation	〔銲後〕板的翹離	板の浮上がり	〔焊后〕板的翘离
— stamping	薄板沖壓	シートスタンピング	薄板冲压

英文	臺灣	日文	大陸
— steel	薄鋼板	鋼板	薄钢板
— strip	帶鋼	シートストリップ	带钢
— temper mill	片狀結構	シートテンパーミル	片状结构
— tin	薄板平整機	すず板	薄板平整机
— zinc	錫板;馬口鐵皮	薄亜鉛板	锡板;马口铁皮
heeter	壓片機	シータ	压片机
heeting die	壓片模	シート押出しダイ	压片模
heffield plate	鍍銀桐板;包銀銅板	シェフィールドプレート	镀银桐板;包银铜板
helf angle	座角鋼	シェルフアングル	座角钢
hell	外殼;套(管);殼	シェル；かく；殻	外壳;套(管);壳
— casting	殼模鑄件	シェル形鋳物	壳型铸件
— drill	筒形鑽;套式擴孔鑽	筒形きり	筒形钻;套式扩孔钻
— end mill	空心端銑刀	筒形底フライス	圆筒形端铣刀
— mold casting	殼模鑄造	シェル形鋳物	壳型铸造
— mold machine	殼模機	シェルモールドマシン	壳型机
— molding	殼模鑄造(法)	シェル型造形	壳型铸造(法)
— reamer	套裝(式)鉸刀	シェルリーマ	套装(式)铰刀
hellac bonded wheel	蟲膠結合劑磨具〔砂輪〕	シェラックと石	虫胶结合剂磨具〔砂轮〕
helly crack	黑點龜裂	黒（点亀）裂	黑点龟裂
hield	保護;護罩	遮へい；遮へい体	保护;护罩
hielded arc-electrode	有保護電弧銲條	シールドアーク溶接棒	有保护(电)弧焊条
— arc welding	保護電弧銲	シールドアーク溶接	保护电弧焊
— ball bearing	帶防護墊圈的滾珠軸承	シールド玉軸受	带防护垫圈的滚珠轴承
— bearing	有護圈軸承	シールド軸受	有护圈轴承
— metal arc welding	氣體保護金屬極電弧銲	被覆アーク溶接	气体保护金属极电弧焊
hielding material	密封材料	封着材料	密封材料
hift	移程量;變換	けた移動；移程量	移程量;变换
— coupling	變速聯軸節;接合器	送りカップリング	变速联轴节;接合器
— lever	變速桿〔變速箱〕;撥齒桿	シフトレバー	变速杆〔变速箱〕;拨齿杆
hifted gear	換檔;交換齒輪	転位歯車	调档;交换齿轮
hifter	移動裝置;轉換機構	シフタ	移动装置;转换机构
— fork	變速撥叉;撥叉;換檔撥叉	シフタホーク	变速拨叉;拨叉;换档拨叉
— hub	撥叉凹口	シフタハブ	拨叉凹口
— lever	變速桿	シフタレバー	变速杆
— rod	變速桿	シフタロッド	变速杆
him	軸承襯;軸承墊片;填隙片	軸受はさみ金	轴承衬;轴承垫片;填隙片
— block	墊片;楔塊	はさみ金具	垫片;楔块
hingling hammer	鍛錘;鍛鐵錘	鍛鉄ハンマ	锻锤;锻铁锤
hiplap joint	錯縫接合;搭接	合じゃくり接合	错缝接合;搭接
hock	衝擊;震動;爆音;激波	衝撃	冲击;震动;爆音;激波

S

英文	臺灣	日文	大陸
— absorber	衝擊吸收器;減震器	緩衝装置	冲击吸收器;减震器
— absorbing efficiency	衝擊吸收(效)率	衝擊吸収率	冲击吸收(效)率
— absorbing ruber	消震橡膠	緩衝ゴム	消震橡胶
— absorbing spring	緩衝彈簧	緩衝ばね	缓冲弹簧
— absorption	減震;消震;緩衝作用	緩衝作用	减震;消震;缓冲作用
— action	衝擊作用	衝擊作用	冲击作用
— arrester	緩衝器;消震器	ショックアレスタ	缓冲器;消震器
— bending test	衝擊彎曲試驗	衝擊曲げ試験	冲击弯曲试验
— burst	輪胎爆破	ショックバースト	轮胎爆破
— cooling	急冷;驟冷	衝擊冷却	急冷;骤冷
— curing	衝擊固化	衝擊硬化	冲击固化
— driver	衝擊起子	ショックドライバ	冲击式螺丝刀
— elasticity	衝擊彈性	衝擊弾性	冲击弹性
— eliminator	緩衝器;減震器	ショックエリミネータ	缓冲器;减震器
— factor	衝擊係數	衝擊係数	冲击系数
— heating	衝擊加熱	衝擊加熱	冲击加热
— loading	衝擊負載	衝擊荷重	冲击负荷
— machine	衝擊試驗機	衝擊試験機	冲击试验机
— mark	再拉深形成的環形接紋	ショックマーク	再拉深形成的环形接纹
— motion	衝擊運動	衝擊運動	冲击运动
— mount	減震架;衝擊設備;防震座	衝擊装置	减震架;冲击设备;防震座
— noise	振動噪音	ショックノイズ	振动噪声
— pressure	衝擊壓力	衝擊圧(力)	冲击压力
— proof mounting	耐震台座;防震台座	耐震取付け台	耐震台座;防震台座
— pulse	衝擊脈衝	衝擊パルス	冲击脉冲
— resistance	抗震性;抗衝擊能力	耐衝擊	抗震性;抗冲击能力
— resistant	耐震;耐衝擊	耐衝擊	耐震;耐冲击
— sensitivity	衝擊靈敏度	衝擊感度	冲击灵敏度
— strength	抗衝擊強度	衝擊強さ	抗冲击强度
— stress	衝擊應力	衝擊応力	冲击应力
— strut	衝擊支柱	緩衝支柱	冲击支柱
— surface	衝擊面	衝擊面	冲击面
— synthesis	衝擊合成(法)	衝擊圧縮合成	冲击合成(法)
— test	衝擊試驗	衝擊試験	冲击试验
— tester	衝擊試驗機	衝擊試験機	冲击试验机
— wave forming	爆炸成形法	爆発成形	爆炸成形法
shockless braking	緩衝制動;無衝擊制動	緩衝制動	缓冲制动;无冲击制动
— engaging	離合器無衝擊嚙合	緩衝連結	离合器无冲击啮合
shoe angle	柱腳角鋼	柱脚山形鋼	柱脚角钢
— brake	靴式制動器	くつブレーキ	闸瓦制动器;蹄式制动器

英文	臺灣	日文	大陸
— plate	蹄片;支撐板	シュープレート	闸瓦;蹄片;支撑板
shoegear	制動器	シュー装置	制动器
shoot	槽;滑動面	落とし	槽;滑动面
shooting capacity	射出能力	射出能力	压射能力
— chamber	射出室	射出室	压射室〔腔〕
— cylinder	射出缸	射出シリンダ	压射缸
shop	工作場;機構;工作	工作場	工作场;机构;工作
— assembling	工廠裝配;工場裝配	工場組立て	工厂装配;车间装配
— drawing	裝配圖;工作圖;生產圖	工作図	装配图;工作图;生产图
— fabrication	工廠製造;工場製造	工場製作	工厂制造;车间制造
— gage	工作量規	工作ゲージ	工作量规
— trial	工廠試車;工場試車	工場試運転	工厂试车;车间试车
shopwork	工場加工	工場加工（品）	车间加工
Shore hardness	蕭氏硬度	ショアー硬さ	肖氏硬度
— hardness number	蕭氏硬度數	ショアー硬度数	肖氏硬度数
— hardness test	蕭氏硬度試驗	ショアー硬さ試験	肖氏硬度试验
— scleroscope	蕭氏硬度計	ショアー反発硬度計	肖氏硬度计
short base	短軸距	ショートベース	短轴距
— iron	脆性鐵	ぜい鉄	脆(性)铁
— lever	短桿	短機	短杆
— link	短鏈環	短鎖環	短链环
— link chain	短節鏈	ショートリンクチェーン	短节链
— nipple	短螺紋接套	ショートニップル	短螺纹接套
— stroke	短衝程	ショートストローク	短冲程
— taper	短錐度	ショートテーパ	短锥度
— teeth	短齒〔齒輪〕	ショートティース	短齿〔齿轮〕
— terne	鍍鉛錫防蝕鋼板	ショートターン	镀铅锡防蚀钢板
shortage	短缺;缺陷;缺點	不足	短缺;缺陷;缺点
short-circuit	短路;短接	短絡	短路;短接
— brake	短路制動器	短絡ブレーキ	短路制动器
shortness	脆性;缺乏;壓製不足	ぜい性；もろさ	脆性;缺乏;压制不足
short-run mold	短期生產用模具	短時間運転用金型	短期生产用模具
shot	衝擊;爆破;射程	爆破	冲击;爆破;射程
— ball peening	噴砂硬化	ショットボールピーニング	喷丸硬化
— blast	噴砂處理	ショットブラスト	喷丸〔砂〕处理
— blast chamber	噴砂室	ショットブラストチャンバ	喷丸〔砂〕室
— boring	鑽粒鑽進;鋼珠鑽探	鋼球ボーリング	钻粒钻进;钢珠钻探
— capacity	壓射能力	射出能力	压射能力
— cleaning	噴砂清理;拋丸清理	ショットクリーニング	喷丸清理;抛丸清理
— cylinder	壓射缸	ショットシリンダ	压射缸

英文	臺灣	日文	大陸
— defect	汗珠狀固溶析出物	汗玉	汗珠状固溶析出物
— molding	壓射成形;注塑	ショット成形	压射成形;注塑
— peening	噴砂硬化	ショットピーニング	喷丸硬化
— tumblast	拋砂清理滾筒	ショットタンブラスト	抛丸清理滚筒
shoulder	軸肩;肩;凸出部;肩角	肩	轴肩;肩;凸出部;台肩
— guard	防護鋼板	肩当て	防护钢板
— of crank	曲柄軸肩	クランクシャフトの肩	曲柄轴肩
— pilot	帶台階的導銷	肩付きパイロット	带台阶的导销
— punch	台階式凸模;帶肩沖頭	肩付きポンチ	台阶式凸模;带肩冲头
— ring	軸肩擋圈	肩リング	轴肩挡圈
shredder	切碎機;纖維梳散機	粉砕機	切碎机;纤维梳散机
shrink	收縮;收縮率	収縮;収縮率	收缩;收缩率
— bob	補縮冒口;暗冒口	シュリンクボブ	补缩腔〔包〕;暗冒口
— characteristic	收縮性	収縮性	收缩性
— film	收縮薄膜	収縮フィルム	收缩薄膜
— fit	熱壓配合;燒嵌;熱套	焼きばめ	热压配合;烧嵌;热套
— fitting	燒嵌	焼ばめ	烧嵌
— fixture	防縮器	冷やしジグ	防缩器
— flange	收縮器	シュリンクフランジ	收缩器
— flanging die	收縮凸緣	縮みフランジ成形型	收缩凸缘
— head	收縮翻邊模;收縮折緣模	シュリンクヘッド	收缩翻边模;收缩折缘模
— hole	冒口;補縮頭	引け巣	冒口;补缩头
— mark	縮孔	収縮しわ	缩孔
— overwrap	收縮皺紋	収縮包装	收缩皱纹
— package	收縮包裝	シュリンク包装	收缩包装
— proofing	收縮包裝	防縮加工	收缩包装
— property	防縮(處理)	収縮性	防缩(处理)
— resistance	收縮性	防縮性	收缩性
— ring	抗縮性	焼ばめたが	抗缩性
— rule	縮尺	伸び尺	缩尺
— scale	縮尺	伸び尺	缩尺
shrinkage	收縮量;縮孔	収縮;鋳縮み	收缩(量);缩孔
— allowances	收縮容許量	収縮余裕	收缩容许量
— bar	收縮鋼筋	収縮バー	收缩钢筋
— cavity	縮孔	収縮孔	缩孔
— coefficient	收縮係數	収縮係数	收缩系数
— control	收縮控制	収縮抑制	收缩控制
— crack	收縮裂紋	収縮ひび割れ	(收)缩裂(纹)
— depression	收縮凹陷	外引け	(收)缩(凹)陷
— factor	收縮係數;收縮率	収縮係数;縮み率	收缩系数;收缩率

英文	臺灣	日文	大陸
— fit cylinder	熱壓配合圓筒	焼ばめ円筒	热压配合圆筒
— hole	縮孔	収縮巣	缩孔
— index	收縮指數	収縮指数	收缩指数
— limit	收縮極限;縮限	収縮限界	收缩极限;缩限
— mark	收縮皺紋	収縮しわ	收缩皱纹
— on aging	老化時收縮	老化収縮	老化时收缩
— percentage	收縮率	収縮率	收缩率
— pool	縮陷	収縮くぼみ	缩陷
— pressure	收縮壓力	収縮圧	收缩压力
— rate	收縮速度	収縮速度	收缩速度
— ratio	收縮比	収縮比	收缩比
— scale	縮尺〔鑄造用〕	鋳物尺	缩尺〔铸造用〕
— strain	收縮應變	縮みひずみ	收缩应变
— stress	收縮應力	縮み応力	收缩应力
— test	收縮試驗	収縮試験	收缩试验
— void	收縮孔隙	収縮ボイド	收缩孔隙
shrinker	補縮冒口;收縮機	シュリンカ	(补缩)冒口;收缩机
shrinking measure	收縮度量	収縮度量	收缩度量
-on	熱壓配合	焼ばめ	热压配合
— percentage	收縮百分率	縮み率;収縮率	收缩百分率
shroud ring	箍環;包箍;護環;圍帶	囲い輪	箍环;包箍;护环;围带
shrouded gear	帶有端面凸緣的齒輪	壁付き歯車	带有端面凸缘的齿轮
shunt cam	分路凸輪	分流カム	分路凸轮
shut	關閉;閉鎖;封閉	シャット	关闭;闭锁;封闭
— height	合模高度	シャットハイト	闭合高度
shutoff	關閉;切斷;停止	シャットオフ締切	关闭;切断;停止
— cock	切斷旋塞	シャットオフコック	切断旋塞
shuttle chuck	梭動夾頭;多位夾頭	シャットルチャック	梭动夹头;多位夹头
— driver	往復驅動器	シャットルドライバ	往复驱动器
— stop motion	往復停止裝置	シャットル停止装置	往复停止装置
— valve	往復閥;梭動閥	シャットル弁	往复阀;梭动阀
shuttling	往復運動;梭動	シャットリング	往复运动;梭动
sichromal	鋁鉻矽耐熱鋼	シクロマル	铝铬硅耐热钢
sickle pump	鐮式泵	かま形弁ポンプ	镰式泵
sicromal	鋁鉻矽耐熱鋼	シクロマル	铝铬硅耐热钢
side action die	側動模具;側楔模具	横動型	侧动模具;侧楔模具
— angle	邊緣角鋼;夾緊角鋼	柱脚山形鋼	边缘角钢;夹紧角钢
— bearing	側端軸承	スラスト軸受	侧端轴承
— bend specimen	側彎曲試片	側曲げ試験片	侧弯曲试片
— bend test	側彎曲試驗	側曲げ試験	侧弯曲试验

S

英文	臺灣	日文	大陸
— clearance	側後隙;側隙;經向間隙	側面の逃げ	側后隙;侧隙;经向间隙
— clearance angle	副後角;第二後角	側面の逃げ角	副后角;第二后角
— cut punch	側切沖頭	サイドカットパンチ	侧切冲头
— cut shears	切邊機	サイドカットシャー	切边机
— cutter	三側〔面〕刃銑刀;偏銑刀	側フライス	三侧〔面〕刃铣刀;偏铣刀
— cutting edge	斜切削刃;付切削刃	横切れ刃	斜切削刃;付切削刃
— elevation	側視圖;側面圖	側面図	侧视图;侧面图
— erosion	側面侵蝕;横向侵蝕	側方侵食	侧面侵蚀;横向侵蚀
— etch	側面蝕刻;邊緣腐蝕	サイドエッチ	侧面蚀刻;边缘腐蚀
— etching	側向腐蝕;邊緣腐蝕	サイドエッチング	侧向腐蚀;边缘腐蚀
— fillet weld	側面填角銲縫	側面隅肉溶接	侧面填角焊(缝)
— force	水平分力;横向力;側向力	横方向力	水平分力;横向力;侧向力
— form relief	側刃的後角	側刃の逃げ	侧刃的后角
— friction	側面摩擦	側面摩擦	侧面摩擦
— gear	側面齒輪	サイドギヤー	侧面齿轮
— girder	邊桁	側ガーダ	边桁
— grinder	側面磨床	サイドグラインダ	侧面磨床
— grinding head	平面磨床的側磨頭	横と石頭	(平面磨床的)侧磨头
— guard	側護導板	サイドガード	侧护(导)板
— guide	側導板	横当て	侧导板
— head	側刀架	横刃物台	侧刀架
— hole	側方鑽孔	払い穴	侧方钻孔
— key	防側推力擋鍵	サイドキー	防侧推力挡键
— key way	側面鍵槽	端面キー溝	侧面键槽
— knock	活塞鬆動	サイドノック	活塞松动
— liner	側襯板	サイドライナ	侧衬板
— milling	側面刃銑刀銑削	側フライス削り	侧面刃铣刀铣削
— milling cutter	三面刃銑刀;盤銑刀	側フライス	三面刃铣刀;盘铣刀
— panel	側面板	サイドパネル	侧面板
— plate rivet	側板鉚釘	側板リベット	侧板铆钉
— plate with screw	帶有螺釘的側板	ねじぶた	带有螺钉的侧板
— projection	側投影圖	側投影図	侧投影图
— seam	邊縫;界面	わき縫い	边缝;接口
— shaft	側軸	側軸	侧轴
— slide	側滑塊;副滑塊	サイドスライド	侧滑块;副滑块
— strut	側向支撐;横向支撐	横支柱	侧向支撑;横向支撑
— thrust	側向推力;側推力;側壓	側面スラスト	侧向推力;侧推力;侧压
— tool	側刀;偏刃	片刃バイト	侧刀;偏刃
— tool bar	横刀桿	横刃物棒	横刀杆
— tool slide	側刀架	横工具送り台	侧刀架

英文	臺灣	日文	大陸
— trim unit	修邊機	サイドトリマ	修边机
— trimmer	側邊修邊機;端面剪切機	端面せん断機	侧边修边机;端面剪切机
— valve	旁閥	サイドバルブ	旁阀
— view	側視圖	側面図	侧视图
— web	側軸頸頰板	側軸ウェッブ	侧轴颈颊板
— wheel head	側向磨頭	横と石頭	侧向磨头
sided timber	邊角加工方材	押角	边角加工方材
siderazot	氮鐵礦	天産の窒化鉄	氮铁矿
siderit	菱鐵礦	りょう鉄鉱	菱铁矿
sideroferrite	自然鐵	自然鉄	自然铁
siderology	冶鐵學;鋼鐵冶金學	鉄や金学	冶铁学;钢铁冶金学
Siemens heat	西門子熱	ジーメンス熱	西门子热
— method	西門子法	ジーメンス法	西门子法
— process	西門子煉鐵法	ジーメンス法	西门子(炼铁)法
— steel	西門子鋼	ジーメンス鋼	西门子钢
Siemens-Martin furnace	西門子-馬丁爐;平爐	平炉	西门子-马丁炉;平炉
— process	平爐法;馬丁爐法煉鋼	平炉法	平炉法(炼钢);马丁炉法
— steel	平爐鋼	平炉鋼	平炉钢
sieve	篩子	ふるい	筛子
— mesh	篩孔;篩眼;篩目	ふるい眼	筛孔;筛眼;筛目
— plate	篩板	ろ板	筛板
— shaker	搖篩機	ふるい揺動機	摇筛机
— shaking machine	振動篩分機	ふるい振動機	振动筛分机
— tray	篩盤	綱目板	筛盘
sifter	機械篩;過濾器	機械ふるい	机械筛;过滤器
sifting machine	機械篩;過濾篩	機械ふるい	机械筛;过滤筛
sight check	目視檢查	視覚検査	目视检查
— feed	供油指示器	見送り供給	供油指示器
— feed lubricator	明給潤滑器	見送り注油器	明给润滑器
— feed oiling	可視給油法	可視滴下給油	可视给油(法)
— glass	觀察窗;窺視孔	のぞき眼鏡	观察窗;窥视孔
— hole	窺視孔;檢查孔	サイトホール	窥视孔;检查孔
SIGMA welding	惰性氣體金屬極電弧銲	シグマ溶接	惰性气体金属极电弧焊
sigmoid curve	S形曲線	S字状曲線	S形曲线
signal alarm	警報器;信號警報	シグナルアラーム	警报器;信号警报
significant factor	有效因素	有意要因	有效因素
— surface	有效電鍍面;有效被鍍面	めっき有効面	有效电镀面;有效被镀面
Sil-Ten steel	西爾-坦低合金高強度鋼	シルテン鋼	西尔-坦低合金高强度钢
Silal V	西拉爾鋁基合金	シラルブイ	西拉尔铝基合金
Silanca	銀銻合金	シランカ	银锑合金

S

英文	臺灣	日文	大陸
silastic	矽橡膠	シラスチック	硅橡胶
silchrome steel	矽鉻耐熱鋼	シルクロム鋼	硅铬耐热钢
silcoat	銀塗料	シルコート	银涂料
Silcurdur	耐蝕銅矽合金	シルカーダー	耐蚀铜硅合金
silence	無聲;靜寂;抑制	静寂	无声;静寂;抑制
— effect	消音效應	消音効果	消音效应
silencer	消聲器;靜噪器	消音器	消声器;静噪器
silencing device	消音器;減聲器	消音装置	消音器;减声器
silent arc	靜弧;無聲電弧	無音アーク	静弧;无声电弧
— block	防音裝置;隔聲裝置	サイレントブロック	防音装置;隔声装置
— blowoff valve	無聲放氣閥	消音吹出し弁	无声放气阀
— chain	無聲鏈;無聲傳動裝置	音無し鎖	无声链;无声传动装置
— discharge	無聲放電	無声放電	无声放电
— electric discharge	無聲放電	無声放電	无声放电
— fan	無聲風扇	サイレントファン	无声风扇
— feed	無噪音進料	サイレント送り	无噪声进料
— gear	無聲齒輪	音無し歯車	无声齿轮
— point	靜點;無感點	無感点	静点;无感点
— running	消聲運轉;消聲行車	静音運転	消声运转;消声行车
— seal	靜密封	サイレントシール	静密封
— switch	靜噪開關	サイレントスイッチ	静噪开关
silentalloy	防振合金;無聲合金	サイレンタロイ	防振合金;无声合金
silex glass	石英玻璃	石英ガラス	石英玻璃
Silfbronze	錫鎳4-6黃銅	シルフブロンズ	锡镍4-6黄铜
Silfos	西爾福斯銅銀合金	シルフォス	西尔福斯铜银合金
silica	矽石;氧化矽	けい石	硅石;氧化硅
— brick	矽磚	けい石れんが	硅砖
— coke oven	矽石煉焦爐	けい石製コークス炉	硅石炼焦炉
— crucible	矽石坩堝	シリカるつぼ	硅石坩埚
— fiber	矽纖維	シリカファイバ	硅纤维
— fire brick	矽石耐火磚	けい石耐火れんが	硅石耐火砖
— gel	(氧化)矽膠	けい酸ゲル	(氧化)硅胶
— gel column	矽膠柱	シリカゲルカラム	硅胶柱
— gel grease	矽膠填充潤滑脂	シリカゲルグリース	硅胶填充润滑脂
— oxide	氧化矽	シリカオキサイド	氧化硅
— powder	石英粉;矽砂粉	シリカ粉末	石英粉;硅砂粉
— refractories	矽土耐火製件	けい石耐火材料	硅土耐火制件
— removal	脫矽;除矽	脱けい	脱硅;除硅
— removal agent	脫矽劑	脱けい剤	脱硅剂
silica-alumina catalyst	矽鋁催化劑	けいアルミナ触媒	硅铝催化剂

英文	臺灣	日文	大陸
silicagel	矽膠	シリカゲル	硅胶
— column	矽膠柱	シリカゲルカラム	硅胶柱
— desiccator	矽膠式乾燥器	シリカゲル除湿器	硅胶式干燥器
silicate	矽酸鹽〔酯〕	けい酸塩	硅酸盐〔酯〕
— bonded wheel	矽酸鹽黏結劑砂輪	シリケートと石車	硅酸盐粘结剂砂轮
— flux	矽酸鹽銲劑	シリケートフラックス	硅酸盐焊剂
— gel	矽(酸鹽)凝膠	けい酸ゲル	硅(酸盐)凝胶
— wheel	矽酸鹽砂輪	シリケートと石車	硅酸盐砂轮
silichrome steel	矽鉻鋼	シリクロム鋼	硅铬钢
silicic acid	矽酸	けい酸	硅酸
— acid gel	矽酸凝膠	けい酸ゲル	硅酸凝胶
silicoferrite	矽鐵固溶體	シリコフェライト	硅铁固溶体
silicomanganese steel	矽錳鋼	けい素マンガン鋼	硅锰钢
silicon,Si	矽	けい素	硅
— brass	矽黃銅	けい素黄銅	硅黄铜
— bronze	矽青銅	含けい銅；けい素青銅	硅青铜
— carbide	碳化矽	炭化けい素	碳化硅
— carbide abrasive grain	碳化矽磨料	C系と粒	碳化硅磨料
— carbide fiber	碳化矽纖維	炭化けい素繊維	碳化硅纤维
— carbide grain	碳化矽磨粒	C系と粒	碳化硅磨粒
— copper	矽銅合金	けい素銅	硅铜(合金)
— cup	矽坩堝;矽密封帽	シリコンカップ	硅坩埚;硅(密封)帽
— dioxide	二氧化矽	二酸化けい素	二氧化硅
— gum	矽橡膠	シリコンゴム	硅橡胶
— iron	矽鐵(合金)	けい素鉄	硅铁(合金)
— killed steel	矽鎮靜鋼	けい素鎮静鋼	硅镇静钢
— main rectifier	矽主整流器	シリコン主整流器	硅主整流器
— manganese	矽錳合金	けい素マンガン合金	硅锰合金
— manganese steel	矽錳鋼	シリコンマンガン鋼	硅锰钢
— monooxide	一氧化矽	一酸化けい素	一氧化硅
— nickel alloy	矽鎳合金	けい素ニッケル合金	硅镍合金
— oil	矽油	シリコン油	硅油
— oxide	二氧化矽	酸化シリコン	二氧化硅
— oxide film	矽氧化膜	シリコン酸化膜	硅氧化膜
— oxide layer	氧化矽層	酸化シリコン層	氧化硅层
— rubber	矽橡膠	けい素ゴム	硅橡胶
— steel band	矽鋼帶	けい素鋼帯	硅钢带
— steel lamination	矽鋼	けい素鋼板	硅钢
— steel plate	矽鋼板	けい素鋼板	硅钢板
— steel sheet	矽鋼片	けい素鋼板	硅钢片

英文	臺灣	日文	大陸
— surface processing	矽表面處理	シリコン表面処理	硅表面处理
silicone	有機矽樹脂	けい素樹脂	硅酮;聚硅酮;有机硅树脂
— fluid	矽油	シリコーン油	硅油
— hose	聚矽氧塑料軟管	シリコーンホース	聚硅氧塑料软管
— insulation	矽樹脂絕緣	シリコーン樹脂絶縁	硅树脂绝缘
— mold	矽模	シリコーン型	硅模
— oil	矽油	シリコーン油	硅油
— resin	矽樹脂;有機矽樹脂	けい素樹脂	硅(酮)树脂;有机硅树脂
— resin coating	有機矽樹脂塗料	シリコーン樹脂塗料	有机硅树脂涂料
— rubber	矽(氧)橡膠	シリコーンゴム	硅(氧)橡胶
— sealant	有機矽樹脂密封劑	シリコーンシーラント	有机硅树脂密封剂
— slicer	矽切片機	シリコーンスライサ	硅切片机
— sponge rubber	矽海綿橡膠	シリコーンスポンジゴム	硅海绵橡胶
siliconeisen	低矽鐵合金	シリコナイゼン	低硅铁合金
siliconized iron plate	矽化(處理)鐵板	シリコナイズド鉄板	硅化(处理)铁板
— plate	矽鋼片	シリコナイズド鉄板	硅钢片
— steel sheet	滲矽鋼片;矽鋼板	シリコナイズド鉄板	渗硅钢片;硅钢板
siliconizing	矽化處理;擴散滲矽處理	浸けい	硅化处理;扩散渗硅
silicospiegel	矽錳鐵	シリコスピーゲル	硅锰铁
silite	碳化矽	シリット	碳化硅
sill anchor	基礎錨固螺栓;地腳螺絲	基礎埋込みボールト	基础锚固螺栓;地脚螺丝
Silmalec	西爾瑪雷克鋁矽鎂合金	シルマレック	西尔玛雷克铝硅镁合金
Silmanal	銀錳鋁特種磁性合金	シルマナール	银锰铝特种磁性合金
Silmelec	西爾梅倫克矽鋁耐蝕合金	シルメレック	西尔梅伦克硅铝耐蚀合金
silmet	板狀鎳銀;帶狀鎳銀	シルメット	板状镍银;带状镍银
silver,Ag	銀;銀色;銀器	シルバ;銀	银;银色;银器
— alloy	銀合金	銀合金	银合金
— alloy brazing	銀合金(銅)銲	銀ろう付け	银合金(铜)焊
— alloy plating	銀合金電鍍	銀の合金めっき	银合金电镀
— amalgam	銀汞合金	銀アマルガム	银汞合金
— bell alloy	銀鈴合金	シルバベル合金	银铃合金
— leaf	銀箔	銀ぱく	银箔
— plating	鍍銀	銀めっき	镀银
— solder	銀銲料	銀ろう	银焊料
— soldering	銀銲	銀ろう付け	银焊
— spraying	銀噴鍍	銀鏡吹付け	银喷镀
— steel	銀亮鋼	銀鋼	银亮钢
— streak(ing)	銀絲;銀白色條紋	銀線	银丝;银白色条纹
— white	銀白	銀白	银白
Silverine	銅鎳耐蝕合金	シルベライン	铜镍耐蚀合金

英文	臺灣	日文	大陸
silveriness	銀白	銀白性	银白
silvering	鍍銀	銀めっき；と銀	镀银
silverware	銀器	銀器	银器
silvery pig iron	高矽銑鐵	シルバリー銑鉄	高硅铣铁
silvestrite	氮鐵	シルベストリ石	氮铁
silzin bronze	矽青銅	シルジン青銅	硅青铜
Simanal	矽錳鋁鐵合金	シマナール	硅锰铝铁合金
Simgal	矽鎂鋁合金	シムガール	硅镁铝合金
Similor	含錫黃銅	シミラ	含锡黄铜
simple alloy steel	普通合金鋼	単純合金鋼	普通合金钢
— beam method	簡支梁法	単純ばり法	简支梁法
— carbon steel	普通碳素鋼	単純炭素鋼	普通碳素钢
— cylindrical projection	單圓柱投影法	単円柱図法	单圆柱投影法
— element	簡單元件	単純素子	简单元件
— girder	簡支(大)梁	単純けた	简支(大)梁
— hanging truss	單柱桁架	キングポストトラス	单柱桁架
— harmonic motion	簡諧運動	単弦運動	简谐运动
— harmonic motion cam	簡諧波運動凸輪	単弦運動カム	简谐波运动凸轮
— harmonic quantity	簡諧量;正弦量	単純調和量	简谐量;正弦量
— harmonic vibration	簡諧振動	単純調和振動	简谐振动
— impulse turbine	單級衝動式渦輪機	単式衝動タービン	单级冲动式涡轮机
— integral	簡單積分	単（一）積分	(简)单积分
— lens	單透鏡	単レンズ	单透镜
— pendulum	單擺	単純振り子	单摆
— pitch error	單節距誤差	単一ピッチ誤差	单节距误差
— pump	單缸泵	単シリンダポンプ	单缸泵
— refraction	單折射	単屈折	单折射
— reversed truss	倒單柱桁架	逆キングポストトラス	倒单柱桁架
— shear	純剪切	単純せん断	纯剪切
— structure	簡單結構	単純構造	简单结构
— torsion	純扭轉	単純ねじり	纯扭(转)
— truss bridge	簡支桁架橋	単純トラス橋	简支桁架桥
— nozzle	單式噴嘴	単式ノズル	单式喷嘴
— operation	單工操作	単向動作	单工操作
simplification	簡單化;簡易性;簡化	単純化；簡素化	简单化;简易性;简化
simply supported beam	簡支梁	単純ばり	简支梁
— edge	簡支邊	単純支持縁	简支边
— rigid frame	簡支剛架	単純ばり型ラーメン	简支刚架
simulate	模擬	再現；擬態	模拟
simulation structure	模擬結構	シミュレーション構造	模拟结构

英文	臺灣	日文	大陸
— test	模擬試驗	模擬実験	模拟试验
sine	正弦	サイン；正弦	正弦
— bar	正弦尺〔規〕	サインバー	正弦尺〔规〕〔窄面的〕
— curve	正弦曲線	正弦曲線	正弦曲线
— curve gear pump	正弦齒輪泵	正弦曲線歯車ポンプ	正弦齿轮泵
— curve hob	正弦曲線滾刀	サインカーブホブ	正弦曲线滚刀
— law	正弦定律	正弦法則	正弦定律
— plate	正弦規〔板〕	サインプレート	正弦规〔板〕
— protractor	正弦量角規	サインプロトラクタ	正弦量角规
— rule	正弦法則	正弦法則	正弦法则
— wave	正弦波	正弦波	正弦波
single arc furnace	單極電弧爐	単アーク炉	单极电弧炉
— axis knee joint	單軸彎頭鉸鏈	単軸ひざ	单轴弯头铰链
— bar link	單桿連桿	一枚リンク	单杆连杆
— bend test	單向彎曲試驗機	一方向曲げ試験	单向弯曲试验机
— bevel groove	單斜角坡口;半V形坡口	V形グルーブ	单斜角坡口;半V形坡口
— block	單輪滑車;單程式段	単滑車	单轮滑车;单程序段
— cam	單凸輪軸	シングルカム軸	单凸轮轴
— capstan	單傳動輪	シングルキャプスタン	单传动轮
— cavity die	單腔模具	一個取り金型	单腔模具
— cog	單面齒	シングルコッグ	单面齿
— cogging	凸接	あご掛け	凸接
— crank	單曲柄〔曲軸〕	シングルクランク	单曲柄〔曲轴〕
— cut file	單切齒銼刀	筋目やすり	单纹锉
— cutter turner	單刀刀架	シングルカッタターナ	单刀刀架
— cylinder	單缸	シングルシリンダ	单缸
— cylinder piston pump	單缸活塞泵	単筒ピストンポンプ	单缸活塞泵
— cylinder turbine	單筒渦輪機	単シリンダタービン	单筒涡轮机
— die	簡單模具	単型	简单模具
— disc friction clutch	單盤摩擦離合器	単板式摩擦クラッチ	单盘摩擦离合器
— disc clutch	單片離合器	シングルディスククラッチ	单片离合器
— draw	簡單拉深	単動絞り	简单拉深
— drive	單向驅動	シングル駆動	单向驱动
— fillet welding	單面角銲	片面隅肉溶接	单面角焊
— fighted screw	單頭螺紋螺桿	一条ねじスクリュー	单头螺纹丝杠
— gage	單口卡規;C形卡規	片口ゲージ	单口卡规;C形卡规
— gear	單級齒輪裝置	一段歯車装置	单级齿轮装置
— gear drive	單級齒輪傳動	一段歯車駆動	单级齿轮传动
— gripper feed	單邊夾鉗送料	シングルグリッパフィード	单边夹钳送料
— groove	銲縫的單面坡口	片面グルーブ	(焊缝的)单面坡口

英文	臺灣	日文	大陸
— groove joint	單槽接合	片面グルーブ継手	单槽接合
— head wrench	單頭扳手	シングルヘッドレンチ	单头扳手
— helical gear	單斜齒輪;螺旋齒輪	単はすば歯車	单斜齿轮;螺旋齿轮
— hub	單端承口	一端承口	单端承口
— indexing attachment	單齒分度裝置	単歯割出し装置	单齿分度装置
— lap	鑄皺皮〔缺陷〕;冷隔	鋳じわ	铸皱皮〔缺陷〕;冷隔
— lath	薄板條	薄木ずり	薄板条
— line ropeway	單線式(架空)索道	単線式索道	单线式(架空)索道
— machine operation	單機運轉	片肺運転	单机运转
— module	單模塊	単体モジュール	单模块
— nozzle	單式噴嘴	単式ノズル	单式喷嘴
— part production	單件生產	単品生産	单件生产
— pitch error	單節距誤差	単一ピッチ誤差	单节距误差
— plate friction clutch	單盤摩擦離合器	単板式摩擦クラッチ	单盘摩擦离合器
— ported slide valve	單孔滑閥	単孔滑り弁	单孔滑阀
— position hob	單圈滾刀;蝸形滾刀	シングルポジションホブ	单圈滚刀;蜗形滚刀
— precision	單精度	単精度	单精度
— probe method	單探頭法〔超音波探傷〕	一探触子法	单探头法〔超声波探伤〕
— probe technique	單探頭法〔超音波探傷〕	一探触子法	单探头法〔超声波探伤〕
— pulley drive	單皮帶傳動	単ベルト駆動	单皮带传动
— rib grinding wheel	單線螺紋砂輪	一山ねじ研削と石	单线螺纹砂轮
— riveted joint	單行鉚接(頭)	一列リベット継手	单行铆接(头)
— riveting	單行鉚接	単式リベット	单行铆接
— rod cylinder	單桿汽缸	片ロッド(油圧)シリンダ	单杆汽缸
— roll breaker	單輥破碎機	シングルロール砕鉱機	单辊破碎机
— roll crusher	單輥破碎機	シングルロール砕鉱機	单辊破碎机
— roll turner	單刀滾花輪	シングルロールターナ	单刀滚花轮
— roller	單輥磨	一本ロール	单辊磨
— runner type	單輪式	単輪形	单轮式
— screw thread	單線螺紋	一条ねじ	单(头)螺纹
— screw pump	單軸螺旋泵	一軸ねじポンプ	单轴螺旋泵
— shear	單面剪切	一面せん断	单面剪切
— shear rivet	單剪鉚釘	一面せん断リベット	单剪铆钉
— shear strength	單剪強度	単せん耐力	单剪强度
— sinter process	一次燒結	単一焼結法	一次烧结
— skew notch	單斜凹槽接合	一段かたぎ入れ	单斜凹槽接合
— spindle	單軸	シングルスピンドル	单轴
— split mold	雙切口對開式模具	二つ割り形	双切口对开式模具
— spot welding	單點銲	シングルスポット溶接	单点焊
— strand	單股線	単一ストランド	单股线

英文	臺灣	日文	大陸
— strand chain	單股鏈	単列チェーン	单股链
— stroke	單行程;單筆劃	一行程	单行程;单笔划
— stylus	單描(繪)針	シングルスタイラス	单描(绘)针
— suction pump	單向吸入泵;單吸式泵	片吸込み形ポンプ	单向吸入泵;单吸式泵
— surface planer	自動單面刨床	自動一面かんな盤	自动单面刨床
— traverse technique	直射法〔探傷〕	直射法	直射法〔探伤〕
— treating	單一處理	一段処理	单一处理
— tube boiler	單管鍋爐	単管式ボイラ	单管锅炉
— turbine	單級式渦輪機	単段タービン	单级式涡轮机
— twist yarn	單層加捻絲	片より糸	单层加捻丝
— unit	機組;聯動機	シングルユニット	机组;联动机
— unit system	整體機構〔裝置〕	単一ユニットシステム	整体机构〔装置〕
— V-belt drive	單根三角皮帶傳動	一本掛けVベルト駆動	单根三角皮带传动
— V-butt weld	單面V形坡口對接銲縫	一面V突合せ継手	单面V形坡口对接焊(缝)
— V-die	單V形彎曲模	単一V曲げ形	单V形弯曲模
— V groove	單面V型坡口	V形開先	单面V型坡口
— way linkage	單向聯動裝置;單向連接	片方向リンケージ	单向联动;单向连接
— weld	單面銲	片面溶接	单面焊
— winch	單卷筒絞車	単胴ウインチ	单卷筒绞车
— wire	單引線	シングルワイヤ	单(引)线
— wire armored cable	單線鎧裝電纜	単重鉄線外装ケーブル	单线铠装电缆
— yarn breaking strength	單線抗斷強度	単糸引張り強さ	单线抗断强度
— yarn-strength tester	線抗拉強度試驗機	糸引張り試験機	线抗拉强度试验机
— zone furnance	單熔區爐	一ゾーン炉	单(熔)区炉
single-acting air pump	單動氣泵;單作用氣泵	単動空気ポンプ	单动气泵;单作用气泵
— centrifugal pump	單動離心泵	単動渦巻ポンプ	单动离心泵
— compressor	單動壓縮機	単動圧縮機	单动压缩机
— (pneumatic) cylinder	單動式(氣動)氣缸	単動（空気圧）シリンダ	单动式(气动)气缸
— disc harrow	單動圓盤耙	単動ディスクハロー	单动圆盘耙
— hammer	單動鍛錘	単動ハンマ	单动锻锤
— plunger pump	單動柱塞泵	単動プランジャポンプ	单动柱塞泵
— press	單動沖床	単動プレス	单动压力机
— pump	單動泵;單作用泵	単動ポンプ	单动泵;单作用泵
single-action booster	單作用增壓器	単動増圧器	单作用增压器
— compacting	單動壓製成型	単動圧縮	单动压制成型
— crank press	單動曲柄沖床	単動クランクプレス	单动曲柄压力机
— die	單動模具	単動型	单动模具
— drawing die	單動拉延模	単動絞り型	单动拉延模
— hydraulic press	單動式水壓機	単動水圧プレス	单动式水压机
— intensifier	單作用增壓器	単動増圧器	单作用增压器

英文	臺灣	日文	大陸
— link press	單動聯桿式沖床	単動リンクプレス	单动联杆式压力机
— oil hydraulic press	單動油壓機	単動油圧プレス	单动油压机
single-column	單(立)柱	シングルコラム	单(立)柱
— type	單柱式	片持形	单柱式
single-crystal bar	單晶棒	単結晶棒	单晶棒
— evaporation	單晶蒸發	単結晶蒸着	单晶蒸发
— film	單晶膜	単結晶膜	单晶膜
— grain	單晶;單晶粒〔磨料〕	単結晶と粒	单晶;单晶粒〔磨料〕
— growth	單晶生長;單晶製備	単結晶の育成	单晶生长;单晶制备
— seed	單籽晶	単結晶種子	单籽晶
single-end stud	單端螺栓	片ねじボルト	单端螺栓
single-ended gage	單頭量規	片口ゲージ	单头量规
— wrench	單頭(固定)扳手	片口スパナ	单头(死)扳手
single-entry compressor	單面進氣壓縮機	片側吸込み圧縮機	单面进气压缩机
single-leaf spring	單板簧	テーパリーフスプリング	单板簧
single-point cutting tool	單刃刀具	単刃工具	单刃刀具
— thread tool	單刃螺紋刀具	一山バイト	单刃螺纹刀具
— tool	單刃刀具	バイト	单刃刀具
single-purpose lathe	專用車床;單能車床	単能旋盤	专用车床;单能车床
— machine	專用機	単能機	专用机
— machine tool	專用機床;單能機	単能工作機械	专用机床;单能机
single-row	單列;單排	単列	单列;单排
— bearing	單列軸承	単列軸受	单列轴承
— rivet	單行鉚釘	単列リベット	单行铆钉
— riveted butt joint	單行鉚釘對接	一列リベット突合せ継手	单行铆钉对接
— riveted joint	單行鉚接	一列びょう接	单行铆接
— riveted lap joint	單行鉚釘搭接	一列リベット重ね継手	单行铆钉搭接
— rolling bearing	單列滾柱軸承	単列ころがり軸受	单列滚柱轴承
single-run welding	單道銲	ワンパス溶接	单道焊
single-seated valve	單座差動閥	単座二方弁	单座差动阀
single-shaft gas turbine	單軸燃氣渦輪機	一軸形ガスタービン	单轴燃气涡轮机
single-side cutter	單面銑刀	シングルサイドカッタ	单面铣刀
— disk	單面磁盤	片面型ディスク	单面磁盘
— pattern plate	單面模板	片面型付きプレート	单面模板
— rack	單面機架	片面台	单面机架
single-stage compressor	單級壓縮機	単段圧縮機	单级压缩机
— die	單級模;單工位模	単発型	单级模;单工位模
— nitriding	單級氮化〔普通氮化法〕	一重ちっ化法	单级氮化〔普通氮化法〕
— process	單級製備法〔酚醛樹脂〕	一段法	单级制备法〔酚醛树脂〕
— pump	單級泵	一段ポンプ	单级泵

S

英文	臺灣	日文	大陸
— quenching	一步法淬火;單級淬火	一段焼入れ	一步法淬火;单级淬火
— radial compressor	單級離心式壓縮機	単段ラジアルコンプレッサ	单级离心式压缩机
single-step joint	單斜槽接合	一段かたぎ入れ	单斜槽接合
single-thread gear hob	單頭齒輪滾刀	一条ホブ	单头齿轮滚刀
— milling cutter	單頭螺紋銑刀	一山ねじフライス	单头螺纹铣刀
— screw	單線螺紋;單頭螺紋	一条ねじ	单(线)螺纹;单头螺纹
— spiral	單鏈螺旋	一本糸らせん	单链螺旋
single-throw crank-shaft	單拐曲軸	単連クランク軸	单拐曲轴
singular point	奇異點	特異点	奇异点
sink mark	凹痕;凹陷;縮痕	ひけマーク	凹痕;凹陷;缩痕
sinker	薄板坯	おもり	薄板坯
— cam	衝鑽凸輪;測深錘凸輪	シンカカム	冲钻凸轮;测深锤凸轮
— nail	埋頭釘;皿形頭釘	皿頭くぎ	埋头钉;皿(形)头钉
— wheel frame	衝鑽輪機架	つり機	冲钻轮机架
sinkhead	補縮冒口	押湯	补缩冒口
sinking	印壓;凹處;降低	くぼみ;印圧	印压;凹处;降低
sinter	燒結;燒結礦	シンタ;焼結鉱	烧结;烧结矿
— coating	燒結被覆層	焼結被覆	烧结涂覆层
— forging	燒結鍛造	粉末鍛造	烧结锻造
— forging process	燒結鍛造	焼結鍛造	烧结锻造
— forming	燒結成形	焼結成形	烧结成形
— molding	燒結成形方法	焼結成形法	烧结成形方法
— point	燒結點	焼結点	烧结点
— pot	燒結坩堝	焼結なべ	烧结坩埚
— skin	燒結表面層	焼結表面層	烧结表面层
sinterable powder	燒結性粉末	焼結性粉末	烧结性粉末
sintered alumina	燒結氧化鋁	焼結アルミナ	烧结氧化铝
— body	燒結體	焼結体	烧结体
— carbide	燒結碳化物	半融カーバイド	烧结碳化物
— carbide die	硬質合金模具	超硬ダイス	硬质合金模具
— carbide tool	硬質合金工具	超硬工具	硬质合金工具
— compact	燒結體	焼結体	烧结体
— corundum	半融剛玉;燒結剛玉	半融鋼玉	半融刚玉;烧结刚玉
— density	燒結密度	焼結密度	烧结密度
— flux	燒結銲劑	焼結フラックス	烧结焊剂
— fly ash	燒結粉煤灰;粉煤灰陶粒	焼成フライアッシュ	烧结粉煤灰;粉煤灰陶粒
— friction material	燒結摩擦材料	焼結摩擦材料	烧结摩擦材料
— friction strip	燒結合金滑板〔塊〕	焼結合金すり板	烧结合金滑板〔块〕
— hard alloy	硬質合金	超硬合金	硬质合金
— iron	燒結鐵	焼結鉄	烧结铁

英文	臺灣	日文	大陸
— magnesia	燒結氧化鎂	焼結マグネシア	烧结氧化镁
— magnet	燒結磁鐵	焼結磁石	烧结磁铁
— magnetic alloy	燒結磁性合金	焼結磁性合金	烧结磁性合金
— metal friction material	燒結金屬摩擦材料	焼結金属摩擦材料	烧结金属摩擦材料
— metallic core	金屬陶瓷磁芯	焼結金属磁心	烧结金属磁芯
— metallic filter	燒結金屬過濾器	焼結金属フィルタ	烧结金属过滤器
— metallic filter element	燒結金屬過濾元件	焼結金属エレメント	烧结金属过滤元件
— metallic magnet	金屬陶瓷磁體	焼結金属磁石	烧结金属磁体
— oil retaining bearing	燒結含油軸承	焼結含油軸受	烧结含油轴承
— oilless bearing	燒結含油軸承	焼結含油軸受	烧结含油轴承
— plastic(s)	燒結塑料	焼結プラスチック	烧结塑料
— powder magnet	燒結粉末磁鐵	焼結粉末磁石	烧结粉末磁铁
— product	燒結產品	焼結製品	烧结产品
— ring	燒結環	焼結リング	烧结环
— stainless steel	燒結不銹鋼	焼結ステンレス鋼	烧结不锈钢
— steel	燒結鋼	焼結鋼	烧结钢
— structural part	焙燒機械零件	焼結機械部品	焙烧机械零件
sintering activity	燒結活性	焼結能	烧结活性
— alloy	燒結合金	焼結合金	烧结合金
— crack	燒結裂紋	焼結割れ	烧结裂纹
— equipment	熔融焙燒裝置	溶融焼成装置	(熔融)焙烧装置
— furnace	燒結爐	焼結炉	烧结炉
— line	燒結機組;燒結生產線	焼結工程	烧结机组;烧结生产线
— machine	燒結爐;燒結機	焼結炉	烧结炉;烧结机
— metal	燒結金屬	焼結金属	烧结金属
— method	燒結法	焼結法	烧结法
— process	燒結法	焼結法	烧结法
— temperature	燒結溫度;聚合溫度	焼結温度	烧结温度;聚合温度
— zone	燒結帶	焼成帯	烧结带
sintetics	合成產品	合成製品	合成产品
Sintex	陶瓷刀具	シンテックス	烧结氧化铝刀具
Sintox	陶瓷車刀	シントックス	烧结氧化铝车刀
Sintropac	辛特羅佩克鐵銅粉末	シントロパック	辛特罗佩克铁铜粉末
sinus	正弦;彎缺	正弦;欠刻	正弦;弯缺
sinusoid	正弦曲線	正弦曲線	正弦曲线
sinusoidal law	正弦定律	正弦律	正弦定律
— manoeuvre	正弦操縱試驗	正弦操だ試験	正弦操纵试验
— motion	正弦運動	正弦的な運動	正弦运动
— vibration	正弦振動	正弦振動	正弦振动
siphon	虹吸管	サイホン管	虹吸管

英　文	臺　灣	日　文	大　陸
— action	虹吸作用	サイフォン作用	虹吸作用
— lubrication	虹吸潤滑;油繩潤滑	サイホン気圧計	虹吸润滑;油绳润滑
— lubricator	虹吸潤滑;毛細供油器	サイホン潤滑	虹吸润滑;毛细供油(器)
— pump	虹吸泵	サイホンポンプ	虹吸泵
— tube	虹吸管	サイホンチューブ	虹吸管
siphonage	虹吸能力;虹吸作用	サイホン作用	虹吸能力;虹吸作用
siren	報警器	サイレン	报警器
— valve	警笛閥	サイレンバルブ	警笛阀
Sirius	鎳鉻鈷耐熱合金	シリアル	镍铬钴耐热合金
sisal buff	劍麻拋光輪	サイザルバフ	剑麻抛光轮
sister hook	抱鉤;抓鉤	シルタフック	抱钩;抓钩
sitaparite	方鐵錳礦	シタパール石	方铁锰矿
site diary	工地日誌;現場日誌	現場日誌	工地日志;现场日志
— fabrication	現場加工	プラント建設用地の選定	现场加工
— test	現場試驗	現場試験	现场试验
— welding	現場銲接	現場溶接	现场焊接
— work	現場施工	現場施工	现场施工
situational control	環境控制	状況制御	环境控制
six cylinder	六缸〔發動機〕	シックスシリンダ	六缸〔发动机〕
— four brass	六四黃銅	六四黄銅	六四黄铜
size	大小;尺寸;纖度;膠料	大小；寸法；糊付け	大小;尺寸;纤度;胶料
— analysis	粒度分析	粒度分析	粒度分析
— change	尺寸變換	尺寸変換	尺寸变换
— classification	粒度分級	粒度分級	粒度分级
— control	尺寸控制	サイズコントロール	尺寸控制
— controller	尺寸控制器	サイズコントローラ	尺寸控制器
— distribution	大小分布;粒度分布	粒度分布	大小分布;粒度分布
— distribution law	粒度分布定律	粒度分布則	粒度分布定律
— effect	尺寸效應	寸法効果	尺寸效应
— error condition	長度錯誤條件	けたあふれ条件	长度错误条件
— finder	尺寸顯示裝置	サイズファインダ	尺寸显示装置
— fraction	粒度分級;粒群	粒度分率	粒度分级;粒群
— level control device	液面控制裝置	液面調節装置	液面控制装置
— limit	尺寸範圍	サイズリミット	尺寸范围
— of chamfered corner	倒角的大小	面取りの大きさ	倒角的大小
— of fillet weld	角銲縫尺寸	隅肉のサイズ	角焊缝尺寸
— of granulation	粒度	粒度	粒度
— of greatest particle	最大粒徑	最大粒径	最大粒径
— of particles	粒度	粒度	粒度
— of space	間隔尺寸	間隔尺度	间隔尺寸

英文	臺灣	日文	大陸
— of square	矩形尺寸	四角部の幅	矩形尺寸
— of tool	刀具尺寸;工具尺寸	バイトの大きさ	刀具尺寸;工具尺寸
— reduction	粉碎	粉砕	粉碎
— scale	粒度比;分級比	サイズスケール	粒度比;分级比
— segregation	粒度偏析	粒度偏析	粒度偏析
— select	尺寸選擇	サイズセレクト	尺寸选择
sizer	定徑機	定径圧延機	定径机
sizing	精壓加工;整形;定尺寸	寸法規制；分粒	精压加工;整形;定尺寸
— agent	膠黏劑	どう砂剤	胶粘剂
— device	定尺寸裝置	定寸装置	定尺寸装置
— die	精整模;校正模	仕上げ型	精整模;校正模
— equipment	定尺寸裝置	定寸装置	定尺寸装置
— gage	控制尺寸量規	サイジングゲージ	控制尺寸量规
— instrument	尺寸測定裝置	定寸装置	尺寸测定装置
— mandrel	擠管芯軸	サイジングマンドレル	挤管芯轴
— mill	定徑機	定径圧延機	定径机
— -plate	定徑板	サイジングプレート	定径板
— press	精整沖床	サイジングプレス	精整压力机
— roller	上漿滾	サイジングローラ	上浆滚
— rolls	精軋機	寸法仕上げ圧延機	精轧机
— screen	分級篩	サイジングスクリーン	分级筛
— system	擠出冷卻定型	サイジングシステム	挤出冷却定型
— tool	篩分機	サイジングツール	筛分机
skate	滑軌;滑座;滑動裝置	スケート	滑轨;滑座;滑动装置
— machine	滑動裝置	スケート装置	滑动装置
skater conveyer	滾輪式輸送機	スケータコンベヤ	滚轮式输送机
skein	一絞〔軸〕線	一束の糸	一绞〔轴;桄〕线
skeletal code	輪廓標記	骨組みコード	轮廓标记
skeleton	骨架;構架;輪廓	骨組	骨架;构架;轮廓
— construction	鋼骨結構	鉄骨構造	钢骨结构
— forming	快速反吸真空成形	スケルトン成形	快速反吸真空成形
— pattern	骨架模型	骨型；骨取り	骨架模(型)
— spanner	起刺螺母扳手	薄手スパナ	起刺螺母扳手
— structure	骨架結構	骨格構造	骨架结构
sketch	示意圖;草圖;底版	略画；版下	示意图;草图;底版
— board	繪圖板	見取図板	绘图板
— design	設計簡圖	設計略図	设计简图
sketching	畫草圖;畫加工線	スケッチング	画草图;画加工线
skew	斜的;扭曲的;變形;時滯	斜めの	斜的;扭曲的;变形;时滞
— angle	斜交角;側斜角	スキュー角	斜交角;侧斜角

英文	臺灣	日文	大陸
— bevel gear	雙曲面圓錐齒輪	食違い歯車	交错轴(双曲面)圆锥齿轮
— bevel wheel	斜圓錐齒輪	食違い傘歯車	斜圆锥齿轮
— coordinates	斜座標	斜交座標	斜坐标
— correction	歪斜修正	スキュー修正	歪斜修正
— curve	撓曲線;空間曲線	スキューカーブ	挠曲线;空间曲线
— distortion	偏斜失真;歪斜失真	スキューひずみ	偏斜失真;歪斜失真
— factor	歪斜係數;槽扭因數	スキュー係数	歪斜系数;槽扭因数
— gear	交錯軸齒輪;螺旋齒輪	食違い歯車	交错轴齿轮;螺旋齿轮
— ratio	斜角;斜率	斜角比;斜度	斜角;斜率
— rolling mill	斜軋機	スキューローリングミル	斜轧机
— slab	斜板	斜めスラブ	斜板
— wheel	交錯軸摩擦輪	スキュー車	交错轴摩擦轮
skewback saw	彎〔加強〕背手鋸	曲線背金のこ	弯〔加强〕背手锯
skewed ring dowel	斜向環銷	斜め輪形ジベル	斜向环销
— slot	斜槽;斜溝	斜めスロット	斜槽;斜沟
skewing	歪扭;彎曲;偏移;相位差	スキューイング	歪扭;弯曲;偏移;相位差
skewness	畸變;失真度;歪斜度	ひずみ度	畸变;失真度;歪斜度
— function	偏斜度函數	ひずみ度関数	偏斜度函数
skiascope	視網膜保護鏡	スキアスコープ	视网膜保护镜
skid	滑動;滑移;滑動器材	滑走;下敷支材	滑动;滑移;滑动器材
— base	滑座	腰下	滑座
— friction coefficient	滑動摩擦係數	滑り摩擦係数	滑动摩擦系数
— rail	滑道	スキッドレール	滑道
— table	滑台	スキッドテーブル	滑台
skidding	滑溜;滑行	横滑り	滑溜;滑行
— distance	滑行距離	滑り距離	滑行距离
skige	滑動;滑動台〔輥〕	スキージ	滑动;滑动台〔辊〕
— blade	滑動刀片	スキージブレード	滑动刀片
— stroke	滑動(台)行程	スキージストロック	滑动(台)行程
— velocity	滑動(台)速度	スキージ速度	滑动(台)速度
skill	技巧;特殊技術;熟練工人	技巧〔能〕	技巧;特殊技术;熟练工人
— hierarchy	技能層次	スキル階層	技能层次
skilled worker	熟練工人	熟練工	熟练工人
skim	撇去;掬;去垢;浮渣	浮かすすくい取り	撇去;掬;去垢;浮渣
— bob	集渣包;除渣暗冒口	盲押湯	集渣包;除渣暗冒口
— gate	擋渣澆口;除渣器	あか取り湯口	挡渣浇口;除渣器
— riser	除渣冒口	かす揚り	除渣冒口
— rubber	去渣橡膠	スキムラバー	去渣橡胶
skimmer	擋渣澆道;撇渣器	あか取り;すくい取り器	挡渣浇道;撇渣器
— core	擋渣芯	あか取り	挡渣芯

英　文	臺　灣	日　文	大　陸
— gate	擋渣澆口	かす取り湯口	挡渣浇口
skimming	撇取熔渣;集渣包;擋渣	溶さいのすくい取り	撇取熔渣;集渣包;挡渣
— device	擋渣裝置	スキミング装置	挡渣装置
— tank	撇渣池;撇油池;除渣池	スキミングタンク	撇渣池;撇油池;除渣池
skin	外皮(層);表皮(層);皮	表皮;外皮	外皮(层);表皮(层);皮
— bending stress	表面〔最大〕彎曲應力	外べり曲げ応力	表面〔最大〕弯曲应力
— depth	集膚深度	表皮深度	趋表深度
— drag	表面摩擦	摩擦抵抗	表面摩擦
— dried mold	表面乾燥模	素あぶり型	表(面)干(燥)型
— dried sand casting	表乾模鑄造	あぶり型鋳造	表干型铸造
— drying	表面乾燥法	素あぶり	表面干燥(法)
— effect	表面效應;集膚效應	表皮効果	表面效应;趋肤效应
— error	集膚效應誤差	表皮誤差	集肤效应误差
— friction	表面摩擦;周面摩擦	表面摩擦	表面摩擦;周面摩擦
— friction drag	表面摩擦阻力	摩擦抵抗	表面摩擦阻力
— hardness	表面硬度	表面硬度	表面硬度
— horsepower	表面摩擦有效馬力	摩擦有効馬力	表面摩擦有效马力
— mill	表皮光軋機〔冷軋〕	スキンミル	表皮光轧机〔冷轧〕
— miller	表皮銑床;表皮光軋機	スキンミラー	表皮铣床;表皮光轧机
— milling	光整冷軋	スキンミリング	光整冷轧
— pass mill	表皮光軋機;平整軋機	スキンパスミル	表皮光轧机;平整轧机
— pass roll	表皮光軋機;平整機	スキンパスロール	表皮光轧机;平整机
— pass rolling	表皮光軋;光整冷軋	調質圧延	表皮光轧;光整冷轧
— patch test	黏著試驗	はり付け試験	粘着试验
— resistance	表面摩擦阻力	表面摩擦抵抗	表面摩擦阻力
— shrinkage	表皮收縮	表皮収縮	表皮收缩
— strain	表面應變	表皮ひずみ	表面应变
— temperature	表皮溫度	表皮温度	表皮温度
skinning	結皮;削皮	被覆はぎ	结皮;削皮
skip	跳躍;傾卸斗	装入バケット	跳跃;倾卸斗
— dress	砂輪的間隔修整	スキップドレス	(砂轮的)间隔修整
— feed	斷續進給	ジャンプ送り	断续进给
— welding	跳銲	スキップ溶接	跳焊
— welding sequence	跳銲法	飛石法	跳焊法
skirt packing	環形迫緊	スカートパッキン	环形密封圈
skirted fender	絕緣子外裙;活塞裙	スカーテットフェンダ	绝缘子外裙;(活塞)裙
skiving cutter	車齒刀;旋刮刀	スカイビングカッタ	车齿刀;旋刮刀
— tool	成形刀具	スカイビングバイト	成形刀具
skleron	硬合金;一種鋁基合金	スクレロン	斯克列隆铝基合金
skull	爐瘤;熔鐵上的渣	とりべかす	炉瘤;熔铁上的渣

英　　文	臺　　灣	日　　文	大　　陸
— cracker	落錘	落下錘	落锤
Skydrol	一種特殊液壓傳動油	スカイドロール	一种特殊液压传动油
skylight quadrant	天窗開關裝置	天窓支え	天窗开关装置
skyline	天際線;空中輪廓	輪郭線	天际线;空中轮廓
slab	板;片;坯	スラブ	板;片;坯
— broach	平面拉刀	平ブローチ	平面拉刀
— conditioning	板表面加工	スラブ表面仕上げ	板表面加工
— fraise machine	扁鋼坯銑床	平板フライス盤	扁钢坯铣床
— grinder	磨鋼板機	スラブグラインダ	磨钢板机
— heating	扁鋼坯加熱;板坯加熱	スラブヒーティング	扁(钢)坯加热;板坯加热
— ingot	扁錠;初軋板坯用鋼錠	へん平鋼塊	扁锭;(初轧板坯用)钢锭
— mill	平面銑刀;扁鋼坯軋機	スラブミル	平面铣刀;扁(钢)坯轧机
— milling	平面銑削	外周削り	平面铣削
— model	板狀模型	スラブモデル	板状模型
— pile	扁坯堆;扁鋼坯堆	スラブパイル	扁坯堆;扁钢坯堆
— reheating furnace	扁坯再加熱爐	スラブ再加熱炉	扁坯再加热炉
— shear blade	扁鋼坯剪切機刀片	スラブシャーブレード	扁(钢)坯剪切机刀片
— shears	扁坯剪切機	スラブせん断機	扁坯剪切机
slabber	分塊機;切塊機	厚板切断機	分块机;切块机
— cutter	圓柱形銑刀	平削りフライス	圆柱形铣刀
— edger	扁鋼坯軋邊機	スラバエッジャ	扁(钢)坯轧边机
— mill	扁鋼坯軋機;板坯初軋機	スラブ圧延機	扁钢坯轧机;板坯初轧机
— pass	扁鋼坯軋輥孔型	スラビングパス	扁坯轧辊孔型;扁平孔型
— roll	扁鋼坯軋輥	スラビングロール	扁(钢)坯轧辊
slabstock	平板厚片材	スラブ材	平板厚片材
slack	煤粉;拔模間隙;熄火	粉炭	煤粉;(起模)间隙;熄火
— adjuster	間隙調整器;鬆緊調整器	スラックアジャスタ	间隙调整器;松紧调整器
— quench	不完全淬火	スラッククェンチ	不完全淬火
— side	皮帶鬆邊;皮帶從動邊	ゆるみ側	皮带松边;皮带从动边
slacking test	風化試驗	風化試験	风化试验
slag	爐渣;礦渣	スラグ;鉱さい	炉渣;矿渣
— action	爐渣浸蝕作用	スラグアクション	炉渣(浸蚀)作用
— ash	爐渣	スラグ	炉渣
— block	渣塊	スラグブロック	渣块
— blowhole	渣孔〔鑄造缺陷〕	スラグブローホール	渣孔〔铸造缺陷〕
— breaker	碎渣機	スラグブレーカ	碎渣机
— brick	爐渣磚;礦渣磚	鉱さいれんが	炉渣砖;矿渣砖
— car	渣車	スラグカー	渣车
— control	爐渣控制	スラグコントロール	炉渣控制
— crusher	碎渣機	スラグ破砕機	碎渣机

英文	臺灣	日文	大陸
— detachability	脫渣性	スラグはく離性	脱渣性
— fall	爐渣率	スラグ率	炉渣率
— hammer	銲接用除渣錘	スラグハンマ	(焊接用)除渣锤
— hole	渣孔;渣口	出さい口	渣孔;渣口
— inclusion	夾渣;渣孔	スラグ巻込み	夹渣;渣孔
— loss	渣中損失	スラグ損失	渣(中)损失
— notch	渣口;出渣槽	スラグノッチ	渣口;出渣槽
— off	除渣;扒渣	スラグオフ	除渣;扒渣
— peeling	脫渣	スラグのはく離	脱渣
— pin hole	渣孔〔鑄造缺陷〕	スラグピンホール	渣孔〔铸造缺陷〕
— pocket	除渣暗冒口;集渣包	かす取り盲目押湯	除渣暗冒口;集渣包
— removal	除渣	スラグ除去	除渣
— runner	爐渣出渣槽	鉱さいどい	炉渣出渣槽
— sand	渣砂	鉱さい砂	渣砂
— spout	爐渣出口	鉱さいどい	炉渣出口
— tap	出渣	スラグタップ	出渣
slagging	除渣;放渣;造渣;成渣	スラグ化	除渣;放渣;造渣;成渣
— medium	銲劑;助熔劑	造かん促進剤	焊剂;助熔剂
slamp test	流動性試驗〔鑄砂〕	スランプ試験	流动性试验〔型砂〕
slant distance	斜距	傾斜距離	斜距
— face	斜面	斜面	斜面
— height	斜高	斜高	斜高
— line	斜線	母線	斜线
— range	斜距	立体距離	斜距
slash	刀口;螺紋滾壓;深砍	スラッシュ	刀口;螺纹滚压;深砍
— molding	螺紋滾壓成形	スラッシュ成形	(螺纹)滚压成形
slashing	螺紋滾壓〔旋壓〕法	切りひろげ	(螺纹)滚压〔旋压〕(法)
slat conveyor	鏈板式輸送機	スラットコンベヤ	链板式输送机
slave cylinder	從動液壓缸;附屬液壓缸	スレーブシリンダ	从动液压缸;附属液压缸
— unit	伺服單元〔電機〕	スレーブユニット	伺服单元〔电机〕
— valve	液壓自控換向閥;從動閥	スレーブバルブ	液(压自)控换向阀
sleaker	刮子	研磨具	刮子
sledge	大錘	大鉄つち	大锤
— hammer	手用大錘	大ハンマ	手用大锤
sleeker	抛光;彎鏝刀;角光子	曲りこて;押しへら	抛光;弯镘刀;角光子
sleeve	套筒;軸套;襯套;嵌入件	スリーブ;入子	套筒;轴套;衬套;嵌入件
— bearing	滑動軸承	滑り軸受	滑动轴承
— cock	帶套筒旋塞	スリーブコック	带套筒旋塞
— connector	套筒接合器;套管連接器	結合装置	套筒接合器;套管连接器
— coupling	套筒聯軸節;套接頭	さや継手	套筒联轴节;套接头

S

英文	臺灣	日文	大陸
— ejector	套筒脫模梢	突出しスリーブ	套筒脱模梢
— expansion joint	套筒伸縮接頭	スリーブ伸縮継手	套筒伸缩接头
— joint	套筒聯軸節;套接頭	さや継手	套筒联轴节;套接头
— link	套筒連接	カフスボタン	套筒连接
— nut	套筒螺母	締寄せナット	套筒螺母
— pin	套筒銷	スリーブピン	套筒销
— pipe	套筒;套管	さや管	套筒;套管
— port	套筒口	スリーブポート	套(筒)口
— pump	套筒活塞泵	スリーブポンプ	套筒活塞泵
— stub	套管短柱	スリーブスタブ	套管短柱
— type shaft coupling	套筒型連軸節	スリーブ形軸継手	套筒型连轴节
— valve	滑閥;套閥	スリーブ弁	滑阀;套阀
— with brim	凸緣套筒	つば付きスリーブ	凸缘套筒
sleeved type punch	套筒式沖頭;導套式凸模	スリーブ式ポンチ	套筒式冲头;导套式凸模
sleeving	套管;編織層	絶縁チューブ	套管;编织层
slender ratio	細長比	スレンダ比	细长比
slenderness	細長度	縦横比	细长(度)
— ratio	細長比	スレンダー比	细长比
slewing	旋轉	旋回	旋转
— crane	旋臂起重機;回轉起重機	回転クレーン	旋臂起重机;回转起重机
— gear	水平旋轉裝置	水平回転装置	水平旋转装置
— joint	旋轉接頭	旋回継手	旋转接头
— mechanism	旋轉裝置	回転装置	旋转装置
— motion	旋轉運動	旋回運動	旋转运动
— roller	旋轉滾子	旋回ローラ	旋转滚子
slick	修光工具;修光	スリック	修光工具;修光
— joint	滑動接頭	滑動継手	滑动接头
slicken-side	滑面;鏡面	スリッケンサイド	滑面;镜面
slide	滑動;滑板;導板;滑動面	滑り	滑动;滑板;导板;滑动面
— abrasion	滑動磨損	滑り摩耗	滑动磨损
— adjusting device	滑板〔座〕調整裝置	スライド調整装置	滑板〔座〕调整装置
— adjustment	滑塊調節裝置	プレススライド調整量	滑块调节装置
— and gib type cam die	滑塊-導軌式斜楔模	スライドジブ式カム型	滑块-导轨式斜楔模
— arm	滑臂;撥叉	しゅう動腕	滑臂;拨叉
— assembly	滑動裝置	スライドアセンブリ	滑动装置
— axis	滑動軸	滑り軸	滑动轴
— balancer	滑塊平衡器〔裝置〕	スライドバランサ	滑块平衡器〔装置〕
— bar	滑軸〔桿〕	滑り棒	滑轴〔杆〕
— base	滑動底座	スライドベース	滑动底座
— bearing	滑動軸承	滑り軸受	滑动轴承

英文	臺灣	日文	大陸
— block	滑塊〔枕〕	滑りまくら	滑块〔枕〕
— caliper	游標卡尺	ノギス	游标卡尺
— carriage	滑座;溜板	スライドキャリッジ	滑座;溜板
— cover	滑動保護罩	スライドカバー	滑动保护罩
— eccentric	滑動偏心輪	滑り偏心輪	滑动偏心轮
— face dimension	滑動面尺寸	スライド面寸法	滑动面尺寸
— feed	滑動送料裝置	スライドフィード	滑动送料装置
— fit	滑動配合	滑りばめ	滑动配合
— gage	游標卡尺	スライドゲージ	滑尺;游标卡尺
— gate cylinder	滑閥筒	スライドゲートシリンダ	滑阀筒
— gear	滑動裝置;滑動齒輪	滑り装置	滑动装置;滑动齿轮
— gib	導軌鑲條	スライドギブ	导轨镶条
— guide	滑座;導軌	滑り座	滑座;导轨
— joint	滑動接頭	滑り継手	滑动接头
— lathe	滑架車床	滑り旋盤	滑架车床
— micrometer	滑動分厘卡;游標分厘卡	スライドマイクロメータ	滑动千分尺;游标千分尺
— mold	帶滑動平台的模具	滑り台付き金型	带滑动平台的模具
— piece	滑動件;滑塊	スライドピース	滑动件;滑块
— position	滑塊位置	スライド位置	滑块位置
— rail	滑軌;導軌	滑り軌条	滑轨;导轨
— recess cap	滑塊模柄壓緊蓋	シャンク押え	滑块模柄压紧盖
— regulator	滑動調整〔校準〕器	スライドレギュレータ	滑动调整〔校准〕器
— rod	滑桿導承	滑り棒	滑杆导承
— rule	計算尺	計算尺	计算尺
— runner	滑動軌道	滑り子	滑动轨道
— shaft	滑動軸	滑り軸	滑动轴
— skidding	導軌〔板〕;滑移;滑差率	滑り	导轨〔板〕;滑移;滑差率
— speed	滑動速度	スライド速度	滑动速度
— stop	滑塊停止裝置	スライド停止装置	滑块停止装置
— tool	滑動刀具	滑りバイト	滑动刀具
— unit	滑動元件	スライドユニット	滑动部件
— valve	滑閥	滑り弁	滑阀
— valve balance weight	滑閥平衡重量	滑り弁釣合い重量	滑阀平衡重量
— valve box	滑閥盒	滑り弁箱	滑阀盒
— valve case	滑閥箱	滑り弁箱	滑阀箱
— valve chest	滑閥箱	滑り弁箱	滑阀箱
— valve crosshead	滑閥十字頭	滑り弁クロスヘッド	滑阀十字头
— valve motion	滑閥運動	滑り弁運動	滑阀运动
— valve rod	滑閥桿	滑り弁棒	滑阀杆
— valve spindle	滑閥桿	滑り弁棒	滑阀杆

英文	臺灣	日文	大陸
— valve with lead	導柱式滑閥	先開き滑り弁	导柱式滑阀
— way	滑道〔槽;台〕	スライドウェイ	滑道〔槽;台〕
slider	滑塊;滑尺;游標	しゅう触子	滑块;滑尺;游标
— contact noise	滑動噪音	しゅう動雑音	滑动噪声
— crank chain	滑塊曲柄機構	スライダクランク連鎖	滑块曲柄机构
— crank mechanism	滑座曲柄機構	スライダクランク機構	滑座曲柄机构
sliding	滑動;滑動軸承	滑り;滑り軸受	滑动;滑动轴承
— action	滑動作用	滑り作用	滑动作用
— apparutus	滑動裝置	滑り装置	滑动装置
— bearing bush	滑動軸承軸襯	滑り軸受	滑动轴承轴衬〔瓦〕
— bed lathe	床身可伸縮的車床	離し旋盤	床身可伸缩的车床
— bed mold	帶滑動平台的模具	滑り台付き金型	带滑动平台的模具
— bevel	斜量角規;歪角曲尺	斜角定規	斜(量)角规;歪角曲尺
— bolster	移動工作台;活動墊板	スライディングボルスタ	移动工作台;活动垫板
— brake block	滑閥塊	滑り制動子	滑阀块
— contact	滑動接觸〔接點〕	滑り接触	滑动接触〔接点〕
— die	滑動凹模;可調板牙	スライディングダイス	滑动凹模;可调板牙
— die upset	滑動模壓縮;鐓粗	滑りダイス圧縮	滑动模压缩;镦粗
— end	滑動端	滑り端	滑动端
— form	滑動模板;滑模	滑動型枠	滑动模板;滑模
— form method	滑動模板施工法	滑動型枠工法	滑动模板施工法
— friction	滑動摩擦	滑り摩擦	滑动摩擦
— guard	滑動式防護裝置	滑りカバー	滑动式防护装置
— guide way	滑動導軌	滑り面	滑动导轨
— hammer	滑動錘	スライディングハンマ	滑动锤
— jack	移動式千斤頂	送りジャッキ	移动式千斤顶
— joint	滑動接合;滑動縫	滑り面接合	滑动接合;滑动缝
— key	滑鍵	スライドキー	滑键
— movement	滑動	滑り運動	滑动
— piece	滑動件	スライディングピース	滑动件
— rest	滑動刀架;滑座	送り台	滑动刀架;滑座
— ring	滑環	滑り環	滑环
— shoe	滑動支承	滑り支承	滑动支承
— spool	滑動柱塞	スライディングスプール	滑动柱塞
— spool valve	滑閥	スプール弁	滑阀
— surface	滑動面	滑り面	滑动面
— table	滑動工作台	滑りテーブル	滑动工作台
— valve gear	滑閥裝置	滑り弁装置	滑阀装置
— vane compressor	滑片壓縮機	可動翼圧縮機	滑片压缩机
— velocity	滑移速度	滑り速度	滑移速度

英文	臺灣	日文	大陸
sling	鏈鉤;吊索	スリング	链钩;吊索
— firring	吊重裝置	つり上げ金具	吊重装置
— hook	吊鉤	ボートつりフック	吊钩
— rope	吊繩;吊索	スリングロープ	吊绳;吊索
slinger	拋砂機;吊環;拋擲裝置	スリンガ;油切り	抛砂机;吊环;抛掷装置
— head	拋砂頭	スリンガヘッド	抛砂头
slinginger	拋砂機	スリンジンガ	抛砂机
slip	滑動;滑移	スリップ;滑り	滑动;滑移
— band	滑移帶〔線〕	滑り帯	滑移带〔线〕
— bolt	伸縮螺栓	戸締りボルト	伸缩螺栓
— cap	滑套	スリップキャップ	滑套
— casting	灌漿成形鑄造〔陶瓷模〕	スリップ鋳造	灌浆成形铸造〔陶瓷型〕
— crack	滑動裂紋;壓縮裂紋	滑り亀裂	滑动裂纹;压缩裂纹
— deformation	滑動變形	滑り変形	滑动变形
— detect	空轉檢測	滑り検出	空转检测
— detecting	空轉檢測裝置	空転検出装置	空转检测装置
— detector	空轉指示〔檢驗〕裝置	空転検知装置	空转指示〔检验〕装置
— direction	滑動方向	滑り方向	滑动方向
— dovetall	雙楔形銷釘	千切止め	双楔形销钉
— expansion joint	套筒伸縮式接頭	滑り伸縮形管継手	套筒伸缩(式)接头
— factor	滑移係數;滑動率	滑り率	滑移〔动〕系数;滑动率
— fit	滑配合;動配合	滑りばめ	滑配合;动配合
— flask	滑脫式砂箱	スリップ枠	滑脱式砂箱
— gage	量塊;塊規	スリップゲージ	量块;块规
— growth	滑移生長〔晶體〕	滑りの成長	滑移生长〔晶体〕
— jacket	鑄模套箱	かぶせ枠	铸型套箱
— joint	伸縮接頭;滑動接頭	滑り接合	伸缩接头;滑动接头
— lamellae	滑移層〔晶體的〕	滑り層	滑移层〔晶体的〕
— lid	滑套	かぶせぶた	滑套
— model	滑動模型	スリップモデル	滑动模型
— pan	剪切斷口	せん断破面	剪切断口
— plane	滑動面;滑移面;側滑面	滑り面	滑动面;滑移面;侧滑面
— plane breaking	剪切滑動破壞;剪移破壞	せん断滑り破壊	剪切滑动破坏;剪移破坏
— ring	滑環	滑動環	滑环
— support	滑動支承	滑り支承	滑动支承
— surface	滑移面	滑り面	滑移面
— test	泵的負載特性試驗	滑り試験	泵的负载特性试验
— vector	滑動向量	滑りベクトル	滑移矢(量)
— velocity	滑動速度	滑り速度	滑动速度
slipcover	罩;保護層;套;蓋	カバー	罩;保护层;套;盖

S

英文	臺灣	日文	大陸
slip-in bearing	鑲套(滑動)軸承	スリップインベアリング	镶套(滑动)轴承
slip-on flange	插入式凸緣	差込みフランジ	插入式凸缘
— welding flange	插入銲接式凸緣	差込み溶接フランジ	插入焊接式法兰
slippage	滑動量;滑程;滑動	滑り;滑り損	滑动量;滑程;滑动
slipper	滑動部分;滑板;制動塊	滑り金	滑动部分;滑板;制动块
— block	踣片;卡尺游標;滑塊	スリッパブロック	阀瓦;(卡尺)游标;滑块
— piston	滑板〔塊〕式活塞	スリッパピストン	滑板〔块〕式活塞
— pump	滑動泵;滑塊式轉子泵	スリッパポンプ	滑动泵;滑块式转子泵
— socks	滑動套管	スリッパソックス	滑动套管
slipperiness	光滑性;平滑性	スリップ性	光滑性;平滑性
slipping agent	潤滑劑;增滑劑	スリッピング剤	润滑剂;增滑剂
— cam	滑動凸輪	滑りカム	滑动凸轮
— clutch	摩擦離合器	摩擦クラッチ	摩擦离合器
slit	縫隙;切口;槽;鑽出的孔	せつ線;切れ目	缝;切口;槽;钻出的孔
— die	縫模	スリットダイ	缝模
— gage	狹縫規	スリットゲージ	狭缝规
— gate	縫口	スリットゲート	缝口
— guide plate	窄槽導板	スリットガイド	窄槽导板
— image method	縫隙成像法	スリット結像法	缝隙成像法
— shearing	縱向切斷〔縫〕	スリット切断	纵向切断〔缝〕
— type cracking test	間隙式抗裂試驗	スリット割れ試験	间隙式抗裂试验
— width	縫隙寬度	スリット幅	缝隙宽度
slitter	縱切機	スリッタ	纵切机
slitting	縱向剪切;切口	すり割り;溝削り	纵向剪切;切口
— and bending die	縱切彎曲模	切曲げ型	纵切弯曲模
— attachment	切槽裝置	すり割り装置	切槽装置
— saw	開槽鋸	すり割りのこ	开槽锯
— serration	剃齒刀齒	すり割りセレーション	剃齿刀齿
— shear	縱切剪機	スリッティングシャー	纵切剪机
— wheel	縱切圓盤	突切り円盤	纵切圆盘
sliver	裂片;裂縫	皮きず	裂片;裂缝
— lapper	條卷機	スライバラップマシン	条卷机
slivering	輥痕〔帶材表面熱軋缺陷〕	切れ	辊痕〔带材表面热轧缺陷〕
slop	廢油;污水	こぼれ汚水	废油;不合格石油产品
— oil	廢油;不合格石油產品	スロップ油	废油;不合格石油产品
slope	傾斜;斜度	傾斜;斜面	倾斜;斜度
— angle of deflection	變位角;偏轉角	とう角	变位角;偏转角
— circle	斜面內圓;坡圓	斜面内円	斜面内圆;坡圆
— control	斜度調整;陡度調整	スロープコントロール	斜度调整;陡度调整
— controller	坡度控制器	スロープコントローラ	坡度调节装置

英文	臺灣	日文	大陸
— deflection method	角變位移法;傾角位移法	たわみ角法	角变位移法;倾角位移法
— deviation	傾斜偏差;斜率偏移	傾斜偏差	倾斜偏差;斜率偏移
— of thread	螺紋牙側面	ねじ山の斜面	螺纹牙侧面
— taping	斜距測量	傾斜地間接巻尺測量	斜距测量
sloping	斜;斜面;傾斜;斜坡	スローピング	斜;斜面;倾斜;斜坡
— desk	傾斜台;傾斜面板	傾斜台	倾斜台;倾斜面板
slot	縫;槽;切槽	すり割り;溝穴	缝;槽;切槽
— welding	槽銲	スロット溶接	槽焊
— width	縫寬	スロット幅	缝宽
slotless	無裂口〔縫隙〕;無槽〔溝〕	スロットレス	无裂口〔缝隙〕;无槽〔沟〕
slotted collar	開口墊圈	スロッテッドカラー	开口垫圈
— crosshead	有槽〔溝〕十字頭	溝付きクロスヘッド	有槽〔沟〕十字头
— head screw	槽〔頭〕螺釘	溝付きねじ	槽〔头〕螺钉
— hole	細長槽孔	スロッテッドホール	细长槽孔
— link	槽孔鏈節	溝付きリンク	槽孔链节
— nut	帶槽螺母	溝付きナット	带槽螺母
— round nut	開槽圓形螺母	すり割り付き丸ナット	开槽圆形螺母
— section	開槽段	スロット区間	开槽段
— washer	開口墊圈;長圓孔墊圈	溝付き座金	开口垫圈;长圆孔垫圈
— web	開槽腹板	切込みウェッブ	开槽腹板
slotter	插床;立式刨床	立削り盤	插床;立刨(床)
slotting	插削;打孔〔卡片上〕	立削り	插削;打孔〔卡片上〕
— bite	插刀	スロッティングバイト	插刀
— machine	插床	立削り盤	插床
— milling cutter	槽銑刀	溝フライス	槽铣刀
— tool	插刀	立削り盤用バイト	插刀
slow butt welding	電阻對銲	スローバット溶接	电阻对焊
— motion screw	微動螺旋;微動螺絲	微動ねじ	微动螺旋;微动螺丝
— running	低速運轉	低速運転	低速运转
— shear test	慢剪試驗	緩速せん断試験	慢剪试验
slowdown	銲絲慢送起弧裝置;減速	スローダウン	焊丝慢送起弧装置;减速
slug	鍛屑;壓鑄剩餘料頭	棒状素材	锻屑;(压铸剩馀)料头
— breaker	廢料切斷刀	スラグブレーカ	废料切断刀
— clearance hole	排屑孔;沖裁廢料漏料孔	抜きかす落し穴	排屑孔;冲裁废料漏料孔
— die	切斷模	分断型	切断模
— disposing	沖孔廢料處理;切屑處理	抜きかす除去法	冲孔废料处理;切屑处理
— hole	排料孔	スラグホール	排料孔
— slot	出屑槽;沖裁廢料漏料孔	抜きかす落し穴	出屑槽;废料漏料孔
— tap furnace	出渣爐	スラグタップファーネス	出渣炉
— tvpe cutting-off die	分斷式沖裁落料模	分断式抜き落し型	分断式冲裁落料模

S

英文	臺灣	日文	大陸
— upending test	可鍛性試驗	可鍛性試験	可锻性试验
slugging machine	成渣機	スラッギングマシン	成渣机
slump test	坍落度試驗;消沈試驗	スランプ試験	坍落度试验;消沈试验
slumpability	黏稠性〔油脂的〕	スランパビリティ	粘稠性〔油脂的〕
slush	脂膏;煤泥;油灰;污水	スラッシュ;油泥	脂膏;煤泥;油灰;污水
— compound	抗蝕潤滑劑	スラッシュ剤	抗蚀润滑剂
— metal	軟合金;易熔合金	スラッシュメタル	软合金;易熔合金
slushing compound	防銹膏	さび止めコンパウンド	防锈膏
— oil	抗蝕油	防しゅう油	抗蚀油
SM alloy	銲接用鋁合金銲絲	ＳＭ合金	SM铝焊丝
small casting	小鑄件	小物	小铸件
— coal	粉煤;薄煤層	粉炭	粉煤;薄煤层
— cupola	小型衝天〔化鐵;熔鐵〕爐	こしき炉	小型冲天〔化铁;熔铁〕炉
— gap	小間隙	微小間げき	小间隙
— jack	小型千斤頂	豆ジャッキ	小型千斤顶
— pit	小槽;小洞;小孔	まめます	小槽;小洞;小孔
— test	小型試驗	スモールテスト	小型试验
— tool	小型工具	スモールツール	小型工具
small-angle boundary	小角度晶界	小角度粒界	小角度晶界
— grain boundary	小角度晶(粒邊)界	小角度粒界	小角度晶(粒边)界
— twist boundary	小角度扭轉邊界	小角度ねじれ境界	小角度扭转边界
smallest limit	下極限	下極限	下极限
small-lot production	小規模生產	小規模生産	小规模生产
small-scale test	小型試驗	小型試験	小型试验
smart console	靈巧的控制台	スマートコンソール	灵巧的控制台
— instrument	靈巧測量儀	スマート計測器	灵巧测量仪
— sensor	靈敏感測器	スマートセンサ	灵敏传感器
smear density	有效密度	スミヤデンシティ	有效密度
— test	塗敷試驗	ふき取り試験	涂敷试验
Smelter	冶煉廠;熔化工;熔化爐	製錬者	冶炼厂;熔化工;熔化炉
smeltery	熔煉廠	製錬所	熔炼厂
smelting	煉製;熔化;熔煉	溶融;製錬	炼制;熔化;熔炼
— furnace	熔爐	製錬炉	熔炉
— point	熔點	溶錬融点	熔点
— pot	熔煉坩堝	溶融焼結なべ炉	熔炼坩埚
— works	熔煉廠	製錬所	熔炼厂
smith forge	鍛工爐	鍛造火床	锻工炉
— forging	自由鍛造	鍛造	自由锻造
— hearth	鍛工〔冶〕爐	ほど	锻工〔冶〕炉
— helper	鍛工徒工〔助手〕	先手	锻工徒工〔助手〕

英　文	臺　灣	日　文	大　陸
— shop	鍛造工場	鍛工場	锻造车间
— tongs	鍛工鉗	かじ火ばし	锻工钳
— welding	鍛銲	鍛接	锻焊
— work	鍛造(加工)	火造り工事	锻造(加工)
smithy	鍛造工場	かじ工場	锻造车间
— scale	鍛冶鐵鱗;四氧化三鐵	ついりん	锻冶铁鳞;四氧化三铁
smog forecast	煙霧預報	スモッグ予報	烟雾预报
smoke	煙	煙；ばい煙	烟
— condenser	聚煙器	集煙器	聚烟器
— consuming apparatus	消煙裝置	無煙装置	消烟装置
— density meter	煙氣濃度測定器	ばいじん量測定器	烟气浓度测定器
— pipe fire alarm system	煙氣報警裝置	煙管式火災警報装置	烟气报警装置
— test	廢氣含煙量試驗	スモーク試験	废气含烟量试验
smooth finish	平滑加工	平滑仕上げ	平滑加工
— fracture	平滑斷口	平滑断口	平滑断口
— surface	平滑表面	平滑面	平滑表面
smoother	整平工具;平面校正器	スムーザ	整平工具;平面校正器
smoothered arc furnace	直接電弧爐	直接アーク炉	直接电弧炉
— arc welding	潛弧銲	潜弧溶接	埋弧焊;遮弧焊,隐弧焊
smoothers	潤滑粉	潤滑粉剤	润滑粉
smoothing	精加工;(鑄模)抹光;校平	平滑化	精加工;(铸型)抹光;校平
— device	平滑裝置	平滑装置	平滑装置
— iron	烙鐵;熨斗	スムーシングアイロン	烙铁;熨斗
— mill	精整軋機	整厚圧延機	精整轧机
— plane	細〔精〕刨子	仕上げかんな	细〔精〕刨子
— press	壓平機	スムーザ	压平机
— tool	光刀;精加工車刀	上仕上げバイト	光刀;精加工车刀
smoothness	平滑性〔度〕;光潔度	平滑度	平滑性〔度〕;光洁度
smooths oil	研磨用潤滑油	スムースオイル	研磨用润滑油
SMS card	標準模塊式插件板	SMSカード	标准模块式插件板
smut	污物〔點;跡〕;酸洗殘渣	すすの塊り；異物	污物〔点;迹〕;酸洗残渣
smutty	污垢〔表面處理〕	残さ	污垢〔表面处理〕
SN curve	疲勞曲線	応力繰返し数曲線	疲劳曲线
snagging cam	蝸形調整凸輪	渦形カム	蜗形调整凸轮
snake	鋼塊瑕疵〔斑點〕	スネーク	钢块瑕疵〔斑点〕
snap	鉚頭模;小平齒;繪圖抓點	ばね仕掛の；速く動く	铆头模;小平齿;突然折断
— flask	鉸接式砂箱;卸開式脫箱	抜き枠	铰接式砂箱;卸开式脱箱
— gage	卡規	はさみゲージ	卡规
— hammer	鉚錘	当てハンマ	铆锤
— hand jet	帶柄(外徑)氣動卡規	スナップハンドジェット	带柄(外径)气动卡规

英文	臺灣	日文	大陸
— jet	氣動測頭〔量規〕	スナップジェット	气动测头〔量规〕
— pin	開口銷	スナップピン	开口销
— remover	開口環裝卸器	スナップリムーバ	开口环装卸器
— retainer	鉚頭模護圈	ヌナップリテーナ	铆头模护圈
— rivet head	圓頭鉚釘;鉚釘半圓頭	スナップリベットヘッド	圆头铆钉;铆钉半圆头
— seal	彈簧密封接合	ばね密封接手	弹簧密封接合
— tempering	快速回火	引上げ焼もどし	快速回火
— tie	鉚釘頭壓模	スナップタイ	铆钉头压模
— valve	快動閥	スナップ弁	快动阀
snap-action thermostat	快速動作恆溫器	速切り恒温器	快速动作恒温器
snap-down	排〔放;流〕出	スナップダウン	放出;流出
snap-lever oiler	有彈簧蓋的潤滑器	ばねてこ油差し	有弹簧盖的润滑器
snap-out	排〔放;流〕出	スナップアウト	排出;放出;流出
snapped rivet	圓頭鉚釘	丸びょう	圆头铆钉
snap-ring	開口環;彈性擋環	止め輪	开口环;弹性挡环
— groove	開口環槽	輪溝	开口环槽
— thickness	開口環厚度	止め輪の幅	开口环厚度
snatch force	拉伸衝擊	伸張衝擊	拉伸冲击
Snead process	史耐德直接電熱熱處理法	スニード法	斯乃德直接电热热处理法
Snell's law	斯涅耳折射定律	スネルの法則	斯涅耳定律
snift valve	吸氣〔排氣;取樣〕閥	スニフト弁	排〔泄〕气阀
snifting end	剪斷端	スニップ端	剪断端
— screw	放氣螺釘〔旋塞〕	漏しねじ	放气螺钉〔旋塞〕
— valve	泄氣〔水〕閥	漏し弁	泄气〔水〕阀
snip	剪斷〔片;去〕;剪切小片	スニップ	剪断〔片〕
— off	剪斷〔片;去〕	はさみ切る	剪断;剪开
snow white	鋅白;氧化鋅;雪白的	雪白亜鉛華	锌白;氧化锌
snug fit	滑動配合;密配合	滑りばめ	滑动配合
— washer	平墊圈	スナグワッシャ	平垫圈
soaking pit	均熱爐	均熱炉	均热炉
— pit crane	鋼錠起重機	鋼塊クレーン	钢锭起重机
socket	承窩;槽;穴;插座;管套	受口;軸孔	管套;轴孔;承口
— and spigot joint	窩接;插承接合	ソケット継手	套筒接合;承插接合
— and spigot pipe	套筒接頭管;承插接頭管	印ろう管	套筒接头管;承插接头管
— bend	管節〔接〕彎頭	ソケットベンド	承插弯头
— capscrew	內六角螺釘	ソケットキャップねじ	圆柱头内六角螺钉
— driver	套筒改錐	ナットまわし	套筒改锥
— faucet	插座;插口;注入口	受口	插座;插口;注入口
— fitting	套管接頭	ソケット適合	套管接头
— joint	套筒連接	ソケット継手	套筒连接

英文	臺灣	日文	大陸
— pin	插銷	ソケットピン	插销
— ring	座〔套〕環	ソケットリング	座环;套环
— screw	凹頭〔承接〕螺釘	ソケットスクリュー	承接螺丝
— spanner	套筒扳手	箱スパナ	套筒扳手
— technology	插接技術	ソケット技術	插接技术
— welding pipe fitting	套銲式管接頭	差込み溶接式管継手	套焊式管接头
— wrench	套筒扳手	箱スパナ	套筒扳手
ocks press machine	沖壓機	プレス式くつ下仕上げ機	冲压机
SOD test	脆性斷裂試驗	ＳＯＤ試験	脆性断裂试验
oda	碳酸鈉;蘇打;鹼;純鹼	炭酸ナトリウム	碳酸钠;苏打;硷;纯硷
— bath	鹼浴;蘇打浴	ソーダバース	硷浴;苏打浴
— cock	蘇打旋塞	ソーダコック	苏打旋塞
— glass	鈉玻璃	ソーダガラス	钠玻璃
— grease	鈉基潤滑脂;鈉皂潤滑脂	ナトリウム基グリース	钠基润滑脂;钠皂润滑脂
odium,Na	鈉	ナトリウム	钠
— chloride	氯化鈉;食鹽	塩化ナトリウム	氯化钠;食盐
— hydroxide	氫氧化鈉;苛性鈉;燒鹼	か性ソーダ	氢氧化钠;苛性钠;烧硷
oft	金屬等的低硬度;軟體	柔らかい;細工しやすい	金属等的低硬度;软件
— annealing	軟化退火	軟化焼鈍	软化退火
— arc	軟電弧	ソフトアーク	软电弧
— blast	噴軟粒(處理)	ソフトブラスト	喷软粒(处理)
— breakdown	軟性破壞〔擊穿〕	軟破壊	软性破坏;软(性)击穿
— bronze	青銅	砲銅	青铜
— cast iron	易削鑄鐵	可削鋳鉄	易切削铸铁
— facing	軟堆銲	軟化肉盛	软堆焊
— facing alloy	表面軟化合金	表面軟化合金	表面软化合金
— flame	文火;小火	ソフトフレーム	文火
— flow	易流動性	易流動性	易流动性
— iron	軟鐵	軟鉄	软铁
— jaw chuck	鐵〔軟鋼〕卡爪夾頭;生爪	ソフトジョーチャック	软爪卡盘
— junction	軟結	ソフト接合	软结
— lead	軟鉛	軟鉛	软铅
— metal	軟金屬;軸承用減磨合金	軟質金属	软金属;轴承用减磨合金
— model	軟體模型	ソフトモデル	软件模型
— nitriding	軟氮法	軟窒化	软氮法
— oil	軟油	軟油	软油
— pig iron	軟生鐵	軟銑鉄	软生铁
— polymer	軟質聚合物	軟質重合体	软质聚合物
— resin	軟樹脂	軟質樹脂	软树脂
— rubber	軟橡膠	軟質ゴム	软橡胶

S

英文	臺灣	日文	大陸
— shoe	軟(鋼)卡爪;生爪	ソフトシュー	软(钢)卡爪
— solder	軟銲料;銲錫	軟質はんだ	软焊料;焊锡
— soldering	軟銲;錫銲	軟ろう付け	软焊;锡焊
— spring	軟化彈簧	ソフトスプリング	软(化弹)簧
— steel	軟〔低碳〕鋼	軟鋼	软钢;低碳钢
— weld	鑄鐵用銅鎳銲條	ソフトウェルド	铸铁用铜镍焊条
softened rubber	軟化橡膠	軟化ゴム	软化橡胶
softener	軟化器;軟化劑〔爐〕;墊木	軟化装置	软化器;软化剂
softening	變軟;軟化;塑性化	軟化	精炼铅;软化;真空恶化
— action	軟化作用	軟化作用	软化作用
— anneal	軟化退火	軟化焼なまし	软化退火
— degree	軟化度	軟化度	软化度
— point	軟化點	軟化点	软化点
— power	軟化能力	軟化力	软化能力
— range	軟化點範圍	軟化点範囲	软化点范围
— temperature	軟化溫度	軟化温度	软化温度
softtin	軟錫銲料	ソフトティン	软锡焊料
software	軟體;方案;設計計算方法	ソフトウェア	软件
— module	軟體模塊	ソフトウェアモジュール	软件模块
soil release finish	防污處理	防汚加工	防污处理
solar cell	太陽能電池	太陽電池	太阳能电池
— sensor	日光感測器	ソーラセンサ	日光传感器
solder	軟〔錫;銀〕銲;銲料〔劑〕	はんだろう	软焊料
— ability test	銲接性試驗	はんだ付着度試験	焊接性试验
— backing	銀銲料	銀ろう張り	银焊料
— ball	銲球	はんだボール	焊球
— bar	銲棒;銲條	ろう棒	焊棒;焊条
— bath	銲料熔液槽	はんだバス	焊料熔液槽
— cleaner	銲劑清除器	ソルダクリーナ	焊剂清除器
— cream	銲糊;銲膏	はんだクリーム	焊糊;焊膏
— dip	銲料浸漬;浸銲	はんだディップ	焊料浸渍;浸焊
— embrittlement	銲接脆化	ろうぜい化	焊接脆化
— joint	銲接〔接縫〕	はんだ継手	软焊接头
— machine	銲接機	ソルダマシン	焊接机
— mask	銲接防護罩	ソルダマスク	焊接防护罩
— mount	銲接裝配法;銲接支架	はんだマウント	焊接装配法;焊接支架
— paste	銲膏;銲油;銲劑;銲藥	ソルダペースト	焊膏;焊油;焊剂;焊药
— resist	抗銲劑	ソルダレジスト	抗焊剂
— seal	銲封	ソルダシール	焊封
— sleeve	銲接套(管)	ソルダスリーブ	焊接套(管)

英文	臺灣	日文	大陸
— tool	銲接工具	ソルダトール	焊接工具
solderability	可銲性	はんだ付け適性	可焊接性
soldered joint	銲接接頭	はんだ継手	焊接接头
soldergraph	銲接圖	ソルダグラフ	焊接图
soldering acid	銲劑;氯化鋅水溶液	ろう付け用酸	氯化锌水溶液
— bit	烙鐵	はんだごて	烙铁
— copper	〔紫銅〕烙鐵	はんだごて	铜烙铁
— flux	銲劑〔料〕	はんだ付け溶剤	(软)焊剂
— iron	烙〔銲〕鐵	はんだごて	烙铁
— joint	軟銲;軟銲接頭	はんだ継手	软焊;软焊接头
— machine	銲接機	ソルダリングマシン	焊接机
— pan	銲錫;銲盤	はんだ用さら	锡焊盘
— paste	銲膏;銲油;銲劑;銲藥	はんだペースト	焊膏;焊油;焊剂;焊药
— pencil	銲筆;銲接光束	ソルダリングペンシル	焊(接)笔;焊(接光)束
— pipe	錫銲管	はんだ用管	锡焊管
— pot	銲料罐;銲料鍋	ソルダリングポット	焊料罐;焊料锅
— salt	銲接用鹽	ろう付け用塩	焊接用盐
— seam	軟銲縫	はんだ継目	(软)焊接缝
— temperature	錫銲溫度	はんだ付け温度	锡焊温度
solderless assembly	無銲裝配	ソルダレスアセンブリ	无焊装配
— connection	無銲連接	無はんだ接続	无焊连接
— joint	無銲連接;機械連接	無はんだ接続	无焊连接;机械连接
— terminal	無銲接點;壓接接頭	圧着端子	无焊接点;压接接头
— terminal pincers	壓接鉗	圧着ペンチ	压接钳
solene	汽油	ガソリン	汽油
solenoid brake	螺旋形線圈制動器	電磁ブレーキ	螺旋形线圈制动器
— pilot	電磁導向閥	ソレノイドパイロット	电磁导向(阀)
— valve	電磁閥〔活門〕	ソレノイド弁	电磁阀(活门)
solenoid-operated valve	電磁控制〔操縱〕閥	電磁操作弁	电磁〔操纵〕阀
solid analytical geometry	立體解析幾何	立体解析幾何	立体解析几何
— angle method	立體角法	立体角法	立体角法
— armor	整體封裝	一体外装	整体封装
— borer	鑽頭	ソリッドボーラ	钻头
— boring	鑽孔	ソリッドボーリング	钻孔
— boring bar	深孔鑽桿	ソリッドボーリングバー	深孔钻杆
— broach	整體拉刀	むくブローチ	整体拉刀
— bushing	簡單固結式套管	単一形ブシング	简单固结式套管
— cam	立體凸輪	立体カム	立体凸轮
— carbide	固體碳化物	ソリッドカーバイド	固体碳化物
— carbon	固體碳;實心碳棒	固形炭素	固体碳;实心碳棒

英文	臺灣	日文	大陸
— carbon dioxide	實心碳精棒電極	固体炭酸	固体碳;固心碳棒
— carburizing	固體滲碳	固体浸炭	固体渗碳
— casting	實體模澆注;整體鑄件	充実注型	实型浇注;整体铸件
— construction press	整體結構沖床	一体フレーム式プレス	整体结构压力机
— contraction	固體收縮	固体収縮	固体收缩
— cord	實心繩索	金剛打ひも	实心绳索
— crank	整體曲柄	一体クランク	整体曲柄
— crystal	固態結晶	固晶	固态结晶
— density	固體密度	固相密度	固体密度
— die block	整體模	一体型	整体模
— dies	整體模;整體板牙	無くダイス	整体模;整体板牙
— end mill	整體端銑刀	ソリッドエンドミル	整体立铣刀
— figure	立體形	立体図形	立体形
— flange	整體凸緣	作出しフランジ	整体凸缘〔法兰〕
— forging	整體鍛造;實鍛	丸打ち	整体锻造;实锻
— forming die	整體式成形模	一体構造式成形型	整体式成形模
— forward extrusion	整體正擠壓;實心正擠壓	中実前方押出し法	整体正挤压;实心正挤压
— fraise	整體銑刀	ソリッドフライス	整体铣刀
— frame	整體框架;粗實框;實心框	実わく	整体框架;粗实框;实心框
— frame press	整體結構式沖床	一体構造式プレス	整体结构式压力机
— gear hob	整體齒輪滾刀	無くホブ	整体齿轮滚刀
— geometry	立體幾何(學)	立体幾何学	立体几何(学)
— head piston	整體活塞頂活塞	ソリッドヘッドピストン	整体活塞顶活塞
— jaw	整體卡爪;固定卡爪	ソリッドジョー	整体卡爪;固定卡爪
— line	實線;固相線	実線	实线;固相线
— lubricant	固體潤滑劑;潤滑脂;黃油	固体潤滑剤	固体润滑剂;润滑脂;黄油
— lubrication	固體潤滑	固体潤滑	固体润滑
— mandrel	整體心軸;實心心軸	ソリッドマンドレル	整体心轴;实心心轴
— mechanics	固體力學	固体力学	固体力学
— member	整體構件;單一構件	単一材	整体构件;单一构件
— metal flat gasket	實心金屬墊片	金属平形ガスケット	实心金属垫片
— milling cutter	整體銑刀	無くフライス	整体铣刀
— model	實體模型	ソリッドモデル	实体模型
— mold	實體鑄模;整體鑄模	造り出し鑄形	实体铸型;整体铸型
— natural rubber	固態天然橡膠	固形天然ゴム	固态天然橡胶
— oil	固態潤滑油;潤滑脂	固形潤滑油	固态润滑油;润滑脂
— pack carburizing	固體滲碳	固体浸炭	固体渗碳
— pattern	固體模型;實體〔樣〕模	現型	固体模型;实体〔样〕模
— pattern mold	整體模鑄模;實體模鑄模	込型	整体模铸型;实体模铸型
— phase	固相	固相	固相

英文	臺灣	日文	大陸
— phase bonding	固相壓銲	固相溶接	固相压焊
— phase diffusion	固相擴散	固相拡散	固相扩散
— phase epitaxy	固相取向;固相外延	固相エピタクシー	固相取向;固相外延
— phase polymerization	固相聚合	固相重合	固相聚合
— phase reaction	固相反應	固相反応	固相反应
— phase welding	固相壓銲	固相溶接	固相压焊
— pillar	實心支柱	中実りょう柱	实心支柱
— piston	整體活塞	一体ピストン	整体活塞
— point	凝固點	凝固点	凝固点
— polymer	固相聚合物	固体重合体	固相聚合物
— polymerization	固相聚合法	固相重合	固相聚合法
— pulley	整體皮帶輪	ソリッドプーリ	整体皮带轮
— punch	整體凸模;實心沖頭	一体式パンチ	整体凸模;实心冲头
— rack type cutter	整體齒條式銑刀	無くラックカッタ	整体齿条式铣刀
— reamer	整體鉸刀	無くリーマ	整体铰刀
— resin	實體樹脂;未發泡樹脂	固体樹脂	实体树脂;未发泡树脂
— ring gage	整體環規	ソリッドリングゲージ	整体环规
— rivet	實心鉚釘	充実びょう	实心铆钉
— roll	實心輥;實心滾筒	中実ロール	实心辊;实心滚筒
— roller	整體滾子	ソリッドローラ	整体滚子
— rotor	實心轉子	ソリッドロータ	实心转子
— rubber	硬(質)橡膠	硬質ゴム	硬(质)橡胶
— screw	實心螺桿	中実スクリュー	实心丝杠
— shaft	實心軸	実体軸	实心轴
— shim	整體墊片	ソリッドシム	整体垫片
— shoot	整體滑槽	くりどい	整体滑槽
— shrinkage	固體收縮	固体収縮	固体收缩
— solubility	固溶度	固溶度	固溶度
— solution alloy	固溶體合金	固溶体合金	固溶体合金
— solution effect	固溶效應	固溶効果	固溶效应
— solution hardening	固溶體硬化	固溶体硬化	固溶体硬化
— solution treatment	固溶處理	溶体化処理	固溶处理
— steel	鎮靜鋼	鎮静鋼	镇静钢
— stock guide	固定式導料裝置	固定式ストックガイド	固定式导料装置
— stop	固定式擋料裝置	固定式ストップ	固定式挡料装置
— tap	整體絲攻	無くタップ	整体丝锥
— tool	整體刀具	無くバイト	整体刀具
— trussed beam	實體桁架式樑	実構成ばり	实体桁架式梁
— wedge-type valve	整體楔形閥	一体くさび形弁	整体楔形阀
— wire	單(股)線;實線;實芯銲絲	単線	单(股)线;实线;实芯焊丝

英　　文	臺　　灣	日　　文	大　　陸
soliddrawn steel pipe	拉製無縫鋼管	引抜き鋼管	拉制无缝钢管
solidifiability	凝固性;固體化性	可凝固性	凝固性;固体化性
solidification	固化(作用);凝固	固体化;凝固	固化(作用);凝固
— contraction	凝固收縮	凝固収縮	凝固收缩
— equipment	固化裝置	固化装置	固化装置
— range	凝固範圍	凝固範囲	凝固范围
— shrinkage	凝固收縮率	凝固収縮率	凝固收缩率
solidifying	凝固	凝固	凝固
— point	凝固點	固化点	凝固点
— segregation	凝固偏析	凝固偏析	凝固分离
solidity	實度;立體性;體積;容積	体積;剛率	实度;立体性;体积;容积
solids	固體粒子;硬粒;固體樹脂	固形粒子	固体粒子;硬粒;固体树脂
solidus	固相線	固相線	固相线
— curve	固相(曲)線	固相線	固相(曲)线
— line	固相線	固相線	固相线
solitary crystal	單晶	単晶	单晶
solubility	溶(解)度;溶解性	溶解性	溶(解)度;溶解性
— characteristic	溶解性	溶解性	溶解性
soluble copolymer	可溶性共聚物	可溶性共重合体	可溶性共聚物
— cutting fluid	水溶性切削油	水溶性切削油剤	水溶性切削油
— iron	可溶性鐵	溶解性鉄	可溶性铁
— oil paste	切削用糊狀潤滑冷卻液	溶性油ペースト	切削用糊状润滑冷却液
— oil-cutting fluid	溶性油質切削液;調水油	溶性油切削液	溶性油质切削液
— resin	可溶性樹脂	可溶性樹脂	可溶性树脂
solution	溶液;溶解;溶體;解(法)	溶液;溶解	溶液;溶解;溶体;解(法)
— annealing	固溶退火	溶体化焼なまし	固溶退火
— hardening	固溶硬化	固溶硬化	固溶硬化
— heat treatment	固溶(熱)處理	溶体化処理	固溶(热)处理
— plane	溶解面	溶解面	溶解面
— polymeriztion	溶液聚合	溶液重合	溶液聚合
— resin	溶液型樹脂	溶解型樹脂	溶液型树脂
— welding	(塑料的)溶解銲接	ソリューション溶接	(塑料的)溶解焊接
solvent	有溶解能力的;溶劑;溶媒	溶剤	有溶解能力的;溶剂;溶媒
— cleaning	溶劑清洗;溶劑除油	溶剤クリーニング	溶剂清洗;溶剂除油
— epoxy varnish	溶劑型環氧(樹脂)漆	溶剤型エポキシワニス	溶剂型环氧(树脂)漆
— metal	溶劑金屬	溶媒金属	溶剂金属
— polymerization	溶解〔劑;液〕聚合	溶剤重合	溶解〔剂;液〕聚合
somerset	調頭	サマセット	调头
sonde	探測器;探棒;探針;探頭	ゾンデ	探测器;探棒;探针;探头
sonic method	共振法〔非破壞試驗的〕	ソニック方法;共振法	共振法〔非破坏试验的〕

英文	臺灣	日文	大陸
— prospecting method	音波探傷法	音波探查法	声波探伤法
soniscope	超音(波)探傷法	ソニスコプ	超声(波)探伤法
sonitector	超音波探測器	ソニテクタ	超声波探测器
soot	煙灰;炭黑;油煙;煤煙	ばい煙	烟灰;炭黑;油烟;煤烟
sooty coal	泥煤;劣質軟煤	劣等泥質炭	泥煤;劣质软煤
sorbite	糙斑鐵	ソルバイト	索氏体
— rail	糙斑鐵鋼軌	ソルバイトレール	索氏体钢轨
sorbitic cast iron	糙斑鐵鑄鐵	ソルバイト鋳鉄	索氏体铸铁
— fracture	糙斑鐵斷口	ソルバイト状破面	索氏体断口
sorption	吸著(作用);吸附	収着	吸着(作用);吸附
— pump	吸附泵	収着ポンプ	吸附泵
sosoloid	固溶體;固態溶液	固溶体	固溶体;固态溶液
souesite	鐵鎳礦	スーエ鉱	铁镍矿
sound velocity	聲速;音速	音速	声速;音速
soundness	堅固度;堅牢性	安定性	坚固度;坚牢性
source	起源;來源;源極	源;わき出し	起源;来源;源极
— nipple	短管接頭;螺紋接頭	ソースニップル	短管接头;螺纹接头
— of energy	能源	エネルギー源	能源
— of heat	熱源	熱源	热源
— of vibration	振動源	振動源	振动源
sow	高爐鐵水主流槽	なまこ原型	高炉铁水主流槽
— bolck	鉗口罩;砧墊	口金	钳口垫片;砧垫
space lattice	立體格子;立體晶格	空間格子	立体格子;立体晶格
— phase	空間相位	空間位相	空间相位
— polymer	立體聚合物	立体重合体	立体聚合物
— stress	空間應力	空間応力	空间应力
— truss	空間桁架	立体トラス	空间桁架
— vector	空間向量	空間ベクトル	空间矢量
— welding	有空隙銲接	空間溶接	有空隙焊接
spacer	襯墊;定位架;墊片	飼板	衬垫;调整垫;垫片;横柱
— block	墊塊	スペーサブロック	垫块
— frame	調整墊結構;隔離框架	スペーサフレーム	调整垫结构;隔离框架
— pin	隔離銷;調整銷	スペーサピン	隔离销;调整销
— plate	分離板	分離板	分离板
— ring	間隔圈;分隔圈	スペーサリング	间隔圈;分隔圈
— shaft	機間軸	スペーサ軸	机间轴
spacial configuration	立體構型;立體配置	空間配置	立体构型;立体配置
spacing	間隔;空隙;跨距	心距	间隔;空隙;跨距
— collar	間隔套(環)	スペーシングカラー	间隔套(环)
— of cracks	裂縫間距〔隔〕	ひび割れ間隔	裂缝间距〔隔〕

S

英文	臺灣	日文	大陸
— of lattice	晶格間隔	晶格間隔設置	晶格间隔
— ring	隔圈	スペーサリング	隔圈
spade drill	扁鑽;平鑽	スペードドリル	扁钻;平钻
— drill adapter	扁鑽接長桿	スペードドリルアダプタ	扁钻接长杆
— reamer	雙刃鉸刀;扁鑽形鉸刀	スペードリーマ	双刃铰刀;扁钻形铰刀
span saw	框鋸	スパンソー	框锯
spangle	鍍鋅板花紋;鋅花	花模様	镀锌板花纹;锌花
spanner	扳緊器	スパナ	扳紧器
— broach	扳手拉刀	スパナブローチ	扳手拉刀
spare detail	備用零件;備份件	予備部品	备用零件;备份件
— instrument	備用儀器	予備計器	备用仪器
— machine	備用儀〔機〕器	スペアマシン	备用仪〔机〕器
— module	備用模件	スペアモジュール	备用模件
— parts	備件	予備品	备件
spark	火花〔星〕;閃光;金剛石	火花	(电)火花;闪光;金刚石
— discharge	火花放電	スパーク放電	火花放电
— discharge forming	電火花加工成形	放電成形	电火花加工成形
— discharger	火花放電器	火花放電器	火花放电器
— distance	火花距離	火花距離	火花距离
— erosion	電火花加工;火花浸蝕	火花かい食	电火花加工;火花浸蚀
— erosion machine	電火花加工機(床)	放電加工機	电火花加工机(床)
— frequency	火花放電振蕩頻率	火花度数	火花放电振荡频率
— hard facing	電火花表面堆銲強化	放電硬化肉盛	电火花表面堆焊强化
— hardened layer	電火花硬化〔淬火〕層	放電硬化層	电火花硬化〔淬火〕层
— hardened surface	電火花硬化表面	放電硬化面	电火花硬化表面
— hardening	電火花硬化;電火花淬火	スパーク硬化法	电火花硬化;电火花淬火
— hardening rate	電火花硬化速度	放電硬化速度	电火花硬化速度
— machine	電火花加工	放電加工	电火花加工
— out	無火花磨削;停止火花	スパークアウト	无火花磨削;停止火花
— out device	無火花磨削機構	スパークアウト機構	无火花磨削机构
— sintering method	放電燒結	放電焼結法	放电烧结
— test	火花試驗	火花試験	火花试验
— tester	火花試驗器	スパークテスタ	火花试验器
— toughening	電火花韌化(處理)	放電硬化	电火花韧化(处理)
sparker	火星塞;電火花器	スパーカ	火花塞;电火花器
spark-gap	火花間隙;放電器	火花ギャップ	火花(间)隙;放电器
— length	火花隙長度;放電器長度	電極距離	火花隙长度;放电器长度
— type rectifier	火花隙式整流器	放電間げき型整流器	火花隙式整流器
sparking potential	擊穿電壓;跳火電壓	火花電圧	击穿电压;跳火电压
— voltage	擊穿電壓;放電電壓	スパーキング電圧	击穿电压;放电电压

英　文	臺　灣	日　文	大　陸
spark-over	火花放電;跳火;絕緣擊穿	火花連絡	火花放电;跳火;绝缘击穿
— test	火花放電試驗	フラッシオーバ試験	火花放电试验
sparry iron	球菱鐵礦	球状りょう鉄鉱	球菱铁矿
spats	罩;機輪減阻罩	スパッツ	罩;机轮减阻罩
spatter	噴濺;飛濺	スパッタ；しぶき	喷溅;飞溅
spatula	刮勺〔鏟〕;鑄模修理工具	へら	刮勺〔铲〕;铸型修理工具
specer	隔片;隔板;間隔物	スペーサ	隔片;隔板;间隔物
special alloy steel	特殊〔種〕合金鋼	特殊合金鋼	特殊〔种〕合金钢
— aluminum bronze	特種鋁青銅	特殊アルミニウム青銅	特种铝青铜
— appliance	專用設備;特種設備	特殊設備	专用设备;特种设备
— bearing	特種軸承	特殊軸受	特种轴承
— brass	特種黃銅	特殊黄銅	特种黄铜
— bronze	特種青銅	特殊青銅	特种青铜
— carrier	特種夾頭;專用支座	スペシャルキャリヤ	特种夹头;专用支座
— cast iron	特種鑄鐵	特殊鋳物	特种铸铁
— casting	特殊鑄件	特殊鋳物	特殊铸件
— drill	特殊鑽頭	特殊ドリル	特殊钻头
— fittings	特種接頭	特殊継手	特种接头
— flexible wire rope	特軟鋼索〔絲繩〕	特殊柔軟ワイヤロープ	特软钢索〔丝绳〕
— form	特殊模板;專用模板	特殊型枠	特殊模板;专用模板
— high tensile brass	特種高抗拉黃銅	特殊高力黄銅	特种高抗拉黄铜
— jaw	特殊卡爪;專用卡爪	特殊ジョー	特殊卡爪;专用卡爪
— joint	異型接合;異型拼接	異形継目	异型接合;异型拼接
— machine	專用單能機	特殊機械；専用機	专用单能机
— model	特殊模型	スペシャルモデル	特殊模型
— nozzle	特種噴嘴	特殊ノズル	特种喷嘴
— pig iron	特殊生鐵〔低銅低磷生鐵〕	特殊銑	特殊生铁〔低铜低磷生铁〕
— purpose	專用;單一用途;特殊用途	単能	专用;单一用途;特殊用途
— purpose machine	專用機床	専用工作機械	专用机床
— purpose processor	專用處理機	専用プロセッサ	专用处理机
— pump	特種泵	特殊ポンプ	特种泵
— shaft	特製軸;特殊柱身	スペシャルシャフト	特制轴;特殊柱身
— silicon bronze	特種矽青銅	特殊けい素青銅	特种硅青铜
— splice plate	異型拼接板	異形継目板	异型拼接板
— structural steel	特殊結構鋼	構造用特殊鋼	特殊结构钢
— surface	特殊曲面	特殊曲面	特殊曲面
— tool steel	特殊工具鋼	特殊工具鋼	特殊工具钢
— tools	特殊工具	特殊工具	特殊工具
specific(al) gravity	比重	比重	比重
— gravity test	比重試驗	比重試験	比重试验

英文	臺灣	日文	大陸
— grinding force	比磨削抗力	比研削抵抗	比磨削抗力
— power	比功率	比出力	比功率
— pressure	比壓;單位壓力	比圧;単位圧	比压;单位压力;压强
— punch diameter	凸模相對直徑	相対ポンチ直径	凸模相对直径
— refraction	折射率	比屈折	折射率
— refractive power	折射率	比屈折率	折射率;比折射力
— refractivity	折射率係數	比屈折	折射率系数;折射率差度
— rotating speed	比轉數	比較回転度	比转数
— sliding	比滑〔齒面間相對滑動〕	すべり率	比滑〔齿面间相对滑动〕
— speed	比轉速;比速	比較回転数	比转速;比速
— stiffness	比剛性;剛性係數	比剛性	比刚性;刚性系数
— strength	比強度;強度係數	比強度	比强度;强度系数
— stress	比應力	比応力	比应力
— thrust	比推力	比推力	比推力
— torsional rigidity	比扭曲剛性	比ねじり剛性	比扭曲刚性
— viscosity	比黏度	比粘度	比粘度
— weight	比重	比重量	比重
— Young's modulus	比楊氏模量	比ヤング率	比杨氏模量
specification	規格;分類;說明書	仕様	规格;分类;说明书
— material	標準材料	規格材料	标准材料
specified length	規定尺寸〔長度〕	定尺	规定尺寸〔长度〕
— load	額定負載	指定荷重	额定荷载
— lubricant	合規格潤滑劑	規定潤滑剤	合规格润滑剂
— measuring method	特定測量法	指定計測法	特定测量法
— mix	標準〔規定〕配合(比)	示方配合	标准〔规定〕配合(比)
— pressure	規定壓力	規定圧力	规定压力
— sensitivity	規定靈敏度	規定感度	规定灵敏度
— speed	限定轉速	規定回転数	限定转速
— substance	指定物質	特定物質	指定物质
— temperature	規定溫度	規定温度	规定温度
— time	規定時間	規定時間	规定时间
specimen	試樣〔件〕;樣本;樣品	試験片;試料	试样〔件〕;样本;样品
— carrier	試樣裝置架	試料取付け台	试样装置架
— chamber	試件室	試料室	试件室
— clamp	試樣夾	試料クランプ	试样夹
— diameter	試樣直徑	試験片の直径	试样直径
— geometry	試樣幾何形狀	試験片の形状寸法	试样几何形状
— holder	試樣支架	試料ホルダ	试样支架
— material	試樣材料	試料物質	试样材料
— size	試樣尺寸	試験片の大きさ	试样尺寸

英文	臺灣	日文	大陸
— stage	試件(微動)台	試料微動台	试件(微动)台
— support	試樣支架	試験片支え	试样支架
— temperature	試樣溫度	試料温度	试样温度
— test	試樣試驗	試料試験	试样试验
— under test	在試試樣	供試試料	在试试样
— weight	試樣重量	試験片の重量	试样重量
speck	污點;斑點;微粒	スペーク;ぼろ	污点;斑点;微粒
speckle	斑紋;小斑點	まだら紋	斑纹;小斑点
speckled metal	有斑點的金屬	あばた面金属	有斑点的金属
spectacle floor	開孔肋板	めがね形フロア	开孔肋板
spectral analysis	光譜分析;頻譜分析	分光分析	光谱分析;频谱分析
— analyzer	光譜分析儀;頻譜分析儀	直視形分析器	光谱分析仪;频谱分析仪
— atlas	光譜圖譜集	スペクトル図表	光谱图谱集
— band	光譜帶	スペクトル帯	光谱带
— band intensity	光譜強度	スペクトル強度	光谱强度
— band width	光譜帶寬	スペクトル幅	光谱带宽
— character	光譜特性	分光感度特性	光谱特性
characteristics	光譜特性	スペクトル特性	光谱特性
— chart	光譜圖表	スペクトルチャート	光谱图表
— concentration	光譜密度	分光密度	光谱密度
— curve	光譜曲線	分光曲線	光谱曲线
— distribution	光譜分布	分光分布	光谱分布
— interference	光譜干擾	分光干渉	光谱干扰
— light	光譜光	スペクトル光	光谱光
— line	光譜線;譜線	スペクトル線	光谱线;谱线
— line half width	光譜線半値寬度	スペクトル半値幅	光谱线半值宽度
— line width	頻線寬度	スペクトル線幅	频线宽度
— position	光譜位置	スペクトル位置	光谱位置
— property	光譜特性	分光特性	光谱特性
— purity	光譜純度	スペクトル純度	光谱纯度
— range	光譜範圍;頻譜範圍	スペクトル範囲	光谱范围;频谱范围
— reflectance	光譜反射率	分光反射率	光谱反射率
— reflection curve	光譜反射曲線	スペクトル反射曲線	光谱反射曲线
— reflection factor	光譜反射係數	スペクトル反射率	光谱反射系数
— transmission	光譜透射率	分光透過率	光谱透射率
— transmission curve	光譜透射曲線	分光透過曲線	光谱透射曲线
— transmission factor	光譜透射係數	スペクトル透過率	光谱透射系数
— transmittance	光譜透射率	分光透過率	光谱透射率
— tube	光譜管	スペクトル管	光谱管
— type	光譜類型	スペクトル型	光谱类型

英文	臺灣	日文	大陸
spectrocomparator	光譜比較儀	スペクトロコンパレータ	光谱比较仪
spectrogram	光譜圖	分光写真	光谱图
spectrograph	光譜儀;攝譜儀	分光写真機	光谱仪;摄谱仪
spectrography	攝譜學;分光照相術	分光写真術	摄谱学;分光照相术
spectrometer	光譜儀;攝譜儀;分光儀	分光計	光谱仪;摄谱仪;分光仪
spectrometry	光譜測定法;頻譜測定法	スペクトロメトリ	光谱测定法;频谱测定法
spectroscope	光譜儀;攝譜儀;分光計	分光器	光谱仪;摄谱仪;分光计
spectroscopy	光譜學;分光學;頻譜學	分光分析法	光谱学;分光学;频谱学
spectrum atlas	光譜圖	スペクトル図表	光谱图
— chart	光譜圖集	スペクトルチャート	光谱图集
— distribution	頻譜分布;光譜分布	スペクトル分布	频谱分布;光谱分布
specular angle	反射率	鏡反射角	反射率
— bronze	鏡青銅	鏡銅	镜青铜
— cast iron	鏡鐵礦	輝鉄鉱	镜铁矿
— defect	鏡反射缺陷	スペキュラデフェクト	镜反射缺陷
— hematite	鏡鐵礦	鏡鉄鉱	镜铁矿
— iron	鏡鐵礦	鏡鉄鉱	镜铁矿
— surface	鏡面	鏡面	镜面
specularite	鏡鐵礦	鏡鉄鉱	镜铁矿
speculum	鏡用合金;銅錫合金	金属鏡	镜用合金;铜锡合金
— metal	銅錫合金;鏡(青)銅	鏡銅	铜锡合金;镜(青)铜
speed	速率〔度〕;轉速	速度;回転速度	速率〔度〕;转速
— accuracy	轉速準確度	回転数精度	转速准确度
— adjusting device	速度調節裝置	速度調整装置	速度调节装置
— belt	變速皮帶	スピードベルト	变速皮带
— brake	離心制動器;剎車板	スピードブレーキ	离心制动器;刹车板
— capability	速率範圍	速度範囲	速率范围
— change area	車輛變速區段	変速区間	(车辆)变速区段
— change gear box	變速齒輪箱	速度変換歯車箱	变速齿轮箱
— change gears	變速裝置	変速歯車装置	变速装置
— change lever	變速手柄;變速桿	スピードチェンジレバー	变速手柄;变速杆
— change system	變速裝置	変速装置	变速装置
— changer	速度調節裝置	速度調整装置	速度调节装置
— cone	變速錐;塔輪;測速標(桿)	段車	变速锥;塔轮;测速标(杆)
— control board	速度控制盤	速度制御盤	速度控制盘
— control system	速度控制系統〔裝置〕	速度制御装置	速度控制系统〔装置〕
— control unit	轉速控制裝置	回転ガバナ	转速控制装置
— control valve	速度控制閥;調速閥	速度制御弁	速度控制阀;调速阀
— controller	調速器	スピードコントローラ	调速器
— counter	速度計	速度計	速度计

英文	臺灣	日文	大陸
— decreasing gear	減速裝置	減速装置	减速装置
— gage	速度錶〔計〕;轉速錶	速度計	速度表〔计〕;转速表
— gear	變速齒輪;高速齒輪	スピードギヤー	变速齿轮;高速齿轮
— governing divice	調速裝置	調速装置	调速装置
— governor	調速器	調速機	调速器
— lathe	高速車床	スピードレース	高速车床
— length ratio	速長比	速長比	速长比
— limiting device	限速裝置	速度制限装置	限速装置
— of action	作用速度	作用速度	作用速度
— of flow	流速	流速	流速
— of operation	運轉速度	運転速度	运转速度
— of piston transfer	活塞移動速度	ピストンの前進速度	活塞移动速度
— of revolution	轉速	回転速度	转速
— of rotation	轉速	回転数	转速
— of testing	試驗速度;測試速度	試験速度	试验速度;测试速度
— of torque	回轉速度;扭矩速度	回転速度	回转速度;扭矩速度
— of translation	平移速度;轉換速度	並進速度	平移速度;转换速度
— pulley	變速皮帶輪·變速滑輪	スピードプーリー	变速皮带轮;变速滑轮
— range	速度範圍;變速範圍	速度範囲	速度范围;变速范围
— rate	速率	スピードレート	速率
— ratio	轉速比	回転比	转速比
— reduction	減速;速度降低;速度損失	速度低下	减速;速度降低;速度损失
— regulating valve	速度控制閥	速度調整弁	速度控制阀
— regulating factor	速度調節率	速度変動率	速度调节率
— regulator	速度調節器	調速機	速度调节器
— test	速度試驗	速度試験	速度试验
— -time curve	速度-時間曲線	速度-時間曲線	速度-时间曲线
— torque characteristics	轉速轉矩特性曲線	速度トルク特性	转速转矩特性(曲线)
— variation	速率變化	速度変化	速率变化
— variator	變速機	変速機	变速机
speed-down	減速	スピードダウン	减速
speeder	調速裝置	スピーダ	调速装置
— unit	調速裝置	スピーダユニット	调速装置
speed-up	加快;升速	昇速	加快;升速
spell	輪班;工作時間;吸引力	スペル	轮班;工作时间;吸引力
spelter	鋅(塊);粗鋅	亜鉛鋳塊	锌(块);粗锌
— solder	鋅銅銲料;鋅銲藥	亜鉛半田	锌铜焊料;锌焊药
spermaceti oil	鯨腦油;鯨蠟	まっこう鯨油	鲸脑油;鲸蜡
Sperry metal	一種鉛基軸承合金	スペリーメタル	斯佩里铅基轴承合金
spew	壓鑄硫化;壓(溢)出	圧力鋳造硫化	压铸硫化;压(溢)出

英文	臺灣	日文	大陸
sphere	球;球體;範圍	球;球面	球;球体;范围
— gap	球間隙;球狀放電器	球状間げき	球间隙;球状放电器
spheric(al) angle	球面角	球面角	球面角
— bearing	球面軸承	球面軸受	球面轴承
— cam	球面凸輪	球面カム	球面凸轮
— cementite	球形〔狀〕雪明碳鐵	球形セメンタイト	球形〔状〕渗碳体
— chain	球面運動鏈	球面運動連鎖	球面运动链
— crank mechanism	球面曲柄機構	球面回転機構	球面曲柄机构
— coordinate	球面座標	球面座標	球面坐标
— curve	球面曲線	球面曲線	球面曲线
— guide	球面導軌	スフェリカルガイド	球面导轨
— joint	球叉式萬向節;球鉸接頭	スフェリカルジョイント	球叉式万向节;球铰接头
— mechanism	球面運動機構	球面運動機構	球面运动机构
— motion mechanism	球面運動機構	球面運動機構	球面运动机构
— punch	球狀凸模;球底凸模	球頭ポンチ	球状凸模;球底凸模
— rectangular coordinat	球面直角座標	球面直角座標	球面直角坐标
— roller bearing	球面滾子軸承	球面ころ軸受	球面滚子轴承
— safe valve	球形安全閥	球形安全弁	球形安全阀
— seat bearing unit	球面座軸承	球面座軸受ユニット	球面座轴承
— strain	球面應變	球形ひずみ	球面应变
— stress	球面應力	球形応力	球面应力
— surface	球面	球面	球面
— valve	球形閥	玉形弁	球形阀
— washer	球面墊圈	球面座金	球面垫圈
sphericity	球狀〔體〕;球(形)度	真球度	球状〔体〕;球(形)度
sphericizer	整粒機;球化機	整粒機	整粒机;球化机
spheroidal carbide	球狀碳化物	球状炭化物	球状碳化物
— cementite	球狀雪明碳鐵	球状セメンタイト	球状渗碳体
— graphite	球狀石墨	球状黒鉛	球状石墨
— graphite cast iron	球墨鑄鐵	ダクタイル鋳鉄	球墨铸铁
— riser	球狀冒口	球形押湯	球状冒口
spheroidite	球狀滲碳體	スフェロイダイト	球状渗碳体
spheroidization	球化處理	球状化処理	球化处理
spheroidized cementite	球狀雪明碳鐵	球状セメンタイト	球状渗碳体
— graphite cast-iron	球墨鑄鐵	高延性鋳鉄	球墨铸铁
spheroidizing annealing	球化退火	球状化焼なまし	球化退火
— treatment	球化處理	球状化処理	球化处理
spherojoint	球接頭	スフェロジョイント	球接头
spherulite	球晶;(晶體)球粒	球晶	球晶;(晶体)球粒
spiculite	針狀晶	紡錘状晶子	针状晶

英文	臺灣	日文	大陸
spider	輻;星輪;機架;十字叉架	四つ手	辐;星轮;机架;十字叉架
— bonding	輻射形銲接;輻式鍵合	スパイダボンディング	辐射形焊接;辐式键合
— die	異形孔擠壓模	スパイダダイ	异型孔挤压模
— gear	星形齒輪	スパイダギヤー	星形齿轮
— spring	十字形彈簧	スパイダスプリング	十字形弹簧
spiegel	鏡鐵;鐵錳合金;低錳鐵	鏡鉄	镜铁;铁锰合金;低锰铁
— iron	鏡鐵;鐵錳合金;低錳鐵	鏡鉄	镜铁;铁锰合金;低锰铁
spiegeleisen	鏡鐵;鐵錳合金;低錳鐵	鏡鉄	镜铁;铁锰合金;低锰铁
spigot	塞子;插口;嵌入;聯接器	差口	塞子;插口;嵌入;联接器
— bearing	輕載軸承;導向軸承	スピゴットベアリング	轻载轴承;导向轴承
— die	導向鍛造模	差込み型	导向(锻造)模
— joint	套管接合;窩接	いんろう継手	套管接合;窝接
spike dowel	嵌入式環形銷	圧入ジベル	嵌入式环形销
spiked ring dowel	齒〔爪〕形環銷;裂環榫	つめ付き輪形ジベル	齿〔爪〕形环销;裂环榫
spill	薄片;小栓	こぼれ	薄片;小栓
— guard	溢流防護裝置	スピルガード	溢流防护装置
spillage	泄漏;泄漏量	漏えい	泄漏;泄漏量
— oil	流出油	流出油	流出油
spillover valve	溢流閥	スピルオーバ弁	溢流阀
spin	旋轉;自旋	自転	旋转;自旋
— angular momentum	自旋角動量	スピン角運動量	自旋角动量
— axis	轉軸	スピン軸	转轴
— machine	旋轉拉絲機	スピンドロー機	旋转拉丝机
— finishing	旋轉研磨	ろくろ研磨	旋转研磨
— hard heat treatment	旋轉工件表面淬火(法)	回転表面焼入れ	旋转工件表面淬火(法)
— hardening	工件旋轉加熱淬火	回転焼入れ	工件旋转加热淬火
— head	旋轉頭	スピンヘッド	旋转头
— welding	旋轉銲接	回転溶接	旋转焊接
spindle	主軸;軸;心軸;推桿	心棒;主軸	主轴;轴;心轴;推杆
— band	主軸套	スピンドルバンド	主轴套
— bore	主軸內;主軸孔	スピンドルボア	主轴内;主轴孔
— brake	主軸制動器	スピンドルブレーキ	主轴制动器
— bush	主軸套筒	主軸ブッシュ	主轴套筒
— carrier	主軸箱;床頭;軸支持裝置	スピンドルキャリヤ	主轴箱;床头;轴支持装置
— center	主軸中心;主軸頂尖	スピンドルセンタ	主轴中心;主轴顶尖
— collar	軸環〔套〕	軸輪	轴环〔套〕
— drive	主軸傳動機構	スピンドルドライブ	主轴传动机构
— gage	軸式量規	スピンドルゲージ	轴式量规
— gage head	軸式測頭	スピンドル式検出器	轴式测头
— gill box	主軸箱	スピンドルギル	主轴箱

S

英文	臺灣	日文	大陸
— head	主軸箱	工作主軸台	主轴箱
— head saddle	主軸箱托架	主軸サドル	主轴箱托架
— hole	主軸孔	スピンドル孔	主轴孔
— housing	主軸套	スピンドルハウジング	主轴套
— metal	主軸軸承	スピンドルメタル	主轴轴承
— molder	齒輪倒角機	面取り盤	(齿轮)倒角机
— oil	軸(潤滑)油	スピンドル油	轴(润滑)油
— press	螺旋沖床	スピンドルプレス	螺旋压力机
— rail	主軸導軌	スピンドルレール	主轴导轨
— saddle	主軸滑動座架	主軸サドル	主轴滑动座架
— sander	砂輪磨光機	スピンドルサンダ	砂轮磨光机
— set pin	分度盤上軸定位銷	スピンドルセットピン	(分度盘上)轴定位销
— slide	主軸滑座	主軸サドル	主轴滑座
— speed regulator	主軸變速裝置	スピンドル変速装置	主轴变速装置
— stock	主軸座	主軸台	主轴座
— stopper	主軸定位器	スピンドルストッパ	主轴定位器
— taper hole	主軸錐孔	主軸穴	主轴锥孔
— torque	主軸扭矩	スピンドルトルク	主轴扭矩
— unit	主軸元件〔裝置〕	主軸ユニット	主轴部件〔装置〕
— vibration	軸振動	軸振動	轴振动
spinforming	旋壓	回転成形	旋压
spining station	旋轉台	スピニングステーション	旋转台
spinner	電動扳手;快速回轉工具	スピンナ	电动扳手;快速回转工具
— gate	離心集渣澆口	回しぜき	离心集渣浇口
spinning former	旋壓成形機	スピニングフォーマ	旋压成形机
— motion	旋轉運動	スピン運動	旋转运动
— process	旋壓法	スピニング法	旋压法
— tube	旋壓管	糸道ダクト	旋压管
— unit	旋壓裝置	スピニングユニット	旋压装置
spintable	旋轉台	スピンテーブル	旋转台
spiracle	通氣孔;氣門	気門	通气孔;气门
spiral	螺旋(管);螺線	ら線	螺旋(管);螺线
— agitator	螺旋攪拌機	ら旋帯かくはん機	螺旋搅拌机
— angle	螺旋角	ねじれ角	螺旋角
— auger	螺旋鑽	ら旋状オーガ	螺旋钻
— bevel gear	螺旋錐齒輪	はすば傘歯車	螺旋锥齿轮
— bevel gear cutter	螺旋錐齒輪銑刀	まがり歯傘歯車用カッタ	螺旋锥齿轮铣刀
— bevel gear generator	螺旋錐齒輪切齒機	まがり歯傘歯車歯切盤	螺旋锥齿轮切齿机
— Bourdon tube	螺旋(形)彈簧管;波登管	渦巻ブルドン管	螺旋(形)弹簧管;波登管
— broach	螺旋拉刀	スパイラルブローチ	螺旋拉刀

英文	臺灣	日文	大陸
— cam	螺旋凸輪;圓柱螺線凸輪	スパイラルカム	螺旋凸轮;圆柱螺线凸轮
— chute	螺旋式滑道	ら旋形滑り台	螺旋式滑道
— column	螺旋形柱;麻花形柱	ねじれ柱	螺旋形柱;麻花形柱
— connector	螺旋連接器	スパイラルコネクタ	螺旋连接器
— conveyer	螺旋輸送機	ねじコンベヤ	螺旋输送机
— cut	螺旋切削	スパイラルカット	螺旋切削
— cutter	螺旋(齒)銑刀	はすばフライス	螺旋(齿)铣刀
— cutting	螺旋形切削	スパイラルカッティング	螺旋形切削
— dislocation	螺旋形差排	渦巻状転位	螺旋型位错
— drill	螺旋鑽	ら旋ぎり	螺旋钻
— gear	螺旋齒輪	スパイラルギヤー	螺旋齿轮
— growth	螺旋生長	渦巻成長	螺旋生长
— line	螺旋線;渦線;螺紋	渦巻線	螺旋线;涡线;螺纹
— machine	螺旋線切割機	スパイラルマシン	螺旋线切割机
— mill	螺旋(齒)銑刀	スパイラルミル	螺旋(齿)铣刀
— mixer	螺旋式混合機〔器〕	リボンブレンダ	螺旋式混合机〔器〕
— point angle	螺旋錐尖角	スパイラルポイント角	螺旋锥尖角
pointed tap	刃傾角絲攻;螺尖絲攻	ガンタップ	刃倾角丝锥;螺尖丝锥
— polishing machine	螺旋拋光機	渦巻機	螺旋抛光机
— propeller	螺旋推進器	スパイラルプロペラ	螺旋推进器
— pump	螺旋泵	ら旋ポンプ	螺旋泵
— reamer	螺旋(槽;齒)銑刀	ねじれリーマ	螺旋(槽;齿)铣刀
— ring	螺旋環	ら旋環	螺旋环
— roller	螺旋滾子〔托輥〕	スパイラルローラ	螺旋滚子〔托辊〕
— spring	盤簧;卷簧	渦巻ばね	盘簧;卷簧
— surface	螺旋面	ら旋面	螺旋面
— taper reamer	螺旋槽式錐鉸刀	スパイラルテーパリーマ	螺旋槽式锥铰刀
— test	(流動性)螺線試驗(法)	渦巻試験法	(流动性)螺线试验(法)
— trimming	螺旋式微調	スパイラルトリミング	螺旋式微调
— twist	螺旋形捻度	ら旋より	螺旋形捻度
— valve	螺旋閥	ら旋弁	螺旋阀
— wire	螺旋線	スパイラル線	螺旋线
— wound gasket	螺旋形襯墊〔密封墊〕	渦巻形ガスケット	螺旋形衬垫〔密封垫〕
— wound roller bearing	螺旋滾拉軸承	たわみころ軸受	螺旋滚拉轴承
spiralization	螺旋形成	ら旋化	螺旋形成
spirally welded tube	螺旋銲縫管	スパイラル溶接管	螺旋焊缝管
spire	螺旋;螺線;錐形體	渦巻;ら旋	螺旋;螺线;锥形体
spiro-union	螺接	スピロ結合	螺接
spirt	沖;濺;噴進	噴出	冲;溅;喷进
spitting	爆出火花;吐出	スピッチング	爆出火花;吐出

英文	臺灣	日文	大陸
splash	濺射;噴霧	スプレーしぶき	溅射;喷雾
— bar	攪拌	かき混ぜ棒	搅拌
— casting	噴濺式澆注	スプラッシュ注型	喷溅式浇注
— lubrication	飛濺潤滑	飛まつ給油	飞溅润滑
— system	飛濺潤滑系統;飛濺法	スプラッシュシステム	飞溅润滑系统;飞溅法
— trough	飛濺潤滑油池;飛濺槽	スプラッシュトラフ	飞溅润滑油池;飞溅槽
splashings	噴濺物;鐵豆〔鑄造缺陷〕	飛まつ粒	喷溅物;铁豆〔铸造缺陷〕
splat	壓縫板條;薄板	目板;薄板	压缝板条;薄板
splayed joint	斜面接頭;楔形面接頭	そぎ継ぎ	斜面接头;楔形面接头
— spring	喇叭狀配置彈簧	スプレードスプリング	喇叭状配置弹簧
splice	接頭;鑲接;黏接;拼接	ない継ぎ;継手	接头;镶接;粘接;拼接
— joint	夾板接合;拼接板接頭	挟み継ぎ	夹板接合;拼接板接头
— piece	拼接板;鑲接板;鐵夾板	添金物	拼接板;镶接板;铁夹板
splicer	接合器;接帶器	継ぎ台	接合器;接带器
splicing angle	拼接角鋼	添継ぎ山形鋼	拼接角钢
spline	栓槽;曲線板;鑲榫;鍵	雲形定規	花键;曲线板;镶榫;键
— batten	活動曲線規	しない定規	活动曲线规
— broach	栓槽拉刀	スプラインブローチ	花键拉刀
— by butter fly	雙楔形銷釘	千切り	双楔形销钉
— gage	栓槽量規	スプラインゲージ	花键量规
— grinding	栓槽磨削	スプライン研削	花键磨削
— grinding machine	栓槽磨床	スプライン研削盤	花键磨床
— hob	栓槽滾刀	スプライン切り用ホブ	花键滚刀
— milling cutter	栓槽銑刀	スプラインフライス	花键铣刀
— milling machine	栓槽銑床	溝切フライス盤	花键铣床
— plug gage	栓槽塞規	スプラインプラグゲージ	花键塞规
— rack type cutter	齒條式栓槽插刀	スプラインラックカッタ	齿条式花键插刀
— ring gage	栓槽環規	スプラインリングゲージ	花键环规
— shaft	栓槽軸	スプライン軸	花键轴
— tooth	栓槽齒	スプライン刃	花键齿
splinter	碎片〔塊;屑〕	破片;砕片	碎片〔块;屑〕
splintery fracture	粗糙斷面	裂木状断口	粗糙断面
split	裂縫;裂紋;分解	割目	裂缝;裂纹;分解
— aging	兩段時效〔常用於鋁合金〕	スプリットエージング	两段时效〔常用於铝合金〕
— axle	分(離)軸	スプリット形車軸	分(离)轴
— bearing	可調軸承;對開式軸承	割軸受	可调轴承;对开式轴承
— bearing ring single-cut	單切口剖分式軸承套圈	割れ目入り軌道輪	单切口剖分式轴承套圈
— belt pulley	拼合皮帶輪	割ベルト車	拼合皮带轮
— body valve	主體剖分式閥	主体分割型弁	主体剖分式阀
— bolt	開尾螺栓	スプリットボルト	开尾螺栓

英文	臺灣	日文	大陸
— bulging die	扇形塊脹形模	バルジ成形用割り型	扇形块胀形模
— cavity mold	分裂槽式模具	割り型	分裂槽式模具
— chaining field	分離鏈接字段	分割連鎖フィールド	分离链接字段
— chuck	彈簧夾頭	スプリットチャック	弹簧卡盘
— clutch	開口環離合器	割輪クラッチ	开口环离合器
— collet	彈簧(套筒)夾頭	スプリットコレット	弹簧(套筒)夹头
— cone	對開式錐體	スプリットコーン	对开式锥体
— contact	雙頭接點	分割接点	双头接点
— cotter pin	開口〔尾〕銷	割ピン	开口〔尾〕销
— die	組合模;拼合模	組型	组合模;拼合模
— drum	裂筒式;分開式滾筒	スプリットドラム	裂筒式;分开式滚筒
— face	開裂面;分塊面	スプリットフェース	开裂面;分块面
— gear	拼合齒輪	割り歯車	拼合齿轮
— mold	拼合模;組合模;對開鑄模	割り型	拼合模;组合模;对开铸模
— muff coupling	開口套筒聯軸節	抱き締め継手	开口套筒联轴节
— nut	拼合螺母;開縫螺母	割りナット	拼合螺母;开缝螺母
— off	分離;分裂	分離	分离;分裂
— part	組合元件	割り部品	组合部件
— pattern	分塊模;對分模;組合模	分割模型	分块模;对分模;组合模
— pin	開口〔尾〕銷	割りピン	开口〔尾〕销
— pipe	裂縫管	割管	裂缝管
— pulley	拼合皮帶輪	割ベルト車	拼合皮带轮
— punch pad	可分式凸模壓板	分割式ポンチパッド	可分式凸模压板
— rivet	開口鉚釘	足割りリベット	开口铆钉
— spring	開口彈簧	割ればね	开口弹簧
— test	劈裂試驗	割裂試験	劈裂试验
— thimble	拼裝套管	割り継輪	拼装套管
— unit system	分開〔隔〕組件方式	スプリットユニット方式	分开〔隔〕组件方式
split-ring dowel	裂縫環榫;開縫環形暗銷	切れ目付き輪形ジベル	裂缝环榫;开缝环形暗销
splitter	劈尖;分裂器	か流防止壁	劈尖;分裂器
— angle	分離器角度	スプリッタ角	分离器角度
splitting stress	劈裂應力	割裂応力	劈裂应力
— tensile strength	劈裂強度;撕裂強度	割裂引張り強度	劈裂强度;撕裂强度
— test	開裂試驗;劈裂試驗	圧裂試験	开裂试验;劈裂试验
spoiling	鋼的碳化物分解變壞	スポイリング	钢的碳化物分解变坏
spoke handle	輻式手輪〔輪盤〕	スポークハンドル	辐式手轮〔轮盘〕
— key	輻條扳手	スポークキー	辐条扳手
— ring	輻環	スポークリング	辐环
— wheel	輻式車輪;輻輪	スポーク車輪	辐式车轮;辐轮
— wire	輻條鋼絲	スポーク線	辐条钢丝

英文	臺灣	日文	大陸
sponge grease	海綿狀潤滑脂	海綿状グリース	海绵状润滑脂
— iron	海綿鐵	海綿鉄	海绵铁
— lead	海綿鉛	海綿鉛	海绵铅
— metal	海綿金屬;多孔金屬	スポンジメタル;かわ	海绵金属;多孔金属
— plastics	多孔塑料	海綿状プラスチック	多孔塑料
— platinum	海綿鉑;鉑絨	海綿状白金	海绵铂;铂绒
— rubber	海綿(狀)橡膠	海綿状ゴム	海绵(状)橡胶
— titanium	海綿(狀)鈦	海綿状チタン	海绵(状)钛
sponging agent	發泡劑;海綿化劑	発泡剤	发泡剂;海绵化剂
spongy platinum	海綿狀鉑	白金海綿	海绵状铂
— structure	海綿狀結構	海綿状構造	海绵状结构
spontaneous annealing	自身退火	自鈍	自身退火
— coagulation	自凝固	自然凝固	自凝固
— crystalliztion	自發結晶	自発結晶	自发结晶
— fracture	自發破壞〔無外力作用〕	自然発生破壊	自发破坏〔无外力作用〕
— polymerization	自然聚合;自聚	自然重合	自然聚合;自聚
spool type valve	滑閥	スプール弁	滑阀
spot	斑點;點;場所;位置	はん点	斑点;点;场所;位置
— check	局部探傷	部分探傷	局部探伤
— cooling	局部冷卻	スポットクーリング	局部冷却
— explosive bonding	點爆炸接合法	点爆接	点爆炸接合法
— hole	定位孔	押し穴	定位孔
— map	現場圖	現場(地)図	现场图
— welder	點銲機	スポット溶接機	点焊机
— welding	點銲	点溶接	点焊
— welding machine	點銲機	点溶接機	点焊机
— welding primer	點銲底漆	点溶接プライマ	点焊底漆
— welding sealer	點銲用密封材料	スポット溶接用シーラ	点焊用密封材料
— welding timer	點銲時間調整器	点溶接時間調整器	点焊时间调整器
spotter	中心鑽;測位儀;除污機	スポッタ	中心钻;测位仪;除污机
spotting press	修整沖模沖床	スポッティングプレス	修整冲模压力机
— tool	中心鑽	心立てバイト	中心钻
spotting-in	鑽中心孔;配刮(削)加工	型合せ;型調整	钻中心孔;配刮(削)加工
spout	出鐵口;流出槽	注ぎ口;流れ口	出铁口;流出槽
spray burnishing	噴射拋光〔磨光〕	スプレーバフ	喷射抛光〔磨光〕
— gun	噴射電子槍;噴槍	噴霧器	喷射电子枪;喷枪
— hardening	噴水淬火	噴水焼入れ	喷水淬火
— polishing	噴射拋光〔磨光〕	スプレーバフ	喷射抛光〔磨光〕
— quenching	噴水淬火	スプレー焼入れ	喷水淬火
— washer	噴射〔水〕式清洗機	水洗装置	喷射〔水〕式清洗机

英　文	臺　灣	日　文	大　陸
— water control valve	噴水調節閥	スプレー調節弁	喷水调节阀
sprayed metal coating	金屬熔融噴鍍(塗)層	金属溶射被覆	金属熔融喷镀(涂)层
sprayer	噴射裝置;噴霧器	霧吹き;噴霧器	喷射装置;喷雾器
spraying	噴鍍;噴霧;噴塗	吹付け塗り;溶射	喷镀;喷雾;喷涂
spread	延伸;展開;範圍	展開	延伸;展开;范围
spreader	擴張器;敷展劑	のり引機	扩张器;敷展剂
spreading	延展;擴孔鍛造;展寬	展開	延展;扩孔锻造;展宽
— calender	等速滾壓機	等速つや出しロール機	等速滚压机
— phenomenon	擴散現象	拡がり現象	扩散现象
sprigging	插釘	ピン止め	插(型)钉
spring	彈簧;彈回;軋輥彈起度	スプリング;ばね	弹簧;弹回;轧辊弹起度
— action	彈簧作用	ばね作用	弹簧作用
— action cock	彈簧旋塞	ばね水栓	弹簧旋塞
— assembly	彈簧裝配(件)	スプリング部品	弹簧装配(件)
— attachment	彈簧壓緊裝置	ばねアタッチメント	弹簧压紧装置
— bar	簧桿	ばね棒	簧杆
— beam	大樑;系樑	大ばり	大梁;系梁
— bearing	彈簧支架	ばね受け	弹簧支架
— bender	彈簧折彎機	ばね曲げ	弹簧折弯机
— bolt	彈簧栓;棘螺栓	鬼ボルト	弹簧栓;棘螺栓
— box	彈簧盒;彈簧箱	ばね箱	(弹)簧盒;弹簧箱
— brake	彈簧制動器	スプリングブレーキ	弹簧制动器
— bracket	彈簧托架	スプリングブラケット	(弹)簧(托)架
— brass	彈簧黃銅	ばね黄銅	弹簧黄铜
— buckle	彈簧箍	胴締めばね	(弹)簧箍
— buffer	彈簧緩衝器	ばね緩衝器	弹簧缓冲器
— bush	彈簧襯套;彈性襯套	スプリングブッシュ	弹簧衬套;弹性衬套
— caliper	彈簧卡鉗	スプリングキャリパ	弹簧卡钳
— cap	彈簧帽〔罩〕;彈簧上座	スプリングカップ	弹簧帽〔罩〕;弹簧上座
— capacity	彈簧容量	ばね容量	弹簧容量
— center	彈簧頂心	スプリングセンタ	弹簧顶尖
— center punch	彈簧中心沖頭	スプリングセンタポンチ	弹簧中心冲头
— centered valve	彈簧中心閥	スプリングセンタ式弁	弹簧中心阀
— chuck	彈簧夾頭	スプリングチャック	弹簧夹头
— clutch	彈簧離合器	スプリングクラッチ	弹簧离合器
— coil	簧圈	スプリングコイル	簧圈
— coiling machine	卷簧機	ばね巻機	卷簧机
— collar	彈簧擋圈	スプリングカラー	弹簧挡圈
— collet	彈性夾套(頭)	スプリングコレット	弹性夹套(头)
— compasses	彈簧圓規	ばねコンパス	弹簧圆规

英文	臺灣	日文	大陸
— constant	彈簧常數〔剛度〕	ばね定数	弹簧常数〔刚度〕
— contact	彈簧接點;彈簧接觸	ばね接点	弹簧接点;弹簧接触
— control	彈簧控制;游絲調整	ばね制御	弹簧控制;游丝调整
— cotter	彈簧銷	割ピン	弹簧销
— cushion	彈簧墊;彈性緩衝器	ばね式クッション	弹簧垫;弹性缓冲器
— cut-off tool	彈性切斷刀	ヘール突切りバイト	弹性切断刀
— dies	可調式板牙	ばねダイス	可调式板牙
— dividers	彈簧分規;彈簧兩腳規	ばね形ディバイダ	弹簧分规;弹簧两脚规
— effect	彈簧效能;發條效能	スプリングエフェクト	弹簧效能;发条效能
— equalizing device	彈簧平衡裝置	ばね釣り合い装置	弹簧平衡装置
— eye	簧眼;鋼板彈簧卷耳	ばね耳	簧眼;钢板弹簧卷耳
— finger	彈簧爪式定位裝置	ばね付きフィンガ	弹簧爪式定位装置
— for driving shaft	傳動軸用彈簧	クラッチばね	传动轴用弹簧
— force	彈力;回彈力	ばね力	弹力;回弹力
— forming machine	簧片成形機	ばね板曲げ機	簧片成形机
— gage	彈性擋料裝置	ばねゲージ	弹性挡料装置
— gear	彈簧裝置	ばね装置	弹簧装置
— governor	彈簧式(離心)調速器	ばね調速機	弹簧式(离心)调速器
— hammer	彈簧錘	ばねハンマ	弹簧锤
— hanger bracket	彈簧支柱架	ばねつり受け	板簧悬挂装置
— hinge	彈簧鉸鏈;自由鉸鏈	自由丁番	弹簧铰链;自由铰链
— hole	彈簧窩	ばね穴	弹簧窝
— hook	彈簧鉤	スプリングフック	弹簧钩
— index	彈簧指數	ばね指数	弹簧指数
— key	彈簧鍵	ばねキー	弹簧键
— leaf	鋼板彈簧主片;簧片	板ばね	钢板弹簧主片;簧片
— lever	彈簧桿	スプリングレバー	弹簧杆
— load	彈簧承載量	ばね上重量	弹簧承载量
— loaded ball valve	彈簧球閥	吹出しボールバルブ	弹簧球阀
— loaded brake	彈簧制動器	スプリングブレーキ	弹簧制动器
— loaded shedder	彈簧卸料裝置	はね式突き落とし装置	弹簧卸料装置
— mass system	彈簧質量系統	ばね質量系	弹簧质量系统
— mattress	彈簧墊	ばね入敷布団	弹簧垫
— moter	發條驅動;發條傳動裝置	ばねモータ	发条驱动;发条传动装置
— mount	彈性安裝〔支撐〕	スプリングマウント	弹性安装〔支撑〕
— mounting	彈簧墊架	ばねマウント	弹簧垫架
— pad	彈簧墊	スプリングパッド	弹簧垫
— peg	彈簧栓	ばね掛け	弹簧栓
— perches	裝彈簧的夾具	スプリングパーチェス	弹簧安装架
— piece	彈簧片	スプリングピース	弹簧片

英文	臺灣	日文	大陸
— pilot	彈簧退讓式導銷	スプリングパイロット	弹簧退让式导销
— pin	彈簧銷	スプリングピン	弹簧销
— pivot	彈簧心軸	スプリングピボット	弹簧心轴
— plank	彈板;支承枕簧的橫樑	ばね受けばり	弹板;支承枕簧的横梁
— plug	彈簧塞	スプリングプラグ	弹簧塞
— return	彈簧復位	ばね復帰	弹簧复位
— return cylinder	彈簧回程缸	ばね復帰シリンダ	弹簧回程缸
— return valve	彈簧回流閥	スプリング戻り式弁	弹簧回流阀
— rigging	彈簧裝置	ばね装置	弹簧装置
— ring	彈簧環;彈簧圈	スプリングリング	弹簧环;弹簧圈
— ring dowel	彈簧環銷	ばね輪形ジベル	弹簧环销
— roller	彈簧滾柱	スプリングローラ	弹簧滚柱
— saddle	彈簧座	ばね台	弹簧座
— safety valve	彈簧安全閥	ばね安全弁	弹簧安全阀
— seat	彈簧座	ばね座	弹簧座
— setter	彈簧調節器	ばね調節器	弹簧调节器
— shackle	彈簧鉤環;鋼板彈簧吊耳	ばねつり手	弹簧钩环;钢板弹簧吊耳
— sheet holder	簧片支銷〔架〕	スプリングシートホルダ	簧片支销〔架〕
— shock absorber	彈簧緩衝〔減震〕器	ばね緩衝器	弹簧缓冲〔减震〕器
— shoe	彈簧支架	ばね受け	弹簧支架
— spreader	彈簧擴張器	スプリングスプレッダ	弹簧扩张器
— steel	彈簧鋼	ばね鋼	弹簧钢
— stock gage	彈簧式坯料定位裝置	ばね式材料送り案内	弹簧式坯料定位装置
— stock guide	彈簧式導料板	ばね式材料送り案内	弹簧式导料板
— swage	彈簧陷型模	ばねタップ	弹簧陷型模
— take-up	彈簧鬆緊裝置	スプリングテークアップ	弹簧松紧装置
— tension	彈簧張力	ばね張力	弹簧张力
— tester	彈簧疲勞試驗器	スプリングテスタ	弹簧疲劳试验器
— tool	彈簧車刀	ばねバイト	弹簧车刀
— type sensor	彈簧式感測器	スプリング形センサ	弹簧式传感器
— U bolt	彈簧U形螺栓	スプリングユーボルト	弹簧U形螺栓
— washer	彈簧墊圈	ばね座金	弹簧垫圈
— wire	彈簧鋼絲	スプリングワイヤ	弹簧钢丝
spring-back	彈性變形回復;回彈	ばねかえり	弹性变形回复;回弹
— cylinder	彈簧回程氣壓缸	ばね復帰シリンダ	弹簧回程缸
spring-backed pilot	彈性導正銷	ばね押え式パイロット	弹性导正销
— quill	彈性套管	ばね押え式キル	弹性套管
— type indirect pilot	彈簧式間接導正銷	ばね圧式間接パイロット	弹簧式间接导正销
spring-balance pull	彈簧拉伸負載	ばねばかり引張り荷重	弹簧拉伸负荷
— type servovalve	彈簧平衡式伺服閥	ばね平衡形サーボ弁	弹簧平衡式伺服阀

S

英　　文	臺　　灣	日　　文	大　　陸
springing	弹性装置;弹性;反跳	弹性	弹性装置;弹动;弹性
— weight	弹簧承重	ばね上重量	弹簧承重
sprocket	鏈輪	起動輪	链轮
— chain	鏈輪環鏈;扣齒鏈	鎖止め	链轮环链;扣齿链
— crank	鏈輪曲柄	スプロケットクランク	链轮曲柄
— drive	鏈傳動	スプロケット駆動	链传动
— feed	鏈輪傳動	スプロケットフィード	链轮传动
— gear	鏈輪	スプロケットホイール	链轮
— hob	鏈輪滾刀	スプロケットホブ	链轮滚刀
— hole	鏈輪孔;定位孔;導孔	スプロケット孔	链轮孔;定位孔;导孔
— milling cutter	鏈輪銑刀	スプロケットフライス	链轮铣刀
— track	鏈輪輪距	繰出し孔トラック	链轮轮距
— wheel	鏈輪	鎖車	链轮
— wheel cover	鏈輪罩	歯形ベルトカバー	链轮罩
sprue	澆道;澆口	湯口;湯道	浇铸道;浇口
— base	直澆口窩	湯口底	直浇口窝
— bush	澆道套	スプルーブッシュ	浇道套
— cup	澆口杯	受け湯輪	浇口杯
— cutter	澆口切斷機;澆道銑刀	湯口切断機	浇口切断机;浇道铣刀
— cutting	澆口切除	湯口切断	浇口切除
— gate	直澆口	スプルーゲート	直浇口
— groove	直澆道環槽	湯溝;鋳道	直浇道环槽
— hole	(直)澆口窩;直澆口	湯口穴	(直)浇口窝;直浇口
— lock pin	鑄模鎖栓	スプルーロックピン	铸型锁栓
— plug valve	柱塞〔閥〕;澆口柱塞	ストッパ	柱塞〔阀〕;浇口柱塞
— runner	澆口;(注射塑模的)流道	スプルーランナ	浇口;(注射塑模的)流道
— shearing	澆口切除	湯口取り	浇口切除
spruing	打澆冒口	湯口取り	打浇冒口
sprung axle	拱形軸;彎曲軸	スプラングアクスル	拱形轴;弯曲轴
spun bearing	離心澆鑄軸承	スパンベアリング	离心浇铸轴承
spun-in metal	離心澆鑄軸承〔合金〕	スパンインメタル	离心浇铸轴承〔合金〕
spur	支架;齒輪;壓桿	スパー;スプル	支架;齿(轮);压杆
— bevel gear	直齒錐齒輪	食違い歯車	直齿锥齿轮
— furnace	帶前爐的化鐵爐	スパー式前床付よう鉱炉	带前炉的化铁炉
— gear	正齒輪;直齒圓柱齒輪	平歯車	正齿轮;直齿圆柱齿轮
— gearing	正齒輪傳動裝置	平歯車装置	正齿轮传动装置
— pinion	小正齒輪	拍車小歯車	小正齿轮
— wheel	正齒輪;直齒圓柱齒輪	平歯車	正齿轮;直齿圆柱齿轮
spurt	濺散;噴出	噴出	溅散;喷出
sputter	濺射;噴射;飛濺	飛まつ作用	溅射;喷射;飞溅

英文	臺灣	日文	大陸
— ion pump	濺射離子泵	スパッタイオンポンプ	溅射离子泵
sputtered layer	蒸鍍層;濺射層	蒸着層	蒸镀层;溅射层
sputtering of metal	金屬噴鍍	金属噴射めっき	金属喷镀
— unit	噴鍍裝置	スパッタリング装置	喷镀装置
square	直角尺;正方形	直角定規	直角尺;正方形
— bar	方鋼;方鐵條	角鋼	方钢;方铁条
— bar grating	方鋼格子	角鋼格子	方钢格子
— bolt	方螺栓	角ボルト	方螺栓
— broach	方孔拉刀	四角ブローチ	方孔拉刀
— butt weld	無坡口對接銲	I形突合せ溶接	无坡口对接焊
— center	正方形中心	四つ目センタ	正方形中心
— coupling	方頭聯軸節	方頭継手	方头联轴节
— crossing	十字形交叉;直角交叉	直角交差	十字形交叉;直角交叉
— cut	直角切割	直角切断	直角切割
— die	方形板牙	角ダイス	方形板牙
— drift	方沖頭	角ドリフト	方冲头
— edge	直角邊	直角へり	直角边
— edged orifice	正方孔	方孔	(正)方孔
— elbow	直角彎管接頭	スクェアエルボー	直角弯管接头
— end mill	方端銑刀	スクェアエンドミル	方端铣刀
— file	方銼	角やすり	方锉
— groove weld	I型坡口銲接;平頭對接銲	I形突合せ溶接	I型坡口焊接;平头对接焊
— head bolt	方頭螺栓	四角ボルト	方头螺栓
— head set screw	方頭固定螺釘	四角止めねじ	方头固定螺钉
— heading joint	對接接頭;碰頭接	突付け端接ぎ	对接接头;碰头接
— inch	平方英寸	平方インチ	平方英寸
— key	矩形鍵	角キー	矩形键
— joint	通縫;直線接縫	いも目地	通缝;直线接缝
— matrix	方形矩陣;方陣	正方マトリクス	方形矩阵;方阵
— nose bent tool	方頭彎頭車刀	向きバイト	方头弯头车刀
— nose straight tool	切槽刀;精車刀	平剣バイト	切槽刀;精车刀
— nut	方(形)螺母	四角ナット	方(形)螺母
— pipe	方形管	角パイプ	方形管
— plate	正方形板	正方形板	正方形板
— pole	方形管	四角柱	方形管
— punch	方沖頭	角パンチ	方冲头
— ram	方形壓頭;方形撞桿	スクェアラム	方形压头;方形撞杆
— saw	方鋸	角のこ	方锯
— scale	角尺	角尺	角尺
— shear	龍門剪床	スクェアシャー	龙门剪床

S

英　文	臺　灣	日　文	大　陸
— shouldered punch	方形台肩沖頭	角形ショルダ付きポンチ	方形台肩冲头
— socket	矩形插口;矩形管套	四角穴	矩形承窝;矩形管套
— steel	方鋼	角鋼	方钢
— steel bar	方鋼條〔筋〕	角棒鋼	方钢条〔筋〕
— table	方形工作台	角テーブル	方形工作台
— tap	方形絲攻	スクェアタップ	方形丝锥
— thread	方形螺紋;矩形(牙)螺紋	角ねじ	方螺纹;矩形(牙)螺纹
— tongs	方口鉗	角はし	方口钳
— tool rest	四方刀架	四角刃物台	四方刀架
— turret	四方刀架	四角刃物台	四方刀架
— washer	方墊圈	角（形）座金	方垫圈
squareness	垂直度	直角度	垂直度
squeegee pump	擠壓泵	スクイジーポンプ	挤压泵
squeeze	擠壓;壓實造模機;彎曲機	つぶししろ	挤压;压实造型机;弯曲机
— board	壓實板〔震壓造模機上的〕	締め定盤	压实板〔震压造型机上的〕
— machine	壓實造模機;壓實機	スクイーズマシン	压实造型机;压实机
— molding	擠壓造模;壓實造模	圧搾造型	挤压造型;压实造型
— plate	壓頭;壓實板;正壓板	スクイーズプレート	压头;压实板;正压板
— rammer	壓實造模機	スクイーズラマ	压实造型机
— riveter	壓鉚機	ひょう締め機	压铆机
— roll	擠壓軋輥	絞りロール	挤压轧辊
— tube	擠壓管材	絞り出し	挤压管材
— valve	擠壓閥;壓實閥	スクイーズバルブ	挤压阀;压实阀
squeezed joint	壓緊接合;擠壓接合	圧搾接ぎ	压紧接合;挤压接合
squeezer	擠壓機;彎板機;壓彎機	押曲げ器	挤压机;弯板机;压弯机
squeezing dies	擠壓模;壓印模	スクイージングダイス	挤压模;压印模
— process	擠壓加工;壓印加工法	スクイーズ法	挤压加工;压印加工法
— roller	擠壓輥	絞りロール	挤压辊
— test	壓扁試驗	圧かい試験	压扁试验
squill vice	弓形夾鉗;C型夾鉗	しゃこ万力	弓形夹钳;C型夹钳;卡兰
squint	窺視窗;斜視角	斜視角	窥视窗;斜视角
squirt hole	噴油孔	スクワートホール	喷油孔
squish	壓扁;壓碎	スキッシュ	压扁;压碎
stab screw thread	粗製螺紋	低山ねじ	粗制螺纹
stabilising anneal	消除內應力退火	応力除去焼なまし	消除内应力退火
stability	穩定性;復原力;穩性	安定性	稳定性;复原力;稳性
— augmentation	增穩裝置	自動安全装置	增稳装置
— constant	穩定常數	安定定数	稳定常数
— criterion	穩定準則;穩定性判別式	安定性判別式	稳定准则;稳定性判别式
— test	穩定性試驗	安定性試験	稳定性试验

英　文	臺　灣	日　文	大　陸
stabilized stainless steel	穩定化不銹鋼	安定化ステンレス鋼	稳定化不锈钢
— steel sheet	非時效鋼板	安定処理鋼板	非时效钢板
stabilizer unit	穩定裝置	スタビライザユニット	稳定装置
stabilizing	穩定;蒸氣壓力調節	蒸気圧調節;安定化	稳定;蒸气压力调节
— annealing	穩定化退火	安定化焼なまし	稳定化退火
— ring	定位環	位置決め輪	定位环
— treatment	穩定處理;時效	安定化処理	稳定处理;时效
stable arc	穩定電弧	安定アーク	稳定电弧
stack	爐身;煙囪	たい積	炉身;烟囱
stacked valve	組合閥	集合弁	组合阀
stadiometer	測距儀	スタジオメータ	测距仪
staff	標尺;小軸	標尺	标尺;小轴
stage	載物台;等級;階段	ステージ;段	载物台;等级;阶段
— pressure	級間壓力	段圧(力)	级间压力
— pump	多級泵	ステージポンプ	多级泵
— temperature	級溫	段温度	级温
— temperature drop	級溫降	段温度降下	级温降
— temperature rise	級溫升	段温度上昇	级温升
— turbine	多級渦輪	ステージタービン	多级涡轮
stagger angle	交錯角	食い違い角	交错角
— blanking	交錯沖裁;鋸齒形沖裁	ジグザグ抜き作業	交错冲裁;锯齿形冲裁
— cut press	交錯沖切沖床	ジグザグプレス	交错冲切压力机
— riveting	交錯鉚接	千鳥リベット締め	交错铆接
stainless	不銹鋼	不しゅう性の	不锈钢
— belt	不銹鋼帶	ステンレスベルト	不锈钢带
— cast steel	不銹鑄鋼	ステンレス鋼鋳鋼	不锈铸钢
— clad	不銹鋼被覆層	ステンレスクラッド	不锈钢被覆层
— clad steel	不銹包層鋼板	ステンレスクラッド鋼	不锈包层钢板
— iron	不銹鐵;鐵鉻耐蝕合金	ステンレス鉄	不锈铁;铁铬耐蚀合金
— pipe	不銹鋼管	ステンレスパイプ	不锈钢管
— ring	不銹鋼環	ステンレスリング	不锈钢环
— spring	不銹鋼彈簧	ステンレススプリング	不锈钢弹簧
— steel	不銹鋼	ステンレス鋼	不锈钢
— steel electrode	不銹鋼銲條	ステンレス鋼溶接棒	不锈钢焊条
— steel pipe	不銹鋼鋼管	ステンレス鋼パイプ	不锈钢钢管
— steel plate	不銹鋼鋼板	ステンレス鋼板	不锈钢钢板
— steel sheet	不銹鋼鋼板	ステンレス鋼板	不锈钢钢板
— steel wire	不銹鋼絲	ステンレス鋼線材	不锈钢丝
stair vice	階梯虎鉗	階段万力	阶梯虎钳
staking die	鉚接凹模;齒縫凹模	つぶし型	铆接凹模;齿缝凹模

英文	臺灣	日文	大陸
— punch	鉚接凸模;齒縫凸模	かしめ型	铆接凸模;齿缝凸模
stalk	軸;桿;柱;高煙囪	軸	轴;杆;柱;高烟囱
stall torque	停轉轉矩;最大轉矩	停動トルク	停转转矩;最大转矩
stalloy	薄鋼片;矽鋼片;矽鋼(片)	スタロイ	薄钢片;硅钢片;硅钢(片)
stamp	壓(製);沖頭;模具	打込機械	压(制);冲头;模具
— forging	模鍛;型鍛	型鍛造	模锻;型锻
— material	壓製材料	スタンプ材	压制材料
— mill	搗碎機;搗磨機	胴つき機械	捣碎机;捣磨机
— work	模鍛件	型打物	模锻件
stamped sheet metal	沖壓板料	打抜板金	冲压板料
stamper	壓模;模(沖)壓工	つききね	压模;模(冲)压工
stamping	沖壓;模鍛;壓印	型打ち;型鍛造	冲压;模锻;压印
— design	模鍛件設計	スタンピングデザイン	模锻件设计
— die	模鍛模;沖壓模;壓印模	鍛造打型	模锻模;冲压模;压印模
— foil	沖壓金屬薄片;沖壓箔	押はく	冲压金属薄片;冲压箔
— machine	沖壓機;熱模鍛沖床	型打機	冲压机;热模锻压力机
— press	沖壓機;熱模鍛沖床	スタンピングプレス	冲压机;热模锻压力机
— unit	沖壓裝置	打抜き装置	冲压装置
stanchion	支柱;柱子	支柱	支柱;柱子
stand	座;台;架;支架;試驗台	スタンド	座;台;架;支架;试验台
— roller	機架滾子	スタンドローラ	机架滚子
— spring	支架彈簧	スタンドばね	支架弹簧
— type bearing unit	立式軸承裝置	スタンド形軸受ユニット	立式轴承装置
standard	基準;規格;標準器;標準	標準;基準;規格	基准;规格;标准器;标准
— annealed copper	標準軟銅	標準軟銅	标准软铜
— bar	標準軸;檢驗棒	標準棒	标准轴;检验棒
— bearing	標準軸承	基本軸受	标准轴承
— bending moment	標準彎矩	標準曲げモーメント	标准弯矩
— block of hardness	標準硬度塊	硬さ基準片	标准硬度块
— boiling point	標準沸點	標準沸点	标准沸点
— cone	標準錐	標準円すい	标准锥
— coordinate system	標準座標系	標準座標系	标准坐标系
— copper	標準銅	標準銅	标准铜
— cylindrical specimen	圓筒形標準試驗體	標準円柱供試体	圆筒形标准试验体
— datum plane	基準面	基準面	基准面
— design strength	標準設計強度	設計基準強度	标准设计强度
— dimension	標準尺寸	標準寸法	标准尺寸
— dust	標準粉粒	標準粉体	标准粉粒
— form	標準形	標準形	标准形
— gage	標準量規;標準計〔規〕	基準ゲージ	标准量规;标准计〔规〕

英文	臺灣	日文	大陸
— gate	標準澆口	標準ゲート	标准浇口
— gear	標準齒輪	標準歯車	标准齿轮
— gradation	標準粒度	標準粒度	标准粒度
— height	標準高度	基準高	标准高度
— instrument	標準測試儀器	標準計器	标准测试仪器
— interface	標準界面	標準結合	标准接口
— isobaric surface	標準等壓面	標準等圧面	标准等压面
— laboratory atmospher	標準實驗室大氣壓	標準実験室環境	标准实验室(大)气压
— layout	標準布局;標準配置	標準配置	标准布局;标准配置
— length	標準長度	標準長さ	标准长度
— length rail	標準長度鋼軌;定長鋼軌	定尺レール	标准长度钢轨;定长钢轨
— lever	調節桿	標準てこ	调节杆
— load	標準負〔載〕荷	標準荷重	标准负〔载〕荷
— measure	標準量度	標準測度	标准量度
— meter	標準米〔計〕	標準メートル	标准米〔计〕
— module	標準模塊〔件〕	標準モジュール	标准模块〔件〕
— molar volume	標準摩爾體積	標準分子容	标准摩尔体积
— notched bar	標準帶缺口試驗片	標準ノッチ付き試験片	标准带缺口试验片
— of derusting	防銹的標準	さび落し基準	防锈的标准
— parts	標準零件	標準部品	标准零件
— pattern	標準模〔型〕	標準模型	标准模〔型〕
— periodical inspection	大修	標準定修	大修
— pipe plug	標準管塞	標準管用ねじプラグ	标准管塞
— pitch	標準螺距	基準ピッチ	标准螺距
— pitch circle	節圓	基準ピッチ円	分度圆
— powder	標準粉末	標準粉体	标准粉末
— pressure	標準壓力	標準圧力	标准压力
— pressure angle	標準壓力角	基準圧力角	标准压力角
— projection	標準投影	標準投影	标准投影
— rigidity	標準剛度	標準剛度	标准刚度
— safety apparatus	標準安全設備	規格安全装置	标准安全设备
— sample	標準(試)樣	標準試料	标准(试)样
— scale	標準刻度;標準尺;基準尺	標準尺度	标准刻度;标准尺;基准尺
— screw thread gage	標準螺紋規	標準ねじゲージ	标准螺纹规
— sea level	基準平面;水準基面	基本水準面	基准平面;水准基面
— section	標準型材	標準形材	标准型材
— size	標準尺寸	標準寸法	标准尺寸
— size brick	標準尺寸磨塊	標準形れんが	标准尺寸磨块
— soft copper	標準軟銅	標準軟銅	标准软铜
— specification	標準規程〔格〕;技術標準	標準仕様書	标准规程〔格〕;技术标准

英文	臺灣	日文	大陸
— specimen	標準試樣	標準試験片	标准试样
— speed	標準速度	標準速度	标准速度
— spline	標準栓槽	スタンダードスプライン	标准花键
— structure	標準組織	標準組織	标准组织
— subroutine	標準子程式	標準サブルーチン	标准子程序
— taper	標準錐度	標準テーパ	标准锥度
— temperature	標準溫度	標準温度	标准温度
— tensile bar	標準拉伸試桿	標準引張り試験片	标准拉伸试杆
— tensile specimen	標準拉伸試樣	標準引張り試験片	标准拉伸试样
— tension	標準張力	標準張力	标准张力
— test	標準試驗	標準試験	标准试验
— test bar	標準試桿	標準試験片	标准试杆
— test block	標準試塊	標準試験片	标准试块
— test piece	標準試樣	標準試料	标准试样
— thermometer	標準溫度計	標準温度計	标准温度计
— thread	標準螺紋	標準ねじ山	标准螺纹
— thread gage	標準螺紋量規	標準ねじゲージ	标准螺纹量规
— tin	標準錫	標準すず	标准锡
— tolerance	標準公差	標準公差	标准公差
— tooth form	標準齒形	標準歯形	标准齿形
— torque	標準轉矩;基準轉矩	基準トルク	标准转矩;基准转矩
— type construction	標準型結構	標準形構造	标准型结构
— unit	標準單位	標準ユニット	标准单位
— value	標準值	標準値	标准值
— vector space	標準向量空間	基準ベクトル空間	标准向量空间
— wire gage	標準線規	スタンダード線番号	标准线规
— work unit	標準工作基數	標準工数	标准工作基数
standardization	標準化	定形化	标准化
standardized componen	標準化構件	規格構成材	标准化构件
— pitch distribution	標準螺距分布	標準ピッチ分布	标准螺距分布
standardizing box	標準負載測定機;檢定器	容積形検定器	标准负荷测定机;检定器
standards for design	設計標準	設定基準	设计标准
— setting	標準定位	標準設定	标准定位
stand-by	等待;準備;備用設備	待機	等待;准备;备用设备
— facility	備用設備	予備設備	备用设备
— operation	備用運行〔工作〕	待機運転	备用运行〔工作〕
— plant	備用設備	予備設備	备用设备
— power source	備用電源	予備電源	备用电源
— pump	主機啓動泵	待機ポンプ	主机启动泵
— safety system	備用安全系統	待機安全システム	备用安全系统

英文	臺灣	日文	大陸
— switching feature	備用轉換機構	予備切替機構	备用转换机构
— system	備用系統	待機システム	备用系统
— time	備用時間;閑置時間	待機時間	备用时间;闲置时间
standing	位置;放置;不變的	放置;靜置	位置;放置;固定的
— block	定滑車	固定滑車	定滑车
— crop	現存量	現存量	现存量
— point	測量點	測量点	测量点
— seam	豎向咬口接縫	立てはぜ継ぎ	竖向咬口接缝
— test	靜止試驗	試験台上の靜的試験	静止试验
— to cool	接續冷卻	放冷	接续冷却
— vice	固定虎鉗;台鉗	取付け万力	固定虎钳;台钳
— wave	駐波	定常波	驻波
— way	固定滑車;固定台架	固定台	固定滑车;固定台架
stand-off	基準距;傳輸線固定器	スタンドオフ	基准距;传输线固定器
— error	變位誤差	偏位誤差	变位误差
— operation	間接式爆炸成形	間接式爆発成形法	间接式爆炸成形
Stanniol	高錫耐蝕合金	スタニオル	高锡耐蚀合金
stannizing	滲錫·鍍錫	浸すず	渗锡;镀锡
stannum	錫;一種高錫軸承合金	スタナム,すず	锡;一种高锡轴承合金
staple	U形釘;肘釘;纖維	また釘	U形钉;肘钉;纤维
star	滾筒用星形鐵	がら星	滚筒用星形铁
— antimony	精製銻	精選アンチモニ	精制锑
— drill	星形〔花〕錐;小孔鑽	星形せん孔すい	星形〔花〕锥;小孔钻
— gear	星形齒輪;星輪	星形車	星形齿轮;星轮
— handle	星形手輪	スターハンドル	星形手轮
— handwheel	星形手輪	星形ハンドル車	星形手轮
— hole	星形孔	スターホール	星形孔
— molding	星形壓模;星形壓製件	星形繰形	星形压模;星形压制件
— section	星形斷面	星形断面	星形断面
— shake	星形裂紋	星割れ	星形裂纹
— shaped defect	星形腐蝕	星状腐食	星形腐蚀
— valve	星形閥	スターバルブ	星形阀
— wheel	星形手輪	スターホイール	星形手轮
start	啓動;開動;起點	始動;起動	启动;开动;起点
— air valve	啓動氣閥	スタートエアバルブ	启动气阀
— angle	起始角	スタートアングル	起始角
— button	啓動按鈕	起動ボタン	启动按钮
— distance	啓動距離	スタートディスタンス	启动距离
— key	啓動鍵	起動キー	启动键
— knob	啓動按鈕	スタートノブ	启动按钮

英文	臺灣	日文	大陸
— pump	啓動泵	スタートポンプ	启动泵
— sensor	啓動感測器	スタートセンサ	启动传感器
— valve	啓動閥	始動弁	启动阀
— vector	起始向量	スタートベクトル	起始向量
starter	啓動裝置;啓動器〔機〕	始動裝置	启动装置;启动器〔机〕
— cam	啓動凸輪	始動カム	启动凸轮
— clutch	啓動離合器	スタータクラッチ	启动离合器
— pinion	啓動機小齒輪	スタータピニオン	启动机小齿轮
— shaft	啓動機軸	スタータシャフト	启动机轴
— valve	啓動閥	始動混合気弁	启动阀
starting	啓動;開動;開始	起動;始動	启动;开动;开始
— acceleration	啓動加速度	始動加速度	启动加速度
— aids	啓動輔助裝置	始動補助装置	启动辅助装置
— air compressor	啓動空氣壓縮機	始動用空気圧縮機	启动空气压缩机
— air control valve	啓動空氣控制閥	始動空気管制弁	启动空气控制阀
— air distributor	啓動空氣分配閥	始動空気分配弁	启动空气分配阀
— air pilot valve	啓動空氣導閥	始動空気管制弁	启动空气导阀
— air pipe	啓動空氣管	始動用空気管	启动空气管
— air reservoir	啓動氣瓶	始動空気だめ	启动气瓶
— block	啓動裝置〔設備〕	スターティングブロック	启动装置〔设备〕
— board	啓動盤	始動盤	启动盘
— bolt	拆卸用螺釘	スターティングボルト	拆卸用螺钉
— coefficient of friction	啓動摩擦係數	始動摩擦係数	启动摩擦系数
— crank	啓動曲柄	始動クランク	启动曲柄
— device	啓動裝置	始動装置	启动装置
— dog	啓動用凸塊;啓動爪	スターティングドッグ	启动用凸块;启动爪
— drill	中心孔鑽頭;粗鑽頭	スターティングドリル	中心孔钻头;粗钻头
— equipment	啓動裝置	起動装置	启动装置
— friction	啓動摩擦	起動摩擦	启动摩擦
— gear	啓動裝置	始動装置	启动装置
— handle	啓動搖把〔手柄〕	始動ハンドル	启动摇把〔手柄〕
— handle hole	啓動手柄孔	始動ハンドル孔	启动手柄孔
— heater	啓動加熱器	始動加熱器	启动加热器
— lubricant	啓動潤滑劑	始動減摩材	启动润滑剂
— mechanism	啓動機構	始動装置	启动机构
— moment	啓動轉矩	始動トルク	启动转矩
— performance	啓動特性	起動特性	启动特性
— power	啓動功率	起動出力	启动功率
— pressure	啓動壓力	始動圧力	启动压力
— rod	啓動桿	始動軸	启动杆

英　文	臺　灣	日　文	大　陸
— shaft	啓動軸	始動軸	启动轴
— switch	啓動開關	起動スイッチ	启动开关
— system	啓動裝置;啓動系統	始動装置	启动装置;启动系统
— tests	啓動試驗	起動試験	启动试验
— time	啓動時間	起動時間	启动时间
— torque	啓動轉矩	始動回転力	启动转矩
— tractive effort	啓動牽引力	出発けん引力	启动牵引力
— tractive power	啓動牽引力	出発けん引力	启动牵引力
— valve	啓動閥	始動弁	启动阀
— working point	起始工作點	動作しはじめる点	起始工作点
start-stop button	啓停按鈕	スタートストップボタン	启停按钮
— system	啓停系統	スタートストップ方式	启停系统
— time	啓停時間	起動停止時間	启停时间
start-up	啓動;開動	運転開始	启动;开动
— feed (water) pump	啓動給水泵	起動給水ポンプ	启动给水泵
— system	啓動系統	起動系	启动系统
— time	啓動時間	始動時間	启动时间
starvation	缺乏;未吸滿;油量不足	スターベーション	缺乏;未吸满;油量不足
starved area	不足部分	不足部分	不足部分
— feed(ing)	供料不足	供給不足	供料不足
— state	材料不足狀態	材料不足状態	材料不足状态
stat bearing	靜壓軸承	スタットベアリング	静压轴承
state	狀態;情況;位置	状態	状态;情况;位置
— coordinate	狀態座標	状態座標	状态坐标
— diagram	狀態圖	状態図	状态图
— feedback control	狀態反饋控制	状態フィードバック制御	状态反馈控制
— function	狀態函數	状態関数	状态函数
— model	狀態模型	状態モデル	状态模型
— of complete mixing	安全混合狀態	完全混合状態	安全混合状态
— of cure	硫化程度;固化程度	加硫状態	硫化程度;固化程度
— of elastic equilibrium	彈性平衡狀態	弾性平衡状態	弹性平衡状态
— of plane deformation	平面變形狀態	平面変形状態	平面变形状态
— of plane stress	平面應力狀態	平面応力状態	平面应力状态
— of principal stress	主應力狀態	主応力状態	主应力状态
— of rest	靜止狀態	静止状態	静止状态
— of stress	應力狀態	応力状態	应力状态
— vector	狀態向量	状態ベクトル	状态向量
state-of-the-art	技術發展水平	技術的現状	技术发展水平
static(al) analysis	靜態分析	静的解析	静态分析
— balance tester	靜平衡試驗機〔器〕	静釣合い試験機	静平衡试验机〔器〕

英文	臺灣	日文	大陸
— coefficient of friction	靜摩擦係數	静摩擦係数	静摩擦系数
— condition	靜止狀態	静的条件	静止状态
— control	靜態控制;定位控制	定位制御	静态控制;定位控制
— controlled system	定位控制系統	定位制御対象	定位控制系统
— controller	固定控制器	定位制御機	固定控制器
— derivative	靜(態)導數;線速度導數	静的微係数	静(态)导数;线速度导数
— determinate	靜定	静定	静定
— equilibrium	靜力平衡;靜定平衡	静的平衡	静力平衡;静定平衡
— extrusion	靜擠壓	緩速押出し	静挤压
— fatigue failure	靜態疲勞破壞	静的疲労破損	静态疲劳破坏
— fatigue test	靜疲勞試驗	静疲労試験	静疲劳试验
— force derivative	力的(線)速度導數	力の線速度微係数	力的(线)速度导数
— friction	靜摩擦	静止摩擦	静摩擦
— friction torque	靜摩擦力矩	静摩擦トルク	静摩擦力矩
— governor	固定調節器;靜定調速器	定位調速機	固定调节器;静定调速器
— load	靜負載;靜態負載	静荷重	静负载;静态负载
— load rating	靜負載額定值	静的定格荷重	静载荷额定值
— load test	靜載試驗	静荷重試験	静载试验
— margin	靜穩定度	静安定余裕	静稳定度
— mass	靜態質量	静止質量	静态质量
— metamorphism	靜止變形作用	静的変成作用	静止变形作用
— modulus of elasticity	靜彈性模量	静弾性係数	静弹性模量
— moment	靜力矩	静的モーメント	静力矩
— notch test	切〔缺〕口靜力試驗	切欠き静的試験	切〔缺〕口静力试验
— penetration test	靜力貫入度試驗	静的貫入試験	静力贯入度试验
— port	靜壓孔	静圧孔	静压孔
— position	靜止位置	静止位置	静止位置
— pressure	靜壓	静圧(力)	静压
— pressure controller	靜壓控制器	静圧制御器	静压控制器
— pressure gradient	靜壓梯度	静圧こう配	静压梯度
— pressure loss	靜壓損失	静圧損失	静压损失
— pressure ratio	靜壓比	静圧比	静压比
— pressure tap	靜壓孔	静圧孔	静压孔
— quenching	靜態淬火	静的焼入れ法	静态淬火
— regulation	靜態調節	静的変動率	静态调节
— rigidity	靜態剛度	静的剛性	静态刚度
— scale-model	靜態比例模型	静的スケールモデル	静态比例模型
— shock	靜電擊;觸電	スタティックショック	静电击;触电
— sounding	靜力測探〔觸探〕	静的サウンディング	静力测探〔触探〕
— space truss	靜定空間桁架	静定立体トラス	静定空间桁架

英 文	臺 灣	日 文	大 陸
— stability	靜穩性〔度〕;靜力穩定	静的安定	静稳性〔度〕;静力稳定
— stiffness	靜剛度	静スチフネス	静刚度
— strain indicator	靜態應變儀	静的ひずみ指示計	静态应变仪
— strain meter	靜態應變儀	静的ひずみ指示計	静态应变仪
— strength	靜強度	静的強度	静强度
— strength test	靜強度試驗	静的強度試験	静强度试验
— stress	靜應力	静的応力	静应力
— stress-strain curve	靜態應力-應變曲線	静的応力-ひずみ曲線	静态应力-应变曲线
— stress-strain test	靜態應力-應變試驗	静的応力-ひずみ試験	静态应力-应变试验
— temperature	靜溫度	静的温度	静温度
— test	靜力試驗	静止試験	静力试验
— thrust	靜推力	静止スラスト	静推力
— thrust coefficient	靜推力係數	静止スラスト係数	静推力系数
— unbalance	靜失衡;靜力不平衡	静的不釣合い	静失衡;静力不平衡
— vent	靜壓管	静圧孔	静压管
tatics	靜力學;靜態	静力学	静力学;静态
— of elasticity	彈性靜力學	弾性静力学	弹性静力学
— of structure	結構靜力學	構造静力学	结构静力学
tation	場所;位置;廠;站	装置;駐とん地	场所;位置;厂,站
— machine	多工位機床	ステーションマシン	多工位机床
— meter	標準量具〔米尺〕;基準儀	元メートル	标准量具〔米尺〕;基准仪
— pointer	三桿分度儀〔規〕;示點器	三脚分度器	三杆分度仪〔规〕;示点器
tationary axle	固定車軸	固定車軸	固定车轴
— contact	固定接觸〔觸點〕	固定接点	固定接触〔触点〕
— current	恆(定)流;穩態流	恒流	恒(定)流;稳态流
— deformation	固定變形	定常変形	固定变形
— extrusion	恆定擠壓〔伸延〕	定常押出し	恒定挤压〔伸延〕
— fit	靜配合	締りばめ	静配合
— flat dies	固定平板模〔搓絲用〕	固定平ダイス	固定平板模〔搓丝用〕
— flow	穩定流;均勻流	定常流	稳定流;均匀流
— frame	固定構架	固定フレーム	固定构架
— load	固定負載	常時荷重	固定荷载
— machine	固定式機器;定置機	据置機械	固定式机器;定置机
— mold	固定模	固定型	固定模
— part	固定部分;靜止部分	固定部分	固定部分;静止部分
— phase	靜止相;固定相	静止相	静止相;固定相
— platen	固定台〔壓板〕;固定盤	固定盤	固定台〔压板〕;固定盘
— ratchet gear	固定棘輪裝置	止めつめ車装置	固定棘轮装置
— ratchet train	固定棘輪系	止めつめ車装置	固定棘轮系
— ring	靜環	ステーショナリリング	静环

S

英文	臺灣	日文	大陸
— running	固定位置運動	定位置維持運転	固定位置运动
— screen	固定篩	固定ふるい	固定筛
— shearing load	恒定剪切負載	定常せん断荷重	恒定剪切荷载
— solid phase	固體固定相	固定相固体	固体固定相
— state	穩定狀態;定態;靜態	定常状態	稳定状态;定态;静态
— swing	穩態旋轉	据切り	稳态旋转
— test	穩態試驗	定常試験	稳态试验
— welding machine	固定式(電)銲機	定置溶接機	固定式(电)焊机
statistic control system	統計的控制系統	統計的制御システム	统计的控制系统
— error	統計誤差	統計誤差	统计误差
— estimation theory	統計估算理論	統計的推定理論	统计估算理论
— experimental design	統計試驗設計	統計的実験計画	统计试验设计
— failure analysis	統計故障分析	統計的故障解析	统计故障分析
— mechanics	統計力學	統計力学	统计力学
stator	定子;定葉;定片	固定子	定子;定叶;定片
— frame	定子架	固定子枠	定子架
— plate	固定(金屬)板	固定板	固定(金属)板
status	狀態;情況	ステータス	状态;情况
— reset	狀態重置	ステータスリセット	状态置零
statute	規定;法規;法令;章程	規則	规定;法规;法令;章程
stay	拉條;撐條;拉線	控えぐい	拉条;撑条;拉线
— bar	半徑桿;推桿	控え棒	半径杆;推杆
— plate	墊板	ステープレート	垫板
— putt	帶鋼球定位裝置式換向閥	ステープット	带钢球定位装置式换向阀
— ring	(水輪機)速度環	ステーリング	(水轮机)速度环
— rod	鎖定桿	控え貫	锁定杆
— screw	錨定螺絲	控えねじ	锚定螺丝
— tap	鉸孔攻絲複合刀具	ステータップ	铰孔攻丝复合刀具
— vane	導向;(水輪機)固定導葉	案内羽根	导向;(水轮机)固定导叶
stay-bolt tap	撐螺栓絲攻	控えボルトタップ	撑螺栓丝锥
Staybrite	鎳鉻耐蝕可鍛鋼	ステーブライト	镍铬耐蚀可锻钢
staying	結合;緊固	ステイング	结合;紧固
— power	堅持力;耐久力	耐久力	坚持力;耐久力
steadite	史帝田鐵	ステダイト	斯氏体;磷共晶体
steady arm	定位銷;定位器;支持桿	振れ止	定位销;定位器;支持杆
— bearing	(攪拌軸端)軸承	ステディ軸受	(搅拌轴端)轴承
— creep	穩定潛變	定常クリープ	稳定蠕变
— distribution	穩定分布	定常分布	稳定分布
— heat conduction	穩定熱傳導;穩定導熱	定常熱伝導	稳定热传导;稳定导热
— moment	穩定力矩	定常モーメント	稳定力矩

英文	臺灣	日文	大陸
— moment coefficient	穩定力矩係數	定常モーメント係数	稳定力矩系数
— motion	穩定運動;定常運動	定常運動	稳定运动;定常运动
— oscillation	穩態振動〔盪〕	定常振動	稳态振动〔荡〕
— pertubation	穩定擾動	定常かく乱	稳定扰动
— position deviation	穩定位置偏差	定常位置偏差	稳定位置偏差
— reaction	穩定反應	定常反応	稳定反应
— strain	穩定形變;穩定應變	ステディストレン	稳定形变;稳定应变
— stress component	平均應力	平均応力	平均应力
— turning diameter	定常回轉直徑	定常旋回径	定常回转直径
— vibration	穩態振動	定常振動	稳态振动
— wear	穩態磨損	定常摩耗	稳态磨损
steady-state analysis	穩(定狀)態分析	定常状態解析	稳(定状)态分析
— characteristic	穩態特性(曲線)	定常特性	稳态特性(曲线)
— condition	穩態條件	定態条件	稳态条件
— creep	穩定狀態潛變	定常クリープ	稳定状态蠕变
— governing speedband	穩態調速範圍	定常態調速範囲	稳态调速范围
— life test	穩態壽命試驗	定常寿命試験	稳态寿命试验
— operation life test	穩態操作壽命試驗	定常寿命試験	稳态操作寿命试验
— optimal control	穩(定狀)態最優控制	定常状態最適制御	稳(定状)态最优控制
— optimization problem	穩(定狀)態最優化問題	定常状態最適化問題	稳(定状)态最优化问题
— solution	穩態解;定常解;靜態解	定常解	稳态解;定常解;静态解
— theory	定常狀態理論	定常状態理論	定常状态理论
— vibration	穩態振動	定常振動	稳态振动
steam air heater	蒸氣(加熱)空氣預熱器	蒸気式空気予熱器	蒸气(加热)空气预热器
— bath	蒸氣浴	蒸気浴	蒸气浴
— cylinder	汽缸	蒸気シリンダ	汽缸
— hydraulic press	蒸氣液壓機	蒸気水圧プレス	蒸气液压机
— injection equipment	蒸氣噴射裝置	蒸気噴射装置	蒸气喷射装置
— lubrication	蒸氣潤滑	蒸気潤滑	蒸气润滑
— machinery	蒸氣機械	スチームマシーナリ	蒸气机械
— molding	蒸氣成形法	蒸気成形	蒸气成形法
— piston	蒸氣活塞	蒸気ピストン	蒸气活塞
— piston ring	蒸氣活塞環	スチームピストンリング	蒸气活塞环
— platen press	蒸氣平壓;熱板式印壓機	熱盤式プレス	蒸气平压;热板式印压机
— power plant	火力發電廠	蒸気原動機	火力发电厂
— press	蒸氣沖床	蒸気プレス	蒸气压力机
— pressure	蒸氣壓(力);汽壓	蒸気圧(力)	蒸气压(力);汽压
— pump	蒸氣泵	蒸気ポンプ	蒸气泵
— quenching	蒸氣淬火	蒸気焼入れ	蒸气淬火
— riveter	蒸氣鉚機	蒸気びょう締め機	蒸气铆机

英　文	臺　灣	日　文	大　陸
— stamp	蒸氣沖壓機;蒸氣搗礦機	蒸気力とう鉱機	蒸气冲压机;蒸气捣矿机
— temperature	蒸氣溫度	蒸気温度	蒸气温度
— tempering	蒸氣回火	蒸気焼もどし	蒸气回火
— winch	蒸氣絞車	蒸気ウィンチ	蒸气绞车
steamer	蒸氣產生器	汽船	蒸气发生器
stearine oil	硬脂油	ステアリン油	硬脂油
— paste	硬脂膏	ステアリン硬こう	硬脂膏
steatite	滑石;凍石	凍石	滑石;冻石
steel	鋼鐵;鋼	鋼鉄	钢铁;钢
— abutment	鋼台座	スチールアバット	钢台座
— alloy	合金鋼	合金鋼	合金钢
— arch support	鋼拱支撐	鋼アーチ支保工	钢拱支撑
— arched timbering	鋼拱支撐	鋼アーチ支保工	钢拱支撑
— ball	鋼珠〔球〕	鋼球	钢珠〔球〕
— ball peening	噴砂清理〔處理〕	ショットピーニング	喷丸清理〔处理〕
— ball penetrator	鋼球硬度計壓頭	鋼球圧子	钢球硬度计压头
— band	鋼帶	鋼ベルト	钢带
— band belt	鋼帶;載重帶	スチールベルト	钢带;载重带
— bar	棒鋼;圓鋼;鋼條;鋼筋	棒鋼	棒钢;圆钢;钢条;钢筋
— bay	鋼材堆放場	鋼材置場	钢材堆放场
— belt	鋼帶	鋼ベルト	钢带
— belt conveyer	鋼帶輸送帶	スチールベルトコンベヤ	钢带输送带
— billet	鋼坯	鋼片	钢坯
— bloom	鋼錠〔坯;塊〕	ブルーム	钢锭〔坯;块〕
— boiler	鋼板鍋爐	鋼板ボイラ	钢板锅炉
— bond	鐵粉結合劑	スチールボンド	铁粉结合剂
— cable	鋼絲繩	鋼線	钢丝绳
— cast	鑄鋼(品)	鋳鋼	铸钢(品)
— casting(s)	鑄鋼件;鑄鋼	鋼鋳物	铸钢件;铸钢
— casting machine	鑄鋼機	鋼鋳造機	铸钢机
— chip	鋼屑	鋼くず	钢屑
— cleat	鋼夾具;鋼楔	スチールクリート	钢夹具;钢楔
— construction	鋼結構	鉄骨構造	钢结构
— core	鋼心	鋼心	钢心
— cored aluminum cable	鋼心鋁線	鋼心アルミニウム線	钢心铝线
— cotter	鋼銷	鋼コッタ	钢销
— crossarm	托架;支承架	腕金	托架;支承架
— cylinder	鋼筒;高壓儲氣瓶	ボンベ	钢筒;高压储气瓶
— die	鋼製模具;鋼模	スチールダイ	钢制模具;钢模
— engraving	鋼板雕刻	鋼板彫刻	钢板雕刻

英文	臺灣	日文	大陸
— erector	鋼結構安裝機	スチールエレクタ	钢结构安装机
— file	鋼銼	鉄工やすり	钢锉
— finery	鋼精煉爐	鋼精錬炉	钢精炼炉
— foil	鋼箔	スチールフォイル	钢箔
— form	鋼模板	鉄製型枠	钢模板
— form panel	鋼模板用板	鋼製型枠パネル	钢模板用板
— framed construction	鋼框架結構	鉄骨構造	钢框架结构
— framed structure	鋼框架結構	鉄骨構造	钢框架结构
— furnace	煉鋼爐	製鋼炉	炼钢炉
— girder	鋼樑	スチールガーダ	钢梁
— grade	鋼的品級	鋼の品位	钢的品级
— hammer	鋼錘	スチールハンマ	钢锤
— hardening oil	鋼材淬火油	鋼材焼入れ油	钢材淬火油
— hawser	大鋼纜	大鋼索	大钢缆
— ingot	鋼錠	鋼塊	钢锭
— key	鋼鍵〔楔〕	スチールキー	钢键〔楔〕
— liner	鋼襯	スチールライナ	钢衬
— magnet	磁鋼〔鐵〕	鋼鉄磁石	磁钢〔铁〕
— making	煉鋼	製鋼	炼钢
— mantle	鋼殼〔罩〕	鉄皮	钢壳〔罩〕
— manufacture	煉鋼	製鋼	炼钢
— mill	煉鋼廠	製鋼所	炼钢厂
— mold	鋼鑄模;鋼壓型	鋼金型	钢铸型;钢压型
— molten	鋼水	溶融鋼	钢水
— ore	優質鐵礦	鋼鉱	优质铁矿
— pallet	鋼製托盤	スチールパレット	钢制托盘
— pipe	鋼管	鋼管	钢管
— pipe structure	鋼管結構	鋼管構造	钢管结构
— pipe support	鋼管支柱	鋼管支柱	钢管支柱
— plate structure	鋼柱結構	鉄板接合構造	钢柱结构
— pole	鐵柱〔桿〕	鉄柱	铁柱〔杆〕
— powder	鋼粉末	鋼粉	钢粉末
— prop	鋼製支柱	鉄柱	钢制支柱
— protractor	鋼製量角器	スチールプロトラクタ	钢制量角器
— puddling	鋼的攪煉	鋼の溶錬	钢的搅炼
— pulley	鋼板皮帶輪	板金調車	钢板皮带轮
— rail	鋼軌	鋼レール	钢轨
— ratio	鋼筋比率;配筋百分率	鉄筋比	钢筋比率;配筋百分率
— ring	鋼環	スチールリング	钢环
— roll	鋼輥	鋼ロール	钢辊

英文	臺灣	日文	大陸
— rope	鋼索	鋼索	钢索
— rule	鋼(板)尺	スチールルール	钢(板)尺
— rule die	鋼帶沖模	スチールルールダイ	钢带冲模
— scrap	鋼屑;廢鋼	くず鉄	钢屑;废钢
— scraper	鋼刮刀;刮(板)刀	スチールスクレーパ	钢刮刀;刮(板)刀
— sheet	(薄)鋼板	鋼板	(薄)钢板
— shop work	鋼料工場加工	鉄骨工場加工	钢料车间加工
— shot	鋼粒〔噴砂清理用〕	スチールショット	钢丸;钢粒〔喷丸清理用〕
— skeleton construction	鋼框架結構	鉄骨構造	钢框架结构
— sphere	鋼球	鋼球	钢球
— spring	鋼板彈簧	鋼ばね	钢板弹簧
— stock	鋼材	鋼材	钢材
— strapping	鋼帶	帯金	钢带
— strip	鋼帶;帶鋼	帯鋼	钢带;带钢
— structure	鋼結構	鉄骨構造	钢结构
— support	鋼(製)支架	鋼製支保工	钢(制)支架
— tap hole	出鋼口	出鋼口	出钢口
— tape	鋼卷尺;鋼帶	鋼製巻尺	钢卷尺;钢带
— taper ring	錐形鋼環	スチールテーパリング	锥形钢环
— tapping spout	出鋼槽	出鋼どい	出钢槽
— thimble	鋼套管	スチールシンブル	钢套管
— timbering	鋼支架;鋼撐	鋼製支保工	钢支架;钢撑
— tower	鐵塔	鉄塔	铁塔
— truss	鋼桁架	鉄骨小屋組	钢桁架
— tube	鋼管	鋼管	钢管
— wedge	鋼楔	鋼くさび	钢楔
— wheel	鋼輪	スチールホイール	钢轮
— wire	鋼線;鋼絲	鋼線	钢线;钢丝
— wire armoured cable	鋼線鎧裝電纜	線外装ケーブル	钢线铠装电缆
— wire brush	鋼絲刷	鋼線ブラシ	钢丝刷
— wire drawn	鋼絲拉製	鋼線の引抜き	钢丝拉制
— wire rope	鋼絲繩;鋼纜	鋼索	钢丝绳;钢缆
— work	煉鋼廠;鋼結構工程	製鋼所	炼钢厂;钢结构工程
— working tool	鋼結構工程工具	鉄工道具	钢结构工程工具
steeling	包鋼;鍍鐵	被鉄	包钢;镀铁
Steelmet	鐵基燒結機械零件合金	スチールメット	铁基烧结机械零件合金
steelness	鋼鐵性	鋼鉄性	钢铁性
steely iron	硬鐵	硬鉄	硬铁
steepest ascent method	最陡斜度法	最急傾斜法	最陡斜度法
— descent method	最速下降法	最急降下法	最速下降法

英文	臺灣	日文	大陸
steeping fluid	浸漬液	浸せき液	浸渍液
— liquor	浸漬液	浸せき液	浸渍液
steepness	陡度;斜度	斜度	陡度;斜度
steer	控制(方向);轉向	ステア	控制(方向);转向
steering	操縱方向;駕駛	操だ法	操纵方向;驾驶
— brake	轉向制動器	かじ取りブレーキ	转向制动器
— clutch	轉向離合器	ステアリングクラッチ	转向离合器
— handle	轉向手柄	ステアリングハンドル	转向手柄
— pin	轉向銷	キングピン	转向销
— pivot	轉向樞軸	かじ取りピボット	转向枢轴
— pivot pin	垂直梢;鉸接銷	垂直ピン	垂直梢;铰接销
— rack	轉向齒條	ステアリングラック	转向齿条
stem	棒;套筒;桿;心柱;塞;頭部	心棒;心軸	棒;套筒;杆;心柱;头部
— control	桿式控制	ステムコントロール	杆式控制
— extrusion	擠壓桿擠壓	ステム押出	挤压杆挤压
— valve	桿閥	ステムバルブ	杆阀
stemming	填塞物;堵塞物	込め物	填塞物;堵塞物
stenosation	加強抗張處理	強固抗張化	加强抗张处理
stent	展伸;展幅	伸張拡大	展伸;展幅
stenter	拉幅機	幅出機	拉幅机
stenting roll	手動張緊輥	手動枠張りロール	手动张紧辊
step	級;階段;步位;梯級	歩み;階段	级;阶段;步位;梯级
— back welding	分段退銲	後退溶接	分段退焊
— bearing	階〔立〕式(止推)軸承	垂直軸受	阶〔立〕式(止推)轴承
— bolt	半圓頭方頸螺栓	足場ボルト	半圆头方颈螺栓
— brass	蹄片	受金	闸瓦
— brazing	分段銲接;層次銲接	ステップろう付け	分段焊接;层次焊接
— drill	階級鑽頭	ステップドリル	阶梯钻头
— drilling	(深孔)分段鑽削	ステップドリリング	(深孔)分段钻削
— feed	周期進給〔三維仿形銑削〕	ステップ送り	分级进给;周期进给
— feed drilling	分級進給鑽削	ステップ送り穴あけ	分级进给钻削
— feeler gage	台階式測隙規	ステップフィーラゲージ	台阶式测隙规
— gage	階梯規;二階規	ステップゲージ	阶梯规;二阶规
— gate	階梯澆口	段湯口	阶梯浇口
— joint-bar	異形拼接板;異形接合夾板	異形継目板	异形接合夹板
— mill cutter	階梯形端銑刀	ステップミルカッタ	阶梯形端铣刀
— milling	步進式銑削	ステップミリング	步进式铣削
— ring	環形接紋	ステップリング	环形接纹
— shelf	階式台架	段棚	阶式台架
— size	步進尺寸	ステップサイズ	步进尺寸

英文	臺灣	日文	大陸
— stress test	步進應力試驗	ステップストレステスト	步进应力试验
— test	分級試驗	段階試験	分级试验
— type spot welder	脚踏式點銲機	足踏式スポット溶接機	脚踏式点焊机
— valve	階式閥;級閥	ステップバルブ	阶式阀;级阀
— wire	台階形線;台階形金屬絲	ステップワイヤ	台阶形线;台阶形金属丝
step-by-step test	步進(制)試驗;逐步試驗	段階試験	步进(制)试验;逐步试验
Stephenson's valve gear	斯蒂芬森式閥裝置	スチフンソンリンク装置	斯蒂芬森式阀装置
stepless control	連續控制;均勻調整	ステップレス制御	连续控制;均匀调整
— speed change device	無段變速器	無段変速機	无级变速器
— speed variation	無段變速	無段変速	无级变速
stepped annealing	分段退火	段階焼鈍	分段退火
— austenitizing	分段沃斯田鐵化	階段オーステナイト化	分段奥氏体化
— cam	分級凸輪;分級鑲條	ステップドカム	分级凸轮;分级镶条
— cavity mold	分段型腔模具	段付きキャビティ金型	分段型腔模具
— cone	塔輪	段車	塔轮
— cooling	分級冷卻	階段冷却	分级冷却
— driving pulley	塔輪	段車	塔轮
— drum	階梯形鼓輪	段付き胴	阶梯形鼓轮
— extrusion	分段擠壓	段階押出し	分段挤压
— gear	塔形齒輪	段歯車	塔形齿轮
— hardening	分級淬火	引上げ焼入れ	分级淬火
— pulley	級輪;塔輪	段車	级轮;宝塔(皮带)轮
— quenching	分級淬火	階段焼入れ	分级淬火
— runner	分段澆口;階梯澆口	段湯道	分段浇口;阶梯浇口
— shaft	階梯軸	段付き軸	阶梯轴
— side gate	階梯側澆口	段湯口	阶梯侧浇口
— sprue	階梯直澆口	段湯口	阶梯直浇口
— test bar	階梯試塊	階段状試験片	阶梯试块
stepping	分級;步進;逐步變化的	段切り;歩進	分级;步进;逐步变化的
— stage	步進工作台	ステッピングステージ	步进工作台
— time	步進時間	ステッピングタイム	步进时间
step-up	升壓;升高	ステップアップ	升压;升高
— austempering	升溫恒溫淬火	昇温オーステンパー	升温等温淬火
— cure	分段硫化	逐増和硫	分段硫化
stereobate	柱基座;台基	台座	柱基座;台基
stereocomparagraph	立體座標測圖儀	簡易図化器	立体坐标测图仪
stereogoniometer	立體量角儀	ステレオゴニオメータ	立体量角仪
stereograph	實體圖	立体式	实体图
stereographic projection	立體投影;球面投影	平射投影法	立体投影;球面投影
— triangle	立體儀三角形	ステレオ三角形	立体仪三角形

英文	臺灣	日文	大陸
stereomicrometer	立體分厘卡	実体測微器	立体测微器
stereoprojection	立體投影;球面投影	ステレ投影図法	立体投影;球面投影
stereostructure	立體結構	立体構造	立体结构
stereotype	鉛版	鉛版	铅版
— casting machine	鉛版澆注機	鉛版鋳造機	铅版浇注机
Sterlin	斯特林銅鎳鋅合金	スターリン	斯特林铜镍锌合金
stern bush	船尾軸襯套	船尾管ブシュ	船尾轴衬套
— shaft	船尾軸	船尾軸	船尾轴
— tube sealing	船尾軸管軸封	船尾管軸封装置	船尾轴管轴封
— tube seat	船尾軸管軸座	船尾管座金	船尾轴管轴座
— tube shaft	船尾軸管軸	船尾管軸	船尾轴管轴
stewartite	鐵鑽石;斯圖爾特石	スチュワート石	铁钻石;斯图尔特石
stibium,Sb	銻	スチビウム	锑
stibonium	銻〔指有機五價銻化合物〕	スチボニューム	锑〔指有机五价锑化合物〕
stick	(砂輪)修整棒;卡死;槓桿	つえ;粘着;遅延	(砂轮)修整棒;卡死;杠杆
— bite	切斷〔槽〕刀	ステッキバイト	切断〔槽〕刀
— circuit	保持電路;自保電路	ステッキ回路	保持电路;自保电路
— in cavity	脫模不良	離型不良	脱模不良
— in mold	脫模不良	離型不良	脱模不良
— perforator	錘擊穿孔機	きねさん孔機	锤击穿孔机
— slip	黏附滑動;蠕動;爬行	焼付きすべり	粘附滑动;蠕动;爬行
sticker	修模工具;多肉	繰形をえぐる機械	修型工具;多肉
stickness	黏著力;黏著性	粘着性	粘着力;粘着性
sticking	黏合;吸附	粘着;接着	粘合;吸附
— agent	黏著劑	固着剤	粘着剂
— friction	黏附摩擦	付着摩擦	粘附摩擦
stiction	靜摩擦	静摩擦	静摩擦
Stiefel mill	自動軋管機	スティーフェルミル	自动轧管机
— process	斯蒂弗爾自動軋管法	スチーフェルプロセス	斯蒂弗尔自动轧管法
stiff fibre	硬纖維	硬繊維	硬纤维
— grease	黏稠潤滑脂	粘厚グリース	粘稠润滑脂
— leg	剛性支柱	剛脚	刚性支柱
stiffened cylinder	加肋圓柱殼;加肋圓筒	補強円筒殻	加肋圆柱壳;加肋圆筒
— flange	加筋凸緣	補強フランジ	加筋法兰
— plate	加筋板;加強板	補強板	加筋板;加强板
stiffener	硬化劑;加勁構件	硬化剤	硬化剂;加劲构件
stiffening	剛性;補強;加強	剛化	刚性;补强;加强
— agent	硬化劑	剛化剤	硬化剂
— angle	加強角鋼	山形鋼スチフナー	加劲角钢
— angle iron	加強角鐵	補強山形材	加劲角铁

英文	臺灣	日文	大陸
— girder	加強樑	補剛ガーダ	加劲梁
— member	加強構件;防撓構件	補剛部材	加强构件;防挠构件
— plate	加強板	強め板	加强板
— rib	加強肋;防撓肋	補強リブ	加强肋;防挠肋
— ring	加強環	補剛環	加劲环
— temperature	硬化溫度	ぜい化温度	硬化温度
— truss	加強桁架	補剛構	加劲桁架
stiffner	加強板	スチフナ	加强板
stiffness	剛性;剛度	強じん性;剛性	刚性;刚度
— characteristic	剛性	剛性	刚性
— coefficient	剛性係數	スチフネス係数	刚性系数
— control	勁度控制;剛度控制	スティフネス制御	劲度控制;刚度控制
— equation	剛度方程(式)	剛性方程式	刚度方程(式)
— in bend	彎曲剛度	曲げ剛性	弯曲刚度
— in flexure	彎曲剛度	曲げ剛性	弯曲刚度
— in torsion	扭轉剛度	ねじり剛性	扭转刚度
— matrix	剛度矩陣	剛性マトリクス	刚度矩阵
— modulus	剛度模數	曲げ剛性率	刚度模数
— property	剛性	剛性	刚性
— ratio	剛性比;剛度比;勁度比	こわさ比	刚性比;刚度比;劲度比
— weight ratio	剛性重量比	剛性対重量比	刚性重量比
stigma	瑕疵;烙痕	スチグマ	瑕疵;烙痕
still plating	靜噴鍍	静止めっき法	静喷镀
stillson wrench	管子鉗;管扳手	管回し	管子钳;管扳手
stilpnosiderite	膠褐鐵礦	鉄れき青	胶褐铁矿
stilt	高架;支撐材;高蹺	高脚台	高架;支撑材;高跷
stirlingite	紅鋅礦;鋅錳鐵橄欖石	スターリン石	红锌矿;锌锰铁橄榄石
stirred tank	攪拌槽	かくはん槽	搅拌槽
stirrer	攪拌機	かき混ぜ機	搅拌机
stirring	攪拌;攪動	かき混ぜ	搅拌;搅动
— apparatus	攪拌裝置	かくはん装置	搅拌装置
— hole	攪拌孔;混合(出入)口	かき混ぜ口	搅拌孔;混合(出入)口
— machine	攪拌機	かくはん機	搅拌机
— mill	攪拌機	かくはん機	搅拌机
— rod	攪棒	かき混ぜ棒	搅棒
stirrup	U形螺栓附件;箍筋	ろっ筋	U形螺栓附件;箍筋
— bolt	系板螺栓	羽子板ボルト	系板螺栓
— plate	肋板	ろく帯板	肋板
stitch cam	縫紉凸輪	度山	缝纫凸轮
— rivet	連接鉚釘;綴合鉚釘	とじ合せリベット	连接铆钉;缀合铆钉

英文	臺灣	日文	大陸
— welding	斷續滾銲;自動連續點銲	ステッチ溶接	断续滚焊;自动连续点焊
stitched seam	針腳式銲縫	ステッチドシーム	针脚式焊缝
stitchless seam	無針腳式銲縫	ステッチレスシーム	无针脚式焊缝
stochastic automation	隨機自動化	確率的自動化	随机自动化
— control system	隨機控制系統	確率制御システム	随机控制系统
— control theory	隨機控制理論	確率制御理論	随机控制理论
— design problem	隨機(的)設計問題	確率的設計問題	随机(的)设计问题
— optimal control	隨機最優控制	確率的最適制御	随机最优控制
— optimal controller	隨機最優控制裝置〔器〕	確率的最適制御裝置	随机最优控制装置〔器〕
stock	座;毛坯;架;庫存;杆	株;在庫	座;毛坯;架;库存;杆
— allowance	毛坯公差	取り代	毛坯公差
— column	高爐内裝入的爐料柱	高炉内装入材料	(高炉内)装入的炉料柱
— cutter	切料機	素材せん断機	切料机
— feed mechanism	棒料進給機構	棒材送り機構	棒料进给机构
— feeder	送料器〔裝置〕	材料送り装置	送料器〔装置〕
— gage	定尺剪切坯料擋板	ストックゲージ	定尺剪切坯料挡板
— guide	板料導向裝置;導尺	材料の送り案内装置	板料导向装置;导尺
— layout	沖裁排樣;排料	板取り	(冲裁)排样;排料
— lifter	連續沖裁用板料升降器	ストックリフタ	(连续冲裁用)板料升降器
— oiler	座架加油裝置;塗油裝置	潤滑装置	座架加油装置;涂油装置
— pusher	坯料彈簧側壓裝置	ストックプッシャ	坯料弹簧侧压装置
— removal	磨削量	研削量	磨削量
— screw	擠料螺桿	ストックスクリュー	挤料丝杠
— stand	存料架〔台〕	棒材スタンド	存料架〔台〕
— stop	擋料器	材料位置決め装置	挡料器
— support	材料支架;帶座支架	材料支え	材料支架;带座支架
— taking	存貨盤點	棚おろし	存货盘点
— thickness	坯料厚度;材料厚度	材料厚さ	坯料厚度;材料厚度
— utilization	材料利用率	材料利用率	材料利用率
— vice	台式虎鉗	ストックバイス	台式虎钳
stocker	堆料機;儲料機	ストッカ	堆料机;储料机
stocking cutter	柄式銑刀	ストッキングカッタ	柄式铣刀
stockline	料柱〔煉鐵〕	装入線	料柱〔炼铁〕
— height	送料高度	材料線高さ	送料高度
stockpiling	貯存物	貯蔵物	贮存物
Stokes diameter	斯托克斯徑	ストークス半径	斯托克斯径
— flow	斯托克斯流動	ストークス流	斯托克斯流动
— fluid	斯托克斯流體	ストークス流体	斯托克斯流体
— formula	斯托克斯公式	ストークスの公式	斯托克斯公式
— law of drag	斯托克斯阻力定律	ストークスの抵抗法則	斯托克斯阻力定律

英文	臺灣	日文	大陸
stoking	鼓上磨擊	火かき立て	鼓上磨击
— tool	燒火工具;加煤工具	火だき道具	烧火工具;加煤工具
stone coal	無煙(塊)煤	無煙炭	无烟(块)煤
— drill	鑽石機	さん石機	钻石机
— hammer	鐵錘;石工錘	玄能	铁锤;石工锤
— head	砂輪頭〔架〕	と石ヘッド	砂轮头〔架〕
— holder	砂輪托架	と石保持台	砂轮托架
— mill	平磨;石磨;碎石機	石うす	平磨;石磨;碎石机
— pressure	砂輪工作壓力	と石圧力	砂轮工作压力
— wheel	砂輪	ストーンホイール	砂轮
stone-cutter	割石機	石切機	割石机
stoning	油石研磨	油と研磨	油石研磨
Stoodite	斯圖迪特銲條合金	ストーダイト	斯图迪特焊条合金
Stoody	斯圖迪鉻鎢鈷銲條合金	ストーディ	斯图迪铬钨钴焊条合金
stool	托架;底板	ストウール	托架;底板
stop	停止;斷流閥;銷;擋;塞住	停止装置	停止;断流阀;销;挡;塞住
— ability	制動能力	ストップアビリティ	制动能力
— button	停機按鈕;制動按鈕	停止ボタン	停机按钮;制动按钮
— check valve	截止止回兩用閥	ストップチェックバルブ	截止止回两用阀
— collar	限動環	ストップカラー	限动环
— control card	停止控制卡片	停止制御カード	停止控制卡片
— dog	擋塊;碰停塊	ストップドッグ	挡块;碰停块
— element	制動元件	ストップエレメント	制动元件
— gage	擋料裝置	ストップゲージ	挡料装置
— gear	停止裝置	ストップギヤー	停止装置
— holder	擋料裝置固定器	ストップホルダ	挡料装置固定器
— key	停機鍵	ストップキー	停机键
— lever	制動操作桿;止動桿	手ブレーキ	制动操作杆;止动杆
— motion	停止運動;停止裝置	ストップモーション	停止运动;停止装置
— motion disc	制動盤	クラッチ台	制动盘
— motion lever shaft	制動手柄軸	クラッチ軸	制动手柄轴
— nut	止動器螺母	戻り止めナット	止动器螺母
— pin	止動銷;擋銷;限動銷	位置決めピン	止动销;挡销;限动销
— plate	制動板	軸端受	制动板
— ring	止動環	ストップリング	止动环
— rod	止動桿	ストップロッド	止动杆
— roll	碰停轉筒	ストップロール	碰停转筒
— screw	止動螺釘;定位螺釘	止めねじ	止动螺钉;定位螺钉
— sleeve	停止套筒	ストップスリーブ	停止套筒
— slide valve	止流閥	スルース弁	止流阀

英文	臺灣	日文	大陸
— valve	斷流閥;關閉閥	止め弁	断流阀;关闭阀
stopcock	停止旋塞;活栓	締切コック	停止旋塞;活栓
stop-off lacquer	電鍍隔絕塗料;防鍍漆	めっきよけラッカ	电镀隔绝涂料;防镀漆
— material	電鍍屏蔽材料	めっき絶縁材	电镀屏蔽材料
stopper	制動器;澆口塞;停止劑	湯口栓;密栓	制动器;浇口塞;停止剂
— bell	料鐘	小鐘	料钟
— end	制動端	ストッパエンド	制动端
— head	制動器頭	ストッパヘッド	制动器头
— pin	限動銷;止動銷;擋銷	ストッパピン	限动销;止动销;挡销
— rod	塞桿;定程桿	栓止め棒	塞杆;定程杆
— screw	止動螺釘;緊定螺絲	ストッパねじ	止动螺钉;紧定螺丝
stopping	停止;制動;阻塞;抑制	停止	停止;制动;阻塞;抑制
— bar	泥塞桿;渣口塞桿	湯止め棒	泥塞杆;渣口塞杆
— device	停車〔止〕裝置	停止装置	停车〔止〕装置
— motion	制動運動;停車運動	停止運動	制动运动;停车运动
— power	制動功率	阻止能	制动功率
— property	密閉性;密封性	充てん性	密闭性;密封性
— switch	制動開關	停止開閉器	制动开关
— time	停止時間;制動時間	停止時間	停止时间;制动时间
— valve	斷流閥;閉路閥	ストッピングバルブ	断流阀;闭路阀
stopple	塞;栓;用塞塞住	栓	塞
storage	存儲器;存儲量	保管;貯蔵	存储器;存储量
— battery	蓄電池	蓄電池	蓄电池
— battery plant	蓄電池設備	蓄電池設備	蓄电池设备
— cell	蓄電池;存儲單元	蓄電池	蓄电池;存储单元
— hopper	儲料斗	貯蔵ホッパ	储料斗
— shear modulus	儲存剪切彈性模量	貯蔵せん断弾性率	储存剪切弹性模量
— spring constant	儲備彈簧常數	貯蔵ばね定数	储备弹簧常数
— temperature	儲藏溫度	貯蔵温度	储藏温度
— test	儲藏試驗	貯蔵試験	储藏试验
— unit	存儲器;存儲元件〔單元〕	記憶単位	存储器;存储部件〔单元〕
stored charge	存儲電荷	蓄積電荷	存储电荷
— data	存儲數據	記憶データ	存储数据
— energy welding	貯能銲	蓄勢式溶接	贮能焊
— routine	存儲程式	内蔵ルーチン	存储程序
storm	阻力突變;擾動	暴風雨	阻力突变;扰动
Stormer viscometer	斯托瑪黏度計	ストーマー氏粘度計	斯托玛粘度计
— viscosity	斯托瑪黏性	ストーマー粘性	斯托玛粘性
stove bolt	爐用螺栓;短螺栓	ストーブボルト	炉用螺栓;短螺栓
— coil	爐用盤管;火爐盤管	ストーブコイル	炉用盘管;火炉盘管

英文	臺灣	日文	大陸
straddle	支柱;跨	ストラドル	支柱;跨
— cutter	雙面銑刀	またぎフライス	双面铣刀
— truck	龍門式吊運車	ストラッドルトラック	龙门式吊运车
straight air brake	直通氣閘	直通空気ブレーキ	直通气闸
— axle	直軸	真直車軸	直轴
— bead welding	平行銲接;直線銲接	ストレートビード溶接	平行焊接;直线焊接
— beam	直樑	直線ばり	直梁
— beam method	直探法	垂直（探傷）法	直探法
— beam probe	直探頭	垂直探触子	直探头
— bed	直通(機)床身	通しベッド	直通(机)床身
— bevel gear	直齒錐齒輪	すぐ歯傘歯車	直齿锥齿轮
— bevel gear generator	直齒錐齒輪加工機床	すぐ歯傘歯車歯切盤	直齿锥齿轮加工机床
— binary notation	直接二進制記數法	直二進表記法	直接二进制记数法
— boiler	平頂鍋爐	ストレートボイラ	平顶锅
— boiler tap	直柄帶鉸刀鍋爐絲攻	ストレートボイラタップ	直柄带铰刀锅炉丝锥
— bore	直孔〔口;膛;腔〕;搪直孔	ストレート穴	直孔〔口;膛;腔〕;镗直孔
— carbon steel	普通(碳)鋼	普通鋼	普通(碳)钢
— chain	正鏈〔鍵〕;直鏈〔鍵〕	正鎖	正链〔键〕;直链〔键〕
— circuit	直接式電路;直通電路	ストレート回路	直接式电路;直通电路
— collet	直夾套	ストレートコレット	直夹套
— cut control system	直線切削控制方式	直線切削制御方式	直线切削控制方式
— cutter holder	直角裝刀式刀桿〔夾〕	ストレートカッタホルダ	直角装刀式刀杆〔夹〕
— delvery gate	直澆口	ストレートゲート	直浇口
— die	直機頭	ストレートダイ	直机头
— dipping process	直接浸漬方法	直接浸せき方法	直接浸渍方法
— drill	直柄鑽頭	ストレートドリル	直柄钻头
— edge	直規〔尺;緣〕;平尺	直定規	直规〔尺;缘〕;平尺
— fitting	同徑接頭	同径継手	同径接头
— flange	直邊	直線フランジ	直边
— flanging	直彎邊;直翻邊	直線曲げ	直弯边;直翻边
— flow valve	直口流量閥	ロータリー弁	直口流量阀
— flute gear hob	直槽齒輪滾刀	直溝ホブ	直槽齿轮滚刀
— fluted die	直溝板牙	直溝ダイス	直沟板牙
— fluted drill	直槽鑽頭	縦溝ドリル	直槽钻头
— fluted reamer	直槽〔齒〕鉸刀	直刃リーマ	直槽〔齿〕铰刀
— forming	陰模成形	ストレート成形	阴模成形
— foward machine	專用機;單能機	単能機械	专用机;单能机
— frame	平行直樑式車架	直台枠	平行直梁式车架
— gage	直線規	ストレートゲージ	直线规
— gash	直裂紋;直溝	直線溝	直裂纹;直沟

英文	臺灣	日文	大陸
— guide	直導軌	ストレートガイド	直导轨
— joint	直線接縫;通縫	芋目地	直线接缝;通缝
— land	(拉刀的)鋒後導緣	ストレートランド	(拉刀的)锋后导缘
— merge	直接合并	直接的併合	直接合并
— nickel steel	純鎳鋼	純ニッケル鋼	纯镍钢
— nozzle	直線型噴嘴	ストレートノズル	直线型喷嘴
— pin	圓柱銷	平行ピン	圆柱销
— pipe	直管	直管	直管
— polarity	正接(銲條負極);正極性	正極性	正接(焊条负极);正极性
— punch	直沖頭	ストレートパンチ	直冲头
— reamer	直槽〔齒〕鉸刀	直刃リーマ	直槽〔齿〕铰刀
— reel	普通滾筒	棒がせ	普通滚筒
— roller	普通軋輥	直線ローラ	普通轧辊
— ruler	直尺	直定規	直尺
— sawing	直線鋸法	直線ひき	直线锯法
— scale	直線刻度	直線目盛	直线刻度
— scarf joint	對開接頭	相欠き継手	对开接头
— screw	圓柱螺釘	平行ねじ	圆柱螺钉
— sequence	直進銲接法	前進法	直进焊接法
— shearing machine	直刃剪床	直刃せん断機	直刃剪床
— slide	直線移動滑板	ストレートスライド	直线移动滑板
— strut	直支柱	直支材	直支柱
— tail dog	雞心夾頭	回し金	鸡心夹头
— thread	圓柱螺紋	平行ねじ	圆柱螺纹
— thread plug	圓柱螺塞	平行ねじプラグ	圆柱螺塞
— thread screw	圓柱螺桿	平行ねじスクリュー	圆柱丝杠
— tool	直頭(外圓)車刀	剣バイト	直头(外圆)车刀
— tooth	直齒	直刃	直齿
— top boiler	圓筒形鍋爐	円筒形ボイラ	圆筒形锅炉
— track	直線軌道	直線軌道	直线轨道
— tube boiler	直管式鍋爐	直管式ボイラ	直管式锅炉
— union joint	直管活接頭	一字ユニオン継手	直管活接头
— vacuum forming	簡易真空成型	ストレート真空成形	简易真空成型
— vortex filament	直線渦線	直線渦糸	直线涡线
— water tube boiler	直管式水管鍋爐	直管式水管ボイラ	直管式水管锅炉
— welded joint	直縫銲接接頭;對接銲縫	芋接	直缝焊接接头;对接焊缝
— welded pipe	直縫銲管;電阻對銲管	芋接管	直缝焊管;电阻对焊管
straightening device	矯直設備	整流装置	矫直设备
— machine	矯直〔正〕機	ひずみ矯正機	矫直〔正〕机
— press	矯直壓力機;手壓直機	手動伸直機	矫直压力机;手压直机

S

英　文	臺　灣	日　文	大　陆
— roll	矯直輥;輥式矯直機	くせ取りロール	矫直辊;辊式矫直机
straight-line bending	直線彎曲	直線曲げ	直线弯曲
— chart	計算圖表	計算図表	计算图表
— coding	直接式程式編碼	直線的コーディング	直接式程序编制
— flow fan	筒型離心風機	チューブ形遠心ファン	筒型离心风机
— formula	線性方程	直線公式	线性方程
— furnace	直線爐	直（線配）列炉	直线炉
— motion	直線運動	直線運動機構	直线运动
— motion mechanism	直線運動棧機構	直線運動機構	直线运动栈机构
— relationship	線性關係;直線關係	直線関係	线性关系;直线关系
— tapered transformer	直線式錐形變換器	直線テーパ変成器	直线式锥形变换器
straightness	平直度;直線度〔性〕	真直度	平直度;直线度〔性〕
straight-side press	雙柱沖床;雙柱壓床	ストレートサイドプレス	双柱压力机;双柱压床
straight-through hole	直通孔	ストレートスルーホール	直通孔
straightway valve	直通閥	じか道弁	直通阀
strain	變形;應變	ひずみ	变形;应变
— age brittleness	應變時效脆性	ひずみ時効ぜい性	应变时效脆性
— age embrittlement	應變時效脆性	ひずみ時効ぜい性	应变时效脆性
— ageing	應變時效	ひずみ時効	应变时效
— ageing effect	應變時效	ひずみ時効	应变时效
— amplifier	應變放大器	ストレーンアンプ	应变放大器
— amplitude	應變振幅	ひずみ振幅	应变振幅
— at failure	破壞應變	破壊ひずみ	破坏应变
— axis	應變軸	ひずみ軸	应变轴
— circle	應變圓	ひずみ円	应变圆
— component	應變分量	ひずみ成分	应变分量
— compound tensor	複合應變張量	混合ひずみテンソル	复合应变张量
— concentration	應變集中	ひずみ集中	应变集中
— constant	應變常數	ひずみ定数	应变常数
— control	應變控制	ひずみ制御	应变控制
— crack	應變裂縫	ひずみ亀裂	应变裂缝
— detector	應變檢測器	ひずみ検査器	应变检测器
— deviation	應變偏差	偏差ひずみ	应变偏差
— -displacement relation	應變-位移關係	ひずみ-変位関係	应变-位移关系
— distribution	應變分布	ひずみ分布	应变分布
— ellipse	應變橢圓	ひずみだ円	应变椭圆
— ellipsoid	應變橢圓面	ひずみだ円体	应变椭圆面
— energy	應變能	ひずみエネルギー	应变能
— energy function	應變能函數	ひずみエネルギー関数	应变能函数
— energy method	應變能法	ひずみエネルギー法	应变能法

英文	臺灣	日文	大陸
— energy of dilation	膨脹應變能	膨張ひずみエネルギー	膨胀应变能
— energy of distortion	變形(應變)能	偏差ひずみエネルギー	变形(应变)能
— figure	應變圖	ひずみ模様	应变图
— increment	應變增量	ひずみ増分	应变增量
— indicating lacquer	應變塗料;測應變漆	ひずみ表示塗料	应变涂料;测应变漆
— indicator	應變指示儀	ひずみ計	应变指示仪
— input	應變輸入	ひずみ入力	应变输入
— insulator	耐張力物體;耐疲勞物體	耐張用がい子	耐张力物体;耐疲劳物体
— intensity	應變強度	ひずみ強度	应变强度
— lag	應變滯後	ひずみの遅れ	应变滞后
— limit	應變極限	ひずみ限界	应变极限
— line	應變線	ひずみ線	应变线
— matrix	應變矩陣	ひずみマトリクス	应变矩阵
— measurement	應變測定	ひずみ測定	应变测定
— measuring device	應變儀	ひずみ測定器	应变仪
— meter	應變儀	ひずみ計	应变仪
— pacer	定速應變試驗裝置	ストレーンペーサ	定速应变试验装置
— path	應變途徑〔路線;軌跡〕	ひずみ経路	应变途径〔路线;轨迹〕
— pattern	應變圖	ひずみ模様	应变图
— plate	拉線板	ストレーンプレート	拉线板
— point	應變點	ストレーンポイント	应变点
— quadrin	應變二次曲面	ひずみ二次曲面	应变二次曲面
— quantity	應變量	ひずみ量	应变量
— rate	應變速度	ひずみ速度	应变速度
— recovery	應變回復	ひずみ回復	应变回复
— relaxation	應變鬆弛	ひずみ緩和	应变松弛
— relief	溢流(出氣)冒口	ストレーンリリーフ	溢流(出气)冒口
— relief anneal	消除應變退火	ひずみ取り焼なまし	消除应变退火
— relief tempering	消除應變回火	ひずみ取り焼もどし	消除应变回火
— resistance wire	應變電阻絲	ひずみ抵抗線	应变电阻丝
— rigidity	應變剛度	ひずみ剛性	应变刚度
— sensitivity	應變速度敏感性	ひずみ感度	应变速度敏感性
— sheet	應變表	ひずみ表図	应变表
— softening	消除應變退火	ひずみ軟化	消除应变退火
— telemeter	遙測應變儀	ストレーンテレメータ	遥测应变仪
— tempering	應變回火	ひずみ焼もどし	应变回火
— tensor	應變張量	ひずみテンソル	应变张量
— theory	應變學說;張力學說	ひずみ理論	应变学说;张力学说
— transducer	應變感測器	感圧素子	应变传感器
— tube	應變管〔筒〕	ストレーンチューブ	应变管〔筒〕

S

英文	臺灣	日文	大陸
— under tension	拉伸變形	引張りひずみ	拉伸变形
— velocity	變形速度	ひずみ速度	变形速度
strained casting	變形鑄件	揚り鋳物	变形铸件
— ring	張力環	張力環	张力环
— rubber	應變橡膠	応変ゴム	应变橡胶
strainer	濾器;網濾	ごみよけ箱	滤器;网滤
— chamber	粗濾室;濾清室	脱水室	粗滤室;滤清室
— core	濾渣芯子	あか取り中子	滤渣芯子
— filter	粗濾室;濾片濾器	ろ過器	粗滤室;滤片滤器
— plate	過濾板	ストレーナプレート	过滤板
straingage	應變儀;變形測量儀	接着形ひずみ計	应变仪;变形测量仪
— material	應變量規材料	ストレーンゲージ材料	应变量规材料
— transducer	應變片轉換器	ストレーンゲージ変換器	应变片转换器
— type torque transduce	電阻式應變測扭儀	抵抗線式トルク計	电阻式应变测扭仪
strain-hardening	加工硬化	ひずみ硬化	加工硬化
— exponent	應變硬化指數	ひずみ硬化指数	应变硬化指数
— material	應變硬化材料	ひずみ硬化体	应变硬化材料
— theory	應變〔加工〕硬化理論	ひずみ硬化説	应变〔加工〕硬化理论
straining beam	雙層樑;跨腰樑	二重ばり	双层梁;跨腰梁
— piece	支柱〔撐〕;挺〔吊〕桿	突張り	支柱〔撑〕;挺〔吊〕杆
— pulley	張力輪	張り車	张力轮
— rate	應變速度;伸長速度	ひずみ速度	应变速度;伸长速度
— sill	聯系樑上的副樑	添ばり	联系梁上的副梁
strainless resin	無應變樹脂〔磁帶基材〕	ストレーンレスレジン	无应变树脂〔磁带基材〕
— ring	未應變環;無張力環	無応力(変形)環	未应变环;无张力环
strait flange	窄凸緣	ストレイトフランジ	窄凸缘
strake	板;板條	条板	板;板条
strand	絞繩;絞線	より線	绞绳;绞线
— mill	多輥型鋼軋機;成形機架	ストランドミル	多辊型钢轧机;成形机架
— rope	股絞繩	より縄	股绞绳
— tensile strength	絲束拉伸強度	ストランド引張り強さ	丝束拉伸强度
— wire bond	多股絞線連接	より線ボンド	多股绞线连接
stranded conductor	絞線	より線	绞线
— wire	絞線	ストランド線	绞线
— wire spring	絞線盤簧	より線ばね	绞线盘簧
strander	繩纜搓絞機	ストランダ	绳缆搓绞机
stranding connection	絞接;絞合	より合せ接続	绞接;绞合
— machine	製繩機	リード編機	制绳机
strangler valve	阻氣閥	チョーク弁	阻气阀
strap	帶形鐵板;帶材	あぶみ金物	带形铁板;带材

英文	臺灣	日文	大陸
— iron	帶鐵;帶形鐵皮	帯鉄	带铁;带形铁皮
— joint	蓋板接頭	ストラップジョイント	盖板接头
— pipe-hanger	吊管帶鐵;吊管扁鐵帶	管釣帯金物	吊管带铁;吊管扁铁带
— pulley	皮帶滑車	帯滑車	皮带滑车
— ring	耦合環	ストラップリング	耦合环
— stiffner	緊固帶鐵	ストラップスチフナ	紧固带铁
strapping	皮帶拋光;圍測;捆帶條	胴縁打ち	皮带抛光;围测;捆带条
stratification sampling	分層取樣	層別サンプリング	分层取样
stratified charge	分層進氣	層状給気	分层进气
— plastic	層壓塑料	層状プラスチックス	层压塑料
— sampling	分層抽樣	層別サンプリング	分层抽样
Strauss test	史特勞斯試驗	ストラウス試験	斯特劳斯试验
streak fissure	條痕;條狀裂紋	地傷	条痕;条状裂纹
— flaw	條(狀裂)痕	地傷	条(状裂)痕
— plate	條痕板	条こん板	条痕板
— test	痕色試驗	条こん試験	痕色试验
streaky structure	條狀組織	条こん組織	条状组织
stream handling	連續進料或輸送	流れの処理	连续进料或输送
— velocity	流速	流速	流速
streamline	流線	流線	流线
— analysis	流線分析	流線解析	流线分析
— body	流線形物體;流線形車身	流線形物体	流线形物体;流线形车身
— valve	流線形閥	ストリームラインバルブ	流线形阀
streamlined motion	流線運動	流線運動	流线运动
— return-bend headers	流線形回彎頭	流線形帰り接手管寄せ	流线形回弯头
street socket	帶內外螺紋的套管	雄雌ソケット	带内外螺纹的套管
strengite	紅磷鐵礦	紅りん鉄鉱	红磷铁矿
strength	強度;力量;濃度	強度;強さ	强度;力量;浓度
— beam	強樑;特設橫樑	特設ビーム	强梁;特设横梁
— characteristic	強度特性	強度特性	强度特性
— coefficient	強度係數	強さ係数	强度系数
— criterion	強度標準	強度標準	强度标准
— evaluation	強度評定	耐力診断	强度评定
— function	強度函數	強度関数	强度函数
— imparting material	增加強度物料	流線増加物質	(增)加强(度)物料
— in compression	壓縮強度	圧縮強さ	压缩强度
— in shear	剪切強度	せん断強さ	剪切强度
— limit	強度極限	強さ限界	强度极限
— member	強力構件	強力メンバ	强力构件
— of bond	連接強度;黏結強度	接着強さ	连接强度;粘结强度

英文	臺灣	日文	大陸
— of material	材料強度;材料力學	材料強度	材料强度;材料力学
— per unit area	單位面積強度	単位面積当たりの強度	单位面积强度
— property	強度特性	強度特性	强度特性
— ratio	脆裂強度	比破裂度	脆裂强度
— reduction	強度削減	強度低下	强度削减
— requirement	強度要求;強度規範	強度規程	强度要求;强度规范
— test	強度試驗	強度試験	强度试验
— theory	強度學說	強さ学説	强度学说
— weld	高強度銲(縫)	耐力溶接	高强度焊(缝)
strengthened glass	鋼化玻璃	強化ガラス	钢化玻璃
strengthening agent	增強劑	補強剤	增强剂
— boss	增強輪轂	補強ボス	增强轮毂
— rib	補強肋	補強リブ	补强肋
— ring	加強環〔箍〕	補強リング	加强环〔箍〕
stress	應力	応力	应力
— adding method	應力加法	応力付加（方）法	应力加和法
— aging	應力時效	応力時効	应力时效
— alternation	應力更迭	応力交代	应力更迭
— analysis	應力分析	応力解析	应力分析
— axis	應力軸	応力軸	应力轴
— block	應力塊;應力區	応力ブロック	应力块;应力区
— calculation	應力計算	応力計算	应力计算
— circle	應力圓	応力円	应力圆
— coat	應力塗料;脆性塗料	応力亀裂塗料	应力涂料;脆性涂料
— coating	應力分布塗層檢驗法	応力塗膜測定法	应力分布涂层检验法
— component	應力分量	応力成分	应力分量
— concentration	應力集中	応力集中	应力集中
— concentration factor	應力集中係數	応力集中係数	应力集中系数
— concentration method	應力集中法	応力集中法	应力集中法
— concentrator	應力集中區	応力集中器	应力集中区
— condition	應力條件;應力狀態	応力條件	应力条件;应力状态
— cone	應力錐	ストレスコーン	应力锥
— conic	應力二次曲線	応力二次曲線	应力二次曲线
— control	應力控制	応力制御	应力控制
— corrosion	應力腐蝕	応力腐食	应力腐蚀
— corrosion cracking	應力腐蝕裂紋	応力腐食割れ	应力腐蚀裂纹
— corrosion fracture	應力腐蝕破斷	応力腐食破断	应力腐蚀破断
— corrosion test	應力腐蝕試驗	応力腐食試験	应力腐蚀试验
— crack	應力龜裂	応力亀裂	应力龟裂
— crack resistance	拉應力龜裂性	耐応力亀裂性	拉应力龟裂性

英文	臺灣	日文	大陸
— cracking agent	應力龜裂試劑	応力亀裂剤	应力龟裂试剂
— cracking environment	應力開裂環境	応力亀裂環境	应力开裂环境
— cracking resistance	耐應力開裂性	耐応力亀裂性	耐应力开裂性
— crazing	應力裂紋	応力ひび割れ	应力裂纹
— cycle	應力循環	応力サイクル	应力循环
— decay	應力鬆弛	応力減衰	应力松弛
— deformation diagram	應力-應變線圖	応力変形線図	应力-应变线图
— deviation	應力偏差〔量〕;偏差應力	応力偏差	应力偏差〔量〕;偏差应力
— diagram	應力圖	応力図	应力图
— distribution	應力分布	応力分布	应力分布
— due to vibration	振動應力	振動で生じる応力	振动应力
— ellipse	應力橢圓	応力だ円	应力椭圆
— ellipsoid	應力橢球	応力だ円体	应力椭球
— -endurance curve	應力-耐久曲線	応力繰返し曲線	应力-耐久曲线
— -endurance diagram	應力-耐久曲線	応力繰返し曲線	应力-耐久曲线
— energy	應力能	応力エネルギー	应力能
— equalizing anneal	應力均勻化退火	応力ならし焼なまし	应力均匀化退火
— fatigue	應力疲勞	応力疲労	应力疲劳
— field	應力場	応力場	应力场
— fixation method	應力凍結法	応力凍結法	应力冻结法
— for sustained loading	長期負載應力	長期負荷で生じる応力	长期荷载应力
— for temporary loading	短期負載應力	短期負荷で生じる応力	短期荷载应力
— freezing	應力凍結	応力凍結	应力冻结
— freezing method	應力凍結法	応力凍結法	应力冻结法
— function	應力函數	応力関数	应力函数
— gage	應力計	応力ゲージ	应力计
— gradient	應力梯度	応力こう配	应力梯度
— heating	加載加熱法	荷重加熱法	加载加热法
— history	應力(隨時間的)變化	応力履歴	应力(随时间的)变化
— in compression	壓縮應力	圧縮応力	压缩应力
— in electrod deposits	電鍍層內應力	電着応力	(电)镀层(内)应力
— in flexure	彎曲應力	曲げ応力	弯曲应力
— in tension	應力拉伸	引張り応力	应力拉伸
— in three-dimension	三維應力	三次元応力	三维应力
— increment	應力增大;應力增額	応力増加率	应力增大;应力增额
— index	應力指數	応力指数	应力指数
— intensity	應力強度	応力強度	应力强度
— intensity factor	應力強度因數	応力強度係数K値	应力强度因子
— level	應力級;應力水平	応力レベル	应力级;应力水平
— matrix	應力矩陣	応力マトリクス	应力矩阵

英　文	臺　灣	日　文	大　陸
— measurement	應力測量	応力測定	应力测量
— meter	應力計	応力計	应力计
— method	應力法	応力法	应力法
— of compression	壓縮應力	圧縮応力	压缩应力
— of tangent modulus	切線模量應力	接線係数応力	切线模量应力
— parameter	應力參數	ストレスパラメータ	应力叁数
— pattern	應力圖	応力図形	应力图
— peening	應力強化;噴砂強化	ストレスピーニング	应力强化;喷丸强化
— propagation	應力傳播	応力伝搬	应力传播
— quadric	應力二次曲面	応力二次曲面	应力二次曲面
— raiser	應力集中部位	応力強化部	应力集中部位
— range	應力範圍	応力範囲	应力范围
— rate	應力速度;拉伸速度	応力速度	应力速度;拉伸速度
— ratio method	應力比例法	応力比例法	应力比(例)法
— relaxation	應力鬆弛	応力緩和	应力松弛
— relaxation response	應力鬆弛反應	応力緩和応答	应力松弛反应
— relief annealing	消除內應力退火	応力除去焼なまし	消除内应力退火
— relief annealing crack	再熱裂紋	応力除去割れ	再热裂纹
— relief heat treatment	消除應力熱處理	応力除去熱処理	消除应力热处理
— relief tempering	消除應力退火	ひずみ取り焼なまし	消除应力退火
— relieving by furnace	爐內消除應力法	炉内応力除去	炉内消除应力(法)
— relieving furnace	應力消除爐	応力除去炉	应力消除炉
— resultant	合應力	合応力	合应力
— ring test	應力環試驗	ストレスリングテスト	应力环试验
— rivet	受力鉚釘;傳力鉚釘	耐力リベット	受力铆钉;传力铆钉
— rupture	應力斷裂	応力破断	应力断裂
— rupture strength	應力斷裂強度	応力破断強さ	应力断裂强度
— rupture test	應力-破壞試驗	応力-破壊試験	应力-破坏试验
— sensitivity	應力靈敏度	応力感度	应力灵敏度
— similitude	應力相似	応力相似性	应力相似
— skin	應力外皮	応力表皮	应力外皮
— skin construction	外殼受力結構	応力外皮構造	外壳受力结构
— sorption cracking	應力吸附裂紋	応力吸着割れ	应力吸附裂纹
— -strain characteristic	應力-應變特性	応力-ひずみ特性	应力-应变特性
— -strain curve	應力-應變曲線	応力ひずみ曲線	应力-应变曲线
— -strain diagram	應力-應變圖	応力ひずみ図形	应力-应变图
— -strain measurements	應力-應變關係值的測定	応力-ひずみ関係測定値	应力-应变关系值的测定
— -strain rate	應力-應變速度	応力-ひずみ速度	应力-应变速度
— -strain ratio	應力-應變比	応力対ひずみ比	应力-应变比
— surface	應力丘;應力曲面	応力面	应力丘;应力曲面

英文	臺灣	日文	大陸
— tensor	應力張量	応力テンソル	应力张量
— trajectory	應力圖	応力線	应力图
— under compression	壓縮應力	圧縮応力	压缩应力
— vector	應力向量	応力ベクトル	应力矢量
— wave	應力波	応力波	应力波
— weld	高強度銲接〔縫〕	耐力溶接	高强度焊接〔缝〕
— whitening	應力白化現象	応力白化	应力白化现象
— wrinkle	應力紋	応力じわ	应力纹
— zyglo	應力螢光探傷〔器〕	ストレスザイグロ	应力荧光探伤〔器〕
stretch	直尺;拉伸;延展;直規	伸び	直尺;拉伸;延展;直规
— -bending	拉伸彎曲	延伸曲げ	拉伸弯曲
— draw die	張拉成形模	ストレッチドローダイス	张拉成形模
— expand forming	拉伸膨脹成形;膨脹拉形	引張り-張出し成形	拉伸膨胀成形;膨胀拉形
— fabric	拉伸坯料	伸縮生地	拉伸坯料
— factor	伸長係數	引伸し率	伸长系数
— film	拉伸薄膜	ストレッチフィルム	拉伸薄膜
— flange	伸展凸緣	ストレッチフランジ	伸展凸缘
— forming	拉形	引張り成形法	拉形
— forming press	拉形機	引張り成形機	拉形机
— levelling	張拉矯平;張拉矯直	引張り矯正	张拉矫平;张拉矫直
— machine	拉伸機;延伸機	延伸機	拉伸机;延伸机
— modulus	拉伸彈性模量	伸張弾性率	拉伸弹性模量
— planishing	強力旋壓;變薄旋壓	ストレッチプラニシング	强力旋压;变薄旋压
— property	拉伸性能	伸縮性	拉伸性能
— ratio	延伸率;伸長比	延伸比	延伸率;伸长比
— reducer	拉伸縮徑軋機	ストレッチレデューサ	拉伸缩径轧机
— ribbon	延伸帶	伸縮リボン	延伸带
— roll	張力輥	張りロール	张力辊
— rotary forming	張拉回轉成形;轉台式拉形	回転引張り成形法	张拉回转成形
— test	拉伸試驗	伸張試験	拉伸试验
— thrust	引伸逆斷層	伸長衝上	引伸逆断层
— -wrap forming	張拉卷纏成形	引張り巻付け成形法	张拉卷缠成形
stretchability	拉伸性;抽伸性	可伸張性	拉伸性;抽伸性
stretched sheeting	單向拉伸片	延伸シート	单向拉伸片
— zone	伸張區	ストレッチトゾーン	伸张区
stretcher	伸張器;薄板矯直機	伸張機	伸张器;薄板矫直机
— forming	張拉-模壓成形加工	ストレッチャフォーミング	张拉-模压成形加工
— leveler	拉伸矯直機	引張り矯正機	拉伸矫直机
— levelling	拉伸校直	引張り矯正	拉伸校直
— line	引伸線;應變圖	ストレッチャライン	引伸线;应变图

英　文	臺　灣	日　文	大　陸
— strain	拉伸應變	ひずみ模様	拉伸应变
stretching apparatus	拉伸機	伸張機	拉伸机
— device	拉伸裝置	伸展装置	拉伸装置
— effect	伸長效應	引伸効果	伸长效应
— force	拉伸力;延伸力	延伸力	拉伸力;延伸力
— machine	拉伸矯直機	引張り矯正機	拉伸矫直机
— over former	彎曲成形	わん曲成形	弯曲成形
— property	延展性	伸縮性	延展性
— pulley	皮帶張緊輪	張り車	皮带张紧轮
— screw	調整螺釘〔桿〕;拉緊螺釘	調整ねじ	调整螺钉〔杆〕;拉紧螺钉
— strain	拉伸應變	引張りひずみ	拉伸应变
— stress	拉伸應力	引張り応力	拉伸应力
— test	抽伸試驗	緊張試験	抽伸试验
— vibration	伸縮振動	伸縮振動	伸缩振动
stria	條紋	条線	条纹
strickle	刮板;刮模器	引き板	刮板;刮型器
— arm	刮板臂	引板支持板	刮板臂
— board	刮板	引板	刮板
— board support	刮板座	引板支持板	刮板座
strickling core	刮製芯;車製芯	かき中子	刮制芯;车制芯
striction	緊縮;收縮	ストリクション	紧缩;收缩
strike	起弧;放電;打;觸擊電鍍	同盟罷業	起弧;放电;打;触击电镀
— copper plating	沖擊鍍銅層;閃鍍銅層	ストライク銅めっき	冲击镀铜(层);闪镀铜
— figure	投影	打像	投影
— number	貨幣鑄造次數	鋳造一回分なべ数	(货币)铸造次数
— pan	刮板底座;精煉鍋	仕上げがま	刮板底座;精炼锅
strikeback	(煤氣燈的)回火	逆火	(煤气灯的)回火
striker	大鐵錘;撞針	先細つち	大铁锤;撞针
— opening	衝擊口	受座の口	冲击口
striking arm	衝擊桿	打撃アーム	冲击杆
— current	起弧電流;擊穿電流	始動電流	起弧电流;击穿电流
— current of arc	起弧電流	点弧電流	起弧电流
— distance	放電距離	放電距離	放电距离
— edge	衝擊面	打撃面	冲击面
— end of electrode	銲條引弧端	アーク発生端	焊条引弧端
— energy	衝擊能量	衝撃エネルギー	冲击能量
— machine	擴展機;延伸器	引伸し機	扩展机;延伸器
— member	衝擊元件	打撃体	冲击元件
— of arch	拆除拱模〔架〕	せり枠外し	拆除拱模〔架〕
— out	劃線;標線	墨掛け	划线;标线

英文	臺灣	日文	大陸
— pendulum	衝擊錘〔擺〕	打撃振子	冲击锤〔摆〕
— plating	門鎖碰板;門鎖舌孔板	ストライクめっき	门锁碰板;门锁舌孔板
— power	衝擊力	打撃力	冲击力
— voltage	起弧電壓	点弧電圧	起弧电压
— wrench	衝擊式扳手	ストライキングレンチ	冲击式扳手
tring	鑽具組;列	ストリング	钻具组;列
— bead	線狀銲縫	ストリングビード	线状焊缝
— filter	線式濾油器	ストリングフィルタ	线式滤油器
tringer	縱樑	ストリンガ	纵梁
— angle	縱樑角鋼	ストリンガ山形材	纵梁角钢
— bracket	縱樑托座	縦げたブラケット	纵梁托座
trip	板條;剝傷	帯板	板条;剥伤
— bridge	帶料沖裁邊	さん	带料冲裁边
— calender	條膠壓延機	ゴム板片圧延機	条胶压延机
— conductor	條狀導體	条導体	条状导体
— development	帶料展開;條料排樣	帯板展開寸法	带料展开;条料排样
— die	帶材擠壓模	ストリップ押出しダイ	带材挤压模
— feed	帶料送進	ストリップフィード	带料送进
— fuse	片狀保險絲;片狀熔絲	板ヒューズ	片状保险丝;片状熔丝
— heating	單面氧-乙炔焰線狀加熱	線条加熱	单面氧-乙炔焰线状加热
— ingot	軋製用金屬錠	圧延用の金属塊	轧制用金属锭
— iron	冷軋帶鋼;帶鐵	帯鉄	冷轧带钢;带铁
— machine	脫模機;粗加工機床	ストリップマシン	脱模机;粗加工机床
— mill	帶材軋機	ストリップ圧延機	带材轧机
— out diameter	條狀延伸直徑	ストリップアウト直径	条状延伸直径
— pin	起模銷;起模桿	ストリップピン	起模销;起模杆
— sample	帶條試樣	ストリップ試料	带条试样
— specimen	矩形試樣	ストリップ試験片	矩形试样
— splitter	條材剪裁機	リボン材縦切断機	条材剪裁机
— steel	帶鋼;鋼帶	ストリップ鋼	带钢;钢带
— structure	帶條結構	ストリップ構造	带条结构
— winder	卷帶機	ストリップ巻取機	卷带机
— winding machine	卷帶機	ストリップ巻取機	卷带机
trippable plastic	可剝性塑料	可はく性プラスチック	可剥性塑料
tripped coal	條紋〔狀〕煤炭	しま炭	条纹〔状〕煤炭
— gear	輪齒斷缺的齒輪	ストリップドギヤー	轮齿断缺的齿轮
— joint	刮平縫;軋縫	押し目地	刮平缝;轧缝
— nut	斷牙螺母;鎖緊圓螺母	ストリップドナット	断牙螺母;锁紧圆螺母
tripper	沖孔模;脫模機;卸料器	はがし工具	冲孔模;脱模机;卸料器
— bust	脫模襯套;卸料襯套	ストリッパブッシュ	脱模衬套;卸料衬套

S

英文	臺灣	日文	大陸
— machine	脫模裝置;起模裝置	ストリッパマシン	脱模装置;起模装置
— pin	起模頂桿;頂料銷	ストリッパピン	起模顶杆;顶料销
— plate	卸料板;脫模板	はね出し板	卸料板;脱模板
— plate mold	漏模鑄模;漏模造模	抜取り板付き金型	漏模铸型;漏模造型
— pump	殘油泵	残油ポンプ	残油泵
— punch	脫模沖頭;頂件沖頭	押出しパンチ	脱模冲头;顶件冲头
— tank	脫模器槽	種板槽	脱模器槽
— tongs	脫錠鉗	ストリッパトング	脱锭钳
stripping	起模操作;漏模	型上げ操作	起模操作;漏模
— device	脫模工具	型抜工具	脱模工具
— force	卸料力;退料力	かす取り力	卸料力;退料力
— fork	鉤式卸料裝置	はね出し用フォーク	钩式卸料装置
— machine	脫模機	ストリッピングマシン	脱模机
— metallic coating	金屬鍍層退除法	めっきはく離法	金属镀层退除法
— of nickel plating	鎳鍍層退除	ニッケルめっきのはく離	镍镀层退除
— plate	脫模板;起模板;導板	案内板	脱模板;起模板;导板
— pressure	卸料力;脫料力	かす取り力	卸料力;脱料力
— solvent	脫模溶劑	はく離用溶剤	脱模溶剂
— test	剝落試驗;剝離試驗	はく離試験	剥落试验;剥离试验
— tool	脫模工具;剝片工具	はく離用工具	脱模工具;剥片工具
stroke	行程;衝程;筆劃	行程	行程;冲程;笔划
— adjustment	行程調整	ストローク調整	行程调整
— alteration	滑塊調整;行程改變	ラム調整	滑块调整;行程改变
— bore ratio	衝程缸徑比	行程内径比	冲程缸径比
— control	行程控制;衝程控制	ストロークコントロール	行程控制;冲程控制
— dog	行程擋塊	ストロークドッグ	行程挡块
— down	下行〔衝〕程	ストロークダウン	下行〔冲〕程
— edge	筆劃邊緣	ストロークの縁	笔划边缘
— end	行程末端;;衝程末端	ストロークエンド	行程末端;;冲程末端
— limit	行程極限〔範圍〕	ストロークリミット	行程极限〔范围〕
— limiter	行程限制器	行程制限器	行程限制器
— limiting device	限程裝置	開度制限装置	限程装置
— method	衝擊法;打擊法	ストローク方式	冲击法;打击法
— milling	直線走刀曲面仿形銑	ストロークミリング	直线走刀曲面仿形铣
— motor	衝程電動機	ストロークモータ	冲程电动机
— of a press	沖床行程	プレスの行程	压力机行程
— of piston	活塞行程	ピストンの行程	活塞行程
— of slide	滑動行程;滑座衝程	ストローク長さ	滑动行程;滑座冲程
— sander	往復打磨機;往復噴砂機	ストロークサンダ	往复打磨机;往复喷砂机
— volume	衝程容積	行程容積	冲程容积

英文	臺灣	日文	大陸
strong acid	強酸	強酸	强酸
— alkali	強鹼	強アルカリ	强硷
— beam	強力樑	高強度ばり	强力梁
— coal	硬煤	強火力石炭	硬煤
— crystal field	強晶體場	強い結晶場	强晶体场
— glass	鋼化玻璃	強化ガラス	钢化玻璃
strongly caking coal	強黏結煤〔炭〕	強粘結炭	强粘结煤〔炭〕
strop	(滑車的)環索;滑車帶	ストロップ	(滑车的)环索;滑车带
strophoid	環索線	ストロフォイド	环索线
stropped joint	搭板接頭;墊板銲接頭	当て金継手	搭板接头;垫板焊接头
struck joint	斜勾縫;刮縫	ストラックジョイント	斜勾缝;刮缝
structural alloy steel	合金結構鋼	構造用合金鋼	结构用合金钢
— aluminum alloy	結構用鋁合金	構造用アルミニウム合金	结构用铝合金
— analysis	結構分析	構造分析	结构分析
— analysis control	結構分析控制	構造解析制御	结构分析控制
— annealing	組織穩定退火	組織安定化焼なまし	组织稳定退火
— arrangement	結構布置	構造配置	结构布置
— calculation	結構計算	構造計算	结构计算
— cast steel	結構用鑄鋼	構造用鋳鋼	结构用铸钢
— change	結構改變	構造変化	结构改变
— chart	結構圖	機構図	结构图
— component	構件	構造部材	构件
— composite	結構用複合材料	構造用複合材料	结构用复合材料
— constitution	組織成分	組織成分	组织成分
— controllability	結構的可控制性	構造的可制御性	结构的可控制性
— cost optimization	結構費用最優化	構造的費用最適化	结构费用最优化
— damage	結構損壞	構造損傷	结构损坏
— damping	結構減震〔阻尼〕	構造減衰	结构减震〔阻尼〕
— design drawing	結構設計圖	構造設計図	结构设计图
— discontinuity	結構間斷;結構不連續性	構造不連続	结构间断;结构不连续性
— dynamics analysis	結構動態分析	構造動特性解析	结构动态分析
— element	結構元素;結構構件	構成元素	结构元素;结构构件
— engineering	結構工程學	構造工学	结构工程学
— examination	結構檢查	構造検査	结构检查
— experiment	結構試驗	構造実験	结构试验
— fabrication	結構裝配	構造組立	结构装配
— failure	結構物的斷裂	構造物の破壊	结构物的断裂
— fatigue	結構疲勞	構造疲労	结构疲劳
— feature	結構特徵	構造特性	结构特徵
— flow chart	結構流程圖	構造流れ図	结构流(程)图

S

英文	臺灣	日文	大陸
— frame	結構骨架	構造骨組	结构骨架
— gasket	結構用密封墊;結構用填料	構造用ガスケット	结构用密封垫
— hardening alloy	組織硬化合金	組織硬化合金	组织硬化合金
— insulation	結構絕熱;結構用絕熱材料	構造断熱	结构用绝热材料
— life-time	結構壽命;結構使用期限	構造的耐用命数	结构寿命;结构使用期限
— loss	結構損耗	構造損失	结构损耗
— material	結構材料	構造材料	结构材料
— mechanics	結構力學	構造力学	结构力学
— mill	型材軋機	形圧延機	型材轧机
— model test	結構模型試驗	構造模型実験	结构模型试验
— molding	結構模製件;結構鑄造物	構造用成形品	结构模制件;结构铸造物
— optimization	結構最優化	構造最適化	结构最优化
— panel	結構用板	構造用パネル	结构用板
— part	結構件	構造部品	结构件
— performance	結構性能	構造性能	结构性能
— plastic(s)	結構用塑料	構造用プラスチック	结构用塑料
— process pattern	結構過程模式	構造プロセスパターン	结构过程模式
— promotor	結構促進劑	構造助触媒	结构促进剂
— property	結構特性	構造特性	结构特性
— rigidity	結構剛度	構造剛性	结构刚度
— roughness	結構粗糙度	構造粗度	结构粗糙度
— safety model	結構安全模型	構造的安全モデル	结构安全模型
— sensitivity analysis	結構靈敏度分析	構造的感度解析	结构灵敏度分析
— shape	結構用型材	構造用形材	结构用型材
— sheet	結構用板材	構造用板	结构用板材
— special steel	結構用特殊鋼	構造用特殊鋼	结构用特殊钢
— stability	結構穩定性	構造的安定性	结构稳定性
— steel	結構鋼	構造鋼	结构钢
— steel plate	結構用鋼板	構造用鋼板	结构(用)钢板
— strength	結構強度	構造強さ	结构强度
— stress	結構應力	構造応力	结构应力
— support	結構用支承材料	構造用支持材	结构用支承材料
— synthesis	結構合成	構造総合	结构合成
— system	結構體系	構造システム	结构体系
— system analysis	結構系統分析	構造システム解析	结构系统分析
— test	結構試驗	構造物試験	结构试验
— testing machine	結構試驗機	構造物試験機	结构试验机
— unit	結構單位;結構單元	構造単位	结构单位;结构单元
— viscosity	結構黏度;內黏度	構造粘性	结构粘度;内粘度
— weakness	結構缺陷	構造的弱点	结构缺陷

英文	臺灣	日文	大陸
— weight	結構重量	構造物重量	结构重量
structure	結構;組織;裝置;構造	組織；構造	结构;组织;装置;构造
— analysis	結構分析	構造解析	结构分析
— cleavage	結構的斷裂	構造の断裂	结构的断裂
— control theory	結構控制理論	構造制御理論	结构控制理论
— diagram	構造圖	構造図	构造图
— division	結構部分	構造部	结构部分
— equation	結構方程	構造方程式	结构方程
— factor	結構因數	構造因子	结构因数
— form	結構形式	ストラクチャフォーム	结构形式
— formula	結構公式	構造公式	结构公式
— function	結構函數	構造関数	结构函数
— graph	結構圖(表)	構造グラフ	结构图(表)
— limited payload	結構極限有效負載	構造限界ペイロード	结构极限有效载荷
— member	結構元件	構造体の構成要素	结构部件
— qualification	結構限定	構造体修飾	结构限定
— steel for welding	銲接用結構鋼	溶接用鋼材	焊接用结构钢
— texture	結構組織	組織	结构组织
strum box	過濾箱	ごみよけ箱	过滤箱
strut	支柱;抗壓構件;撐桿	支材；支柱	(支)柱;抗压构件;撑杆
— bar	支撐桿	ストラットバー	支撑杆
— bearing	支桿軸承	張出し軸受	支杆轴承
— frame	支柱架	突張り枠	支柱架
— suspension rope	支柱吊繩	ジブ支柱支持ロープ	支柱吊绳
strutted beam bridge	斜撐托樑橋	方づえ橋	斜撑托梁桥
strutting	穩定支撐;橫撐;水平支撐	振れ止め；切張り	稳定支撑;横撑;水平支撑
Strux	斯特魯斯高強度鋼	ストラックス	斯特鲁斯高强度钢
stub	導體棒;短截線	切取り部分	导体棒;短截线
— axle	轉向節;短軸;心軸	スタブアクスル	转向节;短轴;心轴
— bar	料頭;剩餘的材料	スタブバー	料头;剩馀的材料
— boring bar	懸臂搪桿	片持ち中ぐり棒	悬臂镗杆
— gear tooth	短齒	低歯	短齿
— teeth	短齒	スタブティース	短齿
— tenon	短粗榫	短ほぞ	短粗榫
— tool	短型刀具	スタブツール	短型刀具
— tooth gear	短齒齒輪	低歯歯車	短齿齿轮
stubby driver	大柄木螺絲起子	スタビードライバ	大柄木螺丝起子
stud bolt	螺樁;雙頭螺栓;嵌入螺栓	埋込みボルト	双头螺栓;嵌入螺栓
— chain	柱環節鏈;有檔平環鏈	スタッドチェーン	柱环节链;有档平环链
— dowel	合縫釘;暗榫	スタッドジベル	合缝钉;暗榫

英文	臺灣	日文	大陸
— extractor	雙頭螺栓擰出〔入〕器	スタッドエクストラクタ	双头螺栓拧出〔入〕器
— remover	雙頭螺栓擰出〔入〕器	スタッドリムーバ	双头螺栓拧出〔入〕器
— saw	鑲齒鋸	植のこ	镶齿锯
— setter	雙頭螺栓擰出〔入〕器	スタッドセッタ	双头螺栓拧出〔入〕器
— tube	(銲)銷釘管	スタッドチューブ	(焊)销钉管
— welding	螺柱銲	スタッド溶接	螺柱焊
— work	間柱結構	木組	间柱结构
Studal	斯特德爾鍛造鋁基合金	スタデール	斯特德尔锻造铝基合金
studded tube	銷釘管	スタッドチューブ	销钉管
studding	螺柱銲接〔中間加固〕	ボルト溶接	螺柱焊接〔中间加固〕
studio	工作間	スタジオ；制作室	工作间
studless link chain	無銷鏈	スタッド無しチェーン	无销链
stuff	材料;原料;本質;要素	スタッフ	材料;原料;本质;要素
stuffing	加脂;填充;填料	加脂；詰物	加脂;填充;填料
— box	填料箱;填料函	パッキン箱	填料箱;填料函
— box bushing	密封套	ネックブシュ	密封套
— box follower	密封壓環	パッキン押え	密封压环
— box gland	填料函壓蓋	パッキン押え	填料函压盖
— box nut	填料函螺母	パッキン押えナット	填料函螺母
Stupalox	(美國的一種)陶瓷刀	ストゥーパロックス	(美国的一种)陶瓷刀
stylolitic structure	縫合構造;柱狀構造	縦しま柱状構造	缝合构造;柱状构造
styrene	苯乙烯;苯次乙基	スチレン	苯乙烯;苯次乙基
— alkyd (resin)	苯乙烯醇酸樹脂	スチレンアルキド樹脂	苯乙烯醇酸树脂
— alloy	苯乙烯合脂	スチレンアロイ	苯乙烯合脂
— butadiene rubber	丁苯橡膠	スチレンブタジエンゴム	丁苯橡胶
styrol plastic	苯乙烯塑料	スチロールプラスチック	苯乙烯塑料
subbeam	副樑;次樑	サブビーム	副梁;次梁
subbolster	輔助模座;輔助墊板	サブボルスタ	辅助模座;辅助垫板
subboundary	亞晶界;次晶界	亜粒界	亚晶界
— structure	亞晶界組織	サブ粒界組織	亚晶界组织
subcell	子晶胞;子單元;亞晶胞	サブセル	子晶胞;子单元;亚晶胞
subcool	深冷(卻);低溫冷卻	過冷却	过冷(却);低温冷却
subcooled boiling	深冷沸騰	サブクール沸騰	过冷沸腾
— temperature	深冷溫度	サブクール温度差	过冷温度
— water	深冷水	サブクールされた水	过冷水
subcritical annealing	臨界點以下退火	変態点下焼鈍	临界点以下退火
— assembly	次臨界裝置	臨界未満集合体	次临界装置
— facility	次臨界裝置	臨界未満実験装置	次临界装置
— limit	次臨界限度	臨界未満限界値	次临界限度
— pressure boiler	亞臨界壓力鍋爐	亜臨界圧ボイラ	亚临界压力锅炉

英文	臺灣	日文	大陸
— pressure turbine	亞臨界壓力汽輪機	亜臨界圧タービン	亚临界压力汽轮机
— treatment	轉變點以下的等溫處理	変態点下処理	转变点以下的等温处理
subcriticality	次臨界	臨界未満	次临界
subdrilling	初鑽	予備きりもみ	初钻
subelement	小元件;子元件	サブエレメント	小元件;子元件
subframe	副架;底架;輔助構造	副枠	副架;底架;辅助构造
subgrain	亞晶粒;次晶粒	サブグライン	亚晶粒
subgravity	亞重力;次重力	低重力;亜重力	亚重力;次重力
subindividual	晶片	晶片	晶片
subject	主題;題目;主體;重點	サブジェクト	主题;题目;主体;重点
subjet	輔助噴口	サブジェット	辅助喷口
subland drill	(多刃)階梯鑽頭	複溝段付きドリル	(多刃)阶梯钻头
sublattice	亞晶格;子晶格	副格子	亚晶格;子晶格
sublimabibiliby	昇華性	昇華性	升华性
sublimation	昇華	昇華	升华
— curve	昇華曲線	昇華曲線	升华曲线
— pressure	昇華壓力	昇華圧	升华压力
— pump	昇華泵	サブリメーションポンプ	升华泵
subline	輔助線;副線	サブライン	辅助线;副线
submerged bearing	浸入式軸承	水中軸受	浸入式轴承
submodel	分模型;子模型	部分模型	分模型;子模型
submodular size	輔助模數尺寸	サブモデュール寸法	辅助模数尺寸
submodule	輔助模數;分模數;分組件	サブモジュール	辅助模数;分模数;分组件
submolecule	鏈段	亜区分	链段
subnetwork	粒界網狀組織;子網絡	サブネットワーク	粒界网状组织;子网络
subnozzle	副噴嘴	サブノズル	副喷嘴
subpanel	補助板;副板	サブパネル	补助板;副板
subpermanent set	亞永久變形	非永久変形	亚永久变形
subpress	半成品沖床;小型沖床	サブプレス	半成品压力机;小压机
— die	小沖床模	サブプレス型	小压力机模
subpunch	預沖孔	サブポンチ	预冲孔
subrack	分機架	サブラック	分机架
subscale	副標度	サブスケール	副标度
— mark	副標度〔線〕;輔助刻度	子目盛線	副标度〔线〕;辅助刻度
subsealing	封底處理	サブシーリング	封底处理
subsidence	陷落;沈降	沈下;陥没	陷落;沈降
subsider	沈降槽	沈でん槽	沈降槽
subsidiary	輔助的;次要的;子公司	補助の	辅助的;次要的;子公司
— equation	輔助方程	補助方程式	辅助方程
— graticule	輔助刻度	補助目盛板	辅助刻度

英文	臺灣	日文	大陸
— main track	副幹線	副本線	副干线
— material	輔助材料	副資材	辅助材料
— reaction	副反應	副反応	副反应
— scale mark	輔助刻度線	補助目盛線	辅助刻度线
subsidies	補助金;津貼	補助金	补助金;津贴
subsiding velocity	沈澱速度	沈殿速度	沈淀速度
subsieve	微粉;亞篩	サブシーブ	微粉;亚筛
subslide	橫進給刀架	サブスライド	横进给刀架
subsolidus data	亞固線數據	亜固相資料	亚固线数据
subsonic airplane	次音速飛機	亜音速機	亚音速飞机
— flow	次音速流	亜音速流	亚音速流
— nozzle	次音速噴嘴	亜音速ノズル	亚音速喷嘴
— velocity	次音〔聲〕速	亜音速	亚音〔声〕速
substage	顯微鏡(載物)台	サブステージ	显微镜(载物)台
— condenser	顯微鏡台下聚光鏡	顕微鏡台下集光レンズ	显微镜台下聚光镜
— microlamp	顯微鏡台下燈	顕微鏡台下灯	显微镜台下灯
substance	物質;材料;物體	物質	物质;材料;物体
substandard	副標準(器);複製標準	副原器	副标准(器);复制标准
substantivity	直接性	直接性	直接性
substation	變電所;分站;支局	変電所	变电所;分站;支局
— capacity	變電所輸出功率	変電所容量	变电所输出功率
substitude	代用品;代用的	代用品	代用品;代用的
— load	置換負載	置換荷重	置换荷载
— lubricant	潤滑劑代用品	代用潤滑剤	润滑剂代用品
— processing	替換處理	代行処理	替换处理
substituted member	置換構件;置換桿件	置換部材	置换构件;置换杆件
substitution	代替;代用;代換	置換;代替	代替;代用;代换
— detector	置換檢測裝置	置換検出装置	置换检测装置
— galvanizing	置換電鍍法;浸鍍	置換めっき法	置换电镀法;浸镀
— property	可置換性	代入可能性	可置换性
substitutional atom	置換原子	置換(型)原子	置换原子
— impurity atom	置換型不純物原子	置換型不純物原子	置换型不纯物原子
— solid solution	置換型固溶體	置換型固溶体	置换型固溶体
substrate	基體;底板〔材;層〕	基質	基体;底板〔材;层〕
— crystal	基片晶體;襯底晶體	基板結晶	基片晶体;衬底晶体
— material	基板材料;支承材料	支持材料	基板材料;支承材料
substratum	基體;底板〔材;層〕	基層;基体	基体;底板〔材;层〕
substruction	下部結構〔構造〕	下部構造	下部结构〔构造〕
substructure	下部結構〔構造〕	下部構造	下部结构〔构造〕
— method	子結構法	部分構造法	子结构法

英　文	臺　灣	日　文	大　陸
— work	下部工程	下部工事	下部工程
ubstrut	副撐	副柱材	副撑
ubsurface corrosion	表面下腐蝕	表面下腐食	表面下腐蚀
ubswitch	輔助機鍵	サブスイッチ	辅助机键
ubsystem	子系統;分系統	サブシステム	子系统;分系统
ubtasking	執行子任務	副タスク	执行子任务
ubtend	對向	対向	对向
ubtense	弦;對邊	対辺	弦;对边
— bar	橫測尺	水平標尺	横测尺
ubterranean deposit	隱伏礦床	潜在鉱床	隐伏矿床
ubtie	副系桿;副拉桿	副引張り材	副系杆;副拉杆
ubtransmission	副變速器;輔助變速器	サブトランスミッション	副变速器;辅助变速器
ub-truss	輔助桁架;副桁架	サブトラス	辅助桁架;副桁架
ubunit	子單位;亞單位	サブユニット	子单位;亚单位
ubvertical	副豎桿	副垂直材	副竖杆
ubzero coolant	冷處理用冷卻劑	サブゼロ冷却剤	冷处理用冷却剂
— cooling	深冷處理	サブゼロ処理	低温处理
— equipment	深冷設備	サブゼロ装置	低温设备
— process	深冷處理	サブゼロ処理	低温处理
— tempareture	零下溫度	零下温度	零下温度
— treatment	深冷處理;深凍處理	サブゼロ処理	低温处理;深冻处理
— working	深冷加工;深冷軋製	サブゼロ塑性加工	低温加工;超低温轧制
uck	吸入	吸込み	吸入
ucker	吸氣管	吸い口	吸气管
— rob	活塞桿	サッカロッド	活塞杆
ucking	吸引;抽入	吸引;吸込み	吸引;抽入
— jet pump	吸引噴嘴泵	吸上げジェットポンプ	吸引喷嘴泵
— piston	吸入活塞	吸込みピストン	吸入活塞
— port	吸入口;進口	吸込み口	吸入口;进口
— pump	吸入泵	吸込みポンプ	吸入泵
uction	吸入;吸取;吸力	吸込み	吸入;吸取;吸力
— act	吸入作用;吸引作用	吸引作用	吸入作用;吸引作用
— air	吸入空氣	吸込み空気	吸入空气
— air chamber	抽吸空氣室	空気吸込み室	抽吸空气室
— air tank	吸入空氣儲槽	吸気タンク	吸入空气储槽
— air vessel	吸氣器	吸気かま	吸气器
— and force pump	壓力泵	押上げポンプ	压力泵
— apparatus	吸引裝置;吸引設備	吸引設備	吸引装置;吸引设备
— bell	吸入口;喇叭口	吸込みベル	吸入口;喇叭口
— casting	抽吸澆注;真空吸鑄(法)	減圧鋳造	抽吸浇注;真空吸铸(法)

英文	臺灣	日文	大陸
— check ball	吸入止回球	吸込みチェックボール	吸入止回球
— cock	吸入口旋塞	吸込みコック	吸入口旋塞
— cone	進氣錐體	吸込みコーン	进气锥体
— cover	進氣蓋〔殼;罩〕	吸込みカバー	进气盖〔壳;罩〕
— cup	吸盤	サクションカップ	吸盘
— damper	進氣調節器(板)	吸込みダンパ	进气调节器(板)
— draft	抽引通風	吸込み通風	抽引通风
— drying	真空乾燥	減圧乾燥	真空干燥
— efficiency	吸入效率	吸入効率	吸入效率
— elbow	進氣彎管接頭	吸込みエルボ	进气弯管接头
— feed type gun	吸入式噴槍	吸上げ型ガン	吸入式喷枪
— filter	吸濾器	吸込みフィルタ	吸滤器
— flow resistance	吸流阻力	吸込み抵抗	吸流阻力
— funnel	吸入漏斗	吸引漏斗	吸入漏斗
— gas	吸氣;進氣	吸引ガス	吸气;进气
— gas engine	吸入式煤氣發動機	サクションガス機関	吸入式煤气发动机
— gate	吸入口,進口	吸込み口	吸入口;进口
— gun	抽吸式噴射器	サクションガン	抽吸式喷射器
— header	吸入集管	吸込み管寄せ	吸入集管
— method of cleaning	抽吸清洗法;真空清洗法	吸気掃除法	抽吸清洗法;真空清洗法
— mill	吸磨機	吸気摩砕機	吸磨机
— nozzle	吸嘴;進氣嘴	吸込みノズル	吸嘴;进气嘴
— pad	吸盤;吸附板	吸着盤	吸盘;吸附板
— passage	吸入通道	吸込み流路	吸入通道
— pick up	吸氣式檢拾器	吸込み抜取具	吸气式检拾器
— pipe	吸管	吸込み管	吸管
— piping	吸入管道	吸込み配管	吸入管道
— port	吸口	吸気口	吸口
— press	真空壓榨;吸水壓榨	真空圧搾	真空压榨;吸水压榨
— press roll	吸壓輥	吸気圧搾ロール	吸压辊
— pressure	吸入壓力	吸入圧力	吸入压力
— pressure gage	吸入壓力錶	吸気圧力計	吸入压力表
— pump	吸入泵	吸引ポンプ	吸入泵
— pyrometer	真空高溫計	吸引高温計	真空高温计
— resistance	吸入阻力	吸気抵抗	吸入阻力
— screen	吸入濾網	吸込み金網	吸入滤网
— seal	吸入密封	吸力密閉	吸入密封
— side	吸入邊;吸入側;負壓面	負圧面	吸入边;吸入侧;负压面
— slot	吸氣縫口	吸込み孔	吸气缝口
— socket	抽吸式管座	吸着式ソケット	抽吸式管座

英文	臺灣	日文	大陸
— specific speed	吸入比速度	吸込み比速度	吸入比速度
— strainer	吸濾器	吸込みろ過器	吸滤器
— strength	負壓強度	減圧耐力	负压强度
— stroke	吸入衝程;進氣衝程	吸込み行程	吸入冲程;进气冲程
— surface	負壓面	負圧面	负压面
— system	吸氣裝置〔系統〕	吸気装置	吸气装置〔系统〕
— temperature	吸入溫度	吸込み温度	吸入温度
— temperature control	吸入溫度控制	吸込み温度制御	吸入温度控制
— throttle unloader	吸氣節流卸載裝置	吸気閉鎖式アンローダ	吸气节流卸载装置
— valve	吸入閥;吸氣閥	吸込み弁	吸入阀;吸气阀
— valve seat	吸入閥座	吸込み弁座	吸入阀座
— valve unloader	真空(泵)卸載	吸気閉鎖式アンローダ	真空(泵)卸荷
sudden closure	突然關閉	急閉鎖	突然关闭
— discharge	瞬時放電;驟然放電	瞬間放電	瞬时放电;骤然放电
— expansion	急速膨脹	急拡大	急速膨胀
— stoppage	急停;驟停	急閉鎖	急停;骤停
suds	黏稠介質中之氣泡	難溶泡まつ	粘稠介质中之气泡
suet	硬蠟;板油;脂肪	固形脂肪	硬蜡;板油;脂肪
suitable level	最適等級	最適レベル	最适等级
— paint for aluminium	適合鋁的塗料	アルミニウム材用塗料	适合铝的涂料
— paint for light alloy	輕合金用塗料	軽合金用塗料	轻合金用涂料
— paint for metal sheet	金屬板用塗料	金属板用塗料	金属板用涂料
sulfate of alumina	明礬;硫酸礬土	硫酸アルミナ	明矾;硫酸矾土
sulfide	硫化物	硫化物	硫化物
sulfocarbons	硫碳化合物	硫炭化合物	硫碳化合物
sulfocompound	含硫化合物	スルフォ化合物	含硫化合物
sulfonamide resin	磺醯胺樹脂	スルフォンアミド樹脂	磺醯胺树脂
sulfur	硫黃;硫(磺)	硫黄	硫黄;硫(磺)
— band	硫磺帶〔鋼材〕	スルファバンド	硫磺带〔钢材〕
— chlorinated cutting oil	含硫氯化切削油	含硫塩化切削油	含硫氯化切削油
— compound	硫的化合物	硫黄化合物	硫的化合物
— corrosion	硫(化合物)腐蝕作用	硫黄化合物腐食作用	硫(化合物)腐蚀作用
— crack	硫裂〔銲接缺陷〕	スルファクラック	硫裂〔焊接缺陷〕
— free fuel	無硫燃料	無硫燃料	无硫燃料
— fuel	含硫燃料	含硫燃料	含硫燃料
— vulcanization	硫化作用	硫黄ゴム硬化	硫化作用
sulfurized cutting oil	硫化切削油	硫化切削油	硫化切削油
sullage	(澆包)殘渣;(桶中)浮渣	取べさい	(浇包)残渣;(桶中)浮渣
sulphur,S	硫	硫黄	硫
— band	硫偏析帶	サルファバンド	硫偏析带

英文	臺灣	日文	大陸
— free cutting steel	含硫易削鋼	硫黄快削鋼	含硫易削钢
summer	夏季;大樑;加法器	大ばり	夏季;大梁;加法器
— black oil	夏季用黑機油	夏季用黒機油	夏季用黑机油
— crack	夏季龜裂	夏期亀裂	夏季龟裂
— grade gasoline	夏季級汽油	夏季級ガソリン	夏季级汽油
— petrol	夏季用汽油	夏季ガソリン	夏季用汽油
— white oil	夏季用白油	夏季白油	夏季用白油
— yellow oil	夏季用黃油	夏（季）黄油	夏季用黄油
summit	凸處;頂端;最高峰	凸部；頂点	凸处;顶端;最高峰
— of thread	螺紋牙頂	ねじ山の頂	螺纹牙顶
sun and planet gear	行星齒輪	遊星歯車装置	行星齿轮
— crack	曬裂	日光割れ	晒裂
— cracking	曬裂;日光龜裂	日光亀裂	晒裂;日光龟裂
— gear	恆星齒輪;中心齒輪	中心歯車	恒星齿轮,中心齿轮
— sensor	日光感測器	サンセンサ	日光传感器
— test	日曬試驗	耐日光試験	日晒试验
Sun metal	氯乙烯(表皮)層壓金屬板	サンメタル	氯乙烯(表皮)层压金属板
— steel	壓化鋼板	サンスチール	压花钢板
Sundstrand pump	組合泵	サンドストランドポンプ	组合泵
sunk drill	埋頭鑽	サンクドリル	埋头钻
— fillet	嵌入平壓條	入込み平縁	嵌入平压条
— head rivet	埋頭鉚釘	沈みリベット	埋头铆钉
— key	槽鍵;埋頭鍵;嵌入鍵	沈みキー	槽键;埋头键;嵌入键
— rivet	埋頭鉚釘	沈めびょう	埋头铆钉
— screw	埋頭螺絲釘	沈みねじ	埋头螺丝钉
— spot	氣孔;縮孔	ひけ	气孔;缩孔
— work	鑲嵌細工	沈め細工	镶嵌细工
sunshine	日照;陽光	日照	日照;阳光
— arc	日光型電弧	サンシャイン型アーク	日光型电弧
— carbon arc	日光型碳弧	サンシャイン型炭素アーク	日光型碳弧
super	特級〔大〕的;最高(級)的	スーパ	特级〔大〕的;最高(级)的
— abrasive	超級磨料	超と粒	超级磨料
— gasket	耐熱襯墊	スーパガスケット	耐热填密片
— gleamax	超光澤鍍鎳法	スーパグリーマックス	超光泽镀镍法
— low temperature	超低溫	超低温	超低温
— low temperature alloy	超低溫合金〔材料〕	スーパ低温材料	超低温合金〔材料〕
— material	超級材料	超材料	超级材料
— micrometer	超級測微儀	スーパマイクロメータ	超级测微仪
— optic	超級萬能光學測長機	スーパオプティック	超级万能光学测长机
— welder	超精密小型銲接機	スーパウェルダ	超精密小型焊接机

英文	臺灣	日文	大陸
superalloy	超合金	超合金	超合金
super-anthracite	超級無煙煤	超級無煙炭	超级无烟煤
Super-ascoloy	超級沃斯田鐵耐熱不銹鋼	スーパアスコロイ	超级奥氏体耐热不锈钢
super-blower	增壓鼓風機	過給送風機	增压鼓风机
supercalender	超級輾光機;高度砑光機	高度つや出機	超级辗光机;高度研光机
supercarburize	過度滲碳	過度しん炭	过度渗碳
supercentrifuge	超速離心機;高速離心機	超遠心分離機	超速离心机;高速离心机
supercharge pressure	增壓壓力	押込み圧力	增压压力
— pump	增壓泵	過給ポンプ	增压泵
supercharged air	增壓空氣	過給空気	增压空气
— boiler	增壓鍋爐;正壓鍋爐	過給ボイラ	增压锅炉;正压锅炉
— engine	增壓發動機	過給機関	增压发动机
supercharger	增壓器	過給機	增压器
supercharging	增壓;增壓作用	過給	增压;增压作用
supercold separation	深冷分離	深冷分離	深冷分离
superconducting alloy	超導合金材料	合金系超電導材料	超导合金材料
— element	超導元件	超伝導素子	超导元件
— magnet	超導磁體	超伝導マグネット	超导磁体
— material	超導材料	超伝導材料	超导材料
— state	超導電狀態	超電導状態	超导电状态
— thin film	超(電)導薄膜	超電導薄膜	超(电)导薄膜
— transition temperature	超(電)導轉變溫度	超電導遷移温度	超(电)导转变温度
— tunnel effect	超導隧道效應	超電導的トンネル効果	超导隧道效应
superconduction	超導	超伝導	超导
superconductive elemen	超導元件	超電導素子	超导元件
— magnet	超導磁體	超電導磁石	超导磁体
— material	超導材料	超電導材料	超导材料
— phenomenon	超導現象	超伝導現象	超导现象
— switch element	超導換接元件	超電導スイッチング素子	超导换接元件
superconductivity	超導性	超電導性	超导性
superconductor	超導體	超電導体	超(电)导体
supercooled austenite	過冷沃斯田鐵	過冷オーステナイト	过冷奥氏体
— condition	過冷狀態	過冷却の状態	过冷(却)状态
— graphite	過冷石墨	過冷黒鉛	过冷石墨
— liquid	過冷液(體)	過冷液体	过冷液(体)
— vapor	過冷蒸汽	過冷蒸気	过冷蒸汽
supercooling	過冷	過冷	过冷
supercrest tap	高牙特殊絲攻	山高タップ	高牙特殊丝锥
supercritical flow	超臨界流動	超臨界流	超临界流动
— pressure steam	超臨界蒸氣壓力	超臨界圧蒸気	超临界蒸气压力

S

英　文	臺　灣	日　文	大　陸
— pressure turbine	超臨界壓力汽輪機	超臨界圧タービン	超临界压力汽轮机
superduralumin	超硬鋁;超強鋁	超ジュラルミン	超硬铝;超强铝
superficial area	表面積	表面積	表面积
— carbonization	表面碳化	表面炭化	表面炭化
— dilatation	表面積膨脹	表面膨張	表面积膨胀
— expansion	表面膨脹係數	表面膨張係数	表面膨胀系数
superfine	超微粉	超微粉	超微粉
— file	精密銼刀	精密やすり	精密锉刀
superfines	超細顆粒	超微粉	超细颗粒
superfinish	超精(度)加工	スーパフィニッシュ	超精(度)加工
superfinisher	超精加工機床	超仕上げ盤	超精加工机床
superfinishing machine	超精加工機床	超仕上げ盤	超精加工机床
— unit	超精加工裝置	超仕上げユニット	超精加工装置
supergene water	循環水	天水	循环水
supergrinding	超精磨	スーパグラインディング	超精磨
superhard material	超硬材料	超硬材料	超硬材料
superheat	過熱	過熱	过热
superheated boiler	過熱鍋爐	過熱ボイラ	过热锅炉
— steam	過熱蒸氣	過熱蒸気	过热蒸气
— vapor	過熱蒸氣	過熱蒸気	过热蒸气
superheater	過熱器	過熱器	过热器
— by pass valve	過熱器旁通閥	過熱器バイパス弁	过热器旁通阀
superheating apparatus	過熱裝置	過熱装置	过热装置
superhelix	超螺旋	高次ら旋	超螺旋
superhigh band	超高頻帶	スーパハイバンド	超高频带
— frequency	超高頻	超高周波	超高频
— pressure boiler	超高壓鍋爐	超高圧ボイラ	超高压锅炉
— tensile steel	超高強(度)鋼	超高張力鋼	超高强(度)钢
superimpose effect	疊加效應	重畳効果	叠加效应
superimposition	疊加;重疊;附加;添上	スーパインポジション	叠加;重叠;附加;添上
superinvar	超級低膨脹合金	超アンバ	超级低膨胀合金
superior angle	優角	優角	优角
— arc	優弧	優弧	优弧
— cutting	優質切割	良質切断	优质切割
— grease	超級潤滑油	特級グリース	超级润滑油
— limit	上(極)限	上極限	上(极)限
super-isoperm	超級導磁鋼	スーパイソパーム	超级导磁钢
superlattice	超(結晶)格子;超點陣	超(結晶)格子	超(结晶)格子;超点阵
— type magnet	規則點陣型磁鐵	規則格子型磁石	规则点阵型磁铁
superlinear	超線性的	スーパリニア	超线性的

英文	臺灣	日文	大陸
superloy	超硬熔敷面用管狀銲條	スーパロイ	超硬熔敷面用管状焊条
super-magaluma	超級鋁鎂合金	スーパマガルマ	超级铝镁合金
supermatic drive	高度自動化傳動	スーパマチックドライブ	高度自动化传动
supermicroscope	超級顯微鏡	超顕微鏡	超级显微镜
Supernickel	銅鎳耐蝕合金	スーパニッケル	铜镍耐蚀合金
Supernilvar	鐵鎳鈷(低膨脹)合金	スーパニルバ	铁镍钴(低膨胀)合金
superoxide	過氧化物	過酸化物	过氧化物
superparamagnetism	超順磁性	超常磁性	超顺磁性
super-permalloy	超(級)導磁合金	超パーマロイ	超(级)导磁合金
superplastic forming	超塑成形	超塑性成形	超塑成形
superplasticity	超塑性	超塑性	超塑性
— forming	超塑性成形(加工)	超塑性加工	超塑性成形(加工)
superposition	疊加;疊合;重疊	重ね合せ	叠加;叠合;重叠
— method	疊加法	重ね合せ法	叠加法
superpower	超大功率	超大出力	超大功率
superpressure	超壓	超圧力	超压
superquench	超淬火	超焼入れ	超淬火
supersaturated solution	過飽和溶液	過飽和溶液	过饱和溶液
— steam	過飽和蒸氣	過飽和蒸気	过饱和蒸气
— vapor	過飽和蒸氣	過飽和蒸気	过饱和蒸气
supersaturation	過飽和	過飽和	过饱和
— curve	過飽和曲線	過溶解度曲線	过饱和曲线
super-sendust	超鐵鋁矽磁合金	スーパセンダスト	超铁铝硅磁合金
supersolid	超立體;超三維體;多維體	超立体	超立体;超三维体;多维体
supersolidification	過凝固	過凝固	过凝固
supersolubility	過溶度	過溶解性	过溶度
supersonic aging	超音波時效	超音波時効	超声波时效
— compressor	超音速壓縮機	超音速圧縮機	超音速压缩机
— detector	超音波探傷儀	超音波探傷器	超声波探伤仪
— flaw detecting	超音波探傷(法)	超音波探傷	超声波探伤(法)
— flaw detector	超音波探傷器〔儀〕	超音波探傷器	超声波探伤器〔仪〕
— frequency	超音頻	超音波周波数	超声频率
— heat treatment	超音波熱處理	超音波熱処理	超声波热处理
— inspection	超音波探傷;超音速檢驗	超音波検査	超声波探伤;超声速检验
— liquid carburizing	超音波液體滲碳〔氰化〕	超音波液浸	超声波液体渗碳〔氰化〕
— machinery	超音波機械	超音波加工機	超声波机械
— method	超音波法	超音波法	超声波法
— nitriding	超音波氮化	超音波ちっ化	超声波氮化
— quenching	超音波淬火	超音波焼入れ	超声波淬火
— tempering	超音波回火	超音波焼もどし	超声波回火

S

英　　文	臺　　灣	日　　文	大　　陸
— thickness gauge	超音波測厚〔厚度〕儀	超音波厚さ計	超声波测厚〔厚度〕仪
— vibration	超音波振動	超音波振動	超声波振动
— working	超音波加工	超音波加工	超声波加工
supersound	超音波	超音（波）	超声(波)
Superston	耐蝕高強度銅合金	スーパーストン	耐蚀高强度铜合金
supersurfacer	精刨床	超仕上げかんな盤	精刨床
supertension	超高壓	超高電圧	超高压
supertwist	超扭曲	高次よじれ	超扭曲
supervisor	監控器;管理人;檢查員	監視用プログラム	监控器;管理人;检查员
— mode	管理狀態	スーパバイザモード	管理状态
— program	管理程式	監視用プログラム	管理程序
— routine	管理程式	監督ルーチン	管理程序
supervisory circuit	監視電路	監視回路	监视电路
— control panel	監控盤〔台〕	監視盤	监控盘〔台〕
— equipment	監控裝置〔設備〕	制御監視装置	监控装置〔设备〕
— panel	監視信號盤	監視信号盤	监视信号盘
— process control	過程監控控制	監視プロセス制御	过程监控控制
— program	管理程式	監視プログラム	管理程序
— remote-control syste	遙控監控系統	監視遠隔制御システム	遥控监控系统
— routine	管理程式	監視ルーチン	管理程序
— signal device	監視信號裝置〔設備〕	監視信号装置	监视信号装置〔设备〕
— system	監控系統	監視システム	监控系统
superweight alloy	超重合金	超重合金	超重合金
Supiron	高矽耐酸鐵	スーピロン	高硅耐酸铁
supplement	增補;補充;補角	補遺	增补;补充;补角
supplemental equipme	補充設備	補充設備	补充设备
supplementary angle	補角	補角	补角
— equation	補充方程(式)	補足方程式	补充方程(式)
— twinning	補充雙晶	補充双晶	补充孪晶
— valve	補償閥;補給水閥	補給弁	补偿阀;补给水阀
suppleness	柔軟性	柔軟性	柔软性
supplied air	供氣;送氣;送風	送気	供气;送气;送风
— energy	供給能量	供給エネルギー	供给能量
— material	供給材料	支給材料	供给材料
supply	供給;補充;電源	供給	供给;补充;电源
— air	供氣;送氣;充氣	給気	供气;送气;充气
— air outlet	送風口;送氣口	給気吹出し口	送风口;送气口
— and disposal services	供應及處理設施	供給処理施設	供应及处理设施
— capability	供給能力;供給功率	供給力	供给能力;供给功率
— circuit	電源電路	電源回路	电源电路

英文	臺灣	日文	大陸
— guide roller	供帶導輪	サプライガイドローラ	供带导轮
— of material	材料供給	材料支給	材料供给
— package	供應元件;給料包	供給パッケージ	供应部件;给料包
— power	供給動力	供給パワー	供给动力
— pressure	供給壓力	供給圧力	供给压力
— ring	供油環;進料圈	給油かん	供油环;进料圈
— roll	供料輥	供給用巻取	供料辊
— services	供料裝備;供應裝備	供給施設	供料装备;供应装备
— stand	(線材)供料裝置	サプライスタンド	(线材)供料装置
— system	供應系統	供給系統	供应系统
— transformer	電源變壓器	サプライトランス	电源变压器
— valve	供給閥	給水弁	供给阀
— ventilating fan	供氣通風機	給気通風機	供气通风机
— voltage	電源電壓	電源電圧	电源电压
— voltage variation	電源電壓變動	電源変動	电源电压变动
support	支撐;支架;支點	支え点	支撑;支架;支点
— bending moment	支點彎矩	支点曲げモーメント	支点弯矩
— block	支撐塊	支持ブロック	支撑块
— guide	支架導桿	サポートガイド	支架导杆
— handle	刀架手柄	スボールハンドル	刀架手柄
— joint	托式接頭	支端継目	托式接头
— leg	支架〔柱〕	脚	支架〔柱〕
— lug	支承肋;支承突緣	支持耳	支承肋;支承突缘
— material	支承材料	保持体	支承材料
— metal	支架	台金	支架
— model	支持模型	支持モデル	支持模型
— of crown lagging	防護套層頂部支撐	こつばり	防护套层顶部支撑
— pillar	支柱	支柱	支柱
— plate	底板;支承板	支持板	底板;支承板
— post	支柱	支柱	支柱
— resource	保障資源;支持資源	支援資源	保障资源;支持资源
— ring	支承環;承墊	サポートリング	支承环;承垫
— rod	支柱	支柱	支柱
— roll	支持輪;支承滾子	支持ロール	支持轮;支承滚子
— software	支援軟體	支援ソフトウェア	支援软件
— tool	支援工具	支援ツール	支援工具
— tube	支承管	支持管	支承管
supportability	支援能力;保障能力	支援性	支援能力;保障能力
supporter	支架;支持件〔物〕;載體	支柱	支架;支持件〔物〕;载体
supporting arm	支承臂	サポーティングアーム	支承臂

英文	臺灣	日文	大陸
— column	支柱	支柱	支柱
— film	內襯膜	裏付フィルム	内衬膜
— force	支承力	支持力	支承力
— joint	支承接頭〔鋼軌的〕	支え継ぎ	支承接头〔钢轨的〕
— medium	負載介質	負担媒質	负载介质
— member	支承構件	支持部材	支承构件
— plug	支承柱塞〔限位柱塞〕	押えプラグ	支承柱塞〔限位柱塞〕
— point	支點	支点	支点
— power of track	軌道支承力;軌條承載力	軌道負担力	轨道支承力;轨条承载力
— quill	支承套管軸	サポーティングクイル	支承套管轴
— surface	支承〔持〕面	支持面	支承〔持〕面
— trestle	翻箱架	柄	翻箱架
suppressed scale	無零位度標;壓縮刻度	圧縮目盛	压缩度盘;压缩刻度
suppressor	抑制器;消除器	サプレッサ	抑制器;消除器
supraconduction	超導	超電気伝導	超导
surcharge	超載;過載;附加負載	載荷重	超载;过载;附加荷载
surface	界面;表面;面;外表	表面	界面;表面;面;外表
— abrasion	表面磨耗	表面摩耗	表面磨耗
— abrasion resistance	表面磨耗性	平面摩耗強さ	表面磨耗性
— abrasion test	表面磨耗試驗	表面摩耗試験	表面磨耗试验
— action	表面作用;集膚作用	表面作用	表面作用;集肤作用
— area	表面面積;曲面面積	表(面)面積	表面面积;曲面面积
— as forged	黑皮;鍛造面	黒皮	黑皮;锻造面
— bearing	平面支承	平面支承	平面支承
— blemish	表面缺陷	表面欠陥	表面缺陷
— blister	表面砂眼	表面ふくれ	表面砂眼
— blow-off cock	表面吹泄旋塞〔鍋爐的〕	水面吹出しコック	表面吹泄旋塞〔锅炉的〕
— boiling	表面沸騰	表面沸騰	表面沸腾
— bolt	明裝插銷	面付け揚落し金物	明装插销
— bonding strength	表面結合強度	界面結合強度	表面结合强度
— boundary	界面	界面	界面
— breakdown	表面擊穿;表面破壞	表面破壊	表面击穿;表面破坏
— brightness	表面亮度〔輝度〕	表面輝度	表面亮度〔辉度〕
— brittleness	表面脆性	表面ぜい性	表面脆性
— broach	平面拉刀;外拉刀	外面ブローチ	平面拉刀;外拉刀
— broaching	平面拉削;外拉法	表面ブローチ削り	平面拉削;外拉法
— broaching machine	平面拉床	表面ブローチ盤	平面拉床
— carbonization	表面滲碳	表面炭化	表面渗碳
— carbureter	表面汽化器;表面增碳器	表面気化器	表面汽化器;表面增碳器
— charge	表面電荷	表面帯電	表面电荷

英文	臺灣	日文	大陸
— charge density	表面電荷密度	面電荷密度	表面电荷密度
— checking	表面龜裂	表面ひび割れ	表面龟裂
— chill	表面冷卻;表面冷淬	表面凍結	表面冷却;表面冷淬
— cladding	表面黏附	表面被着	表面粘附
— coat	表面層	表面被覆	表面层
— coating	表面塗〔鍍〕層	表面被覆	表面涂〔镀〕层
— cock	液面控制旋塞	液面制御コック	液面控制旋塞
— compound	表面化合物	表面化合物	表面化合物
— conductance	表面電導;表面導熱係數	表面コンダクタンス	表面电导;表面导热系数
— conduction	表面電導	表面電導	表面电导
— contact	(表)面接觸	表面接触	(表)面接触
— contact system	表面接觸式	表面接触式	表面接触式
— converting	表面淬火	表面焼入れ	表面淬火
— cooling	表面冷卻	表面冷却	表面冷却
— corona	表面電暈〔放電〕	沿面コロナ	表面电晕〔放电〕
— corrosion	表面腐蝕	表面腐食	表面腐蚀
— crack	表面裂紋	表面亀裂	表面裂纹
— craze	表面龜裂	表面ひび割れ	表面龟裂
— decarburization	表面脫碳作用	表面脱炭作用	表面脱碳作用
— defect	表面缺陷〔疵點〕	表面傷	表面缺陷〔疵点〕
— density	表面密度	面積密度	表面密度
— deposit	表層堆積物	表層たい積物	表层堆积物
— depression	表面凹陷	表面くぼみ	表面凹陷
— deterioration	表面劣化	表面劣化	表面劣化
— diffusion	表面擴散	表面拡散	表面扩散
— discharge	表面放電	表面放電	表面放电
— discontinuity	表面不連續性	表面の不連続性	表面缺陷
— effect	表面效應	表皮作用;表面効果	表面效应
— elasticity	表面彈性	表面弾性	表面弹性
— erosion	表面腐蝕	表面浸食	表面腐蚀
— excess	表面過剩	表面超過量	表面过剩
— extensometer	表面伸長計;表面應變計	地表伸縮計	表面伸长计;表面应变计
— exudation	表面滲出	表面しん出	表面渗出
— factor	表面係數	表面係数	表面系数
— fatigue	表面疲勞	表面疲れ	表面疲劳
— finish	表面修整	仕上げ面性状	表面整饰
— finishing	表面處理〔加工;精整〕	表面仕上げ	表面处理〔加工;精整〕
— force	表面力	表面力	表面力
— fracture	表面破壞	表面破壊	表面破坏
— friction	表面摩擦	表面摩擦	表面摩擦

S

英文	臺灣	日文	大陸
— friction drag	表面摩擦阻力	表面摩擦抵抗	表面摩擦阻力
— friction resistance	表面摩擦阻力;摩擦阻力	表面摩擦抵抗	表面摩擦阻力;摩擦阻力
— gage	平面規;平面找正器	サーフェースゲージ	平面规;平面找正器
— gloss	表面光澤	表面光沢	表面光泽
— grinder	表面磨床	平面研削盤	表面磨床
— grinding	表面磨削	平面研削	表面磨削
— grinding machine	表面磨床	平面研削盤	表面磨床
— hardening	表面淬火;表面硬化法	表面焼入れ	表面淬火;表面硬化法
— hardness	表面硬度	表面硬度	表面硬度
— heat exchanger	表面式熱交換器	表面式熱交換器	表面式热交换器
— heat transmission	表面傳熱	表面伝熱	表面传热
— heater	表面加熱器;熱面器	表面加熱機	表面加热器;热面器
— hole	表面孔眼;表面缺陷	面穴	表面孔眼;表面缺陷
— impedance	表面阻抗	表面インピーダンス	表面阻抗
— imperfection	表面缺陷	表面欠陥	表面缺陷
— indentation	表面凹陷	表面くぼみ	表面凹陷
— irregularities	表面不平度	表面不整	表面不平度
— lamination	表面層	表面層	表面层
— lattice	表面格子;表面晶格	表面格子	表面格子;表面晶格
— layer	表層;面層	表層	表层;面层
— layer conduction	表面層電導	表面層電導	表面层电导
— lifting	表面剝落;表面剝離	表面はく離	表面剥落;表面剥离
— load	表面負載	表面負荷	表面负荷;表面荷载
— loading	表面負載	水面負荷率	表面负荷
— lubricant	表面潤滑劑;下模劑	離型剤	表面润滑剂;下模剂
— luster	表面光澤	表面つや	表面光泽
— mark	表面傷痕	表面傷	表面伤痕
— material	表面材料;表層材料	表面材料	表面材料;表层材料
— of equal parallax	等視面	等視差面	等视面
— of perfect black body	完全黑體表面	完全黒体面	完全黑体表面
— of revolution	旋轉面;回轉面	回転面	旋转面;回转面
— of rupture	破壞面;滑動面	崩壊面	破坏面;滑动面
— oxidation	表面氧化	表面酸化	表面氧化
— oxide	氧化膜	酸化皮膜	氧化膜
— passivation	表面鈍化	表面不活性化	表面钝化
— permeability	面積滲透率	表面浸水率	面积渗透率
— phase	表面相	表面相	表面相
— planer	刨床	かんな削り機	刨床
— plate	平台〔板〕	定盤	平台〔板〕
— porosity	表面孔率;表面孔隙度	表面多孔性	表面孔率;表面孔隙度

英文	臺灣	日文	大陸
— pressed working up	表面滾擠加工	押付け加工	表面滚挤加工
— pressure	表面壓力	表面圧	表面压力
— profile	表面形狀	表面形状	表面形状
— property	表面特性	表面特性	表面特性
— pyrometer	表面高溫計	表面高温計	表面高温计
— quality	表面質量	表面の品質	表面质量
— reaction	表面反應	表面反応	表面反应
— rolling	表面滾壓	表面ロール仕上げ	表面滚压
— roughness	表面粗糙度	表面粗さ	表面粗糙度
— roughness corrosion	表面粗糙腐蝕	表面粗さ腐食	表面粗糙腐蚀
— roughness curve	表面粗糙曲線	表面粗さ曲線	表面粗糙曲线
— roughness scale	表面粗糙度刻度	表面粗さ標準片	表面粗糙度刻度
— roughness speciment	表面粗糙度樣塊	表面粗さ標準片	表面粗糙度样块
— roughness tester	表面粗糙度檢查儀	表面粗さ測定器	表面粗糙度检查仪
— seal	表面密封	表面シール	表面密封
— sheet	面層薄板	表面シート	面层薄板
— sink	縮孔;氣孔	ひけ	缩孔;气孔
— skin	表皮層	スキン皮層	表皮层
— slip	表面滑移	表面滑り	表面滑移
— smoothness	表面光滑度〔性〕	表面平滑性	表面光滑度〔性〕
— speed	表面速度;線速度	表面速度	表面速度;线速度
— spreading method	表面展開法	界面展開法	表面展开法
— storage	地面積水地表蓄水	地面貯留	地面积水地表蓄水
— strength	表面強度	表面強さ	表面强度
— stress	表面應力	表面応力	表面应力
— structure	表面結構	表面構造	表面结构
— table	平板〔台〕;劃線台	定盤	平板〔台〕;划线台
— tackiness	表面黏性	粘着性	表面粘性
— temperature	表面溫度	表面温度	表面温度
— tempering	表面回火	表面焼もどし	表面回火
— thermal conductivity	表面導熱率	表面伝熱率	表面导热率
— thermometer	表面溫度計	表面温度計	表面温度计
— to be machined	被加工表面;已加工表面	被削面	被加工表面;已加工表面
— to volume ratio	表面積與體積之比	表面積対体積比	表面积与体积之比
— toughness	表面韌性	表面じん性	表面韧性
— traction	表面引力	面力	表面引〔外〕力
— treated steel	表面處理鋼	表面処理鋼	表面处理钢
— treatment film	表面處理膜	表面処理皮膜	表面处理膜
— treatment technic	表面處理技術	表面技術	表面处理技术
— treatment technology	表面處理技術	表面処理工法	表面处理工艺

英　　文	臺　　灣	日　　文	大　　陸
— type attemperator	表面式降溫器	表面冷却式過熱低減器	表面式降温器
— type desuperheater	表面式減溫器	表面冷却式過熱低減器	表面式减温器
— type meter	面板用儀錶	表面型計器	面板用仪表
— vapor resistance	表面(滲透)阻力	表面透湿抵抗	表面(渗透)阻力
— velocity	表面流速	表面流速	表面流速
— vibrator	表面振搗器;平板振搗器	表面振動機	表面振捣器;平板振捣器
— viscosity	表面黏度	表面粘性	表面粘度
— -volume ratio	表面-體積比	液面比	表面-体积比
— wash pump	表面清洗泵	表洗ポンプ	表面清洗泵
— washing installation	表面沖洗設備	表面洗浄装置	表面冲洗设备
— wave mode	表面波型	表面波モード	表面波型
— wave probe	表面波探頭	表面波探触子	表面波探头
— wave technique	表面波探傷法	表面波法	表面波法(探伤)
— wear characteristics	表面耐磨耗性	耐表面摩耗性	表面耐磨耗性
— wettability	表面潤濕性	表面湿潤性	表面润湿性
— winder	表面卷線〔取〕機	表面巻取機	表面卷线〔取〕机
surfacer	整面塗料;平面鉋〔磨〕床	地塗り塗料	整面涂料;平面刨〔磨〕床
surfacing	表面磨削;表面加工	正面削り	表面磨削;表面加工
— and boring machine	車面搪孔兩用機床	正面削り中ぐり盤	车面镗孔两用机床
— feed	横向進刀	横送り	横向进刀
— lathe	落地車床;端面車床	正面削り旋盤	落地车床;端面车床
— welding electrode	堆銲銲條	サーフェーシング溶接棒	堆焊焊条
— welding rod	堆銲填充絲〔棒〕	サーフェーシング溶接棒	堆焊填充丝〔棒〕
surfactant	表面活化劑	表面活化剤	表面活化剂
surfboard	配電面盤;儀錶盤	サーフボード	配电面盘;仪表盘
surge	浪湧;驟增;衝擊波	サージ	浪涌;骤增;冲击波
— damper	減震器;擋板	波動風戸	减震器;挡板
— damping valve	減震閥;緩衝閥	サージ減衰弁	减震阀;缓冲阀
— noise	衝擊噪音	サージノイズ	冲击噪声
— of reciprocating pump	往復泵的脈動作用	往復ポンプの脈動	往复泵的脉动作用
— pressure	衝擊壓力	サージ圧	冲击压(力)
— pulse	衝擊脈衝	サージパルス	冲击脉冲
surplus	餘量;剩餘額;超過額	積立金	馀量;剩馀额;超过额
— capacity	剩餘容量;設備過剩能力	サープラスキャパシティ	剩馀容量;过剩能力
— material	剩餘材料	余剰資材	剩馀材料
— power	剩餘功率	余剰電力	剩馀功率
— stock	剩餘原料	余剰原料	剩馀原料
— time	剩餘時間	余裕時間	剩馀时间
— value	剩餘價值	サープラスバリュー	剩馀价值
— valve	溢流閥	サープラスバルブ	溢流阀

英　文	臺　灣	日　文	大　陸
— variable	剩餘變量	サープラス変数	剩馀变量
suroundings	環境;外界	環境	环境;外界
surveillance	監督;監視	監視	监督;监视
— equipment	監視機	監視機器	监视机
— system	監視系統	監視システム	监视系统
— test	監視試驗	監視試験	监视试验
survey	測量;檢查;觀察;調查	測量;探查	测量(图);检查;观察
— instrument	測量儀器	測量器具	测量仪器
— meter	測量器〔儀〕	測量器	测量器〔仪〕
surveyed drawing	實測圖	実測図	实测图
— map	實(際)測(量)圖	実測図	实(际)测(量)图
surveying	測量(學;術)	測量	测量(学;术)
— equipment	測量器械;測量儀器	測量機械	测量器械;测量仪器
— instrument	測量儀器	測量器械	测量仪器
survival	非斷裂;殘值;存活;;生存	非破壊	非断裂;残值;存活;;生存
— curve	殘存曲線	残存曲線	残存曲线
— error	殘留誤差	残存誤差	残留误差
susceptibility	磁化率;敏感性;感受性	磁化率	磁化率;敏感性;感受性
— factor	敏感因素	磁化係数	敏感因素
rucooptor	加熱台〔試件的〕;基座	加熱台;支持台	加热台〔试件的〕;基座
Susini	一種高強度鋁合金	サジニ	萨西尼高强度铝合金
suspend	懸;暫停;中止;懸浮	中断	悬;暂停;中止;悬浮
— macro	中止〔暫停〕巨集指令	サスペンドマクロ	中止宏指令;暂停宏指令
suspended beam	懸樑;吊樑	つりげた	悬梁;吊梁
— call	中止呼叫	サスペンデッドコール	中止呼叫
— centrifugal machine	懸浮式離心機	懸垂式遠心分離機	悬浮式离心机
— form	懸掛模;吊模	つり型枠	悬挂模;吊模
— iron	懸浮鐵	懸濁状鉄	悬浮铁
suspender	吊桿;吊索;掛鉤	サスペンダ	吊杆;吊索;挂钩
suspending wire	牽索;控制纜繩;拉索	控え綱	牵索;控制缆绳;拉索
suspense	懸掛;中止;暫時停止	サスペンス	悬挂;中止;暂时停止
suspension arm	懸臂;懸架系統定位臂	リンク引棒腕	悬臂;悬架系统定位臂
— bar	懸掛樑	つりかご棒	悬挂梁
— cable	懸索;吊索	立上りケーブル	悬索;吊索
— construction	懸掛結構	サスペンション構造	悬挂结构
— cord	吊索	つり索	吊索
— line	吊索	つり索	吊索
— link	吊桿;懸桿	つりリンク	吊杆;悬杆
— rod	懸桿;拉桿	つり(鉄)棒	悬杆;拉杆
— scale	懸秤;吊秤	つりばかり	悬秤;吊秤

英文	臺灣	日文	大陸
— spring	懸簧;支承彈簧	担いばね	悬簧;支承弹簧
— structure	懸掛結構	サスペンション構造	悬挂结构
— system	懸浮體系;懸掛裝置	懸濁体系	悬浮体系;悬挂装置
— weigher	懸秤;吊秤	つりばかり	悬秤;吊秤
— wire	鋼絲吊索	つり線	钢丝吊索
sustain	支持;持續;保持;吸持	保指	支持;持续;保持;吸持
— control	持續控制	サステインコントロール	持续控制
sustained arc	持續弧	持続アーク	持续弧
— load	持續負載	持続荷重	持续负荷
— vibration	持續振動	持続振動	持续振动
sustainer	支點〔座〕	サステーナ	支点〔座〕
sustaining voltage	持續電壓;保持電壓	持続電圧	持续电压;保持电压
sutured texture	縫合結構	縫合せ構造	缝合结构
SVC argument	管理程式調用自變量	ＳＶＣアーギューメント	管理程式调用自变量
SVC interruption	管理程式調用中斷	ＳＶＣ割込み	管理程序调用中断
SVC routine	管理程式調用程式	ＳＶＣルーチン	管理程序调用程序
swab	〔鑄工用〕刷水筆	棒雑きん;水刷毛	〔铸工用〕刷水笔
swabbing	塗敷水層〔鑄工用〕;擦洗	すり付け	涂敷水层〔铸工用〕;擦洗
swage	型鋼;陷型模;鐓鍛;模鍛	火造型スウェージ	型钢;陷型模;镦锻;模锻
swaged file	梯形銼	しのぎやすり	梭锉,梯形锉
— welding tip	模鍛銲嘴	スエージ溶接火口	模锻焊嘴
swager	錘鍛機;旋鍛機	スエージ	锤锻机;旋锻机
swaging die	型砧〔模〕	スエージ加工型	型砧〔模〕
— machine	旋鍛機	転打機械	旋锻机
swallow	耗盡;吸收;取消;吞;吸孔	スワロー	耗尽;吸收;取消;吞;吸孔
swan base	卡口燈座〔接頭〕	挿入口金	卡口灯座〔接头〕
— neck press	鵝頸式沖床	片持プレス	鹅颈式压力机
— neck tool	鵝頸(彈性)車刀	腰折れバイト	鹅颈(弹性)车刀
swap	對換;交換〔流〕;更換拖輪	スワップ	对换;交换〔流〕;更换拖轮
swapping control	交換控制	スワッピング制御	交换控制
swarf	金屬切削(鐵屑);切屑	金属の削りくず	金属切削(铁屑);切屑
swash	沖濺;飛濺;急轉	スワッシュ	冲溅;飞溅;急转
— plate	斜板;旋轉斜板;隔板	回転斜板	斜板;旋转斜板;隔板
— plate cam	斜板凸輪	斜板カム	斜板凸轮
— plate engine	斜盤式發動機	斜板機関	斜盘式发动机
— plate pump	擺盤式活塞泵	斜板ポンプ	摆盘式活塞泵
sway	橫蕩;傾斜;搖動	左右揺れ	横荡;倾斜;摇动
— bar	擺(穩定)桿;橫向穩定器	スウェイバー	摆(稳定)杆;横向稳定器
— brace	橫向剛性支撐	つなぎ材	横向刚性支撑
swaying defacement	偏向毀〔磨〕損;偏向損傷	片減り	偏向毁〔磨〕损;偏向损伤

英文	臺灣	日文	大陸
sweat(ing)	銲接;煆燒;熱析;滲出	よう接;鍛焼	焊接;煅烧;热析;渗出
— iron	銲鐵	鉄加熱接合	焊铁
— joint	銲藥接合	半田継手	焊药接合
sweating heat	銲接熱;熔化熱	よう接熱	焊接热;熔化热
— process	銲接法;發汗法	発汗法	焊接法;发汗法
— soldering	熱熔銲接	よう融ろう着	热熔焊接
swedge	錘鍛;陷型模;鐵模	火造型スウェージ	锤锻;陷型模;铁模
swedging	旋鍛;輪轉鍛造;滾摔	スエッジング	旋锻;轮转锻造;滚摔
Swedish iron	瑞典生鐵	スウェーデン銑	瑞典生铁
sweep	掃描;彎曲	走査;わん曲	扫描;弯曲
— board	刮板;車板	引型板	刮板;车板
— guard	推出式安全裝置	払いのけ式安全装置	推出式安全装置
— safety device	護身安全裝置	手払い式安全装置	护身安全装置
sweeping	掃描;清掃;掃除	掃引	扫描;清扫;扫除
— core	刮板芯;車製(砂)芯	かき中子	刮板芯;车制(砂)芯
— dislocation	掃描差排	掃引転位	扫描位错〔错位〕
— mold	刮板鑄模	引型	刮板铸型;车板型
— tool	刮除用具	スイーピングツール	刮除用具
swell	膨脹;脹箱〔鑄造缺陷〕	型張り	膨涨;胀箱〔铸造缺陷〕
— characteristic	膨脹性	膨張性	膨胀性
— -neck pan-head rivet	粗頸盤頭鉚釘	太首なベリペット	粗颈盘头铆钉
— test	膨脹試驗	膨張試験	膨胀试验
— up coefficient	膨脹係數;隆起係數;	盛上り係数	膨胀系数;隆起系数;
swelling	膨脹〔潤〕;隆起;溶脹	盤ぶくれ	膨胀〔润〕;隆起;增大
— agent	膨潤劑;溶脹劑	膨張剤	膨润剂;溶胀剂
— capacity	溶脹度;溶脹性;泡脹性	膨張度	溶胀度;溶胀性;泡胀性
— effect	膨潤效應	膨潤作用	膨润效应
— heat	膨脹熱	膨張熱	膨胀热
— index	膨脹指數	膨潤指数	膨胀指数
— power	膨脹力;泡脹本領	膨張力	膨胀力;泡胀本领
— pressure	膨脹壓力	膨潤圧	膨胀压力
— property	膨脹性(質)	膨張性	膨胀性(质)
— reclaiming process	溶脹回收法	膨張回収法	溶胀回收法
— strain	膨脹應變	膨張ひずみ	膨胀应变
— test	膨脹試驗	吸水膨張試験	膨胀试验
— value	溶脹值;膨脹值	膨潤値	溶胀值;膨胀值
— volume	膨脹體積	膨潤容積	膨胀体积
— water	膨潤水;溶脹水	膨潤水	膨润水;溶胀水
swench	彈簧衝擊扳手	スウェンチ	弹簧冲击扳手
swift feed	油壓式滑板送料	油圧式スライドフィード	油压式滑板送料

英文	臺灣	日文	大陸
swimming roll	浮輥	スイミングロール	浮辊
swing	搖擺;旋回;振擺;旋轉	振り	摇摆;旋回;回转;振摆
— angle	回轉角	旋回角度	回转角
— arm type unloader	搖臂式取件裝置	揺動アーム式取出し装置	摇臂式取件装置
— bar	回轉桿;吊桿	スイングバー	回转杆;吊杆
— bearing	擺動支承;搖擺支承	旋回ベアリング	摆动支承;摇摆支承
— bolster	搖枕;擺動承樑	揺れまくら	摇枕;摆动承梁
— boom method	旋轉吊桿法	振り回し荷役法	旋转吊杆法
— boom system	擺動式(吊桿)	振回し方式	摆动式(吊杆)
— brake	旋轉制動器	旋回ブレーキ	旋转制动器
— check valve	回轉止回閥	スイング逆止め弁	回转止回阀
— circle	擺動圓;(曲柄的)轉動圓	旋回サークル	摆动圆;(曲柄的)转动圆
— crane	旋臂式起重機	スイングクレーン	旋臂式起重机
— device	擺動裝置;旋轉裝置	旋回装置	摆动装置;旋转装置
— die	旋轉式模頭	スイングダイ	旋转式模头
— forklift	擺動叉式起重車	スイングフォークリフト	摆动叉式起重车
— frame	旋架;擺動架;吊台	釣下げ台	旋架;摆动架;吊台
— grinder	擺動式砂輪機	スインググラインダ	摆动式砂轮机
— hammer mill	擺錘式破碎機;擺錘磨	釣下げつち粉砕器	摆锤式破碎机;摆锤磨
— head	旋轉盤	スイングヘッド	旋转盘
— jaw	動顎板〔顎式破碎機的〕	スイングジョー	动颚板〔颚式破碎机的〕
— joint	旋轉接合;回轉接回	スイングジョイント	旋转接合;回转接回
— lever	吊桿;搖桿;回轉桿	スイングレバー	吊杆;摇杆;回转杆
— line	吊管;擺管	釣下げ線	吊管;摆管
— motion	搖擺運動	揺動運動	摇摆运动
— motor	搖擺液壓馬達	揺動モータ	摇摆液压马达
— plate	振動平板;搖動平板	スイングプレート	振动平板;摇动平板
— platen	回轉盤	旋回盤	回转盘
— saw	擺動鋸	振子式丸のこ盤	摆动锯
— span	旋開跨度	旋開幅	旋开跨度
— speed	旋轉速度	旋回速度	旋转速度
— tray	吊盤;旋轉盤	トレー	吊盘;旋转盘
— vane pump	旋轉葉片泵;轉葉泵	スイングベーンポンプ	旋转叶片泵;转叶泵
— wire	懸掛鋼絲索;懸掛電線	スイングワイヤ	悬挂钢丝索;悬挂电线
swinging beam tester	擺銲硬度計	振かん硬度計	摆焊硬度计
— conveyer	擺動運輸機	揺さ振り運搬器	摆动运输机
— link	搖桿	揺りリンク	摇杆
— pendulum	擺	振子	摆
— pendulum test	擺式衝擊試驗	振子式衝撃試験	摆式冲击试验
— roll	搖擺式輥筒	回しロール	摇摆式辊筒

英文	臺灣	日文	大陸
— strength	擺動力量	揺さ振りの強さ	摆动力量
— table	推旋台	押回し台	推旋台
swirl	渦旋〔腐蝕坑分布〕;渦流	旋回;渦巻	涡旋〔腐蚀坑分布〕;涡流
Swiss cheese	鈕扣狀器件	スイスチーズ	钮扣状器件
switch	開關;換接;轉換器	開閉器	开关;换接;转换器
— apparatus	開關裝置	開閉装置	开关装置
— block	開關組合;開關元件	スイッチブロック	开关组合;开关部件
— bolt	開關螺栓	開閉器ボルト	开关螺栓
— box	轉換開關箱;配電箱	切替箱	转换开关箱;配电箱
— button	開關按鈕	スイッチボタン	开关按钮
— cabinet	轉換開關盒	スイッチキャビネット	转换开关盒
— case	開關盒〔箱〕	スイッチケース	开关盒〔箱〕
— characteristic	開關特性;轉換特性	スイッチ特性	开关特性;转换特性
— chassis	開關櫃〔箱〕	スイッチフレーム	开关柜〔箱〕
— cock	開閉旋塞	開閉活栓	开闭旋塞
— console	開關控制台;轉換控制台	スイッチ制御コンソール	开关控制台;转换控制台
— desk	開關台;控制台	スイッチ台	开关台;控制台
— element	開關元件	スイッチ素子	开关元件
— in	接入;接通;合閘	スイッチイン	接入;接通;合闸
— jack	機鍵塞口;機鍵插孔	スイッチジャック	机键塞口;机键插孔
— key	轉換開關;開關鍵	スイッチキー	转换开关;开关键
— lever	開關手柄	転換レバー	开关手柄
— off	斷路;斷開;扳斷	スイッチオフ	断路;断开;扳断
— off delay time	切斷滯後時間	スイッチオフ遅れ時間	切断滞后时间
— oil	開關油;變壓器油;電閘油	開閉器油	开关油;变压器油;电闸油
— on	接入;接通;連入	スイッチオン	接入;接通;连入
— on-off	接通-斷開;開關通斷	スイッチオンオフ	接通-断开;开关通断
— out	斷開;斷電;斷路	スイッチアウト	断开;断电;断路
— panel	開關面板;配電板	配電盤	开关面板;配电板
— piston	開關活塞	スイッチピストン	开关活塞
— plant	開關設備	スイッチプラント	开关设备
— rack	開關架;機鍵	スイッチラック	开关架;机键
— sensor	開關探測器;開關感測器	スイッチセンサ	开关探测器;开关传感器
— speed	開關速度;轉換速度	スイッチ速度	开关速度;转换速度
— status condition	開關狀態條件	スイッチ状態条件	开关状态条件
— stop	開關制動銷	止め金具	开关制动销
— unit	轉換裝置〔單元〕	スイッチユニット	转换装置〔单元〕
— valve	轉換開關;轉換閥	転換弁	转换开关;转换阀
switchboard jack	交換機塞孔	交換機ジャック	交换机塞孔
switcher	轉換開關	スイッチャ	转换开关

英文	臺灣	日文	大陸
— set	轉換裝置	スイッチャセット	转换装置
switchgear	開關裝置	開閉装置	开关装置
switchhook	鉤鍵	フック	钩键
switching	開關;轉換;交換;切換	交換	开关;转换;交换;切换
— assembly	轉換元件;切換元件	スイッチングアセンブリ	转换部件
— circuit	開關電路;轉換電路	スイッチング回路	开关电路;转换电路
— core	開關磁芯	スイッチングコアー	开关磁芯
— cycle	開關操作循環;轉換周期	切換え周期	开关操作循环;转换周期
— device	轉換裝置;開關裝置	スイッチ素子	转换装置;开关装置
— element	開關元件	開閉子	开关元件
— equipment	轉換裝置;交換機	交換機	转换装置;交换机
— input	開關輸入	スイッチングインプット	开关输入
— loss	開關損耗;轉換損耗	スイッチング損失	开关损耗;转换损耗
— mode	開關方式	スイッチングモード	开关方式
— module	開關組件;轉換組件	スイッチングモジュール	开关组件;转换组件
— motion	轉換動作;開閉動作	スイッチングモーション	转换动作;开闭动作
— performance	轉換性能;轉接質量	接続品質	转换性能;转接质量
— position	轉換位置	スイッチングポジション	转换位置
— power	轉換功率	スイッチング電力	转换功率
— pressure	轉換壓力	切換圧力	转换压力
— process	轉換過程;開關過程	スイッチングプロセス	转换过程;开关过程
— tongue	閘刀開關銅片	スイッチせん端	闸刀开关铜片
switchover panel	轉接盤;轉接面板	スイッチオーバパネル	转接盘;转接面板
switchpoint	開關接點;開關觸點	開閉点	开关接点;开关触点
swivel	回轉環;旋轉裝置	回り継手	回转环;旋转装置
— base	轉動底座;旋轉支承基面	旋回台	转动底座;旋转支承基面
— bearing	旋轉軸承	自在軸受	旋转轴承
— belt sander	回轉砂帶磨床	自在ベルトサンダ	回转砂带磨床
— block	旋轉軸承;轉環滑車	自在軸受	旋转轴承;转环滑车
— chute	回轉溜槽	スイベルシュート	回转溜槽
— cock	旋轉龍頭	自在水栓	旋转龙头
— cowl	旋轉式通風帽;搖頭風帽	首振り換気帽	旋转式通风帽;摇头风帽
— elbow	活彎頭;回轉彎管接頭	回りエルボ	活弯头;回转弯管接头
— fitting	旋轉配合	めがね継手	旋转配合
— frame	回轉架	回りフレーム	回转架
— head	回轉頭;旋轉頭	スイベルヘッド	回转头;旋转头
— hook	旋鉤	回りフック	旋钩
— joint	旋轉接合;轉環接合;鉸接	まわり継手	旋转接合;转环接合;铰接
— mount	轉座;轉台	スイベルマウント	转座;转台
— pin	鉸接銷	スイベルピン	铰接销

英文	臺灣	日文	大陸
— pipe	旋轉管	回転管	旋转管
— pipe joint	旋轉管接頭	輪形管継手	旋转管接头
— plate	轉盤;旋轉板;分度板	スイベルプレート	转盘;旋转板;分度板
— scan	擺動掃描探傷	振子走査	摆动扫描探伤
— shoot	回轉溜槽;溜槽彎脖	海老どい	回转溜槽;溜槽弯脖
— slide	旋轉滑板;轉盤	旋回台	旋转滑板;转盘
— table	回轉工作台;萬能轉台	自在テーブル	转台;回转工作台
— vice	旋轉虎鉗;旋轉座老虎鉗	回り万力	旋转虎钳;旋转座老虎钳
— wheel	旋回車	旋回車	旋回车
— wheel head	可轉角砂輪架	旋回といし台	(可)转角(度)砂轮架
— work head	可轉角主軸箱	旋回工作主軸台	(可)转角(度)主轴箱
— yoke	回轉柄	スイベルヨーク	回转柄
swivelling	轉動	旋回すること	转动
— angular table	轉角工作台	万能テーブル	转角工作台
— nozzle	可轉向噴管;旋轉噴管	首ふりノズル	可转向喷管;旋转喷管
— speed	轉速	回転速度	转速
— table	回轉工作台	旋回テーブル	回转工作台
sycee	銀錠	銀錠	银锭
sychrotron	同步加速器	シンクロトロン	同步加速器
Sylcum	一種高強度鋁合金	シルカム	赛尔卡姆(高强度)铝合金
symmetric(al) aerofoil	對稱翼型	対称翼型	对称翼型
— aerofoil section	對稱流線型切面	対称翼型断面	对称流线型切面
— arrangement	對稱排列	対称排列	对称排列
— axis	對稱軸	対称軸	对称轴
— bending	對稱式彎曲	対称曲げ	对称式弯曲
— center	對稱中心	対称中心	对称中心
— clothoid	對稱回轉曲線	対称型クロソイド	对称回转曲线
— component	對稱分量	対称分	对称分量
— coordinate	對稱座標	対称座標	对称坐标
— coordinates' method	對稱座標法	対称座標法	对称坐标法
— distortion	對稱失真;對稱變形	対称変形	对称失真;对称变形
— figure	對稱圖形	対称図形	对称图形
— four terminal network	對稱四端網絡	対称四端子網	对称四端网络
— frame	對稱框架	対称骨組	对称框架
— law	對稱法則	対称法則	对称法则
— leaf spring	對稱片簧	対称ばね	对称片簧
— linear structure	對稱直線型結構	対称直線型構造	对称直线型结构
— linkage system	對稱連接系統	対称リンケージシステム	对称连接系统
— load	對稱負載	対称負荷	对称载荷
— matching	對稱匹配	対称整合	对称匹配

英　　文	臺　　灣	日　　文	大　　陸
— matrix	對稱矩陣	对称マトリクス	对称矩阵
— method	對稱法	对称法	对称法
— rigid frame	對稱剛構;對稱剛架	对称ラーメン	对称刚构;对称刚架
— ring	對稱環	对称環	对称环
— stress distribution	對稱應力分布	対称応力分布	对称应力分布
— system	對稱系統	対称システム	对称系统
— transducer	對稱換能器	対称的トランスジューサ	对称换能器
— vibration	對稱振動	対称振動	对称振动
— welding sequence	對稱銲接程序	対称溶接法	对称焊接程序
symmetricity	對稱性	対称性	对称性
symmetrization	對稱化	対称化	对称化
symmetry	對稱(性);勻稱;調和	対称	对称(性);匀称;调和
— of revolution	旋轉對稱	回転対称	旋转对称
— operation	對稱操作	対称操作	对称操作
sympathetic vibration	共鳴振動;共振	共鳴振動	共鸣振动;共振
sympiesometer	彎管流體壓力計	わん管流圧計	弯管流体压力计
symplex structure	對稱結構	対称構造	对称结构
sympodium	合軸	仮軸	合轴
sync	同步	シンク	同步
— driver	同步驅動器	シンクドライバ	同步驱动器
— split	同步分離	シンクスプリット	同步分离
synchro	同步;同步傳送;同步機	シンクロ電機	同步;同步传送〔转动〕
synchrobox	同步裝置	シンクロボックス	同步装置
synchro-control	同步控制	同期制御	同步控制
— transformer	同步控制變壓器	シンクロ制御変圧機	同步控制变压器
synchro-counter	同步計數器	シンクロカウンタ	同步计数器
synchro-cut	同步切削	シンクロカット方式	同步切削
synchrocyclotron	同步回轉加速器	シンクロサイクロトロン	同步回转加速器
synchrodrive	同步傳動	同期駆動	同步传动
synchro-fazotron	同步相位加速器	シンクロファゾトロン	同步相位加速器
synchro-indicator	同步指示器	シンクロインジケータ	同步指示器
synchromesh	同步配合;同步嚙合	シンクロメッシュ	同步配合;同步啮合
— change gear	同步變速齒輪	同期かみ合い式変速歯車	同步变速齿轮
synchrometer	同步指示器	シンクロメータ	同步指示器
synchronism	同步(性)	同調作用	同步(性)
— detection	同步檢查	同期検定	同步检查
— deviation	同步偏差	同期偏差	同步偏差
— indicator	同步指示儀	同期検定器	同步指示仪
synchronization	同步	同期	同步
— error	同步誤差	同期誤差	同步误差

英文	臺灣	日文	大陸
synchronized indicator	同步指示器;同步測試器	同期検定器	同步指示器;同步测试器
— operation	同步運轉	同期運転	同步运转
— sweep	同步掃描	同期掃引	同步扫描
— system	同步系統	シンクロシステム	同步系统
— test machine	同步試驗機	同期試験機	同步试验机
synchronizer	同步指示儀;同步器〔機〕	同期装置	同步指示仪;同步器
synchronizing cycle	同步周期	同期周期	同步周期
— lamp	同步指示燈	同期検定灯	同步指示灯
— linkage	同步機構	同期装置	同步机构
— primitive command	同步的基本命令	同期基本命令	同步的基本命令
synchronoscope	同步指示儀;同步示波器	同期検定器	同步指示仪;同步示波器
synchronous buffer	同步緩衝器	同期バッファ	同步缓冲器
— control strategy	同步控制策略	同期制御戦略	同步控制策略
— control system	同步控制系統	同期制御システム	同步控制系统
— counter	同步計數器	同期式カウンタ	同步计数器
— coupling	同步耦合	同期継手	同步耦合
— discharge	同步放電	同期放電	同步放电
— division	同步分裂	同調分裂	同步分裂
— driving	同步運轉	同期運転	同步运转
— interface	同步界面	同期インタフェース	同步接口
— load	同步負載	シンクロナスロード	同步负载
— machine	同步機	同期機	同步机
— mode	同步方式	同期モード	同步方式
— motor with clutch	帶離合器的同步電動機	クラッチ付き同期電動機	带离合器的同步电动机
— multimachine system	多機同步系統	同期多機械システム	多机同步系统
— operation	同步操作	同調操作	同步操作
— processing	同步處理	同期処理	同步处理
— revolution	同步旋轉	同期回転	同步旋转
— rotary switch	同步旋轉開關	同期回転スイッチ	同步旋转开关
— running	同步運轉	シンクロナスランニング	同步运转
— spark-gap	同步火花放電器	同期火花ギャップ	同步火花放电器
— speed	同步速度	同期速度	同步速度
— starting method	同步起動方式	同期始動方式	同步起动方式
— timer	同步定時器	同期式タイマ	同步定时器
— torque	同步轉矩;同步力矩	同期トルク	同步转矩;同步力矩
— transfer	同步傳遞〔送〕	同期移送	同步传递〔送〕
— transmission method	同步傳輸方式	同期式伝送方式	同步传输方式
— type vibrator	同步式振動器	同期型バイブレータ	同步式振动器
— working	同步工作	同期動作	同步工作
synchros	同步器	シンクロ	同步器

S

英　文	臺　灣	日　文	大　陸
synchroscope	同步示波器;同步測試儀	シンクロスコープ	同步示波器;同步测试仪
synchro-spark	同步火花	シンクロスパーク	同步火花
synchro-switch	同步開關	シンクロスイッチ	同步开关
synchro-system	同步系統	シンクロ系	同步系统
synchro-trace	仿形加工;聯動刻模銑	シンクロトレース	仿形加工;联动刻模铣
synchrotrans	同步轉換;同步變壓器	シンクロトランス	同步转换;同步变压器
synchrotron	同步加速器	シンクロトロン	同步加速器
syndiotacticity	間規性〔度〕	シンジオタクチック性	间规性〔度〕
syndrome	出故障;校驗位	症候群	出故障;校验位
— check	故障檢查	シンドロームチェック	故障检查
synergistic action	協合作用	相乘作用	协合作用
— control principle	協同控制原理	相助制御原理	协同控制原理
synoptic(al) analysis	摘要分析	総観解析	摘要分析
syntactic(al) analysis	語法分析	構文解析	语法分析
— entity	語法實體	構文要素	语法实体
— error	語法錯誤	シンタクティックエラー	语法错误
— structure	語法結構	構文構造	语法结构
— unit	語法單位	構文単位	语法单位
syntax	語法	構文法	语法
— analyzer	語法分析程式	構文解析	语法分析程序
— check	語法檢查	構文チェック	语法检查
— control	語法控制	構文制御	语法控制
— controlled generator	語法控制的生成程式	構文制御型ジェネレータ	语法控制的生成程序
— directed compiler	語法制導的編譯程式	構文制御型コンパイラ	语法制导的编译程序
— error	語法錯誤	シンタックスエラー	语法错误
— language	語法語言	構文言語	语法语言
— notation	語法表示法	構文記法	语法表示法
— rule	語法規則	構文則	语法规则
syntellac	焦油酸合成樹脂	タール酸合成樹脂	焦油酸合成树脂
synthesis	合成;綜合;拼合	合成;総合	合成;综合;拼合
synthesized fiber	合成纖維	合成繊維	合成纤维
— material	合成材料	合成物質	合成材料
synthesizer	合成器	シンセサイザ	合成器
synthetic(al) asbestos	合成石棉	合成石綿	合成石棉
— diamond	人造金剛石	人造ダイヤモンド	人造金刚石
— elastomer	合成彈性體	合成エラストマ	合成弹性体
— ester lubricant	合成酯類潤滑劑	合成エステル潤滑剤	合成酯类润滑剂
— fiber	合成纖維	合成繊維	合成纤维
— gem	合成寶石	合成宝石	合成宝石
— (oil) grease	合成油潤滑脂	合成油潤滑グリース	合成油润滑脂

英文	臺灣	日文	大陸
— gypsum	合成石膏	合成せっこう	合成石膏
— hydraulic fluid	合成液壓油	合成作動油	合成液压油
— insulating oil	合成絕緣油	合成絶縁油	合成绝缘油
— iron	合成鐵;再生鐵	合成鋳鉄	合成铁;再生铁
— iron oxide	合成氧化鐵紅	合成ベンガラ	合成氧化铁红
— leather	合成革;人造(皮)革	合成皮革	合成革;人造(皮)革
— lubricant	合成潤滑油	合成潤滑油	合成润滑油
— lubricant fluid	合成潤滑液體	合成潤滑液	合成润滑液体
— lubricating oil	合成潤滑油	合成潤滑油	合成润滑油
— material	合成材料;合成物質	合成物質	合成材料;合成物质
— metal	合成金屬	合成金属	合成金属
— method	合成(方)法	合成方法	合成(方)法
— mica	人造雲母;合成雲母	人造マイカ	人造云母;合成云母
— mineral	合成礦物	合成鉱物	合成矿物
— model	綜合模型	合成モデル	综合模型
— molding sand	合成鑄砂	合成砂	合成型砂
— motor oil	合成機油	合成モータ油	合成机油
— natural rubber	合成天然橡膠	合成天然ゴム	合成天然橡胶
— oil	合成油	合成油	合成油
— plastics	合成塑料;合成塑膠	合成プラスチック	合成塑料;合成塑胶
— polymer	合成聚合物	合成重合体	合成聚合物
— quartz	合成石英	合成水晶	合成石英
— resin	合成樹脂	合成樹脂	合成树脂
— resin adhesive (agent)	合成樹脂黏合劑	合成樹脂接着材	合成树脂粘合剂
— resin cement	合成樹脂膠接劑	合成樹脂セメント	合成树脂胶接剂
— resin glue	合成樹脂(類)黏合劑	合成樹脂系接着剤	合成树脂(类)粘合剂
— resin plastics	合成樹脂塑料	合成樹脂可塑物	合成树脂塑料
— resin polymer	合成樹脂聚合物	合成樹脂重合体	合成树脂聚合物
— resin varnish	合成樹脂漆	合成樹脂ワニス	合成树脂漆
— rubber	合成橡膠	合成ゴム	合成橡胶
— rubber adhesive	合成橡膠黏合劑	合成ゴム接着剤	合成橡胶粘合剂
— steel	複合鋼;合成鋼;包層鋼	合せ鋼	复合钢;合成钢;包层钢
synthetics	合成品	合成物質	合成品
syntholube	合成潤滑油	シンソリューブ	合成润滑油
synthon	合成纖維	合成繊維	合成纤维
syntony	共振;調諧;諧振	同調	共振;调谐;谐振
syphon lubrication	虹吸潤滑	サイフォン潤滑	虹吸润滑
syringe	注射器;壓油器;手壓泵	注射器	注射器;压油器;手压泵
— type pump	注射型泵	押出し型ポンプ	注射型泵
system	系統;制度;體系	系統	系统;制度;体系

英文	臺灣	日文	大陸
— automatic monitor	系統自動監控裝置	システム自動モニタ	系统自动监控装置
— automation	系統自動化	システム自動化	系统自动化
— control	系統控制	システム制御	系统控制
— control center	設備控制中心	設備制御センタ	设备控制中心
— control command	系統控制命令	システム制御コマンド	系统控制命令
— control engineering	系統控制工程	システム制御工学	系统控制工程
— control position	系統控制台	システム管理席	系统控制台
— control processor	系統控制處理裝置	システム制御プロセッサ	系统控制处理装置
— control program	系統控制程式	システム制御プログラム	系统控制程序
— controller	系統控制器	システム制御装置	系统控制器
— coordinates	系統座標(系)	システム座標系	系统坐标(系)
— failure	系統故障	システム障害	系统故障
— failure analysis	系統故障分析	システム故障解析	系统故障分析
— failure effect	系統故障影響	システム故障効果	系统故障影响
— failure rate	系統故障率	システム故障率	系统故障率
— failure-success model	系統故障-成功模型	システム故障-成功モデル	系统故障-成功模型
— fallback	系統退出;系統不執行	システムフォールバック	系统退出;系统不执行
— library	系統程式庫	システムライブラリ	系统程序库
— life	系統壽命	システム寿命	系统寿命
— limit	系統極限	システム限界	系统极限
— load	系統負載	システム負荷	系统负载
— loader	系統裝入程式	システムローダ	系统装入程序
— of crystals	晶系	結晶系	晶系
— parameter	系統參數	システム変数	系统参数
— reset	系統重置	システムリセット	系统复位
— software	系統軟體	システムソフトウェア	系统软件
— support	系統支援〔保障〕	システム支援	系统支援〔保障〕
systematic(al) code	系統碼	組織符号	系统码
systems analysis	系統分析	システム分析	系统分析
— compatibility	系統相容性	システムズ互換性	系统互换性

英文	臺灣	日文	大陸
T-abutment	T形橋台	T形橋台	T形桥台
T-bar	T形鋼材	T形材；T形鋼	T形钢材
T-beam	T形樑	T形ばり	T形梁
T bolt	T形螺栓	Tボルト	T形螺栓
T branch	T形管	T字管	T形管
T-cock	T形閥	Tコック	T形阀
T-contact	T接點	T接点	T接点
T-fillet weld	填角銲;T形角銲縫熔敷區	T形隅肉溶着部	填角焊;T形角焊缝溶敷区
T (bar)frame	T形(材)肋骨	T形フレーム	T形(材)肋骨
T-grade separation	T形立體交叉	T形立体交さ	T形立体交叉
T-head bolt	T形螺栓	Tボルト	T形螺栓
T-head extrusion	T形頭擠壓	Tヘッド押出し	T形头挤压
T-head nail	T形釘	T字くぎ	T形钉
T-hinge	T形鉸鏈	T形丁つがい	T形铰链
T-intersection	T形交叉口	T形交さ	T形交叉口
T iron	T形鐵	T形鉄	T形铁
T-joint	T形接頭	T継手	T形接头
T junction	T形連接;T形接頭	T接合器	T形连接;T形接头
T knee	T形鐵件	T形金物	T形铁件
T-load	T負載	T荷重	T荷载
T-network	T形節	Tネットワーク	T形节
T-nut	T形螺母	Tナット	T形螺母
T-piece	T形管接頭;三通	T継手	T形管接头;三通
T pipe(tube)	T形管;三通	T字管	T形管;三通
T rail	T形鋼軌	T軌条	T形钢轨
T-ring	T形密封環	Tリング	T形密封环
T-section	T形截面	T形断面	T形截面
T-shapes	T形鋼	T形鋼	T形钢
T-shaped pipe	T形管	T字管	T形管
T-slot	T形槽	T形溝	T形槽
T-slot broach	T形槽拉刀	T溝ブローチ	T形槽拉刀
T-slot die	T形機頭	Tダイ	T形机头
T-slot (milling) cutter	T形槽銑刀	T溝フライス	T形槽铣刀
T-slot nut	T形槽螺母	T溝ナット	T形槽螺母
T splice	T形接線	T形結線	T形接线
T-square	丁字尺	T定規	丁字尺
T-steel	T形鋼	T形鋼	T形钢
T tube	T形管	T字管	T形管
T-type dowel	T形暗榫;T形暗銷	T形ジベル	T形暗榫;T形暗销
T-type hydraulic filter	T形液力過濾器	T形油圧フィルタ	T形液力过滤器

T

英文	臺灣	日文	大陸
T-type manifold die	T形歧管機頭	マニホールド形Tダイ	T形歧管机头
T-type ruler	丁字尺	T形定規	丁字尺
T union joint	T形管接頭接合	Tユニオン継手	T形管接头接合
T-welded joint	T形銲接接頭〔縫〕	T溶接継手	T形焊接接头〔缝〕
tab	組合件;附錄;薄片	ダブ	组合件;附录;薄片
— gate	柄形澆口	タブゲート	柄形浇口
— plate	組合件;調整片	タブ	组合件;调整片
— receptacle	板狀插座	平形めす端子	板状插座
table	平台;工作台;圖表	テーブル;定盤	平台;工作台;图表
— area	台面面積	テーブル面積	台面面积
— band saw	台式帶鋸	テーブル帯のこ盤	台式带锯
— blast	轉台式拋〔噴〕砂清理機	テーブルブラスト	转台式抛〔喷〕丸清理机
— clamp	台(用夾)鉗	取付け金具	台(用夹)钳
— clamping screw	工作台固定螺栓	テーブル固定用ねじ	工作台固定螺栓
— concentrator	搖床;淘汰盤	振動テーブル	摇床;淘汰盘
— conveyer	台式傳送帶	テーブルコンベヤ	台式传送带
— dog lever	台擋手柄	テーブルドッグレバー	台挡手柄
— driving mechanism	工作台驅動機構	テーブル駆動機構	工作台驱动机构
— feeder	盤式送料機;圓盤給煤機	テーブル給炭機	盘式送料机;圆盘给煤机
— flotation	搖床浮選	テーブル浮選	摇床浮选
— gear	輥道齒輪	テーブルギヤー	辊道齿轮
— guide way	工作台導軌	テーブルガイドウェイ	工作台导轨
— interlocker	台式聯鎖裝置	卓上連動機	台式联锁装置
— lead screw	縱工作台進給螺桿	左右送りねじ	纵工作台进给丝杠
— lift	升降平台	テーブルリフト	升降平台
— lock	工作台鎖緊	テーブルロック	工作台锁紧
— of common logarithm	常用對數表	常用対数表	常用对数表
— of contents	目次〔錄〕	目次	目次〔录〕
— of natural logarithms	自然對數表	自然対数表	自然对数表
— rack	工作台機架	テーブルラック	工作台机架
— rest	工作台支座	テーブルレスト	工作台支座
— reverse dog	工作台換向擋鐵	テーブルリバースドッグ	工作台换向挡铁
— saddle	工作台滑鞍〔滑座〕	テーブルサドル	工作台滑鞍〔滑座〕
— setting	工作台緊固〔定位〕	テーブルセッティング	工作台紧固〔定位〕
— speed	工作台(移動)速度	テーブル速度	工作台(移动)速度
— stroke	工作台行程	テーブルストローク	工作台行程
— support	工作台支架	テーブル前支え	工作台支架
— tap	插銷板;台式插座盤	テーブルタップ	插销板;台式插座盘
— top	桌面;台面	テーブルトップ	桌面;台面
— travel	工作台行程	テーブルの行程	工作台行程

英文	臺灣	日文	大陸
— type buffing machine	台式拋光機	卓上形バフ研磨機	台式抛光机
tabled fish-plate splice	齒形連接板拼接	段付き継目板継手	齿形连接板拼接
— joint	嵌接;榫接	くい込接ぎ	嵌接;榫接
tablet	小塊〔片〕	タブレット	小块〔片〕
— input	圖形輸入板輸入	タブレット入力	图形输入板输入
— pattern	輸入圖形	タブレットパターン	输入图形
tabu	引板	タブ	引板
tabular crystal	平片狀結晶	平板状結晶	平片状结晶
tabulating equipment	穿孔卡片設備	せん孔カード装置	穿孔卡片设备
tabulation	製表;列表	欄送り;作表	制表;列表
— set	製表裝置	タブレーションセット	制表装置
tabulator	製表機	製表機	制表机
tacamahac	橄欖科植物的天然樹脂	タカマハック	橄榄科植物的天然树脂
tacharanite	易變矽鈣石	タカラナイト	易变硅钙石
tachiol	氟化銀	ふっ化銀	氟化银
tachogenerator	轉速傳感器	速度発電機	转速(表)传感器
tachogram	速度(記錄)圖	タコグラム	速度(记录)图
tachograph	速度(圖)表;速度記錄	速度記録	速度(图)表;速度记录
— paper	速度記錄紙;轉速記錄紙	引っかき紙	速度记录纸;转速记录纸
tachometer	轉速計;流速計	回転速度計	转速计;流速计
— generator	轉速錶發電機	回転計発電機	转速表发电机
— head	測速磁頭	タコメータヘッド	测速磁头
— signal	測速信號;轉速信號	タコメータ信号	测速信号;转速信号
tachymeter	視距儀	スタジア測量器	视距仪
tachymetry	視距測量;准距快速測量	スタジア測量	视距测量;准距快速测量
tachystoscope	測速顯示器	タキストスコープ	测速显示器
tack	黏性;方法;圖釘	タック	黏性;方法;图钉
— bolt	裝配螺栓	仮付けねじ	装配螺栓
— development	黏性研究	粘着発現	黏性研究
— hole	釘孔	タック穴	钉孔
— range	黏性期	適度粘着時間	黏性期
— reduction	黏性保持率	粘着性低下	黏性保持率
— strength	黏合力	粘着力	黏合力
— temperature	黏合溫度	粘着温度	黏合温度
— testing device	黏性試驗裝置	タック試験装置	黏性试验装置
— weld	定位銲;點固銲	仮付け溶接	定位焊;点固焊
tacker	定位銲工	タッカ	定位焊工
tack-free test	不發黏試驗;不剝落試驗	不粘着試験	不发黏试验;不剥落试验
— time	不剝落期	不粘着時間	不剥落期
tackifier	增黏劑	粘着剤	增黏剂

T

英文	臺灣	日文	大陸
tackiness	膠黏性;附著力	粘着力	胶黏性;附着力
tacking	點固銲;定位銲	仮付け	点固焊;定位焊
tackle	滑輪組;轆轤	滑車装置	滑轮组;辘轳
tackle-block	起重機用滑輪;開口滑輪	起重機用滑車	起重机用滑轮;开口滑轮
tacky adhesion	黏著;膠黏	粘着	黏着;胶黏
— producer	增黏劑	粘性付与剤	增黏剂
tacnode	互切點	二重接点	互切点
tact	間歇式	タクト	间歇式
— switch	觸覺開關	タクトスイッチ	触觉开关
— system	流水作業線	タクトシステム	流水作业线
tactic	立體異構	タクティック	立体异构
— polymer	立體異構聚合物	序列立体異性重合体	立体异构聚合物
tactile controlled robot	觸覺控制機器人	触覚制御ロボット	触觉控制机器人
— information	觸覺信息	触覚情報	触觉信息
— property	觸感性	触質性	触感性
— sense	觸覺	触覚	触觉
— sensor	觸覺傳感器	触覚センサ	触觉传感器
tactometer	觸覺測驗器	タクトメータ	触觉测验器
tag	標記;標簽	タグ;タッグ;札	标记;标签
— architecture	特徵結構	タグアーキテクチャ	特徵结构
— block	接線板	端子板	接线板
— check	特徵檢驗	タグチェック	特徵检验
— contact	終端接〔觸〕點	端子接点	终端接〔触〕点
— machine	特徵機	タグマシン	特徵机
tagged top	鍍錫鐵皮蓋	ブリキ上ぶた	镀锡铁皮盖
tagging	標記;磨銳;軋尖	標識付け	标记;磨锐;轧尖
taghole	銷孔	端子孔	销孔
Taglibue hydrometer	泰格密度計	タグリブ液体比重計	泰格密度计
— viscosimeter	泰格黏度計	タグリブ粘度計	泰格黏度计
tail assay	(級聯)尾料(試樣)分析	廃棄濃度	(级联)尾料(试样)分析
— block	帶索滑車〔輪〕;頂尖座	テール滑車	带索滑车〔轮〕;顶尖座
— boom	尾撐〔樑〕	尾部支材	尾撑〔梁〕
— bracket	後托架	テールブラケット	后托架
— cut	椽端鋸截法	たるき鼻の切り方	椽端锯截法
— edge	縮徑量;地腳切口;地腳	切り落とし	缩径量;地脚切口;地脚
— gas	尾氣;廢氣	廃残ガス	尾气;废气
— gear	尾輪	尾脚	尾轮
— out	(磁帶)尾端脫開	テールアウト	(磁带)尾端脱开
— pin	尾銷	テールピン	尾销
— pulley	(尾部)導輪	テールプーリ	(尾部)导轮

英文	臺灣	日文	大陸
— radius of crane	(起重機)尾部旋轉半徑	後部旋回半径	(起重机)尾部旋转半径
— separation factor	尾部分離係數	尾部分離係数	尾部分离系数
— spindle	尾架套筒	心押し軸	尾架套筒
— valve	漏氣閥;逸氣閥;尾閥	漏気弁	漏气阀;逸气阀;尾阀
tailboard	貨車尾板;後擋〔箱〕板	後板	货车尾板;后挡〔箱〕板
tail-end cover	尾端罩〔蓋〕	エンドカバー	尾端罩〔盖〕
tailing	尾材;尾渣;篩餘物	テイリング	尾材;尾渣;筛馀物
tailless bonding	無尾壓銲	テールレスボンディング	无尾压焊
tails	尾砂;最後(末端)排放物	端末排出物	尾砂;最后(末端)排放物
— assay	廢棄濃度	廃棄濃度	废弃浓度
tailshaft	尾軸;槳軸;推進軸	尾軸	尾轴;桨轴;推进轴
tailstock barrel	尾架套筒;頂尖套	心押し軸	尾架套筒;顶尖套
— spindle	尾架套筒;頂尖套	心押し軸	尾架套筒;顶尖套
Tainton process	泰恩頓(提鋅)法	テイントン法	泰恩顿(提锌)法
take	描劃;記錄;拍照	テーク	描划;记录;拍照
— away pump	送料泵	テークアウェーポンプ	送料泵
— charge	(機械等)失控;汽車失控	テークチャージ	(机械等)失控;汽车失控
— fire	點火;著火;引火;發火	引火	点火;着火;引火;发火
take off	輸出;抑制;牽引	離昇	输出;抑制;牵引
— conveyor	牽引傳送機	引取りコンベヤ	牵引传送机
— gear	牽引裝置	引取り装置	牵引装置
— godet	牽引拉伸	テークオフゴデット	牵引拉伸
— mechanism	牽引設備	引取り装置	牵引设备
— tension	牽引張力	引取り張力	牵引张力
— unit	牽引裝置	引取り装置	牵引装置
take-up	拉緊裝置;卷(帶)	緊張装置;巻取り	拉紧装置;卷(带)
— conveyer	卷帶(傳送)裝置	テークアップコンベヤ	卷带(传送)装置
— gear	牽引裝置	引取り装置	牵引装置
— machine	卷帶裝置;纏繞機	テークアップ装置	卷带装置;缠绕机
— mechanism	牽引設備	引取り装置	牵引设备
— motion	卷帶裝置	巻取り装置	卷带装置
— pulley	張緊輪	テークアッププーリ	张紧轮
— rate	卷取速度	巻取り速度	卷(取)速(度)
— tower	(吹塑薄膜)牽引塔架	引取り塔	(吹塑薄膜)牵引塔架
— tumbler	張緊輪	遊動輪	张紧轮
— unit	張緊裝置	引取り装置	张紧装置
— winder	卷線機	テークアップワインダ	卷线机
taking inventory	核實在庫量	在庫量確認	核实在库量
— of samples	取樣	試料の採取	取样
Talbot steel process	塔爾波特平爐煉鋼法	タルボット製鋼法	塔尔波特平炉炼钢法

T

英文	臺灣	日文	大陸
talc(um)	滑石(粉)	滑石	滑石(粉)
— powder	滑石粉	滑石粉	滑石粉
talcite	塊滑石	塊状滑石	块滑石
talha gum	阿拉伯樹膠	アラビヤゴム	阿拉伯树胶
Talide	一種燒結碳化鎢超硬合金	タライド	一种烧结碳化钨超硬合金
tall oil	妥爾油	トール油	妥尔油
tallois-desmi	電鍍荷蘭黃銅	めっきしたオランタ黄銅	电镀荷兰黄铜
tallow	牛脂;(動物)脂	獣脂	牛脂;(动物)脂
— oil	(動物)脂油	牛脂油	(动物)脂油
Tallyrondo	圓度檢查儀	タリロンド	圆度检查仪
Talmi-gold	鍍金(荷蘭)黃銅	黄銅	镀金(荷兰)黄铜
talus	廢料	テーラス	废料
Talysurf	粗糙度檢查儀	タリサーフ	粗糙度检查仪
tama fat	奶油樹脂	乳脂樹脂	奶油树脂
tamanite	三斜磷鈣鐵礦	タマン石	三斜磷钙铁矿
tammite	鎢鐵	タム石	钨铁
tamper	振動夯;干擾;反射層	タンパ	(振动)夯;干扰;反射层
Tampico brush	坦比哥拋光刷	タンピコブラシ	坦比哥抛光刷
tamping	夯實·填塞·搗固	締固め	夯实;填塞;捣固
— bar	搗(實)棒;振搗棒	突き棒	捣(实)棒;振捣棒
— machine	夯實機;搗固機	突固め機	夯实机;捣固机
— pick	夯實機;搗實棒	ビータ	夯实机;捣实棒
— pole	搗實棒	込め棒	捣(实)棒
— rod	搗實棒;搗固棒	込め棒	捣实棒;捣固棒
— tool	搗固機;舂砂機	突固め機	捣固机;舂砂机
Tamtam	一種錫青銅	タムタム	一种锡青铜
tan	鞣革;棕黃色	タンニン液	鞣革;棕黄色
tandem axle	串列輪軸	タンデム車軸	串列轮轴
— axle load	串列輪軸負載;雙軸負載	タンデム軸荷重	串列轮轴载荷;双轴载荷
— band saw machine	串聯帶鋸機	タンデム帯のこ盤	串联带锯机
— brush	串聯電刷	タンデムブラシ	串联电刷
— center	中間卸荷閥;M型滑閥功能	タンデムセンタ	中间卸荷阀;M型滑阀功能
— compound turbine	串聯渦輪機	直列流形タービン	串联涡轮机
— connected system	串聯系統	タンデム形接続システム	串联系统
— construction	串聯結構	タンデム構造	串联结构
— control	串聯控制	タンデム制御	串联控制
— cylinder	串列式缸	タンデム形シリンダ	串列式缸
— die	串聯式模具;複式拉深模	タンデム型	串联式模具;复式拉深模
— drive	串聯傳動	タンデム駆動	串联传动
— duplex bearing	雙列軸承	並列組合せ軸受	双列轴承

英文	臺灣	日文	大陸
— engine	串聯式發動機	タンデム機関	串联式发动机
— follow die	串聯式連續模	二段順送り型	串联式连续模
— ironing die	串聯式(變薄)拉深模	多段しごき型	串联式(变薄)拉深模
— master-cylinder	串聯主油缸	タンデムマスタシリンダ	串联(制动)主油缸
— mill	串列式軋鋼機	タンデム圧延機	串列式轧(钢)机
— mounting	串聯安裝	並列取付け	串联安装
— operation	串列操作	タンデム操作	串列操作
— piston	串聯活塞	タンデムピストン	串联活塞
— processor	串行處理機	タンデムプロセッサ	串行处理机
— propeller	串列式螺旋槳	タンデムプロペラ	串列式螺旋桨
— pump	雙聯泵	タンデム型ポンプ	双联泵
— scan	雙探頭串聯掃描	タンデム走査	双探头串联扫描
— technique	雙探頭串聯掃描	タンデム走査	双探头串联扫描
— turbine	串級式渦輪機	タンデムタービン	串级式涡轮机
— type connection	串聯接法;串列聯接	くし形接続方式	串联接法;串列联接
— type rollers	串列式滾子	タンデムローラ	串列式滚子
Tandem metal	坦德姆錫青銅	タンデムメタル	坦德姆锡青铜
tangeite	釩鈣銅礦	タンゲ石	钒钙铜矿
tangency	相切;毗連;鄰接	接触	相切;毗连;邻接
tangent	切線;正切	接線;正接	切线;正切
— angle	切線角	接線角	切线角
— bar	正切尺;切線棒	タンジェントバー	正切尺;切线棒
— bender	切線折彎機;切線彎板機	タンジェントベンダ	切线折弯机;切线弯板机
— cam	切線凸輪	接線カム	切线凸轮
— chart	正切曲線圖	タンジェントチャート	正切曲线图
— compass	正切羅盤;切向羅盤	接線羅針盤	正切罗盘;切向罗盘
— cone method	切錐法	接すい法	切锥法
— curve	正切曲線	正接曲線	正切曲线
— deflection	切線偏距	接線偏距	切线偏距
— flexural modulus	彎曲切線模量	曲げ接線モジュラス	弯曲切线模量
— length	切線長度	接線長	切线长度
— line	切線	切線;接線	切线
— method	正切法	正切法	正切法
— modulus of elasticity	切線彈性模量	接線弾性係数	切线弹性模量
— modulus stress	切線彈性應力	接線係数応力	切线弹性应力
— of the loss angle	介質衰耗因數	損失正接	介质衰耗因数
— offset	切線偏移(量);切向偏距	タンジェントオフセット	切线偏移(量);切向偏距
— plane	切平面	接平面	切平面
— point	切點	接点	切点
— screw	測微螺桿;微調螺旋	微動ねじ	测微螺杆;微调螺旋

T

英　文	臺　灣	日　文	大　陸
— tensile modulus	拉伸切線模量	引張り接線モジュラス	拉伸切线模量
— track	直線軌道	直線軌道	直线轨道
— wedge method	切楔法	接けい法	切楔法
tangential acceleration	切向加速度	接線加速度	切向加速度
— approach principle	切線近似法	接線進入法	切线近似法
— brush	切向配置電刷	タンジェンシャルブラシ	切向配置电刷
— component	切線分量	接線成分	切线分量
— direction	切線方向	接線方向	切线方向
— equation	切線方程	接線方程式	切线方程
— fan	切向送風機	横流ファン	切向送风机
— feed attachment	切向進給裝置	接線送り装置	切向进给装置
— feed grinding method	切向進給磨削法	接線送り研削法	切向进给磨削法
— feed opening	切向供給口	接線供給口	切向供给口
— flow turbine	切向流動汽〔水〕輪機	接線流れタービン	切向流动汽〔水〕轮机
— force	切向力	接線力	切向力
— grinding force	切向磨削抗力	接線研削抵抗	切向磨削抗力
— lead chamber	切線式鉛室	接線式鉛室	切线式铅室
— line integral	切線線積分	接線線積分	切线线积分
— load	切線負載	接線荷重	切向载荷
— plane	切平面	接平面	切平面
— reaction	切線反力	接線反力	切线反力
— stiffness method	切線剛度法	接線剛性法	切线刚度法
— strain	切向應變;剪應變	接線ひずみ	切向应变;剪应变
— stress	切向應力;剪應力	接線応力	切向应力;剪应力
— turning tool	切向刀具	ローラターナバイト	切向刀具
— velocity	切向速度	接線速度	切向速度
— wave	切線波	接線波	切线波
tangueite	釩鈣銅礦	タンゲ石	钒钙铜矿
tank	水箱;油箱;槽;坦克	戦車；槽	水箱;油箱;槽;坦克
— air-mover	油罐空氣驅除器	油缶空気排出器	油罐空气驱除器
— block	箱座;玻璃熔池耐火磚	タンクブロック	箱座;玻璃熔池耐火砖
— body	油槽本體;液罐本體	タンク本体	油槽本体;液罐本体
— boiler	櫃形鍋爐	タンクボイラ	柜形锅炉
— bottom emulsion	罐底乳化液	缶底乳液	罐底乳化液
— bottom heater	箱底加熱器	ボトムヒータ	箱底加热器
— calibration	油罐校正	油缶目盛り検査	油罐校正
— capacity	箱容量;槽容量	タンク容量	箱容量;槽容量
— cleaning hole	油罐清洗孔	タンククリーニングホール	油罐清洗孔
— cleaning system	油罐清洗裝置	タンククリーニング装置	油罐清洗装置
— cleanings	油罐洗出物	油缶洗出物	油罐洗出物

英文	臺灣	日文	大陸
— coating	油罐涂料;贮罐涂料	タンク用塗料	油罐涂料;贮罐涂料
— cock	水箱龍頭;水箱旋塞	タンクコック	水箱龙头;水箱旋塞
— connections	油罐連接管	油缶連接管	油罐连接管
— container	罐式集裝箱	タンクコンテナ	罐式集装箱
— cover	箱蓋	タンクカバー	箱盖
— crystallization	槽式結晶作用	槽式結晶作用	槽式结晶作用
— crystallizer	槽式結晶器	タンク式晶析器	槽式结晶器
— filter	槽式過濾機	タンクろ過器	槽式过滤机
— frame	油罐架	タンク一体形フレーム	油罐架
— furnace	槽爐	槽よう	槽炉
— heater	油罐加熱裝置	暖槽器	油罐加热装置
— heating coil	油罐加熱螺旋管	タンク加熱管	油罐加热螺旋管
— heating pipe	油罐加熱管	タンク加熱管	油罐加热管
— iron	製筒鐵皮	槽板	制筒铁皮
— lining	油罐襯裡	タンクライニング	油罐衬里
— manhole	油罐入孔	油缶入孔	油罐入孔
— port	水箱孔;油箱孔	タンクポート	水箱孔;油箱孔
— shell	油罐殼體	油缶胴体	油罐壳体
— side frame	油罐邊架	タンクサイドフレーム	油罐边架
sprayer	罐式噴霧器	据置き噴霧機	罐式喷雾器
— strainer	油槽過濾器;水槽過濾器	タンクストレーナ	油槽过滤器;水槽过滤器
— strap connection	油罐環箍連接線	油缶たが輪連結線	油罐环箍连接线
— table	箱形台	タンクテーブル	箱形台
— top	油罐頂蓋	油缶屋根ぶた	油罐顶盖
— type circuit breaker	槽形斷路器	タンク形遮断器	槽形断路器
— type liquid cooler	箱形液體冷卻器	タンク形液冷却器	箱形液体冷却器
— valve	櫃閥	タンク弁	柜阀
— vent pipe	油槽通風管	タンク通気管	油槽通风管
tankage	箱容量;儲存器;容器沈積	タンク貯蔵	箱容量;储存器;容器沈积
tantcopper	矽銅	銅の耐酸合金	硅铜
tantiron	高矽耐熱耐酸鑄鐵	タンチロン	高硅耐热耐酸铸铁
tantnickel	含鎳耐酸合金	ニッケルの耐酸合金	含镍耐酸合金
tap	絲攻;陷型模;出鋼〔渣〕	タップ;出銑	丝锥;陷型模;出钢〔渣〕
— aspirator	水流泵	水流ポンプ	水流泵
— bars	檢查(滲碳過程的)試棒	肌焼き試験棒	检查(渗碳过程的)试棒
— bolt	緊固螺栓	押えボルト	紧固螺栓
— borer	螺紋底孔鑽頭	ねじ下ぎり	螺纹底孔钻头
— chaser	絲攻梳刀片	タップチェーザ	丝锥梳刀片
— chuck	絲攻夾頭	タップチャック	丝锥夹头
— cinder	攪煉爐渣;鐵口渣	かくはん炉さい	搅炼炉渣;铁口渣

英文	臺灣	日文	大陸
— die holder	絲攻板牙兩用夾頭	タップダイホルダ	丝锥板牙两用夹头
— drill	螺紋底孔鑽頭	ねじ下ぎり	螺纹底孔钻头
— driver	絲攻驅動套	タップドライバ	丝锥驱动套
— end stud	雙頭螺栓	植込みボルト	双头螺栓
— grinder	絲攻磨床	タップグラインダ	丝锥磨床
— handle	絲攻扳手;水栓扳手	タップハンドル	丝锥扳手;水栓扳手
— holder	攻絲夾頭	タップホルダ	攻丝夹头
— hole	出渣口;出鐵口;塞孔	出湯口	出渣口;出铁口;塞孔
— hole gun	鐵口泥炮〔高爐〕	湯口閉そく機	铁口泥炮〔高炉〕
— hole plug stick	(泥)塞桿〔高爐〕	せん止め棒	(泥)塞杆〔高炉〕
— rivet	螺紋鉚釘	ねじ込みリベット	螺纹铆钉
— sand	分型砂;界砂	タップ砂	分型砂;界砂
— wrench	絲攻扳手;鉸槓	タップ回し	丝锥扳手;铰杠
tape	卷尺;帶;磁帶	テープ;巻き尺	卷尺;带;磁带
— armored cable	鋼帶鎧裝電纜	鋼帯外装ケーブル	钢带铠装电缆
— compiling routine	磁帶編譯程序	テープの編集	磁带编译程序
— control	帶控制	テープ制御	带控制
— control mechanism	紙帶(程序)控制機構	テープ制御機構	纸带(程序)控制机构
— control unit	帶控制器	テープ制御装置	带控制器
— copy	帶複製;磁帶拷貝	テープコピー	带复制;磁带拷贝
— core	擴口管接頭	テープコア継ぎ手	扩口管接头
— count scale	磁帶長度計數標尺	テープカウントスケール	磁带长度计数标尺
— cutter	切帶器	テープカッタ	切带器
— drive mechanism	帶驅動機構	テープ送行機構	带驱动机构
— drive roller	帶驅動輪	テープ駆動ローラ	带驱动(滚)轮
— editor	帶編輯程式	テープエディタ	带编辑程序
— entry	磁帶入口	テープエントリー	磁带入口
— eraser	磁帶消磁器;磁帶抹磁器	テープ消磁器	磁带消磁器;磁带抹磁器
— error	磁帶錯誤	テープエラー	磁带错误
— feed motor	送帶電動機;卷帶電動機	テープフィードモータ	送带电动机;卷带电动机
— guide	帶導向輪;導帶桿;導帶柱	テープガイド	带导向轮;导带杆;导带柱
— guide servo	導帶伺服機構	テープガイドサーボ	导带伺服机构
— guide post	磁帶導向柱;導帶柱	テープガイドポスト	磁带导向柱;导带柱
— handling	磁帶處理	テープハンドリング	磁带处理
— head	磁帶錄像頭;磁帶錄音頭	テープヘッド	磁带录像头;磁带录音头
— holder	帶夾;帶架	テープホルダ	带夹;带架
— input	磁帶輸入	テープ入力	磁带输入
— laminator	層帶壓製機	テープラミネータ	层带压制机
— librarian	磁帶(程式)庫管理程式	テープライブラリアン	磁带(程序)库管理程序
— mark	磁帶標記	テープマーク	磁带标记

英文	臺灣	日文	大陸
— measure	卷尺	巻き尺	卷尺
— memory	磁帶存儲器	テープ記憶装置	磁带存储器
— oriented system	磁帶取向系統	テープ向きシステム	磁带取向系统
— parity check	磁帶奇偶校驗	テープパリティチェック	磁带奇偶校验
— pool	磁帶庫	テーププール	磁带库
— producing machine	製帶機	テープ製造機	制带机
— program	帶程式	テーププログラム	带程序
— programmer	紙帶編程器	テーププログラマ	纸带编程器
— read head	讀帶磁頭	テープ読取りヘッド	读带磁头
— reader	讀帶機	テープ読取り機	读带机
— reader input	讀帶輸入	テープリーダインプット	读带输入
— reader puncher	讀帶穿孔機	テープリーダパンチャ	读带穿孔机
— recording technique	磁帶記錄方式	テープ記録方式	磁带记录方式
— reel	帶盤	テープリール	带盘
— reproducer	磁帶拷貝裝置	テープ複製装置	磁带拷贝装置
— reservoir	磁帶緩衝器	テープレザーバ	磁带缓冲器
— rewind	倒帶;帶重繞	テープリワインド	倒带;带重绕
— rule	卷尺	巻き尺	卷尺
— running accuracy	走帶精度	テープ走行の精度	走带精度
— running direction	走帶方向	テープ走行方向	走带方向
— running speed	走帶速度	テープ走行速度	走带速度
— search	磁帶檢索	テープサーチ	磁带检索
— selection switch	磁帶選擇開關	テープ切換えスイッチ	磁带选择开关
— selector	磁帶選擇器	テープセレクタ	磁带选择器
— span	帶寬	テープスパン	带宽
— speed	走帶速度	テープ速度	走带速度
— splicer	接帶器	テープスプライサ	接带器
— storage bin	儲帶箱	テープ貯蔵箱	储带箱
— synchronizer	帶同步器	テープ同期装置	带同步器
— transport mechanism	走帶機構	テープ駆動機構	走带机构
— travel	帶前進;控帶讀出方向	テープトラベル	带前进;控带读出方向
— unit	磁帶機;走帶機構	テープ装置	磁带机;走带机构
— width	帶寬度	テープ幅	带宽度
— winder	卷帶機	テープ巻取り機	卷带机
taper	錐度;拔模斜度;拉拔角	朝顔;引抜き角	锥度;拔模斜度;拉拔角
— attachment	錐度切削裝置	テーパ削り装置	锥度切削装置
— block	錐形枕座	こう配台	锥形枕座
— bolt	錐形螺栓	テーパボルト	锥形螺栓
— bore	錐孔;錐孔搪頭	テーパボアー	锥孔;锥孔镗头
— boring	錐孔搪削	テーパボーリング	锥孔镗削

T

英文	臺灣	日文	大陸
— bush	錐形軸襯	テーパブッシュ	锥形轴衬
— cone	圓錐	テーパコーン	圆锥
— control	錐形控制;遞變控制	テーパコントロール	锥形控制;递变控制
— cutting device	錐度切削裝置	テーパ削り装置	锥度切削装置
— drill	錐柄麻花鑽	テーパドリル	锥柄麻花钻
— drum	錐形滾筒〔卷筒〕	テーパドラム	锥形滚筒〔卷筒〕
— eliminator	錐度消除裝置	テーパエリミネータ	锥度消除装置
— end mill	錐形立銑刀;錐形端銑刀	テーパエンドミル	锥形立铣刀;锥形端铣刀
— file	圓錐銼	先細やすり	圆锥锉
— fit	錐度配合	テーパフィット	锥度配合
— flange	錐形凸緣盤	テーパフランジ	锥形法兰盘
— flask	滑脫砂箱;脫箱	抜き枠	滑脱砂箱;脱箱
— flat file	錐形平銼	先細平やすり	锥形扁锉
— gas tap	管螺紋絲攻	管用テーパタップ	管螺纹丝锥
— gage	錐度量規	こう配ゲージ	锥度量规
— gear hob	圓錐齒輪滾刀	テーパホブ	圆锥齿轮滚刀
— hand tap	錐形手用絲攻;第一攻	先タップ	锥形手用丝锥;头锥
— increaser	錐形擴大器	すい形拡大器	锥形扩大器
— joint	錐形連接〔電纜的〕	テーパ接続	锥形连接〔电缆的〕
— key	楔鍵;鉤頭楔鍵	こう配キー	楔键;钓头楔键
— knock	圓錐頂銷	テーパノック	圆锥顶销
— land bearing	錐面軸承	テーパランド軸受	锥面轴承
— line	錐形線(路)	テーパ線路	锥形线(路)
— liner	錐度套筒	テーパライナ	锥度套筒
— mandrel	錐度心軸;帶梢心軸	テーパ心金	锥度心轴;带梢心轴
— matching	錐形匹配	テーパ整合	锥形匹配
— neck rivet	斜頸鉚釘	テーパネックリベット	斜颈铆钉
— needle	圓錐滾針	テーパニードル	圆锥滚针
— nut	錐形螺母	テーパナット	锥形螺母
— of core diameter	螺紋內徑錐度	溝底のテーパ	螺纹内径锥度
— per foot	錐度極〔頂〕點	テーパパーフート	锥度极〔顶〕点
— pin	錐(形)銷	テーパピン	锥(形)销
— pin hole	錐(形)銷孔	テーパピンホール	锥(形)销孔
— pin punch	錐形沖頭	テーパピンポンチ	锥形冲头
— pipe	異徑管;錐形管	異径管; 先細管	异径管;锥形管
— pipe thread	錐管螺紋	管用テーパねじ	锥管螺纹
— piston	錐形活塞	テーパピストン	锥形活塞
— plug	錐形塞	こう配プラグ	锥形塞
— plug gage	錐形塞規	テーパプラグゲージ	锥形塞规
— ratio	梯形比;尖削比;錐度比	テーパ比	梯形比;尖削比;锥度比

英文	臺灣	日文	大陸
— reamer	錐形鉸刀	こう配リーマ	锥形铰刀
— ring	錐形環;斜面環	テーパリング	锥形环;斜面环
— ring gage	錐度環規	テーパリングゲージ	锥度环规
— roller bearing	圓錐滾子軸承	円すいころ軸受	圆锥滚子轴承
— roller conveyer	圓錐滾柱輸送機	テーパローラコンベヤ	圆锥滚柱输送机
— rolling machine	斜坡軋製機;錐形軋機	テーパロールマシン	斜坡轧制机;锥形轧机
— rolls	錐形輥軋機	テーパロール	锥形辊轧机
— screw	錐(形)螺紋	テーパねじ	锥(形)螺纹
— screw chuck	錐形螺旋夾頭	ねじ込みチャック	锥形螺旋夹头
— screw plug	錐形螺旋塞	こう配ねじ栓	锥形螺旋塞
— serration	斜鋸齒形;錐形鍵廓	テーパセレーション	斜锯齿形;锥形键廓
— shank drill	錐柄鑽頭	テーパシャンクドリル	锥柄钻头
— shank fraise	錐柄銑刀	テーパシャンクフライス	锥柄铣刀
— shank milling cutter	錐柄銑刀	テーパシャンクフライス	锥柄铣刀
— shank punch	錐柄沖頭	テーパシャンクポンチ	锥柄冲头
— shank reamer	錐柄鉸刀	テーパシャンクリーマ	锥柄铰刀
— shank tap	錐柄絲攻	テーパシャンクタップ	锥柄丝锥
— sleeve	錐套	テーパスリーブ	锥套
— slot	斜溝	傾斜溝	斜沟
— tap	管用錐形絲攻	管用テーパタップ	管用锥形丝锥
— tester	錐度測量器	テーパ測定器	锥度测量器
— thread	錐(形)螺紋	テーパねじ	锥(形)螺纹
— thread tap	錐形絲攻	テーパタップ	锥形丝锥
— turning	錐度切削	テーパ削り	锥度切削
— wire	錐形線;錐度金屬絲	テーパワイヤ	锥形线;锥度金属丝
tapered adapter sleeve	錐形連接套管	アダプタスリーブ	锥形连接套管
— ball (nosed) end mill	錐形球端立銑刀	テーパボールエンドミル	锥形球端立铣刀
— closure	錐形密封蓋	テーパクロージャ	锥形密封盖
— die	錐形凹模	円すいダイス	锥形凹模
— edge	斜邊	テーパへり	斜边
— file	尖銼	先細やすり	尖锉
— pole	錐形桿;錐形柱;錐形柱燈	テーパポール	锥形杆;锥形柱;锥形柱灯
— washer	錐形墊圈	テーパード座金	锥形垫圈
tapering press	縮徑沖床	テーパーリングプレス	缩径压力机
taphole	熔液出口〔爐的〕	湯出し口	熔液出口〔炉的〕
taping	卷尺測量	巻き尺測量	卷尺测量
tap-out bar	出渣棒	栓抜き棒	出渣棒
tapper	輕擊錘;攻絲機	タッパ	轻击锤;攻丝机
— chuck	絲攻夾頭	タッパチャック	丝锥夹头
— tap	機用絲攻	タッパタップ	机用丝锥

T

英　文	臺　灣	日　文	大　陸
tappet	挺桿	つつき棒	挺杆
— clearance	閥挺桿(和閥座之間)間隙	タペットクリアランス	阀挺杆(和阀座之间)间隙
— drum	凸輪鼓〔盤〕	タペットドラム	凸轮鼓〔盘〕
— guide	挺桿導套	タペット案内	挺杆导套
— plunger	閥門提桿;閥門挺桿	タペットプランジャ	阀门提杆;阀门挺杆
— rod	推桿;挺桿	タペット棒	推杆;挺杆
— roller	(汽門)推桿滾柱	タペットローラ	(汽门)推杆滚柱
— spanner	閥挺桿(專用)扳手	タペットスパナ	阀挺杆(专用)扳手
— wrench	挺桿(專用)扳手	タペットレンチ	挺杆(专用)扳手
tapping	攻絲;出鐵;出鋼;出渣	出銑；出湯	攻丝;出铁;出钢;出渣
— chuck	絲攻夾頭	タッピングチャック	丝锥夹头
— drill	螺紋底孔鑽頭	タッピングドリル	螺纹底孔钻头
— floor	澆注區	鋳込み場	浇注区
— furnace	放液爐;液流電爐	くみ注ぎ炉	放液炉;液流电炉
— head	攻絲頭	タッピングヘッド	攻丝头
— hole	出鐵口;壓鑄澆(注)口	湯出し口	出铁口;压铸浇(注)口
— machine	攻絲機	ねじ立て盤	攻丝机
— paste	攻絲潤滑劑	タッピングペースト	攻丝润滑剂
— point	分接點;抽頭	タッピングポイント	分接点;抽头
— sample	熔液取樣;爐前取樣;	湯口試料	熔液取样;炉前取样;
— screw	自攻螺釘	タッピングねじ	自攻螺钉
— sleeve	鑽孔套管;穿孔套管	分岐帯	钻孔套管;穿孔套管
— spindle	攻絲主軸	ねじ立て主軸	攻丝主轴
— spout	出鋼槽	出湯どい	出钢槽
— temperature	出爐溫度	出湯温度	出炉温度
— torque	攻絲扭矩	ねじ立てトルク	攻丝扭矩
— unit	組合攻絲機;攻絲動力頭	タッピングユニット	组合攻丝机;攻丝动力头
tar acid resin	焦油酸樹脂	タール酸樹脂	焦油酸树脂
— asphalt	焦油瀝青	タールれき青	焦油沥青
taramellite	纖矽鋇高鐵石	タラメリ石	纤硅钡高铁石
taramite	綠閃石;綠鐵閃石	タラマ石	绿闪石;绿铁闪石
tarbuttite	三斜磷鋅礦	三斜りん亜鉛鉱	三斜磷锌矿
tardiness	遲緩	納期遅れ	迟缓
tare	皮重;自重;配衡體	自重	皮重;自重;配衡体
— shot	配衡小球	釣合い小粒重り	配衡小球
— weight	皮重;毛重;空車重量	風袋重量	皮重;毛重;空车重量
target	靶;目標	標的	靶;目标
— cathode	靶陰極	ターゲット陰極	靶阴极
— characteristic	目標特性	目標特性	目标特性
— electrode	靶電極	的電極	靶电极

英文	臺灣	日文	大陸
— model	目標模型	目標モデル	目标模型
— position	目標位置	目標位置	目标位置
— tube	窺視管	のぞき管	窥视管
— uncertainty	目標不確定性	目標不確実性	目标不确定性
— value	目標值	目標値	目标值
— variable	指標變量	目標変数	指标变量
tarnish	(表面)變色	変色	(表面)变色
— film	銹膜;氧化膜	無光沢フィルム	锈膜;氧化膜
tarnishing	變色;失去光澤	変色	变色;失(去)光泽
tarnowitzite	鉛霰石	鉛さん石	铅霰石
tarred steel sheet	涂焦油的薄鋼板	タール処理鋼板	涂焦油的薄钢板
tartan	合成橡膠材料	タータン	合成橡胶材料
tasimeter	微壓計	微圧計	微压计
task	任務;職務;作業	仕事	任务;职务;作业
— allocation	任務分配	タスク配分	任务分配
— analysis	任務分析	タスク分析	任务分析
— assignment	任務分配	タスク割当て	任务分配
— function design	任務功能設計	タスク機能設計	任务功能设计
— location	任務分配	タスクロケーション	任务分配
— program	任務程式	タスクプログラム	任务程序
— structure	任務結構	タスク構造	任务结构
— system	任務體系;任務系統	タスクシステム	任务体系;任务系统
tassel hook	纓鉤;承樑木鉤	タッセルフック	缨钩;承梁木钩
tautness	緊固度	緊縮性	紧固度
tautochrone	等時曲線	等時曲線	等时曲线
tautochronism	等時性	等時性	等时性
tautomer	互變(異構)體	互変異性体	互变(异构)体
tautomeride	互變(異構)體	互変異性体	互变(异构)体
tautomerism	互變異構性;互變現象	互変異性	互变异构性;互变现象
tautomerization	(結構)互變作用	互変	(结构)互变作用
tautozonal face	同晶帶面	同晶帯面	同晶带面
tawara machine	銀器磨光機	銀器みがき機	银器磨光机
taxable horsepower	收稅馬力〔機動車輛的〕	課税馬力	收税马力〔机动车辆的〕
Taylor brace	泰勒手搖曲柄鑽	胸腰仙つい装具	泰勒手摇(曲柄)钻
— expansion	泰勒展開式	テイラー展開	泰勒展开式
— number	泰勒數	テイラー数	泰勒数
— principle	泰勒原理	テイラーの原理	泰勒原理
— series	泰勒級數	テイラー級数	泰勒级数
— series expansion	泰勒級數展開式	テイラー級数展開	泰勒级数展开式
— system	泰勒體制;泰勒制	テイラーシステム	泰勒体制;泰勒制

英文	臺灣	日文	大陸
— theorem	泰勒定理	テイラー原理	泰勒定理
— wake fraction	(泰勒)伴流係數	テイラー伴流係数	(泰勒)伴流系数
teaching	示教;教	教示	示教;教
— analyzer	教學用分析儀	ティーチングアナライザ	教学用分析仪
— machine	教學機械;示教機	教育機械	教学机械;示教机
— program	教學程式	ティーチングプログラム	教学程序
teallite	硫錫鉛礦	チール石	硫锡铅矿
team	小組;隊;班;機組	チーム	小组;队;班;机组
— design	成套設計	チームデザイン	成套设计
— work	協同動作;協作;配合	チームワーク	协同动作;协作;配合
tear	裂開;破裂	破断;割れ	裂开;破裂
— down	分解;拆卸	分解	分解;拆卸
— fault	裂斷層	裂け断層	裂断层
— index	抗裂係數	比引裂き強さ	抗裂系数
— initiation	撕裂開始	裂け始め	撕裂开始
— off	裂開;撕去;扯下	ティアーオフ	裂开;撕去;扯下
— propagation	撕裂(傳播)	引裂き	撕裂(传播)
— propagation strength	撕裂(傳播)強度	引裂き強さ	撕裂(传播)强度
— propagation test	撕裂(傳播)試驗	引裂き試験	撕裂(传播)试验
— property	撕裂特性	引裂き特性	撕裂特性
— resistance	抗扯裂性;抗撕裂性	耐引裂き性	抗扯裂性;抗撕裂性
— string	拆封帶	開封ひも	拆封带
— strip	拆封帶	開封ストリップ	拆封带
— tape	拆封帶	開封テープ	拆封带
— test	扯裂試驗	裂け目試験	扯裂试验
— tester	撕裂試驗	引裂き試験機	撕裂试验
tearability	可撕性	裂け易さ	可撕性
tearing action	撕裂作用	引裂き作用	撕裂作用
— instability	撕裂不穩定性	ちぎれ不安定性	撕裂不稳定性
— strength	撕裂強度	引裂き強さ	撕裂强度
Te-Bo gage	球面型雙限塞規	テボゲージ	球面型双限塞规
technic(al) advice	技術建議	技術的助言	技术建议
— adviser	技術顧問	技術顧問	技术顾问
— analysis	工業分析	工業分析	工业分析
— assistance	技術協作	技術提携	技术协作
— bulletin	技術報告	技術報告	技术报告
— center	技術中心	技術センタ	技术中心
— characteristic	技術特性	技術特性	技术特性
— committee	技術委員會	専門委員会	技术委员会
— control	技術管理;工業管理	技術的制御	技术管理;工业管理

英文	臺灣	日文	大陸
— cybernetics	技術控制論	技術サイバネティックス	技术控制论
— data	技術資料	技術資料	技术资料
— determinism	技術決定論	技術決定論	技术决定论
— development	技術開發	技術開発	技术开发
— director	技術指導;技師	テクニカルディレクタ	技术指导;技师
— grade	工業級;工業用	工業級;工業用	工业级;工业用
— group	技術組	技術系	技术组
— innovation	技術革新	技術革新	技术革新
— inspection	技術檢查	技術検査	技术检查
— intelligence	技術情報	技術情報	技术情报
— isooctane	工業異辛烷	工業イソオクタン	工业异辛烷
— know-how	技術竅門〔情報;知識〕	技術情報	技术窍门〔情报;知识〕
— literature	技術文獻;專門文獻	技術文献	技术文献;专门文献
— monopoly	技術壟斷〔專利〕	技術的独占	技术垅断〔专利〕
— order	技術規範〔說明;指令〕	テクニカルオーダ	技术规范〔说明;指令〕
— performance	技術性能	技術的性能	技术性能
— problem	技術問題	技術的問題	技术问题
— progress	技術進步	技術的進歩	技术进步
— rationalization	技術合理化	技術的合理化	技术合理化
— requirement	技術要求	技術的要求	技术要求
— research division	技術研究部門	技術研究部	技术研究部门
— service	技術服務	技術サービス	技术服务
— skill	技術技巧;技術熟練	技術的手腕	技术技巧;技术熟练
— specification(s)	技術條件;技術規格	專門規格	技术条件;技术规格
— standard	技術規格〔標準〕	技術規格	技术规格〔标准〕
— strategy	技術策略	技術的戦略	技术策略
— system	技術系統	技術システム	技术系统
— term	技術名詞;專門名詞;術語	專門用語	技术名词;专门名词;术语
technicality	專門;專門事項	專門性	专门;专门事项
technician	技術人員	技術者	技术人员
technics	技術;工藝(學)	技術	技术;工艺(学)
technique	技術〔巧〕;技能;方法	技法	技术〔巧〕;技能;方法
— level	技術水平	技術レベル	技术水平
technochemistry	工業化學	工業化學	工业化学
technocracy	技術主義;技術管理	技術主義	技术主义;技术管理
technological advance	技術進步	技術的進歩	技术进步
— approach	工藝方法〔手段〕	技術表現手法	工艺方法〔手段〕
— development	技術開發〔發展〕	技術開発	技术开发〔发展〕
— information	技術情報	技術情報	技术情报
— information system	技術情報系統	技術情報システム	技术情报系统

T

英文	臺灣	日文	大陸
— innovation	技術革新	技術革新	技术革新
— model	技術模型	技術モデル	技术模型
— rationalism	技術合理主義	技術的合理主義	技术合理主义
— uncertainty	技術的不確定性	技術的不確定性	技术的不确定性
technologist	技術人員;工程技術幹部	技術者	技术人员;工程技术干部
technology	工藝學;生產技術	工芸學	工艺学;生产技术
— assessment	技術評價	技術（再）評価	技术评价
— development	技術開發	技術開発	技术开发
— forecasting	技術預測	技術予測	技术预测
— impact	技術影響	技術インパクト	技术影响
— transfer	技術轉移	技術転移	技术转移
technopolis	技術集中都市	テクノポリス	技术集中都市
technostructure	技術專家管理體制	テクノストラクチャ	技术专家管理体制
tectofacies	構造相	テクトファジス	构造相
tectonic axis	構造軸	構造軸	构造轴
teeming	鑄造;鑄件;澆注	鋳込み；鋳鋼	铸造;铸件;浇注
— lap	澆注重皮;澆注折疊	鋳じわ	浇注重皮;浇注折叠
— temperature	澆注溫度	鋳込み温度	浇注温度
tees	丁字鋼;岐形管接頭	チーズ	丁字钢;岐形管接头
teeter chamber	攪拌室	かくはん室	搅拌室
teeth	牙齒;齒	歯	牙齿;齿
— cutting machine	切齒機	歯裁断機	切齿机
teflon	鐵弗龍;聚四氟乙烯	テフロン	特氟隆;聚四氟乙烯
— aspirator	鐵弗龍吸收器	テフロンアスピレータ	聚四氟乙烯吸收器
— coating	鐵弗龍塗層	テフロンコーティング	聚四氟乙烯涂层
— coaxial cable	鐵弗龍同軸電纜	テフロン同軸ケーブル	聚四氟乙烯同轴电缆
— hose	鐵弗龍軟管	テフロンホース	特氟隆软管
— insert	鐵弗龍夾入物	テフロンインサート	特氟隆夹入物
— insulated wire	鐵弗龍絕緣電線	テフロン電線	聚四氟乙烯绝缘电线
— pipe	鐵弗龍塑膠管	テフロンパイプ	特氟隆乙烯管
— resin	鐵弗龍樹脂	テフロン樹脂	特氟隆树脂
— seal ring	鐵弗龍密封環	テフロンシールリング	特氟隆密封环
— seal tape	鐵弗龍密封帶	テフロンシールテープ	特氟隆密封带
— sheet	鐵弗龍薄板	テフロンシート	聚四氟乙烯薄板
— tube	鐵弗龍乙烯管	テフロンチューブ	特氟隆乙烯管
Tego	一種鉛基軸承合金	テゴ	一种铅基轴承合金
Telcoseal	一種鐵鎳鈷合金	テルコシール	一种铁镍钴合金
Telcuman	一種銅鎳錳合金	テルクマン	一种铜镍锰合金
telebar	棒料自動送進裝置	テレバ	棒料自动送进装置
Teleconst	一種銅鎳合金	テレコンスト	一种铜镍合金

英文	臺灣	日文	大陸
tele-hoist	伸縮式升降機	テレホイスト	伸缩式升降机
telemetry	遙測技術	遠隔測定	遥测技术
telescope tube	伸縮套管	テレスコープチューブ	伸缩套管
telescopic(al) boom	可伸縮吊桿〔起重臂〕	伸縮ブーム	可伸缩吊杆〔起重臂〕
— chute	伸縮斜槽	伸縮シュート	伸缩斜槽
— cover	可伸縮蓋	テレスコピックカバー	可伸缩盖
— cylinder	伸縮筒	テレスコープ形シリンダ	伸缩筒
— flow	層(狀)流(動)	層流	层(状)流(动)
— form	套筒式模板	テレスコピック型枠	套筒式模板
— girder	伸縮樑	テレスコピックガーダ	伸缩梁
— jib	可伸縮起重機臂	伸縮ブーム	可伸缩起重机臂
— joint	伸縮接合;套管接合	抜差し継ぎ手	伸缩接合;套管接合
— motion	伸縮運動	伸縮	伸缩运动
— pipe	伸縮套管	入れ子管	伸缩套管
— shaft coupling	伸縮式聯軸節	伸縮軸継ぎ手	伸缩式联轴节
— tube	伸縮套管	入れ子管	伸缩套管
telescoping gage	可伸縮內徑規	テレスコッピングゲージ	可伸缩内径规
telethermometer	遙測溫度計	電気温度計	遥测温度计
telltale	計數器;信號裝置	表示器	计数器;信号装置
— indicator	計數器;信號裝置;指示器	表示器	计数器,信号装置;指示器
light	指示燈	表示灯	指示灯
Tempaloy	耐蝕銅鎳合金	テンパロイ	耐蚀铜镍合金
temper	回火;調質;平整	焼戻し	回火;调质;平整
— bend test	加熱彎曲試驗	加熱曲げ試験	加热弯曲试验
— brittleness	回火脆性	焼戻しぜい性	回火脆性
— carbon	回火碳	焼戻し炭素	回火碳
— crack	回火裂紋	焼戻れ割れ	回火裂纹
— designations	回火標誌	調質記号	回火标志
— hardening	回火硬化	焼戻し硬化	回火硬化
— moisture	回性水分;最佳水分	最適水分	回性水分;最佳水分
— pass mill	平整軋機	調質圧延機	平整轧机
— roll	平整軋輥	テンパーロール	平整轧辊
— rolling	回火軋製;調質軋製	調質圧延	回火轧制;调质轧制
— stressing	回火強化	焼戻し強化法	回火强化
— time	回火時間	焼戻し時間	回火时间
temperature	溫度	温度	温度
— alarm	過熱報警	過熱警報	过热报警
— and humidity control	溫濕度控制	温湿度制御	温湿度控制
— balance	溫度平衡	温度平衡	温度平衡
— band	溫度帶;溫度範圍	温度帯	温度带;温度范围

T

英文	臺灣	日文	大陸
— change	溫度變化	温度変化	温度变化
— characteristic	溫度特性	温度特性	温度特性
— coefficient	溫度係數	温度係数	温度系数
— compensating device	溫度補償裝置	温度補償装置	温度补偿装置
— compensation circuit	溫度補償電路	温度補償回路	温度补偿电路
— compensator	溫度補償器	温度補正器	温度补偿器
— conditions	溫度條件	温度条件	温度条件
— conductivity	導熱性;熱導率	温度伝導性	导热性;热导率
— constant	溫度常數	温度常数	温度常数
— constant operation	等溫運行;恆溫操作	温度ベース運転	等温运行;恒温操作
— control circuit	溫度控制電路	温度制御回路	温度控制电路
— control device	溫度調節〔控制〕裝置	気温調整装置	温度调节〔控制〕装置
— control medium	調溫介質	温度調節媒体	调温介质
— control relay	溫度(控制)繼器	温度継電器	温度(控制)继器
— control system	溫度調節系統	温度調節系	温度调节系统
— control unit	溫度調節裝置	温度調節装置	温度调节装置
— control valve	溫度調節閥;調溫閥	温度調整弁	温度调节阀;调温阀
— controlled bath	恆溫槽	恒温槽	恒温槽
— controller	溫度控制器	温度調節器	温度控制器
— correction	溫度修正	温度補正	温度修正
— cracking	溫度裂縫	温度ひび割れ	温度裂缝
— curve	溫度曲線	温度曲線	温度曲线
— cycle	溫度循環	温度サイクル	温度循环
— cycling test	溫度循環試驗	温度サイクル試験	温度循环试验
— departure	溫度偏差	気温偏差	温度偏差
— dependence	溫度依從關係	温度依存性	温度依从关系
— dependence of energy	能量對溫度的依從關係	エネルギーの温度依存性	能量对温度的依从关系
— derating	降溫率	高温減定格	降温率
— deviation alarm	溫度偏差警報器	偏差温度警報器	温度偏差警报器
— difference	溫(度)差	温度差	温(度)差
— diffusivity	溫度擴散率	温度伝導度	温度扩散率
— distribution	溫度分布	温度分布	温度分布
— drift	溫度漂移	温度ドリフト	温度漂移
— drop	溫降	温度降下	温降
— effect	溫度效應	温度効果	温度效应
— effectiveness	溫度效率	温度効率	温度效率
— efficiency	溫度效率	温度効率	温度效率
— equilibrium	溫度平衡	温度平衡	温度平衡
— error	溫度誤差	温度誤差	温度误差
— expansion coefficient	溫度膨脹係數	温度膨張係数	温度膨胀系数

英　文	臺　灣	日　文	大　陸
— expansion valve	溫度膨脹閥	温度式膨張弁	温度膨胀阀
— factor	溫度係數;溫度因數	温度係数	温度系数;温度因数
— factor of permeability	導磁率的相對溫度係數	透磁率の相対温度係数	导磁率的相对温度系数
— fall	溫度下降	温度降下	温度下降
— fluctuation	溫度波動	温度の変動	温度波动
— gage	溫度計	温度計	温度计
— gage unit	計溫單位	温度測定単位	计温单位
— gradient method	溫度梯度法	温度こう配法	温度梯度法
— humidity index	溫度指數	温湿指数	温度指数
— -impact curve	溫度-衝擊曲線	温度-衝撃値曲線	温度-冲击曲线
— indicator	溫度指示器	温度指示計	温度指示器
— lapse rate	溫度遞減率	気温減率	温度递减率
— level	溫度位	温度レベル	温度位
— limit	溫度限制〔極限〕	温度制限	温度限制〔极限〕
— limited region	溫度限制範圍	温度制限領域	温度限制范围
— load	溫度負載	温度荷重	温度荷载
— loss	溫度損失	温度損失	温度损失
— measurement	溫度測定	温度測定	温度测定
— measuring device	溫度測定器	温度測定器	温度测定器
— measuring instrument	溫度測定器	温度測定器	温度测定器
— measuring junction	測溫接點	測温接点	测温接点
— of transformation	轉變溫度;變態溫度	転移温度	转变温度;变态温度
— -pressure curve	溫度-壓力曲線	温度-圧力曲線	温度-压力曲线
— probe	溫度探頭〔針〕	温度探針	温度探头〔针〕
— profile	溫度輪廓;溫度分布	温度輪郭	温度轮廓;温度分布
— radiation	溫度輻射;熱輻射	温度放射	温度辐射;热辐射
— radiator	熱輻射體	熱放射体	热辐射体
— range	溫度範圍;溫度極差	温度範囲	温度范围;温度极差
— rating	額定溫度	温度定格	额定温度
— ratio	溫度比	温度比	温度比
— recorder	溫度記錄器	温度記録器	温度记录器
— recovery factor	溫度恢復係數	温度回復係数	温度恢复系数
— reduction	溫度下降〔降低〕	温度降下	温度下降〔降低〕
— reductioner	降溫器	温度低減器	降温器
— region	溫度範圍	温度域	温度范围
— regulating relay	溫度調節繼電器	温度調整リレー	温度调节继电器
— regulating valve	溫度調節閥	温度調整弁	温度调节阀
— regulation	溫度調節	温度調整	温度调节
— regulator	溫度調節器	温度調整器	温度调节器
— relay	溫度繼電器;熱繼電器	温度継電器	温度继电器;热继电器

英文	臺灣	日文	大陸
— resistance	耐熱性;耐熱度	耐熱性	耐热性;耐热度
— resistant material	耐熱材料	耐熱材料	耐热材料
— resistant tape	耐熱膠帶	耐熱テープ	耐热胶带
— rise	溫度上升〔升高〕	温度上昇	温度上升〔升高〕
— rise coefficient	溫升係數	温度上昇係数	温升系数
— rise curve	溫升曲線	温度上昇曲線	温升曲线
— rise factor	溫度上升係數	温度上昇係数	温度上升系数
— rise ratio	溫升比	温度上昇比	温升比
— rise test	溫升試驗	温度上昇試験	温升试验
— saturation	溫度飽和	温度飽和	温度饱和
— scale	溫度刻度;溫標	温度目盛り	温度刻度;温标
— scattering	熱散射	熱散乱	热散射
— sensitivity	溫度敏感度	温度感度	温度敏感度
— sensor	溫度感測器;熱敏元件	温度検出器	温度传感器;热敏元件
— stability	溫度穩定性	温度安定性	温度稳定性
— stress	溫度應力	温度応力	温度应力
— susceptibility	感溫性	感温性	感温性
— susceptibility factor	感溫性指〔係〕數	感温性指数	感温性指〔系〕数
— susceptibility ratio	感溫比	感温比	感温比
— switch	溫度繼電器	温度開閉器	温度继电器
— test	溫度試驗	温度試験	温度试验
— -time factor	溫度-時間因數	温度-時間率	温度-时间因数
— tolerance	溫度公差	温度許容度	温度公差
— up	升溫	昇温	升温
— variation	溫度變化	温度変化	温度变化
— -viscosity curve	溫度-黏度曲線	温度-粘度曲線	温度-黏度曲线
— warping	溫度翹曲;溫度扭曲	温度わい曲	温度翘曲;温度扭曲
— zone	溫度範圍	温度帯	温度范围
tempered air	預熱空氣	予熱空気	预热空气
— glass	強化玻璃	強化ガラス	强化玻璃
— martensite	回火麻田散鐵	焼戻しマルテンサイト	回火马氏体
— sorbite	回火糙斑鐵	焼戻しソルバイト	回火索氏体
— steel	回火鋼	焼戻し鋼	回火钢
— structure	回火組織	焼戻し組織	回火组织
— troostite	回火吐粒散鐵	焼戻しトルースタイト	回火屈氏体
tempering	回火	焼戻し	回火
— bath	回火浴	焼戻し浴	回火浴
— coil	調溫盤管	温度調節コイル	调温盘管
— color	回火色;水性塗料	焼戻し色	回火色;水性涂料
— compound	調質劑	調質剤	调质剂

英　　文	臺　　灣	日　　文	大　　陸
— crack	回火裂紋	焼戻し割れ	回火裂纹
— curve	回火曲線	焼戻し性能曲線	回火曲线
— furnace	回火爐	焼戻し炉	回火炉
— heat	回火熱	焼戻し熱	回火热
— oil	回火油;調合油	焼戻し油	回火油;调合油
— sand	回性砂;調濕砂	調整砂	回性砂;调湿砂
— stress	回火應力	焼戻し応力	回火应力
— temperature	回火溫度	焼戻し温度	回火温度
Temperite alloy	鉛錫鉍鎘易熔合金	テンパライトアロイ	铅锡铋镉易熔合金
tempil	測溫劑	テンピル；テンパイル	测温剂
template	樣規;樣板	形板	样规;样板
— gage	樣規	テンプレートゲージ	样规
— jig	鑽模板;模板式鑽模	テンプレートジグ	钻模板;模板式钻模
— matching	模板比較	テンプレート突合せ	模板比较
— method	模板法;靠模法	形板法	模板法;靠模法
— molding	樣板造型	型鋳造	样板造型
— shop	樣板工場;放樣場地	原寸場	样板车间;放样场地
templin chuck	楔形夾頭〔拉力試驗用〕	テンプリンチャック	楔形夹头〔拉力试验用〕
temporal coherence	時間相關性;時間相干性	時間的コヒーレンス	时间相关性;时间相干性
temporary assembly	試裝配;試組裝	仮組立て	试装配;试组装
— assignment	暫時分配	一時割当て	暂时分配
— data set	暫時數據集	一時的データセット	暂时数据集
— device assignment	臨時分配設備	一時装置割当て	临时分配设备
— die	簡易模;小量生產模	簡易型	简易模;小量生产模
— emergency lighting	應急照明燈	緊急照明灯	应急照明灯
— erection	臨時安裝;預裝配	仮組み	临时安装;预装配
— error	暫時的錯誤	一時的エラー	暂时的错误
— file	暫時文卷〔件〕	一時的ファイル	暂时文卷〔件〕
— fitting	預裝配;預組裝	仮締め	预装配;预组装
— fixture	臨時性用具	暫時備品	临时性用具
— form	臨時模板;簡易模板	仮型	临时模板;简易模板
— hardness	暫時硬度	一時硬度	暂时硬度
— hole	暫時孔洞;暫設孔道	一時的開口	暂时孔洞;暂设孔道
— induction	暫時性感應;瞬時感應	一時的感応	暂时性感应;瞬时感应
— joint	臨時連接	一時継ぎ手	临时连接
— magnet	暫時磁鐵	一時磁石	暂时磁铁
— magnetism	暫時磁性	一次磁気	暂时磁性
— material	臨時用料;暫設工程用料	仮設材料	临时用料;暂设工程用料
— material expenses	暫設工程材料損耗	仮設損料	暂设工程材料损耗
— memory area	暫存區	一時記憶域	暂(时)存(储)区

T

英文	臺灣	日文	大陸
— memory circuit	暫存電路	一時記憶回路	暂(时)存(储)电路
— mold	臨時模具	臨時型	临时模具
— pattern	簡易模樣	仮型	简易模样
— plug	臨時插頭	臨時プラグ	临时插头
— power	臨時供電	臨時電力	临时供电
— register	暫存器	一時レジスタ	暂(寄)存器
— repair	臨時修理	臨時修理	临时修理
— rust prevention	臨時防銹;暫時防銹	一時防せい	临时防锈;暂时防锈
— set	彈性變形	弾性変形	弹性变形
— shed	臨時性工棚;簡易工棚	仮小屋	临时性工棚;简易工棚
— shelter	臨時工棚	バラック	临时工棚
— signal	臨時信號	臨時信号	临时信号
— standard	暫定標準〔規格〕	暫定規格	暂定标准〔规格〕
— standard time	規定時間	規定時間	规定时间
— storage	短時存儲;暫存	一時的記憶	短时存储;暂(时)存(储)
— support	臨時支柱	仮支柱	临时支柱
— tightening	臨時固定	仮締め	临时固定
— use	暫時使用	一時使用	暂时使用
— works	臨時工程;暫設工程	仮設工事	临时工程;暂设工程
— works expenses	臨時工程費;暫設工程費	仮設費	临时工程费;暂设工程费
tenacity	韌性;黏(韌)性	じん性	韧性;黏(韧)性
— -elongation curve	韌性-伸長度曲線	強伸度曲線	韧性-伸长度曲线
tenaplate	塗膠鋁箔	テナプレート	涂胶铝箔
tenazit	一種焦油酸合成樹脂	タール酸合成樹脂の一種	一种焦油酸合成树脂
tendency	傾向;趨向	傾向	倾向;趋向
— to oxidize	氧化傾向	酸化傾向	氧化倾向
tender	煤水車;招標;投標	炭水車	煤水车;招标;投标
— system	投標制度	入札制度	投标制度
tendering unit	軟值	柔軟值	软值
tenebrescence	變色螢光	変色蛍光	变色荧光
Tenelon	高錳高氮不銹鋼	テネロン	高锰高氮不锈钢
tenifer process	(液體)軟氮化	軟窒化	(液体)软氮化
tennantite	砷黝銅礦	ひゆう銅鉱	砷黝铜矿
tenon	凸榫;榫(頭)	ほぞ	凸榫;榫(头)
— and mortise	雌雄榫	ほぞとほぞ穴	雌雄榫
— bar splice	棍板榫接法	鉄ほぞ接合	棍板榫接法
— cutter	製榫刀	ほぞ切り機	制榫刀
— joint	榫接	ほぞ継ぎ手	榫接
— saw	開榫鋸	ほぞびきのこ	开榫锯
tenon-cutting machine	開榫機	ほぞ突き盤	开榫机

英文	臺灣	日文	大陸
tenoner	開榫機	横軸ほぞ取り盤	开榫机
tenoning machine	開榫機	ほぞ突き盤	开榫机
tenorite	黑銅礦	黒銅鉱	黑铜矿
tensibility	可伸長性	伸長性	可伸长性
tensible rigidity	拉伸刪性	伸び剛性	拉伸删性
tenside	界面活性劑	界面活性剤	界面活性剂
tensile creep test	拉伸潛變試驗	引張りクリープ試験	拉伸蠕变试验
— elongation	抗張伸展率	抗張伸長	抗张伸展率
— energy	拉伸能量	引張りエネルギー	拉伸能量
— failure	拉伸破壞;拉伸斷裂	引張り破壊	拉伸破坏;拉伸断裂
— fatigue strength	拉伸疲勞強度	引張り疲れ強さ	拉伸疲劳强度
— force	拉力;張力	引張り力	拉力;张力
— fracture	拉伸斷裂;拉伸破壞	引張り破壊	拉伸断裂;拉伸破坏
— gage	張力計	テンシルゲージ	张力计
— heat distortion	熱變形;加熱撓曲	熱変形	热变形;加热挠曲
— impact energy	拉伸衝擊能量	衝撃引張りエネルギー	拉伸冲击能量
— impact stress	拉伸衝擊應力	引張り衝撃応力	拉伸冲击应力
— impact test	拉伸衝擊試驗	衝撃引張り試験	拉伸冲击试验
— instability	拉伸不穩定性	引張り不安定	拉伸不稳定性
load	拉伸負載	引張り荷重	拉伸负荷;拉伸载荷
— machine	拉伸試驗機	引張り試験機	拉伸试验机
— modulus of elasticity	拉伸彈性模量	引張り弾性率	拉伸弹性模量
— product	抗張積	抗張積	抗张积
— property	抗拉性能;拉伸特性	引張り特性	抗拉性能;拉伸特性
— pull	拉伸力	引張り荷重	拉伸力
— reinforcement	受拉鋼筋;抗拉鋼筋	引張り鉄筋	受拉钢筋;抗拉钢筋
— rigidity	拉伸剛度;抗拉刪度	伸び剛性	拉伸刚度;抗拉删度
— rupture	拉伸破壞;拉斷	引張り破壊	拉伸破坏;拉断
— shear	拉伸剪切	引張りせん断	拉伸剪切
— shear strength	拉剪強度	引張りせん断強さ	拉剪强度
— shear test	拉伸抗切試驗	引張りせん断試験	拉伸抗切试验
— specimen	拉伸試樣	引張り試験片	拉伸试样
— strain	拉伸應變	伸び率	拉伸应变
— strength at break	拉伸斷裂強度	破断点引張り強さ	拉伸断裂强度
— strength at fracture	拉伸斷裂強度	破断点引張り強さ	拉伸断裂强度
— strength at yield point	拉伸降伏強度	降伏点引張り強さ	拉伸屈服强度
— strength tester	拉伸試驗機	引張り試験機	拉伸试验机
— stress	拉伸應力	引張り応力	拉伸应力
— stress at yield	拉伸降伏應力	降伏点引張り応力	拉伸屈服应力
— stress intensity	單位拉應力	引張り応力度	单位拉应力

T

英文	臺灣	日文	大陸
— stress relaxation	拉伸應力鬆弛	引張り応力緩和	拉伸应力松弛
— stress-strain curve	拉伸應力-應變曲線	引張り応力-ひずみ曲線	拉伸应力-应变曲线
— stress-strain diagram	拉伸應力-應變曲線圖	引張り応力-ひずみ線図	拉伸应力-应变曲线图
— test curve	拉伸試驗曲線	引張り試験曲線	拉伸试验曲线
— test diagram	拉伸試驗曲線圖	引張り試験線図	拉伸试验曲线图
— test piece	拉力試樣	引張り試験片	拉力试样
— tester	拉伸試驗機	引張り試験機	拉伸试验机
— viscosity	延伸黏性係數	伸び粘性率	延伸黏性系数
— yield	拉伸降伏	引張り降伏	拉伸屈服
— yield point	拉伸降伏點	降伏点	拉伸屈服点
— yield strain	拉伸降伏應變	引張り降伏ひずみ	拉伸屈服应变
— yield strength	拉伸降伏強度	引張り降伏強さ	拉伸屈服强度
— yield stress	拉伸降伏應力	引張り降伏応力	拉伸屈服应力
— zone	(構件)受拉區	部材引張り部	(构件)受拉区
Tensilite	一種耐蝕高強度鑄造黃銅	テンシライト	一种耐蚀高强度铸造黄铜
tensility	延性	伸張性	延性
tension	萬能拉力機	テンシロン	万能拉力机
tensimeter	壓力計〔流體	テンシメータ	压力计〔流体
tension	應力;張力;壓力;膨脹力	張力	应力;张力;压力;膨胀力
— adjuster	游絲調節器	テンションアジャスター	游丝调节器
— adjustment	張力調整〔節〕	張力調整	张力调整〔节〕
— arm	張力臂	テンションアーム	张力臂
— bar	拉桿;抗拉鋼筋	引張り鉄筋	拉杆;抗拉钢筋
— bending	拉伸彎曲	引張り曲げ	拉伸弯曲
— bolt	受拉螺栓;拉力螺栓	引張りボルト	受拉螺栓;拉力螺栓
— bond strength	拉伸黏合強度	引張り接着強さ	拉伸黏合强度
— break strength	拉伸斷裂強度	引張り破断強さ	拉伸断裂强度
— brittleness	拉伸脆性	引張りぜい性	拉伸脆性
— characteristic	拉伸特性	引張り特性	拉伸特性
— coil spring	螺旋形拉簧	引張りコイルばね	螺旋形拉簧
— compliance	拉伸柔量	引張りコンプライアンス	拉伸柔量
— control	拉力控制	張力調整装置	拉力控制
— cracking	拉伸裂紋	つり切れ	拉伸裂纹
— creep	拉伸潛變	引張りクリープ	拉伸蠕变
— device	拉伸裝置	テンション装置	拉伸装置
— difference	張力差	張力差	张力差
— dynamometer	拉力測力計	引張り動力計	拉力测力计
— field theory	張力場理論	張力場理論	张力场理论
— flange	受拉翼緣;受拉凸緣	抗張フランジ	受拉翼缘;受拉法兰
— gage	張力計	引張り計	张力计

英文	臺灣	日文	大陸
— gear	張緊裝置;牽引裝置	伸張装置	张紧装置;牵引装置
— impact machine	拉伸衝擊試驗機	衝撃引張り試験機	拉伸冲击试验机
— impact specimen	拉伸衝擊試樣〔片〕	衝撃引張り試験片	拉伸冲击试样〔片〕
— impact strength	拉伸衝擊強度	衝撃引張り強さ	拉伸冲击强度
— impact value	拉伸衝擊值	引張り衝撃値	拉伸冲击值
— impulse	電壓脈衝	電圧インパルス	电压脉冲
— lever	拉桿	テンションレバー	拉杆
— link	拉桿;牽引桿	テンションリンク	拉杆;牵引杆
— load	拉伸負載	引張り荷重	拉伸载荷
— member	受拉構件;抗拉構件	引張り材	受拉构件;抗拉构件
— meter	張力計;拉力計	張力計	张力计;拉力计
— modulus	拉伸彈性模量	引張り弾性率	拉伸弹性模量
— pole	張力桿;張力柱	テンションポール	张力杆;张力柱
— pulley	皮帶張緊輪	張り車	张紧(皮带)轮
— regulator	張力調節器	テンション装置	张力调节器
— reinforcement	受拉鋼筋;抗拉鋼筋	引張り(鉄)筋	受拉钢筋;抗拉钢筋
— ring	拉力環	張りリング	拉力环
— roll	張緊輪	テンションロール	张紧辊
— rod	拉桿	引張り棒	拉杆
— servo mechanism	張力伺服機構	テンションサーボ機構	张力伺服机构
— set	張力定形;永久變形	残留伸び	张力定形;永久变形
— side	皮帶主動〔張緊〕邊	引張り側	皮带主动〔张紧〕边
— specimen	拉伸試樣〔片〕	引張り試験片	拉伸试样〔片〕
— spring	拉簧;牽簧;調線彈簧	引張りばね	拉簧;牵簧;调线弹簧
— strength machine	抗張強度試驗機	抗張力試験機	抗张强度试验机
— stress	拉應力	引張り応力	拉应力
— structure	受拉結構	張力構造	受拉结构
— test	拉伸試驗;抗拉試驗	引張り試験	拉伸试验;抗拉试验
— test curve	抗拉試驗曲線	引張り試験曲線	抗拉试验曲线
— test diagram	抗拉試驗(曲線)圖	引張り試験図	抗拉试验(曲线)图
— test piece	拉伸試件	引張り試験片	拉伸试件
— tester	拉伸試驗機	引張り試験機	拉伸试验机
— ultimate strength	極限拉伸強度	引張り極限強さ	极限拉伸强度
— unit	張緊裝置	テークアップ装置	张紧装置
— value	拉伸試驗值	引張り試験値	拉伸试验值
— washer	彈性墊圈	弾性止め座金	弹性垫圈
— weight	張緊配重;平衡重	緊張錘	张紧配重;平衡重
— winch	纜繩絞車	張索ウインチ	缆绳绞车
tensional stiffness	抗張剛性	引張り剛性	抗张刚性
tensioner	張緊器;拉緊器	張り車	张紧器;拉紧器

英文	臺灣	日文	大陸
tensiometer	張力計;拉力計	引張り計	张力计;拉力计
tensor	張量	テンソル量	张量
— algebra	張量代數	テンソル代数	张量代数
— analysis	張量分析	張力分析	张量分析
— calculus	張量計算	テンソル計算	张量计算
— ellipsoid	張量橢圓	テンソルだ円面	张量椭圆
— equation	張量方程式	テンソル方程式	张量方程式
— force	張力	テンソルカ	张力
— interaction term	張量相互作用項	テンソル相互作用項	张量相互作用项
— notation	張量符號	テンソル記号	张量符号
— operator	張量算符	テソソル形の演算子	张量算符
— product	張量積	テンソル積	张量(乘)积
— quadric	張量二次曲面	テンソル二次曲面	张量二次曲面
tentative assembly	試裝配	仮組立て	试装配
— experiment	預先試驗	先行試験	预先试验
— specifications	暫行規格	仮規格	暂行规格
— standard	暫行標準	仮規格	暂行标准
tentelometer	磁帶張力計	テンテロメータ	磁带张力计
tenter roll	拉伸滾筒;平拉輥	テンタロール	拉伸滚筒;平拉辊
Tenual	特紐阿爾高強度鋁銅合金	テヌーアル	特纽阿尔高强度铝铜合金
Tenzaloy	一種鋁鋅鑄造合金	テンザロイ	一种铝锌铸造合金
terazzo	水磨	テラゾ	水磨
Tercod	特格德碳化矽耐火材料	ターコード	特格德碳化硅耐火材料
terephthalate	對苯二酸鹽〔酯〕	テレフサル酸塩	对苯二酸盐〔酯〕
terephthalic aldehyde	對苯二醛	テレフサルアルデヒド	对苯二醛
term	項;條	項	项;条
— list	項表	タームリスト	项表
— of doublet	二重項	二重項	二重项
— of durability	耐用年限	耐用年数	耐用年限
— of multiplet	多重項	多重項	多重项
— of works	工期	工期	工期
terminal	末端的;終端設備	末端;端子	末端的;终端设备
— analog	終端模擬	ターミナルアナログ	终端模拟
— assembly	接線板	端子板	接线板
— block	接線板;接線盒	端子盤	接线板;接线盒
— board	接線板;接線盤	端子台	接线板;接线盘
— bond	終端接頭;端鍵	端子ボンド	终端接头;端键
— box	分線箱;接線匣	端子箱	分线箱;接线匣
— cap	端帽	終端キャップ	端帽
— cheek	端面板;蓄電池側板	端板	端面板;蓄电池侧板

英文	臺灣	日文	大陸
— clamp	終端線夾	端子クランプ	终端线夹
— condition	終端條件	終端条件	终端条件
— control unit	終端控制設備〔器〕	端末制御装置	终端控制设备〔器〕
— cover	端柱扣蓋	ターミナルカバー	端柱扣盖
— decision	最後判決;最後決定	最終決定	最后判决;最后决定
— delay	終點遲滯	終点遅滞	终点迟滞
— device	終端設備	端末装置	终端设备
— end	終端	終端	终端
— equipment	終端設備	端末装置	终端设备
— handler	終端處理程序	ターミナルハンドラ	终端处理程序
— indicator	終端指示器	終端指示器	终端指示器
— input-output device	終端輸入輸出設備	端末入出力装置	终端输入输出设备
— insulator	絕緣端子	引留めがい子	接线柱绝缘体
— knife edge	端尾刀刃	端刃	端尾刀刃
— length	極限長度;終端長度	終局の長さ	极限长度;终端长度
— load	終端負載	終端負荷	终端负载
— loss	終端損耗	終端損	终端损耗
— parameter	終值參數	端末パラメータ	终值参数
— pin	尾銷	ターミナルピン	尾销
— pitch	端子間距	端子ピッチ	端子间距
— plate	接線板	端子板	接线板
— point	接線點;終點	終点	接线点;终(接)点
— pole	終端桿;極柱	極柱	终端杆;极柱
— pressure	終壓	終端圧	终压
— processor	終端處理機	ターミナルプロセッサ	终端处理机
— socket	端子插座	端子ソケット	端子插座
— strength test	接線強度試驗	端子強度試験	接线强度试验
— strip	接線條;端子板	端子台	接线条;端子板
— subsystem	終端子系統	ターミナルサブシステム	终端子系统
— system	終端系統	ターミナルシステム	终端系统
— time	終端時間;終止時間	ターミナルタイム	终端时间;终止时间
— unit	終端設備	端末装置	终端设备
— value	終結值	端末バリュー	终结值
— voltage	終端電;端子電壓;極電壓	ターミナル電圧	终端电;端子电压;极电压
terminate line	終端線路	終端線路	终端线路
terminating circuit	終端電路	終端回路	终端电路
— plug	終端塞子	成端プラグ	终端塞子
termination	終端;結束	成端	终端;结束
— of block	程式塊終止;分程式終止	ブロックの完了	程序块终止;分程序终止
— of contract	合同〔契約〕滿期	契約解除	合同〔契约〕满期

T

英文	臺灣	日文	大陸
— symbol	結束符號;終結符	終記号	结束符号;终结符
terminator	結束程式;終端負載	終止プログラム	结束程序;终端负载
terminology	專門名詞;術語;詞匯	専門用語	专门名词;术语;词汇
terminus	終點;界限	ターミナス	终点;界限
termipoint	端接;端點	ターミポイント	端接;端点
Termite	一種鉛基軸承合金	ターマイト	一种铅基轴承合金
termi-twist	終端扭轉接頭	ターミツイスト	终端扭转接头
termostate oil cooler	恒溫油冷卻器	恒温油冷却器	恒温油冷却器
terms	條件;關係	関係；条件	条件;关系
— of estimate	估算條件;預算條件	見積り条件	估算条件;预算条件
termwise differentiation	逐項微分	項別微分	逐项微分
— integration	逐項積分	項別積分	逐项积分
ternary alloy	三元合金	三元合金	三元合金
— eutectic	三元共晶	三元共晶	三元共晶
— steel	三元鋼	三元鋼	三元钢
— system	三元分系;三元系	三成分系	三元分系;三元系
terne metal	鉛錫合金	ターン合金	铅锡合金
— plate	鍍鉛錫鋼板	ブリキ板	镀铅锡钢板
— plating	鉛錫合金電鍍(層)	ターンめっき	铅锡合金电镀(层)
— sheet	鍍鉛錫板	ターンシート	镀铅锡板
ternitrate	三硝酸酯;三硝酸鹽	三硝酸塩	三硝酸酯;三硝酸盐
terotechnology	(設備)使用保養技術	テロテクノロジー	(设备)使用保养技术
terrace die	凸模	テラスダイ	凸模
territory	分擔地區;承包地區	受け持ち区域	分担地区;承包地区
Tertiarium	錫鉛銲料	ターチアリウム	锡铅焊料
teriary alloy	三元合金	三元合金	三元合金
— mixture	三元混合物	三級混合物	三元混合物
— treatment	三級處理	三次処理	三级处理
— treatment of sewage	污水的三級處理	下水三次処理	污水的三级处理
— winding	三次繞組;第三繞組	三次巻き線	三次绕组;第三绕组
terylene	特麗綸;滌綸〔聚酯纖維〕	テリーレン	特丽纶;涤纶〔聚酯纤维〕
tesla	特斯拉	テスラ	特斯拉
Tesla coil	特斯拉(空心)變壓器	テスラ線輪	特斯拉(空心)变压器
— induction coil	特斯拉感應線圈	テスラ誘導コイル	特斯拉感应线圈
— transformer	特斯拉變壓器	テスラ変圧器	特斯拉变压器
tesseral system	等軸晶系	等軸晶系	等轴晶系
test	試驗;測試;假設檢驗	仮説検定；検定	试验;测试;假设检验
— adapter	測試接合器	テストアダプタ	测试接合器
— aid	測試設備	テストエイド	测试设备
— amplifier	測試用放大器	試験増幅器	测试用放大器

英文	臺灣	日文	大陸
— analysis	測試分析	試験解析	测试分析
— and repair processor	測試與修理信息處理機	修理試験プロセッサ	测试与修理信息处理机
— anvil	測砧	テストアンビル	测砧
— apparatus	試驗裝置	試験装置	试验装置
— approach	試驗方法	テストアプローチ	试验方法
— area	試驗區域	試験区域	试验区域
— at elevated pressure	升壓試驗	昇圧試験	升压试验
— atmosphere	試驗環境	試験環境	试验环境
— bar	試棒	試験片	试棒
— batch	分組後的各組試樣	試験バッチ	分组后的各组试样
— bed	試驗台;試驗台架	試験台	试验台;试验台架
— bench	試驗台	試験台	试验台
— bench running	試驗台運轉	試験台運転	试验台运转
— block	試塊;試片	切取り試片	试块;试片
— blow	試擊	試撃	试击
— board	測試板	テストボード	测试板
— board bay	測試台機架	試験台ベイ	测试台机架
— boiler	試驗鍋爐	試験ボイラ	试验锅
— boring	試鑽鑽孔;試鑽	試験ボーリング	试钻钻孔;试钻
— box	測試盒;試驗盒	試験箱	测试盒;试验盒
— by wet mortar	稀拌砂漿試驗	軟練りモルタル試験	稀拌砂浆试验
— case	檢查實例	テストケース	检查实例
— cell	測試用單元	テスト用セル	测试用单元
— certificate	試驗證明書	試験証明書	试验证明书
— chain	鏈式砝碼;鏈式秤砣	テストチェーン	链式砝码;链式秤砣
— chamber	試驗箱〔室〕	試験室	试验箱〔室〕
— clamp	測試(用)夾具;測試線夾	試験用クランプ	测试(用)夹具;测试线夹
— clip	試驗旋塞	試験クリップ	试验旋塞
— cock	試驗規則;試驗法	試験コック	试验规则;试验法
— code	試驗線圈	テストコード	试验线圈
— composition	試驗組份〔成〕	試験組成	试验组份〔成〕
— computer	測試計算機	テストコンピュータ	测试计算机
— condition	實驗條件;試驗狀態	実験条件	实验条件;试验状态
— coupon	試樣〔棒;片〕	試験片	试样〔棒;片〕
— cube	立方試樣	試料立方体	立方试样
— current	試驗電流;測試電流	試験電流	试验电流;测试电流
— curve	試驗曲線	試験曲線	试验曲线
— cycle	試驗週期	試験サイクル	试验周期
— cylinder	圓筒形試驗體	円筒形試体	圆筒形试验体
— data	試驗數據	試験データ	试验数据

英文	臺灣	日文	大陸
— desk	試驗台	テストデスク	试验台
— device	試驗裝置	テストデバイス	试验装置
— distributor	測試分配器	試験ディストリビュータ	测试分配器
— drum	曝曬試驗用試驗架	試験ドラム	曝晒试验用试验架
— dummy	試驗模型	試験用人形	试验模型
— duration	試驗時間	試験期間	试验时间
— electrode	試驗電極	試験電極	试验电极
— engine data	試驗機數據	試験内燃機関データ	试验机数据
— environment	試驗環境	試験環境	试验环境
— engineering	試驗工程	試験工学	试验工程
— equipment	測試設備	試験装置	测试设备
— fee	測試費	試験料金	测试费
— fence exposure	試驗架曝曬	試験架台暴露	试验架曝晒
— figures	試驗數字	試験数字	试验数字
— fixture	試驗裝置;測試裝置	テストフィクスチャ	试验装置;测试装置
— for flame retardance	防燃性試驗	耐炎試験	防燃性试验
— for flammability	燃燒試驗	燃焼試験	燃烧试验
— for instrumental error	儀錶誤差檢驗	器差試験	仪表误差检验
— for notch ductility	缺口韌性試驗	切欠き延性試験	缺口韧性试验
— for paint film	塗膜試驗法	塗膜試験法	涂膜试验法
— for pattern approval	定型試驗	型式試験	定型试验
— for specific gravity	比重試驗	比重試験	比重试验
— for tensile strength	抗拉試驗	引張り強度試験	抗拉试验
— for unit weight	單位重量試驗	単位容積質量試験	单位重量试验
— for zinc plating	鍍鋅測試	亜鉛めっき試験法	镀锌测试
— frame	測試架;試驗架	テストフレーム	测试架;试验架
— frequency	試驗頻率	試験周波数	试验频率
— function	測試功能	テストファンクション	测试功能
— furnace	試驗爐	試験炉	试验炉
— gage	試驗壓力計	試験ゲージ	试验压力计
— head connector	測試頭連接器	テストヘッドコネクタ	测试头连接器
— hole	檢驗孔	試掘孔	检验孔
— indicator	指針測微儀	指針測微器	指针测微仪
— instrument	試驗用的計測儀器	試験用計測器	试验用的计测仪器
— jack	測試塞孔	試験ジャック	测试塞孔
— jar	試驗缸	試験びん	试验缸
— lamp	試驗燈;測試燈	試験ランプ	试验灯;测试灯
— lap	試驗研磨;試樣研磨	テストラップ	试验研磨;试样研磨
— lead	試金用(的)鉛;試驗導線	試金用鉛	试金用(的)铅;试验导线
— length	試樣長度	試長	试样长度

英文	臺灣	日文	大陸
— light	檢修燈	点検灯	检修灯
— limit	試驗限度	試験限度	试验限度
— liquid	試驗液體	試験液	试验液体
— litharge	試金用密陀僧〔氧化鉛〕	試金用密だ僧	试金用密陀僧〔氧化铅〕
— load	試驗負載	試験荷重	试验载荷
— lug	本體試塊	テストラグ	本体试块
— machine	材料試驗機	材料試験機	材料试验机
— material	試驗材料	試験材料	试验材料
— medium	試驗浴介質	試験液	试验浴介质
— message	測試信息	テストメッセージ	测试信息
— metal	試驗用金屬	試験用金属	试验用金属
— meter	試驗儀錶	試験測定器	试验仪表
— method	試驗方法	試験方法	试验方法
— miss	測試誤差	テストミス	测试误差
— mixer	試驗混合器	試験混合器	试验混合器
— mixture	試驗混合物	試験混合物	试验混合物
— mode	試驗方法	テストモード	试验方法
— model	試驗模型	試験模型	试验模型
— module	測試模塊〔件〕	テストモジュール	测试模块〔件〕
— mold	試驗用模具	試験用金型	试验用模具
— molding	試製品	試験成形品	试制品
— object	強度試驗物體	強度試験物体	强度试验物体
— of free oscillation	自由振蕩試驗	自由動揺試験	自由振荡试验
— of material	材料試驗	材料試験	材料试验
— of plasticity	塑性試驗	塑性試験	塑性试验
— of rated performance	試驗規定性能	定格試験	试验规定性能
— of sewage	污水試驗法;下水試驗法	下水試験法	污水试验法;下水试验法
— of significance	有效測試	有意性検定	有效测试
— of oil	試驗油	試験油	试验油
— OK	無故障;正常;檢驗合格	異常なし	无故障;正常;检验合格
— panel	測試板;試板	試験用配電盤	测试板;试板
— parameter	試驗參數	試験パラメータ	试验叁数
— pattern	測試圖;試驗圖	テストパターン	测试图;试验图
— performance	試驗性能	試験性能	试验性能
— period	試驗期	試験期	试验期
— piece	試樣;試片;試件	試験片	试样;试片;试件
— pin	測試插頭;測試腳	テストピン	测试插头;测试脚
— plant	試驗工場;試驗裝置	試験工場	试验车间;试验装置
— plate	試驗板;檢驗片	試験板	试验板;检验片
— plug	試驗插頭;試驗放泄塞	テストプラグ	试验插头;试验放泄塞

英文	臺灣	日文	大陸
— point	試驗點;測試點	試験点	试验点;测试点
— portion	試樣;測試用試樣	測定試料	试样;测试用试样
— powder	試驗用粉末	試験用粉体	试验用粉末
— pressure	試驗壓力	試験圧力	试验压力
— printing	試印;印刷	試刷	试印;印刷
— problem	檢驗問題;考題	テスト用問題	检验问题;考题
— procedure	試驗順序	試験手順	试验顺序
— prod	測試用探棒	試験用プロッド	测试用探棒
— program	試驗程式;檢驗程式	検査プログラム	试验程序;检验程序
— pulse	測試脈衝	テストパルス	测试脉冲
— pump	試驗泵	試験ポンプ	试验泵
— quantity	試驗量	試験量	试验量
— rack	試驗架	試験架台	试验架
— range	測定範圍	測定範囲	测定范围
— rate	試驗速率;測試速度	試験速度	试验速率;测试速度
— record	測試記錄	テストレコード	测试记录
— recording table	測試記錄表	計測記録表	测试记录表
— replacement	檢查替代;檢查替換	テストリプレースメント	检查替代;检查替换
— report	試驗報告	試験報告	试验报告
— reproducibility	試驗重複性	試験再現性	试验重复性
— result	試驗結果	試験結果	试验结果
— rig	試驗裝置;試驗設備	試験ループ	试验装置;试验设备
— roll mill	試驗用輥煉機	試験用ロール練り機	试验用辊炼机
— room	試驗室	実験室	试验室
— routine	試驗程序;檢驗程序	検査ルーチン	试验程序;检验程序
— run	試運行	試運転	试运行
— sample	試樣	試料	试样
— screw	試驗螺釘	試験ねじ	试验螺钉
— section	試驗段;測量段;工作段	測定部	试验段;测量段;工作段
— set	測試裝置	テストセット	测试装置
— sieve analysis	(試驗)篩析	試験ふるい分析	(试验)筛析
— signal	測試信號	試験信号	测试信号
— simulator	試驗模擬器	テストシミュレータ	试验模拟器
— site	試驗場	テストサイト	试验场
— slice	試驗片;測試片	テストスライス	试验片;测试片
— socket	測試插座	テストソケット	测试插座
— solution	試(驗溶)液	試(験溶)液	试(验溶)液
— specification	試驗規格〔標準〕	試験規格	试验规格〔标准〕
— specimen	試片〔樣〕	試験片	试片〔样〕
— speed	測試速度	テストスピード	测试速度

英文	臺灣	日文	大陸
— spring	試驗彈簧;測試彈簧	試験弾器	试验弹簧;测试弹簧
— stand	試驗台;試車台	試験台	试验台;试车台
— station	試驗台;測試站	試験場	试验台;测试站
— step	試驗工序;測試工序	テストステップ	试验工序;测试工序
— surface	探傷面	探傷面	探伤面
— switch	測試(用)開關	試験スイッチ	测试(用)开关
— tap	測試用插頭	試験用端子	测试用插头
— technique	試驗技術	試験技術	试验技术
— time	測試時間	試験時間	测试时间
— to failure	故障前試驗	故障までの試験	故障前试验
— tool	測試工具	テストツール	测试工具
— translator	試驗用翻譯程序	テスト翻訳プログラム	试验用翻译程序
— under repeated stress	交變應力試驗	繰返し応力試験	交变应力试验
— unit	試驗裝置;試驗單元	試験装置	试验装置;试验单元
— value	試驗值	試験値	试验值
— valve	試驗閥	テスト弁	试验阀
— vehicle	試驗車輛	テストビークル	试验车辆
— wafer	測試片;陪片	テストウエーハ	测试片;陪片
— weight	試驗用的重物	試験用重り	试验用的重物
— work	試驗工作	試験作業	试验工作
— working	試(驗)運轉;試車	試運転	试(验)运转;试车
— zone	測試區	テストゾーン	测试区
testability	可測試性	可試験性	可测试性
tested sensitivity	檢定感量;試驗靈敏度	検定感量	检定感量;试验灵敏度
tester	試驗器;檢驗器;測定器	測定機器	试验器;检验器;测定器
— maker	測通器	テスタメーカ	测通器
testing	試驗;測試;檢驗;檢查	試験;検査	试验;测试;检验;检查
— agent	試劑	試薬	试剂
— battery	檢驗電池組	試験電池	检验电池组
— bell	測試鈴	試験ベル	测试铃
— campaign	試驗循環	試験運動	试验循环
— certificate	試驗檢定證書	検定証明書	试验检定证书
— duct	試驗管道	試験管路	试验管道
— field	試驗場	試験場	试验场
— laboratory	檢驗室	実験場	检验室
— lever	檢驗棒;檢驗(槓)桿	試験てこ	检验棒;检验(杠)杆
— of weights	砝碼的檢驗	分銅の検定	砝码的检验
— position	測試(員)座席	試験席	测试(员)座席
— press	試驗壓機	試験プレス	试验压机
— sieve shaker	車驗篩振動機	実験ふるい振動機	车验筛振动机

T

英　文	臺　灣	日　文	大　陸
— table	試驗台	試験台	试验台
— temperature	試驗溫度	試験温度	试验温度
— terminal	測試端子;測試接線柱	試験端子	测试端子;测试接线柱
— track	試驗軌道(裝置)	試験走路	试验轨道(装置)
— transformer	試驗用變壓器	試験用変圧器	试验用变压器
— voltage	試驗電壓;測試電壓	試験電圧	试验电压;测试电压
tetartohedral crystal	四分面晶體	四半面像結晶	四分面晶体
— face	四分面表面	四分の一完面	四分面表面
— form	四分面形	四半面像	四分面形
Tetmajer	一種鋁矽青銅	テトマイヤ	一种铝硅青铜
— 's formula	蒂特邁杰壓曲應力公式	テトマイヤの式	蒂特迈杰压曲应力公式
tetra-atomic ring	四元環	四員環	四元环
tetraedrite	黝銅礦	四面銅鉱	黝铜矿
tetraethide	四乙基金屬	テトラエチル化金属	四乙基金属
tetragon	四角形;四邊形	四角〔辺〕形	四角形;四边形
tetragonal	正方錐體	正方すい体	正方锥体
— bisphenoid	正方雙楯	正方両せつ体	正方双楯
— crystal	四方晶體	正方晶	四方晶体
— ferrite	正方晶型鐵氧體	正方晶型フェライト	正方晶型铁氧体
— holohedral class	正方全對稱〔全面〕像晶族	正方完面像晶族	正方全对称〔全面〕像晶族
— prism	正方柱體	正方柱	正方柱体
— pyramid	正方錐	正方すい	正方锥
— symmetry	正方對稱;四面對稱	正方対称	正方对称;四面对称
— system	正方晶系;四角晶系	正方晶系	正方晶系;四角晶系
— tetartohedral class	正方四分面像晶族	正方四半面像晶族	正方四分面像晶族
tetrahedral anvil	四面加壓式鑽模	テトラヘドラルアンビル	四面加压式钻模
— container	四面體容器	四面体容器	四面体容器
— element	四面體元素	四面体要素	四面体元素
tetrahedron	四面體	(正)四面体	四面体
tetramorphism	四晶(現象)	四晶現象	四晶(现象)
tetraploid	四倍體;四倍體的	四倍体	四倍体;四倍体的
tetrapod	四腳錐體	テトラポッド	四脚锥体
tetratomic ring	四元環	四員環	四元环
tex	特克斯〔纖度單位〕	テックス	特克斯〔纤度单位〕
texrope	三角皮帶	三角皮帯	三角皮带
text	原文;正文;題目	原文;本文	原文;正文;题目
— card	正文卡片	テキストカード	正文卡片
— compression	文本壓縮	テキスト圧縮	文本压缩
— editor	本文編輯程式	編集プログラム	本文编辑程序
— file	正文文卷〔件〕	テキストファイル	正文文卷〔件〕

英文	臺灣	日文	大陸
— processing	文本處理	テキスト処理	文本处理
— section	正文段	テキストセクション	正文段
textile machine	紡織機	繊維機械	纺织机
— machinery	紡織機械	繊維機械	纺织机械
— materials	紡織材料	繊維材料	纺织材料
— raw material	紡織原料	紡織り繊維	纺织原料
texttolite	織物酚醛塑膠	テキストライト	织物酚醛塑胶
texture	組織(結構);外觀;質感	構造	组织(结构);外观;质感
— finishing	結構整理;整理	構造仕上げ	结构整理;整理
— pebble finish	斑紋漆;疙瘩漆	露玉塗料	斑纹漆;疙瘩漆
textured finish	拋光加工;壓光加工	型押し仕上げ	抛光加工;压光加工
— pattern	表面花紋(模)	表面模様	表面花纹(模)
— roll	花輥	なし地ロール	花辊
Thalassal	撒拉薩爾鋁合金	サラザール	撒拉萨尔铝合金
thaw	融化;熔化	融解	融化;熔化
thawing	融解;融化;解凍	融解	融解;融化;解冻
— index	融解〔化〕指數	融解指数	融解〔化〕指数
Theisen gas washer	泰森式氣體淨化器	タイゼンガス洗浄機	泰森式气体净化器
— washer	泰森洗淨器	タイゼン式洗浄器	泰森洗净器
theme	主題;題目	主題	主题;题目
thenardite	天然無水芒硝	ぼう硝石	天然无水芒硝
theorem	定理	定理	定理
— for safety factor	安全係數定理	安全率に関する定理	安全系数定理
— of least dissipation	最小熱耗散定理	最小発熱の定理	最小热耗散定理
— of least work	最小功定理	最小仕事の定理	最小功定理
— of Maxwell	麥克斯韋定理	マクスウェルの定理	麦克斯韦定理
theoretical air	理論空氣量	理論空気量	理论空气量
— amount	理論量	理論量	理论量
— analysis	理論分析	理論的解析	理论分析
— boundary	理論邊界	理論境界	理论边界
— characteristic curve	理論特性曲線	理論特性曲線	理论特性曲线
— compression work	理論壓縮功	理論圧縮仕事	理论压缩功
— cylinder force	理論上的汽缸力	理論上のシリンダカ	理论上的汽缸力
— delivery	理論流量	理論流量	理论流量
— density	理論密度	理論密度	理论密度
— design analysis	理論設計分析	理論的フィールド解析	理论设计分析
— displacement	理論排出量	理論押しのけ容積	理论排出量
— distribution	理論分布	理論的分布	理论分布
— effective pressure	理論有效壓力	理論有効圧力	理论有效压力
— efficiency	理論效率	理論効率	理论效率

英文	臺灣	日文	大陸
— equivalent	理論當量	理論当量	理论当量
— error	理論誤差	理論誤差	理论误差
— flow coefficient	理論流量係數	理論流量係数	理论流量系数
— flow rate	理論流量	理論流量	理论流量
— fluid	理論流體	理論流体	理论流体
— input torque	理論輸入力矩	理論入力トルク	理论输入力矩
— isothermal power	理論等溫壓縮功率	理論等温圧縮動力	理论等温压缩功率
— lead	理論超前量	理論リード長	理论超前量
— logic	理論邏輯	理論的論理	理论逻辑
— margin	理論限度;理論界限	理論マージン	理论限度;理论界限
— mixture ratio	理論混合比	理論混合比	理论混合比
— model	理論模型	理論モデル	理论模型
— noise	理論噪音	理論ノイズ	理论噪音
— optimization	理論最佳化	理論的最適化	理论最优化
— output torque	理論輸出力矩	理論出力トルク	理论输出力矩
— physics	理論物理學	理論物理学	理论物理学
— point	理論交點	理論的交点	理论交点
— porosity	理論的孔隙率	理論的孔げき率	理论的孔隙率
— power	理論動力〔功率〕	理論出力	理论动力〔功率〕
— pressure distribution	理論壓力分布	理論圧力分布	理论压力分布
— profile	(螺紋的)理論牙形	基本山形	(螺纹的)理论牙形
— programming	理論程式設計	理論プログラミング	理论程序设计
— pump head	理論泵的壓頭	理論揚程	理论泵的压头
— quantity	理論量	理論量	理论量
— rate of flow	理論流量	理論流量	理论流量
— reaction temperature	理論反應溫度	理論反応温度	理论反应温度
— stock removal	理論磨除量;設定磨除量	設定研削量	理论磨除量;设定磨除量
— system analysis	理論系統分析	理論的システム解析	理论系统分析
— system design	理論系統設計	理論的システム設計	理论系统设计
— system theory	理論的系統理論	理論システムズ理論	理论的系统理论
— thermal efficiency	理論熱效率	理論熱効率	理论热效率
— torque	理論力矩	理論トルク	理论力矩
— value	理論值	理論値	理论值
— volume	理論體積〔容積〕	理論的体積	理论体积〔容积〕
— water power	理論水力	理論水力	理论水力
— work	理論工作	理論仕事	理论工作
— yield	理論產量	理論収量	理论(上)产量
theory	理論	理論	理论
— of analogy	相似理論	アナロジー理論	相似理论
— of breaking	破壞理論	破壊理論	破坏理论

英文	臺灣	日文	大陸
— of comminution	粉碎理論	粉砕理論	粉碎理论
— of computation	計算理論	計算理論	计算理论
— of consolidation	壓實理論;滲壓理論	圧密理論	压实理论;渗压理论
— of contact	接觸理論	接触論	接触理论
— of corresponding state	對應狀態理論	対応状態理論	对应状态理论
— of creep buckling	潛變壓曲理論	クリープ座屈理論	蠕〔徐〕变压曲理论
— of cross-flow	橫向流動理論	クロスフローの理論	横向流动理论
— of elasticity	彈性學;彈性理論	弾性学	弹性学;弹性理论
— of error	誤差理論	誤差の法則	误差理论
— of finite deformation	有限變形理論	有限変形理論	有限变形理论
— of large scale system	大系統理論	大規模システム理論	大系统理论
— of layout	布置理論;布局理論	配列理論	布置理论;布局理论
— of local similarity	局部相似理論	局所相似理論	局部相似理论
— of mechanism	機構理論;機構學	機構学	机构理论;机构学
— of optimal algorithm	最佳算法理論	最適アルゴリズム理論	最优算法理论
— of optimal control	最佳控制理論	最適制御理論	最佳控制理论
— of optimal growth	最佳增長理論	最適成長理論	最优增长理论
— of osmotic pressure	滲透壓理論	透しん圧の理論	渗透压理论
— of planning	規劃理論	計画論	规划理论
— of plasticity	塑性理論	塑性学	塑性理论
— of plate	平板理論	平板理論	平板理论
— of probability	機率論	確率論	概率论
— of programming	程式設計理論	プログラミング理論	程序设计理论
— of quantification	數量化理論;定量理論	数量化理論	数量化理论;定量理论
— of relativity	相對論;相對性論	相対性理論	相对论;相对性论
— of scheduling	調度(程序)理論	スケジューリング理論	调度(程序)理论
— of servo-mechanism	伺服機構理論	サーボ理論	伺服机构理论
— of sets	集合論	集合論	集合论
— of similarity	相似理論	相似の理	相似理论
— of space	空間理論	空間論	空间理论
— of special relativity	特殊相對論	特殊相対論	特殊相对论
— of stability	穩定理論	安定性の理論	稳定理论
— of statistical inference	統計推斷理論	統計的推論理論	统计推断理论
— of stochastic process	隨機過程理論	確率過程の理論	随机过程理论
— of strain energy	變形能理論	ひずみエネルキー説	变形能理论
— of structures	結構力學	構造力学	结构力学
— of surface area	表面積理論	表面積理論	表面积理论
therblig	基本動作要素	動素	基本动作要素〔工艺操作〕
Therlo	一種銅鋁錳合金	セルロ	西罗铜铝锰合金
therm	英制熱量單位	熱量単位	英制热量单位

英文	臺灣	日文	大陸
thermal	熱的;熱氣泡	サーマル	热的;热气泡
— absorption	吸熱	熱吸収	吸热
— acceptor	熱接受體	熱的アクセプタ	热接受体
— acoustic fatigue test	熱-聲疲勞試驗	熱音響疲労試験	热-声疲劳试验
— action	熱作用	熱作用	热作用
— activation	熱活性化反應	熱活性化	热活性化反应
— activation process	熱活化過程	熱活性化過程	热活化过程
— adhesion	熱黏合	熱接着	热黏合
— ageing resistance	耐熱老化性	耐熱老化性	耐热老化性
— agitation	熱騷動;熱攪拌	熱じょう乱	热骚动;热搅拌
— agitation noise	熱噪聲〔雜音〕	熱雑音	热噪声〔杂音〕
— analysis	熱分析	熱分析	热分析
— balance	熱平衡;熱計算	熱平衡	热平衡;热计算
— barrier	絕熱層	熱の障壁	绝热层
— battery	熱電池	熱電池	热电池
— behavior	熱行為;熱性能	熱的挙動	热行为;热性能
— boundary layer	熱邊界層;溫度邊界層	温度境界層	热边界层;温度边界层
— bubble	熱氣泡	熱気泡	热气泡
— buckling	熱屈曲	熱座屈	热屈曲
— burden rating	熱負載額定值	熱負担定格	热负载额定值
— camera	熱感照相機	熱像カメラ	热感照相机
— capability	加熱能力	加熱能力	加热能力
— capacity	熱容量	熱容量	热容量
— cell	熱電池	熱電池	热电池
— change	熱變化	熱変化	热变化
— circuit breaker	熱動式電路保護器	熱動遮断器	热动式电路保护器
— coagulation	熱凝固	熱凝固	热凝固
— components	熱機元件	熱機器	热机部件
— conductance	導熱係數	熱伝導係数	导热系数
— conduction	熱傳導	熱伝導	热传导
— conductivity	熱傳導率	熱伝導率	热传导率
— conductivity cell	熱導電池	熱伝導度セル	热导电池
— conductivity method	熱導率法	熱伝導率法	热导率法
— conductor	熱導體	熱伝導体	热导体
— constant	熱常數	熱定数	热常数
— contact	熱接觸	熱接触	热接触
— contact resistance	接觸熱阻	接触熱抵抗	接触热阻
— content	熱含量	熱含量	热含量
— contraction	熱收縮	熱収縮	热收缩
— control unit	溫控裝置	温度制御装置	温控装置

英文	臺灣	日文	大陸
— conversion	熱變換	熱変換	热变换
— converter	熱變換器	熱変換器	热变换器
— copying machine	熱敏仿形機	感熱複写機	热敏仿形〔拷贝〕机
— coupling	熱耦合	熱結合	热耦合
— crack	熱裂紋;熱裂化	熱的亀裂	热裂纹;热裂化
— cracking	熱分解;熱(裂)解	熱分解	热分解;热(裂)解
— creep	熱力潛變	熱的クリープ	热力蠕变
— critical point	熱臨界點	熱臨界点	热临界点
— cure	熱固化	熱硬化	热固化
— current	熱流	熱流	热流
— cut-off	熱斷開;熱熔斷器	サーマルカットオフ	热断开;热熔断器
— cutout	熱熔斷	熱形カットアウト	热熔断
— cutting	熱切割	熱切断	热切割
— cycle	熱循環	熱サイクル	热循环
— cycling effect	熱循環效應	熱サイクル効果	热循环效应
— decomposition	熱(力分)解(作用)	熱分解	热(力分)解(作用)
— decomposition plating	熱分解鍍金	熱分解めっき	热分解镀金
— defect	熱缺陷	熱的欠陥	热缺陷
— deformation	熱變形(作用)	熱変形	热变形(作用)
— degradation	熱降解;熱裂解	熱崩壊	热降解;热裂解
— dehydration	熱力脫水作用	熱脱水	热力脱水作用
— delay relay	熱延遲繼電器	温度遅延継電器	热延迟继电器
— depolymerization	熱解聚作用〔法〕	熱反重合	热解聚(作用)〔法〕
— dereusting	熱除〔脫〕銹	熱的脱せい	热除〔脱〕锈
— design	熱設計	熱設計	热设计
— detector	熱檢波器〔探測器〕	熱検出器	热检波器〔探测器〕
— diffusibility	熱擴散率	熱の拡散率	热扩散率
— diffusion length	熱擴散距敵	熱拡散距離	热扩散距敌
— diffusion method	熱擴散法	熱拡散法	热扩散法
— diffusion tube	熱擴散管	熱分離管	热扩散管
— diffusivity	溫度擴散係數	温度拡散率	温度扩散系数
— dilation	熱膨脹	熱膨張	热膨胀
— dilatometer	熱膨脹儀	熱膨張計	热膨胀仪
— discharge	熱排水	温排水	热排水
— dispersion	熱散逸	熱の分散	热散逸
— disposal	焚燒處理	焼却処理	焚烧处理
— dissociation	熱力離解作用	熱解離	热力离解作用
— distribution	溫度分布	温度分布	温度分布
— dust precipitator	熱式塵埃計	温熱式じんあい計	热式尘埃计
— duty of units	設置之熱能率	設備の熱能率	设置之热能率

T

英文	臺灣	日文	大陸
— effect	熱效應	熱効果	热效应
— efficiency	熱效率	熱効率	热效率
— electromotive force	溫差電動勢	熱起電力	温差电动势
— electron	熱(發射)電子	熱電子	热(发射)电子
— embrittlement	熱脆化	熱ぜい化	热脆化
— emissivity	熱發射率	放射率	热发射率
— endurance	耐熱老化	熱耐久性	耐热老化
— energy	熱能	熱エネルギー	热能
— energy region	熱能區	熱エネルギーの領域	热能区
— engine	熱機	熱機関	热机
— entrance region	熱(量)進入區	温度助走区間	热(量)进入区
— equilibrium	熱平衡	熱平衡	热平衡
— equilibrium state	熱平衡狀態	熱平衡状態	热平衡状态
— equivalent	熱當量	熱当量	热当量
— equivalent of work	熱功當量	仕事の熱当量	热功当量
— expansibility	熱膨脹性	熱膨張率	热膨胀性
— expansion coefficient	熱膨脹係數	熱膨張率	热膨胀系数
— expansivity	熱膨脹係數	熱膨張度	热膨胀系数
— explosion	熱爆炸	熱爆発	热爆炸
— factor	感熱因素	温熱要素	感热因素
— fatigue fracture	熱疲勞斷裂	熱疲れ破壊	热疲劳断裂
— fatigue test	熱疲勞試驗	熱疲労試験	热疲劳试验
— flow	熱流	熱流	热流
— fluctuation	熱波動	熱的変動	热波动
— flux	熱流	熱流束	热流
— forming	熱賦能;熱成形	温度化成	热赋能
— fraction	熱量分率〔數〕	熱量分率	热量分率〔数〕
— fuse	熱熔斷器	温度ヒューズ	热熔断器
— gradient	熱梯度;溫度梯度	熱傾度	热梯度;温度梯度
— hardening	熱固化	熱硬化	热固化
— hysteresis	熱滯後〔現象〕	熱ヒステリシス	热滞后〔现象〕
— impulse	冷熱驟變	熱衝撃	冷热骤变
— impulse heat sealing	脈衝熱銲接	熱衝撃ヒートシール	脉冲热焊接
— impulse heater	脈衝加熱器	熱衝撃ヒータ	脉冲加热器
— impulse welding	熱衝擊銲;熱脈衝銲	熱衝撃溶接	热脉冲焊
— inertia	熱慣性;餘熱	熱慣性	热惯性;馀热
— insert	熱裝;熱套;熱壓配合	焼きばめ	热装;热套;热压配合
— instability	熱不穩定性	熱的不安定性	热不稳定性
— insulant	隔(絕)熱材料	断熱材	隔(绝)热材料
— insulating coating	隔熱塗料	断熱塗料	隔热涂料

英　文	臺　灣	日　文	大　陸
— insulating material	絕熱材料;保溫材料	断熱材（料）	绝热材料;保温材料
— insulating property	絕熱性質	熱絶縁性	绝热性质
— insulation	絕熱材料;絕熱	熱絶縁	绝热材料;绝热
— insulation value	絕熱值;隔熱值	断熱価	绝热值;隔热值
— insulator	絕熱器;絕熱體	断熱材	绝热器;绝热体
— intake length	熱量引入區	温度助走区間	热量引入区
— lag	熱遲滯;熱傳導遲緩	加熱遅れ	热迟滞;热传导迟缓
— limit	熱極限	熱的制限	热极限
— line printer	感熱式行式印字機	サーマルラインプリンタ	感热式行式印字机
— load	熱負載	熱負荷	热负荷
— loop	熱回路	熱ループ	热回路
— loss	熱損失〔耗〕	熱損（失）	热损失〔耗〕
— metamorphism	熱變質(作用)	熱変成作用	热变质(作用)
— motion	熱運動	熱運動	热运动
— output	熱輸出功率	熱出力	热输出功率
— oxidation	熱氧化	熱酸化	热氧化
— oxidative stability	熱氧化穩定性	熱酸化安定度	热氧化稳定性
— oxide film	熱氧化膜	熱酸化膜	热氧化膜
— parameter	熱變參數	熱パラメータ	热变(叁)量
pinch effect	熱收縮效應	サーマルピンチ効果	热收缩效应
— plasticity	熱塑性	熱塑性	热塑性
— plug	熱塞子	熱栓	热塞子
— polymerization	熱(能)聚合(作用)	熱重合	热(能)聚合(作用)
— press	熱壓機	熱プレス	热压机
— pressure	熱壓	熱圧	热压
— pretreatment	預熱處理	予備熱処理	预热处理
— processing	熱處理	熱加工	热处理
— proof test	熱穩定試驗	熱安定試験	热稳定试验
— property	熱性質	熱的性質	热性质
— protection structure	防熱結構	断熱構造	防热结构
— protection system	防熱系統	耐熱構造	防热系统
— pumping	熱泵作用	熱的ポンピング	热泵作用
— radiation	熱輻射	熱ふく射	热辐射
— radiator	熱輻射體	熱放射体	热辐射体
— ratio	溫度比	温度効率	温度比
— reaction	熱反應;熱化學反應	熱的反応	热反应;热化学反应
— receiver	蓄熱器	排気だめ	蓄热器
— refining	(熱)調質處理	熱調質	(热)调质处理
— regulator	調溫器;溫度調節器	温度調節器	调温器;温度调节器
— relay	熱動繼電器	熱（動）継電器	热动继电器

英文	臺灣	日文	大陸
— relief valve	過熱安全閥	熱膨張リリーフ弁	过热安全阀
— resistance	耐熱性	耐熱性	耐热性
— runaway	熱失控;熱逸潰;熱跑脫	熱暴走	热失控;热逸溃
— runaway protect	熱擊穿防護	熱暴走防止	热击穿防护
— scattering	熱散射	熱散乱	热散射
— sealing	熱封	ヒートシール	热封
— sensing	溫度傳感器	温度検出器	温度传感器
— sensitivity	熱靈敏性	熱感受性	热灵敏性
— sensor	熱傳感器	熱形センサ	热传感器
— separation	熱分離	熱分離	热分离
— shield	熱屏蔽(層)	熱遮へい	热屏蔽(层)
— shock fracture	熱衝擊斷裂	熱衝撃破壊	热冲击断裂
— shock parameter	熱衝擊係數	熱衝撃係数	热冲击系数
— shock resistance	熱衝擊阻力;抗熱震性	熱衝撃抵抗	热冲击阻力;抗热震性
— shock test	熱衝擊試驗;熱震試驗	熱衝撃試験	热冲击试验;热震试验
— shrinkage	熱收縮	熱収縮	热收缩
— spalling	熱震碎	熱はく離	热震碎
— spike	溫度峰值	熱スパイク	温度峰值
— spraying	熱噴涂〔鍍〕	熱溶射	热喷涂〔镀〕
— stability	熱穩定性	熱安定性	热稳定性
— stabilization	熱穩定	熱安定化	热稳定
— stabilizer	熱穩定劑	熱安定剤	热稳定剂
— storage tank	蓄熱箱	蓄熱槽	蓄热箱
— straightening	熱矯直	加熱ひずみ取り	热矫直
— strain	熱應變	熱ひずみ	热应变
— stress	熱應力	熱応力	热应力
— stress-cracking	熱應力龜裂	熱応力亀裂	热应力龟裂
— stress ratcheting	熱應力棘形化	熱応力ラチェッティング	热应力棘形化
— switch	熱敏開關	感熱スイッチ	热敏开关
— theory	熱障	熱理論	热障
— transition	熱轉化	熱転移	热转化
— transmittance	傳熱係數	熱貫流率	传热系数
— transpiration	熱發散	熱遷移流	热发散
— treatment	熱處理	熱処理	热处理
— tuning	熱調諧;溫度調諧	温度同調	热调谐;温度调谐
— type meter	熱(動)式儀錶	熱型計器	热(动)式仪表
— unit	熱量單位	熱単位	热量单位
— velocity	熱速度	熱運動速度	热速度
— vibration	熱振動	熱振動	热振动
— viscosity	熱黏性	サーマルビスコシティ	热黏性

英文	臺灣	日文	大陸
— wave	熱波	熱波	热波
— wear	熱磨損	熱的摩耗	热磨损
— welding	熱銲	熱溶接	热焊
thermalization	熱化	熱化	热化
— time	熱化時間	熱化時間	热化时间
thermalloy	耐熱耐蝕鑄造合金	サーマロイ	耐热耐蚀铸造合金
thermic life	耐熱壽命	熱寿命	耐热寿命
thermion	熱離子	熱イオン	热离子
thermionic arc	熱電子電弧	熱電子アーク	热电子电弧
— conduction	熱離子〔電子〕傳導	熱イオン伝導	热离子〔电子〕传导
— current	熱電子流	熱電子電流	热电子流
— discharge	熱電子放電	熱電子放電	热电子放电
thermit(e)	鋁熱劑	テルミット	铝热剂
— crucible	熱劑銲用坩堝	テルミットるつぼ	热剂焊用坩埚
— mixture	鋁熱劑	テルミット剤	铝热剂
— mold	鋁熱銲鑄模	テルミット鋳型	铝热焊铸模
— process	鋁熱銲接法	テルミット法	(铝)热剂焊(接)法
— reduction	鋁熱還原	テルミット還元	铝热还原
— soldering	鋁熱銲;熱劑銲	テルミットろう接ぎ	铝热焊;热剂焊
— welding	鋁熱銲;熱劑銲	テルミット溶接	铝热焊;热剂焊
thermoanalysis	熱分析	熱分析	热分析
thermobalance	熱平衡	熱天びん	热平衡
thermochromism	熱(變)色現象	熱変色現象	热(变)色现象
thermocolor	熱變色;示溫塗料	サーモカラー	热变色;示温涂料
— paint	熱敏性塗料;示溫塗料	示温塗料	热敏性涂料;示温涂料
— pencil	示溫筆;測溫筆	示温鉛筆	示温笔;测温笔
thermocolumn	恒溫柱	恒温カラム	恒温柱
thermocompression	熱壓	自己蒸気圧縮法	热压
— bond	熱壓接合	熱圧着ボンド	热压接合
— bonding	熱壓接合(法)	熱圧接	热压接合(法)
thermocontrol valve	恒溫器〔閥〕	サーモスタット	恒温器〔阀〕
thermocontroller	溫度控制器	サーモコントローラ	温度控制器
thermocooling	溫差(環流)冷卻	熱サイフォン冷し	温差(环流)冷却
thermocouple	熱電偶;溫差電偶	熱電偶	热电偶;温差电偶
amplifier	熱電偶放大器	サーモカップルアンプ	热电偶放大器
connector	熱電偶接頭	サーモカップルコネクタ	热电偶接头
instrument	熱電偶儀錶	熱電対計器	热电偶仪表
needle	針狀熱電偶	針状熱電対	针状热电偶
thermometer	熱電偶溫度計	サーモカップル温度計	热电偶温度计
well	熱電偶管	熱電対さや	热电偶管

英文	臺灣	日文	大陸
— wire	熱偶絲	熱電対線	热偶丝
thermocurrent	熱電流	熱電流	热电流
thermocutout	熱斷流器	サーモカットアウト	热断流器
thermocycle test	熱循環試驗	ヒートサイクルテスト	热循环试验
thermodamper	溫度調節器	サーモダンパ	温度调节器
thermodecomposition	熱分解	熱分解	热分解
thermodilatometry	熱膨脹測定法	熱膨張測定	热膨胀测定法
thermodynamic control	熱力學控制	熱力学的制御	热力学控制
— cycle	熱力循環	熱力学的サイクル	热力循环
— data	熱力學數據	熱力学データ	热力学数据
— efficiency	熱力學效率	熱力学的効率	热力学效率
— equilibrium	熱力學的平衡	熱力学的平衡	热力学的平衡
— function	熱力學函數	熱力学的関数	热力学函数
— laws	熱力學定律	熱力学の法則	热力学定律
— parameter	熱力學參數	熱力学パラメータ	热力学叁量
— potential	熱力勢〔位〕	熱力学的電位	热力势〔位〕
— probability	熱力學機率	熱力学的確率	热力学概率
— process	熱力學過程	熱力学的過程	热力学过程
— property	熱力學性質	熱力学的性質	热力学性质
— rule	熱力學法則	熱力学の法則	热力学法则
— stability	熱力學穩定性	熱力学的安定性	热力学稳定性
— temperature	熱力學溫度	熱力学的温度	热力学温度
— temperature scale	熱力學溫標	熱力学的温度目盛り	热力学温标
— wet-bulb temperature	熱力學濕球溫度	熱力学的湿球温度	热力学湿球温度
thermodynamics	熱力學	熱力学	热力学
thermoelastic	熱彈性體	熱弾性	热弹性体
— coefficient	熱彈性係數	熱弾性係数	热弹性系数
— deformation	熱彈性變形	熱弾性変形	热弹性变形
— effect	熱彈性效應	熱弾性効果	热弹性效应
thermoelectric couple	熱電偶	熱電対	热电偶
— junction	熱電偶;溫差電偶	熱電接点	热电偶;温差电偶
— power plant	火力發電站〔廠〕	火力発電所	火力发电站〔厂〕
— power station	火力發電站〔廠〕	火力発電所	火力发电站〔厂〕
— well	熱電偶套管	熱電対さや	热电偶套管
thermoelement	熱電偶;熱電元件	熱電対	热电偶;热电元件
thermoflex alloy	雙金屬	サーモフレックス合金	双金属
thermofor	蓄熱器	蓄熱装置	蓄热器
thermoformability	熱成形性	熱成形性	热成形性
thermoformed article	熱成形製品	熱成形品	热成形制品
thermoformer	熱成形機	熱成形機	热成形机

英文	臺灣	日文	大陸
thermoforming machine	熱成形機;真空成形機	熱成形機	热成形机;真空成形机
— material	熱成形材料	熱成形用材料	热成形材料
— operation	熱成形操作	熱成形作業	热成形操作
— process	熱成形法	熱成形法	热成形法
— technique	熱成形技術	熱成形技術	热成形技术
thermofuse	熱熔斷保險絲	温度ヒューズ	热熔丝
thermofusion	熱熔化	熱溶融	热熔化
thermogage	熱壓力計〔規〕	熱圧力計	热压力计〔规〕
thermogalvanometer	熱電偶電流計	熱電型検流計	热电偶电流计
thermogram	熱曲線圖	サーモグラム	热曲线图
thermograph	自記溫度計	記録温度計	自记温度计
thermographic paper	熱感複印紙	感熱複写紙	热感复印纸
thermohardening	熱固性;熱硬化性	熱硬化性	热凝〔固〕性;热硬化性
— resin	熱固性樹脂	熱硬化性樹脂	热固性树脂
thermohygrograph	溫度濕度記錄器	記録温湿度計	温度湿度记录器
thermoindex	溫度指標	温度指標	温度指标
thermoindicator	溫度指示器	サーモインジケータ	温度指示器
— paint	示溫漆;變色漆	温度指示塗料	示温漆;变色漆
thermojunction	熱電偶;溫差電偶	熱電対	热电偶;温差电偶
— ammeter	熱電偶式電流計	熱電対電流計	热电偶式电流计
— type meter	熱電偶式測量器	熱電対型計器	热电偶式测量器
thermometamorphism	熱力變形作用	熱変成作用	热力变形作用
thermometer	溫度計	温度計	温度计
thermometric error	溫度計的誤差	温度測定誤差	温度计的误差
— method	溫度計法	温度計測法	温度计法
— substance	測溫物質	温度定点物質	测温物质
thermometry	溫度測量	温度測定法	温度测量
thermopaint	示溫塗料;測溫漆	示温塗料	示温涂料;测温漆
thermopair	熱電偶	熱電偶	热电偶
thermopaper	溫度記錄紙	示温紙	温度记录纸
thermopermalloy	鐵鎳合金	サーモパーム合金	铁镍合金
thermoplastic	熱塑塑料	熱可塑性プラスチック	热塑塑料
— adhesive(s)	熱塑性黏合劑	熱可塑性樹脂系接着剤	热塑性(树脂系)黏合剂
— carbolic resin	熱塑性石碳酸樹脂	熱塑性石炭酸樹脂	热塑性石碳酸树脂
— closure	熱塑性密封材料	熱可塑性クロージャー	热塑性密封材料
— compound	熱塑性材料的混合料	熱可塑性コンパウンド	热塑性材料的混合料
— elastomer	熱塑性彈性體	熱可塑性エラストマ	热塑性弹性体
— equipment	熱塑樹脂用的加工機械	熱可塑性樹脂用加工機	热塑树脂用的加工机械
— extruder	熱塑樹脂用擠出機	熱可塑性樹脂用押出し機	热塑树脂用挤出机
— film	熱塑料膜	熱可塑性フィルム	热塑料膜

T

英文	臺灣	日文	大陸
— material	熱塑塑料	熱塑性物質	热塑塑料
— polyester	熱塑性聚酯	熱可塑性ポリエステル	热塑性聚酯
— polyurethane	熱塑性聚氨酯	熱可塑性ウレタン	热塑性聚氨酯
— prepreg	熱塑性浸料坯	熱可塑性プレプレグ	热塑性浸料坯
— resin	熱塑性樹脂	熱塑性樹脂	热塑性树脂
— resin adhesives	熱塑性樹脂黏合劑	熱可塑性樹脂接着剤	热塑性树脂黏合剂
— rubber	熱塑性橡膠	熱可塑性ゴム	热塑性橡胶
— sheet	熱塑性片材	熱可塑性シート材料	热塑性片材
— synthetic resin	熱塑性合成樹脂	熱可塑性合成樹脂	热塑性合成树脂
— technology	熱塑性樹脂技術	熱可塑性樹脂技術	热塑性树脂技术
thermoplasticity	熱塑性	熱可塑性	热塑性
thermoplastics	熱塑塑料	熱可塑性プラスチック	热塑塑料
thermopolymerization	熱聚合	熱重合	热聚合
thermopren(e)	環化橡膠	環化ゴム	环化橡胶
thermopyrometer	熱電偶高溫計	熱電対高温計	热电偶高温计
thermoquenching	熱浴淬火	サーモクエンチ	热浴淬火
thermoreduction	鋁熱(劑)法	アルミレ熱法	铝热(剂)法
thermoregulator	溫度調節器	整温器	温度调节器
thermorunaway	熱失控;熱破壞;熱跑脫	サーモランアウェイ	热失控;热破坏
thermoscope	測溫器	測温器	测温器
thermoset	熱固(化)性	熱硬化性	热固(化)性
— acrylics	熱固性丙烯酸樹脂	熱硬化性アクリル酸樹脂	热固性丙烯酸树脂
— compound	熱固性(混合)材料	熱硬化性材料	热固性(混合)材料
— extrusion	熱擠塑性	熱硬化性樹脂の押出し	热挤塑性
— injection molding	熱固性樹脂的注射成形	熱硬化性樹脂の射出成形	热固性树脂的注射成形
— laminate	熱固性樹脂層壓板	熱硬化積層板	热固性树脂层压板
— material	熱固性材料	熱硬化性材料	热固性材料
— molding	熱固塑料	熱硬化成形品	热固塑料
— plastic(s)	熱固性塑料製品	熱硬化プラスチック	热固性塑料制品
— resin	熱固(性)樹脂	熱硬化性樹脂	热固(性)树脂
— varnish	熱固(性)油漆	サーモセットワニス	热固(性)油漆
thermosetting	熱固性;熱固	熱硬化性	热固性;热固
— adhesive	熱固性黏結劑	熱間硬化接着剤	热固性黏结剂
— cement	熱固性樹脂系黏合劑	熱硬化性樹脂系セメント	热固性树脂系黏合剂
— coating	熱固性塗料	熱硬化性塗料	热固性涂料
— lacquer	熱固性漆	熱硬化性ラッカー	热固性漆
— phenolic material	熱固性酚醛樹脂	熱硬化性フェノール材	热固性酚醛树脂
— polymer	熱固性聚合物	熱硬化性重合体	热固性聚合物
— property	熱固性	熱硬化性	热固性
— resin adhesives	熱固性樹脂黏結劑	熱硬化性樹脂接着剤	热固性树脂黏结剂

英　文	臺　灣	日　文	大　陸
— synthetic resin	熱固性合成樹脂	熱硬化性合成樹脂	热固性合成树脂
thermosizing	熱整形	サーモサイジング	热整形
thermosol	熱熔膠	サーモゾル	热溶胶
— process	熱熔膠法	サーモゾル法	热溶胶法
thermospot system	熱點系統	サーモスポットシステム	热点系统
thermostability	熱穩定性	耐熱性	热稳定性
thermostat	溫度自動調節器	温度調節器	温度自动调节器
— metal	雙金屬	サーモスタットメタル	双金属
— valve	恒溫閥	サーモスタットバルブ	恒温器阀
thermostatic bath	恒溫槽〔浴〕	恒温槽	恒温槽〔浴〕
— chamber	恒溫室〔槽〕	恒温室	恒温室〔槽〕
— control valve	恒溫調節閥	温度調節弁	恒温调节阀
— expansion valve	恒溫自動膨脹閥	温度作動式自動膨張弁	恒温自动膨胀阀
— liquid level control	恒溫式液面控制	温度式液面制御	恒温式液面控制
— metal	恒溫器用金屬	定温装置に用いる金属	恒温器用金属
— oven	恒溫爐	恒温槽	恒温炉
— regulating valve	恒溫調節閥	温度式調整弁	恒温调节阀
thermostatics	熱靜力學	熱力学	热静力学
thermoswitch	溫度調節器	サーモスイッチ	温度调节器
thermotank	恒溫箱	サーモタンク	恒温箱
thermotropy	熱變性;熱互變	感熱互変	热变性;热互变
thermoweld	熱銲	熱溶接	热焊
thesis	論文;命題	学位論文	论文;命题
thick	粗的;厚的;厚度	厚	粗的;厚的;厚度
— board	厚板	厚肉板	厚板
— curve beam	粗彎曲樑	太い曲りはり	粗弯曲梁
— film element	厚膜元件	厚膜素子	厚膜元件
— film lubrication	液體潤滑	液体潤滑	液体润滑
— plate	厚板	厚板	厚板
— ring	厚壁圓環	厚肉円輪	厚壁圆环
— section	厚型材	厚形材	厚型材
— sheet iron	厚鋼材	厚鋼板	厚钢材
— steel plate	厚鋼材	厚鋼板	厚钢材
thickening	濃縮;增稠劑	濃集	浓缩;增稠剂
— agent	增稠劑	濃縮剤	增稠剂
— material	增稠劑	シックナ	增稠剂
— rate	增稠速度	濃縮速度	增稠速度
— treatment	濃縮處理	濃縮処理	浓缩处理
thickness	厚度;稠度	厚さ;濃さ	厚度;稠度
— change	厚度變化	厚さ変化	厚度变化

英文	臺灣	日文	大陸
— control	厚度控制	厚さ調節	厚度控制
— deviation	厚度偏差	偏肉	厚度偏差
— distribution	厚度分布	厚みの分布	厚度分布
— gage	厚度規;測厚規	厚さ計	厚度规;测厚规
— indicator	測厚計	厚み計	测厚计
— loss	厚度損失	厚み損失	厚度损失
— measurement	厚度測量	厚さ測定	厚度测量
— meter	厚度計;測厚儀	厚み計	厚度计;测厚仪
— of paint film	塗膜厚度	塗膜膜厚	涂膜厚度
— of plating	鍍膜厚度	めっき厚さ	镀膜厚度
— of wall	壁厚	壁厚	壁厚
— planer	自動單面鉋床	自動一面かんな盤	自动单面刨床
— range	厚度範圍	厚さの範囲	厚度范围
— reduction	板厚減少率	板厚減少率	板厚减少率
— shear mode	厚薄剪切振蕩模	厚み滑りモード	厚薄剪切振荡模
— shear vibration	厚薄剪切振蕩	厚み滑り振動	厚薄剪切振荡
— tester	膜厚計;膜厚測定儀	めっき厚さ測定機	膜厚计;膜厚测定仪
— twist vibration	厚薄扭轉振動	厚みねじり振動	厚薄扭转振动
— vibration	厚薄振動	厚み振動	厚薄振动
— -width ratio	厚寬比	厚さ幅比	厚宽比
thimble	襯套;軸襯	継ぎ輪	衬套;轴衬
— connector	套管接頭	シンブルコネクタ	套管接头
— coupling	套筒接合;套筒聯軸器	はめ継ぎ手	套筒接合;套筒联轴器
— joint	套筒接合;套筒聯軸器	はめ継ぎ手	套筒接合;套筒联轴器
thin	薄;細	希薄化	薄;细
— circular cylinder	薄壁圓筒	薄肉円筒	薄壁圆筒
— coating	(薄)鍍層	シンコーティング	(薄)镀层
— curve beam	細彎曲樑	細い曲りはり	细弯曲梁
— cylinder	薄壁圓筒	薄肉円筒	薄壁圆筒
— flame	薄火焰;銲焰	薄火炎	薄火焰;焊焰
— flat head rivet	薄平頭鉚釘	薄平(頭)リベット	薄平头铆钉
— iron sheet	薄鐵板	薄鉄板	薄铁板
— metal sheet	薄金屬板	薄板	薄金属板
— nose plier	扁嘴鉗	シンノーズプライヤ	扁嘴(克丝)钳
— oil	稀油	シンオイル	稀油
— plank	薄板	薄板	薄板
— plate	薄板	薄板	薄板
— plate structure	薄板結構	薄板構造	薄板结构
— section	薄板;金相磨片	薄形材	薄板;金相磨片
— sheet	薄板	薄板	薄板

英文	臺灣	日文	大陸
— sheet iron	薄鐵片	薄葉鉄	薄铁片
— shell	薄殼	薄肉シェル	薄壳
— slice	薄片;薄切片	薄いスライス	薄片;薄切片
— steel	薄鋼板	薄鋼板	薄钢板
thin-gage film	薄型薄膜	薄手フィルム	薄型薄膜
— sheet	薄型片材	薄手シート	薄型片材
think	考慮;判斷;認為	思考	考虑;判断;认为
thinned lubricant	稀釋的潤滑劑	希釈潤滑剤	稀释的润滑剂
thinner	稀料;稀釋劑	希釈剤;シンナ	稀料;稀释剂
thinning	削去;磨去	薄くすること	削去;磨去
— limit(s)	稀釋限度	希釈限度	稀释限度
thin-wall(ed) container	薄肉容器	薄肉容器	薄肉容器
— cylinder	薄壁圓筒	薄肉円筒	薄壁圆筒
— rod	薄壁桿	薄肉棒	薄壁杆
— girder	薄腹〔壁〕樑	薄肉ばり	薄腹〔壁〕梁
thioacetal	硫縮醛	チオアセタール	硫缩醛
thiokol	聚硫橡膠	チオコール	聚硫橡胶
— rubber	聚硫橡膠;乙硫橡膠	チオコールゴム	聚硫橡胶;乙硫橡胶
thioplast	硫塑料	チオ塑材	硫塑料
thiorubber	聚硫橡膠	チオゴム	聚硫橡胶
third angle projection	第三角投影	第三角投象	第三角投影
— angle system	第三角系	第三角法	第三角系
— bend	第三轉角	第三屈曲部	第三转角
— hard tap	三錐;精絲攻	三番タップ	三锥;精丝锥
— order triangulation	三等三角測量	三等三角測量	三等三角测量
— point loading	三等分點負載	三等分点載荷	三等分点荷载
— quadrant	第三象限	第三象限	第三象限
— sector	第三象限	第三セクタ	第三象限
— speed	第三檔;第三速	第三速度	第三档;第三速
Thomas converter	湯姆士轉爐	塩基性転炉	托马斯转炉
— iron	湯姆士鐵	トーマス鉄	托马斯铁
— meal	湯姆士爐渣	トーマス鋼さい粉	托马斯炉渣
— metal	湯姆士鋼渣	トーマス鋼	托马斯钢渣
— pig iron	湯姆士鑄鐵	トーマス銑	托马斯铸铁
— process	湯姆士法〔煉鋼〕	トーマス法	托马斯法〔炼钢〕
— slag	湯姆士爐渣;鹹性轉爐渣	トーマス鋼さい	托马斯炉渣;咸性转炉渣
— steel	湯姆士鋼;鹹性轉爐鋼	トーマス鋼	托马斯钢;咸性转炉钢
thorough burning	完全燃燒	完全燃焼	完全燃烧
thread	線;螺紋;細絲	ねじ山	线;螺纹;细丝
— angle	螺紋角	ねじ山の角度	螺纹角

英文	臺灣	日文	大陸
— chasing attachment	螺紋切削裝置	ねじ切り装置	螺纹切削装置
— chasing machine	螺紋加工機	ねじ切り盤	螺纹加工机
— chasing torque	切削螺紋扭矩	ねじ切りトルク	切削螺纹扭矩
— comparator	螺紋比較儀	ねじコンパレータ	螺纹比较仪
— connection	螺紋連接	ねじ接続	螺纹连接
— cutter	螺紋刀具	ねじ切りカッタ	螺纹刀具
— cutting	螺紋切削	ねじ切り	螺纹切削
— cutting dies	板牙	ねじ切りダイス	板牙
— cutting lathe	螺紋車床	ねじ切り旋盤	螺纹车床
— cutting oil	螺紋切削油	ねじ切削油	螺纹切削油
— depth	螺紋深度	ねじ深さ	螺纹深度
— detector	螺紋檢驗儀	スレッドデテクタ	螺纹检验仪
— diameter	螺紋直徑	ねじ部の径	螺纹直径
— engagement	螺紋嚙合	ねじのかみ合い	螺纹啮合
— gage	螺紋量規	ねじ山ゲージ	螺纹量规
— grinder	螺紋磨床	ねじ研削盤	螺纹磨床
— grinding machine	螺紋磨床	ねじ研削盤	螺纹磨床
— groove	螺紋槽	ねじ溝	螺纹槽
— height gage	螺紋高度量規	ねじ山高さゲージ	螺纹高度量规
— length	螺紋長度	取付けねじ長さ	螺纹长度
— measuring three wires	三線〔針〕螺紋測量	ねじ測定用三針	三线〔针〕螺纹测量
— micrometer	螺紋分厘卡	ねじマイクロメータ	螺纹千分尺
— miller	螺紋銑床	ねじフライス盤	螺纹铣床
— milling	銑削螺紋	ねじフライス削り	铣螺纹
— milling cutter	螺紋銑刀	ねじ切りフライス	螺纹铣刀
— part	螺紋部分	ねじ部	螺纹部分
— plug	螺紋塞	ねじ穴用プラグ	螺纹塞
— plug gage	螺紋塞規	ねじプラグゲージ	螺纹塞规
— profile	螺紋牙形	ねじ山の形	螺纹牙形
— relief angle	螺紋後隙角	ねじ山の逃げ角	螺纹后角
— ring gage	螺紋環規	ねじリングゲージ	螺纹环规
— roll head	螺紋滾壓頭	ねじ転造ヘッド	螺纹滚压头
— rolling	搓絲;碾壓螺紋	ねじ転造	搓丝;碾压螺纹
— rolling dies	滾絲模	転造ダイス	滚丝模
— rolling flat dies	搓絲板	ねじ転造平ダイス	搓丝板
— rolling head	自動開合螺紋滾壓頭	ねじ転造ヘッド	自动开合螺纹滚压头
— rolling machine	滾絲機;螺紋滾壓機	ねじ転造盤	滚丝机;螺纹滚压机
— sawing machine	線鋸床	糸のこ盤	线锯床
— series	螺紋系列	ユニファイ並目ねじ	螺纹系列
— snap gage	螺紋卡規	ねじ挾みゲージ	螺纹卡规

英　文	臺　灣	日　文	大　陸
— steel	條鋼;棒鋼	条鋼	条钢;棒钢
— stock	絲攻扳手	ねじ切回し	丝锥扳手
— tolerance	螺紋公差	ねじ部の精度	螺纹公差
— whirling attachment	旋風切削螺桿裝置	旋回ねじ切り装置	旋风切削丝杠装置
threaded closure	螺紋封閉	ねじ込みクロージャ	螺纹封闭
— connection	螺紋接合	ねじ形継ぎ手	螺纹接合
— coupling	螺紋聯軸器	ねじカップリング	螺纹联轴器
— fastener	螺紋扣〔緊固〕件	ねじ部品	螺纹扣〔紧固〕件
— hole	螺紋孔	ねじ穴	螺纹孔
— insert	螺紋墊圈	ねじ込みインサート	螺纹垫圈
— joint	螺紋接合	ねじ込み継ぎ手	螺纹接合
— pipe fitting	螺紋管接頭	ねじ込み管継ぎ手	螺纹管接头
— portion	螺紋部分	ねじ部	螺纹部分
— shank reamer	帶螺紋柄鉸刀	ねじ付きシャンクリーマ	带螺纹柄铰刀
threading	切削螺紋	ねじ切り	切削螺纹
— chaser	螺紋梳刀	くし形バイト	螺纹梳刀
— machine	螺紋車床;攻絲機	ねじ立て盤	螺纹车床;攻丝机
— tool	螺紋車刀	ねじ切りバイト	螺纹车刀
tool gage	螺紋車刀樣板	ねじ切りバイトゲージ	螺纹车刀样板
three lead system	三線接線法	三線式結線法	三线接线法
— lobe bearing	三圓弧軸承	三円弧軸受	三圆弧轴承
— plates mold	三板式模具	三枚組金型	三板式模具
— speed gear	三級變速裝置	三段変速装置	三级变速装置
three-armed protractor	三角分度規	三脚分度器	三角分度规
three-axis contouring	立體輪廓設計	三次元輪郭削り	立体轮廓设计
— screw pump	三軸螺旋泵	三軸スクリューポンフ	三轴螺旋泵
three-axle bogie car	三軸轉向車	三軸ボギー車	三轴转向车
three-component test	三分力試驗	三分力試験	三分力试验
three-cylinder pump	三缸(式)泵	三シリンダポンプ	三缸(式)泵
three-dimensional curve	三維曲線	三次元曲線	三维曲线
— cutting	三維切削	三次元切削	三维切削
— design	三維設計	立体デザイン	三维设计
— drawing	立體圖	立体図	立体图
— effect	三維效應	立体効果	三维效应
— frame	三維桁架	立体トラス	三维桁架
— heat treatment	形變熱處理	三次元熱処理	形变热处理
— polycondensation	體型縮聚	三次元重縮合	体型缩聚
— shape	三維形狀	三次元形状	三维形状
— stress	三維應力	三次元応力	三维应力
— structure	三維結構	三次元構造	三维结构

T

英　　文	臺　　灣	日　　文	大　　陸
three-fluted drill	三槽鑽頭	三つ溝ドリル	三槽钻头
— end mill	三刃立銑刀	三枚刃エンドミル	三刃立铣刀
— tap	三槽絲攻	溝タップ	三槽丝锥
three-grooved drill	三槽鑽頭	三つ溝ドリル	三槽钻头
three-head switch	三刀開關	三段スイッチ	三刀开关
three-high rolling mill	三輥式軋機	三段圧延機	三辊式轧机
— stand	三輥式機座	三段スタンド	三辊式机座
three-hinged triangle	三鉸三角形	こう三角形	三铰三角形
three-piece mold	三開模	三個構成金型	三开模
three-plyriveting	三層鉚	三枚重ねリベット締め	三层铆
three-point	三點調整	三点調整	三点调整
— bending test	三點彎曲試驗	押し曲げ試験	三点弯曲试验
— contact ball bearing	三點接觸滾珠軸承	三点接触玉軸受	三点接触球轴承
— spring suspension	三點彈簧懸置	プラットホームばね	三点弹簧悬置
— support	三點支承	三点支持	三点支承
— suspension	三點懸置	三点つり	三点悬置
three-port slide valve	三口滑閥	三口滑り弁	三口滑阀
three-position control	三位控制	三位置制御	三位(置)控制
— valve	三位閥	三位置弁	三位阀
three-roll bender	三輥卷皮機	スリーロールベンダ	三辊卷皮机
— expander	三輥式展平裝置	三本ロールエキスパンダ	三辊式展平装置
— grinder	三輥研磨機	三ロール研磨機	三辊研磨机
— mill	三輥滾軋機	三本ロール練り機	三辊滚轧机
three-sided file	三邊〔面〕銼	三角やすり	三边〔面〕锉
three-square file	三角銼	三角やすり	三角锉
three-stage pump	三級泵	三段式ポンプ	三级泵
— servovalve	三級伺服閥	三段形サーボ弁	三级伺服阀
three-start screw	三頭螺紋	三重ねじ	三头螺纹
three-throw crank pump	三連曲柄泵	三連クランクポンプ	三连曲柄泵
— crank shaft	三連曲軸	三連クランク軸	三连曲轴
— pump	三衝程泵	三連クランクポンプ	三冲程泵
three-view drawing	三視圖	三面図	三面图
three-way cock	三通旋塞	三方コック	三通旋塞
— union	三通管由任	三方ユニオン	三通管接头
— valve	三通閥	三方弁	三通阀
thresh	劇烈擺動	スレッシュ	剧烈摆动
threshold	限度;範圍	域値	限度;范围
— adjustment	臨界調整	域値調整	临界调整
— element	臨界值元件	しきい値素子	临界值元件
— friction	臨界摩擦力	際限摩擦力	临界摩擦力

英文	臺灣	日文	大陸
— function	臨界值函數	しきい関数	临界值函数
— gate	臨界值元件	しきい値ゲート	临界值元件
— of cognition	脫模坡度	抜けこう配	脱模坡度
— stress	臨界應力	限界応力	临界应力
— value	臨界值	限界値	临界值
— velocity	臨界速度;極限速度	限界速度	临界速度;极限速度
throat	(高爐)爐喉;(銲縫)喉部	のど部	(高炉)炉喉;(焊缝)喉部
— bushing	軸頸(襯)套	ネックブッシュ	轴颈(衬)套
— depth	(填角銲縫的)喉部厚度	のど厚さ	(角焊缝的)喉部厚度
— diameter	喉部直徑	のどの直径	喉部直径
— opening	(電阻銲機的)懸臂間距	ふところ間隔	(电阻焊机的)悬臂间距
— plate	喉板	のど板	喉板
— platform	裝料平台;爐頂平台	装入床	装料平台;炉顶平台
— pressure	臨界截面壓力	のど圧力	临界截面压力
— section area	臨界截面積	のど断面積	临界截面积
— thickness	銲縫厚度	のど厚	焊缝厚度
throttle	調節閥;操縱閥	絞り弁	调节阀;操纵阀
— body	節流閥體	出口胴体	节流阀体
— bush	節流閥襯套	スロットルブッシュ	节流阀衬套
— butterfly	節流蝶形閥	絞り弁	节流蝶形阀
— button	節流閥按鈕	スロットルボタン	节流阀按钮
— control unit	節流控制裝置	絞り調整装置	节流控制装置
— cracker	節流閥自動調整機構	スロットルクラッカ	节流阀自动调整机构
— diameter	節流(閥)活門直徑	気化器口径	节流(阀)活门直径
— governing	節流調速	絞り調速	节流调速
— governor	節流調速器	絞り調速機	节流调速器
— grip	節流閥手柄	スロットルグリップ	节流阀手柄
— lever	節流桿	絞り弁取手	节流杆
— link	節氣聯桿	スロットルリンク	节气联杆
— mechanisms	節流裝置〔機構〕	絞り機構	节流装置〔机构〕
— nozzle	節流噴嘴	絞りノズル	节流喷嘴
— plate	節流板	絞り板	节流板
— plunger	節流閥柱塞	スロットルプランジャ	节流阀柱塞
— safety valve	節流安全閥	絞り安全バルブ	节流安全阀
— slide valve	節流滑閥	スロットル滑り弁	节流滑阀
— stop screw	節流閥止動螺釘	アイドリング調速ねじ	节流阀止动螺钉
— switch	節流閥開關	スロットルスイッチ	节流阀开关
— valve	節流閥	絞り弁	节流阀
throttled nut	調節的螺母	溝付きナット	调节的螺母
throttling	節流	絞り	节流

T

英文	臺灣	日文	大陸
— effect	節流作用	絞り作用	节流作用
— governor	節流調速器	絞り調速機	节流调速器
— port	節流閥;節氣門	蒸気取入れ口	节流阀;节气门
— range	調節範圍	絞り範囲	调节范围
— valve	節流閥;減壓〔速〕閥	絞り弁	节流阀;减压〔速〕阀
through	通過;貫穿;直通	通過;貫通	通过;贯穿;直通
— beam	連續樑	全通ビーム	连续梁
— bolt	貫穿螺栓	通しボルト	贯穿螺栓
— bolt coupling	貫穿螺栓聯軸節	通しボルト継ぎ手	贯穿螺栓联轴节
— bore	穿孔;鑽孔	通し孔	穿孔;钻孔
— bracket	貫通肘板	貫通ブラケット	贯通肘板
— carburizing	完全滲碳	完全しん炭	完全渗碳
— characteristic	穿透特性	貫通特性	穿透特性
— feed	貫穿進給	通し送り	贯穿进给
— feed grinding	貫穿進給磨削	通し送り研削	贯穿进给磨削
— feed rolling	貫穿進給滾軋	通し転造	贯穿进给滚轧
— gage	過端量規	スルーゲージ	过端量规
— grinder	下承樑	下路げた	下承梁
— hardening	淬透;透心淬火	無心焼入れ	淬透;透心淬火
— pin	貫穿引線;穿孔銷	スルーピン	贯穿引线;穿孔销
— plate	貫穿板;連續板	貫通板	贯穿板;连续板
— reamer	長鉸刀	スルーリーマ	长铰刀
— reaming	鉸通孔	スルーリーマ作業	铰通孔
— transmission method	穿透法(探傷)	透過法	穿透法(探伤)
— type insert	貫通型插入物	貫通型インサート	贯通型插入物
— view	透視	透視	透视
through-flow boiler	直流鍋爐	貫流ボイラ	直流锅炉
through-hole	通孔	通り穴	通孔
— plating	通孔電鍍	スルホールめっき	通孔电镀
— soldering	通孔銲接	スルーホールハンダ	通孔焊接
throwaway	捨棄式刀片;廢品	即時交換	不磨刃刀片;废品
— bite	捨棄式車刀	スローアウェイバイト	不重磨车刀
— chip	捨棄式刀片	スローアウェイチップ	不重磨刀片
— cutter	捨棄式銑刀	スローアウェイカッタ	不重磨铣刀
— drill	捨棄式鑽頭	スローアウェイドリル	不重磨钻头
— hob	捨棄式滾刀	スローアウェイホブ	不重磨滚刀
— item	捨棄式商品	使い捨て商品	一次性使用商品
— tip	多刃刀片	スローアウェイチップ	多刃刀片
— tool	捨棄式刀具	スローアウェイ工具	不重磨刀具
— unit	捨棄式元件;易損件	使い捨て装置	一次性部件;易损件

英文	臺灣	日文	大陸
throwback	後傾	後傾	后倾
thrower	投擲器;拋油環;甩油環	スロワ	投掷器;抛油环;甩油环
throw-in	接入;接通	投げ入れ	接入;接通
throwing	轉換;變換;飛濺	転換	转换;变换;飞溅
— power	(電鍍液的)分散能力	分布能	(电镀液的)分散能力
— power test	電沉積均勻性試驗	均一電着性試験	电沉积均匀性试验
thrown solder	脫銲;銲料飛散	スローンソルダ	脱焊;焊料飞散
throw-off	斷齊;滾筒脫開	胴逃がし	断齐;滚筒脱开
throw-out	斷開;投出	投げ捨て	断开;投出
— bearing	分離軸承	スローアウトベアリング	分离轴承
— cam	脫開凸輪	スローアウトカム	脱开凸轮
throw-over	切換;轉換;換向〔速〕	スローオーバ	切换;转换;换向〔速〕
thruput	吞吐量	スループット	吞吐量
thrust	止推;推力	推力	推力
— augmentation	推力增強	推力増強	推力增强
— balance	推力天平	スラスト天びん	推力天平
— ball bearing	止推滾珠軸承	駆動軸スラスト玉軸受	推力球轴承
— bearing	止推軸承	スラスト軸受	推力轴承
— block seat	止推軸承座	スラスト受け台	推力轴承座
— box	止推軸承箱	スラストボックス	推力轴承箱
— brake	止推制動裝置	スラストブレーキ	推力制动装置
— bush	止推襯套〔套管〕	スラストブッシュ	推力衬套〔套管〕
— coefficient	推力常數	スラスト定数	推力常数
— collar	推力擋邊;止推環	スラストつば	推力挡边;止推环
— collar bearing	環形止推軸承	スラストつば軸受	环形推力轴承
— constant	推力常數	スラスト定数	推力常数
— correction factor	推力修正因數	推力修正係数	推力修正因数
— cutoff	發動機停車	推力遮断	发动机停车
— deduction coefficient	推力減額係數	スラスト減少係数	推力减额系数
— deduction fraction	推力減額分數	スラスト減少係数	推力减额分数
— dynamometer	推力儀	スラスト計	推力仪
— face	推力面	背面	推力面
— factor	推力係數;軸向力係數	スラスト係数	推力系数;轴向力系数
— failure trip test	推力故障解脫試驗	スラストトリップ試験	推力故障解脱试验
— friction	推進摩擦	スラスト摩擦	推进摩擦
— horse power	推力功率;推馬力	スラスト馬力	推力功率;推马力
— housing	止推套	スラストハウジング	止推套
— identity method	等推力法	スラスト一致法	等推力法
— index	推力指數	スラスト指数	推力指数
— journal	止推軸頸	スラストジャーナル	推力轴颈

T

英文	臺灣	日文	大陸
— line	推力線;壓力線	圧力線	推力线;压力线
— load	推力負載;軸向負載	スラスト荷重	推力载荷;轴向负载
— load coefficient	推力負載係數	スラスト負荷係数	推力载荷系数
— loading	推力負載	推力荷重	推力载荷
— mass ratio	推力質量比	スラスト質量比	推力质量比
— meter	推力計;推力儀	スラスト計	推力计;推力仪
— needle roller bearing	止推滾針軸承	スラスト針状ころ軸受	推力滚针轴承
— output	推力輸出量	スラスト出力	推力输出量
— pad	止推塊	スラスト受け	推力块
— per unit frontal area	單位正面積推力	正面々積当たりの推力	单位正面积推力
— pick-up	推力感測器	推力検出器	推力传感器
— pin	止推銷;頂桿	スラストピン	推力销;顶杆
— plate	止推板	スラスト板	止推板
— power	推力功率;推馬力	スラストパワー	推力功率;推马力
— reverser	反推力器;制動推力器	逆推力装置	反推力器;制动推力器
— ring	活塞氣環;止推環	圧力リング	活塞气环;止推环
— roller bearing	滾柱止推軸承	スラストころ軸受	滚柱推力轴承
— rotor	推力轉子	スラストロータ	推力转子
— shaft	止推軸	スラスト軸	止推轴
— shoe	止推靴	スラストシュー	止推瓦
— sleeve	推力襯套	スラストスリーブ	推力衬套
— slide bearing	推力滑動軸承	スラスト滑り軸受	推力滑动轴承
— spindle	推力軸;止推軸	スラストスピンドル	推力轴;止推轴
— spoiling	推力消除	推力減殺	推力消除
— temperature	推進溫度	スラスト温度	推进温度
— -to-weight ratio	推力重量比	推力重量比	推力重量比
— vector control	推力向量控制	推力ベクトル制御	推力矢量控制
— washer	止推墊圈	スラストワッシャ	止推垫圈
— weight ratio	推力重量比	スラスト重量比	推(力)重(量)比
thruster	推進器;頂推裝置	押上げ機	推进器;顶推装置
thuenite	鈦鐵礦	チタン鉄鉱	钛铁矿
thumb fit	輕推配合	サムフィット	轻推配合
— latch	插銷	押し錠	插销
— marked fracture	回紋斷口	ちじれ破面	回纹断口
— nail crack	指甲形裂紋	親指の爪割れ	指甲形裂纹
— nut	蝶形螺母;翼形螺帽	つまみナット	蝶形螺母
— push fit	輕推配合	サムプッシュフィット	轻推配合
— rotary switch	拇指旋轉開關	サムロータリスイッチ	拇指旋转开关
— screw	蝶形螺釘;翼形螺釘	つまみねじ	蝶形螺钉
— wheel switch	指旋開關	サムホイールスイッチ	指旋开关

英文	臺灣	日文	大陸
thumb-pressure can	指壓注油器	指圧注油缶	指压注油器
thunder stroke	電擊	雷撃	电击
thuriting	淬火-回火熱處理法	サーライティング	淬火-回火热处理法
thyratron	閘流管〔體〕	サイラトロン	闸流管
thyristor	矽控整流器	サイリスタ	硅可控整流器
— contactor	矽控控制器	サイリスタコンタクタ	可控硅控制器
— converter equipment	閘流體轉換裝置	サイリスタ変換装置	闸流管转换装置
— inverter	矽控變頻器	サイリスタインバータ	可控硅变频器
— stack	矽控整流堆	サイリスタスタック	可控硅整流堆
thyrite	碳化矽陶瓷材料	サイライト	碳化硅陶瓷材料
Thysen-Emmel	埃米爾高級鑄鐵	チッセンエンメル	埃米尔高级铸铁
ticker	振動子	チッカ	振动子
tickler spring	反饋彈簧	チックラばね	反馈弹簧
tie	聯接線;拉桿	まくら木	联接线;拉杆
— angle	角鐵(式)繫桿	控え山形材	角铁(式)系杆
— coat	過渡(塗)層	タイコート	过渡(涂)层
— gum	拉桿橡膠	タイゴム	拉杆橡胶
— hoop	帶狀鐵〔鋼〕箍	帯鉄筋	带状铁〔钢〕箍
— piece	拉肋;拉桿	控材	拉筋;拉杆
— plate	墊板;繫桿	敷板	垫板;系杆
— plate beam	格構板樑	はしごばり	格构板梁
— point	連接點	連けい点	连接点
tie-beam	繫樑	タイビーム	系梁
tie-bolt	繫緊螺栓	タイボルト	系紧螺栓
tie-rod	繫桿;聯結鋼筋	タイバー	系杆;联结钢筋
— ball end	轉向橫拉桿球鉸接頭	タイロッドボールエンド	转向横拉杆球铰接头
— ball stud	繫桿球端螺柱	控え棒ボールスタッド	系杆球端螺柱
— end	轉向橫拉桿球鉸接頭	タイロッドエンド	转向横拉杆球铰接头
— nut	轉向橫拉桿螺母	タイロッドナット	转向横拉杆螺母
— of bedplate	座板繫桿	床板控え棒	座板系杆
— pin	轉向橫拉桿球頭銷	タイロッドピン	转向横拉杆球头销
— press	螺桿拉緊沖床	タイロッドプレス	螺杆拉紧压力机
— socket	繫桿座	タイロッドソケット	系杆座
tie-strut	抗壓拉構件	タイストラット	抗压拉构件
TIG arc cutting	TIG電弧切割	チグ切断	TIG电弧切割
TIG arc welding	TIG電弧銲	チグ溶接	TIG电弧焊
TIG cutting	TIG電弧切割	チグ切断	TIG电弧切割
tiger dowel	齒形暗銷	とらジベル	齿形暗销
tight coupler	緊密連接器	密着連結器	紧密连接器
— coupling	緊耦合;密封聯接	密結合	紧耦合;密封联接

T

英　文	臺　灣	日　文	大　陸
— fit	過盈配合	締りばめ	过盈配合
— junction	緊密連接	密着結合	紧密连接
— lock coupler	緊鎖式聯接器	密着連結器	紧锁式联接器
— packing	迫緊	密充てん	密封;填密
— pulley	固定輪;固定皮帶輪	取付けベルト車	固定轮;固定皮带轮
— seal	密封	密封	密封
— side	受拉區;張緊邊	タイトサイド	受拉区;张紧边
— weld	密封銲接	耐密溶接	密封焊接
tightener	張緊裝置;張緊輪	タイトナ	张紧装置;张紧轮
tightening flap	密封用襯墊	タイトニングフラップ	密封用衬垫
— force	拉緊力	締付け力	拉紧力
— key	銷緊鍵;斜扁銷	締めキー	销紧键;斜扁销
— order	緊固順序	タイトニングオーダ	紧固顺序
— pulley	(皮帶)張緊輪	張り車	(皮带)张紧轮
tightness	緊密度;不穿透性	なじみ	紧密度;不穿透性
tilt	傾角;傾斜;斜度	傾斜	倾角;倾斜;斜度
— adjustment	傾斜調整	あおり調整	倾斜调整
— angle	傾(斜)角	ティルト角	倾(斜)角
— boundary	傾斜界面	傾角粒界	倾斜界面
— bracket	斜置托架	ティルトブラケット	斜置托架
— cylinder	擺動液壓缸;擺動氣缸	ティルトシリンダ	摆动液压缸;摆动气缸
— gage	傾斜檢查器	ティルトゲージ	倾斜检查器
— hammer	落錘;杵錘	はねハンマ	落锤;杵锤
— head press	斜頭式壓機	傾頭式プレス	斜头式压机
— lever	傾斜桿	ティルトレバー	倾斜杆
— lock valve	升降鎖緊閥	ティルトロックバルブ	升降锁紧阀
tilting angle	傾斜角	マスト傾斜角	倾斜角
— index circular table	傾斜式分度圓工作台	傾斜割出し円テーブル	倾斜式分度圆工作台
— lever	傾斜桿;斜度調整桿	傾注用取手	倾斜杆;斜度调整杆
— open hearth furnace	傾動式爐;擺動式爐	傾注式炉	倾动式炉;摆动式炉
— rotary table	傾斜工作台	傾斜テーブル	倾斜工作台
— socket	傾斜座(套)	キップシャフト	倾斜座(套)
— steering column	傾斜式轉向柱	傾斜式かじ取り柱	倾斜式转向柱
— tube	傾斜管;斜管	傾斜管	倾斜管;斜管
tilt(o)meter	測斜器;傾斜(度測量)儀	ティルトメータ	测斜器;倾斜(度测量)仪
Timang	一種高錳鋼	チマング	蒂曼格高锰钢
timber construction	木結構	木構造	木结构
— framed construction	木骨造;木架結構	木骨造	木骨造;木架结构
— framing	木骨架;橫構件	木材結構	木骨架;横构件
— truss	木桁架	木造トラス	木桁架

英文	臺灣	日文	大陸
timbering	支撐;木結構	支保工;木組	支撑;木结构
— with rafter arch sets	人字形支撐〔架〕	合掌式支保工	人字形支撑〔架〕
time adaptation	時間適應〔配合〕	時間適応	时间适应〔配合〕
— adjusted average	時間修正平均值	時間調整平均	时间修正平均值
— adjusting device	定時裝置	時限装置	定时装置
— allocation	時間分配	時間割付け	时间分配
— allowance	時間容許誤差;時間裕度	余裕時間	时间容许误差;时间裕度
— availability	平均利用率	平均利用率	平均利用率
— between failure	故障間隔(時間)	故障間隔	故障间隔(时间)
— between overhaul	檢修間隔	オーバホール間隔	检修间隔
— bias	時間偏置	時間バイアス	时间偏置
— chart	時間圖	時間チャート	时间图
— check	時間照查;時間校正	時間照查	时间照查;时间校正
— clock	定時時鐘	時間クロック	定时时钟
— constant	時間常數	時定数	时间常数
— contour map	等時間線圖;等時線圖	等時間線図	等时间线图;等时线图
— controller	自動定時裝置	自動定時装置	自动定时装置
— corrosion curve	時間-腐蝕曲線	時間-腐食曲線	时间-腐蚀曲线
— counter	計時器	タイムカウンタ	计时器
— criticality	時間臨界性	時間クリティカリティ	时间临界性
— cut-out	定時斷路器;時控斷路	タイムカットアウト	定时断路器;时控断路
— cycle	時間周期〔循環〕	時間サイクル	时间周期〔循环〕
— cycle controller	時間循環控制器	時間循環制御器	时间循环控制器
— cycle selector	時間周期選擇器	タイムサイクルセレクタ	时间周期选择器
— dependence	隨時間的變化特性	時間依存性	随时间的变化特性
— diagram	時間圖	時間図	时间图
— discharge curve	時間-流量曲線	時間放流量曲線	时间-流量曲线
— distance	時間距離;時距	時間距離	时间距离;时距
— dividing	時(間劃)分	時分割	时(间划)分
— division multiplexer	分時多工器	時分割多重装置	时分多路转换装置
— effect	時間效應	時間効果	时间效应
— efficiency	運轉率;稼動率;開機率	運転率	运转率;稼动率;开机率
— element	限時元件;延時元件	時限要素	限时元件;延时元件
— element relay	時素繼電器;延時繼電器	時素継電器	时素继电器;延时继电器
— estimation	時間估算〔計〕	時間見積り	时间估算〔计〕
— expand	時間延長;延時	タイムエキスパンド	时间延长;延时
— factor	時間係數;時間因數	時間係数	时间系数;时间因数
— formula	時間公式	時間公式	时间公式
— increment	時間增量	時間增分	时间增量
— integral	時間積分	時間積分	时间积分

英文	臺灣	日文	大陸
— loss	時間損耗	タイムロス	时间损耗
— meter	計時器	時間計	计时器
— of cure	固化時間	硬化時間	固化时间
— of recovery	復原時間	回復時間	复原时间
— of revolution	轉動時間	回転時間	转动时间
— of rotation	轉動時間	回転時間	转动时间
— of storage	貯藏時間	貯積時間	贮藏时间
— of stressing	加載時間	荷重時間	加载时间
— optimal behavior	時間最佳行為	時間-最適挙動	时间最优行为
— optimal control	時間最佳控制	時間-最適制御	时间最优控制
— optimal stabilization	時間最佳的穩定化	時間-最適安定化	时间最优的稳定化
— over	超時	タイムオーバ	超时
— per point	每(記錄)點間隔時間	点間隔時間	每(记录)点间隔时间
— quenching	限時淬火	時間焼入れ	限时淬火
— relay	時間繼電器	定時継電器	时间继电器
— series analysis	時序分析	時系列分析	时序分析
— series data	時序數據	時系列データ	时序数据
— series model	時序模型	時系列モデル	时序模型
— slot	時間間隙	時間スロット	时间间隙
— -space diagram	時距圖	時間距離図	时距图
— stress model	時間應力模型	時間ストレスモデル	时间应力模型
— switch	計時開關;定時開關	定時開閉器	计时开关;定时开关
— -to-fail	損壞時間	破損時間	损坏时间
— -to-gel	膠凝(化)時間	ゲル化時間	胶凝(化)时间
— -to-wear-out	磨損時間	摩耗時点	磨损时间
time-base	時基;時間軸	時間軸	时基;时间轴
timed injection system	定時噴射系統	定時噴射方式	定时喷射系统
— two position control	平均雙位控制	平均二位置制御	平均双位控制
— valve	定時網	タイムド弁	定时网
time-delay circuit	延時電路	タイムディレイ回路	延时电路
— contact	延時接點	限時接点	延时接点
— control	延時控制	限時制御	延时控制
— device	延時裝置〔器〕	遅延装置	延时装置〔器〕
— element	延時元件	時間遅れ要素	延时元件
— relay	延時繼電器;緩動繼電器	遅延継電器	延时继电器;缓动继电器
— sensitivity	延時靈敏度	時間遅れ感度	延时灵敏度
— system	延時系統	時間遅れシステム	延时系统
— valve	延時閥	遅延弁	延时阀
time-dependent effect	對時間的依賴效果	時間依存効果	对时间的依赖效果
— failure rate	時間相關的障率	時間従属故障率	时间相关的障率

英文	臺灣	日文	大陸
— property	與時間相關的特性	時間依存特性	与时间相关的特性
— reliability	時間相關的可靠性	時間依存信頼性	时间相关的可靠性
— system	時間相關系統	時間依存システム	时间相关系统
time-lag action	延時動作	遅延動作	延时动作
— control	時滯控制	時間遅れ制御	时滞控制
— fuse	延時保險絲	遅延ヒューズ	延时保险丝
— of spark	火花的延時	火花の遅れ	火花的延时
— relay	延時繼電器	遅動継電器	延时继电器
— vibration	延時振動	時間遅れ振動	延时振动
time-limit	時(間極)限	時限	时(间极)限
— circuit	限時電路	限時回路	限时电路
— measurement	限時測量	時限測定	限时测量
— method	時限法	時限法	时限法
— push button switch	限時按鈕開關	限時押しボタンスイッチ	限时按钮开关
— relay	延時繼電器	限時継電器	延时继电器
— system	時限方式	限時方式	时限方式
— transfer system	限時轉換方式	限時切換え方式	限时转换方式
timer control routine	定時控制程序	タイマ制御ルーチン	定时控制程序
— equipment	定時裝置	タイマ装置	定时装置
— set	定時裝置	タイマセット	定时装置
— start button	定時器啟動按鈕	タイマスタートボタン	定时器启动按钮
time-sharing control	分時控制	時分割制御	分时控制
— processing	分時處理	タイムシェアリング処理	分时处理
— skill	分時技術	時分割スキル	分时技术
— system	分時系統	時分割処理システム	分时系统
time-yield	時間降伏;短期潛變試驗	時間降伏	时间屈服;短期蠕变试验
timing	測時;限時;定時;計時	時間限定	测时;限时;定时;计时
— belt	牙輪皮帶;同步皮帶	タイミングベルト	牙轮皮带;同步皮带
— cam	定(整)時凸輪	断続器カム	定(整)时凸轮
— counter	計時器	タイミングカウンタ	计时器
— device	定時裝置	時限装置	定时装置
— element	延時元件	時限素子	延时元件
— gear	定時齒輪	調時歯車	定时齿轮
— mechanism	定時裝置	時限装置	定时装置
— relay	延時繼電器	限時継電器	延时继电器
— routine	定時程序;時鐘程序	タイミングルーチン	定时程序;时钟程序
— sampling	時間量化;定時取樣	タイミング抽出	时间量化;定时取样
— switch	定時開關〔器〕	定時開閉器	定时开关〔器〕
— system	定時裝置〔系統〕	タイミング装置	定时装置〔系统〕
— tape	定時帶;計時帶	タイミングテープ	定时带;计时带

T

英文	臺灣	日文	大陸
— valve	點火正時調節閥;定時閥	点火調節弁	点火正时调节阀;定时阀
Timoshenko beam	鐵木辛柯樑	ティモシンコビーム	铁木辛柯梁
tin,Sn	錫	ティン;すず	锡
— alloy	錫合金	すず合金	锡合金
— amalgam	錫汞膏;錫汞合金	すずアマルガム	锡汞膏;锡汞合金
— ash	二氧化錫;氧化錫	すず灰	二氧化锡;氧化锡
— bar	白鐵皮原板;錫條〔棒;塊〕	すず棒	白铁皮原板;锡条〔棒;块〕
— base bearing	錫基軸承	すずベースベアリング	锡基轴承
— bath	錫浴	すず浴	锡浴
— brass	錫黃銅	すず入れ黄銅	锡黄铜
— bronze	錫青銅	すず青銅	锡青铜
— can	鍍錫鐵皮(製)容器	すずめっき容器	镀锡铁皮(制)容器
— clad	鍍錫鋼皮;白鐵皮	ブリキ	镀锡钢皮;白铁皮
— coat(ing)	鍍錫	すずめっき	镀锡
— -copper plating	錫銅鍍層	すず銅めっき	锡铜镀层
— electroplated steel	電鍍錫鋼板	電気すずめっき鋼板	电镀锡钢板
— electroplating	電鍍錫;錫電鍍	電気すずめっき	电镀锡;锡电镀
— family element	錫族元素	すず族元素	锡族元素
— filling machine	灌錫機	すず充てん機	灌锡机
— foil	錫箔;鍍紙	すず紙	锡箔;镀纸
— free steel	(鉻酸處理的)鍍錫薄鋼板	ティンフリースチール板	(铬酸处理的)镀锡薄钢板
— furnace	錫爐	すず炉	锡炉
— galvanizing	鍍錫	すずめっき	镀锡
— ingot	錫錠;錫塊	すず鋳塊	锡锭;锡块
— nickel alloy plating	錫鎳合金電鍍	すずニッケル合金めっき	锡镍合金电镀
— nickel brass	錫鎳黃銅	すずニッケル青銅	锡镍黄铜
— ore	錫礦	すず鉱	锡矿
— peroxide	二氧化錫;氧化錫	過酸化すず	二氧化锡;氧化锡
— plague	錫瘟	すずペスト	锡瘟
— plate	鍍錫薄板;馬口板	ブリキ	镀锡薄板;马口板
— plate printing	馬口鐵印刷	ブリキ印刷	马口铁印刷
— plated steel	鍍錫鋼(鐵)皮	電気めっきブリキ	镀锡钢(铁)皮
— poisoning	錫中毒	すず中毒	锡中毒
— protoxide	一氧化錫	一酸化すず	一氧化锡
— pulley	錫滑輪	すずプーリ	锡滑轮
— refuse	廢錫	すずくず	废锡
— snip	鐵皮剪	チンスニップ	铁皮剪
— solder	鉛錫合金;錫銲料	白目	铅锡合金;锡焊料
— soldering	錫銲	すず半田接ぎ	锡焊
— ware	錫器;馬口鐵器	すず細工品	锡器;马口铁器

英文	臺灣	日文	大陸
— white	錫白;二氧化錫	すず白	锡白;二氧化锡
— -zinc alloy plating	錫鋅合金電鍍	すず-亜鉛合金めっき	锡锌合金电镀
tincal	硼砂	天然ほう砂	硼砂
tinct	色澤	色沢	色泽
tinctorial strength	著色強度	着色力	着色强度
tingle	壓板鐵片	つりこ	压板铁片
Tinicosil	一種鎳黃銅	チニコシール	蒂尼科西尔镍黄铜
Tinidur	一種熱合金	チニジュア	蒂纳杜尔热合金
Tinite	錫基含銅軸承合金	チナイト	锡基含铜轴承合金
tinkering	熔補	鋳掛け	熔补
tinman's scissors	鉛皮剪刀	ブリキ屋ばさみ	铅皮剪刀
— shears	金屬剪	金切りはさみ	金属剪
tinned copper	鍍錫銅;包錫銅	すず引き銅	镀锡铜;包锡铜
— iron	鍍錫薄鋼板	白葉鉄	镀锡薄钢板
— iron wire	鍍錫鐵絲	すずかけ鉄線	镀锡铁丝
— lead	鍍錫引線	すずめっきリード	镀锡引线
— plate pipe	鍍錫薄鋼管;鍍錫鐵皮管	ブリキ管	镀锡薄钢管;镀锡铁皮管
— sheet iron	鍍錫鐵皮	ブリキ板	镀锡铁皮
— tack	鍍錫小鐵釘	すずめっき鉄小釘	镀锡小铁钉
— wire	鍍錫線	すず引線	镀锡线
tinning	鍍錫	すずめっき	镀锡
— furnace	鍍錫爐	すずめっき炉	镀锡炉
tinplate	鍍錫鐵〔鋼〕皮	ブリキ	镀锡铁〔钢〕皮
— processing	鍍錫	すずめっき処理	镀锡
tinsel	錫鉛合金	ティンセル	锡铅合金
— cord	箔線;塞線;軟線	金糸コード	箔线;塞线;软线
— ribbon	金銀絲帶	金銀糸入りリボン	金银丝带
tinsmith	板金工;白鐵工	板金工	板金工;白铁工
— solder	錫鉛軟銲料	ティンスミスろう	锡铅软焊料
tinsmithing	鍍錫工廠	ブリキ工場	镀锡工厂
tiny clutch	超小型離合器	タイニークラッチ	超小型离合器
tip	尖端〔頭〕;觸點;噴嘴	傾斜装置	尖端〔头〕;触点;喷嘴
— cleaner	噴嘴通針	火口掃除器	喷嘴通针
— clearance	齒頂間隙;頂部間隙	翼端すき間	齿顶间隙;顶部间隙
— holder	(銲絲)導電嘴夾頭	チップホルダ	(焊丝)导电嘴夹头
— jack	塞孔;插孔;尖頭插座	チップジャック	塞孔;插孔;尖头插座
— nozzle	噴嘴	火口	喷嘴
— radius	刃尖半徑;齒頂圓角半徑	歯先の丸み	刃尖半径;齿顶圆角半径
— relief	齒頂修整;修緣	チップレリーフ	齿顶修整;修缘
— skid	電極頭(的)滑移	チップのすべり	电极头(的)滑移

英文	臺灣	日文	大陸
tip-off	開銲;脫銲	チップオフ	开焊;脱焊
tipped bite	鑲片刀	付け刃バイト	镶片刀
— chaser	(鑲片)螺紋梳刀	付け刃チェーザ	(镶片)螺纹梳刀
— drills	鑲片鑽頭	付け刃ドリル	镶片钻头
— reamer	(鑲片)鉸刀	付け刃リーマ	(镶片)铰刀
— tool	銲接刀片車刀;鑲片車刀	付け刃バイト	焊接刀片车刀;镶片车刀
tipper	傾斜裝置;自動傾卸車	傾斜装置	倾斜装置;自动倾卸车
tipping idler	傾斜惰輪	傾斜遊び車	倾斜惰轮
tire	輪胎;外輪;輪箍	外輪	轮胎;外轮;轮箍
— band	密封用襯墊	タイヤバンド	密封用衬垫
— changer	輪胎裝卸器	タイヤチェンジャ	轮胎装卸器
— pressure	輪胎壓力	タイヤ空気圧	轮胎压力
Tissier metal	一種黃銅	チッシャメタル	一种黄铜
tissue	組織;織物	組織	组织;织物
— belt	織物帶;紗紙帶	織物ベルト	织物带;纱纸带
titan	鈦	チタン	钛
Titanal	一種活塞用鋁合金	チタナール	蒂坦诺尔活塞铝合金
Titanaloy	一種鈦銅鋅耐蝕合金	チタナロイ	一种钛铜锌耐蚀合金
titania	二氧化鈦	二酸化チタン	二氧化钛
— porcelain	二氧化鈦陶瓷	チタン磁器	二氧化钛陶瓷
— type electrode	鈦型銲條	チタニア系被覆溶接棒	钛型焊条
titanic acid	鈦酸	チタン酸	钛酸
— compound	鈦化合物	第二チタン化合物	钛化合物
— iron ore	鈦鐵礦	チタン鉄鉱	钛铁矿
— magnetite	鈦磁鐵礦;含磁鐵鈦鐵礦	チタン磁鉄鉱	钛磁铁矿;含磁铁钛铁矿
— oxide	氧化鈦	酸化チタン	氧化钛
titanioferrite	鈦鐵礦	チタン鉄鉱	钛铁矿
Titanit	一種鈦鎢硬質合金	チタニット	一种钛钨硬质合金
titanium,Ti	鈦	チタン	钛
— alloy	鈦合金	チタン合金	钛合金
— alum	鈦礬	チタン明ばん	钛矾
— anode jig	鈦陽極夾具	チタン陽極治具	钛阳极夹具
— carbide tipped tool	碳化鈦硬質合金刀〔工〕具	サーメット付け刃バイト	碳化钛硬质合金刀〔工〕具
— clad steel	鈦複合鋼;鈦包層鋼	チタンクラッド鋼	钛复合钢;钛包层钢
— condenser	鈦(介)質電容器	チタコン	钛(介)质电容器
— copper	鈦銅合金	チタン銅合金	钛铜合金
— dioxide	二氧化鈦	二酸化チタン	二氧化钛
— family element	鈦族元素	チタン族元素	钛族元素
— foil	鈦箔	チタニウムはく	钛箔
— hydroxide	氫氧化鈦	水酸化チタン	氢氧化钛

英文	臺灣	日文	大陸
— oxide	二氧化鈦;鈦白	酸化チタニウム	二氧化钛;钛白
— peroxide	過〔三〕)氧化鈦	過酸化チタン	过〔三〕)氧化钛
— pigment	鈦白粉	チタン顔料	钛白粉
— plating	鍍鈦	チタンめっき	镀钛
— polymer	鈦聚合物	チタン重合体	钛聚合物
— silicide	矽化鈦	けい化チタン	硅化钛
— sponge	海棉(狀)鈦	海綿状チタン	海棉(状)钛
— steel	鈦鋼	チタン鋼	钛钢
— superoxide	過(三)氧化鈦	過酸化チタン	过(三)氧化钛
— white	鈦白粉;二氧化鈦	チタン白	钛白粉;二氧化钛
— yellow	鈦黃	チタンイエロー	钛黄
Titanor metal	鈦工具鋼	チタノールメタル	钛工具钢
titanous oxide	三氧化二鈦;氧化亞鈦	酸化第一チタン	三氧化二钛;氧化亚钛
title	標題;圖標;名稱;字幕	タイトル	标题;图标;名称;字幕
— division	表題部;標題部分	表題部	表题部;标题部分
toaster	烤面包器	パン焼き器	烤面包器
Tobin bronze	托賓青銅;海軍黃銅	トビン青銅	托宾青铜;海军黄铜
Tocco process	高頻局部加熱淬火法	トッコ法	高频局部加热淬火法
toe	縫邊;銲趾;柱腳	止端	缝边;焊趾;柱脚
— contact	齒寬窄端接觸	トウコンタクト	齿宽窄端接触
— crack	銲縫邊緣裂紋;銲趾裂紋	止端割れ	焊缝边缘裂纹;焊趾裂纹
— dog	小撐桿	トウドッグ	小撑杆
— failure	坡腳破壞	斜面先破壊	坡脚破坏
— of fillet	角銲接面的交點	脚端	角焊接面的交点
— of weld	(銲縫)縫邊;邊緣	止端	(焊缝)缝边;边缘
— piece	凸輪鑲片	トウピース	凸轮镶片
toe-in gage	(汽車)前輪前束檢測器	トウインゲージ	(汽车)前轮前束检测器
toggle	掛索樁;套索釘;肘節	トグル	挂索桩;套索钉;肘节
— bolt	繫環螺栓;套環螺栓	トグルボルト	系环螺栓;套环螺栓
— brake	套環制動器	トグルブレーキ	套环制动器
— clamp	肘夾(具);鉸接夾	トグルクランプ	肘夹(具);铰接夹
— draw die	雙動柱模	トグル複動絞り型	双动柱模
— forming die	肘桿式成形模	トグル式成形型	肘杆式成形模
— joint	肘節;彎頭接合;肘環套接	トグル装置	肘节;弯头接合;肘环套接
— lever press	肘桿式衝床(壓床)	トグルレバープレス	肘杆式冲床(压床)
— link	肘桿	トグルリンク	肘杆
— linkage	肘節鏈系;肘桿傳動(鏈)	トグルリンケージ	肘节链系;肘杆传动(链)
— mechanism	肘節機構;撥動機構	トグル機構	肘节机构;拨动机构
— pin	肘承銷	軸ピン	肘承销
— plate	肘板;推力板	トグルプレート	肘板;推力板

英文	臺灣	日文	大陸
— press	肘桿式衝床;曲柄壓型機	ひじ付きプレス	肘杆式冲床;曲柄压型机
— screw	頭部扳倒式螺釘	起倒式頭のねじくぎ	头部扳倒式螺钉
— switch	肘節開關;撥動開關	ひじスイッチ	肘节开关;拨动开关
— type lock	肘承式鎖模裝置	トグル式型締め装置	肘承式锁模装置
toggle-action	肘桿動作	トグル作用	肘杆动作
Tokamak	一種核融合實驗裝置	トカマク	一种核融合实验装置
— plasma	托卡馬克等離子區	トカマクプラズマ	托卡马克等离子区
tolerable dustiness	塵埃容許限度	じんあい許容限度	尘埃容许限度
— fluctuation	容許漂移	許容変動	容许漂移
— limit	容許極限;容許量	許容限界	容许极限;容许量
tolerance	公差;裕度	許容;許容差	公差;裕度
— class	公差等級	(公差)等級	公差等级
— grade	公差精度;公差等級	公差精度	公差精度;公差等级
— interval	許容區間	許容区間	许容区间
— limit	容許極限	許容限界	容许极限
— position	公差位置	公差位置	公差位置
— quality	配合類別	はめあい区分	配合类别
— unit	公差單位	公差単位	公差单位
— zone	公差帶,公差範圍	許容域	公差带;公差范围
toleranced taper method	錐度公差法	テーパ公差法	锥度公差法
tolerator	槓桿式比長儀	トレレータ	杠杆式比长仪
toluene	甲苯	トルエン	甲苯
Tom alloy	一種鋁合金	トム合金	一种铝合金
tombac	一種黃銅;銅鋅合金	ドイツ黄銅	一种黄铜;铜锌合金
Tombasil	一種矽黃銅	トムバシル	一种硅黄铜
tommy bar	(套筒扳手的)旋轉棒	かんざしスパナ	(套筒扳手的)旋转棒
— screw	虎鉗螺桿;貫頭螺絲釘	ちょうねじ	虎钳丝杠;贯头罗丝钉
— wrench	套筒扳手	かんざしスパナ	套筒扳手
tommyhead bolt	T形頭螺栓	トミーヘッドボルト	T形头螺栓
ton hewn timber	鋸材體積單位	ひき材材積単位	锯材体积单位
— kilometer	噸-公里	トンキロ	吨-公里
— meter	噸-米	トンメートル	吨-米
— of cooling	冷噸	冷却トン	冷吨
— of refrigeration	冷噸	冷凍トン	冷吨
tongs	(夾)鉗;夾具	トング	(夹)钳;夹具
— head	夾鉗頭	トングヘット	夹钳头
tongue	銜鐵;舌簧	タング	衔铁;舌簧
— and groove(d)	企口接合;舌槽拉合	目違い継ぎ	企口接合;舌槽拉合
— attachment	連結板	連結板	连结板
— bar	尖鋼條;尖鋼棍	タングバー	尖钢条;尖钢棍

英文	臺灣	日文	大陸
— bend test	舌狀彎曲試驗	舌状曲げ試験	舌状弯曲试验
— miter	企口斜角縫;舌榫斜拼合	さね留	企口斜角缝;舌榫斜拼合
— piece	舌片	シタキレ	舌片
— valve	舌形閥	舌弁	舌形阀
— washer	帶耳墊圈	舌付き座金	带耳垫圈
— weld	斜口銲接	そぎ溶接	斜口焊接
tonnage	積量;噸位	積量	积量;吨位
— of press	沖床噸位;沖床容量	プレス能力	压力机吨位;压力机容量
tonne	公噸(=1000kg)	メートルトン	吨(=1000kg)
tonometry	振動形張力計測法	振動形張力計測法	振动形张力计测法
tool	工具;刀具	工具	工具;刀具
— angle	刃物角;刀尖角	刃物角	刃物角;刀尖角
— bar	正面刃物棒;刀桿	正面刃物棒	正面刃物棒;刀杆
— bit	刀具;鑽頭;精加工刀具	差換え刃物	刀具;钻头;精加工刀具
— bite	刀夾刀頭;插入式刀頭	差込みバイト	刀夹刀头;插入式刀头
— block	刀架	ツールブロック	刀架
— board	換刀裝置	ツールボード	换刀装置
— boy system	工具巡回供應回收制度	ツールボーイシステム	工具巡回供应回收制度
— breakage	工具破損;工具損壞	工具破損	工具破损;工具损坏
— cabinet	工具箱〔櫃〕	ツールキャビネット	工具箱〔柜〕
— car	工作車;工具車;檢車	工作車	工作车;工具车;检车
— card	刀具卡(片)	ツールカード	刀具卡(片)
— carriage	刀架滑座;拖板	ツールキャリッジ	刀架滑座;拖板
— cathode	工具陰極	工具陰極	工具阴极
— changer	工具交換裝置;換刀裝置	工具交換装置	工具交换装置;换刀装置
— changing cost	工具更〔交〕換費用	工具交換費用	工具更〔交〕换费用
— changing time	刀具更〔交〕換時間	工具交換時間	刀具更〔交〕换时间
— charges	工具費	工具費	工具费
— code	工具代碼;刀具編碼	工具コード	工具代码;刀具编码
— collision	工具干涉;工具碰撞	工具干渉	工具干涉;工具碰撞
— control	工具管理	工具管理	工具管理
— cost	工具費	工具費	工具费
— display board	工具陳列板	工具陳列板	工具陈列板
— dolly	工具小車	ツールドリ	工具小车
— drag	工具抵抗;工具阻力	工具抵抗	工具抵抗;工具阻力
— ejector	工具拆卸(推頂)器	ツールエジェクタ	工具拆卸(推顶)器
— electrode	加工電極	加工電極	加工电极
— end	刀尖	ツールエンド	刀尖
— file	刀具文件	工具ファイル	刀具文件
— function	工具機能;工具功能	工具機能	工具机能;工具功能

英文	臺灣	日文	大陸
— gage	刀具檢查器	刃物ゲージ	刀具检查器
— grinder	工具研削盤;工具磨床	工具研削盤	工具研削盘;工具磨床
— grindery	磨刀間;刃磨間	ツールグラインデリ	磨刀间;刃磨间
— grinding machine	工具研削盤;工具磨床	工具研削盤	工具研削盘;工具磨床
— head	刀架	ツールヘッド	刀架
— hold key	刀夾扳手	ツールホルダキー	刀夹扳手
— holder	刀來(把;柄)	ツールホルダ	刀来(把;柄)
— housing	模具座	金型の外被	模具座
— interference	工具干涉	工具干涉	工具干涉
— joint	鑽具接頭(礦機的)	ツールジョイント	钻具接头(矿机的)
— kit	組合工具;工具包〔箱〕	ツールキット	组合工具;工具包〔箱〕
— layout	工具配置	ツールレイアウト	工具配置
— length compensation	刀具長度補償	工具長補正	刀具长度补偿
— life	工具壽命;工具耐用度	ツールライフ	工具寿命;工具耐用度
— magazine	刀庫;多刀刀座	工具マガジン	刀库;多刀刀座
— maintenance	工具保守管理;工具維護	工具保守管理	工具保守管理;工具维护
— management	工具管理	工具管理	工具管理
— mark	刀痕;切削痕跡	工具きず	刀痕;切削痕迹
— material	工具材料	工具材料	工具材料
— microscope	工具顯微鏡	バイト顕微鏡	工具显微镜
— offset	刀具偏置;刀具位置補償	工具位置オフセット	刀具偏置;刀具位置补偿
— package	流動工具箱;工具車	ツールパッケージ	流动工具箱;工具车
— path programming	刀具路徑(軌跡)程式編制	工具径路プログラミング	刀具路径(轨迹)程序编制
— plastic	工具用塑料	工具用プラスチック	工具用塑料
— post	刀架;刀座;鉋床架	刃物台	刀架;刀座;刨床架
— presetter	刀具預調儀(裝置)	ツールプリセッタ	刀具预调仪(装置)
— pressure angle	工具壓力角	工具圧力角	工具压力角
— profile	刀刃形狀	刃形	刀刃形状
— rack	刀具架;格狀刀庫	ツールラック	刀具架;格状刀库
— reader	工具選擇裝置	工具選択装置	工具选择装置
— reference plane	工具基準面	工具基準面	工具基准面
— resharpening	刀具重磨;模具重磨	工具再研磨	刀具重磨;模具重磨
— rest	刀架;刀座;鉋床架	刃物台	刀架;刀座;刨床架
— rigidity	刀具的剛性	工具の剛性	刀具的刚性
— room	工作室;金型室;工具室	工具室	工作室;金型室;工具室
— scope	工具顯微鏡	ツールスコープ	工具显微镜
— selection	刀具的選擇	工具選択	刀具的选择
— setter	對刀儀;對刀裝置	ツールセッタ	对刀仪;对刀装置
— setting	刀具調整;刀具安裝	工具セッティング	刀具调整;刀具安装
— shank	刀柄	ツールシャンク	刀柄

英文	臺灣	日文	大陸
— shop	工具工場	工具工場	工具车间
— slide	刀架滑台;刀具滑台	工具すべり台	刀架滑台;刀具滑台
— smith	工具鍛工	工具かじ	工具锻工
— standardization	工具標準化	工具の標準化	工具标准化
— steel	工具鋼	工具鋼	工具钢
— swivel slide	刃物轉回台;刀具轉台	刃物旋回台	刃物转回台;刀具转台
— storage	刀庫	ツールストレージ	刀库
— table	工具台	工具台	工具台
— temperature	模具溫度	金型温度	模具温度
— tester	工具試驗機	工具試験機	工具试验机
— wear	工具磨損	工具摩耗	工具磨损
tooled joint	裝修接縫	化粧目地	装修接缝
tooling	用刀具加工;調整工具	ツーリング	用刀具加工;调整工具
— cost	刀具加工成本	工具費	刀具加工成本
— package	刀具組合件;工具車	ツーリングパッケージ	刀具组合件;工具车
— system	工具配備系統;刀具系統	ツーリングシステム	工具配备系统;刀具系统
— zone	切削加工範圍	ツーリングゾーン	切削加工范围
tools register	工具登記簿	工具台帳	工具登记簿
tooth	齒;齒輪齒;凸輪;刀齒	つめ歯車	齿;齿轮齿;凸轮;刀齿
— back	齒背	歯の背面	齿背
— bearing	齒輪支承面	歯当り	齿轮支承面
— clutch	齒輪離合器;齒式離合器	ツースクラッチ	齿轮离合器;齿式离合器
— crest	齒頂	歯先面	齿顶
— crest width	齒頂寬	歯先面の幅	齿顶宽
— depth	齒高;齒槽深度	刃溝深さ	齿高;齿槽深度
— face	齒面	鋼末の面	齿面
— factor	齒係數	歯車係数	齿系数
— flank	齒面;齒根面);齒側面	歯元の面	齿面;齿根面);齿侧面
— form	齒形;齒廓	刃形	齿形;齿廓
— holder	齒座;齒來	つめホルダ	齿座;齿来
— lead angle	(齒)螺旋升角(導角)	進み角	(齿)螺旋升角(导角)
— mark	切削痕跡;走刀痕跡	ツースマーク	切削痕迹;走刀痕迹
— pitch gage	齒距量規	歯形ピッチゲージ	齿距量规
— point	齒頂;齒尖	刃先	齿顶;齿尖
— profile error	齒形誤差	歯形誤差	齿形误差
— shape	齒形;齒廓	刃形	齿形;齿廓
— side	齒側面	刃の側面	齿侧面
— space	齒間隔;齒隙	刃溝面積	齿间隔;齿隙
— surface	齒面	歯面	齿面
— thickness	齒厚	歯厚	齿厚

英文	臺灣	日文	大陸
— trace error	齒痕誤差	歯すじ方向誤差	齿痕误差
toothed belt	齒形帶	歯付きベルト	齿形带
— lock washer	齒形彈簧墊圈	歯付き座金	齿形弹簧垫圈
— rack	齒條	ラック歯車	齿条
— rail	齒軌	歯車軌条	齿轨
— railway	齒條式鐵道	歯車式鉄道	齿条式铁道
— ring	齒形環銷	歯付き輪形ジベル	齿形环销
— ring dowel	齒環暗銷	爪付き輪形ジベル	齿环暗销
— V-belt drive	V形齒形帶傳動	歯付きV-ベルト駆動	V形齿形带传动
— washer	齒形(彈簧)墊圈	歯付き座金	齿形(弹簧)垫圈
— wheel	齒輪	歯車	齿轮
top	頂;尖端;最高點	トップ	顶;尖端;最高点
— and bottom process	頂底(煉鎳)法	頂底法	顶底(炼镍)法
— angle	頂端角鋼;上部角鋼	トップアングル	顶端角钢;上部角钢
— batter	最高點;頂峰;凸點	トップバッタ	最高点;顶峰;凸点
— beam	頂樑;上橫樑	トップビーム	顶梁;上横梁
— bearing	上軸承;前蓋軸承	トップベアリング	上轴承;前盖轴承
— blow	頂吹	トップブロー	顶吹
— boom	上桁;上樑	上かまち	上桁;上梁
— bracket gasoline	高辛烷值汽油	高オクタン価ガソリン	高辛烷值汽油
— cap	輪胎面補再生膠	再生ゴム張換え	轮胎面补再生胶
— case port	頂蓋氣口;上型箱孔口	トップケースポート	顶盖气口;上型箱孔口
— casting	頂鑄;上澆鑄;頂注	上つぎ鋳造	顶铸;上浇铸;顶注
— charge	爐頂裝料	炉頂装入式	炉顶装料
— class	最高級	トップクラス	最高级
— clearance	上死點間隙;頂部間隙	上死点すき間	上死点间隙;顶部间隙
— coat	保護膜;面層;外塗層	保護膜	保护膜;面层;外涂层
— coat painting	表層塗〔噴〕漆	上塗り塗装	表层涂〔喷〕漆
— collar	頂環	トップカラー	顶环
— column	懸臂頂柱	トップコラム	悬臂顶柱
— cone	高爐爐頭〔爐頂圓錐部分〕	上玉押し	高炉炉头〔炉顶圆锥部分〕
— coupling	端部連接	トップカップリング	端部连接
— cover	頂蓋	上がい	顶盖
— cross beam	梯形架上主橫樑	トップクロスビーム	梯形架上主横梁
— crust	爐瘤;渣殼;外皮	トップクラスト	炉瘤;渣壳;外皮
— cutting edge	齒頂切削刀	歯先切れ刃	齿顶切削刀
— dead center	上死點	上死点	上死点
— dead point	上死點	上死点	上死点
— die	上模	トップダイス	上模
— discharge	上出料式	頂上放出	上出料式

英文	臺灣	日文	大陸
— ejection	上部頂件	上部突出し	上部顶件
— end	頭部〔切除的廢棄部分〕	末口	头部〔切除的废弃部分〕
— end rail	頂端橫樑	上はり	顶端横梁
— face	上面	頂面	上面
— feed die	頂部加料模	上部供給ダイ	顶部加料模
— finish	表面拋光;表面精加工	表面仕上げ	表面抛光;表面精加工
— firing burner	頂部點火燃燒器	天上バーナ	顶部点火燃烧器
— frame	頂架;上支架	トップフレーム	顶架;上支架
— gas	爐頂煤氣	炉頂ガス	炉顶煤气
— gear	高速齒輪;末檔齒輪	高速ギヤー	高速齿轮;末档齿轮
— grade material	最高級材料	最高級材料	最高级材料
— guide	導頭〔帽〕;前導承	トップガイド	导头〔帽〕;前导承
— hat	頂環;鑄塊凹陷(部分)	頂冠	顶环;铸块凹陷(部分)
— head lug	上蓋凸緣	ヘッド上ラグ	上盖凸缘
— lamination	上層;面層	上層	上层;面层
— land	(活塞)端環槽脊	トップランド	(活塞)端环槽脊
— layer	表層;外層;罩面層	仕上げ層	表层;外层;罩面层
— level	最高水平;頂峰	トップレベル	最高水平;顶峰
— lighting	頂部采光	天窓採光	顶部采光
— load	尖峰負載;最大負載	天井荷重	尖峰负荷;最大负载
— management	最高管理階層	最高管理階層	最高管理阶层
— of column	柱頂	柱頭	柱顶
— of slope	坡頂;坡肩	斜面肩	坡顶;坡肩
— of thread	螺紋牙頂	ねじ山の頂	螺纹牙顶
— of tooth	齒頂	歯先	齿顶
— overhaul	大修	首位の分解修理	大修
— panel	頂部面板	天面	顶部面板
— part	上箱;上模	上型	上箱;上模
— plan	頂視圖;俯視圖	上面図	顶视图;俯视图
— plate	頂板;底板	頂(部外)板	顶板;底板
— pour	頂注;上注	上注ぎ鋳造	顶注;上注
— pouring	頂注法;上注法	上注ぎ鋳造	顶注法;上注法
— rake	前傾(角);前坡度;	前すくい角	前倾(角);前坡度;
— rake surface	前刀面	すくい面	前刀面
— ring	第一道密封環	トップリング	第一道密封环
— riser	頂冒口;明冒口	開放揚り	顶冒口;明冒口
— roll	上軸	上ロール	上轴
— seal	頂蓋蜜封	上ぶた密封	顶盖蜜封
— side sounder	電離層探測器	上層探測機	电离层探测器
— sleeve	外套筒	外そで	外套筒

T

英 文	臺 灣	日 文	大 陸
— slide	頂滑	ドップスライド	顶滑
— speed	最高速度	最高速度	最高速度
— speed governor	最大轉速調節器	過回転ガバナ	最大转速调节器
— stop	上死點自動停止裝置	上死点自動停止装置	上死点自动停止装置
— tray	頂板;頂盤	天井板	顶板;顶盘
— turbine	前置渦輪機	前置タービン	前置涡轮机
— view	俯視圖	上面図	俯视图
— with gum	上膠;塗橡膠	ゴム塗り	上胶;涂橡胶
topcoating lacquer	表層塗漆;表面塗漆	仕上げ塗ラッカ	表层涂漆;表面涂漆
top-down analysis	自頂向下的分析	下降型解析	自顶向下的分析
— approach	自頂向下法	下降型アプローチ	自顶向下法
— compiler	自頂向下編譯程式	トップダウンコンパイラ	自顶向下编译程序
— parsing	自頂向下分析	下降型構文解析	自顶向下分析
toplast	焦油酸合成樹脂	タール酸合成樹脂の一種	焦油酸合成树脂
topografiner	表面形態測量裝置	トポグラファイナ	表面形态测量装置
topping hob	頂切滾刀	トッピングホブ	顶切滚刀
— lift	吊索;千斤索	つり綱	吊索;千斤索
— turbine	前置渦輪	前置タービン	前置涡轮
— up	注油;充氣;充液;加油	注油	注油;充气;充液;加油
— winch	吊索絞車	トッピングウィンチ	吊索绞车
torberite	銅鈾雲母	銅ウラン雲母鉱	铜铀云母
torch	銲(割)炬;焰炬;噴燈	トーチ	焊(割)炬;焰炬;喷灯
— block	割炬組	トーチブロック	割炬组
— brazing	火焰銲接	トーチろう付け	火焰焊接
— corona	火焰狀電暈	火炎状コロナ	火焰状电晕
— cutting	火焰切割	ガス切断	火焰切割
— extinguisher	滅火器	トーチ消し	灭火器
— gouging	火焰開槽;氣鉋	火炎溝切り	火焰开槽;气刨
— hardening	火焰淬火	トーチ焼入れ	火焰淬火
— head	銲炬頭;割炬頭;噴燈頭	トーチヘッド	焊炬头;割炬头;喷灯头
— ignitor	火炬點火器	トーチ点火器	火炬点火器
— mixing	銲槍內混合(氣體)	トーチミキシング	焊枪内混合(气体)
— soldering	火焰銲接	トーチはんだ付け	火焰焊接
— tube	(銲接)吹管;銲(割)炬	トーチ管	(焊接)吹管;焊(割)炬
— welding	銲炬銲接;氣銲	トーチ溶接	焊炬焊接;气焊
torn surface	破斷面;破裂面	破面	破断面;破裂面
toroidal	圓環;曲面;螺旋管形的	トロイダル	圆环;曲面;螺旋管形的
torpex	鋁末混合炸葯	トーペックス火薬	铝末混合炸药
torque	轉矩;轉動力矩;扭矩	回転力	转矩;转动力矩;扭矩
— actuator	扭矩液動機	トルクアクチュエータ	扭矩液动机

英文	臺灣	日文	大陸
— amplifier	轉矩放大器	トルク増幅器	转矩放大器
— angle	轉矩角	トルク角	转矩角
— arm	轉矩臂	トルク棒	转矩臂
— balance	扭矩天平	トルク天びん	扭矩天平
— balance system	扭矩平衡裝置	トルク平衡装置	扭矩平衡装置
— balancing device	扭矩平衡裝置	トルク平衡装置	扭矩平衡装置
— beam	扭轉樑	トルクビーム	扭转梁
— box	高形翼樑	トルクボックス	高形翼梁
— breakdown test	轉矩破裂試驗	トルク破壊試験	转矩破裂试验
— capacity	轉矩容量	トルク容量	转矩容量
— coefficient	扭矩係數	トルク係数	扭矩系数
— collar	扭矩環	トルクカラー	扭矩环
— compensator	轉矩補償器	トルク補償器	转矩补偿器
— constant	轉矩常數	トルク係数	转矩常数
— control	力矩調節	トルク制御	力矩调节
— converter	液力變矩器;轉矩變換機	液体変速装置	液力变矩器;转矩变换机
— curve	轉矩曲線	トルク曲線	转矩曲线
— divider	分動器,副變速箱	トルクディバイダ	分动器;副变速箱
— drive unit	轉矩傳動裝置	トルク駆動ユニット	转矩传动装置
— dynamometer	扭力儀	トルク動力計	扭力仪
— effect	轉矩效應	トルク効果	转矩效应
— efficiency	轉矩效率	トルク効率	转矩效率
— fluctuation	轉矩脈動;轉矩變化	トルク変動	转矩脉动;转矩变化
— identity method	等轉矩法	トルク一致法	等转矩法
— index	轉矩係數	トルク指数	转矩系数
— indicating wrench	轉矩指示扳手	トルク指示レンチ	转矩指示扳手
— inertia ratio	轉矩慣性比	トルク慣性比	转矩惯性比
— limit	扭矩極限;扭力限度	トルクリミット	扭矩极限;扭力限度
— link	扭轉桿	トルクリンク	扭转杆
— loss	轉矩損失	トルク損失	转矩损失
— margin	轉矩裕度	トルク余裕	转矩裕度
— measuring apparatus	轉矩測量裝置(儀)	トルク測定装置	转矩测量装置(仪)
— meter	轉矩計;扭矩錶	トルク計	转矩计;扭矩表
— output	轉矩輸出;扭力輸出	トルク出力	转矩输出;扭力输出
— reaction	反轉(力)矩反抗轉矩	トルクリアクション	反转(力)矩反抗转矩
— rod	扭轉桿	トルク棒	扭转杆
— spanner	扭力扳手	トルクスパナ	力矩扳手
— spring	扭矩彈簧;調節器彈簧	トルクスプリング	扭矩弹簧;调节器弹簧
— stand	轉矩試驗台	トルクスタンド	转矩试验台
— stay	扭矩桿	トルク棒	扭矩杆

T

英文	臺灣	日文	大陸
— step motor	轉矩步进電動機	トルクステップモータ	转矩步进电动机
— test	扭矩	ねじり偶力試験	扭矩
— transfer	扭力傳遞	トルクトランスファ	扭力传递
— wrench	轉矩扳手;扭力扳手	トルクレンチ	转矩扳手;扭力扳手
torse	可展曲面;扭曲面	トース	可展曲面;扭曲面
torsel	樑墊	はり受け	梁垫
torsion	扭轉;轉矩;扭力	ねん力	扭转;转矩;扭力
— angle	扭轉角	ねじり角	扭转角
— balance	扭力平衡;扭力天平	ねじりばかり	扭力平衡;扭力天平
— bar	扭桿	トルク棒	扭杆
— bar spring	扭桿彈簧	ねじり棒ばね	扭杆弹簧
— bar suspension	扭桿懸架裝置	ねじり棒懸架装置	扭杆悬架装置
— bending	扭彎	曲げねじり	扭弯
— coil spring	扭力彈簧	ねじりコイルばね	扭力弹簧
— constant	扭轉係數	ねじれ係数	扭转系数
— couple	扭轉力偶;扭矩	ねじり偶力	扭转力偶;扭矩
— gum	扭轉減振橡膠彈簧	トーションガム	扭转减振橡胶弹簧
— head	扭轉頭	ねじり頭	扭转头
— impact test	扭力衝出試驗	ねじり衝撃試験	扭力冲出试验
— indicator	扭力計	ねじりインディケータ	扭力计
— machine	繞簧機	トーションマシン	绕簧机
— member	受扭構件	ねじれ部材	受扭构件
— meter	扭力計	ねじり動力計	扭力计
— modulus	扭轉(彈性)模量	ねじり剛性率	扭转(弹性)模量
— moment	扭矩	ねじりモーメント	扭矩
— seismometer	扭轉地雲儀	ねじれ地震計	扭转地云仪
— spring	扭(轉)簧	ねじりばね	扭(转)簧
— testing machine	扭轉(力)試驗機	ねじり試験機	扭转(力)试验机
torsional balancer	扭力平衡器	トーショナルバランサ	扭力平衡器
— bending	扭曲	ねじり曲げ	扭曲
— braid tester	扭力帶試驗機	ねじりひも試験機	扭力带试验机
— control	扭轉控制	ねじり制御	扭转控制
— couple	扭轉力偶	ねじり偶力	扭转力偶
— creep	扭曲潛變	ねじりクリープ	扭曲蠕变
— critical speed	扭轉臨界速度	ねじり臨界速度	扭转临界速度
— criticals	臨界扭轉	ねじり限界回転	临界扭转
— deflection	扭轉撓曲	ねじりたわみ	扭转挠曲
— deformation	扭轉變形	ねじり変形	扭转变形
— elasticity	扭轉撓性;扭轉彈性	ねじり弾性	扭转挠性;扭转弹性
flexibility	扭轉伸縮性	ねじりたわみ性	扭转伸缩性

英　文	臺　灣	日　文	大　陸
— force	扭力	ねん力	扭力
— function	扭轉函數	ねじり関数	扭转函数
— load	扭轉負載	ねじり荷重	扭转载荷
— modulus of elasticity	扭轉彈性模量	ねじり弾性率	扭转弹性模量
— modulus of section	截面抗扭模量	ねじりの断面係数	截面抗扭模量
— moment	扭矩	ねじりモーメント	扭矩
— resistance	抗扭性	ねじり抵抗	抗扭性
— rigidity	扭轉剛度;扭矩剛度	ねじり剛性	扭转刚度;扭矩刚度
— rigidity coefficient	抗扭剛度係數	ねじり剛性係数	抗扭刚度系数
— rigidity modulus	抗扭剛性模量	ねじり剛性率	抗扭刚性模量
— shear stress	扭轉切應力;扭矩剪應力	ねじりせん断応力	扭转切应力;扭矩剪应力
— shear test	扭轉剪切試驗	ねじりせん断試験	扭转剪切试验
— stiffness	扭矩剛度;扭轉剛度	ねじり剛性	扭矩刚度;扭转刚度
— strain	扭轉應變	ねじりひずみ	扭转应变
— strength	抗扭強度	ねじれ強さ	抗扭强度
— stress	扭轉應力;扭曲應力	ねじり応力	扭转应力;扭曲应力
— yield point	扭轉降伏點	ねじり降伏点	扭转屈服点
tortuosity factor	彎曲係數;曲折係數	くねり係数	弯曲系数;曲折系数
torus	圓環;橢圓環;環面	円環面	圆环;椭圆环,环面
tosecan	劃針(盤);劃線盤〔架〕	トースカン	划针(盘);划线盘〔架〕
total	總計;總數;總的;總括的	総計	总计;总数;总的;总括的
— analysis	全分析	全分析	全分析
— arc of contact	總接觸弧	巻付け角	总接触弧
— assembly	總裝配	全体組立て	总装配
— build-up time	總裝置時間	連結時間	总装置时间
— carburizing	完全滲碳	完全しん炭	完全渗碳
— case depth	硬化層總深度	全硬化深度	硬化层总深度
— corrosion percent	總腐蝕率	全体的腐食率	总腐蚀率
— cross section	總截面;全截面	全断面積	总截面;全截面
— decarburized depth	脫碳層總深度	全脱炭層深さ	脱碳层总深度
— design	總設計;總體設計	トータル設計	总设计;总体设计
— elongation	總延伸率;總伸長率	全伸び	总延伸率;总伸长率
— error	總誤差	トータルエラー	总误差
— hardening	全硬化;淬透	完全焼入れ	全硬化;淬透
— heat	熱函;總熱量;焓	全熱量	热函;总热量;焓
— heat exchanger	總熱交換器	全熱交換器	总热交换器
— heat leakage rate	總熱傳導率	全熱漏失率	总热传导率
— heat radiating power	總熱輻射功率	全熱ふく射能	总热辐射功率
— heat transfer	總熱傳遞	総熱量伝達	总热传递
— heating surface	總受熱面	全熱面	总受热面

英文	臺灣	日文	大陸
— heating value	總熱值	全発熱量	总热值
— height	總高;全高	総丈	总高;全高
— impulse	總衝量	全力積	总冲量
— intensity	總強度	全方向強度	总强度
— length	全長	全長	全长
— life	全壽命周期	トータルライフサイクル	全寿命周期
— load	總負載	全荷重	总负荷
— loss angle	全損失角;全損耗角	全損失角	全损失角;全损耗角
— model	總體模型	トータルモデル	总体模型
— module	總體模塊	トータルモジュール	总体模块
— operating time	總動作時間;總工作時間	総動作時間	总动作时间;总工作时间
— optimization	全體最適化;全部最佳化	全体最適化	全体最适化;全部最优化
— ordering relation	全順序關係	全順序関係	全顺序关系
— output	總產量;總出量;總輸出量	総産量	总产量;总出量;总输出量
— perspective	全透視圖	全透視図	全透视图
— porosity	總孔隙率	全孔げき率	总孔隙率
— power	總功率	トータルパワー	总功率
— pressure	全壓;總壓力;總壓強	総圧	全压;总压力;总压强
— production	全生產量;總生產量	全生産量	全生产量;总生产量
— quantity of heat	全熱量;總熱量	全熱量	全热量;总热量
— radiation pyrometer	全輻射高溫計	全放射温度計	全辐射高温计
— range	全範圍;全程	全範囲	全范围;全程
— regulation	全〔總〕調節率	総合変動率	全〔总〕调节率
— strain	總變形	全ひずみ	总变形
— strain energy theory	總應變能理論	全弾性エネルギー説	总应变能理论
— stress	全應力	全応力	全应力
— system concept	總體系統概念	トータルシステム概念	总体系统概念
— system design	總體系統設計	トータルシステム設計	总体系统设计
— system evaluation	總體系統評價	トータルシステム評価	总体系统评价
— system performance	總體系統性能	トータルシステム性能	总体系统性能
— system requirement	總體系統要求	トータルシステム要件	总体系统要求
— systematization	總體配套系統化	トータルシステム化	总体配套系统化
— test	綜合檢驗;全面檢驗	総合テスト	综合检验;全面检验
— testing time	總試驗時間;總動作時間	総試験時間	总试验时间;总动作时间
— thrust	總合推力;總推力	総合推力	总合推力;总推力
— tolerance	總合公差;總公差	総合公差	总合公差;总公差
— voltage regulation	全電壓變動;總壓調節	全電圧変動	全电压变动;总压调节
— weight	全重量;總重量	全重量	全重量;总重量
— wheel base	全軸距	全軸距	全轴距
Toucas metal	一種鎳合金	トーカスメタル	塔卡斯镍(临用)合金

英文	臺灣	日文	大陸
touch	感觸;觸覺;觸;接觸	感触	感触;触觉;触;接触
— block	接線盒(板)	タッチブロック	接线盒(板)
— button	指觸按鈕	タッチボタン	指触按钮
— key	接觸鍵;觸動鍵	タッチキー	接触键;触动键
— roller	接觸輪	タッチローラ	接触轮
— trigger probe	觸發式測頭	タッチトリガプローブ	触发式测头
— type electrode	接觸式銲極	コンタクト溶接棒	接触式焊极
touchstone	試金石;一種掛石	試金石	试金石;一种挂石
tough cake copper	精銅;韌銅	精銅	精铜;韧铜
— copper	精製銅;韌銅	精製銅	精制铜;韧铜
— failure	韌性破壞	じん性破損	韧性破坏
— fracture	韌性破壞	じん性破壊	韧性破坏
— hardness	韌硬度	じん性硬度	韧硬度
— poling	精銅	精銅	精铜
— rubber	硬橡膠	強張りゴム	硬橡胶
toughened glass	強化玻璃	強化ガラス	强化玻璃
— polystyrene	增強聚苯乙烯	強化ポリスチレン	增强聚苯乙烯
toughener	增強劑;增強合金	強じん化剤	增强剂;增强合金
toughening	強韌化(處理)	強じん化	强韧化(处理)
— rubber	增強用橡膠	強化用ゴム	增强用橡胶
toughness	韌性;鋼度;黏稠性	じん性	韧性;钢度;黏稠性
— index	韌性指數;黏滯度指數	タフネス指数	韧性指数;黏滞度指数
— test	衝擊韌性試驗	じん性試験	冲击韧性试验
Tourun metal	一種錫青銅	ツーランメタル	一种锡青铜
tow hook	牽引鉤;掛鉤	トウフック	牵引钩;挂钩
— ring layout	驅動環節設計	トウリングレイアウト	驱动环节设计
towanite	黃銅礦	黄銅鉱	黄铜矿
tower ring scrubber	塔式洗滌器;洗滌塔	タワーリングスクラバ	塔式洗涤器;洗涤塔
— slewing crane	塔式旋臂起重機	旋回タワークレーン	塔式旋臂起重机
towing apparatus	拖曳設計	えい航装置	拖曳设计
— arch	拖纜承樑;拖纜拱架	引き綱受けアーチ	拖缆承梁;拖缆拱架
toxic fume	有毒煙霧;毒煙	有毒煙霧	有毒烟雾;毒烟
— gas	毒氣	毒ガス	毒气
— substance	有毒物質	有毒物質	有毒物质
toxicity test	毒性試驗	毒性試験	毒性试验
trabeated construction	過樑式構造;楣式構造	まぐさ式構造	过梁式构造;楣式构造
— style	橫樑式;過樑式;楣式	まぐさ式	横梁式;过梁式;楣式
Trabuk	特拉布克錫鎳合金	トラバック	特拉布克锡镍合金
trace	痕跡;追蹤;探索	こん跡	痕迹;追踪;探索
— amount	微量;痕量	微量	微量;痕量

英文	臺灣	日文	大陸
— analysis	微量分析;痕量分析	こん跡分析	微量分析;痕量分析
— diagram	跟蹤圖	トレース図	跟踪图
— metal	微量金屬;痕量金屬	微量金属	微量金属;痕量金属
— paper	描圖紙	トレース紙	描图纸
traced design	描繪設計	透写	描绘设计
— drawing	原圖;底圖	原図	原图;底图
tracer	寫圖者;繪圖員;隨動裝置	追跡ルーチン	写图者;绘图员;随动装置
— control	仿形控制	ならい制御	仿形控制
— facility	仿形設計	トレーサ施設	仿形设计
— finger	仿形器指銷;仿形觸銷	トレーサフィンガ	仿形器指销;仿形触销
— head	仿形頭	トレーサヘッド	仿形头
— method	觸針法;針描氧割法	触針法	触针法;针描氧割法
— point	仿形觸頭;靠模指;跟蹤點	トレーサポイント	仿形触头;靠模指;跟踪点
— valve	仿形滑閥;伺服閥	トレーサバルブ	仿形滑阀;伺服阀
tracing	描圖;描繪;故障探測	写図	描图;描绘;故障探测
— ability	跟蹤能力	トレース能力	跟踪能力
— machine	描圖機;繪圖機	トレーシングマシン	描图机;绘图机
— paper	透寫紙;描圖紙;透明紙	透写紙	透写纸;描图纸;透明纸
— point	描繪點	描き点	描绘点
— sheet	描圖紙	トレーシングシート	描图纸
track	軌道;磁道;履帶	軌道	轨道;磁道;履带
— brake	軌制動器;軌閘	軌道ブレーキ	轨制动器;轨闸
— drive	履帶傳動	トラックドライブ	履带传动
— link	軌道連接;履帶鏈節	トラックリンク	轨道连接;履带链节
— pin	履帶銷	トラックピン	履带销
— section	軌道用型鋼	軌道用形材	轨道用型钢
— shoe	履帶板	履板	履带板
— tread	輪距	輪距	轮距
— wheel	履帶輪	下部転輪	履带轮
tracker	跟蹤系統;跟蹤裝置〔器〕	トラッカ	跟踪系统;跟踪装置〔器〕
tracking	跟蹤;追蹤;(漏電)痕跡	追跡	跟踪;追踪;(漏电)痕迹
trackle	滾輪;滑車	トラックル	滚轮;滑车
tracksilip	滑脫;打滑	トラックスリップ	滑脱;打滑
traction	牽引(力);推力;吸引力	引張り	牵引(力);推力;吸引力
— gear	牽引裝置	けん引装置	牵引装置
— load	起動負載;牽引負載	始動荷重	起动荷载;牵引荷载
— machinery	牽引機械	トラクションマシーナリ	牵引机械
tractive effort	牽引力;牽引作用;挽力	けん引力	牵引力;牵引作用;挽力
— force	牽引性能	索引力	牵引性能
tractor drill	牽引式鑽機	トラクタドリル	牵引式钻机

英　　文	臺　　灣	日　　文	大　　陸
traffing carrier	輸送帶;傳送帶	トラフィングキャリヤ	输送带;传送带
trailing axle	從動軸	従車軸	从动轴
— box	從動軸箱	従台車軸箱	从动轴箱
— spring	從動彈簧	従軸ばね	从动弹簧
— wheel	後輪;從動輪	後車輪	后轮;从动轮
train of gears	齒輪系	歯車列	齿轮系
— oil	鯨骨脂;海產動物油	鯨油	鲸骨脂;海产动物油
trainable manipulator	可訓練的機械手	訓練可能マニプレータ	可训练的机械手
trainer	教練機;訓練器材	練習機	教练机;训练器材
training aid	教具;訓練輔助設計;教材	教材	教具;训练辅助设计
— analysis procedure	訓練解析程序	訓練解析手順	训练解析程序
trait	特徵;特性	形質	特徵;特性
trajectory	軌道	軌道	轨道
tram rail	運料車軌道	電気軌道	运料车轨道
— road	軌道	軌道	轨道
trammel	樑規;指針;量規	トラメル	梁规;指针;量规
tramp metal	金屬異物	混入金属	金属异物
transcendental curve	超越曲線	超越曲線	超越曲线
— function	超越函數	超越関数	超越函数
— number	超越數	超越数	超越数
— system	超越系	超越システム	超越系
transcrystalline crack	穿晶破裂	結晶粒内破壊	穿晶破裂
— fracture	穿晶斷裂	貫粒割れ	穿晶断裂
transcrystallization	橫結晶	横軸結晶	横结晶
transducer	轉換器;傳感器	トランスデューサ	转换器;传感器
— sensitivity	傳感器靈敏度	トランスデューサ感度	传感器灵敏度
transfer	傳輸;(旋回)橫距	転送	传输;(旋回)横距
— area	傳熱面;接觸面	伝熱面	传热面;接触面
— arm	傳送臂	トランスファアーム	传送臂
— caliper	移測卡規;移置卡鉗	写しパス	移测卡规;移置卡钳
— case	分動箱;分動器	動力分配装置	分动箱;分动器
— chain	生產線	加工ライン	生产线
— chamber	料腔(轉移成形)	トランスファポット	料腔(转移成形)
— characteristic	轉移特性;變換特性	伝達特性	转移特性;变换特性
— check	傳輸檢查	転送検査	传输检查
— collet	自動送料來套	トランスファコレット	自动送料来套
— constant	傳輸常數	伝達定数	传输常数
— contact	轉換接點;變換接點	切換え接点	转换接点;变换接点
— control	轉移控制	搬送制御	转移控制
— conveyor	輸送帶	トランスファコンベヤ	输送带

T

英　文	臺　灣	日　文	大　陸
— curve	傳遞曲線;轉移曲線	トランスファカーブ	传递曲线;转移曲线
— efficiency	轉換效率;傳輸效率	転送効率	转换效率;传输效率
— element	傳遞元件;傳輸元件	伝達要素	传递元件;传输元件
— encapsulation	連續自動封裝(密封)	トランスファ封入成形	连续自动封装(密封)
— factor	轉移因數;轉換因數	変換率	转移因数;转换因数
— feeder	進給裝置;送料裝置	トランスファフィーダ	进给装置;送料装置
— force	傳遞模塑的成形壓力	トランスファ成形力	传递模塑的成形压力
— function	傳遞函數	伝達関数	传递函数
— header	連續自動式凸緣件鐓鍛機	トランスファヘッダ	连续自动式凸缘件镦锻机
— hose	輸送軟管	移送ホース	输送软管
— lag	傳遞遲滯;傳遞滯後	伝送遅延	传递迟滞;传递滞後
— length	傳達長度	導入長さ	传达长度
— line	傳送線;連續生產線	搬送ライン	传送线;连续生产线
— machine	轉移成形機	トランスファ成形機	转移成形机
— mechanism	自動傳輸機構;機械手	トランスファメカニズム	自动传输机构;机械手
— model	轉移成形	伝達モデル	转移成形
— molding	傳遞成形法;轉移成形法	圧送（樹脂）成形	传递成形法;转移成形法
— molding machine	轉移成形機	トランスファ成形機	转移成形机
— of control	控制轉移	制御転送	控制转移
— of energy	能量傳達	エネルギー伝達	能量传达
— of heat	放熱;熱傳導;熱的輸送	熱伝達	放热;热传导;热的输送
— piston	傳達模塑的(擠壓)活塞	トランスファピストン	传达模塑的(挤压)活塞
— pot	料腔(轉移成形)	トランスファポット	料腔(转移成形)
— press	連續自動沖床	トランスプァプレス	连续自动压力机
— speed	傳送速度	転送速度	传送速度
— switch	轉接開關;轉換開關	切換えスイッチ	转接开关;转换开关
— type heat exchanger	傳遞式熱交換器	熱通過式熱交換器	传递式热交换器
— valve	輸送閥	切換え弁	输送阀
— vector	轉移向量	トランスファベクトル	转移向量
— well	料腔(傳遞模塑)	トランスファポット	料腔(传递模塑)
transferability	轉移性	伝達性	转移性
transference	傳送;輸電	送電	传送;输电
transferring	轉印;傳遞;轉移	転写	转印;传递;转移
transform	變形;變換	変換	变形;变换
— coding	變換編碼	変換符号化	变换编码
transformation	變換;改變;換算	変換	变换;改变;换算
— annealing	相變退火	変態焼きなまし	相变退火
— constant	變換常數	転換定数	变换常数
— conversion	變換;轉換	変換	变换;转换
— loss	變壓損耗	変圧損	变压损耗

英文	臺灣	日文	大陸
— plasticity	相變塑性;轉變塑性	変態塑性	相变塑性;转变塑性
— point	相變點;變態點;轉變點	変態点	相变点;色变点;转变点
— strain	相變應變	変態ひずみ	相变应变
— stress	相變應力	変態応力	相变应力
— temperature	相變溫度	変態温度	相变温度
transformer	變壓器;變換器	変圧器	变压器;变换器
— sheet	變壓器用薄鋼板	変圧器用鉄板	变压器用薄钢板
— substation	變電所;變電所(站)	変電所	变电所;变电所(站)
transgranular crack	穿晶裂紋;粒內裂紋	粒内割れ	穿晶裂纹;粒内裂纹
— fracture	粒內破壞;晶(粒)內斷裂	粒内破壊	粒内破坏;晶(粒)内断裂
transient	過渡現象;瞬變過程;瞬態	過渡状態	过渡现象;瞬变过程;瞬态
— action	過渡作用	過渡作用	过渡作用
— analysis	瞬變分析;過渡分析	トランジェント解析	瞬变分析;过渡分析
— analyzer	瞬變過程分析器	過渡分析器	瞬变过程分析器
— arc discharge	過渡電弧放電;脈衝放電	過渡アーク放電	过渡电弧放电;脉冲放电
— behavior	瞬態特性	過渡特性	瞬态特性
— boiling range	過渡沸騰區	過渡沸騰域	过渡沸腾区
— characteristic	過渡特性;瞬態特性	過渡特性	过渡特性;瞬态特性
— creep	過渡潛變	遷移クリープ	过渡蠕变
— flame	過渡焰;瞬(時火)焰	過渡炎	过渡焰;瞬(时火)焰
— formation	過渡形態;過渡態	瞬間組成	过渡形态;过渡态
— moment	瞬變力矩	遷移モーメント	瞬变力矩
— motion	過渡運動	過渡的な運動	过渡运动
— phenomenon	過渡現象;瞬態現象	過渡現象	过渡现象;瞬态现象
— point	瞬變點;變態點;轉變點	遷移点	瞬变点;变态点;转变点
— pulse	瞬時脈衝	トランジェントパルス	瞬时脉冲
— short-circuit	過渡短絡;瞬時短路	過渡短絡	过渡短络;瞬时短路
— stability	過渡安定度(性)	過渡安定度	过渡安定度(性)
— stability analysis	過渡安定性解析	過渡安定性解析	过渡安定性解析
— state	過渡的狀態;瞬(時狀)態	過渡的状態	过渡的状态;瞬(时状)态
— state vibration	非定常振動;瞬態動	非定常振動	非定常振动;瞬态动
— stress	過渡應力;瞬變應力	過渡応力	过渡应力;瞬变应力
— temperature	過渡溫度;瞬變溫度	過渡温度	过渡温度;瞬变温度
— vibration	過渡振動;瞬態振動	過渡振動	过渡振动;瞬态振动
transistor	電晶體	トランジスタ	晶体(三极)管
transit	過渡;轉移;經緯儀	トランシット	过渡;转移;经纬仪
— phase angle	運轉相(移)角	走行角	运转相(移)角
transite plate	透明塑料板	透明プラスチック板	透明塑料板
transition	轉變;過渡;轉折點	遷移	转变;过渡;转折点
— altitude	轉換高度	遷移高度	转换高度

英文	臺灣	日文	大陸
— amplitude	瞬態振幅	遷移振幅	瞬态振幅
— delay	延遲轉變	遷移の遅れ	延迟转变
— effect	過渡效應;飛越效應	渡り効果	过渡效应;飞越效应
— flame	瞬(時火)焰	過渡炎	瞬(时火)焰
— flow	過渡流	不定流動	过渡流
— function	變換函數	変換関数	变换函数
— heat	轉化熱;轉變熱	転移熱	转化热;转变热
— idler	過渡惰輪;轉換惰輪	トランジションローラ	过渡惰轮;转换惰轮
— layer	轉變層;過渡層	転移層	转变层;过渡层
— loss	轉變損失	渡り損	转变损失
— metal	過渡金屬元素	遷移金属	过渡金属元素
— metal carbide	過渡金屬碳化物	遷移金属炭化物	过渡金属碳化物
— metal compound	過渡金屬化合物	遷移金属化合物	过渡金属化合物
— moment	轉移力矩;躍遷力矩	遷移モーメント	转移力矩;跃迁力矩
— part	過渡區;漸變段;緩和段	緩和区間	过渡区;渐变段;缓和段
— point	轉變點;過渡點	転移点	转变点;过渡点
— process	轉移過點	推移過程	转移过点
— range	轉變範圍	転変範囲	转变范围
— state	轉變狀態;過渡態	遷移状態	转变状态;过渡态
— structure	過渡結構;轉移結構	遷移構造	过渡结构;转移结构
— temperature	臨界溫度;過渡溫度	転移温度	临界温度;过渡温度
— zone	轉變區;漸變段;過渡間	遷移部	转变区;渐变段;过渡间
transitional element	過渡元素	転移元素	过渡元素
— layer	轉變層	転位層	转变层
translatability	可平移性	移動の可能性	可平移性
translation	翻譯;轉換	翻訳;移行	翻译;转换
— cam	直動凸輪;平移凸輪	直動カム	直动凸轮;平移凸轮
— control block	轉換控制塊	変換制御ブロック	转换控制块
— lattice	平移點陣	並進格子	平移点阵
translational energy	平移位能	移行エネルギー	平移位能
— lattice	平移結晶	移行結晶格子	平移结晶
— motion	平移運動	並進運動	平移运动
translator	翻譯程序;轉換器	翻訳ルーチン	翻译程序;转换器
translator energy	直線運動能量;平移能量	直線運動エネルギー	直线运动能量;平移能量
translocation	轉座;轉移(作用)	転座	转座;转移(作用)
translot	橫槽	トランスロット	横槽
translucence	半透明度(性)	半透明性	半透明度(性)
translucent body	半透明體	半透明体	半透明体
— porous alumina	透明多孔氧化鋁	透明多孔性アルミナ	透明多孔氧化铝
transmetallation	金屬交換反應	金属交換反応	金属交换反应

英文	臺灣	日文	大陸
transmissibility	可傳性;透射度	可透性	可传性;透射度
— of vibration	振動傳達率	振動伝達率	振动传达率
transmission	傳輸;發送;輸電;透射	伝送;送電	传输;发送;输电;透射
— attenuation	傳送減衰量;傳輸衰(量)	伝送減衰量	传送减衰量;传输衰(量)
— band	傳輸頻帶;傳動皮帶	伝送帯域	传输频带;传动皮带
— bearing	變速器軸承	変速機軸受	变速器轴承
— belt	傳輸皮帶	伝動ベルト	传输皮带
— block	傳輸塊	伝送ブロック	传输块
— brake	(汽車)傳動軸制動器	推進軸ブレーキ	(汽车)传动轴制动器
— capacity	傳輸容量〔能力〕	伝送容量	传输容量〔能力〕
— chain	傳送鏈	伝動用チェーン	传送链
— channel	傳送通路	伝送路	传送通路
— character	傳輸特性	伝送特性	传输特性
— coefficient	透射係數	透過係数	透射系数
— crank	傳動曲柄(臂)	動力伝達クランク	传动曲柄(臂)
— curve	傳輸曲線;透射曲線	伝播曲線	传输曲线;透射曲线
— device	傳動裝置	伝動装置	传动装置
— diagram	傳輸圖	伝送図	传输图
— differential pressure	傳動裝置壓差	伝動装置差圧力	传动装置压差
— gear	傳動裝置;變速齒輪	伝動装置	传动装置;变速齿轮
— gear box	變速箱;傳動齒輪箱	変速機	变速箱;传动齿轮箱
— gear ratio	轉速比;傳動(齒輪速)比	変速比	转速比;传动(齿轮速)比
— gearing	傳動裝置;齒輪傳動裝置	駆動装置	传动装置;齿轮传动装置
— lag	傳輸滯後	伝送遅れ	传输滞后
— lock	變速裝置鎖定器	変速装置固定	变速装置锁定器
— locking sprag	變速裝置制動銷	変速装置停止用爪	变速装置制动销
— lubricant	傳動裝置潤滑劑	伝動装置潤滑油	传动装置润滑剂
— mechanism	傳動機構	伝動機構	传动机构
— plate	傳導板	伝導板	传导板
— point	變態點	変態点	转变点
— ratio	變速比;傳動比	変速比	变速比;传动比
— shaft	傳動軸	伝動軸	传动轴
transmittancy	透光度;滲透度	透過率	透光度;渗透度
transmitting power	傳輸功率	伝達馬力	传输功率
— torque	傳送轉矩	伝達トルク	传送转矩
transonic compressor	跨音速壓氣〔縮〕機	遷音速圧縮機	跨音速压气〔缩〕机
transparent finish	透明精加工	透明仕上げ	透明精加工
— plastic model	透明塑料模型	透明プラスチック模型	透明塑料模型
— view	透視圖	透視図	透视图
transport	運輸;輸送;輸送機關	運搬	运输;输送;输送机关

英文	臺灣	日文	大陸
— apparatus	輸送機;運輸機	輸送装置	输送机;运输机
— capacity	輸送能力;運輸能力	輸送能力	输送能力;运输能力
— ratio	位移率	遷移比	位移率
transportable crane	移動式起重機〔吊車〕	移動式クレーン	移动式起重机〔吊车〕
transportation	運輸;輸送裝置	輸送	运输;输送装置
— capacity	運輸能力	輸送力	运输能力
— means	運輸工具	輸送手段	运输工具
— mode	運輸方式	輸送方式	运输方式
transporter	運輸機;傳送裝置	トランスポータ	运输机;传送装置
— tray	運輸用托盤	運搬皿	运输用托盘
transposed equation	轉置方程式;轉置方程	転置方程式	转置方程式;转置方程
— matrix	轉置矩陣	転置行列	转置矩阵
— vector	轉置向量	転置ベクトル	转置矢量
transposing	置換;更換;代用(品)	トランスポージング	置换;更换;代用(品)
transposition	置換;移項;(導線)交叉	ねん架	置换;移项;(导线)交叉
— arm	交叉臂	交さ金物	交叉臂
transversal acceleration	橫方向加速度	横方向加速度	横方向加速度
— arch	橫向拱	横断アーチ	横向拱
— crack	橫向裂縫〔紋〕	横割れ	横向裂缝〔纹〕
— motion	水平位移;橫向運動	横移動運動	水平位移;横向运动
— shaft	橫軸	横軸	横轴
— strain	橫向應變	横ひずみ	横向应变
— stress	橫向應力	横応力	横向应力
— velocity	橫向速度	横方向の速度	横向速度
— vibration	橫向振動	横振動	横向振动
— wave	橫波	横波	横波
transversality	橫截性	横断性	横截性
transverse	橫截	横断	横截
— acceleration	橫向加速度	横の加速度	横向加速度
— axis	橫截軸	横軸	横截轴
— base pitch	端面法向齒距〔周節〕	正面法線ピッチ	端面法向齿距〔周节〕
— beam	橫樑	横ビーム	横梁
— bend test	橫向彎曲試驗	横曲げ試験	横向弯曲试验
— bent	橫向構架	トランスバースベント	横向构架
— bracket	橫向托座;橫向牛腿	横持ち送り	横向托座;横向牛腿
— center of gravity	重心橫向座標	横方向重心	重心横向坐标
— contraction	橫向收縮	横収縮	横向收缩
— crack	橫裂紋	横割れ	横裂纹
— dimension	橫向尺寸	横断面寸法	横向尺寸
— discontinuity	橫向不均勻性	横きず	横向不均匀性

英 文	臺 灣	日 文	大 陸
— force	扭力	横方向分布	扭力
— function	扭轉函數	横方向延性	扭转函数
— load	扭轉負載	伸縮横目的	扭转载荷
— modulus of elasticity	扭轉彈性模量	横送り式プレス	扭转弹性模量
— modulus of section	截面抗扭模量	横方向の場	截面抗扭模量
— moment	扭矩	横裂	扭矩
— resistance	抗扭性	横断流	抗扭性
— rigidity	扭轉剛度;扭矩剛度	横方向の力	扭转刚度;扭矩刚度
— rigidity coefficient	抗扭剛度係數	横フレーム	抗扭刚度系数
— rigidity modulus	抗扭剛性模量	横継ぎ目	抗扭刚性模量
— shear stress	扭轉切應力;扭矩剪應力	横荷重	扭转切应力;扭矩剪应力
— shear test	扭轉剪切試驗	横質量	扭转剪切试验
— stiffness	扭矩剛度;扭轉剛度	横部材	扭矩刚度;扭转刚度
— strain	扭轉應變	横メタセンタ	扭转应变
— strength	抗扭強度	正面モジュール	抗扭强度
— stress	扭轉應力;扭曲應力	横弾性率	扭转应力;扭曲应力
— yield point	扭轉降伏點	横向きの運動量	扭转屈服点
tortuosity factor	彎曲係數;曲折係數	横振動	弯曲系数;曲折系数
torus	圓環;橢圓環;環面	正面ピッチ	圆环;椭圆环;环面
tosecan	劃針(盤);劃線盤〔架〕	正面	划针(盘);划线盘〔架〕
total	總計;總數;總的;總括的	横平削り盤	总计;总数;总的;总括的
— analysis	全分析	横方向圧力角	全分析
— arc of contact	總接觸弧	横方向プレストレス	总接触弧
— assembly	總裝配	横軸図法	总装配
— build-up time	總裝置時間	横方向の性質	总装置时间
— carburizing	完全滲碳	平行圏曲率半径	完全渗碳
— case depth	硬化層總深度	横の緩和	硬化层总深度
— corrosion percent	總腐蝕率	曲げ抵抗	总腐蚀率
— cross section	總截面;全截面	横リブ	总截面;全截面
— decarburized depth	脫碳層總深度	トランスリング	脱碳层总深度
— design	總設計;總體設計	トランスバースシー	总设计;总体设计
— elongation	總延伸率;總伸長率	横シーム溶接	总延伸率;总伸长率
— error	總誤差	横断面	总误差
— hardening	全硬化;淬透	横断形状	全硬化;淬透
— heat	熱函;總熱量;焓	横せん断応力	热函;总热量;焓
— heat exchanger	總熱交換器	合面外せん断力テンソル	总热交换器
— heat leakage rate	總熱傳導率	横せん断試験	总热传导率
— heat radiating power	總熱輻射功率	横収縮	总热辐射功率
— heat transfer	總熱傳遞	トランスバーススロット	总热传递
— heating surface	總咼熱面	横むきばね	总呙热面

T

英文	臺灣	日文	大陸
— stiffener	横向加勁桿	横補剛材	横向加劲杆
— strain	横(向)應變	横ひずみ	横(向)应变
— strength	横向強度;抗彎強度	横強度	横向强度;抗弯强度
— stress	横向應力	横応力	横向应力
— tensile strength	横拉伸強度	横引張り強さ	横拉伸强度
— tension crack	横向受拉裂縫	曲げひび割れ	横向受拉裂缝
— test	抗彎試驗;横向彎曲試驗	横曲げ試験	抗弯试验;横向弯曲试验
— thrust	横向推力;側推力	トランスバーススラスト	横向推力;侧推力
— thruster	横向推力器	横推力器	横向推力器
— tooth profile	端面齒形	横断歯形	端面齿形
— vibration	横(向)振動	横振動	横(向)振动
— wall	横向外牆	妻壁	横向外墙
— wave	横波	横波	横波
— wiring	横向張線;隔框張線	ろく材張り線	横向张线;隔框张线
transversing jack	横移式起重機	横送りジャッキ	横移式起重机
trap for petroleum	儲油構造	集油構造	储油构造
trapezoid	梯形;不規則四邊形	台形	梯形;不规则四边形
— arch	梯形拱;台形拱	てい形アーチ	梯形拱;台形拱
— box girder	梯形箱樑	台形箱げた	梯形箱梁
— frame	梯形框架;梯形構架	台形フレーム	梯形框架;梯形构架
— of piston	活塞衝程	ピストンの行程	活塞冲程
— of slide valve	滑閥行程	すべり弁の行程	滑阀行程
— pedestal	鐘形墊座;梯形墊座	はかま腰	钟形垫座;梯形垫座
— screw thread	梯形螺紋	台形ねじ	梯形螺纹
— shank tool	梯形柄車刀	台形シャンクバイト	梯形柄车刀
— shock pulse	梯形衝擊脈衝	台形波衝撃パルス	梯形冲击脉冲
— sleeper	梯形枕木	てい形まくら木	梯形枕木
— thread	梯形螺紋	台形ねじ	梯形螺纹
trash	垃圾;塵土;廢物〔料〕	ごみ	垃圾;尘土;废物〔料〕
— bin	垃圾箱	ごみ箱	垃圾箱
— can	垃圾桶	ごみ缶	垃圾桶
— container	廢物箱	廃物入れ	废物箱
travel	行程;衝程;旅行;移動	移動距離	行程;冲程;旅行;移动
— axle	横軸	走行〔移動〕軸	横轴
— base	活動底座;移動底座	走行台わく	活动底座;移动底座
— centrifuge	移動式離心機	トラベル遠心分離機	移动式离心机
— cross frame	横軸〔汽車的〕	走行クロスフレーム	横轴〔汽车的〕
— device	行走裝置;運行機構	走行装置	行走装置;运行机构
— gear	行走裝置;運行機構	走行装置	行走装置;运行机构
— mechanism	遷移機構	移動機構	迁移机构

英文	臺灣	日文	大陸
— of clutch	離合器行程	クラッチのストローク	离合器行程
— of valve	閥行程	弁の行程	阀行程
— time	運行時間;移動時間	走行時間	运行时间;移动时间
traveler	橋式起重機	走行装置	桥式起重机
traveling belt	運輸帶	可動調帯	运输带
— belt screen	運輸帶篩	移動ベルトふるい	运输带筛
— block	運行滑車〔輪〕;動滑車	トラベリングブロック	运行滑车〔轮〕;动滑车
— brake	移動式制動器	走行ブレーキ	移动式制动器
— cable crane	移動式纜索起重機	走行ケーブルクレーン	移动式缆索起重机
— center	移動式拱架	移動式センタ	移动式拱架
— contact	可動接點	可動接点	可动接点
— crane	移動式起重機	走行クレーン	移动式起重机
— cut-off saw	橫向進給圓盤鋸	走行切断のこ	横向进给圆盘锯
— derrick crane	移動式轉臂起重機	移動式デリッククレーン	移动式转臂起重机
— equipment	移動裝置	走行装置	移动装置
— forge	活動鍛爐;活動式鍛工間	移動かじ場	活动锻炉;活动式锻工间
— furnace	移動爐	移動炉	移动炉
— gantry	移動式龍門起重機	ガントリクレーン	移动式龙门起重机
grate stoker	移動爐篦加煤機	移床ストーカ	移动炉篦加煤机
— hoist	移動式滑車	走行ホイスト	移动式滑车
— jib crane	移動式懸臂起重機	走行形クレーン	移动式悬臂起重机
— load	移動負載	連行荷重	移动荷载
— motor hoist	移動式電動起重機	走行モータホイスト	移动式电动起重机
— performance	行走性能;運行特性	走行性能	行走性能;运行特性
— portal jib crane	移動高架懸臂起重機	移動門形ジブクレーン	移动高架悬臂起重机
— stay	移動中心架	移動振れ止め	移动中心架
— table	活動台面	走行テーブル	活动台面
— time	運轉時間;運轉時間	運転時間	运转时间;运转时间
traverse	橫斷(物);橫樑;旋轉	あや振り	横断(物);横梁;旋转
— bed	搖臂鑽橫動床面	トラバースベッド	摇臂钻横动床面
— cut	縱磨;縱向走刀磨削	トラバースカット	纵磨;纵向走刀磨削
— feed	橫向進給;橫進刀	横送り	横向进给;横进刀
— gear	橫移機構	横行装置	横移机构
— grinder	短磨輥;往復磨輥	ホースホールグラインダ	短磨辊;往复磨辊
— grinding	橫進磨法;縱磨	トラバース研削	横进磨法;纵磨
— guide	橫動導桿;橫動導紗器	トラバースガイド	横动导杆;横动导纱器
— line	方向線;導線;導線行程	多角線	方向线;导线;导线行程
— mark	走刀痕跡;螺旋斑痕	送りマーク	走刀痕迹;螺旋斑痕
— measurement	導線測量;橫向測量	トラバース測量	导线测量;横向测量
— motion	橫行;橫向運動;往復運動	横行	横行;横向运动;往复运动

T

英文	臺灣	日文	大陸
— plane	橫斷面	横断面	横断面
— planer	滑枕水平進給式牛頭鉋床	トラバース形削り盤	滑枕水平进给式牛头刨床
— shaper	滑枕水平進給式牛頭鉋床	トラバース形削り盤	滑枕水平进给式牛头刨床
— slide	縱向滑板	トラバーススライド	纵向滑板
— slotter	移動插頭進給式插床	トラバース立て削り盤	移动插头进给式插床
traverser	移車台;轉車台;活動平台	遷車台	移车台;转车台;活动平台
traversing equipment	橫行裝置;橫移機構	横行装置	横行装置;横移机构
— feed	縱向進給	縦送り	纵向进给
— gear	橫移〔動〕裝置	横行装置	横移〔动〕装置
— jack	移動式起重器〔千斤頂〕	送りジャッキ	移动式起重器〔千斤顶〕
— mechanism	旋轉裝置	方向移動装置	旋转装置
— of probe	前後掃描〔超音波探傷〕	前後走査	前后扫描〔超声探伤〕
— scan	前後掃描〔超音波探傷〕	前後走査	前后扫描〔超声探伤〕
— speed	橫行速度;橫移〔動〕速度	横行速度	横行速度;横移〔动〕速度
tray	托盤〔架〕;墊;座;溜槽	たな板	托盘〔架〕;垫;座;溜槽
— burner	擱架爐;盤架爐	つるべ式炉	搁架炉;盘架炉
tread mill	腳踏軋機	踏み車と石	脚踏轧机
treated liner	處理的襯墊	処理ライナ	处理的衬垫
— linseed oil	加工的亞麻仁油	加工アマニ油	加工的亚麻仁油
— neutrals	精製中性油	精製中性油	精制中性油
— oil	精製油	洗浄油	精制油
— rubber	精製橡膠	精製ゴム	精制橡胶
— wheel	處理過的砂輪	処理といし	处理过的砂轮
treater	處理器;提純器;淨油器	処理器	处理器;提纯器;净油器
treating oven	乾燥爐;熱處理爐	乾燥炉	乾燥炉;热处理炉
— processes	精製過程;處理過程	精製工程	精制过程;处理过程
treatment	處理;處置;加工	処置〔理〕	处理;处置;加工
— after hardening	硬化後處理	硬化後処理	硬化后处理
— before hardening	硬化前處理	硬化前処理	硬化前处理
— by extraction	萃取處理;精煉處理	抽出処理	萃取处理;精炼处理
— facility	處理設備〔施〕	処理施設	处理设备〔施〕
— of waste oil	廢油處理	廃油処理	废油处理
— plant	處理施設	処理施設	处理施设
treble block	三輪滑車	三輪滑車	三轮滑车
— gear	三聯齒輪(塊);三級齒輪	三段ギヤー	三联齿轮(块);三级齿轮
— ported slide valve	三通滑閥	三重口すべり弁	三通滑阀
tree	縱樑(軸);樹枝狀晶體	樹木(形)曲線	纵梁(轴);树枝状晶体
— automaton	樹形自動機	トリーオートマトン	树形自动机
— hanger	蠟樹架	ツリーハンガ	蜡树架
— holder	蠟樹架〔精鑄〕	ツリーホルダ	蜡树架〔精铸〕

英文	臺灣	日文	大陸
— nail	木栓;木釘;銷釘;蠟旋	木くぎ	木栓;木钉;销钉;蜡旋
trees	樹枝狀(鍍層)	トリス	树枝状(镀层)
— dendrite	樹枝狀鍍層結晶	樹枝状めっき	树枝状镀层结晶
trefoil	三瓣形;三瓣閥	三葉飾り	三瓣形;三瓣阀
tremble	震動;擺動	トレンブル	震动;摆动
tremor	顫動〔音〕;震動	トレモア	颤动〔音〕;震动
trench	挖基槽;挖溝;溝;槽	根切り	挖基槽;挖沟;沟;槽
trend	傾向;方向;趨向	傾向変動	倾向;方向;趋向
— analysis	趨勢(變動)分析	傾向変動分析	趋势(变动)分析
trepan	打眼(機);圓鋸;圈套	切抜き器	打眼(机);圆锯;圈套
— tool	套孔刀;切端面槽刀具	トレパンツール	套孔刀;切端面槽刀具
trepanner	套孔機;穿孔機;打眼機	トレパンナ	套孔机;穿孔机;打眼机
trepanning	套孔;穿孔;穿孔試驗	心残し削り	套孔;穿孔;穿孔试验
— drill	套孔鑽;套料鑽	トレパニングドリル	套孔钻;套料钻
— method	圓槽釋放法〔測殘餘應力〕	トレパン法	圆槽释放法〔测残馀应力〕
— test	穿孔試驗	トレパン試験	穿孔试验
— tool	切端面槽刀具	トレパンバイト	切端面槽刀具
trestle	支架	馬台	支架
trevorite	鎳磁鐵礦	トレボール石	镍磁铁矿
TRIAC switch	三端雙向(矽控)開關	トライアックスイッチ	三端双向(可控硅)开关
triakisoctahedron	三(角)八面體	三八面体	三(角)八面体
trial	試車〔運轉〕;訓練	試運転	试车〔运转〕;训练
— and error (method)	逐次逼近法	暗探法	逐次逼近法
— and error experience	試探法實驗	手探り実験	试探法实验
— and error test	試探性試驗	手探り試験	试探性试验
— foundry	試製鑄造工場	トライアルファンドリ	试制铸造车间
— loading	試驗負載	試験載荷	试验载荷
— operation	試運行	試験使用	试运行
— run	試運轉;試車;試生產	試運転	试运转;试车;试生产
triangle	三角形;三角板;三角鐵	三角形	三角形;三角板;三角铁
— bar	三角形棒	三角バー	三角形棒
— cam	三角凸輪	三角カム	三角凸轮
— law	三角定律	三角形法則	三角定律
— of error	誤差三角形	示誤三角形	误差三角形
— square	三角尺	三角定規	三角尺
— thread	三角螺紋	三角ねじ山	三角螺纹
triangular chisel	三角鑿刀	片刃平たがね	三角凿刀
— distributed load	三角分布負載	三角形状荷重	三角分布荷载
— file	三角銼	三角やすり	三角锉
— groove	三角形槽	三角溝	三角形槽

T

英文	臺灣	日文	大陸
— notch	三角形切口	三角切り欠き	三角形切口
— phase diagram	三元相圖	三角位相図	三元相图
— pitch	三角形螺距	三角形配列	三角形螺距
— rod	三角形母線	三角母線	三角形母线
— screw thread	三角(形)螺紋;V形螺紋	三角ねじ	三角(形)螺纹
— section	三角形斷面	三角形断面	三角形断面
— serration	三角形齒面	三角歯セレーション	三角形齿面
— square	三角直尺	三角定規	三角直尺
— support	三角架	三角架	三角架
— thread	三角(形)螺紋;V形螺紋	三角ねじ	三角(形)螺纹
— truss	三角桁架	三角小屋組	三角桁架
triangulation	三角測量;三角形分割	三角測量	三角测量;三角形分割
triatomic ring	三元環	三員環	三元环
triaxial apparatus	三軸壓力試驗機	三軸（圧縮）試験機	三轴压力试验机
— compression test	三軸壓力試驗	三軸圧縮試験	三轴压力试验
— shear test	三軸剪切試驗	三軸せん断試験	三轴剪切试验
— stress	三向應力	三軸応力	三向应力
triviality	三軸性〔應力的〕	三軸性	三轴性〔应力的〕
triblet	心軸	心軸	心轴
triboelectrification	摩擦起〔生〕電	摩擦帯電	摩擦起〔生〕电
tribology	摩擦學	トライボロジー	摩擦学
triboluminescence	摩擦發光	摩擦ルミネセンス	摩擦发光
tribometer	摩擦計	摩擦計	摩擦计
tricam	三片凸輪	トライカム	三片凸轮
tricing wire	吊索	トライシングロープ	吊索
trick	訣竅;鏡面刻度線	鏡内目盛り	诀窍;镜面刻度线
— valve	特立克閥	トリック弁	特立克阀
tricky quenching	無裂淬火	トリック焼入れ	无裂淬火
triclinic pinacoid	三斜桌面體;三斜軸面體	三斜卓面体	三斜桌面体;三斜轴面体
tricone ball mill	三錐式球磨機	トリコーンボールミル	三锥式球磨机
— bit	三錐齒輪鑽頭	トリコーンビット	三锥齿轮钻头
— mill	三錐式球磨機	トリコーンミル	三锥式球磨机
trident	牛頓三次方程;三叉曲線	三さ曲線	牛顿三次方程;三叉曲线
Tridia	一種硬質合金	トリディア	特里迪亚硬质合金
tridimensional polymer	三維結構聚合物	三次元重合体	三维结构聚合物
trier	試驗機;試驗者	試験機	试验机;试验者
trigger	啓動;觸發;制輪;扳機	引き金	启动;触发;制轮;扳机
— steering	觸發操縱;觸發控制	トリガステアリング	触发操纵;触发控制
— stop	閘柄式自動擋料裝置	引き金式ストップ	闸柄式自动挡料装置
— stopper	閘柄式自動擋料裝置	引き金式ストッパ	闸柄式自动挡料装置

英文	臺灣	日文	大陸
— sweep	觸發掃描	トリガ掃引	触发扫描
trigonal axis	三次對稱軸	三回対称軸	三次对称轴
— bipyramide	三角雙錐體	三方両すい体	三角双锥体
— pyramid	三角錐	三角すい	三角锥
— symmetry	三角對稱;三方對稱	三回対称	三角对称;三方对称
— system	三方晶系;三角晶系	三方晶系	三方晶系;三角晶系
trigonometer	直角三角計	直角三角計	直角三角计
— equation	三角方程式	三角方程式	三角方程
— functions	三角函數;圓函數	三角関数	三角函数;圆函数
— identity	三角恒等式	三角恒等式	三角恒等式
— integral	三角積分	三角積分	三角积分
— polynomial	三角多項式	三角多項式	三角多项式
trigonometry	三角學	三角法	三角学
trihedron	三面體	三面体	三面体
trilateration	三邊測量;三角測量	三辺測量	三边测量;三角测量
trilinear coordinates	三線座標	三線座標	三线坐标
trillion	兆	兆	太(拉);艾(可萨)
trim	縱傾;修(墊)整;微調	縦傾斜	纵倾;修(垫)整;微调
— and wipe-down die	切邊成形模	縁切り後成形型	切边成形模
— head	調整頭	トリムヘッド	调整头
— ledge	修緣凸出部分	トリムレッジ	修缘凸出部分
— line	修切輪廓線;切邊線	縁切り輪郭線	修切轮廓线;切边线
— materials	修整材料	修整材料	修整材料
— roll	切邊輥;修邊輥	耳切りロール	切边辊;修边辊
trimetal	三層金屬軸承合金	トリメタル	三层金属轴承合金
— plate	三層金屬板	トリメタル平版	三层金属板
trimmer	微調電容器;修整器;托樑	トリマ	微调电容器;修整器;托梁
trimming	切邊;整修〔平〕;微調	縁取り	切边;整修〔平〕;微调
— blade	切邊模	抜き型用ダイ	切边模
— cutter	切邊刀具	耳切り機	切边刀具
— devices	配平裝置	釣合い装置	配平装置
— die	切邊模	縁切り型	切边模
— equipment	微調設備;調整設備	トリミング装置	微调设备;调整设备
— machine	滾邊機;修整機	ばり取り機	滚边机;修整机
— moment	平衡力矩	トリミングモーメント	平衡力矩
— press	整形沖床;修邊沖床	トリミングプレス	整形压力机;修边压力机
— punch	切邊凸模	抜き型用パンチ	切边凸模
— rafter	修邊椽	切込みたるき	修边椽
— saw	切邊鋸;修邊鋸	トリミングソー	切边锯;修边锯
— shear	剪邊機;切邊機	縁取り切断	剪边机;切边机

英　　文	臺　　灣	日　　文	大　　陸
— strip	調整板條;切邊簧片	トリム板	调整板条;切边簧片
— tool	修邊工具	トリミング用工具	修边工具
trimmings	切屑	切くず	切屑
trinistor	三端npnp開關	トリニスタ	三端npnp开关
trinkerite	富硫樹脂;褐煤樹脂質	トリンカー石	富硫树脂;褐煤树脂质
triode AC switch	三端雙向(矽控)開關	トリオードACスイッチ	三端双向(可控硅)开关
— thyristor	三端晶體閘流管	三端子サイリスタ	三端晶体闸流管
trip	行程;自動停止裝置	走行	行程;自动停止装置
— bolt	緊固螺釘	トリップボルト	紧固螺钉
— button	解扣按鈕;釋放按鈕	トリップボタン	解扣按钮;释放按钮
— end	行程終點	トリップエンド	行程终点
— gear	裝卸裝置;離合裝置	掛け外しギヤー	装卸装置;离合装置
— hammer	夾板落錘;杵錘	トリップハンマ	夹板落锤;杵锤
— holder	夾緊模座;壓緊模座	トリップホルダ	夹紧模座;压紧模座
— off	跳開;斷開	トリップオフ	跳开;断开
— rod	卸件裝置用桿	はずし装置用ロッド	卸件装置用杆
— run	試運轉	トリップラン	试运转
— test	去制動試驗;釋放試驗	引外し試験	去制动试验;释放试验
— worm	脫落蝸桿	トリップウォーム	脱落蜗杆
tripestone	彎硬石膏	トライプストン	弯硬石膏
triple	三倍的;三重的	三倍の	三倍的;三重的
— action press	三動式沖床	三動プレス	三动式压力机
— belt	三層膠合(皮)帶	三枚合せベルト	三层胶合(皮)带
— buff	三折布拋光輪	トリプルバフ	三折布抛光轮
— flighted screw	三線螺紋的螺桿	三条ねじスクリュー	三头螺纹的螺杆
— gear	三聯齒輪	トリプルギヤー	三联齿轮
— geared drive	三聯齒輪傳動	三段歯車駆動	三联齿轮传动
— geared press	三聯齒輪傳動沖床	トリプルギヤードプレス	三联齿轮传动压力机
— roll mill	三輥磨	三本ロールミル	三辊磨
— section	複複式斷面	複複断面形	复复式断面
— thread	三頭螺紋;三線螺紋	三条ねじ	三头螺纹;三线螺纹
— valve	三通閥	三段弁	三通阀
— vane pump	三聯葉片泵	トリプルベーンポンプ	三联叶片泵
triple-ply belt	三層皮帶	三枚ベルト	三层皮带
triplicate runs	三次重複試驗	三重反複試験	三次重复试验
tripod jack	三腳千斤頂	三脚ジャッキ	三脚千斤顶
tripper	分離機構;卸料器	取出し機	分离机构;卸料器
tripsometer	彈性測試儀〔材料的〕	トリプソメータ	弹性测试仪〔材料的〕
triroll gage	三滾柱式〔三線〕螺紋量規	トリロールゲージ	三滚柱式螺纹量规
trisistor	矽控(整流器)	トリジスタ	可控硅(整流器)

英文	臺灣	日文	大陸
triturate	研製	粉砕	研制
trituration	研製;研製劑	磨砕	研制;研制剂
trivial name	慣用名;俗名	通俗名	惯用名;俗名
trochoid	次擺線;餘擺線	余はい線	次摆线;馀摆线
— curve	餘擺線;次擺線	トロコイド曲線	馀摆线;次摆线
— gear pump	餘擺線齒輪泵	トロコイド歯車ポンプ	馀摆线齿轮泵
— motion	餘擺線運動	トロコイド運動	馀摆线运动
Trodaloy	一種銅鈹合金	トロダロイ	一种铜铍合金
trolly	小車;手推車	トロリ	小车;手推车
trombone heat exchange	噴淋蛇管式熱交換器	トロンボーン型熱交換器	喷淋蛇管式热交换器
— pipe	伸縮式套管	入れ子管	伸缩式套管
trommel	鼓;轉筒(篩);滾筒篩	回転ふるい	鼓;转筒(筛);滚筒筛
— mixer	滾筒式攪拌機	トロンメルミキサ	滚筒式搅拌机
— roll	(鋼)管壁減薄軋機	トロンメルロール	(钢)管壁减薄轧机
— screen	滾筒篩	トロンメルスクリーン	滚筒筛
— sieve	滾筒篩	回転ふるい	滚筒筛
trommelling	轉筒篩選	トロンメルふるいわけ	转筒筛选
tromometer	微震計	トロモメータ	微震计
trompeter zone	無壓力區	免圧圏	无压力区
troostite	吐粒散鐵;錳矽鋅礦	トルースタイト	屈氏体;锰硅锌矿
tropicalization	耐高溫高濕的防銹處理	耐熱帯化	耐高温高湿的防锈处理
trouble	故障;事故;干擾;超負載	故障	故障;事故;干扰;超负荷
— analysis	故障分析	故障分析	故障分析
— block	故障塊;故障部分	トラブルブロック	故障块;故障部分
— lamp	故障指示燈	事故表示灯	故障指示灯
— location	故障點測定	故障点検出	故障点测定
— recorder	故障記錄器	トラブルレコーダ	故障记录器
— shootability	排除故障能力	故障探究性	排除故障能力
— shooter	故障檢修員	診断修理工	故障检修员
— shooting strategy	排除故障策略	故障探究戦略	排除故障策略
— shooting time	故障尋找〔檢修〕時間	故障探究時間	故障寻找〔检修〕时间
— switch	故障開關	トラブルスイッチ	故障开关
trough	槽;溝;導板	トラフ	槽;沟;导板
— casting	中間罐澆注	とい鋳造	中间罐浇注
trowel	鏝刀;抹子;小(泥)鏟	トロウェル;こて	镘刀;抹子;小(泥)铲
— finish	抹子壓光;抹光面	こて仕上げ	抹子压光;抹光面
truck	轉向架;手推車;台車	手押しトロ	转向架;手推车;台车
true	真的;準確的;準;真實	真性	真的;准确的;准;真实
— altitude	絕對高度	真高度	绝对高度
— breaking strength	實際斷裂強度	真の破壊強さ	实际断裂强度

英文	臺灣	日文	大陸
— density	真密度	真密度	真密度
— dimension	實際尺寸	実寸法	实际尺寸
— form dresser	(砂輪的)仿形修整裝置	トルーフォームドレッサ	(砂轮的)仿形修整装置
— polymerization	真正聚合	真正重合	真正聚合
— resin	天然樹脂	天然樹脂	天然树脂
— specific heat	真比熱	真の比熱	真比热
— stress	實際應力;真實應力	実際応力	实际应力;真实应力
— stress of fracture	實際破裂應力	真破断応力	实际破裂应力
— stress-strain curve	真應力-應變曲線	真応力ひずみ曲線	真应力-应变曲线
— stress-strain diagram	真應力-應變圖	真応力ひずみ線図	真应力-应变图
— tensile stress	真抗張應力	真抗張力	真抗张应力
— yield point	實際降伏點	真の降伏点	实际屈服点
truncated tip	(點銲用)錐頭電極	切頭円すいチップ	(点焊用)锥头电极
truncating method	截斷法	切捨て法	截断法
truncation	截斷;截尾	切捨て	截断;截尾
— error	截斷誤差;捨位誤差	打切り誤差	截断误差;舍位误差
— test	截斷試驗	中途打切り試験	截断试验
trundle	腳輪;滑輪	トランドル	脚轮;滑轮
trunk-engine	筒狀活塞發動機	トランク機関	筒状活塞发动机
trunk-piston	筒形活塞;柱塞	筒ピストン	筒形活塞;柱塞
trunnion	耳軸;凸耳;軸項;十字頭	耳軸	耳轴;凸耳;轴项;十字头
— bearing	耳軸承	耳軸受	耳轴承
— feed mill	耳軸式加料磨	トラニオンフィードミル	耳轴式加料磨
— gudgeon	旋轉樞(軸)	旋回とぼそ	旋转枢(轴)
— joint	耳軸式萬向接頭	トラニオンジョイント	耳轴式万向接头
— ring	耳軸環;管套環	トラニオンリング	耳轴环;管套环
— unit	耳軸裝置	トラニオンユニット	耳轴装置
truss	桁架;構架;把;束;串	トラス	桁架;构架;把;束;串
— analogy	模擬桁架	トラスアナロジー	模拟桁架
— bar	桁架(鐵)桿	トラス棒	桁架(铁)杆
— bolt	桁架螺栓;構架螺栓	組張りボルト	桁架螺栓;构架螺栓
— head rivet	大圓頭鉚釘	丸さらリベット	大圆头铆钉
— post	桁架(式)柱	トラスポスト	桁架(式)柱
— rod	車身骨架支柱;桁架桿件	トラスロッド	车身骨架支柱;桁架杆件
— structure	桁架結構	トラス構造	桁架结构
— stud	桁架雙頭螺栓	ぎぼうしゅ	桁架双头螺栓
trussed beam	桁架樑	構成ばり	桁架梁
— frame	桁架式構架	トラス補強フレーム	桁架式构架
— girder	桁架式大樑	構成ばり	桁架式大梁
— structure	桁架(式)結構	トラス構造	桁架(式)结构

英文	臺灣	日文	大陸
try	嘗試;試驗	トライ	尝试;试验
— cock	試驗(用)旋塞	験水コック	试验(用)旋塞
— square	直角尺	直角定規	直角尺
trying-plane	半精鉋;次光鉋	中しこかんな	半精刨;次光刨
tryout press	試模沖床	型仕上げプレス	试模压力机
— run	試車〔運轉〕	試運転	试车〔运转〕
tube	管(子);電子管;內胎	管;筒	管(子);电子管;内胎
— axial fan	軸流式風扇	チューブ軸流ファン	轴流式风扇
— ball mill	圓筒型球磨機	チューブボールミル	圆筒型球磨机
— bearer	管托架;管子卷邊器	管掛け	管托架;管子卷边器
— bender	彎管機	チューブベンダ	弯管机
— boiler	管式鍋爐	管ボイラ	管式锅炉
— Borium	碳化鎢耐磨銲料	チューブボリウム	碳化钨耐磨焊料
— clamp	管鉗	チューブクランプ	管钳
— compression bending	管子壓縮彎曲	管の押付け曲げ	管子压缩弯曲
— connector	管接頭	チューブコネクタ	管接头
— construction	管形構造;管形結構	筒形構造	管形构造;管形结构
— coupling	管接頭	管継ぎ手	管接头
— cutter	切管機	パイプカッタ	切管机
— die	擠管機頭	チューブ押出しダイ	挤管机头
— drawing machine	管拉延機;拉管機	管延べ機	管拉延机;拉管机
— drift	管塞	管せん	管塞
— expander	脹管器	管用エキスパンダ	胀管器
— expanding	擴管成形	管のエクスパンディング	扩管成形
— extrusion	管材擠壓成形	管材押出し加工	管材挤压成形
— extrusion machine	擠管機;管材擠壓機	チューブ押出し機	挤管机;管材挤压机
— feed	管式送料;儲料送進	チューブフィード	管式送料;储料送进
— ferrule	水管密封套;套圈	管はばき	水管密封套;套圈
— fitting	管接頭	管継ぎ手	管接头
— forming die	管成形型;管子成形模	管成形型	管成形型;管子成形模
— furnace	管式爐;管形爐	管状炉	管式炉;管形炉
— fuse	管狀保險絲;熔絲管	管形ヒューズ	管状保险丝;熔丝管
— mill	管磨機;軋管機;製管廠	筒形粉砕機	管磨机;轧管机;制管厂
— necking	管子縮徑	管の口締め成形	管子缩径
— nipple	管接頭;管子螺紋接套	チューブニップル	管接头;管子螺纹接套
— piercing die	管子沖孔模	管材穴あけ型	管子冲孔模
— pitch	管中心間距離;管心距	管中心間距離	管中心间距离;管心距
— plate	管板	管板	管板
— plug	管塞	管ふさぎ栓	管塞
— press	製管沖床	製管プレス	制管压力机

英　　文	臺　　灣	日　　文	大　　陸
— press bending	沖床彎管	管のプレス曲げ	压力机弯管
— roll bending	管子滾彎	管のロール曲げ	管子滚弯
— sampler	管式取樣器	チューブサンプラ	管式取样器
— scraper	刮管刀	管かき	刮管刀
— seam	管接縫	管継ぎ目	管接缝
— seat	管座	チューブシート	管座
— shaping	管子成形	管の成形	管子成形
— sinking	空拔管;無芯棒拔管	管の引抜き加工	空拔管;无芯棒拔管
— spinning	管子旋壓	管のスピニング加工	管子旋压
— steel	管用鋼;管鋼	管用鋼	管用钢;管钢
— stopper	管塞	管せん	管塞
— stretch bending	管子拉彎	管の引張り曲げ	管子拉弯
— support	管支柱;管支架	管支柱	管支柱;管支架
— swaging	管子旋轉鍛造	管のスエージ加工	管子旋转锻造
— swelling	管子變形	チューブ膨出	管子变形
— tension bending	管子拉彎	管の引張り曲げ	管子拉弯
— test pump	管試驗泵	管試験ポンプ	管试验泵
— vice	管子虎鉗	管万力	管子虎钳
— wrench	管扳手	握管器	管扳手
tubing	(鋪)管道;裝管;製管	管の成形加工	(铺)管道;装管;制管
— die	管(材)擠壓模	チューブ押出しダイ	管(材)挤压模
— machine	裝管機械;搖動套管機	チューブ押出し機	装管机械;摇动套管机
tubular axle	空心軸	管形軸	空心轴
— backbone frame	管形構架的機架	管状中央フレーム	管形构架的机架
— die	擠管機頭	チューブ押出しダイ	挤管机头
— extrusion die	吹(塑薄)膜機頭	チューブ押出しダイ	吹(塑薄)膜机头
— film	吹塑薄膜	チューブラフィルム	吹塑薄膜
— film die	吹(塑薄)膜機頭	インフレーションダイ	吹(塑薄)膜机头
— film process	吹塑法	インフレーション法	吹塑法
— joint	套筒接頭	差込み継ぎ手	套筒接头
— parts	管形零件	管状部品	管形零件
— rivet	管狀柳釘;空心鉚釘	管リベット	管状柳钉;空心铆钉
— sheet	管板	管板	管板
— steel prop	鋼管支柱〔撐〕	パイプ支柱	钢管支柱〔撑〕
— turbine	貫流式水輪機	チューブラ水車	贯流式水轮机
tuck pointing	嵌凸縫;勾凸縫	タックポインティング	嵌凸缝;勾凸缝
Tudor type battery	多德蓄電池	チュータバッテリ	图德蓄电池
— type electrode	多德式電極	チューダ型電極	图德式电极
tufftride	氰化鉀鹽浴軟氮化	タフトライド法	扩散渗氮;盐浴软氮化
— method	碳氮共滲法	タフトライドメソド	碳氮共渗法

英文	臺灣	日文	大陸
Tufftriding	軟氮化法	軟ちっ化	塔夫盐浴碳氮共渗法
tumble	滾轉〔動〕;磨光	タンブル	滚转〔动〕;磨光
— blend	滾筒混煉	タンブルブレンド	滚筒混炼
— finishing	滾筒拋光	バレル磨き	滚筒抛光
— polishing	筒拋光(法)	バレル磨き	筒抛光(法)
tumbler	轉臂;滾筒;換向開關	つめ返し	转臂;滚筒;换向开关
— cam	逆順換向凸輪;轉向輪	タンブラカム	逆顺换向凸轮;转向轮
— file	橢圓銼	だ円やすり	椭圆锉
— gear	擺動換向齒輪	タンブラギヤー	摆动换向齿轮
— test	磨蝕試驗	翻転試験	磨蚀试验
tumbling body	研磨體;研磨介質	粉砕媒体	研磨体;研磨介质
— box	滾筒	回転箱	滚筒
— compound	滾筒拋光劑	バレル磨き剤	滚筒抛光剂
— crusher	滾筒式粉碎機	タンブリングクラッシャ	滚筒式粉碎机
— disk granulator	盤形回轉製粒機	皿型造粒機	盘形回转制粒机
— granulator	滾筒製粒機	転動造粒装置	滚筒制粒机
— media	研磨體;研磨介質	粉砕媒体	研磨体;研磨介质
— medium	滾筒拋光劑	バレル磨き材	滚筒抛光剂
— mill	滾筒式磨機	回転ミル	滚筒式磨机
— polishing	滾筒研磨〔拋光〕	ころがし研磨	滚筒研磨〔抛光〕
tumblust	滾光;滾筒清理;滾筒噴砂	タンブラスト	滚光;滚筒清理;滚筒喷砂
tundish casting	中間罐澆注;中間包澆注	とい鋳造	中间罐浇注;中间包浇注
tune-up	調諧;調節〔整〕;校准	調整	调谐;调节〔整〕;校准
— data	調整(用基準)數据	チューナップデータ	调整(用基准)数据
— oil	清除(發動機沉積物用)油	発動機沈積物用清浄油	清除(发动机沉积物用)油
— shop	校准工場	チューナップショップ	校准车间
— tester	校准試驗器	チューナップテスタ	校准试验器
tung oil	桐油	きり油	桐油
tungalloy	鎢系硬質合金	タンガロイ	钨系硬质合金
tungalox	一種陶瓷(刀具)	タンガロックス	一种陶瓷(刀具)
tungar mill	硬質合金鑲片銑刀	タンガミル	硬质合金镶片铣刀
Tungelinvar	騰格林瓦合金	タンゲリンバ	腾格林瓦合金
tungsten,W	鎢	タングステン	钨
— arc cutting	鎢極電弧切割	タングステンアーク切断	钨极电弧切割
— brass	鎢黃銅	タングステン黄銅	钨黄铜
— bronze	鎢青銅	タングステン青銅	钨青铜
— chromium steel	鎢鉻鋼	タングステンクロム鋼	钨铬钢
— cobalt	鎢鈷合金	タングステンコバルト	钨钴合金
— electrode	鎢電極	タングステン電極	钨电极
— high density alloys	高密度鎢合金	タングステン高密度合金	高密度钨合金

英文	臺灣	日文	大陸
— inert-gas are welding	惰性氣體保護鎢極電弧銲	ティグ溶接	惰性气体保护钨极电弧焊
— oxide	氧化鎢	タングステン酸化物	氧化钨
— plate	鎢板	タングステン板	钨板
— point	鎢接點	タングステンポイント	钨接点
— powder	鎢粉末	タングステン粉末	钨粉末
— silicide	鎢的矽化物	タングステンシリサイド	钨的硅化物
— steel	鎢鋼	タングステンスチール	钨钢
Tungum	一種耐蝕矽黃銅	タンガム	一种耐蚀硅黄铜
tunnel	風洞;通道;煙道	ずい道	风洞;通道;烟道
— electric furnace	隧道式電爐	トンネル式電気炉	隧道式电炉
— gate	隧道型澆口	トンネルゲート	隧道型浇口
tuno-miller	外圓銑削〔工作慢轉〕	ターノミラー	外圆铣削〔工作慢转〕
Turbide	一種燒結耐熱合金	ターバイド	一种烧结耐热合金
turbination	螺旋形;倒圓錐	渦巻き形	螺旋形;倒圆锥
turbine	葉輪機;汽輪機;渦輪	タービン	叶轮机;汽轮机;涡轮
— bearing	渦輪軸承	タービン軸受	涡轮轴承
— compressor	渦輪壓縮機	タービンコンプレッサ	涡轮压缩机
— loss	渦輪損失	タービン損失	涡轮损失
— oil	渦輪機油	タービン油	涡轮机油
— output	渦輪輸出功率	タービン出力	涡轮输出功率
— shaft	渦輪軸	タービン軸	涡轮轴
— steel	渦輪用鋼	タービン用鋼	涡轮用钢
— test	渦輪試驗	タービン試験	涡轮试验
— thrust bearing	渦輪(機)止推軸承	タービン押し軸受け	涡轮(机)止推轴承
— volute pump	渦輪離心泵	タービン渦巻きポンプ	涡轮离心泵
— wheel	渦輪;葉輪	タービン羽根車	涡轮;叶轮
Turbiston	一種高強度黃銅	タービストン	一种高强度黄铜
turbo	渦輪(機)	ターボ	涡轮(机)
turbo-charger	渦輪增壓機〔器〕	排気タービン過給機	涡轮增压机〔器〕
turbo-charging	渦輪增壓	排気タービン過給	涡轮增压
turbo-hearth	渦輪敞爐;鹼性轉爐	ターボハース	涡轮敞炉;硷性转炉
turbo-jet	渦輪噴射發動機	ターボジェット	涡轮喷气发动机
— engine	渦輪噴射發動機	ターボジェット機関	涡轮喷气发动机
turbo-machine	渦輪機(組)	ターボ機械	涡轮机(组)
turbo-shaft	(發動機)渦輪軸	ターボシャフト	(发动机)涡轮轴
turbulent bead	銲道成形不良	不整ビード	焊道成形不良
— loss	紊流損失	乱流損失	紊流损失
turf	泥煤;草坪	泥炭	泥煤;草坪
turfary	泥煤田	泥炭田	泥煤田
turgite	水赤鐵礦	水赤鉄鉱	水赤铁矿

英文	臺灣	日文	大陸
turn	旋轉;轉向;變向;匝數	周回数;旋回	旋转;转向;变向;匝数
— back cuff	夾套	ダブルカフス	夹套
— indicator	回轉指示器	旋回計	回转指示器
— plate	回轉盤;轉盤	回転盤	回转盘;转盘
— screw	螺絲刀;傳動螺桿	ら旋回し	螺丝刀;传动螺杆
— switch	扭轉開關	ターンスイッチ	扭转开关
turnaround	轉盤;預防檢修;周轉	旋回移送装置	转盘;预防检修;周转
— speed	周轉速度	運転速度	周转速度
turnbuckle	鬆緊螺旋扣;螺絲接頭	ターンバックル	松紧螺旋扣;螺丝接头
— rod	(鬆緊)螺旋扣螺桿	ターンバックル棒	(松紧)螺旋扣螺杆
turned bolt	精製螺栓	仕上げボルト	精制螺栓
— edge	折邊;翻邊	折返し	折边;翻边
— finish	車削精加工	旋削仕上げ	车削精加工
turner	車工;旋轉器;車刀	機械工	车工;旋转器;车刀
turnery	車床工廠;車削工場	旋盤細工工場	车床工厂;车削车间
turning	變向;外圓切削;車削	外丸削り	变向;外圆切削;车削
— angle	轉向角;旋轉角	回転角	转向角;旋转角
— back	轉向	方向転換	转向
— bar	轉向桿	ターニングバー	转向杆
— center	車削加工中心(機床)	ターニングセンタ	车削加工中心(机床)
— chain	滾動鏈	ターニングチェーン	滚动链
— characteristic	回轉特性	旋回特性	回转特性
— chisel	轉鑿;旋鑿	回転のみ	转凿;旋凿
— circle radius	旋轉圓半徑	回転円半径	旋转圆半径
— crane	旋臂起重機	回転クレーン	旋臂起重机
— effort	回轉力;轉動力	回転力	回转力;转动力
— equipment	旋轉裝置	ターニング装置	旋转装置
— force	旋轉力	回転力	旋转力
— gear	旋轉裝置;盤車裝置	ターニング装置	旋转装置;盘车装置
— gouge	弧口旋鑿	回転穴たがね	弧口旋凿
— joint	鉸鏈;活動關節;旋轉接頭	回転継ぎ手	铰链;活动关节;旋转接头
— lathe	車床	回転旋盤	车床
— machine	(立式)車床	ターニングマシン	(立式)车床
— mill	(立式)銑床	ターニングミル	(立式)铣床
— moment	轉矩;動力矩	回転力率	转矩;动力矩
— motion	回轉運動	回頭運動	回转运动
— of flange	凸緣卷邊加工	フランジ部のカーリング	凸缘卷边加工
— pin	旋轉銷軸	中心ピン	旋转销轴
— quality	回轉性	旋回性	回转性
— radius	回轉半徑;轉彎半徑	旋回半径	回转半径;转弯半径

英　　文	臺　　灣	日　　文	大　　陸
— roll	轉胎〔輥;輪〕	ターニングロール	转胎〔辊;轮〕
— sander	旋轉噴砂器;旋轉打磨器	ターニングサンダ	旋转喷砂器;旋转打磨器
— saw	轉鋸;弧鋸	回転のこ	转锯;弧锯
— speed	回轉速度	旋回速力	回转速度
— table	轉台	ターンテーブル	转台
— tool	車刀;旋轉工具	回転工具	车刀;旋转工具
— track	回轉軌跡	旋回軌跡	回转轨迹
— trial	回轉試驗	旋回試験	回转试验
— turret	六角轉塔;回轉刀架	ターニングタレット	六角转塔;回转刀架
— wheel	轉(軸手)輪	回転輪	转(轴手)轮
turn-off	關斷;關閉	ターンオフ	关断;关闭
— thyristor	可關斷晶(體)閘(流)管	ターンオフサイリスタ	可关断晶(体)闸(流)管
turnon	接通;導通;起弧	点弧	接通;导通;起弧
turnout	岔道;產額;切斷	分岐器	岔道;产额;切断
turnover	旋轉;交叉頻率;顛覆	代謝回転	旋转;交叉频率;颠覆
— device	翻轉裝置	反転装置	翻转装置
— job	大修工作	大検査修理作業	大修工作
turntable	轉車台;回轉台;轉盤	回転テーブル	转车台;回转台;转盘
turret	六角車床;轉塔刀架	隅小塔	六角车床;转塔刀架
— carriage	六角頭台架〔滑鞍〕	タレットキャリエジ	六角头台架〔滑鞍〕
— cross slide	六角頭橫向滑板	タレットクロススライド	六角头横向滑板
— drilling machine	六角鑽床	タレットボール盤	六角钻床
— head	六角頭	タレット刃物台	六角头
— index	六角刀架轉位	タレットインデックス	六角刀架转位
— lathe	六角車床;轉塔車床	タレット旋盤	六角车床;转塔车床
— main shaft	轉塔主軸	タレットメインシャフト	转塔主轴
— miller	轉塔式銑床	タレットミラー	转塔式铣床
— mount	回轉架;轉塔架	タレットマウント	回转架;转塔架
— nozzle	回轉式噴嘴	タレットノズル	回转式喷嘴
— punch press	轉塔式衝壓機	タレットポンチプレス	转塔式冲压机
— slide	(六角頭)滑板	タレットスライド	(六角头)滑板
— type automatic lathe	轉塔式自動車床	タレット形自動盤	转塔式自动车床
Tutania metal	圖塔尼阿錫銻銅合金	ツタニアメタル	图塔尼阿锡锑铜合金
twelve cylinder	十二缸發動機	トウェルブシリンダ	十二缸发动机
twice beveled chisel	三角鑿	復斜角のみ	三角凿
twin	雙晶;雙的	双晶	双晶;双的;孪晶
— arc welding	雙極電弧銲	双極アーク溶接	双极电弧焊
— axis	雙晶軸	双晶軸	双晶轴;孪晶轴
— band saw machine	雙帶鋸床	ツイン帯のこ盤	双带锯床
— boundary	雙晶(邊)界	双晶界面	孪晶(边)界

英文	臺灣	日文	大陸
— carbon arc welding	雙極碳弧銲	双極炭素アーク溶接	双极碳弧焊
— contact	雙觸點;雙頭接點	双子接点	双触点;双头接点
— crystal	雙晶體;雙晶	双晶	双晶体;孪晶
— crystal dislocation	雙晶(作用)差排	双晶転位	双晶(作用)位错
— cylinder engine	雙汽缸發動機	ツインシリンダエンジン	双汽缸发动机
— cylinder mixer	雙筒式混煉機	V形ブレンダ	双筒式混炼机
— drive press	雙邊齒輪驅動沖床	二段歯車掛け式力機	双边齿轮驱动压力机
— engine	雙(列)發動機	二子発動機	双(列)发动机
— pump	雙生泵;雙缸泵	双子ポンプ	双生泵;双缸泵
— ring gage	雙聯環規	ツインリングゲージ	双联环规
— saw	雙條鋸	二丁のこ	双条锯
— simplex pump	雙單動泵	双子単動ポンプ	双单动泵
— six engine	水平對置式十二缸發動機	ツインシックスエンジン	水平对置式十二缸发动机
— spark ignition	雙火花點火裝置	二個式点火栓	双火花点火装置
— spiral turbine	雙蝸殼式渦輪機	双子渦巻きタービン	双蜗壳式涡轮机
— spiral water turbine	雙流蝸殼式水輪機	双流渦巻き水車	双流蜗壳式水轮机
— spot welding machine	雙極點銲機	ツインスポット溶接機	双极点焊机
— tongs	雙鉗;雙人操縱鉗	両持ちはし	双钳;双人操纵钳
— type sensor	對型傳感器	ツインタイプセンサ	对型传感器
— volute pump	雙螺旋泵	二重渦巻きポンプ	双螺旋泵
— worm extruder	雙螺桿擠出機	二軸スクリュー押出し機	双螺杆挤出机
twinned crystal	雙晶	双晶	双晶;孪晶
twinning	雙晶(作用)	双晶	孪晶(作用)
— axis	雙晶軸	双晶軸	孪晶轴
— plane	雙晶面	双晶面	双晶面
— striation	雙晶線〔條〕紋	双晶条線	孪晶线〔条〕纹
twin-roll crusher	雙輥筒式破碎機	ロールクラッシャ	双辊筒式破碎机
— mill	雙輥混煉機	二本ロール機	双辊混炼机
twin-screw extruder	雙軸螺旋擠壓機	二軸スクリュー押出し機	双轴螺旋挤压机
twin-shell blender	雙筒式混合機	双子円筒形混合機	双筒式混合机
twist	搓;扭;絞合;扭轉晶界	巻き付ける	搓;扭;绞合;扭转晶界
— action	扭轉作用	ねじり作用	扭转作用
— drill	麻花鑽;鑽井裝置	ねじれぎり	麻花钻;钻井装置
— drill gage	麻花鑽直徑量規	ドリルゲージ	麻花钻直径量规
— drill grinding machine	麻花鑽磨床	ねじれぎり研削盤	麻花钻磨床
— drill milling machine	麻花鑽銑床;鑽頭銑床	ドリルフライス盤	麻花钻铣床;钻头铣床
— flat drill	絞合平〔扁〕鑽	ねじれ平ぎり	绞合平〔扁〕钻
— forging	扭轉鍛造;搓鍛造	ツイスタ加工	扭转锻造;搓锻造
— inspection	扭轉試驗	検ねん	扭转试验
— joint	扭接;絞接	ねじれ継ぎ手	扭接;绞接

英文	臺灣	日文	大陸
— tube	扭曲管;彎管	ツイストチューブ	扭曲管;弯管
— type ring	扭曲環〔活塞環的一種〕	ツイストタイプリング	扭曲环〔活塞环的一种〕
— type rubber mount	扭轉型橡膠減振器	ねじり型防振ゴム	扭转型橡胶减振器
— welding	扭動銲接	ツイスト溶接	扭动焊接
twisted column	螺旋形柱	ねじれ柱	螺旋形柱
— curve	空間曲線;撓曲線	空間曲線	空间曲线;挠曲线
— deformed bar	螺紋鋼筋	ねじり翼形鉄筋	螺纹钢筋
— rope	絞繩;螺旋鋼索	ツイストロープ	绞绳;螺旋钢索
— sleeve joint	螺旋套筒接頭	ねん回スリーブ接続	螺旋套筒接头
— strip	扭曲的帶鋼	ねじり鋼帯	扭曲的带钢
twisting angle	扭轉角	ねじり角	扭转角
— force	扭力	ツイスティングフォース	扭力
— load	扭轉負載	ねじり荷重	扭转载荷
— moment	轉矩;扭矩	ねじりモーメント	转矩;扭矩
— strain	扭應變	ねじりひずみ	扭应变
— strength	抗扭強度;扭轉強度	ねじり強さ	抗扭强度;扭转强度
— stress	扭應力	ねじり応力	扭应力
— vibration	扭轉振動	ねじり振動	扭转振〔择〕动
two-axle bogie	雙軸轉向架	二軸ボギー	双轴转向架
— bogie car	雙軸轉向車	二軸ボギー車	双轴转向车
— bogie unit	雙軸轉向裝置	二軸ボギー装置	双轴转向装置
— engine	雙軸式發動機	二軸エンジン	双轴式发动机
— screw pump	雙軸螺桿泵	二軸スクリューポンプ	双轴螺杆泵
two-cylinder pump	雙缸泵	二シリンダポンプ	双缸泵
two-dimensional cutting	兩向切削	二次元切削	两向切削
— diffuser	二維擴壓器	二次元ディフューザ	二维扩压器
— elasticity	二維彈性	二次元弾性	二维弹性
— flow	二元流(動);平面流(動)	二次元の流れ	二元流(动);平面流(动)
— stress	雙軸應力;平面應力	二次元応力	双轴应力;平面应力
two-high mill	二輥式軋機	ツーハイミル	二辊式轧机
— reversing mill	二段可逆式軋機	二段可逆圧延機	二段可逆式轧机
— rolling mill	二輥式軋機	二段圧延機	二辊式轧机
two-impression tool	雙型腔模具	二個取り金型	双型腔模具
two-layer plastic pipe	雙層塑料管;夾層塑料管	二層プラスチック管	双层塑料管;夹层塑料管
two-leaved door	雙開彈簧	両開き戸	双开弹簧
two-level mold	雙層模	二段金型	双层模
two-lobe bearing	雙圓弧軸承;橢圓形軸承	二円弧軸受け	双圆弧轴承;椭圆形轴承
— rotary pump	雙凸輪旋轉泵	二突き輪回転ポンプ	双凸轮旋转泵
— rotor	雙葉轉子	二葉ロータ	双叶转子
two-part mold	二瓣模;兩箱鑄模	二つ割り型	二瓣模;两箱铸型

英文	臺灣	日文	大陸
two-phase alloy	二相合金	二相合金	二相合金
— servomotor	雙向伺服電動機	二相サーボモータ	双向伺服电动机
— stainless steel	二相不銹鋼	二相ステンレス鋼	二相不锈钢
— synchronous motor	二相同步電動機	二相同期電動機	二相同步电动机
two-piece bearing ring	雙半軸承套圈	合せ軌道輪	双半轴承套圈
— mold	開式模	二個構成金型	开式模
— sleeve	雙片軸套〔襯套〕	二枚そで	双片轴套〔衬套〕
two-plate die	雙板式模	二枚構成ダイ	双板式模
— injection mold	雙板式注射模	二枚構成射出成形用金型	双板式注射模
two-plies belt	雙層皮帶	二枚合せベルト	双层皮带
two-point press	雙點沖床	ツーポイントプレス	双点压力机
— suspension link press	雙點聯動沖床	二点リンクプレス	双点联动压力机
two-position action	雙位動作	二位置動作	双位动作
— valve	雙位閥	二位置弁	双位阀
two-post die set	雙導柱模架	二柱式ダイセット	双导柱模架
two-rotor screw pump	雙葉輪螺旋泵	二軸形ねじポンプ	双叶轮螺旋泵
two-shaft turret winder	雙軸台式卷取機	二軸タレットワインダ	双轴台式卷取机
two-shot molding	雙型腔模塑〔成形〕	二個取り成形	双型腔模塑〔成形〕
two side shear	兩面切邊機	ツーサイドシャー	两面切边机
two-sided test	雙面試驗	両側検定	双面试验
two-socket tee fitting	雙承丁字管;雙承三通	二承丁字管	双承丁字管;双承三通
two-speed clutch	雙速離合器	二速式クラッチ	双速离合器
— gear	二級變速裝置	二段変速装置	二级变速装置
— rear axle	二速式後車軸	二速式後車軸	二速式后车轴
two-stage die	二工位模	二工程型	二工位模
— pump	兩級泵;	二段ポンプ	两级泵;
— quenching	雙液淬火	二段焼入れ	双液淬火
— regulator	兩級調壓器	二段式調整器	两级调压器
— relief valve	兩級減壓閥	二段リリーフ弁	两级减压阀
— resin	兩級(酚醛)樹脂	二段法樹脂	两级(酚醛)树脂
— stroke cylinder	二衝程汽缸	二段シリンダ	二冲程汽缸
two-start screw	雙頭螺紋	二条ねじ	双头螺纹
— thread	雙頭螺紋	二条ねじ	双头螺纹
two-station method	兩點交會法	二点交会法	两点交会法
— progressive die	二級連續模	二段順送り型	二工位连续模
two-step action control	(自動控制的)雙位控制	二位置制御	(自动控制的)双位控制
— dies	兩級級進模;兩級沖裁模	二段絞り型	两级级进模;两级冲裁模
— hemming die	二級折邊模	二段縁曲げ型	二级折边模
— pulley	兩級滑輪(車)	二段車	两级滑轮(车)
— resin	兩級酚醛樹脂	二段法樹脂	两级酚醛树脂

T

英文	臺灣	日文	大陸
two-stepped annealing	二級退火	二段焼きなまし	二级退火
— normalizing	二級正常化	二段焼きならし	二级正火
— quenching	雙液淬火;二級淬火	二段焼入れ	双液淬火;二级淬火
two-stroke cycle	二衝程循環	二サイクル	二冲程循环
— engine	二衝程發動機	二サイクル機関	二冲程发动机
two-throw crank shaft	雙聯曲柄軸	二連クランク軸	双联曲柄轴
— pump	雙推動泵;雙聯曲柄泵	二連クランクポンプ	双推动泵;双联曲柄泵
two-tongue tearing test	雙舌片式撕裂試驗	二タング形引裂き試験	双舌片式撕裂试验
two-valued logic	二値邏輯;布爾邏輯	二値論理	二值逻辑;布尔逻辑
two-way air valve	雙向空氣閥	双向空気弁	双向空气阀
— cock	雙向龍頭;兩通旋塞	二方コック	双向龙头;两通旋塞
tying	拉桿;連系桿;系結	つなぎ材	拉杆;连系杆;系结
type	類型;型號;打字;鉛字	タイプ	类型;型号;打字;铅字
— founding	鑄字	活字鋳造	铸字
— high gage	測高儀	高さゲージ	测高仪
— matrix	銅模(鉛字的)	母型	铜模(铅字的)
— metal	鉛字合金;活字合金	活字メタル	铅字合金;活字合金
— of finish	精加工等級	仕上げ等級	精加工等级
type-casting machine	鑄字機	活字鋳造機	铸字机
typical cross-section	(道路)標準橫斷面	標準横断面	(道路)标准横断面
— design	標準設計	標準設計	标准设计
— detail drawing	標準詳圖	基準詳細図	标准详图
tyre mill	輪箍軋機	タイヤ圧延機	轮箍轧机
— mold	輪胎壓模	タイヤ圧造型	轮胎压模
— press	輪胎壓機;輪箍壓機	タイヤ圧縮器	轮胎压机;轮箍压机
Tyseley metal	泰澤利飾用鑄鋅合金	ティズリメタル	泰泽利饰用铸锌合金

英文	臺灣	日文	大陸
U-bend	U形彎曲管接頭	返しベンド	U形弯曲管接头
U-bend die	U形彎曲模	U曲げ型	U形弯曲模
U curve	淬火截面硬度分布曲線	U曲線	淬火截面硬度分布曲线
U cut rib	U字形加強筋	U形リブ	U字形加强筋
U-groove welding	U形坡口銲接	U形グルーブ溶接	U形坡口焊接
U-link	U形夾〔鉤;插塞〕;馬蹄鉤	U形リンク	U形夹〔钩;插塞〕;马蹄钩
U magnet	馬蹄形磁鐵	Uマグネット	马蹄形磁铁
U-notch	U形缺口	U形切欠き	U形缺口
U-nut	U形螺母	U形ナット	U形螺母
U-piston engine	U形活塞式發動機	U形機関	U形活塞式发动机
U-section	槽鋼	U形材	槽钢
U-slit cracking test	U形缺口抗裂試驗	U形スリット割れ試験	U形缺口抗裂试验
U-steel	槽鋼	U形鋼	槽钢
U-tension test	U形拉伸試驗	U形引張り試験	U形拉伸试验
U-thread	U形螺紋牙	U形ねじ山	U形螺纹牙
ulco metal	一種鉛基軸承合金	ウルコ合金	一种铅基轴承合金
Ulcony metal	重負載用銅鉛軸承合金	アルコニメタル	重载荷用铜铅轴承合金
Ulmal	鋁錳矽合金	アルマール	铝锰硅合金
ultimate analysis	極限分析	極限解析	极限分析
— bearing capacity	極限支持力;極限承載力	極限支持力	极限支持力;极限承载力
— bearing strength	極限側壓承載〔支承〕強度	極限支持強度	极限侧压承载〔支承〕强度
— bearing stress	極限擠壓應力	面圧極限支持応力	极限挤压应力
— bending strength	極限彎強度	極限曲げ強さ	极限弯强度
— compression strength	極限壓縮強度	極限圧縮強度	极限压缩强度
— crushing strength	極限斷裂強度	極限破裂強度	极限断裂强度
— design	極限(負載)設計	終局設計	极限(荷载)设计
— disposal	最後處理	最終処分	最后处理
— elastic stress	彈性極限應力	極限弾性応力	弹性极限应力
— elongation	極限伸長	極限伸び	极限伸长
— extension	延伸極限	極限伸び	延伸极限
— flexural strength	極限撓曲強度	極限曲げ強さ	极限挠曲强度
— load	極限負載	終極荷重	极限载荷
— mechanical property	極限機械性能	極限機械的性質	极限机械性能
— moment	極限力矩;破壞力矩	破酸モーメント	极限力矩;破坏力矩
— oxidation	極限氧化	極限酸化	极限氧化
— pressure	極限壓力	極限破壊圧力	极限压力
— resistibility	極限抗力	終局耐力	极限抗力
— shear strength	極限剪切強度	極限せん断強度	极限剪切强度
— strain	極限應變	終局ひずみ	极限应变
— strength	極限強度	結局強度	极限强度

英文	臺灣	日文	大陸
— stress	極限應力	限界応力	极限应力
— tensile strength	極限抗拉強度	極限引張り強さ	极限抗拉强度
— tensile stress	極限抗拉應力	極限抗張力	极限抗拉应力
— yield	最終收率	最終収率	最终收率
ultraaudible sound	超音波	超音波	超声波
ultracentrifugal analysi	超離心分析(法)	超遠心分析	超离心分析(法)
ultra-clean coal	特精煤	超特清浄炭	特精煤
ultrafilm pulverizing	超細粉磨;過細研磨	超微粉砕	超细粉磨;过细研磨
ultrafine dust	特細粉末	超細粉	特细粉末
— filtration	超細過濾	超精密ろ過用フィルタ	超细过滤
— grinder	超細粉磨機	超微粉砕機	超细粉磨机
— metal powder	超細金屬粉末	金属超微粉	超细金属粉末
— mill	超細粉磨機	超微粉砕機	超细粉磨机
— particle	超細顆粒	超微粒子	超细颗粒
— pulverizer	超細粉磨機	超微粉砕機	超细粉磨机
ultrahigh pressure	超高壓	超高圧	超高压
— speed extrusion	超高速擠出	超高速押出し	超高速挤出
— speed machining	超高速加工	超速機械加工法	超高速加工
— strength steel	超高強度鋼	超高張力鋼	超高强度钢
— temperature	超高溫	超高温	超高温
— temperature heating	超高溫加熱	超高温加熱	超高温加热
— vacuum	超高真空	超高真空	超高真空
ultralight alloy	超輕合金	超軽合金	超轻合金
ultralumin	硬鋁合金	ウルトラルミン	硬铝合金
ultramicro-crystal	超微結晶	超微結晶	超微结晶
ultramicrometer	超小型測微計	超測微計	超小型测微计
ultra-microtome	超薄切片機	超マイクロトーム	超薄切片机
ultrared ray	紅外線	ウルトラレッドレイ	红外线
ultrasonic bond	超音波銲接〔接合〕	超音波ボンド	超声波焊接〔接合〕
— bonding	超音波壓接法〔銲接〕	超音波ボンディング	超声波压接法〔焊接〕
— brazing	超音波銲接	超音波ろう付け	超声(波)焊接
— cleaner	超音波清洗機	超音波洗浄器	超声波清洗机
— cleaning	超音波清洗	超音波清浄化	超声波清洗
— crack inspect	超音波探傷	超音波探傷	超声波探伤
— cutting	超音波切割	超音波切断	超声波切割
— detection of defects	超音波探傷	超音波探傷	超声波探伤
— detector	超音波探測器	超音波測定器	超声波探测器
— dispersion machine	超音波分散機	超音波分散機	超声波分散机
— electrostatic sprayer	超音波靜電噴塗機	超音波静電塗装機	超声波静电喷涂机
— energy	超音波能	超音波エネルギー	超声(波)能

英文	臺灣	日文	大陸
— examination	超音波探傷	超音波探傷検査	超声波探伤
— flaw detecting	超音波探傷檢查	超音波探傷検査	超声波探伤检查
— flaw detection test	超音波探傷檢查	超音波探傷検査	超声波探伤检查
— flaw detector	超音波探傷儀	超音波探傷器	超声波探伤仪
— inspection meter	超音波探傷儀	超音波探傷器	超声波探伤仪
— machine	超音波機床	超音波加工機	超声波机床
— machining	超音波加工	超音波加工	超声波加工
— rail-defect detecter	超音波鐵軌探傷器	超音波レール探傷器	超声波铁轨探伤器
— reflectscope	超音波探傷儀	超音波探傷装置	超声波探伤仪
— sensor	超音波傳感器	超音波検出器	超声波传感器
— soldering	超音波錫銲	超音波はんだ付け	超声波锡焊
— sounding	超音波測深	超音波測深	超声测深
— test	超音波試驗〔探傷〕	超音波試験	超声波试验〔探伤〕
— wash	超音波洗滌	超音波洗浄	超声波洗涤
— wave	超音波	超音波	超声波
— wave point welding	超音波點銲	超音波点溶接	超声波点焊
— welding	超音波銲接	超音波溶接	超声波焊接
— working	超音波加工	超音波加工	超声波加工
ultrasonics	超音波;超音波學	超音波学	超声波;超声波学
ultrathin section	超薄切片;膜片	超薄切片	超薄切片;膜片
ultraviolet carbon	紫外線碳精棒	紫外線炭素棒	紫外线碳精棒
— cure	紫外線硬化	紫外線硬化	紫外线硬化
unacceptable defect	不容許的缺陷	許容できない欠陥	不容许的缺陷
unaffected zone	銲接母材未受影響區	原質部	(焊接母材)未受影响区
unavailability	未利用率;無效(率)	不稼働率	未利用率;无效(率)
unbalance	不平衡	不釣り合い	不平衡
— biaxially oriented film	不均勻雙軸拉伸膜	不均等二軸延伸フィルム	不均匀双轴拉伸膜
— force	不平衡力;不對稱力	不釣り合い力	不平衡力;不对称力
— reduction ratio	不平衡減速比	不釣り合い低減比	不平衡减速比
— tolerance	不對稱度公差	許容不釣り合い	不对称度公差
— vector	不對稱向量;不平衡向量	不釣り合いベクトル	不对称矢量;不平衡矢量
unbalanced moment	不平衡力矩	不釣り合いモーメント	不平衡力矩
— vane pump	不平衡葉片泵	不平衡ベーンポンプ	不平衡叶片泵
unbreakability	非破壞性	非破損性	非破坏性
uncertainty principle	測不準定理;不定性定理	不確定性原理	测不准原理;不定性原理
unclosed chain	無拘束鏈	不確定連鎖	不定链系;自由链系
— pair	不限定對偶	不確定対偶	不限定对偶
unconfined blast	敞口吹風	開放衝風	敞口吹风
— compression strength	無側限抗壓強度	一軸圧縮強さ	无侧限抗压强度
— compression test	單軸壓縮試驗	無制限圧縮試験	单轴压缩试验

英文	臺灣	日文	大陸
unconstrained chain	不限定鏈系	不確定連鎖	不限定链系
uncured state	未固化狀態	未硬化状態	未固化状态
under annealing	不完全退火〔亞共析鋼的〕	アンダアニーリング	不完全退火〔亚共析钢的〕
— coallar	下(軸)環	アンダカラー	下(轴)环
— construction	正在施工	施行中	正在施工
— examination	(正在)試驗中	試験中	(正在)试验中
— hardening	欠熱淬火	アンダハードニング	欠热淬火
— tension	承受張〔拉〕力	張力を受けて	承受张〔拉〕力
underbead crack	銲縫下裂紋	ビード下割れ	焊缝下裂纹
undercooled graphite	過冷石墨	過冷黒鉛	过冷石墨
undercure	硬化不足;加硫不足	硬化不足	硬化不足;加硫不足
undercut	過切;過渡切削;咬邊〔銲〕	アンダカット	根切;过渡切削;咬边〔焊〕
— drill	導向刃縮小的鑽頭	アンダカットドリル	导向刃缩小的钻头
undercutting	過切;鉋槽;咬邊	アンダカット	下切;刨槽;咬边
underdrive	(沖床的)下傳動	アンダドライブ	(压力机的)下传动
— press	下傳動沖床	アンダドライブプレス	下传动压力机
underfeed	下部進料	底部給材	下部进料
underfill	不滿〔尺寸不足〕;未充滿	欠肉	不满〔尺寸不足〕;未充满
underfilm corrosion	膜下腐蝕	被膜下腐食	膜下腐蚀
underheating	加熱不足	加熱不足	加热不足
underlap spool valve	負重疊滑閥	負重合スプール弁	负重叠滑阀
underload	欠載;負載不足;輕(負)載	アンダロード	欠载;负载不足;轻(负)载
— circuit breaker	不足負載斷流器	不足負荷遮断器	不足负荷断流器
— relay	低載繼電器;欠載繼電器	不足負荷継電器	低载继电器;欠载继电器
undermoderation	緩慢減速	低減速	缓慢减速
underpanel	底板	アンダパネル	底板
underpass shaving	橫向剃齒	アンダパスシェービング	横向剃齿
underplate	基礎;底板	アンダプレート	基础;底板
underpriming	注油不足	注油不足	注油不足
underpunch	下部穿孔	アンダパンチ	下部穿孔
underreamer	擴孔器;擴眼器	アンダリーマ	扩孔器;扩眼器
underriding conveyor	懸臂式傳送帶〔輸送機〕	釣下げ式コンベヤ	悬臂式传送带〔输送机〕
underrun	欠載運行;底面通過	アンダラン	欠载运行;底面通过
underseal	底封	アンダシール	底封
undersize	負公差尺寸;尺寸不足	過小寸法	负公差尺寸;尺寸不足
— product	尺寸不足的產品	ふるい下産物	尺寸不足的产品
— reamer	下限尺寸鉸刀	アンダサイズリーマ	下限尺寸铰刀
underslung frame	懸掛式構架	車軸下フレーム	悬挂式构架
— spring	吊掛式鋼板彈簧	下釣式ばね	吊挂式钢板弹簧
— suspension	板簧下置式懸掛	下釣懸架法	板簧下置式悬挂

英文	臺灣	日文	大陸
underspeed	降低速度;速度不足	低速度	降低速度;速度不足
— switch	低速開關	低速度スイッチ	低速开关
undervulcanization	硫化不足	加硫不足	硫化不足
underwater cutting	水下切割	水中切断	水下切割
— electric pump	沉式電力泵;沉水泵	水中電動ポンプ	沉式电力泵;沉水泵
— welding	水下銲接	水中溶接	水下焊接
undesirable components	不良成分	不良成分	不良成分
— deformation	不合要求的變形	不整変形	不合要求的变形
undisturbed flow	穩流;未擾亂的流	安定流	稳流;未扰乱的流
— sample	未擾動試樣;原狀試樣	安定試料	未扰动试样;原状试样
undrained shear test	不排水剪切試驗	非排水せん断試験	不排水剪切试验
UNEF-thread	統一標準超細牙螺紋	ユニファイ極細目ねじ	统一标准超细牙螺纹
unelastic collision	非彈性碰撞	非弾性衝突	非弹性碰撞
unequal addendum	不等齒頂高	ちんば歯車	不等齿顶高
— addendum system	不等齒頂高齒輪系	ちんば歯形	不等齿顶高齿轮系
— angle	不等邊角鋼;不等角	不等辺山形材	不等边角钢;不等角
— angle steel	不等邊角鋼	不等辺山形鋼	不等边角钢
unequal-sided angle iro	不等邊角鋼〔鐵〕	不等辺山形鋼	不等边角钢〔铁〕
uneven rolling	軋痕〔印〕	ロール当たり	轧痕〔印〕
— running	不勻轉動	不斉運転	不匀转动
unevenness	不均勻;不一樣;不平正	不同	不均匀;不一样;不平正
unfilled material	未填充材料	無充てん材料	未填充材料
unfinished body	未完工的物體	未完成物体	未完工的物体
ungrindable material	不可磨削的材料	不砕材料	不可磨削的材料
unground bearing	滾道不磨削軸承	非研削軸受	滚道不磨削轴承
— hob	未磨齒滾刀	非研削ホブ	未磨齿滚刀
— resin	未磨碎樹脂	未磨砕樹脂	未磨碎树脂
— surface	未研磨〔拋光〕面	未研磨面	未研磨〔抛光〕面
unguided punch	無引導沖頭	ガイドレスポンチ	无引导冲头
unhaired hide	去毛皮;光皮	脱毛皮;銀皮	去毛皮;光皮
unhardened core	未硬化心部	非硬化心径	未硬化心部
uniaxial compression	單軸壓縮	一軸圧縮	单轴压缩
— compression test	單軸壓縮試驗	一軸圧縮試験	单轴压缩试验
— crystal	單軸晶體	一軸性結晶	单轴晶体
— load	單軸負載	一軸荷重	单轴负荷
— strain gage	單軸應變儀	単軸ゲージ	单轴应变仪
— stress	單向應力;單軸應力	単軸応力	单向应力;单轴应力
— stress system	單軸應力系	一軸応力系	单轴应力系
— stretching	單軸拉伸	一軸延伸	单轴拉伸
— tension	單軸向拉伸	一軸引張り	单轴向拉伸

英文	臺灣	日文	大陸
uniaxially stretched fil	單軸拉伸膜	一軸延伸フィルム	单轴拉伸膜
uniaxis	單軸	単軸	单轴
unicellular plastic(s)	單孔塑料	独立気泡プラスチック	单孔塑料
unichrome	光澤鍍鋅	ユニクロム	光泽镀锌
— galvanization	光澤鍍鋅	ユニクロムめっき	光泽镀锌
unidirectional diffusion	單向擴散	一方拡散	单向扩散
— solidification	定向凝固	一方向性凝固	定向凝固
unified fine thread	統一標準細牙螺紋	ユニファイ細目ねじ	统一标准细牙螺纹
uniflow	單(向)流動;直流	単流	单(向)流动;直流
uniform acceleration	等加速度;勻加速度	等加速度	等加速度;匀加速度
— bending	純彎曲	均等曲げ	纯弯曲
— circular motion	勻速圓周運動	等速円運動	匀速圆周运动
— corrosion	均勻腐蝕	均一腐食	均匀腐蚀
— corrosion rate	均勻腐蝕速度	均一腐食度	均匀腐蚀速度
— coupling	均勻聯軸節;均勻接頭	等速継手	均匀联轴节;均匀接头
— deflection test	等撓曲試驗	一定たわみ試験	等挠曲试验
— elongation	均勻延伸	一様伸び	均匀延伸
— expansion	均勻膨脹	均一膨張	均匀膨胀
— hardening	均勻淬火	均一焼入れ	均匀淬火
— load	均布負載	等分布荷重	均布载荷
— model	均勻模型	一様モデル	均匀模型
— motion	均勻運動;勻速運動	一様な運動	均匀运动;匀速运动
— phase line	等向位線	等位相線	等向位线
— pitch	等螺距	固定ピッチ	等螺距
— pitch screw	等距螺桿	等ピッチ形スクリュー	等距螺杆
— pressure	均(勻)壓(力)	等圧力	均(匀)压(力)
— rate	均勻速度	等速度	均匀速度
— scale	等分標度〔度盤〕	等分目盛	等分标度〔度盘〕
— section	等截面	一定断面	等截面
— standard	統一標準;同一標準	一律基準	统一标准;同一标准
— strength	均勻強度	均一強さ	均匀强度
— stress	均勻應力	一様応力	均匀应力
— stroke motion	勻速行程運動	定速ラム運動	匀速行程运动
— torsion	均勻扭曲〔轉〕	均等ねじり	均匀扭曲〔转〕
— velocity	均勻速度	均一速度	均匀速度
uniformity test	均勻性試驗	均一性試験	均匀性试验
uni-grinder	單輥磨	ユニグラインダ	单辊磨
unilateral load	單側負載	片側荷重	单侧荷载
Uniloy	一種鎳鉻鋼	ユニロイ	一种镍铬钢
unimate	工業用機械手	ユニメート	工业用机械手

英　　文	臺　　灣	日　　文	大　　陸
uninterrupted feed	連續進給	連続供給	连续进给
union	由任;和集;組合;連合	ユニオン；連合	并集;和集;组合;连合
— body	連接體	ユニオンボディ	连接体
— coupling	聯軸節	ユニオンカップリング	联轴节
— elbow	中間彎頭	ユニオンエルボ	中间弯头
— fitting	活接頭配合	ユニオンフィッティング	活接头配合
— gasket	連接管襯墊	ユニオンガスケット	连接管密封垫
— joint	管子活接頭	ユニオン継手	管子活接头
— melt welding	自動潛弧銲	ユニオンメルト溶接	埋弧自动焊
— metal	鉛基鹼土金屬軸承合金	ユニオンメタル	铅基碱土金属轴承合金
— nut	連接螺母	噴射管継ぎナット	连接螺母
— pipe joint	聯軸器管接頭	ユニオン管継手	联轴器管接头
— purchase system	複滑車〔起重裝置〕	けんか巻	复滑车〔起重装置〕
— ring	聯結環	ユニオンリング	联结环
— screw	管接頭對動螺紋	ユニオンねじ	管接头对动螺纹
— shop	聯合工廠;聯合工場	ユニオンショップ	联合工厂;联合车间
— stud	聯管節螺柱	ユニオン植ねじ	联管节螺柱
— swivel end	活接口端;旋轉聯管節端	ユニオンつば	活接口端;旋转联管节端
unionarc	磁性銲劑氣體保護電銲	ユニオンアーク	磁性焊剂气体保护电焊
— welding	磁性銲劑CO_2氣體保護銲	ユニオンアーク溶接	磁性焊剂CO_2气体保护焊
unipivot	單支軸;單樞軸	単軸受	单支轴;单枢轴
— pattern	單樞軸型	単軸先式	单枢轴型
— support	單點支撐式;單軸支撐式	ユニピボットサポート	单点支撑式;单轴支撑式
unipurose machine	專用工作機械;專用機	専用工作機械	专用工作机械;专用机
uni-roller	單輥磨	ユニローラ	单辊磨
unit	單位;單元;成份	単位	单位;单元;成份
— architecture	零件結構	ユニットアーキテクチャ	部件结构
— assembled window	成套組裝	ユニット窓	成套组装
— assembly	組裝件;裝配件	小組立	组装件;装配件
— bit	單元位	ユニットビット	单元位
— bore system	基孔制	穴基準式	基孔制
— buff	整體布輪	ユニットバフ	整体布轮
— card	單位程序卡	ユニットカード	单位程序卡
— cell	晶格單位;單元;單細胞	単位格子	晶格单位;单元;单细胞
— die	成套模具	ユニット型	成套模具
— distortion	單位變形	単位ひずみ	单位变形
— drawing	零件圖	部品図	部件图
— elongation	延伸率;單位伸長	単位伸び	延伸率;单位伸长
— error	單位誤差	単体誤差	单位误差
— extension	單位伸長;延伸率	単位伸び	单位伸长;延伸率

英　文	臺　灣	日　文	大　陸
— hardness	單位硬度	硬度単位	单位硬度
— head machine	組合機床	ユニットヘッドマシン	组合机床
— load	單位負載	単位負荷	单位负载
— mass	單位質量	単位質量	单位质量
— pressure	單位壓力	単位圧	单位压力
— sample	單位試樣	単位試料	单位试样
— tensor	單位張量	単位テンソル	单位张量
— tooling	成套工具	ユニットツーリング	成套工具
— vector	單位向量	単位ベクトル	单位矢量;单位向量
— velocity	單位速度	単位速度	单位速度
unitemper mill	單機座硬化冷軋機	仕上げ圧延機	单机座硬化冷轧机
units	部分;零件	構成単位	部分;部件
— of lattice	單晶格子	単位格子	单晶格子
— of pressure	壓力單位	圧力の単位	压力单位
universal angle block	萬能角規	万能定盤	万能角规
— bar	通用條〔棒;桿〕;萬向桿	万能バー	通用条〔棒;杆〕;万向杆
— blooming mill	萬能初軋機;萬能開坯機	ユニバーサル分塊圧延機	万能初轧机;万能开坯机
— boring machine	萬能搪床	万能中ぐり盤	万能镗床
— chuck	萬能夾頭;通用夾頭	ユニバーサルチャック	万能卡盘;通用卡盘
— cock	萬向龍頭;通用旋塞	自在コック	万向龙头;通用旋塞
— contact	萬能接頭;通用常數	普遍定数	万能接头;通用常数
— coupling	萬向聯軸節;萬向節	自在軸継手	万向联轴节;万向节
— drafting machine	萬能製圖機	万能製図器機	万能制图机
— grinding machine	萬能磨床	万能研削盤	万能磨床
— hand	通用機械手	ユニバーサルハンド	通用机械手
— head	萬能主軸箱;萬能工作台	雲台	万能主轴箱;万能工作台
— joint	萬向節;萬向聯軸節	自在継手	万向节;万向联轴节
— machine	萬能工作機械;通用機械	万能機械	万能工作机械;通用机械
— mill	萬能銑床;萬能軋機	ユニバーサル圧延機	万能铣床;万能轧机
— miller	萬能銑床	万能フライス盤	万能铣床
— milling machine	萬能銑床;萬能銑磨機	万能フライス盤	万能铣床;万能铣磨机
— plate	齊邊鋼板;萬能板材	ユニバーサルプレート	齐边钢板;万能板材
— plotting instrument	萬用繪圖儀	万能図化機	万用绘图仪
— rolling	萬能軋製	万能圧延	万能轧制
— saw bench	通用(圓)鋸台	万能丸のこ盤	通用(圆)锯台
— scraper	通用刮刀	ユニバーサルスクレーパ	通用刮刀
— screw wrench	活動扳手;萬能螺旋扳手	自在スパナ	活动扳手;万能螺旋扳手
— shaft	萬向接軸	ユニバーサルシャフト	万向接轴
— shaper	萬能牛頭鉋床	万能形削り盤	万能牛头刨床
— shaping machine	萬能牛頭鉋床	万能形削り盤	万能牛头刨床

英文	臺灣	日文	大陸
— slabbing mill	萬能板坯初軋機	万能スラブ圧延機	万能板坯初轧机
— slide	通用滑臂;通用導軌	ユニバーサルスライド	通用滑臂;通用导轨
— stand	通用標準機座;萬能機座	自在台	通用标准机座;万能机座
— tester	萬能試驗機	万能試験機	万能试验机
— testing machine	萬能(材料)試驗機	万能試験機	万能(材料)试验机
— tool grinder	萬能工具磨床	万能工具研削盤	万能工具磨床
— V-die	萬能V型彎曲模	ユニバーサルV曲げ型	万能V型弯曲模
— valve	萬向閥	ユニバーサルバルブ	万向阀
— vice	萬能虎鉗	万能万力	万能虎钳
— welding machine	通用銲接機	ユニバーサル溶接機	通用焊接机
— wrench	活動扳手;萬能扳手	自在レンチ	活动扳手;万能扳手
— wrist unit	萬能接頭鉋床	自在式手継手	万能接头刨床
unkilled steel	不(完全)脫氧鋼;未淨鋼	不完全脱酸鋼	不(完全)脱氧钢;沸腾钢
unload valve	卸載閥;放泄閥	アンロード弁	卸荷阀;放泄阀
unloader test	卸載試驗	アンローダ試験	卸荷试验
— valve	卸載閥;放泄閥;釋壓閥	アンローダ弁	卸荷阀;放泄阀;释荷阀
unloading	卸載;去負載;卸料	取外し	卸载;去负载;卸料
— pressure control valve	泄壓控制閥;卸載閥	アンロード弁	泄压控制阀;卸荷阀
— torque	空載力矩	無負荷トルク	空载力矩
unlock	開鎖;斷開;解開;釋放	解除	开锁;断开;解开;释放
unlubricated friction	乾磨	無潤滑摩擦	乾磨
unmanned factory	無人工廠	無人化工場	无人工厂
— machine shop	無人化機械工場	無人化機械工場	无人化机械车间
— operation	無人操作	無人操作	无人操作
unoxidizable alloy	不銹合金	不しゅう合金	不锈合金
unpigmented rubber	素橡膠	無色ゴム	素橡胶
unsafe design	不安全設計;危險設計	不安全設計	不安全设计;危险设计
unsample	不取樣;不抽樣;未取樣	アンサンプル	不取样;不抽样;未取样
unshrinkability	無收縮性;防縮性	無収縮性	无收缩性;防缩性
unsolder	銲開;燙開	アンソールダ	焊开;烫开
unstable arc	不穩定電弧	不安定アーク	不稳定电弧
— moment	不穩定力矩	不安定モーメント	不稳定力矩
— motion	不穩定運動	不安定運動	不稳定运动
unsteady moment	不定常力矩;不穩定力矩	非定常モーメント	不定常力矩;不稳定力矩
unsymmetrical bending	非對稱彎曲	非対称曲げ	非对称弯曲
— leaf spring	非對稱的板簧	非対称板ばね	非对称的板簧
— load	非對稱負載	偏圧	非对称荷载
— tensor	非對稱張力	非相対称テンソル	非对称张力
— wear	非對稱磨耗;一側磨耗	片減り	非对称磨耗;一側磨耗
unthreaded part of bolt	螺栓無螺紋部分	ボルト円筒部	螺栓杆部

U

英文	臺灣	日文	大陸
untreated rubber	生橡膠	生ゴム	生橡胶
unvulcanized rubber	未硫化的橡膠	未加硫ゴム	未硫化的橡胶
unwinding force	鬆開的力;盤料開卷的力	巻きもどし力	松开的力;盘料开卷的力
— machine	展開機	巻出し機	展开机
— roll	展開滾筒	巻出しロール	展开滚筒
up time	工作時間;可使用時間	動作時間	工作时间;可使用时间
— travel stop	上升停止裝置〔平板機〕	上昇停止装置	上升停止装置〔平板机〕
up-and-down stroke	往復行程	往復行程	往复行程
up-cut	上切式;逆銑	アップカット	上切式;逆铣
— shear	上切式剪切機	アップカットシャー	上切式剪切机
up-grinding	逆磨	アップグラインディング	逆磨
uphill casting	底鑄	底注ぎ鋳造	底铸
— running	反澆;上型內澆口	上向ぜき	反浇;上型内浇口
upkeep	維護管理費;維修保養費	維持費	维护管理费;维修保养费
— and mending	維修與修繕	維持補修	维修与修缮
uplift	舉起;提高;浮力	アップリフト	举起;提高;浮力
— pressure	提升壓力	揚圧力	提升压力
up-milling	逆銑;對向銑	上向き削り	逆铣;对向铣
upper bainite	上變韌鐵	上ベイナイト	上贝氏体
— bolster	上模座;上模板框	上ボルスタ	上模座;上模板框
— bound	上限;上界	上限	上限;上界
— cat bar	上推插銷	上げ猿	上推插销
— crank case	上曲柄箱	アッパクランクケース	上曲柄箱
— critical cooling rate	上臨界冷卻速率	上部臨界冷却速度	上临界冷却速率
— critical velocity	上臨界速度	上部臨界速度	上临界速度
— dead center	(發動機的)上止點	上死点	(发动机的)上止点
— die	上模;上砧	上型	上模;上砧
— limit	最大極限尺寸;上限尺寸	最大寸法	最大极限尺寸;上限尺寸
— limit of variation	變動的上限;變化的上限	変動上限	变动的上限;变化的上限
— limit oil level	最高注油面	最高注油油面	最高注油面
— most full level	最高注油面	最高注油油面	最高注油面
— punch	上沖模;上凸模	上パンチ	上冲模;上凸模
— shoe	上底板;上模座	上型シュー	上底板;上模座
— slide rest	上部滑動刀架	アッパスライドレスト	上部滑动刀架
— tool holder	上刀架	上部刃物台	上刀架
— tool slide	上刀架滑板	上部刃物滑り台	上刀架滑板
— yield point	上降伏點	上降伏点	上屈服点
up-quenching	分級等溫淬火	アップクェンチング	分级等温淬火
upright drilling machine	立式鑽床	直立ボール盤	立式钻床
— joint	豎直接合	垂直継手	竖直接合

英文	臺灣	日文	大陸
— projection	正投影	投射図	正投影
upset	頂鍛;鐓粗;加壓;翻轉	アプセット	顶锻;镦粗;加压;翻转
— bolt	膨徑螺栓	アプセットボルト	膨径螺栓
— butt welding	電阻對銲	アプセット突合せ溶接	电阻对焊
— forging machine	鐓鍛機	アプセッタ	镦锻机
— method	鐓鍛法	アプセット工法	镦锻法
— rate	鐓粗率	据込み率	镦粗率
— ratio	鐓粗比	据込み比	镦粗比
— welding	電阻對(接)銲	アプセット突合せ溶接	电阻对(接)焊
upsetter	鐓鍛機;平鍛機	据込み鍛造機	镦锻机;平锻机
— die	鐓鍛模	アプセッタ型	镦锻模
— force	鐓鍛壓力	アプセッタ力	镦锻压力
— machine	鐓粗機;平鍛機	アプセッタマシン	镦粗机;平锻机
— press	鐓粗沖床	据込みプレス	镦粗压力机
— test of tubes	管子的壓短試驗	管の膨径試験	管子的压短试验
— tool	鐓粗工具	アプセッタ型	镦粗工具
upslope motion	滑升運動	滑昇運動	滑升运动
upstroke	上升衝程;上行衝程	上り行程	上升冲程;上行冲程
— hydraulic press	上推水壓機	上向推進水圧機	上推水压机
upward movement	向上運動	上昇運動	向上运动
— stroke press	上衝程沖床	上押プレス	上冲程压力机
— welding	向上銲(法)	上進溶接	向上焊(法)
urea	尿;尿素	尿素	尿;尿素
— plastics	尿素塑料	尿素プラスチック	尿素塑料
— resin	尿素樹脂	尿素樹脂	尿素树脂
— resin adhesive	尿素樹脂黏合劑	ユリア樹脂接着剤	尿素树脂粘合剂
urethane plastic(s)	聚氨酯塑料	ウレタンプラスチック	聚氨酯塑料
— polymer	聚氨酯聚合物	ウレタンポリマー	聚氨酯聚合物
— resin	聚氨酯樹脂	ウレタン樹脂	聚氨酯树脂
usable area	有效面積	有効面積	有效面积
— dimension(s)	有效尺寸	有効寸法	有效尺寸
— sensitivity	可用靈敏度;實用靈敏度	実用感度	可用灵敏度;实用灵敏度
use	使用;用途	ユース	使用;用途
— conditions	使用條件	使用条件	使用条件
— factor	利用率	利用率	利用率
— ratio	利用率	利用率	利用率
— reliability	使用可靠性	使用信頼度	使用可靠性
— test	使用測試	使用試験	使用测试
— time	使用時間	ユース時間	使用时间
— value	使用價値	使用価値	使用价值

英文	臺灣	日文	大陸
used heat	廢熱;餘熱;用過的熱	廃熱	废热;馀热;用过的热
useful horsepower	有效馬力	スラスト馬力	有效马力
— load	有效負載	有効積載量	有效负荷
— thread	有效螺紋	有効ねじ部	有效螺纹
— time	有效壽命	有効時間	有效寿命
Utaloy	一種鎳鉻耐熱合金	ユータロイ	一种镍铬耐热合金
utility corner	通用彎頭	家事コーナ	通用弯头
— dolly	通用鐵砧	万能金敷	通用铁砧
— to cost ratio	效用費用比(率)	効用費用比率	效用费用比(率)
Utiloy	一種鎳鉻耐蝕合金	ユーティロイ	一种镍铬耐蚀合金
utmost	最大(的);極端;極度	最大	最大(的);极端;极度

英文	臺灣	日文	大陸
V belt	三角皮帶;V形皮帶	Vベルト	三角皮带;V形皮带
V belt pulley	V形皮帶輪;三角皮帶輪	Vベルト車	V形皮带轮
V belt sheave	V形皮帶輪;三角皮帶輪	Vベルト車	V形皮带轮
V-bending die	V形彎曲模	V曲げ型	V形弯曲模
V-block die	V形彎曲模	やげん型	V形弯曲模
V-ring packing	V形迫緊	Vパッキン	V形密封圈
V-welding	V形坡口銲接	矢はず溶接	V形坡口焊接
Vac-metal	鎳格電熱線合金	バックメタル	镍格电热线合金
vacuum	真空;真空的;真空度	真空	真空;真空的;真空度
— annealing	真空退火	真空焼なまし	真空退火
— arc furnace melting	真空電弧爐熔煉	アーク炉真空溶解	真空电弧炉熔炼
— blast	真空噴砂	バキュームブラスト	真空喷砂
— casting	真空澆注;真空鑄造	真空鋳造	真空浇注;真空铸造
— check valve	真空止回閥	エアチェックバルブ	真空止回阀
— chuck	真空夾盤;真空夾頭	真空チャック	真空夹盘;真空夹头
— coater	真空鍍膜裝置	真空めっき装置	真空镀膜装置
— coating	真空塗覆;真空鍍膜法	真空めっき	真空涂覆;真空镀膜法
— compressor	真空壓縮機	真空ポンプ	真空压缩机
— die casting	真空壓鑄	真空ダイカスト	真空压铸
— electric furnace	真空電爐	真空電気炉	真空电炉
— evaporation method	真空蒸著法〔蒸鍍法〕	真空蒸着法	真空蒸着法〔蒸镀法〕
— forming machine	真空成形機	真空成形機	真空成形机
— forming mold	真空成形模	真空成形型	真空成形模
— forming technique	真空成形技術	真空成形技術	真空成形技术
— furnace	真空加熱爐	真空炉	真空加热炉
— fusion	真空熔煉	真空溶解	真空熔炼
— hardening	真空淬火	真空焼入れ	真空淬火
— heat-treatment	真空熱處理	真空熱処理	真空热处理
— ion carburizing	真空離子滲碳法	真空イオン浸炭法	真空离子渗碳法
— machine	真空機	真空機	真空机
— melting	真空熔煉	真空溶解	真空熔炼
— metallizer	真空蒸鍍裝置	真空蒸着装置	真空蒸镀装置
— metallizing	真空鍍膜	真空蒸着塗装	真空镀膜
— metallurgy	真空冶金(學)	真空や金	真空冶金(学)
— molding	真空成形	真空成形	真空成形
— operated clutch	真空操縱	真空操作	真空操纵
— plating	真空鍍膜	真空めっき	真空镀膜
— plating unit	真空鍍膜設備	真空めっき装置	真空镀膜设备
— pouring	減壓澆鑄	減圧注型	减压浇铸
— power brake	真空制動器	バキュームブレーキ	真空制动器

英文	臺灣	日文	大陸
— press	真空壓製機	真空プレス	真空压制机
— process metallurgy	真空冶煉	真空製錬	真空冶炼
— seal	真空密封	真空シール	真空密封
— sealed process	負壓造型	Vプロセス	负压造型
— sintering	真空燒結	真空焼結	真空烧结
— technique	真空技術	真空技術	真空技术
valcanized gum	加硫橡膠;硫化橡膠	バルカナイズドガム	加硫橡胶;硫化橡胶
validity	有效性;確實性;真實性	妥当性	有效性;确实性;真实性
valve	閥;活門;真空管	弁体	阀;活门;真空管
— body	閥體	弁体	阀体
— body assembly	閥體總成〔零件〕	バルブボディアセンブリ	阀体总成〔部件〕
— body packing	閥體迫緊	バルブボディパッキング	阀体密封
— box	閥箱;閥體;閥(門)室	弁箱	阀箱;阀体;阀(门)室
— cage	閥盒;閥箱	弁かご	阀盒;阀箱
— case	閥心座;活門體	弁胴	阀心座;活门体
— chattering	閥的自激振動;閥的振動	弁のチャタリング	阀的自激振动;阀的振动
— clearance	閥門間隙;氣門間隙	弁すき間	阀门间隙;气门间隙
— cock	閥栓	弁コック	阀栓
— cone	閥錐	弁すい	阀锥
— control	閥控制	弁制御	阀控制
— core	閥心;氣芯子	バルブコア	阀心;气芯子
— disk	閥盤	弁体	阀盘
— drain	閥放泄口	バルブドレーン	阀放泄口
— face	閥面;氣門面	弁面	阀面;气门面
— fitting	閥門附件	バルブフィッティング	阀门附件
— fitting tool	閥裝配工具	弁取付け工具	阀装配工具
— flange	閥門凸緣;閥環	弁つば	阀门凸缘;阀环
— gate	閥門	弁ゲート	阀门
— gear	閥動裝置	弁装置	阀动装置
— gear housing	閥殼體;閥箱	弁室	阀壳体;阀箱
— gear link	閥動裝置聯桿	弁装置連かん	阀动装置联杆
— grinder	氣門研磨機	バルブグラインダ	气门研磨机
— guide	閥導承;閥導面;氣門導管	弁案内	阀导承;阀导面;气门导管
— handle	閥柄	弁つか	阀柄
— head	閥頂;閥頭;氣門頭	弁頭	阀顶;阀头;气门头
— key	閥簧抵座銷;氣閥制銷	開せん器	阀簧抵座销;气阀制销
— land	閥面	バルブランド	阀面
— lapper	閥配研工具	バルブラッパ	阀配研工具
— lash	閥門間隙	バルブラッシ	阀门间隙
— lever	閥桿;氣門桿	弁てこ	阀杆;气门杆

英文	臺灣	日文	大陸
— lever pin	閥桿銷	バルブレバーピン	阀杆销
— lift	閥升程	弁揚程	阀升程
— lifter	閥挺桿;氣門挺桿;起閥器	バルブリフタ	阀挺杆;气门挺杆;起阀器
— lifter guide	氣門挺桿導承	バルブリフタガイド	气门挺杆导承
— link	閥桿;氣門桿	弁リンク	阀杆;气门杆
— local control stand	閥操縱台	弁操作スタンド	阀操纵台
— lock	閥門抵座銷;氣閥制銷	バルブロック	阀门抵座销;气阀制销
— loop	閥環道	弁ループ	阀环道
— metal	閥用鉛錫黃銅	バルブメタル	阀用铅锡黄铜
— motion	閥動裝置;閥動	弁装置	阀动装置;阀动
— motion gearing	閥動裝置	弁運動装置	阀动装置
— motion worm	閥動蝸桿	弁運動ウォーム	阀动蜗杆
— needle	閥針	弁ニードル	阀针
— of introduction	導閥	案内弁	导阀
— oil	閥油	バルブ油	阀油
— operating mechanism	閥的操作機構	弁上げ機構	阀的操作机构
— operation test	閥動作試驗	弁作動試験	阀动作试验
— pin	閥銷	バルブピン	阀销
— pit	閥槽	バルブピット	阀槽
— plate	板狀閥體;閥片	弁盤	板状阀体;阀片
— plug	閥塞	弁プラグ	阀塞
— plunger	閥柱塞	バルブプランジャ	阀柱塞
— pocket	閥套	バルブポケット	阀套
— port	閥口;氣門口	バルブポート	阀口;气门口
— position	閥位(置)	バルブの位置	阀位(置)
— positioner	閥位控置器	バルブポジショナ	阀位控置器
— pump	閥式泵	バルブポンプ	阀式泵
— push rod	閥推桿;氣門推桿	弁突き棒	阀推杆;气门推杆
— refacer	閥研磨機	バルブリフェーサ	阀研磨机
— refacing	修光閥面	バルブリフェーシング	修光阀面
— regulation	閥調節	弁調整	阀调节
— reseater	閥座修整器	弁座削正器	阀座修整器
— rod	閥柱;閥桿	弁心棒	阀柱;阀杆
— rod guide	閥桿導承	弁棒案内	阀杆导承
— rotating device	閥旋轉裝置	弁旋回装置	阀旋转装置
— seal	閥門密封	弁シール	阀门密封
— seat	閥座;氣門座	弁座	阀座;气门座
— seat insert	閥門座墊圈	はめ込み弁座	阀门座垫圈
— seat ring	閥座環	はめ込み弁座	阀座环
— seater	閥座修整刀具;閥座刀具	バルブシータ	阀座修整刀具;阀座刀具

英　　文	臺　　灣	日　　文	大　　陸
— setting	閥的装配;閥調整;閥調節	弁調整	阀的装配;阀调整;阀调节
— shaft	閥軸;閥桿	弁棒	阀轴;阀杆
— silencer	滑閥機構(的)消音裝置	バルブサイレンサ	滑阀机构(的)消音装置
— spindle	閥桿;閥軸	弁棒	阀杆;阀轴
— spool	閥(塞)槽	バルブスプール	阀(塞)槽
— spring	閥簧;氣門彈	弁ばね	阀簧;气门弹
— spring compressor	簧閥壓縮器	弁ばね圧縮器	簧阀压缩器
— spring cotter	閥簧座止動銷	弁ばね受止め金	阀簧座止动销
— spring retainer	閥簧座圈;氣門彈簧座	弁ばね押え	阀簧座圈;气门弹簧座
— spring seat	閥(彈)簧座	弁ばね座	阀(弹)簧座
— stand	閥座;閥支架	弁スタンド	阀座;阀支架
— steel	閥用鋼	バルブ用鋼	阀用钢
— stem	閥桿;氣門桿	弁棒	阀杆;气门杆
— stem guide	閥桿導承;閥門導承	弁案内	阀杆导承;阀门导承
— sticking	閥黏著;閥卡住	弁固着	阀粘着;阀卡住
— stroke	閥行程	弁行程	阀行程
— surge damper	閥避震器	弁サージ減衰	阀减震器
— system	閥式系統	弁形方式	阀式系统
— tappet	閥挺桿;氣門挺桿	バルブタペット	阀挺杆;气门挺杆
— tappet guide	閥門挺桿導承	バルブタペットガイド	阀门挺杆导承
— torque	閥扭轉力矩	弁のトルク	阀扭转力矩
— travel	閥行程	弁行程	阀行程
— tray	閥座	バルブトレー	阀座
— yoke	閥軛	弁わく	阀轭
valved gating mold	單向澆口模具	逆止めゲート金型	单向浇口模具
— nozzle	單向噴嘴	逆止めノズル	单向喷嘴
valveless engine	二衝程發動機	弁なし機関	二冲程发动机
vanadium,V	釩	バナジウム	钒
— alloy	釩合金	バナジウム合金	钒合金
vanalium	鋁基耐蝕鑄造合金	バナリウム	铝基耐蚀铸造合金
vapor line	汽相線	気相線	汽相线
— phase line	汽相線	気相線	汽相线
vaporization	氣化;蒸發;蒸發	蒸発	气化;蒸发;蒸发
— point	蒸發點;蒸發溫度;沸點	蒸発点	蒸发点;蒸发温度;沸点
variable acceleration	可變加速度	変加速度	可变加速度
— cut attachment	(可)變切削裝置	バリアブルカット装置	(可)变切削装置
— diagonal pulley	可變交叉皮帶輪	バリダイヤプーリ	可变交叉皮带轮
— load	變負載;可變負載	可変荷重	变负荷;可变载荷
— motion	變速運動	可変運動	变速运动
— pitch	可變螺距;可變音調	変動ピッチ	可变节距〔螺距〕可变音调

英文	臺灣	日文	大陸
— section beam	變截面樑	変断面ばり	变截面梁
— stress	變動應力	変動応力	变动应力
— stroke injection pump	變行程噴射泵	可変行程式噴射ポンプ	变行程喷射泵
— thrust	可調推力;可變推力	バリアブルスラスト	可调推力;可变推力
— torque	可變轉矩	可変トルク	可变转矩
variable-pitch spring	變螺距彈簧	不等ピッチコイルばね	变螺距弹簧
variable-speed control	變速控制	可変速制御	变速控制
— drive	變速傳動裝置	変速駆動装置	变速传动装置
— gear	變速齒輪	可変速度ギヤー	变速齿轮
— gearing	變速裝置	変速装置	变速装置
— governor	變速調速機	オールスピード調速機	变速调速机
variant	變形;變種;變異;轉化	変形;異形	变形;变种;变异;转化
— type part	衍生型零件	変量型部品	衍生型零件
variate	變量	変化量	变量
variation	偏差;變更;變異;變差	変動	偏差;变更;变异;变差
— of fit	配合偏差〔公差〕	はめあい公差	配合偏差〔公差〕
— of load	負載變化	荷重変化	负荷变化
— of tolerance	尺寸差	寸法差	尺寸差
variety saw bench	多功能圓盤鋸床	万能丸のこ盤	多功能圆盘锯床
varying stress	變應力;不定應力	変動応力	变应力;不定应力
— torque load	可變轉矩負載	変トルク負荷	可变转矩负载
vaseline	凡士林油;白油	白油	凡士林油;白油
vectogram	向量圖	ベクトグラム	向量图;矢量图
vector	向量	方向量	矢量;向量;矢径
— analysis	向量分析	ベクトル解析	向量分析;矢量分析
— control	向量控制	ベクトル制御	向量控制
— diagram	向量圖	ベクトル図	矢量(线)图;向量图
— equation	向量方程(式)	ベクトル方程式	矢量方程(式)
— field	向量場	ベクトル界	矢量场;向量场
— function	向量函數	ベクトル関数	矢量函数
— mean velocity	向量平均速度	ベクトル平均速度	矢量平均速度
— pattern	向量圖	ベクトルパターン	矢量图
— polygon	向量多角形	示力図	矢量多角形
— product	向量積	ベクトル積	矢量积
— quantity	向量	ベクトル量	矢量;向量
— stress	向量應力	ベクトル応力	矢量应力
— sum	向(量)和	ベクトル和	矢(量)和
— triangle	向量三角形	ベクトル三角形	矢量三角形
— triple product	向量三重積	ベクトル三重積	向量三重积
— variable	向量變量	ベクトル変数	矢量变量

V

英文	臺灣	日文	大陸
vectorial angle	向量角	角座標	矢量角
vee	V型(物);V形的	V形	V型(物);V形的
vehicle	飛行器;車輛;運載器	車両	飞行器;车辆;运载器
— stopping distance	停車距離;剎車距離	車両停止距離	停车距离;刹车距离
veining structure	網狀組織〔結晶界的〕	ベイニング組織	网状组织〔结晶界的〕
velinvar	鎳鐵鈷釩合金	ベリンバ	镍铁钴钒合金
velocity	速度;轉速;周轉率	速度	速度;转速;周转率
— constant	速度常數	速度定数	速度常数
— control	速度控制	速度制御	速度控制
— curve	速度曲線	速度曲線	速度曲线
— error	速度誤差	速度誤差	速度误差
— feedback	速度反饋	速度帰還	速度反馈
— feedback control	速度反饋控制	速度フィードバック制御	速度反馈控制
— function	速度函數	速度関数	速度函数
— increment	速度增量	速度増加	速度增量
— lag	速度滯後	流動遅れ	速度滞后
— measuring device	速度測量裝置;測速裝置	速度検出装置	速度测量装置;测速装置
— pickup	速度傳感器	速度ピックアップ	速度传感器
— ratio	速(度)比;傳動比	速度比	速(度)比;传动比
— shock	速度衝擊	速度衝撃	速度冲击
— transducer	速度傳感器;速度換能器	速度トランスデューサ	速度传感器;速度换能器
— vector	速度向量	速度ベクトル	速度矢量
vent valve	通風閥;排油閥;排水閥	ベント弁	通风阀;排油阀;排水阀
vented screw	排氣式螺桿	ベントスクリュー	排气式螺杆
verification tolerance	檢測公差	検定公差	检测公差
— tolerance prescribed	檢測公差	検定公差	检测公差
Verilite	一種耐蝕鋁合金	ベリライト	一种耐蚀铝合金
vermeil	鍍金的銀銅或青銅	金めっきした銀銅や青銅	镀金的银铜或青铜
vernier	游標尺;游標;副尺	バーニア;遊標;副尺	游标尺;游标;副尺;游框
— caliper	游標卡尺	ノギス	游标卡尺;游标千分尺
— depth gage	游標深度規	バーニヤデプスゲージ	游标深度尺
— device	微調裝置	バーニヤ装置	微调装置
— dial	微動度盤;游標度盤	微動ダイヤル	微动度盘;游标度盘
— drive	微調傳動;微變傳動	バーニヤ駆動	微调传动;微变传动
— gage	游標尺	バーニヤゲージ	游标尺
— micrometer	游標分厘卡	バーニヤマイクロメータ	游标千分尺
— notch	游標尺凹槽	バーニヤノッチ	游标尺凹槽
— scale	游標尺	バーニヤスケール	游标尺
versatile tooling	通用工具加工	共通段取り	通用工具加工
vertical	垂直;立式	垂直材	垂直;立式

英文	臺灣	日文	大陸
— abutment joint	立向對接縫	たて合口	竖向对接缝
— acceleration	垂直加速度	垂直加速度	垂向加速度
— angle	垂直角	鉛直角	垂直角
— axis	豎軸	鉛直軸	竖轴
— beam method	垂直探傷法	垂直探傷法	垂直探伤法
— belt sander	立式砂帶磨	立ベルトサンダ	立式砂带磨
— bending moment	垂直彎矩	上下曲げモーメント	垂直弯矩
— boring machine	立式搪床	立て中ぐり盤	立式镗床
— casting	立式澆鑄	縦込め	立浇
— cat bar	豎插銷	たて通い猿	竖插销
— circle	垂直度盤;豎直度盤	鉛直目盛盤	垂直度盘;竖直度盘
— coupling	立式聯軸節	立て継手	立式联轴节
— curve	豎曲線;垂直曲線	縦断曲線	竖曲线;垂直曲线
— cutter head	垂直刀架;立刀架	バーチカルカッタヘッド	垂直刀架;立刀架
— dipping method	垂直浸銲法	垂直はんだづけ法	垂直浸焊法
— edging rolls	立軋輥	幅押え立てロール	立轧辊
extruder	立式擠壓機	竪形押出機	立式挤压机
— feed	升降進給;垂直進刀	上下送り	升降进给;垂直进刀
— feed opening	立式進料口	垂直供給口	立式进料口
— feed screw	垂直進給螺桿	上下送りねじ	垂直进给丝杠
— force	垂直力;豎向力	鉛直力	垂直力;竖向力
— frame	立式機架	垂直枠	立式机架
— head	主軸箱;垂直刀架	主軸頭	主轴箱;垂直刀架
— height	垂直高度	鉛直高さ	垂直高度
— hinge revolving	豎軸旋轉	たて軸回転	竖轴旋转
— hydraulic press	立式液壓沖床	竪形油圧プレス	立式液压冲床
— injection molder	立式注射成形機	竪形射出成形機	立式注射成形机
— lathe	立式車床	立旋盤	立式车床
— load	垂直負載	鉛直荷重	垂直载荷
— load test	垂直負載試驗	鉛直載荷試験	垂直载荷试验
— milling head	立銑頭	立フライスヘッド	立铣头
— milling machine	立式銑床	立てフライス盤	立式铣床
— mold	垂直分型鑄模	縦型	垂直分型铸型
— plasma CVD	立式等離子化學汽相澱積	縦形プラズマCVD	立式等离子化学汽相淀积
— position welding	立銲	立向溶接	立焊
— pouring	立式澆鑄	縦入れ	立浇
— press	立式沖床;立式沖床	立型プレス	立式压力机;立式冲床
— pressure	垂直壓力	垂直圧力	垂直压力
— roll	立軋輥	バーチカルロール	立轧辊
— saw	立式鋸床	立てのこ盤	竖锯

英文	臺灣	日文	大陸
— seam welding	立向縫銲;垂直線銲	立てシーム溶接	竖向缝焊;垂直线焊
— section	垂直斷面;垂直剖面	垂直断面	垂直断面;垂直剖面
— shaft	立軸;豎井	立て軸	立轴;竖井
— slide	垂直滑板;上下移動滑板	上下すべり台	垂直滑板;上下移动滑板
— spacing	縱向間隔;移行	行送り	纵向间隔;移行
— speed	垂直速度	垂直速度	垂直速度
— spindle	立式主軸;垂直軸	バーチカルスピンドル	立式主轴;垂直轴
— stress	垂直應力	鉛直応力	垂直应力
— swing shaft	垂直旋轉軸	旋回たて軸	垂直旋转轴
— turret lathe	立式轉塔車床	立てタレット旋盤	立式转塔车床
— up welding	向上立銲;立向上銲	立向上進溶接	向上立焊;立向上焊
— vibration	垂向振動;垂直振動	垂直振動	垂向振动;垂直振动
— weld	直立銲縫	直立溶着部	直立焊缝
— welding	立銲	立て向き溶接	立焊
verticality	垂直;垂直度;垂直性	鉛直	垂直;垂直度;垂直性
vesicular structure	多孔結構	多孔構造	多孔结构
vestolit	氯乙烯樹脂〔商品名〕	ベストリット	氯乙烯树脂〔商品名〕
Vialbra	一種鋁黃銅	ビアルブラ	一种铝黄铜
vibrater	振動器;振搗器	振動機	振动器;振捣器
vibrating compactor	振動壓實機	振動コンパクタ	振动压实机
vibration	振動;振蕩	振動	振动;振荡
— absorber	消振器;減振器	吸振器	消振器;减振器
— absorption	減振(作用)	防振	减振(作用)
— acceleration	振動加速度	振動加速度	振动加速度
— analysis	振動分析	振動分析	振动分析
— control	防振;減振	防振	防振;减振
— control equipment	防振裝置	振動防止装置	防振装置
— damper	吸振器;減振器;消振器	吸振器	吸振器;减振器;消振器
— damping equipment	減振裝置;振動阻尼裝置	振動減衰装置	减振装置;振动阻尼装置
— damping materials	減振材料	ダンピング材料	减振材料
— damping property	減振性	制振性	减振性
— device	振動裝置	振動装置	振动装置
— fatigue test	振動疲勞試驗	振動疲労試験	振动疲劳试验
— frequency	振動頻率	バイブレーション周波数	振动频率
— gage	振動計	振動計	振动计
— indicator	振動儀	振動計	振动仪
— instrument	振動計	振動計	振动计
— insulation equipment	隔振裝置	振動絶縁装置	隔振装置
— insulator	減振材料;隔振材料	防振材料	减振材料;隔振材料
— isolating material	防振材料;隔振材料	防振材料	防振材料;隔振材料

英文	臺灣	日文	大陸
— isolating suspension	防振支座;隔振支座	防振支持	防振支座;隔振支座
— isolation	隔振;防振	振動遮断	隔振;防振
— isolator	隔振裝置	振動絶縁装置	隔振装置
— load	振動負載	振動荷重	振动载荷
— measurement	振動測量	振動計測	振动测量
— meter	振動計;測振儀	振動計	振动计;测振仪
— mode	振動模式;振動形式;表型	振動型	振动模式;振动形式;表型
— reducer	消振器;減振器	消振機	消振器;减振器
— sensor	振動傳感器	振動センサ	振动传感器
— source	振(動)源	振動源	振(动)源
— spring	防振彈簧	防振ばね	防振弹簧
— strain	振動應變	振動ひずみ	振动应变
— stress	振動應力	振動応力	振动应力
— table	振動(試驗)台	振動(試験)台	振动(试验)台
— test	振動試驗	振動試験	振动试验
— tester	振動試驗裝置	振動試験装置	振动试验装置
— testing machine	振動試驗機	振動試験機	振动试验机
— TMT	振動形變熱處理	振動加工熱処理	振动形变热处理
— velocity	振動速度	振動速度	振动速度
— wave of first order	一階振動波形	一次振動波形	一阶振动波形
— waveform	振動波形	振動波形	振动波形
vibration-proof rubber	防振橡膠	防振ゴム	防振橡胶
— structure	防振結構;減振結構	防振構造	防振结构;减振结构
vibrator	振動器;振動子;振搗器	振動子	振动器;振动子;振捣器
vibratory barrel	振動滾筒	振動形バレル	振动滚筒
— drum feed	振動鼓式送料	振動式ドラムフィード	振动鼓式送料
— pressure	振動壓力	振動圧力	振动压力
vibrometer	振動計	振動指示計	振动计
vibroshear	高速振動剪床	高速はさみ	高速振动剪床
vibroshock	減振器;緩衝器;阻尼器	バイブロショック	减振器;缓冲器;阻尼器
Vicalloy	一種釩鐵鈷磁性合金	ビカロイ	一种钒铁钴磁性合金
vice	虎鉗	万力	虎钳;台钳
— bench	(虎)鉗台	万力台	(虎)钳台
— chuck	鉗式夾頭;雙爪夾頭	バイスチャック	钳式卡盘;双爪卡盘
— stand	(虎)鉗台	万力台	(虎)钳台
Vickers hardness	維氏硬度	ビッカース硬さ	维氏硬度
viewing aperture	觀察孔;取景孔;目視孔徑	のぞき孔	观察孔;取景孔;目视孔径
Vikro	一種耐熱鎳合金	ビクロ	一种耐热镍合金
Vincent press	模鍛摩擦沖床	ビンセントプレス	模锻摩擦压力机
— type friction press	上移式摩擦沖床	ビンセント形摩擦プレス	上移式摩擦压力机

V

英文	臺灣	日文	大陸
vinyl chloride plastic(s)	氯乙烯塑料	塩化ビニルプラスチック	氯乙烯塑料
— chloride resin	氯乙烯樹脂	塩化ビニル樹脂	氯乙烯树脂
— chloride rubber	(聚)氯乙烯(合成)橡膠	塩化ビニルゴム	(聚)氯乙烯(合成)橡胶
— copolymer	乙烯系共聚物	ビニル共重合体	乙烯系共聚物
— ester resin	乙烯基酯樹脂	ビニルエステル樹脂	乙烯基酯树脂
— fluoride resin	氟乙烯樹脂	ふっ化ビニル樹脂	氟乙烯树脂
— hose	乙烯軟管	ビニルホース	乙烯软管
— plastics	乙烯基塑料	ビニルプラスチックス	乙烯基塑料
— polymer	乙烯基聚合物	ビニル重合体	乙烯基聚合物
— polymerism	乙烯(系)聚合(作用)	ビニル重合作用	乙烯(系)聚合(作用)
— polymerization	乙烯(系)聚合(作用)	ビニル重合	乙烯(系)聚合(作用)
— resin	乙烯基樹脂	ビニル樹脂	乙烯基树脂
— sheath	乙烯樹脂封裝	ビニルシース	乙烯树脂封装
— sheet	乙烯基樹脂軟片	ビニルシート	乙烯基树脂软片
— silicone gum	乙烯矽橡膠	ビニルシリコーンゴム	乙烯硅橡胶
— steel plate	乙烯基飾面鋼板	ビニル鋼板	乙烯基饰面钢板
vinylacetate plastic(s)	乙烯乙酸酯塑料	酢酸ビニルプラスチック	乙烯乙酸酯塑料
— resin	乙烯基乙酸酯樹脂	酢酸ビニル樹脂	乙烯基乙酸酯树脂
vinylidene chloride resi	亞(二)氯乙烯樹脂	塩化ビニリデン樹脂	亚(二)氯乙烯树脂
vinylite	聚乙酸乙烯酯樹脂	ビニライト	聚乙酸乙烯酯树脂
— sheet	乙烯系樹脂薄板	ビニライトシート	乙烯系树脂薄板
vinyloid sheet	乙烯薄板	ビニロイドシート	乙烯薄板
virgin dip	初割樹脂	初成樹脂	初割树脂
— iron	原生鐵	処女鉄	原生铁
— metal	原生金屬	新地金	原生金属
virtual angle of friction	虛摩擦角	仮摩擦角	虚摩擦角
— mass effect	虛質量效應〔影響〕	見掛け質量効果	虚质量效应〔影响〕
— moment of inertia	虛慣性矩	仮想慣性能率	虚惯性矩
— pitch	實效螺距	実際ピッチ	实效螺距
— pitch circle	(齒輪)假想節圓	仮想ピッチ円	(齿轮)假想节圆
— pitch ratio	實效螺距比	実際ピッチ比	实效螺距比
— slip ratio	實效滑距比	真のスリップ比	实效滑距比
— stress	虛應力	仮想応力	虚应力
— work	虛功	仮想仕事	虚功
viscosity force	內摩擦力;黏著力	粘着力	内摩擦力;粘着力
vise	虎鉗	万力	虎钳;台钳
visible joint	開式接頭〔外露式連接器〕	露出継手	开式接头〔外露式连接器〕
— key	目視鍵	ビジブルキー	目视键
vision slit	觀察孔	てん視孔	观察孔
visor	護目鏡;遮光板;保護蓋	バイサ;まびさし	护目镜;遮光板;保护盖

英文	臺灣	日文	大陸
— screen	面罩	遮光面	面罩
vistanex	聚乙烯合成纖維〔橡膠〕	ビスタネックス	聚乙烯合成纤维〔橡胶〕
visual angle method	視角法	視角法	视角法
— appearance	外觀	外観	外观
— corona	可見電暈	可視コロナ	可见电晕
— fatigue	視覺疲勞	視覚疲労	视觉疲劳
— inspection	目測檢查;外觀檢查	目視検査	目测检查;外观检查
— range	目視距離	視程	目视距离
— sensor	視覺傳感器;視覺探測器	視覚センサ	视觉传感器;视觉探测器
visualization test	目測試驗(法)	可視化実験	目测试验(法)
Vital	一種精煉鋁系合金	ビタール	一种精炼铝系合金
viton	合成橡膠	ビトン	合成橡胶
— gasket	合成橡膠襯墊	ビトンガスケット	合成橡胶(密封)垫圈
— gum	合成橡膠	ビトンゴム	合成橡胶
vitrified bonded wheel	陶瓷黏結砂輪	ビトリファイドと石	陶瓷粘结砂轮
Vival	一種鋁基合金	バイバル	一种铝基合金
vivianite	藍鐵礦	らん鉄鉱	蓝铁矿
void content	氣孔率	空洞率	气孔率
— fraction	空穴比;疏鬆度	ボイド比	空穴比;疏松度
— hole	內部縮孔	引け巣	内部缩孔
— ratio	孔隙比	空げき率	孔隙比
— test	孔隙試驗	空げき試験	孔隙试验
volatile loss	揮發減量	揮発減量	挥发减量
— rust preventive oil	揮發性防銹油	気化性さび止め油	挥发性防锈油
Volomit	一種超硬質合金	ボロミット	一种超硬质合金
voltage	電壓;伏特數	電圧	电压;伏特数
— rating	額定電壓	電圧定格	额定电压
— regulating circuit	調壓電路	電圧調整回路	调压电路
voltaic arc	電弧	流電気式アーク	电弧
voltampere	伏安	ボルトアンペア	伏(特)安(培)
volume	音量;響度;容積;體積	音量	音量;响度;容积;体积
— booster	(大容量)定比減壓閥	ボリュームブースタ	(大容量)定比减压阀
— box	套筒扳手	ボリュームボックス	套筒扳手
— shrinkage	體積收縮	体積収縮	体积收缩
— strain	體積變形;體積應變	体積ひずみ	体积变形;体积应变
— stress	容積應力;體積應力	体積応力	容积应力;体积应力
volumetric(al) change	體積變更	容積変化	体积变更
— feeder	定量加料裝置	容量供給装置	定量加料装置
— shrinkage	體積收縮	体積収縮	体积收缩
voluminal expansion	體積膨脹	体膨張	体积膨胀

英文	臺灣	日文	大陸
volute	螺旋形;渦旋形	ボルート	螺旋形;涡旋形
— housing	螺旋形殼體;蝸殼	渦巻形ケーシング	螺旋形壳体;蜗壳
— pump	螺旋泵	渦巻ポンプ	螺旋泵
— spring	錐形螺旋板彈簧	竹の子ばね	锥形螺旋板弹簧
Volvit	青銅軸承合金	ボルビット	青铜轴承合金
vonsenite	硼鐵礦	ボンゼン石	硼铁矿
vortex line	平面螺旋線	渦線	平面螺旋线
— loss	渦流損失	渦流損失	涡流损失
Vulcan metal	一種耐蝕銅合金	バルカンメタル	一种耐蚀铜合金
vulcanite	硬質橡膠	硬質ゴム	硬质橡胶
vulcanizable elastomer	硫化性彈性體	加硫性エラストマ	硫化性弹性体
— polyethylene	硫化性聚乙烯	加硫性ポリエチレン	硫化性聚乙烯
vulcanizate	硫化橡膠;橡皮	加硫ゴム	硫化橡胶;橡皮
vulcanization	硫化;硬化;加硫	加硫	硫化;硬化;加硫
vulcanized asbestos	硫化石棉;夾膠石棉製品	ゴム硬化石綿	硫化石棉;夹胶石棉制品
— natural rubber	硫化天然橡膠	加硫天然ゴム	硫化天然橡胶
— polyethylene	硫化聚乙烯	加硫ポリエチレン	硫化聚乙烯
vulcanizing agent	硫化劑	加硫剤	硫化剂
— of rubber	橡膠加硫	ゴムの加硫	橡胶加硫
vulnerability	易損壞性;脆弱性;致命性	バルネレビリティ	易损坏性;脆弱性;致命性

英 文	臺 灣	日 文	大 陸
wabble	振動;擺動;變量;變度	そう浪	振动;摆动;变量;变度
wabbler	凸輪;搖動器;偏心輪	ワブラ	凸轮;摇动器;偏心轮
wadding	填絮;填塞物;襯料	ワッディング	填絮;填塞物;衬料
wafering	切(成)片;切晶片	ウェファリング	切(成)片;切晶片
waffle die	網格校平模;齒紋校平模	ワッフル型	网格校平模;齿纹校平模
wagging vibration	(分子)上下擺動;	縦揺れ振動	(分子)上下摆动;
wagon drill	汽車式鑽機;鑽機車	ワゴンドリル	汽车式钻机;钻机车
— spring	貨車彈簧	車両ばね	货车弹簧
waiting period	等待時間〔周期〕	待ち時間	等待时间〔周期〕
— time	等待時間;存儲時間	待ち時間	等待时间;存储时间
walchowite	褐煤樹脂;聚合醇樹脂	ワルチョー石	褐煤树脂;聚合醇树脂
walking	可移動(的);擺動(的)	ウォーキング	可移动(的);摆动(的)
— beam	搖樑;擺動樑;步進式冷床	ウォーキングビーム	摇梁;摆动梁;步进式冷床
— beam furnace	步進式(連續加熱)爐	可動りょう式炉	步进式(连续加热)炉
— machine	移動式機械	步行機械	移动式机械
— robot	步行機器人	步行ロボット	步行机器人
wall bolt	棘螺栓,墻螺栓	鬼ボルト	棘螺栓;墙螺栓
— box	暗絨箱;箱形軸承座	壁はめ込み配電	暗绒箱;箱形轴承座
— drilling machine	牆裝鑽床	壁ボール盤	墙装钻床
wandering of arc	電弧漂移	アークのふらつき	电弧漂移
— sequence	跳銲法;無序銲接法	スキップ溶接	跳焊法;无序焊接法
warm drawing	熱拉絲	温間伸線	热拉丝
— extrusion	熱擠壓	温間押出し加工	热挤压
— forging	溫殼鍛壓;降溫鍛造法	温間圧造	温壳锻压;降温锻造法
— strength	溫熱強度	熱間強度	温热强度
— working	溫加工	温間加工	温加工
warmer	加熱器;(橡膠)熱煉機	熱入れロール機	加热器;(橡胶)热炼机
warming-up	加溫;預熱;暖機	暖機	加温;预热;暖机
warm-up	升溫;加熱;預熱	ウォームアップ	升温;加热;预热
— mill	加熱輥	加熱ロール	加热辊
— operation	暖機運轉;預熱運轉	暖機運転	暖机运转;预热运转
warning light	警告燈	警告灯	警告灯
— message	報警信息	警告メッセージ	报警信息
— sign	警告標誌	警戒標識	警告标志
warp	翹曲;扭曲;卷繞	反り;ひずみ	翘曲;扭曲;卷绕
warpage	扭曲;翹曲;變形	曲がり	扭曲;翘曲;变形
warped surface	翹曲面;扭曲面	ゆがみ面	翘曲面;扭曲面
warping	整經;翹曲;變形	狂い	整经;翘曲;变形
— rigidity	翹曲;剛度	曲げねじり剛性	翘曲;刚度
— stress	翹曲應力	反り拘束応力	翘曲应力

英文	臺灣	日文	大陸
— test	翹曲試驗	反り試験	翘曲试验
warrant	保証;証明;煤層式黏土	保証	保证;证明;煤层式粘土
wash boring	沖洗鑽孔	水洗式ボーリング	冲洗钻孔
— mill	洗滌碾磨機;洗滌裝置	洗でい機	洗涤碾磨机;洗涤装置
washed ore	洗礦;精選礦	洗鉱	洗矿;精选矿
— sand	(洗)淨砂	洗い砂	(洗)净砂
— slack	洗淨的碎煤	洗浄粉炭	洗净的碎煤
washer	洗淨器;襯墊;墊圈	洗浄機	洗净器;衬垫;垫圈
— element	墊圈式濾清元件	座付きナット	垫圈式滤清元件
— faced nut	帶墊圈螺母	座付きナット	带垫圈螺母
washing	洗(滌);洗選	洗浄	洗(涤);洗选
— equipment	洗滌設備	洗浄設備	洗涤设备
— station	洗滌裝置	洗浄装置	洗涤装置
— tub	洗滌槽	洗濯おけ	洗涤槽
washingtonite	鈦鐵礦	ワシントン石	钛铁矿
wastage	損耗量;消耗量;損失量	減耗	损耗量;消耗量;损失量
waste box	廢物(料)箱	廃物箱	废物(料)箱
— chips	廢屑	廃物	废屑
— disposal	廢物處理	廃棄物処分	废物处理
— end	廢料頭	切れ端	废料头
— heat	廢熱;餘熱	廃熱	废热;馀热
— heat boiler	廢熱鍋爐;餘熱鍋爐	余熱ボイラ	废热锅炉;馀热锅炉
— heat loss	餘熱損失廢熱損失	排熱損失	馀热损失废热损失
— heat recovery	廢熱回收	廃熱回収	废热回收
— heat utilization	餘熱利用	排熱利用	馀热利用
— heating	用廢氣(熱)加熱	廃熱利用加熱	用废气(热)加热
— oil	廢油;用過的油	廃油	废油;用过的油
— processing	廢物處理	廃棄物処理	废物处理
— stem	廢蒸氣	廃汽	废蒸气
wastewater	廢水;污水	廃水	废水;污水
— disposal pump	污水泵	廃液ポンプ	污水泵
— reclamation	廢水再生;廢水利用	廃水再生	废水再生;废水利用
— treatment equipment	污水處理設備	水質汚濁防止装置	污水处理设备
— treatment technics	污水處理技術	汚水処理技術	污水处理技术
— valve	廢水閥	剰水弁	废水阀
watch case	錶殼	ウォッチケース	表壳
— maker's bench press	小型台式沖床	小形卓上形プレス	小型台式压力机
— mechanism	鐘錶機構	時計機構	钟表机构
— movement	鐘錶機心	ムーブメント	钟表机心
— oil	鐘錶油	時計油	钟表油

英文	臺灣	日文	大陸
— press	鐘錶沖床	ウォッチプレス	钟表冲床
water annealing	水冷退火	水なまし	水冷退火
— box	冷卻水箱	冷却かん	冷却水箱
— chamber	(冷卻)水套;水箱	ウォータチャンバ	(冷却)水套;水箱
— channel	水槽;水冷腔〔模具的〕	水路	水槽;水冷腔〔模具的〕
— collar	(模具)水冷套	水カラー	(模具)水冷套
— containing plastic(s)	含水塑料	含水プラスチック	含水塑料
— cylinder	液壓缸	水シリンダ	液压缸
— frame	水力機械;水力紡紗機	水力機械	水力机械;水力纺纱机
— gas	水煤氣	水性ガス	水煤气
— hardening	水淬(硬化)	水焼入れ	水淬(硬化)
— horning	噴水清理	ウォータホルニング	喷水清理
— jacket	水(冷卻)套;水箱	水とう	水(冷却)套;水箱
— joint	水密接合;防水接頭	水切目地	水密接合;防水接头
— lubricated type	水潤滑式	水潤滑式	水润滑式
— press	水壓機	水圧機	水压机
pressure	水壓力	水圧	水压力
— pressure engine	水力發動機	水圧機関	水力发动机
— pump	水泵	水流ポンプ	水泵
— purification unit	淨水設備	浄水設備	净水设备
— purification work	淨水工程	浄水作業	净水工程
— purifier	淨水器	浄化器	净水器
— quench(steel)	水淬(鋼)	水急冷却	水淬(钢)
— sanding	水砂磨	水研ぎ	水砂磨
— softener	軟水劑;軟水器	硬水軟化剤	软水剂;软水器
— softening	硬水軟化(法)	硬水軟化	硬水软化(法)
— storage tank	貯水槽;水箱	貯水槽	贮水槽;水箱
— tank	水箱;水柜;水櫃	水槽	水箱;水柜;水
— test	泵水試驗;水壓試驗	水質試験	泵水试验;水压试验
— to carbide generator	注水式(乙炔)發生器	注水式発生器	注水式(乙炔)发生器
— tool grinder	通液式工具磨床	水掛け工具研削盤	通液式工具磨床
— toughening	水冷韌化處理	水じん	水冷韧化处理
— treatment device	水處理設備	水処理装置	水处理设备
— tube boiler	水管式鍋爐	水管式汽かん	水管式锅炉
— turbine	水輪機	水車	水轮机
— valve	水閥;水門	水弁	水阀;水门
— vapor arc welding	水蒸氣保護電弧銲	水蒸気アーク溶接	水蒸气保护电弧焊
— vapor pressure	水蒸氣壓	水蒸気圧	水蒸气压
water-cooled bearing	水冷軸承	水冷軸受	水冷轴承
— condenser	水冷式冷凝器	水冷却凝縮器	水冷式冷凝器

英　　文	臺　　灣	日　　文	大　　陸
— cylinder	水冷式氣〔油〕缸	水冷シリンダ	水冷式气〔油〕缸
— engine	水冷式發動機	水冷機関	水冷式发动机
— jacket	水套	水冷ジャケット	水套
— rolls	水冷輥	水冷ロール	水冷辊
waterproof connector	防水接頭	防水コネクタ	防水接头
— material	防水材料	防水材料	防水材料
— sand paper	(耐)水砂紙	耐水研磨紙	(耐)水砂纸
— socket	防水接頭	防水ソケット	防水接头
— test	防水試驗	防水試験	防水试验
— treatment	防水處理	防水処理	防水处理
— valve	防水閥	防水バルブ	防水阀
water-resistant test	耐水試驗	耐水試験	耐水试验
water-soluble flux	水溶性銲劑	水溶性フラックス	水溶性焊剂
— resin	水溶性樹脂	水溶性樹脂	水溶性树脂
water-tight joint	防水接縫	水密継手	防水接缝
water-wheel	水輪;水輪機	水車	水轮;水轮机
watery fusion	結晶熔熔化	含水融解	结晶熔熔化
watt	瓦特	ワット	瓦特
— consumption	功率消耗	ワット消費量	功率消耗
— loss	功率損耗	ワットロス	功率损耗
— second	瓦(特)秒	ワット秒	瓦(特)秒
wattage	瓦(特)數	ワット数	瓦(特)数
— dissipation	損耗瓦數	ワット数損失	损耗瓦数
wattless component	無功部分;電抗部分	無効部	无功部分;电抗部分
— power	無功功率	無効電力	无功功率
wattmeter	瓦特計;電力錶;功率錶	電力計	瓦特计;电力表;功率表
wave amplitude	波振幅	波の振幅	波振幅
— celerity	波速	波速	波速
— equation	波動方程	波動方程式	波动方程
— loop	波腹	波腹	波腹
— motion	波動	波動	波动
— nature	波動性	波動性	波动性
— propagation	波的傳播	波の伝搬	波的传播
— reflection	波的反射	波の反射	波的反射
— refraction	波的折射	波の屈折	波的折射
— soldering	波動銲接;流動銲接	ウェーブソルダーリング	波动焊接;流动焊接
— top	波峰	波峰	波峰
— trough	波谷	波の谷	波谷
— vector	波(動)向(量)	波動ベクトル	波(动)矢(量)
— washer	波形墊圈	波形坐金	波形垫圈

英文	臺灣	日文	大陸
wavecrest	波峰;波頂	波峰	波峰;波顶
wavefront	波前;波陣面	波先	波前;波阵面
wavelength	波長	波の波長	波长
— standard	波長標準	光波基準	波长标准
wavy spring	波形彈簧	ウェービスプリング	波形弹簧
wax injector	壓蠟機;射蠟機	ワックスインジェクタ	压蜡机;射蜡机
— matrix	蠟模	ろう製模型	蜡模
— pattern	蠟模;蠟型	ろう型	蜡模;蜡型
— pour point	蠟的凝固點;蠟的傾點	ろうの凝固点	蜡的凝固点;蜡的倾点
waxform method	蠟模法	ろう型法	蜡模法
waxy resin	蠟質樹脂	ろう質樹脂	蜡质树脂
way	方式;滑道	方法	方式;滑道
— block	導軌塊;支承塊	ウェイブロック	导轨块;支承块
— of bed	導軌	ウェイオブベッド	导轨
wear	磨損;磨耗	摩耗	磨损;磨耗
— allowance	磨損留量	摩耗しろ	磨损留量
— and tear	損耗;老化	老朽化	损耗;老化
— factor	磨損係數	摩耗指数	磨损系数
— iron	耐擦(鐵)板	防摩擦鉄板	耐擦(铁)板
— land	磨損帶	ウェアランド	磨损带
— layer	磨損層	摩耗層	磨损层
— limit	磨損極限	ウェアリミット	磨损极限
— part	磨損件	摩耗部品	磨损件
— prevention agent	防磨(添加)劑	防摩擦剤	防磨(添加)剂
— rate	磨損率	摩耗率	磨损率
— resistant alloy	耐磨合金	耐摩合金	耐磨合金
— resistant coating	抗磨耗覆蓋層	耐摩被覆層	抗磨耗覆盖层
— strip	磨損帶	摩耗ストリップ	磨损带
— surface	磨滅面;磨損表面	摩耗面	磨灭面;磨损表面
— test	磨損試驗	摩耗試験	磨损试验
— tester	磨損試驗機	摩耗試験機	磨损试验机
— track	磨痕	摩耗こん	磨痕
wearbility	耐磨損性	耐摩耗性	耐磨损性
wearing characteristic	耐磨性	耐摩耗性	耐磨性
— coat	防磨護	表面被覆	防磨护
— conditions	磨損條件	摩耗条件	磨损条件
— course	磨耗層;耐磨層	摩耗層	磨耗层;耐磨层
— lining	耐磨內襯	耐摩耗裏張り	耐磨内衬
— plate	耐磨板	摩耗板	耐磨板
— property	耐磨性	耐摩耗性	耐磨性

英文	臺灣	日文	大陸
— quality	耐磨性	耐摩耗性	耐磨性
— resistance	耐磨性;抗磨力	耐摩耗性	耐磨性;抗磨力
— ring	耐擦環	防摩擦環	耐擦环
wear-out failure	疲勞故障;磨損破壞	摩耗故障	疲劳故障;磨损破坏
web beam	強橫樑;桁板樑	特設ビーム	强横梁;桁板梁
— cleat	腹板;連結板	ウェブクリート	腹板;连结板
— crystal	條狀晶體;帶狀晶體	ウェブ結晶	条状晶体;带状晶体
— diameter	絲攻小直徑	溝底の径	丝锥小直径
— reinforcement	腹筋;抗剪鋼筋	腹(鉄)筋	腹筋;抗剪钢筋
— taper	鑽心錐度	ウェブテーパ	钻心锥度
— thickness	鑽心厚度	心厚	钻心厚度
— washer	防鬆墊圈	ウェブワッシャ	防松垫圈
— wheel	輻板式齒輪	ウェブホイール	辐板式齿轮
— width	鑽心寬	ウェブ幅	钻心宽
webbite	煉鋼合金劑	ウェッバイト	炼钢合金剂
wedge	楔;斜鐵;楔形澆	くさび	楔;斜铁;楔形浇
— action die	斜楔沖模;側楔模	くさび型	斜楔冲模;侧楔模
— belt	V形帶;三角帶	細幅Vベルト	V形带;三角带
— block	可調楔塊;楔塊;楔座	鎖せん式尾せん	可调楔块;楔块;楔座
— block gage	角度量塊;角度塊規	ウェッジブロックゲージ	角度量块;角度块规
— bonding	楔形銲接;楔銲	ウェッジボンディング	楔形焊接;楔焊
— brake	楔形閘;楔形制動器	ウェッジブレーキ	楔形闸;楔形制动器
— contact	楔形接點	くさび形接点	楔形接点
— cut	楔形切削	ウェッジカット	楔形切削
— draw test	楔形拉深試驗	くさび引抜き深絞り試験	楔形拉深试验
— driver	打楔機	くさび打込み機	打楔机
— filler	楔形填充料	くさび形てん材	楔形填充料
— friction wheel	楔形摩擦輪	みぞ付き摩擦車	楔形摩擦轮
— gate	楔形澆口	ばりぜき	楔形浇口
— grip	楔形夾	くさび式かみ具	楔形夹
— hammer	楔錘	ウェッジハンマ	楔锤
— pin	楔形銷	くさび止めピン	楔形销
— press	楔式沖床	くさび駆動式プレス	楔式压力机
— ring	直面半梯形環;楔形環	ウェッジリング	直面半梯形环;楔形环
— rolling	楔形軋製	ウェッジローリング	楔形轧制
— valve	楔形閥	くさび形弁	楔形阀
weigh feed	計量加料	ひょう量供給	计量加料
— feeder	計量加料裝置	ひょう量供給装置	计量加料装置
weight	重量;重錘;負載	重み	重量;重锤;载荷
— average	重量平均	重量平均	重量平均

英文	臺灣	日文	大陸
— capacity	承重能力	可搬重量	承重能力
— density	重量密度	重量密度	重量密度
— distribution ratio	重量分配比	荷重配分比	重量分配比
— empty	淨重;無裁重量;空機重量	自重	净重;无裁重量;空机重量
— estimation	重量估算	重量見積り	重量估算
— feeder	重量給〔送〕料器	重量給送器	重量给〔送〕料器
— limited payload	重量極限有效負載	重量限界ペイロード	重量极限有效载荷
— load	裝載量	分銅荷重	装载量
— velocity	重量速度	重量速度	重量速度
weight-drop test	落錘試驗	落錘試験	落锤试验
weightiness	重;重量	重いこと	重;重量
weighting	加重	増量	加重
— arm	搖架;搖臂加壓裝置	トップアーム	摇架;摇臂加压装置
weld	銲接	溶接部	焊接
— -all-around	全周(邊)銲接〔縫〕	全周溶接	全周(边)焊接〔缝〕
— annealing	銲接退火	溶接焼きなまし	焊接退火
— assembly	銲接(構)件;銲接裝配件	溶接組立品	焊接(构)件;焊接装配件
— bead	銲道	溶接ビード	焊道
— bolt	銲接螺栓	溶接ボルト	焊接螺栓
— bond	銲接熔合;銲合絨	溶接ボンド	焊接熔合;焊合绒
— corrosion	銲接腐蝕	溶接腐食	焊接腐蚀
— decay	銲縫腐蝕	溶接衰弱	焊缝腐蚀
— deposit	熔敷金屬;銲敷金屬	溶着金属	熔敷金属;焊敷金属
— face	銲縫金屬表面	溶接金属面	焊缝金属表面
— flaw	銲接缺陷;銲縫缺陷	溶接欠陥	焊接缺陷;焊缝缺陷
— flush	齊平銲縫;銲縫隆起	ウェルドフラッシュ	齐平焊缝;焊缝隆起
— fume concentration	銲接煙塵濃度	溶接ヒューム濃度	焊接烟尘浓度
— head	銲機頭	溶接ヘッド	焊机头
— in butt joint	對(接)銲	突合せ溶接	对(接)焊
— in normal shear	正面角銲(縫)	前面隅肉溶接	正面角焊(缝)
— iron	熟鐵	鍛鉄	熟铁
— junction	熔合線	溶接ボンド	熔合线
— length	銲接長度;銲縫長度	溶接長さ	焊接长度;焊缝长度
— line	銲接線;銲縫軸線	溶接線	焊接线;焊缝轴线
— machined flush	削平堆高的銲縫	仕上げ溶接部	削平堆高的焊缝
— mark	銲接痕	ウェルドマーク	焊接痕
— material	銲接材料	溶接材料	焊接材料
— metal cracking	銲接裂紋	溶接金属割れ	焊接裂纹
— metal zone	銲縫金屬區	溶接金属部	焊缝金属区
— nugget	銲接瘤;銲接濺射物	スパッタ	焊接瘤;焊接溅射物

英文	臺灣	日文	大陸
— nut	銲接螺母	溶接ナット	焊接螺母
— penetration	(銲縫的)熔透;熔深	溶込み	(焊缝的)熔透;熔深
— period	熔接時間	溶接時間	熔接时间
— pitch	斷續銲縫中心距	溶接ピッチ	断续焊缝中心距
— rod	銲條	溶接棒	焊条
— root	銲縫根部	溶接のルート	焊缝根部
— rotation	銲接(縫)轉角	溶接回転角	焊接(缝)转角
— run	銲道;銲縫	溶接ビード	焊道;焊缝
— seam	鍛銲縫;銲(接)縫	鍛接継目	锻焊缝;焊(接)缝
— size	銲接尺寸	溶接寸法	焊接尺寸
— slope	銲縫傾角	溶接傾斜角	焊缝倾角
— spacing	銲縫間距;銲點間距	溶接ピッチ	焊缝间距;焊点间距
— steel	鍛鋼;可銲鋼材	溶接鋼	锻钢;可焊钢材
— strength	銲縫強度;銲接強度	溶着部強さ	焊缝强度;焊接强度
— stress	銲縫應力	溶着部応力	焊缝应力
— stress relieving	消除銲接應	溶接応力除去	消除焊接应
— temperature	銲接溫度	溶接温度	焊接温度
— test	銲接試驗	溶接試験	焊接试验
— thermal cycle	銲接熱循環	溶接熱サイクル	焊接热循环
— wire	銲絲	ウェルドワイヤ	焊丝
— zone	銲接區;銲縫區	ウェルドゾーン	焊接区;焊缝区
weldability	銲接性;可銲性	溶接性	焊接性;可焊性
— test	銲接性試驗	溶接性試験	焊接性试验
weldable steel	銲接鋼	溶接用鋼	焊接钢
— strain gage	可銲(接)應變儀	溶接型ひずみゲージ	可焊(接)应变仪
welded bridge	銲接橋	溶接橋	焊接桥
— construction	銲接結構	溶接構造物	焊接结构
— cylinder	銲接筒體	溶接シリンダ	焊接筒体
— joint	銲接接頭;鍛接螺栓	溶接継手	焊接接头;锻接螺栓
— nozzle	銲嘴	溶接ノズル	焊嘴
— overlay	堆銲	溶接肉盛	堆焊
— piece	銲接件;銲接構件	溶接物	焊接件;焊接构件
— pipe	銲接管	溶接管	焊接管
— section steel	銲接(的)型鋼	溶接形鋼	焊接(的)型钢
— steel pipe	銲接鋼管	溶接鋼管	焊接钢管
— steel-tube	銲接鋼管	溶接鋼管	焊接钢管
— structure	銲接結構	溶接構造物	焊接结构
— together	銲合	溶接結合	焊合
— tube	銲接管	ウェルデドチューブ	焊接管
welder	銲機;銲工	溶接機	焊机;焊工

英文	臺灣	日文	大陸
— for exclusive use	專用銲機	専用溶接機	专用焊机
— mask	銲工保護面具;電銲眼罩	溶接工保護マスク	焊工保护面具;电焊眼罩
— qualification test	銲工技術考試	溶接技術検定試験	焊工技术考试
welding	熔接;銲接	溶接	熔接;焊接
— apron	銲工圍裙	溶接用前掛け	焊工围裙
— area	銲接區	溶接部位	焊接区
— base material	銲接基體材料;銲接母材	溶接母材	焊接基体材料;焊接母材
— bench	銲接工作台;銲台	溶接台	焊接工作台;焊台
— blowpipe	氣銲吹管	溶接トーチ	气焊吹管
— booth	銲接工作間	溶接囲い	焊接工作间
— burner	銲槍;銲炬	ウェルディングバーナ	焊枪;焊炬
— condition	銲接工藝條件;銲接規範	溶接条件	焊接工艺条件;焊接规范
— connector	銲接電纜夾頭	ケーブルコネクタ	焊接电缆夹头
— control	銲接控制	溶接制御	焊接控制
— current	銲接電流	溶接電流	焊接电流
— cycle	銲接循環	溶接サイクル	焊接循环
— defect	銲接缺陷	溶接欠陥	焊接缺陷
— deformation	銲接變形	溶接変形	焊接变形
— design	銲接設計	溶接設計	焊接设计
— desk	銲接工作台	溶接台	焊接工作台
— distortion	銲接變形	溶接ひずみ	焊接变形
— electrode	銲接電極	溶接電極	焊接电极
— equipment	銲接設備	溶接装置	焊接设备
— fabrication	銲接裝配;銲接組裝	溶接組立て	焊接装配;焊接组装
— field	銲接工場;銲接工地	溶接工場	焊接车间;焊接工地
— fixture	銲接夾具	溶接ジグ	焊接夹具
— flame	銲接火焰	溶接炎	焊接火焰
— flux	銲劑;銲葯	溶接フラックス	焊剂;焊药
— force	電極壓力;阻銲加壓	電極加圧力	电极压力;阻焊加压
— gas	銲接(用)氣體	溶接ガス	焊接(用)气体
— generator	銲接(用)發電機	溶接発電機	焊接(用)发电机
— gloves	銲工手套	溶接用手袋	焊工手套
— goggles	銲工護目鏡	溶接用保護めがね	焊工护目镜
— ground	電銲地線	アース	电焊地线
— gun	銲槍;銲炬	溶接ガン	焊枪;焊炬
— heat	銲接熱(量)	溶接熱	焊接热(量)
— in water	水中銲接	海中溶接	水中焊接
— inspection	銲接檢查	溶接検査	焊接检查
— jig	熔接用治具;銲接夾具	溶接用ジグ	溶接用治具;焊接夹具
— leads	電銲引線;銲機電線	溶接ケーブル	电焊引线;焊机电线

英文	臺灣	日文	大陸
— manipulator	銲接夾具;銲接機械手	溶接治具	焊接夹具;焊接机械手
— metallurgy	銲接冶金(學)	溶接冶金学	焊接冶金(学)
— method	銲接方法	溶接方法	焊接方法
— motor generator	銲接電動發電機	溶接用電動発電機	焊接电动发电机
— of flat position	平銲;俯銲	下向き溶接	平焊;俯焊
— operation	銲接操作	溶接作業	焊接操作
— operator	(電)銲工	溶接工	(电)焊工
— outfit	銲接設備	溶接設備	焊接设备
— pass	銲縫	溶接継ぎ目	焊缝
— phenomenon	銲接現象	溶接現象	焊接现象
— pipe fitting	銲接管接頭	溶接管継手	焊接管接头
— plant	銲接工場;銲接裝置	溶接工場	焊接车间;焊接装置
— position	銲接位置	溶接姿勢	焊接位置
— press	銲接沖床	溶接プレス	焊接压力机
— pressure	銲接壓力	加圧力	焊接压力
— procedure	銲接施工法	溶接施工	焊接施工法
— process	銲接方法;銲接過程	溶接法	焊接方法;焊接过程
— quality	鍛接性	鍛接性	锻接性
— residual stress	銲接殘餘應力	溶接残留応力	焊接残馀应力
— robot	銲接機器人	溶接ロボット	焊接机器人
— rod extrusion press	銲條自動壓塗機	溶接棒自動塗布機	焊条自动压涂机
— roll	銲接輥	溶接ロール	焊接辊
— rollers	銲接滾輪〔縫銲機用〕	溶接ローラ	焊接滚轮〔缝焊机用〕
— seam tracker	銲縫跟蹤裝置	溶接継目追従装置	焊缝跟踪装置
— sequence	銲接次序	溶接順序	焊接次序
— set	銲接設備	溶接装置	焊接设备
— shop	銲接工場	溶接工場	焊接车间
— steel-rod	電銲條	電気溶接棒	电焊条
— strain	銲接應變;銲接變形	溶接ひずみ	焊接应变;焊接变形
— table	銲接工作台	溶接台	焊接工作台
— technique	銲接技術;銲接工藝	溶接技術	焊接技术;焊接工艺
— technology	銲接工藝	溶接施工詳細	焊接工艺
— time	銲接時間	溶接時間	焊接时间
— tip	銲(接噴)嘴;點銲電極尖	溶接チップ	焊(接喷)嘴;点焊电极尖
— tool	銲接工具	溶接工具	焊接工具
— torch	銲炬;銲槍;銲接吹管	溶接トーチ	焊炬;焊枪;焊接吹管
— transformer	銲接變壓器	溶接変圧器	焊接变压器
— union	銲接管接頭	溶接ユニオン	焊接管接头
— with pressure	加壓銲接	圧接	加压焊接
— with weaving	(銲條)橫擺銲接	ウイービング溶接	(焊条)横摆焊接

英　文	臺　灣	日　文	大　陸
weldless pipe	無(銲)縫管	継目なし管	无(焊)缝管
weldline	銲縫	溶接線	焊缝
weldment	銲件	溶接物	焊件
weldmeter	熔接電流計	ウェルドメータ	熔接电流计
well base rim	深鋼圈;凹形輪緣	深底リム	深钢圈;凹形轮缘
Westing-arc process	威斯汀電弧銲法	ウェスティングアーク法	威斯汀电弧焊法
wet ball mill	濕式球磨機	湿式ボールミル	湿式球磨机
— barrel tumbling	濕式轉筒拋光	湿式バレル仕上げ	湿(法)转筒抛光
— blasting	含有磨料的水流噴淨處理	ウェットブラスト法	含有磨料的水流喷净处理
— galvanization	濕式鍍鋅	湿式亜鉛めっき	湿式镀锌
— grinding	濕磨;濕式粉碎	湿式粉砕	湿磨;湿式粉碎
— lapping	濕式研磨法	ウェットラッピング	湿式研磨法
— mill	濕磨機	ウェットミル	湿磨机
— milling	濕磨法;濕式磨礦	湿式粉砕	湿磨法;湿式磨矿
— pan mill	濕研盤;濕盤;濕研磨機	ウェットパンミル	湿研盘;湿盘;湿研磨机
— plating	濕式電鍍	湿式めっき	湿式电镀
— sanding	水磨	水研ぎ	水磨
— tempering	濕式回火	湿式焼もどし	湿式回火
— tube mill	濕筒磨機	湿式管形製粉機	湿筒磨机
— tumbling	濕式轉鼓拋光;濕拋光	湿式タンブラ仕上げ	湿式转鼓抛光;湿抛光
wetted surface	濕潤面;濕表面	ぬれ面	湿润面;湿表面
wetting	潤濕;浸濕	潤湿	润湿;浸湿
— brake	濕式制動器	湿式ブレーキ	湿式制动器
— property	潤濕性;濡濕性	湿潤性	润湿性;濡湿性
— quality	潤濕性	湿潤性	润湿性
wet-type servovalve	潤式伺服閥	湿式サーボ弁	润式伺服阀
whale oil	鯨油	鯨油	鲸油
whartonite	含鎳黃鐵礦	ワルトン鉱	含镍黄铁矿
wheel	輪;葉輪;駕駛盤;旋轉	ホイール;車輪	轮;叶轮;驾驶盘;旋转
— and axle	輪軸	輪軸	轮轴
— balancing stand	砂輪平衡台;砂輪平衡架	と石バランス台	砂轮平衡台;砂轮平衡架
— bearing	輪軸軸承	ホイールベアリング	轮轴轴承
— bearing lubricator	輪軸承潤滑劑〔器〕	輪軸受注油	轮轴承润滑剂〔器〕
— blank	齒輪毛坯;輪心	輪心	齿轮毛坯;轮心
— boss	輪心〔轂〕	車輪ボス	轮心〔毂〕
— box	輪箱	車輪覆い	轮箱
— brake	車輪制動器	車輪ブレーキ	车轮制动器
— center	輪心	輪心	轮心
— chain	齒輪傳鏈	ホイールチェーン	齿轮传链
— conveyer	滾輪式輸送機	ホイールコンベヤ	滚轮式输送机

英文	臺灣	日文	大陸
— crushing device	輪式破碎裝置	ホイールクラッシ装置	轮式破碎装置
— cutter	輪刀式切碎機	ホイールカッタ	轮刀式切碎机
— cutting machine	切齒	刻歯機	切齿
— cylinder	車輪剎車泵;輪閘儲氣筒	車輪シリンダ	车轮刹车泵;轮闸储气筒
— diameter	輪徑	車輪径	轮径
— disk	輪盤;轉盤	車輪円板	轮盘;转盘
— dressing device	砂輪修正裝置	回転と石修正装置	砂轮修正装置
— fit	輪座配合	輪座	轮座配合
— flange	輪緣	車輪フランジ	轮缘
— gate	輪形澆口;環形內澆口	車ぜき	轮形浇口;环形内浇口
— grease	輪軸潤滑脂	ホイールグリース	轮轴润滑脂
— grinding machine	車輪磨床	車輪研削盤	车轮磨床
— guard	砂輪罩	回転と石覆い	砂轮罩
— head	磨頭;砂輪機	と石頭	磨头;砂轮机
— hub	輪轂	車輪ボス	轮毂
— mill	輪碾機;車輪軋機	ホイールミル	轮碾机;车轮轧机
— molding machine	齒輪製型機	歯車型込機	齿轮制型机
— pivot	輪軸	ホイールピボット	轮轴
— planing machine	車輪鉋床	車輪平削盤	车轮刨床
— polishing	磨光;拋光	バフ磨き	磨光;抛光
— press	輪式通風;壓輪機	輪状通風	轮式通风;压轮机
— puller	車輪拆卸器;卸輪器	ホイールプーラ	车轮拆卸器;卸轮器
— pump	輪泵;回轉泵	輪転ポンプ	轮泵;回转泵
— spindle	砂輪軸	回転と石軸	砂轮轴
— spindle stock	砂輪座;砂輪(頭)架	回転と石台	砂轮座;砂轮(头)架
— stopper	車輪制動器〔停止器〕	車輪止め	车轮制动器〔停止器〕
— train	齒輪系	歯車列	齿轮系
— truing device	砂輪修正裝置	と石修正装置	砂轮修正装置
— type probe	輪形探頭	タイヤ探触子	轮形探头
wheeling	旋轉;轉動;回轉	ホイーリング	旋转;转动;回转
— machine	滾壓機;薄板壓延機	ホイーリングマシン	滚压机;薄板压延机
whetstone	磨刀石;砥石;劣質煤	と石	磨刀石;砥石;劣质煤
whip	滑車索;吊車索;單滑車	ホイップ	滑车索;吊车索;单滑车
— hoist	搖臂起重機	軒先ホイスト	摇臂起重机
whirl gate	離心集渣澆口	回しぜき	离心集渣浇口
— gate feeder	離心集渣冒口	回し押湯	离心集渣冒口
— mill	擺輪式混砂機	ワールミル	摆轮式混砂机
— mix	擺輪式混砂機	ワールミックス	摆轮式混砂机
whirling arm	旋轉臂;回轉臂	回転腕	旋转臂;回转臂
whistler	出氣冒口;排氣道	ガス抜き	出气冒口;排气道

英文	臺灣	日文	大陸
white brass	白黃銅;高鋅黃銅	白色真ちゅう	白黄铜;高锌黄铜
— bronze	白青銅	ホワイトブロンズ	白青铜
— cast iron	白口鑄鐵	白鋳鉄	白口铸铁;白口铁
— copper	白銅;銅鋅鎳合金;德銀	白銅	白铜;铜锌镍合金;德银
— gold	白金;鉑	白色金	白金;铂
— heart malleable iron	白心可鍛鑄鐵	白心可鍛鋳鉄	白心可锻铸铁
— iron	白口鐵;白鑄鐵	ちん;白鋳鉄	白口铁;白铸铁
— lead	鉛白;滅式碳酸鉛	鉛白	铅白;灭式碳酸铅
— metal bearing	巴氏合金軸承	ホワイトメタル軸受	巴氏合金轴承
— metal plate	鎳鋅銅合金板	洋白板	镍锌铜合金板
— petrolatum	白礦脂;白凡士林	白色半固体鉱油ジェリ	白矿脂;白凡士林
— pig iron	白生鐵;白銑鐵;白口鐵	白せん	白生铁;白铣铁;白口铁
— pyrite	白鐵礦	白鉄鉱	白铁矿
— resin	白樹脂	白樹脂	白树脂
— tin	白錫	普通のすず	白锡
whitening on bending	彎曲變白(現象)	折曲げ白化	弯曲变白(现象)
Whitworth coarse threa	惠氏粗牙〔普通〕螺紋	ウイット並目ねじ	威氏粗牙〔普通〕螺纹
— fine thread	惠氏細牙螺紋	ウイット細目ねじ	威氏细牙螺纹
— screw	惠氏螺釘	ウイットねじ	威氏螺钉
— thread	惠氏螺紋	ウイットねじ	威氏螺纹
whole depth	齒高;齒全深	全歯丈	齿高;齿全深
— hull vibration	總體振動	全体の振動	总体振动
— length	全長	全長	全长
wick feed	芯給;油繩注油	しん送り	芯给;油绳注油
— felt oiler	氈芯給油器	しんフェルト注油器	毡芯给油器
— lubrication	油繩潤滑法	灯心注油	油绳润滑法
— lubricator	油繩潤滑器	しん潤滑器	油绳润滑器
Wickman gage	凹口螺紋量規	ウイックマンゲージ	凹口螺纹量规
widax alloy	鎢鈦鈷系硬質合金	ウイダックス合金	钨钛钴系硬质合金
wide bed press	寬台面沖床	ワイドベッドプレス	宽台面压力机
— belt sander	寬面砂帶磨床	広幅平面ベルト研磨機	宽面砂带磨床
— flange shape	寬翼緣工學鋼	H形鋼	宽翼缘工学钢
— strip	寬幅帶鋼	広幅帯鋼	宽幅带钢
— strip mill	寬幅帶鋼軋機	広幅帯鋼圧延機	宽幅带钢轧机
wide-angle deflection	大角度偏轉	広角度偏向	大角度偏转
— type joint	廣角形接頭	広角型継手	广角形接头
— V belt	大張角V形帶	広角Vベルト	大张角V形带
widening of hole	擴孔	拡孔	扩孔
widia	滲碳碳化鎢	ウィディア	渗碳碳化钨
— alloy	碳化鎢硬質合金	ウイディア合金	碳化钨硬质合金

英文	臺灣	日文	大陸
width of chip	切屑寬度	切りくず幅	切屑宽度
— of chip space	(刀具的)排屑槽寬	刃溝幅	(刀具的)排屑槽宽
— of cotter slot	銷槽寬	コッタ穴幅	销槽宽
— of cut	切削寬度	切削幅	切削宽度
— of joint	接縫寬度	目地幅	接缝宽度
— of key slot	鍵槽寬	かぎ溝の幅	键槽宽
— of land	刃帶寬度〔絲攻和板牙的〕	マージン幅	刃带宽度〔丝锥和板牙的〕
— of margin	(刀具的)刃帶寬度	マージン幅	(刀具的)刃带宽度
— of tooth	齒寬	刃幅	齿宽
— of web	鑽心寬度	さん幅	钻心宽度
— variation	寬度變化	幅不同	宽度变化
wiggler	擺動器;扭動器	ウイグラ	摆动器;扭动器
William's riser	大氣壓力冒口	大気圧押湯	大气压力冒口
Wilson gear	威爾遜齒輪	ウイルソンギヤー	威尔逊齿轮
Wimet	一種硬質合金	ウィメット	一种硬质合金
winch	絞車;有柄曲拐;絞盤	横車地巻揚機	绞车;有柄曲拐;绞盘
— barrel	絞車卷筒	ウィンチバレル	绞车卷筒
— bed	絞車台	ウィンチ台	绞车台
— cable drum	絞盤調纜卷筒	ウィンチケーブルドラム	绞盘调缆卷筒
— drum	絞車卷筒	ウインチドラム	绞车卷筒
winding pipe	螺旋卷銲管;盤管;螺旋管	ワインディングパイプ	螺旋卷焊管;盘管;螺旋管
— shaft	卷軸	巻軸	卷轴
wing bolt	翼板螺栓	ちょうボルト	翼板螺栓
— screw	翼形螺釘;蝶形頭螺釘	ちょうねじ	翼形螺钉;蝶形头螺钉
— spar	翼樑	翼けた	翼梁
winged nut	翼形螺母;蝶形螺母	ちょうナット	翼形螺母;蝶形螺母
— screw	翼形螺絲	ちょうねじ	翼形螺丝
winter axle oil	冬季車軸潤滑油	ウィンタアキシルオイル	冬季车轴润滑油
wipe joint	拭接;熱(銲)接	ぬぐい継ぎ手	拭接;热(焊)接
wiper seal	彈性密封接蝕密封	ワイパシール	弹性密封接蚀密封
wiping solder	拭接銲料	ぬぐい継ぎはんだ	拭接焊料
wipla	鉻鎳鋼	ウィプラ	铬镍钢
wire	金屬絲;電線;鋼絲索	線材	金属丝;电线;钢丝索
— brush	鋼絲刷	針金刷毛	钢丝刷
— buff	鋼絲刷磨光輪	ワイヤバフ	钢丝刷磨光轮
— clipper	鋼絲剪;剪鋼絲器	ワイヤクリッパ	钢丝剪;剪钢丝器
— coating resin	電線包皮樹脂	電線被覆用樹脂	电线包皮树脂
— cut caking machine	模烤壓切機	焼型製菓切裁機	模烤压切机
— diameter	絲徑;線徑	ワイヤ径	丝径;线径
— disc	鋼絲盤	ワイヤディスク	钢丝盘

英文	臺灣	日文	大陸
— drawing	拉絲;拔絲	線引き	拉丝;拔丝
— drawing bench	拉絲機;拔絲機	線引機	拉丝机;拔丝机
— drawing lubrication	拉線潤滑;抽絲潤滑	線引注油	拉线润滑;抽丝润滑
— drawing machine	拔絲機	伸線機	拔丝机
— flame spraying	熔線火焰噴射法	溶線式溶射	熔线火焰喷射法
— for welding	銲絲	溶接用ワイヤ	焊丝
— forming machine	絲成形機	針金成形機	丝成形机
— gage	線徑規;線材號數	針金ゲージ	线径规;线材号数
— gage plate	線規板	ワイヤゲージプレート	线规板
— guide	銲線導向裝置;絲材導板	ワイヤガイド	焊线导向装置;丝材导板
— nippers	剪絲鉗	荷役つり索ニッパ	剪丝钳
— rod	盤條;線材;測深器	線材	盘条;线材;测深器
— rod mill	線材軋機	線材圧延機	线材轧机
— roll	線材軋輥;銅網輥	銅網ロール	线材轧辊;铜网辊
— rolling mill	線材軋機	線材圧延機	线材轧机
— saw	鋼絲鋸	差切のこ	钢丝锯
— size	鋼絲尺寸	線の太さ	钢丝尺寸
— solder	絲狀銲料;銲絲	糸ハンダ	丝状焊料;焊丝
— soldering	引線銲接	ワイヤソルダリング	引线焊接
— spiral	螺旋絲;電熱線	針金ねじ	螺旋丝;电炉〔阻〕丝
— spring	線彈簧	線ばね	线弹簧
wirerope	鋼纜;鋼絲繩	鋼索	钢缆;钢丝绳
— clip	鋼絲繩夾	綱しめ	钢丝绳夹
— gearing	鋼繩傳動裝置	ロイヤロープ装置	钢绳传动装置
— nippers	剪繩鉗	荷役つり索ニッパ	剪绳钳
— pulley	鋼索滑輪	ワイヤロープ調車	钢索滑轮
— tester	鋼絲繩試驗器	ワイヤロープ試験器	钢丝绳试验器
— tramway	索道	索道	索道
wishbone pin	叉形桿銷	ウィッシュボーンピン	叉形杆销
wobble	搖動;擺動;顫動	ウォブル	摇动;摆动;颤动
— bond	搖動接合	ウォブルボンド	摇动接合
wobbler	搖動器;擺輪;梅花頭	ウォッブラ	摇动器;摆轮;梅花头
wolfram,W	鎢	ウォルフラム	钨
— electrode	鎢(電)極	タングステン電極	钨(电)极
— steel	鎢鋼	ウォルフラムスチール	钨钢
wolframium	鎢	ウォルフラム	钨
wood screw	木螺絲;木螺釘	木ねじ	木螺丝;木螺钉
— screw lathe	木螺絲車床	木ねじ旋盤	木螺丝车床
— tool grinder	木工刀具磨床	木工工具研削盤	木工刀具磨床
Wood's alloy	伍德(易熔)合金	ウッド合金	伍德(易熔)合金

英　文	臺　灣	日　文	大　陸
— metal	伍德(易熔)合金	ウッドメタル	伍德(易熔)合金
woodruff key	胡氏鍵;半圓鍵;半月鍵	半月キー	半圆键;半月键
woodworking clamp	木工夾具	木工用締付け具	木工夹具
— lathe	木工車床	木工旋盤	木工车床
— machine	木工機械	木工機械	木工机械
— spinning lathe	木工車床	木工ろくろ	木工车床
— tool	木工工具	木工工具	木工工具
work	工作物;工作;作用;製品	仕事	工作物;工作;作用;制品
— ability	工作能力	作業能力	工作能力
— arbor	工作心軸;工作軸	ワークアーバ	工作心轴;工作轴
— area	作業區;工作區	作業域	作业区;工作区
— arm	工作臂	作業用義手	工作臂
— center	工作中心	ワークセンタ	工作中心
— changer	(自動)換工件裝置	工作物交換装置	(自动)换工件装置
— cradle	工件搖架;工作台〔架〕	ワーククレードル	工件摇架;工作台〔架〕
— driver	自動偏心夾緊夾頭	ワークドライバ	自动偏心夹紧卡盘
— fixture	工件夾具	ワークフィクスチャ	工件夹具
— gage	工作量規	工作ゲージ	工作量规
— hardness	加工硬度	加工硬度	加工硬度
— head	工作台;搖盤	工作主軸台	工作台;摇盘
— head bridge	工作台搭板	ワークヘッドブリッジ	工作台搭板
— head slide	工作台滑板	ワークヘッドスライド	工作台滑板
— heat	功(轉化)熱	仕事熱	功(转化)热
— measurement	作業測定;製作尺寸	作業測定	作业测定;制作尺寸
— of deformation	變形功	変形仕事	变形功
— of external force	外力功	外力仕事	外力功
— of rupture	斷裂功	破断仕事	断裂功
— plane	工作面	作業面	工作面
— rest	工件支架;中心架	支持刃	工件支架;中心架
— roll	工作輥	作動ロール	工作辊
— saddle	工作台滑鞍	ワークサドル	工作台滑鞍
— sampling	工作抽樣檢驗	ワークサンプリング法	工作抽样检验
— sheet	工作單;施工單	作業指示票	工作单;施工单
— softening	加工軟化	加工軟化	加工软化
— spindle	工作主軸	工作主軸	工作主轴
— station	工作場所;工作台;工作站	作業位置	工作场所;工作台;工作站
— support blade	(無心磨床的)刀口;托板	支持刃	(无心磨床的)刀口;托板
— surface	加工表面	被削面	加工表面
— table	工作台	工作台	工作台
— time	加工時間;工作時間	仕事時間	加工时间;工作时间

英文	臺灣	日文	大陸
— tolerance	加工容許差	製作許容差	加工容许差
workbench	工作台;工作架;鉗桌	作業台	工作台;工作架;钳桌
workbook	工作手冊;(工作)規程	ワークブック	工作手册;(工作)规程
worked material	加工原料	加工原料	加工原料
— metal	已加工金屬	加工された金属	已加工金属
work-hardened layers	加工硬化層	加工硬化層	加工硬化层
work-hardening theory	加工硬化理論	加工硬化理論	加工硬化理论
workholding device	夾頭;工件夾具	チャック	卡盘;工件夹具
— fixture	工件夾〔卡〕具	取付具	工件夹〔卡〕具
— jaw	鉗口;工件夾爪	つかみ金具	钳口;工件夹爪
work-in	插入;調和;配合	ワークイン	插入;调和;配合
— process	在製品;半成品	プロセス中の作業	在制品;半成品
working	運轉;工作;加工;處理	作業	运转;工作;加工;处理
— accuracy	加工精度	加工精度	加工精度
— allowance	加工餘量;加工容差	作業余裕率	加工馀量;加工容差
— angles	切削過程(刀具)諸角	作用系角	切削过程(刀具)诸角
— data	加工數據	加工データ	加工数据
— depth	加工深度	作用深さ	加工深度
— depth of tooth	工作齒高;有效齒高	有効歯たけ	工作齿高;有效齿高
— diagram	施工圖;加工圖	施工図	施工图;加工图
— dimension	加工尺寸	作業寸法	加工尺寸
— drawing	工作圖;施工圖	工作図	工作图;施工图
— fit	間隙配合	動きばめ	间隙配合
— life	工作期限;壽命	使用寿命	工作期限;寿命
— limit	加工限度;工作極限	加工限度	加工限度;工作极限
— model	加工模型	作業モデル	加工模型
— pattern	工作圖;加工圖	ワーキングパターン	工作图;加工图
— performance	加工性能	加工性能	加工性能
— plan	施工圖	施工図	施工图
— plane	工作面	作業面	工作面
— platform	工作平台	操業床	工作平台
— point	作用點;施力點	動作点	作用点;施力点
— power	工作動力;操作動力	使用動力	工作动力;操作动力
— pressure	工作力壓;使用壓力	使用圧力	工作力压;使用压力
— process	加工過程	加工工程	加工过程
— program	加工程式	加工プログラム	加工程序
— property	加工性	加工性	加工性
— quenching	鍛造淬火	鍛造焼入れ	锻造淬火
— radius	作用範圍;工作半徑	作用半径	作用范围;工作半径
— rake angle	工作前角	作用すくい角	工作前角

英文	臺灣	日文	大陸
— rate	加工率	加工率	加工率
— reference plane	基面;工作基準面	基準面	基面;工作基准面
— relief angle	工作後角	作用逃げ角	工作后角
— roll	工作輥	作動ロール	工作辊
— routine	工作程序	作業ルーチン	工作程序
— rule	工作守則	作業規則	工作守则
— scale	操作規模	作業規模	操作规模
— schedule	加工程序圖表	加工スケジュール	加工程序图表
— section	工作斷面;有效截面	使用断面	工作断面;有效截面
— sequence	加工程序	加工シーケンス	加工程序
— shaft	工作軸;工作礦井	作業軸	工作轴;工作矿井
— space	工作空間;作業空間	作業空間	工作空间;作业空间
— speed	加工速度	加工速度	加工速度
— strength	工作強度	使用強さ	工作强度
— stress	工作應力;許用應力	使用応力	工作应力;许用应力
— stroke	工作衝程;作功衝程	働き行程	工作冲程;作功冲程
— substance	作用物質;工作物;工質	作業物質	作用物质;工作物;工质
— surface	工作面	作用面	工作面
— table	工作台	作業台	工作台
— tape	工作(磁)帶;操作帶	作業テープ	工作(磁)带;操作带
— temperature	使用溫度;工作溫度	使用温度	使用温度;工作温度
— tension	作用張〔拉〕力	作用張力	作用张〔拉〕力
— test	運轉試驗	運転試験	运转试验
— time	加工時間	製作時間	加工时间
— width	有效寬度	有効幅	有效宽度
workload	工作負載;工作量	作業負荷	工作负荷;工作量
workman	工人;工匠;技工	職人	工人;工匠;技工
workpiece	工件	加工物	工件
workroom	工作場所	作業室	工作场所
workshop	工廠;工場;工作場地	工作場	工厂;车间;工作场地
— building	廠房	工場	厂房
worm	蝸桿;螺桿;蛇形管	ワーム	蜗杆;螺杆;蛇形管
— and roller	(球面)蝸桿滾輪式轉向器	ウォームアンドローラ	(球面)蜗杆滚轮式转向器
— bearing	蝸桿軸承	ウォームベアリング	蜗杆轴承
— brake	蝸桿制動裝置	ウォームブレーキ	蜗杆制动装置
— case	蝸輪箱	ウォームケース	蜗轮箱
— drive	蝸輪傳動	ウォームドライブ	蜗轮传动
— gear	蝸輪	ウォーム歯車	蜗轮
— gear differential	蝸輪副差動裝置	ウォーム歯車差動装置	蜗轮副差动装置
— gear hob	蝸輪滾刀	ウォームギヤーホブ	蜗轮滚刀

英文	臺灣	日文	大陸
— gear oil	傳動裝置用潤滑油	ウォーム歯車油	传动装置用润滑油
— gearing	蝸輪傳動裝置;蝸輪機構	ウォーム歯車装置	蜗轮传动装置;蜗轮机构
— gears	蝸輪蝸桿副;蝸輪裝置	ウォームギヤー	蜗轮蜗杆副;蜗轮装置
— grinder	蝸桿磨床	ウォーム研削盤	蜗杆磨床
— hole	蟲形氣孔;蛀眼狀氣孔	芋虫状気孔	虫形气孔;蛀眼状气孔
— milling cutter	蝸桿銑刀	ウォームフライス	蜗杆铣刀
— reduction gear	蝸輪減速機	ウォーム減速機	蜗轮减速机
— screw	蝸桿螺釘	ウォームスクリュー	蜗杆螺钉
— shaft	蝸桿軸	ウォーム軸	蜗杆轴
— steering gear	蝸桿轉向裝置	ウォームかじ取り装置	蜗杆转向装置
— type propeller	螺桿推進器	ウォームタイププロペラ	螺杆推进器
wormwheel	蝸輪	ウォーム歯車	蜗轮
work bushing	磨損的導套	摩耗したブッシュ	磨损的导套
worse	損失	ワース	损失
Worthington pump	蒸氣往復泵	ワシントンポンプ	蒸气往复泵
wortle	拉絲模	ウォートル	拉丝模
woven lining	編織的制動摩擦襯片	ウーブンライニング	编织的制动摩擦衬片
wow	搖晃;顫動	ワウ	摇晃;颤动
wrap bending test	卷彎試驗	巻付け曲げ試験	卷弯试验
— forming	張拉成形法;捲纏成形	巻付け成形法	张拉成形法;卷缠成形
— test	纏繞試驗	ラップ試験	缠绕试验
wrapped belt	纏繞螺栓	ラップドベルト	缠绕螺栓
wrapping	包裝;包封;捆扎	包装	包装;包封;捆扎
wreathed handrail	扶手;螺旋	うねり手すり	扶手;螺旋
wrecking	故障;破壞性的	レッキング	故障;破坏性的
wrench	扳手;扭轉	レンチ	扳手;扭转
— flat	平面扳手	レンチフラット	平面扳手
wring	收縮量;絞(出);扭(緊)	リング	收缩量;绞(出);扭(紧)
wringing	(塊規的)黏合;研合	密着	(块规的)黏合;研合
— fit	轉入配合	リングフィット	转入配合
wrinkle	皺紋;折痕;起皺	しわ	皱纹;折痕;起皱
— bending	(管子)有皺紋的彎曲	しわ寄せ曲げ	(管子)有皱纹的弯曲
wrist	肘節;耳軸;銷軸	リスト	肘节;耳轴;销轴
— pin	活塞銷;十字頭銷	クロスヘッドピン	活塞销;十字头销
— pin bush	活塞銷軸套	リストピンブッシュ	活塞销轴套
wrong	錯誤;不正常(的)	誤り	错误;不正常(的)
wrought alloy	可鍛合金	加工用合金	可锻合金
— aluminium alloy	鍛造鋁合金	鍛造アルミ合金	锻造铝合金
— iron	鍛鐵;熟鐵	錬鉄	锻铁;熟铁
— iron bloom	熟鐵方坯;鍛鐵坯	錬鉄片	熟铁方坯;锻铁坯

W

英文	臺灣	日文	大陸
— iron pipe	熟鐵管;鍛鐵管	錬鉄管	熟铁管;锻铁管
— iron scrap	碎熟鐵;廢鍛鐵	錬鉄くず	碎熟铁;废锻铁
— metal	鍛造金屬	鍛錬金属	锻造金属
— steel	鍛鋼;精錬鋼	錬鋼	锻钢;精链钢
— tool steel	鍛造工具鋼	打刃物鋼	锻造工具钢
Wulff net	伍爾夫網	ウルフネット	乌尔夫网;伍氏网

英文	臺灣	日文	大陸
X-alloy	銅鋁合金	Xアロイ	铜铝合金
X-axis	X軸;X座標軸	X軸	X轴;X坐标轴
X brace	交叉支撐;斜十字支撐	たすき筋違	交叉支撑;斜十字支撑
X-coordinate	X座標;橫座標	X座標	X坐标;横坐标
X-engine	X型發動機	X形機関	X型发动机
X-line	X座標線;橫軸線	X座標線	X坐标线;横轴线
X punch	X穿孔;負數穿孔	Xせん孔	X穿孔;负数穿孔
X-radiation	X光;X輻射	X線	X线;X辐射
X-ray analysis	X光分析	X線分析	X线分析
X-ray apparatus	X光裝置	X線装置	X射线装置
X-ray beam	X光束	X線束	X射线束
X-ray burn	X光燒〔燙〕傷	X線火傷	X射线烧〔烫〕伤
X-ray detector	X光探測器	X線検出器	X射线探测器
X-ray equipment	X光設備	X線装置	X射线设备
X-ray examination	X光檢查	X線検査	X射线检查
X-ray film	X光膠片	X線フィルム	X射线胶片
X-ray flaw detector	X光探傷器	X線探傷器	X射线探伤器
X-ray generator	X光發生器	X線発生装置	X射线发生器
X-ray inspection	X光檢查;X光探傷	X線検査	X(射)线检查;X射线探伤
X-ray intensity	X光的強度	X線強度	X射线的强度
X-ray lamp	X光燈	エックス光線電灯	X射线灯
X-ray laser	X光雷射	X線レーザ	X射线激光器
X-ray light	X光	X線光	X射线光
X-ray metallography	X光金相學	X線金相学	X射线金相学
X-ray plant	X光裝置	X線装置	X射线装置
X-ray room	X光室	レントゲン室	X光室
X-ray rubber	防X光橡膠	X線受射ゴム	防X射线橡胶
X-ray scattering	X光散射	X線散乱	X射线散射
X-ray sensitivity	X光敏感性	X線感受性	X射线敏感性
X-ray shielding	X光屏蔽	X線遮へい	X射线屏蔽
X-ray spectrum	X光譜	X線スペクトル	X射线谱
X-ray structure	X光結晶結構	X線結晶組織	X射线结晶结构
X-ray thickness gauge	X光測厚儀	X線厚み計	X射线测厚仪
X-ray topography	X光拓樸學	X線トポグラフィ	X射线拓朴学
X-ray treatment	X光處理	レントゲン線処理	X射线处理
X-ray tube	X光管	レントゲン管	X射线管
X-ray unit	X光單位	X線単位	X射线单位
X-ray view	X光透視圖	X線透視図	X射线透视图
X-ring	X形密封環	Xリング	X形密封环
X-scale	水平線比例尺	X縮尺	水平线比例尺

英文	臺灣	日文	大陸
X scanning	X掃描	X走查	X扫描
X-tube	X形管	X形管	X形管
X-type crossmember	X形橫構件	X形横けた	X形横构件
— frame	X形框架	X形フレーム	X形框架
Xantal	鋁青銅	クサンタル	铝青铜
xanthosiderite	黃褐鐵礦	黄褐鉄鉱	黄针铁矿
xonotlite	硬矽鈣石	キソノトライト	硬硅钙石
xylene resin	二甲苯樹脂	キシレン樹脂	二甲苯树脂
xylenol resin	二甲苯酚樹脂	キシレノール樹脂	二甲苯酚树脂
xylonite	賽璐珞	セルロイド	赛璐珞

英文	臺灣	日文	大陸
Y-alloy	鋁基合金	Y合金	铝基合金
Y-axis	Y軸	Y軸	Y轴
Y-azimuth	基準方向角	Y方位角	基准方向角
Y-bend	Y形彎頭;分叉彎頭	Y継手	Y形弯头;分叉弯头
Y-branch	Y形支管;斜三通	Y継手	Y形支管;斜三通
Y-branch fitting	Y形支管	Y継手	Y形支管
Y-coordinate	Y座標;縱座標	Y座標	Y坐标;纵坐标
Y-cut	Y-形割法	Y形切断法	Y-形割法
Y-curve	Y形曲線	Y形曲線	Y形曲线
Y-groove	Y形坡口	Y形グルーブ	Y形坡口
Y-joint	Y形管接頭	Y継手	Y形管接头
Y-junction	Y形接頭	Y形交差	Y形接头
Y-pipe	Y字管;Y形管;三通管	Y字管	Y字管;Y形管;三通管
Y-punch	Y穿孔;正數穿孔	Yせん孔	Y穿孔;正数穿孔
Y-scale	主縱線比例尺	Y縮尺	主纵线比例尺
Y-section	三通管接頭	Y接合部	三通管接头
Y-shaped bend	Y形彎管	Y枝管	Y形弯管
Y-shaped fitting	Y形接管頭	Y形継手	Y形接管头
Y-shaped valve	Y形閥	Y形弁	Y形阀
Y-slit crack test	Y形坡口抗裂試驗	Yスリット割れ試験	Y形坡口抗裂试验
Y-valve	Y形閥	Y形弁	Y形阀
yacca	禾木膠;草樹(樹)脂	草本樹脂	禾木胶;草树(树)脂
yardstick	尺度;碼尺;標準	ヤード尺	尺度;码尺;标准
year book	年鑑;年報	年鑑	年监;年报
yellow brass	黃銅	真ちゅう	黄铜
— copper ore	黃銅礦	黄銅鉱	黄铜矿
— oil	黃油	黄油	黄油
— oxide	鐵黃	黄色酸化鉄	铁黄
yield	產量;流量;成品率	収量;収率	产量;流量;成品率
— bearing stress	擠壓降伏應力	面圧降伏応力	挤压屈服应力
— bending moment	降伏彎矩	降伏曲げモーメント	屈服弯矩
— characteristic	降伏特性	降伏特性	屈服特性
— criterion	降伏條件;降伏準則	降伏条件	降伏条件;屈服准则
— curve	降伏曲線	降伏曲線	屈服曲线
— displacement	降伏位移	降伏変位	屈服位移
— force	降伏力	降伏力	屈服力
— function	降伏函數	降伏条件	屈服函数
— hinge	降伏鉸	降伏関節	屈服铰
— line	降伏線	降伏線	屈服线
— load	降伏負載	降伏荷重	屈服荷载

英文	臺灣	日文	大陸
— moment	降伏彎矩;降伏力矩	降伏モーメント	屈服弯矩;屈服力矩
— phenomenon	降伏現象	降伏現象	屈服现象
— point	降伏點	降伏点	屈服点
— point elongation	降伏點延伸	降伏点伸び	屈服点延伸
— point in shear	剪切降伏點	せん断降伏点	剪切屈服点
— point stress	降伏點應力	降伏点応力	屈服点应力
— ratio	降伏比	降伏比	屈服比
— strain	降伏(點)應變	降伏ひずみ	屈服(点)应变
— strength	降伏強度	降伏強度	屈服强度
— strength in tension	受拉降伏強度	引張降伏強さ	受拉屈服强度
— stress	降伏應力	降伏応力	屈服应力
— stress in tension	拉伸降伏應力	引張降伏応力	拉伸屈服应力
— surface	降伏曲面	降伏曲面	屈服曲面
— temperature	降伏溫度	降服温度	屈服温度
— theory	降伏理論	降伏理論	屈服理论
— under compression	壓縮降伏	圧縮降伏	压缩屈服
— value	降伏値	降伏値	屈服值
yieldable support	可縮性支架;可調節支架	可縮支保工	可缩性支架;可调节支架
yielding condition	降伏條件	降伏条件	屈服条件
yoke	軛;磁軛;叉臂;架;卡箍	窓上枠	轭;磁轭;叉臂;架;卡箍
— assembly	偏轉系統組件	ヨークアセンブリ	偏转系统组件
— bolt	離合器分離叉調整螺栓	枠ボルト	离合器分离叉调整螺栓
— cam	定幅凸輪	ヨークカム	定幅凸轮
— joint	叉形接頭	枠継手	叉形接头
— spring	軛簧	ヨークスプリング	轭簧
Yoloy	銅鎳低合金高強度鋼	ヨーロイ	铜镍低合金高强度钢
Yorcalbro	一種含鋁黃銅	ヨーカルブロー	一种含铝黄铜
Yorcalnic	鋁鎳青銅	ヨーカルニック	铝镍青铜
Young's modulus	楊氏模量	ヤング率	杨氏模量
— modulus in flexure	楊氏彎曲模量	曲げヤング率	杨氏弯曲模量
— modulus in tension	楊氏拉伸模量	引張りヤング率	杨氏拉伸模量
— modulus ratio	楊氏模量比	ヤング係数比	杨氏模量比
youngite	硫錳鋅鐵礦	ヤング石	硫锰锌铁矿

英 文	臺 灣	日 文	大 陸
Z-axis	Z軸	Z軸	Z轴
Z-bar	Z字鋼;Z形棒料;Z形鋼材	Z棒	Z字钢;Z形棒料;Z形钢材
Z-calender	Z形壓延機;Z形磨光機	Z形カレンダ	Z形压延机;Z形磨光机
Z-center	(車床的)死頂尖〔俗〕	Zセンタ	(车床的)死顶尖〔俗〕
Z-die	Z形彎曲模	Z曲げ型	Z形弯曲模
Z-form	Z型	い子型	Z型
Z-iron	Z字鐵	Z形鉄	Z字铁
Z-nickel	Z硬鎳	Zニッケル	Z硬镍
Z-roll calender	Z形壓機;Z形磨光機	Z形カレンダ	Z形压机;Z形磨光机
Z-scale	Z縮尺;高度比例尺	Z縮尺	Z缩尺;高度比例尺
Z-steel	Z字鋼;Z形鋼(材)	Z形鋼	Z字钢;Z形钢(材)
Z-twist	繩索的Z捻;反手捻	Z-字形より合わせ	Z捻;反手捻
Z-type groove	Z形坡口	Z形グルーブ	Z形坡口
Z winding	Z捲線;Z繞法	Z巻線	Z卷线;Z绕法
zala	硼砂	ほう砂	硼砂
Zamak	鋅基壓鑄合金	ザマック	锌基压铸合金
Zeiss indicator	蔡司槓桿式測頭	ツァイスインジケータ	蔡司杠杆式测微头
— lead tester	蔡司螺距檢查儀	ツァイスリードテスタ	蔡司螺距检查仪
Zelco	一種鋅鋁合金	ゼルコ	一种锌铝合金
zero bevel gear	零度錐齒輪	ゼロベベルギヤー	零度锥齿轮
— clearance device	無背隙裝置	ゼロクリアランス装置	零间隙装置
— clearance gear	無背隙齒輪	ゼロクリアランス歯車	零间隙齿轮
— creep	零潛變;儀器零點漂移	無ぜん動	零蠕变;仪器零点漂移
— defects	無缺點〔陷〕;無事故	無欠陥	无缺点〔陷〕;无事故
— dislocation	無差排	ゼロディスロケーション	无位错
— force	無插拔力	ゼロフォース	无插拔力
— friction	無摩擦	零摩擦	无摩擦
— gravity	失重;零重力	無重力	失重;零重力
— load	無載;空載	ゼロ荷重	无载;空载
— momentum	零動量	ゼロモーメンタム	零动量
— motor	帶減速器電動機	ゼロモータ	带减速器电动机
— -one algorithm	0-1算法	ゼロワンアルゴリズム	0-1算法
— -one variable	0-1變數(量)	ゼロワン変数	0-1变数(量)
— point	原點;零點;起點;零度	ゼロ点	原点;零点;起点;零度
— point accuracy	零點精密度;零點精度	零点精密度	零点精密度;零点精度
— point adjustment	零點調整	ゼロ点調整	零点调整
— point vibration	零點振動	零点振動	零点振动
— return	原點復歸	原点復帰	原点返回
— rush tappet	無氣門間隙的挺桿	ゼロラッシュタペット	无气门间隙的挺杆
— set	零位調整;調零;對準零位	ゼロセット	零位调整;调零;对准零位

英文	臺灣	日文	大陸
— setting	調零	零点に調整	调零
— tensor	零張量	零テンソル	零张量
— thrust	無推力	無推力	无推力
— vector	零向量	ゼロベクトル	零矢量
— working	深冷加工	サブゼロ加工	深冷加工
zeroing	零位調整;定零點;調零	ゼロイング	零位调整;定零点;调零
zerolling	低溫軋製	サブゼロ圧延	低温轧制
zero-pressure molding	無壓成形;零壓造型	無圧成形	无压成形;零压造型
— resin	無壓樹脂	無圧樹脂	无压树脂
Zicral	高強度鋁合金	ジクラル	高强度铝合金
zig quenching	在夾具中淬火	治具焼入れ	在夹具中淬火
zigzag	Z字形;曲折;鋸齒形;交錯	千鳥	Z字形;曲折;锯齿形;交错
— arrangement	鋸齒形排列;交錯	ジグザグ配列	锯齿形排列;交错
— intermittent fillet weld	交錯斷續角銲	千鳥断続隅肉溶接	交错断续角焊
— laser	鋸齒形雷射	ジグザグレーザ	锯齿形激光器
— line	Z形線;鋸齒形曲線	ジグザグライン	Z形线;锯齿形曲线
— press	交錯送料沖床	ジグザグプレス	交错送料压力机
— riveting	交錯鉚接;錯列鉚接	千鳥リベット締め	交错铆接;错列铆接
— rule	折尺;曲尺;	折尺	折尺;曲尺;
— sampling	交錯抽樣;Z字形抽樣	ジグザグサンプリング	交错抽样;Z字形抽样
— trimming die	鋸齒形修邊模	よろめき型	锯齿形修边模
— wave	曲折波;鋸齒形波	ジグザグウェーブ	曲折波;锯齿形波
— weld	交錯銲;鋸齒形銲	千鳥溶着部	交错焊;锯齿形焊
Zilloy	一種鍛造鋅基合金	ジロイ	一种锻造锌基合金
Zimal	一種鋅基合金	ジマール	一种锌基合金
zinc,Zn	鋅	ジンク;亜鉛	锌
— alloy blanking die	鋅合金下料膜	亜鉛合金抜き型	锌合金冲裁模
— alloy diecast	鋅合金壓鑄(件)	亜鉛合金ダイカスト	锌合金压铸(件)
— alloy forming die	鋅合金成形膜	亜鉛合金成形型	锌合金成形膜
— base alloy	鋅基合金	亜鉛基合金	锌基合金
— base bearing metal	鋅基軸承合金	亜鉛基軸受合金	锌基轴承合金
— bath	鍍鋅槽;鋅浴	亜鉛バス	镀锌槽;锌浴
— beryllium alloy	鋅鈹合金	亜鉛ベリリウム合金	锌铍合金
— black	鋅黑	亜鉛黒	锌黑
— cementation	滲鋅	亜鉛浸透	渗锌
— coated steel	白鐵皮;鍍鋅鐵〔鋼〕板	亜鉛びき鋼板	白铁皮;镀锌铁〔钢〕板
— covering	鍍鋅;包鋅	亜鉛被覆	镀锌;包锌
— cyanide	氰化鋅	シアン化亜鉛	氰化锌
— diecast products	鋅壓鑄件	亜鉛ダイカスト製品	锌压铸件
— duralumin	含鋅硬鋁	亜鉛ジュラルミン	含锌硬铝

英文	臺灣	日文	大陸
— fillings	鋅填料〔填充物〕	亜鉛けずりくず	锌填料〔填充物〕
— furnace	鋅精煉爐;蒸鋅爐	亜鉛精れん炉	锌精炼炉;蒸锌炉
— grip	鍍鋅鋼	亜鉛めっき板	镀锌钢
— hot dipping	熱浸鍍鋅	溶融亜鉛めっき	热浸镀锌
— immersion process	鋅浸漬法	亜鉛浸液法	锌浸渍法
— ingot metal	鋅錠	亜鉛塊	锌锭
— lead ore deposit	鉛鋅礦床	亜鉛鉛鉱床	铅锌矿床
— plate	鋅片;鋅板	亜鉛板	锌片;锌板
— plated steel	鍍鋅鋼板	亜鉛めっき鋼板	镀锌钢板
— plating	鍍鋅	亜鉛めっき	镀锌
— replacement	鋅置換	亜鉛置換	锌置换
— resin	含鋅樹酯	ジンクレジン	含锌树酯
— sheet	鋅片	ジンクシート	锌片
— sheeting	薄鋅板	薄亜鉛板	薄锌板
— solder	鋅銲料〔劑〕	亜鉛ろう	锌焊料〔剂〕
— spelter	鋅塊;鋅銅銲料	亜鉛鋳塊	锌块;锌铜焊料
— sponge	鋅棉	亜鉛海綿状金属	锌棉
— spray	噴鍍鋅	亜鉛スプレ	喷镀锌
— white	鋅白;氧化鋅	亜鉛白	锌白;氧化锌
— white rust	白銹	白さび	白锈
— yellow	鋅黃;鋅鉻黃	亜鉛黄	锌黄;锌铬黄
— yellow pigment	鋅黃;鋅鉻黃	亜鉛黄	锌黄;锌铬黄
zinced iron	鍍鋅鐵皮	亜鉛鉄板	镀锌铁皮
— sheet iron	鍍鋅鐵	亜鉛掛け葉鉄	镀锌铁
zinking	鍍鋅	亜鉛めっき	镀锌
Zirkonal	一種鋁合金	ジルコナール	一种铝合金
Zisium	一種高強度鋁合金	ジシウム	一种高强度铝合金
Ziskon	一種高鋅鋁合金	ジスコン	一种高锌铝合金
Zodiac	一種電阻合金	ゾディアック	一种电阻合金
Zoelly turbine	多級壓力式汽輪機	ツェリタービン	多级压力式汽轮机
zonal arrangement	帶狀分布;帶狀排列	帯状分布	带状分布;带状排列
— axis	晶帶軸	晶帯軸	晶带轴
— sintering	帶狀燒結	帯状焼結	带状烧结
— structure	帶狀結構;環帶構造	帯状構造	带状结构;环带构造
zone	帶;層;區域;頻帶	区画;帯;層;帯域	带;层;区域;频带
— axis	帶軸;晶帶軸	帯軸	带轴;晶带轴
— melting method	區(域)熔(融)法	帯域溶融法	区(域)熔(融)法
— of carbonization	碳化帶〔層〕	炭化帯	碳化带〔层〕
— of contact	(齒輪)嚙合區;接觸區	接触帯	(齿轮)啮合区;接触区
— of oxidation	氧化層	酸化帯	氧化层

英文	臺灣	日文	大陸
— of preparatory heating	預熱帶〔高爐的〕	予熱帯	预热带〔高炉的〕
— of reduction	還原帶	還元帯	还原带
— of thermal equilibrium	熱平衡區	熱平衡域	热平衡区
— of thermal neutrality	熱量中和區	熱中性域	热量中和区
— plane	晶帶平面	帯面	晶带平面
— refining	區域(熔融結晶)精製	帯域精製法	区域(熔融结晶)精制
zores beams	波紋鋼皮	ゾーレスビーム	波纹钢皮
Zorite	一種耐熱合金	ゾーライト	一种耐热合金
zyglo	螢光探傷劑;螢光探傷器	ザイグロ	荧光探伤剂;荧光探伤器
— surface defect test	螢光表面探傷(法)	ザイグロ表面探傷	荧光表面探伤(法)
zylonite	賽璐珞	セルロイド	赛璐珞

國家中央圖書館出版品預行編目資料

產業科技術語大字典：英、日、兩案中文產業科技術語對照／臺灣綜合研究院主編．--初版．--臺北市：全華，民85
面；　公分
ISBN 957-21-1241-4(精裝)．--ISBN 957-21-1242-2(平裝)

1.機械工程-字典，辭典

446.04　　　　84012850

產業科技術語大字典(精裝本)

總 編 輯／梁 榮 輝
副總編輯／施 議 訓
編輯顧問／龍 村 倪・杜 文 謙
執行編輯／邱重州・林經鴻・蔡俊毅・張志雄
發 行 人／陳 本 源
印 刷 者／宏懋打字印刷股份有限公司
登 記 證／局版台業字第〇二二三號
臺 研 院／地址：臺北市南京東路五段125號13樓
電話：02-7607922(總機) FAX：02-7644547
郵撥帳號：18274272號
郵撥戶名：財團法人臺灣綜合研究院

初版一刷／1996年6月
圖書編號／190057
定　價／新臺幣 1500 元
ＩＳＢＮ／957-21-1241-4

全華網際中心 URL　http://www.chwa.com.tw
E-mail　book@ms1.chwa.com.tw